中国

茶经

2011年修订版

陈宗懋　杨亚军　主编

上海文化出版社

图书在版编目（CIP）数据

中国茶经:2011 年版/陈宗懋,杨亚军主编. - 上海:
上海文化出版社,2011.10（2025.8 重印）
（中国文化经典系列）
ISBN 978 - 7 - 80740 - 664 - 8

I. ①中⋯　II. ①陈⋯ ②杨⋯　III. ①茶 - 文化 - 中国
IV. ①TS971

中国版本图书馆 CIP 数据核字（2011）第 066744 号

出 版 人：姜逸青
责任编辑：王存礼

书　　　名：中国茶经——2011 修订版
作　　　者：陈宗懋 杨亚军
出　　　版：上海世纪出版集团　上海文化出版社
地　　　址：上海市闵行区号景路 159 弄 A 座 3 楼　　201101
发　　　行：上海文艺出版社发行中心
　　　　　　上海市闵行区号景路 159 弄 A 座 2 楼 206 室　　201101
印　　　刷：苏州市越洋印刷有限公司
开　　　本：787×1092　1/16
印　　　张：71
插　　　页：24
印　　　次：2011 年 10 月第 1 版　2025 年 8 月第 21 次印刷
书　　　号：ISBN　978-7-80740-664-8/S・69
定　　　价：168.00 元
告 读 者：如发现本书有质量问题请与印刷厂质量科联系 T：0512-68180628

01

02

03

04

05

06

01
云南江城县曲水大茶树，树高16.0m，树幅7.0m，干径40.4cm。（虞富莲供稿）

02
云南镇沅县千家寨大茶树，树高25.6m，树幅22.0m，干径90.0cm（王兴华摄）

03
贵阳花溪久安栽培型大茶树：树高7.3m，树幅6.5m，主干1.3m。

04
邦崴大茶树：位于云南省澜沧县富东乡邦崴村，树高11.8m，树幅9.0m，基部干径1.14m。（虞富莲摄）

05
云南巴达大茶树：位于云南省勐海县西定乡巴达村贺松大黑山，具有5个分枝，树高23.6m，树幅8.8m，干径1.0m。

06
云南镇沅县芹莱塘野生茶树林，远近树皮灰白色的均是茶树。（虞富莲摄）

大茶树

01

05

02

03

04

06

07

10

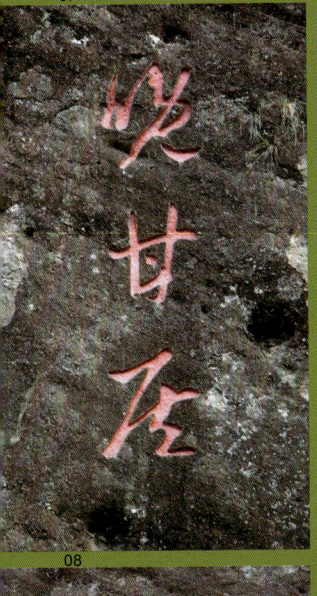

08

09

11

01
天门陆羽亭

02
蒙顶山皇茶园　（俞永明摄）

03
大红袍

04
余杭陆羽泉

05
杭州老龙井

06
杭州老龙井

07
杭州十八棵御茶

08
武夷山崖刻

09
武夷山崖刻

10
宋种（凤凰镇政府供稿）

11
武夷山御茶园

茶史遗迹

12

13

14

15

16

12
径山寺，茶宴的发源地

13
大唐贡茶院，中国历史上第一座"皇家茶厂"

14
国清寺，中国茶树东传的起点

15
法门寺，大量唐朝茶具出土之地（韩星海摄）

16
玉山古茶场，建于宋朝的茶叶市场

01

02

03

04

05

06

07

08

01
大彬壶（明）

02
陶土茶碗（汉）

03
龙泉窑青釉盏托（元）

04
景德镇盏托（宋）

05
德化窑三足、梅花杯（明）

06
五盅盘（南朝）

07
粉彩百花茶盖碗（清、光绪）

08
白瓷茶碗（唐）

茶文物

09

10

12

11

13

09
清朝故宫金瓜贡茶

10
陆羽《茶经》

11
千两茶

12
老茶

13
茶马古道（陈 直摄）

01

02

03

01
高山茶园（俞永明摄）

02
平地茶园

03
生态茶园（陈宗懋供稿）

04
坡地茶园（鱼 泡摄）

茶园

04

01

03

04

05

02

06

01
浙农12

02
安吉白茶

03
龙井43

04
中茶102

05
铁观音

06
福鼎大白茶

07
白鸡冠

08
政和大白茶

09
乌牛早

10
紫娟（陈 直摄）

11
佛手（白堃元摄）

12
宜红早

13
安徽7号

14
奇曲（白堃元摄）

15
金观音

茶树品种

01

02

03

05

06

07

08

09

04

栽培技术

01 大棚栽培	03 机器修剪	05 名茶手工采摘	07 温室育苗	09 茶园土壤养分监测
02 茶树嫁接	04 施肥	06 机械采摘	08 轻基质穴盘育苗 （张 峰供稿）	

10
扦插繁殖

11
茶树引种试验

12
色板治虫

13
灌溉

14
机械耕作（肖宏儒供稿）

15
风扇防霜

16
灯光诱杀

01

06

07

02

08

03

04

09

01
鲜叶立体摊放

02
鲜叶萎凋

03
乌龙茶摇青

04
微波杀青

05
多功能机杀青

06
滚筒杀青

07
瓶式机杀青

08
锅式杀青

09
揉捻

10
蒸青茶精揉

05

10

加工工艺

11

12

13

14

15

16

17

11
红碎茶揉切

12
解块筛分

13
普洱茶渥堆（陈宗懋供稿）

14
花茶窨花（俞永明摄）

15
茯砖茶发花（益阳茶厂供稿）

16
红碎茶发酵

17
乌龙茶包揉

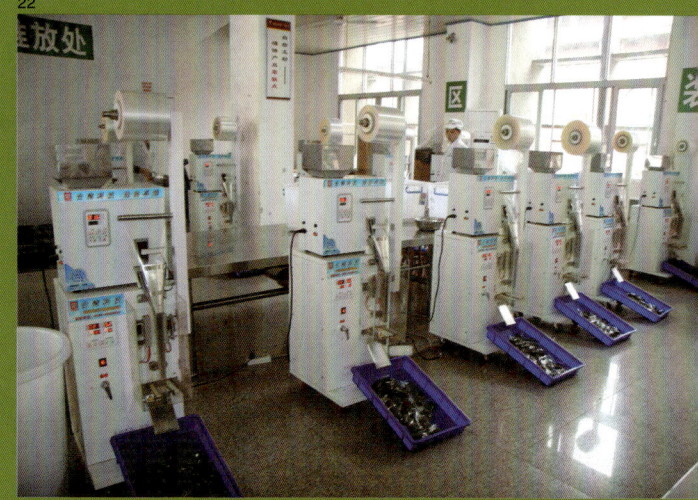

18	19	20	21	22	23
滚炒	烘干	乌龙茶烘焙	拣梗	光电拣梗	自动包装

01 绿茶	03 黄茶	05 乌龙茶	07 绿茶茶汤	09 黄茶茶汤	11 乌龙茶茶汤
02 黑茶	04 白茶	06 红茶	08 黑茶茶汤	10 白茶茶汤	12 红茶茶汤

六大茶类

茶产品

01	04	07	10
龙井茶	高桥银峰	普洱茶	太平猴魁
02	05	08	11
蒙顶黄芽	洞庭碧螺春	都匀毛尖	南京雨花茶
03	06	09	12
大红袍	武阳春雨	安吉白茶	女娲银峰

13	16	19	22
黄山毛峰	仡佬银芽	沱茶	永川秀芽
14	17	20	23
安溪铁观音	牡丹绣球	绿牡丹	米砖茶
15	18	21	24
信阳毛尖	滇红	饼茶	青砖茶

25

26

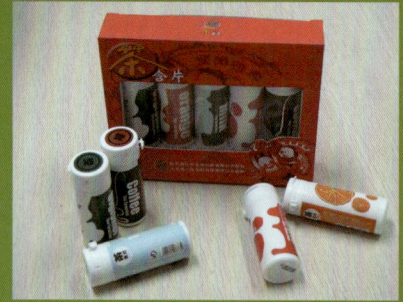

27

28

29

30

31

32

25
冷溶型速溶茶

26
超微茶粉

27
茶多酚片

28
茶叶含片（屠幼英供稿）

29
γ—氨基丁酸绿茶

30
茶籽油

31
茶黄素片

32
茶酒

01

04

05

06

02

07

03

01	03	05	07
浮雕陶瓷茶壶	暖炉茶壶	青花团龙壶	脱胎漆茶具
02	04	06	
景泰蓝提梁壶	白玉茶壶	茶经壶	

茶具

08

10

09

11

12

13

14

08	09	10	11	12	13	14
竹编茶具	龙泉青瓷茶具	紫砂茶杯	青花釉盖碗	锡茶罐	彩绘茶坛	椰壳茶罐

01

04

02

03

05

01
拉祜族茶具

03
傣族茶具

05
维吾尔族茶炉

02
藏族茶具

04
工夫茶具

特色茶具

01

02

03

04

05

06

01
少儿茶艺

02
五环茶

03
禅茶

04
无我茶会

05
白族饮九道茶

06
老年茶道

07

09

08

10

11

07
阿巴嘎奶茶

08
太平茶道

09
新娘茶

10
讫山茶艺

11
六堡茶情

茶艺·茶道

01

04

02

05

03

06

龙井茶冲泡技艺

01 温杯	04 温润泡
02 赏茶	05 冲泡
03 置茶	06 奉茶

01

05

02

06

03

07

04

01 赏茶	
02 温壶	05 冲泡
03 置茶	06 分茶
04 温润泡	07 奉茶

乌龙茶冲泡技艺

01   04
基诺族吃凉拌茶 佤族饮烧茶

02   05
藏族打酥油茶 傣族饮竹筒茶

03   06
拉祜族饮烤茶 傈僳族饮油盐茶

饮茶习俗

01

03

02

04

05

01
上海湖心亭茶室

02
无锡寄畅园茶室

03
杭州吴山茶座

04
杭州湖畔居茶楼（朱家骥供稿）

05
老年茶座

茶馆茶座

加工设施

01
普洱茶制饼车间（陈 直摄）

02
多茶类加工车间（陈 直摄）

03
茯砖茶加工车间（益阳茶厂供稿）

04
名茶加工车间（陈宗懋供稿）

05
乌龙茶加工车间

06
绿茶加工流水线（采花茶业公司供稿）

07

08

09

07
茶叶冷藏库

08
茶饮料生产车间（陈宗懋供稿）

09
茶叶成分提取车间

09
茶厂消毒间（陈宗懋供稿）

01

05

02

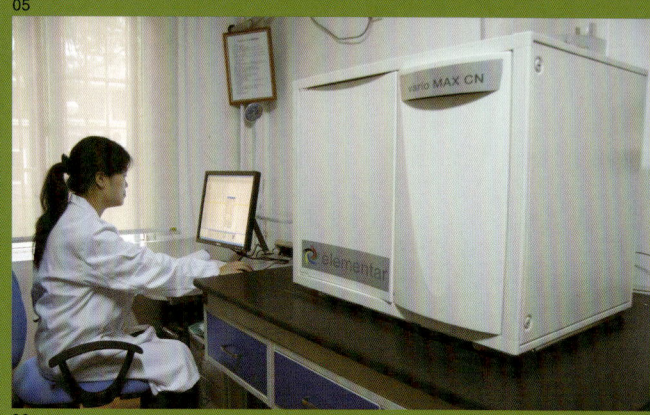

06

03

07

04

08

09

12

10

13

11

14

01
用GC-MS/MS研究农药残留量

05
用电子鼻分析茶树挥发性成分
（孙晓玲供稿）

09
国家种质杭州茶树圃

13
茶树组培苗

02
用UPLC-MS/MS研究茶叶成分

06
碳氮元素分析

10
温室盆栽试验

14
田间试验

03
用全自动氨基酸分析仪测定氨基酸

07
用荧光定量PCR仪分析基因表达

11
沙培试验

04
用ICP-MS分析重金属元素

08
用触角电位仪研究昆虫触角对挥发物的电位反应

12
普洱茶树良种场

科学研究

01

02

03

04

05

06

07

08

09

10

04
仇英《松亭试泉轴》

05
《卢仝烹茶图》

07
文徵明《品茶图》

08
赵孟頫《斗茶图》

10
百茶字图

茶书画

01

02

03

04

01
茶馆剧照

02
畲族茶舞

03
采茶舞

04
斗茶舞

茶歌舞戏剧

01

03

02

04

05

茶事

01
全民饮茶日

03
茶叶展会

05
学术研讨会（谢 谦摄）

02
茶叶市场

04
敬老茶会

01

02

03

04

01
中国国际茶文化研究会

02
浙江大学茶学系（梁月荣供稿）

03
中国茶叶博物馆

04
中国农业科学院茶叶研究所

茶叶机构

本书编辑委员会

（2011 年版）

主　编

陈宗懋　中国工程院院士，中国茶叶学会名誉理事长，中国农业科学院茶叶研究
　　　　所研究员、博士生导师

杨亚军　国家茶叶产业技术体系首席科学家，中国茶叶学会理事长，中国农业科
　　　　学院茶叶研究所所长、研究员、博士生导师

副主编

俞永明　中国农业科学院茶叶研究所研究员

王存礼　上海文化出版社编审

编　委　（以姓氏笔画为序）

白堃元　中国农业科学院茶叶研究所研究员

江用文　中国农业科学院茶叶研究所副所长、研究员，中国茶叶学会秘书长

阮建云　中国农业科学院茶叶研究所科技处处长、研究员、博士

阮浩耕　浙江省茶叶集团公司副编审

林　智　中国农业科学院茶叶研究所加工中心副主任、研究员、博士

俞永明　中国农业科学院茶叶研究所研究员

施兆鹏　湖南农业大学教授

姜爱芹　中国农业科学院茶叶研究所试验场场长、研究员

黄　飞　中国农业科学院茶叶研究所副研究员、《中国茶叶》杂志主编

程启坤　中国农业科学院茶叶研究所研究员

责任编辑

王存礼　上海文化出版社编审

摄　影

梁国彪　中国农业科学院茶叶研究所经济与信息中心主任、研究员

撰　稿

于良子　中国农业科学院茶叶研究所高级实验师

王　云　四川省农业科学院茶叶研究所所长、研究员

原 版 序 一

中国科学技术协会副主席
中华茶人联谊会名誉理事长

　　茶,这一古老的经济作物,经历了药用、食用,直至成为人们喜爱的饮料,已有数千年之久。在这漫长的岁月中,中华民族在茶的培育、制造、品饮、应用,以及对茶文化的形成和发展上,为人类文明史留下了绚丽光辉的一页。追本溯源,世界各国引种的茶种,采用的茶树栽培的方法,茶叶加工的工艺,茶叶品饮的方式,以及茶礼茶仪、茶俗茶风、茶艺茶会、茶道茶德等,都是直接或间接地由我国传播出去的。

　　在中国,"柴米油盐酱醋茶",茶是人们生活的必需品。尤其是边陲的兄弟民族,更是"不可一日无茶"。至于"用茶代酒",以茶会友,敬茶传谊,更是随处可见。茶与"琴棋书画"一样,也是人们的精神"食粮"。现今,随着物质文明和精神文明建设的加快,食物结构的不断改善,文化生活的逐渐丰富,以及现代科学技术的发展,使得茶叶对人体健康的奇特功效和茶叶的文化价值进一步被阐明和发现。因此茶在人们生活中的地位,更为世人所瞩目。饮茶已成为人们保健康乐、社交联谊、净化精神、传播文化的纽带。"中国是茶的祖国",茶为中国增添了光彩,与我中华民族五千年历史文化的发展息息相关。

　　这次,由陈宗懋教授任主编,程启坤教授、俞永明教授和王存礼副编审任副主编,邀请茶学界、医学界名家编著而成的《中国茶经》,是继唐代陆羽《茶经》之后,又一部文化性和经典性相结合的茶业百科全书。它与《茶经》相比,更具有时代特色,既重科学技术,又重历史人文;把茶叶生产发展与社会发展相结合记述,突破了传统的写作方法,较准确而全面地总结古代、近代和当代的茶情;是较全面地反映了中国数千年茶文化概貌的巨著。

　　《中国茶经》140余万字,主要阐述了我国各个主要历史时期茶叶生产技术和茶叶文化的发生和发展过程;介绍了中国六大茶类的形成和演变,尤其是对名优茶、特种茶的历史背景和品质特点,作了详尽的说明;通过对茶的属性、品种、栽培、加工、贮运、饮茶,以及茶与人类健康关系的叙述,表明了中国对茶叶科学的认识和利用过程;并对各种茶的饮用方式,特别是具有浓郁地方或民族特色的饮茶方法和礼仪,以及茶与文学艺术的关系作了剖析,进一步反映了我国丰富多采的茶叶文化风貌。所有这些,告诉人们:《中国茶经》不仅具有鲜明的中国特色和强烈的文化魅力,而且还为人类科学和文化宝库添了精品。她的编辑和出版,对促进茶叶科学的发展,优秀民族文化的弘扬,以及加强中外文化交流等方面,必将起到积极的作用。

原 版 序 二

中国科学院学部委员　中国农业科学院名誉院长　金善宝

"茶之为饮，发乎神农氏，闻于鲁周公。"茶，这一古老而文明的饮料，从发现、利用，相传至今，至少已有数千年历史了。并在很早以前，传播到国外，为世界人们所喜爱。如今，茶已成了世界三大饮料（茶叶、咖啡和可可）之一，全世界有 50 余个国家种茶，饮茶风尚遍及全球。追本溯源，世界各国的茶树种质资源，栽培技术，茶叶加工工艺，饮茶习俗等等，都是直接或间接地由中国传播去的，因此，我国被称为"茶的祖国"。

我国茶区之广，茶类之多，饮茶之盛，茶艺之精，堪称世界之最，素负盛名。早在公元 8 世纪的唐代，陆羽就系统地调查总结了我国劳动人民的种茶、制茶、贮茶、饮茶等经验，写就了世界上第一部茶叶专著——《茶经》。至今，已有 26 种文本印刷出版，并已翻译成日、英、法、朝等文字，这对传播茶叶知识，弘扬茶叶文化，促进茶业发展起了重要的作用。

在中国，茶既是日常生活的必需品，又是精神文明的媒介物。人们视茶为生活的享受，健身的饮料，友谊的纽带，文明的象征，因而，茶成了中国的举国之饮。与此相适应，在中国的茶学史上，曾出现过不少茶的典籍，除《茶经》外，唐代张又新的《煎茶水记》，宋代蔡襄的《茶录》、赵佶的《大观茶论》，明代田艺蘅的《煮泉小品》、许次纾的《茶疏》，清代刘长源的《茶史》等，都是阐述茶的专著，但由于受历史条件的限制，这些书籍的内容，在广度和深度上显然是不够的。近代，虽然也曾出版过不少茶叶著述，但大多涉及的仅是某个领域。为此，上海文化出版社于 1989 年春开始酝酿筹备出版《中国茶经》。这是一部总结前人著述和近代茶学进展，特别是当代茶叶文化和科学研究成果的巨著，不仅具有很强的实用价值，而且还具有广泛的科学和文化积累价值，是一项重要的"茶业工程建设"。它的出版，必将对加强物质文明和精神文明建设，对促进中外文化交流，起到积极的推动作用。

这部巨著是由中国农业科学院茶叶研究所所长、教授陈宗懋任主编，副所长、教授程启坤、俞永明，以及上海文化出版社文化生活读物编辑室主任、副编审王存礼任副主编的"中国茶经编辑委员会"，汇集了全国茶学界、医学界、文化界中具有高级职称的学者以及部分具有相当学术水平和写作能力的中青年专家 50 余人，经过三年的通力合作编写而成的。它全面地、系统地介绍了茶的起源和传播，茶的性质和功用，茶的品类和花色，茶的栽制和贮存，茶的品饮和礼俗，以及茶与文学艺术的关系，重点突出，简繁分明，是一部科学性、文化性兼备的经典性力作。全书的内容，无论是在广度、深度，还是在精度上，都体现了当代中国茶学研究的最高水平，可谓是一部继唐代陆羽《茶经》问世 1 200 余年之后的具有现代中国水平的新茶经。

愿《中国茶经》的问世，能为推动茶学科学技术的进步，促进茶文化的繁荣作出贡献。

原 版 前 言

我国是世界上最早发现和利用茶叶的国家,也是茶树资源最为丰富的国家,现在世界各国引种的茶树,使用的栽培管理方法,采取的茶叶制作技术,甚至茶叶的品饮习俗等等,莫不源于我国。我国作为世界茶叶和茶文化的发祥地,是当之无愧的。我们的先人还为后世留下了众多的茶学典籍,其中问世最早、内容最全面的当推唐代陆羽的《茶经》,它对茶的起源、品种、分布、制作,茶的冲泡用水、器皿以及茶的轶闻逸事等均有论述,对我国乃至世界的茶业发展都起了巨大的推动作用。

历史发展到今天,特别是近40年来,我国的茶业茶学,都发展到了一个崭新的阶段,无论是茶叶品类之多,采制之精,生产、管理以及茶的利用开发之科学,还是茶文化内容之丰富,都是前人所无法比拟的。凡此种种,都需要科学的总结,需要这些上升到理论的总结反过来给实践以指导,从而推动茶业茶学的进一步发展。近40年来,虽然也有大批茶学著作和论文问世,但大多只涉及茶学的某一个方面和领域,很需要有一本全面的、在总结前人经验的基础上反映当代我国茶业茶学发展最新成果的大型茶学专著。

为此,上海文化出版社于1989年筹备出版《中国茶经》。在中国农业科学院茶叶研究所和中国茶叶学会的大力支持下,同年成立了"中国茶经编辑委员会",由中国农业科学院茶叶研究所所长、中国农业部科学技术委员会委员陈宗懋教授任主编,中国茶叶学会理事长、中国农业科学院茶叶研究所副所长程启坤教授,全国农作物品种审定委员会茶树专业委员会主任委员、中国农业科学院茶叶研究所副所长俞永明教授,上海文化出版社文化生活读物编辑室主任王存礼副编审任副主编,组织了全国茶学界、医学界、文化界的专家学者50余人撰稿,他们都在各自的工作领域里研究有成,为使本书体现当代我国茶学研究的最高水平提供了保证。书稿于1990年底分别撰写完成,1991年初进入编辑工作阶段,至出版历时三年。

本书分茶史篇、茶性篇、茶类篇、茶技篇、饮茶篇、茶文化篇及附录七部分,涉及茶学的各个方面,其内容之丰富、论述之深入、观点之鲜明,都是目前所仅见的,是一本具有权威性、科学性、知识性、实用性和可读性的茶叶百科全书。

本书在编写过程中得到茶叶界以及其他各界许多朋友的关心和支持,在本书出版之际,谨致以衷心的感谢。书中的疏漏和不足之处,敬请广大读者、各界朋友批评指正。

中国茶经编辑委员会

上海文化出版社

1991年6月

前 言

　　《中国茶经》是茶叶领域总结前人成果和近代茶科学、茶文化学研究进展的一部专著。自1992年问世以来得到社会各界的广泛肯定与推崇。由于该书涵盖了茶的起源、茶性、茶类、茶技等茶学的多个领域,同时也包括了茶史、茶饮、茶诗、茶画、茶歌、茶舞、茶事典故等茶文化学的多项内容;它既属自然科学,又涵盖人文和社会科学;同时在编写方法上采用既有基础理论方面的新进展,也重视与生产实际的结合,因而实用价值较高,它不仅适于茶叶专业人员阅读,对历史文化工作和研究者也有参考价值。至今《中国茶经》已续印二十多次,发行近十万册,读者面之广为茶叶专业书籍中所鲜见。为此,《中国茶经》在1998年荣获国家科技进步三等奖,以及上海市和浙江省的诸多奖项。

　　尽管《中国茶经》获得诸多的荣誉和奖励,但毕竟已出版了近20个年头。现代茶叶科技高速发展,新技术、新成果大量涌现,茶叶新产品日新月异,原版《中国茶经》亟待增补新内容。为此,中国农业科学院茶叶研究所与上海文化出版社经过共同努力,对1992年版《中国茶经》进行了一次全面修订。

　　新版重点充实了茶叶新产品,无公害有机茶的栽培、设施农业和茶叶质量安全与检测;强化了茶文化内容,增补了茶叶经济篇;并对茶史、茶具等有关章节作了更正和调整,使内容更加适应时代的需要。由于内容的扩充,全书字数增加了30%以上。希望通过再版能引起更多读者的关注,并对我国茶产业的未来发展作出贡献!

　　由于新版《中国茶经》涉及面更广,涵盖茶学、茶文化领域多个学科,编纂过程中难免挂一漏万,不当之处,祈望读者批评指正!

陈宗懋

2010年9月20日

凡　例

一、本书分《茶史篇》、《茶性篇》、《茶产品篇》、《茶技篇》、《饮茶篇》、《茶文化篇》、《茶经济篇》7篇及《中国茶叶大事记》、《中国各产茶省主要名茶品目》、《中国茶书名录》、《中国茶叶产品标准》以及《世界主要产茶国茶园面积、产量、出口、进口量》等12个附录，共约200万字。分别论述了茶叶发现和利用的起源，我国各个历史时期茶叶生产技术与茶叶文化的发展，茶叶的性状、理化成分以及我国六大茶类的形成和演变，名、特、优茶的历史背景、品质特点和制作程序，茶的品种、栽培、加工、贮运、品质审评，各地各民族饮茶的方式方法和礼仪，茶与文学艺术的关系，等等。

二、本书对目前尚有争议或不同看法的问题，采纳主流的观点或论据比较充分的观点，但这并不意味着否定或排斥其他观点。

三、本书只介绍中国的茶叶历史文化和科学技术，但为了反映中国茶业与世界茶业的联系，除将中国茶叶的对外传播等写进正文外，还收集了有关世界茶业界的情况，列入附录，供读者参考。

四、本书收集的茶类是我国各产茶省的主要茶类，由于近年来各地名茶发展很快，新创的名优茶不断涌现，不可能一一收齐，只能在以后再次修订时予以增补；另专区以下的名茶，则不在收录之列。

五、书末附有《笔画索引》及《汉语拼音索引》，可供中外读者检索。

目　录

原版序一

原版序二

原版前言

前　言

凡　例

茶史篇 …………………………………… 1

一、茶树的起源及演变 ………………… 1

（一）茶树起源的佐证 ………………… 1

1. 最早的茶字 ……………………… 1

2. 先前的茶树 ……………………… 4

3. 最古的茶文物 …………………… 5

（二）茶树的原产地 …………………… 7

1. 原产地的争议 …………………… 7

2. 中国西南部是茶树的原产地 …… 7

3. 中国的野生大茶树 ……………… 9

（三）茶树的起源与演化 …………… 10

1. 茶树起源的推论 ……………… 10

2. 茶树的演化 …………………… 11

3. 茶树传播途径的推测 ………… 13

4. 茶树的生态类型 ……………… 14

二、古代茶事 ………………………… 15

（一）六朝以前的茶事 ……………… 16

1. 巴蜀是茶叶文化的摇篮 ……… 16

2. 茶业重心的东移 ……………… 17

（二）隋唐五代茶业的兴起 ………… 19

1. 唐代的茶叶产地 ……………… 19

2. 唐代的茶叶生产和贸易 ……… 20

3. 唐代茶政、茶学和茶叶文化的发展 …… 23

4. 唐代茶业发展的主要原因 …… 26

（三）宋元茶业的发展 ……………… 27

1. 茶业重心由东南移 …………… 28

2. 团饼茶向散茶过渡 …………… 29

（四）明清茶事 ……………………… 31

1. 散茶的兴起和制茶的革新 …… 31

2. 古代传统茶学的终结 ………… 32

3. 茶业向近代转变的过程 ……… 34

三、茶类的发展与演变 ……………… 34

（一）制茶技术发展与茶类演变 …… 34

1. 从生吃到生煮羹饮 …………… 34

2. 从生煮到烧烤后煮饮 ………… 35

3. 从直接利用鲜叶到原始晒青 … 35

4. 从原始晒青到原始炒青、烘青、蒸青及蒸青饼茶 …… 35

5. 从蒸青造形到龙团凤饼 ……… 36

6. 从团饼茶到散叶茶 …………… 37

7. 从蒸青到炒青 ………………… 37

8. 从绿茶发展至其他茶 ………… 38

9. 从素茶到花香茶 ……………… 40

10. 从传统产品到新产品开发 …… 41

（二）历代贡茶 ……………………… 41

1. 贡茶的起源 …………………… 41

2. 唐代贡茶 ……………………… 41

3. 宋代贡茶 ……………………… 43

4. 元、明、清代贡茶 …………… 45

四、茶叶产区的划分 ………………… 46

（一）中国历代茶区的划分 ………… 46

（二）中国现代茶区的划分 ………… 47

五、茶叶贸易的发展与演变 ………… 48

（一）古代茶叶贸易的发展与演变 … 48

1. 唐以前的茶叶贸易 …………… 48

2. 唐代茶叶贸易 ………………… 49

3. 宋代茶叶贸易 ………………… 50

4. 明清茶叶贸易 ………………… 50

（二）古代的茶政和与少数民族地区的沟通 …… 51

1. 榷茶 …………………………… 52

2. 茶引 …………………………… 52

　　　　3. 茶马互市 ………………… 53
　　　　4. 茶马古道 ………………… 54
　　（三）近现代中国茶叶贸易 ……… 55
　　（四）当代中国茶叶贸易的崛起 … 56
六、当代中国茶叶生产的发展 ……… 57
　　（一）当代中国茶叶生产的发展趋势 57
　　（二）当代中国茶叶生产的特点 … 58
　　　　1. 茶叶生产稳定发展 ……… 58
　　　　2. 名优茶大发展，重视安全质量，茶叶品
　　　　　　质不断提高 …………… 58
　　　　3. 茶叶布局日益合理，生产向优势区域
　　　　　　集中 …………………… 59
　　　　4. 六大茶类实现均衡发展 … 59
　　　　5. 茶叶加工与包装开始走向全程清洁化
　　　　　　生产 …………………… 59
七、茶业科技 ………………………… 60
　　（一）近代茶业科技的建立 ……… 60
　　（二）近代茶业科技人才的培养 … 60
　　（三）近代茶业科技的发展 ……… 61
　　　　1. 育种栽培方面 …………… 62
　　　　2. 制造方面 ………………… 62
　　　　3. 化验方面 ………………… 63
　　　　4. 技术推广方面 …………… 63
　　（四）现代茶业科技的成就 ……… 63
　　　　1. 茶业科技的复苏 ………… 63
　　　　2. 现代茶业科技的起步 …… 64
　　　　3. 现代茶业科技的发展与成就 … 64
八、茶学教学 ………………………… 66
　　（一）近代茶学教学的诞生 ……… 66
　　（二）现代茶学教学的发展 ……… 67

茶性篇 ………………………………… 69
一、茶树形态特征 …………………… 69
　　（一）植株 …………………………… 69
　　（二）根 ……………………………… 70
　　（三）茎 ……………………………… 71
　　（四）叶 ……………………………… 71
　　（五）花、果实和种子 ……………… 73
二、茶树的生物学特性 ……………… 74

　　（一）茶树的生育特点 …………… 74
　　　　1. 茶树的个体生育周期 …… 74
　　　　2. 茶树的年生育周期 ……… 76
　　（二）茶树器官的生育特性 ……… 77
　　　　1. 种子的萌发生长 ………… 77
　　　　2. 根系的生长活动 ………… 77
　　　　3. 新梢的形成和生长 ……… 78
　　　　4. 叶片的生长特点 ………… 79
　　　　5. 花果的生育过程 ………… 80
　　（三）茶树生育的相关特性 ……… 81
　　　　1. 茶树树冠与根系生长的相关性 … 81
　　　　2. 茶树茎叶与花果生育的关系 … 82
　　　　3. 茶树个体与群体的生长关系 … 82
三、茶树生理特性 …………………… 83
　　（一）茶树光合作用 ……………… 83
　　　　1. 茶树光合作用的基本规律 … 83
　　　　2. 茶树光合产物的累积、运转与分配 … 84
　　　　3. 环境因素对茶树光合作用的影响 … 84
　　　　4. 栽培措施对光合作用的影响 … 85
　　（二）茶树呼吸作用 ……………… 85
　　　　1. 茶树不同部位的呼吸强度 … 86
　　　　2. 茶树新梢的呼吸强度 …… 86
　　　　3. 茶树根、茎的呼吸强度 … 87
　　　　4. 茶籽萌发过程中的呼吸强度 … 87
　　　　5. 茶树呼吸作用与环境条件的关系 … 87
　　　　6. 茶树内在因素对呼吸作用的影响 … 87
　　（三）茶树营养生理 ……………… 88
　　　　1. 茶树体内的矿质元素 …… 88
　　　　2. 茶树所需的大量矿质元素及其生理
　　　　　　功能 …………………… 89
　　　　3. 茶树微量矿质元素及其生理功能 …… 91
　　（四）茶树水分生理 ……………… 92
　　　　1. 茶树各器官中的含水量及其变化 … 92
　　　　2. 茶树吸收水分的机理 …… 93
　　　　3. 茶树的蒸腾作用 ………… 93
　　（五）茶树休眠及其生理 ………… 94
　　　　1. 茶树的休眠现象 ………… 94
　　　　2. 茶树休眠的生理特征 …… 94
　　　　3. 茶树休眠与耐寒性的关系 ……… 95

（六）茶树繁殖的生理特点 ······· 95
　　1. 茶籽萌发生理 ············· 95
　　2. 茶树营养繁殖的生理特性 ··· 96
　　3. 茶树组织培养的生理基础 ··· 98
四、茶树鲜叶的生化特性 ········· 98
　（一）多酚类物质 ············· 100
　（二）咖啡碱 ················· 101
　（三）游离氨基酸、蛋白质和酶 ·· 101
　（四）色素 ··················· 102
　（五）矿质元素 ··············· 102
　（六）芳香物质 ··············· 103
　（七）碳水化合物 ············· 103
　（八）维生素 ················· 104
　（九）类脂 ··················· 104
　（一〇）有机酸 ··············· 104
五、茶树的遗传、变异与分类 ····· 104
　（一）茶树的染色体 ··········· 105
　（二）茶树的遗传 ············· 105
　　1. 茶树质量性状的遗传 ····· 106
　　2. 茶树数量性状的遗传 ····· 106
　（三）茶树的变异 ············· 106
　　1. 可遗传的变异 ··········· 106
　　2. 不可遗传的变异 ········· 107
　（四）茶树植物的分类 ········· 107
　　1. 茶树植物分类的沿革 ····· 107
　　2. 对茶树种和变种的认识 ··· 109
六、茶的药理特性 ··············· 110
　（一）茶作传统药用的方法 ····· 110
　　1. 茶疗 ··················· 110
　　2. 茶的二十四功效 ········· 115
　（二）茶对人类疾病的疗效 ····· 122
　　1. 茶的药用成分 ··········· 122
　　2. 茶对人体的保健功效 ····· 123

茶产品篇 ······················· 138
一、茶叶分类 ··················· 138
　（一）历代茶叶类别概要 ······· 138
　（二）现代中国茶叶类别的划分 ·· 138
　　1. 茶叶品类的命名 ········· 138

　　2. 茶叶的几种分类法 ······· 139
　（三）基本茶类概述 ··········· 141
　　1. 绿茶 ··················· 141
　　2. 红茶 ··················· 143
　　3. 乌龙茶 ················· 144
　　4. 白茶 ··················· 145
　　5. 黄茶 ··················· 145
　　6. 黑茶 ··················· 145
　（四）再加工茶类概述 ········· 146
　　1. 花茶 ··················· 146
　　2. 紧压茶 ················· 146
　　3. 萃取茶 ················· 148
　　4. 果味茶、香料茶 ········· 148
　　5. 药用保健茶 ············· 148
　　6. 含茶饮料 ··············· 149
二、历代名茶 ··················· 149
　（一）历史名茶 ··············· 149
　　1. 唐代以前的茶叶 ········· 149
　　2. 唐代茶叶 ··············· 149
　　3. 宋代茶叶 ··············· 151
　　4. 元代和明代茶叶 ········· 153
　　5. 清代和民国时期茶叶 ····· 157
　（二）现代名茶 ··············· 161
　　1. 传统名茶 ··············· 161
　　2. 恢复历史名茶 ··········· 161
　　3. 新创名茶 ··············· 162
三、绿茶种类 ··················· 165
　（一）西湖龙井 ··············· 166
　（二）径山茶 ················· 167
　（三）长兴紫笋 ··············· 168
　（四）金奖惠明 ··············· 169
　　1. 传统的手工加工工艺 ····· 169
　　2. 现行的机械加工工艺 ····· 170
　（五）松阳银猴 ··············· 170
　（六）开化龙顶 ··············· 171
　（七）望海茶 ················· 172
　（八）江山绿牡丹 ············· 173
　（九）武阳春雨 ··············· 173
　（一〇）雪水云绿 ············· 174

（一一）大佛龙井 ·············· 174
（一二）千岛玉叶 ·············· 175
（一三）诸暨绿剑 ·············· 176
（一四）安吉白茶 ·············· 177
（一五）雁荡毛峰 ·············· 178
（一六）三杯香 ················ 179
（一七）乌牛早 ················ 179
（一八）羊岩勾青 ·············· 180
（一九）屯溪绿茶 ·············· 181
（二〇）黄山毛峰 ·············· 182
（二一）太平猴魁 ·············· 183
（二二）黄山绿牡丹 ············ 183
（二三）涌溪火青 ·············· 184
（二四）敬亭绿雪 ·············· 185
（二五）黄花云尖 ·············· 186
（二六）岳西翠兰 ·············· 186
（二七）天柱剑毫 ·············· 187
（二八）天华谷尖 ·············· 188
（二九）六安瓜片 ·············· 188
（三〇）霍山黄芽 ·············· 189
（三一）金寨翠眉 ·············· 190
（三二）舒城兰花 ·············· 191
（三三）采花毛尖 ·············· 191
（三四）金香品雪茶 ············ 192
（三五）邓村绿茶 ·············· 193
（三六）恩施玉露 ·············· 194
（三七）英山云雾 ·············· 195
（三八）黄鹤楼茶 ·············· 196
（三九）武当道茶 ·············· 198
（四〇）圣水毛尖 ·············· 199
（四一）龙峰茶 ················ 200
（四二）鹤峰茶 ················ 201
（四三）梅子贡茶 ·············· 201
（四四）保康真香茶 ············ 202
（四五）金水翠峰 ·············· 203
（四六）大悟绿茶 ·············· 203
（四七）大悟寿眉 ·············· 204
（四八）恩施富硒茶 ············ 205
（四九）温泉毫峰 ·············· 205

（五〇）泸川龙剑 ·············· 206
（五一）裕茗碧剑 ·············· 207
（五二）千珠碧毛尖 ············ 207
（五三）虎狮龙芽 ·············· 208
（五四）兰岭毛尖 ·············· 209
（五五）高桥银峰 ·············· 209
（五六）安化松针 ·············· 210
（五七）东山秀峰 ·············· 211
（五八）古丈毛尖 ·············· 212
（五九）金井毛尖 ·············· 213
（六〇）石门银峰 ·············· 213
（六一）野针王 ················ 214
（六二）南岳云雾 ·············· 215
（六三）碣滩茶 ················ 215
（六四）狗脑贡 ················ 216
（六五）仁化银毫 ·············· 217
（六六）乐昌白毛茶 ············ 217
（六七）清凉山茶 ·············· 218
（六八）古劳茶 ················ 218
（六九）竹叶青 ················ 219
（七〇）叙府龙芽 ·············· 220
（七一）蒙顶甘露 ·············· 220
（七二）仙芝竹尖 ·············· 221
（七三）花秋御竹 ·············· 222
（七四）文君绿茶 ·············· 222
（七五）青城雪芽 ·············· 223
（七六）红岩迎春 ·············· 224
（七七）都匀毛尖 ·············· 224
（七八）遵义毛峰 ·············· 225
（七九）羊艾毛峰 ·············· 226
（八〇）湄江翠片 ·············· 227
（八一）贵定雪芽 ·············· 228
（八二）瀑布毛峰 ·············· 228
（八三）绿宝石 ················ 229
（八四）湄潭翠芽 ·············· 230
（八五）凤冈锌硒绿茶 ·········· 231
（八六）贵隆银芽 ·············· 231
（八七）仡佬玉翠 ·············· 232
（八八）桂林毛尖 ·············· 233

（八九）凌云白毛茶 …………… 234
（九〇）凝香翠茗 ……………… 234
（九一）伏侨绿雪 ……………… 235
（九二）桂林三青茶 …………… 236
（九三）桂平西山茶 …………… 236
（九四）南山白毛茶 …………… 237
（九五）信阳毛尖 ……………… 238
（九六）赛山玉莲 ……………… 239
（九七）仰天雪绿 ……………… 239
（九八）金刚碧绿 ……………… 240
（九九）龙眼玉叶 ……………… 241
（一〇〇）水濂玉叶 …………… 241
（一〇一）洞庭碧螺春 ………… 242
（一〇二）雨花茶 ……………… 243
（一〇三）无锡毫茶 …………… 244
（一〇四）太湖翠竹 …………… 245
（一〇五）金坛雀舌 …………… 245
（一〇六）茅山青锋 …………… 246
（一〇七）阳羡雪芽 …………… 247
（一〇八）金山翠芽 …………… 248
（一〇九）翠柏茶 ……………… 249
（一一〇）南山寿眉 …………… 249
（一一一）茅山长青 …………… 250
（一一二）绿杨春 ……………… 251
（一一三）善卷春月 …………… 251
（一一四）三山香茗 …………… 252
（一一五）云雾茶 ……………… 253
（一一六）永川秀芽 …………… 253
（一一七）巴南银针 …………… 254
（一一八）滴翠剑名 …………… 255
（一一九）鸡鸣茶 ……………… 256
（一二〇）香山贡茶 …………… 256
（一二一）景星碧绿茶 ………… 257
（一二二）银峰茶 ……………… 257
（一二三）巴山银芽 …………… 258
（一二四）天岗玉叶 …………… 258
（一二五）金佛玉翠 …………… 259
（一二六）太白银针 …………… 260
（一二七）大鄣山云雾茶 ……… 260
（一二八）婺源茗眉 …………… 261
（一二九）上饶白眉 …………… 261
（一三〇）浮瑶仙芝 …………… 262
（一三一）庐山云雾 …………… 263
（一三二）紫阳毛尖 …………… 264
（一三三）女娲银峰 …………… 264
（一三四）汉中仙毫 …………… 265
（一三五）商南泉茗 …………… 266
（一三六）雪青茶 ……………… 266
（一三七）浮来青 ……………… 267
（一三八）沂蒙玉芽 …………… 268
（一三九）海青峰茶 …………… 268
（一四〇）茗家春 ……………… 269
（一四一）东海龙须 …………… 269
（一四二）白沙绿茶 …………… 270
（一四三）金鼎翠毫 …………… 270
（一四四）宝洪茶 ……………… 271
（一四五）南糯白毫 …………… 271
（一四六）云龙绿茶 …………… 272
（一四七）墨江云针 …………… 273
（一四八）景谷大白茶 ………… 274
（一四九）佛香茶 ……………… 274
（一五〇）版纳曲茗 …………… 275
（一五一）白洋曲毫 …………… 276
（一五二）徐剑毫峰 …………… 276
（一五三）感通茶 ……………… 277
四、红茶种类 …………………… 278
（一）工夫红茶 ………………… 278
　1.祁门工夫 …………………… 278
　2.坦洋工夫 …………………… 279
　3.滇红工夫 …………………… 279
　4.宁红工夫 …………………… 280
　5.川红工夫 …………………… 281
　6.九曲红梅 …………………… 282
　7.英德红茶 …………………… 282
　8.金毫红茶 …………………… 283
（二）小种红茶 ………………… 283
（三）红碎茶 …………………… 284
　1.南川红碎茶 ………………… 285

2. 云南红碎茶 …………………… 286

3. 宜兴红碎茶 …………………… 286

五、乌龙茶种类 ……………………… 287

（一）武夷岩茶 ……………………… 287

（二）大红袍 ………………………… 290

（三）武夷肉桂 …………………… 291

（四）闽北水仙 …………………… 293

（五）铁观音 ………………………… 294

（六）永春佛手 …………………… 296

（七）白芽奇兰 …………………… 297

（八）凤凰单丛茶 ………………… 298

（九）岭头单丛茶 ………………… 299

（一〇）黄金桂 ……………………… 301

（一一）台湾文山包种 …………… 302

（一二）台湾冻顶乌龙 …………… 303

（一三）台湾东方美人茶 ………… 304

（一四）漳平水仙茶饼 …………… 304

六、白茶种类 ………………………… 306

（一）银针白毫 …………………… 306

（二）白牡丹 ………………………… 307

（三）贡眉和寿眉 ………………… 308

（四）新工艺白茶 ………………… 309

七、黄茶种类 ………………………… 309

（一）君山银针 …………………… 309

（二）蒙顶黄芽 …………………… 310

（三）温州黄汤 …………………… 312

（四）皖西黄大茶 ………………… 312

八、黑茶种类 ………………………… 313

（一）四川边茶 …………………… 313

1. 南路边茶 …………………… 313

2. 西路边茶 …………………… 314

（二）湖北老青茶 ………………… 314

（三）湖南黑茶 …………………… 315

（四）安茶 …………………………… 316

（五）六堡散茶 …………………… 317

（六）普洱茶 ………………………… 317

九、再加工茶 ………………………… 318

（一）紧压茶 ………………………… 318

1. 茯砖茶 ……………………… 318

2. 康砖和金尖 ………………… 319

3. 六堡茶 ……………………… 319

4. 青砖茶 ……………………… 320

5. 黑砖茶 ……………………… 321

6. 米砖茶 ……………………… 321

7. 花砖 ………………………… 322

8. 千两茶（花卷茶） ………… 322

9. 云南紧茶 …………………… 323

10. 七子饼茶（圆茶）与饼茶 … 323

11. 沱茶 ………………………… 324

12. 普洱砖茶 …………………… 325

（二）花茶 …………………………… 326

1. 茉莉花茶 …………………… 326

2. 福州茉莉花茶 ……………… 327

3. 龙都香茗 …………………… 328

4. 猴王牌花茶 ………………… 328

5. 横县茉莉花茶 ……………… 329

6. 珠兰花茶 …………………… 329

7. 桂花茶 ……………………… 330

8. 金银花茶 …………………… 330

9. 白兰花茶 …………………… 331

10. 玫瑰花茶 …………………… 331

11. 玳玳花茶 …………………… 332

（三）袋泡茶 ………………………… 332

（四）固体和液体茶饮料 ………… 333

1. 速溶茶 ……………………… 333

2. 茶浓缩汁 …………………… 334

3. 调味茶饮料 ………………… 334

4. 茶汤饮料 …………………… 335

5. 复（混）合茶饮料 ………… 336

6. 茶酒和茶醋 ………………… 336

（五）新型茶产品 ………………… 337

1. 低咖啡碱茶 ………………… 337

2. 超微茶粉 …………………… 337

3. γ-氨基丁酸茶 ……………… 338

4. 茶花茶 ……………………… 338

5. 其他新型茶 ………………… 339

十、茶叶食品 ………………………… 340

（一）茶叶糖果 …………………… 340

（二）茶蜜饯 ·························· 340

（三）茶瓜子 ·························· 341

（四）茶糕点 ·························· 341

（五）茶冷食 ·························· 342

（六）其他茶食 ······················ 342

十一、茶叶菜肴 ·························· 342

（一）龙井虾仁 ······················ 342

（二）绿茶西红柿汤 ·················· 343

（三）太极碧螺春（羹）·············· 343

（四）六堡茶香鸭 ···················· 343

（五）铁观音炖鸭 ···················· 343

（六）西藏特色小吃——酥油茶 ······ 343

（七）君山鸡片 ······················ 344

（八）童子敬观音 ···················· 344

（九）清蒸茶鲫鱼 ···················· 344

（一〇）茶香鸡 ······················ 345

（一一）柠檬果茶煮豆腐 ············· 345

（一二）绿茶拌豆腐 ·················· 345

（一三）龙井肉片汤 ·················· 345

（一四）太平猴魁焖饭 ··············· 345

（一五）龙井汤圆 ···················· 346

（一六）茶面食 ······················ 346

（一七）鸡茶饭 ······················ 346

（一八）五香茶叶蛋 ·················· 346

茶技篇 ································· 347

一、茶树品种 ··························· 347

（一）茶树种质资源 ·················· 347

1. 种质资源的作用 ················· 347

2. 茶树种质资源的类型和特点 ······ 347

3. 茶树种质资源的传播 ············· 349

（二）茶树品种的命名与分类 ········· 349

1. 茶树品种的命名 ················· 349

2. 茶树品种的分类 ················· 350

（三）茶树育种技术 ·················· 351

1. 茶树系统选种 ··················· 351

2. 茶树杂交育种 ··················· 352

3. 茶树育种新技术 ················· 353

4. 茶树品种的早期鉴定 ············· 355

（四）　优良茶树品种 ················· 356

1. 茶树良种的作用和标准 ··········· 357

2. 优良茶树品种简介 ··············· 358

（五）茶树品种繁育 ·················· 375

1. 繁育体系 ······················· 375

2. 茶树短穗扦插育苗技术 ··········· 378

3. 工厂化育苗 ····················· 380

4. 茶树种子育苗技术 ··············· 382

5. 茶树引种 ······················· 384

二、茶树栽培技术 ······················ 384

（一）茶树适生条件 ·················· 384

1. 阳光 ··························· 385

2. 温度 ··························· 385

3. 水分 ··························· 386

4. 土壤 ··························· 387

5. 地形、地势和坡向 ··············· 388

（二）茶区的分布 ···················· 390

1. 华南茶区 ······················· 390

2. 西南茶区 ······················· 390

3. 江南茶区 ······················· 391

4. 江北茶区 ······················· 392

（三）新茶园建设 ···················· 392

1. 新茶园建设的目标和要求 ········· 392

2. 园地的规划与设计 ··············· 393

3. 新茶园开垦 ····················· 395

4. 茶树种植 ······················· 398

5. 茶树幼苗期的管理 ··············· 400

（四）茶园土壤与土壤管理 ··········· 400

1. 茶园土壤类型 ··················· 401

2. 茶园土壤耕作 ··················· 404

3. 茶园土壤覆盖 ··················· 406

4. 茶园水土保持 ··················· 408

5. 茶园土壤改良 ··················· 410

6. 茶园土壤污染与防治 ············· 412

（五）茶树的矿质营养与施肥 ········· 414

1. 茶树的矿质营养和吸肥特性 ······· 414

2. 茶园施肥基本准则 ··············· 417

3. 茶园测土和营养诊断施肥 ········· 420

4. 茶园施肥技术 ··················· 424

5. 茶园绿肥 …………………… 427
（六）茶树修剪 …………………… 430
　1. 茶树修剪的生物学基础 …… 430
　2. 茶树修剪的时期 …………… 432
　3. 茶树修剪方法 ……………… 432
　4. 茶树修剪与其他措施的配合 … 435
（七）茶园灌溉与排水 …………… 436
　1. 茶树的需水特性 …………… 437
　2. 茶园灌溉技术 ……………… 438
　3. 茶园排水技术 ……………… 442
（八）茶叶采摘 …………………… 443
　1. 茶叶采摘的生物学基础 …… 443
　2. 鲜叶的合理采摘 …………… 444
　3. 手工采摘技术 ……………… 446
　4. 机械采摘技术 ……………… 450
（九）茶园灾害防救 ……………… 452
　1. 茶园杂草治理 ……………… 452
　2. 茶园气象灾害的防救 ……… 456
（一○）茶园有害生物治理 ……… 463
　1. 茶园病虫区系的组成和演替 … 463
　2. 茶园有害生物的综合治理 … 467
　3. 茶树主要病害的发生与防治 … 474
　4. 茶树主要害虫的发生与防治 … 477
　5. 茶叶中的农药残留及其控制 … 487
（一一）低产茶园改造 …………… 500
　1. 茶园低产的原因 …………… 500
　2. 低产茶园的改造技术 ……… 501
　3. 低产茶园改造后的管理 …… 503
（一二）茶树设施栽培 …………… 504
　1. 塑料大棚栽培 ……………… 504
　2. 茶树遮阳栽培 ……………… 510
　3. 茶树无土栽培 ……………… 513
（十三）有机茶栽培 ……………… 517
　1. 有机茶生产的背景 ………… 517
　2. 有机茶的概念和含义 ……… 518
　3. 有机茶的环境条件和基地建设 … 518
　4. 常规茶园有机转换建设 …… 520
　5. 有机茶园土壤管理技术 …… 520
　6. 施肥技术 …………………… 521

7. 病虫害调控技术 …………… 522
8. 质量跟踪记录体系 ………… 528
三、制茶技术 …………………… 529
（一）绿茶制造工艺 ……………… 529
　1. 炒青绿茶制造 ……………… 529
　2. 烘青绿茶制造 ……………… 542
　3. 晒青绿茶制造 ……………… 543
　4. 蒸青绿茶制造 ……………… 543
（二）红茶制造工艺 ……………… 545
　1. 工夫红茶制造 ……………… 546
　2. 小种红茶制造 ……………… 554
　3. 红碎茶制造 ………………… 559
（三）乌龙茶制造工艺 …………… 565
　1. 乌龙茶制造基本工艺 ……… 566
　2. 闽南乌龙茶的制法 ………… 568
　3. 闽北乌龙茶的制法 ………… 570
　4. 广东乌龙茶的制法 ………… 572
　5. 台湾乌龙茶的制法 ………… 573
（四）白茶制造工艺 ……………… 576
　1. 白毫银针的制造 …………… 576
　2. 白牡丹、贡眉的制造 ……… 577
　3. 新白茶的制造 ……………… 578
（五）黄茶制造工艺 ……………… 579
　1. 黄茶制造技术 ……………… 579
　2. 黄茶制造过程的理化变化 … 580
　3. 闷黄技术在制茶中的应用 … 581
（六）黑茶制造工艺 ……………… 581
　1. 湖南黑茶制造 ……………… 581
　2. 湖北老青茶制造 …………… 584
　3. 南路边茶制造 ……………… 586
　4. 西路边茶制造 ……………… 587
　5. 六堡茶制造 ………………… 587
　6. 普洱茶制造 ………………… 588
（七）紧压茶压制技术 …………… 589
　1. 黑砖茶和花砖茶压制 ……… 589
　2. 茯砖茶压制 ………………… 590
　3. 湘尖茶压制 ………………… 591
　4. 康砖茶和金尖茶压制 ……… 591
　5. 方包茶压制 ………………… 591

6. 青砖茶压制 ……………………… 592
7. 六堡茶压制 ……………………… 592
8. 饼茶和圆茶压制 ………………… 593
9. 紧茶压制 ………………………… 593
10. 沱茶压制 ………………………… 593
11. 普洱方茶压制 …………………… 594
12. 竹筒茶压制 ……………………… 594
13. 米砖茶压制 ……………………… 595
（八）花茶窨制技术 ………………… 595
1. 花茶窨制原理 …………………… 595
2. 花茶窨制技术 …………………… 597
3. 各种花茶窨制工艺 ……………… 599
（九）新型茶加工技术 ……………… 606
1. 低咖啡碱茶 ……………………… 606
2. γ-氨基丁酸茶 …………………… 608
3. 超微茶粉 ………………………… 609
4. 香味茶 …………………………… 610
5. 冷水冲泡型茶 …………………… 612
四、茶综合利用 ……………………… 612
（一）茶叶成分的利用 ……………… 612
1. 茶多酚 …………………………… 613
2. 咖啡碱 …………………………… 616
3. 茶多糖 …………………………… 617
4. 茶氨酸 …………………………… 618
5. 茶黄素 …………………………… 619
6. 速溶茶 …………………………… 621
7. 茶饮料 …………………………… 624
8. 红茶菌 …………………………… 627
（二）茶籽的利用 …………………… 628
1. 茶籽油的利用 …………………… 629
2. 茶皂素的利用 …………………… 631
3. 茶籽壳及其他残渣的利用 ……… 636
五、茶叶品质与检验 ………………… 637
（一）茶叶品质化学 ………………… 637
1. 茶叶色香味形的形成 …………… 637
2. 不同季节茶的品质特点 ………… 640
3. 不同茶类的品质化学特征 ……… 640
（二）茶叶审评 ……………………… 645
1. 审评室的条件与设备 …………… 645

2. 评茶人员应具有的条件 ………… 647
3. 审评方法 ………………………… 647
4. 评茶术语 ………………………… 651
5. 评茶计分方法 …………………… 655
（三）茶叶检验 ……………………… 658
1. 中国茶叶检验简史 ……………… 658
2. 检验性质 ………………………… 659
3. 茶叶品质规格检验 ……………… 660
4. 茶叶包装及衡量检验 …………… 661
5. 茶叶品质理化检验 ……………… 661
6. 茶叶检疫及卫生检验 …………… 663
7. 茶叶进出口检验及公证 ………… 666
六、茶叶包装与贮藏 ………………… 667
（一）茶叶变质的原因 ……………… 667
1. 叶绿素的变化 …………………… 667
2. 茶多酚的氧化、聚合 …………… 667
3. 维生素 C 的减少 ………………… 668
4. 类脂物质的水解和胡萝卜素的氧化 … 668
5. 氨基酸的变化 …………………… 668
6. 香气成分的变化 ………………… 668
（二）影响茶叶变质的环境条件 …… 668
1. 温度 ……………………………… 668
2. 水分 ……………………………… 669
3. 氧气 ……………………………… 669
4. 光线 ……………………………… 669
（三）茶叶的包装与装潢 …………… 669
1. 茶叶的包装 ……………………… 669
2. 茶叶包装装潢 …………………… 671
（四）大批量茶叶的贮藏 …………… 671
（五）家庭用茶的贮藏 ……………… 672
1. 瓦坛贮茶法 ……………………… 672
2. 罐贮法 …………………………… 673
3. 塑料袋/冰箱、冰柜贮藏法 ……… 673
（六）提高茶叶耐贮性的加工方法 … 673
1. 减少残留酶活性法 ……………… 673
2. 改变红茶发酵的 pH 法 ………… 674
3. 控制红茶萎凋和发酵程度法 …… 674
七、茶业机械 ………………………… 674
（一）茶叶机械的发展 ……………… 674

（二）茶园作业机械 …………… 677
　1. 茶园垦殖机械 ……………… 677
　2. 茶园耕作机械 ……………… 679
　3. 茶园病虫害防治机械 ……… 680
　4. 茶园灌溉设施 ……………… 681
　5. 茶树修剪机 ………………… 682
　6. 采茶机 ……………………… 684
（三）茶叶加工机械 …………… 685
　1. 绿茶加工机械 ……………… 685
　2. 红茶加工机械 ……………… 694
　3. 乌龙茶加工机械 …………… 698
　4. 名优茶加工机械 …………… 702
　5. 其他茶叶加工机械 ………… 708
　6. 茶叶精制机械 ……………… 709
　7. 制茶机械的连续化和自动控制 … 715

饮茶篇 ……………………………… 716
一、饮茶习俗 ……………………… 716
（一）饮茶习俗的发展与传播 … 716
（二）客来敬茶 ………………… 718
（三）各民族饮茶习俗 ………… 720
　1. 汉族的清饮 ………………… 720
　2. 维吾尔族的奶茶与香茶 …… 722
　3. 藏族的酥油茶 ……………… 723
　4. 蒙古族的咸奶茶 …………… 724
　5. 傣族、拉祜族的竹筒香茶 … 724
　6. 纳西族的盐巴茶与"龙虎斗" … 725
　7. 傈僳族的雷响茶 …………… 726
　8. 布朗族的酸茶 ……………… 726
　9. 白族的三道茶和响雷茶 …… 726
　10. 土家族的擂茶 ……………… 727
　11. 苗族和侗族的油茶 ………… 728
　12. 回族的罐罐茶 ……………… 729
二、茶艺 …………………………… 729
（一）品茗的环境 ……………… 729
（二）茶的欣赏 ………………… 730
（三）用茶方法 ………………… 732
（四）茶宴与斗茶 ……………… 732
（五）茶馆与茶摊 ……………… 734

（六）茶话会与音乐茶座 ……… 737
三、茶的鉴别 ……………………… 739
（一）新茶与陈茶的鉴别 ……… 739
（二）春茶、夏茶与秋茶的鉴别 … 740
（三）真茶与假茶的鉴别 ……… 741
（四）窨花茶与拌花茶的鉴别 … 744
（五）高山茶和平地茶的鉴别 … 745
四、茶具 …………………………… 746
（一）茶具发展的历史 ………… 746
　1. 茶具和茶器 ………………… 746
　2. 茶具的产生 ………………… 746
　3. 茶具沿革 …………………… 747
（二）茶具种类 ………………… 749
　1. 陶瓷茶具 …………………… 749
　2. 金属茶具 …………………… 751
　3. 玻璃茶具 …………………… 752
　4. 漆器茶具 …………………… 752
　5. 石茶具 ……………………… 753
　6. 其他茶具 …………………… 753
（三）古代名窑及典作 ………… 754
（四）古代茶具典作 …………… 760
　1. 陆羽提倡的煎茶用具 ……… 760
　2. 唐代宫廷用具 ……………… 762
　3. 宋代"十二先生"茶具 …… 763
　4. 明代茶具十六事 …………… 765
　5. 工夫茶茶具 ………………… 766
五、茶的冲泡 ……………………… 766
（一）泡茶用水 ………………… 766
　1. 对泡茶用水的认识 ………… 767
　2. 泡茶用水的选择 …………… 768
　3. 泡茶用水对茶汤品质的影响 … 770
（二）泡茶技艺 ………………… 771
　1. 泡茶方法 …………………… 771
　2. 泡茶技术 …………………… 772
六、茶的饮用方法 ………………… 775
（一）茶叶饮用方法的起源与发展 … 775
　1. 远古而悠久的"吃茶"与"喝茶"阶段
　　………………………………… 775
　2. 丰富多彩的"饮茶"阶段 … 776

3. 崇尚美学与艺术的"艺茶"阶段 ········ 779

（二）茶叶泡饮技艺的要素 ············· 779

1. 泡茶意境 ························· 779

2. 泡茶程式 ························· 780

（三）茶叶的饮用方法 ··············· 781

1. 绿茶的饮用方法 ··············· 781

2. 黄茶与白茶的饮用方法 ········ 785

3. 红茶的饮用方法 ··············· 785

4. 乌龙茶的泡饮方法 ············· 786

5. 花茶泡饮法 ····················· 790

6. 紧压茶的饮用方法 ············· 790

茶文化篇 ······························· 794

一、茶文化概述 ······················· 794

（一）茶文化的形成和发展历史 ······ 794

（二）当代茶文化的兴起 ············· 796

（三）茶文化的内涵和功能 ·········· 798

（四）中国茶道精神 ················· 799

（五）茶与儒、释、道三教 ·········· 800

二、茶与社会生活 ··················· 804

（一）茶与社交 ····················· 804

（二）茶与礼仪 ····················· 805

（三）茶与节庆 ····················· 805

（四）茶与婚俗 ····················· 807

（五）茶与祭祀 ····················· 809

（六）茶馆文化 ····················· 811

三、茶与文学艺术 ··················· 813

（一）咏茶诗词 ····················· 813

1. 两晋和南北朝茶诗 ············· 813

2. 唐代（含五代）茶诗 ·········· 814

3. 宋代咏茶诗词 ·················· 817

4. 金代咏茶诗词 ·················· 822

5. 元代咏茶词及元曲 ············· 823

6. 明代咏茶诗词 ·················· 825

7. 清代咏茶诗词 ·················· 827

8. 近现代咏茶诗词 ··············· 830

（二）吟茶楹联 ····················· 832

（三）茶的文赋 ····················· 835

1. 契约 ··························· 835

2. 传 ····························· 835

3. 自传 ··························· 835

4. 记 ····························· 835

5. 序、跋 ························· 835

6. 信函 ··························· 836

7. 杂文 ··························· 836

8. 论文 ··························· 836

9. 散文 ··························· 836

10. 小说 ··························· 836

11. 故事 ··························· 836

12. 茶榜 ··························· 836

13. 诏、敕、谕 ·················· 836

14. 檄、示 ······················· 837

15. 奏议 ··························· 837

16. 申、详、呈、禀 ············· 837

17. 赋 ····························· 838

18. 颂 ····························· 838

19. 铭 ····························· 838

20. 赞 ····························· 838

（四）叙茶小说 ····················· 838

（五）茶事绘画 ····················· 842

1. 唐代茶事绘画 ·················· 842

2. 宋、辽、元时期茶事绘画 ······ 843

3. 明代茶事绘画 ·················· 846

4. 清代茶事绘画 ·················· 847

5. 近现代茶事绘画 ··············· 849

（六）茶与书法篆刻艺术 ············· 850

1. 先秦两汉时期书法印章中的茶 ·· 850

2. 唐代书法艺术中的茶 ·········· 851

3. 宋、元书法艺术中的茶 ········ 851

4. 明代书法篆刻中的茶 ·········· 854

5. 清代书法篆刻中的茶 ·········· 855

6. 近现代书法篆刻中的茶 ········ 858

（七）茶事戏曲、影视 ··············· 860

（八）茶歌茶舞 ····················· 862

（九）茶事典故 ····················· 864

1. 孙皓赐茶代酒 ·················· 864

2. 陆纳以茶果待客 ··············· 864

3. 单道开饮茶苏 ·················· 864

4. 王濛患水厄 …………… 864
5. 王肃好茗饮 …………… 864
6. 李德裕嗜惠山泉 ………… 865
7. 陆羽鉴水 ……………… 865
8. 卢仝七碗茶 …………… 865
9. 皮光业以茗为"苦口师" … 865
10. 王安石验水 …………… 865
11. 蔡襄别茶 ……………… 865
12. 苏东坡梦泉 …………… 865
13. 谦师得茶三昧 ………… 866
14. 李清照饮茶助学 ……… 866
15. 天下第一泉 …………… 866
16. 天下泉名多"陆羽" …… 867
17. 茶马交易 ……………… 867
18. 贡茶得官 ……………… 867
19. 禅林法语吃茶去 ……… 868
（一〇）茶的传说 ………… 868
1. 十八棵御茶 …………… 868
2. 茶墨之争 ……………… 869
3. 奶茶和酥油茶的由来 … 869
4. 碧螺姑娘 ……………… 870
5. 冻顶乌龙 ……………… 872
6. 蒙顶玉叶 ……………… 872
7. 御茶园遗址 …………… 874
8. 猴公茶的故事 ………… 875
9. 雪芹辨泉 ……………… 875
10. 神农尝百草 …………… 876
11. 陆羽煎茶 ……………… 876
12. 庐山云雾 ……………… 877
13. 大红袍 ………………… 879
14. 龙井茶虎跑水 ………… 882
15. 正志和尚与茶 ………… 884
16. 茶姑画眉 ……………… 886
17. 擂茶二说 ……………… 887
（一一）茶叶谚语 ………… 888
1. 茶树种植谚语 ………… 888
2. 茶园管理谚语 ………… 889
3. 茶叶采摘谚语 ………… 889
4. 茶叶制造谚语 ………… 889

5. 茶叶贮藏谚语 ………… 890
6. 茶叶饮用谚语 ………… 890
7. 茶叶贸易谚语 ………… 890
8. 茶叶风俗谚语 ………… 890
（一二）茶叶谜语 ………… 891
四、茶书和茶报刊 ………… 892
（一）茶书 ………………… 892
1. 古代茶书提要 ………… 892
2. 现代茶书提要 ………… 896
（二）当代茶叶刊物 ……… 907
1.《茶叶科学》 …………… 907
2.《中国茶叶》 …………… 907
3.《茶叶世界》 …………… 907
4.《茶叶》 ………………… 907
5.《福建茶叶》 …………… 907
6.《茶叶通讯》 …………… 907
7.《蚕桑茶叶通讯》 ……… 907
8.《茶讯》 ………………… 908
9.《茶艺月刊》 …………… 908
10.《茶博览》 …………… 908
11.《茶业通报》 ………… 908
12.《广东茶叶》 ………… 908
13.《茶叶科学技术》 …… 908
14.《中国茶叶加工》 …… 908
15.《茶叶机械杂志》 …… 908
16.《普洱》 ……………… 908
17.《茶叶科学技术》 …… 908
五、茶与名人 ……………… 908
（一）陆羽 ………………… 908
（二）卢仝 ………………… 910
（三）皎然 ………………… 911
（四）白居易 ……………… 911
（五）陆龟蒙、皮日休 …… 913
（六）欧阳修 ……………… 914
（七）蔡襄 ………………… 915
（八）苏轼 ………………… 916
（九）黄庭坚 ……………… 918
（一〇）赵佶 ……………… 918
（一一）陆游 ……………… 919

（一二）耶律楚材 …………… 920
（一三）虞集 ………………… 921
（一四）高濂 ………………… 922
（一五）袁宏道 ……………… 923
（一六）张岱 ………………… 924
（一七）李渔 ………………… 925
（一八）郑燮 ………………… 926
（一九）爱新觉罗·弘历 …… 926
（二〇）曹雪芹 ……………… 928
（二一）袁枚 ………………… 929
（二二）鲁迅 ………………… 930
（二三）郭沫若 ……………… 931
（二四）吴觉农 ……………… 932
（二五）老舍 ………………… 933
（二六）赵朴初 ……………… 934

茶经济篇 ………………………… 936
一、茶产业经济概述 ……………… 936
（一）茶产业与茶产业经济的内涵 … 936
　　1. 茶产业与茶产业经济 …… 936
　　2. 茶产业经济研究的内容 … 936
（二）我国茶产业经济的历史演变 … 937
　　1. 古代茶产业经济(1840 年以前) … 937
　　2. 近现代茶产业经济(1840～1949 年)
　　　　　　　　　………………… 937
　　3. 当代茶产业经济(1949 年至今) … 938
二、茶叶生产与供给 ……………… 938
（一）茶叶生产的特点 …………… 938
　　1. 生产的区域性 …………… 938
　　2. 生产的季节性 …………… 938
　　3. 生产的资产专用性 ……… 939
　　4. 供给的滞后性与波动性 … 939
　　5. 茶叶产品品质周期内的不均衡性 … 939
（二）影响茶叶供给的主要因素 … 939
　　1. 生产要素投入的数量与质量 … 939
　　2. 销售价格 ………………… 940
　　3. 产业政策 ………………… 940
（三）茶叶种植面积与产量 …… 940
（四）茶叶生产成本构成与变化 … 941

1. 生产总成本的构成 ……… 941
2. 生产成本的变化趋势 …… 941
三、茶叶市场与流通渠道 ………… 942
（一）我国茶叶市场的形成 …… 942
（二）我国茶叶市场的类型 …… 942
　　1. 按产品结构划分 ………… 942
　　2. 按茶类与区域消费特征划分 … 943
　　3. 按茶叶流通渠道划分 …… 943
（三）我国茶叶流通渠道 ……… 944
　　1. 流通体制改革前茶叶市场流通渠道 … 944
　　2. 流通体制改革后茶叶市场流通渠道 … 944
　　3. 当前茶叶生产经营主体选择的渠道
　　　　模式 ………………………… 945
　　4. 我国茶叶流通渠道发展趋势 … 945
四、茶叶消费需求 ………………… 946
（一）茶叶消费的内涵 ………… 946
（二）茶叶消费需求的特点 …… 946
　　1. 层次性与文化性 ………… 946
　　2. 嗜好性与可替代性 ……… 947
　　3. 季节性与示范性 ………… 947
（三）影响茶叶消费需求的因素 … 947
　　1. 人口因素 ………………… 947
　　2. 收入与购买力水平 ……… 947
　　3. 茶叶价格与价格形成机制 … 948
　　4. 市场营销行为 …………… 948
　　5. 消费偏好与文化习俗 …… 949
　　6. 替代品、互补品价格及可获得性 … 949
　　7. 中间需求变化 …………… 949
（四）我国茶叶消费现状与发展趋势 … 949
　　1. 茶叶人均消费数量变化 … 949
　　2. 茶叶消费质量变化趋势 … 950
　　3. 消费的茶类结构变化趋势 … 950
　　4. 茶叶消费的地区差异 …… 950
（五）世界茶叶消费 …………… 951
　　1. 茶叶消费总量与人均茶叶消费水平 … 951
　　2. 消费的茶类结构 ………… 951
　　3. 茶叶消费量的地区分布 … 952
五、我国的茶叶出口贸易 ………… 953
（一）我国茶叶出口贸易概述 …… 953

（二）我国茶叶出口量的变化 ……… 953
（三）我国茶叶出口茶类结构 …… 954
（四）我国茶叶出口地区结构 …… 954
  1. 出口目的地现状 ………… 954
  2. 重点出口市场分析 ……… 955
（五）我国茶叶出口价格分析 …… 956
（六）世界茶叶交易模式与我国茶叶
    出口渠道 ……………… 956
  1. 世界茶叶交易模式 ……… 956
  2. 我国茶叶出口渠道 ……… 956

六、茶产业结构、产业布局与产业
   升级 …………………… 957
（一）茶产业结构的含义与影响因素 … 957
  1. 茶产业结构的含义 ……… 957
  2. 茶产业结构形成的影响因素 …… 957
（二）中国茶产业结构现状 …… 958
  1. 茶类结构 ……………… 958
  2. 茶叶产品品质结构 ……… 958
  3. 茶产业纵向结构 ………… 959
（三）茶产业布局 ……………… 960
  1. 茶产业区域布局现状 …… 960
  2. 茶类的地理分布 ………… 961
  3. 茶区优势布局规划 ……… 961
（四）茶产业转型升级 ………… 962
  1. 茶产业转型升级的基本内涵 … 962
  2. 茶产业升级的基本内容与实现路径 … 963

七、茶叶产业组织 …………… 964
（一）我国茶叶产业的经济主体 … 964
  1. 茶农 …………………… 964
  2. 中小茶叶企业 …………… 964
  3. 茶叶流通企业 …………… 964
  4. 茶农专业合作社 ………… 965
  5. 茶叶龙头企业或大型茶叶企业 … 965
（二）我国茶叶产业组织的结构现状 … 966
  1. 茶园小规模经营与名优茶的"分包式"
    加工 …………………… 966
  2. 出口大宗茶初制加工与茶园经营之间
    交易的外部化 …………… 967
  3. 加工规模呈多元化特点，但总体规模

偏小 …………………… 967
  4. 出口大宗茶原料初、精制加工的专业
    化分工 ………………… 967
（三）世界主要产茶国的产业组织模式
    ……………………… 967
  1. 茶园小规模经营模式 …… 967
  2. 家庭式经营与农户合作组织相结合的
    模式 …………………… 968
  3. 茶园规模化经营模式 …… 969
  4. 茶叶专业交易市场的形成与发展 … 969
（四）茶叶企业的市场行为 …… 970
  1. 价格行为 ……………… 970
  2. 非价格营销行为 ………… 970
  3. 研发行为 ……………… 970
（五）茶产业市场绩效 ………… 970
  1. 生产规模不断扩大，但整体生产率不高
    ……………………… 970
  2. 过度的市场竞争降低了产业整体效益
    ……………………… 971
  3. 出口创汇能力低 ………… 971
  4. 名茶多，名牌少 ………… 971
（六）我国茶产业组织现状与整合 … 972
  1. 我国茶产业链基本形成但缺乏合理
    分工 …………………… 972
  2. 茶产业组织整合的模式 … 973

八、茶产业管理体制 ………… 974
（一）茶叶经济管理体制概述 … 974
（二）茶叶生产管理体制 ……… 975
  1. 计划体制下的茶叶生产管理 … 975
  2. 承包制后的茶叶生产管理 … 975
（三）茶叶购销政策和流通体制 … 976
  1. 茶叶统购 ……………… 976
  2. 毛茶收购经营方式 ……… 976
  3. 样价政策 ……………… 976
  4. 茶叶供应形式 …………… 976
  5. 国内茶叶销售 …………… 977
（四）茶叶对外贸易管理体制 … 977
  1. 茶叶出口政策 …………… 977
  2. 茶叶出口管理体制 ……… 978

3. 茶叶出口经营方式 …………… 979
4. 茶叶的出口许可证管理 ……… 979

附录 ……………………………… 980
一、中国茶叶大事记 ……………… 980
二、中国主要野生大茶树 ………… 987
三、中国各产茶省主要名茶品目 ……… 1000
四、中国茶产品相关标准 ………… 1004
（一）国家标准 ………………… 1004
（二）行业标准 ………………… 1006
五、常见的民间代用茶 …………… 1009
六、世界主要产茶国茶园面积、产量、
出口、进口量（1989～2008 年）…… 1015
七、世界茶叶拍卖市场……………… 1025
（一）世界主要的茶叶拍卖市场 ……… 1025
1. 伦敦拍卖市场 …………… 1025
2. 印度拍卖市场 …………… 1025
3. 斯里兰卡科伦坡拍卖市场 … 1026
4. 肯尼亚内罗毕和蒙巴萨拍卖市场 … 1026
5. 其他拍卖市场 …………… 1026
（二）拍卖的方法和步骤 ……… 1026
八、中国茶书名录 ………………… 1027
（一）古代茶书 ………………… 1027
（二）现代茶书 ………………… 1028
九、国外茶叶期刊一览表 ………… 1048
一〇、中国茶叶专业学校 ………… 1050
（一）设有茶叶专业的高等院校 …… 1050
1. 浙江大学茶学系 ………… 1050
2. 安徽农业大学茶学系 …… 1050
3. 湖南农业大学茶学系 …… 1050
4. 华南农业大学茶学系 …… 1050
5. 西南大学茶学专业 ……… 1050
6. 四川农业大学茶学系 …… 1050
7. 福建农林大学茶学系 …… 1050
8. 云南农业大学茶叶学院 … 1051
9. 华中农业大学茶学专业 … 1051
10. 山东农业大学茶学专业 … 1051
11. 西北农林科技大学茶学专业 … 1051
12. 南京农业大学茶学专业 … 1051

13. 浙江树人大学茶文化专业 ……… 1051
14. 浙江农林大学茶文化专业 ……… 1051
15. 天福茶学院 …………… 1051
（二）设有茶叶专业的中等专业学校
…………………………… 1052
一一、世界茶叶研究机构 ………… 1052
（一）中国茶叶研究机构 ……… 1052
1. 中国农业科学院茶叶研究所 … 1052
2. 中华全国供销合作总社杭州茶叶研
究院 ……………………… 1053
3. 江苏省茶叶研究所 ……… 1053
4. 安徽省农业科学院茶叶研究所 … 1054
5. 福建省农业科学院茶叶研究所 … 1054
6. 江西省蚕桑茶叶研究所 … 1055
7. 湖北省农业科学院果树茶叶研究所
…………………………… 1055
8. 湖南省农业科学院茶叶研究所 … 1056
9. 广东省农业科学院茶叶研究所 … 1056
10. 广西壮族自治区桂林茶叶科学研
究所 ……………………… 1057
11. 重庆市农业科学院茶叶研究所 … 1057
12. 四川省农业科学院茶叶研究所 … 1058
13. 贵州省茶叶研究所 ……… 1058
14. 云南省农业科学院茶叶研究所 … 1059
15. 台湾茶业改良场 ………… 1059
（二）世界茶叶研究机构 ……… 1060
1. 印度 …………………… 1060
2. 斯里兰卡 ……………… 1060
3. 印度尼西亚 …………… 1060
4. 日本 …………………… 1060
5. 孟加拉国 ……………… 1061
6. 土耳其 ………………… 1061
7. 肯尼亚 ………………… 1061
8. 马拉维 ………………… 1062
一二、世界茶叶社会团体和组织 ……… 1062
（一）中国茶叶社会团体和组织 …… 1062
1. 中国茶叶学会 …………… 1062
2. 中国国际茶文化研究会 … 1062
3. 中国茶叶流通协会 ……… 1063

4. 中华茶人联谊会 ················· 1063

5. 中国食品土畜进出口商会茶叶分会
···················· 1064

6. 华侨茶业研究基金会 ············· 1064

7. 台湾茶协会 ·················· 1064

8. 台北市茶商业同业公会 ·········· 1064

9. 吴觉农茶学思想研究会 ············ 1065

10. 中国茶叶博物馆 ·············· 1065

（二）国际性茶叶组织 ················ 1066

1. 联合国粮农组织、商品和贸易部,原材料、
热带和园艺产品服务处(Raw Matrials
Tropical and Horticultuyal Produsts Service
Commodites and Trade，Division，FAO)
···················· 1066

2. 国际茶叶委员会(The International Tea
Committee) ················· 1066

3. 欧洲茶叶委员会(European Tea
Association) ················· 1066

（三）世界主要产茶国的重要茶叶团体
···················· 1067

1. 印度茶叶协会(Indian Tea Association)
···················· 1067

2. 印度南部种植者联合协会(United
Planters Association of Southern
Indian) ·················· 1067

3. 斯里兰卡种植者协会(Planters'
Association of Ceylon) ········· 1067

4. 日本茶业中央会 ·············· 1067

5. 土耳其茶叶商会(CAYKUR) ········ 1067

索 引 ····················· 1068

主要参考文献 ················· 1104

1992 年版作者名录 ············· 1108

茶 史 篇

茶，是中华民族的举国之饮。它发乎神农氏，闻于鲁周公，兴于唐，盛于宋，延续明清。如今，茶已成了风靡世界的三大无酒精饮料（茶叶、咖啡和可可）之一，饮茶嗜好遍及全球；全世界有近 60 个国家种茶。寻根溯源，世界各国最初所饮的茶叶，引种的茶种，以及饮茶方法、栽培技术、加工工艺、茶风茶俗、茶礼茶道等，都是直接或间接地由中国传播去的。中国是茶的原产地，茶文化的发祥地，誉称为"茶的祖国"。世界各国，凡提及茶事者，无不与中国联系在一起。茶，乃是中华民族的骄傲！也是中国对人类作出的一大贡献。

一、茶树的起源及演变

我国是世界上最早发现茶树和利用茶树的国家。瑞典科学家林奈(Carolus von Linne)在 1753 年出版的《植物种志》中，就将茶树的最初学名定名为 *Thea sinensis*，L.，后又订为 *Camellia sinensis* L.，"*sinensis*"，它是拉丁文中国的意思。

在植物分类系统中，茶树属被子植物门(Angiospermae)，双子叶植物纲(Dicotyledoneae)，山茶目(Theaceae)，山茶属(Camellia)。目前，大量栽培应用的茶树的种名一般称为 *Camellia sinensis*，也有人称为 *Thea Rinensis*。1950 年钱崇澍根据国际命名和茶树性状的研究，确定茶树的正确学名为 [*Camellia sinensis*(L.)O. Kuntze]，迄今未有更改。

而在我国古代文献中，称颂它为"南方之嘉木"（见唐代陆羽《茶经》）。它一次种，多年收，分次采，是一种叶用常绿木本植物。野生乔木型茶树可高达 15～30 米，基部干围达 1.5 米以上，寿命可达数百年，以至上千年之久。目前，人们常见到的是人工栽培的茶树，为了多产芽叶和方便采摘，往往用修剪的方法，抑制茶树纵向生长，促使茶树横向扩展，所以，树高多在 0.8～1.2 米之间。茶树经济学年龄，一般

为 50～60 年。

（一）茶树起源的佐证

茶树起源问题，虽然较难考证，但历史上一些痕迹和史料为茶树起源提供不少佐证，使人们能从多方面、深层次去了解和探索，随着科学技术的不断发展，逐渐取得了科学的结论。

1. 最早的茶字

在古代史料中，茶的名称很多。在"茶"确立之前，有一个"荼"字逐渐演变和形成的时期，认为"荼"就是"茶"的古体字。

（1）"荼"字的由来

根据史料查证，最先出现"荼"字的是《诗经》。《诗经》是中国古代的一部诗歌总集，大约是周初至春秋中叶的作品。在《诗经》中，有"荼"字的句子不少，或多或少为茶学界引用过的，大致有以下 5 处：

《诗·邶风·谷风》曰："谁为荼苦，其甘如荠。"

《诗·大雅·绵》曰："周原膴膴，堇荼如饴。"

《诗·豳风·七月》曰："采荼薪樗，食我农夫。"

《诗·豳风·鸱鸮》曰："予所捋荼。"

《诗·郑风·出其东门》曰："出其圉圉，有女如

茶，非我思且。"

对于《诗经》中出现的上述几处"荼"字，虽然有人认为指的是茶，但也有人持不同意见。茶虽然在中国传继了千百万年，但在文字最初形成时期，以及对事物认识远低于今天的古代，不可能对每种植物都有一个确切的文字记录，所以，一名多物，或多名一物的情况经常发生。而越是古代，如今可查证的资料越少，这又为今人对"荼"字的考证增加了难度；加之人们在刚刚发现新事物时，常常凭借直观感觉来命名，即在茶树这种植物名称未确立之前，借用相似植物名称而称呼之，也在情理之中。正如成书于秦汉年间的《神农本草经》（原书已佚，内容由历代本草转引，得以保存）曰："苦荼，一名荼，一名选，一名冬游。"这里，暂不说"荼"是否指茶，但至少已表明：茶有木本植物和草本植物之分。而对《诗经》中的"荼"，有人认为指的是苦菜（《困学纪闻》曰："谁为荼苦，苦菜也"），有人认为指的是莠草（《日知录》曰："《夏小正》取荼莠荼"），有人认为指的是茅、芦之类的白花（《匡误正俗·苦菜篇》曰："荼，野菅白华也，言此奇丽，自如荼也"），有人认为指的是菜和草（《困学纪闻》曰："荼有三，苦菜、茅莠、陆草也"），有人认为指的是神名（《风俗通义》曰："上古之时，有神荼郁垒"）。此外，还有不少非茶之解。但对其中两处，即"谁为荼苦，其甘如荠"和"采荼薪樗，食我农夫"中的"荼"字，古今有不少学者认为指的是茶，但也有人认为指的是苦菜。其实，茶与苦菜，都有甘苦味，在当时、当地条件下，究竟指何物，很难定论。《神农本草经·菜部》有："苦菜……一名荼苦"之说，注释为："味苦寒，久服……聪察少卧……生川谷。"但对此说法，又众说纷纭。南朝的陶弘景在整理《神农本草经》时指出：苦菜，"疑即今茗"。"茗，一名荼。"认为指的就是茶。但唐显庆四年，苏敬等编著的《新修本草》中，又否定了陶弘景的"苦菜即茗"的说法，认为"两物有别"。唐代颜师古在《匡误正俗·苦菜篇》中也认为："《神农本草经》中，苦菜名荼草，治疗疾病，功效极多，陶弘景误当为茗，茗岂有此效乎。"这里，颜师古也否定了陶弘景的说法。宋代王楸在《客野丛书》中称："世谓古之荼，即今之茶，不知荼有数种，非一端也。诗曰：'谁为荼苦，其甘如荠。'乃苦菜之

荼，如今苦苣之类。《周礼》掌荼，《毛诗》有女如荼者，乃苦荼之荼也。惟荼槚之荼，乃今之茶也。"可是，元代王桢的《农书》却认为："六经中无茶字，盖荼即茶也。"认为"六经"中的"荼"指的就是茶。而清《康熙字典》又称："世谓古之荼，即今之茶，不知荼有数种，惟荼槚之荼，即今之茶也。"总之，对《诗经》中出现的几处"荼"字，指的是茶，是菜，是草……或兼而有之，历代说法不一。不过，从上可见，"荼"，作为古代"茶"字的借用字，有的地方用来指茶，但也并非专门用来指茶。

明确表示有茶名意义的是《尔雅》，它是中国最早解释词义的一部专著，由汉初学者缀辑周汉诸书旧文，递相增益而成。《汉书·儒林传序》称：《尔雅》是"文章尔雅，训辞深厚"。唐代颜师古注："《尔雅》，近正也，言诏辞雅深厚也。"所以，确切地说，《尔雅》是我国古代考证词义和古代名物的重要资料。《尔雅》中写道："槚，苦荼。"而对《尔雅》的注释，以晋郭璞的《尔雅注》，宋邢昺疏的《十三经注疏》最为通行；又以清邵晋涵的《尔雅正义》、郝懿行的《尔雅义疏》最为详细。现分别将有关对"荼"的释文摘录于下：

《尔雅注》曰："树小如栀子，冬生叶，可煮羹……蜀人名之苦荼。"

《十三经注疏》曰："槚，一名苦荼……今呼早采者为荼，晚取者为茗。一名荈，蜀人名之苦荼。"

《尔雅正义》曰：荼，"今蜀人以作饮，音直加反，茗之类……汉人有阳羡买茶之语，则西汉已尚茗饮，三国志韦曜传：曜初见礼异，密赐茶荈以当酒。自此以后，争茗饮尚矣……荈、茗，其实一也。"

《尔雅义疏》曰："槚与梗同。荼苍作。今蜀人以作饮，音直加反，茗之类。按，今茶字古作荼。"

又如，东汉许慎的《说文解字》也说："荼，苦荼也。"北宋徐弦等校此书时也认为："此，即今之茶字。"此外，司马相如的《凡将篇》，杨雄的《方言》，王褒的《僮约》；三国魏张揖的《埤苍》、《杂字》、《广雅》，以及三国吴秦菁的《秦子》；晋陈寿的《三国志》，张华的《博物志》，郭义恭的《广志》，杜育的《荈赋》，常璩的《华阳国志》等众多著述，也都有类似记载。

（2）"茶"字的确立

茶的发展史告诉人们，茶是在不同时期，不同地区，被不同的人相继发现和利用的。由于古代人们对茶的不同认识，加之地域的障碍，语言的差异，以及文字的局限，致使对茶有着多种称呼。所以，唐陆羽在《茶经》中称：茶，其名一曰茶，二曰槚，三曰蔎，四曰茗，五曰荈。但在唐以前，对茶的称呼虽然很多，但用得最多、最普遍、影响最深的乃是"荼"字。只是随着社会的发展和科学文化水平的提高，"茶"字才会从一名多物的"荼"字中分化出来，演变成特定的专有名词"茶"来。"茶"字从"荼"字中分化出来直到被专指茶，同样也有一个发展和演化的过程。人们知道，一个独立完整的字，至少由三个部分组成，即"形"、"音"、"义"，三者缺一不可。史料表明，从"荼"字形演变成"茶"字形，始于汉代。在查阅有关汉代官私印章分韵的著作《汉印韵合编》时，可以发现在"荼"字形中有"荼"和"茶"书写法，这显然已向"茶"字形演变了，但还没有"茶"字音，也不知道指的是何物；由"荼"字音读成"茶"字音，始见于《汉书·地理志》，其中写到今湖南省的茶陵，古称荼陵（据《茶陵图经》称：茶陵因陵谷产茶而得名，古称荼陵），曾是西汉荼陵侯刘沂的领地，称茶王城，是当时长沙国13个属县之一。唐颜师古注此地的"荼"字读音为："音弋奢反，又音丈加反。"然而，它虽有"茶"字义，已接近"茶"字音，但却没有"茶"字形，因此，人们还无法定论那时"茶"字是否已经确立。所以，南宋魏了翁的《邛州先茶记》说，荼陵中的"荼"字虽已转入茶音，而未敢辄易字文。魏氏认为，"茶"字的确立，"惟自陆羽《茶经》，卢仝《茶歌》，赵赞'茶禁'以后，则遂易荼为茶，其字从草，从人，从木"。明代杨慎在《丹铅杂录》中亦持相同看法："周诗纪荼苦，春秋书齐荼，汉志书荼陵。颜师古、陆德明虽已转入茶音，而未易荼文也。至陆羽《茶经》，玉川（注：卢仝）《茶歌》，赵赞'茶禁'以后，遂以茶易荼。"据此，清代学者顾炎武在他的《唐韵正》中考证后认为："愚游泰山岱岳，观览唐碑题名，见大历十四年（779）刻茶药字，贞元十四年（798）刻茶宴会，皆作荼……其时体未变。至会昌元年（841）柳公权书《玄秘塔碑铭》，入大中九年（855）裴休书《圭峰禅师碑》茶毗字，俱减此

一画，则此字变于中唐以后也。"清代训诂学家郝懿行在《尔雅义疏》中也认为："今茶字古作荼……至唐朝陆羽著《茶经》始减一画作茶。"但唐陆羽自己在《茶经》中说："茶，其字，或从草，或从木，或草木并。"接着在同书注释中又指出："从草，当作茶，其字出《开元文字音义》；从木，当作搽，其字出《本草》；草木并，作荼，其字出《尔雅》。"其实，这种看法，亦不足为奇，因为一个新文字的出现，正如由繁体字转化成简体字一样，总有一个新老交替的使用时期。按此分析，中唐时，陆羽在对茶有着众多称呼的情况下，在著述世界第一部茶叶专著《茶经》时，规范了茶的语音与书写符号，将"荼"字减去一画，一律改写成"茶"字，使"茶"字从一名多物的"荼"字中独立出来，一直沿用至今，从而确立了一个形、音、义三者兼备的"茶"字，结束了对茶称呼混淆不清的历史。

（3）茶的异名

其实，在唐以前，对茶有许多称呼。除了陆羽在茶经中提及的外，在古文献中常提到的还有以下几种别称。

① 茗

在《晏子春秋》中，说晏婴任齐景公国相时，吃糙米饭，三五样荤食及茗和蔬菜。《神农食经》曰："茶茗久服，令人有力，悦志。"东汉许慎的《说文解字》曰："茗，茶芽也。"《桐君录》曰："西阳、武昌、晋陵皆出好茗，东巴别有真香茗，煎饮令人不眠。"如今人们把茗作为茶的雅称，常为文人学士所用。

② 槚

《尔雅·释木》称，"槚，苦荼"。东汉许慎的《说文解字》和晋郭璞的《尔雅注》都作了专门的注释，历代史学家多认为，它是对茶的可靠记载。

《尔雅》是中国的一部字书，陆羽在《茶经》注解中称其为周公所著，而《四库全书总目提要》说它并非周公所作、孔子增补，而是西汉毛亨以后的许多文人缀合旧文加以增补的一部作品。

近年来，中国考古学家在湖南长沙马王堆一号墓（前160）和三号墓（前165），发现其随葬清册中有"槚一笥"和"槚笥"的竹简文和木牌文。经查证，"槚"是槚的异体字，"笥"是茶箱的意思。另一说，"槚"指"橘"。

③ 荈

西汉司马相如(前179～前118)的《凡将篇》,是将茶列为药物的最早文献,其中谈及二十种药物,称茶为"荈诧"。三国魏时的《杂字》曰:"荈,茗之别名也。"晋代陈寿的《三国志》谈及吴王孙皓为韦曜密赐茶荈"以当酒",孙楚的《孙楚歌句》曰:"出歌,姜桂茶荈出巴蜀。"杜育的《荈赋》及南朝宋山谦之的《吴兴记》也将茶称为"荈"。而《魏王花木志》还进一步谈及:"其老叶谓之荈,细叶谓之茗。"

④ 蔎

唐代陆羽《茶经》注解:"杨执戟云:蜀西南人谓茶曰蔎。"是指汉代杨雄在《方言》中所说的。因杨雄曾任"执戟郎",故称其为"杨执戟"。

⑤ 水厄

后魏《洛阳伽蓝记》载:"魏彭城王勰见刘镐慕王肃之风,专习茗饮,谓镐曰:卿好苍头水厄,不好王侯八珍,如海上有逐臭之夫,里内有效颦之妇。以卿言之,即是也。"唐代温庭筠的《采延录》云:"晋时王濛好茶,人过辄饮之,士大夫甚以为苦,每欲候,濛必云:今日有水厄。"表明在两晋南北朝时,水厄就是茶的代名词。

⑥ 皋芦

东晋裴渊的《广州记》云:"酉平县出皋芦,茗之别名,叶大而涩,南人以为饮。"唐代虞世南的《北堂书抄》和陈藏器的《本草拾遗》中,也有此记述。但《辞海》称:"皋芦系本名,叶大,味苦涩,似茗而非,南越难致,煎此代饮。"因此,对皋芦一名看法不一,多数认为指的是茶,少数认为是指代用饮料。

⑦ 瓜芦

东汉《桐君录》称:"南方有瓜芦木,亦似茗,至苦涩,取为屑茶饮,亦通夜不眠。"对此,南朝宋陶弘景的《苦菜注》、南朝陈沈怀远的《南越志》亦有同样记载。一般认为瓜芦亦是古代茶的异名。

此外,茶还有诧、姹、选、物罗、过罗等称谓。

在中国茶的发展历史上,茶还有许多有趣的别称,如:

不夜侯:晋代张华的《博物志》称:"饮真茶,令人少眠,故茶美称不夜侯,美其功也。"胡峤的《飞龙涧饮茶》诗:"破睡须封不夜侯",都称茶为"不夜侯";

清友:宋苏易简的《文房四谱》云:"叶嘉字清友,号玉川先生。清友谓茶也。"姚合的《品茗词》亦曰:"竹里延清友,迎风坐夕阳。"都将茶美称为清友;

余甘氏:宋代李郛的《纬文锁语》载:"世称橄榄为余甘子,亦称茶为余甘子,因易一字,改称茶为余甘氏,免含混故也。"所以,"余甘氏"也是茶的别名。

此外,还有将茶称为"酪奴"、"森伯"、"涤烦子"的。

(姚国坤)

2. 先前的茶树

在茶发展史上,有关茶的发现和利用,每每要提到上古时代的神农:"神农尝百草,日遇七十二毒,得茶而解之。"神农尝百草是我国流传很广、影响很深的一个古老传说,这在《史记·三皇本纪》、《淮南子·修务训》、《本草衍义》等书中均有记载。那么,神农身处什么时代,是何等样人呢?据《庄子·盗跖篇》和《白虎通义》称:神农时代是"只知其母,不知其父"的母系氏族社会,当时人类已进入新石器的全盛时期,原始的畜牧业和农业已渐趋发达,神农则是这一时期先民的集中代表。"神农尝百草,日遇七十二毒……"虽是传说,但如果说它是总结了原始社会人们长期生活斗争的经验,而把功劳集中于神化了的神农,也是无可非议的。至于原始社会以茶解毒,既符合当时的社会实际,而且即使以今人的眼光看来,也有一定的科学根据。若按此推论:在中国,茶的发现和利用始于原始母系氏族社会,迄今当有四五千年的历史了。

不过,正式见诸文字记载的,是公元前200年左右秦汉年间的字书《尔雅》,称茶为"槚";汉代司马相如的《凡将篇》,称茶为"荈诧",将茶列为二十种药物之一,是我国历史上把茶作为药物的最早文字记载。东汉扬雄的《方言》谈及蜀西南产茶,称茶为"蔎"。还有东汉华佗的《食论》、壶居士的《食忌》中,也都有茶的药理记述。公元3世纪魏国傅巽撰的《七海》中,提到四川大渡河以南及云南、贵州等省有茶。南朝宋山谦之的《吴兴记》,谈到浙江吴兴的"温山出御荈"。又刘义庆的《世说新语》也谈到茶。此外,晋代陈寿的《三国志》、张君举的《食檄》、郭璞的《尔雅注》

亦有茶之记载。特别值得提出的是公元 350 年左右，东晋常璩撰写的《华阳国志》，其中多处提到茶事。在《华阳国志·巴志》中谈到："武王既克纣，以其宗姬于巴，爵之以子，古者远国虽大，爵不过子，故吴楚用巴皆子……上植五谷，牲具六畜，桑、蚕、麻、纻、鱼、盐、铜、铁、丹、漆、茶、蜜……皆纳贡之。"这一史料把我国茶叶有文字记载的历史推前到春秋战国以前的周武王时期。据《史记·周本记》所述，周武王率南方八国伐纣在公元前 1066 年。也就是说，早在 3000 多年前，我国巴蜀一带已用所产茶叶作为贡品了。该书又载："园有芳蒻（蒲）香著（茶）"，表明在巴蜀一带，周代已有人工栽培的茶园了。在《华阳国志·蜀志》中还提到："南安（相当于今四川省乐山县）、武阳（在今四川省彭山县），皆出名茶。"说明四川乐山、彭山，在周代已是我国的名茶产地了。

其实，同任何物种的起源一样，茶的起源和存在，必然是在人类发现茶树和利用茶树之前，直到相隔很久很久以后，才为人们发现和利用。人类用茶的经验，也是经历代代相传，从局部地区慢慢扩大开来，又隔了很久很久之后，才逐渐见诸文字记载。中国国土辽阔，民族众多，导致了各地区的先民对茶的认识、对茶的称呼的不一致性，上文中提及的唐代以前茶的各种异名，就是佐证。文字记载表明，我们的祖先在 3000 多年前已开始栽培和利用茶树了，但茶的起源肯定还要早得多。

茶起源于何时？按植物分类学的说法，可以追根溯源，先找到茶树的亲缘植物。据研究，茶树所属的被子植物，起源于中生代的早期，双子叶植物的繁盛时期，都是在中生代的中期；而山茶科植物化石的出现，又是在中生代末期白垩纪期地层中。在山茶科里，山茶属是比较原始的一个种群，它发生在中生代的末期至新生代早期，而茶树在山茶属中又是比较原始的一个种。所以，据植物学家分析，茶树起源至今已有 6000 万年历史了。

历史上最早的茶叶专著、唐代陆羽（737～804）所著《茶经》指出："茶者，南方之嘉木也，一尺、二尺乃至数十尺。"在川东、鄂西一带，还有"两人合抱"的大茶树。云南大理府志载："点苍山……茶树高一丈。"可见，中国早在 1200 多年前，就已发现有野生大茶树了。历史文献资料表明：我国古代野生大茶树遍及南方诸省，特别是四川、云南、贵州多有发现。据陈兴琰报导，1961 年在海拔 1500 米的云南省勐海县巴达的大黑山密林中，发现一株树高达 32.12 米（后因树的上部被大风吹倒，现高 14.7 米），胸围 2.9 米的野生大茶树，估计树龄已达千年左右，周围都是参天古木。据虞富莲报导，在海拔 2190 米的云南省澜沧县黑山原始森林中，也有一株树高达 21.6 米，树干胸围 1.9 米的野生大茶树。上世纪，在勐海县南糯山还有一株大茶树，树高 5.5 米，树冠10.9×9.8 米，胸围 1.4 米，据当地哈尼族史记载，此茶树种植已历 55 代，达 800 年之久。1983 年在云南镇沅县千家寨发现了约 350 公顷的野生大茶树群落，其中的千家寨 1 号，树高 25.6 米、干径 1.20 米，树龄在千年以上。这些古老的大茶树是当今存世的活文物。现在中国已在 10 个省、市、自治区的 200 多处发现有野生大茶树。仅在云南省就发现树干直径在 1 米以上的大茶树 20 多处。

（姚国坤）

3. 最古的茶文物

综上所述，茶树最早为中国人所发现，最早为中国人所利用，最早为中国人所栽培。同时，中国具有世界上最古老的茶文物，这从另一个侧面提供了中国是茶树起源地的佐证。

茶在中国的历史十分悠久。关系到茶的文物十分繁杂，诸如茶人、茶具、茶书、茶画、山泉，以及有关的茶文化遗址等等，无一不是茶文物的组成部分。

与茶的发现和利用紧密相连的神农氏，在中国大地留有许多与他有关的遗迹。地处湖北、接近川、陕交界处的神农架，是一个原始森林区，面积 3200 多平方公里，最高海拔 3100 多米。据初步估计，这里盛产包括茶叶在内的药材共有 130 余种，这与"神农尝百草，日遇七十二毒，得茶解之"的传说相符。此外，在湖南省炎陵县还有神农墓与神农庙。炎陵县原属茶陵县，在西汉时，就是我国茶叶的主要产区。从以上可见，神农与茶颇有渊源。

四川名山县蒙山上清峰下的仙茶园，相传是西汉甘露三年（前 53 年）吴理真手植。有茶七株，人称皇茶园,是人工栽培的最早茶园。清代雍正年间刻碑记事,言其茶"为蒙顶茶始祖,高不盈尺,不生不灭,迥异寻常"。又说其茶"有云雾覆其上,若有神物护之者"。灵茗之种,植于五峰之中,是为蒙顶茶之祖。其旁玉女峰侧有甘露石室、吴理真塑像。附近还有蒙姑和蒙茶仙姑雕像等。

浙江余姚的大岚山,是二千年前经西汉丹丘子指点,"虞洪获大茗"之地。山上,还有汉代道学家陈纲、樊云翘饮茶成仙的"升仙桥"遗址。天台山华顶归云洞前的"葛玄茗圃",是三国道学家葛玄修道炼丹植茗之处。对此,许多仙道诗家每每谈及。近代著名学者蔡元培为赤诚山玉京洞题联时,曾写到过茶与仙的关系:"山中习静观朝槿,竹下无言对紫茶。"天台籍清代地理学家齐召南写有《紫凝试茗》、《葛玄》等诗篇,对道学家葛玄,以及天台山紫凝山所产之茶与道家的因缘关系作了精辟的阐述:"华顶长留茶圃云,赤诚犹炽丹炉火。"归云洞一带所产的云雾茶,备受茶人与爱茶人的赞誉。西晋《神异记》中谈到的"丹丘仙茗",宋代诗人宋祁《答天台吉公寄茶》中誉称的"佛天雨露,帝苑仙浆",指的都是天台华顶云雾茶。直到隋唐时,随着天台山佛教文化的兴起,天台山茶才由道家的"仙茗"演变为佛家的"佛茶"。

陆羽,是1200年前世界上第一本茶叶专著《茶经》的作者,历代有100多种版本问世。如今,茶学者经常提到的《茶经》版本,还有30多种存世。在他的家乡湖北天门,仍保存的有文学泉、陆子泉、陆子井、陆羽亭和陆公祠,收藏有纪念陆羽的"古雁桥"和《古雁桥碑》刻等。陆羽故居西塔寺及寺内的陆子井遗址已开始修建成陆羽纪念馆。当年,陆羽考察茶情,传授茶风,探寻泉水所到之处,仍留有不少古迹。现存的江苏无锡惠山泉,传为陆羽品题,由元代赵孟頫书,号称天下第二泉。苏州虎丘的陆羽井,井口一丈见方,四壁镶石,俗称观音泉。元人顾瑛称其是"雪雯春泉碧,苔侵石甃青",也是陆羽当年烧水煮茶品茗之处。《陆文学自传》中提到的"上元初(760~761),结庐于苕溪之滨,闭关对书,不杂非类,名僧高士,谭宴永日。"说他与诗僧皎然同居于浙江吴兴杼山妙喜寺,如今杼山还在,属苕溪流域的浙江省余杭县,据古籍《双溪十景》记载:"苎翁泉呼陆家井,唐隐士陆羽号桑苎翁,著有茶经传世,隐居将军山麓之泉畔。"如今,将军山麓的陆家井,虽经历1200余年,但一直保存至今,当地老人仍叫此井为苎翁泉或陆家井。

浙江省境内的余杭县径山寺,是唐宋时代著名寺院。南宋开禧年间(1205~1207),孝宗皇帝亲自御笔赐额"径山兴圣万寿禅寺"。宋理宗开庆元年(1259),日僧南浦昭明来径山寺拜虚堂和尚为师学佛。他回国时,把径山茶宴、斗茶等饮茶习俗一并带回日本,在此基础上逐渐形成了日本自己以茶论道的茶道。径山寺原建筑虽只存断墙残壁,但御碑"径山兴圣万寿禅寺"以及池、潭、井、泉和峰、岩、谷、石依然存在,径山古刹现已被列为文物保护单位,并整理修复,重现径山寺旧貌。

云南是茶树原产地的中心地带之一,种茶历史悠久。1992年,云南西双版纳州文化部门调查佛教文化时,在勐腊县佛寺中发现了"贝叶经"。贝叶,为印度贝多罗树的叶片,用水沤后可代纸。古代印度人多用以写佛经,后称佛经为"贝叶经",故当地称它为"游世贝叶经"。又因为经文写作时,每片贝叶写成三行,每句五个字,故也有称之为"游世三五经"的。经文作于傣历204年,即南宋绍兴三十年(1160),内容是写佛祖在西双版纳州的易武、革登、倚帮等地发现了茶树,并指导当地民族种茶、制茶和饮茶的事情。文中所提的易武、革登、倚帮等地,是六大茶山的主要组成部分,是普洱茶的原产地。经文的发现地勐腊,按傣语之意,"勐"者:"地方也";"腊"是"茶"之意,连在一起,就是产茶的地方。当地的许多少数民族,至今仍将茶奉若神灵。如德昂族以茶为始祖,认为茶生育了人,还生育了日月星辰,不论迁居到何地,先要种上茶树。拉祜族视茶为祖先,认为茶树就是神魂,能左右人。崩龙族有一首古老的民谣,名为《始祖的传说——达古达楞格莱标》,说:"茶是茶树的生命,茶是万物的始祖。天上的日月星辰,都是茶的精灵化身。"基诺族如今仍保留着原始的吃茶法。所以,在当地总是以茶祭祖,有"无茶不祭","有茶必祭"之说。而勐腊游世贝叶经的发现,也为茶与禅宗文化的结合,找到了一个契合点。

饮茶风尚和茶种最早传到朝鲜和日本,6世纪下半世纪,中国佛教开创华严宗、天台宗后,这两个宗派相继传入朝鲜,随着佛教界僧侣的相互往来,茶叶文化也带到了朝鲜半岛。日本开始饮茶最晚是在公元729年,即日本圣武天皇于天平元年四月八日,召集僧侣百名在宫廷讲经,次日,又召见赐茶(又称行茶),至于从中国带回茶籽在日本种植,则是唐代中叶的事了。据历史文献记载,唐德宗贞元年间,日本高僧最澄到中国天台山(浙江省天台县境内)国清寺拜道邃禅师为师。唐永贞元年(805),从天台国清寺师满回国时带去茶种,种植于日本近江(即江滋县),这是中国茶种向外传播的最早记载。如今,天台国清寺依然存在,经整修后,更是面目一新。中日两国佛教界人士,为纪念这位文化艺术的交流者,在天台国清寺树碑,以效后世。

(姚国坤)

(二) 茶树的原产地

茶原产于中国。1753年植物分类学家 Carolus Linnaeus 将茶树定名为 *Thea sinensis*,早在二百多年前就为世人所认知了。但是,茶树的原产地至今仍是学术界有争议的问题之一。

1. 原产地的争议

尽管早期有人认为茶树原产于中国,但自从1824年英国人 R. Bruce 在印度阿萨姆 Sadiya 发现野生茶树后,这一观点便产生了分歧。二百多年来,大体有4种论点。

(1) 原产中国说 1813年法国 D. Ganive 在《植物自然分类》,1892年美国 J. M. Walsh 在《茶的历史及其秘诀》,英国 A. Willson 在《中国西南部游记》,1893年俄国 E. Bretschneider 在《植物科学》,1960年前苏联 K. M. Джемухадзе 在《论野生茶树的进化因素》论著中,以及近年来日本茶树原产地研究会的志村乔、桥本实、松下智以及大石贞男等都主张中国是茶树的原产地。

值得一提的是,2005年3月在"中日茶起源研讨会"上,日本学者松下智进一步提出茶树原产地在云南的南部,并断然否认印度阿萨姆的 Sadiya 是茶树的原产地。根据是,20世纪六七十年代以及2002年他先后5次去过印度的阿萨姆地区考察,未发现有野生大茶树,而当地栽培茶树的特征特性与云南大叶茶相同,属于 *Camellia* var. *assamica* 种。并认为阿萨姆的茶种是早年云南景颇族人从云南带去的。

(2) 原产印度说 1838年 R. Bruace 又报道了在印度108处发现了野生茶树,因此便宣称印度是茶树原产地。1877年英国 S. Baildon 在《阿萨姆之茶叶》,1903年英国植物学家 J. H. Blake 在《茶商指南》,1912年英国的 E. A. Brown 在《茶》以及1911年版的《日本大词典》中,均认为茶树原产印度,因当时未见中国有野生大茶树的报道。

(3) 原产东南亚说 因缅甸东部、泰国北部、越南、中国云南和印度阿萨姆这一区域内的自然条件极适宜茶树生长和繁衍,自然会形成茶树起源中心。这一学说以《茶叶全书》作者 W. H. Ukers 为代表。此外,1958年英国的 T. Eden 在所著《茶》中主张中、印、缅三国交界处的伊洛瓦底江上游为原产地。

(4) 二元说 持这一观点的是以印度尼西亚的 C. Stuart 为代表,认为大叶茶原产于西藏高原的东南部,包括中国的四川、云南和越南、缅甸、泰国、印度等地;小叶茶即现今广为栽培的小乔木型和灌木型茶树原产于中国东部和东南部。

(虞富莲)

2. 中国西南部是茶树的原产地

这一主张最早见诸1922年吴觉农所著的《中华农学会报》"茶树原产地"一文,该文指出"中国有几千年的茶业历史,为全世界需茶的产地……谁也不能否认中华是茶的原产地"。它从中国二千七百多年前的神农氏将茶作药品用、历代茶树栽培和利用的记载,以及现代对茶树分布状况的考察,提出茶树原产于中国。

1949年以来,中华茶文化史研究得到了空前的繁荣,茶树种质资源工作广泛开展,相关学科研究得到深入,使茶树原产于中国的依据更客观、更充分。

(1) 中国是最早利用和栽培茶树的国家 早在

公元前200多年秦汉时所成的词书《尔雅·释木篇》中就称："槚,苦茶也。"在我国唐朝以前荼即为茶。在《礼记·地官》中记载有"掌荼"和"聚荼",意即茶供丧事之用。从而可知在二千多年前茶叶就作为祭品被人们利用了。

公元前130年左右,西汉司马相如在《凡将篇》中所记载的"荈"、"诧",即是指粗茶和细茶,茶叶已出现在药物名录中。

公元前59年西汉王褒《僮约》中有"烹茶尽具"和"武阳买茶"之句,是指煮茶和买茶。表明茶叶在当时已是较为普遍的商品。

276～324年晋人郭璞注释《尔雅》中的"槚"、"苦荼"时说:"树小如栀子,冬生叶,可煮作羹饮。"说明当时人们已认识到茶树是一种常绿灌木和可供饮用的植物。唐代,将茶作饮料,开始普及于长江南北。杨华《膳夫经手录》载:"茶,古不闻食之,近晋以降,吴人采其叶煮,是为茗粥,至开元、天宝之间,稍稍有茶,大历遂多,建中(780)以后盛矣。"据唐陆羽(728～804)《茶经》载,唐代已有八个茶区,有了大规模的茶园。宋朝时,茶树已分布到淮河流域和秦岭以南各省。据脱脱所撰《宋史·食货志》记载,北宋时三十五个州,南宋时六十六个州产茶,茶业已成为当时农业生产中一个重要项目了。

(2)中国西南部山茶属植物最多 全世界山茶科植物有23个属380多个种,其中中国有15个属260余种。云南、广西、广东、贵州北纬25度线两侧是山茶科和山茶属植物的主要分布区域,这里最常见的与茶树混生的山茶属植物有滇山茶(*Camellia reticulata* Lindl)、云南连蕊茶[*Camellia forrestii* (Diels) Coh. Sthuart]、滇南离蕊茶(*Camellia pachyandra* Hu)、蒙自山茶(*Camellia henryana* Coh. Sthuart)、瘤叶短蕊茶(*Camellia muricatula* Zhang)、金花茶[*Camellia chrysantha* (Hu) Tsuyama]、山茶(*Camellia japonica* L.)、油茶(*Camellia oleifera* Abel)以及同科的舟柄茶(*Hartia sinensis* Dunn)、大头茶[*Polyspora axillaries* (Rosb.) Sweet]、厚皮香[*Ternstroemia gymnanthera* (Wight et Arn.) Sprague]、柃木(*Eurya japonica* Thunb)、木荷(*Schima superba* Gardner et Champ)等。在一个区域集中这么多山茶科植物,是原产地植物区系的重要标志。

(3)中国发现野生大茶树最早最多 早在三国(220～280)《吴晋·本草》引《桐君录》中就有"南方有瓜芦木(大茶树)亦似茗,至苦涩,取为屑茶饮,亦可通夜不眠"之说。陆羽在《茶经·一之源》中:"其巴山峡川,有两人合抱者,伐而掇之。"宋代沈括的《梦溪笔谈》称:"建茶皆乔木……"宋子安(1130～1200)《记东溪茶树》中说:"柑叶茶树高丈余,径七八寸。"明代云南《大理府志》载:"点苍山(下关)……产茶树高一丈。"又据《广西通志》载:"白毛茶……树之大者高二丈,小者七八尺。嫩枝如银针,老叶尖长,如龙眼树叶而薄,背有白色茸毛,故名,概属野生。"可见,我国早在一千七百多年前就发现野生大茶树了。据不完全统计,现在全国已有十个省、市(区)二百多处发现有野生大茶树。其中云南省树干直径在1米以上的大茶树就有十多处,如龙陵县的一株"老茶",树干直径达1.23米,凤庆县香竹箐大茶树基部干径1.85米;1983年在镇沅县千家寨发现了约350公顷的野生大茶树居群,2002年又在双江县勐库大雪山发现了500公顷野生大茶树居群。这些都可谓是当今世界野生茶树之最了。

(4)中国茶树种质资源遗传多样性最丰富 据陈亮等对中国15份栽培品种(种内)和云南的24份野生茶树(种和变种间)的RAPD分析初步表明,中国茶树具有丰富的遗传多样性,种内(intra-specific)和种间(inter-specific)分别达到94.2%和95.4%,遗传距离在0.16～0.62间,比日本、韩国、印度和肯尼亚的茶树都丰富。Balasaravana等用AFLP标记技术对南印度种植的分属于中国型、阿萨姆型和禅型的3个类群的49个栽培品种的分析表明,中国型的遗传多样性最高,为0.612;阿萨姆型最小,为0.285。

(5)云南茶组植物[Sect. *Thea*(L.)Dyer]的种(Species)最多,变型(Form)最丰富,与山茶科植物亲缘关系最近 中国科技工作者对云南茶树资源进行了二十多年的考察、鉴定研究,并结合云南地质变迁史分析,提出云南是茶树的地理起源和栽培起源中心。

① 云南茶树在系统发育上具有从原始的形态结构到进化的次生形态结构的各种类型,形成了连续性变异,如树形、高度、叶片形态、花器官构造等。张宏达1998年调整后的茶组植物分类系统共有34个种(包括4个变种),除南川茶(*C. nanchuanica*)、突肋茶(*C. costata*)、狭叶茶(*C. angustifolia*)、膜叶茶(*C. leptophylla*)、毛叶茶(*C. ptilophylla*)、汝城毛叶茶(*C. pubescens*)、防城茶(*C. fangchengensis*)、香花茶(*C. sinensis* var. *waldenae*)等以外,云南有21个种、3个变种,占茶种总数的66.7%;32个种4个变种中,以云南材料作为模式标本来定名的有18个,占50.0%。即使按照闵天禄所归并后的12个种6个变种,云南也有8个种6个变种,占77.8%。至于变型,不下一二百个。在一个区域内集中这么多种和变异,这在世界上是绝无仅有的。

② 云南地理环境较特殊,有寒、温、热三带气候,素有"植物王国"之称。云南东南部和南部地层基质古老,地形复杂,历史上没有或很少发生过冰川侵袭,是许多古老植物的发源地,如木兰科,全世界有12属250种,云南就有8属50多种,再有八角科、五味子科、樟科、金梅科等,在云南都有很多种,它们在植被组群中至今起着重要的作用。

(虞富莲)

3. 中国的野生大茶树

在中国丰富的茶树种质资源中,有一类非人工栽培的大茶树,俗称野生大茶树。它通常是在一定的自然条件下经过长期的演化和自然选择而生存下来的茶树的一种类型,不同于人工栽培后丢荒的"荒野茶"。当然,这是相比较而言的,在人类栽培利用之前,茶树都是野生的,栽培茶树则是由野生茶树驯化而来的。至今,居住在云南省哀牢山、无量山一带的彝族同胞仍有挖掘野生茶树种植于房前寨后的做法。如今仍在栽培利用的勐库大叶茶、凤庆大叶茶、七舍大苦茶、道真大树茶、凌云白毛茶、龙胜龙脊茶、乐昌白毛茶、乳源苦茶、江华苦茶、莽山野茶、黄荆大茶树、崇庆枇杷茶等早年均是野生茶树。可见,在野生茶和栽培茶之间并无绝对的界限。野生大茶树一般属于野生型茶树(Wild type tea plant)。

在中国野生大茶树主要有5个集中分布区,一是滇、桂、黔大厂茶(*C. tachangensis*)分布区,二是滇东南厚轴茶(*C. crassicolumn*)分布区,三是滇西南、滇南大理茶(*C. taliensis*)分布区,四是滇、川、黔秃房茶(*C. gymnogyna*)分布区,五是粤、赣、湘苦茶分布区(*C. assamica* var. *kucha*)。此外,还有少数散见于海南、台湾、福建等省。野生大茶树主要集结在北纬30度以南,其中尤以24度线附近居多,并沿着北回归线向两侧扩散,这与山茶属植物的地理分布是一致的,它对研究山茶属的演变途径有着重要的价值。

在上述5个分布区中的野生大茶树,以云南省的南部、西南部和东南部最多,其次是贵州省和广西壮族自治区西部、四川省南部。这些地区茶树多属乔木或小乔木型,具有较典型的原始形态特征,且常见于山茶科植物如大头茶[*Polyspora axillaries* (Rosb.)Sweet]、舟柄茶(*Hartia sinensis* Dunn)、木荷(*Schima superba* Gardner et Champ)、厚皮香 [*Ternstroemia gymnanthera* (Wight et Arn.) Sprague]、柃木(*Eurya japonica* Thunb)以及山茶属植物的云南连蕊茶[*Camellia forrestii* (Diels) Coh. Sthuart]、滇南离蕊茶(*Camellia pachyandra* Hu)、蒙自山茶(*Camellia henryana* Coh. Sthuart)、瘤叶短蕊茶(*Camellia muricatula* Zhang)、落瓣油茶 (*Camellia kissi* Wall.)、滇山茶(*Camellia reticulata* Lindl)、金花茶 [*Camellia chrysantha* (Hu) Tsuyama]、油茶(*Camellia oleifera* Abel)等混生,形成山茶科植物的分布区系。

此外,粤、赣、湘、桂毗邻区还是"苦茶"的分布区,其中尤以南岭山脉两侧最多,如乳源苦茶、龙山苦茶、安远苦茶、寻乌苦茶、丰州苦茶、横坑苦茶、思顺苦茶、江华苦茶、蓝山苦茶、鄢县苦茶、贺县苦茶等。苦茶一是含有较多的酚酸物质,如黄酮类和花青素;二是构成茶叶苦涩味的重要成分如表-没食子儿茶素、没食子酸酯(L-EGCG)、表-儿茶素没食子酸酯(L-ECG)含量较高;三是含有一种叫丁子香酚甙的特异苦味物质[6-0(β-D-xyropyranosyl)-β-D-glucopyranosyl eugenol](日本 Yamade 曾在茶梅 *C. sasanqua*×茶 *C. sinensis* 的杂交种中发现它),

具有很强的苦味。所以，"一杯中放叶数片（苦茶），便苦似黄连，难以入口"。苦茶的生理机制及开发利用尚待研究。

总之，自古至今，我国发现的野生大茶树，时间之早、树体之大、数量之多、分布之广、遗传多样性之丰富，堪称世界之最。中国野生大茶树分布在中国的西南地区最多。经调查并有详细记录的野生大茶树达100多处（见附录中国主要野生大茶树）。

（虞富莲）

（三）茶树的起源与演化

起源是指茶树的地理起源与栽培起源。演化是指茶树形态特征、生理特性、代谢类型、利用功能在地理环境变迁和人类活动影响下所发生的连续的、不可逆转的变化。

1. 茶树起源的推论

（1）栽培植物的地理起源与栽培起源　杨士雄（2007）认为，植物的地理起源是指某一生物分类群在地球上从无到有的自然过程，是远在人类出现之前就已经发生、且时间是以地质年代（百万年）为单位来计算的。根据进化论的观点，每个分类群都是由其共同祖先演化而来的，因此，地理起源都是单元起源。地理起源研究的是野生植物的起源，只涉及野生物种。

栽培起源是指将野生植物进行人工驯化的过程，它和人类利用是紧密联系的。通常情况下，栽培植物的起源往往在其野生种的分布区内，它既可以是单元起源，也可以是多元起源，因为人类只对有利用价值的物种进行驯化。栽培植物起源研究的对象包括野生物种和栽培品种（栽培品种的源头是野生物种）。栽培起源的时间显然远远落后于地理起源，因目前比较公认的人类农耕文明的历史只有一万到二万年，因此，相对于地理起源而言，栽培起源的历史几乎可以忽略不计。由此可见，想从地质变迁寻找证据来探讨茶树的栽培起源，以及从人类社会史、农业考古活动等探讨茶树的地理起源，显然都是不可能的。

由于野生物种的驯化是属于对全人类的贡献，因此，栽培植物的起源地往往与一个国家的民族自豪感有关，所以格外地被世人所重视。历时一百多年的中国和印度茶树原产地之争的实质，就是谁是最早的茶树栽培起源地。

（2）茶组植物的地理起源与栽培起源

① 地理起源。按照植物学分类系统，茶树属于山茶科（Family Theaceae）、山茶属[Genus *Camellia* (L.)]，山茶属下分成多个组（张宏达分20个组，闵天禄分14个组），茶属于茶组[Section *Thea* (L.) Dyer]，也即茶组植物包括野生型和栽培型茶树的所有物种。

吴征镒（1979）指出，我国华中、华南和西南的亚热带地区拥有山茶属14个类群（组）中的11个，达79种（Species），这一地区是山茶属的现代分布中心。

张宏达（1981）认为，山茶属有200多个种，90%以上的种主要分布在我国西南部及南部，以云南、广西、广东横跨北回归线前后为中心，向南北扩散而逐渐减少，集中分布在云南、广西和贵州三省（区）的接壤地带。山茶属是山茶科中具有较多原始特征的一群，由于具有系统发育上的完整性和分布区域上的集中性，我国的西南部及南部不仅是山茶属的现代分布中心，也是它的起源中心。

闵天禄（2000）进一步指出，热带亚洲是山茶属的起源地和山茶科的原始分化中心，由山茶科分化产生木荷属（*Schima*）、大头茶属（*Gordonia*）、厚皮香属（*Temstroemia*）、杨桐属（*Adinandra*）、茶梨属（*Anneslea*）等。在我国热带北缘的广西南部、云南的东南部至南部以及中南半岛的越南、柬埔寨、老挝边境集中了山茶属中最原始的类群，如越南茶组（Sect. *Piquetia*）、古茶组（Sect. *Archecamellia*）、实果茶组（Sect. *Stereocarpus*）等。同时，云南东南部、广西西部和贵州西南部的亚热带石灰岩地区也是茶组植物原始种最集中的区域，并与上述的原始类群分布区一致，因此认为，茶组植物是由古茶组演化而来的，这一地区应是茶组植物的地理起源中心。

杨士雄（2007）认为，云南南部和东南部、贵州西南部、广西西部以及毗邻的中南半岛北部地区，是茶组植物的可能地理起源地，因这一地区处在山茶属以及山茶属的近缘类群核果茶属（*Pyrenaria s. l.*）的起源地范围之内。

虞富莲（2007）根据俄国（前苏联）遗传学家瓦维洛夫（N. I. Vavilov，1887～1943）在《栽培植物的起源中心》一文中提到的"具有该作物及其野生近缘种最大遗传多样性的地区就是该作物的起源中心"理论，结合滇、桂、黔茶树种质资源考察，将张宏达《中国植物志》（1998）分类系统中的34个种（包括4个变种）进行分析后认为：34个种中除南川茶（*C. nanchuanica*）、突肋茶（*C. costata*）等8个种外，其他26个种云南均有分布，其中云南东部和南部的红河、文山、曲靖3个州市就有16个种，且以大厂茶（*C. tachangensis*）、广西茶（*C. kwangsiensis*）、广南茶（*C. kwangnanica*）、厚轴茶（*C. crassicolumna*）、马关茶（*C. makuanica*）、老黑茶（*C. atrothea*）等原始种居多数。此外，黔西南的兴义、晴隆和桂西北的隆林、那坡等地也都有大厂茶和广西茶的分布。从物种进化上的原始性，结合这一地带古老而稳定的地质历史，认为云南的东南部和南部、广西的西北部、贵州的西南部是茶组植物的起源中心。

综上所述，中国云南东南部和南部、贵州西南部、广西西部以及毗邻的中南半岛北部可能是茶组植物的地理起源地。

② 栽培起源。在漫长的历史进程中，茶树从地理起源中心向周边自然扩散，之一是沿澜沧江、怒江水系，蔓延到横断山脉中、南部，这里位于北纬24度以南，年平均温度18℃～24℃，≥10℃年活动积温5000℃～7000℃，极端低温不低于0℃，无霜期在300天以上，年降水量在1500～2000毫米，属南亚热带常绿阔叶林区。低纬度高海拔的长光照和湿热多雨的气候条件，使茶树得到了充分的演化，形成了以大理茶（*C. taliensis*）和普洱茶（*C. sinensi var. assamica*）等为主体的茶组植物次生中心。大理茶是野生型茶树，集中分布在哀牢山元江一线以西的横断山脉纵谷区；普洱茶是历史悠久现今广泛栽培的栽培型茶树，其分布区域几乎与大理茶完全重叠（仅海拔高度有差异），根据大理茶与普洱茶形态特征的相似程度以及广泛存在的它们间的杂交类型（当地称"二嘎子茶"），普洱茶应是由大理茶等自然

演变而来的。由此认为，云南的中南部和西南部可能是茶树的栽培起源地。

茶树的栽培起源地，并不意味着就是人类最早利用、栽培茶树的地方，史料表明，茶的发现与利用，始于五千年前的神农氏；在公元前1066年周武王伐纣时，即距今三千多年前，巴蜀一带已将茶作为贡品，而且巴蜀一带，已有人工栽培的茶树，生产出名茶了；距今二千多年前的四川一带出现茶市，茶叶已成为商品。公元230年前后，三国魏张揖《广雅》称：三国时湖北、四川一带，已有采茶做饼、烹茶、饮茶的方法。而作为茶树栽培起源地的云南中、南部，最早有产茶记载则始见于唐代咸通四年（863）樊绰的《蛮书·云南管内物产第七》："茶出银生城（今云南景东县）界诸山，散收，无采造法。蒙舍蛮以椒、姜、桂和烹而饮之。"由此可见，云南利用茶叶要比四川晚近两千年，所以，人类利用和栽培茶树的发祥地应该是"巴蜀"之地了。

（虞富莲）

2. 茶树的演化

茶树的起源时间大约在渐新世。由于从第三世纪开始的地质演变，出现了喜马拉雅山的上升运动和西南台地的横断山脉的上升，从而使第四纪后茶树的起源中心处在云贵高原的主体部分。由于地势升高以及冰川和洪积的出现，形成了断裂的山间谷地，使本属同一气候区的地方出现了垂直气候带，即热带、亚热带和温带，茶树亦被迫出现同源分居。再由于各自在不同的地理环境和气候条件下，经过漫长的历史过程，茶树的形态结构、生理特性、物质代谢等都逐渐改变，以适应新的环境。如位于热带雨林中的茶树，形成了喜高温高湿、耐酸耐阴的乔木或小乔木大叶型形态；位于北亚热带气候条件下的，则形成具有耐寒耐旱的特性，茶树朝灌木矮丛小叶方向变化。处于南、中亚热带的，形态特征和生理特性介于两者之间。上述变化在人类活动的参与下（引种、选择、杂交等）加剧了进行，终致形成了千差万别的生态型，这也是我国同时具有乔木大叶型、小乔木大叶和中叶型、灌木大中小叶型茶树的原因。

茶树演化主要表现在，树型由乔木型变为小乔

木型和灌木型,树干由中轴变为合轴,叶片由大叶到小叶,树冠由大到小,花瓣由丛瓣到单瓣,果由多室到单室,果壳由厚到薄,种皮由粗糙到光滑,酚/氨由大到小,花粉壁纹饰由细网状到粗网状,叶肉硬化细胞由多到少(无)等。这一过程包含着野生型、中间型和栽培型3种类型,同时产生了千差万别的基因型;栽培上的引种驯化和选择也导致形成众多的园艺品种。茶树性状演化是不可逆转的,如灌木中小叶茶树即使生长在热带湿热条件下也不会出现乔木大叶型茶树的特征特性。

(1)野生型茶树(Wild type tea plant)　亦称原始型茶树。在系统发育过程中具有原始的特征特性:乔木、小乔木树型,嫩枝少毛或无毛。越冬芽鳞片3~5个。叶大,长10~25厘米,角质层厚,无毛或稀毛,侧脉8~12对,脉络不明显,叶面平或微隆起,叶缘有稀钝齿。花冠直径4~8厘米,花瓣8~15枚,白色,质厚如绢,无毛,雄蕊70~250枚,子房有毛或无毛,柱头以4~5裂居多,心皮3~5室全育。果呈球、肾、柿形等,果径2~5厘米,果皮厚0.2~1.2厘米,木质化、硬韧,果轴粗大呈四棱形,种膈明显。种子较大,种径1.5~2.6厘米,球形、锥形或不规则形,种脊有棱,种皮较粗糙,黑色,无毛,种脐大。芽叶中氨基酸、茶多酚、儿茶素、咖啡碱等俱全,茶氨酸和酯型儿茶素含量偏低,苯丙氨酸较高。萜烯指数(TI=芳樟醇+芳樟醇氧化物/芳樟醇+牛儿醇+芳樟醇氧化物)多在0.7~1.0。成品茶多数香气低沉,滋味淡薄,缺乏鲜爽感。花粉粒大,为近球形或扁球形,极面观3裂,赤极比大于0.8,外壁纹饰为细网状,萌发孔呈狭缝状或带状沟,花粉Ca含量在15%以上。叶片栅栏细胞1~2层,硬化细胞多,多为树根形或星形等。染色体核型为对称性较高的2A型(原始类型)。长期生长在特定的相对稳定的生态条件下,且多与壳斗科、木兰科、樟科、桑科、桦木科、山茶科等常绿宽叶林混生。由于保守性强,人工繁殖、迁徙成功率较低。但较少罹生病虫害。形态分类上多属于大厂茶(*C. tachangensis*)、广西茶(*C. kwangsiensis*)、广南茶(*C. kwangnanica*)、厚轴茶(*C. crassicolumna*)、马关茶(*C. makuanica*)、老黑茶(*C. atrothea*)、大理茶(*C. taliensis*)等。

(2)栽培型茶树(Cultural type tea plant)　亦称进化型茶树。主要特征特性为:灌木、小乔木树型,树姿开张或半开张,嫩枝有毛或无毛。越冬芽鳞片2~3个。叶革质或膜质,叶长6~15厘米,无毛或稀毛,侧脉6~10对,脉络不明显,叶面平或隆起,叶色多为绿或深绿,少数黄绿色,叶缘有细锐齿。花1~2朵腋生或顶生,花梗长3~8厘米,萼片5~8片,无毛或有毛,花冠直径2~4厘米,花瓣5~8枚,白或带微绿色,偶有微红色,质薄,无毛,雄蕊100~300枚,子房有毛或无毛,柱头以3裂居多,亦有2或4裂,心皮3~4室全育;果多呈球形、肾形、三角形,果径2~4厘米,果皮厚0.1~0.2厘米,较韧,果轴较短细,种膈不明显。种子较小,种径在0.8~1.6厘米,呈球形或椭球形,种脊无棱,种皮较光滑,棕褐或棕色,无毛,种脐小。芽叶中氨基酸、茶多酚、儿茶素、咖啡碱等俱全,茶多酚含量在20%~40%,氨基酸在2%~6%,茶氨酸和酯型儿茶素含量较高,苯丙氨酸偏低;萜烯指数多在0.7以下。制茶品质大多优良。花粉粒较小,为近球形或球形,极面观3裂,赤极比小于0.8,外壁纹饰为粗(拟)网状,萌发孔为沟状,花粉Ca含量一般小于5%。叶片栅栏细胞多为2~3层,无硬化细胞,偶见短柱形或骨形等。染色体核型多为对称性较低的2B型(进化类型)。栽培型茶树是在长期的自然选择和人工栽培条件下形成的,变异十分复杂,它们的形态特征、品质、适应性和抗性差别都很大,但就主体特征看,在形态分类上多属于茶(*C. sinensis*)、普洱茶(*C. sinensis* var. *assamica*)和白毛茶(*C. sinensis* var. *pubillimba*)等。

从形态特征的相似性和生长区域的相同性来看,普洱茶(*C. sinensis* var. *assamica*)与大理茶(*C. taliensis*)的亲缘关系比茶(*C. sinensis*)更亲近,也即应先有普洱茶再有茶,茶应是普洱茶的变种。这种关系颠倒的原因是由于在茶树的分类史上先有"*sinensis*",再有"*assamica*"之故。

按照植物进化程序,在原始型与栽培型之间还有过渡型茶树(Transitive type tea plant),然而,由于模式标本尚未建立,至今还未有典例。1991年云南省澜沧县发现的邦崴大茶树,由于其既具有栽培型茶树枝叶、芽梢的特征,又具有野生型茶树花、果等形态,似乎为过渡型茶树,但从细胞学等鉴定看,由于染色体核型等称性很高,花粉壁纹饰为细网状,花粉 Ca 含量高达 16.9%,因此,从遗传基础上看仍应属于野生型茶树。

表 1-1 野生型和栽培型茶树主要性状的演化

项 目	野 生 型	栽 培 型
树 体	乔木、小乔木,树姿多直立	小乔木、灌木,树姿多开张、半开张
叶 片	叶大,长 10~25 厘米,叶革质较厚脆,叶面平或微隆起,叶缘有稀钝齿或下缘无齿,叶背中脉无毛	大、中、小叶均有,叶长 6~15 厘米,叶膜质较厚软,叶面多隆起或微隆起,叶缘有细锐齿,叶背中脉披毛
叶片结构	角质层厚,上表皮细胞大,栅栏细胞多为 1 层,海绵组织比例大,气孔疏。硬化细胞多、粗大,多呈树根形或星形,有的延伸至栅栏组织直至上表皮中	角质层薄,上表皮细胞较小,排列紧密,栅栏细胞多为 2~3 层,海绵组织比例小,气孔较狭小。硬化细胞无或少,呈骨形或短柱形
芽 叶	越冬芽鳞片 3~5 枚或更多。芽叶绿或黄绿色,末端有紫红色,少毛或无毛	越冬芽鳞片 2~3 枚。芽叶绿、黄绿或淡绿色,多毛或少毛
花 冠	直径 4~8 厘米,花瓣 8~15 枚,白色,质厚	直径 2~4 厘米,花瓣 5~8 枚,白色或微绿色,少数微红色,质薄
雄 蕊	花丝约 70~250 条,粗长,花药大,无味	花丝约 100~300 条,细长,花药小,略有芳香味
雌 蕊	子房有毛或无毛。柱头 3~5 裂或更多,以 5 裂居多	子房有毛或无毛,多数有毛。柱头 2~4 裂,以 3 裂居多
果	果径 3~5 厘米,果皮厚 0.2~1.2 厘米,皮木质化、硬韧,中轴粗大呈星形,果片明显	果径 2~4 厘米,果皮厚 0.1~0.2 厘米,皮薄,较韧,中轴短细或退化,果片薄小不明
种 子	种径 2 厘米左右,种皮粗糙,褐或深褐色,有球形、锥形、不规则形,部分种脊有棱,种脐大,下凹	种径 1~2 厘米,种皮光滑,棕色或棕褐色,多为球形或椭球形,种脐小,稍下凹
花 粉	花粉粒大,近球形或扁球形,外壁纹饰为细网状,萌发孔为狭缝状或带沟状,极赤轴比 >0.8。Ca 含量 >10%	花粉粒小,近球形或球形,外壁纹饰为粗网状,萌发孔为沟状,极赤轴比 <0.8。Ca 含量 <5%
生化成分	氨基酸、茶多酚含量较低,EGCG 比例偏小,苯丙氨酸含量偏高	氨基酸含量较高,茶多酚多在 20%~40%,EGCG 比例大,苯丙氨酸含量偏低
萜烯指数	多在 0.7 以上	多在 0.7 以下
染色体核型	以 2A 型为主,对称性较高	以 2B 型为主,对称性较低
酯酶同工酶	谱带少,具 EST2、EST3、EST6、EST8 4 条基本谱带	谱带多,通常有 EST2、EST3、EST6、EST8、EST9、EST10、EST12、EST14、EST17 9 条谱带
DNA 遗传多样性	丰富,多态性 95.3%;相对多样性频率 0.16~0.60,平均 0.3	丰富,多态性 94.5%;相对多样性频率 0.24~0.83,平均 0.47

(虞富莲)

3. 茶树传播途径的推测

茶树在从地理起源中心向周边自然扩散过程中,因山脉、河流的影响以及气候条件的改变,大体上形成了四条传播途径。近年来鲁成银(1992)的茶树酯酶同工酶分析以及游小青和李名君(1992)的萜烯指数(TI)研究结果,也都认为这四条传播途径是可能存在的。

(1) 澜沧江怒江水系 沿澜沧江、怒江向横断山脉纵深扩散，也即北纬 24 度以南，云南中西部的普洱、临沧、保山、德宏、楚雄、大理等地。这里低纬度高湿热的优越环境条件使茶树得以充分生长发育，是我国野生大茶分布密度最大、树体最高大的地区，主要是大理茶($C.$ $taliensis$)；栽培型茶树则以普洱茶($C.$ $sinensis$ var. $assamica$)以及大理茶和普洱茶的自然杂交类型为主。

(2) 西江红水河水系 沿西江、红水河向东及东南方向扩展，大体分成两支：一支是沿西江扩散至北纬 23 度以南的广西、广东的南部和越南、缅甸北部，境内多有乔木和小乔木野生型茶树生长，如广西西部有大厂茶($C.$ $tachangensis$)、广西茶($C.$ $kwangsiensis$)等，栽培型茶树(包括越南和缅甸境内的掸部种和北部中游种)以白毛茶($C.$ $sinensis$ var. $pubillimba$)和普洱茶($C.$ $sinensis$ var. $assamica$)等为主；另一支沿红水河深至南岭山脉，包括广西、广东北部和南岭山脉北侧的湖南南部和江西南部。在广东境内一直蔓延至东部沿海，并贴近北上到闽南丘陵，形成北纬 24 度～26 度间的粤东闽南茶树生长区，其中以栽培型的小乔木大叶茶为主，间或有灌木型茶树，分类上主要是白毛茶($C.$ $sinensis$ var. $pubillimba$)和茶($C.$ $sinensis$)。在南岭山脉两侧则是苦茶($C.$ $sinensis$ var. $kucha$)的主要分布区。

(3) 云贵高原东北大斜坡 沿着金沙江、长江水系向云贵高原东北斜坡扩散，形成以黔北娄山山脉和川(渝)盆地南部为中心的又一个大茶树聚居区。这一带茶树的特点是：多呈乔木或小乔木型，叶大，叶色黄绿、富革质，有光泽，芽叶多绿紫色，子房无毛，柱头 3 裂，果呈棉桃形，是秃房茶($C.$ $gymnogyna$)的主要集中区。

茶树在传播过程中会受到人为活动的影响，尤其在茶叶作为商品后，人类开展了引种驯化，扩大了栽培区域，使茶树向盆地周围扩散。其中一支向北推进到秦岭以南，形成汉中、安康盆地茶区；另一支沿着大巴山、伏牛山、桐柏山一线延伸到大别山，形成我国内陆最北的茶树生长带。这里纬度高，茶树演变成抗逆性强的灌木中小叶型，分类上只有茶($C.$ $sinensis$)。秦岭和淮河以北，由于气候寒冷干燥，土壤偏碱，均不适宜茶树生存，故历史上中国茶树生长的北界未能跨越北纬 34 度，基本上与北亚热带北线相一致。

(4) 长江水系 由云贵高原沿长江水系进入鄂西台地，并顺流扩散至湖北、湖南、江西、安徽、浙江、江苏等省。茶树走出"巴山峡川"后，大部地区处在北纬 30 度左右，冬天寒冷，夏天酷热，茶树均为抗逆性强的灌木型中小叶茶。长江中下游已无野生型茶树，分类上都属于茶($C.$ $sinensis$)。

(虞富莲)

4. 茶树的生态类型

茶树在扩散和迁徙过程中，为了适应当地的环境条件，发生了各种变异，在长期的自然选择中，大体形成了 6 种生态类型。

(1) 低纬高海拔乔木大叶型 处于北纬 23 度线以南，海拔 800～2500 米的云南中南部区域，是茶树的最适生态区，也是茶树的栽培起源中心。年平均温度在 18℃～24℃，≥10℃年活动积温 5000℃～7000℃，极端最低温度不低于 0℃，无霜期 300 天以上，年降水量在 1500～2000 毫米，土壤以赤红壤和红壤为主，属南亚热带常绿阔叶林区。茶树呈乔木型，叶片特大或大，芽叶肥壮、多毛(野生型茶树多为少毛或无毛)，茶多酚、咖啡碱含量高，氨基酸适中，适制红茶。以云南勐库大叶茶、勐海大叶茶、景谷大白茶为代表。这一生态区多野生型大茶树。茶树易遭日灼伤，耐寒性弱，适应性较差，在最低温度低于−3℃的地区无法生存。

(2) 南亚热带(包括边缘热带)乔木大叶雨林型 处于北回归线以南，海拔 550 米以下，年平均温度 20℃～26℃，≥10℃年活动积温 7000℃以上，极端最低温度在 0℃以上，年降水量在 1800～2000 毫米，土壤为赤红壤和红壤，属热带季雨林、雨林区，包括云南东南部和广西南部。本区亦是茶树的最适生态区，全年无霜，可终年生长。茶树多呈乔木型，叶片大，芽叶多毛，花萼多数有毛，茶多酚含量高，氨基酸适中，适制红茶和特种茶，茶树抗寒性弱，适应性差，以云南麻栗坡白毛茶、广西防城大叶茶、博白大茶树为代表。这一区域西缘是茶树的地理起源中心,亦多野生型大茶树。

(3) 南亚热带小乔木大叶型　处于北纬 24 度~26 度线之间,海拔 300~1000 米,年平均温度 18℃~22℃,≥10℃年活动积温 5000℃~7000℃,极端最低温度可达 0℃以下,年降水量在 1200~1800 毫米,土壤以红壤为主,属南亚热带常绿季雨林区,包括广西和广东中北部、湖南和江西南部。本区是茶树的适宜生态区。茶树多呈小乔木型,间或有灌木型,叶片大,叶质厚,芽叶多毛,花萼多数有毛,茶多酚含量高,氨基酸偏低,适制红茶和绿茶,茶树抗寒性较强,适应性差异大,以广西龙胜大叶茶、广东乳源大叶茶、湖南汝城白毛茶为代表。

(4) 中亚热带小乔木大中叶型　处于北纬 26 度~30 度线的长江以南地区,海拔 800 米以下,年平均温度 16℃~19℃,≥10℃年活动积温 5000℃~6000℃,无霜期 300 天左右,年降水量在 1200~1500 毫米,土壤以红壤和红黄壤为主,属中亚热带常绿阔叶林区。本区是茶树的适宜生态区。茶树全年有 2~3 个月的休眠期。多数呈小乔木型,间或有灌木型,形态变异大,叶片大叶或中叶,叶角质层厚,芽叶多毛或少毛,茶多酚、氨基酸、咖啡碱含量均适中,茶树耐寒、耐旱性均较强,适应性强,适制红茶、绿茶和乌龙茶。以湖北恩施大叶茶、湖南醴陵大叶茶、福建武夷水仙为代表。

(5) 中亚热带灌木大中小叶型　处于北纬 30 度~32 度线的长江中下游南北地区,海拔 300 米以下,年平均温度在 15℃~18℃,≥10℃年活动积温 4500℃~5000℃,无霜期在 220~250 天,极端最低温度可达-8℃~-10℃,年降水量在 900~1200 毫米,土壤有红壤、红黄壤、黄棕壤等。属中亚热带常绿阔叶落叶和针叶混交林区。本区是茶树的适宜生态区,亦是茶树分布的南北过渡带,全年有 4~5 个月的休眠期。茶树形态多样性丰富,树型为灌木型,叶片有大中小叶之分,如湖北的兴山大叶茶,湖南安化中叶茶,江苏洞庭小叶茶。低茶多酚高氨基酸为其主要特点,多适制绿茶和工夫红茶。茶树耐寒和耐旱性均强,适应性强,冬季在绝对低温不低于

-10℃下仍能生存。

(6) 北亚热带和暖温带灌木中小叶型　位于北纬 32 度~35 度线的长江以北、秦岭以南、大巴山以东至沿海一带,海拔 200 米以下,包括江苏、安徽、湖北北部,河南、陕西、甘肃南部。本区为北亚热带和暖温带季风气候,年平均气温 13℃~16℃,极端最低气温可达-15℃以下,≥10℃活动积温 4000℃~5000℃,无霜期在 200~240 天,年降水量在 1000 毫米以下,土壤主要有黄棕壤、黄褐土和紫色土等,呈微酸性反应。植被以针叶林和落叶阔叶林为主,间或混生常绿阔叶林。本区是茶树的次适宜生态区,全年有 5 个多月的休眠期。茶叶产区呈点状或块状分布,主要集中在从大别山、桐柏山、伏牛山、武当山、大巴山到秦岭一线的丘陵地带。冬季干燥寒冷,常遭受严重冻害。茶树都是灌木中小叶型,芽叶纤细,氨基酸含量高,茶多酚低。茶树耐寒性强,但冻害仍是主要自然灾害。以安徽霍山种、河南信阳种、陕西紫阳种为代表。

(虞富莲)

二、古代茶事

中国是茶树的原产地,然而,中国在茶业上对人类的贡献,主要在于最早发现了茶和最先利用了茶这种植物,并把它发展形成为我国和东方乃至整个世界的一种灿烂独特的茶文化。如我国史籍所载,在未知饮茶前,"古人夏则饮水,冬则饮汤",恒以温汤生水解渴。以茶为饮则改变了人们喝生水的陋习,较大地提高了人民的健康水平。至于茶在欧美一带,被认为"无疑是东方赐予西方的最好礼物","欧洲若无茶与咖啡之传入,饮酒必定更加无度","茶给人类的好处无法估计","我确信茶是人类的救主之一","是伟大的慰藉品"等等。上面所说的这些事实和赞语,集中到一点,就是茶不但推进了我国文明的进程,而且也极大地丰富了西方以至世界的物质文化生活。世界各国饮茶及茶的生产和贸易,除朝鲜、日本以及中亚、西亚一带是唐朝前后就从中国传入者外,其他多是 16 世纪以后,特别是近 200 年以来才传入并发展起来的。因此,古代茶事,主要也

就是中国的茶事。

（一）六朝以前的茶事

茶树是中国南方的一种"嘉木"，所以，中国的茶业，最初也孕育、发生和发展于中国的南方。"六朝"，是史学界指我国南方三国吴、东晋和南朝的宋、齐、梁、陈这一历史阶段而言的。中国上古的经济、政治、文化中心是在黄河流域，广大南方如《史记》所记，至汉朝时还依然处于"地广人稀，火耕水耨"的落后状况。所以在中国的早期文献中，有关南方特别是茶叶的史料很少，只能根据不多的记载，得出这样一些看法：

1. 巴蜀是茶叶文化的摇篮

六朝以前的茶史资料表明，中国茶业，最初兴起于巴蜀。《汉书·地理志》称："巴、蜀、广汉本南夷，秦并以为郡。"巴蜀的范围较大，居住民族除巴人和蜀人之外，还有濮、賨、苴、共、奴等许多其他少数民族，巴族、蜀族，不过是其中分布较广、人口较多的两个大族。这些民族，大致在夏商和西周时，还停留在原始氏族阶段，至春秋、战国期间，在中原文化的影响下，才由原始走向文明，但是，从中原的观点来看，这些民族或地区，仍然是属于"南夷"的化外之区；巴蜀归属于华夏，是在秦统一和设置郡县以后的事情。

清初学者顾炎武在其《日知录》中说："自秦人取蜀而后，始有茗饮之事。"指出各地对茶的饮用，是在秦国吞并巴、蜀以后才慢慢传播开来的。也就是说，中国和世界的茶叶文化，最初是在巴蜀发展为业的。顾炎武的这一结论，统一了中国历代关于茶事起源上的种种说法，也为现在绝大多数学者所接受。因此，常称"巴蜀是中国茶业或茶叶文化的摇篮"。

中国的饮茶，是秦统一巴蜀以后的事情。那么，巴蜀又是什么时候开始饮茶的呢？茶界持有不同见解，有的认为始于"史前"，有的认为"西周初年"，也有的认为在"战国"时期等，归结起来，就是究竟始于巴蜀建国之前抑或建国之后的问题。

所谓巴蜀饮茶"始于战国"的观点，实质上也就是否定上古神农传说的史料价值，认为只有可靠的

文字记载才可凭信。其实，说巴蜀茶业始于战国，也是以顾炎武上说为依据，别无其他直接文字记载。史前集农业、医药和陶冶斤斧钮耨等多种发明于一身的神农，未必真有其人、其事。但是，他作为后人追念史前上述伟大发明而塑造出来的一种形象，而得到人们的承认。与他联系在一起的上述事物是指原始时代的发明，这些应该是有一定的史实根据的。一般地说，在未进行考古发掘之前，古书关于"神农耕而作陶"和"始作耒耜，教民耕种"、"始尝百草，始有医药"等传说，同样也是无文字可证的。所以，神农作为史前的一个特定阶段的代表，将农业、医药、陶器，以至茶叶的饮用"发乎"这一时代，应当是可信的。

饮茶是一种物质享受，人们习惯把饮茶和文明联结在一起，所以一提到饮茶的起源，往往认为是进入阶级社会以后才出现的。其实，这是一种误解。利用植物的某部分组织来充当饮料，是氏族社会常有的事。鄂伦春族民族志材料表明，1949年前，生活在大兴安岭的鄂伦春人，还停留在原始氏族社会阶段。当时，他们有"泡黄芹、亚格达的叶子为饮料"的习惯。鄂伦春人能够利用当地的黄芹和亚格达叶子来作饮料，那么，为什么巴人、蜀人和我国南方有野生茶树分布的其他族人不能在史前就发明以茶为饮呢？这也就是说，我国上古关于"茶之为饮，发乎神农"的论点，不但有传说记载，而且也有民族志材料的较好印证。说明巴蜀茶业的起始是早的，只可惜见诸文字记载的时间较迟，直至西汉末年的王褒《僮约》中才有记述。能予佐证的有关先秦巴蜀的茶事资料，一是东晋常璩《华阳国志·巴志》所说："武王既克殷，以其宗姬于巴，爵之以子……丹、漆、茶、蜜……皆纳贡之。"二是明代杨慎在《郡国外夷考》中所提："《汉志》葭萌，蜀郡名。萌音芒，方言，蜀人谓茶曰葭萌，盖以茶氏郡也。"

巴蜀和周族的联系，其实还可上溯到殷商末年。如《华阳国志》中又称："周武王伐封，实得巴蜀之师，著乎《尚书》。"这一点，在《尚书·牧誓》中载称，王曰："嗟！我友邦冢君……及庸、蜀、羌、髳、微、卢、彭、濮，称尔戈，比尔干，立尔矛，予其誓！"《华阳国志》和《尚书》一致说明了在殷商末年，巴蜀及其周围

的许多部落，都曾参加了周武王领导的反纣同盟。周武王灭殷以后，大肆"封邦建国"，分封的对象，有上说的宗亲，也有功臣、扈从和参加伐纣战争的各族酋长。所以，西周虽无"子"这样的爵位，即使不分封宗姬，也会分封巴蜀等头人来掌管一方的。这一带既然成了西周的属国，至少在臣属初期，会与周王朝保持一定的纳贡关系，贡品中包括了漆、茶和蜂蜜这类地方特产。

《华阳国志》是晋人所写，其所载史实是汉朝甚至是两晋的情况，既然巴蜀种茶，到战国时已兴至汉中葭萌一带，其上述巴蜀南部的产茶地区，当不会都是在葭萌之后才发展起来的。所以，如果葭萌"以茶氏郡"的论点可以成立，那么，《华阳国志》中所提到的茶叶产地，可以说也是战国前即已形成的历史茶区。

关于巴蜀茶业在我国早期茶业史上的突出地位，直到西汉成帝时的王褒《僮约》中，才始见诸记载。《僮约》有"脍鱼炰鳖，烹茶尽具"；"武阳买茶，杨氏担荷"两句。前一句反映成都一带，西汉时不但饮茶已成风尚，而且在地主富家，饮茶还出现了专门的用具。其后一句，则反映成都附近，由于茶的消费和贸易需要，茶叶已经商品化，还出现了如"武阳"一类的茶叶市场。

西汉时，成都不但已形成为我国茶叶的消费中心，而且由后来的文献记载看，很可能也已形成为我国最早的茶叶集散中心。如西晋张载《登成都楼》(3世纪80年代)诗句："芳茶冠六清，溢味播九区"，即是一证。张载这首诗，共32句。前面16句，谈成都的飞宇层楼、物饶民丰和高甍长衢的城市境况；下阕借蜀郡汉代巨富程、卓二家的奢华生活，来极言成都茶叶的名满遐迩。与张载这一诗句相辅，构成巴蜀茶业名甲全国的还有这样两条史料：三国魏张揖《广雅》(3世纪上)载："荆巴间采茶作饼，成以米膏出之……用葱姜芼之。"其二是西晋孙楚的《出歌》(231～293)："茱萸出芳树颠，鲤鱼出洛水泉。白盐出河东，美豉出鲁渊。姜、桂、茶荈出巴蜀，椒、橘、木兰出高山。蓼苏出沟渠，精稗出中田。"前一条史料所说的"荆巴间"，具体是指今川东、鄂西一带。其实，这鄂西早先属楚国的边境地区，先秦时有的一度

就属巴国或是巴文化的影响区。所以，这条资料实际上介绍的，主要还是巴蜀的制茶方法和饮茶习惯。后一条《出歌》，主要是介绍一些常用饮料、食物产地。把《广雅》、《出歌》和《登成都楼》诗的上述内容联系起来，就能清楚地看出，不只先秦，而且在秦汉直至西晋，巴蜀仍是我国茶叶生产和技术的重要中心。

（朱自振）

2. 茶业重心的东移

先秦时，中国茶的饮用和生产，主要流传于巴蜀一带。秦汉统一全国后，茶业随巴蜀与各地经济、文化交流的增强，尤其是茶的加工、种植，首先向东部和南部渐次传播开来。如湖南茶陵的命名，就很能说明问题。茶陵是西汉时设置的县分，唐以前写作"荼陵"。《路史》引《衡州图经》载："荼陵者，所谓山谷生茶茗也。"也就是以其地出茶而名县的。茶陵是湖南邻近江西、广东边界的一个县，这表明秦汉统一不久，茶的饮用和生产，就由巴蜀传到了湘、粤、赣毗邻地区。但中国茶叶生产和技术的优势，还是在巴蜀。在汉以后的三国、西晋阶段，随荆楚茶业和茶叶文化在全国传播的日益发展，也由于地理上的有利条件，长江中游或华中地区，在中国茶文化传播上的地位，慢慢取代巴蜀而明显重要起来。所以，从发展的角度上来说，秦汉至西晋这个阶段，既是巴蜀茶业继续持盛的时期，也是中国茶业由巴蜀走向全国和茶业重心开始东移的重要阶段。如上面引及的《广雅》所说："荆巴间采茶作饼。"这条记载，将"荆、巴"并提，表明三国时，至少在中原人看来，荆楚一带的茶类生产和制茶技术，便已达到和巴蜀相同的水平或程度。这一点还可以《三国志·吴志》(285年前后)孙皓"以茶当酒"的故事来补证。是书《韦曜传》记称，孙皓嗣位后，常举宴狂饮，韦曜酒量不大，孙皓初识曜时特别照顾，"常为裁减，或密赐茶荈以当酒"。说明华中地区当时饮茶已比较普遍了。因为孙皓"初见"韦曜的日子，也即是他刚刚做皇帝的头二年。孙皓是吴永安七年(264)接位的，不久，他效法乃祖孙权，把国都一度(265～266)迁至宜昌。所以，孙皓以茶代酒的史实，很可能是其迁都宜昌时的

故事。

三国时,孙吴据有现在苏、皖、赣、鄂、湘、桂一部和广东、福建、浙江全部陆地的东南半壁河山,这一地区,也是这时我国茶业传播和发展的主要区域。西晋的历史不长,但它的短暂统一,不仅如杜育《荈赋》(4世纪前期)所形容的:"灵山惟岳,奇产所钟,厥生荈草,弥谷被岗",南方栽种茶树的规模和范围有很大发展,而且也如左思(250?~305?)《娇女诗》所说"心为茶荈剧,吹嘘对鼎𬬩",这时随政治、经济中心的集中北方,茶的饮用,也流传到了北方的高门豪族。关于这点,在刘琨写给其侄子的一封信中,也可得到一些证明。据一些文献引述的刘琨《与兄子南兖州刺史演书》(270~314)称:"前得安州干茶二斤,姜一斤,桂一斤,皆所须也。吾体中烦闷,恒假真茶,汝可信致之。"刘琨是西晋将领和诗人,惠帝时封广武侯,愍帝初任大将军都督并州诸军事,长期与汉、赵相持,晋室南迁后,因孤守无援,为石勒所破,不久(318)被杀。兖州在晋惠帝时沦没,后州治辗转流寄山东、江苏很多地方,刘演任"南兖州"刺史的时间,当是在兖州失守以后。所以,根据上述两点,刘琨这封信的时间,多半是他永嘉、建兴孤守并州时所书。这封信与茶叶有关的,主要是"真茶"二字;这里称"恒假真茶",有的书作"常仰真茶"。所谓真茶,是针对假茶而言的;"常仰真茶",换句话说,也就是市场上的茶叶,常常有假,这也正好证实了其时北方已存在了茶的一定贸易。

关于西晋时长江中游茶业的发展情况,还可从这两部史籍中得到一些说明,一是《荆州土地记》(撰写人及成书年代不详)。这部书早佚,现存的两处茶叶资料,一见于《齐民要术》的引文,其称"浮陵茶最好";一见于《北堂书钞》,其载:"武陵七县通出茶,最好。"《齐民要术》中所说的"浮陵",当为"武陵"之误。这两条资料共同都称,武陵出产的茶"最好"。据考证,《荆州土地记》,似是西晋时代的作品。那么,西晋时我国的茶叶是以武陵为最好呢?这可以东晋前期常璩《华阳国志》的有关内容来反证。《华阳国志》是记述汉中、巴蜀和南中等历史、地理情况的一部专著。其中关于记及各地出产茶叶的资料,主要有这样几条:涪陵郡,"惟出茶、漆";什邡县,"山出好茶";南安、武阳,"皆出名茶";平夷县,"山出茶、蜜"。常璩是蜀郡江原(今四川崇庆)人,西晋末年曾任成汉官吏,东晋时迁居建康(今南京),其在写《华阳国志》前,当看过《荆州土地记》或听到过武陵茶的评价,所以常璩在书中用"出茶"、"出好茶"、"出名茶"三级来区分各地出产茶叶的质地,但唯独不提这些地方的茶叶何者最好,这或许是因为其时荆州制茶已超过巴蜀或与巴蜀已不相伯仲的关系。因此,从现存的茶叶史料来看,在三国和西晋时,由于荆汉地区茶业的明显发展,巴蜀独冠我国茶坛的优势,似已不复存在。

西晋的都城在洛阳,永嘉之乱后,晋室南渡,北方七族相率过江侨居,东晋、南朝建康成为我国南方的政治中心。这一时期,我国长江下游和东南沿海的茶业,因上层社会的崇尚也较快地发展了起来。

西晋时,皇室和世家大族,荒淫无耻,斗奢比富,腐化到了极点。流亡到江南以后,有些人鉴于过去失国的教训,一改奢华之风,倡导以俭朴为荣。如《晋书·桓温列传》(646)称:"桓温为扬州牧,性俭,每宴惟下七奠,柈茶果而已。"关于这点,《晋中兴书》(王世几)陆纳尚茶的故事,更能说明问题。其载:"陆纳为吴兴太守时,卫将军谢安尝欲诣纳。纳兄子俶怪纳无所备,不敢问之,乃私蓄十数人馔。安既至,纳所设唯茶果而已。俶遂陈盛馔,珍羞毕具。及安去,纳杖俶四十,云,汝既不能光益叔父,奈何秽吾素业。"由此可以清楚看出,这时茶已成为某些达官贵人用以标榜节俭和朴素的物品。另一方面,随北方士族的南迁,南方特别是江东各地,礼制比以前也有所加强,作为日常生活中愈来愈时尚的饮茶,这时,也自然地愈来愈多地被吸收进礼俗之中了。如刘宋时的《世说新语·纰漏第三十四》(440年前后)中有这样一则故事,讲西晋有个叫任瞻的官吏,晋室南渡时漂泊流落,后来慢慢也到了南京,"时贤共至石头(今南京地名)迎之,犹作畴日相待,一见便觉有异,坐席竟下饮"。即是说,在东晋时,建康一带,就普遍出现了以茶待客的礼仪。又如《南齐书·武帝本纪》(6世纪前期)载,永明十一年(493)七月,齐武帝临终时诏称:"我灵上慎勿以牲为祭,唯设饼、茶饮、干饭、酒脯而已,天下贵贱,咸同此制。"通过这样用诏谕的形式颁布全国,无疑对这种风俗是一大推动和促进。

由于东晋、南朝统治阶级"借重茶叶"的需要,从而使得我国南方尤其是江东饮茶和茶叶文化有了较大发展,也进一步促进了我国茶业的向东南推进。如《神异记》(西晋—隋代之间)载:"余姚人虞洪,入山采茗,遇一道士,牵三青牛,引洪至瀑布山,曰:'……山中有大茗,可以相给,祈子他日有瓯牺之余,乞相遗也。'"《永嘉图经》(失传,年代不详)载:"永嘉县东三百里,有白茶山。"山谦之《吴兴记》(5世纪)又称:"乌程,县西北二十里,有温山,出御荈。"等等。由上可见,这一时期我国东南植茶,由浙西进而扩展到了今温州、宁波的沿海一线。不止如此,而且如《桐君录》所说,"西阳、武昌、晋陵皆出好茗";晋陵是今常州的古名,其茶出宜兴,表明东晋和南朝时,长江下游宜兴一带的茶叶,也著名起来。荆楚和长江中游茶业重心的进一步东移,是唐朝中期以后的事情,但这时我国东南沿海地区茶业的发展,使三国、西晋以后出现的茶业重心东移的趋势或现象,更加明显起来。

(朱自振)

(二)隋唐五代茶业的兴起

隋的历史不长,茶的记载也不多,但由于隋统一了全国并修凿了一条沟通南北的运河,这对于促进我国唐代经济、文化以及茶业的发展,还是有其不可忽略的积极意义。众所周知,唐代尤其是唐代中期,中国茶业有一个很大发展的时期。如封演在其《封氏闻见记》(8世纪末)中所说:"古人亦饮茶耳,但不如今人溺之甚;穷日尽夜,殆成风俗,始自中地,流于塞外。"这就是说,茶叶从唐朝中期起,便是南人好饮的一种饮料,从南方传到中原,由中原传到边疆少数民族地区,一下变成了中国的举国之饮。所以我国史籍有茶"兴于唐"或"盛于唐"之说。正是在唐代,茶始有字,茶始作书,茶始销边,茶始收税,一句话,直到这时,茶才真正形成为一种独立和全国性的文化或事业。因此,本节在主要介绍唐代茶业蓬勃发展的同时,对其所以能风起的原因,也略作剖析。

1. 唐代的茶叶产地

唐代茶业的兴起,如杨华《膳夫经手录》所载:"茶,古不闻食之,近晋、宋以降,吴人采其叶煮,是为茗粥。至开元、天宝之间,稍稍有茶,至德、大历遂多,建中已后盛矣。"《膳夫经手录》成书于唐宣宗大中十年(856),所记唐代茶业的发展,有的是亲目所睹,有的是距之不远的事情,因此内容较为可靠。这也即是说,根据《封氏闻见记》的记载,所谓"茶兴于唐",具体来说是兴盛于唐代中期。这一点,也和《全唐诗》《全唐文》等唐代各种史籍的记述相一致。在初唐的文献中,很少有茶和茶事的记载;至唐代中期和晚期以后,对茶的论述和吟哦,就骤然增多了起来。那么,唐代中期茶业是怎样发展起来,又发展到怎样的程度呢?

先说茶叶产地。唐代以前,我国到底有多少州郡产茶,是无从查考的。直至陆羽《茶经》中,才第一次较多地列举了我国产茶的一些州县。其"八之出"载:

山南

峡州,襄州,荆州,衡州,金州,梁州;

淮南

光州,义阳郡,舒州,寿州,蕲州,黄州;

浙西

湖州,常州,宣州,杭州,睦州,歙州,润州,苏州;

剑南

彭州,绵州,蜀州,邛州,雅州,泸州,眉州,汉州;

浙东

越州,明州,婺州,台州;

黔中

思州,播州,费州,夷州;

江南

鄂州,袁州,吉州;

岭南

福州,建州,韶州,象州。

《茶经》中上列的这些地名,不少人把它们概之为"八道四十三州"。其实,四十三州是对的,而把州之前所列的山南、淮南、浙西等说成是"八道",就未必妥当了。

因为,这八地在唐时虽然确曾作过道名,但是,它们并不是同一时期的建制和同样的性质。如八地中,山南、淮南、剑南、江南、岭南,是唐贞观时划分的全国十道中的五个道;而黔中,是开元时从江南道中分出的新道;至于浙东、浙西,历史上虽也一度称过"浙江东道"和"浙江西道",但实际上是后来江南东道所属的两个观察使理所。不仅这八地设道和称道的时间不同和或有矛盾,其下面所列的州名,与当时的行政建制也不完全吻合。如建州、衡州,历来属于江南道,但在《茶经》中,却把建州划入了岭南,把衡州归入了山南的范围。众所周知,陆羽一生著述很多,他不只是一位杰出的茶叶专家,也是当时有名的诗人、文学家、书法家、史学家和地理学家,他写过多种山志、地志和图经一类的地理论著,以陆羽的地理知识,他要按行政建制的道州隶属关系来写,是绝不会出现如上混乱情况的。所以,陆羽《茶经》"八之出"中州之前的地名,不是指道,而是指茶叶产区,是陆羽最早提出或划分的我国八大茶区。

这里还要附带指出一点,在我国有些论著中,不但有把《茶经》"八之出"的地名,称之为"八道四十三州"者,甚至还有根据这些道、州的行政建制,把它们所辖的州、县悉数都算作产茶地域,错误地提出唐代产茶有多少州、多少县。很明显,陆羽提出的茶叶产地,是其在评定各地茶叶品质时所列出的典型和代

表,而不是全部茶叶产地。如巴蜀,其时产茶就遍及各地,而《茶经》所列,仅剑南八州。其二,在所谓"八道"和"四十三州"中,也不是每一个道的各州、每一个州的各县全都产茶。如浙西的苏州属县很多,但唐时真正产茶的,只现在的吴县一地。其三,唐代的地方行政建制,也不是一成不变的,而是不时有所变动。所以,仅仅根据《茶经》的记载而要提出唐代产茶州县的确数,是不会也不可能正确的。

由《茶经》和唐代其他文献记载来看,唐代茶叶产区已遍及今四川、陕西、湖北、云南、广西、贵州、湖南、广东、福建、江西、浙江、江苏、安徽、河南等十四个省区;而其北限,一直伸展到了河南道的海州(今江苏连云港),也即是说,唐代的茶叶产地达到了与我国近代茶区约略相当的局面。

(朱自振)

2. 唐代的茶叶生产和贸易

如前所说,六朝以前,茶在南方的生产和饮用,已有一定发展,但北方饮者还不多,及至唐代中期后,如《膳夫经手录》所载:"今关西、山东,闾阎村落皆吃之,累日不食犹得,不得一日无茶。"中原和西北少数民族地区,都嗜茶成俗,于是南方茶的生产和全国茶叶贸易,随之空前蓬勃地发展了起来。现据《膳夫经手录》的记载,将唐代宣宗时我国茶叶产销的情况,列于表1-2:

表1-2　唐宣宗年间茶叶产销表

茶　名	产　地	茶叶特点	主要销售区域	每年产销数量
新安茶	蜀蒙顶不远	多而不精,只堪春时本地饮用		
蜀茶	《茶经》剑南茶区	至他处芳香滋味不变	南走百越,北临五湖(今太湖流域)	谷雨后岁取数万斤,散落东下
浮梁茶	饶州、歙州、江州一带	味不长于蜀茶	关西、山东	其于济人,百倍于蜀茶
蕲州茶、鄂州茶、至德茶	包括鄂岳、宣歙观察使的部分地区	方斤厚片	陈、蔡以北,幽、并以南	其收藏、榷税,倍于浮梁
衡山茶	衡州	团饼而巨串	潇湘至五岭,更远及交趾	岁取十万

（续表）

茶　名	产　地	茶叶特点	主要销售区域	每年产销数量
潭州茶、阳团茶、渠江薄片茶、江陵南木茶、施州方茶	包括今长沙周围和湘、鄂、川、黔接壤区域	味短韵卑	唯本地及江陵、襄阳数十里食之	
建州大团	建州	状类紫笋，味极苦	唯广陵（今江苏扬州）、山阳（今江苏淮安）	
蒙顶茶	蒙顶山周围	品居第一		岁出千万斤
歙州、婺州、祁门、婺源方茶	歙州、婺州	制置精好	梁、宋、幽、并诸州	商贾所赍，数千里不绝于道路

《膳夫经手录》中，还录述了一些有关名茶的情况，上表所列是当时全国茶叶商品生产和贸易的基本概貌和流向。表中所有这些情况，有的形成已久，但多数如蒙顶茶的兴起一样，"元和以前，束帛不能易一斤先春蒙顶，是以蒙顶前后之人，竞栽茶以规厚利，不数十年间，遂斯安草市，岁出千万斤"。主要还是唐代中期以后才风盛起来的。

唐代时我国各地的茶叶生产，都有较大发展，但是，如《封氏闻见记》所说："茶自江淮而来，舟车相继，所在山积，色额甚多"，尤其是擅有与北方交通之便的江南、淮南茶区，茶的生产更是得到了格外的发展。具体来说，如上表所反映的江南道鄂岳观察使、江西观察使、宣歙观察使和浙西观察使的一些州县，就尤有巨大发展。这里不妨以江西和宣歙观察使的有关茶史资料一说。

人们都很熟悉唐代大诗人白居易的名作《琵琶行》，对于嗜茶者和广大茶叶工作者来说，对其中"老大嫁作商人妇，商人重利轻别离；前月浮梁买茶去，去来江口守空船"的茶事诗句，往往印象特别深刻。浮梁是现在江西的景德镇，江口是指九江的长江口，茶商把妻子一人留在九江船上，自己带着伙计到景德镇去收购茶叶，这里虽未明确指出，但在字里行间可以看出，浮梁是当时东南的一个最大茶叶集散地，每年新茶上市，茶商竞争是多么的激烈。这一点，也正好和《元和郡县图志》"浮梁每岁出茶七百万驮，税十五余万贯"的说法相一致。对于《琵琶行》和《元和郡县图志》记述的上述情况，少数学者也有持怀疑态度的，认为景德镇现在也没有多少茶，唐代时如此兴

盛，令人难以置信。其实，《元和郡县图志》"每岁出茶七百万驮"和上面《膳夫经手录》所说的"百倍于蜀茶"的性质一样，虽都带有一定的形容成分，但大体上还是可靠的。浮梁出茶，并不是指浮梁一邑所产的茶，而是包括浮梁周围的皖南、浙西甚至闽北一带的茶叶在内。这一点，从刘津《婺源诸县都制置新城记》中，多少也可得到一点证明。其载："大和中，以婺源、浮梁、祁门、德兴四县茶货实多，兵甲且众，甚殷户口，素是奥区；其次乐平、千越，悉出厥利，总而筦榷，少助时用，于时辖此一方，隶彼四邑，乃升婺源为郡置，兵刑课税，属而理之。"大和是唐文宗李昂的年号。这条材料反映，不只浮梁销售的茶叶，就是后来为课征茶税而设立的婺源郡，也都是"隶彼四邑"；茶货和税利，来自附近的四面八方。看了上述资料，如果说前面还有人对陆羽《茶经》"八之出"州之前的地名究竟是指道还是茶区有怀疑的话，那么，通过上面所说的在茶叶贸易过程中，自然形成的茶叶生产和经济区域，对陆羽能够提出茶区的观点，也就应该不再怀疑了。

如果再深追一步，唐代浮梁一带的茶叶生产又盛到什么程度呢？这可用咸通三年（862）张途的《祁门县新修闾门溪记》的内容来说明。其载：祁门"山多而田少，水清而地沃，山且植茗，高下无遗土，千里之内，业于茶者七八矣。由是给衣食，供赋役，悉恃此。祁之茗，色黄而香，贾客咸议愈于诸方，每岁二三月，赍银缗缯素求市将货他郡者，摩肩接迹而至。"祁门周围，千里之内，各地种茶，山无遗土，业者七八，这虽不无夸张，但对此无人怀疑，现在赣东北、浙

西和皖南一带,在唐代时,其茶业确实有一个特大的发展。

浮梁和宣歙观察使所生产的茶叶,陆羽《茶经》将其列入浙西茶区。或许有人认为,这一带产茶虽多,但在唐代的各种名茶中,浮梁之商货并不在其列,其制茶技术还不如巴蜀、荆汉。应该承认,浮梁周围生产的茶叶,主要是作商品茶,做工不甚精细,所以陆羽评判的结果,也是"浙西以湖州上,常州次,宣州、杭州、睦州、歙州下",在整个浙西范围来说,浮梁出产的茶叶,也属下等。但是简单地以商品茶的品质,确定这一带或整个茶区的制茶技术还较低下,这也是形而上学的。事实上,从整个茶区来说,居于长江下游的浙西,在唐中叶以后,不只茶产量大幅度提高,就是制茶技术,由湖州紫笋和常州阳羡茶的入贡,表明也达到了当时最高的水平。因此,如果说我国六朝时期茶叶生产中心开始东移的话,那么,至唐代中后期,我国茶叶生产和技术的中心,便正式转移到了长江的中游和下游。

关于茶业中心的东移,还可举唐代贡焙的选定来说明。唐张文规《湖州贡焙新茶》诗吟:"凤辇寻春半醉归,仙娥进水御帘开,牡丹花笑金钿动,传奏湖州紫笋来。"我国贡茶的历史甚早,但专门设立采造宫廷用茶的贡焙,规定贡焙首批贡茶必须在每年清明王室祭祀前贡到,还是唐代中期开始的。其实在湖州设立贡焙,并非湖州贡茶之始,据嘉泰《吴兴志》和宜兴有关方志记载,湖州长城(今长兴)和常州义兴(今宜兴)设立贡焙,始于李栖筠刺常州时。是李栖筠接受陆羽"可荐于上"的建议,试贡后受到皇帝喜好而成为定制。"天子未尝阳羡茶,百草不敢先开花"的诗句,可能即是描写这一时期贡焙的。大历五年(770),代宗李豫以义兴"岁造数多",始设焙顾渚,"命长兴均贡"。据《元和郡县图志》记载,宜兴、长兴的贡茶,到贞元以后,单长兴一地,每年采造就要"役工三万人,累月方毕";反映当时此地不但所出的茶叶质量很好,而且茶园规模和产茶数量也较大。应该指出,贡茶正如袁高《茶山》诗句所形容的:"动生千金费,日使万姓贫","心争造化功","所献愈艰勤",从茶农山民来说,它确实是强加在他们身上的一种苛重赋役。但另一方面,从茶业发展和制茶技

术的提高上说,客观上起到了一种推动的作用。换言之,唐代贡焙的设置顾渚,既是唐代茶业重心转移江南或东南的一定反映,也是后来这一带茶叶生产技术长期居于领先地位的一个原因。

关于唐代茶叶贸易,在上面引录的有关茶叶生产史料中,有的已提到了。总起来说,唐代茶叶生产、消费和贸易的关系,是一个互为条件、互相促进的关系。如果说唐代茶叶生产和消费的发展,有力地带动了茶叶贸易的发展,那么,反过来,唐代茶叶贸易的极大发展,又进一步推动和促进了茶叶生产和消费的相应发展。我国南方产茶,北方和西北少数民族地区不产茶,因此,我国茶叶贸易,主要是南方茶区的茶叶,向北方和无茶地区的贩运。正如《封氏闻见记》所说的那样,唐代开元以后,"自邹、齐、沧、棣渐至京邑城市,多开店铺,煎茶卖之",随着北方城乡茶叶买卖和消费的风行,南方茶区的茶市,江河要道上由茶叶运输而形成的茶埠等水陆码头,也如雨后春笋般发展了起来。这方面的文献资料很多,这里不妨举几首唐诗为例:

杜牧有一首《入茶山下题水口草市》绝句,吟道:"倚溪侵岭多高树,夸酒书旗有小楼。惊起鸳鸯岂无恨,一双飞去却回头。"水口是顾渚汇入太湖河道口的出水口。在唐代中期以前,这里还是一片荒原,至唐代后期,由于到顾渚采办贡茶和买卖茶叶的船只都停泊在这里,于是就形成了有酒楼茶肆的固定草市。除水口外,在顾渚山区,还有如释皎然《顾渚行寄裴方舟》"尧市人稀紫笋多,紫笋青芽谁得识"诗句中提到的"尧市"一类买卖茶叶的市场。以上讲的是茶区收购茶叶的情况,沿途运输茶叶的情况又怎样呢?这也可用许浑《送人归吴兴》中的这样几句诗来反映:"绿水棹云月,洞庭归路长,春桥悬酒幔,夜栅集茶樯。"所谓"茶樯"也就是专门运输茶叶的船只;这里的"洞庭"是指苏州洞庭东、西山。其后二句,就是运河两岸因茶船日行夜歇而兴盛起来的集镇或码头。此外,茶叶贸易运输的兴起,对沿途一些城镇的繁荣兴旺,也起到了极其明显的作用。如王建《寄汴州令狐相公》诗:"三军江口拥双旌,虎帐长开自教兵……水门向晚茶商闹,桥市通宵酒客行。"从中不难看到,这个江口城市,本是军镇所在,唐朝茶叶生

产、运输兴盛起来后,茶樯泊集,茶商摩肩,一下子繁荣了起来。通过上面几例,不但可以看到唐代南方茶叶贸易的巨大发展,而且也形象地看到了茶叶贸易对沿途和所到之处社会经济、社会生活的显著影响。

关于唐代南北茶叶贸易,还可从杜牧《上李太尉论江贼书》中得到一些有趣的补证。所谓"江贼",是指出没在长江水系行劫的强盗。他们一股股多的有两三船上百人,少的也有一船二三十人,专门抢劫江河中的商旅,有的也上岸抢劫市镇。这些江贼,都是一些私茶贩子,他们把抢得的"异色财物,尽将南渡,入山博易"。为什么把各种赃物要带到山里去换茶呢? 杜牧接着说:"盖以异色财物不敢货于城市,唯有茶山可以销受。盖以茶熟之际,四远商人,皆将锦绣缯缬、金钗银钏入山交易,妇人稚子,尽衣华服,吏见不问,人见不惊,是以贼徒得异色财物,亦来其间,便有店肆为其囊橐,得茶之后,出为平人。"最后杜牧在谈到这些江贼的活动规律时说,"豪、亳、徐、泗、汴、宋州贼,多劫江南、江北、淮南、宣润等道;许、蔡、申、光州贼,多劫荆、襄、鄂、岳等道。劫得财物,皆是博茶北归本州货卖,循环往来,终而复始。"当然,这些江贼虽然也把抢来的财物博茶运归本州货卖,但这不是唐朝真正的茶商和正规的茶叶贸易,不能作为唐代茶叶贸易的正式例证。不过,从上引的杜牧的两段记述中,我们至少看到了这样两点:一是至唐代晚期,我国南方一些原来属于穷乡僻壤的山区,大力发展种茶以后,社会一下繁荣和富裕起来;二是我国南北茶叶贸易,分江东和华中两路进行。东路江西、浙江、江苏和安徽一带的茶叶,主要通过长江和淮河、泗水等转运运河直接运销今苏北、皖北和河南各地。华中荆、襄、鄂、岳诸州,过去一般认为也顺江东下,由扬州转运河运往长安和燕幽各地;其实它和江东一样,并未转运,而是就近由长江北面各水系直接运销河南或经由河南转运各地。

唐代的边茶贸易也很兴盛。我国茶叶和茶的知识传诸西北少数民族的历史,可能由来已久,但西北广大少数民族地区饮茶和出现茶叶贸易的记载,最早还是始于唐。据《唐国史补》载,唐时各地和一些少数民族,风俗均以茶叶为贵,一次唐朝的使者到吐蕃,烹茶帐中,吐蕃的赞普问他煮什么? 他故弄玄虚地说,这是"涤烦疗渴"的所谓茶也。赞普说:"我亦有此,才命出之,以指曰:此寿州者,此顾渚者,此蕲门者,此昌明者,此滠湖者。"这些都是唐时的名茶。当然能够享用这类茶叶的,只能是赞普一类的少数上层统治者,至于一般平民,自然是从那些专事边茶贸易的商人手中买来的粗茶。这一点,也如《封氏闻见记》中所形容的:唐代中期以后,饮茶风盛南北,"穷日竟夜,殆成风俗,始自中地,流于塞外,往年回鹘入朝,大驱名马,市茶而归",我国边疆一些少数民族染上饮茶的习惯以后,先通过使者,后来直接通过商人,开创了我国历史上长期存在的以茶易马的茶马交易。

(朱自振)

3. 唐代茶政、茶学和茶叶文化的发展

唐代茶业的长足发展,也极大地促进了自身的建设。在隋代或唐代初期以前,茶叶最多只能说是一种地区性的生产或文化。至唐代中期以后,随着茶业的发展,茶就成为一种全国性的社会经济、社会文化和一门独立的学问了。

茶叶作为全国的一种社会经济,除其所具有的商品性内容外,主要反映在茶税的课征上。在唐代中期以前,种茶、买卖茶叶,不征收赋税。唐中期以后,由于茶叶生产、贸易发展成为一种大宗生产和大宗贸易,加上其时安史之乱以后,国库拮据,征收茶叶赋税,由筹措常平仓本钱,逐渐演变成为一种定制。

唐德宗李适接位以后,建中三年(782),依户部侍郎赵赞议,"税天下茶漆竹木,十取一",以为常平仓本钱,这是我国第一次抽收茶税。但未几,在兴元元年(784),因朱泚乱,德宗逃奔奉天(今陕西乾县),追悔诏罢茶税。这次税茶,虽主要用于地方筹集常平仓本钱,未入国用,但茶税之巨,给大家有一个很深的印象。以后,如《文献通考·征榷考》所说,贞元九年(793),盐铁使张滂以水灾赋税不登,又向德宗奏请"于出茶州县,及茶山外商人要路,委所由定三等时估,每十税一,充所放两税。其明年以后,所得税钱外贮,若诸州遭水旱,赋税不办,以此代之"。

德宗从之,再次恢复茶税,并自此成为定制。

贞元时税茶,岁得不过 40 万贯,但至长庆元年(821),以"两镇用兵,帑藏空虚","禁中起百尺楼,费不胜计",盐铁使王播又奏请大增茶税,"率百钱增五十",这样,使茶税岁取至少增加到了 60 万。唐文宗时,王涯为相,为尽收茶叶之利,大改茶法,自兼榷茶使,推行茶叶专营专卖的榷茶政策。大和九年(835),王涯强令各地"徙民茶树于官场,焚其旧积",禁止商人与茶农自相交易,增加税率,一时天下大怨,不久,王涯因李训之乱,被腰斩处死,榷茶之制在唐朝才昙花一现,未曾完全贯彻。武宗会昌元年(841),崔珙任盐铁使,又再次增加茶税,上行下效,茶商所过州县,也均设重税。他们在水陆交通要道,相效"置邸以收税,谓之揭地钱"。稍有不满,便"掠夺舟车",就如上面说的江贼的所为一样,这时私茶越禁越盛,茶叶的商税,成为一个突出的社会矛盾。这种情况,一直到宣宗大中六年(852),裴休任盐铁转运使立茶法十二条,才缓和稳定下来。据《新唐书·食货志》记载,裴休的税茶法主要有这样几点:一是各地设有邸阁者,只准收取邸值(住房堆栈费用),不得再赋商人;二是私鬻三犯都在 300 斤以上和"长行群旅",皆论死;三是园户私鬻百斤以上杖脊,三犯加重徭;四是各州县如有砍伐茶园或伤害茶业者,在任地方官要以纵私盐法论罪;五是庐州、寿州和淮南一带,皆加半税。实施裴休这一茶法,茶商、园户都较满意,税额未增,税收倍增,迄到朱温篡唐,税制一直未有多大变化。

茶叶由不税到税,从国用的角度来看,也就是从一种自在的地方经济,正式被认定和提高为一种全国性的社会生产或社会经济。

在唐代以前,我国南方一些地方饮茶、种茶的历史虽然已很久远,但是还没有撰刊过一本茶的著作,也就是说,其时茶还没有形成为一门独立的正式学问。至唐代中期以后,应茶业发展和社会上对茶的知识的需要,出现了陆羽《茶经》等一批茶叶专著,使茶在成为全国性生产和经济的同时,也以独立的崭新的一种学科和文化,展示于世,彪炳千古。

茶之有书,是从陆羽著述开始的。陆羽的《茶经》,是我国也是世界上最早的一部茶书,其问世,不但具有把茶提高为独立的学科这样划时代的意义,而且,开创了我国为茶著书立说的先河。千百年来,后人不断以陆羽《茶经》为楷模,续写一本本《茶经》新篇,使我国传统茶学不断得到了发扬光大。陆羽嗜茶,精于茶道,其关于茶的著作,除《茶经》以外,还有《茶记》三卷、《顾渚山记》二卷和《水品》一本。唐代其他人的茶叶著作,有陆羽挚友皎然的《茶诀》三卷,张又新《煎茶水记》一卷,温庭筠《采茶录》一卷,苏廙《十六汤品》一卷,佚名《茶苑杂录》一卷,以及裴汶《茶述》、温从云等《补茶事》、五代毛文锡《茶谱》等共十余种。唐代的这些茶书,或师《茶经》,或从生产和品饮茶叶的不同方面补充《茶经》,建立了我国最早的传统茶学,比较全面、客观地反映了唐代茶的实际和知识。这些著作,虽然大都已经散佚,但留下来的《茶经》等不多的几种著作中,仍然保留了上古许多珍贵的茶史资料,仍然是今天研究唐及其以前茶叶历史的重要根据。

晚唐诗人皮日休在其《茶中杂咏·序》中说:"季疵以前,称茗饮者,以浑以烹之,与夫瀹蔬而啜者无异也。季疵始为经三卷,由是分其源,制其具,教其造,设其器,命其煮……以为之备矣。"即是说,在陆羽之前,我国对茶文化的源流、制茶方法、茶具设置、烹饮艺术,都不够重视,饮茶还如同煮菜喝汤一样;在《茶经》面世以后,对茶叶文化、茶叶生产、茶具和品饮艺术,开始重视和日益讲究起来。这也就是说,在唐代中期,随着我国茶业和茶学的发展,茶叶文化本身,也有了一个很大的发展。

先以茶具来说,在陆羽《茶经》中,现在所说的茶具称为"茶器",茶具是在饮茶发展的一定阶段上,才从一般饮具炊器中独立并发展起来的。早期烹饮茶叶的器具,和日常餐具是通用不分的。后来,经济条件较好的一些人家,为了适应经常饮茶的需要,在待客和经常喝茶的地方,专门固定陈设一套,这才形成正式的茶具。唐人饮茶,和六朝时期相仿,一般都用茶碗,如唐人诗句所吟:"或吟诗一章,或饮茶一碗","蒙茗玉花尽,越碗荷叶空"。最初吃茶用的碗,也就是平常装饭盛汤用的碗,后来有些人家把几只碗固定和其他茶具放在一起,这时的茶碗虽然形制和质地与其他碗没有区别,但用途开始分开来了。之后,一些陶家进一步设计产生出了各种各样不同形制的茶碗或茶瓯来。这一点，已为我国考古发现所证实。据报道，在湖南发掘出土的数以百计一模一样的唐朝茶碗中，有一件在碗内底部，竟特别烧制有"茶碗"两字。很明显，这只碗，就是专门用来作茶碗的，从其时茶还书作"荼"来看，这只碗，又无疑是唐代前期的产品。这说明唐代前期，长沙一带虽然饮茶的历史已很久远，但茶碗在发展上还处于只是和普通饭碗分用，而没有在形制上有别于其他用碗的这样一种阶段。

茶具和茶叶的制作、饮用一样，在陆羽之前很不讲究，是经过陆羽在《茶经》中点染以后，才普遍重视和讲究起来的。对于茶具的讲究，如杜育《荈赋》所描述："水则岷方之注，挹彼清流；器择陶简，出自东隅（一作瓯）；酌之以匏，取式公刘"，在晋代就有些重视。但是，汇集和比较各地茶具的优劣，设计一套实用完备的茶器，还是始自陆羽。陆羽在《茶经》中，共列了28种烹饮茶叶的器具和设备，除对每种器物分别述说它们的功能和作用外，还对制作的具体用材、尺寸和工艺作了详细的说明。陆羽提出的这套茶具，考虑非常周全。如其存放这套茶具的设施，就根据不同场合，设计了具列和都篮二件。所谓"具列"，也就是竹木制作的用于室内陈列茶具的茶床或茶架；都篮，则是用竹篾编制的存放这套茶具用的篮子。自此以后，如封演在《封氏闻见记》中所说："楚人陆鸿渐为茶论，说茶之功效并煎茶、炙茶之法，造茶具二十四事，以都统笼贮之，远近倾慕，好事者家藏一副。"这就是说，陆羽精心设计整理的这套茶具，不仅奠定了我国古代茶具的基础，而且也极大地促进了我国茶具生产的发展。唐时有些重要茶具，还出现了一定的专业生产，并形成了各自的著名产地。如皮日休《茶鼎》诗："龙舒有良匠，铸此佳样成"；《茶瓯》诗："邢客与越人，皆能造兹器，圆似月魂堕，轻如云魄起。"龙舒，即今安徽的舒城；邢客与越人，是指邢窑和越窑。对于这一点，《唐国史补》中也说："巩县陶者，多为瓷偶人，号陆鸿渐，买数十茶器，得一鸿渐。"说明当时陶瓷茶具的生产，不仅如邢、越一类名窑相互斗奇比异，连巩县一类的普通窑主，也想出了搭送陆羽陶像等方法，来参加茶具生产交易的角逐。

唐代茶叶文化的发展，还突出反映在社会上享用茶叶的人越来越多，也越来越会享用，概括地说，就是茶叶的价值观，得到了空前的提高。这里不妨摘引唐人的一些诗句，来略作说明。唐代名诗人元稹，曾写有一首一至七字《茶》诗，其云："茶，香叶、嫩芽；慕诗客，爱僧家；碾雕白玉，罗织红纱；铫煎黄蕊色，碗转麹尘花；夜后邀陪明月，晨前命对朝霞；洗尽古今人不倦，将知醉后岂堪夸。"这首茶诗的内容中，除对茶的特点、加工、烹煮、饮用、功效作了全面概括以外，还特别提到爱慕茶叶的"诗客"和"僧家"。应该指出：唐代上至帝王将相，下至乡间庶民，茶叶之所以成为"比屋之饮"，的确与其时社会上的达官名士、高僧仙道在诗文中的赞颂、倡导是分不开的。在唐以前，茶的诗文很少，唐代特别是中唐以后，茶诗和提到茶的诗句，急剧地增加了起来。如唐时著名诗人李白、刘禹锡、白居易、孟浩然等等，无不嗜茶，也无不遗有众多吟哦茶叶的诗句。这些诗文，如吕岩诗句所形容，"通道复通玄，名留四海传"，一方面把茶叶宣传成了无人不知、无人不好的日常生活用品；另一方面，也极大地开拓和提高了茶叶文化的精神意义。如在礼仪方面，通过鲍君徽的《东亭茶宴》、王昌龄的《洛阳尉刘晏与府县诸公茶集天宫寺岸道上人房》以及钱起的《过长孙宅与郎上人茶会》等诗，可以清楚地看出，唐时在客坐敬茶的基础上，进一步创造兴起了以茶为集，以茶作宴和以茶设会的集体活动形式。这种形式，如诗僧皎然《晦夜李侍御萼宅集招潘述汤衡海上人饮茶赋》所吟："晦夜不生月，琴轩犹为开；墙东隐者在，淇上逸僧来；茗爱传花饮，诗看卷素裁；风流高此会，晚景屡装回。"这实际上是我国或世界茶道的滥觞或雏形。

茶宴、茶集和茶会，已从一般的待客礼仪，演化为以茶会集同人朋友、迎来送往、商讨议事等等有目的、有主题的处事联谊活动。如李嘉祐《秋晚招隐寺东峰茶宴送内弟阎伯均归江州》所说，其茶宴就是为欢送阎伯均而设的。在这些茶宴或茶的集会上，与会者一方面"茗爱传花饮"，欣赏茶的色香味形，一方面"诗看卷素裁"，相互赋诗言志，作画抒情，从饮茶的单纯物质享受，进一步扩展到茶会的精神享受。日本茶道的要义，是所谓"和、清、敬、寂"四字。其实,在唐人的诗文中,很多也是推崇、追求这样几点。如白居易作诗吟:"况兹孟夏月,清和好时节。微风吹夹衣,不寒复不热。移榻树阴下,竟日何所谓。或饮一瓯茶,或吟两句诗。内无忧患迫,外无职役羁。此日不自适,何时是适时?!"孟浩然的《清明即事》诗:"帝里重清明,人心自愁思……空堂坐相忆,酌茗聊代醉。"刘得仁的《慈恩寺塔下避暑》诗:"古松凌巨塔,修竹映空廊。竟日闻虚籁,深山只此凉。僧真生我敬,水淡发茶香。坐久东楼望,钟声振夕阳。"把上述茶的有关诗情画意提炼出来,所重复和追求的,也就是"和清敬寂"这样一类意念。这一点,唐人斐汶《茶述》中概括得尤为简要,其称:茶叶"其性精清,其味浩洁,其用涤烦,其功致和,参百品而不混,越众饮而独高",这表明其对茶叶特性或茶道的认识,已达到了一个颇为精深的程度。

综上所说,我国由六朝或唐朝前期江南人"吃茗粥"或"瀹蔬而啜",到斐汶所说的"越众饮而独高",不能不说是我国茶叶文化的一大飞跃。

(朱自振)

4. 唐代茶业发展的主要原因

唐代茶业发展的主要原因有四。

其一,是盛唐经济、文化的影响。在六朝以前,我国饮茶还很不普遍,《膳夫经手录》称,"至开元、天宝之间,稍稍有茶,至德、大历遂多",那么,为什么茶业是在开元天宝以后才慢慢兴盛起来的呢?毫无疑问,这是与当时的社会经济直接相联系的。

讲到唐朝的强盛,会很自然地会想到唐太宗的贞观之治。唐初的贞观之治,在富国强兵、扩大版图、巩固统治等许多方面,都收到了一定的成效。但它只是为新王朝的强大昌盛,打下了良好的基础,唐朝繁荣富强的顶点,还是在开元、天宝期间。唐玄宗李隆基在执政前期,还是一个有抱负和创业精神的君主,他任用了姚崇、宋璟、张九龄等一批有才干的贤能,扫除积弊,改善庶政,使初唐以来的上升景象,最后织成"开元全盛"的画面。诗人杜甫在《忆昔》这首诗中,对开元盛况有这样的描写:"忆昔开元全盛日,小邑犹藏万家室。稻米流脂粟米白,公私仓廪俱丰实。"当然,这私人仓廪,只是地主的仓廪,但在唐

代,开元天宝年间,无疑是其社会经济最为殷实的一个时期。茶叶是社会消费品,茶叶的消费,是由社会经济所决定的。众所周知,北方饮茶的普及,就与开元年间泰山灵岩寺大兴禅教的活动有关。禅教在南北朝时,流传到我国南朝的南京和北朝的洛阳,但禅教和饮茶在其时都没有多大发展。所以,开元时北方禅教和饮茶的兴起,绝不是与社会经济无关的一种孤立发展。

另外,国家的统一,交通的发达,南北经济、文化交流的密切,也是不可忽视的因素。南北朝禅教和茶在北方之所以没有发展,与经济固然有重要关系,但其时南北的分裂、交通的阻塞,也不无影响。隋朝修凿的永济渠、通济渠、山阳渎、江南河,虽然只是为杨广巡游扬州和江南开道,但是,在其后的很长时间中,对沟通长江和黄河两大流域的经济、文化,却起到了无可估量的作用。所以,从交通的角度来说,要是没有大运河这条水路国道,就不可能有开元那样鼎盛的局面;纵然有开元那样的盛世和禅教的风起,假如没有运河国道,运输茶叶受到限制,北方禅教和茶业也不可能在一个很短时期内风行起来。

其二,陆羽的倡导。北宋梅尧臣在《次韵和永叔尝新茶杂言》中吟:"自从陆羽生人间,人间相学事春茶",这是对陆羽一生在茶业上的贡献所作的非常公允的评价。茶的发现和饮用,古已有之,非陆羽之功;但是唐代茶业的兴盛,则确实是与陆羽的倡导分不开的。陆羽对茶业的倡导,首先也主要反映在《茶经》的影响上。《茶经》一书,包括陆羽这个茶学专家的形象,不是凭空而来,而是唐代茶业发展的需要和产物。也就是说,"茶圣陆羽"及其《茶经》,是唐代茶业大发展中产生的。但是,反过来,陆羽《茶经》的提倡,又推动和促进了唐代茶业的更大发展。这一点,《新唐书·陆羽传》说得很贴切:"羽嗜茶,著经三篇,言茶之源、之法、之具尤备,天下益知饮茶矣。"《茶经》中关于茶的历史、制茶饮茶的方法、器具,不是从陆羽才有的,而是他把它们总结、提高得更加完备,自此"天下益知饮茶";他的作用,主要是在"益知"上。怎样"益知"呢?宋人陈师道在《茶经序》中称:"上自宫省,下迨邑里,外及戎夷蛮狄,宾祀宴享,预陈于前,山泽以成市,商贾以起家。"也即是说,陆羽

及其《茶经》的功德,影响非常深远,实际触及了茶业和茶叶文化的各个方面。

其三,僧道生活和茶为教事吸收的影响。唐代茶业的发展,还表现在与唐代佛教、道教兴盛的关联上。我国佛、道二教,自汉朝起,经南北朝的发展,到唐朝,达到了极其兴盛的阶段。如武则天时,佛道二教,特别是佛教,就得到很大的发展。其时在长安造的"明堂",高达294尺。后来又造了一个"天堂",存放大佛,其建筑比明堂还要高大。武则天很迷信,她甚至颁令天下,在全国断屠、禁渔达七八年之久。因为统治者的支持,所以唐朝不仅产生了最富足的寺院经济,而且也形成了一支人数众多脱离劳动的僧道队伍。唐朝僧道不仅成为茶的主要消费者,也成为茶道、茶艺的重要倡导者。佛教讲轮回转世、因果报应,主张修行悟性,以求得道成佛;道教注重醮祷,以求长寿多福,或修炼成仙。所以无论是佛教抑或道教,其枯燥孤寂的修养祈祷活动,都有赖于茶,有茶则舒,因此,茶叶不仅为众多僧道所好,也广泛吸收在寺院生活之中。如杜荀鹤《题德玄上人院》诗:"刳得心来忙处闲,闲中方寸阔于天。浮生自是无空性,长寿何曾有百年。罢定磬敲松罅月,解眠茶煮石根泉。我虽未似师披衲,此理同师悟了然。"至于佛教坐禅,茶的功用就更大。如《封氏闻见记》所记,开元时,泰山灵岩寺大兴禅教,学禅务于不寐,又不夕食,唯许饮茶,由自人怀挟,到处煮饮,相效成俗。不但促进了北方饮茶的普及,也直接推动了我国整个茶业的发展。据统计,在《全唐诗》中,凡提及茶事的诗词,僧道写作或反映在寺院和僧道一起饮茶的诗词,竟占到总数的十之近二。唐朝寺院僧道吟诵茶叶的诗词不仅特别多,而且寺院往往也就是种茶较多、制茶较精的制茶技术中心。如李白在《答族侄僧中孚赠玉泉仙人掌》诗的序文中说的"清香滑熟"能使人增寿还童的"仙人掌茶",就是荆州玉泉寺所种和加工制成的。所以,唐朝的寺院和僧徒道众,不单是嗜茶的一批茶叶鼓吹者,也是茶艺、茶道的一些实践家和创造者。

其四,这时的气候条件,也有利于茶业的发展。据竺可桢先生对五千年来气候变化的研究,在近五千年,大约经历过这样几次冷暖交替过程:第一温暖期,为公元前3000～1000年,约当仰韶文化和河南殷墟时代,这一时期,黄河流域直至山东半岛,都有竹类分布,安阳殷墟还有麈和竹鼠、獏、水牛等热带、亚热带动物遗骨。第一寒冷期,为公元前1000～850年,约当西周时期,据《竹书纪年》记载,这一时期汉水曾两次结冰。第二温暖期,为公元前770～公元初年,约当春秋至西汉这个阶段,据《诗经》和《史记》等文献记载,梅、竹、橘、漆等亚热带植物分布,比寒期推北。第二个寒冷期,由公元初～600年,约当东汉至南北朝这个阶段,这一时期中,尤以3世纪后半期的气温更低,其时每年阴历四月还常降霜。第三个温暖期,为公元600～1000年,约当我国隋唐五代时期。8世纪初,梅树种于长安,公元751年,长安种的柑橘结果。第三个寒冷期,公元1000～1200年,大抵相当我国两宋阶段。这一时期,太湖曾结冰,厚可行车,洞庭东西山的柑橘全部冻死,杭州每年的终雪日一般都要推迟至暮春。当然,这是我国自原始末期至宋代大的气候变化周期,在这每个温暖和寒冷期之中,也都包含有一些小的有规律的冷暖变化。

通过上述历史气候的回顾,可对唐以前我国茶业发轫虽早,但发展缓慢,而至唐朝一下子兴旺起来的自然原因,有一个初步的理解。这里要特别说明的是,在近五千年中,唐代是最为温暖的一个时期,明白了这点,对唐朝贡焙为什么设在较北的江浙宜兴和长兴,在唐代那样的技术条件下,栽培茶树的北限,何以能扩展到海州(今江苏连云港)一带,也就更加容易理解了。唐朝茶业的发展,除掉众多社会原因之外,与当时的"天时"条件,是有一定关系的。

(朱自振)

(三) 宋元茶业的发展

从历史气候的角度看,唐朝是我国古代对茶业发展最为有利的一个时期,而宋朝的自然条件,较唐朝要严峻得多。据研究,唐朝常年平均气温,比宋时一般要高2℃～3℃。宋代虽然天气转冷,但茶业和其他社会生产或历史事物一样,通常是不会逆转的。所以,宋朝时尽管茶叶生产北限有所南移,但仍如有的史籍所称,"茶兴于唐而盛于宋"。宋朝茶业的发展,突出反映在建茶的崛起、茶类生产的转制和城镇茶馆的风靡各地这样三个方面。在这三者中间,关于茶类生产的转制,即从传统的紧压茶类,逐步改为生产末茶、散茶,对我国后世茶业的发展,尤有深远的影响。

1. 茶业重心由东南移

宋朝茶业重心的南移,主要表现在贡焙从顾渚改置建安和闽南、岭南茶业的兴起这两点上。唐朝贡焙之所以设在顾渚,主要是其时气候温暖,茶叶萌芽较早,另是宜兴、长兴离运河和国道较近,采办的贡茶,能赶上天子的清明郊祭和分享王室近臣。唐都长安,宋京洛阳,相距并不遥远,宋朝的贡焙为什么舍近求远,取址交通不便的建安呢? 过去史书都称"自建茶出,天下所产,皆不复可数",认为主要取决于茶的质量。其实,建茶的内质虽然不差,但改易贡焙的主要原因,还在于气候的变化。宜兴、长兴早春茶树因气温降低,发芽推迟,不能保证茶叶在清明前贡到汴京。而建安的茶叶,如欧阳修诗句所说:"建安三千里,京师三月尝新茶",说明还与其地产茶较早,能三月贡到京师有关。

以建茶为贡,并非始自宋代,最早是五代闽和南唐时就开始的。据吴任臣《十国春秋·闽康宗本纪》记载,通文二年(937),"国人贡建州茶膏,制以异味,胶以金缕,名曰耐重儿,凡八枚";这是建茶入贡的最早记载。公元945年,闽为南唐所亡,《十国春秋·南唐元宗本纪》载,保大四年(946)春,"命建州制的乳茶,号曰京挺腊茶之贡……始罢贡阳羡茶"。南唐建都金陵,唐朝顾渚贡焙近在咫尺,其灭闽后,"罢贡阳羡茶",命贡建州京挺的乳茶,显然其时已受气候的影响,顾渚作为贡焙,已不如建茶作贡为佳了。所以,"宋朝罢顾渚紫笋改贡建安腊面茶"之说,确切地讲,是肇始于南唐李璟,宋承南唐旧制。

建茶名冠全国,其生产的发展和制茶技术的卓著,主要还是宋代的事情。唐陆羽《茶经》中对福州、建州一带出产茶叶的质量,称"未详,往往得之,其味极佳";说明唐朝中期,建茶产量不多,在社会上影响也不大。五代末年虽然开始入贡和建立贡焙,但其

时社会动荡不定,加之时间不长,所以也未出名。宋结束五代十国的分裂割据局面后,天下一统,君王又恢复到一个极其神圣的地位,贡焙因进御所享,其茶叶采制,精益求精,建茶名声愈来愈大,以至后来成为中国团茶、饼茶制作的主要技术中心。

建安贡茶,以北苑、壑源所产最佳,佛岭、沙溪次之,东宫、西溪又次。其贡起初数量不多,哲宗元符(1098~1100)时增加到18000斤,至徽宗宣和(1119~1125)时,每年更增至47100多斤。而且贡茶的名目、制形,开始也比较简单,后来追新求异,愈来愈加繁费。如太平兴国(976~983)时,贡品主要为龙凤茶;到至道初(995),主贡石乳、的乳、白乳等品;咸平(998~1003)中,丁谓造龙凤团(即大团茶)以进,八饼一斤,庆历(1041~1048)时,蔡襄又造小龙团输贡,二十余饼一斤;元丰(1078~1085)间造密云龙,绍圣(1094~1097)间造瑞云翔龙,大观(1107~1110)初造白茶,后又造三色细芽及试新铸、贡新铸等,到了宣和庚子(1120),郑可简又造银线水(一作冰)芽及方寸新铸(一称龙团胜雪),等等。总之,宋朝北苑贡茶,名目繁多,时时在变,新制一出,旧茶即被压倒和淘汰。因此,一些媚上者,也挖空心思专以更新贡品为务。有些贡茶,费工费钱,法殊名雅,实质中看不中尝。如一度为徽宗赵佶(1101~1125)所尚的"冰芽"或"水芽",就是一例。据南宋时庄季裕写的《鸡肋编》(公元1139年或稍后)记载:"茶树高丈余者极难得,其大树二月初因雷迸出白芽,肥大长半寸许,采之浸水中,渫及半斤,方剥去外包,取其心如针细,仅可蒸研以成一铸,故谓之水芽……初进止二十铸,谓之贡新,一岁如此者,不过可得一百二十铸而已。其剥下者,杂用于龙团之中,采茶工匠几千人,日支钱七十足。旧米价贱,水芽一铸,犹费五千;如绍兴六年(1136),一铸十二千足尚未能造也,岁费常万缗。"

北苑贡茶采制的讲究,对焙外乃至建安周围制茶技术的促进和提高,起了很大的作用。胡仔的《苕溪渔隐丛话》(1148~1167)称:"石门、乳吉、香口三外焙,亦隶于北苑,皆采摘茶芽,送官焙添造,每岁縻金共二万余缗,日役千夫,凡两月方能讫事……惟壑源诸处私焙茶,其绝品亦可敌官焙,自昔至今,亦皆

入贡,其流贩四方,悉私焙茶耳。"表明了宋朝建安的贡焙或官焙虽只北苑一地,但其相邻的外焙和周围的私焙,已形成为一个生产和技术的有机整体,不只官焙在技术上对周围有示范、普及的作用,周围私焙对官焙也有品质上的竞争和促进作用。

宋朝建安在全国茶叶生产技术上的重要地位,还可以从茶书上得到反映。据统计,从现存的文献中,可查到的宋代的茶书目录共 25 种,其中属于建安地方性的茶书,就有丁谓《北苑茶录》(佚)三卷,周绛《补茶经》(佚)一卷,刘异《北苑拾遗》(佚)一卷,蔡襄《茶录》二卷,宋子安《东溪试茶录》一卷,黄儒《品茶要录》一卷,吕惠卿《建安茶记》(佚)一卷,赵佶《大观茶论》一卷,熊蕃《宣和北苑贡茶录》一卷,曾伉《茶苑总录》(佚)十二卷,《北苑煎茶法》(佚)一卷,赵汝砺《北苑别录》,章炳文《壑源茶录》(佚)一卷,《茶苑杂录》(佚)一卷,共 14 种。其中有些茶书,如《大观茶论》,严格说不属地方性茶书,但其内容以建安为主,所以不妨也列作建茶著作一类。茶书是茶叶科技和文化的集中反映,以上论述建安茶的地方性茶书占了宋代整个茶书的一半以上,从而不难看出建安在当时茶叶生产技术上所享有的突出地位。

与宋朝茶叶生产技术中心南移相伴随,唐时茶叶生产还不曾发展的闽南和岭南一带的茶业,明显地活跃和发展了起来。举例来说,在陆羽《茶经》中,我国南方南部各地的产茶情况,只提到"思、播、费、夷、鄂、袁、吉、福、建、韶、象十一州",陆羽对这些州茶叶质量的情况还不怎样清楚,仅称"往往得之,其味极佳";至于这些州邻近或更南的其他州的情况,无论是《茶经》还是其他史籍,都没有或很少提到了。

但是,入宋以后,情况就明显两样了,如《太平寰宇记》(乐史撰,约公元 987 年)对中国南方产茶的记载,就较唐朝要详细和丰富得多。其"江南东道"载:"福州土产茶;南剑州土产茶,有六般:白乳、金字、蜡面、骨子、山挺、银字;建州土产茶(原注略,下同),建安县茶山在郡北,民多植茶于此山;邵武军土产同建州;漳州土产蜡茶;汀州土产茶。""江南西道"有:"袁州土产茶;吉州土产茶;抚州土产茶;江州土产茶;鄂州土产茶。"岳州王朝场,本巴陵县地,后唐清泰三年(936),潭州节度使析巴陵县置王朝场,以便

人户输纳,出茶;兴国军土产茶;潭州土产茶;衡州土产茶,衡阳县有茶溪,《括地图》云:临蒸县东一百四十里有茶溪;涪州宾化县,按:《新图经》云:"此县民并是夷僚,露顶跣足,不识州县,不会文法,与诸县户口不同,不务蚕桑,以茶蜡供输;夷州土产茶;播州土产生黄茶;思州土产茶。""岭南道"的记载是:"封州土产春紫笋茶,夏紫笋茶;邕州上林县都茗山在县西六十里,其山出茶,土人食之,因呼为都茗山;容州土产竹茶。"《太平寰宇记》是北宋建元不久太宗时的作品,与陆羽《茶经》有关南国的资料相比,可知从五代和宋朝初年起,因气候由暖转寒,中国南方南部的茶业,较北部更加迅速地发展了起来。

宋代中国南方南部茶业的发展,还可从与茶业相关的茶具生产来得到印证。宋代风尚斗茶,如梅尧臣和苏辙诗句:"兔毛紫盏自相称,清泉不必求虾蟆";"蟹眼煎成声未老,兔毛倾看色尤宜"。斗茶最时尚的兔毫茶瓯或茶盏,就以建州、吉州最为著名。另如南宋周去非《岭外代答》载:"茶具,雷州铁工甚巧,制茶碾、汤瓯、汤匮之属,皆若铸就,余�以比之建宁所出,不能相上下也。夫建宁名茶所出,俗亦雅尚,无不善分茶者;雷州方啜懳茶,奚以茶器为哉。"至于长沙出产的茶具,则更加有名,《清波杂志》称:"长沙匠者,造器具极精致,工直之厚,等所用白金之数。士夫家多有之,置几案间,但知以侈靡相夸。"只有精于茶事,才能"俗亦雅尚",讲究到茶具。由此也可看到其时我国南部茶业发展的情况。

(朱自振)

2. 团饼茶向散茶过渡

宋元茶叶生产发展的另一特点,是这一时期茶类生产由团饼为主趋向以散茶为主的转变。唐时虽然也有如刘禹锡在《西山兰若试茶歌》中所说:"自傍芳丛摘鹰嘴,斯须炒成满室香"一类的炒青和蒸青,但基本上和六朝以前的旧俗一样,主要生产团茶、饼茶。至北宋前期,仍和过去一样,生产以团饼为主的紧压茶类。而且,有些地方,如北苑贡茶,在技术上日趋精湛,不断创新,还把中国古代团茶饼茶的生产和技术,推向了一个新的高峰。但是,宋朝团、饼制作虽精,可是工艺繁琐,煮饮也比较费事,在饮茶愈

益普及特别是有更多的劳动人民加入饮茶行列的情况下,原先的传统生产格局,无疑会发生一些变革。

宋朝茶类生产的变革,首先是适应社会上多数饮茶者的需要。加入饮茶行列的劳动者,不仅要求茶叶价格低廉,而且希望煮饮方便,于是,在过去团、饼工艺的基础上,蒸而不碎,碎而不拍,蒸青和蒸青末茶,应运逐步发展了起来。如北宋葛常之在一篇论述茶叶的文章中称,唐朝的阳羡茶,由李郢的《茶山贡焙歌》"蒸之馥之香胜梅,研膏架动声如雷"之句可以看出,其"为团茶无疑,自建茶入贡,阳羡不复研膏,谓之草茶而已"。这就是说,宋朝一些茶叶产地,包括唐朝专门采造贡茶的宜兴、长兴一带,自不再作贡时,也自然地适应社会需要,改造团饼为生产散茶了。

在宋时的一些文献中,团、饼一类的紧压茶,称为"片茶",对蒸而不碎、碎而不拍的蒸青和末茶,称为"散茶"。据有关文献记载,宋朝主要生产片茶的地区有兴国军(湖北阳新)、饶州(江西鄱阳)、池州(安徽贵池)、虔州(江西赣州)、袁州(江西宜春)、临江军(江西清江)、歙州(安徽歙县)、潭州(湖南长沙)、江陵(湖北江陵)、岳州(湖南岳阳)、辰州(湖南沅陵)、澧州(湖南津市)、光州(河南横川)、鼎州(湖南常德)以及两浙和建安(福建建瓯)等地。出产散茶的地区,主要有淮南、荆湖、归州(湖北秭归)和江南一带。

宜兴和长兴等一些地方,虽然在北宋初期就由团、饼改制散茶,但在宋朝大多数时间中,片茶的生产和产地,仍一直多于散茶。换句话说,在生产格局上,仍然是团茶、饼茶略占优势。直至元朝散茶才明显超过团、饼,成为主要的生产茶类。元朝中期刊印的《王祯农书》中即反映:当时的茶叶有"茗茶"、"末茶"和"腊茶"三种。所谓"茗茶",即有些史籍所说的芽茶或叶茶;"末茶"是"先焙芽令燥,入磨细碾"而成;至于"腊茶",是腊面茶的简称,即团、饼茶焙干以后,用蜡状的粥液结面保存,实际即团茶或饼茶。这三种茶,以"腊茶最贵",制作亦最"不凡",所以"此品惟充贡茶,民间罕见之"。在元朝至少在元朝中期以前,由《王祯农书》记述的实情来看,这时除贡茶仍采用紧压茶以外,在我国大多数地区和大多数民族

中,一般只采制和饮用叶茶或末茶。元末明初人叶子奇撰写的《草木子》(1378)一书中指出,元朝建宁的贡茶,虽然比宋朝的龙团凤饼要简约一些,但是"民间止用江西末茶、各处叶茶"。

宋末和元朝由过去传统的生产团饼为主,改变为以生产散茶为主,这还可以从我国茶书和有关农书的内容中得到证明。现存的唐宋茶书和茶叶文献中,谈到茶叶的采造,只讲团饼工艺,可是至元朝以后,在《王祯农书》和《农桑撮要》一类农书中,谈到制茶,就主要介绍蒸青和蒸青末茶了,很少介绍或根本不提团茶、饼茶的采制方法。非常明显,茶书或农书中对制茶工艺的介绍,在一定程度上,是当时社会茶类生产的反映。如《王祯农书》关于茶叶的"采造藏贮"之法,就主要介绍蒸青一种。其称茶叶"采之宜早,率以清明谷雨前者为佳……采讫,以甑微蒸,生熟得所;蒸已,用筐箔薄摊,乘湿略揉之,入焙匀布火,烘令干,勿使焦。编竹为焙,裹箬覆之,以收火气"。这也是中国有关散茶或蒸青绿茶采制工艺的最早完整记载。但是,在同一本书中,对唐、宋时重点介绍的团饼工艺,却讲得十分简略,只称"择上等嫩芽,细碾入罗,杂脑子诸香膏油,调剂如法,印作饼子制样"等简单几句,没有把过程讲清,表明其时团饼生产已过时而无须再详作介绍了。

不过,这里也须说明,团饼生产的"过时",是指汉族地区茶叶的主要生产、消费而言的。事实上,团饼作为一种传统或特种茶的生产、消费,不只在西北少数民族地区,就是在明清的某些汉族地区中,仍然有着一定的市场。所以,宋元中国茶类生产的改制,是我国制茶和茶叶文化发展合乎规律的必然结果。团饼和散茶的这种变化,不是新与旧的对立替代关系,而是两个并列组分之间的数量消长关系。如散茶,在北宋团饼生产占统治地位或处于高峰的时期,其生产和技术仍然取得了许多明显发展。这可以从欧阳修的《归田录》(1067)得到证明,其称"腊茶出于剑建,草茶盛于两浙,两浙大品,日注为第一;自景祐已后,洪州双井白芽渐盛,近岁制作尤精……其品远出日注上,遂为草茶第一"。说明北宋初期,在建安设立贡焙,团茶、饼茶得到顺利发展的同时,浙东和浙西一带出现了向散茶转化的高潮,而且还创造出

了日注这样的名茶。宋仁宗时,蔡君谟漕闽创"小龙团以进",欧阳修称小团一斤,"其价直金二两,然金可有,而茶不可得"。就在建安贡茶由小龙团推向高峰的同时,散茶的区域,也由浙西推至洪州一带,并且很快创制出双井白芽这样名盖日注的第一草茶来。这些事实表明,散茶和团饼的发展,至少在技术上是不矛盾的,而且还具有一种相辅相成、相互促进的关系。所以,宋元茶类生产的改制,是顺应多数茶叶消费者简化制茶、减少烹饮手续需要的一种自然发展。

终宋一代,基本上都是处于我国茶类生产由团饼向散茶转折或过渡的阶段。这一转变,从现象上说,似乎只是制茶工艺和茶类生产上的改制,但实际上涉及茶文化的许多方面,中国上古传统的制茶工艺和烹饮习惯,就是通过宋元茶类的改制,转入明清,走向近代发展之路的。

此外,茶馆文化的兴起,亦是宋、元茶事的一个特色。详尽情节,参见《饮茶篇》。

(朱自振)

(四)明清茶事

从茶业和茶学的发展来说,明清时期是我国古代茶业和传统茶学由鼎盛走向终极的一个阶段。在这个阶段中,我国茶事极为纷繁复杂,尤以下面三点为突出:一是团茶、饼茶进一步边茶化,末茶衰落,叶茶和芽茶成为我国茶叶生产和消费的主导方面。二是随着饮用和加工茶叶技艺的发展及娴熟,特别是明朝中期和后期,我国古代制茶技术和传统茶学,也达到了一个新的高度。三是这一时期,西方在世界各地不停地进行殖民和侵略,茶作为中国和西方贸易的主要物品,也不可避免地变成了殖民主义者掠夺与侵略我国的一种对象和诱因。换句话说,也就是我国古代茶业和茶叶文化,是在殖民侵略的狂潮中被裹诸世界,在痛苦中走上近代的。

1. 散茶的兴起和制茶的革新

中国古代文献中关于散茶、芽茶、叶茶的概念非常混乱,有的甚至释义相反。如散茶,宋时也称草茶,南宋《韵语阳秋》对唐时宜兴贡茶考证说:"当时李郢茶山贡焙歌云,'蒸之馥之香胜梅,研膏架动声如雷'……观研膏之句,则知尝为团茶无疑。自建茶入贡,阳羡不复研膏,只谓之草茶而已。"由这里看,散茶是不加研膏的草茶。但是,在明代丘濬的《大学衍义补》(1487)中,其按称:"宋人造作有二类,曰片曰散,片茶蒸造成片者,散茶则既蒸而研,合以诸香以为饼,所谓大小龙团是也。"这就是说,宋朝的散茶,不是"草茶",而正好是紧压茶类的团、饼茶。

从文献记载来看,中国茶类生产,在两晋、南北朝和隋唐,以采造团茶和饼茶为主,但也有旋摘旋炒的炒青一类茶叶。所以,茶叶的名字,除团茶、饼茶或片茶一类的称谓外,与这些紧压茶相对的,还有"芽茶"、"散茶"一类的名字。毛文锡《茶谱》(935年前后)称:"眉州洪雅、昌阖、丹棱,其茶如蒙顶制茶饼法,其散者叶大而黄,味颇甘苦,亦片甲、蝉翼之次也。"片甲、蝉翼是"散茶之最上"者,以其芽叶的形状而名。这也即是说,散茶是各种非紧压茶的统称,其下还可以有片甲、雀舌、麦颗等一类专名。至于芽茶,可以是散茶,但也可以如毛文锡《茶谱》所说的蒙山"压膏露牙、不压膏露牙"和宣城用茗牙装面的小方饼——丫山阳坡横纹茶等一类的紧压茶。唐朝散茶生产、消费的数量不大,有关散茶的记述也不多。至宋朝特别是南宋以后,随散茶生产的发展,史籍中正式出现"片、散"两种茶叶花色。片茶,福建称为腊面茶或腊茶,有的地方称为研膏,属团和饼茶一类。散茶,包括蒸青、末茶或炒青一类的茶叶,有的地方,把蒸青、炒青也称为草茶。明朝所称的芽茶和叶茶,实际就是宋元所说的草茶。所以,明清芽、叶茶的独兴,从发展的角度说,也可以称是过去草茶或散茶的盛起。

元朝时团茶、饼茶主要用作贡茶,民间一般只饮散茶和末茶。尽管元朝的茶类生产已转入以散茶为主,由于充贡的建茶仍是龙团凤饼,所以时人仍有以团、饼为"天下第一茶"的传统印象。入明以后,如《余冬序录摘抄内外篇》所载:"国初建宁所进,必碾而揉之,压以银板,为大小龙团,如宋蔡君谟所贡茶例,太祖以重劳民力,罢造龙团,一照各处,采芽以进。"即是指明朝初年,建宁贡茶还一如宋制,专以采造龙团凤饼等一类的紧压茶,后来朱元璋认为这样太"重劳民力",才下令"罢造龙团",改造芽茶以进。这一改革,从统治阶级的本意来说,是通过轻徭薄赋等一些体恤民力的措施,把社会生产恢复和发展起来,以稳定新建立起来的政权。但是,在客观上,对进一步破除团茶、饼茶的传统束缚,促进芽茶和叶茶的蓬勃发展,起到了积极的推动作用。

明朝叶茶的全面发展,首先表现在各地名茶的繁多上。如前所说,宋朝散茶在江浙和沿江一带发展很快,但文献中提及的名茶,只有日注、双井、顾渚等不多几种,但明代黄一正的《事物绀珠》(1591)中,其所辑录的"今茶名"就有(雅州)雷鸣茶、仙人掌茶、虎丘茶、天池茶、罗岕茶、阳羡茶、六安茶、日铸茶、含膏茶(湄湖)等97种之多。

《事物绀珠》,成书于万历初年;上述记载表明,散茶或叶茶经过明朝两个世纪的发展以后,在中国不但形成了如此众多的名特茶叶,而且其地域从云南的金齿(治位今保山)、湾甸(州治在今镇康县北)起,向北绵延一直到今山东的莱阳,基本上各地区都形成了自己的主要茶叶产地和代表名茶,从而也奠定了我国近代茶业或茶叶文化的大致格局和风貌。

明朝叶茶的突出发展,还表现在制茶技术的革新上。元朝散茶的采制,如前引《王祯农书》所见,虽其工艺流程已颇系统、完整,但介绍的只蒸青一种,而且从高档茶的要求来看,不免粗略。至明以后,如闻龙《茶笺》(1630年)所说,"诸名茶法多用炒,惟罗岕宜于蒸焙",在制茶上,普遍改蒸青为炒青,这对芽茶和叶茶的普遍推开,提供了一个极为有利的条件,同时,也使炒青等一类制茶工艺,达到了炉火纯青的程度。如明代罗廪《茶解》(1609)的炒青技术要点载,采茶"须晴昼采;当时焙",否则,就"色味香俱减"。采后萎凋,要放在箪中,不能置于漆器及瓷器内,也"不宜见风日"。炒制时,"炒茶,铛宜热;焙,铛宜温"。具体工序是:"凡炒止可一握,候铛微炙手,置茶铛中,札札有声,急手炒匀,出之箕上薄摊,用扇扇冷,略加揉接,再略炒,入文火铛焙干。"这段文字,讲了杀青、摊凉、揉捻和焙干这样一个过程,在这几道工序中,书中指出,杀青后薄摊用扇扇冷,色泽如翡翠,不然,就会变色。另外原料要新鲜,叶鲜膏液就具足;杀青要"初用武火急炒,以发其香,然火亦不宜太烈";炒后"必须揉接,揉接则脂膏熔液",等等。有些制茶工艺,如松萝等茶,对采摘的茶芽还要进行一番选拣和加工,经过剔除枝梗碎叶后,"取叶腴津浓者,除筋摘片,断蒂去尖",然后再付炒制。所有上述这些工艺和认识,在近代茶叶科学出现之前,一直是中国乃至世界传统制茶经典性的工艺和认识,即便是现在,其许多工艺和技术要点,仍沿用于中国各种名特和高档茶叶的制作过程之中。

明朝叶茶的独兴于时,还表现在促进和推动了其他茶类的发展上。除绿茶外,明清两朝在黑茶、花茶、青茶和红茶等方面,也应运得到了全面的发展。如黑茶,据文献记载,四川在洪武初年便有生产,后来随茶马交易的不断扩大,至万历年间,湖南许多地区也开始改产黑茶,至清朝后期,黑茶更形成、发展为湖南安化的一种特产。花茶源于北宋龙凤团茶掺加龙脑等加工工艺,后来如施岳《茉莉词》(约12世纪)所示,至迟在南宋前期,就发明了用茉莉等鲜花窨茶的技术,但花茶的较大发展,还是兴之于明代。据朱权《茶谱》(1440年前后)、钱椿年《茶谱》(1539)等茶书记载,明朝常用以窨茶的鲜花除茉莉外,更扩展到木樨、玫瑰、蔷薇、兰蕙、橘花、栀子、木香、梅花和莲花等十数种。乌龙茶,亦有称青茶的,是明清时首先创之于福建的一种半发酵茶类。红茶创始年代和青茶一样,也无从查考,从现存的文献说,其名最先见之于明代中叶的《多能鄙事》(约15~16世纪)。入清以后,随茶叶外贸发展的需要,红茶由福建很快传到江西、浙江、安徽、湖南、湖北、云南和四川等省,在福建还形成工夫、小种、白毫、紫毫、选芽、漳芽、兰香和清香等许多名品。

明清芽茶、叶茶的发展,取决于其本身社会内部商品经济的发展,在清朝尤其是茶的对外贸易的刺激和促进的结果。

(朱自振)

2. 古代传统茶学的终结

中国古代的茶叶科学技术,主要汇集在茶书之中,并通过茶书表现出来。古代茶学自陆羽撰写《茶经》起,经唐宋两代的发展,至明清特别是明朝中期和后期，达到了一个高峰。清朝中期和后期，中国古代茶书就很少再见新作，传统茶学走到了静止待变的阶段。所以，如果说明朝和清初是中国传统茶学的一个繁荣期或高峰的话，那么，至清朝中后期后，中国传统茶学，也由式微慢慢走向了终极。

据万国鼎先生在农业遗产研究集刊发表的《茶书总目提要》中介绍，中国古茶书的撰刊情况是：唐代7种；两宋25种；元代未见有专门的茶书；明代55种；清代11种，总计98种。当然，万氏所举的"茶书总目"，不能说十分完全（据统计，还有近30种茶书未列进总目），茶书愈多的朝代，一般遗漏也多，但本书还是较能正确反映我国传统茶学发展情况的。

分析以上数字可以发现，如果把明清合作一个阶段，那么明清二代的茶书共66种，唐宋包括元代才32种；这就是说，明清552年中撰刊的茶书，较唐至元代750年撰刊的总数增加了一倍还多。如果把明、清分开，那么，明朝一代的茶书，就占中国古代全部茶书的一半。再以明清茶书撰刊的年代来看，在明代的55种茶书中，属于明朝初期的著作，仅朱权《茶谱》和正统年间谭宣撰的《茶马志》2种；中期的茶书10种；其余43种，悉为明代后期撰刊。清代的茶书中，属康熙及其相近年代撰刊的7种，3种成书年代不详，光绪年间刊印的只程雨亭《整饬皖茶文牍》1种。应该指出，《整饬皖茶文牍》，农学丛书把它收作一种茶书，实际它只是给南洋大臣写的要求整顿徽州茶商的一个报告。所以，由上可以看出，从茶书撰刊的角度来说，中国传统茶学，明清是一个高峰。其最为发展的时期实际只是从明宪宗成化（1465～1487）时起，到清世宗雍正（1723～1735）止的二百多年时间。雍正以后，可能我国古代茶事和茶叶生产技术，已为明清形形色色茶书反复叙述或叙述已尽，所以，直至清朝覆亡，基本上未再有新的茶书出版。

当然，明朝中后期茶书的众多，与当时社会商品经济和刻书事业的发展有一定的关系，但它总是现实茶学发展的一种反映，以至形成了中国传统茶学发展的一个顶峰。

中国古代茶书除陆羽的《茶经》以外，大多只是起到了汇集历史科学材料的作用。那么，明清茶书在茶叶生产技术上到底有什么发展呢？应该说，其成就是突出的。关于制茶方面的提高和发展，在上节已有所述，现再看茶树栽培技术的发展。以茶树繁殖说，在唐朝以前，如《茶经》所反映："凡艺而不实，植而罕茂，法如种瓜"，当时种茶和种瓜一样，是采取直播丛栽的。这一方法，在宋元直到明朝中期，被奉为经典，但是，在明末清初方以智《物理小识》（1664）中就记到："种以多子，稍长即移，大即难移"，说明在明朝，至少在明朝后期，有的地方除直播以外，还采用了育苗移栽的方法。但这还是有性繁殖法。为了保持优良茶树品种的性状，如《连阳八排风土记》（1708）所载，茶树繁殖引用了插枝繁殖技术。《连阳八排风土记》是康熙年间的作品，由此不难想见，茶树插枝无性繁殖的方法，是明朝至少是明朝后期出现的一种技术。此外，据民国《建瓯县志》记载，在清代闽北一带，对一些名贵和优良茶叶树种，还开始采用了压条繁殖的方法。

再如在茶园管理技术上，明朝较唐宋也有一个明显的飞跃。程用宾在《茶录》（1604）中说："肥园沃土，锄溉以时，萌腴丰蘗"，这是明人对茶园管理的概括，也是他们力行的目标。宋时对茶园建设、施肥除草讲得都很简单，明人罗廪在《茶解》中对茶园的建设过程，就提出了"土地平整"的要求。至于茶园的耕作施肥，《茶解》讲得更精细："茶根土实，草木杂生则不茂。春时薙草，秋夏间锄掘三四遍，则次年抽茶更盛。茶地觉力薄，当培以焦土。"怎样培法？"每茶根旁掘一小坑，培以升许，须记方所，以便次年培壅。晴昼锄过，可用米泔浇之。"另外，在茶园间种方面，宋时只提到间植桐树，《茶解》中进一步提出可种植桂、梅、玉兰、松、竹和兰草、菊花等清芳之品，即上层种乔木形花果，中间为茶树，下层种兰、菊一类草本花卉，一使茶园幽香常发，二可以蔽土抑制杂草生长，现称"立体种植"。关于用覆盖的办法抑制杂草生长，在清代《时务通考》（1897）一书中，提到在锄地以后，"用干草密遮其地，使不生草莱"。其实这除可防止杂草生长外，还具有防止土壤流失、蓄水保墒和施肥等一连串的效应。

在元朝以前，史籍中对茶树的更新复壮，无甚记述，直至清初的《匡庐游录》、《物理小识》和后来的《时务通考》中，才提到了茶树更新方法。如方以智在《物理小识》中称："树老则烧之，其根自发"；《匡庐游录》载："山中无别产，衣食取办于茶，地又寒苦，茶树皆不过一尺，五六年后梗老无芽，则须伐去，俟其再蘖。"这是有关更新方法的最早记载，也较原始。至咸丰时，张振夔在《说茶》一文中提及："先以腰镰刈去老本，令根与土平，旁穿一小阱，厚粪其根，仍覆其土而锄之，则叶易茂。"显然，这时已从消极的"候其再蘖"，进而采取一系列措施，促其叶茂了。《时务通考》的记载是："种理茶树之法，其茶树生长有五六年，每树既高尺余，清明后则必用镰刈其半枝，须用草遮其余枝，每日用水淋之，四十后，方除去其草，此时全树必俱发嫩叶，不惟所采之茶甚多，所造之茶犹好。"这里讲的，是一种类似现代的重修剪。

此外，在掌握茶树生物学特性和茶叶采摘等方面，在明清时也都有较大的提高和发展。这些方方面面的发展，也就构成了这一时期的茶学的基本内容和水平。近代茶叶科学技术，是上一个世纪特别是上一个世纪后期，在中国传统茶学的基础上引进近代科技成果建立和发展起来的。因此，从这一角度上说，虽然明清时代的有些茶叶科学技术不免有点幼稚，但确确实实代表了中国传统茶学所达到的技术高度，也代表了当时中国和世界茶叶科学技术的最高水平。

（朱自振）

3. 茶业向近代转变的过程

茶叶原是中国的特产，通过丝绸之路传入中亚、西亚，又在唐朝由日本、朝鲜来华留学的僧人传之彼国，但茶叶的生产或饮用，主要仍限于汉文化圈的范围。那么，茶的知识、饮茶习惯和茶叶生产何时传到欧洲、普及世界的呢？悠远之前的情况已不可知，在现存的文献中能够找到的最早记载，是1559年威尼斯作家拉马锡所著的《中国茶》和《航海旅行记》二书。之后到过中国和日本的传教士和旅行家，绘形绘色，不断把中国这种"药草汁液"的饮俗、效用著之于书报杂志，使西方世界对这神奇的东方异物，更具一种钦羡之感。所以，经过约半个多世纪的宣传，当

1610年荷兰东印度公司的船队首先把少量的茶叶运回欧洲以后，犹如久旱遇甘露一样，茶叶的饮用，很快在欧洲，进一步在世界范围内风靡开来，并成为西方与中国贸易的主要物产。这一过程，也正好发生在明朝后期；至清朝，由于茶已成为充实和丰富西方文明不可或缺的重要物资，茶不只吸引了所有西方的商人，也最终撞开了中国长期封闭和海禁的栅栏，使中国与西方以茶丝为主的贸易，成为中国走向近代半殖民地、半封建社会的一根重要牵索。

（朱自振）

三、茶类的发展与演变

中国产茶历史悠久，历代茶人创造了多种茶类。据不完全统计，中国现代生产的茶叶有茶名的就有1100多种，中国茶叶种类之多为世界之冠。当然有不少茶叶外形内质差不多，只是产地、名称不同而已。

（一）制茶技术发展与茶类演变

几千年的历史长河中，千姿百态的茶类的产生、发展和演变，经历了生吃鲜叶、生煮羹饮、晒干收藏、蒸青做饼、炒青散茶，乃至白茶、黄茶、黑茶、乌龙茶、红茶等多种茶类的发展过程。

1. 从生吃到生煮羹饮

陆羽《茶经》称："茶之为饮，发乎神农氏"。说的是神农氏为了寻找能治病的药材和能食用的植物，满山遍野，嚼食各种植物叶片时而发现茶的。说明，茶之为饮，最早是从咀嚼茶树鲜叶开始的。这种生吃茶树鲜芽叶的现象，在现今云南的布朗族、佤族、德昂族等少数民族还保留着。其中有直接生吃的，也有加盐和辣椒吃的，还有腌制以后吃的，这是茶叶最直接最原始的利用方式。从这种最原始的利用方法进一步发展的结果便是生煮羹饮。

生煮者类似现代的煮菜汤。以茶作餐菜的记载，见于《晏子春秋》："婴相齐景公时，食脱粟之饭，炙三弋五卵、茗菜而已。"是说春秋时，晏婴在景公时

（前 547～前 490），身为国相，饮食节俭，吃糙米饭，几样荤菜以外，只有"茗菜而已"，类似今人所谓"粗茶淡饭"。

以茶作菜不仅古代有之，就是现代有些地方仍保留有这种风俗。如云南省基诺族至今仍有吃"凉拌茶"的习惯，采来新鲜茶叶，在热水中稍浸后放在碗中，加入少许黄果叶、大蒜、辣椒、盐等作配料，再加入少许泉水拌匀，就做成了美味可口的菜肴——"凉拌茶"了。

茶作羹饮的另一种方式是早期的擂茶，流传于中国南方湖南、湖北、江西、福建、广西、四川、贵州等少数民族地区，是以生茶叶、生姜、生米三种生材料经混合研碎加水煮成的汤饮，故又称"三生汤"。

茶作羹饮，见晋代郭璞（276～324）《尔雅》"槚，苦茶"之注："树小如栀子，冬生叶，可煮羹饮。"《晋书》记述："吴人采茶煮之，曰茗粥。"《方陵耆老传》中提到："晋元帝时，有老姥，每旦独提一器茗，往市鬻之，市人竞买，每旦至夕，其器不减。"《茶经》引"付咸司隶教曰：'闻南方有蜀妪，作茶粥卖，为廉事打破其器具，后又卖饼于市'而禁茶粥，以困蜀姥，何哉？"

煮茶羹饮的习俗，延续至唐代仍有出现，唐代诗人储光羲（707～约 760）当时在友人家做客，记述有盛夏吃茗粥诗一首："当昼暑气盛，鸟雀静不飞，念君高梧阴，复解山中衣。数片远云度，曾不避炎晖。淹留膳茗粥，共我饭蕨薇。敝庐既不远，日暮徐徐归。"

（程启坤）

2. 从生煮到烧烤后煮饮

生煮羹饮，是直接利用未经任何加工的茶鲜叶。在这种原始利用的基础上，进一步发展的结果，也许就是经烧烤后再煮饮。人类在原始社会，将狩猎到的猎物和采集到的植物块茎块根，放在火上烧烤至熟后再食用。这是发明了"火"以后，人类饮食的进步。可以想象，在那时，将采集到的茶树新梢，放在火上经烧烤以后再放在水中去煮，煮出的茶汤供人们解渴消暑。这种"烧烤鲜茶"的做法，也许就是最原始的加工绿茶了。因为现代"绿茶"的概念，就是通过高温杀青以后制成的茶叶，现代杀青有蒸青、锅炒青等，都是利用高温抑制酶的活性，保持清汤绿叶的绿茶特征。烧烤茶鲜叶，实际上也是达到了杀青的目的。用现代的语言，就是将"杀青叶"（烧烤叶）直接煮饮，无非是没有制成干茶而已。

我国云南西双版纳的布朗族、傣族、拉祜族、佤族，至今还保留着这种"烤鲜茶煮饮"的习俗。他们平时在茶山劳动休息时，常常就地采下茶枝叶就地烧烤后放在鲜竹筒内用山泉水煮成茶汤饮用。这种烤鲜茶煮成的"鲜竹茶"茶汤，有一种先苦后甘的焦香，很能解渴。

（程启坤）

3. 从直接利用鲜叶到原始晒青

人类在原始社会，直接渔猎动物或采集植物，经烧烤后食用或烧烤后煮饮，这是现场直接利用的方式。进一步的发展，可能就是"晒干收藏"，以备后用。因为不少植物的可利用部分，如果实、种子、块根、块茎、新梢芽叶等，都是有季节性的。如春夏秋茶季才能采到新梢芽叶，为了在冬季能喝到茶，或是想把产茶地的茶带到较远的非产茶地去，就需要经晒干加工成为"干茶"才行。因此茶叶的最初加工方式，可能就是"晒干收藏"了，将采集来的新鲜茶枝叶，利用阳光直接晒干或烧烤后再晒干，这样就能保存了。

唐代樊绰《蛮书》记载了当时云南西双版纳一带茶叶采制烹饮的情况："茶生银生城界诸山，散收，无采造法，蒙舍蛮以椒、姜、桂和烹而饮之。"银生城是现在云南省景东县，"蒙舍"是唐代南诏国中的六诏之一，在今云南巍山、南涧一带。当时采制茶叶只是"散收，无采造法"而已。所谓"散收"，可能收购的就是简单的晒干散茶；所谓"无采造法"，就是相对于唐代巴蜀地区、江浙一带已出现的蒸青饼茶、散茶而言，云南的"晒干收藏"法显得简单，可以说是"无采造法"。

（程启坤）

4. 从原始晒青到原始炒青、烘青、蒸青及蒸青饼茶

上述"晒干收藏"，方法虽然简单，但有些地区，出太阳的日子可能不多。没有出太阳的日子，如何

干燥和收藏茶叶呢？随着社会对茶叶需求量的增加，没有出太阳的时候，人们可能利用早期出现的"甑"来蒸茶，于是就发明了原始的"蒸青"。蒸完以后，如何干燥茶叶？于是就发明了锅炒和烘焙至干的方法，从而产生了原始的"炒青"和"烘青"。有太阳的日子，可能是蒸后利用太阳晒干。云南哈尼族中的老年人至今仍保留着吃蒸茶的习俗，他们常采茶树鲜叶，用甑子蒸熟，晾晒干燥后贮于篾盒中，到时用沸水冲泡后饮用。这些原始类型的晒青茶、炒青茶、烘青茶和蒸青茶，在秦汉以前的巴蜀地区可能都已出现。西汉王褒《僮约》中的"武阳买茶"，也许只能买到这种简单加工方式生产出来的散茶。

到了三国魏时《广雅》中记述的"荆巴间采茶作饼"，这种饼茶也许在三国之前就已出现，它可能是在原始散茶基础上的技术进步。仿效当时流行"饼食"的习俗，将采来的鲜茶，蒸后做成饼，老叶黏性差，加些米膏也能做成饼。于是，在原始散茶的基础上发明了原始形态的饼茶。

（程启坤）

5. 从蒸青造形到龙团凤饼

三国时，魏张揖（230年前后）《广雅》的记载，虽也是煮茶作羹饮，但已前进了一大步，它是将采来的茶叶先做成饼，晒干或烘干，饮用时，碾末冲泡，加佐料调和作羹饮。当时采叶作饼，已是制茶工艺的萌芽。至于采来茶叶经蒸青或略煮"捞青"软化后压成饼，都是有可能的。

到了唐代，蒸青作饼茶的制法已逐渐完善，陆羽《茶经·三之造》记述："晴，采之，蒸之，捣之，拍之，焙之，穿之，封之，茶之干矣。"并述："茶有千万状，卤莽而言，如胡人靴（靴）者，蹙缩然，犎牛臆者，廉襜然，浮云出山者，轮菌然；轻飘拂水者，涵澹然，有如陶家之子，罗膏土以水澄泚之；又如新治地者，遇暴雨流潦之所泾。此皆茶之精腴。有如竹箨者，枝干坚实，艰于蒸捣，故其形籭簁然，有如霜荷者，茎叶凋沮，易其状貌，故厥状委悴然。此皆茶之瘠老者也。自采至于封，七经目。自胡靴至于霜荷，八等。"

根据上述，经七道工序制成的蒸青饼茶，陆羽按照饼茶外形匀整度和色泽分为八等，即：

胡靴——饼面有皱缩的细褶纹；

犎臆——饼面有整齐的粗褶纹；

浮云出山——饼面有卷曲的皱纹；

轻飘拂水——饼面呈微波形；

澄泥——饼面平滑；

雨沟——饼面光滑有沟纹；

以上六种都是肥、嫩、色润的优质茶。

竹箨——饼面呈笋壳状，起壳或脱落，含老梗；

霜荷——饼面呈凋萎的荷叶状，色泽枯干。

以上两种都是瘦而老的茶。

唐代的蒸青饼茶有大有小，据《唐食货志》载："贞元（765～802）江淮茶为大模一斤至五十两。"也有小的，如唐代卢仝《走笔谢孟谏议寄新茶》诗中所描写的"手阅月团三百片"。"月团"是圆月形的饼茶，卢仝收到孟谏议派人送来的新饼茶，一包竟有三百片，说明是很小的饼茶。

宋代，制茶技术发展很快。自唐至宋，贡茶兴起，也促进了茶产新品的不断涌现。宋代熊蕃的《宣和北苑贡茶录》（1121～1125）记述："采茶北苑，初造研膏，继造腊面。""宋太平兴国初，特置龙凤模，遣使即北苑造团茶，以别庶饮，龙凤茶盖始于此。"据原注释称，太平兴国二年（977）始置龙焙，造龙凤茶。龙凤茶，皆为做成团片的茶，起于北宋丁谓（962～1033），一说为蔡君谟（即蔡襄）所创，有龙团凤饼之称。宋徽宗《大观茶论》称："岁修建溪之贡，龙团凤饼，名冠天下。"

继龙凤茶之后，仁宗时蔡君谟又创造出小龙团。欧阳修《归田录》记述：茶之品莫贵于龙凤，谓之小团，凡二十八片，重一斤，其价值金二两，然金可有，而茶不可得。自小团茶出，龙凤茶遂为次。大观年间，又创制出了三色细芽（即御苑玉芽、万寿龙芽、无比寿芽）及试新銙、贡新銙。均为采摘细嫩芽叶进行制造。

龙凤团茶的制造工艺，据宋代赵汝砺《北苑别录》（1186）记述，分蒸茶、榨茶、研茶、造茶、过黄、烘茶等工序，即采来茶叶先浸于水中，挑选匀整芽叶进行蒸青，蒸后冷水冲洗，然后小榨去水、大榨去茶汁，去汁后置瓦盆内兑水研细，再入龙凤模压饼、烘干。

（程启坤）

6. 从团饼茶到散叶茶

唐代制茶虽以团饼茶为主,但也有其他茶,陆羽《茶经·六之饮》:"饮有粗茶、散茶、末茶、饼茶者",其中粗茶即粗茶。说明当时除饼茶外,尚有粗茶、散茶、末茶等非团饼茶。所谓粗茶,是指粗老鲜叶加工的散叶茶或饼茶;所谓散茶,是指鲜叶经蒸后不捣碎直接烘干的散叶茶;所谓末茶,是指经蒸茶、捣碎后未拍成饼就烘干的碎末茶。

宋太宗太平兴国二年(977)已有腊面茶、散茶、片茶三类:片茶即饼茶,腊面茶即龙凤团饼,散茶是蒸后不捣不拍烘干的散叶茶。《宋史·食货志》载:"茶有两类,曰片茶,曰散茶。片茶……有龙凤、石乳、白乳之类十二等……散茶出淮南归州、江南荆湖,有龙溪、雨前、雨后、绿茶之类十一等。"

元代王祯在《农书·卷十·百谷谱》中对当时制蒸青叶茶工序有具体的记载:"采讫,以甑微蒸,生熟得所。蒸已,用筐箔薄摊,乘湿揉之,入焙,匀布火,烘令干,勿使焦,编竹为焙,裹蒻覆之,以收火气。茶性畏湿,故宜蒻。收藏者必以蒻笼,剪蒻杂贮之,则久而不浥。宜置顿高处,令常近火为佳。"

到了明代,团饼茶的一些缺点,如耗时费工、水浸和榨汁都使茶的香味有损等,逐渐为茶人所认识,因此感到有必要改蒸青团茶为蒸青叶茶。当时,促成这种变革的重要人物是明太祖朱元璋,他于洪武二十四年(1391)九月十六日下了一道诏令,废团茶兴叶茶,据《明太祖实录》卷二一二的记载,"庚子诏……罢造龙团,惟采茶芽以进。其品有四,曰探春、先春、次春、紫笋……"由于有了这道朝廷诏令,从此蒸青散叶茶大为盛行。

到了清代,各茶类的散叶茶不断发展,在贡茶精益求精技术的影响下,各种名茶大量涌现。与此同时随着边销茶需求量的增加,传统的紧压茶也有了很大发展,如湖南的湘尖、黑砖茶、茯砖茶、千两茶(以后改制成花砖茶),湖北的青砖茶,四川的康砖茶、方包茶,广西的六堡茶,云南的沱茶、紧茶、七子饼茶、普洱砖茶等都有相当的生产量。这是古代团饼茶的继承与发展。

(程启坤)

7. 从蒸青到炒青

唐、宋时代以蒸青茶为主,但也开始萌发炒青茶技术。唐代刘禹锡(772～842)《西山兰若试茶歌》开头几句:"山僧后檐茶数丛,春来映竹抽新茸。宛然为客振衣起,自傍芳丛摘鹰嘴。斯须炒成满室香,便酌砌下金沙水……新芽连拳半未舒,自摘至煎俄顷余。"诗中"斯须炒成满室香"、"自摘至煎俄顷余",说明了采下的嫩芽叶,经过炒制,满室生香,而且炒制花费时间不长,这是至今发现的关于炒青绿茶最早的文字记载。因此可以说,炒青绿茶自唐代已始而有之。

经过唐、宋、元代的进一步发展,炒青茶逐渐增多,到了明代,炒青制法日趋完善,在《茶录》、《茶疏》、《茶解》中都有较详细的记载。

明代张源著的《茶录》,在"造茶"、"辨茶"中记述:"新采,拣去老叶及枝梗、碎屑。锅广二尺四寸,将茶一斤半焙之,俟锅极热,始下茶急炒。火不可缓,待熟方退火,彻入筛中,轻团那(那通挪——作者注)数遍,复下锅中,渐渐减火,焙干为度……火烈香清,锅寒伸倦,火猛生焦,柴疏失翠,久延则过熟,早起却还生,熟则犯黄,生则着黑,顺那则干,逆那则湿,带白点者无妨,绝焦点者最佳。"

明代许次纾著的《茶疏》中,在"炒茶"一节详细记述:"生茶初摘,香气未透,必借火力以发其香。然性不耐劳,炒不宜久,多取入铛,则手力不匀,久于铛中,过熟而香散矣,甚且枯焦,不堪烹点。炒茶之器,最嫌新铁,铁腥一入,不复有香;尤忌脂腻,害甚于铁。须预取一铛,专供炊饮,无得别作他用。炒茶之薪仅可树枝,不用于叶,杆则火力猛炽,叶则易焰易灭。铛必磨莹,旋摘旋炒。一铛之内,仅容四两,先用文火焙软,次加武火催之,手加木指,急急钞转,以半熟为度。微俟香发,是其候矣。急用小扇钞置被笼,纯绵大纸,衬底燥焙,积多候冷,入瓶收藏。人力若多,数铛数笼;人力即少,仅一铛二铛,亦须四五竹笼,盖炒速而焙迟,燥湿不可相混,混则大减香力。一叶稍焦,全铛无用,然火虽忌猛,尤嫌铛冷,则枝叶不柔……"

明代罗廪在《茶解》"制"一节中记述:"炒茶铛宜热,焙铛宜温。凡炒,止可一握,候铛微炙手,置茶铛中,札札有声,急手炒匀,出之箕上,薄摊,用扇扇冷,略加揉捼,再略炒,入文火铛焙干,色如翡翠。若出铛不扇,不免变色。茶叶新鲜,膏液具足,初用武火急炒,以发其香,然火亦不宜太烈,最忌炒至半干,不于铛中焙燥,而厚毡笼内,慢火烘炙。茶炒熟后,必须揉捼,揉缕则脂膏镕液,少许入汤,味无不全。铛不嫌熟,磨擦光净,反觉滑脱,若新铛则铁气暴烈,茶易焦黑,又若年久锈蚀之铛,即加蹉磨,亦不堪用。炒茶用手,不惟匀适,亦足验铛之冷热。茶叶不大苦涩,惟梗苦涩而黄,且带草气,去其梗,则味自清澈,此松萝(安徽绿茶——作者注)、天池(江苏绿茶——作者注)法也。余谓及时急采、急焙,即连梗亦不甚为害,大都头茶可连梗,入夏便须择去。"

关于"炒青"茶名,清代茹敦和《越言释》中记载:"茶理精于唐,茶事盛于宋,要无所谓撮泡茶者。今之撮泡茶,或不知其所,自然在宋时有之。且自吾越人始之。按炒青之名,已见于陆诗,而放翁安国院试茶之作有曰……日铸(浙江绍兴日铸茶——作者注)则越茶矣,不团不饼,而曰炒青。"

上述炒青绿茶制法大体是:高温杀青、揉捻、复炒、烘焙至干,这种工艺与现代炒青绿茶制法非常相似。由此可见,中国炒青绿茶的制作真可谓是"传统工艺"。

自从明代炒青绿茶盛行以后,各地茶人对炒制工艺不断革新,因而先后产生了不少外形内质各具特色的炒青绿茶,如徽州的松萝茶、杭州的龙井茶、歙县的大方、嵊县的珠茶、六安的瓜片、屯绿珍眉等等。

(程启坤)

8. 从绿茶发展至其他茶

(1) 黄茶的产生

绿茶的基本工艺是杀青、揉捻、干燥,制成的茶清汤绿叶,故称绿茶。当绿茶炒制工艺掌握不当,如炒青杀青温度低,蒸青杀青时间过长,或杀青后未及时摊凉及时揉捻,或揉捻后未及时烘干、炒干,堆积过久,都会使叶子变黄,产生黄叶黄汤,类似后来出现的黄茶。因此黄茶的产生可能是从绿茶制法掌握不当演变而来。明代许次纾在《茶疏》(1597)中也记

载了这种演变的历史:"顾彼山中不善制法,就于食铛火薪焙炒,未及出釜,业已焦枯,讵堪用哉。兼以竹造巨笱,乘热便贮,虽有绿枝紫笋,辄就萎黄,仅供下食,奚堪品斗。"

(2) 黑茶的出现

绿茶杀青时叶量多,火温低,使叶色变为近似黑色的深褐绿色,或以绿毛茶堆积后发酵,渥成黑色,这是产生黑茶的过程。明代嘉靖三年(1524),御史陈讲疏就记载了黑茶的生产:"商茶低伪,悉征黑茶,产地有限,乃第为上中二品,印烙篾上,书商品而考之。每十斤蒸晒一篾,送至茶司,官商对分,官茶易马,商茶给卖。"当时湖南安化生产的黑茶,多运销边区以换马。

《明会典》载:"穆宗朱载垕隆庆五年(1571)令买茶中与事宜,各商自备资本……收买真细好茶,毋分黑黄正附,一例蒸晒,每篾(密篾篓——作者注)重不过七斤……运至汉中府辨验真假黑黄斤篾。"当时四川黑茶和黄茶是经蒸压成长方形的篾包茶,每包7斤,销往陕西汉中。崇祯十五年(1642),太仆卿王家彦的疏中也说:"数年来茶篾减黄增黑,敝茗赢驴,约略充数。"上述记载表明,黑茶的制造始于明代中期。

普洱茶的来历与发展:

普洱茶主产于云南西双版纳思茅一带,这一带古时归普洱府管辖,普洱茶因普洱而得名,最早是指普洱所辖范围内生产的茶叶。普洱,在唐代南诏时归属银生府,称"步日"("日"读为é,与"洱"相近),明代洪武十六年(1384)改称"普耳",至万历年间定名为"普洱"。故明末谢肇淛《滇略》曰:"士庶所用,皆普茶也"。清代方以智《物理小识》(1664)中记载:"普洱茶蒸之成团,西番市之。"清雍正七年(1729)设置普洱府,1765年清赵学敏《本草纲目拾遗》云:"普洱茶出云南普洱府,性温味香,名普洱茶。"普洱府虽至民国二年(1913)被撤销,但普洱茶名传承至今。

云南产制团块茶历史悠久。晋代傅巽《七诲》叙述了当时各地的名特产品,"蒲桃宛奈,齐柿燕栗,桓阳黄梨,巫山朱橘,南中茶子,西极石蜜"。其中南中茶子就是云南一带产的成个成块的紧团茶(子是颗粒状或块状物,例如棋子的"子"、七子饼茶的"子"等——作者注),说明云南紧团茶在汉晋时期已是与

山西的葡萄、河南的苹果、山东的柿子、河北的栗子、桓阳的黄梨、巫山的红橘、西极的石蜜齐名的特产。

唐代樊绰《蛮书·云南管内物产第七》中记载："茶生银生城界诸山，散收，无采造法。蒙舍蛮以椒、姜、桂和烹而饮之。"所谓散收的茶可能就是简单的晒青茶。清光绪《普洱府志》："普洱古称银生府，则西番之用普茶已自唐时。"说明唐时普洱茶已开始作为商品行销西藏和内地。

宋代，大理政权为战争需要，在普洱设"茶马市场"，以普洱茶换取西藏马匹，并因"以茶易西番之马"而形成了历史上第一条普洱至西藏的"茶马古道"。元代，普洱茶随蒙古人西上而进入俄国。

明代万历年间的《云南通志》记载："车里之普耳（即普洱），此处产茶。"另外，明代谢肇淛《滇略》中提到："土庶所用，皆普茶也，蒸而成团。"说明，明代的普洱茶已"蒸而成团"，是蒸压团茶。

到了清代，阮福《普洱茶记》中已有详细的记载："所谓普洱茶者，非普洱府界内所产，盖产于府属之思茅厅界也。厅素有茶山六处……每年备贡者，五斤重团茶、三斤重团茶、一斤重团茶、四两重团茶、一两五钱重团茶，又瓶装芽茶、蕊茶、匣装茶膏，共八色……采而蒸之，揉为团饼。其叶之少放而犹嫩者，名芽茶；采于三四月者，名小满茶；采于六七月者，名谷花茶；大而圆者，名紧团茶；小而圆者，名女儿茶，女儿茶为妇女所采，于雨前得之，即四两重团茶也。"清代赵学敏《本草纲目拾遗》称：普洱茶有"人头式，名人头茶，每年入贡，民间不易得也"。作为贡品团茶，每年向清代朝廷进贡有一定数量。

清代除贡品团茶外，民间生产销售的普洱茶还有普洱散茶、七子饼茶、沱茶、紧茶等。因此可以认为，清代的普洱茶形态已多样化，除部分芽茶、毛尖等晒青散茶外，多数是以晒青茶为原料进行蒸压成形的紧压茶。传统普洱茶汤色红浓有陈香味的品质是经过长途贮运或数年、数十年以上的仓储存放，经历了缓慢的自然后发酵而形成的。如清代云南生产的七子饼茶"同庆号"的内飞（标签）中就标明：易武正山普洱茶"水味红浓而芬香"。说明普洱茶固有的品质特征应该是汤色红浓有陈香味。

20世纪四五十年代香港茶商就有从大陆进口晒青，利用地窖特殊温湿环境，人工促进晒青毛茶堆积发酵，制成小批量陈香型普洱茶进入市场。广东省茶叶进出口公司相效于1957年获得成功，开创对港澳、东南亚及日本市场大批量出口大叶型普洱茶。1974年云南省茶叶公司派员去广东学习，并在云南试验成功，获得更大的发展。

20世纪70年代，研究成功的渥堆发酵新工艺，使后发酵时间大大缩短，从而产生了普洱散茶和蒸压成的普洱茶"熟饼"。渥堆后发酵新工艺，使晒青茶在高温高湿条件下，加上微生物的作用，进行快速的后发酵，从而形成了具有红浓汤色和陈香味的普洱茶。

（3）白茶的由来和演变

古代采摘茶枝叶用晒干收藏的方法制成的产品，实际上就是原始的白茶。

唐、宋时的所谓白茶，是指偶然发现的白叶茶树采摘制成的茶，宋徽宗赵佶的《大观茶论》称："白茶自为一种，与常茶不同，其条敷阐，其叶莹薄，崖林之间，偶然生出。虽非人力所可致。有者不过四五家，生者不过一二株……于是白茶遂为第一。"这种白茶实为白叶茶，其加工方法仍属蒸青绿茶。现代的"安吉白茶"就属于这种用白色芽叶制成的"白茶"，这与后来发展起来的用茸毛多的芽叶、不炒不揉而制成的白茶不同。前者是用白色芽叶按绿茶工艺制成的绿茶，后者是用绿色芽叶按不炒不揉的白茶工艺制成的白茶。两者制法完全不同。

明代田艺蘅1554年著《煮泉小品》，记载有类似现代的白茶制法："茶者以火作者为次，生晒者为上，亦近自然，且断烟火气耳。况作人手器不洁，火候失宜，皆能损其香色也。生晒者渝之瓯中，则旗枪舒畅，清翠鲜明，尤为可爱。"

现代白茶是从宋代绿茶三色细芽、银丝水芽开始逐渐演变而来的，最初是指干茶表面密布白色茸毫、色泽银白的"白毫银针"，后来经发展又产生了白牡丹、贡眉和寿眉等不同花色。白茶是采摘大白茶树的芽叶制成。大白茶树最早发现于福建政和，传说咸丰、光绪年间被乡农偶然发现，这种茶树嫩芽肥大、毫多，生晒制干，色白如银，香味俱佳。

（4）红茶的产生和发展

在茶叶制造发展过程中，发现日晒代替杀青，揉后叶色红变而产生了红茶。最早的红茶生产是从福建崇安的小种红茶开始的。清代刘靖在《片刻余闲集》(1732)中记述："山之第九曲尽处有星村镇，为行家萃聚。外有本省邵武、江西广信等处所产之茶，黑色红汤，土名江西乌，皆私售至星村各行。"自星村小种红茶创造以后，逐渐演变产生了工夫红茶。因此，工夫红茶创始于福建，以后传至安徽、江西等地。安徽祁门生产的红茶，就是1875年安徽余干臣从福建罢官回乡，将福建红茶制法带去的，他在至德尧渡街设立红茶庄试制成功，翌年在祁门历口又设分庄试制，以后逐渐扩大生产，从而产生了著名的"祁门工夫"红茶。后来我国出口的红茶深受国外饮茶爱好者的赞赏。20世纪20年代，印度等国开始发展将茶叶切碎加工的红碎茶，产销量逐年增加以后，最终成为世界茶叶贸易市场的主要茶类，我国于20世纪60年代也开始试制红碎茶。

(5) 乌龙茶的起源

乌龙茶的起源，学术界尚有争议，有的推论出现于北宋，有的推定始于清咸丰年间(1851～1861)，但一般都认为最早在福建创始。关于乌龙茶的制造，据史料记载，清代陆廷灿《续茶经》所引述的王草堂《茶说》："武夷茶……茶采后，以竹筐匀铺，架于风日中，名曰晒青，俟其青色渐收，然后再加炒焙。阳羡岕片，只蒸不炒，火焙以成。松萝、龙井，皆炒而不焙，故其色纯。独武夷炒焙兼施，烹出之时，半青半红，青者乃炒色，红者乃焙色也。茶采而摊，摊而摝(摇的意思)，香气发越即炒，过时不及皆不可。既炒既焙，复拣去其中老叶，枝蒂，使之一色。"《茶说》成书时间在清代初年，因此武夷茶这种独特工艺的形成，定在此时间之前。现福建崇安武夷岩茶的制法仍保留了这种乌龙茶传统工艺的特点。

至于乌龙茶最早创始于福建的观点，最近也有学者持不同看法，认为有史料证明，乌龙茶最早创始于广东饶平。据清康熙二十六年(1687)《饶平县志·卷之一》载："侍诏山，在县西南十余里，四时杂花竞秀，名为百花山。土人植茶其上，潮郡称侍诏茶。"卷之十一专立"茶"条载："饶中百花、凤凰山多有植之，而其品不恶"；"茶种地宜风，宜露，宜微云；采宜微日，宜去梗"；"炒宜缓急火，宜善揉生气，宜净锅；宜密收贮。兼此者不须借邻妇矣。"上述记录，概括出了乌龙茶生产的特殊流程，种茶："宜风"，"宜露"，"宜微云"；采青：宜晴天，"宜去梗"；晒青："宜微日"；炒青："宜净锅"，"宜缓急火"；揉青："宜善揉生气"；收藏：焙干后"宜密收贮"。

文献中"兼此者不须借邻妇矣"这句话，据传，妇女采茶，藏于怀中，归家后抖出制作。某妇因家务繁忙，回屋竟忘记制茶一事，立即投身于其他事务。直至第二天才记起制茶一事，所采茶叶已充分发酵，香气四溢。茶农终于悟出一个道理：生茶叶如先发酵，可以大大提高成茶质量。此后采茶，便依样画葫芦，借助左邻右舍之妇女帮忙采摘"发酵"。但毕竟大家都不是闲人，借人不易。通过不断实践摸索，终于积累了比较规范的乌龙茶制作技艺，尤其是发酵一项，借助日晒，可以取代原始的"借怀"。"借怀发酵"产生乌龙茶特有的香气，这是最早出现乌龙茶的原始工艺。

(程启坤)

9. 从素茶到花香茶

茶加香料或香花的做法已有很久的历史，宋代蔡襄《茶录》(1049～1053)提到加香料茶，"茶有真香，而入贡者微以龙脑和膏，欲助其香"。南宋施岳《步月·茉莉》词中已有茉莉花焙茶的记述，该词原注："茉莉岭表所产……此花四月开，直至桂花时尚有玩芳味，古人用此花焙茶。"

明代刘基(1311～1375)《多能鄙事》中述及"薰花茶"："用锡打连盖四层盒一个，下层装上等高江茶半盒。中一层钻箸头大孔数十个，薄纸封，装花。次上一层，亦钻小孔，薄纸封，松装茶，以盖盖定。纸封经宿开。去旧花，换新花，如此三度。四时但有香无毒之花皆可。只要晒干，不可带湿。"

明代顾元庆《茶谱》(1541)中有用橙皮窨茶和用莲花含窨的记述："橙茶，把橙皮切为细丝一斤，五斤好茶烘干，入橙丝间和，用密麻布衬垫火箱，置茶于上，烘热，净棉被罨之二三小时，随用建连纸袋封裹，仍以被罨焙干收用。""莲花茶，于日未出时，将半含莲花拨开，放细茶一撮纳满蕊中，以麻略扎，令其经宿，次早摘花倾出，用连纸包茶焙干。再如前法，又将茶叶入别蒸中,如此者数次,取其焙干收用,不胜香美。"

明代钱椿年《茶谱》(1539)述及,"木樨、茉莉、玫瑰、蔷薇、兰蕙、橘花,栀子、木香、梅花皆可作茶"。现代窨制花茶的香花除了上述花种以外,还有白兰、玳玳、桂花、珠兰等。

10. 从传统产品到新产品开发

经历了几千年的发展,六大基本茶类的数百上千种茶叶产品,可说是丰富多彩了。但是,随着科学技术的发展和人民生活的不断提高,茶叶新产品的研制与开发也正在蓬勃发展。首先,各种罐装饮料茶新品不断推出,有含糖的饮料茶,如冰红茶、冰绿茶、低糖乌龙茶等;有不含糖的各种纯茶饮料,如红茶、绿茶、乌龙茶、普洱茶、茉莉花茶等;还有各种各样的果味茶、香料茶、花草茶、药用保健茶,以及茶叶汽水、茶香槟、茶叶冰淇淋、茶酒等,千姿百态,丰富多彩。

随着科学技术的进步,应用先进的工业手段,将茶叶中有用的化学成分提取分离出来,制备成保健食品或饮料,满足有保健需求的消费者,这是茶产业应用高科技的发展结果。已经被提取利用的茶叶有效成分有:茶多酚、茶多糖、茶氨酸、茶色素、咖啡碱等。将它们制成胶囊、片剂、口服液等剂型,用于人体的防病治病,已开始被人们所重视,并不断取得具有临床意义的实际效果。

(程启坤)

(二) 历代贡茶

贡茶是中国古代专门进贡皇室供帝王将相享用的茶叶,贡茶制度是历代皇朝强加给茶农百姓的一副沉重枷锁。贡茶初始,只是各产茶地的地方官吏征收各种名特茶叶作为土特产品进贡皇朝,属土贡性质。自唐朝开始,贡茶有了进一步的发展,除土贡外,还专门在重要的名茶产区设立贡茶院,由官府直接管理,细采精制,督造各种贡茶。但无论是土贡,还是官营的贡焙,无疑都是对茶农的残酷剥削与压迫。贡茶制度实质是一种变相的"税制",从茶业者

深受其害,对茶叶生产的发展不利,这就是贡茶制度的消极作用。

然而,另一方面,由于历代皇朝对贡茶品质的苛求和求新的欲望,迫使历代贡茶不断创新和发展,因而促进了制茶技术的改进与提高。随着历史的发展,贡茶的品目越来越多,因此,从某种意义上说,贡茶的发展为中国名茶的产生和发展奠定了基础。事实正是如此,历史上的很多贡茶品目,沿袭至今,仍然保留着它的名称和传统的品质风格,这也是历代茶人对中国茶业的贡献。

1. 贡茶的起源

贡茶起源于西周之初,迄今已有三千多年的历史。晋朝人常璩在公元350年左右所撰的《华阳国志·巴志》中就有记述:"土植五谷……丹漆茶蜜……皆纳贡之。"可见当时茶叶已作为一种土特产品纳贡。

宋代寇宗奭《本草衍义》记述:东晋元帝(317~322)时,温峤官于宣城,上表贡茶千斤,茗三百斤。

南朝宋(420~479)山谦之《吴兴记》记载:"乌程县西二十里有温山,出御荈。"乌程是今浙江长兴,那时的长兴温山就出产御茶。

(程启坤)

2. 唐代贡茶

唐代之前,隋时就有僧人献茶于帝王者,明代顾元庆《茶谱》引述:"隋(580~618)文帝病脑痛,僧人告以煮茗作药,服之果效。"说的是隋炀帝杨广在江都(现江苏扬州)生病,浙江天台山智藏和尚,为了向这位帝王讨宠,曾携带天台茶到江都替他治病,得茶而治之后,推动了社会饮茶的兴起。

到了唐朝开元中(713~740),泰山灵岩寺僧人坐禅,昼夜不眠,又不夕食,皆许其饮。从此转相仿效,遂成风俗,从山东、河北的部分地区,直至首都长安,"茶道大行,王公朝士无不饮者"(封演《封氏闻见记》)。很多文学家、诗人,饮茶作诗,以示风雅。因此,唐代贡茶的兴起,与当时社会饮茶风俗的普及,帝王将相及文人雅士经常举办茶宴、茶会等有关。

唐之初仍以征收各地名产茶叶作贡品,一些贪图名位、求官谋职之士,阿谀奉承,投其所好,将某些地方品质特异的茶叶贡献皇室,以求升官发财。随着皇室、官吏饮茶范围的扩大,渐感这种土贡形式越来越不能满足需求,于是官营督造专门生产贡茶的贡茶院(贡焙)就产生了。

永泰元年至大历三年(765~768)御史李栖筠为常州刺史,在宜兴修贡"阳羡雪芽"后,邀陆羽品茶,陆羽发现"顾渚紫笋"茶品质超群,建议可作贡茶。这段史实在《义兴重修茶舍记》中就有记载:"前此故御史大夫李栖筠典是邦,僧有献佳茗者,会客尝之,野人陆羽以为芳香甘辣,冠于他境,可荐于上。栖筠从之,始进万两。"于是,唐朝最著名的贡茶院就确定设在了湖州长兴和常州义兴(现宜兴)交界的顾渚山。贡茶院规模很大,每年役工数万人,采制贡茶"顾渚紫笋"。据《长兴县志》载,顾渚贡茶院建于唐代宗大历五年(770),至明朝洪武八年(1375),兴盛之期历时长达605年。在唐朝,产制规模之大,"役工三万人","工匠千余人"。制茶工场有"三十间",烘焙灶"百余所",每岁朝廷要花"千金"之费生产万串以上(每串1斤)贡茶,专供皇室王公权贵享用。宋代蔡宽夫《诗话》述:"湖州紫笋茶出顾渚,在常湖(常州和湖州)二郡之间,以其萌茁紫而似笋也。每岁入贡,以清明日到,先荐宗庙,后赐近臣。"

每年初春时节清明之前,贡焙新茶——"顾渚紫笋"制成后,快马专程直送京都长安,呈献皇上。茶到之时,宫廷中一片欢腾,唐代吴兴太守张文规的《湖州焙贡新茶》诗,就写下了此情此景,诗云:"凤辇寻春半醉回,仙娥进水御帘开,牡丹花笑金钿动,传奏吴兴紫笋来。"说的是帝王乘车去寻春,喝得半醉方回宫,这时宫女手捧香茗,从御门外进来,那牡丹花般的脸上露着笑容,启口传奏新到紫笋贡茶来了。这首诗深刻地揭露了封建帝王的荒淫生活。《元和郡县图志》记载:"贞元(785~804)已后,每岁以进奉顾渚山紫笋茶,役工三万余人,累月方毕",可见当时采制贡茶耗费人力财力的浩繁。

唐代诗人袁高曾写有一首长诗《焙贡顾渚茶》,又名《茶山诗》,反映了顾渚紫笋贡茶采制役工的艰辛和对此表示的愤慨。袁高,字公颐,唐建中年间,

拜京畿观察使,后坐累,贬韶州刺史,复拜给事中。唐宪宗时,官为礼部尚书。在唐德宗建中二年(781),袁高担任督造紫笋贡茶的湖州刺史。《茶山诗》云:"……动辄千金费,日使万民贫。我来顾渚源,得与茶事亲。黾辍耕农未,采掇实辛苦……阴冷芽未动,使曹牒已频。心争造化功,走挺麋鹿均,选纳无昼夜,捣声昏继晨……"从《茶山诗》可看出袁高对顾渚山农工蒙受贡茶之苦,深表同情和义愤。当时袁高将他的《茶山诗》随贡茶一并献给皇帝,这对后来的"减贡"可能起到一定的作用。据《西吴里语》记载:"袁高刺郡,进(茶)三千六百串,并诗一章。"《石柱记笺释》补充说:"自袁高以诗进规,遂为贡茶轻者之始。"

唐宣宗大中十年(856)曾当过进士的李郢,有一首长诗《茶山贡焙歌》,也从另一个侧面反映了顾渚贡茶给当地民工带来的疾苦。诗云:"……春风三月贡茶时,尽逐红旌到山里。焙中清晓朱门开,筐箱渐见新芽来。凌烟触露不停采,官家赤印连帖催,朝饥暮匍谁兴哀。喧阗竞纳不盈掬,一时一饷还成堆。蒸之馥之香胜梅,研膏架动声如雷。茶成拜表贡天子,万人争喊春山摧。驿骑鞭声砉流电,半夜驱夫谁复见?十日五程路四千,到时须及清明宴……"唐《国史补》记载:"长兴贡,限清明日到京,谓之急程茶。"贡茶限"清明"日到京,才能赶上宫廷的清明宴。从长兴顾渚到京都长安行程三四千里,日夜兼程,快马加鞭,十日赶到,所以称之"急程茶"。而修贡的太守在茶山却过着荒淫无耻的生活,每年春季制造贡茶时,湖常两州刺史,首先祭金沙泉的茶神,最后于太湖中浮游画舫十几艘,山上立旗张幕,携官妓大宴,饮酒作乐,正如刘禹锡诗云:"何处人间似仙境,青山携妓采茶时。"如此鲜明的对比,足见贡茶制度的腐败。

唐代除在长兴顾渚山设贡茶院采制贡茶外,还规定在若干特定茶叶产地征收贡茶。据《新唐书·地理志》记载,当时的贡茶地区,计有十六个郡,即山南道的峡州夷陵郡、归州巴东郡、夔州云安郡、金州汉阴郡、兴元府汉中郡;江南道的常州晋陵郡、湖州吴兴郡、睦州新定郡、福州常乐郡、饶州鄱阳郡;黔中道的溪州灵溪郡;淮南道的寿州寿春郡、庐州庐江

郡、蕲州蕲春郡、申州义阳郡和剑南道的雅州卢山郡。这十六个郡,包括今湖北、四川、陕西、江苏、浙江、福建、江西、湖南、安徽、河南十个省的很多县份。因此,不难看出,凡是当时有名的茶叶产区,几乎无例外地都要以茶进贡。贡茶数量之大是惊人的,唐元和十二年(817),因讨伐吴元济,财政困难,曾"出内库茶三十万斤,令户部进代金"。库存贡茶数量竟如此之大。

唐代的贡茶品目,据在唐宪宗元和中(806~820)为翰林学士的李肇所著《国史补》记载,有十余品目,即:剑南"蒙顶石花",湖州"顾渚紫笋",峡州"碧涧、明月",福州"方山露芽",岳州"邋湖含膏",洪州"西山白露",寿州"霍山黄芽",蕲州"蕲门月团",东川"神泉小团",夔州"香雨",江陵"南木",婺州"东白",睦州"鸠坑",常州"阳羡"。此外,尚有浙江余姚的"仙茗",嵊县的"剡溪茶"等。

唐代贡茶绝大部分都是蒸青团饼茶,有方有圆、有大有小。其采制方法,根据陆羽《茶经·三之造》载:"凡采茶,在二月、三月、四月之间。茶之笋者,生烂石沃土,长四五寸,若薇蕨始抽,凌露采焉。茶之芽者,发于丛薄之上。有三枝、四枝、五枝者,选其中枝颖拔者采焉。其日有雨不采,晴有云不采,晴,采之,蒸之,捣之,拍之,焙之,穿之,封之,茶之干矣……自采至于封,七经目。"根据陆羽《茶经》的成书年代(760~780)和地点(湖州)来分析,《茶经》中所述的蒸青团饼茶的采制技术可以认为主要是对"顾渚紫笋"、"阳羡茶"采制方法的记载。

根据吴觉农《茶经述评》(1987)的解析,唐代饼茶的制造过程是:采茶、洗茶、蒸茶、抖散、捣茶、装模、拍压、出模、列茶、晾干、穿孔、解茶、贯茶、烘焙、成穿、封茶。具体地说,用一种叫籝的竹篮子(又称笼、筥)去采茶。采来的叶子先洗净然后放在箄(小篮子)中,置箄于甑(木或瓦制的圆桶)中,甑置锅上,锅内热水,烧水蒸叶。蒸后的茶叶摊凉,再放在杵臼(又叫碓)中捣碎。捣碎后的茶叶倒入铁制的规(又叫模、棬,有方形、圆形、花形等)中。规置承(又叫台、砧)上,规下垫襜(又叫衣、油绢制),经拍压成一定形状的饼茶后,取出置芘莉(又叫籝子、蒡筤,竹编成)上晾干。定型后用棨(锥刀)穿孔,用朴(竹鞭)穿

茶,一串串的饼茶用贯(削竹制成)挂起,置焙(烘茶地道)中下层棚(又叫栈,两层木架)上,基本干后再移至上层棚上。全干后几饼一穿即成。遇阴雨天气,为防止吸湿劣变,将饼茶置育(木框箱,内竹木制层架,中心置一小火盆)中,在微温条件下,保持茶叶干燥。

(程启坤)

3. 宋代贡茶

到了宋代,饮茶风俗已相当普及,"茶会"、"茶宴"、"斗茶"之风盛行。帝王嗜茶,也数宋代最甚,特别是宋徽宗赵佶(1101~1125)更是爱茶颇深,亲自撰写《大观茶论》。皇帝嗜茶,必有佞臣投其所好,以求幸进。因此,宋代贡茶在唐代的基础上又有了较大的发展。除保留宜兴和长兴的顾渚山贡茶院之外,在福建建安又设专门采制"建茶"的官焙,规模之大、动员役工之浩繁,远远超过顾渚。

宋代宋子安《东溪试茶录》(1064年前后)记述:"旧记建安郡官焙(贡茶工场)三十有八,自南唐岁率六县民采造,大为民间所苦……至道(995~997)中,始分游坑、临江、汾常、西蒙洲、西小丰、大熟六焙隶属南剑,又免五县茶民,专以建安一县民力栽足之……"建安即现今福建省建瓯县,境内建溪两岸、凤凰山麓盛产茶叶,且天然品质好。宋太宗太平兴国年间,开始设立官焙,专门采制龙凤饼茶,供朝廷享用。其中凤凰山麓北苑的贡茶最为出名。宋熊蕃著《宣和北苑贡茶录》[熊蕃,建阳人,宋太平兴国元年(976)遣使就北苑造圃茶,到宣和年间(1119~1125),北苑贡茶极盛,熊蕃亲见当时情况,遂写此书],记述了北苑贡茶的由来与发达沿革:陆羽之《茶经》、裴汶之《茶述》,皆不评建安之茶……昔日建安山川大抵闭塞,灵芽(茶)亦尚未显名于世,至于唐末,犹依然如故也。此后,至北苑之茶出,始成为最佳之茶……宋朝开宝(太祖的年号)末年,南唐降伏,宋太宗太平兴国二年(977),特备龙凤之模,派遣使臣,命在北苑制造团茶,使与民间茶有区别,龙凤茶盖于此时所开始也。

宋太宗至道初(995),诏造石乳、的乳、白乳(均为茶名)作贡茶。

至宋真宗咸平（998～1003）初，丁谓为福建转运使，监造贡茶，专门精工制作了40饼龙凤团茶，进献皇帝，获得宠幸，升为"参政"，封"晋国公"。此后，建州岁贡大龙凤茶各二斤，八饼为一斤。

至宋仁宗庆历年间（1041～1048），蔡襄（君谟，1012～1067）任福建转运使时，又将丁谓创造的大龙团改制为小龙团，更受朝廷赏识。蔡襄《北苑造茶》诗自序中有云："是年，改而造上品龙茶，二十八片仅得一斤，无上精妙，以甚合帝意，乃每年奉献焉。"当时的文学家欧阳修（1007～1072）在《归田录》中记载，茶之品无有贵于龙凤者，小龙团茶，凡二十饼重一斤，值黄金二两，然金可有而茶不易得也。

丁谓和蔡襄如此创制龙凤团茶精品，贡献讨好皇帝，也曾遭到世人的讥讽与鞭挞。宋诗人苏东坡就有诗云："武夷溪（即建溪）边粟粒芽，前丁（丁谓）后蔡（蔡襄）相笼加，争新买宠各出意，今年斗品充官茶。"

宋神宗元丰年间（1078～1085）依上意又创造了"密云龙"，比小龙团更佳。宋哲宗绍圣年间（1094～1098）又创造了"瑞云祥龙"。至宋徽宗大观（1107～1110）初，皇帝赵佶著《大观茶论》，认为白茶是茶中第一佳品。当此之时，又创制三种细芽及"试新銙"、"贡新銙"，即：大观二年（1108）制造"御苑玉芽"、"万寿龙芽"，大观四年（1110）又造"无比寿芽"、"试新銙"，政和三年（1113）造"贡新銙"。自创三色细芽后，"瑞云祥龙"又似居细芽之下了。

宋徽宗宣和二年（1120），又一个善于造茶献媚的转运使郑可简，别出心裁，创制了一种"银丝水芽"，即"将已精选之熟芽再剔去叶子，仅存茶心一缕，用珍器贮清泉渍之，光明莹洁，若银线然，以制方寸新銙（銙即模型），有小龙蜿蜒其上，号'龙团胜雪'"。龙凤团茶发展到"龙团胜雪"，其精美可算达到极点了。整个北宋王朝的160多年间，北苑贡茶的制造技术不断改进，先后创造出的贡茶品目，就有四五十种之多。

宋代贡茶的制造厂，是以焙为单位计算的，同时有官焙也有私焙。据丁谓的统计，宋朝初期从南唐移交下来的茶焙，公私合计共有1336焙。宋子安《东溪试茶录》中记载有建安官焙32所，具体焙名及分布是："东山之焙十有四：北苑龙焙一，乳橘内焙二，乳橘外焙三，重院四，壑岭五，谓源六，范源七，苏口八，东宫九，石坑十，建溪十一，香口十二，火梨十三，开山十四。南溪之焙十有二：下瞿一，蒙洲东二，汾东三，南溪四，斯源五，小香六，际会七，谢坑八，沙龙九，南乡十，中瞿十一，黄熟十二。西溪之焙四：慈善西一，慈善东二，慈惠三，船坑四。北山之焙二：慈善一，丰乐二。"这些官焙都是专造贡茶的，无论土质、水质、栽培、采摘、拣芽、制茶技术等均属一流，在宋代，确实可称建安茶品甲天下。

宋代初期，北苑贡茶数量并不多，据《宣和北苑贡茶录》载：宋太宗太平兴国初年仅献五十片，后次第增加，至宋哲宗元符（1098～1100）时，以片计，竟达一万八千，与初期校，已多数倍焉。然亦不能称盛，至于今（宋徽宗宣和年间）已达四万七千一百余片矣。可见宋代北苑贡茶有了很大的发展。

北苑贡茶的品目，据熊蕃《宣和北苑贡茶录》载，计有40多个：贡新銙、试新銙、白茶、龙团胜雪、御苑玉芽、万寿龙芽、上林第一、乙液清供、承平雅玩、龙凤英华、玉除清尝、启沃承恩、云叶、雪英、蜀葵、金钱、玉华、寸金、无比寿芽、万春银叶、宜年宝玉、玉清庆云、无疆寿比、玉叶长春、瑞云翔龙、长寿玉圭、兴国岩銙、香口焙銙、上品拣芽、新收拣芽、太平嘉瑞、龙苑报春、南山应瑞、兴国岩拣芽、兴国岩小龙、兴国岩小凤（以上号称细色）。拣芽、大龙、大凤、小龙、小凤（以上号称粗色）；还有琼林毓粹、浴雪呈祥、壑源佳品、旸谷先春、寿岩却胜、延年石乳等。

以上北苑贡茶，多数是以雅致祥瑞之意命名，以讨得宫廷皇室的欢心。上述贡品茶，一年分十余纲（次），先后运至京师（现河南省开封市）。惟"白茶"和"龙团胜雪"，惊蛰前（三月初）即行采制，十日而完工，以快马于中春（三月）运抵京师，是以号曰"头纲"。"玉芽"以下，依先后顺序，及至献毕，夏已过半矣。欧阳修诗中有句云："建安三千五百里，京师三月试新茶。"建安（建瓯）离京师（开封）三千五百里，每年采制新茶开始时，都要举行开焙仪式，监造官和采制役工，都要向远在京师的皇帝遥拜。造出第一批新茶，快马直送京师。

北苑贡茶的采制技术十分讲究，据宋代赵汝砺

《北苑别录》(1186)介绍,基本过程是:采茶、拣茶、蒸茶、洗茶、榨茶、搓揉、再榨茶再搓揉反复数次、研茶、压模(造茶)、焙茶、过沸汤、再焙茶过沸汤反复数次、烟焙、过汤出色、晾干。

采茶:规定在天亮前太阳未升起时开始采茶,因夜露未干时茶芽肥润,制成之茶色泽鲜明。北苑凤凰山上有打鼓亭,采茶时节,每日五更(晨4时)击大鼓,令群伕在凤凰山集合,监采官发给每人一牌,入山采茶,并规定一律用指尖采摘,以防茶芽受损,至上午8时鸣锣召回采茶群伕,防止多采。上凤凰山采茶者日雇250人。

拣茶:因采来的茶叶有小芽、中芽、紫芽、白合(鳞片)、乌蒂等,选出形如鹰爪的小芽用作制造"龙团胜雪"和"白茶"。制龙团胜雪的小芽先要蒸熟,浸入水中,剔出如针的单芽称"水芽"。从品质来讲,水芽最佳,小芽次之,中芽再次。紫芽、白合、乌蒂均不用,一旦混入,茶饼表面将有斑驳,且色浊味重。

蒸茶:选用的茶芽经反复水洗清洁,置甑器中,待水沸后蒸之。蒸茶要适度,不宜过熟或不熟,过熟则色黄而味淡,不熟则色青而易沉淀,且有青草味。

榨茶:榨茶前将蒸熟的茶芽(称茶黄)淋水洗数次,促其冷却后,用布包好置小榨床上榨去水分,再置大榨床,压榨去膏(除去多余的茶汁)。如果是水芽,要用高压榨。压后取出搓揉,再压榨(称翻榨),反复进行至压不出茶汁为止。这一点与顾渚贡茶制法不同,顾渚茶畏膏流失,而北苑贡茶则畏出膏不尽,否则团饼茶色浊而味重。

研茶:研茶工具,以柯为杵,以瓦为盆。将榨过的茶叶置陶盆中,用椎木研之。研之前先加水(凤凰山上的泉水),以每片茶的数量定加水量,如制龙团胜雪与白茶,每片加水十六杯,制拣芽加水六杯,小龙凤加四杯,大龙凤加二杯,其余均为十二杯。边加水边研,每杯必至水干茶熟而后研之,茶不熟,茶饼面不匀,且冲泡后易沉淀。

压模(称造茶):将研好的茶叶装在刻有龙凤花纹的圈(模)中,压紧造銙(固定形状的茶),取出团饼茶摊在箄(竹席)上,稍干后进行烘焙。

焙茶(称过黄):先在烈火上焙之,再过沸水浴之,反复三次后,进行文火(烧柴)烟焙数日至干,火

不宜大,也不宜烟。烟焙日数依銙(饼茶)之厚薄而定,銙厚者需焙10～15日,銙薄者6～8日已够。

过汤出色:焙干之饼茶,使其过汤(沸水)出色,出色后置密室,急以扇扇之,则色泽显自然光莹。

宋代贡茶,以建安北苑贡茶为主,每年制造贡茶数万斤,除福建外,在江西、四川、江苏等省都有御茶园和贡焙。江西(赣州)后因群众反对而废止。

(程启坤)

4. 元、明、清代贡茶

元朝仍继续保留着宋朝遗留下的一些御茶园和官焙(制茶工场),元大德三年(1299),计有茶园120处,在武夷设焙局(制茶工场)于四曲溪,称御茶园,焙工数以千计,大造贡茶。据董天工《武夷山志》载,元顺帝至正末年(1367),贡茶额达990斤,明初仍之,至明世宗嘉靖三十六年(1557),建宁太守钱嶫因本山茶枯,御茶改贡延平(福建南平)。

明朝御茶生产,茶农负担甚重,除完成摊派的贡额之外,每年还要分担喊山供祭费。清·释超全《武夷茶歌》载:"景泰年间(1450～1456)茶久荒,喊山岁犹供祭费,输官茶购自他山。"当时建宁每年惊蛰日,官吏致祭御茶园边的通仙井,祈求井水满而清,用以制贡茶,祭毕鸣金击鼓,台上扬声同喊"茶发芽",称喊山。

至明朝时,蒸青团饼茶渐渐减少,随着炒青芽茶的出现,开始改贡芽茶(即散茶)。据《明大政纪》记述,明太祖朱元璋于"洪武二十四年(1391)九月,诏建宁岁贡上供茶,罢造龙团,听茶户惟采芽茶以进,有司勿与。天下茶额惟建宁为上,其品有四:探春、先春、次春、紫笋,置茶户五百,免其徭役。上闻有司遣人督迫纳贿,故有是命。"因此正式改贡芽茶乃自明朝始,芽茶品质优于团饼茶,官吏们趁督造贡茶之机,贪污纳贿,无恶不作。

《明食货志》载:"明太祖时(1368～1398),建宁贡茶,一千六百余斤,到朱载垕隆庆(1567～1572)初,增到二千三百斤。"明朝其他各地贡茶额也都比宋朝增加。其增加的数额中,相当一部分是督造官吏层层加码之故。明孝宗弘治年间(1488～1505),进士曹琥《请革贡茶奏疏》,曾揭露了这种贡茶苛政,《疏文》说:"臣查得本府(广信府)额贡芽茶,岁不过

二十斤。迩年以来,额贡之外有宁王府之,有镇守太监之贡。是二贡者,有芽茶之征,有细茶之征。始于方春,迄于初夏,官校临门,急如星火。农夫蚕妇,各失其业,奔走山谷,以应诛求者,相对泣。因怨而怒,殆有不可胜言者。如镇守太监之贡,岁办千有余斤,不知实贡朝廷者几何?"奏疏中接着陈述了贡茶的五大害处:其一,采制贡茶正当春耕季节,农民男废耕,女废织,全年衣食无着;其二,早春二麦未熟,农民饿着肚子采茶制茶,困苦不堪;其三,官府收茶百般挑剔,十不中一,茶农只好忍受高价盘剥,向富户购买好茶,以充定额;其四,无法交够定额,只得买贿官校,以求幸免;其五,官校乘机买卖贡茶,敲诈勒索,整得农民倾家荡产。

天下产茶之地,岁贡都有定额,有茶必贡,无可减免。据《明旧志》载,明神宗万历年间(1573～1620),昔宣阳鲥鱼与茶并贡,百姓苦难言。佥事韩邦奇曾写了一首《茶歌》,揭露当时统治者的罪行。

至清朝,贡茶产地进一步扩大,江南、江北著名产茶地区都有贡茶,有些贡茶还是皇帝亲自指封的。如清圣祖康熙皇帝在康熙三十八年(1699)南巡江苏太湖,巡抚宋荦购制朱正元独自精制的品质最好的"吓杀人香"茶进贡,康熙皇帝以其名不雅,即题曰"碧螺春",从此"碧螺春"茶岁必采办进贡。

清高宗乾隆皇帝在乾隆十六年(1751)南巡时,为搜刮地方名产,诏令曰:进献贡品者,庶民可升官发财,犯人重刑减轻。徽州名茶"老竹铺大方",就是当时老竹庙和尚大方创制进贡的,乾隆就赐以"大方"为茶名,自此也岁岁精制进贡。

浙江杭州西湖龙井村至今还保存着当年乾隆皇帝游江南时封为御茶的18棵茶树。据传,乾隆十八年(1753),乾隆皇帝在杭州游了天竺,览乡民采茶焙制之法以后,又微服私访至龙井狮峰,品尝了胡公庙前茶树上所采茶叶制成的龙井茶,果然香味尤佳,遂将庙前18棵茶树封为御茶,从此龙井茶名声更大,岁贡更多。然而皇帝的欢心,换来的是百姓的苦难。清朝钱塘人陈章,看到朝廷贡茶强加在茶户身上的苦难,以同情之心,写了一首《采茶歌》,歌云:"凤篁岭头春露香,青裙女儿指爪长,度涧穿云采茶去,日午归来不满筐。催贡文移下官府,那管山寒芽未吐,

焙成粒粒比莲心(龙井茶挺秀黄绿似莲心),谁知依比莲心苦。"

元、明、清朝贡茶的采制方法和贡茶品目,历经700多年的变革,有很大的差异性。元朝仍以蒸青团饼茶为主,明朝开始改贡芽茶,炒青技术得到了很大的发展,采摘细嫩芽叶,炒制成形态各异的茶叶。这时蒸青茶、烘青茶、炒青茶并存。至清朝,在明朝贡茶的基础上有了扩大,以烘青茶与炒青茶为主,制工更加精细,外形千姿百态,同时创制了乌龙茶、红茶、黑茶、花茶等,广大茶区形成了多种茶类的贡茶。

(程启坤)

四、茶叶产区的划分

根据茶树生物学特性,在适合于茶叶生产的地域空间范围内,综合地划分成若干个自然和经济条件大致相似,茶叶生产技术大致相同的茶树栽培区域单元,这就是茶区。茶叶生产受气候、土壤等自然条件及经济、交通条件的制约,因此茶区一般不宜按行政区域划分,而应按经济区域加以规划。

(一)中国历代茶区的划分

中国最早有文字表述茶区,始见于唐陆羽的《茶经》,将中国当时43个州郡划分为8个茶叶产区:① 山南茶区:包括峡州(今湖北省宜昌一带)、襄州(今湖北省襄阳一带)、荆州(今湖北江陵一带)、衡州(今湖南省衡阳一带)、金州(今陕西省安康一带)、梁州(今陕西省汉中一带)。② 淮南茶区:包括光州(今河南省潢川、光山一带)、舒州(今安徽省怀宁一带)、寿州(今安徽省寿县一带)、蕲州(今湖北省蕲春一带)、黄州(今湖北省黄冈、新州一带)、义阳郡(今河南省信阳一带)。③ 浙西茶区:包括湖州(今浙江省吴兴一带)、常州(今江苏省武进一带)、宣州(今安徽省宣城一带)、杭州(今浙江省杭州一带)、睦州(今浙江省建德一带)、歙州(今安徽省歙县一带)、润州(今江苏省镇江一带)、苏州(今江苏省吴县一带)。④ 剑南茶区:包括彭州(今四川省彭县一带)、绵州(今四川省绵阳一带)、蜀州(今重庆市及四川省成都

一带)、邛州(今四川省邛崃一带)、雅州(今四川省雅安一带)、泸州(今四川省泸州一带)、眉州(今四川省眉山一带)、汉州(今四川省广汉一带)。⑤ 浙东茶区:包括越州(今浙江省绍兴一带)、明州(今浙江省宁波一带)、婺州(今浙江省金华一带)、台州(今浙江省临海一带)。⑥ 黔中茶区:包括思州(今贵州省务川一带)、播州(今贵州省遵义一带)、费州(今贵州省思南一带)、夷州(今贵州凤冈、石阡一带)。⑦ 江西茶区:包括鄂州(今湖北省武汉一带)、袁州(今江西省宜春一带)、吉州(今江西省吉安一带)。⑧ 岭南茶区:包括福州(今福建省福州、闽侯一带)、建州(今福建省建瓯、建阳一带)、韶州(今广东省曲江、韶关一带)、象州(今广西壮族自治区象州一带)(图1-1)。

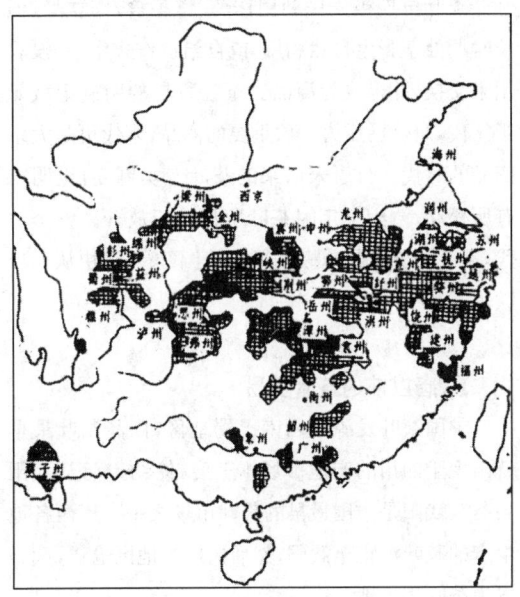

图1-1 唐代茶区分布图(局部)

唐代的茶区遍及现今的湖北、湖南、广东、广西、江苏、江西、四川、贵州、安徽、河南、浙江、福建、陕西等十三省(区)。

宋代茶叶重心南移,茶区分布于长江流域和淮南一带,主要产地是江南路、淮南路、荆湖路、两浙路和福建路。至南宋时,全国已有66州242县产茶。元代茶区在宋代基础上又有新的拓展,主产区是江西行中书省,湖广行中书省(包括湖南、广东、广西、贵州及四川南部),明代茶区没有重大进展。

到了清代,由于国内茶叶消费的增长和对外贸易的开展,促进了植茶范围的扩大,并形成了以茶类为中心的栽培区域。以湖北省的蒲圻、咸宁和湖南的临湘、岳阳等县形成的砖茶生产中心;以福建省安溪、建瓯、崇安等县形成的乌龙茶生产中心;以湖南省的安化,安徽省的祁门、旌德,江西省的武宁、修水等县和景德镇市的浮梁形成的红茶生产中心;以江西省婺源、德兴,浙江省杭州、绍兴,江苏省苏州虎丘和太湖洞庭山形成的绿茶生产中心;以四川省雅安、天全、名山、荥经、灌县、大邑、什邡、安县、平武、汶川等县形成的边茶生产中心;以广东省罗定、泗纶等地形成的生产珠兰花茶主产区。

进入20世纪30年代,吴觉农和胡浩川在1935年合著的《中国茶业复兴计划》一书,根据茶区自然条件、茶农经济状况、茶叶品质好坏、分布面积大小及茶叶产品各类等,系统地将全国区划为13个茶叶产区。其中:外销茶8个区,包括红茶5个区(即祁红、宁红、湖红、温红、宜红)、绿茶两个区(屯绿、平绿)、乌龙茶一个区(福建乌龙);内销茶5个区(即六安、龙井、普洱、川茶、两广)。

(白堃元)

(二) 中国现代茶区的划分

中华人民共和国成立以后,中国茶区又有了很大的发展,产茶县市迅速增加到1000余个,较之20世纪30年代增加很多。由于产茶县市的大量增加,茶界学者和专家虽对各产茶县市作过一些调查研究,但因对生态条件、产茶历史、茶树类型和生产特点的认识与理解不同,对茶区划分提出过不同的见解。

庄晚芳1956年在《茶作学》一书中,根据我国茶区隶属热带、亚热带和温带,大致包括5个气候类型,提出将全国产茶区划分为4大茶区:华中北茶区,处于北纬31°~32°之间,包括皖北、豫、陕南产茶区,全年平均温度较低,最低温度有时可达-12℃,降水量也少,是我国最北茶区;华中南茶区,包括苏、皖南、浙、赣、鄂、湘等省产茶区,这些地区四季分明,年平均温16℃~18℃,但局部地区因低温侵入,冬季温度较低,个别地区最低温可达-5℃~-10℃,

而夏季的温度较高,丘陵、平地产茶区温度常在30℃以上,降水量较多,但四季不匀;四川盆地及云贵高原茶区,在四川盆地内酷暑而无严寒,盆地外则夏季凉爽,冬季温和,年平均温度17℃～18℃,降水量在1200毫米以上,云贵高原属亚热带气候,冬天低温一般在4℃以上,在云南南部则为热带性气候,降水量在1500毫米左右;华南茶区,包括福建、广东、广西、湖南南部,属亚热带及热带气候,茶树生长期均比其他茶区长,在山麓或平原年平均气温为19℃～22℃,降水量在1500毫米以上。

王泽农1958年在《我国茶区的土壤》一文中认为,依土壤和气候条件而论,将中国划分为三大茶区,即华中茶区,包括长江中下游产茶区;华南茶区,包括东南沿海和两江流域;华西茶区,包括云贵高原、川西山地、秦岭山地和四川盆地。

浙江农业大学1964年编著的《茶树育种学》,依据全国农业区划的初步意见,结合茶叶生产特点,从茶树育种角度出发,认为可将中国茶区分为华中北茶区(包括皖北、豫、陕南);华中南茶区(包括长江中下游以南的丘陵地区,有浙、苏、赣、湘、鄂和皖南);华南茶区(包括岭南以南的台、闽、粤、桂及浙南、赣南和湘南等地)以及西南茶区(主要指川、滇、黔)。

以上这些茶区划分方法,都是根据各种条件综合提出的,对现代的茶叶生产有一定的指导意义。

1982年中国农业科学院茶叶研究所以生态条件、产茶历史、茶树类型、品种分布、茶类结构为依据,将全国划分为4大茶区,即华南茶区、西南茶区、

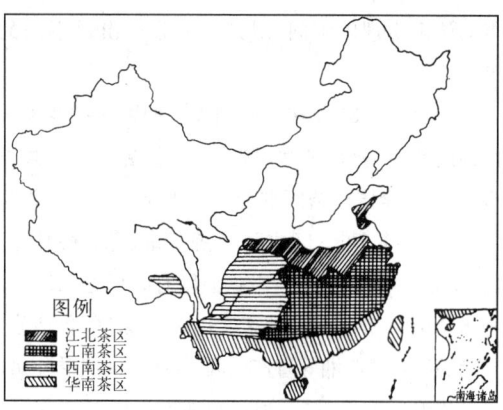

图1-2 中国现代茶区示意图

江南茶区和江北茶区。近30年来,中国茶区划分和茶类生产方面未有重大改变,获得普遍的认可(详见茶技篇,茶区分布一节)。

(白堃元　俞永明)

五、茶叶贸易的发展与演变

茶叶是一种经济作物,具有商品的属性。无论是古代的茶马互市,或是在近代的经济贸易中,茶叶都是一种重要的商品。

(一)古代茶叶贸易的发展与演变

茶叶早期被先民利用作药、作菜食、作饮品,但长时期处于野生自然利用,或自给自作式生产,没有用来交换,并未成为商品。茶叶贸易的明确记载始于汉代,唐代已成为一项重要的商品,宋代更是大宗商品的时代。自唐宋以来的茶叶专卖制度,至明末有所松动,清雍正年间茶叶贸易终于放开。整个清代,茶叶对外贸易曾极度兴盛,但不久又很快从巅峰跌落下来。

1. 唐以前的茶叶贸易

中国茶叶发源于西南巴蜀地区,商品茶叶最早就出现于四川的产地市场。王褒《僮约》有记"武阳买茶",武阳是中国最早的茶叶市场之一。川西各地生产的茶叶汇集至武阳,然后向周边地区输送,武阳成为茶叶集散地。

西汉以后,随着茶叶产区的扩大和饮茶的推广,茶叶的商品化程度得到提高。西晋惠帝在位(290～306)期间,洛阳南市街头,有一位蜀妪提着器具流动卖茶粥。东宫太子也学民间市俗,在"西园卖醯、面、篮子、菜、茶之属",任太子洗马的江统,曾上疏规劝:太子摆摊设点卖东西"亏败国体"。东晋元帝在位(317～322)时,在广陵(今江苏江都东北一带)有一老姥"每旦独提一器茗,往市鬻之,市人竞买"。这些茶事说明,两晋时饮茶成风,非但茶成为商品,在城市连茶的简单加工品茶粥,也上市成了商品。

南北朝时期,东北和西北少数民族先后在中

国北部建立政权，就仿效汉族开始饮茶，他们所需的大量茶叶，有很大部分是通过商品买卖的手段获得的，茶叶贸易随着消费地区的扩大而不断扩展。

（阮浩耕）

2. 唐代茶叶贸易

唐代出现了商品经济蓬勃发展的新气象，其中一个重要的原因便是商品性农业的迅速发展，而商品性农业中又以茶叶经济的崛起最为引人注目。大量的茶叶商品投入市场流通，商品交换方式逐渐发生变化，表现在草市镇的勃兴，区域市场的形成，甚至全国性市场亦在形成之中。茶叶产地主要在川蜀江淮，而消费却远及北国、吐蕃、塞外。封演《封氏闻见记》说："开元中，泰山灵岩寺有降魔师，大兴禅教，学禅务于不寐，又不夕食，皆许其饮茶，人自怀挟，到处煮饮，从此转相仿效，遂成风俗。自邹、齐、沧、棣，渐至京邑城市，多开店铺，煎茶卖之，不问道俗，投钱取饮。其茶自江淮而来，舟车相继，所在山积，色额甚多。"开元(713～741)后，江淮的茶叶就大量远销北方，这是茶叶以商品形式出现于山东、河北、京津市场的最早记录。唐代茶叶生产和贸易的发展逐步形成了多层次的市场网络，表现在：

首先是农村的茶叶初级市场。茶园户出卖自己的茶叶，一是靠上门来收购的茶商，唐人张途在《祁门县新修阊门溪记》中记述咸通(860～873)年间茶商到祁门收购茶叶的热闹情景："每岁二三月，赍银缗缯素求市(茶叶)，将货他郡者，摩肩接迹而至……或乘负，或肩荷，或小辙，而陆也如此，纵有多市，将泛大川，必先以轻舟寡载，就其巨艎。"其中既有肩挑背负、做小本生意的小商小贩，也有财力雄厚，广市多载且用巨艎运输的大茶商。唐诗人杜牧曾任湖州刺史，他在给李德裕的上书中，对当时紫笋茶产地长兴茶山的交易盛况记述说："茶熟之际，四远商人，皆将锦、绣、缯、缬、金钗、银钏入山交易。妇女稚子尽衣华服，吏见不问，人见不惊。"二是靠草市、墟市等农村集市。蜀地所产蒙顶茶唐时质优价高。"元和(806～820)以前，束帛不能易一斤先春蒙顶"，茶价趋高，茶园户在利益的驱动下大量采茶造茶，投放到周围农村集市的商品茶叶数量大增。杨华《膳夫经手录》说："是以蒙顶前后之人，竞栽茶以规厚利，不数十年间，遂斯安草市岁出千万斤。"茶山交易和草市贸易，构成了广大的茶叶农村市场。

第二是城市的茶叶市场。如果说，农村茶叶初级市场的功能主要是实现调剂余缺，即满足茶园户之外其他农户的茶叶消费需求，同时满足茶园户的粮食、农具等生活、生产资料的需求，那么城市的茶叶市场，其功能就是集散茶叶，向外输出。浮梁在唐代即是一著名产茶区，又是一个集散市场。据《元和郡县志》记载，唐代浮梁县"每岁出茶七百万驮，税十五余万贯"。这700万驮茶不可能出自浮梁一地，而是集中了周围州县草市镇的茶叶。白居易在《琵琶行》吟及一茶商别离妻子去浮梁买茶的情形："老大嫁作商人妇，商人重利轻别离。前月浮梁买茶去，去来江口守空船。"从四周茶区流集于浮梁的茶叶，就是靠这些"重利轻别离"的茶商之手远销到各个销区。集纳大规模、远距离茶叶贩运的城市大市场，茶商聚积，组成茶行，生意更加繁荣。唐诗人王建《寄汴州令狐相公》诗有句："水门向晚茶商闹，桥市通宵酒客行。秋日梁王池阁好，新歌散入管弦声。"当年汴州这类城市已成为全国性的茶叶市场。唐代京师还出现了茶肆。陆羽所处的时代，"两都并荆渝间，以为比屋之饮"。

第三是边疆茶叶市场。唐时边疆少数民族地区已大量消费茶叶，南方茶叶产区以各种途径把茶叶远销边疆。西藏高寒地区，所在并不产茶。《唐国史补》卷下记载：常鲁公使西蕃时，赞普曾与他一起烹茶于帐中。赞普向他出示产于江南湖州的顾渚紫笋、川东的昌明兽目、岳州的㴩湖含膏、淮南寿州的霍山黄芽、蕲州的蕲门团黄等。说明当时已有远途贩运茶叶的商贩了。欧阳修在《新唐书》的《陆羽传》最后也说到：陆羽及其《茶经》传世，"其后，尚茶成风，时回纥入朝，始驱马市茶"。朝廷对边疆茶市除了一部分地区依靠茶商正常贩运外，一部分地区采取了茶马互市。

自唐代中叶开始，茶商处于不断发展壮大之中。随着茶叶商品经济的发展，一部分茶农放弃了农业经营而逐渐专门从事茶叶贸易活动，也有其他商人见茶叶贸易利好转业过来。

（阮浩耕）

3. 宋代茶叶贸易

宋代茶叶生产和消费比唐代有所发展，茶叶贸易形成了更为稳固的产销市场。今山东大学21世纪发展研究中心李晓在《宋代的茶叶市场》中，把宋代全国茶叶市场从区域上作了划分，分为四大块：一是东南七路产地市场，二是以汴京为中心的北方销地市场，三是川峡四路及西南少数民族地区的产销地市场，四是以永兴秦凤、熙河为中心的西北诸路及西夏、吐蕃地区销地市场。

宋代茶叶产业的发展，使各级茶叶市场的层次和功能更加分明。陶德臣、王金水《中国茶叶商品经济研究》中，按市场功能分为：

产区初级市场。宋代起集散作用的产区小集市数量星罗棋布，如从陆游诗中可见，浙江山阴"兰亭之北是茶市"。镜湖周围也是"村墟卖茶已成市"。周密诗中描绘了湖南小集市"包茶裹盐入小市，鸡鸣犬吠东西邻"。这些市墟草市，把分散零星的茶叶汇集起来，形成庞大的数量，然后再经茶商转运到更大的中转集散市场上去。所谓"草市朝朝合，沙城岁贡新。雨前茶更好，半属贾船收"（舒亶句）。草市的茶叶，部分在当地消化，大半经商贾外运。宋代茶叶初市中还出现了"包买商"现象。即商贩为了得到稳定的茶叶或扩大业务，预先给茶园户一笔钱，茶叶上市时，按新茶价值，连本带利归还。黄儒《品茶要录》记述：在盛产腊茶的建州壑源，每年初春，"春雷一惊，筠笼才起，售者已担簦挈囊于其（园户）门。或选期而散留金钱，或茶才入笪而争酬所直，故壑源之茶，常不足客所求"。

中转集散市场。这是茶叶初级市场与销地市场的中间环节。中转集散市场一般依托产区，交通便利。东南市场上一些重要的茶叶集散中心，早在唐代中后期就已形成。典型的如浮梁，宋时已成为皖南、浙西、赣东茶的交汇中心。其他如江陵、扬州、山阴、会稽、余姚等也是重要的茶叶中转市场。宋时朝廷设置在淮南的十三个山场和全国六个榷货务，其所在城镇也是重要的茶叶贸易集散地。

茶叶销区市场。这是茶叶产销的终端，主要集中在不产茶的西北和北方地区。当然，茶叶在初级市场和中转市场均有一部分直接进入了当地居民的消费领域。在长期运销过程中形成了不同地区茶相对稳定的销区和运输线路。北方销区市场包括淮河以北的京畿、京西、河北、河东路，茶叶主要来源于东南茶区。淮南西部及荆湖、江西一部分的茶叶陆路取道寿州，入颍河北上，经陈州入蔡河至汴京；或入淮河东山荆山，入涡水经亳州、太康入蔡河到汴京。福建茶陆运至洪州，泛都阳湖抵舒州，经庐州、寿州抵京。两浙、江南、荆湖及福建海运茶叶，至通州、秦州，再从真州、扬州入运河，北经高邮、泗州转汴河至汴京。西北地区是东南茶叶长途贩运的主要销售地区。

宋钦宗靖康元年（1126），金兵攻入汴京，宋室南渡，西北市场起了很大变化。这时茶叶贸易不得不由官买官卖改为商卖商销。南宋高宗绍兴十一年（1141），宋金"议和"条款中有纳茶的规定，金地茶叶消费增加。《宋史·食货志》载：金宣宗完颜珣元光二年（1223），尚书省奏曰："茶本出于宋地，非食之急，而自昔商贾以金帛易之。今河南、陕西凡五十余郡，郡日食茶二十袋，值银二两，是一岁之中，妄费民银三十余万也。"南宋茶叶畅销北方，宋金陆路贸易主要是茶。

（阮浩耕）

4. 明清茶叶贸易

明代是茶叶生产的重大转型期。明太祖朱元璋推行芽叶茶的政策，对中国古代茶业的发展起着不可估量的促进作用，使茶叶的生产、销售、消费诸经济层面较前朝有相当大的增长。明代前期茶叶贸易实施官统制，官卖官销，垄断经营茶，以达到"以茶治边"的目的。明朝中后期因朝廷经济能力衰退而大量吸收民间资本参与营运。明代茶叶分官茶、商茶、私茶。官茶西北易马。商茶由民间商人经营，领引纳税，准许公开售卖。私茶是未经请引纳税，走私交易。明英宗正统（1436～1449）以后，随着边境茶马交易的衰微，民间茶的贸易活动得以迅猛发展。茶业官统制结构向民间商人经营的结构性转化。从明代正统至清代前期又形成一个茶叶经济兴起的高峰期。明代茶叶贸易大体可划分为边境地区、内陆地区和海外三类市场。刘森著《明代茶业经济研究》中对此有专门论述。

边境地区的茶叶市场。由于明朝军队对马匹的需求，茶马交易是明朝茶业经济贸易的主体。边境茶叶市场主要分布在西宁、河州、洮州、甘州、兰州、庄浪、辽东、岷州、黎州、雅州、碉门、岩州等地。凡是朝廷设置茶马司的地方，是官方进行茶马贸易的中心。但是到了明朝中后期，商人资本的大量进入，以致民间茶商取得了支配地位。所以明朝边境地区的茶叶市场，是官、商共同以茶叶与少数民族进行的贸易活动。明清之际，边境茶叶贸易十分繁盛。顾炎武在《天下郡国利病书》中说："商贾满于关隘，而茶船遍于江河。"色汝楫《南中纪闻》云：藏人"俗贵茶，中国携茶与之，即以金赠，虽一手掌茶，可博金一握"。正是由于藏族地区对茶叶的需求十分旺盛，所以成为内陆商人获利之渊薮。

内陆民间的茶叶市场。明朝除边境茶外销严加控制外，内陆地区的茶叶流通只要不违朝廷"茶引"制度，民间茶商是可以进行贩运行销的，采取较开放的自由贸易政策。例如福建武夷山茶，明清时期茶叶买卖相当繁盛。清嘉庆《崇安县志》载："武夷以茶名天下，自宋始，其时利犹未溥也，今则利源半归茶市。茶市之盛，星渚为最。""岁所产数十万斤，水浮陆转，鬻之四方，而夷茗甲于海内矣。"到清代初期，武夷茶市"在下梅附近各县所产茶，均集中于此。竹筏三百国内，转运不绝"。其贩茶的商人，据衷干《茶市杂咏》所记，武夷"茶业均系西客经营。由江西转河南运销关外。西客者，山西商人也。每家资本约二三十万至百万。货物往返，络绎不绝"。其实，当时的茶商有两类，一类是外地大茶商至武夷来采办茶叶的，另一类是小商人自行担贩销卖。明清之际还形成以广州为中心的茶叶市场。广州市场以珠江南岸的茶叶加工业为支撑。屈大均《广东新语》记述："珠江以南三十三村，谓之河南"，这里"土沃而人勤，多业艺茶"。三十三村主要加工"煮以珠兰"，适宜外销的花茶。广州是一个与海外贸易有直接关系的市场。素以经商而闻名天下的南直隶徽州府，其

业茶的大商人"北达燕京，南极广粤"。

海外贸易口岸市场。明朝前期因防御"倭寇"，实行"海禁"。明朝同海外诸国的经贸往来，是以"朝贡"的形式来维系的，在此基础上生发并扩展了民间的贸易。同时，随着明朝海外移民的增加，茶叶的对外贸易也随之发展起来。同明朝保持良好关系的国家"皆尝来往广东"，因而广东地区在明代兴起了海外贸易。从事海外贸易的商人群体中，相当一部分是在内陆市场积累了大量商业资本之后，厕身于海外贸易的。

在明清茶叶贸易发展中，特别是明中期以后，由于茶叶流通范围扩大，商人地位的提高，茶商队伍的扩大和商业竞争的激烈，出现了以地域为中心，以血缘乡谊为纽带，以"乡亲相助"为宗旨，以会馆、公所为联络计议之所的茶叶商帮。主要有山西商帮、陕西商帮、广东茶商、福建茶帮、徽州茶商，还有浙江的宁波、龙游商帮，江苏的洞庭商帮，江西的江右商帮等。他们在长期商贸活动中形成了较为固定的经营区域，进行大规模长途贩运，拓展了市场空间。

清代是中国茶叶对外贸易空前繁荣的时期，又是中国传统茶业经济中心地位逐步丧失的阶段。从18世纪到鸦片战争前夕，是华茶出口贸易的发展期，茶叶成为中国最重要的出口商品，大量茶叶输入欧美国家，使中国外贸有较大顺差。鸦片战争后至19世纪七八十年代，是华茶出口贸易的繁荣时期，国门洞开，列强入侵，刺激了茶业经济的畸形发展，华茶一度独步国际茶市。19世纪80年代后期起，出口之数逐步减少，继之"销路实有江河日下之势"，陷入不可收拾之险境，这是华茶出口贸易的衰落时期。华茶从繁荣到衰落，帝国主义的扼杀是罪魁祸首，小农经济落后的生产技术和经营方式是内在的原因。曾经辉煌一时的中国近代茶业终于走到了尽头。

（阮浩耕）

（二）古代的茶政和与少数民族地区的沟通

古代在茶叶贸易发展过程中，还出现过"榷茶"、

"茶引"、"茶马互市"、"茶马古道"等茶事活动特定政策和茶叶运输的专门通道。

1. 榷茶

即实行官买官卖的茶叶专卖制度。唐文宗年间,郑注提出榷茶之法,建议"江湖百姓茶园,官自造作"的主张,当时未被采用;大和九年(835)十月,宰相王涯又献"榷茶之制",重复郑注改百姓茶园"官自造作",而且提出"徙民茶树于官场,焚其旧积",在垄断茶叶生产的同时,还要实行茶叶专卖。在王涯陈述榷茶做法时,"朝班相顾失色",但无敢阻议者,文宗命王涯兼"榷茶史"。因榷茶有悖民意,初推行便"天下大怨",不久,王涯、郑注先后受"甘露之变"牵连被诛,榷茶也不令而止。

宋代由于经济、军事的需要,亦实施榷茶制。宋太祖乾德二年(964)八月,诏于京师汴京,建遣安、襄、复、汉、蕲等地设置榷货务,命商旅入金帛于京,然后凭引到沿江各榷务兑取茶叶贩卖,规定"民茶折税外,悉官买,敢藏匿及私贩鬻者,罚没论罪"。太平兴国二年(977),在江陵府、真州、海州、汉阳军、无为军和蕲州之蕲口设立六榷货务,并在淮南蕲、黄、庐等六州设置十三个官办茶场,尽榷其利。早期行榷的除淮南外,还有荆湖、两浙、福建,后来推行到四川、陕南及其他重要茶叶产地。元代不推行以茶易马,但乃沿用宋之榷制。世祖至元五年(1268)榷成都茶。至元十七年(1280)设榷茶都转运司于江州,总江淮、荆湖、福、广茶税。明洪武初年(1370年前后)《明会典》载:"洪武初议定,官给茶引,付产茶府、州、县;凡商人买茶,具数赴官纳银给引,方许出境货卖。凡茶引一道纳铜钱一千文,照茶一百斤,茶由一道纳铜钱六百文,照茶六十斤。"法纪严明,"出园茶主将茶卖与无引,由客兴贩者,初犯笞三十,仍追原价没官;再犯者笞五十,三犯杖八十,倍追原价没官……伪造茶引者处死,籍没家产,告捉人赏银二十两"。明初即议定了茶法、引由、征课和易马之例,榷茶制度较前更完善更有惩治之法,较为稳定。清代袭用明之榷制,顺治七年(1650)规定大引篦茶官商均分,商领引票输价买茶,充茶马司,一半入官易马,一半经商发卖,此诏即脱胎明制。嘉庆以后,茶叶外

销兴盛,遂罢榷茶改收厘金,自此榷茶渐为苛征捐税替代。

(施兆鹏)

2. 茶引

"茶引制"源于北宋末年,由"榷茶制"转变而来,两者都是对茶叶产销课税与专买专卖的产物。宋太祖乾德二年(964)又复行榷茶,次年因国库未丰,以蕲、黄、舒、庐、寿五州置十四场规其利,岁入百余万缗(1缗为1000钱)。据《宋史·食货志》载榷茶制"欲伐茶则有禁,欲植茶则加市,故其俗论谓生茶,实生祸也"。乃导致1175年湖北茶贩赖文政被迫起义,辗转两湖、粤、赣四省,声势浩大。

宋徽宗崇宁元年(1102)宰相蔡京上奏推行"引茶法",建议荆湖、江淮、福建七路茶仍宜禁榷官买,即产茶州军,随所置场禁商人、园产私易。凡置场地园户,租折税仍旧许其民赴场输息,最限斤数,给短引于旁近郡县便籴,余悉听商人于榷货入纳金银缯钱或并边粮草(即本务给钞,取便算清于场,别给长引,从所捐州军籴之)。商税自场给长引,沿途批发至所在场地,然后计税尽输,则在道无苛留。买茶本钱,以牒末盐钞诸色封桩坊场常平剩钱,通三百万缗为率,给诸路,诸路措置各分命官。此奏获准。次年从蔡京言,于荆湖、江淮、东南置司设场,各路措置茶事官的置司。如湖南于潭州、湖北于荆南、淮南于扬州……置场地址是:蕲州即其州和蕲水县,寿州为霍山开顺……崇宁四年(1105)蔡京再次推行引法,进一步改革茶政,大力废官置茶场,商旅在州县或京师给长、短引,自买于园户(长引期为一年,短引期为一季),于是引茶制雏形形成。元世祖至元十三年(1276)定长、短引茶之法,长引每引茶120斤,收钞五钱四分二厘八毫。短引计茶90斤,收钞四钱二分八毫。1278年长引收钞1两八分五厘六毫,短引收钞八钱四分五厘六毫。至1280年废除长引,专用短引,每引收钞二两四钱五分,引资越收越多,茶农商户及消费者负担也越来越重。

清世祖顺治元年(1644)议茶马交场事宜,看出了茶引、易马中的一些弊端,顺治皇帝推出"以茶易马,各顺酌量价值,两得其平,无失柔远之意"的基本

政策。随着清朝大规模的战争平息,康熙四十四年(1705)停西宁等处以茶易马,"因马例停,需茶无多,议将应交官茶,改收折价",茶叶乃由官茶专卖。次年甘肃也开始中止易马,但作为朝廷的税收经济来源之一的茶引照常进行。

清乾隆年间茶引制推行"引岸制",即政府发给纳税凭证,引票上有茶叶数量、纳税金额、采购和运销地点等内容。商人纳税后,持引票到指定地点采购,运至指定地点销售,不得运转其他地方。在完成政府茶叶专卖外,还有利茶区的整体发展。引岸制在四川有"腹引"(行销内地)、"边引"(行销徼外)、"土引"(行销土司区)之分。边引又分三路,其引销打箭炉(今康定)者曰"南路边引",行销松潘厅(今阿坝州)者曰"西路边引",行销邛州(今邛崃县)曰"邛州边引"。

湖茶是指湖南、湖北两省的茶叶。历史上实行"甘引"和"陕引"。"甘引"茶色黄,多为较粗老原料踩成大包,每包90千克,由安化及部分鄂南茶走水路运至陕西泾阳,在泾阳压制成"茯砖"(20世纪50年代初,改在安化、益阳压制茯砖),以甘肃兰州为集散地,大部分走丝绸之路运往新疆,少部分茶运往四川,再沿茶马古道运往西藏、青海等省区销售。

"陕引"色黑,质量较好,在湖南安化精制成白毛尖、芽尖、天尖、贡尖、乡尖、生尖和捆尖等七种尖茶(清末后改为天尖、贡尖、生尖)以及安化"花卷"茶(百两茶和千两茶),从水路运往汉口,再从陆路运至西安,再由茶商分别运往山西、陕西、绥远、察哈尔、内蒙等省区,以西安和太原为主要集散地。

宋朝湖北产茶不多,但汉口则是引茶的重要集散地之一。据河北省《万全志》记载:"宋景德年间,官府以两湖茶叶与蒙古进行茶马交易,并以张家口为蒙汉互市之所。"鄂南羊楼洞与湘北羊楼司(临湘县属)毗邻均产蒸青团茶,称"片茶",后演变成"帽盒茶",再演变为"青砖茶"。大量销往蒙古,清乾隆年间仅羊楼洞各茶庄销帽盒茶八十万斤。

(施兆鹏)

3. 茶马互市

西北历史上出现的丝绸之路开创了我国政治、经济、文化方面的对外双向交流,西域各民族珍视唐物,唐朝人民也需要少数民族的药材、皮毛等物资。因此物资上的交流日臻频繁。唐代互市的主要贸易就是丝绢贸易和茶马贸易。唐肃宗至德元年至乾元元年(756~768)间,主要是绢马贸易。中唐之后,饮茶成风且四夷渐如中土,不可一日无茶。《封氏闻见记》有:"(饮茶)今人溺之甚,穷日尽夜,殆成风俗,始自中地,流于塞外。往年回纥入朝,大驱名马,市茶而归。"《新唐书·陆羽传》记有:"天地普遍好饮茶,其后商茶成风,回纥入朝,始驱马互市。"这些是我国茶马互市最早的记载。以大唐之茶交换塞外突厥、回纥、吐蕃的马,每年上万匹。

宋熙宁七年(1074)为规范茶马交易,诉诸立法,实行"茶马法",设立"茶马司",禁用铜钱买马,改用主要以茶来换马,认定茶换蕃马可以发展边疆贸易,广开财源;其次买下蕃马,可以削蕃,还可强国周边。据《宋会要辑稿职官》记载:一般每年贸易马数约为1.5~2万匹,宣和三年(1121)易马22834匹。天圣(1023~1032)年间最高易马记载为34900匹。

元朝蒙古族本身产马,西藏、青海、甘肃等地场属元朝版图,马源充足,无需易马。

明朝276年,基本处于战争之中,军马尤为重要。朱元璋实行"以(茶)制戎狄"的政策,"国家榷茶,本资易马",因此对茶马互市的贸易更臻重视,建立巡视监察制度,各州官员"纵放私茶出境处以极刑家迁化外",并于秦州、洮州、西宁、河州、碉门等地易马。上马八十斤,中马六十斤,下马四十斤。

万历二十二年(1594)定易马,上等马匹一百二十斤,中等马匹七十斤,下等马匹五十斤。二十九年(1601)记有每岁招商中500引,可中马11900余匹。

清朝把茶马互市,当作"实我秦陇三边之长计"。顺治元年(1644)在西北设立五个茶马司,沿袭明制,设巡视茶马御史等职,并规定"与西蕃易马,每茶一篦重十斤,上马给茶篦十二,中马给九,下马给七"。清朝茶马互市大致分为两个阶段,顺治元年至康熙七年(1644~1668)为恢复发展繁荣阶段;康熙八年至雍正末年(1669～1735)为衰落消亡阶段。雍正十三年(1735)复停甘肃易马,其时大规模战事已平息,军马不显紧缺,反以中马为累,故又命停五司以茶易马。

茶马互市源于绢茶贸易,唐贞元(785～805)回纥入朝以茶市马至清雍正十三年(1735)复停易马,经近千年的茶马互市演绎着茶的边贸和外贸的经济角色过程,也扮演着抚边强国的政治性能。为我国茶文化添增了新的内涵。

(施兆鹏)

4. 茶马古道

"茶马古道"一词,是 20 世纪 80 年代出现的新名词。溯源此词出于"茶马互市"。由于我国中原地区缺马,而回纥、吐蕃地区缺茶,唐时开始实施以内地之茶交换边区之马的贸易政策,史称"茶马互市"。随着贸易的发展,交换茶与马外,还有内地的丝绸、布匹、五金、百货等,与青海、西藏、新疆、蒙古等边区的皮张、羊毛、虫草贝母、麝香等土特产开展易货贸易。这样就形成了一些商旅、驮队、马帮运送货物的通道,这些道路源于"茶马互市",以运输茶叶、马匹为主的道路,故称为"茶马古道"。

唐封演的《封氏闻见记》称"往年回纥入朝,大驱名马市茶而归",这是指唐贞元(785～804)中期的事。开创了唐与回纥(蒙古)茶马互市的先河。当时国都设在长安(西安)主要是动用陕南汉中一带的边茶,汉茶不足还需调川茶入京。形成几条运茶送马的古道,继而与西藏、青海、新疆等地进行茶马交易,这样茶马古道就形成了一个庞大的交通网络。仅以进入西藏的古道为例,主要的就有三条,即"川藏茶马古道"、"青藏茶马古道"、"滇藏茶马古道"。而进藏后,还有由拉萨继续外延至南亚、西亚和东南亚等古道,地跨数万里,时跨上千年。

我国西北的古丝绸之路,目前尚未发现茶的记载,但它并不等于没有茶马的交易,没有马、驼、牦牛的驮运。

我国古巴蜀(含四川及陕西秦岭以南)是最早将茶叶作为商品贸易的地方,也是最早边茶的供应地。因此茶马互市的茶源于此,而茶马古道的开辟亦在此。若以成都为中心,茶马古道就分北古道和南古道。

北道最重要的应为金牛道——子午道——秦直道:金牛道,这条道路是联结成都与关中的主要道路,南起成都,经全雁、白马关、石牛铺、梓潼、剑门关、五里峡、牢固关,经金牛峡、勉县,止于南郑,全长 500 公里,再经子午道由西乡至长安,全长 500 公里,再经秦直道,由咸阳经榆林达九原(今内蒙古包头市西),长 800 公里,从成都至包头全程 1800 公里。

另一条,是以两湖茶为主的水陆并兼的古道:湖南安化黑茶经资江顺水下益阳再经岳阳至汉口,湖北赵李桥羊楼洞黑茶经水路至汉口,两湖茶均逆汉水至襄阳,再经马驮牛拉翻越秦岭至黄河,然后再分两路,一路走东口(今河北张家口),往北入归化(今内蒙古呼和浩特)。一路走西口(今内蒙古包头),两路不但交换马匹、药材,东路茶还能运至库伦(今蒙古国乌兰巴托),最后抵俄罗斯贸易重镇——恰克图,开辟外销市场。

南道重要的古道有三条:

川藏茶马古道:此道开辟最早,有两条,一条原称"旄牛道"。起于成都,经临邛、邛崃、雅安、严道(荥经),越邛崃山的大相岭,经旄牛县(汉源),过飞越岭、沈村,渡大渡河,至木雅草原。另一条为雅州路,路线为雅州、天金、泸定、鱼通、丹巴、道孚、甘孜、德格入藏。

明代川藏茶马古道分南路与西路两条。南路黎雅路,由雅安经荥经、黎州(汉源)、泸定、鱼通、丹巴、道孚、甘孜、德格入藏。

明代顺藏茶马古道分南路与西路两条。南路黎雅路,由雅安经荥经、黎州(汉源)、泸定、磨西、打箭炉、道孚、章古(炉霍)、甘孜、浪多、柯洛洞、林葱、卡松、渡金沙江,经纳奈、江达至昌都,再进拉萨。

西路:由灌县沿岷江上行过茂县、松潘、若尔盖,经甘南至河州、岷州至青海。

青藏茶马古道:唐宋时期青藏也是主要的马源之地,其主线即为唐代开辟的广蕃古道,东起关中地区,沿河西走廊经兰州、西宁、玉树,过金沙江,经昌都、那曲地区至拉萨。

滇藏茶马古道：唐代即已出现。其路线是思茅、大理两面江、中旬、德钦、芒康、左贡、昌都、拉萨。

在滇川、藏或陕、甘、青，都有许多鲜为人知的短线的茶马古道，也有一些长线古道还未被完全挖掘、勘探出来。

以云南省为例，据云南茶叶茶文化工作者研究，仅由普洱出境的茶马古道就有五条：有东北路（普洱到昆明）、有西北路（普洱到西藏）、有南路（普洱到车佛员缅甸）、有东南路（普洱到越南）、有西南路（普洱到澜沧、缅甸）。至于县与县之间的茶马通道盘根错节，多不胜数。

由于各区域研究的深度和进展的不同，塞北的茶马古道研究者较少，期待继续深入研究。

茶马古道是一条政治经济的纽带，它促进了民族团结，民族互利的亲密关系；茶马古道带动了少数民族的繁荣和发展；茶马古道也沟通了相关兄弟民族的文化交流；茶马古道见证了我国民族的团结和统一；茶马古道也带来了当今旅游业的兴旺与发达。

（施兆鹏）

（三）近现代中国茶叶贸易

早在一千多年以前，中国茶叶就运销国外，清朝（约1684）海禁开放后，更促进了茶叶海运贸易的发展，先后与中东、南亚、西欧、东欧、北非、西亚等地区的30多个国家建立了茶叶贸易关系。1842年清政府被迫签订了《南京条约》，实行五口通商后，中国茶叶对外贸易迅速发展，而快箭船的出现，又加速了茶叶海运贸易的发展。同时，清朝政府由于允许大量鸦片和工业品进口，致使贸易入超与年俱增。为了平衡贸易逆差，抵制白银外流，曾大力推进农业，扩大丝茶出口，所以这一时期茶叶产销高速发展。据史料记载，1840年中国茶出口总量为1.9万吨，1843年减少到0.81万吨，以后渐有增加，1860年增加到5.51万吨，1870年上升为10.00万吨，1886年更上一层楼，出口13.41万吨，达到中国20世纪50年代前的最高纪录。之后，由于内受军阀混战和八

年抗日战争的影响，政局多变，经济衰退，民难乐业，生产骤降；外受第二次世界大战和世界新兴产茶国争夺市场的影响，中国茶叶产销每况愈下，一蹶不振，直至50年代以后，才重新得到恢复和发展。我国的茶叶生产和贸易，纵观近百年的发展历程，明显划分为两个阶段：

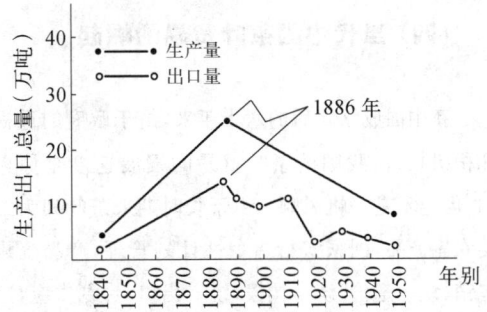

图1-3　近代中国茶叶生产和输出量的变化

第一阶段：1840年至1886年，是中国茶叶生产的兴盛时期。这时期茶园面积的不断扩大，茶叶产量的迅速递增，有力地促进了对外贸易发展。而茶叶出口迅猛增长的形势，反过来又有力地促进了生产发展。据不完全统计，1840年全国产茶5.0万吨，出口1.9万吨，至1886年全国生产和出口量分别达到25.0万吨和13.41万吨，生产量增长4倍，出口量增长6.06倍，平均每10年增加一倍多。茶叶的出口商品率也由38.0％上升至53.7％，说明兴盛时期国内人民消费不到一半，生产的茶叶主要供作外销，出口创收约占全国各类商品出口总额的一半，1886年时甚至达到62％，对平衡贸易逆差起到很大作用。

第二阶段：1886年至1949年，是中国茶叶生产的衰落时期。这一时期华茶从发展高峰一落千丈，1949年茶叶产量只有4.1万吨，出口量仅0.9万吨。究其衰落原因，除上述政治和经济方面的逆境影响外，还有一个很重要的原因是，在国际市场茶业竞争中失败。当时，荷属东印度（今印度尼西亚）、印度、锡兰（今斯里兰卡）等新兴产茶国家相继崛起，产量突增，输出骤盛，加之机械制茶，品质优异，在国际茶叶市场上具有较强竞争力，而华茶却故步自封，不求改进，品质下降，成本增加，经营不善，致

使英美等红茶市场渐为印、锡等国所夺,绿茶、乌龙茶市场又为日本所挤,外销几濒绝境;而国内处于连年战争,苛捐重税,经济萧条,物价暴涨,茶农生活维艰,茶园成片荒芜,茶业生产岌岌可危,降至历史最低水平。

(庄雪岚　阮浩耕)

(四)当代中国茶叶贸易的崛起

新中国成立之后的六十年来,由于政府的重视和积极扶持,我国的茶叶贸易的发展速度是惊人的,但也不是一帆风顺。由于长时期来茶叶列为二类农副产品,国家实行指令性计划管理,产品统购包销,统一定价,统一调拨,统一出口,计划供应,这虽在一定历史阶段中起过重要作用,但是茶叶市场长期来属于卖方市场,以致产供销之间分离脱节,市场机制得不到发展,企业之间也缺乏竞争。1978年至1982年,茶叶产量增加渐快,丰富了市场货源,开始取消了计划供应,实行内销市场全部敞开,市场开始由卖方市场向买方市场转化,并向"统购包销、独家经营"的流通体制提出了严峻的挑战。以后一度在局部地区出现茶叶滞销、积压和生产徘徊的局面。1984年开始,由于取消茶叶统购包销制度,除边销茶继续实行派购外,内销茶和出口茶彻底放开,实行议购议销。一度在1986年后的二三年间,由于茶价的不正常上升甚至失控,茶叶生产经营各方,各自为了本地方、本部门或本单位利益,出现了争抢货源的"茶叶大战"。之后,"体制外"孕育的茶叶市场逐步成长,多渠道、少环节、开放式的新型流通体制,即自由交易的市场体系逐渐形成。到20世纪末,茶业市场经济体制初步建立。这突出表现在:

第一,随着茶叶生产的发展,出口数量和创汇能力不断增加。2000年全国茶叶出口达29.7万吨,出口茶创汇额就达6.82亿美元。1950～2005年出口增长情况如下表。反映了我国茶叶外贸是稳步发展的,特别是进入20世纪80年代以后,在多口岸经营条件下发展速度更快。

表1-3　近60年来我国茶叶出口情况表

年份	出口量(万吨)	出口值(万美元)
1950	0.847	811.55
1960	4.261	3601.56
1970	4.102	4347.96
1980	10.797	31397.24
1990	19.868	40658.09
2000	22.766	34734.22
2005	28.662	48400.00

第二,出口经营权全面放开,茶叶贸易网络不断拓宽。我国茶叶贸易一直采取专业公司统一经营,直接出口的方式。自1950年成立中国茶业公司以来,已由初期的4个茶叶专业公司发展到80年代有18个省级茶叶进出口公司,下属还有许多支公司,负责茶叶购销的商业网点更是遍布全国各个茶区。外贸机构方面,50年代就派茶叶贸易代表长驻伦敦,并在英、法、日、美、加拿大、巴基斯坦、前苏联、前联邦德国及港澳地区等设立茶叶贸易机构,中国驻100多个国家的商务处也多承担茶叶贸易业务。进入90年代,随着茶叶出口体制改革的深入,有一批茶叶生产企业相继获得了茶叶出口经营权,到1998年全国获出口经营权的企业有29家。2004年国家外经贸部决定取消茶叶出口经营权的审批,即凡具备资质的企业都可经营外销业务。接着,2006年起取消出口许可证管理办法。从此茶叶出口彻底放开经营。茶叶贸易网络的发展,有力地促进了茶叶外贸,拓宽了茶叶市场。据不完全统计,国外市场已由50年代的十余个发展到五大洲的百余个国家和地区,其中摩洛哥、日本、美国、俄罗斯、乌兹别克斯坦5国,2005年年销量达13万吨以上。销量在5000吨以上的有加纳、阿尔及利亚、香港、利比亚、塞内加尔、德国、阿富汗、毛里塔尼亚等8个国家和地区。我国与五大洲的众多客商建立了长期茶叶贸易关系。在主销地区还举办华茶展销会等多样形式的推销活动,提高了茶叶在这些市场的占有率。

第三,国内市场也发生了巨大变化。中国茶叶在过去较长时期内,实行的是指令性计划管理,国家统一定价,产品统购包销,消费水平增长不快。70

年代后,茶叶从计划限量供应逐步敞开。1984 年开始彻底放开,实行议购议销,同时积极开拓农村和边远地区的市场。计划经济时期的国营茶叶公司和茶厂先后"淡出",或实行市场化改制,一批名优茶市场应时而起,如浙江新昌、福建安溪、安徽峨桥、广西横县等产区市场,也有北京马连道、济南张庄、广州芳村、上海大统路等销区市场。到 20 世纪末,已形成了一个功能各异、产销衔接的茶叶市场体系。大城市中销售网点也相继恢复和发展,从而有效地促进了茶叶消费。2008 年中国大陆人均年消费茶叶 600 多克。

第四,茶类结构更适应市场的需求。初步统计,1950 年时全国茶叶产量中红茶占 10.2%,绿茶(包括花茶坯)约占 48.7%,而乌龙茶仅有 0.3%,紧压茶类占 40.8%。由于世界市场上茶叶贸易量中90%左右为红茶,特别是对红碎茶需求更殷;加之,日本市场的中国乌龙茶热,以及不少地区出现的花茶嗜好等,20 世纪 80 年代根据市场变化,研究需求导向,逐步调整了茶类结构,积极发展了红碎茶,有计划地组织乌龙茶和花茶生产,努力提高绿茶品质,在巩固并发展绿茶市场的同时,大力推销其他茶类,90 年代随着国内茶叶消费的提升和茶艺馆行业的快速发展,名优茶生产持续升温。据有关资料介绍,1984 年全国市场名优供应约 3000 吨,1990 年上升到 1.88 万吨,1993 年 4.30 万吨,1996 年达到7.50 万吨。此后几年稳定在 7～8 万吨之间。进入新世纪后,名优茶市场重现勃勃生机,市场容量不断扩大,并从数量型向质量型,从小规模分散经营向产业化集约化发展,从东部茶区逐渐向东西部茶区发展。茶类结构经过近几年市场变化进行调整,绿茶仍然是我国最主要茶类,占总产量的 75%(含晒青毛茶),乌龙茶占 11%,红茶约占 5%,紧压茶约占 9%。茶类结构逐步趋向合理,产销基本平衡。

(庄雪岚 阮浩耕)

六、当代中国茶叶生产的发展

中国的茶叶生产虽有数千年的历史,但真正形成规模,并向海外出口,还是在公元 17 世纪以后的事。特别是新中国成立后有了长足的发展。

(一) 当代中国茶叶生产的发展趋势

自 1842 年清政府被迫签订"南京条约",实行五口通商以后,中国的对外贸易快速成长,大量洋货和鸦片进口,为平衡贸易逆差,抵制白银外流,清政府曾一度推进农业,扩大丝绸和茶叶出口。当时,茶叶产量由 1884 年的 5 万吨,出口 1.9 万吨猛增到 1886年的产量 25 万吨,出口 13.41 万吨,短期内产量增加近 4 倍之多,出口量增长 6.06 倍,平均每 10 年增加 1 倍多。但在此后不久,很快进入衰落时期,从高峰一落千丈,直至 1949 年茶叶产量跌到 4.1 万吨,出口不到 1 万吨。究其原因,一是由于军阀混战,政局多变和日本帝国主义入侵,八年抗战的影响;二是华茶在国际茶业市场竞争中失利。当时的荷兰属东印度(今印度尼西亚)、印度、锡兰(今斯里兰卡)等新兴产茶国家相继崛起,产量突增,加之机械制茶,品质优异,在国际市场上具较强的竞争力,致使英美等红茶市场渐为印、锡等国所夺,绿茶、乌龙茶市场又为日本所挤,外销几濒绝境,茶业生产岌岌可危。

1949 年 10 月 1 日中华人民共和国成立以后,我国的茶叶生产受到党和政府的高度重视,得以迅速恢复发展,并进入稳定发展时期。近 60 年来中国茶业的发展大体经历了快速扩张、稳步发展、效益提升和全面发展四个时期:

① 快速扩张时期(1949～1969),特点是开荒种茶,扩大面积。这一时期茶园面积年均增长 7.3%,茶叶产量年均增长 5.9%。

② 稳定发展时期(1970～1979),特点是稳定面积,着力改善茶园结构,努力提高单产。这一时期全国茶园面积稳定在 105 万公顷,产量 27.72 万吨,出口茶叶 10.68 万吨。

③ 效益提升时期(1980～2002),特点是提高单产,增加效益。这一时期茶园面积稳定在 110 万公顷,2002 年茶叶总产量增加到 70.48 万吨,增长了 132%,单产从 1980 年的 292 千克/公顷增加到

621千克/公顷。茶叶经济效益进入全面提升阶段。

④ 全面发展时期(2003~2008),特点是茶叶结构和区域布局更加合理,科技含量增加,茶园单产进一步提高,茶叶质量水平显著提升,效益大幅增长,茶叶产业化进程显著加快,茶文化日益兴盛。这一时期茶园面积增加到172万公顷(2580万亩),总产量增加到125.8万吨,中国茶产业步入从传统产业向现代化过渡的新历史阶段(附图1-4)。

茶园面积(万亩)

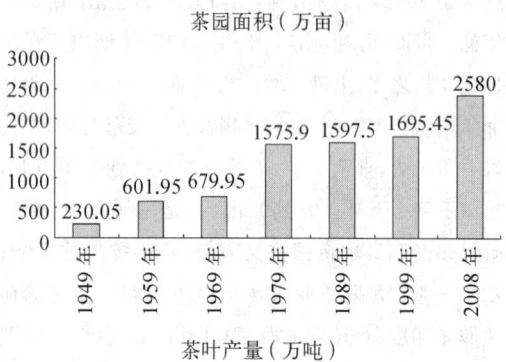

茶叶产量(万吨)

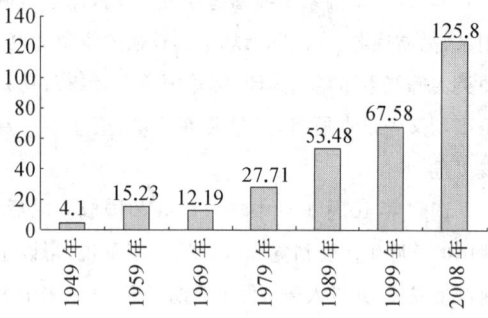

图1-4 1949~2008年中国茶园面积和产量图

(庄雪岚　刘勤晋)

(二) 当代中国茶叶生产的特点

近200年来,中国茶产业的发展,经历许多曲折与反复,直到20世纪80年代,总算找到了一个遵循客观规律,积极稳妥的可持续发展道路,并创出一定的发展特色:

1. 茶叶生产稳定发展

1949年中华人民共和国成立以来,茶叶生产迅速发展,取得了巨大成就。茶园面积从1950年的16.95万公顷扩大到2008年的172.03万公顷,增长9倍;总产量由1950年的6.22万吨增加到2008年的125.8万吨,增长17倍;单产由1950年的每公顷266.9千克提高到2008年的745千克,增长了1倍多。

从20世纪80年代开始,中国茶叶生产发展摆脱了单纯依靠扩大面积来增加产量之粗放型增长轨道,进入了通过提高单产和开发名优茶增加茶叶效益的新时期。茶叶产品结构和区域布局趋于合理,科技含量增加,茶园单产和质量水平同步提升,广大茶农从茶叶发展中得到实惠。中国茶业进入了从传统茶业向现代茶业发展的新时期。

(刘勤晋)

2. 名优茶大发展,重视安全质量,茶叶品质不断提高

茶叶的质量广义而言,包括产品的品质质量和安全质量,近60年来,这两个方面得到了全面提升。

① 名优茶比重逐年上升,茶叶产品质量提高。

自1978年以来,名优茶发展经历了传统名茶挖掘、恢复、试制时期(1978~1983)和新名茶的研制、创新、示范、推广时期(1984年以后),名优茶热持续升温,高速发展。逐渐取代大宗茶成为茶产业的主导产品,大大提升了茶叶的质量和效益。2007年全国名优茶产量达43.5万吨,比1991年的2.7万吨增加15倍,名优茶产值约240亿元,比1991年的7.8亿元增加近30倍;名优茶产量比重由5%上升到38.2%,产值比重由21%上升到80%。

② 重视茶叶安全质量,安全合格率不断提高。在计划经济年代,一些茶区在茶叶生产基层配备茶树植保员,指导和推广农药使用安全间隔制度;进入市场经济时期,国家和行政管理部门制定了一系列的茶叶质量安全标准。特别是对农药残留采用严格的限制,有效地促进了茶叶质量安全卫生水平的提高。从2000年起中国茶叶生产中推行"无公害生产"制度,2001年颁布了"无公害茶叶生产"的标准,至2007年全国推广无公害标准化生产技术的茶园面积达133.3万公顷,约占全国茶叶总面积的

90%；有机茶园面积进一步扩大，首次达到 5.7 万公顷。其次是茶叶生产中大力推广和普及病虫害综合治理技术，减少化学农药的施用量。三是禁止使用稳定性和内吸性的高毒、高残留农药，包括六六六、滴滴涕、三氯杀螨醇、氰戊菊酯、甲胺磷、对硫磷、乐果、噻嗪酮、哒螨酮和甲氰菊酯等。严格推行安全间隔期制度，使喷施在茶树叶表的农药在间隔期内降解，使采摘的鲜叶加工的成茶，其农药残留低于MRL 标准。四是大力提倡使用低毒、高效、低残留、水溶解度低和易于降解的农药以及植物性农药、微生物农药。采用上述措施后，从总体上保证了中国茶叶卫生质量安全。据农业部茶叶质量监督检验测试中心检测，近几年以来茶叶质量安全普查抽样送检合格率均达到 95%以上。

（刘勤晋）

3. 茶叶布局日益合理，生产向优势区域集中

中国有 20 个省（区、市）产茶，由于比较效益的影响，自 20 世纪 80 年代以来，茶叶生产布局出现了从东部向西部，从经济较为发达地区向相对不发达地区转移。1980 年茶叶产量位居前三位的浙江、湖南、安徽省，2007 年产量比重分别由 1980 年的25%、20%、11%下降到 14%、7%和 6%。出现了全国茶叶生产进一步向优势区域集中，浙江、福建、云南、四川、湖北、安徽等 15 个主产省的茶园面积达到150.4 万公顷，占全国茶园面积的 98%；产量达 107万吨，占全国茶叶总产量的 99%，农业部为了更科学地规划和发展经济，针对这一实际情况，提出了建立长江中上游名优绿茶优势产业带（包括四川、贵州、湖南、湖北省）；长江中下游名优绿茶优势产业带（包括浙江、安徽、江苏、江西省、上海市）；东南沿海名优乌龙茶优势产业带（包括福建、广东、台湾省）；西南红茶及特色茶优势产业带等四个优势产业带的建议。这些茶叶主产区，在大力调整农业和农村经济结构中，特色茶区以畅销茶叶产品为依托，集中力量，大力发展，如浙江新昌龙井特色产区、浙江安吉白叶茶特色产区、福建东部白茶特色产区、福建南部铁观音特色产区、云南普洱茶特色产区等势头良好，并已取得明显经济和社会效益，使茶区布局日益合理。

（刘勤晋）

4. 六大茶类实现均衡发展

我国茶叶品种资源丰富，生产历史悠久，制作工艺十分讲究，传统茶类有红茶、绿茶、乌龙茶（青茶）、黄茶、白茶和黑茶六大类，此外还有花茶、紧压茶等再加工茶类。改革开放以来，中国茶叶生产格局发生了根本性变化，传统的茶叶产业焕发出勃勃生机，产品结构不断优化，六大茶类近十多年来实现了均衡发展。

一是绿茶、红茶、乌龙茶三大茶类的比重发生变化。1980～1986 年绿茶、红茶、乌龙茶产量占茶叶总产量的比重分别为 59.1%、20.1%、3.8%，1991～1997 年变化为 69.6%、11.4%、8.0%，2000～2006 年进一步变为 73.7%、5.6%、10.5%。从发展趋势上看，绿茶作为中国第一茶类，其所占比重稳步上升，目前占全国茶叶总产量的 70%以上；乌龙茶跃居第二，占茶叶总产量的 10%左右；红茶产量比重不断下降，已不足 6%。二是其他茶类均衡发展。20 多年前，以北京为中心的华北、东北、西北等北方市场，花茶消费占 95%以上，目前已下降到不足 60%。近几年，随着区域性传统消费习惯的改变，茶叶消费呈现多元化趋势，多茶类要求明显上升。2004～2007 年，普洱茶一度成为内销市场上的热点，产量快速增长，2005 年普洱茶产量达到 5.2万吨。紧压茶主要满足边销，销量变化不大，生产稳定，1990 年以后年产量稳定在 2.5 万吨上下。因此以绿茶及其再加工产品为主，多茶类均衡发展格局基本形成，这是世界其他产茶区所没有的。

（刘勤晋）

5. 茶叶加工与包装开始走向全程清洁化生产

2002 年 6 月，中华人民共和国全国人民代表大会常务委员会通过了《清洁化生产法》，标志着中国工农业生产步入了一个新阶段。2002 年末，中国茶叶提出了清洁化生产的理念。在其后 5 年中从探索到实践，中国茶叶清洁化生产有了很大的进步，全国

不少产茶省建立了一批符合清洁化要求的加工企业。但从全国茶叶生产情况来看,全程的清洁化管理还有待进一步完善。茶叶生产全程清洁化的范畴包括茶园环境、茶树种植、茶叶加工、茶叶包装、茶叶销售、茶叶保管贮存等几个方面。但从生产过程来看,最主要的是种植和加工两个环节。种植过程中的无公害化生产技术在茶技篇中有详细叙述。而在加工中主要推行茶叶不落地和连续化生产技术。由于我国的茶叶加工厂比较分散,规模较小,本世纪以来,政府虽然十分重视茶叶的清洁化生产,对许多茶厂进行技术改造,但在设备和管理上并不是都能符合清洁化生产的要求。此外,在茶厂的技术管理上特别强调:一是使用清洁燃料,这是实现加工清洁化的一个重要方面,例如尽量用液化气、电等清洁燃料。二是加工机械要用清洁化材料,以减少加工机械中重金属,如铅等对茶叶的污染。三是尽量不用润滑油,必要时采用食品级机械润滑油。本世纪以来,推行在鲜叶进入茶厂后各加工环节的输送不落地生产。由于中国茶产业中实行了清洁化生产,使得中国茶叶质量安全和品质有了显著提高。

(刘勤晋)

七、茶业科技

数千年来,中国人的勤劳智慧造就了丰富的茶类和众多的花色,积累了卓有成效的茶叶生产经验,有一批茶业著作流芳于世。但是,由于封建社会的封闭,中国茶业科技长期处于"经验茶学"状态。自鸦片战争后,中国的许多有识之士接受了新思想,学习了新文化,并随着西方的农业科技的传入,特别是引进国外的先进设备及其技术,派遣留学生出国深造,仿效建立改良场、试验站,设置茶叶专门科研机构等,才逐步地改变了我国茶业科技的落后状况,使茶业科技走出低谷,进入到一个新的时期。

(一)近代茶业科技的建立

1896年清政府两江总督刘坤一,明令以机器制造外销茶叶,备受各界注目,但因茶商的反对,终未成事业。

1905年,清政府南洋大臣、两江总督周馥,派浙江慈溪人郑世璜,翻译沈鉴少,书记陆溁,茶司吴文岩,茶工苏致孝、陈逢丙赴印度、锡兰(今斯里兰卡)考察茶业,著有《乙巳考察印锡茶土日记》,曰:"……中国红茶如不改良,将来决无出口之日,其故由印锡之茶味厚价廉,西人业经习惯……且印锡茶半由机制便捷,半由天时地利。近观我国制造墨守旧法,厂号则奇零不整,商情则涣散如故,运路则崎岖艰滞,合种种之原因,致有一消一长之效果。"1907年,江南商务局在江苏南京紫金山麓的霹雷洞设立江南植茶公所。植茶公所是一个茶叶试验与生产相结合的国家经营机构,创办人就是郑世璜,该机构在辛亥革命后停业。1909年,在湖北省羊楼洞设茶业示范场,场下设讲习所,培养人才。1910年,在江西设宁州茶叶改良公司。此外,还在四川省灌县设通商茶务讲习所。

1914年农商部商业司将湖北羊楼洞示范场改办为试验场,有茶园50余亩,茶厂1座,采制加工青茶及老青茶。1915年,北洋政府农商部在安徽祁门南乡平里村建立农商部安徽示范种植场,1917年又改名为农业部茶业改良场,在皖赣两省协助下,在其红茶重要产区设总场及分处。

由于当时缺少大量的专门人才、足够的试验经费和先进的必需设备,又受当时的政局影响,不少示范、改良场或试验场被改组或停歇。尽管如此,19世纪的一些茶业科技的改革,毕竟给我国茶叶科技灌注了活力,带来了希望。

(白堃元)

(二)近代茶业科技人才的培养

清末民初,我国近代最早公费出国学习农业科技的一批留学生,回国以后,绝大多数发挥了积极的作用,为我国近代农业的发展、人才的培养诸方面作出了显著的贡献,不少人取得了重大科技成果,成为我国的著名农业科学家。

在茶业界,被派往国外的留学生也不乏其人。1914年云南朱文精赴日本学习茶技;1919年浙江吴觉农等亦被派往日本,在农林水产省茶业试验场学习;1920 年安徽派胡浩川等去日本留学。在 19 世纪 30～40 年代,还派遣李联标等留学生横渡太平洋去美国等学习茶业科技,收集有关资料,成绩斐然。此外,有一批非茶学留学生,例如王泽农等人,在国外攻读其他学科,回国后从事茶业,也大大增强了茶业科学技术力量。

中国在派遣留学生的同时,各省还组织有关专业人员去产茶国进行短期考察,以学他人之长。1934 年以后,吴觉农、张天福等人分别考察了日本、印度、锡兰(今斯里兰卡)、苏联、印尼、英国等地,写出了专门报告。吴觉农的三篇考察报告,鼎力宣传他国茶业之利,要求改革中国茶业之弊,特别与胡浩川合著《中国茶业复兴计划》一书,在充分调查的基础上,指出我国发展茶业的重要性,切中当时中国茶业上的陈弊,提出了中国茶业的复兴计划。其中,明确要求建立茶业研究机关,并对试验机关的分布、研究工作的分配作了概述。

1922 年,吴觉农自筹资金,在浙江上虞试办茶场,搞茶叶机械加工,后因资金不足,力不从心,机械制茶试验夭折。为了实现华茶加工机械化,吴觉农等人又参考中外成规,悉心改案,于 1933 年设计出蒸、炒、揉、干四种工序的机械样图,并由上海环球铁工厂制成,安放在皖、湘、赣等产茶省茶业试验(改良)场试用。实践证明,机械加工成的茶叶,不论是红茶抑或绿茶,品质均有所提高。

我国近代许多茶叶科学家,他们不仅在言论上大力呼吁加强茶业科学研究,而且身体力行,深入产地,实地试验,悉心指导,为我中国近代茶叶科学技术的发展作出了卓越贡献。

(白堃元)

(三) 近代茶业科技的发展

为实现用科技振兴华茶的设想,湖南省于 1917 年在安化创办了试验茶场,开始用机械制茶,制成的改良绿茶色香味都有改进。实业部国际贸易局与中央农业实验所汉口商检局租赁宁州种植公司旧址,筹设合办茶业改良场作研究试验场所,利用机械,仿制印度红茶,使红茶色香味有所提高。

接着,为适应茶业科技发展的需要,对改良场或试验场又进行了改组。1932 年安徽省建设厅改组祁门农商部茶业试验场,聘吴觉农兼任安徽省立祁门茶业改良场场长,以谋茶业改革实施及学术研究之工作。由于原祁门茶业试验场"以前成绩报告,一无仅存,莫由知其梗概之故",所以,吴觉农、冯绍裘、胡浩川等人兴调查,重实验,从茶树栽培、茶树品种、茶叶加工、茶树病虫防治以及茶业经济等诸方面提出了报告,集中显示在《祁门之茶业》一书中。1934 年该场改由全国经济委员会、实业部、安徽省政府合立,更名为祁门茶业改良场,由胡浩川担任场长、吴觉农任秘书主任。冯绍裘、庄晚芳等人均先后在祁门茶业改良场工作过。在 20 世纪 30～40 年代中,祁门茶业改良场虽几经变制易名,但在留场技术人员的努力下,在研究、产制、推广上做了大量工作:对茶树育种、栽培管理、鲜叶分析、红绿茶采制等作了研究,对茶叶成分的分析及加工过程中主要成分的变化与品质的关系作了探讨,研究成果编成《茶树栽培》、《茶树育种》、《茶树虫害》、《茶叶制造》、《红茶发酵初步研究》、《东北红茶烘焙法》等单行本,指导当地茶叶生产。此外,还向各茶区大力推广新技术,开辟梯田条植茶园,建立机制茶厂,帮助茶农推行合作社。在 1941 年,组织茶叶产销合作社 71 个,社员 3100 人,制茶 13200 箱,占祁门县箱茶总数的 21.9%。为普及茶叶科技知识,印发了数千册如《怎样采茶》、《祁门红毛茶制法》等 6 种小册子,赠送给茶农的良种茶苗达 20 余万株。

1932 年,湖南省建立了"湖南茶事试验场高桥分场"。差不多同时代建立的还有江西修水实验茶场。1935 年张天福在福建建立福建省第一个茶叶研究机构——福安茶叶改良场,在李联标、庄晚芳等人支持和帮助下开展了科学实验,特别是 1936 年从日本引进全套红茶加工机械,对福建的机制红茶有深刻的影响。改良场还自己设计了 918 木质揉捻机,为当地茶户服务。

各地的茶叶试验场或改良场在 20 世纪 30～40 年代,研究的重点是提高茶叶品质,试验机制茶叶。修水茶业试验场茶厂设备较先进,利用机器加工红茶,提高了茶叶品质,并将机械加工的方法推向民间。据1937年《市场新闻》报道,宁红机制茶打破历史最高售价。祁门茶业改良场引进德国克虏伯厂新茶机,经冯绍裘技师试验,不仅加工的红茶品质良好,还能节省劳力和时间。随着改良场试验工作的进展,影响了周围茶区的茶农,纷纷要求实行机制。1937年,实业部会同湖北省政府在五峰设立宜红茶业改进指导所,由汉口商检局主持,主要开展如下工作:① 促进茶农嫩采;② 改良制茶方法;③ 取缔毛茶过度水分……浙江省外销茶产区之一的平阳,系温绿主产地,平阳旅永(嘉)同乡会电请实业部及建设厅,要求设立浙江省茶业改良场平阳茶业改良分场;在安徽省六安、霍山等地,皖建设厅为改进茶业,在立煌成立茶业试验所,负责指导当地制茶改良事宜。

茶业试验场(所)和改良场,在茶业科学交流和宣传上做了大量工作。许多学者在《中华农学会报》、《国际贸易导报》、《中国实业杂志》和《茶业杂志》发表了论文。1937年,实业部国产检验委员会茶叶产地监理处编辑发行了"茶报",宣传茶叶科技知识,指导茶叶生产,报告国内外茶业情况,提出华茶改善途径。当时的商务印书馆等出版单位,还为吴觉农等人出版了《中国茶业问题》、《种茶法》等专著,翻译出版了《东北印度红茶制焙学》、《锡兰红茶制法及其理论》、《爪哇苏门答腊之茶业》、《印度锡兰之茶业》、《印度锡兰茶业推广计划》等等。

抗日战争爆发后,茶业科研受到很大影响。1938年安徽省祁门茶业改良场被迫迁入平里分场办公,靠以茶养场,才使事业未断,还力所能及地开展了试验和推广工作。冯绍裘于抗战始被疏散离开祁门茶叶改良场后,应中国茶叶公司吴觉农等人之邀,去汉口该公司任技术员。1938年又抵凤庆了解云茶情况,经过试验,制成两个茶样,经香港试销,认为堪称中国红绿茶中之上品。翌年建立顺宁(凤庆)实验茶厂,试制500担新滇红。1940年后生产规模有所发展,遂使滇红名誉全球,连英国女王也视滇红为珍品。1939～1940年期间,农林部中央农业实验所贵州湄潭实验茶场的李联标等人,先后赴部分茶区考察,在婺川县发现高6～7米,叶大13～16厘米×7～9厘米的野生乔木大茶树。

1941年珍珠港事变后,海上交通阻塞,茶叶产销停滞,为给战后茶业恢复和发展积蓄力量,吴觉农等人组织了蒋芸生、王泽农等一批茶叶科技人员,在浙江衢县的万川成立东南茶业改良总场筹备处,1942年迁址福建崇安武夷山麓的原示范茶厂,正式更名为财政部贸易委员会茶叶研究所。虽然当时战事紧张、条件艰苦、经费短缺,但茶叶研究所全体员工同心同德,进行了不少研究试验和技术推广工作:

1. 育种栽培方面

育种试验　有品种观察,单株选择,武夷名丛观察,茶树开花习性观察,茶树遗传因子观察及茶树交配方法试验等。

繁殖试验　有茶籽贮藏试验,茶籽播种时期试验,茶树压条试验,茶树扦插试验等。

生理试验　有茶树日照试验,茶树抗寒性与制茶品质关系研究等。

修剪试验　有水仙树型剪定试验,茶树剪枝时期试验,茶树摘花摘果试验,茶树台刈试验等。

病虫害试验研究　有武夷山茶树煤病初步调查及探究,茶蚕及茶毛虫生态观察,闽、皖、赣三省茶树病虫调查。

(白堃元)

2. 制造方面

品种比较试验　有各品种制造红茶比较试验,各品种制造绿茶比较试验,各品种制造青茶比较试验。

制造方法试验　有红茶制造方法试验,绿茶制造方法试验,青茶制造方法试验。

红茶分级及碎切试验　有红茶分级试验,红茶碎切制造试验。

包装贮藏试验　有茶叶水分与贮藏方法之影响试验,利用石灰贮藏试验,密封脱氧法贮藏试验。

制茶机械之设计与试验　有青茶做青机之设计,机械应用试验。

(白堃元)

3. 化验方面

化学研究 有茶叶分级化学标准之探讨,岩茶制造过程中水分变迁研究。

工业研究 有茶叶中咖啡碱升华提取试验,茶叶染料试验,茶叶鞣革试验,茶鞣酸铁墨水制造试验。

肥料试验 有厩肥比较试验,树叶肥田比较试验,天然肥料比较试验。

土壤研究 有土壤盐基饱和度试验,武夷茶岩土调查,企山茶场土壤详测。

(白堃元)

4. 技术推广方面

办理茶树更新工作,包括决定推行区域及建立省区指导机构,宣传更新要义及实施方法等等;调查统计,包括对崇安县桐木关、武夷山、八角亭各茶区概况的调查;对皖、浙、赣、闽四省内销茶产销概况的调查。对历年华茶对外贸易输出进行统计;编译刊物,将三日刊《万川通讯》改为《武夷通讯》(半月刊)及《茶叶研究》(月刊)。此外还编印不定期丛刊6种、研究报告7种、调查报告12种、译著1种、单行本3种及宣传小册子6种。

茶叶研究所于1945年8月停办,时间虽短,但进行了众多项目的试验,有一定的深度和广度,有的至今仍有较大的学术价值。同时,试验结合生产,意义深远。

抗日战争胜利后,中国经历了内战,茶叶生产再度衰落,试验机构或改良场又陷于重重困难之中。在绝境中,我国的茶业科技工作者,不畏艰难,仍做了不少工作,特别在吴觉农领导下,组织一班志士仁人,翻译出版《茶业全书》(威尔·乌克斯著),有系统地介绍世界各国茶叶生产、科研和文化,书中虽有错误观点,但使人们增加了知识,受到了启迪,扩大了视野,仍不失为一本有价值的参考资料。

(白堃元)

(四) 现代茶业科技的成就

20世纪50年代起,茶业科技始得以复苏和发展,不少茶叶研究机构相继恢复,特别是1958年中国农业科学院茶叶研究所的建立,标志着中国茶业科学研究进入一个新时期。

1. 茶业科技的复苏

1950~1957年期间,茶业科技试验工作主要由设有茶业专修科的大专院校、农林部所属的有关部门、中国茶叶总公司、部分茶业试验场及有关单位分别进行。当时,我国茶业科技的首要任务是恢复和发展茶叶生产,主要做了以下工作:首先是推广适用技术,垦复荒芜茶园,提高制茶技术水平和传授改制技术,发动能工巧匠,努力使炒茶实现工具化和半机械化,降低劳动强度,提高生产效率,改变落后的生产面貌;第二,广泛开展培训工作,组织技术人员下乡下厂,宣传和传授科技知识;第三,围绕提高茶叶质量,改变茶园低产面貌进行研究工作;第四,恢复和新建试验机构。1950年,安徽省祁门茶业改良场改名为"祁门茶叶实验改良场",场址设在祁门平里,以试验、示范为宗旨,属中国茶叶公司皖南分公司领导。1952年划归安徽省农业厅领导,场部迁到县城区,重新规划,添置图书,增加设备,逐步开展了研究工作。1955年又改名为"祁门茶叶试验场",成为专业茶业科研机构,贯彻以科研为主,科研与生产示范相结合的方针。1951年2月四川省农业厅灌县茶叶改良场改为"四川省灌县茶叶试验场"。同时,云南省成立"云南省农业厅佛海茶叶试验场",1953年又改名"云南思茅专署茶叶科学研究所"。1952年湖南省将原"湖南茶事试验场高桥分场"定名为"湖南省农林厅高桥分场",至1955年又改名为"湖南省农林厅高桥茶叶试验站"。1952年7月福建省福安茶叶改良场改建为"福建省福安茶叶试验站"。1953年,贵州省将湄潭实验茶场改建为"贵州省茶叶试验站",归属省农业厅领导。同年,江西省成立了"修水茶叶试验站"。在1956年前后,不少产茶区也成立茶叶试验场,如浙江余杭茶叶试验场,江西省婺源县茶叶实验场,浙江三界茶叶试验场,四川省雅安茶叶试验站等等。这些研究机构的恢复和新建,促进了中国茶业科技事业;使中国有了一批茶叶科研机构,建立了一支科技骨干队伍;开展了科学实验,取得了一批成果;编纂出版了《中国茶讯》《茶叶导报》等刊物和小册子,宣传和推广了技术;培训了一批基层技术力量,为中国的茶业科技发展打下了基础。

(白堃元)

2. 现代茶业科技的起步

1957年,经国家批准,由蒋芸生、李联标、庄晚芳等人筹建中国农业科学院茶叶研究所。1958年10月6日中国农业科学院茶叶研究所正式成立。新中国第一个全国性茶叶研究机构的成立,标志着中国的茶业科学发展到一个新时期,使中国茶叶科技进入有组织、有计划的发展阶段。中国农业科学院茶叶研究所与各省茶研所及有关研究茶叶的单位一起,共同迎接现代化时代的挑战。

1959年4月,中国农业科学院茶叶研究所首次在杭州召开了全国茶叶科学研究工作会议。会议提出了"高产、优质、机械化"为茶叶科学的研究重点,同时明确了中国农业科学院茶叶研究所与各省所(站)的业务指导关系。1960年3月,中国农业科学院茶叶研究所根据国家长远规划,召开了第二次全国茶叶科学工作会议,会同各省所(站)制订了全国茶叶科学研究十年发展规划,进一步制订了茶叶科技方针,规定把改造老茶园,有计划建立新茶园,扩大面积,提高品质和提高劳动生产率作为茶叶科学研究重点。1962年又召开了第三次全国茶叶科学研究工作会议,主要研究讨论茶叶科学的长远发展规划。中国茶叶科学研究走上了扎扎实实的发展道路。

随着全国性茶叶研究所的建立,各产茶省加强了对茶叶科技工作的领导,对茶业科技机构又进一步作了调整和充实。1959年广东省成立了"广东省英德茶叶试验场";1960年"安徽省祁门茶叶试验站"改为"安徽省祁门茶叶科学研究所",1962年又改为"安徽省农业科学院祁门茶叶研究所";1962年四川省灌县茶叶试验站迁址川东永川,改名为"四川省农业科学院茶叶试验站",同时,贵州省茶叶试验站改名为"湄潭茶场茶叶研究所";1963年云南省将"云南省思茅专署茶叶科学研究所"改名为"云南省

勐海茶叶试验站",从而形成了全国茶业研究机构网络,开始实行有计划、有组织的茶叶科研工作。不少研究单位还开展了应用基础研究,将我国茶叶科学研究的深度大大推进一步。由于科技人员坚持面向生产、科研与生产相结合的方针,取得了一大批成果,有力地促进了茶叶生产。

此外,随着茶叶科学的发展,学术空气的高涨,各省有关茶叶的科研、教学、生产、贸易部门纷纷联合起来,还建立了全国及地方性的群众学术团体——茶叶学会,开展学术交流。

(白堃元)

3. 现代茶业科技的发展与成就

进入20世纪70年代以后,中国茶业科技进入到了一个新的发展时期。

首先,湖南、四川、云南等省茶叶研究机构都改为茶叶研究所,统属省级农业科学院领导。此外,江西省成立了"江西省农科院蚕茶研究所"(1976),湖北省成立了"湖北省农科院果茶研究所",广西也成立了"广西壮族自治区桂林茶叶研究所"。1978年全国供销合作社在浙江省杭州市成立"杭州茶叶蚕茧加工研究所",1982年改为"商业部杭州茶叶加工研究所"。2001年6月,浙江省人民政府在中国农业科学院茶叶研究所加挂"浙江省茶叶研究院"。

其次,中国茶叶学会和各产茶省学会相继恢复。1978年,中国茶叶学会在山西太原中国农学会学术讨论会上宣布复会,同年10月在云南昆明召开了中国茶叶学会学术讨论会,进行学术讨论和换届改选。福建、浙江、湖南等省茶叶学会也恢复活动。1978年,四川、贵州、广东、广西、江苏、湖南等省成立了茶叶学会,1979年河南成立蚕茶学会,1980年北京市成立茶叶学会,1983年上海市成立茶叶学会。至2007年,全国已有19个省级茶叶学会。据统计,至2007年,中国茶叶学会已成为拥有9350余名个人、400余个团体会员的大型学会。

进入新世纪以来,海峡两岸加快了茶叶科技交流。自2000年首次在福州召开海峡两岸茶叶科技学术研讨会以来,每2年异地交流一次,至今已达5次,有力推动了茶叶科技的进步。

科学技术的发展促进了科研机构和学术团体的发展，而科研机构和学术团体的发展也促进了科学研究的进步。据不完全统计，自1978年至2007年，全国茶叶科研获得200余项成果，目前有在职高级科研人员240余名，一大批中初级科技人员活跃在茶叶科研、推广战线上，有力地促进了茶叶生产，繁荣了茶叶科技，取得了一大批成果。

在种质资源与遗传育种方面：建立了国家茶树种质资源圃，选育出了一批茶树良种。开展了对云南、海南、湖北、广西、贵州及其他有关省茶树资源考察，收集了大量材料，国家在华东沿海的杭州和西南边陲的勐海分别建成国家种质杭州茶树圃和国家种质勐海茶树分圃，活体保存材料达2665份，输入数据库的数据近10万个。在被收集的材料中，经过农艺性状、加工品质、生化特性、形态特征、细胞结构诸方面的研究和鉴定，对品种亲缘关系，起源和演化，以及资源的利用等提供了科学依据。到2008年止，我国经国家认定和审（鉴）定的茶树良种已达97个，省级良种130多个，正在全国区域试验点参加区试的新品种（系）达60多个。2000年前后先后开展茶树分子标记技术、功能基因分离克隆和功能基因组研究，在分析茶树遗传多样性与遗传稳定性、研究起源与分类、构建分子指纹图谱与进行品种鉴别，分离克隆茶叶品质及抗性相关基因、阐明茶树新梢和幼根的基因表达谱等方面取得了重要进展。

在茶树分子生物学与生物技术方面：开展了茶树组织培养技术研究、茶树种质资源室内保存技术研究和茶树种苗快速繁育技术研究，在利用组培技术进行茶树种质资源的室内保存、茶树种间杂交等育种材料的快速繁育上取得了较好进展。开展了茶树基因工程研究，在利用农杆菌介导的茶树遗传转化技术方面取得了一定的进步。开展了茶树培养细胞功能性天然产物的生物合成与调控研究，开展了茶天然产物的生物工程制备研究，在利用改良的基因工程菌建立茶氨酸的固定化细胞制备技术等方面取得了较好的进展。

在茶树种植技术方面：更新了茶树栽培技术理论和方法。新茶园建设由集中连片向园、林、路、水、畜等相结合的生态茶园发展，重视水土保持，防护林设置和行道树种植。从追求茶园面积扩大向以茶叶质量为主的"一优两高"茶园发展。茶树种植方式从丛栽向条栽的适度密植茶园发展，推广无性系茶树良种。茶园施肥建立了以"四个平衡"为基础的茶园高效平衡施肥技术理论体系，研制了茶树无机系列复混肥、专用生物活性有机肥、有机茶专用肥和茶树控释专用肥等，并得到大面积推广应用。茶树采摘从以大宗茶为主转变为以名优茶为主，从一把捋改为分批、多次、及时按标准采。随着名优茶的迅速发展，以提高春茶比重和开采期的实用技术，如重施基肥、早施催芽肥、轻修剪推迟到春茶结束后进行等技术，进一步提高了名优茶生产的效益。茶园机械推广应用，挖掘机、耕作机、修剪机、采茶机的使用不仅节约了大量的劳动力，而且提高了工作质量。大棚茶园、有机茶园、覆盖茶园从无到有，面积不断扩大。

在茶树病虫害方面：在茶树植保研究上，通过全国性的普查，初步探明了我国茶树病虫害的种类与分布，研究明确主要害虫和病害的生物学特性、发生规律和防治方法，提出了中国茶树害虫种群演替规律。研究了茶园天敌优势种对害虫的控制作用，完成了茶尺蠖病毒制剂的农药产品登记。开展了茶树害虫的化学生态学研究，研究明确了茶尺蠖、茶卷叶蛾和茶细蛾等害虫的性信息素成分，探明了茶树—主要害虫—天敌三级营养之间的化学通讯机制。筛选出适宜茶园使用的化学农药近百个品种并提出了相应的使用技术，完成了50余种农药在茶叶中残留降解动态的研究，制订了20余项茶叶中农药安全使用标准，提出了一套比较完善的茶园农药优化使用技术。集成了以灯光诱杀、信息素引诱、昆虫病毒释放、植物源农药和矿物源农药的使用为重点，以农业防治为基础、化学防治相协调的茶树病虫无公害防治技术体系，并进行了大面积推广应用，有效解决了我国茶叶生产中突出的农药残留问题，改善了茶园的生态环境。

在茶叶加工工程方面：传统制茶工艺技术得到进一步发展和提高，茶叶加工的机械化、连续化和自动化进程明显加快，新型茶产品得到不断开发。绿茶加工方面，开发出了热风杀青、汽热杀青和微波杀青等新技术及设备，使绿茶品质得到明显提高；研制出适合于各类名优绿茶加工的做形机械,如多功能理条机、曲毫形茶炒制机、针形茶炒制机和扁形茶炒制机等,促进了名优绿茶加工的机械化;研制出毛峰茶连续化生产线、龙井(扁形)茶连续化生产线、芽形茶连续化生产线、高级绿茶连续化生产线和珠茶精制连续化生产线等,加快了绿茶加工现代化的进程。乌龙茶加工方面,空调做青技术得到广泛应用,显著提高了乌龙茶的加工质量。花茶加工技术也取得了明显进步,一是采用连续湿窨技术,二是发明了隔离窨花技术。在新型茶加工方面,先后开发出低咖啡碱茶、超微茶粉、γ-氨基丁酸茶、花香红茶、花香绿茶等茶叶新产品,丰富了茶叶的花色品种,提高了茶叶资源的综合利用率。

在茶叶天然产物利用方面:从 20 世纪 70 年代开始至今,茶叶天然产物的提取、利用途径的开拓、终端产品的开发等方面都取得了许多成绩。中国农业科学院茶叶研究所的茶籽油的利用研究,茶叶饼渣的利用研究,在世界上占有一定的地位。茶皂素 TS-80 乳化剂应用在纤维板行业上效果显著,荣获国家发明奖。从茶叶中工业化提取茶叶系列天然产物(茶多酚、咖啡碱、茶色素、茶多糖等)已获成功,茶氨酸、茶黄素等产品也实现了工业化生产,其中茶多酚于 1990 年成为我国第一个获卫生部批准的天然食品抗氧化剂。茶叶抗氧化剂的应用,目前在世界占领先地位。浙江、云南、湖南等省研究成功的速溶茶、茶浓缩汁、茶食品等开创了茶叶制品的新用途,国内一批知名食品饮料企业纷纷生产茶饮料。

(鲁成银 白堃元)

八、茶学教学

鸦片战争后,我国知识分子深感"万马齐喑",体会到"四海为秋气,一室难为春"的时代痛苦。茶界人士,眼看在我茶叶祖国洋茶兴起,华茶衰落,认为必须改变现状,倡办茶叶的科学研究与茶学教育。

(一)近代茶学教学的诞生

我国茶学教育最早始于 1899 年湖北省开办农务学堂,并开设"茶务"课,这是我国设置茶业课程的最早记载。1909 年湖北省"劝业道"(晚清管理农、工、商及交通事务机构)茶业讲习所,所址设在羊楼洞茶叶示范场,作为该场下设机构,专事培养茶叶人才。

1910 年四川省盐茶道尹,创办四川通省茶务讲习所,后迁成都,改为省立高等茶叶学校,学制三年,共毕业 18 个班,并于 1935 年停办。

1917 年,湖南省建设厅在长沙岳麓山创办省立茶叶讲习所,先后招生 8 期,因岳麓山非产茶中心,1920 年迁往安化小淹,后再迁至安化黄沙坪,并改为茶叶学校,1928 年停办。

1938 年,湖南修业高级农业职业学校设置茶科,是年 8 月,因日本侵略长沙,学校迁往安化东坪对岸之褒家村(现安化县茶场),1946 年迁回长沙并入湖南大学,后成为湖南农业大学茶学系前身。

1918 年安徽省在屯溪建立茶务讲习所,学制 2 年,专业课有茶树栽培制茶法,茶业经营等,1921 年停办。1935 年,全国经济委员会农业处在安徽祁门开设训练班,招收初中学生,毕业后派往茶区指导茶业合作事业。1936 年上海商品检验局产地检验处举办茶叶训练班,招收高中学生进行培训。同年,福建省政府在福安设立初级茶业职业学校,次年扩大招收高中文化程度一个班,1938 年并入省立高级农业职业学校,1938 年贸易委员会,富华公司在香港设立茶业训练班,招收高中程度人员进行短期训练,派往东南各省区,协助茶叶统购、统销工作。

与此同时并派出人员去国外留学,学习茶叶科技知识,计有云南的朱文精(1914),浙江的吴觉农(1919)、葛敬应(1919),安徽的胡浩川(1921)、陈序鹏(1924)和方翰周(1927)。

1930 年,广州中山大学农学院成立茶蔗部设茶作、蔗作两专科,学制 2 年,1933 年改为 4 年制本科,这是我国在高等院校中首次设置茶作学科。

1939 年至 1940 年经复旦大学代理校长吴南轩、教务长孙寒冰和财政部贸易委员会茶叶处处长吴觉农倡议,在重庆复旦大学创建茶叶组(4 年制)和茶叶专修科(2 年制),由吴觉农任系科主任。主要专业课程有《茶业概论》、《茶树栽培》、《茶叶制造》、《茶叶化学》、《茶叶贸易》、《茶叶检验》、《茶树病虫害防治》等。这是我国乃至世界在高校中独立设置的第一个茶叶专业系科,有系统的完整的课程设置,是我国茶学学科教育史上的一件大事。1940～1952年,共为国家培养出第一批具有大学本科(含专科)毕业的高学历茶学专门人才近200人。复旦大学的茶学系后为我国高等院校茶学学科发展的主流,对我国茶学教育作出了卓越的贡献。

复旦大学设置茶科前后,中央大学、浙江大学、安徽大学、金陵大学、中山大学等都在农学院开设茶学学科,1940年,浙江省油茶丝棉管理处委托浙江英士大学农学院开设茶丝棉专科学制1年。20世纪的20～40年代我国已在一些产茶省的高等农业院校开办正规的茶学教育,但时办时停,进展缓慢。

(施兆鹏 白坤元)

(二) 现代茶学教学的发展

20世纪50年代以来,茶学教学取得了很大的发展。1952年全国高等院校进行调整,复旦大学茶学专修科调入安徽大学农学院(今安徽农业大学),拥有王泽农、陈椽等著名教授;1951年湖南农学院从湖南大学分调出来成立茶学组,拥有陈兴琰、陆松侯等著名教授;1952年浙江农学院创办茶业专修科;武汉大学茶叶专修科并入华中农学院;1954年华中农学院茶叶专修科并入浙江农学院(今浙江大学)茶学系,拥有庄晚芳、张堂恒等著名教授。

1956年安徽农学院、浙江农学院、湖南农学院、西南农学院成立茶学本科专业,开始建立全国统一的茶叶专业教学计划,并协作编写统一专业教材,1957年、1962年浙江农学院茶学专业分别首次招收留学生和硕士研究生。

1977年全国高校恢复招生后,华南农学院(今华南农业大学)、四川农学院(今四川农业大学)、福建农学院(今福建农林大学)、云南农学院(今云南农业大学)以及广西农垦职工大学(大专)相继成立茶学专业(本科)和茶学系。80年代末期已有9所农林院校设有茶学专业。并于1978年重新统编茶树栽培学、制茶学、茶树良种繁育、茶叶生物化学、茶叶审评与检验、茶树病虫害及茶叶机械等七本全国茶学专业通用教材。

1984年农业部设立全国高等农业院校教材指导委员会园艺学科组茶学组。组织编写其他必修课和某些选修课教材,并着手修订上述应用多年的本科教材。

1981年,浙江农业大学、安徽农学院和湖南农学院3所高校茶学系首次被批准为具有硕士授予权单位,从此我国茶学学科开始正规的培养研究生工作。1986年浙江农业大学茶学系和中国农科院茶叶研究所被国务院学位委员会批准为全国第一个茶学博士学位授予权单位,尔后湖南农学院茶学系(1993)、安徽农业大学(1997)、西南农业大学茶学系(1997)、福建农林大学茶学系(2003)均先后批准为博士授予权单位。1989年经国家教委批准,浙江农业大学茶学系为国家重点学科。

至20世纪80年代中期,我国茶学教学从中专、大专、学士,到硕士、博士各层次教学齐全,形成完整的教学体系。

我国茶学教育师资力量雄厚,队伍整齐,据2008年7月份对浙江大学茶学系、安徽农业大学茶学系、湖南农业大学茶学系、西南大学茶学系、华南农业大学茶学系、云南农业大学茶学系、四川农业大学茶学系、广西职业技术学院茶学专业、山东农业大学茶学系、南京农林大学茶叶研究所、西北农业科技大学茶叶研究所、江苏农村职业技术学院、天福茶学院、青岛农业大学茶学专业、宜宾职业技术学院、山东莱阳农学院茶叶研究所等院校茶叶系所统计,有教职工285人,其中教授、研究员60人,副教授、副研究员82人,高级职称人数占总教师人数的49.9%,讲师43人占14.8%,助教46人占16.2%,其他54人占18.9%。目前每年招收专科生715～1215人,本科生570～640人,硕士生126～137人,博士生19～30人。至2008年年底止,又有浙江林学院茶文化学院、浙江树人大学人文学院应用茶文化专业、信阳农业高等专科学校茶学系相继成立茶学、茶文化等专业,并开始招生。进入21世纪高校扩大招生以来,目前茶学各层次就读的在校学生大约有 5000 人。

茶叶中等教育和职业教育也是中国茶叶教育的重要组成部分,据统计,我国目前设有茶叶专业的中等学校有十余所,在校学生 3000 余人,尚有农业、商业、外贸、农垦、公安等部门举办的职业培训班更是遍及各产茶省市,有效地提高了在职茶叶工作人员的素质。

在第一、二届全国高等农业院校教学(教材)指导委员会的指导下,全国茶学高校教师先后组织对本科、职业技术院系的教材编写、修订工作,在中国农业出版社的帮助下,对 20 余套必修课和必选课教材进行了统编和修订,形成了世界第一套茶学完整的配套教材。以高校作为支撑,出版了十几种省级的专业刊物。计有《茶叶》(浙江)、《茶叶通讯》(湖南)、《茶叶通报》(安徽)、《福建茶叶》、《云南茶叶》、《广东茶叶》、《四川茶叶》、《广西茶叶》、《茶叶科研与论文集》(浙江)、《国外茶叶资料选集》(湖南)、《茶叶丛译》(浙江、湖南)等一批定期和不定期刊物。

茶业教育为发展我国的茶科学、茶文化和推动茶产业作出了积极的贡献,除为国家培养茶学高级技术人才外,每个院校均设有茶叶研究所和省部级重点研究室和实验室,从事学科前沿的科学研究,并取得了一大批成果,浙江大学茶学系的"珠茶炒干机"、湖南农业大学茶学系的"茶叶功能成分提制技术及产业化"获国家科技进步二等奖,"构建茶学专业教学新体系,培养农工贸复合型人才的研究与实践"获国家级教学成果二等奖。浙江大学茶学系的"名优茶专用品种选育与配套技术体系研究"、"固定多酚氧化酶调控茶黄素合成及在茶制品生产中的应用"和云南农业大学茶学系"云南普洱茶化学成分及质量标准化研究"分别获得浙江和云南省科技进步一等奖。安徽农业大学茶学系的"红茶色素形成机理及制备技术研究"、"茶根种植及深加工综合利用研究",华中农业大学"卷曲形和针形名茶全程机械化加工技术"、"无阳县高附加值产品开发与品牌建设",南京农业大学茶叶研究所的"茶树新品种选育及茶叶生产关键技术的研究与产业化"、"富硒功能农产品的创新与利用",福建农林大学茶学系的"绿色食品茉莉花茶标准化和生产技术体系研究"、"茶叶有机栽培及系列产品产业化示范"等课题分别获省部级科技进步二等奖。华南农大、西南大学、四川农大等茶学系均获得多项省部级科技进步奖。我国茶学教育事业空前繁荣,并在迅速的发展。

(施兆鹏)

茶 性 篇

人们要种好茶、制好茶、饮好茶、用好茶，首先就要了解茶。茶的性质，包括形态特征、生物学特性、生理特性、生化特性、药理特性以及茶的遗传和变异等，都是人们认识和掌握茶的本质所在。只有这样，才能根据人们的需要，最终达到"按我所需，为我所用"。

一、茶树形态特征

我国古代劳动人民对茶树形态特征的认识，用了比拟的方法，缺乏现代植物学性状的描述。东晋郭璞《尔雅注》载："树小似栀子，冬生，叶可煮作羹饮。"仅说明了茶树是一种常绿灌木，而且是一种叶用植物。但对茶树形态特征，未作具体的说明。唐陆羽的《茶经》，对茶树形态特征的描述已较具体。如"一之源"中载："茶者……其树如瓜芦，叶如栀子，花如白蔷薇，实如栟榈，茎如丁香，根如胡桃。"对树、叶、花、果、茎、根的特征都作了形象化的描述。陆羽《茶经》以后的茶书中，也有一些茶树形态特征的描述。由此可见，在现代植物学出现之前，我国对茶树性状已有一定的认识深度。

随着自然科学和实验技术的发展，许多新的科学技术被引进茶学领域，从而对茶树的认识提高到新的、更高的阶段。特别是 20 世纪 80 年代以来，通过对我国茶区进行的品种资源的全面调查，《中国茶树品种志》、《中国茶树栽培学》、《中国茶叶大辞典》的编写等，为全面认识茶树形态特征创造了必要的条件。

茶树是由根、茎、叶、花、果实和种子等器官组成的，它们分别执行着不同的生理功能。其中根、茎、叶执行着养料及水分的吸收、运输、转化、合成和贮存等功能，称为营养器官。而花、果实及种子完成开花结果至种子成熟的全部生殖过程，称为繁殖器官。这种划分对茶树来说并不十分严格，因为茶树的根、茎、叶也可用作繁殖新个体的材料，而花萼和果皮内含的叶绿体具光合作用能力，也兼具营养器官的机能。茎、叶、花、果实和种子组成茶树的地上部，根系组成地下部，连接地上部和地下部的部位称根颈，它是茶树有机体比较活跃的部分。这些器官有机地结合为一个整体，共同完成茶树的新陈代谢及生长发育过程。现将树体各部位主要形态特征描述如下：

（一）植株

茶树植株在非人为控制（如剪、采等）条件下自然性状是一种较为稳定的生态型，其树型可分为乔木型、小乔木型和灌木型三种。

乔木型茶树主干明显，分枝部位高，自然生长状态下，其树高通常达 3～5 米以上，野生茶树可高达 10 米以上。这类茶树主根发达，多半属于较原始的野生类型。

灌木型茶树无明显主干，树冠较矮小，自然生长状态下，树高通常只达 1.5～3 米，分枝多出自近地面根颈处，分枝稠密。根系分布较浅，侧根发达。

小乔木型茶树属于乔木、灌木间的中间类型，也有较明显主干与较高的分枝部位，自然生长状态下，植株高度中等，树冠多较直立高大，根系也较发达。

树势根据茎的分枝角度大小，可分为直立形、披张形和半披张形。

上述树型、树势在人为的剪采控制下,树冠可加速向合轴式分枝发展,分枝部位降低,使冠层向水平方向伸展。

(王　立)

(二)根

茶树的根为轴状根系,由主根、侧根、细根、根毛组成。当种子萌发时,胚根最先突破种皮,向下发展成中轴根,称为主根,它具有强烈的向地性,可垂直深入土层2~3米,一般栽培的灌木型茶树根系入土1米以下。幼年茶树的根系属直根系类型。在主根伸长的过程中,不断产生的分枝,称为侧根。侧根因形成的先后而分成不同的级次,由主根上直接发生的侧根,称一级根。着生在一级根上的是二级根……依此类推。侧根在主根上呈螺旋状排列。从主根上发生的侧根开始呈水平生长,尔后便转为向下生长。主根和一、二级侧根构成根系的骨架,称骨干根,这类根粗长,呈深棕色,寿命长,起固定、输导、贮藏等作用。主根和侧根上着生的最细小的根(小于1毫米),统称吸收根,其色泽洁白,寿命较短,不断衰亡更新,有的则逐渐发育成侧根。

根系按其发根的部位和性状分为定根和不定根,它们均可发育成根系。主根和侧根上分生的根称为定根。而从茎、叶上产生位置不一定的根,统称为不定根。由扦插、压条等无性繁殖茶苗所形成的根,就是不定根,其中往往有二三条发育成为粗壮、外表上类似主根,并具有直根系的形态。因此,在生产中利用这种能自茎或叶产生不定根的特性进行无性繁殖,已成为常见的育苗方法之一。

根系在土壤中的形态与分布,除受土壤条件复杂多变的影响,还因品种、树龄而有显著的差异,其变化比地上部更为复杂。大叶种茶树主根明显,呈典型的直根系类型,其分布较中叶种和小叶种茶树深广。同时茶树根的生长,也有明显的顶端生长优势,特别在幼年时期,主根生长迅速,主要向土层深处发展,使根长往往大于根幅。随着树龄增加,当主根长到一定深度后,生长逐渐受阻,生长优势逐渐转

向侧根,根系逐渐向广度发展,使茶树的根系形态由直根系逐渐向分枝根系发展。至壮年期已形成庞大的根群,其根幅一般在100厘米以上,满布行间,根深一般60~80厘米。茶树进入衰老期后,生机衰退,根系逐渐由外周向中心部位衰亡,而根颈部位陆续形成不定根层,在土壤表层发展,形成丛生根系。侧根的着生有镶嵌或连生现象,有的几株茶树在根颈部自然地靠接在一起。

根的形态特征与生态条件和农业技术措施也有一定关系。在良好的土壤条件下,茶籽萌发后不久,其根系在土壤内的向下伸展远远超过地上部分,可以进入较深的土层。在缺乏有机质的黏土上种植,或在排水不良、土层浅薄的条件下,根系发育就差。如生长在土层浅薄的荒山上的茶树,其主根不能下伸,则由侧根向四周扩张,根系成水平伸展,根幅较大。通过合理深耕施基肥的,则根系能向土壤深层扩展。施肥过浅,可以诱导根系向土壤表层生长。生长在坡地的茶树,根系大部分伸展在下坡一侧。种植方式同样影响根系的生长。丛栽茶树的根系向四周扩散;单条栽茶树根系向两边行间伸展;双条栽茶树近行间一面根系较发达,其余三面因株间受到抑制,生长受阻;多条密植茶树均以两边茶丛的根系为多,居中茶丛的根系偏少。

根的形态与繁殖方式也有密切的关系。用种子直播的茶树,主根明显,根系深,而无性繁殖的茶树,其根系由入土部分基部具分生能力的细胞分化而成,根群中有2~3条根向深处发展,逐渐形成为骨架根,其余多数根则向水平方向发展。经3~4年后,不管营养繁殖还是种子繁殖的茶树,其根系的外部形态就较难区分了。

茶树根系在土壤中的分布有明显的层次,最上层根群着生角度较大,分根性强,但因离地面近,易受环境条件的影响;下层根群着生角度较小,分根性弱,因离地面远,受环境条件影响较小。

根系的生长状态往往和地上部生长相对应,树冠的某一方位内枝叶量多,其对应部位根系的分布数量也较密。

根颈是茶树生理机能比较活跃、发育阶段较幼的部位。实生苗的根颈是由种子胚轴发育而成,称

真根颈。扦插、压条等营养繁殖的茶苗就没有真根颈，其相应部位称假根颈。许多不定芽、不定根都可从根颈处发出。因此保护根颈尤显重要。

（王 立）

（三）茎

茎是联系茶树根与叶、花、果，输送水、无机盐和有机养料的轴状结构。茎和根所处的环境不同，在形态结构上也有很大差异。

茶树幼茎十分柔软，着生茸毛，表皮呈青绿色，茎围直径从基部至顶端逐渐变细，随着新梢伸长，茎围逐渐增粗。新梢成熟时，顶端出现驻芽，茎组织开始木质化，表皮色泽由青绿变为黄绿，再由黄绿转变为浅棕，以后色泽变深，日趋老化。在茎上，叶着生的部位称节，两节间的部分称节间，节间长度，因品种、树龄、栽培管理的不同有很大差别。在茎的顶端和节上叶腋处都生长有芽，当叶片脱落后，在节上留有的痕迹称叶痕。

由种子萌发的茶树，主茎是由胚芽发育而成，从主茎上的腋芽生长形成侧枝，依次萌发生长形成茂密的分枝系统。

茶树分枝习性分单轴分枝和合轴分枝，从幼苗开始至 3～4 年内，主茎的顶芽活动始终占优势，形成一个极显著的直立主枝，侧枝不发达。随后从青年期开始，主枝的顶芽生长到一定高度就停止生长，或生长缓慢，而近顶芽的腋芽即迅速生长为新枝，代替主茎的优势。这种优势的不断转移，形成合轴分枝，使树冠成披张状。修剪能加速主茎的优势转移，以达树冠呈开展状态。

自然生长的茶树，主枝生长明显，侧枝生长受抑，分枝粗细悬殊，每年生长轮次又少，无法形成整齐密集的采摘面。

根据分枝部位不同，从下至上分为主干枝、骨干枝和生产枝。从主干枝上发生的为一级骨干枝，从一级骨干枝上发生的为二级骨干枝……依此类推。

茶树枝干上的芽按其着生的位置，分为定芽和不定芽。定芽又分顶芽和腋芽。通常每一叶腋处只生一个，也有两个或几个芽同生在一个叶腋内。茶树的根、根颈和茎上都可以产生不定芽，这部分芽的萌发是茶树更新复壮的基础。

根据芽的生理状态，分活动芽、越冬芽（或休眠芽）和休止芽（或驻芽）。在茶树生长季节树冠上能接连展叶的是活动芽。越冬芽（或休眠芽）是一种处于休眠状态的芽，在秋季形成，外有 3～5 枚富有蜡质的鳞片包围，以抵御冬季不良的气候环境条件。休止芽亦称驻芽。在营养生长期间不再继续展叶的芽，包括顶芽侧芽。这种芽的形成是由于外界肥水失调、炎热、树体营养失调等原因，每轮茶芽萌发后，都会出现一段芽的休止间隙期。在采摘条件下，经一段时间后，休止芽又呈活动状态，相继展叶。在我国南方湿暖茶区，一般无越冬芽形成，只有活动芽和休止芽之分。

根据芽的性质，可分叶芽和花芽。叶芽展开后形成的枝叶称新梢。

根据新梢展叶多少，分一芽一叶梢、一芽二叶梢……将其摘下即成一芽一叶、一芽二叶的制茶鲜叶原料。新梢顶芽呈休止状的称驻梢，将其摘下，称为"对夹叶"。在生产上和科学研究上，时常把正常芽叶与对夹叶的组成比例或其重量，作为判断茶树生长势强弱和鲜叶原料老嫩的主要依据。

多数品种的幼嫩芽叶色泽嫩黄，具油光，满披茸毛，随着叶片老化，色泽由黄转绿，茸毛脱落。芽叶大小以同类芽叶或混合芽的鲜重（单芽或百芽重）表示。中叶种和小叶种茶树的一芽二叶百芽重 15～30 克，一芽三叶的百芽重 25～50 克，大叶种茶树的一芽二叶和一芽三叶的百芽重分别为 30～60 克和50～100 克。

（王 立）

（四）叶

茶树叶片的可塑性最大，易受各种因素的影响，但就同一品种而言，叶片的形态特征（尤其是无性繁殖的茶树）还是比较一致的。因此，在生产上，叶片大小、叶片色泽，以及叶片着生状态等，可作为鉴别品种和确定栽培技术的重要依据之一。

茶树叶片属于不完全叶，有叶柄和叶片，但没有托叶,在枝条上为单叶互生,着生的状态依品种而异,分上斜、稍上斜、水平、下垂四种。在同一枝条上,上部新生叶较上斜,随叶龄增长,自上而下,叶片渐趋平展。

叶柄长 0.5～1 厘米,半圆形,近轴面平或具凹槽。叶柄维管束称为叶迹,其形状因品种而不同,有圆形、椭圆形、半球形等。叶柄的长短、色泽、凹槽和叶迹的形状,都是茶树品种分类的依据之一。

叶面为革质具光泽,有平滑,也有隆起。叶面有沿主脉向上呈一定角度内折的,有平展的,少数品种也有向叶背翻转的。叶背无革质,较粗糙,有气孔。气孔是茶树体内外气体交换的通道,大叶种气孔数少而大,小叶种气孔多而小。

茶树叶片可分为鳞片、鱼叶和真叶。

鳞片质地较硬,色泽黄绿或褐色,表面有茸毛和树脂,表层细胞为厚壁组织,有保护幼芽和减少蒸腾失水等作用。鳞片呈覆瓦状,当年生营养芽一般有 1～3 个鳞片,越冬芽通常有 3～5 个鳞片,当芽体膨大开展,鳞片就会很快脱落。

鱼叶因形如鱼鳞而得名,其侧脉隐而不显,叶缘全缘或前端有锯齿,叶尖圆钝或内凹,叶色黄绿,叶质厚而硬脆,一般每梢基部有 1 片鱼叶,也有多至 2～3 片或无鱼叶的。

真叶的大小、色泽、厚度和形态各不相同,并因品种、季节、树龄、立地条件及农业技术措施等不同而有很大差异。叶片形状有近圆形(长宽比≤2.0,最宽处靠近中部)、卵圆形(长宽比≤2.0,最宽处靠近叶基)、椭圆形(2.0<长宽比≤2.5,最宽处靠近中部)、长椭圆形(2.5<长宽比≤3.0,最宽处靠近中部)、披针形(长宽比>3.0,最宽处靠近中部)等。其中,以椭圆形和长椭圆形居多。

叶缘形态大都为平,但也有波浪形。叶缘上有锯齿,锯齿的大小、疏密受环境影响较大,一般为16～32对。叶缘锯齿可分锯齿形(叶缘呈尖锐的锯齿状,齿端向前)、重锯齿形(叶缘的大锯齿上有小锯齿)、齿牙形(叶缘的齿端呈等腰三角形)、缺刻形(叶缘缺刻较深,或呈三角形)。锯齿的腺细胞脱落以后,叶缘上留下褐色的疤痕,这也是茶树叶片的特征之一。

叶片的叶尖有急尖(叶尖较短而尖锐)、渐尖(叶尖较长,呈逐渐尖斜)、钝尖(叶尖钝而不尖)和圆尖(叶尖近圆形)之分。叶尖的形状也是茶树品种分类的重要形态特征之一。

茶树叶片为网状脉,具有明显的主脉,并向两侧发出许多侧脉,侧脉间又分出几条细脉。主脉和侧脉约成45°～80°角,侧脉伸展至边缘 2/3 处即向上弯曲呈弧形,与上方侧脉相连,构成封闭式的网状系统,这是茶树叶片的又一个鉴别性特征。侧脉的对数随茶树品种而异,一般 8～9 对,多的 10～15 对,少的 5～7 对。

叶片大小变异很大,叶长一般为 5～20 厘米,叶宽一般为 2～8 厘米。叶片大小一般以成熟叶叶面积来划分,叶面积(平方厘米)＝叶长(厘米)×叶宽(厘米)×0.7(系数)。通常叶面积在 60 平方厘米以上的为特大叶,40～60 平方厘米的为大叶,20～40 平方厘米的为中叶,20 平方厘米以下的为小叶。

叶片质量一般以厚度或比叶重表示,叶片厚度一般为 0.2～0.5 毫米,成熟叶为 0.3～0.5 毫米,细嫩叶为 0.2～0.3 毫米。比叶重是指单位面积(平方厘米)上的鲜叶重(毫克)。叶片上的茸毛是茶树叶片形态的又一特征。茶树新梢上顶芽和嫩叶的背面一般均着生茸毛。一般来说,茸毛多是鲜叶细嫩、品质优良的标志之一。但茸毛多少与品种、季节和生态环境有关。在同一嫩梢上,茸毛以芽上最多,且密而长,其次为幼叶,再次为嫩叶;随着叶片成熟,茸毛渐稀短而逐渐脱落,一般至第四叶叶片上虽留有痕迹,但已无茸毛可见。

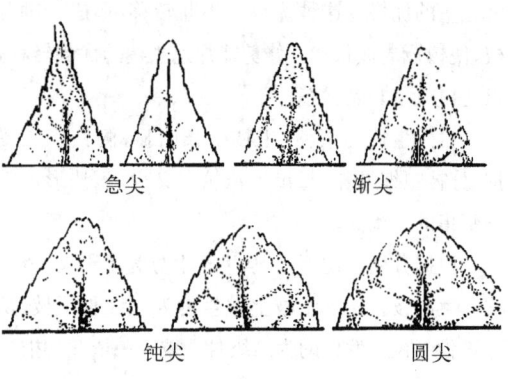

急尖　　渐尖

钝尖　　圆尖

茶叶的叶尖形状

(王　立)

（五）花、果实和种子

茶树的花芽由当年生新梢上叶芽基部两侧的数个花原基分化而成。花芽一般比叶芽肥大，有一个较长的细柄，生长锥比较圆平。茶树无专门的结果枝，花芽和叶芽同时着生于叶腋间。茶花着生有单生、对生、丛生和总状四种类型。花轴上的顶部芽不能分化为花芽，故属假总状花序。

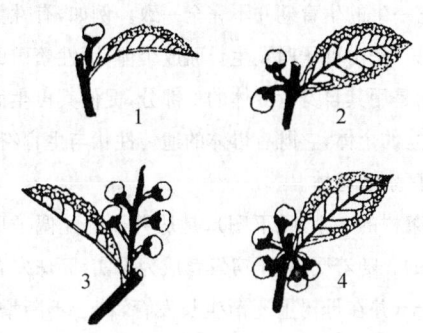

茶树花序的类型
1. 单生　2. 对生　3. 总状　4. 丛生

茶花为两性花，微有芳香。花的大小不一，大的直径5～7厘米，小的直径2～2.5厘米。花由花托、花萼、花瓣、雄蕊、雌蕊等五个部分组成，故属完全花。

花托是花柄顶端承载花器的膨大部分，外缘着生花萼，内层为花瓣，雄蕊着生于花瓣与子房间的基部，将花瓣、花丝去掉，则见雌蕊的子房座在花托中央，而花托是一个圆平的底盘。

花萼是花的最外一轮变态叶，着生于花托的外缘，分两轮排列，外轮3片，内轮2片，萼片长、宽0.4～0.6厘米，色绿为主，也有紫红色，先端圆，或呈倒卵形，有膜质。萼片外侧有毛或无毛，为茶树植物分类的重要特征之一。授粉后，萼片向内闭合，保护子房，直到果实成熟而不脱落。凡开花后萼片闭合的，为已受精的标志。

花瓣色白为主，少数呈淡绿或粉红色，通常5～7瓣，多的可达13～15瓣，基部连合。在花萼与花瓣之间有副瓣，比花瓣小，但比萼片大，花瓣有气孔和残存的叶绿体。花瓣大小随品种而异，长、宽分别

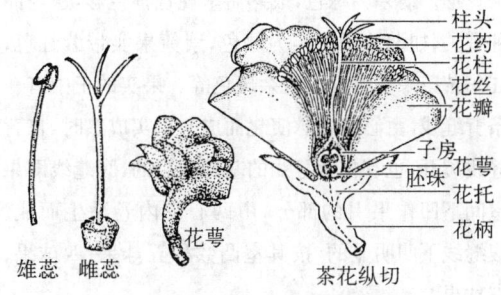

茶树花的形态结构

约为1.5厘米和2.0厘米，通常为椭圆形或倒卵形。

雄蕊由花丝和花药组成，一般每朵花有200～300枚雄蕊，故称雄蕊群，3～5个花丝结合成一组。雄蕊分两轮排列，外轮比内轮高。花丝外形细长，上端呈椭圆形，基部扁平，外披角质层，有较强的抗弯能力。花药外部形态为囊状结构，着生于花丝的顶端。每一花药内含两个花粉囊，每囊两个药室，由药隔分开。花粉囊中着生花粉粒，它是一个直径为30～50微米的圆形单核细胞，分外壁、内壁、原生质、细胞核等部分。花粉粒在形态、大小、沟孔和纹饰等细微结构特征上，不同品种之间表现出一定程度的差异。

雌蕊位于花的最中央，由子房、花柱和柱头三部分组成。子房由3～5个心皮组成，一个心皮构成一室，以心皮边缘紧贴与中轴连接，在中轴上每室着生有4个胚珠，故称为中轴胎座。花柱中间有一个"丫"形孔道，分别与顶端柱头相通，孔道下端连子房，当花粉在柱头上萌发后，花粉管经孔道进入子房，花柱长约3～20毫米。柱头有各种形状，有2～7个分叉，一般为3个分叉，这是山茶属茶组植物花柱分裂的重要特征。

由茶花受精至果实成熟，约需11～12个月，在此期间，同时进行着花与果实的发育过程，这种"带子怀胎"也是茶树的特征之一。

茶树果实属于蒴果类型，果实通常为三室果，也有五室果、四室果、双室果和单室果等。果实的大小因品种而不同，直径一般3～7厘米不等。较原始的种类其果实直径一般在5厘米以上。果实的形状与心皮发育数有关，每果1个心皮发育呈圆形，2个心皮发育呈肾形，3个为三角形，4个为四方形，5个为

梅花形。幼果为绿色,成熟后呈现各种色彩,这与品种有关,如湘波绿果实为绿色,紫笋果带紫红色,江华苦茶果实黄绿而有杂斑色等。果实的正中有一条背缝线,由心皮主脉演化而成。果实成熟时,自背缝线裂开,也有自背缝线的基部开裂的,腹缝线即果室间下凹作果爿的部分,由两心皮内卷贴生而成。腹缝线下凹明显的,按其室凸数称五球果、四球果、三球果、二球果等。

种子的形态,若为一室 1 粒的种子,一般呈球形。种子底部有一柄痕,原是种子着生于中轴上的器官,按其起源,是球柄连接于心皮内缘的所属部分,有吸收母体营养的功能,故称为种脐。种脐的大小与色泽,随其种而异,它是鉴定品种的依据之一。与种脐并列的一侧,有一个小凹点,原是珠孔的痕迹。一室 2 粒的种子,呈半球形,相邻的一侧为扁平,种脐位于削壁的底缘。一室 3～4 粒的种子,夹在中间的呈压扁状,或呈方形削壁。因此当用种子特征鉴定品种时,必须以一室 1 粒的种子为依据。种子色泽,有棕色、棕褐色、褐色等类型。未成熟或受病虫危害的种子,多为黄褐色或带杂斑。种子大小相差悬殊,种径大都在 12～15 毫米。种子的千粒重,轻的 500 克左右,重的可达 2000 克,多数在 1000 克左右。正常采收和保管下,种子的发芽率约为 75％～85％。

茶树种子不属顽拗型种子,宜在一定水分含量下贮藏。

(王　立)

二、茶 树 的 生 物 学 特 性

茶树和其他植物一样,在它的系统发育过程中,经历了漫长的演化,逐渐适应了当地的生态环境条件。因此,茶树在个体发育上,既表现出与环境的统一性,也形成了与之相适应的结构和器官,具有自身的生物学所特有的性状。

(一) 茶树的生育特点

茶树的生长和发育,既受自身的生物学特性支配,还受环境条件的影响。两者之间,又是相辅相成的,生长是发育的基础,发育只有在一定的生长基础上才能进行。

1. 茶树的个体生育周期

茶树的生命周期很长,从种子萌芽、生长、开花、结果、衰老、更新直到死亡,要经历数十年到数百年。茶树一生的生命周期又称为总生育周期,其个体的发育是在总生育周期之中。由于茶树繁殖方式不同,它一生的生育期并不完全一致。例如,有性繁殖的茶树,是由种子萌发生长而成个体;无性繁殖的茶树,则是用其自身营养体的一部分,促使其再生而形成独立的个体,它既有母体的遗传性状与生育特性,但又区别于母体。

茶树的一生(见下图),是从种子的配偶子形成开始的。随着受精,子房发育成为果实,胚珠发育成为种子,并在母树上逐渐生长发育,种子不断增大,内含物质饱满,外壳色泽加深。在江南茶区,一般在霜降前后茶籽成熟。茶籽质量好的标准是:种壳硬脆,呈棕褐色,有光泽;种仁子叶饱满,硬韧、油润,呈乳白色;种子直径大于 12 毫米。好的茶籽不仅成苗率高,而且萌发长成的幼苗粗壮。据研究观察,种径在 14 毫米以上的要比 12 毫米以下的茶籽,其长成的幼苗重量当年即可超过一倍以上,这就是所谓"好种出好苗"的道理。因此,在茶树种子期间,茶籽未脱离母树之前,应加强采种园的肥培管理,促使茶籽饱满,并要适时采收,及时播种或做好贮藏保管工作,以保证茶籽质量。这对播种后能否全苗、壮苗关系很大。

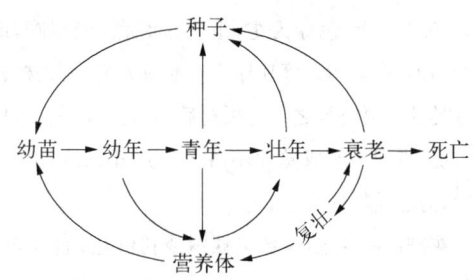

茶树个体生育周期模式图

茶籽在适宜的环境条件下,即开始萌发生长。

首先种子吸胀,然后种皮破裂,由胚根突破种皮向土壤深处迅速伸展,胚芽也随之缓慢向上突破土层,露出土面,向阳展叶。覆土过厚或土壤板结均会造成出苗的障碍,影响幼苗正常生长。因此适当浅播,保持覆盖物的疏松,有利于种子发芽与幼苗生长。早在明代《月令广义》上即载有:"茶性恶水,宜肥地斜坡阴地走水处,用糠与焦土种之,每一圈可种六七十粒,覆土厚一寸……"这样可以增强幼苗顶土能力,提早出土生长。

茶籽萌发后,至植株第一次停止生长前为时约4～5个月,这阶段幼苗以垂直生长为主,主干和主根极少分枝,是茶苗形态建成期。茶苗的营养一方面依赖于子叶内贮存的养分,另一方面又利用绿色幼叶的光合产物,这时茶苗抗逆力很差,因此既要为茶树提供充足的土壤养分,又要对娇嫩的茶苗做好精心护理工作,保证壮苗、全苗。

茶树地上部从第一次生长休止开始,至第一次孕育花果,历时3～4年,这阶段是茶树生理机能活跃的时期,根系和地上部迅速扩大,营养生长十分旺盛。自然生长的幼年茶树,其分枝方式在第二、三年内虽有二、三级分枝,但主干明显,分枝细弱。在此期间,根系也由明显的直根系逐渐过渡到侧根发达,向深处和四周发展。

幼年茶树由于营养生长旺盛,孕育花蕾少,落花、落蕾多,即使是4年生幼树结实也不多。根据这阶段茶树可塑性强的特点,应重视科学施肥,注意提高磷、钾肥用量,及时采用定型修剪,抑制主干生长,促进侧枝粗壮,以形成丰产型树冠的骨架枝。同时还要加强土壤管理,使茶树形成分布广深的根系。

茶树幼苗在正常的培、剪、采控制下,经3～4年后,它的营养生长和生殖生长均进入旺盛期。茶树这阶段的形态发育特点是,由单轴分枝发展为合轴分枝。在修剪的情况下,其分枝层次可达12级以上;根系也由直根系发展为分枝根系类型。因此,地上部树冠覆盖度增加,分枝茂密,树姿开张,结构逐渐固定;地下部根系的深度与幅度超过地上部,根深叶茂,开花结实渐趋高峰,茶叶品质、产量迅速提高,茶树开始进入定型阶段。这时相应的栽培技术,应以建立宽阔的树冠和强大的根系为主。要在幼年茶树定型修剪的基础上,继续进行轻修剪及合理采茶,抑制顶端优势,促使枝叶均匀分布,形成宽广的茶树采摘面。

茶树自定型后至第一次出现自然更新为止,为茶树壮年期。这一时期内,茶树生长极为旺盛,开花结果达到高峰,同时,茶树对肥、水及光、温等条件的要求也更为迫切,这是茶树一生中最有经济价值的时期。这一时期的茶树特征是,树冠分枝密集,芽多而密,花果增多,生长发育旺盛,因此,栽培管理的任务是要尽量延续茶叶高产优质年限,最大限度地提高经济效益。为此,要特别强调肥培管理,加强茶树营养,实行合理采剪,防止病虫危害,保持茶树旺盛生命,使茶树壮年期持续年限达到20～30年,甚至更长。

茶树随着年龄的增长,生长势渐趋衰退,主要表现为树冠面上新梢节间缩短,芽叶变小,"对夹叶"大量出现,"鸡爪枝"与枯枝不断产生,从而促使下部枝条与根颈处的潜伏芽萌发,"地蕻枝"相继生长,逐步取代衰老枝,开始出现"自然更新"现象;同时地下部根系亦开始萎缩、更新,侧根与吸收根减少,吸收水肥的营养面渐小,根颈处陆续生出不定根群,分担茶树衰老根系的吸收功能。这阶段茶树外貌逐渐呈现衰老状态,如枝干灰白光滑,着叶稀小,生机衰退,落花、落蕾增多,产量品质明显下降。

茶树进入衰老期,利用其树体具有较强的再生能力,经自然或人为更新,仍可复壮,构成新的树冠。例如,按照茶树衰老程度,采用人工改造的技术,如重修剪、抽刈或台刈等复壮措施,结合肥培管理,重新培养新的树冠,使之"返老还童",延长经济年龄。尔后经一定年限或人为的多次修剪、采摘、培育后,再次衰老,又进行第二次更新。如此往复循环,经多次更新后,复壮效果锐减,新生枝越来越少,复壮间隔的时间亦愈来愈短。从人工栽培的意义讲,当茶树衰老后,采用反复人为更新,即使加强肥、水等培育管理,其所得效益,已无经济价值时,则应挖除老茶树,进行换种改植,重新建园。

(许允文)

2. 茶树的年生育周期

茶树在一年中的生长发育过程，是受内外各种因素影响而变化的，它既受总生育周期的制约，表现出同一器官在不同的生育阶段各年间变化不尽一致，又与环境条件保持着高度的统一性。因此茶树在年生育周期中，仍具有若干共同的生育规律与特点。

（1）茶树年生育周期的顺序性

在一年中，茶树的地上部与地下部各器官的生长发育，都是按一定的顺序进行的。年初，当地上部生长休止时，根系生长却处于活跃状态；随着气温上升，茶芽开始萌动，芽叶生长逐渐旺盛，而地下根系生长又相对减弱。在一年中，根系与芽叶有多次交替生长的现象。地上部生长从营养生长开始，尔后才有生殖生长，形成花芽，一边生长新梢，一边开花结实。这种顺序性是不可逆的。

（2）茶树体内营养物质运转的方向性

深秋与冬季，茶树地上部停止生长时，叶片的光合产物，主要向下运输，部分供根系生长需要，部分贮藏于粗根和茎干中；春天，随着气温的逐步回升，茶芽萌动，茶树叶片的光合产物主要运向腋芽部位，根、茎中的贮藏物质也迅速向芽梢运转，供新梢生长。当地上部花蕾盛发时，则体内养分既运向芽梢，又运向花蕾，供营养生长和生殖生长的需要。在一年中的不同时期，茶树养分运转方向虽有不同，但重点均是运往各时期中生长最活跃的器官。

（3）茶树生长的周期性

茶树生长的周期性主要表现在昼夜生长周期和季节生长周期。在季节性气候变化明显的地区，这种生长周期性就愈显著。例如在杭州茶区，春季末期，茶树生长量是白天大于夜间，而夏季则夜间生长量大于白天。这种差异主要是温度和光照等生态条件影响的结果。春季光照弱，雨水充分，平均气温在20℃左右，相对湿度约80%，养分充足，白天比夜晚的环境条件对生长更有利；而夏季日照强，白天气温常可高达35℃以上，空气相对湿度较低，茶树呼吸与蒸腾强度大，水分供应常感亏缺，养分消耗增加，而夜晚时这种矛盾趋向缓和，其环境条件对生长比白天有利。

茶树在一年中随季节而变化的生长特性，称季节生长周期，主要表现在新梢具有明显的轮性生长特点（如下图）和花果、根系生长的季节性变化。

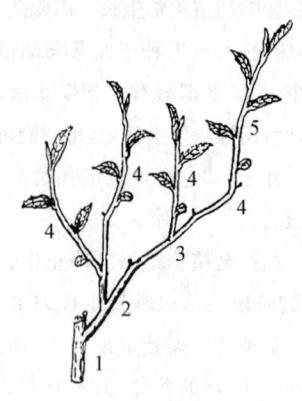

茶树新梢生长轮次示意图
1. 去年老枝　2. 头轮　3. 二轮　4. 三轮　5. 四轮

我国大部分茶区，在自然生长条件下，茶树全年有3次生长和休止，即：

越冬芽萌发→第一次生长（春梢）

（下旬/3月～上旬/5月）

→休止→第二次生长（夏梢）

（上旬/6月～上旬/7月）

→休止→第三次生长（秋梢）→冬季休眠

（中旬/7月～上旬/10月）

但在人工采摘条件下，全年可萌发5～6轮新梢。在四季温差不大的华南茶区，新梢虽也具轮性生长特征，但休止期并不明显。

根系在年生育周期内的生长，也具有明显的季节性生长节律，会出现多次的高峰与低峰，并与地上部的生长呈现交错现象，体现了茶树有机体的协调与统一性。

茶树花果的生长发育，大部分茶区5～6月份开始出现花芽分化，9月中、下旬开始开花，10月进入盛花期，12月为终花期。6～12月既是当年茶花孕蕾、开花和授粉的时期，又是上一年已受精花果发育成熟的时期，从花芽分化到茶籽成熟约需460～500天时间。所以茶树花果生育既具有持续和跨年的特性，又具有年生育周期内的季节性变化。

茶树在年生育周期中的各种变化，均为体内物质代谢过程由量变到质变的一些外观表现，并带有不可逆性,由此年复一年地经历着周期性的变化,促使茶树生长发育沿着总生育周期发展。

(许允文)

(二) 茶树器官的生育特性

在外界环境条件的综合影响下,茶树各器官在一年中有节奏地进行着萌芽、生长、开花、结果等生命活动。

1. 种子的萌发生长

播到土中的茶籽,在土温大于 10℃,土壤相对含水量达 70% 以上的适宜环境条件下,茶籽含水量达到 50% 以上时,即开始萌发生长。茶籽萌发进程为:

子叶吸水膨胀→种壳破裂→胚根显露→胚芽显露→幼苗出土→真叶展开→第一次生长休止(如图)。

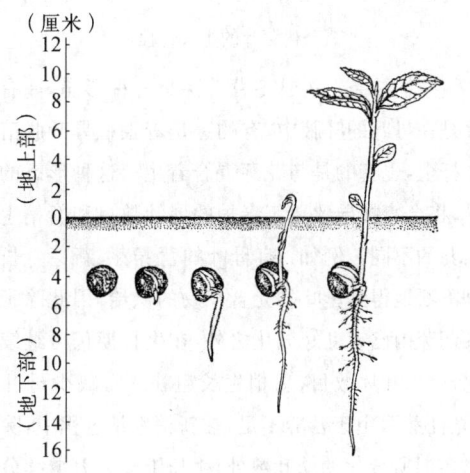

茶籽萌发过程示意图

在江南茶区,茶籽在土中一般到 4 月上、中旬萌发,5 月中、下旬幼苗开始陆续出土,6 月中旬可齐苗。因此,萌发过程经历的时间,从种子吸胀到胚根显露约 30～40 天,再到幼苗出土约 15～20 天,幼苗出土后至第一次生长休止约 20～30 天。

从茶籽萌发生长顺序与进程看,根系生长要先于地上部。当种子吸胀,种壳破裂后,首先是胚根伸出,在红壤土内其生长速度,每昼夜平均可达 5～12

毫米。当主根向土中生长到 10～15 厘米时,即开始休止,时间约 10 天左右。与此同时,侧根开始分化,胚芽生长出土。幼芽出土最初展开的是鳞片,若胚芽损伤,则鳞片叶腋间的腋芽可萌发成苗。鳞片展开后 10～15 天,鱼叶展开。接着真叶展开 3～5 片,顶端出现驻芽,地上部生长相对停止,此为第一次生长休止。幼苗第一次生长休止时,地上部高度在 10 厘米左右,根系平均长度可达 10～20 厘米。间隔 2～3 星期后,再开始第二次生长。

(许允文)

2. 根系的生长活动

根系是茶树树体生长在地下的营养器官,它的生育特性既与茶树的遗传性有关,也因根系所处的生态环境的变化而有差异。

茶树在不同的发育阶段,具有不同的根系类型。一般一二生的茶树,为典型的直根系,三年生侧根开始向四周发展,四五年后侧根生长旺盛。侧根在垂直主根上呈螺旋状排列,但排列并不匀称,在螺旋周的轮次之间有一定的距离,使侧根分布成为层状结构。当进入青壮年期,一般主根深达 1 米左右,可分为 3～4 层。根系渐由直根系类型而转为分枝根系类型,有的侧根生长甚至已超过主根。进入衰老期后,主、侧根的生长能力明显衰退,渐渐局部萎枯死亡。但茶根的再生力极强,最后尽管根系衰退,或只保留分枝根系的骨架,在地上部树冠改造的同时,通过深耕,切断部分衰老根,仍可促使新根再生。新生的吸收根多数云集在根颈部或在老根断头切口愈合处,由此形成新的不定根层,成为茶树的衰老根系。由于茶树根系具有向肥、向水和向土壤阻力小的方向生长的特点,因此在株与株之间,为了充分利用土壤水分和养料,其侧根的生长常有镶嵌或连生的现象出现。但生长在干燥的沙质土壤的直根系可一直保持到壮年期。当地下水位高、土层浅时,主根因渍水或遇硬盘层而停止向深处生长,侧根生长加强,并多呈丛状分布于土壤表层。这些都说明茶树根系生长受环境条件的影响极大。

从根系生长分布规律来看,根系生长与茶树生物学年龄的变化有着密切关系。如在幼苗、幼年期是直根系类型,垂直分布大于水平分布。从幼年期到壮年期,吸收根与侧根愈来愈多,已成为根系组成中的主要成分,垂直分布加深到 30 厘米以下,水平分布范围扩展到行间 40 厘米左右。一般壮年茶树根系在正常生育下,垂直分布可达 1 米以上,水平分布交叉地密布茶树行间,根系幅度大于树冠幅度。当进入衰老期,由于根系衰退,垂直与水平分布范围都渐缩小,根幅小于树冠。衰老茶树经台刈更新后,吸收根又会向外、向下发展。此外,茶树根系的分布还受种植方式、品种类型、生态环境的影响。

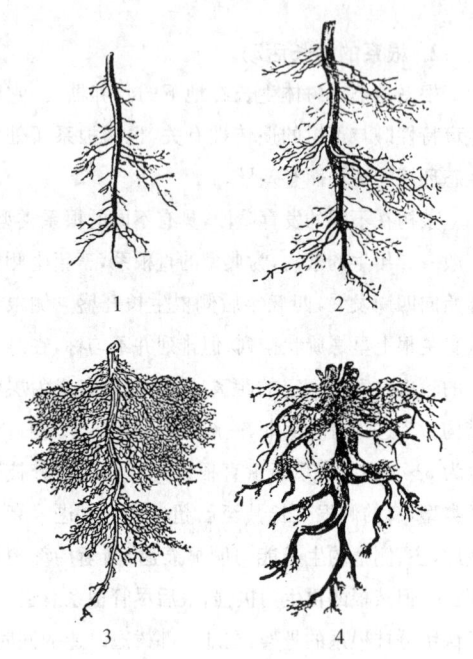

茶树生长过程中的根系形态变化

1.2. 幼年期根系　3. 壮年期根系　4. 衰老期根系

从茶树根系的生长活动规律来看,在年生长周期内,由于气候条件和剪、采等技术措施的不同,茶树根系活动各地观察的结果并不完全一致,但在一年中发生新根的高峰季节,总是在一定的温湿度条件下和树体内部营养物质有相当数量的积累时开始,因而根系的生长活动又和地上部器官的生长活动有密切的协调关系。茶树根系生长休止时,吸收根死亡较多,而在生长活跃时期,也正是根系呼吸作用和吸收能力较强的阶段,这时吸收根生长旺盛,对营养吸收明显加强,从而促进根系的进一步发展。

(许允文)

3. 新梢的形成和生长

新梢是由营养芽生长发育而成的,当新梢增粗成熟后即为茶树枝条。

营养芽发生于叶腋中,顶端形成层首先分化、膨大而形成一个突起,初呈圆丘状,产生腋芽原基,同时形成初生维管组织。随着细胞分化,顶端不断膨大长出叶原基,直到新梢发育完全。当营养芽内部分化完善,而外界环境条件又适宜生长时,芽就开始生长活动。它在一年内生育的过程为:

枝条上越冬芽的分化、膨大→鳞片展→鱼叶展→真叶展→形成驻芽。

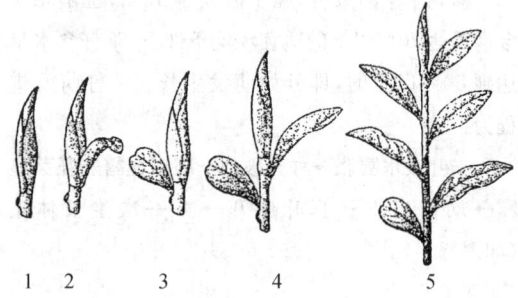

茶树芽叶的生长过程

茶树枝条上的越冬营养芽有各种形态,如有的芽是在母叶的叶腋中,有的芽是着生在母叶脱落的光杆上,也有的是与花芽混合着生。这种形态的差异,将会直接导致翌年春梢的展叶数目和新梢生长强弱的不同。例如:有母叶的营养芽,新芽生长时可不断地得到母叶的光合产物的供给,因此除了越冬期芽内已有良好分化之外,在生长期仍可继续分化,增加叶片数目,新梢生长粗壮。而缺少母叶的"光杆芽",由于营养不足,在新梢生长过程中,除了越冬期所分化的幼叶数外,生长锥已无力继续分化新的叶原基,新梢生长瘦小。带有花芽的营养芽,由于营养消耗分散,新梢的展叶数和生长量既少又弱。

茶树新梢生长动态的变化,主要表现在茎的伸长、加粗和叶片数量与叶面积的增加,且几乎是同时进行的。新梢上不同叶位节间的生长,一般表现为基部较短,中部较长,而上部节间越近顶端就愈短。在同一新梢上不同部位的叶片大小分布,也以中间部位的最大,两端叶片则按一定的生理梯度下降。

在年生育周期中,一般春梢生长速度较快,生长量较大,夏、秋梢生长次之。

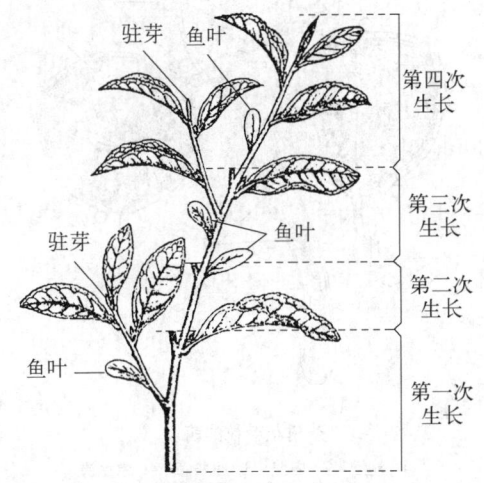

驻芽　鱼叶

第四次生长

鱼叶

驻芽

第三次生长

第二次生长

鱼叶

第一次生长

采摘条件下新梢生长进程

茶树新梢在整个生长过程中,还具有以下两个特性:一是营养芽具有生长阶段性,即分为隐蔽生长阶段和显性活动阶段。前者芽体外形膨大,而体内正在进行叶原基和腋芽原基的分化;后者可见到芽的萌动、鳞片展开、鱼叶展开、真叶展开直到休止。冬季由于温度等气候条件的影响,迫使茶芽休眠,此为营养芽的非活动期。二是新梢生长具有轮性生长周期。我国大部分四季分明的茶区,在自然条件下,新梢一年的生长和休止,是有季节性的。通常可分为三次,即越冬芽的萌发进行第一次生长(春梢)→休止→第二次生长(夏梢)→休止→第三次生长(秋梢)……冬季休眠。但从每一个芽观察,一年生长与休止的次数悬殊较大,有的顶芽一年只生长1~2次,多的却生长6~7次;有的腋芽未发,有的却生长数次。在正常人工采摘条件下,新梢的轮性生长时间缩短,而轮次明显增加,一年中可发5~6轮,使年生长周期可延长近一个月。在我国华南茶区,新梢仍具有轮性生长特征,但由于终年气温较高,茶树新梢全年均可陆续萌发生长,仅因雨水分布不匀,新梢生育有快慢之分,却没有明显的休眠期。因此新梢轮次多少,因生态条件、品种、采摘而有不同。

(许允文)

4. 叶片的生长特点

叶片是茶树生命中最活跃的营养器官,它具有行使光合作用、呼吸作用、蒸腾作用的功能,又是供人们采收的主要对象,因而掌握叶片的生长规律,具有重要意义。

叶片的形成,开始于生长锥下方叶原座,由叶原座边缘组织及顶端的细胞分裂,两侧出现隆脊,再继续分裂向外生长而形成叶片。当新梢生长锥休止时,芽内部不断分化形成叶原基,当新梢开始伸长后,就一边展叶,一边顶端生长锥继续分化出新的叶原基。随着叶片的成长,叶肉组织和维管束组织发生组织分化,形成叶片的各个部分。随着叶片表面积不断扩大,叶内叶绿体的数目和大小不断增加,直至叶片成熟定型,叶肉组织才达完善,叶绿素的含量也最高,同时伴随着叶片的生理机能的加强。

新梢上的叶片自开展后,叶面积迅速增大,其中以每轮梢中部的叶片增长比率最大,第1~2叶的增加比率较小。叶片的成熟定型期与叶面积的增长速率以展叶20天内最快,以后随叶片的增厚,叶面积的变化日趋减小,其中春梢时间较长,夏梢较短。叶片在伸展过程中,首先由内折到反卷,再由反卷到平展,最后至定型。经过几次伸展活动,叶背的许多白毫会自行脱落,而进入成熟阶段。在正常情况下,叶片的寿命只有一年左右,茶树常绿是由于老叶逐渐脱落,新叶不断形成的缘故。不同品种茶树的叶片寿命有较大的差异,其中多数叶片寿命不到一年,生长一年以上的叶片只占25%~40%。春梢上的叶片寿命要比夏、秋梢上的叶片寿命长。肥培管理水平高时,也可以延长茶树叶片的寿命。茶树叶片的脱落是分散在各月不断进行的,但在正常年景,不同品种茶树落叶的时期也各不相同。以4~5月份落叶最多,同时落叶与新叶增长大致相似。新生叶片增加最多之日,也是老叶脱落最多之时。

茶树叶片是最富可塑性的器官,很易受环境和栽培技术的影响而发生变化。在实践中常以叶片的形状、色泽与大小等变化,作为确定品种优劣与采取相应栽培技术措施的依据,例如,叶面隆起、叶色亮绿、芽与叶背白毫多、叶形大、叶质柔软等,可作为鉴定优良品种的特征;如果叶片绿色转暗、表面无蜡质光泽、强光下嫩叶下垂或叶缘卷曲,这是土壤干旱的征兆;若土壤水分适宜而叶片呈现黄绿色,则是土壤缺乏营养的表现。

（许允文）

5. 花果的生育过程

花是茶树的生殖器官。花芽由当年生新梢上腋芽处分化而成;由花芽发育到开花受精形成胚,最后形成果实与种子,繁衍后代。

从花芽分化到开花结实,可分两个阶段。

（1）花芽分化与花蕾形成阶段

全过程包括:

花芽分化期:6～7月,花芽生长锥细胞分裂迅速,横径加长,锥体弧度增大,其最下两个芽原基发育成苞片,使幼芽基部膨胀,在物候学上称为膨胀期;

萼片形成期:花芽生长锥继续分裂,出现萼片突起,花柄生长迅速,使花芽伸出鳞片外侧,又称鳞片开张期;

花瓣形成期:生长锥分化出花瓣,并继续生长,花蕾膨大呈绿豆状,又称花蕾期;

雄蕊形成期:出现雄蕊原始体,并迅速增大,使花蕾苞片开展,又称苞片开张期;

雌蕊形成期:在雌蕊群中央出现雌蕊原始体,并进一步分化为子房与花柱,雄蕊出现花药和花丝,紧紧顶住花瓣,而使蕾体坚实下垂,苞片脱落,物候学上称为花蕾成熟期。

（2）花蕾形成到种子成熟阶段

包括三个过程:

开花过程:花蕾成熟后即进行休眠,花粉与卵细胞继续发育,为开花受精准备条件。开花过程大体为:露白→破绽→初开→全开→雄蕊谢→花落。从花芽分化到始花需100～110天,由始花到终花需60～80天。一朵花从露白到初开约15天,由初开到全开需1～7天。

受精过程:茶花在自然条件下,主要靠昆虫传粉而受精。花粉粒受雌蕊柱头黏液的刺激作用,在适宜的温度下(20℃～25℃),经2～3小时便开始萌发,迅速长出细长的花粉管,沿着柱腔将2个精细胞

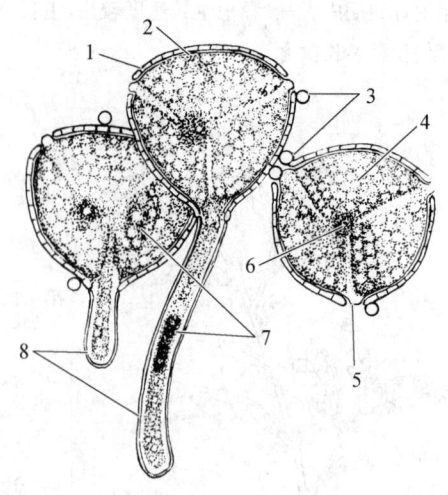

茶树花粉粒的萌发

1. 外壁　2. 内壁　3. 脂肪滴　4. 原生质
5. 纹孔　6. 细胞核　7. 生殖核　8. 花粉管

带入胚囊。一个精子使胚囊内前端的卵细胞受精,发育成胚;另一精子使胚囊中央的次级细胞受精,发育成胚乳,这种现象称为双受精现象。

果实发育过程:雌蕊在10～11月受精后,开始休眠越冬,第二年3～5月受精卵分化为原胚与乳胚,同时内外珠被发育为内外种皮,子房壁分化为果皮,茶果体积不断增大,干物质相应增加。6～7月,胚乳逐渐被子叶吸收,使子叶膨大,内种皮相应延展,并出现输导组织。通过胚柄输送母体的营养,外种皮逐渐石质化,硬度加强,逐步形成种子的固有形态。同时果皮生长迅速,并在果皮组织中形成石细胞,细胞间隙扩大,破坏叶绿粒,使果皮由绿色变为黄绿或褐色。8～9月份,胚乳全被子叶吸收,外种皮变为黄褐色,10月中旬果实成熟,外种皮转为黑褐色,子叶脆硬,种子含水量在40％～50％,脂肪含量为30％,幼胚具有发芽能力。果皮呈棕褐色,干燥时即可自背缝线裂开,使种子脱落。

茶树从开花到结实长达17个月之久,因此在同一株茶树上,上年的果实发育与当年花芽分化可同时出现,这是茶树花果生育的重要特性。

我国大部分茶区的茶树开花期在9～12月,盛花期在10月中旬至11月中旬。在云南的西双版纳和海南省等地,每月均有茶花开放,但盛花期多在12～1月。茶树花蕾开放率与开花期,不同的品种

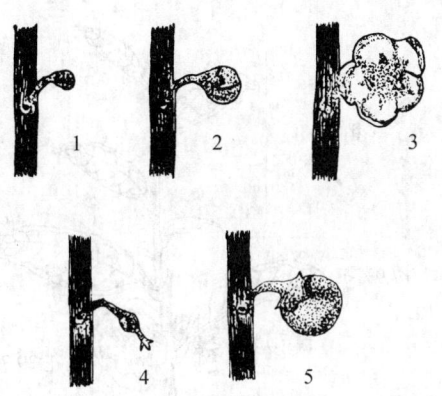

茶树花果生育进程

1. 花芽　2. 花蕾　3. 茶花　4. 幼果　5. 茶果

之间差异较大,有的在蕾期就自然脱落,尤其是后期形成的花蕾。茶花开放率较低,开花差异主要表现在始花期和盛花初期。

茶花能全日开放,以上午5～9时为多。自然生长茶树的开花顺序为:短枝先开,长枝后开;在同一枝条上,中下部先开,上部后开。茶花寿命长短与气候条件有关,如天气晴暖,寿命只有1～2天;如低温多雨,可长达5～6天。开花期的平均气温为16℃～25℃,如气温降到-2℃以下,花蕾不能开放。茶树结实率较低,一般在2%～4%,高的达10%左右,这与开花期有关。凡开花期早的品种,一般结实率较高,相反则结实率较低。

茶树没有专门的结果枝,但一般短枝比长枝结实率高,茶树阳面比阴面结实率高,树冠中、下部比上部结实率高,树冠外层比内层结实率高。

（许允文）

（三）茶树生育的相关特性

茶树的地上部与地下部、营养生长与生殖生长、个体与群体之间,既有各自独立的生长发育规律,同时也有相互促进和相互制约的关系,这些关系统称为茶树生长发育的相关性。

1. 茶树树冠与根系生长的相关性

茶树树冠与根系的生长,在外部形态上有一定的比例关系。从茶籽萌发后,根系生长和枝叶生长是齐头并进,进入幼苗期后,"根冠比"(即根重与枝叶重之比)值基本上在1左右。随着生长的延续,由于地上部光合能力增强,枝叶生长加速,其生长总量逐渐超过地下部,树冠比例相应增大,在自然条件下,根冠比常在1∶1.5的范围内。在生产上常采用相应的技术措施来促进或抑制树冠或根系的生长,例如,修剪或采摘可打破地上部与地下部的平衡,使地上部生长较旺盛,其生长总量常可超过根系生长量的2～3倍。施用氮肥能促进树冠枝叶生长,而磷肥可增加根系的生长量。在生长的高(深)幅度上,亦有类似趋势。随着树龄增加,地上部树高、树幅与根系分布范围之间,仍保持一定的比例关系,通常根系扩张面大于树幅,而根系垂直生长的深度常小于树高,上下形态之间也具有较强的对应关系。

其次,茶树地上部与地下部的生长,在时间上有交替的关系。即当地上部相对静止时,地下部生长最活跃,当地上部生长旺盛时,地下部则生长缓慢。茶籽萌发后,地上部、地下部生长量,在年生育周期中,出现多次的交替生长现象,萌发当年不太明显,随着幼苗的成长,交替生长趋势逐渐明显。成年茶树地上部与地下部之间,一年有2次明显的交替生长现象,即当4～5月份地上新梢生长旺盛时,根系生长相对缓慢,而当10月份后新梢生长相对休止时,根系生长又趋向活跃。

另外,还表现在树冠与根系物质转化机理上的依存关系。茶树体内产生的许多新物质,都是在树冠与根系密切配合、互为因果的条件下合成与转化的,这些物质的形成,又促进了茶树的生长与发育。例如,糖类(或称碳水化合物)是构成茶树有机体生命活动的基础物质,是光合作用合成、代谢、转化的产物,是器官结构和细胞壁的主要成分,也是茶树根、茎中主要的贮藏物质。如果没有叶片进行光合作用,把光合产物源源运向根系,根系的生命活动就要受到影响;相反,如果没有根系及时提供水分和矿质营养,地上部分的光合作用就会受到阻碍,各种生理代谢活动也无法进行。又如,氨基酸是茶叶中的重要含氮物质,也是组成蛋白质的基本单位,而氨基酸的前期化合物(主要是碳水化合物)是在叶片内形成的,并从叶片转移到根部,在根部进一步完成氨基酸的合成,再从根部运向地上部,供树冠生长需要。经研究验证,茶树新梢中全氮含量在萌发生长期明显上升,以后虽有起伏,但总趋势呈渐降变化;根系中的含氮量以3月新梢萌动前达到最高,新梢生长期又逐月下降。茶树体内经常进行着代谢物质的向下或向上的运输,相互影响,相互依存,在正常的生育过程中,保持着一定的动态平衡关系。

(许允文)

2. 茶树茎叶与花果生育的关系

茶树茎叶生长与花芽分化和果实发育之间既相互联系,又相互制约。茶树营养生长的结果,扩大了树冠与叶面积,发展了根系,促进了物质代谢,从而导致了生殖器官的形成,促进了花果发育,使茶树能有效地繁殖后代。当营养器官消耗养料多,生长旺盛时,生殖生长就受到抑制;相反,当茶树开花结实过多,茎叶生长就相对减少,但在茶树有机体养料丰富、代谢协调的情况下,营养生长旺盛时也会促进生殖生长,使开花结果增加。这些情况,与茶树体内物质代谢有关,例如,当体内的碳代谢旺盛时,开花结实就多,而当氮代谢旺盛时,就有利于芽叶等营养器官的发展。因此,当重施氮时,营养生长就旺,生殖生长相对受到抑制,当磷、钾营养增加时,生长中心偏向花果发育,芽叶产量相对减少。如果这时摘除花蕾,迫使营养物质集中运向芽叶,就又能促进营养生长。

茶树在年生育周期中,其营养物质代谢的分配,随生长中心而转移,当春芽萌动开始,养分即源源不断地运向新梢。芽叶生长到一定基础后,花芽开始分化,体内养分又逐渐分送到花芽部位,以供生殖生长需要。在花果生长旺季,茶树吸收的磷素中几乎有一半运向生殖器官,运向新梢的仅占总量的35.3%;而在茎叶生长旺盛的春季,磷素吸收总量中约有80%以上是运向新梢部位;在10月以后,吸收养分则大部分运往根系。因此,对多次开花结实的茶树,在个体发育过程中,都处于营养生长和生殖生长交替进行的过程,而营养物质的输导方向,对生长中心的转移起着调节和控制的作用。

茶树的营养生长和生殖生长中心的交替现象,

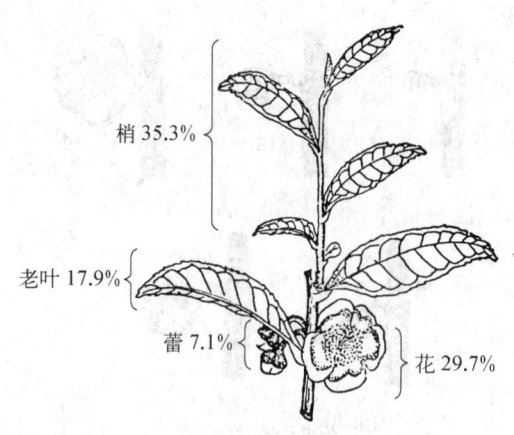

P₃₂在茶枝上的分配

还表现在生理机能的变化方面。例如,在花芽分化、幼蕾大量形成时,正是春梢生长进入相对休止期,形成层的活动明显下降,6～8月份茶树的光合和呼吸作用等生理功能都达到了年周期中的最高水平,对营养物质的吸收量也最多,以后生理机能就逐渐下降。

茶树的茎叶生长和花果生长之间相互转换的关系,还和光照、温度、水等环境因素,生态条件、群体结构以及品种特性等有关。如在不同群体环境条件下,适度密植改变了茶树生态环境,使生殖生长受到抑制,花果产量就会相对减少。又如对于采收芽叶为主要目的专业茶园,为获取优质高产的茶叶,应采取重施氮肥,配施磷、钾肥,合理灌溉,及时勤采,秋季留叶,并运用乙烯利疏花疏蕾等措施,使营养物质集中输向新梢,转化生长中心;对于采种茶园,则应适当提高磷、钾肥比例,实行春夏季留叶采摘,以提高花果着生数与结实率。

(许允文)

3. 茶树个体与群体的生长关系

茶园经济产量的高低,取决于单位土地面积上茶树群体对有机物质的积累、转化和分配能力,而群体的发展,又奠基于个体数目的多少和个体生产能力的大小。因此要研究茶树群体的发展,首先应了解群体中个体的生长变化。茶园由于种植行距、株距或丛距的不同,形成了各种各样的群体结构,或条栽,或丛栽,茶树个体在这些不同的群体环境中生

长,在形态特征上具有以下特点:

一是个体的形态主要取决于种植排列方式。在单条栽(丛播)的群体中,单株形态向两侧呈平展状发展;在双行条栽或锯齿形相间排列的条栽群体中,株形常向偏侧方向发展;在丛栽群体中,株形因三面受毗邻茶树发展的影响,也常呈明显的偏侧发展趋势;在单株条栽群体中,茶树向两侧发展的空间较大,而株间的距离较小,发展受到限制,因此株形常呈扁平状生长,单株之间交叉重叠。

二是个体的大小主要取决于种植密度。茶树个体形态的大小,与个体在群体中占有的营养空间大小关系密切。当群体密度大时,个体占有的营养空间就小,茶树生长到一定时期就受到限制,体形小,生长量也少,反之,在较稀的群体中,个体生长条件好,植株高大,生长量也多。较密群体苗期的表现,不管是出苗率,还是齐苗速度和幼苗的生长状况,均比低密度的群体好。但两年以后,茶苗个体生长量有随密度的增加而减少的趋势,随着个体的生长发育,形态上的差异日益显著。在种植密度相差不大时,种植方式对茶树个体和群体的生长发育有一定影响,单株条栽的群体比单行丛栽的群体树幅大,骨干枝粗壮。

茶树个体与群体的生长关系,还体现在个体生长与群体产量的演变方面。茶树群体产量是由个体的产量组成的。在较稀的群体中,个体的产量,逐年增长幅度较大,而在较密的群体中,个体产量却增长较慢。茶树在现行种植密度的范围内,稀密不同的群体,随着发展进程,表现出密植群体初期产量较高,以后增产速度渐趋缓慢;而较稀群体初期产量低,以后增产幅度渐大,使群体产量与前者逐渐接近持平。于是决定群体产量高低的主导因素,就由个体的疏密逐渐转为个体产量的高低,亦即个体的生育状况,在群体产量演变中逐渐占优势地位。

(许允文)

三、茶树生理特性

茶树生理特性属于研究茶树生命活动规律及其机理的范畴,它的内容包括光合作用、呼吸作用、物质代谢、水分代谢、生长发育等。归纳起来有三方面的基本内容,就是物质转化、能量转化和形态转化(即器官形成)。

(一)茶树光合作用

对茶树光合作用的研究,是从20世纪50年代初期开始的,最先从研究测定方法入手,进而研究环境因子和不同栽培措施影响下光合效率的变化。随着同位素示踪技术和远红外二氧化碳分析仪的应用,使研究引向深入,涉及细胞生理、群体生理和光合作用的机理问题等。

1. 茶树光合作用的基本规律

(1)茶树的光合速率

茶树光合作用由于受内在的与外部因素的影响,光合速率差异很大。茶树净光合速率的变化幅度约为$3.6 \sim 30$毫克CO_2/分米$^2 \cdot$时,这在一般木本植物中属于较低的树种,明显低于C_4植物。光合速率在品种间常有显著差异,这通常和代谢或叶的解剖结构的基本差异有关。如龙井种净光合速率高于鸠坑种,云南大叶种高于紫阳槠叶种,浙农12号高于福鼎大白茶,梅占种大于龙井43,龙井43大于黄叶早,成年茶树高于幼年和老年茶树。叶片初展时,虽已具光合功能,但净光合速率很低;随着叶片生长,净光合速率提高;叶片定型时,净光合速率最高。随着叶片衰老,净光合速率下降。向阳叶比向阴叶高,上层叶比下层叶高。春叶在6~11月份光合速率较强,11月份以后下降,夏秋叶直至12月份光合速率仍较高,休眠期下降,翌年3~4月份又提高,随后逐渐下降。在新梢中,以成熟新梢中部叶片净光合速率为最高。

(2)光合作用的日变化

茶树叶片光合作用强弱在很大程度上取决于一天中光、热、水、气的变化,其日变化的曲线可呈双峰、单峰等形状。在早春、晚秋、冬季和夏季阴天,光合作用日变化曲线主要呈单峰形,即早晨随着光照增强,气温上升,光合作用强度不断提高,在中午前后达到一天的高峰,此后随着光照强度、温度等降低逐渐下降。而在夏季晴天,光合作用日变化曲线多呈双峰形,即光合作用在 10 时左右达一天中的高峰;至正午前后,光照、温度虽然继续升高,但光合强度却出现下降趋势;午后,光合强度虽稍有回升,但随着光照减弱和气温下降,光合强度呈现逐渐减弱的趋势,致使光合作用的日变化出现双峰曲线的特点。导致光合作用在中午时分下降可能与相对湿度降低、叶片水势下降、气孔开度缩小、光呼吸增强和光抑制等条件有关。一般而言,全天除中午下降以外,光合作用变化与光强度的变化明显相关。

(3) 光合作用的季节变化

在年周期中,从春季茶芽萌动开始,树体的生命活动日趋增强,光合作用也渐趋提高,至 7～8 月份而达年周期中的最高峰,以后随着气温下降,光合作用强度也不断下降,当茶树地上部进入休止期而达最低水平。生长季末期光合作用强度下降,主要是由于光强、日长、叶温等都在减低的缘故。因而,使光合作用在一年中呈明显的单峰曲线变化。

由上可见,茶树在光合作用的基本变化规律上,与其他植物相似。但由于茶树在形态结构、生长发育与栽培条件上(尤其是剪、采)的特殊性,使得它的光合潜力的发挥比一般树种受到更多的限制。因此,在栽培技术上,就要创造更加适宜的条件,使茶树能够充分发挥其潜在的光合生产力,以促使芽叶产量和品质提高。

(王 立)

2. 茶树光合产物的累积、运转与分配

茶树在光合作用过程中形成的碳水化合物,大部分运输到根、茎、叶的生长部位,另一部分则供给呼吸消耗,剩余部分就累积于贮藏器官中。

茶树叶片在生育初期光合能力极低,生长所需的养料和能量靠邻近老叶和根部供给。随着叶片的生长发育,光合能力迅速增强,光合产物除供本身需要外,并有积累,开始向其他新器官运输。叶片制造的光合产物,在运转方向上具有明显的向顶转移特性。在茶树地上部生长季节,成熟叶片中光合产物主要运向本身叶腋间的芽叶,也有少量运向上部的侧芽或侧梢,而不向下部输送。在同一枝条上,主要

运向顶芽和中部长势旺盛的侧梢。总之,光合产物主要运向各时期的生长部位。春、夏、秋茶梢生长期间,根、茎部贮藏的和老叶形成的光合产物,主要向上运转,供给芽梢生长需要。而当进入休止或休眠时期时,地上部枝叶生长停止,根系的生长开始加速,此时光合产物主要向下运转,以淀粉形式贮存于根部,其次运输到茎部。至翌年春梢萌发,根、茎、老叶中光合产物再迅速向芽梢生长部位运转。据测定,不同季节形成的光合产物,在主要器官中分配比例如下:冬季的光合产物约 14％用于新梢,56％运向根系;春季的光合产物约 53％用于新梢,25％运向细根;秋季光合产物只有 11％用于新梢,而 50％运向根系。由此可见,秋冬季光合产物的累积多少,对春梢生长具有积极影响。

在年周期中,茶树光合产物总量的 60％～75％是由上年老叶提供的,22％～38％是当年留养叶提供的,只有 2％～3％是茎等其他部分提供的。光合产物的分配比例,约 7％用于新梢生长,9％用于建造骨干枝,84％左右被呼吸或其他所消耗。

(王 立)

3. 环境因素对茶树光合作用的影响

在一般情况下,茶树光合作用的潜力不能完全发挥出来,这主要是由于环境因素对光合的限制。

(1) 光照

光照是决定茶树生产力的重要因素,它是通过光照强度、光质和光周期而起作用的。茶树的光合作用通常随光强的增高而加快,但当光强上升到一定程度后,光合作用不再增高。茶树光饱和点在 $500～840\ \mu mol/m^2/s$ (30～50 千勒克司),在年周期中,一般冬眠和春季光饱和点较低,而夏、秋季光饱和点较高。同一季节中,则又因茶树生育情况而异,表现为休止期和茶芽萌发期,以及茶叶采收后期光饱和点较低,而茶芽生长旺期和采摘前光饱和点较高,其补偿点约为全日照的 1％。

光质对光合强度也有一定影响,茶树光合强度在橙色光下最高,其余依次为绿色光和青色光。在红光下光合产物以糖类较多,在蓝紫光下,其光合产物中氨基酸、蛋白质较多。

（2）温度

气温在 25℃ 以下时，茶树光合作用随温度逐步升高而增强；25℃～35℃ 为最适范围，气温 35℃ 以上时，温度继续上升，净光合作用急剧下降。气温达 39℃～42℃ 时，就没有净光合作用了。其光饱和点为 538 $\mu mol/m^2/s$（32 千勒克司）。超过 48℃ 时，叶组织丧失光合能力，而出现永久性伤害。幼年茶树光合作用适宜的气温范围为 20℃～28℃，而成年茶树为 25℃～35℃，光饱和度为 340～500 $\mu mol/m^2/s$（20～30 千勒克司）。

（3）水分

水是茶树进行光合作用的重要条件，叶子中水分亏缺，不仅直接影响光合成过程的水分供给，导致光合速率下降，同时也促使气孔关闭，妨碍二氧化碳的吸收，降低原生质的水解作用，促使呼吸作用增强。所以在干旱条件下，茶树的光合强度往往比较低。水分亏缺会引起二氧化碳（CO_2）扩散阻力的增大。水分不足可以引起气孔开口度的减小或者完全关闭，从而阻断了 CO_2 进入叶细胞，同时缺水也降低羟化酶的活性，增大叶肉细胞阻力，因此影响了光合作用的进行。

空气相对湿度与光合强度之间呈负相关性。

（4）二氧化碳

大气中的 CO_2 浓度通常是 300 微摩尔/摩尔（ppm 百万分之一），这远远不能满足茶树光合作用的需要。据测定，茶树 CO_2 的补偿点为 60 微摩尔/摩尔（ppm），而饱和点约 1300 微摩尔/摩尔（ppm）。当 CO_2 浓度超过正常大气中的水平以后，光合速率仍随着 CO_2 浓度的增加而上升。因此，茶园力求通风透光，保证 CO_2 供给，以利于提高茶树的光合作用。

（王 立）

4. 栽培措施对光合作用的影响

栽培技术措施的目的在于最大限度地激发茶树的光合潜势，直接或间接地提高茶树光合效率。其中采摘和修剪对光合作用的影响最为显著。在采摘条件下，茶树光合作用的光饱和点发生了很大变化。各季新梢萌发初期至采摘前逐渐增加，采摘后叶面积骤减，光饱和点降至新梢萌发初期水准。直至下一轮新梢萌发生长，光饱和点又趋回升。修剪时由于剪去树冠上层枝叶，尤其是台刈或重修剪，对光合作用影响很大，所以修剪前树体中光合产物累积量是修剪后茶树生长好坏的物质基础。由此可见，当地上部刚处休止前不宜进行修剪，否则不利根系贮藏物质的积累，影响树势更新生长。许多研究都表明，剪后新梢萌发所需的养料，除根部贮存物质外，茎中积累的同化产物，不会运向根部贮存，而是在剪后被活化用来供给新梢生长需要。

土壤肥力中主要营养元素缺乏时，会直接或间接地影响光合作用。缺乏矿质元素常伴随着叶绿素合成受阻，此外由于叶面积减少、叶片结构的改变、气孔活动的减弱等以及酶活性的变化，均间接影响光合作用的进行。

氮对光合作用的影响，主要是由于茶树叶片叶绿素含量、光合作用关键酶核酮糖二磷酸羧化酶的含量在很大程度上与氮供应成一定比例，因此茶叶光合作用速率随着叶片氮素浓度增加而加强，并在含氮量达到一定值时不再继续增加，氮缺乏能抑制光合作用。磷具有活化茶树生理机能的作用，能有效地提高茶树光合效率。在施磷的同时，适当配施氮、钾或镁、锰等微量元素，促进作用则更大。

茶树供水不足会直接影响光合作用的进行，灌溉能提高茶树叶片过氧化氢酶活性，加速气体交换，显著增强光合作用。相反，在淹水条件下，过多的重力水取代了土壤空隙中的空气，使通气不良，阻碍茶根吸水，引起叶片缺水，从而降低光合作用。

其他栽培技术，如种植密度、排列方式、遮阴等，同样也对茶树光合作用具有一定影响。如在夏季强光下适度遮阴，可以提高茶树的净光合作用速率。

（王 立 阮建云）

（二）茶树呼吸作用

茶树呼吸作用就是把树体内有机物质经过复杂的氧化分解，变为简单化合物的一种化学反应，也就是生活细胞中释放能量、有机物质氧化的过程。茶树大部分呼吸是有氧呼吸，在此过程中，糖分完全变成

CO_2 和水,并且释放能量,其总反应可用下式表示。

$$C_6H_{12}O_6 + 6O_2 \longrightarrow 6CO_2 + 6H_2O + 能量$$

上述反应式只是表示出反应的始末。其实呼吸也和光合一样是一个多步骤的过程。呼吸作用是在许多酶体系的催化之下进行的,这些酶体系严密组织,互相配合,使得整个呼吸过程分阶段、按次序地进行下去。因此能量也是逐渐的、分步骤释放的。

糖类→丙酮酸 +R$_s$·2H+NADP-2H$^+$$\xrightarrow{\text{儿茶素}}$ P·Cu$^+$H$_2$O

　　　　呼吸酶　　辅酶　　　　多酚
　　　　系统　　Ⅰ或Ⅱ　　　氧化酶

CO_2　R$_s$　　NADPH$_2$　邻醌　　P·Cu+O +2H$^+$
　　　　　　　　或
　　　　　　　NADP

鲜叶呼吸过程

呼吸作用除了作为需能过程的能量来源以外,在呼吸进行过程中形成的中间产物,还可以作为合成其他必要成分的原料。这些物质可以被同化为原生质或细胞的成分,也可以成为淀粉、脂肪等物质,在细胞中贮藏起来,作为以后的呼吸原料。所以呼吸作用不仅是一个物质分解的过程,而且也是一个在同化作用与光合作用中极为重要的过程。实际上,呼吸作用对于茶树的生长发育与生命活动的各个方面,都是必不可少的。

呼吸作用除了与茶树的生长发育及生命的维持紧密相关外,同时对茶叶的品质也有重要影响。

据研究,茶树光合产物中消耗于呼吸作用的约占 60% 左右,其余消耗于嫩枝、根系和叶片的生长上,而直接供嫩叶所用的只占 8% 左右。从整株来看,呼吸所消耗的能量以细根和嫩枝为最多。如何降低呼吸的无效消耗,而多用于中间产物的形成上,这是栽培上必须注意的问题。

1. 茶树不同部位的呼吸强度

茶树各部分的呼吸强度,因器官、年龄不同而有很大差异。虽然叶片只占树体重量的最小部分,但是在树体任何一部分中,叶的呼吸速率最高,根、茎则比较低。衰老器官比年幼器官的呼吸要低得多,而花蕾和花的呼吸强度又明显高于幼果。

（王　立）

2. 茶树新梢的呼吸强度

新梢是树体生理活性最活跃的部分,它的呼吸强度不仅随生育进程而变化,而且也受昼夜和季节变化的影响。

（1）新梢生育的呼吸强度

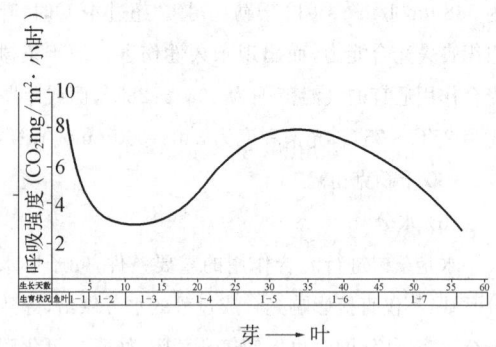

新梢生育过程中呼吸作用的变化(秋梢)

在年周期中,新梢的生长发育要经历较长的时间,它在伸展过程中,呼吸作用的强度变化有一定的周期性规律。休眠状态的芽呼吸率很低,萌动初期,芽叶组织内部分生组织活动频繁,细胞快速分裂,数目不断增多,芽体逐渐扩大,因而外部形态开始伸长。在这个时期,芽叶内部的生命活动强烈,需要输入大量的有机养料和能量,而幼芽本身的同化量却很低弱。因此,从芽萌动至鱼叶开展时期,呼吸作用特别旺盛,消耗远超过积累。由于生长点细胞的分裂,绿色面积逐渐扩大,同化能力相应提高,所以呼吸强度相对减弱。其变化规律如上图所示。芽虽占茶树体积的很小部分,但它在萌动后,生理活动比较旺盛,这是由于芽叶内部的生命活动十分激烈,所以呼吸作用自然增强。单就叶片来说,正在展开的幼叶,呼吸速率最高,叶片长成以后,即 30 天左右叶片基本定型时,呼吸作用逐渐下降,因为这时无生命的细胞壁物质逐渐增多。当叶片进入衰老时,呼吸又有一次升高,以后则急剧降低。

（2）新梢呼吸强度的日变化和季节变化

茶树新梢呼吸强度的日变化,大致为:每天早晨起随气温上升而增强,上午 9 时左右下降,不久即回升;中午 11～12 时呼吸强度达最高峰,然后很快下降;到下午 4 时左右再次回升,晚上 8～10 时又出现一次高峰;晚上 11 时至次日晨 3 时之间,呼吸强

度最低;到次晨 4～5 时又回升。每天呈波浪形升降,每隔 3～6 个小时出现一次高峰,高峰出现后随即下降。呼吸日变化有规律性地进行,这可能与新梢叶子内部物质转化(或合成分解)有关,同时也受温湿度的日进程影响。

新梢昼夜呼吸强度随季节而异,且一般白天比夜间为高。

茶树呼吸作用的季节变化,据新梢和幼苗测定资料来看,如在杭州气候条件下,呼吸强度均以 7～8 月为高,7 月份新梢呼吸量往往超出光合作用同化量。

(王　立)

3. 茶树根、茎的呼吸强度

茶树根系的呼吸强度因土壤和品种不同而有很大差别,在同一土壤条件下,品种间的呼吸强度有时可相差一倍。据测定,晚生品种茶树根系呼吸量较早生品种为大。幼年茶树根的呼吸量约占全株总量的 1/3。成年茶树由于比幼年茶树有较多的根量,因此呼吸量也大。在根系中,以吸收根、根尖呼吸强度最大。

茶树茎干的呼吸最盛的组织,是形成层及其附近组织,韧皮部次之,木质部最低。

(王　立)

4. 茶籽萌发过程中的呼吸强度

茶籽在萌发过程中,物质的转化主要依靠呼吸强度的增强,因为呼吸作用总是与树体生理活性相关联。据研究,茶籽萌发过程的呼吸作用变化呈单峰曲线,即从播种到发芽,呼吸作用不断增加,从发芽到出土呼吸作用维持较高水平,并略有上升,从茶苗出土到地上部第一次休止,呼吸作用开始急剧下降。茶苗经过休止后,新梢重新生育时,呼吸作用又会迅速加强。

(王　立)

5. 茶树呼吸作用与环境条件的关系

茶树呼吸作用虽然主要是由自身内部运动规律所决定的,但外界条件如温度、大气成分和水分也有很大的影响。因而,人们可通过对这些因素的控制,影响茶树体内呼吸作用的强度和方向,从而促使茶树代谢的调节和控制朝着有利于人们需要的方向发展。

(1)温度

茶树呼吸作用是一种酶促的生物化学过程。酶促反应与温度有非常密切的关系。茶树呼吸最适温度在 $30℃～35℃$ 之间,高于光合作用的最适温度。因此呼吸作用一般是冬春季低,夏秋季高。茶树呼吸最高温 $40℃～50℃$。茶树呼吸最低温因品种、生理状态而异。大叶种茶树在冬季 $-5℃$ 左右,呼吸作用停止,小叶种茶树可低于 $-10℃$。但当春季萌芽以后,遇 $0℃$ 左右的低温,呼吸便完全停止。而越冬芽在 $-10℃～-16℃$ 仍未停止呼吸。

(2)水分

茶树器官对缺水的反应与其生理状况有关,一般新梢上的幼嫩芽叶,对缺水的反应很敏感,缺水时呼吸作用会明显增强。茶树组织的含水量与呼吸强度具有密切关系,在一定限度内,呼吸速率随组织的含水量增加而提高。如茶籽在含水率较低的情况下,呼吸作用很微弱,含水量从 28% 上升到 38% 时,呼吸作用就迅速增强,当含水量达 60%～70% 时,呼吸作用达到最高。

(3)大气成分

大气中氧气不足,会直接影响呼吸速度和呼吸性质。尤其是土壤中氧气不足,常成为根系呼吸作用的限制因子。当土壤中氧气浓度一旦降到 20% 以下,茶树的呼吸强度就降低约 20%,氧气浓度降到 15% 以下,根的生育就明显受抑。根系虽然能适应较低的氧浓度,但无氧呼吸时间过久,植株就会受伤死亡。在夏秋高温季节,土壤深层二氧化碳浓度增至 4%～10%,氧气不足,根系进行无氧呼吸,消耗的有机物质多,产生能量少,不利于茶树生育。至于大气成分中的二氧化碳,它是呼吸作用的最终产物,当环境中的二氧化碳浓度增加时,呼吸速度便会减低。

(王　立)

6. 茶树内在因素对呼吸作用的影响

呼吸速率随茶树品种、树龄等的不同而有显著的差异。凡生长势旺盛的茶树品种，呼吸量就较大，而茶树生长旺盛的幼嫩器官（如根尖、茎尖、嫩根、嫩叶）的呼吸强度又较生长慢、年老的器官（如老根、老茎、老叶等）大。另外，生殖器官的呼吸比营养器官强。

同一器官在不同生长过程，呼吸强度亦有较大变化，如幼嫩叶呼吸强度较大，成熟后就下降，到衰老时呼吸强度又上升。茶芽开始萌动后，呼吸强度急剧升高，待新叶展开后，呼吸强度随着新梢的生长逐渐减弱。同样，处在休眠状态的茶籽，呼吸强度微弱，随着种子萌发，呼吸强度逐渐增强，此时比休眠种子甚至要高出 15～20 倍以上。

（王　立）

（三）茶树营养生理

茶树一方面能够从空气和水中吸取二氧化碳和水分，在体内通过光合作用合成有机物质，另一方面也能从环境（主要是土壤）中吸取各种无机元素，在体内通过同化作用，变成自身所需要的物质。营养是生长发育和其他一切生命活动的物质基础。茶树树势，鲜叶产量，成茶品质，都与营养密切相关。

1. 茶树体内的矿质元素

茶树体内，目前已发现的矿质元素很多，但不论是大量元素还是微量元素，在茶树生长发育中都是不可缺少的。并且相互之间又有密切的联系。如果一旦缺乏某种元素，其他元素的功能将会受到抑制。

茶叶中主要营养元素的生理作用及成熟叶中各种成分（以元素计）的含量，列于表 2-1。

表 2-1　茶树成熟叶片的矿质元素含量

元素名称	含量（毫克/克）	元素名称	含量（毫克/千克）
氮(N)	35～50	锰(Mn)	300～5000
磷(P)	3～5	铁(Fe)	70～500
钾(K)	16～25	锌(Zn)	10～50
钙(Ca)	1～5	铜(Cu)	10～30
镁(Mg)	1～3	钼(Mo)	0.1～1

（续表）

元素名称	含量（毫克/克）	元素名称	含量（毫克/千克）
氯(Cl)	0.5～2	硼(B)	12～80
硫(S)	0.8～5	氟(F)	500～1500
铝(Al)	1～6		

从表中可见，茶树对氮素的需要量最多，钾和磷次之。氮在全株中占干物重的 15～25 毫克/克，在成熟叶片中占 35～50 毫克/克，嫩芽叶中占 40～60 毫克/克，磷在全株的含量占 1～3 毫克/克，叶片中的含磷量占 3～5 毫克/克；茶树体内钾的含量比氮低，但比磷要高，一般在全株中的含量占 6～10 毫克/克，叶片中的含量占 16～25 毫克/克。此外，在茶树中含量较高的矿质元素还有钙、镁、铝、铁等。

表 2-2　茶树的主要成分及其生理作用

成分	主要生理作用
氮	1. 直接或间接影响茶树的代谢活动和生长发育 2. 是氨基酸、蛋白质、酶、辅酶、核酸、叶绿素、生物膜、激素等化合物的成分 3. 促进养分的吸收和同化作用
磷	1. 核酸的成分 2. 对植物能量、蛋白质、脂肪、碳水化合物代谢和呼吸、光合作用等极为重要 3. 促进根的生育和养分吸收
钾	1. 在代谢中起调节作用，合成碳水化合物和含氮化合物所必需的成分 2. 促进同化作用 3. 促进根的生育，调节蒸腾作用 4. 增强茶树对冻害、病虫害的抵抗力
钙	1. 细胞壁的组成成分 2. 维持生物膜完整性 3. 在信号传导过程中起重要作用 4. 几种酶的活化剂
铁	1. 促进叶绿素的形成 2. 组成酶的成分 3. 参与呼吸作用、光合作用等代谢过程
镁	1. 叶绿素的组成成分 2. 多种酶的活化剂 3. 参与光合作用、蛋白质和核酸合成过程
硫	1. 蛋白质的构成成分 2. 辅酶 A 的成分，参加糖和有机酸代谢

（续表）

成分	主要生理作用
锌	1. 组成酶的成分或活化剂 2. 参与核酸合成、生长素等代谢
锰	1. 一些酶的成分或活化剂 2. 参与光合作用等过程
铜	1. 一些酶的成分或活化剂 2. 参与呼吸作用、光合作用等过程
硼	1. 参与核酸、蛋白质合成 2. 参与细胞壁形成，维持细胞膜的正常功能
钼	参与硝酸还原过程，为氮代谢所必需
氯	1. 参与光合作用 2. 参与渗透调节和离子电荷平衡

（阮建云　王　立）

2. 茶树所需的大量矿质元素及其生理功能

（1）氮

① 生理功能

氮在多方面直接或间接影响茶树的代谢活动和生长发育，它是组成树体细胞原生质——蛋白质的主要成分，是形成植株，特别是形成芽叶的成分。核酸、磷脂、多种维生素（B_1，B_2，B_6）、咖啡碱、大多数生物膜、激素和其他许多重要有机物中都含有氮素。树体中的全部代谢过程，如光合作用、呼吸作用和各类有机物之间的转化，都需要有生物催化剂——酶的参与，酶是蛋白质的一种形式，所以氮又参与酶的合成。氮也是叶绿素的主要成分。除此之外，作为茶叶重要作用的咖啡碱，构成茶香气、滋味的氨基酸、酰胺等全是氮素化合物。因此氮在茶树代谢作用中占有重要地位，氮对茶树各种生理过程与生长发育都有影响。增加氮素营养能提高茶叶的游离氨基酸和咖啡碱的含量，对改进绿茶的鲜爽度有良好的作用。

② 缺氮症状

茶树缺氮使蛋白质和叶绿素合成受阻，随着叶绿素含量降低，首先表现为叶色变黄，芽叶瘦小，老叶黄绿带橙色或红紫色，进而树势衰败，分枝细弱，并大量出现对夹叶，节间变短，有顶枯现象。幼嫩芽叶中含氮量全年平均为 45 毫克/克左右，老叶平均为 35 毫克/克左右，一般认为成叶含氮量 30 毫克/克以下时可作为缺氮的标志。在有机质含量低的沙质土壤中最容易缺氮。

（2）磷

① 生理功能

磷是细胞中核酸、核苷酸、核蛋白、磷脂类，以及许多辅酶的重要成分，因此，它与细胞分裂活动有密切关系。磷也是酶与辅酶的重要成分，与光合、呼吸以及碳水化合物的代谢与运转都有关系，特别是起着细胞中能量贮存、传递功能的三磷酸腺苷与二磷酸腺苷等化合物，都是含磷的化合物，在茶树生命活动中占有重要位置。磷在树体内容易移动，在代谢旺盛的幼嫩部位中含量特别多，缺磷对生长与合成作用的影响最大。磷与茶树的碳、氮代谢密切相关，磷能提高绿茶的氨基酸和水浸出物等含量，改善茶汤浓度和滋味。磷能增加鲜叶的多酚类特别是没食子基儿茶素的含量，对红茶色、香、味有良好影响。缺磷时茶树新梢中的花青素含量增高，颜色变紫，制成的茶叶颜色发暗，滋味苦涩，品质低劣。

磷在茶树体内存在的形态，一般可分为四种：a. 酯溶性的；b. 溶于酸性溶液的，包括无机磷酸和代谢的中间产物，这主要是磷酸键化合物，含量很少；c. 不溶于酸溶液的部分。有存在于细胞内的无机磷，以及存在于核酸、核蛋白、卵磷脂中的有机磷等；d. 也存在于许多酶和维生素中。

② 缺磷症状

茶园缺磷初期，茶树生长缓慢，茶叶产量、品质下降，接着根系生长不良，吸收根提早木质化，逐步变成红褐色，吸收能力明显减退，尔后地上部的嫩叶逐渐出现暗红色，以叶柄最为严重。如果缺磷进一步发展，老叶失去光泽，并由绿色逐步变为暗绿或暗红色，每到严冬症状加剧。严重缺磷的茶树嫩叶由暗红转为黄白色，茎叶生长缓慢，分枝少，植株矮化，花果少或没有花果，生育处于停滞状态。由于茶树缺磷时表现的一些症状有时与其他缺素症表现的症状相似，所以在目测茶树缺磷症时，必须把缺素的形态学特征和土壤农化测定结合起来，加以综合分析。一般当茶园土壤用 0.1N HCl 溶液提取的磷数量甚微，春茶新梢顶端的第三叶含磷量低于 4 毫克/克，或夏、秋茶第三叶含磷量低于 2.2 毫克/克时，表明有可能缺磷。当发现茶树缺磷时，必须及时施入磷肥。此外，要着重改善土壤的理化性质，提高土壤有机质含量，降低土壤对磷的固定能力，防止施入的磷肥被土壤活性铝和活性铁转化成茶树难以利用的闭蓄态磷。对根系来说，因缺磷细胞分裂减弱，特别易引起吸收根（根毛）的减少，所以，症状发展后即使施用磷肥也很难恢复。多雨地区易缺磷。

（3）钾

① 生理功能

钾不是有机物的组成部分，在茶树体内主要以离子状态存在，但茶树的正常生长需要大量的钾。钾作为各种酶的活化剂参与许多生理代谢活动，能促进茶树的光合作用、蛋白质的合成以及光合产物向新梢运输。严重缺钾时，光合作用受到抑制而呼吸加强，由此使碳水化合物代谢出现紊乱，使淀粉与脂肪酸都不能合成。此外，钾也与糖分的运转有关。钾在细胞内能调节盐类浓度（渗透压），能缓冲茶树体内的有机酸。钾能促进茶树对氮素的吸收，增强茶树硝酸还原酶活性。钾还在氨基酸代谢中发挥作用，在茶树根系中能提高茶氨酸合成酶的稳定性。因此，钾能提高茶叶的氨基酸特别是茶氨酸的含量，有利于提高绿茶的品质，钾还能提高茶叶儿茶素含量。此外，钾能增强茶树抗旱、抗寒和抗病的能力。钾在采叶茶园中较易流失，因此，配合施用适量的钾肥是重要的。

② 缺钾症状

缺钾的茶树，通常生长缓慢，产量和品质下降。缺钾症状最先表现在植株新成熟的叶片上，而未成熟的幼龄叶片症状不明显。缺钾严重时，首先，嫩叶褪绿，逐步变成淡黄色，叶薄而小，对夹叶增多，节间缩短，叶脉及叶柄逐步变粉红色；接着老叶叶尖变黄，并逐步向基部扩大，然后叶片边缘向上或向下卷曲，叶质变脆，提早脱落。因此缺钾使叶片的光合作用有效性降低，新叶形成率下降，叶面积减少，以致产量下降。同时缺钾会使茎的发育变慢，分枝稀疏瘦弱。在极度缺钾的情况下，植株呈现"枯梢"。缺钾的鉴别性症状是近叶缘的叶脉由淡黄色变为黄褐色或褐色，引起"钾焦"。此外，缺钾茶树也易感染病虫害，冬季耐寒性明显减弱，易受霜冻害而呈黑紫色。土壤有效钾低于50毫克/千克，春茶一芽二叶的含钾量低于15毫克/克，可诊断为茶树初期缺钾，必须及时增施钾肥。

（4）钙

茶树体内钙的含量一般占干物质的1.4～5.6毫克/克。

钙的生理功能是：大部分钙与细胞壁中的果胶质结合，构成细胞壁的中胶层，维持细胞壁结构，同时调节细胞膜透性和有关生理生化过程。在细胞膜上，钙起着把生物膜表面的磷酸基团与蛋白质的羧基桥接起来的作用，从而维持细胞膜的完整性、渗透性和对离子的选择性吸收等功能。钙还起着信号传导的作用，与钙调蛋白（Calmodulin, CAM）结合后激活植物体内多种酶，如磷脂酶等，使细胞产生与信号相对应的生理反应。钙为茶树根毛和根系发育所必需，促进钾和阴离子的吸收，它既是酶的成分又能催化酶的活性，促进光合产物转运，防止金属离子的毒害，延迟植株衰老。

茶树缺钙的鉴别性症状为植株根系变小，根尖端停止伸长，组织呈半透明状，虽然产生侧根，但很快死去，根毛畸变成鳞茎状；地上部从幼叶开始出现症状，急速生长的幼叶往往发生黄化，叶片顶端及随后边缘生长受阻，叶片由于中部继续生长而扭曲，病部继而坏死。茎生长点死亡，顶芽生长优势丧失。但是，茶树对钙反应十分敏感，茶树健壮生长要求土壤交换性钙低于3厘摩尔/千克，饱和度在34%以下；如果土壤中的交换性钙过高（>5厘摩尔/千克），对茶树生长产生不利影响，生长受阻，主根浅，吸收根少，有时粗根呈螺旋状生长，根皮发黑，长有很多"小疙瘩"，甚至脱皮烂根；新梢萌发轮次减少，对夹叶增加，茶叶产量低。危害严重时，根系糜烂，大量落叶，失去生产能力，严重时茶树死亡。

（5）镁

茶树体内的镁（Mg）一般在1.2～3毫克/克，主要存在于幼嫩的器官和组织中，树体中镁的含量以根较高，其次是芽叶，枝干含量较低。正常生长茶树春梢一芽二叶含镁一般在1.2毫克/克以上。镁在茶树体内既有离子态存在，又有参与有机物的合成，其生理功能是多方面的。

镁是茶树叶片中叶绿素的核心成分，是叶绿素卟啉环的中心原子，在叶绿素中的含量一般高达10%左右；镁直接参与光合作用和磷酸化过程；镁是许多酶（如 ATP 酶、1，5－二磷酸核酮糖羧化酶、谷胱甘肽合成酶、磷酸烯醇式丙酮酸羧化酶）的活化剂；镁还存在于核糖体中，起着联结核糖体亚基的作用，与核糖体结构稳定性有密切关系，同时参与核糖核酸（RNA）聚合酶和氨基酸的活化、多肽链的启动以及多肽链延长等生理过程，直接影响蛋白质的合成。茶氨酸合成酶也需要镁，只有在镁的参与下，才能把谷氨酸和乙胺结合，形成茶氨酸，因此对茶叶的品质有重要影响。

镁在茶树体内有较强的移动性，茶树的缺镁症状往往首先出现在老叶上。茶树缺镁初期，生长缓慢，进一步发展后，老叶片主脉附近出现深绿色带有黄边的"V"形小区，以后逐步扩大出现缺绿症，形成"鱼骨"型缺绿症。严重缺镁时，新梢嫩叶也黄化，生长停止，逐渐失去生长能力。缺镁土壤主要分布于南方地区或土壤质地偏砂性以及一些老茶园，偏施铵态氮肥和钾肥会加速缺镁症状的发生和发展。

（6）铝

茶树对铝的积累因品种、树龄、叶龄、雨量、地势和土壤等的差别而有很大不同，茶树的一生都会吸收铝，并能贮藏于叶内。茶树是一种铝富集作物，茶树体内的铝主要分布于成熟叶或老叶中，成熟叶铝含量一般在 1000 毫克/千克以上，有报道茶树老叶铝含量最高达 20000 毫克/千克，在根中铝的含量一般也达几千毫克/千克，新梢（一芽二、三叶）中的含量一般为 200～300 毫克/千克。X 射线能谱分析显示，叶片中的铝分布于表皮薄壁细胞的细胞壁上，在根尖细胞中铝浓度以细胞壁>细胞质>细胞核>线粒体。利用核磁共振技术研究显示，在茶树叶片中的铝主要以与儿茶素、氟和有机酸络合的形式存在。

铝能促进茶树的生长，主要表现为促进茶树根系生长；尤其在铝浓度大于磷 4 倍时，铝对根系促进作用更大。铝能提高茶树光合作用的效率，促进树体生长。铝能增加酸度，使某些元素由不可利用态变为可利用态，促进茶树对磷、锰的吸收。铝也能激化多酚物质的合成，它与钙、镁产生拮抗作用，这对防止钙、镁过量造成的危害具有缓冲作用。铝对茶叶的品质有一定影响，提高茶叶中氨基酸、多酚类物质、水浸出物的含量。在红茶中，铝和茶黄素络合使汤色红艳明亮，从而提高红茶的品质。

（7）铁

铁参与茶树的光合作用，影响生长发育。铁是细胞色素成分，是过氧化氢酶、过氧化物酶及细胞色素氧化酶的辅助成分，是铁氧化还原蛋白和叶绿素形成中某些酶的辅基或催化剂，而这些辅基中既含有氮，也含有磷，故缺铁时这些辅基的形成受到抑制，氮、磷的需要量及吸收量也就显著下降。铁还能加速物质的氧化还原过程，促进叶绿素的合成。铁在茶树内不易移动，再利用能力差，缺铁症状一般出现在嫩叶部分，表现为明显的黄化，呈现缺绿症状，同时光合作用效率极低，影响生长和花蕾的形成。

（阮建云　王　立）

3. 茶树微量矿质元素及其生理功能

茶树除了需要较多的氮、磷、钾及钙、镁、铝、铁等元素外，对其他矿质元素虽然需要量不多，甚至仅占干物质的百万分之几，但都是不可缺少的。一旦缺乏，同样会影响茶树的生长发育。现将几种主要的微量矿质元素介绍如下。

（1）锰

茶树体中含锰量与铝一样，较其他作物要高，其中老叶中的含量最高，其次是芽，茎和根系的含量最低。

细胞生命的所有形式都需要锰，它具有较强的氧化还原能力，在树体物质代谢过程中具有特殊的作用。锰还能促进茶树根系中硝态氮的还原作用，使吸收的硝态氮迅速地转化成铵态氮，进而合成氨基酸。它也是苹果酸酶、C—羧化酶、柠檬酸脱氢酶等的催化剂，同时和树体内氧化还原不可缺少的半胱氨酸⇌胱氨酸反应有关。锰对增强茶树呼吸强度，提高维生素 C 及多酚类物质含量也有重要作用。此外，锰还是叶绿素合成所必需的物质，在光系统 II 中，锰参加水的光解作用，因此能促进茶树光合作用。锰能提高茶树游离氨基酸含量，特别是茶氨酸、天门冬氨酸等的含量。锰在体内也是比较难移动和再分配的一种元素。茶树表现缺锰症状常常和土壤的碱性反应相联系。茶园锰浓度过高对茶树吸收铁有明显的拮抗作用。

（2）锌

锌在茶树生理生化机能方面起着重要作用，它调节树体内糖的转化，其作用几乎牵涉到茶树生长发育的所有过程，影响生长、发育、衰老、抗寒和抗病等多方面。锌在酶促反应中起催化作用（如色氨酸酶、磷酸甘油醛脱氢酶、乳酸脱氢酶的活化剂），或者作为酶（如乙醇脱氢酶、铜锌超氧化物歧化酶、碳酸酐酶和 RNA 聚合酶、锌指蛋白）的结构成分起作用。锌在茶树光合作用、呼吸作用和碳水化合物代谢中起着重要作用，如碳酸酐酶存在于叶绿体的外膜上，催化 CO_2 和 H_2O 反应形成 HCO_3^- 和 H^+，起着调节 CO_2 供应和基质中的 pH 值作用，锌是它的专性活化离子；果糖-1,6 二磷酸酶和醛缩酶等都需要锌。锌是核糖体的组成成分，同时起着稳定维持核糖体结构的作用，缺锌时蛋白质合成受阻。研究表明锌增强硝酸还原酶的活性，提高茶树对氮的利用能力，促进蛋白质的合成，提高茶树光合作用效率，并增强同化物向新梢的运输。缺锌时茶树失去由吲哚和丝氨酸合成色氨酸的能力，而色氨酸是吲哚乙酸的前身，造成吲哚乙酸含量降低，形成"小叶病"，叶片逐步出现黄斑，叶脉呈波浪形弯曲。缺锌时，新梢生长严重受抑，光合作用、氮代谢都会受到阻碍。锌又能诱导幼龄茶树增生较多的根。用锌液处理过的扦插苗，根系发育良好。

（3）硼

硼是茶树形成果胶酸钙不可缺的成分，参与维持细胞膜结构和细胞壁的形成，促进细胞的分裂，有利于核酸和 ATP 的形成，因而直接关系到分生组织细胞（如芽等）的正常生长和分化。硼参与氨基酸和蛋白质合成，调节碳水化合物代谢，参与糖类、淀粉等物质的运输，硼还为花粉管生长所必需。缺硼时，上述物质的形成遭到破坏，氮、磷的需要量及吸收量也就显著下降，细胞分裂受阻。硼是移动性较弱的元素，在叶片等部位的硼很难为新梢生长再利用。因此，缺硼的症状主要表现在新梢和芽中。茶树缺硼的典型症状是生长点坏死，首先芽生长停止、坏死，此后在坏死芽边上陆续萌发小芽，随后小芽相继死亡，叶片变为深绿颜色、变厚、似皮质、起皱成波浪状；花粉发育不良，开花而不结实。严重缺硼的茶树，细胞液外溢，根系腐烂，生长停滞。

（4）铜

铜是有生命的所有细胞形式所必需的，是茶树多酚氧化酶、抗坏血酸氧化酶的组成成分。铜还可以提高茶叶叶绿素的稳定性，促进光反应的进行。所以，在茶树地上部凡是叶绿素含量高的部位，其铜的含量也高。此外，在茶树脂肪代谢过程中，铜黄蛋白具有催化作用。铜能促进吸收根生长，增强多酚氧化酶和硝酸还原酶活性，提高多酚类物质、咖啡碱和蛋白质含量。缺铜茶树的氧化还原、光合作用、呼吸作用及脂肪代谢受到抑制，生长受阻。生长在缺铜土壤中的茶树，会出现顶芽枯萎，失绿变白，叶绿素含量减少等症状。

（5）钼

钼是硝酸还原酶中钼黄蛋白的重要组成成分，与茶树氮素代谢有密切关系。钼促进茶苗光合作用，增强根系硝酸还原酶活性，有利于蛋白质和 DNA 的合成，增加茶氨酸、咖啡碱和儿茶素的含量。钼还与茶树维生素合成有关，缺钼时，茶树维生素 C 合成受阻，含量降低。钼还可以提高茶园土壤自生固氮菌的固氮能力，这对提高土壤含氮水平，保持茶园氮素平衡具有重要意义。茶树缺钼会抑制氮代谢的进行，使茶树呈现出类似缺氮的症状，芽叶变黄失绿、阻碍伸展。

（阮建云　王　立）

（四）茶树水分生理

在茶树生命活动中，水的生理功能，大致可归纳为以下四个方面：① 水是原生质的主要组成成分；② 水是气体、盐类和其他溶质出入于细胞和从一器官到另一器官之间的溶剂；③ 水是光合作用和许多水解过程中的反应物；④ 水是保持植株膨胀状态所必需的。

1. 茶树各器官中的含水量及其变化

由于茶树各器官内部组织的差异，再受外界不同条件的影响,各器官之间水分分布有很大差别。由薄壁细胞组成的组织与分生组织,一般含水量较高,常在90％以上。而厚壁细胞及含有大量贮藏物质的细胞含水量则低。幼叶细胞含原生质丰富,含水量也较高。叶片定型后,水分大减。凡是年龄较幼、生理机能较活跃的部位,或处于水分较充足的条件下,含水量便较高。通常,地上部含水量比地下部高,叶片比枝干的含水量高,幼嫩叶比粗老叶含水量高,幼茎比老茎含水量高。新梢的含水量一般为72％～78％,成熟叶片的含水量为58％～67％,绿色嫩茎的含水量为63％～75％,木质化茎含水量为48％～53％,根系的含水量为46％～56％。同一器官在生长活动时期的含水量比休止期为高。

茶树叶片含水量的昼夜变化也很大,一般叶子由早晨开始含水量即逐渐减低,到午后2～4时达最低点,此后又逐渐上升,到夜间12点达最高点。

（王　立）

2. 茶树吸收水分的机理

茶树的大部分水分是由根的活细胞吸收的。细胞吸水能力的机理,可分为两种:一为吸胀作用;二是渗透作用。根系吸水一般可分为主动吸水和被动吸水两种方式。主动吸收是由本身生命活动引起的吸收,这主要靠渗透作用。茶树根细胞的内侧,大部分被一个大液泡所占据,这个大液泡,其中充满含有不能通过液泡膜壁的大分子溶液,如糖、盐类和酸等。细胞壁和液泡之间为细胞质,它具有半透膜的性质。因此,根生长在土壤中,根细胞与土壤溶液之间成了一个渗透系统。水从液泡外侧通过多孔的膜向内侧移动,这个过程是渗透作用。细胞液和土壤溶液之间浓度不一致,二者渗透压不相等,吸水力有差别,水分便通过细胞质发生渗透。一般细胞液浓度较高,渗透压和吸水力较大,土壤中的水能不断地向根细胞内渗透,把水吸进去。如土壤溶液的浓度大于细胞液浓度,水便向外渗透,引起细胞收缩,脱离了细胞壁,发生质壁分离现象。

茶树根细胞吸水的另一原因,是被动吸水,这是由于地上部(主要是嫩枝和叶片)蒸腾失水所引起的。一般植物所用的水只占其吸收水分的1％,其余99％被嫩枝和叶片蒸腾。茎的树皮上长有木栓组织,是防止失水的结构。木栓皮的细胞壁中往往有脂肪性物质,有防水的作用。茶树叶片表皮上有蜡状的角质层,也可防止水分散失,减少蒸腾。叶片背面有许多气孔,每一平方毫米面积达250～300个,这是茶树水分散失的主要途径。当叶片蒸腾失水时,叶内细胞水分减少,细胞液浓度增加,吸水增大,便向叶脉的导管吸水。导管失水,吸水增强,同样向茎导管吸水,使导管的水被拉上升。最后向根吸水,细胞液浓度增大,被迫向土壤中吸水。

茶树水分从根吸入经过渗透和蒸腾作用,直升到叶部,输运的途径是:根(导管、管胞)→茎(导管、管胞)→枝和叶柄(木质部)→叶主脉→叶支脉→支脉导管相连接的叶肉细胞蒸腾体外。水分在体内运输,第一种为短程运输,是从根毛到根部导管的运输,以及从叶脉导管到叶肉间隙的运输,这主要靠细胞间吸水力的差异,称为渗透运输;第二种为长程运输,是输导系统液流的运输,水流通过木质部的导管和管胞。水分运输根压不是主要的原因,而是蒸腾拉力的关系。

（王　立）

3. 茶树的蒸腾作用

茶树吸收的水分只有一小部分(不超过1％)被利用到代谢作用中去,大部分水分通过蒸腾作用而损失。蒸腾作用主要通过气孔、皮孔与角质层进行,但绝大部分的蒸腾是通过气孔进行的。由于蒸腾作用的存在,茶树体内的水分随时都在损失,特别在土壤供水不良的情况下,水分亏缺是个经常的威胁。

茶树叶片的蒸腾强度,各月不同,而且随着气象条件而变化。夏季7～8月间(在杭州地区)最大时约达100克/平方米/小时,一般多在50～70克/平方米/小时之间,全年平均在60～112克/平方米/小时,夜间占20％～30％。蒸腾强度随树龄、季节不同而不同。一般说来,幼年茶树＞壮年茶树＞老年茶树。在四季分明地区的茶树,无论是幼年茶树,还是壮年茶树,或者是老年茶树,都是夏季＞秋季＞春季＞冬季。

（王　立）

（五）茶树休眠及其生理

1. 茶树的休眠现象

休眠是茶树对不良环境条件的一种适应方式。当外界条件对生长适宜的时候，茶树能够迅速地开展旺盛的生长活动，完成一年的生长与发育过程；当环境条件对生长不利时，茶树生长活动逐渐停止，代谢活性降低，以度过不良生态条件。因此，休眠是茶树在长期的进化过程中所形成的一种特性，并且已经在遗传性中固定下来。茶树通常利用芽的休眠，度过不利的生态环境。

导致茶树休眠的因素很多，如温度的高低，日照的长短，水分和养分的多少，甚至光质和光量的不同，都能引起树体休眠。茶芽休眠有两种：一种是新梢轮次之间的"自然休眠"，持续数天或几周，然后自行解除，开始下一轮次的生长；另一种是"被迫休眠"，由于外界日照、温度条件等不能满足茶芽生长的要求所致，持续时间长短不一。在自然界中，冬季严寒到来之前的信号是日照时间缩短，这一信号比低温更为可靠而准确。通常当冬季的白天至少有6周短于11小时15分钟这个临界值时，茶树就要通过一个完全的休眠期。这个黑暗的时间愈长，休眠期也愈长。从杭州地区茶树新梢生育进程观察到，这个临界值正处于霜降时节（10月下旬），白天日照时数为11小时13分钟。因此，茶树冬季休眠主要是由于短的白昼（或长的黑夜）影响树体内部生长调节剂的结果。秋季的低温和短日照是抑制茶芽生育的原因，也是从生育过渡到休眠的条件。在赤道，整年的日照时间都超过12小时，因此热带和近热带地区的茶树终年不出现休眠现象，仅受雨量的影响，茶芽生长有快慢之分，或因树体内部的原因，茶芽呈明显的间隙生长。随着纬度增加，休眠的时间不断递增。我国不同地域茶树休眠期，有如下差异：江北茶区的胶东半岛，茶树休眠起讫时期为10月上旬至翌年4月中旬，休眠期达6个半月；在江南茶区的杭州，茶树休眠起讫时期为10月下旬至翌年3月中旬，休眠期达5个月；在华南茶区的海南省，茶树终年无休眠期。

（王 立）

2. 茶树休眠的生理特征

通常茶树的休眠期是指在秋季树体茶芽生长停止以后到春季萌芽为止的期间，在这段时间里，茶树地上部不再有任何生长发育现象。休眠开始时，茎的延长生长变得极为缓慢，叶片停止扩展，分生组织短缩，叶片栅状组织的厚度逐渐增大，栅状组织与叶厚的比例也相应提高。由于这些组织的厚度增大，细胞膜的韧性也随之增强。

茶树叶片含水率的高低是衡量叶片是否成熟的标志，叶片愈嫩含水率愈高。从秋季开始，叶片的水分渐减，内部逐渐充实。到冬季时，凡叶片的含水量愈低，则耐寒性愈强。9月间成熟叶片的含水量在65%～70%，10～11月为62%～65%，休眠期则降至55%～60%。

枝条组织中淀粉粒从9月下旬开始逐渐减少，并转化为糖分，使叶片细胞液浓度增大，渗透压上升。树体细胞液的浓度与耐寒性密切相关，因此测量茶树叶片细胞液渗透压是茶树休眠期耐寒性强弱的鉴定方法之一，叶片细胞液渗透压值愈高，则耐寒性愈强。

此外，休眠芽细胞的原生质呈凝胶状，原生质收缩，胞间联丝中断，细胞呈孤立状态。休眠解除以后，胞间联丝又恢复。

由上可见，茶芽为了保持在不良条件下的不活动状态，通过各种结构和生理变化来限制本身的活动。如形成不透气的鳞片，组织脱水，原生质的联系中断以及停止酶的合成等。茶树的芽进入休眠状态后，不只是生长中止，代谢活性也发生深刻的变化。现已查明，芽休眠时，其组织即进入部分脱水状态，叶和茎的水分均随之减少。光合作用、呼吸作用也降到很低的水平，其间呼吸的性质类似于无氧呼吸。最高光合作用速度和一天总光合作用量都从秋季到冬季逐渐下降，12月至1月是最低值。茶芽外面包围的鳞片，对于芽的呼吸有很大影响。据测定，休眠芽的核酸含量降低，同时蛋白质的合成作用也受到抑制。如经低温处理的茶芽，其组织液的pH值增大，脂肪酸分解，氨基酸和糖含量增加。茶芽从休眠阶段进入萌动状态，与组织中水分的增加，营养的代谢，水解酶的活性以及呼吸强度有关。

有研究表明,茶树休眠与内源激素脱落酸、生长素的水平和脱落酸与细胞分裂素和赤霉素间的平衡有很大关系,脱落酸含量高、脱落酸/赤霉素和脱落酸/细胞分裂素的比值大时,促进茶树休眠;脱落酸含量降低、赤霉素和细胞分裂素含量增加,细胞分裂素/脱落酸比值增高,促进育冬芽萌发。

此外,休眠期叶片蒸发量日趋减少,9月份的蒸发量仅为8月份的70%,10月份约为60%,11~12月降到30%左右。

（王　立）

3. 茶树休眠与耐寒性的关系

如上所述,茶树由于低温和短日照而逐渐停止生育,进入休眠,同时增强了耐寒性。研究表明,在冬季具耐寒性的茶树,一方面是由于细胞中水分的减少,细胞液浓度增加;另一方面是因为淀粉水解,使细胞液内逐渐积累糖类,同时原生质发生改变。此外,由于冬季气温降低,茶树生长缓慢,糖类等物质的消耗也减少,这就提高了细胞液的渗透压,减少细胞向细胞间隙脱水。细胞内糖类、脂肪和色素等物质的增加,还能降低茶树的冰点,防止原生质萎缩和蛋白质凝固。

在休眠期,冬季温度渐低的情况下,树体不易发生冻害。然而,茶树一旦从冬眠中苏醒,恢复生长,抗寒性便迅速消失。甚至在冬季休眠期间,持续出现几天10℃~20℃的温度,茶树的抗寒能力也会迅速减退。因此,在春季当温度转暖后如又突然下降,那么已经开始萌动的组织,如枝、芽和叶,最易产生冻害。

（王　立）

（六）茶树繁殖的生理特点

茶树的繁殖可以分有性繁殖和无性繁殖。前者如种子繁殖,后者如扦插与压条繁殖,以及近年来兴起的细胞与组织培养。

茶树是一种异花授粉植物,在遗传特性上是高度杂合的,这是因为种子中的胚是从亲本的雌蕊和花粉得到不同的染色体组合,所以在遗传上不同于两个亲本。在田间条件下相应地出现生长状况的不一致性。相反,营养繁殖和体细胞再生体的植株只含有亲本的遗传信息。因此用无性繁殖法育苗时,茶园中的群体生长便很大程度上表现为均匀和整齐一致。

1. 茶籽萌发生理

刚采收的茶籽,即使放在适宜的条件下,也不能萌发,这是因为茶籽正处于休眠状态。茶籽休眠的主要特点与芽休眠相似,是生长的中止。茶籽休眠也是对不良环境条件适应的有效手段。由于休眠的存在,使得种子不会在秋季采收后的不利环境条件下萌发,而只有当外界条件适宜时,才能萌发。通过休眠,种子能巧妙地避免寒冷与干燥等不利条件的影响,因而能够在低温干旱的环境下安全地生存。

在生产上,茶籽播种前常采用浸种催芽,提高茶籽生活力。凡经过水选浸种的可以提前11天左右发芽,增进发芽率达13%。茶籽种皮较厚,经过浸种后,组织变松软,透性增加,渗透压增大,有利于气体交换,有利于水分的吸收,因而内在有机物质因吸水而分解,使营养物质增加,这些都有利于萌发。

茶籽发芽过程中最重要的生理活性,是胚恢复生长并发育为独立的幼苗,茶籽开始发芽时所发生的主要变化有:茶籽发生水合作用;呼吸作用增加;酶的周转加快;核酸增加;贮藏物质转化为可溶性产物并运输到胚中,用于合成细胞的组成部分;细胞分裂次数增加,体积也随之增大;最后分化为组织和器官。

（1）茶籽萌发过程中的水合作用

茶籽必须吸水才能增加原生质的水合作用,并启动与发芽有关的代谢作用链。吸水使坚硬的种壳变软,子叶、胚吸水膨胀,种壳破裂,使胚根最先露出。不论茶籽原有含水量多少,要达到破壳萌发,一般含水量要达50%~60%。茶籽萌发过程中吸水有一定阶段性,先高后低,到萌芽出土,含水又有回升。休眠期的茶籽含水量约为20%,到破壳期露胚根时含水量上升到50%~60%,以后吸水转缓,到幼苗出土时含水量达70%~75%。这是由于萌发初期子叶原生质胶状物质急速转化为溶胶状态,需要大量水分。胚根、胚芽露出时,因新组织能吸收部分水分,含水量稍有下降。胚芽出土伸长期,细胞扩大,水分又增加。

(2)茶籽萌发过程中的呼吸作用

休眠期茶籽的吸氧量特别少,但当茶籽萌发吸水时即迅速增加,一般和吸水速率呈相关性。但当茶籽呼吸活性增加之后,对氧的吸收即趋稳定。

呼吸作用包含淀粉、糖、蛋白质、脂肪等有机成分的氧化分解,同时产生大量 ATP 形式的能量,用于合成种子储藏组织内贮备养料分解时所需要的酶,以及随之而来的幼苗细胞成分的形成。

①碳水化合物的变化　茶籽休眠时含有少量淀粉酶,在发芽初期,不溶性的淀粉和贮藏糖类转变为可溶性糖类,以后随着萌发过程的进展,淀粉酶和磷酸化酶的活性增强,因此淀粉含量明显减少,比休眠时大约减少一半以上,同时可溶性糖类从子叶组织运往胚的生长部分。

②蛋白质和有机酸的转化　茶籽含蛋白质约10%左右,茶籽萌发新组织,氮源来自子叶贮藏的蛋白质。贮藏蛋白质的减少伴随着氨基酸和酰胺的增加,接着在胚的各生长部分合成新的蛋白质。茶籽萌发过程中,蛋白质含量显著减少,由休眠到萌发约减少50%。而氨基酸到萌发时增加到34%左右,有的可增至60%～70%。变化进程如图。

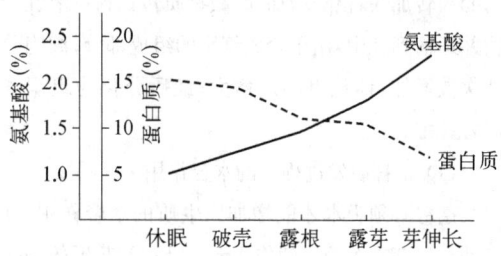

茶籽萌芽过程中氨基酸和蛋白质的变化

茶籽除含氨基酸外,还有柠檬酸、苹果酸和草酸等各种有机酸。其变化进程是,休眠茶籽中柠檬酸的含量占有机酸含量的绝大部分,萌发40天以后的幼苗,柠檬酸大量增加,并同时形成苹果酸和天门冬酰胺,此时,苹果酸大部分存在子叶中。萌发后的幼苗根系苹果酸、草酸的含量比茎多;在60天的幼苗中可见到少量奎宁酸的合成,并由茎部转入叶部,它

可促进多酚类化合物的合成。

③脂肪的变化　茶籽含粗脂肪约25%～35%,到萌发时,含量就逐渐下降,胚根胚芽出现时,比原始量减少40%。

贮藏在茶籽内的脂肪首先在酯酶作用下水解为甘油和脂肪酸。水解产生的脂肪酸有的重新用于合成磷脂和糖脂,这些物质是细胞器和膜的必需成分。但是,大部分脂肪酸则转化为乙酰辅酶 A,然后经逆转的糖酵解途径合成糖。

(3)茶籽萌发过程中的核酸变化

幼苗生长时需合成蛋白质。核酸在细胞核内起着遗传信息的贮存和表达的作用,此外,在蛋白质的合成中也有重要作用。一般而言,发芽时子叶中的核酸减少,胚中核酸增加。

(4)茶籽萌发过程中酶活性和多酚类化合物的变化

茶籽由休眠到萌发,由于氧化还原作用而产生了各种酶,如过氧化氢酶、过氧化物酶、多酚氧化酶等。休眠茶籽的胚、子叶和皮膜中存有过氧化物酶,没有多酚氧化酶。而过氧化物酶主要在胚中,贮存量比子叶约多 1 倍。但经过萌发后,不但形成多酚氧化酶,而且过氧化酶随着呼吸作用的增加而增加。

茶树新陈代谢以酚类化合物——茶单宁转化为主,茶籽休眠时有少量茶单宁,这主要是在胚发育过程中形成的。当茶籽吸胀后便把贮藏物转化为酚类化合物,当叶片形成时茶多酚含量迅速增加,这是由于茶多酚的形成主要依赖叶片的缘故。

(王　立)

2. 茶树营养繁殖的生理特性

营养繁殖所产生的新个体,不是通过两性细胞的结合,而是由分生组织直接分裂的细胞所产生,因此营养繁殖是无性繁殖,也就是再生繁殖。

茶树是一种再生能力很强的树种,由于有这样的特性,便可以利用茶树的各器官,无论根、茎、叶甚至细胞,来进行营养繁殖。

(1)扦插的生理

扦插是用茶树茎叶作为繁殖材料,促使其发生

不定根,培养成完全独立植株的一种无性繁殖法,是目前生产上普遍采用的一种繁殖方式。

① 茶树的再生机能　具有复杂结构的树体,都是由未分化的胚性细胞经过重复分裂繁殖,并在形态和生理上进一步分化、发育而来的。

在细胞分裂繁殖所产生的新细胞中,大部分已不再具有分生能力,而形成永久性组织的细胞,但有少部分继续保持其分生能力,这部分存在于茎或根的生长点和形成层,作为分生组织而保留下来。

可是当茶树某一部分受伤或被切除而树体的协调受到破坏时,能够表现出一种弥补损伤和恢复协调的机能,这种机能称为再生作用。

从母体上切取的插穗,能进一步通过生理结构的调整,恢复细胞的分裂活动,再次形成完整的植株个体,这是再生机能的另一种表现形式。

② 插穗生根的机理　茶树插穗基部切面上的受伤细胞,由于原生质的分解而产生一种创伤激素,并且被内层未受伤的健全细胞所吸收,使健全细胞的细胞膜木栓化,而将死伤细胞同健全细胞隔离。在切口处的创伤激素和插穗上部转移来的生长激素以及其他生根诱导物质的作用下,切口内层的健全细胞发生与切面相平行的分裂,而形成愈伤组织。这种愈伤组织在形成层和筛管部位特别发达,对插穗切口可起到一定程度的保护作用,防止病原菌侵入,同时也可防止插穗中有效物质的流失。此时,生长素的活动增强,进一步促进了愈伤组织的细胞分裂,愈伤组织薄壁细胞逐渐开始分化,形成愈伤木质部。它先同插穗中水分和养分的通道输导组织连通,再同愈伤组织木质部的外侧连接,而发展成为根原始体,最后形成根。

茶树插穗的根原始体(即根原基),是一小团分生组织,在植物生长激素的作用下,一般发生在插穗基部切口或插穗下部近切口的部位,而且多出现在有叶的一侧。但是根原始体发生的部位和形状往往随品种和插穗条件而异,它可能从愈伤组织内发生,也可能和愈伤组织没有关系,而直接从插穗基部、切口上部皮层发生,或从茎部和愈伤组织两处发生。

(2) 影响发根的生理因子

影响发根的因子包括,扦插枝的性质和外界条件。

① 枝条性质与发根　茶树树冠不同部位的枝条,其性质结构随着空间分布和年龄的不同,表现了异质性,它们在扦插后的发根和成活率也不同。一般树龄较幼,枝条较为成熟的,扦插后容易发根,生长较好。近根茎处发出的枝条,由于比较接近于种子胚轴,因此容易发育成根。枝条性质的差异,实质表现在淀粉和糖分含量上。一般茎含氮和可溶性糖高的,特别是双糖/单糖比值大的,发根较好。存在这些差别的原因主要是幼年树木的枝条分生组织多、生长活性高,合成作用占优势。幼年树茎的单糖含量少而双糖/单糖比值高,这是因为呼吸旺盛,单糖消耗较多的关系。茎部含氮量随着年龄的增长而递减,年龄老的木质化程度高,生理机能便有所减退。因此,在生产实践中,往往利用茎中含淀粉较多的时期进行扦插,并且提倡扦插枝要粗壮,要带有新叶片,以促进早发根。

② 水分与插穗的关系　凡插穗含水分多的发根和成活率均较良好,含水少的发根则差。此外,插穗含水量虽然良好,但插后不再给予适宜水分,也影响发根。

③ 发根与生态条件的关系　发根好坏,除插穗本身因素外,与生态条件(如气温、土壤温度和土壤水分状况等)也有密切的关系。

气温是发根的重要生态条件。气温高低影响水分代谢和物质代谢的程度与速度。在低温时插穗的生理活动受到抑制。一般茶树再生活动要求的最适温度为20℃~28℃。在高温、足水的条件下,呼吸旺盛,代谢进行快,愈伤组织形成迅速,发根良好,但在高温缺水情况下,发根则差。土温过高,细胞分裂快,呼吸剧烈,物质消耗大,对发根不利,如土温连续在35℃高温下,不但对发根有影响,而且会使地上部叶片受灼伤。

土壤水分对扦插成活率影响也很大,一般土壤含水在40%左右时,大部分枯死。扦插成活发根率随土壤含水的增加而提高。一般以土壤含水量80%~90%时发根率和根的生长最好。

（3）插穗生根能力和生根所必需的营养物质

扦插时为了提高成活率，除应注意防止干旱和腐烂，还必须选用生根能力强的插穗，而且在适合生根的苗床条件下进行扦插，尽量缩短容易枯死的生根前的时间。但是，插穗的生根能力不仅因茶树品种的遗传特性而不同，即使同一品种，由于枝条部位，插穗年龄，剪穗时间等不同，其生根能力也有很大差别。

插穗生根首要形成根原始体，然后发展成为根的组织，因此要求插穗具有较强的生活力，而且具备促进根原始体形成的物质，以及根组织的发育所必需的营养物质。

碳水化合物和氮素化合物，不仅是插穗生根和根生长所不可缺少的，而且也是插穗在生根之前维持其生存的重要能源。特别是碳水化合物中的糖类，更是生根所必需的主要营养物质。氮素化合物不仅关系着根原始体的形成，而且可以促进根和地上部的生长。

在应用氮素化合物促进生根时，有机态的氮素化合物比无机化合物的效果好，例如精氨酸对促进生根就很有效。一般而言，插穗本身的碳水化合物或氮素化合物含量已能满足生根的需要。在生根过程中，与其说是碳水化合物和氮素化合物含量不足，还不如说是两者的比例不当。一般认为，对碳水化合物含量来说，氮素化合物含量越低，即 C/N 比越大时，生根越好。

（王　立）

3. 茶树组织培养的生理基础

随着科学技术的进步，茶树繁殖方法并不限于种子或营养体，而且可用组织、细胞甚至原生质体进行培养成株。这是由于植物细胞具有全能性，即细胞携带着一套完整的基因组，在合适的培养条件下，具有产生完整植株的能力。这是体细胞在其生命周期中的基本特性。

具有全能性的细胞大体可分为三类：

① 受精卵（即合子）　配子在减数分裂过程中经过联合和交换而发生分离，经过授精后形成合子，它们有巨大的发育潜力，可进一步发育成种子。这种材料的特点是在遗传上经过减数分裂交换和染色体随机分离，再经配子融合形成合子这样的两次基因重新组合。如果两个亲本是人工选定的优良组合，合子或幼胚离体培养经分化后的再生植株中，可能分离出多种优良类型作为育种的原始材料。

② 发育中的分生组织细胞（包括幼嫩器官的细胞）　在发育的植株中，分生组织的细胞全能性保持得最好，如根、嫩茎、幼叶、花等许多器官中的细胞也均具有全能性。这些材料通过培养，可以获得与供体极为类似的大量茶树植株。

③ 雌雄配子及单倍体细胞　它们在基因组中成对的等位基因只剩下一份，因此其主要特点是基因表达充分。在此情况下显性的和隐性的基因均可充分显现，这对育种过程中的选择和淘汰是十分有利的，由它们形成的细胞无性系也是基因工程中理想的受体材料。

目前在茶树上已能利用叶子、子叶、嫩茎（带腋芽）、成熟胚、未成熟胚、子叶柄、花药等作为外植体，通过培养，诱导出完整植株。可以预料，细胞全能性的进一步开发和利用，可望创造出更多的茶树新品种，并为营养繁殖开拓更广阔的途径。

（王　立）

四、茶树鲜叶的生化特性

茶树鲜叶通指从茶树上采摘下来的新梢芽叶，包括芽、叶、茎梗，是加工茶叶的原料。茶树鲜叶的生化特性，特别是化学成分，是决定成茶各项特性的基础物质，其质量的优劣对制茶品质影响极大。茶树从自然界摄取二氧化碳、水分和营养物质以及从太阳光中吸取生命的能源，进行能量和物质代谢，通过纷繁而有特异的生理和生化过程，形成了有别于其他植物的特征成分的化合物（见图），这些化学成分决定了茶的各种特性。茶叶中的已知化学成分有 500 种之多，其中大部分为有机化合物，与制茶品质有直接关系的主要种类列于表 2－3。

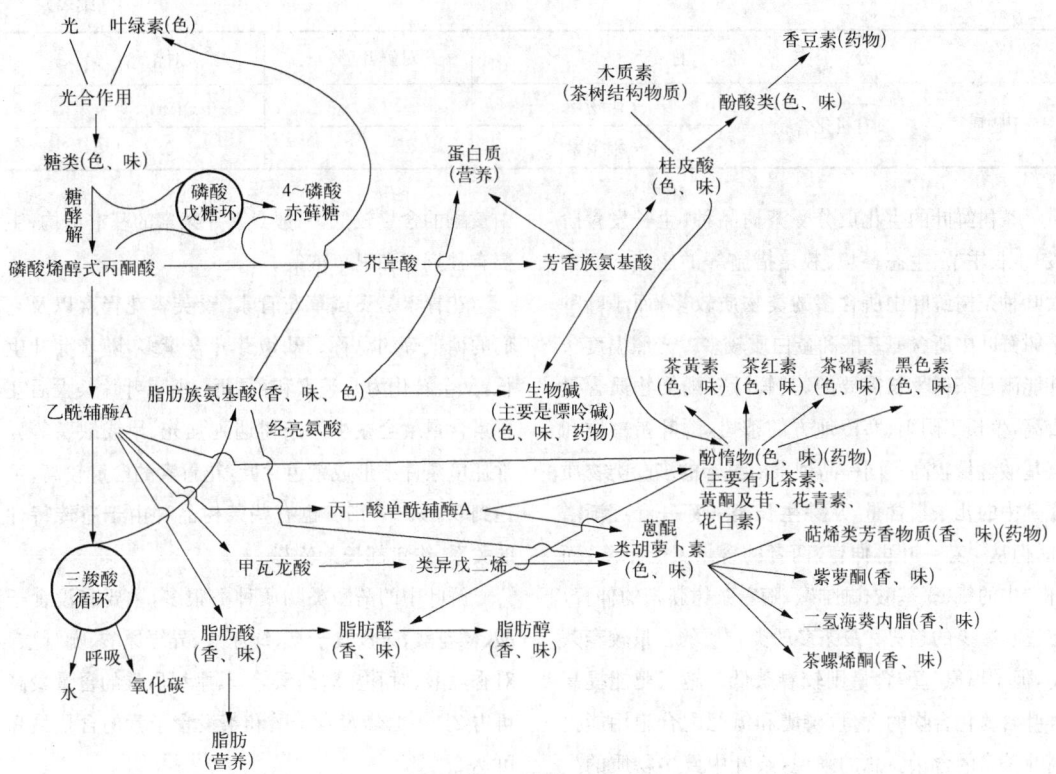

茶中成分的生物合成和转化途径

表2-3 茶中化学成分的分类

分 类 名 称			对鲜叶(%)	对干量(%)
水 分			75～78	
总 量			22～25	
干物质	无机化合物	水溶性部分		2～4
		水不溶部分		1.5～3
	有机化合物	蛋白质		20～30
		游离氨基酸		1～5
		茶氨酸		0.5～2.5
		咖啡碱		2～4
		可可碱		0.05
		茶 碱		～0.05
		多酚类物质		20～40
		糖 类		20～30
		有机酸		3%左右
		类脂类		4～9
		色 素		1%左右
		香气成分		0.01～0.02

分 类 名 称			对鲜叶(%)	对干量(%)
干物质	有机化合物	矿物质		～6
		维生素		0.6～1.0

茶树鲜叶的生化成分受茶树品种、生长发育阶段、生长季节、生态环境、栽培措施等的影响。例如大叶种茶树鲜叶中所含多酚类物质较多，而小叶种茶树鲜叶中所含氨基酸和蛋白质较多。光照温度条件能满足茶树生长需要的，其鲜叶多酚类物质含量较高，生长于阴雨、寒冷地方的茶树，鲜叶蛋白质和氨基酸含量较高。同一品种茶树鲜叶的多酚类物质或其中的儿茶素含量，从芽生长至一芽一叶逐渐增加，但从一芽一叶再伸育，两者的含量又会下降；而鲜叶中的氮、氨基酸、咖啡碱，随着茶树新梢的伸育，有逐步减少的趋势。夏茶多酚类物质的含量较春茶高，但游离氨基酸含量则较春茶低。施氮肥能提高鲜叶含氮化合物的含量，磷肥和氮肥配合施用能提高儿茶素的含量。总的来说，茶叶中繁多物质的生成过程中，各种内含物质之间有着十分密切的联系，同时，受到生态环境条件的深刻影响。

（一）多酚类物质

多酚类物质（或称为茶多酚，俗称茶单宁、茶鞣质）是茶叶中各种酚类物质的总称。鲜叶中的多酚类物质以类黄酮物质为主，包括：儿茶素、黄酮醇、黄酮、花青素类和酚酸类等，其含量因茶树品种、季节、鲜叶老嫩等的不同而有很大差异，含量低者不到20%，含量高者可达40%。

儿茶素是茶叶中多酚类物质的主要组分，通常占茶叶中多酚类物质总量的50%～80%。鲜叶中的儿茶素主要有表儿茶素[(一)- EC]、表没食子儿茶素[(一)- EGC]、表儿茶素没食子酸酯[(一)- ECG]、表没食子儿茶素没食子酸酯[(一)- EGCG]等，其中前二种为非酯型儿茶素，后两种为酯型儿茶素。

黄酮醇类物质的含量约为1%～4%，主要为山奈酚、槲皮素和杨梅黄酮，多以糖苷形式存在。茶叶中黄酮的含量较低，一般具有芹菜素的基本结构，主要有牡荆苷和皂草苷等。

花青素是飞燕草花青素、青芙蓉花青素以及它们的糖苷等的总称。幼嫩芽叶含量多，随着芽叶生长，又会转化为儿茶素和黄酮醇，所以叶片长大后花青素含量就会减少。茶树遇到强光、旱或缺磷等异常环境条件下形成紫色芽叶，花青素的含量较高，可达到0.5%～1%。也有些茶树品种由于遗传特性的关系，终年都长紫色芽。

鲜叶中的酚酸类物质种类很多，主要有没食子酸、鞣花酸、茶没食子素、绿原酸、异绿原酸、咖啡酸、对香豆酸、对香立鸡纳酸等，其中绿原酸的含量最高可占2%～4%，没食子酸和茶没食子素的含量最高可达2%。

茶叶中的多酚类物质大部分为类黄酮物质，在茶树体内的生物合成途径主要由苯丙氨酸经过苯丙酸盐途径形成查尔酮后进入类黄酮合成途径形成。苯丙氨酸在苯丙氨酸解氨酶作用下形成反式肉桂酸，后者在有关酶的作用下形成反式香豆酸，再与丙二酰辅酶A反应形成类黄酮合成途径的第一个中间产物查尔酮，此后形成其他类黄酮物质。其中，查尔酮→三羟黄烷酮→香橙素→二氢槲皮素→白矢车菊素→花青素→表儿茶素（EC）→表儿茶素没食子酸酯（ECG），或者查尔酮→三羟黄烷酮→香橙素→双氢杨梅树皮素→白飞燕草苷元→翠雀素→表没食子儿茶素（EGC）→表没食子儿茶素没食子酸酯（EGCG）。

多酚类物质对成茶的色、香、味有很大的影响。多酚类物质是很重要的滋味物质，总体上具有苦涩味，其中酯型儿茶素比非酯型儿茶素的苦涩味重。鲜叶中的多酚类物质在加工过程中发生一系列水解、异构、氧化、聚合等反应，形成茶叶的浓强、鲜爽或醇和等滋味。鲜叶中多酚类物质的含量与绿茶品质关系十分密切，含量适中的鲜叶制出的成茶品质比较好,表现为滋味较浓且鲜爽;酯型儿茶素在一定限度内所占的比例较大时,对绿茶的品质更为有利。愈幼嫩的鲜叶,儿茶素中的酯型儿茶素所占比例愈大;新梢成熟老化后,酯型儿茶素减少,"儿茶素品质指数"[酯型儿茶素(ECG+EGCG)与EGC的比值]大是芽叶嫩、品质好的标志。

多酚类物质的含量与红茶品质的关系更为密切,红茶的红色叶底和红亮汤色就是多酚类物质的氧化聚合产物所形成的。鲜叶中多酚类物质含量多少与红碎茶内质的高低呈高度的正相关,相关系数高达0.945。鲜叶中多酚类物质对红茶品质的影响,还与各种儿茶素的含量及其比例有关,通常含有较多酯型儿茶素和表没食子儿茶素的鲜叶制成的红碎茶茶黄素含量较高,品质较优良。有些绿茶、乌龙茶的橙黄汤色也与多酚类物质的初级氧化物有关,而且多酚类物质的氧化物与氨基酸结合后能形成具有芳香的物质。

黄酮醇和黄酮类物质一般呈黄、黄绿至绿色,多数能溶于水,对茶汤的汤色和滋味有重要影响,某些黄酮醇的糖甙物质具有非常强烈的收敛性,涩味阈值浓度仅为0.001微摩尔/升,比表没食子儿茶素没食子酸酯(EGCG)低19万倍。

花青素具有明显的苦味,而且水溶性较强,含花青素多的鲜叶加工而成的绿茶,往往汤色深暗,滋味发苦,叶底靛青。一般而论,当150毫升的茶汤中含有15毫克花青素时,就有明显的苦味。紫色芽中通常含1%或更多的花青素。如果用3克干茶冲泡成150毫升茶汤时,其中就含花青素30毫克,大大超过阈值,使茶汤呈明显的苦味。

(阮建云　王泽农)

(二)咖啡碱

茶叶中的生物碱主要有咖啡碱、茶叶碱和可可碱。咖啡碱含量较高,约为2%~5%;茶叶碱含量较低,只有0.002%左右;可可碱介于两者之间,为0.05%左右。茶叶中咖啡碱的生物合成途径为黄嘌呤核苷→7-甲基黄嘌呤核苷→7-甲基黄嘌呤→可可碱→咖啡碱。咖啡碱属于含氮化合物,与蛋白质、氨基酸一样,以新陈代谢旺盛的嫩梢部分含量较多,品质好的茶叶含量较高,粗老茶含量较低。儿茶素、茶氨酸和咖啡碱三者有无,可作为鉴别真假茶的依据,凡是茶都含有这三种物质。

咖啡碱本身味苦(浓度阈值约3毫克/升),但是与多酚类物质及氧化产物形成络合物以后,能减轻这些物质的苦涩味,并形成一种具有鲜爽滋味的物质。咖啡碱与儿茶素、茶黄素、茶红素、多糖、蛋白质和氨基酸等反应所形成的物质,是红茶茶汤冷后产生乳凝状物("冷后浑")的主要成分。

(阮建云　王泽农)

(三)游离氨基酸、蛋白质和酶

氨基酸和蛋白质都是茶树氮代谢的产物,一般情况下,鲜叶的蛋白质含量约占干物质的20%~30%。茶叶中的蛋白质绝大部分不溶于水,能溶于水的只占1%~2%,称为水溶性蛋白。这部分水溶性的蛋白质对增进茶汤的滋味、浓度有积极作用。

酶是茶树组织内具有高效和专一催化能力的特殊蛋白质,主要有水解酶、磷酸化酶、裂解酶、氧化还原酶、转移酶和同分异构酶等几类,既参与茶树的所有生命过程,也与茶叶加工品质息息相关。如茶叶中多酚氧化酶属于氧化还原酶类,在红茶的加工过程中,多酚类物质就是在多酚氧化酶的作用下形成茶黄素、茶红素等物质,因此这些酶的数量与活性与茶叶品质的关系极为密切。又如鲜叶中的脂肪氧化酶、脂氢过氧化物裂解酶,催化鲜叶中类脂物质的水解和转化,形成己烯醇和己烯醛等含有青香型的香气成分,对茶叶香气的形成具有积极的作用。

鲜叶中的游离氨基酸有20多种,主要有茶氨酸(N-乙基-L-谷氨酰胺)、天门冬氨酸、天门冬酰胺、谷氨酸、谷氨酰胺、精氨酸、丝氨酸、丙氨酸、赖氨酸、组氨酸、苏氨酸、酪氨酸、甘氨酸、脯氨酸、缬氨酸、苯丙氨酸、亮氨酸、异亮氨酸等。茶树新梢游离氨基酸约占干物质的10~40毫克/克,优质新梢游离氨基酸的含量可高达40~60毫克/克。

茶氨酸是一种非蛋白质氨基酸,是茶叶中最主要的游离氨基酸,在茶树新梢中的含量约为 5~25 毫克/克,约占新梢游离氨基酸总量的 50%。茶氨酸由谷氨酸和乙胺在茶氨酸合成酶催化作用下合成,茶氨酸合成所需的乙胺由丙氨酸脱羧反应生成,目前认为催化该反应的丙氨酸脱羧酶只在根中存在,因此茶氨酸的合成部位仅限于根系之中。茶氨酸经木质部运输到地上部后,一部分在新梢中存积,一部分在茶氨酸水解酶的作用下分解成谷氨酸和乙胺,产生的谷氨酸参与茶树的氮代谢,为茶树生长提供氮素营养,乙胺则可能参与茶树多酚类物质的合成。

氨基酸和蛋白质都是茶树氮代谢的产物,在施氮肥较多,尤其是氨态氮肥施得多的情况下,它们的含量显著增高。土壤肥力好,根部发达的茶树,合成氨基酸的数量也较多。

各种氨基酸具有特定的滋味,如甜味、咸味、酸味、苦味或鲜味,是茶叶中重要的滋味物质。茶叶中的鲜味主要来源于氨基酸,特别是茶氨酸、谷氨酸、谷氨酰胺、天冬氨酸、天冬酰胺等,这些氨基酸在茶汤中的滋味浓度域值约为 300~1500 毫克/升。茶树新梢中的游离氨基酸也是成茶香气形成的重要底物,在茶叶加工过程中受热条件下,氨基酸与游离糖等发生"美拉德"(Millard)反应,形成呋喃、吡嗪、吡咯等焦糖香气物质,对绿茶的烘炒香有十分密切的关系。

(阮建云 王泽农)

(四)色素

鲜叶中的色素包括脂溶性色素和水溶性色素两类。叶绿素和类胡萝卜素不溶于水,属于脂溶性色素;黄酮类物质和花青素能溶于水,属于水溶性色素。

鲜叶中叶绿素含量一般为 1~7 毫克/克,品种不同,叶绿素含量差异较大。叶色黄绿的大叶种,叶绿素含量较低,适制红茶;叶色深绿的小叶种,叶绿素含量高,对绿茶外形、色泽和叶底色泽有利,适制

绿茶。叶绿素有蓝绿色的叶绿素 a 和黄绿色的叶绿素 b 两种,二者的比值影响叶片的叶色。成熟叶片中叶绿素 a 与叶绿素 b 的比值高,呈深绿色;幼嫩的叶片叶绿素 a 与叶绿素 b 的比值较低,叶色较淡呈黄绿色。除了叶绿素 a 与叶绿素 b,鲜叶中还含脱美叶绿素、叶绿素酸酯、脱镁叶绿酸等。

鲜叶中另一类色素是类胡萝卜素,呈黄色或橙黄色,一般含量为 0.3~1 毫克/克,已经发现和鉴定的类胡萝卜素大约有 15 种,主要为 β-胡萝卜素和叶黄素等。胡萝卜素含量约为 0.2~1 毫克/克,叶黄素含量约为 0.1~0.7 毫克/克。β 胡萝卜素在鲜叶加工过程中可分解转化为 β-紫罗酮等具有花香的物质,对增进茶叶的香气有积极作用。

(阮建云 王泽农)

(五)矿质元素

茶的成分元素种类与含量是和生态环境中的成分元素相统一的,茶树各器官中的元素约有 30 多种。除茶树生长必需的营养元素外,铍、银、钒、铋、钡等也存在于茶叶中。有些元素,例如氟,在一般植物中含量极微,而在茶叶中的含量可达 20~2500 毫克/千克。硒在一般植物中含量也较少,但在有些茶叶中含量可达 3 ppm 以上,如表 2-4。

表 2-4　茶树新梢中的矿质元素含量(以元素计)

类　别	元素名称	茶叶中含量
茶中的大量元素	氮	35~60 毫克/克
	磷	2~10 毫克/克
	钾	16~30 毫克/克
	钙	1.4~5.7 毫克/克
	镁	1.2~3.0 毫克/克
	硫	2~4 毫克/克
	铝	0.1~1.0 毫克/克
	铁	70~140 毫克/克
	氯	0.1~0.4 毫克/克
	锰	300~1500 毫克/千克
	铜	8~30 毫克/千克

（续表）

类　别	元素名称	茶叶中含量
茶中的微量元素	锌	10～65 毫克/千克
	硼	5～20 毫克/千克
	钼	0.1～1 毫克/千克
	氟	20～350 毫克/千克
	钴	0.2～0.69 毫克/千克
	钠	500～2000 毫克/千克
	硒	0.01～0.2 毫克/千克
	锶	3.5～24 毫克/千克
	铷	25～150 毫克/千克
	铬	2～3 毫克/千克
	镍	2～23 毫克/千克
	铅	0.1～3 毫克/千克
	镉	0.01～0.4 毫克/千克
	钒	0.5～1.1 毫克/千克
	钡	3～42 毫克/千克
	砷	0.1～1 毫克/千克
	碘	微量
	锡	微量
	铍	微量
	银	微量
	铋	微量

茶叶中某种矿物质含量与其生长的土壤中的含量（或施肥水平高低）有关，土壤中含量较高或施肥水平较高则茶叶中的浓度也较大。如一般土壤上生长的茶叶硒的含量通常低于 0.2 毫克/千克，而来自富硒地区的茶叶硒的含量可以在 1 毫克/千克以上，甚至超过 3 毫克/千克。茶树新梢中元素的含量还与嫩度有关。一般而论，不易移动或被新生器官再利用率低的元素，表现为茶梢越老含量越多，有钙、锰、铁、氟、铝、铅等元素。例如杭炒青一级钙的含量为 2545 毫克/千克，六级则为 3599 毫克/千克；婺炒青一级为 3040 毫克/千克，六级则为 3450 毫克/千克。相反地，移动性强并可以反复运输到新生器官中而被再利用的元素，组织越嫩这些元素的含量越高，嫩度低的粗老茶叶中，含量也就越低，如氮、磷、钾、镁、锌等元素。例如在婺炒青一级中钾的含量为

19.3 毫克/克，而在六级中为 17.6 毫克/克；杭炒青一级中钾的含量为 19.8 毫克/克，而在六级中为 18.2 毫克/克。还有一些元素，由于在老器官中固定量和在新器官中再利用量相差不大，或对外界环境和体内条件的变动影响较为敏感，这样它们在嫩叶和高级茶及老叶和低级茶中的含量差异不大，而且常有波动，以致它们的含量与茶叶的嫩度及品质高低，没有显著的相关性。此外，不同品种茶叶矿物质元素的含量也有较大差异。

（阮建云　 王泽农 ）

（六）芳香物质

鲜叶中具有芳香的挥发性物质，含量不到 0.02%，但组成芳香物质的种类却有 100 余种。包括醇类、醛类和酸类等。鲜叶中含量最高的芳香物质是青叶醇，约占鲜叶香气成分总量的 60%，其他的主要成分有青叶醛、沉香醇及其氧化物、苯甲醇、苯乙醇、橙花醇、牻牛儿醇、茉莉酮、吲哚等。在制茶过程中，这些香气物质发生相互作用和转化，形成新的香气成分。如青叶醇具有明显的青草气，但其沸点较低（157℃），大部分在制茶过程中因温度升高而挥发，有一部分发生异构化变成反型青叶醇后具有清香。

茶树品种、气候、季节、土壤和栽培措施等对新梢的香气成分含量和组成有很大的影响。有些适制乌龙茶的茶树品种如铁观音等，萜烯醇类物质含量高，成茶具有明显的花香。有些地区的秋茶，苯乙醇、苯甲醛等的含量较高，制成的茶叶具有浓郁的花香。施肥较多时新梢的吲哚含量往往比较高，而施肥少时新梢的沉香醇较多，制成的茶叶香气较鲜爽。

（阮建云　 王泽农 ）

（七）碳水化合物

茶树鲜叶中的碳水化合物，主要有单糖、双糖和多糖，约占干物质的 20%～30%。单糖主要有葡萄

糖、甘露糖、半乳糖、果糖、核糖等,含量约为0.3%~1%;双糖主要有麦芽糖、蔗糖、乳糖等,含量约为0.5%~3%;单糖和双糖易溶于水,具有甜味,是茶叶滋味物质之一。鲜叶中的单糖在加工过程中能在热的作用下与游离氨基酸发生"美拉德"反应而转变成香气物质。多糖主要有淀粉、纤维素、半纤维素和木质素等物质,是茶树鲜叶中碳水化合物的主体,约占干物质重量的20%以上,其中含量较多的是纤维素和半纤维素等,约为9%~18%,淀粉只有1%~2%。鲜叶还含有果胶质,约占干物质重的4%。果胶质有利于鲜茶在加工中形成条索,对成茶的色泽和光润度有好处,其中的水溶性果胶(0.5%~2%)还与茶汤浓度有关。茶树鲜叶还含有一定量的茶叶皂素(0.1%左右)和脂多糖(0.5%~1%),茶皂素味苦而辛辣,在水中溶解后易起泡。

鲜叶的碳水化合物含量与成熟度有着密切的关系,通常情况下,随着新梢的成熟,碳水化合物的含量逐渐增加,尤其是纤维素含量与茶叶嫩度呈高度的负相关,可作为茶叶嫩度的重要化学指标。

(阮建云 王泽农)

(八) 维生素

茶树鲜叶中含有多种维生素,以维生素 C 含量最高,是重要的营养成分。春茶鲜叶中维生素 C 的含量一般为 6~10 毫克/克,其中第一叶和第二叶含量较高,成熟叶中的含量显著下降;夏秋茶维生素 C 的含量逐渐减少。除维生素 C 以外,鲜叶中还含有 B 族维生素、维生素 P 和肌醇等水溶性维生素和维生素 A、D、E、K 等脂溶性维生素。

(阮建云 王泽农)

(九) 类脂

水解时产生脂肪酸的物质称为类脂,在茶树鲜叶中类脂的含量为 40~90 毫克/克,主要为糖脂(约占总量的 60%),其次为中性脂(约占 35%)和磷脂(约占 15%)。亚麻酸、亚油酸和棕榈酸是主要的脂肪酸,其中糖脂富含亚麻酸;磷脂以亚油酸和棕榈酸为主;中性脂含有月桂酸、肉豆蔻酸、棕榈酸、硬脂酸、油酸和亚油酸。类脂含量从芽、第一叶到第三叶逐渐增加,而以嫩茎中的含量最低。在脂肪氧化酶、脂氢过氧化物裂解酶等的催化作用下,鲜叶中的类脂物质经水解和转化后可形成己烯醇和己烯醛等含有青香型的香气成分,对茶叶香气的形成具有积极的作用。

(阮建云 王泽农)

(一〇) 有机酸

鲜叶中含有多种有机酸,最高可达干物质的3%左右,主要包括草酸、苹果酸、柠檬酸、没食子酸、鸡纳酸、绿原酸和脂肪酸等。草酸是茶叶中的主要有机酸,以水溶态和结晶态存在,在新梢中的总含量可达 12.62 毫克/克,高于成熟叶、枝条和根中的含量。茶树成熟叶和根系苹果酸的含量在 100~600 毫克/千克,柠檬酸的含量为 10~1500 毫克/千克。一些有机酸如草酸、苹果酸、柠檬酸等是茶树代谢的中间产物,含量高低与代谢有着密切的关系。研究表明,与铵态氮相比,供给茶树硝态氮时草酸、苹果酸、柠檬酸等有机酸的含量增加,提高生长介质的 pH 或采取遮阴措施可增加这些有机酸的含量。成茶中草酸的含量 0.23~8 毫克/千克,在某些茶叶(如日本的玉露、Tengcha)中可达 17.17 毫克/千克。有机酸具有酸味,是茶叶滋味物质之一。脂肪酸等参与茶叶香气成分的形成,没食子酸、鸡纳酸、绿原酸等属于酚酸一类物质,参与红茶制造过程中的化学变化,与红茶色素的形成有关。

(阮建云 王泽农)

五、茶树的遗传、变异与分类

生物的遗传与变异是自然界的普遍现象,茶树当然也不例外。了解茶树遗传变异特点,对深入认识茶树的本性,以便创造出更多更好的茶树新品种,提高茶树育种水平,是必不可少的。

（一）茶树的染色体

染色体是遗传物质的主要载体，存在于生物的细胞核中。每一种生物的染色体数目基本上是恒定的，茶树的染色体为 30 个。而且，每个物种的染色体数与其染色体基数（用"X"表示）呈倍数关系。如茶树的染色体基数为 15，一般茶树品种的染色体数均为其基数的 2 倍，即 $15 \times 2 = 30$，故称为二倍体，常见的鸠坑种、祁门种、福鼎大白茶、云南大叶种、凤凰水仙、安化云台山种、湄潭苔茶、龙井 43 和浙农 12 等茶树品种均为二倍体。有些茶树的染色体数为其基数的 3 倍，即染色体数为 $15 \times 3 = 45$（个），这类茶树称为三倍体茶树，如武夷水仙；有些茶树的染色体数为其基数的 4 倍，即染色体数为 $15 \times 4 = 60$（个），这类茶树称为四倍体茶树，如安远苦茶中的部分单株。毛蟹、上梅洲种、梅占和政和大白茶等品种，是以三倍体细胞为主（占 47%～80%），并嵌合不同比例的非整倍体细胞。乔木型大叶种茶树的染色体核型属较为原始的类型，而小乔木型、灌木型中小叶种茶树染色体核型的不对称性略高，属较为进化的类型。

（刘祖生　赵　东）

（二）茶树的遗传

茶树在繁殖过程中能够产生与自己相似的个体。例如在相同环境条件下，云南大叶种的后代表现植株高，乔木型，叶片大，叶色淡，抗寒性弱；龙井种的后代表现植株矮，灌木型，叶片小，叶色深，抗寒性强，基本上都能保持与亲代相似的特征和特性。这种子代与亲代间相似的现象便称为遗传。正由于茶树具有遗传特性，所以当一个品种育成之后，其优良性状能相对地稳定下来，在生产上能较长期地发挥作用。

茶树的繁殖可分有性繁殖与无性繁殖两类。繁殖方式不同，其性状遗传动态也有很大差别。在无性繁殖的情况下，是利用茶树的营养器官（叶、茎、根、芽）培育成一个独立的个体（即无性苗）。其整个过程是依据"细胞全能性"的原理，通过体细胞的增殖和分化而形成的，没有发生遗传物质的重组。所以无性后代的遗传基础与其亲代，是完全一致的。因此亲代的性状，一般都能准确无误地遗传给后代。而在有性繁殖的情况下，是通过雌雄性细胞的结合产生种子来繁殖后代的。由于茶树是异花受粉植物，其后代染色体，半数来自父本，半数来自母本，所以其遗传组成往往是杂合的。根据遗传的基本规律，杂合亲本的后代，必然出现性状分离。如福鼎大白茶是福建省福鼎县柏柳乡翁溪村农民单株选择育成的无性系绿茶良种，其主要特点是发芽早、叶色绿、茸毛特多。在无性繁殖下，上述特点均能在后代表现出来，也就是这些优良性状能一代一代地遗传下去（如有不良性状，同样也会遗传下去）。所以在生产上大多数都采用扦插法（主要的无性繁殖方法）进行繁殖，从而使福鼎大白茶的优良性状得以完整地保留下来。而在有性繁殖下，其种子后代的性状便产生明显的变异，如"发芽早"的特性，在后代中只有 70% 左右的植株得到遗传，其余 30% 左右的植株表现"发芽中"或"发芽晚"；"叶色"和"茸毛多少"等其他性状也同样出现不同程度的变异。因此，福鼎大白茶的优良性状在有性繁殖后代中只有部分植株能够得到遗传，在另一些植株中则会产生相应的变异。所以，在生产上采用有性繁殖方法来繁殖无性系茶树良种是不适宜的。

但是，通常研究的遗传现象，主要系指有性繁殖下的性状遗传。茶树的主要性状遗传可概括为两大类：一类是质量性状，一类是数量性状。所谓质量性状，是指相对性状之间有明显的质的差别，这些性状的变异是不连续的，如绿芽与紫芽，子房有毛与无毛，白花与红花等等。所谓数量性状，是指具有连续变异的性状，如植株的高矮，叶片的大小，芽叶的重量，产量的高低，茶子的大小，等等。质量性状一般受环境的影响较小，而数量性状容易受环境的影响而产生变异，而且这类变异一般是不遗传的，但往往和那些能遗传的变异混在一起，使遗传分析更加复杂化。必须指出，质量性状与数量性状既有明显的区别，但又不是绝对的。例如绿芽与紫芽一般属于质量性状，如测定出各种芽叶的色素含量后，即表现出数量性状的特征了。

1. 茶树质量性状的遗传

茶树质量性状项目甚多，包括：叶色、叶形等。

茶树叶色的遗传，据研究有三种类型：一是绿叶系的遗传，二是黄叶系的遗传，三是紫红叶系的遗传。绿叶系分浓绿叶和淡绿叶两种，浓绿叶由显性基因 GG 控制，淡绿叶由隐性基因 gg 控制。浓绿叶与淡绿叶杂交，杂种第一代表现为浓绿叶，其基因型为 Gg。将具有杂结合基因型（Gg）的两种浓绿叶杂交，其后代出现 1/4 淡绿叶，3/4 浓绿叶，完全符合孟德尔"3∶1"的分离法则。黄叶系分黄叶与黄绿叶两种，黄叶由显性基因 YY 控制，绿叶由显性基因 GG 控制，Y 和 G 两个显性基因同时存在则表现为黄绿叶。有个叫"S～40"的茶树品系，叶色黄绿，自交后代分离出黄绿、浓绿、黄、淡绿四种颜色，其比例呈 9∶3∶3∶1。根据遗传学规律，可知"S～40"的基因型为 GgYy。紫红叶系的遗传更为复杂，至少有 2 个显性基因（R1、R2）在起作用，显性基因愈多，红色程度愈深，这是基因累加作用的结果。

茶树叶形的遗传，叶形是按叶长与叶幅之比（叶形指数）来测定的，一般将叶形分为长椭圆形（叶形指数>2.5）、椭圆形（叶形指数 2.0～2.5）和卵圆形（叶形指数<2.0）三类。长椭圆叶由一对显性基因 LL 控制，卵圆叶由一对隐性基因 ll 控制。长椭圆叶与卵圆叶杂交（LL×ll），杂种第一代为椭圆叶，基因型为 Ll，这种在杂交后代出现中间性状的现象，在遗传上称为非完全显性。

（刘祖生　赵　东）

2. 茶树数量性状的遗传

茶树的经济性状多数属于数量性状。数量性状的遗传是由许多彼此独立的微效基因作用的结果。各对基因之间通常不存在显隐性关系，但具有累加或累积作用。数量性状的表现具有两个基本特点，一是个体间的表现差异是用度量单位来衡量的，个体间的变异呈连续性，很难明确划分为不同类别。因为这种变异的特点通常需要采用统计方法加以描述和分析。其二是个体的表现易受环境的影响，相

同的基因型在不同的环境条件下，可能有不同的性状表现。一般用遗传力来作为衡量遗传效应与环境效应相对重要性的一个基本指标。

近年来，浙江大学对芽叶茸毛的密度、长度、粗度和分布等性状的遗传，进行了较系统的研究，结果表明，芽叶茸毛诸性状的广义遗传力均较高（80%～90%），说明这些性状主要受基因型控制；其次，从茸毛诸性状的狭义遗传力和基因效应分析，茸毛性状大多以母性遗传为主，特别是茸毛密度，母本显性效应占 90% 以上。

但用数理统计学方法分析和描述遗传特性，无法确定控制数量性状的基因数目，更无法确定单个数量性状基因位点（quantitative trait loci, QTL）的遗传效应及它们在染色体上的准确位置。随着分子遗传学的发展，利用分子标记分析控制性状的 QTL 的数目、位置及其遗传效应，即 QTL 作图或 QTL 定位，使得对控制数量性状的基因位点分析成为现实。

（刘祖生　赵　东）

（三）茶树的变异

生物变异是物种进化的基础，没有变异也就没有物种的进化，茶树也不例外。所以，茶树的变异是绝对的，而遗传只是相对的。根据变异是否可以遗传，茶树的变异分为可遗传的变异和不可遗传的变异。

1. 可遗传的变异

指由于茶树的基因突变、基因重组等导致基因型改变而引起的变异，这种变异可以传递给下一代。可遗传的变异可以发生在包括质量性状和数量性状在内的各种性状上，是茶树新品种选育的基础，正是这种可遗传的变异的发生，形成了千姿百态的茶树资源，有高大的乔木，也有矮小的灌木，还有介于两者之间的小乔木；有叶大如掌的大叶，也有叶小似瓜子的小叶；有树姿开展的披张型，也有树姿紧凑的直立型；有绿芽，也有紫芽、黄芽等等，不胜枚举。

可遗传的变异既有自然发生的，也有人工创造的。自然发生的可遗传的变异一是基因自然突变引

起的,茶树在长期的生长进化过程中,由于自然条件的变化,使得基因突变导致某些性状发生变异,如白叶茶1号(安吉白茶)就是基因自然突变的结果;二是基因自然重组引起的,茶树是异花授粉植物,在自然繁衍过程中,由于不同茶树之间的自然杂交使得基因发生重组导致性状发生变异,大多数系统选育成的品种,如龙井43、碧云、福云6号等就是利用了这种变异。此外,染色体结构的自然变异,如缺失、易位等,也会产生可遗传的性状变异。人工创造的可遗传的变异则是通过人为干预造成基因突变、重组和染色体结构变异而产生性状变异。常用的人工创造变异的方法是诱变和杂交,这也是目前茶树育种常用的创造新材料的方法,如中茶108就是通过辐射诱变选育出来的,茗科1号就是人工杂交育成的。

(杨亚军)

2. 不可遗传的变异

指由于环境条件的变化导致基因表达差异而引起的表现型变异,这种变异不能传递给下一代。不可遗传的变异多发生在数量性状上,如叶片大小,茶树由北往南移叶片会变大,反之则变小;又如内含成分的高低,同样的茶树品种种植在南方茶区茶多酚含量相对会高,氨基酸含量则相对会低,而种植在北方茶区就正好相反。由于这种变异只是表现型上的变化,而基因型并没有改变,因此,对这种变异进行选择是无效的。但是,通过对茶树表现型随环境变化而变异的规律进行研究,可为茶树栽培提供指导。

(杨亚军)

(四)茶树植物的分类

茶树在长期演化过程中形成许多类群,同时又由于茶树是异花授粉植物,使茶树的变异非常之多,这就给属以下种的划分带来困难。

1. 茶树植物分类的沿革

自从18世纪瑞典植物学家林奈(Linnaeus)对茶树命名之后,200多年来,茶树植物分类始终是个争论的问题,迄今国内外植物界还未建立一个公认的茶树分类法,许多学者曾提出过许多设想,归纳起来主要有:

1753年,瑞典林奈在《植物种志》第一卷中,将茶树定名为 *Thea Sinensis* L. 即茶属茶种。同年8月在该书第二卷中,又把从日本得到的红山茶命名为 *Camellia japonica* L. 即山茶属山茶种。当时因为对茶和山茶植物了解很少,因此在1762年《植物志》的再版中误将茶树分为两个种,花瓣6瓣的为红茶(*Thea bonea*);花瓣9瓣的为绿茶(*Thea virids*)。

1908年,英国植物学家乔治·瓦特(G. Watt)将茶树分为4个变种,包括6个类型,即:尖叶变种(var. *viridis*):乔木,叶特大,多产于热带。这个变种又分为6个类型:阿萨姆型(Assam Indigenous),老挝型(Lushai),那伽山型(Naga),马尼坡型(Manipur),缅甸及掸部型(Burma and Shan)和云南型(Yunan);武夷变种(var. *bohea*):灌木,叶小;直叶变种(var. *stricta*):灌木,叶较大而厚;毛萼变种(var. *lasiocalyx*):介于尖叶变种与其他变种之间。

印度尼西亚植物学家科恩·斯徒脱(C. Stuart)在乔治·瓦特分类的基础上,1919年进行了归并,提出4个变种:武夷变种(var. *bohea*);中国大叶变种(var. *macrophyaa*);掸形变种(var. *shan* form)和阿萨姆变种(var. *assamica*)。

1958年,英国 T. 艾登(Eden)将茶树分为3个变种:中国变种(var. *sinensis*);印度变种(var. *assamica*)和柬埔寨变种(var. *cambodia*)。

1958年,英国植物学家 R. 席勒(Sealy)将茶树分为亲缘关系较近的3个中国种(C. sinensis),并分成2个变种:中国变种(var. *sinensis*),阿萨姆变种(var. *assamica*);大理种(C. *taliensis*),伊洛瓦底种(C. *irrawadiensis*)。

1970年,日本《新茶叶全书》将茶树分为:印度大叶种变种(var. *assamica*);印度小叶变种(var. *burmensis*);中国大叶变种(var. *macrophylla*)和中国小叶变种(var. *bohea*)。

1971年,前苏联茶树育种家 K. E. 巴赫达捷(Бахтадзе)将茶树分为两个地理亚种,包括10个变种:中国亚种(ssp. *sinensis*):日本变种,中国变种和中国大叶变种。印度亚种（ssp. *assamica*）：阿萨姆变种，老挝变种，那伽山变种，马尼坡变种，缅甸变种，云南变种和锡兰变种。

1976 年，印度托克莱试验站的 H. Bezbaruah 等将茶树分为 2 个种 1 个亚种：中国种（C. *sinensis*），阿萨姆种（C. *assamica*）及尖萼亚种（C. *assamicassp. lasiocalyx*）。

国外植物学家分类的主要根据是茶树的地理分布和植物学形态特征，由于历史条件的限制，缺乏遗传学基础的支持，因此，上述分类法难免带有很大的局限性和片面性，所以一直未能统一。

中国茶学家庄晚芳等认为，茶树分类的范畴是介于种以下，品种（variety）之上。因此，它既不同于一般的植物分类，也不同于茶树品种分类，但两者有密切联系。根据茶树类型间的亲缘关系、利用价值和地理分布，认为所有茶树都是一个种，即茶（*Camellia sinensis*）。同时，根据种内个体之间的差异程度，在种之下再分为亚种（subspecies）、变种（varietas）与变型（forma）。庄氏分类系统如下：

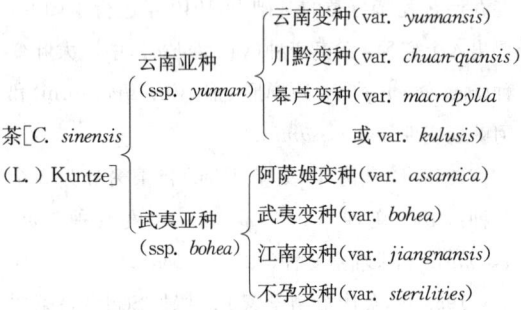

云南亚种：乔木，分枝稀，叶大，花少，结实率较低，茶多酚与咖啡碱含量高，抗寒性弱。主要分布在我国西南、华南以及印度、缅甸和越南等国的部分茶区。

武夷亚种：灌木或小乔木，分枝较密，叶片以中、小叶为主，少数大叶，花多，结实率高（不孕变种除外），茶多酚与咖啡碱含量低，氨基酸含量较高，抗寒性强。在我国广大茶区及世界主要产茶国都有分布。

我国著名植物学家张宏达对山茶属近 200 种植物进行了系统的研究。他在 1981 年所著的《山茶属植物的系统研究》一书中，把山茶属分为 4 个亚属（subgenus），即原始山茶亚属（subgen. *Protocamellia* Chang）、山茶亚属（subgen. *Camellia*）、茶亚属[subgen. Thea（L.）Chang]和后生山茶亚属（subgen. *Metacamellia* Chang）。茶亚属下又分 8 个组，茶被列入茶组[sect. Thea（L.）Dyer]。茶组再根据子房有毛或无毛，子房 5（4）室或 3（2）室，分为五室茶系（ser, *Quinquelocularis* Chang）、五柱茶系（ser. *Pentastylae* Chang）、秃房茶系（ser. *Gymnogynae* Chang）和茶系（ser. *Sinensis* Chang）。这 4 个系是按性状的逐步进化而划分的。如野生型茶树多属于前 3 个系，栽培型茶树多属于茶系。

按照张氏分类法，到 1990 年止，4 个系共有 44 个种 3 个变种，其中除 2 个种扩散到越南及缅甸外，其余主产在我国的西南及华南。

张氏分类法，系际界线较清楚，种间联系较紧密，既符合茶树的进化程序和亲缘关系，又能包含各种变异体，但是，由于他的分类依据主要是表现型的可塑性变化特征，缺乏生物化学、细胞学等的印证，实际上有些种如大苞茶、圆基茶、紫果茶、疏齿茶等典型征状在有性后代中已不稳定。此外，分类过多过细，难免会出现同种异名现象，易给鉴定、分类造成混乱。尽管如此，张氏的分类是迄今茶组植物分类中最系统最全面和最有影响的分类方法。

1992 年中国科学院昆明植物研究所闵天禄对山茶属茶组和秃茶组（sect. *Glaberrima* Chang）的 47 种和 3 个变种进行了分类订正，将张宏达所建立的秃茶组并入茶组，这样茶组植物共有 12 个种 6 个变种。

闵天禄的分类法取消了"系"这一单元，合并后的种也比张氏分类法少了许多，更具有实用性。虽然他已认识到"至于萼片和花瓣数目的某些变化以及栽培条件下出现个别花柱深裂的变异，不能作为分类的依据"，但由于他的修订工作也停留在不同形态特性的种间杂种的分离表现上，故仍存在着传统分类法的缺陷，即同物异名现象，像大苞茶、紫果茶、膜叶茶、毛叶茶、防城茶等仍有进一步归并的必要。

近 20 多年来,中国农业科学院茶叶研究所等在对云南、广西、贵州、湖北、四川等 14 个省区 600 多份资源的现场考察、多学科鉴定,尤其是对 200 多个野生大茶树的地域性特征特性分析研究后认为,茶树植物虽没有那么多种,但确实存在着演化程度不同、性状各异、杂交亲和力有差异、利用价值不一的若干个种。为此,在闵天禄分类基础上,提出以下分类法,将茶组植物分为大厂茶、大理茶、厚轴茶、秃房茶、茶 5 个种,在茶种下分茶、普洱茶和白毛茶 3 个变种。现依据子房室数、花柱裂数、子房茸毛、花冠大小、果皮厚度及树形、枝叶等形态特征,作出以下分类检索表。

茶组分类检索表

1. 子房 5(7)室,花柱 5(7)浅裂或条。

2. 子房无毛,叶片、顶芽、幼芽无毛;果扁球形或球形,果皮厚 2~3 mm

　　　……1. 大厂茶 C. tachangensis F. S. Zhang

2. 子房披茸毛。

3. 除子房、花萼里面披毛外,其余各部均无毛;果扁球形,皮厚 1~3 mm

　　　……2. 大理茶 C. taliensis (W. W. Smith) Melchior

3. 各部披茸毛,或至少子房、顶芽、花柱、花瓣披茸毛;花萼有毛或无毛;果圆球或扁球形,皮厚 5~7 mm,果轴粗显

　　　……3. 厚轴茶 C. crassicolumna Chang

1. 子房 3(4)室,花柱 3(4)浅裂或条。

4. 子房无毛,花较大,径达 5.0 cm;叶片革质

　　　……4. 秃房茶 C. gymnogyna Chang

4. 子房有毛,花较小;叶革质或较柔软

　　　……5. 茶 C. sinensis (L.) O. Kuntze

5. 花萼外部无茸毛,嫩枝多茸毛或无毛。

6. 叶中等或较小,小于 11 cm,叶质较脆;灌木型或小乔木型

　　　……5a. 茶 C. sinensis var. sinensis

6. 叶大,超过 12 cm,叶面隆起性强,叶质较柔软;乔木或小乔木型

　　　……5b. 普洱茶 C. sinensis var. assamica (Masters) Kitamura

5. 花萼外部被茸毛,花瓣无毛或有毛,嫩枝多茸毛;叶质厚,革质显;乔木或小乔木型

　　　……5c. 白毛茶 C. sinensis var. pubilimba Chang

（陈　亮）

2. 对茶树种和变种的认识

茶树是异花授粉植物。中国农业科学院茶叶研究所陈亮等用 RAPD 技术对不同品种茶树基因组 DNA 扩增谱带表明,其多态性程序高达 94.2%。遗传组成上的高度杂合性和表现型上的多态性给植物学分类带来了困难,这是茶组植物分类至今未能定论的主要原因。

从生物学角度看,作为一个"种"是存在生殖隔离的,也即种间存在杂交不亲和性。然而,实际表明,以往所定的种并不严格存在这种状况,近来细胞学研究也得到了说明。如李光涛在《中国山茶属 4 种 2 变种核型研究》一文中指出:"在茶组植物的某些种中,在形态上既有区别又有交替,在地理分布上既有替代又有重叠。它们的核型也表现出类似现象,如大理茶属于五柱茶系,勐腊茶迅速增长邮房系,而两者基本核型相同;又如秃房茶系的德宏茶的基本核型又与茶系的普洱茶、白毛茶和苦茶相同。这种现象,究其原因可以是这些种与其近缘种之间尚未形成严格的地理隔离和生殖隔离之故。"

花粉表面纹饰也是有价值的分类依据之一。据陈亮等对同属茶树的 31 个栽培品种花粉纹饰观察表明,27 个品种为网状和拟网状,有 4 个品种为拟网状—颗粒状或颗粒状;对山茶属的油茶、红山茶、金花茶以及茶组的大厂茶等 8 个种 1 个变种的观察发现,多为网状,少数为拟网状。由此可见,花粉形态在种内的变异已超过了种间的差异,花粉形成特征与植物学形态特征不一定相对应,这是山茶属植物的遗传物质在系统进化过程中相互渗透的结果。

由上可知,已有的茶树植物分类是缺乏细胞学基础的,对茶树进行正确的、科学的分类定位光凭植物学形态分类已远远不够了,这是个需要继续研讨

的课题。

以上所述的分类，它是从物种亲缘关系上来认识茶树植物的分类，与通常在茶树栽培上的品种分类是有区别的。茶树品种分类是以树型、叶形大小、发芽迟早等经济性状为依据的，如福鼎大白茶：小乔木型、中叶类、早生种等。

（陈　亮）

六、茶的药理特性

茶已被公认为是最好的保健饮料。人们长期的饮茶实践充分证明，饮茶不仅能增进营养，而且能预防疾病。

（一）茶作传统药用的方法

茶的传统用法，是指千百年来中医与民间流传的用茶防治疾病的各种方法。

1. 茶疗

数千年来，有关饮茶与健康和防病治病的记载很多。特别是我国古代，茶常被当作药物使用，在祖国的医药学宝库中，茶作为单方或复方而入药，颇为常见。

（1）茶即药也

茶文化与中医药，两者间有着十分密切的关系，而且都与神农氏这一传说有关。《神农本草经》（约成书于西汉时期）是我国第一部药学专著。其收集和记录了我国神农时代至春秋战国时期中草药的起源和治疗疾病的功效，茶是其中之一。历代所有《本草》都是《神农本草经》的发展。因此，自《神农本草经》首先记载了茶有解毒治病作用和可以饮用以来，历代本草学家和医学家均把茶作为防病治疾、养生保健的良药来应用和论述。

汉代医家张仲景在《伤寒杂病论》中说："茶治脓血甚效。"认为茶是一味具有清热解毒、凉血止血的药物，对下痢脓血，有良好的治疗效果。名医华佗的学生、魏时著名医家吴普谓茶"主五脏邪气，厌谷，胃痹，久服安心益气"。认为茶的效用能祛除人体五脏病邪之气，有治疗厌食证和胃痛的功效，经常服用，还有宁心益气的作用。唐代著名药物学家陈藏器评述茶的功效为"诸药为各病之药，茶为万病之药"。进一步指出了茶是一味可以治疗多种疾病的良药。明代杰出的药物学家李时珍在《本草纲目》中论茶"最能降火……煎浓饮吐风热痰涎"。清代黄宫绣《本草求真》归纳茶的功用为"能入肺清痰利水，入心清热解毒，是以垢腻能涤，炙煿能解。凡一切食积不化，头目不清，痰涎不消，二便不利，消渴不止，及一切吐血便血、衄血血痢，火伤目疾等症，服之皆能有效"。近人谢观编著的《中国医学大辞典》从中西医结合的角度，谓茶"能清热降火，消食醒酒，用作兴奋剂神经药，又为利尿剂。又治疲劳性神经衰弱症"。

纵观饮茶的起源与历代茶的应用，无不表明，古人论茶、饮茶均与药、与防病治病紧密相连。论茶即论药，饮茶即治病防疾。正如宋人林洪《山家清供》明言："茶即药也。"

（金国梁）

（2）茶的中药学理论

有关茶的本草学记述，较为全面的以唐代苏敬等撰的《新修本草》（又称《唐本草》）为最早，列于木部中品。其文甚简，计正文 45 字，注文 50 字。正文："茗，苦荼。茗，味甘、苦，微寒，无毒。主瘘疮，利小便，去痰、热渴，令人少睡，秋（据《证类本草》与《植物名实图考长编》应作春）采之。苦荼，主下气，消宿食，作饮加茱萸、葱、姜等良。"注文："《尔雅·释木》云：槚，苦荼。注：树小如栀子，冬生叶，可煮作羹饮。今呼早采者为荼，晚取者为茗，一名荈，蜀人名之苦荼，生山南、汉中山谷。"

由于我国地大物广、语言多歧、各家意见互异等原因，在茶的本草记述方面每多不同。

性味，是中药的重要理论，一般又可称之为"四气五味"。四气（或四性），即寒、凉、温、热，表明药物的寒热特性。五味，即辛、甘、酸、苦、咸，表明药物的味道。这两者，都与该药的功效与主治有着很大的关系。茶的性味，《新修本草》作"味甘、苦，微寒，无毒"，《本草纲目》改作"味苦、甘，微寒，无毒"基本相同，只更动了两个字的位置。这是比较符合茶的实际味道的。中医理论一般认为：甘者补而苦者泻，可知茶叶是功兼补、泻的良药。微寒，即凉也，具寒凉之性的药物可以清热、解毒，这也与茶的实际功效相符。其他各家的论述，也大体类似，例如：《本草拾遗》作"寒，苦"，《汤液本草》作"气寒，味苦"等。

"归经"理论，是比较晚出现的中药学理论，到金元之际才盛行起来，所以在《新修本草》中尚未述及。所谓归经，是指药物的主要功效所属的"经络"与脏腑。例如：治咳喘者，归于肺（手太阴）经；治排尿疾病者，归于肾（足少阴）经或膀胱（足太阳）经。茶的归经，据《汤液本草》是"入手、足厥阴经"（手厥阴属"心包"，足厥阴属肝）；据《雷公炮制药性解》是"入心、肝、脾、肺、肾五经"。五脏，是中医脏腑学说（一般称为"脏象"）的核心。茶能兼入五脏，说明功效是十分广泛的。

功效与主治，是中药的最主要内容。没有功效与主治，就不成其为药物。上文曾述及"茶为万病之药"，可知茶是有很多功效与主治的。功效，亦可称之为功能、功用或效能，系指药物防治疾病的作用，是一种抽象名词，如《新修本草》正文中的"利小便"、"去痰"等。主治，是指所能治疗的主要病症，如同书正文中的"痰疮"、"热渴"等。关于茶的功效，大致可以归纳为二十四项。

至于为什么茶叶能有这些功效与主治呢，中药学自有它的解释，一般系从气味厚薄、天人合一、升降、归经等理论加以阐述。如《本草纲目》解释茶的药理作用说："机曰：头目不清，热熏上也。以苦泄其热，则上清矣。且茶体轻浮，采摘之时，芽蘖初萌，正得春升之气。味虽苦而气则薄，乃阴中之阳，可升可降。利头目，盖本诸此。"

（林乾良）

（3）茶疗的肇始与发展

所谓茶疗，即用茶或以茶叶为主、辅品而配伍适当的中药制成药茶（包括以药代茶）饮服或外用，以此来养生保健、防病治病的治疗方法。茶疗的特点，它既有茶的特色和茶叶的功效，又具有茶叶本身所没有的效用；而且茶与其他药物配用，有助于发挥和加强药物的疗效，有利于药物的溶解，还能增加香气，调和药味。其组方精练、灵活，制作简单，饮服方便，适应面广，既可用于养生保健，又可以防病治疾。

它是我们的祖先与大自然、与疾病长期斗争的经验积累，是祖国医学中行之有效的养生保健和防治疾病的治疗方法。故自其一出现，就引起了历代医药学家、养生学家的重视和习用。

从历史的眼光看，茶疗经历了三个历史阶段的发展及普及：即汉梁魏时期的初起阶段，唐宋时期的发展阶段，明清时期的盛行阶段。

① 汉梁魏时期——茶疗的初起阶段

自《神农本草经》首次记载了茶能解毒后，人们才始知茶的作用，而且把它作为一味防病治疾、养生保健的药物来应用。如东汉医学大师张仲景用茶治疗脓血；当时被誉为"神医"的华佗亦用茶消除疲劳、提神醒脑；华佗的高徒、魏时名医吴普，用茶治疗厌食、胃痛等症，并将茶作为"安心益气、轻身耐老"的养身保健品来饮用；梁代名医、养生家陶弘景用茶减肥养生，他在《杂录》中说："苦茶轻身换骨"等。从可查考的文献资料看，茶疗起源于春秋战国时期的《神农本草经》，而汉、梁、魏时期则为茶疗的初起阶段。

② 唐宋时期——茶疗的发展阶段

唐宋时期，是我国历史上的鼎盛时期。百业兴起，医药事业也得到了政府的重视，并得到了较快的发展，茶疗也日趋成熟。这个时期的医药学家、养生家，在总结了唐以前用茶治病、养生的经验基础上，进一步扩大了茶疗的应用范围及茶疗的方法等。

茶疗的应用范围：唐以前，茶疗仅限于解毒、治脓血、厌食、胃痛及减肥等。而唐宋时期已将茶疗扩用于治疗痰疮、痰热、宿食、消渴（糖尿病）、热毒下痢、霍乱烦闷、产后便秘、小便不通、久年心痛、小儿惊厥、大小便出血、诸头痛、伤暑、瘟疫、腰痛难转、阴囊湿气、杨梅疮等；养生保健方面，用于补肾强腰、聪耳明目、坚肌长肉等。如唐代陆羽《茶经》引《枕中方》谓茶"疗积年瘘"；苏敬等《新修本草》称茶："主瘘疮，利小便，去痰、热、渴……主下气，消宿食"；陆羽《茶经》还引《孺子方》说茶"疗小儿无故惊厥"；郭稽中《妇人方》谓"治产后便秘"；《兵部手集方》谓茶可治"久年心痛五年十年者"等。此外，唐代王焘等编著的《外台秘要》卷31，专门收载有"代茶新饮方"，较详尽地记载了茶疗方的制作和服用方法。又如宋代陈承《重广补注神农本草》记载："茶治伤暑合醒

(音呈。酒醉之病谓醒——作者),治泄痢甚效。"赵佶《圣济总录》记载:用茶末煎水,调姜末饮服,治疗霍乱烦闷等。在此特别值得提出的是,由宋朝廷组织有关名家编著的《太平圣惠方》、《和剂局方》和《普济方》等官方的医学巨著中,都有"药茶"的专篇介绍,如王怀隐等编的《太平圣惠方》卷97,有"药茶诸方"一节,列茶疗方八首。

茶疗的方法:汉、梁、魏时期,茶疗仅以单方的方式饮用。而唐宋时期,茶疗已由单方饮用,发展成为单方、复方并用,而且复方之用多于单方。如《太平圣惠方》卷97所收录的"药茶诸方":治疗伤寒头痛壮热,用茶叶配伍荆芥、薄荷、山栀、豆豉等的"葱豉茶方";以茶叶配伍生姜、石膏、麻黄、薄荷等,治疗伤寒鼻塞头痛烦躁之"薄荷茶方";治疗宿滞冷气及泻痢,以茶叶配伍硫黄、诃子皮等的"硫黄茶方"。又如《圣济总录》所录的茶疗方有:"治霍乱后烦躁卧不安",用好茶末与炮干姜末配伍的"姜茶";"治小便不通,脐下满闷",以海金沙配伍腊茶,用生姜、甘草汤调服之"海金沙茶"。再如杨士瀛《仁斋直指方》附方记载:"姜茶治痢,姜助阳,茶助阴。又能消暑解酒食毒。"等等。

此外,唐宋时期茶疗的服用方法,也由原来单一的煮饮法,发展为多种形式:① 研末外敷。如《枕中方》记载:"疗积年瘘(即现代医学之慢性化脓性骨髓炎及骨关节结核等症——作者),苦茶、蜈蚣,并炙令香熟,等分捣筛,煮甘草汤洗,以末敷之。"宋慈《洗冤录》经验方:"用纳面茶为末,先以甘草汤洗后贴之,能治阴囊生疮。"《卫生家宝》记载:用泡过的茶叶晒干为末,与五倍子各等分,用鸡子清调敷治痘毒。② 和醋服。如《兵部手集方》谓:"久年心痛五年十年者,煎湖茶以头醋和匀,服之良。"孟诜《食疗本草》:"治热毒下痢,腰痛难转,煎茶五合,投醋二合,顿服之。"③ 茶丸剂。如唐郭稽中《妇人方》记载:产后便秘,以葱白捣汁,调纳茶末为丸,服之自通。④ 研末调服。如王守愚《普济方》记载:治疗大小便出血,用细茶半斤,碾末;用百药煎五个,烧存性,每服二钱,米汤调饮之,日二服。可以说,由于茶疗方法的不断改进,使茶疗的应用范围和疗效,得到了扩大和提高。同时,也使茶疗本身得到了发展。

③ 明清时期——茶疗的盛行阶段

唐宋时期茶疗的发展,并在医药保健事业中崭露头角,日益引起了医药学家、养生学家及广大劳动人民的重视和应用。由此,至明清时期,茶疗之风盛行。茶疗的内容、应用的范围、制作的方法等,不断被更新和充实,大量行之有效的茶疗方被推出应用,如至今仍被广泛习用的午时茶、天中茶、枸杞茶、八仙茶、五虎茶、莲花峰茶、清宫仙药茶、慈禧珍珠茶、姜茶、川芎茶等,均出自明清时期。而茶疗所应用的范围,几乎遍及内、外、妇、儿、五官、皮肤、骨伤科及养生保健等。并且茶疗的剂型,已由原先的汤剂,发展为散剂、丸剂、冲剂等多种,服用方法:有饮服、调服、和服、顿服、噙服、含漱、滴入、调敷、贴敷、擦、搽、涂、熏等。此时期记载茶疗方较多且较详细的医籍有:元忽思慧的《饮膳正要》、孙允贤的《医方集成》、沙图穆苏的《瑞竹堂经验方》、吴瑞的《日用本草》,明俞朝言的《医方集论》、陈仕贤的《经验良方》、李时珍的《本草纲目》、李中梓的《本草通玄》、傅仁宇的《审视瑶函》,清沈金鳌的《沈氏尊生书》、费伯雄的《食鉴本草》、钱守和的《慈惠小编》、许克昌等的《外科证治全书》、鲍相傲的《验方新编》、吴谦等的《医宗金鉴·眼科心法》、韦进德的《医药指南》及《慈禧光绪医方选议》等等。

综上所述,茶疗自汉代起至今,已有近两千年的历史,经过历代医家、养生家的应用、发挥和完善,它已成为祖国医药学防病治病、养生保健中的一大特色,并在千百年来保障人民健康的医疗卫生事业中,起到了积极的作用。

(金国梁)

④ 茶疗的近代研究与发展

近代科学的发展,改变了原有的观点。人们在防病治病的同时,越来越重视治疗手段及药物本身的无毒副作用。因此,医药研究人员瞄准这一新的医疗保健趋势,寻求这种新的治疗、保健方法和药物。长期的临床实践与研究表明,茶叶中的多种成分均有很好的保健、治疗效果,而茶疗方中茶、药配用,有助于发挥和加强药物的疗效和有利于药物溶解、吸收。因此,国内外自20世纪80年代起,悄然地兴起了一股"茶疗热",并且越来越普及。不但古茶方被充分应用,而且许多新茶方不断产生和推出,如防治肝炎有良效的"红茶糖水"、"绿茶丸"、"茵陈茶";治疗胃痛效果好的"舒胃茶(又名舒胃宝)"、"溃疡茶";治疗糖尿病有效的"薄玉茶"、"宋茶";治疗急、慢性菌痢有良效的"止痢速效茶"、"枣蜜茶"、"茶叶止痢片";治疗四时感冒的"四时甘和茶"、"四时万应茶"、"银翘茶";治疗高血压、头痛的"天麻茶"、"决明茶";治疗腰痛的"杜仲茶"等;治疗咽喉疾病有较佳效果的"润喉茶"、"嗓音茶(又名嗓音宝)";用于减肥效佳的"保健美减肥茶"、"猴王牌速溶减肥茶"、"三花减肥茶";用于青春美容的"珍珠茶"、"美容茶";抗衰老的"返老还童茶"、"益寿茶";防治癌症的"绞股蓝茶"、"抗癌香茶"、"富硒茶";用于戒烟的"天目山云雾戒烟茶"、"人参薄荷戒烟茶"等。

现代茶疗的研究与应用,有几个明显的特点:

剂型的改进 ① 袋泡茶取代传统的饮服方法。目前较为流行的茶疗剂,多系滤泡纸或纱布袋小包装的袋泡茶,用沸水冲泡数分钟后,即可饮服。此种茶剂,将茶方中诸味碾制成碎末,用袋分装,沸水冲泡,药汁成分易于浸出。而且其色、香、味更接近饮茶的本色,又易于随身备用。② 以科学手段制成块状或颗粒型的速溶茶。此种茶剂易于溶化,易于吸收,饮服方便卫生,如午时茶等。③ 提取茶的有效成分,制成口服液或片剂。这种茶剂,针对性强、效果好,如浙江医科大学附属第二医院楼福庆教授,从茶叶煎液中提炼出茶色素,制成口服液,治疗动脉粥样硬化症,效果良好,又如中国农科院茶叶研究所和天津医药工业研究所等单位协作,将茶叶的热水提取物经冷冻干燥后制成速溶"升白"片剂,治疗肿瘤病放射疗法后白细胞下降,经上海、天津等地医疗单位临床观察 119 例,升白有效率达 90% 以上。

茶疗用于疑难病和急重症 近年来,医药学家已将茶疗用于癌症、糖尿病、冠心病、风湿性心脏病、阳痿及急性心率衰竭等疑难杂症和急危病症。如广西壮族自治区南宁地区医药情报所梁兴才副主任医师在临床上,以绿茶配大蒜,制成大蒜茶,用于胃癌、乳腺癌及食道癌等的防治,取得较好的效果;浙江省中医院肿瘤科王泽时副主任医师等,以茶叶配藤梨根等中药,研制成"抗癌香茶",治疗肝、胃癌等,对于

抑制癌细胞的转移,控制病情,提高生存率等,也取得了良好的效果;福建省泉州市人民医院蔡鸿恩医师采用七十年以上的老树茶叶,制成"宋茶",治疗糖尿病,疗效满意,有效率达 70%;江苏省有关单位根据民间单方,以茶叶配加适量的中成药,制成"薄玉茶",治疗糖尿病效果良好;有的医院用茶树根配万年青根,或用茶树根配茜草根,制成"万年青茶"、"茜根茶"等,治疗风湿性心脏病和冠心病、心绞痛,也有较好的治疗效果;著名老中医冉小峰研究员,以茶叶配人参、麦冬、五味子等中药,制成"人参茶",用于急性心力衰竭的救治,病人每每获效。此外,有人用茶叶配人参等,治疗男子性功能不全的阳痿症,有一定效果。

(金国梁)

(4)茶疗的一般常识

① 茶疗的种类

茶疗大体可归纳为四种类型:

单方(即用单味茶叶)应用型。历代茶疗中,以单味茶叶制成汤剂或外敷剂,用于防病治疾、养生保健的为数不少。如唐代药王孙思邈《千金要方》记载:"治卒头痛如破,非中冷又非中风,痛是膈中痰厥气上冲所致,名为厥头痛,吐之即差。单煮茗(茶古时曰茗)作饮二三升许,适冷暖饮二升,须臾即吐。"宋代陈承《重广补注神农本草》记载:用单味茶叶煎饮,治疗伤暑、泄痢,效果良好。明代著名药物学家李时珍《本草纲目》记载:用茶浓煎,饮服,吐去风热痰涎。近代单用茶叶煎、冲饮来治疗疾病的也不少,如江苏、福建等地的有关医院,用老树茶叶煎饮,每次 10 克,治疗糖尿病,疗效明显;日本有的医学专家,也单用茶叶煎服,治疗糖尿病,效果显著。又《外科疮疡本草》用茶叶捣烂外敷,治疗烂痘、脚丫湿气、溃疡、梅毒等。

复方(即以茶叶为主、辅品,配伍适当的中药,制成复方茶剂)应用型。此种类型是茶疗的主流。可以说,茶疗方中有 80% 以上,均以这种复方的形式应用。如葱豉茶、硫黄薄荷茶、川芎茶、午时茶、天中茶、栀子茶、决明茶、杜仲茶、人参茶、枸杞茶、八仙茶等等。复方型茶疗剂,疗效全面,作用较强,故应用较多。

以茶汤送药应用型。历代医籍中,有较多的记载用茶汤送药,最有代表性的如治疗眼疾专著《审视瑶函》、《银海精微》、《医宗金鉴·眼科心法》等书中记载的近百首方药,它们均用茶汤或茶汁、茶清送服。如《银海精微》用神清散治眼生翳膜、肝连丸治肝虚眼痛、密蒙花散治肝胆虚损内障、菊花散治眼流泪症等,均用茶汁送服。近代实验研究证明,有些药物以茶汁送服,有利于药物的溶解、吸收和加强药物疗效。

以药代茶(又称代茶饮)应用型。即以一二味或数味中草药,以煎、冲泡等饮茶的形式服用。此种类型始于宋代的《太平圣惠方》,清代较为多用,尤其在清宫中盛行各种代茶新饮。如“清热生津代茶饮”、“养肝清热代茶饮”、“养胃代茶新饮”等。此实属茶疗之偏支。

② 茶疗方的剂型

茶疗的常用剂型,有以下几种。

汤剂:将茶叶,或以茶叶与其他中药配制的药茶,加水煎汤或以沸水冲泡数分钟后饮服。汤剂是茶疗中最常用的剂型,如《太平圣惠方》中的“葱豉茶”,就是将茶叶、葱白、淡豆豉、荆芥等诸味,加水煎汤饮服。《本草纲目》中的“龙牙茶”,将茶叶与龙牙草加水煎汤饮服,治疗赤白痢。又如治疗糖尿病,用老茶树叶 10 克,以沸水冲泡饮服等。汤剂多用于内伤杂病。

散剂:将茶叶或茶方中诸味研制成末应用,如“川芎茶调散”、“菊花茶调散”、“五倍子茶散”等。此种茶疗剂,主要用于祛风止痛,如头痛、头风症等。此外,较多地用于皮肤科及外科疾病,如脚气、痘疮及湿疹等。

丸剂:将茶叶或茶方中诸味研制成细末,拌匀,以炼蜜、或面粉糊、或浓茶汁等,粘和为丸,一般以梧桐子或芡实子、绿豆大小。凡茶方中有攻泻峻猛之品,如硫磺、大黄等,恐伤及正气,故以丸剂的形式,既可缓峻药之性,而药效又不受影响。此种茶疗剂,多用于急、重之症,如急性咽喉炎、高热、癫痫等。

袋泡剂:将茶叶或茶方中诸味碎制成粗末,以滤泡纸或纱布分装成 3～6 克的小袋,以沸水冲泡。此种茶剂,是近代茶疗中最流行的茶疗剂,饮服方便,色清、味香,又易于随身备用。

③ 服用方法

茶疗的服用方法较多,常用的有以下几种。

冲服:将茶叶或配制好的茶剂,放置杯中或碗、茶壶内,以沸水冲泡、加盖,浸泡约 10～20 分钟饮服,每次可冲泡 2～3 次。一般来讲,单味或茶方中只有 2～3 味者,用于发汗、解表、散寒、止痛、止痢、祛风、明目等,常用冲服法;有时茶方中含有挥发性成分的中药,也可用冲服法。

煎服:将茶方中诸味加水煎,取汤汁饮服。有的茶方药味较多,或茶方中有的药物需煎煮一定时间才能浸出药效的,应以煎服为宜。如用于慢性病的茶疗方,多用煎服法。

和服:将已冲泡或煎取的茶汤,和入米醋或酒饮用。此种服法,多用于祛寒、止痛,如治疗痢疾、心痛等症。

调服:调服有两种。① 将茶叶或茶方中的诸味研末,用其他药物(如生姜、甘草等)煎汤调服。如《太平惠民和剂局方》记载:治疗小便不通,脐下满闷,用海金沙 60 克和茶叶 30 克研末,用生姜、甘草汤调下。② 其他药物研末,以茶汁调下。如《银海精微》、《医宗金鉴·眼科心法》等所载的方药中,有近百味药,是用茶汁调服的。

分服:将茶汤分次饮服,如每日分上、下午 2 次饮服等。它多用于小便不利、水肿等疾。

噙服:将茶汤先噙在口腔内,然后慢慢咽下。口腔疾病如急、慢性咽喉炎,口腔溃疡,牙周炎等,多用此种服法。

顿服:将茶汤一口饮完。多用于急性心绞痛等。

外敷(包括擦、搽、贴、涂):将茶叶或茶方中诸味研末,用浓茶汁或甘草汤调和,外敷于患处。外科、皮肤科疾病,诸如湿疹、疮毒、溃疡等,多用此法。

④ 注意事项

a. 冲泡或煎煮时间不宜过长。用冲泡法,一般以沸水冲泡 10～20 分钟为宜;煎服法,以煎沸 10～15 分钟为宜。有的煎沸时间长些,则需遵医嘱。

b. 以趁热饮为宜,一般不隔夜再用。现制现服为佳,禁忌煎汤后隔数天饮服。

c. 自己配制时,茶叶与其他配药,应选择质量好的,霉变或不洁者禁用,并应遵照医嘱的要求配方制作。

d. 散剂、袋泡剂的贮藏,以瓷罐封贮,放置通风干燥处为宜,忌晒与潮湿。

e. 有关禁忌,参见茶疗方的要求。

(金国梁)

2. 茶的二十四功效

关于茶的传统用法的功效,不但在历代茶、医、药三类文献中多有述及,而且在经史子集中也散见不少,近人的文章也每有论之。

我国学者根据五百种左右的有关资料(绝大多数是古代文献,个别也有近人之作),将其中有茶叶医疗效用的内容总结成茶的传统功效二十四项。

现将有关文献(共计92种)分类总结如下:

本草类:共28种。

《神农食经》托名佚名,引自《茶经》。

《桐君录》托名佚名,引自《太平御览》。

《新修本草》唐·苏敬等撰。

《本草拾遗》唐·陈藏器撰。

《食疗本草》唐·孟诜撰。

《本草图经》宋·苏颂等撰。

《本草别说》宋·陈承撰。

《山家清供》宋·林洪撰。

《汤液本草》元·王好古撰。

《饮膳正要》元·忽思慧撰。

《日用本草》明·吴瑞撰。

《本草纲目》明·李时珍撰。

《本草原始》明·李中立撰。

《食物本草》明·汪颖撰。

《救荒本草》明·朱橚撰。

《野菜博录》明·鲍山撰。

《本草经疏》明·缪希雍撰。

《本草图解》明·李士材撰。

《上医本草》明·赵南星撰。

《本经逢原》清·张璐撰。

《本草纲目拾遗》清·赵学敏撰。

《食物本草会纂》清·沈李龙撰。

《本草求真》清·黄宫绣撰。

《随息居饮食谱》清·王孟英撰。

《中国药学大辞典》陈存仁编。

《中国医学大辞典》谢利恒编。

《药材学》南京药学院编。

《中药大辞典》江苏新医学院编。

医方类:共23种。

《枕中方》佚名,引自《茶经》。

《孺子方》佚名,引自《茶经》。

《华佗食论》托名佚名,引自《养生寿老集》。

《陶弘景新录》托名佚名,引自《太平御览》。

《千金要方》唐·孙思邈撰。

《千金翼方》唐·孙思邈撰。

《妇人方》唐·郭稽中撰。

《兵部手集方》唐·李绛撰。

《太平圣惠方》宋·王怀隐等撰。

《圣济总录》宋·陈师文等撰。

《仁斋直指方》宋·杨士瀛撰。

《瑞竹堂经验方》元·萨谦斋撰。

《普济方》明·朱橚撰。

《摄生众妙方》明·张时彻撰。

《医方集论》明·俞朝言撰。

《胜金方》佚名,引自《本草纲目》。

《老老恒言》清·曹慈山撰。

《医药指南》清·韦进德撰。

《慈惠小编》清·钱守和撰。

《外科证治全书》清·许克昌撰。

《验方新编》清·鲍相璈撰。

《医药指南》周复生编。

《养生寿老集》林乾良、刘正才编。

茶书类:共11种。

《茶经》唐·陆羽撰。

《采茶录》唐·温庭筠撰。

《茶谱》五代·蜀·毛文锡撰。

《大观茶论》宋·赵佶撰。

《茶谱》明·钱椿年撰。

《茶疏》明·许次纾撰。

《茶录》明·程用宾撰。

《茶解》明·罗廪撰。

《茶经》明·张谦德撰。

《茶寮记》明·陆树声撰。

《续茶经》清·陆廷灿撰。

经史子集类：共30种。

《广雅》三国·魏·张揖撰。

《博物志》晋·张华撰。

《述异记》南朝·梁·任昉撰。

《唐国史补》唐·李肇撰。

《东坡杂记》宋·苏轼撰。

《格物粗谈》宋·苏轼(?)撰。

《物类相感志》宋·苏轼(?)撰。

《古今合璧事类外集》宋·虞载撰。

《岭外代答》宋·周去非撰。

《续博物志》宋·李石撰。

《调燮类编》宋·赵希鹄撰。

《敬斋古今注》元·李冶撰。

《三才图会》明·王圻撰。

《滴露漫录》明·谈修撰。

《穀山笔尘》明·于慎行撰。

《通雅》明·方以智撰。

《台湾使槎录》清·黄叔璥撰。

《黎岐纪闻》清·张庆长撰。

《荷廊笔记》清·俞洵庆撰。

《广阳杂记》清·刘献廷撰。

《聪训斋语》清·张英撰。

《饭有十二合说》清·张英撰。

《片刻余闲集》清·刘靖撰。

《广东新语》清·屈大均撰。

《台游日记》清·蒋师辙撰。

《瓯江逸志》清·劳大与撰。

《竺国纪游》清·周蔼联撰。

《檐曝杂记》清·赵翼撰。

《岭南杂录》清·吴震方撰。

《一瀒研斋笔记》王孝煃撰。

现将茶的二十四功效逐一阐述如下。应当指出，在中药文献中有两种叙述方式：一种是从功效而言，偏于"药"这方面；另一种是从所治的疾病或症状而言(中医多用"证"来概括)，偏于"病"这方面。后者，多用"主治"这两个字引出。例如关节疼痛，中

医属"痹证"，认为是由风湿外袭所致，从功效而言就是"祛风湿"，从主治而言就是"主(或治、疗，意同)痹痛"。茶的二十四功效，都有这两种类型的内容，比例多少不定。同一种功效，每书的用词多有衍变，系文字上的同义词一类。这二十四功效，单用茶叶一味即有效。为加强疗效，还可复方应用。有关方剂，即附于该功效之后。这就是大型"本草"文献中的"附方"体例。有些功效，前人还附有典型病例，今亦广予搜罗附于其后。

(1) 解毒

自《神农本草》记载茶的饮用始发于解毒功效以来，历代本草学家和医学家多有论述茶的解毒功效，并主要用于：解食毒(即食物中毒，如食猪、牛、羊肉等中毒)、解酒毒(即过量饮酒，至酒精中毒等)、解无名肿毒及疮毒(即疔疮、蜂虫叮咬所致的红肿热痛等)、解湿毒(如小儿烂痘、带状疱疹、阴囊湿疹、脚气、梅毒等)、解炙𫘤毒(如烧灼伤、烫伤等)、消蠹毒(即蛀牙)等。

中医药书籍中的"毒"，从病证方面言以"热毒"占最重要位置。所以从药治方面言多称"清热解毒"。此外，咽喉、皮肤诸证以及瘴、瘟等，亦多与热毒有关，今亦附此。

茶的解毒功效，文献上所见共有7条。从功效言者有《本草求真》，称"清热解毒"；《中药大辞典》称"解毒"；《本经逢原》称"辟瘴"；《本草拾遗》称"除瘴气"。从主治言者有《简便方》，称"解诸中毒"；皮日休《茶中杂咏序》称"除痟而去疠"；《岭南杂记》称"利咽喉之疾"。

现将茶的解毒方剂附数则于下：

《简便方》："解诸中毒，芽茶、白矾等分，研末，冷水调下。"

《万氏家抄方》茶柏散方："治诸般喉证，细茶三钱(清明前者佳)，黄柏三钱，薄荷叶三钱，硼砂(煅)二钱，上各研极细，取净末和匀，加冰片三分吹之。"

《保和堂秘方》载："诸毒，努力不退，硫磺研细末敷即退。再用收口药，烂茶叶五钱，乌梅三个烧灰，共为末，再敷上即消。"

(2) 少睡

以从功效言为主，共27条。称"令人少睡"者有

《神农食经》、《新修本草》、《千金翼方》和《本草经疏》；称"令人少眠"者有《博物志》和《三才图会》；称"令人少寐"者有《本经逢原》；称"令人不眠"者有《桐君录》、《广雅》和《述异记》；称"使人不睡"者有《食物本草会纂》；称"令人不寐"者有《调燮类编》；称"不寐"者有《续博物志》；称"令人不眠"者有《古今合璧事类外集》；称"不睡"者有《本草拾遗》和《本草纲目》；称"少睡"者有《茶谱》（毛氏）、《茶经》（张氏）和《饮膳正要》；称"睡少"者有《老老恒言》；称"醒睡眠"者有《本草图解》；称"醒睡"者有《随息居饮食谱》和《中国药学大辞典》；称"破睡"者有白居易诗与《茶寮记》；称"不昏"者有《本草纲目》；称"兴奋神经"者有《中国药学大辞典》。中医理论认为："心主神明"，故"令人少睡"，现代有"提神"之称，属于神经兴奋的结果。

从主治言者，共计 3 条。称"除好睡"者有《食疗本草》；称"治中风昏愦、多睡不醒"者有《汤液本草》；称"治神疲多眠"者有《药材学》。所以，茶叶的"令人少睡"功效，除对生理、病理的睡眠与好睡有良好的清醒疗效外，还可用治因疾病所引起的昏迷、昏愦等。《中国医学大辞典》中，记有一则治"痰热昏睡方"，即用茶叶同川芎、葱白适量水煎服。

关于茶的少睡功效，在古代文人的诗文中每有论及。例如：明代陆树声《茶寮记》称茶"除烦雪滞，涤醒破睡。谭（即谈的古体）渴书倦，此时勋策"。唐代郑邀《茶诗》："最是堪珍重，能令睡思清"，与吕岩《大雪山下》："断送睡魔离几席，增添清气入肌肤"；宋代黄庭坚《催公静碾茶》："睡魔正仰茶料理，急遣溪童碾玉尘"，与陆游《昼卧闻碾茶》："玉川七碗何须尔，铜碾声中睡已无"等。

（3）安神

以从功效言为主，共 21 条。称"清心神"者有《随息居饮食谱》；称"清神"者有《饮膳正要》、《本草纲目拾遗》和《中国医学大辞典》；称"除烦"者有《东坡杂记》、《茶谱》（钱氏）、《本草纲目拾遗》、《随息居饮食谱》和《瓯江逸志》；称"涤烦"者有《茶经》、《唐国史补》和刘禹锡《代武中丞谢新茶》。中医理论认为："心主神明"，因于心火旺盛或心气亏虚则"阳浮于外"，遂出现烦、闷等症状；严重者，惊、厥、癫、痫等也会发生。又，神不安于宅，则意乱、健忘，故称"悦志"

者有《神农食经》和《千金方》；称"久食益意思"者有《华佗食论》；称"益思"者有《茶谱》（毛氏）和《茶经》（张氏）；称"能诵无忘"者有《述异记》；称"使人神思阎爽"者有《本草纲目》；称"破孤闷"者，有唐代卢仝诗；称"醒神思"者有《调燮类编》。

从主治言者有"体中烦闷"（一作"愦闷"）者，见于晋代刘琨《与兄子南兖州刺史演书》与唐代温庭筠《采茶录》，仅此 2 条。

古代诗文中，亦多论及茶的安神功效。如：宋代赵佶《大观茶论》之"祛襟涤滞，致清导和"，明代许次纾《茶疏》之"常饮则心肺清凉，烦郁顿释"。宋代苏轼《寄周安儒茶》："意爽飘若仙，头轻快如沐"与沈辽《谢德相惠新茶》："一泛舌已润，载啜心更惬，不唯豁神观，亦足畅烦憛"等。

茶的安神方剂，有以下 4 种：

《圣济总录》姜茶散方："治霍乱后烦躁、卧不安，干姜（炮为末）二钱七，好茶末一钱七，上二味，以水一盏，先煎茶末令熟，即调干姜末服之。"

《周益生家宝方》："治羊癫风，经霜老茶叶一两，为末，用生明矾五钱为细末，水泛丸，朱砂作衣。每服三钱，白滚汤送下。"

《摘玄方》："风痰癫疾，茶芽、栀子各一两，煎浓汁一碗，服良久，探吐。"

《孺子方》："疗小儿无故惊厥，以苦茶、葱须煮服之。"

（4）明目

茶的明目功效，自古以来就为人乐道，故多从功效而言。称"明目"者有《本草拾遗》、《茶经》（张氏）、《调燮类编》、《茶谱》（毛氏）和《随息居饮食谱》；称"清于目"者有《食物本草会纂》。

从主治言者，共有 2 条：称治"目涩"者有《茶经》；称疗"火伤目疾"者有《本草求真》。另外，在下文"清头目"中，另有数条与明目有关。

明目药茶方的数量很多，以几部眼科名著而论，《银海指南》有 3 方，《医宗金鉴·眼科心法》有 24 方，《银海精微》有 32 方，《审视瑶函》有 36 方。以上四部书即有 95 方之多。从应用方法看，绝大多数是用茶汤送下丸散。现举几例如下：

《银海指南》补肝散，治肝虚羞明，流泪，用蜡茶调服。

《医宗金鉴·眼科心法》还睛丸,治绿风内障,用茶清送下;护睛丸,治胎患内障,空心茶清送下;涩臀还睛散,治眼生涩臀,用细茶入药煎;止痛没药散,治血灌瞳神,食后热茶清灌下。

《银海精微》神清散,治眼生臀膜,食后清茶送下;肝连丸,治肝虚眼痛,茶汁送下;菊花散,治眼部流泪,用茶汁送服。

《审视瑶函》救睛丸,治青盲,食后茶清送下;石决明散,治白内障,用茶清调下;滋阴地黄丸,治少血劳神,眼目昏暗,食后茶汤送下;消凝大丸子,治目中瘀血,用茶汤嚼下。

当然,明目方中用茶也并非仅限于送服的,有些方剂的处方中即有茶。例如:《沈氏尊生方》中的"蜡茶饮","治目中赤脉:芽茶、白芷、附子各一钱,细辛、防风、羌活、荆芥、川芎各五分,加盐少许,清水煎服";又如《眼科要览》,治"烂眼皮:甘石、黄连、雨前茶共研极细,点"。

(5) 清头目

从功效言者仅"清头目"一项,有《汤液本草》、《本草图解》、《本经逢原》、《中国医学大辞典》和《中药大辞典》。比较具体的内容,见于从主治言的部分。称"头目不清"者,仅有《本草求真》;其余均与头痛有关。有关清头目的方剂,亦多与头痛有关。称"治头痛"者有《茶谱》(毛氏);称"理头痛"者有《古今合璧事类外集》;称治"脑疼"者,有《茶经》;称"愈头风"者有《岭外代答》;称治"头痛目昏"者有《药材学》。

茶叶治头目不清特别是头痛的方剂,历代方书多有记载。例如:"合芎䓖、葱白煎饮,止头痛",见于《日用本草》,此方在《中国医学大辞典》中也有引用,特称可治"热毒头痛",恐未当。除了前述川芎茶散系列可治头痛以外,还有以下诸方:

《医方大成》方:"治气虚头痛,用上春茶末调成膏,置瓦盏内复转,以巴豆四十粒作二次烧烟熏之。晒干,乳细,每服一次。加入好茶末食后煎服,立效。"

《医方集论》方:"治偏正头风,升麻六钱,生地五钱,雨前茶四钱,黄芩、黄连各一钱,水煎服。"

《千金要方》:"治卒头痛如破,非中冷又非中风,痛是膈中痰厥气上冲所致,名为厥头痛,吐之即差。单煮茗作饮二三升许,适冷暖,饮二升,须臾即吐;吐毕又饮,如此数过;剧者,须吐胆乃止,不损人而渴则差。"

(6) 止渴生津

从功效言者,共12条。称"止渴"者有《茶经》(张氏)、《调燮类编》、《神农食经》、《本草拾遗》、《茶谱》(毛氏)、《饮膳正要》和《中国医学大辞典》;称"疗渴"者有《唐国史补》;称"解渴"者有《随息居饮食谱》;称"止渴生津液"者有《食物本草会纂》;称"清胃生津"者有《本草纲目拾遗》;称"润喉"者有卢仝诗。

从主治言者,共9条。称"热渴"者有《千金翼方》、《新修本草》、《茶经》、《三才图会》;称"烦渴"者有《药材学》、《中药大辞典》;称"作渴"者有《本草经疏》;称"消渴不止"者有《本草求真》;称"渴喜一碗绿昌明"者有白居易诗。

(7) 清热

以从功效言为主,共8条。称"清热解毒"者有《本草求真》;称"清热降火"者有《中国药学大辞典》;称"降火"者有《本经逢原》;称"去热"者有《食疗本草》;称"涤热"者有《随息居饮食谱》;称"泻热"者有《中国医学大辞典》;称"破热气"者有《本草拾遗》;称"清热不伤阴"者有蒲辅周用药经验。

从主治言者,共2条。称"疗热证最效"者有《台湾使槎录》;称"可除胃热之病"者有《广阳杂记》。

关于茶叶的清热功效,可从茶的性味上看。上文曾述及,茶的药性是"寒"。据中医理论:"寒可清热","疗热以寒药",故茶可以清热。热证的范围与衍变最广,暑证与热毒亦属于热,故又可与下文消暑、解毒合参。

关于茶的清热方剂,可以《太平圣惠方》的《药茶诸方》(卷97)为例。诸章共列有药茶方与非茶之药茶方各4种。其药茶之4方中,有3方均治热证,例如:"治伤寒头痛、壮热葱豉茶方";"治伤寒头痛、烦热石膏茶方"与"治伤寒鼻塞、头痛、烦躁薄荷茶方"。3方中所用药物,除方名中的葱白、豆豉、石膏与薄荷以外,尚有荆芥、栀子、生姜、麻黄等。

(8) 消暑

茶既可清热,又可止渴生津,故亦兼消暑、解暑。

古代文献言及此者不多。从功效上言，仅《仁斋直指方》与《本草图解》两条称“消暑”；从主治上言，也仅2条，即《本草别说》的“治伤暑”与《台游日记》的“可疗暑疾”。

(9) 消食

茶的消食功效，从主治言者仅“食积不化”1条，见于《本草求真》；而从功效言者则有19条之多。称“消食”者为最多，计有《茶经》(张氏)、《调燮类编》、《茶谱》(毛氏)、《饮膳正要》、《本草经疏》、《本草图解》、《本草纲目拾遗》、《本经逢原》、《中国药学大辞典》、《中国医学大辞典》和《中药大辞典》；称“消宿食”者有《新修本草》、《食疗本草》和《瓯江逸志》；称“消饮食”者有《古今合璧事类外集》；称“消积食”者有《三才图会》、《黎岐纪闻》和《瓯江逸志》；《滴露漫录》则称：“消腥肉之食，解青稞之热”；称“解除食积”者有《本草纲目拾遗》和《广东新语》；称“解酒食之毒”者有《仁斋直指方》和《本草纲目》；称“去胀满”者有《黎岐纪闻》；称“去滞而化食”者有《山家清供》；称“去积滞秽恶”者有《食物本草会纂》；称“养脾，食饱最宜”者有《聪训斋语》；称“芳香微甘，有醒胃养脾之妙”者如蒲辅周经验；称“甚有助胃力”者如《一澂研斋笔记》。

关于茶的消食功效的附方也不少，如《串雅补》中治虫积、虫胀方：“茶叶五钱，青盐一钱，洋糖、三稜、雷丸各三钱为末，将上盐、糖煎好后，入三味调匀，每服三钱，白汤送下。”

关于临床特异的验例，莫过于《医方集论》上所载的一例：“人肚(腹)胀，不思饮食，用五虎汤治之：核桃、川芎、紫苏、雨前茶，以上药先煎，好时加老姜、砂糖在汤内，即服。”

(10) 醒酒

从功效言者，共计6条。称“醒酒”者有《广雅》、《采茶录》、《本草纲目拾遗》和《瓯江逸志》；称“解酒”者有《仁斋直指方》；称“解醒”者有《续茶经》。

从主治言者，共计5条。称治“酒毒”者有《本草图解》和《药材学》；称“醉饱后饮数杯最宜”者见于《食物本草会纂》；称“解酒食之毒”者见于《仁斋直指方》和《本草纲目》。

文人每兼好茶与酒，故唐宋诗中多言及茶之醒酒功效。例如：白居易《萧员外寄新蜀茶》：“满瓯似乳堪持玩，况是春深酒醉人”；徐铉《和门下殷侍郎新茶》：“解渴消残酒，清神感夜眠”；陆游《谢王彦光提引送茶》：“遥想解醒须底物，隆兴第一壑源春。”

(11) 去肥腻

茶的去肥腻功效，自古受到人们的推崇。若从文献观察，全部均从功效言，未有主治立条者。称“去肥腻”者有《檐曝日记》；称“饭后饮之可解肥浓”者有《老老恒言》；称“去腻”者有《东坡杂记》、《茶谱》(钱氏)和《茶经》(张氏)；称“解油腻、牛羊毒”者有《本草纲目拾遗》；称“去人脂”者有《本草拾遗》和《食物本草会纂》；称“解荤腥”者有《饭有十二合说》；称“去腥腻”者有《瓯江逸志》；称“解炙膊毒”者有《食物本草》和《本草图解》；梅尧臣《答宣城张主簿遗鸦山茶》称：“尝闻茗消肉，应亦可破瘕。”

去肥腻，自然可以避免肥胖，与近代的“减肥”相类似。《本草拾遗》称之为：“久食令人瘦。”中医药有关去腻解肥、去脂转瘦的作用，尚未受人重视。古本草常有“轻身”、“换骨”、“延年”之句，其实，也是去腻解肥之意。

关于茶的去肥腻功效，《秋灯丛话》载有一则十分生动的验例：“北贾某，贸易江南，善食猪首，兼数人之量。有精于岐黄者见之，问其仆，曰：每餐如是，已十有余年矣。医者曰，病将作，凡药不能治也。俟其归，尾之北上，居为奇货。久之，无恙。复细询前仆，曰：主人食后，必满饮松萝茶数瓯。医爽然曰：此毒唯松萝茶可解，怅然而返。”

(12) 下气

茶的“下气”功效，在文献中论及者共有12家之多。称“下气”者有《新修本草》、《食疗本草》、《三才图会》、《本草经疏》、《饮膳正要》、《本草图解》、《本草纲目拾遗》和《中国医学大辞典》。“下气”一词，鉴于多与消食相连，自属与消胀、降逆、止嗳呃有关；如广其义，则可泛及下文之通利大、小便。

此外，称“通利肠胃”者有《竺国纪游》；称“消胀”者有《续茶经》；称“消膨胀”者有《本草纲目拾遗》；称“开郁利气”者有《本经逢原》。

关于茶的下气功效，有关方剂如《串雅补》方：治虫积、虫胀，“茶叶五钱，青盐一钱，洋糖、三稜、雷丸各三钱,为末。将上盐、糖煎好后,入三味调匀,每服三钱、白汤送下"。

不但茶叶有下气的功效,茶籽也有。《本草纲目》载:"上气喘急,时有咳嗽,茶籽、百合等分,为末,蜜丸梧子大,每服七丸。"又载治喘嗽:"不拘大人、小儿,用糯米泔少许磨茶籽,滴入鼻中,令吸入口服之。"

(13) 利水

从功效言者占绝大多数,从主治言者仅《圣济总录》称治"小便不通"与《药材学》称治"小便不利"。称"利水"者有《本草拾遗》和《本草求真》;称"利水道"者有《茶谱》(毛氏)和《茶经》(张氏)2条;称"利尿"者有《中药大辞典》和《中国药学大辞典》;称"利小便"者有《神农食经》、《新修本草》、《千金翼方》、《饮膳正要》和《三才图会》。此外,在下文"利大小肠"等尚有3条,如《圣济总录》海金沙散方:"治小便不通,脐下满闷,海金沙一两,蜡茶半两,上二味捣罗为散,每服三钱。煎生姜、甘草汤调下不拘时。未通,再服。"《验方新编》:"治尿不通,茶清一瓶,入砂糖少许,露一夜服。"综上所述,共计16家。

(14) 通便

从主治言者仅《本草求真》1条,称"二便不利",余均从功效言。称"利大肠"者有《食疗本草》;称"刮肠通泄"者有《本草纲目拾遗》;称"利大小肠"者有《本草拾遗》;称"利二便,通大小肠"者有《中国医学大辞典》。

《郭稽中妇人方》载:治"产后秘塞,以葱调蜡茶末,丸百丸,茶服,自通,不可用大黄利药"。

《慈惠小编》载:"治产后便秘,用松萝茶叶三钱,米白糖半盅,先煎开,入水碗半,用茶叶煎至一碗服之,即通。"

(15) 治痢

言功效者,仅《本经逢源》一家,称"止痢",其余均从主治言。称"姜茶治痢,不问赤白冷热,用之皆宜"者有《仁斋直指方》;称"合醋治泄痢甚效"者有《本草别说》;称"治热毒赤白痢"者有《日用本草》;称"同姜治痢"者有《本草图解》;称"血痢"者有《本草求真》。

绿茶治痢,在民间与中西医学界均有盛名,单方

已可取效。复方配伍方面,较多的是与生姜同用。《本草图解》与《日用本草》均有茶"同姜治痢"的记载,《仁斋直指方》并强调指出:"姜茶治痢……不问赤白、冷热,用之皆良。先姜细切,与真茶等分,新水浓煎服之。"《上医本草》亦载:"赤白冷热痢,生姜细切与真茶等分新水浓煎服之,甚效。"

《食疗本草》方:"治热毒下痢,好茶一斤,炙,捣末,浓煎一二盏服。久患痢者,亦宜服。"

《圣济总录》方:"治血痢,盐水梅(除核研)一枚,合蜡茶加醋汤沃服之。"

《普济方》:"大便下痢清血,脐腹作痛,里急后重,及酒毒一切下血并皆治之,用细茶半斤碾末,川百药煎五个烧存性,每服五钱,米饮下,日二服。"

《本草别说》方:"合醋治泄痢甚效。"

《慈惠小编》方:"治五色痢,陈年年糕、陈雨前茶、冰糖、茉莉花,共煎汤一碗,服之立愈。"

《凤联堂秘方》载,治"远年痢疾,用雨前茶合臭椿皮、扁柏叶、乌梅、枣仁适量,水煎服"。

关于茶叶治痢的验例,据宋代《仁斋直指方》载:"苏东坡以此治文潞公有效。"近代的临床报告中,亦多有之,且多指明系用绿茶。

(16) 去痰

去痰,今作祛痰。茶的去痰功效在文献中,系以从功效言者为主,占18条之多。称"去痰"者有《千金翼方》、《新修本草》和《三方图会》;称"除痰"者有《本草拾遗》、《茶经》(张氏)和《茶谱》(毛氏);称"解痰"者有《食疗本草》;称"逐痰"者有《本草纲目拾遗》;称"化痰"者有《本草纲目拾遗》和《中药大辞典》;称"消痰"者有《本经逢原》。

称"去痰热"者有《神农食经》和《饮膳正要》;称"吐风热痰涎"者有《本草纲目》;称"凉肝胆涤热消痰"者有《随息居饮食谱》;称"入肺清痰"者有《本草求真》;称"涤痰清肺"者有《本草纲目拾遗》;称"去寒澼"者有《本草纲目拾遗》。

从主治言,称"痰涎不消"者有《本草求真》;称"痰热昏睡"者有《中国医学大辞典》。总计20条有关去痰。

方剂方面,以《瑞竹堂经验方》所记一则最佳:"痰咳,喉声如锯,不能睡卧,好茶末一两、白僵蚕一

两为末,放碗内,倾沸汤一小盏,用盏盖定,临卧温服。又米白糖一斤,猪板油四两,雨前茶二两,水四碗。先将茶煎至二碗半,再将板油去膜切碎,连苦茶、米糖同下,熬化听用。白滚汤冲数匙服之,消痰止渴。"

(17) 祛风解表

中医理论认为:风邪外袭于"肌表",遂出现"表证"。治疗的方法为"解表",盖解散外邪、解除表证的意思,属于"八法"中的"汗法"。风邪极其多变,从外感言又可兼夹不同的外邪,例如风寒、风热、风湿。风寒湿三气杂至,又多侵袭关节、筋骨,出现痹痛。茶叶与上述有关的功效,共有 8 条。

从功效言者 6 家。称"轻汗发而肌骨清"者有《本草纲目》;称"发轻汗,肌骨清"者有卢仝诗;称"疗风"者有《茶谱》(毛氏);称"祛风湿"者有《本草纲目拾遗》和《广东新语》;称"辛开不伤阴"者见蒲辅周经验。

从主治言者仅 2 条。称"小儿痉疹不出用之神效"者有《片刻余闲集》;称"四肢烦,百节不舒"者有《茶经》。

茶的祛风解表方剂,共有如下 4 则:《食疗本草》方:"茶治……腰痛难转:煎茶五合,投醋二合,炖服。"

《本草品汇精要》亦载用茶"水煎,合醋疗腰痛"。

《医药指南》(韦氏)载:"治肩背筋肉痛,槐子、核桃肉、细茶叶、芝麻各五钱,入瓷罐内,水二碗,熬一半,热服,神效。"

《医药指南》(周氏)载:"治外邪在表,无汗而喘者,麻黄、杏仁(去皮尖)各三钱,石膏五钱,甘草一钱,细茶一撮,谓之五虎汤。"

(18) 坚齿

茶叶的坚齿功效,近代有很多论述,一般均认为与茶所含有的氟有关。古代的文献论及坚齿用茶者,共检有 4 条,均从功效言。称"坚齿已蠹"者有《茶谱》(钱氏);称"漱茶则牙齿固利"者有《敬斋古今注》。《东坡杂记》:"每食已,辄以浓茶漱口,烦腻既去而脾胃自不知。凡肉之在齿间者,得茶浸漱之,乃消缩,不觉脱去,不烦刺挑也,而齿便漱濯,缘此渐坚密,蠹毒自已。"《饭有十二合说》称:"涤齿颊。"

(19) 治心痛

心痛,是中医治疗的常见病。一般中医说的心痛大多是指心下部位,从解剖学来说应该是以胃与十二指肠的疾患为主。真正的心脏疾患引起的心痛,应该称之为真心痛或厥心痛。以下两张治疗心痛的药茶方,也和以上情况一致。茶的治心痛,共有三书记载,均从主治言。

《兵部手集方》:"久年心痛,十年五年者,煎湖茶,以头醋和匀服之良。"《上医本草》所载,大约相仿。

《瑞竹堂经验方》应痛丸方:"治急心气痛不可忍者,好茶末四两,楝乳香一两,为细末,用醋同兔血和丸如鸡头大。每服一丸,温醋送下。"

此外,近代赣、闽、江、浙等地每用老茶树根治疗冠状动脉硬化性心脏病、心律不齐、心力衰竭、肺原性心脏病等疾患,颇具良效。

(20) 疗疮治瘘

茶叶对于各种疮、瘘具有良好的疗效,内服、外用均宜。从功效方面说,与前文所述之解毒有关。茶性寒凉,故可清热、解毒与疗疮、治瘘。文献所记载,全系从主治言。称治"瘘疮"者有《神农食经》、《新修本草》、《千金翼方》、《本草经疏》、《三才图会》和《中国医学大辞典》;称"疗积年瘘"者有《枕中方》;称"搽小儿诸疮效"者有《本草原始》。

有关茶叶疗疮治瘘的方剂,如:

《胜金方》治"蠼螋尿疮,初如糁粟,渐大如豆,更大如火烙浆炮,疼痛至甚者,速以茶并蜡茶,俱可以生油调敷,药至痛乃止"。据所述,很可能是指带状疱疹。

《摄生众妙方》治"脚趾缝烂疮,及因暑手抓两脚烂疮:细茶研末调烂敷之"。

宋慈《洗冤录》引《经验方》载治"阴囊生疮,用蜡面茶为末,先以甘草汤洗后贴之,妙"。

《外科证治全书》载:"治下疳,雨前茶、麻黄各一钱五分,用连皮纸方七寸许,用铝粉钱半擦于纸上,铺前两药,卷成筒子,火灼存性,研细,加冰片各一分,研细用之。"

(21) 疗饥

茶为饮食之品,可以疗饥,又与益气力(见下条)

有关。从文献上看，均从功效言。称"疗饥"者有《本草纲目拾遗》和《广东新语》。《野菜博录》称："叶可食，烹去苦味二三次，淘净，油盐姜醋调食。"《救荒本草》称："救饥，将嫩叶或冬生叶可煮作羹食。"

(22) 益气力

茶与益气力有关的记载，文献中仅查及 5 条。从功效言者 4 家：称"有力"者有《神农食经》和《千金要方》；称"轻身换骨"者有《陶弘景新录》；称"固肌换骨"者有《图经本草》。从主治言者 1 家，称"治疲劳性精神衰弱症"，见于《中国药学大辞典》。

(23) 延年益寿

有关茶的延年益寿功效，检及 8 家文献曾予记载。称"养生益寿"者有《荷廊笔记》。因为中医理论认为人的"天年"(即自然寿命之意)为 100～120 岁，这在《黄帝内经》与《千金要方》上都有述及。何以多数人不能活到天年呢，这是因为患病夭折的缘故。所以，避免疾病也应属于延年益寿的范畴。《图经本草》称："祛宿疾，当眼前无疾"；明代程用宾《茶录》称："抖擞精神，病魔敛迹"；苏东坡《游诸佛舍，一日饮酽茶七盏，戏书勤师壁》也曰："何须魏帝一丸药，且尽卢仝七碗茶。"

关于茶可延年益寿的实例，据宋代钱易《南部新书》所载："大中三年，东都进一僧，年一百二十岁。宣皇问，服何药而致此。僧对曰，臣少也贱，素不知药。性本好茶，至处唯茶是求。或出，亦日进百余碗。如常日，亦不下四五十碗。因赐茶五十斤，令居保寿寺。"

在古代，延年益寿的方药与方法(如导引、气功)往往披上神仙的外衣，茶叶也自难免。《茶解》称："茶通神仙。久服，能令升举。"《陶弘景新录》称："茗茶轻身换骨，昔丹丘子、黄山君(古仙人)服之。"《本草纲目》引壶公《食忌》："苦茶久食羽化。"

(24) 其他

茶的其他功效不成系统者，尚有以下数条：《格物粗谈》称："烧烟可辟蚊；建兰生蚤斑，冷茶和香油洒叶上"；《物类相感志》称："陈茶末烧烟，蝇速去"；《救生苦海》称："口烂，茶根代茶煎饮。"此外，尚有以下与茶有关的方剂：

《医方集论》方：治三阴疟，"雨前茶三钱，胡桃肉五钱(敲碎)，川芎五分，寒多加胡椒三分，未发前入茶壶内，以滚水冲泡，乘热频频服之。吃到临发时，不可住"。

《本草纲目》方：治"月水不通，茶清一瓶入砂糖少许，露一夜服，虽三个月胎亦通"；又，治"痘疮作痒，房中宜烧茶烟恒熏之"。

(林乾良)

(二) 茶对人类疾病的疗效

现代社会的发展和科学技术的进步使得人类的寿命有明显的延长，但也随着工业化进程对人类环境的污染，人工合成化合物的不断进入人体，许多疾病对人类健康构成重大威胁。许多人类高发病(如癌症、心血管疾病、糖尿病)的发病率有明显增长趋势。在 20 世纪 80 年代以前的医学研究将对这些疾病的控制寄希望于人工合成的化学药物。但进一步的研究发现利用食品来进行人体生理机能的调节以达到控制疾病的目的是根本性的、治本的方法。食品除了具有营养和品味特征外，更重要的是发掘其对人体的生理调节机能。大量研究结果表明茶叶是一种良好的机能性食品，茶叶的药用功效，早在 2000 多年前即已被公认，并有"神农尝百草，一日遇七十二毒，得茶而解"的传说。我国唐代著名医学家陈藏器在《本草拾遗》中写道："诸药为各病之药，茶为万病之药。"这虽然是夸大之词，但至少也说明茶确有多方面的药理功效。我国古代传统医学就相传有许多茶叶治病的药方。根据林乾良教授的记载，茶至少有 61 种保健作用和 20 余种药效。20 世纪 80 年代后期以来不断深入的研究以及医学研究的参与，使得对茶叶的药用有效组分及其药理功效有了进一步的了解。

1. 茶的药用成分

目前已经证实，茶叶中和人体健康关系密切的组分，主要有以下几类。

(1) 多酚类化合物

茶多酚是茶叶中酚类物质的总称。它主要由儿茶素类、黄酮类化合物、花青素和酚酸组成，以儿茶素类化合物含量最高,约占茶多酚总量的 70%。儿茶素类中主要包括表儿茶素(简称 EC)、表没食子儿茶素(简称 EGC)、表儿茶素没食子酸酯(简称 ECG)和表没食子儿茶素没食子酸酯(简称 EGCG)。这是茶叶药效的主要活性组分。业已证明,它们具有防止动脉粥样硬化、降血脂、消炎抑菌、防辐射、抗癌等多种功效。

(2) 咖啡碱

咖啡碱是茶叶中一种生物碱,含量较高,一般为 2%~4%。每杯 150 毫升的茶汤中含有 40 毫克左右咖啡碱。咖啡碱是一种中枢神经的兴奋剂,因此具有提神的作用。由于茶叶中的咖啡碱常和茶多酚成络合状态存在,所以它和游离态的咖啡碱在生理机能上有所不同。在对咖啡碱安全性评价的综合报告中的结论是:在人正常的饮用剂量下,咖啡碱对人无致畸、致癌和致突变作用。

(3) 氨基酸

茶叶中的氨基酸约占茶叶干重的 2%~5%,它包括有 25 种,其中茶氨酸的含量最高,占氨基酸总量的 50% 以上。氨基酸的数量和茶叶、特别是绿茶有密切关系。氨基酸是人体必需的营养成分。有的氨基酸和人体健康有密切关系。如谷氨酸能降低血氨,治疗肝昏迷;蛋氨酸能调整脂肪代谢;茶氨酸具有解除疲劳、松弛神经、降压、提高人体免疫、与茶多酚类化合物协同抗癌等功效。

(4) 矿质元素

茶叶中含有多种矿质元素,如磷、钾、钙、镁、锰、铝、硫等。这些矿质元素中的大多数是人体健康所必需的和有益的,茶叶中的氟素含量很高,平均为 100~200 毫克/千克,远高于其他植物,氟素对预防龋齿和防治老年骨质疏松有明显效果。局部地区茶叶中的硒素含量很高,如我国湖北恩施和陕西紫阳的茶叶中硒素含量最高可达 3~4 毫克/千克。硒对人体具有提高人体免疫和抗癌功效,它的缺乏会引起某些地方病,如克山病的发生。

(5) 维生素类

茶叶中含有丰富的维生素类。维生素 B 族的含量一般为茶叶干重的 100~150 毫克/千克。茶叶中维生素 B_1 含量比蔬菜高,维生素 B_1 能维持神经、心

脏和消化系统的正常功能。茶叶中维生素 C 含量很高,高级绿茶中维生素 C 的含量可高达 0.5%,维生素 C 能防治坏血病,增加机体的抵抗力,促进创口愈合。茶叶中维生素 E(生育酚)的含量约为茶叶干重的 300~800 毫克/千克,维生素 E 是一种抗氧化剂,具有抗衰老的效应。茶叶中维生素 K 的含量约每克成茶 300~500 国际单位,因此每天饮用 5 杯茶即可满足人体的需要。维生素 K 可促进肝脏合成凝血素。

(6) 其他

除了上述这些主要组分外,茶叶中还含有一些次要的活性组分,它们的含量虽然不高,但却具有独特的药效。如茶叶中的脂多糖具有防辐射和增加白血球数量的功效;茶叶中几种多糖的复合物和茶叶脂质组分中的二苯胺,具有降血糖的功效;茶叶在嫌气条件下加工形成的 β-氨基丁酸具有降血压的作用。

(陈宗懋)

2. 茶对人体的保健功效

现将茶叶对人体健康的药效作用分别归纳如下。

(1) 预防衰老

随着生活水平的提高,人类的寿命也随之增长。但和医学对人的寿命估计(140 岁)还相距甚远,这说明有一些尚未完全阐明的原因促使人提早衰老。因此预防人体衰老的研究是医学界的一个研究热点。人体中脂质过氧化和体内自由基过量形成已证明是人体衰老的重要机制,由此人们服用一些具有抗氧化作用的化合物,如维生素 C 和维生素 E,以起到增强抵抗力、延缓衰老的作用。现代研究表明,茶叶中的儿茶素类化合物具有明显的抗氧化活性,而且活性强度超过维生素 C 和维生素 E,据报道,20 毫克/千克 EGCG 的抗氧化活性,明显优于 200 毫克/千克的维生素 E 和 50 毫克/千克的人工合成抗氧化剂 BHA(丁基羟基苯甲醚),且与维生素 C 和维生素 E 有增效作用。瑞典科学家曾比较了红茶、绿茶和 21 种蔬菜、水果的抗氧化活性。结果表明绿茶和红茶的抗氧化活性比供试蔬菜和水果高许多倍。

在英国有一个很常见的广告上比较了饮茶与其他具抗氧化活性食品的功效,饮2杯茶(每杯150毫升),其抗氧化活性相当于225毫升红葡萄酒、1800毫升白葡萄酒、1800毫升啤酒、5只洋葱(750克)、4只苹果(600克)、525克黑醋栗或7杯橙汁(1050毫升),说明饮茶具有比一般食品强的抗氧化活力。实验证明,用绿茶中的茶多酚或EGCG喂饲小白鼠后,发现可抑制皮肤线粒体中脂氧化酶的活性和脂质过氧化作用,同时肝脏和小肠中谷胱甘肽—S—转换酶的活性增强,起着抗氧化的效应。自由基是一类具有高度活性的物质,性质极其活泼,种类很多,可以来自环境,也可以由细胞代谢过程不断产生。人体生命活动需要氧,但也不可避免地会有部分氧转化成超氧阴离子,统称自由基。它们可以直接或间接发挥强氧化剂作用,从而损伤生物体的大分子和多种细胞成分。自由基也可以由其活泼的活性氧引起脂质过氧化,这种过氧化的主要产物是丙二醛。它对人体生物膜、小动脉和中枢神经都有一定损伤作用,导致细胞结构和功能破坏,诱发老年色素—脂褐质增多,对人体神经和心脏功能带来严重损害,同时在人体脸部、手部会出现许多浅褐色斑点,也就是人们俗称的"老年斑"。研究发现,茶叶中的茶多酚类化合物具有很强的自由基清除效果,一般报道的效果约在70%～95%间。从最近发表的一篇研究报告来看,低达每毫升50微克浓度的速溶茶提取液对自由基即有清除效果。茶叶中的有效组分同样表现有很强的抑制脂质过氧化的作用。正是茶叶中有效组分的清除自由基和抑制脂质过氧化作用,所以具有防衰老功效。在日本、我国和韩国已先后将茶叶中的茶多酚压制成片剂作为人体的防衰老剂供人们服用。

(2)提高免疫性

人体依靠自身的免疫性来抵御外来的病原体。这种免疫机能包括血液淋巴系统的免疫作用和肠道免疫作用。前者是指通过免疫蛋白体的形成用以识别入侵人体的病原,然后由人体的白血球和淋巴细胞行使围歼任务。饮茶可以提高人体白血球和淋巴细胞数量及活性。最近的研究还证明饮茶可以促进脾脏淋巴中的白细胞间素I(INTERLU—KINI)的

形成。白细胞间素I是一种可增强人体免疫性的物质,因此它的增加相应地提高了人体免疫机能。

除了血液淋巴的免疫性外,人体肠道免疫性是维持肠道健康的根本原因。这种肠道免疫性和其中微生物有极大关系。一个成年人消化道中的细菌约有100兆,包括100多种细菌。这些细菌中有的是有益细菌,有的是有害细菌。消化道中有益细菌和有害细菌种群数量的起伏决定肠道的健康状况。有害细菌包括霍乱弧菌、金色葡萄球菌、黄色弧菌、副溶血弧菌、大肠杆菌、肠炎沙门氏菌、肉毒杆菌等。它们会引起人体肠道疾病。许多国内的研究都证明了茶叶对这些有害细菌具有杀菌作用。即使在一般饮茶的浓度下,茶叶中的有效组分即可抑制细菌的生长和繁殖。另一方面人体肠道中也有许多有益细菌。特别是肠道中的双歧杆菌。双歧杆菌在人体肠道中有以下几种作用:(1)抑制有害细菌的生长和繁殖;(2)形成对人体有益的营养物质;(3)分解有害细菌所分泌的毒素。双歧杆菌在人体消化道中的数量在婴儿期约占肠道菌总数的95%,青年期即降至总量的15%左右,到50岁以上即降低到总量的5%左右。这种有益细菌数量减少对人体肠道健康有不利影响。研究证明饮茶可以增加双歧杆菌的生长和繁殖,因此,饮茶一方面可以抑制肠道有害细菌的繁衍,另一方面又可以促进有益细菌的生长和繁殖,因而可以改善肠道微生物结构,提高肠道免疫力,增进人体健康。茶叶止痢的功效已在临床中证实。据报道,用绿茶的浓浸出液治疗痢疾的效果优于化学药物,而且有较长的持效性。用绿茶治疗后第2～3天,赤痢菌即受抑制,第5～10天患者完全恢复。半年后重新检查,仍呈阴性反应。其止痢效果主要是儿茶素类化合物(特别是EGC和EGCG)对病原细菌的明显抑制作用。在原苏联的医院中至今仍在用浓的绿茶煎汁供肠道病患者服用,它既有治疗效果,又有预防效果,可以在长达几个月的期间抑制有害细菌的繁殖。

(3)坚齿防龋

龋齿是人类的常见病之一,尤其是儿童。茶叶的防龋效果早已被证实。茶树是一种能从土壤中富集氟素的植物,嫩梢中氟的含量为40～720毫克/千

克,老叶中含量可达250~1600毫克/千克,而且水溶性氟的含量很高。有人曾对300名学龄儿童每天饭后饮1杯(100毫升)含1克茶叶的茶汤,连续1年,进行观察,结果发现饭后饮茶的儿童龋齿率比不饮茶的平均减少57.2%。北京口腔医院曾对400名学龄儿童每天饮用2次茶水,每次300毫升(所用成茶中的氟含量为400毫克/千克,水与成茶比例为1200∶1)进行观察,结果连续饮茶水200天以上的儿童,其龋齿率比不饮茶的降低10%。浙江医科大学曾在松阳县古市镇小学学生中进行用茶水漱口对降低龋齿发生率影响的实验,结果用茶水漱口的儿童龋齿率降低80%。在牙膏中添加氟化钠以预防龋齿发生,在国际上广泛采用,但联合国世界卫生组织(WHO)规定在儿童用牙膏中不得加入氟化钠,以避免儿童刷牙时有意或无意将含氟化钠的牙膏吞入。在中国曾利用富含氟素的粗茶加入牙膏以取代氟化钠,并经实验证明对预防龋齿具有明显的效果。

茶叶的防龋作用机制除了由于氟素的作用外,茶叶中的茶多酚类化合物还可杀死在齿缝中存在的乳酸菌及其他龋齿细菌。龋齿连锁球菌是口腔中普遍的蛀牙病原菌。在通常情况下,由于它和牙齿表面带有相同的电荷,无法在牙上着床,而且受到来自齿垢中其他微生物的干扰,但这种病原细菌会分泌促进蔗糖分解物——葡萄糖聚合酶,一旦口腔中有蔗糖存在,其分解产物葡萄糖即会在该菌周围形成葡聚糖,这样该菌得到一层免受其他菌类干扰的保护膜,又改变了该菌的电荷状况,因而易于在牙表着床,一旦人体抵抗力下降,从牙髓渗向牙表的正常分泌液减少,病菌即乘机侵入牙内,不断繁殖增生形成蛀孔。茶多酚类化合物具有抑制葡萄糖聚合酶活性的作用,使葡萄糖不能在菌表聚合,这样病菌便无法在牙上着床,使龋齿形成的过程中断。此外,茶叶中的皂甙的表面活性作用,可增强氟素和茶多酚类化合物的杀菌作用。因此茶叶的防龋作用,主要是这三类化合物综合作用的结果。

此外,茶还有增强牙齿抵抗力的效能。茶属碱性食品,牙齿中的钙在体内碱性矿物质不足时,会溶解在血液中起着补充的作用,因此一般人体在长期疲劳后,牙齿会变得脆弱,易生蛀牙,这是缺钙的缘故。茶本身是一种碱性物质,因此能抑制钙质的减少,起着保护牙齿的作用。

除了防龋外,茶还有清除口臭的效果,这是因为人们在进食后残留在牙缝中的蛋白质食品成为腐败细菌增殖的基质。茶叶中的多酚类化合物具有杀菌作用,而茶皂素的表面活性作用具有清洗的效果,因此有清除口臭的作用。

(4) 明目利尿

茶可以明目的功效在我国的许多古医书中早有记载。人眼的晶体对维生素C的需要量比其他组织高。不少眼科专家认为,维生素C摄入量不足,易导致晶状体混浊而患白内障,因此多饮绿茶有助于保护眼睛。据对200例白内障患者的调查表明,在70名男性患者中,有饮茶习惯者20人,占28.6%;而无饮茶习惯者50人,占71.4%。在130名女性患者中,有饮茶习惯者45人,占34.6%;无饮茶习惯者85人,占65.4%。无饮茶习惯中的白内障发病率比有饮茶习惯者高1.5倍以上。浙江省中医院调查了240例老年性白内障患者与饮茶的关系。结果发现有饮茶习惯者白内障发病率较低,只占总患者数量的35%,而无饮茶习惯者的发病率占总患者数量的65%。由此可见,饮茶,尤其是多饮绿茶,对白内障有一定预防效果。

夜盲症是我国农村中发生比较普遍的眼科疾病,主要和缺乏维生素A有关。茶树鲜叶中虽未发现有游离的维生素A,但含有丰富的维生素A原——胡萝卜素,其含量为每100克干茶含17~20毫克,绿茶中胡萝卜素含量约为16毫克,红茶中含量稍低,为7~9毫克。这种含量水平可与胡萝卜和菠菜的含量相比拟。胡萝卜素被人体吸收后,在肝脏和小肠中可转变为维生素A,而维生素A可与赖氨酸作用形成视黄醛,增强视网膜的辨色力,因此多饮茶,尤其是绿茶,对夜盲症有一定预防效果。

饮茶利尿早在我国古代医书中就有记载。这并不是由于摄入大量水分而引起的排尿量增加。有人用少量的绿茶提取液的浓溶液注射到家兔的耳静脉中,结果发现家兔排尿量也明显增加。利尿的机理是由于促进尿液从肾脏中的滤出率来实现的。关于利尿的药理组分,据报道是可可碱、咖啡碱和芳香油综合作用的结果。由于茶的利尿作用,使尿液中的乳酸获得排除。众所周知,人体肌肉、组织中的乳酸是一种疲劳物质,会使肌肉感觉疲劳,因此乳酸的排出体外能使疲劳的机体获得恢复。

(5) 兴奋提神

茶的兴奋提神早在古代中国即为人所熟知。茶叶提神的作用主要是茶叶中的咖啡碱和黄烷醇类化合物的作用,而且这种作用不受其他因素的影响而降低效应。其机理据认为是促进肾上腺体垂体的活动,阻止血液中儿茶酚的降解,此外还有诱导儿茶酚胺的生物合成功效。而儿茶酚胺具有促进兴奋的功能,对心血管系统有强大作用。有人曾用小白鼠分别喂饲生理盐水、绿茶浸出液和咖啡碱水溶液,然后放在回转器上测定其运动能量。结果表明,喂饲茶叶浸出液后60分钟即可明显促进其运动量,与生理盐水组有明显差异,咖啡碱组增强运动量的作用最为显著。现代社会中出售的"避倦丸",每粒含咖啡碱 100~300 毫克,相当于 10 克茶叶中的咖啡碱含量。与此相联系的是茶还具有益思的效应。有人用迷宫实验证明,用茶叶喂饲小白鼠后,具有使白鼠增强记忆力的效果。因此人们在生活实践中,往往在感到疲乏之时喝上一杯茶,刺激机能衰退的大脑中枢神经,使之由迟缓转为兴奋,集中思考力,以达到兴奋集思之功效。

(6) 改善血液组成、降血脂、减肥以及预防心血管疾病

人的某些高发性病害如高血压、脑血栓、心血管疾病,与血液的组成有密切关系。血液中脂质过高往往是中老年人的常见现象。血浆中的脂质超出正常范围称高血脂(Hyperlipoidemia)。血脂高一般是指血液中的胆固醇和三甘油酸酯含量偏高。胆固醇中还包括低密度胆固醇(LDL)、超低密度胆固醇(VLDL)和高密度胆固醇(HDL)等三类。其中 LDL 和 VLDL 对人体有害,有促进人体动脉粥样硬化症的不良作用。相反 HDL 是一种有益的胆固醇,有预防和改善动脉硬化的功效。血脂含量高往往使脂质在血管上沉积,引起动脉粥样硬化和血栓。动脉粥样硬化是老年和中年人的常见病和多发病,它是

由于在大动脉和中动脉内呈现动脉内膜脂质沉积,形成黄色粥糜样病灶,动脉壁出现纤维增生和变硬,是形成心脏和脑缺血病症的主要原因。在许多国家和地区,动脉粥样硬化症及其并发症居于死亡原因的首位。关于动脉粥样硬化的发生机制,有脂质浸润、平滑肌增生、血栓形成、血小板聚集和动脉内膜损伤等学说。因此降低血脂含量,促进纤溶、抗凝和抑制血小板聚集,在某种程度上具有抗动脉粥样硬化的功效,但其中降低血脂含量是最重要的。现代医学研究证明,许多中老年人的常见病,如脑溢血、冠心病、动脉粥样硬化、血栓、肥胖症等都与高血脂有关。据研究报道,绿茶及红茶低剂量时对动脉硬化症的抑制率为 26%~46%,高剂量时抑制率可达 48%~63%。另一项对 3454 名受试者进行跟踪调查 2~3 年后的结果,每天喝 1~2 杯茶的受试者出现严重动脉粥样硬化的危险性减少 46%,每天喝 4 杯茶的受试者出现严重动脉粥样硬化的危险性减少 69%。此外,人体肥胖必然是血脂偏高。国外常用 BMI 指数值作为衡量人体体重的一个标准。BMI=体重(千克)/[身长(米)]^2,当 BMI 在 20~25,女性在 19~24 之间是人的标准体重。饮茶由于提高人体基础代谢率,从而增加脂肪的分解,起到减肥的作用。法国和日本的科学家曾用实验证明,普洱茶和乌龙茶有良好的减肥效果,因而称之为"苗条茶"。用不同茶类进行的实验证明,乌龙茶和普洱茶降血脂和减肥的效果优于绿茶和红茶。台湾的科学家在 2003 年对 1210 人进行了饮茶与体脂肪含量的调查,结果是有 10 年饮茶历史的人与不饮茶的人相比,体脂肪含量减少 19.6%,腰/臀比降低 2.1%。日本有一项调查表明,饮乌龙茶的人在 120 分钟内能量代谢增加 10%,饮茶可以降低体脂肪含量。据测定,每减少 1 千克体脂肪需 7000 千卡能量的消费。如果每天服用 500~600 毫克儿茶素,连续 12 周,可降低大约 1.5 千克体脂肪,相当于 10500 千卡的能量消费,换算成每天需增加 125 千卡的能量消费量,大约相当于散步 45 分钟的运动量。脂肪酸合成酶(FAS)是肥胖症的重要治疗靶标。茶叶减肥的机理主要抑制 FAS 的活性。韩国 2003 年的研究表明,饮茶通过对脂肪组织中 β-肾上腺素能受体的活

化,使得生热作用增强,起到降低脂肪的作用。此外,研究证明,饮茶可以通过对脂肪形成活性,对葡萄糖吸收和对脂肪细胞生长的减弱以及对脂肪细胞凋亡、脂肪分解活性的促进作用、增加粪便中脂质的排泄以达到减肥效果。饮茶还证明可以降低血液中的胆固醇含量,以及改变血液中胆固醇的组成比例,可使对人体有害的 LDL 和 VLDL 含量降低,而相反可使对人体有益的 HDL 含量增加。因此,饮茶可有助于预防心血管疾病。美国、以色列、挪威、芬兰等国的科学家对饮茶和人体血液中胆固醇含量进行了流行病学调查,结果都证明长期饮茶的人,血液中胆固醇含量比不饮茶的平均低 5 毫克/分升。与此相联系的是,茶叶还具有抗血凝的功效,同时还可以降低血液的黏度。因为血液的高凝状态有助于血栓的形成。血栓的形成主要决定于血液中凝血因子的变化、血管壁的变化和血液淤滞等三个因素。血栓形成是由于血小板团块在静脉和动脉的管壁附着,并通过凝血酶的作用使血小板聚集,因此抑制血小板聚集是防治动脉血栓病的关键。目前已经通过实验证明,茶叶中的儿茶素类、茶黄素和茶红素具有抗血小板聚集、血液抗凝和促进纤溶的作用。我国浙江医科大学附属第一医院和中国农业科学院茶叶研究所,曾联合用茶叶中的黄烷醇类化合物对 214 个伴有纤维蛋白原增高的心血管病患者进行临床实验,结果表明对抑制血小板凝集和促进纤溶具有明显效果。20 毫克红茶或 30～40 毫克各种绿茶,可抑制每毫升含血清纤维蛋白原 1 毫克的血浆凝固。我国福建省用乌龙茶进行的家兔活体实验也证明,饮茶可以改善血液流变学特性和抑制血栓的形成。综上所述,茶叶既可以抑制动物细胞对脂质的吸收,又可以加速清除或分解已进入主动脉壁的脂质。长期服用小剂量的阿司匹林目前证明有助于预防脑血栓的出现。研究表明,茶叶中有效组分也具有类似的抗血凝效果。由此可见,饮茶可改善人体血液的组成,降低胆固醇和三甘油酸酯含量,降低血压、降低血液黏度和延长血液凝固时间,所以对预防人体心血管病和脑血栓有一定作用。20 世纪 90 年代日本对 8000 多人的调查结果,每天饮茶 10 杯以上的男性和女性要比饮茶少于 3 杯的在发生心血管疾

病的危险性上降低 58% 和 82%。在因心血管疾病而死亡的年龄上,饮茶少于 3 杯、4～9 杯和大于 10 杯的男性人群分别为 74.9±2.0 岁、76.2±1.3 岁和 76.8 岁,女性人群分别为 79.5 岁、80.6 岁和 80.9 岁。据最近在荷兰进行的流行病学调查结果,饮茶多的人群患冠心病的危险性可降低 45%。

(7) 降血压、降血糖

高血压是城市中老年人的常见病,而且高血压与高血脂和肥胖症往往密切相关。人的高血压病 90% 以上是属本态性高血压和由肾脏动脉狭窄引起的肾血管性高血压。它的形成机制是受肾素——血管紧张素(Angiotension)类物质所控制,由血管紧张素 I 转换酶(ACE)将不活性的血管紧张素 IC 位末端的二肽(组氨酸—亮氨酸)切断,变为具有强升压作用的血管紧张素 II。因此抑制 ACE 活性的化合物也具有降压的效果。早在 1987 年日本科学家就发现茶叶中的 EGCG 和茶黄素(游离茶黄素、茶黄素单没食子酸酯、茶黄素二没食子酸酯)对 ACE 酶均具显著抑制效应。EGCG 对血管紧张素 II 的 50% 抑制浓度为 90 微克分子浓度,ECG 为 1400 微克分子浓度,茶黄素为 400 微克分子浓度,茶黄素 3,3'-二没食子酸酯的效果最好,50% 抑制浓度为 35 微克分子浓度。此外,茶叶中的咖啡碱和儿茶素类能使血管壁松弛,增加血管有效直径,这样由于血管舒张而使血压下降。前苏联的科学家认为这种活性和邻-二羟基苯基团有关,他们统称之为"维生素 P 群",但这种命名方法并未被国际承认。由于高血压病患者必须严格控制钠盐的吸收,而茶叶不同于咖啡,钠元素含量甚微。研究还开发茶叶在嫌气条件下加工可以使形成大量的 γ-氨基丁酸,其含量由一般茶叶加工法的 30 毫克% 增至 200 毫克%,对降血压有明显效果,并由此开发了一种降血压的新茶——Gabaron 茶。这种降压茶在我国台湾省和日本都已开发成产品,在市场上出售。前苏联资料报道,绿茶对易致中风和血管淤塞的人是有益的,因为它可使血管壁保持弹性,消除脉管痉挛,提高了防止血管破裂的功能。在前苏联临床中证明,用高浓度儿茶素作为药物,可以降低血压,减轻头痛和耳的杂音。据马拉维资料报道,茶能预防老年性毛细血管

变脆,治疗痔疮、月经过多等出血性疾病。此外,茶还可以预防,甚至消除不严重的溢血,如黏液膜和牙床的出血。在前苏联应用浓绿茶治疗肠胃道和脑部严重溢血以及老年人微血管变脆。用儿茶素作为降低血压的药物在前苏联已经得到临床应用。澳大利亚医学研究所近年对218名70岁以上的妇女进行了饮茶对血压的影响调查。结果表明饮茶多的妇女血压低,每天饮茶525毫升的妇女,舒张压和收缩压都有明显下降。每天饮茶250毫升的妇女,舒张压平均下降0.9(0.7～1.7)毫米汞柱,收缩压平均下降2.2(0.8～3.6)毫米汞柱。

糖尿病也是当今社会中的一种常见病,是一种以高血糖为特征的代谢内分泌疾病。它是由于胰岛素不足和血糖过多引起糖、脂肪和蛋白质等代谢紊乱。1980年世界卫生组织(WHO)将糖尿病分为Ⅰ型(胰岛素依存型)和Ⅱ型(非胰岛素依存型)。不论是哪一型的患者,都具有高血糖症状。茶对糖尿病具有明显疗效。早在1935年日本京都大学蓑和田博士即证明抹茶对糖尿病有疗效。我国传统医学的处方中就有以茶叶为主要原料用以治疗糖尿病的。如绿茶罗汉果汤、绿茶玉米须汤、绿茶石斛汤等均报道可降血糖和配合西药进行糖尿病的治疗。现代的医学研究也证明,茶叶中的EGCG儿茶素和二苯胺以及多糖类化合物都具有明显的降血糖效果。据报道,每千克体重喂食500毫克剂量的EGCG-氢氧化铝复合物,或每千克体重10毫克从茶叶中提取出来的二苯胺,对降低供试动物体内血糖效果和常用的降血糖药物-甲苯磺丁脲(Tolbutamide)的效果相仿,甚至超过其效果。最近日本科学家从茶叶中提取出一种水溶性多糖化合物(其中包括阿拉伯糖、核糖、葡萄糖),进行了100名糖尿病患者的临床实验。结果表明,连续6周服用茶多糖化合物,患者的血糖值、血清TC值、尿中CPR值、尿糖值等化验指标和其他症状均有明显改善。该研究已在1989年获得成功。虽然效果比对照糖尿病治疗药物Buformin差,但明显优于对照。

(8) 助消化

茶叶中的咖啡碱和黄烷醇类化合物可以增强消化道蠕动,因而也就有助于食物的消化,预防消化器官疾病的发生,因此在饭后,尤其是摄入较多量的含脂肪食品后饮茶是有益的。据报道,乌龙茶具有独特的分解脂肪的能力,因此在进食较多量动、植物性脂肪食品时,喝浓茶(特别是乌龙茶)有助于把多余的脂肪排出体外。正由于这种作用所发挥的减肥效果,使得乌龙茶以每年数亿罐的销售量在日本畅销。前苏联常用浓茶治疗胃肠道不消化疾病。在茶叶有助于人体消化的同时,茶还具有制止胃溃疡引起的出血的功能,这是因为茶叶中的多酚类化合物,可以薄膜状态附着在胃的伤口,而起到保护作用。茶叶还具有吸收对人体有害物质的能力,它不仅可以"净化"消化道器官中的微生物,还对胃、肾以及对肝脏履行独特的化学净化作用,因此在前苏联将浓茶称为"人工肝脏"。

(9) 消炎、灭菌、抗病毒

早在唐宋年间,我国的医书上就有茶叶可以杀菌止痢的记载。业已证明,茶叶中的儿茶素类对有害细菌〔包括金色葡萄球菌(Staphylococcus aurous)、霍乱弧菌(Vibrio cholea)、黄色弧菌(V. fluvialis)、副溶血弧菌(V. parachaemolyticus)、蜡状芽孢杆菌(Bacillus cereus)、嗜水气单孢菌嗜水亚种(Aeromonas hydrophila subsp. hydrophila)、大肠杆菌(Escherichia coli)、肠炎沙门氏菌(Salmonella enteritidis)、鼠伤寒沙门氏菌(S. typhimurium)、肉毒杆菌(Clostrium botalinum)等〕具有杀菌和制菌作用。茶的这种杀菌和制菌作用比咖啡强。不同的茶类对不同的细菌表现不同的作用。如对金色葡萄球菌,红茶和普洱茶的作用比绿茶强,对霍乱弧菌则绿茶的效果优于红茶和普洱茶,但对小肠结肠炎耶尔森氏菌(Yersinia enterocolitica)则普洱茶比绿茶、红茶强。正是一方面由于茶具有改善肠道细菌结构、促进有益细菌的生长,另一方面对许多肠道有害细菌具有杀菌和生长抑制作用,因此许多国家都用饮茶预防和治疗肠道疾病。医学界科学家测定结果表明,茶叶煎汁对抑制痢疾菌的效果和黄连不相上下,远较盐酸小檗碱强。前苏联在医院临床上广泛采用绿茶治疗肠道痢疾,在服用后2～3天痢疾菌即被抑制,在5～10天内可完全恢复,半年后再进行检查发现仍呈阴性反应。我国古代医书中也有许多用茶复配成的治痢疾、霍乱的方剂。研究还发现茶叶中的有效组分对霍乱弧菌、副溶血弧菌和黄色葡萄球菌的毒素有拮抗作用。

除了病原细菌外，茶叶对引起人体皮肤病的多种病原真菌（如头部白癣、斑状水泡白癣、汗泡状白癣和顽癣等寄生性真菌）具有很强的抑制作用。培养基中加入 1.25％茶叶提取液可完全抑制须发癣菌（*Trichophyton mentagrophytes*）和红癣菌（*T. rubrum*）的生长。茶叶中的提取物还对多种植物病原真菌和细菌具有抑菌效果。

除了真菌、细菌外，茶叶中的有效组分对病毒的抑制效果更加引起人们的广泛兴趣。日本 Nakayama M. 等和美国的 Gilbert B. E. 等发现红茶提取液在活体外可抑制流感病毒 A、B 对犬肾细胞的侵染，其机理是抑制病毒吸附在细胞上，而不是抑制病毒在细胞中的复制。活体外实验表明，0.5～9.4 毫克/千克·天的剂量口喂可以降低因流感 B 病毒引起的肺部感染，并建议用儿茶素气雾剂来处理感冒患者。瑞士的研究表明，儿茶素对人体呼吸系统合孢体病毒（RSV）有抑制作用，EC50 为 28 微克分子浓度。我国张国营等报道了红茶和青茶茶汤在 80 毫克/毫升浓度时可完全抑制引起病毒性腹泻的人轮状病毒。艾滋病是 20 世纪 80 年代中期来引起人们恐惧的一种病毒病。它是由 HIV—逆转录病毒引起。研究发现，茶叶中的有效组分，特别是 ECG 和 EGCG 即使在 0.01～0.02 微克/毫升的低浓度下对该病毒具有强抑制效应。它的抑制活性甚至和一种公认具有强抑制活性的 AETTP 的活性相近。进一步的研究还在进行中。

此外，茶叶中的黄烷醇类化合物能促进肾上腺体的活动，而肾上腺素的增加可以降低毛细血管的透性，减少血液渗出，同时对发炎因子组胺具有良好的拮抗作用，属于激素型的消炎作用。茶黄烷醇类化合物本身还具有直接的消炎效果。因此在古代，我国民间就有用茶叶汁处理伤口，以防止伤口发炎的做法。

（10）消臭、醒酒、解毒

消化不良和吸烟带来的口臭常给人们带来不便

和烦恼，前者是因为取食后残留在口腔中的食物残渣在酶的作用下产生氨基酸，氨基酸在口腔细菌产生的酶的作用下形成甲基硫醇化合物，这是口臭的成因；后者则是由于烟碱和口腔中的蛋白质共同产生的臭味。常用的口腔消臭剂为叶绿素铜钠盐（SCC）。研究表明，茶叶中的儿茶素类化合物具有比叶绿素铜钠盐更好的消臭作用。10 毫克儿茶素的消臭效果为 62％，而 SCC 10 毫克为 59％，EGCG 3 毫克的消臭效果几乎为 SCC 的 1 倍。

吸烟有害于健康，这是因为吸烟时高温条件下所产生的烟焦油，中间含有对人体强致癌性物质。为了身体健康，应提倡尽量少吸或不吸烟。香烟中的尼古丁被吸入人体后会使促进血管收缩的激素分泌量增加，而血管收缩的结果会影响血液循环，减少氧气的供应量，导致血压上升。多吸烟还会加速动脉硬化和使体内维生素 C 含量下降，加速人体衰老。据调查，每吸一支烟可使体内维生素 C 含量减少 25 毫克，吸烟者体内维生素 C 的浓度低于不吸烟者。每天吸一包烟的人，血液中维生素 C 含量会降低 25％，因此吸烟者喝茶，尤其是喝绿茶，可以补充人体的维生素 C。此外，绿茶还有强化血管之效。因此，喝茶在某种程度上可以降低吸烟的毒害。众所周知，香烟烟雾中含有苯并芘等多种化学致癌物，这些物质已证明对人体会产生遗传毒性，而绿茶提取物证明对苯并芘和黄曲霉素等致癌物的形成有抑制效应。中国医学科学院肿瘤研究所研究证明，绿茶提取物可以抑制香烟烟雾提取物的诱导畸变。在香烟过滤嘴中加入茶叶提取物，以降低烟雾中有毒成分，在国内外均已有产品。因此从保护人体建康角度出发，提倡吸烟者同时饮茶，可减轻香烟的毒害作用。

浓茶可以醒酒，这是中国人所熟知的。人们饮酒后主要靠人体肝脏中酒精水解酶的作用，将酒精水解为水和二氧化碳。在这种水解过程中，需要维生素 C 作为催化剂。相反，体内维生素 C 供应不足，会使肝脏的解毒作用逐渐减弱，而出现酒精中毒的可能。饮酒时同时吸烟，更会由于维生素 C 含量降低而加剧酒醉，因此在酒席上或酒后喝几杯浓的绿茶或乌龙茶，一方面可以补充维生素 C，另一方面茶叶中的咖啡碱具有利尿作用,能使酒精迅速排出体外。此外茶叶中的茶多酚还有助于脂肪的分解。酒醉的人往往因为大脑神经呈现麻痹状态而产生头晕、头疼和身体机能不协调等现象,喝浓茶可刺激麻痹的大脑中枢神经,有效地促进代谢作用,因而发挥醒酒的效能。我国已开发出用茶多酚作为主要成分的醒酒剂在酒楼饭馆供饮酒者在饮前服用,有一定的醒酒功效。

茶叶还可解除辐射引起的毒害。茶叶中的多酚类化合物有吸收放射性辐射物并阻止在人体中扩散的功效。从第二次世界大战广岛原子弹爆炸事件以来,人们对放射性元素对生物体的有害作用已有足够认识,由此医学界相继进行了各种防辐射方法的研究。此外,在人体进行辐射治疗过程中会出现白血球细胞大幅度下降的现象。关于茶叶防辐射作用最早也是在日本发现的,他们发现广岛原子弹爆炸受害者迁移到茶区居住并饮用大量优质绿茶后,不仅仍然存活,而且体质良好,这一调查发现启示了茶是有希望的解毒剂。用茶叶及其提取物对以致死剂量的锶处理过的动物进行的实验证明,茶叶可以吸收90%这种危险的同位素,而且吸收的时间比同位素到达骨髓的时间为早,假如能经常饮用足够数量的浓绿茶,在生物体内锶剂量可显著低于允许水平。法国、日本的学者证明,这种防辐射作用的有效成分是一种脂多糖化合物。目前我国已将茶叶浓缩液作为辐射治疗后患者的升白剂在临床中应用。其机理也是因为辐射射线可引起大量自由基形成而导致过氧化毒害,茶多酚类化合物可以抗氧化并清除自由基,因而达到抗辐射的功效。茶叶中的EGCG还可以阻止辐射处理后引起的酯质过氧化物的形成,起着一种辐射保护剂的作用。我国学者曾用普洱茶(2%茶汤)喂饲大鼠,每天饮茶3.3～3.8毫升,观察对60钴-γ射线的防护作用。结果表明饮茶组的微核率44.5%,明显低于对照组(81.9%),说明了普洱茶对辐射损伤具保护作用。

现代工业的发展给人类带来繁荣,但也不可避免地出现了环境污染。各种重金属(如铜、铅、汞、镉、铬等)在食品、饮水中含量过高是其中的一个方面。业已证明,这些重金属的含量过高对人体健康具有明显的毒害作用。如过量铅引起的铅中毒,会使人降低免疫力和寿命缩短;过量汞的摄入,会损害肾脏和神经系统;过量的镉往往由于损害骨骼而引起一种慢性疾病。实验证明,茶叶中的茶多酚对重金属具有强的吸附作用。有人曾用升汞配制成不同浓度的溶液,然后加入茶煎汁,结果发现茶汁可使汞离子沉淀,时间愈长,沉淀效果愈好。有人用茶末同甲醛、硫酸和碱处理后在60℃下搅拌2小时,用水洗净后干燥,过筛。经处理后的茶叶对水中的银、镉、钴、铜、镍和铅等重金属具有非常彻底的吸附效果,因此在有些国家推荐多喝茶以减轻水和食品中重金属的毒害作用。

(11) 抗过敏

过敏症是人体对外来物质的一种反应,也是人类的常见病之一,在日本的樱花季节,每年有1300万人发生过敏症,每年用于治疗过敏症的费用为2860亿日元。过敏症有多种类型,其中最普遍的是Ⅰ型,其形成机理是由环境或人体中的抗原/抗体从肥胖细胞中释放组胺而引起的。1989年日本前田有美惠最早报道了茶叶热水提取液可抑制透明质酸酶和组胺的释出过程。日本科学家进一步明确了其有效组分为各种儿茶素类化合物,以ECCG和EGC的抑制活性最强,甚至强于常用的抗过敏药物Tranilast。各种儿茶素化合物的效果以EGCG最好,其余依次为EGC、ECG、EC。近年的研究发现EGCG的两种衍生物(3′-O-甲基EGCG和4′-O-甲基EGCG)的效果比EGCG更好。除了绿茶中的儿茶素外,红茶中的茶黄素,尤其是茶黄素二没食子酸酯的效果甚至优于儿茶素类化合物。

(12) 抗焦虑及对神经退化性疾病的预防

焦虑常常是现代社会里生活节奏快、现实烦恼和个人精神承受能力间不相适应的一种反应。在西医学上采用镇静剂进行治疗。目前许多医用的镇静剂都是GABAA(γ-氨基丁酸)受体苯并二氮杂卓位置上的配体。据法国近年的研究报道,绿茶中的EGCG酯型儿茶素具有抗焦虑作用。研究表明,EGCG和利眠宁同样具有抗焦虑作用和引起遗忘的效果。EGCG在7.5～60毫克/千克剂量时表现抗焦虑作用,利眠宁的活性剂量只需1.25～5.0毫克/

千克剂量。进一步的研究还发现,EGCG 的一种代谢物对受体苯并二氮杂卓的活性可能比 EGCG 更强。由于 EGCG 的副作用较小,因此 EGCG 或其衍生物有希望成为一种处理患者焦虑症状的替代物。

人体神经退化性疾病(如帕金森氏症和老年性痴呆)也是神经系统的一种疾病,在中、老年人群中发生较普遍。这类神经退化性疾病是一类多因子引起的疾病,包括氧化性应急、炎症、蛋白集聚物的积累等一系列毒性反应,引起神经元的死亡。它和心血管,特别是脑血管的硬化和梗塞有密切关系,这类病最明显的病理学症状是在死亡的神经元顶部和周围的小神经胶质细胞中有铁元素的异常积累。铁元素的作用是提高和促进有毒的活性氧基团的产生。在用药物治疗时必须具有穿透血-脑屏障的作用,同时具有抗氧化活性和与脑中的铁离子相螯合的能力。近几年在许多国家中,对饮茶预防人体神经退化性疾病进行很多的研究。在最近进行的两个流行病学研究,证明每天饮茶两杯或连续饮茶 8～10 年以上,可使患帕金森氏症的危险性下降 28%～80%。英国的科学家研究了饮茶对与记忆功能有关的几种酶的影响,其中包括乙酰胆碱酯酶、丁酰胆碱酯酶、β 促分泌酶(β - secretase)等几种。乙酰胆碱酯酶的正常功能是水解神经触突处释放出的乙酰胆碱,乙酰胆碱是一种神经递质,它可以维持神经系统的正常传导。如果乙酰胆碱酯酶被抑制,丧失了水解乙酰胆碱的能力,结果乙酰胆碱大量积累,阻断了神经的正常传导。丁酰胆碱酯酶的功能与乙酰胆碱酯酶相似。英国科学家的研究认为,老年性痴呆患者在脑的某些部分出现胆碱能的活性下降。在人的衰老过程中胆碱能的活性会逐渐降低,在发生帕金森氏症和老年性痴呆时,会加速这种胆碱能活性的下降过程。绿茶和红茶的提取物都可以抑制乙酰胆碱酯酶和丁酰胆碱酯酶的活性,从而提高人的记忆和识别能力。β 促分泌酶与老年性痴呆患者的脑中蛋白质淀质的形成有关。目前许多老年性痴呆患者所用的药物,都以降低丁酰胆碱酯酶和 β 促分泌酶为目标,可以延缓老年性痴呆患者的发病进程,但许多这种药物也具有副作用,因此茶叶提取物的表现引起了医学界的关注。研究还发现,老年性痴呆患者体内有 β-淀粉状蛋白(Aβ)的过量,由于铁离子的存在将 α-合核素(α - synuclein)和 β-淀粉状蛋白聚集成有毒的原纤维沉积物。绿茶和红茶的提取物(5～25 微克/毫升)对 Aβ 的毒性具有神经保护作用。在不同的提取物中,没食子酸(1～20 微克分子浓度)、ECG(1～2 微克分子浓度)和 EGCG(1～10 微克分子浓度)效果最好,相反,EC 和 EGC 在同样的浓度下没有效果。研究者认为在绿茶中含有的 EGCG、ECG 和红茶中含有的茶黄素,浓度显著高于上述有效浓度。由于上述化合物都有穿透血—脑屏障的能力,同时具有抗氧化活性和与脑中的铁离子相螯合的能力,因而可能就是对帕金森氏症和老年性痴呆等神经性退化症有效的重要原因。研究还发现,绿茶中 EGCG 还有使已中毒的神经元细胞再生的功效。这说明 EGCG 具有多元的作用,不但有预防帕金森氏症和老年性痴呆等神经性退化症发生,还可能具有治疗的作用。日本的科学家从另一个方面研究茶叶中的有效成分对预防人体神经性退化疾病的效果。他们用暂时性局部缺血模型研究茶氨酸的神经保护效应。结果表明 125 微克分子浓度和 500 微克分子浓度茶氨酸可使实验动物的局部缺血性神经元死亡现象受到抑制。其存活率分别为 60% 和 90%。其机理是茶氨酸对谷氨酸盐受体起着拮抗体的作用。因为谷氨酸通过对谷氨酸盐受体有刺激作用和开放离子通道,因而起着信号传导的作用。而谷氨酸和钙离子浓度过高会引起神经元细胞死亡。用大鼠进行的研究表明,500 微克分子浓度茶氨酸可以抑制由谷氨酸引起的皮质神经元细胞的死亡现象。经对大鼠的喂饲实验表明,在口喂 200 毫克/千克茶氨酸后 0.5～2 小时,血液中的茶氨酸浓度即达到高峰,而且可以通过血/脑屏障进入脑部,显示了茶氨酸的神经保护效应。这些研究为人体神经退化性疾病的预防和治疗提供了良好的前景。

(13) 抗癌抗突变

癌症是当前世界上引起人类死亡率最高的疾病之一。尽管有许多治疗癌症的药物问世,但人们更寄希望于采取控制人类膳食食谱,通过食品的机能性成分的作用预防癌症的发生。

癌症的病因有多种说法,癌病的起因多年来有两种学说,即病毒致癌学说和外界致癌物质致癌学说。尽管存在上述学说,但对基本致癌过程的见解是一致的。大量研究工作已经肯定癌症是由致癌基因(Oncogene)引起的,它在正常细胞中都存在,但是没有表达,不形成转化蛋白,这种在正常细胞中的致癌基因是不活化的,因此又称为原癌基因(prooncogene),它必须经活化后才能产生转化基因。这种蛋白实际上是一种蛋白激酶,能使磷酸根离子附着到酪氨酸上,在质膜上蛋白质的磷酸化对细胞的生长有促进作用,因此通常认为癌症是由原癌基因活化后造成的。但它的发生都经历着由人体正常细胞通过各种致癌因素的引发而形成变异细胞,再通过各种内在和外界因素的进一步促发,变成前癌细胞,然后再发展成癌细胞这样一个过程。在癌症的致病过程中需要一些化学物质来完成这种活化过程,它可以分为两个阶段,凡引起致癌基因形成的物质称引发物质(initiator),而使致癌基因表达出来的叫促成物质(promotor),也有一些物质兼具二者的作用。因此凡对上述阶段中的一个产生抑制作用,就具抗癌效应。我国和国外的许多研究证明,茶叶和茶叶中的有效组分(如儿茶素类化合物)不但具有抑制引发作用的活性,而且具有抑制促发作用的活性。

1987年日本的Fujiki·H研究组,最早报道了EGCG对人体癌细胞的活体外抑制作用。以后,世界各国的科学家相继进行了大量的茶叶及其内含物对人体抗癌的活性及其机理的研究。这些研究包括了活体外研究、活体内研究、临床实验和流行病学调查等各个阶段以及探索这种功效的机理。二十年来全球对茶叶抗癌的研究,大致可以归纳为两个方面:一是以动物为模型进行的对各种癌症的活体内实验的结果。大量的资料证明了EGCG和茶提取物可以抑制实验动物不同器官中的致癌过程。在这些大量研究中,以令人信服的实验,记载了茶叶对各种动物癌症明显的预防和治疗效果,它包括皮肤癌、肺癌、食道癌、胃癌、十二指肠癌和小肠癌、胰腺癌、直肠癌、膀胱癌、前列腺癌和乳腺癌等。这种效应表现为供试动物的肿瘤数量变少、大小变小,患有肿瘤的

动物比率下降。二是以人体为对象的临床实验和流行病学调查。根据在世界各国进行的茶叶与癌症的流行病学调查结果来看,大量的结果表明饮茶通常可以降低癌症的发生率,特别是在东方国家(如我国、日本、韩国)。日本最早发现茶多酚可以抑制癌细胞生长繁殖的福田熏研究组,从1986年开始连续10年对8522人进行跟踪调查,其中包括419位癌症病人,结果表明每天饮绿茶10杯的女性可使癌症延迟发生7.3年,男性为3.2年。因此建议日本人每天饮茶10小杯或服用一片茶多酚片,以预防癌症的发生,或延迟癌症的发生。此外在我国、韩国和荷兰等国也有类似的流行病学研究结果,表明饮茶的人群具有明显较低的癌症发生率。但也有一些流行病学研究结果表明,虽然饮茶对癌症的发生有一定的抑制效应,但差异并不显著。从结果来看,东方国家进行的流行病学调查中,大多数调查结果表明,饮茶可以明显减轻癌症发生率,而西方国家进行的流行病学调查中,仅部分的结果表明饮茶可以明显减轻癌症发生率,大多为差异不显著。分析其原因主要有如下几点,一是东方国家进行的调查中饮茶者大多是饮用绿茶,而西方国家进行的调查中,大多是饮用红茶,这可能是在抗癌上,绿茶效果优于红茶;二是因为东西方人的饮茶方法不同。东方国家的饮茶方式大多是连续性的,通常从清晨开始连续饮茶到晚间,而西方国家的饮茶方式往往是间歇性的,通常在上下午专门的饮茶时间(Tea time)饮茶。与此相联系的,东方人血液中的儿茶素类化合物的浓度呈现抛物线性曲线,也就是从早上饮茶后2小时开始在血液中出现。一直维持到晚间停饮后2小时左右。而西方人由于是间歇性饮茶,因此血液中的儿茶素类化合物浓度呈现双峰曲线,即在上午饮茶时间后2小时出现浓度峰,但很快又开始下降,然后在下午饮茶时间后2小时又出现第2个峰,由于茶叶抗癌效果决定于血液中的活性化合物浓度,这样可以想象东方人饮茶后的效果会优于西方人。这有待于进一步的研究加以阐明。根据以上结果可以认为,茶确实可以抑制和延迟癌症的发生,但必须要有一个正确的定位。茶不是一种药,它是一种具有生理调节机能的功能性食品,它可以增强人体对癌症

的抵抗力,预防或延迟癌症的发生。

至于茶叶中有效组分抗癌的机理,近十年来世界各国的科学家对此进行了许多的研究,大致可以归纳为如下几个方面。

① 抗氧化作用

自从 1963 年日本梶本五郎最早报道茶叶具抗氧化活性以来,数以百计的研究报告都集中报道了茶叶及其活性组分的抗氧化活性。即使到目前为止,抗氧化作用仍然被认为是茶叶保健抗癌最重要的机理。茶叶中多酚类化合物抗氧化活性的结构基础是 B 环上的邻二羟基($3'$,$4'$-OH),A 环上 5 和 7 位上的两个羟基,以及 C 环上的 3 位上的羟基,此外儿茶素结构上的 $3'$,$4'$ 邻二羟基可将游离金属离子螯合以减少金属离子活化而产生的活性氧离子。

② 对致癌过程中关键酶的调控

人体肿瘤的形成在很大程度上受着各种酶的作用和控制。有的起着激活作用,有的起着抑制作用。茶叶的抗癌机理与对这些关键酶的抑制和激活有密切关系。

早期的研究业已证明,在前致癌物代谢成为 DNA 结合代谢物中细胞色素 P-450 氧化酶类起着重要作用,与 DNA 相结合是肿瘤引发阶段所必需的,因此有人将这种酶作为肿瘤起始阶段的生化标记物。对 P450 酶系的抑制作用证明具有对癌症发生的保护效应,如茶叶提取物对芳羟化酶,7-乙氧基香豆素-O-去乙基酶,7-乙氧基试卤灵-O-去乙基酶的抑制作用对小鼠肝脏肿瘤的发生有明显降低的效应。同样的,在对肿瘤促发阶段中,20 世纪 90 年代的研究表明,在多种肿瘤促发物的促发阶段中,都与一种乌氨酸脱羧酶(ODC)活性的激活有关,而且这种酶还和细胞增殖和分化有密切关系。在皮肤癌促发阶段的研究中发现,与表皮 ODC 酶、环氧合酶和脂氧合酶活性有密切关系,茶多酚可以明显抑制致癌物 TPA 对这些的激活效应,并将它归为绿茶的抗癌活性机理。

端粒酶(Telomerase)是控制癌细胞增殖能力的一种关键酶。所谓端粒是真核细胞线状染色体末端特殊的 DNA-蛋白质复合体,端粒 DNA 与端粒结合蛋白一起形成特殊的“帽子”结构来维持染色体的完整。端粒酶是一种具有反转录活性的核糖粒蛋白,它起着保持染色体末端完整和控制细胞分裂的作用。正常细胞每分裂一次,染色体的端粒会缩短 50~200 bP,当缩短到一定长度时,细胞不再分裂,进入自然死亡。有 85% 以上的癌症都表现有端粒酶的活性,而大多数体细胞则都没有可检出的端粒酶活性。因此,在 20 世纪末,科学家们建议将端粒酶作为癌症治疗的一个高选择性的目标。茶叶中的儿茶素对端粒酶有很强的抑制活性。其中以 EGCG 最强,ECG 次之,EGC 和 EC 也有一定的抑制活性。日本科学家还发现一个很重要的结果,就是 EGCG 和其他多酚类化合物在模拟人体血液中很容易分解成为一些 EGCG 的 B 环开环的氧化产物,而且这些代谢物抑制端粒酶的活性提高了 20 倍之多,并认为 EGCG 和类似结构的多酚化合物起着一种前体药物(Pro-drug)的作用,当在人体内吸收和分布时,便会进行结构的改变,发挥增强的端粒酶抑制活性。最为重要的是 EGCG 在活体外对端粒酶的 IC50 为 1 微克分子浓度,这已和人们饮茶(中等饮用量)后血液中的 EGCG(0.3~0.4 微克分子浓度)的浓度接近。但当 EGCG 在体内代谢成为氧化产物后,其 LC50 仅为 0.3 微克分子浓度,和人体内的实际 EGCG 浓度相一致,这应该说是一种很有说服力的机理。

环氧酶(Cycloxygenase)和脂氧合酶(Lipoxygenase)是和肿瘤促发过程密切相关的关键酶。环氧合酶的一种诱导的异构型(isoform)CoX-2,在人体直肠癌、肺癌、乳腺癌和食道癌中均发现有过量表达形式。此外,由 CoX-2 催化的花生四烯酸代谢过程所衍生的一种代谢物——前列腺素 E2(PGE2),也证明与癌细胞的过量增殖、有丝分裂发生、侵袭力和血管生成有关。脂氧合酶可催化花生四烯酸的氧化,使形成羟甘碳四烯酸(HETE),而脂氧合酶和 HETE 产物是癌细胞增殖和细胞凋亡的重要调节剂,业已发现在人体直肠癌细胞中 15-LoX 的水平有明显提高。这些研究表明,对环氧合酶和脂氧合酶的抑制作用可以影响花生四烯酸代谢过程,对人体直肠癌的发生有抑制作用。研究发现,30 微克/毫升的 EGCG、EGC、ECG 和茶黄素可使

LoX 代谢物和 CoX 催化的花生烯酸活性抑制 30%～75%，以 ECG 活性最强。由于 EGCG 主要通过胆汁从粪便中排泄，因此，在直肠细胞中 EGCG 的浓度很高，而 EGCG 对 LoX 和 CoX 活性的抑制被认为可以降低直肠癌和皮肤癌的一个重要机理。

基质金属蛋白酶（Matrix metalloproteinase, MMP）是近几年来在茶叶抗癌机理研究中异常活跃的一类酶。正常细胞除白血球外，整个细胞周期都停留在所属的组织中，但癌细胞会转移。正常细胞相互间都会吸附得非常紧密，同时也会与其基部的细胞外基质（Extracellular matrix）有很紧的吸附。细胞的转移要先穿透一层基层膜（Basement membrane），这是特殊分化的细胞外基质。除白血球外，正常细胞无法穿透这种基层膜，而癌细胞和白血球则可以穿透。其机制是同样的，都用一种金属蛋白酶使得基质膜分解，穿透第一层膜后，再穿透基层膜以及血管的内皮细胞后，癌细胞即进入血液中，随血液流动转移。膜型 MMP 位于肿瘤细胞的表面，它有 20 多种酶，其中 MMP－2、MMP－3 和 MMP－9 具有高的选择性、副作用小。这些 MMP 酶对癌细胞转移来讲是必不可少的。因此对这些 MMP 酶具抑制活性的化合物对控制癌细胞转移是有效的。在英国、瑞士、日本等国都已在临床开发这类金属酶阻害剂作为抗癌药物上市，在开发过程中发现 EGCG 具有这种对 MMP 酶抑制的活性，它对 MT－MMP 的 IC50 仅为 0.3 微克分子浓度。其中研究最多的是白明胶酶 A（MMP－2）和白明胶酶 B（MMP－9）。用肺癌细胞进行的研究表明，ECG 和 EGCG 的抑制活性高于 EC 和 EGC。据日本科学家的研究，酯型儿茶素和 TF1 对癌细胞的浸润具强抑制活性。而且 EGCG 对 MT—MMP 酶类的 IC50 很低，在 0.3 微克分子浓度左右，可以使人体恶性胶质瘤细胞对原 MMP－2 酶的释放量减少 50%。关于 EGCG 和其他茶多酚化合物对 MMP 酶系的抑制作用，之所以引起关注的主要原因是因为它对 MMP－2 和 MMP－9 的抑制浓度可以比其他关键酶（如尿激酶）的抑制浓度低 500 倍之多。

尿激酶（Urokinase）是一种在人体肿瘤中经常被表达的蛋白酶。美国科学家用分子模型的方法证明 EGCG 与尿激酶相结合，是通过堵住尿激酶分子的 His57 和 Ser95 具催化活性的部分，并伸展与其 Arg35 作用，由此提出一个"黏合模型"（Stick model）的假设来解释 EGCG 如何填补尿激酶的这个空隙。通过这种结合就干扰了尿激酶识别其基质的能力，从而抑制酶的活性，EGCG 对尿激酶的抑制 LC50＝4 mM，作者用不同浓度 EGCG 的酰胺分析方法来验证尿激酶的这种活性。根据用两个不同公司生产的 EGCG 进行的实验得出几乎同样的尿激酶抑制活性。作者认为绿茶的抗癌活性主要由于尿激酶的抑制作用，但持反对的科学家认为 EGCG 对尿激酶的抑制浓度太高，与人体实际存在的浓度相差较远。

白细胞弹性蛋白酶（elastase）也是一种与肿瘤侵袭和肺气肿有密切关系的酶，它可以激活多种 MMP 酶。研究发现 EGCG 对这种酶具有极强的抑制活性，其 IC50 为 0.4 微克分子浓度，这个数值比对 MMP－2 和 MMP－9 的抑制活性强 50 倍，甚至比内源的丝氨酸蛋白酶抑制剂——α1-蛋白酶抑制剂（13 微克分子浓度）（α1－PI，即 α1-抗胰蛋白酶）也要强 30 倍。EGCG 对白细胞弹性蛋白酶的抑制力非常强，是头孢菌素（Cephalosporine）、β-内酰胺和三氟甲基酮的 1/50～1/200。

5α-还原酶与雄性性分化和前列腺癌的发展有关，ECG 的活性略高于 EGCG，分别为 11 微克分子浓度和 69 微克分子浓度。过量的 5α-还原酶和前列腺癌的发展和蔓延有关。因此有认为采用对 5α-还原酶有抑制活性的食品有可能作为预防前列腺癌的一种方法，富含 EGCG 的绿茶引起了广泛的兴趣。

NO 合成酶是近年来研究的一个热点，NO 在正常细胞中未能检出，它具有很广泛的生理学和病理生理学功能。在低浓度下 NO 具有调节血压、神经传递的作用，但高浓度的 NO 及其衍生物在炎症和致癌过程中有重要作用。诱导性 NO 合成酶（iNOs）在内毒素存在的情况下几小时内便会形成大量 NO，NF－kB 活化基因可以使 iNOs 酶的 RNA 转录，提高 iNOs 基因的表达效果。茶叶中的多酚化合物可以通过抑制转移因子 NFKB 的结合到酶上以抑制 iNOs 酶。10 微克分子浓度 EGCG 可以使 iNOs 蛋白的形成量抑制 60%，茶黄素双没食子酸酯 10 微克分子浓度可使 iNOs 酶的水平降低 91%。iNOs 酶的抑制可使内源性致癌物如亚硝基化合物的形成减少，因而起到抑制肿瘤起始和促发过程的进行。

除了上述引发和促发癌症发生的一些关键酶外，人体中也有许多有益的解毒酶类，它们对减少致癌物质的形成和积累起着重要作用。如谷胱甘肽过氧化物酶、接触酶、NADPH-醌氧化还原酶、谷胱甘肽-S-转移酶等。研究表明，实验动物口喂 0.2% 绿茶多酚水溶液可使上述介毒酶活性有明显提高：谷胱甘肽过氧化物酶活性提高 86%～129%、接触酶活性提高 59%～92%，NADPH-醌氧化还原酶活性提高 53%～71%，谷胱甘肽-S-转移酶活性提高 28%～30%。

③ 阻断信息传递

分子生物学的研究阐明了人体细胞中许多重要生命过程都伴随有与这些有关的信息传递过程，因而抑制与病理过程有关的信息传递也可以抑制致病过程。大多数细胞有丝分裂的信号，通过多种生长因子与其细胞表面的受体相结合，并传递到细胞核中引起基因表达、DNA 合成和细胞增殖。业已明确，在细胞表面存在有各种信息的受体，如蛋白酪氨酸激酶受体(RPTK)、内皮生长因子(EGF)、脂多糖受体(RLPS)和蛋白激酶 C(PKC)，它们对信息传递起重要作用。信息传递是从细胞表面开始的。EGCG 首先阻断内皮生长因子结合到 A431 细胞的受体上；第二步是抑制 RPTK 的活性。RPTK 中酪氨酸的磷酸化过程(主要是 130KD 蛋白质)是其中重要的一环，EGCG 可使这种磷酸化过程降低 30%～50%。据 Liang. Y. L. 等报道，EGCG 对 EGF 和成纤维细胞生长因子(FGF)的受体酪氨酸激酶的 IC50 为 0.51 和 1.03 微克/毫升。当 RPTK 接受外来信号后，传递到蛋白酪氨酸激酶，再通过细胞内的转导物 Raf-1(致癌基因 Ras 活化因子-1)传递到促细胞分裂剂激活的蛋白激酶(MAPK)，再传递到细胞核内部。另外 PTK 也可将信息通过转录因子核因子激酶 B(NFKB)传递到核内；当然也可

能由激酶 B 抑制剂(IKB)降解而中断信息传递。我国台湾省的科学家提出一个 EGCG 抑制脂多糖诱发的 iNOs 酶可能的作用位置的新机制。当脂多糖与其受体结合后接收信息传递，使得 PTK 活化，使与 NFKB 结合的 IKB 磷酸化，从而释放出活化的 NFKB。EGCG 抑制了脂多糖诱发的 iNOs 酶的作用位置，因而也阻断了信息通过 NFKB 向核中传递的过程。细胞核是决定细胞进行分裂的中枢场所，存在有一个细胞是否进行分裂的细胞周期钟，它接受两个不同来源的信息，一个是分裂信息，另一个是抑制信息。在信息传递到细胞核中后，通过核中原生型致癌基因(Ras，Jun，fos，Her-2/neu 等)的转录激活机制而实现发炎、致癌、细胞增殖分化或细胞凋亡，这就是通过细胞表面的 RPTK、RLPS、PKC，通过细胞内转录物而传递到核内部的整个信息传递过程。在整个传递过程中，EGCG 及其他儿茶素类化合物可以发挥多方位的抑制效应(如图)。茶黄素(20 微克分子浓度)具有降低 Raf-1 蛋白的水平。50 微克/毫升 EGCG 可使 NFKB 活性降低 76.3%±5.9%。Ras 蛋白是细胞核中的一种原生型致癌基因，它主要积累在转移的细胞中，5 微克分子浓度 EGCG 对正常细胞中的 Ras 蛋白没有影响，但在转移的细胞中可降低 35%，10 微克分子浓度 EGCG 可使转换细胞中的 Ras 蛋白降低 50%。Jun 也是细胞核中的一种原生型致癌基因，它是 AP-1 转录因子的一部分。10 微克分子浓度 EGCG 对正常细胞中的 Jun 蛋白影响甚小，但可使转移细胞中的 Jun 蛋白减少 40% 左右。我国台湾省的科学家研究了茶叶中 EGCG、TF1、TF2、TF3 对转录活化蛋白核因子 NFKB 的影响。结果表明，TF3 可以强烈抑制 IKB 激酶 α(IKK-1)和 IKB 激酶 β(IKK-2)的活性，并通过它来抑制 NFKB 活性。由于 NFKB 起着内源性肿瘤促发剂的作用，因此 EGCG 受到医学界的关注。EGCG 也具有类似抑制功能，但抑制活性弱于 TF3。

在信息传递中，一种转录激活蛋白-1(AP-1)的作用引起科学家的重视。因为 AP-1 是一种癌细胞促发剂。EGCG 可以抑制 AP-1 的结合活性，研究发现 5～20 微克分子浓度 EGCG 可以通过对

c-Jun NH2 终端激酶抑制 AP-1 对 DNA 的结合。EGCG 还可以抑制 EGF-R、PDGF-R 和 FGF-R 的蛋白酪氨酸激酶的活性,同时对受体型的蛋白酪氨酸激酶的抑制活性(IC50＝0.5～1 微克/毫升)比非受体型蛋白酪氨酸激酶-蛋白激酶 C、蛋白激酶 A,PP60v-src(IC＞10 微克/毫升)强。德国科学家发现了 10 微克分子浓度的 EGCG 可使 PDGFβ 受体的活性抑制 80％。EGCG 还可以抑制 BALB/3T3 细胞对 TNF-α 的释放(IC50＝20 微克分子浓度),因为 TNFα 已知是一种主要的内源性肿瘤促发剂,因此受到密切关注。

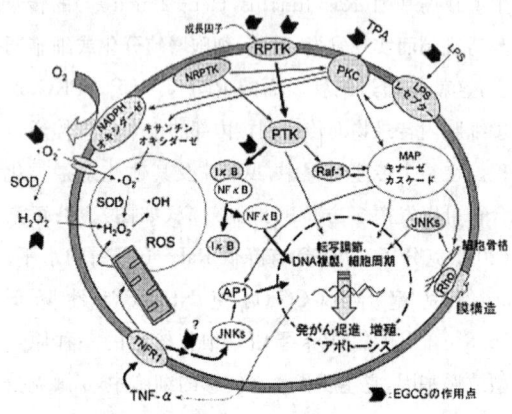

致癌过程中细胞增殖、分化、发炎、致癌或凋亡的信息传递途径以及 EGCG 的阻断功能
(Lin J. K. 等,1999)图

AP-1:转录激活蛋白-1, IκB:激酶 B 抑制剂, LPSR:脂多糖受体, MAPK:促细胞分裂激活的蛋白激酶,NADPH oxidase:NADPH 氧化酶, NFκB:核因子激酶 B, NRPTK:非蛋白酪氨酸激酶受体
PKC:蛋白激酶 C, PTK:蛋白酪氨酸激酶, Raf-1:致癌基因 Ras 活化因子-1
RPTK:蛋白酪氨酸激酶受体, SOD:超歧氧化酶, TNF α:肿瘤坏死因素 α, TNFR:肿瘤坏死因素受体, TPA:12-o-十四烷哪拜醇-13-醋酸酯(癌促发剂)

④ 抗血管形成机制

早在 30 年前,Folkman 就提出肿瘤的生长和增殖决定于新血管形成的程度,并敏感地提出它在肿瘤治疗上应用的可能性。一个小的肿瘤组织会有几百万个细胞,但它处于休眠阶段而并不生长,这个时间大约在 10 天时间。在此期间这类细胞的存活依靠 O_2 生长因子和营养物质的扩散来维持。这种肿瘤植入体在 2～3 毫米以上时就不能再生长。但这些活肿瘤细胞可以继续产生血管形成因子,如血管内皮生长因子/血管渗透性因子(VEGF/VPF)和成纤维细胞生长因子-2(FGF-2),它们可以打开肿瘤植入体血管形成的表现型,当新血管到达肿瘤植入体,肿瘤的生长便呈几何级数增长。因此血管形成不仅对原始性肿瘤生长是必需的,而且对肿瘤的增殖也是必不可少的。通过研究,证明人体内存在着一种血管新生的开关系统,包括有新血管生长刺激因子(如 VEGF、FGF 等)和抑制性因子,当刺激性因子力量超过抑制性因子时,血管就朝向肿瘤生长,这样便为新生的肿瘤提供营养,而使肿瘤快速增长,而当抑制性因子的力量超过刺激因子时,血管生长就停止,甚至萎缩。在上述理论指导下,科学家们都试图调节血管形成的机制来探讨肿瘤的防治。这种新血管形成因子包括基本成纤维细胞状生长因子(basic fibroblast-like growth factor 6FG7)、血管内皮生长因子(VEGF)、细胞间白素 8(Interleukin-8,IL-8)和转移生长因子 β(TGF-β)等。1999 年瑞典科学家最早用鸡绒毛膜尿囊膜分析法,研究发现 1～100 微克分子浓度的 EGCG 可以抑制新血管形成。后来的研究发现 EGCG 可以在很低的浓度下,有选择性地抑制内皮细胞生长。如上所述,EGCG 等多酚化合物是 MMP-2 和 MMP-9 的直接抑制物。同时还发现,EGCG 0.5～1 微克分子浓度低浓度下降低细胞间白素 8 的作用。在 0.1～0.3 微克分子浓度的低浓度下即可以抑制血管形成。抗血管形成机制之所以引起关注,是因为茶叶中的儿茶素类化合物抑制血管形成的有效浓度甚低,和饮茶者血管中存在的儿茶素类化合物浓度相当,因此被认为是各种解释茶叶抗癌机制中最具说服力的一种。这方面的研究正在继续进行中。

⑤ 细胞凋亡作用(Apoptosis)

细胞凋亡作用最早在 1982 年提出的,认为是一种正常的生物学老化现象。在 10 年后的 1992 年发现它不但和细胞生命正常代谢有关,而且和细胞发育、肿瘤形成和治疗也有密切关系。细胞凋亡作用又称细胞程式化死亡,是一种细胞主动式的自我灭亡作用。当细胞中出现致癌基因或是肿瘤抑制基因无法正常运作时,都会使细胞执行程式化死亡。这个过程由肿瘤抑制基因 P53 控制。当细胞不能执行程式化死亡时便会造成癌细胞的蔓延。Zhao Y 等最早在 1997 年证明茶多酚可使一种早幼粒细胞性白血病细胞 SHL‑60 产生凋亡,其后各国的许多科学家都相继报道了 EGCG 对前列腺癌细胞、肺癌细胞、肝癌细胞、黑素瘤细胞、胃癌细胞、白血病等多种癌细胞的凋亡作用。

上述 5 个方面的机制应是相互联系制约,如抗血管形成机制也必然有多种关键酶的参与和信息的传递,细胞凋亡作用也受其他机制的影响。除了上述 5 个方面的机理外,如与致癌物的代谢物或有害化合物相结合,抑制原致癌物的活化,减弱癌细胞的增殖等方面也是儿茶素类化合物抗癌的机制。

综观近年来研究茶多酚对人体健康方面作用的巨大进展,除了上述 12 个主要的方面外,茶叶中的有效成分还有抗溃疡活性、肝脏保护功能等。可以认为茶多酚化合物对人体健康特别是抗癌的效果已不是"有"或"没有"的问题。大量的资料已经以确实的证据肯定了它的药效,现在的问题是以什么样的状态应用和如何应用的问题。这些问题有待于未来的研究加以阐明。尽管茶多酚对人体的多种疾病具有预防和治疗效果,但美国的食品和药物管理署(FDA)一直没有批准茶多酚可以作为处方药物在市场销售。不过 2006 年 10 月 31 日美国 FDA 批准了一种绿茶的提取物作为新的处方药,用于局部(外部)治疗由人类乳头瘤病毒(HPV)引起的生殖器疣和肛周疣。这种被称为 Veregen(Polyphenon E)的新药是 FDA 根据 1962 年药品修正案条例首个批准上市的植物药(草本药)。它是一种儿茶素和其他绿茶组分的混合物。这是在美国 50 年来首次批准中国原创复合成分的植物药(中草药)在美国上市。这个药的批准上市引起国际上的关注,也为茶叶有效成分进入国际市场提供可期望的辉煌前景。

(陈宗懋)

茶 产 品 篇

中国产茶历史悠久,历代茶人创造了多种茶类。据不完全统计,中国现代生产的茶叶有茶名的就有 1100 多种,中国茶叶种类之多为世界之冠。当然有不少茶叶外形内质相近,只是产地、名称不同而已。

一、茶叶分类

在中国漫长的茶叶历史发展过程中,历代茶人创造了各种各样的茶类,在长期的封建制度下又出现了各种"贡茶",加上我国茶区分布很广,茶树品种繁多,制茶工艺技术不断革新,于是便形成了丰富多彩的茶类。就茶叶品名而言,从古至今已有上千种之多,目前世界上还没有规范化的茶叶分类方法,现就我国历代主要茶叶类别,概要介绍如下。

(一)历代茶叶类别概要

在唐代以前,茶叶的利用、饮用,开始是生煮羹饮或晒干收藏,而后多以捣叶做成饼茶,或是蒸叶捣碎制成团饼茶,因此在唐代以前已出现晒干散茶和团饼茶。

唐代之初,蒸青团茶已成为主要茶类,也有晒干的叶茶(类似现代的白茶)。陆羽所著《茶经·六之饮》中称:"饮有觕(粗)茶、散茶、末茶、饼茶者……"可见当时已出现四种茶叶,但按现代的制茶科学来认识,这四种茶均属蒸青绿茶。

宋代开始,除保留传统的蒸青团茶以外,已有相当数量的蒸青散茶,《宋史·食货志》:"茶有两类,曰片茶,曰散茶。"片茶即团饼茶,是将茶蒸后捣碎压成饼片状,烘干后以片计数。散茶是蒸青后直接烘干,呈松散状。

元代,团茶逐渐被淘汰,散茶得到较快的发展。当时制造的散茶,因茶鲜叶老嫩程度不同而分为两类:即芽茶和叶茶。芽茶为幼嫩芽叶制成,如当时的茶名探春、先春、次春、紫笋、拣芽等均属芽茶;叶茶为较大的芽叶制成,如"雨前"即是。

到了明代,除蒸青散茶以外,出现了炒青绿茶以及红茶、黄茶、黑茶和直接晒干或烘干的白茶。因此可以说,绿茶、黄茶、黑茶、白茶、红茶五大茶类均已出现。

到了明末清初,除五大茶类外,又出现了乌龙茶,各类茶叶的制茶技术也得到了改进和提高,很多质量非凡的"名茶"获得了朝廷和文人雅士的赞赏。发展至清代六大茶类已经齐全。随着茶叶的输出和贸易活动,不少茶类的制作技术已传播至很多产茶国家,使各具特色、不同品类的茶叶为世界各地的消费者所享用。

(程启坤)

(二)现代中国茶叶类别的划分

1. 茶叶品类的命名

不同种类的茶叶,命名的方法五花八门。有的根据形状不同而命名,如形似瓜子片的安徽六安"瓜片",形似雀舌的杭州"雀舌",形似珍珠的浙江嵊县"珠茶",形似眉毛的浙江、安徽、江西的"眉茶"、"秀眉"、"珍眉",形似一株株小笋的浙江长兴"紫笋",形状圆直如针的湖南岳阳"君山银针"、湖南安化的"松针",形曲如螺的江苏苏州的"碧螺春",状如蟠龙的浙江临海的"蟠毫",弯曲如虾的湖南大庸"龙虾"茶,形如利剑的湖北宜昌的"剑毫",形似竹叶的四川峨眉山的"竹叶青",犹如一朵朵兰花的安徽岳西的"翠兰",有的把一根根茶叶用丝线扎结成各种花朵形状,如江西婺源的"墨菊"、安徽黄山的"绿牡丹"。

有的结合产地的山川名胜而命名,如浙江杭州的"西湖龙井"、普陀山的"普陀佛茶",安徽歙县的"黄山毛峰",江苏金坛的"茅山青峰",湖北的"神农奇峰",江西的"庐山云雾"、"井岗翠绿"、"灵岩剑峰"、"天舍奇峰",云南的"苍山雪绿",四川的"鹤林仙茗"等。

有的根据外形色泽或汤色命名,如绿茶、白茶、黑茶、红茶、黄茶等。也有的将外形色泽与形状结合而命名,如"银毫"、"银峰"、"银芽"、"银针"、"银笋"、"玉针"、"雪芽"、"雪莲"等。

有的依据茶叶的香气、滋味特点而命名,如具有兰花香的安徽舒城的"兰花茶",滋味微苦的湖南江华"苦茶"。

有的根据采摘时期和季节而命名,如清明节前采制的称"明前茶",雨水前采制的称"雨前茶",4～5月份采制的称"春茶",6～7月份采制的称"夏茶",8～10月份采制的称"秋茶"。当年采制的称"新茶",不是当年采制的称"陈茶"。

有的根据加工制造工艺而命名,如用铁锅炒制成的称"炒青",用烘干机具烘制成的称"烘青",利用太阳光晒干的称"晒青",茶的鲜叶用蒸汽杀青后制成的称"蒸青",茶叶用香花窨制而成的称"花茶",茶叶经蒸压而成形的称"紧压茶",这类紧压茶有的形似砖块,称"砖茶",有的形似饼块,称"饼茶"。也有的根据茶叶加工时发酵的程度加以区分,如发酵茶(红茶)、半发酵茶(乌龙茶)和不发酵茶(绿茶)。

有的根据包装的形式命名,如"袋泡茶"、"小包装茶"和"罐装茶"。

有的按销路不同而区分,如国内销售的称"内销茶",销往边疆的称"边销茶",外销为主的称"外销茶"、"出口茶"。

有的依照茶树品种的名称而定名,如乌龙茶中的"水仙"、"乌龙"、"肉桂"、"黄棪"、"大红袍"、"奇兰"、"铁观音"等,这些既是茶叶名称,又是茶树品种名称。

有的依产地不同而命名,如广东的"英德红茶",云南的"滇红",安徽的"祁门红茶",浙江淳安的"鸠坑茶",余杭的"径山茶",广西桂平的"西山茶",江西婺源的"婺绿",湖南沅陵的"碣滩茶"等。

有的果味茶、保健茶按茶叶添加的果汁、中药以及功效等命名,如荔枝红茶、柠檬红茶、猕猴桃茶、菊花茶、杜仲茶、人参茶、柿叶茶、甜菊茶、减肥茶、戒烟茶、明目茶、益寿茶、美的青春茶等。

有的根据茶叶卫生标准,即农药残留和其他污染物的程度来划分,包括:无公害茶、绿色食品茶、有机茶。所谓无公害茶,是指达到国家规定卫生标准的茶叶;所谓绿色食品茶,是指茶叶中农药残留量较低、符合绿色食品标准的茶叶;所谓有机茶,是指在茶叶生产、加工过程中不使用任何人工合成的化学物质,且安全指标符合标准要求,并通过认证的茶叶。

(程启坤)

2. 茶叶的几种分类法

中国茶类的划分目前尚无统一的方法,有的根据制造方法不同和品质上的差异,将茶叶分为绿茶、红茶、乌龙茶(即青茶)、白茶、黄茶和黑茶六大类;有的根据我国出口茶的类别将茶叶分为绿茶、红茶、乌龙茶、白茶、花茶、紧压茶和速溶茶七大类;有的根据我国茶叶加工分为初、精制两个阶段的实际情况,将茶叶分为毛茶和成品茶两大部分。其中毛茶分绿茶、红茶、乌龙茶、白茶和黑茶五大类,将黄茶归入绿茶一类;成品茶包括精制加工的绿茶、红茶、乌龙茶、白茶和再加工而成的花茶、紧压茶和速溶茶共七类。

中国台湾有学者主张,将中国茶叶分为不发酵茶、部分发酵茶和全发酵茶三类。不发酵茶主要是绿茶,也包括黄茶和黑茶;部分发酵茶包括青茶(乌龙茶)和白茶;全发酵茶主要是红茶。

根据中国茶叶学术界多数学者的意见,中国茶叶分为基本茶类和再加工茶类两大部分。所谓基本茶类,是以茶鲜叶为原料,经过不同的制造(加工)过程形成的不同品质成品茶的类别,包括绿茶、白茶、黄茶、乌龙茶(也称青茶)、黑茶和红茶。所谓再加工茶类,是以基本茶类的茶叶为原料,经过不同的再加工而形成的茶叶产品类别,包括花茶、香料茶、紧压茶、萃取茶、果味茶、药用保健茶和含茶饮料。

按照这种分类法,茶叶类别可简列如下,并举例介绍。

中国茶叶类别

A. 基本茶类

A. 1. 绿茶

A. 1. 1. 按制茶工艺分

A. 1. 1. 1. 炒青绿茶:眉茶、珠茶、龙井、大方、碧螺春、雨花茶、松针等

A. 1. 1. 2. 烘青绿茶:烘青、黄山毛峰、太平猴魁、华顶云雾、高桥银峰等

A. 1. 1. 3. 半烘炒绿茶:安吉白茶、灵岩剑峰、望府银毫、浦江春毫等

A. 1. 1. 4. 晒青绿茶:滇青、川青、陕青等

A. 1. 1. 5. 蒸青绿茶:煎茶、玉露等

A. 1. 2. 按形态分

A. 1. 2. 1. 扁平形绿茶:龙井、旗枪、大方、千岛玉叶、太平猴魁等

A. 1. 2. 2. 单芽形(矛形)绿茶:雪水云绿、金山翠芽、洞庭春芽、广北银尖等

A. 1. 2. 3. 直条形(针形)绿茶:南京雨花茶、安化松针等

A. 1. 2. 4. 曲条形绿茶:婺源茗眉、文君绿茶、浮来青、井冈翠绿等

A. 1. 2. 5. 曲螺形绿茶:碧螺春、无锡毫茶、临海蟠毫等

A. 1. 2. 6. 珠粒形绿茶:平水珠茶、涌溪火青、泉岗辉白等

A. 1. 2. 7. 兰花形绿茶:岳西翠兰、安吉白茶、黄花云尖等

A. 1. 2. 8. 片形绿茶:六安瓜片等

A. 1. 2. 9. 扎花形工艺绿茶:黄山绿牡丹、霍山菊花茶、婺源墨菊等

A. 1. 2. 10. 团块形绿茶:竹筒茶、粑粑茶等

A. 1. 3. 按原料老嫩分

A. 1. 3. 1. 普通绿茶:眉茶、珠茶等

A. 1. 3. 2. 名优绿茶:龙井茶、黄山毛峰、信阳毛尖、碧螺春等

A. 2. 红茶

A. 2. 1. 小种红茶:正山小种、烟小种等

A. 2. 2. 工夫红茶:滇红、祁红、川红、闽红等

A. 2. 3. 红碎茶:叶茶、碎茶、片茶、末茶

A. 3. 乌龙茶(青茶)

A. 3. 1. 按产地分

A. 3. 1. 1. 闽北乌龙茶:武夷岩茶、水仙、大红袍、肉桂等

A. 3. 1. 2. 闽南乌龙茶:铁观音、奇兰、水仙、黄金桂等

A. 3. 1. 3. 广东乌龙茶:凤凰单丛、凤凰水仙、岭头单丛等

A. 3. 1. 4. 台湾乌龙茶:冻顶乌龙、文山包种、阿里山乌龙等

A. 3. 2. 按形态分

A. 3. 2. 1. 条索形乌龙茶:文山包种、凤凰单丛、大红袍等

A. 3. 2. 2. 半球形乌龙茶:铁观音、冻顶乌龙、黄金桂等

A. 3. 2. 3. 束形乌龙茶:八角亭龙须茶

A. 3. 2. 4. 团块形乌龙茶:水仙饼茶

A. 3. 3. 按发酵程度分

A. 3. 3. 1. 轻发酵乌龙茶:文山包种、台湾清茶等

A. 3. 3. 2. 中偏轻发酵乌龙茶:冻顶乌龙、阿里山乌龙、台湾高山乌龙等

A. 3. 3. 3. 中发酵乌龙茶:安溪铁观音、黄金桂等

A. 3. 3. 4. 中偏重发酵乌龙茶:凤凰单丛、武夷岩茶等

A. 3. 3. 5. 重发酵乌龙茶:台湾白毫乌龙等

A. 4. 白茶

A. 4. 1. 白芽茶:白毫银针等

A. 4. 2. 白叶茶:白牡丹、贡眉等

A. 5. 黄茶

A. 5. 1. 黄芽茶:君山银针、蒙顶黄芽等

A. 5. 2. 黄小茶:北港毛尖、沩山毛尖、温州黄汤等

A. 5. 3. 黄大茶:霍山黄大茶、广东大叶青等

A. 6. 黑茶

A. 6. 1. 湖南黑茶:安化黑茶等

A.6.2. 湖北老青茶：蒲圻老青茶等

A.6.3. 四川边茶：南路边茶、西路边茶等

A.6.4. 云南普洱茶

A.6.5. 广西六堡茶

B. 再加工茶类

B.1. 花茶：茉莉花茶、珠兰花茶、玫瑰花茶、桂花茶等

B.2. 香料：香兰茶等

B.3. 紧压茶：黑砖、茯砖、青砖、康砖、方茶、七子饼茶等

B.4. 萃取茶：速溶茶、浓缩茶等

B.5. 果味茶：荔枝红茶、柠檬红茶、猕猴桃茶等

B.6. 药用保健茶：减肥茶、杜仲茶、甜菊茶等

B.7. 含茶饮料：茶可乐、茶汽水等

关于普洱茶的茶类归属问题，茶业界尚有争议。一种观点认为：普洱茶与六堡茶、四川边茶等一样，都是经后发酵的黑茶，应归属于黑茶类；另一种观点认为：普洱茶不同于黑茶，有晒青毛茶不经后发酵而直接压饼的普洱生饼茶，也有后发酵后再压饼的普洱熟饼茶，因此普洱是六大茶类以后的另一个茶类。两种学术观点均有一定的理由，有待进一步研究。本书暂按传统分类法，将普洱茶归于黑茶类进行论述。所谓后发酵，是指经过高温作业（如杀青、干燥）以后进行的发酵。它是相对于"前发酵"而言的，红茶发酵是在高温作业～干燥之前进行的发酵，乌龙茶部分发酵是在高温作业～杀青（锅炒）之前进行的发酵。普洱茶是干燥作业以后的发酵，湖南黑茶、四川边茶、湖北老青茶都是杀青作业以后的发酵，性质基本相同。

（程启坤）

（三）基本茶类概述

1. 绿茶

绿茶属于不发酵茶，是我国产量最多的一类茶叶，全国20个产茶省（区）都生产绿茶。我国绿茶花色品种之多居世界之首，每年出口数20多万吨，占世界茶叶市场绿茶贸易量的70%左右。我国传统绿茶眉茶和珠茶，向以香高、味醇、形美、耐冲泡，而深受国内外消费者的欢迎。

依据不同的绿茶工艺划分：

绿茶的基本工艺流程分杀青、揉捻、干燥三个步骤。依据杀青方式不同，有加热杀青和热蒸汽杀青两种，加热杀青的是"炒青"。以蒸汽杀青制成的绿茶称"蒸青"。干燥依最终干燥方式不同有炒干、烘干和晒干之别，最终炒干的绿茶称"炒青"，最终烘干的绿茶称"烘青"，最终晒干的绿茶称"晒青"。

（1）炒青　是我国绿茶中的大宗产品，包括长炒青、圆炒青和细嫩炒青等。

长炒青：顾名思义是长条形的炒青绿茶，主产于浙江、安徽、江西三省，其次是湖南、湖北、江苏、河南、贵州等省。产于江西省婺源县的"婺绿炒青"，外形粗壮、色绿、香高、味醇，是长炒青中品质最好的，精制后的出口绿茶称"婺绿"，早在1915年，"婺绿"就曾荣获巴拿马万国博览会优等金牌奖。主要产于安徽休宁、屯溪的"屯绿炒青"，浙江淳安、开化的"遂绿炒青"，也是长炒青中品质较优秀者。此外，还有产于安徽舒城的"舒绿炒青"，浙江杭州地区的"杭绿炒青"，温州的"温绿炒青"，江西上饶一带的"饶绿炒青"，湖南的"湘绿炒青"，河南的"豫绿炒青"，贵州的"黔绿炒青"等。

长炒青绿茶经过精制加工以后的产品统称眉茶，分特珍、珍眉、凤眉、秀眉、贡熙、片茶、末茶等花色。眉茶主销摩洛哥等非洲国家，欧亚各国也有一定销量。

圆炒青：最主要的圆炒青是珠茶。被誉为绿色珍珠的珠茶，外形紧结浑圆，香高味浓，耐冲泡，主销西、北非，美国、法国等也有一定市场。珠茶是浙江省的特产，主产于嵊州、绍兴、上虞、新昌、诸暨、余姚、鄞县、奉化、东阳一带，历史上曾以绍兴县平水镇为珠茶主要集散地，因而常把珠茶称为"平水珠茶"、"平绿"，至今仍将珠茶归为"平绿炒青"。天坛牌特级珠茶曾于1984年9月在西班牙马德里第二十三届世界优质食品评选会上荣获金质奖。

细嫩炒青：凡采摘细嫩芽叶加工而成的炒青绿茶都属细嫩炒青，因产量不多，品质独特，物以稀为贵，又称特种炒青。细嫩的特种炒青品类繁多，品质

优异,均为各产茶地区颇有名气的茶叶,因此又统称为"炒青名茶"。炒青名茶外形千姿百态,有扁平、尖削、圆条、直针、卷曲、平片等多种,冲泡后,多数芽叶成朵,清汤绿叶,香郁味鲜醇,浓而不苦,回味甘甜,是各地炒青绿茶中的佼佼者。炒青名茶的集中产区是安徽、浙江、江苏、江西四省,此外,湖南、广西、贵州、四川、福建、湖北、河南、陕西等省区也有一定数量。细嫩炒青中知名度较高、产量较多的要数杭州的"西湖龙井"和苏州的"碧螺春"。常言道:上有天堂,下有苏杭,苏州和杭州不仅风景名胜称奇,而且所产佳茗亦令人叫绝。

细嫩炒青品类甚多,除西湖龙井和碧螺春以外,还有南京的"雨花茶",安徽六安的"六安瓜片"、休宁的"松萝茶"、歙县的"老竹大方",湖南安化的"安化松针"、古丈的"古丈毛尖"、江华的"江华毛尖",河南信阳的"信阳毛尖",陕西镇巴的"秦巴雾毫",广西桂平的"西山茶"、凌云的"凌云白毫",贵州都匀的"都匀毛尖",福建南安的"南安石亭绿",江西庐山的"庐山云雾茶"、井冈山的"遂川狗牯脑"、婺源的"婺源茗眉",四川峨眉山的"竹叶青",湖北宜昌的"峡洲碧峰",浙江云和的"惠明茶"、长兴的"顾渚紫笋"、普陀山的"普陀佛茶"、淳安的"千岛玉叶",江苏金坛的"茅山青峰",等等。

(2)烘青 鲜叶经过杀青、揉捻,而后烘干的绿茶称为烘青。烘青绿茶外形虽不如炒青绿茶那样光滑紧结,但条索完整,常显锋苗,白毫显露,色泽多为绿润,冲泡后茶汤香气清鲜,滋味鲜醇,叶底嫩绿明亮。烘青绿茶依原料老嫩和制作工艺不同又可分为普通烘青与细嫩烘青两类。

普通烘青:主产于浙江、江苏、福建、安徽、江西、湖南、湖北、四川、贵州、广西等地。主要品类有,福建的"闽烘青"、浙江的"浙烘青"、安徽的"徽烘青"、江苏的"苏烘青"、湖南的"湘烘青"、四川的"川烘青"等。这类烘青直接饮用者不多,通常用来作为窨制花茶的茶坯,没有窨花的烘青称为"素茶"或"素坯",窨花以后称为烘青花茶。花茶是我国内销量较大的茶叶品类。

细嫩烘青:采摘细嫩芽叶精工制作而成的烘青绿茶统称细嫩烘青。大多数细嫩烘青条索紧细卷曲,白毫显露,色绿,香高,味鲜醇,芽叶完整,很多制作精细的细嫩烘青都属名茶之列。例如安徽黄山的"黄山毛峰"、太平县的"太平猴魁"、舒城的"舒城兰花"、宣城的"敬亭绿雪",福建宁德等地的"天山烘绿",浙江天台的"华顶云雾"、临安的"天目青顶"、乐清的"雁荡云雾"、东阳的"婺州东白茶"、德清的"莫干黄芽",湖南高桥的"高桥银峰",四川永川的"永川秀芽",贵州贵港的"覃塘毛尖",云南勐海的"南糯白毫",湖北羊楼洞的"松峰茶",福建福鼎的"莲心茶",河南固始的"仰天雪绿",江苏江宁的"翠螺"等。

(3)半烘炒 是一类炒烘结合进行干燥形成的绿茶,既有炒青茶香高味浓醇的特点,又保持了烘青茶芽叶完整,白毫显露的特色,是近年来名茶生产中常被采用的工艺。这类茶叶通常在杀青之后,先在锅中边炒边做形,形成一定形状后再经烘干定型。例如江西婺源的"灵岩剑峰",浙江宁海的"望府银毫"、浦江的"浦江春毫"、临海的"临海蟠毫"、安吉的"安吉白片",陕西南郑的"汉水银梭",湖北随州的"棋盘山毛尖",安徽金寨的"齐山翠眉",湖南大庸的"龙虾茶",陕西西乡的"午子仙毫",等等。

(4)晒青 鲜叶经过杀青、揉捻以后利用日光晒干的绿茶统称"晒青"。晒青的产地主要是云南、四川、贵州、广西、湖北、陕西等省(自治区)。主要品类有云南的"滇青"、陕西的"陕青"、四川的"川青"、贵州的"黔青"、广西的"桂青"等。晒青茶除一部分以散茶形式销售饮用外,还有一部分经再加工成紧压茶销往边疆地区,如将湖北的老青茶制成"青砖",云南、四川的晒青加工成"沱茶"、"饼茶"、"康砖"等。

(5)蒸青 蒸青绿茶是我国古代最早发明的一种茶类,它用蒸汽将茶鲜叶蒸软,而后揉捻、干燥而成。蒸青绿茶常有"色绿、汤绿、叶绿"的三绿特点,美观诱人。唐、宋时就已盛行蒸青制法,并经佛教途径传入日本,日本至今还沿用这种制茶方法。蒸青绿茶是日本绿茶的大宗产品,日本茶道饮用的茶叶就是蒸青绿茶中的一种——"抹茶"。

据考证,南宋咸淳年间(1265~1274),日本佛教高僧大应禅师到浙江余杭径山寺研究佛学,当时径山寺盛行围坐品茶研讨佛经,常举行"茶宴",饮用的是经蒸碾焙干研末的"抹茶"。大应禅师回国后,将径山寺之"茶宴"和"抹茶"制法传至日本,启发了日本"茶道"的兴起。日本的蒸青绿茶除抹茶外,尚有玉露、煎茶、碾茶等。我国现代蒸青绿茶主要有煎茶、玉露。煎茶主要产于浙江、福建、安徽三省,其产品大多出口日本。玉露茶中目前只有湖北恩施的"恩施玉露"仍保持着蒸青绿茶的传统风格。除恩施玉露之外,江苏宜兴的"阳羡茶"、湖北当阳的"仙人掌茶",都是蒸青绿茶中的名茶。

依据不同的茶叶形态划分:

(1) 扁平形绿茶:外形扁平光滑,如杭州的龙井茶、四川的竹叶青、安徽的大方等。

(2) 单芽形绿茶:采摘单芽制成,外形矛状,如浙江桐庐的雪水云绿、建德的千岛银针、江苏的金山翠芽等。

(3) 直条(针)形绿茶:外形圆紧细直如松针,如江苏南京雨花茶、宜兴的阳羡雪芽、浙江武义的武阳春雨等。

(4) 曲条形绿茶:外形弯曲细紧,如江西的婺源茗眉、四川邛崃的文君绿茶、山东莒县的浮来青、湖南长沙的湘波绿等。

(5) 曲螺形绿茶:外形卷曲似螺肉,如江苏的碧螺春、无锡毫茶,浙江的临海蟠毫等。

(6) 圆珠形绿茶:外形圆紧似珠,如浙江的珠茶、安徽的涌溪火青、江西宁都的盘古龙珠等。

(7) 兰花形绿茶:外形松散似兰花,如安徽的太平猴魁、舒城兰花、岳西翠兰,浙江的江山绿牡丹等。

(8) 片形绿茶:外形为单叶片状,如安徽的六安瓜片。

(9) 花束形绿茶:外形似一朵花,如安徽的黄山绿牡丹、江西的婺源墨菊、湖北谷城的兰菊王等。

(10) 团块形绿茶:外形紧压成团块状,如云南勐海的竹筒香茶、广西大苗山的粑粑茶。产于云南省滕冲、勐海等地的竹筒茶,是一种直径为3～8厘米,长8～20厘米的圆柱形茶。是将茶叶杀青、揉捻后装入竹筒内,捣实加盖,竹筒体上打孔,在炭火上慢慢烘烤至干而成。产于广西大苗山自治县和临桂县的粑粑茶,是把茶放在蒸笼里蒸熟,揉压成圆饼或茶团,放在阴凉处晾干和烘干而制成。

(程启坤)

2. 红茶

红茶属于全发酵茶,基本工艺流程是萎凋、揉捻、发酵、干燥。茶叶红汤红叶的品质特点主要是经过"发酵"以后形成的。所谓发酵,其实质是茶叶中原先无色的多酚类物质,在多酚氧化酶的催化作用下,氧化以后形成了红色的氧化聚合产物——红茶色素。这种色素一部分能溶于水,冲泡后形成了红色的茶汤,一部分不溶于水,积累在叶片中,使叶片变成红色,红茶的红汤红叶就是这样形成的。

中国红茶最早出现的是福建崇安一带的小种红茶,以后发展演变产生了工夫红茶。1875年前后,工夫红茶制法由福建传至安徽祁门一带,继而江西、湖北、台湾等省都大力发展工夫红茶。至19世纪80年代,我国生产的工夫红茶在国际市场上曾占统治地位,但随后生产开始衰落。20世纪50年代以来,除福建、安徽、江西、湖北等省外,四川、浙江、湖南、云南、广东、广西、贵州等省(自治区)也普遍推广发展工夫红茶生产。19世纪我国的红茶制法传到印度和斯里兰卡等国,后来它们仿效中国红茶的制法又逐渐发展成为将叶片切碎后再发酵、干燥的"红碎茶"。红碎茶是目前世界上消费量最大的茶类,为适应国际市场制作袋泡茶的需求,我国1957年以后也开始试制生产红碎茶,近年来红碎茶已成为我国出口的主要茶类之一。

(1) 小种红茶　是福建省特有的一种红茶,红汤红叶,有松烟香气,味似桂圆汤。产于福建崇安县星村乡桐木关的称"正山小种",其毗邻地区生产的称"外山小种",政和、建阳等县生产的称"烟小种"。品质以正山小种最好。

(2) 工夫红茶　是我国传统的出口茶类,远销东欧、西欧等60多个国家和地区。主要产地是安徽、云南、福建、湖北、湖南、江西、四川等10多个省(自治区)。其中产于安徽祁门一带的"祁红",外形条索细紧,具有类似玫瑰花香(甜花香),滋味甜醇;产于云南的"滇红",外形肥壮,显金黄毫,汤色红艳,滋味浓醇。祁红和滇红是早已名扬海外、享有很高声誉的工夫红茶,深受东欧、西欧消费者的欢迎。此外,还有福建的"闽红"、湖北的"宜红"、江西的"宁红"、湖南的"湖红"、四川的"川红"、广东的"粤红"、浙江的"越红"、江苏的"苏红"等,都是中国工夫红茶的主要品类。有时为满足某些特定市场的需要,将几种工夫红茶拼配成"中国工夫红茶",以集众家之长,使茶叶外形内质更为完美。工夫红茶适宜多次冲泡清饮,也宜加糖饮用。

(3)红碎茶　茶鲜叶经萎凋、揉捻后,用机器切碎呈颗粒型碎片,然后经发酵、烘干而制成,因外形细碎,故称红碎茶,也称"红细茶"。红碎茶用沸水冲泡后,茶汁浸出快,浸出量也大,适宜于一次性冲泡后加糖加奶饮用。为便于饮用,常把一杯量的红碎茶装在专用滤纸袋中,加工成"袋泡茶",饮用时连袋冲泡,具有茶汁浸出快、浸出较完全的特点,冲泡后取出装有茶渣的纸袋弃去,再加糖加奶,十分可口。红碎茶主产于云南、广东、海南、广西、贵州、湖南、四川、湖北、福建等省(自治区),其中以云南、广东、海南、广西用大叶种为原料制作的红碎茶品质最好。红碎毛茶经精制加工后产生叶茶、碎茶、片茶、末茶等四类花色。

叶茶:短条形红碎茶,常有 OP(橙黄白毫)、FOP(花橙黄白毫)等花色。

碎茶:颗粒形红碎茶,是红碎茶的主体产品,常有 FBOP(花碎橙黄白毫)、BOP(碎橙黄白毫)、BP(碎白毫)等花色。

片茶:小片状红碎茶,常有 BOPF(碎橙黄白毫花香)、F(花香即片茶)、OF(橙黄花香)等花色。

末茶:细末状红碎茶,常有 D(末茶)、PD(白毫末茶)等花色。

(程启坤)

3. 乌龙茶

乌龙茶属半发酵茶,是介于不发酵茶(绿茶)与全发酵茶(红茶)之间的一类茶叶,外形色泽青褐,因此也称为"青茶"。乌龙茶冲泡后,叶片上有红有绿,偏重发酵的乌龙茶,叶片中间呈绿色,叶缘呈红色,素有"绿叶红镶边"之美称。汤色黄红,有天然花香,滋味浓醇,具有独特的韵味。

依据乌龙茶产地划分:

乌龙茶主产福建、广东、台湾三省,因产地不同和品种品质上的差异,乌龙茶分为闽北乌龙、闽南乌龙、广东乌龙和台湾乌龙四类。

闽北乌龙茶　出产于福建省北部武夷山一带的乌龙茶都属闽北乌龙。闽北乌龙有岩茶和洲茶之分,生长在武夷山上的称岩茶,产于平地的为洲茶。以武夷岩茶最出名,岩茶的花色品种很多,多以茶树品种名称命名,主要品种有水仙、肉桂、乌龙及其他奇种、名丛。岩茶可分岩水仙与岩奇种两大类,奇种又分名丛奇种和单丛奇种。其中天心岩九龙窠的大红袍,慧苑坑(岩)的铁罗汉、白鸡冠,岚谷岩的水金龟等合称四大名丛,除此以外,还有十里香、金锁匙、不知春、吊金钟、瓜子金、金柳条等普通名丛。所谓单丛是以优良品种名称单独命名的岩茶,如奇兰、乌龙、铁观音、梅占、肉桂、雪梨、桃仁、毛猴等。武夷山崇安八角亭产的龙须茶,采用彩色丝线将条形乌龙茶捆扎成束,每束茶像神话中的龙须,故得名龙须茶,形状特异,甚受消费者的欢迎。

闽南乌龙茶　闽南是乌龙茶的发源地,由此传向闽北、广东和台湾。产于福建南部的乌龙茶,最著名、品质最好的是安溪的"铁观音",这种茶条索卷曲重实,呈蜻蜓头状,味鲜浓具有兰花香,有美如观音重如铁的形象。除铁观音外,用黄棪品种制作而成的"黄金桂",也是闽南乌龙茶中的珍品。其次还有佛手、毛蟹、本山、奇兰、梅占、桃仁、香橼等,若以这些品种混合制作或单独制作、混合拼配而成的乌龙茶,统称"色种"。闽南乌龙茶以安溪县产量最多,"铁观音"与"黄金桂"是安溪乌龙茶的两大名牌,在日本、东南亚和香港地区均有很高的声誉。

广东乌龙茶　广东省潮州地区所产的凤凰单丛和岭头单丛最出名,近年来广东的石古坪乌龙茶品质也较出众。其次是产于饶平县的饶平色种,它是用各色不同品种的芽叶制成,主要品种有大叶奇兰、黄棪、铁观音、梅占等。

台湾乌龙茶　台湾省所产的乌龙茶,根据其萎凋做青程度不同分台湾乌龙和台湾包种两类,"乌龙"萎凋做青程度较重,汤色金黄明亮,滋味浓厚,有熟果味香。最出名的台湾乌龙是产于南投县凤凰山、鹿谷镇、名间的"冻顶乌龙",香味特佳。其次是新竹县一带的峨嵋、北浦等地的乌龙茶。都是采用优良品种青心大冇、白毛猴、台茶 5 号、硬枝红心等制作而成。"包种"萎凋做青程度较轻,主产于台北县一带的文山、七星山、坪林、石碇、新店、深坑、淡水等地,其中以文山包种品质最好。台湾包种选用青心乌龙、台茶5号、台茶12号、台茶13号品种为原料制作而成。台湾包种因发酵程度较轻,叶色较绿,汤色黄亮,滋味近似绿茶。

依据乌龙茶形态划分:

乌龙茶按形态不同有条索形乌龙茶、半球形乌龙茶、束形乌龙茶和团块形乌龙茶之分。

条索形乌龙茶　采摘成熟芽叶(开片叶),经过晒青、晾青、摇青、炒青、揉捻、烘焙过程,制成条索状乌龙茶。台湾的文山包种、福建的武夷岩茶、广东的凤凰单丛等都是条索形乌龙茶。

半球形乌龙茶　采摘成熟芽叶(开片叶),经过晒青、晾青、摇青、炒青、揉捻、反复包揉、烘焙过程,制成半球状乌龙茶。福建的铁观音、黄金桂,台湾的冻顶乌龙等都是半球形乌龙茶。

束形乌龙茶　采摘成熟芽叶(开片叶),经过萎凋、杀青、理条、扎束搓紧、烘干而制成大毛笔束形乌龙茶,福建武夷山的八角亭龙须茶就是束形乌龙茶。

团块形乌龙茶　按照乌龙茶的制造工艺并压制成的紧压茶,福建漳平县生产的"水仙饼茶"就属此类。采摘水仙种茶树鲜叶,经晒青、晾青、摇青、杀青和揉捻后,将揉捻叶手捏成团或压模造型,再用白纸包好进行烘焙至干,每块重20克。

(程启坤)

4. 白茶

白茶属于微发酵茶,基本工艺过程是萎凋、晒干或烘干。白茶常选用芽叶上白茸毛多的品种,如福鼎大白茶,芽壮多毫,制成的成品茶满披白毫,十分素雅,汤色清淡,味鲜醇。白茶主产于福建省的福鼎、政和、松溪和建阳等县,台湾省也有少量生产。白茶因采用原料不同,分芽茶与叶茶两类。

白芽茶　完全用大白茶的肥壮芽头制成的白茶属芽茶,典型的芽茶就是"白毫银针",其外形色白如银、挺直如针,十分名贵,畅销港、澳地区和东南亚。白毫银针主产于福建的福鼎和政和等地,产于福鼎的银针采用烘干方式,亦称"北路银针";产于政和的银针,采用晒干方式,亦称"南路银针"。

叶茶　采摘一芽二三叶或单片叶为原料,按白茶工艺加工而成。叶茶包括白牡丹、贡眉、寿眉等品目。

白牡丹:采摘一芽二叶为原料,摊叶萎凋后直接烘干。成茶芽头挺直,叶缘垂卷,叶背披满白毫,叶面银绿色,芽叶连枝,形似牡丹而得名。

贡眉:采摘一芽二三叶为原料,经萎凋、烘干制成。

寿眉:采来芽叶,将芽摘下制银针,摘下叶片萎凋后烘干,每张叶片的叶缘微卷曲,叶背披满白毫,酷似老寿星的眉毛而得名。

(程启坤)

5. 黄茶

黄茶属于轻发酵茶,品质特点是"黄汤黄叶",这是制茶过程中进行闷堆渥黄的结果。有的揉前堆积闷黄,有的揉后堆积或久摊闷黄,有的初烘后堆积闷黄,有的再烘时闷黄。黄茶依原料芽叶的嫩度和大小可分为黄芽茶、黄小茶和黄大茶三类。

黄芽茶　原料细嫩,采摘单芽或一芽一叶加工而成,主要包括湖南岳阳洞庭湖君山的"君山银针",四川雅安名山县的"蒙顶黄芽"和安徽霍山的"霍山黄芽"。

黄小茶　采摘细嫩芽叶加工而成,主要包括湖南岳阳的"北港毛尖"、宁乡的"沩山毛尖",湖北远安的"远安鹿苑"和浙江温州平阳一带的"平阳黄汤"。

黄大茶　采摘一芽二三叶甚至一芽四五叶为原料制作而成,主要包括安徽霍山的"霍山黄大茶"和广东韶关、肇庆、湛江等地的"广东大叶青"。

(程启坤)

6. 黑茶

黑茶的基本工艺流程是杀青、揉捻、渥堆、干燥。黑茶一般原料较粗老,加之制造过程中往往堆积发酵时间较长,因而叶色油黑或黑褐,故称黑茶。黑茶主要供边区少数民族饮用,所以又称边销茶。黑毛茶是压制各种紧压茶的主要原料,各种黑茶的紧压茶是藏族、蒙古族和维吾尔族等兄弟民族日常生活的必需品,有"宁可一日无食,不可一日无茶"之说。黑茶因产区和工艺上的差别有湖南黑茶、湖北老青茶、四川边茶、滇桂黑茶和云南普洱茶之分。

湖南黑茶　主要集中在安化生产,此外,益阳、桃江、宁乡、汉寿、沅江等县也生产一定数量。湖南黑茶是采割下来的鲜叶经过杀青、初揉、渥堆、复揉、干燥等五道工序制作而成。湖南黑茶条索卷扭成泥鳅状,色泽油黑,汤色橙黄,叶底黄褐,香味醇厚,具有松烟香。黑毛茶经蒸压装篓后称天尖,蒸压成砖形的是黑砖、花砖或茯砖等。

湖北老青茶　老青茶产于蒲圻、咸宁、通山、崇阳、通城等县,采割的茶叶较粗老,含有较多的茶梗,经杀青、揉捻、初晒、复炒、复揉、渥堆、晒干而制成。以老青茶为原料,蒸压成砖形的成品茶称"老青砖",主销内蒙古自治区。

四川边茶　四川边茶分南路边茶和西路边茶两类,四川雅安、天全、荥经等地生产的南路边茶,压制成紧压茶——康砖、金尖后,主销西藏,也销青海和四川甘孜藏族自治州。四川灌县、崇庆、大邑等地生产的西路边茶,蒸后压装入篾包制成方包茶或圆包茶,主销四川阿坝藏族自治州及青海、甘肃、新疆等省(自治区)。南路边茶制法是用割刀采割来的枝叶杀青后,经过多次的"扎堆"、"蒸、馏"后晒干。西路边茶制法简单,将采割来的枝叶直接晒干即可。

云南普洱茶　云南普洱茶,是用云南大叶种鲜叶制成晒青毛茶后,进行缓慢的自然后发酵或进行快速的堆积后发酵(渥堆),形成具有红浓汤色和陈香味的茶叶。这种普洱散茶可直接饮用。以这种普洱散茶为原料,可蒸压成不同形状的紧压茶。因此,普洱茶产品具有多样性,有普洱散茶、普洱饼茶、普洱砖茶、普洱方茶、普洱沱茶等。普洱饼茶通常是七个茶饼包成一个包装,称之为"七子饼茶"。七子饼茶有"生饼"(亦称"青饼")与"熟饼"之分,"生饼"是用晒青毛茶直接压制成的圆饼茶;"熟饼"是用渥堆过的普洱散茶压制成的圆饼茶。生饼经过若干年的存放自然后发酵,或放在高温高湿环境下进行快速后发酵,也能变成具有红汤和陈香味的熟饼。普洱茶由于具有特殊的陈香味和保健功效,在沿海大城市,以及在港、澳、台地区和东南亚、日本等地都有广泛的市场。

广西六堡茶　因产于广西苍梧县六堡乡而得名。已有200多年的生产历史。现在除苍梧外,贺县、横县、岑溪、玉林、昭平、临桂、兴安等县也有一定数量的生产。六堡茶制造工艺流程是杀青、揉捻、渥堆、复揉、干燥,制成毛茶后再加工时仍需潮水沤堆、蒸压装篓,堆放陈化,最后使六堡茶汤味形成红、浓、醇、陈的特点。

(程启坤)

(四)再加工茶类概述

绿茶、红茶、乌龙茶、白茶、黄茶、黑茶是基本茶类,以这些基本茶类作原料进行再加工以后的产品统称再加工茶类。主要包括花茶、紧压茶、萃取茶、果味茶、药用保健茶和含茶饮料等几类。

1. 花茶

用茶叶和香花进行拼和窨制,使茶叶吸收花香而制成的花茶,亦称熏花茶。花茶的主要产区有广西的桂林、横县,福建的福州、宁德,江苏的苏州、南京、扬州,浙江的金华,安徽的歙县,四川的成都,重庆,湖南的长沙,广东的广州,台湾的台北等地。内销市场主要是华北、东北地区,以山东、北京、天津、成都销量最大。外销也有一定市场。

窨制花茶的茶坯主要是绿茶中的烘青,也有少量的炒青和部分的细嫩绿茶,如大方、毛峰等,红茶与乌龙茶窨制成花茶的数量不多。

花茶因窨制的香花不同分为茉莉花茶、白兰花茶、珠兰花茶、玳玳花茶、柚子花茶、桂花茶、玫瑰花茶、栀子花茶、米兰花茶和树兰花茶等。也有把花名和茶名联在一起称呼的,如茉莉烘青、珠兰大方、茉莉毛峰、桂花铁观音、玫瑰红茶、树兰乌龙、茉莉水仙等。各种花茶,独具特色,但总的品质均要求香气鲜灵浓郁,滋味浓醇鲜爽,汤色明亮。

我国花茶中产量最多的是茉莉花茶,其窨制工序是:茶与花拼和、窨花吸香、通花、起花、复火、提花、匀堆装箱。

(程启坤)

2. 紧压茶

各种散茶经再加工蒸压成一定形状而制成的茶叶

称紧压茶或压制茶。根据采用原料茶类不同可分为绿茶紧压茶、红茶紧压茶、乌龙茶紧压茶和黑茶紧压茶。

绿茶紧压茶　产于云南、四川、广西等省（自治区），主要有沱茶、方茶、四川毛尖、四川芽细、小饼茶、香茶饼等。

沱茶：是由过去的蒸压团茶演变而来，沱茶呈厚壁碗形。产于云南下关，以滇青为原料制成的沱茶称"云南沱茶"，产于重庆的称"重庆沱茶"。沱茶每个重有250克、100克两种，也有一杯冲泡量的小沱茶。沱茶滋味浓醇，有较显著的降血脂功效。

方茶：产于云南省西双版纳等地，以滇青为原料，蒸后在模中压成10×10×2.2厘米的方块形，每块重250克，外形平整，有"普洱方茶"四个字，香味浓厚甘和。

红茶紧压茶　以红茶为原料蒸压成砖形或团形的压制茶。砖形的有米砖茶、小京砖等，团茶有凤眼香茶。米砖主产于湖北省赵李桥，主销新疆、内蒙古，也有少量出口。米砖每块重1.125千克，为23.7×18.7×2.4厘米的砖块形。米砖主要以红茶的片末茶为原料，蒸后在模中压制而成，有商标花纹图案。

乌龙茶紧压茶　以乌龙茶为原料蒸压成砖块形或团形的压制茶，如将武夷岩茶大红袍压制成条块形的大红袍茶砖就属此类。

黑茶紧压茶　以各种黑茶的毛茶为原料，经蒸压制成各种形状的紧压茶，主要有湖南的"湘尖"、"黑砖"、"花砖"、"茯砖"，湖北的"老青砖"，四川的"康砖"、"金尖"、"方包茶"，云南的"紧茶"、"圆茶"、"饼茶"，以及广西的"六堡茶"等。

湘尖：产于湖南安化，是一种条形的篓装黑茶，过去分天尖、贡尖和生尖。现在改称为湘尖一、二、三号，分别以黑毛茶一、二、三级为原料蒸压而成。湘尖一号每篓重50千克，湘尖二号每篓重45千克，湘尖三号每篓重40千克，主销甘肃、宁夏等地。湘尖的压制是经称茶、汽蒸、装篓、紧压、捆包、打气针、晾干等七道工序而制成。

黑砖：产于湖南安化，是一种砖块形的蒸压黑茶，大小为35×18×3.5厘米，色黑褐，主销甘肃、宁夏、新疆和内蒙古。以黑毛茶为原料，经称茶、蒸茶、预压、压砖、冷却、退砖、修砖、检砖等工序而制成。

花砖：产于湖南安化，是一种砖块形蒸压黑茶。大小为35×18×3.5厘米，每块重2千克，主销甘肃、宁夏、新疆和内蒙古。花砖的前身是花卷茶（又名千两茶），压制成圆柱形似树干，每篓重有旧秤1000两，1958年后改压成砖，压制工艺与黑砖基本相同。但近年来有一股怀旧风，市场对原来的"千两茶"又有了新的需求，因此安化又恢复了千两茶和百两茶的生产。

老青砖：产于湖北赵李桥，是一种砖形蒸压黑茶，大小为34×17×4厘米，主销内蒙古等地。以老青茶为原料，经筛制、压制、干燥、包装等工序而制成。

康砖：产于四川的雅安、乐山地区，属南路边茶，是一种圆角枕形蒸压黑茶，大小为17×9×6厘米，主销西藏、青海和四川的甘孜藏族自治州。以晒青毛庄茶为原料经蒸压制成。

金尖：产于四川的雅安、乐山地区，也属南路边茶，是一种圆角枕形蒸压黑茶，大小为24×19×12厘米，每块重2.5千克，主销西藏、青海和四川甘孜藏族自治州。以晒青毛尖茶为原料经蒸压制成。

方包茶、圆包茶：均属西路边茶。圆包茶目前已不生产，方包茶产于四川灌县、安县、平武等地。是一种长方篓包型炒压黑茶，大小为66×50×32厘米，主销四川阿坝藏族自治州，也销青海与甘肃。方包茶是以晒青为原料经炒制筑包、烧包与凉包工序而制成。

茯砖：主产于湖南安化、益阳、临湘等地，四川省也有部分生产。是一种长方砖形蒸压黑茶。湖南茯砖大小为35×18.5×5厘米，每块重2千克；四川茯砖大小为35×21.7×5.3厘米，每块重3千克。茯砖主销青海、甘肃、新疆等地。湖南茯砖以黑毛茶为原料，经毛茶拼配筛制、汽蒸渥堆、压制定型、发花干燥而制成。茯砖品质以发出金花（金黄色霉菌）较多为上品。

紧茶：产于云南省。是一种长方形蒸压黑茶，这种茶过去的造型是带柄的心脏形，1957年后为便于运输改为砖形，大小为15×10×2.2厘米，每块重250克。主销西藏和云南藏族地区。以滇青为原料，经潮水渥堆后蒸压干燥而制成。

圆茶：产于云南省。是一种大圆饼形蒸压黑茶,又称"七子饼茶"。直径为 20 厘米,中心厚 2.5 厘米,边厚 1 厘米,每块重 357 克。主销东南亚各国。以滇青为原料,经潮水渥堆后蒸压而制成。

饼茶:产于云南省。是一种小圆饼形蒸压黑茶。直径 11.6 厘米,中心厚 1.6 厘米,边厚 1.3 厘米,每块重 125 克。主销云南丽江、迪庆等地。也是以滇青为原料,经潮水渥堆后蒸压而制成。

方茶:产于云南省。有两种规格,一种是 10×10×2.2 厘米,每片重 125 克;另一种是普洱方茶,15×15×3 厘米,四块一套,有福禄寿禧四字,每块重 500 克。

六堡茶:产于广西苍梧、贺县、恭城、富县等地。六堡茶有散茶与紧压茶两种。六堡紧压茶高 56.7 厘米,直径 53.3 厘米,每篓重 30～50 千克。以六堡散茶为原料,经潮水渥堆后蒸热装篓压实、晾干、堆放陈化而制成。此茶表面出现"金花"(金黄色霉菌)者品质最佳。

紧压茶除了上述的几类之外,还有一种也可归属于紧压茶的茶类——"固形茶",它是一种细条形的再加工茶。用茶叶加工中产生的细茶末,研磨成茶粉,加入淀粉、蛋白质等黏合剂,调和成糊状,然后加压,通过滤孔挤压成直径 1～1.5 毫米,形似细面条的细条形,晾后烘干,切断成 1～2 厘米长即成。这种固形茶,热水冲泡后不溶化,茶条不散,但茶汁能浸出。固形茶的生产是副茶利用的一种途径,除我国外,日本、俄罗斯等国也有少量生产。

(程启坤)

3. 萃取茶

以成品茶或半成品茶为原料,用热水萃取茶叶中的可溶物,过滤弃去茶渣,获得的茶汁,经浓缩或不浓缩,干燥或不干燥,制备成固态或液态茶,统称萃取茶。主要有罐装饮料茶、浓缩茶及速溶茶。

罐装饮料茶　成品茶叶用一定量的热水提取,过滤出的茶汤添加一定量抗氧化剂(维生素 C 等),不加糖、香料,然后进行装罐或装瓶、封口、灭菌而制成。这种饮料茶的浓度约为 2%,符合一般的饮用习惯,开罐或开瓶后即可饮用,十分方便。

浓缩茶　成品茶用一定量的热水提取,过滤出

茶汤,进行减压浓缩或反渗透膜浓缩,到一定浓度后装罐灭菌而制成。这种浓缩茶可直接饮用,也可用作罐装饮料茶的原汁,直接饮用时,只需加水稀释即可。

速溶茶　又称可溶茶。成品茶用一定量热水提取过滤出茶汤,浓缩后加入环糊精(以减弱速溶茶成品的强吸湿性),并充入二氧化碳气体,进行喷雾干燥或冷冻干燥后即成粉末状或颗粒状速溶茶。速溶茶成品必须密封包装,以防吸湿。速溶茶可溶于热水或冷水,冲饮十分方便。

(程启坤)

4. 果味茶、香料茶

茶叶半成品或成品加入果汁后制成各种果味茶,这类茶叶既有茶味,又有果香味,风味独特,颇受市场欢迎。我国生产的果味茶主要有荔枝红茶、柠檬红茶、猕猴桃茶、橘汁茶、椰汁茶、山楂茶等。茶叶中加入某些食用香料形成香料茶,古时有在茶中加入龙脑、薄荷的香料茶。现在海南生产一种香料植物,称为香夹兰,从成熟的香夹兰果荚中提炼出一种香夹兰素,具有巧克力的香味,将香夹兰香精添加到茶叶中就形成了具有巧克力香味的"香兰茶"。

(程启坤)

5. 药用保健茶

用茶叶和某些中草药或食品拼和调配后制成各种保健茶,使本来就有营养保健作用的茶叶,更加强了它的某些防病治病的功效。保健茶种类繁多,功效也各不相同。通过饮茶就能增进保健和治疗某些疾病,真是一大乐事。保健和治疗功效较显著的保健茶主要有:具有壮阳功效的"杜仲茶",含有人参皂甙的"绞股兰茶",有戒烟功效的"戒烟茶",有助老人保健的"益寿茶"、"八仙茶"、"抗衰茶",有助眼保健的"明目茶",有增进思维功效的"益智茶",有健胃促消化功效的"健胃茶",有抗癌防克山病功效的"富硒茶",防治糖尿病的"薄玉茶",抗疟疾的"抗疟茶",清热润喉的"清音茶"、"嗓音宝",治痢疾的"止痢茶",滋补抗辐射的"首乌松针茶",保护心血管的"心脑健",降低血压的"降压茶"、"康寿茶"、"菊槐降压茶"、"栀子茶"、"问荆茶"、"菊花茶"、"甜菊茶",减肥降血

脂的"保健减肥茶"、"美的青春茶"、"清秀减肥茶"、"猴王牌减肥茶精"、"三花减肥茶"、"乌龙减肥茶",清脑益寿的"天麻茶",补肝明目的"枸杞茶",等等。

（程启坤）

6. 含茶饮料

随着现代饮料工业的开发,更加注重饮料的营养与保健功效,茶是人们公认的保健饮料,因此在饮料中添加各种茶汁是开发新型饮料的一个途径。近年来出现于市场上的含茶饮料有"茶可乐"、"茶乐"、"茶露",各种"茶叶汽水"、"多味茶"、"绿茶冰淇淋"、"茶叶棒冰",各种"茶酒"(如铁观音茶酒、信阳毛尖茶酒、茶汽酒、茅台茶、茶香槟),"牛奶红茶"等。

（程启坤）

二、历代名茶

名茶是指有一定知名度的茶,通常具有独特的外形、优异的色香味品质。名茶的形成,往往有一定的历史渊源或一定的人文地理条件,如有风景名胜,或有优越的自然条件和生态环境;除外界因素外,往往栽种的茶树品种优良,肥培管理较好,有一定的采摘标准,制茶工艺专一、独特。再加上茶界"能工巧匠"和制茶工艺师的创造性发挥,从而使得我国历代名茶层出不穷。

名山、名寺出名茶,名种、名树生名茶,名人、名家创名茶,名水、名泉衬名茶,名师、大师评名茶。很多名茶就是在这样的条件下产生和发展起来的。但长久不衰的名茶,既要有独特而优异的品质风格,本身制工精良或文化底蕴深厚,还要有社会消费者的公认。我国历代名茶品目虽多达数百上千种,但长久不衰,至今仍有一定生产数量和市场的不过百余种,有些名茶只不过是在某一历史阶段中知名一时而已。

（程启坤）

（一）历史名茶

中国产茶历史悠久,产茶区域辽阔,历朝历代所产茶叶多种多样,根据有关史料的记载,进行收集整理后,分朝代记述如下。

1. 唐代以前的茶叶

据史料零星的记载,唐代以前已出现下列茶叶:

唐代以前的茶叶与产地

茶 名	产 地
巴蜀贡茶、香茗	重庆彭水、武隆;陕西汉中、安康地区
南安茶	四川丹棱、洪雅一带的南安山
武阳茶	四川省彭山、眉山
龙凤茶饼	四川省邛崃一带
荆巴茶饼	湖北鄂西一带
武陵茶	湖北长阳、五峰和湖南武陵山脉
西阳茶	湖北黄冈一带
巴东真香茶	巴东、重庆奉节
武昌茶	湖北鄂州一带
黄牛山茶	湖北宜昌黄牛峡一带
荆门山茶、女观山茶、望州山茶	湖北枝城一带
晋陵茶	江苏常州、宜兴一带
山阴坡茶	江苏省淮安一带
庐江茶	安徽庐江、六安
温山御荈	浙江长兴
永嘉茶	浙江永嘉雁荡山一带
辰州溆浦茶	湖南沅陵、辰溪、溆浦等地
茶陵茶	湖南茶陵
平夷茶	贵州大方一带

2. 唐代茶叶

据唐代陆羽《茶经》和唐代李肇《唐国史补》(806~820)等历史资料记载,唐代所产茶叶计有下列140余种,大部分都是蒸青团饼茶,少量是散茶。

唐代的茶叶与产地

茶 名	产 地
蒙顶茶(包括蒙顶研膏茶、紫笋、压膏露芽、石花、井冬茶、蒙顶篯芽、鹰嘴芽白茶、云茶、雷鸣茶)	四川:雅州(今四川雅安)

（续表）　　　　　　　　　（续表）

茶　　名	产　地	茶　　名	产　地
青城山茶、味江茶、蝉翼、片甲、麦颗、乌中级、横牙、雀舌	都江堰一带	蕲水团薄饼、蕲水团黄、蕲门团黄	蕲春一带
峨眉白芽茶、峨眉茶、五花茶	眉州（今四川眉山、峨眉山）	黄冈茶	黄冈
名山茶、百丈茶	名山	鄂州团黄茶	赤壁、崇阳
火番茶、火井茶	邛崃一带	施州方茶	恩施一带
绵州松岭茶、骑火茶	绵阳一带	归州白茶（清口茶）	秭归一带
珊口茶、彭州石花、仙崖茶	温江一带	荆州碧间茶、楠木茶	松滋的荆州
梅岭茶	泸州的纳溪	碧涧茶	枝城
昌明兽目（昌明茶、兽目茶）	江油	襄州茶	襄阳、南漳
神泉小团	安县	零陵竹间茶	湖南：零陵
玉垒沙坪茶	汶川	碣滩茶	沅陵
思安茶	大邑	灵溪芽茶	龙山灵溪
九华茶	剑阁以南地区	西山寺炒青	常德西山寺
顾渚紫笋茶	浙江：长兴	麓山茶（潭州茶）	长沙
径山茶	余杭	渠江薄片	安化、新化
睦州细茶	建德、淳安	石禀方茶、岳山茶、衡山月团	衡山
鸠坑茶	淳安	灉湖含膏（含膏茶）	岳阳
方茶、举岩茶	金华、婺州	黄翎毛	岳州
明州茶	鄞县	武陵茶	淑浦
东白茶	东阳	澧阳茶	澧县
剡溪茶	嵊县（嵊州市）	泸溪茶	沅陵
瀑布岭仙茗	余姚县	邵阳茶	邵阳
灵隐茶、天竺茶	杭州市西湖风景区	金州芽茶	陕西：安康一带
天目茶	临安	梁州茶	汉中一带
茶岭茶	重庆市：重庆	西乡月团	西乡
黔阳都濡茶	彭水	光山茶	河南：光山县
多棱茶	石柱	义阳茶	仪阳
白马茶	武隆	祁门方茶	安徽：祁门
宾化茶、三般茶	涪陵	新安含膏、牛轭岭茶	黄山一带
龙珠茶	开县	歙州方茶	歙县
合川水南茶	合川	至德茶	东至
狼揉山茶	巴南的狼揉山	九华山茶	青阳
武陵茶、小江源（园）茶、朱萸簝方蕊茶、明月茶	湖北：宜昌一带	雅山茶（瑞草魁、雅山茶、鸭山茶、丫山茶、丫山阳坡横纹茶）	宣州一带
仙人掌茶	当阳	庐州茶	舒城
		舒州天柱茶	岳西

（续表）

茶　名	产　地
小岘春、六安茶	六安
霍山天柱茶	霍山、六安一带
霍山小团,霍山黄芽	霍山
寿阳茶	寿县
先春含膏、婺源方茶	江西：婺源
吉州茶	吉安
庐山云雾茶（庐山茶）	九江
浮梁茶	景德镇
界桥茶	宜春
蘑菇茶	南城
鹤岭茶、西山白露茶	南昌的西山
润州茶	江苏：南京
洞庭山茶	苏州
蜀冈茶	扬州
阳羡紫笋	宜兴
夷州茶	贵州：石阡
费州茶	思南、德江
思州茶	婺川、印江
播州生黄茶	遵义、桐梓
蜡面茶、建州大团、建州研膏茶、唐茶、正黄茶、柏岩茶（半岩茶）、方山露芽（方山生芽）	福建：建瓯、福州
罗浮茶	广东：博罗
岭南茶	韶关
生黄茶	韶州
西乡研膏茶	封开县的西乡
西樵茶	南海县
吕岩茶、刘仙岩茶	广西：灵川
象州茶	象州
西山茶	桂平
容州竹茶	容县
银生茶	云南：西双版纳、思茅一带

（程启坤）

3. 宋代茶叶

据《宋史·食货志》、宋徽宗赵佶《大观茶论》、宋代熊蕃《宣和北苑贡茶录》和宋代赵汝砺《北苑别录》等记载,宋代名茶有百余种。宋代名茶仍以蒸青团饼茶为主,各种名目翻新的龙凤团茶是宋代贡茶的主体。当时"斗茶"之风盛行,也促进了各产茶地不断创造出新的名茶,散芽茶种类也不少。

宋代贡茶院南移至建州（今福建建瓯）北苑,建州生产的北苑贡茶年年花样翻新,但多数都是片茶（即饼茶）,为讨好皇室,大多取吉祥如意的名字,因此龙团凤饼之类建茶名目多达几十种。如瑞云翔龙、御苑玉芽、万寿龙芽、上品拣芽、上品龙茶、新收拣芽、生拣芽、水拣芽、玉华、龙苑报春、兴国岩拣芽、兴国岩小龙、兴国岩小凤、大团、大龙、大凤、小龙团、小凤团、石乳、白乳、密云尤、拣芽、无比寿芽、银线水芽、龙团胜雪、试新銙、贡新銙、上林第一、乙液清供、承平雅玩、龙凤英华、龙苑报春、玉除清尝、启沃承恩、玉叶长春、雪英、千金、玉清庆云、无疆寿比、兴国岩銙、香口烘銙、南山应瑞、京铤、云叶、万春银叶、金钱、宜年宝玉、长寿玉圭、蜀葵、太平嘉瑞、琼林毓粹、浴雪呈祥、壑源佳品、肠谷先春、寿岩却胜、延年石乳等。建州生产的茶叶还有壑源茶、曾坑茶、佛岭茶、沙溪茶、洪井茶、青风髓、清风使、耐重儿、白茶、叶家白、王家白、建安石崖白、武夷茶、火前、社前、雨前、龙茶、玉蝉膏、先春等。

除贡茶院外,也有其他地方生产的茶,如表所示:

宋代的茶叶与产地

茶　名	产　地
福州蜡面茶、福州玉津、方山露芽	福建：福州
漳州蜡面	漳州
古雷茶	漳浦
唊山茶	建宁
骨子	南平
玉泉茶	长汀
延平半岩茶	武夷山
麦颗	建瓯
邛州茶、火井茶、火番茶	四川：邛崃
沙坪茶、味江茶	都江堰市

（续表）　　　　　　　　　　　　　　　　　　　　　　　　　（续表）

茶　　名	产　　地	茶　　名	产　　地
罗村茶	广元	茗山茶	萧山
兽目茶	江油	瀑布仙茗	余姚
赵坡茶	广汉	天尊岩茶	桐庐
杨村茶	什邡	乌龙山茶	建德
石花茶、仙岩茶、珊口茶	彭县	鸠坑茶	淳安
蝉翼、片甲、雅山茶、乌嘴、雀舌	温江一带	西庵茶	富阳
梅岭茶	泸州兴文的纳溪	龙坡茶	长兴
峨眉白芽	峨眉山	大方茶、小方茶、绿芽茶、双上茶	湖南
蒙顶茶、圣杨花	雅安	云山茶	武冈县
泸州茶	泸州	衡山茶	衡山
月兔茶、都濡高枝茶	彭水、黔江	芽茶	常德鼎州
宾化茶	南川	白鹤茶、小卷生、开卷、开胜、小巴陵、大巴陵、黄翎毛、泹湖含膏	岳阳
夔州真香茶	奉节县	金茗、片金、岳麓茶、潭州茶末、独行、灵草、杨树、雨前、雨后、石楠茶	长沙
多波茶、多稜茶	石柱		
白马茶	武隆		
狼揉山茶	重庆	月团	衡阳
水南茶	合川	焦溪茶（窝坑茶）、云居茶	江西：南康
涪州三般茶	涪陵	泥片	赣州
径山茶、雨前茶	浙江：余杭	虔州艻茶	宁都
白云茶、香林茶、宝云茶、垂云茶、龙井茶	杭州	双港茶	铅山
黄岭山茶	临安	庆合、运合、禄合、福合、嫩蕊、仙芝	上饶
石笕岭茶	诸暨		
小溪茶、云雾茶、魏岭茶、紫凝茶	天台	金片、绿英	宜泰
宁海茶	宁海	临江玉、津茶	樟树
举岩茶	金华	黄檗茶	宜丰
方茶	婺州	紫源茶	高安
紫高山茶	黄岩	筠川紫源茶	宜丰
白马山茶	临海	庐山云雾	九江
廷峰茶	临海	谢源茶	婺源
雁荡茶（龙湫茶）	乐清	双井白茶（双井鹰爪）	修水
细坑茶、焙坑茶、小昆茶、大昆茶	嵊县（今嵊州）	黄龙茶	南昌
鹿苑茶、紫岩茶、胡山茶、瀑布岭茶、真如茶、五龙茶	嵊县（今嵊州）	周山茶、白水团茶、小龙凤团茶	铅山
		九龙团茶	安远
丁坑茶、瑞龙茶、卧龙茶、花坞茶、日铸茶	绍兴	仙人掌茶	湖北：当阳
		巴东真香茶	巴东

（续表）

茶　　名	产　　地
崭水团茶、蕲水团茶、蕲门团茶	蕲春
两府茶、宝山茶、双胜茶、进宝茶	武昌
鄂州团茶	赤壁、崇阳
大拓枕茶	江陵
碧涧茶	荆州
茱萸、明月、碧涧、紫花芽茶	宜昌
清口茶（归州白茶）	秭归
龙芽	安徽：六安
广德芽茶	广德
胜金、来泉、华英、早春、先春、紫霞茶、白岳金芽	歙县
池源茶	贵池
闵坑茶	青阳
雅山茶	宣城
龙溪茶、开火茶	舒城
太湖茶	太湖
天柱茶	岳西
霍山黄芽	霍山
虎丘茶、洞庭山茶、水月茶	江苏：苏州
蜀冈茶（禅智寺茶）	扬州
阳羡茶	宜兴
都茗茶	广西：上林
容州竹茶	北流
古县茶	桂林
修仁茶	鹿峰、荔浦
吕仙茶（吕岩茶）	灵川
西乡团茶	陕西：西乡
城固团茶	城固
西县团茶	南郑
浅山薄侧茶、东首茶	河南：光山
信阳茶	信阳
高树茶	贵州：务川
鹦鹉茶	思南
生黄茶	遵义
普洱茶	云南：思茅、西双版纳

（续表）

茶　　名	产　　地
五果茶	昆明
生黄茶	广东：曲江
春紫笋茶、夏紫笋茶	封开
罗浮茶	博罗
西樵山茶	南海
天子茶	罗定
凤山茶	潮阳

（程启坤）

4. 元代和明代茶叶

据元代马端临《文献通考》和其他有关文史资料记载的元代名茶有几十种。明代因开始废团茶兴叶茶，所以蒸青团茶虽有，但蒸青和炒青的散叶茶渐多。据顾元庆《茶谱》（1541）、屠隆《茶笺》（1590年前后）和许次纾《茶疏》（1597）等记载，明代茶叶有一百多种。

元代茶叶与产地

茶　　名	产　　地
头金、骨金、次骨、末骨、粗骨	建州（今福建建瓯）和剑州（今福建南平）
泥片	虔州（今江西赣县）
绿英、金片	袁州（今江西宜春）
早春、华英、来泉、胜金	歙州（今安徽歙县）
独行、灵草、绿芽、片金、金茗	潭州（今湖南长沙）
大石枕	湖北江陵
大巴陵、小巴陵、开胜、开卷、小开卷、生黄、翎毛	岳州（今湖南岳阳）
双上绿芽、小大方	澧州（今湖南澧县）
东首、浅山、薄侧	光州（今河南潢川）
清口	归州（今湖北秭归）
雨前、雨后、杨梅、草子、岳麓	荆湖（今湖北武昌至湖南长沙一带）
龙溪、次号、末号、太湖	淮南（今江苏扬州至安徽合肥一带）
茗子	江南（今江苏江宁至江西南昌一带）

(续表)

茶　　名	产　　地
仙芝、嫩蕊、福合、禄合、运合、庆合、指合	饶州（今江西景德镇，安徽贵池、青阳九华山一带）
龙井茶	杭州
武夷茶	福建武夷山一带
阳羡茶	江苏宜兴

（程启坤）

明代茶叶与产地

茶　　名	产　　地
龙焙、北苑茶、建安贡茶、石崖白、沙溪茶、延平贡茶、南山应瑞	福建：建瓯
粗骨、末骨、次骨、骨金、头金	建瓯、南平
武夷茶、武夷岩茶、探春、先春、次春、武夷紫笋、延平半岩茶	崇安
建宁次春、建宁先春、建宁探春	建宁
寿宁春	寿宁
南平茶	南平
柏岩茶	福州
鼓山半岩茶、方山茶、九峰茶	闽侯
清源山茶	泉州
蟹谷茶	长乐
灵石茶	福清
白琳茶、太姥山茶	福鼎
支提茶	宁德
英山茶	南安
玉泉茶	长汀
名山宝茶	永泰
香茶	福建
宝云茶、香林茶、白云茶、龙井茶	浙江：杭州
顾渚茶、金字茶	长兴
龙坡山子茶、老庙后茶	湖州
举岩茶	金华
鸠坑茶	淳安
大龙茶	开化
方山茶	龙游

(续表)

茶　　名	产　　地
严州茶	建德
台州茶	临海
温山茶	吴兴
日铸茶、日铸雪芽、臣龙山茶（瑞龙茶）、丁坑茶、花坞茶、高坞茶、小朵茶、雁路茶	绍兴
雁荡龙湫茶	乐清
剡溪茶	嵊州
后山茶	上虞
分水贡茶	桐庐
石笕茶	诸暨
白茶、灵山茶	鄞县
芽茶	永嘉
径山茶	余杭
富春茶	富阳
范殿师茶	慈溪
绿花、紫英、明月峡茶	湖州
天目山茶、昌化茶	临安
罗岕茶	长兴
童家岙茶	余姚
瀑布茶	余姚
云雾茶、紫凝茶	天台
临海芽茶	临海
东阳毛尖、芽茶	东阳
金片、绿英、界桥茶、云脚茶	江西：宜春
泥片	赣县
指合、庆合、运合、禄合、嫩蕊、仙芝	上饶，安徽省贵池
吉安茶、传担山茶	吉安
南康茶	南康
南康云居	永修
九江茶	九江
四大名家丛	婺源
饶州茶	上饶
香城茶、紫清茶、鹤岭茶、白露茶、白芽	南昌
岩阳茶	武宁

（续表）

茶　　名	产　　地
双井茶	修水
庐山铝林茶	九江
云雾茶	庐山
广信先春	贵溪、上饶
枫岭茶	南丰
云林茶	金溪
瑞州枪旗茶	宜丰
临江茶	樟树
袁州茶芽	分宜、萍乡
储茶	赣州
宁都芥茶	宁都
紫霞茶、黄山云雾、黄山茶、牛轭岭茶	安徽：黄山
瑞草魁、横纹茶、阳坡茶	宣城
青阳茶、岩地源茶	青阳
广德芽茶	广德
建平芽茶	郎溪
六安茶、凤亭茶、小四岘茶、毛尖、雀舌	六安
松罗茶、闵茶	休宁
石埭茶	石台
高峰茶	宁国
大方	歙县
龙溪茶、末号、次号	舒城
蒙顶茶、蒙顶石花、玉叶长春、雷鸣茶	四川：雅安
麦颗、灌县茶、鸟嘴	都江堰
永宁茶	叙永
天全茶、天泉乌茶	天全
绿昌明	江油
嫩绿茶、火井思安茶、芽茶、家茶、孟冬、铁甲	邛崃
丹稜茶	丹稜
纳溪茶、泸州茶	泸州
峨眉茶、白毛茶	峨眉
薄片	广安
骑火茶	平武

（续表）

茶　　名	产　　地
石泉茶	北川
凌云茶	乐山
洪雅茶	洪雅
太湖茶	荥经
鹤鸣茶、雾中茶	大邑
沙坪茶、茅亭茶	汶川
黔江茶	重庆：黔江
彭水茶、都濡高枝茶	彭水
丰都茶	丰都
开茶	开县
香山茶	奉节
宾化茶、白马茶、涪陵茶	涪陵
武隆茶	武隆
南川茶	南川
崇阳茶	湖北：崇阳
蒲圻茶	赤壁
嘉鱼茶	嘉鱼
小江园、碧涧、明月、方蕊、朱英	宜昌
南木茶	江陵
荆州茶	江陵、松滋
樊山茶、草子茶、杨梅茶、雨前茶、雨后茶	武昌
桃花茶	阳新
蕲门团黄茶	蕲春
仙人掌茶	当阳
建始茶	建始
骞林茶	襄阳
真香茶	巴东
施州茶、施州探春、施州先春、施州次春、施州入香、施州研膏	恩施等地
大石枕	江陵
清口茶（归州白茶）	秭归
岳麓茶、金茗、片金、绿芽、灵草、独行、石楠	湖南：长沙
铁色茶	铁色

（续表）

茶　　名	产　　地
小方、大方、双上	潭州
君山茶、黄翎毛、小开卷、开卷、开胜、小巴陵、大巴陵	岳阳
衡山茶	溆浦的辰州、衡山
新化茶	新化
安化茶、安化芽茶、黑茶	安化
宁乡茶	宁乡
益阳茶	益阳
临湘茶、龙窖山茶	临湘
邵阳茶、宝庆茶、渠江茶	邵阳
武冈州茶	武冈
嶷茶	宁远
赵茶	通道
毛坪茶	大庸
靖州茶	绥宁
二凉亭茶	靖州
茶陵茶	茶陵
盖山茶（五盖山茶）	郴州
甄山茶	慈利
阳羡茶、含膏茶、西山茶、春池茶、洞山茶、青叶、雀舌、罗岕茶、壶蜂翅（枪旗）	江苏：宜兴
太湖茶	无锡
天池茶、虎丘茶	苏州
海州茶	连云港
茗子	江苏
佘山茶	上海：松江
西樵山茶、毛茶	广东：南海
古楼茶	顺德
琉璃茶	化州
橘子郎茶	惠阳
天柱山茶	五华
黄坑茶	蕉岭
官田茶	兴宁
桂山茶	河源
罗浮茶	惠州
新安茶	深圳

（续表）

茶　　名	产　　地
曹溪茶、罗坑茶	曲江
贡茶	英德
顶湖茶	肇庆
文昌茶	海南：文昌
琼山芽茶、琼山叶茶	琼山
太华茶、五华茶	云南：昆明
宝洪茶	宜良
金齿茶	保山
湾甸茶	昌宁
感通茶	大理
普洱茶	思茅、西双版纳
广西茶	广南
孩儿茶	楚雄、盈江
芒部茶	镇雄
城固茶	陕西：城固
西乡茶	西乡
金州茶	安康
紫阳茶	紫阳
石泉茶	石泉
汉中茶	汉中
汉阴茶	汉阴
平利茶	平利
薄侧茶、浅山茶、东首茶	河南：潢川
信阳茶	信阳
罗山茶	罗山
播州茶（播州云雾茶）	贵州：遵义
乌蒙茶	毕节
平越茶	福泉
高树茶	务川、三都
云钩茶	三都
云雾茶	贵定
龙里茶	龙里
清平茶、香炉山云雾茶、鸢嘴茶、旁海毛茶	凯里
洞茶	黎平
鹦鹉茶	思南

（续表）

茶　　名	产　地
刘岩茶（吕岩茶）	广西：临桂
六峒茶	兴安
清湘茶	资源
龙脊茶	龙胜
修仁茶	荔浦
西山茶	桂平
白毛茶	横县
明山茶	上林、武鸣
莱州茶	山东：平度
鲁山茶	沂源
云芝茶	蒙阴
莱阳茶	莱阳

（程启坤）

5. 清代和民国时期茶叶

清代名茶，有些是明代流传下来的，有些是新创的。在清王朝近 300 年的历史中，除绿茶、黄茶、黑茶、白茶、红茶外，还发展产生了乌龙茶。在这些茶类中有不少品质超群的茶叶品目，逐步形成了我国至今还继续保留着的传统名茶。民国时期茶叶生产虽不景气，但产区茶农与茶商为维持生计，也千方百计创造新品、提高质量，因此名优茶尚在发展，茶叶名目数量也不少。

清代和民国时期茶叶和产地

茶　　名	产　地
龙井茶、九曲红梅、珍眉、贡熙	浙江：杭州
珍眉、贡熙、强兴芽茶、日铸兰雪茶、日铸平水珠茶、高邬茶、瑞龙茶、玉芝茶	绍兴
岩顶茶	富阳
芭茶、建德芽茶、寿昌茶、十二都里洪坑茶、十都绿茶	建德
天尊岩茶	桐庐
径山茶、伏虎岩茶	余杭
天目山茶、南乡黄茶、天目云雾茶、黄脚岭茶	临安

（续表）

茶　　名	产　地
龙游芽茶	龙游
石门芽茶	桐乡
绿牡丹	江山
丽水芽茶	丽水
云雾茶（云雾芽茶）	龙泉
惠明茶	景宁
雁荡山（龙湫茶）	乐清
温绿	瑞安、平阳、泰顺
温州黄汤	平阳
东阳毛尖	东阳
举岩茶、金华贡茶	金华
茗茶、方山早茶	衢州
莫干黄芽	德清
慈溪贡茶	慈溪
小溪茶、魏岭茶、紫凝茶、云雾茶、茅尖茶	天台
区（读 ōu）茶、灵山茶、四明山十二雷茶	鄞县
龙角山茶	镇海
隐地茶、勃鸪岩茶、雪水岭茶、覆卮山茶、凤鸣山茶、后山茶	上虞
瀑布岭茶	余姚
梓乌山茶、柱山茶、五泄山茶、宜家山茶、石笕岭茶	诸暨
东白山茶	东阳
罗岕片茶、界岕梗茶、顾渚山茶	长兴
剡溪茶、茶芽、泉岗辉白	嵊县
鸠坑茶、大方、遂绿	淳安
上云茶、芽茶	临海
普陀茶	定海普陀山
茗山茶	萧山
屯溪绿茶（屯绿）、珍眉	安徽：休宁、屯溪
松罗茶	休宁

（续表）　　　　　　　　　　　　　　　　　（续表）

茶　　名	产　　地	茶　　名	产　　地
舒城兰花	舒城	毛尖、白毫大庄	南川
太平猴魁、尖茶	太平	通江白茶（老荫茶）	通江
六安瓜片、毛尖	六安	女儿茶、香露茶	三台
九华山茶、闵茶	青阳	绵竹白茶、红茶、黄茶	绵竹
涌溪火青、石井茶	泾县	崇庆茶	崇庆
敬亭绿雪	宣城	铁甲茶、大叶茶、花刀茶、锅焙茶、雨前茶	丹棱
祁门红茶	祁门	观音山茶、红茶、白茶、山门茶、太湖茶	荥经
黄山毛峰、翠雨茶、紫霞茶	黄山	雾钟茶、名山仙茶	名山
顶谷大方（老竹大方）、珍眉、贡熙、副熙、熙春、乌龙、蕊眉、针眉、芽雨、峨眉、凤眉、馏珠、圆珠、宝珠、麻珠、虾目	歙县	蒙顶茶、上清峰茶、雨前茶、籽、芽白、芽细、花毫、元枝、南路边茶、毛尖、芽子、砖茶、金仓、金玉、金尖	雅安
太华茶、五华茶	云南：昆明	峨眉白芽（峨蕊）	峨眉
阳宗茶	澄江、宜良、呈贡	鹤鸣山茶	大邑
感通茶	大理	雀香茶	成都
太平茶	顺宁	雀舌茶、青城山贡茶、西路边茶（松茶）、茅亭茶、白茶、桌面茶、木鱼茶、板凳茶、引茶、票茶、圆包茶、方包茶	灌县
普洱茶、普洱毛尖、普洱芽茶、普洱沱茶、普洱团茶、七子饼茶、人头茶、女儿茶、金月天茶、疙瘩茶、小满茶、谷花茶、普洱	思茅、西双版纳	康砖茶	雅安、天全、荥经
蕊珠茶、竹筒茶、紧茶、普洱方茶、改造茶、紧团茶	普洱	竹当茶	邛崃
金齿茶	永昌	泸茶	泸州
湾甸茶	昌宁	重庆沱茶	重庆
滇红工夫	凤庆	方蓊香茗	涪陵
马邓茶	镇源	香山茶	奉节
白龙须茶、秧塔白茶	景谷	夔州茶	奉节
米池茶、玉露茶（云针茶）、须立茶、景星茶	墨江	开县茶	开县
安定茶	景东	英德云雾茶、葫芦茶、浮云山茶、黄岭茶、阿婆嶂岭茶、蓝山茶、朱山茶	广东：英德
景迈茶	澜沧	仁化银毫、黄茶	仁化
下关沱茶	下关	合罗茶、七根毛茶	信宜
宝洪茶	宜良	陈茶	花县
雀舌茶	楚雄	上帅茶	连山
凤眼茶、白毛尖	腾冲	化板茶	龙门
雀嘴茶	洱源	康和茶、霜茶、河源仙茶	河源
红崖茶（定凤茶）	四川：叙永		
老人茶	犍为		

（续表）

茶　　名	产　地
乐昌白毛茶、昌荣、果子茶、古老茶	乐昌
九节茶	南澳
罗坑茶	曲江
土茶	海丰
马增茶	和平
白马茶	封开
五峰山绿茶	普宁
白云茶	新会
笔架茶	清远
马图茶	丰顺
南台茶	平远
清凉山茶	梅州
清桂茶	广宁
凤凰单丛、凤凰水仙、石古坪乌龙茶	潮安
侍沼茶、饶平色种	饶平
西岩茶	饶平、大埔
担竿山茶、河南茶、黄扬山茶、凤凰山茶、新安茶	广州
神仙茶	中山
琉璃茶	化州
南海毛茶、西樵山茶、白云茶	南海
罗浮茶	博罗
古劳茶（火花香茶）	鹤山
顶湖茶	高要
凤山茶	潮阳
天堂茶、高界茶、大龙茶、黄连茶、板洞茶、中坑茶、白艺茶	连南
罗勒茶、冷壅茶、白崖茶、石萤茶、多罗茶、岳山茶	怀集
石亭豆绿	福建：南安
花茶、天生茶	福州
香茶	泉州
坦洋工夫红茶、绿叶白毫茶、福安乌龙茶、福安的政和白毫、闽红工夫、烟小种	福安
老君眉	崇安、光泽

（续表）

茶　　名	产　地
莲子蕊茶、白毫茶、建瓯工夫、水仙茶、建宁府贡茶	建瓯
白琳工夫、太姥山茶（绿雪芽、绿头春）	福鼎
支提茶	宁德
白毫银针、寿眉、白牡丹	政和、松溪
白毛猴（白毛莲芯）	政和、福鼎
鼓山半岩茶	闽侯
乌龙茶	沙县
郑宅茶	蒲田
闽南乌龙茶、安溪铁观音	安溪
水仙	永春
棕毛茶	南平
洞宾茶、吕仙茶、武夷岩茶、武夷洲茶、工夫红茶、小种红茶、武夷肉桂、武夷水仙、武夷奇种、武夷白毫、武夷乌龙、大红袍、武夷松萝、雀舌、紫毫茶、莲心茶、武夷茶	崇安
浦城小种茶	浦城
碧螺春（吓煞人香）、天池茶、小春茶、虎丘茶	江苏：苏州
云台山茶（云台山云雾茶）	连云港
罗岕茶（洞岕）、阳羡茶	宜兴
云雾茶	丹徒
佘山茶	上海：松江佘山
冻顶乌龙茶	台湾：南投
水沙连茶	彰化
港口茶、罗佛山茶	恒春（今屏东）
台北乌龙、木栅铁观音	台北
台湾乌龙茶	新竹、苗栗
刘岩茶（吕岩茶）	广西：灵川
糯泔茶、石芽茶、金山茶、河口茶、四山冲茶、大扒茶	平乐
瑶茶	灌阳、武宣
灵就茶（浔江茶）	义宁
六峒茶	兴安
清茶	全州

（续表）

茶　　名	产　　地
龙脊茶	龙胜
西山茶、三岩三茶、石田茶、中和茶	桂平
六堡茶、虾斗茶	苍梧
南山白毛茶	横县
六屏大山茶、都隆冻水茶、古哿窑山茶	北流
白塘茶、六麻上岑茶	平政
古琶茶、庙王茶	武宣
龙山茶	贵县
紫荆茶	桂平、宣武
白毛茶	凤山、凌云
蓝靛茶、金钩茶、香茶	宜北
三防茶、黄金茶	罗城
仙人茶	贺县
雷电仙茶	钟山
紫阳毛尖、紫阳芽茶	陕西：紫阳
泾阳茶	泾阳县
南郑茶	南郑
石泉茶	石泉
西乡茶	西乡
安康茶	安康
家园茶	白河
信阳毛尖	河南：信阳
叶县茶	叶县
商城茶	商城
固始茶	固始
光州茶	光州
罗山茶	罗山
乐安茶	确山
莱阳茶	山东：莱阳
云芝茶	蒙阴
琼州澄茶	海南：琼山
五指山茶	琼中
蒲乌茶、鹧鸪茶、苦橙茶、万州松罗茶	万宁

（续表）

茶　　名	产　　地
龟岭茶、水满洞茶、思河岭茶、南间岭茶	定安
灵茶（江南黄连茶）	琼山
宜红工夫	湖北：五峰、鹤峰
恩施玉露	恩施
峡州茶	宜昌
鹿苑茶、鸣凤茶	远安
武昌芽茶	武昌
米砖（红砖茶）	汉口
阳新芽茶	阳新
帽盒茶	崇阳
青砖茶、小京砖茶、蒲圻黑茶、峒茶、羊楼峒茶	赤壁
乌东茶	利川
火前茶	咸丰
春华红茶、银芽红茶	宜昌
家园茶	竹溪
太和茶	丹江口
香桃茶	郧县
白锥山烟雨	大冶
白毛茶	崇阳
湖北红茶、咸宁青茶	咸宁等地
仙峒茶、云岩茶	来凤
仙人掌茶	当阳
紫云茶	黄梅
灵虬山茶、蕲州云雾茶	蕲春
汉阳茶	汉阳
龙泉茶、观音茶	崇阳
桃花茶、凤髓茶	阳新
通天岩茶	江西：石城
狗牯脑	遂川
竹叶青茶	抚州、临川
江西岕茶	宁都
江西乌（红茶）	广信
庐山云雾、钻林茶	庐山
婺绿	婺源

（续表）

茶　　名	产　　地
大园储茶	赣州
观音茶、白毫茶、钩藤茶、仙人茶	宜黄
双井茶、修水茶（宁红、宁红工夫）	修水
邓坑茶、鹤岭茶	新建
云香茶	德安
浮梁茶（浮红）	浮梁
白鹤茶	湖南：岳州
帽盒茶	临湘
君山银针、君山毛尖、北港毛尖、白鹤翎（白毛尖）	岳阳
龙窖山茶	临湘
湖红工夫	平江、浏阳等地
安化红茶、芽茶、天尖茶、茯砖茶（泾阳砖）、花卷茶（千两茶）、黑砖茶	安化
安化贡茶	岳阳、安化
宁乡贡茶	宁乡
益阳贡茶	益阳
沩山毛尖	宁乡
界亭茶、碣滩茶、官庄毛尖	源陵
古丈毛尖	古丈
牛抵茶	石门
宝庆贡茶	邵阳
巉茶	长沙的石楠、宁远
钻林茶	衡山
江华毛尖	江华
盖山茶（五盖山米茶）	郴州
眉尖茶	贵州：湄潭
南贡茶	开阳
高树茶（都濡高株）	婺川
晏茶	思南
云雾茶	贵定
龙里茶	龙里
都匀毛尖	都匀
鸾嘴茶、香炉山云雾茶	凯里
金鼎云雾茶	遵义
坪山茶	石阡

（续表）

茶　　名	产　　地
朵贝茶	普定
海宫茶、果瓦茶	大方
姑青茶	纳雍
平桥茶	织金
清池茶	金沙
回龙茶	黄平
高寨茶	独山
坡柳茶、姑娘茶	贞丰
羊场茶	镇远
滚郎茶	从江

还有产于其他各产茶省区的香片（花茶）、茉莉花茶、珠兰花茶、炒青、烘青。

（程启坤）

（二）现代名茶

中国现代名茶有数百上千种之多，根据其历史分析，可归纳为下列三类名茶：

1. 传统名茶

即历史名茶，基本保持原有的制茶工艺与品质风格。如西湖龙井、庐山云雾、洞庭碧螺春、黄山毛峰、太平猴魁、恩施玉露、信阳毛尖、六安瓜片、屯溪珍眉、老竹大方、桂平西山茶、君山银针、云南普洱茶、苍梧六堡茶、政和白毫银针、白牡丹、安溪铁观音、凤凰水仙、闽北水仙、武夷岩茶、祁门红茶等。

（程启坤）

2. 恢复历史名茶

就是历史上曾有过这类名茶，后来未能持续生产或已失传，经过研究创新，恢复原有的茶名，有些已不是原来的制茶工艺与品质风格。如休宁松罗、涌溪火青、敬亭绿雪、九华毛峰、龟山绿绿、蒙顶甘露、仙人掌茶、天池茗毫、贵定云雾、青城雪芽、蒙顶黄芽、阳羡雪芽、鹿苑毛尖、霍山黄芽、顾渚紫笋、径山茶、雁荡毛峰、日铸雪芽、金奖惠明、金华举岩、东阳东白等。

（程启坤）

3. 新创名茶

即近几十年新创制的名茶。如婺源茗眉、南京雨花茶、无锡毫茶、茅山青峰、天柱剑毫、岳西翠兰、齐山翠眉、望府银毫、临海蟠毫、千岛玉叶、松阳银猴、都匀毛尖、高桥银峰、金水翠峰、永川秀芽、上饶白眉、湄江翠片、安化松针、遵义毛峰、文君绿茶、峨眉毛峰、雪芽、雪青、仙台大白、早白尖红茶、黄金桂、秦巴雾毫、汉水银梭、八仙云雾、南糯白毫、午子仙毫等。

近年来，全国各茶区十分重视名茶的开发研究，新创名茶层出不穷，加之全国各地各种名茶评比活动，诸如评比会、斗茶会、展评会、博览会、拍卖会等等，更促进了名茶生产的发展。现就各主要产茶省生产的名茶品目及各种名茶在国内外获奖情况介绍如下。

（1）各产茶省现有主要名茶品目（详见附录）

（2）在国内外评优、获奖名茶品目

在国际上获奖的名茶：

1915 年获得美国举办的巴拿马万国商品博览会和评品会一等金质奖的有：安徽的"祁门红茶"、"太平猴魁"，浙江的"云和惠明茶"，河南的"信阳毛尖"，江西的"协和昌珠兰茶精"，福建的"闽北水仙"（詹全圃）。获得二等银质奖的有：广西的"南山白毛茶"，江西的"遂川狗牯脑"，福建的"闽北水仙"（杨端圃、李泉丰）。

1945 年新加坡评奖中获得金牌的有：福建安溪的"泰山峰铁观音"乌龙茶。

1950 年泰国评奖中获得特等奖的有：福建安溪的"碧天峰铁观音"乌龙茶。

1956 年在国际莱比锡博览会上获得金质奖的有：湖南的"君山银针"。

1983 年 8 月在意大利罗马举办的第 22 届世界优质食品评选大会上获得金质奖的有：四川的"峨眉牌重庆沱茶"。

1984 年 9 月在西班牙马德里举办的第 23 届世界优质食品评选大会上获得金质奖的有：浙江的"天坛牌特级珠茶"。

1985 年 6 月在法国巴黎举办的国际美食旅游协会评选会上获得金桂奖的有：福建的"茉莉花茶"（9101 唛）。

1985 年 7 月获得在西班牙马德里举办的《国际商业评论》出版社国际最优质量、服务奖的有："上海万年青牌特级珍眉绿茶（9371）"，上海"龙牌袋泡红茶"。

1985 年 9 月获得在葡萄牙里斯本举办的第 24 届世界优质食品评选大会金质奖的有：四川的"峨眉山竹叶青绿茶"、"峨眉牌早白尖工夫红茶"、"峨眉毛峰"绿茶。

1986 年 3 月获得在西班牙巴塞罗那举办的第 9 届食品评选大会金像奖的有：云南下关茶厂生产的"云南沱茶"。

1986 年 9 月获得在瑞士日内瓦举办的第 25 届世界优质食品评选大会金质奖的有：浙江淳安县郭村茶厂生产的"天坛牌特级珍眉绿茶"，四川南川茶厂生产的"峨眉牌红碎茶"，四川的"峨眉牌早白尖工夫红茶"。

1986 年 10 月获得在法国巴黎举办的国际美食旅游协会金桂奖的有：福建的"新芽牌茉莉花茶"袋泡茶，上海的"龙牌红茶"袋泡茶，上海的"万年青牌特级珍眉绿茶"（8147 小包装），上海的"万年青牌凤眉绿茶"（9611 小包装），上海的"万年青牌贡熙绿茶"，福建厦门的"新芽牌乌龙茶铁观音"（听装），福建的"鹭江牌保健美天然减肥茶"，浙江的"天坛牌特级珠茶"，广东的"金帆牌英德红茶"袋泡茶，广东汕头的"宝鼎牌美的青春茶"袋泡茶。

1987 年 9 月获得在比利时布鲁塞尔举办的第 26 届世界优质食品评选大会金质奖的有：安徽的"祁门工夫红茶"，上海的"万年青牌特级珍眉绿茶"，广东的高级礼品茶"中国名茶"。

1988 年 9 月获得在希腊雅典举办的第 27 届世界优质食品评选大会金棕榈奖的有：浙江的"狮峰牌极品龙井茶"。获得银质奖的有：安徽的"特珍特级绿茶"、"特珍一级绿茶"。

在国内获奖的名茶：

近年来各产茶省（自治区）都开展了名茶评比活

动,评为省级名茶的数量逐年增多,这里只选录评上部以上国家级的部分名茶。

1912年在南京南洋劝业会场和农商部展出获优等奖的有:安徽的"太平猴魁",福建的"闽北水仙"(全圃、泉圃、同芳星诸号)。

1980年获国家优质产品金奖的有:安徽的"祁门红茶"。

1981年全国产品质量评比获国家金质奖的有:浙江的"狮峰特级龙井"。

1981年国家优质产品评选获国家优质产品银质奖的有:浙江的"天坛牌3505特级珠茶"、"狮峰特级龙井",安徽屯溪的"特珍一级绿茶",云南的"中茶牌沱茶"。

1982年3月原商业部在福建省崇安县召开的全国花茶、乌龙茶优质产品评比会议上被评为优质产品的有:福建宁德茶厂的"茉莉天山银毫"、"特级茉莉花茶",福建政和茶厂的"二级、三级茉莉花茶",福州茶厂的"二级、三级、四级茉莉花茶",江苏苏州茶厂的"一级、二级、三级茉莉花茶",浙江诸暨茶厂的"一级、三级茉莉花茶",金华茶厂的"一级、二级茉莉花茶"。乌龙茶优质产品有:福建安溪茶厂的"特级铁观音"、"特级黄金桂",福建永春茶果场的"一级闽南水仙",福建建瓯茶厂的"一级闽北水仙",广东汕头的"一级凤凰浪菜"。

1982年6月原商业部在湖南长沙召开的全国名茶评比会上被评为全国名茶的有:绿茶是江苏南京的"雨花茶"、苏州的"碧螺春",广西贵县的"覃塘毛尖",福建宁德的"天山清水绿",浙江的"金奖惠明茶"、"江山绿牡丹"、"顾渚紫笋"、"西湖龙井",湖南的"古丈毛尖"、"保靖岚针"、"大庸毛尖",安徽的"太平猴魁"、"涌溪火青"、"黄山毛峰"、"六安瓜片",湖北的"峡州碧峰",贵州的"都匀毛尖",四川的"峨眉毛峰",江西的"婺源茗眉"、"庐山云雾",河南的"信阳毛尖",云南的"南糯白毫";黄茶是湖北的"鹿苑茶",湖南的"君山银针";白茶是福建的"白毫银针";花茶是福建的"闽毫",江苏的"苏萌毫";乌龙茶是福建安溪的"铁观音"、崇安的"武夷肉桂",广东潮州的"凤凰单丛"。

1982年获得原国家经委授予国家金质奖的有:

福建安溪的"凤山牌特级铁观音"。

1982年评为原商业部优质产品的有:福建的"特级黄金桂"。

1985年6月在江苏南京由原农牧渔业部和中国茶叶学会联合召开的全国名茶展评会上被评为全国名茶的有11个:绿茶是安徽潜山县的"天柱银毫"、岳西县的"岳西翠兰"、宁国的"黄花云尖",浙江开化的"开化龙顶"、余杭县的"径山茶"、长兴县的"顾渚紫笋",江苏镇江的"金山翠芽"、金坛县的"雨花茶",湖南岳阳县的"洞庭春",四川邛崃县的"文君绿茶";乌龙茶是福建安溪的"黄金桂"。评为全国优质茶的有16个:绿茶是江西上饶的"上饶白眉"、井岗山县的"井岗翠绿",江苏无锡的"无锡毫茶"、金坛县的"金坛雀舌"、溧阳县的"前峰雪莲",湖南大庸的"龙虾茶"、桂东县的"玲珑茶"、古丈县的"狮口银芽",安徽泾县的"泾县特尖",湖北蒲圻县的"松峰茶"、宜昌的"峡州碧峰",广西桂林的"桂林毛尖",浙江淳安县的"鸠坑毛尖"、遂昌县的"遂昌银猴";乌龙茶是福建永春的"佛手"、广东的"石古坪乌龙"。以上27种名优茶获得农牧渔业部1985年度优质产品奖。

1985年中国食品工业协会在江西南昌举办全国优质食品评选,获得国家优质产品称号并获银质奖的有:云南下关茶厂的内销"甲级沱茶"、凤庆茶厂的"一级工夫红茶"、勐海茶厂的"一号红碎茶",广东英德茶场的"红碎茶"。同年获国家优质产品银质奖的有:江西修水茶厂的"宁红工夫茶"、江西婺源县的"婺绿雨茶";获农牧渔业部金杯奖的有江西修水茶厂的"宁红工夫茶"。

1986年1月在北京召开的1985年国家优质食品授奖会上获得国家金质奖的有:浙江杭州的"狮峰牌特级龙井",安徽的"中茶牌特级、一级祁门红茶"。获得国家银质奖的有:云南下关茶厂的内销"甲级沱茶"、凤庆茶厂的"一级滇红工夫茶"、勐海茶厂的"一号滇红碎茶"。被授予1985年部优质产品称号的有:云南勐海茶厂的"一号滇红碎茶"、"二级滇红工夫茶",凤庆茶厂的"一、三级滇红工夫茶",江城农场和普文农场的"二号滇红碎茶";安徽省的"祁红工夫"一、二、三级,"屯绿"特珍特级、特珍一级、珍眉一级、贡熙一级茶，"舒绿"珍眉一级、二级茶，"芜绿"珍眉四级茶；浙江的嵊县三界茶厂、绍兴茶厂、新昌茶厂的"特级珠茶"，淳安茶厂的"眉茶特珍一级"、"雨茶一级"，温州茶厂的"温绿珍眉一级"。

1986年5月原商业部在福建福州召开的名茶评选会上评出全国名茶43个：绿茶有安徽黄山市的"太平猴魁"、金寨县的"齐山名片"、歙县的"黄山毛峰"和"黄山银钩"、泾县的"特级尖茶"，浙江磐安县的"磐安云峰"、淳安县的"鸠坑毛尖"、云和县的"金奖惠明"、长兴县的"顾渚紫笋"、临海的"临海蟠毫"、杭州的"西湖龙井"，江苏南京市的"雨花茶"、金坛县的"金坛雀舌"、吴县的"碧螺春"、无锡市的"无锡毫茶"，江西婺源县的"茗眉"、九江市的"庐山云雾"、宁都县的"小布岩茶"，湖南安化县的"安化松针"、新化县的"月芽茶"、岳阳县的"洞庭春"，湖北咸宁县的"剑春茶"、随州市的"云雾毛尖"，贵州贵阳市的"羊艾毛峰"，云南勐海县的"云海白毫"，陕西西乡县的"午子仙毫"，四川峨眉县的"竹叶青"，重庆市的"巴山银芽"，广西桂平县的"桂平西山茶"，河南信阳的"信阳毛尖"，福建宁德县的"天山四季春"；乌龙茶有福建安溪的"铁观音"和"黄金桂"、崇安县的"武夷肉桂"，广东潮州市的"凤凰单丛"、饶平县的"岭头单丛"；红茶有安徽祁门县的"祁红"、云南风庆县的"滇红"；黄茶有湖北远安县的"鹿苑茶"；白茶有福建福鼎县的"白毫银针"；花茶有福建福州市的"闽毫"、寿宁县的"福寿银毫"、江苏苏州市的"苏萌毫"。

1986年获轻工业部优质产品奖的有：贵州雷山县的"雷山银球"、"天麻茶"。

1986年6月在浙江兰溪市召开的全国味精茶叶优质产品评比会上获轻工业部优质产品奖的有：福建寿宁县的"福寿银毫"。

1987年2月商业部授予部级优质名茶称号的有：安徽歙县的"黄山毛峰"、"黄山银钩"。

1989年农业部在西安召开了全国名优茶评选会，评出的名茶有：绿茶是江西婺源的"灵岩剑峰"，江苏宜兴的"荆溪云片"和"阳羡雪芽"、溧阳的"南山寿眉"和"前峰雪莲"、无锡的"二泉银毫"和"无锡毫茶"，浙江安吉的"安吉白片"、临海的"临海蟠毫"、宁波宁海的"望府银毫"、浦江的"浦江春毫"，安徽太湖

的"天华谷尖"、霍山的"霍山翠芽"、金寨的"齐山翠眉"、舒城的"白霜雾毫"，湖北随州的"棋盘山毛尖"，四川的"永川秀芽"，陕西南郑的"汉水银梭"，湖南安化的"安化松针"、长沙的"高桥银峰"，广西贵港的"覃塘毛尖"；红茶是云南昌宁的"滇红工夫一级茶"；乌龙茶有广东潮州的"凤凰单丛"，福建崇安的"武夷肉桂"；紧压茶是云南下关的甲级"云南沱茶"。会上同时评出的优质茶有：绿茶是南京江宁的"南京雨花茶"，安徽庐江的"白云春毫"，浙江诸暨的"西施银芽"，湖南衡山的"岳北大白"、沅陵的"碣滩茶"、岳阳的"洞庭春芽"，江西南昌的"前岭银峰"，河南桐柏的"太白银毫"，山东日照的"雪青"，重庆的"缙云毛峰"；红茶是云南勐海的"滇红碎茶一号"，广东英德的"大叶红碎茶碎二"；乌龙茶是广东兴宁的"南华牌奇兰茶"；白茶是福建福安的"福建雪芽"；花茶是广西桂林的"凌云白毫茉莉"。

（程启坤）

20世纪90年代中国茶叶学会组织"中茶杯"名优茶评比，每隔2年进行1次，评选出若干名优茶产品，1999年后改为金奖和银奖。截至2009年，已有数百只茶获奖：

1994年首届"中茶杯"全国名优茶评比获特等奖的名茶：斗山牌太湖翠竹、周王云翠、绿霜雪针、无锡毫茶、双凤剑峰、龙泉茶、太湖翠竹、一尖仙峰茶、南山寿眉、斗山牌无锡毫茶、无锡毫茶、仙人掌茶、娘娘寨牌云雾茶、锡梅牌无锡毫茶、龙泉玉剑、九山碧毫、寨山玉莲、古北翠香、黄果树毛峰二级、黄果树毛峰一级、岚翠御茗、思茅雪兰、甘露青峰、龙乾春。

1997年第二届"中茶杯"全国名优茶评比获特等奖的名茶：金山翠芽、黄观音、绿香兰、斗山牌毫茶、银湖牌碧螺春、岭峰牌竹海金茗、银湖牌无锡毫茶、暨阳雁翎、太湖翠竹、宜竹牌阳羡雪芽、锡梅牌无锡毫茶、蜜兰香单丛、华山翠芽、龙珠茶、娘娘山茶、丹桂（乌龙茶）、滇红工夫特级茶、南山寿眉、水镜茗芽、黄山白雪、金刚碧绿、碧螺春。

1999年第三届"中茶杯"全国名优茶评比获金奖的名茶：南山寿眉、锡梅牌无锡豪茶、银湖牌无锡毫茶、斗山牌无锡毫茶、斗山牌太湖翠竹。**获银奖的名茶**：太湖翠竹、无锡毫茶。

2001 年第四届"中茶杯"全国名优茶评比获金奖的名茶：金山翠芽茶、斗山牌太湖翠竹茶、斗山牌无锡毫茶、太湖翠竹茶、泉山牌太湖翠竹茶、勤梅牌太湖翠竹茶、尧歌牌太湖翠竹茶。获银奖的名茶：胶山牌太湖翠竹茶、大南坞牌碧螺春茶。

2003 年第五届"中茶杯"全国名优茶评比获金奖的名茶：斗东牌太湖翠竹、惠泉牌无锡毫茶、勤梅牌太湖翠竹茶、斗山牌太湖翠竹茶、泉山牌太湖翠竹茶、大山坞白茶、尧歌牌太湖翠竹、宏伟牌凤凰单丛茶。银奖的名茶：翠竹牌茅山长青、华阳牌茅山长青、胶山牌太湖翠竹茶、开泉牌无锡毫茶、斗星牌太湖翠竹茶、大南坞牌太湖碧螺春、银湖牌无锡毫茶、彭公牌五峰迎春、惊春灵芽牌惊春灵芽、太白顶芽、幔亭牌武夷肉桂。

2005 年第六届"中茶杯"全国名优茶评比获金奖的名茶：侗乡春牌雀舌茶、华阳牌茅山长青、斗东牌太湖翠竹、惠泉牌无锡毫茶、大山坞牌大山坞白茶、斗山牌太湖翠竹茶、岭峰牌竹海金茗、勤梅牌太湖翠竹。获银奖的名茶：罗针茶、句曲牌茅山长青、尧歌牌太湖翠竹、锡吼牌太湖翠竹、惠亭牌太湖翠竹、银湖牌太湖翠竹、银牌牌无锡毫茶、皓牌皓茗茶、彭公牌五峰迎春、五洲牌金山翠芽、惊春灵芽牌惊春灵芽、竹叶青牌竹叶青茶、明镜山牌明镜碧芽、裕竺牌裕竺茶、幔亭牌武夷肉桂、宏伟牌凤凰单丛茶、南馥牌单丛茶、玉临春乌龙茶、雄鸥牌蒸青绿茶、树仙牌树仙雀舌、开泉牌无锡毫茶。

2007 年第七届"中茶杯"全国名优茶评比获金奖的名茶：高山乌龙茶、春缈牌春缈、斗东牌太湖翠竹、华阳牌茅山长青、惠泉牌无锡毫茶、金谷阳春牌金山翠芽、句曲牌金山翠芽、句曲牌茅山长青、林兰芳牌长岭兰芽、五洲牌金山翠芽、鑫品牌金坛雀舌、秀峰牌绿杨春、悬泉春早、尧歌牌太湖翠竹茶、宜竹牌宜竹阳羡雪芽、银叶牌安吉白茶。获银奖的名茶：南馥牌凤凰单丛茶、兴九牌大红袍、淳青牌金陵春、斗山牌太湖翠竹茶、桂牌沙河桂茗、瀚源牌天竹龙芽、惠亭牌太湖翠竹、金翠牌金山翠芽、金谷阳春牌金谷阳春、金胜山牌金蕊茶、惊春灵芽牌惊春灵芽、景泰隆牌有机黄山毛峰、驹龙园牌银芽、丽芳牌太湖翠竹茶、鹿鸣牌鹿鸣翠芽、绿昌茗牌绿昌茗雀舌、乾

峰牌阳羡雪芽、勤梅牌太湖翠竹、汪大珍牌罗针茶、五泉牌绿杨春、雾翔牌沿溪山白毛尖、仙都笋峰牌仙都笋峰、夷州牌湄潭翠芽、裕竺牌裕竺茶、钟山牌雨花茶、论道牌竹叶青、紫岭牌莫干月芽。

2009 年第八届"中茶杯"全国名优茶评比获金奖的名茶：五洲牌金山翠芽、惠泉牌太湖翠竹、惠泉牌无锡毫茶、溧峰牌碧螺春、金翠牌金山翠芽、银叶牌安吉白茶、茗山茶牌安溪铁观音、伏侨牌伏虎绿雪、宜竹牌阳羡雪芽、句曲牌金山翠芽、陶峰牌天目湖白茶、香峰牌香峰寿眉、鑫品牌金坛雀舌、泰湖岩牌祥华铁观音。获银奖的名茶：林兰芳牌长岭兰芽、巴南牌巴南银针、乾峰牌阳羡雪芽、斗山牌太湖翠竹、千珠碧牌千珠碧毛尖、赵紫龙牌太平猴魁、惠亭牌太湖翠竹、淳青牌雨花茶、雾翔牌沿溪山白毛尖、龙王山牌安吉白茶、紫岭牌莫干月芽、伏侨牌伏虎茗珍、古涵牌洞庭山碧螺春、壶笑天牌安吉白茶、金谷阳牌金谷阳春、韵芽牌竹海金芽、金谷阳春牌金山翠芽、夷州牌湄潭翠芽、阳羡雪芽、五泉牌绿杨春、青珠牌玉螺听涛、青珠牌明泉洗秋、斗东牌太湖翠竹、驹龙园牌银芽、句曲牌茅山长青、栗香牌湄潭翠芽、绿昌茗牌蒲江雀舌、高山乌龙茶、南馥牌蜜兰香单丛茶、神香牌神香寿眉、汀泗川玉牌汀泗川玉、金胜山牌金蕊茶、雪窦山牌奉化曲毫、芽旗香牌温泉毫峰茶、景泰隆牌有机黄山毛峰、梁湖碧玉牌梁湖碧玉、汪大珍牌罗针茶、玉临春牌冻顶乌龙茶、岭南春牌岭南春碧芽。

以上无论是政府或有关社团组织进行的各种名茶评比，都不同程度地激励了名茶的创制与生产，提高了名茶的知名度。

（周智修）

三、绿茶种类

绿茶是一种不发酵茶，其基本制作工艺过程是：摊放、杀青、揉捻、干燥。

我国绿茶生产历史最久，品类最多，外观造型千姿百态，香气、滋味各具特色，清汤绿叶，十分诱人。现将我国绿茶的主要品类，按其产区自然条件、历史文化、加工技艺以及品质特点简介如下。

(一) 西湖龙井

西湖龙井茶产于浙江省杭州市西湖区。为历史名茶,约始于明末清初。

杭州市西湖区,地跨北纬 30°04′～30°20′、东经 119°59′～120°09′,地处浙西丘陵山区向杭、嘉、湖平原沉降的过渡地带,它东濒西湖,南临钱塘江。西湖区属北亚热带南缘季风型气候,气候温暖、湿润、多雾。年平均气温 16.2℃,1 月份平均气温 3.9℃,7 月份平均气温 28.5℃,无霜期 250 天左右。年日照时数为 1904.6 小时,日照率为 43%。常年年降雨量 1398.9 毫米,其中 3 月～10 月份占全年降雨量 80%以上,年雨日为 150 天～160 天,常年相对湿度 80%以上。茶园土壤主要有黄泥土、白砂土、黄筋泥土与油红泥土四种。黄泥土占 60%左右,其土层厚度一般在 40 厘米～100 厘米左右,土壤通透性良好,含有机质 0.14%～1.86%、全氮 0.053%～0.99%、全磷 0.038%～0.12%。白砂土面积占 20%。pH 值为 4.6～5.0。

西湖地区产茶历史悠久。陆羽《茶经》载:"钱塘(茶)生天竺、灵隐二寺。"另说,北宋苏轼在杭州任知事时曾考察西湖种茶历史,认为西湖最早的茶树,在灵隐下天竺香林洞一带,是南朝诗人谢灵运在下天竺翻译佛经时,从天台山带来的。龙井产茶历史悠久,已为公认,至于何时做成今天的扁形茶类,至今尚未定论。从我国茶叶加工技术演变推测,大量出现散茶加工生产始于明代,宋、元之时不可能加工出比炒青更为复杂精细的扁形茶。明末,彭孙贻有首《采茶歌》云:"龙井新茶品价高,杯中瓣瓣立周遭,逢清客休轻试,辛苦担泉下虎跑。"诗虽未直接记述茶的形状,但从"瓣瓣立周遭"来分析,则非扁形茶莫属。可知,明末清初离今大约 350 年(即 1644 年前后),是龙井扁形茶的形成期。一些茶叶专家推则,现在的龙井茶很可能是大方茶演变而来,大方与龙井炒制方法基本相同,只是炒制过程所用的油不同(使炒锅光滑),大方茶用菜油,龙井用柏油。龙井茶之所以出名,除自然品质优秀之外,还在于名人、名家的推崇。明人黄一飞和徐渭,先后将龙井茶收

入全国名茶、贡茶名录。至清代,龙井茶已在全国名茶中名列前茅。乾隆皇帝六次南巡,先后四次来到西湖龙井茶区天竺、云栖、龙井等观看茶叶采制,品茶赋诗。第一次到天竺,作《观采茶作歌》,开头二句为"西湖龙井旧擅名,适来试一观其道"。

自清朝以来,茶叶商家将西湖龙井茶区分为狮、龙、云、虎四个字号。1949 年后,将原来的四个字号龙井归并为"狮峰龙井"、"梅坞龙井"、"西湖龙井"三个品类。

西湖龙井茶产区种植的主要品种有龙井群体品种、龙井 43、龙井长叶等。西湖龙井茶的鲜叶原料分级标准是:特级为一芽一叶或一芽一二叶初展,且芽长于叶,长度为 2～2.8 厘米;1～2 级为一芽二三叶(初展叶),芽、叶长度基本相等,长度为 2.5～3.5 厘米;3～4 级为一芽二三叶(三叶初展),叶长于芽,长度为 3～3.9 厘米;5～6 级为一芽二三叶(有部分嫩的对夹叶),长度为 3.9～5 厘米。

对不同等级的鲜叶原料分别摊放和炒制。龙井茶的初制工艺有摊放、炒青锅(杀青)、回潮、二青分筛、辉锅、干茶分筛、挺长头、归堆、贮藏收灰等 10 道工序,但最基本的是鲜叶摊放、辉锅干燥四道工序。

采回鲜叶需在室内薄摊。摊放场地要求阴凉、洁净、通风,厚度为 3 厘米左右,中下级原料可稍厚些,摊放时间 6 小时～12 小时,待鲜叶减重 15%～20%,含水量达到 70%左右时即可。龙井茶全凭一双手在一口特制的光滑铁锅中不断变换手法炒制而成。炒制手法有抖、搭、拓、捺、甩、抓、推、扣、压、磨等,号称"十大手法"。炒制时根据鲜叶大小、老嫩程度和锅中茶坯的成型程度,不断变化手法,非常巧妙。只有掌握了熟练技艺的人,才能炒出色、香、味、形俱佳的龙井茶。青锅是杀青和初步整形的过程。炒制特、高级龙井茶,待锅温升至 90℃～100℃时,在锅面上涂抹专用油,然后投入 100 克摊放叶,开始以抓、抖为主;使均匀受热,水分散发,经反复多次后,改用搭、抖、捺的手法进行初步造型;压力由轻而重,使茶叶理直成条,压扁成型,炒至七八成干时即起锅,历时约 12 分钟～15 分钟。青锅叶起锅后薄摊回潮,摊凉回潮约需 40 分钟～60 分钟。摊凉后进行分筛,筛底筛面茶分别辉锅。辉锅目的是进一

步整形和炒干。通常三锅青锅叶合为一辉锅,投叶量约150克,锅温60℃~70℃,炒制20分钟~25分钟。锅温掌握低、高、低过程。开始以理条为主,要多抖、少搭,以便散发水汽,然后逐步转入抓、搭、拓、捺、推、磨等手法并适当加大力度。要领是手不离茶,茶不离锅。炒至茸毛脱落,扁平光滑,茶香透发,折之即断,含水量达5‰~6‰时,即可起锅。经摊凉后簸去黄片,筛去茶末即成。

西湖龙井茶的精制加工,通过筛分、风选等工艺对毛茶进行整理,提高外形的美观程度,并稳定内质,使之符合商品茶的产品标准。

西湖龙井茶分特级、一级、二级、三级、四级、五级六个等级。其品质特点为:外形扁平光滑、挺直、绿润、匀整,香气清香持久,滋味鲜醇爽口,汤色嫩绿明亮,叶底细嫩成朵、嫩绿明亮。高级龙井茶向有"色绿、香郁、味醇、形美"四绝佳茗之美誉。

(江用文)

(二) 径山茶

径山茶产于浙江省杭州市余杭区径山一带。为恢复历史名茶,在唐代首创,1978年开始恢复生产。

余杭区径山位于浙江省东北部,东经119°40′~120°23′,北纬30°09′~30°34′。地处南岭山系黄山山脉,浙西天目山余脉。属中亚热带向北亚热带过渡的季风气候区,年平均气温16℃,≥10℃的积温5000℃。年日照时数为1944.6小时,日照百分率44%。茶区的常年降水量大于1400毫米,茶叶生长季节(4月~10月)的降水量大于1000毫米,雨日155天左右。

余杭区丘陵山区分布最广泛的土壤是红壤类中的黄红壤亚类,主要分布于海拔200米~500米的山地,占丘陵山区总面积的75.8%。分布在黄红壤上界的是黄壤土类,山地香灰土是其代表性土种。土层深厚,土色灰黑,质地中壤,表土层厚度20厘米左右,有机质含量高达1.7%,全氮0.933%,全磷0.176%。pH值为5.6。

径山茶始产于唐。据清嘉庆《余杭县志》记载,唐天宝元年(742),径山开寺僧法钦"尝手植茶树数株,采以供佛,逾年蔓延山谷,其味鲜芳,特异他产,今径山茶是也"。径山茶盛名鹊起于宋。宋代翰林院学士叶清臣,曾考察过浙江许多茶区,在他的《文集》中肯定"钱塘、径山产茶质优异"。元、明、清时的径山茶仍享誉不衰。唐宋时径山茶为蒸研团茶,基本工艺为鲜叶蒸后,捣碎制饼穿孔,贯穿烘干。改为蒸青散茶后,省去中间工艺,鲜叶蒸后直接烘焙至干。饮用时碾成末茶。中华人民共和国成立前夕的径山雨前茶,因均系单芽,一般在锅中直接炒干。谷雨后细嫩芽叶则炒制"旗枪",手法与现龙井茶炒法大体相同,但不及现龙井茶之精细。1978年恢复了径山毛峰茶的生产,近几年把龙井炒法和蒸青制法的径山龙井茶和径山玉露茶也归为径山茶中。

径山茶原料以本地群体种占主体,另外还有鸠坑种、福鼎大白茶、龙井43、乌牛早等无性系良种。鲜叶采摘标准为:特级、一级茶为一芽一叶或一芽二叶初展,二级茶为一芽一叶或一芽二叶。要求在晴天露水干后采摘,不采病叶、虫咬叶,不带茶蒂、鱼叶。

径山茶加工工艺分鲜叶摊放、杀青、揉捻、烘焙等四道工序。鲜叶摊放:进厂后叶子及时均匀地薄摊在篾垫上,置于阴凉通风处。摊放厚度随鲜叶的级别而定,特级鲜叶以芽叶之间互不重叠为度,一级以下厚度可适当增加。摊放时间:一般为6小时~12小时。摊放过程要适当轻翻,以利于均匀散发水分。摊放程度以含水率降至70%,显清香,叶子变软为适度。杀青:采用手工杀青或机械杀青。手工杀青:在直径64厘米的炒锅中进行,锅温120℃~130℃,投叶量200克~250克,鲜叶下锅后要迅速用手翻炒,双手进行,要求翻得快,扬得高,捞得净,撒得开,以匀、杀透,保持翠绿为原则,整个杀青时间掌握在10分钟~15分钟。机械杀青:宜选用30型滚筒杀青机,转速20转/分~25转/分,出叶口处筒腔内气温90℃,投叶量15千克/小时~20千克/小时,杀青时间从进叶到出叶调节在1分钟左右。杀青以叶质变软,叶色转暗,略卷成条,折梗不断,清香显露,杀匀杀透为适度。杀青叶出锅摊凉后要理条,理条采用斜锅,手法为先抛后理,抛理结合,以继续散发一部分水分,理直条型为目的。锅温80℃~

90℃为宜,理条叶含水量控制在58%～60%。揉捻:杀青叶必须先经摊凉后才揉捻,揉捻方法可用手或采用桶径15厘米、20厘米、25厘米的微型揉捻机。手工揉捻:在光洁桌面上或篾匾内进行,一般为250克杀青叶,手法来回带旋转推揉,先轻后重,来轻去重,后期又转轻,揉捻时间特级叶为10分钟～15分钟,一级叶为15分钟～20分钟,二级以下为20分钟～25分钟;机揉投叶量以揉桶九成满为度,机揉加压以轻压为原则。揉捻质量以既揉紧条索又保持芽叶完整为原则,揉捻工序结束,揉捻叶要及时解块和转入下道烘干工序。烘焙:烘焙可用炭火烘焙,也可用烘干机烘焙,工序分毛火和足火两道,毛火叶以八成干为度,足火应足干至含水量达5.5%以下。炭火烘焙以优质木炭为燃料,不能有木炭味,烘焙宜采用竹编烘笼,笼上要垫一层白棉纱布,但新编烘笼应经陈化处理,处理至不产生竹油异味为准。毛火摊叶厚度1厘米左右,以高温快烘为原则,笼顶温度掌握在70℃～90℃,先高后低,毛火过程要勤翻,约2分钟～3分钟翻动一次。翻时动作要轻,先手提纱布四角收拢茶叶,然后再轻轻摊开。足火以8笼～10笼毛火拼一笼,以文火慢烘,发展茶香为原则,笼顶温度60℃左右。烘干机烘焙宜采用鼓热风的单层式烘床名茶烘干机,烘干机毛火风温掌握在70℃～80℃,摊叶厚度2厘米～3厘米。足火风温掌握在50℃～60℃,摊叶厚度为8厘米～10厘米。经足干后的茶叶要及时拣去黄片等不合格物,并趁热装进生石灰缸。

径山茶品质特点为:外形为卷曲形,细紧匀整绿润,汤色嫩绿明亮,嫩香,滋味鲜醇、爽,叶底细嫩成朵,嫩绿明亮。

(江用文)

(三) 长兴紫笋

长兴紫笋茶又名湖州紫笋、顾渚紫笋,为恢复历史名茶,首创于唐代,为当时著名贡茶,1978年恢复生产。

长兴紫笋茶产于浙江省长兴县。长兴县位于浙西北,地理位置处在北纬30°22′～31°11,东经119°14′～120°29′。茶园均分布在这些丘陵山谷之中。紫笋茶的集中产区境内以互通山主峰最高,海拔573.9米。长兴县地处北亚热带南缘。年平均气温在13.9℃～14.8℃,1月份平均气温3.2℃,7月份平均气温28.2℃。极端最高气温为39.3℃,极端最低气温为－13.9℃。≥10℃的积温4410℃～4960℃,无霜期223天。年日照时数在1847小时～2124.5小时之间。常年降雨量1500毫米～1600毫米,其中3月～10月份占全年降雨量80%以上,年平均雨日为160天左右。常年相对湿度80%,春茶季节相对湿度高达85%以上,全年雾日平均36天,其中,3月份～6月份最多。茶区山脚平地和丘陵地带的土壤以酸性红黄壤为主,土体呈黄红或黄棕色,主要土属有亚黄筋泥、黄泥土和黄红泥土属,pH 4.5～6.0。

紫笋茶采摘时间一般在4月5日至20日。要求原料为一芽一叶初展至一芽二叶初展的正常芽叶。鲜叶原料分级标准:特级,一芽一叶初展,要求芽头肥壮,大小一致,芽明显长于叶;一级,一芽一叶初展占85%,一芽一叶展开至一芽二叶初展占15%;二级,一芽一叶占70%,一芽二叶初展占30%;三级,一芽一叶和一芽二叶初展各占50%。少采深紫色的芽叶,不采受冻焦斑芽叶,不采病虫危害芽叶,不采无叶单芽,不采无芽对夹叶,不采雨水叶,不采露水叶,不采带蒂芽叶。采下的芽叶用竹篮或篾篓盛装,不准揿压,保持芽叶新鲜。做到鲜叶及时运送茶厂。

长兴紫笋茶加工分摊青、杀青、造形、烘干等四道工序。摊青时,不同等级的鲜叶分开摊放在竹匾或篾垫上,厚度1厘米～2厘米,摊青时间4小时～6小时,待鲜叶散发出浓烈的兰花香,叶质变柔软时,即可付制。杀青在口径64厘米的磨光铁锅中进行,当锅温升到150℃时,每锅投叶350克,方法采用闷抛结合,先闷后抛,多抛少闷。温度掌握先高后低,起锅时锅温控制在100℃以下。当杀青叶失去光泽,手感不粘,稍有弹性时即可出叶,并锅做形。造形一般将2～3锅杀青叶并在一锅中进行理条做形。理条时锅温控制在120℃,做形时锅温控制在100℃～80℃,在锅中炒到八成干时,即应起锅。出锅后要经过薄摊和快速风冷。烘干分为初烘和复烘两次进行。摊凉后及时上笼初烘。上烘时,笼面温度120℃左右,做到勤翻。初烘到有明显戳手感时,即可卸烘摊凉。初烘叶摊凉时间为1小时左右。复烘用文火,笼面温度在80℃～100℃。投叶量一般2～3笼初烘叶。翻抖的动作宜轻,以免碰断芽锋。烘至茶香充分发挥,手碾成末,达到足干时卸烘。卸烘后的茶叶要适当摊凉,待茶叶热气散尽后,收灰贮藏,包装上市。

长兴紫笋茶的品质特点为:芽叶微紫,芽形似笋;干茶色泽绿润,叶底芽头肥壮成朵;茶汤清澈,碧绿如茵;香气清高,兰香扑鼻;滋味鲜醇,味甘生津。

(江用文)

(四) 金奖惠明

金奖惠明茶产于浙江省景宁县,最初产地在赤木山麓际头、惠明寺一带,初唐时有高僧惠明到景宁建寺,寺因僧得名,茶因寺得名。为恢复性历史名茶,1971年恢复创制成功。

景宁县位于浙江南部,地处北纬27°39′～28°11′,东经119°14′～119°58′。景宁是典型山区县,山地面积占总面积(1949.98平方公里)的95%以上。景宁地势由西南向东北方向倾斜,西南方向海拔较高,东北方向较低,气候属于中亚热季风气候区,温暖、湿润,四季分明。西南最高的山峰(上山头)海拔高达1688米,而东北面的岳口村海拔高度仅70米左右,高差达到1618米。海拔一般在500米～800米,有山地、台地及谷地等三种类型。金奖惠明茶产区主要处在海拔500米～700米的赤木山山腰、际头村和惠明寺一带,降水量达到1876毫米,年均空气湿度在80%～88%,年平均雾日为144天。

景宁县境内花岗岩与凝灰岩面积占全县总面积的95.1%。广泛分布的中、低山区土壤主要是黄砂土、砂黏质红土和红松泥等3个土种,惠明茶主产区土壤主要是由花岗岩及部分片麻岩等风化发育而成的红黄泥砂质土及砂黏质红土构成,土层深度一般在1.5米以上,砂性强,肥力偏高,立地条件及保肥、保水性能良好。土壤平均含砂量为35%～53%,质地偏砂,山地有机质含量为2%～8%,土壤速效磷平均为4毫克/千克～5毫克/千克,土壤速效钾平均含量为80毫克/千克～150毫克/千克,土壤pH值平均为4.5～5.6。

惠明茶生产历史悠久,相传在唐朝时畲族老人雷太祖在赤木山偏僻地种茶。据县志记载:明成化十八年(1482)惠明茶列为贡品,年贡芽茶两斤。诗人严用光的《惠明茶歌》有"入京马上争矜贵,黄封红裹呈枫宸"的句子。1915年,惠明茶参加美国纽约召开的国际博览大会,荣获巴拿马万国博览会金质褒章和一等证书。自此之后,惠明茶名扬四海,誉满全球。但是,由于种种原因,名茶一度失传。1971年,金奖惠明茶恢复创制成功,该茶初称"白毛尖"、"惠明甜青",1979年有关茶叶专家建议根据获得巴拿马金奖这一历史事实,正式定名为"金奖惠明茶"。

金奖惠明茶以当地惠明群体种的大叶种、储叶种、中叶种、多芽茶及白芽茶等群体品种为原料,其中大叶种是炒制优质惠明茶的主要原料。金奖惠明茶一般在春分前后采摘,要求鲜叶一嫩(一芽一叶为主),二匀(大小长短基本一致),三鲜(茶篓洁净、透气,芽叶轻放篮中不强压;禁采雨水叶和露水叶;当天芽叶当天付制完毕,原则上不制隔夜茶),四净(不采紫芽、瘦弱芽、病虫芽,不带鱼叶、单片、鳞片、茶籽、老枝、老叶及其他夹杂物)。

金奖惠明茶加工有传统的手工加工和现行的机械加工两种工艺。

1. 传统的手工加工工艺:分摊放、杀青、揉捻、理条、提毫整形、摊凉、炒干、拣剔贮存等工序。摊放:鲜叶进厂后在室内摊放,厚度5厘米左右,摊放时间一般为4小时～6小时,中间轻翻几次,当鲜叶失去鲜活光泽,散发出新茶香时即可付制。杀青:在斜锅中进行,升温中擦少许制茶油,当锅温升至150℃～170℃时(锅底日看发白,夜看发红)投入摊青叶200克～300克,炒法为抖闷结合,多抖少闷,手势要扬得开,连续抖散芽叶,做到勤翻、捞净、杀匀、杀透,杀青时间为5分钟～6分钟。揉捻:将稍摊凉的杀青叶置于清洁的竹帘上,然后双手抱茶向顺时针方向旋转,手势要掌握"轻、重、轻"的原则,边揉捻边解块,揉到茶汁稍溢,成条率达80%以上即为适度,一般需要2分钟~3分钟。理条:在斜锅中进行,用手轻抓芽叶,向同一方向滚理,边理条边散发水分,至茶芽不沾手,手握成团,抛之即散为止。提毫整形:要求锅温80℃~90℃,双手手心相对,四指微曲,反复在锅中滚理;当茶七成干后,将锅温降至60℃左右,单手握茶顺着锅壁沿同一方向旋转,利用掌力相互摩擦,待白毫渐渐显露,茶条逐渐紧结,稍稍卷曲即可。摊凉:将经提毫整形的茶坯,出锅摊凉20分钟,使芽叶各部分的水分含量均匀。炒干:经摊凉的茶坯,投入斜锅中炒干,直至足干为止。要求轻翻勤翻,一则促进色泽翠绿,香气清高;二则保护苗峰茸毫。拣剔贮存:炒干的茶叶经拣剔、分筛、去末、摊凉后,分档密封贮存待销(茶叶要贮于清洁干燥阴暗的地方,严格防止漏气)。

2. 现行的机械加工工艺: 分摊放、杀青、揉捻、初烘、烘焙做形、足干提香等工序。摊放同手工工艺。杀青:用30或40型滚筒杀青机,温度200℃~230℃,投叶量500克/分钟,杀青程度以老杀为宜,要求杀青叶有轻微爆点,叶子感觉易碎,茎梗柔软不易折断,出叶经风扇吹凉后及时薄摊于干净竹垫上,充分回潮后以手捏柔软、茎梗不断时揉捻。揉捻:一般用35或45型揉捻机,投叶6千克~10千克,以装叶至比桶口浅3厘米~5厘米处为宜,不可过满。揉捻时掌握"轻、重、轻"的原则,时间15分钟~20分钟,以成条率80%左右、无汁挤出、无明显成团为宜,下机后及时解块。初烘:用CR-3连续烘干机,采用高温、快速、薄摊的方法。温度110℃~120℃,烘干时间3分钟~4分钟,出叶程度掌握手握略有触手,不会成团,色泽变深绿时,薄摊于干净竹垫上回潮。烘焙做形:在四斗烘焙机上进行,每斗投初烘叶1.5千克左右,温度80℃~90℃,边烘干边按同一方向搓揉提毫,使其形成较为紧实的外形同时显毫,八成干时下机摊凉。足干提香:置烘干机上120℃烘干,时间25分钟~30分钟,手捏成粉时下机摊凉后装箱。

金奖惠明茶设特一、特二、特三作为高档名茶;

1~2级为中档名茶;3~4级茶为低档名茶。金奖惠明茶的品质特点为:外形肥壮紧结,色泽翠绿毫显,汤色清澈明净,香气清高持久,滋味鲜醇,浓而不苦,回味好,有水果味,口感好,耐于冲泡,有一杯鲜、二杯浓、三杯甘又醇、四杯五杯茶韵犹存之特点。

(潘建义 江用文)

(五)松阳银猴

松阳银猴茶产于浙江省松阳县,为新创名茶,创制于1981年。

松阳县位于浙江省西南部,瓯江上游,介于东经119°10′~119°42′,北纬28°15′~28°37′之间。气候属中亚热带季风气候,具有四季分明,雨量充沛,冬暖春早,无霜期长的特点,年平均气温14.2℃~17.7℃,1月份平均气温6.3℃,7月份平均气温28.1℃。≥10℃积温4453℃~5634℃,全年无霜期206~236天。年日照时数1600~1848小时,年平均降雨量1511.6~1844.9毫米,年均雨日171天,春夏季降水较集中,平均相对湿度为75%,漫射光充足。

松阳县属浙闽丘陵区,地貌类型复杂多样,主要可分为盆地、丘陵谷地、低山、中山四种地貌类型。县境内的土壤类型主要为红壤土类和黄壤土类,pH4.5~5.5,有机质含量2%~3%。土层深厚,一般在50厘米以上,结构疏松。松阳的茶叶主要分布在盆地、丘陵谷地和低中山。

松阳产茶历史悠久,早在三国时就已盛产茶叶。唐代著名道教法师叶法善,在松阳卯山永宁观修炼期间,利用卯山优质水土,培植出十多株茶树,制出的茶叶取名为叫"仙茶"。因叶法善和唐高宗至唐玄宗几代皇帝十分相好,常往来于卯山和京都之间,卯山仙茶也因之进入皇宫,深得皇上喜爱,被列为贡品,从此松阳茶名声大振。近代,松阳茶叶名声不减当年,在1929年西湖博览会上松阳茶获得一等奖。随着茶叶生产的不断发展,1981年新创制出松阳银猴茶,连续三年获浙江省一类名茶奖,1984年被确定为"浙江省名茶",2004年、2009年连续两届获"浙江省十大名茶"称号。如此,松阳茶在长达1800余年的历史长河中,始终名极,长盛不衰。

松阳银猴茶选用多毫型银猴良种幼嫩芽叶为原料,以一芽一叶初展为标准采制。要求芽长于叶、大小整齐、嫩度一致,做到不采病虫叶、破损叶、鳞片、鱼叶。采摘时间一般在清明前后十来天。

松阳银猴茶加工工艺有全手工和手工与机械相结合两种方法,其加工工序为摊放、杀青、揉捻、造型、烘干。摊放:鲜叶进厂剔除不符合标准的芽叶,然后薄摊在篾簟上,厚度1~1.5厘米,时间8~10小时,中间翻动2~3次。当叶面失去光泽,闻有清香时,进行杀青。杀青:用平锅手工杀青或40型滚筒杀青机杀青。平锅投叶锅温150℃左右,投叶量400~500克;滚筒杀青机筒体温度280℃~300℃,40型滚筒杀青机投叶量每小时35千克(特级原料应减少投叶量)。手工杀青时要做到抛得开,捞得净,带得轻,以抛为主,适当闷炒,直到杀透、杀匀,青草气散失,清香产生,即可起锅摊凉。揉捻:可用手工或30型、45型揉捻机。手工揉捻将摊凉的杀青叶置于揉具上,双手握住茶团,以一致方向轻揉成条,中途抖散2~3次,待揉至稍有茶汁溢出,同时成条率达95%以上即可。机揉每次投叶量为揉桶九成满为宜,需时间2~5分钟。造型:造型是塑造银猴茶美观外形的关键工序。锅温掌握在80℃~100℃之间,通过抓、抖、推、搓手法,边炒边整。造型手势要轻巧,不能使白毫脱落与变色。当达到八成干,茶叶形成独特的晕直形状,满披银毫时,即起锅摊凉。烘干:有手工烘干和机器烘干两种,烘干分初烘和复烘两个阶段。手工烘干:初烘将摊凉茶坯摊放在篾制焙笼上,采取文火烘焙,火温掌握在60℃~65℃,翻烘笼3~4次;等烘至九成干,起烘摊凉,使水分散发均匀;然后继续上笼烘干,当烘至手捻茶叶成粉末,香气盛发,茶叶含水量在5%以下时,即下烘;烘干机烘干:初烘烘干机进风口温度110℃~120℃即可上叶,均匀薄摊,以不见筛网为宜,时间5~6分钟,至初烘叶稍有触手感出叶,摊凉。复烘烘干机进风口温度90℃左右,厚度可比初烘稍厚,时间15分钟左右,手捻茶叶成粉末时即下烘。摊凉后进行拣剔去末,及时装箱密封贮藏。

松阳银猴茶分特一、特二、一级、二级四个等级,

其品质特点为:条索肥壮,白毫显露,栗香持久,滋味浓鲜,汤色绿明,叶底成朵,嫩绿明亮。

(何迅民　江用文)

(六)开化龙顶

开化龙顶产于浙江省开化县。为新创茶名,始于1959年。

开化县位于浙江西部浙、皖、赣三省交界处,钱塘江源头。东经118°01′15″~118°37′50″,北纬28°54′30″~29°29′59″之间。全县山脉呈西北至东南走向,属温暖湿润的中亚热带季风气候区,四季分明,雨量充沛,多云雾,少日照。年平均气温16.3℃,平均温度通过10℃的持续天数237.4天,≥10℃积温5125.4℃,有效积温高;年平均降水量1990毫米,平均相对湿度81%,年蒸发量1366.2毫米;无霜期250天,年平均总云量为7.2成,年平均雾日达83天,部分地区达120天以上,终年云雾缭绕,是浙江省云雾最多的山区,俗话说"高山云雾出好茶",这些气象数据显示,开化县的确是绿茶生长的好地方。县境内茶园土壤主要有红壤、黄壤。红壤多分布在海拔650米以下的低丘陵地带,土层厚度30厘米~60厘米,有机质含量1.44%~4.05%,pH 4.5~5.5。黄壤多分布于650米以上的中低山地带,土厚50厘米~60厘米,有机质含量5.2%~13.8%。pH 4.5~6.5。

开化县产茶历史悠久,茶叶品质优异,在明朝已被列为贡品。据崇祯四年(1631)《开化县志》记载"茶出金村者,品不在天池下","划贡芽茶四斤"。开化县于清道光至光绪年间(1821~1911)为眉茶主要产区。

开化龙顶茶要求选择粗壮、多毫品种的鲜叶为原料,采摘一芽一叶为主。鲜叶采回后剔除对夹叶、鱼叶和夹杂物,分级摊放、炒制。

开化龙顶茶加工工艺为:鲜叶摊放、杀青、揉捻、初烘、理条、焙干等工序。鲜叶摊放:鲜叶采摘后薄摊在室内通风、清洁、干燥的篾垫上,厚度不超过2厘米。摊放时间一般在4小时~6小时。当叶质发软,芽叶舒展,鲜叶散发出清香,含水量在70%

左右结束。杀青:采用平锅杀青,锅温 200℃～220℃,投叶量 200 克～250 克,以抖为主,要求轻、快、净、散,锅温先高后低,待炒到叶色转暗,叶质柔软,折梗不断,青气消失,失重约 30%,即可起锅。出锅后立即簸扬和摊凉散热。揉捻:采用手工揉捻,在簸匾内用双手滚动揉茶,以轻揉为主,中途抖散团块,稍有茶汁溢出,茶叶成条,揉捻中达到紧、直、完整,解块后薄摊在匾上,及时上烘。初烘:待烘笼顶部温度达到 90℃～110℃时,把揉捻叶均匀薄摊在烘笼上,厚约 1 厘米左右,烘焙时要勤翻、轻翻、快烘,待初烘叶手捏成团,松手即散时,可出笼摊凉。理条:在锅中进行,投叶量视操作者手的大小而定,采用翻炒、理条、整形、抖炒等手势交替进行,使茶叶烽紧成条,待锅壁出现少量白毫时,开始提毫提香,当炒至八成干时,起锅摊凉,摊凉后进行焙干。焙干:要求文火慢烘,烘笼顶温度为 60℃～80℃,笼温先高后低,适时适度翻烘,尽量少翻、轻翻,减少断碎。烘至含水量 5%～6%时起笼。机制可选用小型杀青机,25 或 30 型揉捻机,槽式振动理条机,微型烘干机。烘干后的茶叶经摊凉,即可包装待售或贮藏。

开化龙顶茶分特一、特二、特三、一级和二级五个等级。其品质特征:外形紧直挺秀,银绿披毫,芽叶成朵匀齐,香气鲜嫩清幽,滋味鲜醇甘爽,汤色杏绿清澈。

(江用文)

(七)望海茶

望海茶产于浙江省宁海县,创始于 1980 年。

宁海县位于浙江省沿海中部。介于东经 120°49′～21°41′,北纬 28°40′～9°04′之间,背山面海,是一个沿海多山的丘陵地带。境内山脉系天台山余脉,自西北、西南绵延入境,为东西走向。宁海县属中亚热带过渡地带,为季风湿润气候区。气候总特征是季风明显,四季分明,温暖湿润,雨量充沛,光能丰富,且光、热、水基本同步波。全县年平均气温 16.2℃,最热 7 月份,月平均最高气温 31.8℃;最冷 1 月份,月平均最低气温 0.7℃。≥10℃的年平均活动积温在 4069℃～5175℃之间,持续天数为 237 天左右。年均日照 1885.4 小时,日照百分率为 43%。年平均降水量 1655.3 毫米,年平均降水日 169.9 天,春夏雨季降雨量占全年总降水量的 70%。无霜期年平均 230 天,年相对湿度 82%,全年≥80%的日数 200 天左右,低山丘陵区年均空气湿度在 85%以上。全年雾日平均 20 天～30 天。望海茶出产在低山丘陵区,其土壤类型主要是红壤土类,土层深厚,土壤疏松,土质肥沃,pH 5.1～6.0,表土有机质 1.63%～2.99%;pH 5.7～5.9,土壤有机质 3.84%。

望海茶的原料以一芽一叶初展和一芽一叶为主,一般在清明后一星期开采,到 5 月 10 日结束。紫色芽、虫食芽、霜冻芽不采,选晴天或露水干后开始采摘,做到轻采轻放,随采随放,保持茶芽新鲜度。采下芽叶要求匀度好,长短大小一致,不能混入老叶、鱼叶、鳞片、茶蒂等杂物,茶芽成朵完整,不能采碎。

望海茶加工工艺为:鲜叶摊放、杀青、摊凉、揉捻、初烘、摊凉、足烘和筛分包装。鲜叶摊放:采回的鲜叶摊放在室内竹垫上,摊放厚度为 5 厘米,摊放时间 3 小时～4 小时以上。待手捏柔软即进行杀青。杀青:采用电炒锅,锅温控制在 130℃～150℃,每锅投叶量 200 克～250 克,以单手抛抖为主,中期辅以闷杀,后期再理条,使茶条挺直。待叶色转暗,青气消失,茶香透露为适度,历时 8 分钟～10 分钟。摊凉:杀青叶出锅后,马上在小竹垫上摊凉,使其尽快散发热气、冷却。揉捻:揉捻在洁净、光滑、无异味的小竹垫上进行。将两锅经过摊凉后的杀青叶合并一次揉搓,用力要匀,边揉、边抖、边做形,将揉团抖散,均匀摊平,用手掌平敲打,不能用力过猛,再将茶叶收成堆,用双手握茶揉搓、抖散、再做形,重复几次,使茶条细紧挺直,不勾曲,直至能嗅到浓烈的茶香为止,历时一般 15 分钟左右。初烘:揉捻结束后进行初烘,温度 80℃～90℃,每隔 3 分钟～5 分钟翻烘一次,烘至七成干下烘,历时 30 分钟。摊凉:将初烘后的茶叶置在圆匾上摊凉回潮 15 分钟后,再上烘笼烘足。足烘:火温掌握在 40℃～50℃,厚度可比初烘时厚些,用文火慢烘,至足干,历时 30 分钟~35分钟。筛分包装：足烘出笼茶叶，待稍冷却，过16孔筛，筛去茶末，即可包装或密封储存。

望海茶品质特点为：外形条索细紧、挺直，色泽绿翠显毫，香高持久，并具有嫩栗香；滋味鲜醇爽口，汤色嫩绿清澈明亮，叶底嫩绿明亮匀齐。

（江用文）

（八）江山绿牡丹

江山绿牡丹产于浙江省江山市，创始于1980年。

江山市位于浙江西南部闽、浙、赣三省交界处，介于北纬28°14′29″~28°53′24″，东经118°22′39″~118°48′48″。地势呈东南高西北低，中间陷落之状态。整体轮廓略呈不对称的"凹"形。土壤属红、黄壤类型，呈酸性反应。

气候受地形影响，具有盆地气候的特色。海拔200米以下的丘陵谷地，年均气温17.1℃~17.5℃，≥10℃积温5370℃~5820℃，无霜期253天，年均雨量自北而南大致在1650毫米~2000毫米，降雨日数155天~190天。江山绿牡丹主产地——化龙溪、裴家地、保安、甘七都海拔在400米~1000米。有效积温为4000℃~5000℃，年平均气温达13℃~16℃，最低月平均气温在3℃~4.5℃，最高月为23.3℃~27.2℃。

相传明代正德皇帝巡视江南时，途经仙霞关，品饮"仙霞山茶"后赞不绝口，当即赐名为"绿茗"。沧桑变迁，昔日的绿茗失传。1980年，茶叶科技人员开始创制江山绿牡丹，历时三年，获得成功。

江山绿牡丹的采摘时间在清明至谷雨，采摘标准为：特级鲜叶要求一芽一叶初展占98％以上，一级鲜叶要求一芽一叶占90％以上，二级鲜叶要求一芽一叶占85％以上，三级鲜叶要求一芽一叶占80％以上，并做到四不采，即不采雨露叶、紫芽叶、病虫叶、对夹叶。

江山绿牡丹的加工工艺为：摊放、杀青、揉捻、干燥。采回的鲜叶及时摊放，摊放时间4小时~5小时，其间翻拌1~2次。杀青：一般在40厘米口径的铁锅中进行，当锅温达150℃~180℃时，即可投入鲜叶200克~250克进行抛炒。揉捻：在洁净的篾匾里操作，宜轻、匀、搓、拉、抖相结合，反复进行，待茶汁外溢稍有黏感时，再整形精搓、理条，精搓理条结束后，薄摊待烘。干燥：分初烘、复烘，初烘在传统的竹烘笼里进行，温度约120℃左右。初烘后的茶叶摊于竹匾，回潮变软待复烘。复烘的温度约30℃~70℃，摊叶厚度以初烘叶三笼合一笼为宜，翻拌手势要轻，以免断碎。

江山绿牡丹分特级、一级、二级和三级四个等级。其品质特点为：外形条直似花瓣，形态自然，犹如牡丹，白毫显露，色泽翠绿，香气清高；内质滋味鲜醇爽口，汤色碧绿清澈，叶底成朵，嫩绿明亮。

（江用文）

（九）武阳春雨

武阳春雨产于浙江省武义县。属绿茶类，创始于1994年。

武义县位于浙江省金华市西南部，东经119°27′~119°38′，北纬28°32′~29°03′之间。境内丘陵蜿蜒起伏，青山绿水，毓秀钟灵，峰峦连绵叠翠。海拔800米~1560米，森林覆盖率为72％，年平均日照率为43％，年平均气温为17.5℃，年降雨量为1424毫米。土壤以红壤和黄壤两类为主，其中红壤34.93万公顷，占土壤总面积的34.60％。pH值为5.0~6.5。

武阳春雨茶以迎霜品种为主要原料。3月中下旬开采，鲜叶标准为单芽或一芽一叶初展，要求在晴天露水干后或阴天采摘，鲜叶做到四不采：不采病叶、虫咬叶，不带茶蒂、鱼叶。

武阳春雨茶的制作在20世纪末以手工为主，机器辅助。2000年后，随着武阳春雨茶产量的增加及机械加工工艺的成熟，基本以机制为主。其加工工艺：鲜叶摊放、杀青、理条、烘干、整理。鲜叶摊放：鲜叶采下后按不同等级、不同品种分别摊放在洁净的竹篾上，厚度控制在3厘米以下，摊青时间4小时~8小时，摊青过程中要适当翻叶散热，轻翻、翻匀，减少机械损伤，待叶子叶质回软、显清香即可进行杀青。杀青：用30型或40型滚筒杀青机，温度 200℃~230℃,投叶量 500 克/分钟,杀青程度以失重 35%~40%为宜,此时叶子柔软,表面失去光泽,青气消失,清香显露。同时将杀青叶出炉后用电扇快速冷却进行摊凉,使杀青叶水分散布均匀。理条:用理条机或多用机。温度(槽底)控制在 80℃~100℃之间,理条时间 7 分钟~8 分钟,每次每槽投杀青叶 50 克~100 克,操作时快慢档结合,快档以理条为主,慢档加压整形。当叶温上升后快档理条,时间约 3 分钟。当叶温降至 80℃(±5℃)时慢档加压,按"轻、重、轻"的原则,分次加压。理条后的茶叶外形基本扁平、挺直,其干度达五至六成干。台时产量 2.5 千克。理条完成后茶叶薄摊放半小时回潮,使叶、梗的水分分布均匀。烘干:分初烘和复烘。烘干机烘焙:烘干机进风口温度 110℃~120℃时上叶,均匀薄摊,以不见筛网为宜,时间 5 分钟~6 分钟,至初烘叶能折断叶片为度(不包括梗)。初烘叶下烘后厚堆 1 小时~2 小时回潮,使梗上水分转移到叶上,再进行复烘,烘干机进风口温度 90℃左右,摊叶厚度比初烘稍厚,时间 12 分钟~15 分钟,烘至含水量在 4%~5%时即可下烘,经摊凉后装箱。整理:人工挑选,去除黄片、蒂头、断碎茶,颠去片末即可包装销售或密封贮藏。

武阳春雨茶的品质特点为:外形细紧,色泽绿润,香气鲜灵,滋味甘醇,汤色明亮,叶底匀整,冲泡时茶芽在杯中竖立,缤纷错落,如春雨飘洒。

(郑旭霞 江用文)

(一〇)雪水云绿

雪水云绿产于浙江省桐庐县,创始于 1987 年。

桐庐县属浙西北中低山丘陵区。气候属北亚热带南缘季风区,四季分明,温和湿润。常年平均气温 16.5℃,极端最高气温 41.7℃,极端最低气温 -9℃。最冷月 1 月平均气温 4.3℃;最热月 7 月平均气温 28.9℃。年日照时间 1991.4 小时。无霜期 252 天。年降雨量 1452 毫米。年相对湿度 79%。在东南和西北海拔 650 米~700 米以上的中山坡地,多以黄壤为主,其中以黄壤亚类的山地黄泥土为多,一般有机质、全氮、速效钾含量丰富,速效磷含量低,pH 4.3~5.5。在海拔 650 米以下的低山丘陵坡地则以红壤为主,约占全县土壤总面积的 70%,其中以黄红壤亚类分布面广量大,一般土层较厚,有机质、全氮含量中等,速效钾含量较高,速效磷含量贫乏。

雪水云绿的适制茶树品种有鸠坑种、福鼎大白茶、迎霜、乌牛早、龙井 43、福鼎大毫等优良品种。雪水云绿的采摘标准:极品、特级为全芽,要求匀、净、鲜。

雪水云绿的加工工艺为:鲜叶摊放、杀青、初焙、整形、复焙和分级。鲜叶摊放:采回的鲜叶经拣剔后,薄摊在洁净的竹匾或篾垫上,厚度不超过 2 厘米,保持阴凉通风,摊放时间约 6 小时左右,待散发出清香,鲜叶约减重 10%时,进行杀青。杀青:用电炒锅,当锅温达 120℃~140℃时,每锅投叶 200 克,下锅后先以抛抖为主,适度抓闷,后期渐降锅温转入理条。约 6 分钟~8 分钟后起锅,簸叶散热。杀青叶摊凉 30 分钟后,进行初焙。初焙:用烘笼焙茶,用白布衬底,撒叶要薄,笼顶温度 80℃~90℃,中间翻叶一次,至叶表略干下焙,约 9 分钟~12 分钟。整形:用电炒锅,以理直茶条为主,手势宜轻,约 10 分钟至茶叶八成干下锅。复焙:用文火慢煨,笼顶温度在 50℃左右,中间翻叶 4~5 次,至足干下焙,复焙约 30 分钟。初焙和复焙也可用名茶烘干机进行。复焙后的半成品,经过筛去片末,按质归堆定级。

雪水云绿茶分为极品、特级(特一、特二、特三)和一级,其品质特点为:外形紧直略扁,芽锋显露,色泽嫩绿,清香高锐,滋味鲜醇,汤色清澈明亮,叶底嫩匀完整、绿亮。

(江用文)

(一一)大佛龙井

大佛龙井茶,产于浙江省新昌县,始于 20 世纪 80 年代中期。因新昌县境内有大佛寺而得名。

新昌县位于浙江东部,曹娥江上游,介于北纬 29°13′35″~29°33′52″、东经 120°41′34″~121°13′34″之间。全县地势由东南向西北呈阶梯状下降,全县茶园主要分布在海拔 200 米～600 米的丘陵台地和山地之中。

新昌县属亚热带季风气候，具有典型山地气候特征。年平均气温 16.7℃，1 月份平均气温 4.2℃，7 月份平均气温 29.1℃，全年≥10℃的有 240 天，年平均降水量 1498 毫米，4 月～10 月雨量占全年总雨量的 74％，年日照时数 1914.6 小时，日照百分率 43％，山区雾日较多。新昌县土壤种类较多，由玄武岩风化发育而成的玄武岩台地土壤之一的红黏土，是茶树的主栽土种。土壤一般含有机质 1.54％±0.21％，pH 5.5～6.0。

新昌古属越州剡县，据记载，产茶历史已有一千五百多年。南朝宋人刘敬叔《异苑》云："剡县陈务妻，少与二子寡居，好饮茶茗。"此为境内最早饮茶与栽茶的记载。唐宋时期剡茶已十分著名。

主栽茶树品种有福鼎大白茶、鸠坑种、槠叶种、迎霜、翠峰、乌牛早等，适合制作大佛龙井茶。大佛龙井茶开采时间在 3 月底 4 月初，采摘标准为一芽一叶至一芽三叶，高级茶的采摘标准为一芽一叶初展，芽长于叶。采摘要求大小匀齐，芽叶完整，不带鱼叶、梗蒂或老叶。

大佛龙井茶的加工工艺为：鲜叶摊放、杀青、摊凉、辉干。采摘的鲜叶薄摊在竹席上。鲜叶摊放：摊青间要求清洁卫生、空气流通、阴凉干燥。摊放厚度一般 1 厘米～2 厘米，摊至鲜叶表面色泽转暗，青草气消失，清香溢出，摊青叶失重率一般 15％～20％时进行杀青。杀青：在电炒锅内进行。杀青开始时锅温 100℃～120℃，高档鲜叶的每锅投叶量约 150 克，中低档的投叶量适当增加，以后逐渐降低至 80℃。杀青操作手法有"抖"、"搭"、"捺"，使叶片受压成扁条状。开始时，抖炒 2 分钟～3 分钟，后"抖"、"搭"、"抹"手法交叉进行，把叶子搭扁理顺；最后"捺"、"抹"手法，"捺"要适时灵活，手势由轻至重，炒至芽叶稍硬呈扁平直状，茶香透露即可起锅。失重率 55％～60％，为杀青适度。摊凉：杀青叶薄摊于竹扁或竹席上，进行摊凉，使杀青叶水分重新分布，叶质回软。摊凉约 1 小时左右，待叶子变凉后进行辉干。辉干：辉干工序是形成品质特征的关键。主要作用是进一步整形、干燥和提高品质。开始时

锅温稍高，约 70℃～80℃，以利芽叶迅速回软；以后逐渐降低锅温，保持 60℃左右，使辉干叶保持柔软状态利于做形；起锅时又略为升高（65℃左右），以便提色增香。辉干投叶量 250 克左右，一般三锅杀青叶拼作一锅下锅。初期主要手法有"抓"、"扣"、"捺"、"压"、"磨"五种，辅以"推"、"荡"使茶条紧结；中期主要采用"塌"、"捺"手法使茶叶进一步干燥定型；后期配以"推"、"磨"、"荡"手法，使茶叶充分干燥，色泽绿润，增进香气，茶叶含水量 6％～7％时出锅。辉干茶叶冷却后进行分筛整形，扇去朴片碎末；制成后的大佛龙井茶匀堆装箱，并放入 1～2 块石灰进行收潮，以利发挥茶香和透色。收灰后的茶叶可放入冷库贮存。常温贮存须及时更换石灰，使茶叶保持充分干燥的状态。

大佛龙井茶设特级与一至五级共六个级，特级分设三个等级。大佛龙井茶品质特点为：外形扁平光滑，尖削挺直，色泽绿翠匀润，香气嫩香持久，略带兰花香，滋味鲜爽甘醇，汤色杏绿明亮，叶底细嫩成朵、嫩绿明亮。

（江用文）

（一二）千岛玉叶

千岛玉叶茶产于浙江省淳安县，创始于 1983 年。

淳安县位于浙西北山区，东经 119°10′～119°58′，北纬 29°35′～30°05′。地貌以山丘为主，地势四周高、中间低。境内黄山山脉贯入，西有白际山，北有昱岭山，东有千里岗，呈东北至西南走向，属中亚热带北缘季风气候，四季分明，年平均气温 17℃，1 月份平均气温 5℃，7 月份平均气温 28.9℃。年积温 5410℃，全年无霜期 252 天。年日照时数 1887.9 小时，年日照率 44％；平均年降水量 1400 毫米，平均相对湿度达 76％，由于受千岛湖的影响，湖区形成"冬无严寒，夏无酷暑，春暖早，秋寒迟，无霜期长"的特殊小气候，宜人宜茶，是茶叶的天府之地。茶区土壤属红黄壤类型，以壤土为主，山地土壤呈酸性或微酸性反应，pH 值在 5.5～7.0 之间。

千岛玉叶茶以鸠坑、福鼎等有性系品种和迎霜、龙井43、早逢春等无性繁殖品种为原料。鲜叶采摘精细,选采标准为:一级以一芽一叶初展为主,少量一芽一叶和一芽二叶初展,芽长于叶,芽叶完整、新鲜、匀净、肥壮。每500克成品茶,约有1.5万~2万个芽叶。

千岛玉叶茶加工工艺为:鲜叶摊放、青锅做形、摊凉回潮、辉锅定型。鲜叶摊放:鲜叶采回后摊放在干净的簸垫或团拜上,摊青厚度3厘米以下,不同等级、不同品种鲜叶要分别摊放,分别付制;摊放时间4小时~12小时,以鲜叶表面水分散失,叶色转深,叶质发软,散发清香为适。青锅做形:在56厘米口径、24厘米深的平锅中进行,开始锅温90℃~120℃(指锅底1厘米高处温度),后期适当降低;每锅投叶量0.1千克~0.2千克,在锅壁上擦少许制茶油,待青烟消失后,投入摊青叶,开始以抖炒为主,叶色由青转绿,茶叶不粘手时,适当降低温度,这时手中茶叶留一部分,炒制手法在抖的基础上加上搭,再待茶叶表面较干燥,抖的次数减少,搭后加捺的手法为主,使茶叶扁平,这样往复多次,待茶叶外形基本扁平,略有刺手感时即可起锅,时间12分钟~15分钟。摊凉回潮:青锅叶起锅后均匀撒在干净的团拜或簸垫上,进行回潮筛分,待茶叶回软后,进行筛分,分成头子、中档、末子三档,时间40分钟~60分钟。辉锅定型:辉锅温度宜保持平稳,先高后低,下锅温度70℃~90℃,中期略高75℃~100℃,起锅前加温提香。回潮筛分叶下锅后,先用抖、搭的手法,将绝大部分茶叶有条理地控制在手掌内,待回软后,可用轻推、捺的手法,到茶叶转燥不粘手时,加上磨的手法,将茶叶做扁,并使茶叶不断在手中进行里外交换。叶质由软转硬,动作随即转轻,并逐步减力,将茶叶做紧直、扁平、光滑,起锅前加一点温,提香保色,待折茶条即断时,起锅。时间20分钟~25分钟。

千岛玉叶茶的品质特征为:外形扁平光滑、尖削硕壮,色泽翠绿显毫,香气高爽持久,滋味鲜爽醇厚,叶底肥厚成朵,汤色嫩绿明亮。

(江用文)

(一三)诸暨绿剑

绿剑茶产于浙江省诸暨五泄风景区毗邻的龙门山脉和会稽山脉东白山麓,创始于1994年。

诸暨县位于浙江省中部偏北地区,东经119°53′~120°32′,北纬29°21′~29°59′之间。气候温和,终年云雾缭绕,雨量充沛,常年平均降水量约1373.6毫米,降水日年均约158.3天,年平均气温为16.3℃,无霜期230天,相对湿度约82%,年均日照约1887.6小时,年日照率为45%。绿剑茶生产茶园海拔一般都在200米及以上,优越的自然环境为优良绿剑茶品质的形成创造了条件。产区土壤主要以黏质壤土为主,土质肥沃,结构良好,有机质含量丰富,pH值为5.5~7.5。

诸暨是全国重点产茶县市之一,产茶已有近两千年的历史,诸暨制茶水平久负盛名。北宋高似孙所著《剡录》即已称诸暨之茶为"越产之擅名者",20世纪80年代初开始,诸暨的制茶技术在吸取传统精华的基础上,又有创新,先后开发了石笕茶等五种名茶,但由于开发时特定的社会条件和后期的管理手段匮乏,没有形成规模生产,到1997年创制了集饮用与观赏为一体的绿剑茶。

绿剑茶以剑-67品种和当地小叶种为原料,芽头肥壮,3月下旬茶树蓬面每平方米达到10~15个标准芽时开采,只采单芽。原料要求芽头壮实、幼嫩肥壮匀齐、不带鱼叶、茶蒂、紫芽、茶果、冻伤芽等,无病虫斑点;采用提手采摘,严禁掐、抓等不正确手法。

绿剑茶加工采用机械与手工相结合的方法,分鲜叶摊放、杀青、烘二青、复炒、辉干。鲜叶摊放:鲜叶采摘后应立即摊放在软匾或簸篓上,厚度看天气和鲜叶老嫩程度而定,一般为2厘米左右,使鲜叶失水均匀。摊放时间为4小时~6小时,摊放时的含水率掌握在70%左右。杀青:在茶叶炒制机中进行,每槽槽温达到140℃~150℃时投叶,投叶量100克~150克,温度先高后低,时间4分钟~5分钟,至手捏不粘,茶香显露时起槽摊凉。烘二青:用机械进行烘焙,温度70℃左右,掌握"恒温、薄摊",时间6分钟~8分钟,烘焙时要及时翻动,烘至不粘手,有刺手感时起摊凉。复炒：在炒机中进行，槽温掌握在80℃左右，每槽投叶量100克左右，历时6分钟～8分钟，炒至茶条紧直，有八成干时起槽摊凉。烘干：在电炒锅中进行，锅温掌握在70℃～80℃，投叶量250克左右，手势要轻轻抓扣，以保持芽芯笔直、绿翠，烘至手捻成粉末，含水量5.5%以下时起锅摊凉。摊凉后簸去黄片，筛去茶末即成。

绿剑茶的品质特征为：形如绿色宝剑，尖挺有力，色泽嫩绿，汤色清澈明亮，滋味鲜嫩爽口，香气清高，叶底全芽匀齐，嫩绿明亮。

（马亚平　江用文）

（一四）安吉白茶

安吉白茶产于浙江省安吉县，创始于1980年。

安吉县位于浙江省西北部天目山北麓，地势由西南崛起向东北倾斜，中部低缓，构成三面环山，东北开口的箕状盆地。地处北纬30°23′～30°52′，东经119°14′～119°53′。属北亚热带南缘季风气候区，全年气候温和，四季分明，常年平均气温15.5℃，无霜期226天；最冷1月份平均气温－1℃～3℃；年降雨量约1510毫米，相对湿度80%左右；年日照时数2000小时。区域内山地资源丰富，植被覆盖率达73%，森林覆盖率达69%；土壤以第四系红土、砾土层、灰岩及部分火山岩、砂岩的风化体为主，风化程度较高，土层发育较好，土壤呈红色或棕红色，黏粒含量高，次生矿物以高岭石为主的山地丘陵红黄壤，土层深厚，有机质含量高，pH值为4.5～6.5。

安吉白茶始于宋代，据宋徽宗（赵佶）在《大观茶论》[“大观”年间（1107～1110），书以年号名]中，有一节专记白茶曰："白茶自为一种，与常茶不同，其条敷阐，其叶莹薄，崖林之间，偶然生出……"安吉白茶失传多年，现存的千年单株安吉白茶祖母树生于天荒坪镇大溪村800多米高的竹林之中，20世纪70年代被科技人员发现，经过几十年的保护、考察、研究，通过无性繁育方法繁殖成了"白叶一号"良种茶苗，并经浙江省品种认定委员会认定为省级良种。安吉白茶的发展经历了80年代初至90年代初试验示范阶段、90年代中后期小面积发展阶段、21世纪初的快速发展三个阶段，从单株母树发展到2007年的种植面积4000公顷。

安吉白茶对原料有特殊要求，只有白叶一号品种按绿茶加工工艺制作，才能加工成安吉白茶。白叶一号品种鲜叶中氨基酸含量特高，一般都在6.5%左右，因此，成品茶的茶味特别鲜爽。安吉白茶的采摘标准为玉白色的一芽一叶初展至一芽三叶，并要求芽叶完整，叶肉玉白茎脉翠绿、新鲜、匀净。安吉白茶采摘时间一般在3月中下旬至4月中下旬。

安吉白茶的加工工艺为：鲜叶摊放、杀青、理条搓条、初烘、摊凉、焙干、整理。鲜叶摊放：鲜叶采摘后应立即摊放在室内清洁卫生、阴凉通风的软匾或篾簟上，厚度一般为2厘米左右，摊放时间为4小时～12小时，以叶片柔软，散发青气，含水率60%左右为适度。杀青：选用600型不锈钢电热式多用机。锅底温度160℃～180℃，投叶量每锅1400克，其间不时通热风散发青气。用时7分钟～8分钟，快速出锅。杀青程度以叶色转暗绿，叶质柔软，紧直成条，手捏成团，具有清香，含水率40%左右为宜。杀青叶摊凉后进行理条搓条。理条搓条：用63型电炒锅。投叶量250克，锅温80℃～90℃。用双手沿锅底向同一方向理条，然后并拢，使茶叶在掌心来回搓揉。掌握轻重适度，用时6分钟。待条索紧直，含水率约30%时出锅摊凉。焙干：分初烘和足干，用3型热风烘干机。初烘温度控制在100℃～110℃，时间约10分钟，烘至七八成干下烘，下烘后摊凉回潮约15分钟。足干：温度80℃～90℃，烘至手折茎梗即断，手捻叶片成粉末即可下烘。时间约10分钟～15分钟。足烘温度控制在80℃～90℃，成茶含水率为5%～6%。

安吉白茶的品质特点为：外形条索紧细显芽，芽壮实匀整，鲜活泛金边，形似凤羽，叶脉两侧的叶色嫩绿如玉霜，光亮油润，其余部分呈黄绿色，与叶脉处有明显差别，汤色嫩绿明亮，香气嫩香持久，滋味鲜醇甘爽，叶底叶白脉翠，芽长于叶，成朵、匀整。

安吉白茶经中国农科院茶叶研究所研究表明，是一种温度灵敏型突变系品种，在温度低于25℃时，叶绿体形成受抑制，因此芽叶仅见叶脉两侧呈绿色，其余部分呈黄绿色；当温度高于25℃时，叶绿体形成恢复。

（赖建红 江用文）

（一五）雁荡毛峰

雁荡毛峰产于浙江省乐清市。为恢复性历史名茶，首创于明清时代，1963 年恢复生产。

乐清县地处浙江省东南部，位于东经 121°，北纬 27°50′。属亚热带海洋性季风气候，终年温和湿润，年平均气温 17.7℃，年平均降水量 1507 毫米，相对湿度 81%，全年无霜期 258 天，春暖早，夏凉迟，非常适合茶树生长和优质早茶开发。境内山地丘陵占土地总面积的 70%，其中 500 米以上的高山占 50% 以上，产茶区海拔均在 800 米以上。土壤属红黄壤类型，偏酸性，土层深厚肥沃，色如香灰，土壤养分丰富，因终年吸取雨露滋润及岩隙有效矿物质成分，茶味极佳，并有较高营养价值。

雁荡毛峰生产历史悠久。据《永嘉图经》等史志记载：乐清产茶始于晋代永和年间（345～356），由高僧诺巨那传佛带来"茶禅一味"，距今已有 1650 多年，是温州地区最早的历史文化名茶。北宋大中祥符（1008～1016）以后，名传四方。明代永乐二年（1404）始被列为朝廷贡茶，清代亦列为贡品，每年进贡 10 斤。据明隆庆年间（1567～1572）《乐清县志》记载："近山多有茶，唯雁山龙湫清明采者极佳。"《雁荡山志》有载："浙东多名茶；而雁山者称最。"明代朱谏《雁山志》、冯时可《雨航杂录》等著作把雁荡毛峰列为"雁荡五珍"之首。

雁荡毛峰，又名雁荡云雾茶，最早的时候也称"猴茶"、"白云茶"，雅称"露芽"，俗称雁山茶。关于雁荡山茶的由来，雁荡山一带流传一种神话般的"猴茶"传说。猴茶的意思，就是猴子在悬崖峭壁上采得的茶叶。雁荡山以山水奇秀著称，奇峰怪石，悬崖叠嶂，长瀑流泉，古洞石室，百态千姿，壮丽无比。徐珂《清稗类钞》载有"猕猴采茶报恩"的趣闻："温州雁崖有猴茶。有猴每至晚春，辄采高山茶叶，以遗山僧。盖僧常于冬时知猴之无所得食，以小袋米投之。猴之遗茶，所以为答也。"

雁荡毛峰以本地群体种、智仁早茶、龙井 43、迎霜、浙农 113、安吉白茶品种等为原料，采摘期为 3 月初至谷雨前，采摘标准为一芽一叶或一芽二叶初展。芽叶要求匀度好，长短大小一致，不能混入老叶、鱼叶、鳞片、茶蒂等杂物，茶芽成朵完整，不能采碎，鲜叶采回后应进行分级验收。

雁荡毛峰茶的加工工艺为：鲜叶摊放、杀青、揉捻、理条、烘焙、拣剔和提香。鲜叶摊放：鲜叶经分级验收后，按不同级别分别摊放在竹篾上，摊放时间 6 小时～12 小时，摊放厚度为 2 厘米～3 厘米，一般轻翻 2～4 次。摊放以叶面开始萎缩，叶质由硬变软，叶色由鲜绿转暗绿，青气消失，清香显露，含水量降至 70%±2% 为适度。杀青：采用滚筒杀青机杀青，滚筒壁温达到 120℃～130℃即可下叶，杀青时间 1 分钟左右，每小时杀青鲜叶 20 千克～30 千克。杀青以叶色转暗，叶质变软，折梗不断，基本成朵，清香显露，茶叶含水量降至 55%±3% 为适度。揉捻：采用手工揉捻。把杀青叶摊放在竹篾上稍凉，带温轻揉 1 分钟～2 分钟，揉搓动作要轻，双手捧住杀青叶，轻轻往前翻，转手向后捞时切勿把揉叶卡在竹篾上，避免损伤峰苗，如此往返揉捻直至茶成条、茶汁溢出、手感到粘为止，揉捻结束要及时抖散。理条：把揉捻叶投到壁温 130℃ 的理条机中，每槽放入 0.15 千克揉捻叶进行自动理条，以后逐渐降温至 100℃，整个理条过程中不放压棒，时间为 8 分钟～10 分钟。当芳香扑鼻，芽尖触手时就完成了理条工序。烘焙：待烘干机温度达到 130℃～140℃ 时投叶，薄摊至可见少量网孔为宜，时间 15 分钟左右。含水量控制在 5%～6%，达到用手指捏茶成粉为准。拣剔：烘焙后要及时拣剔，待干茶温度降至空气温度相同时拣出老叶、鳞叶，筛去碎叶，装入茶箱，加盖密封，防止吸潮变质。提香：茶叶包装前，用提香机提香，每格放 1 千克茶叶，80℃ 烘 20 分钟，再提高至 100℃ 烘 10 分钟，打开提香机把茶叶拿出，待茶叶凉后进行包装。

雁荡毛峰属半烘青绿茶，其品质特征为：外形紧结细嫩，芽毫隐藏，峰苗显露，色泽绿翠；滋味浓郁，鲜醇回甘；汤色浅绿明净，清香高雅；叶底嫩绿明亮，芽叶成朵。

（江用文）

（一六）三杯香

三杯香产于浙江省泰顺县。始于 20 世纪 70 年代。

泰顺县位于浙江省最南端，与福建省毗邻。地理位置在东经 119°37′～120°15′，北纬 27°17′～27°50′之间。一般山地海拔在 300 米以上，有海拔千米以上山峰 179 座，森林覆盖率 75.6％。境内近海多山，属亚热带海洋性季风气候区，气候温暖湿润，四季分明，年均气温 16.2℃，无霜期 331.5 天，年均降雨量 2029 毫米，年均雾日 29.9 天，最多年份 42 天，总云量年均值 7.3 成，年平均大于 8.0 成总云量有 202.3 天，年日照数 1622.6 小时，≥10℃的有效积温 4999.1℃，平均相对湿度 83％。泰顺土壤主要有红壤土、黄壤土、紫色土、水稻土类。三杯香产地茶园土壤为红壤土和黄壤土，土层深厚，养分含量较高，土层表土有机质含量 2.6％～15.12％，氮、磷、钾含量较丰富，pH 值为 5.0～6.3。

泰顺产茶历史悠久。明崇祯六年（1633）分疆录《泰顺县志》记载："茶，近山多有，惟六都泗溪、三都南窍独佳。"明清时期，泰顺茶叶畅销天津、上海、营口等地，远销马来西亚、新加坡等东南亚国家。新中国成立后，泰顺一直作为眉茶出口原料基地，生产炒青绿茶，被誉为"浙江绿茶的味精"，产品销往 40 多个国家和地区，广受赞誉。20 世纪 70 年代，从泰顺高档绿茶中分离出香高味醇，经久耐泡的产品，命名为"三杯香"。

三杯香茶选用本地中、小叶群体品种、龙井 43、中茶 108 等良种的幼嫩茶叶为原料。2 月下旬开采，采摘标准可分为特级、一级、二级、三级。特级标准为一芽一叶初展，芽长于叶；一级一芽一叶初展至一芽二叶初展，以一芽一叶初展为主；二级一芽二叶初展至一芽二叶，以一芽二叶初展为主；三级一芽二叶初展至一芽二叶，以一芽二叶为主，要求长短、大小一致，匀净完整。

三杯香茶的加工工艺为：鲜叶摊放、杀青、揉捻、烘二青、炒三青、干燥、毛茶整理。鲜叶摊放：鲜叶采回后按不同等级、不同品种分别摊放，厚度 2 厘

米～6 厘米，摊放时间 4 小时～10 小时，失水率控制在 10％～15％为宜。杀青：用滚筒杀青机杀青，筒内空气温度达 120℃～130℃开始投叶，投叶量视筒体大小、鲜叶老嫩程度、含水量高低而定，一般 1 分钟～4 分钟，杀青叶减重率在 40％左右为适度。揉捻：加压采用"轻、重、轻"交替进行。特级、一级三杯香用微型揉捻机揉捻，揉捻宜较轻，保持芽叶完整，揉捻投叶量以装满桶稍许撤压为度，时间视鲜叶老嫩和杀青程度而定，一般为 20 分钟～40 分钟，揉至茶条成条率达 70％～90％，手摸揉捻叶有滑润粘手感，茶汁黏附叶面即可。烘二青：采用高温快烘，风温 95℃～115℃，摊叶厚度 1.5 厘米～2 厘米，烘至叶子不粘，手捏稍成团，含水率在 40％～45％下烘，薄摊、散热回潮。炒三青：温度 90℃～100℃，随着水分减少，温度慢慢下降，投叶量一般为 15 千克左右，炒至手握茶条有明显触手感，茶叶含水量 15％～20％出锅回潮。干燥：采用瓶炒机。投叶量视瓶炒机大小而定，一般 20 千克～50 千克，温度 90℃～100℃，掌握先高后低，出锅前略高，炒至条索紧结，含水量 4％～6％时出锅。毛茶整理：干燥后的茶叶及时摊凉，进行整理、匀摊装箱，密封贮藏。

三杯香的品质特点为：外形条索紧结重实，色泽翠绿，香气嫩香或栗香持久，三杯犹存余香，滋味鲜醇回甘；汤色绿艳明亮，叶底嫩绿匀齐。

（江用文）

（一七）乌牛早

乌牛早产于浙江省永嘉县。始于 1987 年。

永嘉县位于浙江省东南部，瓯江下游北岸。地处东经 120°19′～120°59′，北纬 27°58′～28°36′。属典型的亚热带海洋性季风性气候，冬夏季风交替显著，四季分明；气候温和，热量资源丰富，冬无严寒，夏无酷暑。雨量充沛，空气湿润。年平均气温 18.2℃，≥10℃的活动积温 5707.9℃，无霜期 282.7 天；年均降水量 1694.6 毫米；年均空气相对湿度 77％。初夏梅雨，盛夏雷雨、阵雨，秋季有连绵秋雨，谓之"秋淋"。年均光照时数 1939.2 小时±120.8小时。茶园土壤多属红黄壤及其变种，以

红壤土、红黄壤土、黄壤、黄泥砂土等土种为主，母质以残原积土、坡再积土、洪积土、冲洪积土为主。土壤 pH 值为 5.35～5.69。

永嘉茶叶的最早文字记载，见中唐卢仝《茶歌》。《新唐书·食货志》有永嘉、安田、横阳、乐成四县产茶的记载。据光绪《永嘉县志》记载，明《万历府志》："永嘉岁进茶芽十斤，茶产楠溪之五十都及五十一、二都。"《温州市志》记载，乾隆《温州府志》："瓯北乌牛有眉茶，春分早发，形似雀舌，质胜屯绿。"1985 年开始引进西湖龙井茶的加工工艺研制扁形名茶，1987 年研制成功永嘉乌牛早茶。

乌牛早以特早生茶树良种嘉茗一号为原料，采摘期为每年 2 月中下旬至 4 月初，所有茶叶均为明前茶。采摘标准为一芽一叶至一芽二叶，芽叶要求匀度好，长短大小一致，不能混入老叶、鱼叶、鳞片、茶蒂等杂物，茶芽成朵完整，不能采碎。鲜叶采回后应进行分级验收。

乌牛早茶加工工艺为：鲜叶摊放、青锅、回潮、辉锅、拣梗剔杂。摊青：采回鲜叶经分级验收后立即摊青，摊放在洁净的竹匾或篾垫上，厚度视天气和鲜叶老嫩程度而定，一般为 2 厘米左右，使鲜叶失水均匀。摊放地点要求阴凉，不受阳光直射，清洁卫生，空气流通，无异味。不同等级的鲜叶要分别摊放，雨水叶和上、下午的鲜叶应分别摊放，分别付制。摊青时间为 4 小时～12 小时，失水率控制在 10%～20%。青锅：采用手工青锅，锅温为 160℃～180℃，掌握先高后低，特级茶投叶量为 100 克～150 克，一级茶 150 克～200 克，二、三级茶 200 克～300 克，手势采用带、抖、捺、搭等手法使茶叶逐步包拢，成扁条，用力先轻后重。制品身骨挺直，互不黏结，色泽翠绿或嫩绿一致，约七成干时起锅。历时 12 分钟～14 分钟。机械青锅根据微型滚筒杀青机和名优茶多用机大小的具体要求操作。回潮：青锅叶簸去叶片碎末后，及时匀摊于竹匾上，厚度不超过 2 厘米，摊放 1 小时～4 小时。回潮时在辉锅前先筛分，使茶叶匀齐，便于辉锅做形。辉锅：锅温为 100℃～120℃，两锅青锅叶并作一锅，历时 15 分钟～20 分钟，做法采用磨、抓、压等手法使茶叶达到扁平、挺直、光滑、足干。温度控制遵循"低、高、低"的原则，

在起锅前，略提高锅温。用力遵循"轻、重、轻"原则，要与锅温有机配合。拣梗剔杂：将辉锅后的茶叶拣去茶梗、剔除杂物后进行包装。

乌牛早的品质特点为：外形扁平光滑、挺秀、匀齐，芽峰显露，微显毫，色泽嫩绿光润；汤色清澈明亮；香气高鲜；滋味甘醇爽口；叶底幼嫩肥壮，匀齐成朵，叶色嫩绿明亮。

（江用文）

（一八）羊岩勾青

羊岩勾青茶产于浙江省临海市河头镇羊岩山区。始于 1985 年。

河头镇羊岩山区位于浙江省临海市西北部，东经 120°49′～121°41′，北纬 28°40′～29°04′。境内地貌为低山和中山区，属北亚热带海洋性气候，四季分明，夏日长，春秋短，气候温和湿润，水热同季，雨量充沛。森林覆盖率 62%，山势切变明显，海拔变幅大，为 50 米～786 米。年平均气温 17.1℃，极端高温为 41.3℃（2003），极端低温为 -6.9℃（1997），≥10℃的年均积温 5370.3℃，年日照时数为 1866.6 小时，年平均降雨量 1602.7 毫米，雨量分配夏多冬少，春秋适中。空气湿度大，相对湿度在 80% 以上，多雾天，漫射光多。年蒸发量 1237.9 毫米。无霜期 243 天。地温变化 7 月最高，1 月最低，年平均地温为 18.9℃。土壤以红、黄壤为主，茶园成土质地以重石质中壤至重壤土为主，侵蚀严重处常现粗骨性，有机质和氮、磷、钾等元素含量高，pH 值为 4.6～6.4。

临海产茶历史悠久。据县志记载有 1700 年之久。相传汉时就有葛玄植茗于临海城南盖竹山，开始人工种植茶树。据南宋《嘉定赤城志》记载："在县北五十五里，自麓至巅十余里，南瞻海门，北望华顶，如在目前，山顶石壁有石影如羊，又有石纹隐起石蛇……"羊岩山由此得名。又据清末陈懋森《临海县志稿》记载：茶"今邑以西北乡石头山为第一，胜于天台，天台茶历三开水，汁味俱尽，此山之茶，经五开水，汁味尚存"。从 1975 年开始，临海人探索和汲取中华古老绿茶制法，并结合当代新工艺的加工方法，

创制成外形勾曲、耐冲泡、耐贮藏的能证明《临海县志稿》中"此茶经五开水，汁味尚存"特性的产品，因产于羊岩山，遂命名为"羊岩勾青茶"。

羊岩勾青茶以福鼎大白茶和迎霜品种为主要原料。采摘期为每年的3月到9月，以茶树蓬面每平方米有2个～5个达到标准芽时开采。采摘标准为：精品和特级茶一芽一叶初展，一级茶一芽一叶至一芽二叶初展，二级茶一芽二叶初展至一芽二叶，三、四级茶一芽二叶至一芽三叶。鲜叶要求芽叶肥壮，匀齐新鲜，不带鱼叶、鳞片、单片和病虫斑点叶。

羊岩勾青茶的加工工艺为：鲜叶摊放、杀青、揉捻、初烘、造型、复烘和整理。鲜叶摊放：鲜叶采回经验收后立即摊放在干净的竹簾上，雨露水叶先在热风式萎凋槽上摊青，摊青厚度根据天气和鲜叶老嫩程度而定，不同品种、不同等级的鲜叶分别摊放，一般在2厘米～10厘米，摊青过程中要适当进行翻叶，动作要轻。到叶子叶片发软，芽叶舒展，散发清香开始付制。杀青：采用滚筒杀青机杀青，杀青温度为投叶200℃左右，出叶90℃左右，要求喂叶均匀，掌握"嫩叶老杀，老叶嫩杀"的原则，杀青时间为1分钟～2分钟。杀青程度掌握杀青叶失重率在20%～30%。杀青叶应迅速用风扇吹凉。揉捻：采用6CR-55型或6CR-45型揉捻机。杀青叶经摊凉后进行揉捻，6CR-55型揉捻机每次投叶量30千克～40千克，6CR-45型每次投叶量为15千克～20千克。揉捻压力掌握"轻、重、轻"的原则，当芽叶卷成条索，略有茶汁溢出，有粘手感后下桶。揉捻时间大约5分钟～15分钟。经过解块筛分机解块分筛。初烘：采用茶叶自动烘干机。将揉捻叶均匀薄摊在上叶板上，烘干机上叶温度80℃～130℃，初烘时间为4分钟～13分钟，至初烘叶稍有触手感时出叶，并经振动槽吹风冷却。造型：采用专用的勾青造型机造型。将初烘后的在制品经摊放回潮、筛分后投入到造型机中，投叶量每次10千克～12千克，温度90℃～120℃，至造型叶达到条索勾曲，隐毫即可。复烘：采用茶叶自动烘干机。复烘前的造型叶必须先进行回潮摊凉，然后将叶子均匀地放在上叶板上复烘，复烘温度110℃～130℃，待茶叶用手捻成粉末即可下烘。整理：复烘后的茶叶先用相应的

筛进行筛分，并结合簸、拣等方法割去碎末，簸去黄片，拣梗剔杂后进行匀堆并包装。

羊岩勾青茶分精品、特优、特级、特一、一级、二级、三级、四级。其品质特点为：外形条索勾曲，色泽绿润，白毫显露；内质汤色清澈明亮，香高持久，滋味醇爽，叶底细嫩成朵，嫩绿明亮。

（江用文）

（一九）屯溪绿茶

屯溪绿茶产于安徽省休宁县、歙县、黟县、祁门县、绩溪县等毗邻地区，为历史名茶，创制于清代嘉庆、道光年间。

安徽省黄山市属北亚热带湿润季风气候，四季分明，气候温和，雨热同季。全年平均气温16℃左右，山区较低，河谷盆地较高。7月份最热，平均气温28℃左右；1月份最冷，平均气温4℃左右，≥10℃的年积温4800℃～4900℃。年降水量1600毫米左右，其中3月～8月月降水量多在130毫米以上。空气相对湿度80%以上，山区常年多雾。全年无霜期230天左右，山区比平原无霜期短15～20天。海拔700米以下的中山、低山和丘陵，广泛分布黄红壤，海拔700米以上中山的中上部分有黄壤和暗黄棕壤，pH 4～6。

屯绿产区的地方良种有杨树林种、茗洲种、松萝种、滴水香种、金山种、祁门槠叶种，育成的无性系良种有杨树林781、杨树林783、安徽1号、安徽3号、安徽7号等，均适制屯溪绿茶。

屯溪绿茶加工工艺流程为：贮青→杀青→揉捻→二青→三青→辉干→（毛茶）。贮青：贮青间应清洁卫生，空气流通。摊叶厚度20厘米左右，低档鲜叶可适当厚摊。有条件的茶厂，可推广机械通风贮青。贮青过程中，要适当翻叶散热，保证失水均匀。要轻翻、翻匀，减少机械操作。杀青：采用滚筒杀青机杀青。70型滚筒杀青机台时产量（鲜叶）200～250千克。杀青时间2～3分钟。杀青叶含水率：高档鲜叶59%±2%；中档鲜叶61%±2%；低档鲜叶63%±2%。杀青叶品质感官特征：杀青均匀，叶色暗绿，叶质柔软，用手紧捏叶子能成团，稍有

弹性,嫩茎不易折断,具有清香。揉捻:采用 40 型、45 型和 55 型揉捻机。投叶量(杀青叶):40 型为 8±1 千克;45 型为 15±1.5 千克;55 型为 35±3.5 千克。高档鲜叶可适当增加,低档鲜叶应适当减少。55 型揉捻机揉捻时间:高档鲜叶 20～25 分钟,中档鲜叶 25～35 分钟,低档鲜叶 35～45 分钟。40 型、45 型揉捻机可适当缩短。加压掌握"轻、重、轻"的原则,高档鲜叶压力宜稍轻,低档鲜叶要适当加重。全程加压时间为揉捻时间的 1/2～2/3。聚结成团块状的揉捻叶,应解散团块。揉捻叶质量感官特征:成条均匀,成条率不低于 80%,碎茶率不超过 3%。二青:二青用烘干机。16 型烘干机台时产量(揉捻叶)150～200 千克,进风口温度 120℃±10℃,时间 6～8 分钟。二青含水率 35%～40%。二青叶质量感官特征:茶条相互不粘连,富有弹性,稍感触手,叶质尚软,手捏不粘,青气消失。二青叶要摊凉 20～30 分钟,待叶质回软后,进行筛分,分别干燥。三青用锅式炒干机。80 型锅式炒干机单锅投叶量(二青叶)7～8 千克。三青:三青全程时间 40～60 分钟,中间可并锅一次。三青锅温掌握"先高后低",平均叶温 40℃～45℃,不超过 50℃。三青叶含水率 15%～20%。三青叶质量感官特征:条索基本做紧,茶条可以折断,茶香显露。辉干:辉干用筒式炒干机。投叶量(三青叶)25～30 千克,最多不超过 35 千克。辉干平均叶温 50℃～65℃,不超过 70℃。辉干时间 50～60 分钟。辉干毛茶含水率 3%～5%。

屯溪绿茶的品质特点为:条索紧结壮实,色泽灰绿光润,香气带熟板栗香,滋味浓醇。屯绿以叶绿、汤清、香醇、味厚的优良品质风格著称。

(江用文　詹罗九)

(二〇) 黄山毛峰

黄山毛峰产于安徽省黄山风景区、黄山区、徽州区、歙县、休宁县,为历史名茶,创制于清光绪年间。

黄山地处亚热带季风气候区,因山高谷深,全年平均气温较低,仅 7.8℃,黄山温泉众多,10℃的年平均积温 4200℃～5000℃,多阴雨和云雾天气,山上年平均日照时数 1810.2 小时,山下比山上多。山上年平均降水量 2394.5 毫米,降雨日数 183 天,山下降水量为 1500～1800 毫米。年平均相对湿度为 71%～78%,山下较高。山地土壤一般是海拔 650 米以下为黄红壤,650～1100 米为山地黄壤。

适制黄山毛峰的茶树品种有黄山大叶种、祁门储叶种等茶树品种。黄山毛峰于清明前后开采至谷雨前后结束。黄山毛峰对鲜叶原料的要求如下:特级黄山毛峰的采摘标准为一芽一叶初展,一级黄山毛峰为一芽一叶、一芽二叶初展,二级黄山毛峰一芽一二叶,三级黄山毛峰一芽二叶、一芽三叶初展。鲜叶进厂后先进行拣剔,剔除冻伤叶和病虫为害叶,拣出不符合标准要求的叶、梗和茶果,以保证芽叶质量匀净,然后稍经摊放后制作,要求上午采,下午制;下午采,当夜制。

黄山毛峰的加工工艺为:杀青、揉捻、烘焙。杀青:采用直径 50 厘米左右的桶锅,锅温要先高后低,即 150℃～130℃。特级鲜叶的每锅投叶量为 200～250 克,一级以下可增加到 500～700 克。举手翻炒,手势要轻,翻炒要快(每分钟 50～60 次),扬得要高(叶子离开锅面 20 厘米左右),撒得要开,捞得要净。杀青程度要求适当偏老,即杀青叶质地柔软,表面失去光泽,青气消失,茶香显露为杀青适度。杀青后进行揉捻。揉捻:对特级和一级原料,在杀青达到适度时,继续在锅内抓炒几下,起到轻揉和理条的作用。二、三级原料杀青叶出锅后,及时散失热气,轻揉 1～2 分钟,叶子稍卷曲成条即可。揉捻速度宜慢,压力宜轻,边揉边抖,以保持芽叶完整,白毫显露,色泽绿润。烘焙:分初烘和足烘。初烘时,每只杀青锅配四只烘笼,第一只烘笼烘顶温度 90℃以上,以后三只温度依次下降到 80℃、70℃、60℃左右。火温先高后低,顺序移动烘顶,边烘边翻。初烘后的茶叶含水率约为 15%左右。初烘叶摊凉 30 分钟以上,进行足烘,其投叶量每烘笼 8～10 笼初烘叶,温度 60℃左右,文火慢烘至足干。拣剔去杂后再复火一次,促进茶香透发,趁热装筒封存。

黄山毛峰产品分特级、1～3 级。特级黄山毛峰又分上、中、下三等,1～3 级各分两个等。特级黄山毛峰堪称我国毛峰之极品,其形似雀舌,匀齐壮实,峰显毫露,色如象牙,鱼叶金黄;清香高长,汤色清澈,滋味鲜浓、醇厚、甘甜,叶底嫩黄,肥壮成朵。其中"金黄片"和"象牙色"是不同于其他毛峰的两大明显特征。

(江用文　詹罗九)

(二一) 太平猴魁

太平猴魁主产于安徽省黄山市黄山区,为历史名茶,创制于清末。

太平猴魁主产区属黄山支脉,地跨北纬30°0′~30°26′,东经118°04′~118°21′。属副热带季风湿润气候,四季分明。雨量充沛,湿润温暖,日照较少。年平均气温15.4℃,7月份平均27.4℃,最冷1月份的平均气温2.8℃,年积温5542.2℃。年日照时数为1752.7小时,平均年日照率为40%。平均年降水量为1564.5毫米,夏季最多,平均年降雨日为164天,年平均雾日55.5天。猴魁产地的土壤pH5.5~6.5,黑沙壤面积占68%,土层深达1.5米以上,土质疏松,排水透气性能好,保水耐旱,另黄沙壤土占32%。

制作猴魁茶的主要茶树品种为柿大茶品种,叶大而芽粗壮,如用当地群体品种或其他品种的鲜叶制作,其外形和内质与猴魁的规格要求尚有较大差距,因此不能称为猴魁,而定名为"太平魁尖"。太平猴魁采摘自谷雨开摘到立夏结束,采摘标准为一芽三叶。

太平猴魁的加工工艺为杀青、烘干。杀青选用平口深锅,每锅投叶量75~100克,炒茶时手指略弯曲,轻轻将茶叶沿锅边带入手掌至锅口轻抖2~3下,再将茶叶均匀散开落下,每分钟翻炒30次左右。在杀青中要掌握"带得轻、捞得净、抖得开",茶叶不能在锅内打滚,3分钟后,当叶枝柔软暗绿,失去光泽,叶缘稍脆,产生一种纯正的茶香,便迅速起锅,倒入茶盘内抖几下,使茶叶伸直,散去部分水汽,立即上烘。烘干是猴魁茶成形的关键,烘干分子烘、老烘和打老火三个阶段。子烘用烘笼,一口杀青锅配四只烘笼,第一只烘顶温度在110℃左右,以下逐只降低到100℃、85℃、60℃,茶叶起锅后将杀青叶抖摊在烘顶上,使扁平伸展,约经2分钟后,叶表面水分

散失,倒入第二只烘笼摊匀,趁叶面柔软,用手掌全面按伏整形,约经3分钟翻入第三只烘笼中摊匀,叶片未干还可以用手再按伏一次使更加平展,3~4分钟后,倒入第四烘。子烘全过程时间12分钟左右,七成干时下烘,倒入竹簸箕里摊凉回潮1小时。摊凉后进行老烘,每只烘顶的盛叶量是子烘的7~8倍,烘顶温度60℃~70℃,倒入茶叶后轻拍数次,茶叶落实后用手在烘顶上全面按一次,使茶叶达到平直的目的。火温应先高后低,每隔5~6分钟翻一次,共翻5~6次,达九成干下烘,老烘过程需25~30分钟。老烘后将茶放在竹簸箕里摊凉5~6小时,再进行打老火,每烘放干茶0.75~1千克。烘顶温度在50℃左右,每5分钟翻一次,经30分钟烘干后,装入铁筒内,待茶冷后盖上箬叶,密封贮存。

太平猴魁的品质特点为:外形二叶抱芽,平扁挺直,色泽苍绿匀润,芽叶肥壮、重实、匀齐。汤色清绿明澈,兰香高爽,滋味醇厚回甘,香味有独特的"猴韵",叶底嫩绿匀亮,芽叶成朵肥壮,叶脉绿中隐红,俗称"红丝线"。

(江用文　詹罗九)

(二二) 黄山绿牡丹

黄山绿牡丹产于安徽省歙县,始于1986年。

歙县位于安徽省皖南山区,北纬30°31′~30°7′,东经118°16′~118°54′。年平均气温16.4℃,1月平均气温3.8℃,极端最低气温-14.1℃,年降雨量1477.4毫米,无霜期226天。土壤以红黄壤土为主,pH值5.7。

加工黄山绿牡丹的鲜叶原料要求"三定",即:定高山,定滴水香优良品种,定不喷施化肥、农药;采摘标准为:一芽二三叶,要求节间较长,不采病虫害和受伤芽叶、对夹叶、鱼叶、雨水叶、紫色叶、瘦弱芽叶。采回的芽叶经摊青拣剔后,当天制完。

黄山绿牡丹的加工工艺为:杀青兼轻揉、初烘理条、选芽装筒、造型、定型烘焙、足干贮藏。杀青在斗锅内进行,温度要求130℃~150℃,每锅投叶量200~300克,手势要求捞、带、净、扬、抖、撒、轻、快。杀青叶摊凉后进行初烘理条,初烘温度在90℃~

110℃之间,翻烘要求轻、净,每翻一次要理条,使芽叶平直,略呈兰花瓣形。约四至五成干时下烘摊开片刻进行选芽装筒。选大小长短齐匀的芽叶60根左右,为一朵绿牡丹的原料,理顺理齐装在竹筒造型筒中,筒全长7厘米,直径5厘米,3.5厘米为竹节中部,茶芽装好准备造型。将竹筒内茶芽用无毒线在茶蒂上1厘米左右处扎紧成束,再用扳芽竹片扳开层层花瓣茶芽,加工成扁半圆形的芽叶花瓣和芽蒂花托。然后用定型板轻压,直到整理成牡丹花型为止。定型烘焙分两步进行。第一次烘干:将花型茶一朵朵排列在压花板上,朵与朵之间留一定距离,再用另一块压茶板压下(压力一般50千克),时间4秒钟左右,拿下盖板,及时上烘,烘至七成干左右下烘。第二次烘干:把定型的花朵移上特制烘笼的一个个圈圈内再加上烘盖,固定好烘盖,以防止失水过程中,花朵变形,温度在90℃~110℃,当烘到八九成干,花朵定型时,下烘摊凉3~4小时。摊凉后进行足干贮藏,足干的温度先高后低,温火慢烘,温度70℃~80℃,每二三分钟翻烘一次,直至足干,即可装箱贮藏。

黄山绿牡丹的品质特点为:外形似牡丹花朵(冲泡后芽叶舒展,形象更逼真),汤色黄绿,香味与高档烘青相似。

(江用文　詹罗九)

(二三) 涌溪火青

涌溪火青产于安徽省泾县,为历史名茶,创制于明末清初。

泾县位于皖南山区,东南部属黄山余脉,西北部为九华山分支,中部为狭长谷地。泾县属亚热带季风湿润性气候区,四季分明。年平均气温15.6℃,1月份平均气温3.5℃,7月份平均气温30℃。年积温4954.4℃,全年无霜期239天。年日照时数2114.8小时,年日照率42%。平均年降雨量1400~1700毫米,平均相对湿度达90%。泾县中、低山区和丘陵地带的土壤主要有黄棕壤、红壤、黑色石赤土、石质土和粗骨土。涌溪火青主产地的茶园土壤为乌沙土,pH 4.5~5.5,土层深厚,土壤疏松肥沃,有机质和氮、磷、钾含量丰富。

泾县产茶历史悠久。《宁国府志》载:"宋时泾县有茶树四百万六千六百八十七株。"明末清初创制出涌溪火青。关于它的来历,当地有一个传说,古时涌溪有一位名叫刘金的秀才,外号罗汉先生,一年春天在涌溪弯头山发现一株"金银茶"(半边黄叶半边白叶的茶树),便采回细嫩芽叶创制成"涌溪火青",后进贡皇帝,火青随之广为传名。清咸丰年间(1851~1861),火青年产量有百余担,说明有相当大的规模。

泾县地方品种涌溪柳叶种非常适制涌溪火青,引进的安徽1号、安徽7号和龙井43等良种也适制涌溪火青。涌溪火青的采摘标准为一芽二叶初展,要求芽叶长2.5~3.3厘米,芽叶大小均匀一致,肥壮挺直,第一叶微开展仍抱住芽,第二叶柔嫩,叶片稍向背面翻卷,紧靠着芽,芽尖与叶尖平齐。采摘期一般自清明至谷雨。采回的鲜叶,要严格拣剔,剔除不符合标准的芽叶、夹杂物。

涌溪火青的手工加工工艺为:摊放、杀青、揉捻、炒坯、摊凉、掰老锅、筛分,全程约20小时左右。鲜叶置于清洁阴凉处摊放5~6小时,当天的鲜叶当天制完。杀青采用桶锅,开始锅温180℃左右,后期适当降低。每锅投叶量1.2~1.3千克。用手翻炒,将锅中叶子捞起抖散,要抛闷结合,多抛少闷。出锅前在锅内滚炒几下,便于揉捻。约炒8~10分钟,炒至叶质柔软,手捏叶子成团,松手不散,略感黏手,减重约35%时为适度。抖散杀青叶水汽,进行揉捻。揉捻在竹匾中双手轻轻团揉,中间解块散热一次,约揉2~3分钟,茶叶成条和挤出部分茶汁即可。炒坯亦称"抖坯",在桶锅内进行。开始锅温80℃~90℃,投叶量为一锅杀青的揉捻叶。用手轻翻抖炒,至茶条不粘手时,降低锅温,翻炒动作稍微加重,起紧条作用。约炒10分钟左右,手炒叶子有爽手感时,再降低锅温,改换手法,顺锅作半圆旋转翻炒。约炒20分钟左右,使2/3的茶条初步弯曲成虾形,茶叶可撒落分开即可起锅。摊凉3~4小时,即可掰老锅。掰老锅是制作火青的关键工序。火青腰圆的外形特征主要是在掰老锅过程中逐渐形成的,采用旋转翻炒的手法,利用翻、转、挤、压的力量,促使茶叶成形。开始锅温60℃左右,每锅投叶量6千克左右。用手旋转翻炒，使茶叶连翻带转，互相挤压，促使成形。约炒 30 分钟左右，锅温降至 50℃ 左右，继续翻炒 1 小时左右。当一部分叶子初步成团时，三锅并两锅，再炒 2 小时左右。两锅并一锅，这时进入做形的最后阶段。锅温降至 40℃～45℃，采用双手扳炒，左右交替旋转翻炒，动作要更轻更慢。约炒 6 小时左右，炒到颗粒紧结腰圆，表面光滑，色泽绿润，含水率 7%，即可出锅。出锅前半小时适当提高锅温，以发展香气。火青搿老锅的特点是：叶量多、锅温低、翻炒慢、动作轻、时间长，可谓名副其实的"低温长焙"。筛分用手筛将半成品茶"撩头挫脚"后，即为正品火青。

1994 年研制出涌溪火青的机制工艺，1996 年全面推广应用。机制工艺为：杀青、揉捻、烘焙、滚坯、做形、炒干、筛分，全程作业时间约 6 小时左右。杀青选用 50 型杀青理条机，筒温开始 130℃，最后降至 100℃，每次投鲜叶 1 千克，时间 4～5 分钟。揉捻使用 20 型揉捻机，每桶投杀青叶 0.85 千克，采用无压揉 10 分钟。烘焙使用平展单层并列木烘箱，每帘铺放一桶揉捻叶，采用高温（120℃～90℃）、薄摊（不超过 2 厘米）、快翻的方式烘焙，烘至三四成干时下烘。滚坯使用 50 型杀青理条机，每次投 3 帘烘坯叶，开始筒温 110℃，以后逐渐降至 70℃，滚坯时间 25～30 分钟，至多数茶坯呈弯条形、约达五至六成干时出叶，摊放 1～2 小时。做形使用 50 型火青炒干做形机。该机结构由炒锅（左、右各一只）、炒板、弯轴、离合器、机架和传动机构等部件组成。炒锅直径 500 毫米，锅面斜度 25°，炒板摆幅 68°，炒板摆速 60 次/分钟，炒板曲率半径 400 毫米，两只炒锅可同时作业。每锅投 4 筒滚坯叶，锅温开始 75℃，以后逐渐降至 60℃，时间 45～50 分钟，炒至多数茶坯呈紧卷的条形、约达八成干时出叶，摊放 1～2 小时。炒干使用 50 型火青炒干做形机，每锅投两锅做形叶，锅温开始 65℃，后逐渐降至 50℃，时间 4 小时，炒至足干出叶。炒板摆速以每分钟 45～50 次为宜。炒干后的半成品茶进行筛分，筛分用孔径 0.6 厘米、0.3 厘米的手筛"撩头挫脚"。

涌溪火青的品质特点是：外形腰圆，紧结重实，色泽墨绿，油润显毫，香气馥郁，清高鲜爽，滋味醇厚，甘甜耐泡，汤色黄绿，清澈明亮，叶底杏黄，匀嫩整齐。

（江用文 詹罗九）

（二四）敬亭绿雪

敬亭绿雪产于安徽省宣州市，为恢复历史名茶，创制于明代。

宣州市位于皖南中低山、丘陵与长江沿岸平原交接地带。境内南部、东部、东北部各有一支低山，南部属黄山余脉，东部属天目山余脉，东北部一层属茅山余脉。丘陵岗地为境内主要地貌类型，宣州气候属中亚热带北缘气候类型，气候特点是：四季分明、气候温和、雨量适中、日照充足、无霜期长。年平均气温为 15.9℃，1 月份平均气温为 2.9℃。7 月份平均气温为 28.5℃。年积温 5043℃，年平均无霜期为 230 天。年日照时数平均为 2120.4 小时，日照率年平均为 48%，3 月、4 月的日照率都在 40% 以下。年平均降水量为 1400 毫米，其中春季（3～5 月）降水量为 403.3 毫米，夏季（6～8 月）降水量为 475.1 毫米。年平均相对湿度 78%。土壤分布自北而南逐步由黄棕壤过渡到红壤。茶园土壤以棕红土为主，棕红土 pH 为 5.2，含有机质 1.82%、全氮 0.117%、速效磷 2 毫克/千克、速效钾 34 毫克/千克。

宣州茶园的茶树品种主要是群体种，有宣城尖叶种和祁门楮叶种。引进的良种有福鼎大白茶、安徽 1 号、安徽 3 号、安徽 7 号、龙井 43 等品种。敬亭绿雪茶的采制期在清明至谷雨。采摘标准为一芽一叶初展，长度 3 厘米，芽尖与叶尖平齐，形似雀舌，大小匀齐。采回的鲜叶及时摊薄，要求当天鲜叶当天制完。

敬亭绿雪的加工工艺为：杀青、做形、干燥。杀青锅温 130℃～140℃，每锅投叶量 200～250 克。先抖炒 2 分钟，继之闷炒，抖闷结合，炒至叶质柔软，青气消失，清香显为杀青适度，起锅摊凉。杀青时间约 4～5 分钟。杀青叶摊凉后进行做形，锅温 60℃ 左右，手法分搭拢和理条。搭拢是四指并拢与拇指并用，使杀青叶在掌心内做形时不滑出虎口，芽叶并拢，不分不离，使其成雀舌雏形。理条使叶子在锅内往复运动，理直茶条。搭拢和理条有分有合，巧妙配合。做形用力要"轻、重、轻"，速度要"快、慢、快"，以免发生色暗、脱毫、断碎、焦点等缺陷。当形成雀舌形，约四成干，即可出锅。干燥分毛烘和足烘，采用炭火烘笼烘焙干燥。毛烘温度110℃左右，要求薄摊、勤翻、快烘。烘至七八成干下烘，摊放30分钟左右，进行足烘。足烘采用暗火，低温长烘，温度60℃左右，适当轻翻，烘至足干。足干后过二三天，再复烘一次，即可包装贮存或出售。

敬亭绿雪的品质特点为：形似雀舌，挺直饱满，色泽翠绿，身披白毫。香气清鲜持久，滋味鲜醇爽口，叶底嫩绿成朵。

（江用文　詹罗九）

（二五）黄花云尖

黄花云尖产于安徽省宁国县，创始于1983年。

宁国县位于安徽省东南部，地处北纬30°17′～30°47′，东经118°37′～119°34′。天目山蜿蜒屹立在东南边缘，黄山山脉由西南部延伸入境，千米以上山峰均坐落在东南至西南部，构成南高北低、重峦叠嶂的地形态势。宁国县属于中亚热带向北亚热带过渡的季风性气候区，四季分明，冷热适中，区域差异和垂直变化大。年平均气温15.4℃，7月份平均气温28.1℃，1月份平均气温2.6℃，大于10℃的活动积温4877.5℃，全年无霜期224天。年日照时数达2038.3小时，年日照率46%。平均全年降水量1367.9毫米，其中4～9月份降水量占全年总降水量的68.4%。年平均降水日数为156天。常年相对湿度80%，全年≥80%的日数220天左右，全年雾日累计30～35天。茶园土壤是黄红壤和黄棕壤，由泥质岩类、花岗岩类等坡残积物及第四纪红色黏土等成土母质发育而成。pH 5.2～5.5，含有机质5.44%、全氮0.345%、速效磷12.3毫克/千克、速效钾93.3毫克/千克。

黄花云尖的采摘标准为一芽一叶和一芽二叶，于4月上旬开采至立夏结束。

黄花云尖的加工工艺为：摊放、杀青、烘干。采回的芽叶首先拣剔出不符合质量标准的芽叶，而后进行摊放，摊叶厚度约3～4厘米，晴天无露水的鲜叶摊放2～3小时，阴雨天的鲜叶摊放3～4小时。杀青用电炒锅。分生锅、熟锅。生锅要求高温，其锅温为120℃～110℃，每锅投叶量200克，待叶子杀透变软后即行起锅，历时3分钟左右，转入熟锅。熟锅以做形为主，锅温90℃～75℃，时间2～3分钟。在理条做形时，手指要伸直并稍加压力，使外形挺直平伏，连续翻炒3～4次，然后抖开，以散发热气和水汽。烘干分三步：头烘、二烘、复烘，头烘的烘顶温度90℃左右，每烘笼投放三锅做形叶，要摊得薄而匀，每2分钟翻烘一次。翻烘时做到轻翻，不翻乱叶子，在烘至叶子热软时，轻捺整形，经6分钟左右，当烘到六成半干时，起烘将叶子摊匀在簸箕中，待芽叶回软后再行二烘，时间2～2.5小时。二烘的烘顶温度85℃～80℃，投叶量为头烘的三倍，每3～4分钟翻烘一次，九成干时即可下烘摊凉，历时15分钟左右。摊凉中拣去黄片、夹杂物，然后复烘。复烘的烘顶温度90℃～100℃，每烘投放拣剔后的二烘叶1000克，每4分钟左右翻烘一次，直到足干下烘，趁热装筒密封。

黄花云尖的品质特点为：外形挺直平伏，形似梭状，壮实匀齐，翠绿显毫，香气高爽持久，含有花香，汤色淡绿，清澈明亮，滋味醇爽回甘，叶底嫩绿匀亮，肥厚整齐。

（江用文　詹罗九）

（二六）岳西翠兰

岳西翠兰产于安徽省岳西县，创始于1983年。

岳西县位于北纬30°39′～31°12′，东经115°50′～116°33′，地处大别山腹部。全县呈西北居高，东南、西南临下的阶梯地势，以中低山为主体。属北亚热带大陆型湿润季风气候区，光照充足，雨量充沛，气候温凉湿润。海拔434米，年平均气温14.5℃，1月份平均气温2.1℃，>10℃以上的年活动积温4561.1℃。无霜期212天。年平均降雨量为1420.9毫米，3～9月，降雨总量达到1182.3毫米。全年日照2091.1小时，年雾日36.3天，最高

88 天。岳西茶园土壤以麻石黄棕壤为主,成土母质主要为酸性结晶岩类风化物,pH 5.0~5.4,含有机质平均为 2.01%、全氮含量平均 0.077%、速效磷含量平均 2.4 毫克/千克、速效钾平均含量 76 毫克/千克。

岳西翠兰的采摘标准为:特级为开园后第一、二批鲜叶,一芽二叶初展,芽叶长小于 3 厘米;特级以下为一芽二叶(芽叶长 3.5 厘米左右)。鲜叶采回后经拣剔,除去不符合标准的芽叶。

岳西翠兰的加工工艺为:摊放、杀青、整形、初烘、足火。采回鲜叶,经拣剔后,薄摊在竹匾上,晴天采摘的鲜叶摊放 3 小时,雨水叶 5 小时。杀青在铁锅中进行,开始锅温 120℃~130℃,每锅投放特级至一级鲜叶 50~100 克。用单手翻抖,要求捞净、抖散、杀匀、杀透。杀青结束前,朝一个方向翻炒,稍加理条。当青气消失、清香出现时,结束杀青,时间约 3 分钟。杀青叶及时转入第二锅整形,锅温 80℃~90℃,杀青叶下锅后,前期以翻炒为主,后期边炒边整形,当鲜叶失重 45%~50% 时出锅。初烘的工具为烘笼,燃料为炭火。当温度达到 110℃时,将整形叶薄摊于烘笼上,掌握高温勤翻,每隔 1~2 分钟翻一次。约六至七成干时,下烘笼摊凉 1 小时左右。足火采用文火慢烘,烘顶温度 50℃,中间仍需翻叶,防止干湿不匀,约八成干时,摊凉 1~2 小时,再烘至足干。

近两年开始采用机械加工,杀青用滚筒杀青机,整形用整形机,烘干采用烘笼或烘干机,但品质不及手工,高档翠兰仍用手工制作。

岳西翠兰的品质特点为:外形自然舒展成朵,色泽翠绿,汤色碧绿明亮,香气清香高长,有兰花香,滋味鲜醇甘爽,叶底嫩匀成朵。

(江用文　詹罗九)

(二七)天柱剑毫

天柱剑毫产于安徽省潜山县,为恢复历史名茶,创制于唐代,1980 年恢复生产。

潜山县地处皖西大别山的东南麓,位于北纬 30°27′~31°04′,东经 116°14′~116°46′之间。地势由西北向东南倾斜,从地貌特征看,潜山县基本属于山区县。潜山县属北亚热带湿润季风气候区,四季分明,年平均气温为 16.3℃,1 月份平均为 3.5℃,7 月份平均为 28.4℃,平均无霜期 200~242 天。年降水量 1336.7 毫米,夏季占 45%,春季占 32%,平均相对湿度为 77%,山区土壤主要是山地黄棕壤,成土母质主要为酸性结晶岩类,茶园有效土层深度多在 50 厘米以下,pH 4.7~5.7,含有机质 2.45%、全氮 0.112 毫克/千克、速效磷 5.6 毫克/千克、速效钾 75 毫克/千克。丘陵主要是黏盘性黄棕壤、红黄壤,土壤母质为下蜀系,土层较深厚,pH 5.05~6.20,含有机质 1.11%、氨态氮 80.74 毫克/千克、有机磷 32.92 毫克/千克、速效钾 315.19 毫克/千克。

潜山产茶历史悠久,早在唐代就已著名。陆羽《茶经》载:"淮南以光州上,义阳郡、舒州次,寿州下,蕲州、黄州又下。"当时潜山归属舒州。唐代杨华《膳夫经手录》载:"舒州天柱茶,虽不峻拔遒劲,亦甚甘香芳美,良可重也。"北宋乐史《太平寰宇记》载:"舒州土产开火茶,怀宁县多智山……其山有茶及蜡,每年民得采掇为岁贡。"当时潜山尚未建县,归怀宁管辖,开火茶为潜山所产。

潜山县种植的品种主要是天柱山群体种,天柱山中叶种是天柱山地方群体品种的主体类型。天柱剑毫的采摘标准为一芽一叶,采摘期为 4 月 5 日至 4 月 25 日。

天柱剑毫的加工工艺为:摊放、杀青、炒坯做形、提毫、烘焙。鲜叶采回后,拣除不合标准的芽叶,薄摊于竹匾中待制,摊放 2~4 小时。杀青在龙井锅中进行,每锅投叶量 200 克左右,下锅温度 130℃~160℃,以后渐次降低,鲜叶下锅后要翻得快、扬得高、抖得散、捞得尽,手法轻快不带劲,待鲜叶炒至清香显露时(失水 40%左右)开始理条,理好条索后迅速起锅摊凉。杀青时间约 6~8 分钟。摊凉 10~20 分钟后进入炒坯。炒坯是天柱剑毫成形的关键。每锅投杀青叶 150 克左右,锅温控制在 90℃~60℃,并依次渐降。做形过程中有捺、翻、抖、理等几种手法,要求四指并拢平直,大拇指分开,伸入锅内将茶条理顺,茶叶达七成干,茶条基本固定,呈剑状,即可提毫。炒坯时间 15～20 分钟。提毫时锅温稳定在 50℃左右,将茶条置于掌中,双手搓揉除去茶条表面原黏凝的茶汁胶结层,而便白毫显露。搓揉时用力必须轻而均匀,以防条断毫脱,八成干后起锅摊凉。摊凉 10～20 分钟后烘干。烘干分三次进行,温度控制在 85℃～50℃并依次渐降,初烘时将两锅炒坯叶放在一烘笼内烘 5～10 分钟,再将初烘叶二笼并一笼进行复烘 10～15 分钟,再将复烘叶二笼并一笼进行足烘。待手捏成粉末时即可下笼,下笼后的茶叶进行拣剔、包装。

天柱剑毫的品质特点为:外形扁平挺直似剑,色泽翠绿毫显,花香清雅持久,滋味鲜醇回甘,汤色碧绿明亮,叶底匀整嫩鲜。

(江用文 詹罗九)

(二八) 天华谷尖

天华谷尖产于安徽省太湖县,为恢复历史名茶,1986 年恢复生产。

太湖县位于皖西南边陲,背倚大别山,南临长江北岸湖区,地跨北纬 30°9′～30°46′,东经 115°45′～116°30′。全县地势自西北向东南成阶梯下降。太湖属中亚热带北缘湿润季风气候区,年平均气温 16.4℃,最冷月(2 月份)平均气温 3.7℃,≥10℃的积温 5214.6℃。年平均日照总时数 1936.7 小时,常年降水量大于 1368.4 毫米,3～8 月份月降水量都超过 100 毫米,春夏降水占全年的 60％以上,常年相对湿度 76％,≥76％的日数 180～200 天。全年雾日累计 30 天左右。山地土壤大部分是花岗片麻岩风化物的山地棕壤、黄棕壤;丘陵区大部分为红黄壤土,土层深厚(多数达 80 厘米以上),pH 5.5～6.5,含有机质达 1.51％、全氮 0.085％、速效钾 96.1 毫克/千克、速效磷 6 毫克/千克。

天华谷尖的采摘时期为清明至谷雨期间,选采心芽披叶似半边莲子状的芽头。

天华谷尖茶的制作工艺为摊放、杀青、理条、做形、摊凉、初烘、复烘。采回的芽叶剔去夹杂物及不合格标准芽叶,并在阴凉通风处均匀摊凉 1 小时后付制。杀青锅温 150℃,投叶量 0.15 千克左右,历

时 3～5 分钟,做形锅温 60℃～70℃,叶量为一锅杀青叶,历时 30～35 分钟。先"搭炒",使芽叶互相靠拢搭紧,芽叶搭拢后开始"整形"。"搭炒"、"整形"甩条要求向同一方向摊平、摊薄,轻摊。炒至茶叶滑手即起锅摊凉。摊凉 20 分钟,然后上笼烘干。初烘每四锅杀青叶为一笼,温度 80℃～90℃,隔 5 分钟翻叶一次,历时 40 分钟,然后起锅摊凉 10 分钟;复烘叶量为一笼初烘叶,温度 60℃,烘至足干,摊凉后装箱密封贮存。

天华谷尖分为特级、一级、合格品三个等级。天华谷尖品质特点为:形似稻谷,色泽翠绿,香气高长,汤色碧绿,滋味鲜浓,叶底匀整,嫩绿明亮。

(江用文 詹罗九)

(二九) 六安瓜片

六安瓜片产于安徽省六安市、金寨县和霍山县,为历史名茶,创制于清末。

六安瓜片的产区地处大别山北麓,属淮河水系,海拔一般在 100～600 米。四季分明,季风明显,总体温和但温差较大,雨量适中但分配不匀,光照充足,无霜期较长。海拔 100～300 米的地区,年平均气温 15℃;海拔 300 米以上的地区,低于 14℃。7 月份平均气温 28.2℃,1 月份平均气温 2.1℃。年平均无霜期 210～220 天,10℃积温为 4384～4750℃。年日照时数为 2000～2230 小时,年日照率在 50％左右。年均降水量在 1200～1400 毫米之间,春季占 28.9％,夏季占 41.1％,年平均降水天数为 125.6 天,常年相对湿度 80％。中山区(内山区)主要是黄棕壤,土壤深厚达 1.5 米以上,pH 4.8～5.5;外山丘岗地区(外山区)属下蜀系成土母质分化而成的黄棕壤为主,土层虽厚,但耕作层浅薄,质地黏重,底层常有不透水黏盘层,肥力和通透性较差,pH 5～6.5。

采制六安瓜片的主要茶树品种为六安独山双峰中叶种,俗称大瓜子种。六安瓜片采制要求独特,一是鲜叶必须长到"开面"才采摘;二是鲜叶通过"扳片",除去芽头和茶梗,掰开嫩片、老片;三是嫩片、老片分别杀青,生锅、热锅连续作业,杀青、失水、造型

相结合;四是烘焙分三次进行,火温先低后高。

六安瓜片的采摘标准以一芽三四叶为主,20世纪80年代,采摘标准修订为一芽二三叶开采,采摘时期在谷雨前后至小满前结束。

六安瓜片的加工工艺为:扳片、炒生锅、炒熟锅、拉毛火、拉小火、拉老火。鲜叶采回要及时扳片(亦称掰片)。分嫩片(或称小片)、老片(或称大片)和茶梗(亦称针把子)三类。扳片是瓜片品质形成的重要工序。扳片后的老片和嫩片分别加工。炒锅口面直径650~700毫米,深250~280毫米,倾斜安装在灶上,前倾角40℃~45℃。炒锅前沿离地高300~400毫米。炒制分"生锅"和"熟锅"。鲜叶投入"生锅",待杀青基本完成即进行炒熟锅。"生锅"温度以鲜叶落锅有炸芝麻的噼啪声为适度。炒制嫩片,锅温要高,炒制老片,锅温则宜稍低。每次投叶量嫩片25~50克,中等片50~100克,老片也不超过250克。炒制用的炒把有两种。炒制嫩片的把子较小,用高粱穗或细软的竹枝扎成。老片炒把较大而硬,多用较粗的竹枝扎成。炒制程度的掌握原则是:老片要干,嫩片要潮。嫩片以炒透为适度,老片要炒到炒把在锅中能将叶片撒开,手捏发硬,就能出锅。烘焙分毛火、小火和老火。毛火茶隔置一二天后,烘小火,小火茶隔置一二天后甚至三五天才烘老火。烘焙工具为竹编的大烘笼(当地称抬篮)。直径约1200毫米,篮顶高750~800毫米。毛火的每笼摊叶不超过1.5千克,老片可稍厚。一般隔二三分钟翻一次,一般烘到八成至八成半干。小火的每篮摊茶2.5~3千克,火温不能太高,要勤翻。每二人抬一烘篮,在火摊上罩一下(二三秒钟)就抬走。再将另一篮抬到火摊上照样烘一下,轮流交叉进行。每篮茶要在火摊上烘四五十次。每烘一次翻一次,一直烘到九成干。老火的火温要比毛火和小火高,老火每篮摊茶3~4千克,每篮茶要罩烘五六十次,甚至七十次。老火烘到叶片表面上霜,手捏成粉末即可下烘(含水率低于5%)。老火茶下烘后趁热踩桶,用锡焊封严桶盖。

机械化生产工艺流程为:鲜叶摊放→滚炒杀青(兼做形)→烘干机烘干(兼定形)→机械脱梗分级→远红外烘焙拉小火→远红外烘焙拉老火→成品茶。

六安瓜片的品质特点为:形似瓜子,顺直匀整,叶边背卷平展,干茶色泽翠绿,起霜有润,汤色清澈,香气高长,滋味鲜醇回甘,叶底黄绿匀亮。

(江用文 詹罗九)

(三〇) 霍山黄芽

霍山黄芽产于安徽省霍山县,为历史名茶,创制于唐朝。

霍山县地跨北纬31°0′~31°31′,东经115°55′~116°43′。县境西南的大别山和霍山山脉,由西南向东北贯穿全境,地势南高北低。霍山县属北亚热带湿润季风性气候区,四季分明,年平均气温15.1℃,7月份平均气温27.8℃,1月份平均气温2℃,酷暑和严寒较少,≥0℃的持续天数336天,年积温4700℃。年日照时数达2000~2200小时,年日照率47%。常年降水量1100~1600毫米,春夏季降水约占全年的70%,常年相对湿度80%,全年≥80%的日数200天左右,全年雾日累计24~33天。广泛分布在中、低山区和高丘陵地带的是黄棕壤,多呈酸性、弱酸性(pH 5~6.5),含有机质2.5%、全氮0.12%、速效磷11毫克/千克、速效钾86毫克/千克。

秦汉以后,茶在淮河流域传播开来。清乾隆四十一年(1776)《霍山县志》载:"霍山黄芽之名,已肇于西汉,《史记》云:寿春之山,有黄芽焉,可煮而饮,久服得仙,则茶称瑞草魁,霍茶又为诸茗魁矣。"可见霍山黄芽历史悠久。唐宋年间,霍山茶产甚丰,已是江淮茶叶榷禁、土贡之要地。唐代陆羽《茶经·八之出》(758年左右)有"盛唐生霍山者"的寿州茶叶产区记述。

棋江中叶种、漫水河中叶种和大化坪金鸡为本县当家地方群体品种,另引进祁门槠叶种和湖南安化大叶种等,适宜加工霍山黄芽。

霍山黄芽的采摘标准为一芽一叶到一芽二叶,内山于谷雨前5天左右开始采摘,至立夏结束。

霍山黄芽的加工工艺为:摊放、杀青(做形)、毛火、摊凉、足火、拣剔复火。鲜叶采回后薄摊,厚约3~5厘米。晴天无露水鲜叶摊放2~3小时,雨天鲜叶摊放4～5小时。一般上午采下午制,下午采晚上制。杀青分生锅、熟锅。生锅要求高温、轻挑快炒,锅温120℃～130℃,每锅投叶量35克,用芒花把呈三角形挑、拨、翻、炒,俗称"凤凰三点头",约2～3分钟,转入熟锅。熟锅以做形为主,锅温85℃左右,时间2～3分钟,炒把稍带紧,使芽叶收拢,稍扁平挺直,形似雀舌。至五成干时起锅,薄摊15～20分钟,上烘。特级、一级黄芽用芒花把炒,二、三级生锅以竹丝把炒,熟锅以手炒,辅助理条。毛火的烘顶温度为100℃～110℃,投叶量3～4锅杀青叶,要求高温、薄摊、勤翻、快烘。约1分钟左右翻烘一次,经3～5分钟,六成半干下烘。毛火下烘置于团簸上摊凉,厚度约5～10厘米,摊凉时间3小时。足火的烘顶温度85℃～90℃,投叶量0.5～0.75千克,每3～4分钟翻烘一次,历时15分钟,九成干时下烘摊凉。摊凉后的茶叶进行拣剔复火,复火前拣去黄片、梗、夹杂物,复火温度90℃～100℃,每烘投叶1.5～2千克,每3～4分钟翻烘一次,直到足干,趁热装筒密封。

霍山黄芽现行等级规格为特级、一级、二级、三级。特级霍山黄芽的品质特点为:条直微展,匀齐成朵,形似雀舌,润绿披毫,香气清高持久,滋味醇厚回甘,汤色嫩绿清澈,叶底微黄明亮。

(江用文　詹罗九)

(三一)金寨翠眉

金寨翠眉(又称齐山翠眉)产于安徽省金寨县,创始于1986年。

金寨县地跨北纬31°06′41″～33°48′51″,东经115°22′19″～116°11′52″,位于皖西大别山麓,鄂豫皖三省交界处。金寨县属北亚热带季风区,四季分明,气候温和,雨量充沛。年均气温为15.6℃,7月份平均气温为27.7℃,1月份平均气温为2.8℃,平均无霜期228天,≥0℃的积温3500℃,持续天数为310～331天,年日照时数为2039.4小时,年均日照率为47%。年均降水量为1500毫米左右,春、夏二季占全年的61%。金寨翠眉的产地齐云山一带的年均降水量为1200～1300毫米,年均相对湿度为78%,全年大于80%的日数为200天左右,全年累计雾日可达120～150天。茶园土种主要为中层耕种麻石土和中层耕种扁石土,土质疏松,土层深厚,pH 4.5～6.5,含有机质1.48%～2.2%、全氮0.21%、全钾2.11%、全磷0.048%。

金寨县产茶历史悠久。《文献通考》载,965年,宋朝在金寨地域的麻埠、开尖设有官办茶站,说明当时金寨已是茶叶的重要产地。明朝末年,齐山云雾即列为贡茶,一直沿袭到清朝末年,驰名京师。

金寨翠眉的鲜叶原料,采自地方群体品种的中叶种,采摘标准是纤细芽头,芽长约2厘米,于清明后开采,到5月中旬结束。一般是早晨采摘的鲜叶,中午炒制;下午采摘的,傍晚炒制。

金寨翠眉的加工工艺分为炒芽、毛火、小火、足火四道工序。炒芽在口径为80厘米左右的斜锅中进行,锅的斜度为25～30,两锅相邻,一生一熟。用扁形竹丝帚进行炒制。炒芽既是杀青也是整形,先杀青后整形。生锅杀青温度为100℃左右,温度先高后低,投叶量30～50克。鲜叶下锅后用竹丝帚翻炒1～2分钟,当芽叶变软,叶色变暗,青草气散尽,将生锅叶扫入熟锅,整理条形。熟锅锅温控制在80℃左右,手势由旋翻改为左右翻转,边炒边整形,使芽叶由不规则变成有规则细条形,炒至五成干即可出锅摊凉。摊凉后的芽叶要及时打毛火,烘顶温度为90℃左右,每笼投叶量不超过250克,烘时要薄摊勤翻,一般每隔2～3分钟翻动一次,且翻动间隔时间逐渐缩短,使之均匀干燥,达七八成干时,下烘笼摊凉10分钟左右。当天炒制的芽头全部进行毛火后,摊凉10～15分钟,进行小火烘焙。小火烘焙的温度控制在70℃左右,烘叶量相当于毛火投叶量的4～5倍,每隔3～5分钟翻动一次,且翻动时间间隔逐渐延长。烘20分钟左右,减重10%～15%即完成。足火的温度控制在60℃左右,上叶量0.5～1千克,每隔5分钟翻动一次,历时20～30分钟,至茶叶足干,并趁热装入铁筒,等茶冷却后封盖。

金寨翠眉的品质特点为:外形纤秀如眉状,白毫披露,色绿油润,汤色明亮,嫩香高长,滋味鲜醇,回味香甜爽口,叶底黄绿匀亮。

(江用文　詹罗九)

（三二）舒城兰花

主产安徽省舒城县，为历史名茶，创制于明末清初。

舒城县位于大别山东麓，地势由西南向东北倾斜，最高处猪头尖海拔 1539 米，最低处舒三镇海拔 7 米。舒城县气候属北亚热带湿润性气候区，四季分明，气候温和，雨水充沛，季风明显。年平均气温 15.6℃，极端最高温度为 40.5℃，极端最低温度为 −17℃，活动积温 4972℃，无霜期年平均 224 天。年日照时数平均为 1969 小时，年日照率 45%。常年平均降水量在 1033～1596 毫米，春夏季占全年的 67.2%；常年相对湿度 75%，西南山区空气相对湿度常年在 80% 以上。海拔 300 米左右地域的雾日达 53～57 天，500 米左右的达 103～125 天，而且大多集中在 4～10 月份。舒城县西南山地为茶区，茶区土壤为麻石黄棕壤，呈微酸性，含有机质 2%～3%、全氮 0.10%～0.15%、速效磷 10～20 毫克/千克、速效钾 60～150 毫克/千克。

舒城产茶历史悠久。唐代陆羽《茶经》中引用东汉时的《桐君录》载："西阳、武昌、庐江、昔陵好茗，皆东人作清茗。"汉书《地理志》载："庐江郡领十二县，曰舒、曰居巢、曰龙舒……"说明东汉时舒城、庐江等县已产茶，而且品质好。唐代，舒城等皖西茶区茶叶生产已具有相当规模。

舒城县茶园仍以当地群体种为主，近年来舒城县非常重视茶树良种的繁殖推广，舒茶早、福鼎大白茶、龙井 43 也有一定的面积。舒城兰花茶一般于谷雨前后开始采摘，采期 10～15 天。小兰花采一芽二三叶，特级采一芽二叶初展正常芽梢，长 4～4.5 厘米，并要选采叶质厚实的中叶种。大兰花采一芽四五叶，长 10～15 厘米。采回的鲜叶须经拣剔，再置竹匾中摊放，散发部分水分，发展茶香，然后炒制。

舒城兰花茶加工分手工制作、机械制作。手工制作的工艺为摊放、杀青、烘干。杀青分生锅和熟锅两段作业，是炒制兰花茶的关键工序。烘干分初烘、复烘（大兰花用）、足烘。

其机制工艺为：杀青、揉捻、烘干。杀青选用滚筒杀青机，最好采用 60～90 型滚筒杀青机。杀青程度掌握适度老杀，杀青后鲜叶减重率在 40%～42%。杀青叶摊凉后揉捻，揉捻用 55 型揉捻机，投叶量约 25 千克，不加压，轻揉 1～2 分钟，二、三级原料揉捻时间稍长，但一般不超过 5 分钟，下机后抖散上烘。烘干采用自动烘干机。初烘温度控制在 110℃～120℃，烘至七八成干下烘摊放。摊凉后进行足火，足火温度 80℃～90℃，烘至足干，即手折茎梗即断，手捻叶片成粉末即可下烘。机制兰花茶，杀青要适度老杀，有利于提高香气；揉捻切忌过重，否则色泽发暗，外形失去兰花风格；在制品要及时摊凉，防止成茶色泽暗、香气低、汤色黄，滋味不鲜爽。

兰花茶分为特、一、二、三共 4 个等级。兰花茶的品质特征是：外形芽叶相连似兰草，色泽翠绿，匀润显毫。冲泡后如兰花开放，枝枝直立杯中，有特有的兰花清香，俗称"热气上冒一支香"；汤色绿亮明净，滋味浓醇回甜；叶底成朵，呈嫩黄绿色，叶质厚实耐泡。

（江用文　詹罗九）

（三三）采花毛尖

采花毛尖产于湖北省五峰县采花乡，始于 20 世纪 80 年代后期。

五峰县位于鄂西南山区，武陵山余脉，地处东经 110°15′，北纬 111°25′。茶树多生长于海拔 400～1300 米的山坡和林地之中；年均温度 13.1℃，年积温 4600℃。年降雨量 1500 毫米，空气相对湿度 75% 以上，无霜期 280 天。终年云雾缭绕，漫射光多，属典型高山云雾气候；由泥质岩、片页岩发育而成的偏酸性红壤土，肥沃疏松，有机质大多在 2.0%～4.0% 之间，全氮大多大于 0.15%；全磷偏低，大多小于 0.06%；全钾和速效钾含量丰富，pH 值 4.5～6.0。生态条件适合茶树生长。

据《长乐县志》记载："这里邑属等处具产茶，每于三月有茶之家妇女，大小具出采茶，清明节采者为雨前细茶，谷雨节采者为谷雨茶，并有'白毛尖'、'茸勾'等名茶。"早在清朝我国与英国通商后，就有英商在五峰采花设立"英商宝顺合茶庄"。20 世纪 80 年代后期,根据五峰传统名茶"毛尖茶"手工加工工艺结合现代机械化加工的特点,创制出以采花乡地名命名的采花毛尖茶。

采花毛尖以鄂茶 7 号、五峰中叶群体种、福鼎大白茶等中小叶茶树品种为原料。每年 3 月中下旬开采,至谷雨结束。鲜叶分特级特等(单芽,芽长短、大小、色泽一致)、特级一等(单芽为主、一芽一叶初展)、一级(一芽一叶)、二级(一芽二叶初展)、普级(一芽二叶)。要求不采雨水叶、鱼叶、老叶、紫茶叶、病虫叶,保持鲜叶的嫩度、匀度、净度、新鲜度;用竹筐、竹篓盛装茶叶,鲜叶运输途中不得紧压、日晒雨淋。鲜叶进厂后应进行分级摊放。

采花毛尖的加工工艺为:鲜叶摊放、杀青、揉捻、初干、整型、足干。鲜叶摊放:将鲜叶采回分级验收后薄摊于竹席上,保持通风阴凉干净,摊放 4～6 小时,达到摊放适度付制。杀青:采用汽热杀青机或连续滚筒杀青机杀青。6C150 型汽热机的蒸气温度 130℃～150℃,投叶量 100～150 千克/小时,杀青时间为 35～50 秒;脱水温度 200℃～230℃,脱水时间 1.5～2 分钟;20 型连续滚筒杀青机:杀青机筒体温度 260℃～280℃,空气温度 140℃～160℃,投叶量 150～200 千克/小时,杀青时间 120～150 秒。杀青程度:手握叶成团,梗折不断,芽叶失去光泽,变为暗绿色(汽热杀青叶为青绿色且底面一致),青草气散尽,清香呈现,杀青叶含水量 58%～60%。揉捻:采用 40 型或 45 型揉捻机,待杀青叶完全回软后装机,投叶量以桶满略浅为适度,以"先轻后重,轻重交替,以轻揉为主,适度中揉"为原则,至成条率≥80%时揉捻结束,时间 20 分钟左右。初干:采用 110 型八方复干机或 6CH-10 型烘干机。110 型八方复干机:温度 160℃～180℃,投叶 3 千克～4 千克,时间 12～18 分钟,至茶叶含水量 33%～35% 时下机,下机后及时摊凉回潮;6CH-10 型烘干机:温度 105℃～120℃,摊叶厚度 1.5 厘米～2 厘米,初干时间 5～6 分钟,至茶叶含水量 35%～38%下机,下机后及时摊凉回潮。整形:采用热风炉式整形灶或多功能整形机。热风炉式整形灶:用手工整形,不锈钢板温度 80℃～90℃,投叶量 2 千克～3 千克,采用理条、搓条、抽条等手法交替进行,整形时间

30～40 分钟,至茶叶含水量下降为 8%～10%时下灶摊凉。多功能整形机:温度 80℃～190℃,每机投叶量 1.0 千克,整型时间 20 分钟,机械中速运行,至含水量 10%左右时下机摊凉。足干:采用 6CH～10 型烘干机或 6CTH-6 箱式提香机。6CH～10 型烘干机:温度 115℃～120℃,叶层厚度 2 厘米～4 厘米,时间 10～12 分钟,至茶叶含水量 4%～5%,香气透现为干燥适度,下机后及时摊凉;6CTH-6 箱式提香机:箱温先高后低,60℃～80℃,单次投叶量 11 千克～12 千克,时间 40 分钟～60 分钟,茶叶含水量 4%～5%。足干后,严格按级精选包装待售。

采花毛尖的品质特点为:外形匀直、嫩绿披毫,香气嫩香或清香持久,滋味鲜醇爽口,汤色嫩绿明亮,叶底嫩绿明亮、匀齐。

(江用文 宗庆波)

(三四)金香品雪茶

金香品雪茶产于湖北省宜昌市夷陵区。创始于 1999 年。

宜昌市夷陵区地处湖北省三峡库区西陵峡畔的半高山地区,东经 110°51′～119°39′,北纬 30°32′～31°28′,位于"黄陵背斜"东翼,海拔 1700 米的大老岭旁。常年云雾缭绕,雨量充沛,年降雨量 1500 毫米以上,昼夜温差大,年平均气温 13℃,年积温 3821℃。土壤为红壤土,呈微酸性反应,矿物质、微量元素丰富,土壤有机质含量高,土壤深厚肥沃。PH 值 5.5～6.5,适宜茶树生长。

金香品雪茶是根据宜昌清朝末年的金香贡芽的加工技术逐步演变而来,"金香"茶缘自当地金香寺研制的禅茶,由全手工制作的粗松形茶,后几经改进演变成机械化加工成微扁形,并定名为金香品雪。

金香品雪茶以宜昌大叶种等为原料。全部采摘单芽,约 3 月 20 日开采,至谷雨止,原料要求采摘的芽头饱满壮实、整齐,匀齐度达到 95%以上。不采鱼叶、紫叶、病虫叶,鲜叶应嫩、匀、净、鲜。

金香品雪的加工工艺为:鲜叶清洗、摊青、杀青、冷却回潮、整形、初干、冷却回潮、整形、干燥、提香。鲜叶清洗:这是金香品雪茶所独有的。鲜叶采

后用清洁的自来水快速清洗,除去茶叶表面可能出现的灰尘等污染物,确保茶叶清洁。包括掏洗、冲洗、脱表面水过程,掏洗在水池中进行,冲洗在水洗机上进行,通过洒干机脱除表面水。摊放:将清洗后的鲜叶摊放于洁净的竹篾上,摊放于通风处,摊放时间约6～8小时。或者在摊青机上摊青3～4小时,及时翻动3～4次,至有微香即可。杀青:采用滚筒杀青机杀青。投叶量为120千克/小时,筒体温度260℃,时间110秒,杀青程度应比一般名优茶稍轻,以嫩杀为主,杀青青香明显。冷却回潮:在冷却回潮机中进行,将杀青叶均匀摊放于回潮机上进行冷却,机中自动输送时间15～20分钟,配套风扇冷却,茶叶回潮。整形:将回潮后的茶叶置于阶梯式理条机中理条,左右来回振动,温度90℃～110℃,时间20～25分钟,含水量50%时出锅。初干:在滚筒中进行快速脱水,筒体温度110℃,时间10～15分钟,含水约30%左右。冷却回潮:冷却回潮,是茶叶茎脉中水分重新分布的过程,时间8～12分钟。整形:将回潮后的茶叶二次置于阶梯式理条机中理条,左右来回振动,配套木棍等设施辅助理条,温度90℃～100℃,时间15～20分钟,含水率10%,茶叶已成形时出锅。干燥:在滚筒中进行快速脱水,筒体温度150℃,时间5～10分钟,含水约8%。提香:茶叶出茶前提香5～8分钟,在平面提香机上进行,温度120℃,不断翻炒至含水量6.5%时下机摊凉,最后精炼、匀堆包装。

金香品雪的品质特点为:外形微扁,厚挺直,色泽嫩绿白毫显露,汤色绿明亮,香气清香持久,滋味醇爽回甘,叶底嫩绿鲜亮、完整匀齐。

(宗庆波　江用文)

(三五) 邓村绿茶

邓村绿茶产于湖北宜昌市夷陵区邓村乡。创始于1980年。

宜昌市夷陵区位于长江三峡西陵峡北岸,属大巴山余脉和江汉平原的过渡地带。东经110°51′～119°39′,北纬30°32′～31°28′。境内峰峦叠翠,地貌多样,常年云雾缭绕,气候温和湿润,年平均气温16.8℃,年有效积温3821℃,年降雨量1132毫米,无霜期230～270天。土壤为红壤型花岗岩风化而成的微酸性砂质黄壤土,土层深厚肥沃,土壤有机质和氮、磷、钾含量丰富。土壤pH值为4.5～6.5,适宜茶树生长。

湖北夷陵区产茶历史悠久。唐朝陆羽在《茶经》"八之出"记有"山南:以峡州上,襄州、荆州次"之述。宋代大文学家欧阳修对盛产邓村茶的峡州区域作出了"春秋楚国西偏境,陆羽茶经第一州"的赞誉。当代茶圣吴觉农先生亦有"西陵峡,山川秀丽,当有名茶"的定论。

邓村绿茶以宜昌大叶种、宜红早(鄂茶四号)、鄂茶九号等为原料,尤以一芽一二叶为原料加工的茶叶而闻名,不采鱼叶、老叶、紫叶、病虫叶,鲜叶要求均匀、新鲜。

邓村绿茶的加工工艺为:摊青、杀青、初揉、炒(烘)二青、复揉、初干(同时理条或整形)、足干提香。摊青:将采摘后的鲜叶摊放在竹席上,置于通风阴凉处,让其自然散发水分,一般摊4～5小时,茶叶青草气减弱,散发出一定的清香气,失水减重率达到8%～10%即可。杀青:经过摊青的鲜叶,用滚筒杀青机杀青,温度150℃～180℃,杀青要求杀透杀匀,叶质柔软,茎折而不断,叶边稍枯而不焦,无青草气,有香气为宜,杀青要根据锅温掌握好投叶量和投叶速度,杀青适度是形成邓村绿茶"绿叶、绿汤"的关键。初揉:揉捻前的杀青叶要充分摊凉,视加工量的多少,揉捻机的机型以40、45、55型为宜,揉捻机型号太大或太小都不宜形成条索细嫩、紧结圆实、经久耐泡而不苦涩的品质。初揉以轻揉为主,揉至芽叶成条、茶汁刚溢出时便可下机。烘二青:要求掌握"薄摊、高温、快烘"的原则,锅温在180℃～200℃,至揉捻叶变色不粘手时快速下锅摊凉。复揉:以轻压、揉搓为主,促进条索紧结,复揉时间一般10～15分钟,复揉前的二青叶必须充分摊凉回潮,手摸不刺手,柔韧有弹性时才能进行,以保证完整的叶底。干燥:分初干和足干提香。初干:以烘为主,温度在80℃～100℃,烘至七八成干时下锅,根据不同的花色品种,有的以烘干为主,炒青茶先烘后炒。足干提香:温度在80℃～90℃,至手捏则碎,折梗而断时即可。

邓村绿茶的品质特点为：外形细嫩紧结、色泽绿润，汤色绿亮，栗香持久，滋味醇爽，叶底绿亮匀整。

（江用文　宗庆波）

（三六）恩施玉露

恩施玉露产于湖北省恩施市。为历史名茶，始创于 1680 年前后。

恩施市位于湖北省西南部武陵山区，地处清江中上游，东经 109°4′48″～109°58′42″，北纬 29°50′33″～30°39′30″。境内气候宜人，森林茂密，植被丰富，四季分明，冬无严寒，夏无酷暑，全市年平均气温 16.4℃，无霜期 282 天，日照时数 1298 小时，相对湿度 82％左右，年降雨量 1525 毫米左右。恩施玉露主产地多属黄壤型青色砂质土壤，土层深厚肥沃，土壤 pH 值为 4.6～6.0，生态环境良好，十分适宜茶树生长。

相传于清康熙年间，恩施芭蕉黄连溪有一位兰姓茶商，其制作的焙茶炉灶，与今日之玉露焙炉极为相似。所制茶叶，外形紧圆、坚挺、色绿、毫白如玉，故称"玉绿"。1936 年湖北省民生公司管茶官杨润之，在相毗邻的宣恩庆阳坝设厂制茶，其茶外形色泽油润翠绿，毫白如玉，故更名为"玉露"。1938 年率茶叶技工杨义茂迁移恩施城关五峰山募工另辟一厂，加工玉露。因五峰山具有得天独厚的自然地理环境，所产鲜叶自然品质优异，加之做工日益精湛，其产品品质远胜于庆阳，先后远销襄樊、光化、豫西等地。中日邦交正常化后外销日本，从此"恩施玉露"名扬于世。

恩施玉露以当地恩施苔子茶等地方品种为主要原料。清明前开采，到谷雨前结束。鲜叶在晴天午前采摘，要求采摘叶色浓绿的一芽一叶或一芽二叶初展的鲜叶为原料，做到适时采、分批采、标准采、随采随蒸，快速焙制。

传统恩施玉露的加工工艺为：蒸青、扇干水汽、铲头毛火、揉捻、铲二毛火、整形上光、拣选。蒸青：要求高温、薄摊、短时、快速。先把蒸青盒插入蒸青箱内，待水沸腾，盒内温度近 100℃时，迅速把鲜叶均匀薄摊在盒内，每平方米摊叶 2 千克。当鲜叶失去光泽，叶质柔软，青气消失，茶香显露时为度。蒸青时间，一般 30 秒钟，较老叶子适当延长。扇干水汽：蒸青叶薄摊竹席上，用竹匾或电扇迅速扇凉，一则散水，二则降温，以免渥黄变质。铲头毛火：分为抖水汽和铲条。取扇干水汽的茶叶 2～3 千克放在 120℃左右的焙炉上进行。抖水汽方法为：两人对站于炉灶两旁，双手捧鲜叶高抛抖散，使水分蒸发。铲条方法为：两人双手相对贴近炉面，左右来回推赶茶叶，使茶叶形成条状。两种方法交替进行，直到叶色油绿，梗脉略黄且出现"鸡皮皱纹"，芽梢显白毫，手握不粘为宜。揉捻：其手法分为"旋转揉"和"对揉"。其程度较其他茶类略轻，细胞破坏达 45％左右。铲二毛火：目的在于继续蒸发水分，初步整理茶叶形状，为整形上光奠定基础，用铲的手法与头毛火相同，唯扫叶更勤。以色泽油绿，滋润光滑，梗呈黄绿色，手捏柔软而不刺手为度。整形上光（又称搓条上光）：它是形成玉露紧细、圆整、挺直、光滑的关键，采用"搂、搓、端、扎（或抽）"四大手法。搂：是悬手搓条手法，就是两手相对提起，手臂向外弯曲，拇指跷起，四指并拢向内弯曲，把茶条搂拢，两手稍用力抓紧，使少量茶条从两手虎口和小指边挤出，理齐茶条。搓：是为使茶条紧细，挺直光滑，手法是以焙炉为依托，在搂的基础上，左手肘关节贴近腰间，腕部向上弯，四指第一节微弯曲，呈钩状，压在少量茶坯上，与炉面成 60°～70°角，固定不动，右手顺势将理齐的茶条带上左掌，拇指跷起，四指伸直并拢，向右前方搓去，使茶条随手向前滚转，并从虎口和小指边吐出约五分之一。端：是理条作墩。把茶条理齐，垒成约 7 厘米的堆。然后换手法继续搓条，当右掌心搓至与弯曲的左指尖相对时，两手趁势端起茶墩，略转身向右微弯腰，左手向前方搓茶，大小匀齐，老嫩一致的芽叶，用上述三种手法相互连贯，反复进行，直至干燥适度。扎：是搓制低级玉露茶常用的手法。多因芽叶较长或长短不一，在搂、搓、端交替操作中，扎短茶条。即将茶坯搂拢，端之成墩后，两手掌朝下，握住茶墩中央，稍用力扣紧茶墩，两手虎口靠拢向下用力扎茶，将茶墩分成二段，然后将二段茶坯并列,继之搓、端、搂交替炒制。拣选:是按玉露品级规格的要求,选出黄片、梗、果等杂物,然后分级包装贮藏。

随着机制名优茶加工技术的推广,为扩大恩施玉露批量生产,满足消费者需求,恩施玉露的生产在不改变"蒸青"和"针形"两大特点的基础上,向机械化方向发展。其产品品质已达到传统工艺生产产品的水平。但机制工艺尚未完全定型。

恩施玉露的品质特征为:外形紧圆光滑、挺直有毫,色泽苍翠油润,茶汤嫩绿清澈明亮,香气清爽持久,滋味甘醇,叶底嫩绿明亮匀齐。

(宗庆波　江用文)

(三七)英山云雾

英山云雾茶产于湖北省英山县,创始于 20 世纪80 年代初。

英山县位于湖北省东北部,大别山南麓,东经115°34′~116°07′,北纬 30°27′~31°06′。雨量充沛,四季分明,林木茂盛,云缠雾绕。茶园大多分布在海拔 400~700 米之间,年平均气温 16.4℃,年积温5092.5℃,年均日照时间 2049.3 小时,年均降雨量1400 毫米左右,空气湿度大,漫射光多。茶园土壤肥沃,土层疏松,多为黄棕壤和砂质壤土,pH 值在4.5~6.5 之间,有机质丰富,具有茶树生长的良好条件。

英山云雾茶分春笋、春蕊、春茗、碧剑、龙特五个系列产品,选用英山县种植的中小叶无性系良种、英山群体种等茶树品种的芽叶为原料。原料要求:春笋 100%单芽;春蕊 100%一芽一叶初展;春茗一芽一叶初展不少于 50%,一芽二叶初展不高于 50%;碧剑一级单芽不少于 90%,一芽一叶初展不高于10%;碧剑二级单芽不少于 50%,一芽一叶初展不高于 50%;龙特一级 100%一芽一叶;龙特二级一芽一叶不少于 50%,一芽二叶不高于 50%。

英山云雾茶的加工工艺因不同系列茶而异,其中春笋、春蕊属全手工制作,春茗属半机械半手工制作,碧剑、龙特属全机械制作。

英山云雾茶(春笋)加工工艺为:杀青、炒二青、炒三青(提毫)、烘干。杀青:用口径 60 厘米、深 20厘米电炒锅杀青,先抖炒,后闷炒,抖闷结合,每锅投叶量 150 克~200 克,温度先高后低,投叶锅温100℃~110℃,杀青叶出锅时温度 60℃~70℃,全程时间 6 分钟~7 分钟。炒二青:杀青叶摊凉 30 分钟后炒二青,在电炒锅中进行,投叶量为两锅炒青叶,投叶时锅温 90℃,以抖炒为主,茶条无粘手感时轻轻把茶条抓起合掌(水平状),朝一个方向搓动芽身,边搓边使茶条分散落入锅中,如此反复数次,至茶条略有刺手感时起锅摊凉,全程时间为 10 分钟~12 分钟。炒三青(提毫):在电炒锅中进行,每锅投叶量为两锅二青叶,投叶时锅温 70℃,先闷炒后抖炒。当茶条完全失去黏性时,锅温保持 50℃,开始搓条提毫,至白毫显露时起锅摊凉,全程时间为 4 分钟~5 分钟。烘干:用 60 厘米口径竹制烘笼或专用烘箱烘干,分初烘、复烘、足干三次完成。初烘投叶量为一锅三青叶,烘心温度 80℃,时间 10 分钟,其间翻动 2 次至 3 次;复烘投叶量为两笼初烘叶,烘心温度为 70℃,时间为 20 分钟,其间翻动 2 次至 3 次;足干投叶量为 2 笼至 3 笼复烘叶,烘心温度为50℃,时间 1 小时~2 小时。

英山云雾茶(春蕊)加工工艺为:杀青、揉捻、炒二青、炒三青、烘干。杀青:用口径 60 厘米、深 20厘米电炒锅杀青,每锅投叶量 200 克~300 克,投叶锅温 120℃,先闷炒后抖炒,抖闷结合,全程时间 6分钟~7 分钟。揉捻:杀青叶经摊凉后进行揉捻,在簸箕上进行,用单把推揉或双把转揉均可,90%以上茶条已卷成条时即可,时间 5 分钟~6 分钟。炒二青:在电炒锅中进行,每锅投叶量为 200 克~300 克揉捻叶,投叶时锅温 100℃,开始用抖炒,间而用闷炒加快叶温升高,至茶条无粘手感时锅温保持在70℃~80℃,此时进行紧条。紧条方法:采用合掌抱茶、顺时针方向转动搓揉,边揉边撒,至茶叶略有刺手感时起锅摊凉,全程时间为 14 分钟~16 分钟。炒三青:在电炒锅中进行,每锅投叶量为两锅二青叶,投叶时锅温 90℃,至茶叶有刺手感时,锅温保持在 60℃~70℃,进行提毫,至白毫显露时起锅摊凉,全程时间为 7 分钟。烘干:用 60 厘米口径竹制烘笼或专用烘箱烘干,分初烘、复烘,二次完成。初烘投叶量为一锅三青叶,烘心温度85℃～90℃,时间15分钟～18分钟,间隔2分钟～3分钟翻动一次;复烘:复烘投叶量为2笼至3笼初烘叶,烘心温度为75℃～80℃,时间为30分钟～40分钟,其间翻动3次～4次,达到足干。

英山云雾茶(春茗)加工工艺:杀青、揉捻、炒二青、炒三青(提毫)、烘干。杀青:采用八方滚筒杀青机杀青,投叶时机温160℃～180℃,经2分钟～3分钟后机温下降到120℃～140℃,每桶投叶量2千克～3千克,杀青时间为6分钟～7分钟,下机后摊凉。揉捻:一般选用6CR25、35、40型号的揉捻机,装叶平桶口,揉捻时间因机而异,成条率大于95%。炒二青:在80型圆筒杀青机上进行,投叶时机温140℃～150℃,投叶量3千克～4千克揉捻叶,至出茶前2分钟～3分钟锅温下降到100℃～120℃,二青时间10分钟左右,下机后摊凉。炒三青(提毫):在电炒锅中进行,投叶时锅温90℃,每锅投叶500克,先闷炒后抖炒,至茶叶有刺手感时,锅温保持70℃～80℃,进行合掌抱茶提毫,时间为6分钟～7分钟。烘干:用烘干机烘干,温度80℃～110℃,叶层厚度2厘米～4厘米,时间15分钟～25分钟,烘干后茶叶含水量6.5%以内。

英山云雾茶(碧剑)加工工艺:杀青、整形、烘干。杀青:用八方滚筒杀青机杀青,温度180℃～200℃之间,每桶投叶量2千克～4千克,杀青时间6分钟～8分钟,下机后摊凉。整形:使用名茶多用机整形,投叶时锅温100℃～120℃,投叶量1千克左右,把茶条理直、理顺。杀二青后,开始上轻压棒,但槽体运行速度放慢,使压棒与茶叶相互接触,将茶条逐渐压扁。轻压过程结束后,适当提高槽体运行速度,使茶条进一步理顺,加上重压棒,利于茶条成扁、成平。重压后调快槽体运行速度,再加上轻压棒,茶叶基本成形,有刺手感时起锅摊凉。烘干:采用名茶烘干机烘干,分初烘、复烘二次进行,干茶含水量控制在6.5%以内。

英山云雾茶(龙特)加工工艺:杀青、揉捻、干燥。采用八方滚筒杀青机或80型圆筒复干机杀青,温度160℃～180℃之间,每桶投叶量3千克～5千克,杀青时间5分钟～7分钟,达到杀青适度后下机

摊凉。揉捻:一般选用6CR35、40、45型号揉捻机,投叶量以装齐桶的4/5处为宜,揉捻机型号不同,揉捻时间和压力调节也不同。揉捻叶下机后应及时干燥,不可久置,以免叶色变黄。干燥:分初干和足干,均在滚筒复干机上进行。初干:机温控制在120℃～140℃,每机投放揉捻叶5千克～7千克,炒至听到筒内发出沙沙声时即下机摊凉。足干:开始将机温控制在100℃～120℃,投叶量10千克,炒至叶片可用手捏碎,梗子还折不断时,将机温降至70℃～80℃炒至足干。

英山云雾茶的品质特征:

春笋:条索挺直显毫,色泽翠绿尚润,嫩香持久,滋味鲜醇爽口,汤色清澈明亮,叶底翠绿明亮、匀齐。

春蕊:条索细秀卷曲,白毫显露,色泽翠绿尚润,香高持久,滋味鲜浓爽口,汤色嫩绿明亮,叶底芽叶细嫩、明亮。

春茗:条索细紧卷曲,有白毫,色泽绿润,清香持久,滋味浓醇,汤色绿亮,叶底嫩绿明亮。

碧剑:一级外形扁平光直显毫,色泽翠绿尚润,清香尚持久,滋味鲜醇尚爽,汤色嫩绿明亮,叶底嫩绿明亮匀齐;二级外形扁平显毫,色泽绿润,清香,滋味鲜醇,汤色绿亮,叶底嫩绿尚亮。

龙特:一级外形细有锋苗,色泽绿润,香高尚持久,滋味浓醇,汤色嫩绿明亮,叶底绿亮匀整;二级外形条细紧结,色泽绿尚润,香高,滋味醇厚,汤色绿亮,叶底绿尚亮匀整。

(宗庆波　江用文)

(三八) 黄鹤楼茶

黄鹤楼茶产于湖北省武汉市,始于21世纪初。

武汉市位于江汉平原东部,长江中游与汉水交汇处,东经113°41′～115°05′,北纬29°58′～31°22′。武汉市属鄂东南丘陵经江汉平原东缘向大别山南麓低山丘陵过渡地区,中间低平,南北丘陵、岗垄环抱,北部低山林立。茶树多生长于海拔100～800米低山丘陵以及岗地。属北亚热带季风性气候,具有常年雨量丰沛、热量充足、四季分明等特点。年平均气

温 15.8℃~17.5℃,年无霜期一般为 211 天~272 天,年日照总时数 1810 小时~2100 小时,年总辐射 104 千卡/平方厘米~113 千卡/平方厘米,年降水量 1150 毫米~1450 毫米;降雨集中在每年 6~8 月,约占全年降雨量的 40%左右。茶区土壤偏酸性,pH 值在 5~6 之间,土壤肥沃疏松,养分全面,十分适宜茶树的生长。

黄鹤楼茶分翠尖、翠芽、翠螺三个品种。

黄鹤楼的加工以本地种植的具有高氨基酸含量的鄂茶 7 号和福鼎大白茶等中小叶无性系茶树良种为原料,在清明前开采,采摘要求:天气晴朗,多风少露,集中在午间采摘即上午 10 时至下午 14 时之间。不采雨水叶、鱼叶、老叶、紫叶、病虫叶,保持鲜叶的嫩度、匀度、净度、新鲜度;要用竹筐、竹篓盛装茶叶,鲜叶运输途中不得紧压,不得日晒雨淋。采回的芽叶必须经过精心的挑剔,剔除不符合要求的鱼叶、叶片等杂质。鲜叶进厂后应进行严格的分级验收,分级摊放。

黄鹤楼翠尖茶:采摘标准为单芽,长度不超过 1.8 厘米,通常炒制 500 克翠尖茶,需要芽头 5 万个以上。

黄鹤楼翠尖茶的炒制工艺为:摊放、杀青、揉捻、搓团提毫、干燥等主要工序。摊放:分级薄摊,4~6 小时。杀青:采用炒青锅。锅温 120℃~140℃,投叶量 500 克~700 克,以抖为主,抖闷结合,采用双手翻炒。做到抖得散,翻得匀,杀得透。当叶质转软,清香显露时,降低锅温进入摊凉揉捻工序。揉捻:在炒青锅采用全手工揉捻。锅温控制在 70℃左右,用手将茶叶推揉成条,重力推揉,要求揉的时间长,用的力气重,达到细胞破碎充分,当水分达到 50%左右时进入搓团提毫工序。搓团提毫:在炒青锅中进行。锅温 50℃~60℃,将茶叶握在掌中合掌旋搓,搓成茶团抖散炒干,反复数次至七成干,改用双手捧茶,压搓茶条,边搓边炒,搓炒结合,搓至白毫显露,茶叶水分在 10%~20%时,进入干燥工序。干燥:降低锅温至 50℃以下,将茶叶薄摊锅中,并不断翻炒至足干。炒干时动作要轻巧,使茶叶里外干度一致,增进香气。

黄鹤楼翠尖茶的品质特点是:外形紧细卷曲,色泽翠绿披毫,内质香气清高,汤色嫩绿明亮,滋味鲜醇爽口,叶底嫩绿匀整。

黄鹤楼翠芽茶:采摘标准为一芽一叶初展,要求细嫩均匀,长度一致,芽叶长度 2~2.5 厘米,炒制 500 克翠芽茶,需采 4 万个芽叶。

黄鹤楼翠芽茶的炒制工艺分为:杀青、揉捻、初干、提毫、足干等主要工序。杀青:采用 30 型连续滚筒杀青机杀青。杀青机筒体温度 260℃~280℃,空气温度 140℃~160℃,投叶量 80 千克/小时~150 千克/小时,杀青时间 120 秒~150 秒,杀青程度:手握芽叶成团,变为暗绿色,青草气散尽,呈现幽幽清香,杀青叶含水量降至 58%~60%。揉捻:采用 40 型揉捻机。待杀青叶完全回潮后装入揉捻机揉捻,揉捻以"先轻后重,逐步加压,轻重交替,以轻为主,适度中揉,最后不压"为原则,至成条率≥80%时下机摊放,时间为 30 分钟左右。初干:采用 6CH‐10 型烘干机。温度 105℃~120℃,烘干机上茶叶的摊放厚度为 1.5 厘米~2 厘米,初干时间 5~6 分钟,至茶叶含水量 35%~38%下机,下机后及时摊凉回潮。提毫:先采用多功能整形机,温度 80℃~190℃,每机投叶量约 1.0 千克,整形时间 10 分钟,机械先快后慢中速运行,再采用热风炉式整形灶,采用手工整形,整形平台的温度为 80℃~90℃,采用理条、搓条、抽条等手法交替进行,整形时间 10~20 分钟,至茶叶含水量下降为 8%~10%时下灶摊凉。足干:采用 6CTH‐6 箱式提香机。单次投叶量 11~12 千克,温度控制在 60℃~80℃,箱温先高后低,中间不断通过提香机排气孔闻茶叶香气,将茶叶上下翻堆 3~4 次,使茶叶脱水均匀,在快结束时将温度升高到 120℃时即停机冷却,整个过程约 40~60 分钟,然后让茶叶在箱中自然冷却,时间为 30~90 分钟,此时茶叶含水量 4%~5%。足干冷却后,严格按级精选包装。

黄鹤楼翠芽茶的品质特点为:外形紧秀匀直、锋苗显露,色泽嫩绿显毫,香气清香,鲜嫩持久,滋味鲜醇爽口,汤色绿明亮,叶底嫩绿明亮、匀齐。

黄鹤楼翠螺茶:采摘标准为一芽二叶初展,要求芽叶长 2.5~3.3 厘米,芽叶大小均匀一致,肥壮挺直,第一叶微展抱芽,第二叶柔嫩,叶片稍向背面翻卷紧靠着芽,芽尖与叶尖平齐,即"两叶一芯,身大八分,枝枝齐整,朵朵匀净"。

黄鹤楼翠螺茶的炒制工艺为:杀青、揉捻、炒坯、摊凉、掰老锅、筛分等主要工序,全程约 20 小时左右。杀青:采用桶锅,开始锅温 180℃ 左右,后期适当降低。每锅投叶量 1.2~1.3 千克。用手翻炒,将锅中叶子捞起抖散,要抛闷结合,多抛少闷。出锅前在锅内滚炒几下,便于揉捻。约炒 8~10 分钟,炒至叶质柔软,手捏叶子成团,松手不散,略感粘手,减重约 35% 时为适度。揉捻:在竹匾中双手轻轻团揉,中间解块散热一次,达到茶叶初步成条和挤出部分茶汁即可。炒坯:在桶锅内进行。开始锅温 80℃~90℃,投叶量为一锅杀青的揉捻叶。用手轻翻抖炒,至茶条不粘手时,降低锅温,翻炒动作稍微加重,起紧条作用。约炒 10 分钟左右,手炒叶子有爽手感时,再降低锅温,改换手法,顺锅做半圆旋转翻炒。约炒 20 分钟左右,使 2/3 的茶条初步弯曲成虾形,茶叶可撒落分开即可起锅。摊凉:将起锅的茶叶摊放 3~4 小时。掰老锅:在桶锅里进行,采用旋转翻炒的手法,利用翻、转、挤、压的力量,促使茶叶成形。开始锅温 60℃ 左右,每锅投叶量 6 千克左右。用手旋转翻炒,使茶叶连翻带转,互相挤压,促使成形。约炒 30 分钟左右,锅温降至 50℃ 左右,继续翻炒 1 小时左右。当一部分叶子初步成团时,三锅并两锅,再炒 2 小时左右。两锅并一锅,这时进入做形的最后阶段。锅温降至 40℃~45℃,采用双手翻炒,左右交替旋转翻炒,动作要更轻更慢。约炒 6 小时左右,出锅前半小时适当提高锅温,以发展香气,炒到颗粒紧结腰圆,表面光滑,色泽绿润,含水率 6% 以下时,即可出锅摊凉。筛分:用孔径 0.6 厘米×0.3 厘米的手筛"撩头挫脚"。

黄鹤楼翠螺茶的品质特点为:外形紧结重实,色墨绿,油润显毫,香气馥郁,清高鲜爽,汤色清澈明亮,滋味醇厚,叶底黄绿、明亮、匀齐。

(宗庆波　江用文)

(三九) 武当道茶

武当道茶产于湖北省武当山。为历史名茶,创制于明代永乐年间。

武当山位于秦岭、大巴山脉之间,北倚秦陕,西接蜀川,东经 110°56′15″~111°52′23″,北纬 32°22′30″~32°35′06″。不仅是驰名中外的道教圣地,也是《茶经》一之源所载"巴山峡川"的重要产茶区。武当道茶茶区地处武当山脉中段的八仙观村,海拔 600~1000 米,相传古代八仙曾在此品茶悟道得名,背靠武当天柱峰,面迎南水北调中线源头丹江口水库,吸仙山之灵气,纳碧水之润泽,终年云雾缭绕,气候温和,年平均气温 10.0℃~12.0℃,无霜期 194~222 天,降水量 995~1106 毫米。其土壤多为沙壤或轻壤,含有机质 1.5%~6.55%,含氮量为 0.037%~0.196%,速效磷 0.4~19.8 ppm,速效钾为 20.3~158.3 ppm,土壤 pH 值在 5.5~6.5 之间,适宜茶树生长。

西湖有龙井,武夷产岩茶,寺院生禅茶,武当出道茶。武当道茶,因产自太和山(武当山),亦名太和茶。道人饮此茶,心旷神怡,清心明目,心境平和气舒,人生至境,平和至极,谓之太和,由此,成为名茶贡品。道茶出自道人,道人传承茶道,道茶与道人结缘,源自道茶的药用价值和道人对养生修性的追求。

古代道人精选茶树,以独特工艺制茶,潜心研究道茶养生之术,他们享仙山之静幽,品道茶之神韵。明代永乐年间,以皇家庙室的地位大修武当,加之海内外朝山谒祖的善男信女,或携献优质茶树至武当山栽植,或携带珍贵名茶与道人交流茶艺,使武当道茶更享盛名。"借问著香自何处,道人遥指八仙村",这里茶树栽植和饮道茶习俗悠久,附近森林里还长有野生茶树。

武当道茶以福鼎大白毫、福云 6 号、龙井长叶等品种为原料,鲜叶坚持"三不采"原则,即不采露水叶、不采雨水叶和不采非茶类夹杂物,且鲜叶的嫩度、匀度、净度和鲜度以及芽叶的长短都严格按照不同的等级分别制定统一标准。鲜叶要求用统一编制的竹篓盛放,采回的鲜叶,先运入晾青室。

武当道茶的加工工艺为:鲜叶摊放、杀青、揉捻、杀二青、整形、烘干等工序。鲜叶摊放:根据不同的等级分别在竹筛上摊凉,室温控制在 17℃ 左右。只有经过晾青后的鲜叶才可进入杀青工序。杀青：采用汽热杀青机。蒸汽温度 100℃～150℃，网带速度 1.3～13 米/分钟，并由电热管加热形成的热风及时排湿，除去鲜叶青草味，冷却机通过热风对杀青后的茶叶快速脱水干燥，并通过扬叶机强冷风快速降温、吹干，使蒸杀后的叶子保持良好的翠绿度。或用滚筒杀青机：当温度升高至 200℃以上，筒体燃烧部分泛红，开始投叶 10 千克～15 千克，转速 25 转/分钟，杀青 4～6 分钟，叶子出锅后要及时通风散热，降低叶温。揉捻：转速一般控制在 45～60 转/分钟之间，装叶时要求手稍压紧，叶子装至比桶口浅 1 厘米～2 厘米处。揉捻时间视叶子的老嫩程度，一般控制在 10～30 分钟。压力掌握"轻、重、轻"的原则，时间各占三分之一，嫩叶轻压短揉，老叶重压长揉。揉捻下机以后，立即进行解块、摊凉。整形：有手工整形和机械整形。手工整形的锅面温度达 120℃～150℃，理条时动作要敏捷，手法要轻，边抓边反复顺势搓成条形，不能来回搓。直到茶条细紧似针、圆直、光润后，立即清扫出锅，下整形台在簸箕上摊凉。机械整形，当温度达到 100℃～120℃后，开始投叶。一般投叶量 2～2.5 千克，整形时间 25～30 分钟。干燥：自动烘干机烘坯，进风口温度 120℃～130℃，叶子由输送带自动送入烘箱，约 10 分钟左右，烘坯至完全干燥，下机摊凉至冷却。

武当道茶的品质特点为：外形紧细，圆直似针，色泽绿润显毫，汤色嫩绿明亮，香气高而持久，滋味鲜爽回甘，叶底嫩绿匀齐。

（江用文 宗庆波）

（四〇）圣水毛尖

圣水毛尖茶产于湖北省竹山县。为恢复性历史名茶，恢复于 1965 年。

该茶产地位于鄂、陕、川、渝四省市交界处，秦巴深山之中，南水北调水源区内，东经 109°33′～110°26′，北纬 31°30′～32°37′。主产地集中于县内"两山一岗"（秦古镇大观山、田家坝镇大泉山及宝丰镇九里坡）茶叶产业发展带。当地为汉江最大支流堵河的发源地，方圆百余公里内河网密布，纵横交错，水雾氤氲，山清水秀。茶园踞秦岭巴山，依堵河汉水，分布在海拔高度 500～1000 米之间，毗近天然林保护区，森林覆盖率在 70% 以上，云雾天较多，太阳直射光较少，年降雨量在 950 毫米左右，年平均气温 15.6℃，≥10℃ 年积温为 4807℃，雨热同期。茶园土壤主要有黄棕壤、棕壤、暗棕壤，有机质及腐殖质积累较多，深厚易耕，团粒结构疏散，茶树根系易于生长发育，pH 值在 5.0～6.0 之间。

据当地相传，圣水茶成名在大唐武周时期，唐中宗李显饮此茶后，念念不忘，即位后，赐生产该茶的寺庙为"圣水寺"。历经千年后，在湖北省农业厅、省农科院等单位的帮助下，逐步恢复了圣水毛尖茶的生产。

圣水毛尖茶以本地群体种和福鼎大白种为原料。鲜叶分为五级：特一、特二原料为单芽，一、二级原料以一芽一叶为主，三级原料嫩度不得老于一芽二叶。清明前开采，至谷雨结束，鲜叶采摘要求原料嫩、匀、鲜，为全手工提手采。不采雨水叶、病虫害叶、驻芽叶、破损叶、紫色叶，采后盛于竹篾器具中，及时交付加工。

圣水毛尖茶的加工工艺为：摊青、杀青、揉捻、二青、整形、提毫、复烘、足干（提香）、割末打标、精选。摊青：鲜叶采回后薄摊于洁净的竹席上，在通风处摊放 4 小时～6 小时，待叶质回软，略显清香时止。杀青：一般选用 6CS-80 型瓶式杀青机杀青，当筒温在 180℃ 左右时开始投叶，每次杀青叶量在 1.5 千克～2.5 千克，杀青全程 3 分钟～3.5 分钟，杀青叶下机后迅速散热冷却，充分摊凉。揉捻：一般选用 6CR-35 型，揉捻时间在 12 分钟～15 分钟之间，多采用冷揉、轻揉方式，成条率要求≥80%。二青：采用 6CH-3.0 型或 6CHM-3 型名茶烘干机烘制，亦可采用 6CS-80 型瓶式杀青机炒制，温度 120℃～130℃，二青叶下机含水量 40%±2%，手握二青叶略有刺手感时下机摊凉回潮。整形：分手工整形和机械整形。手工整形时，使用自制整形器具，整形时间 5 分钟～10 分钟。基本手法：理条、抽条、搓条手法交替进行，当茶叶有刺手感时下叶再摊凉回潮。机械整形时，使用 6CLZ-60 型往复式理条机理条整形，每槽投叶 100 克～200 克，槽温 150℃

左右,振动频率 600 转/分钟～1000 转/分钟,当茶叶有刺手感下机摊凉回潮。提毫:仍在自制整形箱里进行,进风口温度 100℃～110℃,投叶量较手工整形增加一倍,提毫时间 5 分钟～6 分钟,基本手法同整形相似,但用力要轻要巧,尽量减少断碎,出现明显刺手感时下叶摊凉回潮。复烘:选用 6CH-3.0 型或 6CHM-3 型名茶烘干机复烘,进风口温度 110℃～120℃,总时间为 10 分钟～15 分钟,至茶叶含水量 8%～10% 时下机摊凉回潮。足干(提香):仍选用 6CH-3.0 型或 6CHM-3 型名茶烘干机烘焙足干,进风口温度 90℃～100℃,时间为 10 分钟～15 分钟,至茶叶含水量不超过 5% 时下机摊凉。割末精选:按标准要求割去末子,并经筛选拼配后包装入库。

圣水毛尖茶的品质特点是:外形紧细圆直,匀齐披毫,色泽绿润;具天然花香,馥郁持久,滋味鲜嫩爽口,汤色嫩绿明亮,叶底嫩绿明亮、匀齐。

(江用文　宗庆波)

(四一) 龙峰茶

龙峰茶产于鄂西北竹溪县。为历史名茶,于 1973 年恢复生产。因产地名称和外形紧细显锋苗等特征而得名。

"竹掩茶树,溪润茗香",竹溪茶生长环境得天独厚。龙峰茶出自竹溪县龙王垭一带。茶园坐落于海拔 700～1200 米的群山环绕之中,四周群山苍翠浓郁,云遮雾罩,山溪纵横交错,流水淙淙,四季分明,年平均温度 14.5℃,年降雨量 1046.1 毫米,3～10 月平均月雨量 100 毫米以上。土壤属黄棕壤类型,土层深厚,质地疏松,是茶树生长理想之地。2006 年 11 月获中国国家地理标志产品保护。

竹溪县栽茶历史逾千年,县境内至今存有宋代古茶园。《尚书》、《华阳国志》记载:竹溪为贡茶之地,唐代女皇武则天偏爱竹溪茶,自此,竹溪茶作为历代敬奉朝廷的必备贡品,有龙洞竹溪茶古朴的传说,明太祖朱元璋,品过竹溪茶留下了"万江河里水,楚地竹溪茶"的佳句。

龙峰茶采摘标准为一芽一叶初展,芽叶全长 3

厘米以内,匀、净、壮,不采紫芽叶、病虫芽叶、冻伤叶和雨水叶。

龙峰茶传统加工工艺为:摊放、杀青、初揉、炒二青、复揉、干燥。摊放:采用的鲜叶严格剔出不合格芽叶和杂物后,摊放 3 小时～4 小时后付制。杀青:用高温(180℃～200℃)和低温(120℃～150℃)两锅连续进行,待锅温升到要求温度时投入鲜叶 1 千克～1.5 千克,时间 3 分钟左右,即转入低温锅 2～3 分钟起锅摊凉。初揉:手揉 5 分钟,茶汁溢出,叶略卷成条形。炒二青:将揉捻叶投入锅温 120℃ 锅温中,边翻边抄 5 分钟左右,至青气消失,茶香透露为适度。复揉:二青叶摊凉后,再复揉 5 分钟左右。干燥:将复揉叶投入 60℃ 左右的竹炕上进行烘干,每 3 分钟左右翻动一次,随着茶叶干燥程度不断降低温度,达到充分干燥为止。

龙峰茶机械加工工艺为:杀青、揉捻、初干、整形、足干。杀青:采用 6CS40 型连续杀青机,杀青温度 180℃～200℃,投叶量 1 千克～1.5 千克,杀青时间为 4～5 分钟,以青气消失,茶香溢出,叶质变软,略有黏性,手握成团,伸手即散,杀青叶含水量达 56%～58% 为适度。杀青叶出机后迅速散热,散发水分,以保持绿翠的色泽,防止芽叶阁黄。揉捻:采用 6CR35 型揉捻机,以"轻、重、轻"为原则保持芽叶完整,防止茸毛脱落,装叶以桶满八分为宜,揉捻至芽叶基本成条,茶汁稍有外溢为度。初干:采用 6CH2 型烘干机,以进风口温度 100℃～120℃,摊叶厚度 1.5 厘米～2 厘米,注意中间轻翻,初干时间 8～10 分钟,烘至七成干左右即转入下道工序。整形:使用名茶整形台,温度 80℃～100℃,采用理条、抽条、搓条手法交替进行,整形时间 30 分钟左右,至茶叶含水量 10% 左右摊凉。足干:采用名茶提香机,温度 60℃～80℃,叶层厚度 2 厘米～4 厘米,烘至手捻茶叶成粉末状,此时茶叶含水量在 5% 以下。然后下机摊凉,包装贮藏。

龙峰茶的品质特征为:干茶色泽翠绿,条索紧细显锋苗,汤色嫩绿明亮,清香鲜嫩持久,滋味浓醇爽口、有回甘,叶底嫩绿匀齐。

(宗庆波　江用文)

（四二）鹤峰茶

鹤峰茶产于湖北省鹤峰县。始于 20 世纪 80 年代。

鹤峰位于湖北省西南部武陵山区，境内山峦起伏，溪流纵横，森林密布，气候温和，终年多雾寡照，昼夜温差大，雨量充沛。年降雨量 1200 毫米～1900 毫米，相对湿度 85％，年平均气温 16℃，≥10℃ 的活动积温 3600℃～4300℃。土壤属于壤类型，土层肥沃而疏松，含硒量丰富，pH 值 4.5～6.5，是名优茶生长的理想生态环境。

鹤峰产茶历史悠久。西晋时的《荆州土地记》中就记载："武陵七县通产茶"；唐代陆羽所著《茶经》"巴山峡川有两人合抱者"、"南山以峡川上"；《鹤峰州志》记载"容美贡茗，遍地生植，惟州署后数珠所产最佳……"；《容美土司史料》记载"每于三月，有茶之家妇女大小俱出采茶……并有白毛尖、萌勾或茸勾……"明清时期，容美茶被当作贡品敬献朝廷，并出口到西欧诸国，英国人称之为"皇后茶"；咸丰甲寅年（1854）鹤峰进行绿改红茶后，容美茶产量急剧减少。到 20 世纪 80 年代，鹤峰茶人对容美茶的不断挖掘并加以创新，创制了鹤峰茶。

鹤峰茶选用本地群体和福鼎大白茶品种为主要原料。清明前开采至谷雨前后结束。原料分级：特级茶为健壮色绿的单芽，1～3 级茶为一芽一叶至一芽二叶初展，4 级茶为一芽二、三叶。鲜叶采摘选择在晴天上午和下午或阴天进行，不采雨水叶、露水叶、紫色芽叶、病虫叶；要求轻采轻放、薄摊少翻。

鹤峰茶的加工工艺为：鲜叶摊放、杀青、揉捻、烘二青（炒青则炒毛火、炒足干）、复揉、复烘（烘青茶则烘足干）、整形、焙干。鲜叶摊放：鲜叶采回后摊放在干净的竹席上，应薄摊少翻，摊放时间为 4～8 小时，当失水 15％～20％，叶质变软，发出清香为适度。杀青：2 级以上鲜叶采用 6CSA-40 或 50 型连续滚筒杀青机杀青，3 级以下茶叶采用 6CSA-60 型连续滚筒杀青机杀青。当机内进叶端的温度上升至 280℃ 左右，滚筒局部有些发红时，立即投入鲜叶，杀青叶含水率在 55％～58％，叶质能揉捻成团，杀青

叶有明显的清香为适度。揉捻：一般采用 35 或 45 型揉捻机揉捻，揉捻时间 15～25 分钟，以茶叶成条不断碎、茶汁适当溢出为适度。烘二青：采用中小型连续烘干机，温度控制在 110℃～130℃ 之间，以含水量在 45％ 左右，手捏成团、柔软有弹性即可。复揉：时间为 12～18 分钟，只可加中压。复烘：温度控制在 90℃ 左右，以含水量在 25％ 左右，手捏有触手感而不断碎，稍有弹性即可（烘青茶则将温度降至 80℃ 烘至足干，即含水量达 5％ 以下）。整形：在电炒锅或不锈钢热风平台灶上进行，温度控制在 70℃～80℃，采用理、抓、搓、抖四种手法往复进行，用时 5～8 分钟，以白毫显露、紧细圆直的外形形成即可。焙干：采用烘笼或烘焙机进行，温度控制在 70℃～50℃，先高后低，时间 40～60 分钟，含水量在 5％ 以下为宜。

鹤峰茶的品质特点为：条索紧细圆直，色泽翠绿显毫；汤色嫩绿明亮，香气清高持久，滋味鲜爽醇厚，叶底嫩绿匀整。

（江用文　宗庆波）

（四三）梅子贡茶

梅子贡茶产于湖北省竹溪县汇湾乡。为恢复历史名茶，于 1969 年恢复生产。

竹溪县位于大巴山脉东段北坡，东经 109°29′～110°8′，北纬 31°32′～32°31′。属北亚热带季风气候，海拔 800～1200 米，温暖湿润，年降雨量 1000 毫米，年平均气温 9℃～15℃，年积温 4558.9℃。土质主要为黄棕壤土类，腐殖质和植物生长所需营养丰富。境内生长植物有 2216 种，其中国家重点保护珍稀濒危野生植物 43 种，森林植被覆盖率 80.4％。土壤 pH 值在 5.6～7.5 之间的占 84.4％。

东晋常璩《华阳国志·巴志》记载，周武王亡殷以后，巴蜀（竹溪地处秦巴山区）一些原始部族一度变成了宗周的封国，当地出产的茶叶、鱼、盐、铜、铁等各种物品，悉数变成了"纳贡"之品。相传庐陵王李显被贬房陵，途经竹溪梅子垭时饮用梅子茶，不仅颇感茶味佳美，还治愈了暑疫之疾，遂用梅子茶敬献母皇武则天。武则天钦定为贡品，梅子垭茶因此被

称作"梅子贡"。在竹溪梅子垭,至今仍保留有一亩左右的古贡茶园。清末至建国初期的数十年间,梅子贡茶生产一度停滞。1969年,开始恢复生产梅子贡茶。

适制梅子贡茶的品种主要为本地群体种和福鼎大白茶。清明前后开采至10月中旬结束。鲜叶选晴好天气且露水干后采摘。高档春茶要求采摘单芽,长度2.2厘米左右。次之为一芽一叶初展,芽长3.5厘米左右。再次之一芽一叶,芽长3.5厘米左右的占85%左右。

梅子贡茶的加工工艺为:摊青、杀青、揉捻、毛火、整形、足干(提香)。摊青:鲜叶采回后摊放在干净的竹席上,应薄摊少翻,摊放时间为4~8小时,失水15%~20%,叶质变软,发出清香为适度。杀青:采用6CST-70型滚筒式杀青机,温度180℃~220℃,投叶量3千克~4千克,杀青时间3~4分钟,至叶柄变软不易折断为适度,迅速倒出叶子,放在竹席上摊凉冷却。揉捻:采用6CR-45型揉捻机,一次可揉30千克鲜叶,揉30分钟左右。干燥:采用6CH-3.0型翻板(网带)式连续烘干机,毛火、整形、紧条、烘干、提香、清除碎茶一次完成。温度控制在70℃~80℃,投叶量15千克,时间15分钟。期间需要人工翻动叶子,使均匀受热烘干。所有工序控制关键要点是温度、时间和叶子的均匀受温。

梅子贡茶的品质特点为:外形紧结显毫,色泽翠绿,汤色嫩绿明亮,清香持久,滋味鲜爽醇厚,叶底绿亮匀齐。

(江用文 宗庆波)

(四四) 保康真香茶

保康真香茶产于湖北省保康县。始于2000年。

保康县地处东经110°45′~111°31′,北纬31°21′~32°06′,是荆山山脉中段的一颗璀璨的绿色明珠。荆山山脉东西走向横穿全县,地势北高南低,南敞北障。保康县土地面积3225平方公里,是典型的山区县。境内峰峦叠翠,奇山异石,林深莽莽。800米以上的山峰1686座,平均海拔910米。全县植被丰富,森林覆盖率达80%,拥有木本植物1000多种,野生花卉250多种,是湖北乃至全国发现植物种类最多的县市之一,仅国家级珍稀树种就有70多种。茶园分布在海拔900~1040米的山涧谷地或坡面,年平均气温12.5℃,年降雨量934.6毫米(多集中于4~9月)。日照充足,年平均日照数1486.1小时,热量丰富,非常适宜茶树的生长。保康县属高山茶园,土层深厚,多为山地棕壤,质地为砂质壤土,表层有机质含量较多,矿物质含量丰富,pH值4.5~6.5,适宜茶树生长。

保康真香茶以乌牛早、迎霜品种为原料。采摘成熟单芽或同嫩度鹊舌单芽,按照采留标准,确保茶芽的嫩度、匀度、净度和鲜度,做到适时采、分批采、标准采,应采净采,做到不带胎叶马蹄子,不带枯枝杂物,不带单片老叶。

保康真香茶的加工工艺为:摊青、杀青、摊凉回潮、揉捻、杀二青、做形、足干提香、精选拼配。摊青:采摘收回的鲜叶,摊于室内晒席上,厚度3.3厘米左右,经4~6小时摊放后,茶叶失水减重10%左右为适度。杀青:杀青常采用6CST-70型滚筒连续杀青机或40型茶叶微波杀青机。杀青技术掌握以透为主,"透杀"散发水分快,青臭气进一步挥发,茶叶质地柔软,表面失去光泽,杀青叶减重30%左右为适度,随即下机摊凉回潮。摊凉回潮:将杀青后的茶叶薄摊于洁净的竹席或簸箕内,盖上干净的白纱布,使茶叶内水分平衡分布,避免茶叶外干内湿,时间约40分钟,再进行揉捻。揉捻:选用40型揉捻机。加压掌握"轻、重、轻"原则,即轻揉6分钟,重揉8分钟,再减压轻揉6分钟,成条后下机抖散。杀二青:锅温比杀青低,温度在120℃左右,以抛抖为主,时间约3~4分钟,当茶条不相互粘连、比较松散、手捏不易成团时出锅摊凉。做形:采用"一拖二"热风炉理条机。手工反复搓、揉、拉条,理至成条为度下机摊凉。足干提香:放到"一拖二"热风炉理条机上进行低温干燥,至含水量5%左右香足显毫为止。精选拼配定级:筛拣片末、杂物,按照老嫩、长短、粗细、色泽、香气等的不同,拼配定级、包装后入冷库冷藏保鲜。

保康真香茶的品质特点为:外形紧细,匀直多毫,色泽翠绿,香气栗香持久,滋味浓鲜爽,茶汤绿亮,叶底绿匀。

(宗庆波 江用文)

(四五) 金水翠峰

金水翠峰产于湖北省武汉市江夏区金水闸。属新创名茶,创制于1974年。

江夏区金水闸位于武汉市南郊,东经114°,北纬30°,隶属江夏区金口街,距武汉市城区37公里,濒临长江。境内丘陵起伏,江湖环绕,山清水秀,气候温和,土壤适宜,雨量充沛。年平均气温16℃以上,≥10℃年积温5200℃~5600℃,年均降雨量1400毫米~1600毫米,无霜期230~300天,土壤主要为红壤,部分为红黄壤,pH值4.0~5.5,森林覆盖率57%。气候、土壤及环境条件都适宜茶树生长,为创制名优茶提供了得天独厚的自然条件。

金水翠峰茶以鄂茶1号、鄂茶5号等品种为主要原料。高档金水翠峰产品采摘标准为一芽一叶初展,要求芽叶完整,忌采紫芽、鱼叶、老叶。采回的鲜叶应及时抖散,摊放在阴凉处。当鲜叶含水量达72%左右,即可进行杀青。

金水翠峰茶的加工工艺分半机械半手工加工和全机械化加工。

半机械半手工加工工艺为:杀青、揉捻、二青、搓条、烘干、提香。杀青:用CST-40型名茶杀青机杀青。进叶口锅温达到120℃开始投叶,杀青叶失重约37%。时间1分钟左右为宜。杀青程度适当偏老。揉捻:杀青叶经摊放,用6CR-35型揉捻机,投杀青叶5千克左右,空压2分钟—轻压3分钟—稍重压8分钟—轻压2分钟,总揉捻时间15分钟,条索基本形成,立即解块。二青:用110型复干机炒二青,锅温130℃投叶2千克,杀青4分钟后关掉风机再杀青2分钟,总时间为6分钟,茶叶失重32%,茶叶稍有刺手感即为适度。搓条:用6CMU-2型名优茶整形提香机。搓台温度100℃,每手以0.3千克茶为宜,总时间为6分钟,茶叶失重15%。其手法主要为搂、搓、掷,三手法相互交错,反复整形。搂:双手手掌相对,虎口撑开,利用其余四手指将零散茶叶集拢成堆,抱在手中,起到理条的作用;

搓:手心向上,另一手心向下敞开手掌,把搂在手中的茶叶随势向前推进,促使茶条在手中转动,形成圆条形;掷:搓后双手迅速分开,使剩留在手中的茶叶落下,促使松散,散发水分。烘干:用6CH系列名茶烘干机烘干。温控100℃,转速每分钟200转,茶叶失重25%。提香:用6CHT-18型提香机提香。温控120℃投叶3千克,每层厚度约1厘米~2厘米,温度下降再升至105℃结束,约20分钟,茶叶失重4.5%,下机时清香扑鼻,手轻捻茶叶成粉末。

全机械化加工工艺为:杀青、揉捻、二青、三青、理条整形、干燥、提香。杀青:用40型名茶杀青机杀青。揉捻:用35型揉捻机揉捻。二青:用理条机。三青:用理条机。理条整形:与二青、三青同时进行。干燥:用6CH系列名茶烘干机烘干。提香:用6CHT-18型提香机提香。其中杀青、揉捻、烘干、提香操作与半机械半手工制法相同。二青理条:温控130℃投叶0.75千克,理条7分钟,茶叶失重33%。三青理条:温控100℃投叶0.75千克,理条8分钟,茶叶失重18%。

金水翠峰茶的品质特点为:条索紧细挺秀,色泽翠绿,峰毫显露,香清味醇,叶底嫩绿,茶汤碧绿明亮。

(江用文 宗庆波)

(四六) 大悟绿茶

大悟绿茶产于湖北省大悟县。始于2004年。

大悟县位于鄂东北大别山南麓,属亚热带季风气候。地处东经114°02′~114°35′,北纬31°18′~31°52′。茶园多分布在海拔500米左右的崇山峻岭之中和丛林秀峰之间,常年云雾缭绕,昼夜温差明显,年平均气温15.5℃,年积温4433.2℃,年降雨量1113.6毫米,森林覆盖率为49.7%。土壤以黄棕壤为主,疏松肥沃,养分全面,矿物质含量丰富,pH值5~6.2之间,很适合茶树生长。

大悟绿茶有着悠久和丰富的文化内涵。其精品"悟道茶"在《大悟民俗文化》一书中记载着黄龙寺贡茶的传说:"北宋仁宗年间,杨八姐率部到大悟三里城,剿灭江洋大盗铁头和尚。该僧艺高人众,杨家军被围困于九里关西侧山上。八姐部属日食野菜，夜寝风霜，纷染重病，苦无良方。一日来一鹤发童颜之道士，将自制香茶送于八姐，嘱将士每日饮之，并教其采摘制作之法，言毕化作黄龙向西飞去，隐于高山茶园之中。八姐遵其嘱，分饮将士，病乃愈，最后剿灭了铁头和尚。于是八姐命人仿制该茶进贡于帝，帝饮之甚悦，乃观其形、闻其香、品其味、悟其道，如获长生之宝。悉拨官银于茶园建寺一座，赐名'黄龙寺'，并亲植银杏一株，该树历经千年风雨，枝繁叶茂。至今有五人合抱之围。清乾隆下江南，曾取道九里关，闻其故御驾黄龙寺，品茶后龙颜大悦，敕令将黄龙寺茶作为宫廷贡茶，该茶之妙自此不胫而走。"该书中还记载着明太祖朱元璋武当山落难后，在少华山（今大悟山）修行，曾祭拜黄龙寺，品饮黄龙寺茶，彻悟帝道，赐名"悟道茶"，并作茶经云："茶者，人之大肆也。生存之机，健康之道，不可不饮也，故茶之以'悟道'，一曰品道、二曰习道、三曰修道、四曰得道、五曰仙道。凡饮此五道者，皆为茶仙。悟茶如悟人生之道也；品道如涉世之始也；习道如处世之初也；修道如立世之中道也；得道如功业之大成也；仙道乃登峰至极名扬天下也。故常品则习、常习则修、常修则得、得久则仙道也。"自此"悟道茶"传承至今。

大悟绿茶以福鼎大白茶品种为原料。清明前后开采，至谷雨前后结束。鲜叶等级分特级（单芽，色泽、长短、大小、匀齐一致）、一级（单芽和一芽一叶初展）、二级（一芽一叶和一芽二叶初展）、三级（一芽二叶初展）、普级（一芽二叶初展和一芽二叶）五个等级。要求不采残破叶、老紫叶、病虫叶，确保鲜叶的嫩度、匀度、鲜度、净度，鲜叶严格分级验收，分级摊放，保持通风阴凉，洁净卫生。摊放4小时以后即可付制加工。

大悟绿茶的加工工艺为：鲜叶筛选与分级、摊放、杀青、整形（理条）、烘干、提香、分选包装。鲜叶筛选与分级：鲜叶收购后用鲜叶分级机进行分级，然后分类薄摊在簸箕或凉席上。杀青：用40型、70型或80型滚筒杀青机杀青，温度200℃左右，至茶叶含水量达到60%左右，手握茶叶柔软，折梗不断，经1分钟~2分钟出叶。杀青叶下机后迅速散热冷却，充分摊凉。揉捻：一般选用6CR-35至55型

揉捻机，揉捻时间在12分钟~15分钟之间，多采用冷揉、轻揉方式，成条率要求≥80%。整形：用600型电式加热机振动理条，温度120℃左右，投叶量800克，时间为3分钟~5分钟，当茶条直挺，手握茶叶不成团即可出机。烘干：用6CH-3.0型或6CHM-3型名茶烘干机复烘，进风口温度110℃~120℃，总时间为10分钟~15分钟，至茶叶含水量8%~10%时下机摊凉回潮。提香：一般用炭火烘干提香，也可用名茶烘干机烘焙足干，温度90℃~100℃，时间为10分钟~15分钟，至茶含水量不超过5%时下机摊凉。割末精选，分选包装入库。

大悟绿茶的品质特点为：外形扁平挺直、匀齐显毫、色泽翠绿，内质汤色碧绿、清澈明亮，高香持久，滋味鲜纯爽口，回味甘甜，叶底绿亮匀齐。

（宗庆波　江用文）

（四七）大悟寿眉

大悟寿眉产于湖北省大悟县。始于1994年。

大悟县位于鄂东北大别山南麓，属亚热带季风气候。地处东经114°02′~114°35′，北纬31°18′~31°52′，海拔500米。大悟寿眉茶园位于崇山峻岭之中，云雾缭绕，溪水长流，雨量充沛，年降雨量为1113.6毫米，气候温和，年平均气温15.5℃，年积温4433.2℃，森林覆盖率为49.7%。土壤以黄棕壤为主，疏松肥沃，养分全面，矿物质含量丰富。pH值5.0~6.5之间，生长环境得天独厚。

大悟寿眉茶选用福鼎大白茶、乌牛早等品种为原料。清明前后开采，采摘标准为一芽一叶初展，要求细嫩齐匀，色泽翠绿，不带鱼叶、老叶、蒂梗，肥壮挺直的芽叶，不采紫色芽叶、空心叶、病虫叶、对夹叶、损伤芽叶、瘦弱弯曲芽叶。

大悟寿眉的加工工艺为：摊青、杀青、烘焙、二烘、足干。摊青：鲜叶采回后，摊放清洁通风的竹器内，摊放时间2~4小时、厚度1厘米~3厘米，每隔1小时轻翻一次。杀青：在微型滚筒杀青机内完成，当筒内温达到120℃~130℃时，开始投入鲜叶，每次以适量匀速投入，要求老而不焦，嫩而不生。随着叶体水分散失，芽叶热软，香气外溢，折梗不断，叶不

沾手,水分散失约 50％为杀青适度。烘焙：大悟寿眉茶高香持久,滋味鲜醇柔和,烘焙分三次进行,温度先高后低,以补杀青不足,破坏酶的残余活性,保持绿色兼做形理条。将杀青叶匀摊在直径 120 厘米圆形烘笼上,每笼 200 克～300 克,烘底温度保持在 100℃～110℃,上烘后要勤轻翻,每分钟 1～2 次,边烘边翻,边捺压做形,手势要轻,当叶面收汁后,使其油润光滑挺直,然后下烘摊凉。二烘：在振动理条机中进行紧条,温度控制在 80℃～90℃,至八成干时下机摊凉回潮,5～6 小时后进行下道工序。足干：在名优多用机中完成。温度控制 50℃～60℃,历时 20～30 分钟,当白毫显露,香气外溢,手捏成粉末即下机冷却,经拣剔包装入库。

大悟寿眉的品质特点为：外形略扁直似眉毛,色泽翠绿,白毫披露,汤色明亮,高香持久,叶底嫩绿匀齐。

（宗庆波　江用文）

（四八）恩施富硒茶

恩施富硒茶产于湖北省恩施市,恩施土家族苗族自治州境内的茶区均有分布。始于 1991 年。

恩施市位于湖北省西南部武陵山区,地处清江中上游,东经 109°4′48″～109°58′42″,北纬 29°50′33″～30°39′30″。境内森林茂密,植被完好,四季分明,雨热同期,气候宜人,冬无严寒,夏无酷暑,年平均气温 16.4℃,无霜期 282 天,日照时数 1298 小时,相对湿度 82％,年降雨量 1520 毫米。恩施富硒茶是天然的药用保健品,主产地多属黄棕壤型青色砂质土壤,地下或周边有含硒丰富的岩煤,pH 值 4.5～6.5,土层深厚肥沃,生态环境良好。以含硒量高、产量大、分布广闻名于世。

恩施富硒茶以当地富硒土壤种植的茶树为原料,清明前后开采,封园前结束。原料要求整齐,新鲜,不带鱼叶、蒂梗,鲜叶不得有损伤。

恩施富硒茶（绿茶）的加工工艺：杀青、揉捻、干燥。杀青：采用滚筒式杀青机杀青,当机内进叶端的温度上升至 280℃左右,滚筒局部有些发红时,立即投入鲜叶,该机的转速以每分钟 32 转为宜。杀青时间控制在 4 分钟左右。65 型的台时产量为 250 千克左右,80 型的台时产量为 350 千克左右。当芽叶失去光泽,叶色由鲜绿变为暗绿色,叶质柔软萎卷,嫩梗折而不断,紧握成团,松手不易散开,略带黏性,青气散发,显露清香,即为杀青适度。揉捻：采用 45 型、55 型揉捻机,转速控制在每分钟 50～55 转,要掌握好投叶量和加压轻重,45 型投叶量为 30 千克～35 千克,55 型投叶量为 55 千克～65 千克,加压应掌握"轻、重、轻"的原则。嫩叶要"轻压短揉",老叶要"重压长揉"。高级茶叶的成条率达 80％以上,低级茶叶的成条率达 60％以上,细胞破碎率在 55％左右。若高于 70％,则芽叶断碎严重,滋味苦涩,茶汤浑浊,不耐冲泡,若低于 40％,虽耐冲泡,但茶汤淡薄,条索不紧结。揉捻叶下机后应即使干燥,切勿久置,以免叶色变黄。干燥：干燥分为二青、三青、辉锅三个阶段。① 二青：二青温度以 100℃～150℃为好,烘干时间 9～13 分钟。② 三青：二青叶出机后,应摊放 30 分钟,以平衡水分,三青温度为 100℃左右,滚炒时间为 60 分钟。③ 辉锅：将滚炒的温度控制在 70℃～80℃,投入 25 千克左右的三青叶,直炒至毛茶足干,出机摊凉。足干叶的水分含量应在 6％以下,用手指碾磨茶叶能碎成粉末即可。

恩施富硒茶的品质特征为：外形紧细匀齐,色泽绿润,香气高香持久,滋味鲜浓,汤色绿亮,叶底嫩绿匀齐。硒含量 0.25～4 毫克／千克范围内。

恩施富硒茶的历程：1991 年恩施富硒茶创制成功并通过了论证;1997 年发布了《恩施富硒茶》省地方标准;2002 年发布了《富硒茶》农业部行业标准;2006 年被评为湖北省十大名茶;2007 年成功注册恩施富硒茶证明商标。

（江用文　宗庆波）

（四九）温泉毫峰

温泉毫峰茶产于湖北省咸宁市,始于 1994 年。

咸宁市位于幕阜山脉鄂南区。地处东经 113°32′,北纬 114°58′。此地林木葱茏,雨量充沛,气候温和,年均温度约 16.9℃,年积温 5332.7℃,年降雨量约 1600 毫米,森林覆盖率为 52.3%。红黄壤土,土层深厚,土壤肥沃,有机质丰富,pH 值 5.5~6.5,为茶树生长创造了良好的自然环境。

温泉毫峰茶采用福鼎大白茶等多毫茶树良种的鲜叶做原料,要求采摘正常芽叶,不采单芽、粗老叶及病虫叶,一般清明前后开采。采摘标准:特级茶一芽一叶初展,一级茶一芽一叶,二级茶一芽二叶初展,三级茶一芽二叶。

温泉毫峰茶的加工工艺为:鲜叶摊放、杀青、揉捻、初干、整形提毫、足干等。鲜叶摊放:将鲜叶采下后及时薄摊于专用竹筛上,放置在摊青架上,使其水分散失 12% 左右,时间视天气而定,一般 6~8 小时,摊放至青气散发,露出花香为适度。杀青:在 40 型杀青机上进行,当杀青机滚筒进叶处感觉烫手,出叶处筒腔温度达到 90℃ 左右即可投叶杀青,至叶质柔软,叶缘略有刺手感,茶香透发,失重率 40%~42% 为适度,时间约 2 分钟。杀青叶出机后置于簸簸上迅速吹凉,凉后拢堆回潮 20~25 分钟。揉捻:特级茶用手轻轻搓揉,1~3 级茶用小型揉捻机揉捻,揉捻时以轻压为主,掌握"空、轻、重、轻"的原则,揉至揉捻叶初步成条即可,加压过重,时间过长会造成芽叶断碎,成茶色泽变暗,滋味变涩等。初干:在名茶烘干机上进行,温度 90℃ 左右,烘至手捏不粘,略有刺手感时即可下机摊凉回潮。整形提毫:将初干回潮后的茶叶放在往复式整形理条机上理条,将茶条理直后,调节理条机降低温度、减慢速度进行提毫,使茶条相互摩擦直至白毫显露。足干:在小型名茶烘干机上进行,掌握温度先高后低、低温长烘的要领,烘至手捏茶条成粉末,含水量约 5% 时下烘进行精制,除去不合格的叶片,筛去粉末,即可进行分级包装贮藏,出售前经高温快速提香后再进行精包装。

温泉毫峰茶的品质特征为:条索肥壮、显白毫,色泽翠绿,香气清鲜持久,汤色碧绿明亮,滋味鲜醇爽口,叶底嫩绿明亮、匀齐。

(宗庆波　江用文)

(五〇) 泸川龙剑

泸川龙剑茶产于湖北孝感市东部丘陵岗地的孝南区杨店镇。始于 1991 年。

孝感市杨店镇位于湖北省北部,大别山以南,武汉市之北区域,东经 113°48′,北纬 30°47′。该地区树木茂盛,年平均气温 16℃,年积温 5182.6℃,年均降雨量 1200 毫米,气候温和,雨量充沛,相对湿度 78%,四季分明,无霜期 250 天;土壤以黄壤为主,土壤肥沃,有机质丰富,土层深厚,通透性、排水性能良好,pH 值 5.6。

孝感市产茶历史悠久。据原孝感县志记载,明代诗人李涉游览双峰寺茶园时,吟有"万山姑吾舍,青山便是家,穿云寻古寺,带露摘新茶"的诗句,这说明孝感市产茶历史至少有五百多年。"泸川龙剑茶"是根据孝感人喜饮扁形绿茶的特点,吸取扁形茶传统工艺,并与机械化加工技术相结合而创制的。

泸川龙剑茶选用福鼎大白茶品种为原料,原料标准分极品、特级、一级共 3 个级别。极品茶采全芽;特级茶采一芽一叶初展;一级茶采一芽一叶或一芽二叶初展。鲜叶要求齐匀,不带鱼叶、老叶、蒂梗,肥壮挺直的芽叶,不采紫色芽叶、空心叶、病虫叶、对夹叶。

泸川龙剑茶的加工工艺为:鲜叶摊放、杀青、摊凉、理条、摊放、做形、辉锅。鲜叶摊放:鲜叶采回验收后,及时摊放在有竹编的鲜叶架上,经过 6 小时左右的摊放,然后进行付制。杀青:使用 40 型电加热式名茶杀青机杀青,温度 180℃~200℃,投叶量为 50 克左右均匀而下,至茶叶含水量达到 60% 左右,手握茶叶柔软,折梗不断,经 1 分钟左右而出叶。摊凉:杀青叶出机后,及时摊放在竹编架上,尽快散失青气和水分,显露香气。理条:使用 600 型电加热式振动机理条,温度 120℃ 左右,投叶量 800 克,时间为 3~5 分钟左右,理到茶条直挺,手握茶叶不成团即可出机。摊放:理条叶同样摊放在竹编架上,进一步散失青气和水分,促进香气形成。做形:使用 600 型电加热式机做形,温度 100℃~120℃,投理条叶 700 克,时间为 5~8 分钟,加压棒加压时间视茶叶情况而定,一般 1~2 分钟。至茶叶含水量 40% 左右,茶条初步显现茶末即可出机。辉锅:使用 63 型电炒锅,温度 80℃ 左右,投做形叶 300 克,时间 30~40 分钟,主要采用"搭"、"压"、"捺"、"带"、

"抖"、"抓"、"磨"等手法操作,要求做到手不离茶,茶不离锅,逐步转入定型干燥,使茶条进一步压平变直,形似刀剑,色绿披毫;在操作中要用力灵活,适度轻压,手法上不扣不扎,多"搭"、多"理"、少"磨",防止茶叶破碎。当茶叶含水量为6%左右,手捏茶叶成粉末时,即可出锅摊凉。然后分级割末,装袋储存或出售。

泸川龙剑茶的品质特点为:外形扁平挺直似剑,色泽翠绿,茸毛显露,内质清香持久,汤色清绿明亮,滋味鲜醇回甘,叶底嫩绿匀齐,成朵鲜活。

(宗庆波　江用文)

(五一) 裕茗碧剑

裕茗碧剑茶产于湖北省宜昌市夷陵区邓村。始于1992年。

宜昌市夷陵区邓村乡距三峡大坝仅23公里,地处东经110°58′,北纬30°59′,茶树生长在海拔800米左右的山坡上,空气清新,终年云雾缭绕,气候温和,空气湿度大,冬暖夏凉。森林覆盖率达到85%以上,年平均气温14℃～16℃,年有效积温3821℃,年平均日照时数1669.3小时,年平均降水量1177.34毫米,平均无霜期271.9天,土壤疏松肥沃,为花岗岩分化而成的砂质黄壤土,富含矿物质,pH 4.5～5.5,很适合茶树生长。

裕茗碧剑茶选用国家级茶树良种"宜昌大叶种"和省级良种"鄂茶9号"为原料。其发芽能力较强,发芽期较早,属中芽种,一般在3月上旬开始萌发,至11月上旬前后停止生长。

鲜叶原料根据不同级别而有不同要求,由单芽到一芽一叶初展均可。要求做到五不采,即:不采对夹叶、不采鱼叶和鳞片、不采紫芽叶、不采病虫叶、不采雨水和露水叶;做到嫩度、匀度、净度、鲜度一致。

裕茗碧剑茶的加工工艺为:摊青、杀青、揉捻、理条成型、干燥、精制分级。摊青:鲜叶采回后薄摊于清洁卫生、阴凉干燥、无异味的室内竹席上,厚度小于10厘米,室温小于25℃,每隔0.5小时轻翻一次,经过3～4小时后,当鲜叶无青草气、手感柔和、

有清香时进行付制。杀青:用名优茶杀青机杀青,筒温120℃～150℃,杀青时间6～8分钟,至叶质柔软,有轻花香为度,下机后立即薄摊于篾席上。揉捻:用25型或35型揉捻机,按不加压、轻压、松压、轻揉5～6分钟,要求成条无碎叶碎末,下机后薄摊于篾席上。理条做型:用多功能理条机理条,温度控制在110℃～120℃,投叶1.1千克,第一次经8～10分钟理条后迅速下机摊凉。回潮30分钟,再进行第二次理条,温度同前,经4～6分钟后,下机摊凉30分钟,此时外形应条索紧直似针形,色泽翠绿。干燥:用名优茶烘干机烘干,毛火温度60℃左右,时间30～50分钟,毛火后摊凉30分钟以上,再行足火,足火温度80℃～90℃,时间10～15分钟,下烘后即为成品茶,含水率控制在6.0%以下。精制分级:足火后的成品茶应拣剔黄片,筛分割末,按鲜叶原料级别以及制茶工艺品质要求,进行审评分级,然后匀堆后包装销售。

裕茗碧剑的品质特点为:外形似针、略扁,色泽翠绿,白毫显露;内质清香持久,滋味醇厚,汤色黄绿明亮,叶底嫩绿匀整。

(宗庆波　江用文)

(五二) 千珠碧毛尖

千珠碧毛尖产于湖北省五峰土家族自治县。始于2004年。

五峰土家族自治县位于湖北省鄂西南山区,属武陵山余脉。地处东经110°15′,北纬111°25′。茶区地处五峰著名的柴埠溪国家森林公园之周边地带,山势渐高,峰峦叠嶂,溪河密布,森林茂密,直射光少,漫射光多。海拔500米～1000米。年均降雨量1500毫米以上,空气相对湿度75%以上,年平均气温15℃左右,年积温5100℃。由泥质页、片页岩发育而成的偏酸性黄壤土,有机质含量高,养分丰富,富硒含锌,适应茶树生长。pH值4.5～6.0。

千珠碧毛尖适制品种为鄂茶7号、五峰中叶群体种、福鼎大白茶等。鲜叶采摘标准为单芽,一芽一叶初展,一芽一叶、一芽二叶初展。采摘时间为清明前15天至谷雨结束,人工采摘。当茶园有3%～

5％的茶叶达到全芽或一芽一叶初展标准即可开园。按标准及时分批多次采摘,采摘时做到五不采(雨水叶、鱼叶、老叶、紫芽叶、病虫叶)和保持鲜叶的四度(嫩度、匀度、净度、鲜度),盛放采用本地制作的竹篓。采回的鲜叶薄摊在竹席上,放置于阴凉处经适度摊放后付制。

千珠碧毛尖的加工工艺为:摊青、杀青、风选、揉捻、毛火、整形、足干、精选。摊青:摊放于竹席篾盘上,厚度2厘米,室内保持通风阴凉,保持清洁,严防灰尘、异味、烟味污染,摊放时间4～6小时,减重率为10％～15％。杀青:采用50型和70型连续滚筒杀青机杀青,转速为28转/分钟左右,杀青温度260℃～280℃,时间2～3分钟,至杀青叶含水量60％,清香呈现时下机并及时摊凉。采用汽热杀青机杀青,蒸气杀青时间为35～45秒,蒸汽温度130℃～150℃,脱水温度200℃～230℃,脱水时间1.5～2分钟。风选:采用风选机和本地木制风车扇除杀青叶中的碎片、碎末和焦叶。揉捻:采用35型和45型揉捻机揉捻,按"轻、重、轻"的原则交替加压,以轻揉为主,适度加压,至茶叶90％成条,揉捻结束,时间20分钟左右。毛火:使用110型八方复干机,温度150℃～180℃,投叶3千克～4千克,时间10～15分钟,茶叶含水量33％～35％,手握茶条略有刺手感时,下机摊凉。整形:使用热风炉式名茶整形灶,以手工进行,进风口温度110℃～130℃,投叶量2千克～3千克,整形时间30～40分钟,采用理条、抽条、搓条手法交替进行,至茶叶含水量降至8％～10％下机摊凉。足干:采用名茶烘干机,温度110℃～120℃,叶层厚度2厘米～4厘米,时间10～12分钟,当茶叶含水量4％～5％、香气透现为干燥适度。精选:先用6CFM-22型名茶风选机风选,再用人工拣去片、梗等,然后按级包装。

千珠碧毛尖的品质特点为:外形匀直、嫩绿显毫,内质清香持久或嫩香持久,滋味鲜醇爽口,汤色嫩绿明亮,叶底嫩绿匀齐。

(江用文　宗庆波)

(五三) 虎狮龙芽

虎狮龙芽产于湖北省五峰土家族自治县采花乡。始于2003年。

虎狮龙芽茶因主产地有虎狮山而得名。茶园地处海拔350米～1200米,主产地由白溢寨、北风垭、土地岭三座海拔超过2000米的山峰环抱,泗洋河、渔泉河在此交汇,形成了典型的山环水绕、雾遮山挡的高山云雾气候,产地年均降雨量为1500毫米,年平均气温13.1℃,年积温4600℃,空气相对湿度达75％以上。茶园土壤多为泥质页、片页岩发育而成的偏酸性黄壤土,肥沃而疏松,有机质含量丰富,pH值4.5～6.0。

虎狮龙芽茶适制品种为五峰地方良种、鄂茶7号、五峰中小叶群体种、福鼎大白茶等茶树良种。要求鲜叶分级采摘,鲜叶等级分为4级:一级(单芽、嫩绿、饱满、匀齐完整)、二级(单芽、含20％以下一芽一叶初展,芽叶匀齐、粗壮、新鲜)、三级(一芽一叶初展、芽叶完整)、四级(一芽一叶为主,含20％以下一芽二叶初展,芽叶完整),用篮、篓盛装鲜叶。

虎狮龙芽茶的加工工艺为:摊青、杀青、揉捻、初干、做形、足干、提香、精选、拼配定级(成品)。摊青:分品种、分采摘时间分别摊放,分别付制,摊青间清洁卫生,空气流通,无异味。摊青时间4～6小时,减重10％左右为适度。杀青:选用40型茶叶微波杀青机杀青,鲜叶均匀散于微波杀青机传动带平面上,掌握鲜叶匀摊不重叠为度,杀青时间40～50秒。或选用30型滚筒杀青机杀青,投叶量为每小时25千克摊青叶,杀青时间1～1.2分钟。杀青叶减重30％左右,含水量58％～60％,青草气散尽,清香气逸出为适度。揉捻:选用25型、30型等名优茶揉捻机,杀青叶经摊凉后揉捻,投叶量为桶满九成为宜,采用"轻、重、轻"的加压方法,机揉20分钟左右,成条率85％以上,下机抖散。初干:采用微波烘干机、烘干机、110复干机初干。微波烘干机初干:将揉捻叶平摊于微波烘干机的传送带上,时间1～1.5分钟,干至便于理条时为宜。烘干机初干:进口风温度100℃～120℃,上叶均匀薄摊,以不见筛网为宜,时间5～6分钟,至初烘叶稍有触手感下机摊凉。110型复干机初干:温度140℃～160℃,投叶量3～4千克,时间10～15分钟,茶叶含水量33％～35％,手握茶条有刺手感时下机摊凉。做型:采用五峰产

"一拖二"热风炉平台灶理条,热空气温度100℃～120℃,采用"搓、理、抽"等手势交替进行,待条索挺直,白毫披露,茶叶含水量至8%～10%时下灶摊凉。采用理条机理条,炒至茶条基本定型,茶条圆直,约八成干时下机摊凉。足干提香:采用名茶提香机提香,投茶厚度6.6～10厘米,恒温55℃左右,时间4～6分钟,烘至足干。采用6CH-3型烘干机提香足干:进风温度115℃～120℃,足火时间10～12分钟,至茶叶含水量4%～5%时下机摊凉。精选:主要筛拣碎末、杂物,确保纯度和均匀度。拼配定级:兼顾外形、内质,按照老嫩、长短、粗细、色泽、香气等指标拼配定级,包装入库。

虎狮龙芽茶的品质特点为:外形色泽绿翠、紧直挺秀;内质香气鲜嫩持久,汤色清澈明亮,滋味鲜醇、爽口回甘,叶底粗壮、匀齐、绿明亮。

(江用文　宗庆波)

(五四) 兰岭毛尖

兰岭毛尖产于湖南省湘阴县,始于1993年。

湘阴县位于湖南省北部,洞庭湖南岸,地跨北纬28°30′13″～29°3′2″,东经112°30′20″～113°1′50″之间。湘阴地处幕阜山余脉,属中亚热带向北亚热带过渡的湿润气候区,四季分明,湿润多雨,年平均气温为17℃,月平均气温以7月最高,1月最低,高低相差24.7℃。大于10℃的积温5355℃,年平均降水量为1392.62毫米,平均相对湿度为81.37%。县境东部岗地地区日照为1759.8小时,日照率为40%;西、北部堤垸和湖州地区1729.8小时,日照率38.2%;东南部低山地区为1680小时,日照率为36.2%。茶园、旱地、山地的土壤主要是红壤,其母质为第四纪红土、砂岩和花岗岩。

湘阴县茶叶生产历史悠久,明嘉靖《湘阴县志》已有记载。清乾隆《湘阴县志》载:"茶产文家铺,又一种产白鹤山,极佳……土人谓之白鹤茶。味极甘香,非他处可比。"清咸丰五年(1855),左宗棠在柳庄(今樟树乡)辟茶园约0.33公顷,是湘阴最早的成片茶园。

适制兰岭毛尖茶的茶树品种主要有:福鼎大毫、福云6号、湘波绿、湘妃茶等无性系优良品种。采摘标准为一芽一叶初展,芽叶长度2厘米～2.6厘米。

兰岭毛尖茶的加工工艺为:摊放、杀青、清风、揉捻、理条、提毫、烘焙。采回的芽叶及时薄摊,至柔软为适度。杀青用口径70厘米的平口锅,要求锅温150℃左右,投叶量0.4千克。先闷炒1分钟左右,然后以敞炒为主,结合闷炒,约2分钟左右。杀青叶出锅后进行清风,将杀青叶摊在簸盘中,立即簸扬数次,散发热气和水汽,簸去细小屑片。揉捻采用单把轻微短时揉捻,以初步成条为适度。将揉捻叶投入口径为60厘米的平口锅中,锅温为90℃,以抖炒为主,散失部分水分后,锅温逐渐下降至70℃,一手捞起锅中芽叶,双手手心相对夹住芽叶搓条,又不断散入锅中,如此反复进行数次,以芽叶不粘手时,约六成干为适度。出锅摊凉约半小时。理条在60厘米的平口锅中进行,锅温为70℃,使做条叶迅速翻炒受热后,锅温降至50℃,待锅中茶条受热搭身后,仍双手手心相对夹茶搓条,同时理散抛入锅中,如此反复操作,直到理条叶紧直定型,一般为八成干时进入提毫。提毫采用"茶条摩擦茶条"的方法,先快后慢,手势遵循轻、重、轻,使之银毫披在茶条上而不脱落为适度,出锅摊凉。将摊凉后的茶条进行烘焙,茶叶置于垫有皮纸或白布的焙笼中,焙温60℃(切忌明火烘焙),焙时1.5小时,中途轻翻3～4次,足干下焙摊凉。干茶摊凉后,用皮纸包好,置于装有干木炭或生石灰的瓦缸内贮藏,缸盖压严。

兰岭毛尖茶的品质特征为:条索紧直匀整,银毫满披隐翠,汤色黄绿明亮,香气鲜嫩持久,滋味醇爽回甘,叶底嫩绿鲜亮。

(朱　旗　江用文)

(五五) 高桥银峰

高桥银峰产于湖南省长沙县高桥,始于1959年。

湖南省长沙县高桥,位于北纬28°29′,东经113°19′,是由丘陵进入山区的过渡地带,土壤属丘陵红壤类型。高桥南与浏阳凤凰山、三尖岭接壤,东靠平江岳阜岭,具有宜茶的小气候特点。长沙属亚热带湿润季风气候,冬较寒冷,夏季酷热。年平均气温 16.6℃,1 月平均气温一般年份在 -5.5℃,年最高气温一般在 38.5℃,年均降水量 1441.1 毫米,年降雨日 148.7 天,无霜期 274 天。

高桥产茶历史悠久,是湖南省的重要茶区。据 1934 年《湖南产茶概况调查》记载:"高桥向为茶商云集之地,设立茶行十余家,规模宏大,贸易繁盛。除本县及平(江)浏(阳)茶商集资经营外,尚有外邦至此贸易……所有红茶悉由金井河或高桥河交船启运,至捞刀河转入湘江至洞庭,运售汉口。"当年高桥为湘东(长沙浏阳平江醴陵)红茶产销中心。1959 年春,湖南省茶叶试验站的专家为向国庆十周年献礼,创制出高桥银峰。1964 年,郭沫若品饮后,赠七律诗一首:"芙蓉国里产新茶,九嶷香风阜万家。肯让湖州夸紫笋,愿同双井斗红纱;脑如冰雪心如火,舌不短钉眼不花。协力免教天下醉,三闾无用独醒嗟。"

适制高桥银峰的茶树良种有福鼎大白茶、湘波绿、槠叶齐、尖波黄、白毫早、茗丰等。采摘标准为一芽一叶初展,芽叶长 2.5 厘米,一般在 3 月下旬开采。

高桥银峰茶的加工工艺为:摊青、杀青、清风、初揉、初干做条、提毫、摊凉、烘焙。将采回的鲜叶摊放于阴凉通风处,一般上午采下午制,下午采晚上制,摊放减重约 10%。手工杀青在小平锅内进行,锅温 120℃~130℃,每锅投叶 400 克。采用高温、少量、老杀的原则。杀青全程约 3 分钟,减重30%~35%。出锅的杀青叶置于篾盘中,立即扬簸,既散热失水,又汰除碎片杂末。叶温降至 30℃左右进行初揉,初揉仍在小篾盘中进行。双手合抱回转轻揉约 2 分钟,中间解块一次。初揉宁轻勿重,不要求全成条。初干做条在平锅进行,锅温设置 85℃左右,揉捻叶开始入锅时以翻炒为主,后期降温至 70℃左右,动作转为边搓边炒。约经 10~15 分钟,当茶条已紧结定型,含水量 20%~30%时转入提毫。提毫仍在热锅中进行,锅温可适当升高,用手掌暗力搓擦,以擦破茶条外表黏附的一层胶膜,使茶表茸毛显露出来。提毫后出锅,置于细篾盘中摊凉 30 分钟左

右,进入烘焙。用烘笼烘焙,茶叶均匀摊放在垫有细软洁净烘布的烘笼上。烘温由高到低,烘时 30 余分钟,中间翻 4~5 次,至茶叶含水量小于 5%时结束。

高桥银峰的品质特点为:外形细紧卷曲匀整,银毫披露隐翠,香气清高持久,滋味鲜纯回甘,叶底嫩匀明亮。

(江用文 朱 旗)

(五六)安化松针

安化松针产于湖南省安化县,始于 1959 年。

安化县位于湖南省中部,地处北纬 27°~28°36′37″,东经 110°43′87″~111°58′51″。安化县属亚热带季风气候区,雨量充沛,温暖湿润。年平均气温为 16.2℃,≥10℃的年活动积温为 5016℃,无霜期平均 274 天。年平均日照时数为 1355.9 小时,年均日照率为 31%。年平均降雨量为 1687.7 毫米,年平均相对湿度 81%。山地茶园以板页岩发育的黄红壤为主,占茶园总面积的 70%以上,少部分为花岗岩和第四纪红壤土发育而成的红黄壤,呈酸性反应,适于茶树生长。

安化县自古产茶,驰名中外。唐代杨晔《膳夫经手录》载:潭州茶中有(益)阳团茶和渠江薄片,曾销往湖北江陵、襄阳一带,并且列在"以多为贵"的茶中。五代毛文锡《茶谱》载:"潭邵之间有渠江,中有茶而多毒蛇猛兽……其色如铁,而芳香异常,烹之无滓也。"当时安化未建县,属于潭州。渠江,发源于新化西北,至安化县渠江镇(今连里乡)汇入资水。自元代以后,安化一带"深山穷谷,无不种茶,居民大多以茶为业,邑土产推此第一"。1959 年,安化县茶场为了向国庆十周年献礼,创制出独具一格的安化松针,至 1962 年定型。

生产安化松针茶的茶树品种原为国家级良种安化云台山种,现在主要选用从安化云台山种中选育的湘波绿、白毫早等品种。采摘标准为一芽一叶初展。

安化松针茶的加工工艺为:摊放、杀青、揉捻、炒坯、整形、干燥、筛拣。采回的鲜叶薄摊于篾盘内,当叶缘微卷、含水量在 68%~70%时进行杀青。杀

青用锅式手工杀青,投叶时锅温 140℃ 左右,投叶量约 400 克。当杀青叶水分大量蒸发时,锅温降至 100℃ 左右,将茶叶收拢,在锅中滚动闷炒,并不时抖散扬炒。杀青需 3～4 分钟,当叶片减重 25%,叶质柔软并发出清香时出锅,摊凉 2～3 分钟。将摊凉后的杀青叶放在光洁的揉板上,双手并排,手掌向下,手指微弯抱茶,作前后回转搓揉。茶叶在手掌中作长筒状自然翻转成条,搓揉用力掌握"轻、重、轻"的原则,既有茶汁溢出,又保持茶叶完整,约揉 3～4 分钟,茶叶初卷成条即可。炒坯在锅中进行,锅温 70℃～80℃,每锅投叶量 750 克,经 7～8 分钟,减重约 25% 即出锅。炒坯置于篾盘中摊凉 30 分钟后,进入整形。整形是决定"松针茶"细圆紧直形状的关键工序。整形在专用烘灶上的揉盒内进行。盒板温度 55℃ 左右,一锅炒坯一次整形。茶坯受热软化后,掌心向下,两手带茶连扫带滚,前后回转推动,边推揉边回转散热。约 35～40 分钟 当茶叶失去黏性时,将揉盒移出灶外,充分解散并理直茶条。再置于烘灶上,盒面温度降到 40℃ 时,改用搓条手势。双手合捧,手指张开,离盒面 13.2～16.5 厘米,右手在上面往前推,左手往下向后带,左右手反向搓动,茶条从手掌上下挤出散落盒内,反复进行约 40 分钟。茶条呈细长紧直,基本固定形状,色泽翠绿,开始现毫,含水率约 15%,即为整形适度。整形适度的茶坯,均匀薄摊于揉盒内。揉盒温度保持在 35℃～40℃,约经 40 分钟,茶叶色泽翠绿,白毫显露,含水率 5% 左右即出盒。用皮纸热包,放入石灰缸内贮存。茶叶存放 2～3 天后进行筛拣。筛去碎末,拣去弯条扁条,使产品整齐划一,再用皮纸包好存放于生石灰缸中。

安化松针的品质特征为:形似松针,细直秀丽,白毫显露,翠绿匀整,香气馥郁,滋味甘醇,汤色清亮,叶底嫩匀。

(江用文 朱 旗)

(五七)东山秀峰

东山秀峰产于湖南省石门县,始于 1986 年。石门县位于北纬 29°16′04″～30°08′49″,东经 110°29′04″～111°32′30″。地处湘鄂交界的武陵山脉北支,群山巍峨,林海苍茫。气候温和湿润,雨量充沛。年平均气温 9.6℃,昼夜温差大。年均日照时数为 1640 小时,漫射光多。年降雨量达 1850 毫米,相对湿度为 80%～81%,全年有雾日达 224 天。土层深厚,疏松肥沃,pH 为 5.5～6.0,含有机质 2.0%～4.2%,富含微量元素硒(0.82 毫克/千克)、锌(1.6 毫克/千克)。

适制东山秀峰的茶树品种有安化云台大叶、白毫早、槠叶齐、福鼎大白茶、福云 6 号等。东山秀峰的采摘标准是一芽一叶初展,芽叶长度 2～2.5 厘米,一般在清明前后开采。

东山秀峰的加工工艺为:摊放、杀青、清风、揉捻、炒二青、理条、提毫、烘干、贮藏包装。鲜叶进厂后,薄摊于摊青间篾盘中。要求摊青间阴凉、通风、干燥。摊放 2～3 小时,进行杀青。杀青在口径 70 厘米的平口锅中进行,锅温 160℃,投叶量 0.4 千克,先闷炒 1 分钟,然后以扬炒为主,结合闷炒约 2 分钟。将出锅的杀青叶立即簸扬数次,使之散发热气和水分。揉捻采用双把向前、轻微揉捻的方式,使之初步成条。炒二青用口径为 55 厘米的平口铁锅。将揉捻叶投入锅中,温度为 70℃ 左右,炒至芽叶不粘手时为适度,出锅摊凉后理条。将摊凉的二青叶投入 50℃ 的铁锅中,受热搭齐后,双手手心相对夹住茶叶搓条,同时理散抛入锅中,如此反复进行,直到茶叶紧直定型为适度。理条叶出锅摊凉后进行提毫。将理条叶投入温度 60℃ 锅中,受热后采用茶条相互摩擦方法,使之银毫显露,动作先快后慢、手势遵循"轻、重、轻"的原则。将出锅摊凉后的茶条烘干。叶片置于焙笼中垫有白布的焙心上,用暗火烘焙,焙温掌握在 60℃ 左右,低温长烘,焙时约 1.5 小时,中途轻翻 3～4 次,足干下焙摊凉。干茶经摊凉后,用皮纸包好,置于盛有干木炭或生石灰的瓦缸内贮藏,缸盖压严。

东山秀峰的品质特征为:条索紧直,匀整秀丽,锋苗尖锐,色泽翠绿,白毫显露,汤色浅绿明亮,香气嫩香高长,滋味鲜爽回甘,叶底嫩绿明净。

(朱 旗 江用文)

（五八）古丈毛尖

古丈毛尖产于湖南省古丈县，为历史名茶，创制于唐代。

古丈县位于湖南省西部湘西土家族苗族自治州中部偏东，酉水之南，峒河之北，地处东经109°44′42″～110°16′13″，北纬28°24′05″～28°45′57″之间。古丈县属中亚热带山地型季风湿润气候，四季分明。年平均气温16℃左右，最热月平均气温26.2℃，极端最高气温40.1℃，最冷月平均气温在10℃以下，极端最低气温－9.0℃。年平均降水量1475.9毫米，雨量集中，雨季明显，3～8月的降水量占全年73.8%。年平均日照1304小时，年平均无霜期275.5天；月相对湿度78%～82%，年平均相对湿度为81%。古丈县为典型中低山区，山体破碎、切割明显，所形成的自然土壤土层厚度不一，母质含量高，砂岩、板页岩发育的薄腐中土面积较大。茶园土壤为紫色砂页岩、板页岩发育而成的紫色土以及砂岩、页岩发育而成的黄壤及黄红壤。自然土壤多为弱酸性，大多数土壤pH 5.0上下，土壤有机质含量丰富，全氮含量高，全磷、全钾含量丰富。

古丈是湖南省名优茶产区之一，种茶历史悠久，唐代即为贡品。东汉《桐君录》记载：在东汉时永顺以南，就列入全国产茶地之一。当时古丈隶属永顺，位于永顺南部。南北朝《荆州土地记》载："武陵七县通出茶，最好。"古丈位于武陵山区，所产之茶叶已开始出名。《永顺县志》记载："唐代溪州以茶茶入贡，实为地方生产可知。"杜佑《通典》记载："溪州等地均有茶芽入贡。"溪州分上、中、下溪州，即今龙山、保靖、永顺、古丈诸县，说明古丈等县生产贡茶至少有1600多年历史。东晋裴渊《坤元录》记载："辰州溆浦县西北350里无射山，灵郡土贡茶芽二百斤。云蛮俗当吉庆之实时，亲族集会，歌舞于此，山多茶树。"1929年，县长胡锦心征购杨府"绿茶园"毛尖茶参加西湖博览会，取得优质奖，同年参加法国国际博览会，荣获国际名茶奖。

生产古丈毛尖的茶树品种为碧香早、白毫早、福云六号、福鼎大白茶、槠叶齐等。采摘标准为一芽一叶初展或开展，不采雨水叶、紫色叶、虫伤叶、空心芽叶、不带鱼叶和鳞叶。一般在清明节前一个星期开采，全程采期为10～15天。

古丈毛尖茶的加工工艺为：摊放、杀青、初揉、炒二青、复揉、炒三青、做条、提毫收锅8道工序。摊放，鲜叶采回后按级别、质地分别摊放。摊放厚度、时间应根据茶叶的含水量及天气状况而定。经过摊放后的鲜叶根据进厂的先后顺序付制，不可摊放时间过长。杀青在直径78厘米、深24.5厘米、斜度15°的斜锅内进行。当炒锅加火升温至180℃～220℃时即可投叶，每锅投鲜叶750克左右，鲜叶下锅后，要勤翻勤抖，先闷炒后抖炒，抖闷结合。杀青时火力要均匀，先高后低。杀青时间约为3～4分钟，至叶色变暗，叶质柔软，发出清香，即可出锅摊凉。初揉是在光滑洁净的簸箕中，将经过摊凉的杀青叶进行揉捻。初揉用力要轻，中途解块2～3次，约经3～4分钟，茶叶初步成条即可。炒二青的方法与杀青相同，以抖炒为主。投叶量为一锅杀青茶坯量，时间约为4～5分钟，至四成干即可出锅。出锅后，茶坯要迅速摊凉散热。复揉与初揉相同，用力较初揉重，中途解块1～2次，反复揉4～5分钟至茶条紧结为止。炒三青的投叶量为一锅二青叶，掌握适度火温，迅速翻炒，以抖炒为主，到茶条不粘手时降低火温，待锅温降至60℃时，即可在锅内做条。做条与炒三青两道工序是一次完成的，操作方法是：首先理条，待茶条基本理顺后，再拉条，接着搓条。理、拉、搓反复进行，炒至茶条有光滑感为止即可出锅摊凉。做条的关键是掌握好锅温，切忌太高。提毫收锅是古丈毛尖制作的最后一道工序。投叶量为一锅三青叶，茶叶下锅后，先轻轻翻炒，边翻边理条，炒至全部茶条受热回软时，再双手将理顺的茶条置于掌中，轻轻揉搓。揉搓时要防止茶条断尖脱毫，动作要轻，白毫提出后适当增温，以利提高香气。炒至全干即可出锅摊凉，然后包装。在制作过程中，道道工序要求精细操作，特别是掌握杀青和做条两道关键技术。

古丈毛尖的品质特点是：色泽翠绿，白毫显露，芽叶完整，条索紧、细、圆、直，锋苗挺秀，香气高悦，滋味醇爽回甘，尤耐冲泡，回味长。

（朱　旗　江用文）

（五九）金井毛尖

金井毛尖产于湖南长沙县金井镇，始于1984年。

金井茶区位于长沙百里茶廊的中心地带，位于北纬28°40′，东经130°30′。属亚热带季风湿润气候，气候温和，热量丰富，年平均气温17.2℃，年日照为1663小时，降水量1300～1400毫米，无霜期274天，相对湿度80%。地质结构以花岗岩为主，占51.46%，溪谷占25%，丘陵占14.34%，低山占9.12%。土壤以紫色土为主，富含钾、硅、微量元素，无机养分丰富，有机质含量高，腐殖质品质好，自然肥力高；土壤pH 5.5～6.5，质地砂、黏适中，土层疏松，深度达40厘米，湿度为75%左右。茶区的温、光、水、热等气候因子均为茶树生长、发育的适宜环境。

金井是长沙地区的古井，位于镇之南，金井河边。长沙自唐代就有茶的记载，宋代出产名茶先芝、玉津、先春、绿芽等20多种，明代李时珍的《本草纲目》赫然记载："楚之茶，则在湖南之白露，长沙之铁色。"清朝同治光绪年间，金井、范林、高桥一带，盛传"四十八条秤"，亦即茶庄48家。其时茶商云集，并有舟楫经金井运茶，直达长江、汉口、上海等商埠。曾有歌唱曰："湘茶船载下南京，来自金井小地名，金井河边小茶妹，巧手采出碧山春，好似织女下天庭。"20世纪70年代，为响应毛主席"以后山坡上要多多开辟茶园"的号召，金井地区的范林、脱甲、观佳、双江等乡镇大力开荒种茶，几年时间，新开辟茶园上万亩，并纷纷建立茶厂。2005年金井茶被湖南省人民政府等相关部门评定为"湖南十大名茶"。

适制金井毛尖的茶树良种有白毫早、槠叶齐、福鼎大毫等。采摘标准为一芽一叶初展，芽叶长度2.0～2.6厘米。

金井毛尖加工工艺为：摊放、杀青、揉捻、干燥四道工序。鲜叶验收后按品种、产地、采摘时间、鲜叶级别分别摊放在篾席上或竹匾内，均匀薄摊，摊放厚度15～20厘米，时间不超过10小时，做到早摊放、早付制。杀青采用电热手工杀青锅，鲜叶投叶量

在0.25～0.50千克，锅温为150℃，杀青时间约5～6分钟，待芽叶质地变柔软，手握不粘，略有清香，失去鲜叶原有光泽为适度。揉捻采用手揉或小型揉捻机。揉捻加压的原则是"轻、重、轻"，揉捻时间为30～60分钟。干燥采用先炒后烘的方法，分次烘焙至足干。

金井毛尖的品质特点：外形条索纤细、匀整、卷曲，白毫显露，色泽银绿隐翠光润；内质清香持久，汤色嫩绿清澈，滋味清鲜回甘；叶底嫩匀明亮。

（朱　旗　江用文）

（六〇）石门银峰

石门银峰产于湖南省石门县，始于1989年。

石门县位于北纬29°16′04″～30°08′49″，东经110°29′04″～111°32′30″。地处湘鄂交界的武陵山脉北支，群山巍峨，林海茫茫。石门地处中亚热带向北亚热带过渡的季风湿润气候区，气候温和湿润，雨量充沛。年平均气温16.7℃，最冷月平均气温5℃，最热月平均气温28.6℃，无霜期282天，全年日照平均时数1656小时，日照率37%。年均降水量1540毫米，最高达2200毫米，最少962.4毫米，相对湿度为85%。土壤以红壤土为主，土层深厚，疏松肥沃，多种营养元素、矿物质含量较高。pH为5.5～6.0，含有机质2.0%～4.2%，富含微量元素硒（0.82毫克/千克）、锌（1.6毫克/千克）。

石门产茶历史悠久，成书于西晋时代的《荆州土地》记载："武陵七县通出茶，最好。"由此可以断定，至少在西晋时期，石门就是当时的茶叶主要生产地之一。在唐代，中国茶叶生产达到一个高峰，石门也不例外。到宋代时，对石门茶叶生产的记载更加明确，清嘉庆《湖南通志》引《一统志》"澧州石门牛牴山产茶，谓之牛牴茶"，宋时已为贡茶。1942年，申悦庐主修民国《石门县志》，其中有云："泥沙市（今壶瓶山镇），列肆百余户，全邑著名之茶市也。"又说："明时置泥沙塘，附近山地故饶好茶。"可见，自古以来，石门县域境内特别是环壶瓶山区域就是出产名茶、优质茶的地方。

适制石门银峰的品种有碧香早、白毫早、槠叶

齐、福鼎大白茶等。采摘标准为：芽茶、一芽一叶初展、一芽一叶初展至一芽二叶初展。一级为发育健壮的嫩芽，芽长不低于 2 厘米；二级为一芽一叶初展 90%以上，长度不超过 2.5 厘米；三级为一芽一叶初展 60%，长度不超过 3 厘米。采摘时要求"四不采，三不带"，不采露水叶，不采紫色芽叶，不采虫伤、病斑芽叶，不采瘦弱芽叶，不带鱼叶，不带蒂、梗，不带对夹叶、单片叶。

石门银峰的加工工艺为：摊放、杀青、清风、揉捻、初烘、理条、整形和提毫、复烘、提香。鲜叶采摘后验收、分级，分别摊放于干净的竹垫上，厚度不超过 2 厘米，摊放时间 4～6 小时，以茶芽表面无水分，减重 10%为适度。杀青采用 40 型滚筒杀青机，温度为 200℃～220℃时，适量、均匀投叶，时间 1.5～2.5 分钟，至叶质柔软，叶色暗绿，青草气消失，初透清花香下机出锅。出叶口配小型鼓风机及时鼓风散热。杀青叶迅速降温并及时抖散，均匀薄摊在竹垫上，散尽青草气，时间在 20 分钟内。揉捻采用 30 型或 40 型揉茶机轻揉，时间 3～5 分钟，以茶条粘手为适度。采用微型自动烘干机初烘，温度 130℃左右，当茶条含水率 30%左右时下机摊凉，时间 20～30 分钟。理条采用多功能理条机，锅温 90℃～100℃左右，约 8 分钟，待茶条理直，略感刺手时下机，摊凉 20 分钟左右。整形在整形平台上人工进行，温度 80℃左右，双手紧握茶条，向同一个方向往复式用力搓，边紧边散。待茶条八五成干时提毫，反复摩擦 10 次左右，白毫显露后，出锅摊凉。复烘温度为 100℃～110℃，时间约 3～5 分钟，水分控制在 6%以内，即茶条捻之成粉末时下机摊凉。最后精选、分级、贮存、包装、销售。

石门银峰的品质特点：外形紧圆挺直，银毫满披，色泽翠绿纯润；内质嫩香显现、高长，汤色嫩绿明亮，滋味鲜爽醇厚；叶底嫩绿匀整。具有"头泡香高，二泡味浓，三泡四泡回味犹存"的特点。

（江用文 朱 旗）

（六一）野针王

野针王产于湖南省桃源县，始于 1998 年。

桃源县地处常德地区，属于大陆性气候，雨量充足，气候湿润，四季分明。年平均气温 16.4℃～16.8℃，年降水量 1212.6 毫米～1437 毫米。土壤以紫色土与红壤为主，富含钾、硅、微量元素，无机养分丰富，有机质含量高。

桃源产茶历史悠久，相传汉代就有。东汉时，马援带兵攻楚，兵至桃源境内之乌头村，遇到瘟疫盛行，一夜之间，将士病倒数百人，因马援带兵有方，凿石洞，兵不搅民，深得当地百姓爱戴，一老者献出秘方"三生汤"，即生茶、生米、生姜捣成浆状，加盐加茱萸又称五味汤，煮沸后给士兵饮用，饮后将士病即痊愈，后人将这一秘方公开并流传下来，因烹煮五味汤时要由特制的擂钵和山楂木杵擂成浆状，故名擂茶。唐代哲学家和文学家刘禹锡在朗州任司马近 10 年，作了一首《西山兰若试茶歌》，从采摘、炒制到品质等茶事过程记述详细，也是目前考证中国茶史上以"炒青"方法制作绿茶的最早史料。

生产野针王的茶树品种为桃源发现的野生大叶茶树资源，通过系统选育而成的优良品种。采摘标准为优质粗壮的单个嫩芽，芽大小均匀一致，肥壮挺直。

野针王的加工工艺分初制加工和精制加工。初制加工工艺沿用了部分高档名优绿茶传统的制作工艺，包括摊青、杀青、清风、做形、烘焙等工序，并通过二次杀青，采用变温烘炒和炭火提香等独特工艺，确保形成野针王独特的品质。二次杀青是在一次杀青的基础上彻底钝化酶的活性，又使杀青叶的水分散失得恰到好处，使茶叶中叶绿素类物质不致损伤，为形成野针王翠绿鲜活的色泽打下了基础。烘焙温度从高到低，逐级变化，然后在足火工序时又提高温度，这样有利于提高成茶香气。足干时采用传统的炭火烘焙工艺，通过高低温度烘焙的结合，促成了茶叶中芳香物质的转化，形成野针王独特的香气品质。精制加工工艺为：精选、自动分级、归堆、微波灭菌保色增香、保鲜贮藏、包装等工序。其中阶梯式自动分级、微波灭菌保色增香、精加工连续化作业是其独特的加工工序。

野针王的品质特点：外形肥壮挺直有毫，色泽显翠；内质香气高长鲜灵，汤色浅绿，滋味鲜醇，回味甘爽;叶底芽头肥嫩鲜绿明亮。

（朱　旗　江用文）

（六二）南岳云雾

南岳云雾产于湖南省南岳区,为历史名茶,创制于唐代。

南岳位于湖南省中部偏东,位于北纬 27°2′～27°22′,东经 112°32′～112°58′。南岳属于中亚热带海洋性季风气候,年均气温 17.5℃,≥10℃积温 5529.7℃,相对湿度 80%。随着海拔升高,气温降低而降水增加,雨雾增大,光照强度减弱,漫射光增多。土壤以红壤为主,偏酸性,腐殖质土层厚,腐殖质含量较高,自然肥力高,氮、磷、钾丰富。

南岳云雾茶历史悠久,自唐代就出现在许多茶叶史著中。陆羽《茶经》载:"衡州产茶,生衡山、茶陵二县山谷。"唐代裴汶著《茶述》(约 8 世纪)载有:"今宇内为土贡实众,而顾渚(浙江湖州)、蕲阳(湖北蕲春)、蒙山(四川邛崃)为上;其次则寿阳(安徽寿县)、义兴(江苏宜兴县)、碧涧(湖北宜昌内)、濋湖(湖南岳阳)、衡山(湖南南岳);最下有鄱阳(江西九江)、浮梁(江西景德镇)。"列出当时全国 10 种贡茶,把衡山云雾茶定为第二类贡茶。唐代杨晔撰《膳夫经手录》载:"衡州衡山,团饼而巨串,岁取十万。自潇湘达于五岭皆仰给焉,其先春好者,在湘东甘味好,及至湖北,滋味悉变,虽然远自交趾之人,亦常食之,功亦不细。"这一记载说明,衡山团饼茶年产 10 万串,销往湘南、广东、广西、海南,远至交趾(即今越南)。明太祖(朱元璋)洪武二十四年(1391),诏令罢造团茶。此后衡山茶随之改制芽茶作为贡茶。《南岳志》(1753)记载:"岳顶茶特丰,谷雨前焙之,煮以峰泉,甘香不减顾渚。"

生产南岳云雾的茶树品种来自南岳的优良品种。现在生产的南岳云雾分银针和毛尖两个品种,两者加工方法基本相似,而采摘标准略有不同。银针采摘标准为一芽一叶初展,无鱼叶杂质,不采雨水叶,摊放 2 小时。毛尖采摘标准为一芽一叶、一芽二叶初展,剔除不符合要求的叶片及杂质,摊放 2～3 小时。

南岳银针的加工工艺:杀青、清风、揉捻、烘二青、理条、烘干、提香。南岳银针杀青采用 6CST - 40 型滚筒杀青机,温度为 280℃～300℃。下机杀青叶及时摊凉,清风 5～6 分钟。采用 6CR - 30 型揉捻机,一次投杀青叶 6 千克,揉 1 分钟,轻揉轻压。采用 6CHP - 60 型烘焙机,温度 100℃,8 分钟左右,翻拌,至七成干。理条采用 6CL260/11 抖动理条机,温度 80℃～90℃,6～8 分钟,至八成干。采用 6CHP - 80 型烘焙机,温度 100℃,常翻拌,烘至含水量 8% 即可下机。采用 6CTH - 30 型提香机提香,温度 100℃,15～20 分钟。

南岳毛尖的加工工艺:杀青、清风、揉捻、烘二青、理条、复揉、烘干、提香。杀青、清风与银针做法相同。揉捻时需加压(轻、重、轻),时间为 3 分钟。烘二青采用 6CH - 9415(5 斗型)烘焙机,温度 120℃,5 分钟,边翻拌边做形,至七成干。采用 841 烘焙机理条、复揉,温度 120℃,至含水量七成干。烘干、提香与银针做法一致,提香时间为 20～25 分钟。

南岳云雾的品质特点:条索紧细微曲,银毫贴身,香气馥郁,滋味醇厚甘爽,汤色叶底黄绿明亮。

（朱　旗　江用文）

（六三）碣滩茶

碣滩茶产于湖南省沅陵县,为历史名茶,创制于唐代。

沅陵县位于湖南省西北部,怀化市北端,沅水中游,历为"湘西门户",地处云贵高原向江南丘陵过渡地带,位于东经 110°05′～110°08′,北纬 28°04′～29°02′之间。沅陵属中亚热带季风湿润气候,年平均气温在 16.6℃,年平均无霜期为 272.2 天,年平均降雨量 1440.9 毫米,冬季偏北风和东北风,夏季多偏南风和西南风。年平均相对湿度为 78%,年平均蒸发量为 1215.8 毫米。沅陵县属红黄壤地带,以红壤、紫色土分布最为广泛。土壤疏松湿润,土质酸性或微酸性,土壤肥沃。

碣滩茶历史悠久,据康熙二十四年(1685)始编《沅陵县志》木刻本《木茶》条记载:唐·权德舆作陆赞《翰苑集》序云：领新茶一串作此字，即今茶荈之茶，"邑中出茶处，先以碣滩产者为最，后界亭茶盛行"。又云："极先摘者名白毛尖，今且以之充土贡矣。"据《辰州府志》载："邑中出茶多，先以碣滩产者为最。"相传1300多年前，睿宗皇帝的娘娘胡凤娇回朝，泛舟东下，行碣滩遇风而上，闻得高山产茶，便索以引取，饮后顿觉香气浓郁、甘醇爽口，择其上品带回朝廷，赐文武百官举杯小饮，皆赞不绝口，并当即列为朝廷贡品。1972年日本首相田中角荣访华时曾向周恩来总理问及碣滩茶，至此碣滩茶得到周总理及各级政府的关心，被称为"中日友好茶"。发展至今，碣滩茶已多次被评为国际农博会金奖，并载入中国名茶录。

适制碣滩茶的品种为白毫早、槠叶齐、碧香早和尖波黄等。采摘标准为一芽一叶初展，要求芽叶匀嫩鲜净，做到五不采，三一致，即不采虫伤叶、紫芽叶、雨水叶、节间过长叶、开口芽梢，芽头大小一致、老嫩一致、色泽一致，一般在清明前后采摘。

碣滩茶加工工艺为：摊放、杀青、清风、初揉、初干、复揉、复干、割脚、摊凉、烘焙、摊凉、包装等工序。鲜叶验收合格后在阴凉处摊放3～4小时，使其散发部分水分，呈轻萎凋状。杀青在斜锅中进行，每锅投叶量约100克左右，锅温130℃～140℃。鲜叶在杀青后，即行扇凉（清风），然后初揉，将茶坯揉成圆球状，在80℃锅温下炒至五成干出锅。为紧缩茶条，初干后须经复揉，再入锅在70℃～75℃锅温下，搓条、翻炒整形，称为"复干"，炒至茶叶七成干，略感刺手时，进行提毫，八成干时出锅，用24孔筛子割去茶末，然后摊凉约半小时，在烘炕上烘焙，烘温为65℃左右，烘至足干下炕，略加摊凉，用两层牛皮纸外加塑料袋包装候用。

碣滩茶的品质特点：外形条索紧细卷曲，挺秀显毫，色泽翠绿；内质香高持久，滋味鲜爽回甘，汤色清澈绿亮；叶底嫩匀明亮。

（江用文 朱 旗）

（六四）狗脑贡

狗脑贡产于湖南省资兴市，为历史名茶，创制于宋代。

资兴市地处湖南东南部，湘、粤、赣三省交会处，罗霄山脉南端，位于北纬25°34′～26°17′，东经113°09′～113°40′。属大陆性季风气候，四季分明，夏季湿润凉爽，冬季严寒期为7～15天，年均气温16.6℃，1月均温5.4℃，7月均温27.2℃，年降水量1536.3毫米，无霜期280天。土壤主要为红、黄壤和黑色或红色石灰土，pH 5.3～5.7，有机质含量高，土壤养分全面，土壤肥沃。

狗脑贡茶历史悠久，在宋代就成了贡品，享誉江南。相传炎帝带着琉璃狮子狗，尝百草到汤市，得茶而解毒，为了纪念炎帝，人们便以狮子狗为名，将茶山取名为"狗脑山"。宋代狗脑山茶成为皇宫贡品，"狗脑贡茶"由此得名。据资兴史志记载，宋元丰七年（1084），汤市秋田一金姓人士中了进士，为感皇恩，将狗脑茶献上，皇帝品尝后赞不绝口，从此，狗脑茶被定为皇宫贡品，于是便成了狗脑贡茶。至今，汤市的狗脑贡茶仍享誉海内外，获过国际金奖，受到北京一些老茶馆的青睐。

狗脑贡茶选用当地传统的中小叶茶树群体为原料。采摘标准为一芽一叶，剔除杂质。

狗脑贡茶的加工工艺：摊青、杀青、清风、初烘、整形、摊凉、提毫、复烘、摊凉、足火、拣剔11道工序。将采回的一芽一叶初展正常鲜叶薄摊于竹帘上，经4小时左右开始杀青。杀青采用6CST-30D型电热式微型滚筒杀青机，温度为100℃，时间为80秒左右，当杀青叶色泽暗绿，叶质柔软，无焦边，无爆点，清香显露，减重率为35%～40%为适度。在杀青结束时，在出茶口用电风扇以强风冷却杀青叶至室温。采用6CHW-30微型茶叶烘干机进行初烘，温度控制在100℃～120℃，用篾盘在出茶口接茶时，以电风扇吹风冷却。电炒锅内整形，温度控制在80℃左右，待茶条受热后边翻炒边搓揉，在整形的同时起轻微的揉捻作用。至手握茶条成团、松手散开时出锅摊凉。摊凉将茶叶薄摊于篾盘内，自然冷却。在50℃左右的电炒锅内提毫，当茶条受热后双手握茶向不同方向搓茶至搓破茶条外表胶质，白毫显露为止。提毫后上机薄摊复烘。复烘温度控制在80℃左右，快速过机4分钟后，再上机烘一次。把茶叶摊凉于篾盘内 30 分钟左右,让茶叶内水分重新分布。在竹制焙笼上进行足火,用木炭火烘焙,要求用灰堆盖至不见明火,摊茶厚度为 2 厘米以下,至足干下笼。茶叶下笼冷却后,拣除极少量不合标准茶条,清除碎末,包装后上市。

狗脑贡茶的品质特征:外形紧细,巧曲奇卷,银毫满披,色泽绿润灵雅;内质汤色嫩绿明亮,香气高锐持久,滋味鲜厚醇爽,回味悠长,耐冲泡;叶底嫩匀。

(朱 旗 江用文)

(六五) 仁化银毫

仁化银毫古称白茅茶,又称白毛尖,主产于广东省仁化县,邻近的乐昌、曲江、乳源县也生产。创制于明代,清嘉庆时已成贡品。

仁化县位于北纬 24°36′ ～ 25°27′,东经 113°30′～114°20′,地处广东省东北部,粤湘赣三省交界地。仁化县属暖湿亚热带季风气候,年平均气温 19.60℃,≥10℃ 的积温 7180℃,极端最低气温 —5.4℃。年平均降雨量 1665 毫米,日照约 1725 小时,霜日一般 30 天左右。产银毫茶的山区,海拔高度每升高 100 米,气温下降 0.5℃,降水较多。茶区植被覆盖率高,土壤为黄壤和红壤土,成土母质由花岗岩、砂页岩的岩石发育而成。黄壤土分布在海拔 700 米以上的山地上,约占自然土的 12.12%;红壤土则分布在海拔 700 米以下的低山丘陵地区,约占自然土 87%。两种土壤土层较厚,pH 4.85,含有机质 2.5%。

仁化银毫源远流长,历史上关于仁化白毛茶的记载,最早始于明代。《明嘉靖仁化县志》土产类就记有:"茶类:有青茶、黄茶、甜茶、苦茶。"其中青茶,就是仁化白毛茶的前身——绿茶。以后清代的《康熙仁化县志》《同治仁化县志》记载:"茶有白毛、黄毛两种,黄岭(今仁化县红山镇境内之黄岭嶂)山窝产白毛茶,时称白茅茶。"当时的白毛茶其芽之大,茸毛之长是罕见的。

仁化白毛茶是一个复杂的群体品种,野生茶树主要有大叶白毛、中叶白毛、圆茶、半山圆茶、苦茶等

类型,也有灌木型小叶种茶树群体,其中以大叶白毛类型最多。当地群众依照含毫量和内质高低分为五个档次,即银毫(又称白毛尖)、白毛茶、白毛乌紫、乌紫白毛和黄壳。适制仁化银毫的品种为乔木型或半乔木大叶种。仁化银毫鲜叶采摘从春分开始至清明后 5 日为宜,以茶心第一芽第一叶初展者为上品。

仁化银毫茶的加工工艺为:摊放、杀青、揉捻、搓条提毫、烘干。鲜叶采回后应置阴凉通风处摊放 4 小时,然后开始杀青。杀青锅选用 70 厘米铁锅,成 40 度角倾斜安置灶上。锅温应控制在 180℃ 左右,一次投茶仅 500～700 克。先用手扬炒,待叶温上升后再焖炒一分钟,而后降温到 150℃ 左右,再扬炒至叶色暗绿,叶质柔而不粘,嫩梗折而不断,茶叶清香漫溢时即起锅,全过程约 6 分钟。揉捻工艺非常讲究,先团揉,后推揉,在 10 分钟左右的揉捻过程中,每隔 2 分钟要注意解块散热一次。揉捻好的茶再置锅内用手搓条提毫,先重后轻,使茶叶条圆、紧、直并显露白毫,即可上烘。烘茶以竹制焙笼用木炭烘焙,烘温控制在 90℃～95℃。烘至七八成干后下焙摊凉,15 分钟后再焙至全干之成品。

仁化银毫茶的品质特点为:外形芽头肥壮挺直,满披白毫,色泽嫩绿鲜润,内质香气清纯芬芳带兰花香,汤色明净,滋味鲜醇,叶底嫩匀明亮。

(苗爱清 江用文)

(六六) 乐昌白毛茶

乐昌白毛茶产于广东省乐昌县,为历史名茶。创制于明代以前。

乐昌位于广东省北部,武江中上游,地处北纬 24°57′～25°31′,东经 112°51′～113°34′。乐昌属亚热带季风气候,县城地区平均气温 19.6℃,年平均总积温 7131.3℃,≥10℃ 的年平均日 286.2 天,≥10℃ 积温 6386.5℃,年相对湿度 80% 左右。县西南部海拔 620 米的地方年平均气温 16.4℃,与南部的县城相比,各月偏低 2℃～5.2℃。全年降雨量 1496.5 毫米,自南向北,自东向西逐渐减少。降水集中在 4～9 月,占全年降水量的 72.7%。乐昌的山地土壤,以黄壤、红壤土为主,土层深厚,养分丰

富,其中有机质含量 3.49%。

适制乐昌白毛茶的品种为乔木型或半乔木大叶种。采摘标准为一芽一叶初展的嫩芽叶,一般在春分开始至清明后 5 日采摘,原料要求做到芽叶细嫩、纯净、匀齐、新鲜。鲜叶进厂后,薄摊于摊青间篾盘中。要求摊青间阴凉、通风、干燥。

乐昌白毛茶的加工工艺为摊青、杀青、揉捻、初干、整形提毫、烘足干包装。摊青:鲜叶采下以后,及时进厂摊青,摊放 4~5 小时,到水分轻度蒸发,叶质变软,略显清香时结束。杀青:用手工在斜锅内进行,锅温应控制在 180℃～220℃,先闷炒,后扬炒,做到闷扬结合,失水率约 20%～30%,直炒到叶质柔软,叶色暗绿,青草气消失,散发出清香时,即为杀青适度,立即起锅摊凉。揉捻:先行团揉,后推揉,用力应恰当适度,揉至茶条形成,略有粘手感即可。初干:在锅内进行,温度(90℃～70℃)必须掌握先高后低,炒至七至八成干时,芽叶不粘手即可出锅摊凉散热。整形提毫:整形提毫是塑造茶条紧结匀直、白毫显露、达到乐昌白毛茶外形要求的关键步骤,务必掌握好温度和方法。温度宜低不宜高(70℃左右),为使白毛茶形态自然美观,要求炒制手法灵活自如,用力不宜过重,炒至茶条紧结圆浑,色泽鲜润,白毫显露为适度。烘足干:用烘笼烘焙(80℃～90℃),将茶叶均匀地摊于纸上烘焙,时间 30～40 分钟,烘至芽叶足干即可下烘摊凉,然后整理包装入库封存。

乐昌白毛茶的品质特点为:外形紧直,色润,密披银毫,内质香气清新馥郁,滋味鲜浓爽口,汤色黄绿明亮,叶底嫩黄明亮。

(江用文　苗爱清)

(六七) 清凉山茶

清凉山茶产于广东省梅县清凉山,为历史名茶,创制于明代。

梅县位于广东省东北部,地处北纬 23°55′～24°48′,东经 115°47′～116°33′。属亚热带季风气候,年平均气温 21.2℃,最冷 1 月平均气温 11.9℃,最热 7 月平均气温 28.6℃,极端最高气温 39.5℃,极

端最低气温−7.3℃,无霜期 304 天。年均日照时数 2009.9 小时,年均降雨量 1173.3 毫米,雨水多集中于 4～9 月份。清凉山山高云雾多,湿气大,昼夜温差大,漫射光强。山地土壤多属黄、红壤,呈微酸性或酸性,土层深厚肥沃,pH 4.5～6.5 之间。

据史籍记载,清凉山茶栽种历史已有四五百年。1860 年汕头开埠后,清凉山茶由此转销东南亚。

清凉山茶的原料主要是本地灌木型小叶群体种。清凉山茶一年采三至四轮,分别称为头春、二春、禾花和雪片。从品质上讲,以雨前采的头春茶为最佳。采摘时要求鲜叶嫩、匀、鲜、净,当日采摘,当日制完。

传统加工仍采用手工制作。炒制分为杀青、揉捻、干燥、筛末及复火等工序。杀青在锅内进行,时间较长,温度较低,控制在 120℃～130℃;每锅投叶 500 克～750 克。投叶以扬为主,手法上要抖得开,散得匀,使叶中的水分充分散失,叶色保持暗绿。约 20～30 分钟,待有新茶香时为适度,出锅摊凉。揉捻:将摊凉的杀青叶用双手揉捻,一直揉至茶叶成条。在此过程中还需解块 2~3 次,以降低叶温,防止茶坯闷黄。干燥:将揉捻好的茶叶立即在锅中进行干燥。温度由高到低,从 110℃ 到 80℃ 再到 60℃,直至茶叶干身时起锅。筛末工序主要是拣剔和去除茶中的杂质。复火:用 30℃～40℃的锅温进行复火足干,至茶叶色泽银绿显霜时,出锅摊凉,并装入铁罐中密封贮藏。

清凉山茶的品质特征:条索紧,起勾耳,色翠绿,汤色碧清明亮,幽香高雅,滋味醇厚甘美,叶底鲜嫩。

(江用文　苗爱清)

(六八) 古劳茶

古劳茶产于广东省鹤山市,为历史名茶,创制于宋代。

鹤山市地处珠江三角洲西北部,位于北纬 22°28′～22°51′,东经 112°28′～113°2′。鹤山市属南亚热带季风性气候,气候温暖,雨量充沛。年平均气温 21.8℃,最高气温 36.7℃,最低气温 2.6℃,全年

基本无霜。年降雨量达 1800 毫米左右,多集中在 4 月~9 月。江面上的水蒸气蒸发,雾气蒙蒙,空气湿润,相对湿度为 81%,构成了丘陵上的"高山气候环境"。茶区土壤多为紫色砾岩,以及沙砾岩和石英岩风化而成的砖红壤和砂质壤,pH 在 4.5~6.5 之间,土层深厚,土地肥沃,有机质和矿物质含量丰富。

相传,唐末诗人曹松守居西樵山,引入浙江长兴顾渚茶种于山中。古劳墟与西樵山隔水相望,且有宜茶山区,山区多为客家移民,喜欢植茶。由此推测,可能在宋、元年间,由西樵山引种茶树逐渐发展而来,至今约有 1600 多年历史。到了清朝乾隆至道光年间(1736~1850),古劳茶生产已进入全盛时期,"山埠间皆种茶","近则自海口(古劳北属南海地)到城(今鹤城),毋论土著、客家多以茶为业"。出现"一望皆茶树,来往采茶者不绝"的景象(《鹤山县志》)。

古劳茶主要有"古劳茶"和"古劳银针"两个品类。这两个品质在采摘后标准上是有差异的。古劳银针为古劳茶的珍品,以丽水所产的"翠岩银针"品质最佳。

古劳茶采自当地的古劳茶树,古劳茶树分青芽型和红芽型两种类型。前者称青蕊,后者称红蕊。红芽型鲜叶制成的古劳茶香低,青芽型鲜叶制成的古劳茶香气清高。古劳银针多采用青芽型鲜叶加工而成。高级古劳银针又称雀舌茶,采于春分前后,采摘标准为一芽一叶初展,芽叶长度 1.5~2.0 厘米,芽色黄绿,茸毛多,称之"雪谷芽";普通古劳银针采于清明前后,采摘标准为一芽二叶初展,色泽深绿,称之黑蕊;古劳青茶采摘标准为一芽二、三叶,称之"劈蕊"。

古劳银针为手工炒制。主要工艺分摊青、杀青、搓揉、焙炒、焙干五道工序。摊青:目的是散发芽叶的表面水分。经过短时薄摊,表面水分丧失后再行杀青。杀青:当锅温 150℃~200℃时,投入 700 克左右摊青叶,以扬炒为主。当叶质柔软,叶面光泽消失,折梗不断时,起锅摊凉。搓揉焙炒:在锅内进行。目的是做形和蒸发水分。当锅温 80℃左右,投入摊凉叶 700 克左右,将茶叶置于两手掌间,自上而下轻揉、轻搓,边蒸发水分,边将茶叶搓紧、搓直、搓圆。手势用力由轻到重。当茶条圆直形似针,茸毫

显露,含水量为 30%~35%,降低锅温至 50℃~60℃进行焙干。焙干时手势应轻,保持芽叶完整。当形状固定并发出沙沙响声时进入焙干过程。焙干可以直接在锅内烤干,也可起锅在烘笼内烘至足干。

古劳银针的品质特点是:条索紧结圆直如针,色泽银灰显毫,香气高纯持久,滋味醇和回甘,汤色绿而明亮,叶底细嫩匀整。

(苗爱清　江用文)

(六九) 竹叶青

竹叶青茶,产自四川省峨眉山,新创名茶,始于 1964 年。它是在万年寺和尚采制的待客茶基础上改制而成。陈毅元帅品尝此茶后觉得形似竹叶,遂以竹叶青命名。

峨眉山市位于四川盆地边缘,境内多山,峰峦重叠,山脉连绵。峨眉山方圆数百里,林木叠翠,云海涓涓,景色秀丽,远眺宛如峨眉,素有峨眉天下秀之誉,是风景优美的游览胜地。峨眉山茶园分布在海拔 800~1500 米的万年寺、黑水寺、清音阁、白龙洞、龙洞等地,茶园辟在群山环抱之中,茶树长于云雾缭绕之处。年平均温度 15.5℃,年降雨量在 1532 毫米左右。茶园土壤为黄壤型砂质壤土,有机质含量丰富,土层深厚,pH 4.5~6.5 之间,适宜茶树生长。

适制竹叶青茶的茶树品种有福鼎大白茶、名山特早 213、名选 131、四川中叶种等品种。竹叶青采摘标准为独芽至一芽一叶开展,病虫叶、雨水叶、露水叶不采。

竹叶青茶的炒制工艺为:保鲜、摊凉、杀青、理条、做形、摊凉筛分辉锅、检验、定级、包装、冷藏。保鲜、摊凉:采摘的鲜嫩茶芽放在竹筛或纱筛里进行摊凉,待失水减重率达 8%~10% 时,茶香显露,即可杀青。杀青:摊凉适度的鲜叶采用滚筒杀青机杀青,鲜叶杀青后应迅速薄摊、降低叶温,防止杀青叶黄变。理条、做形:传统上做形采用全手工制作,鲜叶杀青后,经抖、撒、抓、压、带等十多种手法交替炒制,逐渐压扁成形。投叶量 0.3~0.4 千克,耗时 20~30 分钟,近年来,随着名茶机械的普及,竹叶青

做形基本上采用机械来完成,工效提高五倍左右,总体质量水平与手工相比,无明显差异,且品质外形较整齐而统一。机械做形是杀青经摊凉后在制品投入多用机中进行理条、做形压条。投叶量1.5～2.5千克,茶温与人体温度相当,不烫手为度。在制品外形扁平、挺直后起压棒,干度达八成干左右时起锅,并及时摊凉。摊凉:做形起锅后的在制叶要经摊凉,目的是使在制叶水分重新分布,表面回软,以利辉锅,提高成品茶的扁平光滑度。筛分、辉锅:在制叶因芽叶大小的差异,造成含水量不一致,筛分后分别辉锅有利于品质的提高。做形后的在制品经摊凉后投入多用机中整形、辉锅。辉锅前期茶温与人体温度相当,不烫手为度,后期逐渐提高温度,发展茶香。以外形达扁平光滑、手折断口整齐且声音清脆,即可起锅。精制提香:辉锅后的茶叶采用进口自动化生产线筛分、风选、拣剔后提香,使成品茶外形整齐、香高味醇。检验、定级、包装:将筛选后的茶叶按质量归类,交质检部门验质并对照企业标准划定级别,用纸箱包装成件,注意包装时必须套上内膜,并标注好品名、级别、数量、日期。冷藏:包装好的茶叶及时搬运入保鲜库中冷藏,温度控制在0℃～8℃,并注意务必开启除湿装置。

竹叶青茶的品质特点是:外形扁平、挺直秀丽,色泽嫩绿油润,香浓味爽,茶汤黄绿明亮,叶底嫩绿匀整。

(江用文　段新友)

(七○)叙府龙芽

叙府龙芽,新创名茶,产于四川省宜宾市,始于1988年。

宜宾市位于四川盆地南部,东靠万里长江,西接大小凉山,南近滇、黔,北连川中腹地。因金沙江、岷江在宜宾交汇始称长江,故宜宾市又称"万里长江第一城"。茶叶产区主要分布在金沙江和岷江下游沿线,包括宜宾市翠屏区、宜宾县、屏山县等区县,地跨北纬27°50′～28°18′、东经103°36′～105°20′之间,茶园分布于海拔为305～600米的丘陵区和800～1350米的中高山区两个分布带。茶区林木茂盛,物

种丰富,生态环境优越。受金沙江和中都河河谷干热气候及老君山高山寒冷气候的影响,为中亚热带湿润气候兼有南亚热带的气候属性,水热资源丰富,雨热同期;昼夜温差大,冬季气温高,年均温17.5℃,无霜320天以上,春季回暖特早。土壤为紫色砂壤土和黄壤、棕黄壤土,土壤有机质含量高,土层深厚,保水能力强,呈微酸性反应。

适宜加工叙府龙芽的茶树品种主要有福鼎大白茶、早白尖5号、名选311、四川中小叶种等品种。由于茶区特殊的地形地貌和明显的立体气候,叙府龙芽春茶采制期从2月中旬至5月上旬。采摘标准为:采摘独芽和一芽一叶初展的芽茶为原料。要求芽叶完整、新鲜、匀净,忌采病虫叶、紫色芽、空心芽及其他非茶类杂物。

叙府龙芽茶的加工工艺为:摊放、杀青、冷却、理条、做形、辉锅、提香、冷却包装。摊放:鲜叶摊于竹簸或竹制晒席等无污染器具上或摊放在冷风槽上,当鲜叶摊放至含水量为70%左右时即为适度,进行杀青。杀青:杀青采用名茶滚筒杀青机或多用(功能)机杀青。杀青标准为叶色变暗,青气全消失,茶香显露。冷却:杀青叶要及时进行冷却、摊凉,降低叶温,防止杀青叶黄变。理条、做形:采用理条机进行,要求锅温110℃左右,至茶条变挺直,有部分毫毛显露时下机,并及时摊凉。辉锅:做形后的在制品经摊凉后投入多用机中整形、辉锅。提香:用远红外足火进行提香。冷却包装:提香的茶叶经摊凉后按质量归类,进行检验、定级、定量包装。包装好的茶叶及时搬运入保鲜库中冷藏。

叙府龙芽茶的品质特点为:外形挺秀,色泽翠绿,清香高雅持久,汤色淡绿清澈,滋味鲜醇爽口,叶底嫩黄明亮。

(段新友　江用文)

(七一)蒙顶甘露

蒙顶甘露,产于四川名山县的蒙山,为历史名茶。此茶最早见于文字记载是明嘉靖二十年(1541),后失传,1959年在总结宋代"玉叶长春"和"万春银叶"两种茶炒制经验的基础上研制而成。

蒙山位于四川盆地的西部,地跨名山、雅安两县,顶峰海拔1400米,环抱于峨眉大相岭、夹金山和邛崃山诸峰丛中。蒙山全年总降雨量达2000～2200毫米,从初春开始烟雨蒙蒙,长达220多天,故有"漏天常泄雨,蒙顶半藏云"之说,从而形成蒙山三大特点:雨多、雾多、云多。"五峰山上春风暖,六合桥下甘露香",这是赞美"甘露"名茶的佳句。

蒙顶茶栽培始于西汉,距今已有2000多年历史,相传被宋哲宗封为"甘露普慧禅师"的吴理真亲手植茶七株于蒙山五峰之中。"其叶细长而嫩,味甘而清,色黄而碧,酌杯中香云蒙覆其上,凝结不散,以其异,谓曰仙茶"。据五代后蜀毛文锡《茶谱》记载:蒙山有五顶,上有茶园,中顶称上清峰。如饮中顶茶一两,可治宿疾,二两可保无病,三两能固肌骨,四两即成"地仙"。

适制蒙顶甘露的茶树品种有:福鼎大白茶、名山特早213、名选311、名选131等品种。鲜叶采摘标准为:特级鲜叶采一芽一叶初展,一级鲜叶采一芽一叶,二级鲜叶采一芽二叶初展。要求芽叶匀整,嫩度一致。

蒙顶甘露的加工工艺为:高温杀青、三揉、三炒、烘干。高温杀青:杀青锅温和投叶量,依鲜叶等级而不同,一级以上鲜叶杀青,锅温为120℃～140℃,投叶量为500克;二级以下鲜叶杀青,锅温为160℃～200℃,投叶量逐渐增加到2.5千克左右。以抖炒为主,动作要迅速。杀青时间依鲜叶含水量和投叶量而定,一般约经5～7分钟,以炒透炒匀为度。起锅后应稍摊凉即进行初揉。三揉:特级原料用手揉,其余可用小型揉捻机揉捻(机揉两次即可)。每次揉捻均应掌握先轻、中重、后轻的原则,用力或加压不能过重,必须保持全芽整叶,不能碎断。初揉杀青叶时间不能过久,特级茶手搓时间约3～5分钟,并须注意解块散热。复揉时,用力或加压可较重,时间可稍长。特级茶手揉约5～7分钟,揉至条索紧结翻毫为度。一级以下原料,每次揉捻时间应适当延长。三揉须适当多加团揉,即用双手把揉的方法,做紧条索。如用机揉,第一次无压揉10～15分钟,第二次轻压揉15～20分钟。三炒:三炒指炒二青、炒三青和做条。炒二青在初揉后进行,一级以

上鲜叶,炒二青的锅温为90℃～120℃;二级以下鲜叶,为130℃～160℃。用双手抓炒,以迅速散失水分。历时约8～10分钟,炒至五成干即起锅进行复揉。炒三青在复揉后进行,锅温约比炒二青低30℃～40℃。用双手抓抖,散失水分,并适当进行搓团,使茶叶初步成条形。炒至六七成干后,起锅进行第三次揉捻。如用机揉,可省去炒三青和第三次揉捻,但应适当提高二青干度(约八成干)。做条在三揉后进行,锅温为50℃～60℃,边炒边搓条边解块,使茶叶条索紧卷,并用聚团翻滚手法,使茶条略带卷曲,炒至八成干左右起锅进行烘干。烘干:高级茶用烘笼烘干,烘笼温度为70℃～80℃,每隔3～5分钟翻动一次,干燥到含水分7%以下时下烘。

蒙顶甘露茶的品质特点是:外形秀丽,紧卷多毫,嫩绿,内质清香,味醇而甘,汤色黄中透绿,清澈明亮,叶底匀整,嫩绿鲜亮。

(江用文 段新友)

(七二) 仙芝竹尖

仙芝竹尖,产于四川省峨眉山的后山——黑包山,始于2002年。

黑包山海拔1500米～1800米,峰峦叠嶂,终年云雾缭绕,日光漫射,加之气候湿润,土壤属红黄壤类型,质地疏松,土层深厚,呈微酸性反应,排水性极好,自然肥力高。

自古以来当地人就有种茶之习惯。到唐代,由于峨眉山佛教兴盛,寺僧常用自己所种之茶招待香客,品味不凡的峨眉山茶叶开始闻名于世,唐代陆羽所著《茶经》探讨饮茶文化,就专门研究峨眉山佛教融入饮茶中,更加为世人广泛知晓。

适制仙芝竹尖的茶树品种有:福鼎大白茶、四川中小叶种等品种。仙芝竹尖于清明前10天开采,采摘标准为鲜嫩独芽初展和一芽一叶初展,要求鲜叶色泽嫩黄绿色,芽叶大小、长短要匀齐。

仙芝竹尖茶的加工工艺为:摊放、高温杀青、理条做形、摊凉、辉锅、包装等工序。摊放:采下的芽叶,适当摊放,然后付制。高温杀青:杀青方式有名茶滚筒机杀青和多用(功能)机杀青及手工杀青三

种。时间：一般为 1～1.5 分钟。投叶量：台时鲜叶投叶量以 25～30 千克为宜。程度：杀青适度的叶子，色泽翠绿，叶质柔软，手捏成团，并有弹性，折梗不断，略有清香，无焦边、爆点，芽叶完整，杀青叶含水量为 58%～60%。理条做形：在电炒锅内进行。当锅温达到 80℃ 左右时，前期以理条和散发水分为主。以单手自锅底向锅边轻轻抓、带、翻、抖等手法理顺茶条，并逐步散发一定水分。随着茶条不断失水，结合理条，可适当做形，手法以搭、带、拓、抖为主，用力宜轻，使其逐渐成形。当茶条不粘手，可塑性较强时，则以做形为主，辅以理条，手法以搭、带、压、拓、扣、拍为主，此时加压适当偏重，使茶条搭紧压扁并基本达到成形要求。摊凉：当在制品外形扁平挺直，干度达八成或八成半时，起锅摊凉，并进入最后干燥整形阶段。辉锅：采用滚筒机辉锅提香，含水量 4%～6%，手捻即成粉末时，出锅摊凉。包装：出机摊凉后进行简单筛分、拣剔、去杂后即可包装贮藏或上市销售。

仙芝竹尖的品质特点是：扁平直挺秀，形似竹尖，色泽绿黄，汤色嫩绿明亮，滋味鲜爽甘醇，清香浓厚持久，叶底匀整如雨后春笋，内质如灵芝之妙。

（段新友　江用文文）

（七三）花秋御竹

花秋御竹产于四川省邛崃市。创制于清康熙年间，后失传。近年来经研究后恢复生产。

花秋堰位于邛崃市西南部，海拔高度 800～1000 米，年平均气温 16.5℃，降雨量 1117 毫米，日照时数 1107 小时，无霜期 285 天，土壤以黄壤为主，pH 5.5～6.5 之间，非常适宜茶树生长，这里保留着原始生态环境，竹木苍翠、峰峦重叠、云雾缭绕、空气清新。在这浩瀚的森林海洋中，还保留着大面积前人留下的人工栽培古茶树。据调查，最大的一株经四川农业大学专家鉴定为树龄 1036 年，在全国是非常罕见的。

花秋茶有着深厚的历史文化底蕴和内涵。清人吴秋农饮后诗赞曰："临邛早春出锅焙，仿佛蒙山露芽翠。压膏入白筑万杵，紫饼目团留古意。火井槽边万树丛，马驮车载千城空。性醇味厚解毒疠，此茶一出凡品空。"据《邛崃县志》记载：清朝年间，康熙皇帝曾传旨天下，凡境内茶圃，均要送佳茗进京品尝。邛州州官急令花秋茶圃刘建国携茶进京，千百家茶圃精制美茶一碗碗奉至康熙和文武大员面前，而直到花秋茶沏上，康熙才龙颜大悦，连呼好茶，细问方知，此茶产自山峦重叠、云雾缭绕、世间罕见、古茶林立的花秋茶圃，遂当即御赐花秋堰为"天下第一圃"。从此，花秋茶年年上贡，名扬天下，香飘四海。

花秋御竹精选早春采摘的独芽茶，要求芽叶新鲜、多茸毛、色泽嫩黄、大小均匀，无紫芽叶、无病虫叶、无大小叶种混合叶、无露水叶、无鱼叶、无鳞片、无杂物。

花秋御竹的加工工艺为：杀青、做形、人工辅助做形。杀青：用连续式滚筒杀青机和微波杀青机杀青，温度在 130℃～140℃，在杀青过程中应随时检查杀青效果，达到杀青叶叶质柔软，失去光泽，青气散失，茶香发出的要求。做形：在多功能机中进行，温度 90℃～100℃，待茶条理直时加棒做形，温度控制在 80℃～90℃，做形达到茶条扁平直，色泽翠绿时下锅。人工辅助做形：在电炒锅内人工辅助做形，锅温 60℃～70℃，待茶条扁平光滑油润，茶香浓郁时起锅，水分控制在 5%～5.5%。

花秋御竹的品质特点为：茶条扁平直，色泽翠绿油润，汤绿明亮，鲜香浓郁，味醇爽口，杯中茶芽似雨后春笋，又似少女亭亭玉立，具有较高的艺术观赏价值和文化品位。

（白堃元　江用文文）

（七四）文君绿茶

文君绿茶，产于四川省邛崃县，始于 1979 年。

邛崃县距成都市 70 公里，地处四川盆地西南边缘邛崃山脉地带，是个古老的茶区，种茶制茶历史源远流长。产区分布在邛崃山脉的南宝山、花秋堰等处的崇山峻岭之间，海拔一般 800～1700 米之间；气候温和，雨量充沛，空气湿润，云雾缭绕；土壤属山地黄壤类型，pH 一般在 4.5～6.0 之间，土质深厚肥沃，通透性较好，保肥力强，是得天独厚的产茶之地。

早在西汉时,邛崃种茶就相当普遍,到了唐代,已成为全国的主要茶叶产区,所产之茶,列为贡茶。"文君绿茶"以西汉才女卓文君命名。文君是西汉初期卓王孙之女,是一年轻孀妇,与成都著名才子司马相如恋爱结为夫妻。1957年国庆节,郭沫若同志为"文君井"题词赞颂:"文君当垆时,相如涤器处,反抗封建是前驱,佳话传千古,会当一凭吊,酌取井中水,用以烹茶涤尘思,清逸凉无比。"卓文君与司马相如的故事,实系千古佳话。现故井犹存,令人向往。

适制文君绿茶的茶树品种有:福鼎大白茶、名选311、名选131、四川中叶种等品种。每年春分至谷雨前采摘,采摘的鲜叶以一芽一叶为主,一芽二叶初展为辅,要求不采雨露叶、紫芽叶、病虫叶、焦边叶、对夹叶、不符合标准叶、不带鱼叶、不带鳞叶。采摘的鲜叶及时运往加工厂。

文君绿茶的加工工艺流程为:摊放、杀青、初揉、烘二青、复揉、炒三青、做形提毫、烘干、装箱入库九道工序。摊放:鲜叶摊放于竹簸、篾垫、摊叶专用架上,厚度2～4厘米,至鲜叶含水量减到71%～72%即可付制。杀青:采用名茶滚筒机杀青和多用(功能)机杀青及手工杀青三种方式。当杀青叶失去光泽,叶质柔软、手捏成团并有弹性,折梗不断,无焦边、爆点,芽叶完整,略露茶香为杀青适度。初揉:采用揉捻机进行,装叶量以自然装满揉筒为宜。加压应掌握轻、重、轻的原则。以揉捻叶紧卷成条,茶汁初溢为揉捻适度。烘二青:采用烘干机进行,当叶色转暗,条索收紧,茶条略刺手,烘坯含水量40%～45%时,及时摊凉。复揉:采用揉捻机进行,装叶量以揉筒的2/3为宜。加压比初揉重,同时掌握轻、重、轻的原则,以茶条紧卷、紧细,碎断较少为揉捻适度。炒三青:此时茶叶已初具条索,炒时要求抖得快,扬得高,抖得散,捞得净。炒至七成干时进行摊凉。做形提毫:这是一个使文君绿茶外形紧细、弯曲、显毫的关键工序。操作手法是边抖炒,边团揉,边抖散,边解块,反复操作。后阶段改用双手加速团揉,以使白毫显露、条索紧曲。烘干:采用烘干机进行,及时摊凉。装箱入库:出机摊凉后进行简单筛分、拣剔分级、去杂、整理,精选分装,入库贮藏即可。

文君绿茶的品质特点为:色泽嫩绿油润,条索紧曲披毫,栗香浓郁,汤绿明亮,滋味爽口回甜,叶底嫩绿匀亮。

(江用文 段新友)

(七五)青城雪芽

青城雪芽,产于四川省都江堰市青城山,始于1959年。

青城山海拔2000余米,古称"天下第五山"。这里峰峦叠翠,古树参天,有"青城天下幽"之誉。产区夏无酷暑,冬无严寒,雾雨蒙蒙,年均气温15.2℃,年降水量1225.2毫米,日照190天;土壤为酸性黄棕紫泥,土层深厚,质地肥沃。

青城山产茶历史悠久。远在西汉时期,司马相如在《凡将篇》中,把"荈"(即茶叶)和其他十八种中药材并列,并称赞青城山的沙坪茶是比较好的茶叶;五代毛文锡《茶谱》有"玉垒关宝唐山,有茶树悬崖而生,笋长三寸五寸,始得一叶两叶";宋《东斋纪事》中对八州沙坪所产名茶也作了评述:"雅州之蒙顶,彭州之棚口,蜀州之味江,锦州之兽目,邛州之火井,利州之罗村,嘉州之中峰,汉州之杨村。"说明青城在当时已是著名的名茶产区,青城名茶在宋代就已列入贡品。

适制青城雪芽茶的茶树品种有:福鼎大白茶、名山特早213、名选311、名选131、乌牛早、四川中叶种等。每年在清明前6～7天开采,至清明后3～4天结束,采摘标准为一芽一叶,芽叶要求鲜嫩匀整,无花杂叶、病虫叶、对夹叶、变形叶和单片叶等。

青城雪芽茶的加工工艺为:摊放、杀青、摊凉、揉捻、二炒、摊凉、复揉、三炒、摊凉、整形、烘焙、装箱入库等工序。摊放:将鲜叶摊放于摊青网(槽)、竹簸、篾垫等无污染的器具上,厚约3～4厘米,待含水量到71%～72%时即可杀青。杀青:可采用手工杀青、蒸气杀青、滚筒机杀青等方式。当杀青叶失去光泽,叶质柔软、手捏成团并有弹性,折梗不断,无焦边、爆点,芽叶完整,略露茶香为杀青适度。摊凉:杀青叶要及时摊凉。揉捻:在竹簸里用团揉和推揉法进行手工揉捻,注意保持芽叶完整。二炒:锅温保持80℃~100℃,到七八成干时起锅。摊凉:二炒出锅的茶要及时摊凉。复揉:将二炒青叶摊凉后进行揉捻,成条率为95%左右为宜。揉捻过程中加轻压,以桶盖接触揉捻叶为宜。三炒:将复揉的茶叶解块后进行三炒,下机后的茶叶摊凉冷却。摊凉:每次揉捻后,要及时摊凉,并将揉捻成团块的芽叶解散。整形:热锅搓条整形,进行提毫。烘焙:以优质木炭作燃料,竹笼上放一层白纸,茶叶放在白纸上烘烤,烘到含水量达6%~7%时止。装箱入库:将复烘足干摊凉冷却后的茶叶经整理、拼配、定量装箱入库。

青城雪芽茶的品质特征是:条索秀丽微曲,白毫显露,香高味爽,汤绿清澈明亮。

(段新友　江用文)

(七六) 红岩迎春

红岩迎春,产于四川省叙永县,试制于1985年。

叙永县位于四川盆地南缘,地处川滇黔三省结合部,茶叶产区主要分布在省级风景旅游区玉皇观内的红岩坝。该地海拔600米~800米,林竹密布,沟渠纵横,云雾缭绕,气候温和,雨量充沛,空气湿润,土质深厚肥沃,是生产优质绿茶理想的生态区。明、清时期此地即有贡茶产出。

适制红岩迎春茶的茶树品种有:福鼎大白茶、四川中叶种等。红岩迎春茶采用早春萌发的鲜嫩壮实芽叶精制而成,因其在每年春分以前即可大量上市而得名。红岩迎春茶在每年春分时节开采,采摘单芽或一芽一叶初展为原料,要求鲜叶色泽嫩黄绿色,芽叶大小、长短要匀齐。采下的芽叶,适当摊放,然后付制。

红岩迎春茶的加工工艺为:摊放、杀青、揉捻、初烘做形、足火烘干、包装。摊放:鲜叶摊放于簸箕或竹围上,厚度2厘米~4厘米,置于清洁、阴凉、通风处4~10小时。待叶表面光泽减退,叶质变软,香气溢出后进行杀青。杀青:杀青可用锅炒或40型至60型滚筒杀青机杀青,杀青温度200℃~300℃。杀青程度以叶色转暗绿,茶香溢出,手捏成团,松手不散,含水量约60%为适度。要求无红变、焦边、烟

叶。揉捻:将杀青叶置于簸箕或25型至45型揉捻机中加压揉捻。分次按轻、重、轻反复揉捻20~40分钟后下机,解块薄摊。芽茶不揉或轻揉。初烘做形:将揉捻好的芽叶置于烘笼、烘柜或名茶烘干机上初烘,烘温80℃~120℃。间隔翻动、抛扬,以散失水分青气。待茶条六七成干、不粘手时,进行搓条、理条、提毫后,下烘摊凉。足火烘干:把经摊凉后的茶叶,置烘笼或烘干机上,摊叶要均匀,厚度1厘米~2厘米,烘温70℃~100℃。烘至八成干时,再进行搓条提毫,勤翻轻撒,直到足干(含水率6%以下),手捻茶条成粉末时下烘摊凉。包装入库:出机摊凉后进行简单筛分、拣剔分级、去杂、精选分装,入库贮藏即可。

红岩迎春茶的品质特征是:色泽嫩绿,绒毛披露,清香洋溢,汤碧明亮,滋味醇和鲜爽,叶底嫩匀完整。

(段新友　江用文)

(七七) 都匀毛尖

都匀毛尖产于贵州省都匀市。为历史名茶,创制于明清。

都匀市地处贵州高原东南斜坡,苗岭山脉南侧,境内峰峦叠嶂,云雾缭绕,昼夜温差较大,属亚热带湿润季风气候区,四季分明,雨热同季,冬无严寒,夏无酷暑,最冷月(1月)平均气温5.5℃,最热月(5月)平均气温24.8℃,年平均气温15.9℃;年降雨量1446毫米;无霜期270~300天,植被良好,森林覆盖率达52.6%。境内地势起伏较大、地形复杂,海拔在540~1961米之间,平均海拔938米,土壤以硅质和硅铝质黄壤为主,pH值在4.5~6.0之间,土壤富含有机质,非常适宜于茶树生长。都匀气候云雾多,云量大,阳光多以散射折射形式照耀茶园,有利于茶叶内芳香物质的形成和积累。都匀的地理位置及独特的土壤、气候等条件,造就了都匀毛尖茶的优良品质。

都匀产茶历史悠久,早在明代洪武年间,都匀农村就已形成大片郁郁葱葱的茶园。明代御使张鹤楼贬职充军都匀,曾前往五山(今都匀郊区团山一带,

为都匀毛尖茶原产地之一）游览，步入茶山，禁不住诗兴大发，赋诗一首：云镇山头，远看青云密布；茶香蝶舞，似如翠竹苍松。到清代，都匀就有了官府管理茶园的记载。《都匀县志稿》卷十一"祠庙寺观"中记载："西岳庙，在长秀（今都匀团山一带），旧建，乾隆间毁，知府宋文型重建。"在重建西岳庙时，宋文型刻立有《重建西岳庙碑》。宋文型在碑序中说："庚子岁（即清乾隆四十五年，1780 年）余守匀疆，兼理厂务茶园一局，建有西岳王之庙，奉为本厂之神"，"爰是捐俸五十两，命薛允忠督造重修"，希望"镇彼西方，维兹厂局"，以求"上裕国课，下佐工商"。由此可知，早在二百多年前都匀就已经有了官办茶园，而且直接由知府兼理，规模已经不小，以至关系到"上裕国课，下佐工商"之大事。在 18 世纪末，广东、广西、湖南等地的商贾，用以物易物的方式来换取"鱼钩茶"（即今都匀毛尖茶）经广州远销海外。民国 25 年《都匀县志稿》载："茶，四乡多产之，产水箐者尤佳。民国四年，巴拿马赛会曾得优奖，输销边粤各县，远近争购，惜产少耳。"说明当时都匀所产茶叶，品质上乘但产量不多，供求矛盾非常突出。

都匀毛尖的采制，一般在每年"清明"前后采摘。鲜叶的质量等级分为：极品为独芽；特级为一芽一叶初展；一级为一芽一叶半开展；二级为一芽一叶开展。鲜叶长度不大于 2.5 厘米，叶柄长度不大于 2 毫米，芽叶完整，叶色淡绿或深绿，叶质鲜嫩，均匀洁净，含水率不低于 72%，无机械损伤，无病虫害斑点，无鱼叶鳞片，无紫红芽叶。

都匀毛尖加工为：杀青、揉捻、整形、提毫、烘干。鲜叶从"净坯"下锅杀青后，采用翻、抓、抛、抖、揉、丢等手势连续操作，讲究"火中取宝一气呵成"，直到制成干茶为止，全过程时间需要 45 分钟左右。杀青：投叶前的锅温，要达到白天看锅底发青，夜晚看锅底微红，投叶量 0.6 千克～0.7 千克/锅为宜，杀青后期锅温掌在 150℃～200℃之间，要求抖闷结合，多透少闷，眼看叶色由鲜绿变为暗绿，鼻嗅青草气基本消失，略有清香，手捏叶质柔软，略带粘性，嫩茎折之不断紧紧握成团，松手后能慢慢弹开即可。时间大约 3 分钟左右。揉捻：杀青适度后，将锅温降至 65℃左右在锅中揉捻。用单手或双手沿锅边翻起茶叶置在双手中，揉 2 周即抛，解块抖散一次，手感茶叶已完全柔软，温度达到标准时揉转 3～4 周，解块抖散一次，在揉捻中手势方向始终保持一致，坚决不能倒转，用力时要掌握轻、重、轻，防止芽叶断碎，或茶汁揉出过多，揉至基本成条卷曲，不粘手，容易散开为适度，时间 15～20 分钟。整形：整形温度需要 70℃左右，将茶叶逐团握于手掌中，沿揉捻时同一方向稍加用力由轻到重，由重再到轻搓揉 4～5 周，促使茶叶紧细卷曲，既要保持芽叶完整，又保持形状。茶叶干度为 85%左右，外看茶叶已成形，白毫开始显露即可，时间约为 10～15 分钟。提毫：锅温 75℃左右，双手轻握茶叶逐团轻揉 4～6 周轻抖一次，如此反复，5～6 手即可，时间 3～5 分钟。烘干：锅温 45℃～50℃左右，均匀薄摊于锅边，翻动数次后，手感茶叶扎手，用大拇指、食指搓压成末时即可出锅，时间 3～5 分钟，茶叶含水量 5%～6%。

都匀毛尖的品质特点为：外形紧细卷曲，白毫显露，色泽绿润，汤色绿黄明亮，香气清嫩，滋味鲜爽回甘，叶底匀齐。

（江用文　郑道芳）

（七八）遵义毛峰

遵义毛峰产于贵州湄潭。始于 1974 年。

湄潭位于贵州省东北部，距历史文化名城遵义 74 公里。地处黔北大娄山脉东南侧，地跨东经 107°15′36″～107°41′08″，北纬 27°20′18″～28°12′30″。地貌以丘陵为主，属亚热带季风性湿润气候，全县平均海拔 972.7 米，年总辐射为 3487.96 兆焦/平方米，年日照时数为 1163.1 小时，年均日照率为 26%，年均温 14.9℃，年总积温 5439℃，日平均气温稳定，全年无霜期 284 天，常年降水量 1141.5 毫米，黄壤占全县总面积的 45.42%，pH 值 4.0～5.5，土壤硒含量丰富，达 1.0 ppm 以上，茶叶生产主产区林地覆盖率达 70%以上，空气质量为二类偏一类标准，高山多夜雨，山峦重叠，云雾缭绕，昼夜温、湿差大。

湄潭是国家级生态示范区、全国农村改革试验区、全国首批无公害茶叶基地县，也是贵州省最大的茶叶基地县,产茶历史悠久。唐代茶圣陆羽在《茶经》中就有"黔中生思州、播州、费州、夷州(今湄潭一带)……往往得之,其味极佳"的记载。

遵义毛峰以每年开园头十五天左右的福鼎大白茶之一芽一叶初展~一芽二叶茶青为原料,其加工工艺为:摊青、杀青、摊凉、揉捻、初干、理条、搓条、提毫、足干(烘)等工序炒制而成。采回的鲜叶首先经过分级挑选、拣剔和2~3小时的薄摊,以有利促进内含物质的转化,增进品质。杀青温度要求120℃~140℃。出锅温度70℃~60℃,掌握"先高后低"的原则,杀青中温度偏高,容易焦尖煳边,温度偏低叶主脉及芽梗容易发酵泛红,成茶带有生青味;投叶量为250~350克,要杀匀杀透,杀青时间3~4分钟,失水35%为宜,出锅揉捻。揉捻:以轻揉为原则,待茶叶基本成条,茶汁稍出,略粘手即可。初干阶段的温度要掌握在70℃~80℃,待茶叶五成干不粘锅时,温度降至50℃~60℃开始搓条造形。搓条造形为技术关键,是形成遵义毛峰独特外形的关键工序,搓得过早,容易成团,毫毛磨损,峰苗搓断,搓条时五指并拢,手掌摊平,故条直而不卷曲,毫毛显露而不成团离体,搓条至茶叶基本定型感到刺手时,转为提毫,温度降至40℃左右,将茶叶摊开在锅中提毫足干,要尽量减少翻动次数,翻茶时手势要轻,以免使茶产生碎末,伴随水分逐渐散失,白毫自然显露,完成手工炒制过程后的遵义毛峰,不论干茶色泽或茶汤均绿亮而不黄。

1995年开始用半机械化加工,2007年实现了遵义毛峰茶的连续清洁化生产。其生产工艺为:鲜叶摊放、杀青、摊凉、揉捻、理条、初烘、手工搓条提毫、足干。鲜叶采回后薄摊在干净的篾席上,到叶质发软,失水15%开始杀青,摊放时间约4~6小时。杀青:选用40型连续杀青机,筒温为120℃~140℃,按35千克/小时匀速投放,杀青至茶青柔软,青气消失,茶香溢出,手捏成团,松手弹开,无焦煳味、无焦边、无红梗红叶。摊凉:将杀青叶放入摊凉平台,快速冷却,时间4~5分钟后揉捻。揉捻:选用25、45型揉捻机,投叶量10~15千克,时间15~20分钟,加压掌握轻、中、轻原则,待茶叶基本成条,茶汁稍出略微粘手即可。理条:选用多功能理条机,温

度110℃左右,时间7~8分钟,投叶量1.5千克(揉捻叶),要求不粘手,茶坯松散,基本成条即可。做形:烘干温度80℃左右,烘焙机每斗提毫整形量500克。手工搓条整形:要求五指并拢,两手掌合并与斗底垂直由重到轻搓条,使茶叶条索紧细圆直,白毫显露至八九成干,手感刺手,折茶即断,手捏成细小颗粒,略显清香即可。冷却后复烘:温度120℃左右,茶坯投叶量500克左右,轻、勤、匀翻动足干,筛分定级入库待销售。

遵义毛峰茶的品质特点为:外形紧细圆直,色泽翠绿润亮,白毫显露;内质香气嫩香持久,汤色碧绿明净,滋味醇厚鲜爽,叶底嫩绿鲜活。

(郑道芳　江用文)

(七九)羊艾毛峰

羊艾毛峰产于贵州省羊艾茶场,始于1960年。

产区位于贵州省贵阳市西南郊,素有"高原明珠"之称的著名风景区——花溪区,距贵阳市40公里。海拔1300米左右,年降雨量1200~1300毫米,无霜期约247天,年均温14.2℃,年总积温4300℃,昼夜温差3℃~13℃,全年约290天为阴雨天,空气较湿润。境内山峦起伏,苍绿葱翠,常年云雾缭绕,为茶树生长提供了优越的生态环境。土壤多为第四纪粘质酸性黄壤,pH值4.0~5.0。因茶场区域内相对湿度高、雨水调匀、昼夜温差较大,得天独厚的茶园小气候为茶树生长创造了芽叶持嫩性强、内含物质丰富的优势,为羊艾毛峰茶的制作提供了良好的物质基础。

羊艾毛峰的适制茶树品种为驯化后的滇北"十里香"早芽中小叶型群体品种等,经改良驯化后的黔羊本地群体品种,比周边茶树品种的春季开园时间约提前八天,抗逆性强、采摘时间长。新梢叶背茸毛较密,所制干茶银毫显露,为外形增添无限美感。

羊艾毛峰鲜叶每年清明节前后开采,采摘幼嫩的一芽一叶(初展)茶青为原料,长度1.5厘米~2厘米,提手采摘,保持芽叶完整、新鲜、匀净,不夹带鳞片、鱼叶等,茶青用干净、无异味的竹篓盛装。

羊艾毛峰茶的加工工艺为:鲜叶摊放、杀青、揉

捻、初烘、做形、足干、拣剔等。鲜叶摊放：经过拣剔去杂后，薄摊簸箕内自然摊放约 4～6 小时，待失水约 15% 后再进行加工。杀青：杀青设备为 40 型滚筒杀青机，温度约 140℃～160℃，杀青时间 1～1.5 分钟，投叶量为 15～20 千克/小时，程度以茶青略失光泽、手感柔软、稍有黏性、始发清香为好，杀青完毕，需要对杀青叶进一步摊凉，待基本冷却后开始做形。揉捻：揉捻设备为 35、40 型揉捻机，揉捻机所加压力掌握"轻、重、轻"的原则，杀青叶投入揉捻机内，先加轻压或不加压，然后逐渐加压使茶叶揉捻成条后，放松揉捻机的揉筒盖，进行疏团解块。初烘、做形：设备为 941 碧螺春烘焙机，将揉捻叶置于做形机的烘盘上进行初烘，以两手顺一个方向搓团做形，搓 4～5 转解块一次，力度也要掌握"轻、重、轻"的原则，要轮番清底，做到边搓团、边解块、边干燥。茶体略有触手感时要轻揉，动作要轻要慢，以保峰、保毫、保绿。程度以茸毛显露，条索卷曲，失水约七成。烘干：烘干设备为箱式毛峰茶专用烘干机，温度约 90℃～110℃，程度以茶叶有刺手的感觉，手捻茶叶即成粉末，成茶的含水量约为 5%～6% 即可。拣剔：下烘后稍作摊凉，然后进行拣剔，采用简易手工拣剔除杂，即可进行包装、贮运。

羊艾毛峰的品质特点为：外形细嫩匀整，条索紧结卷曲，银毫满披，锋苗显露；色泽鲜活，含绿欲滴；内质清香馥郁，滋味清纯鲜爽，汤色嫩绿明亮，叶底嫩绿匀亮，鲜嫩如生。

（江用文　郑道芳）

（八〇）湄江翠片

湄江翠片又名湄江茶，产于贵州省湄潭县，始于 1940 年的"湄江茶"，在 1980 年改名为"湄江翠片"。

湄潭县位于黔北高原，乌江支流湄江河贯穿县境。境内气候温和，雨量充沛，空气清新；夏无酷暑，冬无严寒，雨热同季，暖湿共存，昼夜温差大，年日照率较低，在 35% 以下，散射光较多。海拔 780～1200 米，年降雨量 1100～1300 毫米，年均气温 14.9℃，年相对湿度 80% 以上。湄江河两岸土壤均为酸性或微酸性砂质土壤，质地优良，土层深厚肥沃，疏松而湿润，pH 值为 4.3 左右。

1939 年，中央农业实验所在湄潭建立实验茶场，在湄潭城郊打鼓坡大规模开山种茶。1941 年浙江大学西迁湄潭。1943 年清明时节，著名的湄潭吟社"浙大九君子"（其中有实验茶场场长刘淦芝博士）登打鼓坡踏青，采回茶青按杭州西湖龙井茶的制法在湄潭炒出了龙井茶，并在当时的湄江饭店集会，以《试新茶》为题品茗吟诗，留下了众多脍炙人口的咏茶诗，在湄潭广为流传。从此，龙井茶也就在湄潭扎下了根，称湄潭龙井。1954 年，贵州第一任省长周林到湄潭，住湄潭茶场，在品尝了湄潭龙井后，认为龙井茶是杭州的产品，遂提名"湄江茶"。1980 年改名"湄江翠片"。

湄江翠片选用湄潭苔茶群体品种的鲜嫩芽叶。该品种具有生长旺盛、节间较长、叶质肥嫩、芽叶肥壮的特点。采摘鲜叶在清明前后 15 天，以清明前采摘为最佳。鲜叶质量要求：叶色碧绿或黄绿，一芽一叶初展的幼嫩芽叶，特、一、二级鲜叶的芽叶长度依序为 1.5、2.0、2.5 厘米。各级鲜叶要求新鲜匀齐，无机械损伤，净洁，无单片、对叶、鱼叶和鳞片等，忌采红芽叶、紫芽叶、虫伤芽叶、病害芽叶、空心芽叶和露水芽叶。

湄江翠片的加工工艺为：鲜叶摊放、杀青理条、摊坯、二炒整形、再摊坯、三炒辉锅磨光、选坯。鲜叶摊放：鲜叶采回后先分级薄摊在竹帘上，置于阴凉、通风、清洁的贮青室内，摊放时间 3～5 小时，失水 10% 左右，一般上午采下午制，下午采晚上制，当天鲜叶当天制完。杀青理条：杀青锅温 120℃ 左右，投叶时略有轻微噪声为宜。每锅投入鲜叶量 250 克左右，用手迅速均匀翻抖，手势要快，动作要轻，捞得净，抖得开，不能闷炒渥坯。杀青 3 分钟左右，叶色转暗，叶质变软，青气消失，发出香气，锅温逐渐下降至 70℃ 左右，边拉扣理条边拓，使芽叶紧贴平伏，同时用带、抖、拓的手法，反复交替，待茶香显露，形状平伏匀齐，杀青叶含水量减至 50% 左右，即可起锅。摊坯：将起锅炒坯及时抖散薄摊在经双层白皮纸裱糊的竹簸内，使炒坯冷却，叶内水分回润均匀，以利二炒整形。二炒整形的锅温 75℃ 左右为宜，投坯量 300 克左右，手法以抓、抖和轻微的拓为主。待手抓茶有热润感时,改用拣、带、拓、推、磨、压等手势,使茶叶在炒干过程中进一步定型,达到扁平光直。再摊坯:炒到七成干左右起锅。再摊坯方法同摊坯,使坯冷却,回润均匀,以利三炒辉锅。三炒辉锅磨光的锅温 60℃ 左右,投坯量 350 克左右,手势轻重适宜,开始抓抖 1 分钟后,改以捡、推、磨、压为主,手握茶向锅壁反复摩擦,磨去茸毛,达到光滑。手势随着茶叶干燥程度换为轻抓、推、磨,辉至形状光滑平直,茶香显著,含水量 5% 左右即可起锅。选坯主要是筛取茶头,隔除碎茶及片末,使坯形净匀度及色泽一致。经选坯的湄江翠片,分装出厂前应贮于清洁卫生干燥的专用缸内或用冷库密封保存,分装出厂时取出,采用专用缸内保存的防潮剂需要定期检查更换。

湄江翠片形似瓜子(向日葵籽),产品有特、一、二级。其品质特点为:外形扁平直、光滑匀整,色泽翠绿,油润有光;香气清高持久,嫩香显著;汤色黄绿明亮;滋味甘醇爽口,回味浓厚;叶底嫩绿明亮,匀齐完整。

(郑道芳 江用文)

(八一) 贵定雪芽

贵定雪芽产于贵州省贵定县云雾山一带。属新创名茶。始于 1990 年。

贵定县位于贵州省中部。县境内云雾山海拔 800～1400 米,云雾山位于苗岭山脉中段,是苗岭山脉主峰之一,海拔 1583.6 米,为长江水系和珠江水系的分水岭。山麓群山环抱,终年云雾缭绕,气候温和,雨量充沛,极端最高温度仅 33.2℃,极端最低温度 -4℃,年平均温度 13.9℃,年有效积温 4579.4℃,年降雨量 1107.9 毫米。土质为三叠纪砂性页岩黄壤土,土层深厚肥沃,有机质含量高,表土有机质达 3.19%,pH 值 4.4～4.85。最适茶树生长。

贵定雪芽茶以贵定鸟王群体种和福鼎大白茶为原料,一般在清明前后 2～3 天选采一芽一叶初展制特级。雨前茶和秋茶选采一芽一叶初展制二级茶。采摘的鲜叶要求芽叶肥壮、多毫、长短一致、大小一致、嫩度一致。不采病虫芽叶、紫红芽叶、残缺芽叶。严禁用指甲夹采。

贵定雪芽茶的加工工艺为:鲜叶摊放、杀青、揉捻、整形、提毫焙干等。鲜叶采回后,剔出不合标准的芽叶及杂物,薄摊在簸箕内摊放 2～4 小时(厚度不超过 3 厘米)付制。杀青:锅温 130℃～150℃,投叶量 400～500 克,时间 4～5 分钟,采用多抖少闷的方法,手势要轻快。揉捻:在锅内进行。锅温 70℃～80℃,杀青叶不起锅,抓起部分杀青叶在手心揉捻,抖散一边,又抓起另外的杀青叶搓揉。动作要快,手势掌握"轻、重、轻"的原则,由慢到快再慢,轻抛快炒,反复揉抖,时间 15～18 分钟。整形:锅温 60℃～70℃,手势慢,反复搓团,反复解团,时间 10～13 分钟。提毫、焙干:锅温 50℃～60℃,手势慢稍用力,逐渐揉搓,白毫逐渐显露,茶叶干至九成,让其焙干。然后用白纸分装 250 克一包,置于生石灰坛内密封保管 7～10 天为成品茶。

贵定雪芽茶分特级、一级和二级。其品质特点为:外形卷曲披茸,色泽翠绿;汤色绿亮,香气蜜香浓郁,滋味浓爽,回甘力强,叶底嫩绿鲜活。

(江用文 郑道芳)

(八二) 瀑布毛峰

瀑布毛峰又名黄果树毛峰。产于世界著名的黄果树瀑布周围的安顺地区,始于 1991 年。

安顺地处云贵高原向广西丘陵过渡的斜坡地带,属中亚热带温和气候区,冬无严寒,夏无酷暑。海拔为 1250～1450 米,年平均气温 14.2℃～15.2℃,月平均气温以 7 月最高,为 21.7℃～22.4℃;1 月份平均气温最低,为 3.8℃～4.5℃。全年无霜期 270 天。年平均日照时数 1299 小时,是低辐射地区,每平方厘米太阳辐射量为 35～37 万焦耳。平均年降雨量 1400 毫米左右,降雨以 6、7、8 三个月最多,雨季开始多在 4 月下旬。安顺大部分旱地主要是黄壤,分布于海拔 800～1450 米之间,土壤 pH 值 4.5～6.5。

瀑布毛峰原料以福鼎大白茶群体种为主。鲜叶采摘标准:一级为一芽一叶初展;二级为一芽一叶及一芽二叶初展;三级为一芽二叶及一芽三叶初展。实行六不采原则:即不采无毫或少毫的芽叶,不采越冬芽叶,不采病虫芽叶,不采紫色芽叶,不采过大或节间过长的芽叶,不采弯曲畸形冻伤的芽叶。采摘时间限于春分至清明,清明之后几天只能制一般毛峰。采回的芽叶要及时验收,拣剔不合规格的芽叶和夹杂物,然后按级分别适当薄摊2～3小时后及时炒制,做到当天采摘当天制。

瀑布毛峰的加工工艺分手工加工和机械加工两种。

瀑布毛峰的手工加工工艺为:鲜叶摊放、杀青、揉捻、搓团提毫。鲜叶摊放:鲜叶采回后先分级薄摊在竹帘上,置于阴凉、通风、清洁的贮青室内,摊放时间3～5小时,失水10%左右,一般上午采下午制,下午采晚上制,当天鲜叶当天制完。杀青:当锅温达到200℃～220℃时,投叶500克,用双手或单手及时翻抖,先抛后闷,做到捞净、抖散、杀匀、杀透,无红梗红叶,无烟焦叶,历时4～5分钟后放在簸箕内摊凉。揉捻:在锅内揉捻。双手或单手将杀好的摊凉叶捏在手掌中,沿锅壁顺一个方向转,边揉边散,揉3～4转,抖散一次,达七成干时,条索基本紧结即结束,时间12～15分钟。搓团提毫:当锅温降至65℃～60℃时,将热坯用双手在掌心中团转,用力"轻、重、轻",边团边散,每团3～5转解散1次,锅温达60℃～50℃时,将团散茶叶置于两手掌中心,让它自己相互摩擦,进行提毫,直到九成干时起锅,或在锅中,利用锅的余热烘至足干,历时18～22分钟,茶叶含水量达6%～7%时即可。

瀑布毛峰机械加工工艺为:鲜叶摊放、杀青、揉捻、搓团提毫、烘干。鲜叶采回后先分级薄摊在竹帘上,置于阴凉、通风、清洁的贮青室内,摊放时间3～5小时,失水10%左右,一般上午采下午制,下午采晚上制,当天鲜叶当天制完。杀青:选用长滚筒杀青机。当滚筒温度达180℃～220℃时开始投叶,杀青叶要进行摊凉,厚度不超过2厘米。当叶子清香显露,手捏柔软,失重30%～35%为杀青适度。揉捻:用35～40型揉捻机,以轻揉为主,按照轻、重、轻的原则进行揉捻,要求成条,少破碎,时间20分钟。搓团提毫:在烘焙机内进行。温度到120℃时

开始投叶,用双手将揉捻叶迅速抖散,要抖得开,翻得匀,主要为了蒸发水分,当温度降到70℃～60℃时,开始搓团提毫,手法与手工锅内炒制完全一样,历时18～25分钟,叶面达九成干时起锅。烘干:可在烘焙机内也可在烘干机中进行,烘温一般掌握在50℃左右,动作要轻快,一般手捏成末,含水量估计在6%时,即要下机,摊凉至室温即可。

瀑布毛峰的品质特点为:条索紧细卷曲,茸毛显露,色泽翠绿油润;香气清香馥郁,汤色翠绿明亮,滋味鲜醇,叶底细嫩匀齐。

（江用文　郑道芳）

（八三）绿宝石

绿宝石产于贵州省凤冈县,始于2003年。

凤冈县位于贵州省遵义地区东部,东经107.43°,北纬27.59°。地处乌江北岸,大娄山南麓。属中亚热带湿润季风气候,冬无严寒,夏无酷暑,雨热同季,年平均气温16.8℃,年平均降雨量1200～1500毫米,无霜期275～290天,1月份平均气温4℃,7月份平均气温27℃,海拔800～900米,森林覆盖率达53.7%,荣获全国生态百强县之列。茶区丘陵地形,土壤为砂质黄壤,pH值4.5～5.6。土层深厚肥沃,富含锌硒元素,荣获"中国富锌富硒有机茶之乡"称号。

绿宝石原料采自无性系福鼎大白茶,原料以一芽四叶上采摘的一芽二、三叶为主。茶芽长6～8厘米,幼嫩粗壮、色泽一致,不带散叶、对夹叶、病虫叶。

绿宝石的加工工艺分为:鲜叶摊放、杀青、揉捻、初烘、造型、干燥、筛分、拣剔等。鲜叶摊放:茶青进厂后根据茶青等级分别置于清洁通风的贮青槽内,摊放厚度为5厘米～10厘米,轻放轻摊不伤芽叶,摊放时间为6～8小时,中途轻翻一次,尽量使芽叶失水一致,在天气较好的情况下一般不人为鼓风,待芽叶由鲜绿转为暗绿,失水度达到10%～12%时,即可进行杀青。杀青:用40、50、60型连续杀青机均可,要求杀匀、杀透,保绿不焦边,有清香味溢出为标准,把杀好的茶青及时置于竹簸内进行摊放、冷却,摊放厚度不能超过1厘米。冷却时间越短越好,

不超过15分钟,待鲜叶水分充分重新分布回潮后即可进入揉捻工序。揉捻:用40、45型揉捻机进行揉捻。时间15～20分钟,全程不加压。使杀青叶在揉捻桶内轻松翻滚轻揉。待茶叶均匀成条无断碎时即可下机,然后及时抖散初烘。初烘:初烘在烘干机中进行。烘匀、烘透。尽量避免烘叶重叠和增加透气性,温度80℃～100℃,时间10～15分钟。叶象由嫩绿转墨绿,手捏不刺手,失水30%～35%。烘好的茶叶要及时下烘摊凉,做到散热快、通风好,尽量减少湿热作用对茶品质的影响。冷却后的茶叶待充分回软后,再进入造型工序。造型:造型在双锅曲毫机中进行。锅热80℃～100℃,投叶量6～7千克(大约大半锅)初烘时温度要先低后高,待茶叶在锅中有一个充分的做型过程,时间40～45分钟。当茶叶初步成型后及时下锅摊凉,然后再把摊凉后的茶叶两锅并一锅继续在双锅曲毫机中造型,时间50～60分钟,温度60℃～80℃。锅中茶叶达到圆润、紧结、七成半干时就可下锅冷却进入下道干燥工序。干燥:干燥以烘为主。烘匀、烘透、烘香、保绿。温度在60℃～100℃,时间40～60分钟,含水量在5.5%～6%时下锅摊凉,冷却后分筛定级。筛分:烘干冷却后的"绿宝石"茶要及时进行筛分定级,避免水分的吸收而影响茶叶的内在品质,筛分使用4、5、6号筛进行筛分,撩头割脚,拣剔风选,最后按照等级要求分为精品和特级。

绿宝石的品质特点为:外形颗粒珠状,色泽绿润光洁带毫;栗香浓郁,滋味醇厚回甘,汤色清澈绿亮,叶底鲜活成朵。

(江用文 郑道芳)

(八四)湄潭翠芽

湄潭翠芽产于贵州省湄潭县,始于1994年。

湄潭位于贵州省东北部,地跨东经107°15′36″～107°41′08″,北纬27°20′18″～28°12′30″,是国家级生态示范区。茶园主要分布在海拔800～1100米的低丘陵和半高山。境内森林覆盖率52.6%,年均气温15℃,年降水量1100毫米以上,无霜期284天,年日照时数1163小时,平均海拔972米。茶园土壤为砂质黄壤,土层深厚,有机质含量丰富,并富含对人体有益的硒等微量元素。pH值4.0～4.5。其高海拔、低纬度、少日照及林中有茶、茶中有林的生态环境,为湄潭绿茶优良品质的形成奠定了基础。

湄潭翠芽原料以采自国家级茶树良种湄潭苔茶和福鼎大白茶的鲜叶为主。按照《湄潭翠芽茶地方标准》(DB52/478～2005)原料要求分为三级:特级为单芽至一芽一叶初展;一级为一芽一叶,二级为一芽二叶初展;要求原料嫩、小、鲜、净,无病虫芽叶、破损芽叶、紫芽叶、单片叶、对夹叶、鱼叶和鳞片等。

湄潭翠芽的加工工艺为:鲜叶摊放、杀青、整形、干燥、精选。鲜叶摊放:摊放室应保持通风良好,鲜叶验收进厂后,按品种、等级、产地、晴雨叶、上下午叶等分别摊放于专用的竹簸箕内,厚度一般4厘米左右。室温15℃左右,避免阳光直射,摊放时间一般8小时左右,尽量做到当天鲜叶当天炒制完毕。杀青:采用30型滚筒杀青机,筒温270℃左右即可投叶,开始时稍多,待筒体出叶转为正常后匀速连续投叶,一般一芽一叶每小时投叶量27～30千克,出筒杀青叶需吹风散热冷却,吹出单片焦叶。要随时注意杀青质量以调整投叶量,杀青叶叶色暗绿,梗弯曲不断,手捏叶质柔软,略有粘性,手握成团,略有弹性,青气消失,略带茶香时为适度。整形:用60SC-13型名茶多用机,锅温为120℃,每锅投叶量(杀青叶)600克,锅内叶量均匀,下锅松炒2分钟,待叶质粘性减弱后,投棒(棒重500克)压坯1分钟起棒,松炒1分钟再棒压坯2分钟起棒松炒1分钟,茶叶下机后筛割片末,摊凉30分钟,进行二炒整形压坯,二炒锅温100℃～120℃,每锅投坯量800克,下锅松炒1分钟后,叶质回软投棒压坯2分钟,松炒1分钟投棒压坯2分钟起棒松炒1分钟起锅,筛割片末,摊凉30分钟进入辉锅。手工整形:用62公分直径光滑线锅或龙井锅,锅温100℃～120℃,每锅投叶量2千克,茶坯下锅后受热回润,以轻抓、轻抖充分、使水分散失,过程中理顺坯条,当茶坯在锅内产生滑润感时,以抓、握、扣、压、搭、磨等手法,掌握先轻后重再轻,茶坯炒至七成干时起锅、筛割碎末,摊凉30分钟进入辉锅。辉锅:机炒辉锅用600型理条机,锅温90℃～100℃,投坯量1.5千克,以低档磨炒约5分钟,待磨脱部分茶毫,茶坯略显光润时起锅,筛割碎末,摊凉冷却。手工辉锅:用直径62厘米铁锅或龙井锅,锅温90℃~120℃,掌握先高后低,每锅投叶量150~200克,下锅理顺茶坯,茶坯受热回润,进行抓、握、压、搭、磨等炒制手法,掌握炒坯扁平整度一致,防止茶坯断碎,待茶含水率达5%时起锅摊凉。精选:以筛去撩头,割脚碎末,拣剔黄片,干样送检,经质量审评,符合产品质量技术标准,验收装箱密封,入库保鲜、出厂。

湄潭翠芽茶的品质特点为:外形绿润、扁平、光滑匀整,滋味鲜爽,汤色绿润清澈,栗香浓郁持久,叶底绿鲜活匀整。

(江用文　郑道芳)

(八五)凤冈锌硒绿茶

凤冈锌硒绿茶产于贵州省凤冈县北部山区,始制于1994年。

凤冈县位于贵州省东北部,隶属革命老区遵义市,地处乌江北岸,大娄山南麓的富锌富硒地带,东经107.43°,北纬27.59°。冬无严寒、夏无酷暑,气候温和,雨量充沛,物种丰富,植被茂盛,森林覆盖率达53.7%,平均海拔850米,年平均温度15.2℃,年平均降雨量1200毫米,平均相对湿度达90%。全县地势西高东低,南北起翘,境内丘陵广布,土壤主要以微酸性黄壤为主,且富含锌、硒等微量元素。土层深厚,土壤疏松肥沃,有机质和氮、磷、钾含量丰富,pH值4.5~6.5。

凤冈锌硒茶原料以本地苔茶种和福鼎大白茶为主,龙井43和龙井长叶等良种也适制凤冈锌硒绿茶。

凤冈锌硒绿茶采摘时间为3月25日~5月25日,秋茶有少量采摘加工。其鲜叶原料要求:嫩、匀、鲜、净,无病虫危害芽叶。分特级、一级和二级三个级别,其中特级:一芽二叶,芽叶长度2.5~3厘米;一级:一芽二叶,芽叶长度3~3.5厘米;三级:一芽三叶,芽叶长度3.5~4厘米。

凤冈锌硒绿茶以半手工半机械制法加工,其加工工艺:鲜叶摊放、杀青、揉捻、烘干机初烘、烘焙机复烘做形、滚炒机磨锅提香、精制(筛分)、成品包装。鲜叶摊放:鲜叶采回后薄摊在干净的篾席上,摊放时间约4~6小时,当叶质发软、失水15%开始杀青。杀青:选用60~80型连续杀青机,筒温在150℃左右。揉捻:使用40~55型揉捻机,投叶量适度掌握,以筒体的4/5为宜,加压采用"轻、重、轻"的方式,至茶汁外溢、茶条成形揉捻结束。初烘:采用连续式烘干机烘干,初烘温度控制在120℃,茶叶水分在七成干左右。复烘做形:一般在烘焙机上进行,用手工辅助搓揉成卷曲鱼钩状,温度掌握在80℃~100℃之间,下锅茶叶水分控制在七成干。磨锅提香:选用名优茶辉干机,前期磨锅温度控制在65℃,后期提香温度升高到80℃,干茶要炒到烫手,有栗香,水分含量在7%以下方可出锅。炒干后的成品茶要进行筛分,分别用4孔筛、6孔筛和12孔筛进行分段和"撩头隔末"后进入冷库贮藏。

凤冈锌硒绿茶的品质特点:条索紧结匀整,显锋苗,色泽灰绿油润;栗香高长,滋味鲜爽甘醇,汤色黄绿明亮,叶底嫩绿匀整。

(江用文　郑道芳)

(八六)贵隆银芽

贵隆银芽产于贵州省黔西南州晴隆县,始于1997年。

晴隆县位于东经105°01′~105°25′,北纬25°33′~26°11′,境内由于受北盘江及其支流强烈切割,山峦起伏,沟壑纵横,地形破碎,地势复杂,复杂的地形地势造就了区域内独特的气候类型,立体气候分布较为明显,为"一山有四季,十里不同天,下雨如过冬"的小气候。在海拔800~1200米区域内,热量丰富,年均温在14℃~15℃,≥10℃有效积温在4500℃~5000℃之间,年降雨量1450~1500毫米,集中在茶叶生长的4~10月份,相对湿度为80%~82%,无霜期长,280天以上,日照时数为1235~1310小时,全年多雾日,春夏常常成"晴时早晚遍地雾,阴雨成天满地云"的景色,土壤主要为二叠纪、三叠纪发育而成的沙页黄壤土或黄沙壤土,土层深厚,土壤肥沃,通透性良好,有机质含量为3.55%~8.75%,pH

值 4.5～5.5。

贵隆银芽原料选用优质高产的黔湄系列 601 品种，要求无病虫、风伤、人为或机械损伤的一芽（心）或一芽一叶半展标准芽叶，时间自开园至谷雨前，芽叶长度为 2 厘米左右。

贵隆银芽的加工工艺为：摊青、杀青、摊凉、做形、烘干。摊青：鲜叶采回后，剔除不符合标准的芽叶，薄摊于透气的竹席之上，摊放时间据天气情况而定，晴天 3 小时，露雨水叶摊青 5 小时，摊凉时轻翻，程度至芽叶发软，青气散失为宜。杀青：选用 60 型名优茶滚筒连续杀青机，锅温为 190℃左右，投叶要均匀稳定，随时掌握杀青情况，在出茶口安装风扇，使杀青叶及时散发热气而降温，保证芽叶绿色。杀青的适宜程度为叶色变暗，失去光泽，叶质柔软，青气散失，发出清香。摊凉：杀青叶摊凉 5 分钟左右，使水分分布均匀。做形：选用 6CMD－40/5 型或 6CMD－40/7 型理条机，温度 110℃，投叶量 1.5 千克，运转由快到慢调节，当芽叶含水量在 35％～40％时，减慢速度，放入轻压棒，采取多次加压方法，至七成干时（即茶芽之间不粘连，稍有弹性，色泽绿润）出锅摊凉，时间为 8 分钟。烘干：用 6CH－8 型烘干机，温度 100℃～80℃，将芽叶均匀摊于叶板上，据进程及茶条干燥程度调节机速和温度，至水分含量在九成干时，下机摊凉 25 分钟再进行足火烘干，足火温度控制在 70℃，当手捏茶条即成粉末，含水量在 5％时下锅摊凉装袋。

贵隆银芽的品质特点为：外形扁削、挺秀，色泽黄绿显毫；汤色黄绿明亮、清澈，香气栗香持久、甜香浓郁，滋味醇厚爽口，叶底黄绿嫩匀、完整匀齐。

（江用文 郑道芳）

（八七）仡佬玉翠

仡佬玉翠茶产于贵州省道真自治县，始于 20 世纪 90 年代。

道真自治县位于贵州省北部边缘，地处东经 107°22′～107′52′，北纬 28°37′～29°14′之间，属亚热带湿润季风气候。茶区分布在自治县中部 500 米～800 米地带，年均积温 5670℃，年均降水量 1070 毫米，无霜期 287 天，相对湿度 81％，年均日照数 1080 小时，森林覆盖率 44％。茶区土壤主要为硅质黄壤，呈微酸性，土层深厚疏松，通透性好，有机质含量丰富，尤其是土壤中富含硒、锶等微量元素。土壤 pH 值 5.5～7.5。

道真产茶历史悠久。群众饮茶习惯别具一格，除饮泡茶外，户户喝油茶，一日数次。喜庆宴客，更单独设茶席吃"三幺台"，成为少数民族独特的饮食文化。

适制仡佬玉翠茶的原料品种以名山 213、名山 131 为主。茶青采摘标准为独芽。要求叶芽匀整，新鲜洁净，无紫色芽叶、鱼叶、鳞片和病虫叶。采摘期在 3 月 15 日左右开始，至 4 月上旬结束。采回的鲜叶，经严格拣剔，除去不符合标准的芽叶和杂物，当天的鲜叶当天制完，以免渥黄变质而影响成品茶的品质。

仡佬玉翠的加工工艺为：鲜叶摊放、杀青、风选、理条、搭扁、磨锅、烘干、提香。完成整套工序约需 10 小时。鲜叶摊放：将拣除杂质及不合格芽叶的鲜叶薄摊于透气的竹席之上，摊凉时间为 3 小时～5 小时，摊凉时轻翻，程度至芽叶发软、青气散失为宜。杀青：用滚筒杀青机杀青，温度 280℃～320℃，杀青时间约 3 分钟，至叶子青气消除、清香显露完成杀青。风选：杀青后叶子摊凉 1 小时后，放入风选机风选，风选后的叶子需再摊放 1 小时再进行理条。理条：采用理条机理条，每次取 1.35 千克待理条叶，放入理条机进行理条，时间约 15 分钟，温度在 80℃～120℃之间。搭扁：采用定型机，理条结束后将理条叶摊凉 1 小时后送入定型机搭扁，搭扁时间 15～20 分钟，温度在 150℃～180℃之间。磨锅：采用磨锅机磨锅，搭扁后的叶子摊凉 15 分钟后放入磨锅进行去毫，磨锅时间约 30 分钟，温度保持在 80℃～100℃之间。烘干：采用烘干机烘干，将磨锅去毫后的叶子放入烘干机烘干，时间 40～60 分钟，温度保持在 150℃左右。烘干经摊凉后，筛去渣末再进行提香。提香：采用提香机提香，提香时间约 40 分钟，温度为 80℃～90℃，提香完毕，即可进行产品包装。

仡佬玉翠茶的品质特点为：外形全芽细嫩匀

整,扁直光滑,色泽绿润;汤色清澈明亮,香气清香持久,滋味鲜爽,回味悠长;叶底嫩绿明亮,匀齐完整。

(郑道芳 江用文)

(八八) 桂林毛尖

桂林毛尖原产于桂林市,20 世纪 80 年代初研制而成。

桂林位于东经 109°36′~111°29′、北纬 24°15′~26°23′之间,桂林"千峰环野立,一水抱城流",组成一幅"山青、水秀、洞奇、石美"的画图,素有"山水甲天下"之盛誉。桂林市属亚热带季风气候,年平均气温 19.1℃,≥10℃ 年积温达 6865℃。年降雨 1733.9 毫米,相对湿度 79.8%,昼夜温差大,海拔 163.9 米。土壤属缓坡地黄红壤,土层深厚,有机质含量 1.38%~1.88%,pH 5.0~5.5。

加工桂林毛尖的原料采用福鼎大毫、福鼎大白茶、福云 6 号、福云 7 号、凌云白毛茶等国家级良种,其特点是芽叶肥壮,茸毛多,持嫩性强。桂林毛尖一般 3 月初开采,至清明前后结束。采摘标准为:特级毛尖茶要求鲜叶为一芽一叶初展,一级毛尖茶要求鲜叶为一芽一叶,二级毛尖茶要求鲜叶为一芽一叶至一芽二叶初展。采下的鲜叶要求芽叶完整,无病虫害,鲜叶等级分明,不同的茶树品种要分开采摘,鲜叶不能损伤和堆沤,装鲜叶的用具应为透气的竹笋,鲜叶采下不能置阳光下暴晒,应及时运送回厂摊放。

桂林毛尖的加工工艺为:鲜叶摊放、杀青、揉捻、解块、干燥、精选与拼配、复香。摊放:将采回的鲜叶薄撒在篾垫上,不同等级、不同品种应分别摊放和分别加工。晴天可进行自然摊放,摊放场地应透气通风,不能让阳光直射。也可用微风吹,雨天最好用风扇吹,摊放时间一般为 3~6 小时。当鲜叶表面水分去净、芽叶稍微软(失水约 5%)、芽叶色泽暗绿、有清香味散发为摊放适度。杀青:分手工杀青和机械杀青。手工杀青:投叶锅温约 240℃,投叶量每锅 0.4~0.5 千克。鲜叶下锅后可听到"噼啪"爆响声。杀青叶适度标准:无红梗红叶、焦片,清香显露,叶色暗绿,叶片卷条,芽叶较干爽。机械杀青:

投叶量每锅 4~5 千克,投叶锅温 240℃,杀青时间 4~5 分钟。出锅后将杀青叶抖散,吹风散热,冷至室温扇去碎片。揉捻:用 40 型揉捻机揉捻,茶条较好。投叶量以达揉桶 2/3 高为适。加压方法:特级毛尖和一级毛尖:空揉(5 分钟)→轻压(3 分钟)→空揉(3 分钟)→出茶。二级毛尖:空揉(5 分钟)→轻压(8 分钟)→中压(3 分钟)→空揉(3 分钟)→出茶。解块:目的为解散茶团,理直茶条。用双手握茶团揉搓,将解散的茶向下甩打,对搓不散的茶团可用手指掰开。干燥:分毛火和足火两次进行。方法有炭火直接干燥和烘干机干燥。炭火直接干燥方法:毛火的灶口温度为 120℃,上茶量以薄为佳,上烘后约 1 分钟左右,将茶取出散热,待茶温降低后进行翻茶,翻茶后再烘,反复多次,直至茶达七成干为止。足火的灶口温度为 80℃,上茶厚度约 1 厘米,烘 10 分钟左右取下冷却,冷后进行翻茶,翻茶后再烘,反复进行,直至达到要求。成茶含水量为 6%,茶叶干燥后冷至室温即可包装。也可用 6CH-16 型烘干机烘干,毛火的温度 120℃,上茶量以薄为佳,烘干时间 15~20 分钟,要求达七成干,出茶后摊凉散热。足火的温度 90℃,烘干时间 15~20 分钟,要求出茶含水量达 6%,出茶后摊凉,冷至室温包装。精选与拼配:桂林毛尖是用福鼎大白茶、福鼎大毫茶、福云 6 号、福云 7 号等品种的毛茶混合拼配而成。福鼎大毫、福鼎大白茶的原料,香高、毫多,福云 6、7 号的原料,香味浓醇,汤色翠绿,白毫稍少。通过拼配,可提高综合品质。拼配方法首先对照样品进行小样拼配,得出拼配比例后进行大堆拼配。拼配要拌和均匀,动作要轻,防止脱毫、断碎。桂林毛尖茶在拼配好后还要精选一次,将茶中杂物、粗条、碎片拣出。复香:茶叶在出售前要进行复香,其作用是提高茶叶香气,保证水分含量不高于 6%。温度 80℃,烘 15 分钟,出烘后冷至室温立即包装。

桂林毛尖的品质特点:外形色泽翠绿,白毫显露,条索紧细,汤色清澈明亮,香高、味醇、甘爽,叶底嫩绿。

(韦静峰 江用文)

（八九）凌云白毛茶

凌云白毛茶原产于广西凌云县。为历史名茶，创制于清乾隆以前。

凌云县地处广西西北部、云贵高原向东南倾斜的延伸部分，位于东经 $106°24'\sim106°55'$，北纬 $24°16'\sim24°37'$。凌云白毛茶产区主要分布在海拔 $800\sim1500$ 米的岑王老山一带，属中亚热带气候，年平均温度 $19.4℃\sim20.4℃$，年平均无霜期 343 天，年降雨 $1200\sim2300$ 毫米。$5\sim9$ 月为雨季，年平均相对湿度 78%，冬暖夏凉，霜雪罕见，春夏更是"晴时早晚遍山雾，阴雨成天满山云"，终年云雾缭绕。$\geqslant10℃$ 积温 $5269℃\sim5662℃$，土壤为黄红壤沙质土，肥沃深厚，pH $5.0\sim5.6$。

凌云白毛茶用凌云白毛茶茶树品种的鲜叶加工而成。芽叶肥壮，黄绿或绿色，茸毛特多，持嫩性强，发芽密度稀。白毛茶大约从惊蛰后相继萌发，清明前后才是白毫茶采制的黄金季节，在清明至谷雨期间采制的品质最佳，当地群众认为清明这一天采的白毛茶最为珍贵，仅采一个芽。特级白毛茶，采初展幼芽为主，一级白毛茶采一芽一叶为主，二级白毛茶采一芽二叶为主。采下的鲜叶装入竹制茶篓，轻采轻装，以保持新鲜。

凌云白毛茶的加工工艺为：摊青、杀青、初揉和复揉、干燥、复香。摊青：将采回的鲜叶，及时薄摊在竹帘、竹垫、簸箕内，摊放 $3\sim6$ 小时。气温低、水分多的要多摊一些时间；气温高、鲜叶水分少的可少摊一些时间。待叶色灰绿，青气去尽，清香味产生即可。杀青：加工高档白毛茶，过去多用手工加工，现在多用名优茶加工机械。杀青用 6CSM-40 型滚筒杀青机，温度 $220℃\sim240℃$，一级和特级茶采取"嫩叶老杀"。用手工杀青，每锅投叶 1 千克左右，以杀青叶质柔软，略带粘性，茶梗折不断，香气扑鼻为适度。中档茶可采用 6CSM-60 或 70 型滚筒杀青机杀青，滚筒中心温度 $220℃\sim240℃$，这种机器可用输送带连续投叶，台时产量可达 $200\sim300$ 千克。初揉和复揉：采取初揉与复揉的方法。高档茶初揉和复揉均适宜用 40 型揉捻机，中档白毛茶可用 50 型揉捻机。初揉 $10\sim12$ 分钟，采取空压、轻压、中压、轻压，不加重压。初揉茶叶初步卷成条，解块后，进行初烘，温度 $70℃\sim80℃$，烘至三至四成干，手抓茶不刺手，手捏成团，比较松散。初烘后的茶坯，摊凉后进行复揉，开始轻揉，后加轻压、中压，揉 $20\sim25$ 分钟。干燥：干燥的方法有炒干、焙笼烘干、手拉百页式和自动干燥机干燥。高档白毛茶以焙笼或用名优茶烘干机为好。一般的烘青茶用自动干燥机烘干。白毛茶的干燥，分毛火和足火，一般白毛茶用 6CH-16 型或 20 型烘干机干燥，毛火温度 $110℃\sim120℃$，中档或快档；足火温度 $70℃\sim80℃$，慢档。初烘、毛火、足火后均摊凉 30 分钟，冷却后进入下一工序。复香：白毛茶包装出厂前，进行一次复香，复香温度 80℃，烘 15 分钟，复香后摊凉，拣除黄片、茶末及茶梗等。有条件的地方可放在 5℃ 以下低温处储存。

凌云白毛茶的品质特点：白毫显露，条索细紧微曲，汤色翠绿，香气馥郁持久，滋味浓厚鲜爽，回味甘甜，耐冲泡。

（江用文　韦静峰）

（九〇）凝香翠茗

凝香翠茗茶产于广西昭平县，始于 1993 年。

昭平县位于广西东部，位于东经 $110°34'\sim111°19'$，北纬 $23°39'\sim24°24'$。茶区内群山环绕，河道密布，山地面积占 90% 以上，茶园分布在海拔 600 米以上的山上。气候温和，雨量充沛，常年云雾缭绕，属中亚热带季风气候。年平均气温 $19.9℃$，$\geqslant10℃$ 积温 7263℃，年降雨量 2046 毫米，年相对湿度为 81%，年无霜期平均在 310 天以上。土壤深厚肥沃，矿物质元素丰富，多为红黄壤或黄棕壤，pH 值 $5\sim5.6$，土壤有机质丰富；森林植被繁茂，水质和大气质量优良，特别适合茶树生长。

凝香翠茗茶的原料选用当地种植的无性系良种茶树鲜叶。采摘标准为一芽一叶初展和一芽一叶，鲜叶要求干净、完整、无病虫害，采摘时用竹篓盛装，采后及时送加工厂，按等级分级均匀分摊在干净的竹箕上，摊至茶叶自然回软，略呈清香即可付制。一芽一叶初展原料用于炒制特级茶,其他原料用于炒制一、二级茶。

凝香翠茗茶的加工工艺有两种方法:一种是手工炒制,适用于炒制特级茶;另一种是手工与机械相结合炒制,适用于炒制一、二级茶。

凝香翠茗茶的手工加工工艺为:鲜叶摊放、青锅、回潮、分筛、辉锅、簸片割末。鲜叶摊放:鲜叶采回后摊放在阴凉、洁净的竹簸上,摊放3~6小时,至鲜叶叶质回软、青气味减轻、清香散发后开始下一青锅工序。青锅:采用6CCH-63型电炒锅,锅温220℃~240℃,时间15~20分钟,鲜叶下锅,在锅内打上制茶专用油,鲜叶下锅后,要灵活变换操作手法,使其均匀受热,采取轻搭、轻抹、抖匀、抖齐。当鲜叶在锅内炒约6~7分钟,叶色由青转绿,散发清香时要略降温,转为搭、捺手法,稍加压力,使茶叶逐步形成扁、平、直即可起锅。回潮:将青锅叶摊放在簸垫上进行回潮,摊叶厚2~3厘米,时间约30~40分钟。分筛:用簸箕分筛,将其碎末去除。辉锅:用6CCH-63型电炒锅,每锅投叶200克。其手法,前段以搭、抹手法变换操作,后段主要是抓、推、炒。锅温60℃~90℃,先低后高,时间约15~20分钟。簸片割末:用手工竹筛将辉锅后茶叶的碎片和末子除去后进行包装。

凝香翠茗茶的机械加工工艺为:鲜叶摊放、杀青、整形理条、辉锅、簸片割末。鲜叶摊放:加工凝香翠茗一、二级茶的鲜叶要求一芽一叶,鲜叶采回后摊放在通风阴凉、洁净的竹簸上,摊放3~6小时后,当鲜叶叶质回软、青气味减轻、清香散发后开始下一杀青工序。杀青:采用6CSM-40型杀青机,筒温220℃~240℃,杀青时间约3分钟,待杀青叶清香显露、色泽转为墨绿色时,将叶子摊在竹箕上进行摊凉回潮,时间约25分钟。整形理条:采用电炒锅手工理条约5分钟,然后再用多功能机,先理条,加轻棒,后加重棒,再理条至扁直成型,约八成干下机摊凉。辉锅:采用电炒锅手工辉锅,时间约20分钟,当茶含水量在6%以下时出锅。簸片割末:将辉锅后的茶用竹筛除茶片,茶末后进行包装入库。

凝香翠茗茶的品质特点:外形扁平挺直、尖削似剑、光滑匀整、白毫显露、色泽翠绿光润,内质香气清高持久,汤色碧绿清澈,滋味甘醇爽口,叶底绿嫩明亮。

(江用文 韦静峰)

(九一)伏侨绿雪

伏侨绿雪茶产于广西柳城县,始于2005年。

柳城县位于广西中部偏北,东经108°36~109°50′、北纬24°26~24°25′之间。地势平缓,海拔200米以下,属亚热带季风区,夏热冬寒,四季分明,光照能量和水量丰富。年平均气温20.7℃,≥10℃年积温7260℃,年平均降水量1095毫米,年无霜期307天。土壤多为红黄壤或黄壤土,土层深厚肥沃,pH值5.5~5.8。

伏侨绿雪茶以福鼎大毫、福云六号为原料,清明前开采,采摘肥壮的单芽。鲜叶采摘在每年惊蛰第一场春雨过后,于晴天采摘开春后第一芽苞,要求鲜叶无病虫害、无损伤,采摘时用干净的竹篓盛放,轻采轻放,不得挤压,鲜叶采下后及时送厂,以保持鲜叶的鲜、嫩、匀、净。

伏侨绿雪茶的加工工艺为:鲜叶摊放、杀青、揉捻、毛火、提毫、复火。鲜叶摊放:鲜叶采回来后,剔除不合格的芽叶,然后薄摊于洁净的竹筛内,厚度为1~2厘米,摊放1~3小时,时间长短则根据水分散失程度和叶质变化情况而定,以叶质柔软、清香显露、青气消失为适度。杀青:采用6CSM-40型杀青机杀青,温度220℃~240℃,台时投叶量控制在20~25千克。杀青后的杀青叶应快速冷却,以达到杀青杀匀、杀透、不焦、不黄、叶色翠绿的效果。揉捻:冷却后的杀青叶及时揉捻,用40型揉捻机,投叶量控制在揉桶的2/3处为宜,揉捻20分钟左右,以轻揉为主,投叶后先空揉5分钟,再轻压7分钟、中压5分钟、空压3分钟,即完成揉捻工序,然后解块上烘。毛火:经解块后的揉捻叶,立即用烘干机打毛火,温度在100℃~105℃左右,需迅速摊开冷却,接着进行提毫。提毫:用手掌做弧形按顺时针方向轻轻搓揉,使茶条相互摩擦,显出白毫。此时要耐心,动作要轻,否则茶易碎。复火:将冷却的毛火茶放到名优茶烘干箱内进行干燥,温度在90℃左右,烘约 30 分钟,中间要翻拌 4～5 次,烘至茶叶手捏成末,含水量为 5% 左右即可,下烘时要薄摊,并用风扇降温,然后装箱保存。

伏侨绿雪茶的品质特点:外形卷曲如螺,白毫满披,形似白雪,色泽翠绿,汤色嫩绿,香气高雅,滋味鲜醇,回味甘甜,叶底嫩绿明亮。

(韦静峰　江用文)

(九二)桂林三青茶

桂林三青茶产于广西桂林市,始于 2002 年。

桂林市位于广西东北部,东经 109°36′～111°29′、北纬 24°15′～26°23′之间,海拔 200～220 米,地处亚热带,为典型的喀斯特地形地貌,以山青、水秀、洞奇、石美而享誉世界。年降雨量 1800～1900 毫米,最低气温 -4℃,最高气温 39℃,年平均气温 19.1℃,≥10℃年积温达 6865℃。土壤为黄壤沙质土,土层深厚,pH 4.5～5.5,有机质含量为 1.38%～1.88%。

桂林三青茶选用福鼎大毫茶、福安大白茶、凌云白毛茶、福云 6 号等品种的鲜叶为原料。清明节前后开采,鲜叶采摘以一芽一叶初展为标准,要求晴天采,做到无病虫为害、无损伤、无对夹叶,用干净的竹篓盛放,轻采轻放,不得挤压,并及时送厂,以保持鲜叶的鲜、嫩、匀、净。

桂林三青茶的加工工艺为:鲜叶摊放、杀青、揉捻、毛火、提毫、复火。鲜叶摊放:鲜叶采回来后,剔除不合格的芽叶,然后薄摊于洁净的竹筛内,厚度为 1～2 厘米,摊放 3～4 小时,时间长短则根据水分散失程度和叶质变化情况而定,以叶质柔软、清香微露、青气消失为适度。杀青:是桂林三青茶品质形成的关键工序。采用过热蒸汽杀青机进行杀青,其原理是:蒸汽发生 → 再加热升温 → 过热蒸汽(280℃～320℃),鲜叶通过输送带进入过热蒸汽释放区域,被迅速钝化酶的活性,达到高质量的杀青效果,这个过程只需要约一分多钟。鲜叶从机器的进口到出口大部分时间是在敞开式的环境中运行,避免了闷青现象,出口处则用强冷风对杀青叶进行快速冷却。这样杀青可达到:杀匀、杀透、不焦、不黄、

叶色翠绿的良好效果。揉捻:冷却后的杀青叶及时揉捻,用 40 型揉捻机,投叶量控制在揉桶的 2/3 处为宜,揉捻 20 分钟左右,以轻揉为主,投叶后先空揉 5 分钟,再轻压 7 分钟,中压 5 分钟,空压 3 分钟,即完成揉捻工序,然后解块上烘。毛火:经解块后的揉捻叶,立即用烘干机打毛火,温度在 100℃～110℃,需迅速摊开,趁茶叶尚热软时接着进行提毫。提毫:用手掌做弧形按顺时针方向轻轻搓揉,使茶条相互摩擦,显出白毫。此时要耐心,动作要轻,否则茶易碎。复火:用 6CH-16 型烘干机烘干,温度在 90℃左右,烘约 15～20 分钟,烘至茶叶手捏成末,含水量为 5%,下烘时要薄摊,并用风扇降温,然后装箱保存。

桂林三青茶的品质特点:外形条索紧细,形似弯月,白毫显露,色泽翠绿,汤色清绿,香气高雅,略带花香,滋味鲜醇,回味甘甜,叶底绿亮。以品质"干茶绿、汤色绿、叶底绿"而得名。

(韦静峰　江用文)

(九三)桂平西山茶

桂平西山茶,又名乳泉春。产于广西桂平市西山一带,为历史名茶,创制于明清。

桂平市位于广西东南部,东经 109°41′～110°22′、北纬 22°52′～23°48′之间,西山海拔 700 米左右,自然环境优越,是历史悠久的风景胜地。西山属南亚热带气候,年均降雨 1778 毫米,主要集中在 4～9 月,年平均气温 21.5℃,最高 37℃,最低 -0.1℃,≥10℃年积温 4915℃,无霜期 337 天。土壤表层多为花岗岩风化的黄红壤土,土层肥沃,矿物质元素丰富,pH 值 4.5～6.0。

桂平西山茶以一芽一叶或一芽二叶初展为原料。2 月下旬至 3 月初开始采茶,一直可采到 11 月,一年可采 20～30 批次,一般采 1 芽 1、2 叶,长度不超过 4 厘米,去病虫害叶及较老的叶(片)。

桂平西山茶的加工工艺为:摊青、杀青、炒揉、炒条、复烘。摊青:将采回的鲜叶摊于竹匾内,置于室内阴凉处或摆放在摊青架上,摊放 3～4 个小时。春季鲜叶摊放到失水减重 10%,夏、秋季失水减重

8%左右摊青结束。杀青：杀青采用炒锅，投叶量视级别而定，特级西山茶每锅投叶 400～500 克，其他西山茶投叶 500～600 克。杀青锅温 220℃～240℃，1～2 分钟后退火降温继续杀青到完成；但雨水叶的杀青锅温要稍高些，锅温为 240℃～260℃，杀青中途也要退火降温。春茶杀青 4～5 分钟，夏、秋茶 3～4 分钟。杀青方法采用先焖后炒、焖炒相结合的原则，以叶质柔软、叶色暗绿、稍粘手、折不断为适度，杀青后及时摊凉。炒揉：杀青叶经摊凉散发了水蒸气，趁尚热软时，置于揉茶匾中以便搓条，接着将叶投入 50℃的锅中，边炒边揉，动作轻缓，约 25 分钟，以条索紧细为适度。炒条：术语称"小锅定型"。每锅投叶约 600 克，锅温 50℃～60℃，翻炒至叶热软时，进行滚撩炒条，滚撩与翻炒相结合，使条索进一步紧结，炒 10～15 分钟，至全锅茶叶条形紧结匀齐为止。烘焙：采用焙炉，借远红外线升温，置五层焙筛，焙筛上面垫有透气棉纸，茶叶摊在纸上烘焙。初烘摊叶厚度约 3 厘米，烘温 80℃左右，烘焙 3～4 分钟，茶稍干时，将两筛茶并为一筛，由于焙炉温度下部高上部低，所以在烘焙过程中要上下层筛交换移位，约烘 1 小时，九成以上干时即成毛茶，分级拣梗、去末片。复烘：制成的成品茶，出厂前复烘一次，烘温 50℃～60℃，先低后高，烘至茶香显扬，茶叶足干，经摊凉，即可包装。

桂平西山茶的品质特点：外形条索紧细、色泽翠绿显毫，汤色碧绿清澈，滋味醇和鲜爽，叶底嫩绿。

用乳泉水冲泡西山茶，其品质最佳。乳泉是一个 70 厘米见方的泉眼，水常年保持 20℃～22℃，是一种天然矿泉水。

（江用文 韦静峰）

（九四）南山白毛茶

南山白毛茶产于广西横县南山，为历史名茶，创制于明清年间。清嘉庆十五年（1810）被列为全国 24 个名茶之一。后失传，直至 1978 年，南山白毛茶又得以恢复和发展。

横县南山的宝华山主峰和政华乡一带位于广西东南部，东经 108°48′～109°37′，北纬 22°08′～23°06′。其风景优美，山势雄伟，松竹苍翠，并有应天寺等古遗迹遗址，一年四季郁葱葱，明建文帝曾御题"万山第一"。南山属南亚热带气候，年平均气温 18℃～23℃，≥10℃年积温达 6200℃，年降雨 1200～1500 毫米，年最低温度 3℃～3.4℃，最高温度 35℃。山顶森林茂密，云雾弥漫，土壤属红壤沙壤土，表土深 30～60 厘米，土质疏松肥沃，pH 5.6～6.0。

南山白毛茶原料采用南山白毛茶（又名圣种白毛茶）茶树的鲜叶为原料。春分前几天开始采摘，特级采一芽一叶初展，长短大小匀齐，芽不短于叶长的 1/2，无损伤，病虫害芽不采；一级采一芽一叶半展；二级采一芽二叶初展至半展；三级采一芽二叶半展至全展。

南山白毛茶的加工工艺为鲜叶摊放、杀青、摊凉、揉捻、初干、烘干。鲜叶摊放：将采回的鲜叶放在清洁的簸箕内，薄摊 2 厘米左右，放于室内，避免日晒，晴天约摊放 2～3 小时。杀青：传统加工以手工杀青为主，用 6CCH-63 电炒锅杀青，每锅投叶 0.5 千克，锅温 220℃～240℃。投叶后有爆声为宜，先闷后抖，抖闷结合，经 2～3 分钟后，即降至 120℃～140℃，待芽叶显灰绿或暗绿色，有茶香味时即可出锅，共炒 4～6 分钟。摊凉：出锅后的杀青叶要立刻放入簸箕，在向风处吹簸几次，使迅速散失热气。揉捻：把杀青叶放在揉台上用手工搓揉，用力掌握轻、重、轻，均匀用力，一般揉 20～30 分钟，中间解块 2～3 次。揉力不要过重，以免茶汁溢出太多，影响滋味色泽，揉至条索紧结成条，成品映绿显毫。初干：锅温 120℃～130℃左右。翻炒至六成干时降温至 80℃左右，用手抓茶叶在掌心中回转揉捻，不时抖散，使条索紧细并保持微曲或卷曲。待七成干时，降温至 70℃左右，这时搓揉手力要均匀，回转 3～4 转再解块一次，反复进行，以利显毫，到八成至八成半干时，即出锅摊凉 15～20 分钟。烘干：温度 60℃～70℃，中间用手轻轻翻拌几次，待手捏茶成粉末，含水量 5%时，经摊凉，即可包装。

南山白毛茶的品质特点：外形条索紧细，身披茸毛，色泽银白透绿，香气清高，有荷花香，汤色绿而明亮，滋味醇厚甘爽，叶底嫩绿明亮。

（江用文 韦静峰）

（九五）信阳毛尖

信阳毛尖茶产于豫南信阳地区诸县。为历史名茶，创制于清末。

信阳地区地处鄂豫皖交界，位于东经 113°45′～115°55′，北纬 31°23′～32°37′。大别山脉自西向东延伸于该地区南沿，淮河贯穿于该地区北部；地势西高东低，南高北低。茶区主要分布于大别山北麓。信阳处于北亚热带向暖温带过渡气候区，以淮河为分界线，淮南是亚热带北缘，也是中国茶区北界，属湿润区。信阳茶区四季分明，雨热同季，光、热、水资源丰富。年平均气温 15.2℃～15.5℃，山区随海拔增高而降低，每升高 100 米，气温下降 0.4℃～0.6℃。夏季平均气温 27℃。1 月最冷，月平均气温 1.6℃，年平均无霜期 217～229 天。稳定通过 10℃ 的活动积温为 4820℃～4970℃。淮河以南丘陵地带年降雨为 1000～1200 毫米，山区在 1200 毫米以上。4～9 月份降水量占全年的 75%。年平均日照时数为 2168.9 小时，日照率为 49%。常年相对湿度 75% 左右。在海拔 500 米左右地区，夏季相对湿度≥80% 的月份明显增多。大别山区是我国亚热带东部丘陵山区雾日最多的区域之一，平均雾日数 100～130 天左右。在 300～500 米高山多雾层，云雾日数可达 110～160 天左右。信阳毛尖茶区主要以黄棕壤土居多。黄棕壤主要有硅铝质黄棕壤、砂泥质黄棕壤和硅镁质黄棕壤三种土属。土层深厚，有机质含量较高，养分丰富，土壤质地疏松，通透性能好，抗旱保墒能力强，多呈酸性，pH 在 4.5～6.5 之间。土壤有机质及养分含量为：有机质 1.5%～2.5%，全氮 0.1%～0.13%，速效磷 10～20 毫克/千克，速效钾 80～115 毫克/千克。

信阳毛尖茶区的茶树品种除当地的群体种本山种外，还先后引进无性系良种白毫早、龙井 43 号等 10 多个。因南山和西山的气候不同，信阳毛尖的采摘时间也有差别，南山气温稍高，4 月上旬开采，西山（高山区）4 月中下旬开采。鲜叶要求做到"五不采"，即：不采老，不采小，不采马蹄叶（鱼叶），不采茶果（花蕾、幼小果实），不采老枝梗。做到分批及时采。

信阳毛尖茶的加工工艺为：鲜叶摊放、炒生锅、炒熟锅、初烘、摊凉、复烘、拣剔、再复烘。采摘鲜叶分级分批依次摊在通风洁净无异味的篾垫上，摊厚 5～10 厘米，每隔 1 小时左右轻翻一次。特级、一级嫩茶摊凉 1～2 小时开炒，三级以下摊 3～4 小时以上，当天鲜叶当天炒完。生锅：生锅起杀青、初揉作用。用炒茶锅，口面直径 84 厘米（亦称牛四锅）。生锅、熟锅并列挨近，均成 35°～40° 倾斜装置，锅台前方高 40 厘米左右。锅温 140℃～160℃，每锅投鲜叶量 500 克左右，用茶把（细软竹枝扎成柔软的圆帚）反复挑翻青叶，经 3～4 分钟，青叶软绵，用把尖收拢青叶，裹条（在锅中转圈）轻揉，动作由轻、慢逐步加重、加快，不时挑动抖散，反复进行。生锅历时 7～10 分钟，茶叶含水量约 55% 左右。熟锅是做形、发挥香气、增进滋味的关键工序。锅温 80℃～100℃。开始仍用茶把操作，以把尖团转茶叶，继续"裹条"为主，不时挑散，反复进行，不使茶叶成团块。约 3～4 分钟，茶条较紧细，茶把稍放平，进行"赶条"，赶直茶条。茶条稍紧，互不相粘时，改用手直接"理条"，亦称顺条或抓条、甩条。抓起锅中部分茶叶稍握紧，以抓满手心为宜。然后于离锅心 10 厘米高左右，手腕使劲，将手中部分茶叶从"虎口"甩出，撒开抛到茶锅上沿，茶条则顺斜锅滚回锅心，如此反复进行，茶条逐渐紧细、圆直、光润。熟锅茶叶达七八成干（含水量 35% 左右），茶条细紧、圆直、鲜绿、光润，立即清扫出锅，摊在篾箕上。熟锅全过程历时 7～10 分钟。初烘：俗称"打毛火"。熟锅陆续出来的 6～7 锅茶叶（1.5～2 千克）为一烘，尽快上烘，散发水分，固定外形。初烘火温 80℃～90℃。每隔 5～8 分钟翻拌一次。经 20～25 分钟，茶条定型，手抓茶条，稍感戳手，但嫩茎折不断，色泽鲜绿，稍有清香，即可下烘。含水量为 15% 左右。摊凉：初烘后茶叶，在室内及时摊凉 1 小时左右，厚度 30 厘米左右。复烘：俗称"二道火"，火温 60℃～65℃。每烘摊叶量 2.5～3 千克，每隔 10 分钟左右翻拌一次。待茶条固定，嫩茎可折断，手抓茶叶感到戳手，手捏茶叶即成碎末，便可下烘。复烘 30 分钟左右，至茶叶色泽翠绿、光润，香气清高，含水量 6%～7%。拣剔：俗称择茶。拣出回青、叶片、老枝梗、茶末及其他异物。再复烘：烘温60℃左右，每烘摊茶3～3.5千克，每隔10分钟左右，手摸茶叶有热感即翻烘一次，经25～30分钟，茶叶色泽翠绿光润，香高浓烈，手捏成碎末即下烘。

信阳毛尖属于锅炒杀青的特种烘青绿茶，分为特级、一至五级。其品质特点为：外形属长条形（特级、一级为针形），干茶色泽翠绿或绿润，汤色嫩绿明亮，滋味具有浓烈型和浓醇型特征，香气清香型，并不同程度表现出毫香、鲜嫩香、熟板栗香，叶底均呈嫩绿明亮。

（江用文　郑乃福）

（九六）赛山玉莲

赛山玉莲茶产于河南省光山县，创始于1990年。

光山县位于河南省东南部，淮河之南，大别山北麓。县境地势为西南高，东北低。南部的低山丘陵，占总面积的63.9%，为光山县茶叶主产区。光山县气候属于亚热带向暖温带过渡地区，兼有亚热带和暖温带的气候特点，夏热多雨，冬季干寒，春秋凉爽，四季分明，雨热同期，雨量充沛，温和湿润。年平均气温15.4℃，7月份平均气温27.9℃，1月份平均气温1.9℃，年日照时数达1695～2292小时，年日照率45%。常年降水量平均为1027.6毫米，常年相对湿度78%，全年相对湿度≥78%的日数在210天左右。海拔374.3米的赛山年降雨量1470毫米，年平均雾日达92天。光山县境内低山、丘陵地带的土壤是黄棕壤，多呈酸性、弱酸性反应（pH 5.5～6.9），土层厚度大于60厘米，肥力一般，立地条件和保肥性能较好，土壤养分平均含量为：有机质1.47%，含氮0.078%，速效磷12.4毫克/千克，速效钾96.6毫克/千克。

赛山玉莲茶区的茶树品种除当地的群体种外，还先后引进无性系良种白毫早、龙井43等。赛山玉莲采摘时间在清明前后，在采摘过程中，必须坚持"四选择，八不要，一摊放"的原则，即选择挺直苗壮的幼枝；选择壮实匀整一致的单个芽头；选择高山、

阴山茶园，选择生长旺盛的茶蓬。做到无芽不要，过大不要，过小不要，淡色的不要，紫色的不要，瘦弱的不要，有叶的不要，病虫危害的不要。要在清晨蒙雾中采摘，一般只能采摘到上午10时。

赛山玉莲茶的加工工艺为：摊放、杀青、做形、摊凉回潮、整形、烘干（分初烘、摊放和复烘）。摊放：采回的鲜叶及时薄摊在洁净的竹席上1～2小时后，便可制作。杀青：用口面直径84厘米的铁锅，锅温130℃～140℃，投叶量0.3～0.4千克。鲜叶下锅后，用竹茶把在锅内充分翻动，杀青时间一般需7～8分钟。做形：锅温90℃左右，用手将茶条轻轻抓起甩出，理直茶条，进一步散失水分，2～3分钟后再用手沿锅底整理、微拍、拉茶条使之稍扁，白毫显露，六至七成干后，即可出锅摊凉回潮。摊凉回潮：将做形后的茶平薄摊在竹簸箕内，3～4小时后，进行整形。整形：锅温80℃左右，投叶量0.3千克左右，通过微拍、拉、抓等手势，到七至八成干后，出锅烘干。烘干：在烘笼上进行。分初烘（毛火）、摊凉、复烘（足火）3个阶段。初烘：每烘笼投放1～2.5千克整形叶，温度80℃左右，翻动两次，烘16～18分钟，下烘摊4～6小时。复烘：投放初烘叶0.8～1千克，烘温60℃左右，烘至手捻茶条成粉末时下烘，放在干燥处摊凉拣剔后，再分别包装封藏。

赛山玉莲茶分特级、一级、二级3个级别。其品质特点为：外形清秀如玉，绿如莲叶，扁平挺直，白毫满披，色泽鲜活，汤色浅绿明亮，香气嫩香持久，滋味鲜爽回甘，叶底嫩绿明亮。

（郑乃福　江用文）

（九七）仰天雪绿

仰天雪绿茶主产于河南省固始县，创始于1986年。

固始县位于河南省东南端，系豫皖两省交界、华东与中原地带交融处。南依大别山，北临淮河。固始县处于北亚热带向温带过渡的季风湿润区，年平均气温15℃，年平均降水在1100～1400毫米，全年无霜期在220天左右。茶区处在武庙、陈淋、祖师三乡（镇）交界处的奶奶庙山系，整个山系属大别山北

麓,奶奶庙山的主峰海拔 653 米。奶奶庙山森林资源丰富,森林覆盖面达 30%。茶区土壤为黄沙土,土壤肥沃,腐殖质较厚,呈微酸性。

固始县茶树品种既有当地的群体小叶种,还先后引进无性系良种白毫早、龙井 43 等。仰天雪绿一般在每年谷雨前后采一芽一叶或一芽二叶初展的完整芽叶,鲜叶要求鲜嫩匀净,分批采摘,分级制作。

仰天雪绿茶的加工工艺为:摊青、杀青、做形、烘干、包装等工序。传统加工是采取手工炒制。摊青:采摘后的鲜叶及时摊放在室内竹席上,摊放处要求通风,阴凉,摊放时间 4 小时左右。杀青:用口径 84 厘米的铁锅,120℃的高温杀青,每锅投摊青叶 400 克左右,用双手或单手抓起鲜叶,翻转手掌,手心向上均匀地将鲜叶沿壁撒下,要捞得净、撒得匀、抖得开。做形:将锅温降到 80℃,先以杀青手法继续抖炒,然后用双手搓条,朝一个方向,将茶叶卷成条,后再改单手,在锅内进行搓条和甩条,手法采取捞、抖、带、撒、搓、压等方法,手不离茶、茶不离锅,做到捞得净、抖得开、带得轻、撒得匀、搓得紧、压得适中,依茶叶失水情况灵活变换手法,待茶叶炒至挺直略扁、八成干时起锅。烘干:烘干分毛火和足火,毛火 80℃~60℃,烘到八九成干时,摊凉 1~2 小时后,再用 60℃~50℃的温度烘至足干。再拣去片、枝、杂质即为成品。成品含水率不超过 7%。成品茶叶按其采摘节令和芽叶嫩度分雨前特优和一、二级。以铁听密封包装和纸箱包装两种方法保管销售。

仰天雪绿茶的品质特点为:外形扁平挺秀显毫,色泽翠绿油润,香气高尚鲜嫩,汤色绿亮,滋味鲜醇,叶底嫩匀。

(江用文　郑乃福)

(九八) 金刚碧绿

金刚碧绿茶产于河南省商城县金刚台一带,始于 1990 年。

商城县位于河南省东南端的大别山区,东经 115°07′~115°38′,北纬 31°23′~32°06′之间。境内地势由西向东倾斜,南高北低,从南向北有规律性地构成深山、浅山、丘陵垄岗地貌。商城属北亚热带季风气候,四季分明,雨热同期,气候温和,雨量充沛。年平均降雨量 1182 毫米,最高为 1516 毫米,主要集中在 4~9 月。年均气温 15.5℃,7 月平均气温 27.7℃,1 月平均气温 2.1℃,10℃以上有效积温 4977℃,无霜期 223 天,太阳辐射总量 478 千焦/平方厘米,年平均光照时数为 2010 小时,日照率 45%,对喜漫射光条件的茶树生长有利。土壤为黄棕壤、棕壤,其中棕壤为高山肥土,有机质含量在 2%~5%左右,pH 在 4.5~6.5 之间。

适制金刚碧绿的茶树品种既有当地的群体桂花种,还有无性系良种白毫早、龙井 43 等。金刚碧绿茶的采摘一般在谷雨前后开采,特级茶以采一芽一叶为主,一级茶以一芽一叶至一芽二叶初展,做到紫芽、开口芽、电伤芽、霜冻芽不采,要求芽叶完整匀齐。

金刚碧绿茶加工工艺为:摊放、杀青、炒条、理条、摊凉、烘焙(初烘、复烘)、拣剔。鲜叶采回后薄摊在竹匾上,厚度 3~5 厘米,摊放 3~4 小时,放在阴凉处。杀青:在口径 84 厘米倾斜 40°锅内进行,每锅投叶量:特级茶 250~400 克,一级茶 400~500 克。锅温 140℃~160℃。用竹把子炒,先闷炒后扬炒,再闷抖结合,炒至叶质柔软,叶色暗绿,散发清香,稍粘手,折梗不断,为杀青适度即出锅。炒条:在斜锅内进行,锅温 80℃,用竹把子轻揉 3 分钟左右,使茶汁略外溢,以增进滋味。理条:是形成茶叶外形的关键工序,将炒条揉叶放入锅中,锅温先高后低,由 80℃逐渐降至 40℃,先采用抖炒散失水分,然后用抓、搭、捺、甩等手法交替做形,使茶叶扁平挺直,炒至八成干出锅。摊凉:做形后的茶叶薄摊在竹匾上,摊放 30~40 分钟。烘焙:分初烘和复烘。初烘:用木炭文火烘焙,温度 80℃,每笼放做形叶 750 克,中间翻动 2~3 次,烘 15~18 分钟下烘摊凉。摊凉时间为 3~4 小时。复烘:投初烘叶 1000 克,温度 60℃,中间翻动 2~3 次,烘至含水量达到 6%时下烘。拣剔:下烘后用手工拣剔,剔除片末茶梗及杂质,用铁筒密封贮藏。

金刚碧绿茶的品质特点:外形色泽翠绿,肥壮紧直,微扁显芽,汤色嫩绿明亮,香气清香,滋味鲜爽,叶底嫩绿肥壮显芽。具有高山云雾茶的品质。

(江用文　郑乃福)

(九九)龙眼玉叶

龙眼玉叶茶主产于河南省新县东北部的八里畈乡,创始于 1984 年。

新县位于河南省南端,大别山腹地,鄂、豫、皖三省结合部。新县茶区属于淮河流域,四季分明。年均降雨量为 1400 毫米,多集中在 4~8 月份,约占全年降雨量的 65%;年均温 15.1℃,稳定通过≥10℃的积温 4800℃,年无霜期 220 天左右。该区的土壤为棕壤,pH 值 5.5 左右,表层腐殖质较多,有机质含量 1.15%,全氮量 0.1068%,速效磷 28 毫克/千克,速效钾 96.5 毫克/千克。

新县茶树品种既有当地的群体桂花种,还有无性系良种白毫早、龙井 43 等。龙眼玉叶茶要求芽叶肥壮,细嫩匀齐,毫多芽长。一般在清明前后开采,高级龙眼玉叶采摘标准是:一芽一叶,芽叶靠拢,大小匀齐,芽长于叶。中级龙眼玉叶采摘标准是:一芽二叶,芽叶顶端平齐。鲜叶采摘坚持五不采:不采雨水叶,不采瘦弱叶,不采病虫危害叶,不采紫叶茶、柳叶茶,高温烈日不采。采茶时严格遵循及时分批、勤采嫩摘、分级摊放的原则。

龙眼玉叶茶加工工艺为:鲜叶摊放、青锅(杀青、二青)、摊凉回潮、筛分、辉锅。鲜叶采回后摊放于通风的篾垫上,约 2~4 小时后叶质稍软,渐发清香后开始青锅。制作龙眼玉叶的设备是龙井电炒锅。青锅:包括杀青和二青两个过程。每锅投叶量 150~250 克,锅温控制在 80℃~100℃,青锅时间一般为 15 分钟左右。主要通过带、甩、抖、捺、压、抓等手法,待鲜叶含水量降至 25% 左右时,进行摊凉回潮,时间约 40 分钟左右,然后进行辉锅。辉锅:目的是进一步整形、磨光、干燥,以增进香味。投叶量一般为 250~500 克,锅温要求较稳定,一般在 70℃ 左右,并坚持高、低、高的原则,时间一般掌握在 20 分钟左右,辉锅要求手不离茶,茶不离锅。先用带、甩手法,再用捺、甩、抓相结合。动作先重后轻,先慢后快。待叶质开始硬化时,采用荡、磨、钩、吐等手

法。要求手法稍快略重,减少在锅内磨光的时间。当含水量不超过 7% 时,出锅摊凉、拣剔、包装、贮运。包装一般为内衬软白纸,包成长方形,包好后放入无色不透明的密闭容器内,在容器底部放少许生石灰,并定期调换,达到长期保存新茶本色、增进香味的目的。

龙眼玉叶茶的品质特点为:外形扁平尖削似玉叶,白毫成球似龙眼,大小匀齐,光滑挺秀,色泽米黄;内质香高持久馥郁,汤色清澈明亮,滋味甘醇爽口,叶底匀嫩成朵。

(郑乃福　江用文)

(一○○)水濂玉叶

水濂玉叶茶主产于河南省桐柏县,始于 1997 年。

桐柏县位于河南省南部的豫鄂交界处,东经 113°~113°49′,北纬 32°17′~32°43′。县以山名,境内山川形胜,森林密布,景观宜人,有史以来《山海经》《水经注》及历代史册,均以"奇秀"形容桐柏以示不同一般。桐柏县地势南部较高,中部、东北部突起为山地,东西渐低为丘陵地带,东南和西北有小片平原。山峦起伏,河流纵横,丘陵盆地相间,高山、浅山、丘陵、岗地、平原俱有,为种茶创造了良好条件。桐柏地处亚热带北缘,秦岭—淮河一线,属北亚热带季风型大陆性气候。四季分明,雨量充沛,冷热适中,区域差异和高山垂直变化大,光、热、水等气候资源丰富。年平均气温 15℃,最热月份(7月)平均气温 27.5℃,最冷月份(1月)平均气温 1.6℃,年温差 25.9℃。茶树生长期 4~10 月份平均气温在 15.3℃~27.7℃,年有效积温在 3600℃~4811℃。年平均日照时数 2077 小时,年日照百分率 46%,无霜期 226 天。年均降水日数 114 天,降水总量 1168 毫米,平均 3 天一雨。桐柏属新生界燕山期花岗岩带的分布范围,土壤主要由花岗岩和太古界变质片麻岩风化而成,主要是黄棕土类。土层深厚,一般在 50 厘米以上,植被覆盖率高,有机质含量达 2%,土壤肥沃,pH 值为 5.3~6.5。全氮量 0.1%,速效磷 20 毫克/千克,速效钾 100 毫克/千克。

桐柏县茶树品种既有当地的群体淮源种,还有无性系良种白毫早、龙井43、龙井长叶等。水濂玉叶茶一般在清明前后开采,特级水濂玉叶采摘标准是一芽一叶初展或一芽一叶,大小匀齐。一级水濂玉叶采摘标准是一芽二叶初展或一芽二叶。鲜叶采摘坚持三不采:不采雨水叶,不采病虫危害叶,不采紫叶茶。严格遵循及时、分批、标准、留叶的原则。

水濂玉叶茶加工工艺为:鲜叶摊放、青锅、摊凉回潮、辉锅、筛分包装。摊放:采摘鲜叶分级分批依次摊在通风洁净无异味的篾垫上,摊厚5厘米左右,约3小时,待叶质稍软渐发清香后开始青锅。青锅:加工设备用龙井电炒锅。每锅投叶量250克左右,锅温控制在80℃~100℃,青锅时间一般为15~20分钟。主要通过带、甩、抖、捺、压、抓等手法,待鲜叶含水量降至25%左右时,进行摊凉回潮,时间约1小时左右,然后进行辉锅。辉锅:目的是进一步整形、磨光、干燥,以增进香味。投叶量一般为250~500克,锅温一般在70℃左右,时间一般掌握在20分钟左右,辉锅要求手不离茶,茶不离锅。先用带、甩手法,再用捺、甩、抓相结合。动作先重后轻,先慢后快。待叶质开始硬化时,采用荡、磨、钩、吐等手法。当含水量为7%以下时,出锅摊凉,然后拣剔、贮藏。

水濂玉叶茶的品质特点为:外形扁平似玉叶,色泽翠绿,汤色嫩绿明亮,香气清香或栗香持久,滋味鲜爽,叶底嫩绿肥壮显芽。

(郑乃福 江用文)

(一○一) 洞庭碧螺春

洞庭碧螺春主产于江苏省苏州吴中区太湖之东、西洞庭山和邻近的茶区。为历史名茶,创制于明末清初。

苏州吴中区西南的太湖洞庭山,地理位置为北纬31°04′,东经120°26′。洞庭山包括洞庭东山(东山镇)和洞庭西山(西山镇)两大部分。洞庭山位于北亚热带湿润季风气候区,加上太湖水体的调节,温暖湿润,多雨。光照充足,降水丰沛。年平均气温为15.8℃,极端最低气温平均为-6.6℃~-5.6℃,极端最高气温平均为36.5℃~36.8℃;平均年降水量为1129.9毫米,全年平均降水日数为135.9日,降水量集中在4~9月;太阳辐射年总量为4651.1焦耳/平方米,常年平均日照时数为2179小时,日照率全年平均为49%;全年平均无霜日为233天,无霜期超过230天的概率为80%;相对湿度平均值为80%,各月相对湿度都在75%以上。洞庭山的土壤是在生物气候等成土条件的影响下,由山丘岩石风化残积物发育而成,为地带性的自然黄棕壤。洞庭山茶园的土壤有机质及磷含量较丰富。生态环境有利于茶树生长。

碧螺春采摘要求:一是摘得早,二是采得嫩,三是拣得净。每年春分前后开采,谷雨前后结束,以春分至清明采制的明前茶品质最为名贵。通常采一芽一叶初展,芽长1.6~2.0厘米的原料,叶形卷如雀舌,称之"雀舌",炒制500克高级碧螺春约需采6.8~7.4万颗芽头。反对采单芽,它不仅影响产量,而且制成的碧螺春味淡、形差、香低。

采回的芽叶必须及时进行精心拣剔,剔去鱼叶和不符标准的芽叶,保持芽叶匀整一致。芽叶拣剔过程也是鲜叶摊放过程,可促使内含物轻度氧化,有利于品质的形成。做到当天采摘,当天炒制,不炒隔夜茶。

碧螺春炒制的特点是:手不离茶,茶不离锅,揉中带炒,炒中有揉,炒揉结合,连续操作,起锅即成。主要工序为:杀青、揉捻、搓团显毫、烘干。杀青:在平锅内或斜锅内进行,当锅温150℃~180℃时,投叶250克左右,以抖为主,双手翻炒,做到捞净、抖散、杀匀、杀透、无红梗红叶、无烟焦叶,历时3~5分钟。揉捻:锅温65℃~75℃,采用抖、炒、揉三种手法交替进行,边抖,边炒,边揉,随着茶叶水分的减少,条索逐渐形成。炒时手握茶叶松紧应适度。太松不利紧条,太紧茶叶溢出,易在锅面上结"锅巴",产生烟焦味,使茶叶色泽发黑,茶条断碎,茸毛脱落。当茶叶干度达六七成干,时间约10分钟左右,继续降低锅温转入搓团显毫过程。历时12~15分钟左右。搓团显毫:是形成形状卷曲似螺、茸毫满披的关键过程。锅温55℃~60℃,边炒边用力地将全部茶叶揉搓成数个小团，不时抖散，反复多次，搓至条形卷曲，茸毫显露，达八成干左右时，进入烘干过程。历时 13～15 分钟。烘干：采用轻揉、轻炒手法，达到固定形状，继续显毫，蒸发水分的目的。当九成干左右时，起锅将茶叶摊放在桑皮纸上，连纸放在锅上文火烘至足干。锅温约 40℃～50℃，足干叶含水量 7% 左右，历时 6～8 分钟。全程约为 40 分钟左右。

碧螺春的品质特点为：外形条索纤细，茸毛披覆，卷曲呈螺；银绿隐翠，白毫显露；清香久雅；滋味鲜爽生津，回味绵长、鲜醇；茶汤嫩绿清澈，叶底柔匀。

（江用文　唐锁海）

（一〇二）雨花茶

雨花茶主产于南京中山陵园、雨花台烈士陵园以及南京市江宁、溧水、高淳、六合、江浦、栖霞、雨花等区(县)，1958 年为纪念革命先烈而制。

南京市位于我国东部，南起北纬 31°14′，北抵北纬 33°37′。南京属北亚热带湿润气候区，季风显著，四季分明。常年平均气温，自北向南为 15.0℃～15.9℃，无霜期平均为 224～239 天。常年降水量自北向南为 985.0～1158.8 毫米，平均为 1033.0 毫米。常年日照充裕，全年总日照时数自北向南为 2092～2199.5 小时，平均为 2155.0 小时。南京是一个以低山丘陵为主的黄棕壤地区，土壤可分为丘陵土壤(约占 17%)、岗地土壤(约占 58%)、平原土壤(约占 25%)。其中，丘陵土壤土体中有石砾、中壤至重壤土，呈弱酸性，有机质在 2.36%。

用于制作南京雨花茶的主要茶树品种有：祁门楮叶种、宜兴小叶种、鸠坑种、龙井 43 号等。雨花茶开采时间在清明前后，特级茶鲜叶原料要求以一芽一叶为主，芽叶长 2～3 厘米。

雨花茶的加工采用大规模机械化生产，其加工工艺是：杀青、揉捻、毛火、整形、足干。杀青：采用 6CP－30 型或其他型号的 30 型或 60 型滚筒机杀青。经过预热，筒壁温度上升至 220℃～250℃，出叶口空气温度达 100℃以上时，开始投叶杀青。开始时要多投些鲜叶，以免产生焦叶、爆点，并及时检查杀青程度，调整投叶量至符合要求时，才均匀投叶，保证杀青叶质量稳定。从进叶到出叶时间掌握在 45～60 秒之间。以叶色由鲜绿色转为暗绿色，手感柔软，无红梗红叶，无焦边、爆点，青气消失，发出茶香，杀青叶失重率 40% 左右为杀青适度。杀青叶必须快速冷却，才能保证南京雨花茶绿翠的色泽。在杀青叶出口处安装一台鼓风机，将杀青叶迅速吹散，既可使杀青叶快速冷却，又能防止杀青叶产生水闷气。揉捻：采用 6CR－30 型或其他 25 型、35 型、65 型等揉捻机。投叶量为：6CR－30 型每桶投放杀青叶 4～4.5 千克，6CR－25 型每桶投叶 2～2.5 千克，投叶量随揉桶直径的大小相应增减，以不影响茶叶在筒内翻转为宜。揉捻按照"无压、轻压、重压、轻压、无压"的原则，揉捻 25～30 分钟。揉捻中易结团块，出机要及时解块，以免影响下道工序的正常作业。毛火：毛火分两个阶段进行。第一阶段：将经过解块的揉捻叶投入 6CR－30 型滚筒杀青机中滚二青，温度 100℃～110℃，时间不超过 2 分钟。通过滚二青，去除部分水分，以利后面的整形作业。要求茶条较松散，不太粘手即可，下机后及时摊凉。第二阶段：用烘干机打毛火。温度控制在 100℃～110℃，烘约 10 分钟，茶坯失重率达 70% 左右，手握茶叶成团，松手茶叶自然散开，有弹性，为毛火适度。毛火叶要及时摊凉。整形：整形是形成南京雨花茶独特形状的关键工序，在揉捻、初烘的基础上，搓理成细紧、浑圆、挺直、光滑的松针形；在蒸发水分的同时，使白毫显露，茶香馥郁。整形采用日本产 SD－60 型精揉机(四锅)或 6CRJ－14 型(单锅)及 6CRJ－24(双锅)整形机。具体操作分 3 个阶段进行：第一阶段预热茶锅，待两侧槽部温度达 150℃～170℃，搓板温度达到 80℃时，慢慢投入初烘叶，投叶量每锅 3.75～4.25 千克，投叶后不加压，大摆幅搓揉 6～10 分钟。这段时间的搓揉主要是使叶子回软，进一步散发水分，初步整理条形。大摆幅搓揉后茶条基本理直，茶叶含水量降至 20%～25%，再转入第二阶段的操作。第二阶段为雨花茶做形、整形的关键阶段。当茶叶条索理直逐步干燥时，要把炒手(压板)的摆幅调至中幅，并逐步加轻压，揉搓 20 分钟左右,使茶条紧结挺直,色泽油润光泽,搓板温度控制在70℃。当茶叶外形已基本形成,干燥程度达八成干时,再转入第三阶段操作。第三阶段主要是去除水分,固定形状。此时揉手(压板)摆幅宜小,压力宜轻,促使茶叶外形完整和光滑。小摆幅、轻压力揉搓约10分钟,茶叶九成干左右时出机摊凉。足干:足干的目的是蒸发水分,充分干燥,发展香气,固定茶条形状,使成品茶的色、香、味、形都达到南京雨花茶的品质要求。一般采用6CR-10型名优茶自动烘干机烘干或普通微型烘干机烘干,作业温度70℃左右,烘10~15分钟,茶叶含水量降至5%~6%为足干适度。烘干后的茶叶要摊凉,再进行毛茶整理(精制),去片割末、筛分、分级,即为成品茶。

雨花茶的品质特点为:外形条索紧细圆直,锋苗挺秀,犹似松针,色泽翠绿,白毫显露,香气浓郁,滋味鲜醇,汤色绿而清,叶底匀嫩明亮。

(江用文　唐锁海)

(一○三) 无锡毫茶

无锡毫茶主产于江苏省无锡市,创始于1979年。

无锡市位于北纬31°07′~32°00′,东经119°31′~120°36′,市郊山丘均分布于太湖沿岸,依山傍水,形成了良好的自然生态环境。山丘缓坡、岕坞的土壤属黄棕壤土类,土层深厚肥沃,适宜茶树生长,无锡毫茶均产于此地域。无锡市郊属北亚热带季风气候区。一年中四季分明,气候温和,雨水充沛,无霜期长。年平均气温15.4℃,1月份平均气温2.5℃,7月份平均气温28℃,年温差25.5℃。年日照时数2019.4小时,日照率46%。年平均降水量1035.9毫米,降水相对集中在4~9月,占全年降水量的70%,常年平均相对湿度为80%。

无锡毫茶采用本地无性系大毫、福鼎大白茶等品种的茶树新梢芽叶为原料。鲜叶于清明前后开始采摘,原料共分四级,一、二、三级原料的芽叶标准分别以一芽一叶初展、半展和开展为主体,一、二级原料的芽长3~3.5厘米,芽叶匀整不带鱼叶,严格按标准一次采成。

无锡毫茶的加工工艺分为:摊放、杀青、摊凉、轻揉、毛火、复揉、搓毫、足干六道工序。摊放:鲜叶采回后及时摊放在竹筐内,摊叶厚度2~3厘米,室内保持空气通透凉爽,一般在20℃~25℃,相对湿度80%的室内摊放6小时左右再付之加工。杀青:无锡毫茶杀青采用滚筒杀青机,各种机型均可,具体可根据日产量、操作技术而定。开动杀青机,待出口温度达到130℃左右时开始投叶,投叶时要"先多后匀",温度不宜过高过低,芽叶要杀匀、杀透,防止焦叶、生叶,杀青程度掌握叶质变软、略有粘性、青气消失,茶香溢出,杀青叶失重在30%~35%、含水量达56%~58%为杀青适度。摊凉:杀青叶下机后,要及时用鼓风机快速冷却摊凉,驱散热量带走水蒸气,防止杀青叶变黄和水闷气的产生,快速冷却是制好绿茶的重要措施,是保持无锡毫茶翠绿色泽关键措施之一。轻揉:无锡毫茶初揉采用的揉捻机CR25型至40型均可,具体可根据产量而定。揉捻方法:加压采取轻、重、轻,即空揉3分钟,轻压揉3~5分钟,空揉2分钟,历时8~10分钟,初步成条,茶汁微出即可。下机待烘。毛火:可选用6CH-941型碧螺春烘干机,机温达100℃~110℃开始投叶,边烘边翻,使其散发水分。当叶子比较爽手后,约45%含水量、五成干下机摊凉。复揉:复揉的主要目的是使条索紧细,机型与初揉同,操作方法:空揉2分钟,轻压3分钟,空揉2分钟,重压5分钟,然后不松压下机,重压要注意条索不能压到断碎。搓毫足干:无锡毫茶搓毫烘干仍在碧螺春烘干机上进行,当机温达80℃时,将复揉叶投入锅后铺开,边烘边搓,温度要低一点,有利于手工操作和香气溢出,到叶子略有触手时,可加重搓团,直到茶叶卷曲、白毫显露。搓团时应注意用力均匀,遵循先轻后重再轻原则,八成干时停止搓团,温度控制在70℃,茶叶烘至足干,含水量6%以内,下机摊凉。搓团足干用时一般20分钟。

无锡毫茶分一、二、三、四个等级。其品质特征:条形卷曲,肥壮绿翠,白毫披覆,香高味浓,色绿明亮,叶底肥嫩。

(江用文　唐锁海)

（一〇四）太湖翠竹

太湖翠竹产于无锡市锡山和市郊一带，始于 1986 年。

锡山位于北纬 31°21′～31°45′，东经 120°04′～120°36′。锡山区属北亚热带季风气候区，气候温和，四季分明，热量、光照、水资源充足。年平均温度 15.4℃，年积温 5473.2℃，1 月份平均温度 2.5℃，7 月份平均温度 27.8℃，年温差 23.3℃，无霜期 220 天。太阳年辐射总量 470.29 千焦/平方厘米，年日照时数 2033.9 小时，日照率 46%。年降水量 1042.8 毫米，平均雨日 127 天，常年相对湿度均在 81%，土壤受砂岩及石英砂岩母岩影响，发育成以黄棕壤为主的土壤类型，呈微酸性反应，pH 4.5～6.5，土层深厚，山坡缓地有机质含量 1.5%～2.7%。山区林木覆盖率达 97% 以上。

太湖翠竹以福鼎大白茶、槠叶种和鸠坑种鲜叶为原料。采摘从清明开始，直至霜降结束。分春茶、夏茶和秋茶三季。鲜叶分四个等级。特级鲜叶一般都是炒制极品太湖翠竹茶的原料，全部由单芽组成，长度 1.5～2.0 厘米左右，长短均匀，鲜叶匀、净，没有单叶、碎片；一级鲜叶为炒制特级和一级太湖翠竹茶的原料，芽长 2.0～2.5 厘米，由一芽一叶初展的鲜叶组成，芽长于叶，没有单片、碎片；二级鲜叶为炒制二、三级太湖翠竹茶的鲜叶原料，芽长 2.5～3.0 厘米，以一芽一叶开展和少量一芽二叶初展的鲜叶组成，芽与叶的长度相等，芽叶成朵，含单片极少。鲜叶采摘做到七不采：不采雨水叶、紫芽叶、病虫叶、对夹叶、焦边叶、老叶和鱼叶。采摘时要求手不紧握，篮不紧压，防止阳光直射和堆积发热。

太湖翠竹原为手工制作，1996 年全面推行了机械制作，机械加工工艺流程分为：鲜叶摊放、高温杀青、理条做形、初烘、整形、干燥定型、辉炒提香等工序。摊放：鲜叶采回后，需摊放在竹匾里，厚度 2 厘米左右，时间 6～8 小时，中间须翻动 2～3 次。待芽叶失去部分水分，鲜叶失色，发出清香，至含水率达 70% 左右，即可炒制。高温杀青：待出口温度 110℃ 左右时，开始投叶，投叶时要"先多后匀"，防止焦叶，

温度力求稳定，杀至叶片柔软，叶缘略卷，叶脉折而不断，无红梗红叶，无焦边、焦芽，青气消失，茶香溢发，含水量为 50%～55% 为宜，台时杀青 25～30 千克。杀青下机后，用风扇快速冷却，驱散热量，散发水蒸气，防止杀青叶变黄和水闷气的产生。理条做形：选用 6CDM42 型多功能机进行，利用机槽往复振动来代替手工抖动和抛摆，使形态自然、芽与叶分开的杀青叶，经多功能机作业后，形成条索直、合叶抱芽，并在加压棒的作用下压扁，形成太湖翠竹茶形似竹叶的特征。待机槽温度上升到 90℃ 时，把机器开到快档，投入 1 千克杀青叶，待茶芽在槽内理顺，合叶抱芽后，投入轻压棒 1～2 分钟，外形达不到要求时，可再投重压棒 1～2 分钟，这阶段理条温度不宜过高，机器速度要快，压力棒要轻，压力过早条索不直，而且容易结块，茶汁外溢，干茶色泽较暗，影响品质。含水量达 40% 即可下机摊凉。初烘：采用 6CH941 碧螺春烘干机进行初烘。当机内热空气达 110℃～120℃ 时，将理条叶 0.8 千克投入机内均匀薄摊，进行高温快烘，隔 3～5 分钟翻动一次，含水量达 30% 即可下机摊凉，再入多功能机上进行第二次整形。整形：温度掌握在 70℃～80℃，每次投初烘叶 1.2 千克，机器开快档，历时 8～10 分钟，加轻压棒 1～2 分钟，即下机摊凉进行干燥。干燥定形：机内热空气达 100℃ 时，投入整形叶 1 千克进行烘干，时间 7～8 分钟，含水量 8%～10%。辉炒提香：最后一道工序在多功能机内进行，机器速度为慢档，温度掌握在 80℃ 左右，茶叶经槽壁和自身的摩擦达到光滑翠绿，香气高爽，时间 3～5 分钟，干茶含水量以 4%～6% 为宜，下机摊凉割末即成。

太湖翠竹茶的品质特征：条形扁似竹叶，色泽翠绿油润，滋味鲜爽甘醇，香气清高持久，汤色清澈明亮，叶底嫩绿匀整。

（唐锁海　江用文）

（一〇五）金坛雀舌

金坛雀舌产于江苏省金坛市，始于 1982 年。

金坛市地处长江下游江苏省南部的茅山东麓，北纬 31°4′，东经 119°33′。金坛雀舌茶主要分布在

丘陵山区。金坛属北亚热带季风区,四季分明,日照充足,雨量充沛,年平均气温 15.3℃,无霜期 228 天,日照率 46%,降水量 1063.5 毫米。茅山是江苏省的主要山脉之一,绵延近百里,主峰海拔 372.5 米,山峦起伏,森林茂密(森林覆盖率达 38.5%),土壤系下蜀黄棕壤土,土层深厚肥沃,pH 5.0~5.5。

金坛雀舌主要选用祁门槠叶种、鸠坑种、龙井 43、龙井长叶等中小叶良种茶树的鲜叶为原料。采摘标准以芽苞和一芽一叶初展为主,特级茶以芽苞为主,要求芽长 2.5 厘米左右,采回的鲜叶要及时进厂均匀摊放在竹匾内,并要精心拣剔,剔除鱼叶、单片、紫芽等劣质叶。

金坛雀舌茶的加工工艺为:鲜叶摊放、杀青、摊凉、整形、辉锅、拣剔割末。摊放:鲜叶采后薄摊在干净的竹篾上,厚度 2~3 厘米,在通风阴凉处摊 3~4 小时,待叶子失去部分青气,叶质回软后进行杀青。杀青:在洁净光滑的铁锅内进行,当锅温达 80℃~90℃左右时,在锅内涂上少许制茶油。待青烟消失,投入鲜叶 250~300 克进行杀青。锅温掌握在 120℃左右。采用先抛后闷,抛闷结合,抖、撩手法交替进行,抖得要散,撩得要净,约 3~4 分钟,散失部分水分后,锅温降至 60℃左右,开始采用搭的手法,以搭为主,结合抖、撩做形。手沿锅壁撩时压力要逐渐加重,并结合搭的手法,使茶叶初步形成扁直形,炒至稍有刺手感时,失水约 30% 左右,起锅摊凉。摊凉:将杀青好的茶叶,整齐均匀地摊放在竹匾内,约 1 小时左右。整形:整形过程是边辉锅边整形,手法同杀青中的“搭、抖、撩”,至茶叶外形成扁平雀舌状。辉锅温度约 60℃左右,随着茶坯含水量的减少,锅温逐渐降至 50℃~40℃。起锅时,锅温略升至 50℃。每锅投入青锅叶 300~350 克。当茶坯下锅后,手迅速从锅底将茶坯抓起,用搦与抓的手法为主结合理条,使茶叶在压力作用下趋向扁、直、平、滑,形似雀舌。当茶叶在锅中炒至发出“沙沙”响声时,即可起锅摊凉冷却。冷却后及时进行拣剔、割末等精制工序,然后再经干燥冷藏保鲜处理。

1995 年以后,金坛雀舌茶的炒制逐步向机械化方向发展,采用 30 型、40 型滚筒杀青机、微波杀青机、汽热杀青机进行杀青,多功能名茶机和振动往复式理条机理条整形,提香机提香。

金坛雀舌的品质特点为:外形扁平挺直,条索匀整,状如雀舌,色泽绿润,香气清高,滋味鲜爽,汤色明亮,叶底嫩匀。

(江用文　唐锁海)

(一〇六) 茅山青锋

茅山青锋产于金坛市,主产区为茅麓茶场及周边茶区,创始于 1982 年。

金坛市地处长江下游江苏省南部的茅山东麓,北纬 31°45′,东经 119°33′。茅山是江苏省的主要山脉之一,绵延近百里,主峰海拔 372.5 米,山峦起伏,森林茂密,森林覆盖率达 38.5%。金坛属北亚热带季风区,四季分明,日照充足,雨量充沛,年平均气温 15.3℃,无霜期 228 天,日照率 46%,年降水量 1063.5 毫米。土壤系下蜀黄棕壤土,土层深厚肥沃,pH 5.0~5.5。土壤条件、气候条件十分适宜茶树的生长。

茅山青锋清明后开采,其中以谷雨前后的鲜叶为主要原料,特级茅山青锋茶主要以初展的一芽一叶为原料,一级茅山青锋茶以一芽一叶和初展的一芽二叶为原料,二级茅山青锋茶以一芽一叶、二叶为原料。鲜叶不采病虫危害叶,剔除鱼叶、单片、紫芽等劣质叶。采摘时严格遵循及时分批、勤采嫩摘、分级摊放的原则。

茅山青锋的加工工艺为鲜叶摊放、杀青、整形、辉锅、精制。摊放:经过摊放的鲜叶有利于提高成茶的香气,鲜叶采回后要先摊放在干净的竹匾上,放在室内阴凉通风处,一般须经 4 小时左右。杀青、整形:茅山青锋加工的杀青和整形工艺是同时进行的。当杀青锅锅壁温度上升到 80℃以上,用油布在锅内抹上少许乌桕油,每锅投入 350 克左右鲜叶进行杀青,此时鲜叶接触锅壁,发出轻微的“啪、啪”响声,迅速用手将锅内鲜叶撩起,再均匀地抖散,使水汽散发,动作要快,抖得要散,撩得要净,大约每分钟翻抖 15 次左右,并稍带撩的动作。再经数分钟后,撩的次数增多,手在锅壁撩的压力也加重,这样可使茶叶形成略带扁平形。再经数分钟后茶叶失重约

50%时,锅温也显著降低,手法转变主要将茶叶从锅心托起后,手心迅速向上,茶叶撩到锅心上空,用手掌紧贴锅壁推下,撩3~4次推一次,并结合挡的动作,数分钟后,托、撩、挡3种方法配合进行。在茶叶含水率为30%,即叶脉半干,叶边稍脆,握时有刺手感觉,茶叶初步成形,杀青整形过程即告完成,起锅摊凉,历时约需25~30分钟。辉锅:主要是为了整理扁条,使叶面平整光滑,并炒至足干,便于贮藏。摊凉后的杀青整形叶入锅时的锅壁温度为55℃左右,中途降至45℃左右,结束为40℃,历时20分钟左右。经摊凉回软的杀青整形叶,约取400克左右,投入锅内,迅速用手从锅底将茶叶拖起而加以轻撩的动作,使茶叶从手心的虎口吐出,如此反复进行数分钟左右,视需要可抹柏油少许,再换手法,用手指向锅壁擦挡(右手偏左、左手偏右),茶叶也随着打旋,这样可增加茶叶扁平光滑程度,再经数分钟,茶叶发出"沙、沙"的响声。叶面光滑,条索扁直,到茶叶含水量为7%左右时,即可起锅,茅山青锋茶炒制过程即告完成。精制:即撩起头子,割去末子,簸去轻身茶,使芽叶匀齐美观,最后进行归堆贮藏。

1995年以后,引进6CSM-30型、40型名茶滚筒杀青机,微波杀青机,汽热杀青机用于杀青作业,用名优茶多功能机、往复式理条机替代手工进行理条整形,机械作业量占炒制用工的50%左右,提高了茅山青锋茶机械化制作的程度,并有利于稳定产品质量,降低了炒制成本和劳动强度,提高了工效。

茅山青锋的品质特征为:外形色泽绿润、锋苗显露、身骨重实、条索略扁挺直、匀整光滑,犹如青锋短剑;内质:香气高爽、汤色清澈明亮、滋味鲜爽醇厚,叶底嫩绿均匀。

(唐锁海 江用文)

(一〇七)阳羡雪芽

阳羡雪芽产于江苏省宜兴市,为历史名茶,恢复于1984年。依据苏轼"雪芽我为求阳羡"的诗句而命名。江苏宜兴在唐代曾是著名贡茶产地,但当时均为团饼茶。宋代演变为蒸青散茶,后因建茶兴起而日益衰落,阳羡贡茶仅有其名而已,直到清代贡茶制法全部失传。

宜兴南部是地势起伏的丘陵山区,属天目山余脉,有太华、龙池、铜官山三条山,山峦重叠,海拔一般在400米左右,众多的丘陵岗地立地标高一般在10米,海拔40米左右。森林覆盖率达60%。宜兴茶区属中亚热带向北亚热带过渡的季风气候区,四季分明,雨量充沛,冷热适中,光、热、水、汽资源丰富,宜兴年平均气温15.7℃,7月份平均温度28.6℃,1月份平均温度2.7℃,年平均降水量1167毫米,春多于秋,夏多于冬,分布较匀。宜兴市境内南部丘陵山区,以黄棕壤为主,呈酸性,成土母质为石灰岩风化物,土层深厚,质地偏黏,中心土层有明显的铁锰淀积,土壤养分偏低。

新制阳羡雪芽的原料以无性系良种福鼎大白茶、大毫为主,及槠叶种、鸠坑种等次之。一般在清明前后开采,选用一芽一叶初展、半展。芽叶长度:小叶种2.0~2.5厘米,中叶种2.5~3.0厘米,芽长于叶,严格拣剔,保证芽叶完整,剔除单片、鱼叶、紫芽、霜冻芽、伤芽、虫芽。

新制阳羡雪芽的加工类似烘青制法,工艺为鲜叶摊放、杀青、轻度揉捻、初烘、复揉、理条、整形干燥等。摊放:鲜叶在拣剔后薄摊在竹匾内,厚度2~3厘米,晴天鲜叶摊放3~4小时,阴雨天4~6小时,散失青草气和表面水分,一般失重5%~8%,待摊青叶发出清香时付制,一般是上午采下午制,下午采晚上制,不留隔夜叶。杀青:杀青是机制阳羡雪芽的重要工序,也是关键工序,必须精心操作,掌握好看茶做茶的原理,控制好温度、投叶量、时间和杀青程度。机制阳羡雪芽杀青,选用各种型号杀青机均可,如微型6CS-30型、大型80型等。芽叶要杀匀、杀透、叶色变暗、叶质变软、略有粘性、青气消失、茶香溢出,杀青叶含水量达56%~58%为杀青适度。80型滚筒杀青机杀青,透气性能好,水蒸气散发快,成品茶色泽翠绿、香气优雅,优于30型滚筒杀青机。杀青叶出机后要迅速用风扇吹凉,散发水分,降低叶温,以保持绿翠,防止芽叶变黄。轻度揉捻:待杀青叶完全冷却回软后进行初揉,揉捻机型号可根据产量而定,采用6CR-25、30、40型揉捻机均可。为保证茶叶的完整,初揉时需空揉3~5分钟,然后逐步加压揉 3～5 分钟,再松压空揉 2 分钟出桶,初揉时间 8～10 分钟。如果采用一次性揉捻,过轻成品茶条索松,过重茶叶欠完整,色泽暗。初烘:初揉叶及时解块后进行初烘,烘干机型号可根据日产量及现有机械而定。初烘温度掌握在 90℃～110℃,时间 5～8 分钟,失重 20%,含水量 45%,手握茶叶不易成团,松手茶叶自然散开有弹性,为初烘适度。初烘叶及时下机摊凉。复揉:待初烘叶充分冷却后再次入机揉捻,复揉先空揉 2～3 分钟,逐渐加压 4～5 分钟,再空揉 2～3 分钟,反复两次后出桶下机。理条:复揉叶及时解块后进行理条,理条选用 6CL-60 振动理条机,槽锅温度 80℃～100℃,投叶量 1 千克均匀投入每锅,时间掌握 5～8 分钟。茶叶条索紧直,香气外溢,含水量 30% 出锅。整形干燥:当理条叶冷却回软后,一般在 941 烘焙机上整形干燥,温度 70℃～80℃,将理条茶叶投入锅后铺开,边理条搓条,到略有触手时,可加重搓条,直到紧直锋苗显毫,八成干时停止搓条,用力轻、重、轻,时间 5～8 分钟,含水量 10% 左右下机。阳羡雪芽整形干燥,动作比较复杂,要求较高。目前尚没有一种比较理想的机械代替手工,用 941 代替原来手工炒锅,功效成倍提高,且内质优。用理条机、多功能机等风格特征无法体现。足干:一般选用 6CH-1 型名优茶自动烘干机烘干,作业温度 70℃～80℃左右,烘 10～15 分钟,干茶含水量控制在 6% 以内,烘干后的茶叶要及时摊凉,再进行毛茶整理,去片割末后即可包装待售或贮藏。

阳羡雪芽的品质特点为:外形紧直匀细,翠绿显毫,内质香气清雅,滋味鲜醇,汤色清澈,叶底嫩匀完整。

(江用文　唐锁海)

(一〇八) 金山翠芽

金山翠芽产于江苏省镇江市句容、润州、丹徒、丹阳等市(区),始于 1981 年。

镇江市地处北纬 31°27′～32°19′,东经 118°58′～119°58′。宁镇山脉沿长江南岸东西走向,茅山山脉南北走向,全市面积 3843 平方公里,丘陵山地占51.1%,丘陵地多为下蜀系黄壤,土层深厚,pH 5.5～6.5,适于茶树生长。镇江为北亚热带季风气候区,四季分明,温暖湿润,雨量充沛,热量丰富。年平均气温 15.4℃,极端最高气温 41.1℃,极端最低气温 -12.9℃,年降水量 1063.1 毫米,集中在 4～10 月,无霜期 239 天,相对湿度 76%。

金山翠芽的原料标准:良种茶树的芽头或一芽一叶初展,芽叶长度 3 厘米左右。采摘时间在谷雨前后。大毫品种在秋茶后期,严格按照原料标准,可适当采摘。

金山翠芽于 1998 年已基本实现了机械和半机械加工。其加工工艺为:鲜叶摊放、杀青、理条整形、辉锅、烘干。摊放:鲜叶采回后摊放在洁净的竹篾上,厚 2～3 厘米,在阴凉通风处薄摊 4～6 小时,当叶质回软、渐显清香时进行杀青。杀青:选用 6CST-30 电动微型滚筒杀青机。滚筒调至水平状。杀青时筒腔温度控制在 100℃～120℃时投叶。杀青时间 100～120 秒,鲜叶杀青后失水率在 40% 左右,杀青叶下机后稍许摊凉,即可上机理条,台时产量 15 千克。理条整形:选用 6CMD-40 电动(三槽或五槽)多用机。槽底温度控制在 80℃～100℃之间,理条整形 7～8 分钟。每次每槽投杀青叶 50～100 克,操作时快慢档结合,快档以理条为主,慢档加压整形。当叶温上升后快档理条,时间约 3 分钟左右。当叶温降至 80℃(±5℃)时慢档加压,按"轻、重、轻"的原则,分次加压。理条整形后的茶叶外形基本扁平、挺直、条索紧结、稍显毫,其干度达五至六成干。台时产量 2.5 千克。辉锅:电炒锅手工辅助或选用 6CLZ-60 型(11 槽)往复式理条机,以190 次/分速度理条最为理想,槽温在投叶初期应控制在 60℃(±5℃),待叶温上升后逐渐升温至80℃～100℃,促使内部水分向外渗透。辉锅时间 20 分钟,干度达八至九成即可下机摊凉,摊凉约 20 分钟后进行烘干。烘干:选用 6CHD-1.5 型抽屉式恒温电烘箱,辉锅叶烘干温度控制在 110℃～130℃(仪表指示温度)。烘干时间 5～6 分钟,干茶含水量在 6% 以下即可。

金山翠芽的品质特点为:外形扁平挺削,色翠显毫,香高持久,滋味浓醇,汤色绿明亮,叶底肥匀、嫩绿。

（唐锁海　江用文）

（一○九）翠柏茶

翠柏茶产于江苏省溧阳市西南山和北山地区，始于 1984 年。

溧阳的西南山及北山地区，多为低山丘陵岗地，为茅山山脉的余脉，土壤均属黄棕壤，土层深厚，其表层有机质平均为 1.08％，含氮 0.0647％，含磷 0.0443％，速效磷 2 毫克/千克，速效钾 97 毫克/千克。该区全年无霜期 220 天，年平均气温 15.0℃，年均雨量为 1050 毫米，年雨日 130 天，年平均日照时数 2135 小时，全年太阳辐射总量 481.39 千焦/平方厘米，每年 3 月～6 月期间，经常冷暖不定，晴雨相间，天气多变，以阴湿为主。

翠柏茶对鲜叶原料的要求比较高，尽量多采晴天露水干时的鲜叶，不用雨水叶。采摘标准：特级叶以肥壮芽苞为主和少量一芽一叶初展。一级叶以一芽一叶初展为主，二级叶以一芽二叶初展为主。炒制 1 千克特级翠柏茶需 68000 多个芽叶。要求不带老叶、鱼叶、病虫叶、紫芽叶和枯梗等，需提采不能捋采。

机制翠柏茶的炒制工艺为：摊放、杀青、冷却、理条、整形、辉干。摊放：采回的鲜叶交至茶厂后应按不同时间及不同含水量，分别摊放处理。一般摊放在竹帘或竹匾里，摊放厚度以 5 厘米为宜，摊放时间 4 小时左右，表面水较多应适当延长，待芽叶青草气散失、叶面光泽由鲜绿转为暗绿时，便可付制。杀青：可在滚筒杀青机内进行，向杀青机供热后，就要启动电机，使滚筒转动，均匀受热。加热 10～15 分钟，当滚筒出叶处筒腔内的气温有强烈的灼手感（110℃～120℃）时，方能投叶。开始时，投叶量大些，以免产生焦边。要随时检查杀青叶质量，调整投叶量，使杀青叶符合要求，杀青程度掌握为：叶色转暗，叶质柔软，用力握后放开，杀青叶不粘手，不成团，略有刺手感，无红梗、红叶，无焦边，青草气散失，清香四溢即可。冷却：杀青叶从杀青机下来，用风扇快速冷却，摊开放置。理条：在往复振动理条机

或名优茶多用机内进行加热，同时打开运动开关，让锅体做往复运动，当锅温达 90℃～100℃时，将冷却后的杀青叶均匀地投入每一槽体中，11 槽的理条机，每槽 150～180 克；5 槽的多用机每槽在 150 克左右，随鲜叶老嫩不同，数量可适当增减。经 5～6 分钟，条索紧直，锋毫显露时，即可下锅摊凉，使茶叶水分重新分布均匀。在具体操作时，应注意保持锅温平衡。理条叶出机摊凉以后，需将理条叶放在竹匾内，轻轻压实，以保持形状和均衡水分。然后再分别进一步造形。整形辉干：在 42 型名优茶多用机内进行。加热，同时打开运动开关，当锅温升到 90℃～100℃时，每槽均匀投入摊凉后的理条叶 100 克左右，加快锅体运动，每分钟约 150 次～160 次，当茶叶翻动自如时，减慢锅体运动每分钟 110 次～120 次，待茶条理直炒制 1 分钟时加轻棒 1 分钟，透气后再放入轻棒炒制 2 分钟，应不断察看锅温和茶叶色泽，这阶段整形，温度要高，压力要轻，使茶条在充分理直的基础上逐渐干燥，如果加压过早过重，则茶条不直，容易结块，影响品质。一般炒 10～15 分钟，待茶叶挺直略扁，有刺手感（含水率约在 20％左右）时出锅、摊凉，适当回潮。摊凉后再入锅复炒至芽叶挺直，扁平光滑，含水率低于 6％时即可出锅。筛分整理：通过筛分，分清干茶的粗细、长短、大小匀齐，除净茶末、片等，分清级别即可。

翠柏茶的品质特征为：外形条索扁平，色泽绿翠，形似翠柏；内质清香幽雅持久，汤色清澈明亮，滋味醇厚鲜爽，叶底黄绿明亮嫩匀。

（江用文　唐锁海）

（一一○）南山寿眉

寿眉茶试制于 1985 年。主要产于江苏省溧阳市南山地区的横涧镇、戴埠镇和天目湖镇三镇，现已扩散到宜兴市的部分茶场。

南山寿眉茶产地系浙江省天目山的余脉，该地区季风特征明显，四季分明，气候温暖，雨水充沛，无霜期长，日照充足。年均日照为 2132 个小时，日照率为 48％，年平均气温 15.4℃，年际间最大差值为 1.5℃，年极端最低气温为 -8.4℃，年极端最高温为

39.2℃,无霜期222天。年均降雨量1200～1300毫米,年均降水日数为132.4天,一年中春季降水日最多,占年雨日的30.3%,夏季次之,冬季最小。年雾日平均值为33.4天,年均相对湿度82%。土壤以黄棕壤中的砾石土、黄沙土为主,呈酸性反应,pH在6.2以下。

炒制寿眉茶的鲜叶原料有鸠坑、福鼎大白、福鼎大毫等良种茶树的芽叶,制作1千克特级寿眉茶大约需鸠坑种新鲜茶叶7.5万多个,其中芽苞占71.6%,一芽一叶初展占14.4%,单片嫩叶占4%。

南山寿眉茶的加工工艺流程:摊放、杀青、理条整形、烘焙、拣剔。摊放:鲜叶经拣剔后摊放在铺垫有洁净纱布的竹帘上,一般历时4小时,待青香气散发后才能付制。重露水叶或雨水叶需先鼓冷风,吹净表面水,再静止摊放。杀青:杀青使用电炒锅或滚筒杀青机。用电炒锅杀青,锅温160℃,每锅投叶量0.25～0.3千克,杀青时间4～5分钟,叶温保持在80℃以上,手法以抖为主,抖闷结合,保证鲜叶杀透杀匀。用滚筒杀青机杀青,可在30型名茶杀青机或60型～80型滚筒杀青机内进行,当滚筒出叶处筒腔内的气温有强烈的灼手感(约110℃～120℃)时,即能投叶。开始时,投叶量大些,以免产生焦边,杀青时间应根据茶季、鲜叶级别而定。杀青程度掌握为:叶色转暗,叶质柔软,用力握后放开,杀青不粘手、不成团,略有刺手感,无红梗、红叶、无焦边,青草气消失,清香四溢即可。操作时,要保持温度平衡,投叶均匀,随时检查杀青叶质量,使杀青符合条件。同时,要注意后续理条工序的进度,以便及时调整杀青进度,确保工序之间的作业平衡,避免杀青叶积过得过多和过长时间存放。理条做形:是塑造南山寿眉茶外形的关键工序。一种是全手工操作在电炒锅中进行。锅温保持80℃～100℃,温度先高后低,再略高。理条整形的基本手势是先拉直后拧弯,再揿压,先直后弯,先圆后扁,促其外形向新月形片状方向发展,如此反复操作,茶叶含水率达20%时(即八成干),起锅摊凉。另一种是机械、手工操作,在理条机、名茶多功能机、电炒锅内进行。理条:在60型振动往复理条机或名优茶多用机内进行,加热的同时打开运动开关,多用机应调至快档运转,当手紧

放在锅体上方有灼手感(锅体内气温约80℃～90℃),将杀青叶均匀地投入槽体,11槽的理条机,每槽150～180克;5槽的多用机每槽150克左右,随鲜叶老嫩不同,数量可适当增减。炒制5～6分钟左右,条索紧直时即可出锅摊凉。整形:在名优茶多用机内和远红外电炒锅内进行,加热名优茶多用机,开启运动开关,中速运行(每分钟140～150次左右),当槽内气温约90℃～100℃左右时,均匀投入理条叶,每槽投叶量约为100克左右,待茶叶在槽内理顺,翻转自如时,约需1～2分钟,减慢锅体运动(110～120次/分钟),适当降低锅温,加入轻棒1分钟,出棒透气1分钟,再加棒1分钟,操作中加棒出棒要勤,切忌一压到底。当茶叶色泽基本稳定、条索微扁时即用手工辅助搓毫或转入电炒锅内(电炒锅温度稳定在70℃左右)整形搓毫。手势是四指并拢,大拇指按住茶叶,两掌合拢,顺势搓揉,促其外形向形似眉状方向发展,并适当起毫,如此反复,当茶叶达八成干时起锅、摊开,并放置片刻,使茶叶水分重新分布均匀。烘焙:摊凉至常温的茶叶,可上烘笼烘焙,也可使用6CH-941型或6CHW-3型名茶自动烘干机烘干,热空气温度保持在90℃左右,温度掌握先高后低再略高,摊叶厚度约3厘米,要摊薄摊匀,茶叶烘至足干,即干茶含水率约5%～6%时,外形稳定,白毫显露,清香四溢。拣剔:使用手工筛轻轻割末,再经手工拣剔,拣除黄片、梗杂等。

寿眉茶的品质风格为:条索微扁略弯,色泽翠绿,白毫披覆、形似寿者之眉;内质香气清雅持久,滋味鲜爽醇和,汤色清澈明亮,叶底嫩绿完好。

(唐锁海　江用文)

(一一一) 茅山长青

茅山长青茶产于江苏省句容市,始于1989年。茅山长青茶是为纪念茅山革命先烈,意取万古长青而得名。

句容市位于江苏西南部,西邻南京,北濒长江,东靠镇江,南接溧阳。属北亚热带中部季风气候区,四季分明,年均气温15.2℃,年光照2152小时。热量充沛,雨水丰润,年平均降雨量1012毫米,无霜期

229 天。土壤以下蜀系黄棕壤土为主,呈微酸性,耕作层有机质含量 1.49%,含氮 0.096%,速效磷、钾含量也都较高,适合茶树生长。

茅山长青茶的原料要求为中、小叶茶树品种的芽叶,以单芽、一芽一叶初展为主,不采病虫危害芽叶、空心芽,要求芽叶匀称完整。

茅山长青原为手工制作,1994 年开始机械制作,目前以机制为主。机械加工的工艺流程为:鲜叶摊放、杀青、理条、摊凉、整形、拣剔包装。鲜叶经摊放有利于提高成茶香气,采回的鲜叶摊放在干净的竹匾或篾垫上,放置在室内阴凉通风处,时间约 4 小时左右,待青气消失即可付制。杀青采用 6CST-30D 型滚筒杀青机,加热 25 分钟,至筒内出叶处气温达 90℃以上,手伸进有明显的灼手感时开始投叶,投叶量 15 千克/小时左右,杀青时间 1 分钟,杀青叶减重率达 35%~40%。杀青叶下机后快速冷却。理条初干采用 6CLB-40/5 型名茶多用机,开始锅温掌握在 80℃,投叶量 1 千克,空压理条约 3 分钟后,锅温升至 100℃,继续 10 分钟后加轻棒理条 2 分钟后,速度以慢档为主,快慢结合,炒至茶叶含水量 30% 左右,下机摊凉回潮。整形复干采用 6CLF-60D 往复震动理条机,对原有机械进行改进,调整原有运转速度 210 次/分钟为 190 次/分钟,投叶时锅温 60℃ 左右,投叶量为理条叶两锅并一锅,约 1 千克左右,3 分钟左右后,锅温调至 90℃ 左右炒至干燥,时间约 30 分钟,干茶下机凉透后,经拣剔包装。

品质风格特征是:条索扁直挺秀,色泽翠绿,香高持久,汤色清澈明亮,滋味鲜爽醇和,叶底叶嫩匀整。

(江用文 唐锁海)

(一一二) 绿杨春

绿杨春茶产于江苏省扬州市西部低山丘陵地区,分属于邗江区、维扬区和仪征市的 10 多个乡(镇),于 1991 年研制成功。

绿杨春茶产区位于长江下游北岸,地处江苏中部,东经 119°01′至 119°54′、北纬 32°15′至 33°25′之间;海拔 5 米至 149 米,常年气候温和湿润,年平均气温 14.8℃,全年有效积温 4700℃;雨量充沛,年平均降水量 1020 毫米。土壤以黄棕壤为主,土层深厚,pH 值 5.5~6.5。

扬州产茶历史悠久,是一个老茶区,早在唐宋时期就成为名茶产区之一,市郊蜀岗也以茶而得名,所产茶叶在宋代被列为贡品。据《甘泉县志》清乾隆七年刊本的记载:"甘泉县宋时贡茶,皆出蜀岗,甘香如蒙顶,并以蒙顶在蜀,故以名岗。"五代毛文锡在《茶谱》中记载:"扬州禅智寺,隋之故宫,寺旁蜀岗,其茶甘香,味如蒙顶焉。"贡茶制法年久失传。

绿扬春茶适制的茶树品种主要有鸠坑种、槠叶种等。一般在谷雨前后采摘,采摘标准为一芽一叶初展到半展。

绿杨春的手工加工工艺为:摊放、杀青、整形初干、足干。摊放:采回的鲜叶用竹匾均匀摊放于通风阴凉处,厚度 3~4 厘米,晴天摊放时间 4 小时左右。杀青锅温为 140℃~160℃,投叶量 300 克。鲜叶下锅后先抛后闷,抛闷结合,并顺势抛撒,3~4 分钟后杀青结束。杀青结束后进入整形初干,要求锅温降至 80℃~90℃。将杀青叶进行抖、带、抓,并伴以轻搓,待不粘手时,锅温降至 70℃,以带、抓、捺为主,适当抖散,进一步散发水分,达八成干出锅。足干的锅温为 60℃~70℃,炒至足干,出锅摊凉,冷却后包装、储藏。

绿杨春的品质特点为:形如新柳,翠绿秀长,香气高雅,汤色清明,滋味鲜醇,叶底嫩匀。

(江用文 唐锁海)

(一一三) 善卷春月

善卷春月茶主产于江苏省宜兴市,创始于 1996 年。

善卷春月茶的产区为地势起伏的丘陵山区,属天目山余脉。山区海拔一般在 400 米左右,丘陵岗地的海拔在 40~100 米左右。茶区四季分明,雨量充沛,无霜期长。年平均气温 15.7℃,严寒较少,持续时间较短,≤-8℃日数平均不足 1 天。>0℃的持续天数为 341 天,年积温 5740℃。年日照时数为

1990 小时,年日照率 45%,太阳直射量少,而散射量丰富,对茶树生长十分有利。年平均降水量 1200 多毫米,年平均降水日数 136 天。土壤以黄棕土壤为主,多呈酸性反应,成土母质为砂岩残积,土层深厚,质地偏粘,土壤养分适宜。

宜兴产茶历史悠久。5 世纪的《桐君录》有"晋陵皆出好茗"的记载,晋陵即今常州,常州辖治之内自古仅宜兴多山产茶。唐代陆羽《茶经·八之出》记载:"常州义兴县生君山悬脚岭北峰下与荆州同,生圈岭、善权寺、石亭山与舒州同。"是著名的唐贡茶区,据《洞山岕茶系》记载:"唐李栖筠守常州日,山僧进阳羡茶,陆羽品好芬芳世产,可供上方,遂置茶舍于置画溪,去湖父一里许,所产供万两。"

善卷春月茶的鲜叶原料以单芽、一芽一叶初展、一芽一叶半展为主,芽梢长度掌握在 2.0～3.0 厘米。原料要求嫩、匀、齐、净、鲜,不带鱼叶、紫芽、单片叶、对夹叶、老片和非茶类夹杂物。

善卷春月茶的机制工艺为:摊放、杀青、摊凉、理条成形、整形干燥、足干提香等。采摘的鲜叶及时进厂,摊放在竹匾或竹帘上,厚度 2～3 厘米,摊放时间 4～6 小时,失重 5%～9%,含水量 70%～72%,鲜叶散发清香时杀青。杀青选用滚筒杀青机,杀青程度为:叶片柔软,叶柄折而不断,叶色由绿色转变成暗绿色,失去光泽,清香显露,杀青叶含水量为 55%。杀青叶用风扇快速冷却,散热和散发水分。理条成形用理条机,当槽锅温度为 90℃时,投叶 0.5 千克,均匀地投入每一槽锅中,把机器开至最快档,先空振 3 分钟理顺茶条,再加入轻棒 1～2 分钟,取出轻棒空振 2 分钟,再加入重棒 1～2 分钟。当茶叶呈扁平、含水量 40%时,下机摊凉回潮。成形叶及时摊放在竹匾里,迅速冷却,同时使茶叶回软,水分内外分布一致。整形干燥采用多用机,多用机温度 80℃左右,机器慢档振动,将 1.5 千克成形叶投入槽锅中,待茶叶回热后投入轻棒 1 分钟,使茶形扁平,取出压棒,茶叶含水量在 10%左右下机。足干提香在微型烘干机上进行,温度为 80℃,时间 5 分钟,干茶含水量控制在 6%以内。

善卷春月茶的品质特点为:外形扁平形似新月,色泽翠绿显毫,内质香气清高,滋味鲜爽,汤色嫩绿明亮,叶底嫩匀完整。

(江用文　唐锁海)

(一一四) 三山香茗

三山香茗茶产于江苏省镇江市丹徒区、润州区,创始于 1989 年,是一种扁平形绿茶。

镇江市丹徒区位于江苏省镇江市北部、长江中下游南岸,地理位置为东经 119°15′～119°45′,北纬 31°45′～32°16′。丹徒区属低山丘陵,境内地貌复杂多样,有低山、丘陵、平原、圩区、洲地等多种类型。地势西南略高,东北低平,中部为波状起伏的丘陵岗地。境内海拔 100 米以上的山峰有 25 座,最高峰海拔 425.5 米,最低处仅为海拔 2.5 米。主要山系分属宁镇山脉的余脉和茅山山脉。土壤均以黄棕壤为主,呈酸性反应,适宜于茶树生长。镇江市丹徒区属北亚热带季风气候区,气候温和湿润,四季分明,年均气温 15.4℃,年均降雨量 1072.8 毫米。

镇江市丹徒区产茶历史悠久,明朝的《丹徒县志》已有五洲山碧螺春的记载。五洲山所产碧螺春在 1915 年曾获南洋劝业会金奖。

三山香茗茶以福鼎和鸠坑种的一芽二叶初展鲜叶为原料,芽叶长 2.5～3.0 厘米,要求芽叶匀净整齐,不采病虫叶、紫色叶,不带鱼叶、老叶、茶果等杂物。

三山香茗茶的手工加工工艺为:摊放、杀青、辉锅、精制。采回的鲜叶在阴凉通风处薄摊 4～5 小时后付制。杀青用电炒锅,锅温 140℃～150℃,每锅投鲜叶 300 克左右。鲜叶下锅后,开始手势很轻,先抛后炒,抛闷结合;4～5 分钟后,逐步轻手顺势抓捺,并注意散热;往复 25 分钟左右后,茶叶已具扁平形状,待茶叶稍有刺手感即可起锅摊凉。杀青叶摊凉后进行辉锅,两锅杀青叶并为一锅,锅温 90℃左右。待茶叶受热回潮、手感发烫、推动茶叶能在锅中滑动自如后,用手抓、挤、推、捺、搭并适当抖。这样往复操作,使茶叶逐步失水成形。最后,经升温提香后起锅摊凉。茶叶的含水率应在 6%以下。精制先用 9 孔手筛筛去茶叶的碎茶、细末茶,然后用手工剔除茶叶中的杂物,并将外形色泽相似的茶合并存放,最后是包装、编号入库。

三山香茗茶的机械加工工艺流程为：摊放、杀青、摊凉、整形、干燥。摊放：鲜叶摊放 2～4 小时，最长不超过 6 小时，含水率在 70% 左右。杀青：用 6CST－30 型滚筒杀青机，筒进口温度达 120℃时投叶杀青，稳定后筒进口温度保持在 100℃左右，杀青时间在 1 分 20 秒为佳。摊凉：摊凉散发水分和热量。整形：用 6CMD－42 型多功能机，温度 90℃左右理条，快档 4～5 分钟，慢档加轻压 1 分钟后加重压 2 分钟左右，下机摊凉 20 分钟。干燥：用微型烘干机，温度 70℃～80℃左右，每 3～4 分钟翻动一次，烘焙约 20 分钟，水分达 5% 以下即可。

三山香茗的品质特征为：色泽翠绿，外形扁平挺秀，汤色清绿明亮，香气高雅持久，滋味鲜爽醇厚，叶底嫩而绿翠。

（唐锁海　江用文）

（一一五）云雾茶

云雾茶产于江苏省连云港市，为恢复历史名茶，该茶早在八百多年前就著称于世，清代以后中断生产，20 世纪 70 年代开始恢复生产。

连云港市地处黄海之滨，丛林密布，山高雾浓，生态环境适宜茶树生长。

据史书记载，早在八百多年前花果山就产茶。云雾茶主要产区在宿城的法起寺。悟正庵《顾志》：在宿城山顶，庵多茶树，东海茶以此地为最，风味不减武彝也，其名曰云雾茶（《海州直棣州志》，唐仲冕、江梅鼎 1811）。明末清初，由于寒流侵袭和清王朝的"裁海"政策，云台山的茶树几乎绝迹。直至 1899 年，海州盐运分司徐绍垣投资白银八万两，建立"东海树艺公司"，开发云台山，种植了大片茶树，并于 1924 年，云雾茶以色绿味甘的特色，获南洋劝业会奖。不久，茶园又趋荒芜。1966 年，开始恢复茶叶生产。

云雾茶一般在谷雨前后开采，以细嫩的一芽一叶为主要原料，不采紫芽叶、病虫叶，不带鱼叶。

云雾茶的加工工艺为：摊放、杀青、揉捻、整形干燥。摊放：采回的鲜叶及时摊放阴凉、通风的地方，厚度 3 厘米左右，时间约 3 小时，如遇雨水时，摊凉时间应适当延长。杀青：锅温掌握在 160℃～180℃左右，投叶量 500 克左右，杀青时间 4～5 分钟。要求杀透杀匀，"嫩而不生，老而不焦"。杀青叶起锅摊凉 5 分钟左右后进行手工揉捻。揉捻：将杀青叶放于竹扁上，两手抱茶，掌握轻、重、轻的原则，按顺时针方向揉转。中途每隔 2 分钟左右解块抖散一次，这样反复进行，待茶叶初步卷成条索，茶汁溢出即可，揉捻时间一般 8～10 分钟。整形干燥：整形干燥是决定云雾茶外形特征的关键工序，分理条、搓条、抓条三部分。理条的锅温为 80℃～100℃左右，将揉捻叶投入锅内进行翻抖解块，均匀散入锅内，使水分迅速散发出去，翻炒时动作要快，抖得高，散得开。理条时间 4～5 分钟。待茶叶微干不粘手，锅温逐渐下降到 70℃左右时，就可转入搓条。搓条手法是：用两手合抱茶条，五指展开，手撑挺起，手掌与手指用力。右手向前，左手向后搓，使茶条在掌中顺一个方向摩擦转动，伸直成条，从虎口处挤出，散落下去，待手掌中茶条搓散完后再重复进行，搓条必须掌握轻、重、轻的原则。茶条潮时用力重会造成扁条，茶条过干时用力重就易碎。搓条时间 10 分钟左右。当茶条达八成干左右时便进入抓条。抓条是为了进一步散发水分，固定条形。抓条用抓、翻、摊、炒结合的手法，开始以抓翻为主，茶条不宜摊得过散，否则，条索弯曲度大。抓条整个动作要轻，手势要松，不能高散。锅温不宜太高，否则茶条宜碎。白毫易损伤，抓条时间一般 15～20 分钟。当茶条一捏就断，一磨就碎时，适当加温翻炒，以透发香气，增进干茶色泽光洁。

云雾茶的品质特点为：条索紧圆，形似眉状，锋苗挺秀，润绿显毫，香高持久，滋味鲜浓，汤色清明，叶底匀整。

（唐锁海　江用文）

（一一六）永川秀芽

永川秀芽产于重庆市永川市，创始于 1959 年。

永川位于重庆市西南部、长江上游北岸，东经 105°37′31″～106°05′06″，北纬 28°56′16″～

29°34′23″。四季云雾缭绕,属亚热带季风性湿润气候,光照充足,雨量充沛,雨热同季。产区海拔500~1000米,年均气温18.2℃,有效积温5600℃,年均降雨量1042.2毫米,年均相对湿度80%,年均日照1298.5小时,年均无霜期317天。土壤为砂岩黄壤,肥力较高,团粒结构好,呈酸性反应,pH值4.5~5.5。

永川秀芽采用中小叶品种的一芽一叶初展鲜叶为原料,2月下旬开采,尤以3月底以前采摘的早白尖5号、福鼎大白茶的鲜叶为最佳。要求芽叶匀整、新鲜洁净,无紫色芽叶、鱼叶、鳞片和病虫叶。

永川秀芽手工加工工艺为:摊放、杀青、揉捻、抖水、做形、烘焙等工序。采用捞、翻、抖、团、滚、压、抓、理、搓九大手法,逐步形成其"形秀色绿、香高味爽"的独特品质,全程约6小时左右。摊放:鲜叶置于竹匾上厚3~4厘米,摊放4~5小时,当天的鲜叶当天制完。杀青:采用电炒锅杀青,锅温180℃~200℃,后期适当降低。每锅投叶量400~500克,下锅时要有均匀的爆声,用双手捞、翻、抖匀锅中叶子,先慢后快、抖闷结合、多抖少闷,约3~5分钟后,叶色变暗、叶质柔软、清香四溢时起锅摊凉。揉捻:用竹匾手工团揉,双手团、滚、压搓叶,先慢后快、轻重结合、用力均匀,约8~10分钟,至茶叶成条、圆实紧结时即可。抖水:用电炒锅抖水,下锅温度120℃~140℃。用单手捞、抖匀锅中叶子,勤捞快抖、动作流畅,约2~3分钟,至茶条不粘手时起锅摊凉。做形:用电炒锅做形,下锅温度80℃~100℃,逐步降低。做形是制作永川秀芽"紧圆细秀"独特外形的关键工艺,采用抓、理、搓等手法,逐步成形。用单手将茶条轻轻抓至锅沿,快速翻转后沿锅壁滑至锅底,反复数次,当茶条理顺后,用单手抓起茶条捧于掌心,两掌相对搓动茶条,使茶条沿虎口和鱼际慢慢落入锅中。约15~20分钟,茶条紧细露锋、浑圆挺直,适当提高锅温,勤理快搓,当茶香显露、细秀有毫时起锅。烘焙:采用名优茶提香机焙香,将茶叶均匀地撒在筛网上,置于提香机内,控制温度110℃~120℃,至含水量6%左右时取出摊凉。经拣剔去杂后,即为成品茶。

目前,除高端产品仍保留手工制作外,研制开发了永川秀芽的机制工艺,实现了标准化、规模化生产。工艺流程为:鲜叶摊放、蒸汽杀青、初揉捻、脱水、复揉捻、理条做形、焙香干燥。摊放:鲜叶采回后,在洁净的摊叶网上摊放4~6小时,待叶质柔软、清香显露时开始杀青。蒸汽杀青:采用汽热式杀青机杀青,蒸汽温度90℃~110℃,时间15~20秒;热风温度100℃~120℃,时间30~40秒。要求芽叶柔软、富有弹性,叶色暗绿、失去光泽,茶香显露、无生青味。初揉捻:采用40型名优茶揉捻机揉捻,投叶量为揉筒容积的4/5。按照"轻、重、轻"加压原则,揉捻15~20分钟,芽叶初步成条即可。脱水:用滚筒式热风脱水机脱水,温度为130℃~140℃,至含水量40%~50%即可。复揉捻:采用40型名优茶揉捻机,揉捻10~15分钟,揉至芽叶完整、茶条紧细即可。理条做形:采用往复式振动理条机理条,温度120℃~140℃,时间20~30分钟,至茶条紧细挺直、稍有刺手感时即可。焙香干燥:采用名茶烘干机烘干,温度100℃~110℃,烘10~15分钟,至茶叶含水量6%左右即可。经筛分、拣剔后,用铝箔袋密封包装,置于3℃~8℃的恒温冷藏库中保存。

永川秀芽的品质特点为:外形紧细圆直,色泽绿润有毫,汤色清澈绿亮,香气鲜嫩高长,滋味鲜醇回甘,叶底嫩绿明亮。

(周正科 江用文)

(一一七)巴南银针

巴南银针产于重庆市巴南区,为恢复性历史名茶,源自清朝末期,名为"定心巴渝银针",20世纪80年代恢复试制,定名为"巴南银针"。

巴南区位于重庆市主城区南部,位于东经106°30′,北纬29°24′。属亚热带湿润气候,四季分明,春早秋迟,夏热冬暖,初夏有梅雨,盛夏多伏旱,秋季有绵雨,冬季多云雾,霜雪甚少,无霜期长,日照少,风力小,湿度大。年均气温18.5℃,年均雾日37.4天,年均日照1168.9小时,年均降水量1187毫米,年均相对湿度81%,年均无霜期351天。土壤类型有水稻土、紫色土、荧壤土、潮土等,以黄壤类型为主,富含钙、硫、钾、硅、铝、氡、硒、锶、锂等元素,pH 值在 5.0～5.5。

清末,曾国藩走访故交,途经渝中,巧闻巴渝茶山春出圣品,味醇、香浓、形似银针,刚直不阿,其味清香,但无"名",遂登山拜饮,赞不绝口。时值天高气爽,绿野丛中,茶农穿梭往来,顿生英雄气概,仰首叹道"天下有定心,我心存止水",自此得茶名"定心巴渝银针"。20 世纪 80 年代,在众多茶叶专家的指导下,以巴渝特早茶鲜叶为原料,恢复试制了"定心巴渝银针",使其走出深闺。因茶叶基地建在风景秀丽的重庆市巴南区,故又将其命名为"巴南银针"。

巴南银针原料以巴渝特早和福鼎大白茶等中小叶品种为主,分为单芽、雨水、明前、特级四个等级。单芽以春茶第一批芽头为原料,其余级别以清明节前采摘的芽头和一芽一叶初展鲜叶为原料。

巴南银针传统的加工方法由手工制作,采用拓、抖、抓、推、捺、磨、压等十几种手法反复炒制而成,但因手工制作数量少,不能满足市场需求,后改为用机制生产。其机制工艺为:鲜叶摊放、杀青、揉捻、脱水、理条提毫、烘干、精制、提香。鲜叶摊放:鲜叶采回后薄摊于专用不锈钢网上,定时鼓风,约需摊放4～8 小时,期间应进行轻翻,使叶子失水均匀,到叶子除去部分青气略有清香时进行杀青。杀青:采用小型名优茶滚筒杀青机(一般为 40 型),杀青采用"高档叶老杀,中档叶嫩杀"的原则,温度 150℃,时间 2.5～3.5 分钟,杀青叶应达到显露清香,富有弹性。揉捻:采用小型名优茶揉捻机进行,按"先轻压、中重压、后轻压"的加压原则,揉捻时间为 10～15 分钟。脱水:采用小型名优茶烘干机脱水,温度为 100℃±10℃,至含水量为 20%～30% 时结束。理条提毫:采用往复式振动理条机理条,温度为100℃～110℃,时间 15～20 分钟,至茶条挺直、稍有刺手感时结束。烘干:采用名茶烘干机烘干,温度80℃,烘至九成干。精制:采用筛分、色选、拣剔和拼配定级等方法进行精制。提香:采用名茶提香机提香,温度 120℃,待手捻茶条成粉末(含水量约为6.0%)时起锅摊凉,密封包装放入 2℃～9℃ 恒温冷库保存。

巴南银针的品质特点为:外形紧秀挺直,色泽绿润披毫,汤色绿亮,香气清香鲜浓,滋味鲜醇,叶底嫩绿匀整。

(江用文 周正科)

(一一八) 滴翠剑名

滴翠剑名茶产自重庆市万盛区,为恢复性历史名茶。始于唐朝开元年间,后失传,20 世纪 90 年代经研究,恢复生产。

万盛区位于大娄山脉重庆市黑山谷支线,东经106°27′,北纬 28°28′。海拔 800～1200 米。年降雨量 1000～1500 毫米,年积温为 5300℃～7100℃,年平均气温 15.5℃～16.5℃,气候温和。土壤属黄红壤,pH 值 3.6,有效土层深度超过 80 厘米。

唐开元十二年(公元 724 年)春,诗仙李白"辞亲远游,仗剑去川",赴南天门(今重庆万盛石林境内)拜望师傅赵处士,见其抚剑品茶,透茶香悟剑气,已臻"心剑合一"之境界。临别时赵处士将茶与剑皆赠予李白,剑名"滴翠"。天宝元年(公元 742 年),李白奉诏入长安,遂引荐此茶,玄宗大喜,问"此茶何名?",李白为感师恩,答"滴翠剑名",即设为贡品,流传至今。

滴翠剑名原料以川茶、福鼎大白茶品种为主,采摘期为清明前至谷雨后 10 天,以采摘单芽、一芽一叶初展鲜叶为主。

滴翠剑名主要采用机械化加工,其工艺流程为:摊放、杀青、揉捻、做形、烘焙、拣剔。摊放:用筛网摊放,时间 3～6 小时,厚度 5～10 厘米。杀青:用60 型滚筒杀青机杀青,温度 220～250℃,时间 1～3分钟。揉捻:用 30 或 45 型揉捻机,时间 25～40 分钟,成条率 90% 以上。做形:用 60 型多用名茶机,温度 300±10℃,时间 3～5 分钟。烘焙:用 60 型连续式烘干机,风温 130℃～140℃,时间 6～8 分钟。拣剔:人工剔出茶梗和非茶类杂物。

滴翠剑名的品质特点为:外形扁平似剑,挺直秀丽,色泽嫩绿黄润,香气高香馥郁,汤色嫩绿匀亮,滋味鲜嫩醇爽,叶底嫩芽明亮。

(江用文 周正科)

（一一九）鸡鸣茶

鸡鸣茶产于重庆市大巴山南麓的城口县。为恢复性历史名茶。清朝乾隆年间列为贡茶，名曰"鸡鸣寺贡茶"。1986 年恢复生产后，更名为"鸡鸣茶"。

城口县位于重庆市东北部，位于东经 108°40′，北纬 31°59′。与我国两大富硒带紧密相连。区域内气候温和，属亚热带温湿气候，常年雨量充沛，年降雨量 1262 毫米，年平均气温 13.8℃，常年云雾缭绕，土壤由山丘岩石分化残积物发育的土壤为地带性自然黄棕壤，土壤中许多植被残体遗留土中，使表层腐殖层较厚，有机质和各种矿物质含量较高，土质肥沃，pH 值为 4～6，为茶树的生长提供了得天独厚的地理环境和气候条件。

鸡鸣茶因鸡鸣寺而得名。据《城口厅志》记载："鸡鸣寺，相传建于东汉，东南有一白鹤井（山泉），茶树皆明时种植，实属多产茶，以是处为佳。"清乾隆年间，鸡鸣寺总爷衙门将其茶奉贡圣上，皇帝饮之，顿觉"芳冠云清，味播九区，焕若积雪，哗若春敷，倦解慷除"。便钦赐"鸡鸣寺院内贡茶"印模一枚，每年由总爷衙门上贡 15 斤。"鸡鸣寺贡茶"也因此而得名，驰名于世。从此，民间广泛流传"天子不尝鸡鸣茶，百草不得先开花"的民谣。20 世纪 60 年代，鸡鸣寺院被毁，但民间手工制作的鸡鸣茶传承了这一悠久的历史文化。1972 年，由政府投资建立了城口县鸡鸣茶厂，并将产品注册为"鸡鸣"牌商标。

鸡鸣茶以城口县独特的冬青大茶树品种为原料，其鲜叶特征为油绿带浅红色，肉厚为一般茶叶的 1.5 倍，清明节前开始采摘。上品茶选用当日采摘的早春幼芽。

鸡鸣茶采用机械化与手工相结合的工艺，工艺流程为：鲜叶摊放、杀青、初揉捻、烘二青、复揉捻、做形、足火干燥。鲜叶摊放：置于清洁阴凉处摊放 4～6 小时，当天的鲜叶当天制完。杀青：用 6CST-30 型名茶滚筒杀青机杀青，筒温 130℃左右，时间 3～4 分钟，要求杀匀杀透，无生青味、无焦边糊叶。初揉捻：杀青摊凉后，用 6CR-30 型揉捻机揉捻，按照"轻、重、轻"的原则揉捻 30～35 分钟，芽叶初步成

条即可。烘二青：揉捻叶解块后，用 6CH-2.0 型名茶烘干机烘二青，温度 90℃～100℃左右，至茶叶手捏成团、不粘手时结束。复揉捻：用 6CR-30 型揉捻机，揉捻 35～40 分钟，至茶条紧结即可。做形：用 6CLZ-60D 往复式动理条机理条做形，温度 120℃～140℃，时间 20～30 分钟，至茶条挺直、稍有刺手感时结束。干燥：用名优茶烘干机烘干，温度 100℃～110℃，至茶叶含水量 6％左右即可。经分级整理后，包装贮藏。

鸡鸣茶的品质特点为：外形纤秀紧结，色泽油绿光润，汤色嫩绿明亮，香气高爽持久，滋味鲜爽醇厚，叶底黄绿明亮。

（周正科　江用文）

（一二〇）香山贡茶

香山贡茶产于重庆市奉节县的白帝、新民两镇。为历史名茶，始创于唐代，后失传。1991 年恢复生产。

奉节古称夔州，位于北纬 30°29′19″～31°22′23″，东经 109°1′17″～109°45′58″。香山贡茶产地的海拔一般在 500～900 米。奉节县属中亚热带暖湿季风气候。其主要特点是：冬暖、春早、夏热、秋凉，四季分明，无霜期长，光照适宜，雨量充沛。年平均气温 15.2℃，最热月 7 月份平均气温 25.2℃，最冷月 1 月份平均气温 3.4℃，年温差 21.8℃，极端最高气温 37.8℃，极端最低气温 -4.2℃，无霜期 279 天，无霜日 314 天。常年日照时数 1276.4 小时，年日照百分率为 36％。常年雾日 45～52 天。常年降雨 1120～1474.4 毫米，降雨集中在 4～9 月，占年降雨量的 75％。常年空气相对湿度为 75％，4～10 月相对湿度为 74％。奉节县白帝镇香山寺的年相对湿度在 80％以上，明显高于其他地区。白帝产区为暗紫泥土，由侏罗系自流井组杂色砂泥岩和三叠系巴东组紫红色泥岩等风化物发育而成。土层较深厚，质地沙壤至中壤；新民产区为冷沙黄泥土，由三叠系须家河组厚层砂岩夹薄层页岩母质发育而成，剖面为淡黄棕色。土层厚 40～70 厘米，微酸性，质地中壤，为粒状至块状结构，pH 值 4.0～6.5。总之，贡茶产地气候温和，雨量充沛，相对湿度较大，日照适中，土壤

疏松,雨热同季。

香山茶产区主要茶树品种有:福鼎大白茶、福鼎大毫茶、名山早、四川中小叶群体种等。香山贡茶以福鼎大毫茶为主要原料,清明前后开采。采回的鲜叶要先分级,分级后的鲜叶薄摊在篾席上,放置在通风避光的地方,剔除不合质量标准的紫色芽叶、破损芽叶、病虫芽叶和异物。

香山贡茶加工工艺为:鲜叶摊放、杀青、揉捻、初烘、整形、拣剔、足火。先将采回后符合标准的鲜叶摊放于洁净的竹篾上,摊叶厚3~5厘米,晴天摊4小时左右,阴雨天摊6~8小时,待鲜叶表面水散失,青草气消失即可。摊好的鲜叶付制前要复拣,拣出分级不标准芽叶、红变芽叶。杀青:锅温160℃~180℃,每锅投叶0.5~0.75千克,在锅内用手迅速翻炒,抖闷结合,多抖少闷。炒至叶软略带黏性,降低锅温再炒2~3分钟,待叶色变暗即可。全程历时7~9分钟。杀青叶出锅后要迅速薄摊散热。揉捻:将杀青叶在篾簸内用两手向前滚动,开始不用力,稍后逐渐加力,待茶条紧卷后再减力轻揉,使叶全部解块。时间20分钟左右。初烘:采用烘笼以杠炭为燃料,温度90℃~100℃,摊叶2厘米厚,中途轻翻一次。烘至含水量40%,芽尖发硬,叶质仍较柔软即可出笼摊凉,并可轻轻复揉。整形:锅温80℃左右,炒至手握茶刺手,即降低锅温至50℃,两手带茶,边搓边搭,如此反复,待茶条紧卷匀直,白毫显露,八成干即可。拣剔:整形后的茶叶要拣去黄片、红梗红叶、暴点焦边,形状差异大的茶叶及异物,并抖出面末。足火:采用烘笼,温度80℃~90℃,摊叶4~5厘米厚,中途勤翻,烘至足干时,提高笼温至110℃,猛火提香3~5秒钟。

香山贡茶的品质特点为:外形条索紧秀匀直,锋苗显露,色泽银绿隐翠;内质香气浓郁持久,滋味鲜爽回甘,汤色嫩绿清澈,叶底黄绿明亮匀整。

(江用文　周正科)

(一二一) 景星碧绿茶

景星碧绿茶产于重庆市万盛区黑山景星台,创始于1958年。

重庆市万盛区景星乡景星台,位于东经106°27′,北纬28°28′,海拔1200米。产地松竹碧翠,植被覆盖率达80%以上;多为黄壤土,土层深厚,有机质丰富,土壤pH 5.5~6.5;年积温为5300℃~7100℃,年降雨量1000~1500毫米,年平均气温15.5℃~16.5℃。终年云雾缭绕,空气湿润,雨量充沛,昼夜温差较大,云雾加林木,形成了自然遮光的屏障,使直射光减少,漫射光充足。

景星碧绿茶在清明前后半个月采摘,鲜叶采摘标准为一芽一叶或一芽二叶初展。采摘标准严格实行五不采:即雨水叶和露水叶不采,病虫芽叶不采,对夹叶不采,瘦小叶不采,不带马蹄。

景星碧绿茶的加工工艺为:鲜叶摊放、杀青、揉捻、烘二青、复揉、做形、初烘、足干。鲜叶摊放:为增进茶香,鲜叶进厂后需薄摊在洁净的竹篾上,在通风处摊放4小时左右。杀青:杀青锅温为130℃~150℃,每锅投叶量500~600克,先抖炒,继以抖闷结合,多抖少闷,历时5分钟左右。揉捻:采用手工揉捻的方法,掌握"轻、重、轻"的原则,历时7~8分钟,用手向顺时针方向团揉,先轻揉2~3分钟,后适当重揉3~4分钟,待茶汁外溢为度,再轻揉1~2分钟,及时解块。烘二青:温度约120℃~130℃,历时10分钟,至六成干为适度。复揉:方法同揉捻,时间约5分钟左右,以进一步卷紧条索。做形:此工序为外形形成的关键工序,锅温60℃~70℃,包括"抓茶、搓茶、理茶、拓条、齐茶"等手势,使条直并且紧细匀称,时间约20分钟左右。初烘:烘笼温度70℃~80℃,烘至八成半干,下烘摊凉。足干:烘温50℃~60℃,每隔5分钟翻动一次,烘至手捏茶叶成粉末,含水量6%~7%即可。摊凉后,包装贮藏。

景星碧绿的品质特点为:外形条索细紧匀直,色泽翠绿光润,花香浓郁持久,滋味醇厚鲜爽回甘,汤色黄绿明亮,全芽嫩绿匀整。

(江用文　周正科)

(一二二) 银峰茶

银峰茶产于重庆市永川,始于1959年。

永川位于重庆市西南部,长江上游北岸,地处东经 105°37′31″～106°05′06″，北纬 28°56′16″～29°34′23″。属亚热带季风性湿润气候，光照充足，雨量充沛，雨热同季，四季云雾缭绕。海拔 500～1000米，年均气温 18.2℃，有效积温 5600℃，年均降雨量 1042.2 毫米，年均相对湿度 80%，年均日照 1298.5 小时，年均无霜期 317 天。土质系砂岩黄壤，pH 值 4.5～5.5，土壤肥力高，团粒结构好。

银峰茶采用蜀永系、云南大叶种等中、大叶型无性良种单芽为原料。于 2 月份开采，至 4 月中下旬结束，采摘的原料要求芽头完整、匀齐，无紫芽、鱼叶、鳞片，新鲜洁净。

银峰茶加工以机械化生产为主，其工艺流程为：鲜叶摊放、汽热杀青、理条整形、焙香干燥、精制。鲜叶摊放：鲜叶采回后薄摊在洁净摊网上，6～8 小时后，待叶质柔软、略显清香即可。汽热杀青：采用汽热杀青机杀青，蒸汽温度 90℃～110℃，时间 15～20秒；热风温度 100℃～120℃，时间 30～40 秒。以杀青叶含水率 65%～75% 为宜，要求叶质柔软，叶色暗绿，无生青味。理条整形：采用往复式振动理条机理条，温度为 100℃～130℃，时间 20～30 分钟，至茶芽平直、白毫显露，稍有刺手感为宜。烘培：采用名茶烘干机烘干，温度 110℃～120℃，时间 10～15 分钟，至茶叶含水量在 6% 左右即可。精制：色选、去片、割末后即可。

银峰茶的品质特点为：外形壮实丰满露锋，色泽润绿披毫，汤色清澈绿亮，香气鲜嫩高长，滋味鲜醇回甘，叶底嫩绿明亮匀整。

（周正科　江用文）

（一二三）巴山银芽

巴山银芽产于重庆市巴南区圣灯山山脉一带，创始于 1980 年。

巴南区位于重庆市主城区南部，东经 106°30′，北纬 29°24′。地区远离城区，地处背斜低山顶部，海拔 550～800 米，气候宜人，常年平均气温为 18.3℃，≥0℃的年积温为 6000℃～6800℃，≥10℃保证率积温也在 5000℃以上；植被丰富，树林茂密，无三废污染；降雨量充沛，年平均降水量 1105.8 毫米

（785.9～1357.7 毫米），属多阴雨地区，年平均降水日数 158.4 天。巴南区土壤资源丰富，类型繁多，并素以土壤肥沃、宜种性广、物产丰富而闻名。土壤以紫色土为主，土壤 pH 值为 4.5～5.5，呈酸性，适宜茶树生长。

巴山银芽以福鼎大白茶无性系品种的原料为主，清明前后开摘，到谷雨止。鲜叶要求一芽一叶初展，不带鱼叶。

巴山银芽采用半机械半手工制作，其工艺流程为：摊放、杀青、揉捻、手工造型、烘焙、足火提香。摊放：摊放时间为 3～4 小时，厚度 10～15 厘米。天气炎热时薄摊，用排风扇通风。每 20～30 分钟翻动一次。雨水叶灵活掌握。杀青：采用 110 型滚筒式连续杀青机，筒体温度保持 180℃～200℃，筒体转速 22～26 转/分钟，杀青时间 2～3 分钟。采用透闷结合，杀青叶出筒后，立即薄摊，吹风 0.5～1 分钟。揉捻：用名优茶揉捻机揉捻，冷叶进桶，按"轻、中重、轻"加压程序，加压时间分别为 3～5 分钟、10～15 分钟、3 分钟，全程时间约 20 分钟。手工造型：采用电炒锅手工搓揉，朝同一方向直条造形，时间为 10～15 分钟。烘焙：采用名茶烘干机，按两次烘干规定的温度和时间操作。足火提香：温度控制在 90℃～120℃。

巴山银芽的品质特点为：外形细紧挺秀，色泽绿润披毫，汤色淡绿明亮，香气毫（栗）香持久，滋味鲜嫩醇爽，叶底黄绿匀整。

（江用文　周正科）

（一二四）天岗玉叶

天岗玉叶产于重庆市荣昌县，始于 1992 年。

荣昌县位于北纬 29°15′～29°41′，东经 105°17′～105°44′。荣昌县属于中亚热带湿润季风气候区，热量丰富，海拔 400～700 米地区的年平均温度为 17.7℃（最高年 18.6℃，最低年 17℃）。年总积温 6482℃，≥10℃的积温 5633℃，极端最高温 39.9℃，冬季极端最低气温在 -3.4℃。降雨较充沛，风速小，云雾多，相对湿度较大，年降雨量为 1111.8 毫米（最多为 1579 毫米，最少为 798 毫米），

全年降水日数为 158 天,占总日数的 43.3%,夜间降雨量占总降雨量的 74%,全年相对湿度多年平均为 82%。茶园分布于海拔 500～800 米的中丘山坡上,土质为暗紫泥,成土母质为侏罗系自流井组的黄色石英砂岩,质地壤土,土层深厚,自然肥力较高,土壤 pH 值为 4.0～6.5。

天岗玉叶以清明前一芽一叶初展的鲜叶为原料,要求芽叶肥硕完整、新鲜、洁净,忌采紫色叶、雨水叶、露水叶、病虫叶、衰老叶等不合格鲜叶。

天岗玉叶的加工工艺为:鲜叶摊放、杀青、摊凉、烘二青、摊凉、做形、摊凉、烘焙。鲜叶摊放:鲜叶采回后及时薄摊于特制的竹簸内,摊叶厚度 2～4 厘米,其间轻翻鲜叶 2～3 次,6 小时左右完成摊放。杀青:在龙井电炒锅内进行,先加热升温,等锅温达到 140℃左右时即投叶,投叶量为每锅 300 克,鲜叶下锅后,先闷后抖,抖闷结合。随着芽叶水分不断减少,待杀青叶色泽变为暗绿,茎折不断,茶香显露时,即为杀青适度,可起锅摊凉。杀青全程约 5～7 分钟。摊凉:将杀青叶均匀薄摊于小簸箕上,时间约 2 分钟。烘二青:将再制品均匀薄摊于烘笼白纱布上,烘温 80℃,烘时 3 分钟左右,中途翻拌 2 次。摊凉:同杀青后摊凉。做形:当锅温达到 70℃时,将再制品投入龙井锅内,前期以轻轻抓、带、翻、抖等手法理顺茶条,随着茶条不断失水,结合理条,可适当做形,手法以搭、带、拓、抖为主,用力由轻到重,逐步使茶条搭紧压扁并基本达到成形要求。当再制品外形扁平挺直、白毫显露、干度达八成半时,可起锅摊凉,并进入最后干燥阶段。做形历时 25 分钟左右。摊凉:自然摊凉 10 分钟,使在制品水分重新分布均匀。操作方法同前。烘焙:将茶条轻轻均匀地撒在烘笼白纱布上,烘温 60℃,烘时 50～60 分钟,中途翻拌茶条3～4 次。待手捻茶条成粉末(含水量约为 6.0%)时可起锅摊凉,最后经简单拣剔及包装后便可上市销售。

天岗玉叶的品质特征为:外形扁平挺直,锋苗显露,色泽翠绿显毫,香气浓郁持久,汤色嫩绿明亮,滋味鲜醇爽口,叶底黄绿匀亮。

(周正科　江用文)

（一二五）金佛玉翠

金佛玉翠产于重庆市金佛山国家级风景名胜区和重庆市生态农业大观园区,创始于 1993 年。

金佛山国家级风景名胜区和重庆市生态农业大观园区位于东经 106°54′～107°27′,北纬 28°46′～29°30′,海拔 750～1200 米;是典型的亚热带湿润季风气候,立体气候明显,气候温和,雨量充沛,年平均温度 16.6℃,年最高温度 39.8℃,最低温度 3℃;年降雨量 1185 毫米,年日照时数 1079 小时,常年无霜期 327 天。土壤以黄壤为主,呈弱酸性反应,pH 值 5.0～6.5,适宜茶树生长。特别是丘陵地区早春气候明显,比同纬度地区茶叶提早萌发 10 天以上。

据五代十国毛文锡《茶谱》记载:"涪州出三般茶,宾化(今南川)最上……"南川自唐代以来就产饼茶,其制作技术精细,饮用方法讲究,被列为贡茶,为涪州名茶之首。金佛山野生大茶树,树龄最长的有 1400 多年,与银杉、银杏、方竹、杜鹃合称金佛山"五绝"。

金佛玉翠选用福鼎大白茶、巴渝特早等茶树品种为原料,采摘标准为一芽一叶初展鲜叶,要求芽叶匀整、新鲜洁净,无紫色芽叶、鱼叶、鳞片和病虫叶。

金佛玉翠采用机械化加工,其工艺流程为:摊放、杀青、初揉、理条、做形提毫、足干、整理去杂。摊放:用摊凉床摊凉,厚度 5 厘米左右,室温下摊凉 4～6 小时。杀青:用 30 型连续滚筒式杀青机杀青,锅温控制在 200℃～240℃,投叶量控制在每小时 25～30 千克。初揉:杀青叶经快速摊凉后,用 30 型或 40 型揉捻机轻压或无压揉捻 10～15 分钟。理条:揉捻叶经摊凉解块后,用 11 槽振动理条机进行理条,温度控制在 80℃～100℃,投叶量 0.5～1 千克,至七八成干时下机摊凉。做形提毫:用电炒锅提毫,锅温 60℃～70℃,在电炒锅内手工反复搓揉、理条做形达九成干起锅摊凉。足干:用 6CH～3 型自动烘干机足火,温度 60℃～80℃,烘至足干,手捻茶叶成粉末即下机摊凉。整理去杂:用手工拣除杂物并割末。

金佛玉翠的品质特点为:外形紧细匀直,色泽翠绿,锋毫显露,汤色黄绿明亮,香气鲜嫩持久,滋味鲜醇回甘,叶底黄绿嫩匀。

(周正科 江用文)

(一二六)太白银针

太白银针茶产于重庆市万州区太安镇,始于2004年。

重庆市万州区太安镇,位于东经 108°18′~108°53′,北纬30°25′~30°59′。周围山峦起伏,松林成荫,山清水秀,云雾缭绕,森林覆盖率达 95% 以上,茶园周围 10 公里范围内无任何工业生产基地。海拔 800~1100 米,年均气温 16.5℃,年均降雨1200 毫米,年均日照1420 余小时,多为漫射光,年均无霜期265 天,冬季少有降雪,早春少有倒春寒和冰雹。土壤属黄壤类黄沙土,pH 值 4.5~6.0,肥力中等,土层厚度 60 厘米以上。

太白银针以无性系良种的单芽为主要原料,清明前开采,至谷雨前后结束。鲜叶要求匀整、新鲜洁净,无紫色芽叶、鱼叶、鳞片和病虫叶。

太白银针采用手工制作与机械化加工相结合的工艺,其工艺流程为:鲜叶摊放、杀青、揉捻、二青、复揉、整形、初烘、足火。鲜叶摊放:将鲜叶薄摊篾席上,厚度3~5 厘米,时间4~6 小时。杀青:采用30 型滚筒连续杀青机杀青,锅温 180℃~200℃,时间 60~80 秒。将杀青鲜叶摊放篾簸中,用电扇迅速吹凉至常温。揉捻:采用 30 型揉捻机,投叶量为揉桶容积的3/4,空压5 分钟、轻压 10 分钟、中压 10 分钟、轻压 5 分钟、空压 5 分钟,揉捻至茶汁溢出、成条率80% 以上即可。二青:揉捻叶解块后用名茶烘干机烘干,温度 110℃,快速烘焙至茶叶不粘手,摊凉至室温。复揉:用 30 型揉捻机揉捻,投叶量为揉桶容积的3/4,空压 5 分钟、轻压 15 分钟、中压 5 分钟、轻压 5 分钟、空压 5 分钟,至成条率 95% 以上结束。整形:将复揉叶直接投到搪瓷电炒锅中紧条直条,锅温 50℃左右,时间 15 分钟,炒至条索紧直、叶尖发硬出锅。初烘:整形后的叶子,用名茶烘干机烘焙,风温100℃,烘至含水量 20%~25%,下烘摊凉。足火:以杠炭为燃料,用竹制烘笼烘焙,摊叶厚度

2~3 厘米,温度 80℃,时间 30 分钟,烘至含水量6%,下烘摊凉。经拣剔后,包装贮藏。

太白银针的品质特点为:外形似松针挺直秀丽,色泽绿润,清香明显,滋味甘醇回味,叶底绿明亮、匀净。

(江用文 周正科)

(一二七)大鄣山云雾茶

大鄣山云雾茶产于江西省婺源县,始于1996年。

婺源县位于东经 117°22′~118°1′,北纬 29°01′~29°35′,属中亚热带湿润气候。全县年平均气温16.7℃,大于 10℃的有效积温 5231℃;年平均降雨量1831毫米,年均相对湿度83%;年日照时数 1868小时,无霜期252 天。茶园主要分布在婺源县鄣公山,该山属黄山余脉,山峰挺拔,是赣、皖、浙交界地的一大名山,主峰海拔 1600 米以上,为全县最高峰。茶园土壤以山地红黄壤为主,大多呈棕灰色,部分为高山草甸土,土层深厚疏松,富含有机质。据测定,有机质最高含量达 9.3%,平均为 7.4%。pH 值4.5~6.5。

婺源产茶历史悠久。唐代陆羽《茶经》记载:“歙州茶生婺源山谷”,《宋史·食货志》中婺源绿茶被誉为绝品茶,明清列为贡品。明末清初,外销鼎盛,曾有年产 5 万担,制成箱茶十万箱出口的辉煌记录。

大鄣山云雾茶选择当地婺源群体种鲜叶为原料,一芽二叶初展的新梢,要求芽叶匀齐而鲜嫩。

大鄣山云雾茶沿用婺源传统加工工艺,手工采摘和制作。工艺流程为:摊青、杀青、揉茶、烩生坯、炒锅青。摊青:鲜叶采回后及时用篾盘薄摊 3~4厘米厚,匀摊于阴凉通风处4~6 小时,促使鲜叶内含物质转化,至叶质回软,除青气,显青香即可付制。杀青:锅温 150℃~100℃,先高后低。投叶量0.5~0.75 千克,单手下锅翻炒,双手交替抖散,动作轻快利索,至鲜叶变为暗绿色,清香显露为适度。揉茶:在有棱骨的竹盘中进行,双把轻揉,粘手即可。烩生坯:锅温 120℃左右。投叶量为两锅杀青叶,生坯下锅应有轻微嗞嗞声。双手轻翻勤抖,烩至粘性消失,

爽手即起锅摊凉。烩坯时若有电扇吹微风,则色、香、味更佳。炒锅青:起始锅温90℃,将摊凉回软的茶坯炒至爽手,锅温降至70℃~60℃,在锅中搓条、理条。炒至刺手并有响声,改为推炒。即用手将茶叶靠锅壁向上方轻轻推起,让茶叶呈弧形自由翻落,周而复始,直至足干起锅摊凉,及时入库贮藏。

大鄣山云雾茶的品质特点为:外形条索紧直,色泽翠绿油润,汤色嫩绿明亮,滋味醇和,甘甜可口;叶底匀嫩鲜亮,芽肥叶厚。

(江用文 陈年生)

(一二八)婺源茗眉

婺源茗眉产于江西省婺源县,创始于1958年。它以白毫披露、纤秀如眉而得名。

婺源县地处赣、浙、皖三省交界,六县(市)接壤,属典型的江南丘陵山区。地处东经117°22′~118°11′,北纬29°01′~29°35′,属中亚热带湿润气候。全县年平均气温16.7℃,≥10℃的有效积温5231℃;年平均降雨量1831毫米,年均相对湿度83%;年日照时数1868小时,无霜期252天。境内黄山支脉绵延起伏,地势东北高、西南低。土壤主要是由酸性结晶岩、泥质岩、碳酸盐岩、红砂岩等发育的水稻土、红壤、黄红壤、山地草甸土、潮土、石灰土和紫色土,厚度一般多在20厘米左右,pH值4.5~6.5。气候温暖湿润,四季分明,雨量充沛,光照较为充足。

婺源茗眉是在总结"毛峰"和"明前茶"采制技术的基础上,创新工艺,利用上梅洲、婺源大叶等茶树良种的幼嫩芽叶为原料,经精心炒制而成。

婺源茗眉分一、二级,要求在晴天8点钟后选采白毫显露、芽头肥壮的一芽一叶初展(即带有一片未伸育完全的叶),长度3厘米左右,嫩度大小一致,无病虫危害的芽叶。鲜叶采回后防止日晒或紧压,并及时薄摊。

婺源茗眉属半烘炒条型绿茶。其加工工艺为:鲜叶摊放、杀青、揉捻、烘坯或炒坯、锅炒、复烘五道工序。鲜叶采回后及时薄摊(厚3~4厘米)于洁净的篾盘上,置于阴凉通风处摊放4小时~6小时后

开始杀青。杀青:用直径60厘米的广口铁锅,锅温140℃~160℃左右,掌握先高后低,投叶量为400克~500克。掌握"快翻、高扬、撒开、捞净"四大动作。含水率60%左右时,速将杀青叶取出,摊凉后揉捻。揉捻:在直径60厘米左右中间有棱骨的竹篾茶盘中进行。一锅杀青叶,一次揉捻。掌握"轻、重、轻"的加压原则,中间抖散解团一二次。揉至茶叶成条,茶汁溢出即为适度。烘坯或炒坯:用烘笼烘坯或用锅炒坯。温度均掌握在100℃左右,投揉捻叶500克~750克,约3锅杀青叶。烘坯前将安全炭化的火炉用灰薄盖一层,然后把揉捻叶均匀摊在烘屉上。用锅炒坯的须将铁锅刷洗干净,方可投入揉捻叶。在烘或炒的过程中要勤翻、轻翻,使之干度均匀,至茶条互相不粘结,约四成半干时,取出摊放。锅炒:温度由80℃逐渐下降至70℃左右。投叶750克~1000克,约为3~4锅杀青叶。这道工序是形成茗眉外形纤秀如眉的关键,炒时要求翻抖、搓条、提毫并举,其操作方法是四指并拢,手掌张开,拇指方向朝上,小指方向朝锅,插入锅内贴着茶叶,利用腕力和臂力将茶叶沿手心方向徐徐推起,当茶坯由上方自由翻落时,两手捧茶轻轻搓条和抖散。周而复始,炒至有刺手感和沙沙响声时,停止搓条,改用推炒,即将茶叶沿锅壁向上推起,让茶叶呈弧形自由翻落,全过程约25分钟。复烘足干:温度60℃~70℃左右。投叶量1.5千克~2千克,摊叶厚度不超过3厘米。烘屉上用无异味的白纸垫底,以防茶末掉入火中生烟。烘时以文火长烘,中间翻数次,要求翻得匀、翻得轻、翻得巧。烘至手捏茶条成粉末时,即为足干,起烘摊凉后,用铁罐密封存放。

婺源茗眉的品质特点为:外形壮实,弯曲似眉,翠绿紧结,白毫显露;内质香浓持久,带兰花香,滋味鲜爽甘醇,汤色嫩绿清澈,叶底绿嫩明亮。

(江用文 陈年生)

(一二九)上饶白眉

上饶白眉产于江西省上饶县,始于1983年。

上饶县位于东经117°41′~118°4′,北纬27°58′~28°50′,属赣东北低山丘陵区。气候属亚热带湿润

型,气候温和,雨量充沛。年平均气温 17.8℃,年均无霜期 270 天,年均日照 1939.5 小时,年均降雨量 1724.1 毫米。山地以红黄壤为主,土层深厚,有机质含量 2%左右,土壤 pH 值 5.2～6.3。生态条件适宜茶树生长。

上饶白眉对鲜叶的采摘要求"嫩、匀、鲜、净"。采摘标准按照加工银毫、毛尖、翠峰的不同要求,鲜叶原料依次为一芽一叶初展、一芽一叶开展、一芽二叶初展。保持鲜叶均匀一致,不采空心芽、变色芽、虫伤芽。

上饶白眉加工工艺为:鲜叶摊放、杀青、搓揉、烘干。鲜叶进厂及时摊放在洁净的篾盘里或篾垫上,置于室内通风的地方,摊放厚度约 2 厘米,时间 4 小时～6 小时,鲜叶减重 10%左右。杀青:加工银毫、毛尖采用龙井锅,每锅投叶量 0.4 千克,翠峰杀青采用 30 型滚筒杀青机,投叶量 1 千克左右。杀青要注意两个技术环节:一要严格控温,做到高温快速,锅温 120℃～140℃,随着鲜叶水分散失,及时把锅温降到 80℃～90℃,炒至杀青适度。二要杀熟、杀透、杀匀。整个杀青过程中,手工杀青,要以抖炒为主,抖闷结合,先闷后抖,少闷多抖,待鲜叶受热后,翻炒动作要快,做到杀青叶捞得净、扬得高、抖得散。滚筒杀青,鲜叶投放筒内 1 分钟左右,鲜叶失去光泽,芽叶柔软,略成条状,青草气消失,茶香外溢,鲜叶减重率为 30%,即为杀青适度。杀青叶出筒后,要及时摊凉降温。搓揉:用一芽一叶初展或开展的杀青叶加工银毫和毛尖,可将杀青锅温降至 80℃～70℃进行搓揉。这道工序要求达到初干、轻揉、做条、提毫的目的。操作方法:采用翻炒、理条、搓揉、抖散等手势,边翻炒、边理条、边做条,交叉进行,全程需 7 分钟～8 分钟,茶条约达八成半干即可提毫,提毫后,起锅摊凉 25 分钟～30 分钟,使水分均匀分布,即可进行烘干。烘干:可采用小型手拉百页式名茶烘干机或竹烘笼进行烘焙。烘焙分初烘和复烘。初烘:温度 70℃～80℃,茶坯要均匀薄摊在焙笼笼心和烘板上,定时翻烘,待烘至九成半干,下烘摊堆 20 分钟左右,即并笼复烘,复烘厚度为 2.5 厘米左右,复烘温度 50℃～60℃,做到文火慢烘。烘至茶叶含水量达 6%以下,手捏成粉末,及时

下烘,稍经摊凉即可包装贮运。

上饶白眉的品质特点为:外形壮实,条索匀直,白毫显露,色泽绿润;内质香气清高持久,滋味鲜醇,汤色明亮,叶底嫩绿。

(江用文 陈年生)

(一三〇)浮瑶仙芝

浮瑶仙芝产于江西省浮梁县。为恢复历史名茶,创制于元代,1991 年恢复生产。

浮梁县地处黄山、怀玉山余脉向鄱阳湖平原的过渡带上,地形以低山、丘陵为主。属亚热带季风气候区,温热湿润,光热充足。年平均气温 17.1℃,≥10℃年积温 5375.4℃,极端最低气温−10.9℃,极端最高气温 41.8℃,无霜期 241 天,日照率 45%,雾日 56 天,年降雨量 1764 毫米,相对湿度 79%,月雨量≥100 毫米达 7 个月。土壤以红壤为主,土层深厚,质地良好。有机质≥2.4%,全氮量≥0.11%,水解氮≥123 毫克/千克,速效钾≥100 毫克/千克,pH 值 4.3～5.0。

浮瑶仙芝茶在谷雨前后采摘,采摘标准为 2.5～3.0 厘米长的一芽一叶初展的细嫩芽叶。鲜叶要求无花杂叶、雨水叶、病虫叶、对夹叶,保证芽叶整齐均匀。

浮瑶仙芝的加工工艺为:摊青、杀青、揉捻、做形、烘焙、复火。将采回的芽叶平摊在篾盘或竹席上 1～2 小时,摊叶厚 1～3 厘米,散去部分水分。杀青:锅炒杀青,每锅投叶量 0.4～0.5 千克,下锅温度 180℃～200℃,双手交替,抖闷结合,炒 2 分钟后锅温降至 140℃左右,再炒 2 分钟,锅温降至 110℃。炒至叶质柔软,叶色变暗,清香显露,失重率为 40%左右为适度。揉捻:将杀青叶置于竹盘中抖松散热,稍冷后用双手搓揉,中途解块散热 2～3 次,待有 90%～95%成条即可,用力不宜过重。做形:揉捻叶及时下锅做形,锅温 140℃～160℃,投叶量 0.6～0.8 千克,采取翻炒手法,理条、抖炒交叉进行,至茶条互不粘连、暗绿色加深时,锅温降至 100℃～70℃,双手采取推、搓、抖的手势,先重后轻,炒至有刺手感,茶条定型显毫为止。烘焙:做形后的茶叶

置于烘笼上,烘笼温度 70℃～80℃,摊叶厚 2 厘米左右,及时翻动,约烘 15～30 分钟,待含水率为 7%～10% 时起烘摊凉,拣剔。复火:烘笼温度 60℃,摊叶厚度不超过 3 厘米,烘至含水率降至 4%～5% 时下烘稍凉后封藏保管。

浮瑶仙芝茶的品质特点为:外形条索紧细,白毫显露,清香持久,汤色清亮,滋味醇厚鲜爽,叶底嫩匀绿亮。

(江用文　陈年生)

(一三一)庐山云雾

庐山云雾产于江西省庐山。为历史名茶,始产于东汉。

庐山位于江西省北部,九江市南,耸立在鄱阳湖与长江之滨,位于东经 115°59′,北纬 29°35′,屹立在长江之南。庐山年平均气温 11.5℃,夏季平均气温 22.6℃,最高气温 32℃(1966 年),最低气温为 -16.8℃(1977 年),年降雨量 1249～2359 毫米,茶叶生产季节(4～10 月)空气湿度 80% 以上,年雾日 190.6 天。沙页岩长期风化后的土壤多为山地黄壤、黄棕壤、棕壤。土层深厚,且透水透气性良好,土壤有机物矿物质含量丰富,pH 值 5.0～6.5。

庐山云雾始于东汉,历史悠久。据《庐山志》载:"东汉时(25～220),佛教传入我国,当时梵宫寺院多至 300 余座,僧侣云集。攀危岩,冒飞泉,采野茶以充饥渴。各寺亦于白云深处劈岩削谷,栽种茶树焙制茶叶,名云雾茶。"庐山云雾茶著名于宋代,宋时就为贡茶。到了明、清时代,生产更盛。黄宗羲《匡庐游录》中记载了白庵一老尼名叫一心的云:"山中无别产,衣食取办于茶。"这表明当时茶叶已商品化,并且是山民(包括僧尼)的主要经济来源,甚至是唯一可以换取钱币、养家活口的物产。李绂的《六过庐记》则说:"山中皆种茶,循茶径而直下清溪。"可见满山是茶,成为匡庐胜境中的主色调。1949 年后,庐山云雾茶更成为全国名茶之一。朱德元帅品尝后曾作诗称赞道:"庐山云雾茶,味浓性泼辣。若得长时饮,延年益寿法。"

庐山云雾茶清明前后开采,原料为一芽一叶初展,芽长不超过 3 厘米。严格要求不采紫芽叶、病虫叶、破碎叶和单片叶。

庐山云雾的加工工艺为:摊放、杀青、抖散、揉捻、炒二青、理条、搓条、拣剔、提毫、除末、烘干、烤干。摊放:采回芽叶要及时薄摊于洁净的篾簸内,置于阴凉通风处,以保持鲜叶纯净。杀青:在口径为 80 厘米斜锅内进行,锅温 160℃～180℃,火力要均匀,投叶量 0.5 千克左右,双手抛抖炒,先抖后闷,抖闷结合,至叶变暗绿色,柔软粘手,梗弯曲折不断为宜。时间 3～5 分钟。抖散:杀青叶出锅后,放入圆簸箕内,用双手抖散,以降温散热,防止芽叶变黄。揉捻:在圆簸箕(直径 90 厘米左右)内双手回转滚揉或推揉,揉抖结合,防止结块,揉到成条茶汁溢出为止,揉时用力宜轻,以免芽叶破碎和掉毫。炒二青:锅温 100℃～120℃,双手捞茶抖炒,锅温先高后低,捞尽抖散,防止粘锅焦叶,炒至粘性减少,手握成团,抛之即散为宜。理条:四指并拢,拇指叉开成虎口,用抓和甩的方法,解散茶团,理顺茶条,手势宜松、轻,切勿与锅面摩擦,锅温 70℃～80℃。搓条:锅温降至 60℃,两手手心相对,手掌与锅面垂直,四指略弯抓茶,用手心向前搓揉,茶条自然散落锅内,使茶条紧结,且固定条形。拣剔:在搓条的同时,结合散炒,将黄片粗条夹杂物用手拣剔出来。提毫:茶叶炒至八成干后,将茶条握入手中,利用掌力使茶条相互摩擦,直至茶条外表胶状薄膜破裂,白毫竖起而显露。用力要柔和均匀,避免断碎,要求白毫少脱落。除末:提毫后将茶叶起锅,除去碎末,再行干燥。烘干:将起锅除末后的茶叶均匀摊入 26 目筛内,送入烘干灶内烘干,温度 80℃ 左右,待含水量降至 6% 时下烘。烤干:烘干摊凉的茶叶回锅文火慢烤,锅温 60℃ 左右。茶叶集拢锅中,缓慢柔和地翻动,用双手捞取全部茶叶,离开锅壁又放下,防止与锅面摩擦,保持白毫,足干后起锅摊凉装箱。

庐山云雾茶的品质特点为:外形条索紧结重实,色泽芽隐绿;内质香气高长、鲜,汤色绿明,滋味浓醇鲜甘;叶底嫩绿微黄,柔软舒展。

(江用文　陈年生)

（一三二）紫阳毛尖

紫阳毛尖亦称富硒紫阳毛尖，为历史名茶，产于陕西省紫阳县。

紫阳县位于陕西省南部，大巴山北麓，汉江中上游，由于北有高大的秦岭阻挡西伯利亚寒流，南有大巴山缺口，可接纳南来暖湿气流，属北亚热带湿润季风气候，夏无酷暑，冬无严寒，年平均气温 15.1℃，≥10℃ 的有效积温 4669℃，年平均降水 1127.8 毫米。茶树生长季节雨量充沛，水热同季，云雾缭绕，越冬条件优于同纬度东部茶区，是我国历史悠久的优质绿茶产区。紫阳县是全国四个富硒区之一，地下分布着我国少见的富硒岩层，含硒量高达 5.66～32.06 毫克/千克，紫阳土壤以棕壤、黄棕壤为主，含硒量 3.98 毫克/千克，是紫阳毛尖天然富硒的物质基础。产区林木茂盛，生态环境良好，森林植被覆盖率 47.8%。800 米以下的低山峡谷茶园，土壤肥沃，有机质丰富，在 1.365%～2.704%，全氮在 0.079%～0.17%，全磷在 0.156%～0.212%，pH 值 4.9～5.5。

紫阳茶在唐朝前属巴蜀茶。紫阳毛尖是唐代贡品金州茶的传统产品。清代"陕南惟紫阳茶有名（西乡县志）"，紫阳毛尖成为当时全国十大名茶之一。传统的紫阳毛尖为晒青型。新中国成立后，科技人员开展技术革新，改晒干、阴干为烘干、炒干，从而大大提高了紫阳毛尖茶品质。1989 年，紫阳富硒茶开发研究成果通过科学鉴定，为国内领先水平，紫阳富硒毛尖已成为茶之珍品。

紫阳毛尖的原料以紫阳群体种中的紫阳大叶泡和紫阳槠叶种为主。紫阳毛尖茶开采期一般在清明前 10 天左右，当地茶园有 15% 的顶芽达到一芽一叶初展叶开采，鲜叶分特、一、二、三四个级别，具体要求是：特级鲜叶为纯芽头，匀、齐、新鲜无损伤；一级鲜叶为一芽一叶初展，匀、齐、新鲜无损伤；二级鲜叶为一芽一叶初展占 40%，一芽一叶占 60%，鲜活；三级鲜叶为一芽一叶占 20%，一芽二叶占 60%，一芽三叶初展占 20%，鲜活。

加工工艺分为：鲜叶分级摊放、杀青、初揉、炒坯、复揉理条做型、复烘（搓条提毫）、足干焙香、精选、成品包装、入库冷藏。

紫阳毛尖茶品质特征为：条索紧细匀齐挺直，显毫，色泽绿润，粟香浓郁高长，滋味鲜醇回甜，汤色嫩绿，清澈明亮，叶底绿明，肥壮匀齐。

（江用文　纪昌中）

（一三三）女娲银峰

女娲银峰茶，产于陕西省平利县，始于 20 世纪初。

平利县位于陕西东南部，南依巴山，北眺汉水，境内溪流纵横，植被繁茂，森林覆盖率达 65%，年降水量 900 毫米左右，在茶树生长旺季 4～9 月降雨量平均在 100 毫米以上。主要产茶区分布在海拔 400～800 米之间，土壤 pH 值 4.5～5.5，土层深厚，且山高云雾多，空气湿度大，夏无酷暑，冬无严寒，为茶树生育的适宜区。境内昼夜温差大，有利于干物质积累，特别是氨基酸和芳香物质积累，有利于茶叶优良品质的形成。

平利茶叶生产历史悠久，起于唐，兴于明，盛于清。历史名茶"三里垭毛尖"在乾隆时期曾以贡品享誉朝野。20 世纪 80 年代中期又开发研究出"八仙云雾"名茶。"女娲银峰"是上世纪末本世纪初，由科研人员运用现代茶叶加工工艺，精心研制并开发出的全程机械化生产的名茶。

采摘标准为：单芽、一芽一叶初展、一芽二叶初展。要求鲜叶大小匀齐、肥壮、完整，不带紫芽、病虫芽等。

女娲银峰的加工工艺流程为：杀青、清风摊凉、理条做形、提毫、摊凉、烘足干。杀青：利用 6CST-30 或 40 型滚筒连续杀青机杀青。当投叶口温度在 140℃ 左右时（热空气有烫手感）开始投叶。杀青程度为：色泽绿润、叶质柔软、折而不断，新茶香透露，减重率 40% 左右为适度。保证杀青叶的品质在于控制投叶量和升降机体增减杀青时间，当鲜叶含水量高时，可减少投叶量或降低机械手轮丝柄增加杀青时间。夏秋季鲜叶含水量低时，可增加投叶量或升高手轮丝柄减少杀青时间。清风摊凉：在制品杀青后,立即清风散热,摊凉至室温后,归堆回潮,时间30分钟。做形:做形是女娲银峰茶外形圆直形成的关键工序。选用6CMD-40型名茶多用机(也称多功能理条机)。当多用机槽底温度达100℃左右时,每槽投杀青叶50~80克,时间5~7分钟。一般不用加压棒加压,如在制品含水量较低时,理条机工作3分钟后可用轻棒加压1~2分钟,使在制品圆直紧结。当在制品芽尖略有刺手感(减重率为35%左右为适度),约七成干,出锅割末后,摊凉30分钟。提毫:选用6CMD-60型名茶烘焙机,当进风口温度达90℃~100℃,在烘床摊放叶厚度为0.5~1.0厘米,方法是:五指并拢伸直,双手上、下理顺茶条,于烘床上用腕力和臂力作往返运动8~10次后,平置在烘床上,每隔2~3分钟,将所做茶叶再重复提毫一次,全程10~15分钟。当茶叶白毫显露,芽尖刺手时为适度,出锅摊凉30分钟。烘足干:选用6CH-3.0型烘干机进行自动、连续烘足干,或在烘焙机进行。目的在于进一步蒸发水分,固定茶叶圆直紧细的外形和增进茶香。操作时进风口温度控制在70℃~80℃,时间约40分钟。出锅时提高温度到90℃左右,烘2~3分钟。适度标准:当在制品外形紧细圆直,色泽翠绿显毫,手搓成末状,含水量降至6%以内为适度。精选:割末去杂,使外形整齐一致。入库贮藏包装:拣剔后对成品茶进行编号,入库贮藏包装销售。

女娲银峰的品质特征为:外形圆直似针,色泽嫩绿显毫;内质香气嫩香持久,汤色清澈明亮,滋味鲜爽,叶底嫩匀明亮。

(江用文　纪昌中)

(一三四) 汉中仙毫

汉中仙毫产自陕西省汉中市,始于20世纪80年代中期,经2007年整合定名为汉中仙毫。

汉中位于陕西省西南部,北依秦岭,南屏巴山,长江最大的支流汉水横贯东西。本区资源丰富,物华天宝,被誉为"西北小江南"和"秦巴聚宝盆"。全市有8个县产茶,茶区土壤以黄棕壤、棕壤为主,有机质含量高,比较肥沃,pH值4.5~6.5。茶园海拔多在600~1200米处,年平均气温约14.3℃,年降雨量900~1200毫米,昼夜温差大,茶园漫射光多,云雾量大。高纬度、高海拔、富含锌硒、无污染,使得汉中茶叶具有优异的内在品质。

汉中茶区位于中国茶区的北缘,产茶历史悠久,古时就是"茶马交易"的重要集散地,自古至今也是出产贡茶和名茶的地方。史料记载,大巴山产茶,在唐代陆羽《茶经》的开篇即云:"茶者,南方之嘉木也,其巴山峡川有两人合抱者……"当时的汉中称梁州,已成为全国八大主产茶区之一,并以茶进行"贡赐贸易";宋代汉中的"茶马互市"更为繁荣,史载"汉中买茶,熙河易马";到了明代,不仅"年以汉中茶三万担易边马三万匹",而且制定和实行了中国第一部茶法《茶马法》;至明清以来,茶与盛世共兴,茶区绵延数百里,茶农制茶"昼夜不止,男废耕,女废织,莫之能办也……",汉中茶更是远销东南亚、欧、美等许多国家和地区。

2005年,汉中市将当地的20多只地方名茶整合为"午子仙毫"、"定军茗眉"、"宁强雀舌"三只名茶。2007年12月10日,全市茶叶整合为"汉中仙毫"。

汉中市的地方茶树品种楮叶种、碑坝群体种、西乡大脚板等,以及引进的福鼎大白茶、早白尖五号、龙井长叶、平阳特早等良种均适制"汉中仙毫"。汉中仙毫的采摘标准为单芽、一芽一叶初展、一芽二叶初展。要求鲜叶大小匀齐、肥壮、完整,不带紫芽、病虫芽等。

汉中仙毫的加工工艺流程为:摊青、杀青、理条、做型、提毫、烘干、精选。摊青:采回鲜叶均匀摊放于阴凉通风、不受阳光直射、干净卫生的室内竹质圆盘或晾席上,厚度一般不超过3厘米。每1至2小时轻翻1次,前后约摊6小时,至鲜叶失去光泽、叶质萎软,失重8%至10%便可付制。杀青:常用微型滚筒杀青机,锅温220℃至180℃。投叶量因机型而定。当青草气消失、茶香显露、叶色变暗、含水量60%左右为适度。理条:常用五槽和七槽多功能机,锅温90℃至80℃。投叶量因机型而定。当茶叶初步成形、含水量40%左右为适度。做形:同理条用机械。锅温80℃至70℃,投叶量因机型而定。当茶叶基本定形、含水量 20% 至 30% 为适度。提毫：用炒茶锅手工提毫。锅温 70℃ 至 60℃，投叶量 150 克至 200 克/锅次。当茶叶白毫初露、外形固定为适度。烘干：用热风式名茶烘干机，初烘温度 100℃ 至 90℃，摊凉 30 分钟，复烘温度 80℃ 至 70℃。烘到手捻成末，含水量 6% 以下为足干。精选：除去碎叶、黄叶、粗条、老梗以及其他夹杂物，保鲜贮藏。

汉中仙毫的品质特点是：外形微扁挺秀、匀齐显毫；内质嫩香高锐持久，汤色嫩绿清澈明亮，滋味鲜爽回甘；叶底匀齐鲜活，嫩绿明亮。

（纪昌中　江用文）

（一三五）商南泉茗

商南泉茗产于陕西省商南县，创始于 1988 年。

全县从北向南，呈由暖温带向亚热带气候过渡特征。北有秦岭主脊屏障，寒流不易侵入，南有开口的掌状山势，利于东南湿气流深入，四季分明，年平均气温 14.6℃，无霜期 216.5 天，年降水量 880 毫米，年均日照时数 1973.5 小时，土壤以潮土和黄褐土为主，微酸性，有机质含量为 1.69%，并富含硒、锌等微量元素。境内茶园主要分布在低山丘陵地带，平均海拔 896.3 米（最高 2057.9 米，最低 216.4 米）。

商南泉茗以谷雨前采摘茶树的一芽一叶初展为原料，严禁带有"马蹄子"和各类夹杂物。不采雨水叶、露水叶、病虫叶。

商南泉茗属半炒半烘的高档卷曲形绿茶，其加工工艺流程为：摊放、杀青、清风、初炒、做形起毫、烘焙、拣剔、包装等工序。摊放：采回的鲜叶按鲜叶质量和采摘时间先后分别摊放，摊放厚度不超过 15 厘米。摊放过程中每隔两小时用手轻轻翻动一次，严禁踩压，以免造成鲜叶损伤。摊放时间一般为 6～8 小时。杀青：用 6SST～30/40 型连续滚筒杀青机，杀青温度为 110℃～120℃，杀青时间根据鲜叶嫩度、水分多少确定，以杀青适度为准，一般为 2 分钟。清风：杀青叶及时进行吹凉。初炒：锅温先高后低，由 100℃ 左右逐步降至 80℃，炒至三成干即叶色变暗，手握成团，抛之即散时可做形起毫。做形

起毫：做形起毫分为做形、搓团和起毫 3 个阶段。做形的锅温掌握在 70℃ 左右，手法是：待茶坯受热均匀后，双手将茶捧在手心中，运用掌力，沿顺时针方向转搓揉，不断抖散茶块，不断换叶，并随着水分的散失，不断加大用力（由轻到重）。约经 10～12 分钟，当条索紧结，茶条开始变硬时开始搓团。搓团目的是使紧结的茶条变弯曲，近似螺形。其方法是将叶子拢在两手中心，五指稍并拢，沿顺时针方向搓揉 4、5 次成一团，放入锅中，让其定型，每锅放 3、4 团。约经 20 分钟后抖开散发水分，再经五分钟左右即可起毫。起毫：锅温应稳定在 60℃～70℃，手势基本与搓团相同，利用掌力使茶叶间相互摩擦，随着茶叶不断干燥，用力则应逐步减小，待茶条紧结弯曲，有刺手感时即可出锅。烘焙：选用 6CHP～60 三斗烘焙机，温度稳定在 100℃～110℃，热风温度 60℃～70℃，轻翻 3、4 次，烘至茶叶足干，出锅摊凉。拣剔：出锅后的茶叶先簸扬去掉碎末，然后稍作摊放。在摊放的同时，拣净老叶、花蕾、"马蹄子"等杂物，然后进行包装入库。

商南泉茗的品质特点为：外形紧细弯曲，白毫显露；内质汤色嫩绿，清澈明亮，滋味鲜爽，回甜，栗香浓郁持久；叶底黄绿明亮。

（纪昌中　江用文）

（一三六）雪青茶

雪青茶原产于山东省日照市东港区上李家庄茶场，创始于 1975 年。

日照市地处山东省东南沿海，位于东经 118°35′～119°39′、北纬 35°04′～36°02′ 之间，属于暖温带大陆性半湿润季风气候，但受海洋性气候影响而四季分明，与同纬度内陆相比，具有气候温和、空气湿润、漫射光多、雨量适中的特点。年平均气温 12.7℃，平均相对湿度为 70%，平均日照时数 2432.8 小时，无霜期 202.8 天，气温大于 10℃ 的时间为 209.1 天，有效积温为 4231.2℃。年平均降雨量 768.7 毫米，呈非均匀分布，夏季充沛，冬季较少，春秋两季适中。茶园土壤由花岗岩、正长岩、片麻岩等酸性岩石风化而形成的棕壤土，pH 值在 6.5 左右。

雪青茶采制时间为 4 月下旬至 5 月上旬,鲜叶标准为一芽一叶初展,采茶时做到"四不采",即紫芽叶、病虫叶、雨水叶、露水叶不采。

雪青茶的加工工艺为:摊青、杀青、搓条、提毫、摊凉、烘干。摊青:采后鲜叶立即置于室内通风洁净处,均匀薄摊 3～5 小时,待芽叶散失部分水分,叶表面失去光泽,青草气减少,鲜叶减重率达 6％～7％时即可加工。杀青:采用电炒锅杀青,锅温 130℃～140℃时,投入 200 克鲜叶,先用单手抖炒 1 分钟左右,待鲜叶均匀受热,叶温升高时,再用双手翻叶焖炒,并结合抖炒 4～5 分钟,待叶质变柔软,青气散失,清香显露,减重率达 28％～30％时即转入搓条。搓条:主要起揉紧茶条与显毫作用。将锅温降至 80℃左右,用双手捂住杀青叶,沿锅壁作单向轻揉 1～1.5 分钟,中间抖散 2～3 次,待茶叶稍许成条时改用单手拢茶沿锅壁作单向旋滚 2～3 分钟,中间抖散解块,搓条用力须由轻渐重,至茶叶初步成条时,再将锅温降至 70℃左右,继续做单向炒揉,每旋滚 3～4 圈,进行解块抖炒一次,如此反复进行,最后轻轻翻炒 10 分钟,待茶条卷紧,减重率达 30％左右时,转为提毫。提毫:锅温保持在 60℃～65℃,双手掌拢住茶条做单向搓转,成团后放入锅中干燥定形,再搓转第二团,然后将两团同时解散,散发水分,如此反复多次,搓团用力由重渐轻。待白毫初显时,手掌拢茶,掌面放平,做单向轻搓转,让掌中的茶条徐徐落入锅中,反复多次。当茶条已搓紧细,白毫显露,有刺手感时出锅摊凉。摊凉:将茶叶轻轻放置于洁净的簸箕内,摊凉 1 小时左右,除末后烘干。烘干:主要起干燥、保色、固形、提香作用。烘干在锅内进行,锅温 55℃～60℃,以两锅提毫茶并为一锅,茶摊于锅中烘烤,每隔 3 分钟左右用双手翻动一次,约经 25 分钟,待茶叶足干,手捻成末,含水量在 4％～6％时即可出锅,稍散热后立即密封。

雪青茶的品质特点为:外形条索紧细,色泽翠绿,白毫显露,香气持久,滋味鲜爽。

(江用文　段家祥)

(一三七) 浮来青

浮来青茶产于山东省莒县浮来山,创始于1993 年。

茶叶生产基地位于北纬 35°24′,东经 118°40′。年平均气温 12℃,年有效积温 4836.2℃,全年无霜期 184 天。年日照时数 2638.2 小时,年日照率 30％,平均年降雨量 850 毫米,平均相对湿度达 80％。茶园土壤为沙质棕壤土,pH 值在 4.5～6.6。

浮来青在初创时,采用安徽黄山种和浙江鸠坑种,近年来,又先后引进了福鼎大白毫、龙井 43 等无性系良种。现福鼎大白毫、龙井 43 号已成为浮来青茶的主要原料。浮来青茶于清明后开采,鲜叶采摘标准为一芽一叶初展到一芽一叶开展。原料要求匀净、新鲜,不采紫芽叶、单片叶、对夹叶和病虫叶。

浮来青茶的加工工艺为:鲜叶摊放、杀青、揉捻、二青做形、提毫、干燥。鲜叶摊放:鲜叶采回后及时摊放于空气流通的室内阴凉处,厚 5 厘米,当鲜叶失水 10％即可炒制。杀青:电炒锅温度掌握在 180℃左右,锅温应先高后低,投叶量一般为 250～300 克。鲜叶下锅后,以抖炒与焖炒相结合,先抖后焖。要抖得快、扬得高、散得开,水分蒸发快;焖要焖得匀,焖得透,时间不要太长,以防变黄。当杀青叶失水率在 25％～30％时,即可出锅揉捻。揉捻:将杀青叶在手掌中间滚动翻转,方向一致,不可倒转。揉捻时要不时进行解块。揉捻用力要适度,用力过大,会出现扁条,或芽叶断碎;用力过轻,则条索松散,整个过程需 3 分钟左右。二青做形:锅温掌握在 80℃～90℃,将揉捻叶炒至手握成团,松手散开时做形,温度降至 65℃左右。把锅中茶叶分成两堆,置于手掌中搓成团后,再把茶叶撒在锅中定形,接着搓第二团,如此反复操作。边搓团,边解块,边干燥。整个过程要翻炒均匀,手法柔和一致,当茶叶达到七成干时进行提毫。提毫:锅温控制在 50℃～60℃之间,用手将锅中茶叶不停地翻动,使茶条相互摩擦,随着水分的蒸发,白毫显露,香气溢出。操作时手用力要柔和均匀,防止碎茶和白毫脱落。提毫工序时间 8～10 分钟,待茶叶达到九成干时,进行干燥处理。干燥:将提毫稍微摊凉后的茶叶,均匀摊于锅中,锅温保持在 60℃左右,使茶叶中剩余水分进一步蒸发。其间应轻轻翻动,当茶叶含水量达到

4％～6％时,手捻茶叶成末即可出锅。干燥茶叶出锅后,稍经摊放散发热量,即可贮存待装。

浮来青茶的品质特点为:"绿、香、浓、净"。绿是指干茶色泽翠绿油润,汤色黄绿明亮,叶底嫩绿鲜活。香既指干茶清香诱人,又指冲泡后栗香高长、醇厚。浓主要指滋味浓醇干爽。净则突出其叶底完整无杂质。

(江用文　段家祥)

(一三八)沂蒙玉芽

沂蒙玉芽产于山东省莒南县洙边镇,始创于1994年。

洙边镇位于东经118°55′、北纬35°8′。年平均光照2458.9小时,平均温度12.7℃,有效积温4316.1℃,年平均降水量856.6毫米。土壤为棕壤土,pH值在5.5～6.4。

该茶创制时的鲜叶原料采用安徽黄山种和浙江鸠坑种,近年来以无性系福鼎大白茶为主所替代。每年4月下旬开采,不采虫伤及雨水芽叶,特级茶为单芽,一级茶选用一芽一叶初展。

加工工艺是:鲜叶摊放、杀青、整形、足干。鲜叶摊放:鲜叶进厂后用竹编篮摊放,厚度不超过2厘米。杀青:杀青采用6CLZ-60振动理条机,慢速预热至130℃～140℃,再快速空转一分钟,每槽投叶量100克左右,时间3～4分钟,以叶质柔软,芽尖不弯,有清香即可出锅。杀青叶及时薄摊于通风处,摊凉30分钟。整形:整形采用6CLZ-60振动理条机,温度控制在90℃～100℃,投入摊凉后的杀青叶,高速运转2～3分钟,然后适当降低速度,运转6～8分钟,待茶叶外形挺直略扁,含水量达15％～20％时出锅摊凉。足干:足干采用90 Ⅰ型碧螺春烘干机,温度控制在90℃,烘至含水量5％左右,手捻茶叶成粉时,出锅摊凉。

沂蒙玉芽的品质特点:外形略扁挺直,色泽嫩黄绿;内质汤色黄亮,栗香浓郁持久,滋味鲜醇爽口,耐冲泡;叶底嫩绿匀齐、芽尖亭亭玉立。

(段家祥　江用文)

(一三九)海青峰茶

海青峰茶产于山东省胶南市胶州湾,创始于1993年。

胶南市位于东经120°,北纬35°35′,属北温带季风气候区。年平均气温12℃,全年≥10℃的积温4208℃,无霜期212天。年日照时数2500小时,年日照率60％;平均降水量763毫米,平均相对湿度72％。茶园土壤为酸性或微酸性砂质棕壤土,pH值在5.3左右,土层深度80厘米左右。

海青峰茶清明后开采,鲜叶标准一般分为4级:一级为单芽,春茶头一批,只采芽,不采叶,要求壮实,不空秕;二级为一芽一叶初展;三级为一芽一叶开展;四级为一芽一叶。炒制前需经筛选,除去紫芽、黄片等杂质,使鲜叶质地纯净,便于加工。

海青锋茶是由炒、烘结合加工成的窄扁形绿茶,其工艺流程为:鲜叶摊放、杀青做形、初烘定形、初干整形、足干固形。鲜叶摊放:采摘后鲜叶摊放在空气流通的阴凉处,厚3～5厘米,摊放3小时,失水10％后付制。杀青做形:用电炒锅杀青做形,投叶量250克,锅温200℃,至投入鲜叶有爆米花声音,立即翻炒杀青,3～5分钟后,降低锅温做形。前期手法为轻压、捺、翻、抖,使茶条扁平;中间改为抓、捺、翻、抖,要求匀抖,使茶条顺直、变细变窄;后期再改为搭、捺、翻、抖,适当穿插抓、捺、翻、抖,二者可交替进行,进一步使芽条平整挺直,光滑显锋,约25分钟左右达五至六成干时出锅摊凉。初烘定形:杀青做形叶经过摊凉1～2小时后,即可进行初烘定形。用名茶烘干机进行烘干(用白净纸垫底,防止茶末下漏和茶芽插入网孔),温度一般在60℃左右,烘8～10分钟,达七至八成干时出锅摊凉。初干整形:初烘后,由于热效应的作用,茶条有所变形,该工序需要温度由低到高的变化,有利于成形和品质的提高。初干整形在电炒锅内进行,投叶量以初烘叶250～300克为宜,温度由低到高,手势以抓、捺、翻为主,搭、捺、翻、抖为辅,但须交替进行,使茶条进一步成形且扁平滑锅,保持芽锋和茸毛,时间约10分钟左右。待九成干时出锅摊凉。足干固形:初干茶叶含水量仍高,茸毛粘贴,香气不足,需烘焙,促其进一步变化。足干在茶叶烘干机内进行,温度掌握在60℃左右,茶叶须薄摊,时间约20～25分钟,至香气散发、白毫显露、手捻茶叶成粉末状即可。足干后茶叶应进行拣剔,区分出正芽和副芽(片、末、杂质),正芽再经手工拣去弯条、杂条等即可密封包装待售。

海青峰茶的品质特点为:外形扁平光滑、紧实如剑显锋;色泽翠绿明亮、白毫密集;嫩香馥郁;汤色黄绿、清澈明亮;滋味爽口、回味甘甜;叶底匀齐、无杂质。

(段家祥　江用文)

(一四〇)茗家春

茗家春茶产于山东省日照市东港区,创始于1997年。

东港区位于北纬35°04′～36°02′之间,属于暖温带大陆性半湿润季风气候,年平均气温12.7℃,平均相对湿度为70%,平均日照时数2432.8小时,无霜期202.8天,气温＞10℃的时间为209.1天,有效积温4231.2℃。年平均降雨量768.7毫米,呈非均匀分布,夏季充沛,冬季较少,春秋两季适中。

茶叶的采摘期为4月10日前后,鲜叶原料来源于楮叶齐、白毫早、迎霜、龙井43号、大白毫等茶树品种,要求无雨水叶、无变质叶、无杂质。做到嫩度、匀度、净度、新鲜度符合企业标准。

茗家春茶的加工工艺是:鲜叶摊放、杀青、揉捻、二青、足干。鲜叶摊放:鲜叶摊放在清洁干燥通风无异味的场所,厚度在5～8厘米,摊放时间在6～12小时,当鲜叶由硬变柔软,青草气味消失,花果香气出现即可。杀青:采用50型滚筒连续杀青机,温度180℃～200℃,投叶量为25～30千克/小时,叶色泽由鲜绿转为暗绿,光泽减退,叶梗变软,折梗不断,手握杀青叶成团后能够散开。青臭气味消失,清香显露即可。揉捻:用6CR-30或35型名茶揉捻机揉捻,先轻揉1～3分钟,再加压中揉5分钟。揉捻适度的叶子要求成条率达到80%～90%以上,细胞破碎率在45%～60%,当揉捻叶抓在手中柔软、有轻微粘手感为合格。二青:也称初焙,用6CST～

40型滚筒杀青机,筒内温度100℃～120℃,投叶量15千克,时间15分钟。当手捏茶叶有刺手感,失水率在70%时即可。足干:用6CH-941型名茶烘干机烘干,投叶量10千克左右,时间30～40分钟,温度在80℃～100℃,当茶叶含水量在5%左右、手捏即成粉末时,出锅摊凉包装。

茗家春茶的品质特点为:外形均匀紧细,色泽绿润,滋味香醇,回味甘醇,栗香浓郁,汤色黄绿明亮;叶底嫩绿明亮。

(段家祥　江用文)

(一四一)东海龙须

东海龙须茶产于山东省青岛市崂山区,始于20世纪90年代。

崂山区位于山东半岛南部,青岛市东南部,地处东经120°28′20″～120°41′30″,北纬36°03′10″～36°20′30″,是中国茶叶最北产区。崂山属北温带大陆性季风气候,年温适中,夏无酷暑,冬少严寒。表现出春冷、夏凉、秋暖、冬温,昼夜温差小,无霜期长和湿度大等海洋性气候特征。年平均气温12.2℃,冬季最冷的1月平均气温为-1.2℃,夏季最热的8月平均气温为25℃。全年无霜期179天,年日照时数2509.9小时,日照率为57%。年均降水量738.3毫米,平均相对湿度为73%。崂山土壤的成土母岩,主要是中生代花岗岩酸性岩类及喷发熔岩基性岩类,其母质有现代残积物、洪积冲积物、河流冲积物、河海相沉积物5大类,有棕壤、潮土、盐土3个土类。东海龙须主产地茶园为棕壤土,pH值6.0～6.4,土层深厚,疏松肥沃,有机质和氮、磷、钾含量丰富。

据考证,史书有崂山种茶的记载,本地也有宋代王妃及崂山道士江南移茶之传说。但现代崂山茶的兴起,与20世纪50年代的"南茶北引"密不可分。"南茶北引"从1956年开始,次年正式引种,历经挫折,终获成功,结束了北纬36度以北没有茶树的历史,成为我国茶生产史上的一个创举。改革开放后,崂山茶步入兴盛期。目前,崂山区茶园面积已达到12000余亩,年产值2亿元。

东海龙须茶选用无性系茶树品种福鼎大白茶为原料。于每年 4 月中旬开采,选择阴天或晴天上午 10 时前采摘,采摘标准为一芽一叶初展,要求芽头肥壮、匀齐、多毫、节间短,色泽黄绿,芽叶长度 2.0～2.5 厘米。采摘的鲜叶及时送回,严格剔除不符合标准的芽叶、夹杂物,即可付制。

东海龙须制造工艺分:摊放、杀青、理条、烘焙四道工序。摊放:采回鲜叶,立即摊在空气流通阴凉处竹篾垫上,厚 3～5 厘米,摊放 4～6 小时,转入杀青。杀青:采用滚筒连续杀青机,待温度升至 200℃时开始投叶杀青,投叶量 15 千克/小时,以叶色深绿无光泽,青气消失,嫩茎折而不断,茶香透露,为杀青适度。理条:采用往复式理条机,温度控制在 160℃左右,每槽投杀青叶 60～80 克,时间 5～8 分钟,待条索变直即可出锅。烘焙:采用名茶烘焙机烘干,分毛火和足火两次干燥。毛火进风温度 120℃,烘至约八成干下机摊凉 1 小时后足火,足火的进风温度为 90℃～100℃,烘至足干。

东海龙须茶的品质特征是:外形芽叶肥壮匀齐,形态自然,色泽翠绿,白毫显露,汤色黄绿明亮,香气清高持久,具花香,滋味鲜醇爽口,叶底肥壮成朵,嫩匀明亮。

(江用文　段家祥)

(一四二)白沙绿茶

白沙绿茶产自海南省白沙黎族自治县,创始于 20 世纪 60 年代。

白沙黎族自治县位于海南省中西部山区,地跨东经 109°02′～109°42′,北纬 18°56′～19°29′。气候温和,雨量充沛,常年云雾缭绕,土地肥沃,是高山云雾茶生长的最佳环境。月均气温 16.4℃～26.9℃,年均降雨量 1725 毫米,年阴雾日 215 天。白沙地势南高北低,境内峨剑岭,海拔 544 米,北部地区和沿河谷地海拔 210～251 米,南半部属高山丘陵红壤,以砾质壤土为主,北部沿河谷地为冲积壤土,属酸性砂壤土。茶叶产区分布在白沙陨石坑及其周围。白沙陨石坑是七十万年前由天际陨石撞击白沙大地形成的目前中国唯一被证实的陨石坑,这里的土壤既含有大地表面和地壳深层的物质,也含有“天外来客”带来的特有物质。

适制白沙绿茶的茶树品种主要有海南大叶种、云南大叶种、奇兰、福鼎大白茶、水仙、福云 6 号等,采摘标准分别为单芽、一芽一叶初展、一芽二叶初展和一芽二叶、一芽三叶初展,要求鲜叶的嫩度、净度、新鲜度一致。白沙绿茶的制作工艺为:鲜叶摊青、杀青、揉捻、烘干、车色。白沙绿茶在 20 世纪 60、70 年代基本保持中国绿茶传统手工制法,70 年代中期以来采用小型杀青锅、圆盘揉捻机和远红外线烘干机,近年来杀青已采用了大滚筒杀青机,干燥采用百叶烘干机,并配有车色机。加工的机械化程度有了很大提高。

白沙绿茶的品质特点为:外形条索紧结细直,色泽绿润有光,香气清高持久,汤色黄绿明亮,叶底细嫩匀净,滋味浓醇鲜爽。饮后回甘留芳,连续冲泡时具有“一开味淡二开吐,三开四开味正浓,五开六开味渐减”的耐冲泡性。

(江用文　陈德新)

(一四三)金鼎翠毫

金鼎翠毫产于海南省保亭县五指山茶区,始于 20 世纪 90 年代。

五指山茶区地处风光旖旎的五指山南麓,位于东经 109°34′、北纬 18°41′。茶园一般分布在海拔 400 米～1000 米之间,这里峰峦叠嶂,林木苍郁,常年云雾缭绕,云雾天占全年的 1/2 以上;夏无酷暑,冬无严寒,年平均气温在 20℃～24℃;雨量充沛,年平均降雨在 2100 毫米左右,最高达 3000 毫米;空气相对湿度在 80%～90%,土壤属砖红壤土类,多为沙质壤土,呈微酸性反应,土层深厚肥沃。得天独厚的自然条件,使茶树生产旺盛,萌发轮次多,采摘期长,茶叶产量高,品质好。

金鼎翠毫的适制品种为毛蟹、黄金桂,鲜叶采摘标准为一芽二叶初展。

金鼎翠毫主要采用机械制作,其加工工艺为:鲜叶摊放、杀青、摊凉、揉捻、初烘、理条、足火等工序,全程约 6 个小时左右。摊放:鲜叶采回后置阴凉通风处,摊放 4 小时转入杀青。杀青:用滚筒杀青机,时间 5～7 分钟,杀青温度 240℃左右。杀青叶摊凉至室温进行揉捻。揉捻:采用机揉,一般揉条时间为 15 分钟,根据成条状况,可适当采用轻压。初烘:要求温度为 110℃,宜薄摊、快速,初烘叶约六成干进行理条。理条:用多功能机理条,槽壁温度 50℃～60℃,理条约八成干,茶叶下机摊凉。足火:用烘干方式进行烘干,烘干温度为 90℃～100℃。

金鼎翠毫的品质特点是:外形纤细、显毫,翠绿油润,汤色清澈明亮,香气清高悠长,滋味醇和爽口,叶底黄绿匀齐。

(陈德新　江用文)

(一四四) 宝洪茶

宝洪茶又名十里香茶,产于云南省宜良县宝洪山。宝洪茶属历史名茶,产于唐代。

宝洪山位于云南省宜良县的城西北 5 公里外,东经 102°58′～103°28′、北纬 24°30′～25°17′。茶园分布在海拔 1550 米至 1630 米。这里山峦起伏,林木苍翠,气候温和,无霜期 300 天,年平均气温为 16.3℃,昼夜温差大。年均雨量约 1000 毫米,云雾缭绕,日照短,漫射光较强。土壤为砖红壤,土层深厚而肥沃,呈微酸性,腐殖质和矿物质含量丰富,pH 值 4.0～6.5。

历史上对宝洪茶有不少记载。宝洪山的宝洪寺建于唐朝,当时叫相国寺。据传宝洪茶是宝洪寺建寺时由福建开山和尚带来福建、浙江的小叶种茶树种植在宝洪寺外而得名。

康熙五十五年(1716)《宜良县志》有《竹枝词》云:"红薯青芋紫姜芽,绝胜东陵五色瓜;更有清供诗料品,芸苔松子宝洪茶。"宝洪茶清初已是云南宜良县的土特产品。宝洪茶茶香特异,人们流传着"屋内炒茶院外香,院内炒茶过路香,一人泡茶满屋香"的说法,宝洪茶香高质优可见一斑,人人称赞。

宝洪茶采用云南大叶品种为原料,春分后开采,至清明时结束,采摘标准为一芽一叶～一芽二叶初展,原料采摘具有开采早、采期短、采得嫩三大特点。鲜叶采摘要求不采病叶、虫咬叶,不带茶蒂、鱼叶。鲜叶采回后按要求进行验收。

宝洪茶的加工工艺为:鲜叶摊放、杀青、摊凉回潮、辉锅。鲜叶摊放:将采回的鲜叶按要求验收后薄摊在干净的竹簸箕内,使其散发部分水分,去除青草气,渐显清香后进行炒制。摊放时间约 3 小时～5 小时。宝洪茶的炒制手法有抖、掳、抓、扣、掀、压、推、磨八种。炒制时根据鲜叶老嫩、含水量高低和成形程度灵活变换。杀青:杀青采用电炒锅。当锅温升到 140℃左右,在电炒锅上涂少许炒茶专用油,使锅面光滑,待青烟消失,每锅投入 500 克～700 克摊青叶,开始用单手掳翻高抖手势,当散发一定水分后,降低锅温至 60℃左右,逐渐改用抓、扣、掀、抖手法进行造形,用力由轻到重,达到理直茶条、掀压成形的目的,炒至七八成干时,起锅摊凉。历时 12 分钟左右。摊凉回潮:将起锅的杀青叶摊放在圆竹匾上,厚度为 2 厘米～3 厘米,待杀青叶叶温下降到常温,叶肉、嫩茎和叶脉间水分,分布均匀开始辉锅。辉锅:采用电炒锅辉锅。辉锅锅温为 50℃～60℃,投入量为每锅杀青回潮叶 1.5 千克左右。辉锅开始采用抖、抓、掳的手法,将青锅叶抖散、抓齐、理直成条,待茶叶全部柔软,有热手感时即改用压、推、磨手法,进一步做形,将茶叶压扁、磨光,炒至扁平光滑,茸毛脱落,折梗即成粉末时,起锅摊凉,分筛割头除末,匀堆装箱。

宝洪茶产品分一至三级。其品质特点为:外形扁直平滑,苗锋挺秀,形似杉松叶,隐毫稀见,色泽绿翠;内质汤色黄绿清澈明亮,滋味浓鲜爽,香气馥郁芬芳,高锐持久,叶底肥嫩成朵。

(周红杰　江用文)

(一四五) 南糯白毫

南糯白毫产于云南省勐海县南糯山,创始于 1981 年。

南糯山位于西双版纳傣族自治州西部,西部和南部与缅甸接壤,国境线长 146.56 公里,地处东经 99°56′～100°41′,北纬 21°28′～22°28′之间。海拔 870 米～2219 米,属南亚热带季风气候,具有夏无酷暑、冬无严寒、四季如春的气候特点,平均气温为

18℃~21℃,其中1月平均气温达13.6℃,年温差7.9℃。云雾缭绕,昼夜温差大,雨量充沛,光照充足,年平均降雨量1500毫米,无霜期323天,全年有雾日超过127天。有常绿阔叶林覆盖,森林覆盖率为63%。土壤为棕黄壤,呈微酸性反应,pH值4.5~6.0。土层深厚而肥沃,有机质含量丰富,腐殖质层厚达50厘米左右,俗有海绵地之称。

据唐代《蛮书》记载:"茶出银生城界诸山。"银生指现今的景谷至西双版纳一带。而勐海县南糯山则是古老的茶叶故乡。当地老茶农说,在他们数十代之前的先祖就在这山上开垦茶园。现已发现"千年古茶林"和"茶树王",当地哈尼族群众把它叫做"沙桂茶"……这充分证明了南糯山种茶的悠久历史。据有关部门研究:这里早在1500多年前就开始因地制宜地种植茶树,是我国大叶种茶的发源地,现存大茶树,高大似槐,主干直径为1米多,两人合抱尚不够,为世上罕见之物。如今斯里兰卡的茶树,就是在200多年前从南糯山传播去的茶种。

南糯白毫茶选用云南大叶品种为原料。清明前开采,鲜叶采摘标准为一芽一叶初展,不采受冻焦斑芽叶,不采病虫危害芽叶,不采无叶单芽,不采芽对夹叶,不采带蒂芽叶。采下的芽叶用竹篮或篾篓盛装,不准揿压,保持芽叶新鲜。做到鲜叶及时运送茶厂。

南糯白毫茶的加工工艺流程为:鲜叶摊放、杀青、揉捻、烘干、整形、复火包装。鲜叶摊放:鲜叶采下运送到茶厂后立即摊放在洁净的竹篾上,摊放厚度为2厘米~5厘米,待青气渐消、显清香后进行杀青,摊放时间为4小时~8小时。杀青:用铁锅或小型杀青机。杀青温度控制在150℃左右,锅式杀青,每锅投叶量每次约2千克,投叶后2分钟~3分钟进行均匀翻炒,使叶质变软,叶色暗绿,发出清香时下锅,用风机吹凉。揉捻:用小型揉捻机。揉捻以轻揉为主,适当加压,以叶子基本卷紧成条为适度。时间30分钟左右。揉捻叶下机后随即进行解块理条。烘干:分毛火和足火。毛火温度为110℃,时间12分钟左右,毛火掌握程度为手握茶叶稍有刺手感,含水量约35%左右时,下烘摊凉约20分钟后进行足火干燥。足火温度为90℃,薄摊干燥,时间30

分钟左右,其中分两次进行,烘至足干。整形:先用圆筛机捞去粗大叶茶和割除小茶叶,再经紧门抖筛去除弯条粗条,然后风选去片,剔除杂物和茶梗等。复火包装:包装前进行复火,复火温度75℃~80℃,时间15分钟左右,水分控制在10%以内。最后密封包装。

南糯白毫茶的品质特点为:条索紧结壮实,秀美匀整,锋苗挺直,白毫显露,香气馥郁,汤色清澈明亮,滋味甘醇,经久耐泡,叶底匀嫩明亮,饮后回甜绕喉。

（江用文　周红杰）

（一四六）云龙绿茶

云龙绿茶产于云南省大理州云龙县,创始于1987年。

云龙县位于云南省大理白族自治州西部,东经99°12′~99°51′、北纬25°30′~25°40′之间。海拔高度在2200米~2500米,虽然海拔偏高,但北、西、南三面都面临急剧下降的大江,澜沧江峡谷、河谷的暖湿气流上升,弥补了大山山头的温度和降雨量的不足。年平均气温在15.9℃,其中1月份平均气温在4.9℃以上,极端最低气温在-6℃左右,>10℃的积温3500℃以上。年平均降水量729.5毫米,平均相对湿度75%,日照时数2114.9小时。山峦重叠,森林茂盛,森林覆盖率为46%,常年云雾缭绕,形成"晴时早晚遍地雾,阴雨连天满山云"的独特生态环境。大栗树大山头的土壤为黄棕壤土,土层深厚而湿润,排水良好,结构疏松,有机质含量丰富。A层15厘米左右为大量落叶腐殖土,pH值为6;B层45~55厘米,pH值为5.5。

云龙绿茶的鲜叶原料采用大叶种茶树品种。清明前后开采,鲜叶采摘要求芽叶粗壮,叶质柔软,嫩度好。采摘标准为一芽二叶和一芽三叶,要求芽叶大小均匀,不采鱼叶、雨水叶、对夹叶,不采病虫芽、冻伤芽、花青紫芽和单芽等。

云龙绿茶的加工工艺为:摊放、杀青、揉捻、理条、干燥、补火。摊放:鲜叶采回后先摊放在竹篾垫上,经3~4小时至显青香后开始付制。杀青:采用锅式杀青,杀青锅的锅径为 80 厘米。杀青锅温为 160℃～180℃,投叶量 2 千克～2.5 千克,杀青采用 "嫩叶老杀,老叶嫩杀"的原则。杀青技术掌握锅温 先高后低,手法以抖为主,抖闷结合。当杀青叶叶质 柔软,略有粘手感,青气消失,起锅迅速降低叶温。 杀青历时 6～8 分钟。揉捻:采用 50 型揉捻机揉 捻,分初揉和复揉两个阶段。其中初揉时间为 25 分 钟,复揉时间为 28 分钟,加压程度为空压和轻压,促 使芽叶成条和锋苗完整。理条:采用人工推揉方法 进行。通过理条,达到理直茶条,揉紧条索的目的, 历时 2 分钟～3 分钟。干燥:分毛火和足火两个阶 段。毛火:进风温度 120℃～130℃,烘时 10 分钟左 右,当芽叶有刺手感,干度约七、八成时,下烘摊凉。 足火:进风温度 100℃～110℃,烘时 10～13 分钟, 烘至足干下机摊凉,装袋包装保管。补火:是装箱 前必需的工序,通过补火使茶叶达到足干目的,便于 贮藏。补火在烘干机内进行,进风温度 70℃～ 80℃,烘时 8～10 分钟,下机摊凉后进行包装。

云龙绿茶的品质特点为:外形条索紧结壮实、 绿润、光滑匀整、上霜,汤色清澈明亮,滋味浓醇鲜爽 回甘、香高持久、具熟板栗香,叶底绿亮成朵、芽叶 完整。

(周红杰　江用文)

(一四七) 墨江云针

墨江云针茶产于云南省墨江县,创始于 1975 年。

墨江县位于云南省南部、普洱地区东部,地处东 经 101°08′～102°34′、北纬 22°51′～23°59′。地势自 北向南倾斜,山势陡峭,重岩叠峰。气候温和,雨量 充沛,划分地球五带之一的北回归线穿县而过,四季 温差不明显,夏无酷暑,冬无严寒。海拔 440 米～ 2278 米,年平均日照时数 2161.2 小时,辐射总量 131.01 千卡/平方厘米;年平均降雨量为1345.4 毫 米。年平均气温 18.3℃,≥10℃ 的积温6302.6℃, 年无霜期 334 天。土壤属砖红壤类型,土壤母质为 泥质、岩类风化残坡积物。有机质、速效磷及速效钾 等含量较高,pH 值为 6.5～8.5。

墨江云针茶以云南大叶种品种为原料。3 月中 旬开采,采摘标准为一芽一叶～一芽二叶,其中以一 芽一叶为主,占总重量的 60%,一芽二、三叶占总重 的 40%。鲜叶要求芽叶大小均匀,不采鱼叶、雨水 叶、对夹叶、不采病虫芽、冻伤芽、花青紫芽和单 芽等。

墨江云针茶早期由于加工技术采用"玉露茶"工 艺制作,故原名为"玉露茶",1958 年经过改进工艺, 由原蒸汽杀青改为锅式杀青,提高了茶叶品质,改变 了茶叶风格,到 1975 年该茶改名为云针茶。

墨江云针茶加工工艺为:杀青、初揉、做形(包 括理条搓揉、碾揉、滚揉三个过程)、晾干、筛剔、补 火。杀青:采用 30 型或 40 型连续式滚筒杀青机杀 青。杀青温度为 120℃～130℃,投叶量:30 型杀青 机投放鲜叶 25 千克～30 千克/小时,40 型杀青机投 放鲜叶 40 千克～50 千克/小时,杀青以杀匀杀透为 原则,不出现焦叶、爆点、红变现象,以叶质变软,失 去光泽,手捏成团、有弹性,梗折不断,香气显露,含 水量降至 65% 左右为宜。杀青时间:30 型杀青机 为 51 秒～55 秒,40 型杀青机为 60 秒～70 秒。初 揉:采用"嫩叶冷揉、老叶温揉"的方法,投叶量为揉 桶的 4/5 处为宜。加压以"先轻后重,逐步加压,轻 重交替,最后无压,嫩叶慢揉,老叶快揉"为原则。 揉捻适度要求三级以上的叶子成条率达 80% 以上, 三级以下的叶子成条率达 60% 以上,此时茶汁粘附 叶面,有粘手感觉。做形:是云针茶的成形关键,在 杀青叶经过初揉、茶叶初步成条基础上进行,分理条 搓揉、碾揉、滚揉三个过程。理条揉搓的目的是将弯 曲的芽叶理直,搓紧成条。碾揉的目的是使 80% 以 上的茶条达到细直紧结。滚揉的目的是继续促使茶 叶紧结细直如针,并达到光滑油润的目的。当做形 叶干度达九成以上,即可起锅进行晾干。晾干:晾 干是云针茶的干燥特点。晾干是将做形叶均匀平整 地摊放在簸箕上,晾至足干,足干叶含水量 7% 左 右。炒制云针茶从杀青到晾干,全过程历时达 6 小 时左右。筛剔:晾干后的云针茶,需通过精制分筛、 拣剔,在筛去头茶、末茶,剔除杂质后再进行补火。 补火:在包装前进行,温度在 70℃～80℃,至含水量 下降到 6.5% 后进行摊凉装箱。

墨江云针茶的品质特点为：外形条索紧直似针、油润光滑、显毫，色泽墨绿，香气清鲜馥郁，滋味鲜醇爽口，汤色黄绿明亮，叶底细嫩匀亮。

（江用文 周红杰）

（一四八）景谷大白茶

景谷大白茶产于云南省景谷县。为恢复性历史名茶，首创于清代，后失传。于20世纪80年代恢复生产。

景谷县位于云南省南部无量山南侧，思茅地区中西部，地理位置为东经100°02′38″～101°07′07″、北纬22°48′48″～23°51′41″之间。海拔800米～1700米，其中茶园海拔1700米左右，气候温和，阳光充足，雨量充沛，土地肥沃。属南亚热带季风气候，年平均气温20.1℃，最冷月平均气温13.9℃，最热6月平均气温25.4℃，年有效积温7360.9℃，全年无霜。海拔1000米以下的澜沧江峡谷，威远江中下游，小黑江中下游两岸峡谷热量丰富，年平均气温大于25℃，大于10℃的活动积温7500℃，海拔800～1500米的低热河谷、丘陵及浅切割中山区，光照充足，年平均气温17℃～20.6℃，大于10℃的活动积温6000℃～7500℃。全年日照2098.5小时，年降雨量1235毫米，5～10月为雨季，年平均相对湿度76%，干湿分明，雨量集中。由于受西南季风的影响和控制，具有年温差小、日温差大，干湿分明等特点。同时，境内山峦起伏，江河切割，立体气候明显，具有北热带、南亚热带、中亚热带、南温带等多种气候类型。土壤从坝区河谷到山区半山区分布有砖红壤、赤红壤、红壤、黄棕壤、棕壤、紫色土、冲积土和水稻土等。茶区土壤多为紫色土壤，土层深厚，其特点是偏酸、缺磷、少氮、钾不足，pH值为4.6～6.5。

传说清道光二十年（1840年）前后，一位"每天吃六碗米，使九斤半锄头"的陈六九去江迤（即澜沧江）边做生意，发现白茶种，便偷偷地摘了数十粒种子，藏于竹筒扁担中，带回秧塔，先种在大园子地，经数十年的培育后，扩种到周围十四块茶地，面积约0.2公顷～0.3公顷，年产茶200千克～250千克。

目前，大园子地还存活着大白茶树，其中有一株茶树其基茎围达88厘米，胸围61厘米，主干分枝六个，树高4.26米，树幅35厘米×360厘米，年产干茶3千克～3.5千克。这株陈六九当年种下的母树，已生长一百五六十年了。但景谷大白茶的加工方法，早已失传。

经20世纪80年代研究，恢复的景谷大白茶传统加工工艺，其鲜叶采下后，随即手工杀青，然后摊凉揉捻，揉捻一道后，经充分解块，均匀地摊在篾笆上，暴晒到半干时，再复揉一道（称为收二道浆），然后抖散，晒干即成。大白茶成品外形美观，白毫特显，茶味清香，并具有橄榄清香的特点。在封建王朝时曾制成龙须茶，以红丝线扎成谷穗状，进贡朝廷，称为白龙须贡茶。

现在的大白茶已改为烘青茶做法。清明前后开采，鲜叶采摘标准为一芽二、三叶初展，经杀青、揉捻、烘干而成。杀青：采用40型、60型、80型等连续滚筒杀青机或90型、110型等型号的瓶炒机杀青。杀青温度为130℃～170℃。杀青程度为叶缘锯齿略有干焦现象，梗折而不断，手捏成团，稍有弹性，初显清香，色泽由鲜绿变为暗绿，无红梗红叶现象，嫩而不生，老而不焦。杀青时间为1～4分钟。揉捻：以"嫩叶冷揉、老叶温揉，加压要先轻后重，逐步加压，轻重交替，最后无压揉，嫩叶慢揉、老叶快揉"为原则。投叶量为揉桶的4/5处为宜。揉捻的适度要求是：三级以上的叶子成条率达80%以上，三级以下的叶子成条率达60%以上，茶汁粘附叶面，有粘手感觉。烘干：分毛火和足火两个过程。毛火：进风温度120℃～130℃，烘时10分钟左右，当芽叶有刺手感，干度约七、八成时，下烘摊凉。足火：进风温度100℃～110℃，烘时10分钟～13分钟，烘至足干下机摊凉，装袋包装保管。

景谷大白茶的品质特点为：外形条索硕长壮实，显银毫，绿润；内质香气浓郁清鲜，滋味醇厚回甘，汤色清澈，叶底绿亮匀整，芽叶成朵。

（周红杰 江用文）

（一四九）佛香茶

佛香茶产于云南省勐海县，为烘炒型大叶种名茶,创始于 1989 年。

勐海县位于云南省西双版纳傣族自治州西部,东经 99°56′~100°41′,北纬 21°28′~22°28′之间。属南亚热带季风气候,夏无酷暑,冬无严寒,四季如春。横断山系纵谷区南端,为怒山山脉的余脉,地势中部平、外围高,中部平坦的残存高原面上分布着 9 个万亩以上的坝子,这些坝子的海拔在 650 米~1180 米之间。该区域云雾缭绕,昼夜温差大,雨量充沛,勐海年平均气温为 18℃~21℃,冬季气温多在 11℃左右,夏季月平均气温一般在 21℃左右。年降雨量为 1500 毫米,无霜期 300 天以上,全年有雾日超过 127 天。土壤为棕黄壤土,呈微酸性反应,土层深厚而肥沃,有机质含量丰富,腐殖质层厚达 50 厘米左右,俗有海绵地之称,pH 值 4.5~6.0。

以勐海为中心的江南古茶山,有着许多全国茶叶之最:全国最多、最老、最大的栽培型古茶树,世界最高和最古老的巴达古茶树,全国最早的思普茶叶试验场,全国唯一的大叶茶树种资源圃。目前茶园面积已达 20 万亩,产茶接近 7000 吨,勐海已称之为"云南茶都"。

佛香茶以云南大叶良种和福鼎大白茶通过人工传花授粉杂交而成的 F1 杂交品系茶树为主要原料。2 月下旬开采,鲜叶采摘标准为一芽二叶,要求芽叶大小均匀,不采鱼叶、雨水叶、对夹叶,不采病虫芽、冻伤芽和单芽等。

佛香茶的加工工艺为:摊青、杀青、揉捻、解块、烘干。摊青:鲜叶采回后薄摊在洁净的篾垫上,待叶子叶质发软、散发清香,鲜叶失水率为 8%~10% 时开始杀青。摊青时间一般 3 小时~5 小时。杀青:可选用 40 型至 80 型滚筒杀青机进行。杀青温度为 120℃~130℃,投叶量:50 千克~80 千克/小时,投叶均匀,杀青以杀匀杀透为原则,不能出现焦叶,杀青叶下机后及时吹风,保持杀青叶色泽翠绿。揉捻:选用 35 型或 45 型揉捻机,每桶投叶量为揉桶的 4/5,揉捻以短时轻压为原则,揉捻时间一般高档原料轻揉 3 分钟~5 分钟,中档原料 5 分钟~8 分钟。当茶汁稍有溢出,芽叶基本成条即可。烘干:烘干分初烘、复火二道工序。初烘时,烘笼顶温度掌握在 60℃左右,中途离火轻翻 2~3 次,当烘至含水

量 7%~10% 时,需起烘摊凉,使水分散发均匀,然后并大笼重新上烘复火,温度一般在 60℃左右,复火时间 60 分钟~100 分钟,直至足干,含水量在 5% 以内,便可下烘,充分摊凉,尔后及时装箱入库。

佛香茶的品质特点:外形条索紧细显毫,锋苗好,色泽嫩绿油润,香气高爽持久,带板栗香,滋味醇爽带鲜,汤色浅绿明亮,叶底嫩绿。

(江用文 周红杰)

(一五〇) 版纳曲茗

版纳曲茗产于云南省勐海县,创始于 1996 年。

勐海县位于云南省西双版纳傣族自治州西部,东经 99°56′~100°41′,北纬 21°28′~22°28′。属南亚热带季风气候,夏无酷暑、冬无严寒,四季如春。横断山系纵谷区南端,为怒山山脉的余脉,地势中部平外围高,中部平坦的残存高原面上分布着 9 个万亩以上的坝子,这些坝子的海拔在 650 米~1180 米之间。该区域云雾缭绕,昼夜温差大,雨量充沛,勐海年平均气温为 18℃~21℃,冬季气温多在 11℃左右,夏季月平均气温一般在 21℃左右。年降雨量为 1500 毫米,无霜期 300 天以上,全年有雾日超过 127 天。土壤为棕黄壤土,呈微酸性反应,土层深厚而肥沃,有机质含量丰富,腐殖质层厚达 50 厘米左右,俗有海绵地之称,pH 值 4.5~6.0。

版纳曲茗以云南当地种植的无性系云抗 10 号等茶树品种为主要原料。2 月份开采,鲜叶采摘标准为一芽一叶初展或半开展鲜叶,要求芽叶大小均匀,不采鱼叶、雨水叶、对夹叶,不采病虫芽、冻伤芽和单芽等。

版纳曲茗的加工工艺为:摊青、杀青、揉捻、初烘、滚炒塑型、割末足烘。摊青:鲜叶采回后薄摊于洁净的竹篾垫上,待叶质发软,清香显露,鲜叶失水率 8%~10% 时开始杀青。摊青时间一般 3 小时~5 小时。杀青:采用杀青炒干机杀青。每锅投叶量为 1.5 千克~2 千克,经 3 分钟~4 分钟后,开起风扇排除湿热汽 8~12 秒钟,关掉风扇继续杀青 1~2 分钟,至茶叶含水率降到 55%~60%,清香显露时出机,出机杀青叶经摊凉归堆 10 分钟~15 分钟后,

交付揉捻。揉捻：选用35型或45型揉捻机，揉捻以短时轻压为原则，一般高档原料，轻揉3分钟～5分钟，中档原料5分钟～8分钟。当茶汁稍有溢出，芽叶基本成条即可。初烘：用电热连续烘干机，风温70℃～90℃，初烘时间3分钟左右，至含水率降到35%～40%为宜，将出烘茶叶摊凉5分钟～10分钟。滚炒塑形：温度为140℃～150℃（槽锅底部温度）。投叶量为0.5千克～0.7千克初烘叶。投叶后先以最快的速度炒1分钟～2分钟，待芽叶变软后减慢速度，通过理、拉、搓等手法，达到理齐茶条，搓紧条索的目的。适度要求条索紧实，无焦尖、爆点、破皮、碎断现象。烘干：分毛火和足火两个工序，毛火：进风温度120℃～130℃，烘10分钟左右，当芽叶有刺手感，干度约七八成时，下烘摊凉。足火：进风温度100℃～110℃，烘10～13分钟，烘至足干下机摊凉，装袋包装入库。

版纳曲茗的品质特点：外形条索紧细卷曲成环，白毫隐绿，栗香浓郁，汤色嫩绿明亮，香高味醇，滋味醇爽回甘，叶底嫩匀成朵，绿明亮。

（江用文　周红杰）

（一五一）白洋曲毫

白洋曲毫产于云南省保山市，创始于1999年。

白洋山位于云南省西部边陲保山市，东经98°05′～100°02′，北纬24°08′～25°51′。保山市属低纬度亚热带山地季风气候，分属南、中、北温带和南、中、北亚热带以及北热带等七个气候带。境内海拔为1705米～1912.1米，年平均温度14.8℃～21.3℃，年温差小而日温差大，11月至次年5月为旱季；5月下旬至10月为雨季，降水丰沛，干湿分明；年平均降水量1067.2毫米，年日照总时数2076.6小时～2354小时，年均相对湿度70%～84%，森林覆盖率85%以上。土壤以花岗岩、安山岩、玄武岩黄壤为主，属砂、中壤质地，含有机质4.4%、全氮0.25%、全磷0.07%、碱解氮149毫克/千克、速效磷10毫克/千克、速效钾150毫克/千克。土壤透气、松散，土层深厚，水分条件好，养分丰富，平均pH值5.6。

白洋曲毫以当地种植的无性系云南大叶种为主要原料。2月份开采，谷雨结束。鲜叶采摘标准为一芽一叶初展，要求芽叶大小均匀，不采鱼叶、雨水叶、对夹叶，不采病虫芽、冻伤芽和单芽等。

白洋曲毫的加工工艺为：摊青、杀青、揉捻、初烘、炒干、定型、烘干。摊青：鲜叶采回后薄摊于洁净的竹篾垫上，待叶质发软，青香显露，鲜叶失水率8%～10%时开始杀青。摊青时间一般3小时～5小时。杀青：采用杀青炒干机，每锅投叶量1.5千克～2千克，经3分钟～4分钟后，开起风扇排除湿热汽8秒～12秒钟，关掉风扇继续杀青1分钟～2分钟，至茶叶含水率降到55%～60%，清香显露时出机，随后归堆10分钟～15分钟后揉捻。揉捻：选用35型或45型揉捻机，揉捻以短时轻压为原则，一般高档原料，轻揉3分钟～5分钟，中档原料5分钟～8分钟。当茶汁稍有溢出，芽叶基本成条即可。烘干分为初烘和足干。初烘用电热连续烘干机，风温70℃～90℃，初烘时间3分钟左右，含水率到35%～40%为适宜，出烘茶叶摊凉5分钟～10分钟。足烘：温度为110℃～120℃，投叶量为0.5千克～1千克/斗，时间为5分钟～8分钟，要求全过程勤翻快翻，芽叶失水均匀，适度要求手捏有刺手感、芽毫显露。

白洋曲毫的品质特点：外形条索肥壮卷曲，白毫显露，色泽绿润；内质香气浓郁，汤色嫩绿明亮，滋味鲜爽回甘，叶底黄绿肥嫩匀亮。

（江用文　周红杰）

（一五二）徐剑毫峰

徐剑毫峰茶产于云南思茅市大黑山山脉一带，创始于20世纪90年代。

思茅市位于云南省南部、普洱市中部，东经100°19′～101°27′，北纬22°27′～23°06′之间。属亚热带湿润气候区，海拔1600米～1800米，年均气温14.5℃，年降雨量为1650毫米～1750毫米，年日照量时数1980小时，终年无霜，秋冬云雾缭绕。土壤以砖红壤、赤红壤、红壤、黄棕壤为主，表土肥沃，土层较厚，pH为4.5～6.5，适合茶树的生长。

徐剑毫峰茶以云南省大叶种茶为主要原料。2月中旬开采，鲜叶采摘标准按级别不同分别为：一芽一叶~一芽二叶初展。要求芽叶大小均匀，不采鱼叶、雨水叶、对夹叶，不采病虫芽、冻伤芽和单芽等。

徐剑毫峰的加工工艺为：摊青、杀青、揉捻、烘干、提香。摊青：鲜叶采回后薄摊于洁净的竹篾上，待叶质发软，青香显露，鲜叶失水率8%~10%时开始杀青。摊青时间一般3小时~5小时。杀青：采用杀青炒干机杀青。杀青每锅投叶量为1.5千克~2千克，经3分钟~4分钟后，开起风扇排除湿热汽8~12秒钟，关掉风扇继续杀青1~2分钟，至茶叶含水率降到55%~60%，清香显露时出机，出机后叶子归堆10分钟~15分钟后揉捻。揉捻：选用35型或45型揉捻机，揉捻以短时轻压为原则，一般高档原料，轻揉3分钟~5分钟，中档原料5分钟~8分钟。当茶汁稍有溢出，芽叶基本成条即可。烘干：分为初烘和足烘。初烘：用电热连续烘干机，风温70℃~90℃，初烘时间3分钟左右，含水率降到35%~40%为适宜，出烘茶叶摊凉5~10分钟。足烘：温度为110℃~120℃，投叶量为0.5~1千克/斗，时间为5分钟~8分钟，要求全过程勤翻快翻，芽叶失水均匀，适度要求手捏有刺手感、芽毫显露。提香：茶叶达到足干以后，采用提香机提香。温度90℃左右，烘至香气盛发，手捏成末即可出茶，经充分摊凉、拣剔除末后装箱保管。

徐剑毫峰茶的品质特征为：外形条索肥硕，绿润、白毫披露，锋苗挺秀；内质汤色黄绿明亮，滋味鲜爽回甘，香气清高持久，叶底黄绿匀整。

（周红杰　江用文）

（一五三）感通茶

感通茶产于云南省大理感通寺。为恢复性历史名茶，首创于明清时代，1985年恢复生产。

感通寺位于云南省大理城南5公里的苍山圣应峰南麓、莫残溪北岸，东经106°53'~107°40'、北纬37°37'~38°03'。产地海拔大于1900米，气候常年无夏，春秋相连达九个月。最冷的1月，平均气温8.7℃，最热的7月，平均气温20.1℃。年平均日照超过2200小时，年平均降水约1000毫米。年平均无霜期230天。一天之中昼夜温差较大，平均有15℃~20℃。有"夜晚即冬季"之说。土壤以红壤、黄壤为主，呈酸性反应，土层深厚，质地偏松，排水透气良好，pH值为5.5~7.0。

历史上对感通茶从明代到清代都有非常详细的记载。《滇行记略》载："感通寺茶，不下天池（江苏）伏龙（浙江绍兴）。特此中人不善焙制尔。"《明一统志》："感通茶，感通寺出，味胜他处产者。"万历年间，谢肇淛在《滇略》一书载有："茶，点苍感通寺之产过之，值也不廉。"明代李元阳在《大理府志》记载："感通茶，性味不减阳羡（江苏宜兴），藏之年久，味愈胜也。"

明万历年间，李元阳邀云南巡按刘维游荡山（感通寺），以著相待，感通茶茶好水佳，但烹法不当，刘维授印光（和尚）新法。李元阳在感通寺寒泉旁建"寒泉亭"，刘维巡按写了一篇《感通寺寒泉亭记》："点苍山末有荡山，荡山之中曰感通寺，寺旁有泉，清冽可饮。泉之旁树茶，计其初植时不下百年之物。自有此山即有此泉，有此泉即有此茶。采茶汲泉烹啜之数百年矣，而茶法卒未谙焉。相传泉水并煎，水熟则浑，而茶味已失。遂与众友，躬诣泉所，并嘱印光取水，发火，拈茶如法烹饪而饮之。水之清冽虽热不解其初，而茶之气味则馥馥袭人，有隽永之余趣矣。"此外，刘维《感通茶与僧话旧》诗云："竹房潇洒白去边，僧话留连茗熏煎。海山久思惟有梦，心中长住不知年。"

明末（1639），我国著名的地理学家、历史学家、旅行家徐霞客于农历三月十四日游感通寺后在《滇游日记》中，这样记载："中庭院外，乔松修竹，间作茶树，树皆高三四丈，绝与桂相似。方才采摘，无不架梯升树者。茶味颇佳，焙而复爆，不免黝黑。"清代，余怀（公元1677年）著《茶苑》，书中记有："感通山岗产茶，甘芳纤白，为滇茶第一。"1949年建国后，感通寺周围逐步发展成集中连片茶园。1985年，下关茶厂为了恢复历史名茶，专门组织技术人员长期吃住在感通寺旁上末茶场，对大理感通茶进行了历史和现状的考察分析，作出了恢复和发展大理历史名茶"感通茶"的决定。参照历史记载的加工工艺,结合现代新技术经反复实践,加工制作成现今的感通茶。

感通茶采用感通寺一带的大叶群体品种为原料。3月下旬开采,原料采摘标准为一芽一叶和一芽二叶初展,要求芽叶大小均匀,不采鱼叶、雨水叶、对夹叶,不采病虫芽、冻伤芽和单芽等。

感通茶的加工工艺为:摊青、杀青、揉捻、烘干。摊青:鲜叶采回后薄摊于洁净的竹篾垫上,待叶质发软,清香显露,鲜叶失水率8%～10%时开始杀青。摊青时间一般3小时～5小时。杀青:用杀青炒干机杀青。每锅投叶量1.5千克～2千克,经3分钟～4分钟后,开起风扇排除湿热汽8秒钟～12秒钟,关掉风扇继续杀青1分钟～2分钟,至茶叶含水率降到55%～60%,清香显露时出机,出机叶经摊凉归堆10分钟～15分钟后揉捻。揉捻:选用35型或45型揉捻机,揉捻以短时轻压为原则,一般高档原料,轻揉3分钟～5分钟,中档原料5分钟～8分钟。当茶汁稍有溢出,芽叶基本成条即可。烘干:分为初烘和足干。初烘:用电热连续烘干机初烘。风温70℃～90℃,初烘时间3分钟左右,含水率降到35%～40%为适宜,出烘茶叶摊凉5分钟～10分钟。足烘:温度为110℃～120℃,投叶量为0.5～1千克/斗(理条叶),时间为5～8分钟,要求全过程勤翻快翻,芽叶失水均匀,适度要求手捏成粉末,芽毫显露。

感通茶的品质特征为:外形条索肥硕紧实,呈弯曲状,白毫明显,色泽墨绿油润;内质香气馥郁持久,呈熟板栗香,汤色黄绿明亮,滋味醇厚鲜爽回甘,叶底嫩匀明亮。

(周红杰 江用文)

四、红茶种类

红茶属发酵茶类,其基本工艺过程是:萎凋、揉捻、发酵和干燥。我国红茶种类较多,产地较广,有我国特有的工夫红茶和小种红茶,也有与印度、斯里兰卡相类似的红碎茶。

(一)工夫红茶

工夫红茶是我国特色茶,是一种条状红茶,在我国大部分茶区都有生产。工夫红茶品类较多,通常按产地命名,如滇红工夫、祁门工夫、宁红工夫、宜红工夫、川红工夫、湖红工夫、闽红工夫、台湾工夫、越红工夫、江苏工夫及粤红工夫等。工夫红茶所用原料的茶树品种分为大叶和小叶两种:大叶工夫茶以乔木或半乔木茶树鲜叶为原料制成,又称为"红叶工夫",以滇红工夫及政和工夫为代表;小叶工夫以灌木型小叶种茶树的鲜叶为原料制成,色泽乌黑,又称"黑叶工夫",以祁门工夫及宜红工夫为代表。按出口方式可分为号码工夫茶及原箱工夫茶两种,号码茶称为中国工夫,原箱茶则冠以地名如祁门工夫、宁红工夫。

1. 祁门工夫

祁门工夫红茶,主产安徽省祁门县,与其毗邻的石台、东至、黟县及贵池等县(市)也有生产。祁门工夫红茶创制于清末,有百余年的生产历史。祁红工夫是我国传统工夫红茶的珍品,在国内外享有盛名,被誉为世界三大高香茶之一。

祁门县地处安徽省西南端,位于东经117°55′、北纬29°55′。县内山岳连绵,黄山支脉由东向西延绕全境。山地占全县总面积的90%,茶园主要分布在海拔100～350米的峡谷山地和丘陵地带。全县河流纵横,沿河两岸狭长地区的冲积平地上,有许多成片茶园,俗称为洲茶,洲茶面积占全县茶园面积的10%左右。产区气候温和,冬无严寒,夏无酷热。土壤大多是千枚岩、紫色页岩风化而成的黄土、红黄土、黑砂土、白砂土,理化性质优良,有机质丰富。优异的自然环境为祁门工夫的发展奠定了物质基础。

清光绪以前,祁门不产红茶。据史料记载,光绪元年(1875),黟县人余干臣,从福建罢官回籍经商,因羡红茶的畅销多利,在至德县(今至东县)尧渡街设立茶庄,仿照"闽红"制法试制红茶。1876年,余从至德来到祁门,在西路历口、闪里设立茶庄,扩大生产和收购。继而在南路贵溪一带,也有人试制红茶成功。随后,各地茶商接踵而来,贷放茶款,设立茶号，竞购红茶，因销路好，人们纷纷由绿茶改制红茶，并逐渐形成了"祁门红茶"。对祁红的创制和发展，祁门南乡贵溪人胡元龙贡献不小。清咸丰年间，胡在贵溪开辟荒山五千余亩，种植茶树，光绪元年至二年（1875～1876），由于绿茶销售不畅，考察红茶的生产后，筹集资金建日顺茶厂，改制红茶，并带动周边农民垦荒种茶，亲往各乡教导农户达 40 年之久，为祁门红茶的发展亦作出了重要贡献。经过不断改进提高，制成色、香、味、形俱佳的上等红茶。随着市场对产量需求的增加，产区逐渐扩大到祁门以外的贵池、浮梁。1911 年前后，生产购销最旺时，年产量达 3000 吨以上。1915 年参加巴拿马万国土产展览会时，曾获得金质奖。在两次世界大战期间，"祁红"仍保持较好的产销形势，1939 年，祁门县最高年产达 2450 吨。以后，由于内战，造成祁红产量下降，1949 年产量仅为 480.9 吨。新中国成立后，祁门红茶得到迅速恢复和发展。1956 年发展至 1650 吨，1983 年仅出口就达 2850 吨。目前祁门红茶的产量仍保持在 3000 吨以上。

制作祁门红茶的茶树品种以国家级良种"祁门种"（也称槠叶种）为主，安徽 1 号、安徽 3 号、黄山早芽、黄荆茶等也适合制作。采摘标准要求严格，高档茶以一芽一叶为主，一般以一芽二叶为主，最低采摘要求为一芽三叶及相应嫩度的对夹叶。

祁门红茶的加工工艺为：萎凋、揉捻、发酵、干燥。萎凋：在萎凋过程中控制好萎凋时间、温度、摊叶厚度，萎凋叶减重率一般在 35%～40%，含水率在 58%～64%。揉捻：揉捻采用分次揉捻，细嫩等级分三次揉捻，一般为两次揉捻，揉捻控制加压时间和程度。发酵：发酵的适宜温度为 24℃～28℃，湿度保持在 95% 以上，时间 2～3 小时。干燥：干燥采用毛火、足火两段干燥法，毛火温度 100℃～110℃，足火温度 80℃～90℃。

祁红工夫茶的品质特点为：条索紧秀，锋苗好，色泽乌黑泛灰光，俗称"宝光"，内质香气浓郁高长，似蜜糖香，又蕴藏有兰花香，汤色红艳，滋味醇厚，回味隽永，叶底嫩软红亮。国外把"祁红"与印度大吉岭红茶、斯里兰卡乌伐的季节茶，并列为世界公认的三大高香茶。国外把祁红这种地域性香气称为"祁

门香"，其茶被誉为"王子茶"、"群芳最"。清饮能领略祁门红茶的特殊香味，加奶后乳色粉红，其香味特点犹存。

（刘　新　施兆鹏）

2. 坦洋工夫

坦洋工夫主产区为福建省福安、拓荣、寿宁、周宁、霞浦及屏南北部等地，创制于清朝咸丰年间。

坦洋工夫源于福安境内白云山麓的坦洋村，相传清朝咸丰、同治年间（1851～1874），坦洋村有胡福四（又名胡进四）者，试制红茶成功，经广州运销西欧，很受欢迎，此后一些茶商纷纷进山求茶，并设洋行，周边各县茶叶亦渐云集坦洋，坦洋工夫声名鹊起，1881～1938 年的 50 余年，坦洋工夫每年出口均达 500 吨，其中 1898 年出口 1500 吨。坦洋一公里的街，设茶行达 36 家，雇工 3000 余人，产量 1000 吨。收茶范围从政和的新村，到霞浦的赤岭，跨越七八个县，成为福建的主要红茶产区。运销荷兰、英国、日本、东南亚等 20 余个国家与地区，每年收外汇茶银百余万元。当时民谚云："国家大兴，茶换黄金，船泊龙风桥，白银用斗量。"后因抗日战争爆发，销路受阻，生产亦遭严重破坏，坦洋工夫产量锐减。20 世纪 50 年代中期，为了恢复和提高坦洋工夫红茶的产量和品质，先后建立了国营坦洋、水门红茶初制厂和福安茶厂，实行机械化制茶，引进并繁殖福鼎大白茶、福安大白茶、福云等适制红茶的优良茶树品种，1960 年产量达到 2500 吨，创历史最高水平。后因茶类布局的变更，由"红"改"绿"，坦洋工夫所存无几。近年来，经有关部门的努力，坦洋工夫又有所恢复和发展，1988 年产量达 400 吨。

坦洋工夫外形细长匀整，带白毫，色泽乌黑有光，内质香味清鲜甜和。汤鲜艳呈金黄色，叶底红匀光滑。其中坦洋、寿宁、周宁山区所产工夫茶，香味醇厚，条索较为肥壮；东南临海的霞浦一带所产工夫茶色鲜亮，条形秀丽。

（刘　新　施兆鹏）

3. 滇红工夫

滇红工夫产于云南省境内。滇红工夫以云南大

叶种茶树鲜叶加工而成,芽叶肥壮,金毫显露,汤色红艳,香气高醇,滋味浓厚,以独特的品质特征而著称,成为我国红茶的一朵奇葩。

滇红工夫于1939年在云南凤庆首先试制成功。据《顺宁县志》记载:"1938年,东南各省茶区接近战区,产制不易,中茶公司遵奉部命,积极开发西南新茶区,以维持华茶在国际上现有市场,于1939年3月8日正式成立顺宁茶厂(今凤庆茶厂),筹建与试制同时并进。"当年生产的第一批红茶销往英国,以每磅800便士的最高价格售出而一举成名。后因战事连连,滇红工夫被迫中断生产。直至20世纪50年代后才开始发展,以后不断扩大生产,由于产品质量优异,深受国际市场欢迎。

云南省位于东经97°~106°,北纬21°9′~29°15′之间。茶叶主产区基本上分布在北回归线附近不超过3°的纬度范围内,处于"生物优生地带",也是我国野生茶树保存最多的区域。全省128个县有120个县产茶,云南省按地理位置分为滇西、滇南、滇东北三个茶区。滇红工夫主要分布在滇西、滇南两个茶区。滇西茶区包括临沧、保山、德宏、大理四个州(市),其中凤庆、云县、双江、临沧、永德、昌宁为主产县。滇南茶区,含普洱、景洪、文山、红河四个州(市),勐海、景洪、普文为主产区。23个重点茶产县的海拔高度均在1000~2000米之间。云南有雨热同季和干凉同季的气候特点,全年平均气温保持在15℃~18℃之间,昼夜温差平均超过10℃以上。全年从3月初到11月底可采茶,采摘期有9个月。云南省独特的高原和山地气候,茶区山峦起伏,云雾缭绕,雨量充沛,土壤肥沃,植被丰富,森林覆盖率高,具有得天独厚的茶树生长环境条件。

滇红工夫外形条索紧结,肥硕壮实,干茶金毫特显,汤色红艳明亮,香气鲜郁高长,滋味浓厚鲜爽,富有刺激性,叶底红匀嫩亮,国内独具一格。滇红的品饮多以加糖加奶调和饮用为主,加奶后的香气滋味依然浓烈。高档滇红,茶汤与茶杯接触处常显金圈,冷却后立即出现乳凝状的冷后浑现象。滇红工夫品质具有季节性变化,一般春茶比夏、秋茶好。春茶条索肥硕,身骨重实,净度好,叶底嫩匀。夏茶节间长,虽显毫,但净度较低,叶底稍显硬、杂。秋茶成茶身骨轻,净度低,嫩度不及春、夏茶。

滇红工夫茶的毫色可分淡黄、菊黄、金黄等几类。凤庆、云县、昌宁等地工夫茶,毫色多呈菊黄,勐海、双江、临沧、普文等地工夫茶,多呈淡黄;夏茶毫色多呈菊黄,唯秋茶多呈金黄色。滇红工夫茶的香气以滇西茶区的云县、凤庆、昌宁为好,尤其是云县部分地区所产的工夫茶,香气高长,且带有浓香。滇南茶区工夫茶滋味浓厚,刺激性较强、滇西茶区工夫茶滋味醇厚,刺激性稍弱,但回味鲜爽。

(刘　新　施兆鹏)

4. 宁红工夫

宁红工夫是我国最早的工夫红茶之一。主产于江西省修水县,其次为武宁、铜鼓县。因修水、武宁古属义宁州,所产红茶称宁州红茶,简称宁红。

修水产茶历史悠久,红茶生产始于道光初年。据清朝叶瑞延《纯蒲随笔》和《义宁州志》记载,修水有红茶生产。光绪十八年至二十年(1892~1894),宁红最高年输出量为7500吨(计30万箱,每箱25千克),产量达到10000吨,光绪三十一年(1905),仍保持9000吨的生产水平,价值超过千万银元。当时,高山平地,田园阡陌,到处有茶,修水的高、崇、奉、武、仁、西、安、泰八乡皆为茶叶产区,其中以漫江所产之品质最好;白鹤坑、梁塘、赤江、万坑、台庄、靖林、溪口、上庄、布旱马坳、渣津、古市、白沙等地产量较多。当时茶市有白鹤坑、漫江、山口、东渡港及古市等多处,修水所产宁红占总产的80%左右。武宁县约占产量的14%,主要分布在与修水接近的石门、罗溪、船滩、礼溪、横路等处。铜鼓县约占总产的6%,分布于县西北的棋坪、港口、大段、幽居等地,品质接近漫江红茶,为宁红之上品。与修水、铜鼓接壤的湖南省平江县长寿及浏阳大围山一带的高山茶,历史上亦送修水加工。浮梁(现属景德镇)红茶也划为宁红产区。

宁红最盛时期,输出量达7500吨,畅销欧洲,成为中国名茶之一。光绪年间,罗坤化在漫江杜市开设"厚生隆"茶庄时,生产"太子茶"100箱(每箱25千克),售给俄国茶商,每箱售价高达100两白银。俄商曾馈送"茶盖中华,价甲天下"的匾额。在《罗氏家谱》(1935年重修本·卷二)中,记载了独立开设茶庄,时值俄国太子游历来华,在武汉品尝宁红,给予极高评价和高价购买。郭仪庭在漫江设"义奉祥"茶庄,所产的宁红贡品,在南阳劝业赛会上陈列,奉旨,奖给最超等文凭;宣统二年(1910),郭敏生"义泰祥"茶庄所产之宁红贡品,亦在南阳劝业赛会上陈列,经商部总长核定奖给最优等文凭。1912~1913年,输出海外红茶每年达20余万箱,贸易额达到千万银元左右。1919年,漫江莫雪珉开设的"怡和福"茶行,生产"奇奇"号太子茶,在上海出口,每磅卖价24块银元,还有"宁红不到庄、茶叶不开箱"的赞誉。后因内战和国外侵略,中俄贸易中断,日本掠夺,1933年仅出口4000余箱,由于出口量减少,茶园荒芜,茶庄倒闭,茶市凋零,1949年修水县产茶仅350吨,为鼎盛时期的二十分之一。目前,宁红的主产区修水县茶园面积3000公顷,茶叶产值接近3亿元,宁红仍维持一定的产量。

宁红产区位于赣之西北边隅,有幕阜、九宫两大山脉蜿蜒其间,全境山多田少,地势高峻,树木苍青,雨量充沛,土质富含腐殖质,深厚肥沃,气候温和,每当春夏之间,云凝深谷,雾锁高岗,茶树生长根深叶茂,茶芽肥硕,叶肉厚软,内含化学成分丰富,奠定了宁红工夫优良的自然品质。

宁红工夫外形条索紧结圆直,锋苗挺拔,略显红筋,色乌略红,光润;内质香高持久似祁红,滋味醇厚甜和,汤色红亮,叶底红匀。高级茶"宁红金毫"条紧细秀丽,金毫显露,多锋苗,色乌润,香味鲜嫩醇爽,汤色红艳,叶底红嫩多芽。

"宁红"除散条形茶外,还有一种捆扎茶——龙须茶。

龙须茶因叶条似须而得名,产于修水县漫江乡宁红村。该茶创制于清道光初年,与"宁红"同时兴起。以往每年要在出口的第一批优质"宁红"茶箱里,每箱箱面上放5~24个龙须茶盖面,作为彩头和标记,十分美观,颇有艺术欣赏价值。

制作龙须茶的鲜叶原料,要求生长旺盛,持嫩性强,芽头硕壮的蕻子茶,一般为一芽一叶至一芽二叶,芽叶大小、长短要求一致。鲜叶经萎凋、揉捻、发酵、初干以后,进行"扎把"。将半干半湿的茶条,一根一根地理直,基部对齐,以90~100条为一把;然后两把并拢合扎在一起,长条茶包在外面,短条茶夹在中间,用白线由基部到芽尖扎紧,呈毛笔形,然后进行烘焙,用50℃~60℃的文火徐徐烘干,时间长达28~36小时,待茶坯用手捏之干硬,梗子手捻能成粉时,为烘干适度。最后烘干的茶坯拆去白线,基部用白丝紧扎三圈,再用五彩线环绕,将整个龙须扎成网状,基部剪齐,扎好花线后,线头用针穿入茶内,部分线头略露在外,十分美观。

龙须茶具有独特的造型和特异的色、香、味、形。每个产品干重7.8克,形如红缨枪之枪头,条索挺秀显毫,外披五彩花线;冲泡时,将花线头拿起抽掉,基本白线丝仍扎不解,整个龙须茶便在茶汤基部成束下沉,而芽叶向上散开,宛如一朵鲜艳的菊花,若沉若浮,故有"杯底菊花掌上枪"之称。其汤色,中间红艳明亮,边缘金黄,叶底嫩匀有光,香气鲜爽馥郁,滋味甘醇爽口,冲泡3~5次,色、味仍佳。多次被评为江西省优质名茶。

(刘 新 施兆鹏)

5. 川红工夫

川红工夫产于四川省宜宾等地,是20世纪50年代创制的工夫红茶。经历半个多世纪的发展,尤以早白尖一级工夫红茶品质最佳,"节日之夜"、"宫殿牌"产品,以条索紧细圆直,毫锋披露,色泽乌润,内质香高味浓的优良品质,畅销国际市场,成为我国高品质工夫红茶之一的后起之秀。1985年获世界食品金质奖。

四川省茶叶生产历史悠久,茶文化源远流长。四川省地势北高南低,东部形成盆地,秦岭、大巴山挡住北来寒流,东南向的海洋季风可直达盆地各隅。年降雨量800毫米~1200毫米,气候温和,年均气温16℃~18℃。川红工夫产于川东南的宜宾,以及自贡和毗邻的重庆市部分地区,地处川、滇、黔、渝四省市结合部,金沙江、岷江、长江交汇地带。属中亚热带湿润季风气候,浅丘、河谷兼有南亚热带气候属性。气候温和,极端最低气温不低于-4℃,最冷的1月份,其平均气温较同纬度的长江中下游地区高2℃~4℃。年平均降雨量850毫米~1500毫米,无霜期长达 335 天以上,年平均相对湿度 81%～85%。因受地势、地貌特别是垂直高差的影响,还具有立体气候和区域小气候的明显特征。茶园土壤多为山地黄泥及紫色砂土,十分适宜茶树生长。茶树发芽早,比川西茶区早 30 天～40 天,全年采摘期长达 210 天以上。

宜宾地区独特的气候条件,春茶开园早,所产川红每年 4 月即可进入国际市场,以早、新取胜。川红珍品——"早白尖",更是以早、嫩、快、好的突出特点及优良的品质,博得国内外茶界的好评,并得到高度赞誉。

川东北茶区的达州、南充,以及重庆的万县靠近长江沿岸各县,气温较高,气候与川东南茶区大体相似,适合发展红茶生产、20 世纪 50 年代中期,先在宜宾、万州(万县)、达州(达县)等地区 10 余个县的部分国营茶场试制工夫红茶,逐步推广;后逐步调整产区布局,主要集中在宜宾、筠连、高县、珙县四个县生产工夫红茶。1980 年工夫茶的产量已达 2000 吨,此后较长时间维持这一生产水平。随着国内名优绿茶效益的提高,在进入 21 世纪后,川红工夫产量呈下降趋势。

川红工夫基本上是以一芽二、三叶为主的鲜叶制成。干茶外形条索肥壮圆紧、显金毫,色泽乌黑油润,内质香气清鲜带枯糖香,滋味醇厚鲜爽,汤色浓亮,叶底厚软红匀。川红问世以来,在国际市场上享有较高声誉,多年来畅销前苏联、法国、英国、德国及罗马尼亚等国,堪称中国工夫红茶的后起之秀。

(刘　新　施兆鹏)

6. 九曲红梅

"九曲红梅"也叫"九曲乌龙",主产于浙江省杭州市西南郊的周浦乡的灵山一带。灵山古称湖埠。九曲红梅尤以湖埠大坞山所产品质最佳。大坞山高 500 多米,山顶为一盆地,土质肥沃,四周山峦环抱,林木茂盛;地处钱塘江畔,江水蒸腾,山上云雾缭绕,独特的地理环境和小气候条件,十分适宜茶树生长。

九曲红梅原产于福建武夷山九曲的细条形红茶。太平天国期间,福建武夷农民纷纷向浙北迁徙,有的落户在杭州市郊周浦的灵山一带,开荒种粮、栽

茶,以谋生计。南来的农民中有的善制红茶,所制红茶被杭城茶行、茶号收购,沿袭至今。湖埠十景之一的"双狮滴潭"俗名笠壳塘,在笠壳塘旁边的朝阳山坡地上生长着 18 棵茶树,得天独厚的自然环境,使这 18 棵茶树长得格外茁壮茂盛。1929 年的清明时节,当地茶农沈仁春在 18 棵茶树上采摘了一批又小又嫩的清明头茶,经过精心的制作,加工成两斤左右上好的九曲红梅茶,亲自送到当时在杭州孤山举行的西湖博览会上参加评比。成茶外披淡黄色的绒毛,条索紧细,弯曲如鱼钩,形似蚕蚁,引起了与会评茶者的好奇。用开水冲泡,杯中茶芽舒展,曲曲伸伸,像小鱼儿在水中上下浮动;继而,茶水汤色鲜亮红艳,香气馥郁扑鼻,茶叶朵朵艳红,犹如水中红梅,绚丽悦目。与会评茶专家称赞此茶甘甜爽口,回味无穷;因而在众多的参评红茶之中一举得冠,荣幸地列入当时西湖博览会的十大名茶之一。

九曲红梅采摘标准要求一芽二叶初展;经萎凋、揉捻、发酵、烘焙而成,关键在发酵、烘焙。九曲红梅因其汤色与香气清如红梅,故称九曲红梅,滋味鲜爽。

(刘　新　施兆鹏)

7. 英德红茶

英德红茶简称英红,产于广东省英德市,故名英德红茶。英德红茶始创于 1959 年,在 20 世纪 80 年代成为我国重要的红茶产品,曾销往德国、英国、美国、波兰、苏丹、澳大利亚等 70 多个国家和地区。

英德红茶的产地位于广东省中北部,北江中游,是珠江三角洲与粤北山区的结合部,属南亚热带季风气候,年均气温 20.7℃;年均降水量 1880 毫米左右,年相对湿度 79%;无霜期长,霜日不足 10 天;土层深厚肥沃,土壤酸度适宜,pH 值 4.5～5。茶区现有茶园面积 2700 公顷,茶区峰峦起伏,江水萦绕,喀斯特地形地貌,构成了洞邃水丰的自然环境。大小茶场均建于地势开阔的丘陵缓坡地上。

英德红茶品质优异,除了具有优越的自然环境外,与选用适制红茶的云南大叶种为主体,搭配高香的凤凰水仙品种有关,从而奠定了"英红"香高味浓的物质基础。

英德红茶加工技术精湛,已实现了全程机械化加工。现在的英德红茶分为碎茶和条茶两个类型。红碎茶的研制,起始较早,1959年英德茶场与英德茶叶试验站就和英德红茶机厂联合成立攻关小组,在华南农学院和中国茶叶进出口公司等有关单位的支持下,试制出第一批英德红碎茶之后,1964年红碎茶初制工艺基本定型,1978年转子式揉切法工艺基本定型后,开始大量生产。但到20世纪80年代由于市场需求的改变,开始生产工夫红茶,1988年英德工夫红茶加工工艺基本定型,1992年批量生产。原料以一芽二叶、一芽三叶初展为主。

英德红茶的加工工艺为:萎凋、揉捻、发酵、干燥。萎凋:加温萎凋的温度适宜在25℃～28℃,不超过35℃,当萎凋叶含水量在56%～58%时为适度。揉捻:全程60分钟～90分钟,分三个时段揉捻,中间下机解块1次或2次,揉捻叶90%以上紧卷成条为适度。发酵:适宜室温25℃左右,叶温24℃～28℃,可采用空调控温,空气湿度保持在95%左右,叶色呈黄红色,散发熟苹果香味为适度。干燥:采用毛火、足火二次烘干法,毛火温度110℃～120℃,足火90℃～95℃;毛茶含水量控制在5%～6%。

英德工夫红茶的品质特点为:条索肥嫩紧结,色泽乌润,显金毫,香气浓郁,汤色红艳,滋味浓醇。饮后甘美怡神,清鲜可口。单独泡饮,或加奶、糖冲泡,均适宜,特别是加牛奶、白糖后,色香味俱佳。普通红条茶分特级、一级、二级、三级共四个等级。

8. 金毫红茶

金毫红茶属于工夫红茶,1989年由广东省农业科学院茶叶研究所创制,经过品种筛选、原料标准制定,季节品质特点和加工技术的研究,1992年工艺基本定型,产于广东省英德市。

金毫茶选用含茸毛特多的英红九号品种制作。金毫茶工艺流程为摊放、萎凋、揉捻、发酵、初烘、整形提毫、烘焙足干。制作金毫红茶的鲜叶为单芽或一芽一叶初展,适时适度萎凋,摊叶厚度2～3厘米,萎凋时间12小时～16小时,含水量控制在56%～58%之间;揉捻以轻揉为主,空揉10分钟,加压2分钟,松压8分钟,再"加压、松压"交替进行四次,揉捻时间50分钟;发酵时间3.5～4.5小时;初烘温度100℃,至七成干后整形提毫,再用80℃烘至足干。金毫茶在揉捻、造型、成色等方面具有独到之处。

金毫茶外形条索圆紧,金毫满披,色泽金黄润亮;内质汤色红亮,香气毫香或花香,浓郁持久,滋味浓爽甜润;叶底芽叶完整,肥嫩红亮。成为红茶名茶的新花色,是我国高档名茶的新品。

金毫茶分金毫特等、一等、二等三个级别,各级感官品质要求见下表。

金毫茶感官品质要求

花色	等级	外　形	内　　　　质			
			香气	汤色	滋味	叶底
金毫茶	特等	匀秀,金毫满披,金黄油润	毫(花)香持久	红艳明亮	鲜嫩　浓醇爽滑	完整、肥嫩、铜红明亮
	一等	紧秀,芽毫金黄,嫩叶乌润	毫(花)香持久	红艳明亮	鲜醇　爽滑	嫩匀、铜红明亮
	二等	紧结,金毫显露,色润	鲜爽持久	红艳亮	醇滑	嫩匀红亮

(刘　新　施兆鹏)

(二) 小种红茶

小种红茶是福建省的特产,有正山小种和外山小种之分,正山小种产于崇安县星村乡桐木关一带,也称"桐木关小种"或"星村小种"。政和、坦洋、北岭、屏南、古田、沙县及江西铅山等地所产的仿照正山品质的小种红茶,质地较差,统称"外山小种"或

"人工小种"。有的将低级工夫红茶熏烟制成小种工夫,称"烟小种",亦叫"假小种"。

"小种"一名,见于1717年崇安县令陆廷灿的《续茶经》:"武夷茶在山上者为岩茶,水边者为洲茶……其最佳者名曰工夫茶,工夫之上又有小种,则以树名为名,每株不过数两。"1751年,董天工撰的《武夷山志》中也有"小种","茶之产不一,崇建延泉,随地皆有,分岩茶、洲茶,附山为岩,沿溪为洲,岩为上品,洲次之,采摘烘焙,须得其宜,然后香味两绝,第岩茶反不甚细,有小种、花香、工夫、松萝诸名,烹之有天然真味,其色不红……"这两个史料所提及的小种均不是指小种红茶。1732年崇安县令刘靖在《片刻余闲集》中写有:"凡岩茶皆各岩采摘焙制,远近买客于九曲内各寺庙购觅,市中无售者。本省邵武、江西广信等处所产之茶,黑色红汤,土名江西乌,皆私售于星村各行。"这里指的江西乌,虽集散于星村,亦难说是红茶,更难讲是小种。关于国内红茶最早的记载见《清代通史》第二卷847页记:"明末崇祯十三年红茶(有工夫红茶、武夷茶、小种茶、白毫茶)始由荷兰转至英伦。"记载表明,武夷红茶以及小种红茶出现在明崇祯十三年(1640)之前。是武夷红茶在先,还是小种红茶在先,难见史料。不过,自五口通商之后,外商来华抢购茶叶,闽红的坦洋、政和、白琳工夫应运而生,小种红茶亦出现在这个时候。当地有这样一段故事:清道光末年,因时局动乱不安,有一次一支北方军队从崇安星村过境,占驻茶厂,进厂的青茶,无法及时烘干,所存青茶因为积压发酵,变成了黑色,并产生了特殊的气味。厂主心急如焚,赶紧用锅炒和松柴烘干,稍加筛分拣剔,便装箱运往福州,托洋行试销。不料这种特殊香味的小种茶,竟引起外商的兴趣,生意大好,获利不少,赢得了许多人的喜爱。于是外商年年订购,从此小种红茶风靡一时。

正山小种之"正山",乃表明是真正的"高山地区所产"之意,正山者所指的地区,以庙湾、江墩为中心,北至江西铅山石陇,南到武夷山市曹墩百叶坪,东到武夷山洋庄乡大安村,西到光泽县司前村,西南到邵武观音坑,面积约600平方公里,凡是武夷山中所产的茶,均称作正山;而武夷山附近所产的茶称外山,集中星村加工,但星村外山茶制成小种红茶之后,在市场上独树一帜,故正山小种又称"星村小种",以区别武夷山区以外所产之小种。

崇安县星村的曹墩和桐木关一带,地处武夷山脉之北段,地势高峻,海拔1000~1500米,冬暖夏凉,年均气温18℃,年降雨量2000毫米左右,春夏之间,终日云雾缭绕,山地土质肥沃,又有培客土的习惯,加深土层,因此茶蓬繁茂,叶质肥厚嫩软。

正山小种有特殊的红茶加工工艺,如发酵以后的锅炒(也叫"过红锅")、复揉和熏焙。正山小种红茶外形条索肥实,色泽乌润,冲泡后汤色红浓,香气高长带松烟香,滋味醇厚,带有桂圆汤味,加入牛奶,茶香味不减,形成糖浆状奶茶,液色更为绚丽。19世纪70年代运销欧美各国,年产1200吨。后因战事频频,产量逐减,至1949年产销几乎绝迹。50年代后才得到恢复和发展,由于消费群体较小,正山小种红茶产量维持在200吨左右,大部分出口欧美地区,主要销往美国、德国、法国、日本等国家,只有少量在国内市场销售。

(刘　新　施兆鹏)

(三)红碎茶

红碎茶是国际茶叶市场贸易量最大的产品,印度是红碎茶生产大国,我国红茶的碎片茶出口也早就有之。

红碎茶按制法分为传统制法和非传统制法两类。传统制法采用盘式揉切机生产;非传统制法采用转子机(Rotorvane)生产、C.T.C揉切机生产以及L.T.P生产。尽管各类制法不同,但产品的花色分类和各类的外形规格基本一致,分为叶茶、碎茶、片茶、末茶四种规格。叶茶类外形成条索,要求条索紧结,颖长,匀齐,色泽纯润,有金毫或无金毫;内质汤色红艳或红亮,香味鲜浓有刺激性,按品质分为"花橙黄白毫"(简称F.O.P)和"橙黄白毫"(O.P)两个花色。碎茶类外形呈颗粒状,要求颗粒重实匀齐,色泽乌润,内质汤色红浓,香味鲜爽浓强,按品质分有"花碎橙黄白毫"(简称F.B.O.P)、"碎橙黄白毫"(B.O.P)、"碎白毫"(B.P)等花色。片茶外形呈木耳形片状,要求尚重实匀齐,汤红亮香味浓爽,按品质分有"花碎橙黄白毫屑片"(简称 F. B. O. P. F)、"碎橙黄白毫屑片"(B. O. P. F)、"白毫屑片"(P. F)、"橙黄屑片"(O. F)和"屑片"(F)等花色。末茶(Dust,简称 D)外形呈砂粒状,要求重实匀齐,色乌润,内质汤色红浓稍暗,香味浓强微涩。以上四种规格,要求分级清楚,叶茶中不含碎片茶,碎茶中不含片末茶,末茶中不含茶灰。

早期的碎片茶是工夫红茶加工过程产生的,由于筛切工序产生了芽尖、片末茶,经筛分整理为芽茶、碎茶、副茶、茶末和茶梗等。1958 年,中央商业部、外贸部联合湖南采购厅、湖南农学院等单位,在湖南安化采用传统制法试制红碎茶成功,开始了红碎茶生产。1964 年对外贸易部、农垦部、农业部等,根据国际贸易的需要,决定在云南勐海、广东英德、四川新胜、湖北芭蕉、湖南瓮江、江苏芙蓉六个茶场(厂)布点,开始大规模试制,同时红碎茶专用机械、制造技术,品质规格等也逐步形成体系,为我国发展红碎茶生产奠定了基础。1967 年,外贸部根据国际市场对红碎茶品质规格的要求,制定并颁发了四套红碎茶加工统一标准样。在云南用大叶种生产的红碎茶为第一套样;在广东、广西、四川、海南等地用大叶种生产的产品为第二套样;在贵州、四川、湖北、湖南部分地区用中小叶种制成的红碎茶为第三套样;在浙江、江苏、湖南等地用小叶种生产的红碎茶为第四套样。1980 年中国土畜产进出口总公司根据出口需要和国内转子机、C. T. C 制法的发展所引起品质上的变化,对四套样进行了简化改革,减少了标准样数。2008 年,重新制定了 GB/T 13738.1—2008《红茶　第一部分　红碎茶》标准,替代了 GB/T 13738.1,GB/T 13738.2,GB/T 13738.4 三个标准,红碎茶产品分为大叶种红碎茶、中小叶种红碎茶两个产品,大叶种红碎茶设有 8 个花色产品,中小叶种红碎茶设有 7 个花色产品。

我国红碎茶主要有传统制法、转子机制法和 C. T. C(分别为切碎 Crushing. 撕搓 Tearign. 卷曲 Curling 的缩写)制法。L. T. P 制法现基本上不生产。

传统制法鲜叶萎凋后采用盘式揉切机"平揉"、"平切",经发酵、干燥制成。这种制法生产叶茶、碎茶、片茶、末茶四种规格的产品。由于揉切费时长,生产效率低,目前这种制法极少采用。转子机制法系指揉切工序采用转子机切碎而制成的红碎茶。英德英华农场按洛托凡揉切机原理制成转子揉切机;江苏芙蓉茶场参照绞肉机原理制成转子揉切机;湖南米江茶场制成双揉头揉切机;云南制成了半球体转子揉切机,从而发展了我国红碎茶加工技术。转子机制法通常先采用揉捻机打条,采用不同型号的转子式揉切机连切连筛,提高了生产效率。该制法所产红碎茶,没有叶茶,只有碎茶、片茶、末茶三类产品。C. T. C 制法是指采用 C. T. C 揉切机切碎而制成的红碎茶。1982 年海南省南海茶厂从肯尼亚引进整套 C. T. C 加工设备,开始生产 C. T. C 红碎茶。20 世纪 80 年代,我国开始制造 C. T. C 揉切机,在海南、广东、广西、云南生产此类产品。C. T. C 制法红碎茶无叶茶花色。碎茶坚实呈砂粒状,色泽棕褐,内质具有浓强鲜爽风格,收敛性强,汤色、叶底红艳。C. T. C 红碎茶因适合包装成袋泡茶,已成为国际市场上的主导产品。

1. 南川红碎茶

南川红碎茶产于重庆市南川市的大观、鸣玉、水江、南平等地。南川红碎茶原料多采自大叶种茶树(属大叶种红碎茶产品),具有外形颗粒紧结重实,内质滋味浓强鲜爽,汤色红明亮的特色。

南川产茶历史悠久,早在唐代就产饼茶,其制作技艺精细,饮用方法讲究,被列为贡茶,为涪州名茶之首,五代十国毛文锡所著《茶谱》中载有"涪州出三般茶,宾化最上,制于早春……"民国《桐梓民志》(1929)记载:"茶……重云积雾,爱有晚茗,离离可数,泡以沸液,须臾揭顾,白气腾散,益人意思,珍比蒙正吴。"民国十五年(1926)《南川县志》记有"涪州出三般茶,宾化最盛,制于早春,先辈携茶至京师馈人者,尤得宾化早春之名"等;可见南川产茶历史悠久,而且品质也早负盛名。

南川自 20 世纪 60 年代末开始引种云南大叶种,一度发展到占全县 80%的栽培比例。1975 年开始试制红碎茶一举成功,至今已有近 30 年的红碎茶生产历史。南川红碎茶具有"浓、强、鲜、爽"的品质特点,质量稳定。从20世纪70年代后期到20世纪80年代末,南川红碎茶在国际市场受到欢迎。1980年,农业部、外贸部、供销合作总社在南川召开全国大叶种红碎茶会议,1985年,南川被正式命名为全国优质红碎茶基地。南川"峨嵋牌"红碎茶曾获1986年日内瓦第二十五届国际食品博览会金奖,被上海口岸定为出口免检产品,1988年又获中国世界博览会金奖。南川"向阳牌"红碎茶畅销国内外。从1975年到1989年,南川共加工、出口红碎茶8500吨,产品畅销美国、英国、新西兰、香港等国家和地区。

南川红碎茶以云南大叶种茶树的一芽二、三叶的二、三级鲜叶为主要原料,其中一芽二叶鲜叶占50%以上,同等嫩度的对夹叶,单片叶不得超过20%。南川红碎茶主要采用转子机工艺生产,外形颗粒紧结重实,色泽乌润;内质香气香高持久,滋味浓强鲜爽,汤色红而明亮,叶底红亮嫩匀。

(刘 新 施兆鹏)

2. 云南红碎茶

云南红碎茶(大叶种红碎茶)又称滇红分级茶,于1958年试制成功,1964年开始批量生产。产地包括云南澜沧江沿岸的临沧、保山、思茅、西双版纳、德宏、红河6个地州的20多个县。20世纪80年代,云南从印度首次引进洛托凡揉切机、C.T.C揉切机、发酵机和流化烘干机,组成C.T.C红碎茶生产线,这套设备在大渡岗茶场安装使用,生产的红碎茶具有浓、强、鲜的品质风格。随后又引进多条生产线生产红碎茶,勐海茶厂红碎茶一号于1984、1985年荣获省优、部优、国家银质奖。

云南红碎茶主要产自西南部,在澜沧江和怒江两大水系之间。这一带群山联叠,峰峦环峙,气候温和,年温差小,日温差大。雨量充沛,每到雨季,晴雨无定,云雾朦胧;土质深厚湿润而肥沃,为"云南红碎茶"提供了得天独厚的自然条件。此外,云南拥有良好的品种资源优势,遍布全省的云南大叶种是适制红茶的优良品种。云南红碎茶加工工艺为:鲜叶、萎凋、揉切、发酵、烘干。早期红碎茶生产是采用传统工艺,萎凋叶采取平揉平切或转子机揉切成细小的颗粒,发酵后烘干。为了推动云南红碎茶的发展,云南茶机厂进行了加工工艺和配套机械的研究,提出了大叶种红碎茶初制工艺流程和配套的机械设备。加工工艺是:鲜叶、萎凋(萎凋槽)、清选(振动清选机)、揉切(翼形转子机)、挤揉(挤揉机)、切碎成形(C.T.C机)、发酵(发酵车)、解块、毛火、足火(链板式自动烘干机)。此外,云南省临沧地区茶叶研究所,研究了一种供小型茶厂使用的红碎茶初制生产线,即萎凋叶、进料机(兼有净料功能)、挤揉机、三联C.T.C联切、发酵机、流化床烘干机、解块分筛、流化床烘干机、振动分筛机、干茶。配套的红碎茶加工设备均为国产设备,全套设备的价格远低于进口设备,生产成本也较低。试验表明,采用云南大叶种一芽二叶鲜叶为原料,生产出的产品茶黄素含量高,品质优良。红碎毛茶经过精制后,分为碎茶、片茶、末茶三个花色,碎茶有1号、2号、3号、4号、5号,片茶有1号和2号,末茶1个茶号。

云南红碎茶具备独特风格。它的原料芽叶肥壮,叶底柔软,持嫩性好,其主要内含物如水浸出物、多酚类、儿茶素含量均高于国内其他优良品种。云南红碎茶香气高雅浓郁,汤色红艳明亮,滋味浓厚强烈,加乳后呈姜黄色,味浓爽,富有刺激性。

(刘 新 施兆鹏)

3. 宜兴红碎茶

宜兴红碎茶产于江苏省宜兴市。宜兴是我国较早的茶区,古代宜兴称为阳羡,东汉末年,就有宜兴生产茶叶的记载。唐代,宜兴以产"阳羡茶"进贡著名,陆羽认为阳羡茶"芬芳冠世"可以上贡给皇帝,于是阳羡茶被列为贡品,并在《茶经》中还记载"常州义兴县生君山悬脚岭北峰下",可见唐代阳羡茶之盛名。但当时的阳羡茶是蒸青团饼绿茶,而宜兴工夫红茶的生产起始于清光绪年间,宜兴红碎茶始于20世纪60年代,盛于20世纪70年代。宜兴红碎茶因独特的生产环境和市场环境,保持着良好的发展势态。

宜兴市地处江苏省南端,东南临浙江长兴,西南邻安徽广德,西接溧阳,西北毗连金坛,北与武进相傍。地势南高北低,西南部为低山丘陵,茶园主要分布在低山丘陵地区。宜兴市是江苏省最大的产茶县。

1963年国家部委安排在芙蓉茶场开始试制红碎茶,1970年,宜兴芙蓉茶场生产出750转子揉切机,在转子机的基础上,开始试制转子机红碎茶,1989年中国农业科学院茶叶研究所在宜兴进行LTP锤切机红碎茶试验,取得成功后,使红碎茶生产工艺得到一定的改进。进入20世纪80年代后,名优绿茶市场的迅速崛起,在一定程度上影响了宜兴红碎茶的生产,同时由于价格较低,原红茶厂相继停止红碎茶的生产,而宜兴红茶又回到工夫红茶的生产工艺。

宜兴红碎茶主要采用宜兴种等品种的鲜叶加工,属小叶种红碎茶,鲜叶以一芽一叶、一芽二叶、一芽三叶以及同等嫩度的对夹叶加工,其加工工艺为:萎凋、揉切、发酵、烘干,通常采用多台转子揉切机联装组成生产线,进行多次揉切和筛分,提高生产效率。由于采摘细嫩的春季或秋季芽叶加工,干茶的特点是颗粒紧结、色泽乌润;汤色红润,滋味醇滑爽口,香气中透出花果香。与大叶种红碎茶相比,其滋味的浓强度较差,但香气较好。

(刘　新　施兆鹏)

五、乌龙茶种类

乌龙茶又名青茶,属半发酵茶类。乌龙茶是我国特有名茶,创制于明、清时期。福建、广东和台湾三省是我国乌龙的主要产地。乌龙茶的基本工艺是:晒青(萎凋)、晾青、摇青(做青)、炒青、揉捻、干燥。由于揉捻方法的差异,产品外形有呈条形和呈半球形两种。各地气候、品种及制法上的不同,乌龙茶的品质和风格也有所不同。一般武夷山乌龙茶和潮州乌龙茶,加工中没有采用包揉工序,重晒青和摇青,因此呈条形,而发酵程度偏重;安溪乌龙茶和台湾冻顶乌龙茶,在加工中采用包揉工序,轻晒青和做青,因此,成茶呈半球形,而发酵程度较轻。

(一)武夷岩茶

武夷岩茶是中国历史名茶之一,产于福建省武夷山市。武夷山市位于福建北部,北纬$27°28'\sim28°05'$、东经$117°37'\sim119°19'$。三面环山,略成向南开口的盆地。武夷山脉主脊绵亘西北边界,主峰黄岗山海拔2158米,为东南大陆最高峰,主要河流是崇阳溪,在福建亚热带海洋性季风气候区内的中亚热带凉区,年平均气温$17.9℃$,年降水量1906毫米,无霜期272天。武夷山位于福建省武夷山市城南10公里,是隔闽赣两省的武夷山脉的支脉,是历史悠久的名山,素有"奇秀甲于东南"之誉。自古以来,就是游览胜地。1962年冬郭沫若游历武夷诗云:"九曲清流绕武夷,棹歌首唱自朱熹,幽兰生谷香生径,方竹满山绿满溪。六六三三疑道语,崖崖壑壑竞仙姿,清波轻筏舴飞羽,不会题诗也会题。"

武夷山所以蜚声中外,不仅仅由于它的风光秀丽,还在于它盛产武夷岩茶。"武夷不独以山水之奇而奇,更以茶产之奇而奇"。群峰相连,峡谷纵横,九曲溪萦回其间,实有"碧水丹山"之美。气候温和,冬暖夏凉,年平均温度$18℃\sim18.5℃$,雨量充沛,年雨量2000毫米左右,年平均相对湿度80%左右,日照较短。植茶环境得天独厚,茶树品种资源丰富。

唐代徐夤诗云:"武夷春暖月初圆,采摘新芽献地仙,飞鹊印成香腊片,啼猿溪走木兰船,金槽和碾沉香末,冰碗轻涵翠缕烟,分赠恩深知最异,晚铛宜煮北山泉。"可见早在唐代武夷已有茶叶栽制,并作为馈赠珍品。宋代,被列为皇家贡品。

元代大德六年(1302),创立焙局,于九曲溪畔,设置御茶园,专门办理贡茶的采制。

武夷从唐代生产蒸青团茶起,至明末罢贡茶之后,大约在明末清初,武夷积历代制茶经验之精髓,创制了武夷岩茶,从此乌龙茶类的采制工艺正式问世。徐燉在《茶考》中记述武夷岩茶"岁所产数十万斤,水浮陆转,鬻之四方,而武夷之名甲海内矣"。

中国茶叶输入欧洲,以武夷岩茶为先,据威廉·乌克斯(William H. Ukers)《茶叶全书》记载,1607年荷兰东印度公司首次从澳门运输茶叶,销往欧洲,起初为日本绿茶,不久即改为中国武夷茶,从此武夷岩茶风靡海外。英国、荷兰等国上层人士,把饮用武夷岩茶作为宴会的一种高尚礼节。

武夷岩茶所以深受人们赏识,在于它的品质优异。优良品质的产生,不外乎一有得天独厚的生态环境;二有丰富的适制乌龙茶的品种资源;三归功于独特精湛的制作工艺。

武夷山悬崖绝壁,深坑巨谷。茶农利用岩凹、石隙、石缝,沿边砌筑石岸,构筑"盆栽式"茶园,俗称"石座作法"。"岩岩有茶,非岩不茶",岩茶因而得名。

武夷山的茶园土壤发育良好,土层深厚、疏松,肥力好。优越的自然环境和土壤条件,为岩茶优异品质的形成提供了良好的条件。

武夷山方圆 60 公里,全山 36 峰,99 名岩,岩岩有茶。产于武夷山的乌龙茶,通称为武夷岩茶。但是由于品种不同,品质差别,采制时期先后,历代对岩茶的分类,甚为严格,品种花色数以百计,茶名繁杂最为突出。

武夷岩茶的著名产地,为武夷山的三坑(慧苑坑、牛栏坑、大坑)、二涧(流香涧、悟源涧),是从山南向山北转移后,历年来岩茶质量最优的产地,已历300 余年,至今亦然。由于产茶地点不同,传统上有正岩茶、半岩茶、洲茶之分。正岩茶指武夷中心地带所产的茶叶,其品质香高味醇厚,岩韵特显。半岩茶指武夷岩边缘地带所产的茶叶,其岩韵略逊于正岩茶。洲茶泛指崇溪、九曲溪、黄柏溪等溪边靠武夷岩两岸所产的茶叶,品质又低一筹。

清代崇安县令王梓《茶说》:"武夷山周围百二十里,皆可种茶,其品有二:在山者为岩茶,上品;在地者为洲茶,次之。""酽茶北山者为上,南山者次之。"(陆廷灿《续茶经》)可见自古以来,对岩茶产地是很有考究的。

武夷山是天然植物园,茶树品种资源也十分丰富。武夷当地有性群体品种——菜茶,即武夷种。武夷种的植物学特征变异甚多,蕴藏着无数优异的种质,有茶树"品种王国"之称。丰富多彩的茶树种质宝库,是形成武夷岩茶特有品质的物质基础。

武夷茶区十分珍惜这个天然的财富。从武夷菜茶原始的有性群体中,经过反复选择单株,分别采制,鉴定质量,选育了优秀单株。再从单株中评出名丛。普通名丛中又评出"四大名丛"。这是武夷独到的选育技术。

武夷岩茶的茶名、花色,随时代推移常有更换,但成茶的命名,仍有一定的规范。即按产地、品种、品质进行确定。习惯上分为奇种、单丛奇种、名丛奇种、名种四种。奇种是正岩的菜茶,品质在一般标准之上(或称正岩奇种)。奇种分单丛奇种和名丛奇种(简称单丛和名丛)。单丛奇种是选菜茶中生长优良的若干丛,分别采制,品质在奇种之上。单丛奇种均冠以各种花名,花名按茶树生长环境(如不见天)、茶树形态(如醉海棠)、茶树叶形(如瓜子金)、茶树叶色(如太阳)、茶树发芽迟早(如迎春柳)、香型(如夜来香)等命名。真是琳琅满目,数不胜数。名丛奇种中最著名的是大红袍、白鸡冠、铁罗汉、水金龟等。还有普通名丛瓜子金、金锁匙、半天夭等。武夷岩茶驰名世界,是与武夷名丛分不开的。名种是采自半岩茶和洲茶的普通菜茶,仅具岩茶的一般标准。

20 世纪 50 年代以来,几经改革变迁,武夷岩茶分武夷极品若干茶号,水仙、奇种各分特级到四级,另加粗茶、细茶、茶梗。

武夷岩茶制造方法独特,工艺精巧,兼有红、绿茶制造原理与方法。在制作过程中既精选适制的茶树品种,严格采摘标准,又运用精湛细致的焙制技术。

开采之日,俗称"开山",视岩茶采制为神圣之事。

岩茶的采摘不同于其他茶类,它掌握中开面开采。当新梢生育形成驻芽时,采三~四叶,相当第一叶伸平,叶面积小于第二叶,而达三分之二的。采摘春茶一般在谷雨后立夏前,夏茶在夏至前,秋茶则在立秋后。鲜叶力求新鲜、完整。采摘优质品种、名丛,有特殊要求,雨天不采,有露水不采,烈日不采。最好的采摘时间是上午 9~11 时,下午 14~17 时次之。名丛、单丛的鲜叶,分开付制,务使成为尽善尽美的成品。

传统工艺作业复杂:鲜叶、萎凋(日光、加温)、凉青、摇青与做手、炒青、初揉、复炒(炒熟)、复揉、水焙、簸、凉索、毛拣、足火、团包、炖火、成茶。岩茶焙制工序经简化可归纳为五个部分:萎凋、做青、杀青、揉捻、烘培。

武夷岩茶的萎凋,即晒青,其主要工艺特点为

"茶采后,以竹筐匀铺,架于风日中,名曰晒青"(王草堂《茶说》)。晒青用竹制水筛,置于室外,日光斜照,使鲜叶均衡失水。待青气消失,叶质稍软,顶二叶下垂,叶表光泽消失为适度。晒青时间视品种、日光强弱而定。然后移入室内凉青,待热气散发,萎凋叶"还阳"即可投入做青。遇雨天,可用加温萎凋的方法。

岩茶的做青十分考究,摇青与做手交替进行。将晒青后的茶青置于水筛或摇青机中,不断回旋和翻动,使叶缘摩擦,摇青次数从少到多,力量从轻到重,间歇时间从短到长,周而复始,反复5～7次,后期摇青不足辅以双手轻拍做手。全程8～12小时。因茶树品种、气候、晒青程度等不同,做青次数、程度也不同,即"看青做青"、"轻萎凋重摇"、"重萎凋轻摇"。

"候其青色渐收,然后再加炒焙","香气越发即炒,过时不及,皆不可",指做青适度后即炒青。岩茶的焙制过程,炒青、揉捻、烘焙三个工序分次相间交替进行。"独武夷炒焙兼施","既炒既焙"。二炒二揉,初炒锅温240℃～260℃,时间约2分钟,然后趁热手揉20下,抖松再揉20余下,行第二次炒、揉。复炒锅温200℃～240℃,闷炒约半分钟,起锅,复揉1分钟左右。

岩茶的烘焙特点是,高温水焙和文火慢烤,形成特有的火功。炒揉后初焙,称"走水焙",温度100℃～110℃,焙10～15分钟,约七八成干,筛去碎末,簸去黄片,进行摊凉,俗称"凉索",拣去梗朴、黄片。然后复焙,低温慢烤,火温75℃～85℃,时间1～2小时,足干后下焙,继续吃火,亦称炖火,趁热收藏。

岩茶花色品种分为如下系列:选择优良茶树单独制成的岩茶称为"单丛",品质在奇种之上,单丛加工品质特优的称为"名丛",如"大红袍"、"铁罗汉"、"白鸡冠"、"水金龟"称四大名丛。

以菜茶或其他品种采制的称为"武夷奇种",武夷奇种外形紧结匀整,色泽铁青带微褐,较油润。有天然花香而不强烈,细而含蓄,滋味醇厚甘爽,喉韵较显。汤色橙黄清明,叶底欠匀净,耐久贮。据测定,武夷肉桂毛茶中其水浸出物总量38.91%,多酚类化合物总量23.41%,全氮量4.93%,咖啡碱总量3.22%,儿茶多酚类总量144.46毫克/克,可溶糖1.61%,水溶果胶2.37%。

用水仙品种制成的为"武夷水仙",武夷水仙外形肥壮,色泽绿褐而带宝色,部分叶背呈现沙粒,叶基主脉宽扁明显。香浓锐,具特有的"兰花香"。味浓醇而厚,口甘清爽。汤色浓艳呈深橙黄色或金黄色。耐冲泡,叶底软亮,叶缘朱砂红点鲜明。据测定,武夷水仙毛茶中其水浸出物总量38.62%,茶多酚总量20.10%,氨基酸总量1.74%,咖啡碱总量4.15%,儿茶素总量118.84毫克/克,可溶糖3.66%,水溶果胶2.65%。

武夷肉桂是20世纪80年代选育推广的品种,以香气辛锐浓长似桂皮香而闻名。武夷肉桂外形紧结,色泽青褐鲜润,香极辛锐刺鼻,桂皮香明显,味鲜滑甘润,汤色橙黄清澈,叶底黄亮,红点鲜明。据测定,武夷肉桂毛茶中其水浸出物总量38.91%,茶多酚总量23.22%,氨基酸总量1.68%,咖啡碱总量4.65%,儿茶素总量124.22毫克/克,可溶糖3.38%,水溶果胶3.71%。

总之,岩茶首重"岩韵";香气馥郁具幽兰之胜,锐则浓长,清则幽远,味浓醇厚,鲜滑回甘,有"味轻醍醐,香薄兰芷"之誉,即所谓"品具岩骨花香"。茶条壮结、匀整,色泽青褐润亮呈"宝光"。叶面呈蛙皮状沙粒白点,俗称"蛤蟆背"。泡汤后叶底"绿叶红镶边",呈三分红七分绿。

武夷岩茶的泡饮,别具一格。"杯小如胡桃,壶小如香橼,每斟无一两,上口不忍遽咽,先嗅其香,再试其味,徐徐咀嚼而体贴之"(《随园食单》)。开汤第二泡香才显露。茶汤的香气自口吸入,从咽喉经鼻孔呼出,连续三次,所谓"三口气",即可鉴别岩茶的上品的香气。更有上者"七泡有余香"。

武夷岩茶自诞生后,已走过300多年初兴、衰退、复兴的道路,至20世纪40年代末,仅有零星衰老茶园1000余亩。50年代后,茶园逐步扩大到6000亩,兴办了国营茶厂、茶叶研究所,使武夷岩茶得于发展。自1985年起,曾五次获得商业部全国十大名茶称号,1989年获农业部优质产品奖,1991年获星火计划博览会奖,1992年和1995年连获一、二届农业博览会金奖。武夷岩茶是传统的出口产品，外销东南亚、港澳地区、日本等。武夷岩茶于 2002 年列入原产地域保护，同年制订了标准。2006 年制订和实施了中华人民共和国标准 GB/T 18745—2006 地理标志产品武夷岩茶。

（郭雅玲　林心炯）

（二）大红袍

岩茶之乡，"奇种"、"单丛"、"名丛"各具特色。"名丛"是"岩茶之王"。这些名丛茶，或品质特优，或茶树形状超异，或种植地点奇特，再冠以表示各名丛特质之名称，往往富有文学的色彩。在珍贵的名丛之中，又以四大名丛：大红袍、铁罗汉、白鸡冠、水金龟最为名贵。

武夷名丛中数大红袍享有最高的声誉，大红袍的特异品质与传奇故事，使岩茶爱好者更增加了对它的好奇心，有的说：茶野生绝壁，人莫能登，每年茶季，寺僧以果饵山猴采之。还有的说：树高十丈，叶大如掌，生峭壁间，风吹叶堕，寺僧拾将为茶，能治百病。当地还传说大红袍为岩上之神所有，寺僧每于元旦日焚香礼拜，泡少许供佛前，茶可自顾，无需人管理。有偷窃者，立即腹痛，非弃不愈，因此系神所栽，凡人不能先尝。有关大红袍最早的文字记载是清代道光年间，郑光祖撰《一斑禄杂述》(1839)卷四云："……若闽地产'红袍'建旗，五十年来盛行于世。"原天心寺僧云："该树以嫩叶紫红色而得名。"

大红袍产于天心岩九龙窠的高岩峭壁之上。两旁岩壁直立，日照不长，气温变动不大，更巧妙的是，岩顶终年有细小甘泉由岩谷滴落，滋润茶地，随水流落而来的还有藓苔类的有机物，肥沃土地，使得大红袍天赋不凡，得天独厚。它在武夷山栽培生长，已有 350 多年的历史。

古时，采摘大红袍，需焚香礼拜，设坛诵经，使用特制器具，由精练茶师进行。从 1941 年林馥泉对大红袍采制所作记录中，可见其贵在"看青做青"。上午 8 时半采摘，9 时半晒青，历时 1 小时，翻拌一次。

10 时半凉青，历时 15 分钟。10 时 45 分移入青间，至次日 1 点 45 分时炒青。摇青历时 14 小时 40 分，摇青 7 次。摇青转数顺序为 16、80、100、40、144、100、60。其中交替做手三次。摇青后，初炒、复炒、初烘、复烘。

大红袍品质香幽而奇，味醇而清，回味甘爽，令人怡情悦性。古人诗云："奇茗神话传古今，岩壁大红永世存，世间绝品人称颂，益思去病人长春。"历来只有皇帝才能喝到。现在历史上留下的大红袍母树仅有六棵，年产量不过十几两（每两 50 克），每年由当地著名的茶师制作好后，交市人民政府保管，作为馈赠珍品，供外国国宾、元首和国家领导人品尝。大红袍作为稀世之珍，1998 年在武夷岩茶节上 20 克大红袍样品拍卖达 15.6 万元。2006 年武夷山市申报的《武夷岩茶（大红袍）传统制作技艺》成为首批国家非物质文化遗产，这是时年全国唯一因茶进入的非物质文化遗产。2007 年 10 月 10 日上午，由武夷山市人民政府将 2005 年 5 月制的大红袍茶叶 20 克，即摘自福建武夷山 350 年母树的大红袍，正式赠送给国家博物馆收藏。根据联合国批准的《武夷山世界自然与文化遗产名录》，生长在武夷山九龙窠景区的大红袍母树作为古树名木列入世界自然与文化遗产。

据行家评定，大红袍的品质很有特色，它与其他名丛对照，大红袍冲至第九次尚不脱原茶真味——桂花香，而其他名丛经七次冲泡味已极淡。经过长期的艰苦努力，采用无性繁殖的手段，凭借历史上留下的大红袍母树，进行剪穗育苗，在武夷山特定的生态环境条件下，获得无性繁殖成功。无性繁殖的大红袍，经有关专家鉴定，保持了母树的优良特性，其韵味基本一致。现在，游客在武夷山游览，可以尝到小巧包装的大红袍岩茶极品，领略范仲淹诗中所说的"不如仙山一啜好，冷然便欲乘风飞"的意境。现真正原种大红袍已批量生产，投放市场，深受人们喜爱。

大红袍是武夷传统珍贵名丛之一，原产福建武夷山天心岩九龙窠悬崖上，无性系，灌木型，中叶类，晚生种，叶椭圆形，叶色深绿有光泽，叶面微隆起，芽叶紫红色，采摘期稍迟，一般在 5 月中旬，加工时以多次摇青循序渐进为宜，岩茶的特点明显。

2002 年武夷岩茶获得原产地域保护,并制订了国家标准。现行 GB/T 18745—2006 地理标志产品武夷岩茶,标准中对大红袍感官品质的要求如表所示。

大红袍感官品质

项　目		级　别		
		特　级	一　级	二　级
外形	条索	紧结、壮实、稍扭曲	紧结、壮实	紧结、较壮实
	色泽	带宝色或油润	稍带宝色或油润	油润、红点明显
	整碎	匀整	匀整	较匀整
	净度	洁净	洁净	洁净
内质	香气	锐、浓长或幽、清远	浓长或幽、清远	幽长
	滋味	岩韵明显、醇厚、回爽、杯底有余香	岩韵显、醇厚、回甘快、杯底有余香	岩韵明、较醇厚、回甘、杯底有余香
	汤色	清澈、艳丽、呈深橙黄色	较清澈、艳丽、呈深橙黄色	金黄清澈、明亮
	叶底	软亮匀齐、红边或带朱砂色	较软亮匀齐、红边或带朱砂色	较软亮、较匀齐、红边较显

(郭雅玲　林心炯)

(三) 武夷肉桂

武夷肉桂产自武夷山,以香气优锐为特色。"奇种天然真味好,木瓜微酽桂微辛,何当更续歌新谱,雨甲冰芽次第论",清代蒋衡的《茶歌》中,对肉桂的独特品质特征有很高的评价,指出其香极辛锐,具有强烈的刺激感。

"武夷名岩所产之茶,各有其特殊之品"(蒋叔南《武夷山游记》)。肉桂,又名玉桂,据《崇安县新志》载:肉桂茶树最早发现于武夷山慧苑岩,另说原产武夷马振峰上。为武夷名丛之一。远在清朝已负盛名,"蟠龙岩之玉桂……皆极名贵"。20 世纪 40 年代,原崇安中央茶叶研究所也曾在企山名丛观察园中,将肉桂列为诸名丛之前茅,但是在漫长的岁月里,肉桂的产量寥寥无几,20 世纪 50 年代初才焕发了青春,一跃成为武夷名丛的后起之秀。60 年代以来,由于其品质特殊,逐渐为人们认可,种植面积逐年扩大,现已发展到武夷山的水帘洞、三仰峰、马头岩、桂林岩、天游岩、仙掌岩、响声岩、百花岩、竹窠、碧石、九龙窠等地,80 年代选育推广力度加大,时年福建崇安县茶叶科学研究所,在传统武夷茶区耕作

法的基础上,探索了一套培育具有肉桂特征,又有较高经济价值的茶树品种的栽植、采制技术。肉桂树型半开展,稍直立,树高幅常在 2 米以上,叶长椭圆形,叶肉质厚,叶面较光滑,叶色浓绿,具有高产的特性。土壤以砾质砂壤土为好,依岩临水,砌筑梯岸,注重施有机肥和饼肥,每亩种3500株左右,亩产可达250 千克以上,为武夷名丛之冠。如今肉桂已有兴旺的后代,分布于水帘洞、三仰峰、马头岩、桂林岩、天游岩、晒布岩、响声岩、百花庄、竹窠、九龙窠等峰岩之中和九曲溪畔,面积达 1700 多亩以上。产品投入市场备受赞誉。

1985 年福建省农作物品种审定委员会认定武夷肉桂为省级品种。现在已成为武夷岩茶中的主栽品种之一。岩茶品种的选育,以优异品质为先决条件,并依据生长环境、茶树形态、叶形叶色等特征确定花名。肉桂就是以香型为特征冠以花名的。近代科学对肉桂香气进行分析,确定属清花果香型。证明了前人对肉桂香气的评价,是准确的。

与武夷传统品质特征相反,肉桂是一种香气易成滋味难求的品种。应严格"看青做青"技术,根据不同季节、时期和土壤,灵活掌握采制技术。肉桂是迟芽种,春梢长势旺,不易"开面",宜分期分批适当嫩采,

掌握中开面采。春茶采摘时间晴天上午9时后下午16时前为好,有利于优质武夷肉桂品质的形成,遇温度高的天气,要注意对午青的保鲜,防止红变。鲜叶经萎凋、做青、杀青、揉捻、烘焙等十几道工序完成。

晒青时间一般20～30分钟,翻动一次,以失水率达10%～15%为宜。阳光强度大时,采用两晒两晾方法,以利萎凋均匀。将晒青适度的茶青移于室内凉青,时间半小时左右,使梗中的水分往叶片输送,俗称"还阳"。阴雨天,可用加温萎凋。

做青是初制中最复杂细致的作业,只有掌握熟练技能的师傅,认真细致操作掌握,才能做出特有的品质,"如梅斯馥兰斯馨,心闲手敏工夫细"。传统加工是在温度和湿度稳定而紧闭门户的"青间"进行。采用特有的摇青技术,叶缘摩擦,促使茶多酚有一定程度的氧化,并散发水分,然后静置,促进走水,辅以做手,轻动作拍叶,直至叶脉透明,红边显现,花果香显露为适度,失水率达32%～35%。全程8～10小时。手工摇青次数8次以上,每次摇青转数从少到多,静置时间前后大体为60～80～30分钟。因采摘时间不同做青时也有所不同,前期茶只摇青不做手,中期茶摇青后辅以做手,后期茶因叶质粗老,需做手。

做青适度的茶叶,即进行炒青,固定已形成的品质,纯化滋味,提高香气。炒青时锅温220℃～250℃,以闷炒为主,约2分钟,起锅,强压揉捻1分钟,叶子基本成条后复炒。复炒锅温稍低,为180℃,时间短,仅20秒钟,这道工序对形成特有的"岩韵"有很大的作用。

复炒后进入走水焙,温度90℃～120℃,经10多分钟,焙至六七成干后下焙。簸去碎末,摊凉,复焙1～2小时,用文火慢烤的方法,这是武夷岩茶特有的工序,有增进茶香、提高茶汤浓度和耐泡的作用。

武夷肉桂外形紧结,色泽青褐鲜润,香极辛锐刺鼻,桂皮香明显,味鲜滑甘润,汤色橙黄清澈,叶底黄亮,红点鲜明。据测定,武夷肉桂毛茶中其水浸出物总量38.91%,茶多酚总量23.22%,氨基酸总量1.68%,咖啡碱总量4.65%,儿茶素总量124.22毫克/克,可溶糖3.38%,水溶果胶3.71%。干茶中含量较高香气成分的有芳樟醇及其氧化物、香叶醇、苯甲醇、苯乙醇、苯乙腈、水杨酸甲酯、紫萝酮和茉莉酮、顺-3-己烯酸己烯酯等。肉桂除了具有岩茶的滋味特色外,更以其香气辛锐持久的高品种香,备受人们的喜爱。产品销往港澳、东南亚、日本、欧美等国家和地区。

自1984年起,曾五次获得商业部全国十大名茶称号,1989年获农业部优质产品奖,1991年获星火计划博览会奖,1992年和1995年连获一、二届农业博览会金奖。武夷肉桂是武夷岩茶产品之一,于2002年列入原产地域保护,2006年为地理标志产品,标准中肉桂感官品质要求见下表。

肉桂感官品质

项　目		级　别		
		特　级	一　级	二　级
外　形	条索	肥壮紧结、沉重	较肥壮结实、沉重	尚结实,卷曲、稍沉重
	色泽	油润、砂绿明,红点明显	油润、砂绿较明,红点较明显	乌润,稍带褐红色或褐绿
	整碎	匀整	较匀整	尚匀整
	净度	洁净	较洁净	尚洁净
内　质	香气	浓郁持久,似有乳香或蜜桃香,或桂皮香	清高幽长	清香
	滋味	醇厚鲜爽,岩韵明显	醇厚尚鲜,岩韵明	醇和岩韵略显
	汤色	金黄清澈明亮	橙黄清澈	橙黄略深
	叶底	肥厚软亮,匀齐红边明显	软亮匀齐,红边明显	红边欠匀

(郭雅玲　林心炯)

（四）闽北水仙

闽北水仙茶产于闽北建瓯市、建阳市、南平市、顺昌县等地，历史上位于建瓯市城南南雅一带，产贸两盛，故又名南路水仙、南雅水仙。闽北地区（现称南平市）位于北纬 26°15′～28°19′，东经 117°00′～119°17′，地处武夷山脉的东南坡，闽江上游，南与三明市交界、东与宁德地区相邻，西与江西接壤，东北与浙江毗连。在福建亚热带海洋性季风气候区内的中亚热带暖区，温暖多湿，年均温度 17℃～19.5℃，高山、半高山地区在 14℃～17℃之间，年降雨量在 1596～1848 毫米，年平均日照量 1700～2000 小时，无霜期 310～250 天，南北部有差异。一般年份是夏无酷暑，冬无严寒，四季分明，冬短夏长，秋温高于春温。境内峰峦起伏，森林密布，建溪、富屯溪流贯其境，地形复杂，山地和丘陵地占 80％以上。茶区土壤多数为红壤，海拔较高处也分布有黄壤和山地棕壤，由于森林覆盖面大，土壤表层有机质较丰富。一般含量为 1％～2％，pH 值 4.5～6.5，矿质营养较多，土层较深厚，茶树生长条件得天独厚，宋代的北苑贡茶就产于闽北茶区的今建瓯市东峰一带。

水仙茶始于清道光年间（1821），所用的水仙种，发源于福建建阳小湖乡大湖村的严义山祝仙洞。据 1939 年张天福《水仙母树志》载："前八十余年，清道光年间，有泉州人苏姓者，业农寄居太湖……一日往对岸严义山……经桃子岗祝仙洞下，见树一，花白，类茶而弥大……试以制乌龙茶法制之，竟香洌甘美……命名曰'祝仙'……当地'祝''水'同音，渐讹为今名——'水仙'矣。"由于原生长地为"祝桃仙洞"，故名"祝仙"以纪念其来源、当地"祝"与"水"同音，遂称为"水仙"。又《闽产录异》（郭柏苍撰，1886 年）"瓯宁县之大湖，别有叶粗长名水仙者，以味似水仙花故名。"可见水仙栽培历史约在 140 年以上。福建水仙品种已定为全国良种之一。

水仙、乌龙出口贸易已有百年以上，据建瓯县志（1929 年）载："水仙茶质美而味厚，叶微大，色最鲜，得山川清淑之气。查水仙茶出禾义里，大湖之大坪山，其地有严义山，山上有祝桃仙洞。西墘厂某甲业

茶；樵采于山，偶到洞前，得一木似茶而香，遂移栽园中，及长，采下用造茶法制之，果其香为诸茶冠。但开花不结籽，初用插木法，所传甚难，后因墙崩将茶压倒发根，始悟压条之法，获大发达，流传各县，而西墘厂母茶至今犹存，制法多端，近人所刊行茶务改良真传，可资考证，出产以大湖为最，而今大湖牌号数十……清光绪初，工夫茶就衰，光绪中叶，乌龙、水仙遂大发展，近今广湖帮来采办者不下数十号，市场在城内及东区之东峰（闽北乌龙集中产区）。南区之南雅口，年以数万箱计，由广潮帮采买，销安南（越南）、旧金山（美国）等埠也。"清末闽北水仙外销已达万担以上，主销港、澳地区和东南亚及澳洲、美国旧金山等地，中华人民共和国成立后，特别是 1997 年以来，产量猛增，近年产量已超过 750 万千克，现在主销日本及原有销地，内销则为闽南、广东等地。如今外销产品有 Y300、Y301、Y302、Y303、Y304 等，销往日本、东南亚等地。

水仙是无性系品种，半乔木大叶型。鲜叶形态特征表现为叶色浓绿富光泽，叶面平滑富革质，叶肉特厚，多为长椭圆形，主脉明显，叶柄宽，梗粗壮、节间长。光学镜下观察叶结构，福建水仙叶片叶全厚 240 微米，角质层厚 2 微米，气孔大小 48×48（长×宽），气孔数 136～148（12.5×10）。在闽北的建瓯、建阳一带，正常年景分四季采摘，春茶（谷雨前后二三天）、夏茶（夏至前三四天）、秋茶（立秋前三四天）、露茶（寒露后）。每季相隔约 50 天。

初制工艺基本流程为萎凋、摇青、杀青、揉捻、烘干。制作工艺有独到之处，按"开面"采，顶芽开展时，采三、四叶。必须及时、合理、按标准采摘，原料偏嫩易出现香低而苦涩感重，过老则味粗淡，梗朴多而制率低，老嫩混合则难以做青，因此鲜叶均匀一致，新鲜度好，是做青的基本要求。萎凋选用室外与室内均可，鲜叶铺放在晒青专用竹席上，均匀薄摊，萎凋时间视阳光强度和鲜叶含水量而定，以目测鲜叶失去光泽，叶边略收缩，举梗叶前端下垂，叶边略收缩，叶茎不易折断，失水量为 8％～12％即为适度。摇青作业时间一般需历时 8～12 小时，使用综合做青机，要控制好转动、吹风、静置、车间的温度湿度等技术环节，摇青中均以香气由青变熟，叶色由浓

转淡,叶质由软变挺,叶缘有部分红边或红点出现即为适度。闽北水仙在传统上还有一个"发篓"过程,即将已摇青结束的青叶,集中在大竹篓中,稍加紧压,以提高叶温,促进发酵加快的目的,这是在设备不足或气温较低的情况下使用,发篓时间1~2小时。进入杀青,炒至青味已除,握叶柔软成团,叶不弹散,香气透鼻,即为适度。揉捻时间一般历时8~10分钟。因原料较成熟,故采用趁热揉捻,快速成条。烘干,分两次进行,第一次初烘俗称走水焙,高温焙火,掌握低风压,七八成干为适度,但若要再包揉的,干度应掌握在六七成即可。稍经摊凉即可足火,足火温度比初烘要稍低10℃~20℃,烘至足干。

闽北水仙感官品质特点是外形条索壮结重实,叶端扭曲,色泽油润俗称鳝皮黄,内质香气浓郁芬芳,具有兰花清香,汤色清澈显橙黄或橙红,滋味醇厚鲜爽,叶底匀整,肥软亮,叶缘部位有朱砂红边或红点。

水仙茶自光绪年间以来,品质上好且贸易拓展,素因"得山川清淑之气",品质别具一格,而有"水仙茶质美而味厚"(《建瓯县志》1929年),"果奇香为诸茶冠"之誉。宣统二年(1910),南洋第一次劝业会,进行第一次茶叶评比,建瓯金圃、泉圃、同芳星诸号茶庄的闽北水仙,均获优奖。1914年参加巴拿马展览品赛会,建瓯詹金圃茶庄茶品获一等奖,杨瑞圃、李泉丰茶庄茶品获二等奖。1982年,建瓯北苑牌闽北水仙茶获国家优质产品银质奖。1988年闽北水仙茶北苑一级获全国首届食品博览会金质奖。一叶赢得万户春,如今闽北水仙已占闽北乌龙茶中的百分之六十七,具有举足轻重的地位,并获得了越来越多人的青睐,宋代斗茶余韵未尽,北苑茶叶精品层出,来自不同乡镇产茶区的大湖水仙、北苑水仙、南雅水仙、百丈岩水仙、擎天岩水仙,逐渐成为当今闽北乌龙茶评茶赛茶中消费者喜爱的名优茶。

(郭雅玲 林心炯)

(五) 铁观音

铁观音是中国历史名茶之一,原产福建省安溪县。安溪县是福建省东南沿海山川秀丽的山区县,位于泉州市的西北部。介于北纬24°50′~25°26′、东经117°36′~118°17′,属戴云山脉,具南、中亚热带海洋性季风气候特点,夏无酷暑,冬无严寒。年平均气温16℃~21℃,年日照1850小时~2000小时,年无霜期260天~350天,年降水量1600毫米~1800毫米,年平均相对湿度80%左右。境内兰溪水长流,凤山钟灵秀,长年朝雾夕岚,气候温和,雨量充沛,素有"茶树天然良种宝库"之称。

安溪产茶历史悠久,始于唐末。当时翰林学士韩偓有诗曰:"石崖觅芝叟,乡俗采茶歌。"开先县令詹敦仁在五代时受"龙安岩(今龙门乡溪内村)悟长老惠茶,作此代简:泼乳浮花满盏倾,余香绕齿袭人清。宿醒未解惊窗午,战退降魔不用兵。"宋代,清水岩有"……鬼空口宋植二三株(茶树),其味更香,其功益大"(《清水岩志》)。至明代,茶叶盛产,并有名气。明嘉靖《安溪县志》载:"茶名于清水,又名于圣泉。""茶,龙涓、崇信(今龙涓、西坪、芦田)出者多。"18世纪后期安溪茶户有了较大发展。诗人阮旻锡在《安溪茶歌》中有"安溪之山郁嵯峨,甚阴常湿生丛茶。居人清明采嫩叶,为价甚贱保万家……"之句。随之茶区农民还选育出许多优良茶树品种,其中以铁观音制茶品质为最优。

铁观音原产于安溪县西坪尧阳,在民间流传着两个美丽的传说。相传清代乾隆年间(1703~1775),安溪县西坪尧阳松林头村(今松岩村),有一老农姓魏名饮("饮"谐音"荫"),笃信佛教,每日以香茶敬奉观音,十分虔诚。忽一夜,梦神点化,次日劳作时路过王府官石壁洞(打石坑),发现崖岩石缝间有一棵茶树,生长苗壮,叶片肥厚,叶面金光闪烁,非同一般,便挖回园中,精心栽培。翌年采制,香韵非凡,滋味甜滑甘爽,有特殊香韵,冲泡多次仍有余香,被公认为茶树好种,竞相压条繁殖引种,人称"魏饮种"。魏饮疑是观音所赐,遂取名"铁观音"。另一传说是安溪西坪乡尧阳村人王仕让("让"方言谐音"谅"),清雍正十年任副贡,乾隆六年(1741)任湖广黄州府蕲州通判。王仕让平素喜欢花草,搜集植于"南轩圃"。乾隆初年丙辰之春,发现观音石下的荒园中,有一棵茶树,闪光夺目,极为奇特,十分诱人,即移植于"南轩圃"培育。采制后成茶色泽乌润有光，紧结重实，泡饮后气味芳香超凡，令人心旷神怡，便视为家珍。此时，王适逢应召赴京，晋谒相国方望溪（有传说是礼部侍郎方苞）时，将此茶以赠。因其香味非凡无比，被视为佳品而转进皇帝鉴赏，皇帝即召见王仕让，遂问尧阳茶史，得知产于南岩，遂赐名"南岩铁观音"。

铁观音原是以品种取名的茶，种植土壤以山地砂质土壤为主，pH 值 4.5～6。海拔在 700 米以下以红壤为主，在 700 米以上以黄红壤与黄壤为主；土壤质地疏松，土层深厚，有机质含量较高，矿物质营养元素丰富，特别是土壤中锰、锌、钼含量较高。

铁观音品种属灌木型，中叶类，迟芽种。铁观音树姿披张，分枝稀疏斜生，叶椭圆形，叶厚质脆，浓绿油润，叶尖渐尖下垂，叶缘隆起，侧脉明显，叶缘向背呈波状，锯齿粗而钝，新生芽叶微紫色。据安溪县茶科所分析铁观音鲜叶化学成分含量：茶多酚总量 21.14%，氨基酸 2.22%，酚氨比值为 9.52。水浸出物总量 36.29%，儿茶素总量 149.71 毫克/克，其中酯型儿茶素 89.07 毫克/克，非酯型儿茶素 60.64 毫克/克。

采制铁观音在 4 月底至 5 月初采为春茶，6 月下旬采夏茶，8 月上旬采暑茶，10 月上旬采秋茶。鲜叶采摘时要求比较成熟，当新梢形成驻芽时，采二～四叶嫩梢（以驻芽三叶最好），俗称"开面采"。"开面采"依嫩梢成熟度不同，又分大开面、中开面、小开面，以中开面嫩梢对铁观音品质形成最为有利。采摘时段以午青为佳。

安溪铁观音初制工艺特点，大规模生产采用机械制法，家庭制法采用传统手工制法，工序基本相似，分摊青、晒青、凉青（或静置）、摇青、炒青、揉捻、初烘、初包揉、复烘、复包揉、足干等十几道工序。晒青与凉青：将摊放叶收拢薄摊于茄苈内，每苈 0.5～1 千克左右，置弱光下照晒，时间长短视光强而定，其间凉拌 1～2 次，使晒青叶失水均匀。大量晒青用青席，每平方米摊叶 1～1.5 千克。铁观音叶质肥厚，主脉粗壮，含水分较多，叶面角层稍厚，水分散发较慢，因此，晒青时间较长，晒青程度应稍足。晒至叶面失去光泽，叶色转暗绿，叶质柔软，以手持叶梢

基部，顶 2 叶下垂为度。晒后青气减退，略有清香。晒青适度，将晒青叶两苈并一苈，并轻翻散热，将叶摊均后移入青间，凉青 30～60 分钟，待晒青叶冷却后开始做青。做青：青间要求一定的温度和湿度，以温度 21℃～24℃，相对湿度 70%～75% 为宜。从铁观音做青规律看，摇青转数逐次增加，静置时间逐次延长，摊叶厚度逐次增厚，发酵程度逐次加深。"看青做青"是制茶经验的高度总结，也是品质形成不可或缺的。摇青方式主要有两种，一是手工摇青，用半球形大竹筛，称"吊筛"，每次投叶 5～6 千克，可在筛上加一横杠，用绳索悬挂其中，离地高度以方便操作为准。一人持筛作往复、上下抖动，叶子在筛内跳动翻滚，叶与筛壁或叶与叶之间相互碰撞摩擦，叶缘损伤均匀。二是机械摇青，采用电动圆筒摇青机（单筒或双筒），圆筒直径 80 厘米，长 150 厘米，容叶量 30～40 千克，转速 28～30 转/分。也有变速的摇青机，转速 6～22 转/分。根据下叶量多少和红边程度来调整转速。做青判断，到达做青终点，青叶花香浓郁，嫩叶叶面背卷或隆起，红点明显，叶色黄绿，叶缘红色鲜艳，叶柄青绿色，呈"青蒂绿腹红镶边"。铁观音等中叶种，角质层较厚，应掌握"发酵中"，即红边充足，香气大起，花香浓郁时炒青，品质最佳，即为做青适度，应及时炒青。炒青：以高温短时，多闷少透，炒熟炒透为原则，为揉捻造型创造条件。炒青时，投叶速度与投叶量要均匀，以防炒青不足或过度。炒至叶色转暗绿，叶张皱卷，手握炒青叶有粘感，叶质柔软为炒青适度。炒青时间大约在 2 分钟左右。揉捻、包揉与烘培：炒青叶经初揉、初焙和初包揉而后足火，在烘焙与包揉交替中完成内含物的非酶性氧化过程。烘焙时，茶条水分渐减，随包揉的加强逐步塑造铁观音特有的外形与内质。包揉用包揉机，待初步成粒曲状，下机复烘、复包揉。复烘、复包揉可反复多次，复包揉是进一步塑造紧曲外形和提供湿热条件下的内质转化的过程，至外形卷曲重实。最后一次包揉后，球包紧扎，使紧结外形得以固定，俗称"定形"。包揉除有造型作用外，对铁观音的香、味与色泽的发展也有重要影响。干燥采用低温慢焙。至茶香清纯，花香馥郁，茶色油润起霜，达足干下焙，摊凉后装袋贮运。

成茶外形紧结沉重,色泽砂绿油润,内质香气馥郁,芬芳幽长,滋味醇厚甘鲜,汤色金黄明亮,饮之齿颊留香,甘润生津,香味具有独特的风格,俗称"观音韵"。香气分析结果,大多为带有鲜花香气味的物质,其中主要有橙花叔醇、顺-茉莉内酯、顺茉莉酮、β-紫罗酮、苯乙腈、苯甲醇、2-苯基乙醇、法尼烯、乙酸卞酯、苯乙醛、沉香醇及其氧化物、苯甲酸、(Z)-3-己烯酯、吲哚等。

安溪铁观音属中国历史名茶。1916年、1945年、1950年铁观音参加台湾、新加坡、暹罗的茶叶评比获金奖。1982年商业部评比为全国优质名茶,同年凤山牌特级铁观音荣获国家金质奖章。1986年,新芽牌铁观音在法国巴黎举行的国际名茶评比中被评为世界十大名茶之一,荣获金枝叶奖。1995年安溪县被农业部、中国农学会授予"中国乌龙茶(名茶)之乡"称号。铁观音产品唛号有K100、K101、K102、K103、K104等,外销东南亚、港澳地区、日本等。安溪铁观音于2002年列入原产地域保护,属地理标志产品。

为弘扬中华茶文化,近年来,安溪县积极组织乌龙茶评选活动,推动了乌龙茶品质的提高和经济效益的增长,铁观音茶王赛备受关注。

(郭雅玲　庄 任)

(六)永春佛手

永春佛手产于福建省永春县。永春县位于福建省中部偏南,北纬25°13′～25°33′、东经117°40′～118°31′,属戴云山体系南伸支脉,境内群峰迭起,南亚热带分界线横穿县域,分成内半县为中亚热带区、外半县为南亚热带区,全县平均气温在17.0℃～20.4℃,平均日照时数1907.6小时,年均霜日9.9天,年降雨量1600毫米～2100毫米,平均相对湿度77%,森林覆盖率63%,生态环境优越,素有"冬暖夏凉四序春"之美誉;山地土壤以红壤为主,pH值在4.5～6.5,有机质含量丰富,是发展乌龙茶生产的适宜区。

永春佛手品种传说源于清康熙四十三年(1705),在达埔狮峰山最早栽植佛手茶树,但缺乏可靠依据。有史可稽的,为1919年永春华兴种植实业股份有限公司,将安溪西坪老茶农林子生赠送的佛手茶苗15株,植于虎岽山的后垅仔坂(在今永春华侨茶果场北硿管理区)。经压条繁殖,数年后扩种到8亩,至30年代初,有少量佛手茶经永春兴华公司南洋办事处转销到马来亚麻坡。建国后,省供销合作社于50年代接管永春华兴公司所属北硿、龙坑、虎岗等茶园,几经整顿充实,建立初制茶厂,推动佛手茶生产的发展。1979年后佛手种植面积发展尤为迅速,至1996年全县拥有佛手茶园1133多公顷,年产量1000多吨。以湖洋、蓬壶、达埔、吾峰、东平、桃城等乡、镇及北硿华侨茶果场为主产区。永春佛手茶除国内销售外,约80%销往港澳、东南亚、日本等国家和地区。北硿华侨茶厂加工的佛手,自1959年起以"香"及"冷"两个唛号单箱出口,1971年改为"永春香橼"。外销唛号有H400、H401、H402等。1983年全国华侨茶叶基金会授予永春北硿华侨茶果场佛手茶以"培植发展出口优质产品——佛手奖"。

佛手品种茶树又名香橼种,目前在产区多称佛手,而成品出口则称"永春香橼"。佛手品种茶树叶形与芸香科的香橼柑的叶片相似,而与芸香科的佛手柑的叶片有较大的差异,命名为香橼比佛手更加贴切。据1937年福安茶业改良场技师庄灿彰撰的《安溪茶业调查》载"……相传二十一年前,安溪第四区骑马岩(即骑虎岩)上一和尚,取柑橘类之香圆(香橼的俗称)作砧木,接茶穗于其上而得此种",这当系因佛手茶树叶形与香橼柑树叶片相似而作的臆测。不同科植物嫁接成活之说难以令人置信。

佛手别名香橼、雪梨,原产安溪金榜骑虎岩,无性繁殖系品种,是我国特有的茶树良种,系灌木大叶型。分枝稀疏,枝条细软如蔓,披张到地,叶大,多为卵圆形,主脉弯曲,叶面扭曲不平,开花少,不结实。佛手茶分红芽佛手和绿芽佛手两种,永春当前栽培以红芽佛手为主。佛手产量高,在永春县平均亩产干茶75千克以上,北硿华侨茶果场近千亩平均亩产125千克,并曾获得小面积(3亩)亩产干茶500千克的记录。永春茶农长期实践,总结佛手茶的栽培与加工经验,主要有打顶抽枝剪结合平剪培育树冠,多肥勤施,发挥大叶高产优势,合理采摘结合剪穗,按种性特点制定合理初制工艺。

春茶开采于4月中旬～5月中旬,占全年产量的40%,秋冬茶9月上旬～11月上旬,产量约全年的20%。佛手品种鲜叶形态特点表现为叶张大,叶肉肥厚,质特柔软,叶面角质层薄,叶片结构观察结果表明,叶肉总厚度235微米,栅栏组织厚度90微米,均低于梅占品种。采三叶驻芽梢进行生化分析的结果表明,茶多酚总量27.86%,儿茶素总量173.55毫克/克,其中酯型儿茶素107.05毫克/克,非酯型儿茶素66.50毫克/克,氨基酸总量2.03%,水浸出物总量37.80%。

永春佛手茶以闽南乌龙茶工艺为基础,其初制工艺流程为:鲜叶采摘、凉青、晒青、凉青、摇青、杀青、揉捻、初烘、包揉、复烘、复包揉、足火。佛手茶的采摘标准是驻芽二、三叶,采摘时宜选晴朗的北风天,当地习惯下午采摘,采摘时应避免芽叶机械损伤,保证芽叶的新鲜和匀整。青叶在制过程表现容易发酵,茶汁胶粘。根据佛手品种的鲜叶特点,制作要点掌握轻度晒青,中度做青,摇青次数3～4次,做青历时约7～9小时,做青适度叶即行炒青,采取适温快速匀炒,揉捻约4～5分钟,而后转入烘包造型,须进行三烘三包揉,促使其形成扭曲紧结似海蛎干的外形,足干分两次,烘温分别为100℃、80℃,慢焙直至出现花果香。

永春佛手茶品质特征主要表现为:外形条索紧卷圆结,肥壮重实,匀整美观,色泽砂绿油润;内质香气馥郁幽长而近似香橼香,汤色金黄明亮,滋味甘厚,叶底柔软黄亮红边明。

永春佛手以其优异品质,多次荣获福建省优质产品和名茶称号,1985年永春松鹤牌一级香橼评为省优质产品,同年永春佛手毛茶被评为农牧渔业部优质奖,1986年被评为商业部优质产品,1988年获首届中国食品博览会铜奖,1989年被评为农业部和轻工业部优质产品,1995年获第二届中国农业博览会金奖。如今永春佛手茶主产区主要分布在玉斗、苏坑、坑仔口、东关、达埔、锦斗、湖洋等,近年来的名优茶多产于此地带,是当地茶农提高经济收入的主

要来源之一。永春佛手茶于2007年被列入地理标志产品。

永春佛手长期以来,在闽、粤、港、澳等地及东南亚侨胞中负有盛名。产区群众常用以制作盐茶(加上几粒食盐冲泡)、蜜茶和柚米茶治疗痢疾、中暑、高血压等病症,并作为清凉解毒饮料。据"永春佛手茶对大鼠实验性结肠炎的疗效观察"显示,3克/千克佛手茶可明显缩短乙酸性结肠炎模型大鼠拉黏液便和便血时间及大便恢复成形的时间,分别缩短15.5小时和35.7小时,局部炎症亦提前得到恢复。提示佛手茶对乙酸性结肠炎有一定的治疗作用,为当地民间治疗胃肠炎提供了实验依据。

当地还用佛手制作柚米茶,其做法是取成熟柚子,在果蒂下3厘米处切开,掏去果肉,剥出泡囊,加佛手茶拌匀装入柚腹,摇实加盖,切口用线缝合,烘干或晒干收藏备用。侨乡常以柚米茶作为上等礼品赠送海外亲人。

(郭雅玲 庄 任)

(七)白芽奇兰

白芽奇兰原产于福建省平和县。平和县位于福建省南部,九龙江上游。介于北纬24°02′～24°35′、东经116°54′～117°31′之间,地处博平岭山脉的南段,地势中部高,向东、南、西部倾斜。境内多低山、丘陵,系中生界火山岩、花岗岩组成。全县地处南亚热带,年平均温度21.2℃,年降雨量在1700～1900毫米,相对湿度81%,年日照时数1925.0小时,无霜期318天,四季常青,土壤肥沃,自然条件适宜茶树生长,白芽奇兰主产区主要分布在大芹山一带。

白芽奇兰是平和县的传统名茶。相传于清乾隆年间(1735～1795),在崎岭乡彭溪村"水井"边长出一株奇特的茶树,因茶芽呈白绿色,制成干品品质具奇特的"兰花"香味,故取名为白芽奇兰。后经人们采用无性繁殖方法广为栽培至今,已有250多年的历史。彭溪位于平和西侧,大芹山麓,山峦起伏,山高雾多,溪流潺潺,土壤肥沃,茂林修竹,村落分布在海拔500米上下,还留有土楼建筑,户户植茶,素有

"平和茶乡"之称。1981～1985 年彭溪村民从树势强壮、新梢芽尖白毫明显、成茶品质优良的老茶树上选穗扦插育苗，每年出圃 2000 多株，于本村和外村种植。1986～1988 年县茶叶站采用定点育苗，三年出圃苗木 137.17 万株，多点试种，推广种植在崎岭、九峰、霞寨等十几个村的白芽奇兰，经多年的生产试验，都表现出适应性强、抗病能力强、抗寒能力强、产量高、品质优的优势。1986～1995 年十年累计全县共育苗 1560 万多株，其中在平和县推广种植 373 多公顷，并引种广东兴宁、饶平、大埔、汕头以及武夷山、南平、闽侯、南靖等地，获得成功。1996 年 4 月福建省农作物品种审定委员会审定通过新选育的白芽奇兰为福建省茶树良种。

白芽奇兰茶树为无性系品种，属灌木型，中叶中芽种。叶形呈长椭圆，叶色深绿具光泽，锯齿细浅尚明，叶肉厚度中等不薄，芽梢尚长大，芽头白绿，育芽能力强，生长期长。白芽奇兰生长势强，单产较高。一般平均亩产在 200～300 千克，最高单产可达 400～500 千克以上。

在平和、南靖一带的采制工艺是采用闽南乌龙茶加工方法，采摘标准为驻芽小开面至中开面三、四叶，采三叶驻芽梢进行生化分析的结果表明，茶多酚总量 21.7%，氨基酸总量 1.6%，水浸出物总量 35.8%。采摘时要保持鲜叶的新鲜、匀净、完整，以利独特品质的形成。工艺流程为：凉青、晒青、摇青、杀青、揉捻、初烘、初包揉、复烘复包揉、足干。鲜叶进厂后，应及时进行凉青，散热、调整青叶内部水分，恢复青叶活力。晒青一般于下午三时以后进行，晒青减重率掌握在 9%～12%，收青时将二筛笸合并为一，置于凉青架待摇。摇青于当晚六时左右开始，摇青四次，技术参考指标为：第一摇 3～5 分钟/凉青 1～1.5 时，第二摇 7～10 分钟/凉青 2.5～3 时，第三摇 20～25 分钟/凉青 3～4 时，第四摇 25～28 分钟/适度凉青后堆青 1～2 时，待青气退尽，兰花香显露、渐浓时即行杀青。杀青时采用透闷结合，进一步纯化香气，优化特殊的品种香，杀青适度叶转揉捻，烘焙与包揉，足干时以低温慢焙发展香气，焙至香气纯正，品种香显，干度适宜即可下焙，装箱。

白芽奇兰外形条索紧结，匀整美观，色泽青褐油润稍间蜜黄。内质香气清高爽悦，品种特征香突出，似兰香幽长，滋味醇爽，溢品种香，汤色橙黄明亮，叶底软亮。优质白芽奇兰具有山骨风韵之气。

1986 年首次获得福建省名茶称号，在以后的评选中连续多次获得福建省名优茶称号，1993 年在第二届中国专利新技术新产品博览会上荣获金奖。1997 年在意大利米兰国际轻工博览会上荣获金奖。1997 年福建省秋季乌龙茶名优茶评比会暨"九峰杯"白芽奇兰茶王赛上，白芽奇兰茶王拍卖价 18 万/500 克。产品销往闽、粤、港、澳，远销东南亚、日本等地。

（郭雅玲）

（八）凤凰单丛茶

凤凰单丛茶产自广东省潮州市潮安县凤凰山（镇），并经单株（丛）采收制作而得名。潮安县地处北纬 23°26′～24°00′、东经 116°22′～116°29′，位于韩江三角洲平原与山地的过渡地段，濒临南海，具南亚热带海洋性季风气候特点。年平均温度 21.4℃，年均雨量 1668.3 毫米，相对湿度 75%～85%，年均日照时数 1996.6 小时，气候温暖，夏长冬短，雨量充沛，空气湿润。凤凰山区位于潮安县东北部，东邻饶平，北连大埔，西界丰顺，四面青山环抱，海拔高度在 1100 米以上，盛产名茶的乌岽山高达 1391 米。与县内其他地区比较，凤凰山区的年均气温稍低（17.4℃），日照偏短（1400 小时），雨量略大（2119.7 毫米），日夜温差 8℃～10℃，相对湿度 80%，"春冬不严寒，夏暑无酷热"，土壤深厚肥沃，土层深厚，岩泉长流，雾多露重，植茶环境得天独厚。

凤凰单丛茶由凤凰水仙品种的茶树芽叶制成。凤凰水仙是有性系，大叶类，早生种，相传在南宋时期已有栽培。传说宋帝赵昺南下潮汕，路经凤凰山区乌岽山，口甚渴，侍从们采下一种叶尖似鸟嘴的树叶加以烹制，饮之止咳生津，立奏奇效。从此广为栽植，称为"宋种"，迄今已有 700 余年历史。现在乌岽山尚存有 300～400 年老茶树，被称为宋种后代，最大一株名"大叶香"，树高 5～8 米，宽 7.3 米，茎粗 34 厘米，有 5 个分枝。

因茶树叶型大,呈长椭圆形或椭圆形,多数平展或略向叶面卷,色泽绿,有油光,或淡绿欠油光,先端多突尖,叶尖下垂,略似鸟嘴,故当地农民称为"鸟嘴茶",1956年正式定名"凤凰水仙"。采制成茶后,凤凰水仙由于选用原料优次和制作精细程度不同,按成品品质次第分为凤凰单丛、凤凰浪菜和凤凰水仙三个品级。采用水仙群体中经过选育繁殖的单丛茶树制作的优质产品属单丛级,较次的为浪菜级,再次的为水仙级。

凤凰单丛茶是凤凰水仙群体中选出的优异单株,经数百年历代茶农单株培育,单株采制而得名。凤凰当地群众习惯以茶树叶型、树型及其成茶香型来对各种单丛给予冠名,由株系和品质特征结合,划分十种香型,即黄枝香、芝兰香、蜜兰香、桂花香、玉兰香、姜花香、夜来香、茉莉香、杏仁香、肉桂香。产品名称常见的有黄枝香单丛、桂花香单丛、玉兰香单丛、蜜兰香单丛等。

在采制上,茶农有三不采的规定,即太阳过大不采,清晨不采,下雨天不采。一般在午后2时开始采茶,采摘时要做到轻采轻放,采一个放一个,茶青不能紧压,随采随运,下午4~5时结束,立即晒青。初制工艺流程包括晒青、凉青、做青、杀青、揉捻、干燥等工序。每一个工序须看茶青质地、气候变化等因素灵活掌握。晒青时鲜叶要薄摊,叶片不重叠。叶张含水量少,空气湿度小时,宜轻晒。反之宜重晒。晒后在室内凉青架摊置1~2小时,摊叶厚度不要超过3厘米。优质产品多进行两晒两凉。凉青适度的叶子并筛堆置,四周高,中央低。做好碰青或摇青、摊置作业,一般须经过5~6次碰青、摇青。每次碰青结合摊置1.5~2小时,后期摊置要延长半小时左右。第三次起,根据青叶变化情况结合摇青50~100转。看青与闻青相结合,做青适度的叶片成"二分红八分绿",即俗称红边绿腹,形成倒汤匙状,闻之有香。进入炒青可先闷一下再扬炒,后闷炒,炒匀炒透。揉捻操作先轻后重,必要时可进行复炒复揉。烘焙分三次进行,第一次只烘至五成干,摊放1~2小时。第二次较低温焙至七八成干,摊放6~12小时。第三次低温焙至足干。加工过程细致讲究,经过人工的精挑细拣,成为精茶。现在,在摇青、杀青、揉捻、初烘等工序上都应用机械化或半机械化操作。

凤凰单丛茶品质特点是条索紧结较直,色泽黄褐呈鳝鱼皮色,油润有光,并有朱砂红点。具有独特的自然花香,滋味浓醇甘爽,山韵突出,汤色清澈黄亮,叶底边缘朱红,叶腹黄亮,耐冲泡。凤凰单丛茶几种主要香型特点,桂花香型茶具桂花香山韵;黄枝香单丛茶具黄枝花香山韵,耐冲泡;芝兰香单丛茶具芝兰香山韵,耐冲泡;玉兰香单丛茶具玉兰花香山韵,耐冲袍;米兰香单丛茶具小叶米兰花香韵,耐冲泡。

国内历届名茶评比,凤凰单丛茶屡获殊荣。1982年凤凰单丛被商业部(长沙,全国名茶评比会)评为全国名茶。1986年凤凰单丛茶被商业部(福州,全国名茶评选会)评为全国名茶。1989年,凤凰单丛茶被农业部(西安,全国名茶评选会)评为全国名茶。1990年,凤凰单丛茶被商业部再次评为全国名茶。1991年中国杭州国际茶文化节,凤凰单丛茶被评为"中国文化名茶"。同年5月获农业部"绿色食品"称号。1994年10月,海峡两岸首届乌龙茶品评展示会(福建漳浦),参展的6个凤凰茶,分别夺得一等奖2个,二等奖2个,三等奖2个。1995年5月,凤凰镇被农业部"首批百家中国特产之乡命名及宣传活动"授予"中国名茶(乌龙茶)之乡"称号。同年10月,在北京举办的第二届中国农业博览会上,"桂花香单丛茶"获金奖。凤凰单丛茶一直占有海内外市场,内销粤东、闽南一带,外销越南、柬埔寨、泰国、新加坡等东南亚地区,还少量远销日本、美国,尤为广东潮汕一带侨胞所喜爱,价格不菲。

(郭雅玲　庄　任)

(九)岭头单丛茶

岭头单丛为新创名茶,试制于20世纪80年代。

岭头单丛茶产于广东省饶平县。岭头单丛种源出饶平县坪溪镇岭头村,遂以此得名。饶平县位于北纬23°30′~24°14′,东经116°30′~117°14′,与福建省接壤。属南亚热带季风气候,年平均气温21.4℃,日照2114小时,平均降雨量1475.9毫米,雨日190

天,相对湿度79%,北部有海拔1255米的西岩山为屏障,阻截着北方冷空气的南侵,故山区气候温暖,霜冻不多。南部受海洋性气候的影响,风和日丽,夏无酷暑。饶平茶区主要分布于北部的低山、谷地,以及中部的丘陵、台地带,茶区土壤多为赤红壤,土层深厚,酸碱度适中,自然环境得天独厚,适合茶树生长,所产岭头单丛茶以特有的花蜜香味而称著。

据史志载,饶平产茶始于清代,距今300多年。清乾隆二十七年(1763)《潮州府志》中有这样的记述:"粤素不产茶,所给皆间产。近饶平之百花山、凤凰山多有植之者。百花山一名待诏山,固称待诏茶,品亦不恶。"可见其时饶平茶叶已有一定规模和声誉。清道光年间,柏峻(早称深圳)、饶洋的西岩山也开始种茶。至清光绪年间,茶叶已蔓及饶北山区。岭头单丛出自凤凰水仙群体品种,1961年潮州市饶平县岭头村茶农许木溜等人,在该村1957年种植的凤凰水仙品种茶园中,发现一棵特早芽叶黄绿的茶树,以后连续三年对这株茶树单独采制,样品经县、地等专家审评鉴定,认为该茶树质量稳定,具有花蜜香特点,品质达单丛级别,可与凤凰单丛媲美,1981年经广东省农业厅审定将该株茶树单列为一个品种,定名为"岭头单丛",1988年审定为省级良种。

岭头单丛又名白叶单丛、铺埔单丛。无性系,小乔木型,中叶类,早生种。具有一般乌龙茶品种所没有的优势,其主要特点是:发芽特早、芽梢肥壮、生育期长、生长快、适应性广、产量高、品质风格突出。当地在清明前10~15天即可开采。据测定,采摘春秋两季的岭头单丛茶鲜叶,水浸出物总量36.42%~38.21%,茶多酚总量27.12%~28.93%,氨基酸总量1.57%~1.01%,咖啡碱总量3.02%~3.13%,儿茶素总量136.55%~152.41毫克/克,醚浸出物9.98%~10.12%。在鲜叶中含量较多的有芳樟醇及其氧化物、N-苯基、2-萘胺、磷酸三丁酯、1,2-苯甲酸癸基辛酯、十六碳酸、香叶醇、法呢醇、1,2-苯二甲酸二丁酯、萜品醇、顺式茉莉酮、3-己烯-1-醇、植醇。鲜叶化学物质基础较为丰富。

岭头单丛茶采制讲究、细腻,制作工艺为:采青、晒青、做青、杀青、揉捻、烘干。其间在晒青和做青过程宜处理好凉青作业。采青:顶芽形成对夹后3天采3~4叶梢,适当嫩采。晒青:以叶色转暗绿无光泽,柔软下垂,失水率8%左右为宜。然后凉青1~1.5小时。做青:方式是先碰青二次,再筛摇2~3次,最后机摇1~2次,碰青力量由轻渐重,摇青次数由少渐多。每次碰(摇)青后,须静置一段时间,为一次重复。静置时间由短渐长,并且摊叶厚度逐渐增加,最后一次可达15厘米厚。做青适度的标准是:红边约15%,叶脉透红,叶片成汤匙状,有果香味形成。生产试验得出做青房的温、湿度,以23℃~25℃,相对湿度75%~80%较为理想。做青按"轻手多次"、"循序渐进"的原则进行。做青次数以6~7次为好,方可达到花蜜香高爽持久,滋味浓醇回甘味爽。做青不足,成茶香味青涩麻口;做青历时过长,成茶汤色偏红,香气低短欠鲜爽,滋味钝较淡带闷欠清。杀青:掌握看色、捏叶、折梗、嗅香相结合原则。即叶色变暗绿,手捏叶子无水分,松手不易散,梗折不断,清甜香味显现。揉捻:温揉。烘干:分段干燥,即初烘和复焙。

现时岭头单丛茶初制基本为半机械或机械化,其基本设备包括:摇青机、滚筒杀青机(杀青锅)、揉捻机、热风焙橱(手拉式烘干机、箱式电热烘干机)。遵循制作流程,可制出具备品质风格的岭头单丛茶。

岭头单丛茶的品质特点是:外形紧结尚直,色泽黄褐油润。内质自然花蜜香气清高持久,滋味醇爽回甘力强,汤色橙黄清澈明亮,叶底黄绿腹朱边,柔软明亮。据测定春秋两季的岭头单丛茶,其水浸出物总量35.21%~36.85%,茶多酚总量26.31%~27.53%,氨基酸总量1.71%~1.48%,咖啡碱总量2.01%~2.13%,儿茶素总量115.45%~131.51毫克/克,醚浸出物9.41%~9.58%。干茶中含量较高的有法呢烯、己酸,2-丙烯酯、芳樟醇及其氧化物、植醇、吲哚、十六碳酸、三元醇、香叶醇、亚油酸甲酯、γ-亚麻酸甲酯、十八烷基乙烯醚、顺式茉莉酮、甲基茉莉酮酸酯等。这些是构成岭头单丛茶香味的主要物质基础。

岭头单丛茶以其独有的花香蜜韵,备受饮者赞誉,优异的品质,又使之在国内外屡获殊荣。1986年5月被商业部(福州,全国名茶评选会)评为全国名茶。1990年再度被商业部评为全国名茶;同年,被第五届国际名人篮球邀请赛指定为最佳饮料。1995 年在北京举办的第二届中国农业博览会上获金奖。在国际会展上,积极开拓市场,于 1988 年巴基斯坦拉舍尔市亚太地区新技术、新产品博览会,获最受欢迎奖。1991 年中国杭州国际茶文化节,评为"中国文化名茶"。1992 年获中国国际名优新产品博览会金奖。岭头单丛茶以其面市特早、条索紧结、花蜜香味、回甘力强的特点,成为一枝独秀的创新名茶。

（郭雅玲）

（一〇）黄金桂

黄金桂原产于福建省安溪县,是以黄棪（也称黄旦）品种茶树嫩梢制成的乌龙茶,因其汤色金黄有奇香似桂花,故名黄金桂。在产区,毛茶多称黄棪或黄旦,黄金桂是商品茶名称。

黄棪品种的原产地有两种传说。一说清代咸丰（1850～1860）年间,安溪县罗岩乡茶农魏珍路过北溪天边岭,见有一株奇异茶树开花引人注目,就折下枝条带回插于盆中,后用压条繁殖 200 余株,精心培育,单独采制,请邻居共同品尝,大家为其奇香所倾倒,未揭杯盖香气已扑鼻而来,因而赞为"透天香"。另一说是,1860 年春,安溪虎丘乡灶坑地方,青年林祥琴娶西坪珠洋人王暗棪（当地读如"淡"）为妻。按当地习俗,新婚后要"对月换花",新娘要从娘家"带青"来,即带来一种植物苗。当时王暗棪由娘家带来一株萌芽特早的野生茶苗,种于灶坑祖厝角的小山仓上,细心培植,用长穗扦插繁殖扩种。因是王暗棪带来茶种,又因王黄方言同音,谐称为"黄棪"。原树 1966 年树龄已在 100 年以上,高 2 米多,主干直径约 9 厘米,树冠宽 160 厘米多,春茶可采鲜叶 5～8 千克。1967 年底因盖房子移植枯死。

黄棪茶树为无性系小乔木型品种。树势半开展,分枝较密,节间较短,嫩梢短小,叶片近水平着生,多呈椭圆形,细嫩,柔软,先端稍突尖,基部渐斜或稍钝,叶面隆起,略显肋骨状,侧脉明而密,锯齿深明较锐。为早芽种,一般 4 月中旬采制,比一般品种早 7～10 天,比铁观音品种早 12～18 天左右。黄棪品种鲜叶形态特征表现为叶片软薄,色泽黄绿,梗细小,对叶片进行观察的结果表明,气孔大小（长×宽）40×36,气孔数（12.5×10）339～341 个,因此,散发水分能力强。采驻芽三叶梢进行生化分析,茶多酚总量 23.28%,儿茶素总量 144.87 毫克/克,酯型儿茶素 96.89 毫克/克,非酯型儿茶素 47.98 毫克/克,氨基酸总量 2.17%,水浸出物总量 39.95%。

黄金桂全年可采 4～5 季,即春茶、夏茶、暑茶、秋茶、冬片,以春茶品质最好,秋茶次之。春茶开采于 4 月上中旬,采摘标准为嫩梢顶叶刚开展呈小开面或中开面时,采下二至四叶,太嫩采香气稍低,太老采则香飘味淡。黄棪的采制工艺十分考究,只有掌握恰当,才能充分发挥其品种特性。其他与铁观音采摘要求相同,以午后 2～4 时采的原料为最佳。初制工序基本与制铁观音相同,不同的是青叶在制过程的理化特点表现出失水速度快,发酵进程较快。

针对黄棪品种的特点加工时应注意:

（1）黄棪梗细小,叶较薄,含水量少,气孔大而密,易发酵,晒青程度应比铁观音轻,失重掌握 5%～7%为宜。

（2）摇青宜轻,重摇叶张易红变,影响香气。前几次凉青时间宜短,以保持青叶鲜活。第四次摇青可稍重,经过 4～5 次摇青、凉青,待叶子青气消失,清香显露,散发出馥郁花香,叶面呈黄绿色,有光泽,叶蒂青色,叶缘朱红色并向叶背卷曲,即进行炒揉作业。

（3）杀青时间宜短,但要炒透。

（4）黄棪注重香气清纯,烘焙温度宜稍低,火候宜稍轻。总而言之,要选择天时,适时采茶,轻采轻放,及时收青,轻晒轻摇,适时炒青,精心揉焙,讲究贮存。

黄棪品种制成的黄金桂成品茶条索紧细,色泽润亮金黄,香气优雅鲜爽,带桂花香型,滋味醇细甘鲜,汤色金黄明亮,叶底中央黄绿,边缘朱红,柔软明亮。香气成分检测结果表明,精油总量 41.7～37.0 毫克/100 克,含橙花叔醇 21～33%,法尼烯、顺-茉莉内酯、苯甲醇、2-苯乙醇等许多呈花香型的成分含量较高,而且有些低沸点的组分含量特别高,具有表现花香显露快的化学基础。

黄金桂1940年由安溪罗岩金泰茶庄经营,主销漳州再转口香港、新加坡等地(商标号为"黄金贵")。近年黄棪品种茶树扩种很快,黄金桂出口量不断增长。1982年被商业部评为部优产品;1985年又被农牧渔业部和中国茶叶学会评为中国名茶。荣获国家农牧渔业部"金杯奖"。1988年"凤山"牌特级黄金桂荣获中国首届食品博览会银奖。茶叶专家陈椽在《中国名茶》中写道:"提到黄金桂,有幸品尝过的人即刻会想起那独特的高香和清醇甘爽的滋味。"

黄金桂具有"一早二奇"的独特品质。一早即萌芽、采制、上市早;二奇即外形"黄、匀、细",内质"香、奇、鲜"。条索细长匀称,色泽黄绿光亮,香气高强持久,芬芳迷人,滋味甘鲜清醇,奇特优雅,品饮之后,满口生香,回味无穷,令人神清气爽,心旷神怡。长期以来,黄金桂以其奇异独特的品格和上市早的市场优势,赢得了市场和顾客,备受消费者的青睐。安溪黄金桂以其香气优雅、滋味甘鲜,特别受到国内外原来消费绿茶、花茶地区群众的喜爱。

(郭雅玲　庄　任)

(一一) 台湾文山包种

以文山包种为代表的包种茶是目前台湾生产的乌龙茶类中数量最多的一种。它的发酵程度在乌龙茶类中为最轻,儿茶素氧化程度在7.5%～19%之间。另一种发酵程度较深的冻顶乌龙茶,儿茶素氧化程度在20%～30%之间。铁观音发酵程度又更深些。文山包种、冻顶乌龙比较接近于绿茶,铁观音则更接近于福建安溪乌龙茶。

文山地区在台北县的东南方,北纬24°50′～25°02′,东经121°25′～121°47′。西面与台北市接壤较为开阔,著名的大河淡水河在此境内。区域属副热带季风气候区,温暖湿润。年平均气温18.4℃,常年降水量达3000毫米,常年相对湿度80%,全区多山,海拔从30至1200米,境内山峦起伏,山地大部分为黄色灰化石质土所形成,平缓台地多为红棕壤,适合茶树生长。包种茶产于台湾北部邻近乌来风景区的山区,以新店、坪林、石碇、深坑、汐止、平溪等乡

镇所产最负盛名,台北南港亦有生产,称南港包种茶,亦颇负盛名。茶园分布于海拔400米以上之山区,环境特殊,山明水秀,常年温润凉爽,云雾弥漫,故所产之文山包种茶,品质特佳,驰名中外。

据1918年连横所著《台湾通史》载:"台湾产茶约近百年,嘉庆时(据杨逸农氏考据,为嘉庆十五年,即1810年)有柯朝者,归自福建,始以武夷之茶植于鲹鱼坑,发育甚佳。既以茶籽二斗播之,收成亦丰,遂互为传植。"说明台湾乌龙茶的产制技术及茶树品种均来自武夷。最初繁殖于台北县文山区一带。台湾包种为150余年前福建安溪县业茶者王义程氏所创制,成茶用方纸包成长方形的四方包,因而得名。1881年福建省同安县茶商吴福源在台北设源隆号,专事制造包种茶,同时还有安溪县商人王安定与张古魁合伙设建成号经营包种,此为台湾包种茶之起源。1885年,福建省安溪县的王水锦、魏静两位先生到台湾来,他们选择了台北的七星区南港大坑(现属于台北市南港区),从事包种茶的栽培和制作研究,专事改进包种茶的品质和栽培技术。同时,将研究心得传授给同业们,举办包种茶的制造和栽培讲习班,包种茶的种植和生产,逐渐扩大到文山区(现在的台北县石碇、深坑、坪林、新店、木栅、景美等)各个地方都生产包种茶,甚至到达宜兰县。

台湾目前产制的条形包种茶,以文山、南港及宜兰等地所产的闻名海内外,其外形条索自然弯曲,汤色蜜绿(黄中带绿),茶香特别明显具幽雅花香,是特别着重香气的茶类,市面上俗称"清茶"。

制造文山包种茶的品种以青心乌龙最优,台茶12号(金萱)、台茶13号(翠玉)、台茶14号(白文)等品质亦佳,一般于谷雨前后采摘春茶,一年中可采4～5次,以春、冬茶品质较佳。

包种茶之采制分为春夏秋冬四季,3月中旬～5月上旬为春茶,5月下旬～8月中旬为夏茶,8月中旬～10月下旬为秋茶,10月下旬～11月中旬为冬茶,其中以春茶、秋茶及早期冬茶品质较佳。鲜叶采摘标准为与新梢顶芽开面采二三叶。不同品种、不同时间采的鲜叶,应分开制作。台湾包种茶的初制工艺依次分为日光(或室内加温)萎凋、室内萎凋(静置与搅拌)、炒青、揉捻、初干、焙干等工序。

包种茶初制工艺要点如下：

(1) 日光萎凋或加温萎凋：视天气而定。鲜叶要薄摊，每平方米摊 1 千克左右。日晒温度以 30℃～35℃为宜，过高时可用纱绸遮阴，历时一般为 10～20 分钟，中间轻翻 2～3 次。室内加温萎凋用萎凋槽，摊叶厚度 5～10 厘米，热风温度 35℃～38℃，风速 40～80 米/分钟，中间轻翻 2～3 次。鲜叶经日光萎凋失水 4%～9%。

(2) 做青：室内萎凋包括静置与搅拌，即做青工艺，传统方法采取碰青（做手）与摊置相结合。经日光萎凋的鲜叶移至室内，先摊置 2 小时左右，再进行做青。做青次数一般为 3～5 次，每次历时 1～12 分钟，依次由短到长。每次做青后即予摊置，每次历时 60～90 分钟，依次由长到短。

(3) 炒青：锅温 160～180℃，炒至手握叶子柔软，芳香显现，减重 35%～40%。

(4) 揉捻：炒青叶即置揉捻机中揉 6～7 分钟后，再重压揉 3～4 分钟。

(5) 烘焙：揉捻叶取出解块后随即进行初干，温度 87℃～98℃，第二次焙干温度 75℃～85℃。

台湾包种茶在乌龙茶中别具一格，品质要求外形呈条索状，紧结自然弯曲，色泽翠绿富光泽，水色蜜绿明亮，香气清雅带花香，滋味甘醇滑润富活性，香气愈浓郁品质愈高级。优良品质的包种茶条索卷绉曲而稍粗长，外观深绿色，带有青蛙皮般的灰白点，干茶具有兰花清香。冲泡后，茶香芬芳扑鼻，汤色蜜绿清澈。茶汤滋味有过喉圆滑甘润之感，回甘力强。具有"香、浓、醇、韵、美"五大特色。包种茶因其具有清香、舒畅的风韵，所以又称其为"清茶"。

（郭雅玲 庄 任）

(一二) 台湾冻顶乌龙

台湾冻顶乌龙产于南投县西南方的鹿谷乡，在加工方式上属半球形的包种茶。由南投县各茶区生产的松柏长青茶、竹山乌龙茶、玉山乌龙茶、青山乌龙茶、雾社庐山乌龙茶等都属于此类。根据民间传说，清咸丰乙卯年(1855)，林凤池举人回福建参加会考。为感谢乡亲集资支助，返台时由福建带回三十六棵青心乌龙茶苗分给乡人种植。种在南投鹿谷冻顶山(古称崇顶山)的青心乌龙茶树生长良好，制成乌龙茶香味独特。因为种植在冻顶山，又是以青心乌龙芽叶加工，就被称为冻顶乌龙茶。

南投县位于北纬 23°26′～24°17′、东经 120°36′～121°20′之间。是台湾的中心地带，东以中央山脉为界，毗邻花莲县。西以八卦山脉与彰化、云林两县接壤。南以清水溪及玉山、嘉义、高雄等县为界。北以白狗大山、八仙山及乌溪与台中相衔。境内有三大山系中央山脉、玉山山脉及阿里山脉贯穿，山多平原少，有"山岳县"之称，山林茂密。年平均气温 23.7℃，常年降水量在 2300～2600 毫米，常年相对湿度 80%，土壤主要为"红棕壤土"、"黄棕壤土"、"石质土"，植茶得天独厚，海拔 1000 米以上的茶园是全岛高山茶区最多的。海拔 700 米的彰雅村(冻顶)台地茶园就在此县，所产茶叶早先称冻顶茶。

制造冻顶乌龙茶的茶树品种以青心乌龙最优，台茶 12 号(金萱)、台茶 13 号(翠玉)等品质亦佳。青心乌龙属无性系，灌木型，小叶类。叶长椭圆形，叶色深绿，叶肉较厚，叶质软滑而富有弹性，是加工包种茶的良好原料，采摘时以人工手采为主，一般于谷雨前后采对口二、三叶茶青，年中可采 4～5 次，春茶醇厚，冬茶香气扬，品质上乘，秋茶次之。冻顶乌龙茶加工流程为日光萎凋、室内萎凋及搅拌(进行部分发酵)、炒青、揉捻、解块、初干或初焙、团揉及复炒、再干或复焙。其中室内萎凋及搅拌，是品质形成的关键工序。将茶青移入青间，温度 23～25℃，静置 1～2 小时，茶青水分继续散发，叶态有萎缩，散发清香时，开始第一次搅拌，时间短，动作轻，以免积水。搅拌次数全程以 3～5 次为宜，逐渐增加搅拌时间和增长静置时间，最后一次搅拌后静置到青味消失，清香渐强，为此工序完成。适时适度炒青不可忽略，下机后的叶子转入揉捻并解块，初干去除部分水分进入团揉，制作时经布球整形，外观紧结成半球形，色泽墨绿，水色金黄亮丽，香气浓郁，滋味醇厚甘润，饮后回味无穷，是香气、滋味并重的台湾特色茶。

（郭雅玲）

（一三）台湾东方美人茶

台湾东方美人茶为台湾乌龙,是台湾名茶之一,也称椪风茶、椪风乌龙、白毫乌龙茶,是我国台湾新竹县北埔、峨眉及苗栗县头份等地的特色茶。新竹境内峨眉乡紧邻北埔乡,位于北纬 24°37′~24°42′,东经120°57′~121°02′。属于副热带海洋型气候、年平均气温 23℃,常年降水量达 2003 毫米,常年相对湿度 81%,冬、春两季湿冷多雾,主产区三面环山,多为山地、丘陵,土壤类型有红壤、黄壤,适合茶树生长,制造台湾乌龙的茶树品种有青心大冇、白毛猴、台茶 5 号、硬枝红心以及大叶乌龙、红心大冇、黄心乌龙等,由于天然环境特殊,受山川水汽的孕育,茶叶品质优异。

峨眉乡、北埔乡一带茶区,每年农历端午节前后,青心大冇品种茶树被茶小绿叶蝉危害吸食后的茶芽,以手工采摘一心一叶至二叶后,再以传统手工技术精制而成高级乌龙茶。其茶叶外观白毫明显,色泽呈白、绿、黄、红、褐,五色相间艳丽如花,因质优量少,风味独特,故价格较其他茶叶高出甚多,深受品茗人士喜好,于是冠以“椪风茶”雅号,因品质要求白毫愈多愈高级,亦称“白毫乌龙”。相传于 20 世纪,椪风茶曾由英国商人呈献给英国女王品尝,女王对其绝妙的香味,惊叹不已,且其外观鲜艳可爱,宛如绝色佳人,又因产于东方,故赐名为“东方美人”。

优质台湾乌龙东方美人茶的制造,鲜叶原料标准为一芽二叶。其初制工艺经过日光或加温萎凋、室内萎凋(静置与搅拌)、炒青、回软、揉捻、初干、焙干等道工序。

以上工序与包种茶基本相同,唯在炒青后加有“回软”处理。台湾乌龙日光萎凋或加温萎凋历时较久,程度较重,以叶面光泽消失,呈波浪状隆起,嫩梗表面呈现皱纹,心芽及第一叶柔软下垂,减重率为20%~28%为适度。搅拌与摊置交互进行,从第三次起用力较重,历时较长,以茶芽呈银白色,叶张1/3~2/3 呈红褐色,出现熟果香为适度。减重率为30%~40%。乌龙的炒青温度较包种为低,炒至青味消失,发出熟果香,茶芽呈银白色,手握叶子微有刺手感即可。减重在 40%~50%之间。炒青叶出锅后用浸过清水的湿布包闷 10~20 分钟,使叶子变为柔软无刺手感,称为“回软”。乌龙的揉捻历时短,注意保持芽叶完好,用力不可太重。干燥作业分两次进行。初干温度为 105℃~110℃,历时 3~5 分钟,摊凉 30~60 分钟。再干温度为 85℃~95℃,历时 40~60 分钟。

优质台湾乌龙,具有茶芽肥壮,白毫显的特点,茶条较短,含红、黄、白三色,鲜艳绚丽。汤色呈琥珀般的橙红色,叶底淡褐有红边,叶基部呈淡绿色,叶片完整,芽叶连枝。

台湾乌龙东方美人茶(白毫乌龙茶、椪风乌龙)的品质特点主要有外观红褐黄绿白毫显,汤色琥珀橙红亮丽,香气蜜香幽雅,滋味醇厚,入口柔顺,叶底枝叶开展,芽身泛橙红,明亮。在国际市场上被誉为香槟乌龙,以赞其殊香美色,在茶汤中加上一滴白兰地酒,风味更佳。

台湾乌龙首次于 1865 年由淡水输出,1869 年英商 John Dodd 到台湾设厂精制乌龙输往美国。1872 年在台湾经营乌龙出口的洋商多达 5 家。这一时期为台湾乌龙兴盛时期。1895 年日本侵占台湾,对乌龙茶锐意经营。自 1895 年至 1919 年的 24 年间,年出口量均在 1400~1500 万磅之间,主销美国。1920 年美国市场为印度、锡兰、爪哇红茶所取代,乌龙外销一蹶不振,至 1941 年日本发动太平洋战争,海运阻滞,乌龙茶外销几乎全部停顿。1945年台湾回归祖国之后,当局力图恢复,目前包种与乌龙仍为台湾外销茶叶的主要品类,销量比较稳定。

（郭雅玲　庄　任）

（一四）漳平水仙茶饼

漳平水仙茶饼原产于福建省漳平市。漳平市位于福建省西南部,九龙江上游,地处北纬 24°54′~25°47′,东经 117°11′~117°44′。公元 1470 年置县,今撤县设市。全市总面积2975平方公里,耕地面积1.21 万公顷,林地 23 万公顷,是“九山半水半分田”的山区。漳平地理位置特殊,为连接戴云山与博平岭山脉的结合部。漳平市地形的主要特点是东西窄南北长，南北高东西低，山岭起伏，群峰密布。九龙江流经中部，横切戴云山-博平岭山带，使地形从南北向河谷倾斜，中部为九龙江河谷丘陵地带，多为丘陵和低山，从河谷向两侧成阶状上升。北部除河谷地区有部分丘陵外，大部分为中低山地，其中以低山为主。全市地处南亚热带山地农业气候区，自然条件优越，光、热、水资源丰富。气候温和，光照充足，雨量充沛，冬无严寒，夏无酷热，年平均气温在16.9℃～20.7℃之间，10℃年有效积温在4854℃～6481℃，年日照时数1513.2～2569.2小时，年降雨量1450～2100毫米，年平均相对湿度78％～81％，无霜期286～306天，土层深厚，pH 4.5～6.5，有机质含量2％，自然条件适宜茶树生长，在境内形成木竹花茶协调发展的特色农业产业。

漳平水仙茶饼主产区在南洋乡和双洋镇、新桥乡等地。早先俗称"纸包茶"，原产于双洋镇中村村，至今有六七十年历史。中村等地种植的水仙品种茶树，是从闽北建阳一带引进的，其制法与闽北水仙相仿。但鉴于水仙毛茶条索疏松，携带不便，且易于吸湿变质，因此，在最初工艺流程中于揉捻之后增加一道"捏团"的工序，即将揉捻叶捏成小圆团，用纸包固定焙干成型。然而，捏团形状大小不一，不便销售，而后又逐渐改用一定规格的木模压制成方形茶饼。1949年前，水仙茶饼仅有双洋中村和南洋北寮、梧溪等地少量生产，年产量500多千克，畅销于闽西各地及广东、厦门一带，在当地多作为馈赠亲朋的礼品。新中国成立后，随着消费需求的不断增加，水仙茶面积扩大，水仙茶饼生产亦不断发展，品质提升，水仙茶饼进入港澳、日本等地市场，受到消费者青睐。自1981年起，漳平水仙茶饼多次获得福建省毛茶优质奖，1995年被福建省农业厅评为名茶，并选送参加第二届中国农业博览会，获得金奖。1999～2007年获福建省农业厅每两年一届评比的福建省名茶，2007年获"人文奥运•茶香世界"第二届凯捷杯中华名茶乌龙茶类金奖，2008年获第五届中国国际茶业博览会名优茶评选金奖。

漳平水仙茶饼的采制工艺独特，工艺流程为：晒青、凉青、摇青、炒青、揉捻、模压造型、烘焙，有别于条形乌龙茶的制作。

采用水仙品种的鲜叶为原料，采摘以小开面至中开面二、三叶的嫩梢为宜，保持鲜叶的新鲜、完整。鲜叶的水浸出物含量45.22％～48.50％，茶多酚总量26.86％～31.99％，游离氨基酸总量1.96％～2.43％，可溶性糖总量5.96％～6.80％，黄酮类化合物总量7.78～8.21毫克/克。鲜叶内含物是形成水仙茶饼的重要化学基础。

晒青、摇青与炒揉：将鲜叶均匀薄摊于直径为80～100厘米的水筛上，采用二晒二凉方法。将晒青适度叶移入青间，待青叶"还阳"适度，进入摇青。摇青是水仙茶饼香味与色泽形成的关键，摇青方法以闽北制法为基础，结合闽南制法，一般摇青次数为4～5次，多次轻摇，依次增加转次和凉时，摇青适度叶表现为叶质柔软，叶面黄亮，叶缘向背卷，红边显现，并散发出愉快的花香气味，此时可行炒青，而后转入揉捻，叶子卷紧成条，即进行模压造型。模压造型：是水仙茶饼制作的特有工序，模压造型的工具有特制的木模和木模槌，木模内径4.2厘米×4.2厘米，造型时用15.5厘米×15.5厘米的白色洁净毛边纸或热封型滤纸，平铺于桌面上，并放置木模，取20克～25克左右已揉捻好的茶叶放入木模内，用木槌加压造型，移开木模将纸包扎紧，并粘贴定型即成茶饼。茶饼经以上造型工艺之后，进行烘焙干燥。烘焙：是品质形成的重要过程。包好茶饼即转烘焙，分初烘与复烘，传统烘焙用焙笼为器具，初烘时见纸包封口糊干，翻转一面再焙，两面均需干燥均匀，而后温度降至60℃～70℃，续焙，在烘焙过程一般每隔0.5小时翻转一次，初烘程度达七成干，手握茶饼有刺手感即可下焙，摊凉3～4小时，使茶饼内部水分向外扩散，便于复烘。复烘时将三笼合并成二笼，温度为40℃～50℃，以文火慢焙发展香味，每隔1～1.5小时翻转茶饼一次，促使干燥均匀，避免焦灼。当手握茶饼沙沙作响，手捻茶叶即成粉末，若用小竹丝能穿透茶饼，则表明以达足干，全程烘时约一天。应及时贮存在密闭的铁罐或瓷缸内，以保持茶饼的品质。现有烘干方式采用箱体式电热烘干和焙笼烘焙相结合。

漳平水仙茶饼的品质特征，外形呈小方块，边长约为 4 厘米,厚约 1 厘米左右,形似方饼,干色青褐、蜜黄显红点,色泽油润,干香纯正。内质香气高爽,具花香且香型优雅,有香似兰香清雅幽长,有香如桂花浓郁持久,滋味醇正甘爽且味中透香,汤色金黄或橙黄,清澈明亮,叶底肥厚软亮、黄亮,红边鲜明。现已建立福建省地方标准 DB/35/787-2007 漳平水仙茶,水仙茶饼的质量分特级、一至四级。共五个等级。

(郭雅玲)

六、白茶种类

白茶属轻微发酵茶类,基本工艺过程是晾晒、干燥。白茶的品质特点是干茶外表满披白色茸毛,色白隐绿,汤色浅淡,味甘醇。白茶是我国特产,它是一种不炒、不揉,制法特殊的茶叶。

(一) 银针白毫

银针白毫,简称银针,又叫白毫,近年多称白毫银针,按制茶种类分,属白茶类。它与宋代《大观茶论》中记述的白茶,以银线水芽为原料制成的"龙团胜雪"饼茶和现代的凌云白毫,君山银针等茶不同,它们的原料先经蒸、炒杀青,属绿茶或黄茶类。

现代白茶类的创制始于银针白毫。明代田艺蘅《煮泉小品》中称:"茶者以火作为次,生晒者为上,亦更近自然,且断烟火气耳。"如果说这是关于古代白茶的记述,则现代白茶堪称是古老而又年轻之茶品。

银针白毫的产地为福建省福鼎、政和两县。清嘉庆初年(1796),福鼎用菜茶(有性群体)的壮芽为原料,创制银针白毫。约在 1857 年,福鼎大白茶品种茶树在福鼎县选育繁殖成功,于是 1885 年起改用福鼎大白茶品种茶树的壮芽为原料,菜茶因茶芽细小,已不再采用。政和县 1880 年选育繁育政和大白茶品种茶树,1889 年开始产制银针。

现今银针白毫的茶芽均采自福鼎大白茶或政和大白茶良种茶树。大白茶树茶芽肥壮长大数倍于菜茶茶芽,这也许就是宋代沈括在《梦溪笔谈》中称南方茶树"今茶之美者,其质素良而所植之土又美,则新芽一发便长寸余"的原因。福鼎大白茶和福鼎大

毫茶都属早生种,政和大白茶属晚生种,此类品种的特点是茶芽肥壮,茸毛特多,多酚类较高、水浸出物含量高,成品味鲜、香清、汤厚。大白茶良种茶树原料是制造银针白毫的必要的物质基础。

采制银针白毫的茶树,每年秋冬要加强肥培管理以培育壮芽。翌年采制以春茶头一、二轮的顶芽品质最佳,到三、四轮后多系侧芽,较瘦小。台刈更新后萌发的第一轮春芽特别肥壮,是制造优质银针白毫的理想原料。夏秋茶茶芽瘦小,不合银针白毫原料的要求,一般不采制。

银针白毫原料采摘标准为春茶嫩梢萌发一芽一叶时即将其采下,然后用手指将真叶、鱼叶轻轻地予以剥离。剥出的茶芽均匀地薄摊于水筛上(一种竹筛),勿使重叠,置微弱日光下或通风阴处,晒晾至八九成干,再用焙笼以 30℃～40℃文火焙至足干即成,也有用烈日代替焙笼晒至全干的,称为毛针。毛针经筛取肥长茶芽,再用手工摘去梗子(俗称银针脚),并筛簸拣除叶片、碎片、杂质等,最后再用文火焙干,趁热装箱。

白毫银针主产区在福鼎与政和一带,福鼎一带产地属中亚热带海洋季风气候,主栽品种选用福鼎大白茶和福鼎大毫茶;政和一带产地属中亚热带季风湿润气候区,主栽品种选用政和大白茶和福安大白茶。因此历史上形成北路银针和西路银针,福鼎所产茶芽茸毛厚,色白富光泽,汤色浅杏黄,味清鲜爽口。政和所产,汤味醇厚,香气清芬。

银针白毫具有芽头肥壮,遍披白毫,挺直如针,色白似银之特点。其泡饮方法与绿茶基本相同,但因其未经揉捻,茶汁不易浸出,冲泡时间宜较长。一般每 3 克银针置沸水烫过的无色无花透明玻璃杯中,冲入 200 毫升沸水,开始时茶芽浮于水面,5～6 分钟后茶芽部分沉落杯底,部分悬浮茶汤上部,此时茶芽条条挺立,上下交错,望之有如石钟乳,蔚为奇观。约 10 分钟后茶汤泛黄即可取饮,此时边观赏边品饮,尘俗尽去,意趣盎然。

银针白毫早在 1891 年开始外销,1912～1916 年为极盛时期,当时福鼎与政和两县年产各 1000 余担,1917～1921 年受欧战影响,销路阻滞,一落千丈。至 20 世纪 90 年代前的 40 年,银针每年产量也仅在几

百千克至一千千克之间,为不可多得的珍品。目前银针白毫主销港澳地区,也销往德国及美国等地。时下医学界对白茶研究颇为关注,近 10 年来白毫银针等白茶产品的市场稳定,销量有所增加。在欧洲有的在泡饮红茶时,于杯中添加若干银针,以示名贵。

银针性寒凉,有退热祛暑解毒之功,在华北被视为治疗养护麻疹患者的良药。1982 年被商业部评为全国名茶,在 30 种名茶中名列第二。北京老舍茶馆在举办五环茶迎奥运中选用白毫银针来标志奥运五环旗的底色。

(郭雅玲 庄 任)

(二) 白牡丹

白牡丹属白茶类,它以绿叶夹银色白毫芽形似花朵,冲泡之后绿叶托着嫩芽,宛若蓓蕾初开,故名白牡丹。

白牡丹在 1922 年前创制于建阳水吉。据当地老农反映,原产地在大湖。水吉原属建瓯县。据《建瓯县志》载:白毫茶出西乡、紫溪二里……广袤约三十里。1922 年政和开始产制白牡丹,成为白牡丹主产区。60 年代初,松溪县曾一度盛产。现在白牡丹产区分布在政和、建阳、松溪、福鼎等县。

制造白牡丹的原料主要为政和大白茶和福鼎大白茶良种茶树芽叶,有时采用少量福建水仙品种茶树芽叶制作供拼和之用。据《中国茶树品种志》2001 年版的资料,政和大白茶芽叶黄绿微带紫色,茸毛特多,春茶一芽二叶干样约含氨基酸 2.4%、茶多酚 24.9%、儿茶素总量 12.1%、咖啡碱 4.0%。福鼎大白茶芽叶黄绿色,茸毛特多,春茶一芽二叶干样约含氨基酸 4.3%、茶多酚 16.2%、儿茶素总量 11.4%、咖啡碱 4.4%。福建水仙芽叶淡绿色,茸毛多,较肥壮,春茶一芽二叶干样约含氨基酸 2.6%、茶多酚 25.1%、儿茶素总量 16.6%、咖啡碱 4.1%。制成的毛茶分别称为政和大白(茶)、福鼎大白(茶)和水仙白(茶)。由于福鼎大毫茶茶树芽叶黄绿色,茸毛特多,春茶一芽二叶干样约含氨基酸 3.5%、茶多酚 25.1%、儿茶素总量 18.4%、咖啡碱 4.3%。在现行生产中也选用福鼎大毫茶为原料生产白牡丹。

用于制造白牡丹的原料要求白毫显,芽叶肥嫩。传统采摘标准是春茶第一轮嫩梢采下一芽二叶,芽与二叶的长度基本相等,并要求"三白",即芽及二叶满披白色茸毛。夏秋茶茶芽较瘦,不采制白牡丹。

白牡丹的制造不经炒揉,只有萎凋及焙干两道工序,但工艺不易掌握。

萎凋以室内自然萎凋的品质为佳。采下芽叶均匀薄摊于水筛上(一种竹筛),以不重叠为度,萎凋失水至七成干时两筛并为一筛,至八成干时再两筛并为一筛。萎凋至九成干时下筛,置烘笼中以 90℃ ~ 100℃ 温度焙干,即为毛茶。

精制工艺比较简单,用手工拣出梗、片、蜡叶、红张、暗张后低温焙干,趁热拼和装箱。烘焙火候要适当,过高香味欠鲜爽,不足则香味平淡。

白牡丹两叶抱芽,叶态自然,色泽深灰绿或暗青苔色,叶张肥嫩,呈波纹隆起,叶背遍布洁白茸毛,叶缘向叶背微卷,芽叶连枝。汤色杏黄或橙黄,叶底浅灰,叶脉微红,汤味鲜醇。白牡丹产品分为特级、一级、二级、三级。各级感官品质要求见下表。

白牡丹各级感官品质要求

项目	级别	特　级	一　级	二　级	三　级
外形	嫩度	毫心多、显壮,叶张细嫩	毫心显,叶张细嫩	有毫心,稍瘦,叶张尚嫩	少数瘦毫心有部分芽尖,叶张稍粗
	色泽	叶面灰绿或翠绿,色调和,毫心银白,叶背有白茸毛	灰绿,暗绿尚调和,部分嫩叶背有白茸毛,毫心银白,有嫩绿叶片,铁板片	灰绿欠匀,有黄绿及暗红片	黄绿夹红或枯绿暗杂

（续表）

项目	级别	特　级	一　级	二　级	三　级
外形	形状	芽叶连枝,匀整,破张少	芽叶连枝,尚匀整有破张	部分芽叶连枝,破张稍多,尚匀整	部分芽尖连一叶,破张多,叶张平展或稍折皱,粗飘
	净度	无腊叶、籽及老梗	无腊叶、籽及老梗	无腊叶、籽及老梗,有少数嫩绿片和轻片	无腊叶、籽及老梗,有破张、小形老叶、泛红叶、嫩绿片、小黄片
内质	香气	鲜嫩纯爽,毫香显	鲜嫩纯爽,有毫香	鲜纯正,略有毫香	纯正或微粗或带青气
	汤色	清澈,橙黄	清澈,黄	深黄,尚清澈	深红或微红
	滋味	清甜醇爽,浓厚,毫味足	尚清甜,醇爽,有毫味	醇厚	浓稍粗或稍粗淡
	叶底	毫心多,肥壮,叶张软嫩,芽叶连枝,叶张完整,色黄绿,叶梗叶脉微红明亮	毫心稍多,叶张软嫩尚完整,有破张,叶张微红,尚明亮	稍有毫心,叶张尚软,叶色稍红有破张	叶张尚软,破张多,叶色稍红或显黄

白牡丹为福建特产,1922 年政和开始制造白牡丹销往越南,先前主销港澳,及东南亚地区,有退热祛暑之功,为夏日佳饮,如今白牡丹在国际贸易市场中已向欧美等地扩展。

（郭雅玲 　庄　任）

（三）贡眉和寿眉

贡眉采用菜茶一芽二、三叶嫩梢制成;寿眉采用制银针"抽针"时剥下的单片叶制成,或白茶精制中的片茶按规格配制而成。

贡眉是以菜茶有性群体茶树芽叶制成的白茶。用菜茶芽叶制成的毛茶称为"小白",以区别于福鼎大白茶、政和大白茶茶树芽叶制成的"大白"毛茶。菜茶茶芽曾用以制造白毫银针,其后改用大白茶制白毫银针和白牡丹,而小白（菜茶）则用以制造贡眉。

贡眉主产区在福建建阳县。建瓯、浦城等县也有生产,产量占白茶总产量一半以上。

制造贡眉原料采摘标准为一芽二叶至一芽二、三叶。要求含有嫩芽、壮芽。初精制工艺与白牡丹基本相同。

优质贡眉毫心显而多,色泽翠绿,汤色橙黄或深黄,叶底匀整、柔软、鲜亮,叶张主脉迎光透视呈红色,味醇爽,香鲜纯。贡眉产品分为特级、一级、二级、三级。各级感官品质要求见下表。

贡眉各级品质要求

项目	级别	特　级	一　级	二　级	三　级
外形	嫩度	毫针多,叶张细嫩	有部分毫针,显瘦,叶张细嫩	稍有芽尖,叶张尚细嫩	叶张尚嫩,有少数芽尖
	色泽	灰绿或墨绿色调和,毫针银白色,部分叶背有茸毛	灰绿、暗绿尚润和,毫针尚银白	暗绿、黄绿泛红、混杂	黄绿、泛红、混杂

（续表）

项目	级别	特　级	一　级	二　级	三　级
外形	形状	芽叶连枝，匀整，破张少	芽叶尚连枝，有破张，尚匀整	部分芽尖连一叶，破张稍多，尚匀整	破张多，轻飘，平展，尚匀整
外形	净度	无腊叶、籽及老梗	无腊叶、籽及老梗，有嫩绿片、铁板片	无腊叶、籽及老梗，有小黄片、嫩绿片、铁板片等	无腊叶、籽及老梗，有小黄片、小腊叶、泛红叶
内质	香气	鲜嫩，纯爽，有毫香	鲜嫩，纯正有毫香	鲜浓，稍有毫香	稍粗
内质	汤色	清澈，橙黄	黄，清澈	深黄或微红	深黄或泛红
内质	滋味	清甜，醇爽	稍清甜、醇厚	浓尚醇	浓稍粗或稍淡
内质	叶底	有毫针，叶色软嫩，匀整，色灰绿匀亮	稍有毫针，叶色软嫩，尚匀整，色灰绿，带红张，稍匀亮	叶张稍软，嫩有破张，色黄绿、暗绿或带泛红张	叶张尚嫩，断张破张多，有暗绿叶或泛红叶

历史上贡眉主销香港、澳门地区，如今贡眉在国际贸易市场中已向日本、欧美等地扩展。

（郭雅玲　庄　任）

（四）新工艺白茶

新工艺白茶简称新白茶，乃福建省为适应香港地区消费需要于1968年开拓的新产品。1969年正式生产1000余担（50余吨），1979年生产1500担（75吨），此后年产约在2000担左右（100吨左右）。

制造新工艺白茶的鲜叶原料同贡眉，来自小叶种茶树，原料嫩度要求相对较低。初制工艺，在萎凋后经过轻度揉捻。外形叶张略有缩摺呈半卷条形，色泽暗绿带褐，香清味浓，汤色橙红，叶底开展，色泽青灰带黄，筋脉带红，茶汤味似绿茶但无清香，似红茶而无醇感，浓醇清甘是其特色。因其条形较贡眉紧卷，汤味较浓，汤色较深，而受到消费者的欢迎。

（庄　任）

七、黄茶种类

黄茶是轻发酵茶类，基本工艺与绿茶相似，在制茶过程中增加了闷黄工序，因此具有黄汤黄叶的特点。现今黄茶生产呈减少趋势。

（一）君山银针

"淡扫明湖开玉镜，丹青画出是君山"（李白诗）。"遥望洞庭山水翠，白银盘里一青螺"（刘禹锡诗）。这是唐代两位大诗人对洞庭君山的抒情诗章。君山和君山名茶，历来结下不解之缘。清代万年谆有诗云："试把雀泉烹雀舌，烹来长似君山色。"

君山，又名洞庭山。相传四千多年前舜帝南巡，不幸死于九嶷山下，他的两个爱妃娥皇和女英奔丧，船到洞庭被风浪打翻，落难到湖中小岛。爱妃南望茫茫湖水，扶竹痛哭，血泪染竹成斑，后人称为湘妃竹。湘妃——娥皇、女英墓前的引柱上，刻有清光绪年间彭玉麟"君妃二魄芳千古；山竹诸斑泪一人"的对联，上下联首字，巧妙地嵌成了"君山"二字。

君山所在的岳阳市，古称岳州。君山产茶历史悠久，《巴陵县志》记载："巴陵君山产茶，嫩绿似莲心，岁以充贡……盛产于唐，始贡于五代。"北宋范致明《岳阳风土记》中有关于㴩湖茶的记述："……而洞庭君山之毛尖，当推第一……"同治十一年《巴陵县志》引清代吴敏树《湖山客谈》记述："贡尖下有贡兜，随办者炒成，色黑而无白毫，价率千六百，粗五十止，其实佳茶也。"由此可见君山茶有"贡尖"、"贡兜"之分，把茶叶采回来进行拣尖，分开芽头称尖茶，白毛茸然，用作纳贡，又称贡尖；余称贡兜，质量也不差。

君山银针可能就是"贡尖"或由"贡尖"演变而来,贡兜演变成毛尖。

君山银针产自湖南省岳阳市君山岛,君山岛位于北纬29°21′21″、东经113°00′19″,坐落在波光激滟的碧湖之中,它东与江南第一名楼——岳阳楼隔湖对峙;西望洞庭,烟波浩渺;全岛总面积不到一平方公里,最高海拔不到80米,岛上土壤肥沃,多砂质壤土,年平均温度16.8℃,年平均降水量1340毫米,年均相对湿度约84%,岛上竹木丛生,生态环境优良。

生产君山银针的茶树品种主要是君山自己选育的银针1号、银针2号。君山银针采摘标准为全芽头,要求芽长25～30毫米,宽3～4毫米,芽蒂长约2毫米,芽头肥壮重实,坚持十不采,即:不采开口芽、弯曲芽、空心芽、紫色芽、风伤芽、虫伤芽、病害芽、弱芽、雨水芽和露水芽。一般于清明前4天左右开采,最迟不超过清明后10天。

从茶树上拣采芽头,放入衬有白布或皮纸的茶篮中,防止擦伤芽头和茸毛。茶芽采回后,拣剔除杂,方可付制。

君山银针制造工艺精细而又别具特色,分杀青、摊凉、初烘、初包、复烘、摊凉、复包、足火八道工序。全程历时4天左右。杀青:手工杀青在斜锅中进行,锅子在鲜叶杀青前打磨光滑,火温掌握"先高(120℃～130℃)后低(80℃)",每锅投叶量300克左右。茶叶下锅后,两手轻快翻炒,动作要轻巧,切忌重力摩擦,防止芽头弯曲、脱毫、茶色深暗,约经4～5分钟,牙蒂萎软,青气消失,发出茶香,减重率达30%左右,即可出锅。近年来,为提高茶叶在杯中的竖直率,采用蒸青来杀青。摊凉:杀青叶出锅后,盛于小篾盘中,轻轻扬簸数次,散发热气,清除细末杂片,摊凉2～5分钟,即可初烘。初烘:放在炭火灶上初烘,温度掌握在50℃～60℃,每隔2～3分钟翻动1次,烘至五六成干。初包:初烘叶稍经摊凉,即用牛皮纸包好,每包1.0～1.5千克,置于无味的木箱或铁箱内,放置40～48小时,进行初包闷黄,促使君山银针特有色香味形成,是君山银针的重要工序。由于包闷时氧化放热,包内温度逐步升高,24小时后可能达到30℃左右,应及时翻包,以使转色均匀。

初包时间长短,与气温密切相关。当气温20℃左右,约40小时,气温低应适当延长。待芽色呈现橙黄色时为适度,银针品质风格基本形成。复烘与摊凉:复烘温度50℃左右,时间约1小时,烘至八成干即可,若初包变色不足,即烘至七成干为宜。下烘后进行摊凉,摊凉的目的与初烘后相同。复包:方法与初包相同。历时20小时左右。待茶芽色泽金黄,香气浓郁即为适度。足火:足火温度50℃～55℃,烘量每次约0.5千克,焙至足干止。

加工完毕,按芽头肥瘦、曲直、色泽亮暗进行分级。以壮实、挺直、亮黄者为上,瘦弱、弯曲、暗黄者次之。

君山银针的贮藏十分讲究。将石膏烧熟捣碎,铺于箱底,上垫两层皮纸,将茶叶用皮纸分装成小包,放在皮纸上面,封好箱盖。只要注意适时更换石膏,银针品质经久不变。

君山银针属芽茶,因茶树品种优良,树壮枝稀,芽头肥壮重实,每0.5千克银针茶约2.5万个芽头。君山银针风格独特,产量不多,质量超群,为我国名优茶之佼佼者。君山银针适合用透明的玻璃杯冲泡,冲泡初始,可以看到芽尖朝上、蒂头下垂而悬浮于水面,随后缓缓降落,竖立于杯底,忽升忽降,蔚成趣观,最多可达到三次,故君山银针有"三起三落"之称。最后竖沉于杯底,如刀枪林立,似群笋破土,芽光水色,浑然一体,堆绿叠翠,妙趣横生,历来传为美谈。根据"轻者浮,重者沉"的科学道理,"三起三落"是由于茶芽吸水膨胀和重量增加不同步,芽头比重瞬间变化而引起的。

君山银针芽头肥壮,紧实挺直,芽身金黄,满披银毫,称为"金镶玉",汤色橙黄明净,香气清纯,滋味甜爽,叶底嫩黄匀亮。君山银针由于优秀的品质,在1956年莱比锡博览会上赢得金质奖章。

(刘 新 詹罗九)

(二)蒙顶黄芽

蒙顶黄芽产于四川省名山县蒙顶山(简称"蒙山"),蒙顶山因"雨雾蒙沬"而得名。蒙顶山位于四川省雅安市境内,四川盆地西南部,横亘于名山县城西北侧,山势北高南低,呈东北—西南带状分布,延伸至雅安境内。山体长约 10 公里,宽约 4 公里。蒙顶五峰环列,状若莲花,最高峰上清峰,海拔 1456 米。蒙顶山的海拔高度、土壤、气候等最适合茶叶的生长。

蒙顶山是茶和茶文化的发祥地之一,早在 2000 多年前的西汉时期,蒙山茶祖师吴理真就开始在蒙顶驯化栽种野生茶树,开始了人工种茶的历史。

蒙顶山得天独厚的自然条件,孕育了蒙山茶优良的品质。蒙山茶在唐宋时期极负盛名,从唐玄宗天宝元年(724)被列为贡品,蒙山皇茶园的茶叶作为天子祭祀天地祖宗的专用品,一直沿袭到清代,历经 1200 多年。蒙顶茶的声名远扬使之成为历代文人墨客吟诵的对象。元代赞扬蒙山茶的有"扬子江心水,蒙山顶上茶"。唐代大诗人白居易《琴茶》诗有"琴里知闻惟渌水,茶中故旧是蒙山"的吟唱。唐代黎阳王《蒙山白云岩茶》诗有"闻道蒙山风味佳,洞天深处饱烟霞……若教陆羽持公论,应是人间第一茶"的慨叹。宋代诗人文同《蒙顶茶》诗有"蜀土茶称圣,蒙山味独珍"的赞颂。唐宋大家孟郊、韦处厚、欧阳修、陆游、梅尧臣等,都留下不少以蒙山茶为题的诗文。明清时代的诗文题词则更为丰富,当代诗人、文学艺术家也留下了许多吟诵蒙山茶的华章佳句。

蒙顶茶是蒙山所产名茶的总称,一些传统品类的名茶都被保留下来,并加以改进提高。有黄芽、甘露、石花、米芽、万春银叶、玉叶。现主要生产蒙顶甘露,蒙顶黄芽作为黄茶产品得以保持和发扬。

蒙顶山区气候温和,年平均温度 14℃～15℃,年平均降水量 2000～2200 毫米,从初春开始,烟雨蒙蒙,阴雨天长达 200 多天,而且夜间雨量约占总雨量的三分之二以上,真是"天漏中心夜雨多"。年日照量仅 1000 小时左右,一年中雾天多达 280～300 天。雨多、雾多、云多,是蒙山的特点。蒙山冬无严寒,夏无酷暑,四季分明,雨量充沛,茶园土层深厚,pH 值 4.5～5.6,适宜茶树生长。所以人们说,蒙山上有天幕(云雾)覆盖,下有精气(沃壤)滋养,是茶树生长的好地方。

适制蒙顶黄芽的茶树品种有福鼎大白茶、名山特早 213、名选 311、四川中叶种等品种。蒙顶黄芽采摘于春分时节,当茶树上有百分之十左右的芽头展开,即可开园。选采肥壮的芽和一芽一叶初展的芽头。要求芽头肥壮匀齐。采摘时严格做到"五不采",即紫芽、病虫为害芽、露水芽、瘦芽、空心芽不采。采回的嫩芽要及时摊放,及时加工。

蒙顶黄芽制造分杀青、初包、复炒、复包、三炒、堆积摊放、四炒、烘焙、包装入库九道工序,由于芽叶特嫩,要求制工精细。杀青:用口径 50 厘米左右的平锅,锅壁表面平滑光洁。当锅温升到 100℃左右,均匀地涂上少量炒茶油。待锅温达 130℃时,即可开始杀青。每锅投入嫩芽 120～150 克,历时 4～5 分钟,当叶色转暗,茶香显露,芽叶含水率减少到 55%～60%,即可出锅。初包:包黄是形成蒙顶黄芽品质特点的关键工序。将杀青叶迅速用草纸包好,使初包叶温保持在 55℃左右,放置 60～80 分钟,中间开包翻拌一次,促使黄变均匀。待叶温下降到 35℃左右,叶色呈微黄绿时,进行复锅二炒。复炒:锅温 70℃～80℃,炒时要理直、压扁芽叶,含水率下降到 45% 左右,即可出锅。出锅叶温 50℃～55℃,有利于复包变黄。复包:复炒以后,为使叶色进一步黄变,形成黄色黄汤,可按初包方法,将 50℃左右的复炒叶进行包置,经 50～60 分钟,叶色变为黄绿色,即可复锅三炒。三炒:操作方法与复炒相同,锅温 70℃ 左右,炒到茶条基本定型,含水率 30%～35% 时即可。堆积摊放:目的是促进叶内水分均匀分布和多酚类化合物自动氧化,达到黄叶黄汤的要求。将三炒叶趁热撒在细篾簸箕上,摊放厚度 5～7 厘米,盖上草纸保温,堆积 24～36 小时,即可四炒。四炒:锅温 60℃～70℃,以整理外形,散发水分和闷气,增进香味。起锅后如发现黄变程度不足,可继续堆积,直到色变适度,即可烘焙。烘焙:烘顶温度保持 40℃～50℃,慢烘细焙,以促进色香味的形成。烘至含水率 5% 左右,下烘摊放。包装入库:茶叶下烘摊凉,茶叶按质量归类,经过检验、定级、定量包装。包装好的茶叶及时入库妥善保存。

蒙顶黄芽的品质特点是外形扁直,色泽微黄,芽毫毕露,甜香浓郁,汤色黄亮,滋味鲜醇回甘,叶底全芽,嫩黄匀齐。为蒙山茶中的极品。

(刘 新 詹罗九)

（三）温州黄汤

温州黄汤产于浙南泰顺、平阳、瑞安、永嘉等县，品质以泰顺东溪和平阳北港（南雁荡山区）所产为最好。黄汤始于清代，距今已200余年。

温州黄汤清明前开采，采摘标准为细嫩多毫的一芽一叶和一芽二叶初展，要求大小匀齐一致。

温州黄汤制造分杀青，揉捻、闷堆、初烘、闷烘五道工序。杀青：锅温160℃左右，投叶量1～1.2千克，要求杀匀杀透，待叶质柔软，叶色暗绿，即可滚炒揉捻。揉捻：继续在杀青锅内进行，降低锅温，滚炒到茶叶基本成条，减重50％～55％时即可出锅。闷堆：将揉捻叶一层一层地摊在竹匾上，厚约20厘米，上盖白布，静置48～72小时，待叶色转黄，即可初烘。初烘：用烘笼烘焙，每笼投闷堆叶1.2千克左右，烘焙时间约15分钟，七成干时下烘。闷烘：初烘后适当摊凉，收放在布袋内，每袋1～1.5千克，连袋搁置在烘笼上闷焙，掌握叶温30℃左右，经3～4小时达九成干，再经筛簸，剔除片末，复火到足干，即可包装。

温州黄汤的品质特点是，条形细紧纤秀，色泽黄绿多毫，汤色橙黄鲜明，香气清芬高锐，滋味鲜醇爽口，叶底芽叶成朵匀齐。

（詹罗九）

（四）皖西黄大茶

皖西为古代寿州、舒州辖境，唐宋以来盛产茶叶，这里所产的霍山黄芽、天柱香芽等在唐代就盛名远扬，为文人墨客广为传颂，留下文字记载颇多。明代以后，随着炒青制法的出现，皖西一带先后创制出大兰花茶、小兰花茶、绿大茶、绿小茶、黄大茶、黄小茶。大茶一般为一芽三、四叶原料所制，甚至有五、六叶者，叶大梗长，炒焙方法大同小异；小茶为一芽一二叶所制，又称芽茶，多为贡品。关于这些"大茶"的制法和品质特点，古籍中难以寻踪，而流传于民间的乡土口头文学和神话倒是不少。但是随着朝代变迁，也多自生自灭。

据古籍记载，明末"六安芽茶岁额三百斤"解纳供贡，到清康熙年间，实际已增加到六百三十斤，其后也有增无减。这些史料间接地说明了，自明末以来，皖西茶叶生产发展较快，已成为我国长江以北的主要内销茶产区，盛产大兰花茶、绿大茶、黄大茶。

明代许次纾《茶疏》记载："天下名山，必产灵草。江南地暖，故独宜茶。大江以北，则称六安。然六安乃其郡名，其实产霍山县之大蜀山也。茶生最多，名品亦撷，河南山陕人皆用之。南方谓其能消垢腻、去积滞，亦共宝爱，顾彼山中不善制法，就于食铛火薪焙炒，未及出釜，业已焦枯，讵堪用哉。兼以竹造巨笱，乘热便贮，虽有绿枝紫笋，辄就黄萎，仅供下食，奚堪品斗。"这段记述与现时黄大茶大致相似。焦味和闷黄，正是黄大茶的品质特征和制法特点，可见黄大茶至少有四百多年历史了。据《霍山县志》霍山"茶叶远销苏州、京都、山西、山东、张家口和东北一带"。这与现今黄大茶销区亦差不多，皖西黄大茶为安徽霍山、金寨、六安、岳西所产，与上述地区毗邻的湖北英山、河南商城和固始、安徽潜山等地，过去也曾有少量生产，品质最佳者，当数霍山县大化坪、漫水河，金寨县燕子河一带所产。这里地处大别山北麓的腹地，是我国东部茶叶产区的北缘。因有高山屏障，水热条件较好，生态环境宜茶。

黄大茶采摘标准为一芽四、五叶，春茶要到立夏前后才开采，春茶采3～4批，夏茶采1～2批。鲜叶原料比较粗老，但要求茶树长势好，叶大梗长，一个新梢上长4～5片叶子以上，才能制出质量好的黄大茶。这是历史上流传下来的粗放茶叶采摘技术，但"木已成舟"，久而久之便形成一种习惯的传统采摘制度和要求。采回的鲜叶，及时摊放于清洁的场所，以防红变。当天采的鲜叶应当天制完。

黄大茶制造分炒茶（杀青和揉捻）、初烘、堆积、烘焙（拉毛火和拉足火）四道工序。炒茶：分生锅、二青锅、熟锅，三锅相连，顺序操作。炒茶锅用普通饭锅，砌成三锅相连的炒茶灶，锅呈25～30度倾斜。炒茶扫把用毛竹枝扎成，长1米左右，竹枝一端直径约10厘米。炒茶方法，当地茶农概括为三句话："第一锅满锅旋，第二锅带劲，第三锅钻把子"。生锅主要起杀青作用，锅温180℃～200℃，投叶量0.25～

0.5千克,叶量多少视锅温和操作技术水平而定。炒法是用炒茶帚在锅中旋转炒拌,叶子跟着旋转翻动,均匀受热失水,要转得快,用力匀,结合抖放茶叶,时间约1～2分钟。待叶质柔软,叶色暗绿,即可扫入第二锅内。二青锅主要起继续杀青和初步揉条的作用,锅温比生锅略低。因茶与锅壁的摩擦力比较大,用力应比生锅大,所以要"带把劲",使叶子随着炒茶扫帚在锅内旋转,开始搓卷成条,同时要结合抖散茶团,透发热气,当叶片皱缩成条,茶汁粘着叶面,有粘手感,即可扫入熟锅,熟锅主要起进一步做细茶条的作用,锅温比二青锅更低,约130℃～150℃,此时叶子已经比较柔软,用炒茶扫帚旋炒几下,叶子即钻到帚把内竹枝间,有利于做条,稍稍抖动,叶子则又散落到锅里,这样反复操作,使叶子吞吐于竹帚内外,把杀青失水和搓揉成条巧妙地结合起来。这与炒青绿茶先杀青后揉捻的制茶技术显然不同,既可利用湿热条件下叶子较柔软,可塑性好的机会,促进粗老叶子成条,又可以克服冷揉时断梗、碎片、露筋等弊病。炒至条索紧细,发出茶香,约三四成干,即可出锅。初烘:炒后立即进行初烘,用小烘篮炭火烘焙。温度120℃左右,投叶量2.0～2.5千克,高温快烘。2～3分钟翻烘一次,烘至七八成干,有刺手感,茶梗能折断,即为适度,下烘堆积。堆积:堆积是黄变的主要过程。将初烘叶趁热装篓,稍加压紧,高约1米,置于高温干燥的烘房内,时间长短与鲜叶老嫩、茶坯含水量有关,一般5～7天。待叶色变黄,香气透露,即为适度。目前堆积过程一般在茶叶收购站或茶厂进行,收购的黄大茶,先拉毛火,烘到九成干,而后堆积闷黄。烘焙:烘焙是利用高温进一步促进色香味的变化,以形成黄大茶特有的品质特征。采用栎炭明火高温烘焙,温度130℃～150℃,每大烘篮投叶12千克左右。和瓜片拉老火相似,由二人抬烘篮,仅烘几秒钟就翻动一次。火功要高,时间要足,色香味才能达到充分发展。待烘到茶梗一折即断,梗心呈菊花状,口嚼酥脆,焦香显露,茶梗金黄,叶色黄褐起霜即为适度。时间约40～60分钟。下烘后趁热踩篓包装。

黄大茶的品质特点是,外形梗壮叶肥,叶片成条,梗条相连形似钓鱼钩,梗叶金黄显褐,色泽油润,汤色深黄显褐,叶底黄叶显褐,滋味浓厚醇和,具有高爽的焦香。黄大茶产品按品质优次分3级6等。

当地人俗称黄大茶:"古铜色,高火香,叶大能包盐,梗长能撑船。"这是茶文化中运用夸张手法之一例,生动形象。黄大茶大枝大叶的外形在我国诸多茶类中确实少见,已成为消费者判定黄大茶品质好坏的标准。它说明制造黄大茶的鲜叶原料长势好,梗长叶肥,内含物丰富。

(詹罗九)

八、黑茶种类

黑茶是中国传统六大茶类中最有特色的一大类。由于其原料多利用绿毛茶再加工制成,亦称"后发酵"茶类。如四川边茶、湖南安化黑茶、广西六堡茶、湖北老青茶和云南普洱茶等。

（一）四川边茶

四川是黑茶主要生产基地。亦是传统边销茶的发源地。主要产区是雅安、乐山、绵阳、成都、达县、宜宾等地区。按销路分南路边茶(康砖、金尖)和西路边茶(方包、茯砖)两大类。主销西藏、四川甘孜、阿坝,青海玉树等少数民族地区。南路边茶主要产地是四川雅安、乐山、荥经和宜宾地区,集中在雅安和荥经地区定点生产茶厂精制。因产地在成都以南,故称南路边茶。主要代表品种为"康砖"和"金尖"。

1. 南路边茶

南路边茶是采制茶树枝叶加工而成的,原料比较粗老。按鲜叶采收方式,分为"刀割"和"手采"两种;按初制方法,有"毛庄"和"做庄"两类不同制法,以"做庄"制法品质较好。

原料品质特点:经过初制的"做庄茶"要求外形卷褶成"辣椒形",色泽棕褐油润;香气纯正,有老茶香;滋味醇和;汤色黄红明亮;叶底棕褐粗老。

毛庄茶:

毛庄茶,也称金玉茶。是目前边茶原料生产中最普通的一种。主要利用修剪枝叶,适当切铡后高温杀青,不经揉捻和沤堆而直接干燥,干燥方法比较简单,锅炒、烘干或晒干均可。这种茶叶质粗老不成条,外形松扁,叶色枯黄,但不应有异味和夹杂物,内质不如做庄茶。

做庄茶:

原料杀青后经多次沤堆"发酵"及蒸、揉,再进行干燥的称为"做庄茶"。该茶条索较紧卷,似"辣椒形",色泽棕褐油润,香气纯正,滋味醇和,汤色黄红明亮,无杂质异味,品质优于毛庄茶。

四川省雅安地区是"做庄茶"主要产区,习惯生产传统"做庄茶",但其工艺繁琐,时间太长,生产工具落后。近年来,雅安茶厂技术人员进行"做庄茶"工艺改革,创造"做庄茶"革新工艺,步骤包括蒸汽杀青、揉捻、沤堆发酵、干燥。蒸汽杀青:将鲜叶放入蒸桶在锅内或蒸汽下(100℃~108℃)蒸数分钟,高压蒸汽则1~2分钟,待叶色变黄,叶质变软即可。揉捻:初揉和复揉均趁热进行。第一次在蒸汽杀青后不加压揉3~6分钟,促使梗叶分离。第二次在初干后轻压揉5~6分钟,揉桶不要装得太满,边揉边加压,促使成条和叶组织破损,便于物质转化方便熬煮。沤堆发酵:革新后的沤堆发酵仍分自然沤堆发酵和加温保湿发酵两种,根据条件不同因地制宜。自然沤堆发酵:即将揉捻叶趁热放置室内干燥地面,做成1.7~2米高、宽度不限的茶堆。堆面用麻袋或白布盖严,以保持温湿度,2~3天后,堆面开始有热气冒出,堆心温度上升到65℃~70℃,就开堆将堆面和周围的叶片翻入堆心,再沤3~4天,待"露水"下沉,叶色变褐即为适度。加温保湿发酵:据雅安茶厂等单位研究,粗茶原料的非酶自动氧化反应在65℃~70℃,相对湿度90%~95%,供氧充足,空气流通,茶叶含水28%左右时,只需36~38小时即可完成。水浸出物含量可提高2%。茶香明显,滋味醇和,汤色红亮,叶底色泽均匀。因此,在有条件的茶厂,适当增加投资,建成加温保湿发酵室,即可进行此作业。发酵室不宜修得太大,且保温和透气性均要良好。干燥:沤堆后的茶叶,含水量都在30%以上,马上进行干燥处理。目前,主要使用6CH-16型烘干机或900型瓶炒机。一般分两次

进行,第一次(毛火)达到20%含水量(六七成干),第二次达到八九成干(含水量14%~16%)。

南路边茶是压制"康砖"和"金尖"的原料茶。史上曾分二等六级:上等细茶分毛尖、芽细、康砖三种;中等称为粗茶,分金尖、金玉、金仓三种,品质顺序下降。目前经简化工艺后只生产康砖和金尖两种花色。康砖原料品质优于金尖,两者的压制工艺基本相同,只是单位重量不同而已,分称茶、蒸茶、筑包、定型和包装等工序。

(刘勤晋 <u>陆启清</u> 程启坤)

2. 西路边茶

西路边茶是四川都江堰市(灌县)和北川、平武一带生产的边销茶,用竹篾包装。专销四川阿坝藏族自治州和青海藏区。过去都江堰所产的为长方形包,称方包茶,北川、平武所产的为圆形包,称圆包茶。还有制成与湖南安化相同的茯砖茶。目前只生产方包和茯砖二种规格。

西路边茶的原料比南路边茶更为粗老,以刈割1~2年生枝为原料,是一种最粗老的茶叶。产区大都实行粗细兼采制度,在春季采摘一次细茶以后,再刈割边茶。有的一年刈割一次边茶,称为"单季刀",边茶产量高,质量也好,但细茶产量低。有的两年刈割一次边茶,称"双季刀",有利于粗细茶兼收,但边茶产量较低。有的隔几年刈割一次边茶,称"多季刀",茶枝粗老,质量差,不能适应产销要求。

西路边茶初制工艺简单,采割后的枝叶,经适当切铡高温杀青后直接烘干或晒干即可。毛茶色泽枯黄。含梗量20%的作为茯砖;含梗量60%左右的作为方包茶原料。

(刘勤晋 <u>陆启清</u> 程启坤)

(二)湖北老青茶

老青茶主产于湖北省咸宁地区的蒲圻、咸宁、通山、崇阳、通城等县,湖南省临湘县也有生产。据《湖北通志》记载:"同治十年(1872),重订崇、嘉、蒲、宁、城、山六县各局卡抽派茶厘章程中,列有黑茶及老茶

二项。"这里讲的老茶即指老青茶。可见老青茶已有140多年的生产历史了。1890年前后，在蒲圻羊楼洞开始生产炒制的篓装茶，即将茶叶炒干后，打成碎片，装在篾篓里（每篓2.5千克），运往北方，称为炒篓茶。以后发展为以老青茶为原料经蒸压制成老青砖茶。

用以压制青砖茶的老青茶分面茶与里茶两种，面茶较精细，里茶较粗放。

老青茶鲜叶采割标准通常按茎梗的皮色来划分，一般分三个等级：一级茶（洒面茶）以青梗为主，基部稍带红梗。二级茶（二面茶）以红梗为主，顶部稍带青梗。三级茶（里茶）为当年生红梗，不带麻梗。采割时间有三种形式：第一种是一年采割两次面茶，第一次小满至芒种采割，第二次立秋至处暑采割。第二种是一年采割隔冬茶一次和面茶一次，隔冬茶在惊蛰前后采割，面茶在夏至前后采割。第三种是一年只采割一次茶（面茶或里茶），夏至前后采面茶，或小暑、大暑间采里茶（有时甚至延至立秋）。

老青茶面茶制造工艺较精细，里茶较粗放。面茶的制造工序为：杀青、初揉、初晒、复炒、复揉、渥堆、干燥。里茶的制造工序为：杀青、揉捻、渥堆、干燥。杀青：一般使用锅式或筒式杀青机，锅温300℃～380℃，杀青时，高温短时，以闷炒为主，做到杀匀杀透，不生不焦。如鲜叶叶质粗硬或天气干燥，叶子含水分较少时，可适当洒些水分，再进行杀青。当叶色变为暗绿，叶质变得柔软，发出香气时即可出茶。杀青完成，出茶要迅速，防止烟焦。初揉：老青茶必须趁热揉捻。40型揉捻机可揉杀青叶7～8千克，55型揉捻机可揉20～25千克。揉捻加压时要由轻到重，逐步加压，揉捻时间8～12分钟。当茶汁揉出，茶片卷皱，初具条形为适度。初晒：初揉叶出晒是将揉后的茶坯放在清洁卫生的水泥场上或晒垫上晒，以蒸发部分水分，使初揉叶形成的外形得以固定。在晒的过程中注意经常翻动，晒至茶条略感刺手，握之有爽手感，松手有弹性，含水量约35％～40％，即可收拢成堆，使时间水分重新分布均匀。复炒：初晒后的茶坯在炒锅中复炒加热，使其受热回软，以利复揉成条。复炒温度，约160℃～180℃。采用加盖闷炒，约1.5～2分钟，待盖缝冒出水汽，手握复炒叶柔软，立即出锅，趁热复揉。复揉：复揉在中、小型揉捻机中进行，目的是使茶条进一步卷紧，揉出茶汁，以利渥堆。复揉时，小型揉捻机2～3分钟，中型揉捻机4～5分钟，从轻到重的方式加压，但以重压为主，以提高叶细胞组织破损，增加茶汤浓度。渥堆：复揉后的茶坯按里茶和面茶用铁耙分别筑成长方形小堆，边缘部分要踩紧踩实，以便茶堆温度上升。要求洒面、二面茶坯的含水量为26％，里茶为36％，一般渥堆两次，中间翻堆一次。约经3～5天，面茶堆温达到50℃～55℃，堆顶布满红色水珠，叶色变为黄褐色；里茶堆温达到60℃～65℃，堆顶满布猪肝色水珠，叶色变为猪肝色，茶梗变红，即为第一次渥堆适度。这时要进行翻堆，用铁耙将茶堆扒开，打散团块，将边缘部分翻到中心，堆底部分翻到堆顶，重新筑堆。再经3～4天，待茶堆重新出现上述水珠和叶色，原有粗青气已消失，含水量接近20％左右，手握之有刺手感，即为渥堆适度，应及时翻堆出晒。渥堆时间的长短，因茶坯含水量多少、茶堆大小和气温高低不同有较大差异。为了正确掌握渥堆时间，必须勤加检查，做到三多：多看，看堆面水汽变化；多摸，用手插入堆内，试探堆温；多嗅，一般开始为水气味，逐步出现青臭气味、酸气味，到后期发出香气时，即为渥堆适度。干燥：老青茶干燥采用晒干法，但最好还是采用烘干机干燥。晒干时，为避免泥沙和其他夹杂物混入茶内，应摊放在水泥场上或晒垫上晒干，切忌晒在泥地上。晒至手握茶条感觉刺手，茶梗一折可断，含水量13％左右即可。

老青茶的品质要求，一级茶（洒面）条索较紧，稍带白梗，色泽乌绿。二级茶（二面）叶子成条，红梗为主，叶色乌绿微黄。三级茶（里茶）叶面卷皱，红梗，叶色乌绿带花，茶梗以当年新梢为度。

（刘勤晋 　陆启清　 程启坤）

（三）湖南黑茶

历史上记载的黑茶，16世纪以前是指四川由绿毛茶经做色后蒸压而成，湖南黑茶在四川黑茶之后，是在初制中做成。据《明史·食货志》记载："神宗万历十三年（1585）……中茶易马，惟汉中保宁，而湖南产茶,其直贱,商人率越境私贩。"可见,当时禁止越四川境内私贩湖茶。16 世纪末期,湖南黑茶兴起。湖南黑茶原产于安化,最早产于资江边上的苞芷园,后转至资江沿岸的雅雀坪、黄沙坪、硒州、江南、小淹等地,以江南为集中地,品质则以高家溪和马家溪为最著名。过去湖南黑茶集中在安化生产,现在产区已扩大到桃江、沅江、汉寿、宁乡、益阳和临湘等地。历史上最盛时期的黑毛茶产量,是光绪年间的年产15 万担。现在黑毛茶产量已超过 50 万担,比 1950 年增加了 4 倍以上。

湖南黑毛茶鲜叶原料是采生长成熟的新梢,采制标准分为四个级别:一级以一芽三四叶为主,二级以一芽四、五叶为主,三级以一芽五六叶为主,四级以对夹叶新梢为主。

湖南黑毛茶加工分杀青、初揉、渥堆、复揉、干燥五道工序。由于原料粗老,杀青前一般要"洒水灌浆"处理,加鲜叶重量 10% 左右的水,再进行杀青(嫩叶、雨水叶、露水叶可不加)。杀青后趁热揉捻,不然不易成条。初揉下机后的茶坯,无需解块即可直接进行渥堆,约 1 天后完成渥堆,复揉后在七星灶上用松柴明火烘干。烘至茎梗折而易断、叶子手捏成末、嗅有锐鼻松香,含水 8%～10%,即为干燥黑毛茶了。

湖南黑毛茶分 4 个等级。高档茶较细嫩,低档茶较粗老。一级茶条索紧卷、圆直,叶质较嫩,色泽黑润。二级茶条索尚紧,色泽黑褐尚润。三级茶条索欠紧,呈泥鳅条,色泽纯净呈竹叶青带紫油色或柳青色。四级茶叶张宽大粗老,条松扁皱折,色黄褐。湖南黑毛茶内质要求香味醇厚,带松烟香,无粗涩味,汤色橙黄,叶底黄褐。

以湖南黑毛茶为原料制成的紧压茶有黑砖茶、花砖茶、茯砖茶和湘尖等,主销新疆、青海、甘肃、宁夏等省区。

(刘勤晋　程启坤　陆启清)

(四)安茶

安茶为历史名茶,创制于明末清初,产于安徽省

祁门县。抗战期间,因战乱安茶市场萎缩而停止生产,1984 年经研制恢复生产。

安茶的主产地是祁门县西南的芦溪乡。鼎盛时期还包括平里、祁红、渚口三个乡的一部分。地处南宁河、沥水河、查溪河三河汇流交叉。三山环抱,茶园多为洲地,土壤肥沃深厚,周围竹木茂盛,水波荡漾,为安茶的生产提供了得天独厚的生态环境。

安茶已有 200 多年的产销历史,享有极高的荣誉,被誉为"圣茶"。据博宏颠著《祁门之茶叶》记载:"红茶之外尚有安茶之制造……如南乡(芦溪)周义顺之产品,有百余年之历史,在两广颇负盛名,岭南郎中方珍常用安茶作药饮,亦可见珍贵,固也有相当之价值……今年(民国二十二年)尚有少数安茶之制造,为数仅二千担,专运两广销售。"在许正的《安徽茶叶史略》中写道:"清光绪以前,祁门原制青茶,远销两广,制造类似六安,俗称'安茶',在粤东一带博得好评。"安茶,民间称为软枝茶,属于黑茶。明成祖永乐年间(1403～1425)编撰的《祁闻志》中,就有"软枝茶"的记载,其卷第十《物产、木果》中云:"茶则有软枝,有芽条,人亦颇资其利。"软枝茶徽属各县均有生产,但衍化成安茶后,却只有祁门一县生产。1932 年祁门南乡有"安茶"号达 47 家,最享盛名的属"周义顺"安茶。抗战期间因战乱安茶市场萎缩而停止生产,1984 年研制恢复生产,注册了国松牌安茶商标,做响安茶品牌,让历史名茶(安茶)发扬光大。

安茶的采摘必须在谷雨前后不超过 10 天以内进行,采摘标准掌握一芽二叶,一芽三叶或对夹叶。制作分初制和精制两个阶段。初制由茶农手工操作,精制由安茶行、茶号进行。安茶恢复以后,初精制合并由茶厂进行,初制采用机械操作。

初制,分杀青、掇拾、晒坯、烘干四道工序。杀青与掇拾同炒青绿茶,晒坯兼有微发酵作用,烘干分初干与足干。毛茶色泽泛黑而有光泽。

精制,分筛分、撼簸、拣剔、拼和、复烘、露茶、蒸软、装篓、烘干、成型等工序。筛分前毛茶先复火,再用九套竹筛按顺序分出 1～9 个分号茶,然后用撼盘簸去茶中黄片,拣剔除去茶梗、杂物,拼配匀堆后再次烘干。把这种烘过的号头茶在晴天夜晚用竹簟摊于室外露一夜,次晨收起,用木甑置水锅上蒸软(3

分钟),趁热装入内衬箬叶的椭圆形篾篓中,用力压实,两篓为一件(重 1.25 千克),每 3 小件用篾扎成一条,置于木架上,盖以棉袄架上置炭火,烘至足干。最后,将 10 条用篾衬箬叶扎成一大件,重约 37.5 千克,即为精制安茶。

(刘　新)

(五)六堡散茶

六堡散茶因原产于广西苍梧县六堡乡而得名,已有 200 多年的生产历史。历史上六堡茶区中最有名的是恭州村及黑石村。现在六堡散茶产区相对扩大,分布在浔江、郁江、贺江、柳江和红水河两岸,除苍梧县外,贺县、横县、恭城、钟山、富川、贵县、三江、河池、柳城等 20～30 个县也有六堡茶的生产。主产六堡散茶的梧州地区,年平均气温 21.6℃,年降雨量 1200 多毫米,土层深厚,适宜茶树生长,1 月份平均温度 12.4℃,因此几乎全年都能萌芽生长。

六堡茶是采摘当地群体品种一芽二、三叶或一芽三、四叶,经杀青、揉捻、沤堆、复揉、干燥五道工序而制成。杀青:杀青锅温在 160℃左右,茶叶下锅时有"啪啦"之声,叶温不超过 70℃为宜。手工杀青,每锅投茶青 2～2.5 千克。杀青机杀青,每次投入 7 千克左右。一般杀青 5～6 分钟,到叶质柔软,茶梗折不断,叶色转为暗绿,茶叶有些粘手,青草气消失,发出茶香为适度。揉捻:揉捻以整形为主,细胞破损为辅。加压不宜过久,一般是轻揉。在揉捻过程中,要 1～2 次用手或解块机解块,并及时分筛。揉捻时间,一、二级茶青揉 40 分钟左右,三级茶青揉 45～50 分钟。沤堆:沤堆是将揉好的茶叶放入竹箩内或堆放在竹席上进行发酵,这是六堡茶加工的一道特殊工序。通过沤堆的湿热作用,破坏叶绿素,使叶底颜色变为黄褐色,减轻苦涩味,汤色加深呈黄红色,滋味变醇。这是决定六堡茶色、香、味品质特征的关键措施,一般堆高 30～50 厘米,放入箩内,每箩茶坯 15 千克左右。气温高,又是嫩叶时可堆薄一些,气温低时或叶子老可堆厚一些,并稍加压实。沤堆的具体时间视天气情况和叶质老嫩而定。雨天、气温低、叶质老的沤堆时间略长;天晴、气温高、叶质

嫩的,沤堆时间可略短些。总之,当叶色由黄转为深黄带褐色,并出现粘汁,发出醇香即为适度。在堆沤过程中,茶堆温度以 40℃左右为宜,超过 50℃会烧堆,造成叶底变黑,滋味淡薄。当茶温达到 50℃左右,要及时翻堆散热,以免烧坏茶叶。

复揉:茶叶经过发酵,原来已揉好的茶条会松散,通过复揉,可使茶汁相互滋润,干湿一致。复揉前最好用低温烘 7～10 分钟。复揉方法要轻压轻揉,揉 5～6 分钟,到条索紧结为止。

干燥:干燥以松柴明火烘干。分毛火、足火两次烘干。打毛火:茶坯摊放在焙筛上,置于烘茶焗或烘筛上,用松柴明火烘。叶厚 3 厘米,烘温为 80℃～90℃,每隔 5～6 分钟翻拌一次,烘到六七成干时下焙。摊凉半小时。打足火:叶厚 6 厘米,焙温 50℃～60℃,文火慢焙。煤烘 2～3 小时,一直到茶梗一折即断,手捏成粉末,抓茶有响声即可。

六堡茶的品质特点是,条索长整尚紧,色泽黑褐光润,汤色红浓,明净似琥珀色,香气醇陈,滋味甘醇爽口,叶底呈铜褐色,并带有松烟味和槟榔味。

六堡茶有散茶和篓装紧压茶两种(篓装茶在紧压茶中介绍),六堡茶可直接饮用,民间常把已贮存数年的陈六堡茶,用于治疗痢疾、除瘴、解毒。

六堡茶除内销广东、广西外,还远销香港、澳门、新加坡、马来西亚、日本等地。

(刘勤晋　程启坤　陆启清)

(六)普洱茶

普洱茶原产云南省,古今中外负有盛名。2007 年获得了原产地证明商标的保护。普洱茶生产历史悠久,据南宋李石《续博物志》记载:"西藩之用普茶,已自唐朝。"西藩,是指居住在康藏地区的兄弟民族,普茶就是普洱茶。可见早在唐代就有普洱茶的贸易了。清代赵学敏《本草纲目拾遗》写道:"普洱茶出云南普洱府……产攸乐、革登、倚邦……六茶山。"普洱府即现在的普洱市,是当时滇南的重镇,周围各地所产茶叶运至普洱府集中加工,再运销康藏各地,普洱茶因此得名。现在,云南西双版纳、思茅等地仍盛产

普洱茶。

普洱茶主产区位于澜沧江两岸,在北纬 25°以南的滇南、滇西南地区,包括思茅、西双版纳、红河、文山、保山、临沧等地州(市)。受太平洋季风的影响,属于热带高原型湿润季风气候。植被为热带常绿阔叶、落叶阔叶混交季雨林。海拔在 1200～2500 米,年平均温度在 15℃～20℃,大于 10℃的活动积温 6000～8000℃,年降雨量 1200～2500 毫米,年平均相对湿度 75%～80%,土壤为红壤、黄壤、砖红壤、赤红壤为主,土层深厚肥沃,有机质丰富,pH 4～6 之间。自然条件非常适宜大叶种茶树生长发育。由于短跨度内地形高低悬殊,气候垂直变化显著,因而干湿季分明。优质普洱茶多产于海拔 1500～2000 米的高山茶区。

普洱茶是用优良品种云南大叶种,采摘其鲜叶,经杀青后揉捻晒干的晒青茶(滇青)为原料,经过泼水堆积发酵(沤堆)的特殊工艺加工制成。

普洱茶主要加工技术环节是:杀青:大多采用锅式杀青,因大叶种茶鲜叶含水量高,杀青时必须进行闷抖结合,使茶叶失水均匀,从而达到杀透杀匀的目的。揉捻:要根据原料的老嫩程度来灵活掌握,嫩叶要轻揉,揉时要短;老叶要重揉,揉时要长。当揉至基本成条即为适度。晒干:利用日光照射,薄摊后晾干,晒至茶含水量达 10%左右为适度。没有阳光时也可采用烘烤的办法使茶叶干燥,但烘干的茶叶对于加工普洱茶来说往往较晒干的差。后发酵(微生物固态发酵):是指干毛茶经加水后的发酵,这也是促使普洱茶色香味品质形成的关键工序。先将干毛茶匀堆,再泼水使茶叶吸水受潮,然后堆成一定的厚度,让其自然发酵。经过若干天堆积发酵和无数次翻堆以后,茶叶色泽变褐红,产生特殊的陈香味,滋味变得浓纯而醇和。晾干:茶叶后发酵达到适度以后,扒堆进行晾茶,使其散发水分,自然风干。筛分:干燥以后的茶叶,先解散团块,待茶叶松散成条后,再进行筛分分档,制成普洱散茶。普洱散茶经包装后便可供应市场。

普洱散茶外形条索粗壮肥大,色泽乌润或褐红(俗称猪肝色),滋味醇厚回甘,并具有独特的陈香。普洱茶,历来被认为是一种具有保健功效的饮料。

现经国内外有关专家的临床试验证明,普洱茶具有降低血脂、减肥、抑菌、助消化、暖胃、生津、止渴、醒酒解毒等多种功效。因此,普洱茶在日本、法国、德国、意大利、香港、澳门等国家和地区有"美容茶"、"减肥茶"、"益寿茶"和"窈窕茶"之美称。

以普洱散茶为原料,蒸压加工成的紧压茶有:普洱沱茶、七子饼茶(圆茶)、普洱茶砖等(在紧压茶章节中介绍)。

除云南省外,广东省也生产少量普洱茶。

(周红杰　程启坤　陆启清)

九、再加工茶

再加工茶是以基本茶类的茶叶为原料,经再加工而形成的茶叶产品。根据再加工方法的不同,可分为紧压茶、花茶、袋泡茶、固体茶、茶饮料等几个类别。

(一) 紧压茶

亦称"压制茶"。散茶或半成品茶经蒸压而制成一定形状的团块茶。我国古代就有紧压茶的生产,唐代的蒸青团饼茶,宋代的龙团凤饼茶,都是采摘茶树鲜叶,经蒸青—捣研—压模成型—烘干而成的。现代的压制茶,大都是以已加工成的黑毛茶、绿毛茶、红毛茶等为原料,再经过蒸软压制而成的。根据原料茶类的不同,目前我国的压制茶有沱茶、普洱方茶、米砖茶、湘尖茶、黑砖茶、花砖茶、茯砖茶、青砖茶、康砖茶、金尖茶、方包茶、六堡茶、紧茶、圆茶、饼茶、固形茶等。紧压茶是重要的边销茶,主销西藏、新疆、甘肃、内蒙等地,外销俄罗斯、蒙古等国。

1. 茯砖茶

茯砖茶产于湖南省益阳市。茯砖茶约在 1860 年前后问世。当时用湖南所产的黑毛茶踩压成 90 千克一块的篾篓大包,运往陕西泾阳筑制茯砖。茯砖早期称"湖茶",因在伏天加工,故又称"伏茶",因原料送到泾阳筑制,又称"泾阳砖"。近代湖南安化白沙溪茶厂经过反复试验,1951年在安化就地加工茯砖茶获得成功,随后又在益阳"发花"成功,茯砖茶集中在湖南益阳和临湘两个茶厂加工压制,年产量约2万吨。产品有"益阳"和"临湘"两个商标。20世纪80年代初期,湖北蒲圻羊楼洞茶场,引用湖南茯砖制法,获得成功,年产量500吨左右。

茯砖茶分特制和普通两个级别,它们之间的主要区别在于拼配的原料不同。特制茯砖全部用3级黑毛茶做原料;普通茯砖3级黑毛茶只占到40%～45%,4级黑毛茶占5%～10%,其他茶占50%。

茯砖茶压制要经过原料筛分拼配、沤堆、压制、定型、修整砖形、发花干燥、成品包装等工序。其压制程序采用机械化流水作业加工,减少了体力劳动强度,提高了生产效率。通常一个砖模压制两块茯砖,在流水作业线上,机械自动完成退模、上模、称料、蒸茶、加料、初压、再填料、复压等繁重的作业,人工辅助均茶、加隔板、锁模等工作。压制的茯砖经定型后,进行修整砖形,包装后再送进烘房烘干"发花",茯砖"发花"工序除对烘房温湿度有要求外,一个重要的条件就是要求砖体松紧适度,便于微生物的繁殖活动。烘干的速度不要求快干,整个烘期比黑、花两砖长一倍以上,以求缓慢"发花"。

茯砖茶外形为长方砖形,规格为35×18.5×5厘米。特制茯砖砖面色泽黑褐,内质香气纯正,滋味醇厚,汤色红黄明亮,叶底黑褐尚匀。普通茯砖砖面色泽黄褐,内质香气纯正,滋味醇和尚浓,汤色红黄尚明,叶底黑褐粗老。每片砖净重均为2千克,茯砖茶在泡饮时,要求汤红不浊,香清不粗,味厚不涩,口劲强,耐冲泡。特别要求砖内金黄色霉菌(俗称"金花")颗粒大,干嗅有黄花清香。产品独特的谢瓦氏曲霉香味,强劲的消食解腻功能和醇厚的口感深受维吾尔、蒙古、哈萨克、藏、汉、回民的喜爱,他们把"金花"多少视为检查茯砖茶品质好坏的唯一标志。产品主销新疆、青海、甘肃、陕西等省区,蒙古国也成为茯砖茶消费市场。

(程启坤 刘 新)

2. 康砖和金尖

康砖和金尖是四川南路边茶的两大花色品种。原产于四川雅安和乐山等地,现在,康砖和金尖的原料来源于四川全省各茶区。集中在雅安加工,年产量近万吨。

历史上南路边茶的花色品种很多,现在只生产康砖和金尖。康砖和金尖都是经过蒸压而成的砖形茶。康砖品质较高,金尖品质较次。两者加工方法相同,不同的只是原料品质有差异,砖的形状和大小亦有差别。

筑制康砖和金尖的原料来源广泛,类别也很多,有做庄茶、有级外晒青茶、条茶、茶梗、茶果等。所以毛茶原料必须预先经过整理,通过筛分、切锉整形、风选、拣剔等工序,求索做到沙石、草木除净,梗长适度,还要制成形状匀整的洒面和里茶。再按国家规定的质量标准进行合理配料,经过称茶、蒸茶和筑压等制造工序,制成康砖和金尖。康砖茶每块净重0.5千克,大小规格为17×9×6厘米,为圆角长方体。金尖茶每块净重2.5千克,大小规格为24×19×12厘米,形状也为圆角长方体。

康砖、金尖的品质特点是,康砖外形色泽棕褐,香气纯正,滋味醇和,汤色红浓,叶底花杂较粗;金尖外形色泽棕褐,香气平和,滋味醇和,水色红亮,叶底暗褐粗老。

康砖主销川西和西藏,以康定、拉萨为中心。金尖销区以康定为中心,并转销西藏边远地区。

(程启坤 刘 新)

3. 六堡茶

六堡茶,原产于广西苍梧县的六堡乡,因产地而得名。在清朝嘉庆年间,六堡茶以其特殊的槟榔香味而列为中国名茶之一,至今已有两百多年的历史。现六堡茶的产区已扩大至苍梧县周边各县。

苍梧县的六堡乡位于北回归线北侧,年平均气温21.2℃,年降雨量1500毫米,无霜期33天。六堡乡属桂东大桂山脉的延伸地带,峰峦耸立,海拔1000～1500米,坡度较大。茶叶多种植在山腰或峡谷间,林区溪流纵横,山清水秀,日照短,终年云雾缭绕。六堡大部分为云班石沙岩风化变成黄赤色沙土,含磷、铁质较多。历史上,六堡茶产区有恭州村茶、黑石村茶、罗笛村茶、蚕村茶等,最有名的为恭州村及黑石村茶。据地方志记载,"恭州村所产的茶叶,其地崇山峻岭,树木翳天,所植茶树得水已足,且在高山得雾独多,每当午后,太阳不能照射,则蒸发少,故其茶嫩且厚而大,其味独浓而香。黑石村所产之茶,其山俱为黑石与得水亦足,而茶叶亦大而厚,味亦浓"。除苍梧县产六堡茶外,其他横县、岭溪等地所产茶叶,品质和制法与六堡茶相近,统称为六堡茶。

六堡茶所以受到某些消费者的特别喜爱,有它的历史原因和其具有特殊的品质。泡饮时,汤色红浓明净似琥珀色,香气醇陈,滋味浓醇甘和,有槟榔味,越陈越好。素以"红、浓、醇、陈"四绝而著称,"红"是汤色透澈,深红明亮;"浓"是汤色红浓,滋味醇厚;"陈"是香气陈醇,具有槟榔香;"醇"是滋味甘醇,口感爽滑。茶叶中有"发金花"的,即生有金黄霉菌的最受欢迎。因金黄霉菌能分泌多种酶,使茶叶物质加速转化,形成了特殊的风味,药效也较显著。

六堡茶的采摘标准为一芽二、三叶或一芽三、四叶。制造分原料初制和蒸压两个过程。初制过程经杀青、揉捻、渥堆、复揉、干燥五道工序,然后进入蒸压,包括:初蒸渥堆、复蒸装篓和晾置陈化。初蒸渥堆:根据六堡茶毛茶的干度,精制时首先决定是否需要加水增湿,使一般含水量达10%～12%左右,方法是上蒸30分钟左右,至叶全软为度,这时含水量15%～16%。出蒸后略加摊凉,进行渥堆。渥堆是六堡茶精制的一个关键工序,通过渥堆的湿、热作用,进一步保全茶叶发生变化,色、香、味加浓。渥堆的传统作法是将茶叶蒸后堆置20～30天,茶多酚非本科性继续氧化使茶黄素和茶红素等有色物质增加。六堡茶的茶黄素含量为0.13%,茶红素为18.7%,由于茶红素含量较高,且衍生部分茶褐素,所以六堡茶的叶底呈棕褐色,汤色红浓,滋味醇和。复蒸装篓:六堡茶是篓装紧压茶,装篓时将初蒸渥堆好的半成品再行复蒸5分钟左右,蒸后稍摊凉,待茶叶叶温降至80℃以下即入篓压紧。晾置陈化:六堡茶品要陈化,方法是用篓装存贮于阴凉的泥土库房,至来年运销,才能形成六堡茶的特殊风格。经复蒸包装好的成品茶温度较高,水分较多,因此先要放在阴凉通风的地方,以降低温度,散发水分,经过

6～7天,篓内温度基本上与室温相同,然后把篓堆放在阴凉潮湿的地方进行陈化,经过半年左右,汤色变得更红浓,滋味有清凉爽口感,而且具有槟榔似的陈香,形成六堡茶红、浓、醇、陈的品质特点。

六堡茶有特定的销售市场,历来除广东、广西自销部分外,大部分运销香港、澳门和新加坡等地。

(陆启清 程启坤 刘 新)

4. 青砖茶

老青茶主要产于湖北省咸宁市的蒲圻、咸宁、通山、崇阳、通城等市、县,已有100多年的历史。清代在蒲圻羊楼洞生产,因此又名"洞砖"。青砖茶的砖面印有"川"字商标,所以也叫"川字茶"。近代,青砖茶移至蒲圻赵李桥茶厂集中加工压制。1890年前后,在蒲圻羊楼洞开始生产炒制的篓装茶,即将茶叶炒干后,打成碎片,装在篾篓里(每篓2.5千克),运往北方。称为炒篓茶。约10年后,山西茶商在羊楼洞设庄试制砖茶,其后俄国商人亦在汉口设庄压制。压制工具先是木夹,后改用牛皮夹,进而改用机器压,压成砖形茶,以每箱砖片数命名,分"二七"、"三九"(每片都是2千克)、"二四"(每片3.25千克)、"三六"(每片1.5千克)四种规格。"二七"、"三九"青砖销往西北各地,以包头市为集散地,统称"西口茶";"二四"、"三六"青砖茶销往内蒙,并出口蒙古、前苏联等地,以张家口为集散地,称"东口茶"。近40年来,为统一商品规格,只生产"二七"青砖茶,1910～1915年为青砖茶历史上的盛期,包括湖南、江西流入的一部分原料所制砖茶在内,最高年产量达到2160吨(48万箱,每箱54千克),后因战事纷纷,运输阻塞,产量锐减,直到20世纪50年代,国家扶植边销茶生产,使老青茶生产恢复了生机,1977年产量达到8000多吨,1978～1982年由于边销市场需求发生变化,年产量下降至5000吨以下,1983年年产量又恢复到7000吨,现年产量维持在5000吨以上。

青砖茶的压制分洒面、二面和里茶三个部分。青砖茶面上的一层叫洒面,质量最好,底面的一层叫二面,质量次之,洒面和二面中间夹的一层叫包心

茶,又叫里茶,质量较差。青砖茶的质量高低决定于鲜叶的质量和制茶的技术。鲜叶采割后先加工成毛茶,面茶分杀青、初揉、初晒、复炒、复揉、渥堆、晒干等七道工序,里茶分杀青、揉捻、渥堆、晒干四道工序,制成毛茶。毛茶再经筛分、压制、干燥、包装后,制成青砖成品茶。青砖茶外形为长方砖形,色泽青褐,香气纯正,滋味醇和尚浓,水色黄褐尚明,叶底暗黑粗老。每片青砖重 2 千克(其中洒面、二面占 0.125 千克,里茶 1.75 千克),大小规格为 34×17×4 厘米。

青砖茶饮用时需从茶砖上锯下一块或敲下一块,放进特制的水壶中加水煎煮,茶汁浓香可口,具有清心提神,生津止渴,暖人御寒,化滞利胃,杀菌收敛,治疗腹泻等多种功效,陈砖茶效果更好。青砖煮出的奶茶,香气浓郁,口感细腻、醇和。

(陆启清　程启坤　刘　新)

5. 黑砖茶

黑砖茶原产于湖南安化白沙溪,1939 年前后开始生产。因砖面压有"湖南省砖茶厂压制"八个字,又称"八字砖"。因砖面用凸字字模,兰州市场称黑砖为"鼓字老牌安化黑砖"。现在年产量约 5000 吨,主销甘肃、宁夏、青海、新疆等省区,以兰州为集散地。

黑砖茶的原料,过去分为洒面茶和包心茶两种,洒面茶品质高于包心茶品。压制时包心茶压在里,洒面茶在外。这样做,内外品质不一,压制也较麻烦,20 世纪 70 年代中期,安化白沙溪茶厂进行工艺改革,将面茶和包心茶进行混合压制,不分面茶和里茶,品质一致,同时又简化了压制操作程序,提高了工作效率。黑砖茶砖面上有"黑砖茶"三字,下方有"湖南安化"四字,中部为五角星。

压制黑砖茶的原料:三级黑毛茶占 80%,四级黑毛茶占 15%,其他茶占 5%,总含梗量不超过 18%。这些不同级别的毛茶进厂后,要进行筛分、风选、破碎、拼堆等工序,制成合乎规格的半成品,做到形态均匀,茶坯纯净。半成品再经过蒸压、烘焙、包装等工序,制成黑砖茶。

黑砖茶的外形为长方砖形,规格为 35×18×3.5 厘米,每片砖净重 2 千克。砖面端正,棱角分明,厚薄一致,色泽黑褐,花纹图案清晰,内质香气纯正,滋味醇厚微涩,汤色橙黄微暗,叶底老嫩尚匀。

(陆启清　程启坤　刘　新)

6. 米砖茶

米砖又称"红砖"、"花香砖",是我国唯一的以红茶的片末茶为原料蒸压而成的一种红砖茶。米砖茶的背面印有米字形图案,故称米砖。米砖的生产历史较长,仅次于青砖。

清道光年间宜红问世,1861 年汉口开埠后,英国在汉口设立洋行,大量收购红茶,转运英国和转口西欧各国。此时俄商收买砖茶,1863 年前后俄商在羊楼洞一带出资招人包办监制砖茶。1873 年在汉口建立顺丰、新泰、阜昌三个茶厂,采用机械压制米砖,转运俄国转手出口。原料主要来自湘、鄂、赣、皖四省红茶的片末茶,还从印度、锡兰进口部分茶末。俄国在汉口生产和收购的砖茶,一般是从汉口经上海海运至天津,再船运至通州,再用骆驼队经张家口越过沙漠古道,运往恰克图,最后由恰克图运至西伯利亚和俄国其他市场,后来还动用舰队参加运输,经海参崴转运欧洲。据《海关通商贸易总册》统计,1876 年至 1879 年,米砖出口占汉口总出口量的 13.4%～26%,1879 年出口米砖 7232.8 吨,占当时全国茶叶出口总量的 7.28%,1888 年上升到占全国出口总量的 12.91%,为米砖生产和出口的全盛期,目前年产量千吨左右,主销东口(指张家口)、西口(指包头)及新疆各地,少量销欧美与俄罗斯。由于米砖外形美观,有的西方家庭给米砖配以精制框架放入客厅,作为陈列的艺术品欣赏。

米砖主要由湖北省赵李桥茶厂加工。以红茶的片末茶或低级红茶轧细的碎末,俗称副花香为原料,分里茶、洒面、洒底三种规格,原料经筛分、风选除杂、拼料、蒸茶、装盒、压制、退砖、检磅、干燥、包装等工序压制而成。原生产"七二米砖"和"四八米砖",即每篓装 72 块和 48 块砖茶,现只生产"四八米砖"。砖片规格为长 28.7 厘米,宽 10.7 厘米,厚 2 厘米,重1.125千克。砖面色泽乌润,砖形四角平整,表面光滑,内质香味醇和,汤色深红,叶底均匀色红暗。米砖分为"牌楼牌"、"凤凰牌"、"火车头牌"等牌号。主销新疆与华北,部分出口俄罗斯和蒙古,近年亦有少量远销欧美,是国内砖茶中独树一帜的红砖茶。

(陆启清 程启坤 刘 新)

7. 花砖

"花砖"是由"花卷"茶演变创制出来的。

过去交通困难,茶叶运输不便,圆柱形花卷茶形如"树干",便于牲畜驮运。零售和饮用时,要用钢锯锯开,既不方便,茶末又易损失,造成浪费。另外,在筑造过程中,花工多,成本高,劳动强度大,制作不易。1958年安化白沙溪茶厂适应形势发展,经过多次试验,终于将"花卷"改成砖形茶。规格为35×18×3.5厘米,花砖茶上方压印有"中茶"商标图案,下方压印有"安化花砖"字样,四边印压有斜条花纹。"花砖"名称的由来,一是由卷形改砖形,二是砖面四边有花纹,以示与其他砖茶的区别,故名"花砖"。

花砖形状虽然与花卷不同,但内质基本接近,成为黑茶类的新品种,代替了历史上的花卷茶,受到了销区的赞赏与欢迎。

花砖茶的制造工艺与黑砖茶基本相同。花砖茶原料,过去也分洒面茶与包心茶。20世纪60年代中后期,进行工艺改革,在提高面茶和里茶质量的同时,不分面茶和里茶,进行混合压制。压制花砖的原料成分,大部为三级黑毛茶及少量低档的二级黑毛茶。总含梗量不超过15%。毛茶进厂后,要经筛分、破碎、拼堆等工序,制成合格的半成品,以后进行蒸压、烘焙、包装等。

花砖茶销区以太原为中心,并转销晋东北及内蒙古自治区等地。

(程启坤 刘 新)

8. 千两茶(花卷茶)

"千两茶"是安化的一个传统名茶,也叫花卷茶,以每卷(支)的茶叶净含量合老秤一千两而得名。千两茶具有三个特征:一是竹篾捆束成花格篓包装;二是黑茶原料含花白梗;三是成茶身上有经捆压形成的花纹。"千两茶"以其古朴、大气之风范,被世人冠予"世界茶王"之美名,是中华茶文化之瑰宝。

花卷茶采用湖南安化高家溪和马安溪的优质黑毛茶做原料,用棍锤筑制在长筒形的篾篓中,形成高147厘米、直径20厘米的圆柱体。历史上最盛时期的年产量达到过3万多支(即卷)。

道光元年(1820)以前,陕西商人驻益阳委托行栈汇款到安化定购黑茶,或以羊毛、皮袄换购。受托栈行雇人下乡采买茶叶原料,踩捆成包,以利运输。最初大小形状和重量不一,后来逐渐统一为小圆柱形,重约老秤10斤,称为"百两茶"。清同治年间,晋商"三和公"茶号在"百两茶"的基础上选用较佳原料,增加重量,用棕与篾捆压成圆柱形,每支净重1000两(16两老秤合37.27千克),称为"千两茶"。这种茶主要是晋商经营,又以籍贯不同分为"祁州卷"和"绛州卷"。祁州卷每支重1000两,产量较多;"绛州卷",每支重1100两,数量较少。另外,有老牌本号加料绛州卷,号称"卷王",历史上产量极少。

把茶叶制作成立柱的形状,经过炒、渥、蒸、踩等数道工序,一方面增加了有限体积内茶叶的重量;另一方面是黑茶品质形成之必需。历史上安化边江刘姓家庭加工千两茶,加工工艺不向外传。新中国成立后的1952年湖南省白沙溪茶厂引入技术独家生产,至1958年累计生产48550支,产品全部按国家计划调拨,主销山西、宁夏和陕西等地。1958年后,湖南省白沙溪茶厂以机械生产花砖茶取代了花卷茶。

花卷茶停止生产在市场上销声匿迹多年后,唯恐花卷茶加工生产技术失传,1983年,湖南省白沙溪茶厂聘请一批老技工带领一批青年职工恢复生产,共制作了300余支花卷茶。1997年,湖南省白沙溪茶厂为满足市场需求,又进行了花卷茶生产。花卷茶的原料需经筛制、拣剔、整形、拼堆等程序,然后进行压制,其间需经绞、压、踩、滚、锤等工艺,最后形成长约1.5米,直径为0.2米左右的圆柱体,置于晾架上,经夏秋季节50天左右的日晒夜露(不能淋雨),在自然条件催化下,自行发酵、干燥,长期陈放。近年来,湖南省白沙溪茶厂生产有两种规格的花卷茶,分别为 36.25 千克/支和 3.625 千克/支,在国内主要销往广东省、港台地区市场,在国外主要销往韩国、日本及东南亚等国际市场。

"千两茶"采用纯手工制作工艺,其加工程序从选料、筛分、拣剔、紧压成型到晾置干燥,无任何机械成分,凸显其原始古朴的自然之美。"千两茶"采用安化大叶原料,加工过程中有发烟火焙及"日晒夜露"等特殊干燥工艺,包装采用篾篓棕片、棕叶等,其茶身之大,质量之重,包装之特殊,是一大特色。

(程启坤　刘　新)

9. 云南紧茶

紧茶是产于云南省的一种普洱茶紧压茶。历史上生产紧茶主销西藏和本省藏族地区,年产量近5000 吨。云南紧茶起初是蒸压成带柄的心脏形,又称心沱,具有外形紧结端正,内质汤色橙红,滋味醇厚,香气馥郁,清洁卫生等特点。宝焰牌云南紧茶在藏族地区及东南亚一带最有影响,而且,藏族同胞在喝完茶后,喜欢将宝焰商标取下贴于佛龛之上以敬奉佛祖。

云南紧茶为方便机器压制和包装运输,于 1957年开始改为长方砖形,所以亦称作"云南砖茶"。紧茶过去主要集中于云南省景东、景谷、勐海和下关茶厂加工压制,现在云南普洱茶区各地均有生产。

紧茶原料是云南大叶种晒青毛茶和普洱散茶。紧茶有普洱生紧茶和普洱熟紧茶之分,其中普洱熟紧茶是选用 2~5 级滇青为主要原料,配用少量红绿副茶,经筛分、风选、拣剔、拼配、微生物固态发酵、蒸压成砖形。压制过程分称茶、蒸茶、压砖、定型、脱模、干燥、包装等工序。称茶:茶坯先经发水回潮,使其含水量达 15%~18%,再按紧茶成品重量计算称茶。蒸茶:在蒸茶机中蒸约 8~10 秒钟,使叶子受热后变软,高温下除杂纯化茶叶品质。压砖:茶叶装在砖模之中,铺匀,加压。定型脱模:定型半小时左右后,即可脱模。干燥:传统方法是采用自然风干,需要 10 多天,现在改用烘房进行干燥,烘温40℃~45℃,干燥时间缩短为 20 小时左右,茶叶含水量小于 10%时即可。包装:紧茶每片砖重 0.25千克,5 片装为一筒,用牛皮纸包装,24 筒装为一件,

用篾篮包装,每件净重达 30 千克。

紧茶外观砖形端正平整。大小规格一般为15×10×2.2 厘米。重量规格一般为:每块重 250 克,每筒 4 块,30 筒为一件,每件净重 30 千克。用内衬笋壳的竹篓(一般为 48×27×16 厘米)捆扎包装。普洱熟紧茶色泽黑褐,香气纯正,滋味醇和,汤色橙红明亮。

紧茶是藏族人民喜爱的茶叶之一,过去主销西藏及云南省丽江州、迪庆州各县,四川省也有少量销售,现在广销全国各地与海外市场。

(周红杰　程启坤)

10. 七子饼茶(圆茶)与饼茶

七子饼茶,又称圆茶,它是将茶叶加工紧压成外形美观酷似满月的圆饼形,然后将每 7 块饼茶包装为 1 筒,故此得名"七子饼茶"。

七子饼茶何时在云南出现目前尚未找到翔实资料,依据《普洱府仓》的相关记载可知,清雍正年间思茅、普洱、六大茶山一带已经有七子饼茶的加工。《大清会典》记载,乾隆年间云南商贩购茶七圆为一筒,每筒重四十九两(老秤),每筒征税银一分,每张"茶引"可买三十二筒茶(合老秤约一百斤),收税银三钱两分。七子饼茶是古六大茶山的传统茶品,1949 年以前茶山人称为包圆茶或七子圆。

七子饼茶(圆茶)原产于云南省西双版纳地区,系宋代"龙凤团茶"演变而成。早期以易武(今西双版纳州东南)等六大茶山为最多。现主要由云南省西双版纳、普洱、临沧、昆明、大理等地生产,保山市、德宏市等地也有压制。过去少数民族地区多作为嫁娶用的彩礼和逢年过节赠送亲友之物,含有喜庆团圆的意思。旅居东南亚一带的侨胞,也盛行这种习俗。

七子饼茶或圆茶均是以晒青毛茶和普洱散茶为原料进行压制的呈圆饼形的紧压茶。有普洱生饼茶和普洱熟饼茶之分,以晒青毛茶直接压制而成,需贮存一段时间才能饮用的称生饼茶;选用 3~8 级滇青毛茶(晒青)为原料,经筛分、拼配、潮水、微生物固态发酵、制成普洱散茶后,再压制成的称熟饼茶。生饼和熟饼的压制工序为称茶、蒸茶、冲压成型、干燥、包

装等。称茶：在付制前，茶坯有时要先洒水回潮，使茶叶含水量达到 15％～18％。按饼茶每饼净重 0.125 千克、圆茶(七子饼茶)每饼净重 0.375 千克，根据含水量准确加以称重。原料分底茶与盖茶，按比例分别称出后待蒸。蒸茶：将原料在蒸汽中蒸 5 秒钟左右，使叶子受热吸水变软，含水量达到18％～19％。压饼：蒸后的茶叶放在相应的模具中，先放底茶后放盖茶。铺匀后，冲压至紧。定型脱模：冲压后稍放置一段时间，冷却定型，时间约 30 分钟，然后脱模。干燥：饼茶与圆茶的干燥过去均采用自然风干的方法，茶饼码放在晾干的架子上，风干时间约为 5～8 天，多则 10 多天。现在改为烘房干燥，室温 45℃左右，经 20 小时左右即可达到干燥的程度。包装：饼茶的包装规格依据其一般的单位重量为：每片重 0.125 千克，4 饼装为一筒，用商标纸包装，75 筒装为一件，装在篾篮中，捆扎，每件净重为 37.5 千克。圆茶的包装规格依据其一般的单位重量为：圆茶每片重 0.357 千克，使用笋壳或牛皮纸包装，7 饼装为一筒，因此称"七子饼茶"；12 筒装为一件，用胶合板箱包装，每件净重为 30 千克。

七子饼茶(圆茶)，从 1957 年起由勐海茶厂规模化生产，规格为：每块饼净重 357 克，直径 20 厘米，中心厚 2.5 厘米，边厚 1.3 厘米，七饼为 1 柱，每柱 2.5 千克，每件 12 柱共 30 千克。这种圆饼茶比小饼茶要大，因此亦称为"大圆饼茶"。

七子饼茶(圆茶)外形圆整，松紧适度，撒面均匀显毫；普洱生圆茶色泽黄绿，清香甘醇，普洱熟圆茶色泽黑褐油润，有特殊的陈香味，浓醇可口；具有清凉解渴、帮助消化、消除疲劳、提神醒酒之功效。七子饼茶是云南的传统商品，除热销广东、四川、重庆、西藏、北京、上海等省市区外，历史上行销越南、老挝、缅甸、泰国、印度尼西亚、马来西亚等东南亚国家。现韩国、日本、台湾、香港、澳门等国家和地区销量也大幅增加。

饼茶，也是一种圆饼形的蒸压普洱茶，因其大小规格比七子饼圆茶小，所以又被称为"小饼"。该茶创制于 19 世纪末和 20 世纪初。过去主要产于云南省下关茶厂，现云南各茶区均有生产。该茶亦分为普洱生饼茶和普洱熟饼茶两种规格，其中普洱熟饼茶是选用云南大叶种晒青 5～10 级毛茶为原料，经筛分、风选、捡剔、拼配、潮水、微生物固态发酵、蒸压成型而制成。饼茶规格一般为直径 11.6 厘米，边厚 1.3 厘米，中心厚 1.6 厘米。每块重 125 克，4 块装一筒，75 筒为一件，总重为 37.5 千克，用 63×30×60 厘米内衬笋叶的竹篓包装而成。饼茶除了销往国内各大中城市以及海外市场外，主要销往居住在滇、川、藏三省(区)毗邻处的兄弟民族地区，包括金沙江和澜沧江上游两岸各县、丽江地区、迪庆藏族自治州。

当代的普洱圆饼茶，作为一种饼形的蒸压茶，因市场的需要，其大小规格也出现了多种不同的款式，分为 125 克小饼茶、357 克七子饼茶、400 克、500 克、1000 克、2000 克及 3000 克以上的饼茶。主产于云南下关茶厂、勐海茶厂、昆明茶厂、临沧凤庆茶厂以及普洱茶厂等。

(周红杰　程启坤)

11. 沱茶

云南沱茶有绿茶沱茶、普洱沱茶两种。绿茶沱茶是以较细嫩的晒青绿毛茶为原料，经蒸压而制成；普洱沱茶是以普洱散茶为原料，经蒸压而制成。用晒青绿茶压制而成的沱茶称云南沱茶；用普洱散茶压制而成的沱茶称云南普洱沱茶。

沱茶名称由来传说很多。有的说，它过去都是销往四川沱江一带，故而得名；有的说此茶古称团茶，沱是由团演变转化而来的。不论说法如何，但可以推定，沱茶是云南茶中相当古老的制品。早在明代万历年间(1573～1620)谢肇淛的《滇略》一书中就有"士庶所用皆普茶也，蒸而团之"等的相关记载，普茶指普洱茶，说明当时已有将散茶蒸后，加工揉制，压缩体积，以便于携带的压制茶了，至今已约有 400 年的发展历史。现代形状的云南沱茶原产于云南省普洱市景谷县，又称"谷茶"，创制于清光绪二十八年(1902)，至今已有八十多年的历史，是由思茅地区景谷县所谓"姑娘茶"(又叫私房茶)演变而成为现代沱茶形状的。清代末年，云南茶叶集散市场逐渐转移到交通方便、工商业发达的下关。云南省下关(今大理市)茂恒、复春和、永昌祥等茶号开始相继生产碗形沱茶后,沱茶又有谷庄茶与关庄茶之区分。谷庄沱茶多采用景谷县附近地区生产的滇青作为原料揉压;关庄沱茶多采用滇西勐库茶(双江)、凤山茶(凤庆)、大山茶(西双版纳、普洱)等地滇青茶压制,并在云南下关设厂拼配、揉制,其品质胜于谷庄,发展迅速,因而后来逐步取代了谷庄沱茶。关庄沱茶经昆明运往四川省叙府(今宜宾)、成都以及重庆等地销售,故又称叙府茶。1949 年新中国成立后,近 60 年来,云南沱茶生产数量和质量有了新的发展和提高,畅销全国。现在云南具有代表性的沱茶是下关沱茶、勐海沱茶、凤凰沱茶、凤庆沱茶等。

云南沱茶以一、二级滇青为原料,蒸压成碗形,外径 8 厘米,高 4.5 厘米。其压制工艺分为称茶、蒸茶、袋揉压制、定型、脱袋、干燥、包装等工序。称茶:根据沱茶的重量规格(0.1 千克、0.25 千克、0.5 千克)称取茶叶原料。分为盖茶与底茶,盖茶约占 25%,底茶约占 75%。蒸茶:茶叶装入圆筒,底板有孔以便于通蒸汽,汽蒸 10~12 秒钟,使叶子受热吸水变软。袋揉压制:将汽蒸好的茶叶,趁热倒入圆底的三角形小布袋中,把袋口收紧,左手拇指紧紧挟住袋颈,右手掌按住茶袋在工作台上轻轻揉转几下,然后将袋口结放在茶团的中心,翻转茶团使袋底朝上,用圆柱形小木槌顶住袋口的结,双手捧住茶团下压,使袋口结陷入茶团,初步压成碗臼状。随即取出木槌,再将茶团放在曲柱式沱茶压力机下的臼形钢模上施加压力以使其成型。传统制作用横杆依靠人的坐力加压成型。定型脱袋:将压好的沱茶,连同布袋放在盘架上散热冷却,1 小时后将沱茶从布袋中取出。干燥:用商标纸将定型脱袋的沱茶逐沱加以包装,放在烘盘里,送入烘房,烘温控制在 45℃～55℃,约经过 36 小时后,待沱茶含水量达到 9.0% 以下时便可出烘。包装:沱茶的包装规格依据其一般的单位重量为:云南下关沱茶每只为 0.1 千克,精装者一只一盒,160 盒一箱,每箱净重 16 千克;简装者不装盒,5 只装一筒,60 筒一箱,每箱净重 30 千克。重庆沱茶每箱净重达 20 千克。

云南沱茶的品质特征:外形呈碗状,松紧适度,紧结端正,色泽乌润,外披白毫,香气纯正馥郁,滋味醇厚,汤色橙黄明亮,叶底肥软。普洱沱茶的品质特征:外形也呈碗状,和云南沱茶一样。但色泽褐红,有独特的陈香,滋味醇厚回甘,汤色红浓明亮。沱茶是国内人民,特别西南地区人民喜爱的饮料。据国内外医学临床试验报告,沱茶具有提神醒脑、明目清心、解渴利尿、降血脂、降胆固醇、减肥、美容、益寿等功效,还有止腹胀、头痛等疗效。

沱茶除云南主产外,四川重庆也有生产,依所用原料的优次分为"特级重庆沱茶"、"重庆沱茶"和"山城沱茶"三种。四川沱茶的重量分 50 克、100 克和 250 克三种规格。

重庆沱茶曾获 1983 年第 22 届世界优质食品评选大会金质奖。云南普洱沱茶于 1986 年在西班牙巴塞罗那第 9 届世界食品颁奖大会上,荣获世界食品汉玉金冠奖。云南沱茶于 1985 年获国家银质奖,1989 年获全国名茶称号。

(周红杰　程启坤)

12. 普洱砖茶

普洱砖茶是普洱紧压茶的一个花色品种,它和沱茶一样,都是以大叶晒青(滇青)为原料,经蒸压而成,只是普洱砖茶所用原料品质稍低于云南沱茶,它是三至五级和级外滇青为原料蒸压而成。根据形状可分为正方形或长方形两种;依据原料的粗老度及形状大小可分为普洱方砖、普洱金砖、普洱迷你砖、马帮砖茶、土司砖茶等。普洱砖茶外形具有匀整端正、棱角整齐、模纹清晰、不起层掉面、洒面均匀、松紧适度的特点。

普洱砖茶主产于西双版纳、昆明、下关、临沧以及思茅、普洱等地,具有代表性的生产厂家有昆明茶厂、勐海茶厂、下关茶厂、临沧凤庆茶厂以及普洱茶厂等,产品规格有净重 250 克、500 克、1000 克、2000 克以及 3000 克不等,主要出口港、澳、台及东南亚市场。

云南普洱金砖

云南普洱金砖外形厚重古朴、金芽显露,汤色红浓诱人,滋味甘醇鲜爽,叶底红褐油润。

马帮砖茶

马帮砖茶因云南茶马古道上的大马帮而得名。在故去的岁月里,马帮驮着茶叶等物资在崇山峻岭中跋涉，马帮茶也就是在这漫漫旅途中孕育而生。现在的马帮茶砖有生砖和熟砖两种：马帮生砖采用云南大叶种茶树成熟叶片制成晒青毛茶为原料，利用传统工艺及现代科学技术精心加工而成。其外形古朴粗犷，汤色金黄透亮，芳香气息独特显著，滋味醇和柔顺，回甘生津。马帮熟砖采用普洱熟茶为原料，利用传统工艺及现代科学技术精心加工而成。外形古朴自然，汤色红亮呈琥珀色，陈香扑鼻，滋味甜绵滑爽，叶底粗大清爽。

土司砖茶

土司制度是中国历代中央政权对归附的少数民族首领以爵禄，冠以名号，通过土著首领对其管辖区域实行间接统治的一种制度。源于秦汉，经历代王朝充实，元代正式形成，明清两代得以完备。土司一经朝廷册封，便可以为辖区的世袭长官，其地位就好比"土皇帝"。云南土司文化深厚，1950年全省还有大小土司七十一家。尤其在西双版纳，土司制度历时近八百年，堪称中国之最。

土司砖茶原料来源于土司辖区内最好的茶，明确指定了采摘哪座茶山，哪面山坡，哪几棵树，适时采摘；精心制作成"土司大茶砖"送往土司府，供土司享用。土司府附近的村寨还有世代为土司烹茶的人家，轮流到土司府服役，烹茶供土司日常品饮。逢政要议事，外交往来，联姻结盟，婚丧庆典，年、节、祭祀都有相关的茶礼茶俗。

普洱砖茶加工工艺流程为：称茶、蒸茶、加盖定型、压制、出模、半成品、干燥、包装、仓储陈化。称茶：经拼堆喷水后的付压茶坯含水量，一般在15%以上，而各种普洱茶成品计量水分为10%，保质含水量9%～12%，为了保证成品出厂时单位重量符合标准规定，在付压前根据付制压茶水分含量，成品标准干度结合加工损耗率，计算确定称茶的重量。蒸茶：普遍使用锅炉蒸汽，高温蒸汽通过管道输入蒸压作业机，将茶迅速蒸热，促进其变色，便于成型。锅炉蒸汽蒸茶只需5秒，蒸后，水分增加3%～4%，即茶坯含水达18%～19%。压制：分手工和机械压制两种，在操作上要掌握压力一致以免厚薄不均，装模时要注意防止里茶外露。脱模：压过的茶块，在模内冷却定型后脱模。冷却时间视定型情况而定。

机压定型较好，施压后稍加放置即可脱模；而手工压制则须经冷却半小时后方可脱模。干燥：干燥方法有室内自然风干和室内加温干燥两种，干燥的时间随气温、空气相对湿度、茶类及各地具体条件而有所不同。在干季，室内自然风干的时间要120～190小时才能达到云南普洱紧压茶标准干度。室内加温干燥因地区气候情况的不同而有所不同，一般加温干燥在烘房中进行，温度不能过高，过高会产生不良后果。下烘时成品含水量由高降至标准干度。包装：包装大多用传统包装材料，如内包装用棉纸，外包装用笋叶、竹篮，捆扎用麻绳、篾丝。茶叶包装前必须作水分检验，保证成品茶含水量在出厂水分标准以内，各包装材料要求清洁无异味，包装要求扎紧，以保证成茶不因搬运而松散、脱面。

（周红杰 程启坤）

（二）花茶

花茶，又名窨花茶、熏花茶、香片茶等。茶叶吸收了花香，饮之既有茶味又有花的芬芳，是我国北方非常适销的一种再加工茶类。有茉莉烘青、珠兰大方、桂花绿茶、玫瑰红茶等品类。

1. 茉莉花茶

茉莉花茶是花茶的大宗产品，产区辽阔，产量大，品种丰富，销路最广。

茉莉花茶既是香味芬芳的饮料，又是高雅的艺术品。茉莉鲜花洁白高贵，香气清幽，近暑吐蕾，入夜放香，花开香尽。茶能饱吸花香，以增茶味。只要泡上一杯茉莉花茶，便可领略茉莉的芬芳。

茉莉花茶是用经加工干燥的茶叶，与含苞待放的茉莉鲜花混合窨制而成的再加工茶，其色、香、味、形与茶坯的种类、质量及鲜花的品质有密切关系。大宗茉莉花茶以烘青绿茶为主要原料，统称茉莉烘青。共同的品质特点是：外形条索紧细匀整，色泽黑褐油润，香气鲜灵持久，滋味醇厚鲜爽，汤色黄绿明亮，叶底嫩匀柔软。也有用龙井、大方、毛峰等特种绿茶作茶坯窨制花茶的，则分别称茉莉龙井、茉莉大方、茉莉毛峰等。近年来畅销京、津市场的天山银毫、龙都香茗、雾都花茶就属这类产品,统称特种茉莉花茶。

茉莉花茶多采用名茶代表性花色做茶坯,各具名茶外形特色(如扁片形、直条形、卷曲形),鲜花则采用品质上等的伏季茉莉,其代表性花色品种有:

(1)茉莉大白毫

简称茉莉大毫。系福州茶厂采用福鼎大白茶等良种早春嫩芽特制成坯,并以双瓣和单瓣茉莉交叉重窨,精工巧制,"七窨一提"而成。产品外形毫芽肥壮重实,紧直匀称,色泽嫩黄,满披银毫,内质香气鲜浓,滋味浓醇,汤色微黄,叶底匀亮。

(2)天山银毫

福建宁德茶厂生产,是荣获商业部优质产品称号的特种花茶。选用高级天山烘青绿茶与"三伏"优质茉莉,按传统工艺窨制而成。茶形紧秀匀齐,白毫显露,色泽嫩绿,水色透明,香气鲜灵浓厚,叶底肥嫩柔软。

(3)文君花茶

是四川省邛崃茶厂1979年创制的花茶新品种。采用当地花楸良种一芽二叶鲜叶制成高档烘青毛峰茶坯,按传统花茶工艺窨制而成。产品外形条索紧细匀整显锋苗,色泽绿润,细嫩带毫,香气鲜灵浓郁悦鼻持久,汤色绿黄,清澈明亮,滋味鲜浓爽口回甘,叶底黄绿匀亮。产品获"首届天府食品博览会银奖"和"四川省质量信得过产品"称号。

(4)石乳茉莉花茶

产于广西南宁市横县,于1990年由石乳茶业有限公司创制。石乳茉莉花茶的茶坯原料选自云南、贵州和广西生产的高山优质烘青绿茶;茉莉鲜花来自横县无公害茉莉花生产基地的优质鲜花。按传统花茶工艺窨制。石乳茉莉花茶产品注重内质,突出口感,体现出香气清高、汤色明亮、滋味浓醇鲜爽的特色。其品质特点是:条索紧细、匀整、显毫;香气浓郁,鲜灵持久;滋味醇厚鲜爽;汤色黄绿明亮;叶底嫩匀柔软。

(刘勤晋　俞永明)

2. 福州茉莉花茶

福州茉莉花茶为历史名茶,创制于明清年间,产于福州市。

茉莉花畏寒喜暖,福州地处南亚热带,气候温和,冬季短暂,闽江两岸土地肥沃,为茉莉花的露天栽培,提供了优越的自然条件。据宋代张存基撰的《闽广茉莉说》称:"闽广多异花,香清芬郁烈,而茉莉为众花之冠。"明代顾元庆《茶谱》(1564年)也有记述:"木樨、茉莉、玫瑰皆可作茶,诸花开时摘其半含半放蕊之香气全者,量其茶叶多少,摘花为茶……并以一层茶一层花,相间熏窨后置火上焙干备用。"早在16世纪我国花茶窨制技术已十分讲究。大约到了清咸丰年间,天津、北京的茶商在福州大量窨制茉莉花茶,运销华北、东北一带,获利丰厚。因而,福州的茉莉花茶生产得以迅速发展,至1936年福州产茶历史最高峰时期,省内外茶商云集福州,设厂经营花茶的达80余家,茉莉花茶产量达3000多吨。

新中国成立以后,在福州成立了福州茶厂,承担了茉莉花茶的生产任务。在20世纪60年代花茶产量一直稳定在1800吨左右。70年代以后茉莉花的产量上升很快,至1979年茉莉花产量达2399吨。随着茉莉花产量增加,生产茉莉花茶的茶厂除福州茶厂外,先后又增加宁德、福安、政和、福鼎等地新建的花茶厂,茉莉花茶的产量达到万吨以上。

福州茉莉花茶系精选优质烘青绿茶用茉莉鲜花并应用传统工艺熏窨而成,品质优异,花色繁多。有:春风茉莉花茶、雀舌毫茉莉花茶、龙团珠茉莉花茶等数十种。其中具有代表性的有:

(1)茉莉春风,亦称"春风茉莉花茶",经五窨一提制成。产品外形紧秀匀齐、细嫩、多毫,内质香气浓郁鲜爽,滋味醇厚甘美,汤色黄亮清澈,叶底幼匀嫩亮,耐泡三次以上。

(2)雀舌毫茉莉花茶,亦称"茉莉雀舌",系四窨一提制成。产品外形紧秀、细嫩、匀齐,显锋毫,芽尖细小,似雀鸟之舌,故简称"雀舌毫";内质香气鲜灵纯正,汤色黄亮清澈;持久耐泡,属茉莉花茶高档产品。

(3)龙团珠茉莉花茶,亦称"茉莉龙团"系三窨的茉莉花茶。外形紧结呈圆珠形,又称"龙团珠"。

内质香浓味厚,特别耐泡,为茉莉花茶中档产品。

(刘勤晋　俞永明)

3. 龙都香茗

龙都香茗,产于四川省荣县,古称荣州,与恐龙故乡自贡市相毗邻,地处长江中上游沱江、岷江两水之间的低山丘陵地带。荣县自然条件优越,资源丰富,属中亚热带湿润气候区,年平均气温 17.8℃,年降雨量 1100 毫米,气候温和,雨量充沛,光、热、水、土自然资源组合协调,盛产绿茶,品质优良。

据《荣县志》(1928)记载:"茶自古有之。晋以前茶不通行。惟蜀惟盛。则唐天下风尚矣。""荣山谷间,茶种不一。以天堂定理莲花诸寺为多。明末赭矣。近年双古坟,始制绿茶。色、香、味都绝。西北多山,倘偏广植而精焙之。自然之大利也。"荣县茶叶早在唐代前就很兴盛,而到明代末期已衰落。至今在县境西部金花乡的帽子山,还有野生大茶树广为分布。

荣县产茶历史悠久,茶叶品质优良,新中国成立后,茶叶生产有了较大发展,1987 年自贡市佛山茶厂创制了龙都香茗。该茶选用四川中小叶种品种,于清明前后 15 天,采摘一芽一叶初展到一芽二叶初展的细嫩芽叶为原料,按一般烘青制法,经初制精制和拼配制成烘青茶坯,再选用复瓣优质茉莉花,通过传统工艺采取四窨一提的窨制方法,制成龙都香茗茉莉花茶。

龙都香茗的品质特点:外形秀丽显毫,香气鲜灵持久,汤色黄绿明亮,滋味醇厚鲜爽。龙都香茗由于高雅芬芳的花香,鲜爽醇厚的滋味,以及精美古朴的包装,赢得了广大消费者的好评。1989 年在杭州荣获"全国星火计划通用技术"成果展览会金奖。1992 年荣获全国食品饮料精品海南博览会金奖。

(刘勤晋　俞永明)

4. 猴王牌花茶

猴王牌茉莉花茶产于湖南长沙茶厂。该厂坐落于长沙市北大桥东头。1950 年建厂起就生产花茶。至 70 年代产量一直徘徊在 300 吨左右。改革开放以后,80 年代初茶厂从武陵山区调进一批优质绿茶,精心窨制茉莉花茶,使用猴王商标,定名为猴王茉莉花茶。由于质量上乘,又采用小包装形式,美观大方,物美价廉,赢得消费者的好评。此后销往津京地区,一炮打响。在华北、东北和西北地区还流传着"喝酒要喝茅台酒,饮茶要饮猴王茶"的顺口溜。90 年代猴王牌茉莉花茶产量超过 5000 吨,还供不应求。

花茶质量好坏,一在茶坯,二在鲜花,三在窨制,四在包装。猴王牌茉莉花茶的特点是:

(1) 茶坯质地优良。茶叶原料选自湘西武陵山区石门、慈利、永定、古丈等县及邻近湖北鹤峰、五峰的茶叶。这些茶区,茶园大都分布在海拔 500～900 米处,森林茂密,雨量充沛,云雾弥漫,土壤肥沃,漫射光多,昼夜温差大,叶肉肥厚,香味独特。茶坯的自然品质好,为猴王牌茉莉花茶奠定了物质基础。

(2) 茉莉鲜花优良。猴王牌茉莉花茶采用花朵洁白、丰润饱满的伏花进行窨制。春秋两季窨制少量花茶,作为拼配用料,拼入伏花为主体的成品之中,从而保证了猴王茉莉花茶香气的清香和浓郁。

(3) 窨制技术精湛。采用传统的多窨次工艺,特、一级茉莉花茶,坚持三窨一提。在窨花拼和中做到薄窨,厚度不超过 5 厘米。下足鲜花数量,严格控制在窨温度、时间、湿度,起花和鲜花吐香规律,做到茶优花好。

(4) 包装密封。70 年代中期采用乙烯塑料袋,能防潮,但不保香;80 年代以后从日本引进佛列斯克喷铝复合小包装,坚固耐用,密封性好,既防潮,又保香,效果良好。

猴王牌茉莉花茶,外形条索细紧,色泽绿润,匀整平伏;内质香气鲜灵,汤色黄亮,滋味浓醇甘爽,叶底柔软嫩匀,冲泡三次仍留香齿颊。

猴王牌茉莉花茶在 1989 年获"部优产品证书"。1990 年获中国食品工业十年新成就展示会"优秀新产品"奖。1998 年获绿色食品产品认证。而今猴王牌茉莉花茶已誉满大江南北,成为家喻户晓、老少皆知的名茶。

(俞永明)

5. 横县茉莉花茶

横县茉莉花茶为花茶类创新名茶,始于1978年,产于广西横县茶厂。

横县位于广西东南部,郁江中游,北纬32.5°以南。地属南亚热带气候区,年平均温度21.5℃,年降雨量1427毫米,全年基本无霜,非常适宜于茉莉花的露天栽培。横县的茉莉花种植,光照好,花期早(4月中有花)、花期长(4~10月约7个月),产量高(每亩产鲜花600千克以上)。

横县的茉莉花是1978年从广东引进的。80年代初开始扩大种植。1986年还很少有人知道广西有茉莉花茶生产。1987年商业部在横县召开"全国花茶加工座谈会",横县茶厂的茉莉花茶初次亮相,1990年,横县茶厂生产的金花牌特级茉莉花茶在商业部主持的评茶会上一举夺魁,评为部优产品。此后,横县决定大力发展茉莉花的种植,至1995年横县种花面积达到3333公顷,花茶生产厂家达107家,加工花茶22500吨,从此在横县花茶成为第一大产业。

横县栽培的茉莉花主要是双瓣茉莉,花冠二层,圆头,花冠裂片,内层4~9片,外层6~9片,花萼8~11齿。花蕾顶部略呈凹型,花蕾紧结,产量较高,花香浓郁。由于露天种植成本较低,竞争优势明显,全国的茉莉花茶生产大有向横县集中的趋势。目前全国约有一半以上花茶都在横县生产加工。

横县花茶的茶坯除广西自产绿茶以外,还有以大叶种为主的云南绿茶,也配有其他省区的中小叶品种绿茶。

横县茉莉花茶的品质特点是:条索紧细,匀整,显毫,香气浓郁,鲜灵持久,滋味浓醇,叶底嫩匀,上市早、耐冲泡。产品主销西南、西北、北京、天津、山东等地。

(俞永明)

6. 珠兰花茶

珠兰花茶,是我国主要花茶产品之一,因其香气芬芳幽雅,持久耐贮而深受消费者青睐。主要产地在安徽歙县,其次在福建漳州、广东广州,以及四川等地。窨制珠兰花茶的香花有两种不同科的香花,即米兰和珠兰,它们花形虽同,但香型却略有差异,故不少人把两者混淆在一起。现将它们的各自特点分别作一介绍。

米兰:又称米仔兰、鱼子兰、树兰。原产我国南方及东南亚,植物学分类属楝科(Melidceae),米仔兰属。学名 Aglaia odorata。但我国许多地方也将其称为珠兰,据说人们取其花形如珍珠,叫珍珠兰,简化后就称"珠兰"了。其实,它与珠兰有很大不同。它是一种常绿小乔木,多分枝,无节,叶为单数羽状复叶,互生,长8~13厘米,小叶3~5片,对生,倒卵圆形,全缘无毛,叶面深绿色,较平滑。花腋生,呈圆锥花序,黄色,花萼五裂,裂片圆形,花瓣五片,雄蕊五枚,花柱合生成筒,较花瓣略短,顶端全缘。花香似蕙兰,清香幽雅,吐香时间持续2~3天,是提炼香精和窨制花茶的好原料。常见有大叶米兰和小叶米兰两种,小叶米兰枝稠叶密,树态优美,开花时先从小枝上部叶腋抽出圆锥花序,缀满细如鱼卵的金色花蕾,放置室内,满室清香,沁人心脾。在福建漳州有一株300年生米兰,高达6米,干粗20厘米,单株年产鲜花100千克,俗称"树兰王"。

珠兰:也叫珍珠兰、茶兰,属金粟兰科(Chloranthaceae),金粟兰属,学名 Chloranthus spicatus 为草本状蔓生常绿小灌木,茎圆柱形,无毛,单叶对生,长椭圆形,长12~22厘米,边缘细锯齿,齿尖具腺体,叶脉隆起,穗状花序顶生,常为2~3或更多分枝的圆锥花序,花无梗,黄白色,具淡雅芳香,疏离地排列在花序轴上。4~6月开花,以5月份为盛花期,占年产量70%~80%,故夏季窨制珠兰花茶最佳。

珠兰花茶以清香幽雅、鲜爽持久的珠兰和米兰为原料,选用高级黄山毛峰、徽州烘青、老竹大方等优质绿茶作茶坯,混合窨制而成。

珠兰黄山芽为珠兰花茶的珍品,其品质特征是,外形条索紧细,锋苗挺秀,白毫显露,色泽深绿油润,花干带枝成串,一经冲泡,茶叶徐徐沉入杯底,花如珠帘,水中悬挂,妙趣横生,细细品啜,既有兰花特有的幽雅香香,又兼高档绿茶鲜爽甘美的滋味,一杯在手,实为一种高尚的精神享受,尤为高层女士所爱不释手。

普通珠兰花茶外形条索紧细匀整,色泽墨绿油润,花粒黄中透绿,香气清纯隽永,滋味鲜爽回甘,汤色淡黄透明,叶底黄绿细嫩。

由于珠兰花香隽永持久,在窨制后,花香气分子的挥发与茶叶对香气完全吸附达到平衡需要一段时间,即窨后的熟成作用需持续100天左右。据歙县茶厂有经验的老师傅介绍,在密封干燥的茶箱内贮藏3~4个月的高级珠兰花茶,比刚窨制完毕时香气更加沁人心脾。

(刘勤晋)

7. 桂花茶

桂花除富于寓意和用作观赏以外,还是窨制花茶、提炼芳香油和制造糖果、糕点的上等原料。桂花茶以广西桂林、湖北咸宁、四川成都、重庆等地产制最盛。广西桂林的桂花烘青、福建安溪的桂花乌龙、四川北碚的桂花红茶均以桂花的馥郁芬芳衬托茶的醇厚滋味而别具一格,成为茶中之珍品,深受国内外消费者青睐。近年来桂花烘青还远销日本、东南亚,卖价超过质量上等的乌龙茶。尤其是桂花乌龙和桂花红茶研制成功,为乌龙、红碎茶增添了出口外销的新品种。

在我国,适制花茶的桂花主要有金桂、丹桂、银桂、四季桂。

金桂 Osmanthus frag rans (var. thunburgii):常绿乔木,枝梢淡褐,叶具短柄,对生,长椭圆状广披针形,两头尖,上部边缘有细齿,花在叶腋形成聚伞花序,小花梗,花初开淡黄,后变为金色,具浓郁芳香,果实椭圆形,呈蓝紫色,开花期为9月。主栽品种有圆叶金桂(杭州)、咸宁晚桂(咸宁)、球桂、柳叶苏桂(武汉)等。

丹桂(var. aurantiacus):为金桂的变种,花色较浓,近金红色,香气稍淡。主栽品种有硴砂丹桂、大叶丹桂等。

银桂(var. latifolius):常绿乔木。枝叶茂密,雌雄异株。叶椭圆形,对生,先端短尖,呈深绿色,花呈聚伞花序,花冠四裂,裂片呈椭圆形,香气浓郁,是窨茶香的主要原料,开花期为9月。品种有纯白银桂等。

四季桂(var. semperflorens):本品种除8~9月开花较多外,四季都能开花,花黄白色,香气淡雅,是观赏花的主要树种,因花的产量较低,窨制花茶少用。

桂花香味浓厚而高雅、持久,无论窨制绿茶、红茶、乌龙茶均能取得较好的窨花效果,是一种多适性茶用香花。主要的桂花茶有:

(1) 桂花烘青

是桂花茶中的大宗品种,以广西桂林、湖北咸宁产量最大,并有部分外销日本、东南亚。主要品质特点是,外形条索紧细匀整,色泽墨绿油润,花如叶里藏金,色泽金黄,香气浓郁持久,汤色绿黄明亮,滋味醇香适口,叶底嫩黄明亮。

(2) 桂花乌龙

是"铁观音"故乡福建安溪茶厂的传统出口产品,主销港澳、东南亚和西欧。主要以当年或隔年夏、秋茶为原料。品质特点是,条索粗壮重实,色泽褐润,香气高雅隽永,滋味醇厚回甘,汤色橙黄明亮,叶底深褐柔软。

(3) 桂花红碎茶

是西南农业大学制茶教研室根据国际市场"芳香茶"风靡欧洲的发展趋势,以天然桂花窨制红碎茶添香以代替人工加香的红茶所取得的一项成果,产品送往美国、法国获得好评。主要特点是,外形颗粒紧细匀整,色泽乌润,香味浓郁,甜爽适口,汤色红亮,叶底红匀;加工成袋泡茶香韵尤为细腻悠长,久久不散。

(刘勤晋)

8. 金银花茶

以金银花作窨茶香料,是近年来由湖北咸宁县所首创。

金银花品种较多,常见的有红金银花 Lonicera, japonica (var. Chinensis)、黄脉金银花(var. aureoreticulata)和白金银花(var. halliana)等。香气以白金银花最佳。此花初开时为纯白色,翌日变为黄色,香气逐渐散失,故窨茶以开花当天最好。

金银花茶以烘炒青作原料,外形条索紧细匀直,色泽灰绿光润,香气清纯隽永,汤色黄绿明亮,滋味醇厚甘爽,叶底嫩匀柔软。

窖茶应选择白金银花等品种,因其色白、香浓、内含成分丰富,窖茶效果最好。鲜花采回后应拣去杂叶、梗、蒂,雨水花应除去表面水,及时付窖。

金银花的配花量根据茶坯等级和花的好差而定,高档茶二窖一提,配花量45～50千克,提花4～5千克,实行整朵窖制。

窖制方法是将应配鲜花均匀铺在待窖茶坯上,拌和均匀。高档茶最好用箱窖,堆窖则根据气温高低确定堆的大小。一般堆宽100～120厘米、高40～50厘米。根据金银花开放吐香的习性,窖制时间一般控制在20～30小时内,不宜太短,也不应太长,否则茶叶发黄,滋味沉闷不鲜。

(刘勤晋)

9. 白兰花茶

用白兰窖茶,已有悠久历史,纯粹的白兰花茶香气浓烈、持久,滋味浓厚,主销山东、陕西等地,是仅次于茉莉花茶的又一大宗花茶产品。主要产地为广州、福州、成都等地。

白兰花茶主要原料是白兰花,其次也有用同属之黄兰(亦称"黄桷兰")、含笑等的。

白兰(*Michelia alba*)亦称缅桂,叶革质,卵状披针形或长椭圆形,全缘,叶柄长1.5厘米,基部楔形。花单生于叶腋,夏秋开白花,花被8～10枚,披针形,有馥郁香气,4月下旬到9月陆续开放,而以夏季最盛。

黄兰(*Michelia champaca*)亦称黄缅桂、黄桷兰,外形与白兰极为相似,唯其花为淡黄色,叶柄上托叶痕较长,叶背有毛,亦是优良的窖茶香花。

含笑(*Michelia figo*),常绿灌木或小乔木,高2～3米,分枝紧密,小枝及叶柄均密生褐色绒毛,叶倒卵圆形,花单生于叶腋,长2～3厘米,淡黄色,香气清纯隽永,是高级窖茶香花,并常作观赏用。

白兰花香浓郁持久,是窖制烘青绿茶的主要原料,白兰花茶的特征是,外形条索紧结重实,色泽墨绿尚润,香气鲜浓持久,滋味浓厚尚醇,汤色黄绿明亮,叶底嫩匀明亮。

含笑花香气清幽隽永,窖制高级烘青类名茶,其外形条索紧细匀整,色泽翠绿油润,香气清纯隽永,滋味鲜爽回甘,汤色黄绿清澈,叶底嫩黄柔软。

白兰花茶多以中、低档烘青茶坯作原料,其窖制技术主要有鲜花养护、茶坯处理、窖花拌和与匀堆装箱四步。

(刘勤晋)

10. 玫瑰花茶

世界上的花卉大多有色无香,或有香无色。唯有玫瑰、月季、红梅等,既美丽又芳香,除富有观赏的价值外,还是窖茶和提取芳香油的好原料。

玫瑰(*Rosa rugosa*)原名徘徊花,原产于我国、朝鲜及日本,是蔷薇科的落叶灌木,其品种繁多,连同月季可谓花中最大家族。因玫瑰花富含香茅醇、橙花醇、香叶醇、苯乙醇及苄醇等多种挥发性香气成分,故具有甜美的香气,是食品、化妆品香气主要添加剂,也是红茶窖花主要原料。我国广东、上海、福建人嗜饮玫瑰红茶,著名的有广东玫瑰红茶、杭州九曲红玫瑰茶等。

玫瑰、蔷薇、现代月季均属蔷薇科蔷薇属的一种,共同具有甜美的浓郁花香,均是窖制花茶的重要原料。

玫瑰(*R. rugosa*):落叶灌木,茎密生锐刺,羽状复叶,小叶5～9片,椭圆形或倒卵圆形,上面有皱纹,夏季开花,花单生,紫红色至白色,有浓郁芳香,花及根可入药,有理气活血、收敛作用。

香水月季(*R. odorata*):通常为藤本,高4～6米,刺少,散生,弯曲,叶椭圆形,小叶5～7枚,椭圆形,有光泽,有尖锐细齿,花1～3朵聚生,白、粉红、紫红色,如我国大量栽培的新品种——"墨红"即为此种。

蔷薇(*R. multiflora*):藤本,株高3～6米,分枝多,刺细,散生,卵形小叶9枚,花小,单瓣,白色或深浅红色,多数呈聚生伞房花序,花期在5～6月,重瓣花桃红色,多人工栽培作观赏用,花略有芳香。

玫瑰窖制花茶,早在我国明代钱椿年编、顾元庆校的《茶谱》中就有详细记载。我国目前生产的玫瑰花茶主要有玫瑰红茶、玫瑰绿茶、墨红红茶、玫瑰九曲红梅等花色品种。

玫瑰花采下后,经适当摊放,折瓣,拣去花蒂、花蕊,以净花瓣付窨。广东玫瑰红茶实行单窨,下花量为 100 千克茶用 10~16 千克花;福建玫瑰绿茶两窨一提,总下花量为 100 千克茶用 50 千克花;九曲红梅一窨一提,用花量为 20 千克。

(刘勤晋)

11. 玳玳花茶

玳玳花茶是我国花茶家族中的一枝新秀,由于其香高味醇的品质和玳玳花开胃通气的药理作用,因而深受国内消费者的欢迎,被誉为"花茶小姐"。畅销华北、东北、江浙一带。

玳玳(*Citrus aurantium var. amara*)亦称回青橙,芸香科,柑橘属,常绿灌木,枝细长,叶互生,革质,椭圆形,春夏(4~5 月)开白花,香气浓郁,果实扁球形,当年冬季为橙红色,翌年夏季又变青,故称"回青橙",因有果实数代同生一树习性,亦称"公孙橘"。

玳玳花每年开花两次:

春花:开放在 4~5 月上旬,较白兰、茉莉早,但花期短,仅 1 个月左右,而花量占全年采收量的90%以上,鲜花质量也好。因此,采花应及时,窨茶用花应采其花朵已开而未开足的。

夏花:主要开在 7~9 月,很少采收,多让其结果。但专供作花茶之玳玳,则也采花作窨茶原料。采收多在清晨含苞欲放时进行。

玳玳花茶一般用中档茶窨制,头年必须备好足够的茶坯,贮于干燥、冷凉的环境中,让其绿茶风格保持如常,尤忌霉变。窨制前应烘好素坯,使陈味挥发,茶香透出,从而有利玳玳香气的发展。

玳玳的开放度与香气浓淡有密切的关系。未开放称"米头花",香气低淡;含苞待放者为"扑头花",芳香物随花瓣开裂而散发,进厂后稍摊,散发闷热味后就窨花,效果最佳;第三种称"开花",花瓣开裂,花蕊显露,芳香物质已挥发,香气低。因此,进厂之鲜花应立即摊放散热,厚度 4~6 厘米,雨花则要等表面水蒸发后才会"破头"开放,故应辅以风扇使表面水加速蒸发。

由于玳玳花瓣厚实,芳香油在较高的温度条件下才容易散发,因此常加温热窨,以有利香气的挥发

和茶坯吸香。将茶花拌和后,送上烘干机加温,出烘后立即围囤窨制。

(刘勤晋)

(三)袋泡茶

袋泡茶是利用袋泡茶包装机,采用特殊的内包装材料,将一定规格的茶叶或保健茶包装而成的一种再加工茶制品,具有使用简便、易于冲泡和清洁卫生、健康时尚等特点,颇受消费者的欢迎,具有广阔的发展前途。

袋泡茶作为商品最早出现在 1920 年的美国,目前已成为国际上重要的茶叶消费方式。由于传统茶叶消费习惯的影响,中国大陆袋泡茶生产开发时间较迟,直到 20 世纪 60 年代,中国上海、广东、云南、湖南、浙江等省、市才相继从国外引进袋泡茶包装机,开始袋泡茶的生产,并通过技术的引进和创新,研究开发出 C.T.C 红碎茶和颗粒绿茶。70~80 年代后,随着相关工业技术的发展,又相继研制出袋泡茶内包装滤纸和袋泡茶包装机,从而加速了国内袋泡茶的发展。其中杭州新华造纸厂分别于 1972 年和 1986 年相继生产出冷封型和热封型滤纸,洛阳南峰机械厂和天津轻工机械厂相继开发出 CCFD6、DXDC 系列袋泡茶包装机和 DCH160 型袋泡茶包装机。90 年代后随着生活水平的提高和生活节奏的加快,袋泡茶开始风靡国内市场,产销量大幅度提高,成为一种常见的茶叶包装和饮用方式,被广泛用于家庭、旅游、餐馆、咖啡屋、办公室和会议等场所。目前中国袋泡茶的产量约占全国茶叶总产量的 2%左右,与国际袋泡茶消费量相比,仍有较大的发展潜力。

目前国内袋泡茶按内含物原料类型可分为纯茶型袋泡茶、保健型袋泡茶和混合型袋泡茶等。根据包装的茶类不同,纯茶型袋泡茶又分为袋泡红茶、袋泡绿茶、袋泡乌龙茶、袋泡普洱茶、茉莉花茶等袋泡茶;保健型袋泡茶根据所包装的天然饮料植物种类不同包含众多类型,如杜仲茶、银杏茶、苦丁茶、菊花茶、绞股蓝茶、金银花茶等;混合型袋泡茶可以是茶叶和保健茶的混合,也可以是不同类型茶叶或不同

类型保健茶的混合。

目前袋泡茶包装趋于多样化。在包装量上,传统的袋泡茶剂量一般为2克/袋左右,为适应不同需要,出现了不同剂量的包装,如适合公共场所的集体冲泡的大包装形式,最大可到500克/袋;在包装形状上,主要可分为单室袋、双室袋和金字塔包三大类型。① 普通单室袋的内袋茶包呈信封袋形状,多用于低档次的袋泡茶,成本较低,但冲泡时茶包易漂浮,茶汁浸出也较慢。② 双室袋的内袋茶包呈"W"形,系整条长形茶袋从底部被折叠成W形,茶袋两边分别装入茶叶,冲泡的热水可进入茶袋的两边,易于茶包下沉,茶汁渗出较容易,但成本和对包装机的要求较单室袋高。③ 金字塔包的内袋茶包形状为三棱锥形,极利于茶汁溶出,可包装大剂量茶叶,供集体桶泡饮用,但对设备和包装材料的要求较高。

袋泡茶加工包括茶原料加工和包装两个阶段,其中茶原料加工主要工艺为:茶叶检验、分筛、风选、拼配;包装加工主要工艺为:内包装、外包装、检验、装箱。茶叶原料、机械设备和包装材料是袋泡茶品质的关键因素:① 袋泡茶原料应注意滋味、香气、汤色等感官品质要求;外形规格一般要求为16~40孔,含水率一般不得超过7%,应尽量选择专用原料茶,也可采用品质符合要求的传统茶叶副产品。我国茶树种植环境差异较大,品质存在明显不同,因此为了获得较为稳定的茶叶品质,袋泡茶原料一般都需要进行拼配;② 由于不同包装机的工作原理、产品价格和包装形式都有较大的差异,生产企业应根据企业实力和产品定位要求,选择合适的包装机械;③ 茶包内袋包装材料的性能和质量的好坏将直接影响成品袋泡茶的质量,茶叶滤纸有热封型茶叶滤纸和非热封型茶叶滤纸两种,袋泡茶内袋包装常用热封型茶叶滤纸。目前国内新华造纸厂的袋泡茶滤纸基本可满足普通袋泡茶生产的需要。

(尹军峰)

(四) 固体和液体茶饮料

自上世纪70年代以来,为适应国际市场对食品天然性、方便性和保健性的追求,各类有别于传统茶叶消费模式的茶饮料产品得到大力开发,成为国际饮料市场上增长速度最快、最具发展潜力的饮料产品之一。我国茶饮料产品的研究开发工作起源于上世纪60年代,通过技术引进及消化吸收、自主创新与合作攻关,先后推出了固体速溶茶、各类液态茶饮料、茶浓缩汁及茶酒、茶醋等产品。经过多年的市场培育与技术完善,从上世纪90年代后期开始我国速溶茶、浓缩汁及各类液态茶饮料产品的产销量都得到了快速的增长。这些产品的研究开发不仅拓展了茶叶消费方式,满足了国内外市场的需求,也显著提高了我国茶叶的附加值。

1. 速溶茶

速溶茶是以成品茶、半成品茶、茶叶副产品或茶鲜叶为原料,通过原料处理、提取、澄清过滤、浓缩和干燥等工序加工而成的一种易溶于水而无茶渣的固体饮料,具有健康、快捷、方便、卫生等诸多优点,方便与牛奶、白糖、香料、果汁等调制出各种风味的饮品。主要用于加工液态包装茶饮料和调制各类固态即饮茶产品。

速溶茶生产源于20世纪40年代的英国,经过多年的试制和开发生产,已成为国际上重要的茶饮料类产品。我国速溶茶产品的试验和生产开始于上世纪70年代末和80年代初的上海、长沙和杭州等地,先后研制出了冷冻干燥产品和喷雾干燥产品。通过多年的技术改进与市场完善,90年代后期我国速溶茶真正形成了规模化生产,产销量得到快速增长,成为我国重要的茶叶深加工产品,并形成了浙江、福建、广东和湖南等速溶茶主产省。

速溶茶生产一般包括原料处理、提取、过滤澄清、浓缩、干燥和包装等多道加工工序。其中,① 原料处理和提取工艺是速溶茶质量好坏的前提。一般根据产品的特殊要求和不同茶叶的品质特点对原料进行有针对性的筛选、配比和处理,以改进产品的品质、稳定性和特色。尽量采用连续逆流等先进提取方法以提高生产效率和产品质量;② 过滤澄清和浓缩工艺是速溶茶品质保持和改进的重要环节。目前多采用离心过滤和微孔精密过滤等方式进行茶汁澄清,采用真空浓缩或真空浓缩与膜浓缩结合的方式进行茶汁浓缩,浓度一般应掌握在 30～40 波美度;③干燥是速溶茶品质好坏的关键。干燥对速溶茶的风味品质、外形和速溶性等都有较大的影响,目前多采用喷雾干燥技术进行干燥处理,少量采用冷冻干燥工艺。喷雾干燥应根据茶浓缩汁的浓度,对温度、料量、压力等参数进行调整。另外,为提高速溶茶的流动性和溶解性,一般需要改善速溶茶的颗粒度和物理结构,其中喷雾干燥速溶茶可通过改变塔高或二次造粒等方法来提高产品的物理性能。

目前我国速溶茶从产品的溶解性上可分为冷水可溶和热水可溶两大类型;从口感上可分为红茶、绿茶、乌龙和花茶等纯味速溶茶和奶茶、保健茶等调味速溶茶;从外形上可分为粉状、颗粒状和晶体片状,以粉状为主;从干燥方式上可分为喷干粉和冻干粉,以喷干粉为主。另外,中国农业科学院茶叶研究所根据国际茶饮料消费特点和我国茶叶特点,于 2003 年研制出了高香冷溶型速溶茶系列产品,真正实现了速溶茶产品的冷溶和高香特征,使我国速溶茶生产技术达到了国际先进水平。

(尹军峰　徐正炳)

2. 茶浓缩汁

茶浓缩汁是一种以成品茶、半成品茶、茶叶副产品或茶鲜叶为原料,通过茶汁提取、澄清过滤、浓缩和包装等工序加工而成的无茶渣的液态浓缩汁,具有健康、快捷、方便、卫生等诸多优点,可实现即冲即饮,方便与牛奶、白糖、香料、果汁等调制出各种风味的饮品。主要用于液态包装茶饮料的加工。

茶浓缩汁的研究和生产思路来源于碳酸饮料集中生产原液,分散加工成品的生产方式。早期茶饮料多采用茶叶直接加工制作,随着产业的发展和生产管理模式的改变,近些年来已逐渐向"集中生产主剂,分散灌装产品"的生产方式转变。茶浓缩汁正是在这种市场变化中孕育而成的产品。早期的茶浓缩汁一般都采用真空热浓缩,品质较差,再加上包装和贮藏较难的缺点,市场的适应性比速溶茶差。随着膜浓缩技术的不断发展和完善,高品质的茶浓缩汁生产才成为现实。与传统速溶茶比较,膜分离茶浓缩汁具有品质高、能耗和生产成本低等诸多优点,但

对包装贮藏和物流运输的要求较高。日本是最早开始规模化茶浓缩汁生产的国家,并在 20 世纪 90 年代初就开始在我国福建省筹建茶浓缩汁生产厂,并将产品运回日本各地分散调配灌装。中国大陆在 20 世纪 90 年代初开始进行茶浓缩汁的研制和生产,中国农业科学院茶叶研究所和杭州中萃食品有限公司还采用现调机开展了茶浓缩汁的市场试销工作。90 年代中后期中国农业科学院茶叶研究所率先在国内开展了膜分离茶浓缩汁加工技术的研究,2000 年前后我国福建、广东、浙江等省的部分企业开始采用膜技术生产茶浓缩汁,才真正开启了高品质茶浓缩汁的工业化生产及应用。

茶浓缩汁生产一般包括原料处理、提取、澄清过滤、浓缩、灭菌和包装等加工工序。其中原料处理与提取、澄清过滤、浓缩是茶浓缩汁生产的关键工序。为了提高和改进茶浓缩汁的品质稳定性和特色,一般需要对原料进行筛选和拼配处理;宜采用连续逆流和连续多级提取方式,可连续获得品质较好、浓度较高、得率不低的茶汤,以提高后段浓缩的效率;茶浓缩汁易产生浑浊和沉淀,需要进行必要的澄清和转溶处理,一般采用高速离心或膜分离等技术进行澄清,采用物理、化学或生物酶等方法进行转溶;根据茶浓缩汁品质和浓度的不同要求,可采用真空浓缩、膜浓缩或真空浓缩与膜浓缩结合的方式进行茶汁浓缩。品质要求高的产品,一般采用膜浓缩,而同时要求浓度高时,一般采用真空浓缩与膜浓缩相结合的方式。

目前茶浓缩汁产品以大包装为主,主要包括浓缩绿茶汁、浓缩红茶汁、浓缩乌龙茶汁和浓缩花茶汁等产品。另外,市场上还出现了少量小包装茶浓缩汁,可实现即冲即饮。

(尹军峰)

3. 调味茶饮料

调味茶饮料是一类以茶叶的水提取液或其浓缩液、茶粉等为原料,加入水、果汁、食糖或甜味剂、酸味剂、食用香料、乳或乳制品、二氧化碳气等若干种辅料,经调制、灭菌和包装等工序加工成的具有特殊风味的液体饮料。

具有工业化生产规模的液态调味茶饮料,最早出现于20世纪70年代的美国市场,主要采用速溶茶或浓缩汁以及香料和甜味剂等原料,开发生产瓶装或罐装充气冰茶饮料。20世纪80年代后各类调味茶饮料在日本、中国台湾、东南亚及欧美等地得到快速的发展。中国大陆调味茶饮料的开发生产始于20世纪80年代初,其发展呈现出几个明显的阶段。1995年以前处于萌发期,试产了茶可乐、橘茗、桃茗等多种风味的瓶装碳酸型茶饮料,但限于当时的消费水平、消费观念及市场运作的能力,调味茶饮料并没有得到快速的发展;1995～1997年是调味茶饮料的成长期,茶饮料的消费理念和消费方式逐渐为消费者所接受,消费量获得稳步增长;1998～2001年开始进入快速增长期,产销量得到成倍增长,特别是各种果汁果味型的冰红茶和冰绿茶产品大量进入市场,之后进入了稳步增长期。调味茶饮料的发展先后造就了旭日升、康师傅、统一、娃哈哈等知名的茶饮料企业。

调味茶饮料的生产主要包括茶汤提取、过滤澄清、调配及其处理、杀菌和包装、检验和装箱等加工工序。其中调配及其处理工艺是生产调味茶饮料的关键。调味茶饮料中添加的辅料较多,因此调味茶饮料加工工序也较纯茶饮料更为复杂。调味茶饮料追求的是茶味和各种辅料感官风味的整体平衡、协调及其风味特色。因此,调味茶饮料加工工艺的关键在于配方的总体设计和调配过程中辅料的添加程序,特别应注重茶类的选择及其与辅料的风味协调性,以及不同原辅料结合所产生的浑浊、沉淀等感官品质问题。通常调味茶饮料对茶叶原料的要求不高,工艺参数的选择可侧重于生产效率的提高。调味茶饮料可采用直接提取加工的茶汤或茶浓缩汁、速溶茶粉等为原料来调配,目前调味茶饮料常采用速溶茶粉调配。

目前调味茶饮料主要包括果汁茶饮料、果味茶饮料、奶茶饮料、奶味茶饮料、碳酸茶饮料和其他调味茶饮料,如冰红茶、冰绿茶、冰爽茶、奶茶等。包装采用包括PET(或BOPP)瓶装、复合纸塑包装等,包装容量多为350毫升、500毫升和1500毫升等几种。

(尹军峰)

4. 茶汤饮料

又称纯茶饮料,是一类以干茶或茶鲜叶的水提取液或其浓缩液、茶粉等为原料,经调制、灭菌和包装等工序加工制成的具有原茶汁风味的液体饮料。

20世纪80年代初,日本首先开发成功的罐装乌龙茶饮料成为了现代液态茶汤饮料(纯茶饮料)的里程碑,产销量得到快速而持续的增长。随后茶汤饮料在中国台湾、东南亚、韩国等国家和地区逐渐得到发展,使得具有天然、快捷、方便和健康特色的茶汤饮料成为颇受消费者欢迎和发展前途广阔的软饮料新品种。我国茶汤饮料工业化生产开始于上世纪90年代中期,但由于当时市场消费不成熟等原因,未能得到发展。2002年之后,随着消费者消费水平的提高和消费习惯的改变,具有原茶风味的茶汤饮料才逐渐在市场上推出,并为人们所接受。目前我国生产茶汤饮料的企业品牌主要有统一、三得利、麒麟、康师傅等。

茶汤饮料的生产主要包括茶汤制备、澄清过滤、调配、杀菌和包装、检验、装箱等加工工序。受传统消费习惯的影响,茶汤饮料产品会尽量体现原茶的品质风格,而茶叶对热敏感度高,茶汤的感官风味品质极易受高温的影响。因此,茶汤饮料的加工工艺设计多侧重于茶汤的感官品质,在达到基本食品卫生要求、茶叶品质和生产效率的基础上需要采用低温、短时、高效的加工新技术和新工艺,一般选择采用茶叶直接提取加工方法或高品质茶浓缩汁来调配。提取和杀菌包装工序是茶汤饮料品质好坏的关键,一般可根据企业产品标准要求和经济实力,确定生产设备,并通过综合比较确定经济、合理和可行的应用控制参数。如杀菌包装工序,一般企业采用超高温瞬时杀菌(UHT)和热罐装技术,而实力较强的企业会采用UHT和无菌冷罐装技术(ACF),部分对技术要求特别高的企业还开始应用膜冷除菌技术。

目前茶汤饮料主要包括绿茶、红茶、乌龙茶、花茶等茶饮料。采用的包装主要包括PET(或BOPP)瓶装、金属罐装,包装容量多为350毫升、500毫升。

(尹军峰)

5. 复(混)合茶饮料

复(混)合茶饮料是一类以茶叶和植(谷)物的水提取液或其浓缩液、速溶粉为原料，经调制、灭菌和包装等工序加工制成的具有茶与植(谷)物混合风味的液体饮料。

与茶叶一样，许多植物和谷物都具有特殊的风味和保健功能，在欧美和中国、日本、韩国及东南亚等地都有饮用这些植物的习惯。在上世纪90年代开始，随着茶饮料市场竞争的逐渐激烈，为适应消费者求新、求异的消费趋势，茶饮料生产企业的产品差异化趋势明显，具有特殊风味和保健功能的复(混)合茶饮料开始进入国际饮料市场。我国复(混)合茶饮料的规模化生产开始于2003年之后，部分企业特别是外资企业和国内后起之秀为抢占茶饮料市场，定位生产具有差异性的复(混)合茶饮料产品。目前国内复(混)合茶饮料的原料除茶叶外主要采用杭白菊、贡菊、桂花、金银花、菊花、玫瑰花、大枣、罗汉果、枸杞、决明子、薄荷、大麦等非茶植(谷)物及其提取物。

复(混)合茶饮料生产一般包括茶及植(谷)物的提取、澄清过滤、调配、杀菌、包装、检验和装箱等加工步骤。其中调配及非茶原料的处理是生产复(混)合茶饮料的关键。虽然复(混)合茶饮料是一类具有保健功能的嗜好饮品，但其口感风味的整体平衡、协调性仍至关重要。复(混)合茶饮料配方的总体设计和调配过程中的添加程序，应特别注重茶类的选择及其与植(谷)物的风味协调性，以及不同原料结合所产生的浑浊、沉淀等感官品质问题。

目前复(混)合茶饮料主要采用PET(或BOPP)瓶装和复合纸塑包装等材料，包装容量一般为350毫升、500毫升。

(尹军峰)

6. 茶酒和茶醋

茶酒和茶醋是一类以茶和各类粮食为主要原料，通过特定加工技术酿制或勾兑而成，具有茶叶特有风味，集营养、保健、食疗等功能为一体的饮品。

茶酒是一种含低度酒的饮料，兼具酒的风格和茶的风味及保健功能，具有茶香、味纯、爽口和醇厚等特点，一般酒精度在30度以下，糖度5～20度，总酸在0.03～0.50克/100毫升之间。自20世纪80年代以来，随着人们保健意识的增强和消费观念的转变，我国云南、四川、湖北、湖南、福建和西藏等省和自治区的众多企业先后开发了10多种茶酒，主要有茶汽酒、茶啤酒、绿茶酒、红茶酒、普洱茶酒和乌龙茶酒等产品，但上市量不多，品种花色较少。如宁波福泉山绿茶干酒、云南澜沧江绿茶酒、河南信阳毛尖茶酒、藏羚羊系列藏茶酒、湖北宜昌长峡茶酒等。

目前茶酒主要采用青稞、糯米、高粱、大米、小麦、玉米、茶叶等原料以及食用乙醇、蔗糖、有机酸等添加剂加工而成，按加工工艺主要可分为以下三种类型：① 汽酒型茶酒。以茶叶为主料，添加其他辅料，用人工方法充入二氧化碳的方式配制而成的一种碳酸饮料；② 配制型茶酒。以茶叶为主料，辅以粮食酒或食用乙醇以及蔗糖、有机酸、着色剂、香精及冷开水等添加剂，按一定比例和顺序配制、勾兑而成；③ 发酵型茶酒。以茶叶为主料，添加青稞、糯米、高粱、大米、小麦、玉米等粮食或添加酵母、糖类物质等一起进行发酵，经过过滤、蒸馏等处理，最后调配、勾兑而成。

茶醋的加工思路来源于果醋，是近年来涌现出的茶饮料新产品。经勾兑的茶醋饮品具有色泽明亮、酸甜爽口、茶味明显的特点和降血脂、减肥等功效，目前主要有红茶醋、普洱茶醋等几种产品。茶醋的加工方法一般采用较为低档的茶叶原料，加热水浸提茶汁(尽量将茶汁浸出)，同时将粮食、葡萄糖和淀粉转化酶、醋酸菌曲等发酵后过滤所得到的醋酸菌液与茶汁混合发酵30～80天，经陈酿熟化后的茶醋液按产品规格加入适量的纯净水、调味剂等进行调配兑对，然后杀菌、包装即可。可直接饮用的茶果醋饮料一般由茶醋和果汁、饮用水等按一定比例调制而成，通常茶醋、果汁的含量分别为30%～40%和10%～15%(按质量百分比计)，其余为水。如云南"大马邦"系列茶果醋、河南"汇品"系列茶果醋等产品。

茶酒和茶醋作为一类新产品，市场前景非常广阔。茶酒和茶醋的原料来源充足，工艺技术易于掌握,生产周期短,产品销售快,经济效益显著,是一种极具发展潜力的保健饮品,对提高茶农收入,丰富茶产品种类,促进我国茶产业的发展都有着重要的意义。

(尹军峰　徐正炳)

(五) 新型茶产品

新型茶是指以茶树的叶、花等为原料,采用非传统加工工艺开发而成的、具有特殊品味或功能的茶制品。近些年来,为进一步提高茶叶经济效益,拓展茶叶消费途径,适应人们口味的多样性追求,科技人员通过技术引进和自主创新,先后研制出了低咖啡碱茶、γ-氨基丁酸茶、超微茶粉、茶花茶及其他一些新型茶产品。

1. 低咖啡碱茶

低咖啡碱茶是一种通过特殊工艺处理,其咖啡碱含量明显低于传统茶叶的新型茶产品。低咖啡碱茶适合对咖啡碱敏感的特定人群如神经衰弱者、孕妇、老人、儿童等饮用,已成为欧美茶叶市场上较为流行的茶叶品类。目前欧、美等国对低咖啡碱茶的咖啡碱含量指标规定一般应低于0.5%,中国、日本等国的指标一般则为1%。

茶叶中通常含有2%~4%的咖啡碱,具有兴奋与利尿的功效,故喝茶能刺激大脑的中枢神经,振奋精神,消除疲劳。但又导致对咖啡碱比较敏感的人群不能饮用茶。为此日本、欧美等国在20世纪80年代以前就通过物理或化学方法开发出了低咖啡碱茶。中国农业科学院茶叶研究所从20世纪90年代初开始研究低咖啡碱绿茶加工技术,研制成功茶叶咖啡碱热水浸渍去除机,该技术的咖啡碱脱除率可达到70%,而其他有效成分保留率可达90%以上。2000年后,芜湖杉杉生物技术有限公司等国内企业先后采用超临界二氧化碳萃取技术开发生产出含量低于0.5%的低咖啡碱茶。

低咖啡碱茶主要采用超临界萃取、热水浸渍等特定的技术手段,将茶叶中所含的咖啡碱大部分脱除,同时尽可能保留茶叶原有的有效成分和感官风味。热水浸渍法是利用茶叶中所含的可溶性成分在热水中的溶解速度差异,先将茶叶中的咖啡碱脱除,同时尽可能保留其他有效成分的一种方法。该方法投资和生产成本较低,易于操作,但对品质影响较大,一般只用于低咖啡碱绿茶的加工。热水浸渍法生产低咖啡碱绿茶的加工工艺流程为:鲜叶摊放、热水浸渍、冷却、脱水、揉捻、干燥。其中热水浸渍工艺参数是技术的关键,浸渍水温一般为85℃~90℃,时间一般为2~3分钟。为解决与传统茶叶加工的衔接,鲜叶热水浸渍后一般需要采用离心和高温处理等进行脱水,然后按一般绿茶工艺进行加工。

超临界CO_2萃取法是利用CO_2流体在超临界状态下对咖啡碱有特殊增加的溶解度,而低于临界状态下对咖啡碱基本不溶解的特性,通过CO_2流体不断在萃取釜和分离釜间循环,将咖啡碱从原料中有效地分离出来。该方法的优点是咖啡碱脱除率高,可达80%~90%,对茶叶原有的品质风味影响较小,可适应各种茶的咖啡碱脱除,但设备投资大,生产成本高。

(尹军峰)

2. 超微茶粉

超微茶粉是运用现代超微粉碎技术,将特殊工艺处理的茶叶原料进行粉碎加工而成的一种超细粉末状茶制品。超微茶粉改喝茶为吃茶,不仅具有茶叶的保健作用,还可以改善被添加食品的口感风味和外观色泽,可显著拓展茶叶消费领域,提高茶叶附加值。目前超微茶粉颗粒大小一般在300目(直径50微米)左右,既可直接饮用,也可作茶道用茶或加工各种茶叶食品的原料,如茶冰激凌、茶糖果、茶月饼、茶汤圆、茶豆腐、茶面包以及其他茶叶食品。

日本早就有吃抹茶的习惯,茶粉被广泛应用于日常食品中。我国由于受传统茶叶消费习惯的影响,一直未注意开发这类产品。直到20世纪90年代,随着市场对吃茶保健意识的提高和中低档茶叶原料增值的需要,中国农业科学院茶叶研究所及国内一些大专院校相继研究开发出超微茶粉,并在浙江、江苏、湖北、四川等省的企业开发生产。通过多年的市场推广和宣传,2000年之后超微茶粉在国内各类食品上得到快速应用。目前超微茶粉的品种包括超微绿茶粉、超微红茶粉、超微乌龙茶粉等几种，以超微绿茶粉为主。

超微绿茶粉外形色泽翠绿亮丽，细腻均匀，香气清高，滋味浓醇，汤色翠绿。超微绿茶粉的加工一般是先对鲜叶进行特殊的护绿处理，采用高温杀青破坏多酚氧化酶活性，然后经揉捻和干燥形成半成品茶坯，最后采用超微粉碎技术加工成超细颗粒，其加工工序一般为：鲜叶(摊放)、护绿处理、蒸汽杀青(或滚筒杀青)、叶打脱水(只限蒸汽杀青)、揉捻、解块筛分、脱水干燥、茶坯、超微粉碎、包装、成品。超微红茶粉外形色泽棕红，颗粒细腻均匀；滋味醇和甘浓，香气馥郁，汤色深红。超微红茶粉的加工一般是先对鲜叶进行萎凋、揉捻和发酵，然后干燥形成半成品茶坯，最后采用超微粉碎技术加工成超细颗粒，其加工工序一般为：鲜叶萎凋、揉捻、解块筛分、发酵、脱水干燥、茶坯、超微粉碎、包装、成品。超微茶粉的关键技术是色泽的保护和超微粉碎技术的应用，目前超微粉碎技术包括球磨、轮磨和直棒锤击3种，其中直棒锤击较适合于茶茎梗较多的茶叶原料的超微粉碎。超微茶粉加工还应注意干茶含水量(<5%)和粉碎物料温度等关键影响因素，这些因子对超微茶粉的质量也有一定的影响。

(尹军峰)

3. γ-氨基丁酸茶

γ-氨基丁酸茶，又称 GABARON 茶，是一种通过特殊的工艺处理使 γ-氨基丁酸含量明显高于普通茶叶的新型茶产品。经动物实验和临床实验证实，γ-氨基丁酸具有明显的降血压作用，因此 γ-氨基丁酸茶具有较好的市场开发前景。

1987 年日本农林水产省蔬菜茶叶试验场首次开发成功，一般要求茶叶中 γ-氨基丁酸(GABA)含量达到 1.5 毫克/克以上，比一般普通绿茶中 γ-氨基丁酸含量提高 20～30 倍。2000 年后中国农业科学院茶叶研究所和国内其他大专院校相继展开了 γ-氨基丁酸茶的研制开发工作，并开发出 γ-氨基丁酸绿茶、红茶和乌龙茶等系列茶产品。

在特殊处理条件下，茶鲜叶中 L-谷氨酸可在谷氨酸脱羧酶作用下脱去羧基，生成 γ-氨基丁酸，γ-氨基丁酸茶就是依据这种原理加工而成的。γ-氨基丁酸茶加工的鲜叶处理方法主要有厌氧处理、厌氧/好气交替处理、红外线照射、微波照射、谷氨酸钠溶液综合处理等方法，其中厌氧处理是最为常见的方法。不同类型 γ-氨基丁酸茶的加工工艺一般是将鲜叶处理方法与传统工艺进行有机整合而成，如 γ-氨基丁酸绿茶的加工工艺为：鲜叶厌氧处理、杀青、揉捻、干燥；γ-氨基丁酸红茶的加工工艺为：鲜叶萎凋、厌氧处理、揉切、发酵、干燥；γ-氨基丁酸乌龙茶的加工工艺为：鲜叶晒青、做青、厌氧处理、杀青、揉捻、干燥。

γ-氨基丁酸茶生产中一般应注意：① 选择合适的鲜叶原料。宜选择谷氨酸含量高的茶树品种鲜叶，鲜叶嫩度不能太低，一般可选用 1 芽 2、3 叶的未成熟新梢，并应多保留茎梗，尽量选用春季鲜叶；② 加工技术参数的掌握中应同时考虑 γ-氨基丁酸含量和风味品质。由于鲜叶的厌氧处理时间对茶叶品质有一定的影响，因此处理方法既要提高 γ-氨基丁酸生成含量，又要保证茶叶感官品质。在常温下，处理时间一般在 6～8 小时左右。

(尹军峰)

4. 茶花茶

茶花茶是以茶叶鲜花为原料，单独加工或与传统茶叶(或鲜叶)混合加工而成的茶制品。主要包括干茶花、全茶花红碎茶和茶花红茶、茶花红碎茶、茶花绿茶等几类。

我国茶花资源丰富，民间很早就有利用茶花的习惯，如皮肤护理、妇女产期保健及少量饮用等，但开发应用较少。近些年来的研究表明，茶花中含有丰富的蛋白质、多糖、氨基酸、维生素等多种有益成分和活性物质，对人体具有解毒、降脂、降糖、抗癌、滋补、养颜等功效，因此茶花茶的开发应用逐渐为人们所重视。特别是近几年，随着具有自然、健康、美容、抗衰老等保健功能的花草茶在国内外市场上风靡，茶花茶制品逐渐为消费者所接受。茶花茶产品的开发利用不仅丰富了茶产品的花色品种，而且提高了茶园的综合经济效益。

茶花中主要化学成分

品　　种	多酚类（%）	氨基酸（%）	咖啡碱（%）	蛋白质（mg/g）	儿茶素（mg/g）	总糖（%）
云南大叶	13.02	2.84	1.64	27.46	63.42	38.47
祁门种	13.17	2.44	2.59	29.73	70.31	50.77

* 伍锡岳等，广东茶叶科技"七五"汇编。

茶花茶产品一般通过单独加工或与茶叶（茶鲜叶）混合加工而成。单独加工产品主要包括干茶花、全茶花红碎茶；混合加工的产品主要包括茶花红茶、茶花红碎茶和茶花绿茶等几类。产品以干茶花、茶花红茶为主，优质的干茶花具有外形花朵完整，色泽鲜黄，汤色金黄明亮，香气清香带甜等特点，而茶花红茶、茶花红碎茶等产品具有花蜜香浓爽持久的特殊香气品质。

茶花茶的加工一般选用上好的鲜花原料，特别应注意茶树品种、采摘的开花度和采摘时间，然后根据产品类型采用相应的加工工艺。干茶花的干燥包括晒干、普通烘干和微波烘干几种，制作工艺主要采用：

$$萎凋\begin{cases} 蒸汽蒸花（脱水）\to 烘干 \\ 微波杀青 \to 微波烘干 \end{cases}$$

茶花红茶的加工类似于传统茉莉花茶，窨花时配花的比例稍高于茉莉花茶的标准，窨茶时间稍长于普通茉莉花茶；茶花红碎茶加工类似于传统红碎茶，茶鲜花和茶鲜叶的拼和比例一般为1：2～3。

（尹军峰）

5. 其他新型茶

为拓展茶叶消费，提高茶叶的附加值，促进茶业的可持续发展，近几年来相继开发出浆茶、冷冻湿茶、新香味茶和冷泡茶等一些新型茶产品。

（1）浆茶

浆茶是一种通过特殊的加工过程而形成的浆糊状茶叶。与超微茶粉一样，浆茶可以作为食品添加剂，应用于各类食品和菜肴中，制作成各式各样别有风味的食品和菜肴。浆茶一般先需要杀青，然后在茶叶加工过程中加水冷冻后打成浆状。一般采用蒸汽杀青或微波杀青，为保持品质，一般可在加工中加入维生素C、柠檬酸等，并调整pH值，以提高产品的贮藏期。因为浆茶产品含有大量的水分，容易变质，不易保存，必须防腐冷冻保存。

（2）冷冻湿茶

是一种按正常工艺加工而未经干燥的冷冻茶叶。传统茶叶一般都需要干燥处理，但茶叶特别是乌龙茶、花茶等在干燥过程中，很多香气成分极易挥发，维生素C、叶绿素、儿茶素等品质成分在高温干燥过程中也容易破坏而损失。为了提高茶叶品质与营养成分，近些年来部分企业研制开发出了冷冻湿茶产品，改变和拓展了传统干茶消费方式。冷冻湿茶的加工较简单，将品质基本形成而未干燥的半成品茶进行小包装，然后冷冻保存起来。需要饮用时，从冰箱里取出一定数量解冻按传统冲泡方式冲泡即可。目前台湾、福建已有许多企业生产冷冻乌龙湿茶产品。

（3）新香味茶

新香味茶是一种与传统茶类香味有明显区别的新型茶叶。由于加工工艺的差异，传统六大类茶具有明显不同的品质特征和各自的风味特色，新香味茶就是根据不同茶类的品质优势，通过工艺的借鉴、组合或集成，形成特殊的品质特征。比如，花香红碎茶采用了我国乌龙茶做青的特殊工艺，明显改变了红碎茶的香气品质，更为多数人所接受；花香绿茶借鉴了传统乌龙茶做青的特殊工艺，明显提高了传统绿茶的香气品质。目前在广东、浙江、福建等省都有企业开发新香味茶产品。

（4）冷泡茶

冷泡茶是一种可直接用常温冷水冲泡和饮用的茶叶。中国传统工艺加工的茶叶一般只能用热水冲泡，如用冷水冲泡，茶叶的有效成分不易浸出，香气低，滋味淡薄。由于欧美国家的人们传统偏爱冷饮，因此英国、日本等国相继开发出冷泡茶产品,以适应市场的消费需要,如英国联合利华公司在 2001 年就开发出冷水冲泡型茶叶,并获得欧洲及世界专利。随着人们生活节奏的不断加快,国内部分消费者也逐渐开始接受茶叶冷饮的习惯,目前国内通过采用特殊的细胞破碎技术研制出了冷水冲泡茶。冷水冲泡茶的研制成功,对拓展茶叶消费具有重要的意义。

(尹军峰)

十、茶叶食品

随着社会科学技术的发展和人民生活水平的提高,消费者的饮食理念逐步向低热量、富营养、多样化及方便化的方向转变,一些无人工合成添加剂的天然食品和带有滋补、保健作用的食品备受欢迎。茶叶作为一种日常食用的保健饮品,不仅具有保健作用,而且具有改善食品风味、色泽及其物理特性等特殊作用,因此近些年来逐渐进入人们开发的视野,改传统的喝茶为吃茶,将茶叶添加到各类食品中,研制开发出了花色品种繁多的茶叶食品。

(一)茶叶糖果

茶叶糖果是将茶叶提取液或茶叶粉末添加到传统糖果中所形成的一类具有保健作用和独特风味的糖果产品。茶叶糖果具有外形美观、色泽艳丽、食之甜而不粘、软硬适中、清鲜香醇等独特风味及良好的韧性和弹性,使人们在品尝糖果的同时又能享受到茶叶的滋味及保健作用。

我国早在 20 世纪 80 年代初期就开始了茶叶糖果的研制和生产,之后随着食品加工技术的不断发展和人们消费习惯的改变,具有保健功能和良好口感的茶叶糖果逐渐为人们所接受,花色种类日益增多,成为接待宾朋、旅游休闲的大众化食品。目前全国各地生产的茶叶糖果类别有几十种之多,如茶糖圆串、普洱牛轧糖、茶酥糖、红茶奶糖、绿茶奶糖、红绿茶夹心糖、红绿茶饴、绿茶胶姆糖、红茶巧克力和红绿茶颗粒硬糖等。茶叶糖果的开发可明显拓展茶叶消费领域。

茶叶糖果的加工一般是利用糖果工业的设备和工艺,根据糖果类型的不同,将茶及茶叶提取物与糖、奶、果汁、巧克力、淀粉、维生素及带有保健性的植物添加剂等的全部或部分混合在一起进行加工。通常茶制品的添加方式主要有三种:① 直接添加超微茶粉;② 直接添加速溶茶或浓缩茶汁;③ 添加茶叶浸提液。

茶叶糖果的配方及加工工艺对品质的影响较大,优良的工艺和配方能使茶糖造型整齐、表面平整、质地均匀,不粘牙,茶味适中爽口,同时兼具消除疲劳、提神、防治口臭及龋齿等保健功效。① 茶叶糖果的配方,应关注茶制品原料类型及色香味品质、糖的种类、茶与糖的比例及其协调性等因素。茶叶糖果中茶制品的添加量一般为 0.5%～2%,近年来有所增加,通常超微茶粉添加量在 4%～8%左右,茶糖比例控制在 1:5～10 之间。② 在加工工艺中须特别注意不同茶制品原料加入的次序、时间和温度等参数,如茶叶浓缩物必须在糖浆冷却至 90℃以下才能加入,而添加茶叶粉时的温度宜控制在160℃左右,避免高温对茶叶中香味成分与营养物质的破坏,造成产品口感及保健功效的劣变。总之,茶叶糖果制作中应掌握茶糖比例和加入的温度和时间等工艺参数,防止茶可溶物在高温下发生氧化、缩合、降解作用,保持茶叶与奶、糖和其他添加物之间的协调,使产品既有糖果的风味又具茶叶的回味。

(尹军峰 徐正炳)

(二)茶蜜饯

茶蜜饯是指以果蔬等为原料,经糖或蜂蜜腌制后辅以茶汁、茶提取液浸渍加工而成的一类新型产品,主要包括糖渍类、返砂类、果脯类、凉果类、甘草制品、果糕类等品种。蜜饯属于我国传统产品,俗称"煮货",素以"色泽透明,饱糖饱水,滋润化渣,味美香甜"的独特风格而深受消费者喜爱,按地方风味可分为京式、广式、苏式和闽式等类型。茶蜜饯于 20世纪 90 年代末由福建农业大学研制成功,并申请了发明专利,该产品较传统蜜饯要低糖、低盐、保存期却较长,且具有浓郁的茶风味。

茶蜜饯的加工方法主要包括选料、擦皮、腌渍、漂洗、茶汁煮制、浸渍、干燥等工序,其中主辅料配制重量比一般为:茶原料 45%、物料 50%、各种辅料及添加剂约 5%,茶原料以大叶种乔木型的干茶或鲜叶为佳。具体操作如下:1. 选取物料、擦去表皮;2. 将物料投入腌渍汁中进行腌渍;3. 取出物料并用清水漂洗;4. 再将物料投入茶汁中进行煮制;5. 将煮制后的物料浸泡在茶汁中浸渍;6. 干燥物料并收集之。

(尹军峰)

(三) 茶瓜子

茶瓜子是以瓜子为原料、茶叶为主配料,经特殊工艺加工而成的一类休闲食品。瓜子本身具有较高的营养价值,维生素、蛋白质及脂类等物质含量丰富,常吃人体极有益处。茶瓜子将清新的茶叶味融入瓜子的同时,更将茶性融入其中,因而不仅具有很好的口感,更使瓜子具有了茶叶的保健功效,是一种理想的健康、休闲类茶叶食品。

由于茶瓜子具有清新的茶香口感和止渴去躁、舒筋骨、清口腔、助消化、振精神等多方面独特的保健功能,而深受广大消费者的欢迎,因此近些年来国内众多瓜子生产企业先后研制和开发出茶瓜子系列产品。茶瓜子外壳色泽呈浅红色或茶灰色,不仅具有品质风味佳,油脂含量低,保质期长,吃后不易上火的特点,而且还有回甜、生津之功效。茶瓜子一般选用南瓜子为原料,茶叶一般选用中、低档绿茶。茶瓜子的加工主要包括:粉碎、浸提、过滤、炒制、冷却等工序,一般先将茶叶和干草等配料进行粉碎,然后与瓜子一起浸泡和煮制,经过滤后进行炒制,最后冷却包装即可。

(尹军峰)

(四) 茶糕点

茶糕点是指将茶及茶提取物添加到传统糕点中而形成的一类含茶糕点。传统糕点加入茶叶元素后,不仅使糕点具有了茶叶的保健功能,而且可以改善糕点的口感风味和物理特性,从而提高糕点的品味,深受消费者的喜爱。

我国古代早有将茶叶与糕点联系起来招待客人的习惯,主人在泡茶后,一般都会端上一些糕点、糖果,俗称"茶点",但真正意义上的含茶糕点很少见。近年来,随着人们对茶叶保健功能认识和相关食品加工技术的提高,一批以茶叶提取物为原料或辅料的糕点不断问世,如茶叶蛋糕、茶酥、茶糕、茶叶月饼、茶叶面包、茶叶饼干等,这些产品把茶叶可溶物与其他食品原料溶为一体。由于茶叶富含茶多酚、氨基酸、咖啡碱、维生素等成分,茶叶在糕点中起到了抗氧化剂、营养强化剂、天然色素、疏松剂和保鲜剂等综合作用,不仅可改善传统糕点的风味和物理性状,还赋予糕点一定的茶叶保健功能,因此深受消费者的喜爱。目前每千克茶叶饼干中含有茶多酚 840~1520 毫克、维生素 C 11.96~17.32 毫克,茶叶月饼中的茶多酚含量则更高。

茶糕点加工一般根据不同类型糕点的需要,将茶或茶提取物添加到糕点(或馅、皮)中,通过各类辅料的调制后,经蒸、烤、炸、炒等方式加工而成。茶糕点中的茶叶添加方式主要有两种,第一种采用中下档的干茶或鲜叶为原料,茶叶经粉碎提取茶汁后使用,而鲜叶则要进行粉碎、压榨、发酵以制取红茶汁,或者经杀青处理制取绿茶汁;第二种采用超微茶粉、茶粉末为原料直接添加。由于第二种方法较为简便,目前逐渐成为应用的主流。

茶糕点的配方及其加工工艺对茶叶糕点品质的影响较大,茶糕点的配方一般应考虑茶叶原料的种类及配比,原则上所选原料应与糕点的风味协调,配比上应既体现糕点的风味,又富有茶的味道。另外,烘焙型的茶糕点应特别注意茶与糖的配比,因为茶叶中的氨基酸易被糖的羰基化合物或其他化合物脱氨、脱羧反应,产生醛和酮类风味物质,对茶叶风味影响最大;加工工艺中,应掌握成型的好坏、烘烤的温度、时间等工艺参数。茶叶糕点只有原料配比适当,加糖适量,控制干燥的温度和时间,产品的色香味才能得到充分的发挥,且能有效保留大部分营养成分。

(尹军峰　徐正炳)

（五）茶冷食

茶冷食是在传统的冷饮制品加工中加入茶或茶提取物后形成的新型冷饮制品。由于茶提取物可以改善冷饮制品的口感风味、丰富外观色泽，因而得到了消费者的广泛喜爱。

我国茶及茶提取物在冷饮制品中的真正应用起始于上世纪90年代，随着人们对茶叶保健功能的认识和新型冷饮制品开发的需要，以及国内相关茶叶研究成果的推动，国内众多企业相继开发出茶叶冷食制品，按原料、工艺及产品性状的不同主要可分为茶叶冰激凌、茶叶雪糕、茶叶冰棍、茶叶雪泥、茶叶刨冰、冰茶等。其中茶叶冰激凌所占市场份额最大，根据所用原料中乳脂含量的不同又可分为全乳脂冰激凌、半乳脂冰激凌和植脂冰激凌三种类型。茶叶冷饮一般具有鲜艳的色泽、浓郁的奶香味、细腻的组织、可口的滋味，不仅可消暑解渴，调节体温，而且营养价值也很高。此外，因茶叶中的咖啡碱具有兴奋神经中枢、促进血管扩张的作用，含茶冷饮制品比同类产品更具解渴生津之效，因而广受消费者青睐。

茶叶冷食的主要原料为茶及茶提取液（茶叶浸提液、速溶茶粉、超微茶粉等）、乳或乳制品、蔗糖、乳化剂、稳定剂及增香剂等，其中超微茶粉添加量以1.2%~1.5%的配比较为适宜。其加工工艺流程主要包括：混合配制、杀菌、均质、成熟、凝冻、成型、硬化等工序。由于茶冷食加工过程中不需要高温加热，茶叶中的多酚类、茶氨酸、维生素等功能成分损失较小，茶香浓郁，茶味醇厚，是炎炎夏日清热解暑的佳品。

（尹军峰）

（六）其他茶食

除了上述茶食之外，茶叶还在其他一些食品中得到应用，形成了诸如茶果冻、茶叶牛肉干、茶豆腐、茶酸奶、茶叶面条等一些既新颖独特又具有一定文化内涵的新型食品。茶叶作为公认的21世纪健康饮品，内含茶多酚、维生素、氨基酸、咖啡碱等多种

活性成分，具有改善食品口感风味、外观品质及物理特性和延长产品保质期等诸多优点，因此茶叶在食品中的应用前景广阔。

（尹军峰）

十一、茶叶菜肴

中国菜肴世界闻名，是中华民族文化的又一宝贵财富。

《吕氏春秋》中《素问·脏器法时论》提出："五谷为养，五果为助，五畜为益，五菜为充，气味合面服之，以补精益气。"说明药食同源，药补与食补的相互关系。

茶叶富有色香味形四大特点，能饮用，能调和滋味，增加色彩，又具有药理成分，所以茶叶菜肴一般都具有双重功效，既可增进食欲、解除饥饿，又能防治某些疾病和增强人体健康。

（一）龙井虾仁

原料：虾1000克，精盐3克，鸡蛋1个，湿淀粉40克，鸡精25克，龙井茶1克。

制法：将1000克虾去壳，挤出虾肉，其方法是一手捏住虾的头部，一手捏着虾尾，将虾肉向背颈部一挤，虾仁即脱壳而出。将虾肉盛入小竹箩，用清水反复洗至虾仁雪白，盛入碗内，放入3克精盐和1个鸡蛋蛋清。用筷子轻轻拌至有黏性时加入40克湿淀粉，加25克味精拌匀，静置1小时，使调料渗入虾仁，待用。

将1克龙井茶冲入50毫升水冲泡，1分钟后，弃茶汤30毫升，茶叶及剩汁待用。将炒锅置中火上烧热，加入猪油至四成热时，倒入虾仁，迅速用筷子划散，待虾仁呈玉白色，倒入漏勺沥去猪油，暗葱炝锅（即用葱炒油锅，用时去葱，留其葱香而不见葱），再将虾仁倒入油锅，迅速把茶叶及汁一同倒入，烹入绍酒，抖动几下，出锅装盘，即成一盘虾仁玉白鲜嫩，茶叶碧绿、清香，色泽雅丽，风味独特的龙井虾仁。

（尹军峰　白堃元）

（二）绿茶西红柿汤

原料：西红柿 50～150 克，绿茶 1 克，开水 400 毫升。

制法：将 50～150 克西红柿洗净，用开水烫后去皮捣碎，和 1 克绿茶混合置于杯中，加开水 400 毫升即成。

功效：此汤可作菜肴食用，也可作饮料日服两次。具有凉血止血、生津止渴之功效。适于眼底出血、高血压、牙龈出血、阴虚口渴、食欲不振等症。

（尹军峰　白堃元）

（三）太极碧螺春（羹）

原料：鸡脯肉、鱼脯肉、干贝一起用粉碎机打成茸，绿叶菜、茶粉各适量。

制法：

（1）高汤煮沸加入黄酒、鸡精和盐，再加入打好的鸡茸、鱼茸、干贝茸、少许蛋清和生粉煮成肉羹，倒入汤碗。

（2）将菜泥、茶粉拌匀，加入高汤煮沸，再加少许盐，煮成绿色茶羹，浇在肉羹碗里的一边，勾出一幅太极图案。

特点：此菜味道鲜美，口感滑爽，白、绿相间的太极图案美不胜收。

（尹军峰）

（四）六堡茶香鸭

原料：肥嫩土鸭 1 只（重约 1500 克），六堡茶芽 200 克，西红柿、生油、桂皮、八角、精盐、白糖、酱油、味精各适量。

制法：

将宰杀洗净后的鸭子用各种调料腌半小时，入笼蒸 2 小时。把六堡茶用文火炒至起烟，再把鸭子放在茶芽上，加姜、水煸至鸭吸茶香后，再将鸭放入油锅中炸至表皮金黄时捞出，斩成块，入碟，拼成鸭形，周围摆西红柿即成。

特点：色泽金黄，皮脆肉嫩，甘香可口，茶香浓郁，茶馔佳品之一。

（尹军峰）

（五）铁观音炖鸭

原料：鸭子 1 只，栗子肉 12 粒，黑枣 15 枚，冰糖、酱油各 2 大匙，铁观音茶叶 50 克。

制法：

（1）用大茶壶放入铁观音茶叶，开水冲泡一下，滗去水后复加水，泡成茶汁，把茶汁放入电锅内。

（2）将净鸭子去头、去足后分切成 10 大块，放入电锅中。将栗子肉以沸水浸泡后剔净内皮，也放进电锅。再在电锅内放入黑枣、冰糖、酱油及 10 人份煮饭量之清水，通上电源炖煮，至鸭肉能用筷子轻松插入即可。

（3）起锅时，撒些铁观音茶末以增加香气，即成。

特点：鸭肉酥烂，鲜香扑鼻，风味特佳。

（尹军峰）

（六）西藏特色小吃——酥油茶

在西藏，酥油是藏族人每日不可缺少的食品。它是从牛、羊奶中提炼出来的。以前，牧民提炼酥油的方法比较特殊，先将奶汁加热，然后倒入一种叫做"雪董"的大木桶里（高 4 尺、直径 1 尺左右），用力上下抽打，来回数百次，搅得油水分离，上面浮起一层湖黄色的脂肪质，把它舀起来，灌进皮口袋，冷却了便成酥油。现在，许多地方逐渐使用奶油分离机提炼酥油。一般来说，一头母牛每天可产四五斤奶，每百斤奶可提取五六斤酥油。

酥油有多种吃法，主要是打酥油茶喝，也可放在糌粑里调和着吃。逢年过节炸果子，也用酥油。藏族群众平日喜欢喝酥油茶。制作酥油茶时，先将茶叶或砖茶用水久熬成浓汁，把茶水倒入"董莫"（酥油茶桶），再放入酥油和食盐，用力将"甲洛"（即搅拌器）上下来回抽几十下，搅得油茶交融，然后倒进锅里加热，便成了喷香可口的酥油茶了。

藏族常用酥油茶待客，他们喝酥油茶，还有一套规矩。当客人被让坐到藏式方桌边时，主人便拿过一只木碗（或茶杯）放到客人面前。接着主人（或主妇）提起酥油茶壶（现在常用热水瓶代替），摇晃几下，给客人倒上满碗酥油茶。刚倒下的酥油茶，客人不马上喝，先和主人聊天。等主人再次提过酥油茶壶站到客人跟前时，客人便可以端起碗来，先在酥油碗里轻轻地吹一圈，将浮在茶上的油花吹开，然后呷上一口，并赞美道："这酥油茶打得真好，油和茶分都分不开。"客人把碗放回桌上，主人再给添满。就这样，边喝边添，热情的主人，总是要将客人的茶碗添满；假如你不想再喝，就不要动它；假如喝了一半，不想再喝了，主人把碗添满，你就摆着；客人准备告辞时，可以连着多喝几口，但不能喝干，碗里要留点漂油花的茶底。这样，才符合藏族的习惯和礼貌。

（尹军峰）

（七）君山鸡片

原料：鸡脯肉 200 克、味精 1 克、君山银针 1 克、精盐 1.5 克、鸡蛋清 3 个、芝麻油 1.5 克、百合粉 40 克、熟猪油 500 克、湿淀粉 25 克。

制法：

（1）将鸡脯肉剔去筋膜，斜片成约 3 厘米长、2.6 厘米宽的薄片，将蛋清放入碗中，持筷子用力搅打成泡沫状，放入百合粉、精盐各 1 克、味精 0.5 克调匀，再放入鸡片抓匀上浆。

（2）取杯 1 只，放入君山银针，用沸水 100 克冲泡 2 分钟后沥去水，再倒入 75 克沸水冲泡，晾凉。

（3）炒锅置中火，放入熟猪油，烧至两成热时将鸡片逐片下锅滑油，约 15 秒，达八成熟时，连油倒入漏勺沥油。

（4）锅内留油 75 克，倒入鸡片，再将茶水倒入，加入精盐 0.5 克、味精 0.5 克，加少量水，以湿淀粉勾芡，持锅颠几下，出锅装盘，淋入芝麻油即成。

工艺关键：

（1）用手扒开鸡胸部的皮，刀在胸骨左右划两刀，再按鸡脯肉的轮廓浅划两刀，用于撕下肉即可。

（2）上浆微厚，搅拌应先慢后快，先轻后重。

（3）滑油时，油要洁净。原料分散下锅，见原料变白，马上出锅。

（4）水过多不利勾芡。

特点：

（1）"君山银针"是湖南君山特产，为中国名茶之一，历史悠久，每年谷雨前采摘。君山鸡片以此做配料而得名。据《湖南省志》载："巴陵君山产，岁以充贡，君山盛称于唐，始贡于五代。"此采用单一芽尖制成，冲泡在杯中，立而不倒。头如鹤立，又称"白鹤"、"白鹤翎"。1955 年参加国际"莱比锡"博览会，获得好评，誉称"金镶玉"。

（2）百合粉含有多种生物碱、淀粉、蛋白质、脂肪等成分。性味甘、微苦、微寒。有补中益气，润肺止咳之功效，多用于神经衰弱，肺虚于咳，虚烦惊悸等症。

（3）此菜白、绿相间，咸鲜适口，鸡片白嫩，银针飘香，回味无限。

（尹军峰）

（八）童子敬观音

原料：童子鸡一只（900 克），铁观音茶粉 75 克，生抽 300 克，桂皮、八角、菜苹果适量，葱段、姜块各 25 克。

制法：将童子鸡宰杀洗净，用沸水氽一下，过凉水浸透待用。将调料、茶粉汇于一体，加水 10000 克烧沸，放入童子鸡，闷约 4 小时即成。

特点：不肥、不腻，肉质细嫩，茶香浓郁，是茶菜代表作之一。

（尹军峰）

（九）清蒸茶鲫鱼

原料：鲫鱼 500 克，绿茶适量。

制法：将鲫鱼去鳃、内脏，留下鱼鳞，腹内装满绿茶，放盘中，上蒸锅清蒸熟透即可。

用法：每日 1 次，淡食鱼肉。

功效：补虚，止消渴。适用于糖尿病口渴多饮不止以及热病伤阴。

（尹军峰　白堃元）

（一〇）茶香鸡

原料：仔公鸡1只，茶叶、花生壳末各50克，精盐、八角、三奈、小茴香、花椒、白卤汁各适量。

制法：

（1）将仔公鸡宰杀洗净、去内脏、漂净血水，入锅掺清水加精盐、八角、三奈、小茴香、花椒、白卤汁烧沸至熟，捞出沥干水分。

（2）取铁锅1只，底部放入茶叶、花生壳末，上面摆放铁丝网架，将锅置旺火上烤至熏烟初起时，即将鸡放于网上，加盖烟熏，并注意在熏制过程中适时翻动，待鸡熏至色黄油亮时取出。食时既可整鸡入席，也可以斩成5厘米长、1.5厘米宽的条，入盘再拼摆成全鸡形，淋上芝麻油、白卤汁即可。

特点：色泽金黄油亮，茶香浓郁，肉质松嫩、爽口。

（尹军峰）

（一一）柠檬果茶煮豆腐

原料：檬果茶、豆腐。

制法：先把整块豆腐泡在盐水里二三十分钟，以便在烹煮豆腐时，不会煮成豆腐羹。泡好了豆腐，烧红油锅，放入调和油，再放一小撮柠檬果茶，抛炒四五下，撒入少许花雕酒，顿时，火苗在锅中乱窜，厨房立刻弥漫着又爽又香的茶气，加进一碗水，煮开一两分钟，调好味，再放入豆腐，用长刀在锅中切开豆腐成五六份，小心翼翼地掀翻豆腐，最后勾芡，盛入碟子。

特点：此菜带有茶香、柠檬香、桉树香，豆腐嫩滑，入口即化。

功效：改善呼吸系统疾病、缓解肌肉及头部各种痛症，并能消除疲劳，使头脑清醒冷静，集中注意力，预防细菌滋生，促进新细胞的构建，促进血液循环，供给皮肤氧气，改善阻塞皮肤等。

（尹军峰）

（一二）绿茶拌豆腐

原料：嫩豆腐、茶叶、精盐、香油。

制法：

（1）嫩豆腐加水，用小火在锅里炖5分钟后捞出待用。

（2）豆腐拌上精盐、香油。

（3）然后放入冲泡过两至三四次开水的龙井茶叶，搅拌之后即可食用。吃起来还有种橄榄菜的味道，且营养丰富，非常清凉、好吃。

（尹军峰）

（一三）龙井肉片汤

原料：猪腿肉150克，龙井茶1.5克，四川涪陵榨菜10克，鲜汤1000毫升，鸡蛋1个，调料少量。

制法：将腿肉切成薄片，加绍酒、细盐、味精、胡椒粉、蛋清和干淀粉拌匀，置半小时待用。龙井茶用沸水冲泡，沥去水分，再用开水100毫升冲泡，待用。榨菜切丝，待用。将腿肉片下开水锅氽熟后捞出。鲜汤中加入调料，再加茶汁及茶叶，煮沸后加榨菜丝，最后倒入肉片即成。

（尹军峰　白堃元）

（一四）太平猴魁焖饭

原料：太平猴魁茶1小碟，粳米500克，瘦猪肉、春笋、香菇各适量，精盐、味精、熟猪油各少许。

制法：

（1）取新鲜猴魁1小撮放入杯中，用80℃热水泡开，5分钟后把茶汁滤出放入锅中。

（2）将粳米淘净后放入锅中并添足水煮饭。

（3）另取锅上火，放入猪油，烧热后将瘦猪肉、春笋、香菇切成小丁放入，再调入精盐、味精适量，翻炒均匀，至八九成熟时起锅待用。

（4）待饭烧至刚熟时把炒三丁以及猴魁茶叶倒入锅中，与米饭一同翻炒均匀，然后加盖再焖煮5分钟即成。

特点：本品系选用安徽名茶"太平猴魁"入馔而制成。此茶香高持久，味浓鲜醇，回味甘美，品质超群；用它做饭则茶香四溢，清新入脾，脍炙人口，美不胜收。

（尹军峰）

（一五）龙井汤圆

原料：汤圆馅 100 克，糯米粉 250 克，高级龙井茶叶 25 克。

制法：

（1）取糯米粉适量用水调散，揉匀，再和汤圆馅分别包成大小均匀的汤圆。

（2）将龙井茶叶放入杯中，冲入适量开水浸泡 2 分钟，沥出茶汁，再冲入开水泡后沥汁。

（3）锅内放入清水烧开，将汤圆下锅，煮熟，分别捞出放在碗中，再取适量茶汁浇入即成。

特点：本品色泽淡绿，清香醇浓，口感细嫩，爽口不腻。此为一款四川风味小吃。

（尹军峰）

（一六）茶面食

茶叶点心，就是把茶叶加入到点心里。茶叶点心看似简单，但真正要做到"茶可入点，又点点动人心"，却有一番学问。什么茶叶做什么样的点心可口，它的火候又是如何把握的，都很有讲究。

喝哪种茶就要配上该种茶做成的点心，以免茶味相抵。像普洱茶、绿茶等浓茶，一次喝太多会让血糖下降，出现醉茶现象。在品尝此类茶时配一些甜点，最为适宜。用茶叶做成各种面食，不仅营养保健，而且色、香、味俱佳。

面食如绿茶长寿面、上汤绿茶水饺，点心如单丛曲奇饼、皇茶番薯饼等，茶味、茶色都非常诱人。茶城四喜饺在手工捏就的四眼花孔的外皮上，分别嵌入蟹子、咸蛋黄、冬菇和青豆，里面的馅料掺杂着铁观音茶粉，蒸熟后茶粉的香味就渗透其中，色、香、味俱佳。观音皇茶鱼是将糯米粉和茶粉拌匀后搓成粉团，再包上白莲蓉印成鱼形，十分美观、

可口。

（尹军峰）

（一七）鸡茶饭

用料：鸡胸肉 8 小片，鸡蛋 1 个，小麦粉 100 克，粳米饭、食盐、干紫菜丝、绿茶末等适量，酒 20 毫升。

制法：将鸡胸肉纵切成丝，用刀背轻轻敲打，撒上精细食盐和黄酒，放置 4～5 分钟。鸡蛋打入碗中，加冷水 150 毫升，调入小麦粉，迅速用力搅匀成蛋糊。鸡肉丝蘸上蛋糊，在热油中炸熟，捞出放在粳米饭上，撒以绿茶末、细盐及干紫菜丝即成。

特点：可增进食欲，有助健康。

（尹军峰 白堃元）

（一八）五香茶叶蛋

材料：鸡蛋 10 个、盐 15 克、乌龙茶 1 杯(240 毫升)、五香粉 1 大匙(15 毫升)、八角 12 克、花椒 7.5 克、干姜 12 克、丁香 4 克、盐 15 克、调味料、酱油 120 毫升、冰糖 1 大匙。

制法：

（1）先将鸡蛋洗净放锅中，倒入清水，以水刚漫过鸡蛋为宜。盖上锅盖置炉火中烧到水冒小泡，关火约 3～5 分钟后再开火烧，至水开后继续烧 2～3 分钟，然后关火。

（2）将鸡蛋取出，此时的鸡蛋蛋白已经凝结，蛋黄仍是流质，用两只鸡蛋互相敲，至壳身大致都有破损为止。如果敲得好，还可以敲出大理石式的纹路。

（3）将佐料和敲碎的蛋放回锅中，再次将水烧开后继续烧 1～2 分钟。烧好的茶叶蛋可以泡在汁里，最好第二天再吃，汁水才比较入味。

（尹军峰 白堃元）

茶　技　篇

茶技术包括的内容很广，既包括茶树品种和栽培管理，又涉及茶叶加工和经营管理。它与茶叶产量的提高、品质的改善都有很大关系，因此，必须认真对待。

一、茶树品种

茶树品种是茶叶生产的物质基础。从广义上讲，茶树品种工作包括种质资源利用、品种分类、品种选育、品种审定和繁育推广等内容。

（一）茶树种质资源

1. 种质资源的作用

种质资源是指携带遗传物质的植物材料，又称遗传资源。从基因水平看，两株不同基因型的茶树就是两份不同的种质。茶树种质资源是茶业生产的基本资源、育种创新的原始材料，是实现生态安全和茶业可持续发展的重要保障。各产茶国家都非常重视种质资源的收集、研究和开发利用。

（1）生产利用　通过形态和主要经济性状鉴定，把产量高、品质优或抗性强、遗传性稳定的种质，直接或稍加改良后即当作栽培品种应用。我国用地方品种或野生茶树作栽培品种利用的就有五十多个，如鸠坑种、祁门种、婺源大叶茶、云台山种、乐昌白毛茶、凌云白毛茶、湄潭苔茶、崇庆枇杷茶、勐库大叶茶等。

（2）选育新品种　自建国至 2005 年，利用各资源采用单株选择、人工杂交或诱变等手段共育成国家审（认、鉴）定品种 67 个，其中从自然杂交后代或地方群体品种中采用单株选择方法育成的有 53 个，

用人工杂交法育成的有 13 个，用辐照等诱变手段育成的有 1 个。用作杂交亲本育成新品种最多的是云南凤庆大叶茶和福建福鼎大白茶，前者育成的国家审定品种有 23 个，后者育成的国家审定品种有 9 个。从南糯山大叶茶、安化种、宜昌种等地方品种中采用单株选择法育成的云抗 10 号、槠叶齐、宜红早等都是当前主要推广品种之一。中国农业科学院茶叶研究所用 ^{60}CO 诱变处理龙井 43 穗条，育成了一个生育期、品质均超过龙井 43 的新品种"中茶 108"。

（3）论证茶树起源演化和进行植物学分类　种质资源包括了各种类型、各个进化阶段、各种生态条件下的茶树，它们的遗传多样性、分布区域的集中性、性状变异的连续性，为研究起源演化和进行植物学分类提供了充分的材料。我国学者根据掌握的茶树种质资源，论证了中国是茶树的原产地。一百多年来国内外进行茶树分类的植物学家几乎都少不了中国的标本资料，如大理茶（*C. taliensis*）就是 W. W. Smith 1925 年以云南大理感通寺的标本正式确定的；张宏达在 1998 年所确定的 30 个种 4 个变种中，除 2 个种外都是以我国的种质资源材料作模式标本的。

（虞富莲）

2. 茶树种质资源的类型和特点

茶树种质资源包括野生大茶树、地方（农家）品种、育成品种、品系、名（单）丛、引进品种、遗传材料

及近缘植物等。

(1) 野生大茶树 一般将树体高大、年代久远的非人工栽培的大茶树统称为野生大茶树(Wild tea plant)。但它无确切的量化标准和具体的时间概念。它们通常是在一定的自然条件下,经过自然繁衍而生存下来的一种类群,不同于人工栽培后丢弃的"荒野茶"。野生大茶树属于多个种(Species),其中最多见的有大理茶(*C. taliensis*)、厚轴茶(*C. crassicolumna*)、大厂茶(*C. tachangensis*)、秃房茶(*C. gymnogyna*)、普洱茶(*C. sinensis* var. *assamica*)和白毛茶(*C. sinensis* var. *pubilimba*)等。其中的野生型茶树,树型多为乔木或小乔木,树体高大,叶厚富革质,花大瓣多,种子锥或肾形,种皮粗糙,氨基酸、茶多酚和 EGCG 含量偏低,萜烯指数(TI)高,抗性强,扦插繁殖力低。栽培型茶树多为小乔木型,叶大质薄,花小瓣少,种子球形,种皮光滑,氨基酸、茶多酚和 EGCG 含量较高,萜烯指数(TI)低,抗性弱,扦插繁殖力较强。我国至今已在 10 个省区市二百多处发现有野生大茶树(见本书茶史篇一、茶树的起源与演化中的野生大茶树简介)。它们不仅是种质创新的重要材料,也是研究茶树起源演化的"活化石"。

(2) 地方品种 又称农家品种、群体品种、传统品种。由于茶树异花授粉,世代藉种子繁衍,因此导致杂合体后代分离,或同代个体间近交衰退。所以,这类品种是一个组成复杂的群体,但由此也为种质创新提供了丰富的基因源,采用单株选择法育成的品种多出自这类品种,如龙井 43 新品种就是从龙井群体品种中选育出的。由于经历了长期的自然选择,对当地的环境条件具有很强的适应性。我国主要茶区仍在栽培利用的老品种,如勐海大叶茶、凤凰水仙、南山白毛茶、都匀种、早白尖、恩施大叶茶、君山种、紫阳种、黄山种、婺源大叶茶、龙井种、洞庭种等均属此类。

(3) 育成品种 一般指采用单株选择、人工杂交或诱变等手段育成的新品种。新中国建立至2005 年,已有 37 个单位育成国家审(认、鉴)定品种67 个。育成品种采用无性法繁殖,故又称无性系品种,特点是个体间表现型一致,是当前生产上的主要推广品种,如龙井长叶、浙龙 113、迎霜、金观音、岭头单丛、桂绿 1 号、白毫早、鄂茶 1 号、早白尖 5 号、黔湄 601、云抗 10 号等。

(4) 品系 经过系统的育种程序,形态特征一致,具有一定的经济价值,遗传性稳定,且有一定的繁殖后代,在未完成区域性试验之前,生产上也无成片栽培面积的育种材料,统称品系。如福建省农业科学院茶叶研究所育成的茗科 1 号和茗科 2 号就是国家审定品种金观音、黄观音在区域试验之前的品系。

(5) 名丛和单丛 在福建武夷茶区和广东潮汕乌龙茶区,习惯上将成品茶品质优、自成风格的单株称为单丛和名丛。名丛多生长在武夷山景区,由于环境条件得天独厚,茶树多生长在岩壁隙缝之中,终年荫蔽湿润,全靠自然腐殖质滋养,成品茶各具特色,自成品牌。名丛常以茶名、花名融于一体,或寓于以别的含意,读来脍炙人口。如武夷山的传统五大名丛有大红袍、铁罗汉、白鸡冠、水金龟、半天妖;五大珍贵名丛有武夷白牡丹、武夷金桂、金锁匙、北斗、白瑞香等。单丛主要生长在广东潮安县凤凰镇乌崇山,统称的凤凰单丛又称白叶单丛,按品茶的香气特点或树型又可分成凤凰十大单丛:黄枝香单丛、芝兰香单丛、蜜香单丛、八仙过海单丛、姜花香单丛、蛤古捞单丛、蜜兰香单丛、玉兰香单丛、肉桂香单丛、桂花香单丛。不论名丛或单丛,或是生长在悬崖上,或是树体高大,故多是攀梯或爬树采摘,单独加工。

(6) 引进品种 广义上是泛指从异地引入的品种,通常是指从国外引入的品种。我国从国外引进的茶树品种较少,作为种质资源引进的有原苏联的格鲁吉亚 1 号、格鲁吉亚 4 号、格鲁吉亚 6 号、格鲁吉亚 8 号等;日本的薮北、金谷绿、狭山绿、大和绿、朝雾、牧之原早生等;印度的阿萨姆种;斯里兰卡大叶种;越南的北部中游种、Shan 种、LDP1 等。但都未有成片栽培的茶园。中国农业科学院茶叶研究所用引进品种先后育出了寒绿、竹枝春、金橘、玉兰等品种、品系。

(7) 近缘植物 从植物学看,凡是同属(Genus)不同种(Species)的植物,只要不存在生殖隔离,也即种间甚而属间互交有可孕性（包括有可孕性到完全可孕），就可视为近缘植物。由于茶树在这方面研究较少，近缘植物的定界还比较模糊。澳大利亚人 J. J. Savige 用大理茶 C. taliensis 与尖尾连蕊茶 C. cuspidata 杂交，用普洱茶 C. sinensis var. assamica 与红山茶 C. japonica 杂交都获得了杂种，用滇缅茶 C. irrawadiensis 与怒江红山茶 C. saluenensis 杂交获得叶子优美的杂种。这说明同属植物是近缘的。

茶的同属近缘植物常见的有云南连蕊茶 Camellia forrestii（Diels）Coh. Sthuart、滇南离蕊茶 Camellia pachyandra Hu、蒙自山茶 Camellia henryana Coh. Sthuart、瘤叶短蕊茶 Camellia muricatula Zhang、落瓣油茶 Camellia kissi Wall、金花茶 Camellia chrysantha（Hu）、滇山茶 Camellia reticulata Lindl、Tsuyama、红山茶（Camellia japonica L.）、浙江红山茶（Camellia chekiangoleosa Hu）、茶梅（Camellia sasanqua Thunb）、油茶（Camellia oleifera Abel）等。它们在植株形态、分枝习性、芽叶特征、花器构造上都接近于茶树，主要差别是：茶树苞被已分化为苞片和萼片，并有花梗支托花冠，而山茶、油茶、茶梅等均是苞被直接生长在枝干上；茶树所具有的咖啡碱、氨基酸、儿茶素等生化成分，在这些近缘植物中含量很少，由于它们缺乏形成茶叶所有的色香味的物质基础，所以，不能加工饮用。近缘植物各自长期生长于特定的环境中，或有着进化上的差异，或有着人为的定向选择，不论是种内或种间变异也都很丰富。山茶是重要的庭园观赏植物，变异极多，如花色、花瓣、花冠形态等。油茶多为单瓣花，花瓣白色，花形喇叭状，结实性强，果壳厚，种皮粗糙，是重要的木本油料作物。除油茶与茶树花果同期外，红山茶、茶梅等花期比茶树晚 2～3 个月。

（虞富莲）

3. 茶树种质资源的传播

中国是茶树的原产地，是种茶、制茶和饮茶的发祥地。世界主要产茶国家的种质和栽、制技术都是从中国传播过去的。

唐顺宗永贞年（805），日本最澄禅师从中国带回茶籽，种植在近江（今佐贺县）；806 年弘法大师又将中国茶籽带往日本，这是日本种茶之始。

1833 年俄国从中国引种茶籽试种，1848 年在黑海沿岸的外高加索试种获得成功，1883 年又从湖北羊楼洞引进茶苗和茶籽种植在格鲁吉亚的恰克伐地区。经过一个多世纪的发展，黑海沿岸的外高加索一带已成为目前世界上最北部的茶区。

印度尼西亚早在 1684 年从中国引种茶树，30 年后又大量输入茶籽，栽培茶园得到了较大的发展。

印度第一次种茶始于 1780 年，由东印度公司从广州带去广东和福建的茶籽，种植于不丹和加尔各答植物园。1834 年印度派人到中国调查茶树栽培方法，并运回三批茶籽。1835 年运去茶树 200 株。1850 年又再次运去一批茶籽。

1812 年中国的茶籽和种茶、制茶技术同时传至巴西，此为南美种茶之始。

斯里兰卡于 1841 年从中国运去茶树种植于咖啡园中。1867 年由于咖啡树遭受严重虫害改种茶树，由此大量发展。

1958 年中国茶籽、茶苗曾输入到美国进行试种。

20 世纪 60 年代以来，中国又先后将鸠坑种、祁门种、坦洋菜茶等引种到几内亚、马里、摩洛哥、阿尔及利亚、巴基斯坦、玻利维亚、柬埔寨等国，并派员传授种茶、制茶技术。

至此，中国的茶树种质资源已直接或间接传播到世界 54 个国家。

（虞富莲）

（二）茶树品种的命名与分类

1. 茶树品种的命名

茶树品种命名没有统一的规定，归纳起来主要有以下几种：

第一种是以品种产地命名。如鸠坑种（产于浙江省淳安县鸠坑乡）、祁门种（产于安徽省祁门县）、紫阳种（产于陕西省紫阳县）、黄山种（产于安徽省黄山市）、宜昌种（产于湖北省宜昌县）、宜兴种（产于江苏省宜兴县）、宁州种（产于江西省修水县，修水原称宁州)和云台山种(产于湖南省安化县云台山)等。

第二种是以品种特征、特性命名。如柳叶种(叶披针形,似柳树叶)、瓜子种(叶小如瓜子)、楮叶种(叶形如楮树叶)和皋芦种(树形或叶形与皋芦相似)、清明早(清明前发芽)、不知春和瞌睡茶(发芽特别迟)、紫芽种(芽呈紫色)、白毫早(芽叶茸毛多且发芽早)、迎霜(新梢生育期长,"霜降"前后仍有芽叶可采)、楮叶齐(叶片如楮树之叶,发芽整齐)、菊花春(芽叶黄绿色、发芽早)等。

第三种是以产地并结合芽叶性状来命名。例如福鼎大白茶(产于福建省福鼎县,芽叶茸毛特多,芽色银白)、政和大白茶(产于福建省政和县,芽叶茸毛特多)、海南大叶种(产于海南省,叶大)、勐海大叶种(产于云南省勐海县,叶大)、凤庆大叶种(产于云南省凤庆县,叶大)和凌云白毛茶(产于广西壮族自治区凌云县,茸毛多)等。

第四种是以编号并冠以单位名或亲本来源或特性来命名。如中国农业科学院茶叶研究所育成的适制龙井茶的新品种"龙井43"、"中国102",浙江农业大学育成的新品种"浙农12"、"浙农21"、"浙农113",福建省农业科学院茶叶研究所育成的新品种"福云6号"、"福云7号",云南省农业科学院茶叶研究所育成的云抗10号,台湾省茶叶试验场育成的"台茶1号"、"台茶2号"、"台茶3号"……"台茶15号"等。

(刘祖生　赵　东)

2. 茶树品种的分类

茶树品种是茶叶的主要生产资料之一,其分类标准主要依据品种的经济性状,同时也参考其亲缘关系。目前,我国茶树品种分类尚无统一方法。普遍采用的分类法是将树型、叶片大小和发芽迟早作为三个分类等级。

树型是品种分类的第一个等级。树型分乔木型(有明显主干)、小乔木型(基部主干明显)和灌木型(无明显主干)三种。

叶片大小是品种分类的第二个等级。叶片大小分特大叶类(叶长>14厘米,叶宽>5厘米)、大叶类(叶长10.1～14厘米,叶宽4.1～5厘米)、中叶类(叶长7～10厘米,叶宽3～4厘米)和小叶类(叶长<7厘米,叶宽<3厘米)四类。

发芽迟早是品种分类的第三个等级。发芽迟早分早生种(春茶一芽三叶期活动积温<400℃)、中生种(春茶一芽三叶期活动积温400℃～500℃)和晚生种(春茶一芽三叶期活动积温>500℃)三种。

茶树品种分类检索表

A. 植株高大,主干明显 ……………… Ⅰ. 乔木型
　B. 叶长>14 cm,叶宽>5 cm …… 1. 特大叶类
　　C. 发芽期早 ……………………… (1) 早生种
　　CC. 发芽期中 …………………… (2) 中生种
　　CCC. 发芽期迟 ………………… (3) 晚生种
　BB. 叶长10.1～14.0 cm,叶宽4.1～5.0 cm
　　……………………………………… 2. 大叶类
　　C. 发芽期早 ……………………… (1) 早生种
　　CC. 发芽期中 …………………… (2) 中生种
　　CCC. 发芽期迟 ………………… (3) 晚生种
AA. 植株较高大,基部主干明显 …… Ⅱ. 小乔木型
　B. 叶长>10 cm,叶宽>4.0 cm …… 1. 大叶类
　　C. 发芽期早 ……………………… (1) 早生种
　　CC. 发芽期中 …………………… (2) 中生种
　　CCC. 发芽期迟 ………………… (3) 晚生种
　BB. 叶长<10 cm,叶宽<4 cm …… 2. 中叶类
　　C. 发芽期早 ……………………… (1) 早生种
　　CC. 发芽期中 …………………… (2) 中生种
　　CCC. 发芽期迟 ………………… (3) 晚生种
AAA. 植株矮小,无明显主干 ………… Ⅰ. 灌木型
　B. 叶长>10.0 cm,叶宽>4.0 cm 1. 大叶类
　　C. 发芽期早 ……………………… (1) 早生种
　　CC. 发芽期中 …………………… (2) 中生种
　　CCC. 发芽期迟 ………………… (3) 晚生种
　BB. 叶长7.0～10.0 cm,叶宽3.0～4.0 cm
　　……………………………………… 2. 中叶类
　　C. 发芽期早 ……………………… (1) 早生种
　　CC. 发芽期中 …………………… (2) 中生种
　　CCC. 发芽期迟 ………………… (3) 晚生种
　BBB. 叶长<7.0 cm,叶宽<3.0 cm
　　……………………………………… 3. 小叶类
　　C. 发芽期早 ……………………… (1) 早生种
　　CC. 发芽期中 ……………………… (2) 中生种

CCC. 发芽期迟……………………（3）晚生种

（刘祖生　赵　东）

（三）茶树育种技术

早在唐代,陆羽在《茶经》中就写到茶树性状与茶叶品质的关系。宋代宋徽宗赵佶所著《大观茶论》说:"白茶自为一种,与常茶不同,其条敷阐,其叶莹薄。"这可视为茶树单株选种之始。公元18世纪,福建茶农创造出茶树无性繁殖法。从此,福建、台湾和浙南等茶区选育出一大批无性系茶树良种,有的至今仍在生产上发挥着良好的作用,例如福鼎大白茶、政和大白茶、武夷水仙、铁观音和毛蟹等。闻名中外的武夷名丛是茶树单株选择的范例。

随着科学的进步和生产上不断提出新的要求,茶树选种技术也有很大发展。从20世纪70年代起,茶树育种技术由系统选种为主逐渐转入以杂交育种为主的阶段。此外,辐射育种、多倍体育种和组织培养等新技术也先后被引入到茶树选种工作中来,作为茶树选种手段之一。

但是,实践中仍主要采用系统选种和杂交育种法。如通过国家有关机构审定的茶树新品种,绝大部分是用系统选种法或杂交法育成的。

1. 茶树系统选种

茶树系统选种又称单株选种,是从现有茶树种质资源中,按照选种目标,选出优良单株,分别进行无性繁殖,并通过品系比较试验、区域试验、审定,从而育成新品种的方法。

系统选种的技术关键是要善于区分茶树的优良性状和不良性状,了解哪些是遗传性状,哪些是非遗传性状。

从产量性状看,一个高产品种必须具备的基本性状是:树冠大,分枝密,萌芽早,生长期长,发芽轮次多,生长速度快,芽叶比较重。也就是"大"、"密"、"早"、"长"、"多"、"快"、"重"是构成茶叶单产高低的主要因子。

从品质性状看,情况更为复杂,因不同茶类对品质有不同要求。一般说来,红茶类要求汤色红艳明亮,香味浓强鲜;绿茶类要求汤色嫩绿明亮,香味馥郁鲜爽;乌龙茶类要求汤色橙黄明亮,香味清高醇厚。根据上述要求,联系到茶树的性状,其选种的一般标准是:适制红茶的良种要求叶片大,叶色淡绿,芽叶中茶多酚含量高;适制绿茶的良种要求叶片较小,叶色绿或浓绿,芽叶中氨基酸含量高。

为了保证育种的质量,提高系统选种的效果,在选种目标确定之后,各项选种工作都必须严格按照一定的程序进行。系统选种的育种程序大体是:

第一步,选择优良单株。在大量茶树的自然杂交后代(或原始材料)中,根据植株性状初选优良的单株进行单株观测。观测的项目主要包括植株高度、幅度、树姿、分枝数、新梢长度、着叶数、叶色、叶片大小、单芽重、发芽密度、发芽期、抗寒性、茶多酚与水浸出物含量、发酵性能和单株产量等,再从中选出较有希望的单株。

第二步,初步无性繁殖。对入选的单株,进行扦插繁殖,以供品系比较试验之用。

第三步,比较试验。对入选品系与对照品种进行品比试验,其重点是小区鲜叶产量鉴定和制茶品质鉴定。

第四步,区域性试验。区试的目的是为了摸清新品种的适应性,以便确定其推广地区。区试的布置与内容,基本上与品比试验类同。为了缩短育种年限,区试与品试可同时进行。

第五步,品种鉴定与繁育推广。通过区试表现的品种即组织专家鉴定,报请全国茶树良种审定组织审定,并进行繁育,在适宜地区推广。

一个新品种的育成,经上述程序,前后大约需经历18～20年左右的时间。

（刘祖生　赵　东）

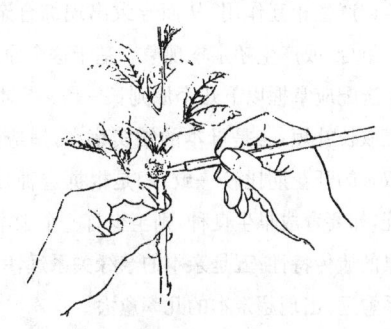

茶花套袋

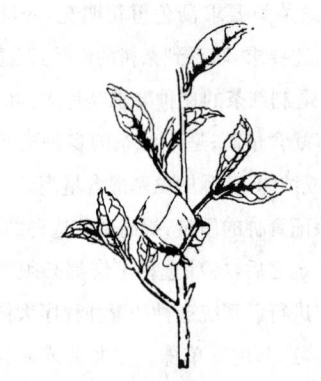

茶花去雄

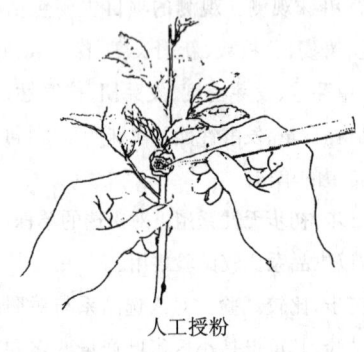

人工授粉

2. 茶树杂交育种

将具有不同遗传特性的茶树，通过雌雄性细胞的人工交配，产生杂交后代，再按育种目标进行选择，从而育成一个新品种，这个过程便称为茶树杂交育种。杂交育种是茶树育种的主要途径之一。国外大多数育成品种都是通过杂交育成的。目前，我国茶树育种也已从系统选种转入以杂交育种为主的阶段。

杂交亲本的选配，关系到杂交育种的成败和育成品种的水平。通过杂交，可使父母本遗传基因重新组合或产生相互作用，从而导致出现综合亲本性状的新组合，或产生超亲本现象。基于这个原理，茶树亲本选配应掌握以下几个原则：一是父母本性状能相互取长补短；二是母本的结实率高，适应性强；三是双亲的开花期比较一致；四是根据选种目标进行选配，如要育成早生良种，则至少有一个亲本具有发芽早的遗传特性；五是亲本的亲缘关系远，一般亲缘关系愈远，出现超亲本的几率愈大。

茶树在杂交之前，应根据育种目标和亲本选配

原则确定杂交亲本及杂交组合；并准备杂交用的工具和材料，如隔离纸袋（或隔离纱框）、授粉毛笔、小广口瓶、纸牌、剪刀、镊子和记录本等。在授粉前1～2天，从父本植株上采集含苞欲放的花蕾放入培养皿或牛皮纸袋中，携回置放于干燥之处。次日早晨，即可将花粉轻轻刷下，除去杂质，收集入小广口瓶中待用。为了防止自然杂交与自交，必须在母本花朵未开放之前进行套袋隔离与去雄，或用特制纱框进行全株隔离。隔离袋宜用不易破损的透明或半透明纸制成。隔离纱框用木架与尼龙纱制成。去雄工作在母本花朵快要开放时进行。去雄之后便可用毛笔进行授粉，因这时柱头分泌黏液，能使花粉获得良好的发芽条件，有助于提高杂交结实率。授粉工作要选择无风的晴天，最好在上午8～10时进行完毕。授粉之后，立即挂上纸牌，并写明父母本名称和授粉日期，以便查考。授粉后一星期左右，便可去袋（框），以利受精后的子房在自然条件下正常发育。据浙江农业大学茶学系观测，人工杂交幼果脱落率高达60％以上，每年11月到次年2月是落果最多的时期。因此，要加强授粉后的管理工作，特别应注意采取防冻措施。其次，还应提高磷、钾肥的比例，以促进茶果的生长发育。

茶树杂交育种程序如下图所示：

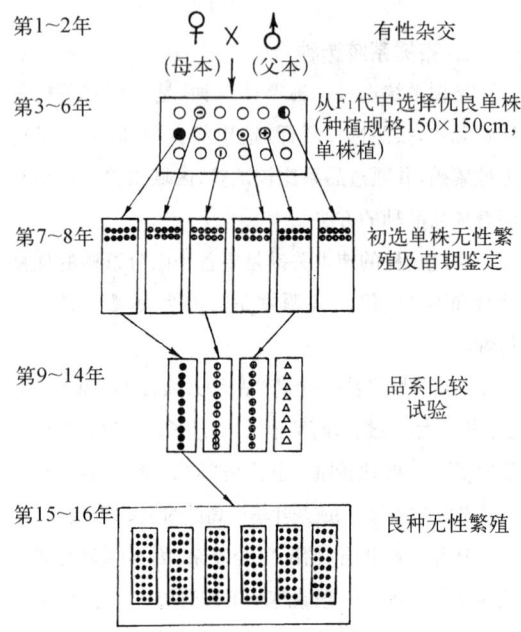

1978～1999 年,福建省农业科学院茶叶研究所以铁观音为母本,黄棪为父本,通过人工杂交,育成具有亲本主要优良性状的杂交新品种"茗科 1 号"(又名"金观音")。2002 年通过国家审定。

(刘祖生　赵　东)

3. 茶树育种新技术

当前茶树育种虽然仍主要采用系统选种与杂交育种等常规育种技术,但茶叶商品生产的发展,对育种工作提出了许多新的更高的要求,仅仅依赖于自然界的变异已经远远不够了。随着现代科学技术的进步,茶树育种也开辟了许多新的途径。

(1) 茶树辐射育种

茶树辐射育种是应用辐射线照射茶树或茶树器官,诱发其发生变异,然后经选择而育成新品种的育种新技术之一。辐射线有电离辐射和热辐射两类,茶树育种常用电离辐射,如 γ-射线和 β-射线等。

辐射育种的特点,一是可使突变频率比自然突变增加 1000 倍左右,因而大幅度地提高了选择的范围;二是能有效地改变品种的单一不良性状,在育成抗病品种上有特殊作用;三是具有打破某些性状连锁遗传的能力,有利于去除与优良性状连锁在一起的不良性状;四是能克服远缘杂交的不亲和性等。

辐射育种的程序包括亲本选择、材料处理、鉴定选择、品比试验和良种繁育等程序。品比试验和良种繁育与常规育种法基本相同,具体方法可分三个步骤进行:

① 亲本选择　亲本材料选择适当是辐射育种成功的关键之一。应选综合性状优良而只存在个别缺点的亲本作处理材料。这是因为辐射诱变的基因突变和染色体畸变,只是个别或部分遗传物质的结构变化。茶树辐射处理的材料常用种子和扦插苗。

② 材料处理　材料辐射处理可分外照射与内照射两类。所谓外照射系指辐射源置于被照射材料体外的照射,而内照射是指将放射性同位素引入被照射物体内进行照射。照射剂量与辐射效果的关系十分密切。照射剂量过低,则诱变效果小;照射剂量过高,则辐射损伤大,植株存活少。通常急性外照射采用半致死剂量(LD50)或临界剂量(LD40)。据研

究,茶树休眠种子的辐射临界剂量为 4000～8000 伦琴;一年生茶苗为 3000～5000 伦琴;插枝为 1000～3000 伦琴。不同茶树品种的辐射敏感性差异很大。茶树生育状态也与敏感性有关,一般萌动芽比休眠芽敏感,扦插苗比实生苗敏感,叶芽比花芽敏感。慢性照射剂量率为 10～30 伦琴/日。日本安间舜 1974 年报道,用 γ-射线对薮北品种进行慢照射曾获得四倍体茶树。内照射常用的方法是,用 P32 或 S35 等放射性物质的溶液浸种,处理浓度为 0.02 微居里/毫升;处理茶芽时,把溶液滴在包裹有少许脱脂棉的处理芽上;或将处理芽的上部枝条剪去,再在其下方的茎上剥去皮层一小块(5×3 毫米),小心嵌入滤纸或少许脱脂棉,然后滴 1520 微居里 P32 溶液(见下图)。

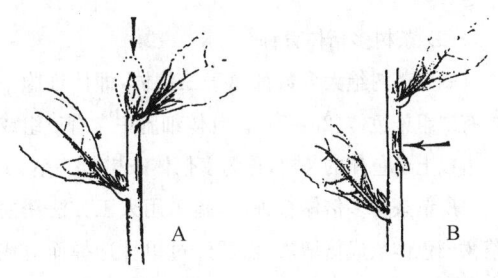

利用 P32 处理茶芽的方法

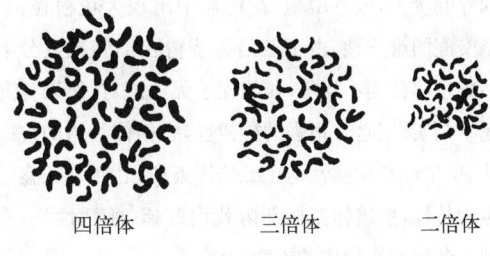

四倍体　　　三倍体　　　二倍体

茶树体细胞染色体

③ 鉴定选择　经处理后的种子长成的植株称为诱变一代(以 M1 表示),从 M1 上收获的种子长成的植株称诱变二代(以 M2 表示)。M1 代常因损伤效应而表现出发芽迟,生长弱,成苗率低,并出现各种畸形变异。茶树种子和营养器官都是多细胞结构,由于辐射处理后不是整个胚或营养器官都发生突变,所以在当代或后代会出现无性分离现象。如是有利变异,应及时用无性繁殖方法加以固定下来。

诱发突变大多数属于隐性突变,在 M1 代中不能表现出来,故不应轻易淘汰。在 M1 代也可能出现显性突变,所以也要注意按育种目标进行选择。

我国茶树辐射育种从 20 世纪 60 年代初开始起步,至今已近 40 年,经过许多科研与教学单位的共同努力,已取得可喜进展。基本摸清了 γ-射线照射茶树的适宜剂量;初步发现经一定剂量处理的品种,其多酚类、氨基酸和儿茶素的含量均有提高,有助于改进红茶品质;培育出不形成花蕾的 M1 代植株。值得特别提出的是,1972～1996 年湖南省农业科学院茶叶研究所采用^{60}Co 辐射福鼎大白茶种子,育成茶树新品种"福丰",1997 年通过省级审定。再如安徽农业大学以云南大叶各种子为材料,通过^{60}Co 辐照,育成茶树新品种"皖农 111",2002 年通过国家审定。

(2) 茶树多倍体育种

一般茶树绝大多数都属于二倍体,即体细胞中含有二组染色体(2n=2x)。凡体细胞中含有三组或三组以上染色体的茶树,称为多倍体茶树。

所谓茶树多倍体育种,是指采用人工方法诱使茶树染色体数成倍增加,然后经过单株选择而育成新品种。

多倍体茶树的主要特点:一是器官的巨大性,如芽叶变大,枝茎增粗,花粉粒中出现大花粉粒;二是交配的难孕性,由于三倍体茶树在细胞减数分裂中染色体分配不均等,雌雄配子无法配对,所以只开花不结实;三是有很强的抗逆性,多倍体茶树的抗寒性、抗旱性和抗病性均比二倍体茶树强;四是旺盛的生理特性,多倍体茶树新陈代谢旺盛,酶活性强,有利于各种有机物质的生物合成。

茶树多倍体产生的方式有两种:一是天然的多倍体,二是人工诱导的多倍体。福建武夷水仙是天然的三倍体茶树。人工诱导多倍体的途径主要包括物理诱变和化学诱变。物理诱变一般是采用辐射处理,但诱导频率较低。化学诱变主要采用各种化学诱变剂,其中秋水仙素应用最广,效果最好。应用秋水仙素诱导茶树多倍体的方法可分浸渍法、滴液法和涂抹法等。处理茶籽可用浸渍法与滴液法。先将茶籽浸种催芽,用 0.5%～1.0%的秋水仙素溶液浸

种 1 小时后,播种在营养钵内,三天内再用 0.5%秋水仙素溶液滴 4～5 次。或待胚芽长到 0.5 毫米左右时,用脱脂棉包裹胚芽呈小球状,并将茶籽置放在铺有细沙或吸水纸的培养皿中,采用 0.2%～0.5%的秋水仙素溶液滴在小棉球上,处理胚芽 48～240 小时。处理完毕后,立即除去小棉球,用清水洗去残留在茶籽上的秋水仙素溶液,然后将茶籽播入营养钵中。也可采用类似的方法处理茶树的活动芽和插枝。处理茶芽时,宜遮荫以免暴晒影响药效。不论用茶树的任何器官,必须掌握在细胞分裂时期的部位进行处理,否则将是无效的,其次,关于药液浓度和处理时间,通常采用临界范围内的高浓度和短时间的办法。

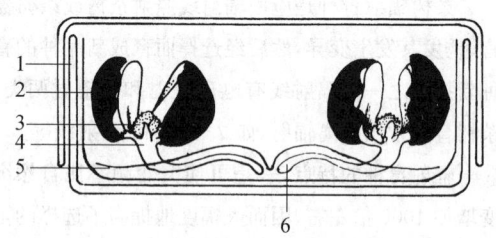

水仙精处理茶籽示意图

1. 培养皿　2. 外种皮　3. 棉球
4. 茶籽　5. 吸水纸　6. 胚根

经过处理之后是否已形成为多倍体茶树,必须通过科学鉴定才能得出正确结论。首先可根据多倍体茶树的一般特点进行初步鉴定。在此基础上再通过细胞学观察才能最后确定。此外,通过有性杂交也是获得多倍体茶树的主要手段之一。

确定是多倍体之后,再从综合性状,进行单株选择。以后的育种程序和方法,均与系统选种相似。中国农业科学院茶叶研究所已从绍兴茶树群体中分离培育出三倍体品系——绍兴 5801。浙江农业大学利用武夷水仙(三倍体)作母本,龙井种(二倍体)作父本,经杂交获 F1 植株,经细胞学鉴定为四倍体(2n=4x=60),其叶部性状酷似母本,但每年均能结实;而且其有性后代性状表现出高度的一致性。该品系很有希望育成为四倍体茶树品种。

茶树人们主要是利用其营养器官,多倍体茶树营养器官的巨大性和交配的难孕性,都是有利于茶树高产的性状;其次,多倍体茶树代谢能力的增强,

有利于茶树的优质育种和抗性育种;第三,由于茶树具有无性繁殖能力,一旦获得多倍体茶树,便可用无性繁殖法将其性状保留下来。因此,同许多利用种子和果实繁殖的粮食作物和果树相比,开展茶树多倍体育种具有更多的优越性。

（3）茶树单倍体育种

所谓单倍体,是指体细胞中只具有配子染色体数的个体,称为单倍体,常用“n”表示。如前所述,一般茶树为二倍体,用“2n”表示,体细胞的染色体数为30,而茶树单倍体(n)体细胞的染色体数则为15。单倍体植物的植株比较矮小,生长势弱,所以培育茶树单倍体并不是育种的目的,而是育种过程中的一个环节。

众所周知,茶树是异花授粉植物,所以在遗传上是高度杂结合的,因此在有性繁殖的情况下,其后代往往出现性状分离,良种特性难以保持。早在20世纪初,有些茶树育种学家就试图自交得到纯系,从而达到育成纯种的目的。可是这项研究始终没有成功。

随着组织培养技术在茶树上的应用研究逐步深入,通过花药培养获得茶树单倍体已经成功;再经过染色体加倍,就能得到遗传上纯结合的二倍体或多倍体。这在茶树育种上具有极其重要的意义。其中最有价值的,一是利用两个纯系品种的杂交,可以获得性状一致的杂种第一代,这在茶树育种上至今仍是空白;二是有利于研究茶树性状的遗传变异规律。由此可见,茶树单倍体育种,无论在实践上和理论上都具有十分重要的意义。

根据植物细胞具有“全能性”的生物学原理以及花粉粒中含有单倍染色体的精细胞,所以通过花药培养是获得单倍体茶树的主要途径。茶树花药培养的基本方法如下。

① 材料的选择　选择适当发育时期的花粉是能否诱导成功的关键之一。试验表明,选择单核中央期或靠边期较为适宜。检定方法可从花蕾大小(以直径6～8 mm为宜)或压片镜检进行鉴定。

② 愈伤组织的诱导　选择适当的培养基也是能否诱导成功的另一个关键。常用的基本培养基有MS(Murashige and Skoog)、波来特氏(Blaydes)、改良怀特(White)和米勒(Miller)培养基等。附加成分有动力精、2,4—D和赤霉素等。总之,激素(包括生长素和细胞分裂素)的浓度和种类是影响诱导的重要因素。

③ 诱导愈伤组织分化成苗　由愈伤组织分化成苗的过程称为“再分化”。一般先长芽再长根较易成功。从愈伤组织形成芽还是形成根,主要取决于生长素与细胞激动素的相对浓度,两者的比值高,利于长根,比值低,利于长芽。愈伤组织直径长至0.2厘米以上时,便从诱导培养基转移到分化培养基中。

④ 单倍体植株的培育　先将分化成苗的单倍体植株转移到渗透压较低且无生长素的培养基上,直到根、茎、叶生长正常时,再移沙培或土培。转移时要注意保温、保湿和遮荫。

将单倍体茶树的染色体加倍,就能培育出二倍体茶树。使染色体加倍的常用方法有二:一是在培养基上增加细胞分裂素;二是用浓度0.1%～0.4%的秋水仙素处理幼苗生长点。

我国的茶树单倍体育种,开始于上个世纪70年代初,当时主要进行的是茶树花药培养,但直至70年代末,均未获得完整的单倍体植株。1980年福建农学院在茶树花药培养上取得重大突破,分化出具有根、茎、叶的完整植株。1984年通过技术鉴定,确认是单倍体茶树。这是世界上首次培育成功的茶树单倍体植株。

（4）茶树分子标记辅助育种

指把DNA分子标记技术应用于茶树育种过程之中,利用分子标记与决定目标性状基因紧密连锁的特点,通过检测分子标记,即可检测到目的基因的存在,进而选择目标性状,具有快速、准确、不易受环境条件干扰的优点,从而达到提高育种效率的目的。它可作为鉴别亲本亲缘关系、杂种后代的早期鉴定选择、杂种优势的预测及品种纯度鉴定等各个育种环节的辅助手段。我国于上世纪90年代后期起步,已取得一定成绩,目前正在深入研究之中。

（刘祖生　赵　东　陈　亮）

4. 茶树品种的早期鉴定

为了缩短育种年限,加速系统选种进程,专家们在育种初期,根据品种的有关经济性状进行早期鉴定。由于受茶树年龄和茶树数量的限制,早期鉴定一般均采用间接鉴定法,也就是利用某些相关性状来鉴定茶叶的产量和品质等。

(1) 茶叶产量的早期鉴定

主要有以下几种:

① 根据扦插苗性状进行鉴定。据浙江农业大学研究,扦插苗的抽梢率、根系和根干重均与茶叶产量呈极显著正相关,相关系数(r)分别为 0.5621**、0.8558** 和 0.4624**,即苗的抽梢率愈高。根数愈多,根干重愈重,其以后的茶叶产量也愈高。② 根据叶片解剖结构进行鉴定。据台湾省茶叶试验场研究,叶片栅状组织和海绵组织密度与茶叶产量呈显著正相关,相关系数分别为 0.7698*、0.8513**,也就是叶片栅状组织和海绵组织的密度愈大,其茶叶产量也愈高。③ 根据叶片的光合强度进行鉴定。据云南农业大学研究,夏季单叶净同化率与茶叶产量呈极显著正相关,相关系数为0.960**,即叶片净同化率愈强,茶叶产量愈高。④ 根据幼年茶树定型修剪枝叶重进行鉴定。据杭州市茶叶研究所研究,定剪枝叶重与茶叶产量呈正相关,相关系数为0.742。此外,综合国内外研究资料,茶树高度、幅度、单株芽叶数、新梢着叶数、芽叶平均重、发芽密度和茶苗根冠比等,均与茶叶产量呈不同程度的正相关。

(2) 茶叶品质的早期鉴定

目前常用的方法有以下几种:① 发酵性能鉴定法。这是早期鉴定红茶品质的一种简易而可靠的方法。先从每个单株上采取嫩度一致的芽下第一叶2~3 片,放入充满饱和氯仿蒸气的试管中,然后塞紧管口,待 1~2 小时后,观察叶色变化情况,凡变色愈快、愈红者,即表示发酵性能愈好,适宜加工红茶。② 小量制茶鉴定法。采用微型杀青机、微型揉捻机、微型卷子揉切机、调温调湿箱和自控电热烘箱等设备,就可进行红、绿茶加工,每次只要有 0.5 千克鲜叶,便能制出正常的成茶。③ 生化成分鉴定法。茶树芽叶中主要生化成分的含量及其比例,是决定茶叶品质的物质基础。据研究,氨基酸总量与绿茶品质、红茶品质均呈极显著正相关,相关系数分别为

0.6806** 和 0.5891**,茶多酚含量与绿茶品质呈极显著负相关,相关系数为 -0.6229**;茶多酚含量与红茶品质呈极显著正相关,相关系数为 0.7574**;酚氨比与绿茶品质呈极显著负相关,而与红茶品质呈极显著正相关,相关系数为 0.6129**。中国农科院茶叶研究所根据这一原理,提出了酚氨比值为 10 或 >10 的茶树品种适制红茶,而酚氨比值为 7 或 <7 的品种适制绿茶。④ 芽叶解剖结构鉴定法。据台湾省茶叶试验场研究,叶片上表皮厚度与红茶汤色、红茶香味均呈负相关,相关系数分别为 -0.4257 和 -0.5635;上表皮厚度与绿茶形状呈极显著正相关,相关系数为 0.8552**,芽叶上茸毛分布和茸毛密度均与乌龙茶品质呈极显著正相关,相关系数分别为 0.802** 和 0.589**,茸毛分布与红茶品质也呈极显著正相关,相关系数为 0.387**。

(3) 茶树抗性的早期鉴定

茶树抗性是指茶树的耐寒性、耐旱性、抗病性和抗虫性等。其中以茶树耐寒性的早期鉴定研究较多,据研究,叶片解剖结构与抗寒性强弱存在十分密切的关系。叶片上表皮厚度、栅状组织厚度均与茶树耐寒性呈高度正相关,相关系数分别为 0.78 和 0.81;栅状组织和海绵组织比值、栅状组织同叶片厚度比值也均与耐寒性呈高度正相关,相关系数分别为 0.85 和 0.84;而海绵组织厚度与茶树耐寒性呈中度负相关,相关系数为 -0.38。

研究表明,过氧化物酶(POD)和超氧物歧化酶(SOD)的活性在耐寒、耐旱的茶树品种中较高,且同一酶谱带较多。日本的武田善行(Tededa)等发现茶树轮斑病是由 2 个独立的显性基因所控制的。抗螨力强的茶树品种,一般具有茸毛密度高、气孔密度低、叶片角质化程度高,以及比较高的氨基酸和咖啡碱含量、较低的可溶性糖含量的特点。

(刘祖生 赵 东)

(四) 优良茶树品种

丰富的茶树种质资源,悠久的栽培历史,不断地人工选育,培育出了大批茶树品种。现在,生产上栽

培利用的品种约有二百五十多个,其中经国家或省审定(包括认定和鉴定)的无性系品种就有一百六十多个。在传统品种中,有树高数米、叶大如掌的勐库大叶茶、景谷大白茶,有树体匍匐地面、叶小如耳的瓜子金、石佛种;有春分刚过就开采的黄叶早、乌牛早,有近麦子黄熟才开采的政和大白茶、北斗种;有仅限于南亚热带地区种植的勐海大叶茶、凌云白毛茶,有可忍受-10℃低温的祁门种、信阳种;有适制茶类较单一的凤庆大叶茶(红)、龙井种(绿),有兼制多种茶类的毛蟹(红、绿、乌龙茶)、福鼎大白茶(红、绿、白茶);有品质独树一帜的铁观音、大红袍(乌龙茶),亦有适制传统名茶的洞庭种(碧螺春)、柿大茶(太平猴魁),等等,不一而足。丰富多彩的品种完全能够满足六大茶类数千个茶叶品牌对原料的需求,这是中国茶叶生产的资源优势。

1. 茶树良种的作用和标准

据估测,在茶叶生产增值的各项因素中,良种要占30%～40%。在相同采制水平下,品种几乎决定了茶叶的商品价值。有些茶类如乌龙茶、白茶、名特优茶必须依赖于相匹配的品种才能获得高效益,如用铁观音、大红袍制的乌龙茶"铁观音"、"大红袍",是菜茶品种价格的5～8倍。因此,从20世纪90年代大力开发名特优茶以来,良种迅速推广,全国无性系良种茶园面积由20世纪70年代的不到5%上升到2006年的26.2%。茶树良种对茶叶生产的主要作用是:① 有利于名优茶开发。良种是创制名优茶的基础,良种的推广,使各地的名优茶得到了大力恢复或开发。如浙江省2009年有茶园17.6万公顷,其中无性系良种茶园10.1万公顷,占总面积的57.6%。总产量17.2万吨,其中产名优茶6.7万吨,产值68亿元,分别占全省茶叶产量的39%,产值的90.3%。因此,名优茶已成为茶产业的主体,目前全国的名优茶品类已达千种,它们大多是用相匹配的品种采制的,如无锡用福鼎大白茶创制的"太湖翠竹"、桂林用福云6号创制的"桂林毛尖"、长沙用槠叶齐创制的"高桥银峰"、宜昌用宜红早创制的"峡州碧峰"、新昌用乌牛早创制的"大佛龙井"等。② 促进了茶叶总体质量的提高。良种茶园面积比例的增加,使茶叶内在质量普遍得到了提高。同时,通过对名优茶加工技术的开发和普及,带动了大宗茶加工技术的改进。③ 有利于多茶类组合生产。茶树良种的多样化,为多茶类生产创造了条件。在目前茶叶总量供大于求的情况下,浙江、安徽等省适度引进金观音、毛蟹等品种和技术,生产乌龙茶,调整了茶类结构,在一定程度上缓和了产销矛盾;利用早、中、晚生品种搭配,采取前期采制名优茶,早期采制优质茶,中期采制大宗茶,后期改制适销茶的多茶类生产格局,可有效地增强市场应变力,最大限度地增值。

随着生产水平的提高和茶叶商品价值的变化,不同时期对良种的要求有不同的标准。如上世纪五六十年代,生产力较低,以高产为主;七八十年代要求高产优质;90年代以来,讲求实际效益,对良种的要求也趋于多样化,如绿茶强调早生优质,红茶要求优质高抗,名优茶重外形色泽,乌龙茶侧重于内质香气。一般认为,有下列之一者可视为优良品种:① 在相同环境条件和栽培管理措施下,品质显著超过当地当家品种(有性系或无性系)或产量增加20%～30%。② 开采期比当地品种早10～15天,且品质优于或等同于当地种。③ 在产量和品质与当地种相当的情况下,具有显著的抗病抗虫性,符合生产无公害茶和有机茶的要求,如大叶种茶区抗茶饼病、茶根结线虫病等,中小叶种地区抗茶叶炭疽病、小绿叶蝉等。当然,良种是比较而言的,随着生产水平的提高和产品要求的多样化,新老品种会不断更迭。此外,良种也要有良法,否则,良种的种性就得不到发挥。

为了更好地执行国家种子法,加强茶树品种管理,加速良种的选育与推广,逐步实现良种布局的区域化、合理化。农业部于1981年设立了"全国茶树良种审定委员会",1989年改为"全国农作物品种审定委员会茶树专业委员会",2002年又改为"茶树新品种鉴定委员会"。目前,国家一级对品种实行自愿鉴定,省级除福建省实行强制审定外,其他省也都实行自愿鉴定,各省区市也成立了相应的机构。它的主要任务是:制订茶树品种审(鉴)定工作的规章、制度和办法;审(鉴)定新品种的主要经济性状、利用价值、适应地区、相应配套栽培技术；制订区域试验和生产试验办法，指导新品种区域试验、生产试验工作；对新品种推广的示范、繁育等工作提出建议。

全国茶树良种审(认、鉴)定委员会分别于1985年、1987年、1994年、1998年、2002年、2003年、2005年、2010年审(认、鉴)定通过了123个品种，其中传统品种30个，中华人民共和国建立后育成的无性系品种93个。为使育种工作保持连续性，全国茶树良种审(认、鉴)定委员会，在全国不同茶区，选择在气候、土壤、栽培管理水平、茶类结构具有代表性的浙江杭州、福建福安、广东英德、广西桂林、湖南长沙、湖北武昌、贵州湄潭、四川成都、河南信阳等作为常设区域试验点，分别于1988年、1996年、2003年、2007年进行了四次全国茶树品种区域性试验。

（虞富莲）

2. 优良茶树品种简介

在1985年到2010年国家审(认、鉴)定通过的123个品种中，有有性系品种17个，无性系品种106个。它们中有一部分或在创制性、或在优质性、或在丰产性、或在抗性方面有着显著优点。但有部分有性系品种，由于个体间良莠不一，已不适合现代茶业生产的需要，已停止推广。现择目前生产上主要栽培的或适宜推广的78个品种简介于后。

锡茶5号[Camellia sinensis(L.)O. Kuntze cv. Xicha 5] 由江苏省无锡市茶叶品种研究所于1970～1987年从宜兴群体中采用单株育种法育成。1994年国家审定品种。无性系。灌木型，树姿半开张，分枝密，叶片水平状着生。中叶，叶椭圆形，叶色绿，叶面隆起。芽叶绿色、茸毛较多。中生，一芽三叶(春茶，下同)盛期在4月中旬(均为育成单位所在地，下同)。春茶一芽二叶干样含氨基酸3.9%、茶多酚29.1%(按GB/T8313—2002测定，下同)、儿茶素总量13.2%、咖啡碱3.5%。制毛峰、毛尖茶，翠绿显毫，香气高，滋味鲜爽。耐寒性强。扦插繁殖力强。

锡茶11号(C. sinensis cv. Xicha 11) 由江苏省无锡市茶叶品种研究所于1974～1987年从福建引种的云南大叶茶实生后代中采用单株育种法育

成。1994年国家审定品种。无性系。小乔木型，树姿半开张，分枝密，叶片水平状着生。中叶，叶椭圆形，叶色绿，叶面隆起。芽叶淡绿色、茸毛多。较晚生，一芽三叶盛期在4月下旬。春茶一芽二叶干样含氨基酸3.2%、茶多酚26.0%、儿茶素总量13.6%、咖啡碱4.5%。适制红茶、绿茶，品质优良。抗寒性较强。扦插繁殖力强。

龙井43(C. sinensis cv. Longjing 43) 由中国农业科学院茶叶研究所于1960～1978年从龙井群体中采用单株育种法育成。1987年国家认定品种。无性系。灌木型，树姿半开张，分枝密，叶片稍上斜状着生。中叶，叶椭圆形，叶色深绿，叶面平，叶身稍内折。芽叶纤细、黄绿色、茸毛少，春梢基部有一淡红点。持嫩性较差。产量高。特早生，一芽一叶盛期在3月下旬。春茶一芽二叶干样含氨基酸3.7%、茶多酚18.5%、儿茶素总量12.1%、咖啡碱4.0%。适制扁形绿茶。制"明前龙井"茶，挺秀尖削，翠绿略黄，香气清高，滋味嫩鲜。耐寒性和适应性均强。扦插繁殖力强。

龙井长叶(C. sinensis cv. Longjingchangye) 由中国农业科学院茶叶研究所于1960～1987年从龙井群体中采用单株育种法育成。1994年国家审定品种。无性系。灌木型，树姿较直立，分枝较密，叶片水平状着生。中叶，叶长椭圆形，叶色较淡绿，叶面微隆起，叶身平。芽叶淡绿色、茸毛中等，持嫩性较强。产量高。早生，一芽一叶盛期在4月上旬。春茶一芽二叶干样含氨基酸4.1%、茶多酚18.6%、儿茶素总量16.4%、咖啡碱3.6%。适制扁形绿茶。制龙井茶，苗峰绿翠，香气清高，滋味鲜嫩。亦适制毛尖茶。耐寒性和适应性均强。扦插繁殖力强。

中茶108(C. sinensis cv. Zhongcha 108) 由中国业农科学院茶叶研究所于1991年用龙井43穗条辐照育成。2010年国家鉴定品种。无性系。灌木型，树姿半开张，分枝密。中叶，叶椭圆形，叶色绿，叶身稍内折。芽叶纤细较薄，淡绿色、茸毛少，持嫩性较强。产量较高。特早生，一芽一叶盛期在3月中旬末。春茶一芽二叶干样含氨基酸4.2%、茶多酚23.9%、咖啡碱4.2%。制"明前龙井"，色泽绿翠，香气清高，滋味清爽嫩鲜。耐寒性强。扦插繁殖力强。

浙农113(*C. sinensis* cv. Zhenong 113)　由浙江大学茶学系于1963～1987年从福鼎大白茶与云南大叶茶自然杂交后代中采用单株育种法育成。1994年国家审定品种。无性系。小乔木型，树姿半开张，分枝较密，叶片水平状着生。中叶，叶椭圆形，叶色绿，叶面微隆起，叶身内折。芽叶黄绿色、茸毛多，持嫩性强。早生，一芽一叶盛期在4月上旬。产量高。春茶一芽二叶干样含氨基酸3.1%、茶多酚22.1%、儿茶素总量9.6%、咖啡碱3.9%。制毛尖茶，纤秀显毫，色泽绿润，香高持久，滋味鲜浓爽口。耐寒性和抗病虫性较强。扦插繁殖力较强。

浙农117(*C. sinensis* cv. Zhenong 117)　由浙江大学茶学系于1963～1999年从福鼎大白茶与云南大叶茶自然杂交后代中采用单株育种法育成。2010年国家鉴定品种。无性系。小乔木型，树姿半开张，分枝较密，叶片水平状着生。中叶，叶长椭圆形，叶色深绿，叶面平，叶身平，叶尖骤尖。芽叶绿色、茸毛中等，一芽三叶百芽重52.0克。产量较高。早生，一芽一叶盛期在3月下旬至4月初。春茶一芽二叶干样含氨基酸3.4%、茶多酚24.5%、儿茶素总量16.0%、咖啡碱4.0%。适制绿茶、红茶。制扁形茶，扁平光滑，香气高鲜，滋味鲜醇爽口。制红茶，滋味鲜浓有甜香。耐寒性和抗旱性强。扦插繁殖力强。

浙农139(*C. sinensis* cv. Zhenong 139)　由浙江大学茶学系于1963～1995年从福鼎大白茶与云南大叶茶自然杂交后代中采用单株育种法育成。2010年国家鉴定品种。无性系。小乔木型，树姿半开张，分枝较密，叶片水平状着生。中叶，叶长椭圆形，叶色深绿，叶面平，叶身平，叶尖急尖。芽叶深绿色、茸毛多，一芽三叶百芽重58.0克。产量高。早生，一芽一叶盛期在3月下旬。春茶一芽二叶干样含氨基酸3.6%、茶多酚28.6%、咖啡碱4.9%。制绿茶，翠绿显毫，香气高，滋味清爽。耐寒性和抗旱性强。扦插繁殖力强。

迎霜(*C. sinensis* cv. Yingshuang)　由浙江省杭州市茶叶科学研究所于1956～1979年从福鼎大白茶与云南大叶茶自然杂交后代中采用单株育种法育成。1987年国家认定品种。无性系。小乔木型，树姿直立，分枝较密，叶片上斜状着生。中叶，叶椭圆形，叶色黄绿，叶面微隆起，叶身稍内折。芽叶黄绿色、茸毛多，持嫩性强。早生，一芽一叶盛期在3月下旬末。产量高。春茶一芽二叶干样含氨基酸2.5%、茶多酚30.5%、儿茶素总量15.8%、咖啡碱4.0%。适制绿茶和红茶。制毛峰茶，色绿润，香气高鲜持久，滋味浓鲜；制红茶，色乌润，香高味浓鲜。耐寒性较强。扦插繁殖力强。

翠峰(*C. sinensis* cv. Cueifeng)　由浙江省杭州市茶叶科学研究所于1956～1979年从福鼎大白茶与云南大叶茶自然杂交后代中采用单株育种法育成。1987年国家认定品种。无性系。小乔木型，树姿半开张，分枝较密，叶片水平状着生。中叶，叶片长椭圆形，叶色深绿，叶面微隆起，叶身稍内折。芽叶翠绿色、茸毛多，持嫩性中等。中生，一芽一叶盛期在4月上旬末。产量高。春茶一芽二叶干样含氨基酸3.4%、茶多酚28.2%、儿茶素总量14.5%、咖啡碱3.7%。制毛峰茶，翠绿显毫，香高，味浓鲜爽。耐寒性较强。扦插繁殖力较强。

茂绿(*C. sinensis* cv. Maolu)　由浙江省杭州市茶叶科学研究所于1976～1990年从福鼎大白茶实生后代中采用单株育种法育成。2010年国家鉴定品种。无性系。灌木型，树姿半开张，分枝较密。中叶，叶长椭圆形，叶色深绿，叶面隆起，叶身稍内折，叶尖渐尖，叶缘微波。芽叶深绿色、茸毛多，一芽三叶百芽重54.1克。早生，一芽一叶盛期在3月末。产量较高。春茶一芽二叶干样含氨基酸4.2%、茶多酚26.3%。制绿茶，深绿多毫，香气高爽，滋味浓鲜。耐寒性强。

春雨1号(*C. sinensis* cv. Chuenyu 1)　由浙江省武义县农业局与县良种茶苗繁育基地余家村的茶农于1991～2009年从福鼎大白茶实生后代中采用单株育种法育成。2010年国家鉴定品种。无性系。灌木型，树姿较直立，分枝密，叶片稍上斜状着生。中叶，叶椭圆形，叶色深绿，叶面微隆起，叶身平，叶缘微波，叶尖钝尖。春茶芽尖稍黄绿色，芽叶绿色、茸毛较多，一芽三叶百芽重28.0克，芽叶持嫩性强。特早生，一芽一叶盛期在3月中旬末。高产。春茶一芽二叶干样含氨基酸 4.6%、茶多酚 11.7%（按 GB/T8313—2008 测定）、咖啡碱 2.5%、水浸出物 45.0%。制绿茶，清香，滋味清爽。耐寒性较强。

春雨 2 号（C. sinensis cv. Chuenyu 2） 由浙江省武义县农业局与县良种茶苗繁育基地余家村的茶农于 1991～2009 年从福鼎大白茶实生后代中采用单株育种法育成。2010 年国家鉴定品种。无性系。灌木型，树姿半开张，分枝中等，叶片上斜状着生。中叶，叶长椭圆形，叶色绿有光泽，叶面平，叶身平，叶缘微波状，主脉稍弯向一侧。芽叶绿色、肥壮、茸毛中等，一芽三叶白芽重 41.8 克，持嫩性强。中偏晚生，一芽一叶盛期在 3 月底 4 月初。高产。春茶一芽二叶干样含氨基酸 3.7%、茶多酚 15.0%（按 GB/T8313—2008 测定）、咖啡碱 2.6%、水浸出物 49.0%。制绿茶，显花香，滋味浓爽。耐寒性较弱。

祁门种（C. sinensis cv. Qimenzhong） 产安徽省祁门县。1985 年国家认定品种。有性系。灌木型，树姿半开张，分枝较密，叶片水平或稍上斜状着生。中叶，叶椭圆或长椭圆形，叶色绿，有光泽，叶面隆起或微隆起，叶身平或稍内折。芽叶黄绿色、茸毛中等。花冠直径 3.9 厘米，花瓣 5～7 瓣，子房茸毛中等，花柱 3 裂。结实性强。种径 1.4 厘米，种子百粒重 165.5 克。中生，一芽三叶盛期在 4 月下旬（均为原产地，下同）。产量较高。春茶一芽二叶干样含氨基酸 3.5%、茶多酚 20.7%、儿茶素总量 15.6%、咖啡碱 4.0%。适制红茶、绿茶。制"祁红"，条索紧细苗秀，色泽乌润，似花香或果香（俗称"祁门香"），滋味醇厚；制毛峰和月牙形茶，色泽绿润，香高味浓。耐寒性强。

黄山种（C. sinensis cv. Huangshanzhong） 产安徽省歙县等地。1985 年国家认定品种。有性系。灌木型，树姿半开张，分枝较密，叶片水平状着生。大叶，叶椭圆或长椭圆形，叶色绿，有光泽，叶面微隆起，叶身平或背卷。芽叶绿色、较肥壮、茸毛多。花冠直径 3.8～4.0 厘米，花瓣 6～7 瓣，子房茸毛多，花柱 3 裂。结实性强。种径 1.3 厘米，种子百粒重 133.0 克。中生，一芽三叶盛期在 4 月下旬。产量高。春茶一芽二叶干样含氨基酸 5.0%、茶多酚 27.4%、儿茶素总量 13.8%、咖啡碱 4.4%。制"黄

山毛峰"，色泽绿润，白毫显露，香气清鲜持久，滋味醇和。耐寒性强。

安徽 3 号（C. sinensis cv. Anhuei 3） 由安徽省农业科学院茶叶研究所于 1955～1978 年从祁门群体中采用单株育种法育成。1987 年国家认定品种。无性系。灌木型，树姿半开张，叶片水平状着生。大叶，叶长椭圆形，叶色绿，有光泽，叶面微隆起。芽叶淡黄绿色、茸毛多。中生，一芽三叶盛期在 4 月中旬初。产量高。春茶一芽二叶干样含氨基酸 3.3%、茶多酚 23.4%、儿茶素总量 9.9%。适制毛峰、毛尖茶，香气清醇，滋味醇正较鲜。亦适制红茶，有"祁红"传统特征。耐寒性强。扦插繁殖力强。

安徽 7 号（C. sinensis cv. Anhuei 7） 由安徽省农业科学院茶叶研究所于 1955～1978 年从祁门群体中采用单株育种法育成。1987 年国家认定品种。无性系。灌木型，树姿直立，叶片上斜状着生。中叶，叶椭圆形，叶色深绿，有光泽，叶面微隆起，叶身稍内折。芽叶淡绿色、茸毛中等。中偏晚生，一芽三叶盛期在 4 月中旬。产量高。春茶一芽二叶干样含氨基酸 3.5%、茶多酚 24.4%、儿茶素总量 9.9%。制毛峰、毛尖茶，绿润显毫，似兰花香，滋味醇厚。耐寒性较强。扦插繁殖力强。

凫早 2 号（C. sinensis cv. Fuzao 2） 由安徽省农业科学院茶叶研究所于 1980～1989 年从杨树林群体中采用单株育种法育成。2002 年国家审定品种。无性系。灌木型，树姿直立，叶片上斜状着生。中叶，叶长椭圆形，叶色绿，有光泽，叶面平，叶身稍内折。芽叶纤细、淡黄绿色、茸毛中等。早生，一芽一叶盛期在 4 月上旬。产量较高。春茶一芽二叶干样含氨基酸 4.7%、茶多酚 28.5%、儿茶素总量 12.1%。制毛峰、毛尖茶，条索细紧，绿润，香气清高，滋味鲜爽。亦适制红茶。耐寒性强。扦插繁殖力强。

杨树林 783（C. sinensis cv. Yangshulin 783） 由安徽省祁门县农业局于 1978～1987 年从杨树林群体中采用单株育种法育成。1994 年国家审定品种。无性系。灌木型，树姿半开张，叶片水平状着生。大叶，叶椭圆形，叶色深绿，有光泽，叶面微隆起。芽叶黄绿色、茸毛中等，一芽三叶百芽重 54.0

克。晚生,一芽三叶盛期在 4 月下旬。产量较高。春茶一芽二叶干样含氨基酸 4.3%、茶多酚 27.6%、咖啡碱 4.5%。制绿茶,香气高久带花香,滋味鲜醇爽口。亦适制红茶。耐寒性强。扦插繁殖力强。

舒茶早(C. sinensis cv. Shuchazao) 由安徽省舒城县农业技术推广中心于 1975～1994 年从舒城群体中采用单株育种法育成。2002 年国家审定品种。无性系。灌木型,树姿半开张,叶片上斜状着生。中叶,叶长椭圆形,叶色深绿,有光泽,叶面隆起,叶身稍背卷。芽叶淡绿色、茸毛中等。早生,一芽三叶盛期在 4 月上旬初。产量高。春茶一芽二叶干样含氨基酸 3.8%、茶多酚 21.5%。适制绿茶,制"兰花茶",色泽翠绿,香气清鲜持久,滋味醇厚。耐寒性和适应性强。扦插繁殖力强。

农抗早(C. sinensis cv. Nongkangzao) 由安徽农业大学茶学系从引种的云南大叶茶实生后代中采用单株育种法育成。2010 年国家鉴定品种。无性系。灌木型,树姿开张,分枝密。中叶,叶长椭圆形,叶色绿,叶尖钝尖,叶面稍隆起。芽叶肥壮、茸毛多,一芽三叶百芽重 38.0 克。早生,一芽一叶盛期在 3 月下旬。高产。制绿茶,嫩香持久,滋味嫩爽。耐寒性强。

石佛翠(C. sinensis cv. Shifocuei) 由安徽省安庆市农技推广中心 1989 年始从岳西县石佛群体中采用单株育种法育成。2010 年国家鉴定品种。无性系。灌木型,树姿半开张,分枝密。中叶,叶椭圆形,叶色深绿,叶面隆起。中生,一芽一叶盛期在 4 月上旬。产量较高。春茶一芽二叶干样含氨基酸 4.7%、茶多酚 22.6%、咖啡碱 4.5%。制绿茶,嫩香,滋味清爽。耐寒性强。

福鼎大白茶(C. sinensis cv. Fudingdabaicha) 产于福建省福鼎市点头镇柏柳村。1985 年国家认定品种。无性系。小乔木型,树姿半开张,叶片水平状着生。中叶,叶椭圆形,叶色绿,有光泽,叶面隆起,叶身平。芽叶黄绿色、茸毛特多,持嫩性强。早生,一芽三叶盛期在 4 月上旬中。产量高。春茶一芽二叶干样含氨基酸 4.3%、茶多酚 16.2%、儿茶素总量 11.4%、咖啡碱 4.4%。制毛峰、毛尖茶,翠绿显毫,栗香高久,滋味醇厚。亦适制"白琳工夫"红

茶和"白毫银针"白茶。耐寒性强。扦插繁殖力强。

福鼎大毫茶(C. sinensis cv. Fudingdahaocha) 产于福建省福鼎市点头镇汪家洋村。1985 年国家认定品种。无性系。小乔木型,树姿直立,叶片水平或下垂状着生。大叶,叶椭圆形,叶色绿,富光泽,叶面隆起,叶身稍内折。芽叶黄绿色、茸毛特多,持嫩性较强。早生,一芽三叶盛期在 4 月上旬中。产量高。春茶一芽二叶干样含氨基酸 3.5%、茶多酚 25.7%、儿茶素总量 18.4%、咖啡碱 4.3%。制绿茶,翠绿显毫,有栗香,味醇和;制红茶,条索肥壮显毫,色泽乌润,香高味浓。制白茶,白毫满披,色白如银,香鲜味醇。耐寒性强。扦插繁殖力强。

政和大白茶(C. sinensis cv. Zhenghedabaicha) 产于福建省政和县铁山乡。1985 年国家认定品种。无性系。小乔木型,树姿直立,主干明显,叶片水平状着生。大叶,叶椭圆形,叶色深绿,富光泽,叶面隆起,叶身平。芽叶黄绿带微紫色、茸毛特多。晚生,一芽三叶盛期在 4 月下旬。产量较高。春茶一芽二叶干样含氨基酸 2.4%、茶多酚 24.9%、儿茶素总量 12.1%、咖啡碱 4.0%。适制红茶和白茶。制红条茶,条索肥壮显金毫,色泽乌润,有罗兰香,滋味浓醇,汤色红艳,金圈厚;制白茶,白毫密披,香气清鲜,滋味甘醇。耐寒性强。扦插繁殖力强。

福建水仙(C. sinensis cv. Fujianshuixian) 又名武夷水仙、水吉水仙。产于福建省建阳市小湖乡大湖村。1985 年国家认定品种。无性系。小乔木型,树姿半开张,主干明显,叶片水平状着生。大叶,叶椭圆形,叶色深绿,富光泽,叶面平,叶身平,叶质厚。芽叶淡绿色、茸毛多,持嫩性较强。晚生,一芽三叶盛期在 4 月下旬。产量较高。春茶一芽二叶干样含氨基酸 2.6%、茶多酚 25.1%、儿茶素总量 16.6%、咖啡碱 4.1%。制乌龙茶,条索肥壮,色泽乌绿润,香气高长有兰花香,滋味醇厚;制白茶,白毫密披,香清味醇。耐寒性较强。扦插繁殖力强。

铁观音(C. sinensis cv. Tieguanyin) 产于福建省安溪县西坪镇松尧。1985 年国家认定品种。无性系。灌木型,树姿开张,分枝较密,叶片水平状着生。中叶,叶椭圆形,叶色深绿,有光泽,叶面隆起,叶身平。芽叶绿带紫红色、茸毛较少。晚生,一芽三

叶盛期在 4 月中、下旬。产量中等。春茶一芽二叶干样含氨基酸 3.6%、茶多酚 22.1%、儿茶素总量 12.2%、咖啡碱 4.1%。制乌龙茶,条索圆紧重实,色泽褐绿润,香气馥郁幽长,滋味醇厚回甘,有独特的"观音韵"味。耐寒性较强,适应性较差。扦插繁殖力强,移栽成活率一般。

黄棪(*C. sinensis* cv. Huangdan)　又名黄金桂。产于福建省安溪县虎邱镇罗岩美庄。1985 年国家认定品种。无性系。小乔木型,树姿较直立,分枝较密,叶片稍上斜状着生。中叶,叶椭圆形,叶色绿黄,叶面微隆起,叶身稍内折。芽叶黄绿色、茸毛较少。早生,一芽三叶盛期在 4 月初。产量较高。春茶一芽二叶干样含氨基酸 4.6%、茶多酚 14.7%、儿茶素总量 10.5%、咖啡碱 3.3%。制乌龙茶,条索紧结,色泽褐黄绿润,香气馥郁芬芳,俗称"透天香",滋味醇厚甘爽。亦适制红茶、绿茶。耐寒性和适应性均强。扦插繁殖力较强。

梅占(*C. sinensis* cv. Meizhan)　产于福建省安溪县芦田镇三洋村。1985 年国家认定品种。无性系。小乔木型,树姿直立,分枝较密,叶片水平状着生。中叶,叶长椭圆形,叶色深绿,有光泽,叶面平,叶身强内折,叶质厚脆。芽叶绿色、茸毛较少,持嫩性较强。中生,一芽三叶盛期在 4 月中旬。产量高。春茶一芽二叶干样含氨基酸 3.6%、茶多酚 27.5%、儿茶素总量 18.1%、咖啡碱 4.4%。适制红茶、绿茶和乌龙茶。红茶有兰花香,味厚实。绿茶,香气高锐,滋味浓厚;乌龙茶,香味独特。耐寒性较强。扦插繁殖力强。

毛蟹(*C. sinensis* cv. Maoxie)　又名茗花。产于福建省安溪县大坪镇福美村。1985 年国家认定品种。无性系。灌木型,树姿半开张,分枝密,叶片水平状着生。中叶,叶椭圆形,叶色深绿,叶面微隆起,叶身平,叶质厚脆,叶齿密锐。芽叶淡绿色、茸毛多,节间短,持嫩性较差。中生,一芽三叶盛期在 4 月中旬。产量高。春茶一芽二叶干样含氨基酸 3.0%、茶多酚 20.1%、儿茶素总量 15.8%、咖啡碱 4.1%。适制乌龙茶、红茶和绿茶。制乌龙茶,色泽褐绿润,香气清高,味醇和;制红茶、绿茶,香高,味厚。耐寒性强。扦插繁殖力强。

本山(*C. sinensis* cv. Benshan)　产于福建省安溪县西坪镇尧阳南岩。1985 年国家认定品种。无性系。灌木型,树姿开张,分枝较密,叶片水平状着生。中叶,叶椭圆形,叶色绿,叶面隆起,叶身平,叶质较厚脆。芽叶淡绿带紫红色、茸毛少。中偏晚生,一芽三叶盛期在 4 月中、下旬。产量中等。春茶一芽二叶干样含氨基酸 1.6%、茶多酚 19.8%、儿茶素总量 10.7%、咖啡碱 3.4%。制乌龙茶,色泽褐绿润,香气浓郁,味醇厚鲜爽,似铁观音的香味特征。亦适制绿茶。耐寒性较强。扦插繁殖力强。

大叶乌龙(*C. sinensis* cv. Dayewulong)　产于福建省安溪县长坑乡珊屏田中。1985 年国家认定品种。无性系。灌木型,树姿半开张,分枝较密,叶片稍上斜状着生。中叶,叶椭圆形,叶色深绿,叶面平,叶身稍内折,叶质较厚脆。芽叶绿色、茸毛少。中生,一芽三叶盛期在 4 月中旬。产量中。春茶一芽二叶干样含氨基酸 4.2%、茶多酚 21.4%、儿茶素总量 12.3%、咖啡碱 4.2%。制乌龙茶,色泽乌绿润,香气高,味浓醇。亦适制红茶和绿茶。耐寒性强。扦插繁殖力强。

福云 6 号(*C. sinensis* cv. Fuyun 6)　由福建省农业科学院茶叶研究所于 1957~1971 年从福鼎大白茶与云南大叶茶自然杂交后代中采用单株育种法育成。1987 年国家认定品种。无性系。小乔木型,树姿半开张,叶片水平或稍下垂状着生。中叶,叶椭圆形,叶色绿,有光泽,叶面微隆起,叶身稍内折。特早生,一芽三叶盛期在 3 月下旬。芽叶淡黄绿色、茸毛特多。产量高。春茶一芽二叶干样含氨基酸 4.6%、茶多酚 24.8%、咖啡碱 3.2%。制毛尖茶,条索细紧显毫,色泽绿略淡黄,香清味醇。耐寒性较强。扦插繁殖力强。

金观音(*C. sinensis* cv. Jinguanyin)　又名茗科 1 号。由福建省农业科学院茶叶研究所于 1978~1999 年以铁观音为母本、黄棪为父本,采用人工杂交法育成。2002 年国家审定品种。无性系。灌木型,树姿半开张,分枝较密,叶片水平状着生。中叶,叶椭圆形,叶色深绿,有光泽,叶面隆起,叶身平。芽叶紫红色、茸毛少。早生,一芽三叶盛期在 4 月初。产量高。春茶一芽二叶干样含氨基酸 2.3%、茶多酚 27.2%、儿茶素总量 15.1%、咖啡碱 3.7%。制乌龙茶,色泽褐绿润,香气馥郁幽长,滋味醇厚回甘,"韵味"显,具有铁观音的香味特征。耐寒性强。扦插繁殖力强。

黄观音(*C. sinensis* cv. Huangguanyin) 又名茗科 2 号。由福建省农业科学院茶叶研究所于 1978～1999 年以铁观音为母本、黄棪为父本,采用人工杂交法育成。2002 年国家审定品种。无性系。小乔木型,树姿半开张,分枝较密,叶片水平状着生。中叶,叶椭圆形,叶色黄绿,有光泽,叶面隆起,叶身平。芽叶黄绿带微紫色,茸毛少。早生,一芽三叶盛期在 4 月上旬中。产量高。春茶一芽二叶干样含氨基酸 2.3%、茶多酚 27.2%、儿茶素总量 12.6%、咖啡碱 3.5%。制乌龙茶,色泽褐黄绿润,香气馥郁芬芳,有黄金桂的"透天香"特征,滋味醇厚甘爽。制绿茶、红茶,香气高爽,滋味醇厚。耐寒性强。扦插繁殖力强。

悦茗香(*C. sinensis* cv. Yuemingxiang) 由福建省农业科学院茶叶研究所于 1981～1993 年从赤叶观音实生后代中采用单株育种法育成。2002 年国家审定品种。无性系。灌木型,树姿半开张,分枝较密,叶片水平状着生。中叶,叶近倒卵圆形,叶色深绿,有光泽,叶面平,叶身平。中生,一芽三叶盛期在 4 月中旬初。芽叶淡紫绿色,茸毛少。产量较高。春茶一芽二叶干样含氨基酸 2.6%、茶多酚 23.4%、儿茶素总量 13.5%、咖啡碱 3.0%。制乌龙茶,色泽褐绿润,香气馥郁幽长,滋味醇厚甘爽。耐寒性强。扦插繁殖力强。

金牡丹(*C. sinensis* cv. Jinmudan) 由福建省农业科学院茶叶研究所于 1978～1999 年以铁观音为母本、黄棪为父本,采用人工杂交法育成。2010 年国家鉴定品种。无性系。灌木型,树姿半开张,分枝较密。中叶,叶椭圆形,叶色绿或深绿,叶身平,叶尖钝尖,叶面隆起,叶缘微波。芽叶紫绿色、较肥壮、茸毛少,节间短,一芽三叶百芽重 70.9 克。中生,一芽三叶盛期在 4 月上旬中。产量较高。春茶一芽二叶干样含氨基酸 2.9%、茶多酚 27.4%、咖啡碱 3.1%、水浸出物 48.0%。制乌龙茶,香气馥郁幽长,滋味醇厚回甘,"韵味"显,具铁观音特征;制红

茶、绿茶,花香高,滋味醇厚。抗寒性中等。

紫牡丹(*C. sinensis* cv. Zimudan) 由福建省农业科学院茶叶研究所于 1981～1999 年从铁观音实生后代中采用单株育种法育成。2010 年国家鉴定品种。无性系。灌木型,树姿半开张,分枝较密。中叶,叶椭圆形,叶色深绿,叶面隆起,叶身平,叶尖钝尖或渐尖,叶缘微波。芽叶紫红色、茸毛少,节间短,一芽三叶百芽重 54.0 克。中偏晚生,一芽三叶盛期在 4 月中旬。产量较高。春茶一芽二叶干样含氨基酸 4.5%、茶多酚 27.2%、咖啡碱 2.7%、水浸出物 48.1%。制乌龙茶,香气馥郁绵长,滋味醇厚甘爽,有铁观音"韵味";制红茶、绿茶,显花香,滋味醇厚。耐寒性较强。

黄玫瑰(*C. sinensis* cv. Huangmeiguei) 由福建省农业科学院茶叶研究所于 1986～1999 年以黄观音为母本、黄棪为父本,采用人工杂交法育成。2010 年国家鉴定品种。无性系。小乔木型,树姿半开张,分枝密。中叶,叶长椭圆或椭圆形,叶色绿,叶身稍内折或平,叶尖渐尖,叶面隆起,叶缘微波。芽叶黄绿色、茸毛少,一芽三叶百芽重 51.0 克。产量高。早生,一芽三叶盛期在 4 月上旬中。产量较高。春茶一芽二叶干样含氨基酸 3.7%、茶多酚 27.1%、咖啡碱 2.7%、水浸出物 50.1%。制乌龙茶,香气馥郁芬芳,有"透天香"特征,滋味醇厚甘爽;制红茶、绿茶,香气高爽显花香,滋味鲜醇。耐寒性较强。

瑞香(*C. sinensis* cv. Rueixiang) 由福建省农业科学院茶叶研究所于 1979～2003 年从黄棪实生后代中采用单株育种法育成。2010 年国家鉴定品种。无性系。灌木型,树姿半开张,分枝较密。中叶,叶长椭圆形,叶色绿。芽叶黄绿色、茸毛少,一芽三叶百芽重 94.0 克。晚生。高产。制乌龙茶,翠润,香气浓郁清长,显花香,滋味醇厚鲜爽甘润;制绿茶,香气浓郁鲜爽,味醇爽;制红茶,鲜甜显花香,味鲜浓。耐寒性较强。

丹桂(*C. sinensis* cv. Danguei) 由福建省农业科学院茶叶研究所于 1979～1998 年从肉桂实生后代中采用单株育种法育成。2010 年国家鉴定品种。无性系。灌木型,树姿半开张,分枝较密。中叶,叶椭圆形,叶色绿。芽叶黄绿色、茸毛少,一芽三叶百

芽重 66.0 克。中生。高产。制乌龙茶,有特殊花香,味醇厚有甘韵;制红茶、绿茶,花香显,味浓爽。耐寒性较强。

春兰(*C. sinensis* cv. Chuenlan) 由福建省农业科学院茶叶研究所于 1979～1999 年从铁观音实生后代中采用单株育种法育成。2010 年国家鉴定品种。无性系。灌木型,树姿半开张,分枝较密。中叶,叶长椭圆形,叶色绿。芽叶绿稍紫色、茸毛中等,一芽三叶百芽重 58.0 克。中生。产量较高。制乌龙茶,香气清幽细长,滋味醇厚有韵;制绿茶,有栗香,味鲜爽;亦适制红茶。耐寒性中等。

霞浦春波绿(*C. sinensis* cv. Xiapuchuenbolu) 由福建省霞浦县茶叶管理局从福鼎大白茶实生后代中采用单株育种法育成。2010 年国家鉴定品种。无性系。灌木型,树姿半开张,分枝密,叶片呈水平状着生。中叶,叶椭圆形,叶色深绿,叶面平,叶身平,叶缘平,叶尖渐尖。芽叶淡绿色、茸毛较多,一芽三叶百芽重 54.4 克,持嫩性强。节间短。特早生,一芽三叶盛期在 3 月下旬。产量高。春茶一芽二叶干样含氨基酸 3.1%、茶多酚 25.5%、咖啡碱 3.9%。制绿茶,香气高爽似栗香,滋味醇厚鲜爽;制红茶(坦洋工夫),香高味醇。耐寒性和抗旱性强。扦插繁殖力强。

大面白(*C. sinensis* cv. Damianbai) 产于江西省上饶县上沪乡洪水坑。1985 年国家认定品种。无性系。灌木型,树姿开张,分枝较密,叶片下垂状着生。大叶,叶长椭圆形,叶色绿,有光泽,叶面微隆起,叶质厚软。芽叶肥壮、黄绿色、茸毛特多,持嫩性强。早生,一芽三叶盛期在 4 月中旬。产量高。春茶一芽二叶干样含氨基酸 3.1%、茶多酚 21.1%、儿茶素总量 12.3%。制绿茶,条索壮实,隐绿显毫,香气清鲜,味醇回甘。亦适制乌龙茶和红茶。耐寒性和扦插繁殖力较强。

上梅洲(*C. sinensis* cv. Shangmeizhou) 产于江西省婺源县梅林乡上梅洲村。1985 年国家认定品种。无性系。灌木型,树姿开张,分枝较密,叶片水平状着生。大叶,叶椭圆形,叶色深绿,有光泽,叶面隆起,叶身内折,叶质较厚软。芽叶较肥壮、黄绿色、茸毛多。早生,一芽三叶盛期在 4 月中旬。产量

高。春茶一芽二叶干样含氨基酸 3.2%、茶多酚 19.4%、儿茶素总量 13.0%、咖啡碱 5.5%。制绿茶,白毫显露,香气清鲜,滋味鲜爽醇厚。耐寒性强。扦插繁殖力较强。

宁州 2 号(*C. sinensis* cv. Ningzhou 2) 由江西省九江市茶叶科学研究所于 1962～1984 年从宁州群体中采用单株育种法育成。1987 年国家认定品种。无性系。灌木型,树姿开张,分枝密,叶片水平状着生。中叶,叶椭圆形,叶色绿,有光泽,叶面微隆起。芽叶较肥壮、黄绿色、茸毛中等。中生,一芽三叶盛期在 4 月下旬初。产量高。制红茶,香气高,味浓醇;制绿茶,香清味醇。耐寒性较强。扦插繁殖力强。

赣茶 2 号(*C. sinensis* cv. Gancha 2) 由江西省婺源县茶叶科学研究所于 1976～1992 年从福鼎大白茶与婺源群体自然杂交后代中采用单株育种法育成。2002 年国家审定品种。无性系。灌木型,树姿半开张,叶片上斜状着生。中叶,叶椭圆形,叶色淡绿。芽叶淡绿色、茸毛多。早生,春茶萌发期在 3 月上旬。产量较高。制绿茶,香气清鲜,滋味醇爽。耐寒性较强。扦插繁殖力强。

信阳 10 号(*C. sinensis* cv. Xinyang 10) 由河南省信阳茶叶试验站于 1976～1988 年从信阳群体中采用单株育种法育成。1994 年国家审定品种。无性系。灌木型,树姿半开张,分枝密,叶片上斜状着生。中叶,叶长椭圆形,叶色绿,叶面平,叶身平。中生,一芽三叶盛期在 4 月中旬初。芽叶淡绿色、茸毛中等。产量高。春茶一芽二叶干样含氨基酸 3.3%、茶多酚 22.5%、儿茶素总量 15.2%、咖啡碱 4.4%。制绿茶,条索紧细,绿润显毫,香气清香,滋味鲜爽。耐寒性强。扦插繁殖力较强。

宜昌大叶茶(*C. sinensis* cv. Yichangdayecha) 产于湖北省宜昌县太平溪镇黄家冲、邓村等地。1985 年国家认定品种。有性系。小乔木型,树姿直立或开张,分枝较密,叶片水平或稍上斜状着生。大叶,叶长椭圆形,叶色绿或黄绿,有光泽,叶面隆起,叶身平或稍内折。芽叶绿或黄绿色、茸毛多。花冠直径 3.3～4.5 厘米,花瓣 5～7 瓣,子房茸毛多,花柱 3(4)裂。结实性强。果径 1.7～3.0 厘米,种径

1.2 厘米。早生,一芽三叶盛期在 4 月中旬。产量较高。春茶一芽二叶干样含氨基酸 3.3%、茶多酚 23.0%、儿茶素总量 14.0%、咖啡碱 4.5%。适制红、绿茶,品质优良。耐寒性较强。

宜红早(*C. sinensis* cv. Yihongzao) 由湖北省宜昌县农业局茶树良种站于 1973~1987 年从宜昌大叶茶群体中采用单株育种法育成。1998 年国家审定品种。无性系。灌木型,树姿半开张,分枝较密,叶片水平状着生。中叶,叶长椭圆形,叶色绿,有光泽,叶面微隆起,叶身平。芽叶黄绿色、茸毛较多。早生,一芽一叶盛期在 3 月下旬初。产量较高。春茶一芽二叶干样含氨基酸 3.5%、茶多酚 28.3%、儿茶素总量 24.3%、咖啡碱 5.9%。制绿茶,紧秀显毫,绿润,香气高久,滋味鲜爽回甘。亦适制红茶。耐寒性较强。扦插繁殖力强。

鄂茶 1 号(*C. sinensis* cv. Echa 1) 由湖北省农业科学院果茶研究所于 1974~1992 年以福鼎大白茶为母本、梅占作父本采用人工杂交法育成。2002 年国家审定品种。无性系。灌木型,树姿半开张,分枝较密。中叶,叶长椭圆形,叶色深绿,有光泽,叶身稍内折。芽叶黄绿色、茸毛较多。发芽期中,一芽三叶盛期在 4 月中旬。产量高。春茶一芽二叶干样含氨基酸 3.0%、茶多酚 29.8%、儿茶素总量 18.8%、咖啡碱 3.4%。制绿茶,苍绿稍翠,有栗香,味鲜醇。耐寒性强。扦插繁殖力强。

鄂茶 5 号(*C. sinensis* cv. Echa 5) 由湖北省农业科学院果茶研究所于 1987~2001 年从劲峰自然杂交后代中采用单株育种法育成。2010 年国家鉴定品种。无性系。灌木型,树姿较直立,分枝较密。中叶,叶长椭圆形,绿色,有光泽。芽叶黄绿色、茸毛多,一芽三叶百芽重 60 克。特早生,一芽一叶盛期在 3 月中旬初。春茶一芽二叶干样含氨基酸 2.4%、茶多酚 28.3%、咖啡碱 4.2%。制"碧雪迎春"茶,紧细显毫,清香,味清爽。耐寒性较强。扦插繁殖力强。

楮叶齐(*C. sinensis* cv. Zhuyeqi) 由湖南省农业科学院茶叶研究所于 1957~1974 年从安化群体中采用单株育种法育成。1987 年国家认定品种。无性系。灌木型,树姿半开张,叶片上斜状着生。中叶,叶长椭圆形,叶色黄绿,有光泽,叶面较平。中生,一芽三叶盛期在 4 月上旬。芽叶黄绿色,茸毛较多。产量高。春茶一芽二叶干样含氨基酸 2.4%、茶多酚 26.6%、儿茶素总量 17.0%、咖啡碱 5.0%。制绿茶,翠绿显毫,香高味醇。耐寒性强。扦插繁殖力强。

白毫早(*C. sinensis* cv. Baihaozao) 由湖南省农业科学院茶叶研究所于 1973~1992 年从安化群体中采用单株育种法育成。1994 年国家审定品种。无性系。灌木型,树姿半开张,叶片稍上斜状着生。中叶,叶长椭圆形,叶色绿,叶身稍内折,叶面平。芽叶淡绿色,茸毛特多。特早生,春茶萌发期在 3 月上旬。产量高。春茶一芽二叶干样含氨基酸 4.1%、茶多酚 24.1%、儿茶素总量 17.4%、咖啡碱 4.4%。制绿茶,银毫隐翠,香气嫩爽持久,滋味鲜爽醇厚。耐寒性强。扦插繁殖力强。

玉绿(*C. sinensis* cv. Yulu) 由湖南省农业科学院茶叶研究所于 1980~2000 年以薮北种为母本、优混(福鼎大白茶、楮叶齐、湘波绿、龙井 43 等混合花粉)为父本,采用人工杂交法育成。2010 年国家鉴定品种。无性系。灌木型,树姿半开张,分枝较密。小叶,叶长椭圆形,叶色黄绿,叶面平,叶身内折,叶尖渐尖。芽叶黄绿色、茸毛中等。早生,一芽一叶盛期在 3 月下旬。产量高。制绿茶,香气清香,滋味清爽。耐寒性较强。扦插繁殖力强。

乐昌白毛茶(*Camellia sinensis* var. *pubilimba* Chang cv. Lechangbaimaocha) 产于广东省乐昌县。1985 年国家认定品种。有性系。乔木型,树姿直立或半开张,分枝较稀,叶片水平或上斜状着生。大叶,叶长椭圆或披针形,叶色绿或黄绿,富光泽,叶面平或微隆起,叶身平或稍内折。芽叶肥壮,绿或黄绿色、茸毛特多。花冠直径 3.5~4.5 厘米,花瓣 7~8 瓣,子房茸毛中等,花柱 3 裂,萼片少毛。结实性弱。种径 1.5 厘米,种子百粒重 147.2 克。早生,一芽三叶盛期在 3 月下旬至 4 月上旬。产量高。春茶一芽二叶干样含氨基酸 1.6%、茶多酚 38.0%、儿茶素总量 22.6%、咖啡碱 3.9%。制红茶,香气特高,滋味浓郁。亦适制"白毫银针"、"白云雪芽"白茶。耐寒性较强。

岭头单丛(*C. sinensis* cv. Lingtoudancong) 又名白叶单丛、铺埔单丛。由广东省潮州市饶平县坪溪乡岭头村农民和县、市科技人员从凤凰水仙群体中采用单株育种法育成。2002 年国家审定品种。无性系。小乔木型,树姿半开张,分枝中等,叶片稍上斜状着生。中叶,叶长椭圆形,叶色黄绿,富光泽,叶面平,叶身内折。芽叶黄绿色、茸毛少。早生,一芽三叶盛期在 3 月中、下旬。产量高。春茶一芽二叶干样含氨基酸 1.5%、茶多酚 37.2%、儿茶素总量 13.4%、咖啡碱 4.4%。制乌龙茶,花蜜香浓郁持久,滋味醇爽回甘;制红茶、绿茶,滋味浓郁,香气高。耐寒性较强。扦插繁殖力强。

五岭红 [(*Camellia sinensis* var. *assamica* Masters)Kitamura cv. Wulinghong] 由广东省农业科学院茶叶研究所于 1971~1993 年从英红 1 号自然杂交后代中采用单株育种法育成。2002 年国家审定品种。无性系。小乔木型,树姿开张,分枝较密,叶片稍上斜状着生。大叶,叶长椭圆形,叶色深绿,富光泽,叶面隆起,叶身内折。芽叶黄绿色,茸毛少。早生,一芽三叶盛期在 3 月下旬至 4 月上旬。产量高。春茶一芽二叶干样含氨基酸 2.4%、茶多酚 31.5%、儿茶素总量 17.2%、咖啡碱 4.1%。制红茶,色泽乌润,滋味浓强鲜活,醇爽回甘,香气高鲜持久,显花香。耐寒性弱。扦插繁殖力强。

白毛 2 号(*C. sinensis* var. *pubilimba* cv. Baimao 2) 由广东省农业科学院茶叶研究所于 1964~2003 年从乐昌白毛茶群体中采用单株育种法育成。2010 年国家鉴定品种。无性系。小乔木型,树姿半开张,分枝较密。中叶,叶椭圆形,叶色淡绿,叶尖渐尖。芽叶较粗壮、茸毛多。早生。产量较高。春茶一芽二叶干样含氨基酸 2.0%、茶多酚 36.5%、儿茶素总量 19.2%、咖啡碱 4.9%。制乌龙茶,兰花香浓郁高久,滋味醇厚回甘;制银毫茶,毫香高长,滋味醇爽;制绿茶,花香高,滋味浓爽。抗寒性较弱。

鸿雁 7 号(*C. sinensis* cv. Hongyan 7) 由广东省农业科学院茶叶研究所于 1990~2003 年从铁观音实生后代中采用单株育种法育成。2010 年国家鉴定品种。无性系。小乔木型,树姿半开张,分枝较密。中叶,叶长椭圆形,叶色深绿。芽叶较粗壮、茸毛中等。中生。产量高。春茶一芽二叶干样含氨基酸 2.7%、茶多酚 31.4%、儿茶素总量 18.4%、咖啡碱 3.8%。制乌龙茶,花香浓郁高长,滋味浓爽含香;制绿茶,嫩香高爽,滋味浓醇。抗寒性较强。

鸿雁 12 号(*C. sinensis* cv. Hongyan 12) 由广东省农业科学院茶叶研究所于 1990~2003 年从铁观音实生后代中采用单株育种法育成。2010 年国家鉴定品种。无性系。灌木型,树姿开张,分枝密。中叶,叶长椭圆形,叶色深绿,叶尖渐尖。芽叶较粗壮,茸毛中等。晚生。产量高。春茶一芽二叶干样含氨基酸 2.1%、茶多酚 28.6%、儿茶素总量 13.9%、咖啡碱 3.0%。春、夏、秋茶均适制乌龙茶。乌龙茶花香浓郁,滋味浓爽带花味;制绿茶,花香持久,味浓醇鲜爽。抗寒性中等。

凌云白毛茶(*C. sinensis* var. *pubilimba* cv. Lingyunbaimaocha) 产于广西壮族自治区凌云、乐业、田林、西林、百色等县市。1985 年国家认定品种。有性系。小乔木型,树姿半开张,分枝较密,叶片水平或稍上斜状着生。大叶,叶椭圆或长椭圆形,叶色稍青绿,叶面强隆起,无光泽,叶身平或稍内折,叶背多毛。芽叶黄绿色,茸毛特多,持嫩性强。花小,花冠直径 1.2~2.7 厘米,花瓣 5~8 瓣,子房茸毛多,花柱 3 裂,萼片多毛。结实性弱。种径 1.0~1.6 厘米。中生,一芽三叶盛期在 4 月中、下旬。产量较高。春茶一芽二叶干样含氨基酸 3.4%、茶多酚 35.6%、儿茶素总量 18.3%、咖啡碱 4.9%。制绿茶,条索肥壮,白毫特多,有清香,滋味甘醇;制红茶,有花香,滋味浓鲜。耐寒性、抗旱性和耐高温性均弱。适应性较差。扦插繁殖力较弱。

桂绿 1 号(*C. sinensis* cv. Gueilu 1) 由广西壮族自治区桂林茶叶科学研究所于 1982~1999 年从引进的黄叶早实生后代中采用单株育种法育成。2003 年国家审定品种。无性系。灌木型,树姿开张,分枝密,叶片稍上斜状着生。中叶,叶长椭圆形,叶色绿,叶面隆起,叶身内折。芽叶黄绿色,茸毛中等。特早生,一芽一叶盛期在 3 月初。产量较高。春茶一芽二叶干样含氨基酸 3.2%、茶多酚 32.2%、咖啡碱 4.6%。制扁形绿茶,香气清高,滋味鲜爽。

耐寒性强。扦插繁殖力强。

尧山秀绿（*C. sinensis* cv. Yaoshanxiulu）　由广西壮族自治区桂林茶叶科学研究所 1995 年始从引进的鸠坑群体中采用单株育种法育成。2010 年国家鉴定品种。无性系。灌木型，树姿开张。中叶，叶卵圆形，叶色绿，叶面平，叶身稍内折，叶尖渐尖。芽叶翠绿色、茸毛多，一芽三叶百芽重 54.0 克。特早生，一芽一叶盛期在 2 月 20 日左右。产量高。春茶一芽二叶干样含氨基酸 3.8%、茶多酚 23.4%、水浸出物 46.5%。制绿茶，有清香，滋味较醇爽。耐寒性中等。

桂香 18 号（*C. sinensis* cv. Gueixiang 18）　由广西壮族自治区桂林茶叶科学研究所 1996 年始从凌云白毛茶群体中采用单株育种法育成。2010 年国家鉴定品种。无性系。灌木型，树姿半开张。中叶，叶椭圆形，叶色绿，叶面平，叶身内折，叶尖渐尖。芽叶浅绿色、茸毛多，一芽三叶百芽重 70.0 克。中偏晚生，一芽一叶盛期在 3 月中旬。产量较高。春茶一芽二叶干样含氨基酸 3.7%、茶多酚 34.5%、水浸出物 46.0%。制绿茶，清香，滋味醇爽。亦适制红茶、乌龙茶。耐寒性中等。

早白尖 5 号（*C. sinensis* cv. Zaobaijian 5）　由四川省农业科学院茶叶研究所（今重庆市农业科学院茶叶研究所）于 1964～1993 年从早白尖群体中采用单株育种法育成。2002 年国家审定品种。无性系。灌木型，树姿半开张，分枝密，叶片稍上斜状着生。中叶，叶椭圆形，叶色深绿，叶面微隆起，叶质厚软。芽叶淡绿色、茸毛多，一芽三叶百芽重 48.0 克。早生，春茶开采期在 4 月上旬。产量高。春茶一芽二叶干样含氨基酸 2.8%、茶多酚 25.1%、咖啡碱 3.4%。适制红、绿茶。制红茶，汤色红浓，香气高醇；制绿茶，清香持久，滋味浓鲜。耐寒性强。扦插繁殖力强。

南江 1 号（*C. sinensis* cv. Nanjiang 1）　由四川省农业科学院茶叶研究所（今重庆市农业科学院茶叶研究所）于 1964～1993 年从南江大叶茶群体中采用单株育种法育成。2010 年国家鉴定品种。无性系。灌木型，树姿半开张，分枝密。中叶，叶椭圆形，叶色深绿，叶面微隆起，叶缘平，叶尖渐尖。芽叶绿色、茸毛中等，一芽三叶百芽重 48.0 克。早生。产量较高。制绿茶，清香，滋味鲜爽醇厚。耐寒性中等。

南江 2 号（*C. sinensis* cv. Nanjiang 2）　由四川省农业科学院茶叶研究所（今重庆市农业科学院茶叶研究所）于 1964～1993 年从南江大叶茶群体中采用单株育种法育成。2002 年国家审定品种。无性系。灌木型，树姿半开张，分枝密，叶片上斜状着生。中叶，叶椭圆形，叶色绿，叶面微隆起，叶质较软。芽叶黄绿色、茸毛较多。早生，春茶开采期在 3 月下旬。产量高。春茶一芽二叶干样含氨基酸 1.9%、茶多酚 22.1%、咖啡碱 3.6%。制绿茶，清香持久，滋味醇厚鲜爽。耐寒性强。扦插繁殖力强。

名山白毫（*C. sinensis* cv. Mingshanbaihao）　由四川省名山县农业局于 1978～1994 年从川茶群体中采用单株育种法育成。2005 年国家审定品种。无性系。灌木型，树姿半开张，分枝密。中叶，叶椭圆形，叶色绿，叶身平，叶质柔软。芽叶黄绿色、茸毛特多，持嫩性强。特早生，一芽三叶盛期在 3 月下旬。产量高。春茶一芽二叶干样含氨基酸 3.9%、茶多酚 28.5%、咖啡碱 3.7%。制绿茶，绿润披毫，香气高浓持久，滋味鲜醇回甘。耐寒性较强。扦插繁殖力强。

黔湄 419（*C. sinensis* var. *pubilimba* cv. Qianmei 419）　由贵州省湄潭茶叶科学研究所于 1958～1965 年从镇沅大叶茶与平乐高脚茶自然杂交后代中采用单株育种法育成。1987 年国家认定品种。无性系。小乔木型，树姿半开张，分枝较密，叶片上斜状着生。大叶，叶长椭圆形，叶色黄绿，富光泽，叶面隆起，叶身稍内折，叶质较厚。芽叶淡绿色、茸毛多。晚生，春茶开采期在 4 月中旬。产量高。春茶一芽二叶干样含氨基酸 1.4%、茶多酚 36.0%、儿茶素总量 23.0%、咖啡碱 3.4%。制红茶，汤色红艳，香气持久，滋味浓厚。耐寒性较弱。扦插繁殖力强。

黔湄 502（*C. sinensis* cv. Qianmei 502）　由贵州省湄潭茶叶科学研究所于 1958～1965 年以凤庆大叶茶为母本、宣恩长叶茶为父本，采用人工杂交法育成。1987 年国家认定品种。无性系。小乔木型，树姿开张,叶片水平状着生。大叶,叶椭圆形,叶色深绿,富光泽,叶面隆起,叶身稍内折。芽叶绿色,茸毛多。中生,春茶开采期在 4 月上旬。产量高。春茶一芽二叶干样含氨基酸 1.1%、茶多酚 37.7%、儿茶素总量 23.1%、咖啡碱 3.0%。适制红茶、绿茶。制红茶,香气高长,滋味浓厚鲜爽。耐寒性较弱。扦插繁殖力强。

黔湄 601(*C. sinensis* cv. Qianmei 601) 由贵州省湄潭茶叶科学研究所于 1955～1978 年以镇宁团叶茶为母本、凤庆大叶茶为父本,采用人工杂交法育成。1994 年国家审定品种。无性系。小乔木型,树姿开张,叶片水平状着生。大叶,叶长椭圆形,叶色深绿,叶面隆起,叶质厚。芽叶深绿色、茸毛特多。中生,春茶开采期在 4 月上旬。产量高。春茶一芽二叶干样含氨基酸 1.6%、茶多酚 32.9%、儿茶素总量 19.2%。制红茶,滋味浓强;制绿茶,银毫特显,香气浓郁高长。耐寒性较弱。扦插繁殖力强。

黔湄 809(*C. sinensis* cv. Qianmei 809) 由贵州省湄潭茶叶科学研究所于 1976～1993 年从福鼎大白茶与黔湄 4 号自然杂交实生后代中采用单株育种法育成。2002 年国家审定品种。无性系。小乔木型,树姿半开张,叶片稍上斜状着生。大叶,叶椭圆形,叶色淡绿,叶面隆起,叶质较厚。芽叶淡绿色,茸毛多,持嫩性强。中偏早生,春茶开采期在 3 月底。产量高。制红茶,香气清高;制绿茶,色绿显毫,香气高长。耐寒性较强。扦插繁殖力强。

勐库大叶茶(*C. sinensis* var. *assamica* cv. Mengkudayecha) 产于云南省双江拉祜族佤族布朗族傣族自治县勐库镇。1985 年国家认定品种。有性系。乔木型,主干明显,树姿开张,分枝较稀,叶片水平或下垂状着生。大叶,叶长椭圆或椭圆形,叶色绿或黄绿,叶身平或稍内折,少数背卷,叶面强隆起或微隆起,叶质厚软。芽叶肥壮、黄绿色、茸毛特多,一芽三叶百芽重 151.4 克,持嫩性强。花冠直径 3.6 厘米,花瓣 6～7 瓣,子房茸毛多,花柱 3 裂。结实性中等。果径 1.3～2.8 厘米,种径 1.0～1.5 厘米,种子百粒重 183.6 克。早偏中生,一芽三叶盛期在 3 月中下旬。产量高。春茶一芽二叶干样含氨基酸 1.7%、茶多酚 33.8%、儿茶素总量 18.2%、咖啡

碱 4.1%。制红茶,条索乌润披金毫,香气高长,滋味浓强鲜爽。亦适制滇绿茶和普洱茶。耐寒性弱。扦插繁殖力较强。

勐海大叶茶(*C. sinensis* var. *assamica* cv. Menghaidayecha) 产于云南省勐海县格朗和哈尼族乡南糯山。1985 年国家认定品种。有性系。乔木型,主干明显,树姿开张,分枝较稀,叶片水平或上斜状着生。大叶,叶长椭圆或椭圆形,叶色绿,富光泽,叶身平稍背卷,叶面隆起,叶质较厚软。芽叶黄绿色,茸毛多,一芽三叶百芽重 153.2 克,持嫩性强。花冠直径 3.5 厘米,花瓣 5～6 瓣,子房多毛,花柱 3 裂。结实性中等。果径 2.7～3.1 厘米,种径 1.1～1.5 厘米,种子百粒重 190.5 克。早生,一芽三叶盛期在 3 月中旬。产量高。春茶一芽二叶干样含氨基酸 2.3%、茶多酚 32.8%、儿茶素总量 18.2%、咖啡碱 4.1%。制红茶,香气高锐持久,滋味浓厚鲜醇。亦适制滇绿茶和普洱茶。耐寒性弱。扦插繁殖力较强。

凤庆大叶茶(*C. sinensis* var. *assamica* cv. Fengqingdayecha) 产于云南省凤庆县大寺等乡镇。1985 年国家认定品种。有性系。乔木型,主干明显,树姿开张或直立,分枝较稀,叶片水平或上斜状着生。大叶,叶长椭圆、椭圆或披针形,叶色绿,富光泽,叶身平或稍内折,叶面平或隆起,叶质厚软。芽叶肥壮、绿色或黄绿色、茸毛多,一芽三叶百芽重 140.0 克,持嫩性强。花冠直径 3.8 厘米,花瓣 6～7 瓣,子房茸毛多,花柱 3(4)裂。结实性强。果径 2.2～3.5 厘米,种径 1.5～2.1 厘米,种子百粒重 169.0 克。早偏中生,一芽三叶盛期在 3 月中下旬。产量高。春茶一芽二叶干样含氨基酸 2.9%、茶多酚 30.2%、儿茶素总量 13.4%、咖啡碱 3.2%。制红茶,乌润披金毫,香气高锐持久,滋味浓鲜。制滇绿茶,滋味浓厚鲜爽。亦适制普洱茶。耐寒性较弱。扦插繁殖力较强。

云抗 10 号(*C. sinensis* var. *assamica* cv. Yunkang 10) 由云南省农业科学院茶叶研究所于 1973～1985 年从南糯山群体中采用单株育种法育成。1987 年国家认定品种。无性系。乔木型,树姿开张,主干明显,分枝较密,叶片稍上斜状着生。大

叶,叶长椭圆形,叶色黄绿,叶身稍内折,叶面微隆起,叶质较厚软。芽叶黄绿色,茸毛特多,一芽三叶百芽重 170.0 克。花冠直径 4.1 厘米,花瓣 6～7 瓣,子房茸毛中等,花柱 3 裂。早生,春茶一芽三叶盛期在 3 月上旬。产量高。春茶一芽二叶干样含氨基酸 3.2%、茶多酚 35.0%、儿茶素总量 13.6%、咖啡碱 4.5%。制红茶,香高持久,滋味浓鲜;制滇绿茶,色绿显毫,花香持久,滋味浓厚。亦适制普洱茶。耐寒性弱。易感染根结线虫病。扦插繁殖力较强。

云抗 14 号(*C. sinensis* var. *assamica* cv. Yunkang 14) 由云南省农业科学院茶叶研究所于 1973～1985 年从南糯山群体中采用单株育种法育成。1987 年国家认定品种。无性系。乔木型,树姿特开张,分枝较密,叶片稍上斜状着生。大叶,叶长椭圆形,叶色深绿,富光泽,叶身稍弯,叶面隆起,叶质厚软。芽叶肥壮、黄绿色,茸毛特多,一芽三叶百芽重 165.0 克。中生,春茶一芽三叶盛期在 3 月下旬。产量高。春茶一芽二叶干样含氨基酸 4.1%、茶多酚 36.1%、儿茶素总量 14.6%、咖啡碱 4.5%。制红茶,乌润显毫,香高持久,滋味浓鲜;制滇绿茶,香气持久,滋味鲜浓爽口。亦适制普洱茶。耐寒性弱。扦插繁殖力和适应性较差。

现另择 65 个省、市审(认、鉴)定的无性系品种简介于下表(表 4-1):

表 4-1 省、市审(认、鉴)定的无性系品种(2005 年 12 月止)

品 种	原产地或育成单位	审(认)定年份	主要特征特性	适宜栽培地区
龙井群体种	浙江省杭州市西湖区	1992	有性系。灌木型。中叶或小叶,叶圆或长椭圆形,叶色绿或深绿。中生。芽叶纤细,有绿、黄绿、微紫色,茸毛中等。含氨基酸 4.0%、茶多酚 19.7%、咖啡碱 3.4%。适制西湖龙井茶。抗寒性强。	浙江杭州龙井茶区
嘉茗 1 号(乌牛早)	浙江省永嘉县罗溪乡	1988	无性系。灌木型。中叶,叶椭圆或卵圆形,叶色绿,叶身稍内折。特早生。芽叶绿色,茸毛中等。含氨基酸 4.2%、茶多酚 17.6%、咖啡碱 3.4%、儿茶素总量 10.4%。适制扁形绿茶。抗寒性强。	浙江、江苏、安徽、河南、四川等绿茶区
眉峰	杭州市茶叶科学研究所育成	1995	无性系。小乔木型。大叶,叶椭圆形,叶色绿,叶面微隆起,叶身平。早生。芽叶鲜绿色,茸毛多。含氨基酸 2.7%、茶多酚 19.4%。适制绿茶、红茶,品质优良。抗寒性较弱。	浙江绿茶区
白叶 1 号(安吉白茶)	浙江省安吉县山河乡大溪村	1998	无性系。灌木型。中叶,叶长椭圆形,叶色绿,叶身稍内折。中生。春茶芽叶玉白色、茸毛中等。含氨基酸 6.2%、茶多酚 10.7%、咖啡碱 2.8%。适制绿茶,品质优。抗寒性强,抗高温性弱。	浙江、江苏、安徽等绿茶区
平阳特早茶	浙江省平阳县敖江镇大坪村	1998	无性系。灌木型。中叶,叶椭圆形,叶色深绿,叶身稍内折。特早生。芽叶绿色、茸毛中等,节间短。无花果。含氨基酸 4.8%、茶多酚 22.9%、咖啡碱 4.5%。适制绿茶和黄茶。抗寒性强。	浙江茶区
银猴茶	浙江省遂昌县、松阳县农业局育成	2002	无性系。小乔木型。中叶,叶长椭圆形,叶色深绿,叶面微隆起。早生,芽叶绿色,茸毛特多。含氨基酸 4.1%、茶多酚 31.7%。适制绿茶,品质优良。抗寒性较弱。	浙江绿茶区
香山早 1 号	浙江省三门县珠岙镇	2004	无性系。灌木型。中叶,叶长椭圆形,叶色深绿,叶面平。特早生,芽叶绿色,茸毛中等。含氨基酸 5.5%、茶多酚 25.0%、咖啡碱 3.0%、儿茶素总量 13.7%。适制绿茶,品质优良。抗寒性强。	浙江绿茶区

（续表）

品　种	原产地或育成单位	审（认）定年份	主 要 特 征 特 性	适宜栽培地区
波毫	安徽省农业科学院茶叶研究所育成	1987	无性系。灌木型。中叶，叶椭圆形，叶色绿，叶面平。中生。芽叶黄绿色，茸毛多。含氨基酸3.0%、茶多酚32.5%、咖啡碱4.1%。适制绿茶、红茶，品质优良。抗寒性较强。	安徽红、绿茶区
黄山早芽	安徽省农业科学院茶叶研究所育成	1987	无性系。灌木型。大叶，叶椭圆形，叶色黄绿，叶面隆起。中生。芽叶黄绿色，茸毛中等。含氨基酸4.7%、茶多酚22.6%、咖啡碱4.5%。适制绿茶、红茶，品质优良。抗寒性强。	安徽红、绿茶区
仙寓早	安徽省祁门县箬坑乡茶农育成	1998	无性系。灌木型。中叶，叶椭圆形，叶色深绿，叶面隆起。特早生。芽叶黄绿色，茸毛中等。含氨基酸3.9%、茶多酚20.4%、儿茶素总量12.3%、咖啡碱4.3%。适制红茶、绿茶，品质优良。抗寒性强。	安徽红、绿茶区
红芽佛手	福建省安溪县虎邱镇金榜村	1985	无性系。灌木型。大叶，叶卵圆形，叶色绿或黄绿，叶面强隆起。晚生。芽叶紫红色，茸毛少。含氨基酸1.9%、茶多酚37.6%、儿茶素总量9.9%。适制乌龙茶，品质优。抗寒性强。	福建等乌龙茶区
早逢春	福建省福鼎市茶业局育成	1985	无性系。小乔木型。中叶，叶椭圆形，叶色绿，叶面微隆起。特早生。芽叶黄绿色，茸毛中等。含氨基酸3.9%、茶多酚21.8%、咖啡碱3.5%。适制绿茶，品质优良。抗寒性较强。	福建、浙江等绿茶区
白芽奇兰	福建省平和县农业局和彭溪茶场育成	1996	无性系。灌木型。中叶，叶长椭圆形，叶色深绿，叶面微隆起。晚生。芽叶黄白绿色，茸毛中等。适制乌龙茶，品质优。抗寒性强。	福建乌龙茶区
九龙大白茶	福建省松溪县郑墩镇双源村	1998	无性系。小乔木型。大叶，叶椭圆形，叶色深绿，叶面微隆起。叶面平。早生。芽叶黄绿色，茸毛多。含氨基酸4.7%、茶多酚20.8%、咖啡碱4.7%。适制红茶、白茶，品质优。抗寒性强。	福建红茶、白茶区
凤圆春	福建省安溪县茶叶研究所育成	1999	无性系。灌木型。中叶，叶椭圆形，叶色深绿，叶面隆起。晚生。芽叶紫红色，茸毛较少。含氨基酸3.1%、茶多酚33.9%、咖啡碱4.6%。适制乌龙茶，品质优良。抗寒性强。	福建乌龙茶区
杏仁茶	福建省安溪县蓬莱镇清水岩	1999	无性系。灌木型。中叶，叶椭圆形，叶色深绿，叶面微隆起。晚生。芽叶紫红色，茸毛较少。含氨基酸2.8%、茶多酚32.5%、咖啡碱4.7%。适制乌龙茶，品质优良。抗寒性强。	福建乌龙茶区
霞浦元宵茶（元宵绿）	福建省霞浦县茶业局育成	1999	无性系。灌木型。中叶，叶长椭圆形，叶色绿，叶面微隆起。特早生。芽叶黄绿色，茸毛较多。含氨基酸3.1%、茶多酚23.4%、咖啡碱3.9%。适制绿茶、红茶。抗寒性强。	福建红、绿茶区
九龙袍	福建省农业科学院茶叶研究所育成	2000	无性系。灌木型。中叶，叶椭圆形，叶色深绿，叶面微隆起。晚生。芽叶紫红色、茸毛少。含氨基酸1.9%、茶多酚37.6%、儿茶素总量9.9%。适制乌龙茶，品质优。抗寒性强。	福建乌龙茶区

（续表）

品　种	原产地或育成单位	审(认)定年份	主要特征特性	适宜栽培地区
早春毫	福建省农业科学院茶叶研究所育成	2003	无性系。小乔木型。大叶,叶椭圆形,叶色深绿或绿,叶面微隆起。特早生。芽叶淡绿色,茸毛较多。含氨基酸 4.1%、茶多酚 23.6%、咖啡碱 3.6%。适制绿茶、红茶,品质优。抗寒性较强。	福建红、绿茶区
赣茶1号	江西省蚕茶研究所育成	1992	无性系。灌木型。中叶,叶椭圆形,叶色深绿,叶面隆起。中生。芽叶黄绿色,茸毛多。含氨基酸 3.9%、茶多酚 22.3%、咖啡碱 3.4%。适制红茶、绿茶,品质优良。抗寒性强。	江西红、绿茶区
九曲783	江西省上犹县茶叶技术推广站育成	1994	无性系。小乔木型。中叶,叶长椭圆形,叶色绿,叶面隆起。早生。芽叶绿色,茸毛中等。含氨基酸 2.1%、茶多酚 36.5%、咖啡碱 4.2%。适制绿茶,品质优良。抗寒性较强。	江西绿茶区
鄂茶6号	湖北省农业科学院果茶研究所育成	2002	无性系。灌木型。中叶,叶椭圆形,叶色绿。早生。芽叶黄绿色,肥壮,茸毛特多。含氨基酸 2.8%、茶多酚 26.0%、咖啡碱 4.4%。适制绿茶,品质优良。抗寒性较强。	湖北绿茶区
鄂茶8号	湖北省绿色食品管理办公室育成	2005	无性系。灌木型。中叶,叶长椭圆形,叶色黄绿。特早生。芽叶淡绿色,茸毛较多。含氨基酸 3.8%、茶多酚 25.0%、咖啡碱 5.0%。适制绿茶,品质优良。抗寒性强。	湖北绿茶区
高桥早	湖南省农业科学院茶叶研究所育成	1987	无性系。灌木型。中叶,叶长椭圆形,叶色黄绿,叶面平。早生。芽叶黄绿色,茸毛中等。适制红茶、绿茶,品质优良。抗寒性较强。	湖南红、绿茶区
湘波绿	湖南省农业科学院茶叶研究所育成	1987	无性系。灌木型。大叶,叶椭圆形,叶色绿,富光泽,叶面隆起,叶缘波。中生。芽叶绿色、肥壮,茸毛较多。含氨基酸 2.4%、茶多酚 29.2%、咖啡碱 5.9%。适制红茶、绿茶,品质优良。抗寒性较强。	湖南红、绿茶区
桃源大叶	湖南省桃源县茶树良种站育成	1992	无性系。灌木型。大叶,叶椭圆形,叶色黄绿,有光泽,叶面微隆起。早生。芽叶绿稍带紫红色,茸毛较多。含氨基酸 2.4%、茶多酚 22.0%、咖啡碱 4.6%、儿茶素总量 18.2%。适制红茶、绿茶,品质优良。抗寒性强。	湖南红、绿茶区
茗丰	湖南省农业科学院茶叶研究所育成	1993	无性系。灌木型。中叶,叶长椭圆形。中生。芽叶绿色、茸毛较多。含氨基酸 3.5%、茶多酚 28.4%。适制绿茶,品质优良。抗寒性强。	湖南绿茶区
碧香早	湖南省农业科学院茶叶研究所育成	1993	无性系。灌木型。中叶,叶长椭圆形。早生。芽叶浅绿色,茸毛多。含氨基酸 3.8%、茶多酚 25.5%。适制绿茶,品质优。抗寒性强。	湖南绿茶区
福毫	湖南省农业科学院茶叶研究所育成	1996	无性系。灌木型。中叶,叶椭圆形,叶色绿。早生。芽叶绿色、茸毛多。适制绿茶,品质优良。抗寒性中等。	湖南绿茶区

品　　种	原产地或育成单位	审(认)定年份	主　要　特　征　特　性	适宜栽培地区
安茗早	湖南省安化县唐溪乡茶场育成	1997	无性系。灌木型。中叶,叶长椭圆形,叶色深绿,有光泽。中生。芽叶黄绿色、茸毛较多。含氨基酸2.8%、茶多酚29.7%、儿茶素总量16.7%、咖啡碱4.7%。适制红茶、绿茶,品质优良。抗寒性强。	湖南红、绿茶区
福丰	湖南省农业科学院茶叶研究所育成	1997	无性系。灌木型。中叶,叶长椭圆形,叶色黄绿,富光泽。早生。芽叶黄绿色、茸毛较多。含氨基酸2.1%、茶多酚33.3%。适制红茶、绿茶,品质优。抗寒性强。	湖南红、绿茶区
湘红茶1号	湖南省农业科学院茶叶研究所育成	1998	无性系。灌木型。中叶,叶长椭圆形,叶面微隆起。中生。芽叶黄绿带微紫色、茸毛多。含氨基酸2.1%、茶多酚33.3%。适制红茶,品质优良。抗寒性较强。	湖南红茶区
湘红茶2号	湖南省农业科学院茶叶研究所育成	2003	无性系。灌木型。中叶,叶椭圆形。中偏晚生。芽叶黄绿微紫色、茸毛少。适制红茶,有花香。	湖南红茶区
湘妃翠	湖南农业大学茶学系育成	2003	无性系。灌木型。中叶,叶椭圆或长椭圆形。早生。芽叶浅绿色、茸毛较多。适制绿茶,品质优良。	湖南绿茶区
英红9号	广东省农业科学院茶叶研究所育成	1988	无性系。乔木型。大叶,叶椭圆形,叶色浅绿,富光泽,叶面隆起。早生。芽叶黄绿色、茸毛特多。含氨基酸2.0%、茶多酚37.0%、儿茶素总量14.3%、咖啡碱4.3%。适制红茶,品质优。抗寒性较弱。	广东红茶区
乐昌白毛茶1号	广东省乐昌农场育成	1988	无性系。小乔木型。中叶,叶椭圆形,叶色黄绿,叶面平。早生。芽叶黄绿色、茸毛特多。含氨基酸1.7%、茶多酚26.7%、儿茶素总量11.7%。适制红茶、绿茶、白茶,品质优良。抗寒性较强。	广东红、绿茶区
凤凰黄枝香单丛	广东省潮安县凤凰茶区	2000	无性系。小乔木型。中叶,叶长椭圆形,叶色黄绿,叶身内折,叶面微隆起。中生。芽叶浅黄绿色、茸毛少。含氨基酸1.4%、茶多酚41.5%、儿茶素总量18.8%、咖啡碱4.2%。适制乌龙茶,品质优。抗寒性较强。	广东乌龙茶区
蒙山9号	四川省名山县蒙山茶场等育成	1989	无性系。灌木型。大叶,叶椭圆形,叶色深绿,叶面隆起。中生。芽叶黄绿色。含氨基酸2.8%、茶多酚32.9%、儿茶素总量15.3%、咖啡碱5.5%。适制绿茶,品质优良。抗寒性强。	四川绿茶区
蒙山11号	四川省名山县蒙山茶场等育成	1989	无性系。灌木型。中叶,叶椭圆形,叶色绿,叶面微隆起,叶身稍内折。特早生。芽叶黄绿色。含氨基酸3.3%、茶多酚33.4%、儿茶素总量13.9%、咖啡碱4.5%。适制绿茶,品质优良。抗寒性较强。	四川绿茶区
蒙山16号	四川省名山县蒙山茶场等育成	1989	无性系。灌木型。中叶,叶椭圆形,叶色绿,叶面微隆起,叶身稍内折。早生。芽叶黄绿色、茸毛特多。含氨基酸4.7%、茶多酚26.2%、儿茶素总量10.5%、咖啡碱3.8%。适制绿茶,品质优良。抗寒性较强。	四川绿茶区

（续表）

品　种	原产地或育成单位	审（认）定年份	主 要 特 征 特 性	适宜栽培地区
蒙山 23 号	四川省名山县蒙山茶场等育成	1989	无性系。灌木型。中叶,叶椭圆形,叶色绿,叶面微隆起,叶身平。早生。芽叶黄绿色、茸毛特多。含氨基酸 3.9%、茶多酚 28.5%、儿茶素总量 11.0%、咖啡碱 3.7%。适制绿茶,品质优良。抗寒性较强。	四川绿茶区
名山早	四川省名山县农业局育成	1997	无性系。灌木型。中叶,叶椭圆形,叶色深绿,叶面微隆起。特早生。芽叶黄绿色、茸毛多。含氨基酸 4.0%、茶多酚 31.3%、儿茶素总量 12.2%、咖啡碱 4.2%。适制绿茶,品质优良。抗寒性较强。	四川绿茶区
渝茶 1 号	重庆市农业科学院茶叶研究所育成	2001	无性系。小乔木型。中叶,叶椭圆形,叶色深绿,叶面微隆起,叶质柔软,叶背有茸毛。早生。芽叶黄绿色。含氨基酸 1.6%、茶多酚 28.1%、咖啡碱 4.4%。适制绿茶,品质优良。抗寒性强。	重庆、四川绿茶区
渝茶 2 号	重庆市农业科学院茶叶研究所育成	2001	无性系。灌木型。中叶,叶椭圆形,叶色深绿,叶面微隆起,叶缘微波,叶质柔软。早生。芽叶嫩绿色、茸毛多。含氨基酸 1.8%、茶多酚 21.0%、咖啡碱 4.6%。适制绿茶。抗寒性强。	重庆、四川绿茶区
名山 213	四川省名山县农业局育成	2004	无性系。灌木型。小叶,叶椭圆形,叶色绿,叶身内折。特早生,芽叶黄绿色、茸毛中等。适制绿茶,品质优良。抗寒性较强。	四川绿茶区
巴渝特早	重庆市经济作物技术推广站育成	2005	无性系。小乔木型。中叶,叶椭圆形,叶色深绿,叶面微隆起,叶质较硬。特早生。芽叶茸毛中等。含氨基酸 3.1%、茶多酚 23.0%、咖啡碱 2.8%。适制绿茶,品质优。抗寒性强。	重庆、四川绿茶区
云抗 43 号	云南省农业科学院茶叶研究所育成	1985	无性系。乔木型。大叶,叶长椭圆形,叶色绿,叶面微隆起。中生。芽叶黄绿色、茸毛多。含氨基酸 2.9%、茶多酚 35.6%、儿茶素总量 12.3%、咖啡碱 4.2%。适制红茶、绿茶,品质优。抗寒性弱。	云南大叶茶茶区
长叶白毫	云南省农业科学院茶叶研究所育成	1986	无性系。乔木型。大叶,叶长椭圆形,叶色绿,叶面平。早生。芽叶黄绿色、肥壮、茸毛特多。含氨基酸 3.1%、茶多酚 34.8%、儿茶素总量 13.6%、咖啡碱 5.1%。适制绿茶,品质优。抗寒性弱。	云南大叶茶绿茶区
云梅	云南省普文农场、普洱（原思茅,下同）茶树良种场育成	1992	无性系。乔木型。大叶,叶长椭圆形,叶色绿,叶面隆起,叶身平。早生。芽叶淡绿色、肥壮、茸毛短密。含氨基酸 2.3%、茶多酚 27.0%、儿茶素总量 14.2%、咖啡碱 4.7%。适制绿茶,品质优良。抗寒性弱。	云南大叶茶绿茶区
云瑰	云南省普文农场、普洱茶树良种场育成	1992	无性系。乔木型。大叶,叶长椭圆形,叶色深绿,叶身稍内折。中生。芽叶绿色、肥壮、茸毛短密。含氨基酸 1.8%、茶多酚 34.1%、儿茶素总量 19.0%、咖啡碱 4.2%。适制绿茶,品质优良。抗寒性弱。	云南大叶茶绿茶区

品　种	原产地或育成单位	审（认）定年份	主　要　特　征　特　性	适宜栽培地区
矮丰	云南省普文农场、普洱茶树良种场育成	1992	无性系。乔木型。大叶,叶长椭圆形,叶色深绿,叶面微隆起,叶身平。中生。芽叶淡绿色、肥壮、茸毛特多。含氨基酸 1.9%、茶多酚 37.4%、儿茶素总量 19.0%、咖啡碱 4.3%。适制红茶、绿茶,品质优良。抗寒性弱。	云南大叶茶茶区
云抗 27 号	云南省农业科学院茶叶研究所育成	1995	无性系。乔木型。大叶,叶长椭圆形,叶色绿黄,叶面微隆起。中生。芽叶黄绿色、茸毛多。含氨基酸 2.9%、茶多酚 35.4%、儿茶素总量 15.2%、咖啡碱 6.2%。适制红茶、绿茶,品质优。抗寒性弱。	云南大叶茶茶区
云抗 37 号	云南省农业科学院茶叶研究所育成	1995	无性系。乔木型。大叶,叶长椭圆形,叶色绿、有光泽,叶面微隆起。中生。芽叶黄绿色、茸毛多。含氨基酸 3.2%、茶多酚 39.0%、儿茶素总量 16.3%、咖啡碱 6.0%。适制红茶、绿茶,品质优。抗寒性较弱。	云南大叶茶茶区
云选 9 号	云南省农业科学院茶叶研究所育成	1995	无性系。乔木型。大叶,叶长椭圆形,叶色绿黄,叶面隆起,叶质厚软。中生。芽叶黄绿色、茸毛多。含氨基酸 3.6%、茶多酚 38.1%、儿茶素总量 16.1%、咖啡碱 5.8%。适制红茶、绿茶,品质优良。抗寒性弱。	云南大叶茶茶区
73-8 号	云南省农业科学院茶叶研究所育成	1999	无性系。小乔木型。大叶,叶长椭圆形,叶色黄绿,叶面隆起,叶身稍内折。特早生。芽叶黄绿色、茸毛多。含氨基酸 1.9%、茶多酚 31.8%、儿茶素总量 15.2%、咖啡碱 3.2%。适制红茶、绿茶,品质优良。抗寒性弱。	云南大叶茶茶区
73-11 号	云南省农业科学院茶叶研究所育成	1999	无性系。小乔木型。大叶,叶长椭圆形,叶色绿,叶面隆起,叶质硬脆。早生。芽叶黄绿色、茸毛多。含氨基酸 2.3%、茶多酚 29.3%、儿茶素总量 15.9%、咖啡碱 5.0%。适制红茶、绿茶,品质优良。抗寒性弱。	云南大叶茶茶区
76-38 号	云南省农业科学院茶叶研究所育成	2000	无性系。小乔木型。大叶,叶长椭圆形,叶色黄绿,叶面微隆起,叶身内折。早生。芽叶黄绿色、茸毛多。含氨基酸 1.3%、茶多酚 37.2%、儿茶素总量 14.6%、咖啡碱 4.2%。适制红茶、绿茶。抗寒性弱。	云南大叶茶茶区
雪芽 100 号	云南省普洱茶树良种场育成	2001	无性系。乔木型。大叶,叶长椭圆形,叶色深绿,叶面隆起,叶身平。早生。芽叶淡绿色、肥壮、茸毛特多呈银白色。含氨基酸 1.8%、茶多酚 35.2%。适制红茶、绿茶,品质优良。抗寒性弱。	云南大叶茶茶区
短节白毫	云南省普洱茶树良种场育成	2001	无性系。乔木型。大叶,叶椭圆形,叶色绿,叶面隆起,叶身背卷。中生。芽叶绿色、粗短、茸毛特多。含氨基酸 2.3%、茶多酚 36.4%、儿茶素总量 16.4%、咖啡碱 4.9%。适制红茶、绿茶,品质优。抗寒性弱。	云南大叶茶茶区
佛香 1 号	云南省农业科学院茶叶研究所育成	2003	无性系。小乔木型。大叶,叶长椭圆或披针形,叶色深绿,叶面隆起,叶身内折。早生。芽叶绿色、茸毛特多。含氨基酸 2.1%、茶多酚 36.5%。适制绿茶,品质优。抗寒性较强。	云南绿茶区

（续表）

品　种	原产地或育成单位	审(认)定年份	主要特征特性	适宜栽培地区
佛香2号	云南省农业科学院茶叶研究所育成	2003	无性系。小乔木型。大叶，叶长椭圆或披针形，叶色深绿，叶面隆起，叶身内折。早生。芽叶绿色，茸毛特多。含氨基酸2.1%、茶多酚36.6%。适制绿茶，品质优。抗寒性较强。	云南绿茶区
佛香3号	云南省农业科学院茶叶研究所育成	2003	无性系。小乔木型。大叶，叶长椭圆形，叶色绿，叶面隆起，叶身内折。中生。芽叶绿色，茸毛特多。含氨基酸2.4%、茶多酚36.0%。适制绿茶，品质优。抗寒性较强。	云南绿茶区
紫娟	云南省农业科学院茶叶研究所育成	2005	无性系。小乔木型。大叶，叶长椭圆形，叶色深绿，嫩芽叶和茎均为紫红色。中生。芽叶茸毛多。含氨基酸2.8%、茶多酚39.3%、咖啡碱5.6%、水浸出物51.6%。适制红茶和普洱茶。抗寒性较强。	云南大叶茶茶区
云抗50号	云南省农业科学院茶叶研究所育成	2005	无性系。乔木型。大叶，叶长椭圆形，叶色绿黄，叶身稍内折。中生。芽叶黄绿色、肥壮、茸毛特多。含氨基酸1.4%、茶多酚31.5%、儿茶素总量12.5%、咖啡碱3.5%。适制红茶、绿茶，品质优。抗寒性较弱。	云南大叶茶茶区
金萱	台湾省茶业改良场育成	1981	无性系。灌木型。中叶，叶近椭圆形，叶色深绿，叶面平，叶身较平。早偏中生。芽叶绿色，茸毛短密。含氨基酸1.2%、茶多酚12.1%、咖啡碱2.4%、全氮量4.9%。适制乌龙和绿茶，品质优。抗寒性强。	台湾、福建、广东等乌龙茶区

（虞富莲）

（五）茶树品种繁育

我国到2005年已有国家审(认、鉴)定的无性系品种80个，省(区)审(认、鉴)定的无性系品种80多个。无性系品种茶园有37.5万公顷，约占全国茶园总面积的26.2%(不包括台湾省)，低于肯尼亚、斯里兰卡、日本、印度等世界主要产茶国家。农业部要求到2015年这个比例达到60%，从而进一步实现全国茶园无性系良种化。要普及无性系品种，必须健全种苗繁育体系，采用先进的苗木繁育技术，制订种苗标准，实施种苗质量检验。

1. 繁育体系

我国茶区辽阔，各地的气候条件、品种繁育特性、生产茶类都有差异。要使全国茶区同步实施无性系品种的推广，必须首先建立一个覆盖全国茶区的繁育体系。为此，农业部与有关省(区)早在1979年就在浙江鄞县和广西桂林建立了两个省级茶树良种繁育场，1985年后又相继在云南思茅、贵州遵义和晴隆、四川名山、湖南郴州、湖北咸宁、安徽东至、江苏金坛、广东英德和潮州、江西南昌和景德镇、河南桐柏等地建立了省级良种繁育场，同时，各省(区)也在一些研究单位、茶场、良种场、育苗专业户等建立了繁育基地，初步形成了全国茶树良种繁育网络。省级良种场的主要任务是，提供国家和省审(认、鉴)定品种苗木、穗条，进行良种示范，培训技术力量，指导基层繁育工作。基层良种场、苗圃主要是培育健壮种苗，供应生产需要。现将目前主要良种繁育场及部分科研院所重点繁育品种及适合供种地区简介于下(表4-2)。

表4-2 主要茶树良种繁育场和繁育基地

名　称	地　址	主要繁育品种	年出圃苗木	适合供种地区
江苏省金坛茅麓茶树良种繁育场	金坛县茅麓镇	锡茶5号、锡茶11号、龙井43、龙井长叶、迎霜、浙农113、乌牛早、福鼎大白茶、福鼎大毫茶等	500万株	江苏茶区
江苏句容市张庙茶场	句容市二圣镇	锡茶5号、龙井43、龙井长叶、浙农113、浙农117、浙农139、乌牛早、舒茶早、碧云等	200万株	江苏茶区
浙江安吉白茶繁育基地	安吉县溪龙乡	白叶1号、龙井43、龙井长叶、迎霜、乌牛早等	5000万株	浙江、江苏、安徽、河南等绿区
浙江淳安县茶叶良种场	淳安县汾口镇	乌牛早、浙农117、龙井43、龙井长叶、迎霜、白叶1号、茂绿、早逢春等	1300万株	浙江、江苏、江西、安徽等绿茶区
浙江龙泉茶树良种繁育场	龙泉市农业局	安吉白茶、龙井43、龙井长叶、迎霜、乌牛早、金观音、铁观音、丹桂、黄奇、金萱等	2000万株	浙江、福建绿茶和乌龙茶区
浙江嵊州南山良种茶苗繁育中心	嵊州市贵门乡	白叶1号、龙井43、龙井长叶、迎霜、乌牛早、浙农117、浙农139、浙农113、平阳特早茶等	3000万株	浙江、江苏绿茶区
浙江丽水市丽农茶树良种引繁中心	丽水市莲都大港头镇	龙井43、龙井长叶、迎霜、乌牛早、浙农117、浙农139、平阳特早茶、银猴等	1500万株	浙江、江西绿茶区
浙江省浙东茶树良种繁育基地	新昌县镜岭镇	浙农113、浙农117、浙农139、迎霜、龙井43、龙井长叶、乌牛早、平阳特早茶、白叶1号等	3000万株	浙江、江苏、安徽、湖北等绿茶区
安徽省东至茶树良种繁殖示范场	东至县昭潭南	农抗早、舒茶早、凫早2号、仙寓早、乌牛早、白毫早、龙井43、龙井长叶、平阳特早茶、劲峰、迎霜等	2000万株	安徽、河南、湖北、山东等绿茶区
安徽金寨县茶树良种示范基地	金寨县青山镇	安徽1号、安徽7号、凫早2号、舒茶早、仙寓早、农抗早、龙井43、龙井长叶、乌牛早、平阳特早茶、浙农113、浙农117、浙农139等	1000万株	安徽、河南、山东等绿茶区
福建安溪县茶叶科学研究所	安溪县城郊	铁观音、金观音、本山、黄棪、毛蟹、梅占、大叶乌龙、佛手、凤圆春、杏仁等	100万株	福建等乌龙茶区
福建福安市九拓茶苗良种场	福安市甘棠镇	福鼎大白茶、福鼎大毫茶、福云6号、早逢春、早春毫、霞浦元宵茶、铁观音、黄棪、金观音、黄观音、丹桂、春兰、金萱等	3000万株	福建、浙江、江西、湖北等绿茶和乌龙茶区
江西省茶树良种繁育场	南昌县梁家渡	白毫早、槠叶齐、福鼎大白茶、福鼎大毫茶、迎霜、龙井43、龙井长叶、乌牛早、平阳特早茶、白叶1号、霞浦元宵茶等	1000万株	江西绿茶区
江西省景德镇市茶树良种繁育场	景德镇市郊	赣茶1号、赣茶2号、宁州2号、白毫早、槠叶齐、福鼎大白茶、福鼎大毫茶等	1000万株	江西、湖北、河南绿茶区
河南省桐柏茶树良种繁育场	桐柏县城东郊	信阳10号、福鼎大白茶、白毫早、乌牛早、龙井43、龙井长叶等	500万株	河南绿茶区

（续表）

名　称	地　址	主要繁育品种	年出圃苗木	适合供种地区
湖北咸宁市农业科学研究所	咸宁市温泉横沟路	鄂茶1号、鄂茶5号、福鼎大白茶、福鼎大毫茶、白毫早、乌牛早、早逢春、浙农113等	600万株	湖北绿茶区
湖北宜昌茶树良种繁育场	宜昌县太平溪镇	宜红早、鄂茶1号、鄂茶5号、福鼎大白茶、福鼎大毫茶等	200万株	湖北绿茶区
湖南省郴州茶树良种繁育场	郴州市华塘镇	白毫早、槠叶齐、高芽齐、尖波黄13号、碧香早、桃源大叶、茗丰、福鼎大白茶、福云6号、英红9号等	500万株	湖南、江西茶区
湖南省农业科学院茶叶研究所实验茶场良种繁育中心	长沙县高桥镇	白毫早、槠叶齐、碧香早、尖波黄、茗丰、湘波绿、福鼎大白茶等	500万株	湖南绿茶区
广东省潮州茶树良种繁殖场	饶平县凤凰镇	岭头单丛、凤凰单丛、凤凰水仙、八仙茶、金萱等	100万株	广东乌龙茶区
广东省英德茶树良种繁殖示范场	英德市城郊	岭头单丛、凤凰单丛、凤凰水仙、黑叶水仙、八仙茶、英红9号、五岭红、秀红、云大淡绿、乐昌白毛1号、金萱等	100万株	广东、广西茶区
广西壮族自治区桂林茶树良种繁殖示范场	桂林市东郊金鸡路	桂绿1号、凌云白毛茶、福云6号、福鼎大毫茶、白毫早、乌牛早、金萱等	200万株	广西绿茶区
重庆市农业科学院茶叶研究所	重庆永川市萱花路	渝茶1号、渝茶2号、巴渝特早、早白尖5号、南江1号等	50万株	重庆市绿茶区
四川省名山茶树良种繁育场	名山县平桥街	名山早、名山白毫、名山213、蒙山9号、蒙山11号、早白尖5号、福鼎大白茶、乌牛早、龙井长叶等	2000万株	四川、重庆、陕西等绿茶区
贵州省晴隆茶树良种苗圃	晴隆县城郊	黔湄419、黔湄601、云抗10号、云抗14号等	200万株	贵州西南部茶区
贵州省遵义茶树良种苗圃	遵义市新卜镇	黔湄601、黔湄809、福鼎大白茶、龙井43、龙井长叶、福云6号、白毫早等	300万株	贵州绿茶区
贵州黎平县侗乡森绿茶业公司	黎平县城关乌下江林场	龙井43、龙井长叶、白叶1号、铁观音等	100万株	贵州绿茶区
云南省普洱（思茅)茶树良种场	普洱市城郊柏枝寺	云抗10号、云抗14号、云抗43号、长叶白毫、紫娟、佛香1号、佛香2号、佛香3号、云瑰、云梅、矮丰、雪芽100号、短节白毫等	3200万株	云南省茶区
云南省农业科学院茶叶研究所	勐海县曼真镇	云抗10号、云抗14号、云抗43号、长叶白毫、紫娟、佛香1号、佛香2号、佛香3号等	100万株	云南省茶区
云南省临沧市茶叶研究所	临沧市城郊	云抗10号、云抗14号、云抗43号、长叶白毫、紫娟、佛香1号等	100万株	云南省茶区

（续表）

名　　称	地　　址	主要繁育品种	年出圃苗木	适合供种地区
中国农业科学院茶叶研究所育苗基地	杭州市梅灵南路	龙井43、龙井长叶、中茶102、碧云、茂绿、浙农117、迎霜、乌牛早、白叶1号、福鼎大白茶等	3000万株	浙江、江苏、山东等绿茶区

说明：名称为黑体字的是农业部和省定点的种苗繁育单位。

（虞富莲）

2. 茶树短穗扦插育苗技术

茶树苗木繁育的方式有种子育苗、短穗扦插、压条、分株等。短穗扦插是1936年福建安溪县西坪乡平原村民王成文创造的繁育技术，也是目前无性系品种的主要繁殖方法。不同品种在同一地区或同一品种在同一地区的不同年份、不同地块的育苗成活率、出圃率会有差异，这除了受制于自然条件外，与品种的繁育特性、扦插技术和管理措施等也都有着非常重要的关系。

（1）母本园的建立　母本园又称母穗园、采穗园，即主要用于提供扦插用穗条的无性系品种茶园。目前，采叶茶园兼用作采穗园，多是采一季茶后再养穗。母本园的建立需遵循下列要求：

①品种纯度100%。

②母本园的面积根据需要配置，一般按1亩母本园每次可供2.0～2.5亩苗圃用穗计，如20亩苗圃，则需要10亩左右的母本园。

③专用母本园要按高标准生产茶园开垦种植。为获取最高的穗条并不是延长采穗年限，用作建立母本园的园地尽可能选择在地势平坦、土层深厚、土壤肥沃、交通方便的地方。

④加强病虫害防治　母本园营养生长旺盛，芽叶和穗条较幼嫩，易滋生病虫害，为防止病虫危害，造成穗条减产以及病虫随种苗向外蔓延，必须全过程注意病虫害的防治。剪穗前宜用波尔多液或甲基托布津等喷洒一次。

⑤更新复壮　经连续多年的茶叶采摘和枝条刈割，茶树生机遭受很大创伤，鲜叶产量和穗条质量会明显下降，必须及时将母株树冠进行改造。一般大叶品种用重修剪、中小叶品种用台刈方法剪去老枝，并加强肥水管理。改造后需休养生息1～2年后再采穗。

（2）穗条的培育　健壮的穗条使苗木长势强，出圃率高，因此，培育好穗条是扦插的基础。据测算，6～10年生中小叶种茶树，亩产穗条为600～1200千克，可插2.0～3.0亩苗圃，如每亩出圃合格苗12万株，可种植单条播茶园60～90亩；青壮年茶树重修剪留养穗条，亩产穗条500～1000千克，可插1.3～2.6亩（大叶种产穗条800～1000千克/亩，可插2.0～2.5亩），可种植新茶园39～78亩；老茶树台刈当年每亩可剪取穗条300～400千克，可插1亩苗圃，供30亩茶园种苗需要；如以苗育苗，3年生茶树，每亩可剪取穗条50～100千克，可插0.13～0.3亩苗圃，供4～9亩新茶园用苗。

①施肥　母本园由于每年带走大量的干物质，必须重施有机肥，配施磷钾肥。一般于10月中下旬施饼肥300～350千克/亩或厩肥2000～2500千克/亩，同时施入硫酸钾20～30千克/亩和过磷酸钙30～40千克/亩。翌年春茶发芽前30天左右施尿素20千克/亩，春茶结束蓬面修剪后再施尿素15千克/亩。

②修剪和摘顶　6～7月夏插的宜在春茶前（大叶茶宜在5月底）进行修剪，8～10月秋插的宜在春茶结束后进行修剪。采摘茶树第1次养穗的距蓬面40～50厘米修剪，连年养穗的距蓬面20～30厘米修剪。在采穗前10天左右摘去顶端一芽三、四叶或嫩梢，以促进枝条木质化。

（3）扦插圃的建立

①苗畦地块选择　不论水田或旱地用作苗畦的，地势要平坦，光照要充足，土壤pH在4.5～6.0，

靠近水源,排灌方便,交通便利。

②做苗床　先全面翻耕30厘米。水田有堨土层的要破堨。旱地前作是豆科或茄科作物的要提前10天翻耕晒垡或用5%克线磷颗粒剂稀释后喷施土壤,以预防茶苗根结线虫病。按畦面宽1.0～1.2米(土地利用率约为75%～80%)、高20～40厘米(视地下水高度)、畦距(沟宽)35～40厘米、畦长10～20米(一般不超过15米,亦可以地块定)做成畦胚;再在表层匀施腐熟饼肥250～267千克/亩(0.5 kg/m²)或腐熟厩肥500～533千克/亩(1.0 kg/m²),与本田土翻匀耙细;铺上7～12厘米厚、粒径不大于8毫米的心土(表土层25厘米以下,堨土层以上的夹心土),稍加镇压,做到上实下松,压后心土层保持在5～7厘米。不论大、中小叶类品种按8～10厘米距离划出扦插痕。整块地四周开深40～50厘米,宽30～50厘米的水沟,以利于排灌水。

③搭荫棚　按1.2～1.5米间距搭置荫棚,弧形棚架中高40厘米,平棚架高35～40厘米。低棚外层需再搭置高架平棚的,棚高在1.8～2.0米。遮阳物用遮光率为65%～80%的黑色市售遮阳网。

(4)营养钵的制作　需用营养钵扦插的,可用无色或黑色薄膜制成高12～15厘米、直径6厘米(适于中小叶类品种)或8厘米(适用于大叶类品种)、底部开有3个小洞穴的圆柱形钵体。钵1/3填充营养土,2/3填充扦插用心土。填充的心土需与钵口持平,以免钵内积水。营养土用肥沃的壤土,每立方米土中加腐熟饼肥6千克或有机肥60千克,充分拌和即可。在旱地苗床上,营养钵体顶部与床面高持平。如是水田苗床,则钵体直接搁置。苗床周围开灌排水沟,以利保湿排水。外搭置荫棚,规格同扦插圃。

(5)采穗

①穗条质量。按GB11767—2003《茶树种苗》规定:

表4-3　茶树穗条质量指标

类　　别	级　别	品种纯度(%)	穗条利用率(%)	穗条粗度φ(mm)	穗条长度(cm)
大叶品种	I	100	≥65	≥3.5	≥60
	II	100	≥50	≥2.5	≥25
中小叶品种	I	100	≥65	≥3.0	≥50
	II	100	≥50	≥2.5	≥25

②采穗时间。气温在30℃以下,全天可进行。如在高温期,宜在上午10时前或下午3时(云南等大叶茶地区5时)后剪穗,剪后即运至阴凉处摊放。要将穗条竖着堆放在潮湿而阴凉处,并常洒水。摊放一般不超过3天。

③剪穗。要选择健壮、茎皮红棕色或黄绿色穗条,一般每千克穗条可剪插穗400～500个。插穗要求:上桩长0.2～0.4厘米,杆长大叶品种3.5～4.0厘米,中小叶品种2.5～3.5厘米,具有一张完整成熟叶片和饱满腋芽。剪口要光滑无破损。大叶品种插穗可剪去1/2～2/3叶片。

④发根处理。难以发根的品种可选用:I.1号生根粉(ABT1),浓度500毫克/千克,插穗基部速蘸5秒,或1000毫克/千克速蘸1秒;II.α-萘乙酸,浓度300毫克/千克,浸渍插穗基部1～2厘米,3～5小时,或100毫克/千克浸渍12～24小时;III.吲哚乙酸,浓度50毫克/千克,浸渍插穗1小时。

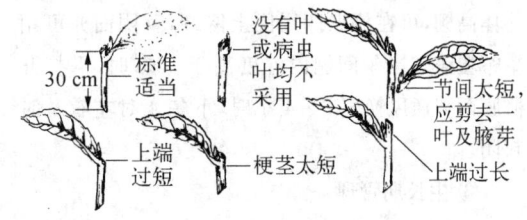

标准插穗示意图

(6)扦插

①方法　在扦插前1天将苗圃或营养钵土壤浇水湿润。用食指与拇指捏住茎干斜插于划痕线

上,以腋芽露出土面母叶不贴地面为度,插后随即用食指揿实泥土。叶片朝向应与当地常年多见风向相反。

②密度　大叶品种扦插行距8～10米,穗距4.0厘米,每平方米可插410～420穗,按土地有效利用率75％计,每亩苗圃可插20万～21万穗;中小叶类品种行距8～10厘米,穗距2厘米,每平方米可插500～600穗,每亩苗圃可插22万～26万穗;营养钵每钵插2～3穗,沿钵四周交叉插。小钵每亩可插2.33万～3.5万穗,大钵每亩可插1.4万～2.1万穗。

③遮阳浇水　晴天扦插,尤其在午间高温时,要边插边浇水边盖上遮阳网。

(7)苗圃管理

①扦插初期浇水遮阳　旱地苗圃或营养钵夏季扦插在插后30天左右,每天浇水1～2次,秋插每天浇水1次,以后可隔1～2天浇1次。水田苗圃采用沟灌,扦插初期,灌水深度以沟的2/3为度,切不可大水漫灌,并注意及时排水;以后视土壤墒情隔2～4天沟灌1次。待发根后,不论旱地或水田,以3～5天浇灌1次,做到不干不渍,土壤相对含水量在80％左右。

②越冬期保温保湿　越冬前,全面喷一次石灰半量式波尔多液(每100千克水加0.3～0.35千克生石灰和0.6～0.7千克硫酸铜)以防病害和延长母叶功能。再一次性浇足水,并将棚架薄膜四周边缘埋入土中成密闭状态。有冰冻地区,可在棚架上空20～30厘米处再搭一棚架,覆盖遮阳网或薄膜,也可直接在原薄膜上再加盖一层遮阳网。如有平顶连体高棚,可在棚架四周围上网纱,背阴面亦可用草帘覆盖。当午间棚内温度高于35℃时,需打开薄膜两端通风换气3～4小时,下午4时左右及时封闭。

③生长期管理

揭膜炼苗。当日平均温度稳定通过8℃(中部)或10℃(北部)后,在无风向阳面将网纱和薄膜揭去,同时进行拔草和浇水,傍晚仍将薄膜盖上,连续7～10天后可全面撤去荫棚。之后如遇晚霜,仍要临时覆盖薄膜或网纱。

除草施肥。待覆盖物全部揭去拔除杂草后,提前30天用饼肥1份、水10份放入池中充分腐熟。取10％的腐熟饼肥水(饼肥水1份兑清水10份)浇灌,亦可施稀释100倍的尿素液或复合肥液或淡薄人粪尿,次数视苗情而定,可每隔15～20天1次。在穗苗生长旺季,亦可土面撒施尿素,每亩施5～8千克,施后即淋水。进入夏季高温期后不再施肥,起苗前一个月内也不再施肥催长。

水分管理。视降水情况适时浇灌或排水,高温干旱期隔2～3天必须浇灌1次,以畦面土壤不泛白为度。中、北部茶区水田苗圃9月中旬后不再灌水,以搁田为主。

病虫防治。扦插苗常见的有蚜虫、卷叶蛾、假眼小绿叶蝉、螨类、黑刺粉虱、茶尺蠖、根结线虫病、叶枯病等,需针对发生的病虫及时用农药防治。

(8)起苗　旱地苗圃在起苗前1天浇水,以湿润土壤,水田苗圃视墒情灌水。起苗时用锄耙挖掘,以保留尽量多的根系。为方便包装运输,高于30厘米以上的茎叶可以剪去。

(虞富莲)

3. 工厂化育苗

短穗扦插育苗是当前茶树种苗繁育的普遍方式,具有能很好地保持品种原有的优良特性等优点。但该技术仍存在育苗周期较繁殖系数低、受自然条件制约等缺点,短穗扦插繁殖一般均需十多个月才能出圃。由于繁殖系数低,育苗周期长,因此茶树新品种育成后,一般需要经过很多年的原种扩繁才能达到一定规模的育苗能力,造成茶树新品种的培育与推广速度缓慢。同时,短穗扦插繁殖需要挖取地表15厘米以下发育程度较好、无墒土的心土作为苗床用土,会造成水土流失,给生态环境带来压力。

利用工厂化育苗技术进行茶树育苗,可以大幅度缩短茶苗繁育周期,将大田育苗的12～14个月的育苗周期缩短到6个月左右,从而达到加快茶树新品种繁育与推广速度、节省土地成本、保护生态环境的目的,使新培育的茶树良种能够更快地产生经济效益,并且不再需要挖掘心土铺设苗床,客观上起到了防止水土流失,保护生态环境的作用。

① 母穗的繁育

工厂化育苗技术采用的插穗繁育与大田短穗扦插所用的母穗要求相同。

② 扦插时间

茶苗的最佳种植时间一般为深秋（10月中旬～11月）或早春（2月下旬～3月上旬）为宜，因此茶树的工厂化育苗的扦插时间，必须根据生产上的需求来安排。茶树工厂化育苗的扦插时间，一般为当年的5月或7、8月。其中5月扦插的茶苗可在10月底到11月左右进行大田的移栽；而7、8月份扦插的在冬季加温的情况下可在翌年的2、3月进行大田移栽。

③ 工厂化育苗的环境条件

茶树的工厂化育苗，在实现温度控制的温室中进行。在进行工厂化育苗时，光照为温室中的自然光即可，在夏季如阳光强烈可在扦插的初期（5～10天左右）进行适当遮阴；温室中的空气湿度保持在60%以上；温室中的温度在夏季可通过湿帘＋风机降温，冬季利用燃油热风机进行加温。

④ 育苗基质与容器

在进行茶树工厂化育苗之前，必须先准备好育苗所用的基质。目前最常用的基质为泥炭、珍珠岩体积比2∶1的混配基质。即将泥炭与珍珠岩以体积比2∶1的比例进行混合后获得。目前在市场上的泥炭主要分为国产和进口两种。其中国产泥炭有些未经过消毒杀菌处理，而进口泥炭则经过消毒、杀菌、pH调节等一系列处理。从目前生产上的反应来看，用进口泥炭育苗的效果要明显好于国产泥炭，但相对成本较高。在混合前，若所用泥炭未经过消毒，则应对其进行消毒杀菌处理，一般过程为用一定浓度的杀菌剂（多菌灵、甲基脱布津等）溶液对泥炭进行喷洒（喷洒过程中不断将泥炭翻匀，促使杀菌剂与泥炭均匀混合），之后用塑料薄膜覆盖3～5天后即可使用。将消毒后的泥炭与珍珠岩按照比例混合后，装入育苗用的穴盘（一般采用市场上花卉育苗的5 cm×5 cm左右孔径规格的常规穴盘），将其放置在苗床上备用。

⑤ 穗条的扦插

选取当年生、健壮、无病虫的半木质化至木质化的枝条为插穗，用锋利的剪刀剪取短穗，下剪口平滑，插穗下端剪口与叶片生长方向平行，位置紧靠节点，上端剪口与下端剪口平行，剪口高于腋芽2毫米。短穗长约4厘米，茎径粗约3毫米，带有一张健全的叶片和一个饱满的腋芽。

保持短穗新鲜，随剪随插，当天剪的当天插完。

插穗剪完后，用拇指和食指捏住短穗上端，轻轻地沿下端剪口的倾斜度插入基质中，以露出叶柄和腋芽为准，边插边用手指将短穗基部的基质轻轻压实。插后及时洒水遮荫。

⑥ 扦插后的管理

茶苗扦插后的管理是决定茶苗生长的关键。扦插后的管理主要包括以下几个方面：

环境温度。在春秋季自然温度即可，夏季和冬季则根据具体情况进行温度控制。为保证茶苗的良好生长，夏季温度在32℃以上时利用湿帘＋风机进行降温，将温度控制在25℃以下；冬季温度低于20℃时用燃油热风机加温控制温室内温度在20℃以上。

基质水分。一般基质水分（田间持水量）控制在70%～100%左右，在基质水分低于70%时进行浇水灌溉至100%。

肥培管理。由于泥炭中除腐殖酸以及一些微量元素外，NPK的含量很少，因此在茶苗生根后（一般为60天左右）即可施第一次肥，可参考大田扦插的施肥方式，用浓度10%的腐熟人畜尿液或0.5%的尿素或15%的专用复合肥，结合浇水进行。每隔20～30天施一次，浓度逐渐提高。每次施肥后，用清水淋浇茶苗。

⑦ 炼苗与移栽

经过在温室中6个月左右的生长后，茶苗基本上能达到高度20厘米以上，茎粗0.2厘米以上的出圃标准，此时可准备进行茶苗的炼苗移栽了，实现从温室到大田的过渡。因为工厂化育苗的环境与外部环境有很大差异，为保证茶苗在移到大田后的成活率，在移栽前必须让它在大田环境中进行一段时间的炼苗，具体方法是：将装有茶苗的育苗穴盘从温室中移到大田的自然环境中，在自然环境下炼苗15～30天左右，使茶苗充分适应外界环境。炼苗期间必须注意基质水分的控制(因温室中空气湿度高,基质失水比较慢,需要浇水的时间间隔长,在转移到自然环境中后,基质的失水速度较温室条件下快,因此必须根据基质的具体情况进行适当浇水,在阳光强烈的情况下注意适当遮阴)。经过 30 天左右的炼苗后,即可进行移栽。工厂化育苗条件下生长的茶苗根系发达,错综环绕,可达到完全包裹基质的程度,因此在移栽时必须注意保护茶苗的根系,移栽时可将茶苗带泥炭直接移入大田种植,移栽的方法及其后期的管理与大田的短穗扦插苗相同。

(成　浩)

4. 茶树种子育苗技术

(1) 种子的包装和运输　在采用有性系品种或从外地调入种子时,要做好种子的包装、运输,以保证种子的质量和防止品种混杂。

短途运输可直接用麻袋、巧克力筐、草袋等简易包装物,单件重 25 千克左右;长途运输需用长 60 厘米、宽 35 厘米、高 30 厘米的木箱包装,箱内分层填放干净森林屑(含水量不超过 15%)或加木炭屑的混合物,也可用青苔或松针。木箱四周再开直径0.2厘米的小气孔,孔距 7~10 厘米,要均匀分布。每箱装种子 20 千克左右。运输途中要防止挤压、受热或冰冻。

(2) 种子的储藏　种子采收或运到后不立即播种的可采用以下两种方法储藏,但不论何时储藏的种子,在 4 月前要播种,过了 5 月会完全丧失生活力。

① 堆藏法　在阴凉干燥的室内(种子少可用缸或木箱),地面(底层)铺 3~4 厘米厚的细沙,再在上面分层铺放种子和湿沙,每层种子和沙厚 3~4 厘米,共 3~4 层即可。待面层沙泛白时适量淋水。

② 沟藏法　种子数量多时用。选择室外缓坡地,挖宽 1 米、深 25~35 厘米的沟,在沟底铺 5~10 厘米厚的干草或细沙,上铺 20 厘米厚的种子,再盖 5~10 厘米厚的干草,每隔 2 米左右放置一通气筒,周围开排水沟。

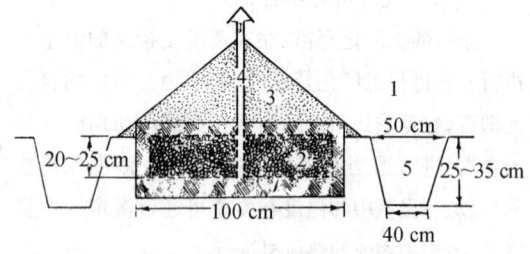

室外沟藏法横断面
1. 沟内铺干草或细沙　2. 茶籽　3. 泥土
4. 通气竹筒　5. 排水沟

(3) 茶树种子和苗木质量检测

① 扦插苗质量指标

按 GB11767—2003《茶树种苗》规定。

表 4 - 4　无性系品种一足龄扦插苗质量指标

类别	级别	苗高(cm)	茎粗 φ(mm)	侧根数(根)	品种纯度(%)
大叶品种	I	≥30	≥4.0	≥3	≥100
	II	≥25	≥2.5	≥2	≥100
中小叶品种	I	≥30	≥3.0	≥3	≥100
	II	≥20	≥2.0	≥2	≥100

② 苗木质量检测

苗高:自苗根颈部测量至顶芽基部的长度。

茎粗:用游标卡尺等量具测量离根颈 10 厘米处的苗干直径。

侧根数:从插穗基部愈伤组织处分化出的近似水平状生长、直径在 1.5 毫米以上根的总数。

品种纯度:根据品种茶树主要特征特性,对苗木样株逐个进行观察,并按下式计算百分率:

品种纯度＝本品种的苗木株数／本品种的苗木株数＋异品种的苗木株数×100%

苗木质量检测按以下比例抽样：

总 株 数	样 株 数
＜5000	40
5001～10000	50
10001～50000	100
50001～100000	200
＞100001	300

苗木的包装、运输和假植　起苗宜在栽种季节。检验和分级要在庇荫背风处进行。符合质量指标的苗木每 100 株扎成一捆，并挂上品种名称标签。需要运往异地的，要用笟筐盛装，做到透气保湿。长途运输，苗木根部可用黄泥水蘸根，四周用苔藓、松枝等保湿。途中要用篷布等将笟筐覆盖，防止风吹日晒和重压。

苗木运到后应立即栽种或进行假植。假植方法是，在待种地开一直沟，将苗木连株竖放在沟内，用土埋至苗高 1/3 左右，稍加压实，浇上水即可。南方或高温期需搭棚遮阳。

③ 种子质量检测

合格种子质量指标：种子直径大叶品种≥1.2厘米，中小叶品种≥1.1 厘米；含水率 22％～38％；发芽率大叶品种不低于 60％，中小叶品种不低于75％；嫩粒、空瘪、虫蛀种子及夹杂物比例不超过 1％。

种子质量检测方法：

种子直径：随机取 100 粒茶籽排列于测种板弧形槽中，从槽旁的标尺得出读数，再除以 100，即得出种子的平均直径；也可随机取 10 粒茶籽用卡尺测量，取其平均值。

种子含水率：先将一铝盒烘干，称至恒重。取茶籽 20～30 粒，剥去果壳，放入铝盒称重记录，然后放入烘箱，用 100℃～105℃温度分 2 次烘至恒重。按下式计算：

种子含水率＝茶籽鲜重－烘干后的茶籽干重／茶籽鲜重×100％

种子发芽力：有以下几种方法。

a. 简易法：用采收后一个月或正常储藏的茶籽，在水泥地上(不铺地毯)自由落下，凡能弹跳起的一般是有发芽力的种子。

b. 催芽法：取发芽盘一只，底部铺吸水纸数张或湿沙 1 厘米，随机取茶籽 100 粒，用温水浸泡 1～2 天后平铺在盘中，再盖以少量湿沙置于恒温箱内，温度保持在 25℃～30℃。每天用温水淋浇 1～2次，如是普通恒温箱还需通风 2～3 次。经 15 天左右，拣出发芽茶籽，计算发芽率。

c. 染色法：随机取茶籽 100 粒，用温水浸泡3～4 小时，待膨胀后剥去外种皮和内种皮，注入0.1％～0.2％的靛蓝溶液，浸泡染色后用清水漂洗。凡有发芽力的种子胚芽均不染色，不正常的种子胚芽全部或局部染色。按下式计算：

种子发芽率＝供测茶籽总数－染色茶籽数／供测茶籽总数×100％

种子净度：随机取一定数量的茶籽称总重后，剔除空瘪、坏子和夹杂物后再称净重，计算：种子净度＝净重／总重×100％。

(4) 种子育苗　茶树种子采收后需后熟一个月左右。长江以南茶区当年秋季就可播种育苗，但北方和高寒茶区宜翌年开春后播种。不论秋播或春播种子都要到 4、5 月才会破土出苗，但秋播要比春播早出苗一二十天，对幼苗度过夏旱有利。秋播的经浸种后就可直接将种子播入土中，经过储藏的种子最好先浸种催芽后再播。

① 浸种方法　茶籽先进行初步挑选，将小粒、形状不规则和空瘪的茶籽拣出，再用清水或 10％左右的黄泥水(50 千克水加 5 千克黄泥)浸泡茶籽 2天左右。然后将沉于缸底圆形、大小一致的种子(这样可使今后茶树个体间形态特征相对一致)捞出用于播种。

② 催芽方法　把细沙洗净，先用 0.1％高锰酸钾消毒，再将浸种过的茶籽放入容器中与沙混合，厚度不超过 10 厘米，放在温室(棚)或温床上，温度保持在 20℃～30℃，每天用温水淋浇 1 次，一般待15～20 天后就有 50％左右的茶籽胚根露出，可将这部分种子先行播种，未萌动的继续催芽。

种子育苗时，不论秋播或春播，播种深度 3～5厘米即可，秋播的播种行上覆盖草料；播时茶籽在土中宜相互靠拢，不要散离，只要不重叠就可，这样有利于早出苗和提高出苗率。

（虞富莲）

5. 茶树引种

引种是指从异地（包括国外、境外）调入品种的一种手段，它是丰富茶树种质资源多样性、增加栽培品种种类、扩大栽培区域最经济有效的途径。由于引种地区之间地理上有距离，生态条件上有变化，茶树的遗传特性有差异，生产需求不一样，故引种的方式和效果会有所不同，如野生型或有生殖隔离的茶树的引种需要有一个驯化过程；根据生态条件相似性的引种易获得成功；符合本地生产制度的引种会取得理想的效果。所以引种不是简单地将某一品种从甲地搬迁到乙地的过程。作为茶树栽培品种的引种要遵循以下原则：

（1）要尽量从同纬度或相似生态条件的地区引种。如广东、广西南部引种抗寒性弱的云抗 10 号易获得成功，如引种到 30°N 的江浙一带因无法自然越冬会失败。同理，江北地区的引种应选用北部茶区育成的抗寒性强的品种，如舒茶早、信阳 10 号等。

（2）根据当地的自然条件选用无性系或有性系品种。如不需要改变品种遗传特性或采用特殊方式管理就能适应的，可引种无性系品种；土壤贫瘠、冬寒夏旱的地区则要引种适应性较强的有性系品种。

（3）根据生产茶类引种适制品种。选用适制性强的品种非常重要，如生产龙井茶可引进龙井 43、龙井长叶等，制红碎茶可引种云抗 10 号、英红 9 号等，制乌龙茶可选用金观音、金萱等，红绿茶兼制的可种植迎霜、黔湄 601 等，制白茶的可种植福鼎大毫茶、乐昌白毛茶 1 号等。但传统名茶产区引种要慎重，如"祁红"、"碧螺春"等的品质特征是以"祁门种"、"洞庭种"的品种特点为基础的，换用其他品种，不易保持成品茶的固有风格。

（4）合理的品种搭配。上规模地发展新茶园，必须注意品种搭配。复合型茶区可种植适制不同茶类的品种，发展 500 亩以上的茶园至少引种 3～5 个品种。常年有"倒春寒"和晚霜危害的地区不可种植单一的特早生和早生种。根据早春气候条件和劳动力设备状况，要早、中、晚品种搭配种植（物候期间距

在 7～10 天)，一般名优绿茶产区早、中、晚品种比例为 6∶3∶1，其他茶类为 3∶5∶2 比较适合。

（5）必要的病虫害检疫。茶树虽无国家明确规定的病虫害检疫对象，但为防止新的病、虫和恶性杂草随着引种的传播，尤其是防范外来生物的侵袭，必要时需对引进的苗木或种子进行检疫。一般的苗木或种子可用波尔多液或甲基拖布津等杀菌剂消毒，有严重病虫感染的种苗要销毁。

（6）良种要有良法。优良品种种性的充分发挥必须以良好的肥培管理为前提，在此基础上再根据品种的特性，采用相应的技术措施，才能保证新茶园的速成高产优质。如灌木直立型茶树可用双行或多行条栽法；南方引种速生品种可采取一年两次定型修剪；采用测土施肥法，以保证茶树对多种营养元素的需要等。

（虞富莲）

二、茶树栽培技术

茶树的生长发育均需一定的环境条件。茶树栽培技术就是综合运用农业技术措施，改善茶树生存的环境条件，提高其适应能力，存利除弊，使茶树与环境更趋协调一致，从而达到优质、高效的栽培目标。

（一）茶树适生条件

茶树长期生长在某种环境里，受到环境条件的特定影响，通过新陈代谢，在其生育过程中形成了对某些生态因子的特定需要，成为其适生条件。因此可以说茶树的适生条件是长期对环境条件适应的结果。茶树的适生条件，主要是指气候和土壤环境中的阳光、温度、水分、空气和土壤等条件的综合。茶树生长发育的状况，直接受这些环境条件的支配。环境中的每个因素都在经常对茶树的生长与发育产生明显的影响和作用，这些因素就是生态因子。在自然界中，这些生态因子不是孤立地单独存在，而是相互影响、相互制约的，其中一个因子的变化，必然影响其他因子的变化。因此，茶树在生长发育过程

中,实际上不是受一种生态因子的影响,而是受各种生态因子的综合影响。茶树的生长和发育状况,直接取决于对外界条件的满足程度。只有当环境条件得到满足时,才能最大限度地发挥茶树的增产潜力。

1. 阳光

光照是茶树生活的首要条件。茶树由根部吸收水分和无机养料,并从空中吸收二氧化碳(CO_2),依靠绿色叶子在阳光的照射下,进行光合作用。通过光合作用制造蛋白质、碳水化合物等有机物质,供茶树生长发育利用。光合作用制造有机物的整个过程是依靠阳光作为能量的源泉,没有阳光,光合反应就不能进行。茶树对阳光有严格的要求,包括光照强度、光照时间和光质等三个方面:

(1)光照强度:由于茶树原产地的生态环境是大森林,经常处于漫射光照射的条件之下,因此较弱光照茶树也能达到较高的光合作用效应,说明茶树具有耐荫的特性。据试验,光照强度在 100 勒克斯到 50000 勒克斯(即烛光)范围内,光合作用强度随光照强度增加而增加,但光照进一步增强超过一定范围时,茶树光合作用强度就不再增强或反而有下降的趋势,这时的光照强度说明已经达到了光饱和点,但如果光照过弱,光合强度过低,就会出现光合强度和呼吸强度处于平衡状态,此时茶树既不从外界吸收二氧化碳,也不释放二氧化碳,这时的光照强度就是茶树光合作用的光补偿点。据试验,茶树的光补偿点一般是 1000 勒克斯以下,过低的光照强度,光合作用强度就会出现负值,长期处于不良光照条件下,茶树就无法维持生长。光照强度不仅与茶树光合作用和茶树的产量形成有密切的关系,而且对茶叶的品质有一定的影响。据研究,在适当减弱光照时,芽叶中的氮化物明显提高,而碳水化合物(可溶性糖和茶多酚等)相对减少,特别是在重要的含氮物质氨基酸的组成中,作为茶叶特征物质的茶氨酸含量以及与茶叶品质密切关系的谷氨酸、天门冬氨酸、丝氨酸等,在遮光条件下有明显的增长趋势,这就有利于成茶的收敛性增强和鲜爽度提高。我国的许多名茶,如庐山云雾、黄山毛峰、狮峰龙井等往往生长在高山云雾之中,内质好、香气高。在一

些日照强烈的地方,茶园梯坎和主要道路两旁适当种上遮荫树,以减少直射光,不仅改善了茶叶品质而且也美化了环境,是十分必要的。

(2)光照时间:光照时间的长短对茶树生长发育的影响也很大,如果在花芽分化之前,对茶树进行遮光,茶花可提早开花,反之延长光照则推迟了茶花开放时间。光照长短与茶树生长、休眠也有一定关系,如果冬季连续 6 周每日光照短到 11 小时,即使温度、水分、营养等都能满足,茶树也会进入相对的休眠时期,如人工延长光照达 13 小时,就可打破某些茶树品种的冬季休眠。

(3)太阳光谱:人们生活中见到的太阳光是由不同波长的光谱所组成的,包括紫外线、红外线和可见光三大部分。波长短于 390 纳米(1 纳米〔nm〕= 10^{-7} 厘米)的为紫外线(平常看不见),长于 760 纳米的为红外线,介于 390~760 纳米之间的为可见光(可见光按波长,可分为红、橙、黄、绿、青、蓝、紫 7 种颜色)。可见光是茶树进行光合作用制造有机物的主要光源。在红、橙光的照射下,茶树能迅速生长发育。红外线虽不能直接被叶绿素吸收,但能作为土壤、水分、空气和叶片的热量来源,为茶树的生长发育提供必要的温度条件,对茶籽的萌发和芽梢的生长有促进作用。波长较短的紫外线由于使茶树体内某些生长激素受到影响,从而对茶树生长有抑制作用。但在紫外线照射下茶树叶片的含氮化合物较多,有利于芳香物质的形成,因此生长于高山密林或云雾之中的茶树,往往可获得较优良的品质。

(俞永明)

2. 温度

温度是茶树生命活动的基本条件。它影响着茶树的地理分布,也制约着茶树生育速度。温度对茶树的影响,主要表现在空气温度和土壤温度两个方面。气温主要影响地上部的生长,地温主要影响根系的生长。但气温与地温是相互关联的。就气温而言,从热带到温带茶树都能广泛的适应,但作为生育来说,有三个基点温度,即茶树生长的起点温度,适宜温度和低限温度。在最适温度下,茶树生长发育迅速而良好,在最低和最高温度下,茶树停止生长发

育,但仍能维持生命活动。

（1）生长起点温度

茶树萌芽的日平均温度称之为生长的起点温度。多数茶树品种日平均气温需要稳定在 10℃ 以上,茶芽开始萌动。但也有少数品种或者由于其生态环境的不同,在不到 10℃ 时已开始萌动,如浙江的乌牛早、龙井 43、江西婺源早芽等茶芽萌动的起点温度是 ≥6℃,这类属早芽品种,开采期可比其他品种提早。而政和大白茶,需 ≥11℃ 时才能萌发,称之为迟芽型品种。

（2）最适温度

茶芽萌发以后,当气温继续升高到 14℃～16℃ 时,茶芽逐渐展开嫩叶。茶树生长最适温度是 20℃～30℃ 之间,若在此范围之内,则茶梢加速生长,每天平均可伸长 1～2 厘米以上。我国大部分茶区自清明(4 月上旬)至霜降(10 月下旬)以前,日平均气温都在 20℃～30℃ 之间,正是茶树生长最适温时期,也是茶叶的采收季节。

在茶树生长季节,生物学有效温度(日平均气温 10℃ 以上)累积值,称之为有效积温。茶树生长适宜的有效积温应在 4000℃ 以上。我国茶区的年有效积温一般在 4000℃～8000℃ 之间。有效积温越多,年生长期越长。我国南北各茶区由于气候条件的差别,茶树生育期也就各不相同,多数茶区茶树的全年生育期约为 8～9 个月,而可采期为 7～8 个月。

（3）低限温度

我国大部分山区,进入 12 月以后至次年 2 月一般平均气温低于 10℃,茶芽停止萌发,处于越冬休眠状态,甚至有时出现严重的低温霜冻,茶苗、幼树或抗寒性差的品种还会受到冻害。茶树能忍耐的绝对最低温度,因品种、树龄、器官、栽培管理水平、生长季节而异。当气温降到 -2℃ 时,茶花大部分脱落而死亡,气温下降到 1℃～2℃ 时萌发的茶芽也会枯焦,而茶树的枝梢忍耐低温的能力较强。乔木型大叶种能忍耐 -5℃ 左右;灌木型中、小叶种忍受低温的能力更强一些,一般在 -10℃ 左右,若处于大雪覆盖,则可忍受 -15℃ 左右的低温侵袭。不同品种茶树的耐寒能力固然不同,但同一品种在不同生态条件下表现也不一样,如政和大白茶在福建能忍耐

-7℃ 低温,而生长在皖南茶区却能忍受 -8℃ 至 -10℃ 的低温。一般说来,低于茶树所"忍耐"的低温限度时,就会产生冻害。茶树发生冻害的程度,除与温度高低直接有关外,与低温持续时间、风速、冻结时间也有密切关系。据浙江气象局在浙江嵊县的调查,茶树越冬期间,当气温降至 -6℃ 左右,连续冻结 6 天,西北风风速每秒 6～8 米时,当地的茶树品种嫩梢就会受到不同程度的冻害;当最低温度降至 -8℃,连续冰冻 12 天以上更会引起严重冻害,使茶嫩梢冻死、老叶变黄。一般来说,在一定的低温条件下,低温和土壤冻结时间愈长,加上干燥的西北风或早春气候转暖后突然降温等,都会使冻害程度加重。

温度过低固然会使茶树遭受冻害而损伤,温度过高也会引起茶树的热害,但遇到的机会不多。一般认为茶树能忍受的生物学最高温度是 35℃(或日平均气温 30℃),在这样的温度条件下,新梢生长缓慢或停止,日极端最高气温到 40℃,在降雨量又较少的情况下,有的茶树丛面成叶出现灼伤焦变和嫩梢萎蔫,这种现象为茶树热害。通常是新梢和嫩叶比老化的枝条更容易受到这种逆境的危害。

（俞永明）

3. 水分

水是茶树有机质的重要组成部分。茶树各器官的含水量一般是:嫩梢 75%～80%,老叶 65%,枝干 45%～50%,根系 50% 左右。水分又是茶树生命活动的必要条件,维持茶树正常的体温,营养物质的吸收、运输以及光合、呼吸作用的进行和细胞一系列的生化变化,都必须有水的参与。在茶叶采摘过程中,芽叶不断被采收,又要不断地生长新梢,所以茶树需要的水分比一般树木要多得多。

水分的不足和过多,都会影响茶树的生育。当水分不足时,茶叶就不易生长或延迟发芽,降低发芽率;有时虽能发芽,但抽生的新梢矮小,很快形成"对夹叶"。如果严重干旱,则会引起茶树体内一系列破坏性的生理变化,首先是新梢的顶端生长停止,顶芽和幼叶向树冠面上成熟叶子"夺水",接着这些成熟叶萎蔫下垂,严重时焦枯脱落,甚至整个植株枯萎死亡。

茶树对雨湿条件的适应性较为广泛。一般适宜种茶地区要求年降水量在1000毫米以上,空气相对湿度80％左右。但从现有世界种茶地区的雨湿条件来看,有的年雨量高达4000毫米,个别地区个别年份高达8000毫米以上,最大月雨量有的多达1000～1500毫米的。但也有连续4～5个月滴水未见的干热环境。茶树处于这种干热环境,通过种植遮荫树与灌溉也能正常生长。就多数种茶区域看,年雨量在1000～3000毫米,年平均相对湿度在70％～80％之间,而且雨量分布均匀,湿度较稳定,尤其在3～10月生长季节平均月雨量达100～200毫米,相对湿度稳定在80％左右,就基本能满足茶树正常生长发育的需要。干旱是与湿润比较而言,茶树需要比较湿润的环境,但过湿,尤其是地下水位过高,土壤湿度过大时,通气不良,氧气缺乏,会产生硫化氢等有毒物质,往往会阻碍根系的呼吸和养分的吸收,致使根部受害,吸收根减少,输导根逐渐变为黑褐色进而腐烂枯死。地上部叶子变黄色,枝干回枯,出现落叶枯枝等症状,造成茶树湿害。一般认为土壤中0～30厘米土层维持70％～90％的田间持水量,对茶树生长最为适宜,超过90％时,土壤过湿,易产生湿害。因此,当地下水过高或积水时,应采取合理的排水措施,以利茶树根系生育。

（俞永明）

4. 土壤

土壤是茶树生长发育的基地,是提供水、肥、气、热的场所。茶树所需的养料和水分都是从土壤中取得的,所以土壤的质地、温度、水分和酸碱度对茶树根系和地上部的生长都具有极为重要的作用。土壤疏松,通气和排水性能良好,可使根系发达,枝叶繁茂,适于茶树生长。土壤黏重,通气性差,排水不良,根系发育受阻,会导致树冠生育不良。土壤质地一般以砂质壤土为好。砂性过强的土壤,保水力弱,土壤水分贮存量少,干旱或严寒时枝叶容易受害;质地过于黏重,虽然保水力强,但土壤通气性差,根系生育不良,吸收机能不强。

茶树对土壤的要求,一般是土层厚达1米以上,不含石灰或含量低于0.5％,有机质含量在1％～2％以上,具有良好结构,通气性、透水性或蓄水性能好,地下水位在1米以下,这些都是茶树正常生长所需的。陆羽在《茶经》中对茶树生长的适宜土壤条件是这样描述的:上者生烂石,中者生砾土,下者生黄泥。所谓烂石,显然是指风化了的而且风化比较完善,发育良好的土壤,也可以认为是现在茶区群众所指的未种植过作物的生土,养分齐全结构良好适宜茶树生长发育。砾土是指含砂粒多,黏性小的砂质土壤,也就是指山麓风化完善发育良好的坡积土。这种土壤孔隙率高,有机质丰富,石砾或砂粒多,排水透气性好,生长在这种土壤中的茶树根系发达。至于黄土,可以认为是一种质地黏重、结构性差的黄泥土,在江浙一带也称"死黄泥",这种土壤孔隙度少,粘粒含量高,俗称"大雨一团糟,天晴像把刀",不加改良是长不好茶树的。

茶树对土壤酸碱度的反应,特别敏感。衡量土壤酸碱度的化学符号是pH值,以pH 7为中性土,7以下是酸性土,7以上是碱性土壤。茶树是耐酸作物,以pH值4.5～6.5为适宜。茶树之所以适应酸性土壤的环境,这与茶树根部汁液中含有较多的柠檬酸、苹果酸、草酸及琥珀酸等多种有机酸有关。这些有机酸所组成的汁液,对酸性的缓冲力比较大,而对碱性的缓冲力较小。也就是说,茶树碰到酸性的生长环境,它的细胞汁液不会因酸的侵入而受到破坏,这就是茶树喜欢酸性土壤的重要原因。其次,从酸性土壤中所含微量元素的情况看,它有两个突出的性质:一是含有铝离子,酸性越强,铝离子也越多。而且中性及一般的碱性土壤中,难以呈铝离子状态。铝对一般植物来说,不但不是一种必要的营养元素,而且多了反而有毒害作用。酸性强的土壤,许多作物往往很不相适,其原因之一就在于铝离子过多。对茶树来说情况不同,化学分析表明,健壮的茶树含铝可以高达1％左右,说明茶树要求土壤提供足够的铝,而酸性土壤正好能满足茶树这一特定的要求。二是酸性土壤含钙较少。钙是植物生长的必要营养元素之一,茶树也不例外。但茶树对钙的要求数量不多,土壤活性钙的含量不得超过0.5％,过多反而有副作用,而一般酸性土壤含钙量恰好符合这一要求。

由于上述这些原因,茶树不宜在中性土壤中生长,一旦土壤的 pH 值不适,茶树就生育不良,对产量和品质均有影响。而偏碱的土壤,则茶树难以生存。

了解当地土壤是否适应种茶,可用指示剂、酸度计等方法进行详细测定,也可以通过实地调查酸性指示植物进行判断。凡是地貌上有杜鹃花、铁芒箕、马尾松、油茶、杉木、杨梅、毛竹等植物生长的土壤都是酸性土壤,适宜于茶树生长。

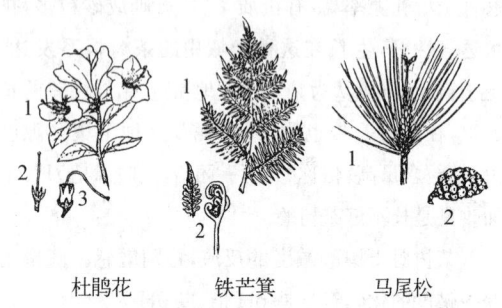

杜鹃花　　铁芒箕　　马尾松

酸性土壤的指示植物

我国秦岭、淮河以南的山区,大部分土壤属红壤、黄壤、棕壤类型,部分是紫色土。但由于母岩种类、气候条件、地形情况等成土因子不同,土壤的物理、化学性质差别很大。这在我国偏北的种茶地区,如山东、苏北等地表现比较突出,在同一地区的土壤上,由于母岩的不同,往往出现有土壤酸碱交错的现象。又如同样都是石灰岩发育成的红黄壤,在长江以北丘陵山区,因年降雨量少,淋溶度弱,土壤中含钙量较高,土壤呈碱性反应,不宜种茶;而长江以南的山地石灰岩地区的红黄壤,由于气温较高,雨量充沛,强烈的淋溶作用,使盐基淋失,多数发育成适于种茶的酸性土壤。就母岩来说,宜选择容易风化或已初步风化了的烂石,虽表土层不厚,但通过深翻和其他熟化措施仍然可以种茶。在许多老茶区,如浙江西湖龙井茶生产区的"白砂子土",湖南安化的"石渣子土"等,就是如此。因此在选择茶园土壤时,既要测定土壤的厚度,也要考察成土母岩的种类和风化程度,更要严格注意掌握和测定不同地段上的土壤酸碱度。

茶树根系庞大,吸肥力强。一般栽培茶树,一足龄茶苗的主根长达 30 厘米以上,成龄茶树主根生长

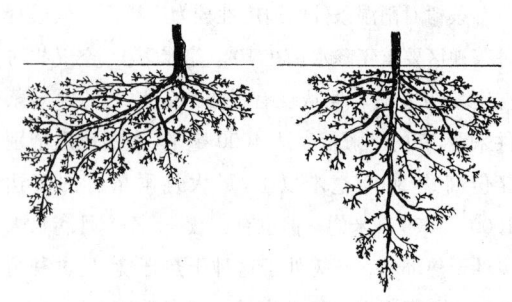

茶树根系

旺盛,可深及 1 米以下,且根系发达,在土壤表层四散分布。为了使茶树根系能向深广发展,不仅表土要好,底土的性状也有很大关系。如果遇到土层浅薄、肥力低、土质黏重或保水、保肥力差的土壤,都会使茶树根系发育不良,常常出现树势早衰,容易遭受旱害和冻害。一般来说,在潮湿、通气不良的土壤中,根系较浅;而在良好的土层内,则有较多的分枝和较广泛的根系。实践证明,选择种茶的园地,土壤深度一般不应浅于 60 厘米。这样有利于茶树根系分布深而广,同时施肥以后肥料的损失也较少,吸收率大,根深叶茂,有利于增强茶树的抗逆性。凡土层浅、底土有黏土层、硬盘层或铁锰结核的,常会引起临时性的滞水层,而致使茶树根系发育不良,应注意深耕改良。

（俞永明）

5. 地形、地势和坡向

我国现有种茶区域的地形比较复杂,山地、丘陵、平地、盆地都有茶的分布,但大多是在丘陵和山地。茶园的地形条件,主要包括海拔、坡度和坡向等几个方面。它直接影响到茶园的小气候和土壤状况,并与今后茶园的机械化操作、水利设施以及农、林、牧、副、渔生产的全面安排都有密切的关系。同时也常和茶园区划、栽植方式、品种配置有密切的关系。我国茶园除西南茶区外,分布在 1000 米以上的茶园不太多,大部分是在 300～500 米的丘陵缓坡地带,如著名的"祁红"产区,海拔 200～300 米;乌龙茶产区、龙井茶产区的地势都不很高。

山地茶园,随着海拔高度的升高,气温大于或等于 10℃ 的活动积温以及空气相对湿度都会起明显

的变化。据对浙江天目山区和括苍山区气温的观察，每当海拔高度上升 100 米，气温降低 0.5℃ 左右，积温减少 180℃ 左右。山愈高，气温愈低，积温愈少。如天目山麓的临安县昌化气象站（168.5 米），年平均气温 15.5℃，大于或等于 10℃ 的活动积温是 4840℃；而山顶上的天目山气象站（1496.9 米），年平均气温只有 8.8℃，活动积温为 2523℃。降水量在各种高度上也是不同的。在 2000 米海拔高度下，降水量随高度增加而递增，而空气的相对湿度则变化不大，但达到云层所在高度时，相对湿度显著增大。因此山地上相对湿度随海拔高度的变化，要看山地位置及季节而定。在一定高度的山区，雨量充沛，云雾多，空气湿度大，漫射光强，这对茶树生育是有利的。但海拔过高温度降低，积温减少生长期缩短冻害严重，会使茶叶产量和品质降低，因此茶树的种植高度，也并不是愈高愈好，一般选择海拔高度不超过 800 米，在千米以上时常有冻害发生。

由于山地茶园的坡向、坡度能影响小气候，因而也影响茶树的生长发育和产量、品质。如由于坡度和坡向的不同，坡地上日照的时间和太阳辐射的强度都有很大的差异，因而获得的太阳辐射总量也不一样，这样就形成不同坡向的小气候特点。我国位于北半球，产茶区域主要分布在北回归线（23.5°N）以北地区，阳光终年由南而照，所以偏南坡地（包括南坡、东南坡、西南坡）获得的太阳辐射总量，都比平地上多。事实上凡是背风向阳的半山坡茶园，冬季气温都要比谷地、沟槽地、平川地高。这一方面是向阳半山坡茶园受光面多，避免或减轻了寒风的侵袭；另一方面由于处于谷地、沟洼地的茶园，受冷空气下沉所出现的逆温（小于 2 级风情况下）和辐射霜冻的危害要比山坡茶园重得多。因此，为避免茶树受冻，必须把地形选择作为种茶的重要条件加以考虑。

北坡的太阳辐射总量比南坡或平地少得多，夏季南北坡地的差别较小，冬季差别颇为显著。东坡和西坡接受到的太阳辐射量介于南坡和北坡之间，差异不大。由于方位影响太阳光辐射，所以土温也受到方位的影响。土温最低温度几乎终年都出现在北坡；日平均土温以南坡最高，北坡最低，东坡与西坡介于南北坡之间。坡地方位对气温的影响，只局限于紧贴地表的极薄的气层内，晴天差异比较明显，阴雨天差异极小。日平均气温随坡向的变化规律与土温相同。由此可见，在我国主要产茶地区，阳坡（偏南坡）获得的太阳辐射及热量多，温度高，但湿度比较低，土壤较干燥；而阴坡（偏北坡）的情况正好相反。调查证明，在春季偏南坡的茶园，茶芽萌动比偏北坡早 1～3 天，因而春茶采摘期也相应提早；而北坡冻害比南坡重。因此从减轻冻害角度出发，亦应选择偏南坡种茶为好，这在我国江北茶区更是如此。我国南方一些产茶区，终年热量充足，南北坡都可以种茶，但一般来说阳坡茶树的生长势，春、秋季优于夏季，而阴坡茶树则夏季比春、秋季的长势为好。

此外，地形起伏对茶树的生育和冻害影响也很大，在冬季晴天的条件下，由于冷空气向低洼地段汇集，谷底温度低，常引起茶树冻害。但在寒潮或冷空气南下时，坡底迎风面的温度最低，谷底的温度却相对较高，受冻的地方不是在谷底，而是在坡顶，这就是"风打山梁，霜打洼"的道理，因此在冻害严重的地区，茶树应避免在坡顶和坡脚处种植；冻害中等的地区，在低洼处种茶，应选择耐寒性强的品种。

坡度大小对温度变化和接受太阳辐射有一定的影响。如同为朝阳南坡，10°坡的直接太阳辐射量为平地的 116%，20°坡为 130%，30°坡为 150%。坡度不同，在接受热量方面差异也较大。但随着坡度加大，土壤含水量减少，冲刷程度却越大，对茶树不利影响也越明显。所以选择地形时，一般要求在 30°坡以下的山地或丘陵地。坡度太陡（30°坡以上），在建园时不仅花工大，对今后茶园管理也不利，不宜栽植茶树。

茶树的生育虽然对环境条件有一定的要求，但环境条件是不断地改变的，只要这种改变不超出一定的限度，茶树的生理功能是能正常进行的，它具有较广泛的适应性。人类通过辛勤劳动能够改造自然，把不利种茶的自然条件转化为有利的条件，如培育抗性强的品种与自然环境相适应，改良不良的土壤条件，针对不良的气候条件设置挡风物，茶园铺草或丛面盖草，加强茶园管理等等。当然优越的自然条件也应该加强培育管理，才能最大限度发挥茶叶增产的潜力，获得高产优质。

（俞永明）

（二）茶区的分布

上个世纪50年代以来，我国茶叶生产有很大的发展，其地理分布范围更加广阔，从北纬18°～38°，东经94°～122°；从低山丘陵到海拔2600米的高山，秦岭和淮河以南，大约260万平方公里地区内，包括浙江、湖南、安徽等20个省区的一千多个县市都有茶的分布，其中山东、甘肃、西藏等三省（区）是上个世纪新开发种植成功的新区。从2008年起，我国茶园面积一直保持在165万公顷，产茶在124万吨以上，生产茶类以绿茶为最多，约占60%以上；其次是乌龙茶，约占十分之一；还有红茶、花茶、白茶、黄茶、紧压茶以及多种特种茶。茶树的分区是根据茶树生物学特性的要求，把自然和经济条件大致相似，茶叶生产技术大致相同的区域，划分为若干个茶树栽培单元。我国现有茶区划分为华南、西南、江南、江北四大茶区。

1. 华南茶区

本区位于欧亚大陆东南缘，是我国最南部的茶区，属茶树生态最适宜区。北迄福州—漳平—梅县—英德—浔江—红水河—南盘江—无量山—保山—盈江一线。行政区包括福建省东南部、广东省中南部、广西壮族自治区南部、云南省南部及台湾省。

本区气候南部为热带季风气候，北部为南亚热带季风气候。粤、桂南部沿海和滇南、台南等地，终年高温多雨，长夏无冬，夏季长达半年以上，冰雪几乎绝迹。全年平均气温在18℃～24℃之间，最冷月平均温度在绝大部分地区均为10℃以上，≥10℃积温达6500℃以上。年极端最低温不低于－3℃，茶树终年可生长，常年降水量在1200～2000毫米之间，以夏季降水最多，70%～80%的雨量集中在4～9月，冬春季较少，常有旱象出现，对茶树生长不利。

本区土壤为红壤和砖红壤。在山区600～800米高度的垂直带上也有黄壤分布，呈微酸性或酸性反应，多为疏松的粘壤土或壤质黏土，土层深厚，有机质含量在1%～4%之间，肥力高，适于茶树生长。

本区内茶树品种资源丰富，大山区内存在着野生状态乔木型大茶树，与其他常绿阔叶树种混生。栽培品种主要是乔木型大叶种、小乔木和灌木型中叶种，小叶种也有分布。区内大叶种到处都可种植，由于生态条件适宜，不仅可以速生高产，而且品质优异，最适宜发展红碎茶。生产的茶类有红茶、普洱茶、花茶、乌龙茶、六堡茶，还有铁观音、凤凰单丛等名茶。本区生产的大叶种红碎茶，不仅有品种优势，而且具有浓、强、鲜的品质特点，质量超过其他地区中、小叶种的红碎茶。名牌产品滇红、英红早在上世纪50、60年代已驰名中外，在东欧和欧美市场享有很高的声誉。云南南部生产的普洱茶，茶味浓醇，回甘耐冲泡，不仅在国内畅销，外销也是抢手货。闽南和台湾南投县等地生产的乌龙茶在国内外享有盛誉，为名贵珍品。上个世纪90年代发展起来的广西横县茉莉花种植业，目前已成为我国茉莉花茶主要产地。

本区茶树的生育期长，部分地区茶树无休眠期，全年可以生长。在自然生长状态下，茶树新梢一年可以伸长140～160厘米，展叶35～40张，并分生4～5轮侧枝。因此，对幼龄茶树可推行分段修剪，以迅速培养成丰产树型。茶叶采摘，一年可采7～8轮，在良好管理条件下，能终年采茶。云南和海南及广西南部地区，推行的橡胶、茶树间作，亦是本区栽培特点之一。这种胶—茶人工生态系统，能充分利用自然资源，取得较好经济效益。

2. 西南茶区

位于我国西南部，属于茶树生态适宜性区划的适宜区，是我国最古老的茶区。行政区包括贵州省、重庆市、四川省、云南省中北部以及西藏自治区的东南部。

本区地形错综复杂，大部属高原和盆地。云贵高原，山高谷深，高山谷地交错分布，茶树大多种植在1000～1500米的坡地上。四川盆地四周为高山环绕，中间地势比较平坦，海拔高度多在300～700米之间，西高东低。茶树大多种在盆地周围山地和盆地内的丘陵地上。西藏东南部的墨脱、易贡、察隅等地，茶树多数分布在1000～2600米的河谷地带，热量丰富，生长良好。本区由于地形复杂，区内各地气候差别很大，但多数属于亚热带季风气候，全年平均气温在 14.5℃（昆明）～18.3℃（重庆）之间，≥10℃活动积温 4000℃～5800℃，大部分地区全年降雨量在 1000～1800 毫米之间，有 50% 的雨水集中于夏季，冬无严寒，夏无酷暑，阴雨和雾日较多，为本区气候主要特征。茶区土壤以黄壤、红壤和紫色土为主，pH 值 5.5～6.5，质地比较黏重，但有机质含量相对较为丰富。

本区茶类众多，有绿茶、边销茶、红茶、沱茶及花茶等。名茶的花色品种独具风格，深受国内外消费者喜爱，有蒙顶茶、都匀毛尖茶、昆明十里香等。区内的茶树品种资源十分丰富，既有小乔木、灌木型品种，也有乔木型品种。云南大叶种在许多地区都能生长，是我国外销红碎茶最有希望的产区之一。但云南大叶茶已逐渐混杂，为了提高品质和在国际市场上的竞争力，必须重视品种的提纯和从云南大叶种中选育而成的云抗 10 号、14 号等无性系良种的选用。绿茶品种有福鼎大白茶、湄潭苔茶、筠连早白颠、南江大叶茶、黔湄 601 等可推广应用。

从总体来看，本区自然条件较为优越，除高山外，茶树一般冬季不会发生冻害，夏季旱热害也很少发生，但有季节性干旱现象，冬春半年虽雨水不足，却相当温暖，如能采取适当措施，注意保持土壤水分，就能增加新梢生长轮次，延长采摘时间。夏季多暴雨，易引起土壤冲刷流失，应注意水土保持工作。土壤条件与江南茶区相比，有机质的含量较为丰富，但开垦成茶园后，如利用不当，会使有机质破坏，表土也易侵蚀，须加以注意。

3. 江南茶区

本区是我国茶叶的主产区，属于茶树生态适宜性区划的适宜区。其地理范围，北起长江，南到南岭，东邻东海，西连云贵高原。包括广东省北部、广西壮族自治区北部、福建省中北部、安徽省、江苏省、湖北省南部以及湖南、江西、浙江等省。

本区多属长江中下游平原地区，地势比较平坦，海拔多为 500 米以下，但也有不少丘陵山地，海拔在 1000 米以上，如湘、鄂、赣边境的幕阜山（1598 米），浙、皖边境的天目山（1507 米），浙、赣边境的仙霞

岭，浙、闽边境的洞宫山海拔高度都超过 1500 米。但从全区来看，茶树多数种植在 200～500 米的低山丘陵地上，个别山区茶树的分布高度可达 800～1000 米。本区气候大部分属于中亚热带季风气候，南部属南亚热带季风气候。温暖湿润，四季分明，春和、夏热、秋爽、冬寒交替十分明显。全年平均气温在 15℃ 以上，1 月最低气温可降到 −5℃，个别地区低于 −10℃，耐寒性差的云南大叶种等在多数地方无法安全越冬，而耐寒性好的灌木型品种冻害轻微，全年≥10℃积温 4800℃～6000℃。夏季最高气温可达 40℃ 以上，茶树易受灼伤。雨水充足，年降水量在 1400～1600 毫米，北少南多，浙闽边境的仙霞岭和武夷山降水量可达 1800 毫米以上。降水集中于春、夏季，冬季较少。

本区土壤以红壤和黄壤为主，由于地势起伏，两类土壤交错分布，呈酸性反应，pH 值在 5～5.5 之间，有机质含量较高。

区内茶树资源丰富，主要是灌木型品种，小乔木型也有少量分布。茶树品种主要有：福鼎大白茶、祁门种、宁州种、水仙、江华苦茶、杨树林茶等。经鉴定可推广的制绿茶的品种有福鼎大白茶、上梅州种、杨树林茶、湘波绿、龙井 43、碧云、菊花春、迎霜、翠峰、劲峰、福云 10 号、浙农 12 号等。制乌龙茶的有水仙、肉桂、铁观音、毛蟹、黄棪、梅占、金观音、黄观音、九龙袍等。制白茶的品种有政和大白茶、福鼎大白茶等。生产的茶类有绿茶、红茶、乌龙茶、白茶、黑茶以及各种特种名茶和花茶。茶叶产量大约占全国总产量的三分之二，是全国重点绿茶区。这里生产的名茶，种类繁多，品名有数百种之多，其中最著名的如西湖龙井、洞庭碧螺春、黄山毛峰、太平猴魁、武夷岩茶、庐山云雾、君山银针等，在国内外享有很高声誉。该区社会经济条件优越，科技力量雄厚。

全区茶叶生产在全国占有举足轻重的地位，无论是内销、外销和边销都占有极大的比重。本区茶叶生产历史悠久，老茶园比重大，今后必须有计划地进行更新改造、换种改植工作，建立不同树龄茶园的合理结构，提高肥培管理水平，合理布局茶类，重视茶区生态平衡，促进大面积平衡增产。

4. 江北茶区

本区位于长江中下游的北部,秦岭淮河以南以及山东沂河以东的部分地区,是目前我国最北茶区,属于茶树生态适宜性划次适宜区。包括甘南、陕南、鄂北、豫南、皖北、苏北、鲁东等部分地区。本区地形比较复杂,有秦岭南坡、大巴山、南阳盆地、大别山山地和长江中下游平原等类型。秦岭山脉以南,茶园多在500～700米高度以内,而宜昌以东,地势平坦,海拔高度都在500米以下,茶树大多分布在200～300米以下的斜坡地上,大别山区也有分布在500米以下的;≥10℃积温4500℃～5200℃,极端最低温−10℃,愈北愈低,有些地区可达−15℃,常使茶树受冻。年降水量相对较少,一般都在1000毫米以下,其中春季、夏季降雨量约占一半。土壤以黄棕壤为主,也有黄褐土和山地棕壤等,pH值偏高,质地粘重,常出现粘盘层,肥力较低。与其他各区比较,气温低,积温少,茶树生长期短,同时由于易受西伯利亚寒流的侵袭,茶树经常受冻减产,土壤条件也不太理想,要发展茶叶生产需采取一定的改造措施。

本区茶树品种多为灌木型中小叶群体种,如紫阳种、信阳种、歙县群体种等,抗寒性较强。全区均生产绿茶,有炒青、烘青、晒青等。名茶有六安瓜片、山东浮来青、日照雪青等,信阳毛尖、紫阳毛尖等,香气鲜爽,滋味醇厚。

此外,在山东半岛东部和东南部、江苏省东北部,虽然最北已达北纬37°左右,但由于气候受到海洋调节,在小区域气候条件较好的地方,也种植了一部分茶树。该地区属暖温带季风气候,由于夏秋高温多雨,夏秋茶比重大,所产的绿茶,具有南方高山茶的风格。

由于本区冬、春气温较低,因而茶树休眠期较长。茶芽一般在3月中旬以后开始萌发,4月上、中旬采茶,生长期180～210天。入冬以后,北向、东北向、西北向的茶园易受寒流的袭击,特别是高山,迎风茶园冻害更为严重。为提高本区栽培效果,必须在栽培技术上采取相应的措施,特别是在茶园四周营造防风林带,加强园地水土保持,增施有机肥料,选用抗寒品种等尤为重要。同时鉴于该区雨量稀少和土壤pH值偏高等原因,在建园时必须选择背风向阳酸性和土层深厚的地段发展新茶园,并注意灌溉等条件的配合。

(俞永明)

(三) 新茶园建设

茶园建设是发展茶叶生产的基础工作,百年大计,必须十分注意质量。

1. 新茶园建设的目标和要求

茶园建设对茶叶的产量和品质,具有决定性的意义。新茶园建设应始终围绕着茶叶的优质高产和提高劳动生产率这个中心目标进行,并实现茶园规划园林化、种植合理化、品种良种化和操作机械化的要求。

园林化 长期以来,新建茶园不太注意茶树整体生态系统,园地周围很少林木间植,片面强调茶园连片集中,忽视了茶园生态系统中生物多样性和生态平衡的要求。导致茶园物种过于单一,一旦病虫害发生和蔓延时就会难以控制。茶园园林化要以治山、治水、治土为中心,实行山、水、园、林、路综合治理。从茶园外貌看,应该是茶树成片,道路成网,园地成块,梯层等高,茶行成条,林木成行,区格分明。这样的茶园不仅便于管理,而且由于植树造林,营造防护林网,对保持水土、涵养水源、提高茶园湿度、调节气温、改变茶园微域气候、避免或减轻茶树遭受气象灾害,都将起到良好作用。这种条件下,茶树生长好,正常芽叶含量高,茶叶品质就有了保证。

因此,园林化是茶园高产优质的重要标志。

种植合理化 茶园内是由许多茶树个体组合而成的群体,群体中每一个体都占有一定空间和土壤营养面积。在一定的土地面积中,如果种植株数太少,只考虑充分满足茶树个体需要,最大限度发展个体生产力,就不能有效利用养分和光能,茶园群体生产力不可能提高;反之如果单位面积内植株数过多,个体生长条件得不到保证,也会导致茶树生育受到抑制,群体生产力过早衰退。因此,茶园内群体和个体,既有矛盾,又有统一。一般地说,当环境条件,水、肥、光、热能同时满足群体和个体需求时,两者处于相对统一的状态,茶树生长最好;当环境条件不能满足其需求时,矛盾突出,必然导致生长不良。所谓茶树种植的合理化,系指在单位面积内合理地安排茶树株数和种植方式,包括两个方面的含义,一是行株距,即排列方式;二是每丛定苗的株数。从现有试验情况来看,我国多数茶区,江南、江北和西南茶区茶树种植方式,多数采取单行条植,行距基本上在150~165厘米,丛距25~33厘米,每丛定苗2~3株,每亩2500~7000株。这种行间宽、株间密的种植方式,使茶树组成一个比较合理的群体结构,能促进茶树幼年和壮年的生长,有效延长稳产高产的年限。

上个世纪的60~70年代,在贵州、浙江、四川等地开展了多条密植试验,采取苗圃式的宽畦多行条列式布置茶树,把单位面积内的种植密度提高到16400~30000株/亩,在幼年期加强培育管理,2~3年内亩产干茶达100~300斤,4~5年亩产达500斤以上。这种种植方式有成园快投产早,早期经济效益高的优点,但随着年限的持续,常导致茶树个体生长衰弱,后期产量下降,出现早衰。

茶园种植密度合理化是一个复杂的问题,其形式和密度必须根据气候、品种、土壤和管理水平的不同而作出科学的抉择,离开或忽视了具体客观条件,就不可能实现种植的合理化。

良种化　茶树品种是决定茶园产量、鲜叶质量和成品茶品质的重要因素。优良品种与一般群体种相比,同样的肥培管理水平可增产20%~30%,同样的采摘和加工技术,品质提高1~2个等级,尤其是名优茶的生产更离不开良种。因此,茶园建立时,首要考虑选择优良的茶树品种,充分发挥茶树良种的作用。随着科技进步,茶园品种方面,目前一般茶园都已采用无性系良种,过去那种用种子直播方式发展茶园的方法已基本不用了。并要根据生产的茶类、结合各地生产条件确定主要栽培品种和搭配品种,合理利用不同良种的特点,扬长避短,充分发挥不同品种茶树在产量、抗性、适应性及品质特征等方面的综合效应。茶树良种选用原则可概括为:

(1)依据园地生态条件,光照、水、植被、天敌及病虫草害现状,选择与之相适应,抗性强的茶树品种;

(2)根据生产茶类(如红茶、绿茶或乌龙茶)选择相应适制性好,品质优异互补的茶树品种搭配;

(3)依据品种物候期,进行早、中、晚品种搭配,错开茶叶生产洪峰,合理安排劳力;

(4)在满足上述条件的前提下,茶树品种尽可能多样化,以利不同茶树品种品质多样性提高成品茶品质,同时增加茶园生态系统生物多样性。

机械化　茶叶生产属于劳动密集型产业,同时生产季节性很强,季节性劳力需求较大,随着经济的发展,农村劳动力向城镇第三产业转移的速度加快,劳力不足已成为许多茶区面临的实际问题。茶园管理和茶叶加工过程机械化,可以大大减轻劳动强度,是提高劳动生产率,缓解劳力不足矛盾的重要手段。因此,茶园建立时,在茶行设计、道路规划、茶树树冠培养以及设置排灌设施等时应充分考虑机械化的要求。

以上各点,在新建茶园时视各地条件差别,具体实施过程中可以各有侧重。

2. 园地的规划与设计

茶树原产于亚热带温暖湿润的森林覆盖地区,在其长期的生长发育过程中,逐渐形成了喜欢温暖的气候和酸性土壤的特性,因此应尽可能考虑在生态适宜区内发展茶园,并正确进行行场地的规划与设计,既要考虑茶树对自然环境条件的基本要求,又要研究农业生产的整体布局。在规划中需按照实际情况,对区块的划分、道路网、排灌系统、行道树、防风林等的设置进行全面考虑。详细调查种茶地段每个山头的土壤、地势、地形、水源和林木分布情况,绘制草图制订好综合治理规划。力求把茶、林、渠、道有机地结合起来,做到既与整个农田基本建设规划相联系,又能适应机械化,便于茶园管理,提高土地的利用率。

茶园规划设计的内容主要包括:土地规划、道路网、排蓄水系统、防护林的设置等。

(1)土地区块规划

新垦茶园的荒山地形一般比较复杂,在准备开辟茶园的地段范围内,往往山势高矮、坡度大小、土壤条件和小气候等都有差异。因此必须做好规划，因地制宜地合理利用土地，凡是坡度在 30 度以内，土层深厚，土壤酸性，比较集中成片的地方，可划为茶区，把宜茶土地尽量建成茶园；坡度过陡和山顶、山脊宜划为林、牧区；居住点和畜圈附近比较平坦的地块，可种植蔬菜、饲料等作物；沟边、路旁和房屋前后要多种树木。

茶区面积较大的，为了便于生产管理，应根据地形、地势的具体情况，分区划片，合理布置茶行和茶树品种，注意经济用地，修建房屋、道路和排蓄水系统，尽可能少占好地。

(2) 道路网建设

为使茶园管理和运输方便，应根据需要设置不同规格的道路。茶园的道路分为干道、支道和步道，互相连接组成道路网。干道是连接各生产区、制茶厂和场（园）外公路的主道，要求能运行汽车和拖拉机。一般路宽 8～9 米，纵向坡度小于 6 度，转弯处的曲率半径不小于 15 米，能供两辆卡车对开行驶。支道也是茶园划分区片的分界线，其宽度以能通行手扶拖拉机和人力车为准，一般宽 4～5 米。步道是茶园地块和梯层间的人行道，宽 2～3 米。实行机耕的茶园要留出地头道，以供耕作机械掉头之用。

新垦茶园道路、水沟设置
1. 截洪沟　2. 梯级　3. 土埂　4. 梯层内侧横水沟
5. 道路　6. 环园路　7. 环园沟　8. 跌水槽　9. 消力池

地势起伏不大的，最好沿分水岭修筑干道，山势较陡的宜在山腰偏下部修建干道，路面中间宜略高，两旁要有排水沟，并修好涵洞，以免雨水冲毁路面。

坡度较大处的支道、步道修成"S"字形缓路迂回而上，以减少水土冲刷并便于行走。坡度在 10 度以下的缓坡步道不必修"S"字形而可开成直道。总之，茶园道路的设置，要便于园地的管理和运输畅通，尽量缩短路程，减少弯路。为了少占用土地，应尽可能做到路、沟相结合，以排水沟的堤坎作道路。据各地的经验，道路以控制在占场地总面积的 5% 左右较为适宜。茶园开垦之前就要划定支道、步道的位置，然后边开垦，边筑路。如果修好梯地之后再筑路，就容易打乱茶行，毁坏梯地，造成损失。

茶园的划区分块常以道路为界线，目的是便于管理。可根据茶园面积及地形情况，将全部园地划分为若干生产作业区，作为一个综合的经营单位。每个生产作业区，又可按自然地形或将地形有明显变化的地块分别划分为若干片。每片以茶园面积大小，再划分为若干块。划片是为了便于田间管理和茶行布置，如一个独立的自然地形或一个山头，可以划成一片。在一片茶园中又可分若干块，这对茶园地块的定额管理，以及产量、肥料、农药等各项指标和措施的落实都是必要的。平地和缓坡地的茶园地块，应尽可能划成长方形或近长方形，适当延长地块长度，以利机械操作。确定茶园地块大小，主要从茶园管理是否方便，地形条件是否复杂进行综合考虑，一般以 10 亩左右为宜。

(3) 排水蓄水系统

茶园多在山区，加强水土保持工作尤为重要。在山区和丘陵地区的茶园遇多雨季节，如不能及时排水，常常会冲垮梯级，流失表土；地势低处又易积水，造成茶树湿害。所以设计新茶园时，水利设施既要考虑多雨能蓄，涝时能排，缺水能灌，又要尽量减少和避免土壤流失。根据多年来群众的实践经验，掌握排蓄兼顾的原则，建立一套设有隔离沟、纵沟、横沟沉沙坑、蓄水池组成的排水、蓄水系统，既可防止雨水径流冲刷茶园土壤，又可蓄水抗旱和解决施肥、喷药用水，这样就可变水害为水利（见图）。

① 隔离沟又称拦山堰、截洪沟，设在茶园上方与荒山陡坡交界的地方，其作用是隔绝山坡上的雨水径流，使之不能侵入茶园，冲刷土壤。隔离沟深、宽各 70～100 厘米，横向设置，两端与天然沟渠相连

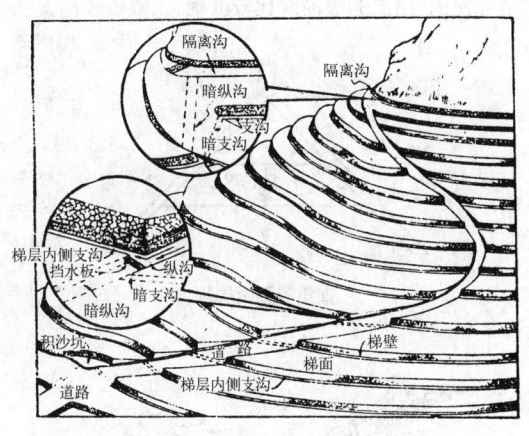

隔离沟
隔离沟
暗纵沟
暗支沟
支沟
梯层内侧支沟
挡水板
纵沟
暗纵沟
暗支沟
积沙坑
道路
梯面
梯壁
道路
梯层内侧支沟

茶园沟道设置

或开人工堰沟,把水排入蓄水塘堰,以免山洪冲毁山脚下的农田。

② 纵沟顺坡向设置,用以排除茶园中多余的地面水。应尽量利用原有的山溪沟渠,不足时可再修一些。纵沟可沿茶园步道两侧设置.要求迂回曲折,避免直上直下;坡度较大的地方,可开成梯级纵沟以减缓水势,防止径流冲毁茶园梯坎和道路。纵沟的大小视地形和排水量而定,以大雨时排水畅通为原则,沟壁可蓄留草皮或种植蓄根性绿肥,以防水沟垮塌。纵沟应通向水池或堰塘,以便蓄水。

③ 横沟又叫背沟,在茶园内与茶行平行设置,与纵沟相连。其作用主要是蓄积雨水浸润茶地,并排泄多余的水入纵沟。坡地茶园每隔 10 行开一条横沟。梯式茶园在每台梯地的内侧开一条横沟,沟深 20 厘米宽 33 厘米左右。在较长的横沟内,每隔 3~4 米筑一小土埂或挖一个小坑,以便拦蓄部分雨水,使之渗入土中,供茶树吸收利用;并可减少表土随水流失,做到小雨不出园,大雨保泥沙。

④ 沉积坑是指在纵沟中每隔 1.6~3.3 米挖一个沉沙坑,深、宽各 30~45 厘米,长 60~70 厘米。其作用是沉沙走水,保土保肥,并可减缓水流速度,如果坡度陡、水量大、土质疏松,应多挖一些沉沙坑。在横沟和纵沟交接处以及梯级纵沟的流水降落处,都要挖一个沉沙坑。道路两侧纵沟中的沉沙坑要错开位置,以免影响路基的牢固,大雨后要经常把沉沙坑中的泥沙挖起,挑回茶园培土。

⑤ 蓄水池供茶园施肥、喷药、灌溉之用,一般每 5~10 亩茶园要有一个蓄水池。水池与排水沟相连接,进水口挖一个沉沙坑,以免池内淤积泥沙,最好在水池附近修一个肥料池,以便取水沤泡青草肥,对于规模较大的茶场或茶园,还应修建山弯塘堰,以保证生产和生活用水。山弯塘最好设在地势较高的地方,以便于自流灌溉。

地下水位高的茶地,要开排除积水的水沟。这种水沟有明沟和暗沟两种,明沟沟深要超过 1 米,暗沟则在 1 米以下的土层中,按照自然地形,用石块或砖块砌成。有的地方在上述砌沟部位,铺上卵石或碎砖头,隔离地下水,达到排水良好的目的。

排水、蓄水系统要有一个整体规划,使各组成部分互相联系贯通,做到能排、能蓄、能灌,以发挥最大的效用。

(4) 防护林

茶树种植防护林可以保持水土,改善小区气候,冬季减轻大风和严寒的侵袭,夏季增加空气湿度,减少茶地水分的蒸发,有利于茶树生长,提高茶叶产量和质量。

防护林一般种在茶园周围、路旁、沟边、陡坡、山顶以及吞口迎风的地方。防护林的树种要以高干树和矮干树相搭配,最好选择能适应当地气候条件,生长较快的和有一定经济价值的树木。一般采用杉树、油茶、桉树、油桐、乌桕、女贞、香樟、棕榈等作为防护林木。夏季日照强烈,常有伏旱发生的地区,还应在茶园梯坎和人行道上适当栽种一些遮荫树。但不可栽种过密,更不能种在茶行里,树冠应高出地面 2.5 米以上,以免妨碍茶树的生长。

(俞永明)

3. 新茶园开垦

在搞好茶园规划设计,确定布局以后,即可进行茶园的开垦工作。

为了加强茶园的水土保持,在开垦建立茶园时,凡是坡度在 10 度以内的缓坡地,按一定行距实行等高种植;坡度在 10 度以上较陡的坡地,必须沿等高线修筑水平梯田,建立梯式茶园。

茶园的开垦一般可分为清理地面,测量等高线,修筑梯田和深耕改土四个步骤。

（1）清理地面

开垦前先将荒地内的灌木、荆棘、杂草等障碍物清除，晒干后堆积起来，运出园外，烧成火土灰供作肥料。山顶、山脚、路边及其他零星的树木，只要不是长在茶行位置上的，尽量保留作防护林或遮荫树。地面乱石可拣起来集中堆放，供修筑梯田及道路之用。清理地面时，切勿放火烧山，以免烧毁附近林木。

（2）测量等高线

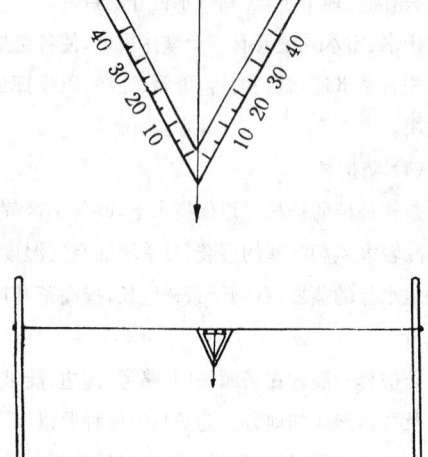

坡度和等高线测量器

地面上高度相等的点连接起来形成的线，称为等高线。测量等高线的工具和方法很多，茶区群众常用的工具有两种，一种是测定坡度和等高线两用的简易工具，做法是：用一块平整的木板或硬纸板，做成一个等边三角形，每边长33厘米，在底边的中心点挖一个小孔，在小孔内拴一根线，垂直通过对角，下端挂一个小锤，三角板的其他两边，用量角器分别画出度数，再在底边两端等距离各开一个孔，穿上线把三角板悬挂在一根长20米的绳子中间，然后把绳子两端分别拴在两根同样长的竿子上即成。另一种简易工具是直角等腰两脚规，做法是：用两根2米长的木条，把一端连接固定成直角，再用一根横木，等距离固定在两根木条之间，直角上悬挂一枚小锤，以观察两脚是否在同一等高线上，最后把所测等高点连接起来，即可画出第一条等高线。两种工具

结合使用，测出的等高线比较准确，工效也较高。

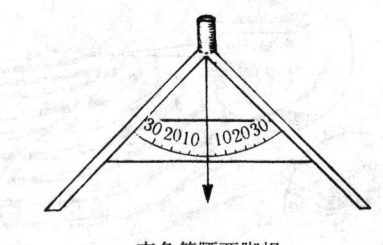

直角等腰两脚规

测量等高线

第一条等高线称为基线。缓坡地实行等高条植的茶园，以基线为准按一定行距测定其他各条等高线。测量梯式茶园的等高线时，必须以所要求的梯面宽度（种植一行茶树的梯田梯面宽度为2米），加上梯壁倾斜度（一般为60～70度）投影所占宽度，作为两条等高线之间的距离，这样修成的梯面实际宽度，才能达到所要求的标准。因此在测量第二条等高线时，可用一根长2米的竿子，呈水平插在基线上，一端挂一根系有小锤的线，向下坡作一投影，小锤在下坡所指的一点，即作为第二条等高线的始测点，然后按第一线的测量方法测定第二条等高线。坡度愈大，梯壁斜度投影所占宽度也愈大。所以每条等高线的始测点都要选择上面一条等高线最陡处作投影来确立，这样就可保证坡度最陡地段做出的梯面宽度，也能达到所要求的宽度，而坡度较缓地段的梯面就更宽一些。如果坡度平缓地段的梯面过宽，可补种一短行。

荒山地形复杂，坡度变化较大，应先观察地形全貌，然后分区测定等高线。最好边测线边作梯地，以便当发现梯面宽窄相差过大时，随时纠正。

测量坡度

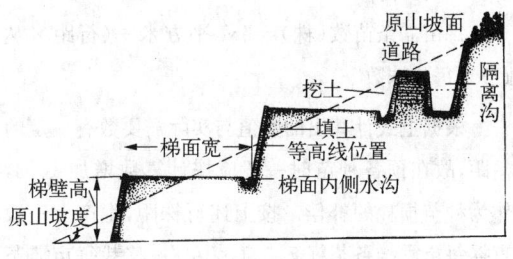

梯级茶园施工示意图

（3）修筑梯田

修筑梯田是我国茶园建设的一大特色。我国广大劳动人民对坡地修筑梯田有着极其丰富的经验，形式也多种多样。茶区群众利用石块砌坎，牢固持久，但投资较大。用泥土夯砌，容易垮塌。较为普遍使用的是挖取草皮砖砌坎，它具有投资少，花工小，较牢固等特点。修筑梯坎时，先用锄头沿等高线挖好梯坎的基脚，然后用石块或草皮砖在基脚上一层层垒砌起来，草皮砖长30～40厘米、宽20～25厘米、厚15厘米左右（不可用带有茅草根的草皮），要翻转过来垒砌，使草皮压在下面，上下层的石块或草皮砖要相互交错成"品"字形，垒砌要坚实，不可露缝，一面砌坎，一面把坡地上方的泥土挖下来，填平梯面。附近的小石块可填在梯坎基脚内，以巩固梯坎。

肥沃的表土，应当尽可能保留在梯面，所以修筑梯地最好先从山脚最下一条等高线筑起，当下面一层梯面做好后，再将上层的表土向下翻移，就可使大部分表土保留在梯层表面，以利茶苗生长。有的地方为了简便省工，常常先从最上层梯地开始修筑，这样就会把表土埋入底层，不利于茶苗初期生长。若采取自上而下施工时，最好先把表土挖到一边，待梯

面修好后，再将表土移到茶树种植沟内，这种办法茶农称为"表土回沟"。每层梯面修好后，都要随即深挖40～50厘米（梯坎不挖），然后再铺表土。等到各层梯地修筑完毕，再把规划好的茶园道路连接起来，并在路边和梯地内侧挖好排水沟和沉沙坑。

修筑梯地还应注意如下几项质量要求：

①梯地尽可能保持等高水平，梯面宽度最好大致相等。但在地形复杂、坡度不一致的情况下，做到等高就很难做到等宽，两者相比，主要要求做到等高，适当注意到等宽。修砌梯坎时，要看山势，大弯随弯，小弯取直。

②梯面宽度如种一行茶要达到2米左右，如种两行要达到3米以上。

③为使梯坎牢固持久，梯壁要保持一定的倾斜度，一般以60～70度为宜；梯面外侧略高于内侧成反坡形；背沟不要离梯壁太近；梯壁的杂草只能用镰刀割除，不能用锄头铲除，以免铲掉梯壁的泥土；梯坎边和梯壁上可种植紫穗槐、金针菜等宿根植物，以巩固梯坎。

④必须修好茶园道路和排水、蓄水系统，做到梯梯接路，沟坑相通。

⑤注意梯田的护理，防止梯壁崩垮和减轻梯壁的自然侵蚀。除在修梯田时注意质量外，在修好后要及时清理排水沟，防止淤积，如发现崩垮现象，要及时整修。

（4）深耕改土

新垦荒地在茶树种植前，必须进行深耕，以改善土壤结构，提高通气透水性能，促进土壤熟化，为茶树根系生长创造良好条件。生荒地一般要进行两次深耕，第一次深耕称为初垦，要求全面深挖50厘米以上，并将土层内树根、茅草根、竹根、石块等清除干净。初垦时翻起的土块不必打碎，以利风化。梯式茶园的初垦工作，在修筑梯地时进行。要注意梯田内侧的深耕，因为内侧上层的土壤已被挖取填充到外侧，所以内侧的生土层较薄，必须搞好深耕，促进生土熟化，才能使茶树根系分布均匀，生长良好。在移栽茶苗或播种茶籽前还要进行一次复垦，要求挖深20～30厘米，并将土块打碎，整细耙平。实践证明，搞好深耕是建立高产稳产茶园的基础，必须认真做到深耕

细作,保证开垦质量。全面深耕所需劳力较多,有时为了解决开垦时劳力不足的困难,也可先普遍浅耕一次,再在播种行上开沟(宽 60～70 厘米,深 50 厘米),将挖出的土壤堆在空行间,经过一段时间的风化,然后填入沟内,同时施下堆肥、塘泥等,改良茶行土壤,然后进行种植。没有深挖的行间,待农闲时再进行补耕。补耕的深度也应达到 50 厘米,否则往往会造成播种行积水的现象,影响茶树根系的生长。

新开垦的荒地,有机质比较缺乏,所以在茶树种植前,最好先种一次绿肥、豆类等短期作物,以熟化土壤,培养地力。开垦后必须及时移栽茶苗或播种茶籽,在空行间可间种绿肥、豆类等并增施有机肥,达到改良土壤的目的。

(俞永明)

4. 茶树种植

茶树种植,有茶籽直播和扦插苗移栽两种方法。种子直播,由于茶树的异花授粉,导致后代的混杂,因此现在已不再提倡,但由于它有方法简便,成本较低的优点,因此少数地方仍有应用;扦插育苗,由于它具有保持种性统一的特点,同时也便于培育和选择壮苗,淘汰劣株等优点,被广泛采用,尤其是近年来大量推广无性系良种,日益受到重视。

(1) 茶行布置

不同地形的茶园有所区别。无论是育苗移栽还是种子直播,茶行布置都要有利于实现机械化耕作管理和保持水土。因此平地茶园要直线种植,缓坡茶园则采用横坡等高直线种植,并要求茶行有一定的长度。为避免出现断行、插行和闭合茶行,不必要求完全等高。梯形茶园如果梯边不是直线,茶行可沿梯边弯曲布置。茶行与道路(步道和机耕地头道)要垂直或成一定的角度。

(2) 种植密度

种植不可太稀,也不可太密,依地形和品种而有不同。斜坡和土壤瘠薄的茶园应较密,树势高大的品种适当稀一些。一般缓坡平地茶园单行条植,行距 1.5 米,丛(株)距 30 厘米左右;梯形茶园以单行条植为主,行距在 1.3～1.6 米范围内,据梯面宽度而定,丛(株)距 25～35 厘米;有些梯田茶园宽度不一,如果种一行太宽,种两行又太密,可采用双行条植。双行条植的丛(株)距均以 30～35 厘米为宜,每丛 2～3 株。

(3) 种苗准备

新建茶园需多少种苗,要做到事先胸中有数,一亩茶园需要种苗的数量,根据行丛(株)距和种苗质量而定,具体数量可按下列公式来计算:

每亩种子数(千克)＝667 平方米÷(行距×丛距)×每丛播种粒数÷每千克种子粒数(一般每千克以 1000 粒计算)

每亩需茶苗数(株)＝667 平方米÷(行距×丛距)×每丛株数

根据上式计算出的数值与实际需要数有一定的差距,故在预备种苗时一般应按计算数增加 10%,作为种苗损耗的补偿。按上述行株距,生产上一般直播每亩需准备茶籽 7.5 千克左右;移栽每亩需茶苗 4500 株左右。同时每建 100 亩新茶园还要相应建苗圃一亩,为以后茶园的补缺作准备。

近几年来在推广良种的过程中,一些地方采用营养钵扦插育苗,将插穗扦插在事先准备好的营养土制成的营养钵中,培育成营养钵苗。这种方法在移植时不损伤根系,成活率高,茶苗生长迅速,值得推广。

(4) 茶行画线

平地茶园一般是茶行和地形最长的一边平行,在最长的一边离园边 1 米画出第一条线作为基线,以后依次类推;缓坡地茶园要在横坡最宽的地方,从两端找出等高点,拉一直线作为基线,以画出的基线为起点,将测绳与基线垂直,按行距要求作标记。每条种植线用同样方法,标出三个基点,画出种植线。也可从基线开始,随带行距标尺,测一行画一行。

梯形茶园,按离梯边等距画线。由于梯级一般都是弯曲的,因此最好做一个标尺画行器,画出茶行的种植线。梯田的最外边一行茶树,离梯边的距离,视梯面宽度安排茶行数而确定,一般 1 米左右为宜。

(5) 开沟施肥

在土壤全面深翻或带状深翻的基础上,按画好的茶行种植线开挖种植沟。种植沟的规格依直播和移栽茶园而有不同。直播茶园土壤深翻时,如果茶园中没有施放肥料,则开25~30厘米深、20厘米宽的沟,施放基肥使土壤与肥料混合,再将土填到离地面3~5厘米,以备播种。移栽茶园,没有施过肥料的应开深30~40厘米、宽20厘米左右的沟。肥料较多,沟要开得深宽一些,施入肥料,土肥混合后,填土至离地面15~20厘米。实生苗,主根长,埋土可深些;扦插苗,根较短,埋土可浅些。埋土深浅,以与"泥门"相平为度,一般说来,茶苗根颈能入土10厘米左右埋土。

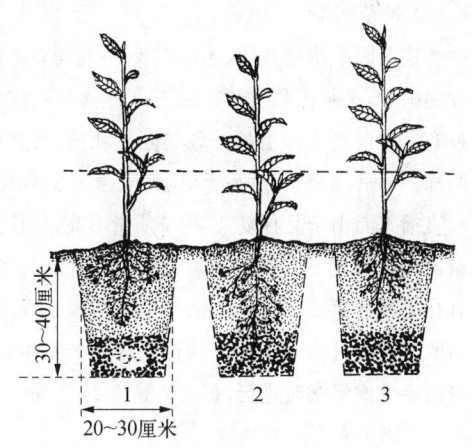

茶树种植深度示意图

1. 适宜　2. 过深　3. 过浅

茶籽播种和茶苗定植时施用的肥料,称之为茶园的底肥。茶园施肥的主要作用是增加有机质,改良土壤理化性质,促进土壤的熟化,底肥对茶树的快速成园具有重大意义。据杭州茶叶试验场的测定,茶籽播种时施用底肥,改善了茶园土壤理化性质,从而促进了茶树生长,结果,4足龄的茶树产量,施底肥比不施底肥的提高3.6倍,为提早成园和实现高产稳产奠定了良好的基础。因此施底肥对新垦茶园是一项十分重要的技术措施。由于红壤中缺乏有效磷,有的地方在施农家肥料作底肥的同时,配施一定数量的磷肥(一般每亩可用50千克过磷酸钙),能取得更好的效果。

(6) 茶籽直播

茶籽的播种期较长,茶籽采收以后,在冬、春两季都能播种。冬播虽然播种期早,但温度条件受限制。春播茶籽事先要用沙藏、窖藏等方法进行处理,原则上与冬播没有什么区别。又因茶籽的生活力弱,贮藏时往往由于管理问题,水分丧失较快,因此春播比冬播一般出苗较迟,影响到成苗率。但春播茶籽通过浸种催芽,同样可以达到冬播茶籽的出苗率。茶籽用清水浸种时间一般为2~3天,在此间每天换水一次。经过浸种后的茶籽即可进一步加温催芽,先在木盘内铺3厘米细沙,沙上铺放7~10厘米厚的茶籽,茶籽上盖一层沙,沙土上再盖稻草或麦秸,喷水后置保温室中,室温维持在30℃左右,每天注意换水和通气。催芽所需时间冬季为20~25天,春季为15~20天。当茶籽胚根露白时即可播种。茶籽的播种时间最迟应在次年3月上旬前完成。处理好的茶籽在播种时,按丛行距要求,在播种沟内把种子均匀撒放,有些地方不开播种沟而采用直接挖穴的方式,造成播种过深、丛距偏稀,应该防止。盖土厚度,群众的经验是:"一寸浅,寸半深,深了难出土,浅了易遭旱。"一般以3~5厘米为宜,在此范围内依地势和土质而有不同。平地浅些,坡地可厚些;沙土可稍深,粘土应浅些。盖土太厚,茶苗出土困难,成苗率低。茶籽播种后为防止雨水冲刷和人为践踏,常用稻草或其他蒿秆覆盖,在出土前(4月上旬)及时揭除。

(7) 茶苗移栽

田间圃地育成的扦插苗,在冬季或早春(11月至次年2月)都可以移栽。移栽时间早一些,有利于茶苗成活,但有的年份冬旱严重,大面积移栽浇水花工多,所以选在春初进行较好,这时温度低,雨水多,栽后浇水数量和次数都可减少。

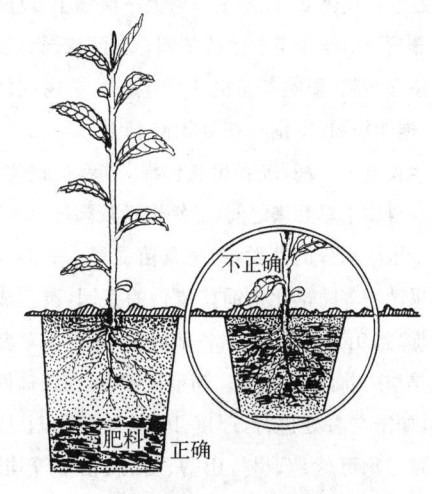

茶苗定植时底肥深度示意图

茶苗的移栽先要开好沟,施下底肥,然后选择无风的阴天起苗定植。实生苗的主根太长,可以剪短一些。扦插苗在取苗前一天要浇湿圃地,以减少取苗时伤根。从外地调运茶苗,要注意包装与通气,并浇水提高其成活率。茶苗移栽,每丛要用符合规格、生长基本一致的茶苗2~3株进行种植,不符合规格的茶苗,在苗圃地归并抚育,待次年后取用。有些地方将茶苗从圃地取出后,用黄泥浆沾茶根,这样有利于提高茶苗的成活率。茶根在土中力求舒展,然后覆土踩紧,防止上紧下松,让泥土与茶根密切结合。移栽后若连续晴天,一般隔3~5天浇水一次,每次浇水要浇透,使根部土壤全部湿润。为节约用水,在种植最后覆土时,应使茶行两边盖土略高,使种植线形成凹形,这样有利于再次浇水时,水分集中,不致流失。

(俞永明)

5. 茶树幼苗期的管理

新茶园内茶苗种植后,一般生长幼弱,根系浅,抗旱力差,容易遭受旱害,以致造成不同程度的缺株,影响茶园的整齐。因此在力争全苗的同时进行护理,是新建茶园管理中最重要的工作。

(1) 抗旱保苗

茶籽出土齐苗或移植后,在旱季到来之前,应抓紧时机进行浅耕培土。如果表土层干旱形成板结,这时就不宜浅耕松土,以免茶苗连土块一起拖起来,但可在茶苗周围30厘米左右培上一层细土,以减少水分蒸发。对于杂草较多的茶园,要经常拔除,以免杂草争夺水肥,影响茶苗的正常生长。茶树在幼苗期,抗逆性较弱,特别是在夏秋高温干旱环境下,对茶苗生长极为不利,轻者生长停滞,重者招致死亡。因此在夏季干旱到来之前,最好进行茶园铺草覆盖,以减少土壤水分的蒸发,避免茶苗受旱。一般移栽茶园采用铺草防旱比未铺草覆盖的茶园,茶苗成活率要提高20%以上。根据各地经验,茶园铺草要掌握在旱季之前,以早为宜。铺草范围,可在茶株两旁各30厘米左右处进行,厚度10厘米左右,上压碎土。覆盖物可就地取材,山菁、麦秆、稻草等均可。茶园铺草不仅有保水作用,而且对防止杂草生长和

水土流失,都有很好效果。

茶苗在幼年阶段,喜湿耐阴的特性表现明显,因此在茶苗出土后用松枝、杉枝或蒿秆等进行遮阴,扦在茶苗西南方向,避免阳光暴晒,对茶苗的生长是有利的。夏季在干旱时期较长的情况下,采用上述防旱措施以后,茶树仍有凋萎现象时,必须采用人工补救。在6月下旬齐苗之后干旱之前,距茶苗15厘米左右,开浅沟,浇灌稀薄农家肥,随即覆盖,效果更好。

(2) 补苗间苗

新建茶园不论是直播,还是移栽,一般均有不同程度的缺株,必须抓紧时间在建园后1~2年内将缺苗补齐。补苗要选择生长一致的同龄壮苗,每穴补植两株。补后浇透水分,在干旱季节还要注意保苗。

直播茶园由于品种复杂,种子质量不高,往往造成茶苗生长参差不齐或过多,所以要进行间苗。间苗宜在播种后第二年进行。两年生茶苗根系发达,间出的茶苗亦可作补缺用。间苗最好在2月中旬,选择雨后土壤湿润时进行,每穴留健苗2~3株。

(3) 防止冻害

高山地区特别是北坡茶园,在低温条件下茶苗易遭受冻害。因此应采取茶苗防冻措施。各地的经验证明,增施基肥,培土壅根,铺草覆盖,茶园灌水,提早耕锄等,对预防冻害都有很好效果。一般大叶种在0℃以下,中叶种和小叶种在零下10℃以下,茶苗就会出现冻害。对受冻茶苗要采取措施,使损失减少到最低程度,如冬季幼年茶树树冠面枝叶冻伤时,应在开春气温稳定后将冻害受伤部分剪去。严重的如造成整株叶片发红,枝条干枯时,还要分别采取台刈或重修剪等方法挽救,使其重新恢复生机。

(俞永明)

(四) 茶园土壤与土壤管理

土是茶树立地之本,也是矿质营养元素的提供场所,茶树生长发育过程中所需要的水分也主要来自土壤。因此,土壤中的水、肥、气、热条件及其变化,都会直接或间接地影响到茶树的生长和产量以及品质的形成。

1. 茶园土壤类型

我国种茶地域辽阔,自然条件复杂,土壤类型繁多,是宜茶土壤资源最丰富的国家。

(1)棕壤型茶园土

棕壤型茶园土主要分布在山东半岛、鲁中南及鲁东南沿海一带,西北与非宜茶的褐色土接壤,南与黄棕壤相接,在我国秦岭以南的高山地区,也有分布。它在成土过程中受到暖温带半湿润和半干旱气候条件的交叉影响,在剖面中出现30~40厘米厚的棕色心土层,故称"棕壤"。这种土壤粘粒凝聚作用明显,铁铝虽有积累,但富铝化作用不强,水云母和蛭石是该土壤指示性粘土矿物。土壤磷、钾含量丰富,有机质含量较高,呈弱酸性反应,pH为5.0~6.5。盐基含量受母质影响很大,在酸性晶岩、硅质岩和变质岩上发育的土壤,盐基含量低,pH值也低,适宜种茶。而在玄武岩、石灰岩等发育的棕壤,盐基含量高,pH值大,不宜种茶。

山东半岛的棕壤型宜茶土,一方面受当地干、冷气温的影响,另一方面受成土母质性质的影响,因此,一直未能很好开辟种茶。山东棕壤真正开始种茶,是上世纪60年代初在中国农业科学院茶叶研究所科技人员和山东广大群众的共同努力下,通过多年试种后才取得成功。近年来随着设施农业的发展,山东棕壤种茶业也有了很大的发展,如崂山、五莲山、沂蒙山、泰山、鲁山等棕壤地区都有许多茶园分布,其中以日照一带最为集中。棕壤上生产的茶叶,叶厚、味浓、高香、耐冲泡,是绿茶中的上品,其中"雪青"和"冰绿"等多种名优茶,以绿茶特有风味赢得广大茶叶爱好者的好评,并多次被评为全国名优茶之一。

(2)黄棕壤型茶园土

黄棕壤型茶园土主要集中分布在紧靠长江两岸的江苏、安徽两省以及陕西的汉中和甘肃的南部低山丘陵地区,此外,在长江以南高山垂直地带也有零星分布。我国江北茶区的大部以及江南部分高山茶园大都属于这一类型的茶园土。这种茶园土,如果发育在酸性母岩上,在其剖面中有一层醒目的黄棕色心土层,如果发育在下蜀系黄土上,剖面中则有一层可辨的黄褐色心土层。粘粒的指示矿物为水云母、蛭石和高岭土。成土过程淋溶和风化作用较棕壤型茶园土强烈,质地较粘,并有粘盘和铁锰结核物。土壤pH值和盐基元素含量因母质不同而异,在酸性岩发育的pH值为4.5~5.5,盐基饱和度为20%~60%;下蜀系黄土发育的pH值为5.0~6.5,盐基饱和度高,可达50%~80%。长期种茶的黄棕壤,由于凋落物中铝对表土的富集作用,土壤向酸化方向发展,pH值值下降,有的已降到4以下,盐基饱和度不到20%。

黄棕壤磷、钾含量丰富,pH值适中,有机质含量高,土层深厚,是我国重要的宜茶土壤之一。由于这一地区雨水充沛,气温高,因此,被开发利用种茶较早,远在唐代以前已开始种茶。据东汉《桐君录》记载,"西阳、武昌、晋陵出好茗",西阳即今湖北黄冈东南,晋陵即今江苏武进,这都属我国典型黄棕型宜茶土地带。

黄棕壤上生产的茶叶,汤色清澈,香气高雅,滋味鲜爽、醇和、甘甜,属绿茶之上乘。历来出名茶、贡茶的地方,如江苏的宜兴、苏州,湖北的恩施、宜昌及安徽的六安、宣城等产茶地区都有广泛分布。目前,黄棕壤上开发了许多大型茶场,茶树长势之好,茶叶产量之高,品质之佳,名优茶品种之多,都列于全国之先。无疑,黄棕壤型宜茶土壤是茶树生长的乐土,是我国茶叶生产重要的土壤资源。

(3)红壤型茶园土

红壤型茶园土主要分布在长江以南广阔的低山低丘及缓坡地区,其中主要包括江西、湖南、浙江的大部分,四川、贵州的部分地区,以及安徽的南部和广东、广西、福建、台湾的北部等地。它是我国宜茶土壤面积最大、土种最多的一种宜茶土,也是我国江南茶区代表性茶园土,开发利用也比较早。远在西晋《坤元录》就有记载:"辰州溆浦县西北三百五十里无射山,多茶树。"辰州即今为湖南沅陵一带,该地即为典型红壤型茶园土。到唐代红壤被开发成茶园的已很多,《茶经》中所记述的茶叶生产分布的各道、州郡中,属红壤型茶园土的几乎占了大半。

红壤型茶园土是在湿润亚热带生物气候条件下形成的,在成土过程中母质的脱硅作用和富铝化作用较强,剖面中有一层明显的橘红色心土层,故称之为"红壤",心土层以下有很厚的红白相交的"网纹层",高岭土成为指示粘土矿物,淋溶和粘化作用强烈,并有大块铁、锰结核和结盘。铝、锰富集,钙、镁淋脱,两极分化严重,因此,酸度高,pH值4~6,盐基饱和度低,只有30%~50%,交换性铝含量高,一般为2~8厘摩尔/千克土,含钾量一般,有效钾80~150毫克/千克,固磷能力强,有效磷含量低,常为痕迹——30毫克/千克,有机质分解快,氮素缺乏。质地因母质不同而异,而对茶树生长和产质影响也极为明显。山地红壤,大都发育于酸性结晶岩、变质岩及硅质岩上,质地疏松,透水性好,原生矿物质元素含量丰富,加上植被好,气候和生态条件优越,最适茶树生长,茶叶品质优良,是江南茶区产名茶的主要地方。如驰名中外的"西湖龙井"就产于上述母岩发育的山地红壤上,其中以石英砂岩发育的白沙土上的"狮峰龙井"为上品。曾在巴拿马万国博览会上荣获金奖的"惠明茶",是产于变质岩上发育的山地红壤上,当地茶农称之为"红松泥"。

低丘地区的红壤型宜茶土,是以第四纪红粘土母质发育的"低丘红壤"为主,其中以鄱阳湖、洞庭湖、吉泰、金衢等盆地分布最为集中,以当地茶农称之为"红筋泥"的宜茶土最有代表性,它常常与第三纪红砂岩发育的红沙土交错分布。红粘土发育的低丘红壤,质地粘重,透水性差,土层浅薄,肥力低,是我国当前低产低质茶园集中的地方。近年来,通过广大科技人员和茶农的共同努力,经过改土肥培之后,面貌已有很大改观,出现了许多大面积的高产优质茶园。

（4）黄壤型茶园土

黄壤型茶园土主要分布在我国南方山区的热带及亚热带高山上,其中以四川、贵州为主,云南、广西、广东、台湾、福建、湖南、湖北、江西、浙江和安徽山区也有相当面积的零星分布。它主要是在湿润的亚热带生物条件下形成,但成土的热量条件比红壤要少,而水分条件比红壤要好。这些地区雾日多,而日照率几乎要比红壤形成过程低30%~40%,全年虽有干、湿季之分,但土壤含水量变化不大。所以,雨多雾浓,湿度大而均匀,是黄壤形成的重要条件。所谓高山云雾茶,其实大多产自黄壤型宜茶土或红壤向黄壤过渡的黄红壤上。

由于黄壤型宜茶土终年处于云雾缭绕,日照弱,湿度大,寒暑、干湿变化小的环境之中,植被茂密,生态条件好,土壤富铝化作用比红壤弱,游离的氧化铁在高湿条件遭水化,呈多水氧化铁形态存在,因此,剖面中呈现出一层黄色和蜡黄色的心土层,故称之为"黄壤"。黄壤型茶园土有机质丰富,土层深厚,有明显的淋溶作用和表潜作用,盐基含量低,交换性盐基含量5~15厘摩尔/千克土,饱和度为15%~50%,pH值为4.5~6.0,交换性酸为4~10厘摩尔/千克土。在花岗岩、片麻岩、砂岩、砂页岩等母质上发育的黄壤型宜茶土,土层深厚,质地砂壤,土体疏松,透水性强,有机质含量高,矿质养分含量多,是最适茶树生长的好土壤。生产的茶叶芽叶肥厚,质浓气香,色绿味甘,属上品茶。有许多在民间传颂的高山云雾茶,多出自宜茶黄壤土或者它的过渡性土壤之上。

但是也有发育在第四纪红土上的宜茶黄壤土,主要分布在贵州高原及川黔间部分山地上,土层深厚,质地粘重,透水性差,矿质营养成分少,有机质含量低,理化性质差,当地茶农称之为"死黄泥"。这种宜茶土在贵州的湄潭、遵义和仁怀等地都有集中成片分布。它与低丘红壤宜茶土一样,属低产低质茶园土,有待改良,目前已有不少经改造而形成高产优质第四纪黄壤茶园。

（5）赤红土型茶园土

赤红土型茶园土主要分布在我国南亚热带雨林区,其中广东的西北部和东南部,广西的西南部,福建、台湾的南部及云南西南部等低山和丘陵上最为集中,如我国著名的莲花山、云开山、十万大山及南岭山区等都有大片大片的赤红土型宜茶土壤。这类宜茶土早在唐代以前就已开发种茶,在《茶经》中已有记述。

在赤红土上种的茶树,主要用来生产红茶、乌龙茶及普洱茶等,其中著名的有"粤红"、"滇红"、"凤凰水仙"等,而且赤红土也是我国许多野生大茶树生长的重要地方,是我国宝贵的宜茶土壤之一。

赤红土型宜茶土是在南亚热带湿润条件下形成的,在其成土过程中富铝化和脱硅化作用比红壤要强烈,铝大量富集,铁进一步氧化,剖面中常有一层"赤红"色的心土层,淋溶作用强烈,盐基迁移率高,两极分化严重,盐基只有 1～2 厘摩尔/千克土,饱和度只有 10%～30%,酸性强、pH 值 4～5.5,粘土矿物以高岭土为主,磷、钾含量低,有机质分解快。茶园施用磷、钾、镁及微量元素,对改善茶叶品质有明显效果。

(6) 砖红壤型茶园土

砖红壤型茶园土主要分布在我国海南省和广东省的雷州半岛,云南的西双版纳,台湾的南部及广西十万大山南麓的东兴一带,地处热带雨林区,是我国华南茶区主要宜茶土壤资源,也是生产红碎茶的重要基地。驰名中外的普洱茶主要出自砖红壤型宜茶土之上,也是我国野生大茶树生长最多的地方。

砖红壤宜茶土是在热带高温高湿条件下形成的,母质的富铝化和脱硅作用比赤红土更为强烈,质地粘重,粘土矿物以高岭土为主体。并含有三水铝石和赤铁矿。盐基饱和度低,一般只有 20% 以下,酸性强,pH 值为 4.0～5.0,铝、铁高,钙、钾、镁低,两极分化极为明显,缺钾、缺镁常常成为茶树生长的障碍因子之一。母质对砖红壤宜茶土的成土有重要影响,在酸性岩上发育的砖红壤,心土一般呈黄棕色或淡棕色,含沙达 30%～50%,土性好,是种茶的上土;而石灰岩和基性岩发育的砖红壤,心土一般呈砖红色,质地粘重,粘粒含量高达 50%～80%,土易板结,通透性差,是种茶下土,而硅质岩发育的砖红壤,含沙率高达 60%～70%,透性好,但土壤贫瘠,保水保能力差,是种茶中土。

砖红壤宜茶土冲刷严重,淋溶强度大,矿质营养元素高度不平衡,加强水土保持和平衡施肥管理,对于在砖红壤上种茶至关重要。

(7) 酸性紫色土型茶园土

酸性紫色土型宜茶土,主要分布在四川盆地,湖南、江西丘陵,浙西及福建省的浦城、三明以西和龙岩地区丘陵盆地上。属非地带性隐域型宜茶土。因此种植的茶树有大叶种茶树也有中小叶种茶树,生产茶类也多样化,红茶、绿茶、乌龙茶、紧压茶、普洱茶及各种名优茶都有。它主要是在酸性紫色砂页岩、紫砂岩和紫色页岩上发育而成,土体呈紫红色或

棕紫色,酸性反应,pH 值 5.5～6.5,土壤肥沃,养份含量高,质地壤性,沙粘比约为 1∶1,是茶树生长的好土壤。据湖南省茶叶科学研究所研究,紫色板页岩上风化而成的壤质紫色土,由于物理性质好,养分含量丰富,无论是茶树长势,还是茶叶产质都比红壤要好。据福建农学院用"铁观音"在红壤、紫色土和赤红土上进行品质比较试验,结果表明,在紫色土上生长的铁观音品质最好。所以,酸性紫色土型宜茶土壤是我国高产优质茶的重要土壤资源之一。

(8) 潮土型茶园土

除山地、丘陵以外,在江南的一些河相、湖相的冲积平原上也有大量的宜茶土壤分布。这种土壤主要是河、湖、海的冲积物,在长期淋溶后逐步发育而成的酸性潮土型宜茶土。由于冲积物和地形不同,土壤性质差异很大,质地沙、粘不等。这种宜茶土一般较肥沃,土层深厚,水分条件好,但盐基含量高,pH 值大。有的也被称为冲积茶园土。由于受冲积母质、地形及地域的影响,土壤性质差异较大。一般土体质地均匀,层次变化不很分明,由于受地下水时上时下的影响,土体内都有棕色的锈纹、锈斑和小细点的铁锰结核。一些离河床、湖沼较近,地势较平坦的地方,有的是原水田改为茶园的,也有直接开辟为茶园的,质地较粘重,地下水位较高,土体有明显的潜育表征,土体带灰色,平时地下水位高于 1 米的,下雨后地下水入侵根层,会造成茶树湿害,即使土层深厚,养份含量丰富,肥力水平高,茶树生长也不好。这些茶园土壤管理的首要措施是排水。离河床比较远的并带有一定坡度的地方,土质带砂壤性,地下水位低,由于淋溶结果,土体呈黄色、灰黄色不等,茶树生长较好,常是优质高产茶园。但与高山茶相比品质不如高山茶。如我国著名的武夷山乌龙茶,产于山上者为岩茶,水边者为洲茶,岩茶品质明显优于洲茶,所谓洲茶就是指潮土上生产的茶叶。但潮土茶园一般离村近,管理精细,肥料多,通过改土,一般极易获得高产。

(9) 高山草甸茶园土

高山草甸土类茶园土一般分布在 800 米以上的高山上,由于山高,气温低,一般年平均气温在7℃～12℃,降雨量多,一般在 2000 毫米以上,空气相对湿

度大,全年雾日在 250 天以上,一些喜湿耐寒山草生长茂盛,年复一年,枯枝落叶大量富集,土壤有机质积累速度远远超过分解速度,而形成富有机质土壤。它是在地貌、气候和植被三者特定条件下的综合产物,在我国各产茶省都有零星分布,常常在高山上部与当地地带性茶园土呈复域式分布,多数与黄壤和棕壤茶园土相接壤,一般有机质含量在 10% 上下,土体呈黑色或灰黑色,质地松软,当地茶农称之为"香灰土"。在其成土过程中草根盘根错节,土壤通气性良好,土体疏松,有机质分解时产生大量有机酸促使盐基淋失,土体呈酸性,pH 值 5～6,粘粒硅铝率 2～3,高于黄棕壤,矿物质养分含量丰富,最适茶树生长,许多著名名优茶 都出自高山草甸土之上,是我国名优茶的重要土壤资源之一。

总之,我国宜茶土壤资源丰富,种类繁多,肥力不等,茶树栽培和茶园管理必须因土制宜,区别对待,充分发挥各种土壤的优势,用好、管好,保护好各种宜茶土壤。

(吴 洵)

2. 茶园土壤耕作

耕作是茶园土壤管理中极为重要的内容之一。它对土壤理化性质,肥力变化,茶树生长及茶叶产量和品质都有十分重要的影响。因此,自古以来,对茶园耕作管理都十分重视,并有很大的发展。

(1) 茶园耕作的发展

我国是利用茶树最早,栽培历史最久的国家,茶园土壤耕作管理是古代种茶的重要措施之一。早在唐代《茶经》中就有记载,"凡艺而不实,植而罕茂,法如种瓜,三岁可采"。考唐前北朝魏贾思勰《齐民要术》的种瓜法,"先卧锄,耧却燥土,然后掊坑,大如斗口,纳子三枚,大豆三个,于堆旁向阳处",以后唐韩鄂的《四时纂要》说得更为具体,"种茶,二月中于树下或北阴之地开坎,圆三尺,深一尺,熟剧,著粪和土,每坑种六七十颗子,盖土厚一寸强"。可见,在唐以前或唐代时已有播种前平整土地,深耕和配合施基肥等的土壤耕作管理方法。但认为种茶后"任生草不得耘,……二年后方可耘治",显然,当时管理比较粗放,是采用以杂草来保护幼苗的方法。到南宋

时,土壤管理有了新的发展,据《北苑别录》记载,茶园"草木至夏已益盛,故疏导其生长之气,以渗雨露之泽。每岁元月兴工,虚其本,培其土,滋蔓之草,遇郁之木,悉用除之"。指出福建北苑地区茶园于每年 6 月在夏草旺盛时要除草、耕锄、培土等以利茶树正常生长。并说"若私家开畲,即夏半初秋各用工一次,故私家最茂",显而易见,当时茶园已有伏耕和秋耕的作法,并且指出耕锄与茶树生长关系甚密。到明代茶园耕作管理更为精细,内容也更丰实了。据《茶解》记载,"茶根土实,草木杂草生则不茂,春时蔻草,秋夏间锄掘三四遍,则次年抽茶更盛",并认为耕作要与堆肥、烧焦泥灰和施肥相结合。到了清代,有关茶园土壤耕作管理的记载更多。清人宗景藩在《种茶说十条》中记载,茶园"每年五六月间,须将旁土挖松,芟去其草,使土肥而茶茂,但宜早不宜迟,故有五金、六银、七铜、八铁之说",提出了茶园耕作最适时期和越早越好的看法。但当时浙江茶区却流传着"七挖金,八挖银"的说法,说明当时对茶园耕作管理有了更深的认识。以后《时务通考》又记载,"种茶之地,每年须用锄锄浮其土,锄后用草密遮其地,便不生草莱,则其茂盛"。提出耕锄、松土、覆盖、除草等一整套的耕作管理法。清人何广德在《抚群农产考略》中又记述了"锄草宜迟,不可使草根杂木滋蔓其间,锄草时沃肥一次,其茶必茂"。再次强调了耕作、除草、施肥要结合进行。但当时由于受茶叶生产和科学技术水平的限制,对茶园耕作作用的认识只限于疏松土壤,清除杂草,以草肥土等。以后随着科学的进步和茶叶生产的进一步发展,茶树从丛栽改为条栽后,施肥从有机肥转向无机肥,因此,要喝茶"二八挖"的耕作制,已不适应当时茶叶生产的要求,于是对茶园土壤耕作尤其是茶园深耕作用、方法等提出了许多问题,上世纪 50 年代以后,对茶园耕作效果,耕作深度,耕作时间,深耕配合施肥等进行了大量的试验研究。1961 年浙江茶叶学会还邀请全国著名茶叶专家、教授及茶农等专门研讨了茶园耕作管理问题。认为茶园播种前深耕和行间浅耕好处多,要大力提倡。但行间深耕有利也有弊,要因地制宜。近年来,由于茶叶集约化生产的大力发展和密植速成茶园的大力推行,行间土壤耕作管理难度进

一步增加，因此，又产生了茶园土壤"免耕"和"减耕"的方法。并得到较大面积的推广，取得良好的效果，但已有大量研究，证明只有具备一定条件的茶园，可以实行"免耕"或"减耕"。今后茶园土壤耕作管理将进一步向集约化方向发展。

(2) 茶园土壤耕作的作用与效果

根据近代研究，茶园行间耕作有利也有弊，有利主要是提高土壤肥力，促进茶树生长，不利的一面主要是损伤根系，影响茶树生长，两者综合的结果将在茶树生长和产量及品质上表现出来。

耕作对茶园土壤肥力的影响：

第一，耕作可以疏松土壤，改善水、肥、气、热条件。我国茶园大多都地处雨水较多的热带和亚热带地区，土壤淋溶作用强烈，粘化作用明显，加上采茶对土壤表土的多次镇压，表土板结，土体紧实，不但影响茶根伸展，同时也影响土壤与大气间的气体交换。因此，茶园每年都要进行一定次数的深耕，以疏松土壤孔隙，改善土体的水、肥、气、热平衡关系。另外，茶园深耕还可减少行间土壤表面的径流速度，提高透水性能，增加土体容水量。提高土壤的贮水能力，增加土壤水分含量。

第二，耕作可清除杂草，减少病虫为害。茶园杂草多性恶，不仅与茶树争水、争肥，同时也是许多病虫栖息和传播的场所，对茶树危害极大。凡是要种好茶都要经常与杂草作斗争，古代的所谓"开畲"就是通过耕作与杂草作斗争的方法之一。茶园通过耕作可把杂草连根铲除，经过晒、烂后可作肥料，根除地上部病虫栖息场所。土壤经过深翻，也可把埋在土中的虫蛹和病源暴露在烈日之下，或经过风雪冰冻，消除后患。

第三，耕作可促进土壤矿物质风化，提高供肥能力。土壤经过耕翻之后，深层的一些僵土被翻到表层，而表层的枯枝落叶和杂草被深埋，生土经过风化后，一些原生矿物和次生矿物中的养分不断释放，促进土壤熟化，提高有效养分含量。据中国农业科学院茶叶研究所在杭州茶叶试验场的研究，茶园无论是进行春耕(3月中旬)、夏耕(8月上旬)、秋耕(10月上旬)还是冬耕(12月上旬)，土壤中的有效氮、磷、钾的含量都比不耕的要高。此外，茶园通过各种

耕作后，尤其是深耕结合施肥，土壤结构明显改善，不良的无机团聚体减少，而水稳性很强的有机无机复合团聚体增加，从而提高了供肥和保肥能力。

耕作对茶树根系生长的影响：耕作对茶树根系的影响也是多方面的。首先，茶园行间耕作，尤其是深耕，必然会伤害一部分茶根，其伤根的程度，取决于茶园类型、种植方式、耕作时间和方法等。在一般情况下，对于常规种植的茶园，深耕深度越深，对茶树伤根越严重，深耕幅度越宽对根系的损伤也越多，而茶树生长越好，行间郁闭度越大，茶树根系越发达，深耕对茶树根系的伤害也会越多。密植茶园，行间根系密度大，深耕对茶根的伤根率要比常规种植的自然会高得多。对于一般常规种植的茶园，浅耕5~10厘米时，不易造成伤根。

其次茶树作为多年生作物，再生能力很强，地上部修剪，台刈后可以再生新枝，而根系伤根和断根后也可再生新根，而且，再生的新根，生命力强，吸收强度大。因此，茶园深耕所造成的伤根，不能一概否定，对于衰老的改造茶园，不一定是件坏事，伤根有更新根系的作用，如同地上部的台刈改造一样，是一项复壮老茶树的措施。不过不同季节深耕，伤根和断根后根系的再生能力是不同的，就一般情况而言，春(3月中旬)、夏(8月上旬)、秋(10月上旬)和冬(12月上旬)四个不同季节深耕所造成的伤、断根，再发能力最强的是夏耕，其次是秋耕、春耕，最差冬耕。温度越低，伤、断根后，伤口越难愈合，发根能力和数量也越差，有的伤口坏死，养分外溢。因此，如果把深耕作为老茶树根系更新的一项措施的话，必须在地上部刈剪后立即进行。

茶园耕作对土壤肥力的影响和对伤根、断根所造成的后果，最终将表现在茶树的增产效果上，利多害少时茶叶增产，如利少害多则茶叶减产。茶树播种前的深耕，因无伤根和断根作用，因此，深耕效果特别好。如果配合深施有机肥，不但增产提质效果明显，回报率高，而且保持时间持久。

茶园行间深耕的作用和效果是改土和伤根综合作用的结果，由于各地茶树、土壤、深耕方法、深耕时间等不同，因此有的地方深耕是增产的，有的地方是减产的，也有的地方是先减产后增产的，也有增产减

产效果都不很明显，表现各不同。茶园行间是否要进行深耕，如何深耕，什么时间进行深耕，应因地制宜进行。

茶园耕作方法：

① 茶树播种前的深耕与整地　茶树播种前的深耕是决定以后茶园能否高产、优质和稳产的首要因子。一般常规种植茶园要求深垦60～70厘米，密植速成茶园要求更高一些，要深垦70～90厘米，可用挖土机或人力深垦，一般人力垦质量高。生荒红壤土，特别要注意破垡土、清茅根。平地缓坡可采用机耕，用LS-30三铧犁，或四铧犁改装成50～60厘米深的二铧犁，由东方红75型拖拉机进行耕翻，往复二次，可做到上翻下松，不乱土层。耕后的不足之处，再由人力辅助。如采用人力开园，要先将表土移开，然后继续挖松心土，清根破垡，深耕同时施有机肥和磷矿粉肥等，使土肥相融，然后移回表土。劳力多，全面开工，劳力少，逐条进行。为了防止局部积水，在深垦之后，要经过多次整地，待土壤充分下沉后方可种茶。

② 茶树行间深耕　茶园行间深耕要因地因园制宜。对于幼龄茶园，种植前已全面深耕的茶园，可不必再年年深耕。种植前只进行局部条耕的，必须及早在行间未行深耕的地方深耕，深度不得少于50厘米，宽度以不伤根为限。深耕必须强调深施有机肥。对于成龄采摘茶园，茶根已密布行间，不宜年年深耕，一般以浅耕为主，秋冬可结合深施有机肥，在行间适当耕作。对于要进行台刈改造的衰老茶园，或年年有"挖伏山"习惯的旧式茶园，可以结合树冠改造、除梅草、施基肥等进行"伏耕"、"秋耕"或"冬耕"。在深耕时，丛间、行间要深，约25～30厘米，丛下和根颈处要浅，为10～15厘米。对于密植速成茶园，一般不宜深耕。

③ 茶园浅耕　茶园浅耕的主要目的是疏松表土，破除表层板结，改善土壤与大气的气体交换能力，同时，也起到清除杂草的作用。因此，浅耕要勤，不宜过深，一般10～15厘米即可。浅耕要结合清根和培土，夏秋浅耕要把根颈部的枯枝烂叶清出放在行间，以便腐解，秋冬浅耕时要将根部用肥土壅培，以防冻害。一般每茶季结束后，结合追肥都要进行

浅耕，保证茶园表土疏松，又无杂草。

④ 免耕　茶园免耕，作为茶园土壤耕作管理方法之一，是茶叶生产向集约化方向发展的结果。但是，所谓免耕，并不等于不耕作，而是指具备一定条件的茶园可以实行少耕，或减耕，免去一些不必要的，而实际上徒劳无功的耕作，以提高茶叶生产效率和经济效果。当然，可以实行免耕的茶园，必须具备一定的条件，第一，在种茶前土壤必须进行高质量的全面深耕，施用足够的有机肥，以保证土体有良好的构型。第二，茶树生长好，篷面覆盖度大，行间郁闭，杂草无生长条件，恶性杂草少。第三，每年有足够的有机肥料铺在行间，提高了土壤有机层厚度，使表层疏松、绵软，富有弹性，对每次采茶的镇压有较强的抗性。第四，为了减轻采摘对土壤的镇压，要有实行机采和机、手采相结合的可能。此外，免耕也不是绝对不耕，要根据土壤和茶树生长及产量的实际情况，结合周期性的修剪、台刈改造等，进行周期性的深耕。总之，茶园免耕需要一系列的配套措施，才能有良好的效果。

（吴　洵）

3. 茶园土壤覆盖

茶园土壤覆盖是我国茶园土壤管理的一项传统的技术措施。覆盖物过去主要是一些秸秆和山草，近年来地膜覆盖也逐渐得到应用。茶园行间覆盖有防止水土流失，抑制杂草生长，减少土壤水分蒸发，调节地温等作用。

① 覆盖的作用

第一防止土壤冲刷　我国茶园大多为坡耕地，尤其新垦茶园，土壤被挖松，生草被翻埋，土壤植被少，行间大，土壤裸露，如不采取水土保护措施，土壤冲刷就十分严重。如果茶树间铺一定厚度的草料，可增加土壤水流阻力，减少茶园地表径流速度，土壤冲刷即可减轻。

第二减少杂草发生　幼龄茶园茶树郁闭度低，茶树行间空旷，为杂草提供了良好的生长条件。如果行间覆盖，杂草就得不到阳光，久而久之，杂草就会死亡，从而减少了杂草与茶树争夺水分和养分的矛盾。

第三保蓄土壤水分　茶园行间土壤用草等覆盖

后,由于减弱了雨滴对土面的打击,使土壤保持着疏松的结构。并且覆盖后使地面径流速度减少,因此,使降雨较易渗入土层。再是土壤覆盖后可减少土壤水分蒸发,避免茶园土壤水分因蒸发而损失,从而提高了土壤的含水率和水分的利用率。

第四调节土壤温度 茶园铺草覆盖后,使土壤与空气之间接触面减少,降低热传导能力,因冬天有保温,夏天有降温作用,可调节土壤温度,可缓和土壤温度的激烈变化而引起旱害、热害和冻害,在江北茶区和高山茶区成为防冻的一项重要措施。

第五增加土壤有机质和根系微生物 茶园行间覆盖的草料,经过一定时间腐烂后作有机肥翻耕入土中,从而增加了土壤有机质。草料除含有机质外,还含有其他无机物养分,特别是含钾量较高。目前,秸秆资源丰富地区,条件许可应增加茶园覆盖,这对提高土壤肥力有重要作用。另外,铺草可明显增加茶园土壤微生物数量,可改善植茶之后土壤微生物区系,并促进向良性化和多样化方向发展,这对维持土壤肥力有重要的意义。

第六提高茶叶产量,改善品质 茶园铺草覆盖,由于减弱了土壤冲刷,改善了生态条件,增加了肥力,从而促进茶树生长、提高茶叶产量和品质。据广东省农业厅调查,鹤山、高要、云浮等30个县铺草茶园,每亩铺草2000～3000千克,比不铺草茶园一般可增产20%～30%。福建省茶科所在幼龄茶园铺草覆盖7年,投产后4年的平均产量,在不施肥的情况下比不铺草增产120%;同样施肥情况下比不铺草增产21%。另据福建省郑墩茶场测定,8年生茶园铺草的对夹叶仅9.3%,一级鲜叶数量达95.8%;未铺草的对夹叶占18.5%,一级鲜叶只有75.2%。据中国农业科学院茶叶研究所在浙江省兰溪低丘红壤茶园中的试验,在伏旱期间铺草,对提高旱季茶叶的产量和品质效果十分明显。

② 覆盖的方法

首先对草料要进行选择和处理。用作无公害茶园土壤覆盖的有机物料很多,如山草、稻草、麦秆、豆秸、绿肥、蔗渣、薯藤等等都可以。但最好以山草等为主,它不含农药,没有受化肥等化学物质的污染,属自然生长的天然物。但山草常常带有许多病菌、

害虫及种子等,如不加适当处理,往往会把病菌、害虫和草种带入茶园,增加茶树的病、虫、草害,因此,要做必要的处理。山草的处理方法:一是曝晒,二是堆腐,三是消毒。

曝晒处理 把收割下来的各种山草先在晒谷场铺成约30厘米厚的草坪,让阳光自然曝晒,利用阳光中的紫外线杀死病菌,同时一些害虫也因曝晒而自然死亡。如为已结实的山草,还要用耙子敲打,使种子脱落,然后再送到茶园作土壤覆盖物。

堆腐处理 利用茶园地边、地角处,将山草分层铺开,一层层喷洒菌液,使其发酵,利用堆腐时的高温把病菌、病虫及种子杀死,然后把还没有完全腐解的草料铺到茶园中。

石灰处理 在没有日光的阴天或没有发酵菌液,也可以采用石灰水消毒。就是把割下收集的鲜草堆放在茶园地边地角处,然后喷洒5%的石灰水堆放一段时间后再搬到茶园。这样也可减少山草病菌对茶园的污染。如果是采用农作物的秸秆,如稻草、麦秆、豆秸、薯藤、甘蔗渣等等,要注意这些材料中是否含有较高的农药残留物等,如果含有农药残留物,除一般无公害茶园外,成龄采摘的绿色食品茶园和有机茶园,一般也不能使用。

其次要确定铺草时期。如我国广大茶区一般在春茶结束后进行耕锄、施加追肥,此时铺草有碍农事,应在耕锄和追肥后旱季来临之前铺草。保蓄土壤水分,抑制杂草生长和暴雨来临的水土流失。冬天寒冷的北部茶区和高山茶园,以保暖防冻为主,在土壤冻结之前铺草。伏天抗旱保水,冬季抗寒保温,如以防止某些顽固杂草为主的,应在该种杂草萌发前或萌发后不久覆盖,可达到更好的防止杂草生长的目的。

最后确定铺草方法,茶园覆盖要有一定的厚度,铺得太薄效果不显著,为了抑制杂草,必须要遮住阳光才奏效;最好是中耕除草后再行铺草,这不仅更有利于对杂草的抑制,而且还有利于土壤水分下渗。

平地或梯式茶园,铺草可直接撒于行间,坡地茶园宜沿坡横铺,必要时加竹桩固定或加土块压盖,避免给雨水冲走。

(吴 洵)

4. 茶园水土保持

我国茶园多数分布在热带和亚热带山区、丘陵谷地、低丘平原等地。由于这些地区雨水分布不均，暴雨率高，加上茶园地形都有不同程度的坡度，所以水土流失严重。防止水土流失也是茶园土壤管理的重要内容之一。

（1）茶园水土流失的原因

形成茶园水土流失的原因，有人为因素，也有气象的自然因素，其中主要原因有：

第一是不合理的开垦。

新茶园开垦时由于原生态受到干涉和破坏，土壤被深翻深挖，暴雨一下就会造成水土流失。因此，茶园开垦要求很高，要根据地形和地势条件因地因时进行开发，垦地时必须以保持水土为核心，以保护生态环境、深耕改土和合理用地为原则，15度以上的坡地要修筑梯田，筑梯时要求梯面等高、环山水平、大弯随势、小弯取直、外高内低、外埂内沟、沟沟相通。开垦挖土时要求从山脚下开始一层一层往上做，力求在非雨季进行，施工时间要短，快挖、快筑、快完成。但是现在许多茶园开垦并设有按规定要求进行，随意性很强，从而造成水土流失，严重的会造成山体滑坡，给环境造成严重破坏。

第二规划不合理。

茶园开垦要事先进行规划。规划时要以保护生态为中心，经济用地为原则。因此要经过实地勘察、环境质量评估、茶地选择、地块划分、路网沟渠设置、按地开垦、生态修复等一系列工作。设法使茶叶生产基地，成为一个林中有园，园中有林的"大集中，小分散"式的生态型茶园，尤其是山顶留树形成"头戴帽"式的茶园对水土保持最有效。可是现在有些茶园，规划不合理，而开山时先把整个山"剃光头"一株树也不留，形成"茶海一片"，这样势必会使坡地茶园的坡面长，坡面宽，冲刷严重，梯田茶园梯长而高，护梯难，容易倒塌，水土流失严重。

第三种植不合理。

茶园水土流失的规律是丛栽＞单条栽＞双条栽＞多条栽，如果坡地茶园稀植、丛栽、茶行顺坡排列等都会加重水土流失。目前有些山区为节省开支实行减苗稀植，也是造成水土流失的原因之一。

第四管理粗放。

茶园管理水平低，只种不管，施肥水平低，茶丛小，尤其是那些"一年二头剪"和三年一台剪的老茶园，茶丛小，茶园空间大，这种茶园水流失就会很严重。还有一些梯田茶园，梯壁经多年风吹雨打而倒塌，多年失修，从而造成了倒梯和梯蚀，茶根裸露。此外，有些茶园排水系统年久失修，有的堵塞，有倒塌，名存实亡，起不到排水和水土保持的作用，下雨之后雨水满园跑，从而造成茶园跑水、跑土、跑肥的"三跑园"。

第五是暴雨袭击。

茶树是喜湿润作物，丰富的大气降水是茶树需水的主要来源。我国茶区的降水量一般可达到800毫米以上，高的可达到2000多毫米，在4～9月的茶树生长期间降水量约占60％～80％，尤其是7～9月份24小时降水量高达50毫米以上的暴雨率高。暴雨来临时雨滴大，对土壤打击力强，对土壤结构造成一定的破坏，水量集中这常常是造成茶园土壤水土严重冲刷的原因之一。

（2）水土流失的防治方法

茶园水土流失的防治，要根据当地水土流失的成因，因地制宜地采取工程措施、农艺措施和生物措施进行综合治理。

工程防治方法：

第一，陡坡茶园修筑等高梯田。

坡度超过15度以上的陡坡开园时要筑梯田。在修筑梯田时要求梯层等高，外高里低，环山水平，大弯随势，小弯取直，外埂内沟，梯梯接路，沟沟相通。梯壁可用石块、草皮或生土筑成。无论是石坎梯田，或是泥坎梯田还是草皮坎梯田，都要沿等高线挖开表土至心土层，并做成约50厘米宽的坡基，如做泥坎时在坎基上填生土，边填边夯实，达到要求的高度为止。在做草皮坎时，在坎基上以交齿状紧放草皮砖，依次叠到要求高度。无论在做泥坎或是草皮坎都要做到"五要"，即清基要净，坐底要稳，填土要勤，扣拍要紧，夯打要实。在做石坎时，坎基要坚实，底石要大，里外交叉，石头大面朝外，小石填洞，石片插缝，品字相砌，坎肚要填满石头，切忌用泥土壅坎肚。用泥土壅坎肚下雨后泥土会从石缝中流失,坎肚变空,石坎很快会倒塌。无论是泥坎、草皮坎或是石坎,由于长时间的冲刷、风化等都会使局部地方损坏而倒塌,每年要及时检查,随时修复,及时做好各种扩坎保梯工作。

第二,茶园中建立排水系统。

无论梯地茶园或是坡地茶园,在茶园基地建设时要事先科学设计,合理布置蓄排水系统,以防止水土流失。

蓄排水系统主要包括截水沟、隔离沟、横水沟和纵水沟等。

截水沟是为了防止茶园上方积雨面上的洪水和积水流入茶园而引起水土流失开设的,截水沟的深度和宽度要根据茶园上方积雨面积大小而定,沟的两端与茶园纵水沟相接。纵水沟主要是为了排除茶园中多余的水和截水沟、横水沟中流出的水而设,一般开设在上山路的两侧和茶园中特别低凹的地方。沟深和宽度按坡度和茶园积水而定,纵水沟要与横水沟相连接,接头处要建积土坑和土坝,以便降低纵沟水的水流速度和蓄积泥沙,进一步提高保持茶园水土的效果。

茶园中除了建立横、纵沟之外,为了更有效地防止茶园水土流失,在茶园适当的地方,尤其是低洼处要挖建大小不等的蓄水池和水塘,以便将沟中流出水土沉积在池、塘中,以作后用。

农艺防治措施:

第一,等高种植合理密植。

无论是梯田茶园或是坡地茶园,等高种植可以有效地防治水土流失,尤其是合理双行条栽和多条栽,对防治水土流失效果更好。双行栽和多条栽的各种种植穴要相互交叉以"∴"式布置,可使茶树起到更好的保土作用,凡有缺株断垄的茶行,要求尽快补齐,防止茶园水土从断垄处流失。

第二,加强培育扩大树冠。

保持良好的茶树篷面,提高土壤的覆盖度,可起到减少土壤流失的作用。因此山地茶园特别要加强培育管理,合理采养,施足肥料,扩大采摘面。幼龄茶树一定要经过三次定型修剪,成龄茶园要采养结合,不断扩大树冠,增加茶园郁闭度和绿色覆盖面,减少土壤裸露,防止雨水直接打击土壤而造成水土流失。

第三,土壤生草覆盖。

土壤草料覆盖,可防止雨水对土壤的冲击,可提高土壤的粗糙度,减少土壤表面径流水的速度,是防止茶园水土流失的重要方法之一。

第四,插草茬。

在草料资源缺乏的地方,坡地幼龄茶园无条件全面进行土壤盖草时,可在茶园行间插稻草茬或其他草茬。草茬不仅可减缓茶园内地表径流速度,还能堵截坡地茶园上方被雨冲下的水土,可有效防止茶园内水土冲刷和流失。1年生幼龄茶园行间插3条,2年生茶园插2条,3年生以后茶园插1条,草茬之间的距离可根据草料多少而定,一般每隔10～15厘米插一个,2条茬口呈"品"字形排列效果更好。

第五,挖鱼鳞坑。

在一些草源更缺乏的地方,无法用草茬来防止新建幼龄茶园水土流失的,也可在茶园行间沿等高线方向挖小坑,小坑深5～10厘米,直径10～20厘米,每隔20～30厘米挖一个,上下土坑之间呈鱼鳞状排列。这一方面可增加茶园表面粗糙度,减缓茶园内的地表径流速度,降低地表水流对表土的冲刷,另一方面每个土坑在下雨时都可成为小小的积水坑,可截流坡上方流下的水土,这也能起到水土保持作用。

生物防治措施:

第一,周边植树造林。

茶园周边和地形较陡较复杂的不宜开辟种茶的地块,应大量植树造林,尤其是茶园上方积雨陡坡地更要多种树,防止这些地块水土流进茶园,也就是茶农们所形容的那种"头戴帽子"的茶园。在开垦茶园时要防止把所有林木都砍光后种茶,那种以森林换茶园,使茶地变成"茶海一片"的做法是造成水土流失的原因之一。在开垦茶园时应有意识地保留一部分林木,做到"林中有园,园中有树"。茶园中的主干道、支道等更要栽种行道树,以保护道路两边的泥土防止水土流失。

第二,建立生态立体茶园。

进行茶胶间作、茶果间作、茶豆间作、茶草间作等等都是十分有效的水土保持措施。常规种植的幼龄茶园,秋播冬绿肥,如乌豇豆、黑毛豆、大绿豆、黄豆、伏花生等等都可大大降低茶园地表径流速度,有效地阻止茶园中表土的冲刷现象。

第三,梯坎边种草种树。

保坎护梯是茶园水土流失防治中最重要的措施之一,除了经常检查、修复之外,最重要的措施是坎边种草、种树、种豆使之固土加以保护。适宜坎边种植的植物很多,如木豆、大叶胡枝子、金光菊、爬地木兰、葛藤、紫穗槐、无刺含羞草、知风草、百喜草等等。它们是多年生植物,根系发达、固土能力强,有的是矮生型,有的是匍匐型,生长快,枝叶茂盛,不仅可以起到固土、保坎护梯的作用,还可以多次台割,作茶园覆盖物和肥料,对茶园水土保持可起到良好作用。

（吴 洵）

5. 茶园土壤改良

当土壤中存在不良因子影响茶树正常生长时,其他高产优质技术措施将无法正常发挥作用,只有排除土壤中这些不良因子后,高产栽培技术措施才能正常发挥作用,土壤这些不良因子被称为茶树生长的土壤障碍因子。排除的方法要对症下药。这些障碍因子主要有以下几种:

（1）有效土层浅薄

茶树是深根作物,要求有 80 厘米的有效土层,如果茶园土壤有效土层深度不够,就会限制茶树根系向纵深生长发育,根不深叶不茂,以致茶树生长势衰弱,产量低,茶树寿命短,必须加以改良。改良方法一是深耕改土,二是培土加厚土层。在深耕改土时,要注意以下几个问题。一是必须破埂,否则深耕后虽然增加了有效土层,却会招致湿害。二是黄棕壤、黄褐土的茶园,必须了解下层土壤酸碱度情况,切忌将下层含钙量高的土层上翻而影响茶树生长。三是对于铁锰结核层或网纹层层位较高的茶园,土壤肥力很低,深耕要结合施有机肥。在加客土增厚土层时,要了解客土 pH 值及砂粘程度,做到粘土加砂土,砂土加粘土进行改良,并结合施有机肥。

（2）土壤湿害

茶树是既需水又怕涝的作物,只有在水分充足又通气良好,水气协调的土壤中才能生长良好。如果土壤内部排水不良,使茶树根部水分过多而空气不足,固相、液相占比例大、气相小,以致茶树根部氧气严重不足,正常呼吸受到抑制,影响根系细胞生长和对水分、养分的吸收,严重的会导致茶树失去生产能力。这被称为茶树的"湿害"。

湿害茶园由于土壤渍水缺氧,引起土壤氧化还原电位降低,产生亚铁等有害物质,造成茶树易烂根。渍水土壤缺氧,也抑制好气微生物活动,影响土壤养分释放。有些湿害茶园虽然土壤有机质含量较高,肥力水平不低,但茶树依然生长不良,必须进行改良。改良方法是按引起渍水原因进行排水、改土、改树。

第一,集水型湿害的改良。

这类湿害茶园易发生在缓坡低洼地或急坡骤转为缓坡折转地段以及山垅地的顶端等处,常是地面径流和潜水汇集的地方,又因土壤质地较粘,于是水流缓慢或被截流形成土壤滞水而过湿。如果集水面广,在大雨时期土壤就会长时间处于过湿状态,茶树常遭湿害。

集水型湿害茶园的改造主要在坡地开横截水沟,以拦截地面和上坡流入的侧面渗水,将其排出园外,同时在茶园低洼处开暗沟导水。

第二,不透水型湿害的改良。

这类湿害茶园发生在缓坡坡麓平坦地和碟形洼地。在这种地段的土壤下部常存在着难透水的隔层（如铁锰结核层、坚硬的岩层、粘盘层等）顶托,遇到连续降雨,雨水下渗到不透水层就形成滞水。还有是水田改种茶树,水稻土下层由于长年水耕,犁具挤压和粘粒下移形成犁底层,该层透水性也很差,导致上层滞水;再是,一些茶园要求集中连片,将原来水塘填平,这些水塘由于土壤粘粒向下淀积,塘底形成难透水层也容易滞水,一旦滞水时间长,就会造成茶树湿害。

改造不透水湿害茶园,必须深耕打破不透水层,并配设暗沟排水。采用人工或机挖的方法打通不透水层。有条件的最好设暗沟排水。为了增加土层内的排水效果,靠近暗沟两侧的土壤要得得深,离开沟愈远愈浅,以形成向沟道倾斜的沥水面,使土壤渍水通畅排出。

第三,地下水型湿害的改良。

这类茶园大多分布在水塘、水库、渠道下方。一些地下水位高又长期渍水的土壤,底层有潜育化现象,呈强亚铁反应。这些渍水严重茶园,就应改种其他作物,不宜再植茶。危害较轻的茶园,应在水塘、水库下侧及坡上方开横截沟,截接侧向渗水,并在茶园中加客土。若是平坦地茶园的中间水塘水位高,应开沟将水塘的水面控制在地面80毫米以下,或将茶园填客土提高筑畦种植等。

(3)酸度不适

茶树是喜酸性土作物,生长最好的土壤酸度是pH值5.5左右,如果土壤pH值超过6.5,茶树生长将受到影响。当然也并非土壤越酸越好,当土壤pH值低于4.0以下也生长不良,过酸和中性的土壤都要改造。

在酸度低土壤中生长的茶树,1年生实生苗一般表现不明显,但到第二年便开始叶片变黄、簇生、植株生长缓慢,严重的开始落叶,至第三年即出现普遍落叶并逐步枯死。我国酸度低的茶园主要出现在江北茶区的棕壤、黄棕壤、黄褐壤上;其次是出现在长江以南的石灰岩、石灰性紫砂岩风化物发育的初育土地区;再是耕作年代较长的熟化土改茶树,或受石灰物质污染的屋基地、坟地等茶园。

酸度过高对茶树生长影响没有像酸度过低那样明显,主要是土壤肥力下降,茶树高产优质高效益的可持续发展受到影响。目前茶园土壤都有酸化的表现,主要原因有以下几点,其一是化肥用量增加,而有机肥用量减少;其二是茶树根系分泌大量碳酸和有机酸;其三是茶树生物学物质循环;其四是环境污染和酸雨增加,对于土壤酸化的茶园也要进行改良。

土壤酸度不足的改良:

第一,施土壤酸化剂:对酸度过低的茶园,可以通过施酸化剂改良。土壤酸化剂很多,其中硫黄粉和硫酸亚铁效果较好。硫酸亚铁施入土壤,经水解作用产生氢离子和硫酸,起到酸化土壤的作用。

硫黄施入土壤,通过土壤微生物作用被氧化和水的作用产生硫酸,起到酸化作用。

第二,施生理酸性肥:使茶园土壤酸化和提高土壤活性铝含量,行之有效的方法是施生理酸性肥。硫酸铵是茶园中施用诸多氮素化肥中最理想的肥料之一。硫酸铵施入土中后,其铵离子易被茶树吸收利用或被土壤胶体吸附,而硫酸根则多半留在土壤溶液中,从而增加土壤酸度。同时,硫酸铵还可为茶树提供硫的养分。因此,对酸度低的茶园,施用硫酸铵是改善茶树生长环境的一种好方法。

第三,换土:对局部受石灰污染的茶园,要在茶树种植前采取换土措施,即将酸度低的土壤挑出园外,将酸性土挑入园内。这种小面积存在酸度不足的土壤,必须在开辟新茶园时加以解决,不然的话,待整片茶园成龄,产生局部缺株,再去改良就比较麻烦了。

土壤酸化的改良:

第一,增施有机肥,提高土壤缓冲能力:有机肥,尤其是一些厩肥、堆肥和土杂肥等,一般都是呈中性或微碱性反应,在茶园中具有中和土壤游离酸的作用,并且,各种有机肥都含有较丰富的钙、镁、钠、钾等元素,可以补充茶园盐基物质淋失而造成的不足,具有缓解土壤酸化的效果。其次,有机肥中的各种有机酸及其盐所形成的络合体,具有很强的缓冲能力,对茶园酸化有很大的缓冲作用。我国过去种茶一向以施有机肥为主,茶园没有明显酸化就是这个原因。

第二,调整施肥结构,防止营养元素平衡失调:片面地单独长期施用酸性肥、生理酸性肥或铵态氮肥,都会使土壤酸化。因此,在茶园施肥中不能只施氮肥,要氮、磷、钾及中、微量元素配合施用。肥料品种上也不能长期施用某一种,要使几种形态不同肥料交换施和轮流施。最好是根据茶树吸肥特性和土壤特点,将几种肥料经过复配后施用,具有平衡土壤营养条件和防止土壤酸化的作用。

第三,增施白云石粉,调整土壤酸度:对于已经明显酸化,pH值降到4.5以下的茶园,必须施白云石粉进行调整。它可中和土壤中的游离酸,并放出镁素,效果较好。一般的做法是每亩施15~20千克过100目的白云石粉,在秋冬季施,每年1次,或隔1~2年施1次。

第四,换土改种:对于一些明显酸化,不仅土壤理化性质恶化,而且茶树本身也遭明显危害的茶园,采取一般改土措施在短期内对改土和恢复树势已很难奏效。从经济效益角度考虑,换土改种更好。在换土改种时,将种植行的酸土移走,填入新土,有条件的可在种茶前选种1~2季绿肥。

(4)质地不适

茶树在质地为壤质或砂壤质或粘壤质土壤生长较好,粘土过粘,砂土太砂,对茶树生长都是不利的,都要改良。一般地说,页岩、石灰岩、玄武岩、第四纪红土母质风化而成的茶园土质地都比较粘重,尤其是第四纪红土风化而形成的低丘红壤和黄壤质地更为粘重,如浙江金巨一带的第四纪红土形成的低丘红壤茶园土,当地茶农称之为"红筋泥",其特点是"天晴一把刀,雨后一团糟,茶叶产低、香低,不经冲泡"。第四纪红土发育的黄壤,贵州茶农称之为"死黄泥",是低产低质的重点土壤。一些砂岩、花岗岩等发育的茶园土一般呈砂性,砂质过多,容易造成土壤冲刷、漏水和漏肥现象,对茶树生长也不利。对过粘和过砂的质地不适茶园都要进行改良。

改良措施:

第一,加客土。加客土是农业生产中最常见,也是最为行之有效的改土方法之一,在茶叶生产中经常被采用,改土效果也良好,正如茶农们所说的"砂掺粘,粘掺砂,好像小孩见爹妈",这十分形象地说明茶园客土的改良效果。但是,掺砂的同时必须配合施肥,因黏土茶园掺砂后也稀释了土壤的养分含量,土壤物理性质虽得到改善,但降低了土壤单位体积和重量中的养分含量,会大大影响掺砂的效果。另外茶园掺砂后由于土壤孔隙得到改善,加速了土壤有机质分解和养分的流失,土壤养分含量也会减少。

因此过大的掺砂反而会造成负效果。黏土茶园掺砂第一要适量,第二必须配合施肥,尤其是施有机肥,才能发挥掺砂效果。黏土茶园除了掺砂外,在砂源比较少的地方,可掺煤渣粉、粗长石粉等等,也有同样的效果。

砂土茶园掺黏时与黏土掺砂一样,也要适量。另外,由于在砂土茶园掺黏时不易混合均匀,黏土容易结块,因此在掺和时要注意砂、黏相融,防止黏土结块而影响客土效果。

第二,增施有机肥。有机肥虽然不能改变土壤质地,但有机肥在土壤中腐殖化后所产生的有机胶体可与土壤无机粘粒胶体结合,形成不同粒径的有机—无机复合体,它是一种保水、保肥能力较强的团粒结构,可提高土壤孔隙率和通透性,从而改变了黏土的不良土性和耕性。另外有机肥还具有很强的吸附性能和缓冲能力,以及很强的表面活性,砂土增施有机肥可提高土壤的保水、保肥能力。所以,有机肥既能改良黏土板结、土体坚实、通透性差、黏性强等的不良土性和耕作性,也可改良砂土漏水、漏肥、肥力低下的不良性质。施有机肥无论对于黏土茶园或是砂土茶园都是一项十分重要的、效果很好的改土措施。

6. 茶园土壤污染与防治

(1)茶园土壤环境质量标准

为了确保茶叶质量安全,从源头控制茶叶的污染,国家有关部门对不同质量安全的茶叶制定了系列的茶园土壤环境质量标准,具体标准如表4-5:

表4-5　不同质量安全茶叶的茶园土壤环境质量标准

标　准　名　称	标准中规定的有害元素要求(毫克/千克)						
	砷(As)	镉(Cd)	铜(Cu)	汞(Hg)	铅(Pb)	铬(Cr)	氟(F)
茶叶产地环境技术条件(土壤) NY/T853—2004	<40	<0.30	/	<0.30	<250	<150	<1200
无公害食品茶产地环境条件(土壤)NY5020—2001	<40	<0.30	<150	<0.30	<250	<150	/
绿色食品茶产地环境技术条件(土壤)NY/T391—2000	<25	0.30	<50	<0.25	<50	<120	/
有机茶产地环境条件(土壤) NY5199—2002	<40	<0.20	<50	<0.15	<50	<90	/

目前,我国茶园土壤环境质量并不乐观,据2000年中农质量认证中心对全国300多个送检茶园土壤统计结果,6种有害重金属元素平均含量虽都未超出有机茶土壤环境质量要求,但个别土壤的含量有的却非常高,如砷的含量个别土壤达到376.8毫克/千克,镉个别土壤达到4.04毫克/千克,汞个别土壤达到2.13毫克/千克,远超出茶叶生产的环境质量要求。当然,并不是说土壤中某有害重金属元素含量高都是因为污染的结果,有的是因为土壤成土母质的矿物质含量高所致,也就是说它的自然本底值高,这并非污染所致。因此,土壤是否受到污染,能否作为某一卫生级别茶叶生产,要进行土壤环境质量评估才能作出决定。

(2)污染途径

第一,大气沉降物污染。随着工业发展和汽车增多,大气污染日趋严重,大气污染物的沉降对农田土壤会造成不同程度的污染,如汽车尾气中的铅排放散发到大气中然后沉降就会给公路沿线的茶园造成土壤铅污染。如苏北某茶场建于1958年,母质为下蜀系黄土,土壤铅本底含有量较低,但茶园分布在公路干线两侧,车流量高达960~1000辆次/小时,越是靠近公路的茶园土壤铅含量越高,因此土壤铅含量与离公路的距离呈明显的相关关系,相关系数(r)高达-0.978。

茶园土壤重金属污染的另一个重要原因是工厂的废弃物,如冶炼、电镀、印染、鞣革、油漆、化工等工厂所释放的废气中都含有不同数量的重金属。这些物质到大气中随风飘移到茶区,然后降落到茶园土壤从而引起污染。离城市、工厂较近的茶园污染要重,远离工厂、城市的茶园污染要轻些。

第二,施肥污染。施肥是造成茶园土壤污染的另一个重要原因。因为无论是化学肥料,或是有机肥都含有重金属,长期大量施用也会造成土壤污染元素的积累。尤其是一些磷肥,如磷矿粉、过磷酸钙、钙镁磷肥及进口的复合肥,重金属都较高,长期大量施用就会在土壤中积累起来,如果超过土壤的自净能力就会造成污染。特别对国外的磷肥及其制品要加以警惕。

长期大量施用没有经过无害处理或无害化处理不彻底的有机肥,也会造成土壤重金属含量的污染。有的还会造成农药、石油化合物、塑料及有害微生物的污染。因为,有机肥没有经过无害化处理或无害化处理不彻底,其中的农药残留物、苯丙芘和有害病原体、虫卵及草籽等会被带到茶园,而引起化学和生物污染。一般农家肥中大肠杆菌值高达10^{-5}~10^{-7},各种虫卵数高达100~1000个/克。这些菌和虫卵可以在土壤中保持较长的时间。

第三,喷施农药。茶园喷洒农药不仅直接污染茶叶,农药滴落到土壤,还会污染土壤。有些农药在土壤中降解速度很慢,如六六六、DDT等在土壤中可以存在几年至十几年。需要多年才能被消解。1983年3月我国已全面禁止有机氯农药的生产和使用,目前我国茶园土壤中DDT和六六六的残留量绝大部分地区已经很低微,已处于安全的允许范围以内,但检出率依然很高。目前茶园其他农药仍在施用,施用的农药品种越来越多,浓度也越来越高,施用间隔也越来越密,这些农药同样也会给土壤带来不同程度的污染。

(3)防治方法

土壤一旦受污染,尤其是有害重金属污染后修复很困难,因此要做到以防为主。

第一,植树造林改善茶园生态。

茶园周边大力植树造林,茶园中种植行道树,在不同方位营造防风林、隔离林带等,不但可以改善茶园生态条件,还可以防止污浊的空气向茶园中飘移,净化空气,减少茶园大气沉降物的污染。尤其是一些离城市、工厂、矿山等比较近的茶园,植树造林对防止废气的污染效果是十分明显的。

第二,推行"一多二不三提倡"的预防措施。

在茶叶生产中要推行"一多二不三提倡"的农业预防措施。一多就是多施用经过无害化处理,质量符合国家和行业标准的有机肥料,提高茶园土壤有机质含量和生物活性,促进土壤有机质对重金属的吸附和固定,加速对农药残留物质的降解速度,增强土壤自净能力。二不就是不施不符合国家标准的商品有机肥、化肥、淤泥和垃圾等等,防止施肥对茶园土壤的污染,因此在施肥时要加强对肥料质量的检测和监控。三提倡就是提倡平衡施肥,防止土壤酸化而活化重金属,增加茶树对它的吸收;提倡喷施低毒高效农药和合理使用农药,防止喷施化学农药给土壤带来化学农药污染;提倡合理施用除草剂,防止除草剂等给土壤带来污染。

第三,采用相应的修复措施。

对于一些农药、重金属污染严重的土壤,可采用生物、化学和工程等措施进行修复。即选择一些对某些重金属元素富集能力强的作物进行间作。如肥田萝卜、百喜草、香草等,这些作物的根系对铅、镉等有很强的富集能力,然后把收获的肥田萝卜、百喜草移出茶园。另外可施一些生物肥料,增强土壤生物活性,促进土壤对农药、除草剂的降解,如生物发酵肥、放线菌肥等都具有这一功能。对受砷污染的茶园可施用含砷霉菌腐生菌种(Saprophytic Species)的肥料,使土壤各种砷化物甲基化而形成二甲基砷[(CH$_3$)$_2$As]和三甲基砷[(CH$_3$)$_3$As],并从土壤中呈气体逸出。化学修复措施主要是选择一些化学改良剂,改变土壤反应条件或选择某些化学物与重金属元素起化学反应,降低污染元素在土壤中的活性。如白云石粉可钝化土壤中铅的活性,硫酸亚铁可钝化砷的活性,磷肥可钝化汞的活性,蒙脱土可钝化三价铬的活性,高岭土可钝化六价铬的活性等等。当土壤受到这些元素污染时,可选择相应的化合物去钝化它,降低茶树对它的吸收。工程修复措施主要是客土和换土。客土是选用一些肥力水平高而未受污染的土壤来稀释受污染土壤中污染物的浓度。换土是较彻底的修复方法之一,就是把受污染的土壤挖掉移走,然后移进没有污染的土壤,但这一措施工作量大,费工,成本高。

(吴　洵)

(五) 茶树的矿质营养与施肥

矿物质营养元素是茶树生长和高产优质的物质基础,施肥是提供茶树营养物质和改良土壤肥力的一种手段。茶园施肥必须根据茶树所需矿物营养和土壤肥力水平进行,使少量的施肥能达到最高的经济效益。

1. 茶树的矿质营养和吸肥特性

茶树作为一种多年生叶用常绿作物,其矿质营养和吸肥规律与一般作物一样,有其共性,也有自己的特殊规律。概括起来说,茶树对矿质营养的需求表现为多元性、喜铵性、聚铝性、嫌钙性与菌根共生吸收及适应性等;在吸收利用规律方面表现有明显的阶段性、季节性和贮藏营养吸收的再利用性等。

(1) 多元性

茶树机体是由各种元素组成的。据现代等离子发射光谱等先进仪器的测定和分析,发现茶树体内有40多种元素,其中对茶树生长发育必不可少的有碳(C)、氢(H)、氧(O)、氮(N)、磷(P)、钾(K)、硫(S)、镁(Mg)、钙(Ca)、铝(Al)、锰(Mn)、铁(Fe)、锌(Zn)、钼(Mo)、铜(Cu)和硼(B)等。其中碳、氢、氧主要来自空气和水,其他的几种主要元素都来自土壤的矿物质。氮素虽并非土壤矿物质,而来自空气,但它只有被矿化以后,成为离子态,才能被茶树所吸收利用,因此,它与其他几种元素一样,常常被统称之为茶树的矿质营养元素。各种营养元素在茶树体内的含量虽有高有低,高的如碳、氢、氧等,含量达百分之几;低的如硼、铜、钼等,含量只有百万分之几。不管它们含量高低,在树体内都各有自己特殊的功能,彼此之间不能相互代替,但它们之间却互相依存。如果缺少其中某一种元素,许多生理过程将无法进行,茶树生长发育将出现异常表征和生理病变,其他元素含量再多,也无法发挥其应有的作用。例如,锌在茶叶中的含量只有百万分之几,但它却是许多酶的重要组成成分,如果没有或者缺少锌元素,茶树体内的谷氨酸脱氢酶等的酶促反应将无法进行;光合作用,氮代谢等也将无法完成;碳、氮等营养元素的生理功能都将无法发挥作用;久而久之,茶树将逐步死亡。所以,茶园施肥要根据茶树对营养元素需求的多元性特点,施足各种所必需的矿质营养物质,保证茶树生长过程对各种元素的需求。

(2) 喜铵性

茶树作为一种叶用作物,对氮素的需求十分迫切,需求量也很高,其吸带量约为4.5千克/100千克干茶,但茶树对土壤中氮的利用,既能吸收铵态氮(NH$_4$—N),也能吸收硝态氮(NO$_3$—N),还可利用一些简单的有机态氮（R—NH₂）。但相比之下，对铵态氮特别偏爱。当土壤中同时存在多种形态氮化物时，总是优先选择铵态氮吸收。据示踪试验结果发现，在茶树嫩梢的蛋白质中来自铵态氮的数量比硝态氮高3～4倍，在老叶或成熟叶子的蛋白质中，来自铵态氮的数量比硝态氮高6～7倍。同时，铵态氮对于合成茶氨酸的"贡献率"比硝态氮也要高好几倍。可是，当土壤中缺乏铵态氮或没有铵态氮，而只有硝态氮时，则又能被迫吸收硝态氮，但要付出较高的能量作为代价。因此，硝态氮的生理效应和增产效果就不如铵态氮。茶树喜铵的原因，主要是遗传的营养基因型特征所决定的。左右这一特征的主要是它的酶系特性，因为，茶树体内硝酸还原酶活性很弱，因此，不易将吸收的大量的硝态氮还原成铵后合成各种氨基酸；相反，对铵的同化，由于还存在着谷氨酸脱氢酶、谷酰胺合成和谷酰胺-α-酮戊二酸氨基转移酶两条同化铵态氮的途径，所以能迅速地将吸收的铵态氮转化成茶氨酸及其他氨基酸。因此，在制定茶树施肥技术措施时，必须十分重视对铵态氮肥料的施用。

（3）聚铝性

茶树由于长期生长在酸性的富铝化土壤上，在其个体发育过程中，树体各器官都聚集了大量的铝化物。其含量对于许多其他作物来说，已达到中毒死亡的程度，但茶树却平安无事。相反，适当高含量的铝能促进茶树根系生长，提高叶子的光合作用能力，促使碳水化合物的转化，尤其是铝对于促进茶氨酸转化成儿茶素的代谢、改进红茶品质有良好的作用。同时，铝还能促进茶树对磷的吸收和转化。据研究，在茶树适宜生长的pH值条件下，借助茶树根分泌物的作用，铝、磷可按一定克分子比进行络合，并能被茶树所吸收。由于茶树体内的pH值比土壤中大，酸度改变，磷铝络合物开始解体，磷被输送到茶树生长旺盛的芽叶中去，而铝则在各种酚类化合物的作用下，被输送到老叶子中聚集起来，然后通过落叶从体内排除出去，重新归回到土壤中，再次与磷络合被根所吸收。铝就这样一次又一次地不断把土壤中的磷送到树体内，就像一个打水的"泵"一样，把磷打入树体内。所以，铝的这种特殊功能被称为"铝

泵"作用。这种作用与茶树根系分泌大量有机酸及树体内含有丰富的多酚类化合物有密切关系。总之，铝元素虽还未被确定是茶树有机物质的组成成分，但它对茶树生长的促进作用，与其他作物相比具有重要而积极的意义。因此，茶树在富铝化土壤上的生长，比在其他土壤上更好。

（4）嫌钙性

钙是茶树重要的营养元素之一，对茶树许多酶促反应、碳代谢，以及对平衡和稳定树体内的反应条件等都有十分重要的作用。但是，茶树属低钙型作物，它对钙的需求比一般作物低得多。如果与同时生长在酸性土上的桑树和橘树相比，几乎要低十几倍以至几十倍。因此，在茶树生长过程中对钙的需求量较少，过量的钙反会有害生长。据研究，当土壤中活性钙含量超过0.5%（CaO计）时，茶树生长就会不正常，严重时还会引起死亡。因此，茶树不仅不能生长在富钙的石灰性土壤上，就是酸性土施了过量的石灰，或者原为屋基、坟地、窑址等受残留石灰污染的土壤上，茶树生长也不正常。因此，茶树常常被称为"嫌钙"作物。但必须指出，茶树"嫌钙"并不是不需要钙，如果土壤酸度很高，活性钙含量很少，茶树同样也会出现钙的缺素症。茶树缺钙时，新梢停止生长，并有汁液外溢，严重时还会死亡。不过，在我国当前茶叶生产中，钙过量影响茶树生长的较为多见，而缺钙影响茶树生长的却比较少见。但是在氮肥用量过多，茶园土壤酸化严重的情况下，则要警惕缺钙的发生。

（5）阶段性

茶树自种子发芽之后，便开始不断地从土壤中吸收养分和水分，直至死亡，从不间断。但在它个体发育过程中的各个不同阶段，对养分的吸收和利用表现有明显的差异。茶树幼年期，生机旺盛，生命力强，生长迅速，并且，以营养生长占主导地位，因此，对养分的吸收能力强，并把吸收的养分主要消耗在根、茎、叶的生长上。在正常生长条件下，二年生茶树需氮量比一年生增加4倍多，三年生茶树需氮量为一年生的11倍。对磷、钾的吸收量也有近似的增长趋势。但茶树幼年期，可塑性强，改变营养元素比例容易引起生长变化，如提高磷、钾比例可促进根系

生长。根深才能叶茂,有利于以后高产、稳产和优质,因此,幼年茶树适当提高磷、钾肥的用量比例,是茶园施肥的重要环节。青年期是茶树生长最旺盛期,吸肥能力强,需肥量多。由于茶树经过多次定形修剪之后,树冠不断扩大,绿色面积增大,对氮的需求量提高,保证这一时期的氮素供应,对于高产优质至关重要。到成年期,生长相对稳定,所吸收的养分主要消耗在茶叶产量上,对氮、磷、钾等营养元素的需求比例大致与茶叶吸带比例相接近。但是,这一时期的茶树,生殖生长也相对开始旺盛,花果不断增加,茶树营养负担重,需肥量比青年期还要多。由于茶树营养生长和生殖生长对氮、磷、钾等营养元素的需要比例不同,因此,如何通过营养调控,促进营养生长、抑制生殖生长,是这一时期施肥的重要环节。到了衰老期,茶树生机逐步减退,吸收能力逐步减弱,需肥量也相应减少,茶树花果增多,施肥效果下降,这时需要结合重修剪、台刈等复壮措施,使茶树恢复生机,进入新的吸收循环。

(6) 季节性

茶树在年生长过程中,对营养物质的吸收,表现有强烈的季节性的特征。在我国长江中下游广大产茶区,一般每年在 10 月份以后,茶树地上部逐步停止生长,直至翌年 2～3 月份止。但在这一段期间内,叶子的光合作用和呼吸作用并没有停止,茶树依然进行着物质的积累和消耗。而且,积累远要超过消耗,并把积累的物质徐徐地输送到根部贮存起来,到第二年早春,这些贮存物质又不断地被输送到枝梢,供新梢芽叶生长所需,成为春茶生长的重要物质基础,明显表现出吸收—贮存—再利用的特点。例如,中亚热带的广大产茶区,每年 4～9 月为茶树地上部生长最旺盛期,10 月～次年 3 月为茶树地上部生长停休期,前 6 个月茶树所吸收的养分占全年总吸收量的 65％～70％,而后 6 个月所吸收的占总吸收量的 30％～35％。当然,纬度和海拔不同,茶树物候期也就不同,它们的吸收比亦随之有所变化。如江北茶区和高山产茶区,因气温低,茶树地上部生长期短,前、后 6 个月的吸收比差距更大;而华南茶区,因气温高,茶树生长期长,越冬期短,前后 6 个月的吸收比趋向平衡。

在茶树地上部生长期间,由于芽叶生长和根系生长都表现有明显的节奏性和明显的轮次性,并且,地上部生长和根系生长之间具有一定交替生长的特点,因此,对养分的吸收和消耗也表现有同样的规律。春茶由于茶树经过一个秋冬的"养休"之后,生长迅猛,产量高,消耗量大,吸收能力强,需肥多。在 4 月中至 5 月上旬的短短 20 多天的春茶期间,它对矿质营养元素的吸带量占总吸带量的 40％～45％;夏、秋茶期间,茶树生长缓慢,产量比重下降,加上"伏旱"等因子的影响,吸收能力降低,需肥量相对减少,在 5 月至 10 月中旬的 150 多天中,它对矿质营养元素的吸带量只占总吸带量的 55％～60％。但由于地区不同,茶树生长情况不同,它对矿质营养元素的吸带比也有很大的变化,在我国纬度较高的江北茶区,尤其是山东产茶区,因春天气温低,并常有春旱,严重影响茶树生长和吸肥能力,所以茶树对矿质营养元素的吸带量较少。而 7～8 月份,气温高,雨水多,茶树生长快,生长速猛,产量高,成为全年需肥高峰。而在我国热带茶区,尤其是海南产茶区,气温高,雨水充沛,茶树生长期长,几乎全年可采茶叶,一年中茶树对养分吸带量也较为均匀。研究和了解茶树吸肥的阶段特征和季节规律,对于制定合理的施肥措施有重要意义。

(7) 与菌根共生吸收特性

茶园土壤均系酸性土,土壤中繁衍着许多耐酸系真菌,其中由类囊霉真菌而引起的胞囊丛枝内生菌根(Vesicular Arbuscular mycorrhizal,简称"VA")在红壤茶园中发生率很高,并对茶根有很强的侵染能力。它的菌丝体和胞囊全部侵染在营养丰富的茶根皮层薄壁细胞中,菌丝体与寄生根系细胞原生质相通,它们吸收根系细胞的养分供自己生长和繁殖。在这些菌根生长和繁殖过程中分泌出各种酶、有机酸及其他生化物质。这些物质一方面可激活茶树酶活性(如酸性磷酸脂酶等),促进根系生长和对土壤养分的吸收。另一方面,这些物质也能促使土壤中某些茶树无法吸收利用的无机物逐步风化,释放出茶树可以吸收利用的养分,提高茶树对无机质营养元素的吸收利用能力。如果采用合适的方法,红壤茶园接种菌根后,茶树对磷、钾、铁、锌等营养元素的吸收大为增强,从而提高它们在茶叶中的含量,同时也促进茶树光合作用强度和加速茶树的生长。有些茶树能较好地生长在很贫瘠的酸性土上。这些土壤有效性磷虽然很少,但 VA 菌根却十分活跃,对茶树的侵染率也十分高,从而使茶园能获得一定的产量。

(8) 适应性

茶树对营养元素的吸收还表现有明显的适应性。首先是对土壤反应条件的适应性。茶树属喜酸性土作物,它吸收养分对土壤酸度变化的适应能力较弱,一般 pH 值 5.5 时对各种营养元素的吸收较为适应,当酸度改变时都会直接或间接地影响其吸收的强度,对有的营养元素吸收可能增加,对有的营养元素吸收可能减少,从而造成体内营养元素不平衡状态。茶树自身对这种不平衡状态有一个缓冲范围,但超越一定的适应范围,就会影响茶树正常生长和茶叶产量。例如,茶树对铝和锰等的吸收是随酸度提高而增多,而对钙、镁等的吸收是随酸度的下降而减少,茶树对铝、锰及钙、镁等的吸收和平衡只能适应在 pH 值 3～7 之间。超越这个范围,就会导致树体内钙、铝等营养元素比值明显失常,使茶树无法生长。

其次是茶树养分吸收对土壤湿度的适应性。茶树是喜湿润作物,土壤湿度过干和过湿都会影响茶树对养分的吸收能力。其吸收养分的最适湿度为土壤田间最大持水量的 75%～95% 之间。但是,茶树又是一种较耐旱的作物,其养分吸收对干旱条件的适应性较对湿涝的适应性要强。因为茶树体内含有玉米素和脱落酸等激素物质,在干旱时茶树叶片的含水率下降落后于土壤含水率的下降,当茶根受到水分胁迫时,会抑制对玉米素的合成,并向地上部输送,玉米素起到一种信号作用,同时,叶片中的脱落酸便积累,并增强对根部的运送,可暂时避免茶树叶片的迅速失水,起到一定的抗旱作用。另外,在干旱条件下,茶树能自行增强对钾的吸收,以增加细胞液浓度和生理抗旱性,以保持在干旱条件下继续生长。

茶树吸收养分对其他条件也表现有一定的适应性,如对温度就是其一,如对铵态氮的吸收最适温度是 35℃,对硝态氮的吸收最适温度是 25℃。因此,

在茶园施肥时必须考虑这些适应性的问题。

(吴　洵)

2. 茶园施肥基本准则

(1) 保护环境安全施肥

茶园施肥的目的不仅只是为茶树提供营养元素,同时也是改良土壤的一种手段,一切有利于提高土壤肥力和改善土壤生态环境的施肥技术都是好的施肥技术;那些有损土壤生态环境,恶化土壤理化性质,降低土壤肥力的施肥方法都是不良的施肥方法。因为,当在茶园施肥时,在为茶树提供养分的同时也会改变土壤的理化性质和影响土壤的生态环境,只有在提供养分的同时使土壤理化性质和生态环境向有利肥力发展的方向发展才能充分发挥施肥效果,否则会适得其反,生产不可能得到可持续发展。另外,施肥也是造成茶园土壤和周边环境污染的原因之一。因为无论是有机肥还是化学肥料,其中都有重金属等污染物,不合理选择和施用都会造成茶园及周边环境的污染和影响茶叶质量卫生安全。同时不合理用肥也会造成肥料流失和对周边水源污染,破坏茶区生态环境。为了防止施肥对土壤、食品、环境的污染,做到安全用肥,国家对各种肥料制订了一系列的标准,设法把施肥污染降低在一定的范围以内。因此,在进行无公害茶叶生产中,在施肥时,无论在肥料的无害化处理上,还是在肥料的选择上,施用技术上都必须高度保持环保观念,提高施肥的环保意识,消除茶园传统施肥的那种随意性,牢固树立科学合理、安全施用理念。

(2) 改良土壤多施有机肥

茶园施肥不仅只是提供茶树营养元素,同时也是改良土壤的一项重要措施,两者有互促互补的作用。

茶区的水热条件好,土壤中有机质积累也快,但分解也十分迅速。自土壤垦为茶园后,在幼龄期间土壤有机质分解大于积累,有机质总量呈下降趋势。一般我国多数红黄壤茶园有机质含量都较低,而且,大多数茶园土壤酸化严重,质地粘重,理化性质较差,保水保肥能力低,尤其是一些低丘红壤茶园,"天晴一把刀,天雨一团糟"现象十分普遍。因此,每年

需要不断地增施有机肥。

有机肥不仅为茶树提供十分丰富、比例协调的营养元素,而且大量增施有机肥可促进土壤微生物生长。由于微生物的活动,大大促进了土壤熟化进程,同时在各种微生物的生长和有机质的分解过程中可以形成各种酚基、维生素、酶、生长素及类激素等物质,它们都有促进根系生长和吸收的作用。大量施用有机肥,可以增加土壤代换量,提高茶园保肥能力,因为所有的有机肥都具有较强的阳离子交换能力,其交换量相当于茶园土壤无机胶体的 $10 \sim 20$ 倍,这样就可以吸收更多的铵、钾、镁、锌等营养元素,防止淋失,从而可以提高茶园施肥的效果。

此外,茶园多施有机肥对茶园保墒抗旱,保温抗寒等也都有良好的效果。因此,茶园增施有机肥优越性很多,在改良土壤、提高土壤肥力、增产提质的效果上是化肥无法比拟的。所以,茶园施肥必须多施有机肥。但是,有机肥料也有自身的缺点,如有效成分低、养分释放慢、体积大、施肥费工等,因而单施有机肥有时无法保证茶树集中需肥的要求。所以必须有机、无机肥料配合施用,这样既能满足茶树生长过程对养分的集中需求,又能改良土壤,收到良好的施肥效果。

(3) 按茶树生长物候期分批分次施用

茶树作为一种多年生作物,在其年生长周期中对养分的吸收表现有明显的阶段性、季节性和连续性,因此施肥必须按茶树生长的物候期分批分次施用。例如,在年生长周期中,即使地上部停止生长,根系还在不断吸收,把吸收的养分贮存在根系、根颈部。这些贮存物质成为翌年春茶萌发的物质基础,对春茶早发、多发、发壮芽有重要影响。因此,施基肥成为名优茶生产的关键措施。实际上,基肥的作用是多方面的,如对改良土壤、抗寒防冻、恢复树势、促进生机等都有良好效果。但是只有基肥还是不能满足茶树生长过程对养分集中吸收的需求,还要分期分批施追肥,尤其是春肥更为重要。如果春肥不足,体内积累物质被耗尽,春梢生长得不到必要的物质补充,不仅直接影响到春茶产量和品质,同时也会影响到茶树的树势,对夏、秋茶生长也极为不利。所以,施足春肥也是为夏、秋茶生长打下良好基础。施

足春肥,即使部分肥料未完全被茶树吸收,余留部分,夏、秋茶期间茶树仍可利用。但夏、秋期间,茶树要发好几轮新梢,根系还会出现多次的吸肥高峰,仅靠秋冬基肥和春肥的后效是无法保证茶树生长对养分需求的,还要根据情况,因地制宜地追施夏、秋肥,确保夏秋期间茶树对养份的需求。

(4) 测土诊断平衡施肥

茶树生长需要多种营养元素,它对这些营养元素的需求和吸收是彼此平衡协调,并受到营养吸收最低因子律的制约,也就是说,如果其中某一营养元素缺乏和不足,就会影响其他营养元素对生长所起的作用,这些营养元素再多也无济于事,反而会起到反作用。要使茶树正常而健壮生长和高产优质,不仅需要土壤中有丰富的营养元素,而且要求彼此相互平衡协调。由于茶树对养份的吸收是通过土壤而进行的,因此,土壤中的营养元素含量对茶树生长有很大的影响。茶园施肥不仅只是提供养份含量的过程,也是不断丰富和平衡土壤养份含量的过程。茶园施肥时,及时了解和诊断茶园土壤营养元素含量丰缺情况及彼此平衡关系是十分重要的,只有这样才能制定适宜的肥料配方,防止施肥的盲目性和随意性,使茶园施肥有的放矢。可通过施肥不断提供和调整土壤营养元素含量,使茶园土壤肥力得到提高,茶园生产不断向更高生产力方向发展,同时也可防止某些营养元素过剩流失而造成环境的污染。

(5) 根据茶叶生产,按需经济施肥

"看土按产控量"施肥方法是当前广泛被采用的经济施肥方法之一。它是根据茶园土壤肥力水平和生产能力确定基础用量、一般用量和高肥用量三个剂量等级来控制茶园合理施用氮肥,防止高氮施肥的发生,以达到经验施肥的目的。

所谓基础用量,是按茶园生产青叶对氮的吸带量来估算的。据测定每生产 100 千克青叶要从茶树上带走约 1.125 千克纯氮,在生产青叶时茶树根、留叶、花、果等也要消耗氮素,一般消耗量与其随死根、落叶、落花、修剪枝叶回归土壤氮数量相当,即每生产 100 千克青叶只需施回茶园 1.125 千克纯氮,就可以使茶园土壤氮达到收支平衡。但据同位素 [15] N

的试验结果,一般茶园肥施的利用率全年只有45%左右,其他的都以流失、逸出、固定等形式消耗掉了,因此,在生产实际上,每生产100千克青叶,要施给茶园25千克纯氮,才能满足生产要求。其中三分之一以有机肥氮作基肥,三分之二以无机氮作追肥,分次施入。例如某茶园常年可生产干大宗茶150千克(约600千克青叶),每年至少要施15千克的纯氮,其中5千克(约100千克菜子饼肥,或500~600千克商品性有机肥)作基肥,10千克氮(约22千克尿素)作追肥,分次施入。这就是所谓茶园经济施肥中的基本用量,也是最低用量。

不过茶园施肥的目的不仅只是营养茶树,同时也要肥培土壤,不断提高茶园土壤肥力,使茶园在给茶树供氮的同时,也给土壤增氮,提高土壤含氮水平。因此,为了使茶叶持续优质高产,在基础用量水平上适当增加氮肥用量,有利茶叶产量和品质的提高,也有利施肥经济效益的发挥。据生产大宗茶长期科学施肥实例调查的结果,一般认为生产100千克大宗茶青叶施回3.0~3.5千克纯氮是经济合理的(表4-6),就是所谓的茶园施肥一般用量。例如某生产茶园年施用200千克纯氮,这不仅营养茶树,又能提高土壤肥力,其中约三分之一的氮,即8.3千克的有机肥氮(约166千克菜子饼)作基肥,16.7千克氮(约36千克尿素),以化肥形式作追肥分次施入,这种经济施肥方法在我国许多生产大宗茶的地方比较普遍。

表4-6 生产大宗茶园科学施肥实例

调 查 点	英山长冲茶场(6年平均)	新昌长乐茶场(7年平均)	新昌儒一茶场(10年平均)	杭州茶叶试验场(10年平均)	湖南省茶研所生产茶园(10年平均)
茶园产量(千克/亩)	212.5	163.0	153.4	161.5	155.3
施入的纯氮量(千克/亩)	25.0	19.7	18.9	17.8	20.7
折合每生产100千克干茶施入的氮(千克)	11.8	12.1	12.3	11.0	13.3

当然,随着茶叶生产发展和栽培技术的提高,不少地方出现高产优质茶园,有的茶园生产能力达到每亩300千克大宗干毛茶。这些茶园生产潜力大,并有多种高产优质技术配套,肥料效果可以得到很好发挥,在一般肥料用量基础上适当提高用量有利施肥效益的进一步提高,一般每生产100千克大宗茶青叶施回3.5~4.0千克纯氮也就够了。如某茶园亩产可达400千克干大宗茶一年施回60千克纯氮,其中三分之一以有机肥的方式作基肥,三分之二以化肥的方式作追肥分次施用,若用量再增加,并不能取得良好的经济效益。

对于只采名优茶,不采夏秋茶的,或是春天采名优茶,春后修剪留夏,秋后轻采名优茶的茶园,很难按产定肥了。其氮的吸带量少,落叶和修剪枝叶回归茶园量多,要适当控制氮的用量有利茶叶品质的提高和环境保护,也有利施肥经济效益的发挥,一般每亩茶园施150~200千克菜子饼作基肥,施10~15千克纯氮作追肥也就足够了,不必多施。

磷、钾肥要采用补缺的方式与氮配合施用,氮、磷、钾比可采用3:1:1或2:1:1方式配合。我国流行的经济季肥方法的经验还很多,都是因地制宜而定的,需要进一步总结。

(6)根部施肥为主,叶面肥配合

茶树根系分布深而广,主根可伸展到2米以下,吸收根在行间盘根错节,其主要功能是从土壤中吸收养分和水分,茶树施肥无疑应以根部施肥为主,使根的吸收养分功能得到充分发挥。但是茶树叶片多,叶表面积大,除进行光合作用外,还具有吸收养分的功能,也是茶树施肥的好场所,尤其是在土壤干旱、湿涝、根病等根部吸收障碍时,叶面施肥效果更好。叶面施肥还能促进根部吸收。但叶片的主要生理功能是光合作用和呼吸作用,对养分的吸收强度和数量都不如根系。因此,叶面施肥不能代替根部施肥,只有在根部施肥的基础上配合叶面施肥,相互促进,取长补短,才能全面发挥施肥的良好效果。

（7）因地制宜灵活掌握

我国茶区广大,土壤类型繁多,气候条件复杂,生产的茶类不同,在确定某地区或某茶园具体施肥技术时,除了要遵照以上几点原则外,还要根据当地品种特点、茶树生长状况、茶园类型、气候条件以及灌溉、耕作、采摘等的实际情况,因地制宜,灵活掌握。如有机质含量高的茶园,在施肥时要适当提高化肥比例;相反,有机质含量低的茶园,要提高有机肥的施用比例。又如生产名优茶的茶园,主要是依靠春茶,较生产大宗茶的茶园更要重视基肥的施用;再如春季干旱严重的地区,春肥不易发挥效果,多施春肥反而会造成肥害,要改变春、夏、秋肥的追肥比例;而幼龄茶园、苗圃等,要适当重视磷、钾肥的施用,以利于幼龄茶树和扦插苗根系的生长,还有在干旱季节要多施根外肥,少施根肥等等。总之,因地制宜,灵活掌握是茶园施肥中必须遵循的一条基本准则。

（吴　洵）

3. 茶园测土和营养诊断施肥

土壤和茶树体内养份含量水平和丰缺情况,是茶园施肥的重要依据之一。但是由于茶树是多年生作物,茶园土壤又是一个不均匀体,变数很多,给茶园测土和营养诊断增加了许多难度,尽管如此,我国茶叶科学工作者仍坚持不懈从多方面进行了广泛的研究,并取得了良好的成绩。

（1）茶园土壤测定与推荐施肥

土壤取样:

茶园土壤是个不均匀体,不同时间、不同深度、不同部分取的土壤,其结果差异较大。在进行土壤测土推荐施肥时,要根据茶树生长、播种方式和地形等特点,采取定位、多点、定时方法进行,以了解土壤全年养份变化情况及不均匀程度,使测定结果能全面反应土壤肥力水平。

测定方法:

土壤养份的测定方法很多,不同的测定方法其结果也是不一样的。茶园土壤作为一种酸性土,目前广泛采用的测定方法如表4-7。

表4-7　茶园土壤肥力分析中最常用方法

项　目	方法（或浸提剂）	主 要 形 态
pH	水或稀盐（KCl、CaCl$_2$）溶液	氢离子等
有机质	重铬酸钾氧化法	碳
全氮	开氏法（浓 H$_2$SO$_4$）	有机氮和无机氮
碱解氮	NaOH	易水解有机氮和交换性 NH$_4^+$ 等
NH$_4^+$	2.0 mol/L KCl	水溶态和交换态
NO$_3^-$	2.0 mol/L KCl 或 CaCl$_2$	水溶态
磷	0.03 mol/L NH$_4$F+0.025 mol/L HCl	铁磷和铝磷及磷酸根
K$^+$、Mg^{2+}、Ca^{2+}	1.0 mol/L NH$_4$OAC（pH 7）	交换态
SO$_4^{2-}$	0.5 mol/L Ca（H$_2$PO$_4$）$_2$	水溶态和吸附态
Zn^{2+}、Cu^{2+}、Mn^{2+}	0.1 mol/L HCl 或 0.005 mol/L DTPA+0.01 mol/L CaCl$_2$+0.1 mol/L TEA（pH 7.3）	螯合态
H$_3$BO$_3$	热水	水溶态
Cl$^-$	H$_2$O	水溶态

诊断指标:

测定结果如何确定土壤肥力水平,这种肥力水平是否要施肥,施什么肥,这是测定推荐施肥的关键。一般情况下,要采用盆栽和大田试验进行校正和验证才能作出结论。但在生产中一般只有粗线条的划分,如某土壤属高肥力、中肥力和低肥力等。为此,农业部在 2004 年颁布的 NY/T853—2004《茶叶产地环境技术条件》中特地将茶园土壤高、中、低三级不同肥力水平的主要营养元素等作出规定,如下表 4-8。

表 4-8　茶园土壤肥力分级指标(NY/T853—2004)

项　目	指　标		
	I	II	III
有机质 g/kg	>15	10~15	<10
全　氮 g/kg	>1.0	0.8~1.5	<0.8
全　磷 g/kg	>0.6	0.4~0.5	<0.4
全　钾 g/kg	>10	5~10	<5
有效氮 mg/kg	>100	50~100	<50
有效磷 mg/kg	>10	5~10	<5
有效钾 mg/kg	>120	80~120	<80
阳离子交换量 cmol/kg	>20	15~20	<15

但是,如何根据这个肥力分级指标进行施肥仍需研究和实践。

各研究单位根据各自所处的条件及力所能及的范围,也提出了高产优质的肥力诊断指标,如韩文炎等(2002)通过不同生产力茶园填充养分资源状况的调查和试验研究,总结提出干茶产量 225 千克/公顷以上,优质高产茶园土壤养分的诊断指标(表 4-9)。在实际应用中,也有采用产量水平和土壤养分分析值之间的回归关系,来确定茶园土壤养分丰缺指标的。张亚莲等(1997)对湖南省 67 个茶场的 136 份茶园土样进行了肥力水平测定,采用多元回归分析建立了茶园土壤全磷、碱解氮、速效磷、速效钾含量与茶叶产量之间的数学模型,据此提出了茶园土壤养分的丰缺指标。谭和平等(1991)根据茶园所处海拔高度和密度,将茶园分成 5 类生态区,分别得到了产量与土壤有机质、碱解氮、速效磷和速效钾的多元直线回归方程。

表 4-9　干茶产量 225 千克/公顷以上茶园的土壤营养诊断指标

项　目	指　标	项　目	指　标
有机质(g/kg)	>20	有效镁(mg/kg)	>50
pH(H$_2$O)	4.5~5.5	有效性钙/镁	5~12
全氮(g/kg)	>1.0	有效硫(mg/kg)	>50
速效氮(mg/kg)	>100	有效铜(mg/kg)	>1.0
速效磷(mg/kg)	>20	有效锌(mg/kg)	>2.0
速效钾(mg/kg)	>100	活性铝[cmol(1/3Al^{3+})kg]	3.0~5.0

推荐施肥:

根据土壤测试提出施肥量,目前研究和应用较多的主要有:"养分丰缺指标法"、"地力平衡法"、"目标产量法"和"肥料效应函数法"等。

养分丰缺指标法:养分丰缺指标法是根据该研究所确定的"高"、"中"、"低"等指标等级确定相应的施肥建议。据土壤测定结果,将测定值与该养分的分级标准进行比较,以确定测试土壤的该养分是属于哪一级,根据不同级别确定施肥量,方法简便易行。该法在磷、钾、镁和微量元素推荐施肥方面应用比较广泛。表 4-10 为茶园钾、镁肥推荐标准。

表 4-10 中等肥力以上茶园钾、镁肥推荐用量

土壤交换性钾含量 (mg/kg)	钾肥推荐用量 (K$_2$O kg/hm^2)	土壤交换性镁含量 (mg/kg)	镁肥推荐用量 (MgO kg/hm^2)
<50	300	<10	30~40
50~80	200	10~40	20~30
80~120	150	40~70	10~20
120~150	100	70~120	5~10
>150	60	>200	0

* lmol/L 中性 NH$_4$OAC 提取。

肥料效应函数法:建立在肥料田间试验和生物统计基础上,肥料的增产效应反映了施肥量与产量间的关系,确定形式的数模型,根据数模型的运算确定肥料用量。

其优点是可以根据肥料效应回归方程式,计算试验茶园的最高产量施肥量、最佳经济施肥量和氮、磷、钾养分最佳配比等参数。下表列出了一些例子,从表 4-11 中可看出,茶园氮肥的最佳施肥量为 300~400 千克/公顷,而磷、钾的用量差异则比较大。肥料效应函数法的局限性是需要较多的田间试验,才能对某一地区茶园提出适宜的施肥量。

表 4-11 "肥料效应函数法"茶园推荐施肥举例

试验地点	土壤	养分元素	实验设计和回归方程	施肥量参数(kg/hm^2)
陕西南郑县法镇乡茶场	黄褐土	氮	一元二次方程式	最高产量施氮量:276~350 最佳经济施肥量:242~312
安徽祁门茶叶研究所	不祥	磷、钾	二元二次方程式	最高产量施肥量:磷75;钾43
福建永安云峰茶场 (机采乌龙茶)	不祥	氮、磷、钾	回归最优设计 三元二次方程式	最高产量施肥量:氮376;磷242;钾149 最佳经济施肥量:氮313;磷184;钾112 最佳配比:1:0.58:0.35
四川苗溪茶场	山地黄壤		二次回归旋转组合设计 三元二次方程式	最高产量施肥量:氮487;磷32;钾205 最佳施肥量:氮386~425;磷72~87;钾122~149

在生产实践中的应用效果如何,仍需作大量的研究和实践才能作出结论。

目标产量法:

是根据一定的产量要求计算养分需用量。其公式为:

$$W = (U - M_s)/R$$

式中:

W——养分需要(千克/公顷);

U——一季作物的养分总吸收量（千克/公顷）；

M_s——土壤供肥量（千克/公顷）；

R——肥料当季利用率（％）。

在茶园中可按下式计算养分需求量：

$$养分需求量=\frac{目标产量\times\begin{matrix}单位茶叶产量\\养分吸收量\end{matrix}\times\begin{matrix}土壤养分\\供应量\end{matrix}}{土壤测定值}$$

按照这一方法，先根据土壤条件、茶树生长状况，结合气候条件和管理水平，确定目标产量，该目标产量大致相当于前3年平均产量水平上加10％～15％的增量。单位茶叶产量养分吸收量除了采摘新梢所含养分外，还包括茶树根、茎、叶（成熟叶）等新吸收的养分。土壤养分供应量可以根据土壤测定值和校正系数来计算：

土壤养分供应量（kg/hm²）＝校正系数×测定值（mg/kg）×0.32

系数 0.32 是将土壤测定值由 mg/kg 换算为 kg/hm²（假设茶园土壤容重平均为 1.2 g/cm³，有效土层 40 cm，而得）；校正系数一般根据田间试验结果来求得：

$$校正系数=\frac{空白区产量\times\begin{matrix}单位茶叶产量\\养分吸收量\end{matrix}}{土壤测定值}$$

这个方法目前只处于研究，在生产中未能得到实际应用，由于从研究到实际应用仍要作大量工作。

以经验定氮法：

采用目标产量法时，该方法简单易行，属于经验方法，缺点是其中的关键因子是养分供应量的确定，但缺少可靠的茶园土壤氮素肥力测定方法。针对茶园土壤普遍缺氮以及茶树对氮素需求量比较高的特点，可以采用以经验定氮法。根据各地经验和田间试验结果，每生产 100 kg 干茶需要施用 12～15 kg 的氮素。表4-12列出了茶园氮肥的参考用量。对于磷、钾和其他营养元素则采取"以氮定磷、钾，其他营养元素补缺因缺补缺"的办法，确定氮素后，按照适宜茶树生长的氮：磷：钾的最佳配比（大致为4～2：1：1～2），根据土壤磷、钾的测试结果，对比例进行调整，如果土壤严重缺磷，则增加磷的比例。其他营养元素如硫、镁和微量元素，则根据土壤分析结果，在缺乏时适量施用。

表4-12 茶园氮肥参考用量

幼龄茶园		成龄茶园	
树　龄	氮肥用量（kg/hm²）	干茶产量（kg/hm²）	氮肥用量（kg/hm²）
1～2	37.5	<750	90～120
3～4	75～112.5	750～1500	100～250
		1500～2250	200～350
		2250～3000	300～450
		>3000	400～600

这里必须指出，不管是什么方法，都有它的优缺点，而茶园施肥受多种因子所制约，土壤物理性质对茶园施肥效果也有很大的影响，尤其是植株分析结果更要考虑，因此，土壤测土推荐施肥只能作施肥的一种参考，决不能生搬硬套。

（2）茶树营养分析和诊断

茶园施肥还可以通过茶树营养分析来确定，它可与土壤测定结果相结合，获得可靠的施肥方法。

茶树植株营养诊断取样部位和时期：

茶树作为一种多年生常绿作物，植株的养份含量随茶树年龄和季节变化很大，这给茶树营养诊断的取样增加了很大的麻烦，如氮、磷、钾、镁的浓度随着生理年龄增加而减小，而钙、铁、锰、硼等元素的浓度则随着生理年龄增加而增大；而且在不同时期（春、夏、秋）取样，养分浓度也有很大变化。一般取新梢或成熟叶养分含量比较稳定，可作为茶树营养诊断依据,新梢常用一芽一至三叶或者芽下第 3 叶,成熟叶通常取树冠表层。对于移动性强的营养元素,通常宜采用成熟叶,而对于移动性弱的元素,则以新梢较好。

茶树植株营养诊断指标:

我国还缺少就不同生态条件、不同茶类茶园茶树营养诊断的适宜部位、取样时间、诊断指标量值和推荐施肥等展开系统研究,目前限于个别研究,适应的茶园范围还比较窄,缺少在较大范围内成功应用

的例子。表 4-13 列出一般普遍认可的茶树缺素诊断的指标,茶树的生长和茶叶品质不仅仅取决于营养元素的丰缺程度,还与茶树中营养元素的平衡有关。例如,要看茶树是否缺钾或镁、钙等元素,以及它们的供应水平,因此在应用有关诊断指标时,需要考虑养分元素之间的协同或拮抗作用。在进行茶树营养诊断时更要考虑土壤养份含量、茶树生长表现,加以综合分析。

表 4-13　茶树营养缺素诊断指标参考值

养份水平	氮(g/kg)	磷(g/kg)	钾(g/kg)	镁(g/kg)	硫(g/kg)	锌(mg/kg)	硼(mg/kg)	铜(mg/kg)
诊断指标	<30	<1.5	<16	<1.2	<1.0	<10	<5	<30
取样部位	春茶1芽2~3叶	春茶第3片叶	春茶1芽2~3叶	春梢成熟第3叶	春梢成熟第2~3叶	春梢1芽2~3叶	春梢1芽3叶	吸收根

(吴　洵)

4. 茶园施肥技术

茶园施肥包括底肥、基肥、追肥及叶面肥等,其施用方法各不相同,要根据茶树吸肥特点和土壤性质因地制宜进行。

(1) 底肥

底肥是指在种茶前结合茶园开垦施给的肥料,是为茶树生长打底用的,故称"底肥"。

我国茶园大部分分布在水热条件较好的红壤上,土壤理化性质差,有机含量少,保水保肥能力低,特别是土壤经过翻耕之后,水热条件进一步改善,土壤有机质分解加快。如果生荒红壤经过垦殖种茶后,由于土壤通气性增强、表面裸露,土壤有机质的分解远超过积累,当年有机质将会明显下降,如不及时施足有机肥,土壤有机质的平衡将进一步恶化。因此,在垦翻时要施大量有机肥,以提高土壤有机质含量,促进熟化,改良土性,保证茶树生长有一个良好的土壤生态条件,据杭州茶叶试验场的研究,在种茶前深耕配合施底肥,能明显改善理化性质,促进生土熟化,5 年以后茶叶产量比不施底肥的增长 3.6 倍,并提早成园,为以后高产、优质、稳产奠定了良好的土壤基础。生产实践表明,茶园种植前的底肥,常常是老茶园改种换植和新垦茶园高产优质的

成败关键。

茶园底肥一定要结合土壤深耕,施深、施足、施好,并且要做到分层施用,土肥相融。此外,茶园底肥的主要目的是改良土壤,因此,要以含纤维素高的厩肥、堆肥、草肥、绿肥等为主。如果肥料多,可以全面施,如果数量少,要集中条施。条施时,表土移开,开深 50 厘米的沟,沟底挖松,按层分施,层层覆土,表土移回。施肥后经过几个月的腐解,待土壤下沉后方可整地,在沟上种茶。种茶时,茶苗或茶籽不可直接与底肥接触,应相距 15 厘米以上。

(2) 基肥

茶树种植后,无法再施底肥了,但每年要不断地施基肥。其目的是不断地增加茶园土壤有机质,保证茶园土壤有机质向积累方向发展,进一步改善茶园土壤理化性质和提高肥力水平,同时为茶树秋、冬季根系活动和吸收提供足够的养分,保证茶树对物质的逐步积累。据此,茶园施基肥时必须十分注意施用时间和肥料品种之间的搭配与选择。

基肥施用时间,要按茶树生长的物候期来确定。根据基肥的作用,一般选择在地上部生长即将停止时进行。因为茶树地上部和根系具有交替生长的特点,这时根系生长正逐步趋向旺盛,新根多,吸收和

同化能力强,正是施基肥的好时间。如果再晚,当地温明显下降,根系生长和吸收能力降低,就会影响秋冬期间对物质的积累,从而影响翌年的产量和品质。在长江中下游广大产茶区,一般在 10 月份施为最妥,宜早不宜迟,最晚不过"立冬"。在江北茶区及长江中下游的一些高山产茶区,由于气温下降早,要提早施基肥,以 9 月中下旬施为妥。华南茶区,由于气温下降晚,可推迟到 11 月或 12 月。

基肥要选择养分含量高,容易分解的有机肥。可作基肥的肥料很多,最受广大茶农欢迎的是各种饼肥,如菜子饼、豆子饼等。因为,它们在分解过程中不仅能释出大量的氮、磷、钾等矿质营养元素,而且还可产生类激素物质,刺激茶树根系吸收和生长。其次是蚕蛹、蚕沙及各种厩肥、绿肥、海肥等。为了提高基肥的改土效果和茶树对养份的及时利用,最好采用以上各种有机肥和复合肥,或者和单体化肥,如过磷酸钙、钙镁磷肥、硫酸钾、尿素等掺和后混合施用,这样可以发挥各种肥料的互补作用,有利肥料效果的发挥。

施基肥时,要注意施肥的深度和位置,一方面要考虑有利茶根根系的吸收利用,另一方面要考虑改土的效果。因此,对于 1～2 年生茶苗,施肥位置要距根颈 10～20 厘米处开 20 厘米的深沟,3～4 年生茶树要距根颈 35～40 厘米处开沟,深 20～25 厘米,对于 5 年生以后的茶树,这时树冠已基本定型,可在树冠边缘垂直向下开沟,深 25～30 厘米;平地茶园可以在树冠两侧开沟,或者在树冠一侧开沟,每年轮换一次;坡地茶园,施肥沟要开在坡的上方,梯地茶园施肥沟要开在里侧。总之,施肥方法,要因树、因地、因肥制宜。

(3) 追肥

茶园追肥是指茶树地上部处于生长期间,在各个生长的不同阶段施给的肥料,以满足茶树生长期间对养份集中吸收的需求。在茶树生长过程中,由于对营养元素的需求具有明显的季节性,生长旺季需要量很大,只依靠秋冬基肥显然是无法满足需求的,因此在茶树地上部生长季节,还要进行追肥。追肥时期要因地、因树、因肥制宜。追肥的肥料应以氮素为主,可适当配合磷、钾肥,或者采用高氮比的复合肥。施肥时间要及时,春肥一般在茶芽开始膨大时施较好。长江中下游广大茶区早芽种于 2 月底 3 月初施用,江北茶区可适当推后,华南茶区要提前施。春茶追肥主要是起到"催芽"的作用,晚施起不到催芽的效果,但也不能太早,太早施肥可使茶芽提前萌发,如遇"倒春寒"的天气,就会使已萌发的幼芽受冻而遭到损失。

夏、秋追肥应选择在上一茶季结束后或者上一轮新梢基本停止生长后,下一茶季或下一轮新梢开始生长前进行。由于夏、秋茶各轮新梢发芽不如春茶整齐、迅猛,因此,追肥时期的选择不像春茶那么严格。一般春茶结束后,必须及时进行夏茶追肥,在杭州茶区,中芽种的物候期约为 5 月下旬。秋茶追肥则根据当地气候和土壤墒情而定。在长江中下游广大产茶区,每年 7、8 月份都有"伏旱"出现,此时气温高,土壤干旱,茶树生长缓慢,不宜施追肥。"伏旱"来临早的要在"伏旱"后施,"伏旱"来临迟的,可在"伏旱"前施。没有严重旱季和有灌溉条件的地区,最好做到每次茶季结束后立即进行追肥。

肥料用量和分配比例不仅关系到施肥效果,而且还关系到土壤肥力的发展,就一般而言,在肥料低用量的情况下,茶叶产量随肥料用量的增加而提高,到了一定用量之后再增加用量并不能再提高产量,当肥料用量超过一定数量之后,相反会使茶叶产量下降,因此,茶园产量最高的肥料用量,施肥的经济效益不一定也最好,合理的肥料用量要通过土壤测土诊断综合考虑,合理确定。但由于我国茶树品种繁多,土壤类型复杂,气候条件多变,不可能有一个统一的标准。试验研究和生产实践表明,生产大宗茶及一年春、夏、秋三季都采摘的茶园,氮肥施用量可按每采 100 千克干茶补施 10～15 千克纯氮为宜,其中 1/3 氮以有机或有机无机混合肥形式作基肥用,2/3 氮以无机肥形式作追肥用。春、夏、秋三次追肥的比例,以重施春肥,使春肥的后效与夏、秋肥相结合的方式,一般按 4:3:3 的比例进行。全年氮、磷、钾的施用比例按 2:1:1 或 3:1:1 为宜,其中磷、钾主要在秋冬作基肥施用。春、夏、秋追肥以氮素为主,适当配合磷、钾肥。

对于一些只采春季名优茶而夏秋不采摘的茶

园,一般一年施二次追肥,第一次在春茶前,第二次在春茶修剪后进行,用量和比例要因地制宜,不能采用按产定肥。

对于幼龄茶园的追肥用量,一般按树龄来确定,1年生茶苗因苗小幼嫩,不宜施化肥,在旱季可追施稀薄的农家肥,2~5年生茶树按表4-14进行,其中2~3年生茶树一年追肥2次,第1次于春茶前,第二次于春茶后,按6:4施。4~5年生茶树可按采摘茶树分2~3次施用。

表4-14 幼龄茶园氮肥参考用量

树 龄	氮肥用量(kg/hm²)
1~2	37.5~75
3~4	75~112.5
4~5	113~150

追肥方法很有讲究,"施肥一大片,不如一点一线"。茶园追肥采用集中施用,不宜分散。对于未成行的幼龄茶园和丛栽茶园采用穴施、点施或环施;对于条栽茶园采用条施。施肥沟位置如同基肥。如用碳酸氢铵作追肥时,由于肥料容易挥发,要采用"深施严盖,边施边盖",施肥沟深约3~4厘米。复合肥也要深施。尿素、硫酸铵和硝酸铵等,可采用浅施,施肥沟深3~5厘米。

只有密植茶园,行间郁闭,无法进行开沟时可以采用面上撒施,然后用竹竿将茶丛上的肥料抖落到土壤中。早上有露水和雨后茶丛有水都不能进行面上撒施。

茶园追肥,无论是追肥时期的确定、肥料的选择,还是用量的估算,采用的方法,都要因地制宜,灵活掌握,不可千篇一律。

(4)叶面肥

茶树叶子除了光合作用外,还能吸收和利用附着在叶子表面的矿质营养元素。一般叶子背面的吸肥能力比叶子正面强5~8倍,它不但能吸收离子态的物质,如 NH_4^+、NO_3^-、$H_2PO_4^-$ 和 K^+ 等,还能吸收分子态的物质 $CO(NH_2)_2$、氨基酸等。

茶树叶面施肥,可排除土壤对肥料的固定和转化;其次是见效快,一发现缺肥症,喷施后迅速见效;

第三是能与除虫剂、生长素配合施用,方法简便。它具有省工省料,效果高的特点,可广为应用。但茶树叶面吸收的营养元素,有的只能保留在局部器官,不能被输送到所有器官中,同时,叶面吸收的营养物质与根系吸收的相比毕竟要少得多,再者叶子的主要功能是同化作用,因此,叶面营养不能"治本",只能"治标",只能作为根部施肥的一项辅助性措施。

茶树根外肥的效果,在很大程度上取决于施用技术,如肥料的选择,配制的浓度,喷洒的方法,以及与生长素和农药的配合是否合理等。

可作茶树叶面肥的肥料很多,单元型的有硫酸铵、硝酸铵、尿素、过磷酸钙、硫酸钾等。复合型的有磷酸二氢钾铵、磷酸氢二钾、尿磷、磷铵等。微量元素型的有硫酸锌、硫酸铜、硫酸锰、硫酸镁、硼酸、钼酸铵等。稀土元素型的主要有镧系的硝酸盐。现在还有一些专门为茶树生产的多功能复合叶面营养液等等。各地可根据茶树营养诊断和土壤测定,按缺什么补什么的原则,分别选择。

叶面肥施用浓度十分重要,浓度太高容易造成肥害,太低没有效果。根外追肥施用的浓度与肥料品种、天气条件诸多因素有关。综合各地情况,茶树各种根外施肥参考浓度为:大量元素如尿素为0.5%、硫酸铵1%、硫酸钾0.5%、过磷酸钙1%;微量元素如硫酸铜为10~20 ppm、硫酸锌50 ppm、硼酸50~100 ppm、钼酸铵20~50 ppm。用水量,以喷湿丛面为止。一般采摘茶园每亩用液量为50~100千克。

喷洒时间,因早上有露水,中午有烈日,都容易改变肥料浓度,一般选择傍晚进行,阴天不限,但要随时注意气象的变化,要在喷洒后的2~3天内不下雨。在年生长周期中,只要地上部处于生长期都可施用,但以新梢萌发至一芽一叶初展时喷施效果较好。另外,旱季根外追肥,还有改善茶园小气候的作用,多次喷施,效果更好。

茶树各种叶面肥和叶面营养液,如有必要与农药或生长素配合施用时,要注意各种农药和生长素的化学性质,配合后不能有沉淀或变性的化学反应,否则,不仅农药和叶面肥都会失效,而且还可能有害茶树,必须十分注意。

施用叶面肥时,必须把肥料均匀地喷洒到茶丛上下,特别要注意叶子背面的喷洒。

（吴 洵）

5. 茶园绿肥

茶园绿肥,尤其是豆料绿肥,对改良茶园土壤有良好的作用。首先,绿肥有机质丰富,并能固定空气中的氮气,将它转为有机态氮,从而提高土壤有机质含量和含氮水平。其次,茶园间作绿肥,可以减少地表径流,防止水土流失。此外,茶园间作绿肥还有抑制杂草生长,稳定地温变化等作用。坎边种植多年生绿肥,则有保坎、护梯等功效。因此,茶园合理种植绿肥,对促进茶树生长,提高茶叶产量和品质,效果明显。广东、福建、安徽、浙江、河南等有关单位的试验也表明,茶园间作绿肥,覆盖或翻埋入土后,茶叶产量比不间作的增加 11％～75％,对夹叶比例减少,正常芽叶比例增加,茶叶原料品质明显改善。但是,茶园间作绿肥要合理,否则在绿肥生长期间,易与茶树发生争肥、争水、争光等现象,还会造成互相感染病害和闷热闭塞的小气候,有害茶树生长。

（1）茶园主要绿肥种类

适合茶园种植的绿肥种类很多,按绿肥作物播种和生长期分类,有茶园夏季绿肥,如大叶猪屎豆、乌豇豆;冬季绿肥有紫云英、箭舌豌豆、黄花苜蓿;多年生绿肥有木豆、紫穗槐、爬地兰等。其生长抗性和氧分含量如表 4-15、16、17。

表 4-15 茶园主要夏季绿肥抗性和养分含量

绿 肥	株 型	抗旱性	抗瘠性	养分含量（%）		
				N	P$_2$O$_5$	K$_2$O
豇 豆	半蔓生型	+++++	+++	2.20	0.88	1.20
猪屎豆	高杆型	+++++	++++	2.71	0.31	0.80
柽 麻	高杆型	+++++	++++	2.98	0.50	1.10
绿 豆	矮生型	++++	++	2.08	0.52	3.90
饭 豆	蔓生型	++++	+++	2.05	0.49	1.96
花 生	半匍匐型	+++++	+++	4.45	0.77	2.25
大 豆	矮生型	++	++	3.10	1.40	3.60

表 4-16 茶园冬季绿肥抗性和养分含量

绿 肥	抗寒性	抗旱性	抗瘠性	养分含量（%）		
				N	P$_2$O$_5$	K$_2$O
紫云英	++	+	++	2.75	0.66	1.91
黄花苜蓿	++	++	++	3.23	0.81	2.38
苕 子	++++	++++	+++	3.11	0.72	2.38
蚕 豆	++	+++	++	2.75	0.60	2.25
豇 豆	+++	+++	+++	2.76	0.82	2.81
肥田萝卜	+	++++	++++	2.89	0.64	3.66
箭舌豌豆	+++	++++	++++	2.85	0.71	1.82

表 4-17　茶园主要多年生绿肥抗性和养分含量

绿　肥	株　型	抗旱性	抗瘠性	养分含量(%)		
				N	P_2O_5	K_2O
爬土林兰	匍匐型	+	+++	2.47	0.42	3.26
紫穗槐	小灌木	++++	++++	3.36	0.76	2.01
木　豆	小灌木	+	++++	2.87	0.19	1.40

（2）茶园绿肥选择

茶园要种好用好绿肥，避免与茶树争肥、争水、争光现象的发生，就必须因地制宜选好绿肥。

生荒土在种茶前，以及老茶园在改种换植时，为了进一步熟化土壤，或改变老茶园土壤微生物区系，促进残留物质的迅速分解，往往都要种植1～2季先锋作物。作先锋作物的绿肥要选用抗性强、根深、株高、枝叶茂盛、产量高的高杆绿肥。如大叶猪屎豆、石决明、柽麻、木豆、山毛豆、田菁、肥田萝卜、苕子等等。对于1～2年幼龄茶园，要选用矮生的或匍匐型的绿肥，如日本草、伏花生、绿豆等等，既不妨碍茶树生长，又有利于水土保持。对于3～4年生茶园，可选用早熟、矮生的绿肥，如乌豇豆、黑毛豆、小绿豆等等，以防与茶树生长的矛盾。对于华南茶区，作茶苗遮阴的绿肥，要选用杆高、叶疏、枝干成伞状的山毛豆、木豆等。在江北茶区，作为土壤保温用的可选用毛叶苕等，坎边绿肥以选用多年生绿肥为主，江北茶区可种紫穗槐、草木樨；华南茶区可选用爬地木兰、无刺含羞草；长江中下游广大产茶区可选紫穗槐、知风草、霜落、大叶胡枝子等等。此外，在选择茶园绿肥时，还要注意茶园土壤肥力、地形特点、茶区的气候条件，及绿肥本身的生长习性，加以综合考虑。

乌豇豆的形态
(*Vigna sinensis Savi.*)

1. 有花枝　2. 花　3. 萼　4. 苞片
5. 旗瓣　6. 雄蕊　7. 种子　8. 荚果

（3）茶园绿肥的栽培

不误农时，适时播种，是茶园绿肥高产、优质的重要环节。我国茶区辽阔，气候条件复杂，绿肥种类繁多，各种绿肥的最适播种期差异很大，现综合各茶区的经验，列表 4-18。

大叶猪屎豆
(*Crotalaria spectabilis Roth.*)

1. 茎枝　2. 花　3. 荚

表 4-18　茶园绿肥最适播种期

茶　区	冬季绿肥(月、日)	夏季绿肥(月、日)
江北茶区	9.5～9.25	4.5～5.20
江南茶区	9.10～10.5	3.25～4.25
西南茶区	9.5～10.15	3.15～5.15
华南茶区	9.25～11.10	2.5～3.15

在适宜的播种期内,如水分和气温条件许可,要力争早播,可有利产量和品质。

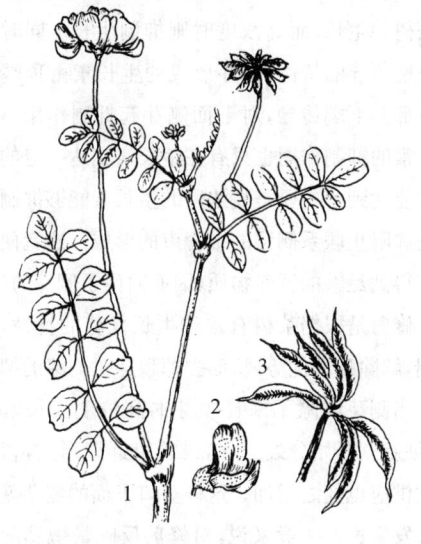

紫云英
(*Astragalus sinicus* L.)
1. 枝茎梢部　2. 小花　3. 荚果

不妨碍茶树生长的合理密植,是茶园间作绿肥成败的关键。在长江中下游广大茶区间作绿肥,条栽茶园夏绿肥宜采用"一二三、三二一"的间作法,即一年生茶园间作三行绿肥,二年生茶园间作二行绿肥,三年生茶园间作一行绿肥,四年生以后,茶园退回绿肥。至于冬季,由于茶树与绿肥之间矛盾少,可以适当密播。如采用油菜、肥田萝卜、紫云英、苕子混播,或采用豌豆、肥田萝卜、黄花苜蓿混播。绿肥之间可取长补短,互相依存,有利抗寒和抗旱,产量可比单播高。

根瘤接种,可以提高绿肥的产量和品质。新茶园播种豆科绿肥时,经根瘤接种后可提高产量。

以小肥养大肥,用磷增氮,不仅能提高绿肥固氮能力,增加含氮量,而且还可明显提高绿肥产量。此外,夏季绿肥,苗期成活率低,蹲苗时间长,要适当追施肥水。冬季绿肥要施适量草木灰,以有利抗寒保苗。

此外,在绿肥生长过程中,为了防止绿肥生长过高妨碍茶树生长,要及时刈青。冬季绿肥要及时防寒防冻,确保安全越冬。若发现病虫为害绿肥,要及时防治,力争高产优质。

(4)绿肥的利用

绿肥利用方式很多,主要的有以下几种。

① 直接埋青　当冬季绿肥生长到盛花期,或夏季绿肥生长到上花下荚时,结合茶园耕作,直接埋入行间。为了防止绿肥发酵发热"烧伤"茶根,施肥沟要远离茶树根茎 30～50 厘米为宜。

② 制堆肥、沤肥　为了提高绿肥肥效,可把各种绿肥收集在一起,与厩肥、海肥、塘泥等一起堆腐或沤泡,待有机质腐解后,作基肥用,沤泡的肥水可作追肥用。

③ 作为茶园覆盖物　绿肥就地覆盖,是取材方便、节省劳力的茶园覆盖方法,具有防冲、保土、防冻、保水的良好效果。

④ 作沼气原料和牲畜饲料　各种绿肥营养丰富,有机质含量高,不仅是制沼气的好原料,也是各种牲畜的好饲料。通过绿肥发酵和饲喂牲畜,再用发酵料等作茶园基、追肥,可以充分利用绿肥的物能,是茶园绿肥的最佳利用方式。

(5)茶园绿肥基地的开辟

茶园绿肥,大多以间作方式种植,适宜种植绿肥的茶园,往往局限于 1～3 年生的幼龄茶园和台刈改造 1～2 年的老茶园。因此,为了扩大绿肥种植面积,增加茶园肥料来源,除了在茶园中间作绿肥之外,要有计划地利用一切可以利用的土地,建立茶园专用绿肥基地。常用的方法有:

① 专地种植　在茶园面积较大较集中的地方,要划出一部分集中成片的荒地,专用种植绿肥。在基地上生长的绿肥,一部分作茶园肥料,一部分作基地本身改土用,被改良的基地,以后还可以种茶或者种其他作物。

② 零星种植　我国的茶园大多分布在低丘和

山区,有很多零星的土地未得到很好利用,这些零星土地都可辟作茶园绿肥基地,为茶园生产绿肥或绿肥种子。另外,在茶园的一些地边、地角,或路边、水库、池塘周围,以及沟渠坎边等,都可以种植绿肥,这些地方特别适合种植高秆绿肥及耐刈割的各种绿肥等。

③ 水面种植　随着茶区农田水利建设的发展,在茶区已建立起一定数量的水库、池塘、沟渠等水利灌溉体系,有许多水面可供养殖水生绿肥,如水葫芦、水浮莲、红萍等。水生绿肥可作饲料,也可作茶园肥料。

总之,茶园绿肥基地的建立,是发展茶叶生产的重要工作。基地一经划定,要和茶园一样进行精心管理,做到计划种植,合理使用,充分发挥作用,为茶叶生产服务。

(吴　洵)

(六) 茶树修剪

修剪是茶树树冠管理的重要措施。自然生长的茶树,常常是主干明显,生长旺盛,侧枝细弱。幼龄期树形呈宝塔形,成龄后呈纺锤状,芽叶呈立体分布,数量稀少,无法形成密集宽广的采摘面,更不能适应机械采茶的需要,产量也低。在生产实践中,都是通过修剪来调控茶树生长发育、树体营养分配和运转,以达到茶树生长旺盛,经久不衰,既丰产又稳产的目的。

1. 茶树修剪的生物学基础

茶树和其他高等植物一样,在生长过程中,往往主茎和主根生长较快,侧枝和侧根生长较慢。茶树的芽很多,但并不是每个芽都能同时萌发生长,而往往顶芽首先萌发生长,其他的侧芽萌发迟缓或长期处于休眠状态,这种顶端生长抑制侧向生长,顶芽生长抑制侧芽生长的现象,在生物学上称为"顶端优势"。

茶树在生长过程中,不仅形态学上有明显的极性,在生理上也有极性,靠顶端的部位生理上占有优势地位。正在生长的顶芽,生长旺盛,代谢水平很高,营养物质的分配常常优先得到供应。也就是说,茶树叶子制造的有机物和根系吸收的无机物,运至顶芽较多,使顶芽生长旺盛,主茎生长粗壮。下面的侧芽则因得不到足够的养分,影响萌发生长,侧枝生长也瘦弱。

据研究,顶芽和侧芽的这种相互关系,即顶芽抑制侧芽的作用,与生长素的形成有一定关系。生长素是植物新陈代谢过程中所产生的微量活性物质,在植物体内有广泛的分布。但其形成主要是在生长活跃的茎端生长锥之中。生长素在低浓度时,能促进茶树的生长,而高浓度时则抑制生长。同时还具有极性传导的特性,顶芽形成的生长素由顶端沿着韧皮部向下端传导,对下面侧芽起抑制作用。不过生长素的抑制作用也只有在生长素到达一定的浓度时才能达到。主要是高浓度的生长素能够抑制细胞分裂和阻止联系侧芽的维管束的形成。这就使侧芽不能得到足够的营养物质,因而阻碍了侧芽的生长。

修剪是根据茶树有顶端生长优势的特性,剪去顶端,解除顶端优势,从而去掉顶芽对侧芽的抑制作用。当侧芽解除了来自顶芽的高浓度生长素抑制后,细胞就开始分裂分化,维管束逐渐形成,营养物质的供应也随之增加。这样剪口下面的侧芽就能迅速萌发生长。一般来说,对修剪反映最敏感的部位是在剪口附近,常常是第一个芽最强,依次递减。例如幼年茶树的定型修剪,一般刺激剪口以下第1~3个侧芽萌发生长而形成侧枝,其结果是分枝增加,促进了骨干枝和树冠的形成。对成年茶树来说,可以促进侧芽的迅速萌发生长,使分枝增多,扩大采摘面。而衰老茶树采用台刈剪掉了地上部枝条以后,解除了顶端优势,使根颈部的潜伏芽得以萌发生长,重新形成生活力旺盛的新树冠,最终达到全株更新的目的。

从植物阶段发育的原理来看,茶树修剪可以说是降低茶树阶段发育年龄,从而复壮了生长势。茶树的个体发育,是指茶树正常生活史的全部历程。在茶的一生中,由于代谢活动,使茶树植物体不断扩大,表现出数量的变化,称之为生长。随着茶树细胞由少变多、由小变大和体积重量的增加,细胞内也发生了一系列质的变化,称之为发育。生长和发育是互相联系而又相互矛盾对立的统一体。发育必须要在生长的基础上才能进行，没有生长便不可能有发育，没有量变就没有质变。因此，生长也是发育的基本特征之一。

茶树的个体发育是分阶段和有规律地进行的。第一，发育阶段的顺序性。发育的各个阶段是严格按照一定的顺序，在前一个发育阶段没有完成以前，后一个发育阶段就不能开始。后一个质变要在前一个质变的基础上才能进行；第二，发育的不可逆性。即阶段发育过程中所发生的质变，是不能消失和解除的；第三，发育的局限性。阶段发育的质变仅发生在茎顶端生长锥分生组织的细胞中，是分生组织细胞内部的质变。因此，茎上部阶段发育质变的程度总是高于茎下部的。在茎较下部分可能还未通过第一阶段的质变，而茎的较上部分已经在较下部分质变的基础上进行第二或第三阶段发育的质变；这就决定了茶树地上部各个部分在阶段发育上的异质性。茶树茎下部分和各分枝的下部，在形态学上最早形成，从生长年龄来说它们最大，但从阶段发育来说，它们质变的程度最浅，所以就发育年龄来说是幼年的。茶树枝条的上部则相反，形态学上形成最迟，生长年龄最幼，而阶段发育却是年老的，质变程度却是最深的。

茶树地上部分的这种异质性，也可以从开花现象中得到证实。浙江嵊县三界茶场作不同高度的修剪试验，剪去茶树地上部枝条 1/4 的，当年开花；剪去地上部 3/4 的，第二年开花；而齐地面台刈的，到第三年才开花。修剪的部位越低，阶段发育年轻的，开花就迟。湖南农学院的台刈修剪试验表明，不同部位所生枝条总的趋势是越接近基部，发育阶段越年轻，萌发生长的新枝就越好，如离地 30 厘米台刈的当年新梢长度为 9.5 厘米，而近地面根茎部位抽出的当年新梢就达 17.1 厘米，两者相差一半以上。这是因为老茶树进行更新复壮，台刈掉地上部树冠，使根颈部阶段发育年轻的潜伏芽获得了解放，萌发出新枝，重新恢复青春活力，从而使老茶树"返老还童"。

茶树的根部上连树冠，下连根系，是茶树营养的集散枢纽，也是营养物质丰富的部位。茶树根颈部不但在发育阶段上年幼，而且贮藏的营养物质也丰富，所以是茶树更新以后骨干枝形成的主要场所。

从茶树的整体生长而言，修剪打破了地上部与地下部的生理平衡，起了加强地上部生长的作用。不经修剪的茶树，一般地上部分与地下部分处于相对平衡的状态。修剪则打破了这种平衡，通过加强地上部分枝叶的生长才能逐渐恢复这种平衡，同时由于剪去了部分枝叶，根系对地上部养分的供应也相对增加，这样势必促进侧芽和新梢向增强同化作用的方向转化，加速侧芽的萌发和新梢的生长，促进树冠更新。中国农业科学院茶叶研究所对二年生茶树进行定型修剪深度试验，当离地 10 厘米修剪时，剪后 8 个月新梢长 25.9 厘米；离地 15 厘米修剪时，剪后 8 个月新梢长 24.6 厘米；而离地 20 厘米修剪时，剪后 8 个月新梢长 10.7 厘米，表明随修剪程度加深，阶段发育年龄降低，侧芽萌发后新梢生长也就越旺盛。

茶树修剪后，树冠的旺盛生长，形成更多的同化产物，根系也就可以得到更多的营养物质，促进根系的进一步生长。湖南省茶叶研究所的试验指出，幼年茶树的定型修剪，对根系水平分布和垂直分布都发生良好的影响。特别是在水平距离 20～60 厘米，垂直距离 10～40 厘米范围内最为显著，其吸收根分布可超过不修剪的一倍。由于根系生长的加强，又可进一步吸收更多的无机营养供应地上部枝叶，促进地上枝叶的生长。这样两者互相刺激，互相促进，由平衡到不平衡，再由不平衡到新的平衡。通过再次修剪又打破新的平衡，周而复始，促进侧芽的不断萌发生长，树冠的不断更新，使茶树始终保持苗壮的生长势。

修剪对改变枝条的碳氮比例，促进营养生长的作用也是十分明显的。常绿的多年生作物茶树的生长，是从幼年期的营养生长开始的，以后逐渐转向发育而开花结实。在茶树的整个生命活动中，营养生长和生殖生长总是相伴而行，营养生长是连续进行，而生殖生长则是根据季节的变化有节律地进行。加强茶树的营养生长，其结果是多收芽叶，而生殖生长产生的是花果。因此栽培茶树要促进营养生长，抑制茶树生殖生长的发展。这与茶树体内营养状况有着密切关系,一般来说,无机营养(氮素)对茶树营养生长有利,有机营养(碳水化合物)也对茶树发育有利,而碳与氮之间,碳的数量过大,开花结实占优势,如氮素多,营养生长占优势。因此在茶树栽培上常用增施氮肥或修剪来调控营养生长与生殖生长的关系。

茶树嫩叶含氮量较高,老叶含碳量较高,如顶部枝梢长期不剪,枝梢老化,碳水化合物增多,氮素含量下降,碳氮比值大,营养生长衰退,花果增多。采用修剪,剪去含碳量较多的部位,使新枝代替老枝,是改变茶枝碳氮比的一种方法。通过修剪,茶树的生长点减少,根部吸收的水分和养分供应量相对增加,剪去部分枝条后,新生枝碳氮比值小,从而也就相对加强了地上部的营养生长。

(俞永明)

2. 茶树修剪的时期

茶树修剪时期,不论是幼年茶树,还是成年茶树或衰老茶树,原则上都应在一年地上部生长结束后休眠期进行。茶树在冬季休眠期开始,地上部分的养分就逐渐向根部转移,并在根部积累贮藏起来,至翌年开春以后,再从根部逐渐向地上部分移动,供应春季茶芽萌发生长的需要。据测定,茶树根部淀粉和总糖量,在生长季节的各个时期是不同的,一般是从9月下旬起逐渐增多,到次年1～2月份到最大值。以幼年茶树根部的淀粉为例,2、4、6、8、10及12月的含量分别为21.19%、16.30%、13.58%、9.36%、12.58%和16.50%(占干物%)。而分析修剪以后树体的营养变化,可明显地看到淀粉含量显著地下降。所以从茶树树体营养的消长规律和生理角度考虑,茶树修剪的时间,一般应在茶树冬季休眠后期,即春季茶芽萌发前为好。在此期间修剪,被剪枝叶养分含量较少,可减少无谓的消耗,而根部贮藏养分最多,对萌发新枝有利。如果在剪前茶树没有足够的养分贮备,必然对剪后新梢的生长带来严重影响。

茶树的生长,其地上部与地下部是交替进行的。大体说来,地上生长休眠期,正是根部生长最旺盛的时期,此时剪去部分枝叶,可以促进根系生长加速进行,吸收、贮备更充足的养料。

我国的多数茶园分布在南方丘陵山区,海拔高低悬殊,据研究,海拔高度与根部贮藏物质淀粉的多少有一定的关系。海拔高的茶园,由于根部淀粉贮存多,修剪后足以恢复茶篷的生长,即使实行深剪把枝叶全部剪光也无妨,而在低海拔的茶园,由于碳水化合物的亏缺,修剪的效果就差。要使修剪得到成功,必须采取措施,使剪前茶树积累较多的营养,修后枝叶抽生才能茂盛。

从上述茶树营养状况、养分的得失和贮藏分析,在我国四季分明的广大茶区,茶树在春季接近萌芽之前进行修剪是影响最小的时期(即从惊蛰到春分)。这个时期根部有足够的贮藏物质,又正值气温逐渐回升、雨水充沛、茶树生长较为适宜的时期,同时春季是年生长周期的开始,剪后使新梢有较长时间可以充分生长。

修剪时期的选择,当然还应根据各地气候条件而定,在终年气温偏高,没有冻害的地区,如广东、云南、福建等地可在茶季结束时进行修剪。但在冬季有冻害威胁的地区和一些高山茶区,为防止寒流的袭击,春季修剪就应推迟。但也有一些地区为了防止树冠面枝受冻,用降低树冠高度的办法来提高抗寒力,这种修剪最好在秋末进行。

有旱季和雨季之分的茶区,修剪时期就不应在旱季来临前进行,否则剪后发芽困难,新枝难以旺盛生长。

(俞永明)

3. 茶树修剪方法

茶树在不同的生长发育阶段中,具有不同的生长习性,对不同年龄时期的茶树,由于修剪目的要求不同,因此修剪的方法也不一样。

(1) 幼龄茶树的定型修剪

茶树在幼龄时期,有明显的主干,随着树龄增大,主干生长势逐渐减弱,侧枝生长势相应增强,树型逐渐向灌木型方向发展。一般自然生长未经修剪的茶树,分枝较稀,树冠幅度也难以扩大。幼龄茶树修剪的目的是促进侧芽萌发,增加有效分枝层次和数量,培养骨干枝,形成宽阔健壮的骨架,因此称为定型修剪。定型修剪一般要进行三次,每次修剪的高度和方法也不一样。

第一次定型修剪，第一次定型修剪在什么时候进行，要看苗木生长的高度而定。当一年生茶苗有75%～80%长到30厘米以上时，即可进行。如果高度不够标准，可推迟到第二年春茶生长休止时期进行。第一次定型修剪的高度，对今后分枝的多少和生长强弱有密切关系。修剪较低的，分枝较少，但由于养分集中使用，形成的骨干枝比较粗壮；修剪较高的，分枝较多，但由于养分分散使用，骨干枝比较细弱。一般而言，第一次定剪高度以离地面15～20厘米为宜。半乔木型品种如政和、云南大叶种等顶端优势强，生长快，定型剪应稍低一些为好；高寒山区，土壤瘠薄，茶苗生长较差的，也宜剪低一些较好。

第一次定型修剪对茶树骨架的形成十分重要，必须精细进行，确保质量。宜用整枝剪逐株依次进行，只剪主枝，不剪侧枝。剪时不可留桩过长，以免损耗养分。剪口应向内侧倾斜，尽量保留外侧的腋芽，使发出的新枝向四周伸展。剪口要光滑，切忌剪裂，以免雨水浸渍伤口，难于愈合。

第二次定型修剪，一般在上次修剪一年后进行。修剪的高度可在上次剪口上提高15～20厘米。如果茶苗生长旺盛，只要苗高已达修剪标准，即可提前进行第二次定型修剪。这次修剪可用篱剪按修剪高度标准剪平，然后用整枝剪修去过长的桩头，同样要注意留外侧的腋芽，以利分枝向外伸展。

第三次定型修剪，在第二次定型修剪一年后进行。如果茶苗生长旺盛同样也可提前。这次修剪的高度在上次剪口上提高10～15厘米，用篱剪将篷面剪平即可。

上述三次定型修剪，目的都是为了培养健壮的骨干枝。幼年茶树经过三次定型修剪，树冠迅速扩展，已具有坚强的骨架，即可适当地留叶采摘。第四年和第五年每年生长结束时，在上年剪口以上提高5～10厘米进行整形修剪，使树冠略带半弧形，以进一步扩大采摘面。茶树五足龄后，树冠已基本定型，即可正式投产，以后可按成年茶树修剪方法进行。

目前，有些新建茶园没有进行定型修剪，影响成园投产。这类茶园应当分别情况进行补剪。如果是播种后三、四年还未修剪的，大部分茶苗已有3～4层分枝而且比较健壮的，可直接离地面35～40厘米处修剪；如果分枝少而细弱的，可离地20～30厘米处修剪。以后根据分枝情况，掌握适当高度再修剪1～2次，待养成较好骨架后，开始正式采茶。

(2) 成龄茶树的轻修剪和深修剪

成龄茶树的修剪是在定型修剪的基础上进行的，主要采取轻修剪和深修剪相结合的办法，使茶树保持旺盛的生长势和整齐的树冠采摘面，发芽多而壮，以利持续高产优质。

① 轻修剪　一般每年在茶树树冠采摘面上进行一次轻修剪，每次在上次剪口上提高3～5厘米；如果树冠整齐，长势旺盛，可以隔年修剪一次。轻修剪的目的是使树冠采摘面保持整齐而强壮的发芽基础，促进营养生长，减少开花结果。过去我国江南茶区都在春茶发芽前进行，而在西南茶区以及没有冻害的地区，则在秋茶停采以后进行。改革开放以后，各地十分重视早春茶的生产，早发芽早采收，早上市，无不以早为先，因此为调整采摘面的轻修剪也都改在春茶采摘后进行，一般都在采完春茶，立即进行轻修剪，剪去当年的春梢和上年的秋梢及部分夏梢。剪得重，发出的新梢比较粗壮有力，但往往会推迟发芽，芽头少，影响产量。对花果着生较多的枝条可剪重一些，以减少养分消耗。

② 深修剪　经多年采摘和轻修剪，树冠面上生出许多细小多结的分枝，俗称"鸡爪枝"。这种鸡爪枝由于结节多，阻碍养分的输送，发出的芽叶瘦小，对夹叶多，会降低产量和品质。所以每隔几年，当树冠上面出现这种情况时，必须进行一次深修剪，剪去树冠上部10～15厘米深的一层鸡爪枝，使树势恢复健壮，提高育芽能力。经过一次深修剪后，继续实行几年轻修剪，以后又会出现鸡爪枝，引起产量下降，可再进行一次深修剪。如此反复交替进行，可使茶树保持旺盛的生长势，持续高产。深修剪的时间，一般在春茶萌动前。为减少当年产量的损失，也可在春茶采后深修剪，留养一季夏茶，秋季即可采茶。有的在夏茶后剪，留养秋茶，第二年在春茶采摘后进行轻剪，调整采摘面。但在常有伏旱的地区，不宜在夏茶后剪，以免干旱影响新梢的萌发和生长。

轻修剪和深修剪的工具都用篱剪，刀口要锋利，

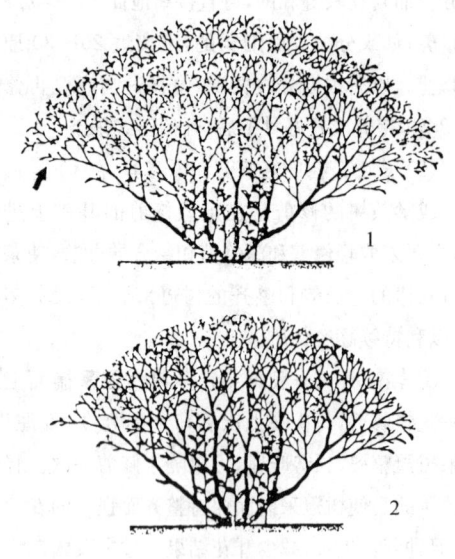

茶树深修剪
1. 修剪前　2. 修剪后

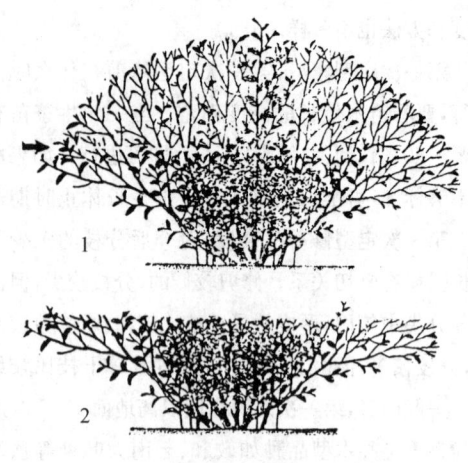

茶树重修剪
1. 修剪前　2. 修剪后

剪口要平整,尽量避免剪破枝梢,影响伤口愈合。

（3）衰老茶树的重修剪和台刈

衰老茶树的修剪,应根据衰老程度,因地制宜,分别采取重修剪和台刈的办法更新复壮。

①重修剪　适用于半衰老和未老先衰的茶树。这种茶树年龄不一定很老,但由于放松肥培管理或采摘不合理等原因,以致树冠矮小,分枝稀疏,采摘面凌乱,树势衰弱,鸡爪枝多,芽叶瘦小稀少,多对夹叶,产量明显下降,但其多数主枝尚有一定的生活能力。对这类茶树,可采用重修剪更新复壮。重剪高度,一般是剪去树冠1/3～1/2,以离地30～45厘米为宜。树形较高、枝条不太衰老的,可剪高一些;树形较矮、枝条较衰老的,剪低一些。如果修剪过高,达不到更新目的;修剪过低,则恢复较慢。在同一块茶园中,修剪的高度就低不就高,使剪后整片高度大体一致。如在同一丛茶树内有个别枯老枝,可先用锋利的镰刀割除后再修剪。

重修剪的时期,以茶树休眠期为好。但半衰老或未老先衰的茶树,为收获一定的产量,可在春茶采后重修剪。剪后当年发出的新梢不采摘,在次年春茶萌动前,在重修剪口上提高7～10厘米修剪。重剪后第二年起可适当留叶采摘,并在每年初春在上次剪口上提高7～10厘米修剪,待树高达70厘米以上时,每年提高5厘米左右进行轻修剪。

对于没有经过定型修剪,树冠参差不齐,树势尚不十分衰老的旧式茶园,也可采用上述方法进行重修剪,然后轻修剪培养树冠。

②台刈　树势已十分衰老的茶树,枝干枯秃,叶片稀少,多数枝条丧失育芽能力,产量很低,有的枝条上布满苔藓、地衣,根系也已大部枯黑,吸收能力很差,即使增施肥料,也很难提高产量。对这类衰老茶树,应当实行台刈更新,从根颈处剪去全部枝条,促使抽生新枝,形成新的树冠。台刈的高度一般离地5～7厘米为宜,留桩过高,则发芽不壮,新枝纤细;过低则发芽部位太少,新枝数量少。台刈以采用圆盘式台刈机为好,可免树桩的撕裂,也可用锋利的镰刀,自下而上拉割,使切口呈斜面而光滑,以利不定芽的萌发。粗大的枝干可用手锯或台刈剪,切忌砍破桩头,否则伤口腐烂,难以愈合和抽发新枝。

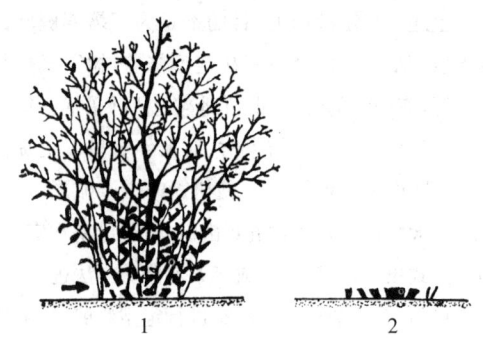

茶树台刈
1. 台刈前　2. 台刈后

有些老茶树,由于自然更新,从根颈处发出一些根颈枝,代替枯老的枝干。所以在一丛茶树里往往有的枝条枯老,有的已是更新健壮枝。这种茶园,群众常采用抽刈的办法改造,剪去枯老枝,保留新生枝,这样就不影响当年的产量。为使树冠整齐,扩大采摘面,可在抽刈后进行深修剪或轻修剪改造养成树冠。

台刈的时间,在早春为好。这时为茶树的休眠期末期,根部积累的养分较多,能满足新枝萌发的营养需要,而且初春台刈,茶树新枝的全年生长期长,有利于形成健壮的骨干枝。有些地区为了照顾当年茶叶产量和收入,也可在春茶采后的5月间台刈。

台刈后发出的新枝,在一年生长结束后,离地40厘米左右进行修剪,剪后2~3年内逐年在上次剪口上提高10厘米左右修剪,待树高到70厘米以上时,每年按轻修剪的高度标准进行修剪。台刈后发出的新枝生长旺盛,芽叶肥壮,但千万不可采摘过早、过度,这是决定台刈成败的关键。一般台刈后的一年生枝条不要采摘,第二年采高留低,打顶养篷。第三年开始适当留叶采摘。这样才能养成骨架健壮,篷面宽广,分枝适度的高产树型。

(4)乔木型大叶种茶树的修剪技术

乔木型大叶种茶树(如云南大叶种),多数栽培于南亚热带与边缘热带地区,茶树新梢抽条旺盛,节间较长。依据这一生育特性,其修剪方法不同于灌木型中小叶种茶树。各地经验,幼龄期的定型修剪,一是采用"弯枝法"。弯枝法是一种与定型剪迥然不同的培育技术,茶树在定植后一年枝干已木栓化,茎粗达0.5厘米即可进行弯枝,将直立幼苗主干向行间两边弯下,呈平卧状,然后用小竹片或木钩,固定枝条于地面(有时还用胶丝线绑住),诱导主干向外和向上扩张,代替定型修剪,培养树冠。这种做法可以免遭修剪而造成大量枝叶的创伤,使幼龄期形成的生物产量尽快转变为经济产量。据广东南海农场2663亩茶园的实践证明,弯枝法培养树冠具有分枝多、生长旺、保全苗、投产早等多种优点,一般比定型修剪法提早2年成园。二是分段修剪法。当幼苗主茎长叶7~8片,茎粗达4~5毫米,半木质化或木质化时,离地10~12厘米左右进行第一次定型修剪,

然后待新枝长到20厘米,茎粗0.3~0.4厘米,并有2~3个分枝时,再逐次进行分段修剪,剪时以分枝叉口为起点延长8~12厘米,并实行主枝强剪(留木桩8~10厘米)、侧枝轻剪(留桩10~12厘米)。这种分段修剪法在气温高、生长快的地区,同一枝条上一年可剪2~3次,养成2~3层分枝。对于顶端优势特强的中心枝条,可降低段位强势(一般压低1~2段),使茶树骨干枝生长健壮匀整。分段修剪实行2年以后,树上养成4~5层分枝,骨架枝短而壮,多而密,此时树冠高度约40~50厘米,再进行几次水平轻修剪后(灌木中小叶种为弧形剪),即可实行正常采摘。分段修剪对控制各层次分枝的均衡发展,有利于加快成园作用,但操作起来,也比较麻烦,工作量也大。为此,在实际生产中,进行水平修剪的茶园仍是大多数。

(5)名优茶生产的修剪技术

为了调整采摘面,增强采摘面上生产枝的强度,在栽培技术上常应用轻修剪进行调节。茶树的轻修剪一般是在茶树停止生长的秋冬季到早春时期进行,但任何修剪对茶树本身是一种创伤,都会影响茶芽的萌发,推迟生产日期。然而名优茶的生产都以早为贵,提早生产,抢先上市,可以取得较高的经济效益,因此,早春的轻修剪都对名优茶生产带来不利。我国多数名优茶茶区,只生产春茶一季,夏秋茶基本留养不采,因此,茶树的修剪一般都推迟到春茶生产以后进行,这样既不影响春茶开采,而又保证春茶的产量。如生产西湖龙井茶的杭州市梅家坞,正常年景春茶在3月下旬开采,4月下旬结束,因此如龙井43号等早品种一般在谷雨以后就进行修剪了,一些龙井群体种,最迟也在4月下旬完成了修剪。修剪深度,一般是剪去上年秋季新梢,15~20厘米左右。夏、秋两季基本不采,打顶留养为主,为下一年的春茶生产打好基础。

(俞永明)

4. 茶树修剪与其他措施的配合

修剪是塑造茶树高产树冠的主要手段。修剪措施的实行,除需根据各地的自然条件、茶树树龄、品种习性进行综合考虑外,还应与下列栽培措施相配

合,才能达到预期效果。

（1）应与肥水管理密切配合

修剪是促使茶叶增产的一项重要措施,但它必须在提高肥、水管理及土壤管理的基础上,才能发挥修剪的增产作用。修剪对茶树来说,是一次创伤,每经一次修剪,被剪枝叶耗损许多养分,剪后又要大量萌发新梢,在很大程度上依赖于根部贮存的营养物质。为了使根系不断供应地上部再生长,并保证根系自身生长,就需要足够的肥、水供应,这时加强土壤管理就显得格外重要,剪前要深施较多的有机肥料和磷钾肥,剪后待新梢萌发时,及时加施追肥,只有这样,才能促使新梢健壮,生长迅速,充分发挥修剪的应有效果。尤其是重修剪和台刈茶树的茶园,土壤已趋于老化,表土冲刷和土壤中盐基流失,肥力下降,土层变薄;另一方面,经过更新后,茶树主要靠根颈及根部贮存的养分来维持和恢复生机,重新萌发新枝,形成树冠,这就要求有更多的养分,所以土壤的营养状况,在某种程度上是决定衰老茶树更新后能否迅速恢复树势和达到高产的重要环节。在肥水缺少的情况下进行修剪,只能是消耗茶树更多的养分,使茶树迅速衰败,这就不能达到改树复壮的目的。尤其是长期不施磷钾肥的老茶园,茶树代谢机能减弱,枝梢容易发生枯死现象。因此在生产实践中是缺肥不改树的,没有足够的肥料准备,一般不采用台刈或重修剪。

（2）应与采摘留养相结合

修剪是幼龄茶树培养骨干枝的重要手段。幼龄茶树在树冠养成过程中,骨干枝和骨架层的培养主要靠三次定型修剪来完成。定型修剪后的茶树,在采摘技术上,要应用"分批留叶"采摘法,多留少采,做到以养为主,采摘为辅,实行打头轻采。如果只顾眼前利益,不适当地早采或强采,会造成茶树枝条细弱,树势早衰,不但产量上不去,茶树也像"小老头",难以封行。这样的茶树,即使进入壮年期,单产也是不高的。反之,如果只留不采,实行封园养篷,结果枝条稀稀朗朗,采摘面上生产枝不多不密,实现高产也很困难。

对于深修剪的成年茶树,要视修剪程度注意留养。由于深修剪,使茶树叶面积减少,光合同化面缩小,而修剪面以下抽发的生产枝,一般都比较稀疏,形不成采摘面,所以需通过留养,增加枝条的粗度,并在此基础上再萌发出次级生长枝,经修剪重新培养采摘面。一般深修剪的茶树需经过一季到两季留养,再进行打头轻采,逐步投产。若剪后不注意留养,甚至强采,很容易引起树势早衰。

重修剪、台刈更新后,茶树的采摘管理,是培养树冠的重要环节,尤其是更新的当年,生长比较旺盛,在年生长周期内,新梢的生长几乎无休止期,节间长、叶片大,芽叶粗壮,对培养树冠十分有利。在生产实践中,也正是台刈或重修剪后的1～2年内,是培养再生树冠的最重要时期,要特别强调以养为主,采养结合。在树冠尚未封行前,采摘打顶的目的,不是为了收获,而是配合修剪、养好树冠的一种手段。重修剪、台刈以后的茶树,一般要经2～3年打顶留叶采后,才能正式投采。

（3）应与病虫害防治措施相配合

树冠重修剪或更新后,一般经过一段时期的留养,茶树枝叶繁茂,芽梢幼嫩,是各种病虫害滋生的良好场所,特别是对于为害嫩芽梢的茶蚜、茶尺蠖、茶细蛾、茶卷叶蛾、茶梢蛾、小绿叶蝉、芽枯病等,必须及时检查防治。对衰老茶树更新复壮时所留下的枝叶,必须及时清出园外处理,并对树桩及茶丛周围的地面进行一次彻底喷药防除,以消灭病虫繁殖基地。由于重剪或台刈后相当一段时间不采茶,因此用药范围较宽,对一些安全间隔较长的药,在不采茶的条件下,可允许使用。

（俞永明）

（七）茶园灌溉与排水

茶园保水、灌溉和排水,在我国古代有许多记载。南宋叶梦得的《避暑录话》中在谈到茶树对土壤的适应性时,也提出了茶树需要灌溉。清代,茶园的土壤保水抗旱技术又有发展,清代宗景藩《种茶说十条》明确指出:"每年五六月间,须将旁土挖松,芟去其草,使土肥而茶茂,但宜早不宜迟,故有五金,六银,七铜,八铁之说。"又说:"如旱干,宜用水浇之。"祀庐主人在《时务通考》中也谈到:"种茶之地,每年须用锄锄浮其土,锄后用干草密遮其地,使不生草莱,则其树茂盛。"它针对我国长江中下游产茶区的气候特点,提出了要在伏旱来临前,对茶园及时松土浇水,翻埋杂草,并用铺草覆盖茶园,这些都是茶园保水抗旱的有效措施。对茶园的排水技术,古代也早有记载,唐代已有对茶树种植时要选择易排水的土壤及有利地形等大量论述,还指出了茶园土壤积水对茶树生育与茶叶品质的危害性。但在古代,由于受到科学发展水平的限制,茶园水分管理技术仍较粗放、落后。

20世纪中期,特别是近十多年来,随着农业生产水平的提高,茶园水分管理技术进展较快,初步掌握了茶树的需水特性,茶园灌溉方法除了原来广泛采用的地面流灌外,喷灌、渗灌、滴灌等灌水技术亦在茶叶生产中得到应用。

生产实践表明,茶树在生长发育过程中,对水分的需求十分迫切,特别是在生长季节,只有在适宜的水分条件下,才能使茶树有正常的生长和发育。但在我国的主要产茶区大都有一个干旱季节,有的还伴随着高温。在高温缺水的情况下,茶树易遭旱热害,直接影响茶叶的产量与品质。但水分过多,排水不良,茶树又易遭湿害,同样生长不良。因此,要想多产优质茶,就要根据茶树的需水特性,对茶园及时适量地进行灌溉和排水。

1. 茶树的需水特性

茶树生育对温湿度的要求较高,它喜欢生长在温暖湿润的环境中,需水量较大,且要求水的分布与茶树各阶段的需水量相适应。据研究,茶树每生产1克干物质,需要蒸腾水量300～385克,一般要比其他木本植物需水量大;茶树经济产量的耗水量更大,据统计,每生产1千克鲜叶量,需要耗水近800～1000千克。例如,在杭州亩产200千克干茶的茶园,全年就需要降水量近960～1200毫米。但由于受气候条件、土壤肥力等生态环境与生育阶段以及田间栽培技术措施的影响,茶树的需水量差异也较大。一般具有以下一些特点与规律:

第一,茶树需水量和当地气象因素的关系较密切。一般成龄茶园的需水量总是随着气温和蒸发量的提高而提高的。这和茶树自身在一年中各阶段的生育进程及其机体生理代谢功能,也是基本一致的。

第二,茶树需水量随茶树树冠覆盖度增加而提高。覆盖度大,虽然土壤水的蒸发量减少了,但茶树根深叶茂,蒸腾强度提高,产量增加,根系层的土壤水消耗量也增加,特别是在高温干旱季节表现更为突出。

第三,茶树需水量与土壤湿度成正相关。在田间正常持水量范围内,土壤含水量多,土壤水势高,有利于促进茶树水分代谢,增加土壤表面的蒸发能力,使茶园日平均耗水量增加,这在旱季中灌溉茶园表现最为明显。

土壤水分是茶树生理与生态需水的主要来源,又是土壤肥力的重要组成部分,对茶树生育关系密切。茶树的芽叶生长强度、叶片形态结构及其内含物的生化成分等指标,均以土壤相对含水率80%～90%为最佳,而根系生长则以65%～80%为好。在适宜的土壤湿度下,茶树生长旺盛,体内含水量一般约占全株重量的60%左右,幼嫩芽叶含水率可达80%左右,光合作用等生理代谢功能增强,物质代谢趋向合成,有利于体内干物质的积累,使芽叶萌发快,数量多,嫩度好,内含物丰富。特别是鲜叶中氨基酸与多酚类物质的增加,对形成香浓味醇的红绿茶品质都较有利。但如果在旱季,当根系层土壤含水率降到田间持水量的60%左右,并伴有高温与干燥的空气时,茶树体内水分代谢很易失调,叶细胞容易产生质壁分离,破坏细胞透性,叶绿体失去正常生理功能,光合作用受到抑制,物质代谢趋向分解,体内干物质的形成与积累减少,导致芽叶萌发生长受阻,鲜叶产量与品质均要下降。实践证明,凡旱季灌溉,使土壤湿度保持在田间持水量的70%～90%的茶园,无论是鲜叶还是加工后的成品茶,其品质都有不同程度的提高,有的甚至比对照提高一个级。产量增加更显著,一般可比对照增加30%以上,经济效益较高。

但茶园土壤水分过多同样有害,会使土壤物理性状变劣,土壤空气减少,削弱茶树根系呼吸和吸肥、吸水能力。时间稍长,茶树新梢生长受到抑制,结果形成茶树湿害。

（许允文）

2. 茶园灌溉技术

茶树生长需要的水分，主要靠自然降水供给。我国茶区虽多处在湿润与半湿润地区，但由于地域辽阔，自然地理因子复杂，雨水分布既有地区的差别，也有季节性的不同，即使在同一个月中，分布也捉摸不定，时多时少。例如华南茶区，年降水量大多在1500毫米以上，多的可达2500毫米以上，以4～9月份雨量较集中，要占全年雨量的75%左右，但由于当地气温较高，常使年蒸发量接近或超过年降水量；另外，还经常出现强度大、次数多的暴雨，因此雨水地表径流与土壤蒸发较多，而能保存土壤中供茶树吸收利用的水分相应减少，尤其在冬春雨水很少，茶园常有旱情。西南茶区也常有冬、春连旱现象。但在长江中下游广大地区，春季雨水连绵，到7～9月，夏秋季又常出现间断性高温干旱，直接影响茶树生长和优质高产的形成。这种雨水的时间与空间分布不匀，既分散又难以预料。因此及时采取旱季茶园补充性灌溉措施，有利于实现稳定茶叶产量和品质。实践证明，凡在干旱季节对茶园进行合理灌溉的，都能取得不同程度的增产提质效果。

（1）茶园灌溉时期

茶园灌溉的效果高低，虽然与灌水次数和灌溉水量有关，但更重要的还要看是否适时，也就是说要掌握好灌水的火候。我国茶农历来对灌溉有"三看"的经验：一看天气是否有旱情出现，或已有旱象，是否有发展趋势；二看泥土干燥缺水的程度；三看茶树芽叶生长与叶片形态是否缺水。现在人们已在"三看"经验的基础上制定了茶园灌溉的技术指标，进行综合分析，从而科学地确定茶园灌溉的适宜时期。

① 茶园灌溉的生理指标　茶树水分生理指标能在不同的土壤、气候等生态环境下，直接反映出体内水分的实际水平。例如细胞液浓度，新梢叶水势（可用兆帕斯卡 MPa 表示）等对外界水分供应很敏感，与土壤含水量和空气温湿度之间具有较高的相关性。如果上午9时前测定，细胞液浓度低于8%～9%，叶水势高于—0.5 MPa，表明茶树体内水分供

应较正常，若细胞液浓度达到10%左右，叶水势低于—1.0 MPa，表明树体水分亏缺，新梢生育将会受阻，这时茶园需要灌溉，及时给土壤补充水分。

② 茶园灌溉的土壤湿度指标　土壤含水量多少是决定茶园是否需要灌水的主要依据之一。由于茶园土壤质地的差异，其土壤的持水特性和有效水分含量变化较大，因此为使不同质地土壤的湿度值具有可比性，一般土壤的湿度指标值应采用两种方法表示：一是采用土壤绝对含水量占田间持水量的相对百分率表示，例如当茶园土壤含水量为田间持水量的90%左右时，茶树生长旺盛；降到60%～70%时，茶树新梢生长受阻；低于60%时，新梢即要受到不同程度的危害，因此以茶园根系层土壤相对含水量达到70%时，作为开灌指标；二是采用土壤湿度的能量值，即土壤水势来表示，它可以直接反映土壤的供水能力大小，要比以土壤含水量表示更加适当。当土水势（与土壤吸力绝对值相等，符号相反）在—0.01～—0.8 MPa 时，茶树生长较适宜。茶园土壤水势可用土壤张力计直接测知，当土水势值达到—0.1 MPa 以上时，表示土壤已开始缺水，茶树生长易遭旱热危害，应进行茶园灌水。

③ 茶园灌溉的气象要素指标　主要气象要素如气温、降水量、蒸发量等的变化和茶园水分的消长密切相关。在生产实践中，应密切注视天气的变化与当地常年的气候特点，尤其是在高温季节，参照茶树物候学观察进行综合分析，监视旱象的发生。近年研究认为，当日平均气温接近30℃，最高气温达35℃以上，日平均水面蒸发量达到9毫米左右，持续一星期以上，这时对土层浅的红壤丘陵茶园，就有旱情露头，需要安排灌溉。

（2）茶园灌水量

干旱季节茶园究竟需要灌溉多少水量，主要应由该茶园的类型即茶树生育阶段的需水特性与土壤质地来定。适宜的灌水定额，既要求灌溉水及时向土壤入渗，又要能达到计划层湿润深度，满足茶树的需水要求。因此在确定茶园灌水定额时，要先确定灌溉前的土壤计划层的储水量，使灌溉前后的储水量总和达到计划层土壤田间持水量的范围。因水分过多会影响透气性，还会产生地表径流和深层土壤

渗漏。一般确定茶园适宜的灌水量与灌水周期的方法有三种：

一是由茶园各阶段的日平均耗水量来确定。可采用土壤水分平衡法进行测算。特别是在高温旱季，应以 5 天左右为期测算自然降水量与茶园耗水量之差额。在气温较低的春旱或秋冬旱期间，以 10～15 天为期测算土壤水分的亏缺量。在壤土茶园中，当耕层（0～30 厘米）土壤缺水近 30 毫米（相当土水势为−0.08 MPa 左右）时，就应开灌补水。

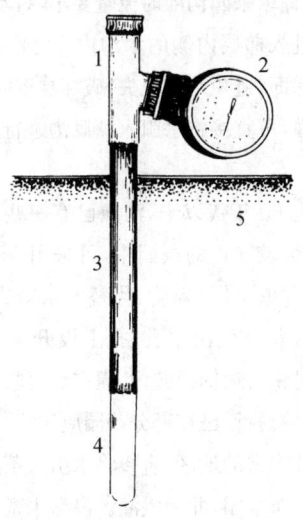

土壤张力计测定土壤湿度示意图
1. 集气管 2. 负压表 3. 连接管
4. 陶土头 5. 土壤

二是采用土壤张力计（又称负压计、土壤湿度计）法定位监测土壤水势的变化，来指示茶园灌溉。使用时，可将张力计埋设在茶园灌溉计划层土壤中，当张力计读数达到 600 毫米汞柱（相当于土水势为−0.08 MPa）以上时，开始灌溉补水，灌至张力计读数指针回到 100 毫米汞柱（相当于土水势为−0.01 MPa）以下时，即停止灌水，用张力计来指示茶园灌溉，既直观又易行。

三是参照茶园的各个参数，采用计算法求得茶园灌水量和灌水周期。其计算公式为：

$$M = 10 \cdot r \cdot h(p_1 - p_2)\frac{1}{\eta}$$

式中：M——茶园每次灌水定额（毫米）；

　　　 r ——灌溉计划层土壤平均容重（克/厘

米³）；

　　　 h——灌溉计划土层深度（厘米）；

　　　 p_1——灌溉后的土壤含水量上限值
　　　　　　（干重％）；

　　　 p_2——灌水前土壤含水量下限值
　　　　　　（干重％）；

　　　 η——灌水的有效利用系数（0.7～0.9）。

茶园灌水周期按下列公式求得：

$$T = \frac{M}{W}$$

式中：T——计划灌水周期（日）；

　　　 M——灌溉水定额（毫米）；

　　　 W——茶园阶段日平均耗水量（毫米）。

由于灌溉方法不同，水分损耗与对水分利用率差异较大，例如地面流灌要比喷灌的用水量大，浪费多，而地下渗灌又比喷灌的用水量省、利用率高。因此，要使茶园土壤计划层内能得到适宜的水分指标，其灌水量还应结合灌溉方法而定。

（3）茶园灌溉方法

衡量茶园灌溉方法的优劣，主要有三个标准：一是看灌溉水的分布均匀程度，以及能否做到经济用水；二是能否做到有利于茶园小生态的改善；三是能否达到提高茶叶产量、品质与经济效益的目的。近年来，在茶区正在推广的喷灌、渗灌、滴灌等灌溉方法，在生产实践中已取得了显著的省水增产的经济效果。

① 茶园地面流灌　地面流灌是用抽水泵或其他方式，把水通过沟渠引入茶园的灌溉方式，包括沟灌和漫灌。这是我国茶区传统的灌溉方法，沿革至今，在引水工程方面虽有发展，但灌水方法仍较古老。

沟灌是在茶园行间开沟，水在沟内借土壤毛细管作用，边流动边渗透到茶园土壤根层中，供茶树吸收利用。这种灌水方法，在靠近山塘、水库边的茶园中应用，具有灵活方便的特点。与漫灌相比，容易控制灌水量，水土流失较少。

由于茶园多分布于丘陵山区，自然地形复杂，为此在进行较大面积的地面沟灌时，要因地制宜地规划与兴建流灌工程。这方面我国茶区具有较丰富的经验,并有不少单位早已建立了规模不等的茶园流灌工程。上世纪 70 年代湖南洣江茶场的流灌工程规模较大,用提水机埠送水渠道总长达 26000 米,将洣江河水引入茶园灌溉。在北方茶区也有不少生产单位,因陋就简地修筑临时灌水渠,在山脚边或园边兴建水利渠道,开挖水沟引水灌溉;在多雨季节里,还可利用灌水沟当排水沟,排除茶园积水。

茶园地面流灌工程的内容及其设置技术原则如下:

第一,水源和提水机埠:利用水库、河川、山塘、井泉等为水源,并与渠、沟相连组成自流灌溉网。提水机埠位置应设在提水方便,地势居高,有利于缩短主、支渠道的地方。当水位过低或地形复杂时,可采用 2~3 级的提水机埠,并要有可靠的动力设备。

第二,输水渠道:分为主渠和支渠,是用于承接提水机埠的出水,并将其引进茶园的设施,其断面大小、建筑参数和结构,应由灌溉需水的流量、地形特点来决定。输水主渠的位置,在水泵扬程范围内,应尽量提高,使茶园基本上置于自流灌溉的范围内。由于地形地势的变化,主渠和支渠的形式可分为明渠、暗渠(埋在地中)和拱渠(抬高在地面上)三种。若需用渠道连接两个山头,还需建造渡槽或倒虹吸管。在建造中,明渠的深度应大于宽度,渠底还应有一定的倾斜度(比降为 0.3%~0.5%),以减少水流损失,使水流速度适中。

第三,园内灌水沟:分为主沟和支沟。在山坡茶园中的主沟,起连接支渠与园内支沟的作用,开设与建筑时要尽量与斜形缓坡园道相结合,以减缓水速,防止水土冲刷。为便于茶园机械操作,部分主沟应开设成暗沟。支沟是直接引水进入茶树行间的灌水沟,在山坡茶园中和主沟斜交相接,应与茶行平行。

凡有水源的茶区,干旱季节都可采用地面自流沟灌。但这种灌溉方法,存在着用水量大,灌水分布不匀等缺点,因此,除合理规划与兴建有关自流工程外,还必须在沟灌中掌握以下几点灌水技术。

首先,灌水流量的大小,应按水流情况与土壤条件,灵活掌握。一般在坡降和栽培条件相同的情况下,沟长的流量应大,反之,沟短的流量小些;地面坡降较大,流量要小,坡降平缓的需加大流量;沙性土壤渗水快,流量应适当加大,重壤土和粘土渗透慢,流量要小些。总之应控制在既可浸湿茶树根际土层,又不致产生地表冲刷与地下渗漏为度,使茶行首尾土壤受水均匀,减少水量损耗。

其次,灌水前在茶行一侧开沟(或隔几行开沟),灌水沟与追肥沟的要求基本一致,沟深 10 厘米,宽 20 厘米左右。引水灌溉后,将沟覆土填平或铺草覆盖,以减少水分蒸发。

另外,梯级茶园沟灌时流量要小,将水由上而下逐级拦阻进入梯层内侧的水沟内。灌溉茶树,切忌让水漫流梯面,避免水土流失,破坏梯壁。平地茶园的自流沟灌,可直接将水引入灌溉沟进行流灌,较简单易行。

上世纪 60 年代以来,沟灌已有一些新的改进,例如,在地势较平坦的茶园中,可采用直径 30 厘米的塑料(或薄壁金属)粗管,代替输水渠或主沟。管上按茶行行距开设出水孔,孔上设开关,调节水流量。灌水时将管道铺设园内,灌完后再收回,此法操作方便,简单易行,已在部分茶园应用。

在水源丰富的地区,直接将水引入茶园,让水在地面逐渐漫布全园,此为漫灌。漫灌水量较大,容易造成水土流失,或使土壤积水、结构变劣。所以长期漫灌,对茶树生长不利,在茶园中应尽量避免采用。

② 茶园喷灌 自上世纪 70 年代开始,我国开始兴起茶园喷灌。生产实践证明,喷灌是一种较先进的茶园灌溉方法。

茶园喷灌系统主要由水源、输水渠系、水泵、动力、压力输水管道及喷头等部分组成。并按组合方式分为移动式、固定式和半固定式三种类型。

移动式喷灌系统由动力设备、有压输水管道和喷头组成,设置在有水源的茶园。机组可用手抬,也可用手推车式,具有使用灵活,投资少,操作简便,利用率高等特点。但转运搬动多,较费时。固定式喷灌系统,除喷头外,均固定不动,其干、支管道常埋设在茶园土层内,由水源、动力机和水泵构成泵站,或利用有足够高度的自然水头,与干、支管道组成一套全部固定的喷灌系统。喷头装在与支管连接的竖管上,可作圆形或扇形旋转喷水。如果面积较大,需要配备几组喷头,循环分组轮灌。它操作简便,节省劳动,生产效率高,便于配套自动控制灌溉。适于灌期长的茶园和苗圃应用,但所需设备管材较多,投资较高。半固定式喷灌系统,干管埋设地下,采用固定的泵站供水或直接利用自然水头。支管、竖管与喷头可以移动,用支管的接头与干管的预留阀门连接,进行田间喷灌作业。

喷头是喷灌系统的重要组成部分,喷头的技术性能通常以工作压力、喷水量、射程、平均喷灌强度、喷灌均匀度、水滴直径(雾化程度)和自转速度等指标来表示。喷头的种类很多,如按其工作压力和射程大小可分三种:

一是低压喷头:工作压力 1～3 千克/平方厘米,喷水量<10 立方米/小时,射程<10 米;

二是中压喷头:工作压力 3～5 千克/平方厘米;喷水量 10～40 立方米/小时,射程 20～40 米;

三是高压喷头:工作压力>5 千克/平方厘米;喷水量>40 立方米/小时,射程>40 米。

按照喷头的结构型式与水流性状,又可分为旋转式(也称射流式)、固定式和孔管式三种。

在茶园喷灌中,多采用低压和中压喷头,其中以旋转式的摇臂喷头应用较多。如 PY130 型、PY140 型和 PY150 型等喷头较适用于茶园喷灌。因为这些喷头都属于中、近射程,消耗能量少,喷水性能与茶园所要求的喷灌技术较适合,喷灌质量较好。

茶园喷灌与地面灌水方法相比,可使灌水量分布均匀,省水 50%以上,水的利用率达 80%左右。其次,喷灌可改善茶园小气候,促进茶树生育,经济效益较高。同时,喷灌机械化程度高,适应地形能力强,因此可成倍地提高工效。此外,喷灌系统还可提高土地利用率达 10%左右,如果配合喷施根外追肥、化学农药与除草剂等可发挥其综合利用效益。

但喷灌也存在一些缺点,例如受风的影响较大,一般 3 级以上风力,部分水滴易被风吹移;当空气高温低湿时,水滴在空中蒸发损失可达 10%左右;喷灌需要机械设备较多,尤其是固定式喷灌系统,一次性投资较大。

茶园喷灌虽优点较多,但要发挥它的优势,必须精心规划,因地制宜地作好技术设计,在选用与确定各种类型的喷灌系统时,既要根据当地的水力资源和动力设备条件,又要考虑经济效果。在具体运用中除了做到适时、适量外,还要掌握如下的技术要求:

首先,喷水的雾化程度要适中,水滴直径以 2 毫米为宜,可不致对茶树芽叶与土壤产生过强的冲击。

第二,喷灌面上的水量分布要力求均匀,这就要求喷头的组合喷洒均匀系统应在 80%以上。

第三,各种喷灌系统在使用中应制定必要的规章制度,遵守操作规程,定期维修保养。

此外,旱季茶园喷灌要与增施肥料,及时采摘等肥培管理措施密切配合。充足的水分可以充分发挥肥料效应,促进茶树生长旺盛;而及时采摘,既可多收,又可保证茶叶质量。

③ 茶园渗灌 渗灌又称地下灌溉,是将灌溉水由输水渠送入地下管道(暗道),通过管道的透水孔,使水借土壤的毛细管作用,向根系活动层上、下、左、右浸润,供茶树吸收利用的一种灌水方法。由于渗灌可与施用液肥相结合,因此又可称为管道施肥灌溉系统。据广东省红星、汶塘等茶场和湖南省农业科学院茶叶研究所的应用实践表明:茶园应用管道渗灌施肥,能及时适量地将水肥均匀地直接送达根系,供其吸收利用,与等量肥料沟施相比,可增产茶叶 15%,具有明显的节约用水、提高肥效以及保持土壤结构的优点。主要缺点是一次性投资较多,平时如有故障,修理不便。

建茶园渗灌系统时,平地或缓坡茶园,可隔行建管,留一行便于深翻改土。管道应埋设在茶行中间,深度以 30～40 厘米为宜。建管的沟道坡降要小,约为 1/1000。若茶行首尾高差超过 60 厘米时,需作管道降级处理。管道降级埋设时,管尾须适当提高,然后方可下降,以保灌水时前段能喷满。管道内径 7～10 厘米为宜,不能过小。管上的透水孔一般在 4 毫米左右,呈梅花形分布。为防止管道及透水孔的堵塞,需采取多层过滤,如设置肥水贮备池、沉沙井及其过滤网,并提高管道透水孔的位置。

茶园渗灌,要与沉沙井、排气筒、肥水贮备池、输水渠等相配套。

使用茶园渗灌时,只需插好截流闸板,打开泄水

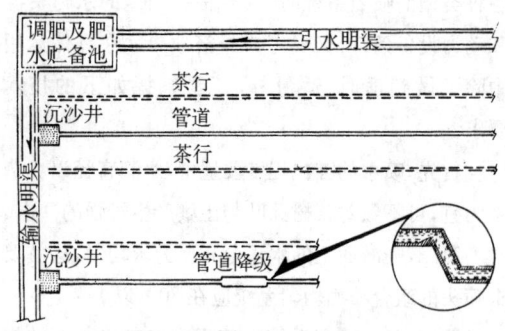

茶园地下管道施肥渗灌系统布置示意图

柜开关，就能使水顺着输水渠流进渗水管道，按管道顺序进行茶行灌水。广东汶塘茶场的经验，一般茶园开沟施化肥每亩约需一个工，而采用管道渗施，只需两人操作，一天可完成60亩，并便于田间管理与机械操作，省工省时又省地。特别是在干旱季节，茶园渗灌施肥，既能抗旱，又提高了水肥利用率，是茶园取得高产优质的重要技术措施之一。

④ 茶园滴灌 所谓滴灌，顾名思义即滴水灌溉。将灌溉水（或液肥）在低压力作用下通过管道系统，送达滴头，由滴头形成水滴，定时定量地向茶树根际供应水分和养分，使根系土层经常保持适宜的土壤湿度，能提高茶树对水分与肥料的利用率，从而达到省水增产的目的。

滴灌系统主要由枢纽、管道和滴头三部分组成。枢纽包括动力、水泵、水池（或水塔）、过滤器、肥料罐等。管道包括干管、支管、毛管以及一些必要的连接与调节设备。干、支管多采用高压聚氯乙烯塑料制成，管径为25～100毫米，毛管是最末一级管道，一般用高压聚乙烯加炭黑制成，内径为10～15毫米，其上安装滴头。滴头是滴灌系统中的重要组成部分，用量最多。适合茶园应用的部分国产滴头与性能如下：

管式滴头：属长流道类型，聚乙烯制成，流量为2.0～5.0千克/小时，工作压力为1.2千克/平方厘米。

螺帽式滴头：为孔口式，属短流道型，材料是高压聚乙烯，流量为2千克/小时，压力为1.2千克/平方厘米。

龟形滴头：多孔式，属短流道型，材料为低压聚乙烯，流量为7.4千克/小时，工作压力1.2千克/平方厘米。

发丝滴头：属长流道型，材料是软聚氯乙烯，流量为3千克/小时，工作压力1.2千克/平方厘米。

我国在上世纪80年代先后引进部分滴灌成套设备，在茶园进行试点应用。杭州茶叶试验场等单位的滴灌试验表明，它具有明显的增产提质与节水的效果，并取得了一定的经验。

茶园滴灌系统的设计，枢纽部分应尽量设在中心位置，这有利缩短输水距离与控制较大的滴灌面积。采用移动式滴灌系统，即将枢纽部分和主管道固定，而将毛管与滴头移动，轮流灌溉，可提高设备利用率，降低投资成本。在有条件的山地茶园，可以利用自然水头落差或在高处修建水池、水塔进行滴灌。滴灌管道的布置，一般支管道与主管道垂直，毛管分布在支管两侧。

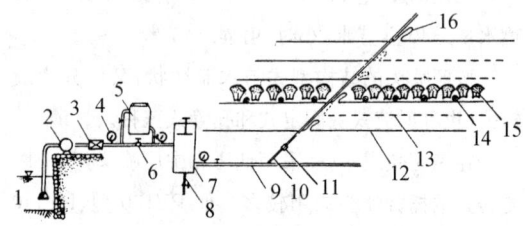

茶园滴灌系统示意图

1. 水源 2. 水泵 3. 流量计 4. 压力表 5. 施肥罐
6. 闸阀 7. 过滤器 8. 冲刷管 9. 干管 10. 支管
11. 流量调节阀 12. 移动毛管 13. 移动毛管位移
14. 滴头 15. 茶树 16. 辅助毛管段

茶园滴灌有利于节省用水量，在旱热季节，滴灌水的有效利用率可达90%以上，比沟灌省水2倍左右。同时，茶叶增产效果明显，有利于品质改善的内含物成分增加。另外滴灌消耗能量少，适用于复杂地形，又能提高土地利用率。滴灌的主要缺点是滴头和毛管容易堵塞与损坏；材料设备多，投资大，田间管理工作较繁琐。目前我国茶园滴灌应用较少，仍处试验阶段，有待总结提高。

（许允文）

3. 茶园排水技术

茶树生长，既喜温、喜湿，但又怕涝、怕渍。而在我国产茶区,常出现降水集中的雨季和多日不雨的旱季。在雨季如不能及时排水,不仅会冲垮茶园,流失肥土,在地势低洼处,还极易渍水,时间稍长,往往造成茶树湿害,给茶叶生产带来较大危害。据杭州茶叶试验场调查,因受土壤湿害导致低产的茶园占全场茶园总面积的 4.3%,对茶叶产量与品质影响较大,需要进行改造。

(1) 茶树湿害

适宜茶树根系生长的土壤,除要求含有充足的水分、养分,还要有足够的空气。如果土壤湿度增大,空气就会减少。一旦渍水,会使茶树根系呼吸困难,水分、养分的吸收代谢受阻。由于空气少,缺氧,土壤下层呈嫌气状态,尤其是红黄壤种茶地区,土壤中常形成低价铁、锰及其他还原性物质,再加腐败性嫌气细菌的活跃,使茶树根系遭受不同程度的湿害。

(2) 茶园排水措施

茶园排水系统,在新茶园规划开辟时就应考虑落实。新茶园的水利系统主要包括保水、灌水、排水三方面内容,由渠道、主沟、支沟、隔离沟和山塘、水库、管道与机埠组成,相互配套,紧密联系。例如山区茶园附近的山塘、水库与环山渠道,在雨季可蓄水防洪,旱季又能引水灌溉,做到蓄、排、灌兼顾,使沟、渠、塘、库及机埠等设施有机地连成一体,形成茶园沟沟相通,配套成龙,尽量减少与避免茶园水、土、肥的流失和低洼处渍水现象(参见《新茶园建设》)。

对有迹象或已产生渍水危害的茶园,应积极做好调查研究,找出茶园渍水湿害的成因,对症下药,采取措施,以见成效。

茶园排水是防除湿害的主要措施,但茶园湿害的类型与成因较复杂,茶树受害的程度也不尽一致,因此在防治与改造湿害茶园时,除了做好深入调查,找出成因,在采取各种排水工程设施的同时,还应针对实际情况,因地制宜地积极配合其他农业综合技术措施,如改土、改树及病虫防治等,方能见效。对建园基础差,湿害严重的茶园,应结合换种改植,平整土地,重新规划,建立新茶园。如不宜种茶的,可改种其他湿生作物。

(许允文)

(八) 茶叶采摘

茶叶采摘是茶树栽培的收获过程,也是茶树栽培一项管理措施。采摘的好坏,不仅关系到茶叶产量质量的高低,而且也关系到茶树生长的盛衰、经济寿命的长短,所以茶叶采摘要比大田作物的收获复杂得多,深刻得多。我们不能把茶叶的采摘仅仅看作是一项简单的收获过程,更应把它看作是一项重要的茶树栽培技术措施。

1. 茶叶采摘的生物学基础

茶树是一个整体,它的生长和发育,是有机地、错综复杂地联系在一起,采去新梢,就引起内部生理机能的变化,植株各部位的生长状况也随之发生变化。所以对茶树实行合理采摘,首先必须充分认识茶树的生物学特性,以及它与采摘的相互关系。

(1) 茶树新梢的生长特性

茶树新梢的生长有两个明显的特点,一是顶端优势,二是多次萌发生长。这是因为茶树的顶芽和侧芽,由于其所处部位不同,在生长上有着相互制约的关系。新梢生长时,顶芽最先萌发,生长最快,占有优势地位,即所谓茶树新梢生长顶端优势。顶芽的旺盛生长,抑制了侧芽的生长,使得侧芽萌发推迟,生长减缓,数量减少,如果不加采摘,任期自然生长,新梢每年最多只能重复生长 2~3 轮。如果经过人为采摘,在留下的小桩上,又有 1~3 个侧芽各自萌发生长成为新梢,再供采摘。这样,在人为的干预下,即使是同一品种的茶树,新梢生长次数要比自然生长的增加 2~3 次,还能使茶芽萌动提前,发芽密度增加。茶树新梢生长的另一个特性是一年中能多次萌发生长。萌发轮次的多少,主要受气候条件和品种特性的影响。如在正常采摘情况下,江北茶区(鲁东南)一般能生长 3~4 次。在同一立地条件下,由于茶树品种不同,新梢萌发的次数也是不相同的。根据中国农业科学院茶叶研究所的调查,春天固定 20 个新梢,至 9 月中旬第四轮新梢萌发数,黄叶早只有 7 个新梢继续萌发,而龙井 43 与梅占各有 14 个新梢能再次萌发,显然龙井 43 与梅占的生产率要高得多。当然,新梢萌发次数与树龄、肥培管理水平等因素也都有关系。

(2)茶叶叶片的生长规律

茶树叶片是随新梢伸长而开展的。叶片生长速度、展叶多少以及寿命等都与茶树内部生理机能和外界环境条件有关。根据杭州地区的调查,一个新梢一般能展叶4~6片,多的在10片以上,少的1~2片。新梢成长过程中,一般2~6天可展叶1片;叶片初展至成熟,生长最快的是13~14天,生长慢的需28~29天,平均历期16~25天。

茶树叶片的寿命约为1年左右,其中品种之间略有差别,变化不大,毛蟹为356天,福建水仙325天,而政和大白茶为289天。茶树在生长过程中,树冠上新叶的生长和老叶的脱落具有季节性。就我国多数茶区,春梢(4~5月)上留下的叶片,集中于次年3月下旬至4月中旬脱落;夏梢(6月)上留下的叶片,集中于翌年3月中旬至4月下旬脱落;秋梢上(7~10月)留下的叶片,集中在翌年4月上旬至5月上旬脱落。由此可见,尽管老叶脱落全年都有,但主要集中在春梢生长的3~5月间。所以,新叶生长最旺之时,也是老叶脱落最多之时。采叶与自然生长茶树相比,由于采摘的刺激作用,有适当延长叶龄、促进新叶增长的作用。但落叶的基本规律是相似的,而树上绿叶面积的多少,主要取决于采摘留叶数量和时期。这就给人们如何对茶树采叶与留叶提供了实践与理论的依据。

(3)茶树树冠与根系生长的相互关系

茶树树冠与根系的生长,既有相互促进,又相互制约。这是因为生命活动所需的碳水化合物、蛋白质等有机养分和一些微量活性物质,如维生素、生长素等,主要靠茶树地上部茎叶合成与转化供给的;而地上部进行光合作用所需要的原料,如水分、矿物质等又有赖于根系的吸收和输送。这样树冠与根系在营养物质的分配上,保持着相对的动态平衡和一定的比例关系。一旦营养物质的利用与分配发生矛盾,平衡就会被破,这时,茶树通过内部生理的调节,就要重新建立起新的平衡。所以,不同的采摘方法,就会给茶树树冠造成不同的结果,进而引起茶树根系的不同变化。例如,过强的采摘,首先是摧残了茶树树冠,在这种情况下,茶根系的强大吸收功能,就会刺激树冠的迅速恢复。但当树冠继续受到过强采摘的严重摧残时,就会出现叶量不足,枝干回枯,这时树冠合成的有机养料便不能保证根系的营养,而根系的营养不足,又会影响茶树的吸收和运输功能,导致树冠的衰败,长此以往,茶树就会逐渐衰亡。采留结合,由于既留有适量新叶,为茶树合成有机养分提供了场所;又及时采去顶芽,促进侧芽的萌发生长,以扩大树冠,从而使地上部与地下部能得到协调发展。据湖南省农科院茶叶研究所试验结果表明:在60厘米×60厘米×40厘米范围内,不留叶采摘的茶树,根量最少,每株仅6.65克;留鱼叶采摘的次之,为11.03克;分批采摘的较多,为14.5克;留新叶采摘的最多,为19.70克。由此可见,处理好采与留的关系,是协调茶树树冠与根系生长的主要手段之一。

此外,要解决好上述关系,还必须做好茶园的全年管理工作。我国大部分茶区,每年4~9月是茶树生长的活跃时期,入冬后,茶树地上部处于相对休止状态,而地下部仍处于相对活动状态,根据茶树营养物质的积累与分配以及根系的消长规律,秋末冬初及时供给茶树丰富的养分,茶树根系才能健壮生长,为翌年新梢,特别是为春梢的萌发生长提供良好的物质基础。所以,春茶生产的好坏,与秋、冬培育管理是密切相关的。

(胡海波　俞永明)

2. 鲜叶的合理采摘

我国茶区辽阔,茶叶种类繁多,形成了与此相适应的多种多样的采摘制度。所以合理采摘不可能有统一的标准。但从茶叶生产的发展和多数茶类而论,合理采摘必须处理好以下几个关系:

(1)采摘与留养

人们栽培茶树的目的是为了采收新生芽叶;但芽叶本身又是茶树进行光合作用的场所,过多地采摘芽叶,势必会对茶树光合作用发生深刻的影响,有碍有机物质的形成和积累。因此,即使是投产的成龄茶园,也必须在采摘的同时,注意适当的留叶,确保茶树在年生育周期内有适量的新生叶子留养在树上,满足茶树本身生长发育的需要,以维持茶树正常旺盛的生长势。

采和留是矛盾对立的统一体。解决这一矛盾,既要采又要留,留叶是为了多采,采叶又必须考虑到留叶。目前,我国许多名优茶生产地区,为保证春茶生产,大多采取集中采,集中留的方式,即春茶全采,采至鱼叶,夏秋全留养;而在一些大宗茶生产地区(或生产季节),大多是在新梢生长到一定程度时,适当采去顶芽(或驻芽)和若干张细嫩叶片,留下鱼叶或1~2片真叶在新梢上。生产上具体应留多少叶为宜,什么季节留,没有一个固定的模式,这要看制茶原料的要求及品种、树龄、树势、茶园管理水平等情况而定。

(2) 数量与质量

茶树是一种经济作物,栽培目的是获得较高经济效益。因此,不但要求产量高,而且品质也要好。茶叶的采大采小,采老采嫩,采迟采早,都与茶叶的数量与质量密切相关。只有在采摘时,强调量与质兼顾,才能取得高产、优质的效果。

试验表明,正常生长的茶树新梢,在萌发伸育过程中,从芽、一芽一叶至一芽多叶,每增加一叶,其重量也成倍增加。如以福鼎大白茶为例,芽、一芽一叶、一芽二叶的重为100%,则后一叶的生长量是前一展叶状态重量的一倍多;第三叶至第四叶的重量变幅度比前几片叶小,只增重50%左右,增长量低。由此可以看出,过嫩采摘会对产量带来很大影响,少采一叶,意味着当时将减少近一倍的产量。另一方面,一般采叶茶园的芽梢,相当一部分叶在展2~3张叶后便形成对夹,所以也不可能养到展3~4张叶后才开始采摘。这样不仅影响品质,而且由于顶芽的存在,使侧芽不能萌发,减少了侧芽的发生量,芽叶萌发的数量减少,同样不能获得高产。

鲜叶采摘的嫩度对商品茶质量的影响是很大的,若采摘不合理,即使做工再精细,也是做不出优质茶的。茶叶中的有效化学成分茶多酚、氨基酸、咖啡碱、全氮量都是随着芽叶生长而渐渐减少的,而一些不溶于水的无效化学成分,粗纤维等则相反,随生长而逐渐增多,品质也随着下降。所以,在采摘上如果一味追求产量,茶叶养大了采,对夹叶增多,叶片

老化速度加快,鲜叶中内含物质有效化学成分大大下降,对品质不利。因此,合理采摘就必须量、质兼顾,才能取得最大经济效益。

(3) 采摘与肥培管理

茶树的采摘并非孤立存在,它与茶园肥培管理密切联系。合理采摘必须建立在良好管理的基础上,才能奏效,只有茶园肥水充足、根系发育良好、有良好生长势的树冠,才能发出较多的正常新梢,有利于处理采与留的关系,达到合理采摘的目的。

合理采摘还必须与修剪技术相结合。茶树从幼年开始,便要注意树冠的培养,塑造理想的树冠;以后每年或隔年进行轻修剪,保持采摘面上小枝健壮而平整,以利新梢萌发和提高新梢质量。通过剪采结合,促使新梢长得好、长得密长得齐,为合理采摘奠定物质基础。

由此可知,采与管理是相辅相成的,只有在茶树各项栽培技术措施密切配合的基础上,才能发挥出茶树采摘的增产提质效应。同样,肥培管理和修剪技术等,也只有在合理采摘的前提下,才能充分发挥它应有的作用。

(4) 采摘标准与适制茶类

长期的生产实践表明,不同的茶类有其相应的采摘标准。

① 高档名优茶的细嫩采

多数的名优茶,大多是采摘单芽和一芽一叶,少数也有采一芽二叶初展的新梢。依据不同茶类,分别称"雀舌"、"莲心"、"拣芽"、"颗粒"等。采用这一标准的有特级龙井茶、碧螺春、君山银针、黄山毛峰、太湖翠竹、峨眉山竹叶青等名茶。按此标准采摘,大多集中在春茶前期,花工大,产量低,但经济效益较高。

② 大宗茶类适中采

指当新梢长到一定程度,采下一芽二三叶和细嫩对夹叶,这是我国目前内销和外销的大宗红、绿茶最普遍的采摘标准,如炒青眉茶、珠茶、工夫红茶、红碎茶等,均要求鲜叶嫩度适中。研究与实践表明,以一芽二、三叶为主的标准采摘,其产量和品质兼优,两者矛盾较少,经济效益较高。如过于细嫩采,品质虽好,但产量较低,采摘效力不高。但如采得太粗

老,芽叶有效化学成分显著减少,成品茶色、香、味、形受到影响。

③ 乌龙茶开面采

传统的乌龙茶,有其独特香气和滋味,加工工艺也较特殊,其采摘标准是待新梢长至3～5叶将要成熟,形成驻芽时,采对夹梢和一芽三、四叶,这种采摘标准俗称"开面采"或"开面梢"。开面梢分"小开面"、"中开面"、"大开面",嫩梢形成驻芽后顶部第一叶与第二叶的面积比例≤1/3,称"小开面";顶部第一叶与第二叶面积比≥2/3,为"大开面";介于两者之间(顶芽第一叶与第二叶之比约为1/2左右),为"中开面"。大开面梢,嫩梢成熟度高,小开面梢,嫩梢成熟度低。乌龙茶的开采期一般是在树冠面上约有20％～30％的嫩梢形成驻芽时,即可开园。如鲜叶采摘过嫩,并带有芽尖,则在加工过程中芽尖和嫩叶易成碎末,制成乌龙茶往往色泽红褐灰暗,香气低,滋味不浓;如采摘过老,外形显得粗大,色泽干枯滋味淡薄。据研究,新梢在"开面"阶段叶子中醚浸出物和非酯型儿茶素含量较高,单糖含量丰富,乌龙茶的品质相应就高。乌龙茶的这种采摘标准,全年采摘批次较少。

④ 边销茶的成熟采

用于加工黑茶和砖茶的原料,采摘标准比乌龙茶类还要粗老,须待新梢充分成熟、新梢茎部已木质化,呈现红棕色时,方可采摘。这种新梢有的只经过一次生长,有的已经过二次生长。有的一年只采1次,有的一年采割2次。之所以需要粗老的原因,一是适应消费者的习惯;二是饮用时要经过煎煮,能把粗老叶片和梗子所含成分充分煎煮出来。这主要是过去遗留下来的饮用习惯和粗放栽培的结果,如今一些砖茶和黑茶生产地区,粗细兼采的办法也在积极推行之中。

(胡海波　俞永明)

3. 手工采摘技术

我国茶类丰富,采摘标准各异,尤其是各地名茶,对鲜叶采摘的要求很高,手工采摘虽然效率低,但采摘标准容易掌握,同时又不损伤茶树,因此生产上特别是高档名优茶生产仍然以采用手工采摘为主。

手工采摘技术,内容多,涉及面广,最主要的技术环节有采摘标准、开采时间、采摘方法等。

(1)采摘标准 采摘标准是指茶树新梢上采下芽叶的大小与长短。它是依据生产的茶类要求、茶树生育状况和新梢生育特点等方面多种因素综合而确定的。我国茶类丰富多彩,从而形成了不同的采摘标准,如高档名优茶的细嫩采,大宗茶类的适中采,乌龙茶的开面采,边销茶类(黑茶、砖茶)的成熟采等。为了调节采养矛盾,培养好茶树树冠,实现可持续发展,对不同类型茶树,采摘标准应随树龄、树势强弱不同而有所改变。对尚处幼年树冠培养阶段的茶树在新梢上,应多留叶片,进行光合作用积累有机物,扩大采摘面,实行轻采的原则,即"打顶养篷"的方法进行采摘。树龄正值壮年,树势生长良好,树冠幅度已达一定程度,则可按芽叶品质要求采用适中的标准采。若生长势衰弱、树龄老化,正常新梢少,对夹叶多的,应注意留养,使树势得到恢复后再按生产要求进行采摘。经过改造的老茶树,须集中培养一年或1～2季不采,或者采用轻采,培养树冠,等其行间有一定覆盖度后,才进行适度采摘,不然,难以达到更新的效果。

我国各地茶区,不同季节气候特点不同,茶树新梢生育强度变化很大,为了平衡全年的产量和质量,提高经济效益,在同一茶园上一年之中可以实行不同的采摘标准,制造不同的茶类。春天气候回升慢、波动大,茶芽生育缓慢,是采制名优茶的有利时机,这时应以细嫩的采摘标准为主。到气温回升已平稳、新梢伸育加快时,以大宗红、绿茶的适中采摘为主。在季末则用成熟采或剪采作为边茶的原料。有的加工成同一个茶类,也可依据新梢伸育和气候状况,采制不同等级的茶叶加以调节,如龙井茶,在清明前后以采特级和一、二级为主,谷雨前后采三级、四级茶。夏季气温高,雨水多,茶树生长快,叶片易老化,只能采四至五级龙井茶;秋季气温逐渐下降,雨水多,新梢生长较正常,则又可按二、三级标准采。

采摘标准如何掌握,除一些特种茶类外,大多数茶类是有其客观指标和规律可循的。这种客观指标,主要是芽叶的有效化学成分和新梢的形成特征为主。

（包括芽叶的机械组成,新梢的长度和嫩度）。

茶叶的有效化学成分（茶多酚、氨基酸、咖啡碱等）和水浸出物含量是由顶芽到下部逐渐降低的。新梢近顶芽的第一叶和第二叶儿茶素、水浸出物的含量要高于下部叶片。

采摘标准的另一个重要指标是芽叶的机械组成。有效化学成分含量与芽叶组成关系密切,凡正常芽叶数量和重量占的比例大的,有效化学成分就高,品质优越;反之对夹叶和单片比重越大,品质就越差。因此,许多茶厂都以鲜叶的芽叶机械组成来作分级、定价的标准。但这种方法有时也会带来偏差。例如,有时正常芽叶比重虽高,但叶片大而粗老,仍难符合所要求的等级,而幼嫩的对夹叶若能及时采下,品质也并不差,故在采摘时还要参照新梢长度和芽叶的嫩度等。

在叶片生长过程中,芽叶嫩度的外部征状和内部化学成分变化基本相适应。芽叶嫩度的化学分析有多种方法：① 总灰分与咖啡碱的比率,指数小表示嫩度高,反之粗老;② 水溶性果胶与总果胶量比率,其指数大表示嫩度高;③ 碱不溶物与茶多酚比率,指数大时表示粗老。用化学方法测定嫩度虽较准确,然而费时费事,故在实际操作中往往以芽叶外部征状作为判断嫩度的指标,简单而易行。根据经验,叶片的三个征状,可作为适度采的标准：1）芽叶色泽由黄绿色开始转青时;2）近芽的第一叶,叶背翻卷;3）第2、3叶片已开始展平。这种经验还有待进一步总结。

此外,也可用新梢成熟度的方法来判断适采期。以新梢伸展到驻芽出现时,其成熟度为100%,工夫红茶则以成熟度50%～60%为采摘标准,一般绿茶以60%～80%为采摘标准,红碎茶和乌龙茶以成熟度80%左右为适度。

（2）采摘时间　手工采摘茶叶在时间上,有采摘季节、开采期和停采期等三方面内容。

采摘季节

我国现有茶区分布于边缘热带、南亚热带、中亚热带、北亚热带和暖温带五个气候区,茶树的生长有明显的季节性,每年采茶时间,短的5～6个月,长的可达10个月,甚至10个月以上。如江北茶区（山东日照）新梢生长期为5月上旬至9月下旬;江南茶区（杭州）新梢生长期为3月下旬至10月中旬;西南茶区（云南勐海）新梢生长期为2月上旬至12月中旬;华南茶区（海南岛）新梢生长期为1月下旬至12月下旬。一般地说,地处亚热带的茶区,大部分春、夏、秋三个季节采茶。季节的划分没有统一的标准。有的以时令划分：清明至小满为春茶;小满至小暑为夏茶;小暑至寒露为秋茶。有的以时间划分,5月底以前采收的为春茶;6月初至7月上旬采收的为夏茶;7月中旬开始采收的为秋茶。

开采期

茶树因气候、品种和栽培管理的不同,每年每季新梢发芽的迟早、快慢都是不同的,即使是同一茶区、同一茶园或年与年之间,开采期可以相差10天至半月不等。就品种而言,其萌芽和生长所需有效积温相差很大,有特早型（一芽三叶展所需有效积温低于60℃）、早芽型（一芽三叶展所需有效积温60℃～90℃）、中芽型（一芽三叶展所需有效积温90℃～120℃）和迟芽型（一芽三叶展有效积温大于120℃）等区别。

一般认为,在手工采摘条件下,茶树开采期宜早不宜迟,以略早为好。特别是春茶的开采,更是如此。因为茶树的营养芽经过冬季休眠,积累了较多的养份,春季雨量充沛,春梢萌发力强,茶芽生长旺盛,洪峰期明显,如果掌握不当,往往造成顾此失彼,养大采老,不仅茶叶品质差,而且还影响茶叶产量的提高。从各地经验来看,一般大宗红、绿茶,当茶园树冠面上有10%～15%的新梢达采摘标准时,夏、秋新梢有5%～10%达到采摘标准时就应开园。

停采期

停采期,又称封园期。茶树封园期的迟早与采摘制度有关。过去我国的采摘制度是重春茶,轻夏茶,基本不采秋茶。上个世纪50年代中期以后,随着茶园管理水平逐渐提高,不断延长茶树采摘期,逐步推迟封园期,并作为挖掘茶叶增产潜力的一条途径。但结合茶树生长的长远影响及经济效果来衡量,封园期并非愈晚愈好。据杭州茶叶试验场的经验,采到10月秋茶,凡是出现炒青6级茶原料就应少采,不采7级茶原料,否则会出现增产不增值,甚至减值,同时也不利茶树生长,还会影响到翌年春茶产量。所以,封园的迟早要看环境条件和茶树生长势而定。凡是冬季气候温暖、茶园管理水平高,茶树生长势旺盛,春夏茶留叶适当的,原则上可采到最后一轮新梢为止;反之,则要提早封园。一般来说,除了地处边缘热带的海南岛等少数产茶地区,可以全年采茶,无所谓封园期外,华南茶区可采到立冬前后,江南茶区可采到寒露前后,江北茶区可采到处暑前后。

(3)采摘方法 根据目前我国茶类生产和茶园状况,手工采摘方法大体可分为大宗红、绿茶的按标准分批多次采摘法,幼龄、成年、改造茶树的留叶采摘法,名优茶采摘法及边茶采摘法等几个类型。

大宗红、绿茶按标准分批多次采摘法

"不违农时"是农业生产中的重要原则,抓住季节,及时采下达标准的茶叶是采好茶的关键。新梢上的茶芽萌发后,随时间推迟而老化,品质也会下降。农谚"早采三天是宝,晚采三天变草",就是说采茶季节的重要性。大宗红、绿茶的采摘标准是采一芽2~3叶。茶树的每个枝条有顶芽和侧芽,一般是顶芽先发,侧芽后发,如不及时采去芽叶,就会形成木质化枝条;但如及时采去芽叶,新梢失去顶芽,打破了顶端优势,养料和水分就多向侧芽处输送,加快了侧芽萌发和伸长。因此,在茶树树冠上的新梢,只要达到标准时及时采去,就会刺激枝条营养芽的积极活动,不断分化,不断萌发和伸展叶子,促使新生叶更好利用光能,在水分和养料协同配合下,茶树新陈代谢旺盛,在新梢上每采一个芽叶,便能换取更多的新梢形成,不断采摘不断分化形成新芽,这就是分批多次采摘的理由。

茶树的品种和个体不同,发芽有早有迟;同一茶树也因枝条强弱不同,发芽有前后快慢之别;同一枝条由于营养芽部位不同,发芽迟早也不一致。一般是主枝先发,侧枝后发;强枝先发,细枝后发;顶芽先发,侧芽后发;篷面先发,篷心后发。根据茶树发芽不一致的特点,通过分批多次采,可做到先发先采,先达标准先采,未达标准留后采,这对促进茶树生育,提高鲜叶产量和质量都是有利的。

茶叶的采次多,就能增加芽叶的萌发数;及时按标准采,就能防止新梢老化,保证芽叶质量。但如何分批,采摘的周期应隔几天分一批,没有一定的准则。根据杭州茶叶试验场的经验,春茶采得较勤,每2~3天采一批,夏茶隔3~4天采一批,秋茶隔6~7天采一批。而广东红星茶场,头轮梢,每隔5~6天采一批,2~4轮梢每隔3~4天采一批,5~6轮梢,隔5~6天采一批。对嫩度要求高的高档名茶,采摘周期应缩短为1~3天。

茶叶的分批采,应视品种、气候、树龄、肥培管理情况以及制茶原料要求而定。一般掌握五看:一看茶树品种,有的品种新梢生长都集中在春、夏季,而有的集中于夏、秋季。在新梢生长较旺盛而集中时,分批相隔可短些,批次可多些。二看气候条件,气温高、雨水多,休芽生长迅速,批次要增加;反之批次可减少。如广东茶区,春茶常干旱,新梢生长较慢,分批天数可长些;夏、秋季气候较适宜,生长快,每批相隔天数就要短些。三看树龄和树势,树龄小的,需要培养过程,每批相隔可长些;树势好长势旺,分批间隔天数可短些。四看管理水平,肥培管理好,肥水充足,生长快,分批间隔可短。五看对制茶原料的要求,如采制红碎茶或珠茶,芽叶标准可稍粗大些,每批相隔天数可长一些。

依树势、树龄留叶采 茶树在不同发育阶段,有不同的采摘要求。

① 幼龄茶树的采摘 幼年茶树的采摘是定型修剪的重要辅助手段,必须贯彻"以养为主,以采为辅"的原则。幼年茶树顶端优势明显,多系单轴分枝,配合养树,可进行一些打顶采摘。在定型修剪的基础上,配合良好肥培管理,通过打顶,培养骨干枝,使各轮生长枝均匀分布,以增加生产枝的数量。什么时候开始打顶,要视新茶园的基础,管理水平和生长势而定。一般可以在2足龄时养好春、夏茶,到秋季树冠高度超过60厘米时分批打顶至茶季结束;3足龄茶树春茶末时打顶,夏茶留2~3叶采,秋茶留鱼叶采。

② 成年茶树的采摘 成年茶树,生长健壮,树冠茂密,根分布满整个行间,吸收和同化面积大,枝叶生长旺盛。因此,成年茶树应以采为主,以养为辅,多采少留,采养结合为原则,以延长丰产年限。

一般全年中应有一季留真叶采,由于留下大叶采具有隔季增产的效果,为了增加次年春茶产量,通常是在头年的夏茶留一片大叶采。

③ 更新茶树的采摘　更新后要重新塑造树冠,所以对改造后(台刈)茶树的采摘,特别强调"以养为主,采养结合"的原则。在树冠未达一定覆盖度以前,采摘的目的主要不是收获,而是作为配合修剪,养好茶树的一种手段。更新茶树的采摘应随修剪时间和程度不同而有变化。深修剪茶树在修剪当年春茶留鱼叶采,并提早结束,于5月上旬深剪后,必须留一季新梢,长至末期打顶采,秋天留鱼叶采;第二年轻剪后,即可按成年茶树正常采摘。重修剪茶树,当年夏茶留养不采,秋茶末期可打头采;第二年春茶前定型剪,春茶末期打头采,夏茶留二叶采,秋茶留鱼叶采;第三年春茶前轻剪,春留一～二叶,夏留一叶采,秋留鱼叶采,以后即正常留叶采。台刈茶树,当年夏茶留养不采,秋茶末期打顶采;第二年春茶前第一次定型修剪,春、夏茶末期分别打顶采,秋茶留鱼叶采;第三年春茶第二次定型修剪,春茶留二～三叶采,夏茶留一～二叶采,秋茶留鱼叶采;第四年春茶前轻修剪,正常留叶采。

名优茶采法

大多数名优茶的采摘要求细嫩、均匀,采得早、摘得嫩、拣得净。各种名优茶加工工艺精湛,鲜叶原料要求严格,在采摘时间上和嫩度上相差很大。如以采单芽为对象的名茶,有湖南君山银针、浙江绿剑茶、江苏太湖翠竹茶等。君山银针于清明前后采摘,采摘粗壮的芽头,一般长25～30毫米,宽3～4毫米,芽柄长2～3毫米。方法是用手指将芽头折断,断面整齐,忌用手掐采。要做到雨天不采,细瘦芽不采,风伤芽不采,开口芽不采,空心芽不采,有病弯曲芽不采,过长过短芽不采等八个不采。采摘后再拣一次,将不合规格的芽剔除。

采细嫩芽叶为对象的名茶,如浙江的龙井茶、江苏的碧螺春、安徽的黄山毛峰茶、南京的雨花茶、安化的松针等,采摘均以一芽一叶或一芽二叶初展的细嫩芽叶为主要对象,要求芽叶细嫩均匀一致。

以采嫩叶片为对象的名茶,如安徽六安瓜片等,是选用新梢上单张叶片制成。其采摘分采片与攀片两种方法。采片:在谷雨到立夏之间,茶树上选取即将成熟的新梢(开面梢),按序采下新叶片,梗留在树上。但一般带嫩茎一并采下,携回经攀片,使芽、茎、叶分开。攀片:鲜叶采回来后摊在阴凉处,待叶面湿水晾干,将断梢上的第1叶至第3叶第4叶和茶芽,用手一一攀下,第1片叶制"提片",品质最好;第2片叶制"瓜片",品质次于提片;第3～4片叶制"梅片",在梅雨季节采制的也称梅片,品质最差;芽制成银针。攀片实际上是对鲜叶精细分级,将老、嫩叶分开,便于炒制,并使品质整齐一致。

边茶采(割)法

边茶是指销往西藏、甘肃、内蒙古和新疆等少数民族地区的茶叶,边茶的共同特点是鲜叶原料比较粗老,因此,采茶常用特制的工具进行,如湖北采割老青茶是用一种专用的小镰刀,四川雅安地区采割南路边茶用的是一种半月形的专用茶刀(图1)。有的地方也有采用大剪(篱剪)进行剪采的。

边茶的采割标准依茶类而异,湖南黑茶传统是在立夏(5月上旬)、立秋(8月上旬)前后采割2次,每次新梢70%以上呈驻芽时,留鱼叶进行采摘。湖北的老青茶采割更为粗老。老青茶是压制青砖茶的原料,分洒面、二面和里茶三个等级。鲜叶按新梢的皮色,洒面茶以白梗为主,稍带红梗,即嫩梗基部呈红色,俗称白梗红脚;二面茶以红梗为主,稍带白梗;里茶为当年生红梗。不论洒面、里面茶都要求不带枯老麻梗和鸡爪枝,过老过嫩均不适宜。边茶中应用原料最为粗老的是四川的南路边茶,一般是刈割1～2年生枝为主。

边茶的采割分只采割粗茶和粗细兼采两种方式。年采割次数各地有所不同,有的每年只采割一次粗茶,有的每年采割两次粗茶,有的则是春天采一次细茶后,再割一次粗茶。据四川省农科院茶叶研究所试验,一年割一次粗茶的茶树,采割后有较长的时间恢复茶树树势,产量较稳定;一年割两次粗茶,在茶园管理较差的情况下,产量不稳定;而采一次细茶后再制一次粗茶,有显著的增产增值双重效果。

边茶采割的时间　随地区、气候、茶类而异。湖南的经验,春采细茶不过夏,夏采粗茶不过秋,秋采粗茶不过处暑。四川也大致相仿,在高温季节(5～8

月)采割粗茶,并在白露(9月上旬)前封园停采。湖北采制老青茶时间有3种:一是一年割两道边茶的,第一次在小满至芒种,第二次在立秋至处暑;二是1年采割1道隔冬青(上年秋梢)和1道面茶(春夏梢)的,前者在惊蛰前后,后者在夏至前后;三是一年只割一道面茶或里茶,即在夏至前后采割面茶,或在小暑至大暑之间采割一次里茶。

刀割采摘的主要经验是必须留新桩、要求刀刀锋利和选择晴天采制。采割留桩高低,视采割时间和树龄不同而定,采割期早的可略低些,壮年茶树割采宜高,每次提高5~7厘米,树高达50厘米以上的成年茶树每次采割可在上次采割刀口上提高2~4厘米,以免带入老麻梗。

(胡海波 俞永明)

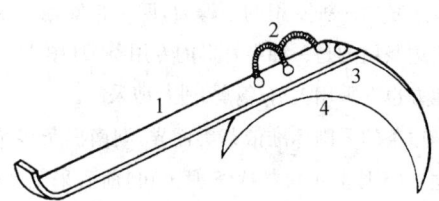

图1 采割边茶的铁摘子
1. 刀梗 2. 指套 3. 门砍 4. 刀刃

4. 机械采摘技术

采茶是茶园管理中用工最多的一项作业。机械采茶与手采相比具有效率高成本低等优点,尽管目前多数茶园和茶类仍以手工采摘为主,但随着农村劳力向城市二、三产业转移,机械采茶代替手工是必然的趋势。

机械化采茶对茶园是有特定要求的,最基本的是地形要求平地、缓坡地或者梯面宽大于2米的梯地。其次是树体条件,要求条例式种植,缺株少,茶树生长健壮,树冠表面平整。根据这两个条件,我国现有165万公顷茶园中,只有1/3的茶园基本符合,而且还要做许多补救工作才能适应机采。

(1)园地的改造与树冠的培养

园地改造主要是对基本符合机采的茶园,要做好田间障碍物的清除、增肥土壤和补齐缺行缺株等工作。凡在茶行的行间、地边有碍行走与机械操作的障碍物,如在行间的庇荫树、残留树兜、土坑、地头

的封闭行,杂物等均需全部清除,以利采茶机安全操作。机采与手采相比,机采茶园要求新梢生长强壮有力,因此必须施足基肥,改良土壤,增强地力,使之新梢抽生旺盛,符合机采条件。凡是机采茶园如有缺株断行的,须在投入机采前用大苗补齐缺株缺行,并注意肥水供应,加强定型修剪和树冠培养,以适应机采要求。

树体改造包括增强树势和塑造树冠两个方面。树龄较大或长势较差的茶树,要通过重修剪等方法更新树冠、增强树势后才能改为机采。生产实践表明,树龄在15年以上的茶园一般需进行重修剪后才能改为机采;树龄小于15年的茶园一般需要进行深修剪后才能改为机采;树龄虽不太长,但因管理粗放或采摘过度造成长势衰退的,也需进行重修剪或深修剪才能改为机采;对树龄不长、生长健壮的茶树,只需调整树高就可进行机采。机采茶树适宜的树高为60~80厘米。手采单行、双行条列式茶树高度一般超过这一标准,需要进行适当的修剪,把树高压低。多条密植茶园一般树高度较矮,如低于这一标准的则需采用深修剪,剪去鸡爪枝层,然后留养,使其达到树高标准。

机械化采茶要求茶树的采摘面平整划一,形状规格化,新梢生长整齐而旺盛,鉴于目前采茶机均为平型和弧型两种形式,因此,树冠采摘面也要求培养成平面和半弧形,使两者相互适应。通过各地试验观察,两种树冠对茶树生长和产量各有其优缺点,平型修剪的茶树,树冠中央枝条稀疏,叶层叶量较少,但平型能促进树冠向行间发展,树冠增幅快;弧形的茶树新梢长势均匀,采摘面积大于平型,一般弧形茶园的产量要比平型高出10%左右。因此,对未封行之前的幼龄茶树宜采用平型,促使提早成园。弧形树冠枝条生长均匀,容易维持规格化树型,叶层与新梢分布均匀,对已封行后的茶树可以采用弧形树冠,促使高产。因此,作为机采茶园,树冠培养的方式应该是"先平后弧",这样具有封行快,产量高的优点,一般可比手采茶园提前一二年进入高产期。

(2)机采要求

机采与手采相比,采摘批次少得多,但每欠采摘

量要大得多,因此,必须掌握机采适期、机采质量以及注意操作方法。

① 机采适期

机采茶园开采时期恰当与否,将直接影响茶叶产量、质量和经济效益。日本是机采应用较早的国家,他们曾提出以驻芽出现的百分率作为适采期指标,这种方法难以适应我国一般红、绿茶的采摘要求。湖南省茶叶研究所对适制一般红、绿茶的标准新梢一芽二、三叶及其对夹叶在单位采摘面积内新梢总量中所占比例作为开采指标,经多年研究认为,春茶标准新梢达80%,夏茶标准新梢达60%时开采,机采茶园经济效益达到最佳值。广东省结合当地气候条件,新梢生育物候期情况,初步制订的机械采摘适期是红绿茶一芽二、三叶和同等嫩度对夹叶比例,春茶为40%～50%,间隔期16～18天;夏茶为60%～80%,间隔期18～20天;秋茶为60%左右,间隔期20天。考虑到近年来茶叶市场向高档、优质化方向发展的趋势,高档优质茶经济效益明显高于低档茶的实际情况,因此,一般认为红、绿茶类标准新梢达到60%～80%为机采适期是合适的。

② 机采鲜叶质量

机采鲜叶质量一般从嫩度、净度和完整率等三个方面衡量。嫩度,即各个物候期的新梢在鲜叶整体中所占有的比例;净度,即鲜叶中所含的可制茶部分与老枝、老叶、杂物等不可制茶部分的比例;完整率,即没有受伤的完整新梢在鲜叶中占的比例。这三方面都与成茶品质有着密切关系。因此,可以作为鉴定机采鲜叶的质量标志。据浙江省机械化采茶配套技术研究课题组在杭州、兰溪、新昌、临安、诸暨等五地测试,尽管机采中单片、老梗老叶数量超过手工采摘,但机采鲜叶中完整芽叶平均达64.5%,比现行手工采鲜叶完整芽叶50%提高了14.5%,可见只要掌握得当,机采鲜叶的质量是可行的。

③ 不同树龄茶园的机采方法

幼龄茶园属树冠培养阶段,一般经过2～3次定形修剪,树高达50厘米,树幅80厘米时,就可以开始轻度机采。在树高、树幅尚未达到70厘米×130厘米时,应以养为主,以采为辅。用平型采茶机,每次提高3～5厘米,留下1～3张叶片采摘。开采期

也相应比成龄茶园推迟一周以上。

更新茶树采摘方法,需根据修剪程度而定。一般做法是:修剪程度重的茶园,如台刈、重修剪,在当年只养不采,第2年春茶前进行定型修剪,以后推迟开采期,每轮提高采摘面5厘米左右采春、夏、秋茶;第3年每轮采摘提高3厘米左右;当树高、幅度在70厘米×130厘米以上时才能转入正常采摘。

壮龄期是茶树稳产、高产阶段,这一时期的采摘原则是以采为主,以养为辅。在机采时,春、夏茶留鱼叶采,秋茶根据树冠的叶层厚薄情况,适当提高采摘面,采养结合,必要时秋茶留养不采。

④ 机采时应注意操作方法

目前我国多数茶园均为条列式种植,应用双人采茶机采茶较为适宜。双人采茶机一般以五人组成一个机组,三人同时操作,二人轮换休息。作业时,主机手应时刻注意刀片的剪切高度与鲜叶的采摘质量,使刀片保持在既采尽新梢,又不采入老梗、老叶的位置。机械作业时采茶机的导叶板托在茶篷上前进,这也是掌握切割面高度的好方法,既方便于高度的掌握,又可由茶篷支撑一部分重量,减轻劳动强度。双人采茶机需来回两次才能采完一行茶树,去程应去采摘面宽度的60%,剪切宽度超过采摘面中心线5～10厘米,回程再采去剩余的部分。机手应注意二点:一是使回程的剪切面高度与去程一致,采摘面两边高度吻合,不形成阶梯;二是既采尽采摘面中央部位的新梢,又尽可能减少重复切割的宽度,降低鲜叶中碎片比例。采茶机在操作时,还应注意前进速度的快慢。太快时,虽工效高,但采净度低,采摘面不平整,而且操作不安全,容易使操作者致伤或损坏机器。太慢既降低采摘工效,又增加重复切割几率,碎片增加,鲜叶采摘品质降低。适宜的机采前进速度以每分钟30米为宜。单人采茶机与双人采茶机相比,轻巧而灵活,在一些复杂地形地段,尽可能使用单人采茶机机采,以提高采茶效率。

(3) 采后管理

机采茶树除了与手采茶园一般的需肥特性外,还具有采摘批次少(一年约采4～6批)、采摘强度大、树体机械损伤大等特点,因此机采茶园的施肥既要考虑平衡供给,又要考虑集中用肥。浙江省地方

标准《机械化采茶配套技术规程》中规定,机采茶园施肥原则是重施有机肥,增施氮肥,配施磷、钾肥和叶面肥。机采茶园的施肥标准,以鲜叶产量来确定,每采 100 千克鲜叶即施纯氮 4 千克以上,并适当配施磷、钾肥和微量元素肥料。全年按 1 基 3 追肥的比例施用。广东省《大叶种茶园机械化采茶技术暂行规程》中提出,每采 100 千克鲜叶施纯氮 5~6 千克,氮、磷、钾肥配合比例 4:1:1.5,每采两批茶,施 1 次肥料,全年施肥 4~5 次。机采茶园连续多年机采,会使茶树叶层变薄,叶面积指数与茶园载叶量下降,影响茶树的正常生长。留养可以增厚叶层,增加叶量,调节树体营养"源"与"库"的关系。

机采会使树冠叶片大量受伤,无疑会影响叶片功能,降低叶层质量,通过留养可以显著提改善机采茶园的叶层质量。根据湖南省茶叶研究所的调查,连续机采 5~6 年,茶树叶层将会降至 10 厘米以下,叶面积指数相应降至 3 左右,此时的新梢密度已到了阈值,如叶量再减少,就会影响茶树的生长。因此,可将叶层厚度小于 10 厘米,叶面积指数低于 3 作为机采茶园需要留养的茶树园的指标。从留养后叶层变化情况看,机采茶园留养周期大体控制在 3 年左右。留养时期,要根据茶叶产量的季节分布特点来确定,从经济效果上考虑,应选择一年中产量比例小,茶叶质量差的轮次作为留养时期,如湖南、浙江一带可选择在秋季的 4 轮梢留养,广东则选择春季 1 轮梢或秋季末轮梢留养。留养程度(叶量)主要决定于留养前茶树的叶量。叶量大的少留,叶量少的多留。留养后的叶层厚度控制在 20 厘米以下,叶面积指数应控制在 5 左右为宜。

(俞永明　胡海波)

(九)茶园灾害防救

茶园灾害产生的原因可分为生物、气象等两个方面。生物因素主要是指田间的杂草以及病虫危害;气象主要是指旱害、冻害、风害以及湿害。茶园中病虫危害已在茶树有害生物治理一节中介绍,这里不再重复。

1. 茶园杂草治理

(1)茶园杂草的危害和种类

幼龄茶园株间距宽,地表裸露大,正常栽培条件下,茶树需 5~6 龄时才能正式采摘,因此成龄前茶园中极有利于杂草繁衍滋生。由于杂草与农作物共生,长期的自下而上竞争,形成了杂草独特的生物学特性,如籽实多,休眠期长,根系发达,对逆境适应力强,吸收养分和水分能力强,繁殖传播方式多样,并具有很强的更新能力等。因此,茶园中的杂草常与茶树争肥、争水、争光、争空间,以致影响茶树正常发育,更有甚者,杂草还是大多数病菌、病毒和害虫的寄生和越冬场所,如小绿叶蝉,除草茶园与未除草茶园相比,前者的防效比后者长 7 天。茶园杂草丛生,不仅加速病虫害的繁殖和传播,而且还给茶园的管理和采摘带来不便,从而影响茶园的产量和质量。

茶园杂草种类很多,有一年生,两年生的,也有多年生的。一般因茶园地点不同、季节不同、土壤不同,杂草发生种类也有差异。平地茶园中杂草较多,种类也较复杂;山地茶园杂草较少;新垦茶园,开始比较少,后来逐渐增多;管理周到的茶园,茶树树冠浓密而行列的茶园杂草均较少。根据湖南调查,该省茶园杂草有 39 科 132 种,其中菊科 17 种、禾本科 15 种、唇形科 7 种,其他还有蔷薇科、蓼科、伞形科、石竹科等;浙江调查,茶园中杂草有 32 科 87 种,其中禾本科和菊科均为 11 种,其他还有石竹科、十字花科、伞形科、蓼科、旋花科和蕨类植物等。现就茶园中常见的主要杂草简述如下:

① 春季开花杂草:这类多为越冬性杂草,开花早,约在 3 月份前后开花。

荠(*Capsella bursa-pastoris* L.)　二年生草本植物,十字花科。

繁缕(又名稻肠菜,*Stellaria media*)　二年生草本植物,石竹科。

雀舌草(又名英檀,*Stellaria uliginosa*)　二年生草本植物,石竹科。

婆婆纳(*Veronica polita* Fries)　二年生草本植物,玄参科。

鼠曲草(*Gnophalium multicops*)　二年生草本

植物,菊科。

紫花地丁(*Viola chinensis*)　多年生草本植物,堇菜科。

② 夏季开花杂草:这类杂草是对茶树危害较大的杂草,其中有很多顽固的恶性杂草。

莎草(又名回头青、香附子 *Cyperus rotundus*)地下有葡萄茎,蔓延繁殖,叶丛生,细长质硬,春季生叶,夏季开花,是一种多年生莎草科草本植物,生活力很强,生长迅速,不易除净。耕锄时仅除去茎叶,并不能解决问题,雨后立即恢复生长,必须深中耕,把它的根茎挖起,集中于茶园之外烧毁。

狗尾草(*Setaria viridis*)　一年生草本植物,禾本科,由于其结籽数量多,繁殖量大,而且环境条件很差时,它也能生长,亦是茶园中较重要的杂草。

萹蓄(*Polygonum oviculare*)　一年生草本植物,蓼科。

白茅(*Imperata arundinacea*)　多年生草本禾本科植物,地下茎扎得很深,再生能力强,尖端锋利,它可以把茶树根穿透,只要有一节地下茎留在土中,即可再生,而且成为病虫寄存器的寄主,因此,常成为丘陵、岗地茶园的恶性杂草,危害很大,除了在开垦荒地时,拣净根茎外,种茶后如发现其生长应立即挖除,挖出地下茎,并收集起来烧毁。

青茅(*Calamagrostis sachalinensis*)　多年生草本植物,形态似白茅,但比白茅稍高,叶较白茅硬,其性状似白茅,亦为茶园危害大的杂草,但多生长于我国南方山地茶园中。

菟丝子(*Cuscuta japonica*)　一年生寄生蔓草,旋花科,对茶树危害较大,茎上有吸盘,吸附于茶树上,吸取养分。

牵牛花(*Pharbitis mil*)　一年生草本旋花科植物,为缠绕茎,影响采摘。与其相似的有小旋花(*Calystegia hederacea*)等。

③ 秋季开花杂草:多数是繁殖快的杂草,危害性也较大。

马唐〔*Panicum sanguinale*(*Digitaria sanguinalis*)〕一年生草本植物,禾本科,分生能力强,种子数量多,繁殖快。

雀稗(*Paspalum thunbergii*)　多年生草本植

物,禾本科,危害性与马唐相似。

狗牙根(*Cynodon dactylon*)　多年生草本植物,禾本科,茎可在地面分枝扎根蔓延,容易再生。

蓼科(*Polygonaccae*)　多为一年生的草本植物,如马蓼、辣蓼、旱苗蓼等。

除了上述杂草以外,还有以无性繁殖为主的一些多年生杂草,也属于茶园中恶性杂草类型。

蕨类中主要是凤尾蕨(Pteris)一类的植物,多年生,生长迅速,以地下茎繁殖,而且地下茎分枝多,生活力极强,切成碎片亦能再生,所以耕锄不当反而引起蔓延。必须把地下茎挖出晒干才能死亡。

菵竹(又名菵草,*Pollinia imberbis*)　一年生草本植物,禾本科,地下茎节上生根,繁殖很快,也可以种子繁殖,茎能缠绕茶树,妨碍采茶。

菝葜(又名金刚刺,*Smilax china*)　多年生灌木,茎节有卷须可攀缘茶树上,地下块茎繁能力很强。

(2) 杂草的防除

茶园杂草的防除可以根据杂草发生的生物学特点,采用栽培耕作措施、人工器械及化学除草剂等方法进行治理。

① 栽培措施防除杂草

茶园杂草大量发生,一是在茶园土壤中存在杂草的种子、根茎、块茎等营养繁殖器官;二是茶园内具备适合杂草生长的空间,比较充足的阳光、土壤养分和水分等。我国现行的茶树栽培技术措施中,很多措施可以减少杂草种子或恶化杂草生存环境,防止杂草的发生。

深垦:新茶园开壁或老茶园换种改植之际,实行深耕,可以大大减少茶园中各种杂草的发生,这对于茅草、狗牙根、香附子等顽固性杂草也很有效。但深耕最好以人工进行分层深翻,力求把草根集结的表土完全翻埋到40~50厘米以下的底层,而把翻上来的心土盖压在表面。这样被深埋的草根、根茎、块茎等,即使萌芽,也因未能出土而死亡。所以,那些长满茅草的荒坡地在开辟新茶园时,最宜用这种深垦方法,消灭杂草。对于蕨类植物以及金刚刺、小竹鞭等杂草必须用手工拣出茶园,不能埋入,否则效果不好。

梯壁杂草要及时刈割：梯级茶园梯壁生长的各种杂草,有利于保护泥质梯壁少受雨水侵蚀,但其草籽极易落入茶园造成危害。去除梯壁杂草宜刀割而不宜手拔,如在夏秋期间未开花或结籽以前割除,则可减少杂草传入茶园。

间作绿肥：幼龄茶园行间空隙大,适当间种绿肥,不仅增加茶树肥源,而且可以抑制杂草生长。

施用腐熟堆、厩肥：在堆、厩肥中混有大量杂草种子,如未经充分腐熟,草籽仍有发芽能力,随肥施入茶园,即会增加杂草发生。因此使用堆、厩肥时要事先堆积使温度达到 $40℃\sim50℃$,并经 $1\sim2$ 天后再使用,这样既可杀灭杂草种子,又可提高堆、厩肥的质量。

铺草或薄膜覆盖：用薄膜或铺草,可使被盖压在下面的杂草,由于长期得不到阳光而黄化枯死,这对防止香附子等顽固性杂草最为适合。

扩大茶园覆盖度：大多数杂草需要较强的阳光才能生存,所以可以利用扩大茶树树冠,增加茶园覆盖度来抑制行间杂草的生长。生产实践表明,凡是树冠覆盖度达 80％以上的,茶园地面阳光已明显减少,杂草发生数量及其危害也大为减少。覆盖度达 90％以上,茶行相互郁蔽,行间杂草几乎完全消灭。扩大茶园覆盖度,在栽培措施上,无须另外增加人力物力,因此,应当把它作为最根本的除草措施来实行。

② 人工耕锄除草

茶园一经发生杂草为害,就应立即进行耕锄除草,以免因草荒而受到损失。目前我国多数茶园仍然是人工除草为主,采用畜力或动力机械除草较少。人工除草的方法有用手拔、浅锄削草、浅耕除草等方法。对于苗圃地或幼年茶园上的杂草以及攀缠在成年茶树上的杂草,以人工手拔为好。拔草宜选在阴天或雨后比较湿润时进行,以免茶根松动,一经日晒茶苗发生萎蔫。

一般茶园中的杂草可用阔口锄、刮子等人工浅锄削草或浅耕除草,能立即杀伤草的地上部,起到短期内抑制杂草,减少为害的作用。一般都在各次追肥前浅锄削草一次。浅锄削草以在烈日下晴天进行为好。如果雨天削草或削草后下雨,除草效果不好,

杂草容易复活再生。这时应将杂草深埋入地下或堆成小堆,晴天耙开将杂草晒死。浅耕松土也有除草的作用,其效果比浅锄削草好,这是因为浅耕能把杂草翻压入土的缘故。

拔草、浅锄削草和浅耕除草都是由人力进行,工效较低。所以人力除草只能解决小面积茶园短时间草害问题。对于那些规模较大的茶场,需使用畜力或小型动力机械进行茶园除草,功效较高。如与人力除草相比,牛耕可超过人力 4～5 倍,动力机耕则超过更多。但用犁具除草质量不及人工除草为好,且机耕除草受到地形的限制,只能在平地茶园中进行。因此,今后尚需对犁具和机型进一步改进研究,提高机械化除草效果。

③ 化学除草剂除草

化学除草是现代农业生产中一项重要技术,我国起始于 20 世纪 60 年代,到 80 年代开始大面积应用。化学除草具有使用方便,除草效果好,可避免水土流失,节省人工,经济效益明显等优点。

适合茶园使用的除草剂的品种与性能

除草剂的品种很多,可以按化学结构、作用方法和对杂草的选择性不同进行分类。按化学结构类型,可分为苯氧类、甲苯胺类、氨基甲酸酯类、酚类、三氮苯类、有机杂环类、脂肪族类、有机磷类、磺酰脲类、咪唑啉酮类、酰胺类、二苯醚类和脲类等。按作用方式可分为内吸传导性除草剂和触杀性除草剂。内吸传导性除草剂是指除草剂接触到杂草后能被杂草吸收并运转到其他部位。这类除草剂可用于防除多年生杂草。触杀性除草剂是指只对接触到的部位起作用,不被吸收或者在体内传导十分有限,仅在细胞间有限地移动,这类除草剂只能杀死杂草的地上部分,对地下部分繁殖体没有任何杀伤力。按选择性可分为选择性除草剂和灭生性除草剂。选择性除草剂使用时有选择性,有些对双子叶植物敏感,但对单子叶植物安全;有些对禾本科植物敏感,对其他作物不敏感。使用时对不同防治对象选择不同的除草剂品种。灭生性除草剂使用后对植物没有或几乎没有选择性,在杀草的同时对作物也起作用,茶园使用这类除草剂必须采用保护性措施定向喷雾。

茶园使用的除草剂应具有除草效果好,对人畜

和茶树比较安全,对茶叶品质无不良影响,对周围环境污染小的特点。在茶园中可以推广使用的除草剂品种主要有草甘膦(Glyphosate)、磺草灵(Asulam)、敌草隆(Diuron)、扑草净(Prometryne)、噁草酮(噁草灵,Oxadiazon)、克芜踪(百草枯 Gramoxone)、苯达松(Bentazon)、果尔(Oxyfl uorfen)、盖草能(Haloxyfop)、西玛津(Simazine)等。百草枯、噁草酮、果尔、苯达松是触杀型除草剂,扑草净、草甘膦、茅草枯、盖草能、敌草隆、磺草灵为内吸传导型除草剂,而草甘膦和克芜踪是灭生性除草剂,使用时需特别注意保护茶树。

茶园除草剂的使用技术

茶园除草剂的使用,应当根据当时、当地茶园的杂草生长情况,结合除草剂的特性,充分发挥除草剂的除草作用,尽可能减少对茶树和环境的不利影响。

首先要根据防除对象选择除草剂的种类。不同地区、不同茶园和不同季节中杂草的优势种群差异很大,有的以禾本科植物为主,有的以双子叶植物为主,也有的以某一类杂草为主,因此必须根据当时当地茶园杂草种类,有针对性地选用除草剂品种。如以防禾本科杂草为主的,宜选用盖草能、扑草净等;防除阔叶杂草为主的,则宜选用果尔、敌草隆、苯达松等;对于防除各类杂草及恶性杂草的,可选用草甘膦和克芜踪等广谱型灭生性除草剂。

其次根据使用方式选择除草剂种类。除草剂通常有土壤处理或茎叶喷洒等两种方法。土壤处理是将药液直接喷洒在土壤表面或通过混土操作,把除草剂拌入土壤,形成一个除草剂的封闭层,以杀死萌芽的杂草,这类除草剂有西玛津、敌草隆、噁草酮等。土壤处理不受降雨影响,因此,喷施一次可使茶园在较长时间内基本无草。茎叶处理剂是直接将药液喷洒到杂草的茎叶部位,利用杂草茎叶吸收和传导来消灭杂草。茶园使用的大部分除草剂为茎叶处理剂,如草甘膦、磺草灵等。茎叶处理剂对幼小茶苗以及茶树新梢、嫩叶会产生损害作用,因此,喷雾时要采取保护措施定向喷雾。

三是根据杂草发生时期使用除草剂。茶树杂草主要分布在茶园行间,杂草发生的种群相对比较稳定,杂草种群消长规律明显。全年在 2～3 个发生高峰。在发草高峰前使用除草剂,可以有效地控制杂草的为害,同时由于杂草处于生长旺盛期,吸收除草剂的能力最强,防除效果也最好。一般来说,在发草高峰主要使用茎叶处理剂为主,如草甘膦、克芜踪等。

④ 综合防治茶园杂草

由于化学除草剂对环境、农田生态的不良后果以及它本身的局限性,在生产实践中人们把农业措施、生物防治、化学除草、人工机械除草等技术有机结合起来,走综合防治之路。茶园的综合防治杂草措施主要包括以下几项内容:第一合理密植,清降茶园周围的杂草。茶园行间空隙是杂草滋生的主要场所,间隙越大,越有利于杂草生长。采取合理密植,精心培植,使杂草得不到充足的阳光和空间,限制其生长。清除茶园四周杂草,可以消灭杂草传播蔓延的来源,减少茶园杂草的发生。第二坚持翻耕茶园,施入腐熟的农家肥料。翻耕茶园,不仅能直接杀死杂草,还能切断多年生杂草的地下繁殖器官。充分腐熟的农家肥,可以利用发酵产生的热量杀死或腐烂掉混在农家肥中的草籽,减少茶园杂草的危害。另外,在茶园行间采用麦秆、稻草、豆秆和嫩柴草等覆盖,既可防止水土流失,增加茶园肥力,又能抑制杂草发生。第三充分应用化学除草技术。在茶园杂草发生的不同季节,应用化学除草剂清除杂草,除草速度快、工效高、成本低。但它也存在许多不足之处,如增加对环境及生态的污染、喷药时受天气的影响,药剂对茶树的危害,杂草产生抗药性等等。因此,应用化学除草剂必须结合其他防治措施。第四杂草的生物防治技术,这是一门新兴的除草技术,主要应用某些对茶树及其他作物不构成危害的昆虫、杂食性动物、真菌、细菌等生物,将杂草的密度控制在一定水平之下。近年来一些地方采用茶园中养鸡、养兔等也取得一定效果。生物防治费用低,对环境及生态无害,选择性强,作用时间久,具有很大的优点。但它起效慢,在杂草种群较多时,往往单靠生物防治不能奏效,而且受环境条件的制约较大,所以生物除草不能替代其他除草方法,只能作为一种配合或补充措施。

(俞永明)

2. 茶园气象灾害的防救

茶树在生长发育过程中,虽然对温、湿等不利气象条件有一定的抗衡能力,但是当超过一定限度后,就要产生危害,轻则造成茶叶减产,品质下降,重则使茶树死亡,这就是人们常说的茶树自然灾害。因此,与自然灾害作斗争,使其对茶叶生产造成的损失降至最低限度,是茶树栽培中不可忽视的环节。茶树的灾害很多,这里着重介绍灾害性气候对茶树的危害,如常见的冻害、旱害和湿害,现分述如下。

(1) 茶树冻害及其防救

茶树上常见的冻害有雪冻、霜冻及干冷风冻等几种。长江以南产茶区以雪冻和霜冻为主,长江以北产茶区三种冻害均有发生。茶树受冻后有赤枯和青枯两种表现形式,长江以南以赤枯状为常见,长江以北赤枯、青枯兼有发生。

① 茶树冻害的发生原因

茶树具有一定抗御低温的能力,但不同器官的耐寒力是不同的。就叶、茎、根等器官而言,其耐寒能力依次递减。但是,在露地栽培条件下,由于叶对茎、茎叶(包括土壤)对根来说,具有保护作用,因此在越冬期间,茶树树冠上部、中部和根部的温度,总是自上而下依次递增,所以在生产实践中,茶树冻害的发生发展程序,往往表现为顶部枝叶首先受害,进而波及茎部,只有在极度严寒的条件下,根部才受害而致全株死亡。

茶树冻害发生与否,与气象要素、茶树品种、地理条件和栽培管理措施等几个方面密切相关。

A. 茶树冻害与气象条件的关系　从气象要素分析,造成茶树冻害的原因,不外乎是冬季的低温、干旱和大风。这三者往往是相伴发生的,但低温是产生冻害的主要原因,而干旱和大风可加深冻害的发生程度。根据近年来的调查研究,茶树冻害与以下气象要素有关。

持续低温:山东省是我国的一个新产茶省,由于该省地理位置较北,茶树常有冻害,自上世纪60年代种茶以来,"小冻年年有,大冻三年两头有"。调查研究结果表明,茶树冻害与1月份平均气温和极端最低气温的高低,以及负积温大小和持续天数长短之间的关系最为密切。据记载,上世纪末的20年中,山东省发生三次严重冻害,1月份平均气温,顺次分别为-0.2℃、-0.8℃和-3.4℃,极端最低气温分别为-11.3℃、-10.1℃和-12.6℃,负积温总值分别为-118.6℃、-119.4℃和-204.2℃;连续低于0℃的天数分别为19天、14天和25天。综合山东省的茶树冻害与气温之间的关系可以看出,凡冬季1月份平均气温低于0℃,负积温总值超过-100℃,极端最低气温低于-10℃,日平均气温低于0℃的连续天数超过14天,茶树往往容易出现较重的冻害。山东省是我国目前最北的产茶省,而我国其他各产茶省区,茶树在冬季是否出现冻害,上述气温要素的数值会有所差别,但规律性是相似的,即1月份平均气温、极端最低气温的高低,以及负积温大小和连续低温天数的长短,与冻害密切相关,其绝对数值越大,冻害越重,反之冻害较轻或不受冻。

低温导致茶树冻害,其机理是叶片组织内部细胞结冰。当温度降至-1.07℃时,首先是细胞间隙自由水开始结冰,形成冰的核心。温度继续下降则引起冰体不断扩大,吸取原生质体中的水分,导致原生质缓慢失水变性;同时冰晶体由小变大,对细胞产生挤压性机械损伤;由于原生质与细胞壁对水分反应速度的差异,温度骤升骤降时,细胞内产生质壁撕扯和分离,对细胞产生损伤;在温度回升迅速时又产生水分胁迫,细胞间隙水被快速蒸发,原生质吸水补给不及时而失水变性。异常寒冷温度急剧下降时,还可导致细胞结冰,而对细胞膜的损伤,导致细胞死亡。上世纪80年代的研究表明,茶树霜冻害的发生与茶树叶面的冰核细菌种类和数量有密切关系。茶树叶表有了冰核细菌,通常便以细菌作为冰的核心,开始形成冰体,冰核细菌通常可在-2℃～-5℃诱发植物细胞水结冰而发生霜冻,无冰核细菌存在的茶树叶片,可耐受-7℃～-8℃低温而不发生霜冻。茶树上主要的冰核细菌种类有菠萝泛菌(Pan tale ananatis)、成团泛菌(Pantoea aggloinerans)、甘兰黄草胞菌(Xanthomonas campetris)、菠萝果腐欧文氏菌(Erwinia ananas)等菌,因此对茶树叶面冰核细菌的防治有利于减轻霜冻害的发生。不利的气象条件对茶树产生冻害,最常见的是霜冻。霜冻有早霜和晚霜。早霜始于晚秋。晚霜出现在早春。在我国北部和高山产茶区,如早霜过早降临,这时茶树冠面的青枝嫩叶尚处于生长状态,缺乏耐寒锻炼,茶树极易受害。我国南方和高山茶区晚霜如姗姗来迟,一般出现在开春以后,这时越冬芽已萌发,尤其是早芽种,真叶已经初展,茶树抗寒力显著减弱,已萌发的芽梢将受冻枯焦,这对春茶,特别是高级名优茶的影响最为显著。

冻土深度和持续时间:气温和地温之间是密切相关的。入冬后随着气温的不断下降,地温亦伴随降低,直至结冰形成冻土。茶树冻害程度的轻重,与地温低温极值、负积温大小、最大冻土深度、连续冻土日期长短呈正相关。如茶树根系长期处于冻土层中,会造成茶树根系对水分吸收运转困难,以至地上部脱水枯死,根系萎缩腐朽。

大气和土壤干旱:适宜的大气湿度和降雨量,对茶树安全越冬是至关重要的。凡是冬季雨水偏少,大气相对湿度偏低的年份,茶树冻害往往较重。降雨量的多寡,直接影响土壤含水量的高低,土壤干旱缺水,茶树更易受冻。在我国华南茶区,这类茶树冻害是不多见的,而在江北茶区常有发生。在大气相对湿度偏低,土壤又缺水的情况下,如出现大风,短期内茶树即会出现青枯型冻害。据山东省日照县观测,砂质茶园土壤 0～20 厘米土层中,越冬期土壤含水率在 15% 以上的年份,冻害较轻;含水率不足 10% 的年份,将会出现严重冻害。大气相对湿度在 70% 左右,冻害较轻;不足 60% 将会出现严重冻害。

B. 冻害与茶树品种和树龄的关系　不同茶树品种其耐寒力有差异,表现为有的品种耐寒力较强,有的则较弱。如我国的云南大叶茶,由于长期生长在冬无严寒,夏无酷暑的环境中,在我国繁多的茶树品种中,它的耐寒能力是较弱的,通常在出现 $-0.5℃$ 低温时,即会有受害的表现。而一般中小叶种的茶树,耐寒能力比云南大叶茶强,在低温时间持续不长的情况下,能耐 $-10℃$ 低温。

茶树受冻程度的轻重,与树龄的大小亦有一定的关系。表现为随树龄的增加,耐寒能力相应增强的趋势。湖南省保靖县茶叶研究所于 1978 年 2 月,在极端最低气温出现 20 天后调查,1 年生茶树叶片受害率为 63.3%,2 年生茶树为 50.3%,3 年生茶树

为 22.0%,13 年生茶树为 19.0%。

C. 冻害与地理条件的关系　茶树冻害与纬度、海拔之间有显著的相关性。随海拔和纬度的增高,越冬期的绝对低温、负积温总值、低温持续天数逐渐增加。所以,在高纬度、高海拔的立地条件下,茶树容易受冻。部分高纬度、高海拔地区不宜种茶的实例,也屡见不鲜。如北京密云县小面积试种茶树,采用薄膜保护的防冻措施,茶树能安全越冬,但撤除薄膜改为露地栽培,茶树冻害极为严重,直至死亡。所以在目前生产条件下,这些地区不宜种茶。

"雪打高山,霜打洼",这是气象与地理位置有密切关系的一句农谚。高山降雪量多于平地和丘陵,洼地由于冷空气下沉,冬季常出现浓霜。在这些地理位置上种茶,茶树极易产生雪冻和霜冻。此外,风口和冷空气过道亦易出现冻害,受害茶树呈带状分布,这是其特征。

D. 茶树冻害与茶园管理的关系　茶园管理技术运用得当,可增强茶树长势,提高茶树耐寒能力,达到茶树安全越冬和减轻茶树冻害程度的作用;反之,如措施失当,将会加重茶树冻害的发生和发展。

② 茶树冻害的防救措施

在长期的生产实践中,我国劳动人民创造了多种多样行之有效的茶树冻害防救技术,取得了可喜成果。归纳起来,有以下几方面。

A. 引种和选育茶树良种　引种和选育茶树抗寒良种,提高茶树自身抗御低温的能力,是防止茶树冻害的根本途径。如前所述,我国南部地区栽培的大叶种,耐寒能力较弱,而北部地区栽培的中叶种和小叶种茶树,耐寒能力较强。当然,在众多的中叶种和小叶种茶树品种中,耐寒能力强弱也不尽一致。因此在新建茶园时,尤其是在高纬度、高海拔地区种茶时,对品种耐寒能力的强弱要详细了解,进行定向引种。实践表明,安徽省黄山附近的群体种,浙江地区的龙井种等,在我国北部地区栽培时,表现为茶树受冻轻,长势好,产量高,品质好。其次,要选留当地的茶籽扩种建园,这将会随着茶树世代的延续,对当地气候环境条件逐步适应,不断获得耐寒能力较强的品种,而逐步适应当地栽培。

B. 物理方法防护　物理方法防护是目前应用

最广的防冻方法,它的中心是围绕增温、防风等方面进行。

借助有利地形或设置挡风物,起到防风保暖作用,是生产上常用的防冻方法。南方高山以及纬度较高的北部地区,发展新茶园时,首先要选择避风向阳的地形先行发展,这样的地形,可凭借山峰的屏障作用,起到防寒、防风作用。在两山之间谷地的地形条件下建园,宜选用坡地,避免谷地,因为坡地的气温往往比谷地高4℃~5℃,这对防冻无疑是有利的。

在开辟新茶园时,有意识保留部分原有林木,种植行道树,营造防护林,是一项永久性的防护措施。一般来说,防护林的有效防风范围为林木高度的15~20倍。同时,种植防护林后,对改良生态环境,增加茶叶产量,提高茶叶品质,均有良好的效果。我国北部采用松树,中部采用杉木,南部采用橡胶树营造的防护林或行道树,都有成功的实例。

我国江北茶区,采用风障防止和减轻茶树冻害,收效显著。据观测,1.5米高的风障,有效防风范围可达7~8米,障前和障后相比,气温可提高0.2℃~5℃。在采用风障防冻时,幼龄茶树宜逐行设障,障高高出茶树20厘米;投产茶园宜在茶园周际设围障,障高在2米左右。

在增温防风、防冻措施中,幼龄茶树可采用埋土过冬,这是简单易行而又效果较好的防冻方法,1~2龄茶树采用此法,更属理想。采用这项技术时,要掌握适宜的时期和分期埋土撤土的技术要领。越冬前埋土宜在冻害来临之前,这可给茶苗有"练苗"的机会,增强茶树抗寒能力。埋土和撤土均分2~3次进行,过早一次埋土,翌年茶苗生长细弱。最后一次埋土时,保持2~3片真叶不在土中,群众称之为"露顶"。开春气温稳定后进行分次撤土,如过早一次撤土,往往会因出现"倒春寒"而使茶苗遭受损害。

我国茶区运用铺草防冻比较普遍,它可增高地温,减少土壤水分蒸发,防止出现冻土或减少冻土层厚度。铺草可在秋冬季茶园管理结束后立即进行,材料可选用杂草、农作物稿杆,铺放在茶树行间的地表。为了防止茶树叶片受冻,可采用茶树丛面盖草,一般在"小雪"前后进行,过早会影响茶树光合积累,

过迟达不到防冻目的。材料除杂草、农作物蒿杆外,也可利用松枝等盖于丛面。江北茶区在翌年3月上旬撤除,江南茶区可适当提前。据观测,丛面盖草,夜间丛面温度可提高0.3℃~2℃。

熏烟防冻,在我国应用较早,茶区可结合烧制焦泥灰进行。采用熏烟防冻法,应选择无风晴夜进行,这样的天气最易出现浓霜,给茶树造成危害,此时熏烟防冻,效果最为理想。

田间喷雾防霜是以雾滴结冰放热的原理来保护茶树,当气温急剧下降时,利用田间灌溉设备进行喷雾,如雾化度高,喷雾均匀,对防霜效果特别明显。

送风防霜,在日本茶区应用比较普遍,我国也有少量使用。每当晴天、无风、无云的天气,夜晚时由于地面的辐射热散发很快,而空气热散发较慢,从而在茶园上空出现逆温层,即离地6~10米处气温比茶树篷面要高5℃~10℃。因此离地6~10米处安装送风机(电风扇),将逆温层上暖空气吹至茶树采摘面,以提高茶树篷面温度,达到防霜和促进芽梢生育的目的。这一措施一般在早春对一些低洼地区预防晚霜较为有效。

C. 化学方法防护 在茶树越冬前和越冬期间喷射某些化学药剂,可起到保温、减少茶树蒸腾、促进枝叶老熟、提高木质化程度的作用,从而增强茶树抗寒能力,减轻冻害的发生程度。如茶树上喷射抑蒸保温剂,有一定的防冻效果;在10月下旬、11月上旬,喷射200 ppm^2,4-D,对茶树安全越冬也有一定帮助。

D. 生物方法防护 上世纪80年代的研究认为,茶树霜冻害的形成和叶面冰核细菌的存在有密切关系。这些细菌的存在,有助于冰的形成,同时使冰挂形成的温度明显提高,因而加重了霜冻的危害。因此,目标在于减少叶面细菌数量的冻害生物学防治方法,已经出现。据报道,采用喷施杀细菌剂或抗生菌液,减少和抑制细菌活性,可以起到防治冻害的作用。

E. 加强培育管理 合理运用茶园管理技术,促进茶树生长,能提高茶树抗寒能力,取得安全越冬的效果,相反,如措施不当或掌握不善,将会加重茶树冻害,影响茶树生长,降低茶叶产量和品质。在茶树

栽培管理技术中,与茶树冻害关系密切的有以下几项。

深耕改土:茶树种植前的深耕改土极为重要,它可为茶树根系深扎创造良好的条件,而茶树根系发育健壮,又为提高茶树耐寒能力提供了保障。因此,深耕改土工作做得好的茶园,即使在严寒条件下,除1~2年生茶树外,根系全部冻死是不多见的。从调查研究中可以发现,我国长江以南产茶区,建园前的土壤深耕宜在50厘米左右,长江以北产茶区宜在50厘米以上,达到这一开垦标准的茶园,可在一定程度上减轻茶树冻害,即使发生冻害,恢复亦较容易。此外,我国多数茶区,在茶树年生长周期结束后,都有深耕习惯。实践表明,深耕过迟,不仅因耕作时损伤的根系当年难以恢复,而且还能增加冻土厚度,加重茶树冻害。所以,深耕时期应在秋茶结束后立即进行为宜。

茶叶采摘:采用"合理采摘,适时封园"的茶园,可以减轻茶树冻害。合理采摘应考虑留叶时期,适当缩小秋茶比例和提早封园。实践表明,夏季和初秋留大叶采比较适宜,这时留下的叶片,有充分的时间成熟,光合效率亦高,能在茶树越冬前积累较多的营养物质,这有利于提高茶树耐寒能力。江北茶区,封园时期可在"处暑"至"白露"之间。10月上、中旬如茶树上有部分幼嫩枝梢,应采摘干净,这样可以降低茶树受冻指数。一般认为,茶树采摘面上如有80%以上新梢自然休止形成越冬芽,便是抗寒性较强的生物学标志。幼龄茶树采摘应特别注意最后一次打顶轻采的时期,使之采后不再萌发新梢为宜。

茶园施肥:常有冻害发生的地区,茶园施肥要做到"早施重施基肥,前促后控分次追肥",这是区别于一般地区的施肥原则。江北茶区和高山茶区,基肥的施用时期可在"白露"(8月下旬)至"秋分"(9月下旬),其他地区可酌情推迟。适当提早施基肥是气候条件决定的,高纬度、高海拔地区,深秋、初冬的气温和地温下降迅速,茶树地上部和地下部生长停止期比一般地区早,如推迟基肥施用时期,断伤根系当年难以恢复生长,这就会加重茶树冻害。施用基肥时以有机肥为主,并配施磷钾肥。分次追肥是合理施肥的重要原则,而常有冻害的地区,采用"前促后控"的施肥技术,又是区别于一般地区追肥的重要内容。春夏茶前追施氮肥,可在茶芽萌动时施用,以促进茶树生长;秋季追肥控制在"立秋"前后结束。秋季追肥过迟,秋梢生长期长,会产生新梢"恋秋"现象,青枝嫩叶过冬,对茶树安全越冬是极为不利的。

我国部分地区常有冬旱,加之冬季干冷风的频繁侵袭,导致大气湿度低,土壤干旱,极易造成茶树冻害。因此,灌足越冬水,并辅之以铺草等保墒技术,是行之有效的防冻措施。有喷灌设施的茶园,可与灌溉防冻结合起来。

③ 受冻茶树的救护复壮

就目前人们对茶树冻害规律的认识,以及现有防冻措施来说,要使茶树完全避免受冻,尚有一定困难。因此,当茶树受冻后,必须及时正确地采用相应的救护复壮措施,使茶树恢复生机,夺取茶叶高产优质。

A. 及时修剪 茶树遭受冻害后,部分枝叶失去活力,因此必须进行修剪,使之重发新梢,培养骨架和采摘面。由于年度间、园块间受冻程度不一,在进行修剪时要区别对待,做到因地因树制宜。修剪形式的确定,要按照"照顾多数,同园一致"的原则。如一块茶园中,多数茶树仅在采摘面上3~5厘米的枝叶受害,宜采用轻修剪;冻害较重,骨干枝已受到损害,宜采用重修剪,受害极重,地上部枝叶已失去活力的,宜采用台刈。修剪时期以早春气温稳定回升后,较常年春茶前修剪适当提前进行为妥。如过早修剪,易遭"倒春寒"袭击而再次受冻;过迟修剪,会加重枝叶回枯,延长复壮时期。

冻害严重的年份,部分1~2年生茶树,可能地上部、地下部同时死亡,在此情况下,要区别对待。如茶树死亡率不高,可补植缺丛,保持合理的种植密度;同园多数茶树死亡时,要将未受害茶树移植归并,重新建园。

B. 加强肥水管理 受冻茶树采用及时修剪是必不可少的,否则难以恢复生机,但修剪是一种"外科手术",只有在修剪的同时,加强受冻茶树的肥培管理,才能使茶树生机盎然,重建树冠。有春旱的地区和年份,受冻茶树在修剪后应及时灌水,早施有机肥,增施磷钾肥,茶芽萌发后多次勤施氮肥,严格控制秋季氮肥的施用时期和用量,防止新枝徒长,提高复壮枝的木质化程度,以利安全越冬。实践表明,待新枝叶片成熟后,进行根外追肥,效果甚佳。

C. 培养树冠　采用台刈或重修剪的受冻茶园,则要重新培养树冠,其要求与衰老茶树改造所述内容相同,此处不再赘述。

(俞永明　<u>葛铁钧</u>)

(2) 茶树旱害及其防救

茶树旱害是指在长期无雨或少雨的气候条件下,造成茶叶减产,茶树生长受阻或植株死亡的气象灾害。其直接原因是由于降雨量偏少,土壤含水不能满足茶树正常生理代谢的需求,而使茶树受害。

我国主要产茶省(区)的气候条件差别非常显著,以年雨量为例,海南省岭头县为2416.6毫米,浙江省杭州市为1400.6毫米,山东省日照县为955.0毫米,总的趋势是由南而北逐渐减少,因此茶树旱害也以江北茶区多于江南茶区和华南茶区。各地的共同点则是年降雨量分布不匀,有明显的雨季和旱季之分,海南省的旱季出现在12月至翌年4月,浙江省在7、8月份,山东省在11月至翌年5月,茶树旱害常在该期发生。在此期间,如出现高温或严寒,更会加快旱害的发生发展。例如长江中下游地区,7、8月份因受副热带高压的控制,常有高温干旱、赤日炎炎的天气,并能持续数十天,在此期间茶叶季节产量低而不稳,常常出现成年茶树成叶枯焦,幼年茶树尤其是当年播种或移栽的茶树成片枯死,这是最典型的旱害天气之一。

① 茶树旱害的发生原因

茶树在系统生长发育过程中,形成了耐阴和需水较多的特性,茶树在逐步北移的过程中,这些特性虽发生了一定变化,但较之某些作物来说,对水分的需求还是较高的,所以在长期无雨或少雨的情况下,常易产生旱害。

A. 大气和土壤干旱的影响　茶树出现旱害,往往是大气干旱和土壤干旱共同作用的结果。大气干旱时,茶园土壤不一定缺水,但大气干旱能加速土壤水分蒸发和茶树水分蒸腾,使土壤水分迅速减少。持续的大气干旱,必然出现土壤干旱;而土壤干旱,

又进一步导致大气湿度降低。目前一般以干湿指数 K 值表示大气的干燥度,实践表明,当某阶段 $K \geqslant 2$ 时,即为干燥气候,对茶树即能造成旱害。此外,土壤质地不同,持水保水能力也不同,以壤土为例,其耕作层的含水率在最大持水量的60%时,即能产生旱害。

气温高低与茶树旱害是否发生有一定的关系,茶树受高温干旱侵袭,持续7天左右,土壤水分即迅速减少,茶树出现受害症状。茶树旱害症状首先始于冠面的叶片,受害叶出现赤红色焦斑,其界线异常分明,但发生部位不一。茶树旱害的发生程序是:先叶肉后叶脉,先成叶后老叶,先叶片后茶芽,先地上部后地下部。

B. 不同茶树品种的影响　不同茶树品种耐旱能力不同,如云南大叶茶其耐旱能力比一般中叶种和小叶种弱。茶树不同形态特征,也是耐旱能力强弱的一种标志,据调查,叶大柄长、叶脉稀疏的福建水仙和政和大白茶,受害率高;而角质层厚、叶小柄短、叶脉较密的梅占、鸠坑、龙井种等,受害率低。

C. 不同茶树树龄的影响　茶树随着树龄的增大,其耐旱能力也随之增强。原因是根系逐年深扎,利用土壤深层水分的能力较强。一般 1~2 龄茶树根系主要分布在 15~30 厘米深的土层,而成年茶树的根系主要分布在 30~60 厘米深的土层范围内,主根可达 1 米以上。因此,1~2 龄茶树最易受旱,成年茶树耐旱能力较强,但进入衰老期后,耐旱能力又逐渐降低。在生产实践中还可看到,采用台刈或重修剪改造的茶树,当年抽发新枝后,如遇较强的干旱天气,茶树也易受害,这是由于当年抽发的新枝,其茎叶娇嫩之故,耐旱能力不如成年期强。

D. 不同立地条件的影响　一般阳坡茶园比阴坡茶园受害显著增加,土壤过粘或过砂的茶园,比质地疏松、结构良好的受害重;生态条件优越的茶园,茶树受旱为害的程度轻。

E. 茶树栽培技术的影响　种植方式不同,茶树旱害受害率不一。据调查,条栽茶树的植株和叶片受害率,分别比<u>丛</u>栽茶树要增加 20% 和 10% 左右。多条栽的茶树又比单条栽或双条栽的受害严重。

此外,由于耕作时期不当,耕作技术不善,亦能加深旱害的程度。我国部分地区有伏耕的传统管理

技术,但伏耕时期过迟或已出现旱情后再行耕作,则可引起土壤水分的急剧蒸发而加深旱害的发生。在进行伏耕时,要掌握茶行中部深,靠近茶树根颈处浅的原则,这对1～2年生茶树尤为重要,否则会使旱害加深。

② 茶树旱害的防救

茶树旱害的防救措施,除选用抗旱能力较强的茶树品种建园外,主要应从调控外界环境条件,合理运用栽培技术着手,并密切注意旱情的发生发展,掌握"旱前重防,旱期重抗,旱后重护"的原则,这样才会取得理想的效果。

A. 植树造林,创造良好的生态环境　优良的生态环境,对茶树实现高产优质的作用是众所周知的,近年来,生态环境的优劣与灾害性天气对茶树生长的影响,已为世人所关注。我国杭州西湖龙井茶产地,福建武夷岩茶产地,湖南君山银针茶产区,都有"山青水秀,茶绿林茂"的优良生态环境条件,其年平均相对湿度均在80%以上,这些地区均是我国的名茶产地,而且由于生态条件优越,旱害影响较小。因此,在发展新茶园或综合改造旧茶园时,要考虑恰当的林茶比例,这是至关重要的。

B. 保水补水,提高土壤含水率　与植树改善生态环境条件一样,茶区水利配套设施的兴建,也是茶区永久性的基础建设。茶园大都建在山区,建造水库、塘堰的条件较好,再配建部分沟渠后,这就形成了茶园排灌系统,在出现旱情后,即可进行灌溉,抗御旱害的发生。

C. 地面覆盖,减少蒸发　地面覆盖主要有茶园铺草和地膜覆盖两种。覆盖的作用是多方面的,如防止土壤冲刷,减少杂草生长,保蓄土壤水分,稳定地温,增加土壤有机质和提高茶叶产量质量等等。覆盖对茶园土壤水分的影响,据福建茶叶研究所报道,铺草茶园0.50厘米土层全年土壤平均含水率比对照提高1%以上,伏旱期间则提高4%。另据山东省日照县测定,铺草茶园0～30厘米土层含水率比对照提高1.5%以上。地膜是覆盖新材料,其作用要优于铺草,但由于成本较高,应用并不普遍。

为防止和减轻干旱对茶树的危害,覆盖时期极为重要,应在旱情发生前进行铺草或覆盖地膜,否则会影响效果。如防止伏旱,宜在6月底7月初覆盖;而常有冬旱的地区,宜在茶园封园后立即进行,效果较好。此外,铺草应有一定的厚度,一般不少于10厘米,地膜覆盖应布满行间。在1龄茶园中铺草时,要防止"蒙头盖",否则在高温下茶苗会产生黄萎现象,不利茶苗生长。

D. 遮阴,防止阳光直射　对当年播种出土的幼苗和移栽苗采用遮阴,可防止阳光直射,降低热辐射,减少茶树蒸腾和土壤水分蒸发,从而起到抗旱保苗的作用。同时,它的用材量也比地面铺草为省。遮阴材料可就地取材,选用麦秆、松枝、柞树枝等,在旱季来临前,插在离茶苗10～15厘米的西南方,这样可在每天上午10时至下午3时这段高温期,起到保护茶苗的作用。据调查,采用遮阴的茶苗,旱季茶苗受旱率比不遮阴的降低20%～40%。

E. 加强管理,提高茶树耐旱能力　就栽培管理而言,提高茶树耐旱能力的措施是很多的,除灌溉、覆盖和遮阴等措施外,还可在茶籽播种出土成苗后,使幼苗达到早、壮、齐的要求,这将会大大提高茶苗的耐旱力。从旱害调查中可以发现,受害较重的茶苗,往往是出土较迟或旱情来临后正在破土生长的幼苗。因此采用秋播,或春播前采用浸种催芽后再行播种,将可提前出苗15～20天,是实践中成功的经验。其次,浅耕除草,可减少土壤水分蒸发和杂草争夺水分,浅耕深度以3～5厘米为宜,时期要在旱情出现前进行。除草可常年进行,总的原则是使茶园不发生草荒。第三,增施液肥,不仅能补给养分,同时也增加了水分。生产上常用水肥比为10∶1的稀薄农家肥,或者1%硫酸铵或0.5%尿素等液肥。

对于已经遭受旱害的茶树,应及时采取挽救措施,如在旱情解除后,视受害程度的轻重,采取相应的修剪;加强肥培管理,使茶树恢复生机;进行留叶采摘,保持适当的叶面积指数,增强树势;受害严重的幼年茶园,应采用补植或移栽归并,保持良好的园相。

（葛铁钧）

（3）茶树湿害及其防救

茶树属旱地栽培的多年生经济作物,与某些旱作比较，它喜水但又忌过湿，只有在水分充足而又透气良好的土壤环境中，才能正常生长，实现茶园高产优质。反之，如茶园土壤长期呈过湿状态，即会造成茶树湿害。茶树遭受湿害后，首先受害的是根部，进而影响地上部生长。调查湿害茶园可以发现，茶树吸收根显著减少，且集中分布在土壤表层；输导根粗短，呈水平状伸展，分布较浅；主根难以深扎，群众形象地称之为"萝卜根"。受害主根及输导根的表面呈灰褐色，且有腐死现象，须根呈黄褐色，吸收能力明显减弱。在茶树根系生长不良的情况下，进而影响茶树地上部生长，表现为植株生长缓慢，芽叶瘦小黄变，分枝稀少，枝条出现灰枯死亡现象。

茶树产生湿害的原因，主要是由于茶园土壤水分过多，使土壤固相、液相、气相三相比严重失调。适宜茶树生长的茶园土壤三相比大约为 45：30：25，而湿害茶园液相显著增大，气相减小，在这样的土壤环境中，空气严重不足，根系正常呼吸受到抑制，严重时可使茶树窒息死亡。此外，湿害茶园土壤潜育化现象是极其明显的，导致亚铁等有毒物质的大量积聚，使茶树中毒受害。在湿害茶园的土层中，一般均有硬塥层或犁底层，这些土层结构坚硬致密，通透性极差，因此在雨季能造成长期积水，使茶树出现湿害。

茶树湿害，以其造成茶园土壤过湿的不同成因，可分为集水型、难透水型和地下水型三种。

① 集水型湿害茶园

分布在丘陵山区的坡脚洼地，或在两山出口处低洼平台上的茶园，因该处土层下常有不透水的岩层，加上地形关系，常常上方雨水沿着坡面径流或潜水暗流汇集，不易排除，如果水流前进的方向再受到阻挡（如路基、水稻田等），则滞水聚积，使茶园土壤水位升高，最易产生茶树湿害。

这类茶园的改造措施，主要是在茶园上坡开挖横截水沟，以拦断由上坡下来的径流与潜水。同时还应在茶园最下方低处，开设明渠或暗沟排水，降低茶园土壤水位。

② 不透水型湿害茶园

我国茶区，尤其是在红黄壤地带的茶园，在土层下都有一层不易透水的塥层存在，这种硬塥层有粘土层、铁锰结核层、死僵土及母岩等。如果此塥层位置高，耕作层浅，又出现在平坦地或蝶形洼地，一到雨季时，雨水无法向深层渗透，地表流速小，大量雨水就会潴积，造成茶树湿害。在开辟新茶园时，为求得茶园集中成片，常把池塘或局部低凹处水田，未经破除犁底层和积水胶结层，就挑加客土填平作茶园，嗣后往往形成局部积水成害。这类茶园，由于经常积水，土壤结构恶化，根系层浅，茶树生长衰弱，一遇干旱季节，水分蒸发快，土壤板结，茶树也最易遭受旱害。

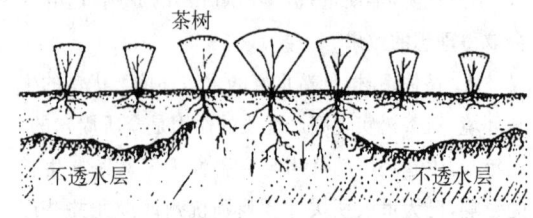

不透水层茶树湿害示意图

改造不透水型湿害茶园，首先要破塥深耕，挑培客土，改良土壤，同时开设暗沟（或明沟）排除潴水。暗沟一般开在 1 米左右土层以下，底部用块石砌成桥洞形排水孔，上面再放碎石或砂石，然后填土。杭州茶叶试验场的经验是，为增加茶园土层排水效果，在靠近暗沟两侧的土壤要开得深些，渐远渐浅，使硬塥层至排水沟之间，至少应有 1/100 的坡降，以提高排水效果。对明显的洼地渍水茶园，除了破塥深耕、加土改良外，还应围绕茶园开设排水明沟（深 1 米以上），并与其他排水沟渠连通。

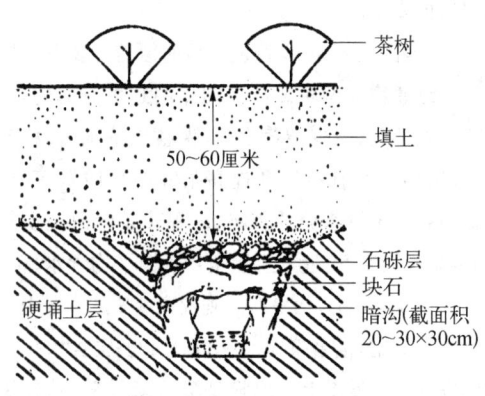

排水暗沟剖面（在硬塥土上）

③ 地下水位型湿害茶园

在水塘、河流、水库附近的低地茶园，由于坝身透水或地下水外渗等原因，使低地茶园常年水位较高，土壤底层逐渐形成潜育化、亚铁反应强，加害茶树根系，形成茶树湿害。

对这类茶园的改造，要在水塘、水库等的下侧和茶园的上方开挖横截水沟，切断径流与坝身潜水渗透，降低茶园土壤地下水位。

抗御自然灾害的实践告诉我们，气候，如同自然界的万事万物一样，总是在不断地运动、变化、发展的，作为改造自然斗争之一的抗灾措施，也要随着气候的变化而改变。在与灾害性气候作斗争中，只要人们善于观察分析问题，找出因果关系，使各项措施适应变化了的情况，那么，天灾是能够战胜的，人们总会在与天灾作斗争的过程中，取得自由。

（许允文　葛铁钧）

（一〇）茶园有害生物治理

茶园有害生物通常是指茶园中的虫害、病害以及影响茶树生长的田间杂草。为避免重复，有关茶园田间杂草已在茶园灾害防救一节中介绍，在这里不再重述。

1. 茶园病虫区系的组成和演替

据不完全统计，我国已记载的茶树病害有 100余种，害虫、害螨约 800 余种。病虫害不仅种类多，而且发生严重，为茶叶生产带来严重威胁。因此，防治病虫害是保证茶叶优质高产的重要措施之一。

茶园病虫区系的组成

茶园病虫区系的组成，是在茶园生态系中，以茶树为主体，其他植物、动物和微生物互相制约，互相依存，经历由量变到质变的发展过程，最后组成相对稳定的茶园病虫区系。茶园病虫区系与种植年限和种植面积密切相关。这除了反映生态因素的影响外，还反映了种植年限对种群的累积作用。

（1）我国茶园昆虫区系的分析

① 我国茶树害虫类群的分类学特征

陈宗懋等在 1989 年曾对世界上已有记载的1034 种害虫（包括害螨）和我国当时已记载的 430种害虫（包括害螨）进行了分类学归属的研究，这个结果和张汉鹄等（2004）对我国目前记载的 814 种害虫（包括害螨）的分类学归属研究基本一致。不管是世界范围还是我国，在茶树害虫的种群组成中，鳞翅目的成员占总数的第一名，同翅目、鞘翅目分别占第二、三名（表 4-19）。在不同为害部位上，为害芽叶的居最多，约占总数的 60% 左右，为害茎部的占 24% 左右，为害根部的占总数的 12% 左右，为害花、果和种子的占 4% 左右。

表 4-19　茶树害虫（包括害螨）类群的分类学归属

类　群	世界茶树害虫		中国茶树害虫	
	种　数	占总数的%	种　数	占总数的%
鳞翅目（Lepidoptera）	326	31.53	272	33.41
同翅目（Homoptera）	231	22.34	221	27.15
鞘翅目（Coleoptera）	194	18.76	133	16.34
等翅目（Isoptera）	74	7.16	9	1.11
缨翅目（Thysanoptera）	66	6.38	21	2.58
半翅目（Hemiptera）	45	4.35	64	7.86
直翅目（Orthoptera）	42	4.06	49	6.02
蜱螨目（Acarina）	20	1.84	15	1.84
膜翅目（Hymenoptera）	19	1.83	4	0.49
双翅目（Diptera）	15	1.45	6	0.74

类　群	世界茶树害虫		中国茶树害虫	
	种　数	占总数的%	种　数	占总数的%
脉翅目（Neuroptera）	1	0.09	/	/
啮虫目（Psocoptera）	1	0.09	2	0.25
其他（Others）	/	/	18	2.21
总　计	1034	100.00	814	100.00

② 我国茶树害虫类群的地理分布学特征

在世界六大动物分布区中，我国茶区大部分处于东洋界范围内，北部延达古北界南缘。我国茶树害虫据初步分析，大约有85%以上的种类属于东洋区系种类，少量的属于古北区系的种类。我国的动物地理分布分为7个分布区，我国茶区分布在华南、华中、西南和青藏等四个动物区，我国茶树害虫大约有85%以上的种属于华南和华中两个动物分布区。如果以地理纬度来进行分析，我国茶区分布在北纬18°～37°，张汉鹄等（2004）将我国茶区分为四个纬度段：18°～25°、25°～30°、30°～33°、33°～37°。各纬度段中的茶树害虫种类分别为580种、501种、302种和178种，害虫的发生种类与纬度高低呈极显著负相关，关系式为：$y=1489.2938-35.1694x$（$P<0.01$）（图10-1）。

③ 我国茶树害虫类群与种植年限和种植面积的关系

茶树害虫的种类和种群数量与茶区的种植年限和面积有一定关系，一般而言，种植历史悠久的茶区茶树害虫的发生要重于新区。在我国各产茶省（区）中，种植历史较长的云南、广东、浙江等省的病虫种类和发生数量，较新种茶的西藏、山东省（区）为多。从世界茶区而言，中国、印度等种植历史悠久的产茶国的害虫发生程度和种类也要明显比肯尼亚等非洲产茶国要重和多。在种植年限和面积间，种植年限的重要性要大于种植面积。当种植年限达到一定程度后，种植面积将起到重要的作用。陈宗懋（1989）提出，在一个国家的范围内，茶树害虫数量累积达到饱和大约需要100～150年。

（2）我国茶园病原区系的分析

茶园病原菌区系的研究不如对茶园昆虫区系的研究。在茶树上病原菌的分类学归属上据陈宗懋和陈雪芬1990年研究报道，在国内已记载的138种茶树病害中，其中真菌引起的病害居最多。这和对世界茶树病原种类的研究结果一致（表4-20）。在不同的为害部位上，以危害茎部的居最多，有229种病原，占总数的45.8%，为害芽叶的居次，共126种，占25.2%，为害根部的共105种，占21.0%，为害花的共19种，占总数的3.8%。

表4-20　茶树病害（包括线虫）类群的分类学归属

类　群	世界茶树病原		中国茶树病原	
	种　数	占总数的%	种　数	占总数的%
真菌类	72	52.17	328	65.60
细菌类	2	1.45	6	1.20
黏菌	—	—	26	5.20
类菌原体	2	1.45	3	0.61
线虫类	9	6.52	82	16.40
地衣、苔藓类	25	18.11	37	7.40

（续表）

类　群	世界茶树病原		中国茶树病原	
	种　数	占总数的%	种　数	占总数的%
藻类	2	1.45	1	0.20
寄生性显花植物	16	11.59	17	3.40
非侵染性病害	10	7.24		
总　计	138	100.00	500	100.00

（3）我国茶区病虫区系组成及其特点。

一个地区区系的种群组成是经过长期适应而稳定下来的结果，这和不同地区的气候、生态条件、茶树的种植年限、栽培方式以及其他生物种群的组成和消长有密切关系。一个地区的区系组成基本上是稳定的，但也会由于气候的变迁、环境的影响以及人为因素的干扰而发生改变，或形成猖獗，或形成消减、甚至灭绝。

① 茶园害虫和病原区系种群组成的分析

茶园中害虫和病原区系的组成可包括如下几种类型：

A. 茶树上的寡食性的害虫和病原种。

每种植物都会有其较为专化的有害生物种群，这是经过长时间的适应和稳定下来的结果。如果通过长期与茶树共存，从茶树上获得的食料可以满足有害生物生存、繁衍的需要，这类有害生物就会发展成为茶树的严重害虫或病害。如茶尺蠖、茶毛虫、茶饼病等都是属于寡食性的种类，已经成为茶树上的重要有害生物种群。

B. 当地的土著害虫和病原菌转移到茶树上为害。

茶园有害生物中除了专化性较强的种类外，大量的是一些食性较杂的土著有害生物种类。它们有的种类主要在其他植物上加害，而只将茶树作为其补充食料。但也有一些种类由于茶树所提供的食料比其他植物更为丰富，因此尽管原来主要在其他植物上栖息为害，但逐渐会由其他植物上转移到茶树上，而渐渐成为茶树上的一个优势种。如油桐尺蠖原系油桐树上的一种害虫，侵入茶园后，食性逐渐专化，目前已成为湖南、江西、浙江茶区的一种重要害虫，其优势地位远超过原来在油桐树上的地位。假

眼小绿叶蝉原系桃、林木中的一种次要害虫，在侵入茶园后，由于叶蝉类性喜吮吸植物汁液，而茶树嫩梢密集、柔嫩多汁，因此目前假眼小绿叶蝉已成为茶树上最重要的一种害虫，遍及全国所有茶区。长白蚧原系梨树上的一个次要蚧种，但转移到茶树上后，成为茶树上的适生蚧种，短短几年内，迅速蔓延滋长，成为浙江、湖南、江苏、安徽等省茶区的一种重要害虫种类。茶跗线螨原为棉花和一些双子叶植物上的一种害螨，发生数量不多，但转移到茶树上后，由于满足了该螨高度趋嫩的要求，迅速蔓延，目前成为四川、江苏、浙江等省茶区的一种发生严重、难于防治的茶树害螨。松梢象鼻虫是松树上的一种害虫，在云南省景东地区由松树转移到茶树后，由于食料丰富，迅速蔓延，造成严重危害。茶细蛾原是山茶科植物上的一种次要害虫，在转到茶树上后，由于茶树叶片柔嫩，适宜此虫的卷苞和潜叶为害，加之茶树是常绿植物，终年有大量叶片，为此虫提供适宜的产卵场所，因此在江苏、浙江、安徽等省已上升成为一种严重的茶树害虫。黑刺粉虱原是柑橘上的一种有名的害虫，但在茶园中为害后，其重要性已远超过在柑橘上的程度。甜菜夜蛾原是棉花、蔬菜上的重要害虫，近年转移到茶园为害，在长江下游浙江、安徽等省茶区造成相当严重的危害。在茶树病害方面，茶树根腐病的病原菌是为害多种木本植物的担子菌真菌，在茶园开垦时，在把林木砍除时，这些林木的根系受伤，病原菌可由林木根系转移到茶树根系，引发根腐病的发生。

按照《中国农业百科全书·茶业卷》的茶区划分，我国茶区分为华南茶区、江南茶区、西南茶区和江北茶区等四大茶区，它们的分布纬度分别为：北纬18°～26°、26°～32°、24°～33°和32°～37°。四大茶

区中以华南茶区的病虫种类最多,向北依次逐渐减少。我国四大茶区中茶园病原和昆虫的区系特点和主要种群组成如下:

华南茶区位于秦岭以南,地跨北纬 $17°\sim26°$,包括台湾、广东、广西、海南、滇南、滇西和闽南,地跨我国热带北缘和亚热带南部。在茶树害虫区系中以东洋区系昆虫种类为主。主要害虫种类有:假眼小绿叶蝉、茶黄蓟马、害螨类(茶橙瘿螨、咖啡小爪螨、茶短须螨)、油桐尺蠖、粉虱类(黑刺粉虱、陈氏粉虱)。一些地域性种类有茶角盲蝽、可可广翅蜡蝉、油茶宽盾蝽、白蛾蜡蝉、白痣姹刺蛾、海南土白蚁等。主要病害种类有:云纹叶枯病、茶饼病、红锈藻病、黑腐病、根腐病类(红根腐病、褐根腐病等)、根结线虫病。根腐病在本茶区发生较重。

西南茶区地跨北纬 $24°\sim33°$,包括贵州、四川和云南中北部,以及西藏东南部。虽大多为高原地区,但仍属亚热带范围。在茶树害虫区系中以东洋区系昆虫种类为主。主要害虫种类有:假眼小绿叶蝉、茶跗线螨、茶黄蓟马、茶毛虫、介壳虫类(牡蛎蚧、角蜡蚧等)、茶籽象甲、茶脊冠网蝽、尺蠖类(油桐尺蠖、云尺蠖等)、刺蛾类(角刺蛾等)。一些地域性种类有茶枝瘿蚊、茶贡尺蠖、茶梢蛾、丽盾蝽等。主要病害种类有:茶饼病、白星病、炭疽病、根结线虫病、根腐病类(红根腐病、紫纹羽病)和地衣苔藓。茶饼病在本地区发生较为严重。

江南茶区位于长江以南、南岭以北,直至东南沿海。包括湖南、江西、闽北、浙江、苏南、皖南和鄂南等地,是我国最大的茶叶产区。属亚热带气候。主要害虫种类有:假眼小绿叶蝉、茶叶害螨(茶橙瘿螨、茶跗线螨)、茶尺蠖、茶毛虫、茶蚕、黑刺粉虱、茶丽纹象甲等。一些地域性种类有茶角胸叶甲、沁茸毒蛾、茶吉丁虫、茶灰尺蠖、茶角刺蛾、茶细蛾等。主要病害种类有:白星病、云纹叶枯病、轮斑病、红锈藻病、根结线虫病。

江北茶区位于秦岭、淮河以南,长江以北。地处亚热带北缘,包括苏北、皖中、豫南、鄂北、陕南、陇东南。主要害虫种类有:茶毛虫、假眼小绿叶蝉、茶小卷叶蛾、茶橙瘿螨、蛴螬、地老虎、蝗虫。局部地区发生的害虫种类有绿盲蝽、茶蚜、蓑蛾等。主要病害种类有:云纹叶枯病、轮斑病和白绢病。

② 茶园病虫区系的演替

茶树生长茂密,树冠郁闭,茶园生态环境和营养条件的变幅远较其他作物区系小,构成了相对稳定的病虫区系和天敌资源。优势种能保持较长时间的主要地位,偶发性病虫种群则不易上升为优势种。但由于气候条件的变化和人为因素的影响,尤其是近 30 年来,随着现代科学技术的发展,茶园管理的加强,日益增多的人为因素介入自然界,而发生了明显的病虫区系的演替。20 世纪 60 年代以来,我国茶园面积增加较多,种植方式也由丛栽发展为条栽密植,使茶园的空间明显减小,连片栽植的茶园为病虫的生长、繁衍和传播创造了条件,也提供了更隐蔽的匿藏场所,因此,病虫的种类和密度增加。茶园间作也会使病虫区系发生变化。如我国华南茶区推行胶茶间作后,导致红根腐病、褐根腐病等根腐病发展成为优势种。又如我国江北茶区茶树生长不封行,通常行间种植豆科、玉米等植物,使多寄主的假眼小绿叶蝉发生严重。在茶园施肥高氮化的情况下,新梢生长柔嫩而密集,诱集其他植物上的病虫种群转移到了茶树上,并发展为茶园病虫区系中的优势种。如油桐尺蠖原是油桐上的次要害虫,当迁移到茶园后,食性逐渐专化,已成为湖南、广西、江西、浙江等省(区)茶园中的一种重要害虫。又如假眼小绿叶蝉原是桃树等林木上的一种次要害虫;茶跗线螨为害棉花、蔬菜等植物,一旦进入茶园,由于这些害虫偏嗜柔嫩多汁的茶叶,便在茶园中定居,并发展成为全国性的茶树主要害虫和害螨。茶树留叶采摘,提供了茶细蛾的产卵场所,使这种原是山茶科植物上的一种罕见害虫,自 20 世纪 70 年代起成了江南茶区的一种主要害虫。此外,由于不合理地使用农药,在杀死害虫的同时,也伤害了害虫的天敌,使蚧类和害螨上升为茶园中的优势种。

茶园害虫区系演替有如下四个趋势:

A. 由咀食型害虫向吸汁型害虫方向演替;

B. 由大型害虫向小型害虫方向演替;

C. 由发生世代少,繁殖力低的害虫向发生世代多,繁殖力强的害虫方向演替;

D. 由专化性害虫向杂食性害虫方向演替。

茶园病害的区系演替不如害虫区系变化明显。但是,由于栽培技术的改革,改变了病原物赖以生存的环境条件,致使病害的种类和数量发生了变化。茶园增施氮肥以后,改变了茶树新梢中的生化成分的组成数量,导致芽叶病害的种类增多,为害加大。如近年来,茶芽枯病、萎芽病等新病害在浙江、安徽、广东等省发生和流行。灌木林区垦植种茶后,根腐病类得以发展。茶区推广营养繁殖后,加速了多寄主的根结线虫病、根癌病的传播,使根病的问题突出起来。但总体而言,茶树病害的演替趋向并不明显。

(陈宗懋)

2. 茶园有害生物的综合治理

茶树病虫害的防治,最早是利用自然因子控制病虫。如采用人工捕捉、自制植物源或矿物源农药等方法治虫。从 20 世纪 40 年代化学农药问世以来,由于化学农药对病虫的防效高,迅速在茶园中推广应用,并在茶叶生产上起着重要的作用。但是,长期来大量地使用化学农药防治病虫害,害虫的抗药性、再猖獗和环境污染等问题也日益突出。历史经验证明,依靠单项措施,包括化学防治、生物防治均有局限性,不能收到预期的效果,必须采用综合措施防治病虫。1974 年我国提出了"预防为主、综合防治"的植保方针。按照这一方针,在茶园病虫害防治中,也在不断实践以农业防治为基础,化学防治、物理防治和生物防治相协调的病虫害综合防治技术。综合防治技术与以前的单项措施相比,在防治病虫害的技术水平上有了一定的提高,但在实际操作中往往是单项措施的简单组合,缺乏相互之间的有机联系。随着现代科学技术的发展,综合防治的理念也不断深化。以生态学和经济学为依据,从茶园生态系中各组成部分的整体出发,充分利用茶园自身的自然条件,选用适当和必要的防治措施,不断改善和优化茶园系统的结构与功能,把病虫种群数量控制在经济域值之下,从而进一步提高茶树病虫的综合治理水平。

茶树病虫综合治理方法,按其作用性质可以分为农业防治、物理机械防治、化学生态防治、生物防治和化学防治五种。

(1) 农业防治

农业防治是指通过各种茶园栽培管理措施预防和控制茶树病虫害的方法。茶园栽培管理既是茶叶生产过程中的主要技术措施,又是病虫害防治的重要手段。以茶树栽培管理为基础的农业防治是一种温和的调节措施,具有预防和长期控制病虫害的作用,它是综合防治的基础。通过农业防治可以改变有害生物的生存环境,形成不利于它们生存和繁衍的条件,从而降低有害生物的种群。具体做法有:

① 维护和改善茶园生态环境　茶园及其周围的生态环境,决定着茶园生物的多样性和茶园病虫害的发生程度。优良茶园生态环境有利于保持生物的多样性,增强对有害生物的自然调控能力。众所周知,凡是周围植被丰富、生态环境复杂的茶园,虫害的发生几率就较小,这样的茶园要注意维持和保护生态平衡。而大规模单一栽培的茶园,无疑会使群落结构及物种单纯化,病虫害流行和扩散的几率就大,容易诱发病虫害的猖獗。这些茶园要采取植树造林、种植防风林、行道树、遮阴树,增加茶园周围植被的丰富度。部分茶园还应该退茶还林、调整作物布局,使茶园成为较复杂的生态系统,从而改善茶园的生态环境,增强自然调控能力。

② 选育和搭配抗性品种　茶树品种间由于形态结构、生化成分以及发芽的时间和密度不同,存在着抗病虫性的差异。如政和、水仙等大叶种叶片组织较薄,栅栏组织仅一层,持嫩性强,容易遭受茶饼病、云纹叶枯病和假眼小绿叶蝉等多种病虫的危害;毛蟹、龙井等品种,叶片组织较厚,栅栏组织二层,持嫩性差,一般受病虫危害的程度轻。茶树品种这种对病虫的抗性,是茶树在长期进化过程中和病原微生物、害虫种群进行自然适应的结果。人们通过选择、杂交、定向培育等手段,加速了这种性状的稳定,从而选育出一些抗病虫的茶树良种。

选用抗病虫的良种,是农业防治的一项重要措施。在换种改植或发展新茶园时,应选用对当地主要病虫抗性较强的良种;在大面积种植新茶园时,要选择和搭配不同的无性系茶树良种,避免在一个地区大量种植同一个品种,以防止由于良种抗性的变化或病原菌、害虫的适应性改变而造成茶树病虫害的暴发或流行。

③加强茶园管理　茶园管理包括中耕除草、合理施肥和及时排灌等内容。加强茶园管理的目的是保持和促进茶树的生长,增强茶树的树势,提高茶叶的产量和品质;同时改善茶园的生态环境,增强茶树对病虫的抵抗能力。

中耕除草可使茶园土壤通风透气,促进茶树根系生长和土壤微生物的活动,同时还可破坏很多害虫的栖息场所,有利于天敌入土觅食。一般以夏秋季浅翻1～2次为宜。通过中耕,可使茶尺蠖的蛹、茶毛虫的蛹、茶丽纹象甲的幼虫和蛹,暴露于土壤表面而致死。秋末结合施基肥进行茶园深耕,可将在表土和落叶层中越冬的害虫,以及多种病原菌深埋入土,也可将深土层中越冬的蛴螬、地老虎等地下害虫翻至土壤表面,因不良气候或遭遇天敌而死亡,减少来年的种群密度。

勤除杂草可以减轻病虫的为害,同时在进行化学防治前先铲除杂草可以提高防治效果。对于茶园恶性杂草务必除尽,但可以适当保留一定数量的一般性杂草,以利于害虫的天敌栖息,调节茶园小气候和改善生态环境。

合理施肥可增强茶树营养,提高抗逆性;施肥不当,则可能助长病虫害发生,如大量使用氮肥会使茶叶蚧类、螨类和茶炭疽病发生程度加重。增施有机肥则可减轻茶叶蚧类、螨类的发生。在茶树施肥时,要根据茶树所需的养分进行平衡施肥或测土施肥,基肥应以农家肥、沤肥、堆肥、枯饼等有机肥为主,适当补充磷钾肥。氮肥的施用量应根据茶园的产量予以确定,以补足采叶而损耗的氮素量为标准,不要偏施氮肥,这样既能保证茶叶丰产,又可增加茶树抗虫抗病的能力。

及时排灌可以保持茶树正常的水分需求。地下水位高和地势低洼、靠近水源的茶园,要注意开沟排水,可对多种根部病害(茶红根腐病、茶紫纹羽病等)起到显著的预防效果,对藻斑病、茶长绵蚧、黑刺粉虱也有一定抑制作用,否则易导致这些病虫害发生。高温干旱季节,易诱发赤叶斑病、云纹叶枯病、白绢病和茶短须螨等病虫害。灌溉补水是防治病虫害的又一项重要措施。

④及时采摘和修剪　茶树芽叶是制作茶叶的原料,营养物质高,害虫发生也严重。达到采摘标准,要及时分批多次采摘,既可保证茶芽的质量,又可将大量虫卵采下,明显地减轻蚜虫、假眼小绿叶蝉、茶细蛾、茶跗线螨、茶橙瘿螨、茶丽纹象甲和茶白星病等多种病虫的危害。经过采摘,可恶化这些病虫的营养条件,破坏病虫的繁殖场所,对有病虫芽叶还要注意重采、强采。如遇春暖早,要早开园采摘。夏秋季节尽量少留叶采摘。秋季如果病虫发生较多,可适当打顶采摘,推迟封园。

茶树的适度修剪可以促进茶树生长发育,增强树势,扩大采摘面,同时也能有效地控制病虫害。如采用轻修剪方式剪除病虫枝条,对钻蛀类害虫和枝干病害有较好的防治作用。郁蔽茶园要进行疏枝,使蓬脚通风,可抑制蚧类、粉虱类和煤病的发生。若茶园受病虫危害严重,可进行重修剪或台刈。修剪或台刈下来的带病虫的枝叶必须及时清理出园。

(2)物理机械防治

物理机械防治是指应用各种物理因子和机械设备来防治病虫等有害生物的方法。主要是利用害虫的趋性、群集性和食性等习性,通过光、色等诱杀或机械捕捉来防治害虫。常见的有人工捕杀、灯光诱杀和食饵诱杀等方法。

①人工捕杀　人工捕杀是利用人工捕捉体形较大、行动较迟缓、容易发现或有群集性、假死性的害虫(如茶毛虫、茶蚕、大蓑蛾、茶蓑蛾、茶丽纹象甲等),并集中消灭,以减少田间虫口数量的方法。人工捕杀方法简便易行,成本低廉,对病虫具有直接防治效果。茶毛虫、茶蚕的幼虫相对比较集中,可将带虫枝条剪下来投入1%的肥皂水中,集中杀灭。蓑蛾类的护囊、卷叶虫类的虫苞,可直接摘除。象甲类成虫具有假死性,可在树冠下铺上塑料薄膜,拍打茶丛,振落虫体,然后集中销毁。特别是害虫发生规模不大而集中、或面积大而零星分散的时候,组织进行人工捕杀,收效十分显著。

②灯光诱杀　灯光诱杀是利用害虫的趋光性,设置诱蛾灯诱杀害虫,从而达到防治害虫的目的。一般采用黑光灯作为光源,挂在高出茶树1米左右处,下放置水盆,加入少量肥皂水或洗涤剂,在夜间

诱杀害虫成虫,可减轻田间成虫发生量,减少下一代害虫的发生。灯光诱杀是一项有效的物理防治技术,它既可用来直接诱杀害虫,也可用作害虫的预测预报。但灯光诱杀对部分有趋光性的天敌昆虫同样具有诱杀作用。因此,使用时应避开天敌高峰期,要根据虫口数量和天敌数量进行合理使用。新型的频振式杀虫灯,应用光、波、色、味4种诱杀方式,选用了对植食性害虫有较强诱杀力、对天敌相对安全的光源和波长,诱杀害虫的种类多、诱杀量大,比较适宜于在茶园推广使用。

③ 食饵和色泽诱杀　食饵诱杀是利用害虫的趋化性,以饵料诱集害虫并将之杀灭。常用的有糖醋诱蛾法,方法是将糖、醋和黄酒按 4.5∶4.5∶1 的比例,放入锅中微火熬煮成糊状,一部分倒入盆钵底部,另一部分涂抹在盆钵的壁上,再将盆钵放在茶园中,诱集具有趋化性的卷叶蛾、地老虎等成虫,这些害虫飞入盆钵取食时会触及糖醋液被粘连而死。另外用米糠、麦麸在锅中炒出香味,堆集在地下害虫出没的地方,可以诱杀地老虎幼虫、白蚁和蟋蟀等害虫。

色泽诱集是利用昆虫对色泽的偏嗜性进行诱集。茶蚜、蓟马、假眼小绿叶蝉等茶树害虫都具有趋黄绿特性,可以利用害虫对各种黄、绿色的趋性,在田间设置有色粘胶板,诱杀茶蚜、蓟马、假眼小绿叶蝉等害虫,起到抑制这些害虫种群的作用。

(3) 化学生态防治

化学生态防治是指利用昆虫与昆虫间、昆虫与植物间的化学信息联系及其机制来防治害虫的方法。化学生态防治是一种新型的正在形成的防治方法,目前利用性信息素诱杀害虫和利用互利素引诱天敌就是化学生态防治的方法。

① 性信息素诱杀害虫　性信息素诱杀是利用昆虫性信息素来诱杀和干扰昆虫正常行为,从而达到减少害虫危害的一种防治方法。性信息素诱杀可直接利用雌蛾来对雄蛾的性引诱作用,方法是将刚羽化的雌蛾置于田间,并在其下方放置一有少量洗衣粉的水盆,诱集并消灭大批雄蛾,使田间雌蛾得不到交尾,减少下一代虫口的发生数量;也可采用田间悬挂含性引诱剂的诱芯(如茶毛虫性诱剂),诱集并

杀灭雄虫。目前性诱剂在国内应用还不多。随着技术的不断发展,性诱剂在茶树害虫防治中将具有广阔的应用前景。

② 挥发性互利素引诱天敌　挥发性互利素是指茶树受害虫为害后释放出的对天敌有较强引诱用、而对害虫没有或只有很弱引诱活性的挥发性化合物。这类化合物可以使天敌很容易找到害虫并将其扑食或寄生。目前的研究表明,不同的害虫为害茶树会产生不同的挥发互利素,一些外源物质也可以诱导茶树形成挥发性互利素。因此,今后可以利用外源物质来激发茶树产生相应的互利素,引诱害虫天敌来捕食或寄生为害茶树的害虫,从而达到保护茶树的目的。

(4) 生物防治

生物防治是指用食虫昆虫、寄生性昆虫、病原微生物或生物的代谢产物来控制病虫害的方法。生物防治具有对人畜无毒、对其他有益生物安全、不污染环境、不产生农药残留、对作物无不良影响、有比较长期的效果等优点。

茶园相对郁蔽的生态环境和种类繁多的害虫类群,有利于天敌生物的定居和繁衍。据调查,茶园中已有天敌约 1000 种,其中包括捕食性和寄生性天敌昆虫、捕食性蜘蛛、寄生性微生物及益鸟等有益动物。20 世纪 60 年代起,我国已开始应用苏云金杆菌类细菌、白僵菌(*Beauveria bassiana*)防治茶尺蠖、茶小卷叶蛾等鳞翅目害虫。20 世纪 70 年代以来,昆虫病毒在茶园中的应用研究普遍展开,其中研制了茶小卷叶蛾 GV(颗粒体病毒)、茶尺蠖 NPV(核型多角体病毒)、油桐尺蠖 NPV、茶毛虫 NPV 和茶刺蛾 NPV 等昆虫病毒制剂,并在川、闽、浙、鄂、湘、黔、桂、赣等省近 10 万公顷茶园中试用。此外,还进行了在茶园释放茶尺蠖绒茧蜂(*Apanteles* sp.)、赤眼蜂(*Trichograrmma dendtolimi* Matsumura)和红点唇瓢虫(*Chilocorus keuomae* Silvestri)等天敌昆虫防治茶园害虫的试验。近年来,随着生物防治技术和产品的发展,其应用范围也越来越广。就茶园自身的特点看,保护茶园环境中的天敌资源,充分发挥它们的生态调控作用,是茶园生物防治最重要的方面。

茶园生物防治的方法主要包括以下几个方面。

① 保护田间害虫天敌　在茶园周围可种植杉、棕、苦楝等防护林和行道树,或采用茶林间作、茶果间作,幼龄茶园间种绿肥,夏、冬季在茶树行间铺草,以给天敌创造良好的栖息、繁殖场所。在进行茶园耕作、修剪等人为干扰较大的农活时给天敌一个缓冲地带,减少天敌的损伤。将修剪下来的茶树枝条堆放在茶园附近,茶树枝条上的某些害虫(螨)因不能及时获得食料而饿死,寄生蜂则可飞回茶园。部分寄生性天敌昆虫(寄生蜂、寄生蝇)和捕食性天敌昆虫(食蚜蝇)羽化后,需吮吸花蜜进行补充营养才能进行产卵繁殖的,可在茶园周围种植一些不同时期开花的蜜源植物,以延长天敌昆虫的寿命和增加产卵量,同时也可以美化茶园环境。

② 释放捕食螨、寄生蜂等天敌动物　捕食螨、寄生蜂等天敌经室内人工大量饲养后释放到田间,可控制相应的害虫(螨)。已经试用的有浙江省释放茶尺蠖绒茧蜂防治茶尺蠖幼虫,以及释放胡瓜钝绥螨防治茶橙瘿螨。安徽省引进松毛虫赤眼蜂,在小卷叶蛾卵期,连续放蜂4~5批,一般寄生率在60%~70%,高的达90%。贵州、浙江等省试验用红点唇瓢虫防治长白蚧和椰圆蚧,亦有较明显的效果。

③ 应用病原微生物控制茶园害虫　茶园生态环境稳定,温湿度适宜,有利于病原微生物的繁殖和流行。应用病原微生物防治茶树病虫害已取得了较大的进展。常见的微生物制剂有病毒制剂、细菌制剂和真菌制剂等。白僵菌是一种病原真菌,其对防治各种鳞翅目害虫幼虫有较好效果,对假眼小绿叶蝉和茶丽纹象甲也有一定效果,在我国茶区已推广应用。苏云金杆菌作为细菌性病原微生物,其对茶园鳞翅目害虫幼虫有良好的杀灭效果,在茶叶生产中广为应用。昆虫病毒是一个很有前途的治虫微生物类群,至今为止从茶树害虫上已发现有昆虫病毒种类81种,以核型多角体病毒为主,共有45种,其中以茶尺蠖核型多角体病毒、茶毛虫核型多角体病毒在茶叶生产中使用面积较大。田间使用病毒后在自然条件下经1~2年仍可发现有感染病毒的幼虫,从而起到自然控制的作用。目前已商品化的茶树害虫微生物,主要有苏云金杆菌和茶尺蠖核型多角体病毒制剂。

④ 应用植物源杀虫剂控制茶园害虫　植物源杀虫剂是将具有杀虫活性的植物或植物提取物加工成商品化的害虫防治剂。目前可用于茶园害虫防治的植物源种类有鱼藤酮和苦参碱,可防治多种鳞翅目害虫如黑毒蛾、茶毛虫等,并兼治假眼小绿叶蝉。

(5) 化学防治

化学防治是指应用化学农药防治茶树病虫害的方法。化学防治是茶园最常用的病虫害防治方法。它具有速效、使用简便、受环境影响小等特点。当病虫害爆发时,化学农药具有歼灭性效力,在短时间内即可收到理想的防治效果。该方法实用性强,易接受,在茶叶生产中应用比较频繁。

化学防治出现在20世纪50年代后期,并随着化学农药品种的不断更新而发展。开始时有机氯(DDT、六六六等)、有机磷(敌敌畏、乐果等)、氨基甲酸酯(西维因等)等类型的化学农药大量应用在茶园病虫害防治中,对当时茶树病虫害的防治起到了积极作用。但是,由于有机氯农药在环境中稳定性强,在动物体内降解慢,存在着对人畜慢性中毒和对环境污染的问题,1972年国家明令禁止和停止DDT、六六六等高残留、高毒农药在茶园中使用。20世纪70年代中期起,新的一类拟除虫菊酯类杀虫剂溴氰菊酯、氰戊菊酯、联苯菊酯等多个品种相继应用于茶园害虫的防治。这类药剂对鳞翅目害虫有特效,具有使用剂量小、毒性低的优点,在茶叶生产中迅速推广。近年来一些杂环类和仿生态农药相继应用于茶园病虫害的防治。在漫长的历史进程中,化学防治一直是消灭茶树病虫的重要手段,并且仍将是茶树病虫综合治理的主要环节。

然而,化学农药的使用也会产生一系列的副作用,如造成农药残留、抗药性和病虫害再猖獗等。同时在茶园中使用农药又有其自身的特点。

首先,茶树上使用农药比其他作物要求更为严格。一方面,茶树收获的对象是茶树的新梢,也就是直接施药的部位,而在一年中茶树新梢需进行多次采收,这就决定了从喷药到采收的间隔期较短,容易造成农药残留。另一方面,茶叶是一种饮料作物,饮用时经多次浸泡,使农药有较多的机会进入茶汤中,影响饮用安全;同时使用的农药若有异味残臭,会严重影响茶叶的品质。

其次,长期连续地在茶园中使用同一种或同一类的农药防治一种病虫,则该种病虫种群会对这种(类)农药逐渐适应,而产生抗性。如敌敌畏对茶尺蠖、乐果对假眼小绿叶蝉的防治效果明显下降,用药剂量不断增加,这标志着抗性的发展。

第三,高剂量使用农药易导致害虫的再猖獗。如采用喷湿、喷透、"地毯式"的施药方法,"见虫就治"、"彻底消灭"的施药模式,使茶园天敌种群密度下降,但茶园生态平衡也遭到破坏,导致病虫种类的再猖獗,次要害虫变成了主要害虫。如 20 世纪 60 年代中期起蚧类的再猖獗和 70 年代初起茶叶害螨的再猖獗,就是明显的实例。

第四,长期以来,茶叶是我国重要的出口农产品,茶叶进口国常采用提高茶叶中的农药残留限量标准来获得更为优质的产品。20 世纪 70 年代初就有因出口茶叶中的农药残留问题出现退货的事件。2000 年以后,茶叶进口国更是持续、大范围地制订更为严格的茶叶中农药残留限量标准;国内消费者也越来越重视茶叶的卫生质量,政府相继出台了多项措施来提高茶叶的卫生质量,使得茶叶中的农药残留备受关注。

因此,在茶园中如何安全、合理、有效地使用化学农药显得十分重要。茶园农药安全合理使用应包括合理选用农药、严格遵守农药的安全间隔期和优化农药使用技术等方面内容。

① 合理选用农药　根据茶叶生产的要求和茶叶自身的特点,适用于茶园中使用的农药应具有以下的特点:一是杀虫谱广,不仅可以防治目标害虫,同时也可兼治其他茶树害虫。二是高效,用于防治茶树病虫害时具有高的活性,这样单位面积上的农药使用量相对较少。三是降解速率较快,农药喷施在茶树鲜叶上后,在日光、雨露等环境因素及茶树生长的影响下可以较快地降解,也就是具有较短的半衰期。四是急性毒性和慢性毒性低,剧毒农药、高毒农药和具有慢性毒性的农药均不适于茶园使用。五是农药在水中的溶解度低,凡是农药的水溶解度越高,茶叶中残留的这种农药在泡茶时进入茶汤中的比例也越高,对饮用者的安全性就越低,因此茶园中

要选用水溶解度低的农药品种。六是无异味,在选用农药时必须考虑在喷施该农药并经过安全间隔期后,无异味残臭,以免影响茶叶品质。

根据以上这些原则,目前茶园中适用的农药品种主要有:有机磷农药(辛硫磷、马拉硫磷、杀螟硫磷、敌敌畏、亚胺硫磷)、拟除虫菊酯类农药(溴氰菊酯、氯氰菊酯、联苯菊酯、功夫菊酯)、沙蚕毒素类农药(杀螟丹)、硝基亚甲基农药(吡虫啉)、植物源农药(鱼藤酮、苦参碱)、矿物源农药(农用喷淋油、石硫合剂)等杀虫剂,以及杀螨剂(克螨特)和杀菌剂(甲基托布津、多菌灵、波尔多液等)。这些农药在选用时,还要根据国内外茶叶中最大残留限量标准的变化进行适时调整。有些传统农药,如石硫合剂、波尔多液由于性质稳定,在茶叶采摘期间使用对茶叶品质影响较大,应选择在非采茶季或非采摘茶园中使用。

② 严格遵守农药的安全间隔期　农药的安全间隔期又称为等待期,是指农药在茶树上最后一次施用后至采摘鲜叶时必须等待的最少天数,此时制成的干茶中的农药残留量等于该种农药的最大残留限量标准。不同农药品种安全间隔期是不一样的。如我国制订的茶叶中残留限量标准规定,茶园每公顷使用 10% 的氯菊酯乳油 180~300 克,安全间隔期为 3 天;每公顷使用 2.5% 高效氯氟氰菊酯 180~300 克,安全间隔期为 5 天;每公顷使用 50% 杀螟硫磷乳油 1500~1800 克,安全间隔期为 10 天;而每公顷茶树使用 25% 喹硫磷乳油 1500~1800 克,安全间隔期可长达 14 天。不同时期和不同国家对茶叶中的农药残留要求是在变化的,导致同一农药的安全间隔期也有所变化。同时由于适合在茶叶上使用的农药较多,不同的农药又有不同的安全间隔期,因此,在实际操作中,要了解相应农药的使用要求,在喷施后经过安全间隔期才能采茶。

③ 优化的农药使用技术　选择了合适的化学农药,必须应用优化的农药使用技术,才能使得化学农药发挥最大的防治效果。优化的农药使用技术主要包括如下几个方面:

第一,要根据防治对象和农药的性质对症下药。咀嚼式口器的茶树害虫应选用有胃毒作用的农

药(如拟除虫菊酯类农药、辛硫磷、敌敌畏等),而刺吸式口器害虫应选用触杀作用强的农药(如马拉硫磷和溴氰菊酯等)或内吸性农药(如吡虫啉)。螨类应选用杀螨剂,特别是杀卵力强的杀螨剂进行防治(如克螨特等)。有卷叶和虫囊的害虫(如茶小卷叶蛾、蓑蛾等),选用强胃毒作用并具有强的熏蒸或内渗作用的农药,如敌敌畏。蚧类应选用对蚧类有特效的农药,如马拉硫磷、吡虫啉等农药。茶树叶部病害的防治,应在发病初期喷施具保护作用的杀菌剂(如硫酸酮),以阻止病菌孢子的侵入,也可选用既具保护作用又有内吸和治疗作用的杀菌剂(如甲基托布津、多菌灵等),这样既可以阻止病菌孢子的侵入,又可以发挥内吸治疗效果,抑制病斑的扩展和蔓延。

第二,要根据病虫防治指标和茶树生长状况适期施药。

一方面,茶树病虫害的防治要按防治指标进行施药。应用防治指标指导施药,可以减少施药的盲目性,克服"见虫就治"的片面做法,减少农药使用次数。例如茶尺蠖防治指标为每亩 4500 头;假眼小绿叶蝉的防治指标是夏茶前百叶虫数 5~6 头或每亩虫量 10000 头,三、四茶百叶虫数 12 头或每亩虫量 15000~18000 头。

另一方面,选择在害虫对农药最敏感的发育阶段进行适期施药。如蚧类和粉虱类的防治应掌握卵孵化盛末期施药,这时蚧类体表外还没有形成蜡或盾壳,因而较低浓度的药液即可收到良好效果。又如茶细蛾应在幼虫潜叶、卷边期施药;茶尺蠖、茶毛虫、刺蛾类等鳞翅目食叶幼虫应在 3 龄前幼虫期防治才能收到良好效果;假眼小绿叶蝉应在高峰前期,在若虫占总虫量 80% 以上时施药。茶树病害应在病害发生前期或发病初期喷施,使用保护性杀菌剂应在病菌侵入茶树叶片前施药。茶树主要病虫害的防治指标和防治适期见表 4-21。

表 4-21　茶树主要病虫害的防治指标和防治适期

病虫害名称	防治指标	防治适期
茶尺蠖	成龄投产茶园:幼虫量每平方米 7 头(参照 GB/T84—88)	茶尺蠖病毒制剂 1~2 龄幼虫期,化学农药或植物源农药 3 龄前幼虫期
茶黑毒蛾	第一代幼虫量每平方米 4 头,第二代幼虫量每平方米 7 头	3 龄前幼虫期
假眼小绿叶蝉	第一峰百叶虫量超过 5~6 头,第二峰百叶虫量超过 12 头	入峰后(高峰前期),且若虫占总虫量的 80% 以上
茶橙瘿螨	每平方厘米叶面积有虫 3~4 头,或指数值 6~8	发生高峰前期
茶丽纹象甲	成龄投产茶园每平方米虫数在 15 头	成虫出土盛末期
茶毛虫	每百丛茶树有卵块 5 个	3 龄前幼虫期
黑刺粉虱	小叶种 2~3 头/叶,大叶种 4~7 头/叶	卵孵化盛末期
茶蚜	有蚜芽梢率 4%~5%,芽下二叶有蚜,叶上平均虫口 20 头	发生高峰期
茶小卷叶蛾	1、2 代,采摘前,每米茶丛幼虫数 8 头;3~4 代每米茶丛幼虫数 15 头	1、2 龄幼虫期
茶细蛾	每百芽梢有虫 7 头	潜叶、卷边期(1~3 龄幼虫期)
茶刺蛾	每平方米幼虫数:幼龄茶园 10 头,成龄茶园 15 头	2、3 龄幼虫期
茶芽枯病	叶罹病率 4%~6%	春茶初期
茶白星病	叶罹病率 6%	春茶期,气温在 16~24℃,相对湿度 80% 以上

（续表）

病虫害名称	防治指标	防治适期
茶饼病	芽梢罹病率35％	春、秋季发病期,5天中有3天上午日照＜3小时,或降雨量＞2.5～5毫米
茶云纹叶枯病	叶罹病率44％;成老叶罹病率10％～15％	6月、8～9月发生盛期,气温＞28℃,相对湿度＞80％

第三,要根据标识确定农药的使用量

标识中标明的农药有效剂量(或有效浓度)是根据多次田间试验获得的,因此应严格按照这个有效剂量(或有效浓度)施药,不可任意提高或降低使用剂量。提高农药用量虽然在短期内会有良好的药效,但往往会加速抗药性的产生,使防治效果逐渐下降。茶园适用农药及其使用方法见表4-22。

表4-22 茶园适用农药及其使用方法

农药名称、剂型	常用农药量 g ml/亩/次(稀释倍数)	安全间隔期(天)	施药方法、最多使用次数及实施说明(每季)
80％敌敌畏乳剂	50(1500)	7	1次喷雾或毒砂
50％辛硫磷乳剂	75(1000)	5	喷雾1次
50％马拉硫磷乳剂	75(1000)	10	喷雾1次
50％杀螟硫磷	75(1000)	10	喷雾1次
2.5％联苯菊酯乳剂	25(3000)	7	喷雾1次
2.5％三氟氯氰菊酯乳剂	20(4000)	7	喷雾1次
2.5％溴氰菊酯乳剂	20(4000)	5	喷雾1次
10％氯氰菊酯乳剂	25(3000)	7	喷雾1次
10％吡虫啉可湿性粉剂	40(2000)	7*	喷雾1次
73％克螨特乳剂	25(3000)	10～15*	喷雾1次(不能低容量喷洒)
99.9％农用喷淋油	350(200)		
0.6％苦参碱乳剂	75(1000)	7*	喷雾
2.5％鱼藤酮乳剂	150(500)	10	喷雾
Bt制剂	75(1000)	3*	低龄幼虫期喷
茶尺蠖病毒	5×108个多角体病毒	3*	喷雾1次
白僵菌	(500)	3*	喷雾1次
20％克芜踪水剂**	350(200)	/	喷雾于杂草茎叶表
41％草甘磷水剂**	500(150)	/	喷雾于杂草茎叶表
24％果尔乳油	20～30(1700～2500)	/	喷雾于杂草茎叶表
50％扑草净可湿性粉剂	200～300(200～300)	/	喷雾于表土
75％噁草酮乳油	200～500(150～300)	/	喷雾于表土
25％苯达松水剂	200～400(125～250)防治茶园多年生莎草和阔叶杂草	/	喷雾于表土
12.5％盖草能乳油	40～50(600～750)	/	喷雾于杂草茎叶表

（续表）

农药名称、剂型	常用农药量 g ml/亩/次（稀释倍数）	安全间隔 期（天）	施药方法、最多使用 次数及实施说明（每季）
50%西玛津可湿性粉剂	200～300(170～250)	/	喷雾于土表
晶体石硫合剂	0.3～0.4波美度		非采摘期使用
75%百菌清可湿性粉剂	125(600)	10*	喷雾
70%甲基托布津可湿性粉剂	75(1000)	10*	喷雾

*为暂行标准；**除莠剂只能土施，不可在茶树叶面上喷施。

第四，要根据害虫的分布部位选择喷药方式

假眼小绿叶蝉、茶蚜、茶橙瘿螨、茶尺蠖等喜食嫩叶、嫩梢的害虫主要分布在茶丛上层，可采用蓬面喷雾的方法进行施药。黑刺粉虱、茶毛虫等喜食老叶，分布在茶丛中下层的害虫，应进行侧位喷扫，将茶丛中下层叶背喷湿。蚧类及在枝干为害的病虫，一般应将枝秆和茶叶正反面均喷湿。此外，宜选择低容量喷雾或小喷片常量喷雾方法。

（肖　强　陈雪芬）

3. 茶树主要病害的发生与防治

病害，亦是茶树的一大疾患。它的发生和发展，有其自身的规律。按为害部位，可将茶树病害分为叶病、茎病和根病。叶病是指由病原菌引起、发生在茶树叶片上的病害。由于茶树的收获部位是嫩梢，因此叶部病害的危害性相对较大，对产量和品质的影响更为直接。茎病是指由病原菌引起、发生在茶树茎秆上的病害。根病是指由病原菌引起、发生在茶树根部的病害。现将我国茶区的主要病害种类及防治方法，按叶病、茎病和根病分述如下。

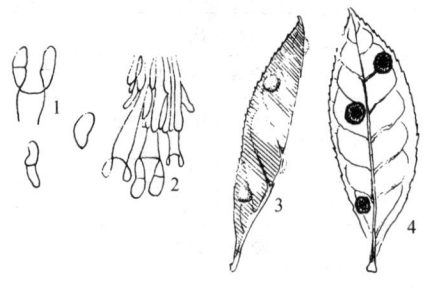

茶饼病
1. 担子和担孢子；2. 有担子和担孢子的子实层；
3. 病叶背面；4. 病叶正面

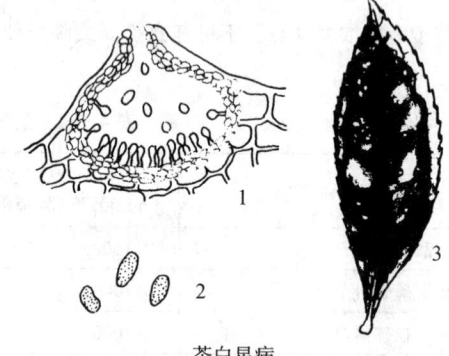

茶白星病
1. 病原菌分生孢子器；2. 器孢子；3. 病叶症状

（1）叶部病害

我国已记载的茶树叶部病害约有三十余种。加害嫩叶和新梢的主要病害有茶饼病（*Exobasidium vexans* Massee）、茶白星病（*Phyllosticta fheaefolia* Hara）和茶芽枯病（*Phyllosticta gemmiphliae* Chen et Hu sp. nov.）。茶饼病和茶白星病分别在我国南方茶区和高山茶园中发生严重，不仅直接影响产量，而且病叶制成干茶，味苦涩易破碎，品质明显下降。茶芽枯病在浙江省首先发现，后陆续在安徽、江苏等省产茶区发现，是春茶期间的重要病害。加害成叶和老叶的主要病害有茶云纹叶枯病［*Guignardia camelliae*（Cooke）Butl.］、茶轮斑病［*Pestalotiopsis theae*（Sawada）Stey.］、茶炭疽病（*Gloeosporium theae sinensis* Miyake）和茶煤病（*Neocapnodium theae* Hara）等。这类病害在全国各产茶区均有不同程度的发生。茶树主要叶部病害的症状列于下表。

① 发生和流行　茶树叶部病害大多由真菌引起，以菌丝体在树上病叶或土表落叶中越冬，次年春

季形成分生孢子或担孢子,通过风吹雨露等传播,侵染茶树叶片。在适宜条件下,一年中可以发生多次侵染,导致病害流行。各种叶病的流行条件不尽相同。茶饼病、白星病和芽枯病均属于低温高湿型病害;茶饼病的流行还与日照关系密切,连续5天日照少于4小时,是茶饼病流行的必要条件。一般而言,茶饼病和白星病的发病盛期在春、秋茶季(5~6月和9月),芽枯病的发病盛期在春茶期(4~5月)。云纹叶枯病、轮斑病、炭疽病属高温高湿型病害。云纹叶枯病发生期长,一年中除冬季外均能发生,在浙江7~8月旱季结束,遇连续降雨,10~15天以后常

出现发病高峰期;轮斑病以夏秋季为发病盛期;炭疽病则在多雨的梅雨季节(5~6月)和秋雨期间(9~10月)发生严重。茶树的生育状况对叶病的发生也有影响。云纹叶枯病、白星病等在茶树遭受热害、肥水管理不良等状况下,发生较重;茶园偏施氮肥,茶树生长柔嫩,有利于茶饼病的发生;轮斑病菌必须从伤口侵入茶树叶片,修剪和害虫为害所造成的伤口有利于轮斑病的发生;煤病常因黑刺粉虱、蚧类和蚜虫等害虫的分泌物覆盖在茶树叶片上,导致附生菌在茶树叶片表面生长,因此,其发生与这些害虫的发生关系密切。

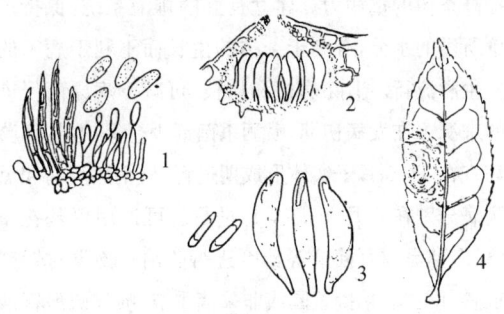

云纹叶枯病

1. 分生孢子梗及分生孢子;2. 子囊壳;
3. 子囊和子囊孢子;4. 病叶症状

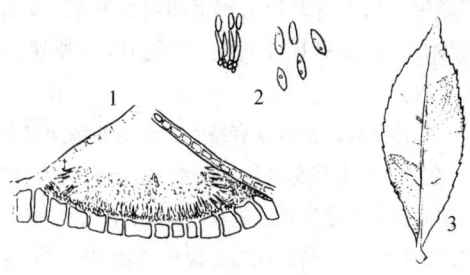

茶炭疽病

1. 分生孢子盘;2. 孢子梗和分生孢子;
3. 病叶症状

②防治方法　秋冬季深耕,清除茶园土表落叶和树上病叶,以减少次年病菌来源;勤除杂草,适当修剪,及时分批采摘,增强茶园通风透光性,创造有利于茶树生长、不利于病害的发生和流行的生态条件;加强培肥管理,适当提高肥料中磷、钾比例,以提高茶树抗病性。不同品种对茶树病害的抗病性有差异,如大

叶种一般易感染云纹叶枯病,而小叶种则较为抗病。在病害发生严重的地区,发展新茶园时应注意选用抗病品种。化学防治应选择合适的杀菌剂和适宜的喷药时期。防治芽叶病害应在春、秋茶萌芽期进行喷药,对云纹叶枯病、炭疽病和轮斑病应在初夏期防治。可使用的农药有甲基托布津、多菌灵、百菌清、代森锌等。

表4-23　茶树主要叶部病害的症状特点

病害名称	茶饼病	白星病	芽枯病	云纹叶枯病	轮斑病	炭疽病	煤病
症状	加害嫩叶和嫩茎。病斑在背面突起如饼状,上生灰白至粉红色粉末,正面凹陷呈淡黄褐色。	加害嫩叶和嫩茎。病斑小,直径在0.5~1.5毫米,圆形,中央凹陷,灰白色,边缘紫褐色至暗褐色,上生黑色小粒点。	加害嫩芽叶。病斑褐色至黑褐色,不规则形,无明显边缘,病叶扭曲。呈枯焦状,后期上生黑色小粒点。	主要加害老叶和成叶。病斑不规则形或半圆形,褐色,深浅不一,成云纹状。病斑中部褪成灰白色,上生灰色扁平小粒点。	主要加害成叶和老叶。病斑圆形或不规则形,褐色,边缘有褐色隆起线,中央有同心轮纹,其上排列有浓黑色较粗的粒点。	加害嫩叶和成叶。病斑不规则形,黄褐至红褐色,边缘有黄褐色隆起线与健部分界明显,无轮纹,病斑两面均散生细小突起黑色粒点。	主要发生在老叶和成叶上。在叶片表面附生一层黑色煤层。

（2）茎部病害

我国已知茶树茎部病害有近四十种。主要种类有红锈藻病（*Cephaleuros parasiticus* Karst）、菌核黑腐病（*Corticium invisum* Petch）、菌索黑腐病（*Corticium theae* Bernard）、枝梢黑点病（*Cenangium* sp.）和地衣苔藓等。红锈藻病和两种黑腐病（菌核黑腐病和菌索黑腐病）主要发生在广东省和海南省，在云南、湖南、浙江、安徽等省也时有发生，病原菌危害枝叶并分泌毒素，使树势衰弱，发生严重时，可导致茶树大量落叶。枝梢黑点病发生在湖南、浙江、江苏、安徽等省，发病茶树芽叶瘦小发黄，严重时，可至枝梢枯死，对夏茶生产有一定的影响。地衣苔藓是茶树上的附生植物，常见于树龄较长的老茶园中，发生严重时，可加速茶树的衰退。

几种茎病的症状各有特点。红锈藻病加害茎和叶，在茎上产生紫黑色椭圆形病斑，上有纵裂，雨季能在病斑上形成铁锈状毛状物；叶片上病斑圆形，稍突起，边缘紫色，后期病斑变褐色。枝梢黑点病加害当年生木质化枝梢，病斑不规则形，上生椭圆形、突起而有光泽的黑色小粒点。菌核黑腐病加害茎和叶，在叶片上产生不规则形病斑，上生灰白色小圆点，以后病叶变黑，较粘，枯叶被淡红或乳白色菌膜粘附在茎上，不脱落，冬季在病茎上产生细小菌核。菌索黑腐病也加害茎和叶，在叶片上产生大型病斑，似日灼斑，初为红褐色后变灰白色，叶背有网状乳白色呈黄褐色菌丝，枯叶被菌索挂在茎上，不易脱落，但不形成菌核。地衣苔藓加害枝秆，地衣是一种灰色叶状体，外形有紧贴在树皮上、不易剥离的壳状地衣，有的叶状体扁平，有时边缘翻卷，容易剥离，有的呈树枝状，直立或下垂似丝的枝状地衣；苔藓黄绿色、青苔状或毛发状。

① 发生和流行　在几种茎病的病原中，红锈藻病由一种绿藻引起。茶梢黑点病和两种黑腐病（菌核黑腐病、菌索黑腐病）的病原均为真菌。地衣是真菌和藻类共生体，地衣和苔藓均为附生植物。茶树茎病的发生与茶树的树势有密切关系。除了枝梢黑点病多在台刈复壮和壮龄茶园中发生外，其他茎病以在管理粗放、树势衰弱的茶园中发生较重。温暖潮湿的生态条件有利于茎病的流行。因此，荫蔽茶园、排水不良或容易缺水的茶园，茎病发生较重。茶树品种间对红锈藻病存在着抗病性的差异，云南大叶种等表现为感病，海南大叶种和台湾种表现为抗病。各种茎病的流行时期为：红锈藻病在5月下旬～11月上旬（粤北），茶梢黑点病在夏茶期（6月份），黑腐病在7～10月，地衣苔藓在4～6月及9～10月。

② 防治方法　选育和推广抗病品种是防治茎病的根本措施。加强培肥管理，增施磷、钾肥，可以提高茶树的抗病力。建立良好的排灌系统，保持土壤所需的水分，有利于茶树的生长而不利于病害的发生和流行。剪除病梢和病枝，可减少病原菌侵染的来源。在发病初期，喷洒杀菌剂进行保护，红锈藻病宜在4～5月子实体形成期进行，枝梢黑点病和黑腐病分别在4月、5月上旬进行。可选用甲基托布津、多菌灵或百菌清等药剂进行防治。藻类对铜剂敏感，可在非采摘茶园或非采摘季节，喷施硫酸铜液或石灰半量式波尔多液。地衣苔藓可用草甘膦进行防治。

（3）根部病害

我国记载的茶树根病有十余种。为害茶苗的有茶苗根结线虫病（*Meloidogyne* spp.）、茶苗白绢病［*Pellicularia rolfsii*（Sacc.）West］和根癌病［*Agrobacterium tumefaciens*（E. F. Smith Tounsend）］。茶苗根结线虫病分布在广东、广西、云南、浙江、四川、台湾等省（区），主要为害4年生以下的茶苗根系，可造成大量缺株，影响新茶园的发展；茶苗白绢病分布较广，浙江、安徽、湖南、广东、广西等省（区）均有发生，常导致茶苗成片死亡；根癌病随着茶苗扦插繁殖的推广，近年来在茶树苗圃也时有发生，导致苗木枯死。为害茶树成株的根病有红根腐病（*Poria hypolaterita* Berk）和紫纹羽病（*Helicobasidium mompa* Tanaka）。红根腐病在广东、海南、广西、云南等省（区）发生较重；紫纹羽病分布广，全国各茶区均有发生。主要根病的症状分列于表4-24。

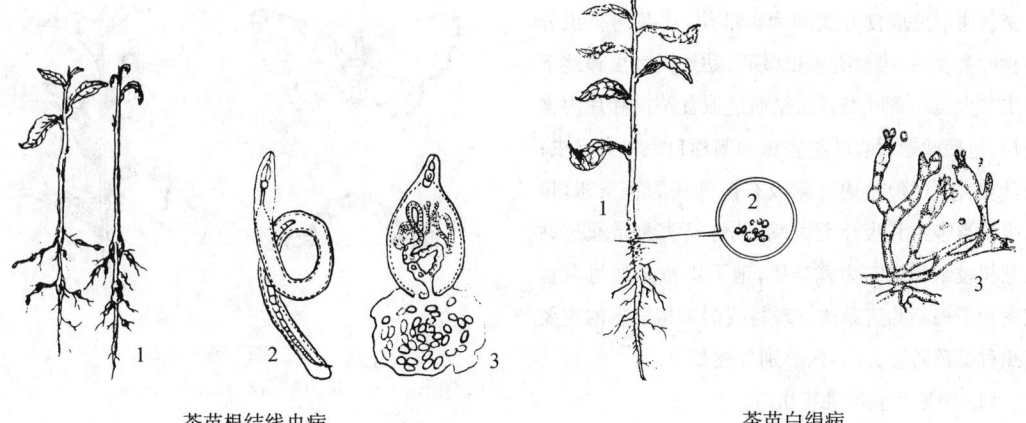

茶苗根结线虫病　　　　　　　茶苗白绢病

1. 病根症状;2. 雄成虫;3. 雌虫及产卵状

表 4 - 24　主要根病的症状区别

病害名称	茶苗根结线虫病	茶苗根癌病	茶苗白绢病	红根腐病	紫纹羽病
症状	加害 4 年生以下茶苗和幼龄茶树。植株矮小,叶片发黄脱落,病根上须根少或无,上生大小不等的瘤状物,大似蚕豆,小如油菜籽。	加害扦插苗根部,形成大小不同的瘤状物,表面粗糙。病苗须根明显减少,甚至无须根,叶片渐变黄,以至全株死亡。	加害近地面的茶树茎基部。产生紫褐色条纹,上生白色棉毛状物,呈网状分布,似白色绢丝膜层。以后在绢丝中形成油菜籽状菌核,初为白色后转黄色至褐色.病部凹陷。	加害成龄茶树,病株常突然死亡。凋萎的叶片仍可附在树上一段时间;病根粘附泥沙,较易洗去,洗后可见枣红色至黑色分枝状革质菌膜,皮层与本质部间有白色菌膜。	加害成龄茶树根部及近地面的树干部,最先细根腐烂,呈黑褐或黄褐色,后蔓延到主根腐烂,呈紫褐色,上生紫色丝状物,有时呈条状菌束,以后在其上形成半球形菌核。病根外皮易脱落。

① 发生和流行　茶树根病的病原种类不同,茶苗根结线虫病是由线虫引起,根癌病的病原为细菌,其他根病均由真菌引起。茶树根病的病原物可在土壤中长期存活并在土壤中传播蔓延。因此,在熟地开辟茶园,土壤中成活的病原菌和线虫就可侵染茶苗引起苗期病害;在原始森林中垦复茶园,遗留在土中的树桩、树根以及砍伐的遮阴树桩均可成为根腐病菌的寄生场所,由此再侵染茶树根系,导致茶树成株发病。茶树根病的发生与土壤条件密切相关,凡地势低洼,排水不良的粘重土壤中,根病的发生均较重。茶苗根结线虫病则以砂质壤土中发生较重,高温高湿有利于根病的发生。

② 防治方法　茶树根病的发生与茶树的生育状况和茶园的土壤环境有密切关系。加强土壤管理是防治茶树根病的一项根本性的措施。当进行初垦林地或开荒新建茶园时,尽量将树木残桩、残根清除干净。尽量采用生荒地种茶。在种过花生、番茄、茄科植物等易感染线虫病作物的土地上种植茶苗,可先种植对线虫有抗性的猪屎豆、危害马拉草等植物,然后再种茶树。茶园中应注意排水,增施有机肥,提高茶树的抗病能力。新茶园选用的茶苗应严格检疫,不从病区引进茶苗,防止根病传入新区。发现病株应及时清除,对于根癌病还应清除病株周围几株外观无病的茶树,同时用甲基硫菌灵和十三吗啉等农药处理病株周围的土壤。

（陈雪芬　肖　强）

4. 茶树主要害虫的发生与防治

与病害相比,茶树害虫的为害在茶叶生产上显得更为突出。茶树害虫的发生发展有其自身的规

律,只要掌握它们的发生规律,就可采取有效的防治
措施。通常按取食方式和为害部位,将茶树害虫分
为食叶类害虫、吸汁类害虫(螨)、钻蛀类害虫和地下
害虫4大类。食叶类害虫是通过取食茶树叶片为害
茶树,包括鳞翅目食叶类害虫和鞘翅目象甲类害虫;
吸汁类害虫(螨)是通过刺吸茶树汁液为害茶树,包
括吸汁类害虫和吸汁类害螨;钻蛀类害虫是通过钻
入茶树枝干和果实为害茶树;地下害虫是通过取食
茶树地下根茎为害茶树。现将我国茶树发生的主要
害虫种类及防治方法,按类别分述如下。

(1)鳞翅目食叶类害虫

鳞翅目食叶类害虫是茶树上一个庞大的类群,
已记载有100余种。鳞翅目害虫一生中经过卵、幼
虫、蛹和成虫四个发育阶段,以幼虫取食芽叶为害茶
树。随着幼虫龄期的增加,食量也增加,一般3龄后
进入暴食期,在种群密度大时,可将茶树叶片全部食
尽,形成秃枝,从而严重影响茶叶的生产。根据害虫
的形态特征,鳞翅目害虫又分为尺蠖蛾类、毒蛾类、
卷叶蛾类、刺蛾类、蓑蛾类等类群。

尺蠖蛾类中常见的害虫有茶尺蠖(*Ectropis
obliqua* Wehrli)和油桐尺蠖(*Buzura suppressaria*
Guense),局部地区发生的害虫有木橑尺蠖(*Culcula
panterimaria* Bremer et Grey)、云尺蠖(*Buzura
thibetaria* Oberthur)、茶银尺蠖[*Scopula
subpunctaria*(Herrich-Schaeffer)]等。茶尺蠖在浙
江、江苏、安徽等省茶区发生普遍,在四川、福建、广
东等省时有发生。油桐尺蠖在华南和西南茶区发生
严重。云尺蠖和银尺蠖在西南茶区发生普遍。木橑
尺蠖在浙江、安徽等省茶区局部年份发生严重。尺
蠖蛾类的卵多成块产于茶树枝桠间、茎秆裂缝处或
枯枝落叶中,卵块上常有覆盖物。幼虫有腹足两对,
爬行时体弯成拱形,俗称拱拱虫。茶尺蠖1、2龄幼
虫黑至黑褐色,3龄后茶褐至灰褐色,第2腹节起背
面出现"八"字形黑纹或菱形纹,随着虫龄增大黑纹
也愈明显。油桐尺蠖、木橑尺蠖和云尺蠖幼虫体形
大,体色变化大,灰色、深褐色、赭褐色或褐色,头两
侧有角状突起,腹部第8节有微突。油桐尺蠖与云
尺蠖的区别在于前胸腹面色泽不同,前者灰绿色,后
者为黑色。木橑尺蠖幼虫腹部每节有一个黄色圆

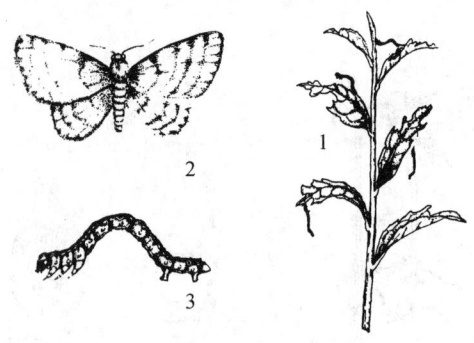

茶尺蠖

1. 为害状;2. 成虫;3. 幼虫

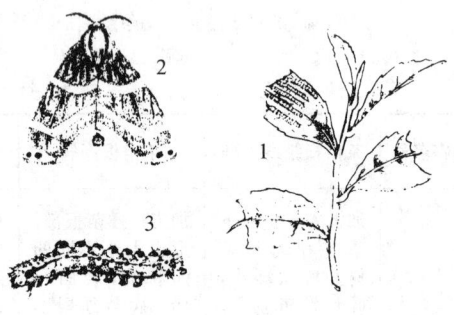

茶毛虫

1. 为害状;2. 雌成虫;3. 幼虫

斑。幼虫孵化后,常聚集在茶丛面,咬食芽叶上表皮
和叶肉,使叶面产生褐色斑点。幼虫性活泼,爬行迅
速,遇惊吐丝下垂。2、3龄幼虫可将叶片咬成缺刻。
3、4龄以后,食量明显增大,发生严重时可将全部老
叶吃光。3龄后幼虫畏光,晴天日间多躲在茶丛枝
叶间,在清晨和黄昏活动取食。老熟幼虫吐丝下垂
至树冠下表土中化蛹。蛹褐色至深棕色,茶尺蠖的
蛹表面光滑,油桐尺蠖和云尺蠖蛹末端呈针状,木橑
尺蠖蛹末端呈分叉。3种大型尺蠖成虫的翅均为灰
白色,木橑尺蠖成虫翅面有不规则的灰斑,而与油桐
尺蠖成虫翅面的波纹相区别。成虫趋光性强。油桐
尺蠖、木橑尺蠖和云尺蠖的成虫白天栖息在茶园周
围高大树木的主干上或建筑物的墙壁上,受惊落地
有假死习性,产卵量大,每头雌虫可产卵多达3000
余粒。尺蠖蛾类一年发生代数不尽相同,茶尺蠖5~
7代;油桐尺蠖一般2~3代,广东3~4代,台湾5
代;木橑尺蠖2~3代;云尺蠖2代。尺蠖蛾类以蛹
在茶丛基部表土中越冬。气温与越冬基数和次年春

天的成虫始见期出现迟早密切相关。冬季严寒,越冬蛹死亡率大,来年发生较轻;秋季前期若气温高,茶尺蠖常发生 7 代,后期又遇低温,则幼虫大量死亡,来年的虫口基数也随之减少;次年早春气温的高低,决定了成虫发生期的迟早,气温高发生早,气温低则发生迟。全年以夏秋茶期间为害最严重。尺蠖类的天敌种类多,在卵期有黑卵蜂,幼虫期有绒茧蜂(*Apanteles* sp.);寄生菌有白僵菌(*Beauveria bassiana*)和细脚拟青霉菌[*Paecilomyces tenuipes* (Peck) Samson]等;捕食性天敌有斜纹猫蛛(*Oxyopes sertatus* L.)、鸟类等。从茶尺蠖、油桐尺蠖、木橑尺蠖和云尺蠖的病幼虫体中都分离到核型多角体病毒,并已应用于防治中。这些天敌对尺蠖类的发生有一定的控制作用,其中以绒茧蜂和病毒的作用较大。

毒蛾类中以茶毛虫(*Euproctis pseudoconspersa* Strand)分布最为普遍,在我国各茶区均有发生,管理粗放的老茶园中发生较严重。其他害虫尚有茶白毒蛾(*Arctornis alba* Bremer)和茶黑毒蛾(*Dasychira baibarana* Matsumura)。茶黑毒蛾在安徽、浙江、贵州、台湾等省发生。毒蛾类幼虫不仅取食叶片,而且体表具毒毛,人体皮肤接触后,会引起红肿痛痒,影响采茶等田间管理。茶毛虫和黑毒蛾的卵成堆产于老叶背面。茶毛虫的卵块椭圆形,其上覆盖有黄褐色绒毛。黑毒蛾的卵黄白色,近球形。茶白毒蛾的卵产于叶面,卵扁鼓状,绿色。幼虫一般有群集性,2 龄幼虫前多在茶丛内叶间成群转移为害。3 龄后分群,向上部枝叶群迁。幼虫畏光怕高温,夏季早晚在茶树上部为害,中午移至中、下部。3种毒蛾幼虫的色泽不同。茶毛虫淡黄至黄褐色,体有黑色毛瘤,上生黄色毒毛;黑毒蛾体黑褐色,毒毛黑色;白毒蛾体黄褐色,毒毛白色。幼虫老熟后,在表土或落叶中结茧化蛹。白毒蛾老熟幼虫吐丝倒挂化蛹在叶片中。成虫有趋光性。毒蛾类一般以卵在叶背越冬,白毒蛾和部分茶毛虫也可以老熟幼虫越冬。茶毛虫的全年发生世代数一般为 2 代,南方茶区 3~4 代,台湾省 5 代;茶白毒蛾一年发生 6 代;茶黑毒蛾一年发生 4 代。茶毛虫的越冬卵需在气温 12℃以上,相对湿度大于 70% 时孵化,因此早春气温高低决定了第 1 代茶毛虫发生期的迟早。茶毛虫一般有间歇猖獗的特性,间歇期 1、2 年,长达 3 年。茶毛虫的天敌种类多,已发现的卵寄生蜂有茶毛虫黑卵蜂(*Telenomus euproctidis* Wilcos.)、广赤眼蜂(*Trichogramma evanescens* Westwood),寄生幼虫的有茶毛虫绒茧蜂(*Apanteles conspersae* Fiske)和寄生蝇(*Exorista* sp.),捕食性天敌有瓢虫(*Aialacaria mirabilis* Mots.)以及茶毛虫核型多角体病毒(EpNPV)等。其中以黑卵蜂和茶毛虫核型多角体病毒作用较大。

卷叶蛾类的主要种类有茶小卷叶蛾(*Adoxophyes orana* Fischer von Roslerstamm)、茶卷叶蛾(*Homona coffearia* Nienter)、茶细蛾(*Caloptilia theivora* Walsingham)和茶谷蛾(*Agriophara rhombata* Meyr.)四种。茶小卷叶蛾是安徽、湖北等省茶区的重要害虫。茶卷叶蛾常与茶小卷叶蛾混合发生,但发生的地区一般较茶小卷叶蛾偏南。茶细蛾在我国大部分茶区时有发生,其中安徽、浙江等省的部分幼龄茶园和留养茶园中发生相对较重。茶谷蛾分布在我国南方茶区,它是海南省茶树上的一种重要害虫。卷叶类害虫以幼虫卷缀叶片为害茶树。茶小卷叶蛾和卷叶蛾可将几张嫩芽叶粘结在一起形成一个虫苞,内有一头幼虫。茶谷蛾的虫苞也是由数张芽叶缀合而成,但虫苞内有数头至数十头幼虫。茶细蛾的虫苞由一张叶片组成,先由叶缘向叶背卷边,后潜叶形成潜道,最后从叶尖向叶背卷成三角苞,内有一头幼虫。茶谷蛾的幼虫体形较大,体黄色,上有两条黑褐色纵纹;蛹黑褐色,有光泽;成虫前翅淡黄褐色,基部至中部有一黑褐色条纹,外缘有一列小黑点。茶细蛾的幼虫体形较小,体乳白色,半透明;蛹藏于灰白色茧中,位于叶背;成虫前翅褐色,有紫色光泽,前缘中央有一较大的金黄色三角形斑块,成虫停息在叶上成"人"字形。茶小卷叶蛾幼虫体鲜绿色,头小;蛹黄褐色;成虫前翅菜刀形,淡黄褐色,上有 3 条深褐色斑纹。茶卷叶蛾幼虫体黄褐色,密生白色短毛;蛹黄褐色,尾部有八根钩状刺;成虫前翅近长方形,上有许多深褐色波纹。茶小卷叶蛾和茶卷叶蛾均以幼虫在虫苞中越冬,茶细蛾以蛹在叶背越冬,茶谷蛾无明显的越冬现象。除茶谷蛾外，其他三种卷叶害虫的成虫有趋光性和趋化性。卷叶蛾类幼虫性活泼，受惊吐丝下垂转苞为害。卷叶蛾在我国不同地域年发生代数变化较大，茶小卷叶蛾和茶卷叶蛾在江南茶区 4～5 代，华南 6～7 代，台湾 8 代；茶细蛾 6～7 代，茶谷蛾 4 代。以温暖潮湿的夏季发生较严重。卷叶类害虫的天敌种类较多，常有一定的自然控制力，主要种类有卷蛾小茧蜂（*Microbracom hebator* Say.）、赤眼蜂（*Trichogramma evanescens* Westwood）和茶小卷叶蛾颗粒体病毒（GV）等。

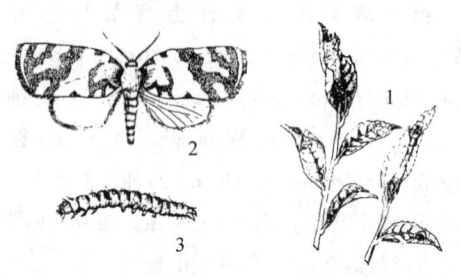

茶小卷叶蛾
1. 为害状；2. 成虫；3. 幼虫

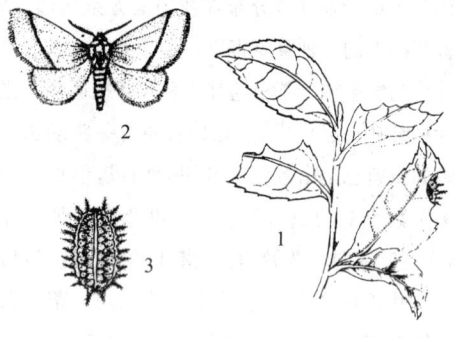

扁刺蛾
1. 为害状；2. 成虫；3. 幼虫

刺蛾类害虫种类较多，我国已记载有 20 多种。主要种类有扁刺蛾［*Thosea sinensis*（Walker）］、茶刺蛾（*Iragoides fasciata* Moore）和黄刺蛾［*Cnidocampa flavescens*（walker）］。扁刺蛾分布在全国大部分茶区，茶刺蛾分布在安徽、浙江、江西、湖南、贵州等省，黄刺蛾分布在安徽、浙江、贵州、台湾等省。刺蛾类一般在局部地区发生严重。刺蛾类的幼虫除取食叶片为害茶树外，大部分幼虫体表具毒刺，触及人体皮肤会引起红肿刺痛，影响采茶等田间管理。成虫产卵于茶丛中、下部叶片上，卵单粒散

产。扁刺蛾的卵产于叶面，扁平，长椭圆形，淡黄白色至灰褐色。茶刺蛾的卵产于叶背，扁平，近圆形，淡黄白色至灰色。黄刺蛾的卵多产于成叶或老叶背面，扁平，椭圆形，淡黄色。幼虫孵化后，开始只取食叶下表皮和叶肉，留下一层上表皮，形成许多透明枯斑。幼虫 3 龄后食量增加，从叶尖向下咬食，叶片缺口平直，形似刀切，严重时可将整叶食尽。扁刺蛾和茶刺蛾的幼虫扁平，椭圆形，背面隆起，各节有刺突。两者的区别之处在于，扁刺蛾的幼虫鲜绿色，各节有四个刺突，背面两个小，两侧两个大，体两侧各有一列红点；茶刺蛾的幼虫体黄绿色，背线蓝绿色，5 龄后体背第 2 对与第 3 对刺突之间有一个绿色或红紫色肉质角状突起；茶黄刺蛾幼虫近长方形，体背有一棕色大斑，两端膨大，中间细长，呈哑铃形。刺蛾幼虫老熟后入土结茧化蛹。扁刺蛾茧椭圆形，黑褐色；茶刺蛾茧近圆形，褐色；茶黄刺蛾茧椭圆形，灰白色。扁刺蛾的成虫体和翅均为灰褐色，前翅有一暗褐色斜纹，雄成虫前翅中央有一黑点。茶刺蛾的成虫翅褐色，前翅有 3 条不明显的暗褐色波状纹。茶黄刺蛾的成虫前翅灰至红褐色，上有 4 条黑色横纹。成虫均有趋光性，尤以雄蛾较强。扁刺蛾全年发生 2～3 代，茶刺蛾 4 代，茶黄刺蛾 2 代。扁刺蛾和茶刺蛾以老熟幼虫在表土或茶丛基部枝桠间结茧越冬，茶黄刺蛾以高龄幼虫在枝干越冬。一般次年 5 月化蛹，5 月下旬成虫开始羽化产卵，7～8 月为发生盛期。已发现刺蛾的天敌主要有寄生真菌和病毒，在 8、9 月间幼虫易感染核型多角体病毒，蛹期真菌寄生率可高达 70%～80%。

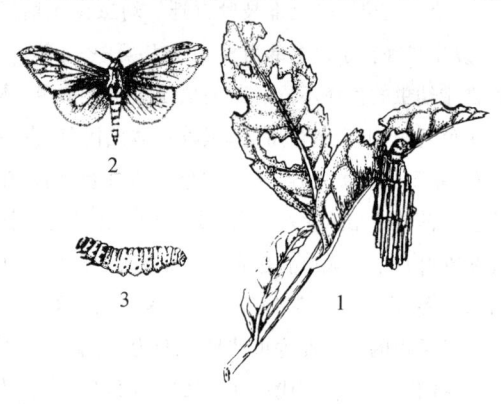

茶蓑蛾
1. 为害状；2. 成虫；3. 幼虫

蓑蛾类害虫主要有茶蓑蛾（*Clania minuscula* Butler）、大蓑蛾（*Clania variegata* Snelle）、茶小蓑蛾（*Acanthopsyche* sp.）和茶褐蓑蛾（*Mahasena colona* Soman）四种。蓑蛾分布普遍，全国大部分产茶区均有发生，但仅局部地区发生严重。除为害茶树外，尚可加害白杨、洋槐等多种其他植物。蓑蛾除雄成虫有翅能飞翔外，其他虫态均在护囊中度过。护囊是由幼虫吐丝连缀碎叶和小枝梗而成，形如口袋。护囊有保护作用，也是各种蓑蛾从外形上进行区别的依据。茶蓑蛾的护囊中型，长 25～30 毫米，橄榄形，囊质紧密，囊外有排列整齐的小枝梗。大蓑蛾的护囊大型，长 40～60 毫米，纺锤形，囊外有较大的碎叶片，有时有少数零散的小枝梗。茶褐蓑蛾的护囊中型，质疏松，囊外有许多较大的碎叶。茶小蓑蛾的护囊小型，长 7～12 毫米，纺锤形，囊外有碎叶片和枝皮。蓑蛾类雌雄异态明显，成虫、蛹甚至幼虫，雌雄都有差别。雌成虫无翅，蛆状，体肥壮。雄成虫有翅，褐至黑褐色。卵椭圆形，乳黄或淡黄色。茶蓑蛾幼虫体淡黄至淡红色，有"八"字形排列的黑点。大蓑蛾雌幼虫肥壮，体灰黑色，多横皱；雄幼虫体黄褐色，头部中央有一白色"人"字纹。茶小蓑蛾幼虫头赤褐色，体乳白色，上有褐斑。茶褐蓑蛾幼虫体褐色，胸淡黄色，上有褐斑。除小蓑蛾一年发生 2 代外，其他蓑蛾一年均为 1 代。蓑蛾以幼虫在护囊内悬挂于枝叶上越冬。来年春暖，除大蓑蛾外其他蓑蛾的幼虫可活动取食，在局部茶园造成危害。由于雌成虫无翅，仅能在原囊内产卵，幼虫身负护囊行动不便，所以常集中在母囊附近活动，形成"发生中心"。低龄幼虫取食叶肉，留下表皮，形成点状透明斑。随着虫龄增大，护囊加大，为害加剧，可使局部茶园形成明显为害状。一年中以 7～9 月发生最为严重。已发现的蓑蛾天敌有寄生蜂、寄生蝇、蜘蛛和细菌软化病等，主要的寄生蜂有蓑蛾疣姬蜂（*Sericopimpla sagrae* Sauteri Cushman）、桑蟥疣姬蜂[*Gregopimpla kuwanae*（Viereck）]、小蓑蛾瘦姬蜂（*Limnerium* sp.）等。

防治方法　可结合秋、冬季深耕培土杀灭越冬虫蛹，人工摘除卵块和蓑蛾的护囊，剪除带有虫苞的枝叶。采用灯光诱杀或糖醋液诱杀成虫。要保护和利用自然天敌对害虫的控制作用。应加强预测预报，在防治适期选用适宜的农药品种进行防治。可使用生物农药（如苏云金杆菌、白僵菌、昆虫病毒）和植物源农药（如苦参碱、鱼藤酮等）。应用核型多角体病毒制剂防治茶尺蠖、茶毛虫、茶刺蛾，以第 1 代低龄幼虫期使用效果最好，每亩用量为 10^9～10^{10} 个病毒多角体颗粒。卷叶类害虫应掌握在低龄幼虫未卷叶、潜叶前或初卷叶时进行防治，可选用具有熏蒸作用的敌敌畏农药品种，或选用具有较强触杀作用的联苯菊酯、溴氰菊酯等农药品种。其他鳞翅目害虫应掌握在低龄幼虫期防治，可选用有机磷类和菊酯类农药，使用后应按照规定的安全间隔期进行采摘。蓑蛾类幼虫的化学防治应喷湿护囊。

（2）鞘翅目食叶害虫

茶园中的鞘翅目食叶害虫主要是象甲类，包括茶丽纹象甲（*Myllocerinus aurolineatus* Voss）、茶芽粗腿象（*Ochyromera quadrimaculata* Voss）和绿鳞象甲（*Hypomeces squamosus* Fabricius）。茶丽纹象甲在全国茶区均有分布，茶芽粗腿象分布于浙江、安徽、江西、福建、贵州等省，绿鳞象甲在南方茶区发生严重，均以成虫取食茶树叶片，使嫩叶形成不规则弧形缺刻或圆洞，对夏茶产量影响较大。象甲类害虫的成虫，头部向前延伸成头管，似象鼻状（俗称象鼻虫），体坚硬。茶丽纹象甲体灰黑色，上覆有黄绿色鳞片组成的斑点或条纹。茶芽粗腿象成虫体小，鞘翅棕黄至棕红色，上有八条纵沟，纵沟上有排列整齐的刻点，表面长有细密白色短鳞毛。绿鳞象甲成虫体黑色，密被闪光的粉绿色鳞片，少数灰色或灰黄色，体形大。幼虫体肥，乳白色，弯曲多皱，无足。象甲类害虫年均发生 1 代，以老熟幼虫在树冠下土壤中越冬。绿鳞象甲在广东也可以成虫越冬。成虫出土盛期，茶丽纹象甲在 5 月底至 6 月初，茶芽粗腿象在 4 月底至 5 月上旬，绿鳞象甲在 4～6 月（广东英德）。成虫陆续出土，假死性强，稍受惊动即坠地假死；怕阳光，常于清晨及黄昏后取食活动于茶树冠面。

防治方法　夏季茶园耕翻土壤，秋末深耕施基肥，可破坏象甲幼虫在土壤中的生活环境，明显减少越冬幼虫的基数。清晨或阴天，利用成虫假死性，组织人力击拍茶树,捕捉成虫并及时销毁。由于成虫有陆续出土习性,在发生期喷一次药,难以控制虫害,因此,用药剂防治时,应在成虫发生高峰前期进行,以后视成虫后期的发生情况决定是否再施药。正常发生年份一般施药1~2次即可,发生严重年份需要施药2~3次。可选用的主要农药品种有巴丹和联苯菊酯等。

(3) 吸汁类害虫

吸汁类害虫是用口针插入茶树组织内吮吸汁液为害茶树。这类害虫体形小,一年中发生代数多,繁殖力强,多数为茶树上的重要害虫。现将为害新梢、成叶的吸汁类害虫和粉虱、蚧类分述于下。

① 为害新梢和成叶的吸汁类害虫 主要有假眼小绿叶蝉[*Empoasca vitis*(Gothe)]、茶蚜(*Taxoptera aurantii* Boyer)、茶黄蓟马(*Scirtothrips dorsalis* Hood)、绿盲蝽象(*Lygus lucorum* Meyer-Dur)、茶网蝽(*Sphephanitis* sp.)等。这类害虫均为不完全变态昆虫,其一生只经过卵-若虫-成虫三个阶段,若虫和成虫在外形和生活习性上很相像,只是若虫虫体较小,无翅,长大后出现翅芽。

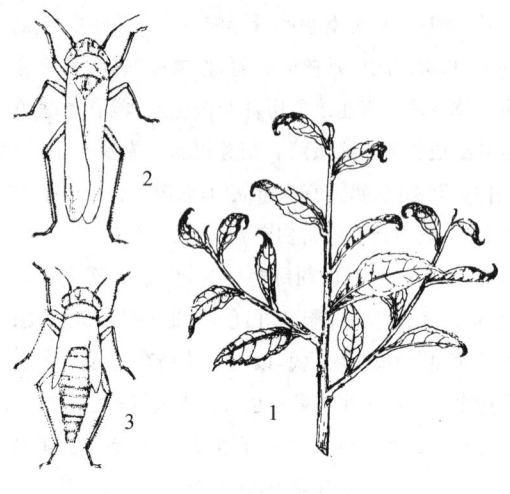

假眼小绿叶蝉
1. 为害状;2. 成虫;3. 若虫

假眼小绿叶蝉是我国茶园中发生最严重的害虫,遍布全国各茶区。茶树受害后,新梢萎缩硬化,叶片呈褐色枯焦,不仅造成茶叶减产,而且影响品质。假眼小绿叶蝉的成虫体小,黄绿色,头顶有两个

小白点;卵产于芽梢嫩茎皮层内,也可产在叶柄处,乳白至淡绿色,香蕉形;若虫头大,体细长,由小至大,体色由乳白、淡黄至淡绿色。假眼小绿叶蝉一年发生9~13代,海南17代,以成虫在茶树或杂草上越冬,在广东、云南等南方茶区无明显越冬现象。成虫和若虫趋嫩、畏光,晨露未干或阴雨天在茶树丛面活动,多栖息在嫩叶背面,性活跃,受惊横行向下逃逸。时晴时雨的气候条件,留养或杂草丛生的茶园有利于虫害发生。在浙江全年有两个发生高峰期,第一个在5月下旬~6月中、下旬,第二个在10月至11月上旬,以夏秋茶期发生最重。广东全年以4月下旬至6月发生最盛。假眼小绿叶蝉的天敌有圆孢虫霉(*Entomophthora sphaerosperma* Fresenins)和迷宫漏斗蛛(*Agelena labyrinthica* Clerk)等。

茶蚜是幼龄茶园及台刈茶园的一种常见害虫,常在嫩梢上聚集大量虫体,为害新梢,使叶片翻卷,严重影响茶芽的生长。茶蚜一年发生26~27代(安徽),以卵越冬,在华南则以无翅蚜越冬。茶蚜的成虫分有翅型和无翅型两种。有翅胎生雌蚜体黑褐色,翅透明;无翅胎生雌蚜卵圆形,暗褐色或黑褐色。一般以无翅蚜为多。成虫有胎生(孤雌生殖)和卵生(有性生殖)两种繁殖方式。卵长椭圆形,初为浅黄色后转棕色至黑色,有光泽,产于叶背,十多粒至几十粒集在一起。若虫淡黄至淡棕色,与成虫外形相似。茶蚜趋嫩性强,多栖息于嫩叶背面,以苗圃、幼龄茶园和台刈复壮茶园发生较多。高温干旱不利于发生。全年以4~5月和10~11月为茶蚜的发生高峰期。茶蚜的天敌种类较多,在6月下旬~7月上旬,由于天敌数量多,茶蚜受的抑制较大。主要天敌有大草蛉(*Chrysopa septempunctata* Wesmael)、中华草蛉(*C. sinica* Tjeder)、异色瓢虫(*Leis axyridis* Pallas)和黑带食蚜蝇(*Epistrophe balteatus* De Geer)等。

茶黄蓟马是广东、海南、广西、云南、贵州等省(区)茶区的一种重要害虫,为害嫩梢,使叶片卷缩畸形,节间变短,叶背有两条平行条痕,叶片上产生褐色小点。茶黄蓟马的成虫体微小,细长,末端渐尖,黄色,翅透明细长,翅缘密生长毛;卵肾形,淡黄色,散产于嫩叶背面;若虫初为乳白色后转淡黄色,体形

与成虫相似,4龄若虫金黄色,翅芽显露,不取食,栖息在土面及根颈处的树干裂缝内。黄蓟马一年发生10~11代,以成虫在茶花内越冬。在广东等南方茶区无明显的越冬现象。成、若虫趋嫩性强,集中在芽及芽下1至3叶为害。成虫无趋光性,性活跃,对黄色板和绿色板有趋向性。不同的茶树品种间发生有所不同,以大叶种茶发生数量较多。少雨干燥有利于发生。发生高峰期在9~10月。茶黄蓟马的天敌有草间小黑蛛(*Erigonidium graminicola* Sundvall)、捕食螨(*Typhlodromus* sp.)和大赤螨(*Anystis* sp.)等。

绿盲蝽象和茶网蝽为偶发性吸汁类害虫。绿盲蝽象加害茶芽及芽下第一叶,芽成黑色小点,稍弯曲,伸展出的叶片上有不规则的孔洞。茶网蝽为害成叶,叶面形成许多小白点,连成一片灰白色,叶背有黑色胶质排泄物。绿盲蝽象的成虫绿色,长椭圆形,较扁平,翅基部硬,绿色,端部膜质;卵长口袋形,稍弯曲,黄绿色;若虫体绿色,密布细毛。茶网蝽的成虫暗黑色,头小,前胸宽透明,上有网纹;卵香蕉形,乳白、深黄至紫褐色,上覆有黑色有光泽的胶状物;若虫白色、暗绿至黑褐色,腹部两侧及背中有刺状突起。绿盲蝽象一年发生约5代,以卵在茶树或蚕豆等间作作物或杂草组织内越冬。成虫寿命长,飞翔力强,常在黄昏至清晨爬至芽叶取食为害,产卵期持续30~40天,世代重叠。气温在20℃左右、高湿多雨的气候有利于绿盲蝽象发生,全年以春茶期发生最盛。茶网蝽在四川一年发生2代,以卵在茶树下部叶背中脉两侧组织内越冬,偶有以成虫越冬。成、若虫均刺吸叶背汁液为害。若虫有群集性,在叶背排列整齐,龄期增大后渐分散。成虫不善飞翔,多静伏于叶背。茶网蝽在气温21~25℃、相对湿度75%~80%天气状况下发生严重,高温潮湿则发生轻。全年以第一代发生整齐,虫口密度也大,发生盛期在5月中、下旬。

② 粉虱类害虫 主要是黑刺粉虱(*Aleurocanthus spiniferus* Quaintance)和陈氏粉虱(*Aleurocanthus cheni* Young)。黑刺粉虱分布普遍,全国各茶区均有发生,在浙江、湖南等省茶园中发生严重。陈氏粉虱仅在广东茶园中有发生,这种粉虱对茶树的为害不十分突出。黑刺粉虱以幼虫在叶背刺吸茶树汁液

为害茶树,其排泄物还能诱致茶树发生煤病,严重时茶园呈现一片乌黑,阻碍茶树的正常光合作用。黑刺粉虱的成虫体小型,橙黄色,上覆粉状蜡质物。前翅紫褐色,周围有7个白斑。卵香蕉形,产于成叶背面,有一短柄与叶背相连,初产为乳白色,后转深黄至紫褐色。初孵幼虫扁平,长椭圆形,体淡黄色,具足,后渐变黑色,周围出现白色较细的蜡圈,背面有两条白色蜡线。2龄幼虫后,足消失,背侧面生出许多刺突。蛹近椭圆形,黑色有光泽,周围白色蜡圈明显,背部隆起,背部刺状物雄虫29对、雌虫30对。黑刺粉虱一年发生4~5代。以老熟幼虫在叶背越冬。成虫在晴天日间较活跃,都集中在茶丛面上活动,但飞翔力弱。可随风传播。一年中以第1、2代发生整齐,其他各代发生均不整齐。在浙江各代幼虫发生盛期分别为5月上、中旬,7月上旬,8月下旬和9月下旬~10月上旬。茶树阴湿、杂草丛生、间作过密等通风透光不良的茶园发生严重。黑刺粉虱的主要天敌有粉虱寡节小蜂(*Prospaltella smithi* Silvestri)、刺粉虱黑蜂(*Amitus hesperidum* Silv)、红点唇瓢虫等。

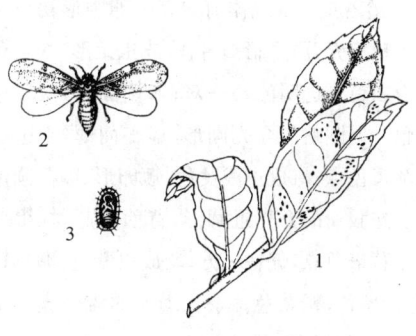

黑刺粉虱

1. 为害状;2. 成虫;3. 2~3龄幼虫

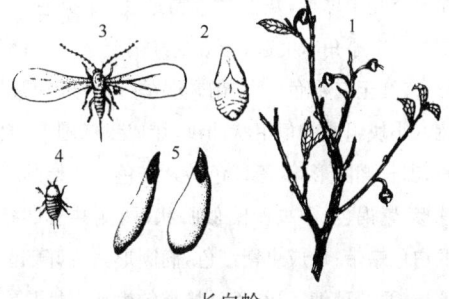

长白蚧

1. 为害状 2. 雌成虫 3. 雄成虫 4. 幼虫 5. 雄雌蚧壳

③蚧类害虫 蚧类在茶树上发生的种类多,已记载有30余种。主要种类有长白蚧(*Lopholeucaspis japonica* Cockerell)、椰圆蚧(*Temnaspidiotus destructor* Signoret)、蛇眼蚧(*Pseudaonidia duplex* Cockerell)、茶牡蛎蚧(*Lepidosaphes tubulorum* Ferris)、角蜡蚧(*Ceroplastes pseudoceriferus* Green)、龟蜡蚧(*Ceroplastes japonicus* Green)、红蜡蚧(*Ceroplastes rubens* Maskell)等。长白蚧是江南和江北茶区的主要害虫之一。若虫和雌成虫加害茶树茎和叶,使树势衰退,芽叶瘦小,严重时,造成大量落叶。椰圆蚧和蛇眼蚧分布较普遍,在贵州、四川、湖南、浙江、江苏、安徽等茶区均有发生,这两种介壳虫加害成、老叶,引起大量落叶。茶牡蛎蚧在西南茶区和浙江省局部地区发生严重。角蜡蚧、龟蜡蚧和红蜡蚧分布普遍,但仅在局部茶园发生严重。蚧类虫体外均覆蜡质介壳。虫体外覆有一层盾壳和一层薄的蜡质介壳是盾蚧,包括长白蚧、椰圆蚧、蛇眼蚧和茶牡蛎蚧。虫体外无盾壳,覆有较厚的蜡壳为蜡蚧,如角蜡蚧、龟蜡蚧和红蜡蚧。长白蚧介壳灰白色,椭圆形,后端较宽,2龄若虫至成虫体前端有一卵圆形褐色小点,为若虫蜕皮壳,盾壳暗褐色;雌成虫梨形,淡黄色;雄成虫有白色半透明的翅一对;卵椭圆形,淡紫色;蛹淡紫色。椰圆蚧的介壳圆形,扁平而薄,半透明,中央有淡黄色点;雌成虫浅黄色,短卵形;卵椭圆形,黄绿色。蛇眼蚧的介壳近圆形,背面隆起,棕褐色,上有两个黄褐色点,偏在一方;雌成虫紫色,卵形;卵椭圆形,淡紫色;蛹紫色。茶牡蛎蚧的雌介壳暗褐色,后部膨大,似牡蛎;雄介壳上还有一黄色宽带状横纹;雌成虫乳黄色,卵长椭圆形,乳白转淡紫色。角蜡蚧的介壳半球形,灰白微带粉红色,中央有一个、周围有八个小角状突起;雌成虫红褐至紫褐色;卵椭圆形,肉红至红褐色。龟蜡蚧介壳白色,短椭圆形,上有八小块组成的龟甲状凹纹,雌成虫椭圆形,暗紫褐色;卵长椭圆形,淡橙黄色转紫红色。红蜡蚧介壳半球形,紫褐色,中央凹陷似脐状,两侧共有四条弯曲的白色蜡带;雌成虫紫红色,椭圆形,背部隆起;卵椭圆形,两端稍细,浅红色。蚧类的生活习性是在昆虫中较特殊的一个类群。雌雄虫的卵和1龄若虫无区别,从2龄起开始性分化,雄虫一般经过2至3龄若虫期进入成虫,雌虫经过2龄若虫期、前蛹、蛹而至成虫期。一般蚧类的雌虫除若虫刚孵化时,可有几小时短距离爬行外,以后迅速固定并分泌蜡质,随着龄期增大,蜡质也加厚。雄成虫飞翔力弱,寿命短。全年发生的代数,蜡蚧均为1代,长白蚧3代,椰圆蚧2~3代,蛇眼蚧、牡蛎蚧2代。蚧类大多以雌成虫在茶树枝干或叶片上越冬,长白蚧以若虫或前蛹在茶树枝干上越冬,牡蛎蚧则以卵在介壳内越冬。各种介壳虫的卵孵化盛期为:长白蚧第1代5月中旬~6月初,第2代7月上旬~7月下旬,第3代9月~10月上旬。椰圆蚧第1代5月中旬,第2代7月中下旬,第3代9月中旬~10月上旬。蛇眼蚧、牡蛎蚧第1代5月中旬,第2代8月中旬。角蜡蚧、龟蜡蚧、红蜡蚧在6月中、下旬。已发现蚧类的天敌有红点唇瓢虫(*Chilocorus kuwanae* Silvestri)、姬小蜂(*Marlattiella* sp.)和腥红菌等,对蚧类的控制作用较大。

防治方法 吸汁类害虫的防治要充分发挥和利用采摘、修剪等农业技术措施的作用。假眼小绿叶蝉、蚜虫的发生与茶树芽叶的嫩度有密切关系,茶树嫩芽多易诱发害虫,及时分批采摘可以有效地抑制这些害虫数量的上升。结合修剪疏枝,改善茶园通风透光条件,对黑刺粉虱、茶网蝽等害虫有一定控制作用。对于蚧类发生严重、树势衰弱的茶园应适时进行重剪或台刈改造。在生物防治方面,黑刺粉虱可采用白僵菌、粉虱拟青霉等真菌制剂在幼虫期进行防治。保护和利用茶园各种捕食性蜘蛛、瓢虫、草蛉、食蚜蝇,对假眼小绿叶蝉和茶蚜有良好的控制作用。在化学防治方面,应掌握在防治适期及时用药。各种害虫的防治适期有所不同,假眼小绿叶蝉应掌握在若虫发生高峰前期,蚧类和粉虱类的防治关键必须抓住盾壳、蜡壳、蜡丝尚未形成前的各代卵盛孵末期进行喷药防治。吡虫啉、联苯菊酯和溴氰菊酯等农药对假眼小绿叶蝉、茶蚜、黑刺粉虱等害虫有较好的防治效果。蚧类害虫防治可选用辛硫磷、氯氰菊酯和吡虫啉等农药。蓟马类可选用拟除虫菊酯类和吡虫啉农药进行防治。化学农药的使用应根据防治标准进行,防治时应保证药液喷雾均匀。

（4）吸汁类害螨

吸汁类茶树害螨属蛛形纲蜱螨目，它与昆虫的区别在于无头胸腹之分、无触角和复眼，螨体小，肉眼不易识别。主要种类有茶橙瘿螨（*Acaphylla theae* Watt.）、茶跗线螨（俗称黄蜘蛛）［*Polyphagotarsonemus latus*（Banks）Ewing］、茶叶瘿螨（*Calacarus carinatus* Green）、茶短须螨（*Brevipalpus obovatus* Donnadieu）、咖啡小爪螨（*Oligonychus coffeae* Nietner）。与其他螨类相比，茶橙瘿螨在全国各茶区发生最为普遍和为害最为严重。茶跗线螨在西南茶区发生严重，江、浙、皖、湘、鄂等省茶区时有发生。茶叶瘿螨、茶短须螨分布较广，但仅局部茶区发生严重。咖啡小爪螨分布在我国南方茶区。螨类一生中经过卵、幼螨、若螨和成螨四个阶段。茶橙瘿螨和茶跗线螨为害嫩叶，前者在叶背产生锈斑，后者使叶背粗糙、并在主脉两侧形成两条褐纹，螨体均以分布在叶背居多。茶叶瘿螨为害成叶，使叶片变成紫铜色，螨体多分布在叶面。茶短须螨为害成叶和老叶，叶片上常有紫色突起斑，叶柄产生霉斑，螨体多分布在叶背。咖啡小爪螨为害成叶和老叶，使叶片变暗红色，叶面有白色屑状物和细微蛛丝，螨体多分布于叶面。茶橙瘿螨为5种害螨中体形最小的一种，体胡萝卜形，橘红色，有足2对，均在体前端；卵水珠状，卵形，半透明。茶叶瘿螨体形与茶橙瘿螨相近，紫黑色上有五个白色纵条，卵黄白色，半透明。茶跗线螨的成螨淡黄色，透明，上有乳白色条斑，成螨有足4对，体前端和末端各2对；幼螨足3对，前端2对，后端1对；卵白色，椭圆形，上有六行白色小点。茶短须螨体较前三种大，肉眼可见，雌成螨扁平，橙红色，上有黑色斑块；卵圆形，鲜红色，表面光滑。咖啡小爪螨体形较大，雌成螨椭圆形，背隆起，暗红色；卵圆形，红色上有一根白毛。各种害螨的发生生态不一致，因此发生期也有所不同。茶橙瘿螨和茶跗线螨在温暖潮湿条件下，气温16～26℃，相对湿度80％以上有利于发生，发生盛期分别在5月中、下旬，8～9月和9～10月（浙江）。上述两种害螨趋嫩性强，尤其是茶跗线螨多集中在芽梢1～3叶上取食为害，因此茶树生长柔嫩有利于害螨发生。茶叶瘿螨和茶短须螨适宜于高温干

旱条件下发生，如茶短须螨在气温24℃以上、旬降雨量小于40毫米、连续晴暖干燥的条件下，便会出现发生高峰期。浙江以7～9月为发生盛期。干旱凉爽的天气有利于咖啡小爪螨的发生。已发现的茶树害螨天敌主要是捕食螨，其中德氏钝绥螨（*Amblyseius deloni* Mumma et Denmark）和盲走螨（*Typhlodromus* sp.）在四川省已用来防治茶跗线螨，在秋天释放有较明显的捕食效果，可降低越冬螨虫口基数。

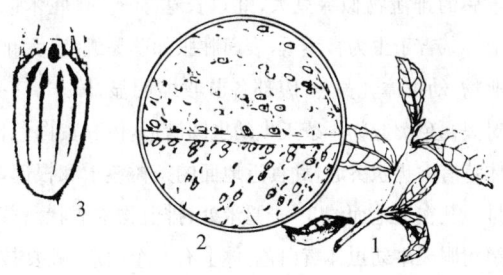

茶叶瘿螨
1. 为害状；2. 虫叶放大；3. 成螨

防治方法　冬季结合耕作进行翻耕培土，清除杂草和落叶，以减少越冬虫源。分批及时采茶，可带走大量的成螨、卵、幼螨和若螨，抑制茶跗线螨和茶橙瘿螨的发展，是十分经济有效的防治措施。做好肥水管理，防旱抗旱，以增强树势。化学防治是防治茶叶害螨的重要措施，可根据防治指标，在防治适期选用适宜的农药品种进行防治。可选用的农药品种有克螨特、螨代治、速螨酮和农用喷淋油等。在秋茶结束后，可结合封园，喷施石硫合剂或者晶体石硫合剂，有利于控制来年的螨虫虫口数量。

（5）钻蛀类害虫

钻蛀类害虫可分为为害茶树枝干和为害茶树果实两种类型。为害茶树枝干的钻蛀类害虫中有茶枝镰蛾（*Casmara patrona* Meyrick）、茶堆砂蛀蛾（*Linoclostis gonatias* Meyrick）、茶枝木蠹蛾（*Zeuzera coffeae* Nietner）、茶吉丁虫（*Agritus* sp.）、茶梢蛾（*Parametriotes theae* Kusnetzov）、茶天牛（*Aeolesthes induta* Newman）和茶黑跗眼天牛（*Chreonoma atritarsis* Picard）等，除茶枝木蠹蛾主要分布在南方各省外，其余害虫在全国茶区均有分布。为害茶树果实的钻蛀类害虫主要是茶籽象甲

(*Curculio chinensis* Chevrolat)，全国茶区均有分布，但以西南各省茶区发生严重。茶枝镰蛾幼虫黄白色，前胸有一乳白色肉疣，蛀食枝干的排泄孔成直线状，排泄物在地面成黄褐色木屑状颗粒。茶梢蛾以幼虫蛀食新梢，也可潜叶为害，幼虫小型，体淡黄色，排泄物呈淡黄色粉状。茶堆砂蛀蛾幼虫体黄白色，腹部各节有六个小黑点，蛀食枝干后在树枝分叉处有黄褐色细砂状排泄物，低龄幼虫可以取食叶片。茶枝木蠹蛾幼虫体暗红色，上有颗粒状突起，蛀食枝干后的排泄物似绿豆大，蛀道长达30～60厘米以上。茶吉丁虫为害茎干，表面肿胀如藤蔓缠绕，无排泄物，幼虫体乳黄色，腹部各节收缩明显，体末有一对黑褐色突起物。茶天牛幼虫圆筒形，体乳黄白色，体背有肉疣状突起，蛀食近地面的茶树茎干和根部，排泄孔在近地面约3～4厘米处，排泄物木屑状。茶黑跗眼天牛幼虫体黄白色，体上有八个肉瘤，蛀食枝干成球节状肿大，上有圆形排泄孔或羽化孔，无排泄物。茶籽象甲幼虫期蛀食茶籽，成虫亦可加害茶果和嫩梢。钻蛀类害虫一般1年发生的代数较少，茶天牛2年或2年以上发生1代，茶黑跗眼天牛1年1代或2年1代，茶籽象甲2年发生1代，其余多为1、2代。大多以幼虫在茶树枝干中越冬，茶籽象甲以幼虫或上一次新羽化成虫在土中越冬。除茶梢蛾产卵于腋芽间，其他害虫常产卵于枝干裂缝中。茶枝镰蛾、茶枝木掘蛾和茶天牛成虫具趋光性，茶吉丁虫成虫有假死性。

防治方法 钻蛀类害虫中的茶枝镰蛾、茶堆砂蛀蛾、茶枝木蠹蛾等害虫的防治应以农业防治为主，在茶园中出现凋萎枝叶和下方有虫囊时立即剪除有虫枝，剪下的虫枝应集中进行处理。茶枝镰蛾成虫具强趋光性，可用灯光诱杀。茶堆砂蛀蛾幼虫在3龄前嚼食叶片为害，可用有机磷、菊酯类农药防治初孵幼虫。茶吉丁虫、茶天牛等成虫在早晚及阴雨天气有静伏叶面的习性，可在成虫出现期人工捕杀，幼虫为害期宜及早剪去被害虫枝。在茶天牛成虫出现前，用生石灰5千克、硫磺粉0.5千克、牛胶0.25千克兑水20千克调成白涂剂涂于根颈部，或在树基部培土，防止成虫产卵。茶梢蛾可在幼虫为害枝梢期剪除虫枝，幼虫潜叶期（前期）可用化学药剂进行

喷药防治。新建茶园在引种茶苗时应注意检疫，防止茶梢蛾随茶苗带入。茶吉丁虫的防治，可在1～4月剪除已枯死或叶片呈古铜色的被害枝，并集中烧毁，成虫羽化期可进行人工捕捉或喷药防治。

（6）地下害虫

茶园中常见的地下害虫有金龟子类、地老虎、大蟋蟀和白蚁等。地下害虫在新开辟的茶区发生严重。这类害虫是杂食性害虫，除为害茶树外，尚为害多种林木和作物。它们咬食幼苗，造成茶园缺株断行。金龟子的种类较多，常见的有铜绿金龟子（*Anomala corpulenta* Motschulsky），其幼虫又名蛴螬，全国大部分产茶区均有发生。成虫咬食叶片，幼虫啃食幼苗根部，切断1、2年生茶苗主根，致使茶苗死亡。铜绿金龟子成虫体坚硬、铜绿色、有光泽，有趋光性和假死性；幼虫体乳黄白色，粗壮而弯曲。一年发生1代，以幼虫在土壤中越冬，全年以春秋两季为害较重。常见的地老虎种类是小地老虎（*Agrotis ypsilon* Rott.），其以高龄幼虫在近地面咬断嫩茎为害茶苗，使当年生幼苗受害，造成缺苗，在我国局部茶区有发生。小地老虎成虫有趋光和趋化性，常产卵于杂草中或土块上。幼虫体黄褐至暗褐色，其上密布黑色颗粒状小突起，尾部有两条深褐色纵带，幼虫昼伏夜出，具假死性。以蛹或老熟幼虫在沟边或路边草地土中越冬，在江南一年发生4～5代，以第1代4月下旬～5月中、下旬发生最盛。大蟋蟀（*Brachytrupes portentosus* Lichtenstein）分布于我国南方茶区，浙江、江西、湖南等省茶区也有发生。以若虫和成虫咬食嫩茎为害茶苗。成虫黄褐色，头大，体末端有一对长尾须和一对剑状产卵器。成、若虫昼伏夜出，咬断嫩茎，拖入洞内进食。每头每晚可为害4～5株茶苗。一年发生1代，以若虫在土穴中越冬，但在广东、海南茶区无明显越冬现象。黑翅土白蚁（*Odontotermes formosanus* Schiraki）分布较广，但以南方茶区发生较重。以工蚁啃食苗木皮层和木质部为害茶树，严重时可使全株枯死。工蚁头部和腹部大，胸部小，体灰白色，头黄色。黑翅土白蚁为土栖型，筑巢于地下，深约1米。取食时，衔泥筑泥被或泥线通往被害株，将茎秆覆上泥被，在内啃食皮层，侵入木质部为害茶树。

防治方法 田间发现茶苗枯萎或断苗,应即在根际挖土,捕捉地下害虫。如发现大蟋蟀的洞穴,可在洞口插一枝松梢,以防其逃回虫穴。勤除杂草以阻止地老虎成虫产卵。利用金龟甲和地老虎成虫的趋光性,进行灯光诱杀。将糖醋毒饵置于诱杀盆中,放在茶园内诱杀地老虎。也可用谷皮、糠麸等拌入农药,诱杀金龟甲和大蟋蟀。对于白蚁,应及时刷除茶树茎秆上的泥被或泥线,清除茶园中的枯枝落叶;或用枯枝、木桩、落叶埋入地下,诱杀白蚁工蚁。在发生严重的茶园,应寻觅蚁巢,捕杀蚁后,清除巢穴。

(肖 强 陈雪芬)

5. 茶叶中的农药残留及其控制

(1) 茶叶中农药残留的重要性

茶区分布于我国亚热带和暖温带气候带,气候温暖、雨量充沛,适于茶树生长,也适于病虫、杂草的滋生繁殖。因此许多茶区都需要喷施农药进行防治以确保茶树的产、质量。茶叶是一种饮料食品,因此茶叶中的农药残留和其他污染物的含量关及消费者的健康。茶树与其他作物相比有许多特殊性,茶树上的农药残留显得尤其重要,其原因有以下几方面。

① 茶树收获部位(即幼嫩新梢)就是直接施药部位,而其他植物一般是农药喷施在叶片上,而收获的部位是果实或种子,因而收获部分不是直接施药的部分。

② 茶树芽叶柔嫩纤薄,单位重量的表面积,较其他作物为大,也就是每克茶树叶片的表面积要比每克水稻、苹果、蔬菜叶片要大。同样剂量的农药喷施在茶树上时,茶树叶片会比表面积较小的其他作物叶片承接较多的农药。农药残留量是以单位重量的植物组织上沉积的农药重量为单位来表示的,如每克(每千克)叶片上的农药毫克数,即毫克/千克,也就是过去常用的 ppm(百万分之一)。根据试验结果,用同样剂量的某种农药同时喷施茶树、苹果、甘蓝、水稻的叶片时,农药在茶树叶片上的残留量会比叶质较厚的水稻、苹果和甘蓝要高。同样,在同一株茶树上,茶树嫩叶所承接的农药数量比成叶和老叶要高,这是因为嫩叶叶质纤薄、而成叶和老叶的叶质较厚,因此嫩叶的单位重量表面积要比成叶和老叶的大。

③ 茶树是一种全年多次采收的作物,喷药距采收的间隔日期相对较短。在茶叶生产实践中,春茶期一般 3～5 天就要采收一次,即使夏秋茶期间,7～10 天也要采收一次。而其他作物一般一个生产周期只采收一次,如苹果在叶片上喷药后,要到果实成熟后才采收,水稻也是在叶片上喷药后到谷粒成熟后才收获,因此,喷药距收获的间隔期要比茶叶长得多。收获间隔期长必然会使农药有较长的时间进行降解,所以茶树用药后发生残留量较高的可能性要比其他作物大。

④ 新梢从茶树上采下后,不经洗涤就直接进行加工,加工成成茶后,用沸水连续浸泡出茶汤供消费者饮用。而不像其他作物,如稻谷收获后要去糠加工成稻米,在食用前要进行洗涤,然后蒸煮成饭。蔬菜在收获后,一般也都要进行洗涤然后炒煮成菜肴。水果在收获后大多要去皮然后食用。所以茶叶上的农药残留和其他作物相比不仅原始的残留量比较高,而且在饮用时接触残留农药的可能性也比其他作物要大。

由此可见,茶树除了和其他作物具有一些共同点以外,它还具有和其他作物不同的特殊性。这些特殊性使得茶叶中的农药残留问题显得更为突出,国内外也对茶叶中的农药残留问题非常重视。为了保障消费者的安全和我国茶叶出口的声誉,我们必须重视茶园中的农药使用问题,认真解决茶园使用化学农药防治病虫草害和茶叶中出现农药残留之间的矛盾。

(2) 茶叶中农药残留的来源

茶叶中的农药残留有直接和间接两种来源。

① 农药残留的直接来源

农药残留的直接来源是指通过喷施农药而残留在茶树叶片上的农药。农药喷施在茶树叶片上后,部分留在叶片表面,部分渗入茶树叶组织内部(如果是内吸剂,如乐果,还可以随着水分和养分的运输而转移到茶树其他部位,直至传导到嫩梢),在日光、雨露、温度、茶树体内的酶类等因素的影响下,逐渐分解和转变成其他无毒的物质,这个过程就是农药的降解过程。一般在茶树叶片表面的农药要比渗入到内部去的农药更容易降解。如果在这些农药尚未完全降解或还没有降解到很低水平时就采收下来,这种鲜叶经加工后制成的成茶,便会含有农药残留。这种农药残留量的高低取决于农药的性质以及茶树的特点。

A. 农药因素

在农药因素中首先是农药的种类。不同农药种类由于其化学性质的不同,喷施在茶树叶片上后的降解速度也不同,这就构成了茶树叶片上农药残留水平的高低,如有机氯农药(如 DDT、六六六、三氯杀螨醇等)和拟除虫菊酯类农药(如溴氰菊酯、氰戊菊酯、氯氰菊酯等)一般性质都比较稳定,在茶树叶片上不易降解,因此,在同样条件下,它们的残留水平相对会比较高,而有机磷农药(如辛硫磷、敌敌畏、马拉硫磷等)一般较易降解,因此残留水平较低。有些内吸性农药在进入茶树体内后可以随液流而传递到其他组织,特别是芽梢部,因此,残留水平会很高,而且不易降解。

除了农药的种类外,农药的有效成分含量对残留水平也有很大影响。有效成分含量愈高,喷药后的原始沉积量(就是喷药后留在茶树叶片上的残留量)也愈高。例如氰戊菊酯制剂的有效成分含量为 20%,而溴氰菊酯制剂的有效成分含量为 2.5%,两者相差 8 倍。因此在喷施 20%氰戊菊酯 6000 倍液后,在茶树芽梢上的原始沉积量为 17～25 毫克/千克,而喷施 2.5%溴氰菊酯 6000 倍液的原始沉积量为 0.6～1.5 毫克/千克。在使用相同剂量的条件下,喷施氰戊菊酯比喷施溴氰菊酯在茶树上的沉积量高 10 倍以上。原始沉积量是构成茶叶中农药残留的基数,由于氰戊菊酯的原始沉积量高,喷施后降至低于允许残留限量的间隔期也长,否则就会出现超标现象。

农药的加工剂型也是影响残留水平高低的一个因素。在同样施药剂量的条件下,乳剂施用后的残留量要比施用可湿性粉剂和粉剂的残留量要高。因为粉剂和可湿性粉剂在茶树叶片上的附着力不如乳剂,易被雨水淋失,同时,乳剂剂型中含有一定数量的溶剂和乳化剂,它可以溶解植物表面上的蜡质层,使更多的农药渗入到茶树叶片的表皮层中,减少了

外界因素的影响。

施药剂量和浓度与残留量高低也有直接关系。施药量愈多、浓度愈高,茶树叶片上的残留量相应也愈高。

B. 茶树因素

除了农药因素外,茶树本身的形态结构和生物学特性对残留水平也有很大影响。芽梢的生长对喷施在上面的农药起着稀释作用,在经过同样天数后,刚萌发的新梢(如一芽一叶新梢)上,其残留水平会比萌发较早的芽梢(如一芽二、三叶芽梢)上的农药残留要低。此外,茶树芽梢和叶片上的茸毛数量、光滑和粗糙程度也和农药残留水平有关,叶表茸毛数量多和叶面粗糙的茶树往往会聚集有较多的农药,因此残留水平相对会比叶面茸毛少和光滑的茶树高。

② 农药残留的间接来源

农药残留的间接来源是指通过其他途径、而不是通过直接喷施而残留在茶树叶片上的农药。这也是茶叶中农药残留的一个重要来源。农药残留的间接来源包括如下几个方面。

A. 土壤污染源

在喷药过程中大约有 80%～90%的农药会流失到土壤中,这些农药中的一部分在土壤中蓄积或被土壤吸附,乐果等内吸性农药可通过茶树根系在吸取水分和营养物质的同时,将农药输送到茶树芽梢部。一些持久性的稳定型农药往往是水不溶或低溶的,它们可以被土壤吸附并和土壤有机质相结合,然后逐渐挥发和释放到大气相中,由土壤相向气相转移。六六六虽然不是内吸性农药,但也有一定的内吸特性,因此,在土壤中蓄积有六六六的茶园中,茶树芽梢中也会有一定数量的六六六残留。但是,这种数量往往是有限的。

B. 水体污染源

茶树喷药和灌溉需要大量的水喷施在茶树上,因此,水中原有的农药就会随着药液转移到茶树上。其决定因素是农药在水中的溶解度。如拟除虫菊酯农药和有机氯农药一般在水中溶解度很低,因此,以这种形式转移到茶树芽梢上的可能性很小。但另一些水溶解度很高的农药(如乐果、马拉硫磷、甲胺磷

等)便有可能成为污染源,但这种水溶性的农药往往是非持久性的,它们的半衰期很短。茶树上微量甲胺磷残留就是由水源中的污染源造成的。甲胺磷虽然在茶叶生产上是禁止使用的,但由于稻田中大量使用这种农药,因此如稻田水流入江河池塘,便有可能随着茶园用水而转移到茶树芽梢上,这也是目前茶叶中常发现有甲胺磷微量残留的一个重要原因。因此,在选择有机茶的原料基地时就要考虑到这种可能性。否则,即使茶园中不用药,在茶叶中也会有微量农药残留出现。当然,水源中的污染物根据蒸气压的高低还会不同程度地挥发到气相中进一步进行循环和污染。

C. 大气污染源

大气污染源是茶树立体污染中最为重要的一环。农药在喷施叶片表面或土壤表面后可以通过挥发进入大气,或是吸附在大气中的尘粒上,或是成气态随风转移。这些被吸附在尘粒上或直接随气流转移的农药会在一定距离外直接沉降或由雨水淋降。这样,茶树芽梢就有可能接受外来的农药污染。以茶叶中的滴滴涕和六六六污染为例,由于20世纪50年代至60年代我国茶叶生产中常用这两种农药,这种直接喷施造成了我国茶叶的严重污染。1972年农业部曾下文停止在茶叶、果树和蔬菜生产中使用滴滴涕和六六六,从1973年起我国茶叶中滴滴涕和六六六的总体残留水平迅速下降,由50至60年代的几毫克/千克残留水平,到70年代下降了5～10倍,但当降至0.3～0.5毫克/千克水平时便不再继续下降,就在这个范围内上下徘徊。据研究其原因,主要是在其他作物上(如水稻)仍在使用上述农药,空气漂移成为茶树芽梢污染的主要来源。对距用药稻田不同距离的空气取样分析结果,喷药半天后在顺风50米处空气中含量从喷药前2微克/立方米上升至1000～1600微克/立方米,5天后在顺风200米处空气中浓度仍高达20微克/立方米,比正常的大气中浓度高10倍以上。陈宗懋等(1982)还曾固定对茶园上空空气和茶园中茶树芽梢每月一次进行六六六残留分析。结果表明,一年中茶树芽梢中六六六残留期和茶园上空空气中六六六浓度间保持同步,每年1～6月和10～12月空气中

六六六浓度很低,茶梢中六六六浓度也低,在7～8月间茶园上空中六六六浓度因稻田用药而升高时,茶梢中六六六残留水平也随之升高。由此可见,从20世纪70年代起茶叶中六六六和滴滴涕残留并非主要来自茶园施药,而是由于稻田中用药引起的漂移。1984年起我国政府宣布停止生产、销售和使用六六六和滴滴涕以后,由于消除了这两种农药因空气漂移而带来的污染,80年代后期起茶叶中六六六和滴滴涕的残留量进一步下降,到90年代总体残留水平已降至0.2毫克/千克的国际允许残留限量水平以下,2000年以后更降至0.1毫克/千克以下。目前,我国有机茶园中出现农药残留的一个重要的来源就是周围农田、果园、菜地喷药时带来的农药空气漂移。业已证明,在一地进行飞机喷施农药时会构成几十公里外茶园的农药污染。

另一个通过空气传带而构成茶叶中农药残留的实例是八氯二丙醚的残留。八氯二丙醚是一种农药的增效剂。本世纪初起在我国出口的茶叶中大量被检出。在欧盟颁布的茶叶中农药残留MRL标准中规定为0.01毫克/千克。据我国大量检测的结果,近年来八氯二丙醚的残留居出口欧盟茶叶超标农药的首位。它的来源并非来自添加在农药中的含量,而是主要来自蚊香中作为增效剂加入的八氯二丙醚。夏秋季在茶区农村和加工厂通常普遍使用蚊香以扑杀蚊、蠓,遗留在空气中的八氯二丙醚可以滞留24～48小时,茶叶是一种吸附性非常强的物品,这就构成了茶叶中八氯二丙醚残留的主要来源。

D. 茶叶中农药残留的立体污染链

如上所述,尽管生态系中的水体、土壤和大气都可能成为茶树农药残留的源头,但不同的污染物由于其不同的物理、化学特性使得它们必有一个是主要的污染源,可以偏嗜在某一个界面上扩展、转移;如一些水溶性或水中溶解度较大的农药在水体界面中存在的可能性较大,持久性稳定化合物在土中的可能性较大,蒸汽压较大的化合物在气态中存在的可能性较大。此外,每一个界面中的污染源也并非永远固定在某一个界面上,而是会在不同界面间转移,最后给茶树带来污染,构成残留。如六六六最初一部分会从叶面上流失到土壤中,一部分会通过挥

发进入大气,并吸附在大气的尘粒上,通过沉降而污染茶树。又如甲胺磷通过土壤,部分被吸附,部分由于其较高的水溶性而进入水体,再由水体进入茶园;当然,土壤中的甲胺磷也会由于挥发而进入大气,再通过空气漂移而进行蔓延。

2005年章立建等提出了农业立体污染(Agriculture tri-dimension pollution)的新概念,将点、面的污染提升为立体的模式。它的涵义是:由农业系统内部引发和外部导入,包括农业生产过程中不合理农药和化肥的施用、畜禽粪便排放、农田废弃物处置、耕种措施以及工业废弃污染物农业利用,形成农业系统中水体-土壤-生物-大气的立体交叉污染。在这里,茶园是中心,水体、土壤和大气从不同的界面对茶园带来污染的可能性。由此可见,由于农药的不同特性,使得不同的农药化合物在水体、土壤和大气的相对重要性并不是等同的。可以根据它们的物理、化学特性预测其可能的污染途径。也只有掌握了污染物主要存在的相或界面,才能找到关键控制点,进行农药残留的控制。

表4-25　农药化合物的不同物理/化学特性和在不同界面中的偏嗜性

化合物的物理/化学特性	可能的主要界面转移	实　例
高蒸汽压($10^{-4} \sim 10^{-6}$ mmHg)	气相——茶树	敌敌畏,二溴磷,马拉硫磷
低蒸汽压($10^{-7} \sim 10^{-9}$ mmHg)	进入气相界面的可能性小	拟除虫菊酯类农药
水溶解度高、蒸汽压高	水 → 气 → 植物	甲胺磷,马拉硫磷
水溶解度高、蒸气压低	水——植物	
蒸气压高、光敏性强	气——植物	辛硫磷,甲胺磷
蒸气压低、稳定性强	滞留在植物表面	拟除虫菊酯类农药

（3）农药在茶树上的降解

农药喷施在茶树叶片上后,在日光、温度、雨露的影响下,开始进行降解。一般表现为开始1～2天降解迅速,然后速度变慢。在喷药后的第1～2天,因为农药主要存在于叶片表面,由于日光和温度的影响,使农药成气态挥发,因此降解迅速。根据对三十余种农药降解规律的研究,各种农药在喷药后24小时内可降解50%～90%。但随着时间的延长,在叶表面的农药逐渐向叶表下部的蜡质层渗透转移,这时日光辐射的光解作用和雨露的淋洗作用日益减弱,降解速度也明显变慢,愈到后期降解愈慢。

不同的农药由于化学结构不同,所以降解速度也有很大差异。以农药类别而言,有机氯农药(如DDT、六六六、三氯杀螨醇)和拟除虫菊酯类农药(如溴氰菊酯、氯氰菊酯、氰戊菊酯)的降解速度很慢,而有机磷农药(如辛硫磷、敌敌畏、马拉硫磷)的降解速度很快,在茶园中常用的农药中,降解最快的有辛硫磷、二溴磷、敌敌畏、杀螟硫磷、马拉硫磷等品种,喷药后一天内可降解80%～90%。乐果、喹硫磷、乙硫磷、亚胺硫磷等农药次之,喷药后一天内可降解40%～80%。溴氰菊酯、氯氰菊酯、氰戊菊酯、氯菊酯、三氯杀螨醇、滴滴涕、六六六等农药降解很慢,喷药后一天内降解率低于40%。一般用农药的半衰期(T 1/2),也就是农药降解50%所需要的时间来表示该农药的降解快慢。数字愈小,表示降解速度愈快;数字愈大,表示该农药性质愈稳定。根据常用农药的降解规律,大致可以分为下列几类:

① 降解速度快或降解速度虽较慢,但由于对高等动物毒性低,因此安全间隔期短,通常少于或等于5天的农药有:辛硫磷、二溴磷、氯菊酯、溴氰菊酯、氯氰菊酯。

② 降解速度中等,安全间隔期为6～10天的农药有:亚胺硫磷、马拉硫磷、喹硫磷、联苯菊酯、巴丹、赛丹。

③ 降解速度慢,安全间隔期大于10天的农药有:乙硫磷、波尔多液、百菌清、三氯杀螨醇、氰戊菊酯、滴滴涕、六六六(其中三氯杀螨醇、滴滴涕、六六六、氰戊菊酯在茶树上禁止使用)。

农药从喷施到茶树叶面上到茶树鲜叶被采收下来进行加工这段时间内,在各种因素的影响下发生降解。这些因素包括气候条件和茶树本身的生长过程。

① 气候条件

农药在自然条件下的降解需要一定的能量,由于各种农药的化学结构不同,因此,降解所需的能量也各不相同。日光辐射是生态环境中能量的主要来源。有的农药对光非常敏感,因此,在田间条件下降解得也比较快,辛硫磷喷施在叶片上后,只要经过几小时的日照就会大部分降解,因此,辛硫磷对即将采摘而又发生虫害必须喷药防治的茶园是较合适的农药品种。建议喷施辛硫磷最好在傍晚时进行,这样可以避免日光辐射加快它的降解,以致不能充分发挥药效,而在傍晚时喷药可使农药在夜间条件下充分发挥药效,而且大部分害虫也正是在夜间外出活动,可增加与农药的接触机会。

除了日光辐射这个重要因素外,降雨和气温也是重要的影响因素。降雨对农药降解的作用不如日光。它的作用方式是对农药的淋洗和溶解。这种影响作用的大小主要决定于农药在水中的溶解度和农药在叶片组织上的渗透力。茶园中大部分常用农药在水中溶解度都很低,但也有少数农药(如敌敌畏、马拉硫磷等)在水中溶解度较大。因此降雨对后一类农药的影响显然要比前一类农药大。而且雨露对茶叶上化学农药的淋溶作用随着距喷药时间的延长而逐渐变弱,这是因为农药逐渐由叶表向蜡质层渗入,残留在表面的农药比例逐渐减弱。

气温对化学农药在茶树叶片上直接降解的作用不大,因为在茶树生长季节的气温一般在15℃~40℃,这个温幅条件对农药降解的影响较小。但是温度对农药从叶面上挥发到大气中有很大的影响。一般气温每增加10℃,农药的挥发率要提高几倍。因此气温对农药从茶树表面因挥发而引起的消失具有重要的影响。不同的农药具有不同蒸气压。凡蒸气压愈高的农药(如敌敌畏、二溴磷)在田间挥发量也愈大,气温的影响也愈大。

② 茶树芽梢的生长稀释作用

茶树芽梢的叶片较薄,其单位重量的表面积较其他作物相对较大,这就构成了在同样单位面积施药量的条件下,茶叶中的农药残留量较其他作物为高。但另一方面由于茶树的经济收获部位是生长迅速的顶端组织,这种顶端生长优势现象表现在质量上和体积上都会有迅速的增长,这对茶叶中的农药残留量来讲起着一种物理学的稀释作用,也是一种生长稀释现象,它对茶叶中农药残留的降解具有重要影响。实际上,从萌动的芽到一芽三叶芽梢,其重量和体积都要增长几十倍到上百倍。由于农药残留量的计算单位是毫克/千克(ppm),也就是每千克茶树芽梢上含有的农药毫克数,它是以芽叶组织的重量为基础而计算其中农药残留量的浓度比例。因此,芽叶重量和体积的增加,实际上就是农药残留量的降低。所以如果在芽很小的时候喷药,生长稀释的作用也愈明显。如果芽梢已长到一芽二、三叶时再喷药,由于芽梢的生长速度已变慢,生长稀释对农药降解的影响已相对较小,而主要依靠气候条件和茶树组织中所含有的酶类所发挥的化学降解作用。我们曾经用同样浓度的氯氰菊酯药液喷施在芽、一芽一叶芽梢、一芽二叶芽梢、一芽三叶芽梢和生长已基本停止的茶树成叶。结果是凡生长愈幼嫩的,降解速度愈快,它的降解速率次序是芽、一芽一叶芽梢、一芽二叶芽梢、一芽三叶芽梢、成叶。这反映了它们的生长稀释作用。因此,在生产实践中,在喷药时要考虑到芽梢的大小,如果在茶园中一芽一叶芽梢比例较大时,喷施同样剂量的农药,其降解速度要比一芽二叶和一芽三叶芽梢比例较大的茶园要快。

此外,生长稀释对不同农药的作用大小也有所不同。一般残留期较短的农药(如敌敌畏、辛硫磷),生长稀释的作用相对较小,而一些残留期较长的农药(如拟除虫菊酯类农药),生长稀释对农药降解所起的作用相对较大。

茶树鲜叶从茶树上采收下来后即进入加工阶段。茶树鲜叶的加工过程实际上也有一个农药的降解过程。影响鲜叶中农药降解最主要的因素是温度。因为在加工过程中最高温度可达 120℃～180℃，历时 20～25 分钟。根据陈宗懋等对三十多种农药在茶叶加工过程中的降解率研究表明，鲜叶中各种农药的降解率幅度在 50%～80%。这种降解主要是高温引起的农药分解和挥发。不同农药在加工阶段中降解率有较大差异。这种差异取决于农药的蒸气压高低。蒸气压愈高的农药品种愈容易挥发，所以损失率也愈高。例如茶园中常用农药（如敌敌畏、二溴磷、杀螟硫磷、马拉硫磷、辛硫磷）的蒸气压在 10^{-2}～10^{-4} 毫泊间，它们在加工过程中降解率高，一般在 70%～80%。亚胺硫磷、对硫磷等农药的蒸气压在 10^{-5} 毫泊左右，它们在鲜叶加工时的降解率明显低于上述农药，一般在 50%～60%。乙硫磷、氯氰菊酯、溴氰菊酯、联苯菊酯等农药的蒸气压在 10^{-6}～10^{-8} 毫泊间，它们在鲜叶加工时的降解率在 20%～40%。

（4）茶叶中的农药最大残留限量

茶叶中的农药残留限量又称最高残留限量、允许残留量，简称 MRL。是指在茶叶中农药残留的法定最高允许浓度，以每千克茶叶中农药残留的毫克数（毫克/千克，mg/kg）、过去用 ppm（百万分之一浓度）表示，国际上目前上述两种方法均通用。

① 制订限量标准的目的

从 20 世纪 60 年代起，国际组织和各国政府都制订了各种食品中农药的最大残留限量，制订的目的有如下三点：

A. 通过最大残留限量的制订，控制茶叶中过量农药残留，以保障食用者的安全。新农药申请在茶树上使用时，必须提供其在茶树上的最大残留数据，供政府部门对该农药在茶叶中的潜在危害作出评价。各国政府均以法规的形式公布各种食品中（包括茶叶）的最大农药残留限量数值，超标时禁止食用或销售。在国际贸易中可禁止超标的农产品进口。

B. 指导和推广合理用药。有了茶叶中最大农药残留限量数值后，就可以按照这个标准来指导和推广安全合理用药，实施良好农业实践（GAP），使按照安全合理用药技术（包括有效剂量、最多使用次数、安全间隔期）采下的鲜叶，加工成成茶后，农药残留低于最大农药残留限量标准。

C. 作为进口农产品检验的依据。在国际商品贸易中，利用技术性法规来控制进口商品的质量标准，以增强国际贸易的竞争性和保护本国利益。特别是参加了世界贸易组织（WTO）的国家，关税壁垒的作用将减小到最低点，而主要依赖于非关税壁垒的作用，农药最大限量的制订将是农产品质量监控的重要内容。但由于各国病虫发生种类不同，应用农药种类不同，膳食结构也不完全相同，此外，还存在有政治因素和贸易因素，因而各国的农药最大残留限量也往往不一致。此外，产品的总体供需状况对农药最大限量的制订也有重要影响，如产品需求大于供应，那么标准的制订会比较宽松，如产品供大于需，则会将标准制订得更严格。茶叶在世界范围属供大于需的商品，不属紧缺商品，因此，茶叶进口国将茶叶中农药最大残留限量订得较严格，以便能从供应丰富的货源中选择安全质量更高的茶叶商品。此外，随着科学技术的发展，对各种农药毒性程度的认识会有所改变。因此同一种农药的最大残留限量的标准也会发生变化。联合国食品法典（CAC）农药残留委员会（CCPR）每年都要对各种新、老农药进行安全性评估，对各种农药在不同食品中的最大残留限量标准进行修改和审查，以保证食品的安全。但总的趋势是对各种食品中农药的最大残留限量标准向更加严格的方向发展。近年来欧洲各国对茶叶中的农药残留检验，一方面扩大检验范围和种类，另一方面降低最大残留限量标准，就是在上述背景条件下出现的。

② 最大残留限量标准的制订

茶叶中农药最大残留限量标准的制订是非常严格的，它至少需要三方面的资料：毒理学资料，通过膳食每日进入人体的数量和农药在茶园中的降解规律。

毒理学资料是最重要的制订依据。农药在慢性毒性试验中的最大无作用剂量，指的是通过长期的动物喂饲实验得出的即使长期摄入人体对健康也无不良影响的剂量。例如敌敌畏对狗的最大无作用剂量为 0.37 毫克/千克/天，辛硫磷对狗的最大无作用剂量为 0.05 毫克/千克/天，溴氰菊酯对狗的最大无作用剂量为 1 毫克/千克/天。数字愈大，代表慢性毒性愈低。但是这些数据都是在动物体上获得的，为了对人的安全，所以还需要有一个安全系数，一般用最大无作用剂量除以 50～100，得出人体对该农药的每天允许摄入量（ADI）。

$$ADI = \frac{最大无作用剂量}{安全系数}$$

以敌敌畏为例，ADI 值为 $0.37 \div 100 = 0.0037$，目前世界卫生组织制订的 ADI 值即为 0.004 毫克/千克/天，也就是每天每千克人体重摄入 0.004 毫克，即使长期接触，对健康也无不良影响。一个 50 千克体重的人每天通过饮食进入体内 0.2 毫克敌敌畏是允许的。同样辛硫磷和溴氰菊酯的 ADI 值分别为 0～0.001 毫克/千克/天和 0～0.01 毫克/千克/天。但有些具有致癌、致突变和致畸可能或特殊毒性的农药，安全系数可增加至 1000，甚至 5000。ADI 值不是固定不变的，随着研究资料的不断出现，这个 ADI 值也会进行修订，例如氯氰菊酯的 ADI 值在 1979 年为 0～0.006 毫克/千克/天，到 1981 年即修改为 0～0.05 毫克/千克/天，一直沿用至今。又如乐果的 ADI 值 1963 年订为 0～0.004 毫克/千克/天，到 1996 年修改为 0～0.002 毫克/千克/天，表明允许进入人体的无作用剂量降低了一倍。ADI 值是代表农药的慢性毒性，表示消费者通过食品而长期摄入的农药量只要不超过 ADI 值，对人体健康不会产生危害。除了 ADI 值代表农药的慢性毒性外，从 2002 年起国际上又提出一个急性参考剂量（ARFD）。它代表农药残留的急性毒性，是指在一天或一餐间消费者通过食品而摄入的农药量超过急性参考剂量时对人体有可能引起急性毒性。人们就用 ADI 值和 ARFD 两个指标来衡量食品的安全性。

膳食资料是计算农药进入人体的必需的数据。据调查结果确定，我国每人每天食谱量订为 1.175 千克，其中包括粮食、蔬菜、水果、油类、茶叶以及其他食品。除了膳食数量外，还要规定一个人的平均标准体重，在我国多采用 65 千克这个数字。

有了上述两方面的数据便可以计算出农药的最大残留限量。计算的公式如下。

$$最大残留限量（MRL） = \frac{ADI \times 标准体重}{膳食系数}$$

以马拉硫磷为例，据联合国粮农组织在 1997 年制订的马拉硫磷 ADI 值为 0.02 毫克/千克，由此计算出的马拉硫磷的最大残留限量为：

$$马拉硫磷最大残留限量 = \frac{0.02 \times 55}{1.175}$$

目前我国颁布的茶叶中马拉硫磷的 MRL 值为 1 毫克/千克。

在确定某种食品中农药最大残留限量时，常根据它和人体接触的多少和参照国外已制订的 MRL 标准进行适当调整。茶叶是食用量较少的食品，则标准可适当放宽，但是也不能因为茶叶食用量小，而订得过宽，因为某种农药除了可能通过饮茶进入人体外，也可随其他食物（如粮食、蔬菜、水果）进入人体。

经过上述资料计算出来的农药最大残留限量，还要通过田间实验进行检验，从而订出安全间隔期，经过这段间隔期后农产品中的残留农药会低于最大残留限量。

目前农药品种，大致可以分为四类（见表 4-26）：

Ⅰ类农药　残留期长、残留毒性大、MRL 低的农药。这类农药降解速率慢，当残留量要降至 MRL 以下时，需要一个极长的间隔期，这在茶叶生产中是无法实现的，所以这类农药属禁用范围，如 DDT、六六六、氰戊菊酯就属这一类。

Ⅱ类农药　这类农药虽然降解慢，但慢性毒性低，MRL 可以制订得比较高，安全间隔期很长，如大多数拟除虫菊酯类农药就属这一类。

Ⅲ类农药　这类农药残留降解快，但慢性毒性较大，MRL 较低，安全间隔期和Ⅱ类农药相近，如亚胺硫磷、敌敌畏属于这一类。

Ⅳ类农药　这类农药降解快、慢性毒性又低，是适于在茶园中应用的农药品种，这类农药的 MRL 一般很高，所以安全间隔期也短，如辛硫磷、硫丹属这一类。目前我国茶园中推广的农药品种大多属Ⅱ、Ⅲ类，少数属Ⅳ类。

表 4-26　按残留和残留毒性划分的农药类别

农药类别	残留期	残留毒性	使用方法	实　　例
Ⅰ	长	大	禁止使用	DDT、六六六、氰戊菊酯
Ⅱ	中—长	小	注意使用	联苯菊酯、氯菊酯
Ⅲ	短—中	大	注意使用	敌敌畏、亚胺硫磷
Ⅳ	短	小	使用安全	辛硫磷、硫丹

③ 各国制订的茶叶中农药最大残留限量（MRL）

从 20 世纪 70 年代初期,世界各国都相继制订了各种食品中（包括茶叶）的农药最大残留限量。开始时限量标准比较松,但随着科学水平的提高,限量标准有逐渐降低的趋势。如对六六六的 MRL 标准,在 70 年代初期许多国家都订为 1 毫克/千克,到 80 年代即降低到 0.2 毫克/千克,2006 年欧盟又将六六六的 MRL 标准降至 0.02 毫克/千克。从目前世界制订的茶叶中 MRL 标准来看,有如下几个规律:

A. 茶叶进口国的 MRL 标准通常比产茶国的 MRL 标准严格,以控制进口茶的质量和压低茶价。

B. 各国制订的茶叶中农药 MRL 标准都以成茶为基础制订的。实际上,人们饮茶时用的是茶汤,而不是成茶本身,而且成茶中的农药残留也只有部分进入茶汤,但目前几乎所有的 MRL 都是以成茶为基础制订的。

C. 各国在标准的制订上可分为两类,一类是对各种食品制定了农药的最大残留限量,但除了这些农药外,如检出有其他农药即按《肯定列表》的方法处理。在这类中有的国家按"不得检出"执行,澳大利亚、美国和新加坡属这一类。有的国家（欧盟、日本）则将检出有其他农药的按 0.01 毫克/千克执行,但新西兰则按 0.1 毫克/千克执行。另一类是一些国家对各种食品制定了各种农药的最大残留限量,但除了这些农药外,如检出有其他农药时,并不按《肯定列表》的方法处理,中国、印度、肯尼亚即属此类。

D. 对于在水中溶解度高的农药往往制订的 MRL 标准很严,因为含这种农药残留的茶叶,在泡茶过程中会有较多的农药进入茶汤,并通过饮茶进入人体。如乐果在茶叶中的 MRL 标准在 70 年代时为 1～3 毫克/千克,但目前已降至 0.05 毫克/千克。

我国从 20 世纪 80 年代起陆续制订了 37 项茶叶中农药 MRL 标准（见表 4-27）

表 4-27　我国制订的各种农药在茶叶中的最大残留限量(MRL)标准

农药名称	茶叶中最大残留限量（毫克/千克）	国 家 标 准 号	颁 布 年 份
滴滴涕	0.2	GB2763—2005	2005
六六六	0.2	GB2763—2005	2005
敌敌畏	0.1	GB4285—84	1984
乐果	1.0	GB4285—84	1984
马拉硫磷	1.0	GB4285—84	1984
亚胺硫磷	0.5	GB4285—84	1984
辛硫磷	0.5	GB4285—84	1984
喹硫磷	0.2	GB/T4284—84	2000
溴氰菊酯	10.0	GB8321.1—2000,GB2763—2005	2000
氰戊菊酯*	2.0	GB8321.1—2000	2000

（续表）

农药名称	茶叶中最大残留限量（毫克/千克）	国家标准号	颁布年份
氯氰菊酯	20.0	GB8321.2—2000,GB2763—2005	2000,2005
顺式氯氰菊酯	20.0	GB8321.2—2000	2000
联苯菊酯	5.0	GB8321.2—2000	2000
杀螟丹（巴丹）	20.0	GB8321.3—2000,GB26130—2010	2000,2010
功夫菊酯	3.0	GB8321.3—2000	2000
来福灵*	2.0	GB8321.3—2000,GB2763—2005	2000,2005
甲氰菊酯	5.0	GB8321.4—2000,NY1500—2007	2000,2007
除虫脲	20.0	GB8321.5—2000,GB26130—2010	2000,2010
噻嗪酮	10.0	GB8321.6—2000,GB26130—2010	2000,2010
灭多威	1.0	GB8321.6—2000,GB26130—2010	2000,2010
哒螨灵	1.0	GB8321.6—2000	2000
乙酰甲胺磷	0.1	GB2763—2005	2005
杀螟硫磷	0.5	GB2763—2005	2005
氟氰戊菊酯	20	GB2763—2005	2005
氯菊酯	20	GB2763—2005	2005
吡虫啉	0.5	NY1500.5.10—2007	2007
甲氰菊酯	5	NY1500.15.4—2007	2007
氯氟氰菊酯	15	NY1500.17.6—2007	2007
苯醚甲环唑	10	GB26130—2010	2010
残杀威	1.0	NY660—2003	2003
草甘膦	1.0	GB26130—2010	2010
丁硫克百威	1.0	NY660—2003	2003
多菌灵	5.0	NY660—2003	2003
氟氯氰菊酯	1.0	NY660—2003	2003
甲萘威	5.0	NY660—2003	2003
抗蚜威	1.0	NY660—2003	2003
硫丹	30.0	GB2763—2005	2005
	20.0	GB26130—2010	2010
	10.0	GB26130—2010	2010

* 1999年11月国家农业部下文撤销氰戊菊酯及其顺式异构体（来福灵）的登记，禁止在茶园中使用。

欧洲是世界上农药MRL标准订得最严格的地区。表4-28是欧盟2008年和日本2006年颁布的茶叶中主要农药的MRL标准。欧盟在2008年1月和7月分别颁布了EC149/2008和EC839/2008两个农产品中农药残留MRL标准，共390个，加上2002、2004年颁布的在市场上停止销售的淘汰农药376种和120种（均按0.01毫克/千克执行）共计残留标准886种。

表 4-28 欧盟 2008 年和日本 2006 年规定的茶叶中主要农药残留 MRL 标准

类 别	农 药 名 称	茶叶中农药 MRL 标准（mg/kg）	
		欧盟 2008 年颁布标准	日本 2006 年颁布标准
有机磷类杀虫剂	乙酰甲胺磷 Acephate	0.05	10
	毒死蜱 Chlorpyrifos	0.1	10
	甲基毒死蜱 Chlorpyrifos-Methyl	0.1	0.1
	乐果 Dimethoate	0.05	1
	敌敌畏 Dichlorvos	0.02	0.1
	乙硫磷 Ethion	3	0.3
	克线磷 Fenamiphos	0.05	0.05
	杀螟硫磷 Fenitrothion	0.5	0.2
	马拉硫磷 Malathion	0.5	0.5
	甲胺磷 Methamidophos	0.02	5
	杀扑磷 Methidathion	0.5	1
	久效磷 Monocrotophos	0.1	0.1
	氧乐果 omethoate	0.05	1
	对硫磷 Parathion	0.1	0.3
	甲基对硫磷 Parathion-Methyl	0.05	0.2
	甲拌磷 Phorate	0.1	0.1
	伏杀硫磷 Phosalone	0.1	2
	亚胺硫磷 Phosmet	0.1	0.5
	磷胺 Phosphamidon	0.02	0.1
	辛硫磷 Phoxim	0.1	0.1
	甲基嘧啶硫磷 Pirimiphos-Methyl	0.05	10
	丙溴磷 Profenophos	0.1	1
	丙硫磷 Prothiophos	/	5
	喹硫磷 Quinalphos	0.1	0.1
	三唑磷 Triazophos	0.02	0.05
	敌百虫 Trichlorfon	0.1	0.5
菊酯类杀虫剂	联苯菊酯 Bifenthrin	5	25
	氟氯氰菊酯 Cyfluthrin	0.1	20
	三氟氯氰菊酯 Cyhalothrin	1	15
	氯氰菊酯 Cypermethrin	0.5	20
	溴氰菊酯 Deltamethrin	5	10
	甲氰菊酯 Fenpropathrin	2	25
	氰戊菊酯 Fenvalerate	0.05	1
	氟胺氰菊酯 Fluvalinate	0.01	10
	氯菊酯 Permethrin	0.1	20
	除虫菊素 Pyrethrin	0.5	3

（续表）

类　别	农 药 名 称	茶叶中农药 MRL 标准(mg/kg)	
		欧盟 2008 年颁布标准	日本 2006 年颁布标准
有机氯农药	六六六 BHC	0.2	0.2
	氯丹 Chlordane	0.02	0.02
	乙酯杀螨醇 Chlorobenzilate	0.1	0.1
	滴滴涕 DDT	0.2	0.2
	三氯杀螨醇	20	3
	狄氏剂、艾氏剂 Ij Dieldrin,Aldrin	0.02	不得检出
	硫丹 Endosulfan	30	30
	异狄氏剂 Endrin	0.01	不得检出
	七氯 Heptachlor	0.02	0.02
	林丹 Lindane	0.05	0.05
氨基甲酸酯类农药	涕灭威 Aldicarb	0.05	0.05
	西维因 Carbaryl	0.1	1
	灭多威 Methomyl	0.1	20
	残杀威 Propoxur	0.1	0.1
杀菌剂	多菌灵 Benomyl	0.1	10
	五氯硝基苯 Quintozene	0.05	0.05
	甲基托布津 Thiophanate-Methyl	0.1	10
	三唑酮 Triadimefon	0.2	0.5
	三环唑 Tricyclazole	0.05	0.02
	十三吗啉 Tridemorph	20	20
其它类别农药	啶虫脒 Acetamiprid	0.1	50
	杀螨特 Aramite	0.1	0.1
	溴螨酯 Bromopropylate	0.1	0.1
	噻嗪酮 Buprofezin	0.02	20
	杀螟丹 Cartap	0.1	30
	除虫脲 Diflubenzuron	0.1	20
	氟虫清 Fipronil	0.005	0.002
	草甘膦 Glyphosate	2	1
	吡虫啉 Imidacloprid	0.05	10
	百草枯 Paraquat	0.05	0.3
	炔螨特 Propargite	5	5
	哒螨灵 Pyridaben	0.05	10

日本从 1973 年起先后共颁布了 110 项茶叶中农药残留的 MRL 标准。从总体的标准水平来看，与欧盟相比，明显较高。这和日本国内茶园中施药水平较高、残留水平也较高有关。2006 年 3 月颁布

了农产品中农用化学品残留的《肯定列表制度》。其中包括了 270 种农药临时标准,517 种一律标准(均执行 0.01 mg/kg),现行标准 79 种,不得检出标准 15 种,豁免标准 15 种,共计 896 种,表 4-28 是日本 2006 年颁布的茶叶中主要农药的 MRL 标准。

美国 2007 年颁布了新的茶叶中农药残留的 MRL 标准,和日本的《肯定列表制度》相似。标准中仅包括 6 种农药的 MRL 标准,其他的农药均按"不得检出"执行。

澳大利亚和新西兰的茶叶中农药 MRL 标准和美国相似,但澳大利亚按 0.01 毫克/千克执行,而新西兰则按 0.1 毫克/千克执行。

(5)茶叶中农药残留的控制

对茶叶中农药残留的控制,关键是采用生态平衡的原理,使得茶园生态系中有害生物和有益种群间达到平衡,减少化学农药的使用量;选用适宜的农药品种;安全合理使用农药,以控制和降低茶叶中的农药残留。

① 优化茶园生态环境、进行生态调控。

现代有害生物的防治目标不是完全的消灭它们,而是通过生态系食物链中不同营养层成员间的平衡,用加强茶园生态系的基础建设,丰富茶园中的生物多样性和有益种群的数量,用以压抑有害生物种群,达到种群平衡的目标。

② 开展综合治理,减少化学农药的用量。

综合治理是运用农业、物理、生物、化学生态等多种防治手段,并适当应用化学防治技术进行有害生物的治理。农业防治技术包括耕作、清园、修剪、台刈、采摘、合理施肥等,以恶化有害生物的生境,降低有害生物的数量,达到治理的目的。

如耕作可以破坏害虫的越冬环境,清园疏枝可以增加茶园通风,减轻黑刺粉虱和各种蚧类的数量。修剪和台刈可以消灭茶树上的卷叶蛾和减轻茶园中蚧类的发生。适度勤采和分批采是小绿叶蝉、茶蚜的一种有效的控制技术。合理施肥、增施有机肥可以改变茶叶中的氨基酸组成,增加酸性氨基酸组分,因而减少螨类和蚧类的数量。

物理治理是采用光、色、味等物理学的方法进行害虫的防治。如用黑光灯进行有趋光性的害虫的诱集和扑杀。用糖醋液可以诱集一些夜蛾科害虫的成虫。用黄绿色的色板可以诱集粉虱成虫、蓟马等害虫。

生物防治是利用各种天敌昆虫或微生物扑杀、寄生各种害虫和病原。保护天敌是生物防治的基础。人工助迁是就地扩散繁衍天敌的简易措施。如剪下附有蚧类、粉虱的枝条或寄生有虫生真菌的蚧虫和粉虱的虫枝,挂在茶园中使寄生的天敌从虫枝中羽化飞出。有条件的情况下,也可以人工繁衍天敌田间释放进行害虫防治。害虫寄生的病毒(如茶尺蠖 NPV 病毒、茶小卷叶蛾 GV 病毒)、真菌(黑刺粉虱韦伯虫座孢菌、蚧类腥红菌)、细菌(如苏云金杆菌)的人工繁殖已在生产中广为推广应用。应用木霉菌培养物作为茶树根病的生物防治制剂,已是茶树病害防治上的成功实例。

化学生态防治是 20 世纪 80 年代开始成功的。应用性信息素成功地进行茶小卷叶蛾的迷向防治是科学创新的成果。通过长达二十年的潜心研究,采用人工精密合成的性信息素在自然条件下的防治效果优于化学农药,已在茶叶生产中大量推广应用。在茶叶生产中应用挥发性互利素以引诱天敌,在本世纪开始尝试使用,尽管还没有完全成熟,但具有巨大的潜力,可望在 5～10 年内在生产中大面积应用。

③ 安全合理使用农药。

在可以预期的未来,化学农药似乎还不可能完全被取代。如何安全合理使用农药是茶叶生产中的一个重要课题。安全合理使用农药包括农药的正确选择和安全使用两个方面。

A. 农药的合理选择

茶园适用的化学农药至少应具备如下几个条件:一是高效。这是指对靶标病虫对象具有高效。随着农药科学的不断发展,农药的生物活性有明显提高,使用的剂量从 20 世纪 50 年代的每公顷需用几千克有效成分发展到 90 年代的每公顷低于 10 克有效成分(如溴氰菊酯)。不只是杀虫剂类别中有高效品种,杀菌剂、除草剂类别中也已开发出有高生物活性的品种。二是选择性强。这是指在对靶标病虫对象具有高效的同时,对人体皮肤毒性、急性口服毒性、慢性毒性都较低,使用安全。同时对有益昆虫和微生物也比较安全。三是易于降解。这是指在茶树上喷施农药后,能在短期内降解到允许残留限量水平以下。四是在水中的溶解度低。这是因为从农药的风险性评估来看,茶叶中的农药主要是通过茶汤的饮用进入人体的,因此农药在水中的溶解度直接关系到农药在茶汤中的浸出率。在水中溶解度高的品种通常不适于在茶叶生产中推广应用。五是国内外在茶叶上制订的最大残留限量。如果国内外制订的茶叶上的 MRL 标准过严,在茶叶生产中使用后的安全间隔期又比较短的话,在生产中的推广应用就较难。因为容易出现茶叶中的农药超标现象。

茶叶生产中的适用农药会因农药科学的发展、国内外农药残留标准的变化而出现调整。如上世纪50、60 年代在生产上适用的农药品种,在80、90 年代可能已被其他品种所替代。目前在我国茶叶生产中推广的适用农药品种见表4-29。

表 4-29   茶园适用农药品种

农药类别	农药品种	防治对象
有机磷农药	45％马拉硫磷乳油	蚧类、叶螨类
拟除虫菊酯类农药	2.5％联苯菊酯乳油	鳞翅目食叶害虫、叶蝉类、蓟马类、茶丽纹象甲
	2.5％三氟氯氰菊酯乳油	鳞翅目食叶类害虫、叶蝉类、蓟马类
	10％氯氰菊酯乳油	鳞翅目食叶类害虫、叶蝉类
	2.5％溴氰菊酯乳油	鳞翅目食叶类害虫
有机氯农药	35％硫丹乳油	叶蝉类、鳞翅目食叶类害虫
其他杀虫剂	24％帕力特悬浮剂(溴虫腈)	叶蝉类、螨类、鳞翅目食叶类害虫
	0.36％苦参乳油	鳞翅目食叶类害虫
	2.5％鱼藤酮乳油	鳞翅目食叶类害虫、茶蚜、叶蝉类
	石硫合剂(非采摘期使用)	茶叶螨类、蚧类、粉虱类、茶叶病害
杀螨剂	20％四螨嗪悬乳剂	茶叶螨类
	73％克螨特乳油	茶叶螨类
杀菌剂	70％甲基托布津可湿性粉剂	茶树病害
	50％多菌灵可湿性粉剂	茶树病害
	75％百菌清可湿性粉剂	茶树病害
	75％十三吗啉乳油	茶饼病、茶树根病
	波尔多液(非采摘期使用)	茶树病害
除草剂	10％草甘膦水剂	茶园杂草
	20％百草枯水剂	茶园杂草
	60％茅草枯(达拉朋)钠盐粉剂	茶园杂草
	50％西玛津可湿性粉剂	茶园杂草

B. 茶园禁用农药

茶树是一种饮用作物,对农药的选用有更严格的要求。下列农药应禁止在茶园中使用。

a. 剧毒、高毒农药,或急性毒性虽不高,但具有慢性毒性的农药;

b. 性质稳定、不易降解、残留期较长的农药;

c. 在水中溶解度很高的农药,如吡虫啉、哌虫味、乐果、三唑吟等。

d. 有强烈异味,使用后会对茶叶品质有不良影响的农药;

e. 对茶树会产生药害的农药。

目前在茶园中禁用的农药有滴滴涕、六六六、三氯杀螨醇、对硫磷、甲基对硫磷、甲胺磷、乙酰甲胺磷、氰戊菊酯等几种。

C. 安全使用农药

农药的安全使用准则包括农药品种、使用计量、最多使用次数和使用后的安全间隔期。我国从20世纪60年代起对农药在茶园中的安全使用有严格规定，颁布有37项国家标准（GB4285—84，GB/T8321.1—2000，GB/T8321.2—2000，GB/T8321.3—2000，GB/T8321.4—2000，GB/T8321.5—2000，GB/T8321.6—2000，GB/T8321.7—2002，GB/8321.8—2006，GB2762—2005，GB2763—2005，GB26130—2010）。

a. 使用剂量。使用剂量是推荐用于防治病虫对象的有效计量。使用计量有两种表达方式。

一种是用稀释倍数表示。另一种是单位面积使用商品农药的数量，或商品农药有效成分的数量。

b. 最多使用次数。是指该农药在一个茶季中最多使用的次数。一般而言，每种农药在每季中的最多使用次数均为一次。

c. 间隔期。安全间隔期又名等待期。这是解决和降低农药残留、贯彻安全合理使用农药的一项关键措施。安全间隔期是指最后一次喷药与茶叶采摘之间必须等待的天数；也就是说按照规定的使用剂喷施在茶树上经过规定的安全间隔期后量，所采下的鲜叶经加工后制成的成茶中，其农药的残留量会低于最大允许残留限量（MRL）水平。安全间隔期必须按照规定的程序和方法进行制订。

（陈宗懋）

（一一）低产茶园改造

在我国现有茶园中，尚有部分茶园是20个世纪50～60年遗留下来的。这些茶园分布面广，零星分散，有的在深山峡谷，种在30度以上的陡坡上，行株距极不一致，水土流失严重。70年代以后，在大发展过程中的新建茶园，因择地不当，开垦粗放、管理不善，茶树生机衰退，产量低下；也有部分茶园，建园较早，已超过有效经济年限（25～30年），产量开始下降。为了有利于集约化经营，便于科学管理，保持水土，创造较好的小气候环境，实现高产优质，对这类茶园必须进行改造。对深山老林中坡度过大的茶园，要退茶造林；缺株严重、零星分散的，根据农业生产的整体规划，宜粮则粮，宜林则林，宜茶则茶，不要片面强调茶园集中成片。茶园通过改造后，不仅能充分发挥土地利用的潜力，而且便于茶园培育管理，以期达到变低产为高产，实现茶园平衡增产的目的。

1. 茶园低产的原因

茶园低产的原因是多方面的。通常由几个主要因素综合造成，例如树龄、品种、种植密度、园地条件、管理方法等等。在一般情况下，低产茶园中，既有树龄问题，也有品种上的原因，或是管理不当等问题。

（1）树势衰老

低产茶园一般是树势衰弱，育芽能力低下。概括起来可分为老茶园与未老先衰茶园两个类型：

老茶园：这类茶园，一般树龄较大。有的茶树经多年采摘与修剪，生理机能逐渐衰退，育芽能力显著减弱，叶面积变小，叶片变薄，对夹叶增多，产量锐减；也有的因长期"留顶养标"采摘，茶树枝条徒长而分枝稀少，无法形成采摘面；还有的因未经修剪，任其自然生长，部分枝条枯老死亡，地面根颈处又长出新枝。形成"二层楼"式树冠。这几类茶树的共同特点是地上部骨干枝衰老或枯干，枝干寄生地衣苔藓等植物，根颈处长出许多地蕻枝或根颈枝。随着地上部分衰老，地下部分也开始衰退，表现为输导根的比重增大，吸收根大量死亡，根系的分布范围日益缩小，并在根颈基部形成新的根群。尽管加强肥培管理，精心采摘，但在衰老的骨干枝上的侧枝育芽能力仍显著减弱，生长势差，正常芽叶少，对夹叶大量增多，开花结实率提高，茶树叶片的代谢水平下降，生命活动逐年减退。

未老先衰茶园：20世纪70年代以后的一些茶园，虽集中成片，树龄并不大，但由于选地不当，开垦粗放，种植不合理，重采轻培或病虫危害，茶园土壤瘠薄，水土流失，缺株断行，茶蓬矮小，树势未老先衰,生产力也同样低下。

（2）品种混杂

现有低产茶园中,品种杂乱是带有普遍性的。在茶树群体中,不同个体间的生长差异十分明显,如以龙井群体品种中新育成的龙井 43 号为例,7～10 足龄的平均亩产龙井茶高达 50 斤,比当地一般龙井群体种增加一倍以上。一般而论,在同一个群体中不良个体占的比例越大,对产量的影响也愈大。常见的"瓜子叶"、"不知春",就是指叶子特别小,发芽很迟的品种类型,这些品种单产很低。因此在改造低产茶园时,就应淘汰这些低劣类型茶树和不良品种,更换成育芽力强、纯度较高的无性系新品种茶树。

（3）土壤瘠薄,茶树营养不良

我国现有茶园大都建立在丘陵山地,水土流失严重,土层浅薄,肥培水平较低。个别地区,因地下水位过高、排水不良或因种植年限较长,土壤理化性状恶化,茶树营养不良。据调查,现有低产茶园,土壤瘠薄是由两个方面原因造成的:一是种植前茶园未经深翻,茶树扎根不深,根系分布很浅,因而影响地上部分生长;二是土壤管理不善,施肥水平较低,加之茶园坡度较大,种植方式不合理,茶园缺乏合理的排蓄水系统,水土冲刷严重,造成土壤贫瘠,茶树生长不良。

（4）群体结构不合理

在现有低产茶园中,很大一部分是由于群体结构不合理而造成的,老茶园中,茶树零星分散,缺株断行严重,光能利用率低。另一方面,有的茶园采用多条密植或一穴多株栽培(每穴 10 多株),种植密度过大。这种茶园第 1～2 年外表长势虽好,但随着树龄增大,由于每个单株营养面积过小,以致枝条细弱,生根不良,造成未老先衰。在老茶园和未老先衰茶园中,两者营养面积虽不相同,但其树冠覆盖度小是其共同点。茶叶产量的高低,与单位面积内种植密度、株数有密切关系,同时在很大程度上取决于茶园覆盖度的大小。

（俞永明）

2. 低产茶园的改造技术

低产茶园的改造,是茶叶生产上的重要技术内容之一,必须严格遵循自然规律和经济规律,根据当地的生产条件,茶树衰老程度,造成原因,统筹兼顾,全面安排,拟订切实可行的分期、分批改造计划,以利技术改造计划的推行。

改造低产茶园是一项比较复杂的工作,根据各地的实践经验,适合当前的技术措施主要是"改树"、"改土"、"改园"和"改种"等,每项虽各有其独立的意义,但在一定程度上仍然是互相促进和互相制约的。

（1）树体改造

包括树冠更新和根系更新两部分。

① 树冠更新:树冠更新的主要措施是修剪。修剪在树冠管理中,通常分为轻修剪、重修剪和台刈三种类型。依据茶树不同的衰老程度,采取不同的修剪措施。轻修剪主要用于抑制茶树枝干顶端生长势和更新树冠上局部出现的细弱分枝。低产茶园中,还有一些半衰老和未老先衰的茶树,树龄并不大,但由于重采轻培,导致茶树矮小,产量低下,需采用重修剪改造。已严重衰老的茶树,枝干皮层灰白,分枝稀少,并出现回枯现象和枝干布满地衣苔藓,即使增施肥料,也无济于事,需进行台刈。三种不同类型茶园的具体改造方法,在修剪一章已有详细介绍。

② 根系更新:研究材料证明,茶树地上部和地下部的生育关系,既是相互促进的,又是相互制约的。当地上部分枝向上或向周围增长时,地下部分枝也向下延伸并向四周扩展。吸收根愈发达,茶叶产量也随之逐步升高。但到一定树龄之后,树冠衰老,产量下降,这是与根系的萎缩、粗根比重显著增加、有效根系大量死亡和吸收功能衰退紧密相关的。同时,与茶园土壤理化性状恶化、表土冲刷、盐基流失、肥力下降也有直接的关系。

深耕不仅是一种改土措施,而且在深耕过程中,不可避免地要断伤部分根系,这有激发新根生长的作用。根据安徽祁门茶叶研究所的试验资料,深耕两年后,未经深耕处理的活动根系较深耕处理的接近土表 3～5 厘米。同时,深耕的又较未深耕的深入土层 5～10 厘米。深耕结合施肥,活动根系更多。茶树的枝干和根系构成植株的整体,试验资料证明,在根系更新后,再行枝干更新,比仅更新枝干的,产量提高三成以上。

根系更新的时间,一般可安排在枝干更新前,长江中下游地区也有在枝干更新当年的秋末茶树处于休眠期进行的。深耕的位置距根颈20厘米以外,深度40~50厘米,结合施用有机肥和磷肥效果则更好。

(2)园土改良

土壤是茶树吸取水分和矿物营养的源泉。茶树的根系可深入土层1米以下,支根和吸收根布满整个行间。然而最活跃和最有效的吸收根系,都分布在10~40厘米土层之内,这种自然伸长状况,只有在良好的土壤条件下才能实现。

低产茶园,因种种原因,土壤通常表现为土层浅薄,肥力低下,土性不良,即使增施肥料,也得不到理想效果。因此,在改树的同时,改善土壤理化性状,就成为低产茶园改造成败的重要条件。

① 砌坎保土 低产茶园大多处于高山陡坡地带,丛播稀植,经多年雨水冲刷,水土流失严重,茶根裸露,土壤瘠薄,养地和用地处于严重的"人不敷出"状态。安徽黄山茶区结合森林抚育,用树枝或作物蒿秆,沿等高线打桩,修成"拦泥坝",防治水土流失。四川茶区类似的做法称作"摘盖",就地取材,用石块、泥块或草皮砖筑梯。在筑梯的同时,还应按新茶园的要求,修建排蓄水系统,做到多余的地表水能及时排出园外,以保持梯坎的完整。在有草源的地方,割草铺园,既保土,又增肥、保温,防止杂草滋生,活化养分,提高肥力,是当今世界各茶叶生产国普遍推行的增产措施。

② 深耕施肥 种茶前未曾深翻,或开垦时深挖不够,或土质特别粘重的,要通过深耕结合施用有机肥,以创造深厚肥沃的耕作层。这项措施在改树前进行效果更为理想,同时兼有更新根系的作用。一般深耕30厘米以上,每亩施有机质肥料5000千克,磷肥25~40千克。由于深耕必然会损伤根系,因此选择深耕的适应时期十分重要。一般在地上部分更新后的9至10月进行较好,此时尚有足够的地温,能促使断根愈合与新根生长。

③ 加培客土 对土层特别浅薄,石砾多,肥力差,土壤流失严重的低产茶园,必须添加客土,培厚土层。客土应选择森林表土、塘泥、水库泥等有机质丰富的肥土为宜。同时要针对茶园土质状况,采用粘土掺沙,沙土加泥的办法,改善土壤结构。抽槽换土是湖北茶农的经验,对一部分土壤瘠薄的低产茶园,在茶树行间,沿树冠垂直挖一条深40厘米、宽50厘米的沟,取出的土置于沟上熟化,新土填入沟中,实行园土逐步更换。

(3)园相改造

在低产茶园改造过程中,园相改造要纳入农业基本建设范畴,通过农、林、牧统一规划,山、水、田、林、路综合治理,才能实现建立最佳的茶树生态环境,提高低产茶园的改造效果。

从茶叶生产的现状来看,我国茶区在许多地方小生产的痕迹至今依然存在,因此,改变分散地块,实行连片种植,建立专业茶园,是改造园相的重要内容。20世纪80年代初,在浙江等地推行"三个一批"的改造方案,收到较好的效果。其基本内容是着重改造、提高一批专业茶园;积极发展一批高标准新茶园;淘汰一批不宜种茶的平地、陡坡茶园。三者相互联系,又相互促进。发展一批是前提,利用低山、近山、缓坡集中成片,土层深厚的地带,严格掌握技术要求,开辟等高、宽幅、窄幅条式新茶园,为全面改造低产茶园,奠定增产基础。浙江镇海洪岙村是个老茶区,改造前有茶园176亩,产茶60担,亩产仅17千克。以后,他们先抓了发展新茶园,同时又抓了低产茶园改造。采取淘汰部分平地、洼地(积水)和陡坡茶园,退茶还林、种粮,使粮、茶、林各得其所。前后十多年的努力,初步完成了全村低产茶园的改造,使全村生产茶园面积达到近200亩,茶园面貌发生了很大变化。自2001年以来,实现了茶叶产量产值年年增产增收。

衰老茶园大多种植密度不大,茶园缺株、断行严重,要按合理密植规格补密。株行距宽窄不一的衰老茶园,补密时要考虑原有茶树的种植规格,原行距在1.5米以下的,只补株间空隙;原行距2.5~3米的,除株间补密外,中间应增补一行;对部分严重缺株的茶园,应使茶行尽可能改补成条列式。对于稀疏零乱、茶丛矮小、树龄衰老、缺株达60%以上的"满天星"茶园,以及极度衰老的坡地条栽茶园,可按新茶园茶行规格,重新在行间采用移栽或直播,沿等高线设置新茶行。坡度超过15度的,修筑梯坎。在新茶树未投产之前,老茶树继续采摘茶叶,待新茶树养成后,再将老茶树挖除,群众称这种改造方式为"以新代旧"。

茶树属多年生作物,但其经济栽培年龄并不是无限的。茶树达到一定的树龄以后,虽然还可以通过更新措施加以复壮,但在茶树个体生命活动中,经过若干次更新之后,更新周期愈来愈短,树势恢复也愈来愈减弱。因此更新复壮也并不是无止境的。在低产茶园改造过程中,这类情况多数是在百年以上的老茶园中才会发生。对于这类茶园,就应考虑换种改植,将老茶树连根拔除,再把园中土壤经过60厘米以上深翻,或病区实行土壤消毒。消毒剂常用的有二溴乙烷(EDB)及氯化苦等。种植1~2年绿肥,然后改种新选育的无性系茶树优良品种,使其成为彻底更新的全新茶园。

对换种改植的茶园,特别要注重园土的改良。因为茶树在一处生长了数十年,土壤性质发生了很大变化,"老化"现象严重,诸如茶树根系分泌有害物质的积累,土壤微粒因雨水淋溶而下沉,有效土层内不透水层的形成;长期施用生理酸性肥料,盐基流失,酸性太强;土壤营养元素贫乏、失调,特别是茶树需要的微量元素奇缺;园土微生物区系变化,有害病原体增多等。这类茶园在园土改造时,必须十分注意清除残根,实行深翻,并增施有机肥料。中国农业科学院茶叶研究所曾对一块原有基础不好,茶树早衰严重的茶园实行了换种改植,他们在挖除原有老茶树后,清理了残根,土壤深翻80厘米,并选用新育成的龙井43号品种,采用低位定型修剪措施,六年生茶树树高就达84厘米,树幅80~90厘米,覆盖度达82%,每平方尺采摘点密度达328个,亩产干茶199千克,较改植前亩产125千克增长59%,10年后亩产315千克,较改植前增长1.5倍以上。现在已逾37个年头,虽然已经过几次重修剪改造树冠,至今仍生机盎然,保持较高的生产水平。

(4)嫁接换种

我国旧茶园品种混杂,生产力低。对一些十分衰老的茶园,可以采用"以新代旧"的方式更换成优良品种,而对一些树龄并不太老,生长也还旺盛,但品种混杂的茶园,可以用嫁接换种技术更换良种。

嫁接是一种古老的栽培技术,但在茶树上的应用有20年的历史。茶树嫁接成功与否,关键在于选好砧木与接穗。砧木应选择粗细适宜(0.6厘米粗)的枝条作为砧木,采用低位离地2~3厘米处剪去上部的所有枝条,每根砧木枝条用利刀纵切一刀,切缝略长于接穗斜楔面长度,特粗大的砧木宜用切接。选用优良品种半木质化枝条的中下段作为接穗,每一根砧木嫁接一个接穗,一丛茶树嫁接8~10个砧木枝条即可。一枝接穗应具有一个饱满腋芽和一片健壮叶片,每枝接穗长3~4厘米,削成斜面楔形,插入已切开的砧木中。注意接穗必须靠在砧木切口的一边,两者的形成层吻合对齐。茶树短穗嫁接与果树不同,茶树在接好后不进行捆绑,而以培土代绑,嫁接完成后用细碎土壤把接合处埋入土中,培土至接穗叶柄基部,露出叶片和腋芽。培土时边培土边用手稍压实,切不可引起砧木和接穗移位。培土代绑,不仅防止砧木和接穗的失水,而且土壤中昼夜温差小,温度稳定,为愈伤组织的形成创造了良好条件,使接穗和砧木双方形成层和薄壁组织细胞同时分裂,加快愈伤组织形成,两者尽快融合为一体。嫁接后接穗上的芽正常萌发生长,夏接需1~1.5个月,冬接要到翌年3月底。在此期间必须精心管理。夏接后主要是遮阴和浇水;冬接以薄膜保温为主,应立即浇水湿透土壤,再盖薄膜,翌年3月底去膜。以后在砧木根茎萌发新枝时应及时清除,使水分和营养集中供应接穗枝的生长。接穗枝新芽长到一定高度进行修剪培养,以形成新的树冠。

(俞永明)

3. 低产茶园改造后的管理

改树、改土、改园是改造低产茶园的必要技术措施,但巩固改造成果,获得长期的经济效果,还必须依靠改造后的经常性技术管理工作,这样才能充分发挥改造的作用。

(1)增施肥料

茶树在更新后,一方面萌发大量新枝需要足够营养,另一方面茶树剪口创伤的愈合同样不可缺少必要的营养。低产茶园由于茶树长期生长在同一地点，在生长和不断采叶过程中，养分损耗很多，地力较差，所以，增施肥料，既是茶树生长的需要，也是改善土壤、提高肥力的需要。据安徽祁门茶叶研究所的试验，衰老茶园在重修剪后，亩施桐籽饼100千克作基肥，生长期再施硫酸铵30千克，连续3年，结果第一年比不施肥的增产46.8%，第二年增产99.9%，第三年增产95.2%。低产茶园改造后的施肥，在施氮肥的基础上，要增加磷钾肥的比重，特别是有机肥，更为重要，这样养分比较完全，同时还具有改土的作用。

（2）修剪养蓬

不论采用何种修剪方式改造低产茶园，改后必须注意留养新梢，打顶养蓬，直至茶树树冠养成后，才能正式投产。

（3）合理采摘

在树冠改造后的头1～2年内，要把采摘看做是培养树冠的一项技术措施，贯彻"以养为主"的原则，切不可强采或捋采。在茶树高度未到70厘米，树幅未超过1米时，只能采用打顶养树的方法，采高留低，采中留边，采密留稀，抑制主枝生长，增加分枝密度，提高生产枝数量。只有当茶树高、幅度达到开采标准时，才可正式投产开采。如果提前开采，势必造成茶树矮小，采摘面不大，单产低，品质差，其树势很快再次衰老，达不到改造目的。

（4）病虫防治

茶树改造后，新生枝叶幼嫩茂盛，抵抗力弱，容易招引各种病虫害。因此要特别加强病虫的检查与防治工作。如在江南茶区，夏秋高温季节，新生枝叶尤其易受小绿叶蝉等的危害；对于有煤病危害的衰老茶园，在改造后仍需注意煤病的治理，以防病虫害卷土重来。

（俞永明）

（一二）茶树设施栽培

茶树设施栽培，又称保护地栽培。即利用各种人工设施，改变局部小气候，在一定范围内调节茶树生长发育的环境条件，达到促进茶芽早发、增进茶叶品质或提高茶叶产量、获得较高经济效益的做法。茶树设施栽培是现代先进工业技术成果和农业高新技术成果产业化的结合点，是传统农业摆脱自然环境束缚、提高土地利用率，实现优质、高产和高效的有效途径。由于设施栽培的生产成本相对较高，因此，只有在较高的管理水平下才能充分发挥茶树生长的潜力，达到设施栽培的目的。目前，我国茶叶生产上采用的设施栽培主要有塑料大棚栽培、遮阳网覆盖栽培和无土栽培等三个类型。

1. 塑料大棚栽培

塑料大棚栽培是用塑料薄膜覆盖茶园的一种设施栽培形式。自20世纪90年代以来，随着名优绿茶发展的需要，才逐渐从蔬菜生产应用引用到茶树上。目前，名优茶产区，特别是冬春季温度较低，或易受"倒春寒"危害的茶区，为提早名优茶开采期经常采用这种设施栽培技术。

（1）塑料大棚栽培的优点

第一，提早春茶开采期。据中国农业科学院茶叶研究所于1993～2001年连续9年的研究表明，在冬春季不加温的条件下，塑料大棚茶园的开采期比露地茶园平均提早20天左右。浙江十里丰农场于1993年和1994年的研究表明，大棚茶园的开采期分别为3月1日和3月7日，比露地茶园分别提早23天和19天。如果在塑料棚内加温，则由于大棚内的温度，特别是晚上的温度显著高于棚外，甚至可使春茶开采期提得更早。如山东临沂地区搭建了"升温式"塑料大棚后，新茶的开采期提早到了12月25日前后，比露地茶园提前3个多月。

第二，减少倒春寒危害。长江中下游茶区在春茶萌芽季节由于冷空气南下，常受晚霜或"倒春寒"的危害，塑料大棚茶园由于在棚内不受寒风的侵袭，可以减少或免受其危害。据在杭州地区的试验，早春北方冷空气南下，棚外茶园最低气温降到−1.7℃，低于0℃的时间持续6小时以上，导致萌动茶芽80%以上受冻，而棚内茶园最低气温仍有1.4℃，芽叶生长正常。

第三，提高早期名优茶产量。茶园覆盖大棚后，由于采摘期提早，早期名优茶产量明显提高。据张景春等在 1993 年和 1994 年的试验表明,在揭膜前,覆盖茶园单位面积鲜叶产量分别达 51.8 千克和 70.3 千克,比露地茶园 6.0 千克和 13.0 千克分别提高了 7.6 倍和 4.4 倍。

第四,提高经济效益。塑料大棚茶园茶叶开采期提早,早期名优茶产量提高,价格较高,在扣除成本后仍能取得较高的经济效益。如中国农业科学院茶叶研究所在前几年,大棚内生产的早期西湖龙井茶一般可卖到 2400 元/千克,而棚外的茶叶由于上市迟,平均价只有 1500 元/千克。虽然,由于钢架、塑料薄膜,以及管理成本的增加,大棚茶园的成本平均每年要提高 2.5 万元/公顷,但由于大棚茶叶上市早,价格高,经济效益仍比露天茶园增加 31.2% 左右。另据山东日照市由传明等报导,大棚茶园的效益比常规茶园约高 4~8 倍。

(2) 塑料大棚栽培的效应

塑料大棚茶园能促进茶芽萌发,提高早期名优茶产量,这与茶园微域气候的改变,以及由此而导致的茶树生理和生育变化有十分密切的关系。

① 塑料大棚茶园微域气候的变化。茶园搭盖塑料大棚后,由于塑料薄膜能吸收地面长波辐射,并隔绝棚内和棚外空气的水热交换,因而具有明显的保温保湿效果,但由于塑料薄膜的阻隔作用,棚内风速和光照显著降低。据韩文炎等于 1993~1994 年的试验表明,冬季和早春搭盖塑料棚的茶园,当气温超过 30℃ 的天气在中午前后(上午 10 点至下午 3 点)通风散热的条件下,与露地茶园相比,大棚内的温度,无论是平均气温还是最高和最低气温均有明显提高,其中日平均气温提高 3.9℃,0~20 厘米地温提高 3.1℃。大棚茶园空气相对湿度除中午前后由于通风散热相对较低外,其他多数时候都处于饱和状态,日平均比露地茶园提高 15%。但大棚内的风速除中午前后通风散热时略有流动外,其他时间处于静止状态,茶树蓬面上方的风速仅为露地茶园的 15.5%,而蓬面以下的空气即使在通风散热条件下也变化不大。大棚内风速的降低也使空气中的 CO_2 浓度发生了明显的变化,在 3 月上旬上午 10 点左右开门通风降温,15 点关门保温的情况下,由于夜间茶树呼吸作用和土壤中有机质分解等释放的 CO_2 集中在棚内,至早晨时棚内大气 CO_2 浓度可达 600 mg/L 以上,明显高于棚外 380 mg/L 左右,但太阳出来后,由于茶树光合作用,棚内 CO_2 浓度开始降低,至正午前后降到最低点,但与棚外相比差异不大;但在 12 月至翌年 2 月气温较低的条件下,为保持大棚温度,大门紧闭的晴天,棚内大气 CO_2 浓度因光合作用持续同化可降至 100 mg/L。显然,这时大气 CO_2 的浓度已成为茶树光合作用的重要限制因子。大棚内的光强与薄膜的种类、颜色、厚薄和新旧有十分密切的关系,常用的无色农用薄膜,厚度 0.3 毫米,棚内平均光照强度一般仅为棚外茶园的 50% 左右。在 3 月上旬的晴天 7:30 至 15:30 每隔 1 小时左右测定一次的条件下,平均光合有效辐射大棚茶园茶树蓬面仅为 432 mol/m²/s,而露地茶园蓬面高达 1100 mol/m²/s。由于长江中下游茶区冬天光照已较弱,棚内光强的进一步下降对于茶树光合作用是不利的。

塑料大棚内气温和地温的提高,使大棚茶园同期的活动积温和有效积温明显高于棚外茶园。据测定,在 3 月 11 日大棚茶园≥10℃ 的活动积温和有效积温分别为 295.1℃ 和 45.1℃,而对照茶园仅分别为 24.2℃ 和 4.2℃,两者差异高达 10 倍左右。由于茶芽萌动的迟早主要取决于积温的高低,因此,塑料大棚的温室效应是名优茶开采期提早的关键因素。

② 塑料大棚对茶树生理的影响。茶园搭盖塑料大棚后,由于其微域气候发生了显著的变化,如棚内茶园的温度和湿度提高,而风速与光照却显著降低等,从而对茶树生理也产生了明显的影响。

塑料大棚对茶树叶片光合速率的影响

据研究测定,大棚茶园的光合作用规律与露地茶园基本相似,呈双峰曲线,大峰在上午,小峰在下午,中午前后光合速率下降,呈现"午睡"现象。但两者相比,无论是峰高,还是总的光合速率,大棚茶园明显低于露地茶园。如在 7:30 至 15:30 每隔 1 小时左右用光合作用测定仪测定一次的条件下,平均叶片净光合速率大棚茶树为 2.9 mol/m²/s,而露地茶树为 4.0 mol/m²/s,前者平均降低了 27.5%。在 3 月上旬 10 点左右开门通风降温,15 点关门保温的情况下,对茶树叶片光合速率与大棚内外光合有效辐射、大气 CO_2 浓度相互关系的测定结果表明,茶树叶片光合速率与光合有效辐射呈显著的正相关关系,相关系数分别达 0.664(n=9)和 0.669(n=9),但与大气 CO_2 浓度关系不密切。表明光照强度已成为影响茶树叶片光合速率的重要限制因子。在通风散热条件下,棚内大气 CO_2 浓度均在 350 mg/L 以上,基本能满足茶树对光合作用的需要;但在 12 月至翌年 2 月为保持大棚温度,大门紧闭的晴天,棚内大气 CO_2 浓度因光合作用持续同化可降至 100 mg/L,从而严重限制茶树叶片光合速率。在 1995 年 1 月的晴天,棚内施放 CO_2 气肥后,茶树叶片光合作用强度提高了 32%。

塑料大棚对茶树叶片叶绿素含量的影响

茶园搭盖大棚后,由于棚内的光照强度明显低于棚外,茶树为了自身生长发育的需要,通过增加叶绿素含量的方式来提高茶树叶片的光合强度。因此,大棚茶园的叶绿素含量会有明显提高。研究测定表明,茶树叶片叶绿素含量,无论是叶绿素 a、叶绿素 b,还是叶绿素总量,也无论是新梢或成熟叶,大棚内的茶树总是明显高于大棚外的茶树。如棚内茶树成熟叶片叶绿素 a、叶绿素 b 和叶绿素总量分别为 0.365、0.319 和 0.685 mg/g·FW,而露地茶树仅分别为 0.276、0.254 和 0.530 mg/g·FW,叶绿素 a 和总量的差异均达 5% 的显著水平;新梢的差异则更为明显,叶绿素 a、b 和总量的差异均达到了 5% 的显著水平。另外,由于大棚茶园叶片叶绿素 a 的增加幅度略大于叶绿素 b,叶绿素 a 与 b 的比例有所提高,但叶绿素 a 与 b 的比例和类胡萝卜素(Cp)含量在年度间、新梢和成熟叶间表现不稳定。

对茶树体内矿质元素含量的影响

大棚覆盖后茶树体内氮、磷、钾和铜的含量均有不同程度降低,特别是吸收根,如钾和磷的含量分别下降了 34.3% 和 35.0%;氮和铜的降低幅度虽未达统计学上的显著水平,但不同部位(氮除生长枝外,铜降主根外)的降低趋势是十分明显的。茶树体内镁的含量在茶树不同部位间有明显的区别,地上部成熟叶、新梢和生长枝提高,其中成熟叶的提高幅度达 5% 的显著水平,而地下部无论是吸收根还是主根均有显著降低,表明覆盖促进了镁从地下部向地上部的转移。茶树体内锰含量的分布则刚好与镁相反,表现为地上部新梢、成熟叶和生产枝显著降低,而地下部主根和吸收根均有显著提高。大棚覆盖对铁含量的影响则与锰相似,也表现为地上部降低,而地下部提高,除生长枝的差异达到了 5% 的显著水平,其余均未达到统计学上的显著水平。大棚覆盖促进了茶树对锌的吸收,使吸收根、成熟叶和生产枝显著提高;对钙含量则影响不大。上述结果表明,茶树覆盖大棚后,促进了矿质元素在体内的转移和分配,对矿质元素的吸收也有明显的影响。

对茶树主根淀粉含量的影响

秋冬季是茶树积累淀粉,为翌年春茶萌发提供能源的重要时期,其积累量多少直接关系到次年春茶产量的高低和品质的优劣。对大棚内外茶树的一级侧根淀粉含量进行连续五次测定的结果表明,无论是棚内还是露地茶树,均表现为头年的秋冬季起(11 月 30 日),根系的淀粉含量逐渐提高,至次年春天(3 月)到达最高点,此后随着新梢的萌发和生长,又逐渐降低。但棚外茶树侧根淀粉含量比露地茶树平均高 32.2%,虽然棚内茶树萌芽早,部分降低了茶树积累淀粉的能力,但两者的差异还是相当显著的。显然,茶树主根淀粉积累量的减少,对大棚茶叶的产量和品质会有较大的影响。

③ 塑料大棚对茶芽生育特性、茶叶产量和品质的影响

对茶芽生育特性的影响

对大棚内外春茶新梢生育期的观察研究表明,大棚内新梢萌芽期明显比露地茶园提早,以西湖龙井茶为例,春茶开采期平均提早 20 天左右。不同年份会有差异,主要取决于大棚的管理水平和冬春季气温的高低、光照的多少等。大棚密封性能好,灌溉、通气散热及时,往往发芽较早,如 2001 年 1 月 27 日已开采,而棚外茶园到 3 月 15 日才开采,前后相差 46 天。冬春季气温低,棚内外温差明显,大棚内的茶叶往往发芽较早;如暖冬、阴雨天又较多的年份,则大棚温室效应差,大棚内新梢发芽也相应推迟。如 1998 年 12 月至 1999 年 2 月份的平均气温为 7.63℃,明显高于其他年份的平均 5.86℃,从而使大棚内外开采期的差异仅为一星期。

对茶叶产量和品质的影响

由于塑料大棚内温度高，呼吸作用强，而光线和 CO_2 不足又导致茶树光合强度较低，使茶树体内积累的同化物质含量减少，从而明显降低了茶叶产量和品质。研究调查表明，大棚茶园一芽一叶和一芽二叶百芽重分别为 4.47 和 9.2 克，而露地茶园分别为 4.86 和 12.2 克，前者比后者分别低 8.0％和 24.6％。据 1993～2001 年的 9 年间对龙井茶的统计，大棚茶园茶叶平均产量为 144 kg/hm^2，比露地茶园的 159 kg/hm^2 降低了 10.4％。茶叶品质成分氨基酸、咖啡碱和水浸出物含量也有明显降低，如大棚茶园一芽一叶和一芽二叶新梢的氨基酸含量分别为 2.09％和 2.39％，而露地茶园分别为 2.80％和 3.07％；与此相反，新梢茶多酚含量略有提高，一芽一叶和一芽二叶的茶多酚含量大棚茶园分别为 23.94％和 24.39％，而露地茶园分别为 22.97％和 22.49％，从而使酚氨比明显提高。显然，这对绿茶品质，特别是名优绿茶的品质会有一定的不利影响。

（3）塑料大棚茶园建设与管理技术

塑料大棚茶园虽可使名优茶的开采期明显提前，还能避免或减轻冬季霜冻和早春晚霜的危害，从而带来一定的经济效益。但如前所述，由于塑料大棚是一种受人为因素影响较大的半封闭状态的小环境，与自然环境相比，光照强度低，水分供应减少，容易出现 CO_2 不足和有害气体为害等现象，从而使茶叶产量和品质有不同程度的降低。另外，塑料大棚茶园投资多，成本高，如管理不善则很难收到预期的效果。因此，合理建棚、科学管理是克服塑料大棚不足、提高茶园经济效益的关键。

① 园地选择和建棚

塑料大棚茶园园地选择

塑料大棚茶园的茶树品种、生长势及其所处的土壤、地形、地势均直接影响建棚后茶树的生长发育状况。因此，要达到大棚茶优质、高产、高效益，在园地选择时应尽可能满足下列条件：

选择发芽早，发芽密度高，品质好的茶树良种。采制名优绿茶的茶区，应选择龙井 43、福鼎大白茶、乌牛早、迎霜和白毫早等早发无性系良种。

茶园树冠覆盖度在 80％～90％，生长健壮，长势旺盛的青壮年茶树。

避开风口、风道，特别是河谷、山涧等易受风害的茶园。在这些地方搭建大棚，不仅容易造成塑料薄膜破损，而且散热量大，棚内温度难以维持。最好的地形是北部有山作为天然的防风屏障，东西开阔，南部距大棚一定距离（避免遮阴）也有自然屏障的茶园。

选择阳光充足、土壤肥沃的平地或缓坡茶园。以坐北朝南或东南向的茶园为好，以延长冬季光照时间和光照强度，充分提高茶树的光能利用率。

选择水电使用方便的茶园，以利灌溉和人工补光。由于天然降水无法进入茶园，因此，灌溉是大棚茶园的常规管理措施之一，附近有自来水或灌溉水源是园地选择的重要条件之一。

塑料大棚建造

塑料大棚的类型很多。按骨架建筑材料分，有简易竹木结构、钢架结构、钢架混凝土柱结构和钢竹混合结构等。按连接方式可分单栋大棚、双栋大棚和多连栋大棚。目前生产上常用的主要是单栋简易竹木结构和钢架结构大棚，棚顶呈半拱圆形。

简易竹木结构大棚：采用毛竹为主建造。这种大棚的跨度为 10～12 米，长度 30～60 米，中间高度 2.2～2.4 米，两侧肩高 1.5～1.7 米。从横断面看，有 4～5 排立柱，柱间距为 2～3 米，两边立柱要向外倾斜成 60～70 度角，以增加支撑力，在立柱顶部用竹竿连成拱形。拱架之间的距离为 1.0～1.2 米，上边覆盖塑料薄膜，拉紧后埋入四周土里，再用 8# 铁丝、尼龙绳（φ3～4 毫米）或光滑细直的竹竿等压住薄膜，还要在压杆上绑好铁丝，并穿透薄膜固定在纵向的拉杆上。在大棚两端中间的两根立柱间开一扇可启闭的门，既是进出大棚的门，又是大棚通风换气的通道。这种大棚取材方便，造价低，但室内立柱多，遮光严重，操作也不方便。为此，可采取"悬梁吊柱"形式，即将纵向的立柱减少，而用固定在拉杆上的小悬柱代替。小悬柱的高度约 30 厘米，在拉杆上的间距与拱架间距一致。这种形式可减少立柱的阴影，从而有利于光照和方便作业。另外，这种大棚的竹木柱脚易烂，抗风雪能力差，使用寿命一般为 3 年左右。由于成本低，生产上应用的多是这种大棚。

钢结构架大棚：这种大棚的跨度一般为 8～12 米，高度为 2.6～3.0 米。拱架是用钢筋、钢管或两者结合焊接而成的平面桁架。上弦用 φ16 圆钢或 6 分管，下弦用 φ12 圆钢，腹杆(拉花)用 φ9～12 圆钢，在上弦上覆盖塑料薄膜，拉紧后用 8# 铁丝压膜，并穿过薄膜固定在纵向的拉梁上。这种大棚无柱，室内宽敞，透光好，作业方便，但成本较高，每亩需钢筋 2.5～3 吨，一般可用 10 年左右。钢架大棚需注意维修、保养，一般每隔 2～3 年应涂防锈漆一次，以防止锈蚀。

镀锌钢管装配式大棚：这是一种拆卸式的大棚。骨架用内外壁镀锌钢管制造，抗腐蚀能力强，使用寿命可达 10～15 年，抗风荷载 31～35 kg/m²，抗雪荷载 20～24 kg/m²。代表性的有中国农业工程研究设计院研制的 GP－Y8－1 型大棚，其跨度为 8 米，高度 3 米，长度 42 米，拱架以 1.25 毫米薄壁镀锌钢管制成，纵向拉杆也用薄壁镀锌钢管，用卡具与拱架连接，薄膜采用卡槽及蛇形钢丝弹簧固定，外面还可加压膜线，作辅助固定薄膜之用。这种大棚造价较高，但具有重量轻、强度好、耐锈蚀、易于安装拆卸、中间无立柱、采光好、作业方便等优点，是塑料大棚的发展趋势。

塑料大棚的方向以坐北朝南为好，以便最大限度地利用冬季阳光。大棚长度以 30～50 米为宜，低于 20 米保温效果较差，太长则棚内温度不易控制，棚内温差大，也不利于管理。大棚宽度以 6～12 米为宜，太宽通风透气不良，设计和建造的难度也大。大棚高度以 2.2～2.8 米为宜，最高不应超过 3 米，棚越高，承受风荷载越大，越易损坏。坡地茶园切忌搭成连体大棚，因为热空气会集中在上坡，而冷空气沉降至下坡，从而使棚内温差明显，影响大棚的效果。棚头之间的距离最好有 3～4 米，以便于管理和通风换气。棚膜要求透光性好，不易老化，以便最大限度地利用冬季阳光，目前市场上以厚度 0.08～0.12 毫米的聚氯乙烯无滴膜或聚乙烯防老化膜等使用效果较好。

塑料大棚搭棚的时间，原则上要求既能提早开采，又不影响茶叶产量和品质。杭州地区一般在 12 月底至 1 月上旬搭棚盖膜。另外，搭棚时间还可根据春茶开采期确定。搭棚越早，春茶上市时间越早。但需要指出的是，大棚覆盖的时间越长，对茶叶产量和品质的影响越大。大棚茶的开采时间还需考虑消费者的接受度，开采太早，消费者还没有新茶采购需求时，大棚茶的经济效益就无法体现出来。因此，搭棚的时间应统筹考虑。

② 塑料大棚茶园培育管理技术

大棚茶园的管理主要包括施肥、灌溉、铺草、通风散热、修剪、采摘、棚膜维修和揭膜等。

大棚茶园施肥

为保证大棚茶园早发芽，多产名优茶，应施足基肥，及时追肥，并配合 CO_2 施肥和喷施叶面肥，为茶树提供充足的营养物质。基肥以有机肥为主，如茶树专用"百禾福"生物活性有机肥、厩肥和饼肥等，并适当配施一定的复合肥。一般要求"百禾福"生物活性有机肥或饼肥亩使用量 150～250 千克，或厩肥每亩 2～4 吨，配合"中茶 1 号"茶树专用复混肥或普通复混肥 30～50 千克/667 平方米，结合深翻于 9～10 月开沟施入，沟深在 20 厘米左右。追肥以氮肥为主，如尿素、硫酸铵和"中茶 1 号"茶树专用肥等，以速效氮加茶树专用肥混合施用效果更好。春茶应追肥三次，于春茶开采前一个月、春茶中期和除去大棚后各施一次，每次用氮量 10～15 千克/667 平方米(以纯氮计)。施肥沟深 5～10 厘米。

二氧化碳(CO_2)气肥：CO_2 是茶树光合作用的重要原料，茶树叶片利用光能把 CO_2 和 H_2O 转变成有机物质。在一定范围内，茶树光合作用强度与 CO_2 浓度呈正相关。据测定，日出前，由于夜间茶树呼吸作用释放 CO_2，以及土壤微生物活动和有机物分解释放部分 CO_2，大棚空气中的 CO_2 浓度可达 500～700 毫克/升(棚外大气中的 CO_2 浓度一般为 300 毫克/升，且较稳定)。太阳升起后，随着茶树光合作用的增强，棚内 CO_2 浓度显著降低，如晴天不通气，CO_2 浓度甚至可降到 100 毫克/升，处于 CO_2 补偿点以下，严重影响茶树的光合作用。因此，大棚茶园施用 CO_2 气肥，可促进越冬成叶的光合作用，提高茶叶产量和品质。气肥施用方法有下列几种：

液态二氧化碳施肥法：即使用经过加压保存在钢瓶内的液态 CO_2，施肥时打开阀门，用一条带有出气小孔的长塑料软管把汽化的二氧化碳均匀释放进大棚内。钢瓶出气孔压力为 $1.0 \sim 1.2 \ kg/cm^2$，每天放气 $6 \sim 12$ 分钟。也可以将钢瓶内的高压液态 CO_2，通过降压阀缓缓灌入塑料袋中（塑料袋密封，留一进气口，容积 $0.5 \ m^3$），待塑料袋膨大灌满 CO_2 后，扎紧袋口，于上午 9 时左右摆在茶行中间，下午 4 点收回。一般每个大棚（约 0.3 亩）晴天放 2 袋，阴天放 1 袋，雨天不放。这种方法简便易行，可使大棚茶园内的 CO_2 浓度提高 2 倍以上，一般可增产茶叶 20% 左右。二氧化碳的纯度要求在 99% 以上。在充灌 CO_2 时应注意安全，盛装的钢瓶应放在通风阴凉处，注意轻放，保护好钢瓶降压阀等。

化学反应施肥法：主要利用强酸与碳酸盐化学反应，产生碳酸，而碳酸化学性质不稳定，分解为二氧化碳和水。最常用的是稀硫酸和碳铵反应法。反应式为：$2NH_4HCO_3 + H_2SO_4（稀）=\!\!=\!\!= (NH_4)_2SO_4 + 2CO_2\uparrow + 2H_2O$。反应产生的副产品硫酸铵可作肥料使用。一般每 667 平方米的大棚，每天用碳酸氢铵 3 千克，加入 96% 的浓硫酸 2 千克，这样可使大棚内 CO_2 浓度达 1000 毫克/升。具体操作时，可使用市场上出售的 CO_2 发生器，也可用小型塑料桶。浓硫酸使用前要与水按体积比 1:3 稀释，稀释时将浓硫酸缓慢倒入水中，严禁将水倒入浓硫酸中。每个大棚布置 CO_2 施放点 $6 \sim 10$ 个，将桶均匀悬吊在大棚内，桶口高度略高于茶树蓬面，以利于 CO_2 扩散。进行化学反应时，可先将碳酸氢铵放入塑料桶内，然后注入稀释好的硫酸；亦可先将稀释好的硫酸放入桶内，然后加入所需的碳酸氢铵。要求硫酸与碳酸氢铵完全反应，不再产生气泡。反应后的废液为硫酸铵溶液，也是一种肥料，可作追肥用。但使用前应稀释 50 倍以上，以免浓度过高损伤根系。此法硫酸可用工业硫酸，碳铵用化肥，成本低廉。

土壤施肥法：通过土壤提高 CO_2 的方法有增施有机肥、深施碳酸氢铵和施用 CO_2 缓释颗粒肥等。大棚茶园适当增施有机肥，不仅能提高土壤温度，有机肥分解时产生的 CO_2 也能一定程度上提高大气 CO_2 的浓度。深施碳酸氢铵法是在茶树行间将碳酸氢铵按每米茶行将 $30 \sim 40$ 克施入 $8 \sim 10$ 厘米深处，

每月 $3 \sim 4$ 次，利用其自然分解产生的 CO_2 增加大棚内的 CO_2 浓度。CO_2 缓释颗粒肥是以农业废弃物为原料经酶解、微生物处理、添加专用制剂加工而成，能一定程度上控制 CO_2 释放的速率和总量。在大棚中亩沟施 50 千克，棚内 CO_2 浓度可提高至 $500 \sim 1000$ 毫克/升，时效可维持 30 天左右。

大棚茶园铺草与灌溉

搭建大棚的茶园，应在秋茶结束后结合施基肥进行一次深耕（或中耕），并在茶行间铺草，以各种山地杂草、作物秸秆为草源，每亩 $400 \sim 600$ 千克，厚度 $10 \sim 15$ 厘米，草面适当压土，第二年秋季翻埋入土。这对大棚茶园土壤既有增温保湿效果，又可改良土壤结构，提高土壤肥力。

塑料大棚是一个近似封闭的小环境，土壤水分主要靠人工灌溉补充。但由于土壤蒸发和茶树蒸腾的水汽，在气温较高时常会在塑料薄膜表面凝结成水珠，掉到茶园内。因此，土壤 $0 \sim 10$ 厘米土层含水量较高，且变化不大，一般相对含水量可达 80% 以上；在 30 厘米左右土层则容易干旱，特别是当气温升高到 20℃ 以上时，又在常揭膜、开门通气的情况下，棚内水汽流失量大，若 3 天不灌水，土壤相对含水量即降到 70% 以下。因此，棚内气温在 15℃ 左右时，应每隔 $5 \sim 8$ 天灌水 20 毫米左右，气温在 20℃ 以上时应每隔 3 天灌水 15 毫米左右。灌溉的时间最好选择在阴天过后的晴天，以利提高地温；一天之内，灌溉要在上午进行，利用中午这段时间的高温使地温尽快上升。灌水后要通风换气，以降低室内空气湿度。灌水的方式最好采用滴灌，不仅水分利用率高，而且对茶树叶片气孔和空气湿度影响小，灌溉的效果较好。

大棚茶园修剪与采摘

为提早春茶开采，塑料大棚茶园宜将常规的春茶前轻修剪（包括深修剪和重修剪）推迟到春茶结束后进行。每年或隔年进行一次深修剪，$3 \sim 4$ 年进行一次重修剪，控制树高在 80 厘米左右。每年秋茶结束后结合封园进行一次抽剪与边缘修剪，整理树冠面，以利通风透光和茶树养分积累。切忌在秋冬季进行茶园深修剪。秋冬季深剪会剪去大量的成熟叶和越冬芽，既降低光合作用积累有机营养，又减少翌

年新梢数，从而影响大棚茶叶的产量和品质。

大棚茶叶要早采、嫩采，多做名优茶。一般当蓬面上有 5%～10% 的新梢达到一芽一叶初展时即可开采，及时、分批、多采高档茶。春茶前期留鱼叶采，春茶后期及夏茶留养，以恢复茶树树势，秋茶留叶采，并提早封园，使茶树叶面积指数保持在 3～4，以保证冬春季有充足的光合面积。这也是来年春茶优质高产的重要条件之一。

大棚茶园病害防治

常规茶园在冬春季由于气温较低，一般没有严重的病虫危害。但塑料大棚茶园，由于其特殊的小气候特征，如气温常保持在 20℃ 以上，湿度也高达 90% 等，特别容易导致病菌的滋生繁殖。所以，大棚茶园的病害较严重。据中国农业科学院茶叶研究所对所内龙井 43 茶园的调查表明，茶树叶片炭疽病的发病率为 8.14%，病情指数为 1.66，而对照露地茶园的发病率和病情指数均为 0；另外，轻修剪茶树的发病率高于未修剪的茶树，表明茶树修剪后留下的伤口为病菌的侵染提供了通道。为防治大棚茶园病害的流行，在茶园管理工作中应注意以下几点：一是大棚覆盖后不要修剪；二是炭疽病发生严重的茶园，在大棚覆盖前应喷施杀菌剂进行保护，在发病初期，喷施 75% 百菌清或甲基托布津 1000 倍液防治，间隔期 7～10 天，连续喷施 2～3 次，以控制病害的流行。

大棚茶园的护理

温度调节：保温、增温和通风散热是大棚管理的主要环节。塑料大棚具有明显的增温效应，特别是晴天，气温上升快，下午 2 时前后温度甚至可达 35℃ 左右，极易灼伤幼芽叶。因此，要及时通风散热，当大棚气温冬季上升到 25℃，春季上升到 30℃ 时就应通风降温，当气温下降到 20℃ 以下时再闭门保温。一般晴天，可在上午 10 时前后开启通风道，下午 3 时左右关闭。气温特高时，还应在大棚的两侧再开几个通风口，以促进通风散热。冬季气温较低或春季气温回升，但有寒潮发生时，为防止棚内温度过低或促进茶芽早发，可安置煤炉等增温设施，提高棚内的气温。需要指出的是煤烟应引出园外，以免污染大棚空气。另外，为充分利用大棚的温室效应，塑料大棚要牢固、密封，发现棚顶有积水和积雪时应及时清除，棚膜有破损时及时用宽条粘胶带修补，以防冷空气侵入。

人工补光：据测定，在简易竹木大棚内由于立柱和拱架的遮挡，以及塑料薄膜的反射、吸收和折射等引起光照强度的损失，棚内光强不到棚外自然光强的 50%，严重影响茶树叶片的光合效率。因此，提高光照强度是大棚茶树获得高产优质的重要条件之一。这除了选择向阳的茶园和使用透光好，耐老化，防污染的透明塑料膜等外，人工补光是改善冬季大棚光照条件最有效的办法。人工补光的方法是在晴天早晚或阴雨天用农用高压汞灯照射茶园。需要指出的是人工补光成本较高，选择使用时要计算投入产出比。

揭膜：当气温较高，已无寒潮和低温为害时可考虑揭膜。杭州地区大约在 4 月上旬。揭膜前需经数次炼茶，方法是在揭膜前一个星期，每天早晨开启通风口，到傍晚时再关闭，连续 6～7 天，使大棚茶树逐渐适应自然环境，最后揭除全部薄膜。

另外，由于茶园冬春季覆盖塑料大棚，人为打破了茶树休眠与生长的平衡，对茶树养分积累和生长发育有一定的影响。因此，对于连续搭盖大棚的茶园，搭盖 2～3 年后最好"轮换"1 年，以利茶树休养生息，充分提高大棚的经济效益。

（韩文炎）

2. 茶树遮阳栽培

遮阳栽培是一种简易的茶树设施栽培技术，即在茶树上方或蓬面搭盖遮阳材料，避免阳光直射，降低温度，增加湿度，减少蒸发等，从而促进茶树的生长发育，达到提高茶叶产量和品质的目的。

（1）茶树遮阳棚的种类及覆盖材料

① 遮阳棚的种类和结构

根据遮阳的目的和要求不同，茶园遮阳棚主要有三种。

矮棚：主要用于茶树短穗扦插苗圃，主要目的是培育茶树幼苗，提高育苗成活率。矮棚有平式、拱形式和倾斜式等。平式矮棚是用木桩插入畦的两侧，木桩入土 30 厘米，地面上高 30～40 厘米，木桩间距 1.0~1.5 米,木桩顶部用小竹或竹片相连成棚架,上盖竹帘、草帘或遮阳网。拱形式矮棚是在畦的两侧用竹片弯成弧形插入土中,竹片中心高度距地面 60~70 厘米,竹片顶端和腰间用小竹竿连接固定,上部覆盖塑料薄膜和遮阳网。

高棚:与塑料大棚相似,有简易竹木结构、钢架结构、钢架混凝土柱结构和钢竹混合结构等,是一种永久性的设施,具体结构见塑料大棚,不另行赘述。遮阳高棚与塑料大棚的区别在于前者上覆稻草、竹帘或遮阳网等,仅起遮挡阳光的作用;而后者上覆塑料薄膜,起保温作用。目前,遮阳高棚主要用于蒸青茶园的覆盖,其特点是遮阳棚内的茶树新梢能自由生长,春夏秋三季茶叶均能覆盖,且使用年限较长,但成本较高。

蓬面直接覆盖:这是一种临时性的遮阳措施,主要用于蒸青茶园,起遮挡阳光的作用。一般于春、秋茶期进行,当茶芽长到一芽二三叶后,将遮阳网或稻草直接覆盖在茶树蓬面上,覆盖 5~15 天后揭去遮阳材料采茶。这种遮阳方式不受茶园地形的限制,容易操作,但新梢受遮阳网的挤压,无法自由生长,特别是夏季温度较高且用遮阳网覆盖时,新梢易灼伤,影响茶叶质量,因此,局限性较大,但由于成本低,仍是目前蒸青茶园覆盖的主要形式。

② 茶园覆盖材料

茶园覆盖材料的种类很多,传统上经常使用的主要有稻草帘、茅草帘、竹帘和芦苇帘及其他作物秸秆等,材料能就地获取,但比较笨重,不易铺卷和贮运,一次性投入成本虽然较低,但使用寿命短,折旧成本较高。目前使用较多的是遮阳网,又称寒冷纱,是以聚乙烯、聚丙烯和聚酰胺为原料,经加工制作拉成扁丝,编织而成的网状材料。这种材料重量轻,强度高,耐老化,柔软,便于铺卷;同时可以通过控制网眼的大小和疏密程度,使其具有不同的遮光通风特性,在生产中可根据需要较随意地选择。

遮阳网的种类因遮光率、幅度和颜色不同可分成多种。遮阳网的遮光率由 20%~90% 不等,幅度有 90 厘米、150 厘米、220 厘米和 250 厘米,网眼有均匀排列的,也有疏、密相间的,有单层的,也有双层的。颜色有黑、银灰、白、果绿、黄和黑相间等。生产上使用较多的是遮光率 40%~50% 和 80%~90% 两种,宽度为 160~220 厘米,颜色以黑和银灰色为主,单位面积重量在 50 克/平方米左右。

(2) 茶树遮阳栽培的效应

短穗扦插苗圃的作用在相关章节中已有详细介绍,这里不再重复。本节主要介绍遮阳栽培对成龄茶园的影响。

① 遮阳对茶园微域气候的影响

削弱光强、改变光质

据北京农业工程大学的测定,在纺织结构和疏密程度基本一致的情况下,不同颜色遮阳网的遮光率有明显的区别,黑、绿和银灰色三种遮阳网的遮光率以黑色网最大,绿色次之,银灰色最小,对总辐射的透过率分别为 39.0%、59.2% 和 67.8%;遮阳网对散射光的透过率要比总辐射高,这说明网内茶树蓬面的光照分布比露地均匀,其中银灰色网内散射辐射比露地强,主要是由于银灰色的反射作用较强引起的。在波长为 200~350 纳米的紫外线区域或 400~700 纳米的光合有效辐射区域,银灰色网光的透过率大于黑网,从而影响其降温性能。所以,温度较高时,使用银灰色遮阳网的茶树新梢特别容易灼伤,应避免使用。

调节温度

据日本大场正明的研究表明,春季覆盖不同材料的遮阳网后,茶树蓬面气温无论是最高,还是最低均有提高,如聚乙烯醇(白色)、冷布(白色)和不覆盖 3 种处理最高气温分别为 27.5℃、25.0℃ 和 22.8℃,最低气温分别为 1.2℃、0.9℃ 和 0.8℃,平均气温分别为 14.4℃、13.0℃ 和 11.9℃。由于气温提高,从而能提早茶树的采摘期,与不覆盖相比,冷布覆盖提早 2 天,聚乙烯醇和聚对苯二甲酸乙二醇酯能分别提早 5 天和 7 天。但夏季覆盖茶树蓬面温度可明显降低,最高气温可降低 8~13℃,从而有利于提高茶叶品质。

降低风速,减少蒸腾

由于遮阳网的阻挡作用,遮阳网下的风速降低。据测定,一般网内茶树的风速为网外的 35% 左右。由于风速降低,以及夏季茶树蓬面温度和地面温度的降低等,土壤蒸发和茶树蒸腾作用都有明显的减弱。

②遮阳对茶树生长发育的影响

茶树遮阳后，由于微域气候条件的变化等，茶树的生理代谢会发生一系列的变化，从而影响茶树的生长发育。

遮阳对茶树叶片叶绿素含量的影响

茶树覆盖遮阳网后，由于光照强度明显降低，茶树叶片为了保持一定的光合作用强度，通过提高自身叶绿素含量的方式来增强光合作用强度。据中国农业科学院茶叶研究所在试验茶园中采用45%遮光率的黑色遮阳网分别采用蓬面直接单层和双层覆盖，高棚单层和双层覆盖的试验。测定结果表明，无论是新梢还是成熟叶，叶片叶绿素含量均有明显提高，其中双层覆盖的叶绿素含量比单层高，直接覆盖的比架棚覆盖的略高，覆盖2星期的比覆盖1星期的高，表明茶叶叶片叶绿素含量随着遮阳度、遮阳时间的延长而提高。但需要指出的是，茶树叶片叶绿素含量覆盖后前期提高较快较多，而后期相对较少较慢。据研究，除竹帘遮阳外，葡萄遮阳、黄蓝色塑料薄膜遮阳后，新梢的叶绿素含量均有不同程度提高；叶绿素a与b的比值则有不同程度降低，表明遮阳后红橙光减少，不利于叶绿素a的形成，而蓝紫光的增加有利于叶绿素b的增加。显然，这对提高茶树的氮素代谢，促进含氮化合物的积累是有帮助的。

遮阳对茶树叶片光合和呼吸强度的影响

对龙井和福鼎白毫种的研究表明，一定程度的遮阳有利于提高茶树叶片的光合作用强度，但遮阳过度则会明显降低茶树叶片的光合作用强度。如遮光率0、45%~50%和大于90%三个处理，5月2日测定的光合作用强度分别为1.79、1.12和0.37 CO_2 mg/dm2.h，7月12日测定时则分别为2.49、4.35和1.26 CO_2 mg/dm2.h，说明一定的遮光率前期对茶树光合作用仍有一定的影响，但后期，特别是随着光照的增强则对茶树叶片光合作用能起一定的促进作用。遮阳还能明显降低茶树叶片的呼吸强度，如遮光率25%~30%时，呼吸强度平均降低13.8%，表明适度遮阳通过提高茶叶叶片光合作用强度，减少呼吸消耗，从而提高了茶叶的产量和品质。

遮阳对新梢产量和品质的影响

夏茶开采前一周至秋茶结束，用黑色和灰色遮阳网进行覆盖，能提早茶树新芽的萌发，比对照茶树提早8~10天，一芽三叶长可增加0.4~0.6厘米，一芽三叶百芽重提高5~7克，正常芽叶的比例提高10%~13%。黑色和灰色遮阳网分别比对照增产13%和7.5%，鲜叶色泽深绿有光，叶质柔软，有利于提高绿茶品质。但日本大桥透春季覆盖遮阳网的研究表明，茶树覆盖遮阳网后新梢数量减少，新梢百芽重也较轻，但新梢氨基酸含量有明显提高，茶多酚含量降低。进行茶叶品质分析的试验也得出了类似的结果。茶树遮阳的效果与遮光度、遮光时间、茶树长势和栽培管理等情况的研究表明，遮光率过高或覆盖时间过长，不仅使茶叶产量明显降低，而且新梢中的氨基酸、茶多酚、咖啡碱和水浸出物含量也都有显著的降低，茶树叶片的寿命也会缩短。如1993年夏季，遮光率80%的竹帘覆盖20天后，茶叶产量、新梢氨基酸和茶多酚含量均下降40%以上。茶树健壮，土壤肥沃，施肥充足的茶园，覆盖对茶叶品质的促进作用较明显，持续的时间也较长；而树势衰弱，土壤贫瘠，施肥水平低的茶园则效果差，持续的时间也较短。

(3)茶树覆盖技术

如前所述，茶树覆盖后，茶园微域小气候和茶树体内的生理代谢均发生了变化，有的对茶叶产量和品质的形成有利，有的则会产生不利影响。为此，在实施茶园覆盖栽培时，应采取必要的技术措施，以充分提高茶园的经济效益。

覆盖茶园选择

原则上讲，任何茶园均能进行覆盖。但为了充分提高茶叶的产量和品质，一般要求选择土壤深厚、肥沃，茶树健壮且树冠面较平整的高产优质茶园，以平地和缓坡为宜。

覆盖技术

茶园覆盖的材料可就地选择，作物秸秆和遮阳网均可，但遮阳网轻便，容易操作。覆盖的方式有高棚覆盖和茶树蓬面直接覆盖两种，高棚覆盖成本较高，但不受季节的限制，夏天也可实施。高棚覆盖时，由于受风的影响，以及棚四周光的散射等，即使同样材料的遮阳网,茶树遮光度也比直接覆盖低。因此,高棚覆盖时,为达到同样程度的遮光度,应选择透光率较高的遮阳网,棚四周也应挂上遮阳网以免漫射光进入茶园。茶园覆盖时间一般在采摘前一星期至半个月,当茶芽长到一芽二、三叶时开始覆盖。对于土壤肥力水平中等的茶园,使用遮光率50%左右的遮阳网时,春天阳光弱,覆盖的时间应稍长,一般以10天左右为宜;而夏天光线足,遮阳的时间可稍短,控制在5～7天。茶园管理水平高,使用透光率高的遮阳网,覆盖的时间可适当延长,反之,则应缩短。茶叶采摘时,应一边收网一边采茶,以免阳光直射时间过长,叶绿素含量减少等,影响茶叶的品质。

覆盖茶园的管理

茶树遮阳覆盖的目的主要是为了提高茶叶品质,并适当改变茶叶采摘期等。因此,茶园覆盖应围绕这一中心进行。目前,蒸青茶园覆盖的面积最大。蒸青茶除绿茶的一般要求外,十分强调"三绿",即"色绿、汤绿、叶底绿",以及香气清鲜、味甘醇和等品质特点。因此,蒸青茶原料不仅要求叶绿素含量高,而且有全氮量高、氨基酸丰富、茶多酚适中、酚氨比低等要求。所以,在覆盖蒸青茶园的管理过程中,十分强调茶园的肥培管理和留养技术。

覆盖茶园应特别重视有机肥、氮肥和镁肥的使用,一般要求有机肥的使用量(如按菜饼计)应在3000千克/公顷以上,氮肥按茶叶产量计,每采100千克干茶,年施纯氮应在15千克左右,镁肥可以钙镁磷肥的形式施入,如土壤有效镁的含量在40毫克/千克以下,年亩施钙镁磷肥的应在50千克以上。

其次,应适当修剪和留养。对于多数蒸青茶,一般留养到一芽三、四叶,甚至一芽四、五叶后才进行采茶,但又要求有较高的嫩度。因此,增强新梢的持嫩性,是蒸青茶生产又一重要目标。这除了进行茶园覆盖外,及时修剪整枝十分必要。一般春茶结束后,需对树冠进行修剪。具体方法视茶树树势由强而弱,分别采取轻修剪、深修剪和重修剪等措施,以控制树高,保持生长枝有较强的萌芽能力。茶叶采摘时要适当留养,特别是机采茶园更应如此,春茶后期最好能留一叶采,或秋茶适当提前结束,以保持树冠面有一定的绿叶层。如有条件,采取覆盖的茶园应轮换进行,以充分恢复覆盖茶树的树势。留养还应与覆盖程度相结合,对于覆盖时间长,遮光率又高的茶园,如采摘玉露茶的茶园,则应特别注意留养,一般采摘春茶后,夏秋茶均应进行留养。

（韩文炎）

3. 茶树无土栽培

无土栽培是将作物生长发育所需要的各种营养元素配制成营养液,将其供给茶树根系,使之正常生长发育的栽培方式。无土栽培又称营养液栽培,使人类获得了对作物生长全部环境条件,包括地上部和地下部进行精密控制的能力,从而使农业生产有可能摆脱自然条件的制约,按照人类的愿望,向着机械化、自动化和工厂化的方向发展。世界上最早建立茶树无土栽培体系的国家是日本,1984年12月,日本建立的茶树水培体系开创了茶树无土栽培用于商业生产的先河。

（1）茶树无土栽培的意义

茶树无土栽培以人工创造的茶树根系环境取代土壤环境,不仅能满足茶树对矿物营养、水分、空气等环境条件的需要,而且能人工对这些环境进行控制和调整,促进茶树生长发育,使茶树发挥更大的生产潜力,并使茶树栽培向自动化、工厂化方向发展。其意义在于:

促进茶树生长,提高茶叶品质

日本无土栽培的实践表明,在水培条件下,茶树的生长速率显著高于田间条件下的茶树,干重增长速率是田间的6倍。由于生长速度快,水培茶树在培养1～2年后就达到成龄状态,据荒井昌彦测定,茶树每隔35～45天重复萌芽,在一年期内可获9次收获高峰,从而大大提高茶叶产量。水培条件下茶树营养液的浓度可任意调节,从而能充分满足茶树生长发育的需要,由于水培营养液中的氮含量比田间条件高,使茶树新梢和成熟叶的氨基酸和含氮量明显提高。据小西茂毅的观察表明,茶树叶片和茎上甚至有谷氨酸、茶氨酸、天门冬氨酸、天门冬酰胺和丙氨酸的白色离析物分泌出来。氨基酸含量的提高大大提高了茶叶品质,特别是绿茶滋味好、香气高。

提高养分和水分利用率

土壤种植时,施入的肥料易挥发、被土壤粘粒和微生物吸附固定,或渗漏流失,灌溉的水分也易大量流失,浪费很多,甚至污染周边环境。无土栽培可避免水分和养分的流失,充分被茶树吸收和利用。据小西茂毅测定表明,无土栽培的水分消耗量仅为常规栽培的1/8左右。土壤栽培养分利用率一般在50%左右,氮素利用率更低,仅为20%～40%,且由于各种养分的损失不同,使土壤溶液中各元素间很难维持平衡,而人工配制成的营养液,不仅不会损失,而且能保持平衡,从而大大提高茶树对养分的吸收利用率。

省力省工,易于管理

无土栽培无需进行土壤耕作、锄草等作业,省力省工。浇水追肥同时进行,由供液系统定时、定量供给,管理十分方便。一些发达国家,已进入电脑控制时代,供液及营养液成分的调控全程用计算机管理,从而为农业生产实施机械化、工业化、自动化和标准化的生产和管理创造了条件。

不受自然环境限制,充分利用空间和设备

无土栽培使茶树彻底脱离了土壤环境,因而摆脱了土壤的约束。耕地被认为是有限的、宝贵的和不可再生的资源,尤其是耕地缺少的国家和地区,无土栽培的意义更大。无土栽培不受空间的限制,使不适合种茶的地方亦可栽培,如日本在北海道成功地建立了茶树水培系统。另外,无土栽培还摆脱了季节的限制,茶树在水培条件下能全年生长,从而使茶叶加工厂能实现周年生产,茶农和制茶工人能更合理地安排生产时间,茶厂的机械设备利用率更高。

清洁卫生

无土栽培的生产场所没有土壤,茶树生长在栽培水槽或容器内,水分、养分均通过管道或专用的供液系统,现场清洁卫生。同时,在水培条件下,茶树生长健壮,又没有有机粪肥带来的寄生虫卵及公害污染,可减轻茶树病虫害危害,促进茶鲜叶的清洁生产。

但是,在看到无土栽培优点的同时,应该看到它的不足之处,这突出表现为成本高,一次性投资大;同时还要求较高的技术和管理水平,这也不是任何地方都能做到的。从技术上讲,进一步研究茶树矿质营养的生理指标,避免高温引起的病害,培养液供给与停止供应的最佳时间,环境温度、湿度和日照量相互作用及调控,基质和营养液的消毒,选择适合无土栽培的品种等等都还有待于研究解决。

(2)茶树无土栽培的种类

茶树无土栽培的种类很多,但大体上可分为两类:一类是用固体基质来固定根部;另一类是不用固体基质固定根部。此外,也有利用供液方式来进行分类的,但是,相同的基质却有不同的供液方式,容易造成混乱。一般按基质的有无进行分类,见下图。在实际应用中,无土栽培的类型主要有水培、喷雾栽培和基质栽培等。

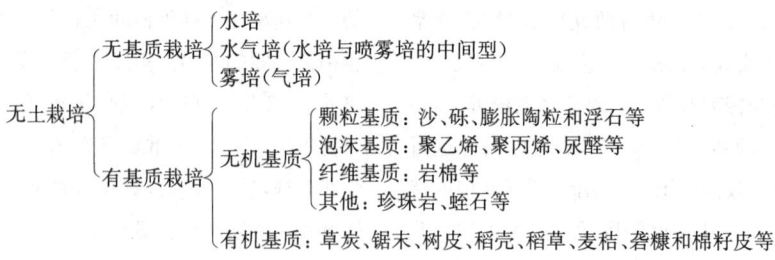

茶树无土栽培的分类

① 水培及其设备

水培是指植物直接与营养液接触,不用基质的栽培方式。最早的水培是将植物根系浸入营养液中生长,由于出现氧气缺乏现象,影响根系呼吸,严重时导致烂根。因此,防止水培氧气不足是其中的重要环节。目前,在茶树水培中常用的方法有薄层营养液膜法和金鱼泵加氧法等。

薄层营养液膜法

薄层营养液膜法是将茶树根系生长在形成薄膜状的营养液中,营养液循环流动,供应养分和氧气。其设备主要有种植槽、贮液池和营养液循环流动装置等部分组成。种植槽槽面用发泡塑料等材料覆盖,使茶树根系处于黑暗状态。茶树按一定株距植入槽内,槽的高端设置几个(视槽宽而定)直径为2～3毫米的细管使注入栽培槽的营养液在槽底呈一薄层水膜。槽长一般不应超过20米,过长不利于供液。槽的坡降1∶75左右,以使供液量能形成一薄层水膜为宜。营养液槽中应有营养液浓度控制器(电导仪)和pH控制器(pH酸度计),以调节营养液中的养分浓度和pH值。在槽的另一端,设置一回水管,将流经槽的营养液通过回水管流至贮液槽内。同时还设置输液机、加温、加酸、自动报警装置等,控制营养液的正常输送与回收。

盆钵水培法

采用釉瓷钵、陶瓷钵和塑料钵等,内盛营养液。茶树根系浸入营养液中,茶树固定在盖板中心的孔洞中,固定时先用塑料泡沫包扎茶树根茎部(原泥门部位)。营养钵插入供气管道,用金鱼泵等设备昼夜通气。钵内营养液每1～2周更换一次。

② 喷雾栽培及其设备

喷雾栽培简称雾培,也叫气培,是利用喷雾装置将营养液雾化,使茶树根系在封闭黑暗的根箱内,悬空于雾化后的营养液环境中。日本已建立了多套茶树雾培系统,在不同的地区进行茶树无土栽培。

在建立好的温室设施内,将茶树植于苗床上,由一个循环系统供应营养液。苗床上方用黑色乙烯纤维或寒冷纱等覆盖遮阳,控制室内的光照和温度。苗床一端装配有营养液罐(槽)、供液泵、暖风机和冷风机等。苗床用苯乙烯泡沫盒和铁支架构成,宽1.2米,长度视实际场地而定。苗床的外边和里边均用乙烯布覆盖,苗床面用苯乙烯覆盖。每条苗床植茶8行,行株距为15 cm×20 cm,每穴植茶1～2株。茶树根系悬挂于苗床内,苗床分两隔,每隔两侧内壁有喷雾管道,按喷孔间距20厘米设置喷头,喷头的工作由定时器控制,如每隔90秒喷雾30秒,将营养液由空气压缩机雾化,喷到根系上,如喷雾压力为0.5～0.6千克/平方厘米。营养液从苗床底部的出水口回流至营养液罐,营养液循环使用,每隔2周换液一次。

③ 基质栽培及其设备

在基质无土栽培体系中,固体基质主要作用是支持茶树根系并提供一定的水分和养分。基质栽培的方式有钵培、槽培、袋培、岩棉培等。钵培是采用釉瓷钵、陶瓷钵和塑料钵等做容器,填入河砂、蛭石或珍珠岩等基质。槽培是将基质装入一定容积的栽培槽中种植茶树,槽可以是用混凝土和砖建造的永久性栽培槽,也可以是木板做成的半永久性槽。岩棉培是用岩棉作基质,岩棉是玄武岩中的辉绿岩在1600℃的高温下熔融拉丝而成,农用岩棉在制造过程中加入了亲水剂,使之易于吸水。岩棉干燥时重量较轻,容易对作物根系进行加温。茶树种植在钵、槽或袋内,定期供营养液。

基质栽培一般通过滴灌系统供液。供液系统有开路系统和闭路系统,开路系统的营养液不循环利用,而闭路系统中营养液则循环利用。由于闭路系统的设施投资较高,而且营养液管理复杂,在我国目前条件下,主要采用开路系统。另外,基质栽培与水培、雾培相比,具有缓冲性强,栽培技术简单,设备易建造和成本低等优点,茶树无土栽培中可优先考虑。

上述基质栽培均采用营养液灌溉茶树,管理较为复杂。为了克服这一缺点,"有机生态型无土栽培"应运而生。这种方式是使用基质,但不用营养液,而使用有机固态肥料并直接用清水灌溉的一种无土栽培技术。这种技术由于采用了有机肥,从而可全部取消配制营养液所需的设备、测试系统、定时器、循环泵等,有机肥的成本也比营养液低得多。因此,投资成本和生产费用均可明显降低。另外,还有操作管理简单和不污染环境等优点,有机肥含有各种营养元素,其中微量元素可满足需要。所以,在管理上主要考虑氮、磷、钾三要素的供应总量及其平衡状况,从而大大简化了茶树营养的管理过程。

(3) 茶树无土栽培技术

选取2年生左右的无性系良种茶苗,漂洗去粘附于根系上的土粒,剪去根系长于25厘米的根端部分,地上部剪去高于25厘米以上的枝梢,随即将根部浸入酸性自来水中,然后取出植入钵或栽培槽内进行无土栽培。

① 营养液的制备

营养液是无土栽培的核心,只有掌握了营养液配制的原理、配制技术和变化规律,才能使无土栽培获得成功。营养液配方的制订,首先需要根据茶树对营养元素吸收的情况,确定营养液中元素总浓度和各元素间的相对比例,然后选择含有各营养元素的适宜化学制剂(或无机肥料),确定用量。通过对初配营养液的试验,再确定能保证茶树良好生长和茶叶优质的最适配方。其配方应包括所有的必需元素,并增加特定的有益元素铝等;营养元素间有适宜的浓度比和酸碱度范围。在大量的试验基础上,小西茂毅提出了茶树水培的标准营养液配方(见表4-30)。在具体应用时,应依茶树不同生育期对氮素吸收利用的情况作适当的调整,并改变营养液的酸碱度,以利于茶树生长。

配制营养液的水源应不含有害物质,不受污染,一般要求与饮用水的水质相当。若水质过硬,应事先予以处理,营养液的硬度以不超过 10° 为宜。另外,水质的 pH 为 5.5~7.0,溶解氧在使用前应接近饱和,NaCl 含量应<2 mmol/L 等。

营养液配制时应注意避免沉淀的出现,一般是容易与其他化合物起作用产生沉淀的盐类,最好选配成单一盐类的浓缩液(母液),在浓溶液时不能混合在一起,但母液经过稀释后就不会产生沉淀,此时可以混合在一起。

营养液配方计算时,因为钙的需要量大,并在大多数情况下以硝酸钙作为唯一的钙源,所以计算时一般先从钙的量开始,钙的量满足后,再依次计算氮、磷、钾、镁等。微量元素的需要量较少,在营养液中的浓度又非常低,所以每个元素均可单独计算,而无须考虑对其他元素的影响。

考虑到无土栽培的成本,配制营养液的大量元素通常使用价格便宜的农用化肥,微量元素由于用量较少,使用化学试剂配制。

② 营养液的管理

营养液的管理是茶树无土栽培与土培存在根本不同的方面,技术性强,是无土栽培,尤其是水培和雾培成败的关键。营养液配成后到供给作物的流程如下图所示,全过程每一步都要精心管理。

营养液配方和浓度的管理,随茶树品种、生育期、生长季节和栽培目的略有差异,以充分满足茶树生长发育对养分的需求。如龙井 43 对氮的需要量较大,可适当提高营养液中氮的浓度;茶树幼龄期对氮、磷、钾的需求较均衡,而成龄期对氮的需求相对较高;茶树旺盛生长季节对养分的需求较高,而休眠季节则相对较低。茶树营养液在配制时应根据这些变化作适当的调整。

表 4-30　茶树标准营养液的成分及浓度

元素	分子式	浓度(mg/kg)
NH_4^+	$(NH_4)_2SO_4$	30
NO_3^-	$Ca(NO_3)_2 \cdot 4H_2O$	10
P	KH_2PO_4	3.1*
K	KH_2PO_4,K_2SO_4	40
Ca	$Ca(NO_3)_2 \cdot 4H_2O$,$CaCl_2 \cdot 2H_2O$	30
Mg	$MgSO_4 \cdot 7H_2O$	25
Fe	Fe—EDTA	0.35
B	H_3BO_3	0.1
Mn	$MnSO_4 \cdot 4H_2O$	1.0
Zn	$ZnSO_4 \cdot 7H_2O$	0.1
Cu	$CuSO_4 \cdot 5H_2O$	0.025
Mo	$Na_2MoO_4 \cdot 2H_2O$	0.05
Al	$Al_2(SO_4)_3 \cdot 16{\sim}18H_2O$	10.8**

* 0.1 mmol/L; ** 4 mmol/L,pH4.3。

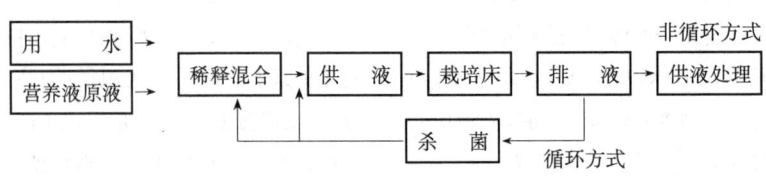

营养液供应流程示意图

营养液中的 pH 值管理是无土栽培的重要环节,尤其是水培,对于 pH 值的要求更为严格。这是由于各种肥料成分均以离子状态溶解于营养液中,pH 值的高低会直接影响各种肥料的溶解度,从而影响作物的吸收,甚至导致由缺素引起的生理病害;反过来,作物对营养液中离子吸收的差异又会导致营养液 pH 值的变化。因此,对营养液的 pH 值应定时调整。

营养液的补充与更新对于循环式供液的无土栽培也是非常重要的。每循环一周,营养液被茶树吸收、消耗,液量会减少,回收液的量不足一天的用量,需进行补充。另外,营养液使用一段时间后,由于营养液中组分的变化和受枯株落叶的污染等,需全部倒掉,重新配制。一般营养液连续使用 2 个月左右,应进行一次全量或半量的更新。

另外,无土栽培根际病害比土培少,但地上部一些病菌会通过空气、水及使用的装置、器具等传染,尤其是营养液循环使用的情况下,如果栽培床上有一棵病株,就会有通过营养液传染整个栽培床的危险。所以,对使用过的营养液应进行消毒。最常用的消毒方法是高温热处理,处理温度为 $90℃$;也有采用紫外线、臭氧和超声波等进行消毒的。

③ 温室微域气候的调控

无土栽培常常采用温室栽培。温室的微域气候与外界环境条件具有显著的区别,特别表现在空气温度、湿度、CO_2 浓度和光照等。因此,应根据茶树生长发育的适宜需求,对温室环境条件作适当的调控。

在温度管理上,以保持室温 $25℃$ 左右最有利于茶树的生育。所以,高温期间,利用遮盖物进行遮光处理,降低室温;低温季节,需进行加热,提高温度。开启暖风机或冷风机对营养液的温度进行调节,从而使用茶树能在适温条件下生长。

相对湿度过高是温室经常出现的现象。相对湿度高不仅会降低茶树叶片的气孔开度,影响光合作用和蒸腾作用等,而且也易导致温室病害,室温高时尤其如此。因此,当温室内空气湿度过高时,应及时开启去湿机等进行通风排湿。

温室空气中 CO_2 浓度昼夜发生有规律的变化,一般太阳照到前最高,随着茶树光合作用的进行,CO_2 浓度逐渐降低,12 时前后达最低点,14 时后又开始回升。由于温室的密闭性强,加上茶株密度高,中午前后 CO_2 浓度可降低至 $100\sim200$ 毫克/升,从而严重影响茶树的光合作用。因此,及时补充 CO_2,增加其浓度是促进茶树生长的重要技术措施之一。

由于温室玻璃或塑料薄膜的遮挡或反射作用,冬春季温室内光照不足也是影响茶树光合作用强度的重要限制因子之一。因此,在冬春季,特别是阴雨天,最好能进行人工补光,以促进茶树的生长发育。

（韩文炎）

（十三）有机茶栽培

人类社会进入 20 世纪以来,随着人们经济水平的提高,在环境意识增强的同时,对食品的要求也发生了变化,从单纯追求品味、营养发展到关注食品的安全质量。有机食品在这样时代与市场要求下诞生和发展起来,以适应国内外市场的需要。

1. 有机茶生产的背景

20 世纪科学技术的发展,为人类社会带来了繁荣,但也带来了新的挑战,人口压力、土地短缺、生态环境恶化和能源匮乏等已成为现代社会的隐患。人们在新世纪中已认识到并将更加注意经济、社会、生态、环境和科技的协调发展。农业兴衰直接影响着人类的发展和社会的稳定。20 世纪 50 年代以来,世界科技的迅猛发展,工业对农业的支持和投入,特别是化肥、化学农药和机械在农业生产中的应用,使得世界农业有迅速的发展,粮食和其他农产品的产量和质量有了明显提高,对保障人类的生活需要和社会稳定起到重要作用。茶叶生产也呈现同样的趋势,半个世纪以来,世界茶叶产量增加 3.5 倍,达 300 万吨以上;我国茶叶产量增加了 8.5 倍,达 124 万吨。现在我国有 6 亿人口喝茶,茶叶年产值 300 亿元人民币,加上相关产业的产值,估计茶叶产值有 600 亿元,同时还有 8000 万茶农从事茶叶生产。这些数字说明,在我国茶叶已成为一项具有一定规模的产业。但另一方面,由于化肥、农药的大量使用,造成了自然资源和环境的恶化以及食品的污染。这些负面的效应促使人类认识到农业要发展,必须寻求一种既能满足人类基本需求,又能最大限度地减少对环境和食品污染的农业发展方式,也就是一种农业可持续发展的环境保护型农业发展方式。在这种思想指导下,世界各国科学家从农业可持续发展的前提出发,探索诸如生态农业、有机农业发展方式,强调资源、环境、效益相结合,并且不只注重产品数量和质量、经济效益,还重视生态、环境和资源的保护和持续发展,但在具体内容上仍有不同之处。生态农业是 20 世纪 80 年代美国最早提出的。它的定义是在尽量减少人工管理的条件下进行农业生产,保护土壤肥力和生物种群的多样化,控制土壤侵蚀,少用或不用化肥和农药,减少环境压力,实现持久性发展。可见,生态农业是模拟自然生态系统,可以使用化肥和农药,但强调化学物质的低投入原则,把维持和保证资源环境的持续性放在首位。有机农业则早在 20 世纪 20 年代即已提出,但在 70 年代才有迅速发展。其基本特征是一种对生产环境和过程要求非常严格的持续农业生产,生产过程中禁止使用一切人工合成的肥料、农药、生长调节剂,按照有机食品的加工、包装、贮藏、运输标准进行全程质量控制和跟踪审查,并经有机机构颁证。有机食品还包括采用有机方式采集的野生天然产品等。

(傅尚文)

2. 有机茶的概念和含义

农业部 2002 年 7 月 25 日发布的《有机茶》NY5196—2002 行业标准中的定义是:"在原料生产过程中遵循自然规律和生态学原理,采取有益于生态和环境的可持续发展的农业技术,不使用合成的农业、肥料及生长调节剂等物质,在加工过程中不使用合成的食品添加剂的茶叶及相关产品。"显然,有机茶是按有机农业和有机产品生产体系进行种植和加工生产的,目的在于建设一个生物多样性的和物质良性循环的生态环境,以保持茶叶优质、高产和生产可持续发展。从这一理念出发,在有机茶园基地建设中,是以保护生态多样性为准则,不搞烧山垦园的做法;在规划时是考虑茶与林、草、农、牧、禽等合理布局,以提高基地生物多样性和生态平衡,不搞茶

海一片的清一色茶园基地;在茶园土壤肥培上首先是采用绿肥、铺草和修剪枝叶回归茶园及系统内有机废弃物无害化处理后在茶园中的施用,然后再考虑有机茶系统以外物质的投入;在防治病虫害方面首先是考虑使用生物多样性的自然生态平衡的调控作用及农艺防治措施,在不得已的情况下才考虑生物农药等等。有机茶作为一种有机产品更着重于它的安全性,重视生产全过程中的每个环节是否都按有机方式进行生产。它与常规农业的最大区别之一是有机农业生产的基地建设、栽培、加工、销售等过程都有一系列的准则来约束和规范其生产行为,并为检查、认证、监督提供依据,也为产品进入市场提供必要条件。有机茶生产受到《有机产品》GB/19630—2005 和农业行业标准《有机茶产地环境条件》NY5199—2002、《有机茶生产技术规程》NY/T5197—2002、《有机茶加工技术规程》NY/T5198—2002 和《有机茶》NY5196—2002 等标准的制约,规范其生产行为。

总之,有机茶是在一个特定环境内,按照有机农业生产标准,在生产中不采用基因工程所获得的种苗,不使用人工化学合成的物质,遵循自然规律和生物学原理,采用系统的可持续发展的农业技术措施,建设一个生物多样、生态平衡、环境优良、生产稳定、管理有序可控、效益良好的茶叶生产基地,生产出品质优良、卫生安全的茶叶,造福社会。当然,有机茶生产技术要求很高,难度较大,时间较长,但它是一项功在当前,利在千秋的长期系统工程,只有不懈坚持才能逐步完善和实现。

(傅尚文)

3. 有机茶的环境条件和基地建设

(1) 有机茶园的环境条件

环境是人类生存和发展的基础,又是人类经济活动的载体。有机茶的基地建设和开发工作遵循可持续发展的原则,以全程质量控制为基本指导思想,其目的是通过生产有机茶,提高食品质量与安全,保护和改善自然资源和生态环境。

农业行业标准《有机茶产地环境条件》(NY5199—2002)中规定了有机茶产地环境条件的

要求是：有机茶产地应水土保持良好，生物多样性指数高，远离污染源和具有较强的可持续生产能力。有机茶园与交通主干线的距离应在 1000 米以上。有机茶园与常规农业生产区域之间应有明显的边界和隔离带，以保证有机茶园不受污染。隔离带以山和自然植被等天然屏障为宜，也可以是人工营造的树林和农作物。农作物应按有机农业生产方式栽培。

《有机产品 第 1 部分：生产》(GB/T19630.1—2005)中规定了有机产品产地环境要求：有机生产基地应远离城区、工矿区、交通主干线、工业污染源、生活垃圾场等。基地的环境质量应符合以下要求：土壤环境质量符合《土壤环境质量标准》(GB 15618—1995)中的二级标准；农田灌溉用水水质符合《灌溉水环境质量标准》(GB 5084)的规定；环境空气质量符合《环境空气质量标准》(GB 3095—1996)中二级标准和《保护农作物的大气污染物最高允许浓度》(GB 9137)的规定。同时规定了缓冲带和栖息地：如果农场的有机生产区域有可能受到邻近的常规生产区域污染的影响，则在有机和常规生产区域之间应当设置缓冲带或物理和生物的障碍物作隔离带，保证有机生产地块不受污染。以防止临近常规地块的禁用物质的漂移。在有机生产区域周边设置天敌的栖息地，提供天敌活动、产卵和寄居的场所，提高生物多样性和自然控制能力。

① 有机茶园对空气质量的要求

农业行业标准《有机茶产地环境条件》NY5199—2002 规定了有机茶园环境空气质量的要求(表 4-31)。

表 4-31　有机茶园环境空气质量标准

项　目	日平均	1 h 平均
总悬浮颗粒物(TSP)(mg/m³)(标准状态)≤	0.12	/
二氧化硫(SO₂)(mg/m³)(标准状态)≤	0.05	0.15
二氧化氮(NO₂)(mg/m³)(标准状态)≤	0.08	0.12
氟化物(F)(标准状态)≤	7 µg/(dm³)	20 µg/(dm³)
	1.8 µg/(dm³)	

注：日平均指任何一日的平均浓度；1 h 平均指任何一小时的平均浓度。

② 有机茶园对土壤的要求

有机茶园不能施用化肥，因此对茶园基础肥力要求较高。土层深厚，有很高的潜在性生产能力，质地砂壤，土体松软，通气性良好，有机质丰富，营养元素含量高而平衡，不缺素，不积水，反应酸性或微酸性，最好是乌砂土、高山香灰土、油泥沙土等。有机茶园土壤环境质量应符合表 4-32 的要求。

表 4-32　有机茶园土壤环境质量标准

项　目	浓度限值
pH 值	4.0~6.5
镉/(mg/kg)(全量)≤	0.20
汞/(mg/kg)(全量)≤	0.15
砷/(mg/kg)(全量)≤	40
铅/(mg/kg)(全量)≤	50
铬/(mg/kg)(全量)≤	90
铜/(mg/kg)(全量)≤	50

③ 有机茶园对灌溉水源的要求

有机茶园对灌溉水的质量有严格要求，无论是采用自来水或是库、塘、沟、河、湖、溪、泉等水都要求水质清洁卫生，没有污染；有机茶园灌溉水的水质应符合表 4-33 的要求。

表 4-33　有机茶园灌溉水质标准

项　目	浓度限值
pH 值	5.5~7.5
总汞/(mg/L)≤	0.001
总镉/(mg/L)≤	0.005
总砷/(mg/L)≤	0.05
总铅/(mg/L)≤	0.1
铬/(mg/L)≤	0.1
氰化物/(mg/L)≤	0.5
氯化物/(mg/L)≤	250
氟化物/(mg/L)≤	2.0
石油类/(mg/L)≤	5

④ 有机茶园对生态环境条件的要求

由于有机茶生产中不能施用化肥和化学农药，

而且应用生态学的基本方法,以茶为主体,保持茶树与自然生态的平衡和协调。有机茶园周边不仅要求没有污染源,而且要求植被覆盖率高,生物多样性明显,尤其是茶园周边森林多,云雾多,漫射光强,不仅茶树生长安全,而且品质也优良。

⑤ 有机茶园对地形条件的要求

根据《有机茶生产技术规程》(NY/T5197—2002)的要求,有机茶园的坡度必须在25°以下,超过25°的不宜开垦有机茶生产,否则会破坏山区的生态环境条件。而山脚下平坦地如有积水的,也不宜发展有机茶生产。此外,一些平坦地茶园常常与非有机种植的水田、果园、菜园接壤,容易造成交叉污染,也不宜有机茶的生产。还有一些缓坡的洼地、陡坡急转为平缓的折转地段等,常常是地表径流和地下水流汇集的地方,容易造成茶树湿害,也不宜作为有机茶生产。有机茶园最好是选择在5~25°的山坡地上,或者在低丘地形的岗地为好。

(2) 有机茶园基地建设

① 新垦有机茶基地建设

为了使有机茶生产基地的环境条件达到《有机茶产地环境条件》(NY5199—2002)所规定的要求,新垦的有机茶园基地应选择在远离城市、远离工厂、远离居民点、远离公路主干线的山区和半山区的缓坡地或低丘陵的岗地上。周边无污染源。在选地时要经过实地勘查和环境评估两个过程。

② 茶园垦植

规划有机茶生产基地要因地制宜,采取"大集中,小分散"的方式进行,防止茶海一片。注意保护茶园生态条件,做到与周边生物平衡,形成以茶为主、生物多样性丰富的主体农业格局,既经济又实用。

有机茶园开垦要防止土壤大搬家,严禁烧山垦园。

有机茶园种植的苗木从插穗扦插开始就不能施化学肥料和化学农药,更不能采用带转基因的苗木。有机茶种植的不同品种茶苗均需符合 GB11767—2003《茶树种苗》的要求。苗木移栽后浇水,水质要符合 NY5199—2002《有机茶产地环境条件》规定的有机茶园灌溉水质标准的要求。

(傅尚文)

4. 常规茶园有机转换建设

我国许多有机茶基地不是从生荒地开垦,从幼龄茶园开始建设的,而是从常规茶园转换而来的,尤其是一些多年荒芜失管茶园是开发有机茶生产的最好资源之一。将这类茶园改建为有机茶生产基地,要经过环境评估,查看种植档案,全面规划修复园相,进行有机茶转换栽培等措施。

(1) 实地勘查和环境评估

对改建的茶园要了解现茶园面貌如生长树势、土壤肥力、病虫状况和周边生态环境的关系,特别是周边的生态、污染源、与农田果园接壤,要作为勘查评估的重点,并要做好一切记录。

(2) 查看种植档案材料

在野外勘查后在评估前要查看该茶园的种植档案材料,系统地了解该茶园的开垦时间、开垦方式、茶树品种、种苗来历、种植方式、施肥、用药、修剪、土壤管理等有关情况,及茶叶产量和季节分配等等。对照有机茶生产有关要求,作出评估,该茶园能否转换成为有机茶生产。

(3) 全面规划转换建设

常规茶园由于受过去开垦方式的影响,凡是"茶海一片"或周边生态条件差的,要进行生态修复,地边、地角及空地都要种树,茶园周边大量种树造林,必要时在一些长势差、土层浅、坡度大的地块要退茶还林,造就茶园"大集中,小分散"的格局,使生产基地成为"林中有园,园中有树"的良好生态环境。力求做到造林时生物多样化,经济实用,平衡协调。

原常规茶园与农田、果园之间凡没有明显隔离带的要营造隔离带。植树造林是最好的隔离方法,隔离带树种以常绿树为主,高矮结合,要力求做到宽、密、高。

对于原坡度大于25°以上低产衰老茶园要退茶还林,保持水土,改善生态。

(傅尚文)

5. 有机茶园土壤管理技术

作为有机茶园,不仅应尽量选择自然潜在肥力水平高的土壤,而且生产过程中要加强土壤科学管理,不断提高肥力水平,保证茶树在不使用化学肥料和化学合成改良剂的条件下能正常而健康地生长,而获得良好的收成。因此,有机茶园要加强土壤管理。

(1) 茶园覆盖

土壤覆盖是有机茶园土壤管理的重要措施。

用作有机茶园土壤覆盖的有机物料很多,如山草、稻草、麦秸、豆秸、绿肥、蔗渣、薯藤等等都可以。但最好以山草等为主,它没有或基本不受化肥、化学农药等化学物质的污染,属自然生长的天然物。但山草常常带有许多病菌、害虫及种子等,如不加适当处理,往往会把病菌、害虫和草种带入茶园,增加茶树的病、虫、草害,因此,要做必要的处理。

① 暴晒处理　把收割下来的各种山草先在晒谷场铺成约 30 厘米厚的草坪,让阳光自然暴晒,利用阳光中的紫外线杀死病菌。如已结实的山草,要用耙子敲打,使种子脱落,然后再送到茶园作土壤覆盖物。

② 堆腐处理　将山草与发酵菌液堆腐,利用堆腐时的高温把病菌、病虫及种子杀死,然后把还没有完全腐解的草料铺到茶园中。

③ 石灰处理　除上述两种方法外,也可以采用石灰水消毒。就是把割下收集的鲜草堆放在茶园地边地角处,然后喷洒 5% 的石灰水堆放一段时间后再搬到茶园。这样也可减少山草病菌对茶园的污染。

铺草的主要作用是防止水土流失和杂草生长,在长江中下游广大茶区,一般应在春茶后梅雨前铺好,秋、冬结合深耕翻入茶园作肥料。北部茶区及高山气温低土壤易结冻的茶园,可以在 7～8 月份铺草,待翌年春茶前结合施肥将草翻入茶园作肥料。新垦地的移栽幼龄茶园,无论是秋季 10 月份移栽或是春天 2 月底 3 月初移栽,都必须在移栽结束后立即铺草。

(2) 间作绿肥

有机茶园间作绿肥是自力更生解决肥源的一项重要措施,也是利用太阳能转为生物能来提高和保持茶园土壤肥力的一项基本有机农业技术(绿肥种植和利用详见茶树矿质营养和施肥中的茶园绿肥一节)。

(傅尚文)

6. 施肥技术

(1) 施肥准则

① 禁止施用各种化学合成的肥料。禁止施用城乡垃圾、工矿废水、污泥、医院粪便及受农药、化学品、重金属、毒气、病原体污染的各种有机无机废弃物。

② 严禁使用未经腐熟的新鲜人粪尿、家禽粪便,如要施用必须经过无害化处理,以杀灭各种寄生虫卵、病原菌、杂草种子,使之符合有机茶生产规定的卫生标准。

③ 有机肥原则上就地取材,就地处理,就地施用。外来农家有机肥必须经过检测确认符合要求的才可使用。一些商品化有机肥、有机复合肥、活性生物有机肥、有机叶面肥、微生物制剂肥料等,以及外来的有机肥,必须明确已经得到有机认证机构认证或认可才可使用。

④ 施用天然矿物肥料时,必须查明主、副成分及含量,原产地贮运、包装等有关情况,确认属无污染、纯天然物质的方可施用。

⑤ 大力提倡各种间作豆科绿肥,施用草肥及修剪枝叶回园技术。

⑥ 定期对土壤进行监测,建立茶园施肥档案制,如发现因施肥而使土壤某些指标超标或污染的,必须立即停止施用,并向有关有机认证机构报告,以便查明原因。

(2) 有机茶园的肥料种类

① 允许施用的肥料

堆(沤)肥　指肥料中不允许含有任何禁止使用的物质,并经过堆制 49℃～60℃ 高温处理数周。

畜禽粪便　指各种家畜、家禽粪便,需经过堆腐和无害化处理。

海肥　指非化学处理过的各种水产品的下脚料,并要经过堆腐充分腐解。

饼肥　指天然植物种子的油粕,其中茶籽饼、桐籽饼等要经过堆腐;豆饼、花生饼、菜籽饼、芝麻饼等饼肥可直接施用(浸出饼不能用)。

泥炭(草炭)　指高位或低位草炭,未受污染,不含有其他有害物质。

腐殖质酸盐　指天然矿物,如不受污染和不含有害物的褐煤、风化煤等,要粉碎通过100目筛才可使用。

动物残体或制品 指没有经过化学处理的血粉、鱼粉、骨粉、蹄角粉、皮粉、毛粉、蚕蛹、蚕沙等。

绿肥 春播夏季绿肥,秋播冬季绿肥,坎边播多年生绿肥,以豆科绿肥为最好。

草肥 指山草、水草、园草和不施用农药及除草剂的各种农作物秸秆等,要经过暴晒、堆沤后施用。

天然矿物和矿产品 指不受污染和不含有害物质的磷矿粉、黑云母粉、长石粉、白云石粉、蛭石粉、钾盐矿、无水镁钾矾、沸石、膨润土等等。

有机叶面肥 指以动、植物为原料,采用非转基因生物工程而制造的含有各种酶、氨基酸及多种营养元素的肥料,并经有机认证机构认证后才可施用。

商品有机肥料 指经过无害化处理的禽畜粪便,加锌、锰、钼、硼、铜等微量元素,采用机械造粒而成的肥料,必须经有机机构认证后才可施用。

煅烧磷肥 钙镁磷肥、脱氟磷肥。

沼气肥 指通过沼气发酵后留下的沼气水和肥渣等。

发酵废液干燥复合肥 指以生物发酵工业废液干燥物为原料,配以经无害化处理的畜禽粪便、食用菌下脚料混合而成的肥料。必须经过有机机构认证后才可施用。

② 限制施用及有条件施用的肥料

硫肥 指天然硫磺,只有在缺硫的土壤中方可谨慎施用。

铝肥 指天然的硫酸铝钾,即明矾,只有在改土酸化土壤时才可施用。

微量元素 指硫酸铜、硫酸锌、钼酸钠(铵)、硼砂等,只有在缺素的条件下才可施用,喷洒浓度小于0.01%。喷肥必须在采茶前20天进行。

(3)施肥方法

有机茶园都必须十分重视基肥的施用。所有作为有机茶园的基肥必须达到有机食品生产资料投入物的标准,凡是人、畜、禽粪等必须经过堆腐等无害化处理,其卫生标准和重金属含量及农药残留必须达标,决不允许掺混化学合成的肥料。工厂化生产的商品有机肥,必须持有机认证销售证书方可购

买施用。天然矿质肥料必须持有化验证书等确认无害才可施用。

有机茶园使用的催芽肥和夏秋追肥只能施速效性的有机肥,如经过充分腐熟的有效性较高的堆沤肥,经无害化处理的人、畜、家禽粪肥或沼气池中的废液等,也可用专门生产的有机茶专用肥。

在有机茶园用根外肥时,必须注意:第一,在正常生长条件下只能选用全有机或全天然的,或已经得到有机认证机构颁证和认可的叶面肥。第二,只有在出现"隐饿型"缺素症或出现缺素症表征的条件下,才可有目的地选用限制施用的化学型微量元素肥料,如硫酸镁、硫酸锌、钼酸铵、硼砂等等。其浓度限于0.01%以下,最后一次喷施时间必须在采茶前20天。

为了增加土壤有机质,还要充分发挥茶树自身物质循环的优势、大力推广修剪枝叶回归茶园的措施。修剪下来的枝叶有机质含量很高,是茶园很好的有机肥源,每年修剪下来的枯枝落叶可直接深翻入土中作肥料,也可作茶园土壤覆盖物铺于土壤表面。这是茶树依靠自身物质循环,自力更生解决有机茶园肥源的一种有效方法,应大力推广。

(傅尚文)

7. 病虫害调控技术

在有机茶的生产过程中,病、虫害是威胁茶叶产量和品质的重要因素。在常规生产的茶园,对这些有害生物的控制在很大程度上依赖于化学防治。有机茶园禁止使用人工合成的化学农药,尽可能采用以农业措施防治为主,结合生物防治和物理防治的综合治理措施,以期将有害病虫的种群密度控制到一个低的水平,保持生态系统的种群平衡,同时使茶叶产品达到有机茶标准。

(1)有机茶园病虫害控制的基本原则

有机茶园采用农业、生物、物理和机械防治技术,在不得已的情况下,允许使用生物源和矿物源农药进行综合治理,以保留少量有害生物为代价,达到茶园生态系统种群平衡和无污染、无残留、无公害的防治要求。这比过去传统农业有很大的进步,根据现代科学的发展,在进行有机茶园有害生物的防治时,应遵循如下五个原则。

① 生物多样性原则

生态系统是由一连串互相依赖的食物链组成的,这些食物链的组织成员间相互依存和赖以生存,当缺少其中某一个链时,就会使整个食物链受到影响,使生态系统中的种群平衡受到破坏。例如茶园生态系统中,茶树—茶树害虫—茶树害虫的捕食性和寄生性天敌便是一种食物链的关系。茶树害虫以取食茶树而得以生长繁衍,而茶园中的天敌则以捕食或寄生于茶树害虫为生,它们之间的相互依存关系导致了种群间的相对平衡,当其中的一环发生种群数量的变化,便会导致其他成员种群数量的变化。

在有机茶园有害病虫的控制中,最重要的就是保持食物链各营养级种群数量的平衡以及生态系统中的生物多样性,这是避免出现茶园中有害病虫猖獗发生的生态学基础。

② 可持续性原则

有机茶是可持续发展农业,病虫控制作为可持续农业生产的一个重要组成部分,应充分考虑到措施的可持续性,既要考虑到当时当地有害病虫的发生与危害,也要考虑到未来及更大时空尺度的有害病虫发生与发展;既要考虑到满足当代人的生存需求,也要考虑到长远和未来,建立一个可持续的有害病虫管理体系。同时在措施的应用上,要考虑其可持续控制的作用,也就是不仅要有短期效果,而且要有长期效应。

③ 综合协调治理原则

有机茶园有害病虫的控制应强调综合协调治理的原则,也就是要从茶园生态系统的总体出发,有机协调农艺、生物、物理等治理措施,目标是将茶园有害病虫种群数量,控制在经济为害阈值以下,保持生态系统的种群动态平衡。也就是说,一方面在防治技术上要强调综合协调性,避免过分倚重某一项技术的作用;另一方面在茶园生态系统中,各级营养层种群数量应协调平衡,以使生态系统中的种群能互相依存和制约。

④ 共生互惠原则

自然生态系统中多种生物共生互惠是长期自然选择的结果,充分发挥系统内外一切可利用的互惠因素,调动积极因素,使得生态系统中的各营养级成员间的种群数量向着有利于人类利益的方向发展。如在发展有机茶园时合理种植和保护周围的林木资源,提供良好的生态环境,使得茶树及其周围的树种共生互惠,同时也为茶园中有害生物的天敌资源提供必需的阴湿环境,以发挥有益生物对有害生物的控制作用。

⑤ 相争相克、协同进化原则

自然界除了存在共生互惠外,也同样存在激烈的物种间的竞争和相克关系,使物种达到优胜劣汰,生态系统得以保持暂时平衡,达到协同进化。因此,要在掌握生态系统中有益生物资源的基础上,创造适宜空间,为有益生物资源提供生态位,以充分发挥其对有害病虫的控制效果。

(2) 有机茶园病虫害控制的主要技术

① 改善茶园生态环境发挥自然调控能力

根据生物食物链中生态系统种群平衡和生物多样性原则,创造一个良好的生态系环境,使得有利于茶树和有益生物种群生长和繁衍,是搞好综合防治的基础。如保持茶园的树冠一定的郁闭密集,可有利于天敌昆虫的藏匿和栖息,茶园周围进行植树造林和种植遮阴树、防风林,使茶园周围有丰富的植被,这有利于茶园生态系统中的生物多样性,以发挥茶叶园区的自然调控能力,使生态系统中的种群能处于相互依存、相互制约的状态,达到动态的平衡。因此,有机茶园首先要选择植被丰富、造林条件好、小气候条件适宜的山地或半山地作为营造茶园的立地条件。这种茶园要比行间裸露、植被单一的茶园蕴藏有更多的生物种群,尤其是处于第三营养层的有益生物种群,这样就为有害生物的综合防治打下一个良好的基础,并创建了良好的外界条件。

② 充分发挥农业技术的防治作用

推广优良无性品种时注意品种的搭配。

茶树是一种多年生植物,种植后几年以至几十年不变。有机茶园要十分重视不同品种之间的搭配,避免单一品种的大面积种植,避免单一品种茶海一片的做法。在选择品种时,要根据当地主要病虫种类选用抗性较强的品种。如不同茶树品种对炭疽病的抗性就存在很大差异,因为炭疽病菌是从茶树叶片背面的茸毛侵入,并由此管腔进入到叶片组织中去,因此茸毛多的品种一般比茸毛少的品种易感病。又如茶芽枯病是浙江、安徽等省春茶期的一种病害,品种间有很大差异。一般芽梢萌发早的品种(如黄叶早、清明早、龙井43号)发病较重,而萌发迟的品种(如鸠坑)发病较轻。品种的抗虫性差异虽不如抗病性那么明显,但不同品种间也存在一定差异,如广西高脚茶对牡蛎蚧有很强的抗性。因此,在选择良种时,除了要考虑其产量质量水平、气候适应性、茶类适制性外,还要考虑其对当地主要有害生物的抗性程度。

此外,合理采摘、定期修剪、土壤深翻、中耕松土、抗旱保墒、疏枝清园等农业技术措施,对直接去除有害病虫和虫卵以及破坏其生存环境,都能起到杀灭有害病虫的良好作用(详见生物治理的农业防治一节)。

③ 合理进行物理机械防治

物理机械防治是利用害虫的趋性、群集性和不同食性等习性进行捕杀,主要有光诱捕、色诱捕以及人工捕捉等防治方法(详见有害生物治理的物理机械防治一节)。

④ 利用天敌进行生物防治

由于有机茶园不允许施用人工合成化学农药,因此利用害虫天敌进行生物防治成为有机茶园控制病虫蔓延的主要手段之一,常用的有以虫治虫、以微生物治虫等几种方法。

以虫治虫

捕食性蜘蛛是茶园中一类重要的害虫天敌。茶园中主要的捕食性蜘蛛种类有草间小黑蛛、八点球腹蛛、三突花蛛、斜纹猫蛛、斑管巢蛛、黄斑蝇豹、迷宫漏斗蛛、花腹盖蛛等。其中尤以草间小黑蛛和八点球腹蛛数量占优势。茶园蜘蛛对害虫具有良好的攻击效应,即使遇到较大的虫体,也可以先将其咬昏,而后慢慢取食。茶树中的各种鳞翅目害虫(包括成虫和幼虫)、叶蝉,蚜虫等都是蜘蛛的捕食对象。因此,应创造有利于蜘蛛种群生存繁衍的条件,以充分发挥捕食性蜘蛛对茶树有害昆虫的控制作用。

除了捕食性蜘蛛外,捕食性螨也是茶园中一类重要的天敌。茶园中通常在叶片上可以见到呈鲜红色、虫体较大、在叶面爬行的螨类,就是捕食性螨类。

以虫治虫在有机茶生产中具有重要的作用,各地应根据当地条件,在掌握天敌资源的基础上,保护并进一步利用天敌,充分发挥现有资源的作用。有条件的可进行人工饲养繁殖,进行日间释放,也可以向赤眼蜂生产单位购买赤眼蜂的卵卡,对小卷叶蛾、茶卷叶蛾发生严重的茶园,适时进行放蜂,可获得良好的防治效果。

以微生物治虫

A. 真菌治虫

据报道,已从茶树害虫身上分离到的病原真菌有20余种。其中最重要的种类有白僵菌(Beauveria bassia)、绿僵菌(Metarhizium anisopliae)、细脚拟青霉菌(Paecilomyces tenuipes)、韦伯虫座孢菌(Aegerita webberi)、圆孢虫疫霉(Erynia radians)、圆子虫霉(Entomophthora sphaerosperme)和腥红菌(Nectria flammea)等几种。

白僵菌是我国大量生产并广泛应用的一种有益病原真菌。它对茶毛虫、茶尺蠖、茶蚕、茶小卷叶蛾等多种鳞翅目害虫的幼虫有很强的致病作用,对小绿叶蝉、茶丽纹象甲也有一定效果。

绿僵菌是另一种有效的昆虫病原真菌。它对鳞翅目食叶害虫的幼虫和鞘翅目害虫(如茶丽纹象甲)均有良好的防治效果。它主要侵入昆虫的表皮细胞和血液中发挥作用。有机茶生产中可用绿僵菌制剂防治茶园中多种鳞翅目食叶害虫的幼虫和茶丽纹象甲、绿鳞象甲等鞘翅目害虫。

拟青霉菌是茶树上多种害虫的致病病原。对茶尺蠖、卷叶蛾、茶毛虫等鳞翅目害虫和蛹有较强的致病力,在田间条件下,喷施每毫升0.2亿~0.3亿个孢子的培养液,对茶尺蠖的防效在75%~100%。

韦伯虫座孢菌是20世纪90年代从黑刺粉虱患病幼虫体上分离获得的,它常和拟青霉菌混杂发生。在田间的残效可持续3年以上,喷施1~2次的茶园,绝大多数黑刺粉虱虫体被寄生。目前已有韦伯虫座孢菌和拟青霉菌混合的制剂生产,并在茶叶生产中应用于黑刺粉虱的防治。其他如圆子虫霉在小绿叶蝉上的寄生,腥红菌在多种蚧壳虫上的寄生,在我国茶园中都很普遍,腥红菌对蚧壳虫的寄生率有时可高达 97% 以上。

B. 细菌治虫

即应用病原细菌来防治和控制茶园有害生物,其中苏云金杆菌(*Bacillus thuringiensis*,简称 Bt)是最普遍也是最有效的一种细菌。在我国运用最多的是对鳞翅目食叶幼虫有高效的 *kuistaki* 亚种。一般对苏云金杆菌制剂称为 Bt 制剂。它对多种鳞翅目食叶害虫(如尺蠖、毒蛾、刺蛾等)都有良好效果,但不同的产品在效果上差异很大,应先进行试验后再推广。

C. 病毒治虫

应用病毒防治茶树害虫已取得明显的效果,目前茶树害虫已发现昆虫病毒 81 种。其中茶尺蠖 NPV 病毒和茶毛虫 NPV 病毒,目前已大面积推广应用,并已有产品生产。采用 $7 \times 10^9 \sim 1 \times 10^{10}$ 多角体(PIB)/毫升剂量,在田间应用防效在 80% 以上,且可以在田间定殖,残效可维持数年,对自然控制茶园生态系统中的茶尺蠖种群密度有重要作用。其他对油桐尺蠖 NPV,茶小卷叶蛾 GV,扁刺蛾 NPV 等均已有一定规模的应用。由于昆虫病毒具有对寄主专一性强,不杀伤天敌、生物活性保持时间长、有效剂量低等优点,因此在有机茶生产中越来越被人们所重视。

⑤ 采用允许使用的天然化学物防治

有机茶园不允许施用人工合成化学农药,但一些天然的化学物仍然可以使用,这些化学物对人体无害、无残留,但对茶园病虫有杀伤能力。其中有来自植物源的,也有来自矿物源的和动物源的。

植物源农药

植物和昆虫在经过长期的共同进化过程中,形成了多种能有效地抵御植食性昆虫的机制,其中包括在体内形成次生性物质。世界上有 25 万～50 万种植物,因此开发植物源农药引起了广泛的重视。早在我国北魏时期(公元 530 年前后)就已有利用藜芦根杀虫的记载。目前在我国应用和开发最多的植物源农药有除虫菊、鱼藤、苦楝、印楝、苦参、百部、烟碱等几种。早在 20 世纪 50 年代,我国茶叶生产中就已广为应用,可以防治多种鳞翅目食叶害虫(茶尺蠖、油桐尺蠖、茶毛虫、蓑蛾类、卷叶蛾类、刺蛾类)的幼虫和茶蚜等茶树害虫。鱼藤酮对土壤中的有害线虫(如茶根结线虫、根腐线虫)也有很好的杀伤作用。

矿物源农药

矿物源农药在茶叶生产中应用的有硫酸铜、波尔多液、石硫合剂等几种。它们可在有机茶园中有限制地使用。主要是在茶季结束,秋冬季茶园封园时施用。

动物源农药

包括各种害虫的性信息素,如茶小卷叶蛾的性信息素可用于小卷叶蛾种群密度和发生期的预测,以及进行田间条件下的迷向防治,使雄蛾迷向无法寻觅雌蛾交配而使次代的种群数量下降。但各种性信息素的专一性强,仅对本种昆虫有效。目前,除小卷叶蛾性信息素在日本有商品出售外,其余害虫的性信息素虽有研究,但尚未形成产品。

表 4-34　有机茶园中允许使用的农药

农药类别	农药名称	应用范围
植物源农药	鱼藤酮	防治茶树上鳞翅目食叶害虫(茶尺蠖、茶毛虫、刺蛾类、蓑蛾等)的幼虫,茶蚜等
	楝素、印楝素	防治茶树上鳞翅目食叶害虫(茶尺蠖、茶毛虫、刺蛾类、蓑蛾等)的幼虫、茶蚜等
	烟碱	防治茶蚜、粉虱类害虫
	苦参碱	防治茶树上鳞翅目食叶害虫(茶尺蠖、茶毛虫、刺蛾类)的幼虫,茶蚜等
微生物源农药	多氧霉素	防治茶饼病
	井冈霉素	防治茶苗白绢病、茶树根腐病

（续表）

农药类别	农药名称	应 用 范 田
微生物源农药	Bt 制剂	防治茶树上各种鳞翅目食叶害虫(如茶尺蠖、茶毛虫、刺蛾类、蓑蛾类)的幼虫
	白僵菌	同 Bt 制剂,茶丽纹象甲
	绿僵菌	同 Bt 制剂
	茶尺蠖 NPV 病毒制剂	防治茶尺蠖
	茶毛虫 NPV 病毒制剂	防治茶毛虫
	黑刺粉虱韦伯虫座孢菌、玫烟色拟青霉制剂	防治黑刺粉虱
矿物源农药	硫酸铜液	防治各种茶树叶病和茎病
	波尔多液	防治各种茶树叶病和茎病
	石硫合剂	在秋冬季封园时防治茶树上各种蚧类、粉虱类、螨类和多种茶树病害
动物源农药	性信息素	用于害虫的诱捕和迷向防治

（3）有机茶园主要病虫害防治列举

① 假眼小绿叶蝉的防治

假眼小绿叶蝉是我国茶区分布最广、为害最重的一种茶树害虫。假眼小绿叶蝉以成虫越冬,卵散产于茶树嫩茎皮层与木质部之间,若虫大多栖息在嫩叶背及嫩茎上,以嫩叶背居多。1～2 龄若虫活动范围不大,3 龄后善爬、善跳、畏光,横行习性增强。

该虫的为害特点是以成虫和若虫吸取茶树汁液,影响茶树营养物质的正常输送,导致茶树芽叶失水、生长迟缓、焦边、焦叶。茶树受害后,其发展过程分为失水期、红脉期、焦边期和枯焦期。

假眼小绿叶蝉的防治方法主要有:① 及时分批采摘。据统计,假眼小绿叶蝉卵在嫩梢上的分布:顶芽至芽下第 1 叶间茎内占 14.2％,芽下第 2 至第 3 叶间嫩茎占 55.7％,叶柄处占 5.2％,而低龄若虫主要是在嫩叶上活动,及时分批勤采,可随芽叶带走大量的卵和低龄若虫,能有效控制该虫的危害。② 保护天敌。茶园是一个较稳定的生态系统,在茶园中蜘蛛对假眼小绿叶蝉的控制作用可达 60％以上,螳螂等对假眼小绿叶蝉均有一定的捕食能力,可以充分发挥天敌对该虫种群的控制作用。③ 喷施白僵菌或植物源药剂进行防治,秋、冬季用石硫合剂封园。

② 茶刺蛾的防治

茶刺蛾在浙江、湖南、江西等省 1 年发生 3 代,在广西发生 4 代,以老熟幼虫在茶树根际落叶和表土中结茧越冬。蛹大多在白天上午羽化。成虫白天栖息在茶丛下部叶片背面,夜晚十分活跃,有较强的趋光性,雄蛾扑灯比雌蛾强。羽化当天晚间即能交配、产卵,产卵期 2～3 天。卵散产于茶树叶片背面叶缘处。在同一块茶园中,靠近园道茶树上的卵量比远离园道茶树上的卵量大。在同一丛茶树上,以茶丛中、下部叶片上的卵量居多。茶刺蛾核型多角体病毒的制约作用最为明显,一般其田间罹病率为20％～30％,高的可达 70％以上。

防治方法:① 清园灭茧。在茶树越冬期,结合施肥和翻耕,将茶树根际的枯枝落叶清至行间,深埋入土,使其中的蛹不能羽化,以减轻翌年害虫的发生量。② 灯光诱杀。利用刺蛾成虫的趋光性,安装杀虫灯诱杀成虫。③ 药剂防治。施 0.6％清源保1000 倍液,或 Bt 制剂 1000 倍液。

③ 茶丽纹象甲的防治

茶丽纹象甲在我国茶区 1 年发生 1 代,以幼虫在茶园土壤中越冬。在江浙一带,越冬幼虫在 4 月下旬开始化蛹,5 月中旬初见成虫,6 月上旬为成虫出土盛期,也是该虫为害的高峰期,7 月下旬至 8 月初成虫终见。

蛹多于上午羽化,初羽化出的成虫乳白色,在土中潜伏 2～3 天,体色由乳白色变成黄绿色后才出土。成虫假死习性强,受惊后即掉落地面。卵分批散产在茶树根际附近的落叶或表土上,田间成虫产卵盛期在 6 月下旬至 7 月上旬。卵孵化后,幼虫即潜入土中,入土深度随虫龄增大而加深,直至化蛹前再逐渐向上转移。

防治方法:

A. 茶园耕作。根据茶丽纹象甲的生活习性,在 7～8 月间进行茶园耕锄、浅翻及秋末施基肥、深翻,可明显影响初孵幼虫的入土及入土后幼虫的存活,其防效可达 50% 左右,对虫量在防治指标上下的茶园,通过这一措施,翌年可免于施药防治。

B. 人工捕杀。利用成虫的假死习性,在成虫发生高峰期用振落法捕杀成虫,以减少发生数量和减轻为害程度。

C. 生物防治。可喷施白僵菌孢子液防治茶丽纹象甲,每 667 平方米用量 100 亿孢子。

④ 茶橙瘿螨的防治

茶橙瘿螨 1 年发生约 25 代,以卵、幼若螨及成螨在叶背越冬。发生期各虫态混杂,世代重叠。茶橙瘿螨行孤雌生殖,卵散于嫩叶背面,尤以侧脉凹陷处居多,每雌产卵量平均在 20 粒左右。在茶丛中以茶丛上部分布为多,占总量的 87.5%。在叶片上以背面居多,幼、若螨 99% 以上均栖息在叶片背面,成螨也有 85% 栖居在背面。

虫口 1 年有 2 个高峰,第 1 虫口高峰发生在 5～6 月间,第 2 虫口高峰从 8 月份开始直至 11 月上旬,且第 1 高峰的绝对虫量高于第 2 高峰。

气候条件是影响茶橙瘿螨种群消长的主要因素,高温抑制其繁殖,暴雨常造成种群数量下降,雨量小、雨日多、时晴时雨则有利于其生长和繁殖。不同茶树品种,茶橙瘿螨的发生程度略有差异,一般茶树叶片下表皮角质化程度高、气孔密度小、茸毛密度大,以及叶片化合物有较高浓度的咖啡碱和茶多酚的茶树品种,螨量相对较少。

茶橙瘿螨的防治方法:

A. 分批及时采摘。由于茶橙瘿螨绝大部分分布在一芽二、三叶上,及时分批采摘可带走大量的成螨、卵、若螨和幼螨,是十分经济且有效的防治措施。

B. 药剂防治。可选用矿物源药剂 99.1% 敌死虫 100～200 倍液;在秋茶结束后,可喷施 0.5 波美度的石硫合剂,或者用 45% 晶体石硫合剂 300～400 倍液。

⑤ 茶尺蠖的防治

茶尺蠖在江南茶区 1 年发生 5～6 代,以蛹在茶树根际附近土壤中越冬,翌年 2 月下旬至 3 月上旬开始羽化。第 1 代在 4 月上旬开始孵化,第 2 代孵化高峰期在 6 月上中旬,全年种群消长呈阶梯式上升,至第 4 代形成全年的最高虫量,以后又逐渐下降。

茶尺蠖成虫有趋光性,静止时四翅平展,喜停息在茶园附近树木枝干、建筑物墙面上。羽化当日即能交配,次日开始产卵。卵大多产于茶树树皮及缝隙处、树枝桠叉处、枯枝落叶上。初孵幼虫十分活泼,善吐丝,有趋光、趋嫩性。

茶尺蠖的防治方法主要有:

A. 清园灭蛹。结合伏耕和冬耕施肥,将根际附近落叶和表土中的虫蛹埋入土中。

B. 灯光诱杀。在茶尺蠖蛾期可在田间安装黑光灯或杀虫灯,诱杀成虫,减少下一代幼虫发生量。

C. 保护和利用天敌。充分发挥自然天敌的控制作用。

D. 施用生物农药。喷施人工提纯的茶尺蠖核型多角体病毒,每 667 平方米用量为 100 亿～200 亿个多角体,该病毒对茶尺蠖幼虫有很强的感病率,全年以第 1、2、5、6 代致病率最高,施毒时期掌握在 1、2 龄幼虫期。

⑥ 茶饼病的防治

茶饼病的症状表现在茶树幼嫩多汁的芽叶和嫩茎部,在嫩叶上先出现浅绿、浅黄或略带红色的圆形或椭圆形的小型透明斑,后病斑渐渐扩大至直径 0.6～1.2 厘米,病斑周围有一黄绿色晕区和一个暗绿色带。叶片正面逐渐凹陷,较平滑并略有光泽,色泽较周围叶色浅。叶片背面突起,形成馒头状的疮斑,上覆有一层白色粉末和粉红色粉末,最后粉末消失,突起部分萎缩成淡褐色枯斑,边缘一圈灰白色,形似饼状,故称之为茶饼病。

茶饼病的防治方法:

A. 加强苗木检疫。不从病区调入苗木,一旦发现病苗,应立即予以销毁,以防止病害随苗木传入新区;

B. 加强茶园管理。勤除杂草,适当砍除遮阴树,使茶园通风透光良好,以创造不利于发病的生态条件;适当增施磷、钾肥或有机复合肥,以增强树势,减轻发病;分批多次采茶,尽量少留嫩叶在茶树上,以减少病源;选择适宜的修剪时间,使新梢抽生避开发病的适宜季节。

(傅尚文)

8. 质量跟踪记录体系

有机茶生产是一种减少资源消耗,生产安全、健康和优质产品的体系。生产过程是一个系统工程,从"土壤到茶杯"整个生产、加工、销售环节必须是在受控状态,才能保证最终产品符合有机茶标准。因此在生产过程中,必须建立质量跟踪记录体系,以保证产品具有可追溯性。这一质量跟踪方式,记录体系是否完整,将是有机生产企业能否获得认证的重要依据。

质量跟踪记录体系是一个记录保存系统,它包括企业的法律文件、管理规章制度,以及农事活动、加工和销售记录等,可以追踪茶树种植、茶园管理、茶叶采摘、茶叶加工及包装、运输、贮藏和销售全过程。

质量跟踪记录系统记载各种相关活动中人物、时间、地点、做什么、投入多少人工、用多少量、怎样做、效果如何等方面的信息,包括文字、数据和图像等资料。因此,它具有以下几方面的作用:有机生产的证据,检查员检查评估是否符合有机标准的重要依据,生产者提高管理水平的原始数据,可以追溯质量的重要资料。主要包括下列内容:

(1)农事活动记录

农事活动包括施肥、锄草、修剪、耕作、除虫和采摘等作业;执行后填写施肥、施药的数量和面积,修剪、耕作、采摘面积和用工情况等内容。

(2)加工记录

有关鲜叶的信息,如鲜叶来源、等级、数量等,各个加工工序的执行情况。加工过程按每道工序分别填写,如绿茶加工包括摊青、杀青、揉捻、烘干等,直到产品验收入库的详细情况。

对于规模较大的加工厂和原料来源于不同地块的茶叶加工厂,建议制作工艺流程卡,该卡随加工流程从上一工序交接到下一工序,直到加工完成、产品入库。

(3)销售记录

一般用表格的形式记录有机茶的销售情况,主要记录产品的输入和流出情况,其主要内容为产品来源的详细情况和销售目的地的详细情况。产品来源应记录原料来源(生产日期、地块号),茶叶品名,等级,数量,生产批号,负责人;销售详细情况应记录销售日期,品名(与所生产的批号相一致),规格,等级,数量,买方,包装规格形式,销售人员等信息。若销售的有机茶有质量问题时,应首先从销售记录着手来进行质量跟踪。

(4)贮藏和运输记录

有机茶贮藏提倡采用专用库,贮藏时应有详细的包装记录,包装材料符合食品包装要求,应记录同一批号茶叶的净重和毛重、包装形式和件数、在仓库中的存放位置,包装前应有质量检验单,入库时填写入库单,出库时填写出库单等。运输前应填写运输单,在装运前进行必要的质量检查,运输单上应有承运人、联系方式、运输工具、清洁情况、到达目的地、收件人、产品品名、批号、件数、数量等内容。做到每个环节都了解运输的物品,运输过程的责任人,重要的是在运输过程中避免与有毒、有害、有异味、易污染的物品混装,以保证不受污染。运输过程中装卸必须稳固,防雨、防潮、防暴晒。

(5)购买投入物凭证

在有机茶生产中,投入物的使用情况是有机茶生产的重要证据,因此生产者在购买肥料、药品时要保留购买凭证,如发票、收据和证明等,同时还要保留购买物的产品说明书,以便认证机构对使用的投入物进行确认和判别。

(6)有机茶交易证明

是生产者提供有机茶给贸易者的证明,其目的是使有机茶认证机构对有机茶生产单位的有机茶数量进行监控。开具交易证明需提供以下信息：买方的营业执照复印件、买方的营业地址、买卖双方的供货协议、销售发票（调拨单）、产品品名、规格、等级、数量、包装方式和生产日期以及批号等。

（7）内部检查员的检查记录

一般要求认证企业或团体，有一个兼职检查员，按有机茶标准每年在茶叶生产期间进行定期或不定期检查，主要检查田间投入物的使用情况，病虫草害的控制情况，施肥效果；加工场所的环境卫生条件、设施状况、加工过程的质量控制；贮藏、包装、运输以及销售整个过程的检查记录。提出整改措施的落实情况。

（8）其他

有机茶质量跟踪记录还包括企业的质量手册、执行的标准、土地承包协议、生产技术规程、加工厂卫生管理制度、质量管理制度、仓库管理制度、员工手册、安全手册、教育和培训计划，以及开展合法生产、加工和贸易的证件，如加工商营业执照、卫生许可证、健康合格证、商标证明书等。

为便于做好记录，企业可以根据自身的情况，编制农事活动记录、加工记录和销售记录表，每年年底统计有关数据，进行有机茶的生产管理分析，充分利用记录的数据降低不必要的成本，提高有机茶的效益。

（傅尚文）

三、制茶技术

中国制茶历史悠久，从唐至今，经历了从饼茶到散茶、从绿茶到多茶类、从手工操作到机械化制茶的巨大变迁。中国茶类之多、制造技术之精湛，堪称世界之最。各种茶类的品质特征的形成，除了茶树品种和鲜叶原料的影响之外，加工条件和制造工艺是重要的决定因素。现按茶叶大类，将绿茶、红茶、乌龙茶、白茶、黄茶、黑茶以及紧压茶、花茶、新型茶的加工技术分别介绍如下。

（一）绿茶制造工艺

中国是世界绿茶的主产国。2008 年世界绿茶总产量约为 116 万吨，中国占了 80％左右；世界绿茶总出口量 28.38 万吨，中国占了 78.68％，足见中国绿茶在世界上的地位。

中国绿茶生产量多面广，在全国 20 个产茶省区中，几乎都有绿茶生产，但主要产于浙江、云南、四川、福建、湖北、安徽等 6 省。

绿茶按制法可分为四大类，即炒青绿茶、烘青绿茶、蒸青绿茶和晒青绿茶。这四大类绿茶中国都有生产，尤以炒青绿茶为多。由于加工工艺不同，这四种绿茶的品质风格也明显不同。具体如表 4 - 35 所示。

表 4 - 35　四种绿茶的加工工艺和品质风格的比较

类　别	主要工艺特点	品　质　风　格
炒青绿茶	杀青方式采用滚筒或锅炒	外形紧结，色泽绿润，香气高鲜，汤色绿明，滋味浓而爽口。
烘青绿茶	干燥方式采用热风烘干	外形完整，色泽深绿油润，香气清高，汤色清澈明亮，滋味鲜醇。
蒸青绿茶	杀青方式采用蒸汽杀青	外形细紧，呈针状，色泽鲜绿或深绿油润有光，汤色澄清，呈浅黄绿色，有清香，滋味醇或略涩。
晒青绿茶	干燥方式采用太阳晒干	外形粗大，色泽深绿尚油润，香气高，汤色黄绿明亮，滋味浓尚醇，收敛性强。

1. 炒青绿茶制造

中国炒青绿茶，按产品形态分有长炒青（如眉茶）、圆炒青（如珠茶）、扁炒青（如龙井、旗枪）等，数量以长炒青为多。长炒青经精制整形后称为眉茶，圆炒青经精制整形后称为珠茶，眉茶和珠茶都是中国重要的外销绿茶品种，在国际市场上素负盛誉。

（1）长炒青绿茶加工技术

长炒青绿茶源自皖南茶区，以外形呈"长条状"而得名，全国各产茶省（区）都有生产。长炒青绿茶的加工虽然各产区不尽相同，但主要加工过程是一致的，均分为杀青、揉捻、解块筛分和干燥四道工序。

① 杀青

杀青是长炒青绿茶加工的关键工序。杀青的目的,一是利用高温迅速破坏鲜叶中酶的活性,制止多酚类化合物的酶促氧化,使加工叶保持色泽绿翠;二是利用高温促使低沸点芳香物质挥发,散发青草气,发展茶香;三是加速鲜叶中化学成分的水解和热裂解,为绿茶品质形成奠定基础;四是蒸发一部份水分,使叶质变柔软,增加韧性,便于揉捻成型。

杀青主要应掌握两个原则,即"高温杀青,先高后低"和"嫩叶老杀,老叶嫩杀"。

高温杀青的主要标志是迅速使叶温达到80℃以上,以便尽快地破坏鲜叶中各种氧化酶的活性。研究表明,茶鲜叶中不同氧化酶对温度反应是有差异的。如过氧化氢物酶和过氧化物酶在15℃～25℃范围内,其活性随温度的升高而增强,但当温度升高至35℃以上时,则活性明显下降。而多酚氧化酶在15℃～55℃范围内,其活性随温度升高而增强,当温度升高至65℃以上时,活性才明显下降而钝化。尽管各种酶对温度的反应各有不同,但基本共同点是,在70℃时,酶开始钝化;当温度升到80℃时,酶在短暂时间内几乎全部变性;当温度接近100℃时,几乎所有的酶在顷刻间就失去了催化作用。因此,在杀青初期若能使叶温迅速升高到80℃以上,便能有效地防止红梗、红叶产生。

杀青温度高,固然能迅速钝化酶的活性,但温度过高对茶叶品质也不利,会使叶绿素破坏较多,叶色泛黄;茶叶会产生焦斑、爆点,尤其是嫩芽尖和叶缘易被烤焦,这也是茶叶产生烟焦味的主要原因之一。

因此,在掌握"高温杀青"时,还必须做到"先高后低"。这是使杀青叶能够达到"杀匀杀透",以及达到"老而不焦,嫩而不生"的有效手段。

嫩杀与老杀:所谓嫩杀,即杀青时间适当短一点,叶子失水适当少些。与此相反则为老杀。一般地讲,嫩叶应当老杀,老叶应当嫩杀。因嫩叶水分含量高,酶的活性又强,叶的韧性大,黏性重,适当老杀有利于提高品质。老叶水分含量低,酶活性较低,适当嫩杀有利于形成条索,减少碎末茶。

杀青程度的掌握一般靠感官判定,当杀青叶达到手捏成团,稍有弹性,嫩梗不易折断;色泽墨绿,叶面失去光泽;叶减重率约40%时为杀青适度。

杀青太嫩,经揉捻后碎茶片多,外形条索差,香气带生青,滋味显涩口;杀青太老,揉捻后末茶多,成条困难,易产生烟焦。100千克鲜叶,经杀青后重量在63千克左右为适度,杀青叶的含水率大致是60%。不同老嫩程度的鲜叶,杀青叶较适合的含水率如表4-36所列。

表4-36 推荐杀青叶含水率

鲜叶嫩度	杀青叶含水率(%)
嫩	58～60
中	61～62
老	63～64

杀青叶的含水率可由下列公式计算:

$$杀青叶含水率（\%）=1-\frac{鲜叶重}{杀青叶重}\times（1-鲜叶含水率）$$

示例:鲜叶的含水率假定为75%,10千克鲜叶经杀青后变为6.25千克,求杀青叶的含水率是多少?

$$杀青叶含水率=1-\frac{10}{6.25}\times\left(1-\frac{75}{100}\right)=60\%$$

即杀青叶的含水率为60%。

雨水叶的杀青:一般露水鲜叶,其表面含水率约为20%,雨水叶的表面含水率约为30%。这么多的叶表附加水,在杀青时要吸收大量热量后才能使水分蒸发掉。因此,雨水叶杀青时必须减少投叶量,同时要适当提高温度,才能保证杀青叶的品质。

杀青机的种类对制茶品质影响很大,长炒青的杀青过去多采用锅式杀青机,现在几乎都采用滚筒式杀青机。滚筒杀青机具有操作方便、劳动强度小、工效较高、节省燃料、连续作业等优点。目前生产上使用的滚筒杀青机,因转筒直径不同有50、60、70、80等型号,因采用的能源不同,有电、煤、柴、煤气、柴油等种类。不同型号滚筒杀青机的生产能力和推荐杀青温度,如表4-37所示。

表 4-37 不同型号滚筒杀青机的生产能力和推荐杀青温度

杀青机型号	桶径（毫米）	生产能力（鲜叶 千克/小时）	推荐杀青温度（℃）
50 型	500	80～150	250～300
60 型	600	150～200	250～300
70 型	700	200～350	200～250
80 型	800	250～400	200～250

注：温度为滚筒内壁温度

杀青时间，即鲜叶在滚筒内停留的时间，与滚筒的型号不同有关，一般为 1.5～2 分钟。

根据生产经验，用好滚筒杀青机要注意以下两点：

温度不宜过高，投叶量不宜太多。判断的方法是：在杀青过程中，观察筒内翻滚的叶子时，如果看得清，而且筒腔内没有水汽滞留，表明适宜；若滚筒两端直冒水汽，看不清筒内叶子翻转，说明投叶过多，这会影响叶子正常翻滚，容易产生半生不熟的烟焦茶。应用滚筒杀青机时，投叶量要根据筒口出叶的杀青程度随时调整。

由于滚筒杀青出来的叶子其不同部位失水很不平衡，叶缘失水多，叶脉失水少，叶子总的含水量又往往偏高，叶质适揉性较差，因此，还需要冷却和回潮一段时间，促进叶内水分均匀分布，这样，有利于揉捻成条。

② 揉捻

揉捻是炒青绿茶塑造条状外形的一道工序，且对提高成茶滋味浓度也有重要作用。目前，我国大宗绿茶的揉捻作业已实现机械化。

制绿茶用的揉捻机种类很多，型号不一，机械性能有异。生产实践经验证明，绿茶揉捻不宜使用大型机种，大型机揉桶大，投叶量多，揉时长，揉捻中叶温也高，易使揉捻叶产生黄熟现象。一般选用桶径55厘米的比较适宜；生产量小的可选用桶径45厘米的；生产量大的，则可选用桶径65厘米的。制绿茶常用的揉捻机如表4-38所列。

制绿茶的揉捻工序有冷揉与热揉之分，所谓冷揉，即杀青叶经过摊凉后进行的揉捻；热揉是杀青叶不经摊凉而趁热进行的揉捻。嫩叶宜用冷揉，因为

表 4-38 绿茶常用揉捻机的型号

揉捻机型号	桶径（毫米）	投叶量（千克）	台时产量（千克）
40 型	400	10	20
45 型	450	15	30
55 型	550	35	70
60 型	650	65	100

嫩叶纤维少，韧性大，角质层薄，水溶性果胶含量多，揉捻中易形成条索，而且嫩叶冷揉能保持黄绿明亮的汤色与嫩绿的叶底。老叶宜用热揉，因老叶纤维多，叶质粗硬，揉捻不易成条，采用热揉是利用叶质受热变软的特性，有利于揉紧条索，减少碎末茶，提高外形品质。

投叶量的确定：各种揉捻机投叶量都有一定的适宜范围，投叶太少，会降低揉捻加压的效果，难以揉紧条索；投叶太多，叶子在揉桶内翻动受阻，导致揉捻不匀，往往底层茶多碎片末，上层茶多偏条，这是条形茶产生松、扁、碎弊病的一个重要原因。

揉捻加压：揉捻过程加压轻重与加压时间，对茶叶条索松紧、扁碎有很大的影响。揉捻程度的轻重，对叶组织的破损率及内质上的色、香、味关系更大。整个揉捻过程的加压原则应该是"轻—重—轻"。开始揉捻的5分钟内不应加压，待叶片逐渐沿着主脉初卷成条后再压，加压程度要根据揉捻叶的老嫩而定，嫩叶以轻压、中压为主，三级以下的叶子加压要逐步加重。具体掌握可按以下图示进行：

揉捻开始 　　　　　　　　 揉捻结束
　↓　　　　　　　　　　　　　↑
空压 → 轻压 → 重压 → 松压

如果加压过早、过重或是一压到底，往往造成条索扁碎，汤色、滋味也不理想。30分钟或45分钟揉捻的加压方法，一般采取如下程序：

$$30' = -5' + 12' + 12' - 1'$$
$$45' = -5' + 18' + 20' - 2'$$

注："—"是空压或松压；"+"是加压。

揉捻时间：确定揉捻时间长短应根据以下三条

原则：一看揉捻叶的老嫩；二看揉桶直径的大小；三看揉捻叶条索的紧结度。以揉桶直径 55 厘米的 55 型为例，确定揉捻时间，一、二级鲜叶揉 20～25 分钟。若揉桶直径比 55 型大，则相应增加揉时 5 分钟左右；比 55 型小，则应减去揉时 5 分钟左右。

慎用复揉：解块分筛后的筛面茶或经炒二青后再进行揉捻，称之为"复揉"。茶叶经复揉后，外形较断碎，秃头茶多，精制取料率低，副茶多，特别是经过二青后茶叶再进行复揉，断碎的程度更严重。在鲜叶老嫩程度比较一致的情况下，最好不进行复揉，但外形松紧不一，浮面摊张叶很多时，应在 2～3 孔筛床上解块分筛，将粗松的浮面头子茶撩出，再适当进行复揉也是可以的。

制绿茶的揉捻机转速以 48～50 转/分为宜，过快，揉捻质量差，碎茶多。据试验，55 型揉捻机转速 50 转/分的比 55 转/分的揉捻质量要好，断头茶少，但成条速度稍慢，工效略低。为了确保揉捻质量，转速不宜大于 50 转/分。

揉捻机棱骨不宜太小，棱骨磨损的应及时更换，棱骨过小或已磨损，对揉叶阻力小，揉不紧茶条。另外，棱骨断面高度和宽度要相等，而且，棱骨的高度和宽度应与揉桶的直径相适应，即随桶径的增大而放大。棱骨的侧面应与揉盘垂直，这样对揉捻叶的阻力大，有利于揉紧条索；反之，断面呈扁平形或椭圆形的棱骨，不易揉紧条索。

③ 解块筛分

杀青叶经过揉捻后，易结成团块，大的如拳头，小的如核桃，需经解块机的解块轮打击，团块才被解散。解块机可配置 5 孔筛网，把被揉碎的茶叶筛出，与筛面的条茶分开制作，可提高毛茶品质。

④ 干燥

经揉捻解块后的湿茶坯，含水率在 60% 左右，如果直接进行炒干，会在炒干机的锅内很快结成团块，而且茶汁易黏结锅壁形成锅焦，导致茶叶产生烟焦味，茶汤混浊，沉淀物增多。将揉捻叶去掉部分水分，再放入锅中炒干，才能避免上述弊病。

失水的方法最好是将揉捻叶放在烘干机上烘，即进行烘二青。烘二青不能烘得太干，二青叶一旦定型后，就很难再炒紧条索。但也不能太潮，否则起

不到烘二青的作用。二青叶下锅炒时仍会黏结成团，所以二青作业时去水要适当，一般掌握在二青叶含水率降到 35%～40% 为宜。用自动烘干机或手拉百叶烘干机烘二青，风温应掌握在 110℃～115℃，烘 9～12 分钟，摊叶厚度约 2 厘米。如烘后的二青叶还较潮，应及时摊凉散热，蒸发水分；如果烘后二青叶偏干，则应厚堆，使其回潮，或与较潮的二青叶拼和堆放，待水分"走匀"后再下锅炒。使用烘干机烘二青，烘干程度的控制，最好采取调节上叶量或调节机器运转速度的办法，这比调节风温来得方便可靠。

烘后的二青叶，应手捏有弹性，不易捏成茶团，但又不松散，稍带黏性。这样的二青叶含水率在 35%～40%，符合锅炒要求。

有些茶场也采用瓶式炒干机或滚筒杀青机代替烘干机进行烘二青，俗称"以滚代烘"。做好以滚代烘要掌握以下三点：

第一，要分次投叶，且投叶量不宜太多，以防一次投叶过多，引起筒壁温度骤然下降，筒内水汽弥漫，筒壁黏结叶子，而被黏附的二青叶又随着水分的散失产生焦化，形成烟焦味。一般瓶式炒干机每筒投叶量为 17～20 千克，分 2～3 次，在 2～3 分钟内投完较妥。

第二，温度不宜过低，投入揉捻叶时，筒内如有轻微的爆声发出，表明温度适宜。滚 8～10 分钟后应打开炉门以降低火温，防止筒内茶叶产生爆点，甚至烟焦。

第三，滚的时间约为 15 分钟，若时间过长，茶叶容易发灰，有损干茶色泽的绿润。经二青后的茶叶，最好用筛目为 7～8 孔的小型平面圆筛机或手工竹筛进行割末，如果让碎末茶和条状茶混在一起下锅炒，则碎末茶体型细小，沉于锅底，失水快，先干燥，这样不但会增加末茶含量，还容易产生老火。

炒青茶的炒干形式很多，最常见的炒干方法有如下两种：

烘→滚法：即在烘干机上烘二青，然后用瓶式炒干机滚炒至干。这种炒法是炒青绿茶的标准加工工艺，制出的毛茶条索较紧直，碎末茶少，品质较好。制茶工艺流程如下图所示。

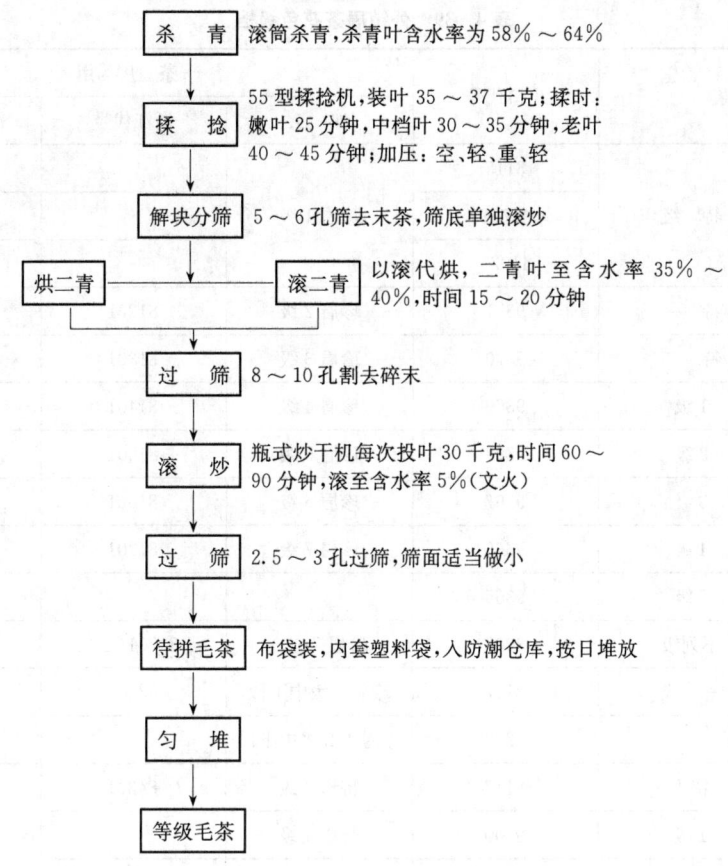

炒青绿茶的加工工艺流程图

滚→滚法：茶叶不经过烘二青，全用滚筒杀青机或瓶式炒干机滚炒至干，故又称一滚到底。过去这种方法制出的毛茶，缺点很多，主要是外形松泡，茶身圆而钩曲，色泽枯灰似陈茶。近年通过提高采摘嫩度，延长揉捻时间，通常 1.5～2.5 小时，已能加工出具有很好的外形和内质的炒青绿茶，如浙江松阳县的"香茶"。这种制法已被广大炒青茶产区所接受。

（2）长炒青绿茶精制技术

茶叶精制，顾名思义是精工细作的意思。长炒青的绿毛茶，经精制整形后，概称眉茶。中国的眉茶有屯绿、舒绿、婺绿、饶绿、杭绿等，其制法不完全相同，但基本的筛路类同。

浙江省的眉茶分杭绿、温绿、遂绿，现在以杭绿为例加以说明。杭绿全省统一为 12 个筛号茶：4、5、6、7、8、10、12、16、24、34、80、100 孔茶。

外销眉茶分特珍、珍眉、雨茶、秀眉、片茶、碎茶、粗末和细末。在每个品名中又分若干个级档。例如珍眉又分为珍眉一级、二级、三级、四级和珍眉不列级。外销眉茶出口，一般不报茶名，而采用代号，例如特珍一级用 9371、珍眉一级为 9369。这些茶都是由长炒青绿毛茶经精制整形而成。出口眉茶的花色级档如表 4-39 所列。

贸易样编唛和加工样编唛不同，贸易样按出口茶号编唛。加工样编唛一般由一个中文字和五个阿拉伯数组成（由出口公司定），中文字为厂名简称，阿拉伯数第一个数为年份，第二个数为品名（珍眉为 1，贡熙为 2，雨茶为 3，特秀为 4，秀二、秀三为 5，片为 6），第三个数为级别，第四、五个数为流水号码。如"名 81201"为名茶厂 1988 年珍眉 2 级第一批出厂样。

表 4 - 39　外销眉茶花色级档

眉　茶		出口代号	茶　厂　用		
			加　工	浙江代号	上海代号
特　珍	特级	3115	珍眉 1 级		
		41022			
		41025			
	特　一	9371	珍眉 2 级	81201	81251
	特　二	9370	珍眉 3 级	81301	81351
珍　眉	1 级	9369	珍眉 4 级	81401	81451
	2 级	9368	珍眉 5 级	81501	81551
	3 级	9367	珍眉 6 级	81601	81651
	4 级	9366	珍眉 7 级	81701	81751
	5 级	9365			
	不列级	3008	珍眉 7(二)	81701(二)	81751(二)
雨茶	一级	8147	珍眉 3 级中下段	83101	83151
小特针		3222	珍眉 1、2 级中下段		
秀　眉	特级	8117	特珍 3 级	84301	84351
	1 级	9400	秀眉 1 级		
	2 级	9376	秀眉 2 级	85201	85251
	3 级	9380	秀眉 3 级	85301	85351
片　茶		34403	茶片	86001	86051
碎　茶				87101	87151
粗　末				89101	89151
细　末				89201	89251

眉茶的精制筛分,甚为精细,基本分为三路——本身路、圆身路和筋梗路。

① 本身路

工艺流程为:毛茶复火→滚条→筛分→毛抖→毛撩→前紧门→复撩→机拣→风选(剖扇、复扇)→电拣→手拣→补火→车色→净茶分筛→后紧门→净撩→清风→入库待拼→匀堆装箱(见下图)。

复火:将炒青毛茶用烘干机复火。烘至含水分 5%~6%。

滚条:烘后趁热将毛茶投入八角形的滚筒内滚条,使茶身紧结、脱钩。滚条时间一般为 60~70 分钟。

筛分:滚条后的毛茶进行分筛,4 孔底的茶叶按本身路加工,4 孔面的茶叶经一次切后复筛出的 4 孔底仍并入本身路。分筛的筛网配置如下图所示。

毛抖:分筛出的 4~7 孔茶分别上抖筛机,初步分茶叶的粗细,并抖出外形粗大的茶条与圆头茶和外形较细的筋梗。7 孔筛号茶的抖头并入 5、6 孔筛号茶复抖,4、5 孔筛号的抖头入圆身路。抖筛筛网配置如表 4 - 40。

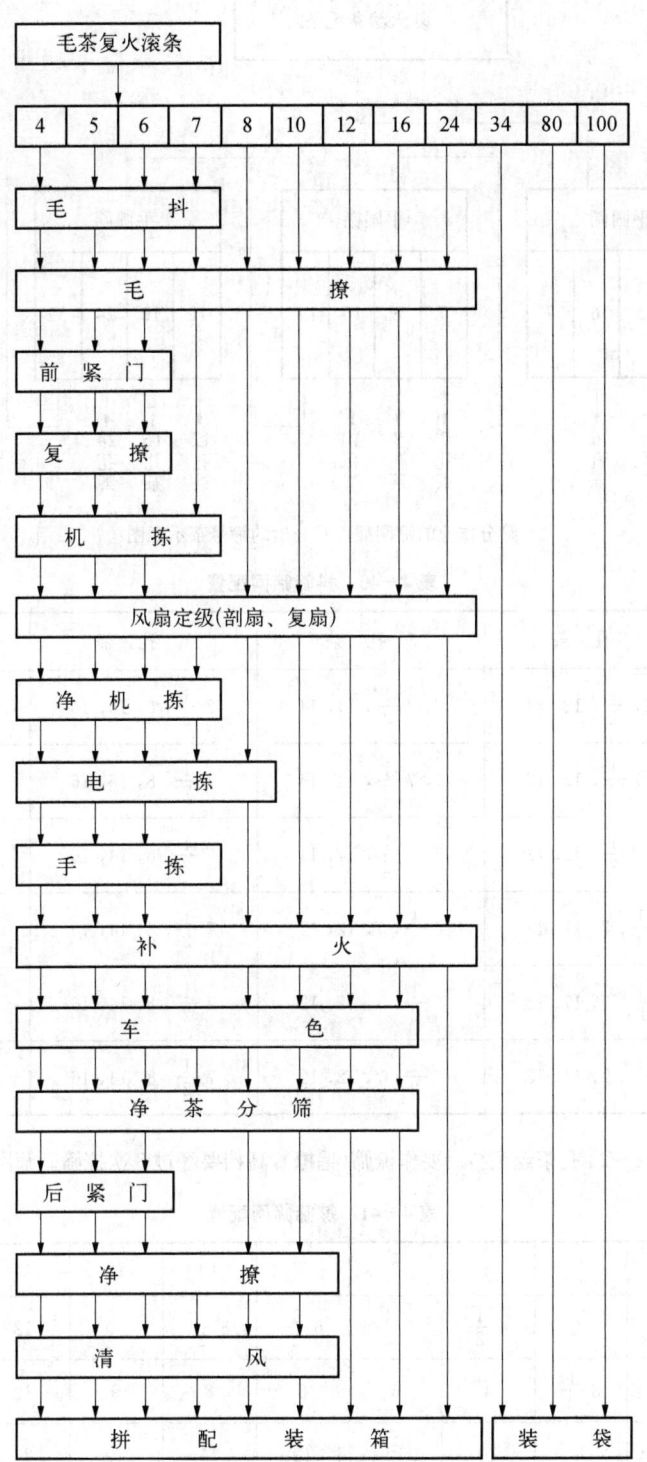

本身路工艺流程图

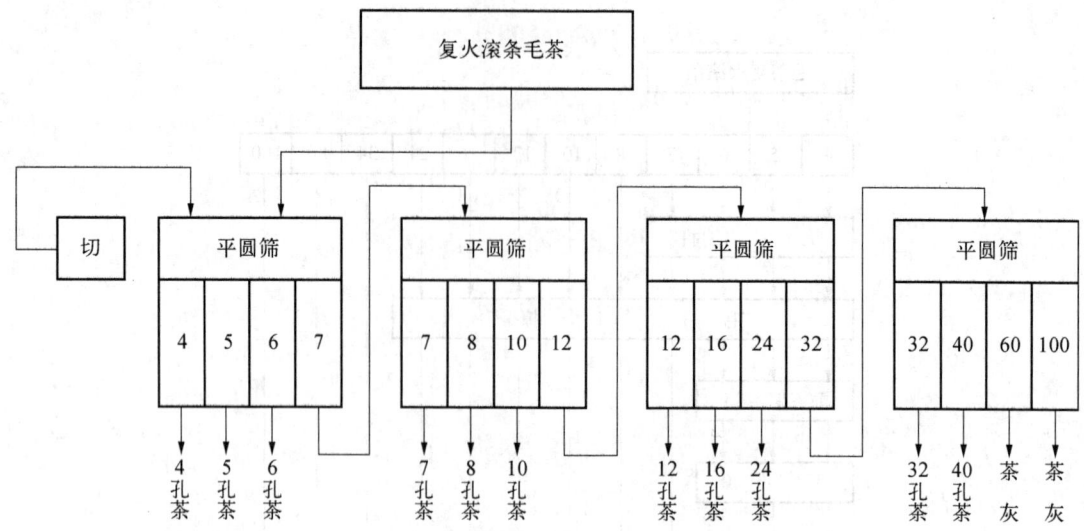

筛分作业的筛网配置及分出的筛号茶示意图

表 4-40 抖筛筛网配置

等　级	4　孔　茶	5　孔　茶	6　孔　茶	7　孔　茶
一级坯	$7, 7\frac{1}{2}, 12, 14$	$7, 7\frac{1}{2}, 14, 14$	$7\frac{1}{2}, 8, 16, 16$	$8, 8\frac{1}{2}, 18, 18$
二级坯	$7, 7\frac{1}{2}, 12, 12$	$7, 7\frac{1}{2}, 14, 14$	$7\frac{1}{2}, 8, 16, 16$	$8, 8\frac{1}{2}, 18, 18$
三级坯	$7, 7\frac{1}{2}, 12, 12$	$7, 7\frac{1}{2}, 14, 14$	$7\frac{1}{2}, 8, 14, 16$	$8, 8\frac{1}{2}, 18, 18$
四级坯	$6\frac{1}{2}, 7, 11, 12$	$6\frac{1}{2}, 7, 12, 12$	$7\frac{1}{2}, 8, 14, 16$	$8, 8\frac{1}{2}, 18, 18$
五级坯	$6\frac{1}{2}, 7, 11, 12$	$6\frac{1}{2}, 7, 12, 12$	$7\frac{1}{2}, 8, 14, 16$	$8, 8\frac{1}{2}, 18, 20$
六级坯	$6\frac{1}{2}, 7, 11, 12$	$6\frac{1}{2}, 7, 12, 12$	$7\frac{1}{2}, 8, 14, 16$	$8, 8\frac{1}{2}, 18, 20$

毛撩：分筛后的 4～24 孔茶经毛抖后要作撩筛（毛撩），高档要经过 3 次撩筛。筛网配置如表 4-41。

表 4-41 撩筛筛网配置

孔　茶	4	5	6	7	8	10	12	14	16	24
筛	$3\frac{1}{2}$	4	$4\frac{1}{2}$	$5\frac{1}{2}$	$6\frac{1}{2}$	$8\frac{1}{2}$	10	12	12	18
	3	$3\frac{1}{2}$	4	5	6	8	9	10	12	16
孔	7	8	10	12	12	16	20	24	24	28

前紧门：4～6 孔茶毛撩后复抖，也称前紧门，目的是抖去筋梗，分级取坯，提高净度。筛网配置如表 4-42。

复撩：前紧门后的 4、5、6 孔茶和剖扇后的 7 孔茶进行第一次复撩,方法与毛撩同。

机拣:拣出较长的筋梗。用阶梯式拣梗机,第一格开沟大,二、三、四格开沟小。

眉茶精制中的抖筛、撩筛、前紧门、后紧门的净筛筛网配置,可参照下列各表进行。

表 4-42 前紧门(抖)筛网配置

等 级	4 孔 茶	5 孔 茶	6 孔 茶
一级坯	$7\frac{1}{2}$, 8, 12, 14	$7\frac{1}{2}$, 8, 14, 16	8, $8\frac{1}{2}$, 16, 18
二级坯	$7\frac{1}{2}$, 8, 12, 14	$7\frac{1}{2}$, 8, 14, 14	8, $8\frac{1}{2}$, 16, 18
三级坯	$7\frac{1}{2}$, 8, 12, 14	$7\frac{1}{2}$, 8, 14, 14	8, $8\frac{1}{2}$, 16, 18
四级坯	$7\frac{1}{2}$, 8, 12, 12	$7\frac{1}{2}$, 8, 14, 14	$7\frac{1}{2}$, 8, 14, 16
五级坯	$7\frac{1}{2}$, 8, 12, 12	$7\frac{1}{2}$, 8, 14, 14	$7\frac{1}{2}$, 8, 14, 16
六级坯	$7\frac{1}{2}$, 8, 12, 12	$7\frac{1}{2}$, 8, 14, 14	$7\frac{1}{2}$, 8, 14, 16

表 4-43 后紧门筛筛网配置

等 级	4 孔 茶	5 孔 茶	6 孔 茶	7 孔 茶
特 一	8, $8\frac{1}{2}$, 16, 18	8, $8\frac{1}{2}$, 16, 18	$8\frac{1}{2}$, 9, 18, 18	9, $9\frac{1}{2}$, 20, 20
特 二	8, $8\frac{1}{2}$, 16, 18	8, $8\frac{1}{2}$, 16, 18	$8\frac{1}{2}$, 9, 18, 18	9, $9\frac{1}{2}$, 20, 20
雨 茶		7, $7\frac{1}{2}$, 16, 18	7, $7\frac{1}{2}$, 18, 18	9, $9\frac{1}{2}$, 20, 20
珍 一	7, $7\frac{1}{2}$, 16, 18	7, $7\frac{1}{2}$, 16, 18	10, 11	11, 12
珍 二	7, $7\frac{1}{2}$, 14, 16	7, $7\frac{1}{2}$, 14, 16	10, 11, 光板	11, 12, 光板
珍 三	$6\frac{1}{2}$, 7, 14, 16	$6\frac{1}{2}$, 7, 14, 16	10, 11, 光板	
珍 四	$6\frac{1}{2}$, 7, 14, 16	$6\frac{1}{2}$, 7, 14, 16	10, 11, 光板	
不列级	$6\frac{1}{2}$, 7, 14, 16			
特 秀				11, 12
秀 二				11, 12

剖扇、复扇：第一道风扇叫剖扇，第二道叫复扇。目的是分级取料，除去黄朴片。

剖扇：第一口取特一、特二；第二口取珍一、珍二；第三口取珍三、珍四。

剖扇后的正口、子口、次子口要分别复扇。

特一、特二分别复扇后：一口为特一，二口为特二或雨茶，三口为珍一。

珍一、珍二分别复扇后：一口为珍一，二口为珍二，三口为珍三（并入剖扇珍三）。

珍三、珍四分别复扇后：一口为珍二，二口为珍三，三口为珍四。

电拣：高压静电拣梗，吸出黄朴片，一般要经过5～6次。

手拣：拣老梗、粗梗、白梗。只有 4、5、6 孔茶才需手拣。

补火：烘至含水率达 5％～5.5％。

车色：趁热车色，达到紧条、色泽起霜。

净茶分筛：4～24 孔茶都要复撩，筛网配置方法同毛茶分筛。

后紧门：4～7 孔茶复撩后付后紧门，后紧门的筛网配置见表 4-41。

净撩：4～24 孔茶都要撩头割末。

清风：扇去轻质茶。

入库待拼。

匀堆装箱。

② 圆身路

第一次切后分筛出的毛茶头，本身路的抖头，按圆身路加工，作业操作与本身路类同，工艺流程见下图。

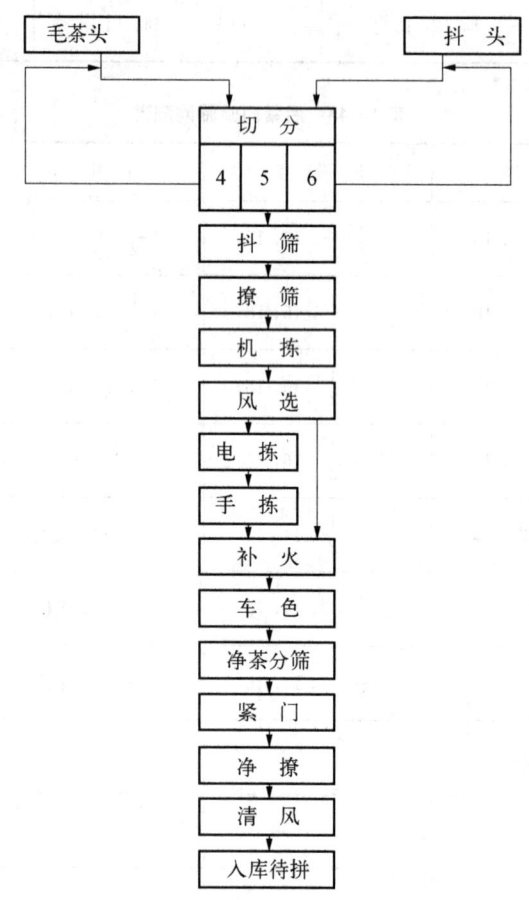

圆身路工艺流程图

③ 筋梗路

本身路与圆身路抖出的筋梗茶按筋梗路加工,工艺流程见下图。

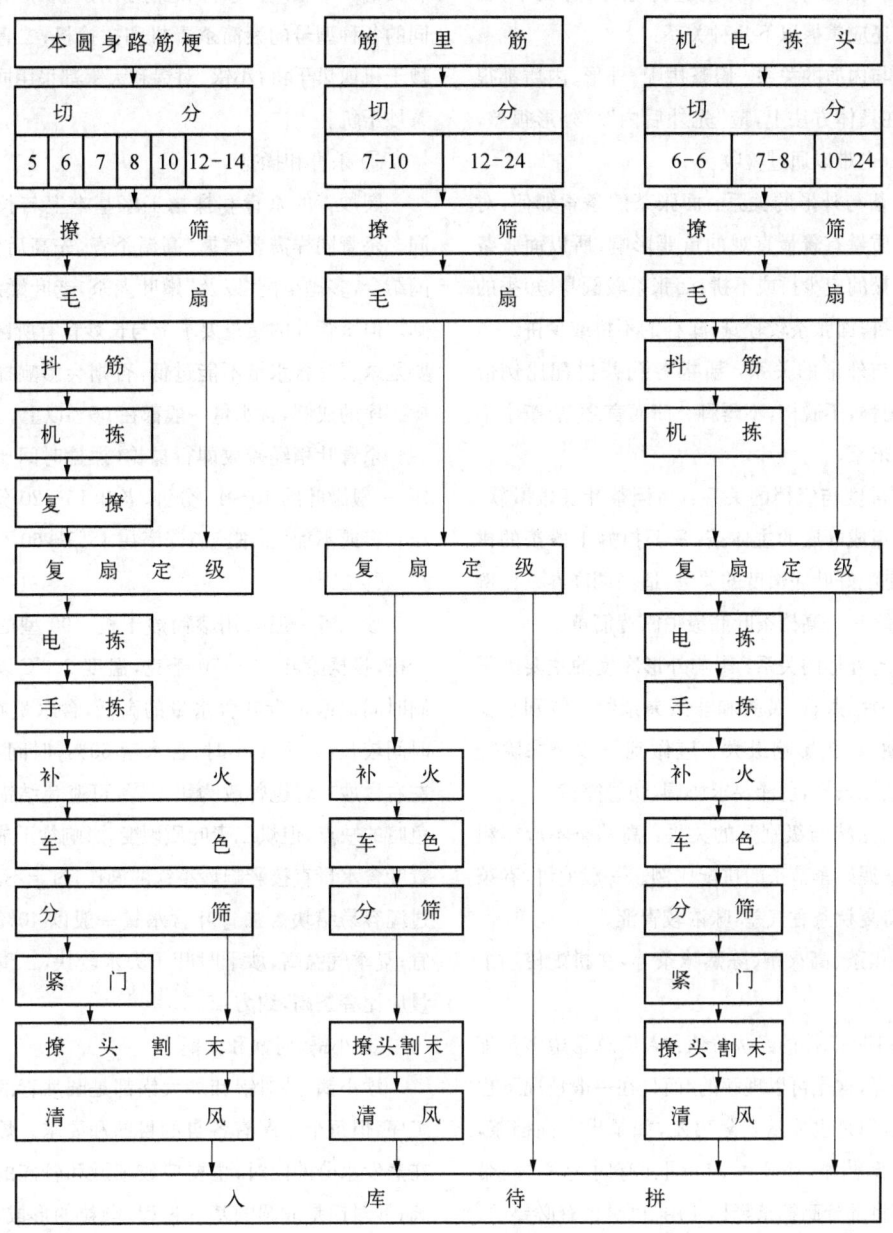

筋梗路工艺流程图

成品茶眉茶的拼配是技术性较强的工作,拼得好,能明显地提高茶叶的经济价值,且不降低茶叶的质量标准。搞好拼配须掌握以下要领。

第一,熟悉标准样的品质特点:眉茶标准是由许多个筛孔茶组成,其中有的筛孔茶,这个因子好,

另一个因子差,应看其相互组成的大致比例。

标准样是每一级产品的最低标准,拼配要做到心中有数。

第二,掌握待拼茶的数量与品质情况:在掌握标准样品质的基础上,查核待拼茶的数量与品质情

况,然后先从外形着手拼出小样。当拼出小样的外形品质与标准样相符时才作开汤审评,进行内质因子的调整。如果外形不符就进行湿评,意义不大。拼配小样还应掌握以下几种关系:

外形与内质的关系:眉茶拼配,外形、内质都很重要,但在具体方法上,应"先外后内"。外形很差,内质再好,也难以通过验收。

面张茶与外形的关系:面张茶的条索如何,对成茶外形质量有着最直观的重要影响,所以面张茶条索较粗松的应少拼或不拼;面张茶较圆身、短秃的不拼或少拼;面张茶较轻身,露朴的不拼或少拼。

整碎与外形的关系:要求各孔茶拼配比例恰当,筛档匀称,不脱档,不露脚。简而言之,眉茶中不应含有细末茶。

叶底嫩度与级档的关系:高档茶叶底较嫩软。上段茶是组成叶底的主体茶,只要抓好上段茶的拼配比例,是配好叶底嫩度的关键,适当调高春茶比例也是办法之一。高档茶叶底最怕露背筋黄。

净度与外形的关系:影响外形净度的主要因子是筋梗、朴片、茶籽、黄头和非茶夹杂物。特别是长梗、粗老梗、黄头影响最大。应做到下段茶去除轻片,中段茶无长梗,色泽要求协调,切忌露黄。

香气、滋味与级别茶的关系:高档茶不应露粗青气,应掌握好季节茶的拼配比例。一般地讲,春茶嫩香味醇,夏秋茶香气差,味浓较青涩。

对烟焦茶、高火茶、陈熟味茶等,在拼配使用上要严谨。

考虑茶叶总体的经济价值:人们总希望多拼配高档茶出厂,这是可以理解的,而且在一般情况下也应该如此,但是也要从实际出发,如果出了高档茶,留下大量低档茶,也不一定可取,有时为了"高带低",适当将部分高档茶降档使用,也是很有必要的。总之,在拼配中要总体考虑,搞几个拼配方案,进行比较,以充分发挥茶叶的经济价值,小样一经确定后,计算出其各号茶的比例,最后按此比例成品拼配,进行匀堆装箱。

(3)圆炒青绿茶初制技术

圆炒青又叫平炒青(因原产于浙江嵊州平水得名),精制整形后称为"珠茶",是我国主要外销绿茶之一。

圆炒青的初制分为杀青、揉捻、二青、小锅、对锅和大锅六个工序。杀青和揉捻采用与长炒青绿茶相同的各种型号的滚筒杀青机和揉捻机;二青用滚筒炒干机或烘干机;小锅、对锅和大锅都采用同一种珠茶炒干机。

① 杀青和揉捻

圆炒青的杀青和揉捻工序基本上与长炒青相同。杀青同样需要掌握"高温杀青,先高后低"、"抛闷结合,多抛少闷"以及"嫩叶老杀,老叶嫩杀"等原则。但杀青叶的质量要求上与长炒青有所区别。主要是杀青叶含水量不能过低,否则会影响揉捻和干燥工序的成圆,含水量一般都在60%以上。

杀青叶稍经摊放即行揉捻,揉捻时间比长炒青短,一般嫩叶约10～15分钟、老叶15～20分钟。加压宜轻或不加压,细胞破碎率在45%～60%。

② 二青

炒二青一般采用滚筒炒干机。90型的滚筒炒干机,投揉捻叶60～70千克,温度200℃以上。炒制时间根据杀青叶含水量的高低,含水量在65%,时间较长,约需1小时;含水量60%,时间30分钟左右。炒二青也曾改为烘二青,可避免结锅巴和叶色暗的缺点,但烘二青叶质硬变,影响炒干成圆。二青叶含水量直接影响炒小锅的操作,过干不易成圆,过潮容易结块。二青叶含水量一般以40%左右为宜;夏季气温高,炒干时叶子失水较快,二青叶含水量应比春茶高,约为45%。

③ 小锅、对锅和大锅

炒小锅、炒对锅和炒大锅都是圆炒青的成形的工序,但每个工序有各自的目的和要求。炒小锅是在蒸发水分的同时,主要使较细嫩和较碎的叶子成圆;炒对锅是成圆的基本过程,颗粒的形成,尤其是腰档茶颗粒的形成都是在对锅中产生的;炒大锅则是进一步干燥,使在对锅中所形成的颗粒得到固定,并使面张茶成圆,即所谓"小锅脚,对锅腰,大锅头"。

炒小锅温度要高,锅温一般在120℃～160℃。目的一是避免茶汁在锅中黏附,影响操作和茶叶品质;二是在较高温度下,下脚细碎的叶子容易成圆。投叶量根据叶子的老嫩度,老叶为12.5千克/锅,嫩叶约为 15 千克/锅,时间 45 分钟左右,炒至含水量 30%～35%。

炒对锅锅温比炒小锅低,但炒的时间较长。锅温由 60℃逐步升高到 80℃,投叶量为两锅小锅叶合并为一锅,时间 2.5～3 小时。炒至含水量 15%～20%。

炒大锅温度由高到低,80℃～60℃,投叶量为两锅对锅叶合并为一锅,时间 3 小时左右,炒至含水量 6%～7% 为适度。炒大锅为了防止失水太快,可在后期适当加盖闷炒,这对外形颗粒成圆有良好的作用。

(4)圆炒青绿茶精制技术

圆炒青绿茶经过精制的产品称珠茶。精制的基本方法和原理与眉茶基本相同,其工序相对简单。主要分为珠茶和雨茶两路加工。

珠茶路加工分生取、炒车、熟取和匀堆装箱等四个工段。精制加工的主要工序见下图。

毛茶 → 第一次分筛 → 风选取坯 → 生撩 → 风选定级 → 炒车 → 第二次分筛 → 净撩 → 净扇 → 手拣 → 匀堆装箱

毛茶头切分 ├ 熟撩 → 风选熟取 → 净撩 → 一次净取 → 二次搜取 → 熟抖 → 机拣 ┤

雨茶

① 第一次分筛　是珠茶精制第一步,是分离毛茶颗粒大小最基本的过程。各级毛茶通过分筛,初步分清颗粒大小,并将不能通过规定筛孔的毛茶头晒出付切。筛网配备如表 4-44 所示。

表 4-44　第一次分筛的筛网配置

原料级别	筛 网 配 置					
1～3 级	4.5 8 24	4.5 10 36	6 12 60	7 16 80	8 24	12 36
4～7 级	4 8 24	4.5 10 36	6 12 60	7 16 80	8 24	10 36
轧 4.5 孔或 4 孔	4.5 8 24	5 10 36	6 12 80	7 16	8 24	12 36

② 毛茶头切分　1～2 级毛茶用 3 号滚筒,3 级用 2 号半滚筒,4～5 级用 2 号滚筒,6～7 级用 1 号滚筒。切分时掌握好各级面张茶比例,如轧切过多,会使中低级成品因缺少面张而不能对样拼配出厂;反之,轧切过少,会使中低级面张过多而拼不完,影响毛茶经济价值发挥。

③ 风选取坯　是珠茶加工的第一次风扇。经过分筛的各孔茶,通过这一工序,初步分清轻重取坯。

④ 生撩　经风扇初步定级后的 6 孔以上一二级茶坯,通过这一工序,进一步把面张较粗大的茶叶撩出,使各孔茶颗粒大小更趋一致,符合规格。筛网配置如表 4-45。生撩以后的 4 孔或 4.5 孔二级撩头付切取二三级;5 孔一级撩头付切取取一级,一级轻并 4.5 孔上扇;6 孔撩头拼入 5 孔;4.5 孔～6 孔撩底上风扇定级。

表 4-45　生撩的筛网配置

筛号茶	4 孔或 4.5 孔	5 孔	6 孔
筛网配置	4 16	4.5 16	5 16

⑤ 风选定级 经撩筛后的各级各孔茶,通过本次风扇,要求一级去净砂石,二级以下进一步分清等级,达到基本符合各级成品的要求。

⑥ 炒车(补火车色) 炒车的目的是提高茶叶香味和颗粒的圆紧结实,色泽灰绿,并使含水率降至4%左右。一般采用双锅炒茶机补火,小型车色机冷车。

⑦ 第二次分筛 经炒车后的各孔茶,按级分路分孔分筛,分清各孔茶颗粒大小,并割下段茶及灰末;同时及时散热,以保香味。各级6孔以下的筛头尚需按级按孔复筛;一级5孔筛头要进行复炒。

⑧ 熟撩(第二次撩筛) 经二次分筛后的各孔轻身茶,通过熟撩,使各孔茶大小更为匀齐,进一步割净碎末茶,便于风扇取料。

⑨ 风选熟取(三次风扇) 经熟撩后的各级各孔茶,通过本工序,进一步分清轻重,定正等级,便于抖筛或净撩。

⑩ 净撩(第二次撩筛) 通过净撩,要求各孔茶大小定型。撩头按级逐孔上拼或复撩;撩底全部上扇,如撩底不合要求,尚需复撩,进一步撩净黄头、扁朴块。

⑪ 一次净取(四次风扇) 要求对一级茶坯扇净黄扁块、朴片,二级茶坯基本定型。

⑫ 二次净取(五次风扇) 这是对轻质茶加工的最后定型。也是对各级筛孔茶的身骨轻重作一次严格校正,扇净黄扁块、朴片,正确取料,不使好茶漏入低级茶,也不使次茶混入好茶。

⑬ 熟抖 经净取扇后的轧轻7~10孔、二级5~10孔、三四级4孔半与5孔以下以及五级6孔以下筛号茶,都要上抖,以进一步分清长圆,取净雨茶。各孔抖头,视茶叶净度上拣或净撩,三级以下7~8孔抖头复抖;各孔抖底,交雨茶路处理。

⑭ 机拣 主要是拣除茶梗;4孔半与5孔雨茶机拣后,还需进行复拣。

⑮ 净撩(第四次撩筛) 经抖筛或机拣后的茶叶,通过本工序使颗粒大小匀齐,以便风扇净取。

⑯ 净扇(六次风扇) 是将净撩后的各级各孔轻身茶,分清身骨轻重,各孔茶规格最后定型。

⑰ 手拣 经风扇后的重质茶以及各级面张茶等,均要进行手拣。要求拣净茶梗、茶籽、砂石等夹杂物。

拣后按级按孔入库,成品拼配后,即为各级珠茶。

雨茶路是指经过珠茶路抖筛后产生的长条形茶叶,其精制加工技术和眉茶基本相同,在此不再叙述。

(林智 沈培和)

2. 烘青绿茶制造

烘青绿茶产区分布较广,产量仅次于眉茶。以安徽、浙江、福建三省产量较多,其他产茶省也有少量生产。烘青绿茶除部分直接在市场上销售外,大部分用来窨制花茶。

烘青绿茶加工主要分为:杀青、揉捻、解块筛分、干燥等四道工序,其杀青、揉捻和解块筛分的操作和要求与长炒青绿茶基本相同,但揉捻程度掌握有所差异,干燥过程则全部采用烘干。

烘青绿茶的成形基本上在揉捻工序中完成,因此揉捻技术操作与程度的掌握上与长炒青绿茶有所区别。主要表现在烘青绿茶更强调嫩叶冷揉,中档叶温揉,老叶热揉,以利于各档原料茶的揉捻成条及形成深绿甚至墨绿的色泽。同时,烘青绿茶揉捻还强调筛分复揉,尤其是鲜叶原料老嫩混杂时,这一点更为重要。筛分复揉便于粗大茶条揉紧成条,保持芽叶完整,减少碎末茶。烘青绿茶揉捻适度的要求是,嫩叶揉熟不揉糊,老叶揉紧不揉松,嫩叶成条率达到90%以上,老叶成条率达到60%左右,细胞破碎率在45%左右。

干燥分毛火和足火两步进行,中间摊凉1次。目前茶厂大多采用烘干机烘干,烘干机主要有手拉百页式烘干机和自动链板式烘干机两种。

(1) 手拉百叶式烘干机干燥方法

毛火,进风温度为120℃左右,摊叶厚度1~2厘米,每2~3分钟自上而下拉动手柄一次,使上层茶叶循序落入下层,全程为12分钟左右,以稍感刺手为适度,毛火茶含水率为18%~25%。摊凉回潮0.5~1小时,厚度约10厘米,摊至叶子回软为宜。足火,进风温度为100℃~110℃,摊叶厚度2~3厘米,每隔3分钟拉动手柄翻茶一次,全程约16分钟,足火茶含水率4%~6%,手捻叶即成粉末为适度。

（2）自动链板式烘干机干燥方法

毛火，进风温度 120℃～130℃，摊叶厚度 1～2 厘米，烘焙时间 8～12 厘米。摊凉回潮 0.5～1 小时，厚度约 10 厘米，摊至叶子回软为宜。足火，进风温度为 100℃ 左右，摊叶厚度 2～3 厘米，烘焙时间 12～16 分钟，至茶叶含水率在 6% 以下即可。

烘青绿茶干燥最忌烟气和焦气，火功不能偏高，要正确掌握烘干机的温度和茶叶干燥程度，防止热风炉漏烟。

（林 智）

3. 晒青绿茶制造

晒青绿茶是指采用日光进行干燥的绿茶。主要产地在陕西、云南、四川、湖北、贵州、广西等省。产于陕西的称"陕青"，产于云南的称"滇青"，产于四川的称"川青"，产于贵州的称"黔青"，产于湖北的称"鄂青"等。历史上，晒青绿茶常以散茶形式出售，近年来已逐渐减少。目前的晒青绿茶主要用作紧压茶的原料。

晒青绿茶加工工艺流程为杀青、揉捻和晒干。其杀青和揉捻的操作和要求基本上与长炒青绿茶相同，揉捻后的茶叶直接利用日光晒干，晒至梗折可断，干燥刺手，含水率降到 10% 左右为适度。晒干过程中要避免泥沙和其他夹杂物混入茶内，尽量避

免茶叶直接与地面接触，注意周边环境的卫生情况。

（林 智）

4. 蒸青绿茶制造

中国绿茶最早是蒸青制法，随后传播到日本等国，日本绿茶至今仍然沿用蒸青制法，而中国自明代发明炒青制法以后，除了台湾、湖北省恩施等部分茶区仍有采用蒸青制法以外，大部分已被炒青制法所取代。

蒸青绿茶是采用蒸汽对鲜叶进行杀青的，由于蒸汽的穿透力强，能较彻底地破坏鲜叶中酶的活性，从而形成干茶色泽深绿、茶汤浅绿和叶底青绿的"三绿"品质特征，但香气带青气，涩味也较重，不及炒青绿茶鲜爽。

近年来，由于外销日本的需要，我国蒸青绿茶又得到一定程度的发展。蒸青绿茶的加工设备大都是从日本引进的，加工工艺也与日本相同，其基本工序为：蒸青、粗揉、揉捻、中揉、精揉和干燥。

① 蒸青

蒸青是蒸青绿茶制造的第一道工序。蒸青的好坏对成品茶的品质影响很大，并直接关系到下道工序的操作难易。

蒸青要掌握的主要技术参数有蒸汽压力、蒸汽量、蒸青时间和投叶量等。日本生产的网筒搅拌型蒸机标准使用方法如表 4-46。

表 4-46　日本网筒搅拌型蒸机的标准使用法

	200K 型(6 型)		300K 型(7 型)		400K 型(8 型)	
	春 茶	夏秋茶	春 茶	夏秋茶	春 茶	夏秋茶
投叶量(千克/时)	150	200	250	300	350	400
蒸汽需要量(千克/时)	50	60	80	90	105	120
锅炉的蒸汽压力(千克)	0.1～0.2	0.1 以下	0.1～0.2	0.1 以下	0.1～0.2	0.1 以下
滚筒转速(r.p.m.)	40～50	40～50	40～50	40～50	40～50	40～50
搅拌轴转速(r.p.m.)	350～400	400～550	300～400	350～500	230～350	300～400
蒸青时间(秒)	25～35	30～40	25～35	30～40	30～35	30～40

蒸青时间是指茶叶通过蒸筒的时间，可通过调节蒸筒的倾斜角度来调节。一般生产普通煎茶时，嫩叶 25～30 秒、普通叶 30～35 秒、老叶 35～40 秒。

从蒸机中排出的茶叶温度较高，一般在 80℃～90℃，含水率与鲜叶几乎相同，甚至更高。因此，应尽快将茶叶冷却至室温。为了提高冷却效果，应保

持蒸机和冷却机周边通风换气良好。

②粗揉

粗揉的初期是在叶打机中进行,减重率一般控制在20%~30%前后。一般叶打机的容积比粗揉机大1.5倍,有连续式和间歇式两种。

叶打机的温度,是根据蒸叶含水量来确定的。较嫩或含水量高的叶子,温度宜高,排气温度在80℃~120℃之间;含水量特别高的,如雨水叶,易粘在蒸筒壁堵塞网眼,温度应更高,并减少投叶量。较老或含水量低的叶子,排气温度70℃~80℃。

粗揉是将茶叶在热风中搅拌和揉压,使茶叶各部分的水分均匀,不断蒸发,形成煎茶特有的色泽和风味的基本工序。在粗揉工序中保持茶叶水分表面蒸发速度和内部扩散速度平衡,茶叶温度一直在36±2℃非常重要。粗揉机的标准使用法如表4-47。

表4-47 粗揉机的标准使用法

	35K 型		60K 型		120K 型	
	春 茶	夏秋茶	春 茶	夏秋茶	春 茶	夏秋茶
投叶量(千克/时)	26~30	26~28	45~53	43~50	95~110	85~100
转速(r.p.m.)	36~38	34~36	36~38	34~36	35~37	34~36
热风温度(℃)	90~100	80~90	90~100	80~90	90~100	80~90
茶温(℃)	34~36	35~36	34~36	35~36	34~36	35~36
风量(米³/分)	~17~	~28~	~30~	~54~	~63~	~97~
揉手压力(千克/5厘米)	2.5~3.0	3.0~3.5	3.0~4.0	3.5~4.0	4.0~5.0	4.5~5.0
所要时间(分)	40~45	35~45	40~45	35~40	40~45	45~40
减重率(%)	55~60	50~55	55~60	50~55	55~60	50~55

③揉捻

揉捻的目的是弥补粗揉叶的揉捻不足和干燥不匀,使茶叶各部位的水分均匀,形成较紧的条索,便于后续揉捻干燥工序的操作。揉捻机的标准使用法如表4-48。

表4-48 揉捻机的标准使用法

	35K 型		60K 型		120K 型	
	春 茶	夏秋茶	春 茶	夏秋茶	春 茶	夏秋茶
转速(r.p.m.)	28	26	25	25	22	22
重锤加压(%)	30~80	50~100	30~80	50~100	30~80	50~100
所要时间(分)	15~20	10~15	15~20	10~15	15~20	10~15

④中揉

中揉的目的是适度除去揉捻叶的水分,便于下道精揉工序的操作。中揉时,由于揉筒的旋转和揉手的作用,茶叶一边搅拌一边揉压,同时调整热风,使茶温保持在35℃左右。中揉工序结束时,茶叶形成细长条索,含水率从起初的100%下降至35%左右。中揉机的标准使用法如表4-49。

表 4-49　中揉机的标准使用法

	35K 型		60K 型		120K 型	
	春茶	夏秋茶	春茶	夏秋茶	春茶	夏秋茶
转速(r.p.m.)	26~28	24~26	26~28	24~26	24~26	22~24
风量	少	多	少	多	少	多
排气温度(℃)	32~34	34~36	32~34	34~36	32~34	34~36
揉手压力(千克/5厘米)	4~6	3~4	4~6	3~4	4~6	3~4
所要时间(分)	30~40	25~35	30~40	25~35	30~40	25~35
减重率(%)	68~70	65~68	68~70	65~68	68~70	65~68

⑤ 精揉

精揉的目的是使茶叶内部水分揉干,并整形。茶叶在揉手的压力下在揉盘上前后往复揉搓,形成细长紧直的形状,同时将叶子内部的水分揉出表面,通过揉筒的加热,使水分不断蒸发,从而形成煎茶特有的形状和香气。精揉工序对操作人员要求较高,必须具有丰富的经验。精揉得好坏对煎茶的品质和商品价值的影响很大。精揉机的标准使用法如表4-50。

表 4-50　精揉机的标准使用法

	35K 型		60K 型		120K 型	
	春茶	夏秋茶	春茶	夏秋茶	春茶	夏秋茶
火室温度(℃)	80~90	90~100	80~90	90~100	90~100	100~110
转速(r.p.m.)	55	60	55	60	50	55
所要时间(分)	30~40	25~35	30~40	25~35	30~40	25~35
减重率(%)	73~75	73~74	73~75	72~74	73~75	72~74

⑥ 干燥

从精揉机下来的茶叶,含水率约13%左右,故应迅速干燥至含水率5%左右,才能进行贮藏。干燥过程茶叶的外形得到固定,青草气挥发,香气进一步形成。干燥通常采用自动烘干机,不同机型使用标准也不相同。一般来说,嫩叶,烘干温度70℃~75℃,时间25~30分钟;普通叶,烘干温度75℃~80℃,时间20~25分钟;老叶,烘干温度80℃~85℃,时间20~25分钟。对于深蒸茶,由于粉末和团块较多,烘干时容易产生不匀,要注意投叶均匀和适当延长干燥时间。

(林　智)

(二)红茶制造工艺

我国的红茶包括工夫红茶、红碎茶和小种红茶。它们的制法,大同小异,都有萎凋、揉捻、发酵、干燥四个工序,其中小种红茶有乌龙茶的过红锅(杀青)工序。各种红茶的品质特点都是红汤红叶,但毕竟制法存在差异,从而形成不同的外形和品质特点。小种红茶是一种条形红茶,在外形上具有条索肥壮、紧结圆直、色泽乌润的特点;内质上具有纯松香和滋味醇厚的特征。工夫红茶也是呈条形的红茶,但由于采用原料品种不同而分为大叶种工夫红茶和中小叶种工夫红茶两个产品。大叶种工夫红茶,外形条索紧结多锋苗、色乌褐油润而多金毫;内质香气甜香浓郁、滋味鲜浓醇厚、汤色红艳、叶底红匀明亮。中小叶种工夫红茶,外形条索细紧多锋苗、色乌黑油润;内质香气鲜嫩甜香、滋味醇厚甘爽、汤色红艳明亮、叶底细嫩显芽、红而匀亮。红碎茶,虽然外形都是颗粒状,但由于品种不同,品质有一定差异。大叶种红碎茶,外形颗粒紧实、金毫显露；内质香高持久、滋味浓厚鲜爽、汤色红亮。中小叶种红碎茶，外形颗粒紧结重实、色润而金毫甚少；内质香高持久、滋味浓厚鲜爽、汤色红亮。中小叶种红碎茶，外形颗粒紧结重实、色润而金毫甚少；内质香高持久、滋味浓厚鲜爽、汤色红亮。

我国的红茶制造，基本分初制与精制两个阶段，广大茶区的茶农一般只生产毛茶，出售给各家茶叶公司，再由公司集中进行精制，茶厂加工拼配后供应市场销售或出口。

现将三种红茶的制法，简单介绍如下。

1. 工夫红茶制造

工夫红茶制造分初制和精制两个阶段，初制分鲜叶验收和管理、萎凋、揉捻、发酵及干燥。制成红条茶后，送精制厂，经筛分、风选、拣剔、复火、拼装等工序制成工夫红茶成品。工艺复杂，费时费工，技术性强，工夫红茶也因此得名。

（1）条形红茶的初制

① 鲜叶验收与管理　鲜叶的品质由鲜叶的嫩度、匀度、净度、鲜度四方面决定，鲜叶验收即根据上述四方面决定鲜叶的价格进行收购。

鲜叶的嫩度：嫩度是衡量鲜叶品质的重要因子，是评定鲜叶等级的主要指标，它将决定毛茶的等级。一般细嫩的鲜叶，叶质肥厚柔软，制成的毛茶条索紧细锋苗好，色泽纯润。细嫩鲜叶有效化学成分含量高，纤维素少，制成毛茶内质汤色较亮，香味浓爽醇厚，叶底红匀艳亮。粗老的鲜叶，纤维素含量高，含梗量多，叶张粗硬，外形条索空松，色泽枯花，内质香味平和带粗淡，叶底硬暗。

鲜叶的匀度：匀度是指同批鲜叶老嫩的均匀程度。鲜叶老嫩的均匀对加工的影响甚大，直接影响毛茶的品质。

红茶要求鲜叶老嫩均匀一致。但在生产实践中，常见"父子茶"，甚至"祖孙茶"。红茶要求一芽二、三叶作为原料，若老嫩不匀，有一芽二叶，也有一芽四、五叶，或三叶开面的新梢，制成毛茶，老嫩混杂，不便于初精制加工；也常见雨水叶、露水叶和晴天采的无表面水的鲜叶相互混杂；还有的品种不一，肥厚的持嫩性强的品种与瘦薄的易老化的品种鲜叶

互相掺和等，这些都是匀度差的表现。特别是老嫩的混杂，会给初制带来很大困难。

嫩叶在加工中萎凋失水慢，揉捻易成紧条，锋苗好，发酵易红变；老叶失水快，同一时间揉捻不易成条，多碎片而形成红朴黄片，发酵不易变色，造成毛茶叶底有青张暗片，干燥时由于老嫩不匀而造成含水量不一，干湿不匀等现象。造成毛茶的匀净度差，使精制加工复杂化。

做到鲜叶匀度一致，就要求茶场有严格的采摘制度和管理制度，按照标准采摘方法，提供老嫩一致、品种相近的鲜叶，为提高毛茶品质，奠定良好的物质基础。

鲜叶的净度：净度是指鲜叶内的夹杂物的情况。鲜叶中的夹杂物分茶类夹杂物和非茶类夹杂物两种。茶类杂物有茶籽、花蕾、幼果、枯病叶、隔年老叶、老梗等；非茶类夹杂物有虫尸、杂草、泥沙、铁器及易夹入鲜叶中的其他植物的落叶等。茶类夹杂物影响毛茶的净度，非茶类夹杂物除影响毛茶净度外，有的有害物质严重影响卫生品质，有的硬质的铁石夹杂物还将损坏制茶机械。因此必须引起高度重视，保证鲜叶的纯净。

鲜叶的鲜度：鲜度是衡量鲜叶新鲜程度的指标。从茶树上采下的鲜叶，要及时送至初制厂，以保持鲜叶的新鲜，在运输及贮藏过程中不能紧压，不能造成机械损伤。鲜叶存放过久，运输中踩压，会使鲜叶发生红变，或造成温度升高而渥沤，将严重地损害品质，有的甚至成为劣变原料而失去加工价值。

鲜叶进厂后，根据其嫩度、匀度、净度和鲜度，评定鲜叶的等级和品质的优次，为加工奠定物质基础。

进厂验收的鲜叶，要加强管理。根据我国初制厂的加工能力和水平，每年春、夏茶季都有一个鲜叶进厂的高峰期，在一段不太长的期间内，当天进厂的鲜叶要隔天甚至三四天后才能加工，因而茶厂的鲜叶管理就显得特别重要。

离体鲜叶在一定的时间内生命还在继续，同化作用（即光合作用）因水分和养分的缺少而逐步终止，异化作用（即呼吸作用）还在继续进行，分解大于合成，鲜叶逐渐失去生命力，由于呼吸作用不断进行的结果，导致内含物质发生一系列的变化。其中糖

类分解,高聚物的分解放出大量的热能,如不及时散热,叶温升高,易沤坏鲜叶。加之鲜叶中的各种微生物的繁衍,发热鲜叶将变馊、变酸、变臭,乃至完全失去加工饮用的价值。

评级验收后的鲜叶要薄摊,摊青间要通风良好,阴凉清洁,嫩叶摊叶厚度为15~20厘米,老叶摊叶厚度为20~25厘米。雨水、露水叶要另行摊放,厚度更宜薄。并要经常检查有无发热现象,如有温升现象应立即翻拌散热,翻拌亦忌过勤,动作要轻,不应损伤鲜叶。有的初制厂采用贮青槽贮青。在贮青间开地槽,槽上置通气的钢板,板上摊叶,摊叶厚度可至1米。由槽内吹送阴凉潮湿的冷风,可将叶中所产生的二氧化碳及热气随时驱散,保持鲜叶较好的鲜度,同时节省摊青间的面积,降低劳动强度。采用贮青槽贮青,每立方米能贮存100千克的鲜叶,贮青时间可达两天。

② 萎凋　萎凋是指将进厂鲜叶,经过一段时间失水,使一定硬脆的梗叶呈萎蔫凋谢状态的过程。萎凋既有物理方面的失水作用,也有内含物质的化学变化的过程。是红茶初制的第一道工序,也是形成红茶品质的基础工序。

萎凋的目的,其一是蒸发部分水分,降低茶叶细胞的张力,使叶梗由脆变软,增加芽叶的韧性,便于揉捻成条;其二是由于水分的散失而引起茶梢中的内含物质的一系列化学变化,为形成红茶色香味的特定品质,奠定物质变化的基础。

鲜叶在萎凋中随着表面水分的快速散失,细胞汁的浓度增加,原生质中的水分缓慢外渗蒸发,萎凋叶失水速度变慢,待原生质逐步失去亲水性而凝固变性,细胞生命进入临界期,原生质中的束缚水逐步释放,成为游离状,失水速度又加速,使萎凋叶失水呈快—慢—快的趋势。在这一失水过程中,茶叶细胞中的酶活性有所改变,茶多酚类物质有所氧化,叶绿素有部分因水分的散失而产生结构上的变化而降低,糖类物质发生水解,蛋白质也有小部分的分解,氨基酸总量有所增加等。然而这种缓慢的化学变化则给后续揉捻工序奠定了物质变化的基础。

倘若使用不萎凋鲜叶制红茶,或使用快速失水只有物理变化的萎凋叶制红茶,其结果都不能得到高品质的红茶,因而萎凋过程中水分散失的物理变化及一定萎凋时间的化学变化,两者均不能缺少,否则将不能取得红茶高的品质水平。

工夫红茶的萎凋程度,一般是以萎凋叶的含水量为指标,结合叶像的变化、色泽及萎凋叶的香气判断其适宜程度。在大生产中,萎凋分为重萎凋、中度萎凋和轻萎凋三种:经试验,重萎凋的含水量一般为56%~58%,中度萎凋含水量为60%左右,轻萎凋含水量为62%~64%。重萎凋的毛茶条索紧细,香味稍淡,汤色及叶底色泽稍浅暗。轻萎凋的毛茶条索稍松扁多片,但香味较鲜醇,汤色叶底色泽较鲜艳。中度萎凋居中。适度萎凋一般掌握含水量为60%~62%,此时叶片柔软,摩擦叶片无响声,手握成团,松手不易弹散,嫩茎折不断,叶色由鲜绿变为暗绿,叶面失去光泽,无焦边焦尖现象,并且有清香。

萎凋方法有自然萎凋和萎凋槽萎凋两种。自然萎凋又分室外日光萎凋和室内自然萎凋。20世纪50年代前,我国农村大多数采用室外日光萎凋,后建立的集体茶厂、国营茶厂多采用室内自然萎凋。20世纪60年代以来,随着制茶机械化的发展,大多数初制厂均采用萎凋槽加温萎凋。

室外日光萎凋只能在阳光不太强烈的情况下进行。有时在树阴下进行萎凋,也称为荫蔽萎凋。在上午10时前及下午15时后的阳光下,薄摊于"三砂"(由石灰、黄泥、沙子按一定比例混合拍平的晒坪)或水泥地上,晒青30分钟,收回萎凋叶放在阴凉通风处摊放1~2小时。待萎凋适度,即行揉捻。日光萎凋的萎叶,常有一种特殊的花香,但进程快,难以掌握,往往因摊晒过度产生焦尖、焦边及红变现象,而造成品质低次。

室内自然萎凋是将鲜叶摊放在萎凋架上进行萎凋。萎凋架每架分8~12层,每层间距约20厘米,每层铺设一竹篾织成的萎凋帘,帘的面积一般为1.5平方米,要求每平方米摊叶0.5~0.6千克。萎凋过程要经常检查,及时注意萎凋的均匀程度。一般情况是上、下层温度不一,上层帘高1℃~2℃,门窗处通风较好的帘架萎叶失水较快,应适当厚摊。晴天要及时敞开窗门,加快萎凋速度,阴雨天要适当关闭门窗,保持室内温度。萎凋时间因季节、萎叶老嫩和气候晴雨不同而有较大差异。春茶晴天,1～2 级鲜叶经 15～20 小时即可完成萎凋,阴雨天有时延至 36～48小时才能完成。因此室内自然萎凋在机械化制茶的今天,难以适应。20 世纪 60 年代初期,室内自然萎凋逐步被淘汰,采用萎凋槽萎凋。

萎凋槽萎凋是将鲜叶置于通气槽体中,通以热空气,加速萎凋进程的方法。萎凋槽由槽体和通风设备两大部分组成,一般槽长 10 米,宽 1～1.5 米,高 80 厘米,槽底有匀温坡及加热鼓风设备,槽面有盛叶的铁质或竹篾织成的盛叶帘(盒),每平方米可摊叶 2～2.5 千克,摊叶厚度约 20 厘米,下送热(或凉)风,加速水分蒸发。春季多阴雨,需加温萎凋,但一般温度不宜超过 30℃,萎凋时间一般为 6～12 小时。夏季气温较高,空气相对干燥,鼓冷风即可。这种萎凋方法能节省厂房面积、省工和降低劳动强度,又能较好地控制萎凋工艺进程,萎叶质量较好,是目前我国普遍使用的方法。

1956 年,祁门茶叶初制厂从苏联引进一台弥尔列依斯什维里型的连续萎凋机,该机虽具有连续性、萎时短、萎凋均匀的优点,但机械庞大,成本高,尚有萎凋时间短、内含化学成分变化不足之弊。

20 世纪 70 年代末至 80 年代初期,我国一些大型茶厂和研究机构制成连续式自动萎凋机,茶叶经过敞开式萎凋机 2.5～4 小时的萎凋,可将鲜叶萎凋适度,这为我国红茶初制的连续化创造了条件。

③ 揉捻　将萎凋叶在一定的压力下进行旋转运动,使茶叶细胞组织破损,溢出茶汁,紧卷条索的过程谓之揉捻。揉捻是形成工夫红茶品质的一道重要工序。

揉捻的目的有三:其一,破坏叶细胞组织,使茶汁揉出,便于在酶的作用下进行必要的氧化作用;其二,茶汁溢出,粘于条表,增进色香味浓度;其三,使芽叶紧卷成条,增进外形美观。

揉捻时,由于细胞张力的降低,芽叶的韧性增加,芽叶组织在承受一定压力的旋转作用下,细胞扭曲变形,液胞膜即被损坏,细胞原生质中的多种酶与液泡中的有效化学物质接触,产生强烈的氧化作用。茶多酚在多酚氧化酶的促进下,开始缩合成邻位醌;叶绿素在叶绿素酶的作用下亦被氧化产生新的物质;蛋白质在酶的参与下开始分解,在酚类醌类物质的作用下,部分发生氧化变性,多种新的氨基酸开始形成,酸性开始增加,酸中的氢离子开始置换叶绿素中的镁离子,脱镁叶绿素开始形成。淀粉在酶促作用下开始分解为糖类。总之,茶叶品质化学物质开始形成与积累,因此揉捻既是茶叶内质形成的基础工序,也是塑造美观外形的关键工序。

揉捻方式很多,原始的揉捻方式系采用手揉、脚揉,继而采用以水力为动力的木质揉捻机。现有单动式、双动式平面揉捻机和卧式揉捻机等。目前我国采用大型 90 型双动式揉捻机(即揉桶内径为 90 厘米,下同),中型的有 65 型、50 型双动式揉捻机,小型的有 40 型单动式揉捻机等。

揉捻方法一般视萎凋叶的老嫩度而异。一般来说嫩叶揉时宜短,加压宜轻;老叶揉时宜长,加压宜重;轻萎叶适当轻压;重萎叶适当重压;气温高揉时宜短;气温低揉时宜长。加压应掌握轻、重、轻原则,萎叶装桶后空揉 5 分钟再加轻压;待柔叶完全柔软再适当加以重压,促使条索紧结,揉出茶汁;待揉盘中有茶汁溢出,茶条紧卷,再松压,使茶条略有回松,吸附溢出茶汁于条表,再下机解块筛分散热。

条形茶的揉捻一般分两次。初揉后下机解块筛分,用 3～4 孔/时筛,筛分散热,筛下茶为一号坯送发酵,筛面坯再行复揉,复揉后解块筛分,筛底为二号坯,筛面为三号坯送发酵。

揉捻适度的标志有二:其一芽叶紧卷成条,无松散折叠现象;其二以手紧握茶坯,有茶汁向外溢出,松手后茶团不松散,茶坯局部发红,有较浓的青草气味。此时 80% 以上的细胞破损。其简易的检验方法是,以 10% 的重铬酸钾溶液浸泡揉捻茶坯 5 分钟,然后用清水漂洗,将叶片贴在透明的九宫格上,视变为红色的部分占总面积的百分数来评估细胞破损程度。

④ 发酵　发酵俗称"发汗",是指将揉捻叶呈一定厚度摊放于特定的发酵盘中,茶坯中化学成分在有氧的情况下继续氧化变色的过程。揉捻叶经过发酵,从而形成红茶红叶红汤的品质特点。

发酵的目的在于使芽叶中的多酚类物质,在酶促作用下产生氧化聚合作用,其他化学成分亦相应的发生深刻的变化,使绿色的茶坯产生红变,形成红茶的色香味品质。发酵时,芽叶中含量最多的茶多酚,在多酚氧化酶的参与下,氧化形成邻醌,邻醌缩合形成联苯酚醌的中间物质,然后氧化聚合生成茶黄素、茶红素。变化大致按下列方式进行:

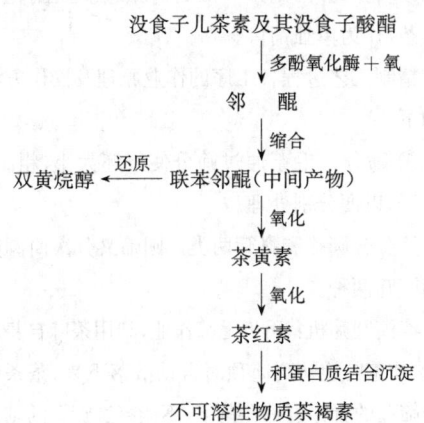

没食子儿茶素及其没食子酸酯

多酚氧化酶＋氧

邻 醌

缩合

双黄烷醇 ← 还原 联苯邻醌(中间产物)

氧化

茶黄素

氧化

茶红素

和蛋白质结合沉淀

不可溶性物质茶褐素

茶黄素为黄色物质(详见茶的综合利用章节),具有较好的鲜强度,茶红素系红色物质,具有醇甜滋味,它们与未氧化的茶多酚一起构成红茶浓强鲜爽的滋味和红浓艳亮的汤色。发酵期间,绿色的叶绿素在酶的作用下,形成脱植基叶绿素,使酸度增加,氢离子浓度增加,氢离子部分取代叶绿素和脱植基叶绿素中的镁核,分别形成脱镁叶绿素和脱镁脱植基叶绿素,逐步改变绿色形成褐色,发酵叶色由绿变黄、由黄变红,形成红叶红汤的品质特点。

发酵方式的演进,更体现科学技术的发展,早期的红条茶是热发汗、锅炒、堆积,尔后阳光晒渥,上盖棕衣、厚布保温。后发展为有专门发酵室,采用加热高湿的盘式发酵。20世纪70年代末发展为发酵车通气发酵,近年发展使用发酵机控温控时发酵。盘式发酵在我国乡镇企业应用较广,即设一发酵室,内设发酵架,每架设8～10层,每层间隔25厘米,内置一移动的发酵盘,发酵盘高约12～15厘米,将揉捻好的茶叶摊约厚8～10厘米,上盖一层湿发酵布,室内温度保持在25℃～30℃左右,相对湿度90%以上。发酵时间以春茶2～3小时,夏茶约90分钟为宜。在大型的国营茶场(厂)大多使用发酵车发酵,发酵车一般长100厘米,宽70厘米,高50厘米,呈梯形状,上宽下窄,下设有通气管道和通气室,搁板上有小孔通气,茶叶摊于通气搁板上,一般摊叶厚40厘米,每车装叶60～70千克,通常由30车组成一个系列,由总管道鼓送一定温度的空气(26℃～28℃),分别送入排列两边衔接好的发酵车内,进行控温发酵,这对提高发酵质量,保证发酵的正常进行创造了良好的条件。

发酵温度一般由低至高,然后再降低。当叶温平稳并开始下降时即为发酵适度。叶色由绿变黄绿尔后呈绿黄,待叶色开始变成黄红色,即为发酵适度的色泽标志。从香气来鉴别,发酵适度应具有熟苹果香,青草气味消失。若带馊酸则表示发酵已经过度。

⑤ 干燥 干燥是将发酵好的茶坯,采用高温烘焙,迅速蒸发水分达到保质干度的过程。干燥的好坏,直接影响毛茶品质。

干燥的目的有三:其一,利用高温迅速地钝化各种酶的活性,停止发酵,使发酵形成的品质固定下来。其二,蒸发茶叶中的水分,缩小体积,固定外形,保持足干,防止霉变。其三,散发大部分低沸点的青草气味,激化并保留高沸点的芳香物质,获得红茶特有的甜香。

干燥时用热空气作为介质,根据热交换原理,加热茶坯,带走水汽,使茶坯紧缩干燥。火温干燥分直接火温和间接火温两种。早期用的焙笼干燥,系直接火温干燥。20世纪50年代以来,全国范围内开始采用间接火温干燥的方法,初期使用手拉百页式烘干机,60年代使用自动烘干机。目前国内部分乡镇初制厂仍使用手拉百页式烘干机,而大型茶厂(场)均使用分层进风的自动烘干机。其热源一般为热空气发生炉,烧烟煤(或白煤)间接加热空气,用鼓风机将热空气送入干燥机中。在有条件的单位则使用蒸汽锅炉,用蒸汽加热干燥。

干燥一般分两次:第一次称为"毛火",第二次称"足火"。毛火温度较高,一般进烘温度为105℃,摊叶厚度为1.5～2厘米,时间为12～16分钟,茶坯含水量为18%～25%,下机后摊凉30分钟左右。足火温度较低,一般90℃～95℃,摊叶厚度为2～2.5厘米,时间为12～16分钟,茶坯含水量约为5%～6%。足火后应立即摊凉,使茶坯温度降至略高于室温时装箱(袋)。

干燥程度,毛火以用手握茶有刺手感,梗子不易折断为度,足火茶以用手握刺手,用力即有断脆声,用指捏茶即成粉末,梗子易折断,有浓烈的茶香为度。

(2) 工夫红茶的精制

从条形红毛茶付制到成品工夫红茶包装的一系列加工过程叫"精制"或"复制"。

精制的目的有四:其一,为整饰形状。通过精制的各工序,使在制品的条索粗细、长短、轻重分别开来,然后对照加工标准样进行拼配,使工夫红茶的上、中、下三段茶有比例的自然衔接,达到增进外形美观的目的。其二,为划分品级。毛茶经筛制分出本、长、圆、轻四路茶,各路茶按品质均有升有降,达到品质纯净,品级划一的目的。其三,为淘除劣异。毛茶中常有梗杂,通过精制拣风簸,剔除梗朴茶果及非茶类夹杂物,达到保证品质纯净,符合食品卫生的目的。其四,补火去水。茶坯在贮运和精制的过程裸露于空气中增加了水分,在精制装箱前补火去水,使茶叶达到保质水分,以利远途运输,确保品质。

以前茶叶精制主要用手工,工艺十分复杂,技术难度和劳动强度很大,20世纪50年代以后逐步使用机械制茶,先是单机作业,50年代末至60年代初发展到机械联装,70年代末至80年代初又发展了立体车间,各种作业机的性能逐步完善,工艺技术相对稳定。

工夫红茶的精制,按传统分法,分为本身路、长身路、圆身路、轻身路四路进行,各路所得头尾的副茶,用单独作业机处理。各类工艺程序如下:

本身路:毛茶→干燥→滚筒圆筛(打毛筛)→抖筛(分粗细)→平筛(分长短)→风选(分轻重)→拣剔(去梗杂)→干燥(清风)→匀堆装箱。

长身路:滚筒圆筛筛尾、抖头→切碎→抖筛→平筛→风选→拣剔→干燥→匀堆装箱。

圆身路:抖头、撩筛头→平圆筛→风选→拣剔→干燥→匀堆装箱。

轻身路:各风选机次子口→拣剔→干燥→匀堆装箱。

第一路是本身茶,即未经切碎或经一次切碎后通过滚筒圆筛机的茶坯,条紧细有锋苗,是正茶的主体。第二路是长身茶,即不能通过滚筒圆筛机的头子茶切碎后制得的茶。长身茶少(或无)锋苗,体态

较肥壮紧结,部分能保持原级,有的应下降次级。第三路是圆身茶,是指经过多次切碎(4~5次)的抖头、撩头。圆身茶多扁块、圆块,一般降级处理。第四路是轻身茶,即各号茶风选后的子口、次子口的轻泡茶坯,一般空松较粗老,品质较次,作为拼配低级茶的原料。此外,副茶一般为碎茶、花香、副花香等片末茶,作为单独销售。

精制工艺过程各工序的作业原理及操作方法大致如下:

① 筛分　毛茶通过筛分使茶坯大小、粗细、长短分开,以便分别处理。

筛分分圆筛和抖筛两类。圆筛又分滚筒圆筛和平面圆筛两种。

滚筒圆筛机:用于毛筛作业,利用茶叶自身的散落性,使茶叶旋转到筒顶时自动散落下来,茶条粗细小于筛孔的就穿过筛孔落下,不能穿过筛孔的则因滚筛的倾斜而从尾口流出,由于滚筒筛一般三个连合组装,各配不同孔数的筛网,这样就能将大小分开。

滚圆筛一般是第一道精制工序,通过滚圆筛,使毛茶中不同类型的茶条作初步分离,使毛茶从不同长短、粗细、老嫩的组合体中分出品质优次,以便分路处理,为下续工序划分花色等级打好基础。

滚筒圆筛机的作业要点主要是根据毛茶的等级、体态的大小,配置筛网组合,按2~3节配置筛网。一般前松后紧,即前节筛网较次节松一孔。此外,还要适度地调节主轴转速及筛体的倾斜角度。

平面圆筛机:简称"平圆筛",即筛床作水平面的旋转运动,用以分清茶坯的长短、粗细,细短的茶坯斜穿过筛孔落于筛底,而粗长的茶叶沿着筛面逐步运动,最后流出筛面进入后续作业。

平圆筛因筛分的目的及作业方法不同,有"分筛"与"撩筛"两种。分筛的作用是进一步细分形体的长短,通过配置相连的筛网,有次序地分出各筛号茶,使其按筛孔号数品质划一。撩筛则是使茶坯中过于粗长不合规格要求的茶条和茎梗,通过筛分集中筛面,符合规格要求的落入筛底,所配筛网孔数不是连号,一般较原号筛大1~2号。平圆筛第一层筛网起撩筛作用,粗大茶条、长茎、大块朴片作为头子茶流出机口,第2、3、4、5层筛网按大小连号排列,最

后一层起割脚作用,筛底作副茶处理。作分筛转速应稍慢(180～210转/分),作撩筛转速宜稍快(210～240转/分)。

抖筛因筛分的目的不同,分抖筛和紧门筛两种作业。抖筛主要分离茶坯粗细,筛面作前后来回振动,使茶条在筛面上下穿插跳动,符合规格的茶穿过筛孔落于筛底,粗大的茶条留于筛面流出茶机。抖筛有划分品质和定级的作用,使茶坯粗细均匀,抖斗中无长条茶,长条茶中无头子茶。

紧门筛与抖筛的作用基本相同,主要是弥补抖筛的不足。通过紧门筛的茶坯规格整齐,因此也称为"规格筛"。对中小种工夫茶的紧门,上级茶12孔,中上级茶11～12孔,中级茶10孔,中下级茶9孔,普通级茶8孔。大叶工夫茶较上述松1～2孔。圆身茶、轻身茶已经经过抖筛的茶坯,为了提条去片,必须再经抖筛,抖筛规格应比紧门筛规格紧1～2孔,如本身茶9孔、圆身茶10孔、轻身茶11孔。以前使用篾制手筛。制作手筛技术要求严格,其各号筛的筛孔大小与名称如下表。

表4-51　手工篾筛名称与规格表

手筛名称	筛孔大小(毫米)	附　注
一号筛	10×10	
二号筛	9×8	
三号筛	8×8	
四号筛	6×6	有大小两号,即正副筛
粗雨筛	4½×4½	有大小两号,即正副筛
中雨筛	3×3	有大小两号,即正副筛
小雨筛	2½×2½	有大小两号,即正副筛
芽雨筛	2×2	有大小两号,即正副筛
铁　筛	1½×1½	有大号、中号、小号
生　末	1×1	有大小两号,即正副筛
尖　末	¾×¾	有大小两号,即正副筛
钢板筛	½×½	有大小两号,即正副筛

②切断　切断作业是将留在筛面的粗大茶坯解体切断,由粗改细,由长切短,改变其原有形态。

茶坯穿不过筛孔的圆头、抖头形状粗大圆扁,必须切断切细才能穿过规定的筛孔,达到体形、长短、粗细一致的目的,这样,切碎便是工夫红茶精制不可缺少的基本作业之一。但是切断作业运用是否恰当,对工夫红茶的精制率起决定性的作用,对品质的好坏与经济效益的高低也起关键性的作用,因此必须慎重运用。要依茶坯的具体情况而定。

进行切断作业,要根据切断的目的和要求,采用不同类型的切茶机,目前茶厂使用的切茶机有滚筒式方孔切茶机、圆片式切茶机、螺旋滚辊切茶机、橡胶滚辊切茶机以及风力破碎机几种。

滚筒式方孔切茶机既能切断又能轧细,切断时要按条索长短来选用方孔不同的滚筒,应用范围广,一般应用于切毛茶头子和长身头子茶坯。

圆片式切茶机能把圆形茶切解为条形茶,适用于平圆筛头茶的切断,对提高正茶制率和发挥原料的经济价值有良好作用。

螺旋滚筒切茶机适用于毛茶初分头子和弯曲粗大头子茶的切断。

橡胶滚辊切茶机适用于拣头茶的切断,茶叶拣梗机的拣头茎多茶少,经过该机可将茶叶切断,而茶梗一般韧性好而不能切断,故也称"保梗机",对于拣头中取尽茶条很有作用。

风力切茶机是用高速风力来破碎茶叶,效率高,但产生粉末茶较多。一般用于圆身茶尾或轻薄茶片的切碎。

切断作业是一种必要的解体切细作业,但有产生碎茶使茶条发灰的毛病,因此一般掌握少切少筛,轻切多筛,分次切、分次筛的原则。

③风选　是利用风力作用分离茶叶的轻重的作业。能使经过筛分后长短、粗细、形状基本相近的茶坯有轻飘重实之分,轻者质差,重者质好,借用风力的吹落,重者落近,轻者吹远,分段收集,达到分出同筛号茶的品质优次的目的。风选作业还有干燥后热茶扇凉去热的作用,叫"清风",同时可剔除一些轻质黄片、杂质、粉末等,达到剔除劣异的目的。

风选机按风力输送方式不同分吸风式和吹风式两种,按排列层次又分单层式和双层式两种。

吹风式风选机是由离心式风机迫使空气产生气

流来分离茶叶轻重,这种形式风力稳定,但风力小,适合体型细小的茶坯使用。吸风式风选机是由轴流风机排气吸风来分离茶叶轻重,特点是风速高,风量大,适用于粗大茶坯的选剔。

风选机一般设七、八口,靠进茶的一端为沙石口,其次为正口、子口、次子口,黄片、毛筋及轻质杂物一般落入尾端的七、八口,尾口为灰尘。

根据茶坯质量及各路茶、各筛号茶的不同情况,调节下机茶量和风力的大小。茶坯质量好、夹杂物少的下茶量大,风宜大;轻身茶下茶量少,风宜小;圆身茶下茶量大,风力宜稍大;同路茶、上段茶风宜大,中下段茶风宜小。正口茶要一次选清,子口茶轻条要复扇提取正口茶,次子口片茶再提取其中部分重质茶,其他作片茶处理。

④ 拣剔　是剔除茶中的茶梗及其他夹杂物,纯净品质的操作过程。茶坯经过筛分风选,除去了部分长梗、沙石及轻质黄片杂物,但与茶条长短、粗细、轻重相近的茶梗尚留茶中,必需予以剔除,以保证茶叶的洁净。

拣剔分为机拣和手拣两种作业方式,目前各精制厂以机拣为主,手拣为辅。

拣剔作业的机型有阶梯式拣梗机、振动式圆孔取梗机、静电式拣梗机等。

阶梯式拣梗机是茶坯随拣机的振动在斜面滑行,茶梗一般较圆直平滑,流动快,通过拣台斜面上的拣槽与螺旋丝杆之间的间隙落入茶梗箱中,茶条一般稍弯扁,表面粗糙,摩擦力大,通过拣台斜面后受螺旋丝杆推动,落入间隙中再导入净茶箱,以达到分离茶梗的目的。

静电拣梗机是利用茶与梗的含水量不同,当二者通过设置的静电场时,由于正负电荷的感应拉力不同,达到梗、叶分离的目的。静电拣梗机对脱皮梗、老蒂梗、轻质的毛筋,及混入茶中的谷壳、高粱等夹杂物的拣剔作用更为明显。对工夫红茶的六、七级茶的拣剔较为理想。拣梗必须注意掌握茶坯的温度(高于室温5℃～10℃)、含水量(5%左右)以及投入量。

此外各精制厂有的自己设计简便装置取梗,有的用白铁皮或铝板钻1.3～1.5厘米圆孔架放在抖筛或平圆筛第一面筛框上,对茶头中粗长梗进行筛剔,避免茶梗经筛切变成数段,再去拣选造成麻烦。有的茶厂使用塑料吸拣器,摩擦产生静电吸取茶梗。尽管工夫茶通过数次机拣、静电吸拣,但还需手拣予以辅助,一般每100千克工夫茶尚需要40小时的手工拣剔,费工费时较筛制工多3～5倍,仍是目前重大的作业难题。

⑤ 干燥　工夫红茶的干燥作业因目的不同分为补火干燥和复火干燥两种。补火干燥用于茶坯加工付制前去除过高的含水量(超过9%),使茶坯干燥便于筛制;低于9%则可免此作业。复火干燥则指茶叶装箱之前对各号茶的最后一次干燥,使水分达到6%左右,同时发展香气,固定品质。由于干燥在先在后的问题,加工付制中有"生做熟取"和"熟做熟取"之分。茶坯干燥后再加工的称"熟做",不经补火即加工付制的称为"生做"。

干燥的方法早期使用焙笼手工烘焙,20世纪40年代末各精制厂使用干燥机干燥,一般采用自动烘干机,部分厂家使用流化床式干燥机,乡镇小厂亦有部分用手拉百页式烘干机的。

干燥作业除蒸发部分水分以利储运保质外,还有提高品质的作用,它能使茶条紧缩,外形美观,并散发出馥郁的香气。工夫红茶在补火和复火时,茶要均匀薄摊,采用中温(95℃～115℃)、中速(14分钟)。如茶坯含水量低,火温宜低,速度可以加快;若茶坯含水量较高,可以采用较高火温和适当放慢速度,以达到出厂时水分为6.5%以下。

⑥ 拼堆成色　工夫红茶的拼堆是一项技术性较强的作业,它不但直接影响工夫茶的品质及产品信誉,还关系到茶厂的经济效益。

目前我国各茶厂均对照国家颁发的加工标准样进行加工拼配。有的原箱出口厂家则对照贸易标准样进行拼配。其拼配的方法是先拼配小样,再拼大堆,拼完大堆扦样复验,复检合格再行复火清风,然后装箱刷唛。

拼配小样是抽取各批筛号茶进行审评,按审评的初步档级对比标准样,按数量比例拼成小样,并填写成品拼配单交手工拣剔,经拣剔后的半成品交拼堆作业拼成大堆,拼大堆时必须注意长短、粗细、硬软、轻重不同的茶的拼配,整批茶坯拼完后要进行翻堆1～

2次,直到拼配均匀。大堆拼完后再由抨样人员反复抨样拌匀,交生产技术部门审评,确认品质符合加工(或贸易)标准样时再复火。因茶坯在精制过程中摩擦碰撞,自然产生一些粉末,在流动过程中也难免混杂一些毛茶或杂物,因此复火后要过撩筛,撩头割脚,除去混入的粗条茶和夹杂物,割去粉末,保持茶叶的洁净。再经风选清风,进一步除去与茶坯同体型的重质杂物如铁屑、沙石和质轻的片末,最后过磅装箱。

包装是工夫红茶最后的一道工序,包装材料既要防潮又要求美观大方。工夫红茶的包装有枫木箱、胶合板箱和纸板箱三种。目前枫木箱有 46 厘米×46 厘米×50厘米和 43 厘米×43 厘米×46 厘米(外缘尺寸)等规格。胶合板箱有 46 厘米×46 厘米×46 厘米规格。上述各种箱均要内衬铝箔、牛皮纸防潮。纸板箱有 46 厘米×46 厘米×46 厘米和 40 厘米×40 厘米×60 厘米等规格,内套塑料袋防潮。装箱时要求装茶平口,重量准确,刷唛清晰,捆扎整齐。包装成箱后,箱外要刷唛头,作为标识。工夫红茶的唛头由一个汉字、四个阿拉伯数字组成,汉字代表厂名,紧接汉字的第一个阿拉伯字代表出厂年份,第二个代表级别,第三、四个代表批次。如"祁9105"即表示祁门茶厂,1989 年生产的一级第五批工夫红茶。出厂的轧制碎片末茶的唛头,由一个汉字、六个阿拉伯数字组成,汉字代表厂名,第一个阿拉伯数字代表出厂年份,第二个数字代表茶类(碎茶为 2、片茶为 3、末茶为 4、副茶为 5),第三个数字代表茶号(碎茶一、二号,末茶一、二号,无号茶类以○代表),第四个数代表档次(高档1、中档2、低档3、级外 4),第五、六个数字代表批次。如"祁 922208"即祁门茶厂,1989 年生产的轧制碎茶 2 号中档第 8 批。除用唛头标明产品的名称级别批号外,还要标明件数、净重、皮重等,以便运输、销售等。

(施兆鹏)

现将工夫红茶精制工艺流程图列下供参考。

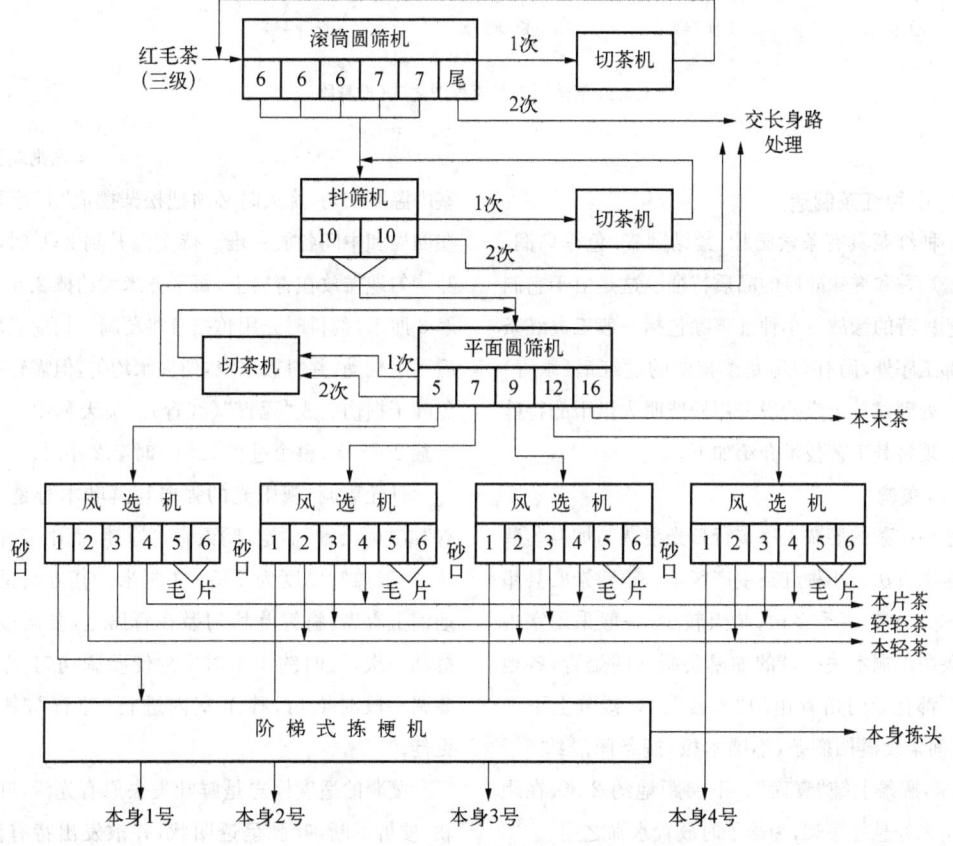

工夫红茶精制工艺流程图之一(本身路)

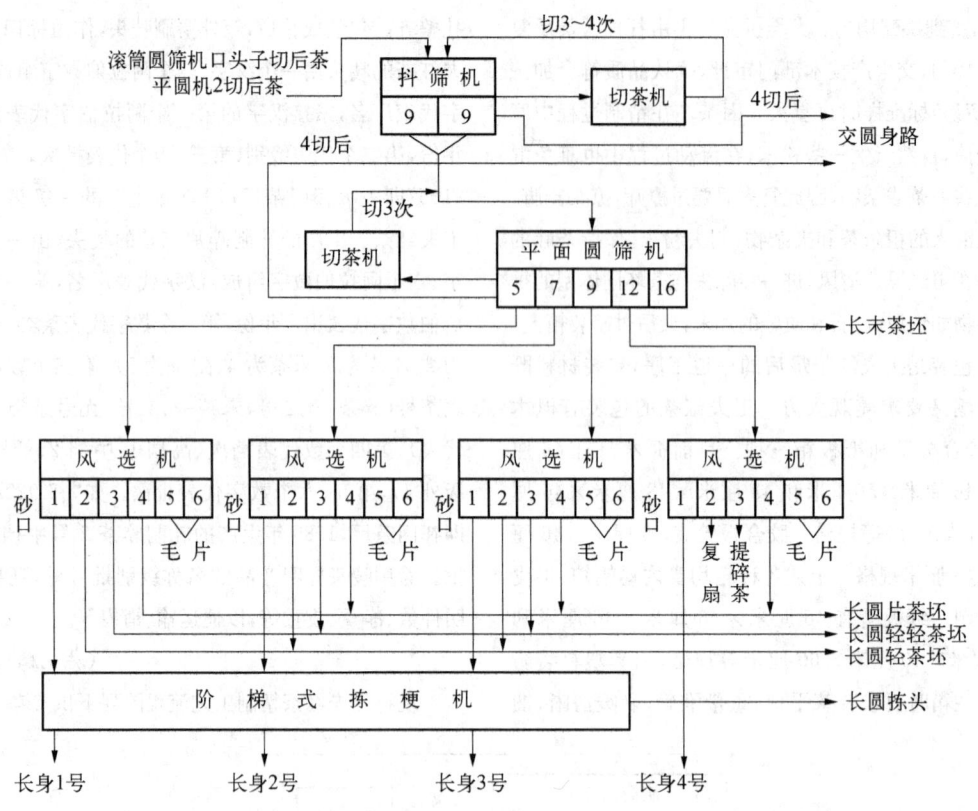

工夫红茶精制工艺流程图之二(长身路)

(施兆鹏)

2. 小种红茶制造

小种红茶具有条索肥壮、紧结圆直、色泽乌润，有纯松烟香和滋味醇厚的品质特征。这是由于它制造工艺独特的缘故。小种红茶除包括一般工夫红茶的全部工序外，尚有与乌龙茶相似的过红锅（杀青）的特殊处理以及干燥阶段采用松柴明火烘干的特殊措施。现将其工艺技术介绍如下。

（1）萎凋

小种红茶的萎凋工序实行日光萎凋与加温萎凋相结合的方法。小种红茶主产区——福建崇安县星村桐木关一带，春季多雨，晴天较少，一般采用室内加温萎凋。桐木关一带的加温萎凋又叫焙青，各地初制厂都有专门焙青用的"青楼"。青楼分上下两层，中间架设横档搁条，不铺木板，搁条间隔约6～10厘米，搁条上铺"青席"。下层距地约2米，在距地1.7米处悬挂吊架，为焙干时放置水筛之用。

加温萎凋时，首先在楼下烧松柴明火。为了使室内温度均匀，烧火时必须把松柴摆成"T"字形，或在四周和中间各放一堆。待室温升到25℃时，把鲜叶均匀地摊放在青席上，每平方米大约摊2.5千克，厚3厘米，翻抖时先用竹扫帚将萎凋叶扫拢成堆，然后用手翻动，并抖散水汽，使失水均匀，但需轻翻，以免叶子损伤而成"死青"（红青）。晴天翻动一次，雨天翻2～3次，整个过程1.5小时至2小时。

日光萎凋，视阳光的强弱与鲜叶本身是"晴天青"或"雨天青"而定，晴天青可厚摊，而雨天青需薄摊，一般摊叶厚度为2.5～3厘米。其方法是在空地铺上青席，将鲜叶均匀撒在青席上，萎凋过程中翻动一次，历时约1小时。为使萎凋均匀，在日光萎凋一段时期后，移至室内进行"凉青"，其效果更佳。

萎凋的适度标志是鲜叶失去原有光泽，叶质变软，梗折不断，叶脉呈透明状，并散发出特有清香。适度萎凋后即可进行揉捻。

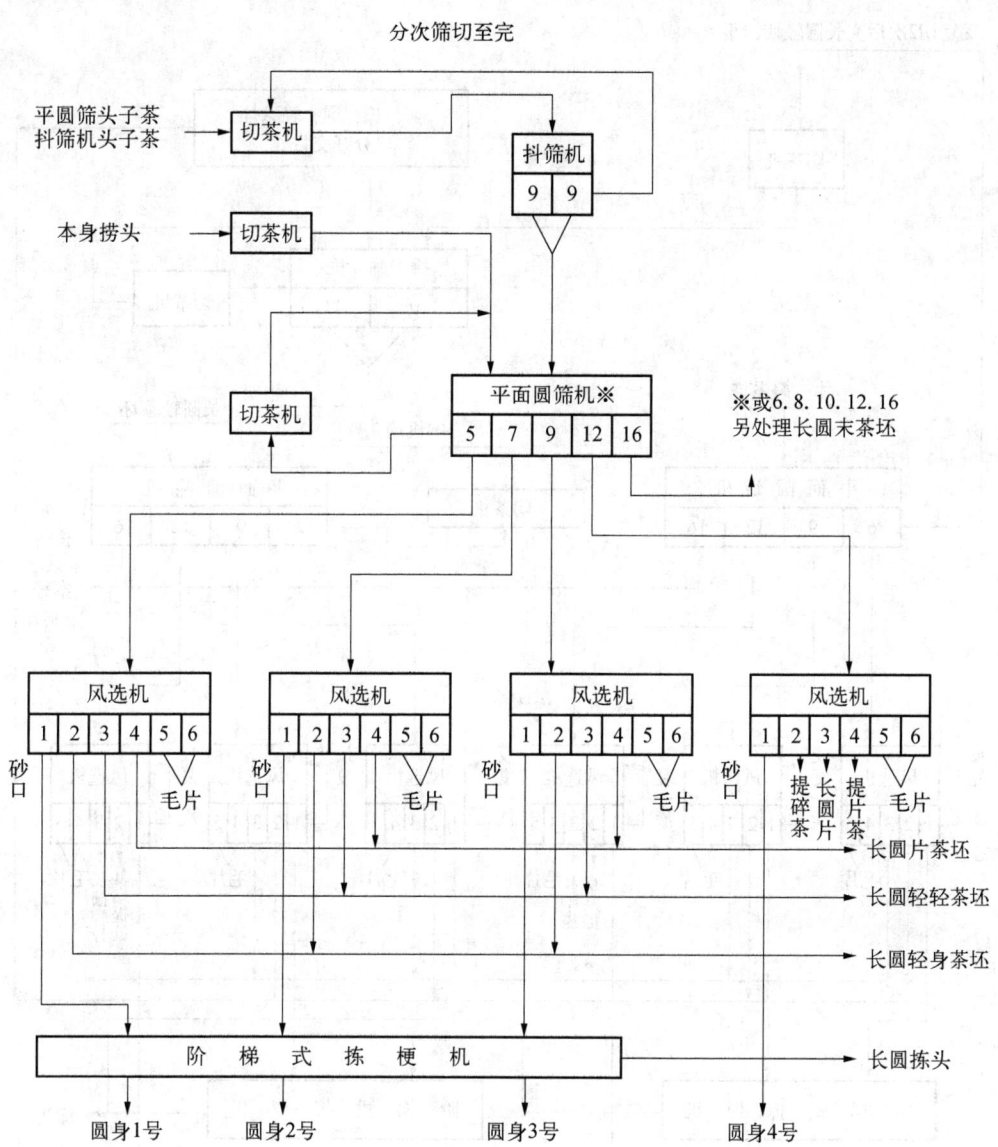

工夫红茶精制工艺流程图之三（圆身路）

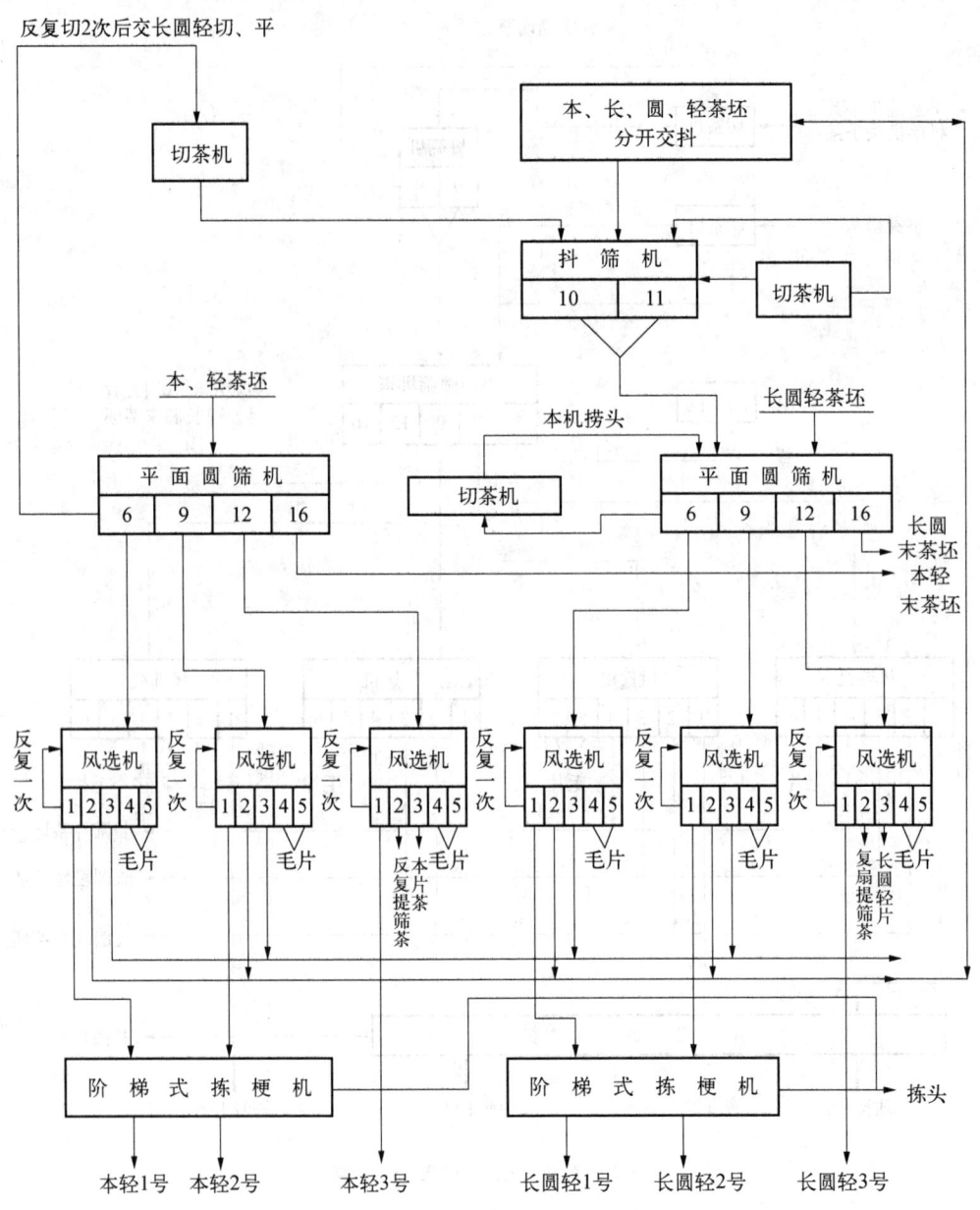

工夫红茶精制工艺流程图之四(轻身路)

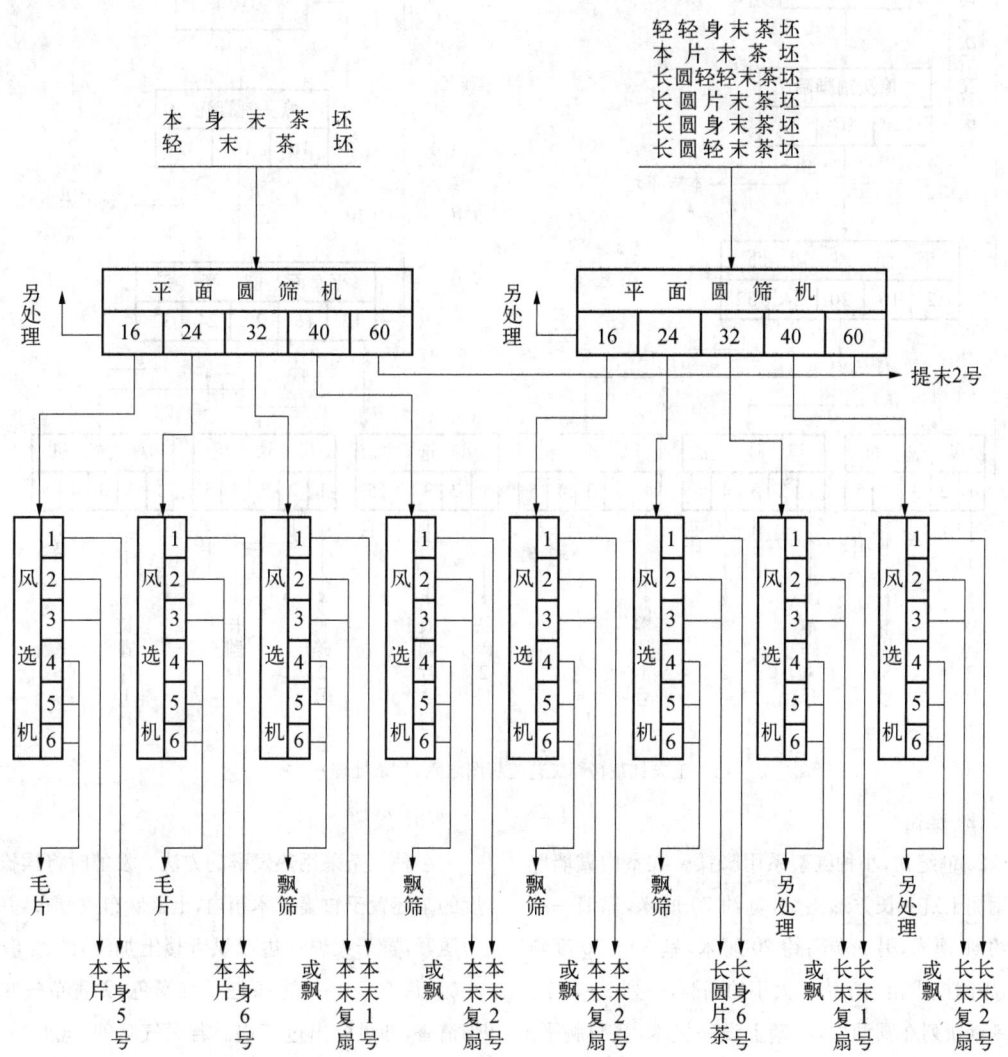

工夫红茶精制工艺流程图之五(末茶处理)

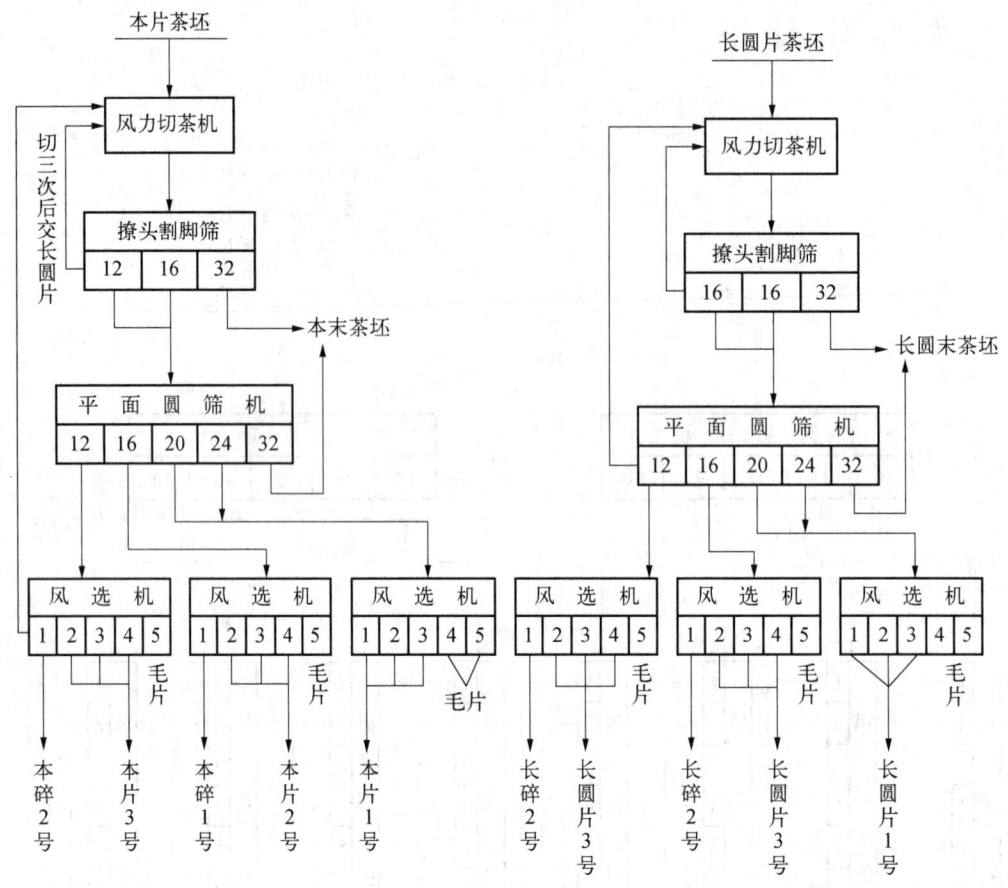

工夫红茶精制工艺流程图之六（片茶处理）

（2）揉捻

20世纪初，小种红茶系用脚揉。在室内靠墙壁处用泥土筑一长方形土炕，宽约70厘米，靠墙一端高约60厘米，另一端高约20厘米，呈30～50度斜面，中间挖成相当于锅径大小的圆洞，一列2～5个，将铁锅镶列在圆洞中，在壁上设一横木，高与胸平。将已萎凋适度的茶坯倒入锅中，厚约10厘米，双手握住横木，两足在锅中用力揉转，先轻慢尔后重快。至茶汁外溢时，进行解块，抖散茶团，再行揉捻，反复2～3次，至芽叶紧卷成条，茶汁粘腻，稍带香味即可。一般在傍晚进行，每每揉到深夜。

20世纪50年代后改用小型揉捻机揉捻，每机装叶约10千克，揉机转速每分钟为50转，全程揉时为90分钟左右，按轻、重、轻的加压原则加压，中间下机解块一次，揉至茶条紧卷，茶汁溢出，粘于茶表为度。

（3）发酵

小种红茶采用热发酵的方法。发酵时将揉捻适度的茶坯置于竹篓或木箱内，上盖麻布或厚布，并用力压紧，置于火炉灶边或烘青楼上加温，约经6～8小时，待有80％以上茶坯呈红褐色、无青草气味并带清香，即可取出过红锅。若天气晴朗，气温稍高，可将揉捻适度的茶坯装在青篮中，篮的四周装叶稍高，中间稍低，便于通气，上盖湿布以保温增湿，在篮中进行发酵。

（4）锅炒

小种红茶的锅炒又叫"过红锅"，是小种红茶的特有工序，它的作用在于钝化酶促作用，停止发酵，以保存部分茶多酚，达到茶汤红亮，滋味浓厚，并蒸发部分低沸点青草气味的物质，保持香气甜纯的目的。其方法为，当锅温达200℃时（白天看锅底灰白，晚上显微红）投入发酵叶1～1.5千克，双手翻炒,动作敏捷,采用"两摸一抖"的炒制手法,约2～3分钟后,发酵叶变软烫手时即可起锅。炒制技术要求较严,如"过红锅"时间过长,失水过多易焦叶,同时茶坯复揉时易碎,过短则达不到提高香气增浓滋味的目的。起锅时动作要快,以免烧焦茶坯,影响品质。每炒3～5锅需磨锅一次,以除去黏结锅底的茶汁,避免烟焦气味。

（5）复揉

茶坯经过炒锅之后,茶条有所回松,必须复揉,以再揉紧茶条,增进部分细胞的破损。其方法是,将过红锅的炒叶趁热置于揉捻机内,揉8～10分钟,待条索紧结即可下机进行烘焙。

（6）烘焙

将复揉茶坯均匀抖散薄摊于水筛上,每筛2～2.5千克,厚1～2厘米。将水筛放在青楼的吊架上,下烧紧松柴明火,开始火温要高,保持室温在80℃左右,约经3小时后茶条紧缩,有刺手感,则降低火温,扑灭部分松柴明火,使火小烟大,让茶坯吸附松烟,造成小种红茶的松烟香味。一般是一次干燥不翻动,烘干时间为6～7小时,待茶叶手捏成末,松烟香气浓烈即可。

（7）筛分拣剔

筛分一般采用1号至4号筛,分出1号至4号茶,簸掉轻片和粉末,按各筛次拣去粗大叶片、粗老茶梗及非茶类夹杂物即可。

（8）复焙匀堆

将拣剔后的净茶置于焙笼上,再用松柴烘焙。复火温度宜稍低,使茶叶在筛面拣剔中所吸水分再行散发,并重熏松烟,增进小种红茶的特殊香味。

经复火的各号茶叶,分层堆上,由纵面耙下,装入篾篓或带塑麻袋之中,即可出售。

小种红茶的精制、筛、抖、扇、拣、烘之繁简,可因毛茶品质而异,其方法与工夫红茶大同小异,不再赘述。

以上小种红茶用松枝明火熏制,有可能形成多环芳烃（PAH）类物质的污染。多环芳烃是指含有两个或两个以上的苯分子结构的一类有机化合物。据国际癌症研究中心（IARC）1976年列出的94种对动物实验致癌化合物中,有15种属多环芳烃。现今社会,人们对食品安全已高度关注,德国已于2008年4月1日起在GS认证中,规定"食品中"的最高限量不得超过0.1毫克/千克,16种多环芳烃总量不得超过1毫克/千克的规定。因此,为维护中国小种红茶的信誉,制法中的某些工艺环节,实有研究其改进的必要。

（施兆鹏）

3. 红碎茶制造

我国红碎茶初制始于1958年。自1964年在全国六个点普遍开展试制至今的40多年间,已形成有传统制法、转子制法、C·T·C制法及L·T·P制法四种基本制造方法。在20世纪90年代以前,我国的红碎茶订有四套产品标准样。2008年,我国又发布GB/T13738.1—2008《红茶第1部分：红碎茶》标准,代替了原四套样,简化成大叶种红碎茶和中小叶种红碎茶两个产品,对花色和品质水平都作了相应的调整,大叶种红碎茶分碎茶1号、碎茶2号、碎茶3号、碎茶4号、碎茶5号和片茶1号、片茶2号以及末茶共8个花色。中小叶种红碎茶分别为碎茶1号、碎茶2号、碎茶3号、片茶上档、片茶下档、末茶上档和末茶下档共7个花色。两种红碎茶制法的初精制工序相同,但初制各工序的工艺技术指标各有差异。

红碎茶的初制与红条茶初制一样,都必须通过鲜叶验收与管理、萎凋、揉捻（增加揉切过程）、发酵与干燥等工序。本节着重介绍红碎茶工艺技术指标,尤其是揉切工序中使用的不同机具及其操作方法。其他与红条茶初制相同之处不在此赘述。

（1）萎凋

红碎茶制造中,有不经萎凋的制法,但实践证明不经萎凋的红碎茶片茶多,内质缺少浓强度。传统制法对萎凋叶含水量要求为61%～63%,转子制法对萎凋叶的含水量要求为59%～61%,C·T·C制法对萎凋叶含水量要求为68%～70%,而L·T·P加C·T·C制法的萎叶含水量要求较高,一般为68%～72%。尽管萎凋叶的含水量要求不同,但均需有一段萎凋时间,使叶内的化学成分产生一定的变化。

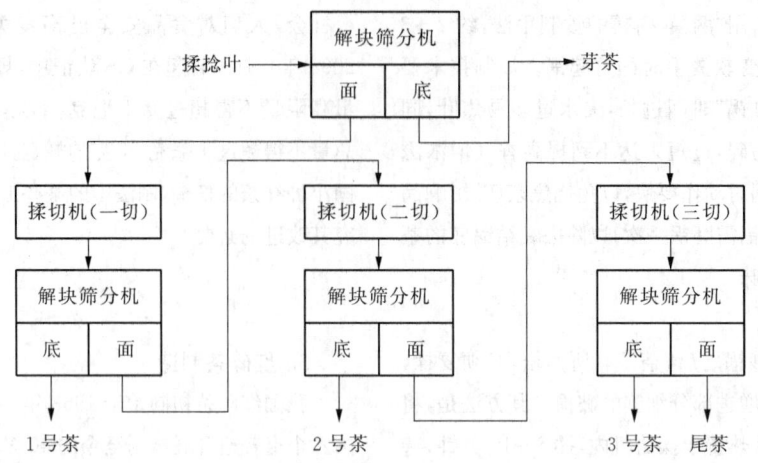

传统制法揉切工艺流程图

(2) 揉切

揉切是区别各种制法的主要工序,由于揉切的机械不同,工艺技术亦相应不同,其产品的外形、内质亦不同,导致了几种主要制法的产生。现就目前我国的四种主要制法的揉切工序简介如下:

① 传统揉切法 传统制法是一种较为原始的制法,20世纪60年代中末期,我国各茶厂普遍使用,其制法特点是采用平面揉茶机与平面切茶机,先打条后揉切。

使用平面揉茶机揉捻又叫"平揉",平揉机一般分90型(揉桶直径为90厘米)、60型、50型等,投叶量根据揉机型号而定,不宜过多或过少,过多翻转成条困难,叶细胞不易破损,过少不便加压,叶细胞破损亦达不到要求。全程揉捻时间,春茶宜长,约40分钟;夏茶宜短,约35分钟。加压时应掌握轻、重、轻原则。同时要注意原料的老嫩、萎凋叶的含水量,以及气温的高低,而灵活掌握。原料嫩、含水量高、气温高,揉捻时间可稍短,加压宜稍轻;原料老、含水量低、气温低,揉捻时间可稍长,加压应稍重。以春茶40分钟揉捻为例,不加压揉10分钟,轻压8分钟,松压2分钟,加中压8分钟,松压2分钟,再加中压8分钟,松压2分钟,下机解块筛分。解块筛分的目的在于散热。筛底取芽茶送发酵作叶茶,筛面进行揉切。

使用平盘式切茶机进行揉切也叫"平切"。平切机具一般为70型、55型盘式揉切机。经揉捻后的茶坯,一般经3次平切、3次解块,第一次平切时间为25~30分钟,解块筛分取筛底一号茶,筛面复切,二切时间为20~25分钟,然后进行第二次解块筛分,取筛底为二号茶,筛面进行第三次揉切,再行解块筛分,取筛底为三号茶,筛面作尾茶,一并送发酵。各号茶及时发酵后分别干燥归堆。

传统揉切法产生叶茶(FOP、OP),第一切的一号茶作FBOP、BOP、FBOPF等高档碎片茶,二切、三切的二号和三号茶作BOP、BOPF、BP、F、D等。

传统制法的产品叶、碎、片、末四类花色齐全,分档清楚,干茶色泽乌润。各次揉切筛分可将不同嫩度的芽叶分次取出,以有利精制。但由于叶组织的破坏不强烈,细胞破损率低,每次的切时过长,全程揉切时间一般超过100分钟,加之温度过高,加速了内含化学成分的氧化,因而往往造成发酵过度,使香味浓强度降低,而且尾茶多,对提高经济效益不利。

传统揉切法使用的机具多,安装占地大,花工多,因而成本较高,同时只能进行间隙式的生产,对初制机具联装,进行连续化生产,带来技术上的困难,目前我国除少数乡镇企业还采用此法外,在大型茶厂已被逐步淘汰。

② 转子揉切法 转子揉切法的切碎是采用卧式转子机完成的。茶叶经过揉捻,茶坯紧卷成条后投入转子机进茶口,由螺旋推进器推至切碎区,通过挤压、绞切切碎茶坯,再从机尾排出,在转子机中的

时间短,绞切挤压力大,颗粒较平切紧结,尾茶较少,一般为 6%～10%,经济效益较高。茶坯下机后经筛分散热,三切三筛取一、二、三号茶及尾茶,分别及时送发酵。

一个红碎茶制茶厂,揉切车间是关键的车间,它既决定本厂红碎茶的规格,又是设备、人员、技术密集的车间。平揉打条、转子揉切,机具往往难于配套,造成各工序的在制茶坯积压或断料,影响生产的正常进行,酿成品质不稳定。目前部分大型红碎茶厂的揉捻,采用 30 型卧式揉捻机,第一切采用大型转子机,二切采用中型转子机,三切采用小型转子机,萎凋适度的叶子,由输送带输入卧式揉捻机后,即可进入连续流水线作业,一次完成。如下图所示。

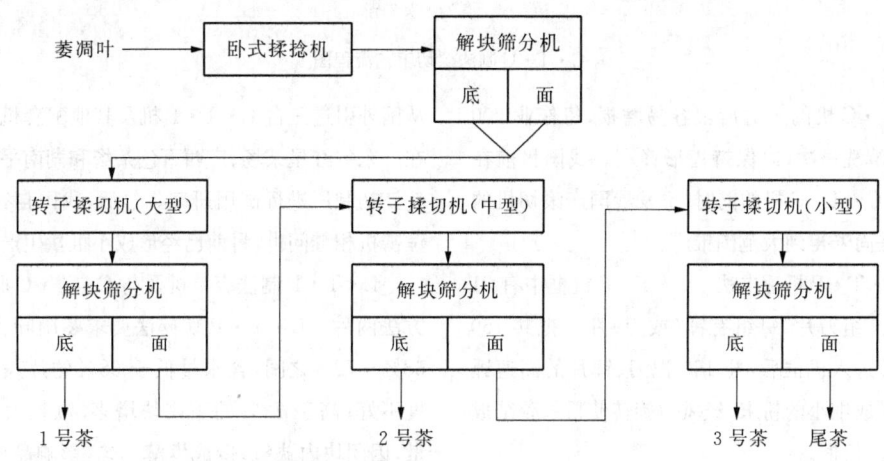

转子揉切制法揉切工艺流程图

转子揉切机的型号一般按口径尺寸分为 30 型、25 型、21 型、20 型、18 型、16 型几种。根据各型号茶机的性能及台时产量合理配套,广东英红华侨农场转子机作业线的配备为 21 型—20 型—16 型,生产效率高,颗粒较紧结,成茶鲜强度好。转子揉切机切碎茶坯,具有强烈、快速的揉切效果,避免了平揉平切费时长,茶坯在制期间热发酵的毛病,相应能提高品质,又能节省设备、厂房投资,降低成本。但是茶坯在转子机中因强烈挤压和绞切而产生高温,在短短的几分钟内使茶坯温升 5℃～10℃,对发酵带来不利的影响。

本法含洛托凡机制法。

③ C·T·C 机揉切法　C·T·C 机是一种能对萎凋叶进行碾碎、撕裂与卷曲的双齿辊揉切机,喂粒辊 70 转/分,搓撕辊 700 转/分,切碎颗粒的大小依两辊齿隙而定,齿隙最小距离为 0.05～0.08 毫米,最大不超过 0.2 毫米。茶坯通过喂粒辊进入两辊相交的切线位置上,被高速搓撕碾碎成为颗粒,揉切作用强烈而快速。由于一般叶片的厚度为 0.12 毫米(大叶种),故能使揉切均匀。因齿隙小挤压力大,叶温亦有瞬间的升高,但由于齿辊未封闭而敞开,所升高的温度在输送带上即可散失,因而经 3 次 C·T·C 机切碎的在制品,仍保持鲜绿色。

C·T·C 制法首先要求有优质的鲜叶原料,一般须在 2 级以上,低于 3 级的鲜叶多片,易损坏齿辊。其次,对萎凋叶含水量要求较为严格,以控制在 70% 左右为宜,第三,C·T·C 联装的最后一台 C·T·C,齿辊间隙不能大于 0.12 毫米。萎凋叶经过去杂后轻揉,经三次 C·T·C 机切碎,即可送往发酵。

一般均与洛托凡配套使用,去杂后的萎凋叶进入洛托凡,经过输送带接连进三台 C·T·C 切碎,最后经解块器直接打落发酵车中,全程仅 3～4 分钟。而实际揉切时间为 1～2 分钟,因而此法具有低温、强烈、快速揉切的工艺特点,而且精制率高,成品花色少,便于精制。其工艺流程如下图:

C·T·C 茶颗粒紧卷重实,色泽棕黑油润,内质香味浓强鲜爽,汤色浓亮,叶底红匀鲜活。

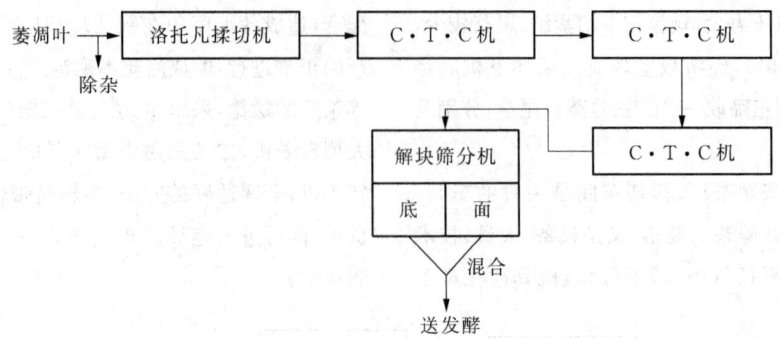

C·T·C制法揉切工艺流程图

C·T·C机的一对齿辊容易磨损,每作业 200 小时需要清洗一次,以保持齿形锋利。我国目前在使用进口 C·T·C 机的同时,也发展国产滚切机的生产,只是尚未得到大范围推广。

④ L·T·P 机锤击法　L·T·P 机框中有 31 组锤片和 9 组刀片,每组有锤(或刀)片 4 把共 160 把,萎凋叶进入机框后,经 160 把刀、锤片的高速锤击切碎,形成细小的粉末,经风力旋转使粉末胶结成颗粒而喷出机框。

1979～1980 年,中国土畜产进出口总公司先后从国外引进三台 L·T·P 机及其他配套机具,分别在广东省红星茶场、广西百色茶场和湖南平江茶厂、瓮江初制厂进行试用研究。尔后,我国自行设计的锤击机相继问世,目前已经形成小批量生产。

L·T·P 制法有单机及与 C·T·C 联装切碎方法两种。L·T·P 切碎法要求萎凋叶含水量为 68%～72% 之间,含水量低于 68% 的片茶多,鲜爽度不好;高于 72% 的茶团块增多,颗粒大,不易解散,因团块内缺氧,造成发酵不匀,影响品质。其工艺流程如下图所示。

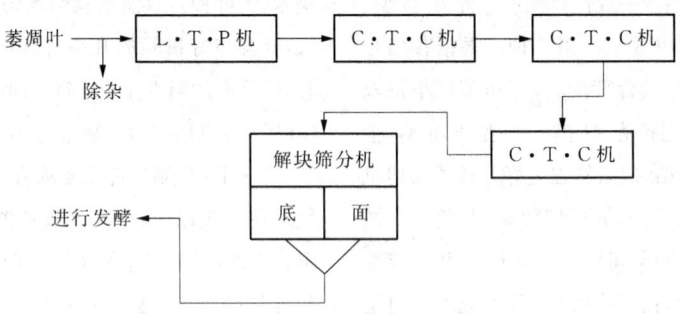

L·T·P 制法揉切工艺流程图

以上四种揉切方式,其工艺原理及产品特点作如下分析比较:

表 4-52　不同机型的产品特点分析

机　种	工　艺　处　理	产　品　特　点
传统平切机	挤压与切碎,但揉捻时间过长,易造成发酵过度。	叶、碎、片、末四类花色齐全,分档清楚,干茶色泽乌润,但叶组织、细胞碎破率低,成品浓强度差,尾茶多。
转子机	挤压、绞切切碎,具有强烈、快速揉切效果,但转子机强烈挤压和绞切而产生高温,对发酵带来不利。	颗粒较紧结,色泽乌润;香气高锐持久,滋味浓强,爽度好,汤色红艳。

（续表）

机　种	工艺处理	产品特点
C·T·C机	碾碎、撕裂与卷曲，茶坯经高速搓撕碾碎成为颗粒，因而揉切作用强烈而快速。	发酵均匀，颗粒细紧，色泽棕红尚润，香气高爽，滋味浓爽，汤色红亮，内质高于转子机产品。
L·T·P机	具强烈锤击破碎性能，缺少搓揉挤压作用，细胞损伤率低。	片茶多，身骨轻，色欠润，滋味不够浓醇。

（3）发酵

目前多数大型茶厂均使用发酵车控温、通气发酵，即在发酵叶层中不断地吹入潮湿空气，以达到增氧增湿的目的。发酵装置由水分化雾器、低压离心风机、矩形风管及32～36辆发酵车组成，每辆小车分两层，中隔是有孔眼的铝板，上层盛叶约60～70千克，下层接上主风管后即可导入低温高湿的空气，进行控温发酵。一般发酵时间为80～90分钟，用温度计每隔10分钟观察记录一次温度，大致是在室温24℃的情况下，10分钟后茶坯温度上升为30℃～32℃，20分钟后降到26℃～27℃，60分钟后降低至室温，并一直平稳至结束。待发酵叶的色泽由鲜绿－黄绿－绿黄－红黄，青草气味消失，即为适度，应立即送往干燥。

目前我国海南省的南海茶场及岭南茶场，开始试用发酵机发酵，在百页板层内通入20℃～26℃的潮湿空气，在摊叶厚度10厘米的情况下，在60分钟内可完成发酵过程，这对红碎茶生产的连续化作业带来了方便。

（4）烘干

烘干的目的、原理与工夫红茶相同，但由于红碎茶体型细小，茶坯含水量较高，因此一般使用大功率的干燥机，如在有条件的大型茶厂，使用马歇尔式干燥机，或国内新型（或改造）热输送带干燥机，输送带进口温度为120℃，出口温度为38℃～40℃，烘箱进口温度为95℃，出口温度为54℃。红碎茶烘干有一次烘干和二次烘干两种。传统制法、转子机制法的茶，一般一次烘干，而生产量大或C·T·C、L·T·P制法的茶坯一般分两次烘干，使用热输送带干燥机的一次烘干较好，而用国内其他烘干机时进行二次烘干为宜。

热输送带干燥机的输送带进风温度为120℃，当发酵叶遇此高温，发酵便迅速终止，同时大量蒸发水分，进入机体烘箱后，由于分层引进热风，百页板的各层温度较为均匀，茶坯大量蒸发水分，在15～25分钟内，含水量可降至低于6%，一般以掌握在5%左右为宜。一次干燥的毛茶色泽乌润，其操作简便，要求干燥机性能好，效率高，发酵茶坯含水量稍低。二次干燥的作业分两次进行，第一次为"打毛火"，烘至七八成即含水量为15%～25%，下机摊凉散热，使茶坯内水分重新分布，冷却至室温再进行第二次干燥（称"复火"），复火温度宜稍低，时间稍长，烘至足干（一般含水量为5%左右）下机后摊凉装袋（箱），或即行归堆精制。

（5）毛茶归堆

干燥后的毛茶，按原料老嫩、筛切次数不同，各号按质归堆。归堆的原则以内质为主，参看外形。内质又以香味为主，结合看叶底、嫩度和色泽。把品质大致相同的各天各批毛茶分为6～8个堆，其中4～6个正堆，2个尾茶堆，一堆主制上档，二堆主制上档或中档，三堆主制中档，四～五堆主制下档，六堆为协商样原料。尾茶1堆内质较好的可提取下档或协商样，尾茶2堆作提取协商茶的原料。此外劣变茶亦应分轻劣变、重劣变茶存放，另作处理。

各堆分仓储存，依照上述原则，每天每批毛茶分别审评品质，决定堆次，装袋后立即按堆入库。

红碎茶的精制原理及方法与工夫红茶精制大体相同，但加工机械的使用及工艺流程较为简单，尤其在鲜叶原料好、条件好的大型茶场（厂），鲜叶嫩度一致，烘干后的毛茶立即筛分清选即可装箱，初精制在一条作业线上完成。大多数茶厂则分初、制两大部分。全国各地制法不一，大叶种红碎茶和中小叶种红碎茶风格不同，精制、成品花色亦有较大差异。

现将中小叶种红碎茶的精制方法介绍如下：

我国中小叶种红碎茶按茶的体形大小分为碎茶

一号、二号、三号,另有片茶、末茶等花色。碎茶一号一般是平面圆筛机的 16 孔底至 24 孔面茶,碎茶二号一般是 10 孔底至 16 孔面茶,碎茶三号一般是 8 孔底至 10 孔面茶,规格十分清楚。如毛茶嫩度好,净度高,则采用一次平面圆筛机一次风选,经拣剔除

杂,即成毛茶。

凡使用传统制法的毛茶,有的平揉后即筛取芽茶作 FOP,平切时切碎效率较低,碎茶中有部分条形茶可作 OP 的原料。因此碎片茶的平圆筛头子茶及初制中的部分尾茶,都可这样做。提制工艺如下图。

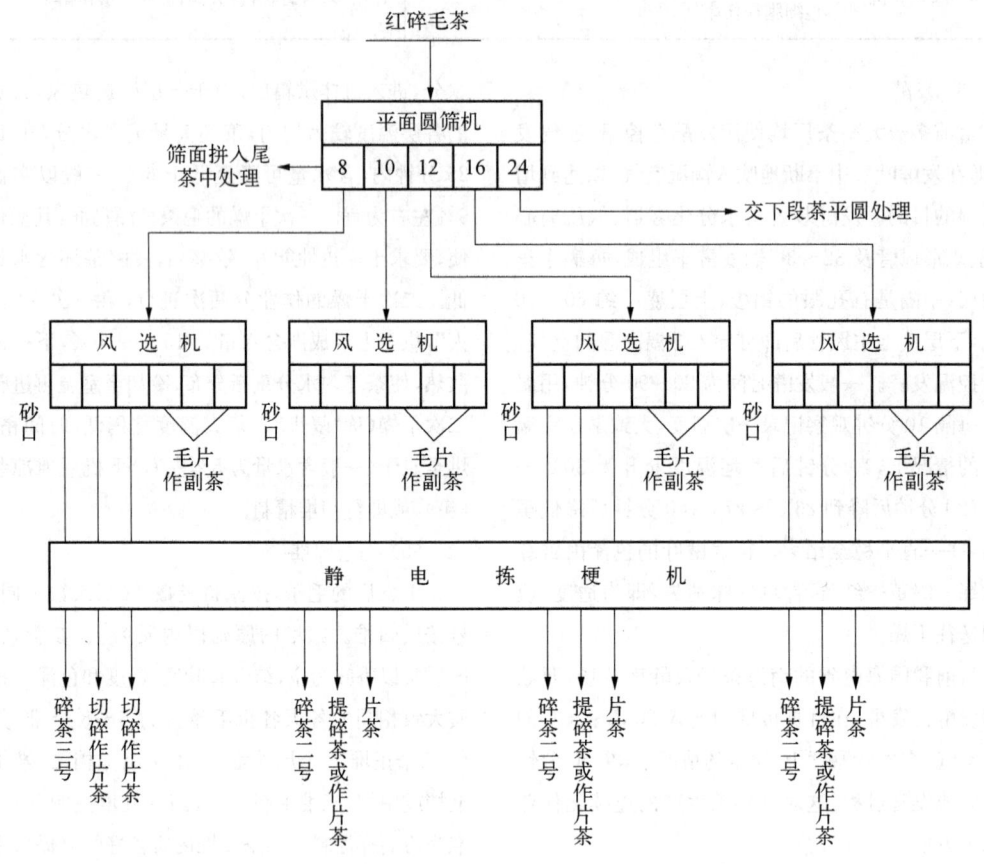

红碎茶精制工艺流程图(碎、片茶的产生)

我国现行大叶种红碎茶和中小叶种红碎茶标准样的制定,是为了便于对各省区的碎茶品质进行控制和执行价格政策,各省区制成的红碎茶交所属口岸统一拼配出口。我国各套样的品种花色,均应符合国际红碎茶品质规格的要求。出口外形规格大致分为:

FOP、OP、BP 即叶茶,为 8 孔底至 12 孔面的长条形茶,其中 FOP 只有云南生产。

FBOP、BOP 即碎茶,为 12 孔底至 24 孔面茶,系颗粒形重质茶。我国中小叶种红碎茶的碎一为 16 孔底、24 孔面;碎二为 10 孔底 16 孔面;碎三为 8

孔底 10 孔面。大叶种红碎茶碎茶一号相当于 FBOP 类型,碎二号、三号、四号相当 BOP,碎五号相当 BOPF。

BOPF、F 即屑片茶,系碎茶中分出的大小长短相同但质轻的片状茶,称片茶(F)。国外 BOPF 属于屑片类,我国相当于碎茶五号。此外还有 20 孔底 28 孔面的 PF 等花色。

24 孔底 40 孔面的砂粒状颗粒茶称为末茶(D),其中 24 孔底 28 孔面的为 PD、24 孔底 40 孔面的为 D。目前 60 孔面亦作末茶,60 孔底无经济价值。

(施兆鹏)

（三）乌龙茶制造工艺

乌龙茶（青茶）属半发酵茶，为我国特种名茶，具有独特的品质风格。乌龙茶的创制在明清时期，由安溪茶农在绿茶制法的基础上发展成乌龙茶制法，先传入闽北、广东潮州，后传入台湾。

目前，我国的乌龙茶分布于福建、广东和台湾三省区，按其制法和品质特点，划分为4个类型，即闽北、闽南、潮州和台湾。

闽北乌龙茶：产于福建省武夷山市，制作过程采取重晒青、重摇青，其制作过程，没有包揉工序，是一种发酵程度较重的条形乌龙茶。

闽南乌龙茶：产于福建省安溪县一带，制作过程轻晒青、轻摇青，有包揉工序，是一种半球形的轻发酵乌龙茶。

潮州乌龙茶：产于广东省潮州和汕头，制茶过程晒青、摇青偏重，发酵程度也重，没有包揉过程，是一种条形重发酵乌龙茶。

台湾乌龙茶：产于台北、南投、新竹、苗栗等县市。大体有三种类型。文山包种茶（产于台北），是发酵程度最轻，没有包揉工序的条形茶；冻顶乌龙茶（产于南投），其发酵程度较轻，有包揉工序的半球形轻发酵乌龙茶。白毫乌龙茶（产于新竹和苗栗），由夏茶新梢制成，其发酵程度最重，没有包揉工序，是一种具白、黄、褐、红多种色彩相间的条形乌龙茶。

乌龙茶冲泡之后，有一股浓郁"如梅似兰"的花香。其特有的花香、果香，并非茉莉、珠兰、玉兰的鲜花窨制而成，而是由适制乌龙茶茶树品种的鲜叶、气候环境、季节以及独特的工艺加工出来的。

乌龙茶滋味醇厚回甘。品饮乌龙茶有"喉韵"的特殊感受，即茶汤过喉徐徐生津，而有回味，细加品味，似嚼之有物。由于乌龙茶的产区、茶树品种和加工工艺的不同，它的特征也不相同，武夷岩茶香气馥郁、持久，具幽兰清香，滋味醇厚回甘，齿颊回香，这种特有的岩骨花香，叫"岩韵"。安溪铁观音茶香馥郁，滋味甜醇滑爽，微带果酸，甘喉生津，这种独特的韵味，称之为观音韵或"音韵"。乌龙茶的叶底边缘呈红褐色，而当中部分为淡绿色，形成奇特的"绿叶红镶边"，这就是乌龙茶特有的工艺所形成半发酵的特征。

乌龙茶所具有的独特的品质特征，是由于它别具一格的制造工艺所形成的。

乌龙茶的制造过程，与红茶、绿茶不一样，其工艺要复杂得多。它吸取了红茶发酵和绿茶不发酵的制造原理，制造过程中既不完全破坏全叶组织，但又轻微地擦伤叶缘组织；要求细胞内含物不完全变化，但又有一部分起氧化作用。通过如此复杂的工艺过程，引发出独特的色、香、味。

乌龙茶独特的制造工艺，是长期以来劳动人民智慧的结晶。

王草堂的《茶说》（1717年），是对乌龙茶制造工艺最早的文字记载，乌龙茶文献之宗。它记述了乌龙茶采制的基本要求，主要的品质特征．这些和现行的乌龙茶制造工艺的基本要求，还是一致的，其内容主要包括下列四个方面。

第一，乌龙茶的采制季节与品质。采制分为春、夏、暑、秋四个季节（闽北仅有春、夏、秋三季）。各季节的品质不同，春茶香、味均佳，品质最好；秋茶香高、味稍淡；夏、暑茶品质较差。近年来，采用低温中湿做青环境做青，夏、暑茶品质有很大提高。

第二，乌龙茶的制造。有萎凋（晒青）、摇凉青、炒青、焙青和拣梗等主要工艺程序。晒青指："茶采后，以竹筐匀铺，架于风日中，名曰晒青。"摇青指："摊而摝"。摝是摇的意思，即晒青后摇青。晒青、摇青、凉青，也即现行的做青。做青的程度，俟其青色渐收，然后再加炒焙。即掌握香气越发即炒，过时不及，皆不可。独武夷炒焙兼施，既炒又焙。焙后再"拣去其中老叶枝蒂，使之一色"。

第三，成茶品质特征。概括为"半青半红"，把乌龙茶半发酵的特征突出出来。

第四，乌龙茶工艺复杂。要心专手敏，要前后工序整体配合。"如梅斯馥兰斯馨，心闲手敏工夫细。"

乌龙茶加工基本工序为：鲜叶→萎凋→摇青→凉青→杀青→揉捻（包揉造型）→干燥→毛茶。现行乌龙茶的采制工艺，在具体掌握上，不同产地有所不同，品质也有差异。

乌龙茶按发酵程度的深浅，即制造过程中做青

程度要求不一,引起茶多酚氧化程度不同,形成的品质特征,可以划分为下列四类:

第一类:发酵程度 10% 左右的台湾条形包种茶。条形包种茶:以文山包种茶为代表。文山包种茶发酵程度最轻,约 8%～10%。以青心乌龙品种所制品质上乘,台茶 12 号、13 号亦佳。其外形呈条索状,色泽翠绿有油光,汤色密绿、清澈、明亮,香气清雅,似花香,滋味甘醇、爽口,收敛性好,回甘性强。

第二类:发酵程度 15%～25%。闽南乌龙茶、台湾半球形包种茶和球形包种茶均属于第二类。

传统闽南乌龙茶色泽砂绿油亮;汤色橙黄或金黄、清澈明亮;叶底软亮;内质香气浓郁清高持久,花果香明显,滋味甘醇滑口。发酵程度 25% 左右。

闽南清香型乌龙茶色泽砂绿油润;汤色黄绿或清黄,清澈明亮;香气清高持久,花香显;滋味醇和、鲜爽;叶底黄绿软亮,叶缘残缺、红边少。发酵程度 15%～20%。

半球形包种茶以冻顶乌龙茶为代表。半球形包种茶发酵程度较条形包种茶重,约 15%～20%。其条索自然弯曲成半球形状,色泽墨绿鲜活有油光,汤色蜜黄或金黄、明亮,香气浓郁,有花果香,滋味醇厚甘润,有回韵,是香气与滋味并重的台湾乌龙茶。

球形包种茶以木栅铁观音茶为代表,发酵程度与半球形包种茶相近或稍重,约 20%～25%,与福建省安溪县传统铁观音的发酵程度相近。其外形卷曲、壮结、重实呈球状,色砂绿带鳝黄、显白霜,汤色橙黄或金黄,浓艳清澈,香气馥郁、兰花香持久,有音韵,味醇厚、滑爽、回韵强,是香气与滋味均佳的台湾特色乌龙茶。

第三类:发酵程度 25%～35% 的闽北乌龙茶和广东乌龙茶。闽北乌龙茶和广东乌龙茶发酵程度较重。闽北乌龙茶外形条索粗壮紧实,色乌绿带蜜黄,鲜润光泽,泛"宝色",汤色橙红、显金圈,叶底肥厚、柔软,绿蒂黄底边镶红,花果香浓郁高长,滋味浓醇甘爽。

广东乌龙茶条索挺直肥壮,色泽黄褐油润呈鳝皮黄,香气浓郁具天然花香,或带蜜糖香,滋味浓厚或醇甘,而且耐泡,汤色橙黄明亮,叶底黄亮,叶缘朱红。

第四类:发酵程度 50%～60% 的白毫乌龙茶,白毫乌龙茶在乌龙茶家族中发酵最重。其外形枝叶连理,白毫显露,故称白毫乌龙茶。白毫乌龙茶外形白、绿、黄、褐、红色相间,犹如朵花,又称东方美人茶。其汤色呈琥珀色,鲜艳明亮;蜂蜜香型或熟果香型,甜香明显且浓长;滋味甘甜、鲜爽、醇厚,为台湾乌龙茶之精品。白毫乌龙茶可参入香槟酒,香味独特,颇受消费者喜爱,又称香槟乌龙。

乌龙茶独特的制造工艺,以适制的茶树品种和特殊的采摘标准为前提。有了适制乌龙茶的茶树品种和鲜叶原料,才能发挥制造工艺的效应,获得优质的乌龙茶。

1. 乌龙茶制造基本工艺

乌龙茶的制造,其工序概括起来可分为:鲜叶、萎凋(晒青)、摇青、凉青、炒青、揉捻、干燥。

① 鲜叶

要求一定的成熟度,一般以嫩梢全部开展,形成驻芽时,采摘开面 2 叶至 3 叶、4 叶嫩梢。采茶时,必须分批采摘,轻采轻放,避免捏伤,及时分品种收青,妥善贮运,保持青叶的新鲜、匀净、完整,并不受任何损伤。

② 萎凋

鲜叶进厂后,按不同品种、嫩度、采摘时间和产地分堆摊放,并均匀地摊放在水筛内(圆形有孔的竹筛,直径 1000 毫米),每筛摊叶 0.5～1 千克;亦可摊放在室内铺有晒青布清洁的水泥地面上,这个过程叫凉青。露水青、雨水青或含水量高的鲜叶,宜薄摊;中午或下午采回的鲜叶,已失去部份水分,宜厚摊;晚青无法进行晒青,宜及时薄摊。凉青的目的是散发热量,降低叶温,保持鲜叶的新鲜度,调控水分蒸发的速度。

萎凋主要有两种方式:晒青和热风萎凋。

晒青:晒青是萎凋的最佳方式。它利用光能与热能,提高叶温,促进鲜叶适度蒸发水分,使叶质柔软,叶细胞基质浓度提高,促进酶的活性,同时青气减退,香气显露等。传统手工晒青,在阳光较弱的下午 4～5 时进行。晒青是将鲜叶均匀地摊放在箅笠、水筛或白色晒青布上,摊叶厚度每平方米 0.5～1.0

千克,晒青过程轻翻 2～3 次,保证晒匀。它要求日光弱,场所卫生通风,摊叶宜薄而且均匀。烈日下不宜晒青,以免日光灼伤鲜叶,发生红变和死青。近年来采用遮阳网(透光率 50%～70%)全天候晒青。当叶面失去光泽,叶色转暗,顶一、二叶萎软下垂,减重率 5%～15%,即可移入室内。

热风萎凋:为了解决阴雨季节无法晒青的问题,采用热风萎凋槽、热风萎凋机或人工光源热风萎凋机进行。人工光源有:波长大于 520 纳米的黄色光、远红外光或近日光(光谱)等光源,光照力求一致。热风温度掌握 38 度以下,每 20 分钟左右轻翻一次,萎凋适宜程度以减重率来判断,各品种萎凋适宜减重率参照其日光晒青减重率即可。

萎凋(晒青)对乌龙茶品质影响关系很大,萎凋是做青的基础,是决定摇青的轻重和凉青时间长短的重要技术指标。萎凋是鲜叶蒸发部分水分,使叶质柔软,便于摇青,同时提高叶温,有利于化学变化,如叶绿素破坏、青气减弱、香气显露等。不经萎凋的成茶青气重,味苦涩,汤色偏暗,品质差。

萎凋后的茶叶,经过 0.5～1 小时的凉青后,进入摇青作业。

③ 摇青与凉青

传统乌龙茶采用竹筛摇青,目前多采用摇青机摇青。摇青机结构主要由摇笼、传动装置、机架和电机等部分组成,摇笼长 2～3 米,直径 600～1200 毫米,转速每分钟 1～30 转。摇青是乌龙茶的特有工序,也是乌龙茶品质形成的关键工序。

摇青是将晒青后的鲜叶置于摇青机摇笼内,装叶量为筒体的三分之一至三分之二。当摇青机带动鲜叶转动,叶片与摇笼、叶片间互相碰撞摩擦,叶缘和突出叶表的部分细胞受损,从而促进局部酶促氧化作用。在整个做青过程中,摇青和凉青(静置)是交替进行。通过摇青,叶柄叶脉中的水分和可溶性物质慢慢扩散流向叶片,鲜叶又逐渐膨胀,恢复弹性,叶片由软变硬,俗称"还阳"。经过静置凉青,叶表蒸发部分水分,叶子由硬变软,俗称"退青"。经过如此有规律的数次"动"和"静"的"还阳"与"退青"的过程(俗称"死去活来"),鲜叶发生了一系列的生物化学变化。

做青的原则是:摇青的时间由少到多;凉青的时间由短到长;摊叶的厚度由薄到厚。摇青时间与凉青厚度要根据品种、鲜叶的老嫩、晒青程度和天气灵活掌握。不同品种发酵难易有区别,铁观音品种难发酵,宜重摇;梅占、水仙品种易发酵,宜轻摇。同一品种,幼嫩鲜叶宜轻摇,偏老的鲜叶宜重摇;如果晒青重(减重率大),则摇青时间短,晒青轻,则摇青时间长。气温低,湿度大,茶叶失水慢,叶内化学变化慢,应重摇、薄摊凉(促进水分蒸发);而气温高,湿度小,茶叶失水快,叶内化学变化快,应轻摇、厚摊凉(保水);气温高,湿度大,宜多次轻摇。摇青适宜程度:前期摇青以青气变化判断为主,三摇后应根据不同品种,视青叶叶色、叶相、香气变化、发酵变化程度、水分含量以及气候等因素综合判断,灵活掌握(茶区俗称"看青做青,看天做青")。不同产区乌龙茶适宜的做青程度标准也不同,大多为叶色转为黄绿色,呈现出"青蒂"、"绿腹"、"红镶边",青气消退,花香或果香显现,叶质柔软,即可杀青。

对如何掌握摇青的适宜程度,评断鲜叶萎凋和发酵的适宜与否,我国劳动人民积累了丰富的经验。如一摸叶片。摸青叶凉青后的柔软度,若柔软如棉,并略有温手感为适度。二看叶色、叶相:在做青的进程中,叶色由鲜绿转为暗绿,又转为黄绿、淡绿,叶缘及叶尖呈红色,叶表出现红点,叶侧脉的透明度,叶边缘形态变化等。三闻香气:鲜叶晒青后,青气有所消退,摇青时又散发出青草气;凉青时,青气消退,香气显露。在不断地摇、凉的过程中青气渐退,香气渐增,最后青气消退,显露花香。

摇青结束后,有的产区还进行堆青作业。即最后一次摇青结束的青叶,经 2～4 小时凉青后,集中在大篓或大篮里,厚堆约 40～60 厘米,上盖布巾。堆青 2 小时左右,室温低做青不足,可堆厚些,时间长些;反之,堆薄些,时间短些。叶温提高 2℃左右。经过堆青,叶中的香气渐熟,转为果香或熟香型。

1983 年至 1987 年福建省农业科学院茶叶研究所进行了乌龙茶做青工艺与设备的系列研究,1989 年在安溪县芦田茶场进行了中间试验。该研究采用人工做青环境,程序化做青,研制了萎凋机、程控化做青机、人工环境控制器等,用于乌龙茶做青的萎涸、摇青、凉青、堆青等作业,实现了乌龙茶做青机械化、程控化,克服了不良气候对乌龙茶品质的影响,解决了数百年来乌龙茶"看天做青"的难题,稳定并提高了做青品质,揭开了乌龙茶做青技术新的一页。从此,空调做青不推自广,乌龙茶品质大幅度提高,取得了显著的社会效益和经济效益。

④ 炒青 做青结束,通过高温炒青,以固定做青所形成的品质,并使叶质柔软便于揉捻。常用杀青机为110型杀青机。杀青以高温短时、多闷少透、透闷结合为原则。杀青叶含水量为45～60%时下机。

⑤ 揉捻 常用40型、35型、30型乌龙茶揉捻机,揉捻掌握适量、热揉、逐步加压、短时为原则。

⑥ 干燥 常用自动烘干机和手拉式烘干机,一般采用二次干燥:毛火和足火。

毛火:各制法的不同,毛火温度也不同,在80℃～150℃之间,烘至6成至7成干。

足火:大多采用低温慢烤,温度在60℃～90℃之间。

（张方舟 林心炯）

2. 闽南乌龙茶的制法

闽南乌龙茶主要品种有铁观音、黄旦、毛蟹、本山、水仙、佛手、八仙、白芽奇兰、金观音和丹桂等。闽南乌龙茶分为传统闽南乌龙茶和清香型乌龙茶。传统闽南乌龙茶的品质特征:外形条索卷曲,紧结,匀整,色泽砂绿油亮;汤色金黄明亮、清澈;香气浓郁,花香明显,滋味甘醇、滑爽;叶底完整,红边显、柔软明亮。

20世纪90年代以来,随着海峡两岸茶业的合作与交流,台资企业在闽办厂,台式乌龙茶的加工技术和设备带进内地,促进了闽南乌龙茶技术的革新,在运用空调做青技术的基础上,探索轻发酵闽南乌龙茶新工艺,成功地开发了清香型乌龙茶,扩大了乌龙茶的消费群体。

清香型乌龙茶外形圆结、色泽砂绿油润;汤色清黄、清澈明亮;香气清高、花香明显,滋味醇和、鲜爽;叶底叶缘残缺、少红边、黄绿软亮。

传统闽南乌龙茶加工工艺流程:摊青、萎凋(晒青)、凉青、摇青、杀青、揉捻、初烘、包揉造型、足火等工序。

闽南清香型乌龙茶加工工艺流程:摊青、萎凋(晒青)、凉青、摇青、杀青、包揉造型、足火等工序。

传统闽南乌龙茶鲜叶采摘标准:一般以嫩梢全部开展,形成驻芽时,采摘小至中开面2～4叶嫩梢。清香型乌龙茶采摘小至中开面2～3叶嫩梢,或扳片、抹芽,保证鲜叶嫩度一致。采茶时,必须分批采摘,轻采轻放,避免捏伤,及时收青、妥善贮运,保持青叶的新鲜、匀净、完整,并不受任何损伤。

传统闽南乌龙茶加工工艺与清香型乌龙茶加工技术大同小异,下面以传统闽南乌龙茶加工工艺为例,阐述其加工技术,并且结合工艺的不同,阐述清香型乌龙茶加工技术的创新点。

① 摊青 鲜叶进厂后,按不同品种、嫩度和采摘时间分堆摊放,并均匀地摊放在水筛内(圆形有孔的竹筛,直径1000毫米),每筛摊叶0.75～1千克。亦可摊放在室内铺有晒青布清洁的水泥地面上,露水青、雨水青或含水量高的鲜叶,宜薄摊;中午或下午采回的鲜叶,已失去部份水分,宜厚摊;晚青宜及时薄摊,分堆付制。摊青的目的是散发热量,降低叶温,保持鲜叶的新鲜度,调控水分蒸发的速度。

② 萎凋

晒青:晒青是萎凋的最佳方式。

传统手工晒青,在阳光较弱的下午4～5时进行。近年来采用遮阳网全天候晒青。晒青是将鲜叶均匀地摊放在箛笠、水筛或6米见方的白色晒青布上,每平方米0.5～1.0千克,晒青过程轻翻2～3次,保证晒匀。当叶面失去光泽,叶色转暗,顶叶萎软下垂,二叶叶缘微卷时,即可移入室内。晒青时间与晒青程度的掌握,必须依据季节、气候、品种和鲜叶的含水量灵活掌握。叶质肥厚、壮梗、含水量高或表皮层厚的品种,如铁观音、毛蟹等晒青宜重,减重率为8%～10%;而黄旦、奇兰等叶张较薄、细梗,含水量低的品种晒青宜轻,减重率为5%～7%;而梗叶肥大、含水量高的品种,如水仙、佛手、梅占宜二晒二凉,避免一次晒伤,减重率10%～12%。春茶气温低,雨水多,鲜叶含水量高,日光强度弱,晒青时间要长,减重率宜重些;夏、暑茶鲜叶进厂时已散失部分水分,含水量低,可以不晒或以凉代晒;秋茶天高气爽,湿度低,鲜叶水分蒸发快,晒青时间宜短,减重率宜小。

清香型乌龙茶晒青减重率宜轻,铁观音、毛蟹、水仙、佛手等减重率为 6% 左右;而黄旦、奇兰等减重率为 4%～5%。

为了解决阴雨季节无法晒青的问题,采用热风萎凋槽或热风萎凋机萎凋。热风温度掌握 38℃ 以下,每 20 分钟左右轻翻一次,各品种减重率参照日光晒青减重率即可。

萎凋后的茶叶,经过 0.5～1 小时的凉青后,进入摇青作业。

③ 摇青与凉青 传统闽南乌龙茶采用吊筛摇青,目前多采用竹笼式摇青机。装叶量每笼的二分之一至三分之二,清香型乌龙茶装叶量较少,仅达三分之一。摇青时间与凉青厚度要根据品种、晒青程度和天气灵活掌握。同一品种,如果晒青重,则摇青时间短;晒青轻,则摇青时间长。气温低,湿度大,失水慢,叶内化学变化慢,应重摇、薄摊凉;而气温高,湿度小,失水快,叶内化学变化快,应轻摇、厚摊凉;气温高,湿度大,宜多次轻摇。传统闽南乌龙茶摇青次数多为 4～5 次,个别品种如黄旦摇次较少,3～4 次。每次摇青间隔时间,即摊凉时间由短到长,摇青转数由少到多,摊叶厚度由薄到厚。不同品种摇青、凉青时间差别很大,叶质厚、表皮层厚、栅栏组织层数多,壮梗的品种,如铁观音宜适当重晒,凉青间相对湿度宜低些,摇青次数宜多且重摇,并相应延长做青时间,促进内含物质的转化;而鲜叶叶张薄,表皮层较薄,细梗的品种,如黄旦失水快,宜轻晒青、凉青间相对湿度宜高些,轻摇,并适当缩短做青时间。摇青适宜程度应根据不同品种,视青叶叶色、叶相、香气变化、发酵变化程度和气候等因素灵活掌握(茶区俗称"看青做青,看天做青")。传统闽南乌龙茶做青历时 12 小时左右。

清香型乌龙茶采用空调做青,做青间适宜温度 20℃～23℃,相对湿度 60%～80%。采用轻摇青、薄摊青、长凉青、轻发酵的方法:其摇青次数大多为 3 次,而且摇青时间较传统型短。一摇摇出淡淡的"青气",经过凉青,待青气消退后,进行二摇;二摇

得比一摇稍重,"青气"较一摇稍浓;三摇摇"香",摇至清香初显;每摇均需等待青气消退后才能再摇。每次摇后均需薄摊青,每个凉青筛摊放鲜叶约 0.25 千克左右(以不重叠为度)。1 摇至 2 摇,摇后凉青时间较短(1～2 小时),3 摇后采用长凉青(10 小时以上)。清香型乌龙茶做青历时 15～24 小时,甚至 30 多小时。

一般说,做青适度的叶子为"青蒂、绿腹、红镶边"。传统工艺要求:每张叶片 20% 左右形成红边红点,叶色泛黄,花果香显现,即可杀青;而清香型乌龙茶要求:每张叶片 10% 左右形成红边红点,叶色稍泛黄,花香显现,进行杀青。

杀青时间还与品种特性有关,有些品种叶张较薄,如黄旦品种,花香稍显,即要杀青;如果待其香气大发时杀青,成茶香气低下。有些品种叶张厚,如铁观音品种,花香大发,才可杀青;如果其香气初显时杀青,成茶香气不高。杀青时间的确定还要兼顾滋味的转化,力求滋味醇爽,不苦涩,水中留香。特别是清香型乌龙茶要注意这点。

④ 杀青 做青结束,通过高温杀青,以固定做青所形成的品质,并使叶质柔软便于揉捻。常用杀青机为 110 型杀青机和 90 型燃气炒青机两种。杀青以高温短时、多闷少透、透闷结合为原则。待手搓压稍可成团,含水量为 60% 左右时下机。

清香型乌龙茶采用 90 型燃气炒青机杀青。杀青以高温、少量、老杀青为原则。锅温 260℃～280℃,投叶量 2.5 千克,杀青叶含水量为 45%～50%。下机后,杀青叶迅速抖散,散热降温,避免闷黄。

⑤ 揉捻 杀青叶应以趁热、快速、重压、短时为原则,历时 5～8 分钟,至茶汁溢出、初步成条,即可下机,并及时上烘。常用揉捻机有 35 型、40 型、45 型乌龙茶揉捻机和台湾望月式揉捻机。清香型乌龙茶不进行揉捻,以包揉代替揉捻,有利于外形。

⑥ 初烘 采用自动烘干机和手拉式烘干机,初烘温度 120℃ 左右,烘至七成干,即有刺手感,可下机包揉。清香型乌龙茶含水量低,不再进行初烘作业。

⑦ 包揉造型 手工包揉采用 0.7 米见方的白布巾,将 0.5 千克左右的初烘叶趁热放入布巾,一手握住布巾口,把茶包放在长板凳上,另只手紧压茶包向

前推揉,揉时用力先轻后重,使茶团在布巾中翻滚,轻揉一分钟后,解散茶团;重复以上揉法,重揉至适度,使条形紧结,历时3～4分钟;解散茶团,以免闷黄。

⑧ 复烘 采用自动烘干机和手拉式烘干机,复烘温度90℃左右,烘至八成干,可下机复包揉。

⑨ 复包揉 重复⑦包揉造型工序。

近年来闽南乌龙茶多采用速包机、球茶机、松包机配合进行包揉作业。初烘叶经摊凉,梗叶水分平衡后,包揉造型作业按以下两道作业模式进行。作业1:"速包↔松包"反复3～4次后→"速包→球茶机团揉→松包"4次。进入作业2:炒热→"速包↔松包"3～4次(茶叶温度降到37℃左右时)→速包→球茶机团揉→松包,重复"速包→球茶机团揉→松包"3～4次后→定型。重复作业2流程4～6次。定型时间先短后长,逐次延长,最后一次定型时间2小时左右。包揉造型全过程历时8～12小时。

清香型乌龙茶杀青叶含水量低,经"打边"(去红边),摊放冷却后,用布巾遮盖或用清洁食用塑料袋装袋,促使杀青叶梗叶水分平衡,经回润后的茶叶,方可包揉,以免产生大量碎末。包揉造型作业模式基本同上,改炒热为烘热,风温100℃～70℃。要注意:"速包"作业技术要熟练,特别青叶温度高于37℃时,速包成球时间尽量缩短,一般不要超过1分半,并采用速包→松包作业;直至叶温降至37℃以下时,方可进入球茶机团揉;由于清香型乌龙茶杀青叶含水量低,重复作业2流程3次左右;全程定型一次,定型时间0.5～1小时左右;包揉造型历时4小时左右。在包揉工艺流程的每一道"松包"中,都要筛去其碎末,以保证清香型乌龙茶外形、汤色和叶底保持"三绿"和其清香的品质特点。

速包:将6至8千克的茶叶放置于1.5×1.5平方米见方的包揉布中,再将茶包放置在速包机工作盘上,利用机械扭力快速紧缩成南瓜状的茶包。在乌龙茶造型的全过程中,速包多达三四十次,茶包松紧度直接影响成型效果和茶叶的断碎率。速包松紧程度应掌握先松、中紧、后期松的原则,即作业1的速包,茶包的松紧度宜松,经多次速包、松包后,茶叶趋于弯曲后,速包的松紧度才逐渐加紧。前期速包太紧,容易形成扁条;后期茶叶水分少,速包太紧,

成茶断碎率高。

松包:将茶包喂入松包机,经滚筒的滚转、翻抛作用,使茶团、茶块松散,分散茶颗粒,并散发热量和水汽,保持品质,以便再次造型。因此,刚炒热的造型叶叶温较高,可塑性好,应趁热速包,立即松包,避免闷黄。经数次速包与松包,叶温降至37℃后,再转入球茶机团揉。

球茶机团揉:将速包后的茶包置于球茶机两揉盘中,进行搓揉挤压,使茶条卷结成球状。一般一次团揉时间3～5分钟。

炒热温度:240℃～150℃,温度先高后低。前期水分含量高,以蒸发水分为主,温度宜高;中后期茶叶水分逐渐减少,以增加叶温为主,提高可塑性与黏性,温度宜逐渐降低;为增加包揉次数,避免茶叶含水量太低,中后期炒热时间应逐渐缩短。

包揉造型要求外形紧结呈球状,色砂绿、活泼,不黄变,香气无闷味、异味和炒香。

⑩ 足火 采用自动烘干机和手拉式烘干机,足火温度90℃～100℃,烘至足干。清香型乌龙茶足火温度60℃,烘至足干。

(张方舟 林心炯)

3. 闽北乌龙茶的制法

闽北乌龙茶主要品种有大红袍、水仙、肉桂、铁罗汉、白鸡冠、丹桂和金观音等。优良的茶树品种、优越的自然环境、精湛的加工技术形成了闽北乌龙茶特有的品质风格。如闽北水仙"得山川清淑之气",成茶条索壮结沉重,叶端扭曲,色泽绿褐油润,间带砂绿蜜黄(俗称鳝皮黄),香气浓郁,似兰花幽香,滋味醇厚回甘,汤色清澈橙红,叶底黄亮肥厚柔软,叶缘朱砂红边,即"三红七绿";武夷岩茶外形条索粗壮紧实,色砂绿带蜜黄,鲜润光泽,泛"宝色",汤色橙黄显金圈,叶底肥厚、柔软、透明,绿蒂黄底边镶红,花果香郁高长,滋味浓醇甘爽,饮后有"味轻醍醐,香薄兰芷"之感。这些为岩茶所独具的香味丽质以"岩韵"概括之。誉称"臻山川精英秀气所钟,品具岩骨花香之胜"的"岩韵"唯武夷茶所仅有。如武夷水仙外形肥壮,色泽绿褐油润带宝色,部分叶背呈现

砂粒,叶基主脉宽扁明显,香浓锐,具特有的"兰花香",味浓醇厚,喉韵明显,回甘清爽,汤色深,橙红耐泡,叶底软亮;武夷肉桂条索匀整、壮结、色泽褐绿、油润有光,部分叶背有青蛙皮状小白点,桂皮香明显,佳者带乳味,久泡犹存,冲泡四五次仍有余香,入口醇厚回甘,咽后齿颊留香,汤色橙黄清澈,叶底黄亮,红点鲜明,呈绿叶红镶边状。

闽北乌龙茶主要以武夷山市的武夷岩茶为代表。

武夷岩茶制造方法独特,工艺精巧,兼有红、绿茶制造原理的精华。在制作过程中既精选适制的茶树品种,严格的采摘标准,又运用了精湛细致的焙制技术。武夷岩茶传统手工制法多达十三道工序,现除极品名茶仍采用传统制法外,大宗产品均采用机械化生产。在制作工序上可分为:萎凋(晒青)、做青、杀青、揉捻、烘焙五道工序。

闽北乌龙茶鲜叶采摘标准:鲜叶采摘较粗老,一般标准是叶梢生育成熟形成驻芽时,采3～4叶,俗称开面采。由于老嫩程度不同,开面又可分为"小开面"、"中开面"、"大开面"三种。闽北乌龙茶一般应掌握在中开面开采,采中开面至大开面。但肉桂宜适度嫩采,掌握中开面至小开面开采,不宜"大开面"采。

① 萎凋

萎凋是形成香味的基础,萎凋中变化最显著的是水分的丧失,鲜叶生机的减退,同时促进鲜叶内含生化成分的变化。相对闽南乌龙茶而言,闽北乌龙茶萎凋程度较重,减重率一般掌握在12%～15%。武夷岩茶采用日光萎凋(晒青),当日光斜照,用竹制水筛(或竹席)置于室外,将鲜叶均匀薄摊在水筛上,使鲜叶均衡失水。青气消退,叶质稍软,顶二叶下垂,叶表失去光泽为适度。肉桂晒青一般20～30分钟,翻青1～2次,以失水率达10%～13%为宜。阳光强度太大时,可采用两晒两晾方法,以利均匀萎凋,避免晒伤。萎凋后将茶青移入室内晾青,时间0.5～1小时,让梗中水分及内含物质运送并扩散到叶张,俗称"还阳"。阴雨天可采用加温萎凋,萎凋程度减重率与日光萎凋相同。

萎凋后的茶叶,经过0.5～1小时的晾青后,进入做青作业。

② 做青

闽北乌龙茶做青在室内进行,做青间温度保持在22℃～25℃,相对湿度要求在65%～85%,做青历时8～12小时。早春室温低于20℃时采用室内加温做青。闽北乌龙茶做青采用手工水筛摇青、摇青机摇青和综合做青机做青。

手工水筛摇青是武夷岩茶传统做青方法。它是将0.3～0.4千克鲜叶置于水筛(直径90厘米)中央,双手执筛摇动,使青叶全部滚动,旋而又转,转而又圆,呈半球形,青叶则向一个动力中心旋转,使其互碰、叶缘摩擦。手动摇青往往做青不足、不匀或为加快完成该过程,常常辅以"做手"(用双手收拢青叶,挤、合、轻拍),但对优良品种如水仙或名岩名丛等则采取"只摇不做"或"多摇少做"的原则。摇青时间与晾青厚度要根据品种、晒青程度和天气灵活掌握。同一品种,晒青重,则摇青时间短;晒青轻,则摇青时间长。气温低,湿度大,失水慢,叶内化学变化慢,应重摇、薄摊凉;而气温高,湿度小,失水快,叶内化学变化快,应轻摇、厚摊凉;气温高,湿度大,宜多次轻摇。

综合做青机做青,热风萎凋、摇青与晾青均在机内进行。该机由滚筒、通风管、风机、木炭炉、传动装置、机架等部分组成。滚筒直径920毫米或1200毫米。6CZ-92型综合做青机长2米,滚筒直径920毫米,由0.8毫米镀锌钢板卷制而成;筒壁均匀分布着圆孔,并开有进茶门;滚筒的右端面有一出茶门,可开启或关闭出茶门;筒体内壁有4条木质螺旋导叶板,滚筒反转时将筒内茶叶从出茶门推出;转速为16转/分。通风管长2米,直径260毫米,位于滚筒中央部位;通风管与鼓风机出口相连,鼓风机进风口与木炭炉相连,可以加温;通风管壁也布有小圆孔,用来输送冷、热风。电机通过蜗轮蜗杆和三角皮带减速带动滚筒旋转。机架由角钢焊制而成,架上装有托轮组,支撑滚筒。传动配用功率1.5千瓦,风机功率0.75千瓦,装叶量50～100千克。

摇青程度依不同品种"看青做青",晾青采用机内静置、间隔式吹风的方式进行。

在做青方式上,闽南制法具有"轻晒、重摇、摇次少、轻发酵"的技术特点,而闽北乌龙茶则具有"重晒、轻摇、摇次多、重发酵"的技术特点。具体表现在闽北乌龙茶做青具有摇青次数多(6～8次)、摇青历时短、摇青程度轻、晾青时间短的特点。闽北乌龙茶做青适度标准为叶脉透明,叶色黄绿,叶片柔软如绸,叶缘反卷形成汤匙状,叶缘朱砂红,达"三红七青",青气消失,散发出浓烈花香。青叶减重率大约为25%～28%,含水率约68%左右。闽北乌龙茶做青技术复杂,影响因素较多,应根据茶树品种、鲜叶嫩度、萎凋程度、气候条件等"看青做青"。如水仙、梅占等含水量较高,而且是易发酵品种,操作要"轻、细、多摇少做"或"只摇不做",特别是极品茶更应如此;肉桂品种含水量高,叶质肥厚,且较难发酵,宜"重晒、轻摇、摇次多、重发酵";对菜茶或水分较少的品种,可以"少摇、多做、厚堆"。

③ 炒青与揉捻

炒青是抑制酶的活性,停止酶促氧化作用;通过热化学作用,促进部分多酚类化合物受热加速自动氧化,散发青气,发展高沸点新的茶香。制作闽北乌龙茶的鲜叶较老,又经过萎凋和做青,含水量较少,叶质脆硬,宜高温快炒、少透多闷的方法。

手工炒青,初炒锅温180℃～220℃,每锅投叶量1千克左右,先闷后扬,少透多闷,一般炒青时间2～3分钟。炒青叶起锅后,趁热重揉20余下,抖松后再重揉20多下,再进行第二次复炒。复炒锅温160℃～180℃,主要是闷炒,以迅速提高叶温,增加青叶的可塑性。待叶温烫手,迅速起锅,趁热再揉,复揉1分钟。复揉后再制品含水量50%～55%。

机械炒青多采用110型杀青机,转筒温度260℃～280℃,投叶量15～20千克,炒青时间约5分钟左右,先闷后扬,多闷少扬,闷扬可通过排气扇调整。炒青叶下机后,趁热重揉。机揉采用40型、45型乌龙茶揉捻机,揉时6～10分钟,采用逐步加压、热揉重揉的原则。经初揉后进行复炒,复炒锅温200℃～240℃,闷炒约半分钟,起锅,复揉1分钟左右。炒揉后在制品含水量约50%～55%。

④ 烘焙

烘焙是闽北乌龙茶初制的最后工序。与闽南乌龙茶制作不同的是闽北乌龙茶在烘焙过程中包含了包揉整形技术,而低温慢焙是闽北乌龙茶固定其香味的重要工序。武夷岩茶的烘焙特点是"高温水焙"和"文火慢烤",形成岩茶特有的"火功香"。炒揉后的初焙称"走水焙",温度100℃～110℃,焙10～15分钟,约七八成干,筛去碎末,簸去黄片,拣去梗朴,摊凉6～10小时,俗称"凉索"。然后进行复焙,低温慢烤,火温75℃～85℃,时间1～2小时,足干后下焙。继续"吃火",亦称"炖火",温度控制在70℃～90℃,时间2～4小时,"吃火"后趁热装箱,从而形成武夷岩茶特有的"炭火香"。

(张方舟 林心炯)

4. 广东乌龙茶的制法

广东乌龙茶主产区是潮州、汕头地区。种植的主要品种有凤凰水仙、凤凰单丛、岭头单丛、黄棪、铁观音、茗花、奇兰等。著名产品有凤凰单丛、岭头单丛、石古坪乌龙茶、岭头奇兰、兴宁大叶奇兰等产品。凤凰单丛和岭头单丛以香高味浓耐泡著称。凤凰单丛产于潮州凤凰山,凤凰单丛是众多优异单株的总称,各个单株形态或品味各具特点,自成品系(株系),因而单株采收,单株制作,故称单丛。现今凤凰单丛有80多个品系(株系),有以叶片形态命名的,有以树的形态命名的,有以香气类似某种花香命名的,如黄枝香、桂花香、米兰香、芝兰香、茉莉香、玉米香、杏仁香、遢朴香、肉桂香、夜来香等所谓十大香型,即高香型类型。

凤凰单丛外形较挺直肥硕,色泽黄褐似鳝皮色,有天然优雅花香,滋味浓郁,甘醇,爽口,具特殊山韵蜜味,汤色清澈似茶油,叶底青蒂绿腹红镶边,耐冲耐泡。

制作工序上可分为:晒青、晾青、做青、杀青、揉捻、理条、烘焙、复焙提香八道工序。

鲜叶:要求一定的成熟度,一般以嫩梢全部开展,形成驻芽时,采摘中开面2～3叶嫩梢。采茶时,必须分批采摘,轻采轻放,避免捏伤,及时分品种收青,妥善贮运,保持青叶的新鲜、匀净、完整,并不受任何损伤。

① 晒青 在日光较弱,温度20℃～30℃时进行。晒青是将鲜叶均匀地摊放在水筛上,摊叶厚度

每筛 0.5 千克,尽量不使叶片重叠,力求晒得均匀。晒青时间的长短,依鲜叶的老嫩、含水量的多少、日光的强弱、温度的高低、摊叶的厚度和空气湿度大小而异。当叶面失去光泽,叶色转暗,顶叶萎软下垂,二叶叶缘微卷时,稍有香气,即可移入室内。广东乌龙茶晒青程度较重,晒青减重率 8%～15%,晒青叶含水量为 70% 左右为宜。

②晾青　晒青结束,两、三筛并一筛,移入室内,放在晾青架上。晾青的目的是散发热量,降低叶温,减慢水分蒸发,促进叶内水分重新分布。晾青时间 0.5～1 小时。

③做青　做青包括碰青或摇青与静置(晾青)两个反复交替进行的工序,是形成乌龙茶色、香、味的最关键过程,也是乌龙茶初制中最复杂、最细致的工序。凤凰单丛乌龙茶做青间温度以 22℃～26℃、相对湿度 70%～80% 做青品质最好,能形成高锐清纯持久的花蜜香。碰青和摇青应掌握先少后多、晾青的时间先短后长、摊叶的厚度先薄后厚的原则。摇青时间与晾青厚度要根据品种、鲜叶的老嫩、晒青程度(减重率的大小)和天气灵活掌握。做青次数 5～8 次。杀青前静置时间在 2～2.5 小时为宜。全程 14～16 小时。做青前期(1～3 摇):茶青叶态柔软,但含水量高。主要目的是促进"走水"和恢复茶青活力,并轻度损伤叶表细胞,增强细胞透性,为后期内含物的继续转化做准备。在操作上,要轻摇,晾青叶薄摊且疏松。做青中后期(4 摇后):做青叶含水量降低,膨压减少,细胞汁浓度增大,青叶柔韧,便于重摇,是有利于内含物深度转化的时机。做青后期的摇青时间较长、叶表细胞损伤程度较重,应根据青叶的含水量调整晾青叶摊放的厚度。

做青适度:叶片边缘达 2～3 成红,呈朱砂红,叶脉透明,叶色黄绿,叶片柔软如绸,叶形呈汤匙状,叶缘香气浓郁,含水量达 68% 左右。

④炒青　常用 90 型滚筒杀青机,投叶量 5～8 千克;筒体温度要 220℃～240℃。炒青以高温、快速、短时,多闷少透,透闷结合为原则。炒青叶含水量为 60% 时下机。如果原料较粗老,一般采用二炒二揉。其方法参照闽北乌龙茶的炒青与揉捻。

⑤揉捻　常用 45 型、40 型、35 型乌龙茶揉捻机,揉捻掌握适量、温揉、重揉、快揉的方法。揉捻 6～8 分钟,细胞破损率 35%～40%,下机后进入理条作业。

⑥理条　采用名优绿茶理条机,分两次理条。揉捻后进行第一次理条,锅温 70℃,投叶量每槽 0.1 千克左右,往复频率每分钟 130～140 次,理条 3～4 分钟,待茶条初步理直下机,摊凉后进入初烘焙作业;第二次理条锅温 60℃,投叶量每槽 0.15 千克左右,往复频率每分钟 110～120 次,理条 3～4 分钟,待茶条理直下机。

⑦烘焙　分三次进行。经初次理直下机摊凉后进入初烘焙作业,初烘焙温度 120℃～110℃,焙至 5～6 成干下机;摊凉回软后进行第二次理条,经过二次理条后再进行复烘,复烘焙温度 90℃～80℃,焙至八九成干下机摊凉;足火低温慢烤,60℃～50℃至足干。

⑧复焙提香

电热烘焙箱采用电热烘烤箱复焙。花香型用 50℃～60℃,焙 3～5 小时;清纯花香型用 60℃～70℃,焙 4～6 小时;浓香型用 80℃～100℃,焙 4～5 小时;摊凉后包装。

(张方舟)

5. 台湾乌龙茶的制法

台湾乌龙茶源自福建,相传在 16 世纪,福建乌龙茶的品种和制茶技术由福建安溪传入台湾省,开始生产乌龙茶。几个世纪以来,经过台湾茶人与福建在台茶人的共同努力,不断进行技术革新,应用新科技、新工艺改进产制技术,已逐渐演变而成台湾乌龙茶制法。台湾乌龙茶主要品种有:青心乌龙、金萱、翠玉、铁观音等。由于品种、生长的地域环境和加工工艺的不同,台湾乌龙茶产品品质特征亦不相同。

台湾乌龙茶按外形与发酵程度的轻重可分为:条形包种茶、半球形及球形包种茶和白毫乌龙茶。

条形包种茶:以文山包种茶为代表,产于台湾北部山区,邻近乌来风景区,以台北县坪林、石碇、新店产制的最佳。文山包种茶发酵程度最轻,约 8%～10%。以青心乌龙品种所制品质上乘,金萱、翠玉亦佳。其外形呈条索状,色泽翠绿有油光,汤色密绿、清澈、明亮,香气清雅,似花香,滋味甘醇、爽口,收敛性好,回甘性强。

半球形包种茶:以冻顶乌龙茶为代表,产于台湾中部山区,为南投县鹿谷乡的特产茶叶。半球形包种茶发酵程度较条形包种茶重,约15%~25%。其条索自然弯曲成半球形状,色泽墨绿鲜活有油光,汤色蜜黄或金黄、明亮,香气浓郁,有花果香,滋味醇厚甘润,有回韵,是香气与滋味并重的台湾乌龙茶。

球形包种茶:以木栅铁观音茶为代表,发酵程度与半球形包种茶相近或稍重,约25%~30%,与福建省安溪县铁观音的发酵程度相近。条卷曲、壮结、重实呈球状,色砂绿带鳝黄、显白霜,汤色橙黄或金黄,浓艳清澈,香气馥郁,兰花香持久,有音韵,味醇厚、滑爽、回韵强,是香气与滋味极佳的台湾特色乌龙茶。

白毫乌龙茶:白毫乌龙茶又称东方美人、香槟乌龙、膨风乌龙,产于新竹县与苗栗县。采自受茶小绿叶蝉为害的幼嫩一芽一、二叶,经手工制作而成。膨风乌龙在乌龙茶家族中发酵最重,约50%~60%。其外形枝叶连理,白毫显露,故又称白毫乌龙茶。白毫乌龙茶白、黄、褐、红相间,犹如朵花,汤色呈琥珀色,鲜艳明亮,蜂蜜型或熟果香型,甜香明显且浓长,滋味甘甜、鲜爽、醇厚,为台湾乌龙茶之精品。

鲜叶标准:

条形包种茶与半球形、球形包种茶鲜叶均采摘一芽二、三叶和小开面幼嫩二、三叶为原料,而白毫乌龙茶鲜叶需采自受茶小绿叶蝉为害的幼嫩一芽一、二叶。采茶时,必须轻采、轻放,避免捏伤;及时收青、妥善贮运,保持青叶的新鲜、匀净、完整,并不受任何损伤。

台湾乌龙茶加工工艺以半球形包种茶为例,其制作工序上可分为:摊青、萎凋、室内萎凋与搅拌、炒青、揉捻、初干、团揉造型、再干等八个工序。

① 摊青 鲜叶进厂后,按不同品种、嫩度和采摘时间分堆摊放,并均匀地摊放在竹笠内(直径1000毫米),每笠摊叶0.75~1千克。亦可摊放在室内铺有晒青布清洁的水泥地面上,露水青、雨水青或含水量高的鲜叶,宜薄摊;中午或下午采回的鲜叶,已失去部份水分,宜厚摊;晚青宜及时薄摊。摊青的目的是散发热量,降低叶温,保持鲜叶的新鲜度,控制水分蒸发的速度。

② 萎凋 在日光条件下,采用遮阳网全天候晒青。日光萎凋是将鲜叶均匀地摊放在白色的晒青布上,晒青布6×6平方米,摊叶厚度每平方米0.5~1.0千克,晒青过程轻翻2~3次,保证晒匀。翻叶时,将晒青布四角提起,让青叶集中于晒青布中央,再将青叶均匀摊开。当叶面失去光泽,叶色转暗,顶叶萎软下垂,第二叶叶缘微卷时,即可移入室内。晒青时间与晒青程度的掌握,必须依据季节、气候、品种和鲜叶的含水量灵活掌握。叶质肥厚、壮梗、含水量高或表皮层厚的品种,如铁观音品种晒青宜重,减重率为10%~12%;而青心乌龙、金萱、翠玉等叶张较薄、细梗,含水量低的品种晒青宜轻,减重率为6%~8%。春茶气温低,雨水多,鲜叶含水量高,日光强度弱,晒青时间要长;夏、暑茶鲜叶进厂时已散失部分水分,含水量低,可以不晒或以晾代晒;秋季天高气爽,湿度低,鲜叶水分蒸发快,晒青时间宜短,减重率宜少。

日光萎凋对乌龙茶品质影响关系很大,是下一工序的基础,是决定搅拌时间和室内萎凋的技术指标。萎凋程度不足,室内萎凋和搅拌时间长;反之则时间短。

③ 室内萎凋与搅拌 将萎凋适度的青叶移至室内进行摊凉,降低叶温,促进青叶梗叶水分的平衡。台式乌龙茶做青间温度保持在20℃~25℃,相对湿度要求在65%~80%,做青历时8~12小时。台式乌龙茶由于鲜叶原料幼嫩,叶表皮、角质层较薄,为保护嫩梢和青叶叶脉的完整性,避免青叶特别是嫩梢受到太重的摩擦,使酶促氧化作用过速,因而前2次或3次采用搅拌,以搅拌代替闽式乌龙茶的摇青。搅拌采用翻拌青叶数个来回或轻轻拍青(俗称做手),也可采用机械轻微振荡青叶。搅拌时间随着搅拌次数由少到多,搅拌的力度也随搅拌次数增多而逐渐增大。搅拌适宜程度应根据不同品种,视青叶叶色、叶相、香气变化、发酵变化程度和气候等因素灵活掌握,即"看青做青,看天做青"。同一品种,如果萎凋重,则搅拌时间宜短;萎凋轻,则搅拌时间宜长。气温低,湿度大,失水慢,叶内化学变化慢,搅拌时间宜长些,搅拌后宜薄摊凉;而气温高,湿度小,失

水快,叶内化学变化快,搅拌时间宜短些、厚摊凉。随着做青水分的散失,青叶柔软性、韧性的增强,第3～4次搅拌采用摇青机摇青,摇青机转速采用无级变速(每分钟1～25转)装备,根据不同品种和做青叶的发酵程度灵活掌握摇青机转速和摇青时间,一般转速采用每分钟1～3转。台式乌龙茶摇青次数多为3～4次,每次搅拌的间隔时间约1.5～3小时左右。摊凉时间由短到长,搅拌时间由少到多,摊叶厚度由薄到厚。同一品种,条形包种茶搅拌时间较半球形包种茶短,即发酵程度轻。

萎凋、室内萎凋与搅拌两个工序是台湾乌龙茶品质形成的关键。

④炒青　通过高温炒青,以固定前工序所形成的品质,并使叶质柔软便于揉捻。台式乌龙茶常用90型燃气炒青机。由于台茶原料幼嫩,含水量较闽式乌龙茶高,炒青以高温(260℃～280℃)短时、投叶量少(3千克左右)、少闷多透、透闷结合为原则。待茶叶含水量为58%左右下机,并立即用电风扇散发其水汽与热量,以免茶叶闷黄。

⑤揉捻　炒青叶以轻压、逐步加压和短时为原则,历时6分钟左右,至茶汁外溢,初步成形,即可下机,并及时上烘。揉捻机为望月式揉捻机。

⑥初干　多采用燃油式自动烘干机和手拉式液化气烘干机,初烘温度120℃左右,烘至七成干,茶叶稍有刺手即可下机。初干叶下机后,立即用电风扇将其吹凉,称重分堆,并分别摊放在竹笠上数小时,回润,促进梗叶水分平衡,以便团揉造型。

⑦团揉造型　台式乌龙茶造型机具有:速包机、松包机、球茶机和炒干机。团揉造型全程10～12小时。

初烘叶经摊凉,梗叶水分平衡回软后,前期采用"速包、松包"作业,反复进行多次。待茶叶微卷成团,进入"速包、球茶、松包"作业,反复进行4～5次。中期进入炒热→"速包、松包"作业,"速包、松包"反复进行4～5次,待茶叶温度降至常温后,重复"速包、球茶、松包"作业4～5次,静包定型。在整个造型过程中,炒热需进行4～6次。定型时间逐次增加,第一次0.5小时,最后一次定型2小时左右。

炒热采用燃气炒干机,其导热方式为金属导热为主,动态着热,是利用炒干机转筒温度的高低与炒制时间,控制在制品的温度与含水量。炒热温度控制得当,炒制时间短,茶叶含水量容易控制,叶绿素破坏少,茶叶柔软,可塑性强,成型率高,碎末少。炒热温度控制范围250℃～180℃,前期以散发水分为主,温度宜高,并及时排湿散热;当茶叶含水量降至25%左右时,茶叶弹性减弱,黏性增强,造型效果明显。为增加包揉次数,有利造型,避免茶叶含水量过低,以预热茶叶为主,温度宜低,炒热时间应逐渐缩短。

速包是将初烘叶放入1.5米×1.5米包揉布中,再将茶包放置在速包机工作盘上,利用机械扭力快速紧缩成南瓜状的茶包,使茶叶卷曲。

松包是将南瓜状的茶包倒入松包机,茶团在滚筒里滚转、翻抛作用下而松散。刚炒热的造型叶,叶温较高(50℃～62℃),应迅速松包,避免闷黄;经多次速包、松包后,叶温降至37℃左右,再进行速包、团揉。

球茶是将紧缩成南瓜状的茶包1～3个置于球茶机上、下揉盘间,适当加压(前期轻压,中期重压,后期轻压),开动机器,使茶球在上、下揉盘间滚动,在棱骨和立柱作用下,茶团受到搓揉挤压,使茶条卷紧,完成球茶作业。团揉时间5～8分钟左右。

炒热、速包、团揉、静包定型等过程是台式乌龙茶造型工序,也是台式乌龙茶色香味进一步发展的过程。其造型时间长,在热化学作用下,使多酚类化合物、氨基酸、多糖及其他物质相互作用加剧,促进醛、醇及其他芳香物质的生成。同时对有青臭气、苦味的儿茶酚、醇、醛发生同分异构作用,使苦味消失,滋味鲜爽。

团揉造型工序约需10～12小时。

⑧再干　采用燃油式自动烘干机或燃气式手拉烘干机,风温90℃～100℃,摊叶厚度1～2厘米,烘至足干。台式乌龙茶重视"火功",即"焙火"。花果香明显、滋味醇爽的台式乌龙茶焙火,采用低温短时的方法,焙去表面水,保留茶叶固有品质,便于贮藏。而对于中低档的台式乌龙茶焙火,采用低温慢烤的方法,烘烤温度变化,"焙火"时间长,利用热化学作用,去除青气,发扬茶香,去除苦涩味。"焙火"作业多采用茶叶烘焙箱进行。

(张方舟)

（四）白茶制造工艺

白茶是我国特产，主产于福建省福鼎、政和、建阳、松溪。唐、宋时已有关于白茶的记述，所谓"茶贵白"就是认为茶色白者是品质上乘的象征。干茶表面密布白色茸毫，叶背色泽银白，叶面灰绿的白茶，其品质特征的形成，一是采摘多毫的幼嫩芽叶制成，二是制法上采取不炒不揉的晾晒烘干工艺，具有独特的保健功效。目前白茶依照采摘标准不同，分为白毫银针、白牡丹、贡眉和寿眉。采自大白茶或水仙品种嫩梢的肥壮芽头制成的成品称"银针"。采自大白茶或水仙品种嫩梢的一芽一、二叶制成的成品称"白牡丹"或"水仙白"。采自菜茶群体种的芽叶制成的成品称"贡眉"。由制"银针"时采下的嫩梢经"抽针"后，剩下的叶片制成的成品称"寿眉"。

白毫银针外形肥壮、白毫披覆、色泽银亮，香气清鲜毫味浓，滋味鲜爽微甜，汤色浅杏黄、明亮。产地不同，品质略有差异：福鼎银针银白色，滋味清鲜；政和银针银灰色，滋味鲜爽浓厚。

白牡丹叶张灰绿或暗绿，叶背白毫银亮，毫心肥壮，叶张肥嫩、波纹隆起，叶缘微向叶背垂卷，芽叶连枝，叶片抱心呈花朵形；毫香显、味鲜醇，不带青气和苦涩味，汤色杏黄、清澈明亮，叶底浅灰，绿面白底，叶脉微红。

贡眉采自菜茶群体种的芽叶制成，其外形叶张小，毫心也小，叶色灰绿带黄，形似眉毛。高级贡眉微呈银白色，品质次于白牡丹。

寿眉不带毫芽，叶色灰绿带黄，香低带青气，味清淡，汤色杏绿色，叶底黄绿粗杂。

1. 白毫银针的制造

白毫银针制造程序为：茶芽→萎凋→烘焙→筛拣→复火→装箱。其制造工艺分述如下。

（1）适制品种

适制白毫银针的为芽头肥壮、白毫显露的茶树品种，有福鼎大白茶、福鼎大毫茶、福安大白茶、政和大白茶和福云品系等。

（2）鲜叶标准

白毫银针制造以春季萌发的芽头品质为佳，当芽叶初展时采摘（也有从新梢上只采下茶芽的），然后再行"抽针"：即将芽叶、鳞片掰下，茶芽供制银针，叶片并入白牡丹原料或供制红、绿茶。白毫银针以首轮顶芽肥壮、白毫显露为佳；如果一、二叶开展时采，则芽较瘦、梗长，茸毛稀，芽面露出，色泽泛绿，质量欠佳。夏茶芽小，欠肥壮，所以不适宜采制白毫银针。春茶采后台刈的茶树，秋梢肥壮，是生产白毫银针的好原料，而且生产气候条件好，品质并不逊于春茶。

（3）制造工艺

白毫银针初制工艺，因产地、品种不同，略有区别：

① 福鼎制法　将福鼎大白茶或福鼎大毫茶的茶芽均匀薄摊在水筛上（一种具有大孔眼的大竹筛，直径约100厘米，每孔约为1.4厘米见方，篾条宽1厘米左右），勿使茶芽重叠，每筛摊叶约0.25千克。摊后即置架上自然萎凋或微弱日光轻晒，勿加翻动，以免茶芽受机械损伤变红。晴爽天气，晒一天达八九成干，再用焙笼烘焙，焙心上垫一层白纸，每笼放茶芽0.125千克，火温掌握30℃～40℃。如火温太高，摊芽厚，则芽色焦红，香气不纯。如火力不足，芽色容易变黑，火候太过则芽色变黄而欠白。如遇天气潮湿，日晒一天只能达到六七成干时，第二天应继续晒至八九成干后焙干。如遇雨天，当天自然萎凋不到六七成干，或当天只晒到六七成干而第二天遇到雨天时，则当晚或第二天应即用40℃～50℃文火焙干。风大而天气干燥时，可于室内自然萎凋至减重30%左右，再用文火慢焙至干。

② 政和制法　将政和大白茶或福安大白茶的茶芽摊在通风阴处或微弱日光下萎凋至七八成干，再放在烈日下晒至全干，历时约两三天，中途遇雨则须烘焙。也有采取先晒后风干的，一般多于午前日光不强时晒2～3小时，再移至阴处风干。

白毫银针以北风晴天（空气相对湿度低）采制的芽白梗绿，品质好；南风天空气湿度大和雨天采制的色暗梗黑，品质低。

白毫银针精制工艺简单，一般用六号或七号筛分筛，筛面为正品，筛下为次品。筛后拣去叶片和杂质，并将茶梗（俗称"银针脚"）摘掉。再用文火焙10余分钟,焙至含水量 3% 左右,趁热装箱。一般每千克芽叶(一芽一叶)可"抽针"即茶芽 0.6 千克,单叶约 0.4 千克。每 7～8 千克芽叶可制成银针成品 1 千克。

(庄　任、张方舟)

2. 白牡丹、贡眉的制造

白牡丹是指用一芽一、二叶大白茶原料制成的白茶;采自菜茶群体的芽叶制成的白茶称贡眉;由制"银针"时采下的嫩梢经"抽针"后,剩下的叶片制成的白茶称"寿眉"。

白牡丹与贡眉的区别在于其原料采自不同的茶树品种,两者的采制工艺基本相同,其制造程序为:鲜叶→萎凋→烘焙(或阴干)→拣剔(或筛拣)→复火→装箱。其制造方法分述如下。

(1) 鲜叶标准

白牡丹鲜叶原料为大白茶品种茶树的一芽二叶嫩梢,要求"三白",即芽白和第一、二叶背具有浓密的白色茸毛。芽与叶的长度基本相等,芽的长度不宜短于叶的长度,以采自春茶第一轮嫩梢者品质为佳。传统贡眉采自菜茶有性群体的一芽二叶嫩梢,现在菜茶原料较少,也多用等级差的大白茶生产。

(2) 初制工艺

白牡丹、贡眉初制工艺有下列几种:

① 自然萎凋制法(以贡眉为例)　鲜叶采回后,用水筛每筛放鲜叶 0.3 千克左右,两手持筛加以转动,使芽叶均匀薄摊于筛上,以不重叠为度,俗称"开青"或"开筛"。摊好后置于通风良好的萎凋室内的晾青架上,勿加翻动,萎凋 35～45 小时,至芽叶毫色发白,叶色由浅转深,部分叶张贴着筛上,称为"贴筛",叶尖翘起,俗称"翘尾",叶缘略显垂卷,叶面出现波纹,青气消失,即可两筛并为一筛(这种处理,一是因为叶子萎缩,已不能铺满筛面,容易引起叶缘干枯;二是防止叶子贴筛,阻碍萎凋失水;三是防止叶张干燥后形成平板状的摊张),继续萎凋至含水量为 22%,俗称"八成干",再将两筛并为一筛,继续萎凋 10 余小时,至含水量为 13% 左右,俗称"九五干",即成萎凋适度的毛茶。上述全萎凋的毛茶品质最好。萎凋历时因气温及相对湿度而异,因此上述历时只能供作参考,应依据萎凋叶的变化情况灵活掌握。

据实践经验,室内萎凋总历时宜在 48～72 小时之间。如中途气候发生变化,阴而寒冷,萎凋程度到八成干时可下筛摊堆。萎凋程度轻的可堆厚些,萎凋程度重的可摊薄些。如只萎凋到六七成干,应分两次焙干,初焙焙笼温度要高(100℃),焙至八九成干后进行摊凉,复焙用低温(80℃)焙干。如果萎凋历时过短(24 小时以内),萎凋程度过轻,萎凋叶失水率在 40% 以下即行焙制的,成品色泽燥绿渐转黄绿,香味青涩,不符合白茶的品质要求。如萎凋程度未到而过分延长萎凋时间达 72 小时以上的,成品色泽暗黑,香味低次,甚至有霉味。

② 复式萎凋　白牡丹和贡眉的初制也可采用日光萎凋和室内自然萎凋相结合的复式萎凋进行,其优点是可以缩短萎凋历时和提高茶汤醇度。日晒只能在春季早晚日光不强时,历时 20～25 分钟,勿超过 30 分钟。日晒后即移入室内自然萎凋,视情况可反复进行 2～4 次,移入室内萎凋至适度。复式萎凋品质难于掌握,一般不用。

③ 加温萎凋(以白牡丹为例)　采用向萎凋室吹送热风,进行萎凋作业,室温掌握在 28℃～30℃,相对湿度掌握在 65%～70%,历时 35 小时左右,鲜叶含水量减到 25% 左右。这时叶色碧绿,叶尖翘起,叶缘垂卷,握叶有刺手感,即应及时下筛,堆积 3～4 小时,该叶片主脉变成红棕色,叶色转为暗绿,青气消失,发出鲜爽的甜香,再用干燥机低温(80℃左右)焙干,历时约 25 分钟。切忌高温烘干,高温将使洁白茸毛色泽变黄。这种向室内吹热风萎凋,掌握得当,制出的白牡丹成品,能够保持传统风格,品质不亚于自然萎凋的成品,而萎凋历时大大缩短,且不受气候影响。

白茶产区在春季遇到阴雨寒冷天气时,有的利用地下装设的管道,烧煤使地面发热,将室内温度提高到 28℃～30℃(勿超过 32℃),相对湿度 65%～70%(不可过高,也不要低于 50%),萎凋 34～38 小时,至含水量为 14%～16%,下筛初焙经摊凉筛拣后,再用低温复焙至干。

(3) 精制工艺

白茶精制主要是拣去杂物,焙发香气和利于储藏。焙制过程要尽量保持芽叶连枝。白牡丹和贡眉

等高级产品多用手工拣剔,其精制程序为:

毛茶 → 拣剔 ⟨ 正茶 → 匀堆 → 烘焙 → 装箱
片梗 → 归副茶处理

拣剔去梗过程中,带有叶张的梗不宜摘下,应保持原来枝叶相连的特征。光梗尾部带有毫心,而不带叶张的,其毫心部分则应摘下,拣去光梗。

中、低级产品,应经平圆筛分筛。筛网配置为每英寸 2.5 孔和 3.1 孔,三口出茶,分别进行拣剔,正茶为半成品,均匀后焙干装箱。茶片经过平圆,风选,拣剔后拼堆成箱。如为粗大片,则还要经过打片机打片后,通过 4.5 孔筛捞筛,筛面为粗片,筛下为细片,均为半成品。

半成品拼堆后,用烘干机复火,进口温度120℃～130℃,摊叶厚约 2 厘米,焙至含水量 5％左右,大约历时 15 分钟。火候掌握,高级茶稍轻,做到以火候衬托茶香并保持毫香明显,低级茶火候要做到以火香助茶香,烘干后应趁热装箱以防芽叶断碎。装箱操作要轻,逐层摇实,加压要轻,用力要匀。

(庄　任　张方舟)

3. 新白茶的制造

新白茶即新工艺白茶,系福鼎市的白茶产品,1968 年由福鼎白琳茶厂研制生产。其采制方法与传统白茶中的贡眉基本相同,主要区别在于适度轻萎凋后经过堆积、轻揉再行焙干。新白茶属于白茶中的中、低档产品,内质与传统中、低档贡眉风格相似。外形卷缩,稍带褶条,香清味浓,汤色橙红,味甘和、稍浓,似闽北乌龙茶的"馥郁";叶底青灰或深灰带黄,叶脉带红或红褐色。

(1) 鲜叶标准

1968 年福鼎白琳茶厂研制新白茶采用菜茶群体种的芽叶制成,鲜叶原料嫩度较贡眉为低。近些年来大多采用福鼎大白茶、福鼎大毫茶等茶树品种的一芽二、三叶,驻芽二、三叶,单片等生产,与低档贡眉、寿眉原料相同。

(2) 初制工艺

新白茶初制程序为:鲜叶→萎凋→堆积→揉捻→烘焙。

① 萎凋　新白茶的萎凋可采用自然萎凋或萎凋室热风萎凋,也可用萎凋槽萎凋。

在正常天气下,一般采取自然萎凋。鲜叶在水筛上萎凋至叶张萎缩贴筛,手握绵软而有弹性,放开后会自然松散,叶色由翠绿转为灰绿,茸毛显现白色,叶缘微卷,青臭气减退,露出甜醇香气,即为适度。历时 24～36 小时,萎凋叶含水量为 25％～30％。但不可萎凋过度,以防揉捻时叶张破碎。

采用室内加温萎凋,春茶萎凋室内温度控制比室外高 8℃～10℃,萎凋历时 18～24 小时,适用于阴雨天气。

用萎凋槽加温萎调时,温度控制在 24℃～36℃,鲜叶堆厚 8 厘米左右,每隔 30～60 分钟翻动一次,历时 12 小时,萎凋质量较次,一般不用。

萎凋历时还视天气和原料嫩度而定,闷热天历时要长些,干燥天气可短些,春茶嫩度好,叶肥厚要长些,夏、秋茶嫩度低,叶张薄可短些。

② 堆积　萎凋适度后应即下筛平铺于干净的地板上,厚 20～30 厘米左右,视气温及空气湿度而异,不要压实。堆积场所要求空气流通,叶堆温度掌握比室温高 2℃～4℃,历时 2～4 小时,以叶茎叶脉转为红褐色,叶张色泽由浅灰绿转为深灰绿或褐色,青臭气消失,甜香显现为适度。

③ 揉捻　堆积适度的叶子置揉捻机中,不加压松揉 10 分钟左右,使叶张略呈卷缩,部分茶汁挤出。如果历时过长,茶汁挤揉出过多,则成茶色泽暗黑,香味有酵感。如果揉时过短,成品叶张摊平,色泽也较浅,均不适宜。

④ 烘焙　用干燥机以 100℃～130℃温度一次烘干,含水量掌握在 10％左右,贮藏一段时间后再付精制。

(3) 精制工艺

新白茶精制程序为:毛茶→分筛→风选→拣剔→半成品合堆→复焙→装箱。具体做法与其他白茶花色类同。

(庄　任　张方舟)

（五）黄茶制造工艺

黄茶按鲜叶老嫩分黄小茶和黄大茶两种。君山银针、蒙顶黄芽、霍山黄芽、北港毛尖、鹿苑毛尖、平阳黄汤、沩山白毛尖、皖西黄小茶等属黄小茶；皖西黄大茶、广东大叶青属黄大茶。

黄茶的品质特点是黄色黄汤，而黄茶的制法特点主要是闷黄过程。黄茶类与绿茶类、黑茶类一样，在制造工艺中有一个共同的特点，即鲜叶采摘后，经适当的摊放贮青后，用高温杀青，彻底破坏酶的活性，其后多酚类化合物的氧化，则是由于湿热作用引起的非酶性自动氧化作用所致，并产生一些有色物质。同时茶叶内其他化学物质也产生一些相应的变化。在干燥前，黄茶与绿茶、黑茶制造的工艺条件不同，湿热作用的程度各异，多酚类化合物氧化的深度和广度也不同。绿茶类变化程度轻，黑茶类变化程度重，黄茶类则介于二者之间。从这个角度来看，黄茶是绿茶与黑茶之间的过渡性茶类。从干茶的色泽来看，即由绿→黄→黑褐，形成一个连续的色谱。目前划分黄茶、绿茶、黑茶，主要从制茶工艺和品质特点入手，尚无严格的理化指标。

1. 黄茶制造技术

黄茶类制造的典型工艺流程是：杀青→闷黄→干燥。揉捻不是黄茶必不可少的工艺过程。例如：君山银针、蒙顶黄芽就不揉捻，北港毛尖、鹿苑毛尖、霍山黄芽只在杀青后期在锅内轻揉，也没有独立的揉捻工序。黄大茶和大叶青因芽叶较大，通过揉捻塑造条索，以达到外形规格的要求，但其对色泽的变化、黄色黄汤的形成并没有直接的影响。至于广东大叶青在杀青之前进行适度的轻萎凋，其目的是使多酚类化合物轻度氧化以减轻茶汤涩味，同时还可促进蛋白质分解为氨基酸，淀粉转化为可溶性糖类，以及使青草气散失，这对形成大叶青"香气纯正，滋味浓醇回甜"的品质风味，具有明显的作用。轻萎凋是乌龙茶制造的第一道工序，在绿茶制造中也有用于减轻茶汤涩味的，因此轻萎凋也不是黄茶制造中必不可少的工艺过程，只是根据大叶种鲜叶原料的

特点，为提高大叶青质量而采取的重要技术措施。

下面就黄茶制造的三个基本工艺过程分别加以叙述。

（1）杀青

黄茶通过高温杀青，以破坏酶的活性，蒸发一部分水分，散发青草气，对香味的形成具有重要的作用。黄茶杀青应掌握"高温杀青，先高后低"的原则，以彻底破坏酶活性，防止产生红梗红叶和烟焦味。要杀透、杀匀，红梗红叶红汤不符合黄茶的质量要求。与同等嫩度的绿茶相比较，某些黄茶杀青投叶量偏多，锅温偏低，时间偏长。这就要求杀青时适当地少抛多闷，以迅速提高叶温，彻底破坏酶的活性。杀青过程中，由于叶子处于湿热条件下时间较长，叶色略黄，可见杀青过程已产生轻微的闷黄现象。至于杀青程度与绿茶无多大差异，某些黄茶在杀青后期，因结合滚炒轻揉做形，出锅时含水率则稍低一些。

黄茶揉捻可以采用热揉，在湿热条件下易揉捻成条，也不影响品质。同时，揉捻后叶温较高，有利于加速闷黄过程的进行。

（2）闷黄

是黄茶类制茶工艺的特点，是形成黄色黄汤品质特点的关键工序。从杀青开始至干燥结束，都可以为茶叶的黄变创造适当的湿热工艺条件。但作为一个制茶工序，有的在杀青后闷黄，如沩山白毛尖；有的在揉捻后闷黄，如北港毛尖、鹿苑毛尖、广东大叶青、温州黄汤；有的则在毛火后闷黄，如霍山黄芽、黄大茶。还有的闷炒交替进行，如蒙顶黄芽三闷三炒；有的则是烘闷结合，如君山银针二烘二闷；而温州黄汤第二次闷黄，采用了边烘边闷，故称为"闷烘"。

影响闷黄的因素主要有茶叶的含水量和叶温。含水量愈多，叶温愈高，则湿热条件下的黄变进程也愈快。

闷黄时理化变化速度较缓慢，不及黑茶渥堆剧烈，时间也较短，故叶温不会有明显上升。制茶车间的气温、闷黄的初始叶温、闷黄叶的保温条件，对叶温影响较大。为了控制黄变进程，通常要采取趁热闷黄，有时还要用烘、炒来提高叶温，必要时也可通

过翻堆散热来降低叶温。

闷黄过程要控制叶子含水率的变化，要防止水分的大量散失，尤其是湿坯堆闷要注意环境相对湿度和通风状况，必要时应盖上湿布以提高局部湿度和阻止空气流通。

闷黄时间长短与黄变要求、含水率、叶温密切相关。在湿坯闷黄的黄茶中，温州黄汤的闷黄时间最长（2～3天），而且最后还要进行闷烘，黄变程度较充分；北港毛尖的闷黄时间最短（30～40分钟），黄变程度不够重，因而常被误认为是绿茶，造成黄（茶）绿（茶）不分；沩山白毛尖、鹿苑毛尖、广东大叶青则介于上述两者之间，闷黄时间5～6小时左右。君山银针和蒙顶黄芽闷黄和烘炒交替进行，不仅制工精细，且闷黄是在不同含水率条件下分阶段进行的，前期黄变快，后期黄变慢，历时2～3天左右，属于典型的黄茶。霍山黄芽在初烘后摊放1～2天，黄变不甚明显，所以有人说霍山黄芽应属绿茶。近年来，新创制了霍山翠（绿）芽，成为名优茶中的一个新产品。这样黄芽、绿芽同出霍山，品质风格各异，可能就不会"黄绿不分"了。黄大茶堆闷时间长达5～7天之久，但由于堆闷时水分含量低（已达九成干），故黄变十分缓慢，其深黄显褐的色泽，主要是在高温拉老火过程中形成的。

（3）干燥

一般采用分次干燥。干燥方法有烘干和炒干两种。干燥时温度掌握比其他茶类偏低，且有先低后高之趋势。这实际上是使水分散失速度减慢，在湿热条件下，边干燥、边闷黄。沩山白毛尖的干燥技术与安化黑茶相似；霍山黄芽、皖西黄大茶的烘干温度先低后高，与六安瓜片的火功同出一辙。尤其是皖西黄大茶，拉足火过程温度高、时间长，色变现象十分显著，色泽由黄绿转变为黄褐，香气、滋味也发生明显变化，对其品质风味形成产生重要的作用。与闷黄相比，其黄变程度是有过之而无不及。

（詹罗九）

2. 黄茶制造过程的理化变化

黄茶与嫩度相当的其他茶类比较，其叶绿素总量比绿茶稍低，而叶绿素a、b之比值稍高。这除了嫩度因素外，与闷黄过程有关，可能是因为闷黄对叶绿素b的破坏程度比叶绿素a大。黄茶与绿茶中氨基酸含量差异不明显，组分以茶氨酸、谷氨酸最多，而与白茶相比，黄茶和绿茶的氨基酸总量明显偏少，这说明长时间萎凋有利于蛋白质水解为氨基酸，而闷黄对氨基酸总量影响不大。绿茶中多酚类化合物含量较黄茶高，这是因为闷黄中多酚类化合物自动氧化减少的缘故。黄茶中君山银针的多酚类化合物含量仅为12%，比蒙顶黄芽少2/3，只有霍山黄芽、鹿苑毛尖含量的一半，除鲜叶因素外，主要是由于闷黄程度较重所致。黄茶中茶黄素类和茶红素类物质含量分别为0.1%和4.1%左右，并不比绿茶高。

据研究，用嫩度相似的鲜叶，分别制成炒青绿茶、黄大茶和黑毛茶，其黄烷醇类物质含量是依次递减的。黑茶减少最多，绿茶最少，黄茶介于二者之间。各种儿茶素的减少趋势也大致相同。这就从化学变化的角度，进一步说明了黄茶是绿茶与黑茶之间的一个过渡性茶类。

下面以黄大茶为例，来说明黄茶制造过程的理化变化。

（1）叶绿素的变化

叶绿素是不稳定的化合物，在黄茶制造中受热化作用引起的氧化、裂解、置换等反应影响而遭到破坏，致使绿色物质减少，黄色物质更加显露出来，这是黄茶呈现黄色的主要原因。据测定，黄大茶在制造过程中，叶绿素总量中有60%受到破坏。杀青过程破坏最多，其次是堆闷、初烘过程，而拉毛火和拉足火过程破坏甚少。

（2）多酚类化合物的变化

多酚类化合物也是影响黄茶品质的一类主要物质，在炒制中发生了显著的变化而减少。其中，黄烷醇类的总量要减少3/5以上，这主要是因为含量最多的（一）-EGCG减少了近70%。尤其是堆闷工序中黄烷醇减少最多，几乎占减少总量的一半。各种儿茶素中，（一）-EGC减少最多，其次是（一）-EGCG。这种减少主要是在热化作用下较长时间的非酶促氧化所引起的。

黄烷醇类在炒制中氧化而大量减少，但水溶性多酚类化合物总量减少并不多。据测定，黄大茶中水溶性多酚类化合物含量,干毛茶与鲜叶相比,下降很少,这说明多酚类化合物在热作用下的非酶促氧化与酶促氧化性质不同。由于黄茶经过杀青,蛋白质凝固变性,与多酚类化合物氧化产物的结合能力减弱,不像红茶发酵那样,多酚类化合物的酶促氧化产物与氨基酸大量结合而沉淀。特别是在干热作用下,掌握适当温度,不仅能使香气发展到高峰,而且可使结合性的多酚类物质裂解,转化为可溶性多酚类化合物,同时发生异构化,使黄茶茶汤滋味浓醇。

黄茶中水溶性多酚类化合物含量与红茶、绿茶相比,低于绿茶而高于红茶。据测定,一级毛茶中,屯炒青、黄大茶、祁红的可氧化总量(TOM)是依次下降的。黄大茶的嫩度比屯炒青、祁红差,可氧化总量比屯炒青少是不难理解的,但比祁红多,这就说明黄茶的氧化程度不及红茶,而比绿茶要深。

黄茶中水溶性多酚类化合物虽然在制茶中保留较多,但滋味仍较醇和,这是因为一方面多酚类化合物氧化减少;另一方面由于热化作用,黄烷醇类发生异构化和热裂解,简单黄烷醇类增加所致。

(3)其他物质的变化

在黄茶炒制过程中,糖类和氨基酸含量都有显著变化。这些物质的转化,对黄茶香气、滋味起重要作用。淀粉随着炒制过程减少,其中一部分可能转化为可溶性糖。而可溶性糖总量也呈现出减少趋势,但氨基酸的含量明显增加。氨基酸既是茶汤滋味的重要组成部分,又是香气的一种先质。在热的作用下,糖与氨基酸结合形成糖胺化合物,参与茶叶芳香物质的组成。黄茶通过热化,挥发性醛类含量增加,构成黄茶香气的重要组分。在热作用下,低沸点的芳香物质挥发,使具有良好香气的芳香物质显露出来,也都是黄茶香气形成的原因。

3. 闷黄技术在制茶中的应用

明代闻龙《茶笺》在记述绿茶制造时说:"炒时,须一人从傍扇之,以祛湿热,否则色黄,香味俱减。扇者色翠,不扇色黄。炒起出铛时,置大瓮盘中,仍须急扇,令热气稍退……"这是制茶中色泽黄变现象的最早记载。同时,也对黄变的原因、防止黄变的措施、黄变对绿茶质量的影响作了正确的阐述。随着

制茶技术的发展,人们进一步发现,在湿热条件下引起的"黄变",如果掌握适当,也可以用来改善茶叶香味,因而导致了黄茶的发明。黄茶从绿茶演变而来,起源于明末清初。至于唐、宋时的"黄芽",则是因幼嫩芽叶的天然黄色而得名,两者是有区别的。

黄茶闷黄过程中的湿热条件和理化变化,在绿茶制造过程中也有发生,更不必说黑茶了。只是人们在生产实践中,采取种种措施,把黄变的条件和黄变的程度,控制在一定的限度范围内,以保持绿茶"绿色绿汤"的品质特点。与黄茶相同,绿茶制造过程中叶绿素破坏及多酚类化合物氧化也有发生,只是变化程度轻些。

由于制茶科学的发展和对闷黄技术研究的深入,人们已能正确应用闷黄技术来改善茶叶香味,提高茶叶质量。为了改善粗老茶和夏、秋茶的苦涩味,在绿茶制造中,对二青叶进行适当的堆积,以促进滋味醇和。为了改善窨制花茶原料——素坯的"茶口",采用高温蒸气和堆积处理,创造湿热黄变的条件,消除茶坯青气,也有利于花茶的花香和茶味的协调。这些都是制茶中成功地应用闷黄技术的实例。

(詹罗九)

(六)黑茶制造工艺

黑茶制造工艺分初制和压制两个部分。压制属紧压茶压制技术,在此不再叙述。这里只介绍湖南黑茶、湖北老青茶、四川边茶、广西六堡茶和云南普洱茶等几个主要黑茶的初制工艺。

1. 湖南黑茶制造

湖南黑茶原产于安化,现已扩大到益阳、桃江、宁乡、汉寿、临湘等地。黑毛茶鲜叶原料以新梢青梗为对象,不采一芽一、二叶。鲜叶原料一般分为四个级别:一级以一芽三、四叶为主,二级以一芽四、五叶为主,三级以一芽五、六叶为主,四级以对夹驻梢为主。

黑毛茶的制造工艺分杀青、初揉、渥堆、复揉、干燥五道工序。

(1)杀青

由于黑毛茶鲜叶原料粗老,含水率低,叶质硬

化,杀青时不容易杀透杀匀,所以在杀青前对鲜叶原料一般都要进行洒水处理。在湖南产区称洒水为"打浆"或"灌浆"。洒水量一般为鲜叶重量的10%左右。但也要根据鲜叶的老嫩程度和采茶季节灵活掌握,通常是嫩叶少洒,老叶多洒;春茶少洒,夏、秋茶多洒;雨水叶、露水叶、一级叶不洒。洒水的操作技术是边洒水,边翻拌,做到洒水均匀一致,叶面、叶背都要有水附着,以水不往下滴为度。

杀青方法分手工杀青和机械杀青两种。

手工杀青:为便于翻动和提高功效,手工杀青一般采用大铁锅进行,口径80~90厘米。在高70厘米的灶上倾斜安装,斜度为30度左右。杀青用的草把和特制的三叉状的炒茶叉必须备好。杀青锅温为280℃~320℃,每次投叶量为4~5千克。鲜叶下锅后,先用双手均匀快炒,炒至烫手时改用炒茶叉抖炒,俗称"亮叉"。当蒸汽大量出现时,则以右手持叉,左手握草把,将炒叶转滚闷炒,俗称"渥叉"。亮叉以散发水分,防止产生水闷气。渥叉使叶温升高,达到杀青匀透。如此渥叉与亮叉反复进行2~3次,每次8~10叉,达到杀青适度时,迅速用草把将杀青叶从锅中扫出。杀青时间4分钟左右。

机械杀青:黑毛茶产区大都采用CC50型或CS-184型锅式杀青机,当锅温达到杀青要求时,每锅投叶量8~10千克洒水叶。操作方法与绿茶杀青基本相同,不同的是"多闷少透"。鲜叶放入锅中后,即加盖闷炒,约2分钟去盖,透炒1~2分钟,然后再闷炒与透炒交叉进行,直至杀青适度。打开出茶门,杀青叶由炒手推动,自行卸出,立即停机,并清除锅内茶叶,防止产生焦烟气味。

杀青程度以叶色由青绿变为暗绿,青气基本消失,发出特殊清香,茎梗折而不断,叶片柔软,稍有黏性为度。

(2)初揉

初揉的作用主要在于破坏叶的细胞,使茶汁附于叶的表面,为进行下道工序创造条件,并使叶片初步成条。

杀青叶出锅后,立即趁热揉捻。热,有利于叶片卷折成条,塑造良好外形。如不趁热揉捻,水溶性的果胶物质就会随水和热的散失而凝固变性,黏度变小引起叶片变硬,不易揉破叶的细胞,也不易成条,并会产生大量碎片。

目前使用的揉捻机主要有55型和湘新式两种:前者为中型,投叶量20~25千克;后者为小型,投叶量5千克左右。中型揉捻机因投叶量多,可保持叶温,成条效果好,工作效率高,最好是初揉采用中型揉捻机,复揉采用小型揉捻机。

揉捻方法与一般红、绿茶揉捻相同,加压也要掌握"轻、重、轻"的原则,但以松压和轻压为主,即采用"轻压、短时、慢揉"的办法。如揉捻过程中加重压,时间长,转速快,则会使叶肉叶脉分离,形成"丝瓜瓢"状,茎梗表皮剥离,形成"脱皮梗"状,而且大部分叶片并不会因重压而折叠成条,对品质并不利。据试验,揉捻机转速以每分钟37转左右为好,加轻压或中压,时间15分钟左右。

揉捻程度以掌握较嫩叶卷成条状,粗老叶大部分折皱,小部分成"泥鳅"状,茶汁流出,叶色黄绿,不含扁片叶、碎片茶,丝瓜瓢茶和脱皮梗茶少,细胞破坏率15%~30%为度。

(3)渥堆

渥堆是黑茶制造中的特有工序,也是形成黑茶品质的关键性工序。经过这道特殊工序,使叶内的内含物质发生一系列复杂的化学变化,以形成黑茶特有的色、香、味。

渥堆要求有适宜的条件。渥堆场所要清洁,无异味,无日光直射,室温保持在25℃以上,相对湿度在85%左右。

渥堆要求操作过细。一、二级叶初揉后解散团块,堆在篾垫上,厚15~25厘米,上盖湿布,并加覆盖物,以保湿保温,促进化学变化。在渥堆进行中,应根据堆温变化情况,适时翻动1~2次。三、四级叶初揉后不需解块,立即堆积起来,堆成高100厘米、宽70厘米的长方形堆,并再加覆盖物。一般不翻动,但堆温如超过45℃,要翻动一次,以免烧坏茶坯。如初揉叶含水量低于60%,可浇少量清水或温水,每百千克茶坯喷水6千克左右,并要喷细、喷匀,以利渥堆。在渥堆过程中,为做到保温保湿,还要注意将茶堆适当筑紧。但不能筑紧过度,以防堆内缺氧,影响渥堆质量。渥堆时间,在正常情况下,春季

12~18 小时,夏、秋季 8~12 小时。

渥堆程度,以掌握茶堆表面出现由热气而凝结的水珠,叶色由暗绿变为黄褐,青气消除,发出酒糟气味,附在叶表面的茶汁被叶肉吸收,黏性减少,结块茶团一打即散为适度。渥堆不足的茶坯,叶色黄绿,有青气味,黏性大,茶团不易解散。渥堆过度的茶坯,摸之有泥滑感,有酸馊气味,用手搓揉时叶肉叶脉分离,形成丝瓜瓤状,叶色乌暗,汤色浑浊,香味淡薄。因此,渥堆过度茶叶不宜复揉,应单独处理,不与正常茶叶混合。

黑茶渥堆的实质,据湖南农业大学茶学系研究认为,是以微生物的活动为中心,通过系列化动力——胞外酶,物化动力——微生物热以及微生物自身代谢的协同作用,使茶叶内含物质发生极为复杂的变化,从而塑造了黑茶特征性的品质风格。

鲜叶上黏附的微生物如酵母菌(yeast)、霉菌(Mold)和细菌(bacteria)经过高温杀青,全部被杀死。渥堆 3 小时后,在培养基上微生物开始出现。渥堆中起主导作用的是假丝酵母菌(Candida),中后期以黑曲霉(Aspergillas niger)为主,有少量青霉(Pen icillium)和芽枝霉(Blastocladia)。渥堆初期还有大量的细菌参与,主要是无芽孢细菌(Nonspore bacteria)及少数的芽孢细菌(Beaillas)和金黄色的葡萄球菌(Staphy lococcas aueus)。这些化解营养型微生物,均以渥堆叶为基质,获取氨、碳等营养,利用杀青叶余温和本身释放的生物热作为能量进行合成与分解代谢,开始自身发育周期,同时分泌各种胞外酶,使茶叶中内含的各种化学成分进行酶促反应,形成黑茶特有的色香味品质。

黑茶初制中在杀青、揉捻、干燥的高温高湿条件下,以及渥堆期间微生物胞外酶系与湿热条件的交互作用下,pH 值环境改变了,叶绿素几乎全部降解为脱镁叶绿素和脱植基脱镁叶绿素,类胡萝卜素中的 β-胡萝卜素、叶黄素均有较多的降解。茶多酚在微生物胞外酶的多酚氧化酶的作用下,氧化聚合形成类似茶黄素、茶红素和茶褐素等物质。

残余的叶绿素、类胡萝卜素及其降解产物、儿茶素氧化产物等,再与未氧化的黄酮素、氨基酸和糖类的缩合产物综合反应,形成了黑茶黄褐的外形、叶底色泽和橙黄汤色特征。

鲜叶中固有的挥发性香气成分及各种香气先质,在强烈的湿热作用及微生物胞外酶作用下,发生转化、异构、降解、聚合、偶联等反应,形成了以萜烯醇类和酚类为主体的香气,并检出 11 种红茶、绿茶中尚未检出的香气成分,构成黑茶香气的主要成分。

渥堆工序中茶多酚、氨基酸、糖、生物碱等主要呈味物质,以微生物胞外酶及微生物热为主要动力,发生氧化、聚合、降解、转化异构等一系列的生化反应,复杂儿茶素大大降低、氨基酸和可溶性糖总量减少及种类间的配比发生改变,生物碱异构现象明显,有机酸增加,这些鲜、甜、酸、涩、苦、醇和物质通过消杀、变调、相乘、阻碍等作用,综合协调形成了黑茶醇和微涩的滋味。

关于渥堆化学变化的实质,目前尚未得出结论。据报道,关于渥堆的理论目前茶学界有酶促作用、微生物作用和湿热作用等三种学说。但一般认为在渥堆中起主要作用的是水热作用,同时也不否认微生物和酶的作用。水热作用的主要方面是茶坯水分。如茶坯含水量过低,堆温就不容易升高。实践证明,只要茶坯含水量控制适当,即使堆温稍有变化,对渥堆质量影响也不大;相反,如含水量控制不当,即使堆温掌握再好,也会影响渥堆质量。渥堆茶坯含水量以 60%~65% 为宜。过高茶坯容易渥烂;过低,渥堆进程缓慢,化学变化不充分。渥堆需要适宜的堆温,堆温以 30℃~40℃,不超过 45℃ 为宜。在渥堆过程中,堆温是逐步上升的,如开始为 30℃,24 小时后可升到 43℃。随着堆温的上升,化学变化加速进行,因而茶坯的色、香、味也发生明显的变化。当渥堆进行到 16~18 小时,堆温升到 36~38℃,叶色呈暗黄色,酒糟气味浓烈,黑茶品质特点已趋于完美。如再继续下去,品质就会向反面转化,产生酸馊气味。

经过渥堆,茶坯的色、香、味都有变化,这是由于内含物质化学变化的结果。鲜叶经过高温杀青,酶的活性已被破坏,但在水热作用下,茶多酚的非酶性氧化仍在进行,所以茶多酚逐渐减少,尤以渥堆过程减少最多。据湖南农学院资料:以鲜叶中茶多酚含量为 100,则杀青叶为 92.21%、揉捻叶为 92.12%、渥堆叶为80.18%、黑毛茶为78.28%。在渥堆过程中变化最明显的是叶色,由绿色变为黄褐色,这与叶绿素的破坏有密切关系。经杀青、揉捻、渥堆到干燥,叶绿素含量仅存14%左右。以鲜叶中叶绿素含量为100,则杀青为79.34%、揉捻叶为71.19%、起堆叶为35.86%。叶绿素大量减少的主要原因是,茶坯在水热作用下,叶绿素受高温高湿环境影响,易于裂解、脱镁转化,同时由于醇、醛类物质氧化产生酸,酸中的氢离子与叶绿素结构中的镁核发生取代作用,也在一定程度上使叶子失去绿色而变为黄褐色。另外一些色素如胡萝卜素(橙色)、叶黄素(橙黄色)、花黄素(黄色)和花青素等在初制过程中也发生一定的变化,对茶汤和叶底色泽各有不同程度的影响。茶叶色泽的变化,除受上述各种色素变化的影响外,还受茶多酚氧化产物茶黄素、茶红素和茶褐素的影响。此外,在渥堆过程中,氨基酸含量有所增加,糖类也有变化,茶多酚氧化的中间产物邻醌与氨基酸结合产生一种香味物质,这些都对黑毛茶香味产生良好影响。

(4)复揉

复揉的主要目的是使渥堆时回松的叶子进一步揉成条,并在初揉的基础上进一步破坏叶的细胞,以提高茶条的紧结度和香味的浓度。办法是将渥堆适度的茶坯解块后再上机复揉,揉法和初揉相同,但加压更轻些,时间更短些。以一、二级茶揉至条索紧卷,三级茶揉至"泥鳅"状茶条增多,四级茶揉至叶片折皱为适度。

(5)干燥

多采用烘焙法进行。烘焙仍用手工操作。在特砌的"七星灶"上用松柴明火烘焙。因此,黑茶带有特殊的松烟香味,俗称"松茶"。

七星灶由灶身、火门、七星孔和匀温坡及焙床五部分组成。焙床上铺焙帘,用以摊叶。烘焙时,须先将焙帘和匀温坡打扫干净,然后生火。松柴(不能用其他燃料)以横架方式摆在灶口处,然后点火燃烧,并保持火力均匀,借风力使火温透入七星孔内,循着匀温坡使火均匀地扩散到焙床的焙帘上。当焙帘温度达到70℃以上时,即可撒茶坯,厚度2～3厘米。茶坯烘至六七成干时,再撒第二层叶。照此办法,连

续撒到5～7层,总厚度为18～20厘米(焙框高度)。当最后一层茶坯烘到七八成干时,即退火翻焙。翻焙时,用特制的铁叉,把上层茶坯翻到底层,底层茶坯翻到上层,使上中下茶坯受热均等,干燥均匀。烘至茎梗折而易断,叶子手捏成末,嗅有锐鼻松香,含水量为8%～10%,即为干燥适度。全程烘焙时间3～4小时。

值得特别注意的是撒叶要过细、要撒匀、要撒满,不留空隙。焙头、焙中、焙尾的温度不同,焙头高,焙中稍低,焙尾最低。撒叶时,焙头应撒厚些,焙中稍薄,焙尾又稍薄,使干燥程度接近一致。各层叶的厚度也不应完全一样,第一层和最后一层应撒厚些,因为这两层叶先后都要直接接近焙帘;而中间各层经"松焙"后仍在中间,应适当撒薄些,使干燥均匀。

黑茶这种特有的烘焙法,与其他茶类不同,这种方法对黑茶品质的形成有一定作用。据试验,每层茶坯烘至六七成干时,叶温均在100℃以上,撒上湿坯后,叶温马上下降10℃～20℃,而且焙帘中间位置的叶温突升,甚至超过焙头的叶温。这种累加湿坯前后温度的几升几降,很有利于黑茶品质的形成。

（陆启清 施兆鹏）

2. 湖北老青茶制造

老青茶的主要产地在鄂南的蒲圻、咸宁、通山、崇阳、通城等县。老青茶分为三级,鲜叶采割标准按茎梗皮色分:一级茶(洒面茶)以白梗为主,稍带红梗,即嫩茎基部呈红色(俗称乌巅白梗红脚);二级茶(二面茶)以红梗为主,顶部稍带白梗;三级茶(里茶)为当年生红梗,不带麻梗。

老青茶制造工艺,面茶较精细,里茶较粗放。传统的手工制法是,面茶三炒、三揉(一揉、两捆仓)、一筛、两晒;里茶一炒、一揉、一晒。现已使用机械制造,面茶简化为两炒、两揉、两晒、一渥堆;里茶为一炒、一揉、一晒、一渥堆。

面茶的制造工序依次为:杀青、初揉、初晒、复炒、复揉、渥堆、晒干。里茶的制造工序依次为:杀青、揉捻、渥堆、晒干。

（1）杀青

一般使用 84 型双锅杀青机杀青，锅温 300℃～320℃，每锅投叶量 8～10 千克。投叶后加盖闷炒，约需 6～8 分钟，待青气消除，发出香气，叶色变为暗绿，叶质变得柔软，即可出茶。

杀青务必做到杀透杀匀，避免炒焦，以利揉捻。如杀青不透，揉捻时叶子会揉成丝瓜瓤状，并易产生脱皮梗。如杀青叶含水量过少，叶质干枯，揉捻时叶子易形成摊片，俗称"鸭脚板"，对品质都有影响。如鲜叶叶质粗硬或天气干燥时，叶子含水分较少，可适当洒些水分，再进行杀青。杀青完成后，出叶要迅速，防止烧焦，产生烟焦味。

（2）初揉

杀青叶必须趁热揉捻。因老青茶质地粗老，纤维素含量多，果胶质、蛋白质含量少，不趁热揉捻，热量和水分散失后，条索很难揉紧，叶片容易揉碎。揉捻方法一般都使用机械揉捻。目前使用揉捻机有 40 型和 55 型两种，40 型揉捻机每机可揉杀青叶 7～8 千克，55 型揉捻机每机可装杀青叶 20～25 千克。揉捻加压由轻到重，逐步加压。因为杀青是闷杀，又要热揉，叶表面附着一些水分，如果揉捻一开始就加重压，则叶子易互相贴紧，形成"死坨"，中间的叶子因翻动不便而不能卷成条形。具体加压办法是：小型揉机先轻压 1 分钟，再中压 2 分钟，后重压 4～5 分钟；中型揉机先轻压 1～2 分钟，再中压 2～3 分钟，后重压 5～6 分钟。初揉全程共需 8～12 分钟，以揉至叶片卷皱，初具条形为适度。

（3）初晒

初揉叶立即出晒，其作用是蒸发部分水分，使初揉形成的外形得以固定。晒茶坯，要注意清洁卫生，不能晒在泥地上，一定要晒在水泥场上或晒在垫上。在晒的过程中，要注意经常翻动。晒至茶条略感刺手，握之有爽手感，松手有弹性，即可收拢成堆，使叶间水分重新分布均匀，含水量约 35%～40%。

（4）复炒

复炒的目的是把初晒叶炒热、回软，以便复揉成条。复炒仍在杀青机中进行，但锅温较低，约 160℃～180℃。初晒叶下锅后即加盖闷炒，约 1.5～2 分钟，待盖缝冒出水汽，手握复炒叶柔软，立即出锅，趁热复揉。

（5）复揉

复揉的目的是使茶条进一步卷紧，揉出茶汁，以利渥堆。复揉仍在中、小型揉机中进行。复揉时间：小型揉机 2～3 分钟，中型揉机 4～5 分钟。加压仍由轻到重，但以重压为主。

（6）渥堆

渥堆的目的是使叶内多酚类化合物等物质在水热作用下继续发生化学变化，消除青气和涩味，形成汤色橙红而浓和滋味纯和的特有品质。

渥堆茶坯的含水量，洒面、二面要求为 26%，里茶要求为 36%。各级茶坯应分开渥堆，不能混合。渥堆一般进行两次，中间翻堆一次。具体做法是用铁耙将茶坯筑成长方形小堆，边缘部分更要踩紧踩实，以利保温，使茶堆温度上升，进行非酶性的自动氧化。约经 3～5 天，面茶堆温达到 50℃～55℃、堆顶布满红色水珠，叶色变为黄褐色；里茶堆温达到 60℃～65℃，堆顶满布猪肝色水珠，叶色变为猪肝色，茶梗变红，即为第一次渥堆适度。这时需要进行翻堆，用铁耙将茶堆扒开，打散团块，将边缘部分翻到中心，堆底部分翻到堆顶，重新筑堆，让茶叶继续进行非酶性的自动氧化。再经 3～4 天，待茶堆重新出现上述水珠和叶色，原有粗青气已消失，含水量接近 20% 左右，手握之有刺手感，即为渥堆适度，应及时翻堆出晒。

渥堆时间的长短，因茶坯含水量多少、茶堆大小和气温高低不同而有很大差异。为了正确掌握渥堆中的翻堆时间，必须勤加检查，做到三多：多看，看堆面水汽变化；多摸，用手插入堆内，试探堆温；多嗅，一般开始为水气味，逐步转变为青臭气味、酸气味，到后期发出香气时，即为渥堆适度。

（7）晒干

老青茶干燥，一般采用晒干法。为避免泥沙和其他夹杂物混入茶内，一律摊放在水泥场上或晒垫上晒干，切忌晒在泥地上。晒至梗折可断，干燥刺手，含水量 15% 左右即可。

值得注意的是在老青茶制作过程中，鲜叶和揉捻叶都不能堆放过久。堆放过久，会造成"渥青"、"渥坏"，成为"网筋叶"。揉好了的茶坯，遇到连阴雨,不能及时初晒,应将揉捻叶抖散堆积,压紧压实。如茶堆内发热,就及时翻动,散发热气后再堆紧。如此反复进行,直到天晴出晒。切不可将揉捻叶薄摊。因为这样做,会有利于黑霉菌的生长繁殖,使茶叶霉烂脱梗,叶面发黑,品质劣变。

（陆启清）

3. 南路边茶制造

南路边茶是四川生产的、专销藏族地区的一种紧压茶。过去分为毛尖、芽细、康砖、金玉、金仓六个花色,现在简化为康砖、金尖两个花色。过去主产于雅安、乐山两个地区,现已扩大到全省茶区。在雅安、宜宾、重庆、万县等茶场(厂)集中加工。

南路边茶原料粗老并包含一部分茶梗。因鲜叶加工方法不同,把毛茶分为两种:杀青后未经蒸揉而直接干燥的,称"毛庄茶"或叫金玉茶;杀青后经多次蒸揉和渥堆然后干燥的,称"做庄茶"。毛庄茶因制法简单,品质较差,已被淘汰。

南路边茶初制工艺较繁琐。做庄茶传统做法最多的要经过一炒、三蒸、三踩、四堆、四晒、二拣、一筛共18道工序,最少的也要经14道工序。20世纪60年代以来,经过不断改进,新工艺已简化为8道工序。现将做庄茶的传统工艺和新工艺作分别叙述。

(1) 做庄茶的传统工艺

做庄茶的制造工序依次为:杀青、初堆、初晒、初蒸、初踩、二堆、初拣、二晒、二蒸、二踩、三堆、复拣、三晒、筛分、三蒸、三踩、四堆、四晒。

① 杀青 传统杀青法是用直径93厘米的大号锅杀青,每次投叶量15～20千克,投叶前锅温约300℃,方法是先闷炒,后翻炒,翻闷结合,以闷为主。时间10分钟左右,鲜叶减重约10%。现在一般使用川-90型杀青机杀青,锅温240～260℃,投叶量20～25千克,闷炒7～8分钟,待炒到叶面失去光泽,叶质变软,梗折不断,并有茶香散出,即可出锅。

② 扎堆 扎堆即渥堆。其目的是使茶坯堆积发热,促进多酚类化合物非酶性自动氧化,使叶色由青绿变为黄褐,并形成南路边茶的特有品质。扎堆是做庄茶的重要工序,多的要进行四次扎堆,少的也

要进行三次。第一次扎堆在杀青之后,杀青叶要趁热堆积,时间8～12小时,堆温保持60℃左右,叶色转化为淡黄为度。以后每次蒸踩后都要进行扎堆,时间8～12小时,作用是去掉青涩味,发出老茶香气。堆到叶色转为深红褐色,堆面出现水珠,即可开堆。如叶色过淡,应延长最后一次扎堆时间,直到符合要求时再晒干。

③ 蒸茶 目的是使叶受热后,增加叶片韧性,便于脱梗和揉条。方法就是将茶坯装入蒸桶内,放在铁锅上烧水蒸茶。蒸茶用的蒸桶,俗称"甑"。上口径33厘米,下口径45厘米,高100厘米,每桶装茶12.5～15千克。蒸到斗笠形蒸盖汽水下滴,桶内茶坯下陷,叶质柔软即可。

④ 踩茶 蒸好茶坯趁热倒入麻袋中,扎紧袋口,两人各提麻袋一头,将茶袋放在踩板上端,然后两人并立于茶袋上,从上到下用脚蹬踩,使茶袋滚动,促使茶坯紧卷成条。两人脚步要齐,用力要匀,茶袋以缓慢滚动为好,不宜过快。踩板用6～7厘米厚的木板制成,长约6米,宽约1米,装成30度斜坡,两边安置竹竿作扶手,以便于操作。蒸和踩紧密相连,一般是三蒸三踩,少的也要两蒸两踩。

⑤ 拣梗、筛分 第二、三次扎堆后各拣梗一次,对照规定的梗量标准,10厘米以上的长梗都要拣净。第三次晒后进行筛分,将粗细分开,分别蒸、踩、扎堆,然后晒干。

⑥ 晒茶 每次扎堆后,茶坯都要摊晒。摊晒厚度6～10厘米,并做到勤翻,力求干度均匀。每次晒后茶坯都要移到室内摊一两个小时,使叶内水分重新分布均匀,方能进行下一次蒸、踩。如茶坯干湿不匀,蒸后含水量也不同,蹬踩时叶片容易破烂。摊晒干度适当是做好做庄茶的关键之一,必须认真掌握好每个工序的干度。根据实验,第一次晒茶,晒至六成半干(含水量25%～35%)为宜,第二次晒至七成到七成半干,第三次晒至七成半到八成干,最后一次晒至八成半到九成干,毛茶含水量为10%～14%。

(2) 做庄茶新工艺

这项新工艺是雅安茶厂和蒙山茶场20世纪60年代末期共同研究的,简化工序,引入了机械设备,缩短了生产日期,大大降低了劳动强度,提高了经济

效益。

改革后的工艺流程为：高温杀青、第一次揉捻、第一次拣梗、第一次干燥、第二次揉捻、渥堆发酵、第二次拣梗、第二次干燥。

① 杀青

分锅炒杀青和蒸气杀青两种，蒸气杀青采用蒸气杀青机 0.3 mp 高压蒸气蒸 2～3 分钟，或用蒸茶甑蒸杀鲜叶 10～15 分钟，蒸气杀青后在制品水分有所上升，一般由 65% 上升到 70%，此时揉捻将导致茶汁流失，可经第一次干燥除去部分水再行揉捻。因蒸青耗能高且香气较低，故采用蒸气杀青者少，一般采用锅炒杀青。锅炒杀青通常采用 90 型和 110 型瓶炒机，90 型投叶 20～25 千克，110 型投叶 40～45 千克，锅温 300℃～320℃，时间 10～15 分钟，掌握"高温杀青，先高后低；拌焖结合，多焖少抖"原则，杀青程度要老，以达到揉捻中梗叶分离的效果。

② 揉捻

一般用 CH－265 型揉茶机进行揉捻。第一次揉捻目的不在成条而是在脱梗。锅炒杀青后在制品含水量约 50%～55%，将杀青叶装入揉桶中，盖上桶盖，不加压揉捻半分钟，打开桶门继续揉捻，因茶梗多，又粗长，揉捻时梗子间的挤压碰撞，使梗上的叶子脱离，已脱梗的叶子，从出茶门中落下，茶梗及尚未揉落的叶子继续揉 2～3 分钟停机，把梗子从桶中取出。第一次揉捻时间不宜太长，否则茶梗会把未脱梗的叶片轧碎产生大量片末。揉后通过第一次干燥，含水量降到 37%～40%，第二次揉捻主要是破损细胞，使叶片卷折成条。揉捻时间长约 5～8 分钟，并加以重压，使其成条。

③ 拣梗

揉后的茶梗有的变为光梗，有些还有未脱叶片，粗拣还需人工拣除。

④ 渥堆发酵

改进工艺的发酵不再分四次，而是一次完成。经过两次揉捻的茶叶，趁热扎堆发酵，经 2～3 天堆心温度 65℃～70℃时，进行第一次翻堆，将堆外之茶翻入堆心，将堆心已发酵好的茶分撒堆好，再经 2～3 天，堆心温度再达 60℃～65℃时进行第二次翻堆，方法与上同。又经 3～4 天，待 80% 以上的叶片

变成猪肝色时进行第三次翻堆并及时干燥，如不能及时干燥，必经适当薄摊，控制堆心温度在 35℃ 以下，防止变质。

⑤ 干燥

做庄茶改进工艺的干燥亦通常采用日光干燥，在日晒受阻时，用瓶炒机炒干，也有的用烘干机烘干。在量大无法及时干燥时，必需勤翻茶堆，或大堆开沟，采用自然干燥，必须控制水分在 16% 以下。

陆启清　施兆鹏

4. 西路边茶制造

西路边茶简称西边茶，系四川灌县、北川一带生产的边销茶，用篾包包装。灌县所产的为长方形包，称方包茶；北川所产的为圆形包，称圆包茶。现圆包茶已停产，改按方包茶规格加工。

西边茶原料比南边茶更为粗老，以刈割 1～2 年生枝条为原料，是一种最粗老的茶叶。产区大都实行粗细兼采制度，一般在春茶采摘一次细茶之后，再刈割边茶。有的一年刈割一次边茶，称为"单季刀"，边茶产量高，质量也好，但细茶产量较低。有的两年刈割一次边茶，称为"双季刀"，有利于粗细茶兼收，但边茶质量较低。有的隔几年刈割一次边茶，称为"多季刀"，茶枝粗老，质量差，不能适应产销要求。

西边茶初制工艺简单，将刈割的枝条直接晒干即可，作为筑制方包茶的配料，含梗达 60% 左右。

陆启清　施兆鹏

5. 六堡茶制造

六堡茶因产于广西苍梧县六堡乡而得名。六堡茶的采摘标准为一芽二、三叶至三、四叶。采后保持新鲜，当天采当天制完。

六堡茶的制造工序依次为：杀青、揉捻、沤堆、复揉、干燥。

（1）杀青

六堡茶的杀青特点是低温杀青。但相比较而言，全程温度大致有一个低—高—低的变化过程，其他要点和绿茶杀青相同。杀青方法有手工杀青和机械杀青两种。手工杀青用 60 厘米的口径铁锅，斜装

30 度,每锅投叶量 3~4 千克。投叶前锅温约 80℃~90℃,投叶后,先闷炒,后抖炒,然后抖闷结合,动作是先慢后快。约炒 2 分钟,逐步提高锅温达 140℃左右,翻炒 2~3 分钟后,再降低锅温炒 2 分钟左右。翻炒时注意:老叶多闷少扬,嫩叶多扬少闷。炒至叶质柔软,叶色变为暗绿色,略有黏性,发出清香为适度,全程约 5~7 分钟。机器杀青,锅温 160℃左右,投叶量一般为 5 千克左右。投叶量多少因杀青机大小而异。杀青时间 5~6 分钟。如果鲜叶过老或遇高温干燥气候,可先喷少量清水再杀青。

(2) 揉捻

六堡茶的揉捻以整形为主,使细胞破碎为辅。因六堡茶要求耐泡,细胞破率不宜充分,细胞破碎率掌握在 65% 左右为宜。杀青叶揉捻前须进行短时摊凉,以半小时为好。粗老叶则不必摊凉,须趁热揉捻,以利成条。投叶量不宜过多,以加压后占茶机揉桶容积 2/3 为好。杀青叶子装机后,先轻揉 5 分钟左右,待叶子基本成条时,再加压 15 分钟,揉出茶汁,卷紧条索,再松压轻揉 5 分钟,回收茶汁。下机后进行解块筛分,再上机复揉 10~15 分钟。揉捻时间较长,一、二级茶 40 分钟,三级以下茶约 45~50 分钟。

(3) 沤堆

沤堆是形成六堡茶独特品质的关键性工序,其目的是通过沤堆的湿热作用,促进内含物质的转化,减除苦涩味,使滋味变醇,消除青臭气,发展特殊香气,破坏叶绿素,使叶色转变为深黄褐色。

二叶以上的嫩叶,揉捻后先经低温烘至五六成干再进行沤堆,否则,容易沤坏或馊酸。沤堆厚度视气温高低、湿度大小、叶质老嫩而定。原则是嫩叶薄堆,老叶厚堆;高温高湿薄堆,低温低湿厚堆。一般堆高 33~50 厘米。堆温控制在 50℃左右,如超过 60℃,要立即扒堆散热,以免烧堆变质。在沤堆过程中,一般要扒堆 1~2 次,把边上茶坯翻入中心,使之沤堆均匀。沤堆时间视具体情况而定,一般为 10~15 小时。沤至叶色变为深黄带褐色,茶坯出现粘汁,发出特有的醇香,即为沤堆适度。

(4) 复揉

经沤堆后的茶坯,有部分水分散失,条索回松,需复揉一次,使条索卷紧;沤堆后,堆内堆外茶坯干湿不匀,通过复揉使茶汁互相浸润,干湿一致,以利干燥。复揉前最好烘热一下,用 50℃~60℃的低温烘 7~10 分钟,使茶坯热化回软,以利成条。复揉方法要轻压轻揉,时间约 5~6 分钟,使条索达到细紧为止。

(5) 干燥

六堡茶的干燥是在七星灶上采用松柴明火烘焙。烘焙分毛火和足火两次进行。毛火焙帘烘温 80℃~90℃,摊叶 3~4 厘米,每隔 5~6 分钟扒一次,使受热均匀,干燥一致,烘至六七成干时下焙。摊凉 20~30 分钟,待水分布均匀后再打足火。足火是低温厚堆长烘,烘温 50℃~60℃,摊叶厚 35~45 厘米,时间 2~3 小时,烘至含水量在 10% 以下,即为干燥适度。

六堡茶干燥切忌以晒代烘,所用烧柴切忌用有异味的樟木、油松等柴火或湿柴,以免影响品质。

(陆启清)

6. 普洱茶制造

普洱茶原指云南省普洱地区所产的各种茶,冠以"普洱"地名称普洱茶。经历史演变、科学进步和制茶技术的改革,普洱茶已专指以云南大叶种鲜叶,经杀青、揉捻、晒干制成的晒青(滇青)毛茶,经人工快速发酵或自然缓慢发酵处理的茶和以这类茶压制的紧压茶。这类茶品质特殊、香气陈醇、滋味醇厚浓酽,汤色红浓耐泡,深受消费者喜爱。

普洱茶制造工艺流程是杀青、揉捻、晒干、洒水渥堆、晾干、分筛等六个工序。普洱茶分级按省标分特级、1~10 级共十一个级;按部标分金芽茶、宫廷普洱茶、特级、1~5 级共八个级。

20 世纪七八十年代广东、四川、湖南也有少量生产。

(1) 杀青

多采用锅式杀青,因大叶种含水量高,杀青时必须闷抖结合,使茶叶失水均匀,达到杀透杀匀的目的。

(2) 揉捻

揉捻要根据原料老嫩灵活掌握,嫩叶轻揉,揉时短;老叶重揉,揉时长。揉至基本成条为适度。

(3) 晒干

利用日光,薄摊晒干,晒至茶叶含水达 10%左右为适度。没有阳光时也可烘干,烘干的茶叶品质往往优于晒干。

(4) 渥堆

渥堆是普洱茶色、香、味品质形成的关键工序。该工序原于港粤地区,20 世纪四五十年代香港茶商根据市场需求,利用地窖特殊温湿环境,人工促进普洱茶的后发酵过程,这一做法被广东省茶叶公司专题研究并于 1957 年获得成功,产品正式面市,1975 年云南省茶叶公司派员考察、学习,结合云南当地实情予以改进,扩大正式形成渥堆工序,其大体做法是先将茶叶匀堆,再泼水使茶叶吸水受潮,把茶堆堆成一定厚度让其自然发酵,经堆积若干天后,茶堆发热,微生物活动活跃,茶叶色泽变褐,有特殊香气,茶味变醇和。

根据 20 世纪末期西南农业大学和云南大学茶学系的研究,普洱茶渥堆发酵,主要是这一工序中微生物发挥了重要作用。鲜叶经过杀青,微生物亦被高温灭杀,加上揉捻后的晒干,即使揉捻中沾染部分微生物,亦被太阳暴晒而杀灭。堆放泼水后,又将重新沾染微生物,而且随着堆温的逐渐增高,微生物繁殖成倍成十数倍的增长,随着微生物的活动加强,更加速堆温的升高,经研究,堆中分离出来微生物有黑曲霉(*Aspergillus niger*)、棒曲霉(*Aspergillus clauatus*)、灰绿曲霉(*Aspergillus glaucas*)、根霉(*Rhizopus chinehsis*)、乳酸菌(*Loctobacillus thermophilus*)及酵母(*yeast*)等。这些微生物在代谢中产生许多外源酶,这些酶对渥堆中茶的内含成分的氧化聚合有很大影响。如黑曲霉与多酚氧化酶的渥堆消长呈高度正相关,嗜热性的黑曲霉所产生多酚氧化酶,在微生物热的促进下就可能成为普洱茶中茶多酚氧化聚含的主体动力。又可以使另外一些大分子化合物氧化降解成小分子量化合物,这种生物热还能产生大量新的挥发性香气物质,形成普洱茶既别于绿茶浓烈又区别红茶的浓强特殊滋味、陈醇的香气和十分耐泡的特质。

(5) 晾干

渥堆达到适度以后,扒堆晾茶,散发水分,自然风干。

(6) 筛分

干燥以后的茶叶,先解散团块,茶叶松散成条后,进行筛分分档,便制成普洱散茶。普洱散茶经包装后供应市场,普洱散茶经蒸压可制成普洱沱茶、普洱砖茶、七子饼茶、小饼茶等紧压茶。

(程启坤 施兆鹏)

(七)紧压茶压制技术

紧压茶的压制,过去多用手工操作,使用杠杆、棒锤、石鼓、铅饼、推动螺杆等笨重而原始的工具,不仅劳动强度大,而且生产效率低。随着科学技术的进步,工厂的技术改造,现在大部分紧压茶的压制都使用了机器。劳动条件大为改善,产品质量也有很大提高。

1. 黑砖茶和花砖茶压制

黑砖茶和花砖茶都是以湖南黑毛茶为原料,黑砖茶以三级黑毛茶为主,拼入一部分四级原料和少量其他茶;花砖茶以三级黑毛茶为原料。过去黑砖和花砖原料分"洒面"和"包心",包心原料较差,压在里面。1967 年以后,为了保证品质,简化工艺,将洒面和包心茶混合压制。黑砖茶与花砖茶除原料有差异外,压成砖茶后表面图案和文字也各不相同。黑砖茶砖面上方有"黑砖茶"三字,下方有"湖南安化"四字,中部为五角星。花砖茶砖面上方压印有"中茶"商标图案,下方压印有"安化花砖"字样,四边压印斜条花纹。

黑砖茶和花砖茶的压制分称茶、蒸茶、装匣、预压、紧压、冷却定型、退砖、修砖、检砖、干燥、包装等工序。

(1) 称茶

为使每块砖茶重量相对一致,因此必须根据茶坯含水量折算后,准确称茶。

(2) 蒸茶

茶坯要蒸透、变软,增加黏性,以便压紧成砖。

蒸汽温度102℃,蒸汽压力6千克/平方厘米,蒸3～4秒钟,使茶坯含水量达17%左右。

(3)装匣

先在匣内放好硬木衬板和铝底板,擦点茶油,以免粘砖。然后装茶入匣,趁热扒平,四角和边缘稍厚,中心稍薄,使压成砖后,棱角分明,端正美观。趁热盖好擦了茶油的"花板"(刻有文字和花纹的模板)。

(4)预压

将装好茶坯的茶匣推到预压机下预压,预压的目的是压缩茶坯体积。

第二次装匣:将预压后的茶匣推到第二个蒸茶台下,接装第二片茶坯,每匣压砖2片,以提高工效。

(5)压砖

使用摩擦轮压力机,压力为80吨,压紧后上闩固定。

(6)冷却定型

将紧压后的砖匣移置凉砖车上冷却,使形状紧实固定,一般冷却需2～2.5小时,最短也不得少于100分钟,以保证定型。

(7)退砖

按压制先后依次退砖,用小摩擦轮退砖机退砖,降下机头顶出砖片。

(8)修砖、检砖

用装有4个刀片的修砖机修平砖片,使边缘整齐。同时观察每片砖厚薄是否一致,商标花纹是否清晰,并抽检单片重量和含水量,凡不符合要求的,必须退料重压。

(9)烘砖

将砖片整齐排列在烘架上,送入烘房,开始烘温为38℃,头三天,每隔8小时升温1℃;第4～6天,每隔8小时升温2℃;以后每隔8小时升温3℃,最高不超过75℃。注意通风换气,一般烘8天左右,砖片含水量降至13%以下时,即可出烘房。

(10)包装

每片砖均用商标纸包封,再装入麻袋,每袋装20片,锁口捆扎刷唛。

(程启坤)

2. 茯砖茶压制

茯砖的原料是黑毛茶,特制茯砖用三级黑毛茶压制,普通茯砖用三、四级黑毛茶和其他茶拼和后压制。茯砖茶的压制过程,有汽蒸、渥堆、称茶、蒸茶、紧压、定型、验收包装、发花干燥等工序。

(1)汽蒸

原料茶拼和均匀后,放在蒸茶机内蒸茶,蒸汽温度98℃～102℃,蒸50秒钟左右,使叶子吸湿变软。

(2)渥堆

将蒸过的茶叶堆高2～3米,成方形,约经3～4小时,叶温达80℃左右,叶色变黄,青气消除,然后将茶堆扒开散热,叶温降至45℃～55℃,降低堆高至1.5米左右待用。

(3)称茶

按茯砖重量2千克,折算含水量进行准确称茶。

(4)加茶汁搅拌

为使茯砖易于"发花",必须加入用茶梗和茶籽壳熬煮的茶汁,每片砖约加250克,达到湿砖含水量23%～26%为度,并搅拌均匀。

(5)蒸茶

通蒸汽蒸茶5～6秒钟。

(6)装匣紧压

装茶、扒平、预压、紧压等步骤与黑砖相同。

(7)冷却定型和退砖

紧压后放置冷却,砖温由80℃左右降到50℃左右,历时80分钟,冷却定型后即可退砖。

(8)验收包砖

将验砖合格的茯砖茶,用有商标的包装纸逐片包封。

(9)发花干燥

砖片整齐间隔排列在烘架上送进烘房,前12～15天为"发花期",后5～7天为干燥期,全程以20～22天为宜。发花期温度保持26℃～28℃,相对湿度保持75%～85%,以利曲霉孢子繁殖,产生大量黄色粉末状孢子,使茯砖内生成许多金黄色的花斑,俗称"金花"或"黄花",金花越多品质越好。发花可增进砖茶香味,使汤色变得黄红明亮,并能增强茯砖的保健药理功效。发花期过后,进入干燥期,温度必须逐渐上升,每天升温2℃～3℃,先慢后快,最高升至

45℃为止。待砖坯水分降到14.5%左右时,停止加温,开窗冷却出烘,然后进行包装。

(程启坤)

3. 湘尖茶压制

湘尖一号、二号、三号的压制程序相同,分称茶、汽蒸、装篓、紧压、捆包、打气针、晾干等工序。湘尖一号、二号、三号的原料分别为黑毛茶1～3级。

(1) 称茶

压制一篓需称茶5次,湘尖一号每篓重50千克,每次称茶10千克;湘尖二号每篓重45千克,每次称茶9千克;湘尖三号每篓重40千克,每次称茶8千克。

(2) 汽蒸

每次称出的茶均需通蒸汽蒸20～30秒钟,蒸汽温度100℃～102℃,叶子变软后便可装篓。

(3) 装篓、压紧

先装三秤茶,扒平后初压,再装第4秤、第5秤茶,在压力机下压紧。

(4) 捆包

压后的茶包经检查合格后,捆上十字形篾条,捆茶包时要求封口不露茶,四角分明,高低规格一致。

(5) 打气针

在包顶打5个气孔(俗称打梅花针),孔深约40厘米,每孔各插丝茅三根,以利水分散发。

(6) 晾干

茶包置干燥通风处晾干,约经4～5天,水分降至14.5%以下时即可。晾干后每篓包进行刷唛,为便于识别,湘尖一号刷红色、湘尖二号刷绿色、湘尖三号刷黑色。

(程启坤)

4. 康砖茶和金尖茶压制

制造康砖和金尖的主要原料是做庄茶,压制前,面茶和里茶分别筛分整理去杂。原料茶的选配要考虑其水浸出物的含量。国家规定,康砖茶水浸出物含量必须达到30%～34%,金尖茶必须达到20%～24%。康砖与金尖的压制工艺基本相同,分称茶、蒸茶、筑包、定型和包装等工序。

(1) 称茶

康砖茶每块标准重量为0.5千克,用洒面茶约25克;金尖茶每块标准重量2.5千克,用洒面茶约50克。

(2) 蒸茶

茶叶放在蒸茶器内,每次约蒸30～40秒钟。

(3) 筑包

用夹板锤筑包机筑制。先将120厘米长条形篾包(茶篼)装入模子里,拨开包口,洒入面茶的一半(康砖为12克、金尖为25克),再将里茶均匀地倒入,开动筑包机压制,康砖压2～3次,金尖压8～10次,然后洒入另一半面茶,放进篾页一片,即为第一块砖茶。以后依次第二块、第三块……直到筑满一包为止(康砖每包筑20块、金尖每包筑4块),筑完最后一块,放上木楦,再打一锤,取出木楦,内加护口茶一把,将篼口折卷用竹钉封口,开模,取出茶包。

(4) 冷却定型

茶包堆码在通风的地方,要求堆温在1～2天内由50℃降至室温,再放置定型3～5天,至茶砖水分降至出厂标准时即可包装。

(5) 包装

将茶砖从篾篼中倒出来,俗称"倒包"。逐块检验,合格砖茶每块放置商标纸一张,用黄纸包封,康砖每5小封再用纸包成一大封,每4大封用篾条捆扎为一条包,然后再装入原来的篾篼中,并用竹篾扎紧,刷上唛头代号。为便于识别,规定在康砖包外打印一个红色圆圈,金尖包外打印一个黑色圆圈,圆圈直径约7厘米。

(程启坤)

5. 方包茶压制

西路边茶原有"方包"与"圆包"两种,现圆包已停产。方包茶压制工艺分蒸茶、渥堆、称茶、炒茶、筑包、封包、烧包和晾包等工序。

(1) 蒸茶和渥堆

以西路边茶为原料,蒸6～7分钟,使茶叶含水量达22%～24%。蒸过的茶叶拼和渥堆,堆积叶温最高掌握在70℃～80℃,待叶子变得黄褐油润为适度,渥堆时间为一天。

（2）称茶

方包茶每包 35 千克,分三次称料。

（3）炒茶

先烧红铁锅,倒入茶坯,立即加 0.5 千克茶汁（梗叶煮熬的茶汤）,使茶叶湿软,用木杖翻炒茶叶 1 分钟左右,见锅中冒出白烟即可起锅,这时叶温约 85℃～90℃,含水量约为 22％左右。

（4）筑包

将篾篓放在筑包机的箱形木模内,模内壁长 68 厘米、高 50 厘米、宽 32 厘米。将模口对准筑包机的棒锤,边倒茶边筑包,筑完三锅茶后,将木模箱取出,进行封包。

（5）封包

篾包口相对摺合卷紧,锤平四角,拉紧包口,压上一块竹片,打入竹钉,固定压片封口,刷上标记。

（6）烧包

将茶包紧密堆码成方形,堆高以重叠 6 包为限,约 3 米高。茶包之间不留空隙,以利保温,利用高温（80℃左右）促使品质变化,这一过程称"烧包"。烧包两天后,翻转堆面的茶包,重新堆包,使烧包均匀。烧包时间约需 4～6 天。

（7）晾包

将茶包放在通风的地方,堆成品字形,约经20～30 天,待包内茶叶含水量达 16％～20％时即可。

（程启坤）

6. 青砖茶压制

青砖茶的原料是湖北老青茶,主要集中于湖北赵李桥茶厂制造。其压制过程分称茶、汽蒸、预压、压紧、定型、退砖、修砖、干燥等工序。

（1）称茶

青砖每片重 2 千克,洒面茶和底面茶各占 6.25％、里茶占 87.5％,按此比例称茶。洒面茶和底面茶各装在小篾筐中,里茶装入木蒸盒内。

（2）蒸茶

用100℃～102℃蒸汽蒸茶,使叶温达 90℃以上,蒸 3.5 分钟左右,叶子变软,茶叶含水达 17％左右为适度。

（3）预压

先将蒸过的底面茶倒入斗模底层,再将里茶压入斗模内,然后将洒面茶盖在上面,立即盖上有"川"字和蒙文"分"字的铝盖板和角铁翅,然后在压力机下紧压成型。

（4）压紧

采用蒸汽压力机压紧茶砖,固定斗模两头螺丝。

（5）冷却定型

置斗模车上凉置 70～80 分钟,冷却定型,定型时间不宜过短。

（6）退砖

紧压定型后的茶砖从模中退出。

（7）修砖

修平砖边,剪切去突出的叶子。

（8）干燥

在具有暖气的干燥室内,堆码茶砖,烘砖开始三天内,室温 35℃～40℃,相对湿度约 90％；中期 3～4 天内 40℃～45℃,相对湿度 80％左右；后期 3～4 天内55℃～70℃,直至干燥适度,停止加温,冷却 1～2 天后出烘。

（9）包装

逐块包封,装入衬有箬叶的篾篓中,每篓装 27 片,即所谓"二七"砖。现在也有改为每篓装 16 片的。捆扎后刷唛。

（程启坤）

7. 六堡茶压制

六堡茶是一种篓装紧压茶,其原料有两种,一种是六堡毛茶,一种是晒青毛茶。压制前都要经过渥堆,过去采用汽蒸后渥堆,时间一天左右,叶色虽变化较快,但陈化较慢；现改为发水渥堆工艺,品质大有提高。六堡茶的压制工艺有发水潮茶、渥堆、蒸茶、踩篓、晾包、仓储陈化等工序。

（1）发水潮茶

每 100 千克茶叶约加水 8～10 千克,充分拌匀,使茶叶吸潮,含水量达到 18％～20％。

（2）渥堆

将吸潮后的茶叶堆起来,堆高 1 米左右,上用席子覆盖,以保持温湿度。堆后一天逐渐升温,两天后可达 40℃左右,三天后达 60℃左右。然后翻堆散热,堆温过高品质下降。渥堆 7～8 天的过程中,翻堆 1～2 次。待叶色转为红褐、香味醇和时,渥堆结束,水分含量下降至 18% 以下。

（3）蒸茶

六堡茶因规格不同,每篓重 40～55 千克,每篓称茶量确定后,分三次称茶蒸茶,每次蒸 5 分钟后,散热冷至叶温低于 80℃时,装入篾篓。

（4）踩篓

茶叶分三次装篓,装一次压一次,压紧后加盖,缝口成包。晾置 6～7 天,使叶温降至室温,然后进仓堆放。

（5）仓储陈化

茶包进仓堆放半个月再入地仓堆放,仓库内应保持相对湿度 85% 左右,促使叶质陈化,约经半年左右,完成陈化过程,便形成了六堡茶“红、浓、醇、陈”的品质特点。陈化后篓内茶叶发出“金花”,则品质更佳。

用晒青毛茶压制六堡茶时,发水要足量,使茶叶含水量达 20%～25% 时,才能渥堆。

（程启坤）

8. 饼茶和圆茶压制

饼茶和圆茶都是以普洱茶为原料进行压制的呈圆饼形的紧压茶。压制工序分称茶、蒸茶、冲压成型、干燥、包装等工序。

（1）称茶

付制前,茶坯有时要先洒水回潮,使茶叶含水量达 15%～18%。按饼茶每饼净重 0.125 千克、圆茶（七子饼茶）每饼净重 0.375 千克,加上含水量准确称重。原料分底茶与盖茶,按比例分别称出待蒸。

（2）蒸茶

将原料在蒸汽中蒸 5 秒钟左右,使叶子受热变软,含水量达 18%～19%。

（3）压饼

蒸后的茶叶放在模中,先放底茶后放盖茶。铺匀,冲压至紧。

（4）定型脱模

冲压后稍放置冷却定型,时间约 30 分钟,然后脱模。

（5）干燥

饼茶与圆茶过去均采用自然风干的方法,茶饼码放在晾干架上,风干时间约 5～8 天,多则 10 多天。现在改为烘房干燥,室温 45℃左右,经 20 小时左右即达干燥程度。

（6）包装

饼茶每片重 0.125 千克,4 饼为一筒,用商标纸包装,75 筒为一件,装在篾篮中,捆扎,每件净重 32.5 千克。圆茶每片重 0.375 千克,使用笋壳或牛皮纸包装,7 饼为一筒,因此称“七子饼茶”,用牛皮纸包装,12 筒为一件,用胶合板箱包装,每件净重 30 千克。

（程启坤）

9. 紧茶压制

紧茶过去是压制成带柄的心脏形,因包装运输不便,1967 年后改成砖形,每块砖重 0.25 千克。紧茶原料是云南大叶种晒青毛茶和普洱茶。压制过程分称茶、蒸茶、压砖、定型脱模、干燥、包装等工序。

（1）称茶

茶坯先经发水回潮,含水达 15%～18%,按紧茶成品重量计算称茶。

（2）蒸茶

在蒸茶机中蒸 5 秒钟,使叶子受热变软。

（3）压砖

茶叶装在砖模中,铺匀,加压。

（4）定型脱模

定型半小时左右,即可脱模。

（5）干燥

传统方法是采用自然风干,需 10 多天,现在改用烘房干燥,烘温 40℃～45℃,20 小时左右,茶叶含水量小于 10% 时即可。

（6）包装

紧茶每片砖 0.25 千克,5 片为一筒,用牛皮纸包装,24 筒为一件,用篾篮包装,每件净重 30 千克。

（程启坤）

10. 沱茶压制

云南沱茶的原料是滇晒青,四川沱茶的原料是炒青,烘青、晒青为配料。云南生产的沱茶以绿茶(滇青)为原料的称"云南沱茶",以普洱茶为原料的称"云南普洱沱茶"。沱茶的压制工艺分称茶、蒸茶、袋揉压制、定型脱袋、干燥、包装等工序。

(1) 称茶

根据沱茶的重量规格(0.1千克、0.25千克、0.5千克)称茶。分盖茶与底茶,盖茶占25%,底茶占75%。

(2) 蒸茶

茶叶装入圆筒,底板有孔通蒸汽,汽蒸10~12秒钟,使叶子受热变软。

(3) 袋揉压制

将蒸好的茶,趁热倒入圆底三角形小布袋中,把袋口收紧,左手拇指紧挟袋颈,右手掌按住茶袋在台上轻轻揉转几下,然后将袋口结放在茶团中心,翻转茶团使袋底朝上,用圆柱形小木植顶住袋口结,双手捧住茶团下压,使袋口结陷入茶团,初步压成碗臼状。随即取出木植,将茶团放在曲轴式沱茶压力机下的臼形钢模上施压成型。过去没有压力机,传统制法横杆以人的坐力加压成型。

(4) 定型脱袋

压好的沱茶,连布袋放在盘架上散热冷却,1小时后将沱茶从布袋中取出。

(5) 干燥

用商标纸逐沱包装,放在烘盘里,送入烘房,烘温45℃~55℃,约经36小时后,待沱茶含水达9.0%以下时出烘。

(6) 包装

云南下关沱茶0.1千克一只,精装者一只一盒,160盒一箱,每箱净重16千克;简装者不装盒,5只装一筒,60筒一箱,每箱净重30千克。重庆沱茶每箱净重20千克。

(程启坤 周红杰)

11. 普洱方茶压制

普洱方茶是以滇青(晒青茶)为原料,方茶面上压印有"普洱方茶"四个凸形字,有一边框。每块重0.125千克。方茶的压制与紧茶、饼茶、圆茶的压制工艺大同小异,只是压模为方形,内边长10厘米,内

高2.2厘米。干燥后每4片用商标纸包成一筒,60筒为一件,篾篮包装,每件净重30千克。

(程启坤)

12. 竹筒茶压制

竹筒茶加工方法独树一帜,别具风格,有着浓厚的民族风味。通常,加工方法有两种:一种是由高级晒青毛茶加工而成;另一种是由鲜叶直接加工而成。第一种方法的主要工艺有:蒸软茶叶、装筒、文火烤干三道工序。

(1) 蒸茶

将一级晒青茶250克,放入饭甑内,饭甑的底层先装有厚约6厘米、经过浸湿的糯米,上层茶叶与底层糯米的中间隔一层纱布。约蒸15分钟左右,茶叶蒸软并吸收了糯米饭的香味,将茶叶倒出装竹筒。

(2) 装筒

选择一节直径5~6厘米、长度22~25厘米、嫩度中等的新鲜金竹,将蒸软的茶叶装入竹筒内,边装边压紧打实,装至离筒口3厘米为止,垫上一层草纸,再用洁净的心土堵紧筒口,放在烘架上待烤。

(3) 烤干

分初烤与复烤两个过程,烘烤的火温和翻动技术是至关重要的,火温过高,翻动不及时、不均匀,易引起竹筒炸裂,产生焦味;火温过低,茶叶香味低淡,品质低次。初烤的火温100℃左右,竹筒离火高度为40厘米左右,间隔5分钟翻动一次,待茶叶至七八成干时,停烤摊凉,促使筒内茶叶水分重新分布,利于干度均匀一致。摊凉历时60分钟左右,然后进行复烤。复烤掌握文火慢烤的原则,火温约60℃左右,烤至竹筒色泽由青绿转为焦黄,筒口泥土干透,茶香显露时即为适度,剖开竹筒,取出竹筒香茶。

竹筒茶的另一种加工方法,其工艺过程分杀青、揉捻、装筒、烤干四道工序。选取云南大叶种茶树的嫩梢,采摘一芽二、三叶,采回的芽叶经过适度摊放后再行加工。通过杀青,散失部分水分,挥发青气,然后进行揉捻,揉成条后,装入一定规格的竹筒内,边装边捣实,装满后加塞盖好。再在竹筒体上打孔,以利于散发水分。备好炭火和烘架,将装了茶的竹筒在40℃左右炭火上慢慢烘烤,随时转动,直至足

干,冷却后剖开竹筒,用印有规格商标的牛皮纸包装。

(程启坤)

13. 米砖茶压制

米砖茶的原料是红茶的粗细片末茶。为了保证米砖表面光滑平整,面茶中细末茶比例要适当,以占15％为宜。米砖茶的压制工艺分称茶、汽蒸、装模压砖、定型退砖、干燥、包装等工序。

(1) 称茶

米砖茶每片净重 1.125 千克,洒面茶和底面茶各 0.125 千克,里茶 0.875 千克,分别称重付蒸。

(2) 蒸茶

蒸汽温度 100℃～102℃,蒸 1.5～2 分钟。

(3) 装模压砖

茶叶趁热装入斗模,模中预先放有带花纹图案的底面模板,依次装入底面茶、里茶和洒面茶,铺匀,再盖上刻有花纹图案的面模板。在压力机下压紧。

(4) 定型退砖

在斗模车上凉置 1～1.5 小时,冷却定型,然后退砖。退出砖茶,修理四边,使边缘光洁平整。

(5) 干燥

茶砖码放在烘架上,送入烘房,1～3 天内,温度30℃～40℃,以后逐渐加温,直到 60℃ 左右,约经7～8 天即可达到干燥适度,茶砖含水量达9.5％以下。

(6) 包装

出烘冷却后,纸包装篓,内销每篓 24 片,内衬竹叶防潮,捆扎后贮运。外销米砖每箱装 40～48 片,箱外刷唛。

(程启坤)

(八) 花茶窨制技术

从"茶引花香,以益茶味"演变到今日的花茶生产,是我国在长期的茶叶生产和饮茶生活的实践中逐步认识发展起来的。在唐代陆羽《茶经·六之饮》中有"以汤沃焉,谓之庵茶,或用葱、姜、枣、橘皮、茱萸、薄荷之属,煮之百沸"的记载,当时已有在煮饮茶叶时加入调料,以益茶味,协调茶叶作用的做法。以后,至宋代,花茶生产才见诸文字记载。明代花茶生产有所扩展,无论是对茶叶与香花的选择,还是用花量与茶叶的配比,都较前更为成熟。清代,开始出现了大量的商品花茶生产。清咸丰年间(公元1851～1861 年),福州已成为花茶窨制中心。1939 年起,苏州发展为另一花茶制造中心。

新中国成立后,花茶生产有了较大的发展,产区不断扩大。1984 年以前,我国花茶主要在浙江金华、福建福州、江苏苏州等地生产,但是,随着广西横县茉莉花种植基地的快速发展,茉莉花茶加工逐步向广西转移。目前我国茉莉花茶年生产量约 10 万吨,其中广西横县年加工茉莉花茶约 5.5 万吨,占全国茉莉花茶产量的 60％～70％,居全国第一。

1. 花茶窨制原理

花茶窨制(熏制)是将鲜花与茶叶拌和,在静止状态下茶叶缓慢吸收花香,然后除去花朵,将茶叶烘干而成为花茶。花茶加工是利用鲜花吐香和茶叶吸香两个特性,一吐一吸,茶味花香水乳交融,这是窨制工艺的基本原理。正确认识、掌握这两个特性,方能加工出优质花茶。

(1) 茶叶吸收特性

茶叶为疏松多孔物体,内部有很多微细小孔,具有毛细管作用,容易吸收空气中水气和气体。茶叶窨花吸香,水分是传递香气的载体。茶叶吸收花香是随着吸收水分而吸入的,自然也可随水分挥发而失香。

茶叶对香花的吸水、吸香能力,主要决定于茶叶本身的干燥程度、表面积大小,以及与香花的接触距离。传统的花茶窨制技术理论认为,花茶窨制过程中茶坯的吸香作用是物理吸附作用,茶坯含水量高,内部组织膨胀,孔隙降低,吸附性能减弱,一般茶叶含水量达到 18％～20％,吸水、吸香能力就大大减弱。因此,传统花茶窨制工艺一般要求茶坯的含水量控制在 4％～5％ 之间,每次窨前均需复火,以利吸香。

20 世纪 80 年代后期,科研人员研究发现,茶叶的吸香能力与吸水能力并不等同,茶叶吸香既有物理吸附又有化学吸附,因此,茶叶含水量在一定范围内并不是越低其吸香能力就越强;相反,适当提高茶叶含水量还可保证鲜花正常吐香,有利于提高花茶的花香浓度与鲜灵度。研究表明,茶叶在较宽的含水量范围内具有吸香能力,当茶坯含水量为 $10\%\sim30\%$ 时,茶叶的着香效果最佳。这为后来发展的连窨技术提供了理论依据。

不同茶类含有不同芳香物质,即使同一茶类,由于制茶工艺不同,也会产生不同组成的茶香。茶叶窨花,吸收花香,仍保留原有茶香特性。茶香与花香交融一起,形成特有的花茶香。茶香与花香要协调才能透花香,凡是陈茶、日晒茶、高火烟焦茶、粗青气茶等,其气味浓烈且使人厌恶,与芬芳的花香不协调,对花香有着强烈的掩盖作用,即使采用最佳的香花,最好的窨制工艺技术,也窨不出优质花茶。炒青绿茶有浓郁的板栗香,不如烘青绿茶鲜爽纯和,所以窨花后不如烘青绿茶好。同一种鲜叶,制成烘青绿茶、乌龙茶、红茶等,这三种茶虽都属烘青型茶叶,但是由于内含芳香物质及组成不同,产生明显不同的香型,对茉莉花香的亲和性衬托力不尽相同,窨制茉莉花后,烘青最香,乌龙其次,红茶最差。而红茶窨制玫瑰花就很好。用不同茶树品种的原料制成的烘青,对窨制花茶也有不同的影响,大叶种烘青,滋味浓烈,香气特殊,个性强,窨制花茶不如中叶和小叶种烘青可透发花香。另外,茶叶品质的季节差别,对花茶品质亦有影响,春茶比夏、秋茶好。

茶叶吸收花香,随鲜花下花量的增加而增加,下花量越多,花香越浓;反之,下花量少,易透茶香,俗称透素。茶叶吸香可以累加,因此下花量 40% 以上,可以分次窨花,俗称多窨次花茶。

茶鲜叶经过初制而成毛茶,外形整碎不齐,粗细不一,老嫩混杂,含有片、末、梗、籽等副产品和夹杂物,必须进一步精制,达到市场的商品规格要求。毛茶如先窨花后精制,会损失花香,因此,毛茶必须先精制后窨花。经精制后的规格茶,供窨制花茶应用,称茶坯,又称素坯,作为花茶厂窨花用的茶叶原料。茶坯一般都采用单级毛茶阶梯式付制,多级成品收回,分路加工,有本身、长身、轻身、圆身、筋梗、碎茶等各路茶,经过筛切、风选、拣剔等工艺,制成筛号茶,再用筛号茶综合拼配烘干而成。茶坯全国统一规定,有 $1\sim6$ 个级别,以及茶芯、三角片、茶梗等之分,有的还增加一个特级坯。特种茉莉花茶,原料选用高档绿茶名茶。$1\sim2$ 级为高档茶坯,$3\sim4$ 级为中档茶坯,$5\sim6$ 级为低档茶坯。各级茶坯标准样,亦是花茶厂茶叶原料验收及成品花茶出厂的标准样。不同品种的香花,依据市场需要,可选用不同茶坯。茉莉花茶用坯范围较广,有 $1\sim6$ 级,有的还增加特级坯。白兰、珠兰、玳玳等一般仅选用 $3\sim6$ 级坯。茶坯由制坯车间或其他绿茶厂加工精制,因此茶坯制造一般不属花茶窨制技术范畴。

(2) 鲜花吐香特性

凡是对人体无害且有益于健康,具有芬芳清香,香味浓郁纯正的香花,都可用于窨制茶叶。当前有茉莉、白兰、珠兰、玳玳、柚子、桂花、树兰、玫瑰等商品花香。以上香花通称为茶用香花。其中茉莉花茶清香芬芳,茶味鲜醇爽口,饮后增添茶兴,振奋精神,为其他花茶所不及,被誉为大众花茶之冠,深受市场欢迎。

茶用香花都必须待花朵成熟,开放吐香,才能窨茶。花朵生长在树上,到生理成熟后,开花才香。不开不香,这是茶用香花的共性。不同的花,开放吐香有所不同。有的生理仅接近成熟,但达到了工艺成熟期,可提前采收,在一定环境条件下维护,仍旧可达到生理成熟,开花吐香。如茉莉花,花蕾已饱满转为洁白,花冠筒伸长,花萼离开,可下午采收,晚上开放。有的必须在树上待生理完全成熟,初开吐香,才能采收。若提前采收,虽然经过鲜花维护,但仍旧不会开放吐香,如白兰花、珠兰花。桂花呈花苞时,没有香气,待花苞脱落,幼花即开放吐香,花冠边开放吐香,边伸展增大 $5\sim7$ 开后花粉成熟,吐香才达高峰,随后花谢花落。

茶用香花开放吐香有时间性。开花前期香浓芬芳,后期香气低淡。吐香时间有长有短,短的不到一天,长的则有 $6\sim7$ 天。所以窨花时间性较强,必须利用鲜花吐香的最佳时间,及时付窨,并掌握好窨花时间,待吐香减弱时及时出花,将茶叶烘干,保存花香。不同的鲜花,开放吐香时间不同,如珠兰花在上午开花,吐香时间短,必须在中午之前付窨。鲜花开放需要有适宜的温度、空气、水分,气温在 30℃ 以上的,伏花品质最好,其次秋花前期,再次是霉花。霉花前期,秋花后期,气温低于 20℃,开放吐香性能差,花香很低。

茶用香花的鲜花,含水量高,新陈代谢旺盛,吐香力强,香气鲜锐芬芳,给人以舒悦感。适时窨茶,品质好。凡是隔夜鲜花,香气低沉,窨茶品质差。鲜花经烘干,称花干或原干;花渣烘干,称退干。花干香气浓郁,鲜爽度低,有的香型接近鲜花,如珠兰、桂花,可以带花复火烘。有的香型与鲜花显著不同,缺乏舒悦感,如茉莉花,窨茶必须用鲜花,窨茶后先出花后烘干;用花干窨茶品质低劣。

茶用鲜花与茶叶拌和窨花,由于挤压、失水、温升、缺氧等因素,开放能力逐渐减弱,花朵开放程度不会扩大,基本保持原状,如含苞欲放、微开、半开、全开等不同势态。窨花时保持鲜花色泽鲜活,时间越长,成品香味越鲜浓。如较早闷热变色,则香味混浊,时间长后,浓而不鲜,品质总水平下降,这是茶用香花在花茶窨制工艺中的普遍规律。

不同花香溶于茶汤有不同味感,茉莉花的香味鲜醇爽口,故可重花(大量)窨茶,而白兰花香味鲜浓带涩,故只能轻花窨茶。

有的将经化工提炼的香精,喷洒在茶叶上制作花茶,因香精未能很好渗透在茶叶体内,其香气飘浮,往往闻起来很香,泡饮就不很香了,且香型不及鲜花那样鲜纯自然。有人将茉莉香精喷在茶坯上,再放些茉莉花干,作为茉莉花茶在市场出售,不受消费者欢迎,甚至被称之为假茉莉花茶而遭取缔。水质茉莉香精以酒精为溶剂,挥发性强,所以香精窨茶,效果差。另一种油质香精,提炼不纯,花香纯度差,尚处研究阶段。

(顾 峥 林 智)

2. 花茶窨制技术

鲜花吐香和茶叶吸香是缓慢进行的,因此花茶窨制时间较长,操作有明显间歇性,其窨前窨后的工序作业时间长,劳动强度大。如茉莉花茶开窨时间一到,必须争取在 1 小时内完成拌和窨花打围工作。"窨花如救火",大型花茶厂在伏花高峰期,千百担茶要在短时内完成拌和窨花;窨花完成后,还必须在 3 小时内及时出花烘干,如果出花、烘干不及时,会使花茶带有闷热味。因此,劳动强度是很大的。

花茶窨制工艺有茶坯处理、鲜花维护、拌和窨花、通花散热、收囤续窨、出花分离、复火摊凉、转窨或提花、匀堆装箱等工序。现将各工序的目的、技术要求简介如下:

(1) 茶坯处理

窨花前的茶坯处理是指复火干燥和茶坯冷却。因为茶坯干燥程度是吸收香气多少的主要因素,所以在窨花前,茶坯含水量超过 7%,一般都要进行复火干燥,使之含水率达到 4% 左右。但低于 3% 易产生老火或烘焦;而高于 5%,又会影响吸香力。烘干机进风温度视茶坯干度而定,一般掌握在 100℃～110℃,慎防产生高火茶。如茶坯干度已达工艺要求,可不必复火。

茶坯复火后坯温较高,可达 50℃～70℃,必须经过冷却后窨花,烘后用茶箱贮存冷却,一般需 5～7 天。叶温下降到略高于室温 1℃～3℃,才能窨花。热茶窨制茉莉花,会"烧熟"鲜花,俗称"火烧茉莉",从而使香气丧失鲜爽感。浙江省丽水茶厂采用烘干机低温快速冷却,则可随烘随窨,品质较好。

(2) 鲜花维护

各类鲜花在采收、运输过程中,要严防掀压损伤和发热。进厂后要选择阴凉洁净的地方及时薄摊散热,去除表面水,摊放厚度一般在 4～6 厘米。如有表面水更宜摊薄一些。依据不同鲜花特性,采用不同工艺技术维护。如茉莉花需经过摊、堆,以及筛花、凉花等,以促进鲜花开放。白兰花要薄摊去表面水,又要盖湿布或湿毛巾等保湿,付窨前有的要进行拆瓣或切碎等处理。珠兰花要经折枝,俗称"打花边"。桂花除薄摊散热外,要筛分去枝叶、花柄、杂质等。

(3) 拌和窨花

拌和前首先要确定每 100 千克茶坯用多少千克鲜花,称为茶花配比。鲜花用量是依据香花特性、茶叶级别以及市场需要而定。如茉莉花茶用量多、变幅大,每 100 千克茶叶,鲜花用量为 25～95 千克。如鲜花用量每 100 千克茶坯超过 40 千克,还需分次窨花。二级以上高档茶坯采用多窨次,三级以下中低档茶坯采用单窨次。如白兰花茶鲜花用量少、变幅小,每100千克茶坯,白兰鲜花用量在4~6千克。玳玳、柚子、桂花等花茶,鲜花用量在20~40千克。各类各级花茶全国有统一的配比标准。

茶花拌和要求混合均匀,动作要轻快,茶叶吸收花香靠接触吸收,茶与花之间接触面积越大,距离越近,花香扩散、渗透、被吸附的速度越快,对茶坯吸附花香越有利。因此切忌拌和不匀。当前除少数几个大型花茶厂有窨花机外,一般都是手工操作。具体是先将待窨的茶坯平铺在洁净的地板或水泥地上,厚25厘米左右,然后把鲜花均匀地撒放茶坯上,用铁耙充分拌匀,使鲜花和茶坯紧密地混合在一起,经过拌和后的茶、花混合物,称"在窨品"或"窨堆"。在窨品可放入茶箱,或竹篾栈条做囤,或在地板上做堆,进行窨花。不论箱窨或囤窨或条块窨花,都必须控制窨堆高度,一般讲窨堆高,窨花后温度上升快,对提高花茶香气浓度有利;窨堆低,窨花后温度上升慢,对提高花茶鲜灵度有利,窨堆高度因花而异。如茉莉花茶一般在30厘米左右。拌和前要留出少量茶坯,作窨堆面上覆盖,以免花香挥发散失,但盖面要薄,略见花朵为宜,同时关闭门窗,以利保温。

(4) 通花散热

窨堆由于鲜花的呼吸作用,会产生发酵味,所以经过一定时间,堆温上升到一定程度,需及时散堆薄摊,翻动散热,这时要打开门窗,或开动排气风扇,加快空气流通,待坯温下降到略高于室温,随即收堆续窨,这一作业称为通花,或翻囤。通花的作用很多,主要在于散发热量,防止鲜花受热闷死,产生水闷味;供给新鲜空气,有利鲜花恢复生机,继续吐香;调换窨花接触面,使茶坯均匀地吸香,以提高花香鲜浓度。通花是窨制工艺中的重要环节,与成品茶香味的鲜浓度密切有关。为此要掌握适时通花。何时可以开始通花,需参照在窨时间、茶坯温度、茶坯含水率、茶坯香气以及鲜花萎缩程度等因素而定。一般气温高,以茶坯上升温度为主,再参照窨花时间进行。气温低,以在窨时间、吸香吸水为主,再适当参照坯温进行。通花方法,箱窨的应将茶坯倒在阴凉洁净的地上耙平,囤窨的应把栈条拿掉耙平,堆窨的

就地耙平。茶、花厚度为5~10厘米,每隔15分钟左右开沟翻动一次,若发现有茶、花不匀处,须随时拌匀,总之通花要求通透、通匀。

(5) 收堆续窨

收堆温度不能太低或过高,应掌握适度。收堆温度过高会使散热不透,容易引起在窨品香气不纯爽,收堆温度太低则会影响在窨品对香气的吸收。收堆温度应根据不同香花的特性、气温的高低、窨制的次数等适当灵活掌握。收堆续窨的窨堆高度,应比通花前的窨堆略低。

(6) 出花(又称起花)分离

通花后的续窨时间不宜过长,应依据各种香花的吐香习性、气温高低等,掌握适时出花。出花时,先将窨堆耙开散热,防止影响在窨品的纯爽度。出花时用抖筛机将茶、花分离。并依茶、花大小,配置好筛网。如茉莉花用3~4孔/吋,桂花用10孔/吋。筛出的茶叶称湿坯,应及时摊凉,复火干燥,防止湿坯闷堆。筛出的花朵称花渣,要及时摊凉,交付压窨或复火干燥。

有的花茶如珠兰花茶下花量少,可带花烘干,不予出花;桂花茶也可带花烘干,烘干后再出花;白兰花茶可不出花不烘干,翻堆后即装箱出厂。

出花要求茶中不带花渣,花渣中不夹茶叶,如花渣中夹茶较多,或茶中夹花较多,应进行复筛。

(7) 湿坯复火

出花后的湿坯进行烘干,称复火。目的是降低湿坯含水量,保持良好香气,防止茶叶变质,或给转窨、提花创造吸香条件。窨花后的湿坯含水量,与下花量多少有关,一般可达 12%~16%,宜采用100℃~110℃的低温薄摊慢速干燥方法。120℃~130℃的高温快速烘干有损香气。烘干的干度视不同要求而定。烘干可分为"烘装"、"烘转"和"烘提"。烘装是直接作为成品匀堆装箱应用,烘干的干度应按产品的出厂水分标准。如外销茶为7.5%、内销茶为8.5%。烘转是作为多窨次花茶转窨应用,含水量掌握在5%~6%。烘提是作为提花应用,烘后含水量可略高些,一般掌握在6.5%~7%。烘转烘提后的茶叶在制品,习惯上统称茶坯。湿坯复火技术性很强,一向有三分窨七分烘的说法。它既要蒸发

多余的水分，又要最大限度地保住香气；既要快速提高工效，又要防止高火伤香。现场操作全凭经验掌握，需认真对待，要及时调整好进风温度、摊叶厚度、烘干速度等。

湿坯复火后叶温较高，不经摊凉马上装箱，会产生闷气，俗称"火气耗鲜"，影响花茶品质，所以，还要将窨品进行冷却才行。

至此，茶引花香的窨制基本完成，可匀堆装箱投放市场。但是有时为了提高一窨花茶的花香浓度，还需复窨；或者为提高鲜灵度，还需提花；或者为衬托主导花香，还需打底。

（8）再窨或提花

高档茶坯，为增加花香浓度，需再窨 2～3 次，每次窨制工艺与以上基本相同，仅用花量和温度、时间、水分含量等略有不同。

① 提花 在窨花完成的基础上，再用少量鲜花复窨一次，出花后不再复火，经摊凉后即可匀堆装箱，称提花。目的是提高产品香气的鲜灵度。提花用的鲜花，要选择晴天采的朵大饱满的优质花，鲜花的开放度略大些。

② 窨花 经过茶坯鲜花拌和、窨花、通花、出花、烘干等一系列工艺技术处理后即成为花茶，称窨花，或叫一窨花茶、单窨次花茶。有的为提高花香浓度，还需复窨一次，称二窨花茶或双窨花茶。复窨二次的称三窨花茶，依此类推。特种茉莉花茶有六窨一提、七窨一提的。

③ 压花 茉莉鲜花经过窨花或提花的花渣尚有余香，可以再次利用于中低档茶坯的窨花，所以利用花渣进行窨花者，称压花。压花可除茶叶粗老味。重压花系指增加花渣用量。延长压花时间，也能去除陈味、烟味、日晒味、青涩味等各种异口味。实践证明，轻压花，异味消除少；重压花，异味消除多，其作用是显著的。压花工艺过程类同鲜花窨花，窨堆要低，窨时可长些，通常在 10 小时左右，中间必须通花一次。有的地方不通花。但试验证明，压花进行通花比不通花好。经压花后起花分出的花渣，称残花渣。残花渣另作其他处理，有时处理得好，还可重复利用一次。

④ 打底 在窨花或提花时，配用少量第二种鲜花一起窨制，称为打底。目的是调和香型、衬托主导花香，制造优质花茶。在窨制工艺中，除了要注意选择能衬托花香的茶坯，能产生茶味花香相调谐的香花外，还需注意两种香花的搭配使用，使主导花香有更为鲜浓幽雅之感。如窨制茉莉花茶时，配以 1～1.5 千克的白兰鲜花，分次用于窨花和提花，用白兰花的浓郁香味来衬托茉莉花的清香芬芳。也有用珠兰花或柚子花的。打底鲜花不仅要注意与主导花香相协调，还必须控制用量和用法。如窨制茉莉花茶用白兰花打底，用量过多，或将白兰切碎打底，均会透白兰花香味，俗称"透底"或"透兰"，茉莉透兰反会影响茉莉花茶的身价，不受市场欢迎。因此三级以上茉莉花茶用白兰花打底不可切碎窨制。

窨花打底，要经过复火工艺，使白兰花香味降低，变得柔和一些。鲜花打底，不经复火，容易透兰味。因此生产中白兰花打底，要掌握"窨花多用，提花少用"的原则。

（顾 峥 林 智）

3. 各种花茶窨制工艺

各种花茶，由于原料不一，品质特征不同，所以窨制工艺有别。现将几种主要花茶的窨制工艺简介如下。

（1）茉莉花茶的窨制

自 20 世纪 80 年代以来，经研究发现茶叶的吸香原理，除物理吸附，还存在化学吸附，因此窨制工艺产生了变化，除传统工艺外，又出现连窨工艺。进入 90 年代以来，在四川省又出现了炒花茶工艺。现将几种窨制工艺分述如下：

① 传统工艺

茉莉花茶的窨制工艺流程依次为：茶坯准备、鲜花维护、拌和窨花、通花、续窨、出花、烘干、转窨或提花、匀堆装箱、压花、打底等。

茉莉花开花期较长，各地略有不同，江浙的苏杭地区，一般在 6 月中下旬至 10 月上旬，有 100～140天；福建省的福州地区在 5 月上旬至 10 月底，约有160 天。一年中产量分布不平衡，品质有季节性差异，对花茶品质影响十分明显。按采摘时间不同，可分为霉花、伏花、秋花。杭州地区各期花如下：

霉花：6月20日～7月20日，产量约占全年产量的25%。前期气温低，花朵小，品质差；后期气温高，花朵大，品质好。

伏花：7月21日～8月20日，产量占全年的45%左右。这时期气温高，阳光足，花朵饱满重实，色泽洁白，花质好。

秋花：8月21日～花期结束，占全年产量的30%左右。这段时间，气温变化大，前期温度高，品质好；后期温度低，品质差。气温达20℃左右时，不易开放。

每期花的高峰期有7天左右，伏花最高日产量约占年产量的3%，有的年份达4%～5%，因此必须及早准备好茶坯，适应高峰期的需要。

茉莉花品种有单瓣花、双瓣花和丛瓣（或多瓣）花之分。苏州等地都为双瓣花，花瓣外层比内层厚；福州在1964年以前以单瓣花为主，由于单瓣花的抗逆性和产量比双瓣花差，故近10多年改为发展双瓣茉莉花。双瓣花耐旱性强，香气浓烈，下花量可适当减少，成本低，故茶厂愿意采用。

单瓣茉莉花的香气馥郁、清高带甜香；双瓣茉莉的香气较浓烈，不如单瓣花清甜。福州茶厂研究认为，茉莉花茶以双瓣花窨，单瓣花提品质最好。

单瓣茉莉的含水量比双瓣茉莉约高1%。在同样气温条件下，单瓣花开放吐香的时间比双瓣花早1～2小时，吐香延续时间比双瓣花略短，因此单、双瓣茉莉花不宜混合付窨。单瓣花开窨时间、通花、出花时间掌握上都要比双瓣花早一些。

茉莉花花朵大小差异十分明显，一般平均每千克大花有3200～3600朵、小花有4000～4600朵，在同一个地方，一般是花大质量好，花小质量差。生产中茉莉花的品质不以花朵大小划分，而以花香程度、开放程度等为主，区分为正花、次花、开花。有的以花季划分，分为霉花、伏花、秋花，收购价格各不相同。

正花：要求花朵成熟饱满均匀，色泽洁白光润，当晚能开放吐香，无枝叶夹杂物，青蕾含量很少，无过夜开花。

次花：一般花蕾较小，色泽略带青白，青蕾含量不超过5%。

开花：主要指晚秋当天傍晚不能开花留在树上后半夜才开，翌晨采收的花。开花品质很差，利用率低，有的用来窨制低档茶，有的停止采收。

茉莉花的采收时间对花质的影响十分明显。上午采，产量低品质差；下午采，产量高，品质好；以傍晚采收最好。在生产中由于花量多、劳力不足，以及送售时间等原因，需要提前采收。所以，生产上一般在午后开采，最好在下午2时以后开采。

刚采收的茉莉花苞，水分含量在84%左右，鲜花进厂后，在维护过程中随蒸发水分而失重，平均每小时失重约0.5%左右，付窨时鲜花含水量一般在80%～82%，据对茉莉花开放过程含水量的测定：花蕾84%，初开83.3%，开放82.96%，全开80.86%。通花时水分含量为75%左右，窨制8小时，出花时花渣含水量在65%左右。

茉莉花窨制时的配花量，即100千克茶坯所需的鲜花量，常用百分率（%）表示，即占茶坯用量的百分比。用花量有毛花与净花之分。进厂时过磅的净重称毛花，付窨时过磅的净重称净花。通常都以净花计算。鲜花均以伏花期的正花为标准花。

内销茉莉花茶下花量与窨次，采用1967年苏州全国花茶会议的规定，每100千克茶坯茉莉鲜花用量如下：一级茶坯：三窨一提，头窨36%，二窨30%，三窨22%，提花7%，白兰打底1千克。

二级茶坯：三窨一提，头窨36%，二窨26%，提花8%，白兰打底1千克。

三级茶坯：一窨一提，头窨34%，提花8%，白兰打底1.5千克。

四级茶坯：半窨半压全提，头窨70%茶坯窨鲜花22%，30%茶坯用花渣40%，出花后合并用8千克鲜花提，白兰打底1.5千克。

五级茶坯：半窨半压全提，50%茶坯窨鲜花17%，50%茶坯用花渣40%，出花后合并用8千克花提，白兰打底1.5千克。

六级茶坯：半窨半压全提，50%茶坯窨鲜花17%，50%茶坯用花渣40%压，出花后合并用8千克鲜花提，白兰打底1.5千克。

茶芯：一窨一提，窨鲜花22%，提花8%。

三角片：一压一提，压花用花渣40%，提花用鲜花 8%,白兰打底 1.5 千克。

一级或二级茶坯采用以上窖次和用花量,称正窖次,如改用二窖一提或一窖一提,称低窖次或轻窖次。陈坯一级、二级一般为轻窖次,采用一窖一提。

外销茉莉花茶配花量各级略有增加,白兰打底与内销相同,有的不要求白兰打底。高级茉莉花用量一级坯为 103%、二级坯为 76%、三级坯为 60%、四级坯为 44%、五级坯为 33%。

四川省茉莉花茶各级茶坯窖次与用花量,另有省定标准,如一级坯二窖一提,用花量为 65%;二级坯二窖一提,用花量为 50%;三级坯一窖一提,用花量为 30%。

打底用的白兰花,以整朵或拆瓣的为好。低、次级茶坯的打底,可以切碎混窖,白兰使用方法各地尚不统一,如三窖一提花茶,有的头窖、二窖备用 0.5 千克,二窖和提花不用;有的头窖用 0.35 千克,提花用 0.15 千克,二窖至三窖不用。总的原则是:分次用花,逐窖减量,提花少用。

白兰花开花季节,与茉莉花开花季节往往不能衔接,伏花旺季,缺少白兰鲜花打底,因此可以在白兰花的春花季节,提前窖制白兰花茶,称花母。用花母打底,有同样效果。但用于窖花打底比提花打底好。

茉莉花窖花拌和,要掌握好几个关键:一是配花量,二是鲜花开放程度,三是拌和的均匀度,四是要快速拌和。

窖堆高度可以控制在窖时间长短、窖堆升温速度与程度。一般头窖掌握在 30 厘米左右,二窖、三窖比头窖要低一些,气温高宜低,气温低宜高,以有利维护鲜花生机和持续吐香,使茶坯徐徐吸香为原则。

静止状态的窖花时间,指窖花拌和到出花之前的在窖时间,以下花量多少、窖次而不同。头窖以吃饱窖倒为好,为花茶浓度打基础,窖时可稍长,一般掌握在 11~12 小时,二窖为 10~11 小时,三窖为 9~10 小时,提花为 6~8 小时。

窖花至通花的间隔时间,一般头窖经 5 小时,二窖、三窖经历 4~4.5 小时。通花前的窖堆温度,头窖 48℃~50℃、二窖 45℃~47℃、三窖 42℃~45℃。通花要求通透通匀,薄摊散热,摊放厚度 10

厘米左右,开沟翻拌 2~3 次,经 30~60 分钟,堆温降到 35℃~38℃时收堆续窖。窖堆高度比通花前窖堆略低一些。

出花时,先及时将窖堆翻动散开,散发闷热气,用抖筛机出花要迅速,必须在 1~3 小时内出花完毕。起花时掌握高级茶先出,中低茶后出,多窖次茶先出,头窖后出,提花先出,其他窖次后出;同窖次的,先窖先出,后窖后出。

出花后的湿坯要及时摊凉烘干,花渣也需及时薄摊散热,稍摊凉后要及时压花。质量较好的花渣可烘制花干。要求做到随出花随烘干,湿坯待烘时间最好不要超过 10 小时,烘干机进风温度 100℃~110℃为宜,烘干的干度要根据烘转、烘提、烘装的不同要求掌握,还要结合不同的目的掌握。茉莉花茶工艺规程中规定,多窖次花茶的"烘转"茶坯复火干度,要逐窖放宽,三窖一提花茶一般头窖复火掌握含水率 5%左右、二窖复火 5.5%左右、三窖复火 6%左右。复火时切忌高温伤茶。生产中经常遇到烘转花坯含水量在 7%~8%,超过标准,但转窖后茶坯吸水吸香力仍不减低。成品烘转或烘提,涉及茶坯的前窖的保香、后窖的吸香,茶坯含水率的控制尚值得进一步研究。

提花要用晴天采的朵大饱满质量好的鲜花,雨水花不宜用于提花。提花的配花量可根据茶坯干度在 3~4 千克灵活掌握。在窖时间要结合茶坯含水量和提花用量来定,短的在 5~6 小时,长的在 10 小时左右。在茶坯含水量相同的条件下,提花用量少,窖时长,与用量多,窖时短具有同样的效果。用花量 8%时,必须严格控制在窖时间 6~8 小时,下花量少于 6%,可适当延长窖花时间。提花窖堆的宽、高度一般为 100 厘米×30 厘米。出花时间要根据吸香、吸水情况灵活掌握,出花后成品含水量应控制在 8%~8.5%。如超过应复火再补充提花,或与其他同级窖堆匀堆拼和。

花茶成品一般不放花干,仅有少量花瓣残留在里面。有的要求放入花干,但应控制在 1%以内,不宜多放。多了产品香度纯度差,且易受潮走色变味。

提花经出花后的成品茶适当摊凉透气后应及时进行匀堆,当天装箱完毕,避免香气散失和受潮增加水分,过磅装箱或装袋,要装紧装实,每批茶叶每件净重要一致。

同批茶要求香气一致,如遇茶多花少时,可分批窨制,或同级同窨次的茶叶,窨花后香气虽不一致,有的浓度好,有的鲜爽度好,但可拼堆提花。在提花过程中要注意充分翻拌均匀。匀堆后要检取小样,供出厂审评应用。

每批花茶出厂要编写出厂批唛。如波91101,汉字代表厂名,阿拉伯数字第一位代表年份,如9代表1989年,第二位代表条形茶,第三位代表级别,以下两位代表同级茶的出厂批次。

②连窨工艺

连窨工艺是20世纪80年代后期发展起来的一种花茶窨制新技术。它是将窨后起花完毕的茶坯,不经烘焙或减少烘焙,继续进行第二次、第三次窨花,至最后窨花结束时再烘焙、提花。它较传统工艺可减少窨制过程中的烘焙次数,提高鲜花利用率,具有减少鲜花用量、缩短生产周期、降低成本等优点(表4-53)。

表4-53　连窨工艺与传统工艺的比较

项　目	连 窨 工 艺	传 统 工 艺
窨前茶坯	不需复火	复火至含水量4%～4.5%
通花次数	少	多
复火次数	只需提花前复火1次	每窨后都需复火1次
用花量	比传统工艺减少20%～30%	较大
花　渣	大部分尚白,再利用率高	大部分变黄,再利用率低
生产周期	4天左右	9天左右

连窨工艺的技术要点主要有以下几个方面:

窨前茶坯处理　连窨工艺与传统工艺的根本区别之一就是窨前茶坯含水量不同。一般来说,精制好的茶坯直接付窨,头窨后含水量一般达到16%～18%,二窨后达到20%～30%,这样的含水量不但吸香效果好,还有利于产品外形,在生产中易控制。若用增湿的茶坯,首先要人工喷水增湿或压花增湿

来达到所需的含水量,不但费工费时,而且头窨和二窨后的含水量极易偏高,从而导致茶坯劣变。综合考虑到鲜花吐香、茶坯吸香、保持外形以及易控制等方面,连窨的茶坯含水量以控制在7%～10%左右为宜。如果采用的茶坯含水量超过10%以上,最好进行复火,这不仅可以消除杂味,更重要的是通过复火,使茶香显出,窨花后茶香与花香调和,这样才能窨制出香高味浓的花茶。

湿坯摊凉　湿坯摊凉是连窨工艺中至关重要的一环,它与传统工艺的处理方法是不同的,传统工艺要求茶花分离后的湿坯要及时复火,不能及时复火的要及时摊凉,并必须在当天复火完毕。而连窨工艺则要求茶花分离出来的湿坯不需复火而要摊凉,当晚续窨。由于待连窨的湿坯水分高,一般在12%～14%之间,容易加速茶坯内含物质的变化,如果处理不当,茶坯内固有的芳香物质在高水分和水热条件下,会引起后发酵作用,使叶底变暗,汤色混浊,香气不鲜灵,滋味不鲜爽。特别是霉菌会迅速生长繁殖,使成品茶变质出现异味。因此,连窨工艺对湿坯摊凉的技术要求更高。一般采取的方法是将起花后的湿坯及时摊在地上,厚度不超过20厘米,先开横沟或纵沟后,每经4小时再开沟一次,用排风扇排掉湿坯中的部分水分和热量,经过这样处理后的湿坯堆温接近室温,湿坯水分慢慢蒸发,到当晚续窨时,水分会降低2%左右。如果当天鲜花供应不足不能续窨的,湿坯可以继续摊凉(摊凉方法同上)。湿坯连续摊凉2天,堆温也不会升高,并不影响花茶品质,比湿坯当日复火再窨的效果还要好。

配花量与窨次　连窨工艺与常规工艺配花量的掌握有一定的区别,同级的茶坯,一般连窨工艺的配花量要比传统工艺少20%～30%,特别是高档茶因茶叶组织细嫩,内含物含量高,如果配花量过大,湿坯水分过高而摊凉过程中稍不注意,易使茶汤变暗,也容易造成外形松扁从而影响品质。因此,高档茶连窨的配花量宜掌握头窨少二窨多的原则,下花量头窨控制在32千克/100千克茶以下,二窨可根据各厂的工艺标准下花,但不宜超过40千克/100千克茶。级内茶指特级以下茶叶组织较粗老,在配花量的掌握上要求先多后少。如一级花茶头窨下花量

为 36 千克/100 千克茶、二窨 30 千克/100 千克茶。特种茶连窨的次数掌握少连,最好为一连;级内茶可掌握一连至二连。

烘焙 连窨茶叶湿坯含水量高,且复火次数少,因此掌握好烘焙温度和水分尤为重要,烘焙时要遵守"高温、快速、安全"的原则,多窨次的茶叶水分掌握由低到高逐窨增加,末窨水分最好不低于 7.5%,少窨次的茶叶水分末窨时宜掌握在 7%～7.5%,不能低于 6%,否则花茶香气损失严重。因为窨次少的花茶如果水分焙得过低,虽然能增加成品花香浓度,但花茶表香散失,缺少鲜灵度,即使经过提花也难以弥补香气的损失。

压花 常规工艺中压花处理的目的是洗坯,即除去低档茶;陈茶中的陈味、粗涩味。压花工序操作往往较为粗放,配花量大,堆温高。而连窨工艺的压花目的是增加茶坯的含水量,因此连窨工艺的压花必须掌握窨堆低(30～35 厘米),操作认真,堆温不宜过高,压花用的花渣质量要好,以免出现异味,用鲜白或尚白稍有余香的花渣压花效果最好。压花时间如果较长,可在压后 3.5 小时进行一次通花,压花时间在 4.5 小时左右则可以不通花,出花后当日直接连窨。

③ 炒花(摘花)茶工艺

炒花茶(又名摘花茶、飘香茗香),早在 20 世纪 60 年代原成都茶厂就有生产,后因嫌摘花(瓣)费工而停产。90 年代以来,四川省新津一带又恢复了这种生产工艺。炒花茶的制法如下:

茶坯选择:一般选用名优绿茶(扁形或卷曲形)作为茶坯。

摘花处理:伏天或秋季前期晴天下午采摘含苞待放茉莉花,待晚间 7～8 时,花朵开放前,摘掉花蒂,使茉莉花呈珍珠状,再筛去碎花片待用。

配花与窨制:一窨,茶、花比为 100∶50;二窨,茶、花比为 100∶40。一般炒花茶如鲜花质量好,一次到位,不用提窨。

窨制方法:茶叶铺平,一层茶一层花,用手工将茶、花拌匀,盖洒面茶,堆高 15～18 厘米,窨 4～5 小时,待茶叶带润时,即可炒花。

炒花:用瓶式炒干机(或在锅中手工炒)炒花,转速 23～25 转/分,控温 70℃～90℃之间。100 型瓶式机投茶 8.5～9 千克,先用 85℃～90℃炒 3～5 分钟,将花炒蔫,然后 70℃～80℃低温炒干(约 18～20 分钟)起锅。

拼配:同批次原料,不同批次炒花茶,对照标准拼出小样,再拼大样。炒花茶产品特色,与传统茉莉花茶相比,具有以下不同风格:

(1) 茶坯原料别致,传统茉莉花茶均为大宗烘青绿茶,而炒花茶为名优绿茶。

(2) 加工方法独特,传统窨制花茶没有摘花(去花蒂)工序,窨花后直接烘干,而炒花茶,在窨制前要摘去花蒂,留下珍珠状茉莉花朵窨制,再后花、茶一起炒干,即有花香,也有绿茶炒香(熟香)。

(3) 传统窨花前,产品中筛去花瓣,只留干茶;而炒花茶产品中,有茶也有花,冲泡后,茶汤表面漂浮茉莉花瓣,增加观赏价值,令人耳目一新。

(顾 峥 林 智)

(2) 白兰花茶的窨制

白兰花茶窨制工艺依次为:茶坯准备、鲜花维护、拌和窨花和匀堆装箱等。

白兰花茶所需的白兰花,又称玉兰花,开花期较长,几乎全年都有,以 6～7 月份为最多,有春花与秋花之分。春花 5 月到 7 月、秋花 9 月到 11 月。香花品质以 6 月、10 月为最好,产量占全年的 60% 以上。

白兰花孕蕾期长,前期形态短小,外有灰褐色苞片,随着花蕾伸长增大,苞片脱落,花蕾由青逐渐转为黄白色,香气由带青气逐渐转为鲜浓芬芳,待花蕾顶端破绽初放,吐香浓烈时,开始采收,供窨茶用。在夜间破绽吐香,上午采收的白兰,俗称"当天花"。苞片脱落尚未开放者称"青花"。当天漏采,第二天盛开,花瓣增长,展开似蟹爪,称"蟹爪花"。

白兰花属重瓣花,花瓣长条形,分三层排列。每层有 3～4 瓣,总数在 9～12 片之间。外层花瓣长而宽厚,中层居中,内层窄狭,同层花瓣长短基本接近。每千克约 450～500 朵花。大花瓣长 4.5 厘米以上。瓣长在 3.9 厘米以下为小花,每千克有 800 朵左右。白兰花自然状态容重每立方米 190 千克左右。

白兰鲜花含水量一般在 76%～83%,在自然生长条件下,随花蕾成熟开放而逐渐增加,开足花含水量最高。取晴天上午采收的花及时测定，带苞片花蕾含水率为 73.8%，苞片脱落，带青色尚未开放的花蕾，含水率为 74%；初开花为 80.3%；蟹爪花为 83%。

白兰花瓣重量，一般占全花重量的 80% 左右，花芯、花柄为 20% 左右。花瓣含水量比花芯、花柄高。

白兰花茶的茶坯处理与茉莉花茶窨制相同。

白兰花维护很重要，鲜花进厂后，必须薄摊散热，去表面水及时窨。如不付窨要遮盖湿布或湿毛巾（不宜贴紧），进行保鲜处理。

白兰花有整朵花窨制、人工拆瓣去花芯花柄窨制、切碎窨制。整朵窨制一般用于茉莉花茶打底；拆瓣窨制有利于扩大鲜花与茶坯接触面，使茶坯吸香充分而均匀，被广泛用于茉莉花茶打底或白兰花茶的窨制；切碎窨制，茶、花接触面更大。但易产生红变，影响香气的鲜爽度，必须边切边窨，只能用于低档茶坯。

白兰鲜花拆瓣的花瓣失水比整朵花快将近一倍，因此不宜过早拆瓣。拆瓣窨花，茶坯吸香比用整朵花快而好。

配花量每 100 千克茶坯 2.5～5 千克，茶坯级别低，配花量少。如三级坯为 5 千克、四级坯为 4 千克、五级坯为 3 千克、六级坯为 2.5 千克。下花量在 7% 以上，成品水分容易超过出厂标准，需要复火后出厂，不然产品容易陈化变质。

拌和窨花时，经茶、花充分拌和后即可装箱。整朵窨者，隔天装箱。

为防止茶坯吸水、吸香不匀，以先窨再匀堆装箱为好。窨堆高度 30～40 厘米，窨 24 小时后，匀堆装箱。

拌和要求均匀，防止花瓣集中在一起或落到茶箱的四角，以免花瓣附近的茶坯吸水过多而发生霉变。

白兰花茶也可进行整朵花窨、拆瓣提的一窨一提。各级茶坯配花量是：三级坯窨花 20.25%，提花 5%；四级坯窨花 10%～20%，提花 5%；五级坯窨花 10%～20%，提花 5%；六级坯窨花 7%～10%，提花 4%。

白兰花茶下花量要适当，过多后，花茶滋味鲜浓而带涩味，不受市场欢迎，因而对白兰花茶的窨制，当前普遍采用配花轻、单窨次、不出花、不复火的工艺技术。

（3）玳玳花茶的窨制

玳玳花茶窨制工艺依次为：茶坯干燥和鲜花维护、拌和、加热窨花、通花翻囤、先复火后出花或先出花后复火、薄摊冷却、匀堆装箱等。

玳玳花茶生产季节在 5 月中下旬，生产季节较早，一般都用隔年陈茶付窨，鲜花含水量在 80%～85%。

经窨花后，出花时分出的花渣烘干后称退干，也有应用价值。

玳玳花茶采用单窨次热窨、不提花，各级茶坯的配花量为：三级坯 40%，四级坯 34%，五级坯 30%，六级坯 28%。

干燥茶坯经鲜花拌和后，随即上烘干机加温，进风温度 85℃～95℃，然后放入竹编栈条围起的圆囤进行热窨，囤直径 2～3 米，高度 90 厘米左右，以每囤盛茶 20 担左右为最好。窨花后 20～24 小时之内，堆温达 56℃～62℃，通行通花翻囤。通花时先将底层栈条打开，再除上层栈条，注意把囤边的茶叶翻到囤中间，经 30～60 分钟薄摊散热后，当坯温下降到 40℃ 左右，即可收堆做囤续窨，囤高由通花前的 90 厘米改为 40 厘米。续窨 24 小时左右，出花烘干，也可带花烘干，边烘边出花。退干要经第二次复烘干燥，带花烘干因茶叶不易干燥，没有出花烘干好。

复火后的玳玳花茶经 24 小时冷却后，拼入少量玳玳花干，匀堆装箱。

（4）桂花茶的窨制

桂花茶窨制工艺依次为：茶坯准备、鲜花维护、拌和窨花、通花散热、收堆续窨、出花烘干或带花烘干出花、匀堆装箱等，有的还有一个提花过程。

桂花茶生产季节较迟，因为桂花需在 9 月中旬～10 月上旬开花。开花季节气温在 18℃～24℃。桂花形态较小，故称花朵为花粒，同一株桂花可开花 1～3 期，但以第一期产量最高，品质最好。

桂花有金桂、银桂、丹桂、四季桂和药桂之分。金桂产量高，花粒较小，香气清鲜芬芳，窨茶品质最好。其次是银桂,香气鲜尚浓。还有丹桂,虽然产量低,但香气浓郁微甜带奶香,所以也可用于窨制花茶。至于其他品种,花香较低,窨茶品质差,通常不作窨花用。

桂花开花吐香时间较长,当花苞掉落,细小幼花就逐渐初开吐香,花粒边开放边长大,开花期8～10天,前期花香鲜浓,开至4～5天,花粉成熟飘扬时,香气最浓。因花粒不易掉落,采收困难,故需要人工剥采。后期花香鲜浓度逐渐下降,花粒容易掉落,采收方便。此时,一般采用竹竿摇打花枝,地上铺篾罩或尼龙布等收集。在自动凋谢之前及时采收,对提高香花品质十分重要。自然掉落时采收,窨花品质差。干旱天气,花粒不易掉落,桂花每天上午含水量高,下午含水量低,所以采花都在上午进行。

桂花形小,每千克有29 500粒左右,大约是茉莉花的32倍。每立方米自然容重150千克左右。花朵单瓣4片,呈十字形生长,体形小,与茶叶接触面较大,有利茶坯吸香均匀。新鲜桂花的含水量一般在82%左右。桂花品质有的地方以香气高低划分为1～3级,好花窨好茶,次花窨次茶。

桂花茶窨制工艺流程为:茶坯准备和鲜花维护、拌和窨花、通花散热、收堆续窨、出花烘干或带花烘干后出花、匀堆装箱,或再加提花工艺。

桂花进厂后,及时薄摊散热去除表面水后付窨。付窨前用手筛进行分筛,用6号筛或8孔/吋铁丝筛网,剔除枝叶,用7.5号或10孔/吋铁丝筛网剔除花柄。

桂花茶配花量依单窨还是窨提有所不同。由于桂花花期短,一般只采用一窨一提,配花量20%～25%,窨花用20%,提花用4%～5%。单窨配花量一般为20%或40%,视市场需要而定,有的只用4%～5%。

窨制时,要使茶、花充分拌和,采用堆窨。窨堆高度以25～30厘米为宜。窨堆偏高,升温快而高,会影响鲜花吐香生机,鲜花很快闷热变色。窨花总时间一般为18～20小时。如采用低堆低温,窨时可延长到30～40小时,中间通花一次。当堆温升到38℃左右,及时通花,薄摊散热约半小时后,湿坯降至接近室温即可收堆续窨。出花烘干比带花烘干鲜

爽度好,但烘前出花花渣不易取出,故一般采用带花烘干,烘干后再筛出部分花干。

桂花茶的烘干温度最好在100℃以下,系用薄摊低温慢速烘干法。烘温偏高花干呈暗褐色,品质差。

提花的配花量,可视花坯干度灵活掌握,但用量不可超过5%,多了成品水分容易超标。

如窨花用花量较少,在4%～5%,可以采用白兰花的只窨不出花、不复火的工艺。

桂花茶要求包装密封,要用有锡箔为内衬的牛皮纸包装,或用尼龙袋套在牛皮纸袋外面,可保持桂花茶质量经久不变。刚窨制的桂花茶往往感觉香气不浓,经过一段时间贮存,香气增浓,滋味甘醇,可口芬芳,别有风味。

(5)珠兰花茶的窨制

珠兰花茶窨制工艺依次为:茶坯处理和鲜花维护、拼花窨花、通花散热、带花复火、匀堆装箱等。

珠兰花生产季节在5月下旬～6月中旬。珠兰花品种有大叶珠兰和小叶珠兰之分。小叶珠兰产量低,生产中普遍栽种大叶珠兰。珠兰花着生紧贴在花枝上,为圆形单瓣。体形十分细小,似粟粒,花朵直径约在1.5毫米左右。由于形小故称花粒。花蕾呈青绿色时无花香,成熟时转呈黄绿色,开放吐香时呈金黄色。一般在上午开始吐香,中午前后香气浓烈芬芳,次日花谢香散。珠兰鲜花含水量为85%～90%。

珠兰花期较早,往往是陈茶新窨。陈茶坯窨制珠兰花,有损珠兰花鲜爽清高幽雅的独特风格,应尽可能争取赶制新茶坯来窨制。江西省近几年选用婺绿优质茶坯,采用窨提工艺窨制出高档珠兰花茶,恢复了历史上的珠兰花茶声誉,1988年获农业部优质名茶称号。

珠兰花在主花枝上有4对着生花粒的分株,每分株上有6对花粒,少数7对。鲜花进厂后要进行折枝,俗称打边,用手工将分株捋下,剔去长的主花株和夹杂物,及时薄摊在竹匾上,厚度一般2～3厘米,如有表面水,要摊在洁净的布上,并用风扇吹风,散发表面水后即予付窨。晴朗干燥天气的鲜花,要覆盖湿布保鲜,防止鲜花萎凋,花粒脱落,花香散失。

珠兰花是带花枝付窨,与其他茶用香花要求不同。珠兰花开放后花枝很易掉落,必须在中午以前及早付窨完毕。

珠兰花茶窨制时的配花量,视原料老嫩和市场要求而定,下花量多如 20%,采用一窨一提。下花量少如 5%～6%,采用单窨次。珠兰花不宜采用多窨次,因为花枝、花粒在反复吸温干燥过程中会变黑,影响花茶的鲜爽度。

茶、花经拌和后,根据付窨数量多少,分别采用箱窨、块窨或囤窨。窨堆厚度 30 厘米左右。当堆温上升到 40℃ 时,进行通花散热,待坯温下降到 32℃～35℃ 时,收堆续窨。如下花量少,坯温不高,可以不进行通花。窨花总历时以 20～24 小时为宜,不宜超过 30 小时,时间长了,花茶香味沉闷品质差。

珠兰花的花枝细,花粒小,不必起花,可以随茶复火,低温干燥,烘干机进风温度 90℃～100℃。烘后茶叶含水量 8% 左右为宜。

茶叶下烘后,进行适当薄摊透气冷却,叶温降至 40℃～45℃,趁有微温进行匀堆装箱,以免香气散失。珠兰花茶贮存时期如同桂花茶一样,花香经久不衰。下花量少,可以单提不复火、不出花,而进行匀堆装箱。

为了调节花茶浓度与鲜灵度以及成品出厂水分,珠兰花茶可以将同级茶坯分别进行单独窨花与提花,然后合并匀堆装箱。

(6)玫瑰花茶的窨制

玫瑰花茶窨制工艺依次为:茶坯处理和鲜花维护、拌和窨花、通花散热、收堆续窨、出花分离、复火干燥、匀堆装箱等。

玫瑰花茶生产季节在 5 月份,鲜花初开后在上午采收。

茶坯选用工夫红茶。要求含水量在 4% 左右,有余热时付窨。

鲜花进厂后及时薄堆于阴凉通风处,以散热及去表面水,经摘去花蒂花蕊后及时付窨。

配花量为 20%～25%,拌和堆窨。窨堆高度 40厘米左右,经 4～6 小时后通花散热一天,再收堆续窨 18～20 小时,及时出花。茶与花分别用低温烘干,在装箱时拼和少量花干,或在茶叶面上铺一些玫瑰花干,或分别装箱,在零售时,按茶的比例配合花干。

(7)柚子花茶的窨制

柚子花茶的窨制工艺依次为:茶坯处理和鲜花维护、拌和窨花、通花散热、收堆续窨、出花分离、复火干燥、冷却、匀堆装箱等。

茶坯干度掌握在 4% 左右,要求冷却到 21℃～25℃ 付窨,不宜超过 30℃。

柚子花花期较短,采摘时已完全开放,到厂后应尽快付窨。湿花应薄堆晾干表面水后付窨。

柚子花茶采用单窨次、不提花。各级茶坯配花量为:一级 40%,二级 40%,三级 32%,四级 28%,五级 24%,六级 20%。

拌花要求均匀,窨堆高度 30 厘米左右,开窨后经 8～10 小时,堆温升到 37℃～38℃ 时,通花散热,坯温降至 28℃～30℃,收堆续窨。出花时抖筛机配用 4 孔/吋筛网。出花后湿坯要及时复火干燥,烘后含水率控制在 8%～8.5%,经摊凉后匀堆装箱。

(顾　峥)

(九)新型茶加工技术

近年来,为满足消费者的不同需求,扩大茶叶的消费,国内的科研单位和企业相继开发出不少新型茶产品,主要有低咖啡碱茶、γ-氨基丁酸茶、超微茶粉和香味茶等。现将这些新型茶的加工技术逐一介绍如下。

1. 低咖啡碱茶

低咖啡碱茶是一种适合于对咖啡碱敏感的特定人群,如神经衰弱者、孕妇、老人、儿童等饮用的新型茶类。它采用特定的技术手段,如超临界萃取、热水浸渍等方法,将茶叶中所含的咖啡碱大部分脱除,同时尽可能保留茶叶原有的有效成分和风味。一般将咖啡碱含量低于 1.5% 的茶叶称为低咖啡碱茶。

低咖啡碱茶的加工方法主要有两种:超临界 CO_2 萃取法和热水浸渍法。

(1)超临界 CO_2 萃取法

超临界 CO_2 萃取法脱除茶叶咖啡碱的工作原

理,是利用 CO_2 流体在超临界状态下对咖啡碱有特殊增加的溶解度,而低于临界状态下对咖啡碱基本不溶解的特性,将 CO_2 流体不断在萃取釜和分离釜间循环,从而有效地将咖啡碱从原料中分离出来。该方法的优点是咖啡碱脱除率高,可达 80% ~ 90%,且基本上保持茶叶原有的品质风味,适合于对多种茶类的成品茶脱除咖啡碱。缺点是设备投资大,生产成本高。

超临界 CO_2 萃取工艺过程如下图所示。将茶叶装入萃取釜。采用 CO_2 为超临界溶剂,CO_2 气体经热交换器冷凝成液体,用加压泵把压力提升到工艺过程所需的压力(应高于 CO_2 的临界压力),同时调节温度,使其成为超临界 CO_2 流体。CO_2 流体作为溶剂从萃取釜底部进入,与茶叶充分接触,选择性地萃取出咖啡碱。然后将含咖啡碱的高压 CO_2 流体经节流阀降压到 CO_2 临界压力以下,进入分离釜。在分离釜中,由于 CO_2 对咖啡碱的溶解度急剧下降,自动分离成咖啡碱和 CO_2 气体两部分。咖啡碱为过程产品,定期从分离釜底部放出,CO_2 气体经热交换器冷凝成 CO_2 液体再循环使用。

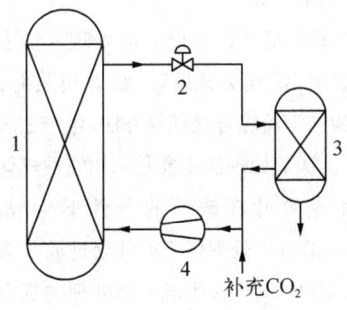

超临界 CO_2 萃取工艺过程图
1—萃取釜;2—减压阀;3—分离釜;4—加压泵

目前超临界 CO_2 萃取法加工低咖啡茶的工艺主要有两种:一种是常规工艺,其过程大致为:先将待处理的茶叶粉碎(通常 0.8~1.2 毫米),均匀加湿后,投入萃取釜中,在设定一定温度和压力后,用超临界 CO_2 流体进行萃取,然后将萃取物咖啡碱与 CO_2 一起送入分离釜,通过温水洗涤,将溶解在 CO_2 中的咖啡碱洗脱出来,CO_2 则返回萃取釜继续进行循环萃取,脱完咖啡碱的茶叶则从萃取釜中取出后进行烘干,恢复原来状态。

另一种是将预萃香气、脱咖啡碱和香气还原串联在一起的改进工艺,其流程如下图所示,首先将待处理的茶叶置于萃取釜中,用不含水的 CO_2 在萃取压力 40 MPa、温度 45℃,分离压力 6.5 MPa、温度 45℃的条件下通过一回路,循环萃取茶叶,在这个条件下大部分芳香物质被萃取出来,收集在分离釜 1 中;然后通过阀门切换,接通与第二个分离釜连通的回路。在第二个回路中,超临界 CO_2 先通过水储罐再进入萃取釜,继续萃取原茶叶。在压力 25 MPa、温度 50℃的条件下,含水 CO_2 仅溶解咖啡碱,在分离釜 2 中得到浅黄色粉末,其咖啡碱纯度为 95% ~ 97%;最后切换到第三回路,用压力 30 MPa、温度 40℃的 CO_2 带出分离釜 1 中的芳香物质,进入萃取釜,在压力 4.5 MPa、温度 10℃的条件下,其携带的芳香物质释放出来被茶叶吸收,恢复茶叶原有的香味。采用该工艺,茶叶仅失去了咖啡碱,保留了原香、原味和原状。

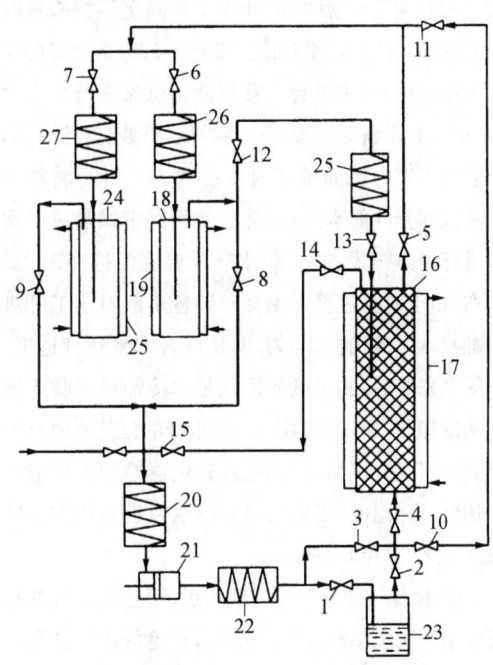

超临界 CO_2 萃取法从茶叶中脱咖啡碱的流程图
1~15—阀门;16—萃取釜;17,19,25—夹套;
18—分离釜 1;20,22,26,27—热交换器;
21—压缩机;23—水储罐;24—分离釜 2

(2)热水浸渍法

热水浸渍法的低咖啡碱绿茶加工工序主要为热

水浸渍、冷却、脱水、揉捻和干燥。

① 热水浸渍 将采摘后的鲜叶经过适当摊放后,然后投入茶叶咖啡碱脱除机的热水浸渍槽内,进行杀青和咖啡碱脱除,由于所使用的浸渍水温一般为85℃以上甚至达到95℃左右,可使鲜叶中的咖啡碱在2～3分钟内快速脱除2/3左右;与此同时,由于浸渍状态下的鲜叶叶温的快速升高,叶中酶的活性在很短时间内被钝化,制止了多酚类物质的氧化,使加工叶保持翠绿状态,从而完成杀青工序。

② 冷却 浸渍叶离开热水后因为温度仍然很高,为防止变黄,故在茶叶咖啡碱脱除机后紧接设置一台浸渍叶冷却机,使高温的浸渍叶直接落入装有足够数量冷水的冷却槽内,在水槽中被很快冷却至室温左右,再由冷却机的链条网板机构将其捞出水槽,并装入脱水布袋。

③ 脱水 由于浸渍叶表面水含量较大,含水率较鲜叶有所增加,无法投入下一工序的揉捻,因此,紧接着必须进行脱水,使叶含水率降至传统杀青60％～65％的含水率范围。低咖啡碱绿茶加工的脱水工序,分为两步进行。首先使用机械进行离心脱水,应用的设备为一般工业离心机,将装有浸渍叶的布袋投入离心机的转筒内,1分钟左右即可将加工叶的大部分叶面水除去;随后使用网带式热风脱水机进行加热蒸发脱水,脱水热风温度保持在130℃左右,由于脱水过程中由翻叶装置不断对加工叶进行翻拌,可保证脱水均匀,并使叶含水率达到适度。当脱水完成后,脱水机的后段是由冷却风机吹入冷风的冷却段,通过冷却段后,脱水叶的温度一般可下降到30℃左右,如果气温过高,机器冷却也可能难以达到这一温度,则应用风扇等吹风设备协助使叶温降下来,以免叶色变黄。

④ 揉捻 浸渍叶经过脱水后,可达到常规揉捻所要求的含水率即60％～65％,揉捻的操作和要求与普通绿茶的揉捻相同。

⑤ 干燥 可按各类绿茶干燥工序进行加工,从而可获得各种类型的低咖啡碱绿茶。例如按常规烘青工艺,揉捻叶使用茶叶烘干机进行烘干,则可获得具有中国绿茶传统风格的低咖啡碱烘青绿茶;若揉捻叶使用茶叶烘干机进行烘二青,然后按炒青绿茶加工工艺进行炒干,就能生产出品质良好,具有中国绿茶传统风格的低咖啡碱炒青绿茶。

(林 智 权启爱)

2. γ-氨基丁酸茶

γ-氨基丁酸茶(又称 GABARON 茶)是 1987年由日本农林水产省蔬菜茶叶试验场首次开发成功的新型茶,要求茶叶中 γ-氨基丁酸(GABA)含量必须达到 1.5 毫克/克以上,比一般普通绿茶中 γ-氨基丁酸含量提高 10～20 倍。经动物实验和临床实验证实,γ-氨基丁酸茶具有明显的降血压作用。因此,γ-氨基丁酸茶自 1987 年在日本投放市场以来,深受消费者特别是广大高血压患者的青睐,并形成叶茶、袋泡茶和罐装茶饮料等系列产品,引起了世界各茶叶生产国的普遍关注。我国在 1999 年试制成功 γ-氨基丁酸炒青绿茶,经过近十年的努力,目前已有批量产品投放市场。

γ-氨基丁酸茶的加工原理是首先将茶鲜叶进行处理,使茶鲜叶中 L-谷氨酸(Glu)在谷氨酸脱羧酶(GDC)作用下脱去羧基,生成 GABA,然后按正常的制茶工艺加工成品茶。

γ-氨基丁酸茶加工的鲜叶处理方法主要有厌氧处理、厌氧/好气交替处理、红外线照射、微波照射、谷氨酸钠溶液综合处理等方法,生产上多采用厌氧处理法。厌氧处理法主要是采用惰性气体或真空等方式使茶鲜叶在缺氧的条件下生成大量的GABA。一般真空处理优于氮气处理或二氧化碳处理,且茶鲜叶中 GABA 生成量随处理的真空度提高而增加。

与普通茶叶加工相比,γ-氨基丁酸茶在加工工艺上主要是多了一道鲜叶处理的工序来提高 GABA含量,其余工序均相同。但是,由于 γ-氨基丁酸茶不仅要求 GABA 含量在 1.5 毫克/克以上,同时还要求具备所加工茶类的典型感官品质特征。因此,γ-氨基丁酸茶在鲜叶原料的选择和关键工艺参数的控制等方面与普通茶叶加工的要求也有所不同。γ-氨基丁酸绿茶的加工工艺如下:

γ-氨基丁酸绿茶加工主要分为鲜叶处理、杀青、揉捻和干燥等四道工序。

（1）鲜叶处理

为了保证 GABA 含量和绿茶"三绿"的感官品质特征,鲜叶厌氧处理的时间必须严格控制。一般夏季不超过 6 小时,春季和秋季 8 小时较为理想。如处理时间过长,则叶色褐变,汤色也变成了近似乌龙茶的汤色。

（2）杀青

杀青是形成和提高 γ-氨基丁酸绿茶品质的关键工序。由于鲜叶经过一定时间的厌氧处理后,会产生一种"酸味",因此,为减少酸味,宜采用高温杀青的方式。对真空厌氧处理后的鲜叶分别进行滚筒杀青（180℃,60 秒）、蒸汽杀青（100℃,60 秒）和微波杀青（1 千瓦,60 秒）试验,结果表明,滚筒杀青有利于减少 γ-氨基丁酸绿茶中"酸味"物质,如低沸点的酸类物质,提高芳樟醇、香叶醇和吲哚等香气物质的含量,其成品茶的感官品质也明显优于蒸汽杀青和微波杀青。

（3）揉捻和干燥

揉捻是塑造绿茶外形,对提高茶叶滋味浓度有重要作用的一道工序。γ-氨基丁酸绿茶的加工对揉捻工序无特殊要求,可完全按照常规绿茶的揉捻工艺进行。

干燥分为毛火和足火。毛火温度一般控制在 110℃～120℃,足火温度控制在 80℃～90℃。对干燥方式的研究表明,采用烘-烘工艺的 γ-氨基丁酸绿茶感官品质较好,其香气、滋味和汤色均明显优于烘-炒和烘-滚工艺。

（林 智）

3. 超微茶粉

超微茶粉也叫"粉茶",日本人叫"抹茶",在我国是 20 世纪 90 年代初发展起来的,它是利用茶树鲜叶经过特殊加工工艺加工而成的可以直接食用的超细颗粒的茶叶新型产品,颗粒 300 目。超微茶粉可作为速冲饮料直接饮用,也可用于茶道和加工各种茶叶食品,如茶冰淇淋、茶糖果、茶月饼、茶汤圆、茶豆腐、茶面包以及其他茶制食品。目前超微茶粉主要有超微绿茶粉和超微红茶粉两种,其中超微绿茶粉要求产品的叶绿素保留率为 70% 以上。

超微茶粉的加工原理是先将茶鲜叶进行处理,加工成超微茶粉的半成品后再进行超微粉碎而成的。

超微绿茶粉是将茶鲜叶经摊放、护绿处理、杀青、揉捻、脱水干燥、超微粉碎等工艺加工而成的,加工技术的关键在于如何提高叶绿素保留率和超细颗粒的形成。超微绿茶粉的品质特征为:外形色泽翠绿亮丽,细腻均匀;香气清高;滋味浓醇;汤色翠绿。同普通绿茶相比较,超微绿茶粉的品质在滋味和香气上类同于普通绿茶,不同的是超微绿茶粉的色泽特别绿、颗粒特别细。因此,超微绿茶粉的加工原理主要体现在:怎样用护绿技术防止叶绿素破坏、形成翠绿色泽和利用超微粉碎技术形成超细颗粒两个方面。在加工过程中,保绿技术上通过特殊的护绿技术、杀青和干燥工艺技术组合,从而提高叶绿素保留率。颗粒的形成是通过对半成品茶（粉碎前制品）含水量、外力作用和粉碎物料茶的温度等三个方面因素的控制,使干茶的植物纤维断裂、叶肉破碎而形成颗粒的。

超微红茶粉的加工是将茶鲜叶经萎凋、揉捻、发酵、脱水干燥、超微粉碎等工艺加工而成的,鲜叶经萎凋增强多酚氧化酶的活性,通过揉捻、发酵使茶多酚酶性氧化,形成红茶风味,再进行超微粉碎成超微红茶粉。超微红茶粉的品质特征为:外形色泽棕红,颗粒细腻均匀;滋味醇和甘浓,香气馥郁,汤色深红。超微红茶粉加工原理:其色泽、滋味和香气同普通红茶;粉碎工艺和超微绿茶粉一样,均是将茶鲜叶加工成干茶（半成品或粉碎前制品）后,再用超微粉碎技术进行粉碎的,因此粉碎工艺原理同超微绿茶粉。

（1）超微绿茶粉的加工方法

加工超微绿茶粉的原料为叶绿素含量 0.6% 以上的无病虫的春季或秋季鲜叶。夏茶、雨水和露水叶不宜加工超微绿茶粉。加工方法按杀青方式不同,有滚筒杀青加工法和蒸汽杀青加工法两种。超微绿茶粉的加工工艺流程是:

鲜叶摊放→护绿处理→蒸汽杀青（或滚筒杀青）→叶打解块（采用滚筒杀青方法不需要用此工艺）→揉捻→解块筛分→脱水干燥→干茶→超微粉

碎→成品包装。

超微绿茶粉的加工工艺与炒青绿茶制法基本相同，所不同的主要有四点：

① 护绿处理　护绿处理是在鲜叶摊放过程中边摊放边进行的。当鲜叶摊放到离杀青前 2 小时时，将护绿剂按一定浓度配比进行护绿技术处理，让其发生作用产生护绿效果。在护绿处理过程中必须小心轻翻，不能使鲜叶受到机械损伤，以免发生红变而影响超微绿茶粉的品质。

② 脱水干燥　为提高超微绿茶粉叶绿素保留率，经揉捻解块分筛后的叶子，脱水干燥宜采用微波干燥方法，分初脱水干燥和精脱水干燥两个阶段。初脱水干燥：微波磁控管加热频率：1240 兆赫兹，微波功率：5.1 千瓦，发射功率：100％全功率，输送带宽度：320 毫米，微波时间：3.0～3.5 分钟，经初脱水干燥的叶子，含水量为 30％～35％。初脱水后需摊凉回潮约 20 分钟后精脱水干燥。精脱水干燥：微波磁控管加热频率：950 兆赫兹，微波功率：5.1 千瓦，发射功率：83％功率，输送带宽度：320 毫米，微波时间：1.8～2.0 分钟。精脱水干燥后含水量低于 5％。

③ 超微粉碎　超微粉碎技术有球磨、轮磨和直棒锤击三种，从超微绿茶粉产品的品质来看，由于球磨和轮磨技术都是茶叶在旋转力的作用下进行粉碎的，不利于嫩茎和叶脉的粉碎，因此应采用直棒锤击技术。粉碎时间为 30 分钟，投叶量为 15 千克。

④ 成品包装　由于超微绿茶粉产品颗粒小，在常温下极易吸收空气中的水分，使产品在很短的时间内结块、变质，因此加工好的超微绿茶粉应及时进行包装，并放入相对湿度 50％以下，0℃～5℃的冷库内贮藏，以保证产品的品质。

（2）超微红茶粉加工方法

加工超微红茶粉的原料春、夏、秋季茶鲜叶均可，要求新鲜、均匀，无病虫害。加工方法按萎凋方法不同分为萎凋槽萎凋加工法、自然萎凋加工法和日光萎凋加工法 3 种。加工工艺为：

鲜叶→萎凋（萎凋槽萎凋、自然萎凋和日光萎凋）→揉捻→解块筛分→发酵→脱水干燥→超微粉碎→干茶→成品包装。

① 超微红茶粉加工过程中的萎凋、揉捻、解块筛分和发酵工艺类同于红条茶的加工，但在揉捻时不需要考虑如何提高成条率，可适当减轻加压压力和缩短揉捻时间。

② 脱水干燥　经发酵后叶子已形成了比较稳定的红色色泽，因此超微红茶粉加工中脱水干燥时可不考虑护色问题，使用普通烘干机干燥。干燥过程分初脱水干燥和精脱水干燥，中间摊凉 1～2 小时。初脱水干燥要掌握高温快速的原则，温度 100℃～110℃，时间 15～17 分钟，初脱水干燥后的叶子含水量控制在约 18％～25％。初脱水干燥后摊凉 1～2 小时，等水分重新分布后进行精脱水干燥。精脱水干燥要低温慢烤，温度控制在 90℃～100℃，时间 15～18 分钟，精脱水干燥后的叶子含水量应控制在 5.0％以下，此时叶子手捏成末、色泽乌润，香气浓烈。

③ 超微粉碎和成品包装　超微红茶粉的粉碎工艺和成品包装同超微绿茶粉。

（金寿珍）

4. 香味茶

香味茶（Flavored Tea）是以各种茶叶为原料，采用混合或微胶囊包埋等技术，添加鲜花、水果香料或植物香料窨制而成的一类具有花果香味的茶叶产品。近年来，随着年轻一代消费者饮食上追求新奇、多样化和刺激性的消费观念的出现，风味独特而独具魅力的香味茶在欧美等国得到快速发展。美国年销售茶叶中有 30％是香味茶，约 1.9 万吨；德国有 100 多种香味茶，年产量达 4 万～5 万吨；意大利茶叶销量的 10％是香味茶；斯里兰卡近年来也非常重视香味茶的开发和生产，除了传统的小豆蔻香味茶外，还开发生产了 20 多种热带水果风味的香味茶，如香蕉红茶等。目前我国香味茶生产量不大，主要有玫瑰红茶、荔枝红茶、香兰茶和兰贵人等产品。

香味茶的种类虽然很多，但主要加工工艺流程基本一致（如下图所示）。即首先选择好茶叶原料和要添加的香料，然后按一定的比例混合窨制，再进行干燥和包装。

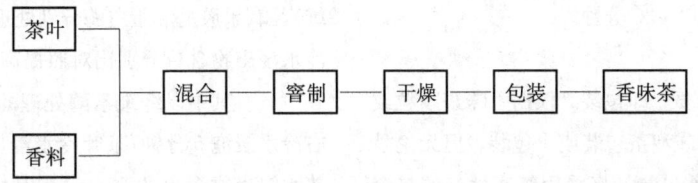

香味茶的加工工艺流程图

（1）茶叶原料

通常以红茶和绿茶为原料。在欧美国家，香味茶原料以红茶为主；在我国及亚洲一些国家和地区，除采用红茶外也采用绿茶、乌龙茶或普洱茶为原料。不同外形的茶叶均可加工成香味茶。选择香味茶原料的关键是要考虑茶叶与香料的协调性，理想的茶叶原料必须具有典型的茶香，同时具有较好的吸附能力并能保持其吸附的香气。茶叶吸附香气后，茶香与花果香味能很好地协调在一起，因此在选择茶叶原料时，必须同时考虑选择合适的香料和香型，这需要专家及技术人员进行反复试验确定，同时还须做广泛的市场调研，根据消费者的口味、嗜好及流行趋势，确定所开发产品的特征。一般来说，绿茶原料适宜与清淡优雅的鲜花或水果香型配合，如薄荷、橄榄、水蜜桃等；红茶适宜与浓烈型的水果香型配合，如柠檬、芒果、草莓、橙子等；乌龙茶适宜与香型呈中等浓度的水果或植物香料配合，如桂花、栀子花等。

（2）香料

目前生产香味茶所用的香料，按其特性可分为三类。一类是天然香料，这种香料是利用物理方法从动、植物器官或经微生物发酵的原料中分离提取出来的。第二类是近似天然香料，这类香料是采用化学合成或化工分离而得到的，其分子结构与天然香料完全相同。第三类是合成香料，是通过人工合成的、在自然界不一定存在的香料，其在香味茶生产上应用不多。

天然香料的优点是与香料原料的自然香气最接近；缺点是稳定性较差，加工的香味茶香气浓度和贮藏性都较差。因此，目前应用于香味茶的香料主要是近似天然香料或天然香料与近似天然香料的混合物。

采用近似天然香料的香味茶具有品质稳定，受气候、时间变化的影响较小，香味保持持久，贮藏性较好，价格比天然香料便宜，化学稳定性好，方便加工等优点。

随着微胶囊技术的应用，欧美、日本等国的一些香料生产商已研制开发出微胶囊香料，如德国的Melchers集团公司、日本长谷川香料公司等。这种香料采用微胶囊包埋技术将香料分子用高分子化合物紧紧地包裹起来，制成颗粒状的微胶囊香精，从而能长时间地保持香气分子不散失。应用于香味茶加工，能使香味茶加工技术更加简单，而且贮藏性更好。

（3）混合窨制

香味茶窨制的方法主要有三种。第一种是采用喷雾的方法，适用于液体香精。采用旋转滚筒，将茶叶送入窨制空间，然后将液体香料通过喷雾器均匀地喷入茶叶中，旋转30～40分钟，让茶叶有足够的时间吸附和固定香味。这种方法的优点是香气显著、均匀。但采用该工艺生产的香味茶随贮藏时间的延长，香味会逐渐挥发散失，因此要求配备较密封的包装材料和良好的贮藏条件。第二种是采用混合方法，适用于颗粒状的微胶囊香精和细颗粒的茶叶（12～60目）原料。可采用悬背双螺旋锥型混合机进行混合，混合时间30～40分钟，可达到很均匀的混合度。第三种是拼配方法，适用于植物干香料，如干花、干果等。将干香料按一定的比例加入到茶叶中，然后混合均匀，干香料作为香味茶的配料一起包装，这种方法目前仍广泛使用。

（4）干燥

窨制后的茶叶一般都需要干燥，具体干燥温度和时间因采用的茶叶和香料的种类不同而不同。掌握原则是既要最大限度地保留添加的香气成分，又要使茶叶含水量达到规定要求。一般干燥温度为

70℃～90℃,时间 10～20 分钟。

(5) 包装

窨制后的茶叶要立即包装。根据香味茶颗粒或条索的不同可采用袋泡茶包装或小包装。但无论是哪种包装方式,其外包装最好采用气密性好的复合塑料材料,以防止香气的挥发损失。

(林　智)

5. 冷水冲泡型茶

传统工艺加工的茶叶一般只能用热水冲泡,如用冷水冲泡,很难浸出茶叶的有效成分,香气和滋味都较差。但欧美等国的消费者却偏爱冷饮,几乎 90% 的茶叶都是用来制成冰茶饮用的。因此,研究和开发冷水冲泡型茶叶引起国内外普遍关注。

冷水冲泡型茶的加工原理是采用物理、化学或酶处理等方法使茶叶细胞进一步破碎或细胞膜的通透性进一步提高,从而使茶叶内含物能在冷水中很快溶出。

(1) 物理方法

常用的物理方法是采用蒸汽杀青、延长揉捻时间和增加切碎等方法。研究结果表明,采用蒸汽杀青,茶叶冷水浸出物含量比采用滚筒杀青提高 10.3%～18.5%;随着揉捻时间的延长,茶叶的冷水浸出物含量显著提高。揉捻 60 分钟、80 分钟、100 分钟与对照(揉捻 40 分钟)相比,冷水浸出物含量分别提高 81.6%、115.4% 和 166.4%;在绿茶加工的揉捻工序后增加切碎工艺,可使茶叶的冷水浸出物含量提高约 70%,茶多酚和氨基酸的冷水浸出物含量分别提高 54.0% 和 40.0%。

(2) 化学方法

英国联合利华公司公开了一种化学方法加工冷水型红茶的专利技术。具体步骤为:鲜叶→萎凋→CTC 四切→添加 0.5%～10% 抗坏血酸、异抗坏血酸、5-苯基-3,4 二酮-γ-丁内酯或它们的盐类→发酵→干燥。采用这种方法加工的红碎茶在 15℃ 冷水中浸泡 5 分钟后汤色的红度是普通红碎茶的 3～4 倍。

(3) 酶处理方法

在绿茶加工过程中,采用相同酶活力单位的纤维素酶、果胶酶和蛋白酶分别处理揉捻叶,成品茶的冷水浸出物含量分别比对照提高 59.5%、25.5% 和 19.1%。其中以纤维素酶处理的效果最好,10℃ 左右冷水浸泡 5 分钟,茶叶冷水浸出物含量可达对照热水浸出物含量的 93.0%。对纤维素酶添加浓度的进一步研究表明,纤维素酶的最佳添加浓度为 1.5%～2.0%。

冷水冲泡型茶的加工方法不同,其冷水浸出效果也明显不同。在生产实践中,企业可根据自身的实际情况,综合考虑生产成本和能否工业化生产等因素,选择适合的加工方法。一般来说,采用深度蒸汽杀青、延长揉捻时间和增加切碎等物理方法加工冷水冲泡型茶,成本较低、易工业化生产,比较适合我国的绿茶生产企业;采用化学方法,由于不符合我国茶叶卫生质量标准的要求,不宜采用。采用酶处理方法,成本高,技术要求也较高,现阶段我国茶叶生产企业也不宜采用。

(林　智)

四、茶综合利用

茶叶作为饮料已有几千年的历史了。所以它素有"饮料作物"的美称。随着科学技术的进步,茶叶除了作为传统方式饮用以外,还开发出很多其他的利用途径,已渗透到食品、医药、轻工、化工以及建材等多个领域。茶的综合利用不仅扩大了茶叶的应用领域,提高了茶资源的利用率,同时也实现了茶的深度加工、多次增值,提高了茶叶生产的经济效益。

(一) 茶叶成分的利用

茶叶的利用,历代古籍,如《神农本草》、《尔雅》、西汉王褒的《僮约》,东汉名医华佗的《食论》,唐陆羽的《茶经》,宋徽宗的《大观茶论》,王安石的《议茶疏》,李时珍的《本草纲目》等,都有翔实的记载。

近代,随着茶叶化学和药理学研究的深入,人们不断从茶叶中发现有益于人类健康的功能性成分,如茶多酚、咖啡碱、茶色素、茶多糖、茶氨酸和茶黄素等,开辟了茶叶成分综合利用的新领域。

1. 茶多酚

茶多酚(Tea polyphenols)亦称"茶鞣质"、"茶单宁",是茶叶中最主要的功能性成分,一般占茶叶干物质重量的18%~46%。茶多酚是茶叶中酚类及其衍生物的总称,包括儿茶素(黄烷醇类)、黄酮及黄酮醇类、花色素类、酚酸类等成分,其组成、含量及主要成分如下表所示。

表 4-54 茶叶中茶多酚的组成

组成及含量	主 要 成 分
一、儿茶素类 12%~24%	L-(—)表没食子儿茶素没食子酸酯(L-EGCG)
	L-(—)表没食子儿茶素(L-EGC)
	L-(—)表儿茶素没食子酸酯(L-ECG)
	L-(—)表儿茶素(L-EC)
	D-(+)-没食子儿茶素(D-GC)
	D-(+)-儿茶素(D-C)
二、黄酮及黄酮醇类 3%~4%	山奈素
	槲皮素
	杨梅素
	芸香苷
	槲皮苷
	山奈苷
三、花色素类 2%~3%	飞燕草花色素
	芙蓉花色素
	翘摇紫苷元
	芙蓉花白素
	飞燕草花白素
四、酚酸和缩酚酸类 5%	茶没食子素
	没食子酸
	绿原酸

儿茶素类是茶多酚的主体成分,在茶叶中的含量一般为12%~24%,约占茶多酚总量的70%~80%。目前茶叶中已发现的儿茶素主要有12种,其中大量存在的有:L-(—)表没食子儿茶素没食子酸酯(L-EGCG);L-(—)表没食子儿茶素(L-EGC);L-(—)表儿茶素没食子酸酯(L-ECG);L-(—)表没食子儿茶素(L-EC);D-(+)-没食子儿茶素(D-GC);D-(+)-儿茶素(D-C)等几种。在儿茶素中,又以L-EGCG含量最丰富,一般占茶叶儿茶素总量的50%~60%,是茶叶保健功能的首要成分。

黄酮及黄酮醇类的含量约占茶叶干物重的3%~4%。目前从茶叶中已分离鉴定出20多种黄酮醇及其糖苷,其中含量较多的有:槲皮素、山奈素、杨梅素、槲皮苷、山奈苷和芸香苷等。

花色素类包括显性的花青素和隐性的花白素。一般茶叶中花青素含量较少,占干物重的0.01%左右,但在紫芽茶中则可达0.5%~1.0%。其中较重要的组分有飞燕草花色素及其糖苷、芙蓉花色素及其糖苷、翘摇紫苷元等。茶叶中花白素含量约为干物重的 2％～3％，其主要成分是芙蓉花白素和飞燕草花白素。

酚酸是一类分子中具有羧基和羟基的芳香族化合物。缩酚酸是由酚酸上羧基和另一酚酸上的羟基相互作用缩合而成。茶叶中酚酸和缩酚酸类的总量约占鲜叶干物的 5％，其中含量较高的有茶没食子素(含量 2％～3％)、没食子酸(含量 0.5％～1.4％)、绿原酸(含量 0.3％左右)，其他种类如异绿原酸、对香豆酸、对香豆鸡纳酸、咖啡酸等，含量均较低。

茶多酚是上述化合物的总称，易溶于水、乙酸乙酯、乙醇、丙酮、乙醚和 4-甲基戊酮中，而不溶于石油醚和氯仿中。茶多酚呈苦涩味，其水溶液显酸性。茶多酚易与金属离子络合生成沉淀，在光、高温、碱性、氧化剂或氧化酶等作用下，易发生氧化和聚合。

现代科学研究表明，茶多酚具有多种生理活性和保健功能，如抗氧化、清除自由基、抗辐射、抗菌消炎、抗病毒、抗癌、抗突变、降血脂、降血糖、预防肝脏及冠状动脉硬化等。茶多酚作为一种新型天然抗氧化剂，在我国于 1990 年被列为食品添加剂(GB12493—1990)，可广泛应用于食品加工和医药保健等领域。

(1) 茶多酚提取制备工艺

从茶叶中提取茶多酚的工艺主要有溶剂萃取法、金属离子沉淀法、柱层析法、超临界流体萃取法等。其中溶剂萃取法一直是我国茶多酚行业的主导生产工艺，近年为避免使用有毒溶剂，采用柱层析法分离制备茶多酚和儿茶素的工艺得到了快速发展和应用。

溶剂萃取法　主要是根据茶多酚易溶于水、甲醇、乙醇和乙酸乙酯等，不溶于氯仿、二氯甲烷等有机溶剂的特性，利用茶多酚和茶叶中其他成分在不同种溶剂中溶解度的差异来进行分离。溶剂萃取法的优点是：① 萃取速度快，生产周期短，便于连续操作和容易实现自动控制；② 分离效率高，生产能力大。缺点是能耗较大、生产成本较高，存在有机溶剂残留等。

常用的溶剂萃取法提取制备茶多酚的工艺流程为：茶叶→浸提→过滤→浓缩→乙酸乙酯萃取→回收溶剂→干燥。其中以中国农业科学院茶叶研究所开发的工艺最为成熟，该工艺主要特点是能从一份茶叶原料同时制备出茶多酚、咖啡碱、茶多糖、茶色素等四种产品。生产工艺主要包括浸提过滤、浓缩萃取、干燥、包装等四个工序。具体工艺流程如下图所示。

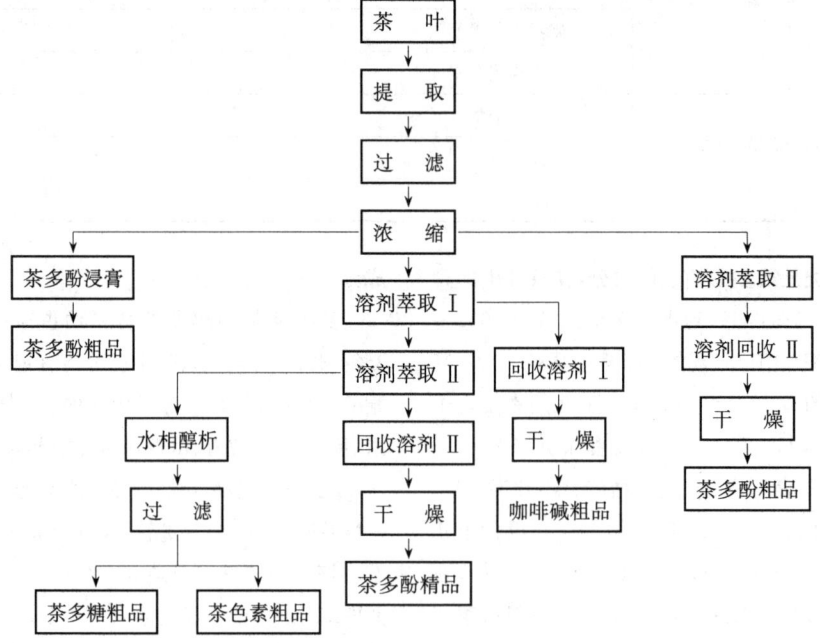

溶剂萃取法茶多酚生产工艺流程图

① 浸提过滤　茶叶中的茶多酚、咖啡碱等有效成分要通过浸泡才能将其提取出来，而过滤主要是将茶汁中夹带的灰尘、细末等杂质分离出去，以保证产品纯度。浸提过滤工序是首先用水或溶剂对茶叶进行充分浸提，然后经过过滤得到澄清的茶叶浸提液。提取罐提取是生产上最常用的方法，近年连续逆流提取和微波辅助浸提逐步得到应用。过滤，通常是采用先高速离心，然后进行压滤的方式。随着膜技术的发展，膜过滤已不断被应用到茶多酚生产中。

② 浓缩萃取　将茶叶浸提液浓缩达到一定浓度，用萃取方法萃取出茶多酚和咖啡碱等有效成分，并经浓缩得到浓缩液，同时回收有机溶剂。

③ 干燥　有喷雾干燥和真空干燥两种干燥方式，可根据客户对产品的要求选用不同干燥方式。茶多酚产品一般用喷雾干燥，咖啡碱一般用真空干燥。水相浓缩液经处理和喷雾干燥后得到茶多糖。

④ 包装　喷雾干燥得到的茶多酚产品因批次不同，茶多酚等成分含量等也可能有所不同，因此各批产品要进行筛分、混合后才能包装入库。产品包装一般采用铝箔袋真空包装后，装入医药产品包装用纸桶内双重包装，以保证运输时不会破损。

柱层析法：是利用茶多酚和茶叶中其他成分在固定相和移动相中平衡分配系数不同，而进行分离纯化的一种方法。柱层析常用的固定相有硅胶、氧化铝、活性炭、聚酰胺、凝胶、离子交换树脂和大孔吸附树脂等。根据层析的原理和所采用的固定相材料的不同，柱层析法可分为吸附柱法、离子交换柱法和凝胶过滤柱法。柱层析法制备茶多酚的一般工艺流程为：茶叶→浸提→过滤→柱层析→洗脱→回收溶剂→浓缩→干燥。柱层析法用于提取制备茶多酚，具有工艺简单、能耗较低、不使用有毒有机溶剂、对环境污染较小等优点，但存在生产周期长、生产效率低等缺陷。

金属离子沉淀法：是利用茶多酚在一定条件下可与某些金属离子络合生成沉淀，使其从浸提液中分离出来，从而制备茶多酚的一种方法。常用的离子沉淀剂有 Al^{3+}、Ca^{2+}、Fe^{2+}、Mg^{2+}、Zn^{2+}、Ba^{2+} 等多种离子。金属离子沉淀法制备茶多酚的一般工艺流程为：茶叶→浸提→过滤→沉淀→转溶→萃取→浓缩→干燥。金属离子沉淀法制备茶多酚由于在茶叶浸提液中加入沉淀剂即可得到茶多酚与金属离子的沉淀物，因而不需浓缩，可在一定程度上降低能耗；同时，该方法选择性强，产品纯度较高，无须大量使用有机溶剂，成本较低。但因使用金属盐作沉淀剂，产品中存在重金属残留的风险。

超临界流体萃取法：是采用介于气体和液体之间的流体作为溶剂，在靠近临界温度和压力条件下对茶多酚进行萃取，然后采用减压或升温的方法，降低萃取相的密度（溶解度），使茶多酚与溶剂分离，从而达到提取茶多酚的目的。CO_2 是最常用的超临界流体，具有萃取温度低、无毒无害、不污染环境等优点。超临界 CO_2 流体萃取法制备茶多酚的优点在于萃取速度快、效率高、溶剂消耗少、无残留、茶多酚不易氧化、生理活性高等；缺点在于设备投入成本高，并且茶多酚在超临界 CO_2 流体中溶解度较小、提取率不高。

（2）茶多酚制品

目前我国不同企业生产的茶多酚制品其茶多酚含量和组成各不相同。一般来说，以茶多酚含量来划分，分为 40%、50%、80%、90%、95% 和 98% 等六种规格，其中含量在 98% 以上的精品茶多酚根据其 EGCG 含量，又分为 EGCG 40%、45%、50%、60%、70% 和 80% 等多种规格。

（3）茶多酚的应用

我国对茶多酚的提取和应用研究开展得较早，但茶多酚的实际应用在我国尚不广泛。我国生产的茶多酚大多数出口日本、美国和欧洲等发达国家。在这些国家，茶多酚已被广泛应用于食品、医药和日用化工等行业。特别是日本，利用茶多酚开发的产品已达到 200 多种，涉及食品、饮料、服装、床上用品、化妆品以及空调、冰箱、吸尘器等多个领域。如茶多酚保健食品和保健饮料随处可见；用茶儿茶素制成消臭抗菌剂、芳香剂，成为家庭、旅店、餐厅、医院、学校的必备品；茶消臭剂和抗菌剂还应用到空调上，可除去尘埃和臭气，使室内空气更加清洁和卫生。另外，开发成功的含儿茶素的抗氧化棉纤维，用它做内衣可以除掉活性氧，预防皮炎和皮肤粗糙等等。在美国，茶多酚主要是用作生产保健食品胶囊，特别是不采用有机溶剂提取的高 EGCG 的茶多酚深受欢迎。

（林　智）

2. 咖啡碱

咖啡碱(Caffeine),又名咖啡因,嘌呤碱类物质。1827 年由 Oudry 首次在茶叶中发现。化学名为 1,3,7-三甲基-2,6-二氧嘌呤,其化学分子式为 $C_8H_{10}N_4O_2$,相对分子量为 194.2,易溶于热水、氯仿、二氯甲烷,能溶于乙醇、丙酮、乙酸乙酯和冷水,难溶于乙醚和苯。熔点为 235℃～238℃,高于 120℃以上开始升华,到 180℃可大量升华成针状结晶。固态下咖啡碱为白色粉末,无臭、味苦。

咖啡碱是茶叶中含量最高的生物碱,一般含量在 1%～5%。茶叶中咖啡碱含量因茶树的品种和生长条件的不同而有所不同。一般大叶种茶树的咖啡碱含量相对较高;细嫩茶叶较粗老茶叶含量高;夏茶比春茶含量高,遮阴比露天含量高。

咖啡碱是茶叶中主要生理活性成分之一。大量的研究证实,咖啡碱具有使中枢神经系统兴奋、强心、利尿、醒酒、助消化等作用。

咖啡碱的用途主要是作为药用和食品、饮料的添加剂,但由于从茶叶中提取的咖啡碱生产成本较高,加之属于兴奋剂类物质,各国都实行严格控制,至今未形成较大的消费市场。

目前从茶叶中提取天然咖啡碱的方法主要有升华法、萃取法、离子沉淀法和超临界 CO_2 萃取法等。

(1) 升华法

主要是利用咖啡碱在高温下升华的特性,将茶叶进行 180℃以上的高温处理,然后冷却回收咖啡碱,再进一步纯化可得到高纯度的咖啡碱。该方法的优点在于工艺简单,制备过程不使用有机溶剂等化学物质,所得到的产品不含结晶水,且纯度较高。升华法提取制备咖啡碱的工艺主要有两种:一种是先升华提取,再经过重结晶纯化;另一种是先对茶叶进行预处理,去除一部分杂质后,再进行提取纯化。前者的具体操作为:茶叶或茶末经加温至 180℃以上升华,冷却得到咖啡碱粗品,咖啡碱粗品再经热水溶解、漂洗、冷却、过滤、结晶和干燥,得到含有一分子结晶水的咖啡碱产品。该工艺操作简便,但由于升华后得到的咖啡碱粗品含有大量烟气、杂醇油及炭化物等杂质,仅经过漂洗和结晶难以有效去除,从而导致该工艺制备的咖啡碱的纯度和提取率不高。

后者的具体操作为:茶叶或茶末先经一定浓度的乙醇萃取后,过滤、浓缩,在浓缩液中加入稀硫酸絮凝沉淀去杂,将滤液蒸干后得到固态物,再加温至 180℃以上进行升华提取和纯化咖啡碱。该工艺制备的咖啡碱纯度可达到 99.96%,且预处理所用的乙醇可以进行回收,可大大降低生产成本。

(2) 萃取法

是利用咖啡碱溶于某些特定的有机溶剂如乙醇、二氯甲烷、三氯甲烷等,通过液-液萃取,经溶剂回收、浓缩、干燥后制得咖啡碱。该方法是目前国内普遍采用的方法,可在提取、精制茶多酚的同时进行,其中中国农业科学院茶叶研究所采用此项技术生产的咖啡碱的含量达到 99.5%,符合美国药典规定的标准,产品得率在 0.8%以上。其一般的工艺流程为:

茶叶→热水浸提→过滤→浓缩→有机溶剂萃取→回收溶剂→干燥→粗咖啡碱→精制(升华、结晶等)→高纯咖啡碱。

(3) 离子沉淀法

该方法主要是利用某些金属离子能够沉淀茶多酚而使其与咖啡碱分离的原理。最初主要是用于茶多酚的提取,由于该方法分离咖啡碱的效果较好从而被用来制备咖啡碱。具体操作为:将茶叶或茶末加入一定浓度的乙醇(乙醇:水=4～6:1)在一定温度下提取 30 分钟,过滤、浓缩后冷却,加入低浓度的金属离子溶液沉淀茶多酚,用倾析法分离出上清液,在上清液中加入茶叶质量25%～30%的生、熟石灰(2:3)混合物,搅拌均匀后干燥脱水成粉状,经升华精制后得到咖啡碱纯品。用于沉淀茶多酚的金属离子络合剂主要有氯化钙、氧化钙和氯化锌等,也有采用铅和铝等金属离子溶液的报道。

(4) 超临界 CO_2 萃取法

采用 CO_2 作为超临界流体介质,在靠近临界温度和压力条件下对茶叶中咖啡碱进行萃取,然后采用减压或升温的方法,降低萃取相的密度(溶解度),使咖啡碱与溶剂分离,从而达到提取咖啡碱的目的。该方法最早由德国开发成功,主要是用于脱咖啡碱茶的生产,同时也可获得高纯度的咖啡碱产品。超临界流体萃取技术作为一种高科技萃取手段,由于其绿色无污染、萃取效率高,在天然产物分离制备方面越来越广泛地应用,在茶叶功能成分分离方面也是目前公认的最理想的茶叶咖啡碱脱除方法。

(林　智　陈瑞峰)

3. 茶多糖

茶叶中茶多糖含量一般在 1% 左右,尤其在粗老茶中含量较高。它是由不同单糖组成的杂多糖,其单糖组成成分主要有葡萄糖、半乳糖、阿拉伯糖、核糖、木糖、岩藻糖和甘露糖等。茶多糖是一类与蛋白质结合的水溶性酸性不均一多糖,不溶于高浓度乙醇,高温下易丧失活性,热稳定性差,高温和酸碱不适会使部分多糖降解。

茶多糖的生理活性和保健功能,早在 20 世纪 70 年代中期,中国农业科学院茶叶研究所联合天津市茶厂、天津市卫生防疫站、上海第二医院等单位对茶叶中脂多糖(主要是类脂和多糖结合的大分子)的抗辐射物质效果进行过研究。茶叶脂多糖经大动物(狗)的实验,初步证明对预防内出血,提高动物成活率、上升白血球、血小板等方面有一定疗效。最近的多个研究表明,茶多糖确有防辐射、抗凝血、抗血栓、降血糖和增强机体免疫等多种生理功能,因此,关于茶多糖的提取纯化也备受关注。

茶多糖的提取因其目的不同,在溶剂选择和工艺流程上有所不同。一般茶多糖的粗提取工艺流程如下:

茶叶原料→浸提→过滤→浓缩→沉淀→离心→干燥。

(1) 浸提

依提取目的不同,方法不一。如需脱脂,可先用乙醇脱脂,然后用水(冷或热水)、稀酸、稀碱或稀盐溶液进行提取。如用稀酸提取,时间宜短,温度最好不要超过 5℃。用稀碱提取,为防止降解,需要在氮气流下进行。用热水浸提得率明显高于冷水浸提,且不需要进行酸碱中和与透析,因此,在生产上常选用热水浸提。但最近有学者认为,热水浸提可能会影响茶多糖的生物活性,这还有待于进一步研究。

(2) 过滤和浓缩

得到的提取液可采用常规的压滤进行过滤,滤液再经减压浓缩达到需要的浓度。浓缩温度通常为 30℃~50℃,一般不超过 60℃,真空度一般低于 0.09 MPa。

(3) 沉淀

是利用茶多糖不溶于醇、醚、丙酮等有机溶剂的特点,采用一定浓度的乙醇或丙酮等溶剂使茶多糖沉淀析出。但使用的溶剂不同,制得的茶多糖的含量及组成也明显不同。下表内容是中国农业科学院茶叶研究所用不同方法制备的茶多糖的含量及组成。

表 4 - 55　不同方法制备的茶多糖的含量及组成(%)

制 备 方 法	总 糖	类 脂	总 氮	总 磷	蛋白质
热酚法,未经沉淀	25.60	21.50	0.91	0.53	5.69
水提法,乙醇沉淀	43.10	52.00	0.81	1.25	5.06
水提法,乙醇沉淀	26.00	57.90	0.49	0.76	3.06
热酚法,离心代替过滤	34.50	37.20	0.70	0.71	4.38
粗制品,未经酚处理,透析	11.80	9.50	11.29	0.94	70.56
热酚法,丙酮沉淀	32.80	58.50	0.72	1.23	4.50
酸性乙醇提取,丙酮沉淀	47.10	36.50	1.02	1.23	6.38

(4) 离心

离心机转速一般控制在 6000~10000 转/分左右。

(5) 干燥

通常采用喷雾干燥,一般进口温度掌握在 150℃~220℃,出口温度为 80℃~100℃。

国内外对茶多糖的制备纯化工艺研究较多,主要有醇沉法、树脂法吸附法、超滤法和CTAB沉淀等,但是这些方法基本上集中在实验室的规模上,虽然能提取制备高纯度的茶多糖,但没有生产能力;且制备工艺的不同,茶多糖的含量、活性差异较大。研究表明,从中低档绿茶中提取茶多糖,分离提取和精制纯化的方法对其含量及生理活性有影响。以CTAB沉淀、丙酮为溶剂沉淀分离得到的茶多糖生理活性较高,降血糖作用较佳,茶多糖含量达到40%。采用超滤法制得的茶多糖纯度高,且活性也最高,对羟基自由基抑制率可分别比CTAB沉淀法、醇沉淀法提高235%和371%。

(林 智)

4. 茶氨酸

茶氨酸(Theanine)是茶叶中含有的一种特殊的氨基酸。1950年由日本学者酒户弥二郎首次从玉露茶中分离得到并命名。次年,E. Roberts和D. Woods(1951年)也从阿萨姆种茶叶中分离得到茶氨酸。从发现到目前为止,除了在一种蕈(Xeeocomus Badins)中检出外,在其他植物中尚未发现,因此茶氨酸被认为是茶叶的特征氨基酸。

茶氨酸也是茶叶中含量最多的游离氨基酸,占茶叶中氨基酸总量的40%~60%。茶鲜叶中茶氨酸含量一般在1%~2%,在某些名优茶中含量超过4%。一般来说,茶叶的嫩度越好、级别越高,其茶氨酸含量也越高。它是茶汤鲜爽味的主要成分,与绿茶品质的正相关系数达0.787~0.876。

茶氨酸属酰胺类化合物,其化学名称为N-乙基-γ-L-谷氨酰胺(N-ethyl-γ-L-glutamine),结构式如下图所示。自然存在的茶氨酸均为L型,纯品为白色针状结晶,熔点217℃~218℃,比旋光度$[\alpha]_D^{20}=+0.7°$,极溶于水,不溶于乙醇和乙醚等有机溶剂,水溶液微酸性,有焦糖香及类似味精的鲜爽味,味觉阈值为0.06%。茶氨酸的性质较稳定,将茶氨酸溶液煮沸5分钟,或将茶氨酸溶于pH 3.0的溶液中并在25℃下储放12个月,茶氨酸含量不变,因此在通常的食品加工、杀菌过程中,茶氨酸的性质不会发生变化。

茶氨酸化学结构式

茶氨酸1950年被发现以来,一直被作为影响茶叶滋味的品质成分进行研究。直到90年代后期,茶氨酸的药理作用才引起了生物、化学和医学等方面的学者的普遍关注。至今已发现的茶氨酸保健作用有:① 松弛神经紧张和放松作用。② 对脑神经细胞保护作用。③ 降血压作用。④ 抗疲劳作用。⑤ 辅助抑制肿瘤作用。⑥ 降脂作用。⑦ 增强免疫作用。⑧ 改善经期综合征。⑨ 增强记忆力作用。⑩ 抗衰老作用等。

茶氨酸的主要用途是作为食品、饮料的添加剂和保健食品的原料。日本已于1964年批准L-茶氨酸为食品添加剂,美国FDA也于1985年将L-茶氨酸确认为一般公认安全物质。但目前我国还未将茶氨酸列入食品添加剂目录。

茶氨酸的提取制备方法主要有直接提取法、化学合成法和生物合成法三种。

(1) 直接提取法

茶氨酸最初是采用成盐法从高档绿茶中提取制备的,但由于原料成本高,提取、纯化步骤繁琐,产品价格昂贵,无法产业化。近年,利用低档绿茶提取茶多酚后的残液用于生产茶氨酸是当前直接提取茶氨酸的主要方法。其主要工艺路线如下:

```
                        ┌→ 沉淀
茶多酚工业废液 → 絮凝 ──┴→ 澄清液 → 吸附 → 过柱液 → 离子交换树脂 ┐
                                                                    │
茶氨酸产品 ← 重结晶 ← 浓缩 ← 洗脱 ← 过柱液 ←──────────────────────┘
```

该工艺技术的特点是：① 能废物利用，提高资源利用率。② 产品纯度高，茶氨酸含量最高可达90%以上。③ 茶氨酸回收率高，可达65%。④ 树脂的再生性能好，生产成本较低。⑤ 操作简单，易于工业化生产。

（2）化学合成法

利用化学合成法制备茶氨酸主要有三种方法：① 利用L-吡咯烷酮酸与乙胺在一定的条件下直接合成茶氨酸，该方法一次收率可达20%以上。② 利用N-取代的谷氨酸γ-酯法制备茶氨酸，即先将谷氨酸γ-羧基酯化，选择不同试剂（如CS$_2$、氯化三苯甲烷、苄氧甲酰基）保护α-氨基，用乙胺氨解置换乙氧基，加乙酸去除保护基以后得到茶氨酸。③ 利用N-取代谷氨酸酐法合成茶氨酸。先用保护基（如邻苯二甲酰基）将谷氨酸的α-氨基保护起来，使其分子内脱水生成环状谷氨酸酐后，直接与乙胺作用生成N-取代茶氨酸，再除去保护基得到茶氨酸。利用该方法制得茶氨酸的收率已达60%以上。

采用化学合成法制备茶氨酸具有价格低、成本低、适合工业化的特点。但存在原料不易得、难以提纯、有污染和毒性等缺点。而且化学合成直接得到的茶氨酸都是DL-型消旋体，需要进行拆分才能得到L-型产品。

（3）生物合成法

茶氨酸的生物合成法主要有组织培养法和微生物发酵法。

① 组织培养法　通过对茶树细胞的离体培养，或茶树愈伤组织培养，对培养条件进行调控，利用细胞中茶氨酸合成酶来合成茶氨酸的一种方法。我国和日本在这方面开展了很多研究，如利用茶树茎尖培养产生愈伤组织，再用愈伤组织生产茶氨酸，茶氨酸含量可达干重的22.3%～23.3%；研究提出了大规模茶树愈伤组织悬浮培养生产茶氨酸的工艺流程，茶氨酸积累量最高可达到33.5克/升。但由于目前组织培养法生产茶氨酸的效率还很低，加之生产成本极高，所以暂时还没有工业化生产的报道。

② 微生物发酵法　利用微生物产生的酶，模拟茶树体内环境，在ATP提供能量的条件下，将谷氨酸和乙胺催化合成茶氨酸。目前发现能合成茶氨酸的微生物酶主要有3种，即谷氨酰胺酶（glutaminease EC 3.5.1.2）和谷氨酰胺合成酶（glutamine synthetase，EC 6.3.1.2）及γ-谷氨酰基转肽酶（γ-glutamyltranspeptid-ase，GGT，EC 2.3.2.2）。

谷氨酰胺酶是从硝基还原假单孢菌（Pseudomonasnitroreducens）中提取，利用该酶与1.5摩/升的乙胺和0.7摩/升的谷氨酰胺反应，可以生成茶氨酸270毫摩尔/升（47克/升）。此外，在土壤中还发现一种细菌香茅醇假单胞菌（Pseudomonas citronellosis，GEA），利用该微生物的谷氨酰胺酶在pH 10，0.3摩/升的乙胺和0.9摩/升的谷氨酰胺条件下反应，能得到40克/升的茶氨酸。

利用腐臭假单胞菌（Pseudomonas taetrolens）的谷氨酰胺合成酶和酵母细胞发酵所产生的ATP可合成茶氨酸。在200毫摩尔/升谷氨酸钠、1200毫摩尔/升乙胺、300毫摩尔/升葡萄糖、50毫摩尔/升磷酸钾缓冲盐的条件下，通过添加100 U/mL的谷氨酰胺合成酶和60毫克/毫升的酵母细胞，48小时内就能合成170毫摩尔/升（30克/升）的茶氨酸。

目前通过基因工程方法构建可产生γ-谷氨酰基转肽酶的基因工程菌来合成茶氨酸引起普遍关注。例如，以 E. coli DH5α 为模板得到重组质粒，转化到 E. coli BL21 中，获得重组菌，以 L-谷氨酰胺和盐酸乙胺为底物可生产 29.40 克/升的茶氨酸，L-谷氨酰胺转化率为48.22%。通过对γ-谷氨酰转肽酶（γ-GGT）基因工程菌的发酵条件进行优化，得到最佳培养条件为初始 pH 7.32，培养时间 6.67 小时，IPTG31.51℃诱导；γ-GGT 活性实验验证值为 4.64 U/mL，茶氨酸的产量为 35.18 克/升。

（林　智）

5. 茶黄素

茶黄素是红茶中的主要成分。它最早是由Roberts E. A. H（1957 年）发现的，是多酚类物质氧化形成的一类能溶于乙酸乙酯的、具有苯并卓酚酮结构的化合物的总称。迄今为止，已从红茶或多酚类物质氧化聚合物中分离鉴定出 25 种茶黄素类物质，其中 4 种含量较高，分别是茶黄素、茶黄素-3-单没食子酸酯、茶黄素-3′-单没食子酸酯、茶黄素-3,3′-双没食子酸酯，其结构式如图所示。

茶黄素的结构式

茶黄素是一类色泽橙红、具有收敛性的色素,在红茶中的含量一般在 1%～5%。它是红茶滋味强度和鲜度的重要成分,同时也是形成红茶茶汤"金圈"的主要物质。茶黄素的提纯物呈橙黄色的针状结晶,易溶于水、甲醇、乙醇、丙酮、正丁醇和乙酸乙酯,难溶于乙醚,不溶于氯仿和苯。水溶液呈鲜明的橙黄色,具有强烈的刺激性,在 380 纳米与 460 纳米处有最大吸收峰。

茶黄素是茶叶天然产物研究领域的新兴功能性成分之一。大量的研究证实,茶黄素具有抗病毒、抗菌、抗心血管疾病、抗氧化、抗癌等作用,对动脉粥样硬化、脑梗塞、血小板凝聚、高血压、高血脂症、脂代谢紊乱等疾病也有较好的预防和治疗作用。因此,它在食品添加剂中作为天然、有保健作用的食用黄色素,具有较高的应用价值。

目前茶黄素的提取制备方法主要有两种:溶剂提取法和氧化制备法。

(1) 溶剂提取法

溶剂提取法主要是利用茶黄素和红茶中其他成分在不同溶剂中溶解度的差异,从红茶中提取茶黄素的一种方法。常用的提取方法主要有 Collier 法和 Ullah 法两种。

Collier 法:红茶→80℃热水浸提 5 分钟→过滤→浓缩→冷冻干燥→甲醇水溶液(体积比 3∶1)溶解→三氯甲烷萃取→水相减压浓缩→乙酸乙酯反复萃取 5 次→萃取液 $MgSO_4$ 脱水→浓缩→干燥→茶黄素粗提物。

Ullah 法:红茶→80℃热水浸提 5 分钟→过滤→浓缩→三氯甲烷萃取→NaH_2PO_4 和乙酸乙酯混合反复萃取 3 次→乙酸乙酯层浓缩→干燥→茶黄素粗提物。

目前工业化提取制备茶黄素一般不采用溶剂提取法,一方面是因为溶剂提取法仅能得到茶黄素粗提物,且存在处理步骤繁琐、有机溶剂用量大、成本较高,以及有毒性等问题,更重要的一方面是因为红茶中茶黄素含量不高,直接从红茶中提取制备茶黄素,非常不经济。

(2) 氧化制备法

氧化制备法是利用茶多酚或儿茶素在多酚氧化酶或化学氧化剂作用下发生氧化、聚合,制备茶黄素的一种方法。按催化剂的不同可分为酶促氧化制备法和化学氧化制备法两种。

① 酶促氧化制备法　主要是利用茶叶本身的多酚氧化酶(PPO)或外源多酚氧化酶对茶多酚或儿茶素进行可控氧化,制备茶黄素。常用的方法有茶鲜叶匀浆悬浮发酵法、双液相酶促氧化法和固定化酶法。

茶鲜叶匀浆悬浮发酵法的一般工艺流程为:茶鲜叶→破碎→悬浮发酵→过滤→浓缩→乙酸乙酯萃取→干燥→茶黄素。研究表明,茶鲜叶匀浆悬浮发酵的最佳条件为:温度 28.5℃～29.2℃,pH 值 4.6～4.8,供氧量 13.0～15.0 毫升/分钟,发酵时间 55.5～59.9 分钟。但由于该方法一般是在水相中进行,而水中的溶氧量较少,只有 1.2～5.2 毫克/升,因此,供氧能力便成为茶鲜叶匀浆悬浮发酵法的限制因子。

双液相酶促氧化法是通过在单液相(水相)中加入某些有助于增大溶氧水平的有机溶剂(酯相)构成双液相体系,从而提高酶促反应中的供氧能力,提高茶黄素的生成效率。研究发现,在茶多酚酶促氧化条件下,双液相中溶氧量比单液相增大 2.2 倍,PPO 的稳定性也增强,活性也有提高。

固定化酶法是采用适当的物理和化学方法把多酚氧化酶固定于某一载体上,使酶促反应过程中酶活性的损失降低到最小程度。该方法既较好地保持了多酚氧化酶本身的专一催化特性,又能在连续反应之后回收和重复使用,是一种较理想的、可工业化的茶黄素制备方法。研究表明,固定化多酚氧化酶法制备茶黄素的较优条件为:时间 49 分钟,酶与底物之比 1:128.7,通气量 23.81 升/分,底物浓度 5.95 毫克/毫升和 pH 值 4.3。

② 化学氧化制备法 化学氧化制备法是利用无机氧化剂氧化茶多酚或儿茶素制备茶黄素的一种方法。化学氧化与酶促氧化相比,它可消除酶提取纯化的困难、酶活性不稳定、反应程度难以控制,以及受供氧量制约等因素的影响,大大简化了反应体系,简单方便。化学氧化制备法根据反应体系中 pH 值的不同,可分为碱性氧化制备法(pH>7)和酸性氧化制备法(pH<7)。

碱性氧化制备法一般以 $K_3Fe(CN)_6$ 和 $NaHCO_3$ 为氧化剂对茶多酚或儿茶素进行碱性氧化,可生成与酶促氧化相同的物质,其得率甚至超过酶促氧化。

酸性氧化制备法是指在酸性条件下利用氧化剂催化茶多酚或儿茶素生成茶黄素的一种方法。研究发现,茶多酚在酸性条件下(pH 5.6)进行氧化,其产物中茶黄素-3-没食子酸酯较多,茶黄素-3′-单没食子酸酯和茶黄素-3,3′-双食子酸酯较少。

采用上述两种方法制备的茶黄素纯度通常不高,要获得高纯度的茶黄素,还需要对其进一步精制纯化。常用的精制纯化方法主要有柱层析法和高速逆流色谱法两种。

① 柱层析法 主要有纤维素柱层析法、葡聚糖凝胶柱层析法、硅胶柱层析法、聚酰胺吸附树脂柱层析法等。其中采用葡聚糖凝胶 Sephadex LH-20 纯化茶黄素是最常用的方法,其一般工艺流程为:将茶黄素粗提物过 Sephadex LH-20 柱,用丙酮梯度洗脱,收集同一色带洗脱液,减压馏去丙酮,然后用乙酸乙酯萃取,将萃取液浓缩后干燥得到纯化的茶黄素。此外,还可将凝胶柱和硅胶柱结合起来分离纯化茶黄素,其效果更好。在茶黄素单体制备方面,中国农业科学院茶叶研究所公开了一项发明专利"一种制备四种茶黄素单体的方法"。该专利以聚酰胺吸附树脂作为柱层析分离的填料,采用一种由酯或酮、醇和有机酸组成的特殊的混合溶剂作为洗脱系统,从茶黄素提取物中能同时分离出高纯度的茶黄素、茶黄素-3-单没食子酸酯、茶黄素-3′-单没食子酸酯和茶黄素-3,3′-双食子酸酯 4 种单体。

② 高速逆流色谱法 高速逆流色谱法(High Speed Current Chromatography, HSCCC)是 20 世纪 80 年代发展起来的一项新的分离技术,它是不用固态支撑体或载体的液液分配色谱技术,能实现对目标产物的连续有效的分离。研究表明,高速逆流色谱法分离茶黄素单体,选择溶剂系统为乙酸乙酯:正己烷:甲醇:水(其比例为 3:1:1:6),在流速不超过 2.0 毫升/分、进样量不超过 250 毫克时,能达到有效分离。

此外,国内外学者研究发现,采用 HSCCC 和 Sephadex LH-20 柱层析联用法分离茶黄素,比单个方法更易得到纯度较高的茶黄素、茶黄素-3-单没食子酸酯和茶黄素-3,3′-双食子酸酯等单体。在批量分离制备茶黄素单体方面,北京工商大学公开了一项发明专利"一种大批量分离制备高纯度茶黄素单体的方法"。该专利采用了凝胶柱层析和高速逆流色谱相结合的方法,将凝胶柱层析制备量大和高速逆流色谱分离效率高的特点结合起来,二者优势互补,实现了红茶提取物中茶黄素、茶黄素-3-单没食子酸酯、茶黄素-3′-单没食子酸酯和茶黄素-3,3′-双食子酸酯等 4 种主要茶黄素单体的分离制备。该方法可用于从茶黄素粗提取物中分离制备 10 克至几十克高纯度的茶黄素单体,单体纯度可达 97% 以上。

(林 智)

6. 速溶茶

速溶茶是以成品茶或鲜叶为原料,通过提取、过滤、浓缩、干燥等工艺过程,加工成的一种小颗粒状的易溶入水而无茶渣,又有茶叶香味,冲饮方便,便于携带的固体饮料。

目前我国生产的速溶茶产品有红茶速溶茶、绿茶速溶茶、乌龙茶速溶茶、花茶速溶茶等。从产品的速溶度可分为热溶型和冷溶型两种。这些产品在内质上，如是红茶型，热溶型香味较浓，汤色红明；若是绿茶型，香味浓而鲜爽，汤色黄绿明亮。除纯速溶茶外，还有调味速溶茶（柠檬速溶茶、果味速溶茶、果汁奶茶、混合冰茶）、添加天然草药的各种保健速溶茶、除去咖啡碱的低咖啡碱速溶茶等。这些新产品迎合了人们要求饮料有益健康和饮用方便的愿望，发展速度很快。

速溶茶由于有喷雾干燥产品和冷冻干燥产品之分，因此，外形亦有所不同，前者呈颗粒状或粉状，后者呈鳞片状。但不论哪种产品，其外形状况和容量，都直接反映产品的结构，是产品质量和包装要求的一个重要指标。一般最佳颗粒为直径 200～500 微米，外观优美，溶解性好，最适容重控制在 6～17 克/100 毫升，而以 13 克/100 毫升为最好；外形容重超过 13 克/100 毫升，颗粒小于 150 微米则溶解性能下降；容重小于 6 克/100 毫升，则结构松泡，易破碎黏聚。

速溶茶的品质与其所含的化学成分有关，这些成分含量的高低，因原料和加工方法而不同。我国生产的速溶茶，经分析，茶多酚及其氧化物含量一般在 30%～40%，茶红素与茶黄素的比值差异很大，一般比值在 1：40～80 的范围内；咖啡碱含量都在 7%～10% 之间，冷溶性速溶茶含量低，热溶性含量高，氨基酸含量一般在 3%～12% 之间，其中茶氨酸占氨基酸总量的 44%～76%。对品质影响最大的有：茶氨酸、谷氨酸、天门冬氨酸、苯丙氨酸等；糖类和水化果胶在速溶茶的滋味"厚度"和造型方面有作用，含量一般在 4%～9% 之间。以上这些成分是形成速溶茶的物质基础，因此，在速溶茶的加工工艺各个环节中，都要防止这些对热敏感的有益成分的损失。

速溶茶的加工，主要包括原料处理、提取、净化、浓缩、干燥、包装和贮藏等过程。其基本原理是将茶叶中提取的水可溶物进行转化和转溶，增进速溶茶的色、香、味，然后进行干燥，成为一种速溶的固体饮料。这种饮料对异味、温度、氧气、水分非常敏感，因此对包装条件的要求非常严格。

（1）原料处理

速溶茶大部分是用成品茶和茶叶副产品为原料，也有用鲜叶、半制品和经处理后的干制品做原料的，但无论哪种原料，在加工前都必需进行原料的预处理：成品茶和干制品要轧碎，通过 40～60 目筛；鲜叶要经过萎凋和杀青后再用切碎机切碎，如果是萎凋叶，切碎后还必须进行一定程度的发酵，促进多酚类物质的氧化；也可用不同品质的原料拼配，如在红茶中拼入 10%～15% 的绿茶，能提高汤色的亮度、香味的浓度和鲜爽度。为了保持茶叶原有的香气，可在提取之前将茶叶先用液态二氧化碳进行气提，使茶叶香气物质溶入液态二氧化碳中，防止茶叶香气物质的氧化，然后将含有香精油的二氧化碳通入浓缩液中进行喷雾干燥，或者在受粉器中进行芳构作用，以提高速溶茶的香气。用鲜叶和鲜叶干制品提取的提取液，必须通过酶的转化和化学转化，才能形成红茶。引起这些转化的主要有多酚氧化酶、过氧化氢酶、过氧化物酶，这些酶与未发酵茶的混合液，在 30℃ 条件下保温 1.5～2.0 小时，就能完成转化作用。而化学转化是用氧化剂（高锰酸钾、过氧化氢、氧气等），加入提取液中促使其转化。这两种转化，前者系酶引起的偶联氧化反应，使茶黄素的氧化与氨基酸的还原同时发生，氨基酸还原生成的醛类有利于改善香气。后者茶黄素的氧化反应形成茶红素，使提取液形成红色，但是这时茶提取液的酸度下降，必须用碱液调整到原液的酸度。

（2）提取

速溶茶的提取是以符合饮用标准的沸水作为溶剂，抽取茶叶中的水可溶物质。提取系统可以分为三种组分，即溶剂（水）、溶质（提取液）、惰性固体（茶叶），而溶质包括了固相和液相，因此，固相中的液质浓度与液相中的溶质浓度就存在一定的浓度差，可溶物由固体向液体扩散，固体浓度随时间而不断降低，是一种不稳定扩散过程，其平衡关系甚为复杂。因此，根据这一提取理论，在操作上采用单一批次的单桶提取或多桶连续提取等方法，通常茶叶可溶物总量控制在 30% 左右，因为过量提取会使一些不可口的植物性提取物溶解出来，形成速溶茶的粗青味和涩味。

（3）过滤与转溶

茶提取液中含有碎末茶和悬浮杂质，必须经过净化处理。主要方法是通过离心过滤或减压过滤。离心过滤通过布滤袋，除去颗粒大的杂质，而后再进行减压过滤（过滤介质为羊毛毡和100～150目尼龙布）。过滤后的提取液无沉淀物。但是在茶提取液中，还存在一种当提取液冷到5℃时就会产生的絮状沉淀，称为"乳络物"，通常称之为"冷后浑"，这种物质的多少是茶叶质量的标志。在热溶型速溶茶中不会产生沉淀，其茶汤明亮，滋味浓醇。而在冷溶型速溶茶中，必须对"茶乳酪"进行转溶，才能成为冰茶和冷饮料的原料。转溶的方法主要有酶促降解和碱法转溶。

酶促降解，是采用单宁酶切断儿茶酚与没食子酸的酯键，解离的没食子酸阴离子，又能同茶黄素和茶红素竞争咖啡碱，形成分子量较小的水溶物，其阳离子在有氧的条件下与碱中和。

碱法转溶，是速溶茶生产中普遍使用的方法。基本原理是在茶提取液的沉淀物中，加入一定浓度的氢氧化钾或氢氧化钠溶液，使解离的羟基带有明显的极性，打开茶乳酪的氢键，与茶红素等竞争咖啡碱，改组为小分子可溶物。主要方法是根据茶提取液沉淀物中可溶物的浓度，加6%～7%的碱量，这时溶液的pH达9左右，搅拌增加氧气使茶乳酪溶解，然后加一定浓度的食用酸中和后，使经转溶液达到原提取液的pH水平，并经过滤除去杂质。经过这样转溶的提取液，制成的速溶茶，就称为冷溶型速溶茶。用冷水冲饮，茶汤清澈明亮，无沉淀物。

冷冻离心沉淀，根据茶乳酪在冷冻条件下易聚沉的特性，温度越低析出量就越多的原理，采用冷冻离心法使胶体浑浊物分离，其处理方法简单，不经任何转溶处理。除去胶体浑浊物的提取液，茶味淡薄。离心沉淀后的茶乳酪沉淀物可加入到热溶型速溶茶提取液中去，以增加速溶茶的浓度。

总之，以上三种处理方法，解决了冷溶速溶茶的澄清度问题，但损失了部分有效可溶物，因此，冷溶型速溶茶比热溶型速溶茶，表现为味淡，可溶物含量低。

（4）浓缩

经过净化处理的低浓度提取液（可溶物含量2%～4%），必须加以浓缩，才能进行干燥，否则将降低速溶茶的干燥效率，增加速溶茶的加工成本。因此，浓缩处理是速溶茶加工中重要的过程。速溶茶的浓缩方法，常用的有加热真空浓缩，另外还有冷冻浓缩和反渗透浓缩。这三种方法前者是生产上广泛使用的一种方法，成本低，效率高，缺点是对茶叶品质有影响。后两种对茶叶品质有利，但生产成本相对较高。

加热真空浓缩，在浓缩器内保持一定的真空度和温度，使水的沸点降低而快速蒸发。特点是真空度高，液体沸点低，受热时间短，浓缩时间大大缩短。据试验，在同等真空度条件下，不加温浓缩和加温（36℃）浓缩相比，浓缩时间后者只有前者的1/7，茶浓缩液的质量也好。加热真空浓缩的技术条件，要求浓缩液达到20%～40%的浓度，真空度700～720毫米汞柱，浓缩温度视茶叶情况而定，茶叶老嫩不同，其耐热性也不同：一般上档原料不低于45℃，下档原料不低于50℃，茶叶副产品可达60℃。

冷冻浓缩，这种浓缩方法是利用水溶液在共晶点与低共熔点前，部分水分呈冰晶析出的原理，来提高提取液的浓度。如茶提取液浓度很低，当逐步冷却到0℃时，就有部分冰晶在提取液中析出，浮在液体的表面，余下的溶液浓度提高，再继续进行降温到新的冷结点，再次析出冰晶，如此反复进行。总的冰晶析出量增加，提取液的浓度不断提高。由此可知冷冻的温度越低，析出的冰晶越多，溶液的浓度也愈高。提取液的浓度要求，可由析出的冰晶数量（即去水量）来计算得出百分浓度，也可用波美表来测定浓缩液的浓度。这种方法需要一定制冷量的冷冻设备。

反渗透浓缩，是一种膜分离技术。近年来发展很快，已逐步在溶液的浓缩、物质的分离和精制等方面应用，效果很好。膜分离技术是利用膜的微孔，分离亚微细粒的大分子团物质，以高压泵产生的压力，推动溶液强制通过膜的微孔，产生溶剂和溶质分离，水的分子能顺利通过膜孔，而物质的微粒不能通过。这样经多次循环浓缩，溶液就能达到一定的浓度。在此浓缩技术中，对膜的选择是非常重要的，各种膜均有使用的专一性，否则浓缩的效果不好。反渗透浓缩在整个浓缩工艺过程中，不加温、不蒸发汽化，因此物质的风味和香气成分不易散失,不存在相变过程,故能耗费用少。

(5)干燥

主要有喷雾干燥和真空冷冻干燥两种,其中使用最多的是喷雾干燥。

喷雾干燥,是将浓缩液通过雾化器雾化成为极细的雾滴,与炽热的空气进行剧烈的热交换,干燥成为粉状或颗粒状、含水量低的速溶茶,通过旋风分离器,排出湿空气,使速溶茶沉降于集粉罐中。这种干燥方法的特点是干燥速度快。茶浓缩液被雾化成很小的微粒,增大了液体蒸发的表面积,如1立方厘米的液体,雾化的液滴直径为100微米,则其总的液滴的表面积为600平方厘米,这样大的表面积与高温热介质接触,进行迅速的热交换,一般只需几秒到几十秒就能干燥完毕,具有瞬间干燥的特点。虽然喷腔中空气温度较高,热空气进口温度达150℃～250℃,但液滴有大量水分蒸发,其干燥温度一般不超过热空气的湿球温度,适合热敏性物料的干燥,且制品有良好的分散性和溶解性,产品干后成为粒径不同的空气球,制品疏松,产品在密封的容器中干燥不会污染,生产过程简单,操作方便,适合连续化生产。其主要缺点是单位产品耗热量大,容积干燥纯度小,因此干燥设备体积大。在速溶茶的干燥中,喷腔的温度随喷腔的体积大小而不同,一般控制温度在15℃～250℃,排湿温度85℃～95℃。

真空冷冻干燥,是将浓缩液先结冻到冰点以下,使水变成固体冰,然后在低于水的三相点压力(4.57毛)的真空条件下,将冰直接转化为汽而除去,而茶浓缩液被干燥。具体干燥方法是将茶浓缩液放入真空冷冻箱内,在低温(－35℃)下结冻成冰块,然后在箱中造成真空状态,真空度保持余压0.6～0.1MPa,使茶浓缩液结冻的冰块中水分汽化蒸发,然后以每小时升温3℃的速度升到0℃,再以每小时升温5℃的速度升到25℃～30℃,保持1～2小时,使产品的含水量达到3%～4%,解除真空状态,取出速溶茶,在干燥的条件下粉碎,过筛后密封于容器中保存。真空冷冻干燥的缺点是,需要一套真空和制冷设备,投资和操作费用大,成本高。

喷雾干燥和真空冷冻干燥的产品品质不同,前者外形呈球形颗粒状,内质香味较差;后者外形呈鳞片状,内质能保持原茶的香味。该两种干燥方法,每脱水1千克的成本,真空冷冻干燥是喷雾干燥的6倍。

(6)包装

速溶茶是一种亲水性物质,吸湿性很强,包装不好极易潮解,结块变质,茶叶香味俱减,汤色转暗,溶解性差,丧失商品价值。因此,速溶茶的含水量应控制在3%～4%,过高过低都会影响速溶性。根据速溶茶的这一特性,包装车间要有调温、调湿设备,以控制包装过程中速溶茶的吸湿。一般要求空气状态参数为:温度20℃,相对湿度60%以下,用轻质玻璃瓶或聚乙烯复合袋包装,贮于低温干燥的仓库内。

(徐正炳　林　智)

7. 茶饮料

我国茶饮料的研究起始于20世纪70年代中期,通过技术引进与消化吸收,先后推出了茶浓缩汁、液态茶饮料、茶酒及茶醋等多个产品。纵观我国茶饮料的发展,大体分为4个发展时期。20世纪70年代中期至80年代中期是茶饮料的萌芽期,曾试产过茶可乐、桃茗、橘茗等多种风味的瓶装碳酸饮料;80年代中至90年代中是茶饮料的成长期,消费量稳步增长;90年代中至21世纪初,这五年进入到快速增长期,产量和消费量几乎是成倍增长;此后则处于稳定增长期,每年以50万吨的速度递增,重点是产品结构性调整。目前,我国液态茶年销量已达600万吨,产值超过300亿元人民币,每年消耗中低档茶6万吨左右。不仅拓展了茶的消费方式,满足了国内外市场的需求,同时也大大提高了茶产品附加值,推动了我国茶产业可持续发展进程。

我国生产的茶饮料可分为茶汤饮料和调味茶饮料两大类,其中调味茶饮料又可分为果汁或果味型茶饮料、含乳茶饮料、碳酸茶饮料及保健茶饮料等几类。茶汤饮料是指采用茶叶为原料,在加工中不添加任何其他调味辅料的茶饮料,包括红茶、乌龙茶、绿茶和花茶等饮料;调味茶饮料是在茶汤中加入果汁、甜味剂、酸味剂、香料及奶等辅料,调制成与原茶风味完全不同的、具有特殊风味的调味型饮料。

茶饮料加工一般包括原料处理、茶汤制备（提取、冷却）、澄清过滤、调配、杀菌和包装、检验、装箱等工序。但不同茶饮料产品所采用的加工工艺及应用参数仍有一定的差异。如茶汤饮料的加工工艺设计应侧重于茶汤的感官品质，在达到基本食品卫生要求、茶叶品质和生产效率的基础上宜尽量采用低温、短时、高效的加工新技术和新工艺，应选择采用茶叶直接提取加工方法或高品质茶浓缩汁来调配；调味茶饮料加工工艺的关键在于配方的总体设计，特别应注重茶类的选择及其与辅料的风味协调性，以及不同原辅料结合所产生的浑浊、沉淀等感官品质问题，可采用直接提取加工的茶汤或茶浓缩汁、速溶茶粉等原料来调配，目前多采用速溶茶粉调配。

（1）原料的筛选和处理

首先选用的茶原料应符合相关的安全卫生指标，如有机茶饮料须采用有机茶原料，常规茶饮料所用原料至少应达到无公害茶的要求。其次应建立一套合理、简捷的品质鉴评及筛选方法，根据目标产品标准样的要求，通过系统的评价和筛选，确定加工用原料。

为提高产品的稳定性和一致性，饮料加工前一般都需要对原料进行必要的处理，如对鲜叶原料进行杀青或萎凋、切碎、发酵等初制加工处理；干茶原料需进行必要的整理、拼配和烘焙处理。目前茶饮料仍多采用干茶原料，通常的处理为：① 茶叶整理。首先对原料进行感官审评和分类归堆贮藏，然后根据茶叶的匀净度决定处理方法。通常采用切茶机、平面圆筛机和风选机分别对茶叶进行切碎、筛分和去除毛灰及非茶夹杂物等处理，茶叶的颗粒度一般在 16～40 目（1.25～0.45 毫米）为佳；② 原料茶烘焙和拼配。先对不同原料进行烘焙，通常低档茶温度相对控制高些（100℃～120℃），高档茶应控制低一些（70℃～90℃）。然后根据生产试验配方确定的茶叶组分配比将不同茶叶进行充分的混合；③ 茶叶复火。饮料加工前的茶叶含水量超过 6％时应进行复火处理，处理工艺可根据茶叶含水量高低而定，如茶叶含水量超过 7％时，烘温可采用 120℃，摊叶厚度 1 厘米，烘时 10～12 分钟。

（2）茶汤的提取和冷却

目前茶饮料提取多采用吊篮式和逆流连续等提取方式。在茶汤提取过程中，提取温度、提取时间和茶水比例是关键影响因素，其应用技术参数依不同提取设备和茶类、茶叶颗粒大小的不同而略有差异，应根据目标产品标准要求，比较确定经济、合理和可行的应用控制参数。① 提取温度。一般提取水温愈高，提取率愈高，但提取温度过高易导致茶汁产生熟汤味，特别是绿茶汤的香味变化较大。但提取水温过低，不仅会影响茶叶中水可溶性固形物的浸出，导致提取效率过低，也会影响茶汁的感官品质。因此，茶汁提取应遵循"在保证生产效率的基础上尽量降低提取的温度"这一原则；② 茶水比。通常茶水比例越大，同等条件下茶叶有效成分的提取率越高，但过高会影响后续工序的工作效率。因此，应根据最终产品的实际指标要求，考虑产品的品质、得率、生产效率和设备要求，提出恰当的茶水比；③ 提取时间。提取时间应根据提取温度和茶水比等因素而定，通常水温和茶水比越高，则提取时间越短。

罐装和瓶装液态茶饮料典型加工工艺流程见下图。

目前茶饮料提取的茶水比约为 1∶20～60，提取温度约为 50℃～90℃，提取时间约为 15～30 分钟。其中茶汤饮料对品质的要求较高，与调味茶饮料相比，通常茶水比可高一些，提取温度低一些；绿茶和花茶汁的提取水温可低些，一般不超过 80℃，否则易造成茶汁氧化褐变，色泽加深，香味恶化，而乌龙茶、红茶汤的提取水温一般为 70℃～90℃。

通常茶汤提取温度都较高，为防止长时间的高温静置引起茶汁氧化褐变，提取后需要对茶汁进行及时的冷却。冷却的方式通常采用板式或管式热交换器进行冷却，以自来水或冷冻水作介质。冷却温度一般要求低于室温，并应尽量控制冷却的时间。

（3）澄清过滤

不论采用何种提取设备，在提取之后和冷却之前通常都应设有茶汁与茶渣分离的作业过程。通常采用不锈钢制造的平筛、回转筛和振动筛来滤除茶渣，筛网孔径一般为 32～60 目（0.5～0.25 毫米）。

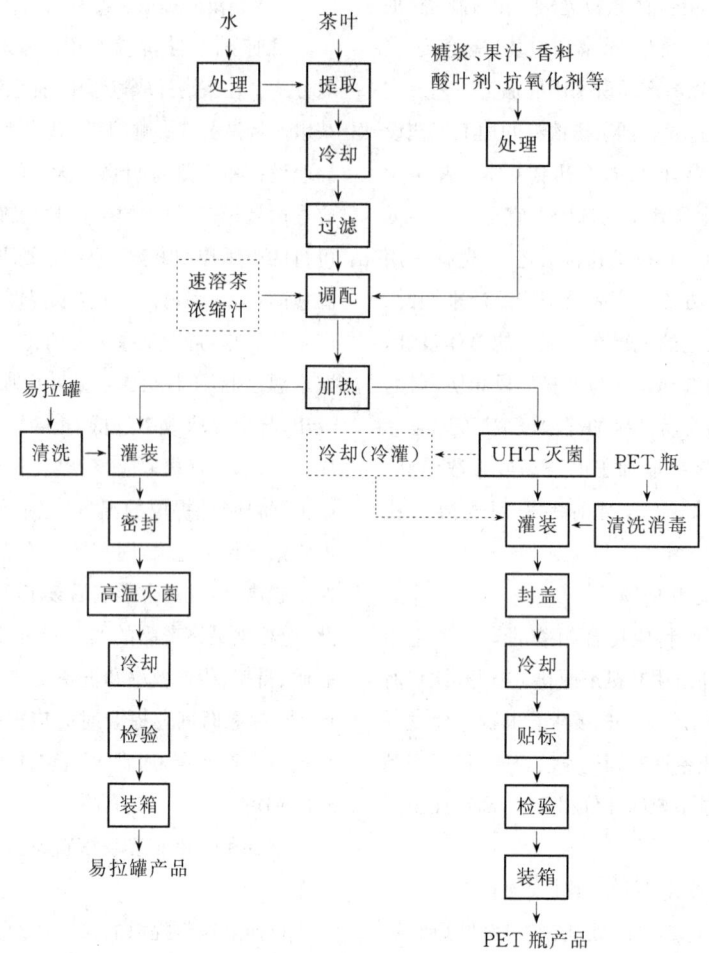

罐、瓶装液态茶饮料加工工艺流程图

目前茶饮料都为清汁,且有较长的货架期,因此对澄清度的要求较高。通常应包括粗滤(或预滤)和精滤两个过程。粗滤(或预滤)一般采用300目(0.15毫米)的不锈钢筛网或铜丝网预滤和4000～6000转/分的离心过滤;精滤可采用板框式压滤机和微孔过滤器,过滤孔径一般应<2微米,绿茶饮料可采用10万～20万分子量的超滤(UF)或0.1～0.2微米的微孔过滤,精滤后的茶汁要求澄清透明,无混浊或沉淀。过滤温度应低于室温(<25℃),并尽量控制过滤时间,以防止风味品质的破坏和微生物的滋生。另外,红茶饮料特别是pH<4.0的红茶调味茶饮料还应考虑茶汤稳定性的问题,应进行必要的处理,通常采用低温沉淀法和碱转溶法,也可通过添加剂法和工艺控制法等方法解决。

(4)调配

调配是茶饮料加工中最关键的工序之一。茶饮料产品对茶多酚、咖啡碱和果汁含量、pH值(酸度)、感官风味和外观品质等都有相关标准要求。因此,为了达到产品标准及其品质稳定性要求,都需要对制备好的茶汤进行调配。

茶汤饮料的调配一般应根据企业产品标准要求和茶汁实际制备的茶多酚、咖啡碱含量,计算出需要添加的水量。然后根据计算结果配制样品,对样品的茶多酚、咖啡碱含量和pH值及感官评审其香味和色泽进行进一步确认。最后根据确认结果对生产茶汁进行正式调配。茶汁的正式调配一般是先加入纯水,使产品理化和感官风味达到指标要求,然后加入一定量必要的添加剂,如0.03%～0.07%的抗坏血酸(Vc)及少量碳酸氢钠(使 pH 值在 5.5～6.5 间)或异抗坏血酸钠(D‐VcNa)等。

调味茶饮料由于添加的辅料较多,调配过程比茶汤饮料相对复杂。调味茶饮料的调配首先应根据企业标准要求和实际生产中的茶多酚含量,确定所需稀释倍数和加水量。然后根据预先调制的小样配方,添加各类辅料,最后通过感官审评确定实际添加量。调配完成后,应取样对各种指标进行复检,确认后进入下一工序。在实际调配过程中,各原辅材料的调配顺序一般按照糖浆、其他辅料、茶汁、抗氧化剂、柠檬酸、香精的次序依此进行。辅料的添加比例一般为果汁≥5.0%(体积)、蔗糖 5%～10%(w/v)、柠檬酸 0.10%～0.30%(w/v)。蔗糖是常用的甜味剂,通常需要加热化糖、精滤去杂和脱色等处理,以防止茶饮料成品产生絮状物。所有影响产品外观和澄清度的辅料在调配之前都应进行必要的过滤处理。

(5)杀菌和灌装

目前茶饮料产品包装主要包括易拉罐装(主要包括铁罐、铝罐)、瓶装(PET 瓶、BOPP 瓶装和玻璃瓶等)和复合材料包装(利乐包、康美包等),不同的包装方式及产品类型采用的杀菌方法和灌装技术也不尽相同。目前茶饮料常用的杀菌方式主要包括高温杀菌技术或超高温瞬时杀菌技术(UHT),灌装技术主要包括热灌装和无菌冷灌装技术(ACF),其中调味茶饮料常采用超高温瞬时杀菌(UHT)和 PET 瓶热灌装技术。

不论采用何种杀菌和灌装技术,之前首先应先经过预加热作业。预加热作业通常是将茶汁加热至 85℃～95℃,一方面是去除茶汁中的氧气,同时还兼杀菌作用,主要采用板式热交换器,通过蒸汽热交换实现茶汁加热。易拉罐包装的预加热温度一般在 90℃左右,主要目的是去除茶汁中的氧气,降低氧含量。PET 瓶包装和纸/铝复合包装的预加热作业通常由超高温瞬时灭菌机前段的预加热来完成,与脱气工序联合实现超高温前的氧气脱除。

易拉罐装茶饮料的杀菌和灌装作业通常采用热灌装技术和高温杀菌方式。易拉罐包装的茶汁饮料经热灌装封口后进行高温杀菌,一般采用 121℃,

10～15 分钟的杀菌强度。高温杀菌釜(锅)一般升温时间约需 10 分钟,降温也约需 10 分钟。出锅后的产品可采用喷淋冷水的方式冷却至常温(20℃～30℃)。

目前瓶装茶饮料的杀菌和灌装作业主要采用超高温瞬时灭菌(UHT)技术和热灌装或无菌冷灌装技术(ACF)。超高温瞬时灭菌技术通常是将茶汁经预热、脱气后加热至 135℃,杀菌时间 2～6 秒,茶汤饮料一般比调味茶饮料略长 1～2 秒。茶饮料的热灌装技术一般将灭菌完的茶汁温度冷却至 85℃～88℃后即趁热灌装入耐热性 PET 瓶中,将密封后的 PET 瓶倒置 30～120 秒,利用茶汁的余热对瓶盖进行杀菌,然后冷却至 30℃左右;无菌冷灌装则需将茶汁冷却至常温后在无菌环境中灌装。无菌冷灌装的茶饮料品质较好,但对瓶和灌装间的卫生要求非常高,通常主体灌装机的空气净化间洁净度应达到 D100 级。灌装之前应采用臭氧水或过氧化氢等强氧化剂对瓶和瓶盖进行消毒,特别是无菌冷灌装系统应进行严格消毒处理,然后经过热空气处理和纯净水清洗。

复合纸包装的杀菌和灌装技术通常采用超高温瞬时灭菌技术(UHT)和无菌冷灌装技术(ACF)。超高温瞬时灭菌技术(UHT)与 PET 瓶装的工艺参数基本一致,经杀菌冷却至常温的茶汁在无菌环境中装入复合纸容器中,如利乐包装。纸质包装材料预先应采用杀菌剂(主要是过氧化氢水)进行灭菌,然后用特殊的喷嘴进行灌装并封口。

(6)检验与装箱

经杀菌冷却的茶饮料产品,采用机械和人工方法对液位、包装等进行检验,合格产品进行贴标、生产日期打印及打包装箱等作业。然后,按产品标准要求对产品的感官、理化和卫生指标进行抽样检测,合格批次的产品可进入仓库储藏待运,不合格批次产品按企业质量管理制度和规定进行处理。

(尹军峰)

8. 红茶菌

红茶菌又称"海宝",为祖国传统的食疗饮料,由乳酸菌、酵母菌及醋酸菌在茶糖水中共生发酵而成。

微生物的聚合体即菌膜,漂浮在液面上,呈乳白色,菌母呈黄褐色或棕红色,漂浮在膜下或菌液中。

乳酸菌属嫌气性杆菌,产生乳酸的能力极强。乳酸不仅是人体需要的营养物质,而且具有卓越的防腐作用。它可抑制肠内异常发酵,阻止人体吸收有害菌分解生成的毒素。医疗上利用干燥乳酸菌和适量的淀粉酶合成的"乳酶生",就是利用它的这一性能来治疗消化不良的。乳酸菌还能利用肠内一些物质制造多种维生素,从而使人体免于迅速老化。近年发现,乳酸短杆菌还能产生一种抗生素,并含有可抗病毒、病菌、病原虫感染以及抗癌的药物成分干扰素因子。

醋酸菌是红茶菌中主要的微生物,呈杆状,周生鞭毛,属好气性细菌。它吸收酵母菌分解出来的酒精和空气中的氧气,使之氧化成醋酸、水、能量,使菌液呈酸性,以抑制其他有害杂菌的生长。它主要分布在茶菌的上层。醋酸菌产生的醋酸,可帮助体内营养物质充分地转化为能量。它的较强的酸性,有清肠理胃的功能。醋酸的杀菌、解毒、散淤、行气、止疼等作用,历来备受医家重视。

酵母菌为卵圆形单细胞真菌,能在缺氧环境下进行无氧呼吸,将糖类酵解成酒精、二氧化碳和能量。大多数分布在红茶菌实体的下层部分。酵母的蛋白质含量丰富,含有10几种氨基酸,其中人体必需的8种氨基酸无一不备。酵母蛋白质中含有激糖素即酵母胰岛素,构成酵母核蛋白的辅基酵母核酸,它被认为具有抗癌和溶解癌细胞的功能。酵母细胞中还含有多种维生素,尤以B族维生素的含量可观,酵母中的多种酶既为重要的生理功能成分,又是防治多种脏腑疾病的药物成分。

红茶菌液中含有丰富的维生素C和大量的有机酸、糖类、氨基酸、卵磷脂及红茶中的有效成分,营养比较丰富,有滋补强身的作用。红茶菌所含有的这些营养成分和药理成分,在人体内互相协同,调节生理机能,提高身体的免疫能力,十分适宜于老年人饮用。现将红茶菌的制作方法简述如下:

茶,红茶、绿茶、乌龙茶、花茶等均可。糖,以冰糖、白砂糖、葡萄糖和蜂蜜为宜。水,最好用泉水、自来水、沙滤水。菌母膜,最好是新鲜、纯净、健康的乳白带黄的菌膜。呈棕红色、茶色的菌膜业已老化,不宜使用。接种菌膜时,要注意清洁卫生,不要感染杂菌。

制作时,用两只洗刷干净的广口瓶或奶粉瓶,煮沸消毒后备用。将茶、糖、水按 1~2:5~10:100 的比例放入茶壶中煮 10 分钟;也可以像平日泡茶一样,将 5 克茶叶、一匙糖放入茶杯,冲上开水,俟茶糖水冷却至 20℃~30℃时,将茶糖水进行过滤,纯净的滤液倒入消毒好的广口瓶中 2/3 处,接上选好的菌母膜,再倒入母液,然后用纱布扎包瓶口。尔后,置于避光和平稳的地方,待一周左右的时间,菌膜迅速增大,充满液面,培养液的颜色变浅,溶液变浊,有气泡产生,并挥发出甜酸的香气,此时即可饮用。饮用取食时,可将菌液轻轻倒入杯中,余下 1/3 的菌液和菌母仍留在瓶中,然后按上面所述泡制好茶糖水,徐徐倒入瓶中。两个培养瓶可以交替使用。当菌母老化,即菌母呈棕红色、茶色时,应重新接种,再度培养。

在制作红茶菌时应注意菌母的选择,选优淘劣,严防杂菌感染。一旦发生杂菌感染,切勿饮用。培养器皿和用具应采用玻璃或陶瓷制品,洗净,用沸水煮 20 分钟消毒,方可制作。在 25℃~35℃的地方培养菌液最为适宜,忌阳光暴晒。饮用时,红茶菌的酸度依人的嗜好进行调节。过酸可以加糖和冷开水,或用茶汤冲淡。每人每天饮 100~200 毫升为宜。由于菌液呈酸性,酸碱度为 2~4,一般不要与药物特别是碱性药同服。有些初饮者若出现副作用,如兴奋失眠、胃酸、轻度腹泻、皮肤发痒等,久饮症状会消失。如确实不适应,也只能停服。

(陈瑞锋)

(二)茶籽的利用

茶籽是茶叶生产过程中数量最多的一项副产物。根据有关资料报道,正常年景,我国年产茶籽约 12.5 万吨。过去茶籽除了做种子外别无其他用途,被白白地浪费掉,随着无性繁殖技术的推广,茶籽资源的开发利用就成了茶叶生产上的一个重要问题。

茶籽中含有大量的可以被利用的物质,它的化学组成列入下表。对于茶籽的利用我国历史上早有记载,明代李时珍所著的《本草纲目》中载:"茶有种生、野生。种者用籽。其籽大如指顶,面圆色黑。其仁入口初甘后苦,最戟人喉,而闽人以榨油食用。"(果部卷三十二,著集,20世纪30年代江少怀所著《油料作物全书》以及威廉·乌克斯所著《茶叶全书》中都有茶籽利用的记载。从茶籽的化学组成中可以看出,它除了含有丰富的油脂以外,还含有较高的淀粉、蛋白质和茶皂素。我国的茶籽资源若能充分利用起来,则每年能为国家提供茶籽油2.25万吨,茶籽饼粕9万吨,相当于80万亩油菜籽的产油量,是一项不用耕地面积的木本油料资源。除此之外,还可以从榨油后的茶籽饼粕中提取大量的茶皂素,剩下的饼粕净化后是配合饲料的原料。

表 4-56　茶籽的化学组成

成　　分	含量%
含油量	33.47
淀　粉	19.89
皂　素	12.38
蛋白质	10.93
单　糖	少　量
双　糖	2.43
半纤维素	4.10
纤维素	2.53
木质素	10.75
灰　分	2.39

（夏春华）

1. 茶籽油的利用

大规模的生产和利用茶籽油在我国已有近30年的历史。茶籽油与同属于山茶科的其他茶籽油(油茶、山茶和茶梅)都属于不干性油,其性质亦类似。茶籽油是一种质量较好的食用植物油脂,历史上早就出现过茶籽油并且被加以利用。但是何时中断已无从稽考,以至于后来人们对于茶籽油能否食用有着许多误解。茶籽油的食用和工业利用价值,可以从下述几个方面说明。

(1) 茶籽油的脂肪酸组成及其营养价值

油脂的脂肪酸组成及其比例是确定油脂质量的主要依据。中国茶树茶籽油脂肪酸的组成共有7种,主要有油酸(C18：1)、亚油酸(C18：2)、棕榈酸(C16：0),其次为硬脂酸(C18：0)、亚麻酸(C18：3),还有微量的豆范酸(C14：0)和棕榈油酸(C16：1)。茶籽油脂肪酸的组成种类相当稳定,不受茶树类型和环境条件的影响而改变。

其中不饱和脂肪酸与饱和脂肪酸的比例为(80.65±0.65)：(19.35±0.65)。不饱和脂肪酸中主要是油酸,达57.09±1.63%,约占不饱和脂肪酸的70%～75%,其次是亚油酸,为总脂肪酸的22.36±1.22%,占不饱和脂肪酸的25%～30%;以饱和脂肪酸而论,主要是软脂酸,即棕榈酸,约占总饱和脂肪酸的85%～90%。与常用的食用植物油脂如橄榄油、花生油、油茶油及菜籽油相比较,在油脂的脂肪酸组成成分方面,除了菜籽油以外,其余4种极为类同,只是组成比有所高低。根据有关文献记载,每一类植物油脂也都受品种与生态条件的影响而改变,以橄榄油为例,其组成为:棕榈酸7%～15.6%,硬脂酸1%～3.3%,油酸65%～86%,亚油酸4%～15%,豆蔻酸0%～1.2%,花生酸0%～0.9%。对照文献值,橄榄油与油茶油相类似,茶籽油更接近于花生油,茶籽油比油茶油和橄榄油更富有亚油酸。5种油中以油菜油的组成最为不同,它的特点是以二十二碳不饱和脂肪酸含量为最高,饱和脂肪酸含量又较低。现已清楚芥子酸对人体健康有不良影响。从医学和营养学角度考虑,茶籽油是一种富有营养价值的食用植物油脂。

(2) 茶籽油的理化特性及其稳定性

茶籽油是一种橙黄色透明液体,4℃时凝结成白色固体,具有一定的香气,很容易脱色而得到一种近乎无色的液体。茶籽油的主要理化常数如下:

折光指数：n_D^{20} 1.469 0～1.471 0

凝固点：4℃

黏度：20℃ r=76厘泊;25℃ r=57.5厘泊

碘价：85～91

皂化值：188～195

硫氰值：72～74

不皂化物：0.96%

茶籽油的这种特性与常见的植物油相比较，其

不饱和程度以及油相及质地等，与油茶油、橄榄油相似。可以认为是一种较好的食用油。茶籽油与几种常见食用油理化性质的比较列入下表。

表 4-57　茶籽油与几种常见食用植物油比较

理化常数	油茶油	橄榄油	花生油	茶籽油
碘价	82～85	78～90	84～100	85～91
皂化值	190～192	186～196	188～194	188～195
硫氰值	71	75～83	60～68	72～74

　　虽然茶籽油的不饱和程度较高，但其性质相当稳定。它能在常温条件下贮藏一年以上，其理化性质基本无变化，这对茶籽油商品化是一个重要的条件。根据对茶籽油采用不同贮藏条件研究的结果表明，在冷藏、室温密封贮藏和室温不密封三种贮藏条件下，以冷藏最为稳定，其酸价和过氧化值均无变化；在室温密封条件下，其酸价和过氧化值亦变化不大；即使在室温不密封时，贮藏一年，茶籽油的酸价和过氧化值只略上升，但无酸败变质情况。

　　(3) 中国主要茶树品种茶籽含油量

　　茶籽含油量的多少直接关系到茶籽的利用价值，现将我国主要茶树品种茶籽含油量列入下表。可以看出，茶籽含油量与茶树品种关系很大，一般讲小叶种含油量比大叶种茶籽含油量高；灌木型茶树茶籽含油量比乔木型的高；偏北方产茶区的比南方产茶区的茶籽含油量高。中国茶含油量的幅度就种仁而言，含油量高的可达 30%～35%；含油量低的在 20% 以下；多数品种茶籽含油量在 24%～30%，平均含油量约 24%～25%。作为油料，茶籽的含油量虽不算太高，但还是具有利用价值的一项油料资源。

　　(4) 茶籽制油工艺与油脂精炼

　　大规模的利用茶籽进行工业性制油已有 30 年历史，茶籽制油工艺已逐步完善和成熟。现行茶籽制油工艺采用二段取油的方法，即采用热压榨加浸出的方法。茶籽制油的工艺流程是：清理、脱壳、蒸炒、入榨、毛油压滤、饼粕浸出、毛油精炼，最后获得精炼油。

　　茶籽制油工艺过程中的主要技术参数是：茶籽原料含水分≤15%；茶籽仁壳比(干重)为 65 :

35；茶籽入榨水分：2%～3%；茶籽入榨温度：110℃～120℃。

表 4-58　中国主要茶树品种茶籽含油率

品种	全籽含油率(%)	种仁含油率(%)
碧螺春	21.73	31.57
紫阳种	17.99	27.68
信阳种	18.07	27.07
南江大叶种	16.48	26.16
龙井种	19.25	29.62
祁门精叶种	16.57	26.43
君山群体	17.36	27.56
婺源大叶种	16.19	26.54
安化中叶种	16.59	25.14
早白尖	13.37	22.28
相潭苔茶	14.59	24.31
莱茶	14.88	28.52
都匀毛尖	13.54	22.56
乐昌白毛茶	13.08	22.56
凤从水仙	12.64	22.99
钟山群体	14.54	26.44
南山白毛茶	12.61	23.22
鹤蜂苔子茶	12.20	19.37
江华蟹脚	15.41	25.68
临桂大叶种	14.34	18.14
平均值	15.52	25.14
标准差	±2.505	±3.215 4
变异系数(%)	16.14	12.79

茶籽经机榨得到的油称为"毛油"。它除了油脂以外还含有其他一些组分和杂质,如游离脂肪酸、蜡质、脂溶性色素以及蛋白质、糖类、饼屑、粉尘和水分等等。毛油中这些物质的存在,严重地影响到油脂品质,也不利于油脂的安全贮藏,甚至于还会给油脂带来苦涩、麻口的味道。对于茶籽来说,主要的是游离脂肪酸偏高,这是因为茶籽采收以后,水分含量很高,一般在35%左右,而又不像其他油料作物那样晒干,在长期的贮藏、运输过程中,又在高温高湿条件下,茶籽中脂肪水解引起游离脂肪酸增加,以致榨油以后,油脂酸价偏高。所以茶毛油必须通过精炼处理,才能得到符合食用要求的茶籽油。

茶籽油精炼主要采用碱炼方法,中和油中的游离脂肪酸。其碱炼工艺如下:

毛油→沉清→过滤→加碱→升温加水→静置沉淀→分离皂脚→水化脱碱→加热脱水→精炼茶油。

茶籽饼粕浸出所用的溶剂是6号溶剂,即工业己烷,是正链的饱和烃类。其馏程范围为60℃～90℃,是无色透明状液体。它的主要优点是对油脂的溶解能力大,易回收,不溶于水,对设备无腐蚀,具有较好的化学稳定性等。

茶籽经过机榨和饼粕浸出二段取油后,总出油率,就多数情况而言,约在15%。实际上茶籽的出油率与很多因素有关,除上述因品种不同、本身含油量不同以外,还与原料含水量、成熟程度以及仁壳比例等等有关。茶籽的出油率大体如下:茶籽鲜样的14%左右,茶籽干样的17%,干态茶仁的24%左右。

(5)茶籽油的用途

经过30年的研究和推广,我国的茶籽制油工业已发展起来了。现在主要产茶省区都已建立了茶籽油生产厂家,提高了茶叶生产的经济效果。随着科学技术的进步,茶籽油的利用途径也逐步扩大,归纳起来主要有两个方面:一是供食用,二是工业用。

关于茶籽油的食用,如前所述。近代的研究更证明了它是一种富有营养价值的食用植物油脂。根据"食品安全性毒理学评价程序"对茶籽油进行动物试验,小白鼠经LD_{50}大于10克/千克体重,属实际无毒类,食用安全。在茶籽油商品指标方面,要求精炼茶籽油的酸价不大于1,280℃加热试验无析出

物,成品油含水量不超过0.1%,从而保证了茶籽油的质量。

茶籽油的工业利用途径很多,就像其他植物油一样。可以用于轻工、化工以及纺织工业等,作为生产助剂和表面活性剂的原料;可以直接磺化,制成磺化油用于丝绸工业;可以皂化用于制皂工业,特别可以制成丝光皂,用于印染工业;通过氢化制成硬化油,用于制茶工业,这是近年来茶籽油应用的一大进展。根据研究结果,利用氢化茶籽油炒制龙井茶,可以提高炒茶锅的润滑性,改善劳动条件,有利于提高茶叶品质,比用其他植物油炒茶好。

(夏春华)

2. 茶皂素的利用

茶籽榨油以后的饼粕中含有一定量的茶皂素,其味苦而辛辣,影响到茶籽饼粕的进一步利用,所以茶皂素的利用就成了茶籽饼粕综合利用的关键技术问题之一。30年来,随着科学技术进步,这方面的研究有了较大的发展。在我国,茶皂素的工业产品于1979年首次试产成功,这为茶籽饼粕的综合利用提供了条件。

对于茶皂素的利用,我国古代劳动人民很早就知道用茶籽饼泡水,用于洗衣洗发。《本草纲目》中已有"茶籽捣仁洗衣去油腻"的记载,至今已有400余年的历史了。现代科学研究已经证明,这是由于茶籽饼粕中茶皂素所起的作用。随着对茶皂素化学结构及性质认识的深入,确定了茶皂素具有天然表面活性作用。并在这一理论指导下,开发出一系列的利用途径和工业产品。

(1)茶皂素的化学结构和性质

皂素又名皂甙、皂角甙、皂草甙。它是一类比较复杂的甙类化合物,因其水溶液振荡时能产生持久性的、似肥皂溶液样的泡沫,故有皂甙之名。现在已经清楚,茶皂素属于三萜五环类皂甙,是由皂甙元(即配基)、糖体和有机酸形成的结构复杂的混合物。到目前为止,从茶皂甙中一共分离出7种皂甙配基,它们分别是茶皂草精醇A、茶皂草精醇B(玉蕊精醇C)、茶皂草精醇C(山茶配基C)、茶皂草精醇D(山茶配基A)、茶皂草精醇E(山茶配基E)、山茶配基B

及山茶配基 D。这 7 种皂甙配基,均为齐墩果烷的衍生物,只是因 A 环上 C～23、C～24 及 E 环 C～21 所接的基团不同而已。糖体部分包括葡萄糖醛酸、阿拉伯糖、木糖和半乳糖 4 种,构成有机酸的是当归酸和醋酸,因此茶皂素是一种多单糖的配糖体。

茶皂素具有植物皂素的一般性质。它是一种熔点为 223℃～224℃ 的无色无灰的微细柱状结晶体,味苦而辛辣,具有很强的起泡力和一定的溶血作用。

茶皂素与其他植物皂素一样,具有多种生理活性。在药理方面具有祛痰消炎、镇痛止咳以及抗菌等多方面的效应。皂素水溶液对动物的红血球有破坏作用,产生溶血现象,这就是通常所说的皂素的毒性。这是由于皂素与血液中的大分子醇类如胆固醇结合,产生复盐所致,所以不能用茶皂素进行静脉注射。但是口服皂素无溶血毒性,这是因为皂素不被肠胃吸收或在肠胃中被水解的缘故。

皂素溶血的最低稀释倍数称溶血指数。茶皂素的溶血指数为 100 000。如果在茶皂素中加入胆固醇等高级醇类,这种溶血作用就会消失。茶皂素类对冷血动物毒性较大,即使浓度很低时,对鱼、蛙及蚂蟥等也同样有毒性。据研究,茶皂素类的这种毒性也因鱼类不同而有差异,以纹缟鰕虎鱼为例,全致死浓度为 1 ppm。从餐条和鲫鱼为材料进行的淡水鱼研究来看,似乎淡水鱼不及海水鱼敏感,因此皂素可用作对虾养殖时杀灭某些鱼类的清塘剂。

(2)中国主要茶树品种茶籽皂素含量

茶皂素在茶树体的根、茎、叶及种子中均有分布,但在分子结构上有些不同,以叶部和种子为例,茶籽皂素的有机酸是由当归酸和醋酸组成,而茶叶皂素由肉桂酸和当归酸构成;在配基方面也有不同,茶叶皂素中含量最高的是茶叶皂甙配基Ⅷ,即 R1-黄槿精醇,茶籽皂素中不含此种配基,还有茶叶皂甙配基不含 CHO 基。由此引起的是两者很多物理性状如分解点、比旋光度、元素分析值、呈色反应等等的差异。以含量而论,茶籽中的皂素含量为最高。

茶籽中皂素的含量也与茶树品种、生长状况及生态条件等等有关。兹将中国主要茶树品种茶籽皂素含量列入下表。

表 4-59　不同品种茶树种子茶皂素含量

品　种	全籽中(%)	种仁中(%)	脱脂粉中(%)
龙井种	9.57	14.72	20.92
鸠坑种	8.01	14.57	19.27
碧螺春	9.32	13.51	19.74
紫阳种	10.84	16.68	23.07
菜　茶	8.77	16.87	23.60
安化中叶种	12.91	19.56	26.13
君山群体	11.20	17.77	24.53
江华矮脚	11.27	18.95	25.50
信阳种	11.04	16.73	22.94
都匀毛尖	9.23	15.39	19.87
祁门槠叶种	13.02	21.70	29.10
婺源大叶种	9.14	14.99	20.40
湄潭苔茶	11.04	18.34	24.30
早白尖	11.05	18.40	23.70
南江大叶种	12.04	19.69	26.67
钟山群体	8.47	15.40	20.93
南山白毛茶	9.12	18.23	23.74
临桂叶种	14.32	21.53	26.30
乐昌白毛茶	9.40	16.21	20.93
凤凰水仙	10.22	18.58	24.13
平均数 x	10.52		23.29
标准差 a	±1.655 7		±2.614
变异系数	0.157 4		0.112 2
全　距	6.31		9.83

从全籽含量来看,低的在 8% 左右,一般在 10% 上下,含量高的可达 14% 以上,说明不同品种间存在着差异。但从中可以大体看出一个趋势,即大、中叶型的茶树,一般比小叶型的含量高。

此外,茶籽皂素含量与种子成熟程度有关,经数理统计,这种关系符合方程 $y = a + bx + cx^2$,以龙井种测定为例, $y = 4.39 + 3.43x - 0.56x^2$,回归指数为 0.96。

通过对我国 14 个产茶省区的 26 个主要茶树品

种茶籽皂素含量的研究,以全籽计算约为 $10.52\pm1.7\%$;以脱脂粉计算约为 $23.23\pm2.6\%$。

(3) 茶皂素的表面活性及其功能特性

凡能够显著降低液体表面或界面张力的物质,一般具有表面活性作用。凡是表面活性剂的分子上均存有有两种不同基团,即亲水性基团和亲油性基团(也称疏水基团)。关于茶皂素的分子结构,如前所述,属三萜类皂素,是由糖体和配基及有机酸组成的。糖体为亲水性基团,通过醚键与另一端疏水基团相连接,疏水基团是由酯键形式连接的甙元(即配基)和有机酸所构成,因而具备了能起表面活性作用的条件。在表面活性剂的分类上,从茶皂素分子结构可以看出,它属非离子型的表面活性剂。

茶皂素在水中呈胶束,能显著地降低水的表面张力,其作用大小与其浓度有关。每种表面活性剂功能的临界胶束浓度有一定的幅度,称为临界胶束浓度范围,茶皂素的临界胶束浓度范围在 0.5% 左右。

茶皂素的这种表面活性作用,几乎不受水质硬度的影响。在水质硬度范围 $0\sim28.7$ 度间,即从软水—中等硬水—硬水—极硬水范围内,配制成 0.5% 茶皂素水溶液,其测定结果说明,不同硬度水质条件下,表面张力差距甚小,其绝对值最高与最低仅差 1.42 达因/厘米。

茶皂素具有很强的起泡力是它的明显特征之一。用罗氏泡沫仪,以标准方法对茶皂素、油茶皂素及皂荚皂素起泡能力进行比较,茶皂素浓度从 $0.001\%\sim10\%$ 范围内,呈抛物线形,以 0.5% 时为最强,这与茶皂素的临界胶束浓度(c. m. c)测定结果相一致。三种植物皂素的起泡力为茶>油茶>皂荚。

茶皂素不但起泡力强,而且泡沫稳定性好,以 0.5% 浓度为材料进行稳定性测定,经 24 小时,其泡沫层高度仅下降 28%,说明茶皂素的泡沫稳定性相当持久。

茶皂素这种起泡力,作为功能性质应用于实践,还将考虑如温度、酸碱度、水质硬度等外界条件的影响。据研究,茶皂素起泡力与温度的关系甚为密切,在 $20℃\sim90℃$ 范围内,起泡力呈直线上升;水质硬

度对其影响不大,从 0 度~30 度这样宽的范围内几乎不受水质硬度的影响,而同为表面活性剂的脂肪酸盐类(如肥皂)就不同,以 0.1% 肥皂水溶液为例,在水质硬度 7.5 度时,已很少产生泡沫,超过 15 度甚至无泡沫产生;酸碱度的影响方面,在 pH $4\sim10$ 范围内起泡稳定,只有在 $4>10$ 时有些影响。

茶皂素的另一个特性就是它的湿润性。固体表面被液体覆盖称为湿润,通过接触角测定法表示湿润性程度。以石蜡板作载体,水的接触角 θ 为 $108°$,在一定范围内,随着茶皂素浓度增加,其 θ 也逐渐变小,当超过一定浓度时,θ 不再继续下降。

θ 角的大小可以估计湿润程度和湿润力。θ 角愈小,说明湿润性能愈好。当茶皂素的浓度在 $0.5\%\sim1\%$ 时,其 θ 角下降至 $90°$ 以下,即 $00<0<90°$,从分级来说,它属于浸渍湿润。与油茶皂素及皂荚皂素相比较,它的湿润性能介于油茶皂素与皂荚皂素之间,油茶皂素的湿润性不及茶皂素和皂荚皂素。

茶皂素的表面活性的功能特性,除了上述起泡力、湿润性等之外,还有去污、乳化及分散多方面的特性。

(4) 茶皂素洗理香波

利用茶籽饼粕泡水洗头、洗衣,在我国古已有之。一般认为用茶籽饼水洗头后可使头发松、软、光亮,能够去头屑、止痒;能去头虱,是民间喜爱的一种天然洗涤用品。近代科学已经证明,茶皂素具有较好的天然表面活性,它的起泡力、湿润性及分散性性能优良。用茶皂素制成的洗洁剂洗涤织物,能使织物保持天然的艳丽色泽,剥色能力小;用它洗涤毛呢织物不会缩绒,保持很好的手感,这些都是合成洗涤剂所不及的,所以近年来,茶皂素在日用化学行业中受到广泛的好评,并研制出一系列的日化产品。茶皂素洗理香波的问世,就是一例。

茶皂素用于洗涤剂或是洗理香波,首先是因为它有去污力。现代研究说明茶皂素的去污能力是好的。采用标准方法测定,即采用 0.20% 茶皂素溶液,将两块标准污布分别放入溶液中。在 40℃ 条件下,用去污试验机振荡洗涤一小时,取出污布,在阴凉处自然晾干后测定污布洗后的白度值,再将白度

数值换算成去污力。茶皂素 0.2%溶液的去污力平均为 25.1%。按照同样方法对十二烷基苯磺酸钠的 0.2%溶液测定作比较，后者的去污力为 27.4%，因此两者的去污力非常接近。十二烷基苯磺酸钠是制造洗涤剂的主要原料，茶皂素的去污能力与它相接近，说明去污效果是好的。

在茶皂素洗理香波中当然不完全都是茶皂素，作为商品还应有其他一些要求，诸如黏度、泡沫量、pH 值、卫生指标、质量指标、色泽以及香型等等。一方面符合商品要求，另一方面还要适合消费者的要求，所以在茶皂素洗理香波的成分比组成中，除了茶皂素以外，还使用了通常洗涤剂使用的聚氧乙烯脂肪醇醚硫酸钠（商品名称 AFS）、脂肪酸二乙醇酰胺（商品名称 6501）等作为配伍表面活性剂。同时还应添加各种增稠剂、防腐剂、酸碱度调节剂以及香料等等。在色泽方面采用茶皂素本身的棕红色，而不添加合成色素；在香型方面采用了食用级橘子香型的香料，不使用合成化妆品香料。这些都构成了茶皂素洗理香波的独特之处。该产品上市以来受到各方面的好评，成为畅销产品。

（5）茶皂素石蜡乳化剂（商品名称 TS-80 蜡乳化剂）

两种互不相溶的液体，经剧烈振荡或搅拌，可以暂时混合成一个混浊体，但不久又重新分层，如果加入某种表面活性物质，再机械混合，一方以极微小的液滴均匀分散在另一方溶液中，成为较稳定的乳状液，这种作用称为乳化，称这种活性物为乳化剂，它的作用在于降低液—液体系中的界面张力。

茶皂素石蜡乳化剂是以天然表面活性剂茶皂素为主体研制成功的一种新型石蜡乳化剂。主要用于纤维板工业生产中乳化石蜡，制造隔水剂，同时亦适合其他行业乳化石蜡之用，是近年来茶皂素应用方面开发出来的一个新用途。

在纤维板工业生产中，为了提高纤维板的防水性能，就必须把一种疏水材料均匀地加入到纤维浆料中去，通常采用固体石蜡。但是石蜡是一种性质极不活泼的碳氢化合物，既不溶于水也不皂化，因此使用时必须加入乳化剂，将其乳化成微小的颗粒，制成稳定的水包油型乳液后加入浆料中，再经破乳，使

石蜡与纤维粘接在一起，达到防水的目的。

以往在纤维板工业生产中主要用油酸铵作乳化剂，也有用油酸钠，甚至还有用肥皂粉的，这些乳化剂在使用过程中都存在一些问题。中国农业科学院茶叶研究所根据对茶皂素表面活性研究的结果，研制成功以茶皂素为主体的 TS-80 石蜡乳化剂。

按照纤维板工业生产中石蜡乳化剂的要求，对 TS-80 乳化剂制成的石蜡乳液进行稳定性和破乳速度测试，同时在相同制备乳液的条件下，与油酸铵、油酸钠、混合脂肪酸、肥皂粉等乳化剂制备的石蜡乳液进行比较。结果茶皂素——石蜡乳化液的微粒最小，形如芝麻，颗粒大小和分布都非常均匀，直径平均为 1.54 微米，而油酸铵为 3.13 微米，油酸钠达 4.97 微米，可见 TS-80 乳化剂的乳化力强，分散效果好。同时由于它的颗粒度最小，所以十分稳定。茶皂素石蜡乳液存放于恒温 40℃中，经 24 小时，其上层不结皮，下层不析水，稳定性甚好。

虽然茶皂素乳化剂对石蜡乳化效果良好，然而应用于纤维板生产中，还要求它与沉淀剂相遇时，破乳速度要快，以利于施胶效果的发挥。

实践结果表明，TS-80 乳化剂的破乳速度快，生产大样的破乳的絮凝时间仅为 3 秒钟，聚结时间为 2.5 秒；而在相同条件下，油酸铵石蜡乳液经 1 分 30 秒仍无聚结现象发生。不仅如此，TS-80 乳化剂制成的乳液的破乳温度范围宽，浆料温度可从 0℃～60℃都能破乳，而油酸铵制成的石蜡乳液的一大缺点，就是破乳受温度影响很大，当浆料温度超过 40℃时破乳困难，这就意味着加入的石蜡不能被纤维所吸附，在热压过程中将随水流失。浆料温度在夏季时基本超过 40℃，所以在纤维板生产中往往夏季的成品板质量差，吸水率高，使用 TS-80 乳化剂后就解决了这个难题。正是由于 TS-80 乳化剂有以上几方面的良好性能，因此应用于纤维板生产中效果是明显的，既适应性广，又提高了成品板的质量。经多方面测试，采用 TS-80 乳化剂生产的纤维板平均吸水率为 16.4%，静曲强度平均为 433.1 千克/平方厘米，各项指标均达到或超过一级品标准。

TS-80 石蜡乳化剂的研制成功，并在人造纤维板行业中应用，解决了纤维板行业中存在多年的"纤

维板吸水率偏高"的难题。同时也为茶皂素的工业利用开辟了一个新途径，到目前为止，它已被许多纤维板生产厂家所采用，是茶皂素工业制品的主要品种之一。

（6）茶皂素加气混凝土稳泡剂（商品名称：巧TS－861稳泡剂）

加气混凝土是一种多孔、轻质新型建筑材料，它是由硅质材料、钙质材料、引气剂和稳泡剂等各种物料按一定比例混合，经浇注、发泡、成型后，在174.5℃～200.5℃和8～15千克/平方厘米的高压蒸汽养护条件下合成的具有一定强度的人造石。由于它具有容重轻、保温性能高、吸音好和可加工等优点，已广泛用于工业与民用建筑，尤其是高层建筑。作为承重或非承重的结构材料，其特性明显地优于传统的"秦砖汉瓦"，成为新型建筑材料的重要组成部分。

制造加气混凝土的关键技术之一就是引气和稳泡。所谓稳泡就是降低固—液—气组成的三相体系的表面张力，增加体系中气泡膜的机械强度，防止气泡破裂造成的浆料沸腾塌模，达到成型的目的。所以选择合适的稳泡剂，一直是加气混凝土工业的课题之一。TS－861稳泡剂是以茶皂素为主体研制而成的（SP型）加气混凝土外加剂。它之所以能起到稳泡作用，是因为加气混凝土在发气以后，浆料变成固—液—气三相体系，处在一个极不稳定的状态，要防止气泡破裂，根本的办法就是降低浆料体系的表面能，增加气泡膜的机械强度，降低体系的表面张力，达到稳定气泡的目的，而茶皂素正是能有效地降低体系的表面张力，从而起到稳泡效果。

在加气混凝土生产工艺中，稳泡剂的主要作用就是能使发气、发热和固化三者协调同步，而不现沸腾、塌模现象，保证浇注稳定性和浇注的成功率。以茶皂素为主体的TS－861稳泡剂对这几个方面都有较好的作用。

其一，对加气混凝土所用石灰的消解有一定抑制作用。石灰是钙质材料的主要来源，同时也是热量的来源，它的消解速度对于浇注温度、坯体温度、浆料稠化及坯体硬化均有明显影响。在加气混凝土生产中，通常采用快速石灰，由于消解速度太快，浇注温度很难控制，浆料稠化速度加快，不能与发气过程同步，因而产生坯体收缩和下沉。但是加入TS－861稳泡剂后就能延缓石灰的消解速度。

其二，对浆料的缓稠化作用。所谓稠化是指浆料中各种物料不断水化形成骨架结构，极限切应力急剧增大，浆料失去流动性并具有支承自重能力的状态，这是浇注成型的重要步骤。浆料稠化速度太慢可能产生塌模；稠化太快影响正常发气，可能产生不满模或憋气现象。TS－861稳泡剂具有调节稠化速度的作用，尤其是在发气初期缓稠化作用最重要，这正符合加气混凝土发气的要求。

其三，对固体微粒具有分散作用。加气混凝土所用的原材料都是通过碾磨并达到一定细度后才使用的，尤其是硅质材料，诸如粉煤灰、砂、矿渣、铁尾矿粉等等。在浆料体系中由于自重力和比重的影响，固体微粒下沉，造成产品质量上下不均匀。而TS－861稳泡剂对这些固体微粒有较好的分散作用，有利于提高加气混凝土产品的上下层均匀度。

上述几个方面的性能，证明TS－861稳泡剂用于加气混凝土工业作外加剂是可行的，实际应用效果也是好的。

从成品质量来看，TS－861稳泡剂生产的加气混凝土，其物理力学性能明显优于原工艺产品。首先，减少了制品的上下容重差和抗压强度差，制品合格率平均提高20％左右。除此以外，TS－861稳泡剂能改善制品的气孔结构，其气孔数量比原工艺制品增加了两倍，气孔孔径小而密实，这对提高产品质量无疑是非常有利的。

（7）茶皂素农药湿润剂

化学类农药按加工剂型分主要有两大类：一类是液体；一类为固体。由于化学农药的原药大多不溶于水或难溶于水，所以在加工成液体农药时，需要加入溶剂和乳化剂，制成乳剂；在加工成固体农药时，则需加入一种湿润剂，制成可湿性粉剂，使用时不溶于水的农药能悬浮于水中，发挥农药的使用效果。可湿性固体农药的悬浮率愈高，使用效果愈好。

茶皂素具有很好的湿润作用，并优于其他植物皂素。以农药叶蝉散为对象，制成10％叶蝉散可湿性粉剂，其性能测试表明，效果是明显的。按照有关企业标准，10％叶蝉散可湿性粉剂的悬浮率标准为

≥52%,加入茶皂素湿润剂后悬浮率大大提高,加入量从1%~19%范围内,悬浮率均超过60%。

通过筛选研制而成的茶皂素农药湿润剂,以茶皂素为主体,配以各种稳定剂、干燥剂等等,其效果比茶籽饼粕更为理想,湿润剂加入量1%~19%,悬浮率可提高到64%以上。

(夏春华)

3. 茶籽壳及其他残渣的利用

茶籽壳是茶籽综合利用以后数量较多的一项副产物,它包括果壳和种壳两部分,资源比较集中,并且有相当的利用价值。茶籽的果壳和种壳是性质不同的两类物质,化学组成的差异很大。果壳是果实的最外面一层壳,能进行光合作用,化学组分多而复杂,含有丹宁类、咖啡碱及色素等光合作用产物,某些方面相似于茶叶。茶籽种壳的化学组成比较简单,种类亦较少。

但是无论是果壳或是种壳,它们的共同之处是含有多量的纤维素、半纤维素和木质素。茶籽壳中部分化学组成列入下表。

表4-60 茶籽壳中主要化学组成(%)

组成 种类	单糖	双糖	淀粉	半纤维素	纤维素	木质素	粗脂肪	粗蛋白	灰分
果壳	2.32	2.26	0.90	15.91	15.23	36.75	1.28	9.26	6.97
种壳	/	0.6	/	19.87	27.50	42.21	0.89	3.86	0.91

从表中所列数值分析,茶籽壳的利用首先是纤维素及木质素类的利用,对于果壳来说,还存在着单宁类物质的利用问题,所以这两种壳的利用途径和技术路线应有所不同。

(1) 纤维类的利用

纤维类是植物最重要的结构材料,是植物生物产量的主体。一般农林副产物中均含有30%~50%的纤维素、15%~35%的半纤维素和15%~30%的木质素。据估计,世界上每年所消耗的能量中有1/7来自生物物质,而其有85%是作为燃料消耗掉了,例如燃烧木材、秸秆、蔗渣及谷类壳等植物纤维物质,其热效率仅为10%,而90%都浪费掉了,因此提高植物纤维资源的利用率以及进行深度加工,已引起各方面的高度重视,亦是当今最活跃的研究领域。在应用方面进展较快,传统的纤维化学已进入现代生物工程发展的新阶段,纤维类资源将取代部分粮食进入工业领域,已成为总的发展趋势。

植物纤维是有机化工的主要原料之一。它经水解可得到多种化工产品,主要有糠醛、木糖,进一步水解可制得酒精、乙酰丙酸等等。由糠醛出发还可制得合成树脂、涂料、农药和医药等所需要的多种化工原料。

我国茶叶生产过程中产生的纤维资源相当丰富,诸如饮茶废渣,修剪后的粗枝老叶,换种改植后的茶根树干,茶叶加工后的茶灰、茶末以及茶籽采收后的果壳及种壳,榨油后的茶籽饼粕等等,其中单就茶籽壳一项就达9.5万吨,并且资源集中。对于这些资源如何利用,以往研究甚少,但近年来发展较快,采用茶籽壳(种壳)制取糠醛已有一定进展。

利用茶籽壳生产糠醛,其工艺路线基本与其他植物材料制取糠醛相似。但由于各种材料的化学组成不同,所以其具体工艺参数亦不尽相同,各有特点。以茶籽壳水解时的用酸种类和用酸浓度而言,采用盐酸水解就比硫酸水解好。根据资料报道,盐酸的浓度控制在12%左右为宜,其糠醛收得率较高。

糠醛生成过程中"既要酸又怕酸",酸度提高,糠醛生成速度加快,但当酸度过高时,其分解速度亦加快,收得率反而减少。在植物纤维水解过程中,除了生成糠醛以外,还有醋酸和低沸点物质生成,主要是甲醇、丙酮、乙醛和甲酸等。利用茶籽壳生产糠醛是可行的,工艺也比较成熟。

(2) 茶果壳中单宁类物质的利用

单宁是多元酚及其衍生物的总称。不同的植物材料得到的单宁在化学结构上差异较大,用途亦各不相同。但是所有植物单宁结构都含有数个酚羟基,所以单宁是多元酚衍生物的混合物。

从含有单宁的植物材料中提炼栲胶是一传统的利用方法,例如从油茶籽果壳中提炼栲胶等。而茶叶籽过去由于没有充分利用,所以很少这方面的研究,其实二者有很多共同之处。利用茶籽果壳提炼栲胶近年来已有尝试,据研究,茶果壳中含有约13％的单宁、15％左右的非单宁(包括酚类、糖等),经比较测试结果,茶果壳中的单宁与油茶果壳中单宁的性质基本相似,可以作为制取栲胶的原料。栲胶在工业上用途较广。它在地质、冶金、合成氨脱硫等方面均有用途。利用茶单宁进行合成氨脱硫已经成功,并在生产上得到应用。

茶籽综合利用是 20 世纪 80 年代发展起来的一个新的领域,虽然发展较快,但是作为一项事业还只能算是开始,还有很多问题需要进一步深入研究,也还有一些研究成果需要进一步开发,使之商品化。从而为茶叶生产创造出更高的经济效果。

(夏春华)

五、茶叶品质与检验

千姿百态的茶叶,其色、香、味、形的本质是以多种化学物质作为基础的,物质的含量及其组成比例影响着各种茶的品质。

茶叶品质的感官审评,虽然主要依赖于评茶师的经验与感受,但茶叶审评的条件和程序、审评术语和评分方法,却是十分严格的。要成为一名出色的评茶师,决非一日之功所能造就。

茶叶检验项目繁多,国内外均有明确的标准和规定。通过各种检验,使各种茶叶产品符合一定的规格,达到一定的质量要求,以保护消费者的利益。

(一) 茶叶品质化学

1. 茶叶色香味形的形成

食品的色香味形,是反映食品品种质量的基本因素。因此,对茶叶的质量而言,除了必须符合卫生标准外,它的色香味形,就成为评估茶叶品质的基础。各种茶类各有其特征,并有与其特征相应的色香味形的质量要求。

茶叶的色香味形,是茶叶品质的综合反映,除了形依赖于物理作用外,色香味均以品质化学成分为基础。

(1) 茶叶色泽的化学本质

茶叶色泽,包括茶叶的干茶色与汤色两个部分。茶叶颜色,习惯上都是指干茶的色泽。在茶品质审评上,还有泡茶以后留下来的叶底色泽。这些色泽的出现,都有其一定的物质基础,就是形成各种颜色的茶叶化学成分。由于各种呈色化学成分的变化,产生各种茶类特有的色泽,受到不同消费者的欢迎。

茶叶中的有色物质是很多的,绿色的叶绿素、橙红色的类胡萝卜素,还有具有各种不同颜色的黄酮及其甙类物质与花青素等。除此以外,还有鲜叶经过不同加工方式所形成的各种茶类的特有呈色物质,如红茶的茶黄素、茶红素和茶褐素等。茶鲜叶加工之后所产生的颜色,有的来自有色物质,有的是从无色物质转化而成的。千变万化,物质的转化过程,非常复杂。同是一片鲜叶,由于加工方法不同,可以制成各种茶类,通过加工过程中的化学、生物化学与物理的变化,使各种茶类表现出应有的特色。茶叶中的各类有色物质,都不是单一的一种化合物,而是一个组合。例如,类胡萝卜素,就包括 α-胡萝卜素、β-胡萝卜素、γ-胡萝卜素、番茄红素、叶黄素、玉米黄素、堇黄素等。且因叶子的老嫩,其含量也有变化,一个组合中的各种成分,还有量与组成比的变化,因此反映出来的颜色,更是深浅色泽不一,神态各异。

绿茶的绿色,主要是叶绿素的颜色决定的。鲜叶经过热处理之后,使叶中所含活性物质因热而被伤害,活性被抑制,制止了各种化学成分因活性物质的催化所引起的变化,使叶绿素在鲜叶中固定下来,这样制成的茶叶,就成为绿茶。由于鲜叶中的各种组成成分有量的差异,固定下来的各种成分之间的比例不同,反映在主体叶绿素的颜色上,就产生深浅不同的绿色,所以有嫩绿、翠绿、黄绿以及乌绿之分。

绿茶的干茶色泽与其等级的确定有直接影响,总的标准是以绿润为中心。绿茶绿色之由来,叶绿素虽是主体,但在感官上的嫩润黄等之感受,又与茶叶中所含的果胶物质与黄酮类物质的含量有关。

绿茶的茶汤色泽,优质者应该是清澈明亮的淡黄微绿色,这种淡黄的颜色,主要是以黄酮甙类物质及原来无色的物质经轻度氧化形成的有色物质为主体。由于叶绿素属于非水溶性物质,绿茶茶汤中的绿色成分,经科学研究证明是黄酮类物质(如牡荆甙等)。叶绿素是脂溶性物质,在绿茶茶汤中不能形成呈色的主体。据科学研究证明,叶绿素在绿茶茶汤中只发现含有极微量的悬浮颗粒,不能形成真溶液。

红茶的干茶颜色,看起来有乌润感,它之所以命名为红茶,是指茶汤的汤色。因此,红茶的外形色泽要求,即干茶颜色的品质标准,并不反映红的特征。国际通用的红茶名词为 Black tea,在字义上完全以外形乌黑色泽作为依据,并无红的含意。

红茶汤色要求红艳明亮,这种红色来自鲜叶中的茶多酚。红茶在制茶工序中有一个发酵过程,实际上是一个氧化过程,鲜叶中的茶多酚经过这一氧化过程,把含量的 30%~40% 转化成红茶的特征色素,其氧化产物的主要成分是茶黄素、茶红素和茶褐素。发酵技术掌握恰当,这三种主要红色成分比例协调,红茶汤色就可以获得红艳明亮的结果,这是优质红茶的汤色。

乌龙茶属于半发酵茶,它的加工方法,采用的技术原理,介于红茶与绿茶之间,干茶色泽一般偏青褐。乌龙茶的汤色呈黄红色,由于它是半发酵茶,鲜叶中的茶多酚被氧化的量较少,因此,茶黄素与茶红素的含量都较低,茶褐素很少。

(2)茶叶香气的化学本质

茶叶香气由一群比较复杂的芳香物质所构成,不同芳香物质的种类及数量的综合,形成各种茶类的香气特征。除了品种、季节因素的特殊原因外,鲜叶原料通过不同的加工方法,就能形成各种不同的香气,所以香气是由多种芳香物质综合组成的,而绝不是一种单独芳香物质的反映。目前尽管对多数芳香化合物相应的香气性质已有初步了解,但仍然难以用具体的芳香物质成分直接表明茶叶所特有的具体气味。例如,具有嫩茶鲜爽清香香气性质的有:顺-3-己烯醇与其他六碳醇类、六碳酸、反-2-六碳烯酸以及某些五碳醇类;属于铃兰类鲜爽花香的有沉香醇;具有蔷薇类柔和花香香气性质的有 2-苯基乙醇、牻牛儿醇(香叶醇);具有茉莉、柚子类甜醇浓厚香气性质的有 β-紫罗酮与紫罗酮的衍生物、顺-茉莉酮、茉莉酮酸甲酯、橙花叔醇;果味香性质的有茉莉内酯及其他内酯类化合物;茶螺烯酮、其他紫罗酮类化合物,木质气味性质的有倍半萜烯等碳氢化合物、4-乙烯苯酚,烘炒香气性质的有反-2-顺-4-庚二烯、5,6-环氧-β-紫罗酮,还有属于其他香气性质的各种具有一定气味的化合物。这些各种各样的芳香物质,组成各种茶类的不同香味,其香型就反映了茶类的香气特征。到目前为止,茶叶香气的研究内容仍处于了解茶叶香气的组成成分、组成变化与茶叶品质关系的阶段,至于代表某种茶类香气的芳香物质的组成,还有待于采用更为先进的分析仪器如 GC-闻香器等继续深入研究。

迄今为止,已分离鉴定的茶叶芳香物质约有700种,但其主要成分仅为数十种。它们有的是鲜叶、绿茶、红茶共有的,有的是各自分别独具的,有的是在鲜叶生长过程中合成的,有的则是在茶叶加工过程中形成的。例如,顺-3-己烯醛只存在于鲜叶,不存在于绿茶、红茶中;吡嗪化合物在绿茶中含量很多,但在红茶中则尚未发现;红茶中所含的酯类化合物有 38 种,但在绿茶中仅发现有 9 种,内酯类化合物也有类似情况。

总的来说,茶鲜叶中含有的香气物质种类较少,大约 80 种;绿茶中有 260 多种;红茶则有 400 多种。芳香物质种类的组成与量的不同,形成了千变万化多种多样的茶叶香味特色,此乃茶类香气之由来。

(3)茶叶滋味的化学本质

由于香气与滋味的关系非常密切,因此一般常用香味两字来表示食品的香气。甚至有人研究提出:人们对食品所感受到的香气,主要是从味觉中感受到的。这虽然将味觉器官与嗅觉器官的功能混为一谈,但因这两种器官密切相依,所以也有一定的道理。人们能感受到的茶叶滋味,是以茶叶化学成分的味阈值为基础,由味觉器官的反应形成的。茶叶中对味觉起主导作用的物质是茶多酚(包括儿茶素及各种多酚类物质)、氨基酸,具辅助作用的是咖啡碱、还原糖等化合物;在红茶中除茶多酚、氨基酸外,起特征作用的茶黄素与茶红素等与红茶滋味密切相关的物质,是儿茶素经氧化后产生的。所有这些物质,都有其物理及化学特性,在不同的条件下,包括其含量与组成比例的变化,表现出各种不同茶类的滋味特征。

茶的品质风格,从单纯的滋味化合物因素来说,是形成滋味的化合物的味阈值决定的。甜、酸、咸、苦的味阈测定代表物,是蔗糖、盐酸、食盐与硫酸奎宁,它们的味阈值相应地为 0.03 摩尔、0.009 摩尔、0.01 摩尔、0.000 08 摩尔/升,从中可以见到,苦味物质对味觉器官的反应灵敏度最高。同时,温度对味觉也有很大影响,最能刺激味觉的温度,在10℃～40℃之间,例如,蔗糖在常温的阈值是 0.1%,在 0℃时则为0.4%,相差 4 倍,在 50℃ 以上时,感觉会显著迟钝。茶叶中含有的柠檬酸的味阈值,在常温时为0.002 5%,0℃时则为 0.003%,也有差异。再加上呈味物质之间的对比现象、消杀现象与变调现象等因素,还有相乘作用与阻碍作用等的影响,可知滋味的形成是很复杂的。

茶汤滋味是茶叶所含的各种呈味物质的综合反映,而且与物质的化学结构有关。因此,评茶师在评茶时,只能以综合呈味物质所形成的滋味的抽象来表达评述。这种对茶叶滋味品质的评述,无疑是建筑在一定的物质组合基础上的。茶汤中呈味物质与茶叶品质的相关性是不相同的,在滋味的形成方面,各有各的作用。在茶叶内质的审评上,所运用的术语虽较充分地反映出这些呈味物质内在的联系,但并不能表达这些物质中某种单一的滋味性质,其协调与综合的作用,形成了评茶师对茶叶品质的感官评定。

茶的涩味是指茶汤中所含物质对口腔产生的带收敛性的刺激感受。茶叶中表现为涩味的主要是多酚类物质,一般在冲泡出的茶汤中占所有茶叶水浸出物质的 10%～40%。这其中又以各种儿茶素类物质构成了涩味的主体。严格地讲涩味是人的口腔黏膜接触特定的物质后产生的物理性收缩反应,并不是单纯由味觉感受细胞完成的感觉。

茶叶中表现为苦味的物质主要是咖啡碱、花青素和茶皂素等。咖啡碱在茶叶的水浸出物中一般占 4% 左右的含量。茶叶的苦味和涩味总是相伴的,二者的共同作用确定了茶叶的滋味刺激特性。

茶叶中表现为鲜味的物质主要是各种游离的氨基酸,以及儿茶素、氨基酸与咖啡碱形成的复杂化合物。一般在茶汤中,氨基酸含量占水浸出物的 3% 左右,但一些特殊品种的茶叶氨基酸含量可高达7% 以上。

甜味主要由茶叶中的可溶性糖类物质和某些氨基酸形成。甜味不是茶味的主要滋味,但能在一定的程度上中和茶叶的苦涩味,使茶叶更协调,此外,茶叶中所含的可溶性果酸(糖类中的一种),还具有黏稠性,可增强茶汤的浓度,使茶味产生丰富和厚实的感受。

酸味通常由茶汤中的有机酸、抗坏血酸(维生素C)、茶黄素和部分氨基酸等物质产生,正常的酸味也是茶汤滋味的调节因素之一。

就绿茶的滋味而言,高级绿茶在感官上以鲜醇为主体,辅之以浓、甘、爽、厚以补其特点。绿茶的鲜与醇是各种呈味物质综合反映的主体,特别是它的醇度。在所有茶汤呈味物质中,没有一种的滋味是显示"醇"的,醇是氨基酸与茶多酚含有量比例协调的结果,鲜是氨基酸的反映。两者协调,醇鲜自生。至于四级以下的低级茶,则以醇和、平和、淡、粗、涩来评述,与呈味物质的滋味性质相距很远。

就红茶的滋味而言,工夫红茶以鲜、浓、醇、爽为主,红碎茶则以浓强、鲜爽为主,辅之以收敛性、醇厚、醇和、鲜强等,以区分其等级及类别。这里氨基酸在品质化学鉴定时,就处于辅助地位,而主要是茶多酚,更确切地说是儿茶素及其氧化产物茶黄素的含量起着重要的作用。用化学方法测得的红茶的浓强度与鲜爽度,与感官审评的结果是一致的,这种鲜爽度不是像绿茶那样取决于氨基酸,而是取决于茶黄素。因为儿茶素经酶性氧化生成的茶黄素,是决定红碎茶的鲜爽味及茶汤亮度的主要成分,它改变了原来儿茶素的滋味特征。工夫红茶由于采用的制茶工艺技术措施有所不同,因此滋味没有红碎茶那样浓强鲜爽,而以浓醇为其特点,这是由于工夫红茶在加工过程中的生化变化有所不同,特别是叶组织机械破碎程度,没有红碎茶那样充分,干燥工序中的叶温较低,时间较长,氧化过程缓和,造成滋味的醇和,缺少强烈的收敛性。

(4) 茶叶外形的形成

各种茶类的外形,都是物理作用形成的。当然在物理作用过程中,不能排除一定的化学变化。茶叶的外形有:条形、扁形、针形、圆形、片形、卷曲形等。鲜叶经过一定的加工过程后,加以成形的技术措施,并通过干燥,使形固定下来,形成一定的茶类特征。在定形干燥过程中,茶叶的色泽也会产生一定的变化,例如绿茶绿色的深浅、红茶色泽的乌润与否等。这虽与茶类的形状特征没有直接影响,但对感官心理因素及滋味品质的评定,将会产生重要的作用,所以茶叶在加工过程中,在外形色泽上也是应该十分注意的。如白茶的外形,由于加工方法自成体系,形状基本保持鲜叶的原有完整片状,其叶色由于水分的散失而变成深绿色,茸毛显露而形成白色层,这是该类茶外形的特征,与其他各种茶类彻底改变原有鲜叶的形状,毫无共同之处。以其外形之美,故有称为白牡丹的。

茶叶品质的色、香、味、形四大因子,除形外,其他三大因子与茶叶生物化学密切相关。以上所述的呈色、呈香、呈味物质的变化,除了加工技术条件外,鲜叶原料的茶树品种、茶园生态、肥培管理、采摘标准、采收季节等的不同,也会产生一定的差异。

(阮宇成　林　智)

2. 不同季节茶的品质特点

不论是哪一种茶类,由于采制季节的不同,对茶叶品质都会产生明显的影响,这是茶树体内新陈代谢在合成茶叶品质的生化过程中,受到外界条件变化的结果。季节茶的品质特点,实际上是茶园生态及气候条件影响茶叶品质成分的合成与转化造成的。因此,为提高茶叶品质,建立良好的茶园生态环境非常必要的。

在同一地区,由于茶树品种的不同,茶叶品质的优劣相差很大,但同样是优质茶的品种,在不同季节所生长的茶叶,由于生化品质成分的变化,同样差异十分明显。

茶的品质特点,是由茶叶品质成分决定的。除茶树品种遗传因子决定茶叶品质基础外,其品质成分的变化,与茶树生长发育的过程中外界环境条件密切相关。因此产生了茶叶品质的季节性变化,形成不同季节茶的不同特点。

从茶叶品质成分的季节特点来看,主要反映在氨基酸与儿茶素的关系上。春茶由于茶树的氮代谢占优势,因此氨基酸的含量明显较高,其与儿茶素的含量比值,也相应地较高。

春茶的另一个品质特点,是果胶的含量较高,它与茶叶的外形色泽和茶汤的醇厚度有关。

从绿茶所含的维生素 C 来看,春茶的含量也是最高的,以后就逐渐下降。绿茶的叶绿素含量,不论春茶或夏茶,在伸育期内,含量随着叶子的成熟而有所增加。

茶叶的芳香油含量,也因季节不同而有差异。据分析,每 100 克鲜叶干重,春茶的芳香油含量有 2.8 毫克、夏茶含有 2.4 毫克、秋茶含有 4.0 毫克。芳香油是茶叶中各种芳香物质的总量,是形成茶叶香气的基础。香型的形成,与芳香物质的组成有关,与气候条件也有关。因此,每一国家或地区的具有高香的季节茶,其产生的季节并不一致,在秋高气爽之时,常常会有好的香茶出现。一般春茶的香气也是比较好的。

(阮宇成)

3. 不同茶类的品质化学特征

我国有各色各样的茶叶达千种之多,按照茶叶加工过程中茶多酚类物质氧化程度不同,可分为六大茶类,各个茶类中又有众多的花色品种,在茶叶品质色、香、味、形风格方面各具的特色,下面将着重介绍六大茶类的品质化学特征。

(1) 绿茶类

绿茶是我国主要茶类,产区广,产品多,质量好,尤其是名目繁多的各地名茶,如西湖龙井、洞庭碧螺春、黄山毛峰、庐山云雾、阳羡毛尖、南京雨花、六安瓜片等等，不仅产地有着得天独厚的优越自然环境，而且均用精湛的炒制技术，精心加工制造，因此形成了形质兼优，风格独特，色、香、味三者俱臻完美的品质特征，由于产品质量出类拔萃，别具一格，是其他茶类无可比拟的，因而驰名中外。

绿茶的品质特征是香高味醇，清汤绿叶。要形成这些特征，主要的关键，首先是采用高温杀青，钝化酶的活性，在短时间内阻止茶叶内含化学物质的酶性氧化、分解，将其有效物质，迅速相对地固定下来，这是构成绿茶品质色、香、味风格的最重要工艺过程，它使叶子基本保持绿色，虽然以后又经过揉捻、干燥的工艺过程，但是已使茶叶品质具备了"清汤绿叶"的特点，而且有许多化学物质在绿茶制造过程中损失很少，如茶叶中含量最多的茶多酚类物质，一般只减少15％左右，这对绿茶品质色、香、味的特征形成有很大的影响；其他一般容易氧化损失的营养物质如维生素 C 等，也比其他茶类保留得多得多。而且由于绿茶初制过程是一个热化学变化的过程，高温高湿反而使某些物质有所增加，如氨基酸、可溶性糖，都由于蛋白质和淀粉的水解作用得到补充而使含量增加，这与绿茶滋味的鲜爽度和醇度均有很大的关系。这也就是人们常说的喝绿茶比喝红茶营养价值高的重要原因。

绿茶的滋味特色上讲究鲜醇，所谓醇，简单地可以理解为"可口"，在化学物质上主要是氨基酸和茶多酚的含量高低，以及两者的比值的关系。一般品质好的绿茶，主产于浙江、安徽、江西、湖南、江苏、四川等省区。多由中叶种和小叶种茶树鲜叶制成，氨基酸含量相对较高，而茶多酚的含量比大叶种要低得多，这样反映在绿茶品质上，鲜爽度比较高、比较醇和，无苦涩感。另外，绿茶都以春茶质量最好，夏茶质量最差，道理也是和内含的生化成分有关，因为春茶期间，茶多酚含量比夏茶低得多，而氨基酸含量却是全年最高期，所以绿茶春茶质量最好。也就是说，形成绿茶品质，氨基酸的含量是一个十分突出的指标，一般氨基酸含量高的绿茶均为佳品。高山所产的绿茶为什么比平地产的绿茶品质好呢？这主要是高山茶园在群山环抱之中，终年云雾缭绕，相对湿度大，日照时间短，茶树常年生长在荫蔽高湿的环境里，朝夕饱受雾露滋润，茶树新梢持嫩性好。据对内含物质分析，茶叶中氨基酸等含氮物质的含量特高，所以高山往往出好茶。不过，强调了绿茶中氨基酸含量对品质的重要性，并不等于可以忽视其他有效成分的含量意义，这是相辅相成的，都不可偏废。

绿茶的香气是十分诱人的，很多绿茶具有明显的清香，如西湖龙井、洞庭碧螺春等；有的有显著的果味香和花香，如黄山毛峰、庐山云雾茶等。除名绿茶外，上等的炒青茶都有板栗香、兰花香或甜香，如江西的婺炒青、安徽的屯炒青、浙江的杭炒青和遂炒青等等。绿茶这些良好的香气和加工制造工艺密切相关。由于热化学的作用，茶叶中低沸点的具有青臭气的芳香物质如青叶醇、青叶醛等大部分被逸散，而高沸点的芳香物质如苯甲醇，苯丙醇、芳樟醇、苯乙酮等随低沸点芳香物质的散失而显露出来，尤其是具有百合花香的芳樟醇类含量较高，对绿茶香气影响较大。另外，绿茶初制过程中，生成了一些具有芳香的新物质，如紫罗酮、茉莉酮、橙花叔醇等等，对绿茶香气也有明显影响。茶叶中内含的一些氨基酸、可溶糖、蛋白质，由于在高温高湿的条件下，发生化学分解变化，产生了一些有助于绿茶香气的物质，如花香、焦糖香、果味香等，从而对绿茶也有一定的"助香"作用。所以绿茶不仅香高，而且香味也比较持久。

蒸青绿茶和炒青绿茶，香气上有很大差异。蒸青绿茶有一种类似海藻的气味，这是因为蒸青绿茶采用蒸汽杀青、蒸青时间短，除了含有较多的鲜爽型的沉香醇和沉香醇氧化物之外，其有青草气味的低沸点芳香物质，如己烯醇之类的成分和具有清香的吲哚，以及具海藻气的二甲硫还占有相当比例。另外，蒸青绿茶还带有一些新茶香的芳香物质，如己烯乙酸酯和具有花香的水杨酸甲酯、橙花叔醇，日本人喜爱此种茶味。

（2）红茶类

红茶在色、香、味、形方面，显示红茶品质特点的是干茶的黑色以及红汤、红叶。有些人由于没有看到过茶树，以为红茶与绿茶分别是由红茶树叶子和绿茶树叶子制造的，其实这是一种误解。茶叶从茶树上采下来后,经过不同的加工方法,才制造出各种各样的茶叶来。而制造中的最大区别,在于发酵、不发酵或半发酵。红茶属于发酵茶,是酶性氧化最充分的茶叶,茶叶中茶多酚类物质(主要是儿茶素类)经过酶促氧化聚合和其他一系列的物质转化,形成了有色的茶黄素、茶红素和茶褐素,致使红茶茶汤红艳明亮。在茶多酚氧化聚合的同时,伴随着芳香物质的形成和转化,特别是在茶叶加工的发酵期间,香味成分的增加最多、也最快,因此红茶发酵的程度,不仅关系到红茶的水色、滋味,而且对红茶香气的形成也是十分关键的。

红茶中的工夫红茶由于加工过程比较讲究,加工时间相对比红碎茶、C·T·C红茶等时间长,因此茶叶内质生化成分的氧化、聚合、分解变化比较充分。至于各地红茶的品质特征,往往在很大程度上和当地茶树品种的鲜叶原料有关。如以红茶香味而言,据研究分析,安徽(祁门)和福建的红茶中牻牛儿醇的含量比其他茶高得多,而云南红茶(滇红),广西、广东的红茶其沉香醇及其氧化物较多,相似于印度大吉岭的高香茶。当然除了茶树品种不同外,与加工制造时期、当地的气候条件亦有关系。也就是说,各地所产红茶的香味特征,都限于一定的时期,即所谓高香期,过了这个时期,就很难出现同样类型香味的茶叶,这是需要继续探求的问题。另外,对制造红茶的茶树品种,要求茶多酚含量高,这样才能使红茶滋味浓强鲜爽,汤色红艳明亮。大叶种茶树,一般茶多酚含量在30%以上,所以很适宜制红茶,如云南大叶种、海南大叶茶等等,所制红茶均可与印度、斯里兰卡的阿萨姆茶树品种所采制的红茶媲美。

红茶中的红碎茶是讲究内质的茶叶,汤味强调浓、强、鲜,并要求高香,富有刺激性,饮用时,习惯于加牛奶冲泡,以显示棕红色和粉红色为最好,因此茶汤中内含物质的浸出率——可溶性物质的浓度越高,品质越佳。这样在制造过程中,就需要注意尽可能减少内含物质的损失,增加保留量,特别是茶多酚的氧化损失,所以红碎茶中茶多酚及其氧化产物茶黄素、茶红素的含量,一般比传统的工夫红茶高一些。喝过红碎茶的人,往往会感到茶汤具有强烈的刺激性和汤水有一种浓厚的感觉。

高品质的红茶,特别是大叶种红茶,冲泡后,汤色特别红艳,在碗沿有明亮的"金圈",茶汤冷后常常出现乳凝现象——"冷后浑"。这种"冷后浑"的现象,是高品质红茶的重要反映。据分析,茶汤"冷后浑"主要是由高含量的茶黄素、茶红素和咖啡碱等物质配比而成。这其中茶黄素比例高的,可产生明亮的"冷后浑",而茶红素比例高的,则产生暗的"冷后浑"。"冷后浑"的程度,可以显示茶汤的浓度。而茶汤的明亮度和颜色,可以表明红茶的发酵程度和茶汤的鲜爽度。

(3)乌龙茶类

乌龙茶其味甘浓而气馥郁,无绿茶之苦、乏红茶之涩,性和不寒,久藏不坏,香久益清,味久益醇。加上乌龙茶具有"绿叶红镶边"或"三红七绿"的色泽,以及外形壮结、匀整,高级的乌龙还讲究"韵味",如武夷岩茶具有岩骨花香之岩韵;安溪铁观音具有香味独特的观音韵等等,这就使此类茶叶特别引人注目,奇妙无比。

乌龙茶属于半发酵茶,制工精细,综合了红、绿茶初制的工艺特点,使乌龙茶兼有红茶之甜醇、绿茶之清香,其浓香和鲜爽的回味,是其他茶类所不及的。这种特殊的品质特征,除了优良的茶树品种、优越的自然条件外,主要是在特有的加工工艺条件下,内含物质的化学组合所决定的。

首先,乌龙茶要求鲜叶原料有一定的成熟度,一般在顶芽全部开展而开始形成驻芽时采摘,所以乌龙茶的原料要比红、绿茶的原料偏老些,这是形成乌龙茶特有品质的一个重要因素,因为这种原料,茶多酚、咖啡碱、含氮量比嫩叶少,而醚浸出物则有显著增加。醚浸出物的增加对乌龙茶品质,特别是香气,起着很重要的作用。乌龙茶所有的特殊品种香,与茶树品种有关,如肉桂之桂皮香、黄棪之蜜桃香、凤凰单丛之天然的花香等等,只有当茶树新梢快要成熟时,采制后才可能形成。

乌龙茶在制造加工过程中,控制水分的变化,对乌龙茶品质的形成是极为重要的。这是因为乌龙茶的加工工艺,从萎凋、做青、杀青、揉捻到干燥等,是以水分的变化,来促进和控制物质的转化形成的。茶多酚类(主要是儿茶素)适中的酶促氧化,伴随着叶子组织内部的一些胡萝卜素、氨基酸和脂肪酸等物质的降解、脱羧脱氨等氧化反应,形成不同层次的次生物质、大量的挥发性的芳香成分。这是乌龙茶具有浓香馥郁嗅感的原因。还由于具苦涩味的酯类儿茶素脱没食子酰基而呈游离型的儿茶素,但又保留相当数量的酯型物质,这就使呈味兼备绿茶的鲜浓和红茶的甜醇与回味感。

乌龙茶加工中的晒青、晾青,以及不断反复的摇青工艺,是形成乌龙茶品质的关键。晒青和晾青的程度适当,能调节萎凋过程中的水分适当的蒸发和内含物质的分解,并有效地控制茶多酚类化合物的氧化、叶绿素的分解,以及水浸出物、氨基酸、可溶性糖类的增加,这与乌龙茶花香的形成有一定的关系。摇青时,叶子部分组织(特别是叶缘部分)受到机械的损伤,促使茶多酚类化合物发生氧化、聚合反应,并缩合产生有色物质(茶多酚的氧化产物)和促进芳香物质的形成,香气由清香转为兰花香进而转化为桂花香,叶面由绿转黄绿,叶缘由黄绿转为红色,再变为朱砂红色。

乌龙茶特有的诱人香味,主要是在萎凋处理时诱发,而在摇青中加速形成的。各种乌龙茶所产生的各自特有的香气,除茶树品种、产地因素影响外,发酵程度的影响也很大,一般说,发酵程度轻的,其香气就形成包种茶的风格;发酵程度重的,就形成接近红茶香气的风格。如发酵较轻的福建铁观音中,就能检出橙花叔醇、茉莉内酯和吲哚;发酵较重的台湾乌龙茶中就未能检出或很少能检出上述物质,而沉香醇及其氧化物、香叶醇、苯甲醇却较多。发酵较轻的闽南乌龙和发酵较重的闽北乌龙,香气间的明显差异,也主要在于加工工艺上的差别。

(4)黑茶类

黑茶品种很多,采用的原料和加工工艺不同,其品质也不尽一致。但所有的黑茶都有一个共同的加工工序,就是渥堆。渥堆是黑茶独有的工序,也是形成黑茶色、香、味品质特征的关键工序。渥堆过程中,茶叶中的叶绿素明显减少,呈灰黑和黄褐色的脱镁叶绿素明显增加,加上原有的黄色色素如胡萝卜素、叶黄素、花黄素等显露以及茶多酚类化合物氧化的结果,最终形成黑茶的干茶色泽黄褐或黑润的特征。

黑茶的汤色一般较深,因渥堆时间的长短,呈黄褐色或红褐色,这主要与茶多酚类化合物的氧化程度及其形成的水溶性色素的含量有关。据测定,湖南黑毛茶加工过程中,从鲜叶到揉捻完毕,乙酸乙酯萃取物色素、茶红素(TR)和茶褐素(TR)这三种水溶性色素的形成量甚少,然而,在长达42小时的渥堆中,三者均明显增加,特别是渥堆后期,乙酸乙酯萃取物色素、茶红素(TR)进一步向高聚物茶褐素(TR)转化,形成湖南黑毛茶黄褐的汤色。普洱茶的渥堆时间较长,一般有40多天,因此,渥堆过程中茶多酚的氧化、降解反应剧烈,至渥堆结束,茶多酚的含量一般减少了70%～80%,甚至更多;同时多酚类的氧化产物特别是呈暗褐色的茶褐素(TB)和其他多酚类高聚物的大量形成,从而使普洱茶的汤色由原料的黄绿转变为成品的红褐。

黑茶的香气构成比较复杂,主要来自三个方面:其一是茶叶本身的芳香物质转化形成的基本茶香;其二是来自微生物及其分泌的胞外酶在渥堆中对各种底物作用而产生的风味香气;其三是烘焙中形成和吸附的一些特殊香气。因此,不同种类的黑茶,由于原料、渥堆的微生物种群和加工工艺的不同,其香气品质差异很大。在湖南黑毛茶的制造过程中,鲜叶经杀青揉捻后渥堆,随着叶温的升高,青草气味逐渐消失,出现清香的酒精气味,进而出现微酸的气味,再深入变化,出现酸辣的气味,这主要是由于茶叶在渥堆过程中,糖类物质和有机酸发生激烈的变化,醇、醛、酮类等有气味的物质不断增加,蛋白质在制造过程中水解成氨基酸,氨基酸又与茶多酚类物质氧化、聚合,转化成香气物质,而原先有青草气的低沸点的物质,在制造中大量挥发或发生异构化而消除,使新形成的良好香气显露出来,最终使黑茶香气纯正。相比湖南黑毛茶,云南普洱茶的香气变化更加深刻,在渥堆过程中,醇类和碳氢化合物显著下降,杂氧类化合物大幅度增加。利用GC-MS与GC-Olfactometry相结合的方法,发现对普洱茶陈香贡献最大的香气成分是1,2-二甲氧基苯、1,2,3-三甲氧基苯、4-乙基-1,2-二甲氧基苯、1,2,4-三甲氧基苯、1,2,3-三甲氧基-5-甲基-苯等成分;对普洱茶木香贡献最大的香气成分是 α-紫罗酮、β-紫罗酮、α-雪松醇、α-雪松烯、β-愈创烯、二氢猕猴桃内酯等成分,其中甲氧基苯化合物是普洱茶的特征香气成分。

黑茶的滋味比较特殊,其原因除了鲜叶原料比较粗老外,主要是由于黑茶独特的渥堆工艺。湖南黑毛茶初制加工与绿茶初制工序有很多相似之处,但是品质特征却大不相同,这是因为黑毛茶加工中各工艺过程,从杀青到干燥,每个环节都强调保温、保湿;另外,还有一个渥堆发酵的过程,这种长时间的高温、高湿加工工艺,不仅使茶叶内含化学物质发生了激烈的变化,而且由于大量微生物的作用,使之变化更趋激烈。因此,黑毛茶中的一些滋味物质,如茶多酚、氨基酸、咖啡碱、糖类、维生素等大量减少,特别是茶多酚类物质的氧化聚合,呈苦涩味的酯型儿茶素含量下降,大大地减低了茶汤的苦涩味和收敛性,致使黑毛茶的滋味变得醇和不涩。普洱茶由于历经长时间的渥堆过程,使呈苦涩味的儿茶素几乎全部降解和氧化,存留下来的是苦涩味较弱的没食子酸及儿茶素的氧化聚合产物,同时,游离氨基酸含量也明显降低,这些变化的结果使茶汤的收敛性和苦涩味明显降低,再加上普洱茶原料本身的可溶性糖和水浸出物含量较高,从而使茶汤的滋味由晒青毛茶的浓烈变为普洱茶的醇厚。

(5)黄茶类

黄茶以"三黄"(色黄、汤黄、叶底黄)为品质特征。绿叶变黄对绿茶来说是品质上的缺点,而对黄茶来说,则要创造条件促进变黄,这就是黄茶制造的特点。研究茶树叶片黄变的实质,不仅有利于掌握好黄茶闷黄的技术,同时对其他茶类的制造技术也有一定的启迪。

形成黄茶品质的主导因素是热化作用。热化作用有两种:一种是湿热作用,就是在茶叶含水分较多的情况下,以一定的温度作用之。另一种是干热作用,就是在茶叶含水分较少的情况下,以一定的温度作用之。在黄茶制造过程中,这两种热化作用交替进行,从而形成黄茶的独特品质。在生化成分内质的变化上,湿热作用,引起了品质成分的一系列氧化和水解作用,造成了黄叶、黄汤和滋味醇浓的内质特征;而干热作用,则以发展黄茶的香味为主导。为

了达到黄茶特有的品质特征,黄茶加工工艺有它本身的独到之处。黄茶一般杀青温度较绿茶低,同时采用多闷少抖的方式,形成高温湿热的条件,使叶绿素受到较大程度的破坏,茶多酚类化合物在湿热的条件下自动氧化和异构化,多糖类、蛋白质等水解,从而为黄茶形成醇浓的滋味及黄色创造了条件。闷黄工序是形成黄茶品质的关键,它是在杀青的基础上进一步创造湿热环境,使叶绿素因热化而引起大量的氧化降解,同时茶多酚类化合物发生非酶性自动氧化和异构化,产生一些黄色物质,从而降低茶汤的苦涩味,并形成黄茶特有的金黄色泽和较绿茶醇和的滋味。据研究,在黄茶的加工过程中,经 6 小时闷黄,叶绿素总量仅为杀青叶的 46.9%,其中叶绿素 b 较叶绿素 a 更不稳定;茶多酚含量仅为杀青叶的 77.61%,同时,酯型儿茶素和咖啡碱含量也大大降低,分别较对照减少 16.8% 和 21.96%。闷黄过程也发生了一系列有利于黄茶香气品质形成的变化,如湿热作用导致多糖、蛋白质水解形成单糖及氨基酸,而糖与氨基酸在后续的干燥过程可进一步转化为香气物质,从而影响黄茶的香气品质。

黄茶的干燥一般采用毛火低温烘炒,足火高温烘炒,干燥温度先高后低,这不仅可以形成黄茶特有的香味风格,而且由于堆积变黄的叶子在较低温度下烘炒,水分蒸发较慢,干燥速度缓慢,茶多酚的非酶促氧化和叶绿素等物质在湿热的作用下缓慢转化,促进了黄叶黄汤的进一步形成。最后用较高的温度烘炒,固定已形成的黄茶品质。同时在干热的作用下,更有利于黄茶香气的显露。这就最终形成了黄茶独特的色、香、味品质风格。

(6)白茶类

白茶以茶芽完整,形态自然,白毫不脱,香气清鲜,茶汤浅淡,滋味甘醇,持久耐泡而著称。据研究,白茶外观色泽的形成,是由于茶叶中的色素和茶多酚类化合物共同发生变化的结果。在白茶加工过程中叶绿素向脱镁叶绿素的转化率约为 30%~35%,除叶绿素及其转化产物外,还有胡萝卜素、叶黄素及茶多酚氧化缩合而形成的有色物质等也参与白茶色泽的形成,从而构成以绿色为主,带有轻微黄红色,并衬以白毫,呈现出白茶特有的灰绿色泽(标准色)。

如果萎凋过程中,温湿度过高,时间过长,堆积过厚,就会使叶绿素大量破坏分解,茶多酚类化合物氧化缩合成的暗红色物质大量增加,便可能形成白茶外观叶色最差的暗褐色(铁板色);如果萎凋时湿度过小,芽叶干燥过快,会使叶绿素转化不足,多酚类氧化产物太少,便可能使干茶色泽呈青绿色。

白茶香味的形成,与萎凋密切相关,萎凋前期,由于鲜叶水分散失,使叶细胞组织内含物质浓度加大,酶的活性增强,有机物质趋向水解,淀粉、蛋白质水解为单糖、氨基酸,茶多酚类化合物发生酶性氧化缩合,从而为白茶香味的形成提供了条件。萎凋后期,随着酶活性的下降,酶促氧化逐渐转入非酶性的氧化,茶多酚化合物与氨基酸、糖与氨基酸等互相作用,产生很多芳香物质,同时某些带有青草气的醇、醛和儿茶素发生异构化作用,因而萎凋结束时,苦涩味和青气有所减轻。在并筛和摊放的过程中,叶堆的温、湿度,促进了细胞内含物质的进一步化学变化,这对苦涩味和青气的消失、芳香物质的形成,也都有着很大的作用。白茶制造进入最后的烘焙阶段,除主要是为排除多余的水分外,同时也抑制酶的氧化作用,使具有青气和苦涩味的物质进一步转化,发挥清鲜的香气。据中国农业科学院茶叶研究所采用顶空固相微萃取-GC/MS 联用方法对白毫银针和白牡丹两种典型白茶及同一品种鲜叶制成的绿茶和红茶的香气成分分析表明,白茶与绿茶、红茶在香气组成上存在着明显的差异,白茶的香气成分以醇类化合物为主,白毫银针和白牡丹的醇类含量分别达到 70.73% 和 60.13%,明显高于绿茶(25.83%)和红茶(45.30%);白茶的酯类化合物含量高于绿茶和红茶,醛类、酮类和碳氢化合物等含量低于绿茶和红茶,酸类、杂氧化合物等未检出;芳樟醇及其氧化物、香叶醇、水杨酸甲酯、苯乙醇、苯甲醇等是白茶香气的主要成分,分别占白毫银针香气提取物总量的 35.70%、23.47%、5.37%、7.06%、2.02% 以及白牡丹香气提取物总量的 35.40%、11.94%、10.72%、6.80%、2.71%。

总之,白茶在制造过程中,芽叶逐渐失水萎缩干燥,芽变成银针状,叶变成垂卷形,嫩芽白毫银光,叶片色泽由鲜绿转变为正面灰绿,背面白色,青气消失,毫香显露,汤色杏黄,滋味鲜醇,这些理化变化,最终形成了白茶的品质特征。

(王月根 林 智)

(二)茶叶审评

茶叶审评是评茶人员根据感官感受来鉴定茶叶品质的一种方法,是正确进行定级给价的主要依据。各类茶叶的特征特性、品质优劣、等级划分、价值高低,以及是否符合消费者的需要和国家进出口的规定等,都必须通过茶叶审评,才能作出判定。

随着茶叶生产的发展和科学技术的进步,我国从 20 世纪 50 年代起,对茶叶产品开展了使用仪器进行审评的研究,包括对茶叶的外形容重、茶汤电导、比色、比黏度、水浸出物、咖啡碱、粗纤维、茶多酚、儿茶素、茶黄素与茶红素、氨基酸、香气成分等的测定作了大量的研究。结果表明,物理检验和化学分析,只能确认一种或数种成分与茶叶品质间存在相关性,目前理化分析手段还不能作为确定茶叶等级和价格的主要依据。因此,国内外对茶叶品质的优劣和等级的鉴定,仍然是采用感官审评的方式进行判别。

茶叶的感官审评,我国已制定了行业标准 NY/T787《茶叶感官审评通用方法》、SB/T10157《茶叶感官审评方法》和国家标准 GB/T23776《茶叶感官审评方法》,无论是行业标准,还是国家标准,要求和方法都是一致的。现归纳如下:

1. 审评室的条件与设备

(1)审评室要求

审评室是进行茶叶感官审评的场所。审评室要求室内光线柔和、自然光、明亮,无阳光直射。面积按评茶人数和日常工作量而定,最小不得小于 15 平方米。室内色调为白色或浅灰色,无色彩,无异味干扰。审评室内分设干、湿台,分别供审评茶叶的外形与内质使用。干评台台面为无反射光的黑色,台高一般为 900～1000 毫米,宽 500～600 毫米,干评台工作面光照强度为 1000 勒克斯;湿评台台面为无反射光白色,高度及宽度与干平台相当,工作面光照强度不低于 750 勒克斯。干、湿审评台的长度视实际需要确定。

当自然光线不足时,应有可调控的人工光源进行照明。可在干、湿看台上方悬挂标准昼光灯管,光线应均匀、柔和、无投影,光照强度应满足相应工作需要。

审评室要求保持安静。应具有良好的隔音性,须控制噪声不超过50分贝。室内应安置温湿度调控设备(如空调),使温度保持在15℃～27℃。

为便于工作,通常审评室内应通过合理布局,配置供清洗审评器具的水槽等设施。

(2)审评用水

审评用水包括冲泡用水和洗涤用水,其理化指标及卫生指标参照国家标准GB/T5749《生活饮用水卫生标准》执行。审评用水(泡茶或洗涤茶具)必须符合如下要求:浑浊度不超过每升5毫克,无色透明;原水和煮沸水中无气味,不得有游离氯、氯酚等;总硬度不得超过5度;pH值在6.5～7.0之间;含铁量低于每升中0.02毫克。在茶叶审评中,水质的不同对茶叶品质的影响很大,尤其是酸碱度的差异,不仅直接影响茶汤色泽表现,同样会引起滋味的变化。所以,泡茶用水不同必然会影响茶叶审评的正确性,同一批茶叶审评用水水质必须一致,且不能使用偏碱性的水冲泡。评茶用水必须随时检查,不符合上述要求时,要对水进行相应的净化或软化处理,然后才能使用。

为确保审评结果的准确性,审评用水不仅强调水质符合要求,还必须要有一定的水温,才可以在一定的时间内冲泡出相应量的水溶物质,而这些物质的多少将直接反映茶叶品质的状况。

(3)审评用具

是指进行茶叶审评的专用工具,要求规格一致,以减少审评误差。评茶主要用具有:

评茶专用杯碗:要求白色瓷质,大小、厚薄、色泽一致。

毛茶审评杯:用来泡茶和审评香气用。杯呈圆柱形,高76毫米,外径82毫米,内径76毫米,容量250毫升。具盖,杯盖上有一小孔,与杯柄相对的杯口上缘有一呈月牙形的小缺口。缺口中心深5毫米,宽为15毫米。

毛茶审评碗:用来评汤色、滋味,是一种瓷质白色广口碗。碗高60毫米,上口外径100毫米,上内径95毫米,下外径65毫米,下内径60毫米,容量300毫升。

精茶审评杯:用来审评精茶香气用,比毛茶审评杯略小。杯呈圆柱形,高65毫米,外径66毫米,内径62毫米,容量150毫升。具盖,杯盖上面外径72毫米,下面内圈子外径60毫米,杯盖上可带有一小孔。与杯柄相对的杯口上缘有呈锯齿形的小缺口,缺口中心深3毫米,宽2.5毫米。

精茶审评茶碗:用来审评精茶汤色、滋味,是一种瓷质白色广口碗。碗高55毫米,上外径95毫米,上内径90毫米,下外径60毫米,下内径54毫米,容量200毫升。

乌龙茶审评杯:用来泡茶和审评香气用。杯呈倒钟形,高55毫米,上外径82毫米,上内径78毫米,下外径46毫米,下内径40毫米,容量110毫升。具盖,盖外径70毫米。

乌龙茶审评碗:用来审评精茶汤色、滋味,是一种瓷质白色广口碗。碗高52毫米,上外径95毫米,上内径90毫米,下外径46毫米,下内径40毫米,容量150毫升。

评茶盘:用木板、胶合板或白色塑料制成,正方形,外围边长230毫米,边高33毫米,盘的一角开有缺口,缺口呈倒等腰梯形,上宽50毫米,下宽30毫米。木板和胶合板应涂白色油漆,要求无气味。

分样盘:木板或胶合板制,正方形,内围边长320毫米,边高35毫米。盘的两端各开一缺口,涂以白色,无异气味。

叶底盘:黑色小木盘或白色搪瓷盘。小木盘为正方形,内径:边长100毫米,边高15毫米;搪瓷盘为长方形,外径:长230毫米,宽170毫米,边高30毫米。

称量用具:天平,感量0.1克,审评速溶茶时应使用感量0.01克的天平。

计时器:定时钟或特制砂时计,精确到秒。

尺子:刻度精确到毫米。

网匙:不锈钢网制半圆形小勺子。捞取碗底沉淀的碎茶用。

茶匙：不锈钢或瓷匙，容量约10毫升。

其他用具：烧水壶、电炉、吐茶桶、蒸锅、直径100毫米玻璃培养皿、记录夹、剪刀、毛刷等。

（刘　栩　徐正炳）

2. 评茶人员应具有的条件

茶叶感官审评是一门技术性很强的工作，也是在茶叶生产加工、流通领域中评定品质的主要手段，因此，评茶人员必须具有敏锐的感觉器官和熟练的操作技能和对茶叶品质因子的了解。只有这样，才能使感官评定的结果准确可靠。对评茶人员除了基本的身体要求外，包括健康、个人卫生条件较好、无明显个人气味。感觉器官的灵敏度要接近多数人的阈值，无色嗅味盲、无传染病、无慢性鼻炎，工作前不能使用有气味的化妆品和清洁洗涤用品，忌饮酒、吸烟和进食刺激性食物。从职业角度看，还要求评茶人员能深入了解制茶工艺、茶机性能、产区特点、季节特征、市场情况和饮茶习惯，遵守职业道德规范，不以个人喜好影响审评过程和结果，这样才能正确地评定好茶叶的品质。从事茶叶品质审评的人员还应具有《评茶员国家职业资格证书》（或具备茶学专业大专及以上文凭），有多年从事茶叶生产和感官检验的工作经验。

（刘　栩　徐正炳）

3. 审评方法

中国的茶叶品种繁多，不同地区加工方法差异明显，产品的品质表现也各具特色。而茶叶作为喜好性的饮料，更受消费者生活环境、饮食习惯甚至风俗传统的影响。要获得客观准确的审评结果，需要规定统一的评价方法，以便于保持一致的认识，同时也便于相互的信息交流。

茶叶感官审评是通过审评人员的视觉、嗅觉、味觉、触觉感受，分别对茶叶的色、香、味、形进行优次评定。由于审评使用的茶叶数量有限，确保样品的代表性乃是关键，这一点贯穿于整个茶叶审评过程。

茶叶感官审评分干茶审评和开汤审评两个部分组成。审评时，先干茶审评而后开汤审评，前者干看茶外形的老嫩、条索、色泽和净度等四个因子，与标准对照，初步确定品质的好坏；后者看内质的汤色、香气、滋味和叶底四个因子，对照标准样，决定茶叶品质的高低。对审评的各个项目，可以用评语与定量化的评分结合的方式反映审评结果，也可以只用定性描述品质的感官评语表述。

（1）审评用茶的取样

取样又称抽样或扦样，是指从一批或数批茶叶中取出具有代表性的样品供审评使用，这是审评的第一道程序。在生产和销售中，茶叶品质只能通过抽样方式进行检验。因此样品的代表性尤为重要，我国已专门制定了关于茶叶取样的国家标准（GB/T 8302《茶取样》），详细规定了各种茶叶的取样工具、数量、方式和操作要求，以此来保证取样的规范性。通常茶叶取样时应从被抽茶中的上、中、下各部位及四周随机抽取，被取出的样茶，倒出拌匀后用四分法或分样器逐步减少茶叶数量，直至达到足够的数量后密封包装，并作好标识。

（2）审评操作程序

在茶叶审评过程中，先评哪些项目，后评哪些项目都是有明确规定的，这就是审评的操作程序。

红茶、绿茶、黄茶、白茶、乌龙茶

先从审评盘中扦取充分混匀的有代表性的茶样3.0克，置于相应的评茶杯中，注满沸水、加盖、计时，根据茶类分别浸泡4～6分钟（见表4-61），按冲泡次序依次等速将茶汤沥入评茶碗中，留叶底于杯中，按汤色、香气（热嗅）、香气（温嗅）、滋味、香气（冷嗅）、叶底的顺序逐项审评。

表4-61　各类茶茶汤准备冲泡时间

茶　　类	冲泡时间（分钟）
普通（大宗）绿茶	5
名优绿茶	4
红　茶	5
乌龙茶（条型、拳曲型、螺钉型）	5
乌龙茶（颗粒型）	6
白　茶	5
黄　茶	5

注：由于不同茶类揉捻程度的不同，从而导致冲泡内含成分浸出的速度有差异，采用不同冲泡时间的目的，是使不同茶类用于感官审评的茶汤浓度差异减小。

乌龙茶(盖碗审评法)

先用沸水将评茶杯碗烫热,随即称取有代表性茶样5.0克,置于110毫升倒钟形评茶杯中,迅速注满沸水,并立即用杯盖刮去液面泡沫,加盖。1分钟后,揭盖嗅其盖香,评茶叶香气,2分钟后将茶汤沥入评茶碗中,用于评汤色和滋味,并闻嗅叶底香气。接着第二次注满沸水,加盖,2分钟后,揭盖嗅其盖香,评茶叶香气,3分钟后将茶汤沥入评茶碗中,再评茶水的汤色和滋味,并闻嗅叶底香气。接着第三次再注满沸水,加盖,3分钟后,揭盖嗅其盖香,评茶叶香气,5分钟后将茶汤沥入评茶碗中,再用于评汤色和滋味,比较其耐泡程度,然后审评叶底香气。最后将杯中叶底倒入叶底盘中,加清水漂看审评叶底。评定结果以第二次审评数据为主。

黑茶与紧压茶

称取有代表性的茶样4.0克,置于毛茶评茶杯中,注满沸水,加盖浸泡2分钟,按冲泡次序依次等速将茶汤沥入评茶碗中,用于审评汤色与滋味,留叶底于杯中,审评香气。然后第二次注入沸水,加盖浸泡5分钟,按冲泡次序依次等速将茶汤沥入评茶碗中,按先看汤色、闻香气,后滋味、叶底的顺序逐项审评。评定结果以第二次审评数据为主。

花茶

首先拣除茶样中的花干、花萼等花的成分,然后称取有代表性的茶样3.0克,置于评茶杯中,注满沸水,加盖,计时,浸泡3分钟后,按冲泡次序依次等速将茶汤沥入评茶碗中,用于审评汤色与滋味,留叶底于杯中,审评杯内叶底香气的鲜灵度和纯度。然后第二次注满沸水,加盖,计时,浸泡5分钟,再按冲泡次序依次等速将茶汤沥入评茶碗中,再次评汤色和滋味,留叶底于杯中,用于审评香气的浓度和持久性,并综合评比香气的高低及滋味和汤色,最后审评叶底。

碎茶

从审评盘中扦取充分混匀的有代表性的茶样3.0克,置于评茶杯中,注满沸水,加盖,计时,浸泡5分钟,按冲泡次序依次等速将茶汤沥入评茶碗中,留叶底于杯中,按汤色、香气(热嗅)、香气(温嗅)、滋味、香气(冷嗅)、叶底的顺序逐项审评。

袋泡茶

取一有代表性的茶袋置于审评杯中,注满沸水并加盖,冲泡3分钟后揭盖上下提动两次(每1分钟一次,提动后随即盖上),至5分钟时将茶汤沥入茶碗中,依次审评汤色、香气、滋味和叶底。叶底审评茶袋冲泡后的完整性,必要时可检视茶渣的色泽、嫩度与均匀度。

茶粉

扦取0.4克茶样,置于200毫升的审评碗中,用冲入150毫升的沸水,冲泡3分钟,依次审评其汤色、香气和滋味。

(3)审评内容

确定茶叶品质的高低,一般分干评外形(嫩度、色泽、条索、整碎、净度),开汤评内质(香气、汤色、滋味、叶色),根据这些项目逐一进行评比,并按照评茶术语写出评语。

外形

包括形状、嫩度、色泽、匀整度和净度等内容。将缩分后、有代表性的茶样200~300克,置于评茶盘中,双手握住茶盘对角,用回旋筛转法,使茶样按粗细、长短、大小、整碎顺序分层并收于盘中间呈圆馒头形,分别对上层(也称面张、上段)、中层(也称中段、中档)、下层(也称下段)茶叶,用目测、手感等方法,通过调换位置、反复察看比较外形。

形状:指产品的造型、大小、粗细、宽窄、长短等。各类茶都具有的一定外形特点,这是区别商品茶种类和等级的依据;嫩度指产品原料的成熟程度,是外形审评因子的重点,一般嫩度好的茶叶,应符合该茶类规格的外形要求;色泽:指反应茶叶表面的颜色的深浅程度,以及光线在茶叶表面反射的光亮度。各类茶叶都有一定的色泽要求;匀整:指产品的完整程度;净度:指茶梗、茶片及非茶叶夹杂物的含量。净度好的茶叶不含任何夹杂物。压制成块、成个的茶(如沱茶、砖茶、饼茶)应审评产品压制的松紧度、匀整度、表面光洁度、色泽和规格。分里、面茶的压制茶,应审评是否起层脱面、包心是否外露等。茯砖应加评"发花"是否茂盛、均匀及颗粒大小。袋泡茶仅对包装茶袋的滤纸质量和茶袋的包装质量进行审评。对包装茶和某些再加工茶而言,还包括用材、标识、色彩、代码、重量等内容。

汤色

汤色是茶叶中所含的各种水溶性物质，溶解于沸水中而反应出来的色泽。汤色审评，是依靠视觉，迅速对冲泡后沥于审评碗中的茶汤进行的评价。审评时应注意光线对茶汤审评结果的影响，必要时可调换审评碗的位置。

汤色审评主要抓住色度、亮度、清浊度三个方面，速溶茶加评溶解速度与溶解率。汤色在审评过程中变化较快，为了避免色泽的变化，在内质审评中要先看汤色或者嗅香气与看汤色结合进行。汤色随茶树品种、鲜叶老嫩、加工方法而变化，但各类茶均有其一定的色度要求，如绿茶的黄绿明亮、红茶的红艳明亮、乌龙茶的橙黄明亮、白茶的浅黄明亮等。

香气

香气是由茶叶冲泡后随水蒸气挥发出来的各种气味分子共同作用于嗅觉器官而产生的。审评香气时，一手持杯，一手持盖，靠近鼻孔，半开杯盖，嗅评从杯中散发出来的香气，每次持续2～3秒，后随即加盖。可反复1～2次。须热嗅（杯温约75℃左右）、温嗅（杯温约45℃左右）、冷嗅（杯温接近室温）结合进行。

审评冲泡后茶叶香气的内容包括类型、浓度、纯度、持久性。茶类、产地、季节、加工方法的不同，会形成与这些条件相应的香气。如红茶的甜香、绿茶的清香、乌龙茶的果香或花香、高山茶的嫩香、祁门红茶的砂糖香等。审评香气除辨别香型外，还要比较香气的纯异、高低、长短。香气纯异是指香气与茶叶应有的香气是否一致，是否夹杂其他异味；香气高低可用浓、鲜、清、纯、平、粗来区分；香气长短是指香气的持久性，香高持久是好茶；烟、焦、酸、馊、霉是劣变茶。

滋味

滋味是评茶人员的口感反应。审评滋味时，用茶匙取适量（约5毫升）茶汤于口内，用舌头让茶汤在口腔内循环打转，使茶汤与舌头各部位充分接触，感受舌头不同部位的刺激，随即吐入吐茶桶中或咽下，审评滋味最适宜的茶汤温度在50℃左右。

审评内容包括茶汤的浓淡、厚薄、醇涩、纯异和鲜钝等。首先要区别滋味是否纯正，一般纯正的滋味可以分为浓淡、强弱、鲜爽、醇和几种。不纯正滋味有苦涩、粗青、异味。好的茶叶浓而鲜爽，有适度的刺激性，或者富有收敛性。

叶底

叶底是冲泡后剩下的茶渣。审评叶底时，可直接将冲泡后的茶叶全部拨入翻转的审评杯盖内，再将杯盖置于审评杯上，检视叶底；或将杯中的茶叶全部倒入叶底盘中，其中白色搪瓷叶底盘中要加入适量清水，让叶底漂浮起来。用目测、手感等方法审评叶底。

审评叶底的内容包括嫩度、色泽、明暗度和匀整度（包括嫩度的匀整度和色泽的匀整）。以芽与嫩叶含量的比例和叶质的软硬来衡量。芽或嫩叶的含量与鲜叶成熟度密切相关，通常好茶的叶底，幼嫩芽叶含量多，质地柔软，色泽明亮均匀一致。而差的叶底表现为暗、粗老、单薄、摊张、花杂等，焦叶、劣变叶、掺杂叶则不允许存在。

在审评时要依上述项目，逐项评比，才能正确评定茶叶质量的好坏，达到指导生产、改进制茶工艺、提高茶叶品质、合理定价、促进贸易的目的。

（4）毛茶审评

毛茶是鲜叶经过加工制成的茶叶半制品。我国各地生产的毛茶大致可分为：红毛茶、绿毛茶、老青茶、青毛茶、黑毛茶、白毛茶等种。由于产地和加工方法不同，其品质特征差异很大，其中红毛茶、绿毛茶又是我国加工出口茶的大宗原料。毛茶审评是依据国家规定的标准和办法，评判毛茶品质的好坏和特征，确定毛茶的等级和精制加工的方法。审评毛茶时首先应熟悉各类毛茶的品质特征、特性和规格要求，需要时对照相应的毛茶标准样，进行对比评定。

绿毛茶审评，先检取具有代表性的毛茶约250克，放在茶样盘或评茶篾匾中，经筛转然后收拢，这时茶样分为上、中、下三层，习惯上分别叫做"面张"、"中段"、"下脚"。粗松而身骨轻的浮在上层，紧结重实的集中在中层，细小的碎片末沉于下层。审评时先看面张的净度、条索和色泽；再拨去面张茶，看中段茶的老嫩、条索和下脚茶的含量，同时检查面张、中段、下脚茶的比例。然后称取 3 克至 5 克毛茶样，按 1∶50 的茶水比例，置于相应容量的专用审茶杯中，用沸水冲泡 5 分钟，倒出茶汤后审评香气、汤色、滋味、叶底四项。其中主要审评叶底、嫩度与色泽、香气、汤色、滋味，只要达到正常要求即可。低级毛茶以评外形为主，优质毛茶要外形、内质兼看。最后根据外形、内质各因子的状况对照实物标准样的要求，评出等级和价格，确定毛茶精制的方法。

红毛茶审评与绿毛茶审评方法基本相同。外形以嫩度和条索（红碎茶以颗粒状）为主，内质以叶底的嫩度和色泽为主，香气、滋味只要求正常即可。低级毛茶以干茶外形和香气为主，嫩度是重要因子，审评嫩度要看芽头的多少。一般芽头多、条索紧结、色泽乌润的，内质因子一般情况下相应也好，表现为甜香和果香，汤色红艳明亮，碗边有金黄色圈，叶底色泽明亮。红碎茶的审评也可在茶汤中加入 1/10 的牛奶，汤色表现以棕红鲜艳、茶味明显为好，姜黄尚明次之，暗淡灰白最差。

乌龙茶审评要依据各类茶的品质特征和国家规定的标准要求评定。闽北乌龙要求外形叶张肥厚、条形较松直；汤色橙黄（红）明亮；叶底要求青蒂、绿叶、红镶边。闽南乌龙要求外形呈"蜻蜓头"状，色泽乌润砂绿明显，乌赤分明，内质香气要馥郁持久，汤色蜜（金）黄清澈。审评方法分单次冲泡和多次冲泡两种。单次冲泡与普通红、绿茶基本相同；进行多次冲泡时，称茶 5 克放入容量 110 毫升有盖的钟形杯中，用沸水冲泡，经过一分钟后揭盖嗅香气，经两分钟后将茶汤倒入碗中进行评味，余下的叶底再进行冲泡，以测定耐泡次数，一般是 1～2 次冲泡后决定品质，最后将叶底倒入盘中，检查叶底的做青程度和柔软度，按各自的实物标准样和品质特征评定等级。

老青茶审评，主要评条索、色泽、净度，内质要求正常。老青茶分为三个级（一级洒面茶原料、二级二面茶原料、三级里茶原料）。

黑毛茶是用一芽四～六叶，有一定的老化梗叶制成。审评时干看外形，以嫩度为主，兼评净度和色泽，一般以干茶嫩度高低、条索松紧、身骨轻重、含梗量多少确定外形的质量。然后称取茶样 7 克，放入白瓷碗中，冲沸水 350 毫升，加盖 10 分钟后捞出叶底，评定内质的高低，再按品质规格要求，对照标准样审评定级。

白茶审评特别注重外形、嫩度和色泽。毫心多而壮，叶背银白显露，叶面灰绿隆起，叶缘向叶背垂卷，叶张匀整，叶尖上翘，叶底黄绿明亮，汤色杏黄清澈明亮，香气清鲜纯正，滋味鲜爽醇厚清甜，是白茶中的上品。

（5）精茶审评

毛茶经过精制加工后的成品茶称为精茶。其传统的主体是外销绿茶中的眉茶、珠茶、雨茶和蒸青茶；红茶有工夫红茶和红碎茶。随着消费要求的不断提升，目前在国内销售的各种茶叶，也同样要经过精制和部分精制的工序处理。

精制绿茶审评应根据其品质特点和加工标准样的要求进行。其中眉茶要求外形紧结圆直、完整重实，有锋苗，匀整，色泽绿润起霜，净度好，汤色黄绿明亮，香气纯正而透清香或板栗香，滋味浓纯鲜爽，叶底芽多柔软厚实嫩匀；珠茶要求外形颗粒紧结滚圆如珠，匀整重实，色泽墨绿光润，汤色黄绿明亮，香高味醇，叶底嫩张芽头多；蒸青绿茶要求条索细长圆形，紧结重实，挺直匀整，芽头显露，色泽翠绿调匀，香气鲜嫩带花香，汤色浅金黄泛绿，清澈明亮，滋味浓厚新鲜，叶底青绿色；特种绿茶要求造型特色突出，叶张完整，叶底鲜亮匀整，香高而长，滋味鲜浓，汤色明亮。在审评上以干茶外形和内质兼看，并以各类茶的品质规格和花色特征进行评比。

精制红茶中的工夫红茶审评，分外形、香气、滋味、汤色、叶底等项。外形主要看条索的松紧、轻重，嫩度看条形粗细、锋苗和含毫量，色泽要求乌润调匀，上、中、下段茶并配比例适当，且平伏、匀称，净度好。内质要求香高而长，带有花香和糖香（福建小种红茶有松烟香和桂圆汤香），汤色红艳明亮，叶底芽叶柔软匀净，色泽红亮。红碎茶审评，按规格有叶茶、碎茶、片茶、末茶。叶茶要求条索紧直，碎茶颗粒重实，片茶皱卷，末茶起砂粒。红碎茶的审评以汤色、滋味、香气为主，外形为辅。在风格对路的情况下以浓度为主，视浓、强、鲜三者协调的情况来决定品质的高低。对特殊风格的茶，可以根据其特点决定品质。红碎茶外形审评要看颗粒大小、匀称,以及碎、片、末茶规格是否分清,重实程度,一般要求容重在 313～333 克/1000 毫升。叶茶评比匀直、整碎、含毫量和色泽。碎茶加评含毫量,内质主要评浓、强、鲜的程度,汤色的明亮度,叶底的嫩匀度和红亮度。

乌龙茶精茶的审评方法基本上与乌龙毛茶审评相同。成品茶重视品种特点的鉴别,因产地、季节、等级、加工的火候和毛茶贮存期的不同,品质会有很大的差异。审评时,外形评嫩度、净度、色泽,内质评香气、滋味、叶底。审评时第一泡嗅茶叶香气高低,有无异味,第二泡嗅香气类型(花香、音韵、岩韵、鲜爽程度),第三泡嗅其香气持久程度。福建乌龙茶要求汤色橙黄清澈,滋味浓厚或浓醇。广东乌龙茶汤色强调要清澈,滋味要醇厚鲜爽。其他因子与乌龙毛茶相同。

白茶审评方法和用具同绿茶一样。在以往的传统审评中,银针白毫和白牡丹还有用冲泡 2 分钟后审评的方式。白茶外形主要评嫩度、净度和色泽。银针白毫要求毫心肥壮,具有银白色;白牡丹要求毫心与嫩叶相连不断碎,灰绿透银白;高级贡眉要微显毫心。就内质而言,银针白毫要求新鲜,汤色明亮呈浅杏黄色,滋味清甜毫味浓,叶底细嫩、柔软、匀整、明亮。白牡丹、贡眉要求鲜纯有毫香,汤色橙黄清澈,滋味鲜爽有毫味,叶底柔软明亮。

上述几种精茶的审评,除根据各茶类的特点外,主要依照国家制定的标准,或者贸易中双方协商定的实物样进行对比审评。

(6) 再加工茶审评

毛茶经精制后再进行加工的成品茶称为再加工茶,如花茶、压制茶、速溶茶等。这些茶均有其独特的工艺要求,因此,审评的方法也有所不同。花茶的审评方法,一般既可采用一次冲泡(3 克茶叶,冲沸水 150 毫升,泡 5 分钟),综合评定香气、滋味、叶底等因子,也可采用单杯 2 次冲泡(第一次 3 分钟,第二次 5 分钟)或双杯同时冲泡(第一杯 3 分钟,第二杯 5 分钟):第一次主要审评香气的鲜灵度,滋味的鲜爽度;第二次主要评香气的浓度和纯度,滋味的浓醇。花茶审评时,外形评比条索的老嫩松紧,整碎净度等因子;内质审评香气、汤色、滋味、叶底。其中香气要考虑新鲜感、用花量,叶底以嫩匀度为主。然后按各因子百分比确定花茶的品质。

压制茶的审评方法,一般分为冲泡法和煮渍法两种,二者用水量为 1：50～80。外形依压制茶的规格标准,对照实物样检查紧实程度、单位重量(出厂标准正差 1%,负差 0.5%)、含梗量、含杂量和色泽,内质评香味、汤色、叶底含梗量等因子。

速溶茶审评主要评比香味、汤色、溶解度、造型和色泽等项。速溶茶要求颗粒大小一致,细片状的要薄而卷曲。红茶色泽为红褐色,绿茶为黄绿色。香味要求具有原茶的风格和鲜爽感。审评时,取速溶茶 0.75 克(相当 3 克重干茶的浸出含量)置于玻璃杯中,分别用 150 毫升沸水和冷水(10℃～15℃)冲泡,而后审评速溶茶的香味、汤色、冷热状态下的速溶性。调味速溶茶还应具有调味原料的正常香味和茶味。

(刘 栩 徐正炳)

4. 评茶术语

评茶术语是指在茶叶品质审评中描述某项审评因子的优缺点或特点所用的专业性词汇。评语有等级评语与对样评语之分。等级评语反映各级茶的品质要求和等级特征,对样评语是指对照某评比样或标准样,指出其品质差距的专用评语,两者是不同的。

评定茶叶品质,通常是以评分来表示其品质优次,同时辅以评语作补充。所以评语的作用既是评分高低的说明,又是评比产品质量的依据,这是一种在专业人员中通用的技术语言。

我国茶叶的品质受诸多因子的影响,等级、品质状况错综复杂,要想以非常简练、完整、完全统一的评语表述所有的品质特点,是存在困难的。即使是表述同一感知的术语,在不同茶类中也可能会表示完全不同的品质优劣结果,而且对术语的使用并不是静止、孤立和单一的,同样存在着演变和更新。为规范审评的感知一致性和使用术语的准确性,我国于 1994 年制定关于茶叶感官审评术语的国家标准(GB/T14487《茶叶感官审评术语》),2008 年又进行了修订,增补了表述乌龙茶、白茶、黑茶和黄茶的特

有感官品质的术语。现将一些常用的评语,按照审评的项目先后分述如下:

(1) 外形评语

显毫:芽尖含量高,并有较多白毫(茸毛)。

匀齐:长短、大小一致,无脱档现象,老嫩整齐。

匀净:匀称、净度好、无夹杂物。

细紧:条索细长、卷紧而完整。

细嫩:条索细紧显毫。

紧秀:条细而紧、秀长、锋苗显露。

紧结:嫩度低于细紧,结实有锋苗,身骨重。

紧直:紧卷、完整而挺直。

紧实:紧结重实,嫩度稍差,少锋苗,制工好。

肥壮:芽肥、叶肉厚实,柔软卷紧,形态丰满。

壮实:芽壮、茎粗、条索肥壮而重实。

粗壮:条索粗而壮实。

粗松:嫩度差,条索卷紧度差而空松。

粗大:与正常规格茶相比,条索或颗粒较粗。

平直:条索平整而挺直,扁茶扁平挺直。

平伏:茶叶在茶盘中相互紧贴无起伏架空现象,断碎茶除外。

匀称:条索、颗粒大小一致,上、中、下三段茶配比适当。

脱档:上、中、下三段茶配比不当。

松泡:形大质轻,条索或颗粒卷紧度差。

爆点:茶叶炒干过程中。温度高,形成干茶上的烫斑。

重实:以手权衡有沉重感,一般是叶厚质嫩的茶叶。

轻飘:手感轻,茶叶粗松,一般是低级茶。

露梗:茶梗显露。

露筋:丝筋显露。

多朴:叶质粗老,外形松大轻飘,呈片状的茶多。

浑圆:条索圆而紧结挺直。

扁条:条索带扁,制工差。

扁块:茶叶中结成扁圆形块。

卷曲:形似螺旋状卷曲的茶条。

弯曲:条索不直,带弓形或钩形。

短碎:面张条短,碎末茶多,无整齐匀称之感。

短秃:条索短而无锋苗。

松碎:外形松而断碎。

细圆:茶条或颗粒卷得很紧,身骨重实。

圆紧:颗粒圆而紧实。

圆结:颗粒圆而结实。

团块:条形结成块状或圆块,拉大如豆。

黄头:嫩度差,色泽露黄的圆头茶。

扁削:扁平光滑,形似矛。

扁平:扁直坦平。

光滑:形状平整,质地重实,光滑发光。

紧条:条扁而过紧过窄。

宽条:扁形茶中的过宽茶条。

挺秀:挺直,显锋苗。外形挺秀尖削。

光整:表面光滑平整,质地重实。

端正:砖身形态完整,棱角整齐,砖面平整。

纹理清晰:砖面花纹、商标、文字等标记清晰。

紧度适合:压制松紧适度。

起层落面:面茶翘起并脱落。

黄花茂盛:茯砖茶特有的金黄色子囊孢子称"金花"或"黄花"。发花茂盛的品质为佳。

包心外露:里茶外露于表面。

缺口:型茶边缘有残块不齐现象。

龟裂:压制茶表面有裂缝。

烧心:压制茶中心部分略黑或发红。

脱面:压制茶盖面脱落。

颗粒状:碎形茶的外形似颗粒,身骨重实。

紧卷:颗粒状卷得很紧。

片状:茶叶平摊不卷,身骨轻,呈片状。

粗糙:外形大小不匀,不整齐。

毛衣:茶叶中的细筋毛。

筋皮:嫩茎和茶梗揉破的皮。

毫尖:芽头的嫩尖。

空松:卷紧度很差的条形或圆形茶,碎形茶的颗粒不卷而开口。

蜻蜓头:茶芽肥壮,叶端卷曲如螺钉,紧结重实。

花杂:不同外形色泽的茶叶并配在一起,颜色不协调。

完整:压制茶形态端正,无破损残缺。

起砂粒：体型细小呈砂粒状。

皱缩：红碎茶外形卷得不紧。

(2) 干茶色泽评语

乌润：色黑而光泽好。

枯暗：暗无光泽。

花杂：叶色不一,杂乱,净度差。

翠绿：色似翠玉而富有光泽。

嫩绿：浅绿嫩黄,富有光泽。

深绿：色近墨绿有光泽。

绿润：色绿而鲜活,富有光泽。

起霜：表面带银灰色,有光泽。

暗绿：色深绿显暗,无光泽。

青绿：绿中带青,光泽稍差。

黄绿：绿中带黄,光泽稍差。

露黄：面张茶含有少量黄朴、片、条。

枯黄：色黄而枯燥。

灰暗：色深暗带死灰色。

嫩黄：色浅黄光泽好。

青褐：褐中泛青。

黄褐：褐中泛黄。

黑揭：褐中泛黑。

猪肝色：红而带暗,似猪肝的颜色。

褐红：红中带褐。

棕褐：棕黄带褐。

棕红：棕色带红,叶质较老。

枯灰：色灰而无光泽。

枯红：色红而枯燥无光泽。

乌黑：色乌黑而有活力。

(3) 汤色评语

清澈：清净透明而有光泽。

鲜艳：鲜明艳丽而有活力。

鲜明：新鲜明亮略有光泽。

明亮：茶汤清净透明。

嫩绿：浅绿微黄。

黄绿：绿中带黄。

浅黄：色黄而浅。

深黄：汤黄而深,无光泽。

橙黄：黄中微带红,似橙色或橘黄色。

红汤：汤色发红,失去绿茶应有颜色。

黄暗：汤黄,无光泽。

青暗：汤色泛青,无光泽。

黄亮：茶汤黄而明亮。

金黄：茶汤清澈,以黄为主,带有橙色。

红艳：汤色红而艳,有金圈,似琥珀色。

红亮：红而透明,有光亮。

红明：红而透明,略有光彩。

浅红：汤色红而浅。

深红：汤色红而深,无光泽。

暗红：汤色红而深暗。

黑褐：汤色褐中泛黑。

棕褐：褐中泛棕。

红褐：褐中泛红。

冷后浑：茶汤冷却后出现的乳状浑浊现象,也称"乳凝",是优良品质茶的表现。

姜黄：红茶汤中加牛乳后呈现的老姜色,汤色明亮。

棕红：红茶汤中加牛乳后呈现的棕红明亮的咖啡色。

粉红：红茶汤中加牛乳后呈现的粉红色。

灰白：红茶汤中加牛乳后呈现的灰暗乳白色,是汤质淡薄的标志。

浅薄：茶汤中可溶物少而色浅。

沉淀物多：茶汤中沉于碗底的不溶物多。

混浊：茶汤中有大量悬浮物,透明度差。

暗：汤色不明亮。

(4) 香气评语

馥郁：香气鲜浓而持久,具有特殊花果的香味。

高爽持久：茶香持久,浓而高爽,具有强烈的刺激性。

鲜嫩：具有新鲜悦鼻的嫩香气。

清高：清香高爽,柔和持久。

清香：清纯柔和,香气欠高,但很幽雅。

花香：香气鲜锐,似鲜花香气。

栗香：似熟栗子香味,强烈持久。

高香：香高而持久,刺激性强。

持久：茶香持续时间长,直至冷却尚有余香。

鲜灵：花香新鲜而高锐。

浓：香气饱满,无鲜爽的特点,或者指花茶的耐泡率。

纯:茶叶香气正常。

幽香:茶香幽雅而文气,缓慢而持久。

香浮:花香浮于表面,一嗅即逝。

透兰:茉莉花茶的香气中透露玉兰花香。

透素:花香低,闻到茶香。

毫香:嫩芽的香气。

嫩香:毫香显露而细腻。

音韵:某些乌龙茶品种茶叶香气的特有品质特征。

浓郁:香气浓而持久,具有特殊花果香。

浓烈:香气高长愉快,无明显花香。

甜香:香气高而具有甜感,似足火甜香。

不持久:热嗅香高,冷后余香不足。

高火:茶叶加温过程中温度高时间长,干度十足所产生的火香。

老火:干度十足,带有轻微的焦气。

焦气:干度十足,有严重的老火。

陈气:茶叶贮藏过久产生的陈变气味。

异气:感染了与茶叶无关的各种气味。

酸馊气:茶叶腐败变质的气味。

霉气:茶叶贮存不当,发霉变质的气味。

烟焦气:茶叶在加温过程中,沾染了焦气和烟气。

纯正:香气纯净而不高不低,无异杂气。

纯和:香气浓度稍低于"纯正"。

平和:香气平淡稀薄,但无粗杂气。

低:香气低,但无粗气。

钝浊:香气有一定浓度,但钝而不爽。

闷气:一种不愉快的熟闷气。

粗气:香气低,有粗老气味。

青气:带有鲜叶的青草气。

陈香:茶叶久贮,香气陈纯,无霉气。

松烟香:茶叶吸收松柴熏焙的气味。为特定的黄茶、黑毛茶和烟小种的传统香气。

日晒气:经日晒后,茶叶具有的一种特殊的,类似老笋干的气味。

(5)滋味评语

浓烈:味浓不苦,收敛性强,回味甘爽。

鲜爽:鲜洁爽口,有活力。

浓厚:味浓而不涩,纯而不淡,浓醇适口,回味清甘。

浓强:味浓,具有鲜爽感和收敛性。

鲜浓:口味浓厚而鲜爽,含香有活力。

浓醇:口味浓,回味爽略甜,无刺激性。

甜爽:滋味清爽,带有甜味。

醇爽:滋味醇和鲜爽。

鲜醇:滋味鲜爽欠浓,刺激性不强。

回甘:茶汤入口后回味有甜感。

醇厚:茶汤鲜醇可口,回味略甜,有刺激性。

醇正:清爽带甜,刺激性不强。

醇和:滋味欠浓,鲜味不足,无粗杂味。

淡薄:味淡而正常。

平和:味正常,有一定浓度,缺乏鲜味。

涩口:茶汤入口有麻舌之感。

粗淡:味粗而淡薄。

粗涩:因原料粗老而表现出的涩口感。

生涩:涩味中带有生青味。

苦:茶汤入口,舌根感到类似奎宁的一种味道,且感受持续存在。

苦涩:涩中带苦。

熟味:熟闷,一种软弱不快的滋味。

足火味:带焦糖香的滋味。

老火味:烘炒温度过高引起的特定滋味。

生青:干茶叶具有青草气。

粗青:粗老而生涩。

浓涩:味浓而涩口。

焦味:茶叶经高温灼焦后形成的焦气。

陈味:茶叶因贮藏过久而产生的陈变气味。

异味:非茶叶本身具有的气味,包括污染的各种异味。

日晒味:经日晒后,茶叶具有的一种特别的滋味表现。

(6)叶底评语

细嫩:叶质细嫩柔软,叶色鲜艳明亮。

柔软:叶质柔软如棉。

柔嫩:嫩而柔软。

匀齐:大小、老嫩、色泽一致。

嫩匀：叶质细嫩匀齐柔软，色泽调和。

肥厚：芽头肥壮，叶质丰满厚实。

肥嫩：芽头肥壮，叶质厚实。

开展：叶张展开，叶质柔软。

摊张：叶质粗老的单片叶。

单张：脱茎的叶片。

欠匀：大小、老嫩、色泽不一致。

卷缩：茶叶经冲泡后叶底不开展。

瘦薄：芽头瘦小，叶张单薄。

粗老：叶质粗大而硬，叶脉隆起。

破碎：叶底断碎而不完整。

鲜亮：叶底色泽鲜艳明亮，嫩度好。

明亮：叶底色泽鲜艳明亮，嫩度稍差。

暗：叶色无光泽。

暗杂：叶子老嫩不一，叶色枯而花杂。

花杂：叶底色泽不一致。

焦斑：叶面有黑色或黄色烧焦的斑点。

焦叶：烧焦发黑的叶片。

翠绿：色如青梅，鲜亮悦目。

嫩绿：叶质细嫩，色泽浅绿明亮。

嫩黄：色浅绿透黄，黄里泛白，亮度好。

黄绿：绿中带黄，亮度尚好。

暗张：叶底夹杂暗红或死红色叶片。

红艳：叶底红润，鲜艳悦目。

红亮：红而明亮，欠鲜艳。

红匀：红色深浅一致。

青暗：青褐色带暗。

乌条：叶片黑褐或青暗，不开展。

花青：带有青色或青色斑块的叶片。

青褐：褐中泛青。

黄褐：褐中带黄，无光泽。

黑褐：褐中泛黑。

黄黑：黑中带黄。

黑暗：黑而不亮。

红褐：褐中泛红。

青绿：叶底为墨绿色。

青张：加工过程处理不足而产生的青色叶片。

靛青：叶片呈蓝绿色，用含有大量花青素的紫色芽叶为原料，加工出的产品叶底特有的色泽表现。

黄暗：叶色枯黄而暗，叶质老。

红筋：绿茶叶底的筋变红。

红梗：绿茶叶底的梗变红。

红叶：绿茶叶底的叶片变红。

红镶边：经冲泡的乌龙茶叶片中心呈现绿色，叶缘变红的特有叶底现象。

（7）审评中常用的副词

由于茶叶的品质情况很复杂，一般除上述等级评语作为主体词外，有时要区别某些等级品质因子的差异程度，在主体词前面加用副词，以说明质量差异的程度。以下均为最常用的副词：

较：用于两茶相比时，表示品质高于标准或低于标准，如较高、较低等。

稍、略：用于某种形态不正、稍有偏差等，如稍高、略烟等。

欠：在规格要求上或某种程度上，还不符合要求，明显低于标准，如欠紧结、欠嫩、欠浓等。

尚：用于品质略低、稍低或接近标准，如尚浓、尚好、尚紧结等。

带：比照标准，差异程度轻微时用，有时可以与其他副词连用，如带扁、带花香、略带烟味等。

有：形容某些方面存在，如有茎梗等。

显：形容某些方面比较突出，如条索显松、显锋苗等。

微：比照标准，差异程度上很轻微时用，如微烟、微黄等。

（刘　栩　徐正炳）

5. 评茶计分方法

评茶计分就是对照国家、地方主管部门制定的某一特定的标准样（毛茶标准样、加工标准样和贸易样），或者对照贸易双方协商后统一约定的实物样，通过审评，量化指标结果，来衡量产品质量的方法，它是确定产品质量的尺度。一般用于产、供、销的交接验收、质量控制和质量监管等方面。通过茶叶品质的评定，可以作为产品交换时定级计价和货样是否相符的依据，如符合标准样的评为标准级给以标准价，不符合标准的上下浮动。但是在对外成交样评定时必须符合要求，不能上下浮动。在产品交接验收和出口对样评茶时,侧重点有所不同,前者用于评定茶叶品质的高低和相应的等级,后者用于评定货样是否相符。不论哪种方法,都是用评语、评分来表示茶叶品质的优次。评分可以看出质量和等级的高低,但不能看出影响质量的原因。而评语是对茶叶品质因素的说明,指出品质高低的实际情况,但看不出品质差距的具体程度。所以只有采用评分与评语的综合评定,才能正确反映出茶叶品质。目前审评记分的方法有百分法和权分法两种:

(1) 百分法

将标准样的各项品质因子都定为100分,并将国家核定的标准价合成品质系数,评茶时,评比样对照标准样,视品质的高低而增减分,确定该茶的标准价。

以等级实物为依据,最高分为100分,对各级标准样规定一个分数范围,级与级间的分距均等,每个级距10分(可分上下两个等,各为5分),以给分的多少确定等级计价。

以标准样茶为100分,评出评比样的高低,以加分或减分表示,根据级差的大小给以相应的分差。如有一项或多项合计减3分,即评为低于标准样;反之则高于标准样。加分和减分不能进行算术平均。

(2) 权分法

所谓权分,是指根据各审评因子在整个品质中价值重要性的体现,按照一定比例值赋予审评项目相应的权数,在审评过程中,将各项目的评分与权数相乘结合,从而确定最终分数。由于各类茶的品质要求不同,其使用的权数也不同,通常有两种方法:

成品茶对样审评

评分原则

以实物标准样或成交样或产品标准文本相应等级的色、香、味、形等品质要求为依据,按规定的审评因子和审评方法,与目标样对照逐项对比审评,并按"八因子"法"七档制"差异程度(高、较高、稍高、相当、稍低、较低、低)判定产品的质量,按下列原则给分:

比标准或相应等级的品质要求	评分
高	+3
较　高	+2
稍　高	+1
相　当	0
稍　低	−1
较　低	−2
低	−3

成品茶对样审评评分结果计算

计算方式:

$$X = A_1 \times a_1 + B_1 \times b_1 + \cdots + N_1 \times n_1$$

式中:

X = 审评总分。

$A_1, B_1, \cdots, N_1$ = 各品质审评因子的评分。

$a_1, b_1, \cdots, n_1$ = 各品质审评因子的相应权数。

成品茶对样审评结果评定

任何单一品质审评因子或总评分结果绝对值≥3分者为不符合。

成品茶对样审评品质因子权数

各类成品茶品质对样审评权数分配见表4-62。

表4-62　各类成品茶品质审评因子权数

茶　类	外　形				内　质			
	形状	整碎	净度	色泽	香气	滋味	汤色	叶底
工夫红茶	1.5	1.0	1.0	0.5	1.5	2.0	1.0	1.5
红碎茶	1.0	0	1.0	1.0	2.0	3.0	1.0	1.0
小种红茶	1.5	1.0	1.0	0	2.0	2.5	1.0	1.0
绿　茶	1.5	1.0	1.0	0.5	1.5	2.0	1.0	1.5
乌龙茶	1.5	1.0	0.5	0	2.5	3.0	0.5	1.0

（续表）

茶 类	外 形				内 质			
	形状	整碎	净度	色泽	香气	滋味	汤色	叶底
花 茶	1.0	1.0	1.0	0.5	2.5	2.5	0.5	1.0
压制茶	2.5	0.5	0.5	1.0	1.5	2.5	1.0	0.5
普洱茶	1.5	1.5	0.5	0.5	2.0	2.0	1.0	1.0
白 茶	1.5	1.0	0.5	1.0	1.5	2.0	1.0	1.0

茶叶品质次序排列

评分

评分的形式

独立评分：整个审评过程由一个或若干个评茶员独立完成。

集体评分：整个审评过程由三人以上评茶员一起完成。参加审评的人员（三人以上）组成一个审评小组，推荐其中经验丰富的人员为主评。审评过程中由主评先评出分数，其他人员根据品质标准对主评出具的分数进行确认或修改，对观点差异较大的茶进行讨论，最后共同确定分数，并加注评语，评语引用 GB/T14487。如有争论，投票决定。故审评小组成员必须是单数，一般3～9人组成。

评分的方法

茶叶品质次序的排列样品两只以上时，评分前工作人员对茶样进行分类、密码编号，审评人员在不了解茶样的来源、密码条件下，根据审评知识与品质标准，按"外形、汤色、香气、滋味和叶底"五因子，采用百分制，在公平、公正条件下给每个茶样每项因子进行评分，并加注评语，评语引用 GB/T14487。

分数的确定

两人及以上评茶员独立评分的分数确认方法：Ⅰ. 每个评茶员所评的分数相加的总和除以参加评分的人数所得的分数；Ⅱ. 当独立评分评茶员人数达五人以上，在评分的结果中去除一个最高分和一个最低分，其余的分数相加的总和除以其人数所得的分数。

结果计算

根据审评人员的评分，将所得的分数与该因子的评分系数相乘，最后将各个乘积值相加，即为该茶样审评总得分。计算公式如下：

$$Y = A_a + B_b + \cdots + E_e$$

式中：$A, B, \cdots, E$ 表示各品质因子的审评得分。$a, b, \cdots, e$ 表示各品质因子的评分系数。

各茶类审评因子评分系数见表 4-63。

表 4-63 各类茶品质因子评分系数（%）

茶 类	外形（a）	汤色（b）	香气（c）	滋味（d）	叶底（e）
名优绿茶	25	10	25	30	10
普通绿茶	20	10	30	30	10
工夫红茶	25	10	25	30	10
（红）碎茶	10	20	30	35	5
乌龙茶	20	5	30	35	10
黑茶（散茶）	20	15	25	30	10
压制茶	30	10	25	30	10
白 茶	40	10	20	20	10
黄 茶	30	10	20	30	10

（续表）

茶　　类	外形(a)	汤色(b)	香气(c)	滋味(d)	叶底(e)
花　茶	20	5	35	30	10
袋泡茶	10	20	30	30	10
茶　粉	20	10	35	35	0

结果评定

根据计算结果按分数从高到低排列。

如遇分数相同者，则按“滋味→香气→形状→汤色→叶底”的次序比较单一因子得分的高低，高者居前。

（刘　栩　徐正炳）

（三）茶叶检验

广义而言，茶叶检验包括茶树种苗、茶叶包装、衡量、标识检验、茶叶品质规格检验、理化检验和卫生检验多方面的内容。为了保障茶叶产品质量，维护消费者利益，对茶叶产品按有关规定实行严格的检验是非常必要的。

1. 中国茶叶检验简史

在中国的茶叶发展史上，自茶叶成为商品进行交换时起，就产生了鉴别茶叶真伪、等级优次的方法。早在唐代，陆羽《茶经》的“三之造”部分就有茶叶分等和品质鉴别方法的记载，经七道工序制成的饼茶依质量优次分八个等级，即“自胡靴至于霜荷八等”，意思是以饼茶外观来看，从类似靴子的皱缩状到类似经霜荷叶的衰萎状，共八个等级。同时陆羽还评价了当时对饼茶质量不同的鉴别方法，“或以光黑平正言嘉者，斯鉴之下也；以皱黄坳垤言嘉者，鉴之次也；若皆言嘉及皆言不嘉者，鉴之上也”。意思是说对于饼茶有的人把光亮、色黑、平整作为好茶的标志，这是下等的鉴别方法。把皱缩、色黄、凸凹不平作为好茶的特征，这是次等的鉴别方法。若既能指出茶的佳处，又能道出不好处，才是最会鉴别茶的。“茶之否臧，存于口诀”，可见当时对茶的质量好坏，已有一套口头传授的鉴别方法。

到了宋代，“斗茶”之风极盛，每当春季各路名茶上市之时，携水带茶，竞相献茶艺评茶品，决一雌雄。范仲淹的《和章岷从事斗茶歌》中就写到了当时斗茶的盛况。对于各种茶叶的质量，在“斗茶”的实践中逐渐形成了一定的要求。以武夷茶为例，《茶录》中对其色、香、味都有一定的规范：“茶色贵白……茶有真香……茶味主于甘滑。”其中，茶的色泽不同，也有优次之分，“茶色贵白。而饼茶多以珍膏油其面，故有青、黄、紫、黑之异，善别茶者，正如相工之视人气色也。隐然察之于内，以肉理滋润者为上。既已末之，黄白者，受水昏重，青白者，受水鲜明，故建安人开试以青白胜黄白。”

宋时，不仅斗茶之风极盛，对茶叶质量十分讲究，而且官府对掺杂作假者已有查禁之规定。太平兴国四年（公元979年），就有“鬻伪茶一斤，杖一百，二十斤以上弃市”的严格禁令。另据《宋史·食货志》记述：“元丰中，宋用臣都提举汴河堤岸，创奏修置水磨，凡在京茶户，擅磨末茶者有禁，并许赴官请买。而茶铺八米豆杂物糅和者，募人告，一两赏三千，及一斤十千至五十千止。”

明代，已有法律规定，《明会典》记载，凡买卖假茶，便按律科罪。

清朝开始，茶叶外销日益发展，至1869年，茶叶出口换汇金额已占全国外贸总值的60%多，可见当时茶叶在出口贸易中的地位。在这种销量急增的形势下，不少商行唯利是图，为了牟取暴利，掺假作伪之风盛行。对此，各进口国，纷纷制定禁止掺杂假劣茶叶进口的法令和规定，曾使我国茶叶的声誉大降，不少官员疾呼“严禁作伪，改良制造，尤为当务之急”。

民国初年，茶叶生产衰退，掺杂作假之风愈演愈烈，茶叶外销日趋萎缩，当时有一清末状元张謇，曾建议《拟具整理茶叶办法并检查条例》，提出“凡出口茶之色泽、形状、香气、滋味，均须由检查所查验，其纯净者,分别等级,盖用合格印证。其有前项作伪情弊者,盖用不合格印证,禁止其买卖"。只因当时政府无力执行而无结果。

　　1915年浙江省温州地区,曾设立过地方性组织"永嘉茶叶检验处",查禁假杂茶出口。1923年台湾省总督府成立了茶叶检查所,实施出口检验。1929年,当时的实业部在上海、汉口分别成立了商品检验局,并同时着手制定茶叶检验标准,1931年正式实施茶叶出口检验。1931年6月20日国民政府实业部颁布了第一个出口茶叶检验法令,规定出口茶叶必须按标准检验,合格者发给检验证书,由海关查验放行,不合格的茶叶不准出口。当时的理化检验项目比较简单,只有水分和灰分两项,规定灰分不得超过7%,水分不得超过8.5%。经检验合格者发给检验证书,方能出口。1931年建立第一个出口茶叶检验标准后,于1934年、1936年、1937年经过三次修订,使茶叶品质、着色、水分、灰分、粉末、包装等项的检验标准有了比较明确的规定。

　　1936年上海商品检验局开始实施茶叶产地检验,在祁门、浮梁、屯溪等地实施。1936年12月实业部制定了《实业部茶叶产地检验规程》。1937年1月,实业部国产委员会成立了茶叶产地检验监理处,先后在浙、皖、赣、闽等省茶叶集中产地设立茶叶检验办事处,实施就地产品检验,及时指导生产,以保证出口茶的产品质量。设立的地点有:上海、浙江的平水(下设绍兴、诸暨、上虞、宁波、奉化等分处)、温州(下设瑞安、平阳等分处),安徽的祁门、屯溪(兼管浙江遂淳茶区)、至德,江西的浮梁、婺源等。广州商检局在福州、厦门设立商检处,并在福鼎设立办事处,从事茶叶产地检验。以后抗日战争期间,检验机构有所变迁,1941年太平洋战争爆发后,茶叶外销受阻,茶叶检验亦告暂停。

　　1945年抗日战争胜利后,上海、汉口、广州、台湾等商检局又陆续恢复了出口茶叶检验。

　　中华人民共和国成立后,1950年3月,在北京召开了第一届全国商品检验会议,同时制定了"茶叶出口检验暂行标准"和"茶叶属地检验暂行办法",并着手培养了一大批茶叶检验人员。1952年、1955年、1962年和1981年对检验办法进行了四次修订。

其中从1954年开始,建立了4种出口茶叶贸易标准样(实物样),即:绿茶贸易标准样;特种茶标准样;小包装贸易标准样;红茶贸易标准样,并定期换制。1958年后,茶叶属地检验一般均转移给各省茶叶公司办理,1980年后各口岸商检局又先后收回了茶叶出口检验权。到1985年,全国已有上海、广东、福建、厦门、湖南、湖北、四川、重庆、浙江、安徽、江苏、云南、汕头、广西、贵州、江西、台湾等17个商检局办理茶叶出口检验。1986年,国家商检局根据贸易需要,采用了ISO标准。1987年、1988年又分别制定了出口茶叶中硒的荧光光度测定方法和出口茶叶感官审评室条件,使出口茶叶的检验方法标准趋于完善。在制定出口茶叶检验标准的同时,还制定了茶叶国家标准27项,专业标准8项,部、省级(地方)标准55项,其内容涉及品质指标、卫生指标、检测方法等,茶叶检验标准与方法逐渐完善。

　　1989年经国家技术监督局正式批准,在杭州建立了"国家茶叶质量监督检验测试中心",同年又决定在杭州建立"农业部茶叶质量监督检验测试中心",从而加强了我国的茶叶质量检测工作。

(程启坤)

2. 检验性质

(1) 出厂检验

　　茶叶生产企业在每批产品交付(出厂)前,必须进行的检验,检验合格并附有合格证的产品方可交付(出厂)。通常检验内容为感官品质、水分、粉末、净含量和包装标识。

(2) 型式检验

　　对茶叶生产企业正常投产定型产品进行的例行检验。检验内容包括产品标准中的全部检验项目,如感官品质、理化成分、卫生限量指标,以及小包装产品的标识等。一般每年进行1~2次。

(3) 监督检验

　　由国家或地区行政分管部门安排组织,对茶叶产品质量的监督检查。承担监督检验工作的必须是经省级以上质量监督管理部门或其授权的部门考核合格的质检机构。检验内容为产品标准中的全部检验项目,或监督检查提出要求的特定项目。

（4）仲裁检验

因当事人双方对茶叶产品质量在检验或试验中发生争执而由国家法定质量监督检验机构进行的裁决性检验。委托方一般是司法机关、合同管理机关、涉外仲裁机关等机构，也有生产和销售等单位。仲裁检验是具有公正地位的第三方检验，其结果是对产品质量的公正判定。检验内容为委托方要求的各种项目。

（5）委托检验

生产或经营单位自己取样，委托质量技术监督检验部门进行的检验。质检部门的检验结果仅对委托茶样的质量负责。检验内容为委托方要求的各种项目。

（刘　栩）

3. 茶叶品质规格检验

茶叶品质规格检验是通过感官审评的方式来完成的。

从茶树上采下的鲜叶经初制加工形成的产品常称"毛茶"；将毛茶经过进一步精制加工以后形成的产品称"精制茶"或"精茶"；各产地的精制茶运至口岸前，通常根据贸易需要，要进行适当的拼配，以适合出口的要求，这种产品称"出口茶"。

我国茶类众多，为有效进行品质检验，在要求达到基本饮用要求的基础之上，对各茶类的毛茶、精制茶和出口茶的花色、级别、品质规格，常通过制定一系列的品质标准，从全国、行业、地方和企业分层次地进行管理。这种管理的有效办法是除了发布一系列茶叶品质规格要求和文字标准之外，更要求定期制定发布各茶类的实物标准样，作为生产、收购、交货、验收对样评茶的实物依据。与此同时，还由相应的各级标准化主管部门发布涉及茶叶的国家标准、行业标准、地方标准，其内容涉及品质指标、卫生指标、检测方法、包装材料、栽培、病虫害防治、育种、茶叶机械、茶叶制品等，目前中国已成为世界上茶叶标准最多最全的国家。这些标准的制定和执行对促进中国的茶叶生产、扩大出口作出了重大贡献。

目前我国茶叶的实物标准样大体分三类：一是毛茶标准样，二是加工标准样（即精制标准样），三是贸易标准样。

（1）毛茶标准样

毛茶标准样是评定初制茶品质与级别的标尺，用以对样审评初制茶的外形、内质，为确定茶叶级别规格的实物依据。毛茶标准样一般分地区、分茶类而制定，各茶类、各等级分别设立标准样。通常定为各级最低界限；同时还要规定相应的理化指标，包括水分、碎末茶、总灰分、粗纤维和水浸出物的含量指标。

（2）加工标准样（即精制茶标准样）

加工标准样即精制茶标准样，是规定各类毛茶精制加工要求达到一定规格标准的实物依据。我国1953年开始制定各类精制茶的标准样，内、外销加工标准样茶的制样，一般不是每年更换新样，通常是使用三年后才配换新样。

加工标准样茶分红茶、绿茶、乌龙茶、花茶、压制茶等几大类。

红茶加工标准样，包括工夫红茶和红碎茶两大类，工夫红茶因产区不同有滇红、祁红、川红、宜红、宁红、湖红、闽红等，工夫红茶分等级设标准样。红碎茶因产区品种、气候条件的差异，分大叶种红碎茶和中小叶种红碎茶两个产品，对花色和品质在标准中都有相应的规定。大叶种红碎茶分为碎茶1号、2号、3号、4号、5号和片茶1号、2号以及末茶共8个花色。在感官品质上要求外形颗粒紧实、显毫、色润；内质香高香浓，滋味浓强鲜爽，汤色叶底红艳明亮。中小叶种红碎茶分为碎茶1号、2号、3号、4号、5号和片茶上档、下档及末茶上档、下档7个花色。在感官品质上要求颗粒紧结重实，匀净色润，内质香高持久，滋味鲜爽浓厚，汤色叶底嫩匀红亮。

绿茶加工标准样，主要包括眉茶、珠茶和各类特种绿茶（如龙井、碧螺春等）。各种茶按规格和品质优次分成各种花色和等级，如眉茶分特珍、珍眉、贡熙、秀眉等，各有几个等级。

乌龙茶加工标准样是按地区、品种、品质不同分别制样，如福建有铁观音、色种、水仙、乌龙、岩茶等；广东有凤凰单丛、岭头单丛、浪菜、水仙、石古坪乌龙、西岩乌龙等。

花茶分级型坯（未窨花的各级烘青茶坯）标准样

和各种花茶加工标准样,窨制后的花茶按香花的种类和品质不同,设有各种花茶的等级标准样,外形、内质都有具体规定。

紧压茶主要有以黑茶为原料的黑砖、青砖、花砖、茯砖、康砖、金尖、方包、紧茶、六堡茶、普洱沱茶、饼茶、圆茶、湘尖茶等,以绿茶为原料的沱茶、普洱方茶等,以红茶为原料的米砖等。因此分别有茶坯(原料)标准样和紧压茶成品标准样。

(3)贸易标准样

贸易标准样是各种茶叶进行贸易时协商确定的实物标准依据。有绿茶、红茶、乌龙茶、白茶、花茶、压制茶和各种小包装茶。每一茶类常按花色、品质分成若干级,有时还设定相应的代号,称为贸易标准茶号,通常可凭茶号进行贸易布样、交货、验收。

(程启坤　刘　栩)

4. 茶叶包装及衡量检验

茶叶包装分大包装与小包装两类,大包装有箱装、袋装、篓装,用于盛装各种散茶或小包装茶。小包装有袋泡茶、听装、盒装、袋装等。包装检验除了对各种包装规格和茶箱牢固度进行检验外,主要是对包装材料依据各种技术指标分项检验。如对箱板厚度、箱板含水量、铝箔质量、包装纸定量、吸湿性、荧光物质含量、防潮性、包装滤纸的滤速、湿强度、浸出率等进行检验,同时也为防止过度包装提供检验数据。

茶叶衡量检验,也是茶叶贸易检验项目之一,指重量(毛重和净重)的称量和包装体积的测量。其中依据《定量包装商品净含量计量检验规则》通过计量检验确定的定量包装商品实际所包含的净含量。

(程启坤　刘　栩)

5. 茶叶品质理化检验

(1)理化检验的项目及标准

在茶叶生产、流通、贸易活动中,除根据各类茶叶品质规格进行感官审评外,还必须进行必要的理化检验,这些检验也是确定茶叶质量状况的技术手段。理化检验的项目是根据需要或贸易双方的有关协定和进出口标准确定的。如茶叶产品出厂和出口,常常需要进行茶叶含水量、总灰分含量、碎茶和粉末量的检验。根据协商规定有时还需要进行诸如咖啡碱、水浸出物、水溶性灰分等含量的检验。我国对各类出口茶叶的水分、灰分、粉末最高限量如表4-64所示。

表4-64　各类茶叶的水分、灰分、粉末的最高限量

茶　类	品　名	水分(%)	灰分(%)	粉末(%)
红　茶	工夫红茶、小种红茶、叶茶、碎茶、片茶、末茶	7.5	6.5	2.0
绿　茶	珍眉、贡熙、珠茶、雨茶	7.5	6.5	1.0
	碧螺春、龙井、特种绿茶	7.5	6.5	
	蒸青	6.0	6.5	
	秀眉	8.0	7.0	1.5
	茶片	8.0	7.0	2.5
乌龙茶	铁观音、色种、乌龙、水仙	7.5	6.5	
	奇种细茶、粗条	8.0	6.5	
白　茶	银针	9.0	6.5	
	白牡丹、贡眉	8.0	6.5	
花　茶	茉莉花茶、其他花茶	9.0	6.5	1.5
	碎茶	9.0	6.5	3.0
	片茶	9.0	6.5	7.0

（续表）

茶　类	品　名	水分(%)	灰分(%)	粉末(%)
紧压茶	米砖 沱茶 六堡茶、普洱砖茶、普洱沱茶 普洱饼茶(含散茶)	/ 9.5 9.5	7.5 7.5	7.5

国际标准化组织(ISO)于 1977 年开始制定颁布了"ISO3720 红茶规格"的国际标准，红茶的品质要求集中反映在此标准中。该标准在引言中肯定茶叶品质一般由茶师通过感官审评来评价，而标准的技术要求则是根据化学特定成分来确定品质规格的。ISO3720 的技术要求可以保证红茶不掺杂，不受泥土污染和叶子不过分粗老。但由于尚未将茶叶的滋味、香气分析要求包含在内，因此，检测内容还有待充实。该标准用 6 项化学指标规定了出口红茶的最低标准，将水浸出物、总灰分、水可溶性灰分、酸不溶性灰分、水溶性灰分碱度和粗纤维作为红茶的特定的成分，规定了最高(低)限量指标(表 4-65)。这一标准已经被 30 多个国家所接受，包括了产茶国和进口国。目前 ISO 标准中涉及茶叶标准共有 24 项(包括有 17 项方法标准、4 项是质量标准、3 项基础标准)。ISO 标准主要包括产品品质质量及其分析方法和产品的术语、分级、操作、运输和贮存等要求内容，侧重点在于保障茶叶的品质理化质量，项目设置非常细致、全面。

20 世纪 70 年代末，国际标准组织茶叶专业技术委员会 TC34/SC8 就着手制定速溶茶的规格。1982 年首先推荐出 ISO6770—1982 速溶茶自由流动堆积密度和紧密堆积密度的测定；1984 年推荐 ISO7516—1984 速溶茶取样方法；1989 年又通过 ISO7514—1989 速溶茶总灰分测定、ISO7513—1989 速溶茶水分测定、ISO6709.2 速溶茶规格。配套完成了速溶茶产品规格标准和检验方法标准。速溶茶规格中规定了固体型速溶茶的定义和化学特征要求，并规定水分最高限量为 6%，灰分最高限量为 20%。

表 4-65　ISO3720 规定的红茶标准

特　定　成　分	含　量	检测方法标准
水浸出物,%(m/m)最小值	32	ISO1574
总灰分,%(m/m)最大值 最小值	8 4	ISO1575
水溶灰分(占总灰分的%)最小值	45	ISO1576
水溶性灰分的碱度(以 KOH 计)%(m/m)最大值 最小值	1.0 3.0	ISO1578
酸不溶性灰分,%(m/m)最大值	1.0	ISO1577
粗纤维,%(m/m)最大值	16.6	ISO3720 附录

围绕茶叶品质理化检验项目和方法，我国自 1987 年颁布了 13 项国家标准，在此基础上，又根据生产状况和技术的进步进行标准的相应增加和修订。相关标准分述如下。

GB/T8302 茶-取样，规定了根据包装件数的取样方法和步骤。

GB/T8303 茶-磨碎试样的制备及其干物质含量测定，规定了茶样磨碎方法和 103±2℃烘箱法测定干物质含量的方法。

GB/T8304 茶-水分测定，规定了用 103±2℃烘箱恒重法测定茶叶含水量的方法。茶叶含水量超过一定限度，容易变质，因此水分是必测项目。

GB/T8305 茶-水浸出物测定，规定了用沸水萃取测定茶叶中可溶物质的方法。水浸出物含量高是茶汤浓度高、品质好的标志。

GB/T8306 茶-总灰分的测定，规定了测定茶叶经 525±25℃灼烧后残留物的方法。总灰分含量高是茶叶粗老、品质差的表现，因此必须规定不能超过一定限量。

GB/T8307 茶-水溶性灰分和水不溶性灰分的测定，规定了总灰分经热水溶解，测定热水溶解部分和不溶解部分比率的方法。水溶性灰分占总灰分的比率大，是品质好的象征。

GB/T8308 茶-酸不溶性灰分测定，规定了测定总灰分经盐酸处理后残留物的方法。酸不溶性灰分含量高，是矿质元素夹杂物过多的表现，表示品质较差。

GB/T8309 茶-水溶性灰分碱度测定，规定了测定中和总灰分浸出液所需的酸量，或相当于该酸量的碱量，这项指标是防止茶叶掺假，要求碱度控制在 1%～3%的范围内。

GB/T8310 茶-粗纤维测定，规定了茶叶经酸、碱处理后残留物的测定方法。粗纤维含量高，是茶叶粗老的标志，为防止极粗老的茶叶进入市场，规定茶叶粗纤维含量不得超过 16.5%。

GB/T8311 茶-粉末和碎茶含量测定，规定了用一定孔径的金属筛测定粉末和碎茶含量。粉末含量高，是精制筛分不清、茶叶规格较差的表现。

GB/T8312 茶-咖啡碱测定，规定了咖啡碱的仪器测定方法。咖啡碱具有兴奋和利尿作用，含量高是茶叶嫩、品质好的表现。

GB/T8313 茶-茶多酚测定，规定了茶叶中多酚类化合物含量测定的方法。

GB/T8314 茶-游离氨基酸总量测定，规定了能溶于热水的氨基酸含量测定方法。多数氨基酸是鲜味物质，含量高，茶汤滋味鲜爽，是品质好的标志。

(2) 假茶检验

茶叶品质理化检验，还包括假茶检验。

真正的假茶，近年来市场上出现不多，所谓假茶是指用非山茶科植物茶树芽叶所制成的"茶叶"，如用毛榉叶、山楂、乌荆子、茶梅、金栗兰、冬青科及其他植物叶子制成的"茶"。鉴别假茶的方法，常常先开汤冲泡，后尝滋味，再观察芽叶的形态和叶脉结构是否像茶。然后进行化学分析，常常检验是否含有 2%～5%的咖啡碱、10%～40%左右的茶多酚和 2%～4%左右的氨基酸；如有必要还可检验钙和镁的含量比例是否大致为 1：1。如这些指标不符合者必定是假茶。但近年来市场上出现的"人参茶"、"枸杞茶"、"罗布麻茶"、"杜仲茶"、"柿叶茶"等等，这些非茶之茶，是借"茶"为名，用这些天然植物材料制成的保健饮料，并非一般意义上的茶。

（程启坤　刘　栩）

6. 茶叶检疫及卫生检验

(1) 茶叶检疫

茶叶检疫的目的是检查出口茶叶是否带有植物病虫。茶叶是经过高温烘炒而制成的产品，传带病虫的可能性一般不大。因此包括中国在内的不少国家，都不把茶叶列为植物检疫的范围。但也有些进口国家规定，对输入的茶叶必须由输出国检验部门出具检疫证书才准进口。我国出口茶叶的植物检疫，由农业部授权各口岸动植物检疫所负责实施。具体实施办法，按照《中华人民共和国农业部对植物检疫操作规程》和国务院发布的《植物检疫条例》执行。经过鉴定符合规定的签证放行，否则不予签证放行。

(2) 茶叶卫生检验

为了保护环境、保障消费者的身体健康和满足茶叶进出口贸易的需要，自 1981 年起国家标准总局发布了"绿茶、红茶卫生标准"，1988 年修订为 GB9679—1988 茶叶卫生标准。该标准规定茶叶中不得混有异种植物叶，不含非茶类物质，无异味、无异嗅、无霉变。规定的卫生指标有 4 项（铅、铜、六六六、滴滴涕），如表 4-66。

这 4 项指标的检验方法按照 GB5009.57—1988《茶叶卫生标准的分析方法》执行。铅、铜通常都采用原子吸收分光光度法进行检验；六六六、滴滴涕通常都采用气相色谱分析法进行检验。

随着社会发展,科技的进步,人们对食品卫生的要求和检测技术日益提高。2005 年国家对 GB9679—1988 标准作了修改,出台了《食品中污染物限量》标准 GB2762—2005 和《食品中农药最大残留限量》标准 GB2763—2005,以这两个标准代替 GB9679—1988 标准。该两标准中,包括重金属和稀土共 2 项,农药残留有 9 项(表 4-66)。

农牧渔业部为指导在茶园中科学、合理、安全地使用农药,使茶叶产品中农药残留量不超过规定的限量标准,1984～2000 年先后发布布了 7 批茶叶中农药最高残留限量标准 18 项,GB4285—1984、GB8321.1—1987、GB8321.2—1987、GB8321.3—1989、GB8321.4—1993、GB8321.5—1997、GB8321.6—2000 这些标准中有许多已被以后颁布的 GB2763—

2005、NY244—2004 和 NY1500.1.1-1500.30.4—2007 标准所替代。这些标准列于表 4-66。

2001 年农业部启动无公害食品行动计划,目的是从源头上采取措施,控制农药对茶叶的污染,要求从田间栽培开始,包括加工到最终消费(即田间到餐桌),全过程实现无公害化管理,并以制定标准的形式下发各部门贯彻执行。《无公害食品茶叶》标准 NY244—2004)规定了水分、灰分、水浸出物等 3 项理化指标以外,茶叶的卫生安全标准有铅、联苯菊酯等 9 项。其中农药残留最高限量标准 7 项(表 4-66)。

2007 年农业部颁布《农产品中农药最大残留限量》(NY1500.1.1-1500.30.4—2007),标准中规定了三种农药(吡虫啉、甲氰菊酯、氯氟氰菊酯)在茶叶中的最高残留限量(表 4-66)。

表 4-66　茶叶中重金属、农药残留、其他污染物的最高限量标准(MRL)

项　目	最高限量标准(MRL)mg/kg		标　准　号
重金属	铅(以 pb 计)(lead)	≤2(紧压茶:3)	GB/9679—1988*
	铅(lead)	≤5	NY244—2004
	铅(lead)	≤5	GB2762—2005
	铜(以 Cu 计)(copper)	≤60	GB/9679—1988**
稀　土	稀土元素(Rare-Earth element)	≤2	GB2762—2005
细　菌	大肠菌群(coliform bacteria,每 100 g)	≤300	NY244—2004
农药残留	六六六(BHC)	≤0.2(紧压茶:0.4)	GB9679—1988
	六六六(BHC)	≤0.2(紧压茶:0.4)	GB2763—2005
	滴滴涕(DDT)	≤0.2	GB9679—1988
	滴滴涕(DDT)	≤0.2	GB2763—2005
	乐果(Dimethoate)	≤1.0	GB4285—1984**
	乐果(Dimethoate)	≤0.1	NY244—2004
	敌敌畏(Dichlorvos)	≤0.1	GB4285—1984
	敌敌畏(Dichlorvos)	≤0.1	NY244—2004
	杀螟硫磷(Fenitrothion)	≤0.3	GB4285—1984***
	杀螟硫磷(Fenitrothion)	≤0.5	NY244—2004
	杀螟硫磷(Fenitrothion)	≤0.5	GB2763—2005
	马拉硫磷(malathion)	≤1.0	GB4285—1984
	亚胺硫磷(Imidan)	≤0.5	GB4285—1984
	辛硫磷(Phoxim)	≤0.5	GB4285—1984
	乙酰甲胺磷(Acephate)	≤0.1	GB2763—2005

（续表）

项　　目	最高限量标准(MRL)mg/kg		标　准　号
	喹硫磷(Quinalphos)	≤0.2	GB8321.1—1987
	喹硫磷(Quinalphos)	≤0.2	NY244—2004
	氯菊酯(Permethrin)	≤3.0	GB4285—1984
	溴氰菊酯(Deltamethrin)	≤10.0	GB8321.1—1987△
	溴氰菊酯(Deltamethrin)	≤5.0	NY244—2004
	溴氰菊酯(Deltamethrin)	≤10.0	GB2763—2005
	氯氰菊酯(Cypermethrin)	≤20.0	GB8321.1—1987
	氯氰菊酯(Cypermethrin)	≤20.0	GB2763—2005
	氯氰菊酯(Cypermethrin)	≤0.5	NY244—2004△△
	顺式氯氰菊酯(cis-Cypermethrin)	≤20.0	GB8321.1—1987
	联苯菊酯(Bifenthrin)	≤5.0	GB8321.1—1987
	联苯菊酯(Bifenthrin)	≤5.0	NY244—2004
	功夫菊酯(Lambda-Cyhalothrin)	≤3.0	GB8321.4—1989
	氟氰戊菊酯(Flucythrinate)	≤20.0	GB2763—2005
农药残留	氰戊菊酯(Fenvalerate)	≤2.0	GB8321.1—1987△△△
	顺式氰戊菊酯(来福灵)(Esfenvalerate)	≤2.0	GB8321.1—1987△△△
	顺式氰戊菊酯(来福灵)(Esfenvalerate)	≤2.0	GB2763—2005△△△
	甲氰菊酯(Fenpropathrin)	≤5.0	GB8321.4—1993
	甲氰菊酯(Fenpropathrin)	≤5.0	NY1500.1.1–1500.30.4—2007
	氯氟氰菊酯(Cyhalothrin)	≤15.0	NY1500.1.1–1500.30.4—2007
	杀螟丹(巴丹)(Cartap)	≤20.0	GB8321.3—1989
	除虫脲(Diflubenzuron)	≤20.0	GB8321.5—1997
	硫丹(Thiodan)	≤10.0	GB8321.5—2000
	噻嗪酮(Buprofezin)	≤10.0	GB8321.5—2000
	灭多威(Methomyl)	≤3.0	GB8321.5—2000
	哒螨灵(Pyridaben)	≤1.0	GB8321.5—2000
	吡虫啉(Imidacloprid)	≤0.5	NY1500.1.1–1500.30.4—2007

注：＊此标准已由 GB2762—2005 标准代替；

　　＊＊由于 GB/9679—1988 标准已被 NY244/2004 标准替代，因此，铜的标准也已被废除；

　　＊＊由于乐果的高水溶性，因此，GB4285—1984 标准已由 NY244—2004 标准替代；

　　＊＊＊此标准由 NY244—2004、GB2763—2005 标准替代；

　　△此标准已由 GB2763—2005 和 NY244—2004 标准替代；

　　△△行业标准 2004 年制定 0.5 mg/kg 标准，以与欧盟相匹配；

　　△△△1999 年 11 月农业部下文撤销氰戊菊酯和来福灵在茶树上的登记，并禁止在茶叶生产中使用，因此氰戊菊酯和来福灵的三个标准均不再执行。

如上可见,我国目前已制定和颁布了两种重金属:一种稀土元素,一种有害细菌和 26 种农药的共 30 个最大限量标准。表 4-67 列出了联合国 FAO 和 WHO 联合制定的茶叶中农药最大残留限量标准 MRL 以便与我国标准进行比较。此外欧盟、日本、美国等都制定了各自的茶叶中农药残留最大限量标准。

表 4-67 联合国 FAO 和 WHO 联合制定的茶叶中农药 MRL 标准

农药名称	MRL 标准 (mg/kg)	颁布年份
乙硫磷	5.0①	1972
硫丹(α+β 异构体和硫丹硫酸酯总和)	30.0	1972
杀扑磷	0.1	1972
溴螨酯	5.0②	1972
杀螟硫磷	0.5(鲜叶)⑦	1974
杀螨锡	2.0	1974
甲基对硫磷	0.2③	1975
甲基毒死蜱	0.1	1975
杀螟丹(巴丹)	20(游离碱)⑤	1978
二氯苯醚菊酯(氯菊酯)	20.0	1979
溴氰菊酯	10.0⑥	1982
克螨特	10.0⑥	1983
氯氰菊酯	20.0	1984
氟氰菊酯	15.0	1988
三环锡	2.0④	1991
久效磷	0.5	1991
三氯杀螨醇	50.0	1992
杀扑磷	0.5	1992
丙溴磷	0.5⑤	1994
毒死蜱	2.0	2004
百草枯	0.2	2004
甲氰菊酯	2.0	2006

注:① 乙硫磷标准 1994 年撤销;② 溴螨酯标准 1993 年撤销;③ 甲基对硫磷标准 1992 年撤销;④ 三环锡 1987 年美国 DOW 公司停止在各种作物上使用;⑤ 杀螟丹和丙溴磷标准 1995 年撤销;⑥ 溴氰菊酯和克螨特标准 2002 年由 10.0 mg/kg 改为 5.0 mg/kg;⑦ 2003 年杀螟硫磷标准改为成茶中 MRL 为 0.5 mg/kg。

茶叶中非茶类夹杂物的检验也属卫生检验的内容。混入茶叶的非茶夹杂物包括动物性虫体、羽毛、虫卵,植物性的竹片、木屑、树叶、杂草、籽粒和矿物性的铁屑、砂粒、土粒等。

另外还有有害微生物,由于茶叶属于干燥食品,而且所含蛋白质较少,不具备提供微生物生长的条件,主要在加工过程中存在污染的可能,所以国内外涉及微生物的要求较少。在茶叶加工过程和成品贮运条件不当时,有污染霉菌的可能,尤其是茶叶严重吸湿受潮以后,更易污染滋生。茶叶易污染的霉菌,主要是曲霉属和青霉属,曲霉属中灰绿曲霉最常见,其次是黑曲霉、米曲霉、毛霉、螨叶枝孢霉、互隔交链孢霉、新月弯孢霉、镰刀霉、簇孢甸柄霉等。茶叶霉菌检验,常采用茶水稀释后经接种培养镜检记数的方法。

我国茶众类多,有些茶类如茯砖茶、六堡茶、普洱茶在毛茶堆积后发酵的过程中,要求有一些有益的微生物生长繁衍,即所谓"发花",借助于这些微生物的作用,发酵形成特有的品质。如茯砖茶"发花"过程中滋生的冠突曲霉(*A. cristatus*),就是一种有益的曲霉,对人体无毒害作用。

茶叶放射性核素检验因为茶叶与其他栽培作物一样,受土壤、水、肥料和空气中放射性物质的浸染,有一定的放射性污染,这些放射性核素在核衰变过程中产生 α、β、γ 射线,放射性强度过大,有损人体健康。茶叶放射性检验属于弱放射性测量,包括总放射性测量和核素分析。多年来经检验部门监测结果,商品茶中总放射性强度均未超过国家对食品饮料规定的限量标准。

(陈宗懋 刘 栩)

7. 茶叶进出口检验及公证

我国茶叶的进出口业务由对外经济贸易部下属的中国茶叶进出口公司及有关的省(市)分公司进行。茶叶进出口检验业务分别由下列三个部门负责实施:国家进出口商品检验总局所属各口岸进出口商品检验局,负责进出口茶叶质量及部分卫生检验;国家卫生部所属各省、市、自治区食品卫生检验所或卫生防疫站,负责卫生监督管理;国家动植物检疫总所所属各口岸动植物检疫所,负责接受办理出口茶叶植物检疫。这些检验机构根据国家颁布的有关标准、法令、规定和贸易关系人的申请,实施有效的检验。

(1) 出口检验

根据国家规定的六大出口茶类(红茶、绿茶、乌龙茶、花茶、白茶、紧压茶)的品质标准对样审评检验品质。并对水分、灰分、粉末、包装、卫生、检疫和对外贸易合同规定的各种应施检验的项目进行检验。检验合格者发给检验证书。这种检验包括产地检验和口岸检验,产地检验合格成箱后,发给"合格检定单"。如遇茶叶原箱出口,口岸可凭此单换发出口证书。商检和动植物检疫机构通常签发的证书有:品质证、产地证、重量证、丈量证、包装证、数量证、价格证、分析证、检疫证、卫生证等。这类证书是交接货物、结算货款、银行结汇、通关计税、理算计费的有效凭证。

(2) 进口检验

进口茶叶除卫生检验外,另根据贸易合同和关系人的申请,分项目进行检验,并出具证书。

(3) 公证鉴定

根据需要由贸易双方共同信赖的权威性机构对有关茶叶质量、数量、体积、产地、价值、船舱、装卸、积载、残损等进行公正性鉴定。国外一般由权威性的公证鉴定公司或公证行办理,我国由进出口商品检验机构进行。

(程启坤　刘　栩)

六、茶叶包装与贮藏

茶叶包装既是保持品质的重要手段,同时又是商品价值的重要组成部分。

茶叶虽是干燥食品,它的贮藏性能比鲜活商品好得多,但仍是一种易变性的食品,贮藏方法稍有不当,就会在很短的时期内失去风味。越是名贵茶叶,越是难以保管,如集"色绿、香郁、味醇、形美"四绝于一身的西湖龙井茶,存放时略有疏忽,就会黯然失色,更品尝不到齿颊留芳、沁人心脾的芳香。就是普通茶叶在贮放一段时间后,香气、汤色、滋味也会发生变化,这就是平常所说的新茶味消失,陈味显露。

(一) 茶叶变质的原因

茶叶在贮藏期间之所以会发生质的变化,主要是茶叶中某些化学成分发生变化的结果。

1. 叶绿素的变化

叶绿素是构成绿茶外观色泽、汤色和叶底色泽的重要成分。叶绿素由蓝绿色的叶绿素 a 和黄绿色的叶绿素 b 组成,前者含量高时叶片呈深绿色,后者表现为黄绿色,在幼嫩芽叶中含量较高。因此,叶绿素在成茶中的含量和二者的比例在很大程度上决定着茶叶的颜色,保留量多,色泽就显得绿翠。然而,叶绿素是一种很不稳定的物质,在光和热的作用下,易发生氧化降解,尤其是受到紫外线的照射更是如此。不少研究者都认为,绿茶失绿变褐的一个重要原因,是叶绿素在贮藏过程中脱镁后转化形成脱镁叶绿素。一般情况下,这种脱镁叶绿素的比例达到 70% 以上时,就会出现显著的褐变。

(应　敏)

2. 茶多酚的氧化、聚合

茶多酚是与茶叶汤色和滋味关系最密切的成分。茶叶中含量的多寡决定着茶汤的滋味浓度、收敛性和爽度。绿茶是以茶多酚的保留量高为主要特征的,在贮藏中茶多酚极易发生氧化聚合,形成褐色物质,从而使茶汤变褐。并且这种氧化产物还会和氨基酸类进一步反应,使滋味变劣。研究表明,绿茶中茶多酚含量下降 5% 时,反映在品质上是滋味变淡,汤色变黄,香气变低;当下降到 25% 时,由于茶叶内含物有效成分的大幅度下降,比例严重失调,茶叶基本失去原有的品质特点。

红茶加工时,茶多酚在酶类的催化下,经一系列反应生成了对汤色、滋味有着举足轻重影响的茶黄素,进一步的聚合生成对汤色色泽起重要作用的茶红素。然而,茶黄素、茶红素在红茶存放过程中会进一步发生氧化、聚合,形成对汤色和滋味都不利的高聚化合物。

(应　敏　林　智)

3. 维生素 C 的减少

维生素 C 不但是茶叶所含的保健成分之一,且与茶叶品质优劣密切相关。特别是品质好的绿茶,其含量是很高的。维生素 C 也是一种极易被氧化的物质,这是越是高级绿茶愈难以保管的原因之一。维生素 C 被氧化后可以生成脱氢维生素 C,这种形态易与氨基酸发生反应,形成氨基羰基,这既降低了茶叶的营养价值,又使颜色发生了褐变。同时由于氨基酸含量减少,滋味也变得不鲜爽。有不少学者认为,如果绿茶中维生素 C 保留量有 80% 以上,那么绿茶品质几乎不会发生什么变化,一旦下降到 60% 以下,茶叶品质就明显变质了。

（应　敏）

4. 类脂物质的水解和胡萝卜素的氧化

脂类置于空气之中,会与空气中的氧慢慢发生氧化,生成醛类与酮类,从而产生酸败臭那样的气味。茶叶中含有约 8% 左右的脂肪等类脂物质,在贮藏过程中同样会被氧化、水解。类脂水解后变成游离脂肪酸。许多研究都说明,茶叶贮藏过程中游离脂肪酸的含量是不断增加的。随着游离脂肪酸含量的增加,不仅茶叶香味显陈,汤色也会加深,从而导致饮用价值和商品价值降低。

此外,茶叶中还有一类黄色色素,如类胡萝卜素。这类物质具体成分较复杂,由于都是光合作用中的辅助成分,有一定的吸收光能性质,因此,较易被氧化。氧化后会产生一种类似于胡萝卜贮藏后产生的那种气味,使茶汤变劣。

（应　敏）

5. 氨基酸的变化

氨基酸与蛋白质一样,都是茶叶的重要含氮成分,更是赋予茶汤鲜爽宜人滋味的主要物质,它在形成茶汤的酸味和甜味方面发挥一定的作用。茶叶中氨基酸的种类多,含量高,尤其是绿茶,它含量的高低是判别其优劣的主要标志。茶叶在存放期间,氨基酸会与茶多酚类自动氧化的产物结合生成暗色的聚合物,致使茶汤既失去收敛性,也丧失了新茶原有的鲜爽度,变得淡而无回味。红茶贮存中,氨基酸能

与茶黄素、茶红素作用形成深暗色的高聚物。另外,氨基酸在一定的温湿度条件下还会氧化、降解和转化,造成贮放时间愈长,氨基酸含量下降愈多。

（应　敏）

6. 香气成分的变化

随着茶叶存放时间的延长,茶叶香气日渐低落,陈味显露,尤其是新茶特有的清香散失。现代化学分析揭示了这一过程不仅包含着茶叶原有香气成分的丢失,也有一些陈味成分的产生和增加。研究认为,构成绿茶新茶香特征的主要成分是正壬醇、顺-3-己烯己酸酯、吲哚和一些目前还未知的成分。这些成分在茶叶贮放中,随着时间的推移,明显减少。与此同时,在贮放期间也产生了一些新化合物,经感官审评,认为是茶叶陈味的成分主要有:1-戊烯-3-醇、顺-2-戊烯-1-醇、2,4-庚二烯醛和丙醛。还有些研究者认为,可以利用茶叶香气成分中是否存在丙醛和 1-戊烯-3-醇来鉴别是新茶还是陈茶。除此之外,贮藏过程中 β-紫罗酮、5,6-环氧-β-紫罗酮和二氢海葵内酯等胡萝卜素转化衍生而成的成分,也有不同程度的增加。

（应　敏）

（二）影响茶叶变质的环境条件

茶叶变质、陈化是茶叶中各种化学成分氧化、降解、转化的结果,而对它影响最大的环境条件主要是温度、水分、氧气、光线和它们之间的相互作用。

1. 温度

氧化、聚合等作为一种化学变化,与温度高低紧密相关。温度愈高,反应速度愈快。各种实验表明,温度每升高 10℃,茶叶色泽褐变的速度要增加 3～5 倍。如果茶叶在 10℃ 条件以下存放,可以较好地抑制茶叶褐变进程。而能在零下 20℃ 条件中冷冻贮藏,则几乎能完全达到防止陈化变质。研究还认为,红茶中残留多酚氧化酶和过氧化物酶活性的恢复与温度呈正相关。因此,在较高温度下贮放茶叶,茶多酚的酶促氧化和自动氧化、茶黄素和茶红素的进一

步氧化、聚合速度都将大大加快,从而加速新茶的陈化、茶叶品质的损失。

(应 敏 林 智)

2. 水分

食品理论认为,绝对干燥的食品中因各类成分直接暴露于空气,容易遭受空气中氧的氧化。而当水分子以氢键和食品成分结合,呈单分子层状态时,就好像给食品成分表面蒙上一层保护膜,从而使受保护物质得到保护,氧化进程变缓。研究认为,当茶叶水分含量在 3% 左右时,茶叶成分与水分子几乎呈单层分子关系。因此,可以较好地把脂质与空气中的氧分子隔离开来,阻止脂质的氧化变质。但当水分含量超过这一水平后,情况就完全不同,这时的水分不但不能起保护膜的作用,而是起着溶剂的作用。特别是当茶叶中水分含量超过 6% 时,这种溶剂的作用明显,会使化学变化变得相当激烈。主要表现为叶绿素迅速降解,茶多酚自动氧化和酶促氧化、进一步聚合成高分子进程大大加快,尤其是色泽变质的速度呈直线上升。

(应 敏 林 智)

3. 氧气

氧几乎能与所有元素相化合,而使之成为氧化物。在平常空气中大部分是分子态氧,其自身的反应性并不很强。然而,当它一旦与其他物质相结合,特别是有能促进反应的酶存在,这种氧化作用就可以变得很激烈。在酶失活的情况下,各种化合物仍能被分子态氧所氧化,只是速度缓慢得多而已。茶叶中儿茶素类的自动氧化、维生素 C 的氧化、残留的多酚氧化酶催化的茶多酚氧化,以及茶黄素、茶红素的进一步氧化聚合等,均与氧存在有关,脂类氧化产生陈味物质也有氧的直接参与和作用。因此,隔绝氧气可有效地防止这些氧化反应的发生。

(应 敏 林 智)

4. 光线

光的本质是一种能量。光线照射可以提高整个体系的能量水平,对茶叶贮藏产生极为不利的影响,

加速了各种化学反应的进行。光能促进植物色素或脂质的氧化,特别是叶绿素易受光的照射而褪色,其中紫外线又显得更为明显。研究表明,茶叶贮藏期间受光与不受光的相比较,茶叶中 1-戊烯-3-醇、戊醇、辛烯醇、庚二烯醛、辛醇及四种未知成分明显增加。这些成分中除通常因变质增加的成分外,戊醇、辛烯醇及三种未知成分被认为是光照所特有的陈味特征成分。研究还发现,光能使绿茶中脂肪酸氧化生成反-2-链烯醛和庚醛,使香气变坏,形成强烈的日晒味。

(应 敏 林 智)

(三) 茶叶的包装与装潢

1. 茶叶的包装

茶叶的包装是茶叶贮存、保质、运输、销售中所不可缺少的。不完善的包装往往会加速茶叶色香味形的丢失,而从更广的意义上讲,良好的茶叶包装,不仅能使茶叶在从生产到销售的各个环节中减少品质的损失,而且本身还是很好的广告,是实现茶叶商品价值和使用价值的重要手段,是沟通生产和消费的桥梁。茶叶包装水平直接影响茶叶的产销,还从经济、技术、科学、文化等方面反映一个国家茶叶生产的发展水平。

茶叶包装按用途、材料、层次、体积、包装技术、贮运方式等有多种分类。从用途角度可分为运输包装、内外包装、礼品包装;从层次分也有内外包装的差别,内包装主要起保质作用,外包装则着眼于装潢美化,提高整体的美学效果,同时也便于搬运、仓储;从包装体积看,有大包装和小包装,大包装主要是考虑大批量的贮藏和运输,小包装则是为更好地适应不同的消费层次、批量和嗜好;从使用的包装技术看,可分为普通包装、真空包装、无菌包装、除氧包装和充气包装等,主要是为更好地保质和提高整体的经济性能。

现代茶叶包装有三个显著的特点:首先是小包装比重迅速扩大,特别是袋泡茶和各种方便包装;其次是包装用的材料日新月异,更新换代加快;第三是包装日益重视国际标准化和符合国际贸易惯例。

世界性快节奏工作方式和生活方式的渗透,旅游业的迅猛发展,人们对各种方便食品、饮料的需求

日见强烈。20世纪50年代起,袋泡茶逐步在传统的欧洲消费市场崛起,目前已成为欧、美洲市场的主要消费品种,至少在销售值上已占主导地位。国内小包装茶20世纪80年代起得以较快发展,到1990年小包装茶销售量已约占全国年茶叶销量的1/3。包装容量小到3克,多到500克,式样繁多,各具特色。袋泡茶也得到开发,并已形成一定的内销和出口规模。国外袋泡茶滤纸常用漂白马尼拉麻浆及长纤维化学木浆构成。国内则以用桑皮韧纤维和漂白化学木浆制造为常见。国际标准滤纸定量为12~14克/平方米,国内开发的为每平方米13克。为适应机械化包装和在沸水中冲泡不破裂,茶叶袋泡茶包装滤纸一般要经过树脂处理,以使它有一定的强度。

材料工业的发展不仅为茶叶包装提供了良好的物质条件,还有力地推动了整个茶叶包装业的发展和更新换代,形成新一代的包装方法和方式。如上面所说的袋泡茶滤纸在国内的开发成功,就在很大程度上推动了国内袋泡茶产品的开发和消费方式的更新。而外包装、保质性能优良的包装材料的发展,则在更大的程度上起到了这种推动作用,如多层复合材料的出现,使茶叶充氮保质包装走上了实用、普及的阶段,其成本、包装和使用都要比铁听方便得多。目前茶叶包装使用的新型薄膜,大多气体阻隔性能良好。能较好地防止水蒸气侵入和包装内茶叶香气的溢散,且加工性能优良,热封方便,造型随意和有一定的机械强度、抗化学腐蚀性能,符合包装食品的卫生标准。常用的薄膜主要有:聚乙烯薄膜(有高、低压或低、高密度之分)、聚丙烯薄膜、聚酯薄膜、尼龙薄膜、铝薄膜及用这些材料三层,甚至五层复合的复合包装薄膜,如聚酯/聚乙烯复合薄膜、聚酯/聚丙烯薄膜、聚丙烯/聚乙烯复合薄膜、聚丙烯/铝箔/聚乙烯复合薄膜等,举不胜举。

随着商品流通的日趋国际化,我国茶叶包装的国际标准化也日益得到重视和推广。国家商品检验总局早在1981年就颁布了行业标准WMB48—1981(2)茶叶包装,规定了出口茶叶的包装种类、包装规格和包装材料。随后还颁布了行业标准WMB101—1984出口散装茶运输包装瓦楞纸箱。目前国际上集装箱运输发展迅速,茶叶的出口运输包装不少已采用标准茶箱、标准托盘、标准集装箱的集合包装。外销茶的纸袋包装尺寸已有国际标准,并与国际上通用的托盘相匹配。这种纸袋用5层牛皮纸组成,中间隔有9微米铝箔和高分子材料,纸袋规格为720毫米×1120毫米,每袋可装茶叶约50千克,相当于一只400毫米×500毫米×600毫米的夹板箱装茶量。20只茶叶纸袋装一托盘,然后组装成集装箱。整个包装过程基本实现了机械化作业。

茶叶包装近年来可以说是世界上发展较快的一个产业。目前,我国除袋泡茶包装外,其他包装方式仍大部分以手工操作为主,耗工大,对大包装来说还有劳动强度高的问题。

在茶叶包装技术方面,除普通包装外,常用的有以下三种:

(1) 真空包装

真空包装是将茶叶装入复合材料袋内,如聚酯/聚乙烯复合袋、铝箔复合袋等,然后抽真空后封口。实际上是不可能做到完全真空的,通常真空度在$666.66 \sim 1\,333.3$ Pa即5~10 Torr,使袋内氧气浓度降低至1%~5%,从而起到较好的保鲜效果。但真空包装对包装材料和抽真空技术要求较高,另外对一些外形松泡、易碎的茶叶不适合采用。

(2) 充气包装

充气包装是将包装袋内气体彻底置换成惰性气体(通常是氮气),以达到较长时间的保鲜效果。一般要采用专用的抽真空充气设备,将装有茶叶的包装袋抽真空后充入氮气,再封口。保鲜效果很好,保质期可达一年以上。但是,充气包装对包装设备和包装材料要求较高,同时茶叶包装经充气后,体积增大,会给运输贮藏带来一些不便。

(3) 除氧包装

除氧包装是利用封入除氧剂或干燥剂,吸收包装袋内的氧气或湿气,从而有效防止茶叶发生氧化和霉变。它不需要昂贵的包装设备,尤其对小包装更为有效。但一定要注意选择密封性好的包装袋和除氧除湿效果好的除氧剂或干燥剂。将质量好的除氧剂密封于茶叶包装袋内,在1~2天内就可使包装袋内的氧气浓度从21%降到0.1%~2%,保鲜效果显著。

(应 敏 林 智)

2. 茶叶包装装潢

随着商品经济的发展,商品竞争已由物质时代渐渐进入精神时代。商品包装的基本功能也已不仅仅限于保护商品和展示商品,而是更好地服务于商品的销售。由此,包装装潢在茶叶商品流通中愈来愈显示出它的重要。特别是产品差异化日益成为企业重要战略的今天,如何使产品产生与众不同的印象而提高销售量,包装装潢就成了最方便和廉价的广告媒介。茶叶包装装潢作为我国茶文化的重要构成元素,深刻反映了文化心理结构中的深层次——茶文化的群体心态,即群体伦理思想、审美趣味、价值观念、民族性格、道德标准等等。现代茶叶包装装潢根据商品产地和销区的不同,往往带有强烈的民族色彩,或作为当地文化的产物,以期与销地文化产生共鸣,从而促进消费的发展。如第三届中南星奖包装装潢设计评比获金星奖的作品"中国名茶漆盒",采用我国古代纹样,配以隶书产品名称,风格古朴、典雅,充分展示了我国是一个产茶历史悠久的国家。又如销往阿拉伯国家的被当地群众视为绿色珍珠的小包装珠茶,包装盒采用墨绿色,黄色文字。它的畅销除了因为有着优异的内质和独特的外形外,包装装潢上也有其值得借鉴之处。沙漠国家普遍缺水,水被认为是生命的源泉,在沙漠中看到绿色,就意味着有水,意味着生命和活力。因此,珠茶连同它的包装深深吸引了这些地区的消费者,把它当作上等礼品互相馈赠。

其次,我国茶叶包装装潢十分重视人的情感和愿望,人性化,可以说是从古代到现代我国茶叶包装装潢的第二个显著特点。从宋代制造印有龙凤图案的"龙团凤饼",到20世纪50年代前在面上压出福、禄、寿、喜凸字的普洱方茶,都反映了人们的情感和追求。这种心理在各种现代礼品茶盒的装潢、造型设计中,仍然得到了充分的反映,如像象征阴阳的宇宙二元、男与女、对立调和的太极图案转化而来的吉祥图案"龙凤呈祥",运用到陶瓷礼品茶叶包装上,深得消费者的青睐。

现代茶叶包装装潢设计的第三个特征是含蓄。中国文化素以含蓄为特色,情在意中,意在音外,含蓄不露,令人遐想。这种在茶叶包装装潢上则表现为一种内涵美。在众多的茶叶小包装中虽有不少是采用商业摄影画面设计的,通过写实方式再现各类茶叶优雅的形态和诱人的汤色,但更多的则通过展现峰峦叠翠、云雾环绕的青山峻岭,来寓示高山出好茶,好山好水必有好茶的商品特点。又如第三届中南星奖包装装潢设计评比中获得金星奖的"海南红茶包装",除选用当地少数民族图案作装饰,暗示其产地外,还选用强烈的红色作底色,体现红茶滋味的浓醇,并利用两个三角形和圆形,使消费者易于识别,便于记忆,耐人回味。

我国茶叶包装装潢的第四个特色是强调意境。像全国第二届包装装潢设计获银奖的作品"中国名茶"包装,大盒采用中间条幅"清明上河图"装饰。里面四小盒,分别在土黄色的底面上用浅褐色线绘画,组成一起拼出一幅"清明上河图"长卷。上方分别盖有四枚篆刻印章,标明广东红茶、普洱茶、乌龙茶(以上朱红印章)、茉莉花茶(绿印章)。设计古朴,庄重。透过古代包括饮茶在内的民俗风情,表明该产品历史悠久,还创造了一种品茶如同品名画般享受的意境。商品流通推动了茶文化的传播,文化的传播又促进了茶叶的流通和发展。

(应 敏 林 智)

(四)大批量茶叶的贮藏

茶叶作为国际性饮料,生产和贸易量通常是很大的,加上其品质易变,这就给大批量茶叶的运输、加工、贮藏带来如何才能既减少品质损失,又最经济方便的问题。目前世界上红碎茶的生产,不论在主产国的印度、斯里兰卡,还是我国的南方省份,大多采用初精制联合加工体系。因此,可以说基本上不存在毛茶贮藏的问题。但绿茶的毛茶生产和精加工,在我国和日本通常是分开的。

在我国,毛茶的包装和贮放还较为简陋。包装一般是使用麻袋或编织袋内衬塑料袋,贮放就是普通库房。为防止茶叶贮放期间受潮,仓库门窗在阴雨潮湿天气关上,晴朗时打开通风,以增加气流交换量,驱除湿气。

成品茶的贮放条件一般比毛茶要好,包装也较讲究。包装大多采用纸箱内套有塑料防潮袋,贮放大多采用茶叶专用冷藏库。

茶叶专用冷藏库贮藏是目前解决大批量茶叶贮藏保鲜的最有效方法。从茶叶的保质效果和节约能源来综合考虑，一般冷库的温度控制在4℃～10℃，相对湿度控制在65％以下，最为适宜。但需要注意的是茶叶出库，当气温在10℃以上时，从冷库内取出的整箱（袋）茶叶，应在室内放置一段时间，使箱（袋）内茶叶自然升温，待茶温与气温相近时才可开箱（袋）。若茶叶出库后立即打开茶箱（袋），冷却的茶叶接触空气会立刻产生凝结水，导致茶叶吸湿回潮，加速陈化。

对一些较大宗的名茶，因价值较高。批量又相对大宗茶少些，在贮藏方面还有一些简便易行、经济实用的方法。

石灰块保藏法：某些大宗高级绿茶如西湖龙井、洞庭碧螺春、黄山毛峰、景宁惠明茶常采用本方法保贮。它是利用石灰块的吸湿性，使茶叶保持充分干燥，以延缓变质。方法是选用口小腰大，不易漏气的陶坛作为盛具。贮放前将坛洗净、晾干，用粗草纸衬垫坛底。用白细布制成石灰袋，内装石灰块，每袋约0.5千克。把待藏茶叶内包柔软白纸，外扎牛皮纸，每包重约0.5千克。置包扎好的茶包于坛内四周，中间嵌入一至两只石灰块袋，再在其上覆盖已包装好的茶叶。装满坛子后，用数层厚草纸密封坛口，压上砖块或厚木板，使之减少空气交换量。视袋内石灰潮解程度，每隔一段时间换石灰一次，一般是手捻石灰即碎，也就是说石灰成为石灰粉末时，就需换进新的石灰，这样可使坛内始终保持较低的湿度。这种方法可使茶叶在一年内大体保持原有的色泽和香气。

炭贮法：乌龙茶和有些红茶经常采用本方法。方法和原理大体与石灰块贮藏法相同，只是吸湿物质为木炭。其方法如下：将木炭（白炭）燃烧后用火盆或瓦罐掩覆其上，使其无氧助燃而熄灭；取洁净布包装前法处理的木炭约100克，置于盛装瓦罐或小口铁皮桶中。装入用纸包扎好的茶叶，罐口或桶口以松软纸张盖好，压上平整砖块或木板，以防止茶香外泄和外界潮湿空气侵入，一般可以取得较好的保贮效果。

抽气充氮包装贮藏：这是近年来名茶保贮的主要方法，尤其是小包装名茶多用此法。先把欲保藏的茶叶烘到水分含量为3％～5％，不超6％，置入镀铝复合袋中，袋口用热封口设备封装牢固。用呼吸式抽气充氮机抽出包装袋内的空气，同时充入纯氮气，加封好封口贴，放置于茶箱，最好是加大包装后送入低温冷库保藏。前者一般可以保存8个月，送入冷库可以一年仍较好地保持品质。

（应　敏　林　智）

（五）家庭用茶的贮藏

家庭选购的茶叶不论是小包装茶还是散装茶，买回后一般不是一次用完，尤其是散装茶应当立即重新包装、贮藏，也就是说，家庭买回家后的茶叶都有重新包装和保管的问题。由于茶叶疏松多孔，易吸潮、吸收异味，古人对茶叶的保贮就十分讲究。唐代陆羽《茶经》所载的保藏用具和方法就是前人智慧的结晶。据《茶经·二之具》载："育，以木制之，以竹编之，以纸糊之，中有隔，上有覆，下有床，旁有门，掩一扇，中置一器，贮煻煨火，令熅熅然。江南梅雨时，焚之以火。"《四之器》载："纸囊，以剡藤纸白厚者夹缝之，以贮所炙茶，使不泄其香也。"当然，随着时代的发展，科学的进步，包装材料、茶叶贮放环境、保持干燥的方法，已非昔日可比。但是，不论形式有多大的变化，保质的目的还是一样的。目前家庭常用的茶叶保管方法主要有以下几种：

1. 瓦坛贮茶法

明代冯梦祯《快雪堂漫录》载："实茶大瓮，底置箬，封固倒放，则过夏不黄，以其气不外泄也。"这说明那时已用此法贮茶，也说明那时人们已有干燥、减少气体交换可以保持茶叶品质的经验。当前随着科学的进步，其所用材料和方法上也有了改进。现代用这一方法在家庭小量贮茶的具体做法是，用牛皮纸或其他较厚实的纸把茶叶包好，茶叶的水分含量不要超过6％，即通常用手捻茶叶易成粉末的含水水平，然后把茶包置于优质陶瓷坛的四周，中间放块状石灰包，石灰包大小视放置茶叶多少而定；用棉花或厚软草纸垫于盖口，减少空气交换。石灰视吸湿程度一两个月换一次，一般可以保存半年左右。如一时没有石灰或嫌换石灰麻烦，也可以改用硅胶，当硅胶呈粉红色时取出烘干(即呈绿色)又可再用。

（应　敏　林　智）

2. 罐贮法

本方法采用目前市售的各种马口铁听,或是原来放置其他食品或糕点的铁听、箱,最好是有双层铁盖的,这样有更好防潮性能。有的小铁听本来就是贮装茶叶的,外形千姿百态,有方、有圆、有扁,容量大小各异,听面多印有山水、花卉,或吉祥图案,淡雅宜人,陈列几案、赏心悦目。贮藏方法简单方便,取饮随意,是当前家庭贮茶较流行和常用的方法。一般只要把买回的茶叶放入洁净的铁听中即可。为了能更好地保持听内干燥,可以放入一两小包干燥的硅胶。如果是新买的铁罐,或是原先存放过其他物品有气味的铁罐,可用少许茶叶末子先置于听内,盖好盖,停放数天,这样一般可以把异味吸尽。另外,也可以用手压住茶末轻轻来回擦听壁数次,同样可以除去异味。装有茶叶的铁听最好置于阴凉处,不能有直射阳光,或潮湿、有热源的地方,这样一方面可以防止铁听生锈,更可以减缓听内茶叶陈化、劣变的速度。

（应　敏　林　智）

3. 塑料袋/冰箱、冰柜贮藏法

塑料袋是当今最普遍和通用的包装材料,品种繁多,性能各异,价格低廉,使用方便。因此,可以说用塑料袋保管茶叶是目前家庭存放茶叶最简便、最经济实用的方法之一,且容量变化比铁听自如。这种方法的要点是选用合适的塑料袋材料。首先,需要是食品用包装袋,不能用包装其他非食用物品的袋子。其次是所用塑料袋材料密度要高一些,即选用低压的材料要比选用高压的好。第三是要有一定的强度,以厚实一些的为好。另外,所用的袋子本身不应有孔洞和异味。为减少香气散失和提高防潮性能,可以采用双层塑料袋。一般经第一次包装后再反向套上一只塑料袋,用绳子扎牢,放在阴凉干燥处,同样可以收到较好的保鲜效果。如果是名贵茶叶,又需作较长期的保管,最好购置一台专用冰箱放到冰箱冷藏室、冷冻室贮存,那么即使放上一年,茶叶仍然可以芳香如初,色泽如新。

（应　敏　林　智）

（六）提高茶叶耐贮性的加工方法

包装和贮藏技术的目标,是延缓贮藏茶叶的陈化,减少贮藏期间的品质损失。从茶叶陈化的本质和引起陈化的主要环境因子来看,要控制或延缓茶叶引起陈化的酶促和自动氧化反应的速度或进程,现代科学技术是完全能够做到的——只要把贮放茶叶的环境温度控制到足够的低就能达到目的。实验也已证明,茶叶要是放在-20℃以下的环境中,陈化进程基本上接近停止。然而,事实上现在生产和商业上应用冷藏多采用4℃~10℃的温度。因为在这样的温度下贮放茶叶,可以取得最佳的经济效果。因此,从经济学的角度来看,如何提高茶叶本身的耐贮性就非常具有实际意义。

1. 减少残留酶活性法

尽管通常认为杀青和干燥过程已使茶叶在发酵中起关键作用的酶类失去活性,干茶中茶叶陈化主要是自动氧化的结果。然而,已有不少学者从不同角度和实验验证了干茶中仍有残留酶活性这一事实。并指出,不论是红茶在贮藏期间茶黄素的大幅度减少,还是绿茶香气成分降低、汤色变黄,主要还是由于干燥时未能完全钝化多酶氧化酶和过氧化物酶的活性,在一定条件下,这些酶类仍在起作用的缘故。鉴于这样的思路,研究人员的注意力就逐步从以往着重调控外界条件,降低酶类参与反应的程度,转移到直接破坏残留酶活性,减少其催化能力上来。现在已设计了不少有效可行的方法。其一是红茶在正常的发酵工序结束,不是直接把发酵叶上烘干机初烘,而是用蒸汽先蒸2分钟。这样在基本不减少茶黄素含量的同时,可以较充分地破坏残留酶类的活性,从而使贮藏过程中茶黄素含量的下降速率显著减缓。作为这一方法的改进——微波辐射法也已基本成熟。实验认为,经微波辐射处理的茶叶,在同样的贮藏条件下,16~20周后仍可以收到明显的辐射效果,品质得到很好的保持。而且,由于微波辐射加热时间短,不会对茶黄素造成破坏。其二是蒸青茶加工的深蒸法。这一方法一改蒸青茶加工中蒸汽杀青较青,初看茶叶叶色翠绿的工艺,而加大蒸汽量和延长杀青时间,刚杀青出来的叶子颜色似乎是黄熟了些,但由于酶活性破坏彻底,在经后面的初揉、精揉等工序后,茶叶色泽就显著改变,更重要的是茶叶更加耐贮藏,延长了同样品质的商品寿命期。

（应　敏　林　智）

2. 改变红茶发酵的 pH 法

降低残留酶活性除了上面的物理方法外,在对红茶茶黄素贮放期间保存水平的深入研究,一种实用的商业性化学方法——改变发酵过程 pH 值法也已得到开发和应用。这一方法来源于随着发酵过程的进行,pH 值降低,多酚氧化酶与过氧化物酶两者活性下降,认为很可能是由于发酵的进行,金属非蛋白基团与酶蛋白逐渐离解,从而使酶活性下降。此外,这种结构的改变,能够使对热较稳定的酶,在干燥过程中具有不可逆的热变性,致使残留酶活性的存在变得微不足道,使茶叶的陈化得到减速。其方法是用 0.1 M 硫酸,以溶液对茶坯比重为 1 千克比 10 千克的比例,用喷雾器喷雾,使发酵茶叶湿润。整个发酵工序仍按正常工艺进行,其他工序也不变。这种方法不仅减少了运输和贮藏过程中的茶黄素损失,一般可比不经处理的少损失 50%,而且有的还显示增加了茶黄素水平。

（应　敏　林　智）

3. 控制红茶萎凋和发酵程度法

红茶加工中通常认为萎凋程度越轻,初期产品茶黄素含量越高。可是进一步的产品追踪分析表明,萎凋程度与贮藏期间茶黄素的损失速率却呈相反的关系。有研究者做了这样的试验,同一无性系品种,采用同样的工艺,只是萎凋程度分为三种水平,即萎凋后鲜叶含水率分别是 75%、71% 和 67%,萎凋时气流温度、湿度都是一样的,失水率不同是靠控制气流速度,或说是气流交换量达到的,同时以不萎凋鲜叶作对照。结果,用鲜叶制成的红茶茶黄素含量最高,其余按萎凋程度依次减少。但是经同样条件贮放 4 个月后,茶黄素含量以萎凋含水率 71% 的最高。茶黄素含量损失速率却正好与萎凋程度呈相反关系。同样地以同一品种鲜叶,用不同萎凋时间来达到不同萎凋程度,也有类似结果。当以 4 小时、10 小时、18 小时、22 小时、30 小时处理萎凋鲜叶时,以萎凋时间 18～22 小时范围内的表现出最好的贮藏特性,茶黄素在贮藏期间的损失速率最小。

发酵是红茶加工中较关键的工序,它也对红茶的贮藏特性产生深刻的影响。有充分的理由可以认为,那种有意使发酵程度偏轻,试图在"后熟"阶段形成更多的茶黄素,从而提高品质的想法,是不大实际的。研究表明,当同一品种茶叶经同一条件萎凋到相同程度后,以 0.75 小时、1.25 小时和 2 小时的时间发酵,结果其成品茶贮藏期间茶黄素损失系数分别为 1.17、0.82 和 0.71,这是因为发酵不足茶叶中残存的黄烷醇类在进一步被氧化后,并未按想象转化为茶黄素,而是进一步聚合成感官审评上品味不佳的 S-Ⅰ 类型茶黄素复合物。还有残余的过氧化氢酶催化了茶黄素间苯三酚的氧化,被降解的分子进一步结合到非渗析的络合物中,从而导致茶叶品质的劣变。

因此,在红茶加工中摸索正确合适的萎凋、发酵程度,可以极大地从内在品质方面改善产品的耐贮性能,从而在同样的包装、贮藏条件、费用下,取得更满意、更经济的保质效果。

（应　敏　林　智）

七、茶业机械

茶业机械主要是指茶园作业机械和茶叶加工机械等,是发展茶叶生产的重要生产工具。中国有句古语:"工欲善其事,必先利其器。"因此茶业机械历来为人们所重视。

（一）茶叶机械的发展

应用机器制茶,我国最早,远在公元 200～264 年(三国时代),制茶饼(团茶)的碾碎工具就已开始应用。公元 618～907 年(唐代),茶叶已成为普遍饮料,制茶技术和工具也随之发展,公元 780 年陆羽所写的《茶经》除详细记载了饼茶的制造工序,还系统介绍了 19 种饼茶的采制工具。到了宋代,在一些有条件的地方,已应用水转磨研磨饼茶,《宋史·食货志》说:"元丰(1078～1085 年)中,宋用臣都提举汴河堤岸,创奏修置水磨,凡在京茶户擅磨末茶者有禁。"又说:"元丰中修置水磨,止于在京及开封府界诸县,未始行于外路。及绍圣(1094～1098 年)复置,其后遂于京西郑滑州(今河南滑县)、颖昌州、河北擅州(今河北濮阳县南)皆行之,岁收二十六万余缗。四年(1097 年),于长葛等处,京索(今荥阳县)、浑水河增修磨二百六十余所。"到了元代,制茶机具的水转磨,规模更大,元王祯《农书》(1315 年)载有:"水转连磨……须用急流大水,以凑水轮。其轮高阔,轮轴围至合抱,长则权宜,中列三轮,各打大磨一盘磨之……此磨既转,其齿复旁打带齿二磨,则三轮之力,互拨九磨。其轴首一轮,既上打磨齿,复下打碓轴,可兼数碓……常到江南等处,见此制度,俱系茶磨。所兼碓具,用捣茶叶,然后上罗。"这里所称的水转磨,类似于现在的水力揉捻机,可称为世界上最早的制茶机具,其机构完善,可互拨九磨,兼捣碓功能,元代已从河南推广到江西等茶区。

清代,有些地方引进少量现代设备制茶,像羊楼峒压造帽盖茶已改用半人力螺旋压力机,汉口砖茶厂也使用蒸汽压力机压造青砖茶。到了 20 世纪 40 年代,少数茶场(厂)和茶叶试验单位开始从国外零星引进一些机器用于制茶。1945 年以后,杭州成立之江机械制茶厂,开始应用我国台湾生产的抖筛机、细胞式切茶机,并开始仿造和研制各种精制机具,开展了机械化制茶。1946 年上海祥泰铁工厂生产了平面圆筛机,全国各地茶厂也开始自行制造圆筛机、抖筛机、切茶机、风选机等。但是,总起来说,在漫长的岁月中,由于经济、技术落后,制茶机具的生产和使用水平很低,整个茶叶生产仍停留在手工操作状态。

20 世纪 50 年代初期,成立不久的中国茶叶公司,为适应茶叶生产的恢复和发展的需要,提出了利用机械,提高制茶生产能力,降低成本,以产定销,促进我国茶叶生产和贸易的恢复和发展的设想。并采取"压资订机"的办法,即由国家拨给一定的资金,有计划地安排上海、杭州、无锡、济南等地的机械厂,以仿制为主,加工了包括揉捻机、解块分筛机、圆筛机、抖筛机、切茶机、拣梗机、风力选别机、滚筒机、炒茶机和自动烘干机在内的一大批初、精制茶叶机械,共2356 台,动力 200 多台。并使用这批机具,在华东和中南等重点产茶区筹备兴建了一批新颖的初、精制机械茶厂,起到了示范作用,为我国现代化机械茶厂的建立和茶叶机械的发展,开辟了道路。

同时,茶区广大人民群众,为适应茶叶生产的发展和摆脱繁重的手工制茶劳动,也开始土法上马,创制以人力、畜力、水力、机电为动力,适合各类茶叶加工使用的机器,诸如铁木结构,甚至部分结构采用水泥、石头等材料的红、绿茶加工机具。到了 1957 年,在浙江、安徽等主要产茶省,先后出现了如余杭县联增和红旗农业合作社等用以水力为动力、铁木结构的杀青、揉捻、解块、炒干等机具装备的比较完整的半机械化茶叶初制厂。

1958 年,浙江省组成了由浙江省特产公司、浙江农学院(后改称浙江农业大学)茶叶系、中国农业科学院茶叶研究所等单位参加的绿茶初制机械试验组,总结茶区群众经验,正式系统设计试制了铁木结构的双锅杀青机、双动揉捻机、解块分筛机、瓶式炒干机和锅式炒干机等 5 种绿茶机械,定名为浙江 58型绿茶初制机械,1960 年正式定型生产,并在各省绿茶产区推广,为我国绿茶初制从半机械化向机械化过渡,奠定了基础。

同时,湖北省也组成了红茶初制机器试制小组,设计试制包括竹、木、铁结构的恩施 58 型萎凋机、双动揉捻机、解块分筛机和"万能"干燥机等组成的红茶初制机械。安徽、湖南和云南等省也相继试制了祁门干燥萎凋两用机、安化烘茶箱、凤庆土烘房等简易烘干设备。当时在部分红茶地区推广,推动了红茶生产的发展。

1964 年,我国援建几内亚玛桑达茶厂。为保证援建任务的完成,由中国农业科学院茶叶研究所和杭州市机械科学研究所等单位参加,组成援外茶机设计试制试验小组,杭州市成立了我国第一个茶机专业生产厂——杭州农业机械厂(70 年代改称杭州茶叶机械总厂),共同设计、试制和生产出国茶机,经过两年多努力,研制完成了包括红、绿茶初、精制在内,由 24 种机器组成的茶叶加工成套设备。其中包括绿茶初制机械 6 种,即 CAG84 型双锅杀青机、CAT50 型转筒式杀青机、CR55 型揉捻机、CJ62 型解块分筛机、CC84型往复式炒干机、CCT80型圆筒式炒干机;红茶初制机械7种,即CWC15型萎凋槽、CRT90型盘式揉条机、CR90型盘式揉切机、CR65型盘式揉切机、CR55型盘式揉切机、CJ100型解块分筛机、CH513型烘干机;精制机械11种,即CSY66型平面圆筛机、CSP67型抖筛机、CGJ65型阶梯拣梗机、CXX40型圆片切茶机、CCF84型复炒机、CW910型匀堆装箱机、CQL80型风力选别机、CSP28型切抖联合机、CXX50型螺旋切茶机、CXX61型齿辊切茶机、CF80型滚筒车色机。这是我国由国家首次正式鉴定的茶叶加工成套机械,使我国茶机真正配套和达到较高级阶段,它不仅先后成套或部分销往几内亚、马里、斯里兰卡和摩洛哥等国,而且在国内普遍推广应用,直至现在,多数机种和机型仍为国内茶叶生产所普遍应用。

20世纪50年代末期,浙江省开始进行珠茶炒干机的研制,1968年研制成功,使珠茶的几道炒制工序,全部由一样机器完成,实现了珠茶炒制的全程机械化操作,制茶品质优于手工,1984年获得国家发明奖。近年来,福建省还完成了乌龙茶做青和包揉等设备的研制,安徽省也研制成功瓜片茶的加工机具,促进了特种茶生产的发展。我国的花茶窨制,长期以来采用在地面上进行花与茶拌和的窨制方法,为实现花茶窨制的机械化作业,茶叶界对花茶窨制机械进行了研制,1974年我国第一台窨花机出现,1980年福州茶厂研制成功闽76型花茶窨制联合机。同期,苏州茶厂研制成功78型箱式窨花机、金华茶厂研制成功行车式窨花机,汉口茶厂还研制出花茶窨制流水线。1986年金华市农机研究所、杭州茶叶机械总厂和金华七一茶厂还先后研制出茶、花隔离的隔离式窨花机,为一种新型原理的窨花机。

1963年,中国农业科学院茶叶研究所研制成功红茶萎凋槽,很快就在红茶产区普遍推广应用。我国于1964年开始生产红碎茶,最初使用的揉切设备系仿制国外的"月型"盘式揉切机,性能较差。60年代末期到70年代初期,我国先后完成了江苏芙蓉的绞肉机式螺旋状揉切机、广东英德的翼形转子揉切机、贵州羊艾的螺旋棱柱揉切机等10余种转子式揉切机的研制。1983年云南省茶叶公司研制成功一种新型的转子揉切机,称之为挤揉机或包包机,特点是在转子工作段圆柱上按螺旋排列着一个个半圆球,外筒内壁装置数条刀片,适于加工轻萎凋鲜叶,后获得国家发明奖。进入80年代,我国开始进行锤击式和齿辊式揉切机的研制,如海南省海口市生产的三联齿辊揉切机、湖南省召陈茶机厂生产的双联齿辊揉切机、江苏省芙蓉茶场和云南省思茅茶机厂生产的一对齿辊揉切机、中国农业科学院茶叶研究所和绍兴茶机厂联合设计生产的四对齿辊联装的齿辊揉切机,浙江、江苏、云南、湖北等地设计试制的不同形式的锤击式揉切机,在红碎茶生产中逐步推广试用,促进了我国红碎茶品质的提高。

1958年中国农业科学院茶叶研究所和南京农业机械化研究所开始协作研究采茶机,1960年提出手动南茶702型往复切割式采茶机。进入70年代,各产茶省(区)先后开始采茶机的研究,并提出了结构不同的10余种采茶机型。80年代以来,在引进日本样机基础上,中国农业科学院茶叶研究所和安徽省农业机械研究所等单位,又研制成功双人采茶机和单、双人茶树修剪机,后来还成立数家采茶机生产厂,但由于工厂规模均较小、机器生产工艺水平低性能较差等原因,未能普遍推广应用,至今生产中仍依赖进口零部件组装的机器。

20世纪70年代末期,江苏、浙江、湖北、安徽等省开始进行茶园专用拖拉机及其配套机具的研制,80年代初期浙江省机械科学研究所(后改称浙江省机电设计研究院)博众家之长,设计研制成功C~12型茶园耕作机,实际上就是一种茶园专用的小型履带式拖拉机,系国内首次正式定型的茶园专用动力机械。此后又研制了配套用的深耕、中耕除草和施肥等作业机具,为实现茶园作业机械化提供了条件。90年代中期浙江省新昌县东辉机械厂(原浙江省新昌县石化紧固件厂)研制成功一种茶园专用小型手扶2.2千瓦(3马力)的ZGJ-150型小型茶园耕作施肥机,这种机型在耕作结构和防护装置上进行了特殊设计,行走稳定,可顺利进入茶园进行耕作作业,在部分茶区获得使用。

随着茶叶生产的发展,我国机械行业从70年代初期开始,不断增加从事茶叶机械研究的力量,使茶机研究设计的广度、深度日趋扩展,促进了茶机品种和性能的增加与改善,出现了静电拣梗、高频及微波烘干、流化床等新机种,诸如滚筒杀青机、揉捻机、烘干机等也已形成系列。同时,茶叶生产连续化和自动控制技术,在国内已开始研究,揉捻机程控加压和烘干机微机控制技术达到实用水平。总之,80年代我国以大宗茶机械为主的产业格局业已形成,大宗茶加工也基本实现机械化。

此后,随着我国农村生产责任制的推行,茶园开始由集体经营为主转为农户经营为主。进入90年代,随着我国经济和经济体制改革的快速发展,茶机行业迅速改制,一些较大规模的国营或集体所有制茶机厂迅速解体和重组,各种资本开始进入茶机行业,股份制和私营茶机厂大量涌现,企业数量显著增加,形成了以私人和股份经营为主茶机企业的新格局。同时,名优茶生产获得快速发展,名优茶机研制和开发力度加大,茶机行业产品结构由大宗茶机械为主转变为名优茶机械为主,先后完成条形、扁形、针形、卷曲形、球形等名优茶加工机械和乌龙茶的特种茶机械的开发和推广,并且目前正在进行名优茶生产流水线和自动控制技术的开发和应用,有力促进了名优茶产业的发展。

经过50多年的努力,我国的茶机科研和生产规模不断扩大,一个较为宏大的茶机行业业已形成。据浙江省茶叶协会和浙江省农机协会最近的调研,浙江现有茶叶机械制造厂家约有100多家,规模较大者约20~30家,大多集中于浙江富阳、绍兴、衢州等县市,茶机产量约占全国总产量的70%。其中两家较大的进口日本零部件组装采茶机和修剪机等茶园作业机械的销售厂家也在浙江。这些茶机生产厂家中,年产值1000万元以上厂家有10余家。年产万台左右、产值5000万元上下厂家有浙江富阳茶机总厂、浙江衢州上洋机械有限公司、浙江绍兴茶机总厂、浙江衢州绿峰茶机有限公司等5家企业,其茶机产量约占全国总产量的50%。若按浙江数据,对我国茶机生产能力作如下估算,包括茶园作业机械和常规茶叶加工机械、乌龙茶、紧压茶、袋泡茶、茶叶包装机械、采茶机械等机械在内,全国茶叶机械厂家当在500家左右,全国茶机企业茶机年生产能力10万台左右,年总产值约8~10亿元。

全国茶机保有量约为100万台,茶叶机械总共约有近百个品种、300个型号。80%以上的名优茶加工实现了机械化,大宗茶初、精制加工已基本实现机械化。

(权启爱)

(二)茶园作业机械

1. 茶园垦殖机械

茶园垦殖机械,就是在新茶园开垦时用于深翻开沟、碎土回土、覆土起畦及起苗种植等环节的机械。

我国陡坡梯级茶园占相当比例,梯级茶园的垦殖,多以人工进行。而平地及坡度小于15°的缓坡茶园的开垦,为减轻劳动强度,提高生产效益,降低茶园垦殖成本,不少茶区已实行机械化。开垦一般分初垦和复垦两个阶段,初垦深翻要求达到50厘米以上,复垦在茶树种植前进行,深度30~40厘米。

深垦一般采用东方红-75型履带拖拉机牵引LS-30型三铧犁进行。这种三铧犁的结构特点是在犁体之后加装松土铲,作业时,犁铧先将上层土壤翻起,松土铲则随后把犁沟底部的土壤翻松,可以做到"上翻下松",不乱土层。但是,LS-30型三铧犁一次耕翻深度有限,需往复耕翻两次,才能使耕土深度达到45厘米左右。浙江省金华市九峰山茶场在80年代初期大面积开垦茶园时,使用东方红-75型履带式拖拉机牵引改装的双铧犁进行,其做法是在东方红-75型拖拉机原配套使用的四铧犁基础上,拆除第一、四铧犁和限深轮,保留第二、三铧犁,并对犁架、犁柱、悬挂等部位的焊接处加固,改装成为可深翻50厘米的双铧犁。作业时,为克服拆除铧犁而产生的偏牵引现象,以右履带紧靠犁沟或越过犁沟1/3的方式耕进,这样可保证既不漏耕,又使深浅一致,每8小时可开垦15亩左右。

广东省在茶园开垦中,则是采用东方红-75型履带拖拉机悬挂双壁单铧(或称中分)犁进行深翻开沟作业。具体做法是,先用推土机将土地整平,然后用双壁单铧犁开出种茶沟,再施肥、回土、起畦和种植,具体如图所示。

悬挂式双壁单铧开沟犁,主要由犁辕、犁铲、犁壁、犁床、碎土刀和梁架等部分组成。作业时,犁铲入土,破土刀将即将翻起的垡块从中间剖开,以减少犁的工作阻力和增强犁在作业中的稳定性。随后土垡沿对称的犁壁向两侧上升,被推向沟的两侧,从而开出深沟。每班工作量可达70~80亩。

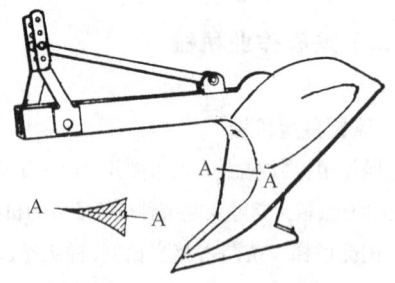

茶园垦殖悬挂式双壁单铧开沟犁

开出深沟后,即可施入基肥。因为双壁单铧开沟犁翻出的土垡较大,个别宽度甚至达到40~50厘米,所以,随后的碎土、回土是一项较为繁重的作业,机械化作业时,是采用东方红-54型履带拖拉机牵引缺口圆盘耙完成的,台班作业量为60~70亩。

覆土起畦是完成茶苗种植土畦的最后工序,要求把基肥完全覆盖和起好土畦。采用的机具是悬挂在丰收-35型轮式拖拉机上的覆土起畦器。它由梯形机架、悬挂梁、左右挡土板、中央导板和六齿耙等组成。作业时,土块与挡土板、土块之间因相互碰撞而起到碎土作用,畦面上的较大土块和杂草由左右挡土板和六齿耙带到地头,中央导板后部开有缺口,使左右挡土板中的土块杂草能够相通,以达到机具整体均衡承受牵引力。通常往复2~3次,6~7厘米高、40~50厘米宽的平直土畦就形成了。地块长度200米以上时,台班作业量为30亩。

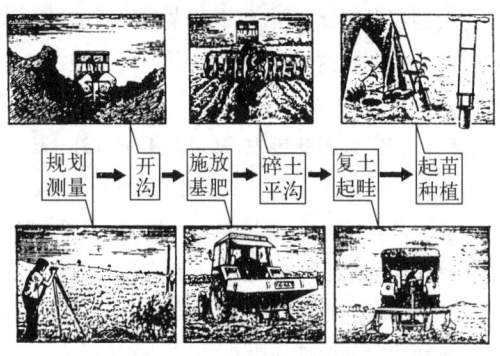

茶园垦殖机械化过程

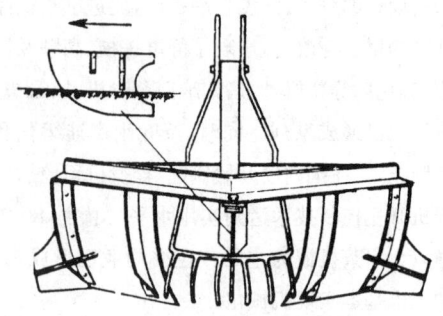

茶园垦殖用覆土起畦器

茶园开垦进行到起畦之后,即可进行移栽植苗。茶树短穗扦插所育出的茶苗,吸收根少,含水多,特别是大叶种茶苗,移栽时用铁锹等起苗,极易断根伤茎,成活率低,故可采用一种人力茶苗起苗器来移栽。起苗器的主要结构分机架和机管两部分,机架由两根长70厘米的小型圆钢焊制而成,下部分别焊在机管两侧,上端装有木制的操作手柄;机管为一直径80毫米的钢管,高16厘米,上端一边焊有月型舌板,下端加工成波形,内径加工成入土锐角;机管内设活动圆环一只,圆环上端面焊入25厘米的小框架,框架上部横档两端的孔分别套在机架的两根小圆钢上,并可沿圆钢上下活动,框架缓冲弹簧的一端,分别装在机架两圆钢竖杆上。起苗器的操作方法是,用双手握住操作手柄,将茶苗套入机管,脚踏月形舌板,起苗器机管随之入土,拔起机管,踏下圆环框架横档,在圆环的作用下,一株营养钵式的带土茶苗便离管而出,用稻草扎捆后,便可运出栽种。只要掌握好起苗前将茶苗修剪成高15~20厘米,起苗前一天下午淋湿苗地,起苗时将畦面土略加踏实,移苗成活率可达85%以上。

近年来大型挖掘机等工程机械获得广泛应用,在浙江等茶区应用大型推土机和挖掘机等工程机械进行茶园开垦已很普遍,使茶园开垦的速度大为提高,劳动强度也大为降低。作业时,先使用挖掘机及东方红-75型拖拉机配套推土铲,进行地面杂树或老茶树清除,然后用东方红-75型拖拉机配套推土铲将表土推至集中处,再用大型挖掘机进行土壤深翻,挖掘时深度可达1米或更深,能随意掌握,每斗挖土可达0.8立方米,可把挖出的石块等随时清除,并且可一边挖土一边把挖好的地面整平，整平后再用推土机覆上表土，开垦即告完成。往往在一个星期之内就能完成150亩茶园的开垦任务。

（权启爱）

2. 茶园耕作机械

茶园中的中耕除草、深耕和施肥等作业，耗用劳力约占整个茶园生产用工的1/4，而且大部分作业比较繁重，手工作业体力消耗很大。为此，从20世纪50年代开始，茶区各地就已开始使用半机械化的畜力农具，进行茶园中的部分作业。例如使用铁木结构的畜力五齿中耕器进行茶园中耕作业，耕深可达5厘米左右，耕幅为1米左右，适宜于在幼龄茶园中使用，一人一牛每小时可耕茶园3～5亩。

同时出现的还有畜力双行茶园施肥器等半机械化农具，工作时，盛放在肥料箱中的肥料，通过拌肥器搅拌而从肥料箱底部进入输肥管和双圆盘式开沟器，从圆盘间隙中落入土壤，一次完成开沟、施肥、盖土三道工序，施肥深度为10厘米左右，可用于幼龄茶园中施化肥和被粉碎的饼肥、土杂肥。在成龄茶园中应用，可改成单行施肥器。这种施肥器，在双行工作状态下，两人一牛，一天可施肥40亩左右，比人工提高工效约10倍。

20世纪70年代初期，手扶拖拉机在我国农村普遍获得应用，为了解决茶园作业的动力问题，浙江、云南和广东等省先后把工农-10型、东风-12型等型号的手扶拖拉机加装防护罩，并采用原配施耕机在茶园中进行中耕除草等作业，取得了一定的使用效果，但因拖拉机体型较大，重心较高，在坡地茶园中应用，稳定性差，操作困难，总起来说不理想。

20世纪70年代末期，浙江、江苏、安徽、湖北等省先后展开茶园拖拉机的研制，1980年浙江省机械科学研究所等单位研制完成C12型茶园耕作机，并由浙江省嘉善拖拉机厂正式投入生产，为我国茶园耕作提供了一种理想的专用动力机。

C12型茶园耕作机使用S195型12马力柴油机为动力，并选用履带行走机构和行间作业形式。最大宽度在机器下部，为800毫米，上部宽度为500毫米，整个机器的横断面设计成"凸"字形，以充分利用茶行空间，使机器顺利"钻"入茶行。并且由于防护罩的流线形设计，减少了对茶树枝条的损坏。整台机器重心低、稳定性好，驱动力大，很适宜在行距为1.5米的条植茶园中使用。C12型茶园耕作机横坡耕作，在坡度15°的状态下可稳定作业，顺坡行进或短距离过田埂及坡道时，在30°状态下通过性能良好。该机能原地转弯，一般有1～1.5米空隙即可转向调头，这一特点克服了我国茶园目前多数地头狭窄带来的不便，推广应用该机很有意义。

为满足茶园多种作业需要，C12型茶园耕作机的变速箱零件在尽可能与东风-12型手扶拖拉机通用的前提下，箱体按总体要求，进行了专门设计，共设置了6个前进挡，2个倒退挡，作业时，开沟施肥可用Ⅰ档，深耕用Ⅰ～Ⅱ档，中耕除草用Ⅰ～Ⅳ档，治虫喷药用Ⅱ～Ⅳ档，道路行走用Ⅴ～Ⅵ档，满足了配套多种农具的需要。C12型采用液压农具提升系统，并具有提升、中立和浮动三个工位，耕作时农具处于"浮动"状态，从而可以适应地面高低不平，保证耕深一致，升降迅速可靠。

C12型茶园耕作机可以配套多种农具，目前已配用的有中耕机、深耕机和施肥机三种。

中耕除草作业使用旋耕机。旋耕机配有茶园专用左右弯犁刀各8把，松土和除草性能良好，并且不易缠草。但由于弯犁刀具有抛土作用，所以旋耕后的茶园土面形状与弯犁刀的安装方法有关。左右对称安装，耕后土面较平坦；内装法，土面中间凸起；外装法，土面中间下凹。C12型配套旋耕机本身还设有高、低两个旋转速度，其犁刀理论转速分别为230转/分和183转/分，可用变速手柄进行调节，以适应不同土壤状况耕作的需要。该机在一般作业条件下，耕宽为60厘米，覆盖宽度为80厘米，中耕深度为8～10厘米，生产率为每小时5亩左右，中耕后的土壤膨松度在30%左右。

茶园深耕是茶叶生产中最繁重的劳动项目，一般与施基肥相继进行，深耕后开沟，施用饼肥和有机肥料等。

C12型茶园耕作机配套使用的深耕机为曲柄回转挖掘式，工作原理似人工铁耙，主要结构由转动机构、曲轴、挖掘锹和机架部分组成。三组挖掘锹互成

120°配置在曲轴上,作业时,茶园耕作机的动力通过传动机构带动曲轴旋转,于是传动三组挖掘锹交错入土,就像人工掘地那样,一锹一锹不断把土块翻起。耕深可达25厘米,台时工效为1.5~2.0亩,耕后土块大小适中,地表平整,并且对茶根损伤较小,是条植茶园较理想的深耕机具。

C12型茶园耕作机

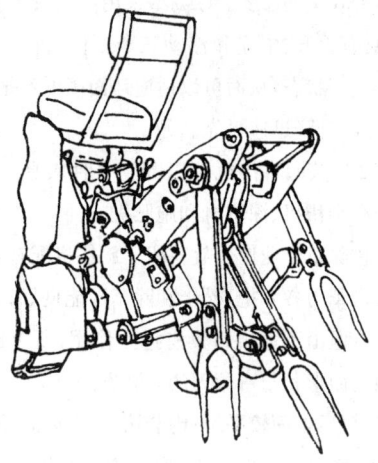

C12型配套挖掘式深耕机

20世纪80年代初期以来,我国对3~5马力小型手扶拖拉机的研制和发展十分重视,先后有10多个省、市完成了20多种这类机型的试制,1982年机械工业部曾对其中10多种机型组织了对比试验和评定,而后向农村推荐了浙江、江西、福建、湖南等省生产的工农-3型、赣江-5型、农友-5型、湖南-5型等5种机型,目前已在农业生产中普遍应用。中国农业科学院茶叶研究所、江西省红星垦殖场、浙江省杭州茶叶试验场等单位,先后对3~5马力小型手扶拖拉机用于茶园作业进行了探讨和试用。试用结果认为,3~5马力小型手扶拖拉机体形小,重量轻,

重心低,行走稳定,一般宽度可控制在600毫米以内,不加防护或稍加防护就可进入茶园作业,操作方便,转弯灵活,它的出现,为我国茶园作业机械化增添了一种较理想的小型动力机。小型手扶拖拉机不仅可用于茶园中耕除草、施肥、运输,而且配套有关机具,在茶园中进行开沟、喷药,甚至修剪、采摘等作业也有可能。

为适应中国茶园条件和小块茶园工作特点,90年代中期浙江省新昌县东辉机械厂研制成功一种茶园专用和小型手扶2.2千瓦(3马力)的ZGJ-150型小型茶园耕作施肥机,使用的动力机为F165型柴油机,风冷,这种柴油机我国农村使用广泛,与2.2千瓦(3马力)小型手扶拖拉机通用。该机装有流线型防护罩,可方便进入茶行内作业,机体较小,操作方便,适于山区茶园使用。作业范围广泛,中耕松土的同时可除去杂草,并能进行施肥、喷灌等作业。中耕作业与C12型茶园耕作机深耕时工作原理相似,采用齿形锹作挖掘式耕作,似人工铁耙挖掘,对茶树的根系损伤小,翻起的土块大小适中,可使耕作层有一定空隙度,改善保水和透气性,符合我国茶地的耕作习惯和农艺要求。若在中耕时结合施化肥,只要装上肥料斗即可,化肥施入后,立即被翻耕入土,中耕和施肥质量良好。实测表明,ZGJ-150型茶园中耕施肥机的作业效率可达0.75亩。

(权启爱)

3. 茶园病虫害防治机械

茶园喷药机械的种类和型号较多,从动力形式可分为人力和机动两种;从药液稀释程度可分为常规容量、低容量和超低容量等类型;按照药剂使用方法又有喷雾、喷粉、弥雾等形式。

(1) 手动喷雾器

手动喷雾器是我国茶区使用最多的喷药机具,其形式有单管和背负式两种,尤其是背负式手动喷雾器型号较多,工农-16型是其代表型号,工作时,通过手柄驱动药泵活塞往复运动,使药液不断从药液箱经滤网、吸液球阀进入泵筒,又不断经排液球阀进入空气室,并压缩室内空气,使药液经输液管、喷管和切向离心式喷头喷出。这种机具的最大特点是

结构简单,使用方便,价格便宜,在茶园中使用,每小时能喷洒半亩左右,很适于小面积茶园使用。同时,由于它的机动性好,能将喷头适当插入茶蓬内部喷洒,可获得较好的喷药质量,用于防治枝杆及叶背病虫害,效果较好。但手动喷雾器生产效率较低,加上茶园中应用的手动喷雾器大多为高容量喷雾,所以,劳力消耗较多,农药的耗费也较大。近年来,中国农业科学院植物保护研究所等单位研制了一种手动吹雾器,克服了上述不足,它采用了超低容量和低容量之间,更接近于超低容量喷雾,每亩茶地用药量仅为1~1.5千克,实际上是一种手动弥雾机,可节省用水98%以上,大大节省了劳动力,很适宜在山区茶园应用,推广普及速度很快。

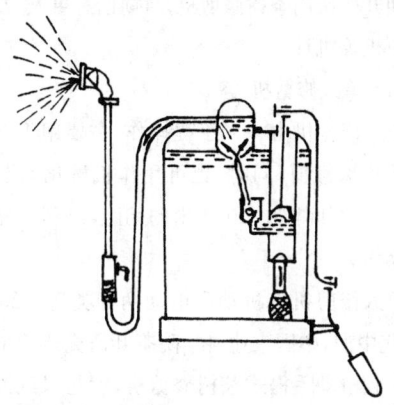

工农-16型背负手动喷雾器结构示意图

(2)机动弥雾机

机动弥雾机是一种低容量的施药机具,常用型号如东方红-18型背负机动弥雾机等,每亩喷洒药液量一般为0.3~10升,可兼作喷雾和喷粉。喷雾时喷出的药液雾滴很细,平均直径仅为80~140微米。在进行弥雾作业时,汽油机带动风机叶轮旋转产生高压气流,气流大部分经风机出口进入喷管,少量流经进气门,而后进入药箱,在箱内形成一定的风压,使药液经输液管、开关和喷头,从喷嘴周围的小孔流出,流出的药液在喷管内高速气流的冲击下,被粉碎成很细的雾滴,而被吹送到茶树上,从而完成弥雾作业。这种机具在茶园中使用,工效较高,每小时可达2亩以上,并能使药液穿透到茶蓬内部,对各类病、虫、草害防治效果都很好,同时,由于低容量喷雾,节约了大量用水,使劳动强度大为降低,很受茶区欢迎。

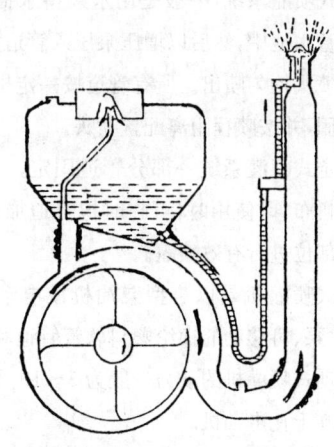

东方红-18型背负机动弥雾机结构示意图

一般来说,每亩施药量在0.3升以下的喷雾叫超低容量喷雾。常用的超低容量喷雾机具为手持超低容量喷雾器,工作时,微型电机驱动叶轮高速旋转(7000~8000转/分),药液由药液瓶经过进液管缓慢地滴在旋转的叶轮上,由于叶轮外缘细齿的分割和叶轮高速回转离心力的作用,使药液变为极为细小的雾滴喷出,这种雾滴的重量极轻,仅为几百万分之一克,能随气流飘到较远的地方,碰到叶片时,可立即黏附上去,所以,可用于茶园中病、虫、草害防治,而以治虫效果最佳。怀柔农机厂在东方红-18型弥雾机的基础上,加装了超低容量喷头,使之成为机动超低容量喷雾机,工作性能也良好。由于这种类型的机具使用油剂农药而不兑水,十分适用于水源缺乏的山地茶园,能节约大量的运水和药液稀释用工,是一种高效的茶园施药机具。但超低容量喷雾器作业时受风力、风向影响较大,药液使用浓度高,不慎易引起药害,并且不能使用乳剂农药。

(权启爱)

4. 茶园灌溉设施

在干旱炎热季节,茶园灌溉可明显促进茶叶产量和品质的提高,在丘陵坡地茶园中,灌溉通常所用的设备有喷灌、滴灌和渗灌设备等,而采用最多的是喷灌设备,由于滴灌设备节水效果较好,近几年使用也逐渐普遍。茶园中的喷灌设备形式有固定式、半固定式和移动式三种。

固定式喷灌系统，一般是用水泵将水抽至茶园最高处的蓄水池中，然后以增压泵压入管道系统，最后使水从喷头均匀喷出。所有管道按一定排列埋入地下或加固，并按喷程距离配置喷头。

半固定式喷灌系统一部分管道固定，一部分采用塑料或帆布管，使用时，可临时把管道加长，以对茶园所有部位进行有效喷灌。

移动式喷灌机是以小型柴油机或电动机为动力，并由水泵、可移动的锦纶塑料软管管道和喷头等组成。移动式喷灌机的动力一般为3～10马力柴油机或4～10千瓦电动机。

茶园喷灌系统所使用的喷头均采用全国联合设计的 PY1 系列摇臂式喷头，其中 PY110、PY115、PY120 这几种小规格喷头，一般适用于大型喷灌机组或固定式、半固定式以及多喷头移动式喷灌机。PY130、PY140、PY150 这三种喷头，则一般与轻型

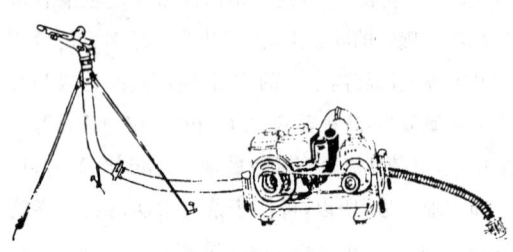

移动式喷灌机组

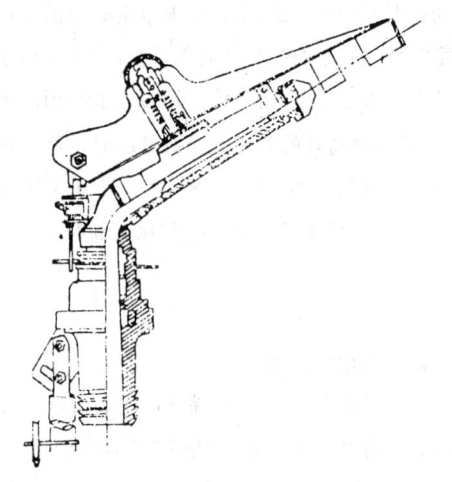

摇臂式喷头

移动式喷灌机组单喷头配套出厂，喷水量 4.95～30.5 米³/时，射程 24.2～42.3 米。与喷灌机组配套使用的全国灌溉系列泵，具有稳定的自吸性能，无需向进水管灌满引水，而只需向泵体内灌满储水即可启动，在规定转速下，3 分钟之内即可出水。

（权启爱）

5. 茶树修剪机

茶树修剪是茶叶生产中一项重要的技术措施。对于机械化茶园来说，要保证树冠整齐，形成理想的茶树采摘面，实现机械化采茶，机器修剪是不可缺少的条件。我国以往的茶树修剪多是采用人工修枝剪进行的，费时费力，作业质量较差。从 20 世纪 70 年代中期开始研制茶树修剪机，目前已有单人、双人和重修剪机等机种。

（1）单人修剪机

单人修剪机由一人手提操作，主要用于茶树的轻修剪和深修剪，同时，也可用作机械化茶园的修边，使茶树行间留出 20 厘米的间距，以利机器的通过和操作。

单人修剪机有机动和电动两种类型。20 世纪 70 年代中期，中国农业科学院茶叶研究所等单位研制的中频电动手提式茶树修剪机，就是以汽油机带动的中频发电机组为电源，中频微型电机作动力的电动机型，使用双动往复刀片，切割幅宽 300 毫米。但是，使用较多的还是以汽油机为动力的机动型，采用平行往复刀片，切割幅宽 750 毫米，中国农科院茶叶研究所和安徽省农业机械研究所近年来研制的单人修剪机都属这种类型。这种修剪机由动力、传动机构（减速和凸轮往复机构等）、切割器等部分组成。动力为 0.8 马力小汽油机。切割器使用平行往复刀片，双动，往复频率为 1000 次/分。整机重量 5 千克，作业时由一人手提操作，汽油机产生的动力，通过飞块摩擦式离合器、减速齿轮和偏心凸轮带动刀片作往复运转，实现对茶树枝条的切割，每小时可修剪茶地 0.3 亩左右。由于该机使用的汽油机应用了膜片式汽化器，并且吸油管采用软管形式，使吸油口在任何时候均可处于油箱内最低处，因此，可保证发动机在任何角度下都能正常工作，故操作方便，机动

灵活,可高低左右修剪,运用自如。由于单人修剪机刀片锋利,往复运转速度高,所以直径在 10 毫米以下的枝条,可一刀利落地切断,切口平整。修剪后的蓬面整齐,能修剪出所要求的形状,修剪质量大大超过人工。在我国广大茶区,尤其在山区小块茶园中特别适用。

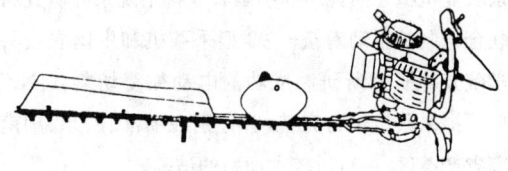

单人茶树修剪机

（2）双人茶树修剪机

双人茶树修剪机由两人手抬操作,切割器有弧形(图(1))和平形(图(2))两种形式,这两种形式的双人修剪机除刀片和刀架可以通用,从而使一台机器有两种使用形式。弧形切割器的双人修剪机主要用于中、小叶种灌木型茶树的轻修剪和深修剪。而平形修剪机主要用于幼龄茶树的定型修剪和大叶种小乔木型茶树的轻、深修剪。双人修剪机由动力、切割器、传动机构、机架和操作手柄等部分组成。动力为 1 马力汽油机,刀片为往复切割式,弧形刀片的弧形半径为 1200 毫米,切割幅宽 1040 毫米,双动,往复频率 1000 次/分。作业时由两人手抬跨行作业,汽油机产生的动力,经飞块摩擦式离合器、减速和凸轮等传动机构驱动上、下刀片作往复运转,实施对茶树的修剪,部分机型还在减速箱上部装有吹风机,同样由汽油机提供动力,产生的气流通过分布在刀片上方风管的多个出口,将剪下的枝条吹到机器后部的行间。这种修剪机由两人手抬作业,并且在茶蓬蓬面上跨行作业,因此劳动强度比单人修剪机低,作业效率也较高,每行蓬面如修剪一次,台时工效为 3.5～4.0 亩;每行茶树蓬面若需修剪两次,台时工效为 1.5～2.0 亩,比人工修剪可提高工效 10 倍以上。双人修剪机同样切割干脆利落,直径在 10 毫米以下的枝条可一次切下,切口平滑,不碎不裂,修剪后的蓬面划一,并且由于该机的刀片弧度与双人采茶机完全一致,可与双人采茶机配套使用,和上述单人修剪机一样,应是我国茶园作业中重点推广的机种。

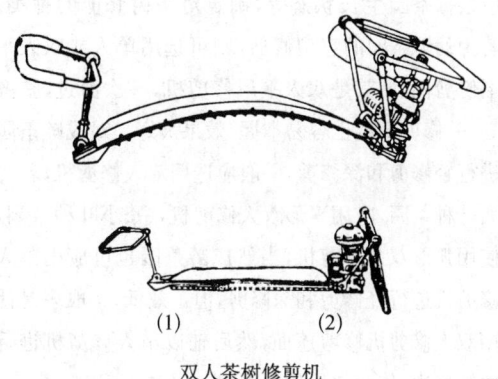

（1）　　　　　　（2）

双人茶树修剪机

（3）重修剪机

重修剪机是用于衰老茶树重修剪作业的修剪机,近年来我国虽已有机型试制成功,但试用数量不多。这种修剪机也是由动力、切割器、传动系统和机架组成。动力使用 1.7 马力汽油机,刀片采用平形往复式,切割幅宽 800 毫米,双动,往复频率 500～700 次/分。跨行作业,装有车轮的重修剪机由两人拉行。因茶园地面平整程度较差,行走轮在行间行走困难,故另一种形式的重修剪机不设行走轮,而采用手抬式,需三人作业,发动机一端由两人操作。这种修剪机作业时,可对茶树在离地 30～40 厘米处实施重修剪,修剪的最大直径为 25 毫米,一般情况下切口平整、不碎不裂,质量优于人工大剪刀,并且,这种机具的推广应用,将大大减轻重修剪作业的劳动强度。

此外,安徽省农业机械研究所和祁门茶机厂还研制过一种茶树台刈机,也采用往复切割式刀片,以 2.3 马力汽油机为动力,机器割幅为 300 毫米,可对茶树离地 5～30 厘米范围内实施台刈作业,作业质量良好,一个班次可台刈茶园 2 亩。

茶树重修剪机

为了充分发挥修剪机的使用性能,提高作业质量,对修剪机的合理选择和正确应用是十分重要的。

应根据茶园生长状态等,确定对茶树修剪的种类。若为幼龄茶园的定型修剪,则可选用单人或双人平形修剪机,尤其是双人平形修剪机,一次剪过,整齐划一,修剪高度也容易掌握,效果最好。对成龄茶园进行轻修剪和深修剪,一般应选用双人修剪机,若为大叶种茶园,应用平形双人修剪机,中、小叶种茶园,使用弧形双人修剪机,当然成龄茶园也可应用单人修剪机进行轻修剪和深修剪,但工效低,一般多是使用双人修剪机修剪蓬面,然后辅以单人修剪机进行两侧修边,作业效果较为理想。

使用双人修剪机进行茶园的轻修剪作业时,两个操作者行进应稍有前后,以利于操作和行走;若系深修剪,因为一般要剪去树冠的 10～15 厘米,负荷较重,一次修剪难以完成,故多采用三次修剪法,即蓬面两侧先倾斜修剪两刀,中间再放平修剪一刀,修两边时,先以一侧蓬边应修到的高度为标准,中间掌握抬高一些,最后用放平的一刀把整个茶蓬修整齐,这种作业方法,机器负荷较轻,效果较好。

(权启爱)

6. 采茶机

我国研制和使用的采茶机有多种类型。

以使用原理分,有切割式和折断式等多种,当前我国应用的采茶机,全部是切割式。切割式中,又有往复切割、螺旋滚刀切割和水平旋转刀切割三种型式。三种切割式的机型,工效差异不大,但采摘质量差别却较大,往复切割与其他两种切割形式相比,切割利落,芽叶完整率高,采摘质量明显高于其余两种,生产中使用最普遍。

以动力形式分,有手动、机动和电动等几种。手动式机型成本低,不消耗能源,但是工效低,操作费力,已很少应用。电动式机型重量轻,运转平稳,噪声小,但因需配 30～50 米电缆线等,操作不便。机动采茶机虽噪声较大,但使用方便,机动性强,能适应各种坡地茶园,在生产中使用最多。

以操作形式分,有单人背负手提式、双人抬式和自走式。单人手提式采茶机由于机动灵活,适于小块坡度较陡的茶园使用。双人抬式采茶机操作方便,采摘质量比其他两种好。这两种操作形式的采茶机,是我国重点发展的型式。

我国采茶机的研制和试用,已历经 30 余年。20世纪 60 年代,主要进行采摘原理的探讨,先后对切割式和刚柔折断、卷折、滚折等折断式采茶机进行了研制,并采用手动、背负机动、电动和手扶拖拉机悬挂等多种形式的动力进行了试验。这一时期,以南京农业机械化研究所和中国农业科学院茶叶研究所联合研制的手动南茶-702 型采茶机和中国农业科学院茶叶研究所研制成功的电动往复切割式 NIC型手提采茶机较为完善,曾分别在浙江、广东、湖南等省产茶区,进行过较大面积的试验。

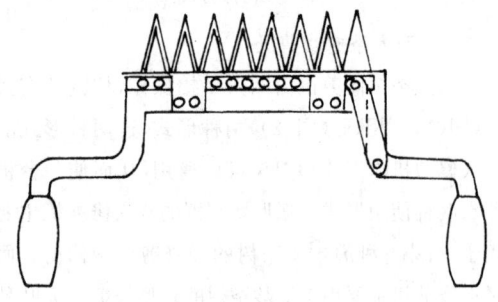

南茶-702 型采茶机

70 年代,我国采茶机的研究有了较大的发展,几乎全国主要产茶省(市)都开展了采茶机的研制和试用,在切割原理选择、结构形式确定和使用技术上,都有了较大的提高。这一时期,先后研制成功近10 种单人手提式采茶机型,例如,中国农业科学院茶叶研究所研制的 JW-325 型机动往复切割式采茶机和 DC～1 型电动水平旋转刀式采茶机、上海市农业机械研究所等研制的 4CW-34 型机动往复切割式采茶机和 SG-1 型手动滚动切割式采茶机、长沙市农业机械研究所研制的湘茶 400 型往复切割式采茶机等,均基本达到了可在生产中实用的水平。但因国内缺乏理想的小型机、电动力等原因,未能大面积普及使用。

80 年代以来,我国开始双人采茶机的研制,试用结果表明,中国农业科学院茶叶研究所和安徽省农业机械研究所等单位分别研制的双人采茶机,性能均已基本达到可在生产中推广应用的水平,但因包括单、双人修剪机、单人采茶机在内,所使用的小型汽油机质量尚不完善,目前推广应用的机型,大部分还靠国外进口零部件组装维持。

往复切割式单人采茶机由发动机和采摘器组成,两者以挠性软轴相连。采摘器采用双动平形刀片。作业时,小汽油机由操作者背负,采摘器由两手手持操作。发动机产生的动力,经软轴传动到采摘器减速箱,进而驱动刀片作往复运动,并带动集叶风机旋转,当刀片把茶芽切下后,由集叶风机的风力,送入挂在采摘器后的集叶布袋内。

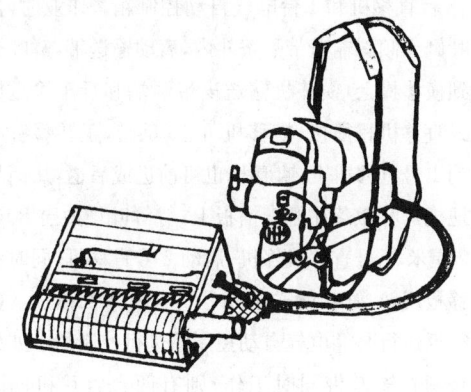

单人采茶机

双人采茶机的构造,主要由动力、风机风管、传动机构、切割器、机架和操作手柄等部分组成,其特点是所有部件装于一体,由两人手抬跨行作业。

双人采茶机作业时,发动机运转,经传动机构带动刀片往复运动。并使风机叶片转动,刀片切下的茶芽,由风机和风管吹出的气流吹入集叶袋。这种机器操作手柄的各关节,都采用了能调节、可锁定的端面齿关节形式,调节方便。在采摘器的刀片后部,专门设计了一块可滑行于茶蓬上的导向板,使采茶机部分重量由导向板承受,采摘时操作者可将采茶机前部稍稍抬高,顺势向行进前方拉行,这不仅使操作轻松,而且,因刀片前边稍稍抬起,也减少了老梗老叶的混入。所以,双人采茶机在大生产中使用,性能较其他机种优越。

机械采摘的工效与茶树生长势,机具性能和操作人员的技术熟练程度关系极大,一般情况下,单人采茶机台时工效可达50千克以上,双人采茶机可达200千克以上。芽叶完整率可达70%以上。

目前我国推广应用的采茶机全部为切割式机型。切割式采茶机的特点是没有选择性,作业时凡

双人采茶机及其刀片结构

采摘面以上的茶芽,不分大小老嫩,一起一刀切下,对茶树的机械性损伤较大,同时采摘叶老嫩混杂,老梗老叶和破损叶片含量增加,影响了采茶机的推广。因此。要推行机械化采摘,仅仅从采摘机器的性能着手是远远不够的,还必须有必要的机采栽培技术措施相配合,尤其是我国茶园机采技术普及很少,这一点就显得更为重要。故在普及机械化采茶中,首先应注意加强茶园规划和基础建设,选用良种并早晚搭配,使芽叶生长整齐一致;推行机械化修剪,使树型一致、树冠平整;加强肥培管理,使茶树保持良好的生长势。同时,应加强对机采操作人员的培训,普及机采技术,使其熟悉机器性能,熟练机器操作,不断提高采摘质量。

(权启爱)

(三)茶叶加工机械

1. 绿茶加工机械

绿茶加工机械有鲜叶贮存摊放设备、杀青机、揉捻机、解块分筛机和包括烘干机、锅式炒干机、滚筒炒干机在内的干燥设备等,现分述如下。

(1)鲜叶贮存摊放设备

生产中常用的鲜叶贮存摊放设备有槽式贮青设备、移动式贮青车和鲜叶输送堆放装置。这种鲜叶贮存摊放设备不仅用于绿茶,而且在红茶等其他茶

类加工中也可应用。

① 槽式贮青设备

槽式贮青设备基本结构由地槽、贮叶孔板和低压轴流风机组成。地槽为在地面上开出的一条长槽,用水泥做光,两边留出放置孔板的止口,槽底从前至后做出约5°逐步升高的坡度。低压轴流风机装置在地槽前端,用于向槽面所摊放的叶层鼓风。贮叶孔板用不锈钢板冲孔制成,一般板长2米、宽1米,板上的通孔孔径为3~5毫米,孔面积率为30%。铺在地槽上口的止口内形成槽面,一般由4~5块板连成一条槽,槽面应注意支撑,以保证对鲜叶的承重,且避免操作人员等踩踏网板。

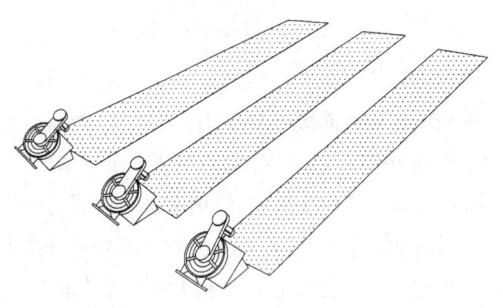

槽式贮青设备

槽式贮青设备槽与槽之间可间隔80~100厘米,间隔地带同样可堆贮茶叶。作业时,摊叶厚度一般可达1.0~1.5米,每平方米槽面可摊叶100~150千克,并且不需翻叶。为保证摊青时的散热,可用风机交替鼓风20分钟、停机40分钟,夜间或气温较低时,停机时间可适当加长,白天或气温较高时,则停机时间可缩短一些。槽式贮青设备一般用于大宗茶的鲜叶贮青与摊放。

② 移动式贮青车

移动式贮青车多用在中、小型茶厂。基本结构为一四轮小车,车上装一高1~1.2米,长1.5~2米,宽1米,箱底为夹层的箱型槽,夹层上层系多孔板,下层即箱底,两者之间可以通入冷风,从而冷却多孔板上的鲜叶。箱型槽前端设鼓风机通风,风道与夹层进风口相连。四轮小车可以自由推行。小型茶厂使用贮青车,可以做成单车,每车设一个小型风机鼓风,鼓风时间可以时间继电器控制。中型茶厂使用的贮青车,可以几车风道前后相连,只设一个大

型风机,工作时依需要,一车一车送往杀青工序,机动灵活。贮青车一般情况下每车可贮青叶200千克。

③ 鲜叶输送堆放装置

鲜叶输送堆放装置用于大、中型茶厂,1976年在浙江省奉化茶场首先获得应用。该装置实际上是一种把鲜叶输送并均匀摊放在贮青槽通风板上的辅助设备。基本结构包括2台倾斜输送带、2台横移机、4台直移机和1台电气自动控制箱。作业时,把鲜叶倒入倾斜输送带贮茶斗内,启动输送带,鲜叶被送到横移机上,横移机输送皮带两端和行车输送撒叶式直移机相衔接,横移机可正、反转,正转将鲜叶送到1号直移机上,直移机也可前进或后退,从而均匀地把鲜叶撒落在贮青槽板上,待鲜叶堆放至80~100厘米,1号直移机停机,启动2号直移机,同时将横移板反转,鲜叶就送至2号直移机来回撒放。整个往返运行是靠电气自动控制箱进行控制的。如果两台倾斜输送带同时工作,则有两台直移机同时撒叶。

1984年浙江省杭州茶叶试验场还使用了三条大型鲜叶输送装置。其特点是鲜叶由刮板式立式输送带送到高空的堆放输送带上,而空中的堆放输送带是由10段所组成,每段均可由液压驱动呈倾斜或水平状态,向下倾斜即卸叶,在控制系统的支配下,当鲜叶送来后,第一段先倾斜,叶子就逐渐堆放在第一段的下方鲜叶贮叶槽板上,待到达一定高度时,第一段即呈水平状态,第二段倾斜,叶子开始向第二段下方堆放,如此前进直至把贮叶槽板全部堆满,自动化程度强,工效高,但是结构较复杂,造价昂贵。

(2) 杀青机

20世纪50年代以前,我国绿茶加工的杀青作业完全靠手工操作,劳动强度大,生产效率低,杀青质量难以保证。自1955年以来,我国茶叶生产陆续推广应用的杀青机类型有锅式杀青机、滚筒式杀青机、槽式杀青机、蒸汽杀青机、热风杀青机和微波杀青机等。

① 锅式杀青机

锅式杀青机是一种模仿手工杀青操作原理而创制的杀青机类型。工作原理就是把鲜叶投入杀青锅

内,通过炒叶器炒手等对茶叶的抛炒,使鲜叶均匀受热而完成杀青工序。

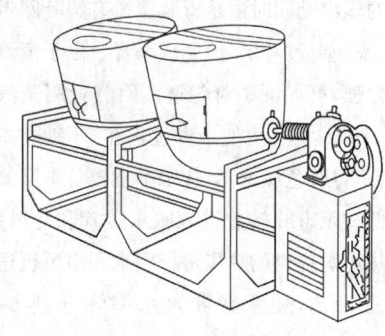

双锅杀青机

锅式杀青机由炒叶锅和炒叶腔、炒叶器、传动机构、机架和炉灶等组成。炒叶锅锅口直径有 840 毫米和 800 毫米两种。安装在炉灶上方,上面接炒叶腔,防止茶叶外抛。炒叶腔上口有两块可开启关闭的半圆形盖板,便于扬炒和闷炒。为保证顺利出茶,锅口前倾 5°安装,炒叶腔前部有出茶门,打开后在炒手作用下可把杀青叶扫出机外。

锅式杀青机作业时,炒手对加工叶有轻度揉捻作用,促使茶多酚产生局部氧化,可减少茶汤的青涩味。但该机作业不连续,生产率低,若操作不当或炒叶锅变形,常有少量杀青叶残留锅内无法出净,而造成焦叶,使成茶产生烟焦味。

②　滚筒杀青机

滚筒杀青机是针对锅式杀青机存在的不足,根据我国炒青绿茶工艺要求,于 20 世纪 50 年代后期,研制完成的一种具有连续生产功能的杀青机种,已普遍用于我国绿茶或有杀青工序的其他茶类的杀青作业,也被小型化用于名优绿茶的杀青。

滚筒杀青机由上叶输送机、筒体、传动机构、炉灶、排湿装置等部件所组成。筒体是进行杀青作业的部件,目前按筒体大小(厘米)分为 50、60、70、80、90 型 4～5 种规格,筒体长度为 3～4 米,筒内按筒体大小设 4～6 条螺旋导叶板,内分三段:第一段为进叶导板,进口端 40 厘米长度内,螺旋角为 60°,使加工叶迅速通过进口端低温区进入工作段;第二段为工作导板,在中段 3.3 米范围内,螺旋角为 15°,加工叶主要在这段长度内吸收热量完成杀青作业;第

三段为出叶导板,长度仅 30 厘米,螺旋角为 45°,目的在于将已完成杀青作业的叶子较快地推出筒体尾端,避免筒体尾端低温带黏叶。滚筒杀青机的传动采用齿圈、摩擦轮等多种形式,筒体转速为 28～32 转/分。滚筒杀青机的热源有烧煤、柴油、液化石油气、天然气和电等多种形式。烧煤时多设一灶,并将炉门、炉条设在前端,烟囱设在后段,也有设两个或三个炉灶的。

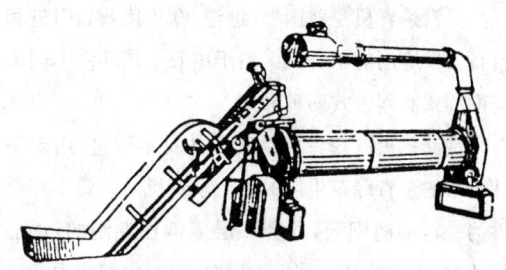

滚筒式杀青机

滚筒杀青机的工作原理是,燃料在炉灶内燃烧,直接加热转动的金属筒体,投入筒体的鲜叶随着筒体的转动被均匀翻动,并由螺旋导板不断向前推进,不断吸收筒体的传导热和辐射热,迅速破坏叶内酶的活性,气化水分,使鲜叶在较短时间内柔软,从而完成杀青作业。

滚筒杀青机的最大特点是连续作业,生产率高,70 型每小时可杀鲜叶 200～350 千克,热效率高,节省燃料,符合杀青工艺要求,成茶品质颜色绿翠,汤色清绿,叶底明亮,严格操作,不会出现烟焦味,这些特点均优于锅式,故滚筒杀青机在生产中获得了广泛应用。

③　槽式杀青机

槽式杀青机是一种既具锅式杀青机以炒手翻炒、透气良好、杀青品质接近手工的特色,又有滚筒杀青机作业连续、生产率高、节省燃料的特点,由云南、浙江、安徽等省先后研制生产的杀青机,按锅口直径(厘米)分,有 50、60、70 型等。70 型台时产量约为 400 千克。

槽式杀青机由上叶输送机、主机和炉灶等部分组成。主机主要工作部件是槽锅,由生铁浇铸而成,长槽总长度为 4.2～4.5 米,约由 5 片槽形锅片连接而成。槽锅上口中部装有主轴,主轴上装有炒手,炒

手板与轴线方向呈一定角度安装,从而一边翻炒,一边推动加工叶向前运动。炉灶筑在槽锅下方,为槽锅提供杀青热量。

槽式杀青机的缺点在于锅片不能转动,锅片尤其是前部锅片易变形,造成漏茶、漏烟和焦茶,使成茶产生烟焦味。在70代末至80年代初虽然在不少茶区大量应用,目前已很少见。

④ 蒸汽杀青机

蒸汽杀青机是我国20世纪90年代开始引进和自行开发应用的杀青机。由于主要工作部件不同又有网筒式和网带式两种形式。

网筒式蒸汽杀青机是我国从日本引进,用于销往日本的蒸青绿茶生产的蒸汽杀青机。主要工作部件为一转动的网筒,外套一层薄钢板卷制的罩壳。作业时,将鲜叶从一端送入网筒,同时向网筒内通入蒸汽,加工叶在筒内一边吸收蒸汽热量,一边前进,使叶内酶的活性迅速钝化,最后从网筒后端排出机外,完成杀青作业。

网带式蒸汽杀青机是我国20世纪90年代后期开发成功的蒸汽杀青机。按每小时可杀青鲜叶的千克数分,有50、150、300型等型号。主要结构由上叶输送带、杀青装置、脱水装置、冷却装置、蒸汽和热风发生炉等组成。50型使用一台同时能产生微压蒸汽和热风的蒸汽和热风发生炉,蒸汽用于鲜叶杀青,热风用于脱水。而150、300型则分别采用一台产生微压蒸汽的蒸汽发生炉和产生热风的热风发生炉。由于蒸汽发生炉部分采用了蒸汽微压设计,能使蒸汽适当过热,可使蒸青用蒸汽温度达到130℃以上。杀青装置、脱水装置、冷却装置均为无端网带形式。50型则上述三个装置共用一条网带,而150、300型杀青装置单独使用一条网带,脱水装置和冷却装置合用一条网带。

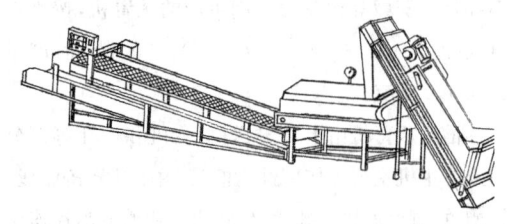

网带式蒸汽杀青机

网带式蒸汽杀青机作业时,鲜叶由上叶输送带连续送到杀青装置的网带上,由网带带动前进,发生炉提供的蒸汽则同时由杀青装置摊有鲜叶网带的下部送入,不断穿过叶层,而完成杀青。由于蒸汽对鲜叶穿透力强,可保证杀青匀透。因蒸青用蒸汽温度可达到130℃以上,可使杀青过程在25秒左右时间内完成,杀青叶色泽绿翠,含水率也较日本网筒机型蒸青叶低。杀青叶接着进入脱水装置和冷风装置,分别由热风炉提供的热风进行脱水和由风机送入的冷风进行冷却,使杀青叶含水率降低到60%~62%,并得到冷却以保证色泽绿翠。

由于网带式蒸汽杀青机具有杀青叶含水率低、脱水后可直接进行揉捻的特点,后续工序很容易与中国传统绿茶炒、烘干燥技术相结合,所获得的绿茶产品色绿,香气也较独特。故90年代在绿茶产区得到较普遍推广应用。缺点是脱水程度较难掌握。

⑤ 热风式杀青机

热风式杀青机是近两年浙江上洋机械有限公司研制开发成功的杀青机型,目前在四川等地有较多应用。

热风式杀青机的主要结构由热风杀青主机、热风发生炉、上叶输送带、杀青叶冷却机、传动机构和机架等部分组成。

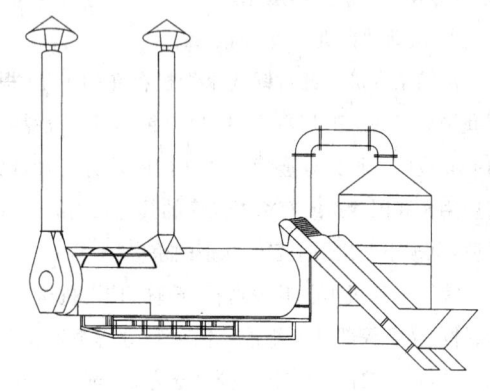

热风式杀青机

热风杀青主机是热风式杀青机的核心部件,它与滚筒式杀青机的筒体相似,用薄钢板卷制,为部分筒壁打有孔洞的孔筒,分为密封段、闷杀段和脱水段。密封段的作用是不使热风从进茶口逸出;闷杀段为主要杀青段,筒壁上不打孔,可避免热风从筒壁逸出筒外,以提高杀青温度;而脱水段筒壁上打孔,热风可通过孔眼逸出筒外。杀青主机孔筒外部装置有一薄钢板卷制罩筒,上部留有网窗,便于杀青后的热风逸出,孔筒前部装有上叶输送带,中心装有热风送风管。

热风发生炉用于产生高温热风,热风通过筒体中心部位的热风管送入孔筒内,并主要送到闷杀段实施杀青。脱水段则是利用杀青后的热风余热,进一步钝化酶的活性,并进行脱水。

筒体由传动机构带动转动,筒体并铰接安装在机架上,可使筒体轴线方向绕铰接点销轴转动,调节筒体轴线与地平面的夹角,调节幅度为±2°,从而控制和改变杀青时间。

热风式杀青机的杀青热风温度高达300℃~350℃,排出筒体的杀青叶叶温很高,故由皮带输送机立即送往冷却机进行冷却。冷却机主体部分是一只不锈钢丝网筒,由传动机构带动转动,并由风机向网筒内吹入足够冷风,完成冷却并进一步脱水,冷却时间长短也是通过绞销机构改变网筒与地平面的夹角实现。

热风式杀青机的工作原理是,热风发生炉产生的高温热风,被热风管道主要送入到杀青主体的筒体的闷杀段,当鲜叶由上叶输送带送入筒体内,在闷杀段与热风均匀接触而迅速吸收热量,叶温升高,酶的活性迅速被钝化,使杀青叶保持绿翠,而完成杀青过程。其后随着筒体的转动,杀青叶不断向前,进一步利用杀青余热,进行脱水并进一步钝化酶的活性,使杀青更为充分和均匀。完成杀青后的杀青叶,由于叶温很高,为防止变黄,立即被送往冷却机由冷风进行冷却,并且同时蒸发部分水分,以利于下一工序的揉捻。

热风式杀青机作业时,发火使热风发生炉运行,从而为鲜叶杀青供应温度足够高、数量足够的热风。启动机器使热风杀青主机孔筒筒体、冷却网筒和各输送带运行。当送入主体杀青孔筒进口热风温度达到300℃~350℃时,上叶输送带开始投叶,掌握鲜叶在闷杀段的杀青时间为15~20秒,在整个孔筒内经历的总时间为2.0~2.5分。从杀青孔筒排出的杀青叶,被输送带送进脱水网筒脱水,脱水网筒内保

证有足够的冷风供应量是冷却机作业的关键,冷却后的杀青叶一般叶温应在40℃左右。

热风杀青机使用高温干燥热风杀青,能够快速完成杀青作业,可保证杀青匀、透,杀青叶色泽翠绿,并且含水率低于滚筒杀青形式,利于后续工序处理,成茶香气较好。

热风杀青机用于杀青的热风,温度高达300℃~350℃,杀青时热风与鲜叶的温差很大,叶温升高甚快,一般杀青在20秒不到即完成,生产中掌握难度较大,即使在正常情况下,杀青叶干边状况也比滚筒杀青机严重,若操作稍有不当,杀青叶则易产生焦边、爆点,甚至成茶会形成烟焦味。同时,若要保证热风杀青机的杀青温度和杀青质量,要求热风炉热风出口处的温度高达500℃以上,故所使用的属于高温热风炉,虽然茶机生产厂对热风炉进行了特殊设计,但对其使用寿命部分使用单位提出有待于进一步考核。

⑥ 微波杀青机

微波杀青机是我国近几年开发成功的杀青机,由于微波加热是由物质内部分子振荡所引起,也就是说热量是从被加热含水物料内部产生的,可以做到内外一起加热,并且微波对物料有良好的穿透性,用于鲜叶杀青,可实现鲜叶内外酶的活性同时钝化,从而使杀青均匀,保证杀青质量良好,目前在茶区各地已较普遍使用。

微波杀青机由磁控管、波导传输器、杀青干燥室、能量抑制器、排风和冷却装置、传输机构、电源及控制装置等部分组成。

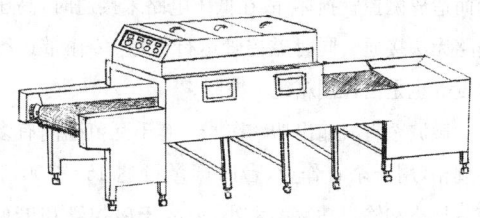

微波杀青机

磁控管是微波杀青机的核心工作部件,由其发生微波,并由波导传输器把微波从磁控管耦合出来并馈送到谐振箱内对茶叶加热实施杀青。微波杀青机使用较多的是从日本引进的松下2450赫兹、输出

功率为 1 千瓦左右的小型磁控管。

杀青干燥室为连续多谐振箱式,即每只磁性管对应设立一只谐振箱,通过单个谐振箱的叠加组合,获得所需的加工功率,并可根据茶叶实际加工工况,对使用微波功率的大小进行灵活调节。谐振箱为一矩形箱子,用铝材制成,既可减轻重量,又可减少微波损耗和泄露。谐振箱顶部开有微波能量输入口和排湿口,为了排湿和磁控管的冷却,对应于每只谐振箱,各装有排湿风扇和冷却风扇,磁控管的阳极和阴极电路均采用冷风强制冷却。谐振箱的正面开有可开启的观察门,用于腔内的清扫和检查维修,门上装有观察窗,以便作业时观察谐振箱内的工作情况。为防止微波泄露,作业时若打开观察门,磁控管高压电路将自动断电,停止微波释放。当前生产中应用的茶叶微波杀青干燥机有 9 个、12 个、15 个、21 个谐振箱和磁控管等不同功率形式,由于多个谐振箱组合,形成了一种类似隧道式的杀青干燥室。

能量抑制器装于隧道式杀青干燥器两端,用于防止微波的泄露。

传输机构是一条由传动机构带动运行的无端输送带,一般使用氟塑等织物制成,可耐 300℃ 甚至 500℃ 的高温,用于将茶叶连续送入杀青干燥室内杀青或加热,其运行速度可以调节。

微波杀青机整机所需电源由统一设置的电源控制箱供给,可分为高压电路和低压电路。高压电路系供给磁控管产生微波高频电源的电路;低压电路是供给排湿、冷却电风扇和传输机构运转电源的电路。为了防止冷却电风扇等未开前,高压电路先运行而造成磁控管损坏,故在低压电路未接通时,高压电路无法接通。同时磁控管运行个数、传输带运行速度等也是由控制箱统一控制。

微波杀青机输出功率在 4～20 千瓦范围内有多种规格,用于杀青作业,台时产量可达 15～100 千克。规格和输出功率的大小,取决于磁控管和谐振箱的叠加组合数量,在使用时可通过开启磁控管高压电源个数,控制隧道杀青干燥室内微波输出功率和杀青产量高低,功率选择适当还可用作干燥作业。目前生产中最常用的机型是装有 9 只和 15 只磁控管的微波杀青机,工作时起用的磁控管数量不同,可

进行不同的杀青和干燥作业。

(3) 揉捻机

揉捻的目的在于使加工叶卷紧成条,以利于干燥成形,同时,使揉捻叶的叶细胞破坏,部分茶汁挤出,吸附于茶叶表面,以利于冲泡。而对于红茶加工揉捻来说,还可促其生化反应,获得良好的香气。

在揉捻机未使用之前,杀青叶的揉捻是靠人工操作的,效率低,劳动强度大。世界上揉捻机的出现是 100 年以前的事,它是模仿中国古老的手工揉捻方法,逐步探索改进而制得的。20 世纪 50 年代,我国首先获得应用的是人力和水力等驱动的铁木结构揉捻机,在此基础上发展为金属结构的机动揉捻机。揉捻机是我国茶机中较为成熟的机种,已有部颁标准规定了揉捻机的系列。我国的茶叶加工作业中,手工揉捻劳动已基本上被机器所代替。

国内生产的揉捻机型号较多,但其结构特点基本相似,都是由曲柄(回转臂)带动揉桶在装有棱骨的揉盘上作水平回转运动(单动式),或揉桶和揉盘作相对回转运动(双动式)。茶叶则在揉桶内通过揉桶回转和棱骨翻转力的作用,被反复翻动、揉搓、卷压,从而揉紧条索、揉破细胞,挤出部分茶汁,达到揉捻之目的。

揉捻机的基本结构有揉桶、揉盘、传动及曲柄回转机构、桶盖及加压机构等。揉捻机是以揉桶外径(厘米)为代号而命名,可分为 40、45、55、65、90 型 5 种型号,如外径为 55 厘米的揉捻机,其型号为 6CR - 55 型。揉桶由铜板或不锈钢板等材料加工而成,中部固定在三角框架上,三角框架由曲柄驱动,使揉桶在揉盘上作水平回转运动。揉盘是一个中间下凹的圆盘,上面装有棱骨,中间开有出茶门,揉盘用铸铁铸成,上铺铜板、不锈钢板或木板,前些年还用过水磨石或陶瓷揉盘,现在已很少见。在我国常用的揉捻机中,除 90 型为双动外,均为单动式揉捻机。揉捻机常用的加压机构有杠杆重块式加压和丝杆加压式两种,前者多用于如 45 型小型揉捻机上,后者包括龙门式和单臂式,应用比较普遍。

揉捻机的使用除应加强机器本身的正确调整和操作外,加压轻重十分重要,一般应遵循"轻—重—轻"的原则,而且"嫩叶冷揉轻压短揉"、"老叶热揉重

压长揉",看茶做茶,否则,茶叶易在这个工序中产生"松、扁、碎"。

为了解决揉捻机间断作业,达到连续化生产之目的,我国近年来进行了连续揉捻机的探讨,已经试制过的有两种类型,一种为平板履带式揉捻机,茶叶在履带上边揉捻边前进,另一种为把几台常规揉捻机联装,如三层层迭式揉捻机、八桶母子式揉捻机等,共同存在的问题是加压实施困难,难于实现"轻—重—轻"的揉捻程序,还未能在生产中应用。

另外,浙江省还先后解决了揉捻机的自动加压及自动加压的程序控制技术。所谓自动加压就是当揉桶每运转一圈,自动加压机构就会使加压盖自动降落一规定高度,达到逐步自动加压之目的,当不需要继续加压时,则可通过离合器把自动加压装置脱开。所谓程序控制的自动加压揉捻机,就是把最优揉捻工艺,以加压程度及持续时间来表示,编出程序,贮存在单片机上,并与控制加压装置的执行机构接通,操作者可依工艺要求发出指令,加压装置按指令而动作,从而自动实施加压或解除加压。

茶叶揉捻机

(4)解块分筛机

茶叶经揉捻常结成团块,为便于后继工序加工,必须把团块解开,同时,筛分出粗细老嫩,分别进行加工,承担这一任务的设备就是解块筛分机。红、绿茶加工都需应用。

解块筛分机的结构,比较完整的机型由上叶输送带、进茶斗、解块箱、筛床、传动机构和机架组成。工作时,揉捻叶由上叶输送带或人工送入进茶斗,由进茶口进入解块箱,解块箱中的解块轮由传动机构带动,作每分钟为 500~600 转的回转,随着解块轮的转动,解块轮轮齿便将茶块击碎,达到解块之目的。解块后的茶叶继续落到运动的筛床上,经过筛分而完成解块筛分作业。筛床可依加工的茶类要求,而改换不同筛孔的筛网。

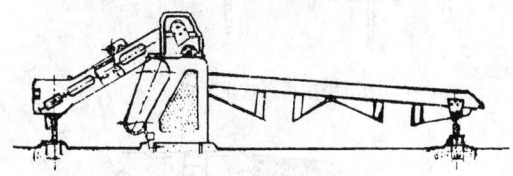

茶叶解块分筛机

(5)烘干机

烘干机是一种红、绿茶初、精制都可应用的通用干燥机械。我国目前大宗茶加工应用最普遍的烘干机为箱体式烘干机。它由热风发生炉、热风输送装置(含鼓风机和热风管道等)、烘箱、传动系和上叶输送装置等组成。

箱体式烘干机可分为手拉百页式烘干机和自动链板式烘干机。手拉百页式烘干机没有传动系统和上叶输送装置,依赖手工上茶和操作百页板翻转,生产率较低,适于小型茶厂使用。自动链板式烘干机的加工叶由上叶输送装置送入烘箱,在烘箱内随链板自动前进,并被烘干,直至达到干燥要求送出烘箱,自动化水平高,生产效率也高,多用于大、中型茶厂。

我国 1951 年开始生产第一批茶叶烘干机,1965年设计生产了 CH-513 型烘干机,在茶区普遍推广。70 年代末期开始进行新系列烘干机的设计,已研制生产 6CH-6、8、10、16、20、50 型系列烘干机。6CH-6、8、10 型多系手拉百页式烘干机,适合于小型茶厂使用,6CH-16、20、50 型自动链板式烘干机,适合于大、中型茶厂应用,而 6CH-50 型烘干机主要用来进行红碎茶加工。

烘箱是箱式烘干机的主体,自动链板式烘干机箱体内有三组烘板,每组烘板分上下两层,每组烘板各由 50 块或更多一些的烘板组成。烘板两端分别曳引在链条上,呈百页状,故也称链板或百页板。烘板长有 1000 和 1250 毫米两个规格,分别用于不同型号的烘干机上,有效宽度均为 100 毫米。烘板上

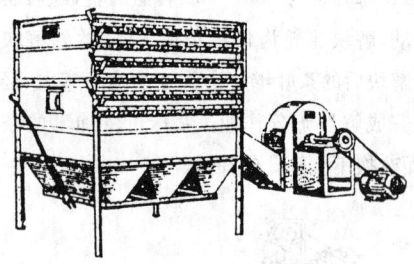

手拉百页式烘干机

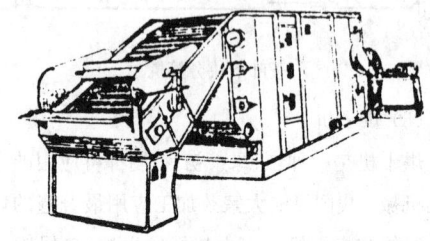

6CH 系列自动链板式烘干机

均布孔眼,孔眼面积约占烘板总面积的 1/3,孔径有 1.5 和 2.5 毫米两种,一般上面一组使用孔径为 2.5 毫米的烘板。热风由烘板下方穿过孔眼对茶叶进行干燥。

烘板由曳引链曳引移动,一组循环回转的百页链之所以能双面摊放承料,主要是由于烘箱两侧壁上各有一条搁板,烘板在搁板上水平滑动。当烘板运行到箱体的另一端,此处搁板断开略大于一块烘板宽度的距离,于是烘板在自重、嵌装加重块及茶叶重量的作用下自动转为垂直状态,使茶叶落到同一循环链的下层。如此一层层下落,直到经最后一层落到箱体底部,经淌茶板,由出茶轮扫出机外。为了满足不同茶类和不同含水状况加工叶的烘干要求,烘干机装置了无级调速器,使全程烘茶时间 10 型和 16 型能在 6.5～26 分钟,20 型和 50 型在 7.5～30 分钟之间机动调整。

茶叶烘干机所用的热风加温设备,从 20 世纪 50 年代到 70 年代一直采用横管式热风炉或拱背炉,热效率仅为 33%～38% 之间,并且火管会经常烧损,造成漏烟,使茶叶产生烟焦味。进入 80 年代,四川首先开发成功 WR 型整体金属炉,烟气在炉内经过三个回程才排放至烟囱。由于加强了热的交换,这种热风炉将热效率提高到 67%。后来浙江又

研制成功 PR 型喷流热管式全金属炉,把气体喷流技术与热管技术同时应用到茶机热风炉中,热效率又进一步提高到 78%。同时,浙江还开发成功 RFL 系列单流程金属炉,热效率也在 65% 以上,结构更为简单,金属消耗量比 WR 型三回程热风炉减少 1/3。这两种热风炉所使用的燃料以往大多为煤,现在已发展到煤、柴油、天然气和液化石油气等,在 6CH-50 型等大型烘干机上,还有使用锅炉产生的蒸汽为热源的,使蒸汽通过热交换器产生热风对茶叶实施烘干。

在茶叶机械中,茶叶烘干机属于大型和较复杂的设备,使用技术要求比较高。为此,应按照使用说明书的要求,正确对机器进行安装、调试、使用、润滑和保养。每次开机前应充分检查链板和运动部件上有无影响机器运行的障碍物,尤其是干燥箱内的链板上有无误放的硬杂物;作业时,应根据出烘叶的干燥程度及时调整摊叶厚度和烘程时间,上叶既不能堆得过多,也不宜出现空板现象;热风炉工作时,如燃煤则要勤加少添,烘干的热风温度一般应控制在 100℃～120℃,最高温度一般也不应超过 130℃;机器运行时应时刻注意有无不正常的冲击和噪声,并注意各转动部件和轴承等部位温升是否正常,不正常应立即停车检查和维修;应经常检查热风炉有无漏烟处及是否烧损,如发现要及时修复,否则将引起茶叶烟焦;烘干作业结束,应首先关闭燃油、燃气路阀门或清除热风炉内的燃煤、灰渣和剩火,鼓风机和主机要继续运行 15 分钟以上,待干燥箱和热风炉内的温度降下后,再行关机。

(6)炒干机

炒干是使茶叶干燥、整形,最终形成长炒青或圆炒青绿茶的色、香、味、形等品质特征的最后一个工艺过程,炒干机是决定炒青绿茶品质的一个关键设备。生产中常用的炒干机有锅式炒干机和圆筒式炒干机两种。而圆筒式炒干机中最常用的又有瓶式炒干机和八角炒干机两种。

① 锅式炒干机

锅式炒干机主要由炒茶锅、炒手、炒叶腔、传动系统和炉灶等部分组成。从炒手运动形式分,有旋转运动和往复运动两种形式,生产上应用普遍的为

炒手旋转运动的锅式炒干机;从炒叶锅的数量分,有单锅和双锅等形式。锅式炒干机基本工作原理都是使茶叶从炉灶加热的锅壁上吸取热量,在炒手不断旋转翻抛的过程中,受到炒手给予的多种作用力、锅面的反作用力及茶叶相互间的挤压力,达到逐步干燥和紧结成条的目的。

锅式炒干机的炒茶锅均采用铸铁锅,锅口直径为840毫米,深340毫米,也有直径采用800毫米、深280毫米的。炒茶锅有宽60毫米锅沿,在其上部装置以薄钢板卷制的炒叶腔。炒叶腔呈上口大下口小的锥形。

炒手是锅式炒干机的主要工作部件,靠它的转动翻炒茶叶。炒手的形式比较多,常用的有齿状、棕刷和弧形三角铁等形式。一般每只锅子内装两个齿状炒手,两个棕刷炒手。使用表明,齿状炒手炒制的茶叶较松泡,棕刷炒手易掉毛。于是,浙江等地采用了一种角铁炒手,由角铁弯制而成,在炒手轴相对180°的位置上各安装一只,炒制性能较好,但炒制后期茶叶易断碎,后置工序宜采用滚炒工艺,可取得较满意的炒制效果。

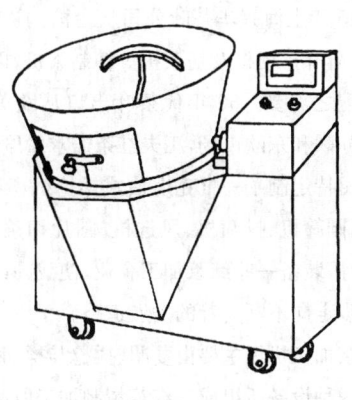

锅式炒干机

双锅炒干机的传动系统有设置在两锅中间和设置在两锅一侧的两种形式。炒手旋转向里翻炒茶叶,反向旋转出叶。旋转式锅式炒干机结构简单,价格低,容易操作,若炒手选择得当,且严格制茶工艺,能使茶叶炒制质量较好,但若炒手选择和安装不当或操作疏忽,易造成绿茶的松、碎。

为使锅式炒干机获得条索更为紧结的炒制效果,中国农业科学院茶叶研究所60年代曾研制一种

往复式锅式炒干机并援助几内亚等国,该机炒手的形状为板宽240毫米的圆弧形,出茶炒手为棕刷式。正常作业时,由曲柄机构驱动弧形炒手作往复运动,对茶叶进行炒制。炒制完毕,应用换挡机构,使炒手轴进入旋转状态,由棕刷式炒手将茶叶扫出炒叶腔外。往复式锅式炒干机的炒手运动更接近于手工制茶动作,可获得比旋转式炒干机更为紧结的条索,但往往碎茶比旋转式严重,故出锅含水率应掌握比旋转式稍高一些,后续工序应用筒式炒干机与其配套更重要。

同时,为克服锅式炒干机在含水率较低时易产生碎茶的弊病,生产中采用了以筒式炒干机进行绿茶初制最后辉干的工艺。

② 筒式炒干机

筒式炒干机是一种将加工叶投入被加热并旋转的筒式部件中进行炒制的炒干机形式。工作时,茶叶在在筒体内均匀受热并被不断翻动,受到离心力、重力、摩擦力和茶叶与筒壁接触下滑挤搓的作用,达到干燥和紧条之目的。

筒式炒干机结构简单,主要由筒体、传动机构、炉灶三部分组成。

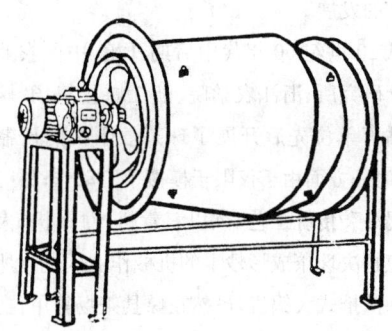

瓶式炒干机

筒体是筒式炒干机的主体,各地生产的筒式炒干机筒体的形式不同,规格各异。应用比较多的筒体形状有两端直径相同的正圆筒形,称为圆筒式炒干机;筒体两端小、中间大,炒茶部分呈锥形,整个筒体似瓶形,而瓶形筒体又有圆筒状的和八角状的,前者称瓶式炒干机,后者称八角炒干机。它们的共同特点为正转炒制,反转出叶;筒体前段的进叶段为锥形,为出叶方便设有出叶导板;筒体后端设有排湿风

扇,把炒制中蒸发的水蒸气排出机外,筒体炒制部分内壁设有与轴线方向有一定夹角的螺旋板或凸棱,以便对茶叶进行更有效的翻动和使其成条。

筒式炒干机工作时,加工叶在不断旋转的筒体内均匀受热,并且由于受到旋转筒体的离心力,茶叶自身重力和相互之间的摩擦力以及与筒壁接触下滑的挤搓力等,达到干燥和紧条之目的。

筒式炒干机用于绿茶炒制最后的辉干,由于加工叶投入时含水率已较低,炒制时筒内湿度不高,加之又没有炒手的翻拌,不会使茶叶色泽发暗或产生水闷气和碎茶,所加工出的干茶茶条滑润光洁,更显锋苗。

③珠茶炒干机

珠茶是我国特有的出口茶类。珠茶加工的前几道工序,如杀青、揉捻等,与其他绿茶制造基本相同,已经实现机械化加工。但是,作为珠茶加工的关键工序也是最后一道工序的炒干成形,直到20世纪60年代中期,仍然沿袭传统的手工制作,劳动强度大、工效低、燃料消耗大、操作技艺复杂且成圆率低。特别是制作技艺,主要依赖经验积累,只有经过多年实践的炒制者,才能制出优质的珠茶,严重影响着珠茶生产的发展。

从20世纪50年代中后期开始,中国农业科学院茶叶研究所、浙江农学院、浙江嵊县茶场、嵊县北山电站等单位先后开展了珠茶炒干机的研制。但是,当时一方面由于仅限于模拟手工动作;另一方面由于仍沿袭传统工艺,欲以三青机、对锅机、大锅机等对应解决珠茶成形炒干的机械作业问题。所研制完成的撤推式大锅机,虽然在嵊县茶场等单位试用,炒制效果也能达到一般手工水平,但结构复杂,性能不稳定,无法完成从三青到大锅整个成形炒干作业,未能大量推广。后来又经过几年的探索,嵊县北山电站马传进和嵊县茶场张德兴等人,终于在1967年研制成功目前生产中应用的珠茶炒干机。这种珠茶炒干机结构简单,性能优良,可用摊放后的揉捻叶直接炒制,炒三青、做对锅、做大锅由一台机器完成,在炒制过程中茶条一边失水,一边逐步变形卷曲,形成珠茶的颗粒形状。所制的珠茶产品,颗粒紧结、形状似珠、表面油润,保持着珠茶的高香、浓醇的传统风格。珠茶应用机器炒制后,劳动强度显著降低,生产率大为提高,燃料也可节省约1/3。一般茶叶的机械加工,成品茶质量往往稍逊色于精细的手工加工产品,而珠茶应用机器炒制,成茶品质反而显著提高,这一点是茶叶机械领域中的重大突破,从而使珠茶炒干机在我国珠茶产区很快普及,并于80年代获得国家发明奖。此后,我国著名的天坛牌珠茶,饮誉国际茶叶市场,并荣获国际大奖,这些成就的取得均与珠茶炒干机的发明是分不开的。

(权启爱)

2. 红茶加工机械

红茶加工机械在我国的运用,大约起始于20世纪30年代。1933年安徽省祁门茶业改良场开始购置机械加工红茶,1937年崇安福建省示范茶场购置了克虏伯揉捻机、大成式烘干机以及筛分、切断等机器进行红茶初、精制加工。在这以后,云南省在佛海建立了初精制红茶厂(今勐海茶厂),应用克虏伯揉捻机、杰克逊烘干机及其他精制筛分清选设备,制出了金毫显露、条索紧细、味鲜醇浓的举世闻名之滇红。1945年上海兴华茶叶公司从台湾购进圆筛机、风选机、阶梯拣梗机及切茶机等精制茶机,以适应出口茶拼配之需要。50年代茶叶出口从欧美及东南亚转向苏联和东欧市场,工夫红茶需求量剧增,中国茶叶公司特定制了一批克虏伯式揉捻机、51型烘干机、平面圆筛机、抖筛机、风选机、圆片切茶机、阶梯拣梗机等,装备一些红茶加工企业,使我国红茶加工机械逐步走向不断完善的发展道路。

红茶加工机械主要由萎凋、揉捻与揉切、"发酵"及烘干四种设备所组成。红茶精制加工所使用的机械,除少数特有机器与设备外,与绿茶精制机械基本相同。

(1)萎凋设备与机械

常用的萎凋设备与机械有日光萎凋、室内框架萎凋帘、萎凋槽和萎凋机等。

①日光萎凋和萎凋槽萎凋

日光萎凋是我国最早鲜叶的萎凋形式,以后采用框架上放置萎凋帘进行室内萎凋,每平方米萎凋帘可摊叶5千克左右。

萎凋槽是 20 世纪 60 年代初,浙江、广东先后试制成功的萎凋机械形式。它是利用大风量穿透叶层的方法,使萎凋的效率和品质都得到了明显提高,成为当今红茶加工厂普遍应用的萎凋设备。按其结构形式可分为砖木结构、金属结构和大型萎凋槽三种。

砖木结构萎凋槽一般槽长 10 米、宽 1.5 米,高 0.8～1 米。两侧槽体用砖砌或木板制成,槽底从前端向尾部出叶端上斜 4°左右,以使前后风速均匀。槽面铺放竹帘或铁丝网柜箱,有的竹帘尾端设有手摇木轴,可以摇帘卸叶或上叶。槽前部有一台 7 号轴流风机,风量为 16 000～20 000 立方米/小时,风压为 27～39 毫米,摊叶厚度 20 厘米左右,每平方米摊叶量约 16 千克,每槽摊叶量在 200～250 千克之间,嫩叶薄摊,老叶厚摊。气温低于 20℃时可通入加温热风,温度不宜超过 35℃,以 30℃～35℃为宜,每槽萎凋时间最少不低于 6 小时,一般在 8 小时以上。

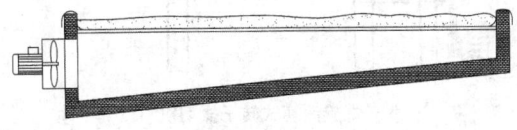

砖木结构萎凋槽

金属结构萎凋槽技术参数与砖木结构基本相同,只是槽体采用钢结构与钢板制成,槽面铺不锈钢网或铜丝网,两侧用滚子链传动。铜丝网固定在托杆上,托杆两端套在滚子链的肖轴上。动力通过蜗轮蜗杆减速箱驱动不锈钢网作正反向运动,以便上叶和下叶。槽前端连接喇叭管、冷风调节管、热交换器及轴流风机。

大型萎凋槽是一种各项技术参数都增大的大型萎凋槽,一般长和宽分别为 18 米和 1.8 米,槽面面积 32.4 平方米,采用直径 950 毫米 6 翼轴流风机,风量为 36000 立方米/小时,摊叶厚度可达 40 厘米,槽面一次容叶量 1000～1500 千克。与长 10 米、宽 1.5 米的小槽相比,占地面积虽增加一倍,萎凋量却为小槽的 4～5 倍,萎凋车间总面积减少,非常适合于大型红茶加工厂使用。

萎凋槽尽管应用已经很普遍,效果也好,但是萎凋厂房面积占红茶总面积的 1/3 左右,甚至有近 1/2 者,为红茶加工厂管理负担较大的机种之一。

② 萎凋机

萎凋机是一些大型茶场(厂)为实现萎凋车间面积大幅度减少而设计的一种萎凋设备。20 世纪 70 年代中期,浙江省南湖林场设计了一种 W - 5150 型萎凋机,总摊叶面积 75 平方米。该机总体类似一大型烘干机,装备型号为 4 - 62 - 101 的 12 号风机,小时风量 59500 立方米,总装机容量 61.8 千瓦。它采用进风温度 40℃～45℃,排气温度 28℃～32℃,热风自上而下穿透 5 层叶层进行萎凋;鲜叶也由顶部输入,在箱体内通过 5 层百页输送带,自上而下翻动 4 次,总通过时间为 105 分或 126 分,小时连续萎凋鲜叶量 500～750 千克,日生产量为 12000～18000 千克。一台 W - 5150 型萎凋机约可代替 26 条 15 平方米的萎凋槽,而占地面积只及这种萎凋槽的 1/10。大致在相同时期,江苏省芙蓉茶场也试制了总摊叶面积为 76 平方米的萎凋机,采取分层进风方式,小时萎凋鲜叶量 350～500 千克。这些萎凋机均具有连续作业、占地小而功效高的优点,但存在的问题是物理萎凋能力有余而化学萎凋不足,尚未具备普遍推广应用条件。

③ 多层萎凋机组

多层萎凋机组是一种介于萎凋槽与萎凋机之间的萎凋设备。它以萎凋槽为主体,但却层层叠置并用输送装置相互连接,既可免去人工上下搬运茶叶的劳累,又保留了萎凋槽萎凋的特点,可充分利用厂房空间,减少萎凋车间面积。1982 年浙江省绍兴茶场推出的 6CW - 60 型三层叠装联动萎凋机组就采取这种型式。整套机组由上叶输送带、斗式循环链输送机、10 台三层联动萎凋槽组、出叶振动输送槽及锅炉组成。单层萎凋槽摊叶面积 20 平方米,三层合成一组,摊叶面积 60 平方米,占地 56 平方米。该机摊叶厚 20 厘米,每槽一次投叶量 350～400 千克,全部 10 台机组一昼夜可萎凋 5 万千克鲜叶,仅需 5～6 人操作。与单槽相比,这种叠层式结构提高厂房利用率 67%。此后,湖南省茶叶研究所和海南省岭头茶场等单位也设计了类似原理和结构的多层萎凋机组,均显著起到了节省厂房的作用。但在安装这种多层萎凋槽的厂房中,二氧化碳浓度与空气相对湿度限值是一个有待研究的问题,使用表明,此类车间若通风换气不良,会导致成茶香气郁闷、新鲜感不足的不良后果。

(2)揉捻与揉切机械

红茶创制之初为条形工夫红茶,这类红茶的眉形条索,与绿茶加工一样,原来都是采用人工手揉或脚踏茶袋做成的,20世纪50年代后被揉捻机所代替。揉切机是红碎茶加工专用的机种,生产中使用的有盘式揉切机、转子揉切机、齿辊揉切机(CTC)和锤击机(LTP)等。

① 盘式揉切机

1966年以前,我国红碎茶的揉切都采用新月形盘式揉切机。机器形态和结构与一般盘式揉捻机形式相似,不同之处是在揉盘上安装弯月形并镶带不锈钢刀口的阶梯形棱骨,揉盘中心则装有凸起锥体。揉桶转动时靠棱骨的刀口与锥体将茶叶切碎。这种揉切机的桶径有65厘米与55厘米两种。由于切碎力弱,需要反复多次才能达到切碎要求,致使茶叶容易发热而导致品质下降,转子机问世后这类揉切机已被淘汰。

② 转子揉切机

转子揉切机在我国最早出现的是1966年江苏省芙蓉茶场研制成功的705型转子揉切机。俟后,我国又研制成功许多适应各地制茶风格的转子机机型。鉴于转子机揉切的茶叶比盘式揉切机质量好,工效高,从20世纪70年代起便很快得到推广,推动了我国红碎茶生产的发展。

我国生产的转子揉切机,按转子型式不同,可分为全螺旋式(Ⅰ)、组合式(Ⅱ)、叶片棱板式(Ⅲ)、螺旋滚切式(Ⅳ)四大类,此外还有一种称之为挤揉机的新型转子揉切机。

叶片棱板式转子揉切机的代表机型是广东英德的6CRQ~20型与6CRQ~25型,外筒直径分别为20厘米和25厘米。这种机型对加工叶的作用是先挤揉后搓碎,揉、切并重,制成的茶叶外形与内质兼顾,浓强鲜兼备,产品质量比较全面,是生产中应用最普遍的转子揉切机类型。

螺旋滚切式转子揉切机的代表机型是贵州省的羊艾20型。工作特点是加工叶在螺旋切刀的推动下,边前进边切碎,只是在尾部由于推进速度的减慢

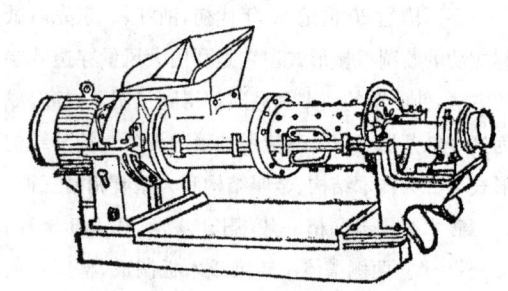

翼片棱板式转子揉切机

而产生一定程度的搅揉作用。因此是一种以切碎力强为特点的机型。由于加工叶在机内切碎快、受到的挤压力小、叶温较低,故制成的茶叶较为鲜爽,香气也较好,但浓强度不足。

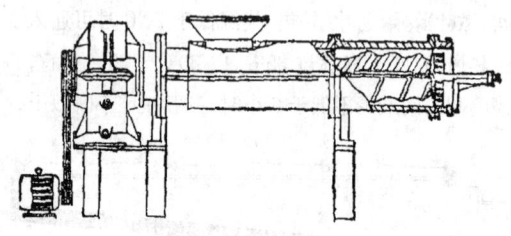

螺旋滚切式转子揉切机

全螺旋式转子机的代表机型是江苏省的F-705型(芙蓉705型)。这是一种类似纹肉机的机型。茶叶在螺旋的强大推力下挤压在尾盘出口前。在十字形刀片的搅动下,茶叶在紧密状态下被搅碎挤出。制出的茶叶味浓而欠爽,颗粒紧结呈粘结型,色乌润。中、小叶种地区的鲜叶多酚类物质含量低,常用此机提高浓度,改善色泽与外形。

组合式转子揉切机是按传统制法茶叶先揉后切的思想设计的,代表机型是湖南的M-20型(洣江20型)。它是在输送螺旋之后紧接着有两只伞形揉芯,其后又设有数对叶片棱板,尾部再设螺旋挤压机芯。加工叶在其中通过时先揉后切再紧揉。由于具备几种作用,制出的茶叶接近传统风格。

上述四类转子揉切机各有其独特之处,单独使用难免产生品质上的偏颇,常采取几种转子机联合的用法,以便综合各类之所长,力求产品风格更全面。如一切选用先搓揉后搓碎的叶片棱板式转子机,使之接近传统重揉、轻切、打条的做法;二切选用揉、切并重的组合式转子机,三切选用重切轻揉的螺

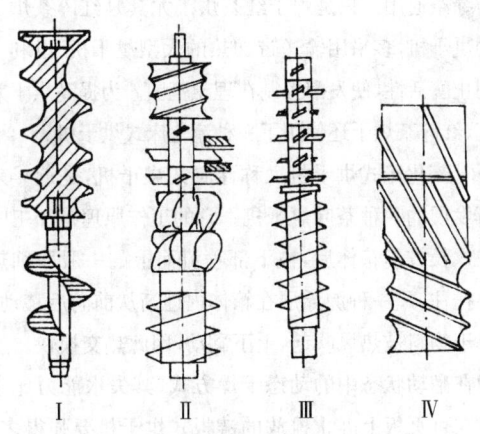

转子揉切机的转子形状

旋滚切式转子机。这样的组合使用，就比较符合在制品特性的变化及产品风格的全面发挥。

挤揉机（包包机）是云南省茶叶公司1983年研制成功的一种新型转子揉切机。与一般转子机不同的是，该机在转子工作段圆柱螺旋上排列着一颗颗的半球体，外筒内壁则装置着数条刀片。工作时，螺旋输送器把加工叶推向一颗颗半球体之间的空间内，在此被球面强力揉碎。特点是挤揉力强，而轴向压力不大，挤揉过程茶汁外溢极少，适于加工轻萎凋原料。

③ 齿辊揉切机（CTC）

齿辊揉切机（CTC）与下述的锤击机（LTP），系我国针对CTC茶在世界市场上特别畅销的现实，参考国外技术而开发的揉切机种。

齿辊揉切机（CTC）的主体工作部件是一对相对旋转的齿辊，速比约10∶1。齿辊表面切削出一排三角形环形齿，与环形齿成45°角还铣削出许多螺旋槽。转速快的齿辊为切碎辊，为700转/分，转速慢的为喂料辊，转速是70转/分。加工叶在两齿辊啮合处被挤压、撕碎和卷揉，作用强烈而迅速。该机常采用两对、三对、四对或五对齿辊，组成双联、三联、四联或五联机组。我国采用的环形齿距有3.175毫米和3.2毫米两种。圆周螺旋槽50条，槽深1.727毫米，齿顶角一般均为60°。如海南省海口机械厂生产的6CGQ～768型齿辊揉切机齿辊直径20毫米，长760毫米，台时通过量2400～2800千克。

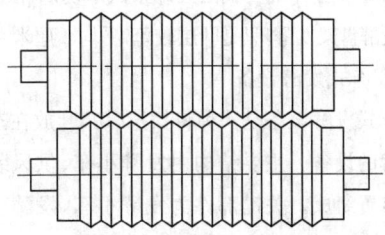

齿辊揉切机（CTC）的齿辊结构

④ 锤击机（LTP）

锤击机（LTP）是一种类似于饲料粉碎机形式的揉切机。但筒内无筛板，高速旋转的锤片把茶叶吸入、击碎而后喷出。叶组织在细胞严重扭曲变形的条件下解体，属于强烈快速揉切类型。如江苏省芙蓉茶场生产的40型锤击机，共有锤片30组120片，转速2650转/分，电机功率22千瓦，台时吞吐量800～1000千克。

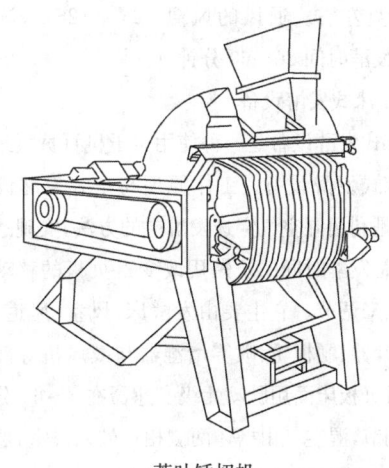

茶叶锤切机

（3）发酵设备

发酵是形成红茶风格的关键工序，常用的发酵设备有盘式发酵设备、车式发酵设备、床式发酵设备和发酵机等。

① 盘式发酵设备

盘式发酵设备是工夫红茶发酵常用的设备。发酵盘置于室内多层搁架上。发酵室的适宜温度在24℃左右，相对湿度95％～98％，空气要求新鲜，供氧充足。室温低于20℃时需加温，室温过高或湿度不足时需在地面喷水或空间喷雾。加工叶在发酵盘内的摊放厚度视嫩度而定在4～8厘米之间。发酵时间为 2.5～3.5 小时。我国红碎茶试产初期，依然采用工夫发酵盘架发酵，只是叶层较薄，平均 5 厘米左右。

② 车式发酵设备

车式发酵设备是一种将揉捻(切)叶放在车内进行发酵的设备。主要结构由发酵小车、供风装置和加湿装置组成。关键部件为发酵小车，发酵车车斗上口大、下面小。车内下部有一块搁空放置的不锈钢多孔透气板，板上放茶，板下为风室，风室一端设有可与供风系统相套接的风管。小车下装 4 只行走轮，可供推行。供风系统由风机和风管组成。加湿装置实际上是一台喷雾器，在发酵室内湿度较小时，可喷出水雾为空气加湿。车式发酵设备工作时，将揉捻(切)叶放入发酵小车，启动供风系统，将小车风管与供风系统出风管相套接，加湿空气将进入多孔板下的风室，并穿过多孔透气板和叶层，起到供氧、增湿、降温作用，使加工叶通风发酵。发酵车可装叶100 千克左右。通风的风温 22℃～25℃，湿度约95%，发酵时间 20～60 分钟。

③ 床式发酵设备

床式发酵设备是一种使用烘干机百页板组成的移动床式发酵设备。工作原理与车式发酵设备相同，也是利用湿空气穿透发酵层的方法，实现透气发酵，只是发酵时间的长短用改变百页板的移动速度的方法来调节。它主要由发酵床、风室、风道、匀叶器、翻叶器、刷板轮、喷雾增湿器与鼓风机等部分组成。百页板床面用脉动无级变速器在 8～60 分钟范围内调节，湿空气由槽体两侧相对鼓入风室，然后向上经过百页板穿透叶层，带走热量，排出二氧化碳，供给新鲜氧气而实施发酵。中国农业科学院茶叶研究所研制并在南海农场使用的机型，机长 9.6 米、宽1.68 米。在叶层厚度为 10 厘米时，床面容叶量为300～360 千克。当发酵时间为 35 分钟时的小时通过量为 550 千克。床式发酵设备的优点是连续作业，没有人工上下搬叶的劳累，占地面积也小。但存在的问题是发酵叶温难以控制，同时发酵床百页板上的黏叶很难清洗干净，易发生霉变而引起茶叶污染。

(4) 烘干设备

红茶烘干机械同样主要应用百页链板式烘干机，与绿茶通用。只是用于红茶烘干尤其是红碎茶烘干的烘干机，多采用输送带加热的大型烘干机，以利于制止酶活性，使发酵控制在理想范围。为提高烘干效率，红碎茶烘干还使用了一种流化床式烘干机。

流化床式烘干机又称浮腾式烘干机，是近年来新发展的一种茶叶烘干机。它的工作原理是加工叶进入长方形箱体后，被下部喷流而上的一股股细热流托住，呈一种漂浮层在箱体内逐渐从前向后移动。由于物料被热风吹起，上下翻动，因此热交换快。这种在翻动状态中的动态干燥方式，其失水能力比茶叶在百页板上静止摊放的链板式烘干机要强得多，热能消耗也低得多。湖南省涟江茶场用流化床式烘干机烘制红碎茶，单位煤耗由 1.31 千克标煤/千克茶降至 0.928 千克标煤/千克茶。绍兴市工业科学研究院与绍兴茶叶机械总厂开发的振动流化床式烘干机，由上叶输送装置、流化床、传动装置、风柜、分配装置、送风装置及热风发生炉等部分组成。上叶输送带伸至流化室顶部，可利用烘箱中穿过叶层的热风对输送带上的加工叶进行预烘，预烘叶进入烘箱后易于流化，对条形红茶的干燥很有利。同时床身采取振动，既促进叶层流化，又提高了干燥效率。该机有效摊叶面积 1.75 平方米，开孔率 10%，流化高度 30～40 厘米，床身的长、宽、高分别为 5500 毫米、1150 毫米和 1600 毫米，床底振动频率 2.5～4.67/秒。烘制红碎茶的平均台时产量为 116.8 千克，煤耗为 0.47 千克标煤/千克茶，热耗为 1988 千卡/千克水。

(权启爱　殷鸿范)

3. 乌龙茶加工机械

近年来，我国台湾省对乌龙茶加工机械的研制十分重视，一批小型专用的乌龙茶杀青、揉捻、包揉、烘焙等作业机械已应用于生产，代替了乌龙茶加工的手工操作。这些机械先进实用，性能良好，不仅在台湾茶区普遍使用，而且随着海峡两岸交流的增多，现已引进到福建、广东等茶区迅速推广应用。并且福建和浙江的一些茶机厂，已对台湾乌龙茶加工机械进行了仿制。为此，大陆各省的乌龙茶加工，不仅在工艺技术上多数向着台湾轻发酵制法靠近,并且使用的加工设备也逐步与台湾茶区相同。

(1) 摇青和杀青机械

在台湾茶区摇青的含义为浪青。故台湾生产的浪青机类似于福建省研制和生产的摇青机,贮青和晾青功能不强,主要用于摇青工序。而综合做青机是一种兼有萎凋、贮青、晾青、摇青功能的设备。

① 摇青机与综合做青机

摇青机的机器结构采用竹编滚筒为主要工作部件,滚筒上装置滑动门便于进、出茶。作业时,由无级变速电动机通过传动机构带动滚筒旋转,通过自动控制系统设定滚筒转速及摇青时间,作业结束时会自动响铃提示停车,易于操作,机器结构也较简单,作业质量良好。作业工况比较单一。

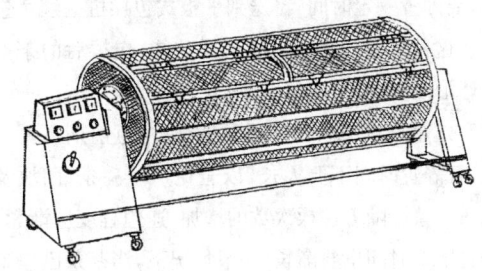

乌龙茶摇青机

综合做青机是福建省农业科学院茶叶研究所试制成功,兼有萎凋、贮青、晾青、摇青四种功能的多用设备,该机采用双层筒体,内筒用于送风、萎凋、晾青,内、外筒之间用于贮放鲜叶和摇青。热源采用电热,并用温控仪控温。筒长200厘米,外径100厘米,每台配两只筒,总容量为200千克鲜叶。筒体有快慢两档转速,"慢速"2.4转/分,用于萎凋和晾青翻叶,"快速"24转/分,用于摇青。作业特点是从鲜叶进筒直至摇青完毕下叶堆青,只要控制合适的风温和"快"、"慢"或"停转"动作时间,即可顺利完成做青作业,制茶品质好而稳定,技术容易掌握,操作方便,劳动强度低,工效高,已在生产中普及。

② 炒青机

类似于大陆茶区名茶加工使用的圆筒式杀青机。由滚筒、保温装置、加热系统、传动机构、出茶装置、控制系统和机架等组成。

滚筒用不锈钢板卷制而成,直径为80厘米左右,长度约2米,中部为圆筒式结构,两端约15厘米长度为锥形。保温装置由两层保温材料外包一层不锈钢外筒组成,套装在炒茶筒体上,下部敞开,用于安装加热煤气炉排。加热系统使用煤气燃烧对转动的炒茶滚筒加热,燃烧器的形式为直排式,由自动电子点火装置点火,点火和燃烧强度均由电脑控制。传动机构是由电脑控制的无级变速电动机通过减速装置带动筒体转动。出茶装置为气动形式,由电脑控制气压缸的活塞顶杆使筒体倾斜,将炒(杀)青叶自动倒出,然后自动将滚筒恢复到水平状态。也可实行手动定时或临时(强迫)出茶。该机的机架用型钢焊制,机器所有的其他结构均装置在机架上,机器下部装有4只行走轮,便于推动。控制系统是一特殊设计的电脑装置,它可按既定程序,并根据加工叶状况自动控制滚筒转速、加热温度(煤气开关开度大小)和定时自动出茶。

炒青机作业时,由电脑按选定的输入程序控制滚筒转速和使加热系统按炒制温度要求对滚筒加热,把加工叶投入滚筒内进行炒制,当炒制适度后,电脑会指挥出茶装置使滚筒停止转动并自动向前倾斜,炒(杀)青叶则自动流出机外,完成加工叶的炒(杀)青作业。由于该机以煤气为热源,火温稳定,杀青均匀而且充分,炒制的加工叶色泽翠绿,品质优良,加上自动化程度高,清洁卫生。

浙江富阳茶叶机械总厂研制的乌龙茶杀青机,与绿茶加工使用的圆筒式炒干机相似,筒体直径1100毫米,可以燃煤柴或电热为热源,除缺少自动控制功能外,作业性能也较好。

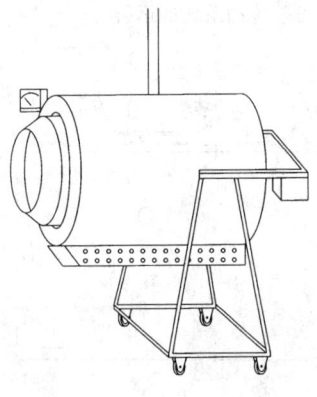

乌龙茶炒青机

(2) 揉捻和包揉机械

闽北乌龙茶的揉捻和闽南等地乌龙茶加工包揉前的初揉,均使用一般的盘式揉捻机。而包揉作业使用的包揉机械则包括速包机、平板式乌龙茶包揉机和松包机等。

① 速包机

速包机为乌龙茶包揉专用机械,也是台湾省较早研制成功的一种包揉机型。它是模仿乌龙茶传统手工揉捻和包揉动作,并吸取其滚、压、转、包等作业原理研制而成。

速包机的主要机构由包揉辊、加压手柄、拖板、传动机构、电器控制系统和机架等组成。

包揉辊为纺锤形,直立安装,共4只,两只为一组前后安装在一块拖板上,共两块拖板,两块拖板又装在同一根螺旋导杆上,螺旋杆中间装有茶包承载盘,两边的螺旋方向相反,随着螺旋导杆的转动,两块拖板便会分别带动各自的两只包揉辊向中间相向靠拢或相离分开。速包机的传动系统由两台电动机传动,其中一台电动机,通过三角皮带和蜗轮蜗杆传动并减速后带动双螺旋导杆转动,从而带动上述两块拖板和两组包揉辊靠拢和分离;另一台电动机,则通过三角皮带传动,带动左边的立轴转动,再由该立轴通过一组链传动,带动右边的立轴转动,两支立轴再分别通过链传动而带动左右两组包揉立辊作顺时针转动,为了保证两块拖板移动时立轴传动的正常,两支立轴均在中部设置了万向节。加压手柄装在两组包揉辊的后上方,中部设有布巾缠绕缺口。电器控制系统由脚踏开关、急停按钮、行程开关等组成,用以控制两条传动系统的运行。

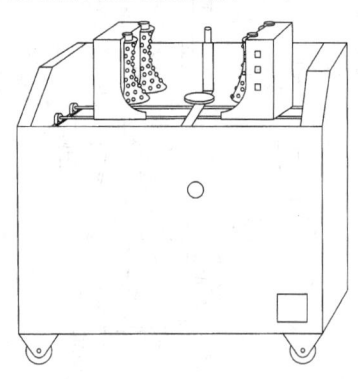

乌龙茶速包机

速包机作业时,将约7千克的初烘叶用包揉巾包裹,将布巾四角提起并初步收拢拧紧,置于四只包揉辊中间的茶包承载盘上。并将包揉巾头绕在加压手柄的缺口上,左手拉紧布头,脚踏左边的脚踏开关,包揉立辊便开始运转,然后则点踏左脚踏开关,包揉辊便断续向内移动,对茶包产生侧向的挤压,松散的茶包在两对包揉辊作用下作逆时针旋转。同时,加压手柄产生正压力,并固定布头,与包揉辊构成反方向的力矩,扭紧茶袋。茶包就这样一方面在包揉辊的侧向转、挤、搓、压和另一方面由加压手柄所施加的"轻—重—稍重"正压力的作用下,被迅速包紧,形成形似"南瓜"状的茶球。一次速包约需10秒钟时间,当速包已成形,即可脚踏右脚踏开关,包揉辊向外移动,速包过程即完成。经该机速包的茶球,要静置一定时间,再送到平板式包揉机上继续包揉。这种机型具有紧袋和包揉功能,包揉后的茶条呈球形或半球形,成型迅速。

作业时的技术掌握要领是,应注意前期不要过紧,且静置时间不要太长,以避免产生扁条、团块及闷热现象。随着包揉次数的增加,速包程度应渐紧,静置定型时间也要渐长,一般情况下,当茶条已包紧至球形或半球形并且茶坯已冷却时,即可将包揉巾束紧静置约60分钟,使其成为紧结的球形,然后即可解包进行复烘和足火。

② 平板式乌龙茶包揉机(球茶机)

平板式乌龙茶包揉机是乌龙茶的包揉专用机械,也是模仿人工包揉原理而研制的机型。由于投入揉捻的茶叶为用布包成的茶球,故在福建也被称为球茶机,或称为Q茶机,通称为乌龙茶包揉机,又因该机的上下揉盘均为平板圆形,故在台湾多称为平板式包揉机。

平板式乌龙茶包揉机的主要机构由上、下揉盘,加压机构,传动机构和机架等组成。上、下揉盘为铝合金材料,相对两面分别装有10根棱骨,下揉盘的边缘还有若干根立柱,用以规范茶球在上下揉盘间的运动。下揉盘可绕竖直的中心轴旋转,上揉盘可由加压机构带动上下移动,但不转动。台湾生产的机型加压机构多为气动加压式,气缸压力可自由调整,揉茶压力随之调节,是一种松软缓冲式加压方式,包揉效果较好。福建和浙江生产的机型多采用手动或专用电动机,通过螺杆带动上揉盘上升或下降,实现加压和解压,包揉压力较难控制。机架为型钢焊接,装有行走轮可供推动。该机的传动机构是由电动机通过三角皮带和蜗轮蜗杆传动,带动下揉盘转动。

平板式乌龙茶包揉机作业时,将经速包机速包后的茶球,置于包揉机的上、下揉盘之间,每批3只茶球。开动电动机,使下揉盘转动;操作上揉盘使其下压,当接触茶球后,再继续下压约5厘米,茶球便在上、下揉盘之间滚动,并在棱骨和立柱作用下被不断翻转卷紧,使加工叶体积缩小,茶汁被搓揉挤出,条索并逐渐紧结,约经历3~7分钟,完成包揉作业。该机每次可包揉茶叶4~15千克,一般认为,茶球越结实,包揉质量越好。

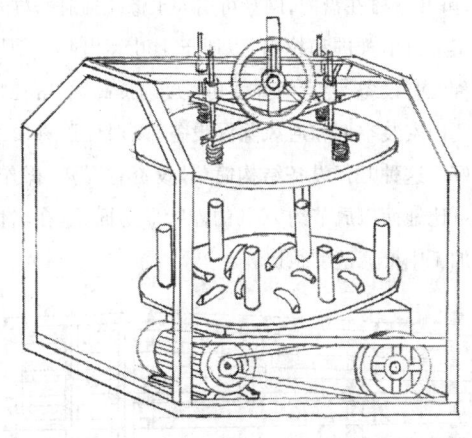

乌龙茶包揉机

③ 松包机

松包机是与乌龙茶速包机和包揉机配套使用的设备。作用就是将完成包揉作业的茶球解碎,便于下一步的烘焙。

松包机的主要结构由松包滚筒、操作杆、传动系统和机架组成。松包滚筒、操作杆、传动系统和电动机均安装在同一框架上,电动机直接传动蜗轮蜗杆减速箱,而蜗轮蜗杆减速箱动力输出轴则直接连装在滚筒后端。框架两侧铰接安装在机架上,在操作杆的操纵下,框架及滚筒可绕两铰接点上下转动,以便卸叶。松包滚筒为一不锈钢圆筒,筒体内壁装有解散杆,用以打碎茶块;操作杆的作用是操作筒体绕铰接点上下转动,当筒体处于上部位置即轴心线水平时,为作业状态,这时筒体可被锁住并可旋转作业,当用操作手柄将筒体压下时即出茶;传动机构位于筒体的后部,用以带动筒体运转作业。

松包机作业时,将解去包揉巾的茶球放入松包机的滚筒内,开动机器使松包滚筒旋转,这时茶球即与转动滚筒内壁上的解散杆碰撞,并在解散杆的翻抛下,实现解散茶球和团块的目的。

(3)烘焙机械

干燥是乌龙茶加工的最后工序,它由烘干和焙火两个阶段完成。

① 烘干机械

台湾乌龙茶烘干所用的机器多为小型的手拉百页式或自动链板式烘干机,机器结构与大陆茶机厂生产的机型相似。

此外,有一种专为乌龙茶烘干设计的乌龙茶烘干机,由烘干箱体、炉灶、送风风机和传动机构等组成。烘干箱体内装有可放置多层摊叶竹匾的竹匾架,竹匾架在传动机构带动下可在一定角度范围内转动。炉灶装在箱体的一端,大陆仿造机型使用多孔煤饼灶,两排六孔,总共可放18只煤饼,点燃后可维持4小时以上的烘干时间。煤饼炉灶置于与箱体相连的炉灶罩壳内,上部与送风机相通,风机装在箱体的侧壁上,可直接将煤饼炉产生的清洁烟气吹入箱体内,对加工叶实施干燥。为更换煤球方便,煤饼炉灶可整体从炉灶罩壳内拖出。乌龙茶烘干机作业时,点燃各灶孔内的煤饼,煽净煤烟,推入机体,将摊满加工叶的竹匾放置在竹匾架上,启动电机使传动机构带动竹匾架转动,对加工叶干燥,直到符合要求。这种烘干机是一种直接向箱体鼓入煤饼清洁烟气的烘干设备,风机风量不大,但烟气温度相对较高,具有边烘、边焙干燥功能,有利于乌龙茶特有香气的形成,但应注意烟气的洁净。

② 焙干机械

乌龙茶加工特别强调焙火,台湾研制生产的焙茶机,实际上是一种焙茶温度和时间可调、焙茶盘可作360°旋转的大型电气烘焙箱。该机形状似家用烘箱,焙茶热源为电热元件。一般内置15层烘茶盘,每层可摊茶叶2千克,焙茶温度70℃~150℃。可自动控制,焙火充分,茶叶受热均匀,成茶品质良好,操作也方便。此外,福建和浙江还参照台湾有关乌龙茶烘焙机械技术,生产了一种小型的乌龙茶烘焙箱,基本结构与上述大型电气烘焙箱相同,只是作业时焙茶盘不能旋转,焙烤均匀程度可在作业过程中,用颠倒摊青网盘在箱体内的上、下位置或手工翻拌茶叶来实现。

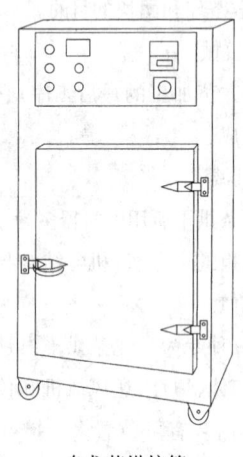

乌龙茶烘焙箱

（权启爱）

4. 名优茶加工机械

名优茶加工机械类型众多。可分为鲜叶处理机械、杀青机械、揉捻机械和成型干燥机械。前几种为名优茶加工的通用设备,多为在大宗茶加工设备基础上作小型优化设计而成,并可用于多类名优茶加工,故做统一介绍。成型干燥机械则是按照不同名优茶加工工艺要求分别进行研制和设计的设备,一种设备往往仅能用作一种名优茶加工,故特按名优茶的形状分类分别进行介绍。

（1）鲜叶处理设备

鲜叶处理设备包括鲜叶贮存与摊青设备和鲜叶脱水设备。常用的贮存和摊青设备有地面贮存和摊放、帘架式贮青和摊放设备、槽式贮青设备、车式贮青设备等,其中槽式贮青设备、车式贮青设备与大宗绿茶加工使用者相同,在此不作介绍。鲜叶脱水设备有鲜叶脱水机。

① 地面贮青和摊放

茶区广大农户和小型茶叶加工厂,多使用这种方式进行鲜叶摊放和贮存。是一种将鲜叶摊放在铺有篾簟的水泥或地砖地面上的摊青方式。摊青的场合要求清洁、阴凉、透气、避免阳光直射,水泥地要求光洁、不起灰,但不允许直接摊放在地面上,应摊放在竹编篾簟上,摊叶厚度 2～3 厘米,每平方米篾簟可摊放鲜叶 2～3 千克。这种摊叶方式的优点是投资省,但所需摊叶厂房面积大,不卫生。

② 网框式贮青和摊放设备

名优茶加工和小型茶叶加工厂多使用这种贮青设备。网框式贮青设备的主要结构可分为框架和摊叶网盘两部分。既可用木料加工,也可用不锈钢金属材料制成。框架用于放置摊叶网盘,一般有 5～8 层网盘可放,每层高度约 25 厘米。网盘边框一般用木料制成,底部为不锈钢丝网,深度约为 10～15 厘米,鲜叶就摊在盘内,网盘可用人工像拉抽屉一样从框架上自由推进和拉出,以便于上叶和出叶。使用这种贮青设备,贮青间湿度和温度易提高,故常在贮青间内安装空调和通风除湿设备,以保证贮青质量良好。这种贮青设备结构简单,投资省,易于操作,约可比地面摊放节约70%的摊叶厂房面积,在名优茶加工中推广速度很快。

网框式贮青设备

③ 鲜叶脱水机

主要用于名优茶加工中雨水或露水鲜叶的叶面水脱除,以保证成茶色泽绿翠,改善香气滋味,并减少燃料消耗。

鲜叶脱水机的工作原理和结构,与家用洗衣机的脱水机基本相似。主要结构由转筒、机体、坐垫总成、刹车装置、电动机和开关等组成。转筒是脱水机的核心部件,用冲孔不锈钢板卷制而成,工作转速为

940转/分。机体为整台机器的支承部件,承载机器重量及工作时所产生的扭矩和冲击力。刹车装置是为了在转筒作业结束时,对转筒增加阻力,迫使转筒快速停车。

作业时,将25千克左右的雨水叶装入网袋投入转筒内,开动机器,由于转筒的高速转动,鲜叶表面水在离心力作用下,被迅速通过转筒壁上的冲孔甩出机外,2～3分钟即可完成脱水作业。每小时可加工雨水鲜叶200～300千克。

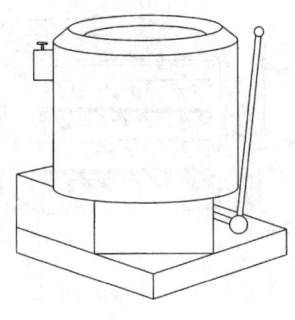

鲜叶脱水机

(2)名优茶杀青机械

名优茶的杀青机械有滚筒式名茶杀青机、蒸汽杀青机、热风杀青机和微波杀青机等。除滚筒式名茶杀青机外,其余机型与大宗绿茶使用者相同。

滚筒式名茶杀青机用于各类名优绿茶的杀青作业。是在大宗茶用大型滚筒杀青机基础上,小型化设计而成,工作原理和结构基本与大型机型相同。

滚筒式名茶杀青机的主要结构由筒体、炉灶、机架和传动机构等部分组成,炉灶热源有燃煤、液化石油气、电等形式。常用的筒体直径有30厘米和40厘米两种,筒体长度分别为135厘米和180厘米。机架由型钢焊制而成,下面装有三只行走轮,其中前部一只轮子的高低,可以操作手轮丝杆机构进行调整,以改变滚筒的杀青时间。

该机作业时,鲜叶在滚筒内经历时间约1分钟即可完成杀青作业。每批鲜叶杀青,开始投叶可适当多一些,以防焦叶,杀青结束,当最后投叶约走过筒体一半时,应脚踏出叶端机架,使筒体出叶端的高度降低,以便快速排出杀青叶,也是为了避免焦叶。滚筒式名茶杀青机用于名茶的杀青作业,具有升温快,杀青均匀,作业连续,杀青叶色泽绿翠,使用得

当,可以获得良好的制茶品质。6CS-30型每小时可杀青鲜叶30千克左右,6CS-40型为85千克左右。目前也有用大型滚筒杀青机进行名优茶杀青的。

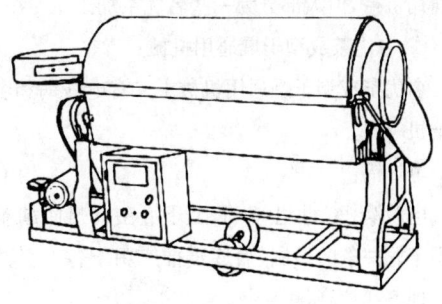

滚筒式名茶杀青机

(3)名优茶揉捻机械

名优茶揉捻机也是一种在大型盘式揉捻机基础上,小型化设计而成的小型名茶机械。主要有6CR-20、25、30、35型等型号。

名茶揉捻机的结构形式与大型揉捻机相同。揉盘有圆形和方形两种,由于揉盘较小,有些揉盘上的棱骨是直接在铜板上冲压出来的;方形揉盘一般采取在金属盘架上铺硬木板,中间部分下凹,盘面上装棱骨,中间不开出茶门,揉盘前端可下落,处在前倾状态时出茶。

名优茶采摘细嫩,杀青后叶质柔软,容易揉捻成条,同时名优绿茶对叶细胞破碎率要求也较低,故在进行揉捻作业时,要适当轻压甚至不加压,时间也短,一般为6～8分钟甚至3～5分钟。

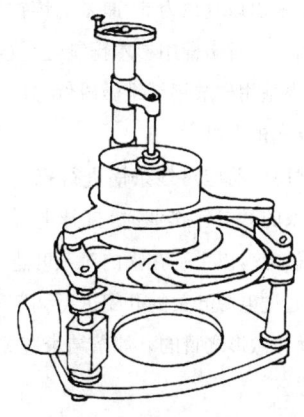

名茶揉捻机

(4) 名优茶成型干燥机械

各类名优茶,尽管色泽、汤色、滋味、香气等特点不同,但外部形状区别最大。为了各类形状的名优茶成型,我国研制了各类名优茶成型干燥机械,部分为通用机械,但大部分为一些名优茶加工所专用。

① 名优茶成型干燥通用机械

名优茶成型干燥通用机械主要有电炒锅和名茶烘干机等。

电炒锅:

电炒锅,20世纪60年代开始在杭州西湖茶区应用于龙井茶的炒制,后逐步推广用于各类名茶的手工理条和炒制。

电炒锅

电炒锅的主要结构由电炉盘、电热丝、炒茶锅、保温层、炉身木桶和开关等组成。

电炉盘采用加有碳化硅的耐火材料制成,形状与炒茶锅相匹配,电热丝就嵌装在电炉盘内的凹槽内,实际上加热后就形成了一种远红外线的辐射器,电热丝分两根,每根的电容量为1.5千瓦,共3千瓦。炒茶锅系锅口直径为64厘米的铸铁锅,装于电炉盘的上面。炉身木桶用杉木箍制,上置炒茶锅,内置电炉盘,内壁用硅酸铝纤维做成保温层,电源开关就装在炉身木桶上沿。

电炒锅使用前应对炒茶锅进行打磨,使锅壁光滑,利于名茶的炒制。作业时,打开电源开关,电热丝对炒茶锅加热,以手工在锅内对茶叶进行炒制,锅温高低,可通过电源开关的开闭进行调节和控制,从而达到干燥和做形之目的。炒茶结束应关闭电源开关和总电源。

名优茶烘干机械:

名优茶烘干机械常用的有手拉百页式名茶烘干机和自动式名茶烘干机,均根据大宗茶所使用的机型小型化设计而成。

手拉百页式名茶烘干机多为摊叶面积为3平方米以下的小型烘干机型。主要结构与操作方式与大生产中所用机型基本相同。该机结构简单,烘制的茶叶品质也较好,使用可靠,故障少,但操作较麻烦。

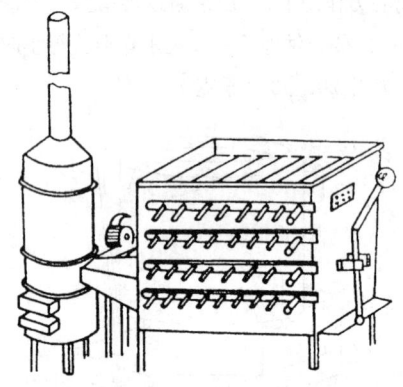

手拉百页式名茶烘干机

自动式名茶烘干机与大宗茶加工所使用的大型自动链板式烘干机结构相似。烘箱内的烘层三组,烘层有烘干网带和链板两种形式。网带式烘层,干燥均匀度好,但烘箱体积大,摊叶面积只有烘层的一半;链板式烘层,每层都可摊叶,箱体体积较小,但结构较网带式复杂。生产中使用的自动式名茶烘干机摊叶面积有0.75~3.0平方米范围内多种型号,每小时可烘制干茶5~20千克。不设上叶输送带,而由人工手工上叶。传动机构由电动机经蜗轮蜗杆减速器、棘轮棘爪等调速装置、烘层间链轮链条传动系统,驱动箱体内三组烘板曳引链条运行。作业时,当热风温度达到要求时,向最上层均匀铺放加工叶,由于烘板的不断运行,加工叶逐层翻落,热风炉产生的热风由风机通过热风管道和分层进风装置,按合理比例流量进入箱体上、中、下部,分别穿透各组烘板上的茶层,对加工叶实施干燥。

② 名优茶成型干燥专用机械

名优茶成型干燥专用机械有专门用于扁形、卷曲形、针形等名优茶成型干燥的设备。

扁形茶炒制机械主要有多槽式扁形(龙井茶)炒制机和长板式扁形(龙井)茶炒制机。

多槽式扁形茶炒制机是因为使用一种多槽式的

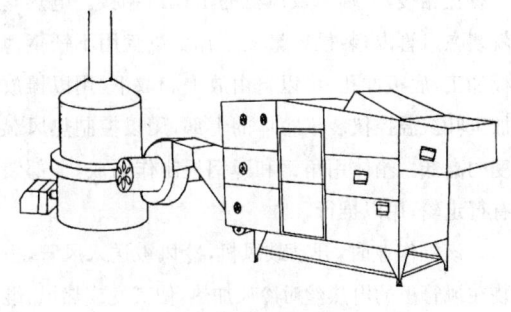

自动式名茶烘干机

炒茶锅炒茶而得名。是一种既可用于龙井茶等扁形茶全程炒制，又可用于其他名优绿茶的杀青、理条等作业的机械，故又称名优茶多功能炒制机。

该机原为安徽宣州的一位知识青年何世华20世纪80年代后期所发明。它应用了茶条在加热往复多槽锅内能够被理直的原理，目的是为了克服长炒青绿茶的条索弯曲，并申报了国家专利。90年代初期，浙江有关茶机厂购买了上述专利，探讨将其用于龙井茶炒制中的理条作业。为此，对设备有关技术参数和结构进行了优化和设计，并发现该机不仅能够完成名优绿茶的杀青和理条，而且在茶条已被理直时，向正在往复运行的槽锅内投入一只重量适当圆形加压棒，随着槽锅的往复运动，加压棒便会在槽锅内正、反交替滚动，并且适当改变槽锅往复频率，使压棒保持只滚不跳，茶条就这样一边被理条、一边失水、一边被压成扁形，最后形成扁平挺直的龙井茶条形，完成龙井茶的炒制。为了适应青锅和辉锅炒制，有关厂家增加了槽锅的往复频率变速机构，为了利于水蒸气的散发，增加了向槽锅内吹热的风机等。90年代浙江所有茶机生产厂都投入了该机的生产，最热销时年生产量达约5000台。

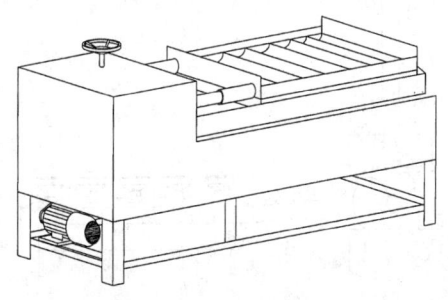

多槽式扁形(龙井)茶炒制机

多槽式扁形(龙井)茶炒制机的主要结构由多槽式炒茶锅、热源装置、传动机构、机架和加压棒组成。多槽式炒茶锅用不锈钢板冲压而成，有三槽、五槽和六槽等多种形式。热源有电热、液化石油气、柴煤和木炭等形式，热源置于多槽式炒茶锅的下部，直接对锅体加热。传动机构由电动机通过减速箱等带动曲柄机构运转，使多槽式炒茶锅在机架上部往复运行。加压棒是一独立棒体，一般用无毒塑料管内灌黄沙，两端封死，外边紧包白色棉布制成。根据使用需要，加压棒有轻、重几种规格，使用时，抛入多槽式炒茶锅内，每槽一棒，通过其往返滚动，将加工叶压成扁形。应用该机进行龙井茶的炒制，也分为青锅和辉锅两个阶段，每台五槽机型，每小时可炒制龙井茶1.5~2.0千克。

多槽式扁形(龙井)茶炒制机具有较强的理条和压扁功能，故炒制出的扁茶条索扁平挺直，且形状均匀，这一点可好于人工炒制。然而由于它磨光不足，茶条表面欠光滑，又由于槽锅宽度较小，成茶色泽青绿，欠清香，有时滋味生涩。

长板式扁形(龙井)茶炒制机是进入21世纪以来，在浙江新昌、嵊州、磐安、武义等地，出现的一种新形式的龙井茶炒制机型。

长板式龙井茶炒制机主要由长形半圆炒叶锅、长形炒叶板、传动机构、热源装置、控温仪表和机架等组成。半圆形炒茶锅用薄钢板卷制，直径约60厘米，安装在机架上，锅的上口后半部装有挡叶罩板，中部装有主轴，主轴两端分别装有3根放射形的撑杆，两端每两根相对撑杆组成一组，其中有两组撑杆间沿轴向装置一块长形炒叶板，炒板上敷有弹性层，弹性层用无毒纤维材料上覆白色棉布制成；一组装置用不锈钢板做成的长板形炒手。炒板的运动方式有旋转式和往复式两种，以旋转式常用。加压是依赖脚踏或手工操作系统使整个压板部件下压或锅体上抬，实现对锅内加工叶的压磨。锅的下方装有热源装置，热源形式有电、炭和煤柴等形式，在用电时使用温控仪调控锅温。

该机作业时，炉灶对炒叶锅加热，将鲜叶投入锅内，开始不加压，使金属炒板先翻拌鲜叶进行杀青，杀青结束用脚踩踏加压板或手工操作系统使长形炒叶板对加工叶加压，由轻到重，并使炒板在锅内有所滑动,实行对茶条压、磨的动作。当加工叶已初步成型且含水率达到青锅叶要求时,出锅摊凉。辉锅炒制操作与青锅基本一样,但炒制温度要适当降低,加压要适当加重。

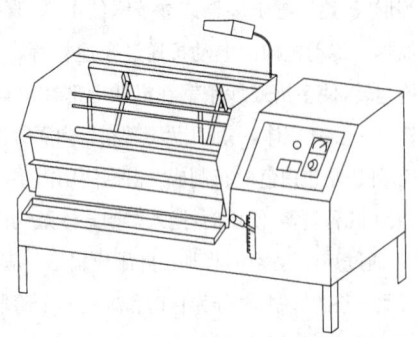

长板式龙井茶炒制机

还有一种三锅式的长板式龙井茶炒制机,每锅结构均似一台机体较小的长板式龙井茶炒制机。三锅轴线平行前后连装,两锅之间装有活门,开启活门前一锅内的加工叶即可被炒板扫入第二槽,直至从第三槽扫出机外。三锅机型是采取控制炒板和槽锅锅壁间隙大小来实现扁形(龙井)茶炒制的,即第一锅间隙最大,锅温也最高,炒板对茶叶只翻不压,以杀青为主;第二锅间隙最小,以压、磨为主;第三锅间隙较小,以磨、压为主。每锅一个炉灶,从前至后锅温逐步降低。这种机型可连续作业。

长板式扁形(龙井)茶炒制机,在结构上保证了炒制过程中的抖、捺、压、磨等功能,成茶外形扁平、较宽,茶条较光滑,色泽黄绿,机器结构也简单,使用方便,在生产上已普遍应用。然而机种对茶条理条不足,故炒制出的扁茶成品,条形多中间宽,两头尖,一芽二叶以上成茶部分芽叶叉开,既不美观,也不符合扁茶的传统风格。

卷曲形名优茶尤其是代表型的碧螺春茶,外形卷曲如螺,白毫显露,故对整形机械的研制带来很大困难。虽然茶区各地对卷曲形名优茶整形机械进行过不少研制,但制茶效果不理想。后来研制成功的曲毫茶炒干机和碧螺春烘干机,仅可作为做形的辅助机型。

单盘式碧螺春烘干机是为碧螺春茶加工专门设计和开发的小型干燥设备。主要结构由电热丝、风管、鼓风机、烘盘、温控仪和箱体组成。风管的上端与烘盘相接,下端与鼓风机的出风口相接。电热丝就装在风管内,装机容量6千瓦。烘盘用不锈钢薄板加工,底板冲孔,可以自由放上和取下,用以摊放加工叶。温控仪装于箱体的上部,用以控制热风温度的高低。箱体用角钢和薄钢板制作而成,下部装有行走轮,用以推行。

该机作业时,开动鼓风机,冷风被送入风管,由装在风管里的电热丝对冷风加热,使其变成热风,继续前进即从烘盘底板的孔眼中穿出,透过烘盘中的加工叶实施烘干。在用于卷曲形茶的干燥和做形时,可用手工一边翻叶、一边搓团和解团做形、一边干燥。热风温度可由温控仪设定并控制,热风量的大小,可由装在箱体上的手柄通过控制风管中的闸板进行调节。该机体积小,操作方便,透气性好,所烘制的茶叶色泽绿翠,香气高,每小时可加工碧螺春干茶5千克以上。缺点是生产率较低,只能用于小批量茶叶加工或做样。

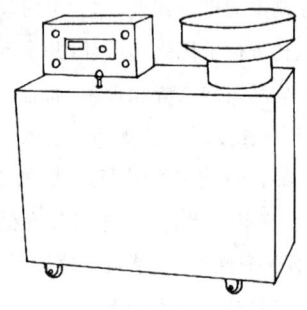

单盘式碧螺春烘干机

多盘式碧螺春茶烘干机是针对单盘式碧螺春烘干机机型过小而设计开发的一种生产率相对较高的碧螺春烘干机。

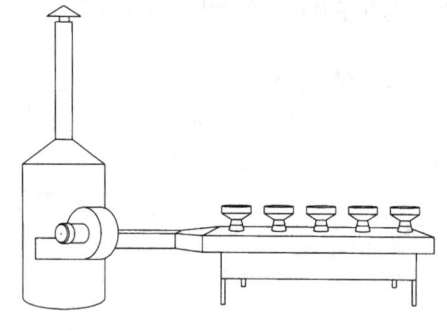

多盘式碧螺春烘干机

多盘式碧螺春茶烘干机同样由烘盘、热风炉、鼓风机、风道、箱体及机架等组成。烘盘有圆形和方形等两种,以圆形常用。有 4 只和 5 只烘盘等形式,烘盘都装在箱体的上面,烘盘结构和规格与单盘式所用者一样,与箱体内的风道的出风口相接,装在箱体内的风道截面积前大后小,可保证每一只烘盘上的风速大小一致。热风炉装在箱体的前面,用于产生热风,热风出口与风道相接,在鼓风机作用下,把热风送入风道和每只烘盘,对盘中的茶叶实施烘干。作业时,烘盘中分别摊放加工叶,每个烘盘配一人操作,对加工叶烘干和手工造形。生产率较高,每小时可加工碧螺春茶 15 千克以上。

卷曲形名茶炒干机研制和设计的目的,是为了解决卷曲形名优茶的做形,但目前使用机型尚难达到这一要求。故生产上只能用作卷曲形和球形名优茶的辅助做形。

卷曲形名茶炒干机主要结构由炒茶锅、炉灶、传动机构和炒茶板等组成。炒茶锅为球形,锅口直径 50 厘米,安装时锅口前倾 21°～23°。锅口上面装有由不锈钢板卷制的炒叶腔,前部留有出茶门。炉灶位于炒叶锅的下方,以电为热源。传动机构由电动机通过链传动将动力传到减速箱,再由减速箱动力输出轴带动曲柄摆杆机构和调位机构并带动炒叶板往复运转,通过调位机构可以调整炒叶板的摆幅大小,以适应不同状况加工叶的炒制。炒叶板系一块特殊形状的金属大板,用不锈钢薄板加工。曲毫型名茶炒干机一般为两锅并列式结构,即将两只炒茶锅及下部的炉灶结构在机架上并排放置,两锅中间设置减速箱和操作装置,也有采用单锅形式的。

该机作业时,炉灶对炒茶锅加热,当锅温到达需要温度时,将加工叶投入炒茶锅内,开动机器使炒叶板往复摆动运转,加工叶在炒茶板反复向心推力和炒茶锅的反作用力的作用下,在逐渐干燥的同时而逐步趋于卷曲或形成初步圆形。

针形茶的做形和干燥,多使用多槽式茶叶理条机和碧螺春茶烘干机结合进行理条和烘干成型。也有应用针形茶整形机进行整形和干燥的。

茶叶理条机是一种基本结构与名优茶多功能炒制机相近的名优茶加工设备,它可用于针形茶的理

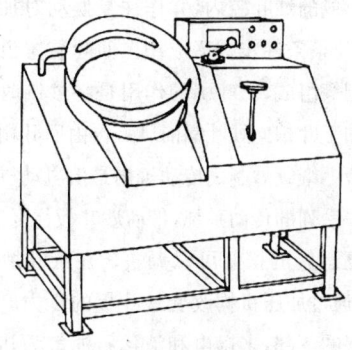

卷曲形名茶炒干机

条,也可用于其他名优茶的理条作业。

该机的主要结构由多槽锅、传动机构、热源装置和机架等组成。多槽锅由 11 条或 7 条轴线平行、横截面呈近似于阿基米德螺旋线形状的槽锅联株组合而成,两者的总体尺寸基本相同,仅是 7 槽槽宽较 11 槽大,故使用中反映 7 槽者蒸汽散发状况较好。为了出叶方便,在锅体的一侧设有一翻板式出茶门,当手提锅体把手将锅体上翻 60°,出茶门便会自动张开,可使槽内的加工叶流出锅外,完成出叶。热源装置位于槽锅的下部,直接对槽锅加热,热源一般用电。传动机构是电动机通过三角皮带传动、减速箱和曲柄连杆机构带动槽锅往复运转,往复频率可在每分钟 170～240 次范围内无级变速。

茶叶理条机作业时,当槽体温度达到 80℃～100℃时,将含水率为 35%～40% 的加工叶均匀投入每一个槽内,每次总投叶量约 1.2 千克左右。经过 4～5 分钟加工叶含水率降至 20% 左右,茶条已基本紧直,香气出现,即可停机,提起槽锅手柄使加工叶出锅。

针形茶整形机由南京市机械研究所于 20 世纪 90 年代为针形茶加工而专门研制,有单锅和双锅两种形式。

该机的主要结构由异形炒茶锅、炉灶、炒叶装置、回叶送茶装置、传动机构和机架等组成。异形炒茶锅是一种用不锈钢板专门加工成特殊形状的锅体,中部的炒板为搓板形状,两边为贮叶槽。炒叶装置由炒叶器和回叶装置等组成,炒叶器实际上是一个位于炒茶锅搓板式炒板上方的弧形炒叶板,是由它将加工叶"抓"、"扣"在由其本身和炒茶锅搓板式

炒板所形成的炒叶腔内,并作往复摆动对加工叶进行炒制,使茶条逐步搓紧成型。回叶装置由扫叶刷和回叶刷等组成,扫叶刷的作用是将炒制时炒叶板吐出的加工叶扫向炒叶锅前、后,再由回叶刷扫至搓板式炒板上继续炒制。传动机构是由电动机通过减速箱和一系列的传动系统,带动炒叶板往复运转,炒叶板往复运转的摆幅可以调整。在茶叶炒制过程中,还可通过加压机构改变炒叶板的压力。炉灶位于炒茶锅的下部,多以电和液化石油气为热源。机架承载和安装机器全部重量和部件,用型钢和薄钢板制作。

(权启爱)

5. 其他茶叶加工机械

(1) 花茶窨制机械

国内常用的花茶窨制机械大致有流动式窨花机、箱式窨花机、翻板式窨花机、链板式窨花机、行车式窨花机和封闭式窨花等几种类型。

① 流动式窨花机

流动式窨花机是一种如小型机动车似的窨花设备。茶和花由人工给料,经车上拌和器拌和后,均匀地流铺在地板上窨制。另外一种形式为非自走式,前进由人工拉动,茶和花分别由两条输送带送入机器上部的茶、花拌和机构,经拌匀的茶和花流铺到地板上窨制。这种窨花机仅仅实现茶、花拌和与流铺机械化,通花、起花仍需人工操作。

② 箱式窨花机

箱式窨花机是福州茶厂、苏州茶厂20世纪70年代初期首先应用的木结构花茶窨制设备。主体结构为窨花箱仓,苏州茶厂所应用的箱式窨花机,由9组窨花箱仓连接而成,整机长22米,宽2米,高4米,每个箱仓可容茶、花400～500千克,下茶通过人工抽拉活动底板,使其开启而实现。窨花箱仓顶层有进茶输送带,将茶、花混合料分别入仓,箱仓下面有出茶输送带,将完成窨花的茶叶送上抖筛机起花,实现了连续化生产。该类机型的优点在于每个箱仓内窨堆量少,茶坯吸香时间延长,窨制质量较好,但开仓抽底板下茶劳动强度较大。适用于批量不大的生产规模。

③ 翻板式窨花机

翻板式窨花机是一种铁木结构形式的窨花机。福建省宁德茶厂研制,日产花茶10吨。该机主机翻板共分三层,每层采用独立传动机构,底层为输送带。花与茶的配比采用简单的机械流量控制方法实现。当窨堆温度达到通花温度时,就开动电机,拉动连杆机构,使翻板上的窨堆自下而上逐级翻落,最后由底层输送带送往后续工序窨花或起花。其优点为结构简单,造价低。缺点是翻床下茶不匀,有波峰,需人工耙平。

④ 链板式窨花机

链板式窨花机系是一种采用承载能力大、平稳性能好的百页板及曳引链组装而成的立体型联合窨花机。20世纪70年代中期福州茶厂、温州茶厂、丽水茶厂、苏州茶厂等均应用了这种窨花机。整机由四层百页板组成,每层采用独立传动机构,可按工艺要求进行无级变速,主机长20～25米,高4～4.5米,百页板宽2～2.3米,日产花茶9～12吨,适于大型茶厂使用。

⑤ 行车式窨花机

行车式窨花机首先在金华茶厂应用。主机部分为一台专用行车,长7米,宽3.5米,高3米,可按窨花工艺要求,在楼面中心线一侧240平方米作业面上作纵横向运行,以便将进茶输送机送来的茶、花混合料,均匀地铺放在楼面上进行静止窨制。该机用电子秤控制茶叶流量,还设有测温报警装置,当达到通花温度时,行车上的刮板下落,把窨堆推向中间长槽内,由输送带送往续窨或起花。该机生产量可达日产花茶12.5吨。

⑥ 封闭式窨花机

封闭式窨花机福建、浙江等地都研制过,杭州茶叶机械总厂于1986年研制完成的封闭式窨花机,首先在金华七一茶厂获得应用。该机由输送机、机架、花和茶箱体、管路系统、传动顶升系统、电气控制系统等组成。日产花茶1.5吨。圆形的茶、花箱体共有18只,分成左、右两组,每组各5只茶箱体和4只花箱体,呈交叉配置。两组箱体通过管路系统构成循环体。在传动顶升机构和主机机架的作用下,两组箱体可进入或脱离密封状态。输送机配有滑道,可左、右滑动,分别对左、右两组箱体加料。该机工作时,在传动顶升装置作用下,首先使所有茶、花箱体间脱离密封状态,操作者将箱拉至辅助机架,由输送机加料。装料完毕将茶、花箱体推入主机架,同时传动顶升装置下降至能使箱体靠自重压紧密封。窨制过程中,整个系统密封循环,开启风机后,管路循环系统进入工作状态,气体交替定时循环流动,使鲜花香气反复通过茶箱体内茶层,达到窨花之目的。出料时箱体位置和进料时一样,操作者可使箱体绕轮架枢轴旋转,将茶及花倒入底部料仓。封闭式窨花机应用的是一种鲜花与茶坯不直接接触的新型隔离式窨花原理,并且还可向系统内不断补充氧气,可较长时间保持鲜花活力;由于窨制呈封闭状态,香气不外溢,鲜花利用率高,并且不需通花和起花,整个窨制过程卫生、清洁,窨花质量较好。但是,由于这种窨花形式的机理还需进一步探讨,现在应用的机型比较庞大,加上窨制的花茶香气的鲜灵度较高,而持久性较差,故生产中尚应用不多。

(2)紧压茶加工机械

紧压茶品种比较多,主要是砖茶,砖茶加工所应用的机械,初制及复制均与红、绿茶加工所用的机具相似,惟蒸压机械为砖茶所特有。

蒸茶所用的机具为蒸茶器,主要由进茶斗、蒸汽通道、蒸笼、出茶器组成。工作时,半成品茶从进茶斗徐徐落入蒸笼内,蒸汽通过蒸汽通道进入蒸笼,将茶叶蒸软,废蒸汽由进茶斗排出,出茶器可用封闭叶轮转速控制茶叶在蒸笼内的停留时间,完成蒸叶的原料即可装入砖模,用压砖机压制成形。

砖模,也叫木屉,由木质或铝木结构模框、木质上、下板及铝隔板、铁滑栓组成,为提高生产效率,设计成每块砖模内压制两块砖。

压砖机,整个生产线上有预压机、复压机、退砖机,因功用不同而叫法不一,实际上均为压力机。目前常用的压砖机有螺旋式、蒸汽式和液压式等几种。预压机将砖模内第一次装料的茶叶压实,便于加中间隔板和第二次装料,复压机将两次装入的茶叶进行一次压制成形。退砖机是利用压砖机机头的冲击将砖和木模框脱开,完成出模。然后修砖、包装、发花、烘干等,完成砖茶加工。

(3)速溶茶加工机械

速溶茶是以成品茶或鲜叶为原料,通过提取、过滤、浓缩、干燥等,加工成一种易溶于水的小颗粒状或粉料的新型饮料,冲饮方便。我国从20世纪70年代开始研究速溶茶的加工技术,应用较多的是真空干燥和喷雾干燥技术。提取所用设备大部分是从化工等设备中选用的,只是根据加工工艺不同,进行必要的匹配。提取可用水提或酒精等有机溶剂,常用设备为提取罐,其方式为加温冲泡。浓缩常用的设备为真空浓缩装置,如盘管式浓缩器、薄膜浓缩器等,使提取液在真空状态下加热,沸点低,液体呈沸腾状态,水或溶剂气化而排出或回收,达到浓缩的目的。现常用的还有反渗透膜浓缩装置,可在室温状态下浓缩,从而能有效保留茶叶风味。干燥应用真空干燥箱或喷雾干燥机和冷冻干燥机。

(权启爱)

6. 茶叶精制机械

茶叶精制加工所用的机械有烘干机、炒车机械、平面圆筛机、抖筛机、拣梗机、风力选别机、切茶机、匀堆装箱机等。

(1)炒车机械

"干燥"是茶叶精制的重要作业之一。毛茶的"复火"或"补火"一般应用烘干机来完成,所用烘干机可与初制通用。若毛茶吸水过多,茶团结牢或条索松开不整齐,就必须再行加热干燥"做火",使之紧实松脆,便于分解茶团。再者绿茶上扇或红茶做黄片使用飘筛之前,也必须"做火"。否则含水量多而重的大叶片难以分出,特别是加工外销茶,均需"做火"。"做火"所用的机器叫复炒机。而"复火"、"补火"之后用于车色滚条的设备为车色机。

① 复炒机

复炒机由机架、炒叶锅、炒叶器、升降机构等组成,可以烧柴、烧煤或以蒸汽为热源。机器的形式与双锅杀青机或双锅炒干机相似,炒叶锅也是两只直径为840毫米的铸铁锅,不过每只铁锅底部都设有出茶门,复炒好的茶叶由出茶门接出。复炒机的最大特点在于炒叶器,炒叶器的翼轮式炒手,不但能随中心轴转动,而且能绕叶轮轴旋转,即炒手同时有两个旋转方向,使锅中的茶叶一方面沿锅壁回转,一方面又能上下翻动,其优点是炒车翻动均匀。但碎茶率较高。

② 车色机

所谓车色就是经过机械加工使茶叶色泽均匀、绿润起霜,并且通过滚条使茶叶条索紧结,使钩曲茶条脱钩,达到光滑平直。车色机一般为八角滚筒式,一台机器并立两口滚筒,或分上、下两层,每层1~2只滚筒。按照八角滚筒的形状,可分为两种形式,一种为直筒式,另一种是瓶式,两种各有特点,前者车色作用较好,后者则紧条作用较强。车色机工作时,由于滚筒旋转,茶叶在滚筒内壁翻转摩擦,茶叶本身也相互摩擦,从而使茶条去刺脱钩,光滑平直,条索滚紧,增加色泽,绿润起霜。一般在"复火"或"补火"后趁热进行车色,可获得更为理想的效果。

生产中应用的还有一种炒车机,车色滚筒分上、下两层。上层滚筒用电或其他热源加热,通过"滚炒"起干燥滚条作用。下层滚筒利用余热继续车色滚条,使一台机器同时完成复火、车色两个作业过程,简化了工序,提高了工效,作业质量比单独复炒及车色好。

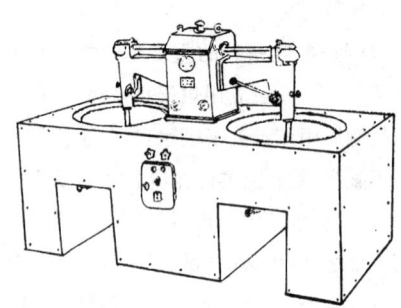

茶叶复炒机

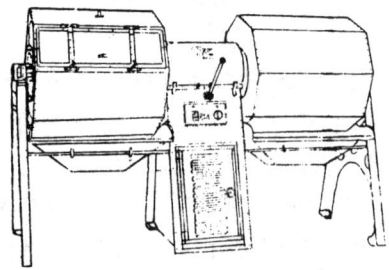

八角双滚筒式车色机

(2) 筛分机械

筛分机械有圆筛机、抖筛机和飘筛机等。筛分机械结构上的共同点是都有筛网。筛网有编织筛网和冲孔筛网两种。

① 平面圆筛机

用于茶叶精制中的分筛和撩筛作业。作业时筛床作水平的旋转运动,当加工叶投到筛面上以后,在微倾的筛面上,作相应的回转运动,将长短、大小不同的茶叶,依次在几层筛面上分成数档,目的是分出长条茶的长短和圆形茶的大小。一般圆筛机具有四层筛面,将茶叶分成 5 个筛号茶。

平面圆筛机由机架、筛床座、筛床、传动机构和茶叶输送装置等构成。机架就是机器的底座,由铸铁浇铸或由型钢焊接而成。安装筛床的筛床座一般由槽钢焊成。作业时,动力通过传动机构带动曲轴旋转,并由曲轴带动筛床座和筛床作平面回转运动。筛床由四面墙板围成,内装四面不同筛孔的筛网,筛网由镀锌钢丝和矩形木框构成。一般茶叶机械厂出厂的圆筛机配用筛网 10 面,筛网规格以每英寸筛网的孔目数为依据,常用者有 3、4、5、6、7、8、10、12、16、18、20、24、32、40、60、80 孔等,可依不同作业需要,随时进行更换。平面圆筛机的曲轴偏心距一般为 38 毫米,圆形茶筛分用的圆筛机,曲轴偏心距常用 32 毫米。用于筛分作业的圆筛机曲轴回转转速常采用 180 转/分左右,撩筛作业的圆筛机为 220 转/分左右,可以用更换三角皮带轮的方法改变曲轴转速。圆筛机在用于圆形茶精制时,回转速度应稍低。因为筛床座、筛床及加工中的茶叶具有一定的质量,故回转时产生的离心惯性力较大,造成圆筛机作业时的显著振动。因此,近年来各茶机厂均在详细计算的基础上,在圆筛机传动部分设置了平衡块,大大降低了机器工作时的振动。

② 抖筛机

抖筛也是茶叶精制加工的主要作业之一。生产中应用的抖筛机有两种形式,一种是往复抖动式,称为抖筛机,生产中常用;另一种是上下振动式,称为振动抖筛机,尚处在试用之中。抖筛机的基本结构有筛床、传动机构、缓冲机构和输送装置等,一般为双层四筛,曲轴回转速度 250 转/分左右,偏心矩为

20～25毫米。筛网可根据茶类需要进行匹配和更换。抖筛机的筛面与水平面之间有一定的倾斜角度,筛床由曲轴和连杆带动作往复运动,同时,借助于缓冲机构弹簧钢板的弹力,筛床不仅有前后往复抖动,而且带有轻微的上下跳动,因而使筛网上的茶叶能直立起来,细小的垂直穿过筛孔,粗大的在筛面上向出口移动,从而分出茶叶的粗细,起抖头抽筋作用。

③ 飘筛机

飘筛机是按手工飘筛的工作原理设计而成。主要由机架、传动机构、花篮状框以及输送装置组成,一般为一机两筛,呈天平状。飘筛机主要用来分离比重近似,下落时呈水平状态的轻黄片、梗皮等夹杂物,往往用在风力选别机无法分离的茶叶,红茶精制应用较多。飘筛机工作时,锥形筛面一边上下跳动,一边作缓慢的水平旋转运动,跳动次数为300次/分,跳动行程30毫米。茶叶由输送带分两路分别进入左右筛框,从筛边投入,在筛分过程中逐步向中间移动。筛面之所以要上下跳动,其目的是将茶叶抛起,使其中较重而优质的茶叶先行落到筛面上,不断与筛面接触,而易于通过筛网落下,较轻而质劣者则随后落下,与筛面接触机会极少而留在筛面上,移动至中间经孔中流出,从而达到筛分要求。筛面水平旋转的作用是为了使筛网上的茶叶分布均匀,并与落下的茶叶在平面内产生相对运动,有利于茶叶通过筛网。

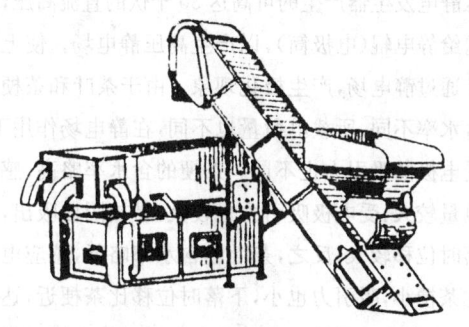
茶叶平面圆筛机

(3) 切茶机械

切茶机的种类较多,主要有齿辊式切茶机、滚切式切茶机、圆片式切茶机、螺旋式切茶机和平面式切

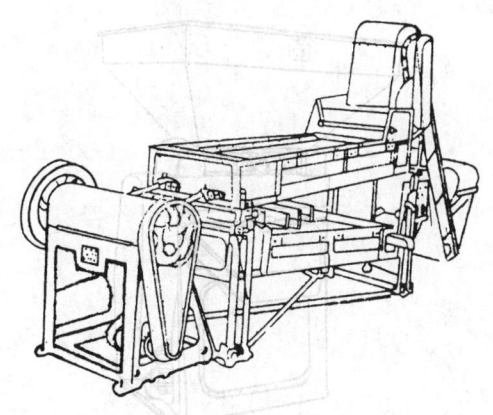
茶叶抖筛机

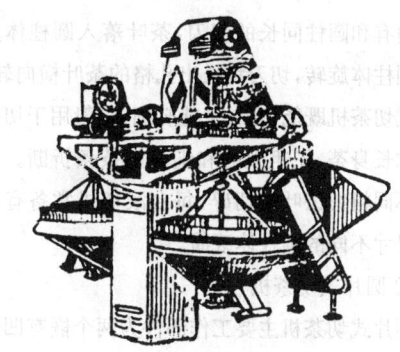
茶叶飘筛机

茶机等。

① 齿辊式切茶机

齿辊式切茶机是国内使用最普遍的切茶机,由齿辊和齿形切刀、进、出茶门、传动装置和机架等组成。齿辊有整体式的,也有组合式的,组合式齿辊用环形齿刀和齿刀垫圈间隔而成。齿辊齿形切刀各刀齿之间的侧向间隙一般在0.1～1.6毫米。切口深度可通过调节手轮移动齿形切刀进行调节,以适应不同茶类的切轧需要。茶叶由进茶门落入齿刀间,由于旋转的齿辊齿刀与固定的齿形切刀的相对运动,而使茶叶切碎。齿辊式切茶机切断力强,效率也较高。该机如与螺旋式切茶机配套使用,螺旋式切茶机切轧茶坯,而齿辊式切茶机切碎茶梗,效果则更好。

② 滚切式切茶机

滚切式切茶机主要工作部件为两个嵌满大小相同方孔的圆柱体,圆柱体紧密接触,相对转动,圆柱

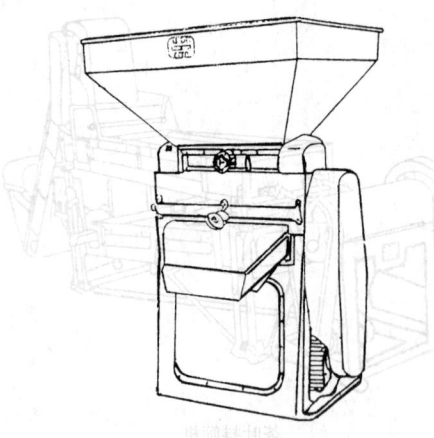

齿辊式切茶机

的两边有和圆柱同长的切刀,茶叶落入圆柱体方孔内随圆柱体旋转,切刀将长出孔格的茶叶横向轧断。滚切式切茶机既能切断,又能轧细,一般用于切轧毛茶头和长身茶,把粗大的和细长的茶条折断。为了适应不同粗细茶叶的切碎,每台滚切机常备有几对方孔尺寸不同的圆柱体滚筒。

③ 圆片式切茶机

圆片式切茶机主要工作部件为两个嵌有凹凸条形的铁轮盘构成,两个铁轮盘一个固定,一个活动,相对转动。两个圆盘间的距离可依上切茶的状况随时调节,粗茶、长条茶距离宜大,细茶、圆块茶宜小。这种切茶机既能轧断粗大茶头,又能轧细过粗大的子口茶,主要用于轧碎筋梗茶,但切后碎末茶较多。

④ 螺旋式切茶机

螺旋式切茶机由两个带有螺旋槽的滚筒同时内向转动,茶坯从两滚筒间通过时,就能把茶叶挤断或轧碎,功用近似滚切机,而保梗作用较其他机器都好,所切茶条形状较好。缺点是切茶反复次数较多。

⑤ 平面式切茶机

平面式切茶机有平面往复式切茶机和平面旋转式切茶机两种形式。平面往复式切茶机有单层和双层两种形式,主要工作部件为一往复运动的编织筛网与一固定的平行切刀。平行切刀的作用与刮筛机构类同,但往复频率较高。平面旋转式切茶的主要工作部件为一作平面旋转运动的冲孔筛板与一组交叉固定的切刀,筛板运动与平面圆筛机相同,茶叶依靠筛板与切刀的相对运动而切碎。

(4)拣梗机械

茶叶拣梗机是利用茶叶和茶茎的物理特性不同而设计的梗叶分离设备。拣梗机的种类有机械拣梗机、静电拣梗机、光电拣梗机和色差拣梗机等。

① 阶梯式拣梗机

阶梯式拣梗机是一种机械拣梗机。它利用茶叶与茶梗的长度不同这一物理性状来拣剔茶梗。该机由机架、传动机构、拣床三大部分组成。工作时,传动机构带动连杆使弹簧扁钢定向振动,从而使整个拣床产生振动。拣床上的多槽板用铸铝经切削加工或铝板冲压而成,一般为4~6层,前低后高,呈阶梯状排列,这就是阶梯式拣梗机名称的由来。由于拣床不断前后振动,使茶叶在拣床上纵向排列成行,沿着倾斜的多槽板向前移动,经过前后两块多槽板的间隙时,较短而又弯曲的茶叶,在未碰到拣梗轴以前,刚一接近间隙,重心已超过多槽板边缘而翻落在沟槽内,进入下一层多槽板,继续进行拣剔。较长而平直的茶梗,则因重心比较偏后,故能保持碰到拣梗轴以前不前倾,由拣梗轴送越槽沟,使茶叶和茶梗分离。阶梯拣梗机之所以布置多层,是为了提高拣剔效果,一般茶叶拣梗需经多次分离。阶梯拣梗机以拣长梗性能最好,故应注意在切茶时要尽量保梗。

② 高压静电拣梗机

静电拣梗机是利用茶叶与茶梗的含水率不同这一物理性状来拣剔茶梗的。它由输送装置、高压静电发生器、分离机构和传动机构等组成。工作时,高压静电发生器产生的可高达30千伏的直流高压,输送给静电辊(电极筒),以产生高压静电场。使上拣叶通过静电场,产生极化现象。由于茶叶和茶梗的含水率不同,所载电荷量也不同,在静电场作用下,受电极的吸引力也不同。茶梗的含水率略高,感应电量较大,受电极吸引力也较大,易被阴极吸出,下落时位移较大;反之,茶叶的含水率略低,感应电量比茶梗小,吸引力也小,下落时位移比茶梗近,达到梗、叶分离的目的。茶叶的含水率对静电拣梗机的拣梗性能影响十分明显,生产实践证明,不同茶类应用静电拣梗机剔拣,适拣含水率也不一样,一般情况下,绿茶含水率6%左右,工夫红茶3%~3.5%,红碎茶3.5%~4.5%时,拣梗效果最好。

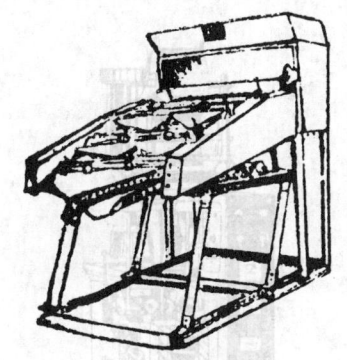

阶梯式拣梗机

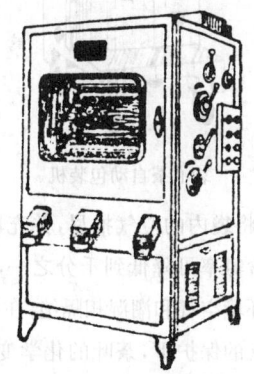

高压静电拣梗机

(5) 风力选别机

风力选别机的功能是利用风力作用,分出茶叶的轻重,从而扬去黄片、茶末和无条索的碎片。该机作业时,茶叶在风选机中随风飞扬,在长短粗细基本相同的筛孔茶中,重实的下落快,落得较近,从较前的出茶口排出;较轻的下落慢,飞扬较远,从较后的出茶口排出,把轻重不同的茶叶分成许多不同的等级。风选是分清茶叶品质优次,保证茶叶身骨和嫩度均匀的关键,是给茶叶定级的主要阶段。

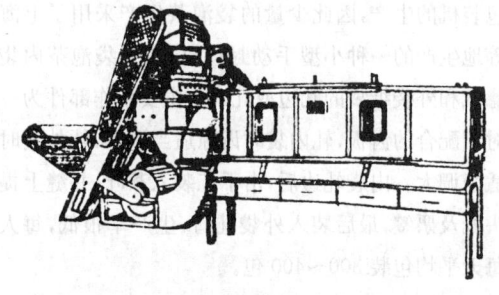

茶叶风力选别机

风力选别机有送风式选别机和吸风式选别机两种形式,送风式使用较为普遍。送风式选别机又称吹风风选机,风扇设在风选箱体进茶口的前面,顾名思义,茶叶被吹着前进,即正压,因轻重厚薄不同,抗风力不一样,而在不同距离下落。而吸风式选别机风扇装在风选箱体的后面,又称拉风风选机,空气流被拉进风选箱,即负压,茶叶进入风箱随气流飘移,分别在不同距离下落。风选机通常有 6 个出茶口,第一口为砂石口,尾端为灰尘口。

(6) 匀堆装箱机

匀堆也称打堆,将经过筛分、切细、风选拣梗、车色等多次处理后的各档筛号茶,按照拼配比例混合均匀,并且分装到规定箱内的机器,即为匀堆装箱机,其种类形式繁多。

① 联合匀堆机

联合匀堆机是将各档筛号茶叶分别投入多格进茶斗的不同斗内,然后根据拼配配比分别调节各斗下部出茶门开度的大小,茶叶经出茶口落在下方的平输送带上,送向一端,再经风送至总贮茶斗内,最后从总贮茶斗出茶口流出,过磅装箱。该机结构简单,可连续作业,茶尘较少,但占地面积大,进茶斗各开口大小比例控制困难,各斗流完时间不一,影响均匀度,并且风送易增加碎茶。

② 行车式匀堆机

将各档筛号茶像联合匀堆机一样分别投入不同的进茶斗内,按比例开启出茶门,使茶叶落到下方振动槽内,再经升运输送装置、行车撒茶输送带把茶叶送入多只拼合斗内,经拼合斗下部的出茶口,再同时落在下部平输送带上,送去过磅装箱。这种匀堆机可以提高均匀度,但机内反复循环混合易碎茶,占地面积也较大。

③ 撒盘式匀堆机

与上述两种匀堆机相似的多格进茶斗中按比例流出的茶叶,经平、斜输送带送到旋转撒盘上方的各茶斗内,待茶斗内容纳一定数量的茶叶后,打开各斗出茶门,这时茶叶一边随斗旋转,一边从出茶口撒落到拼合大斗内,然后过磅装箱。这种匀堆机占地面积小,但匀度欠佳。

④ 转筒式匀堆机

转筒式匀堆机由上茶输送带、匀茶滚筒、出茶输送带、装袋部分及机架等组成。打开匀茶滚筒上部的进茶口,由上茶输送带将茶叶送入筒内,茶叶投毕关闭进茶门,使滚筒缓慢地旋转(0.5～1.0转/分),转动一定时间后,停止旋转,打开滚筒下部的出茶口卸茶,混合均匀的茶叶出茶输出带送至装袋部分,过磅装箱。匀茶滚筒的形状有五角形、六角形、七角形、八角形等,容量大小300～5000千克不等。

⑤ 自动拼配匀堆机

将各种筛号茶分别投入不同的进茶斗内,通过调节各斗下方电磁振动槽的振幅,使茶斗内的茶叶自动地按给定拼配比例流到平输送带上进行混合,再经过圆筛机去末,流入贮茶斗,然后过磅装箱。这种匀堆装箱机配比较准确,也能连续作业,茶尘较少。

(7) 茶厂通风除尘设备

茶叶初制的炒干和烘干,及茶叶精制过程中的反复加温翻炒、筛分、切细、风选等,会造成厂房内温度较高,茶灰飞扬,空气中含尘量极高,如不及时处理,将会影响操作人员的身体健康,并加速机器的磨损。为此,在一些大型茶厂,尤其是精制茶厂,都装有通风除尘设备。茶厂中应用较多的是机械除尘系统,而且一般采用集中式除尘方式,它由通风机、风管、抽风罩、净化设备(除尘器)等构成。布置时将所有需抽风处的抽风支管,全部连接于集合管上,然后通过总管与通风机和净化设备相连接。净化设备(除尘器)一般应用旋风式,也称之为"气旋",结构较简单,可用于除去车间内的较大尘粒。当然,也有采用单机局部除尘的,如在自动烘干机顶部应用的还有一种用木板或金属钢板制成的简易降尘罩,外接风管和风机将粉尘抽出车间。

(8) 茶叶包装机械

随着市场经济的发展,人们对有利食品保鲜和食用方便的包装愈来愈重视,茶叶大包散装销售将被各种形式的小型包装所代替,这是大势所趋。因此,抽气充氮和袋泡茶等包装形式发展很快,所使用的机具也随之发展起来。

① 抽气充氮包装机

这种包装机可将茶叶封装在特制的复合铝膜塑

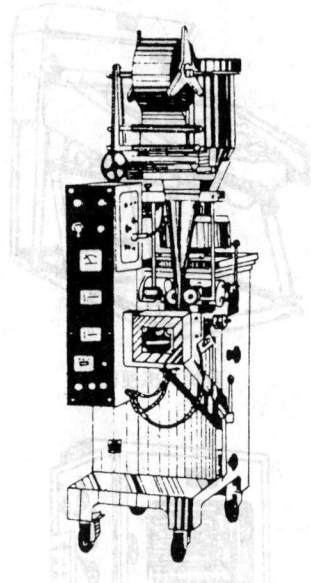

袋泡茶自动包装机

料袋中,机器将袋内的空气抽尽,并充以氮气代之,一般袋内的含氮率可降低到千分之一,使所保存的茶叶与外界环境空气和潮湿相隔绝,在避光、缺氧和惰性气体氮气的保护下,茶叶的化学变化变得非常缓慢,因而能够长期保存其色泽与滋味。抽气充氮机主要由真空泵、高压容器、电子控制装置和电热封口机等部分组成。真空泵和高压容器主要用来抽出茶袋中的空气,并由高压容器供氮气,以便充入袋中;封口机主要利用快速电热元件为复合铝膜塑料袋封口;电子控制器控制着抽气与充氮的自动轮换作业,并将工作状态从仪表上显示出来,为了适应包装容积变化的要求,还有精细的程序调节装置,使包装符合质量标准。

② 袋泡茶包装机

20世纪70年代,由于国内尚没有大型袋泡茶包装机的生产,因此少量的袋泡茶生产采用了上海等地生产的一种小型手动封口机,用于袋泡茶内袋滤纸和外袋纸袋的轧边或轧口。主要工作部件为一对相配合的齿板,轧内袋时齿隙适当调小,轧外袋时适当调大。内袋轧边后,由手工装入茶叶,并缝上提头线及票签,最后装入外袋轧口,生产率很低,每人每天平均包装300～400包。

20世纪80年代以来,我国对袋泡茶包装机的研制十分重视,不少厂家进行了袋泡茶包装机的生产。如天津市轻工业包装机械厂研制生产的袋泡茶包装机,用于包装碎茶,每袋包装量范围约 1.5～4 克。包装时内袋使用热封型滤纸,可自动完成内袋制袋、计量、充填、封合、分切、加提线,包装速度为 28～55 袋/分,是一种仅能包装内袋的袋泡茶包装机。而洛阳南峰机电设备制造有限公司则研制生产了各类机型。也是采用热封型滤纸,有的机型还可使用纸塑复合袋,包装碎茶。性能全面的机型,可将内包装滤纸、外包装纸和标签纸等的传输、内、外包装制袋、茶叶装料、挂线、粘标签、光电配准、计数、制盒和装盒等一系列的功能在一台机器上完成。包装速度为 90～110 袋/分,每袋包装量范围为 0～2.5 克,使用纸塑复合袋时虽包装速度较慢,但每袋包装量范围可达 5 克。

(权启爱)

7. 制茶机械的连续化和自动控制

20 世纪 60 年代以前,在上海、杭州、武汉等一些大型精制茶厂中,就基本实现茶叶精制的连续化作业。70 年代末期浙江、安徽等地又开始进行绿茶初制或初、精制联合机械化联装的尝试。1978 年中国农业科学院茶叶研究所在浙江省奉化茶场完成日产珠茶 120 万担初制茶厂的联装,全部以柴油为燃料,初步完成了从鲜叶进厂到毛茶加工出来的连续化生产。1982 年又在创制颗粒绿茶的基础上,完成了颗粒绿茶初、精制成套设备的联装,以柴油为燃料,基本实现了杀青、揉切、烘干、精制的连续化作业。1980 年浙江农业大学等完成了日产 10 担的长炒青绿茶初制机械联装,使鲜叶进厂,从杀青到毛茶炒干,初步实现了连续生产。1981 年安徽省农业机械研究所完成了每小时可生产干茶 55 千克的长炒青绿茶初制机械的联装。但是这些联装或连续化生产线,因当时单机性能和制造水平低,多数生产线以煤作热源和控制系统元件不过关等原因,未能在生产中普遍应用。20 世纪 80 年代以来,我国名优茶发展迅速,近几年茶叶界开始进行名优茶连续化生产线的开发。如浙江上洋机械有限公司、富阳茶叶机械总厂、绿峰茶机有限公司等开发的龙井茶、毛峰茶和针形茶连续化生产线等,均以全程或局部断续形式实现了流水线生产,部分工序还实现了自动控制,在茶区获得应用。标志着我国的茶叶机械化正向着高级阶段发展。

随着茶叶加工连续化的发展,自动控制技术也开始在茶叶加工机械开始探讨应用。80 年代初,上海工业自动仪表研究所等设计试制成功、花配比自动控制系统,在福鼎茶厂与福州茶厂应用。安徽农业机械研究所在联装的续揉捻机上采用了机电程序自控系统。湖南省衡阳市电子研究所等为茶叶烘干机设计配备了电子温度——转速跟踪系统。1986 年浙江省机械科学研究所研制成功可变程序程控揉捻机,采用揉捻程控器与少齿差加压减速器,使揉捻过程的轻—重—轻加压程序由电子系统自动执行。杭州茶叶机械总厂在隔离窨花机上设计了自动控制温度、定时转换机内气流分配方向、自动测定氧气浓度的控制设备。1987 年中国农业科学院茶叶研究所等单位开发出一种具有模型控制、风温反馈及叶温反馈功能的烘干机计算机控制器,在烘干机上获得安装试用。近年来,随着名优茶连续化生产线的开发和电子计算机的普及应用,茶叶机械的单机和生产线的计算机控制开发速度加快,1987 福建研制成功连续化做青设备,在做青工艺控制与做青间环境温湿度控制上成功地应用了计算机控制技术。最近在浙江各茶机厂开发的名优茶生产线上,较普遍使用单片机对生产线的作业运行实施程序控制,同时开发出各类制茶设备的温度、时间和转速等测定和自动反馈控制系统,尤其是揉捻机的自动进、出叶和程序加压系统,使揉捻机这种难以适应连续化生产线使用的难题初步获得解决。当然,由于我国的茶机自动控制尚处于开始研发阶段,加之一些名优茶加工设备本身的功能尚欠缺和未定型,所实施的控制还是很初步的,这项工作还需要茶机、茶叶和电子计算机行业大力合作推动。

(权启爱)

饮 茶 篇

中国饮茶历史最早，最懂得饮茶的真趣。"客来时，饮杯茶，能增进情谊；口干时，饮杯茶，能润喉生津；疲劳时，饮杯茶，能舒筋消累；空暇时，饮杯茶，能耳鼻生香；心烦时，饮杯茶，能静心清神；滞食时，饮杯茶，能消食去腻。""以茶待客"，"以茶代酒"，历来是中国人民的传统礼俗。

一、饮茶习俗

"千里不同风，百里不同俗"。我国是一个多民族的国家，由于各兄弟民族所处地理环境不同，历史文化有别，生活风俗各异。因此，饮茶习俗也各有千秋，方法多种多样，不过，把饮茶看作是一种养性健身的手段和促进人际关系的纽带，在这一点上，却是共同的。

（一）饮茶习俗的发展与传播

饮茶始于我国，发展、传播、普及于全世界。

唐代陆羽《茶经》云："茶之为饮，发乎神农氏，闻于鲁周公。"相传，远在四五千年前的神农时期，我们的祖先在从事与自然界的斗争中已经发现茶及其药用价值，嗣后由药用逐渐演变为日常生活的饮料。

茶，不仅满足人体的生理与健康、健美的需要，而且还成为人们进行社交的媒介及修身养性、陶冶情操的美好享受。我国历来对选茗、取水、备具、佐料、烹茶、奉茶以及品尝方法等都颇为讲究，因而逐渐形成了丰富多彩、雅俗共赏的饮茶习俗、品茶技艺等茶文化体系。

古代茶的发现，是起因于它对人体的解毒治病作用引起人们关注而作为药用的。茶的药用可能是

人类从直接含嚼茶树新鲜枝叶汲取茶汁而感到芬芳、清口并富有收敛性的快感开始的。久之，潜移默化，茶的含嚼成为人们的一种嗜好。所以，在追溯饮茶习俗的发展与传播历史时，茶的含嚼阶段，应该说是茶之为饮的前奏。

随着人类生活的进化，人们逐渐改变生嚼茶叶的习惯，进而将茶叶盛放在陶罐中加水生煮羹饮或烤饮。这种茶，虽然苦涩，然而滋味浓郁，令人陶醉、回味，比起早期的含嚼，风味与功效都胜过几筹，日久，人们自然地养成了煮煎品饮的习俗。这也许是茶作为饮料的开端。

三千多年前的周代，在我国西南部茶的原产地，茶叶不仅作药用、食用、品饮，而且还被上流社会奉为珍贵的贡品、礼品和祭品，茶叶的用途开始多样化。

"秦人取蜀，始知茗饮之事"。巴蜀一带是我国较早传播饮茶的地区。秦"取蜀"后，推动了社会经济与文化生活的交流，也促进了饮茶知识与饮茶风习的向东延伸。

西汉时，饮茶之风兴起。茶已是宫廷及官宦之家的一种高雅的消遣。西汉王褒《僮约》"烹茶尽具"之句，生动地反映了社会上贵族豪绅和士大夫享用饮茶的情景。

三国时，崇茶之风进一步发展，出现了以茶代酒的风习，并开始注意到茶的烹煮方法。张揖《广雅》

中就有我国最早烹茶的记载。茶在煮饮过程中添加佐料,调成了含芳蓄精的风味,提高了茶的吸引力。这是茶之为饮的又一拓展。

到了两晋、南北朝,饮茶相效成风。茶叶从原来珍贵的奢侈品逐渐成为人们的普通饮料。尚茶品饮习以为常,"坐席竞下饮","客来敬茶",以茶会友,以茶遣兴,已成为社交上的待客礼仪,并为一些文人士大夫视为象征养廉、雅志、修身的美德。

到了唐朝,茶事兴旺,饮茶蔚为风尚。茶圣陆羽的卓越贡献,更推动了饮茶之风的普及和茶叶品饮艺术的提高。迎来了"比屋皆饮"、"投钱取饮"的饮茶盛时。犹如唐封演《封氏闻见记》所说:"古人亦饮茶耳,但不如今人溺之甚,穷日尽夜,殆成风俗,始于中地,流于塞外",品茶成为人们风雅的文化生活之一。

文成公主嫁藏,带去了饮茶之风,茶与佛教进一步融合,布道弘法,成为西藏喇嘛寺中空前规模的茶的盛会。

茶兴于唐而盛于宋。到了宋朝,饮茶之风大盛,正如李觏所说:"……君子小人靡不嗜也,富贵贫贱靡不用也。"茶叶成为我国各族人民生活的必需品,茶还进入了"琴棋书画烟酒茶"的行列。社会上的"斗茶"、"茗饮"及茶馆文化崛起,被誉为"盛世之清尚"。同时,煮茶开始向泡茶演变。

元、明、清至今,饮茶之风,久兴不衰。饮茶区域、人口日益扩大,烹茶与品茶方法也日臻完善。

随着茶品的日益丰富与品茶的日益考究,加速了烹茶方法由原来的煮煎为主逐步向沸水冲泡为主的发展。茶叶冲以开水,然后细品缓啜,清正、袭人的茶香,甘洌、酽醇的茶味以及清澈、诱人的茶汤,令人尽情地领略茶的天然的色香味品性的真谛。

历代社会名流、文人墨客以及僧道佛教界人士,烹泉煮茗,品茗议文,讴歌吟诗作画,以崇茶为荣,对饮茶风尚的传播与发展,起到了推波助澜的作用。

唐人吕温在《三月三日茶宴序》一文中,对茶推崇备至,称:"迺命酌香沫,浮素杯,殷凝琥珀之色,不令人醉,微觉清思,虽玉露仙浆,无复加也。"

唐卢仝的《走笔谢孟谏议寄新茶》诗,把茶对人体的生理、心理与健康效果作了极其生动的概括与描述,并认为饮茶后可使人进入"通仙灵"的奇妙境地。

明代《茶谱》(钱椿年编(1539年),顾元庆删校(1541年))中指出:"人饮真茶,能止渴消食,除痰少睡,利水道,明目益思,除烦去腻,人固不可一日无茶。"深刻地揭示了茶对人体的功效与魅力,以及茶与人们日常生活的不可分离的关系。

清代乾隆皇帝是位品茗行家,嗜茶如命。他曾说:"君不可一日无茶。"一语道出了茶在皇室生活中的举足轻重的地位。

近代伟大文学家鲁迅先生对品茶有独到的功夫与见解。他认为,饮茶是一门学问,有功夫、"茶感"的人,才能真正品尝、享受到高尚的茶风与意蕴。

著名女作家韩素音,在谈到饮茶时说:"我爱喝茶,茶是我每日必备的饮料。像所有中国人一样,我从早到晚,几乎每时每刻都离不开茶。""倘若我得挥笔对茶赞颂一番,我要说,茶是独一无二的真正的文明饮料,是礼貌和精神纯洁的化身;我还要说,如果没有杯茶在手,我就无法感受生活。人不可无食,但我尤爱饮茶。"

饮茶是人类美好的精神享受和物质享受。随着社会文明和饮茶文化的发展,饮茶之风渗透到了社会的各个领域、层次、角落和生活的各个方面。茶叶,已成为中华民族的举国之饮。

茶,以其特有的魅力,还与世界各民族结下了不解之缘。

我国茶叶作为饮料向海外传播的历史,已很久远。

早在西汉时期,我国饮茶之风,已通过种种途径,传播到中亚、西亚和南亚一带,并逐渐延伸和发展。

隋唐以后中日佛教往来频繁,形成了"茶禅一味"及饮茶哲学与禅道文化,并从中演化出以"和、敬、清、寂"为内核的烹茶与品茶的神圣礼仪。

16世纪以后,我国饮茶之风引起了西方人的浓厚兴趣。

17世纪,嗜茶的葡萄牙凯瑟琳公主嫁给英皇查理二世以后,成为英国第一位饮茶皇后。从此,饮茶风靡英国,并波及欧洲、美洲、澳洲,乃至西北非、中东非。"

茶的神奇功效,被国外人士视为延年益寿的灵丹妙药,稀罕而高贵的奢侈品,成为人们追求、向往的饮料。饮茶之风,步入了"芳茶冠六清,溢味播九区"的维妙境界。至今,饮茶风行全球,并成为我国人民奉献给世界上一百六十多个国家和地区三十亿人口的最实惠、最益健康、最大众化的文明饮料。

综观中外饮茶风习的演变,尽管千姿百态,但是若以茶与佐料、饮茶环境条件等作为基点,则当今饮茶风习主要的区分为如下三种类型:

一是讲求清雅怡和的饮茶风习:茶叶冲以煮沸的清水,顺乎自然,清饮雅尝,寻求茶的固有之味,重在意境,与我国古老的"清静"的传统思想相吻,这是茶的清饮特点。

我国江南的绿茶、北方的茉莉花茶、西南的普洱茶、闽粤一带的乌龙茶以及日本的蒸青茶的品饮均属清饮之列。

二是讲求兼有佐料风味的饮茶风习:其特点是烹茶时添加各种佐料。如欧美的牛乳红茶、柠檬红茶、多味茶、香料茶,西北非的薄荷糖绿茶,以及我国边陲的酥油茶、盐巴茶以及侗族的打油茶、土家族的擂茶,还有红茶菌等均兼有佐料的特殊风味。

三是讲求多种享受的饮茶风习:这里指的是饮茶者除品尝茶的韵味外,饮茶时,还配以佐料,备以美点,伴以歌舞、音乐、戏曲、书画等,是一种多层次、多形式的美好享受。如以我国著名作家老舍命名,并按他的力作《茶馆》格局建造的北京"老舍茶馆",集各类名茶、风味食品、传统艺术、名家书画于一堂,隽永致远,体现了悠闲、典雅、古朴、精粹的饮茶文化。

随着世界社会生活的改变,人民生活节奏的加快,饮茶风习孕育着新的发展趋势。如近几年来,以讲求"简便"、"快速"为特点的速溶茶、冰茶、液体茶以及各类袋泡茶等应运而生。然而,继承传统的、高层次的品茶习俗,如庄严肃穆的茶道、茶艺、茶礼,以及茶仪等,也为人们缅怀与弘扬,昭示了五彩缤纷,兼收并蓄,内涵丰富,美好而充满生活活力的饮茶世界。

(孔宪乐)

(二) 客来敬茶

我国是文明古国,礼仪之邦,很重视人民来往间的礼节,凡来了客人,沏茶、敬茶的礼仪是必不可少的。

宋杜耒的"寒夜客来茶当酒,竹炉汤沸火初红",宋·翁元广《临江茶阁》诗中"一杯春露暂留客,两腋清风几欲仙"的诗句,都说明我国人民自古好客,不仅客来敬茶,还要以茶留客。

茶叶有"色、香、味、形"四美,特别贵在高尚的内在之美,公德正气,"情操纯洁",正是"扎根青山翠谷中,温和洁雅四季葱,除病解忧助人乐,任凭东西南北风"。

我国人民好客重情的传统美德,从古一直流传到现在。不论富有之家或贫困之户,是上层社会或平民百姓,还是社交活动或闲散家居,多以茶为礼品。特别在春节,宾客来临时,主人总要先泡一碗茶。然后端上糖果、糕点、甜食之类,品饮香茗,相互祝愿新年幸福,一年甜美到头。讲究的人家,在茶碗内加放两颗青橄榄,美名"元宝茶",以取新春吉利。我国幅员辽阔,自海南至兴安岭,或从东海之滨到西藏高原,大凡家有客至,茶是必不可少的待客物。如到江南,主人会泡上一杯香高味醇、清汤绿叶的"龙井茶"、"碧螺春"或是细嫩毛尖绿茶;到华北、东北,主人会端上一杯香气馥郁的"香片";到华南,主人会送上一小壶香郁味醇的名贵乌龙茶或普洱茶。我国边疆和山区的兄弟民族待客更加诚挚,讲究民族礼仪。若到蒙古包作客,主人会合家出门躬身迎接,让出最好的铺位,献上香美的奶茶;到西藏,藏族兄弟会捧出美味的酥油茶;到鄂温克族牧场去作客,主人必然热情地向客人献奶茶,请吃鹿肉和鹿奶;到布朗族村寨去作客,主人会用著名的土特产——清茶、花生、烤红薯来招待;景颇族遇有来客用古老的"烤茶"敬客;而东乡族用盖碗茶敬客;在湖南、广西毗邻地区的苗族或侗族山寨,主人会让客人尝尝"打油茶"。

请客人用茶,并不仅仅是泡上一杯茶,端在客人面前就算完事,而是应当做到:茶叶质量好,沏茶水质好,茶具质地好,泡茶调制好,待客礼貌好。

茶叶质量好:我国茶叶种类繁多,各有特色。因此,并不是说一定要有各色高级名茶,而主要是指茶叶要纯净清洁,干燥清香,冲泡品饮,滋味醇和,给人有爽心怡神之感。同时要防止茶叶中有异物及怪味,茶中无夹杂物。另外,受潮的茶叶也不能用来待客,否则有失礼貌。我国地域广阔,各地饮茶习俗不同,对茶类的爱好也往往各异,有的喜饮红茶,因为红茶醇和甘甜,具有温暖、柔和的气氛;有的喜饮绿茶,因为绿茶汤色嫩绿,香味鲜爽宜人;有的喜饮花茶,因为花茶浓醇芬芳,既有茶味又有花香;也有的爱乌龙茶或其他茶类,应当因人制宜。因此,如来客是华北或东北的老年人,与其送上一杯高级龙井茶,还不如沏上一杯优质的茉莉花茶;如来客是南方的年轻妇女,若泡上一杯高山云雾茶,还不如冲一杯茶味淡雅的毛尖;如来访者嗜好喝浓茶,不妨适当多加茶量,并拼以少量的茶末,这样茶汤味很浓厚,经久耐泡,来客将会感到十分过瘾和满意。

沏茶水质好:好茶还得靠好水来冲泡,才能充分显示出茶的香醇甘美。水质不同,沏出茶来的色、香、味也不同。如用含硫量多的水沏茶则茶味苦,含钠多的则味咸,含钙多的则味涩,含铁多的则茶汤发黑,这主要是这些物质与茶中的茶多酚等成分化合,使茶汤色不正,香味减少,甚至遭受破坏。例如天津市人民,过去长期饮用苦咸的海河水,茶香再浓也盖不住讨厌的咸涩味,这类茶水不解渴,而且越喝越渴。如今清甜的滦河水穿过十里隧道、百里明渠流进了天津市人民的心田,天津市人民纷纷购买龙井茶、绿茶和花茶,相互举杯庆贺饮水条件的改善。

要说沏茶水质,山泉固美,江河之水何尝不佳?唐白居易诗:“蜀茶寄到但惊新,渭水煎来始觉珍。”宋杨万里诗云:“江湖便是老生涯,佳处何妨且泊家,自汲淞江桥下水,垂虹亭上试新茶。”说明有的江水也是好的。再说井水也不一定都差,如宋陆游诗:“村女卖秋茶,怀茶就井煎。”元洪希文诗:“莆中苦茶出土产,乡味自汲井水煎。”说明用井水也不差。还有雪水烹茶,更别有风味,如《红楼梦》中描写栊翠庵妙玉用上年扫下的梅花雪水沏茶,就是例证。

茶具质量好:鲜洁美味的茶,配上雅观、优质的茶具,越发衬托出茶汤的液色,保持浓郁的茶香,而且精制的茶具本身就是一种艺术品,既可泡茶品饮,又能使人从中得到一种美的享受,为品茗增添无限的情趣。

当代常用的茶具以瓷器、玻璃的为主,陶器次之,搪瓷又次之。各类质地的茶具都各有特色,可以根据各地饮茶种类、习惯和爱好来灵活选用。

泡茶调制好:讲究茶的调制即冲泡技艺,是获得优质茶汤的重要因素。调制茶汤并不是一件很容易的事。我国古人对煮茶方法十分讲究,梁任昉《述异记》中有这样一个奇异的故事,说唐代智积和尚嗜好饮茶,陆羽是煎茶的能手,智积和尚非陆羽煎煮的茶不饮,后来陆羽离寺出游,智积便不再饮茶。有一次,代宗皇帝得知这个情况,想试试和尚的评茶技能,派宫中泡茶调制技艺最佳者煮茶,谁知和尚一沾唇就把茶碗放下。皇帝又立刻密召陆羽进宫煮茶,智积和尚捧着那碗茶,喜形于色,一面饮茶,一面赞叹:“这碗茶真像陆羽亲手煮的!”皇帝这才信服。

现代茶叶多为叶茶,泡制方法虽不如古代困难,但对不同茶类、等级的茶叶,须采取不同的茶具、水温和水量,否则茶汤中浸出物的成分不同,茶的风味也会有很大差异。要获得理想的茶汤,既要使茶叶中的水溶性有效成分充分浸出,又要使其影响茶汤香味的主要成分相互协调一致,水温和用水量是十分重要的。

泡茶用水的煮沸程度和水温,要视水质好坏和茶类等级高低而定,烧水至刚刚开始滚沸即可,不必过度沸滚。如果水质较差,为了卫生,可以多煮一会,以充分杀灭各种有害细菌,并使有害物质沉积,保证人体健康。这里应当一提的是,古人煮茶时的候汤与现今泡茶的开水是两个完全不同的概念,不能混为一谈,过去是用水煮茶,后者是用水泡茶,对水沸的程度不能要求一律。

茶叶,特别是绿茶含有丰富的维生素 C,如用很滚的开水来泡茶,茶中的维生素 C 会遭到很大破坏,但人们饮茶主要为求得香味浓醇、生津止渴的茶汤,不是追求茶中的维生素,同时泡茶用水温度越高,茶汤中的香味才能更好地发挥出来。为求两全其美,品饮细嫩的高级绿茶,水温可掌握在 80℃左右，幼嫩的末茶还可再低一些，这样既能保持茶中的维生素，又能使茶叶的有效成分浸出，不会损害茶味。

如果各色茶叶齐备，当有客来访，可征求意见，选用最合来客口味和最佳茶具待客。如有名贵绿茶，选用玻璃茶杯，不加杯盖；如有高级红、绿、花茶，选用瓷杯，可加杯盖；如有乌龙茶，则用小壶小杯；如只有低级粗茶或茶末，那最好采用茶壶，用茶壶泡茶，只闻茶香，尝茶味，不见茶形，可收到较满意的效果。如茶叶粗枝大叶横于杯中，或焦黑黄绿的茶末漂浮杯面，客人见了是件煞风景的事。这就是所谓"细茶粗吃、粗茶细吃"的道理。我国有"浅茶满酒"的习惯，用茶杯、茶盏或茶碗泡茶，或用茶杯、茶盅倒茶，都要汤浅，一般为容器的三分之二到四分之三左右，如冲满茶杯，不但烫嘴，还寓有逐客之意。

对来客还要考虑逗留时间的长短和人数的多寡。有的来客，停留时间短暂，往往喝上一二口茶就起身了，主人就须以很快的速度冲泡一杯优良的茶水。方法是：下茶量少一些，开水温度高一些，先泡一个茶头，稍等再上温开水，使茶汤浓度和温度都较合适，有利品饮。如来客多，时间短，可用大茶壶，下叶适量，用沸水沏泡茶头，稍等再加上温开水，每人一杯，这样既不浪费又能让来客迅速喝上几口。

客来敬茶时，对茶叶适当拼配也是必要的，如在一杯高、中级绿茶中，加上三五朵芽茶，会大大提高这杯茶的身价；如在叶嫩而味淡薄的茶叶中，掺入少量优质茶末，会大大提高茶汤的浓厚滋味。

敬茶礼貌好：就是说主人对待客人要讲究文明礼貌，给人以舒适愉快之感。因此茶具一定要洗涤干净，茶杯内外口沿不能有丝毫茶汁、茶垢。取茶不能用手抓，要用铜、竹制成的小量器，舀茶入杯或壶中。开水冲泡在茶杯或茶壶中后，往往上面飘浮一层泡沫，要及时除去，以保持茶汤的清洁。无论有柄或无柄茶杯、茶盏，下面都要加托盘。端茶者宜温文尔雅，笑容可掬，和蔼可亲，双手扶托盘，置于胸前，至客人面前，躬腰低声说："请用茶。"客人应即起立说："谢谢。"并双手接过茶托，这是客来敬茶互相尊敬的表示。对客人来说，感到亲切，香在嘴里，乐在心中。如若端茶者端上的茶，碗沿满生污垢，老叶飘

浮杯面，再加手捏杯沿，而连"请"字都不哼一声，默默而草率地放在客人面前，使客人心中不是"滋味"，也许连半口茶也不愿进嘴。

主人在陪伴客人饮茶时，要注意客人杯、壶中的茶水残存量，一般用茶杯泡茶，如已喝去一半，就要添加开水，随喝随添，使茶汤浓度基本保持前后一致，水温适宜。如用茶壶泡茶，则应适时添满壶中开水。

在饮茶时也可适当佐以茶食、糖果、菜肴等，达到调节口味和点心的功效。

做客饮茶，也要慢饮细啜，边谈边饮，不能手舞足蹈，狂喝暴饮，这也是文明饮茶的一种要求。广东汕头地区客来敬茶，饮茶方法很考究，茶具很小，惯用小壶小杯，茶壶容量不到100毫升，茶杯杯口直径仅有3厘米，适宜冲泡高级乌龙茶。如你是个饮茶行家，端起小杯，用嘴唇和舌尖细啜慢饮，并连声赞誉茶味鲜美，主人将会频频给你续茶。如你是个外行，举杯一饮而尽，有的主人就会很快调换大壶大杯，泡上次等茶，让你"牛饮"。

待客应当诚恳大方，平等相待，不要有势利眼。有这样一个故事：宋时苏东坡初来杭州为官，去某寺游玩，方丈不知底细，把他当一般人对待，说："坐"，叫小沙弥："茶"，小和尚端上一杯茶壶里斟出来的一般茶；稍事寒暄，方丈感到来人谈吐不俗，又改口说："请坐"，并叫小沙弥："泡茶"，小和尚现泡了一碗茶送上；到了最后，方丈知道来人是名士苏轼时，情不自禁，起立高叫"请上坐"，叫小沙弥"泡好茶"。临别时方丈乞字留念，苏学士提笔写了一副对联：上联为："坐，请坐，请上坐"，下联是："茶，泡茶，泡好茶"。方丈看罢，满脸通红，哭笑不得。

（胡　坪）

（三）各民族饮茶习俗

1. 汉族的清饮

汉民族的饮茶方式，大致有品茶、喝茶和吃茶之分，只是古人饮茶重在"品"；近代饮茶多为"喝"，至于"吃"，则为数不多，区域不广。大抵说来，重在意境，以鉴别茶叶香气、滋味和欣赏茶汤、茶姿为目的，

自娱自乐者,谓之"品"。凡品茶者,得细品缓啜,"三口方知真味,三番才能动心"。若以清凉解渴为目的,大碗急饮者;或不断冲泡,连饮带咽者,谓之"喝"。倘若连茶带水一起咀嚼咽下,当然是"吃"了。在曹雪芹《红楼梦》第四十一回"贾宝玉品茶栊翠庵"中,妙玉借用了当时的流行俗语:"一杯为品,二杯即是解渴的蠢物,三杯便是饮驴了。"此话可谓一语中的,惟妙惟肖地道出了饮茶的方法之分。但汉族饮茶,虽方法有别,却大都推崇清饮,认为清茶最能保持茶的"纯粹",体会茶的"本色",其基本方法就是直接用开水冲泡,无需在茶汤中加入食糖、牛奶、薄荷、柠檬等其他饮料和食品,为纯茶原汁本味饮法。主要茶品有绿茶、花茶、乌龙茶、白茶等。而最有代表性的饮用方式,要数啜乌龙、品龙井、吃早茶和喝大碗茶了。

乌龙茶是盛产于中国福建、台湾、广东等省的特种名茶。由于乌龙茶采用独特的采制工艺,所以,品质优异,风味自成一格,泡茶技术讲究,品饮方法别致。传统饮用乌龙茶的茶具用小杯小壶,色泽古朴清一,崇尚古色古香,人称"烹茶四宝"。不少喝乌龙茶的世家,家中大都备有几套乃至几十套不同色彩的乌龙茶具,实在可算得上是茶具收藏家了。一旦贵客进门,赏壶品茶,妙不可言,使人有物质、精神双收之感。

啜乌龙茶时,往往宾客围坐一堂,由主人亲司其事,有一定程式,与其说是喝茶解渴,还不如说是艺术的鉴赏,精神的享受。乌龙茶茶汤浓厚,回味无穷,又加上与乌龙相匹配的独特茶具,因而在茶界有"入乌龙"之说。这种细细品味,慢慢发现的"细入"方法,实在是一种"自我的追寻"。

乌龙茶历来以香气浓郁,味厚醇爽,入口生津留香而著称。以往特别推崇武夷岩茶,现在安溪铁观音和武夷岩茶、凤凰水仙被视为中国乌龙茶中的"明珠"。

龙井茶向以"色绿、香高、味甘、形美""四绝"著称,与其说它是一种饮料,还不如说它是一种艺术珍品,"其贵如珍,不可多得"。品龙井的最好去处,自然是龙井茶的正宗产地龙井村内的龙井寺了。那里的龙井茶室,为人们提供了绝妙的品茶场所:极目

远眺,天上的云、霞、风、雾,地上的茶、林、山、石,那绿色的林,湿润飘香的空气,寂静多姿的大地,置身其间,顿觉摆脱了尘世的喧闹与烦杂,而心旷神怡、安然自得。茶室旁明净如镜的龙井泉水,相传与大海相通,是神龙居住之地。其实,此泉正好位于石灰岩断层带,汇水成潭,所以水质清澈,滋味甘甜,营养丰富。"采取龙井茶,还烹龙井水",从而使"茶经水品两足美",这是符合现代科学道理的。名茶配佳泉,"龙井问茶",才能真正尝到品龙井的特殊风韵。宋梅尧臣诗曰:"汤嫩水清花不散,口甘神爽味偏长。"当人们手捧一杯微雾萦绕、清香四溢的龙井茶时,不可急于大口喝茶,首先,得慢慢提起那清澈透明的玻璃杯或白底瓷杯,细看那杯中翠芽碧水,相映交辉;一旗(叶)一枪(芽),簇立其间,似春兰破绽,若嫩竹争阳。尔后,将杯送入鼻端,深深地吸一下龙井茶的嫩香,叫人清心舒神。看罢闻罢,然后徐徐作饮,细细品味,清香、甘甜、鲜爽之味应运而生。正如清陆次云曰:"龙井茶真者,甘香如兰,幽而不洌,啜之淡然,似乎无味。饮过后,觉有一种太和之气,弥沦于齿颊之间,此无味之味,乃至味也。"难怪有的诗人不无感叹地说:"如此河山归得去,诗人不做做茶农。"

吃早茶多见于我国大中城市,尤其是广州,人们最喜坐茶楼,吃早茶,所以羊城的茶楼特别多。早在清代同治、光绪年间,广州的"二厘馆"(即每客茶价二厘钱)茶楼就已普遍存在。上"二厘馆"的茶客大多为劳动大众,他们在早晨上工之前,在"二厘馆"里泡上一壶茶,要上两件点心,作为早餐。即便是工余之暇,广州人也愿意上"二厘馆"泡一壶茶,谈天聚会,使精神得到调剂。除"二厘馆"外,广州还有许多历史悠久的大茶楼,如"陶陶居"、"如意楼"、"莲香楼"、"惠如楼"、"一乐也"等,多有坐楼三四层,座位上千个。这种饮茶风尚,至今未衰。如今,即便是酒家、饭店,也常加设早点茶座,就是像东方宾馆、胜利宾馆、白天鹅宾馆等也辟有茶厅。广东茶楼与江南茶馆不一样,那里既有名茶,又有美点,一日早、中、晚三市,尤以早茶为最盛,因此名谓"吃早茶"。

吃早茶,是汉族名茶加美点的另一种清饮艺术。用早茶时,顾客可以根据自己的爱好,品味传统香

茗;同时,根据自己的口味,点上几款精美的小点。如此一口清茶,一口点心,使得品茶更加津津有味。现今,人们把吃早茶已不再单纯地看作是一种用早餐的方式,而更重要的是把它看为一种充实生活和社交的手段。如在假日,随同全家老小,登上茶楼,围坐在四方小茶桌旁,边饮茶、边品点,畅谈国事、家事,亦觉其乐无穷。亲朋之间,上得茶楼,面对知己,茶点之余款款交谈,倍觉亲切,更能沟通心灵。所以,许多人即便是洽谈业务、协调工作、交换意见,甚至青年男女谈情说爱,也愿意用吃早茶的方式去进行。这就是汉族吃早茶的风尚,自古以来,不但不见衰落,反而更加普及的缘由所在。

喝大碗茶的风尚,在车船码头、大道两旁、车间工地、田间劳作等处,屡见不鲜。这种习俗,在我国北方最为风行。

煎茶大碗喝,可谓是汉族的一种古茶风。因此,自古以来,卖大碗茶亦列为中国的三百六十行之一。这种清茶一碗,大碗饮喝的方式,虽然比较粗犷,甚至颇有些"野味",但它听凭自然,无需楼、堂、馆、所,摆设简便,只需一张简单的桌子、几条农家式的凳子和若干只粗瓷碗即可。所以,它多以茶摊、茶亭的方式出现,主要供过路行人解渴小憩之用。由于这种喝大碗清茶的方式,贴近民众生活,人们需要它,因此,即使在生活不断改善和提高的今天,大碗茶仍然受到人们的欢迎与称道。

此外,名贵细嫩绿茶的茶渣(叶底),十分鲜嫩可爱,弃之可惜,有些地区的人们便将茶渣咀嚼吞食,以充分利用茶中营养物质,此举虽觉不雅,但实则有益。当然,茶叶粗老者纤维质老化,就不宜嚼食了。这种"吃茶嚼渣法"古已有之,《清稗类钞》中便有记述:"湘人于茶,不惟饮其汁。辄并茶叶而咀嚼之。人家有客至,必烹茶,若就壶斟之以奉客,为不敬,客,启茶碗之盖,中无所有,盖茶叶已入腹矣。"今天的湖南等地山区农村,仍有这种嚼食茶渣的风俗习惯,这是远古先民"吃茶"阶段留下的宝贵遗产,甚有研究价值。

在江南农村,农忙季节,或夏季天热,人们没有闲暇时间细细品茶,便往往饮茶与吃饭结合进行。每日泡就大壶茶、大缸茶,吃饭时,倒茶入米饭、茶、菜一道吃下,特别爽口,民间称之"茶泡饭"。此实为晋代以前"茶饭同吃"调饮法在现代饮茶生活中的延续,此法不独当今中国有,东邻日本也有少数地方保留有中国的这一古老饮茶方法。

总之,清饮乃是汉族饮茶的主要方式。凡有客自远方来,或者在一些重大的群众场合,尽管招待规格有高低之分,但清茶一杯,总是不会省的。至于自饮自乐,或者在饭前、饭后,或者在工余之暇,或者在紧张用脑和生理需要之际,汉族人都习惯用清茶一杯自慰。

(姚国坤)

2. 维吾尔族的奶茶与香茶

新疆维吾尔自治区地处西北边陲,是一个以维吾尔族为主的多民族聚居地区,维吾尔族人口约占全区的三分之二。此外,还有汉、哈萨克、蒙古、回、柯尔克孜等民族。

维吾尔族以及居住在这里的其他兄弟民族,平生酷爱喝茶,茶已成了当地人民生活的必需品,把它看成与吃饭一样重要。因此,长期以来,当地流行着一句俗语,叫做"宁可一日无米,不可一日无茶"。居民的体会是:"一日三餐有茶,提神清心,劳动有劲,三天无茶落肚,浑身乏力,懒得起床。"所以,他们把茶看作"神仙茶",竟然连喝过的茶渣也舍不得丢弃。认为用茶渣喂马饲驴,能使马驴有神,毛色油光明亮。

维吾尔族虽然集中居住在同一区内,喝的又多是茯砖茶,但由于天山山脉横亘新疆中部,使得区内天山南北气候各异,生产有别:北疆以畜牧业为主,人们多以放牧为生;南疆虽为塔克拉玛干沙漠地区,但沙漠外围的冲积平原是水草丰茂、农产富饶的绿洲,人们多以农业为生。由于气候环境、生产内容、食物结构、生活方式的不同,使得同一民族的喝茶要求、煮茶方法以及喝茶习惯都大相径庭。大抵说来,北疆以喝加牛奶的奶茶为主,南疆以加香料的香茶为主,但不管奶茶和香茶,用的都是茯砖茶。

北疆的奶茶,对牧民来说,几乎是达到家家户户,长年累月,终日必备的程度。通常在牧民的帐篷中间,悬挂着一把铝制茶壶,悬吊在终日燃烧的炉火之上,使热气腾腾的奶茶可以随时取饮。做奶茶的方法并不复杂,一般先将茯砖茶敲成小块,抓一把放入盛水八分满的茶壶内,放在炉火上烹煮,直至沸腾几分钟后,加上一碗牛奶或几个奶疙瘩和适量盐巴,再让其沸腾几分钟,一壶热乎乎、香喷喷、咸滋滋的奶茶就算制好了。如果一时喝不光,还可再加上若干水、茶叶、奶子和盐巴,让其慢慢熬煮,以便随时有奶茶可喝。

北疆牧民喝奶茶,早、中、晚三次是不可少的,中老年牧民还得上午和下午各增加一次,有的甚至一天要喝七八次。如果有客从远方来,主人就会迎客入帐,席地围坐,好客的女主人当即在地上铺上一块洁净的白布,献上烤羊肉、馕(一种用麦粉烘烤而成的圆饼)、奶油、蜂蜜、苹果等招待,再奉上一碗奶茶。在一边谈事叙谊,一边喝茶进食的同时,女主人始终在旁为客人敬茶劝吃。如果客人已经吃饱喝足了,按当地的习惯,只需在女主人献茶时,用右手分开五指,轻轻在茶碗上一盖,就表示:"谢谢!请不用再加了。"这时,主人也就心领神会,不再加茶了。喝奶茶,对初饮者来说,会感到滋味浓涩而不大习惯,但只要在高寒、少蔬菜、多食奶肉的北疆住上十天半月,就会感到喝奶茶实在是一种补充维生素和营养,以及帮助去腻消食不可缺少的饮料。对当地牧民"不可一日无茶"之说,也就不解自通了。

南疆的香茶,用的茶叶与煮奶茶相同,只是最后加入的佐料,不是牛奶与盐巴,而是用胡椒、桂皮等香料碾碎而成的细末。煮香茶用的通常是一把铜质长颈茶壶或搪瓷茶壶,为防止倒茶时茶渣、香料混入茶汤,在壶嘴上往往套有一个网状的过滤器。

南疆老乡喝香茶,大多是日喝三顿,与早、中、晚三餐同时进行。通常是一边吃馕,一边喝香茶。在那里,与其说茶是一种饮料,还不如说茶是一种汤料,实在是一种以茶代汤,用茶作菜之举。现代医药学表明:胡椒能开胃,桂皮可益气,茶叶能提神,这样,三者相互调补,相得益彰,使茶的药理作用有所加强。难怪当地老乡把香茶看作"既是一种营养食品,又是一种保健饮料",看得如同吃饭一样重要。

(姚国坤)

3. 藏族的酥油茶

西藏有"世界屋脊"之称,这里地势高亢,空气稀薄,气候干旱、寒冷,当地百姓大多信奉喇嘛教,以放牧和种旱地作物为主,蔬菜瓜果很少,常年以奶肉、糌粑为主食。"其腥肉之食,非茶不消,青稞之热,非茶不解"。茶叶是当地人民维生素营养补充的主要来源,成了不可缺少的生活食品。目前,西藏的年人均茶叶消费量达15千克左右,为全国各省、区之冠。

藏族饮茶,有喝清茶的,有喝奶茶的,也有喝酥油茶的,名目繁多,但喝得最普遍的还是酥油茶。酥油茶是一种在茶汤中加入酥油等原料,再经特殊方法加工而成的茶。所谓酥油,就是把牛奶或羊奶煮沸,用勺搅拌,倒入竹桶内,冷却后凝结在溶液表面的一层脂肪。至于茶叶,一般选用的是紧压茶类中的普洱茶、金尖等。酥油茶的加工方法比较讲究,一般先用锅子烧水,待水煮沸后,再用刀子把紧压茶捣碎,放入沸水中煮,待茶汁浸出后,滤去茶渣,把茶汁倒进长圆柱形的打茶桶内。与此同时,用另一口锅煮牛奶,一直煮到表面凝结一层酥油时,也把它倒入盛有茶汤的打茶筒内,再放上适量的盐和糖。这时,盖住打茶筒,用手把住直立茶筒之中、能上下移动的长棒,不断舂打(搅拌)。待茶、酥油、盐、糖等混为一体,酥油茶就打好了。根据藏民经验,茶筒内用长棒舂打,往往要几百下,才能使酥油完全乳化,做好酥油茶。

打酥油茶用的茶筒,多为铜质,也有用银制的。而盛酥油茶用的茶具,多为银质,甚至还有用黄金加工而成的。茶碗虽以木碗为多,但常常是用金、银或铜镶嵌而成。更有甚者,有用翡翠制成的,这种华丽而又昂贵的茶具,常被看作是传家之宝。这些不同等级的茶具,是人们财产拥有程度的标志。

由于酥油茶是一种以茶为主料的多种原料混合而成的液体,所以,滋味多样,喝起来涩中带甘,咸里透香,它既可暖身,又能增加抗寒力,可谓风格独特,其效胜茶。在西藏草原和高原地带,人烟稀少,家中很少有客登门。偶尔有客临门,可以招待的东西不多,加上酥油茶本身具有的独特作用,自然成了热忱款待宾客的珍贵之物了。

喝酥油茶是很讲究礼节的,大凡宾客上门入座后,主妇立即会奉上糌粑,这是一种用炒熟的青稞粉和茶汁调制成的粉糊,也有捏成团子状的。随后,再分别递上一只茶碗,主妇很有礼貌地按辈分大小,先长后幼,向众宾客一一倒上酥油茶,再热情地邀请大家用茶。按当地的习惯,客人喝酥油茶时,不能端碗一喝而光,一般每喝一碗茶,都要留下少许,这被看作是对主妇打茶手艺不凡的一种赞许,这时,主妇早已心领神会,又来斟满。如此二三巡后,客人觉得不想再喝了,将碗内剩下的少许茶汤,有礼貌地泼在地上,表示酥油茶已喝饱了,当然主妇也不再劝喝了。

由于藏族喝酥油茶有着比其他民族喝茶更为重要的作用,所以,不论男女老少,达到人人皆饮的程度,每天喝茶多达20碗左右,很多人家常把茶壶放在炉上,终日熬煮,以便随取随喝。当地有一种风俗,当喇嘛祭祀时,虔诚的教徒要敬茶,有钱的富庶要施茶。他们认为,这是"积德"、"行善"。所以,在西藏一些大的喇嘛寺里,往往备有一个特大的茶锅,锅口直径达1.5米以上,可容茶水数担,在朝拜时煮水熬茶,供香客取喝,算是佛门的一种施舍。在男婚女嫁时,藏族兄弟视茶为珍贵礼品,它象征婚姻美满和幸福。

酥油茶始于何时,已无法考证。传说,它的最早出现还与文成公主有关,是唐代文成公主进藏时带去茶叶,经过多次反复调制,逐渐形成如今这种喝起来香喷喷、油滋滋的酥油茶的。所以时到今日,只要有客自远方来,藏族同胞往往会谈起这段佳话,以缅怀文成公主。

(姚国坤)

4. 蒙古族的咸奶茶

与新疆、西藏的牧民一样,蒙古族人民喜欢喝与牛奶、盐巴一道煮沸而成的咸奶茶。

蒙古族同胞喝的咸奶茶,用的多为青砖茶和黑砖茶,并用铁锅烹煮,这一点与藏族打酥油茶和维族煮奶茶时用茶壶的方法不同。但是,烹煮时,都要加入牛奶,习惯于"煮茶",这一点又是相同的。这是由于高原气压低,水的沸点在100℃以内;加上砖茶不同于散茶,质地紧实,用开水冲泡,是很难将茶汁浸出来的缘故。

煮咸奶茶时,应先把砖茶打碎,并将洗净的铁锅置于火上,盛水烧至沸腾时,放上捣碎的砖茶,再沸腾后掺入奶子,用量为水的五分之一左右。少顷,按需加入适量盐巴。等整锅奶茶开始沸腾时,就算把咸奶茶煮好了。

煮咸奶茶看起来比较简单,其实滋味的好坏,营养成分的多少,与煮茶时用的锅,放的茶,加的水,掺的奶,烧的时间,以及先后次序都有关系。如茶叶放迟了,或者将加入茶与奶的次序颠倒了,茶味就会出不来。而烧煮时间过长,又会使咸奶茶的香味逸尽。蒙古族同胞认为,只有器、茶、奶、盐、温五者相互协调,才能煮出咸甜相宜、美味可口的咸奶茶来。为此,蒙古族妇女都练就了一手烹煮咸奶茶的功夫,可谓个个都是煮茶能手。大凡姑娘从懂事开始,做母亲的就会悉心地向女儿传授煮茶技艺。姑娘出嫁时,婆家迎亲后,一旦举行好婚礼,新娘就得当着亲朋好友的面,显露一下煮茶的本领。并将亲手煮好的咸奶茶,敬献给各位宾客品尝,以示身手不凡,家教有方。要不,就会有缺少教养之嫌。

蒙古族人酷爱喝茶。其他地区的人都说,"一日三顿饭"是不可少的,但蒙古族往往是"一日三次茶",却只习惯于"一日一顿饭"。每日清晨起来,主妇们先煮上一锅咸奶茶,供全家整天喝用。蒙古族喜欢喝热茶,早上一边喝茶,一边吃炒米。早茶后,将其余的咸奶茶放在微火上暖着,以便随需随取。通常一家人只在晚上放牧回家后才正式用一次餐,但早、中、晚三次喝咸奶茶一般是不能少的。如果晚餐吃的牛羊肉,那么,睡觉前全家还会喝一次茶。至于中、老年男子,喝茶的次数就更多。所以,蒙古族人民平均茶年消费量高达8千克左右,多的在15千克以上。

蒙古族人民如此重饮(茶)轻吃(食),却又身强力壮,这固然与当地牧区气候、劳动条件有关,但还由于咸奶茶的营养丰富,成分完全,加之蒙古族喝茶时常吃些炒米、油炸果之类充饥的缘故。

(姚国坤)

5. 傣族、拉祜族的竹筒香茶

竹筒香茶的傣语叫"腊跺",拉祜语叫"瓦结那",

是傣族和拉祜族人民别具风味的一种饮料。

傣族世代生活在热带、亚热带气候的肥美富饶的坝子，主要聚居在云南西双版纳、德宏两自治州和耿马、孟连两自治县，人口80余万人，是一个能歌善舞的民族。汉代史载的"滇越"，"掸"就是傣族的先民。唐代史称为"金齿"、"银齿"、"黑齿"、"白衣"，宋代沿称"金齿"、"白衣"，元、明写作"白夷"，清代以来称为"摆夷"。

拉祜族是分布在云南澜沧、孟连、耿马、沧源、勐海、西盟等边境县的山区民族之一。"拉祜"是用一种特殊方法烤吃虎肉的意思。拉祜语称虎为"拉"，称在火边把肉烤到发香的程度为"祜"。因此，拉祜族被称为"猎虎的民族"，人口约30万。

竹筒香茶因原料细嫩，又名"姑娘茶"，产于西双版纳傣族自治州的勐海县。

竹筒香茶的制法有两种：一是采摘细嫩的一芽二三叶，经铁锅杀青、揉捻，然后装入生长一年的嫩甜竹（又叫香竹、金竹）筒内，这样制成的竹筒香茶既有茶叶的醇厚茶香，又有浓郁的甜竹清香；又一制法是将一级晒青春尖毛茶0.25千克，放入小饭甑里，甑子底层堆放厚度6～7厘米浸透了的糯米，甑心垫一块纱布，上放毛茶，约蒸15分钟，待茶叶软化充分吸收糯米香气后倒出，立即装入准备好的竹筒内。这种方法制成的竹筒香茶，三香齐备，既有茶香，又有甜竹的清香和糯米香。竹筒的筒口直径为5～6厘米，长22～25厘米，边装边用小棍筑紧，然后用甜竹叶或草纸堵住筒口，放在离炭火高约40厘米的烘茶架上，以文火慢慢烘烤，约5分钟翻动竹筒一次，待竹筒由青绿色变为焦黄色，筒内茶叶全部烤干时，剖开竹筒，即成竹筒香茶。

竹筒香茶外形为竹筒状的深褐色圆柱，具有芽叶肥嫩，白毫特多，汤色黄绿，清澈明亮，香气馥郁，滋味鲜爽回甘的特点。只要取少许茶叶用开水冲泡5分钟，即可饮用。

傣族和拉祜族在田间劳动或进原始森林打猎时，常常带上制好的竹筒香茶。在休息时，他们砍上一节甜竹，上部削尖，灌入泉水在火上烧开，然后放入竹筒香茶再烧5分钟，待竹筒稍变凉后慢慢品饮。如此边吃野餐，边饮竹筒香茶，别有一番情趣。饮用竹筒香茶，既解渴，又解乏，令人浑身舒畅。

竹筒香茶耐贮藏。将制好的竹筒香茶用牛皮纸包好，摆在干燥处贮藏，品质常年不变。

（苏芳华）

6. 纳西族的盐巴茶与"龙虎斗"

纳西族有20余万人，主要聚居在滇西北的丽江纳西族自治县以及宁蒗、永胜、维西、中甸、德钦等地。此外四川省盐源、木里等县也有少量分布。生活在云南省高山峡谷地区的纳西族，由于住地海拔多在两千公尺以上，气候干燥，主食杂粮，缺少蔬菜，茶叶早已成为他们必不可少的生活资料。普遍反映，一天不喝茶就头昏脑胀，四肢无力，影响出工，严重的甚至起不了床，害"茶病"。

冲盐巴茶是纳西族较为普遍的饮茶方法。居住在这里的傈僳族、汉族、普米族、苗族、怒族等民族也常饮盐巴茶。其制法是先将特制的、容量约200～400毫升的小瓦罐洗净后放在火塘上烤烫，抓一把青毛茶（约5克）或掰一块饼茶放入罐内烤香，再将火塘旁茶壶里的开水冲入瓦罐，罐内茶水即沸腾起来，冲出泡沫。有的地方将第一道茶汁倒掉，因为不太干净。第二次再向瓦罐中冲入开水至满，待沸腾停止后，将一块盐巴放在罐内茶水中，再用筷子搅拌三五圈，将茶汁倒入茶盅，一般只倒至茶盅的一半，再加入开水冲淡，就可饮用。边饮边煨，一直到瓦罐中的茶味消失为止。这种茶汤色橙黄，既有强烈的茶味，又有咸味，喝起来特别解除疲劳。一般每烤一次可以冲饮三四道。由于纳西族地处高寒地带，饮食中缺少蔬菜，故常以喝茶代替。现在，这里的民族有的已发展到全家每人一个茶罐，"包谷（玉米）粑粑盐巴茶，老婆孩子一火塘"。茶叶已成为他们不可缺少的生活必需品，每日必饮三次茶，清早起来喝一次，一边吃包谷粑粑或在火塘里煨熟的麦面粑粑，吃饱喝足后，再去劳动。中午和晚上劳动回来后又喝一次茶。"早茶一盅，一天威风；午茶一盅，劳动轻松；晚茶一盅，提神去痛；一日三盅，雷打不动"已成为纳西族的饮茶谚语。如到这些民族家中去作客时，他们会立即搬来一条板凳，递给客人一个茶盅，一边喝茶，一边闲聊，话匣子就这样打开了。

"龙虎斗"的纳西语叫"阿吉勒烤",也是他们用以治疗感冒的药用茶。其饮用方法非常有趣,将茶放在小陶罐中烘烤,待茶焦黄后,冲入开水,像熬中药一样,熬得浓浓的。同时,将半杯白酒倒入茶盅,再将熬好的茶汁冲进酒里(注意不能将酒倒入茶里),这时茶盅发出悦耳的响声,响声过后,就可以饮用了。有些还加上一个辣子。据当地人说,喝一杯龙虎斗,周身出汗,睡一觉后就感到头不昏,浑身有力,感冒也好了。

(苏芳华)

7. 傈僳族的雷响茶

傈僳族有近 50 万人,主要聚居于云南省怒江傈僳族自治州,喝雷响茶是傈僳族的风尚。

雷响茶是酥油茶的一种。先用一个能煨 750 克水的大瓦罐将水煨开,再把饼茶放在小瓦罐里烤香,然后将大瓦罐里的开水加入小瓦罐熬茶。熬 5 分钟后,滤出茶叶渣,将茶汁倒入酥油筒内。倒入两三罐茶汁后加入酥油,再加事先炒熟、碾碎的核桃仁、花生米、盐巴或糖、鸡蛋等。最后将事先烧红的鹅卵石放入酥油筒内,使筒内茶汁"哧哧"作响,犹如雷响一般。响声过后马上使劲用木杵上下抽打,使酥油成为雾状,均匀溶于茶汁中。打好后倒出,趁热饮用。这样饮用能增进茶汁的香味和浓度。

(苏芳华)

8. 布朗族的酸茶

布朗族是"濮人"的后裔,约有 6 万人,主要聚居在云南勐海县的布朗山,以及西定和巴达等山区。镇康、双江、临沧、景东、澜沧、墨江等县也有部分散居和杂居,多居住在海拔 1500 米以上的高山地带,他们习惯常年吃酸茶。

酸茶的制茶时间一般在五六月份。高温高湿的夏茶季节,将采下的幼嫩鲜叶煮熟,放在阴暗处 10 余日让它发霉,然后装入竹筒内再埋入土中,经月余即可取出食用。酸茶吃时是放在口中嚼细咽下,它可以帮助消化和解渴。这是布朗族供自食或互相馈赠的礼物。

(苏芳华)

9. 白族的三道茶和响雷茶

白族散居在我国西南地区,主要分布在云南省大理白族自治州,是一个十分好客的民族。白族人家,不论在逢年过节,生辰寿诞,男婚女嫁等喜庆日子里,还是在亲朋好友登门造访之际,主人都会以"一苦二甜三回味"的三道茶款待宾客。

三道茶,白语叫"绍道兆",是白族待客的一种风尚,大凡宾客上门,主人一边与客人促膝谈心,一边吩咐家人忙着架火烧水。待水沸开,就由家中或族中最有威望的长辈亲自司茶,先将一只较为粗糙的小砂罐,置于文火之上烘烤。待罐烤热后,随即摄取一撮茶叶放入罐内,并不停地转动罐子,使茶叶受热均匀。但等罐中茶叶"啪啪"作响,色泽由绿转黄,且发出焦香时,随手向罐中注入已经烧沸的开水。少顷,主人就将罐中翻腾的茶水倾注到一种叫牛眼睛盅的小茶杯中。白族认为,"酒满敬人,茶满欺人",所以,茶汤仅半杯而已,一口即干。由于此茶是经烘烤、煮沸而成的浓汁,因此,看上去色如琥珀,闻起来焦香扑鼻,喝进去滋味苦涩。冲好头道茶后,主人就用双手举茶敬献给客人,客人双手接茶后,通常一饮而尽。此茶虽香,却也够苦,因此谓之"苦茶"。白族称这第一道茶为"清苦之茶"。它寓意做人的道理:"要立业,就要先吃苦。"

喝完第一道茶后,主人会在小砂锅中重新烤置水(也有用留在砂罐内的第一道茶重新加水煮沸的)。与此同时,将盛器牛眼睛盅换成小碗或普通杯子,内中放上红糖和核桃肉,冲茶至八分满时,敬于客人。此茶甜中带香,别有一番风味。如果说第一道茶是苦的,那么,苦尽甜来,第二道茶就叫甜茶了,白族人称它为糖茶或甜茶。它寓意"人生在世,做什么事,只有吃得了苦,才会有甜香来"。

第三道茶更有意思,主人先将一满匙蜂蜜及3~5 粒花椒放入杯(碗)中,再冲上沸腾的茶水,容量多以半杯(碗)为度。客人接过茶杯时,一边晃动茶杯,使茶汤和佐料均匀混合;一边"呼呼"作响,趁热饮下。此茶喝起来回味无穷,可谓甜、苦、麻、辣,各味俱全。因此,白族称它为"回味茶"。有的主人更是别出心裁,取来一张用牛奶熬制而成的乳扇,将它置于文火上烘烤,当乳扇受热起泡呈黄色时,随即用手揉碎将它加入第三道茶中。这种茶喝起来,既能领略茶香茶味,还能尝到白族传统食品的风味,更是回味无穷。它寓意人们,要常常"回味",牢牢记住"先苦后甜"的哲理。

大凡主人款待三道茶时,一般每道茶相隔3～5分钟进行。另外,还得在桌上放些瓜子、松子、糖果之类,以增加品茶情趣。

据说,白族的三道茶当初只是长辈对晚辈求学、学艺、经商,以及新女婿上门时的一种礼俗。它的形成,还伴随着一个富有哲理的传说:很久以前,在大理苍山脚下,住着一位手艺高超的老木匠。他带有一个徒弟,学了多年还不让出师。一天,他对徒弟说:"你作为一个木匠,会雕会刻,还只学到一半功夫。要是跟我上山,你能把大树锯倒,锯下板子,扛得回家,才算出师。"徒弟不服气,就跟着师父上山,找到一棵大麻栗树,立即锯起树来。但还未等徒弟将树锯成板子,已觉口干舌燥,只好恳求师父让他下山取水解渴,但师父不依。到傍晚时分,还未锯完板子,徒弟再也忍受不住了,只好随手抓了一把树叶,放进口里咀嚼,想用来解渴。师父看到徒弟又皱眉头,又咂舌的样子,笑着问徒弟:"味道如何?"徒弟只好实说:"好苦啊!"师父这时才语重心长地说:"你要学好手艺,不先吃点苦头怎行啊?"这样一直到日落西山,板子虽然锯好,但徒弟已筋疲力尽,累倒了。这时,师父从怀里取出一块红糖递给徒弟,郑重地说:"这叫先苦后甜!"徒弟吃了这块糖后,觉得口不渴了,精神也振作了。于是赶快起身,把板子扛回家。从此以后,师父就让徒弟出师了。分别时,师父舀了一碗茶,放上些蜂蜜和花椒叶,让徒弟喝下后,问道:"此茶是苦是甜?"徒弟答曰:"甜、苦、麻、辣,什么味都有。"师父听了,哈哈大笑,说道:"这茶中情由,跟学手艺、做人的道理差不多,要先苦后甜,还得好好回味。"自此开始,白族的三道茶就成了晚辈学艺、求学时的一套礼俗。以后,应用范围日益扩大,成了白族人民喜庆迎客,特别是在新女婿上门、子女成家立业时,长辈谆谆告诫晚辈的一种形式。

今天,随着社会的发展,生活的提高,白族三道茶的用料已有所改变,内容更为丰富,但"一苦、二甜、三回味"的基本特点依然如故,成了白族人民的一种传统风尚。

此外,在白族居住地区,还盛行喝响雷茶,白语叫"扣兆",这是一种十分富有情趣的饮茶方式。饮茶时,大家团团围坐,主人将刚从茶树上采回来的芽叶,或经初制而成的毛茶,放入一只小砂罐内,然后用钳夹住,在火上烘烤。片刻后,罐内茶叶"噼啪"作响,并发出焦糖香时,随即向罐内冲入沸腾的开水,这时罐内立即传出似雷响的声音,与此同时,客人们的惊讶声四起,笑声满堂。由于这种煮茶方法能发出似雷响的声音,因此得名响雷茶。据说,这还是一种吉祥的象征。一当响雷茶煮好后,主人就提起砂罐,将茶汤一一倾入茶盅,再由小辈女子用双手捧盅,奉献给各位客人,在一片赞美声中,主客双方一边喝茶,一边叙谊,预示着未来生活的幸福美满和吉祥如意。

(姚国坤)

10. 土家族的擂茶

土家族主要居住在川、黔、湘、鄂四省交界的武陵山区一带,这里到处古木参天,绿树成阴,有"芳草鲜美,落英缤纷"之誉,是我国的旅游胜地之一。由于当地生态环境适宜种茶,所以历史上一直是我国优质茶和许多名茶的重要产地。山美、茶美,固能引人入胜,而土家族同胞喝擂茶的习俗,更令人叫绝不已。

擂茶,又名三生汤。此名的由来,说法有二:一是因为擂茶是用生叶(指茶树上新鲜的幼嫩芽叶)、生姜和生米等三种生原料加水烹煮而成,故而得名。二是传说三国时,张飞曾带兵进攻武陵壶头山(今湖南省常德县境内),路过乌头村时,正值炎夏酷暑,军士个个精疲力竭,加之当时这一带瘟疫蔓延,使得张飞部下数百将士病倒,竟连张飞本人也未能幸免。正在危难之际,村上一位老草医因有感于张飞部属的纪律严明,对百姓秋毫无犯,为此,特献祖传除瘟秘方擂茶,亲研擂茶,分予将士。结果,茶(药)到病除。为此,张飞感激不已,称老汉为"神医下凡",说:"这是三生有幸!"从此以后,人们也就称擂茶为三生汤了。

制作擂茶时,一般先将生叶、生姜、生米按各人口味,用一定比例倒入山楂木制成的擂钵中,用力来回研捣,直至三种原料混合研成糊状时,再起钵入锅,加水煮沸,便成了擂茶。由于茶叶能提神祛邪,清火明目,生姜能理脾解表,去湿发汗;生米能健脾润肺,和胃止火,所以,擂茶有清热解毒,通经理肺的功效。说擂茶是一种治病的良药,是有一定科学道理的。由于擂茶有诸多的好处,对高寒多湿的山区人民来说,喝擂茶自然成了一种习俗。于是,世代相传,甚至连当地居住的一些其他民族也都养成了喝擂茶的习惯。一般人们中午干活回家,在吃饭之前,总以先喝上几碗擂茶为快。有的老年人甚至一日三顿,一顿几碗,只要一天不喝擂茶,就会感到全身乏力,精神不爽。视喝擂茶像吃饭一样重要,称"一日三餐茶饭,总是不能少的"。良宵吉日,擂茶自然是不可缺少的佳品;土家族人民把它当作是招待亲友的一道"点心"。不过,由于每个人嗜好不同,有在擂茶中加入白糖或盐巴的,甚至还有加入花生米、芝麻、爆米花之类的。所以,一旦呷茶入口,甜、苦、辣、涩、咸都有,可谓五味俱全。倘若一碗落肚,真能舒身提神,才算领略了擂茶"既是饮料能解渴,又是良药可治病"的道理。如今,随着人们生活水平的提高,擂茶的制作和选料更为讲究,在许多场合,喝擂茶还配上许多美味可口的小吃,既有"以茶代酒"之意,又有"以茶佐点"之美,如此喝擂茶,更有乐趣在其间。擂的制作亦有所改进,通常将炸得金黄色的芝麻,炒得油亮的花生,拌进茉莉花茶,再加上雪亮的白砂糖,拌匀擂碎,然后冲入沸水调制成擂茶,它像豆浆,似乳汁,喝起来清爽可口,滋味甘醇,又有防病健身、延年抗衰之效。

(姚国坤)

11. 苗族和侗族的油茶

在桂北、湘南交界地区和贵州黔东南地区,聚居着许多侗、苗、瑶兄弟民族,他们与汉、壮、回、水等民族世代相处,十分热情好客。住在这里的人们,虽然衣、食、住、行等风俗习惯有别,但家家都喜欢打油茶,人人喝油茶。特别是喜庆节日,或亲朋贵宾登门时,他们更是以打法讲究、佐料精选的油茶款待客人。在平日,一家人每天都免不了要喝上几碗油茶汤,以去邪祛湿,预防感冒,抖擞精神。

油茶始于何时,尚无资料可以考证。世居在当地的一些"寿星",也只知道是世代相传。他们认为:"清茶喝多了要肚胀,油茶吃多了反觉神清气爽。"所以,当地盛行着一句赞美喝油茶的顺口溜:"香油芝麻加葱花,美酒蜜糖不如它。一天油茶喝三碗,养精蓄力有劲头。"居住在那里的人们,把喝油茶看作如同吃饭一样重要。

打油茶形式多种多样,内容丰富多彩。"打"实际上是"做"的意思,一般经过四道程序。首先是点茶。打油茶用的茶通常有两种:一是专门烘炒的末茶,二是选用茶树上的幼嫩芽叶,具体要根据茶树生长季节和各人的口味爱好而定。其次是作料。打油茶用的作料,除茶叶和米花外,还有鱼、肉、芝麻、花生、葱、姜等和食油(通常用茶油)。三是煮茶。先生火,待锅底烧热时,放油入锅,等油面冒青烟时,立即向锅内倒入茶叶,并用锅铲不断翻炒,当茶叶发出清香时,再加上芝麻、花生米、生姜之类。少顷,放水加盖,煮沸3~5分钟,待茶汤快要起锅时撒一把葱姜。这时,才算把又鲜、又香、又爽,却又不失茶味的油茶打好了。如果这种油茶是用来招待客人的,那么还得进行第四道工序,就是配茶。在已经打好的油茶中,分别放上各种菜肴或食品。由于加入作料的不同,所以有鱼子油茶、糯米油茶、米花油茶、艾叶粑油茶之分。油茶已成了当地生活的必需品和待人接客的高尚礼遇。倘若款待的是高朋至亲,那么按当地的习惯,还得请村里打油茶的"高手"出场,专门炒制美味香脆的食物,诸如炸鸡块、炒猪肝、爆虾子,等等,分别装入碗内。然后,趁热注入油茶,接着便是奉茶了。奉(油)茶是十分讲礼节的,通常当主人快要打好油茶时,就招呼客人围桌入座,主人彬彬有礼地将筷子一一放在客人前面的方桌上。少顷,主人用双手分别向宾客奉上油茶,而众宾客随即用双手接茶,并欠身含笑点头以谢。此时,主人和蔼可亲地连声道"记协,记协"(意即请用茶);接着,客人开始喝油茶。为了表示对主人热忱好客的回敬,为了赞美油茶生香可口的美味,客人喝油茶时,总是边吃边啜,赞口不已。一碗吃光,主人马上添加食物,再喝两碗。按照当地风俗,客人喝油茶,一般不少于三碗,这叫"三碗不见外"。

其实,油茶与其说是茶汤,还不如说它是一道茶叶菜肴;与其说是喝油茶,还不如说是吃油茶。这种独特的茶叶泡煮方法,妙趣横生的饮茶方式,以及如此奇异的待人接物礼仪,即使平生享受一次,亦有终生难忘之感。

(姚国坤)

12. 回族的罐罐茶

回族主要居住在我国的大西北,特别在甘肃、宁夏、青海三省(区)最为集中。由于这里地处高原,气候寒冷,蔬菜供应困难,奶制品是当地的主要食品之一。而茶叶中存在的大量维生素类物质,正好可以补充蔬菜的不足。茶叶中存在的大量多酚类物质,又正好有助于去除油腻,帮助消化,以利人们对奶制品的吸收。所以,茶叶历来是当地人民不可缺少的生活资料,一般成年人每月用茶量达1千克左右,老年人用茶量更多。至于饮茶方式,更是多种多样。

大致说来,在城市习惯于泡饮清茶;在牧区习惯于煮饮奶茶。而在广大农牧区众多的饮茶方式中,最奇特的要算是喝罐罐茶了。

罐罐茶通常以中下等炒青绿茶为原料,经加水熬煮而成,所以,煮罐罐茶,又称熬罐罐茶。熬煮罐罐茶的茶具,表面看来,简陋粗糙。煮茶用的罐子,高不足10厘米,口径不到5厘米,腹部稍大些,直径也不超过7厘米,可谓小矣!罐子的质地,是用土陶烧制而成。犹如一只缩小了的粗陶坛钵。但当地认为:"用土陶罐煮茶,不走茶味;用金属罐煮茶,会变茶性。"与此相搭配的喝茶用的茶杯,是一只形如酒盅大小的粗瓷杯。当地人认为:"用小粗瓷杯盛茶,能保色保香。"用现代科学的观点来看,用金属类罐(杯)子煮茶盛茶,在加热冲泡过程中,某些金属物质会与茶叶中滋味的主要构成物质多酚类发生化学变化,从而使茶味"走样"。而土陶却不然,由于土陶通透性好,散热快,不易使茶汤产生异味,因此,用土陶茶具煮茶泡茶,有利于保香、保色和保味。

熬煮罐罐茶的方法比较简单,与煎中药大致相仿。煮茶时,先在土陶罐子中盛上半罐水,然后将罐子放在小火炉上,一旦到罐内水沸腾时,放入茶叶

5～8克,边煮边拌,使茶、水相融,茶汁充分浸出,2～3分钟后,再向罐内加水至八成满,直到茶水再次沸腾时,罐罐茶才算熬煮好了。这时,即可倾汤入杯。由于罐罐茶的用茶量大,又是经熬煮而成的,茶汁甚浓,一般不惯于喝罐罐茶的人,会感到又苦又涩。好在喝罐罐茶的杯子容量很小,不可能如同喝大碗茶一般,大口大口地喝下去。但对长期生活在那里的人们来说,早已习惯成自然了,一般在上午上班前和下午下班后,少不了得喝上几杯罐罐茶。他们认为:"只有喝罐罐茶才过瘾。"还说:"喝罐罐茶有四大好处:提精神、助消化、去病魔、保健康。"其实,这种喝罐罐茶习惯的形成,与当地的人文地理、生活环境是相联系的。

(姚国坤)

二、茶　艺

茶,有健身、解渴、疗疾之效,又富欣赏情趣,还可陶冶情操,故人们称茶为康乐饮料。

茶不仅是一种饮料,还是一种特殊的工艺品。杯茶在手,既可闻香品味,察颜观色,又可在饮茶环境、茶具的诗情画意的氛围中,怡悦情性。品茶玩味,妙趣横生,既是一种物质的享受,也是丰富生活情趣、追求身心舒泰的高雅娱乐。饮茶既然富含艺术,品茶艺术也就应运而生。在中国饮茶史上,茶艺历来为人们所推崇。唐代诗人钱起的"竹下忘言对紫茶,全胜羽客醉流霞",李嘉祐的"幸有香茶留稚子,不堪秋草送王孙",描绘了峰峦、竹林、紫茶、清风,亲朋欢聚,挚友抒怀的情境,如此品茶,雅趣不亚于流霞肴馔,茶艺之美自然也在其中了。

(一)品茗的环境

品茗之"品",其释义可作"品尝"讲。《周礼·天官·膳夫》曰:"膳夫受祭,品尝食,王乃食。"郑玄注:"品者,每食皆尝之。""品尝"不仅用于茶叶的品评,鉴别茶叶品质的优劣等次,也可以细啜慢饮,达到美的享受,使精神世界升华到高尚的艺术境界。

明徐渭在《徐文长秘集》中说,"茶宜精舍,云林,

竹灶,幽人雅士,寒宵兀坐,松月下,花鸟间,清白石,绿鲜苍苔,素手汲泉,红妆扫雪,船头吹火,竹里飘烟"。可见,古人很重视品茗的环境。

品茗的环境一般由建筑物、园林、摆设、茶具等元素组成。这些元素的有机组成,才能形成良好的品茗环境。

家庭饮茶,难择建筑物,但在有限的空间里,可寻找适宜的位置。一般地说,最好选择向阳靠窗处,配以茶几、沙发或台椅。窗台上摆设盆花,上方置藤蔓植物。若无盆花,在茶几上放上应时鲜切花也是不错的选择。由于花卉有着美丽的色彩、奇妙的形状、优美的姿态和可爱的品格,因此能使人赏心悦目,加上花香四溢,更使人心旷神怡。而碧叶绿阴,能消除眼神经的疲劳,放松中枢神经,使人轻松愉快。

家庭饮茶,使用茶具因人而异。独自小酌,可用陶瓷茶具。如邀三朋四友,或客人来访,则要依来宾而制宜。年长者,可用紫砂茶具;年轻人,可用玻璃茶具或白瓷茶具;女士们,则可用青瓷,甚至薄胎瓷茶具。

总之,家庭饮茶要求安静、清新、舒适、干净,尽可能利用一切有利条件,如阳台、门庭、小花园甚至墙角等,只要布置得当,窗明几净,同样能创造出一个良好的品茗环境。

公共饮茶场所,因其层次、格调不一,要求也不一样。大众饮茶场所,建筑物不必过于讲究,竹楼、瓦房、木屋、草房等入乡随俗。不论建筑如何,要求采光好,使茶客能感到明快爽朗。室内摆设可以简朴,桌椅板凳,整齐清洁即可。大碗茶也好,壶茶也好,均须干净卫生。高档茶馆则讲究一些。上海城隍庙"湖心亭"百年老茶馆,上下两层,楼顶有28只角,屋脊牙檐、梁栋门窗雕有栩栩如生的人物、飞禽走兽及花鸟草木,还有砖刻和绘画。馆内大厅香红木八仙桌,茶几方凳,大理石圆台,天花板上挂有古色古香的宫灯,墙上嵌有壁灯,四周大窗配以淡黄色帘布,桌上放着古朴雅致的富有民族特色的宜兴茶具。茶楼周围一泓碧水,九曲长桥,旖旎风光尽收眼底。北京新建的"老舍茶馆"更是气派不凡,茶室内设一戏台,名演员弹弹唱唱,别具一格。在一些现代化宾馆内的茶室,则充满了高贵的现代色彩,全人工采光,华灯高挂,猩红地毯,沙发茶几,白瓷茶具,空调控温,丝竹声声,五光十色,使人置身于现代气息之中。

中国园林世界著名,山水风景更是不可胜数。利用园林或自然山水的空间,搭设茶室,让人们品茶小憩,意趣益然。"上有天堂,下有苏杭",杭州的美景处处有,而每一处胜景,总配有茶室,或占湖,或占山,或在幽境之中,或掩映在绿海之内。柳浪闻莺茶室,亭廊相接,柳阴夹道,芳草相伴;花港观鱼茶室,一面临湖,湖中游鱼如梭,花繁树茂,胜似仙境,绝妙处是平湖秋月茶室,夜饮于此,举头望明月,月落西子湖,湖面银光闪闪,疑是人间天上。六和塔茶室则背靠五云山,面对钱塘江,大桥如练,风帆点点,玉带车水马龙,江山尽收眼底。设在山顶的宝石山茶室,倚山而立,翠竹环绕,风动婆娑起舞。处于山洞内的水乐洞茶室妙趣横生,泉从石出,金石咚咚,凉风阵阵,暑意尽散。各类茶室在如此美好的环境中,怎能不叫茶客叫绝?怎能不叫茶客留恋?难怪古人宁愿"平生于物原无取,消受山中茶一杯"了。

家庭饮茶处,或公共茶室,挂上名人字画,也能营造古雅典朴或现代化气息,增加品茗情趣。时下,有些茶艺表演,还时尚点香,阵阵清香,扑鼻而来,渺渺烟雾,隐隐现现,造就了独特的品茗环境。

(白堃元)

(二) 茶的欣赏

鲁迅先生说过:"有好茶喝,会喝好茶,是一种清福,不过要享这清福,首先就必须有工夫,其次是练出来的特别感觉。"会喝茶,不等于会欣赏茶,而会欣赏茶才能喝好茶,才能探知其佳妙之处,从而达到最高的茶艺境界。

曹雪芹、高鹗在《红楼梦》中多处描绘了当时不同阶层的饮茶及茶的欣赏。第四十一回"贾宝玉品茶栊翠庵,刘姥姥醉卧怡红院"中说道,贾母要吃好茶,命妙玉去办,宝玉就在栊翠庵中看妙玉怎么行事,"只见妙玉亲自捧了一个海棠花式雕漆填金云龙献寿的小茶盘,里面放一个成窑五彩小盖钟,捧与贾母。贾母道:'我不吃六安茶。'妙玉笑说:'知道,这是老君眉。'贾母接了,又问:'是什么水?'妙玉笑回'是旧年蠲的雨水'。贾母便吃了半盏……,刘姥姥便一口吃尽,笑道:'好是好,就是淡些,再熬浓些更好了。'贾母众人都笑起来。然后众人都是一色官窑脱胎填白盖碗"。近 200 字将茶的欣赏写得淋漓尽致。说了用茶时的茶具、茶名、用水、礼仪等。

人类的欣赏能力是天然的,但欣赏能力的强弱则随着科学文化的兴衰而变化。墨子曰:"目之于色,有同美焉;口之于味,有同嗜焉。"感觉器官,人皆有之,而思维能力的高低,则决定于人的欣赏力。

欣赏茶时,从现时角度看,应一赏茶名,二看茶形和色泽,三审香气和滋味。

茶名的诞生,或以产地称名,或因其质特异取名,或因历史典故命名,或怀念先人古事题名……中国茶,特别是名茶,其名称是很美的,如能将如诗如词的茶名浏览一遍,细细品味,便觉芳津四溢,妙想联翩,令人陶醉。"珍眉绿茶",会使人联想到古代仕女的弯弯娥眉,正如古诗"妆罢低声问夫婿,画眉深浅入时无"的情景。一个好的茶名,甚至会使人想起一幅幅奇峰突起、怪石嶙峋、烟波浩淼、碧水荡漾、龙腾凤飞、百花吐芳的泼墨丹青,一首首浓墨重彩、字字珠玑、文笔潇洒、落落大方的瑰丽诗章。奇巧而富有魅力的茶名,表现了劳动人民巧夺天工的手艺和茶叶的品质。欣赏茶名能使人们增长知识,增加见闻;欣赏茶名还能促使人们忆古思今,展望未来。

茶的形状和色泽,能感染人的视觉,从而产生丰富的联想。唐陆羽《茶经》曰:"饮有粗茶、散茶、末茶、饼茶者",说明古时茶就有多种形状,现代的茶叶形状更是千姿百态。就散茶而言,有扁形、针形、卷曲形、颗粒形、圆形、粉状形、花状形等;就紧压茶而言,则有柱形、圆形、碗状形、方块形、长方块形、竹节形等。

不同形状的茶叶,有相同色泽,也有相异色泽。从茶叶外观上看,有黄色、黑色、绿色、红色等。因此,有的叫白茶,有的叫青茶,有的叫黑茶,有的叫绿茶,有的叫红茶等。

茶叶冲泡后,形状发生了变化,几乎恢复了茶叶原料的自然状态,特别是一些名茶,嫩度高,加工考究,芽叶成朵,在茶汤中亭亭玉立,婀娜多姿;更有甚者,因其芽头肥壮,芽叶在茶水中几沉几浮,犹如刀枪林立。茶汤的色泽就在芽叶运动中徐徐展现,由浅入深,繁多的茶类形成千颜万色:红色、绿色、黄色……同一茶类,因其级别不同,产地不同,采茶季节不一,加工上的微小差异,甚至所用茶具、水质相异,都会影响茶汤色泽。

古人在品赏茶汤时,因冲泡方法与现代不同,还对茶汤纹脉形成的物象,进行"分茶"游戏。古时饮茶中的点茶,必然会使茶汤纹脉振动,形成似图像、似文字的景象,由此运用丰富的想象力,进行"茶戏"活动。古人有诗曰:"二者(指注汤入碗和玉爪在碗中的动作)相遭兔瓯面,怪怪奇奇真善幻,纷如擘絮行太空,影落寒江能万变",有声有色地描绘了分茶时的意趣。

品汤味和嗅茶香是欣赏茶的精华。茶汤滋味的好坏,主要取决于茶叶品质的高低,不同品种和品质的茶叶滋味不一样。毛峰、云雾茶,其茶汤滋味鲜醇爽口,浓而不苦,醇而不淡,回味甘甜;碧螺春、毛尖等滋味鲜甜爽口,味清和,回味清口生津;大叶种所制红茶,滋味浓烈,刺激性强;而粗老茶叶则茶汤滋味平淡,甚至带青涩。欣赏茶汤滋味,主要靠舌,要充分运用舌的感觉器官,尤其是利用舌中最敏感的部位,即舌中和舌根,来享受茶的自然本性。

嗅茶香是欣赏茶的最难一环,没有一点经验和技术是难以得到这种享受的。干嗅,即先嗅干茶。各类茶干香不一,有甜香、焦香、清香等香型。再热嗅,开汤后,栗子香、果味香、清香等扑鼻而来;而冷嗅时,又会嗅到被芳香物掩盖着的其他气味。用不同方法可以嗅到不同类型的香气。欣赏花茶,则除茶香外,天然花香如茉莉花香、栀子花香、白兰花香、玳玳花香、珠兰花香、桂花香、玫瑰花香,一阵接一阵。好茶其香自然、真实、纯真,而低质茶则烟焦味、青草味,充斥茶香之中,有的还夹杂馊臭味,令人作呕。正确应用鼻子和喉部,能够帮助人们去欣赏、鉴别茶叶的香气。

(白堃元)

（三）用茶方法

中国人对用茶方法，历来很有讲究。客来时，宾主双方相互寒暄，表示欢迎或打扰之意。客人就座后，主人应根据客人的爱好、年龄、性别，选择茶具和茶类。古人曰："茶色白，宜黑盏"，反之，"茶色黑，宜白盏"。茶具和茶类相互配搭好，可相得益彰。客人如为年长者，可选用陶瓷或青瓷茶具，年轻者可用白瓷或玻璃器皿。茶具使用前，一定要洗净、擦干，特别是白瓷、青瓷或玻璃器皿，一定要不留茶渍、无指印。取茶时，启盖应用外层盖启开内层盖，或用茶匙尾部启开。添加茶叶，切勿用手抓，应用茶匙、牛角匙、不锈钢匙等，不能用铁匙。撮茶时，逐步添加为宜，不要一次放入太多。如果茶叶过量，取回的茶叶千万不要再倒入茶罐，应弃去或作其他处理。

选用茶类，要根据季节、时间、来客爱好而定。客人自选茶类最好。如无甚爱好，春季应用新茶，显示高贵雅致；夏季选用绿茶，碧绿清澈，清凉透心；秋季宜用花茶，花香茶色，讨人喜爱；冬季宜用红茶，色调温存、暖意满怀。客人是年老者，宜用条茶，咀嚼英华，细细谈论；如是年轻人，则可用碎茶，出汁快，味浓醇，刺激性强；如果是女士，最宜用花茶或乌龙茶，花香阵阵，茶味醇和。用茶时间也要注意，早晨用清茶，晚上用淡茶，一般时间可用浓茶。在饭前一二小时用茶，最好有些点心，如饼干之类，以避免"茶醉"。

茶叶冲泡时，要轻而快，七八分满即可。冲泡后，有礼貌地对客人说："请用茶。"客人也应表示谢意，侯3～4分钟后，即可品茶。品茶时，若用茶杯，应右手拿杯把，左手启杯盖；如用玻璃杯，则用大拇指和中指、食指夹杯，无名指和小指托底；如用盖碗，则右手持杯，左手启盖，拨去茶汤上的茶叶，慢慢细饮。如感到茶水过热，应放在茶几上稍凉后再饮，不要用嘴吹气来降温。

饮茶中，茶杯中茶水已去一半或三分之二时，主人应给客人续水。此时，客人可面谢，也可用食指、中指并在一起或除拇指外四指并拢，轻轻叩点桌面，以示感谢。

茶过三巡，如谈话基本结束，客人应主动告退，并对来访的成功表示感谢。主人应帮助客人取外衣，并送客人出门。

正确用茶不仅是一个方法问题，而且能够表现主客的行为美、语言美和心灵美。

（白堃元）

（四）茶宴与斗茶

茶宴与斗茶，两词含义不同，内容有别，可谓风马牛不相及。茶宴，乃是以茶代酒作宴，是一种款待宾客之举；斗茶，又称茗战，实为赛茶，互比茶叶品第。但在饮茶发展史上，两者又是紧密相连，因果相关的。

据考证，茶宴的出现，最早可追溯到三国时代（公元220～280年），西晋陈寿所著《三国志》中的《吴志·韦曜传》中记载：吴国（公元222～280年）孙皓任乌程侯时，每次宴请，宾客至少饮酒七升，而对不会饮酒的韦曜，则"密赐茶荈以当酒"。南朝宋何法盛《晋中兴书》记载：以俭德著称的东晋吏部尚书陆纳，在任吴兴太守时，当卫将军谢安去拜访他时，只以茶果招待客人。唐房乔等《晋书》也记载：征西大将军桓温任扬州牧时，每次宴请，"唯下七奠拌茶果而已"。可见，以茶代酒，辅以糖果、糕点，请客作宴，在晋代已有原型了，并被认为这是一种清操绝俗的德行。不过，茶宴一词的最早文字记载，首见于南北朝时山谦之的《吴兴记》，提到"每岁吴兴、毗陵二郡太守采茶宴会于此"。到了唐代，饮茶之风开始盛行，在东西两都——西安、洛阳，以及湖北、四川一带，几乎家家户户饮茶，不少地方，茶已达到了"比屋之饮"的程度。加之，茶能提神、明目、消食、却邪，使茶的地位日益提高，茶宴成了当时社会的一种风尚。

在唐代，产于当时属湖州的紫笋茶和常州的阳羡茶已列为贡茶入宫。每年，两州太守总要在毗邻的顾渚山境会亭举行盛大茶宴，邀集一些社会名士参加，共同分享品尝新茶的情趣。有一年，当时在苏州做官的白居易因病不能参加，特命笔写了一首《夜闻贾常州、崔湖州茶山境会亭欢宴》诗，诗中对茶山茶宴盛况作了生动的描述，而对自己不能亲自参加茶宴的惋惜之情又溢于言表。

在茶宴上，人们不仅可以领略茶的滋味，而且还可欣赏环境和茶具之美，是物质和精神的双重享受。唐钱起的《与赵莒茶宴》、鲍君徽的《东亭茶宴》、李嘉祐的《秋晚招隐寺东峰茶宴送内弟阎伯均归江州》等诗中，都有这方面的记述。尤其是唐户部员外郎吕温的《三月三日茶宴序》："三月三日，上巳禊饮之日也，诸子议茶酌而代焉，乃拨花砌，憩庭荫，清风逐人，日色留兴，卧借青霭，坐攀香枝，闻莺近席而未飞，红蕊拂衣而不散，迺酌彼香沫，浮素杯，殷凝琥珀之色，不令人醉，微觉清思，虽玉露仙浆，无复加也。"对茶宴的幽雅环境，品茗的美妙回味，以及令人陶醉的神态，都作了细腻的描绘。

到了宋代，茶叶生产区域日益扩大，制茶方法有所创新，饮茶方式也随之改变，茶宴之风更加盛行，所有这些与宋代皇室嗜茶是密切相关的。尤其是宋徽宗赵佶，对茶颇多研究，并写就专著一册，题名《大观茶论》，分列二十余目，对茶的产制、烹试和品质等方面都作了较为详细的叙述。皇帝撰写茶叶专著，这在中外历史上还独此一家。直至宋代，茶宴仍多见于上层社会与禅林僧侣之间。在上层社会中，如果说文人墨客茶宴重于"情"，选择在风景秀丽、环境宜人、装饰典雅的场所进行，那么，在官场尤其是宫廷茶宴，通常在金碧辉煌的皇宫中举行，权作皇帝对群臣的一种恩施。所以，气氛肃穆庄重，礼节比较严格。茶需明前贡茗，水要清泉玉液，器用名贵器皿。茶宴进行时，先由近侍施礼布茶，在皇上带领下，群臣举杯闻香品味，赞恭感恩，直至相互庆贺，都以品茗贯穿始终。因此，整个茶宴仪式，大致可分为迎送、庆贺、叙谊、观景等内容。这一情景，蔡京的《太清楼特宴记》、《保和殿曲宴记》、《延福宫曲宴记》中都有所记述。如在《延福宫曲宴记》中写道："宣和二年（公元1120年）十二月癸巳，召宰执亲王等曲宴于延福宫……上命近侍取茶具，亲手注汤击拂，少顷白乳浮盏面，如疏星淡月，顾诸臣曰，此自布茶，饮毕皆顿首谢。"这就是宋徽宗亲自烹茶赐宴群臣的情况。寺院茶宴，主要在僧侣间进行。茶宴开始时，众人团团围坐，住持按一定程序冲沏香茗，依次递给大家品饮。冲茶、递接、加水、品饮等都按教仪进行。在赞

美茶香、茶味、茶色之后，论理道德修身，议事叙景。在这方面，最有名的是径山茶宴。

径山（在今浙江省余杭县境内）是天目山的东北高峰，这里古木参天，溪水淙淙，山峦重叠，有"三千楼阁五峰岩"之称，还有大铜钟、鼓楼、龙井泉等著名胜迹，可谓山明、水秀、茶佳。山中的径山寺，始建于唐代，宋孝宗赵眘（公元1163~1189年）曾御书赐额"径山兴圣万寿禅寺"。自宋代至元代，有"江南禅林之冠"的誉称。古代认为茶能清心、陶情、去杂，这与佛教提倡的清心寡欲是相吻的，所以，饮茶之风很盛。每年春季，僧侣们经常在寺内举行茶宴，谈佛论经。径山茶宴有一套较为讲究的仪式。茶宴进行时，先由住持法师亲自调茶，以表敬意。尔后命近侍一一奉献给赴宴僧客品饮，这便是献茶。僧客接茶后，先打开碗盖闻香，再举碗观色，接着才是启口"啧、啧"尝味。一旦茶过三巡，便开始评论茶品，称赞主人品德。随后的话题，当然是颂佛论经，谈事叙谊。

宋理宗开庆元年（公元1259年），日本南浦昭明禅师来径山寺求学取经，拜虚堂禅师为师。学成辞师回国，将径山茶宴仪式亦一并带回日本。在此基础上形成和发展了以茶论道的日本茶道。

日本茶道是一种严格的饮茶礼仪，它最初在寺院中进行。"道"这个字，从佛学的含义上来说，就是遵循礼义、德行，要人们恪守正确的人生道路。所以，简单说来，茶道就是通过饮茶的方式，对人们施以礼法教育，进行道德修养的一种仪式。以后，到了丰臣秀吉时代，任命千利休为日本茶道高僧。千利休茶道的基本精神是提倡和平和好，尊老护幼，洁净平心，沉思凝神，这就是"四规"，可以归纳为"和、敬、清、寂"四个字。并集茶道之成，对茶礼进行了改革和简化，把它推广到广大人民中间，使之成为一种颇具特色的日本传统文化艺术。如今，茶道已成为日本人民修身养性、提高文化素质和进行社交联谊的手段。

有关日本茶道的来由和形成，亦可在日本的许多著作中找到佐证。据日本《类聚名物考》记述："南浦昭明到余杭径山寺浊虚堂传其法而归，时文永四年。"又曰："茶道之起，在正元中筑前崇福寺开山南

浦昭明由宋传入。"在《读视听草》和《本朝高僧传》中也谈到:"南浦昭明由宋归国,把茶台子、茶道具一式带到崇福寺。"日本新近出版的《茶叶技术研究》一书中也有这一记述。足见日本茶道是由我国宋代茶宴的基础上逐渐形成的。

近代,各地继承和发扬我国优秀的茶文化,又赋予了茶宴新的内容与形式。如常见的有结婚茶宴,就是新郎、新娘用茶宴料理和茶食点心招待宾客,在茶香鼓乐声中缔结良缘。喜庆之余,新娘还得表演茶艺助兴。此外,还有喜庆茶宴、文化茶宴、生辰茶宴等。近年来,各产茶省区还多次举行别开生面的探新茶宴。这种茶宴,一般在新茶制作伊始时进行,由专家、名流、领导参加,仿照古代茶宴仪式,进行点茶、观茶、闻茶、品茶、论茶,共同探讨发展茶叶经济的方略。其实,当今流行于湘西、鄂西的擂茶,桂北的油茶,广东的早茶,西藏的酥油茶,直至社交场合的茶点待客,都是古代茶宴的延伸和发展。

茶宴的盛行,贡茶的出现,促进了品茗艺术的发展,于是斗茶也就应运而生。

宋范仲淹的《斗茶歌》中谈到:"北苑将期献天子,林下雄豪先斗美。"阐述了斗茶缘由,以及与贡茶的因果关系。对如何斗茶,宋代唐庚的《斗茶记》记载得较为详细,二三君子聚集一起,煮水烹茶,对斗品论长道短,决出品次。书中还谈到:斗茶茶品,"要之贵新";斗茶用水,"要之贵活"。新茶配活水,相得益彰,是符合现代科学道理的。其实,古代斗茶,往往相约三五知己,在精致雅洁的室内,或在花木扶疏的庭院,献出各自所藏精制茶品,大家轮流品尝,决出名次,以定胜负。当时的名茶产地及寺院都有斗茶之举。特别是到南宋,斗茶之风已普及到民间了。斗茶的形成是茶宴发展的结果,但斗茶的兴起又进一步充实了茶宴的内容。

斗茶在当代无非就是一种品茗比赛。近年来,全国及各产茶省区召开的名茶评比会、斗茶会,就是古时斗茶的继续。一般角逐时,各地将做工精细、品质最佳的茶叶带到会场,组成一个由各方公认的评茶大师组成的评委会,将各地选送的茶叶密码编号,评委会成员依次先观外形、色泽;再逐一开汤审评,闻香品味;然后用手触摸叶底,估评老嫩。总之,要对色、香、味、形四个茶叶品质构成因子当场逐一示牌打分,最后按高分到低分揭晓,排列名次。也有的采用专家评定和群众评议相结合的方式进行。评分双方各按50%计算,然后按总分多少对号入座。所以,斗茶也可以说是一种茶叶品质的评比方式,它与以精神享受为目的茶宴内涵是有区别的。不过,对今人来说,斗茶对创制和发掘名茶,提高茶叶品质,无疑是一种有益的活动。

(姚国坤)

(五) 茶馆与茶摊

茶馆与茶摊都是专门用来饮茶的。不过,茶馆设有固定的场所,人们既可以在这里品茗、休闲、娱乐,又可以议事、叙谊,甚至探听行情、买卖交易等。茶摊则没有固定的场所,多担着茶担或推着小车卖茶,是季节性的或流动式的,在车站、码头、公园、要道可以经常见到,它主要是为过往行人解渴提供方便。所以,茶馆与茶摊相比,有经营大小和饮茶方式不同之分。

茶馆,这种称呼多见于长江流域。在习惯上,两广多称之为茶楼,京津多称之为茶园,此外,还有茶肆、茶坊、茶寮、茶社、茶屋、茶室、茶亭等称谓。在中国,茶馆称得上是一种特殊的服务行业,为人们所喜爱。这是因为:茶馆遍及大江南北,无论是城镇还是乡村,随时可见;茶馆与人民生活关系十分密切,特别是年岁较大的人,喜欢上茶馆探听与传播消息、抨击与公断世事、休闲与文化娱乐。即使是年轻人,也喜欢上茶馆交流思想、联络感情、买卖交易;上茶馆不分职业身份,老少咸宜,可以随进随出,广泛地接触到各阶层的人士。

我国的茶馆由来已久。有关出售茶水的记载最早见之于北朝《广陵耆老传》:"晋元帝时(公元317~322年)有老姥,每旦独提一器茗,往市鬻之,市人竞买。"有人据晋代张载的《登成都楼诗》(3世纪80年代):"芳茶冠六清,溢味播九区",认为两晋时,我国已有茶馆了。南北朝时,品茗清谈之风兴起,当时已出现茶寮,供人喝茶歇脚,它可算得上是茶馆的雏形。正式记述茶馆的乃是唐代封演的《封氏闻见记》："自邹、齐、沧、棣，渐至京邑城市，多开店铺，煎茶卖之，不问道俗，投钱取饮。其茶自江淮而来，舟车相继，所在山积，色额甚多。"自唐开元年间以后，在许多城市已有煎茶卖茶的店铺，只要投钱即可自取随饮。这表明唐时茶馆在我国已比较普遍地发展了起来。但我国茶馆的兴盛与繁荣，还应当说始于宋。

宋代茶馆的繁荣，尤以政治、经济、文化中心的京城和交通要道、货物集散的大城巨市为著。以汴京和其他都市的情况为例，据孟元老《东京梦华录》记载，北宋年间的汴京，凡闹市和居民集中之地，茶坊鳞次栉比，如潘楼东街巷的茶馆："茶楼东去十字街，谓之土市子，又谓之竹竿市。又东十字大街，曰从行裹角，茶坊每五更点灯，博易买卖衣服图画、花环领抹之类，至晓即散，谓之鬼市子……归曹门街，北山子茶坊内有仙洞、仙桥，仕女往往夜游吃茶于彼。"这就是说，在这一带除白天营业的茶馆以外，还有一种专供仕女夜游吃茶的茶坊和商贩、劳动人民拂晓前进行交易的早市茶坊。这种"鬼市子"茶坊，实际上也是一种边喝茶边做买卖的场所。应该指出，北宋汴京茶馆，多数当如孟元老所记的朱雀门外的茶坊那样："出朱雀门东壁，亦人家，东去大街、麦秸巷、状元楼，余皆妓馆，至保康门街。其御街东朱雀门外，西通新门瓦子以南杀猪巷，亦妓馆。以南东西两教坊，余皆居民或茶坊，街心市井，至夜尤盛。"把这段话再说明白些，就是这一带的茶馆，大都是从早开到晚，至夜市结束才关的全天经营的茶坊。

关于宋朝都市中的茶馆，在宋《都城纪胜》中有这样一段集中的描述："大茶坊张挂名人书画，在京师只熟食店挂画，所以消遣久待也。今茶坊皆然。冬天兼卖擂茶或卖盐豉汤，暑天兼卖梅花酒……茶楼多有都人子弟占此会聚，习学乐器或唱叫之类，谓之挂牌儿。人情茶坊，本非以茶汤为正，但将此为由，多收茶钱也。又有一等专是娼妓弟兄打聚处；又有一等专是诸行借工卖伎人会聚行老处，谓之市头。水茶坊，乃娼家聊设桌凳，以茶为由，后生辈甘于费钱，谓之干茶钱。"以上介绍的是宋代皇帝南渡以后临安形形色色的茶馆情况。由此可见，南宋杭州的茶馆，在"都人"大量流寓以后，较北宋汴京的茶馆更

加排场，数量和形式也更多了。茶馆还和贸易有关。据南宋时吴自牧《梦粱录》（公元 1274 年）记载，南宋时杭州"处处各有茶坊"，"今之茶肆，刻花架、安顿奇松异桧等物于其上，装饰店面，敲打响盏歌卖。止用瓷盏漆托供卖，则无银盂物也……大凡茶楼，多有富室子弟、诸司下直等人会聚"。《梦粱录》在讲过"茶楼"、"人情茶肆"和"市头"等情况以后，对"花茶坊"和其时杭州的几家有名茶店，也特别作了详细介绍。其称："大街有三五家开茶肆，楼上专安著妓女，名曰'花茶坊'，如市西坊南潘节干、俞七郎茶坊，保佑坊北朱骷髅茶坊，太平坊郭四郎茶坊，太平坊北首张七相干茶坊，盖此五处多有吵闹，非君子驻足之地也。更有张卖面店隔壁黄尖嘴蹴球茶坊，又中瓦内王妈妈家茶肆，名一窟鬼茶坊，大街车儿茶肆、蒋检阅茶肆，皆士大夫期朋约友会聚之处。"宋室南渡以后，中原各色人等，上自王公贵族，下至三教九流，相随云集临安，使杭州的人口不仅暴增，居民的成分也更加复杂起来。在旧社会，有句俗话叫"物以类聚，人以群分"，由上可以清楚看出，其时杭州茶馆的业主，应社会的需要，分别开设了主要供"富室子弟、诸司下直等人会聚"的高级茶楼；供"士大夫期朋约友会聚"的清雅一些的茶肆；还有专供"为奴打聚"、"诸行借工卖伎人会聚"的层次较低的"市头"；更有"楼上安著妓女"，楼下打唱卖茶的妓院、茶馆合一的"花茶坊"。总之，在杭州城内，各个层次的人都可以找到与自己地位相适应的茶馆。人们既在茶肆中尽情享受到茶文化的乐趣，同时又可利用这一场所，开展各种各样的最为广泛的社交活动。

除茶馆外，如《梦粱录》所载，杭州还存在这样一些卖茶的补充形式："夜市于大街，有车担设浮铺点茶汤以便游观之人"；"巷陌街坊，自有提瓶沿门点茶，或朔望日，如遇吉凶二事，点送邻里茶水，倩其往来传语。又有一等街司衙兵百司人，以茶水点送门面铺席，乞觅钱物，谓之'龊茶'；僧道头陀欲行题注，先以茶水沿门点送，以为进身之阶"等。就是说，南宋杭州除固定的茶楼外，还有茶摊和走街串巷提瓶叫卖的两种"鬻茶者"。茶摊，《梦粱录》只提到于夜市在大街上流动的设在车担上的"浮铺"。有的史籍中还提到白天在人多地方有一种"定点设摊者"。提

瓶叫卖的,也有两种情况:这里讲的,是白天在街巷中"沿门点茶"的。还有一种《东京梦华录》说的:"至三更,方有提瓶卖茶者,盖都人公私茶干,夜深方归也。"是专门卖夜茶的。把宋朝杭州各种类型的茶馆和茶摊、提瓶叫卖的联结起来,我们就能清楚地看出其时城市普遍存在的密而有序的鬻茶网络;它既反映了宋朝社会嗜茶之风的进一步发展,又反映了当时周全灵活的供茶便捷形式。

至于上引初一月半和红白喜事雇来为邻里"点送"茶水、街司衙兵百司等人的"齍茶",以及僧道头陀的"沿门点茶"等,它们虽也取提瓶"点送"的形式,但与提瓶卖茶不是同一回事。这后几种情况,或受雇为主人"传话",或抽捐和乞求施舍,或是一种募缘。不过,它们虽不是鬻茶,但是假借和利用了这种形式,从一定的角度来看,也是其时社会尚茶和茶叶商品性经济发展的一种反映。

宋朝除都城以外的其他城镇,特别是山乡集镇的茶店和鬻茶情况,从大量的史料来看,除规模和讲究程度较开封、杭州差一些外,其数量和普遍程度,并不下于两京。据统计,在南宋洪迈《夷坚志》所记述的故事中,讲及茶肆和提瓶卖茶者,就多达一百余起。如《邓州南市女》中提到的"南草市茶店",《黄池牛》中提到的宣城"黄池镇"茶肆,一是山区,一讲水乡,但就是这些所谓穷乡僻壤之处,也随处都有茶店和提瓶卖茶者。有的茶店,如邓州南草市茶店,店面还分楼上楼下,足见这一带乡风民情中,嗜茶和茶馆文化已十分兴盛。

关于宋朝茶馆文化的兴盛,还可从其时有些饭店食铺也以茶店为名得到一些旁证。如《东京梦华录》和《梦粱录》中,都提到有"分茶店"、"分茶酒肆"等一类名字,有人误以为这就是茶店;实际分茶店只是一种酒食铺。如《东京梦华录》称,"大凡食店,大者谓之分茶,则有头羹、石髓羹、白肉、胡饼、软羊……寄炉面饭之类。吃全茶,饶齍头羹"。我们现在所说的素菜馆,称为"素分茶,如寺院斋食也"。"凡店内卖下酒厨子,谓之'茶饭量酒博士'。……所谓茶饭者,乃味百羹、头羹、新法鹌子羹(注:共52种山珍海味、飞禽走兽菜名)……逐时旋行索唤,不许一味有厥或别呼索变"。这就是说,宋时以"分茶"

来称的酒肆、食铺、饭店,不仅店面较大,而且其规定应俱的菜目,每天不能短缺。宋时大的食店为什么要以"分茶"为名呢? 有人解释其时风尚饮茶,茶馆林立,茶客熙来攘往,一些饭店的业主欲与茶肆竞相争而名之。另一种解释是宋时茶已成为日常生活不可或缺的内容之一,饮食的内容如"茶果"、"茶水"、"茶饭"、"茶食"已成为群众习惯连称的词汇;"茶食"、"茶饭"把茶分去,也就成了"食店"和"饭店"的意思。不管这些说法何者正确,但上述这些,无论从什么角度来说,都是宋代茶叶或茶馆文化较前有较大发展的一种反映。

明代,茶馆又有了进一步的发展,张岱的《陶庵梦忆》中写道:"崇祯癸酉,有好事者开茶馆,泉实玉带,茶实兰雪,汤以旋煮,无老汤。器以时涤,无秽器。其火候、汤候亦时有天合者。"表明当时对茶叶质量、泡茶用水、盛茶器具、煮茶火候都很讲究,以此吸引顾客,使饮茶者流连忘返。与此同时,京城北京卖大碗茶兴起,列入三百六十行中的一个正式行业。

清代,茶馆业更甚,遍及全国大小城镇。尤其是北京,八旗子弟饱食终日,无所事事,茶馆成了他们消遣时间的好去处。为此,清人杨咪人曾作打油诗一首:"胡不拉儿(指一种鸟)架手头,镶鞋薄底发如油。闲来无事茶棚坐,逢着人儿唤'呀丢'。"特别是在康乾盛世之际,由于"太平父老清闲惯,多在酒楼茶社中",使得茶馆成了京中上至达官贵人,下及贩夫走卒的重要生活场所。

清时,北京茶馆大致可以分为三类:一是"二荤铺",大多酒饭兼营,很有些广东茶楼的味道,品茶尝点,喝酒吃饭,实行"一条龙"经营。这些茶馆的馆名,多冠以"天"字,著名的有天福、天禄、天泰、天德等茶馆。这种茶馆,座位宽敞,窗明几净,摆设讲究,用的茶多为香片,盛具是盖茶碗,品位较高。二是清茶馆,它只卖茶不售食,但多备棋类、谜语等,用弈棋猜谜,招揽茶客。也有采用上午下棋猜谜,下午听评书大鼓的。因此,在某种意义上说,茶馆还是中国文化艺术的发祥地。三是野茶馆,它们多设在郊外乡镇,或大道两旁,通常在绿树阴下,凉棚高搭,在那里,坐的是高台土凳,盛具是粗砂陶瓷碗,喝的是大口大口的凉茶。这种野茶馆，很有点茶摊的味道。

茶馆在京城如此，其他城市也相继效仿。在广州，清代同治、光绪年间，"二厘馆"茶楼已遍及全城，这种每位茶价仅二厘钱的茶馆深受广东人特别是劳动大众的欢迎。他们常于早晨上工之前，泡上一壶茶，买上两件美点，权作早餐，这种既喝茶又进餐的"一盅两件"的生活习惯与生活方式，可以说是广东人所特有的。至今，在广州的百年老店陶陶居等，通常是一日三市，且以早茶为最盛。

在上海，茶馆的兴起始于同治初年，最早开设的有一同天、丽水台等，座楼二三层，窗门四敞，从早到晚，茶客如云。清末，上海又开设了多家广州茶楼式的茶馆，如广东路河南路口的同芳居、怡珍居等；在南京路、西藏路一带先后又开设有大三元、新雅、东雅、易安居、陶陶居等多家，天天高朋满座。当时上海茶馆的茶客除了普通市民外，商人在这里用暗语谈买卖，记者在这里采访新闻，艺人在这里说书卖唱，三教九流，无所不有。

在杭州，茶馆遍布，茶客云集。《儒林外史》作者吴敬梓曾在乾隆年间游览西湖，对杭城茶馆的描述着墨颇多，说到马二先生步出钱塘门，过路圣因寺，上苏堤，入净慈，四次到茶馆品茶。在一路上"卖酒的青旗高扬，卖茶的红炭满炉"。在吴山上，"单是卖茶的就有三十多处"。虽然这是小说，不能据以为史，但清代饮茶之风，茶馆之盛，显露无遗。

在南京，乾隆年间的著名茶馆有鸿福园、春和园等，它们各占一河之胜，临河设馆。茶馆任客选茶，人们品茶凭栏观水。茶馆还供应油酥饼、烧卖、春卷，茶客进食十分方便。

近代，在中国，东南西北中，无论是城市，还是乡村集镇，几乎都有规模不等的茶馆。特别自20世纪50年代以来，茶馆经过改造，已成了人们饮茶消渴、休息娱乐、问讯叙谊的地方了。特别是在风景旅游城市，茶室林立，随处都可休息喝茶。以杭州为例，茶室遍布西湖景点，在玉皇山顶、宝石山腰、云栖竹径、平湖秋月、龙井泉旁，乃至吴山上、九溪边、三潭旁，皆有品茗小憩的茶室。这些茶室，多在湖山相映之处，建筑别致，装饰典雅，更胜往昔，成了中外游客的云集会友之地。当今的茶馆，按其经营特色而言，

大致可分为三种形式：一是历史悠久的老茶馆，多保存旧时风格，乡土气息比较浓厚，是普通百姓，特别是老年人的天地；二是20世纪60年代以来新建的茶室，通常采用现代建筑，四周辅以假山、喷泉，室内有鲜花、字画，并有瓜子、糖果出售，适合各阶层人士光顾；三是露天茶室、棋园茶座、音乐茶座等，坐的是软垫靠椅，围的是玻砖小桌，用的是细瓷或玻璃透明杯，它是人们品茗约会、切磋技艺、交流思想、文娱活动的聚集地，特别受到年轻人的欢迎。

至于深受群众欢迎的流动式茶摊，现今仍随处可见，但古代那种肩挑茶担，穿街走巷的，至今已很难见到了。

（朱自振 姚国坤）

（六）茶话会与音乐茶座

茶话会通常是指一种备有茶点的社交性集会，它简单朴素，既不像我国古代茶宴那样隆重豪华，也不像日本茶道那样刻板循规，通过饮茶品点，达到畅叙友谊，寄托希望，交流思想，讨论问题，互庆佳节，展望未来……的目的，可谓是一种既随和又庄重的集会形式。它顺应中国人聚集一起饮茶聊天的习惯，人们借茶引言，以茶助话，因此广泛地应用于各种社交场合，可谓是现代最流行的社交集会形式。

茶话会，这一中国茶叶文化的奇葩，流传至今，究根追源，可以说已有千年以上的历史了。据新版《辞海》注释：茶会的释义之一是"用茶点招待宾客的社会聚会，也叫茶话会"。茶话的释义是："饮茶清谈。宋方岳《入局》诗：'茶话略无尘土杂。'今谓有茶点的集会为茶话会。"所以，一般认为茶话会一词是复合历史上茶会和茶话两辞演变而成的。另一种说法认为茶话会是在茶宴、茶会的基础上演变而成的。它是随着时代的进步，摈弃了过去茶宴、茶会那些费时忘业，以及排场奢靡的历史陈迹，保留了品茗叙谊、论事的内容。两种说法虽有差异，但比较接近，认为茶话会的出现，其雏形可追溯到茶会、茶宴和茶话。

据查，茶会最早见于唐钱起的《过长孙宅与朗上人茶会》：

偶与息心侣,忘归才子家。

言谈兼藻思,绿茗代榴花。

岸帻看云卷,含毫任景斜。

松乔若逢此,不复醉流霞。

诗中既描写了参加茶会者的神态和感受,又赞美了以茶代酒,茶胜美酒的欢乐之情。

钱起(公元722～约780年),浙江吴兴人,著名诗人,为天宝十年进士,"大历十才子"之一,官居考功郎中、翰林学士之职。茶宴一词则可见于他的另一首茶诗《与赵莒茶宴》:

竹下忘言对紫茶,全胜羽客醉流霞。

尘心洗尽兴难尽,一树蝉声片影斜。

诗中对茶宴与会者用茶代酒作宴的感慨之情,写得惟妙惟肖。

至于茶话一词的出现,比前者要晚些,首见于宋方岳的《入局》诗。屈指算来,茶话会这种俭朴崇实的风尚,在我国已有千年以上的历史了。以后,随着我国茶叶的对外传播,茶话会这种以茶为引的社交集会方式,也慢慢扩大到世界各地,逐渐成了各国人民的一种重要社交方式。

在英国,18世纪时茶话会已盛行于伦敦的一些俱乐部组织。诗人波普〔Alexander Pope A.〕曾为此写过一首赞美诗:

佛坛上银灯发着光,

赤色炎焰正烧得辉煌。

银茶壶泻出火一般的汤,

中国瓷器里热气如潮漾,

陡然地充满了雅味芳香,

这美妙的茶话会真闹忙。

时至今日,英国的学术界仍习惯于一边品茗尝点,一边探讨学问,进行学术和文化交流。这种做法,称之为"茶杯精神"或"茶壶精神"。

日本是特别崇尚茶道礼仪的国家,但在商界和社会团体的社交场合中,以茶话会的方式进行活动的也不乏其例。

东南亚各国更是将茶话会看作是一种高尚、文明的社交活动。

特别是进入20世纪以来,茶话会已成了全球最时兴的社交集会形式。

在我国,进入20世纪80年代以来,也在积极恢复和倡导这一古老的传统风尚,大如商议国家大事,欢迎各国使节,庆祝全国性的重大节日,小如开展文化学术交流,喜庆良辰,开张始业等,一般都采用茶话会的形式,特别是新春佳节,许多团体、单位总喜欢用茶话会的形式,"清茶一杯,辞旧迎新"。

茶话会不但质朴无华,而且机动灵活,形式简便。如一个不超过一二十人的茶话会,只要用二三张圆桌,或用方桌拼成"一字形"、"U字形"就可进行;如是几十人,甚至上百人的茶话会,则可用圆桌分开围坐,或用方桌分层拼成"U字形"进行;如果是在百人以上,大多是采用分桌围坐的方式。在茶话会,上等佳茗当然是不可少的,应事先同茶杯、茶壶一道,分别放在摊有洁净白布的桌子上。还需根据茶话会的内容与不同季节,在室内四周安放一些盆花,桌上布置一些瓶花,以使人有幽雅、清心之感。另外,有条件的,还应增加一些四时鲜果和精美糕点。

茶话会开始时,通常先由主人致一个简短的欢迎词,随即主宾之间,宾客之间,随意品茗叙谊,谈事抒见。其间,还得配有若干名穿着大方,训练有素,懂得茶礼的服务员为大家倒水和服务。如果是比较大型的茶话会,在进行过程中,适当播放一些低音量、柔和的轻音乐,或在会结束前,插上几段余兴节目,诸如相声曲艺之类,增加一些茶话会的欢快气氛,这也是常有的事。

音乐茶座是一种以品茗为引子的文化娱乐场所。其实,这种既品茶又娱乐的文化形式,在我国唐代已有先例,白居易的《夜闻贾常州、崔湖州茶山境会亭欢宴》诗中,就有"遥闻境会茶山夜,珠翠歌钟俱绕身……青娥递舞应争妙,紫笋齐尝各斗新"的诗句,记述当时两州(常州、湖州)太守和一些社会名流在茶山(今浙江省长兴县顾渚山)共同一边品尝紫笋茶,一边听歌观舞的欢乐情景。南宋时,杭州、北京等地茶司、茶坊内,有的是聚习学乐之地,歌声贯耳;有的鼓乐吹奏,余音绕梁。清代,在上海的一些茶楼里,也有艺人说书卖唱。这些做法,很有现代的音乐茶座的味道。不过音乐茶座的正式出现,却是进入20世纪以来的事。在我国,特别是20世纪的80年代,随着改革开放,以及国内外文化交流的不断加强,在一些大中城市里,音乐茶座应运而生。首先是各大宾馆,为了满足港澳同胞和外宾夜间文娱活动的需要,兴办了音乐茶座。接着,一些文娱场所也相继仿效。它受到了广大群众,特别是年轻人的喜爱。短短数年,如今音乐茶座已几乎遍及大小城镇,成了人民文化生活的一个重要组成部分。

音乐茶座一般都选择在幽雅的场所,并配以柔和多彩的灯光,以饮茶品点,欣赏文艺表演为内容,给人以美好的享受,精神的满足。

音乐茶座的形式多样,内容丰富。人们可以品茶自娱,也可以约上二三知己,在音乐的伴奏下,翩翩起舞;还可以在啜饮休闲的同时,谈心和进行各种交流。总之,在音乐茶座里,因为有文明饮料茶为引子,有歌声和乐曲相陪伴,在生活节奏日益加快的今天,人们忙里偷闲,松弛身心,为更好地工作养精蓄锐,使得音乐茶座更富魅力了。

至于近年来新出现的市场茶座、技术茶座等,可以说是音乐茶座的派生物。今后,随着国民经济的不断发展,文化生活的不断提高,茶座的形式将更趋于多样化,内容也将更加丰富。

(姚国坤)

三、茶的鉴别

茶的鉴别包括对茶质量的评价和真假的识别,判定该茶是新茶还是陈茶,是春茶、夏茶还是秋茶,是高山茶还是平地茶,是窨制茶还是拌和茶,是真茶还是假茶。对普通消费者来说,如果不掌握鉴别茶叶的方法,就很难知道茶叶品质间存在的差别以及该茶是否为真茶。茶叶的质量受茶树品种、茶树生长环境、茶树栽培管理条件、鲜叶采摘嫩度和茶叶加工技术等众多因子的影响。优良的品种、适宜茶树生长的环境、合理的采摘是保证茶叶品质的关键,加工工艺是形成品质的保证。

茶的鉴别,通常情况下可用"肉眼看、鼻子闻、嘴巴尝、手指摸"的方法来鉴别茶叶的质量和真假。

"肉眼看":用肉眼看干茶的形状、色泽和匀净度,看茶汤、叶底的色泽和均匀性。

"鼻子闻":用鼻子闻干茶香气是否正常,冲泡沥汤后闻杯内湿茶和叶底的香气,其中以闻冲泡沥汤后杯内湿茶的香气为主。

"嘴巴尝":利用舌头的不同部位对各种味道的敏感性,来鉴别茶汤的厚薄、浓淡、醇涩、苦甜、爽滞等滋味。

"手指摸":用手摸干茶的干燥程度和叶底的柔软程度。

(一) 新茶与陈茶的鉴别

新茶与陈茶是相对而言的。我国大多数产茶区,一般从3月份开始,茶树陆续发芽,鲜叶开始采摘,习惯上就把当年春季从茶树上采摘的鲜叶,经加工后形成的茶叶,称为新茶。茶叶收购部门的"抢新",茶叶销售部门的"新茶上市",茶叶消费者的"尝新",指的都是每年最早采制加工而成的几批茶叶。但也有将当年采制加工而成的茶叶,统称为新茶;而将上年甚至更长时间采制加工而成的茶叶,即使保管严妥,茶性良好,也统称为陈茶。至于花茶,大多数窨茶的鲜花要到6月份才现花,一般要6月份开始窨制花茶,因此,每年在3月以后饮用的还是陈茶(即隔年茶)。

新茶的质量是否比陈茶好,这要视茶叶品种和加工方法而定,但多数品种的新茶质量比陈茶好,尤其是绿茶;同时也有陈茶不亚于新茶,甚至反比新茶好的,如普洱茶。通常情况下,新茶香气清鲜馥郁,汤色清澈明亮,滋味清鲜爽口,俗话说"饮茶要新,喝酒要陈",这是人们长期以来对饮茶生活的总结。宋唐庚的《斗茶记》中曾提到:"吾闻茶不问团铸,要之贵新,水不问江井,要之贵活。"新茶的色香味形,都给人以新鲜的感觉,称之为"崭鲜喷香"。隔年陈茶,无论是色泽还是滋味,总有"香沉味晦"之感。这是因为茶叶在存放过程中,在光、热、水、气等因素的作用下,其中的多酚类化合物、碳水化合物、脂类物质以及维生素类物质发生缓慢的氧化或缩合,形成了与茶叶品质无关的其他化合物,而人们需要的茶叶有效成分含量相对减少,使茶叶色泽褐变、汤色浑变、香气降低、口感变差,最终茶叶产生陈气、陈味和陈色。

有的茶叶品种适当贮存一段时间,反而显得更好些,例如,一些新采制的名茶,如西湖龙井、安吉白茶、太湖翠竹、黄山毛峰、雪水云绿等,如果在干燥条件下贮放1~2个月,与新炒好的茶相比,两者的汤色都清澈明亮,滋味同样鲜醇爽口,叶底青翠绿亮,但是香气有别:未经贮放的茶叶香气闻起来略带青草气,而在干燥条件下经过短期贮放的却清香幽雅。又如产于福建的武夷岩茶,隔年陈茶反而香气馥郁、滋味醇厚。湖南的黑茶、湖北的茯砖茶、广西的六堡茶、云南的普洱茶等,只要存放得当,也不仅不会变质,甚至能提高茶叶品质。这是因为这些茶叶在贮存过程中随着贮藏时间的推进,茶叶内含的各种化学成分会进行一系列缓慢的生物化学反应,由量变引起质变,从而推进茶叶品质的变化。

在现实生活中,既然有多数茶叶新茶质量比陈茶好,也有部分陈茶比新茶好的,于是产生了这样一个问题,如何来鉴别新茶与陈茶?这可从以下几方面去识别:

(1)色泽:茶叶色泽变化最大的是叶绿素的变化,新茶鲜活亮丽,富有光泽;而陈茶由于在贮存过程中,受空气中水分、氧气和光线的作用,使构成茶叶色泽的一些色素物质发生缓慢的自动分解。在绿茶的贮藏过程中,对品质影响最大的是叶绿素的分解,随着贮藏时间的延长,茶叶色泽由新茶时的青翠嫩绿亮丽逐渐变得枯灰黄绿甚至发褐;其次是绿茶中含量较多的抗坏血酸(维生素C)和多酚类化合物的氧化,会使茶汤变得黄褐不清。而对红茶品质影响最大的是茶黄素的氧化、分解或聚合,还有茶多酚的自动氧化,结果使红茶由新茶时的乌黑油润变成灰褐,茶汤色泽加深变暗。

(2)滋味:决定茶叶滋味的主要物质是多酚类化合物、氨基酸、咖啡碱、糖类和维生素类等。在贮藏过程中,由于茶叶中的这些物质发生了氧化、聚合反应,产生了一些不溶于水的缩合物,从而使茶汤中的可溶性有效成分减少,茶叶的滋味由醇厚变得淡薄;同时由于茶叶中的酯类物质贮藏过程中发生氧化反应,产生了挥发性的醛类物质;同时,又由于茶叶中氨基酸与多酚类化合物的自动氧化生成暗色的聚合物,使茶叶失去收敛性并减弱了鲜爽味,变得"滞钝"。因此,新茶的滋味都醇厚鲜爽,而陈茶则显得淡而不爽。但是,对于广西的六堡茶和云南的普洱茶来说,其品质久藏不衰,陈茶品质优于新茶,反而会提高茶叶品质。

(3)香气:茶叶中的芳香物质是指挥发性的香气成分,它们是茶叶香气的组成成分。茶叶存放时间越长,茶叶香气降低越多,陈味就越突出,特别是新茶的清香丧失就越明显。由于各类茶的香气特征成分不同,如绿茶为正壬醛、反-2-己烯醇、顺-3-己烯基己酸酯、吲哚等;红茶为顺-茉莉酮、β-紫罗酮、水杨酸甲酯、苯乙醛等,乌龙茶为橙花叔醇、α-法呢烯、吲哚和顺-3-己烯基己酸酯等,他们在贮藏过程中的变化是不一样的,所以造成了各类茶贮藏后质量变化的不一致。对多数茶来说,在茶叶的贮藏过程中,香气成分随着时间的延长而明显减少,同时产生了1-戊烯-3-醇、顺-2-戊烯-1-醇、反-2-戊烯醇、反,反-2,4-庚二烯醛和丙醛等,这些物质有明显的陈味,使茶叶香气降低,由清香变得低浊。

上述区别,是对多数茶叶品种而言的。贮存条件良好,这种差别就会相对缩小。至于有的茶叶,贮存后品质并未降低,那就另当别论了。

(姚国坤　白堃元)

(二)春茶、夏茶与秋茶的鉴别

茶树由于在年生长发育周期内受气温、雨量、日照等季节气候的影响,以及茶树自身营养条件的差异,使得加工而成的各季节茶叶自然品质发生了相应的变化。"春茶苦,夏茶涩,要好喝,秋白露(指秋茶)",这是人们对季节茶自然品质的概括。

在我国大部分产茶区,春茶、夏茶和秋茶,一般是以季节变化结合茶树新梢生长的间歇性划分的。通常,春茶是指从当年开始采摘到5月底之前采制的茶叶;夏茶是指6月初至7月初采制而成的茶叶;7月中旬以后采制的当年茶,就算秋茶了。由于茶季不同,采制加工的茶叶,其外形和内质有很明显的差异。对绿茶而言,由于春季温度适中,雨量充沛,加上茶树经头年秋冬季的休养生息,使得春梢芽叶肥壮,色泽翠绿,叶质柔软,幼嫩芽叶毫多,与品质相关的一些有效物质,特别是氨基酸及相应的全氮量和多种维生素富集,不但使滋味鲜醇爽口,香气醇厚,而且有效化学成分的含量和比例也很协调,因此早期春茶往往是一年中绿茶品质最好的。许多名茶,诸如龙井茶、碧螺春、黄山毛峰、高桥银针、君山银针、顾渚紫笋等,都是由春茶早期的幼嫩芽叶经精细加工而成的。所以,在我国历代文献中,都有"以春茶为贵"的记载。唐代吴兴太守张文规的《湖州焙贡新茶》诗、北宋著名文学家欧阳修的《双井茶》诗、南宋爱国诗人陆游的《兰亭花坞茶》诗、元虞伯生的《游龙井》诗、明杰出书画家徐渭的《某伯子惠虎丘茗谢之》诗、清代"扬州八怪"之一王士慎的《幼孚斋中试泾县茶》诗中,也都有赞美"春茶为上"的诗句。

夏季由于气温高,茶树新梢芽叶生长迅速,使得能溶解于茶汤的水浸出物含量相对减少,特别是氨基酸及全氮量的减少,使得茶汤滋味不及春茶鲜爽,香气不如春茶浓烈。同时,由于温度高具苦涩味的花青素、咖啡喊、茶多酚含量比春茶高,不但使紫色芽叶增加,成茶色泽不一,而且茶汤滋味较为苦涩。

秋季气候条件介于春夏之间,茶树经春夏两季生长、采摘,新梢内含物质相对减少,叶张大小不一,叶底发脆,叶张单薄,茶叶滋味、香气显得比较平和。

但对红茶而言,由于夏茶多酚类化合物的含量较多,在加工过程中,它经酶活性的作用产生的茶红素、茶黄素和茶褐素物质也较多,这对形成更多的红茶色素有利,而且夏茶的酚氨比也增加,因此,由夏茶采制而成的红茶,干茶和茶汤色泽显得更为红润,滋味也比较强烈。但是夏茶氨基酸含量显著减少,这对形成红茶的鲜爽滋味又是不利的。

从茶叶的品质特征看,春茶、夏茶和秋茶无论是干看还是湿看都有不同之处,大致可描述如下:

干看　着重看茶叶的外形、色泽、匀净度,包括是否具有该类型茶叶的风格,干茶的含毫量和含芽量,以及干茶的色泽和匀整性。一般来说,品质好的茶叶造型优美,有自己独特的风格,如龙井茶外形扁平、光滑、挺秀;碧螺春细秀卷曲如螺、披毫;祁门红茶条索紧结,色泽乌润,这是春茶的品质特征。高档茶含有较多的茶芽,多锋苗,嫩度好,芽上披有毫毛,

叶质嫩厚,色泽鲜艳油润,表面有光泽,茶叶的个体细小而丰润,大小、色泽、老嫩均匀一致,这同样是春茶的品质特征。中档茶嫩度一般,外形不易看到芽毫,即使有也比较瘦小,色泽尚油润。而低档茶外形粗大,嫩度差,无毫毛,叶质脆硬,色泽干枯,表面无光泽,匀净度差,这大多是夏茶或秋茶。

从茶叶的容重上看,嫩度好的茶叶密度大,相互间空隙小。因此,同一花色品种的相同体积的茶叶,嫩度好的比嫩度差的茶叶重,也就是平常所说的嫩度好的茶叶其"身骨重",春茶的容重比夏茶、秋茶重,用手掂量就可比较明显地感觉出茶叶身骨的轻重。

另外,还可以结合偶尔夹杂在茶叶中的花、果来判断春、夏、秋茶。如果发现有茶树幼果,鲜果大小近似绿豆,那么,可以判断为春茶,因为茶树通常在9～11月现花授精,春茶期间正是幼果开始成长之际。若果果大小如同佛珠一般,可以判断为夏茶。到秋茶时,茶树鲜果已差不多有桂圆大小了,一般不易混杂在茶叶中,但7～8月间茶树花蕾已经形成,9月开始,又出现开花盛期,因此,凡茶叶中夹杂有花蕾、花朵者,乃秋茶也。通常在茶叶加工过程中,经过筛分、拣剔,是很少混杂花、果的,必须进行综合分析,方可避免片面性。

湿看　就是茶叶经开汤审评,通过闻香、尝味、看叶底来判断该茶是春茶、夏茶还是秋茶。冲泡时如果茶叶下沉较快,香型好,香气高而持久,滋味醇厚鲜爽;绿茶汤色绿中透黄,红茶汤色红艳显金圈,叶底柔软厚实,正常芽叶多,叶张脉络细密,叶缘锯齿不明显者,为春茶。凡冲泡时茶叶下沉较慢,香气欠高;绿茶滋味苦涩,汤色青绿,叶底中夹有铜绿色芽叶;红茶滋味欠厚带涩,汤色红暗,叶底较红亮;不论红茶还是绿茶,叶底均显得薄而较硬,对夹叶较多,叶脉较粗,叶缘锯齿明显,此为夏茶。凡香气不高,滋味淡薄,叶底夹有铜绿色芽叶,叶张大小不一,对夹叶多,叶缘锯齿明显的,当属秋茶。

(姚国坤　白堃元)

(三) 真茶与假茶的鉴别

真茶与假茶,既有形态特征上的区别,又有生化

特性上的差异。据唐代陆羽《茶经》记载:"茶者,南方之嘉木也……其树如瓜芦,叶如栀子,花如白蔷薇,实如栟榈,茎如丁香,根如胡桃。"对茶树形态的描述十分传神。茶叶则由茶树幼嫩芽叶经采摘、加工而成,具有独特的功用,如元代忽思慧的《饮膳正要》所称:"凡诸茶,味甘苦,微寒无毒,去痰热,止渴,利小便,消食下气,清神少睡。"决定茶叶功效的是其内含的生化成分,这是近代借助化学分析方法逐渐揭示的。假茶,乃是用形似茶树芽叶的其他植物的嫩叶,如柳树叶、冬青树叶、女贞树叶、槭树叶等,做成类似茶叶的样子,再冒充真茶出售,它不仅没有饮用价值,而且有害身体健康。

真茶与假茶,对有一定实践经验的人,只要多加注意,是不难识别的。但有时把假茶原料和真茶原料一起拌和加工,就增加了识别的难度。

鉴别真茶与假茶的方法,一般可用在感官审评的基础上再进行生化成分分析。感官审评时运用人的视觉、味觉、嗅觉等器官,对茶叶固有的色、香、味、形特征,用看、闻、摸、尝的综合方法,大致判断茶叶的真假;通过仪器分析茶叶特征物质类别及其含量的多少,就可以确切地判断茶叶的真假。

首先从茶叶的颜色来区别,抓一把茶叶放在白色的瓷盘上,摊开茶叶,细心观察,若绿茶深绿,红茶乌黑,乌龙茶乌绿,为真茶本色。若颜色杂乱而不相协调,或与茶叶本色不相一致,即有假茶之嫌。第二是从茶叶的香气来区别,用双手捧起一把干茶,闻茶叶的气味。凡具有茶叶固有的清香者,为真茶;凡带有青腥气、药腥气或其他异味者,为假茶。如果取少量茶叶用火灼烤,真茶与假茶的气味更易识别。如果闻香观色还难以判断,那么,可取少量茶叶放入杯中,加入沸水冲泡,进行开汤审评,进一步从茶叶的色、香、味、形,特别是从展开的茶叶叶片上来进行识别。虽然茶树叶片的大小、色泽、厚度各不相同,并因品种、季节、树龄、产地条件和农业技术措施不同而有差异,叶片的形状、叶缘、叶尖也因茶树品种而有不同,但某些形态特征,却是各种茶所共有,而其他植物所不具备的,这是区别真茶与假茶的主要依据所在。

(1)茶树叶片边缘锯齿一般为16~32对,有锯

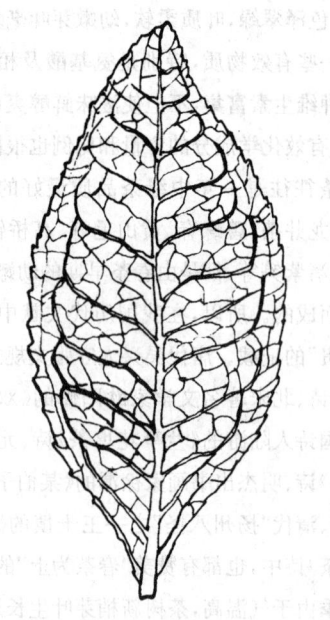

茶树叶片上叶脉的分布

齿形、重锯齿形、齿牙形和缺刻形之分。但不论哪种形状,叶片锯齿都是上部密而深,下部稀而疏,近叶柄处平滑无锯齿。而其他植物叶片多数叶缘四周布满锯齿,或者无锯齿。

(2)茶树叶片叶背叶脉凸起,主脉明显,并向两侧发出7~10对侧脉。侧脉延伸至离边缘三分之一处向上弯曲呈弧形,与上方侧脉相连,构成封闭形的网脉系统(如图),这是茶树叶片的重要特征之一。而其他植物叶片的侧脉,多呈羽状分布,直通叶片边缘。

(3)茶树叶片背面的茸毛,在放大镜或显微镜下观察,除主脉上的茸毛外,大多具有基部短,弯曲度大,通常呈45°~90°角弯曲,这也是茶树叶片的一个重要特征。而其他植物叶片上的茸毛多呈直立状生长或无茸毛。

(4)茶树叶片在茎上的分布,呈螺旋状互生。而其他植物叶片在茎上的分布,通常是对生或几片叶簇状着生。

为确保真假茶叶鉴别的可靠性,在感官审评方法鉴别的基础上,可再用化学方法或现代分析的手段,从茶叶的生化特征成分上加以分析鉴别。在茶叶中一般都含有2%~5%的生物碱(包括咖啡碱、可可碱、茶碱等),其中咖啡碱约占90%,20%~

40%的茶多酚和 2%～4%的氨基酸,在这些成分中:生物碱中咖啡碱的比例为 90%左右、茶多酚中儿茶素的比例为 40%～50%、氨基酸中茶氨酸的比例约 40%～60%。迄今为止,在植物叶片中同时含有这三种成分,并有如此比例的含量,非茶叶莫属。因此,经感官审评后,通过测定茶多酚、咖啡碱和氨基酸这三种成分,基本上可鉴别出茶叶的真假。如果还有怀疑,可再测定儿茶素或茶氨酸的含量,看是否与茶叶中的比例相吻合。现将这几种特性成分的测定方法介绍如下,供大家参考。

(1) 咖啡碱的测定

称取磨碎茶样 3 克放入锥形瓶中,加沸蒸馏水 450 毫升,放置于沸水浴中浸提 45 分钟(每隔 10 分钟需摇动一次),浸提完后乘热过滤,滤液移入 500 毫升容量瓶中,残渣再用少量热蒸馏水洗涤过滤,然后将容量瓶中滤液定容至 500 毫升。冷却后用移液管准确吸取滤液(可疑茶汤)20 毫升于 250 毫升的容量瓶中,加入 10 毫升 0.01 N 盐酸和 2 毫升饱和碱式醋酸铅溶液,用水稀释至刻度,充分混合,静置 10 分钟,过滤。取滤液 50 毫升放入 100 毫升容量瓶中,加入 0.2 毫升 9 N 硫酸溶液以沉淀多余的铅离子,用水稀释至刻度,混匀,静置 10 分钟,过滤。取无色澄清液,用 1 厘米石英比色杯,以试剂空白作参比,用紫外线分光光度计在波长 274 毫微米处测定其光密度 E(以蒸馏水代替茶汤作对照)。从标准曲线上查得 E 值对应的咖啡碱含量 ρ,进而按下式计算茶叶中咖啡碱含量,计算公式为:

$$\text{咖啡碱}(\%)=\dfrac{\dfrac{\rho}{1000}\times\text{提供试液总量}\times\dfrac{250}{20}\times\dfrac{100}{50}}{\text{试样重}\times\text{样品干物率}}\times100$$

(2) 茶多酚的测定

称取磨碎茶样 3 克放入锥形瓶中,加沸蒸馏水 450 毫升,放置于沸水浴中浸提 45 分钟(每隔 10 分钟需摇动一次),浸提完后乘热过滤,滤液移入 500 毫升容量瓶中,残渣再用少量热蒸馏水洗涤过滤,然后将容量瓶中滤液定容至 500 毫升。吸取滤液(可疑茶汤)1 毫升,注入 25 毫升容量瓶中,加水 4 毫升,加酒石酸铁溶液(称取 7 个结晶水的硫酸铁 1 克和 4 个结晶水的酒石酸钾钠 5 克,加水共同溶解后,

用水稀释至 1000 毫升)5 毫升,充分混合,然后再加 pH 7.5 磷酸盐缓冲液至刻度,即为比色液(以蒸馏水代替茶汤为对照)。然后吸取试液,在 1 厘米比色杯中,用分光光度计在波长 540 nm 处测定光密度 A。计算公式为:

$$\text{茶多酚}(\%)=\dfrac{A\times1.957\times2}{1000}\times\dfrac{\text{试液总量}}{\text{测试液用量}\times\text{试样质量}\times\text{试样干物率}}\times100$$

(3) 氨基酸的测定

称取磨碎茶样 3 克放入锥形瓶中,加沸蒸馏水 450 毫升,放置于沸水浴中浸提 45 分钟(每隔 10 分钟需摇动一次),浸提完后乘热过滤,滤液移入 500 毫升容量瓶中,残渣再用少量热蒸馏水洗涤过滤,然后将容量瓶中滤液定容至 500 毫升。冷却后用移液管准确吸取滤液(可疑茶汤)1 毫升于 25 毫升的容量瓶中,加入 0.5 毫升 pH 8.0 缓冲液、0.5 毫升 2%茚三酮溶液,在沸水浴中加热 15 分钟,冷却后定容至 25 毫升,放置 10 分钟后用 5 毫米比色杯在 570 nm 下测定吸光值 E(以蒸馏水代替茶汤作对照),再用 E 值在标准曲线上查得相应的茶氨酸值 ρ,然后计算。计算公式为:

$$\text{氨基酸}(\%)=\dfrac{\dfrac{\rho}{1000}\times\dfrac{\text{供试液总量}}{\text{测定液试样量}}}{\text{试样重}\times\text{试样干物率}}\times100$$

(4) 儿茶素的测定

称取磨碎茶样 0.2 克,放于 10 毫升的离心管中,加入 70℃、70%的甲醇溶液 5 毫升,搅拌均匀后移入 70℃水浴中浸提 10 分钟(中间搅拌一次),浸提后冷却到室温,再用离心机在 3500 转/分的转速下离心 10 分钟,取 10 毫升上清液入容量瓶,残渣重复上过程,将提取液定容至 10 毫升后用 0.45 μm 膜过滤。取滤液 2 毫升入容量瓶定容至该度,再过 0.45 μm(微米)膜。取供试液 10 ul(微升)上液相色谱仪(流动相流速 1 毫升,柱温 35℃、λ: 278 nm)测定。计算公式为:

$$\text{儿茶素}(\%)=\dfrac{\begin{matrix}\text{被测成分峰面积}\times\\\text{校正因子}\times\\\text{样品提取液体积}\times\\\text{稀释因子}\end{matrix}}{\text{试样重}\times\text{样品干物率}\times10^{6}}\times100$$

有不少"茶",是用其他植物芽叶加工而成的,如人参叶制成的人参茶,罗布麻叶制成的罗布麻茶,桑树芽制成的桑茶,以及老鹰茶、柿叶茶、杜仲茶、枸杞茶、甜叶菊茶等,这类茶属于代用茶;还有一些"茶",虽含有茶,但掺入数量不等的药用植物或其他植物器官拼制而成,如糯米茶、青春抗衰老茶、减肥茶、戒烟茶等,这类茶属于含茶制品。这两类茶是人们习惯的叫法,与假茶是不同的。

(姚国坤 白堃元)

(四) 窨花茶与拌花茶的鉴别

花茶,又称熏花茶,属再加工茶。我国花茶生产历史久远,据史料记载,唐代煮茶时就有加入茱萸、葱、姜、枣、橘皮等同烹的做法。北宋蔡襄的《茶录》、熊蕃撰和熊克增补的《宣和北苑贡茶录》中,都谈到有在贡茶中掺入"龙脑"香增加香气的做法。当时还有"烹点之际,又杂珍果香草"的。这可以说是花茶生产的原型。但真正开始生产花茶,却始于南宋,其时施岳的《步月茉莉》和赵希鹄的《调燮类编》对此都有记载。

当时所窨花茶,仅是文人雅士的自给性产物,并未形成商品花茶。明代,茶叶加工有所发展,花茶生产亦然。这在钱椿年的《茶谱》、田艺蘅的《煮泉小品》中都有所提及。大规模的设厂窨制花茶,是清咸丰年间(公元1851~1861年)在福建的福州形成,此后福州成为花茶的窨制中心。1939年起,江苏的苏州发展成为另一花茶制造中心。目前,我国的花茶产区已遍及福建、江苏、浙江、湖南、安徽、广东、四川、江西、台湾、云南和广西等地,其中广西发展成为我国最大的花茶制造中心。此外,湖北、河南、山东、贵州等省,也有少量生产。花茶主要销往我国长江以北的各地区,如北京、天津的销量最大,同时也销往日本、美国以及西欧一些国家。

花茶是利用茶叶中含有的高分子棕榈酸和萜烯类化合物具有吸附异味的特点,用茶坯(即原料茶)和鲜花窨制而成的,俗称窨花茶。花茶的品种繁多,都是以窨制的香花名称冠在茶名之前而命名的,如以茉莉花窨制的称为茉莉花茶,珠兰花窨制的称为珠兰花茶,玳玳花窨制的称为玳玳花茶,玉兰花窨制的称为玉兰花茶。此外,还有柚子花茶、玫瑰花茶、桂花茶、金银花茶等。在各种花茶中,生产量最大的是茉莉花茶,其次是珠兰花茶。花茶的茶坯,通常多选用绿茶,少量的有红茶和乌龙茶。在绿茶类中,又以烘青茶和半烘炒茶为主要原料,部分取自炒青茶。这样,由于原料茶品种的不同,名称又有分得更细的,如以茉莉花茶为例,有茉莉烘青、茉莉银毫、茉莉炒青之分。其他花茶称呼,则可依此类推。

花茶加工分为窨花和提花两道工序进行。香花窨制成花茶后,已经失去花香的花干都要经过筛分剔除,尤其是高级花茶,更是如此,很少能见到成品花茶中有香花花干存在。只有在一些低级的花茶中,有时为了增色,才人为地夹杂着少许花干,它无益于提高花茶的香气。还有的未经窨花、提花,只是在低级茶叶中拌些已经窨制过的花干,称作花茶。其实,这种茶的品质没有发生质的变化,它只是形似花茶。为与窨花茶相区别,通常称它为拌花茶。现在四川等省采用炒花茶,别有风格。所以,从科学的角度而言,只有窨花茶或炒花茶才称得上是花茶,拌花茶只不过是假冒花茶而已。

要区别窨花茶与拌花茶,并不很难,无须采用仪器检测,人们只要用双手捧上一把茶,送入鼻端闻一下,凡有浓郁花香者,为窨花茶。倘若只有茶味,却无茶香者,则属拌花茶。如果用开水冲泡,只要一闻一饮,更易检测。但也有少数在茶叶表面喷上从香花植物中提取的香精,再掺上些花干后充作窨花茶的,这就增加了区别的难度。不过,这种花茶的香气只能维持1~2个月甚至更短时间,即使在短期内,其香气也有别于天然鲜花的纯清,其香气冲鼻并带有闷浊之感。若再用热水冲泡,也只是一饮有香,二饮逸尽。

由于花茶既具有茶叶的爽口浓醇之味,又具鲜花的纯清馥郁之香,所以自古以来,对花茶就有"引花香,益茶味"之说,茶、花两全其美,沁人肺腑。难怪有外宾风趣地说:"在中国的花茶里,闻到了春天的气味。"所以,在品评花茶的优劣时,香气当然是花茶的主要品质因子了。审评时,一般用热嗅、温嗅、冷嗅三种方法进行。热嗅主要辨别香气高低和纯正程度,但鼻子因受热蒸气刺激,敏感性受到一定影响。冷嗅只能辨别香气的持久时间,因此,常以温嗅为主,重复 2~3 次进行。每嗅一次,都得加盖用力抖动一下审评杯,以使香气透发。凡花茶香气达到"浓、鲜、清、纯"的,就为正宗上品。如茉莉花茶的清鲜芬芳,珠兰花茶的浓纯清雅,玉兰花茶的浓烈甘美,玳玳花茶的浓厚净爽等,这些都是上等花茶香气的主要品质特征。倘若花茶有郁闷难闻之感,自然称不得好花茶了。一般说来,头次冲泡花茶,花香扑鼻,这是提花使茶叶表面吸附香气的结果,第二三次冲泡,仍可闻到不同程度的花香,乃是窨花的结果。所有这些,拌花茶是不可能具有的,最多也只是在头次冲泡时,能闻到一些低沉的花香罢了。

(姚国坤 白堃元)

(五)高山茶和平地茶的鉴别

常言道:"高山出好茶。"高山出好茶是高山优越的生态环境造就的。众所周知,随着海拔的升高,气温下降,降水量增加,湿度增大,茶树生长在这种云雾缭绕、漫射光丰富的地理环境下,各类化学物质的转化与积累朝着有利于茶叶品质形成的方向发展,碳代谢速度减缓,纤维素形成少,茶树的嫩芽、嫩叶可在较长的时间内保持鲜嫩。对茶汤起浓涩作用的多酚类物质含量少,而对茶汤起鲜爽作用的氨基酸含量相对增加,创造了茶叶滋味鲜醇甘爽的物质条件。同时,由于茶树的氮代谢加强,芳香物质的种类和含量也有所增加,为形成茶叶各种香气奠定了基础。

人们常以"雾锁千树茶,云开万壑葱,香飘千里外,味酽一杯中",来形象地说明高山茶与环境条件之间的关系。宋代文同的《谢人寄蒙顶新茶》诗,清人王士慎的《幼孚斋中试泾县茶》诗中,也都有此记述。自古以来,我国的历代贡茶,传统名茶,直至当代新创制的各类名茶、优质茶,高品质的大多出自高山。更有许多名茶,干脆以高山云雾命名,如浙江华顶云雾、江西庐山云雾、江苏花果山云雾、湖北熊洞云雾、湖南南岳云雾等,都是如此。

茶树原产于我国西南部湿润多雨的原始森林中,在长期的生长发育进化过程中,茶树形成了喜温、喜湿、耐阴的生活习性。海拔高度的不同,造成

茶树生态环境的变化。高山茶与平地茶之间主要有以下三个方面的不同:

(1)气候 气温是随着海拔高度而变化的,通常海拔每增加 100 米,气温便降低 0.6℃。而温度决定着茶树酶的活性,进而又影响到茶叶化学物质的转化和积累。因此,不同海拔高度的茶叶原料,鲜叶中的茶多酚、儿茶素、氨基酸等影响茶叶品质的化学成分的含量也不一样。研究证明:不同海拔高度茶叶原料的品质成分中:茶多酚和儿茶素随着海拔高度的提高而减少,而氨基酸则随着海拔高度的提高而增加,这就为茶叶滋味的鲜爽甘醇提供了物质基础。另外,茶叶中不少芳香物质也是随着海拔高度的提高而增加的。这些芳香物质,在茶叶加工过程中经过复杂的化学变化,产生芬芳的香味,如苯乙醇能形成玫瑰香,茉莉酮能形成茉莉香,苯丙醇能形成水仙香,沉香醇能形成玉兰香等。

其次,是降雨的多寡。大致说来,在海拔 2000 米以内的高山,雨量是随着海拔高度的提高而增加的。研究表明,茶树在水分充足的情况下,光合作用形成的糖类化合物缩合会发生困难,纤维素不易形成,从而使茶树鲜叶在较长时期内保持鲜嫩而不粗老。充沛的雨水还能促进茶树的氮代谢,使鲜叶中的全氮量和氨基酸提高。同时云雾的增加,减少直射光,增加漫射光,使红橙黄绿青蓝紫七种可见光中的红黄光得到加强,而红黄光有利于提高茶叶叶绿素和氨基酸的含量,这对提高茶叶色泽和滋味是不可缺少的物质。所有这些,对保持茶叶嫩度和提高茶叶滋味是有利的。

(2)土壤 山地茶园与平地茶园土壤的物理组成(颗粒)和化学成分(肥力)水平不一样。通常,高山茶园土壤石砾较多,肥力较高,而平地茶园土壤较为黏重,肥力较低。土壤是茶树生长的自然基地,茶树所需要的养分和水分,都是从土壤中摄取的,因此,土壤的物理化学性质与茶树生长紧密相关。唐代陆羽《茶经》就谈到:"其地,上者生烂石,中者生砾壤,下者生黄土。"现代研究亦表明:高山茶园土壤风化比较完全,石砾较多,土壤通透性好,有机质和各种矿质营养元素丰富,包括茶树所需的大量元素和各种微量元素一应俱全,以致茶树生长健壮,茶树

有效品质成分和各种保健营养物质丰富;而平地茶园多属黏土,不但土壤黏重,结构差,而且有机质和土壤生物含量低,因此,茶树生长往往较差,尤其是茶叶香气和滋味不及高山茶好。

(3)植被 高山比平地植被茂盛,茶园周围有大量树木,有利于调节空气湿度和雾珠改善光照条件,增加地面植被覆盖率,从而减少土壤的水土流失,也改善了茶园的温湿条件,增强了土壤肥力。当然,平原地区通过生态环境的改造,如种植遮阴树,建立人工防护林,实行茶园田间铺草,接种能改良土壤的微生物,采用人工灌溉、人工遮阴等方法,使其形成优越的自然小环境,也可以创造出适宜茶树生长的各项条件,使茶树积累起丰富的有利于茶叶品质形成的内含物质,从而生产出高品质的茶叶。因此,历代对此研究颇多,唐陆羽的《茶经》以及宋宋子安的《东溪试茶录》、黄儒的《品茶要录》、明许次纾的《茶疏》、熊明遇的《罗岕茶记》等,都谈到了茶叶品质与环境条件,特别是光照条件之间的关系。虽然他们看问题的角度不同,但都认为山地阳坡有树木荫蔽的茶园,其茶叶品质最佳。现代研究表明,茶树虽然需要一定的光照,进行光合作用,制造有机物质,但以弱光照为宜,尤其需要有较多的漫射光。而高山茶园由于被树木所荫蔽,茶树在漫射光多的条件下生育,因此给有机体的生化变化带来深刻的影响,特别是使含氮化合物增加,这对改善绿茶品质十分有利。

综上所述,人们不难看出,高山茶与平地茶相比,两者的品质特征有如下区别:

高山茶芽叶肥壮,节间长,颜色深绿,叶质柔软,加工成干茶后表现为外形肥壮,茸毛多,条索紧结、肥硕,香气浓郁持久,有时带有自然花香,滋味浓厚甘爽,耐冲泡。平地茶芽叶相对较小,叶张较瘦薄、开展,叶色较浅,欠光润,加工而成的干茶,条索较细瘦,身骨较轻,香气稍低,滋味和淡,不耐冲泡。

高山茶之所以比平地茶好,是高山气候条件、土壤因子以及植被等综合影响的结果,是由于高山具有适合茶树生长的天然生态条件的缘故。其实,凡是在气候温和,雨量充沛,湿度较大,光照适中,土壤肥沃的地方采制的茶叶,品质都比较好。为此,人们往往采用人工模拟茶树天然生态环境的方式去提高茶叶的品质。但高山出好茶,是与平地茶园相比较而言的,也并不是说山越高茶越好。从目前我国的多数名茶和优质茶产地来看,大致以海拔高度100米至800米为好。如果海拔超过1000米,往往茶树生长发育缓慢,而且容易发生白星病危害,用这种鲜叶加工而成的茶叶,会产生苦涩味。相反,即使平地茶园,如果具有适宜茶树生长的生态环境,那么,照样也能生产出优质茶。

(姚国坤)

四、茶 具

用于饮茶的器具总称茶具。中国茶具历史悠久、种类繁多、产地广、器具造型优美,既具实用价值,又有收藏价值,为历代饮茶爱好者和茶具收藏者所喜欢。

(一)茶具发展的历史

1. 茶具和茶器

茶具和茶器是在不同时期对饮茶器具的称呼。从文献上看,饮茶器具最早被称为"具"。西汉王褒《僮约》载:"烹茶尽具"。西晋杜育《荈赋》,曰"器择陶简,出之东偶(瓯)",唐《广陵耆老传》说东晋茶事,也将茶具称为"茶器"。唐陆羽《茶经》,承前朝将饮茶器具统称为"器",以示区别加工用具。同代的张又新《煎水茶记》,曰"善烹洁器",一直到宋初蔡襄《茶录》还称为"器",曰:"于净器中以沸汤渍之。"宋审安老人《茶具图赞》(1269年)将所有饮茶用器具统称为"茶具"。元代周密《癸辛杂记》记载"长沙茶具精妙甲天下"。此后明代、清代有关茶叶文献绝大多数称饮茶器具为茶具,沿至今日。

(白堃元)

2. 茶具的产生

茶具是因饮茶活动的需要,而从日常饮用器具中分化出来的专门饮茶用具。

茶被发现和初期利用时代,是作为药用、食用的植物。相传"神农尝百草,日遇七十二毒,得茶而解之",秦汉年代(前 206 年左右)《神农本草·木部》载,"茗、苦茶,味甘苦,微寒无毒,主瘘疮,利小便,去痰温热,令人少睡。汉司马相如《凡将篇》(前140~前 122 年)开列的中草药中有"荈、诧"。同时,《晏子春秋》一书指出晏相(前 514 年左右)在齐景公时,将茶作蔬菜食用。所以,唐皮日休在《茶中杂咏》(约838~约883年)序中说,"称茗饮者,必浑以烹之,与夫瀹蔬而啜者,无异也"。上述材料说明茶在当时曾作药物和食物用,因此没有专门的饮茶用具。

西汉王褒《僮约》中,出现"烹茶尽具",只告诉人们西汉时已有茶"具",但未明确是何种茶具,何种形状和质地,是否专用。20世纪七八十年代浙江上虞出土东汉的碗、壶、盏,以及江西的陶炉,尤其是浙江湖州出土的东汉内外施釉、肩部刻有"茶"字的青瓷瓮,被专家证实是茶具时,人们才第一次知悉古代茶具的模样。魏张揖《广雅》介绍当时饮茶,曰:"先炙令色赤,捣末置瓷器中,以汤浇覆之,用葱姜芼之。"此"瓷器"是否专用尚难肯定。西晋左思的《娇女诗》曰:"心为茶荈剧,吹嘘对鼎𬬮",鼎𬬮应该是茶具。而同时代的杜育《荈赋》,"酌之以匏,取式公刘",匏是古代酒器,作为饮茶用,说明当时饮茶用具和酒食具的区分并不严格。可见茶具虽自汉就有,但在唐前的很长时期内,仍有混用现象,直到唐陆羽《茶经》总结了前人和唐时的饮茶情况,提出一套陆羽认为值得提倡的饮茶方法而设置的茶具时,才形成了中国成套的专用茶具。

(白堃元)

3. 茶具沿革

饮茶用具经过从无到有,从粗糙到精致,从混用到专用,从单件到成套茶具的历程,取决于茶叶生产、饮茶方式以及当时的技术进步。

(1) 唐代茶具

茶具虽始于汉,但形成系列的专用茶具现于唐。唐时饮茶风盛,唐封演《封氏闻见记》:"京邑城市,多开店铺,煎茶卖之,不问道俗,投钱取饮。"饮茶普及,而促进了茶具。唐初高宗时,画家阎立本《萧翼赚兰亭图》画卷中反映了唐时的茶具,有风炉、茶铫、带托

的茶碗、茶碾和茶粉罐。唐玄宗天宝二年(744),为举行通航庆典,每条彩船代表一个地方,分陈其土特产于上。在豫章郡(今江西南昌)船上,摆放"瓷器、酒器、茶釜、茶铛、茶碗"等,欢歌以进(《旧唐书·韦坚传》),表达了茶具已开始作为某地的名产。

唐代制茶采用蒸青法,将茶叶放在甑釜中蒸熟,然后捣碎,把茶末拍制成团饼,最后将茶饼穿起,焙干后封存待用。饮茶时,先把茶饼捣碎,碾成细末,当水在釜中初沸时,以盐调味,再用竹夹环击汤心,然后下茶末,再置于茶碗中饮用,煎茶法成为主流。所以唐陆羽撰《茶经》,在四之器中,将饮茶器具分为8 大类24 种共29 件。其中生火燃具有风炉、灰承、筥、炭挝、火筴;煎茶用具有鍑、交床;炙茶和碾茶用具有竹筴、纸囊、碾、拂末、罗合、则;贮水和存盐贮具有水方、漉水囊、瓢、熟盂、鹾簋、揭;盛茶和清洁用具有碗、畚、札、涤方、滓方、巾;茶器贮具有具列、都篮等。

唐代饮茶的陶瓷器具主要是瓷壶(亦称注子)和瓷碗。当时有三大著名瓷窑,一是浙江余姚的越窑,以烧制青瓷茶碗著名;二是湖南的长沙窑,以釉下彩绘的瓷壶盛名;三是河北的邢窑(内丘),以烧制白瓷茶碗取胜,而且普遍采用"茶托子",即盏托,说明瓷茶具开始配套,专用性更强。

"秘色瓷"是瓷中精品,产于越窑。浙江的余姚、上虞一带自汉代始烧窑,唐时为鼎盛期,烧制的青瓷有碗、壶、托盏等,备受陆羽青睐,称其为"类玉"、"类冰",最宜衬托茶色。所以,越窑为南瓷代表,与邢窑形成"南青北白"的瓷器格局。在越窑的产品中,秘色瓷烧制技术、配方、工艺不传人,传器极少,增添了神秘感。唐陆龟蒙《秘色瓷器》诗曰:"九秋风露越窑开,夺得千峰翠色来。"后世宋代赵德麟《侯鲭录》曰:"今之秘色瓷器,世言钱氏有国越州烧进,今供之物,臣庶不得用,故云秘色。"1987 年陕西法门寺出土文物有秘色瓷器,被视为文物研究工作的突破性发现。

唐时,饮茶用具崇尚金属制品,故陆羽云:"瓷与石皆雅器,性非坚实,难可持久。用银为之,至洁,但涉于侈丽。雅则雅矣,洁亦洁矣,若用之恒,而卒归于铁也。"所以唐朝茶具如鍑皆用铁。在"金银为上"的思想影响下,唐皇室多以金银为茶具。陕西扶风

法门寺地宫出土的器具有成套的金银茶具，其中有炙茶用的鎏金镂空鸿雁球路纹银笼子、金银丝结条笼子，碾茶用的鎏金壶门座茶碾子，罗茶用的鎏金仙人驾鹤纹壶门茶罗子，贮茶用的鎏金银龟盒，放调料用的摩蝎纹蕾纽三足盐台、鎏金人物画银坛子，煮茶用的壶门高圈足座银风炉、系链银火筋、鎏金飞鸿纹银匙子，以及调茶、饮茶用的流金伎乐纹调达子等。这些器具多为唐咸通九年至十年"文思院造"，其中部分刻有"五哥"字样的器具为唐僖宗用物。

(2) 宋、元代茶具

唐时饮有粗茶、散茶、末茶和饼茶，主要是后两者。至宋朝，斗茶风起推动了饮茶，陆羽提倡的煎茶法逐渐被点茶法所取代，所需茶具虽基本相似，但由于对茶之汤色等要求不同，所以对茶具形制和质地色泽上的要求也略有不同。

宋朝烧制茶具的产地有福建的建窑黑瓷、浙江的处州青瓷、河南的钧窑玫瑰紫釉、河北的定窑白瓷等。宋朝斗茶风盛，要求"茶叶色泽贵白"、"宜黑盏"，而"建安所造者绀黑，纹如兔毫，其坯微厚，熁之久热难冷，最为要用"。所以在茶具形制上，改大碗为小盏。盏实际是一种小碗，托口突起，托沿多作花瓣纹，托底中凹。同时斗茶也要求茶壶"注汤利（厉）害，独瓶之口嘴而已"，由此，宋朝的茶壶有了较大变化。至南宋，茶壶壶式由过去的饱满状变得瘦长，壶体的纹饰，由常见的莲瓣形变为瓜棱形。元朝的茶具跟宋代差不多，但壶形有变，宋朝的茶壶，流子多在肩部，元朝时移至腹部，真正可以达到"注汤利（厉）害"，因此流子比过去明显。元朝时景德镇创烧青花瓷闻名，日本"茶汤之祖"村田珠光特别钟爱，后人将青花瓷具别名为"珠光青瓷"。

宋时，蔡襄在《茶录》中，指出当时的茶具有"茶焙、茶笼、砧椎、茶钤、茶碾、茶罗、茶盏、茶匙、汤瓶"等。特别是宋审安老人《茶具图赞》，用白描将"韦鸿炉、木待制、金法曹、石转运、胡员外、罗枢密、宗从事、漆雕密阁、陶宝文、汤提点、竺副帅、司职方"呈现在人们眼前，使现代人更形象地了解宋代的茶具。

宋代茶具总体上要比唐代少一些，尤其在以下四个方面有变化：一改碗为盏；二改鍑为瓶；三改竹夹为茶钤；四改栟榈为茶筅。至元代基本沿袭宋制，但茶叶加工出现散茶（芽茶和叶茶），萌芽冲泡法，茶具相应减少。元代的冲泡茶，其芽叶有时也要碾碎，元耶律楚材诗曰："青旗一叶碾新芽"，但在元代墓道烹茶图中未见茶碾，疑是直接冲泡。

（白堃元）

(3) 明代茶具

唐宋时期饮茶以饼茶为主，元代虽开始饮用散茶，但在方法上饮用饼茶的痕迹未退。至明朝，皇帝朱元璋"废团茶"，于是散茶兴起，使用冲泡茶叶的方法成为主流。明代文震亨《长物志》曰："吾朝所尚又不同，其烹试之法，亦与前之异，然简便异常，天趣备悉，可谓尽茶之真味矣。至于洗茶、候汤、择器，皆各有法。"

明代茶具虽然简化，但由于冲泡方法特殊，在许多方面都有专门要求。散茶易受潮，贮茶更显重要，所以明代采用贮焙结合，即用大陶罂烘干后，放入若干层干箬叶片，而后将烘干冷却的茶叶放入，其上放箬叶，最后用干燥后的六七层宣纸封口。平日取用的，"以新燥宜兴小瓶取之，约可受四五两，取后随即包整"。由于明代饮茶时要"洗茶"，即用热水洗茶，除去"尘垢"和"冷气"。洗茶采用茶洗，用砂土烧之，上下两层，上层底有筛孔，沙垢从孔中流入下层，取上层干净芽叶泡饮。此外，明代用汤瓶烧水，"瓶要小者易候汤，又点茶注汤有准，瓷器为上"〔张谦德《茶经》〕，也有人用金属汤瓶。在饮具上由于冲茶的需要，出现了小茶壶和白盏，取代了黑盏。明许次纾《茶疏》："其在今日，纯白为佳，兼贵于小。"当时生产白瓷的汝、官、哥、宣和定窑都成为生产茶具的重要窑场，产品以宣德所产的白釉小盏最为著名，因形似鸡心，又称鸡心杯。杯是一种古老的用具，但作为茶具还是明代冯可宾《岕茶笺》中才提到。

此外，明代江苏宜兴用五色陶土烧成紫砂陶，与瓷器争名，出现了供春和时大彬两位著名艺人。由于紫砂壶有良好的保味功能，能吸附茶汁增积茶锈，冷热急变不易胀裂，传热慢又不烫手，成陶火度高，可直接置于炉火上，因而备受欢迎。而瓷器在景德镇又有创新，成化时的斗彩，嘉万年的五彩、填彩，都驰名于世。青花是釉下彩，即先画彩再敷釉烘烧。斗彩、五彩、填彩则是釉上彩，斗彩是在青花器上，再加红黄绿紫等各种彩料，釉下花纹和釉上彩共绘一体，相互争辉。明代《帝京景物略》载,"成杯一双,值十万钱"。

(白堃元)

(4) 清代茶具

清代,六大茶类基本齐全,由于多为散形茶,故以直接冲泡法为主,尤其是省略明代洗茶这一程序,简化了茶具。

清代的茶具以陶瓷为主,所以有"景瓷宜陶"的说法。制瓷业尤其以康熙、雍正和乾隆三个时期最为繁荣。康熙时,景瓷除以生产五彩瓷为主外,还创烧了珐琅、粉彩两种新的釉上彩。珐琅彩瓷,是仿造铜胎珐琅器的色彩和纹饰烧制的,胎质洁白,薄如蛋壳,烧制程度相当完善。在康熙和雍正年间还创烧了一种盖碗和盖盏。盖碗和盖盏自古即有,但从文献记载上看,清代盖碗,尤其是在形质上与过去有很大的差别,主要表现在质地细腻、彩釉清晰、逼真、纹饰多样化。同时宜陶在清代有更大发展,这是和清朝政治体制有关,一大批游手好闲的八旗子弟及文人墨客,对宜兴紫砂陶爱不释手,使得一批能工巧匠应运而生,尤其是一些文人与陶匠结合,更创造了紫砂陶茶具的辉煌。清初的陈鸣远和嘉庆的陈曼生,所制之壶尤名于世。陈曼生是宜兴知县,也是清著名的篆刻家、书法家、画家和陶壶设计家。癖好陶壶,艺匠杨彭年按其意生产,形成曼生壶。杨彭年制壶不用模子,信手捏成,式样非凡;与陈曼生合作制作的被称为"当世绝作"的"曼生十八式",形式多样,有"石桃式、汲直、却日、横云、百纳、合欢、春胜、古春、饮虹、瓜形、葫芦、天鸡、合斗、圆珠、乳鼎、镜互、棋奁、方壶"等,每式上都有题识"。曼生壶一般由陈曼生刻铭题字,把柄上印有"彭年"小印章。

清代乌龙茶的出现,开创了一种新的饮茶方法。清施鸣保《闽杂记》:"漳泉各属,俗尚功夫茶,茶具精巧;壶有小如胡桃者,名孟公壶,杯极小者,名若琛杯,以武夷小种为尚……饮必细啜久咀。"孟臣姓惠,江苏宜兴人,活动于明末清初(1598~1684 年),书法类唐大书法家褚遂良。其壶作品朱紫者多,白泥者少;小壶多,中壶少,大壶最罕,可见是制小壶能手。

此外,清代还出现了脱胎漆茶具、四川的竹编茶具等,使人耳目一新,更放异彩。

茶具的发生和发展与社会经济文化有关,更与时代习俗、审美观以及茶类的变化、饮茶方法有关。茶具在一定程度上能反映时代精神,印刻着历史的烙印;茶具还反映了当时的技艺水平。每个历史时期都有自己的主流茶具,也有承上启下的前朝茶具夹入其中。

(白堃元)

(二) 茶具种类

中国饮茶历史悠久,且茶类繁多,出现了多种类的茶具。从时间上划分茶具种类,可分为古代茶具、近代茶具和现代茶具;从功能上可划分为饮具、煮具、贮具、碾碎具、燃料具、洁具、水具和辅具等;从性能上分又可划分为日常茶具、特供茶具、工艺茶具、保健茶具等;从茶具质地上分,可分为陶瓷茶具、金属茶具、竹木茶具、石茶具、玻璃茶具、塑料茶具、纸茶具等。也有人以窑名来划分茶具种类,但通常情况下多以质地划分。

1. 陶瓷茶具

(1) 陶茶具　陶是人类利用的全新"人造材料",是人类用火以后的产物。所以陶是在一定社会历史和技术条件下产生,并表现出对物质环境的改造能力。陶器是用黏土烧制的用具。由于黏土所含各种金属氧化物的不同百分比,以及烧成环境与条件的差异,可呈红、褐、黑、白、灰、青、黄等不同颜色。陶器成形,最早用捏塑法,再用泥条盘筑法,特殊器形用模制法,后用轮制成形法。七八千年前的新石器时代已有陶器,但烧制温度只有 600℃～800℃,陶质粗糙松散。公元前 3000 年至公元前 1 世纪,烧制陶器温度已达 1000℃,生产出有图案花纹装饰的彩陶。商代开始出现胎质较细洁、烧制温度达 1100℃的印纹硬陶。战国时期盛行彩绘陶,汉代创制铅釉陶,为唐代唐三彩的制作工艺打下基础。晋代杜育《荈赋》中"器择陶拣,出自东偶(瓯)",首次记载了陶茶具及其产地。至唐代,经陆羽倡导,茶具逐渐从酒食具中完全分离,形成独立系统。陆羽《茶经》中记载的陶茶具有熟盂等。北宋时,江苏宜兴采用紫泥烧制成紫砂陶器,使陶茶具的发展走向高峰,成为中国茶具的主要品种之一。

宜兴紫砂茶具紫泥色泽紫红,质地细腻,可塑性强,渗透性好,成型后放在1150℃高温下烧制。产品有茶杯、茶壶、茶托等。紫泥矿物组成属含铁的黏土—石英—云母系,烧制后形成颗粒细小均匀的团粒结构。内部的双重气孔使紫砂茶具具有良好的透气性能,泡茶不走味,贮茶不变色,盛暑不易馊,为宜兴特有产品。按其外形分类可分筋纹(又称筋瓢)、几何(又称素货)和自然(又称花货)三类。筋纹类犹如植物叶中之叶筋纹,以线条装饰;几何类即以方圆几何形造型;自然类以梅桩、南瓜、花果、飞禽走兽作造型。宜兴紫砂茶具工艺技术是在东汉烧制陶器的"圈泥"法和制锡手工业的"镶身"法相结合的基础上发展而来。宜兴市鼎蜀镇羊角山古龙窑遗址发掘的紫陶残片表明,紫砂茶具初兴于北宋,胎质较粗,造型多为传统实用器皿,体形大,制作不及后代精细,其中壶类多用作煮水或煮茶用。明清时期为紫砂茶具制作的兴旺期。明永乐帝曾下旨造大批僧帽壶,推动了紫砂茶具的发展。明代周高起《阳羡茗壶系》:"僧闲静有致,习与陶缸瓮者处,抟其细土,加以澄练,捏筑为胎,规而圆之,刳使中空,踵傅口柄盖的,附陶穴烧成,人遂传用。"宜兴紫砂壶名家始于明代供春,其后的四大家,即董翰、赵梁、袁锡、时朋均为制壶高手,作品罕见。尤其是时大彬作品,突破大壶格局,多作小壶,点缀在精舍几案之上,更加符合饮茶品味,有"千寄万壮信手出","宫中艳说大彬壶"之说。同代李茂林用"匣钵"法,即将壶坯放入匣钵再行烧制,不染灰泪,烧出的壶表面洁净,无油泪釉斑,色泽均匀一致,至今沿用。清代名匠辈出,陈鸣远、杨彭年等形成不同的流派和风格,工艺渐趋精细。康熙时曾在紫砂器上试烧珐琅彩,雍正以后有紫砂胎的粉彩器及描金器。近代、现代有顾景舟、蒋蓉等承前启后,使紫砂壶的制作又有新发展。紫砂茶具成为人们的日常用品和珍贵的收藏品。

除江苏宜兴外,浙江的嵊州、长兴、河北的唐山等均盛产陶茶具。

(2)瓷茶具 用长石、高岭土、石英为原料烧制的饮茶器具。经原料配比、加工成形、干燥,以1400℃左右高温烧制而成。可上釉或不上釉。瓷分为硬瓷和软瓷两大类。前者如景德镇所产白瓷,后者如北方窑产的骨灰瓷。瓷的质地坚硬致密,表面光洁,薄者可呈半透明状,敲击时声音清脆响亮,吸水率低。瓷茶具有碗、盏、杯、托、壶、匙等,中国南北各瓷窑均有出产,其中以景德镇产品为著。瓷器系中国发明,滥觞于商周,成熟于东汉,发展于唐代。瓷脱胎于陶,初期称"原始瓷",至东汉才烧制成真正的瓷器。青瓷(在坯体上施含有铁成分的釉,烧制后呈青色)发现于浙江上虞一带的东汉瓷窑。浙江省湖州发掘的东汉墓,有一只完整的青瓷贮茶盒,高33.5厘米,腹径34.5厘米,内外施釉,器肩有一"茶"字,表明为民间贮茶用具,茶具逐步从饮食器、酒器中分离。陆羽《茶经》推崇的越窑瓷器,在其产品中有一种胎体深,胎质细腻,造型规整,釉色青黄如湖绿色的精品称为秘色瓷,唐陆龟蒙《秘色瓷器》诗曰:"九秋风露越窑开,夺得千峰翠色来。"宋赵德麟《候鲭录》曰:"今之秘色瓷器,世言钱氏有国越州烧进,今供之物,臣庶不得用,故云秘色。"1987年陕西法门寺出土数件秘色瓷器,解开了秘色瓷器之谜,使国人一睹风采。白瓷(以含铁量低的瓷坯,施以纯净的透明釉烧制而成)则成熟于隋代。唐代盛行饮茶,民间使用的茶器以越窑青瓷和邢窑白瓷为主,形成了陶瓷史上著名的南青北白对峙格局。宋代斗茶风盛,崇尚茶色白,宜用黑色茶盏观察茶沫及水痕,故推崇建窑烧制的黑瓷茶具,如黑釉兔毫盏、鹧鸪盏和吉州窑的玳瑁盏,日本人统称为"天目茶碗"。宋代生产茶具的主要瓷窑有:定窑、官窑、钧窑、耀州窑、汝窑、磁窑、龙泉窑、景德镇窑和建窑。元代发明了瓷石加高岭土的二元配方,制胎工艺出现重大进步,为白釉瓷、青花瓷的成熟和发展奠定了基础。明清饮用散茶,茶具以景德镇瓷器和宜兴紫砂陶器为主。明代瓷业除民营外,自洪武年间始在景德镇设御器厂,永乐、宣德的青花、甜白,成化的斗彩,弘治的娇黄,嘉靖、万历的五彩都是著名的瓷器品种。传世器物有"明永乐甜白半脱胎团龙葵瓣器碗"等珍品。清代瓷器既重模仿又有创新,纹饰逐渐繁缛,釉色更加丰富多彩,形成俗艳、精细的时代特征。康熙时期引进外国技术,制成珐琅彩瓷器,传世器物有"雍正珐琅彩竹雀茶杯"等珍品。清代盖碗的发明顺应了饮茶文化需要。现代景瓷的彩釉和彩绘达到了极高的水平。

景德镇制瓷始于汉,兴于唐,盛于宋。宋景德元年(1004),昌南镇改名景德镇,其制瓷技术蓬勃发展,明清后成为中外闻名的瓷都。景德镇瓷器质地优良,"白如玉,明如镜,薄如纸,声如磬"。装饰技艺丰富多彩,有青花、青花玲珑、颜色釉、粉彩、影青、窑彩、新彩、综合装饰等品种。景德镇瓷具早期多兼用,后发展为专用茶具。唐代专用茶具有茶盏、执壶;宋有斗笠碗、茶盏、执壶;元有执壶、茶碗、茶盅、茶盏;明有马蹄饭具、僧帽壶、压手杯、扁壶等,明刘侗、于奕正《帝京景物略》有"成杯一双,值十万钱"之说;清有马蹄饭具、扁方壶、提梁壶、把壶等;民国除沿用前期茶具外,另有盖茶杯、铁路盅、中山水筒等。现代茶具品种众多,规格齐全,造型新颖,装饰精美。单体茶具有杯、碗、壶、盅、碟;组合茶具有 2~22 件不同件数组合,由壶、盅、碟、盘组成。景瓷名牌茶具有"釉中彩樱桃高白釉金钟茶杯"、"釉下蓝金钏茶杯"、"金地开光龙凤6头大茶具"、"花玲珑8头小茶具"、"金菊茶杯"以及"景德壶"系列产品等。后起的唐山瓷、醴陵瓷也都由粗瓷改为细瓷生产,茶具质量大有提高,品类增加,极大地丰富了中国的瓷茶具。

瓷茶具在诸多种类的茶具中名列前茅,目前,主要产地有景德镇、佛山、唐山、醴陵等地。

(白堃元)

2. 金属茶具

金属器具是我国最古老的器具之一,是由金、银、铜、铁、锡等金属物质制成。秦始皇统一中国前,青铜器等已广泛应用,既作酒具,也作盛茶、盛水具,直至茶叶成为饮料,茶具渐渐被分离出来。

(1) 铜茶具 以白铜为上,少锈味,器形以壶为主。甘肃马家窑文化遗址出土的铜器,距今已有五千年。江苏盱眙窑庄西汉窖藏曾出土一铜壶,壶口挂件为金兽。唐陆羽《茶经》中漉水囊,其骨架多用生铜制成,其他如量具中的则、火夹,以及风炉也常用铜制。宋时代,皇帝御前赐茶常用铜叶汤鳖,故宋程大昌《演繁露》《东坡后集从驾景灵宫》诗中有"病贪赐茗浮铜叶"之说。其他茶具如姚等亦有用铜的。但因铜器有生锈气,损茶味,总体上很少应用。清代

因国外传入而流行铜茶壶。当代四川等地的长嘴铜壶偶尔可见。云南撒尼族人将茶投入铜壶,煮好的茶称"铜壶茶"。藏族、蒙族等同胞饮用酥油茶、奶茶时常用铜碗和紫铜釜。1994 年上海制成能容水2000 升,高 2.0 米,直径 1.8 米大型铜茶壶,壶身铭刻"壶王迎客"四字。

(2) 金银茶具 按质地分类,以银为质地者称银茶具,以金为质地者称金茶具,银质而外饰金箔或鎏金称饰金茶具。金银茶具大多以锤成型或浇铸焊接,再刻饰或镂饰。金银延展性强,耐腐蚀,又有美丽色彩和光泽,故制作极为精致,价值很高,多为帝王富贵之家使用,或作供奉之品。中国自商代始用黄金,河南安阳殷墟曾出土黄金小饰件。春秋战国时期金银器技术有所进步,湖北随州曾侯乙墓出土的金盏,采用纽、盖、身、足分铸,再合成浇铸,焊接成器,造型富丽典雅。从出土文物考证,茶具从金银器皿中分化出来约在中唐前后,陕西扶风县法门寺塔基地宫出土的大量金银茶具,有银金茶碾、银金花茶罗子、银茶则、银金花鎏金龟形茶粉盒等可为佐证。宋代金银器有进一步发展,酒肆、妓馆及下层庶民也有使用。宋尚金银茶具。宋代蔡襄《茶录》:"茶匙要重,击拂有力,黄金为上。"又说:"汤瓶黄金为上。"明代金银制品技术无多少创新,但帝王陵墓出土的文物却精美无比,定陵出土的万历皇帝用玉碗、碗盖及托均为纯金鎏刻而成。清代金银器工艺空前发展,皇家使用更为普遍,史料记载太监用玉碗、金托、金盖的茶具在御前伺候慈禧太后。少数民族中如藏族等显赫人家偶用金碗,苗家人偶用银碗。一般鉴于金银贵重,除极少数制作为工艺茶具外,现代生活中已很少使用。目前,贵州、云南等地产银茶具。

(3) 锡茶具 采用高纯精锡,经焙化、下料、车光、绘图、刻字雕花、打磨等多道工序制成。精锡刚中带柔,密封性能好,延展性强,所制茶具多为贮茶用的茶叶罐。形式多样,有鼎币形、长方形、圆筒形及其他异形,大多产自中国云南、江西、江苏等地。历来对锡制茶具看法不一。北宋陶毂(谷)《清异录》称:"煎茶"当以银姚煮之,佳甚;铜姚煮水,锡壶注茶次之。明代屠隆《考盘余事》:"铜铁铅锡,腥苦且涩。"张谦德《茶经》:"铜锡生锈,不入用。"反对用锡

制茶具。明冯可宾《岕茶笺》:"近有以夹口锡器贮茶者,更燥更密,盖磁坛犹有微隙透风,不如锡者坚固也。"主张锡罐贮茶,所以明清两代锡瓶、锡罐贮茶,屡见不鲜。日本奥玄宝《茗壶图录》载明代锡茶壶"出离头陀"云:"通盖高一寸八分一厘,口径一寸五分,腹径二寸四分二厘,深一寸四分,重六十二钱,容七勺。流直錾环,古藤络錾,盖防热汤也……通体纯锡,经年之久,锈花赤斑,纷然点出,古色可掬。"现代用锡精制贮茶罐较为流行,但制作茶壶等,因盛茶水有异味,后人罕见打造。主产地云南、江苏、浙江等。

(4)铁制茶具 有铁或熟铁茶具之分,大多作为工具使用,如鼎、夹、碾、茶炉、锤、火箸、灰承、炭挝等,但也有作煮水用的,如陆羽《茶经》记载的"镂"即是。如今,用铁制茶具,除少数作工具,如灰承等外,已不多见。

(5)不锈钢茶具 其材料是含铬量不低于12%的合金钢,能抵抗大气中酸、碱、盐的腐蚀。外表光洁明亮,造型规整有现代感,传热快,不透气,多作旅游用品,如带盖茶缸、行军壶以及双层保温杯等。

(6)景泰蓝茶具 亦称"铜胎掐丝珐琅茶具",工艺茶具,北京著名的特种工艺品。用铜胎制成,少有金银制品。一说始于唐代,一说始于明代。通过掐丝、点蓝、烧蓝、磨光、镀金等多种工序制作而成。因以蓝色珐琅烧著名,且流行于明代景泰年间,故名。此类茶具大多为盖碗、盏托等,制作精细,花纹繁缛,内壁光洁,蓝光闪烁,气派华贵,但很少作为日常饮用的茶具。以北京为主产地。

(7)镶锡茶具 为清代康熙年间由山东烟台民间艺匠创制。用高纯度的熔锡模铸雏形,经人工精磨细雕,包装在紫砂陶制茶具或着色釉瓷茶具外表。装饰图案多为松竹梅花、飞禽走兽。具有金属光泽的锡浮雕与深色的器坯对比强烈,富有民族工艺特色。镶锡茶具大多为组合型,由一壶四杯和一茶盘组成。壶的镶锡外表装饰考究,流、把的锡饰,华丽富贵。当代镶锡茶具主产山东烟台,是当地的传统工艺品,江苏等地也有少量生产。

(8)搪瓷茶具 是一种金属外涂搪瓷的近代饮茶用具。搪瓷是用石英、长石、硝石、碳酸钠等烧制成的珐琅,将珐琅浆涂在铁皮制成的茶具坯上,烧制后即形成搪瓷茶具。搪瓷可烧制不同色彩,并可拓字或图案,也能刻字。搪瓷茶具种类较少,大多数为杯,尤以盖杯为多,次之为碟、盘、壶。目前各地均有产,但产量逐渐减少。

(白堃元)

3. 玻璃茶具

玻璃茶具是一种用玻璃制成的茶具。玻璃质地硬脆而透明,其主要成分是二氧化硅、氧化钙和氧化钠。由石英砂、石灰石、纯碱等混合后,在高温下熔化、成型、冷却而成。按现代玻璃茶具的加工分类,有价廉物美的普通浇铸玻璃茶具和价昂华丽的刻花玻璃(俗称水晶王玻璃)两种。玻璃茶具大多为杯、盘、瓶,作为茶水的盛器及贮水器。玻璃制品透明,可直视杯中汤色、叶底,是品饮名茶尤其是绿茶的理想茶具,但质地坚脆,易裂易碎。现代科学技术已能将普通玻璃经过热处理,改变玻璃分子的排列,制成有弹性、耐冲击、热稳定性好的钢化玻璃,使茶具性能大为改善。

我国清代以前将琉璃称为玻璃。清代后两个名称才分开。琉璃为中国五大名器之一,也为佛家七宝之一。用现代科学观点看,琉璃和玻璃的主体成分以二氧化硅为主,但由于加工方法有异,因此在材质上有差异。烧制玻璃器具历史很早,如河南辉县固围村战国墓出土有玻(琉)璃珠,说明玻璃制品年代悠久。西汉曾有玻璃羽觞,可能是通用饮具,但有人认为隋朝之玻璃杯,可视为典型之茶具,是为玻璃杯之祖。陕西法门寺塔基地宫出土的玻璃器有玻璃茶托、玻璃茶碗。河北静志寺塔基出土有北宋花口玻璃杯。《中国美术全集》第十册刊出元代玻璃莲花茶盏,等等。古人视玻璃茶具为珍贵之物,唐元稹认为,玻璃"有色同寒冰,无物隔纤尘。象筵看不见,堪将玉对人"。由于在古代玻璃价格昂贵,往往以生产艺术品为主,仅有少量制作茶具,故传器不多。

(白堃元)

4. 漆器茶具

漆器茶具是以竹木或它物雕制,并经涂漆的饮茶器具。漆器起源甚早,在六七千年前的河姆渡文化遗址中就发现可作为饮器的木胎漆碗。舜禹在位时曾使用髹漆木器。殷商时代漆液中能掺入各种颜料,并在漆器上粘贴金箔或镶嵌松石。西周晚期的墓中发现漆器上用蚌壳组成花纹,为中国螺钿工艺的初制。楚国漆器最盛,类别繁多,大到床第、舟车、棺椁,小至扁簪,甚至金银陶器皆髹漆。秦汉时代设"车园匠"一职,监造精美漆器。两晋时代至南北朝,漆器使用广泛,能用夹纻技法塑造复杂的器物。唐代茶业发达,漆器向饮茶用具与工艺品发展。甘肃武威唐墓出土的"金银平脱宝相花碗",具有很高的工艺水平。河南偃师杏园李归厚出土的漆器中发现有一贮茶漆盒。宋元时将漆器分成两大类,一类以髹黑、酱色为主,光素无纹,造型简朴,制作精致,多为民众所用。1972年江苏宜兴和桥南宋墓出土素色漆器32件,其中"素漆托盏"是典型茶具。另一类为精雕细作的产品,有雕漆、金漆、犀皮、螺钿镶嵌诸种,工艺奇巧,镂镂精细,甚至金银作胎,如浙江瑞安仙岩出土的北宋泥金漆器。宋审安老人《茶具图赞》有"漆雕秘阁"的记载,并配有文字和图形。明清时期,髹漆有新发展,名匠将时大彬的"六方壶"髹以朱漆,名为"紫砂胎剔红山水人物执壶",为宫廷用茶具,是漆与紫砂合一的绝品。清乾隆年间福州名匠沈绍安创制脱胎漆工艺,所制茶具乌黑清润轻巧,成为中国"三宝"之一。

福州漆器茶具多彩多姿,有"宝砂闪光"、"金丝玛瑙"、"釉变金丝"、"仿古瓷"、"雕填"、"高雅"和"嵌白银"等品种,特别采用新工艺后,红如宝石的"赤金砂"、"暗花"等品种更加鲜丽夺目,逗人喜爱。20世纪80年代福州制成高1.5米,腹径1.25米的大型脱胎漆茶壶,造型古朴大方,质地轻巧牢固,色泽明亮,由福州茶艺馆收藏。

(白堃元)

5. 石茶具

石茶具包括玉石茶具和杂石茶具。

玉石茶具　玉石雕制的饮茶用具。玉材有软玉(属角闪石类,如羊脂玉)和硬玉(属辉石类,如翡翠等)两大类。汉代许慎《说文解字》说玉是"石之美兼五德者",即五个特性:具有坚韧的质地,晶润的光泽,绚丽的色彩,致密而透明的组织,舒扬致远的声音。包括真玉(硬玉和软玉)、蛇纹石、绿松石、孔雀石、玛瑙、水晶、琥珀、红绿宝石等彩石玉。中国玉器工艺历史悠久,唐时饮茶风盛,开始出现玉质茶具,如河南偃师杏园李归厚墓中的玉石杯,造型与白瓷浅腹杯相近,口部四周曲花瓣状,腹壁斜纹,下附圈足。宋徽宗嗜玉,对玉雕工艺有促进。明清时期是中国玉器的鼎盛期,玉茶具大多为王公贵族所有。明神宗御用玉茶具由玉碗、金碗盖和金托盘组成;玉碗器身圆形,底部有一圈足,玉材青白色,洁润透明,壁薄如纸,光素无纹,工艺精致。清代皇室亦用玉杯、玉盏作茶具。当代中国仍生产玉茶具,如河北产黄玉盖碗茶具通身透黄而光润,纹理清晰。1987年微雕家丁小路用各式玉石雕成10把小茶壶,大者如火柴盒,小者如五分硬币,茶壶壶身有的刻着"滕王阁序"等。

杂石茶具　天然石料作材质,选料要符合"安全卫生,易于加工,色泽光彩"的要求,经人工精雕细琢、磨光等多道工序而成。产品为盏、托、壶和杯,以小型茶具为主。根据原料命名产地,有大理石茶具、磐石茶具、木鱼石茶具等。石料富有天然纹理,色泽光润美丽,质地厚实沉重,保温性好,有较高的艺术价值。历史文献载有古代石茶具如石鼎、石瓶、石磨等。明代屠隆《茶笺》:"石凝结天地秀气而赋形,琢以器,秀犹在焉。"上海曾有艺匠微雕石茶壶共六把,最大的重50克,最小的仅24克,有的壶体形似双峰骆驼,有的形如柿子。壶式或方或圆,或扁或长、敦厚古朴,庄重雅典、收藏性强。现时我国的安徽、山东、云南等地都产石茶具。雕琢技术的发展,使现代石茶具更为精美,多成为工艺品。

(白堃元)

6. 其他茶具

竹木茶具　是用竹或木制成的茶具。采取车、雕、琢、削等工艺,将竹木制成茶具。用竹制成者称竹茶具,大多为用具,如竹夹、竹瓢、茶盒、茶筛、竹灶等;用木制成者称木茶具,多用作盛器,如碗、具列、涤方等。竹木茶具轻便实用,取材容易,做工简易,制品多为寻常百姓使用。经精工细雕者也入达官贵人之户。其产品大多出自竹木之乡,使用遍布全国。竹木系天工之物,利用随意,因此竹木器自古就有,由于历史和自然因素,古代竹木器不易保存,所以传器极少。《孟子·梁惠王下》说的"箪食壶浆以迎王师"，箪就是一种圆形竹器，盛饭用。湖南长沙马王堆西汉墓出土有彩漆竹勺，也曾出土写有"楮"字的竹简。后魏贾思勰《齐民要术·种榆篇》中"又种榆法……十年之后魁、碗、瓶、榼各值一百文"，说的是木制器具。一般认为，竹木茶具形成于中唐，陆羽《茶经》所载的竹木茶具达十余种，有交床、夹、碾、罗、合、则、水方、漉水囊、瓢、竹夹、札、涤方、滓方、具列、都篮等。宋代沿习，并发展用木盒贮茶，南宋朱弁《曲洧旧闻》："蜀公(范仲淹)与温公(司马光)同游嵩山，各携茶以行，温公以纸为贴，蜀公用小木盒盛之。"明清两代饮用散茶，竹木茶具虽种类减少，但工艺精湛，如明代的竹茶炉、竹架、竹茶笼以及清代的檀木锡胆贮茶盒；四川生产的细竹丝包裹的竹编细白瓷茶具，质地致密，外形精美等传世精品均为例证。近代与现代的竹木茶具趋向于工艺和保健功能的发展。海南文昌制作的梨花木茶具，雕刻精细。在少数民族地区，竹木茶具仍占有一定位置，云南哈尼族、傣族的竹茶筒、竹茶杯，西藏藏族和蒙古族的木碗、木槌，布朗族的鲜粗毛竹煮水茶筒均是。

果壳茶具　用果壳制成的茶具。其工艺以雕琢为主。用手工将葫芦、椰子等硬质果壳加工成茶具，大多为用具，如水瓢、贮茶盒等。水瓢主产北方，椰壳茶具主产海南。果壳茶具虽少，但形成时期较长，唐陆羽《茶经》已述用葫芦制瓢，历代沿用。椰壳茶具主要是工艺品，外形黝黑，雕刻山水或字画，内衬锡胆，能贮藏茶叶。

塑料茶具　用食品级塑料压制成的现代茶具。其主要成分是树脂等高分子化合物与配料。塑料茶具色彩鲜艳，形式多样，质轻、耐腐。但用其泡茶常会产生"水闷气"，影响茶质。塑料茶具种类不多，大多为水壶和杯，尤以儿童用具为多。

（白堃元）

（三）古代名窑及典作

古代瓷窑中有许多以烧制茶具而著名。古窑有官办的，称为官窑。一般认为出现于五代、盛于宋。最近浙江考古人员在德清发现比南宋早千年的亭子桥窑，推定为越国时期的"官窑"，是迄今为止全国发现最早的"官窑"。官窑产品精细，重工重料，专贡宫廷使用。有的窑烧制民间器具，称为民窑，产品粗犷、讲究实用。有一些民窑也烧制贡器，称"钦限"。由于中国瓷业发达，古代窑口甚多，现根据《茶具珍赏》、《中国古代茶具》等有关文献介绍如下：

越窑　古代著名青瓷窑。在今浙江上虞、余姚一带。自东汉始烧造较原始青瓷器，到六朝时，已烧出成熟的青瓷，器有碗、壶、罐、谷仓、托盏等。唐、五代是越窑的繁盛时期，中唐以后，越窑青瓷成为中国南方瓷器的代表，与北方的邢窑白瓷形成"南青北白"的局面。唐代越窑青瓷器有碗、盘、洗、盏、罐、釜、瓶、执壶、灯等多种生活器具，也包括饮茶用具。青瓷器胎体较薄，釉色青中闪黄，有青玉的质感。唐陆羽在《茶经》中把当时六座瓷窑生产的茶盏根据唐时饮茶的要求进行排比评价，将越窑茶器列为第一，称其"类玉"、"类冰"，最宜衬托茶色。晚唐至五代，越窑地位日趋攀升，除供应民间外，还为宫廷烧制贡瓷，最佳制品称为"秘色瓷"。其胎体莹薄，胎质细腻，造型规整，釉色晶莹青黄如湖绿色。唐代越瓷以素面为主，有少量划花装饰；五代除刻划、堆贴花纹，还出现釉下褐色彩绘。五代钱氏吴越国宫廷垄断控制了越窑的部分产区，使之成为中国早期官窑之一。北宋越窑瓷器出现了丰富的刻花，器型、纹饰多受金银器制作工艺的影响。北宋中期以后，越窑逐渐衰落，南宋后停烧。越窑产品远销印度、伊朗、埃及、日本和东南亚各地，上述地区都发现过越窑青瓷遗存。

越窑青瓷刻花莲花盏托　系五代越窑产。盏托分盏和托两部分，通高13.05厘米，盏为直口深腹圈足，盏外壁刻饰丰满的莲瓣，托子口沿外翻，浅弧腹，腹下为外撇高圈足。盏与托通体施青釉，釉色莹润

越窑青瓷刻花莲花盏托

光洁。这件具有典型特征的茶具是越窑的稀有珍品，也是研究五代时期饮茶习俗的重要资料。1957年出土于五代建造的苏州虎丘云岩寺塔内，苏州博物馆收藏。

婺州窑　古代名窑。创烧于三国，盛于唐宋。原在浙江中部的金华地区，唐宋时期范围扩大到现在的金华、兰溪、义乌、东阳、永康、武义、衢县、江山一带。三国时烧制青瓷，胎呈深紫色，外施白色化妆土，釉色青黄中泛褐色。南朝时，釉面普遍呈青黄，唯胎釉结合差，容易剥落。婺州窑产品在品种和造型方面与瓯窑、越窑相似，唯胎色呈深灰或紫色，釉色青黄或泛紫，釉中现奶白色星点。陆羽根据当时的看法，在《茶经·四之器》曰："碗，越州上，鼎州次，婺州次。"所产青瓷茶碗的质量在当时名列第三。

瓯窑　亦称"东瓯窑"。古代著名瓷窑。在今浙江温州一带，因窑区临近瓯江而得名。东汉时开始烧制，至北宋时停烧。产品为青釉瓷，三国、两晋时产量较多。其瓷色青中闪白，南朝时，釉色泛黄，有冰裂纹；晋杜育《荈赋》谓："器择陶简，出自东瓯（隅）。"至晚唐时，产品胎釉结合紧密，青色滋润如玉。入宋后，与越窑、婺窑一起对龙泉窑产生了较大影响，最后为龙泉窑所取代。

青瓷瓜棱汤瓶　系五代产品。高 21.6 厘米，口径 10.2 厘米，腹径 12 厘米，底径 7.3 厘米。口呈喇叭状，高颈中部微束，腹椭圆形，腹颈处明显饰凸棱。矮圈足微外撇。一侧装有颈腹相连的扁平弯曲形把，相对应处装细长圆流嘴。腹上有四道竖凹浅条纹，呈瓜棱形。通体施线青色釉，釉面滋润光洁如玉。此瓶瓶颈加高，器体重心下移，流加长，更适应当时点茶需要，存浙江省瑞安市文物馆。

青瓷瓜棱汤瓶

龙泉窑　古代名窑。位于今浙江龙泉，故名。受越窑、婺州窑和瓯窑的影响，兴起于南朝，专烧青瓷。南宋中期，烧制出著名的粉青釉品种，宋末元初烧出厚釉梅子青釉品种。元代时，浙江云和、丽水、永嘉、武义等地也有仿制，并出现了褐色加彩和红色加彩。元、明时期龙泉窑瓷器在中国陶瓷外销中占有重要地位。据明人传说，宋代龙泉有兄弟二人烧瓷，分别称为"哥窑"、"弟窑"。其中弟窑所产的典型瓷器即为粉青、梅子青品种。一般认为弟窑即旧时龙泉窑。

瓜棱形汤瓶　系南宋制品，小单口，无颈，溜肩、深腹，呈瓜棱形。高 16.5 厘米，宽 12.4 厘米，口径 3.5 厘米，底径 8.0 厘米。腹肩部由上而下刻出六条筋纹，全瓶分为六等分，饰满刀刻单花纹。瓶一侧有弯曲长流，对应一侧有双条环形把，把及嘴口高出瓶口，通体青翠釉色，筋凸起、浅白色。存龙泉市博物馆。

瓜棱形汤瓶

洪州窑　创烧于南朝，盛于隋至中唐，终烧于晚唐。1978 年被发现，窑址分布在江西丰城曲江乡境内。南朝时期的主要产品有盘口壶、六系罐、复口罐、唾盂、平底钵；隋代主要产品有高足盘、高足杯、深腹假圈足小杯、圈底钵、莲瓣碗、圆砚等；唐代主要产品有碗、杯、多足圆砚、盏托、碾轮等。唐代大量生产茶碾轮和盘心圈状凸起的茶盏托。釉色可分为青绿、黄褐和酱褐，装饰手法有点饰褐彩印花、堆贴、提塑。陆羽《茶经》："洪州瓷褐，茶色黑，悉不宜茶。"所产青瓷茶碗排在越、鼎、婺、岳、寿诸窑之后。

邛窑　古代名窑，分布在四川邛崃的南河十方堂等地，古属邛州，故名。南朝至隋唐烧造青瓷，盛于唐，南宋中晚期衰亡，具有 800 多年的历史。器物以青釉，绿釉，青釉褐斑，褐绿斑为主，器型种类多，也生产茶具，尤其是碗形众多，有线腹、深腹、花瓣形、印花碗等，典型的釉下彩绘瓷早于长沙窑。

绿釉饼足葵口浅腹碗 高4厘米，口径14厘米，深沿，弧型，饼足。口沿有五个等距缺口，成葵花瓣形。碗内施绿釉，但外施绿釉仅至腹下，露出足，黄褐色足胎。存邛窑古陶瓷博物馆。

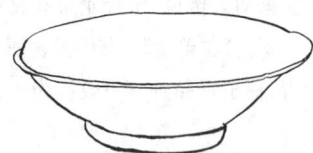
绿釉饼足葵口浅腹碗

寿州窑 隋唐古窑。窑址分布在安徽淮南市的上窑镇、李嘴子、三座窑、徐家圩、费郢子和李家嘴子一带。创烧于隋代，繁盛于初唐和中唐，衰亡于唐末。主要产品有碗、盏、杯、钵、注子、枕、玩具等。器物胎体厚重，胎质粗松，釉下施用化妆土，釉色以黄为主，著名的产品有"鳝鱼黄"。所产茶碗在陆羽《茶经》中，排名在越、鼎、婺、岳州窑之后。

巩县窑 唐代古窑。由河南巩县(今巩义市)境内的水底河村、白河村、铁匠炉村、大黄冶村、小黄冶村等窑组成。创烧于南北朝，盛于唐代。唐代大量烧制"唐三彩"和白瓷，兼烧黑釉、青釉、茶叶末釉瓷器。唐《元和郡县志》有"开元中河南贡白瓷"之记载，"贡白瓷"即巩县窑所产。到中、晚唐时期巩县窑不仅烧制大批白瓷出口外销，还创烧出唐青花瓷。巩县窑在唐代产茶具，唐代李肇《唐国史补》："巩县陶者，多为瓷偶人，号陆鸿渐，买数十茶器得一鸿渐，市人沽茗不利，辄灌注之。"

白釉葵口碗 巩窑五代出品，高4.3厘米，口径13.8厘米，底径5.3厘米，通体内外白釉，釉面匀净，细腻而润。敞口，微外撇，葵口四瓣，斜壁略弧，宽浅圈足，露白色胎，胎体轻薄，造型大方、简洁。存

白釉葵口碗

温州博物馆。

景德镇窑 简称"景窑"。相传南朝已制青瓷，其五代窑址已被发现。由于唐宋时制瓷中心在中原和江南，其地位不明显。北宋景德年在江西浮梁县昌南镇，烧制贡器，其地改名景德镇。主产青白釉瓷器，器形有碗、盘、碟、盏、杯、盏托、炉等。装饰以刻花和印花为主，釉色青白，莹缜温润，故诗人彭器资《送许屯田诗》曰："浮梁巧烧瓷，颜色比琼玖。"到了元代，景窑以烧青花瓷出名，明代更是"成杯一双，值十万钱"。清代时珐琅彩瓷茶具胎质洁白，通体透明，薄如蛋壳，完善之极，举世无双。该窑与江西南丰、广东潮安、福建德化、浙江江山、安徽繁昌等瓷窑形成景德镇青白瓷系，历时久远。

青花瓷盏托 元代景德镇窑产品。盏高4.5厘米，口径10.1厘米，口沿外撇，小圈足，足底有乳状突起。器内沿绘饰卷草纹，内底饰缠枝牡丹，盏外壁绘饰缠枝菊花。托高5.1厘米，口径15厘米。托中间盏圈凸起，口微敛，托足较高，稍稍外撇。托盘外壁绘饰仰莲瓣纹，高足绘蕉叶纹，托子内心绘饰缠枝菊花，托圈颈部绘钱纹(瓷器装饰纹样，图形似圆形方孔钱币)。出土于北京元大都遗址，是研究元代饮茶习俗的珍贵实物资料。北京首都博物馆收藏。

青花瓷盏托

邢窑 又称邢州窑，唐代名窑。窑址在今河北内丘、临城一带，唐时属邢州，故名。邢窑始于隋代，盛于唐代，延续至元代。唐李肇《国史补》载："内丘白瓷瓯，端溪紫石砚，天下无贵贱通用之。"邢窑以烧白瓷著称，其瓷器胎薄，玉璧底，色泽纯洁，造型轻巧精美。唐陆羽《茶经》将邢瓷茶碗比之银与雪，俗称"北白"，与越瓷齐名而稍逊。唐代邢窑茶具一类为玉璧底不施釉的粗瓷，胎质较粗，多施以化妆土，供民间用；另一类则玉璧底施釉的细瓷，质地洁白细

腻,釉质滋润,多为朝廷贡品。

白瓷碗 是邢窑代表作品,高4.7厘米,口径15.6厘米,底径6.7厘米。敞口而翻唇,浅腹瘦底,玉璧表底足无釉,碗内外施釉,有天下无贵贱通用之美誉。藏于故宫博物院内。

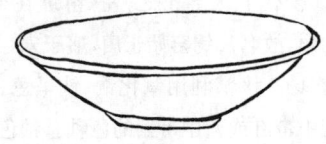

白瓷碗

建窑 古代名窑,始建唐,兴于宋。位于今福建建阳水吉镇,主产黑釉陶瓷器,以茶盏为大宗,世称"建盏"。胎为乌泥色,釉面或呈条状结晶,或呈鹧鸪斑状结晶。产品按其釉面斑点的特点分类:釉面上有白毫般亮点者称"兔毫天目茶盏";釉面有大小斑点相串,阳光下呈彩斑者称"曜变天目茶盏";釉面上隐有银色小圆点,如水面油滴者称"油滴天目茶盏"。由于建窑一度承烧贡瓷茶具,以作宫廷斗茶之需,为与民间茶具区别,凡作贡茶盏,其器底刻有"供御"、"进盏"字样。宋人尚斗茶,茶色贵白,黑盏宜比试。宋代蔡襄《茶录》:"建安所造者绀黑,纹如兔毫,其坯微厚,熁之久热难冷,最为要用。出他处者……斗试家自不用。"宋时,日僧来华留学,将建盏带回国,称"天目盏"。据考古,14世纪30年代沉于朝鲜新安海底船舶中有建盏,表明元代尚有少量烧造。明代倡茗饮,建窑没落。

建盏系茶碗的一种。黑釉瓷制。福建建安出产,以产地命名。大口小底,形似漏斗,造型凝重,古朴厚实。釉色黑如漆,莹润闪光,条纹细密如丝。宋徽宗《大观茶论》:"盏色贵青黑,玉毫条达者为上。"

其中天目茶碗为建盏之一种。宋时日本僧侣在中国天目山佛寺留学,回国时带去的黑釉建盏称"天目茶碗",故史称宋元黑色结晶釉为天目釉。明代曹昭《格古要论》:"碗盏都是憋口,色黑而滋润,有黄色斑,滴珠大者真。"中国天目瓷分为宋天目、建盏天目、吉州天目、河南天目、山西天目、华北天目,唯宋天目、建盏天目为佳。在日本,仿烧天目瓷的有濑户天目、信乐天目、龙山天目、唐津天目。宋天目瓷按结晶纹理可分兔毫、油滴、玳瑁斑等,按釉色可分为黄兔毫、青兔毫等,按工艺手法可分为剪纸漏花、黑釉剔花、黑釉印花等。

吉州窑 古代名窑。创烧于唐,发展于五代至北宋,盛于南宋,元代开始衰落,明时曾一度中兴而后衰。位于今江西吉安永和镇。吉安在隋、宋时属吉州,故名。因窑址多集中于永和镇,亦称"永和窑"。北宋时主要烧制青白瓷,南宋时产白釉瓷和黑釉瓷,以及红绿彩和绿釉瓷。其中白釉瓷又分为仿定窑瓷和白釉褐花、褐地白花釉下彩瓷,以仿建窑黑瓷烧制的"玳瑁釉"最为出色。生产的茶具有茶瓶、茶碗、茶盏、茶罐等。其产品纹饰以动植物形象为多,在器胎上用木叶和剪纸粘贴后施釉、烧制形成花纹的方法具有独创性,称为木叶天目和剪纸漏花,既逼真,又富天趣,使吉州窑名声大振。

黑釉木叶纹盏 为吉州窑代表作,产于南宋,高5.3厘米,口径14.9厘米,底径3.3厘米。斜壁敞口,浅腹小矮圈足。内壁有桑叶图形。内外施黑釉不及底,露圈足,注入茶汤后,似虚幻的叶形,令人浮想联翩。

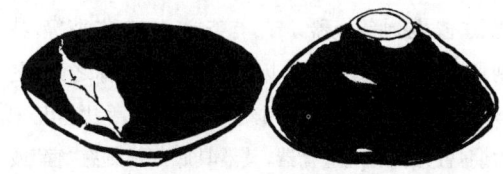

黑釉木叶纹盏

岳州窑 唐五代古窑,亦称湘阴窑。窑址分布在湖南湘阴的窑头山、白骨塔、窑滑里一带。创烧于中唐,衰亡在五代。主要产品为盘、碗,还有壶、罐、瓶等,其中茶具有茶碗、茶瓯、茶盒等,釉色以青绿为多,有玻璃质感。唐时茶碗青色益茶,所产青瓷茶碗被陆羽排为前茅。明郑熜校本陆羽《茶经》:"碗,越州上,鼎州、婺州次;岳州上,寿州、洪州次。""越州瓷、岳州瓷皆青,青则益茶。"

长沙窑 唐代古窑。创烧于中唐,盛于晚唐,衰于五代后。窑址分布在长沙西北铜官镇附近的瓦渣坪一带。主要产品有壶、罐、碗、盘、洗、盒、托等。已出土的茶具,有茶碾、盏托、鼎、铫、擂钵等,并有用褐彩在碗心上书写"茶碗"二字的青瓷碗。釉色可分为青釉、酱釉、月白釉、绿釉。装饰手法有模印堆贴、釉下彩绘、捏塑,在工艺上富有创新精神,特别是烧制青釉下彩绘茶具,突破了青瓷的单一釉色,开创了釉下彩使用的先河。

青色釉下褐彩茶碗 烧于唐代,高 5.4 厘米,口径 15.4 厘米,出土于长沙窑。口微敛,唇尖圆断面圆弧形。腹圆玉壁底,碗心有"茶碗"二字,外涂青黄色釉,底釉不及。

青色釉下褐彩茶碗

定窑 宋代五大名窑之一。窑址在今河北曲阳县涧磁村、燕川村,古属定州,故名。创始于唐,兴于五代十国,停烧于元。宋代用覆烧技术烧制白瓷,其胎薄釉润,造型优美,花纹繁复。除烧白瓷外,还兼烧黑、酱、绿釉等瓷器,产品有茶盏、茶碗、茶瓶等,特别是压手杯更为著名。因其口沿无釉,称之为"芒口"。所烧器皿装饰,多用刻花、印花的手法。北宋后期,曾为官府烧造瓷器,其器具底部常刻有"官"或"新官"等款。

白釉连托把杯 唐定窑产瓷茶具。由杯和杯托组成。把杯高 4 厘米,托子高 4 厘米,口沿外翻,器壁匀薄,矮圈足。通体满施白釉,釉色细润洁白。杯一侧附如意形压手和圆环形柄,柄上双面浮雕,一面为龙纹,一面为凤纹,刻纹流畅精妙。圈足上包镶金银扣,底刻"新官"二字。托子盘口,浅腹,圈足外撇。盘中设计了托座,托座高出盘面 2 厘米。盘口、托

白釉连托把杯

沿、圈足均镶银扣,底刻"新官"二字。连托把杯是唐代出现的新型茶具,茶水倒入杯内,茶杯搁置茶托之上,上茶时,既防烫手,又可避免茶水外溢。1980 年浙江临安唐水邱氏墓出土。浙江省临安市文物馆收藏。

钧窑 宋代五大名窑之一。窑址在今河南禹州,古属钧州,故名。钧窑始于唐,盛于宋,为北宋晚期的青瓷窑场。该窑利用氧化铜、铁呈色各异的原理,烧成蓝中带红或蓝中带紫的色釉。釉色细润,胎骨灰色。以斑斓的釉色代替花纹装饰,属青釉瓷器的风格。宋徽宗时,在禹县城北八卦洞建官钧窑,烧制宫廷用器,广集民间高手,采用二次烧制工艺,即先烧素胎,再上釉复烧成器,生产的茶具有碗、盏、瓶、盘等,其器皿底部刻有数目字者为内府所用。钧瓷特征是釉面常出现不规则流动状的细线,称"蚯蚓走泥纹"。明万历年,为避皇帝朱翊钧讳,改称均窑。除禹州外,邻近的汝州、郏县、登封、新安、汤阴、安阳、鹤壁等地也都仿烧钧窑瓷器,形成钧窑系。

压手杯亦称"抑手杯"。古代陶瓷质地茶具,用于盛汤液。作为茶具,烧于宋代。钧窑、官窑烧造。杯形坦口折腰,沙底滑足。因器壁自口沿而下胎体渐厚,托于手心有凝重之感,故名。清末寂园叟《陶雅》:"宋代钧窑压手大杯,细腹半跌,亭亭玉立,并有蚯蚓走泥印,内青而外紫,鲜妍罕匹。""跌足鳝鱼纹之压手杯,乃宋官窑之异宝。"

汝窑 宋代五大名窑之一。位于今河南宝丰境内,因宝丰在宋代属汝州而得名,又称临汝窑。原为烧制印花、刻花青瓷的民窑,北宋晚期宫廷命烧制供御青瓷,史称"官窑汝瓷",而在河南临汝(今汝州)民间烧制印花青瓷,则称"临汝窑"。官汝窑瓷品造型规整,大不盈尺,以不加装饰纹样为重,而以釉质釉色见长,其釉色呈淡天青色,誉称"葱绿色"。为区别于民用瓷器,官窑产品于器具底部外侧刻有"奉华"、"蔡"、"申"等铭文,宋叶寘《坦斋笔衡》曰:"本朝以定州白瓷器有芒不堪用,遂命汝州造青瓷器,故河北唐、邓、跃州悉有之,汝州为魁。"因烧造历史很短,故传世器物不多,仅有玉壶春等。

汝官窑青瓷托 为瓷质茶具。北宋河南汝窑产。托子作六出花口浅腹盘形,托径 16.8 厘米,厚

直沿。正对花口的盘心内壁起六条细凸棱，盘中央凸起杯状高圈座以承茶盏，喇叭形圈足外撇，器形秀丽规整。通体满施天青釉，釉质滋润。汝窑青瓷制品传世很少，青瓷茶具更加稀罕，具有很高的研究价值。现为私人收藏。

官窑 宋代五大名窑之一。由朝廷直接掌管或由指定的"钦限"管理，专烧宫廷用瓷。南宋人叶寘《坦斋笔衡》记载："北宋大观间，汴京自置窑烧造，另为官窑。"有时也专指宋代官窑。

官窑烧制宫廷用具极为严格，数量限制、质量要求高，即使稍有瑕疵，也要当即埋毁。官窑产品主要供皇室使用，有时皇帝恩施于官贵，或馈赠外国使臣。

宋代官窑有南宋官窑和北宋官窑之分。北宋官窑建于政和（1111年），宣和（1119年）年在汴京（今河南开封）烧制青瓷；1127年北宋亡，宋高宗南渡建都临安（今杭州），在万松岭和八卦田附近建立南宋官窑，以紫金土为制胎原料，烧制青釉瓷。釉面开片，色泽晶莹滋润，被誉为"澄泥为范，极其精致。釉色莹澈，为世所珍"（南宋叶寘《坦斋笔衡》），生产的茶具有茶盏、茶盘、茶瓶等。1179年南宋亡，官窑毁弃，工匠流失。

葵口碗 出自宋代官窑。敞口，系六瓣葵形口，弧壁、浅腹、圈足。碗内外及底心施釉，口沿釉薄，浅露胎骨。高4.4厘米，口径11.5厘米，底径3.8厘米。釉面开网状纹片。存故宫博物院。

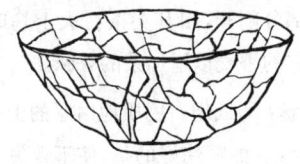

葵口碗

哥窑 一种说法是宋代五大名窑之一。亦称"哥哥窑"。窑址可能在龙泉一带，又有传说在景德镇或杭州。最早提到哥窑的是明宣德（1428年）的《宣德鼎彝谱》："……内库所藏柴、汝、官、哥、均、定各窑器皿，款式曲雅者，写图进呈。"其器胎有黑、深灰、浅灰及土黄多种，黑灰胎有"铁骨"之称；釉色以灰青为主，亦见炒米黄等色。以纹片为装饰，大纹片

呈黑色，小纹片呈黄色，因纹片形状不一，故有"金丝铁线"、"鱼子纹"、"蟹爪纹"等名称。明代曹昭《格古要论》："哥哥窑，色青，浓淡不一。亦有铁足紫口，色好者类董窑。"所谓铁足紫口，即器具口沿脱釉，露胎色，但足为酱铁色，上下相映成趣，类似南宋官窑瓷器中的黑胎青釉官窑瓷。另一种说法是宋代龙泉仿官窑，亦称"龙泉哥窑"。据明代王世贞《宛委余编》卷十五、清代朱琰《陶说·古窑考》等书记载，传南宋时龙泉有章生一、章生二兄弟俩，生一所烧为哥窑，生二所烧为弟窑。但龙泉未见哥窑传世标本。大窑和溪口等地发现的黑胎青瓷与南宋郊坛下官窑极相似，故称之为龙泉哥窑型。

关于哥窑具有争议，随着争议开展和考古深入，真相一定会大白天下。

鼎州窑 唐代名窑。位于陕西铜川黄堡镇。创烧于唐代，是宋耀州窑的前身。唐代生产青瓷，兼烧黑釉瓷器、唐三彩。唐陆羽《茶经》："碗，越州上，鼎州次。"认为鼎州窑的青瓷茶碗质量逊于越瓷。

耀州窑 北宋名窑。窑址在今陕西铜川黄堡镇一带，有时又称黄堡窑，因该地在宋代时属耀州，故名。宋代以青瓷为主，间烧酱色釉器。器形有碗、盘、罐、瓶、炉等，其中茶具产品有茶碗、执壶、茶盏、茶盘等。胎坯含铁量高，烧成后器底或圈足周围呈姜黄色斑块。装饰以刻花为主，线条流畅，亦有印花装饰及花卉图案。由于风格独特，北宋《德应侯碑记》赞其为"方圆大小、皆中规矩"，"巧如范金，精比琢玉"。金、元时期继续烧造，考古证明，该窑曾烧造贡品。

存于耀州窑博物馆的青釉刻花牡丹纹汤瓶，高25.4厘米，底径8.8厘米。注水口为喇叭形，翻卷

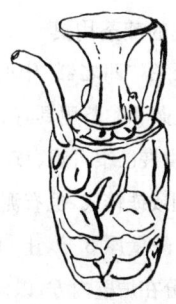

青釉刻花牡丹纹汤瓶

唇,颈高,斜折肩,深圆腹圈足。瓶肩对应装有弯曲长流及双条相连单柄把手,另两侧装有系,有如意云头形贴花装饰,瓶体饰刻花牡丹折枝纹样,颈及折肩饰有细弦纹,通体施青釉,青绿莹润。足露胎,胎呈浅灰色,质地细密。

磁州窑 北宋名窑。简称"磁窑"。窑址位于今河北磁县的观台地区和邯郸市彭城。窑址宋时属磁州,故称。主产白瓷、黑瓷等,其中白釉釉下黑彩、褐彩划花器为该窑优质瓷器。器形有碗、盘、瓶等,瓷枕是名品。器形装饰有剔花、划花、褐斑、绿斑等,釉色有多种,其中白釉釉下黑彩的图案常用毛笔绘制,清新活泼,民间色彩浓郁,其产品黑白两色对比强烈。磁窑与河南修武当阳峪、鹤壁集等地的窑形成窑系,自成一派。至元代,以釉下黑为主,大形器增多。明始逐渐衰退。

黑花(文字)碗为金代产品,敞口、弧壁、浅腹、圈足。通体白釉、足露台胎呈土灰黄色,高 4.5 厘米,口径 12.7 厘米,底径 5 厘米。碗心饰黑彩弦纹,纹内草书"花"字。现藏故宫博物院。

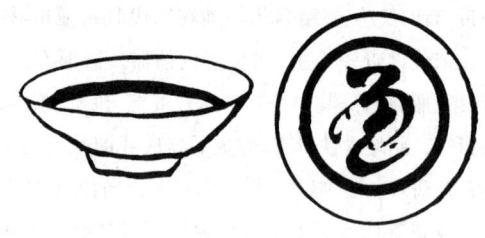

黑花(文字)碗

(白堃元)

(四)古代茶具典作

1. 陆羽提倡的煎茶用具

据唐陆羽《茶经》"四之器"中所列,连同附件统计,煮茶、饮茶、炙茶和贮茶用具有 27 种共 29 件,可见唐朝时茶具的发展已很可观。现分述如下:

(1)风炉:铜或铁铸成,也有泥烧成的。形状像古鼎,下有三脚。炉壁厚 3 分,上口有 9 分厚的边,边的 6 分宽的部分在炉壁内方,以便用泥墁于腔壁。炉下方的三只脚,共有 21 个古字:一脚是"坎上巽下离于中",另一脚是"体均五行去百疾",第三脚是"圣唐灭胡明年铸"。在 3 只脚间各开一窗洞,底下的一个沿用以通风漏灰。3 个窗口上并排有 6 个古字,一是"伊公",一是"羹陆",一是"氏茶",意为"伊公羹,陆氏茶"。内设"墆㙛",有 3 格,一格有长尾野鸡的图形,这是火禽,画有离卦;一格有彪,是风兽,画巽卦;另一格有鱼,是水虫,画坎卦。巽表示风,离表示火,坎表示水。风能助火,火能把水烧沸,所以有这三卦。另有花木、山水等图案作为装饰。据说此炉由陆羽设计。

风炉

(2)灰承:接受灰烬的用具,由一只有三只脚的铁盘构成。

(3)炭挝:六棱的铁棒,一头尖,稍下较粗,长 1尺。细的一头系上一小锓,作为装饰。

(4)火筴:另名筋,就是火钳,夹炭用。铁或熟铜制,长 1.3 尺。

(5)夹:小青竹制成,长 1.2 尺,一头的 1 寸处有节,其余部分剖开,用其夹茶在火上烤时,竹受热出汗,利用它的香气以增加茶的香味。

(6)纸囊:即纸袋。用质地白厚的上等剡藤纸,做成双层纸袋。贮放烤好的茶,使不致失去香气。

(7)碾:由碾轮和碾槽构成。最好用橘木,其次是梨、桑、梧桐、柘木。碾槽形状内圆外方,内圆以便运转,外方防止倾倒。内可放进碾轮,圆盘状,直径 3 寸,中心部厚 1 寸,边缘厚 0.5 寸。盘中心有轴,中方外圆,长 9 寸,宽 1.7 寸。

(8)拂末:扫茶末用,用鸟羽制成。

(9)罗合:罗由大竹剖开,弯曲成圆形,纱或绢作底。筛下的茶末用合贮放。合,竹节制成,或薄杉

碾、拂末

木板弯曲成圆形，漆好。全高 3 寸，盖 1 寸，底 2 寸，口径 4 寸。

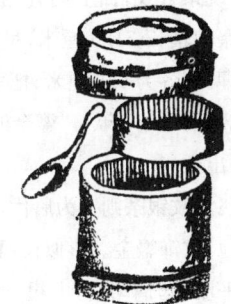

罗合

漉水囊

绿油囊

（10）漉水囊：滤水工具。骨架多用生铜制成，因熟铜制的易生铜锈污物，铁则因锈而腥涩，影响水味，不宜采用。居住山村的人，有用竹、木制的，但不耐用，外出不便携带，用生铜较好。袋子用青篾丝织

成，可以收卷。或用碧绿色的绢缝制，再加上翠钿作装饰，直径 5 寸，柄长 1.5 寸。用绿油布袋贮放全部滤水工具。

（11）釜：锅、镬，生铁制成，以坏了的铁农具炼铸。炼铸时内抹土外抹砂。里面因抹土而光滑，锅内面易于磨洗；外面因砂而粗糙，易吸热。锅耳制成方形，使平正；锅边较宽，能伸展；锅脐要长，并在中心，火力集中于锅中间，使水在锅正中沸腾，水沫易于上升，水味可醇正。洪州用瓷锅，莱州用石锅，雅致好看，但不坚固，不能持久。银锅清洁，但过于奢侈华丽。从耐久着眼还是铁制好。

（12）交床：十字相交的木架，上板中空，支承锅。

（13）瓢：葫芦一分为二而成瓢，或用木制成，叫牺杓。它的形状：口阔，瓢身薄，柄短。

（14）竹筴：以桃、柳、蒲葵、柿心木或竹制成，长 1 尺，两头用银包裹。

（15）鹾簋："鹾"即"盐"。簋即盛器，瓷制，圆形，直径 4 寸，像盒子或瓶形、小口坛形，装盐用。

（16）揭：取盐用具。竹制，长 4.1 寸，阔 9 分。

（17）则：量器，利用贝壳，或用铜、铁、竹制的匙、箸之类。大致容水一升，用一"方寸匕"的匙量取茶末。但味浓淡可减少或增加。

（18）碗：越州产的瓷品质最好，鼎州、婺州产的较差；又岳州的好，寿州、洪州的差。

（19）水方：用青杠、槐、楸、梓等木制，漆内方及外缝，可贮水 1 斗。

（20）熟盂：盛开水用，瓷或砂制，容积 2 升。

（21）涤方：用楸木制，形似水方，容积 8 升，用以洗涤茶具。

（22）滓方：似水方，容积 5 升，用以收集茶渣。

（23）畚：白蒲草编成，可集束放碗 10 个。

（24）筥：竹子编成，圆形，高 1.2 尺，直径 7 寸。或先做成筥形的木模型，用藤条纺织，有六出的圆眼，盖和底如箱子的口，削光滑。

（25）具列：木或竹制成床或架或小柜，有的可开关，上漆，长 3 尺，阔 2 尺，高 6 寸。用以贮放陈列所有的器具。

（26）都篮：盛装所有器具的竹篮，竹篾编成。

内方编方眼,三角形交错。外用双篾,宽篾作经线,细的单篾纺织,交替压作经线的双篾,编成方眼,玲珑好看。篮高1.5尺,长2.4尺,宽2尺;篮底宽1尺,高2寸。

(27) 巾:类似布的粗绸,长2尺,应备多块交替使用。

(28) 札:用棕榈皮装在竹管中,或用茱萸木夹住缚紧,形成笔状,供饮茶时调清茶用。

（白堃元　胡　坪）

2. 唐代宫廷用具

1987年陕西法门寺地宫出土一大批唐宫廷茶具,大多为唐咸通年(860~874)文思院制造,具有极为重要的历史价值。

鎏金镂空飞鸿毯路纹银笼子　烘烤茶饼,利于碾末。白银质地,纹饰鎏金,底边铭文为"桂管臣李杆进"。笼形如圆筒,由身、盖、脚、提梁和系链组成。笼高17.8厘米,盖高4.6厘米,盖径16.15厘米,腹深10.2厘米,足高2.4厘米,重654克。整体为银钣冲压成毯路形,镂空,如圆形方孔古钱币,套合构图,笼底平,有四足,每只呈倒"品"字形花瓣。盖隆起,笼盖与笼身以企口式套合。笼身上口圈甲两侧加铆环耳,套置鹅头曲颈弓形提梁,上拴银链与笼盖连接,笼身、笼盖毯路纹上焊饰模塑展翅飞翔的鸿雁39只。

金银丝结条笼子　贮存茶饼用,白银质地,高15厘米,长14.5厘米,宽10.5厘米,重355克,呈椭圆形,银丝编织,笼口盖口呈椭圆形四曲,顶平坦,两口相合,顶中部塔形花为提纽,四周以云气纹压边,提梁为扁条形状,底有四足,由兽面连接银丝盘曲的四个涡纹构成足跟。

鎏金鸿雁流云纹银茶碾子　亦称"鎏金壶门座茶碾子"。原錾刻名"银金花茶碾"。主要用于粉碎茶饼。白银质地,纹饰部分鎏金。碾由碾槽、碾座、闸板组成,其上附碾轮、碾轴。碾长27.4厘米、高7.1厘米、宽5.6厘米,槽深3.4厘米;闸板长20.7厘米、宽3.0厘米。总重1168克。槽为银质,浇铸成型,尖底船形,嵌入碾座。碾座为方形,底板两端作如意云头状。座身四周有镂空壶门8个,座上口

铆置卧"U"形闸板轨槽,闸板中部有宝珠状小提手,可作平面抽动开合。碾槽座两侧饰天马和流云纹,闸板面饰飞鸿和流云纹,造工精美,为稀世珍宝,佐证了唐代陆羽《茶经》关于"碾"的记载,是茶具研究的重要发现。

鎏金团花纹银碢轴　碎茶工具。为"鎏金鸿雁流云纹银茶碾子"的附件。白银质地,由碾轴和碾轮组成。碾轮呈圆饼状,直径8.9厘米,中心部位为圆孔,备碾轴插入,厚2.2厘米,边部厚0.6厘米,周脊外缘密刻齿状横沟,以增强碾磨能力。碾轮中心两侧饰莲花纹,外绕朵云纹,面上刻有"五哥"字样,系唐僖宗用物。碾轴轴长21.6厘米,呈纺锤形,中部直径1.2厘米,两端各为0.6厘米,把手两端錾刻花纹。总重523.3克。1987年与"鎏金鸿雁流云纹银茶碾子"等同时出土。

银质鎏金飞鸿纹银茶则　为唐代宫廷取茶粉的量具。白银质地,纹饰鎏金。形似长柄汤匙,匙头为卵圆形,微凹,平浅,匙柄略扁,上粗下细,柄尾端呈三角形。全长19.2厘米,匙部长径4.5厘米,短径2.6厘米,柄上段宽1.3厘米,下段宽0.7厘米,重44.5克。匙柄有两段錾花鎏金纹饰,上段为飞鸿流云纹,下段为菱形图案纹。

鎏金飞仙鹤纹壶门座银茶罗子　筛茶用具。白银质地,鎏金装饰,长方形,由箱、盖、座、框和屉组成。箱高9.5厘米,长13.4厘米,宽8.4厘米,约重1498.5克。罗框双层套合,夹牢丝绢罗面,置于罗箱之中,内壁两侧平置狭板轨道,便于罗框前后摆动筛茶。罗框下有抽屉,用来收集筛下茶粉。罗盖为盝顶扁长方形,箱盖与罗箱之间有套合企口。罗底座置放罗箱,座四周侧面有镂空扁桃形壶门10个。箱两侧各饰两个驾鹤执幡人物,间饰流云纹,抽屉面饰山岳及朵云纹,箱背端饰双飞舞鹤及流云纹,盖饰正倒置二飞天人物像并绕流云纹,箱栏界圈长条莲瓣纹。箱色银白,纹饰金黄色。

鎏金龟形茶粉盒　亦称"鎏金银龟盒"。唐代宫廷用于贮放待烹茶粉的用具。白银质地,盒形如龟,通高13.0厘米,长28.3厘米,宽15.0厘米,重820.5克。龟昂头,曲尾,蜷足,作爬行状。以龟背甲为盖,盖内焊接椭圆形子母口,与龟身套合,龟身中

空。通体纹饰，背为龟甲纹，余为仿生锦纹。使用时，可启龟背取茶粉，亦可直接将茶粉从龟头嘴中倾出。为仅存的唐代银质茶粉盒。

鎏金双狮纹菱弧形圈足银盒　用于存放茶粉或茶食的用具。白银质地，纹饰鎏金。盒体通高 12.0 厘米，口径 17.3 厘米×16.8 厘米，足高 2.4 厘米，重 799 克。由银钣模冲成菱方形，上下两半对称，子母口套合，直壁浅腹平底，下焊圈足。盖面中心錾两只相向腾跃状狮子，盒体、盖等直壁分别錾刻西番莲、缠枝蔓叶、莲瓣等纹饰。盒底外壁竖錾字四行："进奉延庆节金花陆寸方合壹具重贰拾两江南西道都团练观察处置等使臣李进。"

鎏金双凤衔绶圈足银方盒　用于贮存茶粉或茶食的用具。白银质地，纹饰鎏金。盒底外壁錾一行十二字："诸道盐铁转运等使臣李福进。"唐咸通十五年(874)秘藏于陕西省扶风县法门寺塔基地宫内，以供奉释迦牟尼佛骨舍利。盒边长 21.5 厘米，高 9.5 厘米，足高 1.7 厘米，足径 18.0 厘米×17.7 厘米，重 1585 克。扁方形，上下两半，子母口套合，平底焊接圈足。盖隆起，外缘錾饰莲瓣为栏界，盖中部錾饰双凤，口衔绶带、花结。盒盖面墨笔楷书"随真身御前赐"。

蕾纽摩羯纹三足架银盐台　亦称"蕾纽摩羯银盐台"，原錾名为"银涂金盐台"。用于贮存食盐或其他调味品的用具。陆羽《茶经·五之煮》："(茶汤)调之以盐味。"李繁《邺侯家传·茶诗》："皇孙奉节王煎茶，加酥椒之类。"白银质地，纹饰鎏金。通高 27.9 厘米，盘面外缘直径 16.1 厘米，盘面口径 7.8 厘米，盘面凹径 12.5 厘米，重 564 克。由盘、盖、蒂、脚等部分构成，仰花装饰为盘面，盛盐；覆叶装饰为盘盖，防尘保洁；盖肩部錾饰四尾摩羯鱼，覆叶基部有莲蕾，中空，盛椒粉。盘下为足架，三足呈弓状张开，支承盐台。银条台足中腰部焊有四根银丝，饰有花饰、摩羯鱼和莲蕾，足架内侧设錾文。

鎏金人物画银坛子　一说为储茶用具，二说为烹茶调味品及茶食之类的盛具。白银质地。纹饰鎏金。制者或贡者不详。高 24.7 厘米，盖高 7.1 厘米，筒径 12.3 厘米，腹深 11.2 厘米，足座高 7.1 厘米，足径 12.6 厘米，重 883.5 克。整体呈倒喇叭形。

坛盖部等分四栏界，分饰雄狮、猛虎、麒麟、奔马四种瑞兽。筒体等分四个柿形开光面，分饰四组画：两人相对踞坐，一人吹箫，一人捧钵，旁置一钵三坛，并饰山岳、瑞草；一人抚琴，面对双鹤振翅舞状，周有山岳；游蛇口含宝珠，一人躬立伸手接珠，周有山岳、瑞草；一人吹笙踞于蒲团上，面对凤凰。坛座腰部等分四栏界，分饰凤凰、鸳鸯、鹦鹉、鸿雁四只瑞禽。全坛满饰缠枝蔓草、荷花莲子，对称布置。

鎏金流云纹长柄银匙　烹茶用具。全长 35.7 厘米，匙头纵径 4.4 厘米，横径 2.7 厘米，柄上端宽 1.2 厘米，下端宽 0.7 厘米，重 84.5 克。匙头呈卵圆形，匙面平整，刻划"五哥"字样，为唐僖宗所用。匙柄有两节莲蕾状凸起栏界，梗身分三段錾刻流云纹，中部竖錾"重二两"三字。

系链银火箸　用以煮茶时拨动风炉中木炭。长 27.6 厘米，直径上端 0.6 厘米，尾端 0.25 厘米，重 76.5 克，通体光素，箸顶呈宝珠形，顶下 5 厘米处有环形凹槽，装有银片箍成的扣鼻，置小环，环以银丝与另一箸相连。

琉璃茶托及碗　淡黄绿色半透明琉璃模型浇制。托盘口径 13.3 厘米，高 3.0 厘米。圆形，上腰呈盘状，中部渐低，托腰呈管状收小，卷足外沿整盘光滑，素净无饰。同时发现的还有琉璃碗，通高 5.3 厘米，碗高 4.6 厘米，口径 12.7 厘米。侈口，圆唇，腹斜收向下，小平底，吹塑成型，素面淡黄绿色，较透明。

秘色瓷大茶碗　用于盛茶汤汁。青瓷质地，越窑变釉产品。碗形侈口连沿外倾如喇叭口状，口沿五曲如莲瓣，腹壁斜纹，平底圈足，通体施青色釉，均匀凝润，所以又称五瓣葵口圈足秘色瓷碗。碗口径 21.4 厘米，高 9.4 厘米，足径 9.9 厘米，因其烧制工艺失传，秘色瓷仅见记载。1987 年在法门寺出土，得见秘色瓷茶具，为稀世珍宝。

（白堃元）

3. 宋代"十二先生"茶具

宋代审安老人在《茶具图赞》中将当时饮茶用具简化为 12 种，并将各具拟人化，戏称"先生"，赐予姓名和字号，冠以官名。包括：韦鸿胪(茶笼)、木待制(臼、槌、杵)、金法曹(茶碾)、石转运(茶磨)、胡员外

（瓢）、罗枢密（罗合）、宗从事（茶帚）、漆雕秘阁（茶托）、陶宝文（茶碗）、汤提点（汤瓶）、竺副帅（茶筅）、司职方（茶巾）。野航道人长洲朱存理在《茶具图赞》后序云："饮之用必先茶……制茶必有其具，赐具姓而系名，冠以爵，加以号，季宋之弥，文然清逸高远，上通王公，下逮林野，亦雅道也。"十二种茶具以竹、石、木、丝及金属等制成。

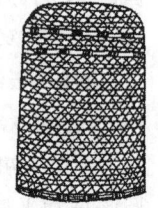

韦鸿胪 即"茶笼"。烘具兼贮具。姓"韦"指其质地竹制。取名文鼎，字景旸，号四窗闲叟，示器物形制。官名鸿胪为"烘炉"谐音。鸿胪秦汉时掌接待宾客等事，隋以后渐变为礼仪之官。

韦鸿胪

木待制 系碎茶用具。由槌、杵、臼组成。多用橘木制成。姓"木"示质地。名利济，字忘机，号隔竹居士。官名"待制"，原意为轮流当值以备顾问。宋代文臣除有本官名外，另封给待制等头衔作为美称。槌似锤子，杵为一头粗一头细的木棍，用以承受槌的打击以捣碎饼茶；臼是木头雕成的，中部凹下，盛放饼茶。使用时，饼茶放在臼底部，杵在其上，然后用槌击杵，使饼茶破碎。

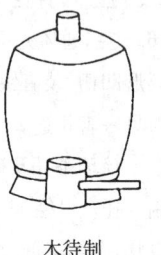

木待制

金法曹 即"茶碾"，为碎茶用具。姓"金"示质地。名研古、轹古，字元锴、仲鏗，号雍之旧民、和琴先生。冠以官名"法曹"，示其茶碾职能，曹为古代郡县的属官。

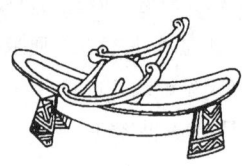

金法曹

石转运 系"茶磨"，碎茶用具。姓"石"指质地。名凿齿，字遄行，号香屋隐君，均表示其器物形制、运作特征。唐设江淮转运使，经理江淮米粮、钱币、物资的转运。宋初改置专职的诸道转运使，掌军需，督察地方官吏。

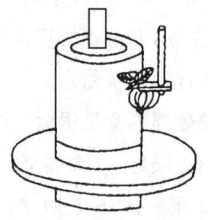

石转运

胡员外 即"瓢"，取水用具。姓"胡"即谐音"葫"，指由葫芦制成。名惟一，字宗许，号贮月仙翁，示其器物形制及特征，源出苏轼诗："大瓢贮月归春瓮，小勺分江入夜瓶。""员外"，即员外郎简称，唐六部下设各司副职称之。

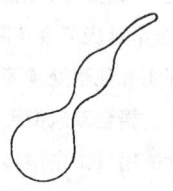

胡员外

罗枢密 即"罗合"，筛茶用具。姓"罗"示筛网为罗绢质地。名若药，字传师，号思隐寮长。冠以官名"枢密"，谐音疏密，喻指筛网形制。唐代宗以宦官充枢密使，掌中枢机密。宋代枢密院和中书省号称"二府"，负责军国要政。

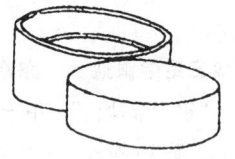

罗枢密

宗从事 系"茶帚"，洁具。姓"宗"，谐音"棕"，指质地。名子弗，字不遗，号扫云溪友，指职责。"从事"，汉代刺史的佐官，此职至宋被废。

宗从事

漆雕秘阁 系"茶托"，与杯盏配合使用。复姓"漆雕"示明质地。名承之，字易持，号古台老人，示明茶托承接茶盏的功能。"秘阁"为官署名，是藏经史图书及历代御制典籍之地。宋代也有"直秘阁"官职,故有双重含义,示功能和重要性。

漆雕秘阁

陶宝文 为"茶碗",饮具。姓"陶"示质地。名去越,字自厚,号兔园上客,指产地建窑及产品兔毫盏。"文",即文学,官名。

陶宝文

汤提点 即"汤瓶",烹茶用具。姓"汤"指热水。名发新,字一鸣,说明点茶后茶显色,点茶出水时鸣鸣有声。号温谷遗老,指其烹茶功能。"提点"意指提而点茶之功能。"提点"系官名,宋代设各路提点刑狱公事,掌司法、刑狱和河梁等事。

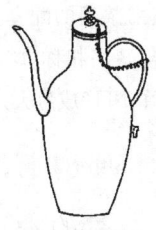

汤提点

竺副帅 系"茶筅",点茶用具。姓"竺"喻指质地为竹制。名善调,字希点,号雪涛公子,意指茶筅的功能,为汤提点服务和调拂茶汤沫饽的形象。官名"副帅",点明茶筅在茶具中的地位、职称。

竺副帅

司职方 为"茶巾",洁具。姓"司"为"丝"的谐音,指质地,意指丝织的方形巾。名成式,字如素,号洁斋居士,意指洁具。官名"职方",喻其职能。隋初有职方侍郎,唐宋兵部下有职方司,掌舆图、镇戍、征讨等事。

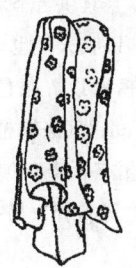

司职方

4. 明代茶具十六事

明钱椿年著(1530 年前后)、顾元庆删校(1541年)的《茶谱》,附王友石竹炉并分封六事,即:苦节君(湘竹风炉,用以煎茶,更有行省收藏之)、建城(以箬为笼,封茶以贮度阁)、云屯(磁瓦瓶,用以勺泉,供煮水)、水曹(磁缸瓦缸,用以贮水以供火鼎)、乌府(以竹为篮,用以盛炭,为煎茶之资)、器局(编竹为方箱,用以总收诸茶具)、品司(编竹为圆状提盒,用以收贮各品茶叶,以待烹品)。

其中贮器共 16 种(明代盛颙《茶器图》中的茶器为贮器,共 16 种):

商象,为古石鼎,燃具,用以煎茶;

归洁,系竹筅帚,用以涤壶;

分盈,为勺,即《茶经》中的则,每二升计茶一两,量器;

递火,为铜火斗,用以搬炭火;

降红,为铜火箸,用以簇火;

执权,系准茶秤,用其称茶重量;

团凤,为湘竹扇,用以发火;

漉尘,为洗茶之篮,洁茶用物;

静沸,为竹架,茶釜支架;

注春,系茶磁壶,用以注茶;

运锋,为劖果刀,用以切割;

甘钝,系木砧墩,用以墩垫;

啜香,为建盏,茶碗,用以啜茶;

撩云,系竹茶匙,取物用;

纳敬,为湘竹茶橐,用以放盏;

受污,系拭抹布,洁具。

此外,明屠隆《茶说》(1590年)茶具一节,除有钱椿年《茶谱》中16茶具供苦节君役用,还增加湘筠焙(焙茶箱,盖其上,以收火气也;隔其中,以有容也;纳火其下,去茶尺许,所以养茶色香味也)、云屯(泉岳)、乌府(盛炭篮)、水曹(涤器桶)、鸣泉(煮茶罐)、品司(编竹为笼,收贮各品茶叶)、沉垢(古茶洗)、合香(藏日支茶瓶以贮司品者)、易持(易茶雕漆秘阁)等8种茶具。

5. 工夫茶茶具

亦称"烹茶四宝",饮用工夫茶的组合茶具。由罐、壶、杯、炉四件组成。质地或陶,或瓷,古朴雅致,其形各异。清代袁枚《随园食单》:"杯小如胡桃,壶小如香橼。"工夫茶初时茶具众多,《清代述异》曰:"工夫茶器更为精致,炉形如截筒,高约一尺二三寸,经细白泥为之。壶出宜兴窑,圆体扁腹,努嘴曲柄,大者可受半升许。杯盘则花磁居多,内外写出山水人物,极工致……杯小盘大如月,此外尚有瓦镭、棕垫、纸扇、竹夹,制者朴雅。"在饮茶进程中,工夫茶具由十余件简化到实用的四件,即孟臣壶、若琛杯、玉书茶碾、汕头风炉。因茶具精美贵重,故云"四宝"。

孟臣壶 又称"孟公壶"、"孟臣罐"。紫砂饮具,用于冲泡乌龙茶,为工夫茶茶具之一。宜兴惠孟臣制,多为赭石色,壶小如香橼,容水50毫升,器底刻有"孟臣"钤记。清代施鸣保《闽杂记》:"漳泉各属,俗尚工夫茶,茶具精巧,壶有小如胡桃者,名孟公壶。"其标准是"小、浅、齐、老",小指容量少;浅指壶小水浅能酿味,能留香,不蓄水,会翻泡;齐指壶嘴、口、把三点都平成一线,制作精细;老指器物古者为贵,使用时间越长越好,"锈"厚时香重。除孟臣壶外,铁画轩、尊圃、小山、秋圃、袁熙生等人制壶也受潮州人看重。

若琛杯 又称"若琛瓯"。白瓷质饮具,工夫茶"烹茶四宝"之一,盛放工夫茶茶汤用。相传为清代江西景德镇烧瓷名匠若琛所作。为白色翻口小杯,杯沿常有花纹,杯身有山水字画,杯底书"若琛珍藏"。清代张心泰《粤游小识》:"若琛所制茶杯,高寸余,约三四器,匀斟之。"1832年的《厦门志》载:"俗好啜茶,器具精小,壶必孟臣壶,杯必若琛杯。"茶谚云:"茶三酒四玩二。"品饮以三人为宜,三杯如"品"字。因清代景德镇仍有仿定窑制作,故若琛杯有"纯白定瓯"之称。现时多用景德镇和广东枫溪出品的白瓷小杯。

玉书茶碾 又称"玉书碾"。煮水器具,工夫茶"烹茶四宝"之一,赤色,扁形,薄瓷质,容水200毫升。闽南、粤东和台湾省人称瓷质水壶为"碾",产于广东潮安者最著名,能耐冷热急变,保温,便于观察煮水的变化过程。"玉书"解释有二:一说水壶设计制造者的名字;二说壶出水时宛如玉液输出,故称"玉输",因"输"字不吉祥,取谐音为"玉书"。使用时,置潮汕风炉上急火烧之,水开时,碾盖一开阖,卜卜有声,此时即可冲泡茶叶。

汕头风炉 又称"潮汕烘炉"。煮茶燃具,工夫茶"烹茶四宝"之一。黏土烧制的红泥小火炉,高温下遇水炉体不裂。外形如鼎,通红古朴,长形,高约20厘米,置炭的炉心既深又小,有盖有门,通风性好。汕头风炉是玉书茶碾的配套器具,由风炉改进而来,其炉口大小与碾底相称,燃料用白炭,更考究者用橄榄核炭,富香,可形成急火。

(白堃元)

五、茶的冲泡

喝茶人人都会,但要冲泡得法,并非易事。茶叶冲泡大有学问,同样质量的茶叶,如用水不同或冲泡技术不一,泡出的茶汤会有不同的效果,而且差异非常明显。我国自古以来就十分讲究茶的冲泡技术,积累了丰富的经验。

(一)泡茶用水

早在唐代,陆羽在《茶经》"五之煮"中就总结了煮茶用水的经验,明代田艺蘅在《煮泉》中提出了泡茶煮水的要领。可见,要真正泡好茶,并不是想象的那么容易。

1. 对泡茶用水的认识

"器为茶之父，水为茶之母"。明代张源在《茶录》中写道："茶者水之神，水者茶之体，非真水莫显其神，非精茶曷见其体。"明代许次纾在《茶疏》中说："精茗蕴香，借水而发，无水不可与论茶也。"清张大发《梅花草堂笔谈》中也说："茶性必发于水，八分之茶，遇十分之水，茶亦十分矣；八分之水，试十分之茶，茶只八分耳。"水质不好，就不能正确反映出茶叶的色、香、味，尤其对茶汤的滋味、色泽影响更大。杭州的"龙井茶，虎跑水"，俗称杭州"双绝"。"蒙顶山上茶，扬子江心水"，名扬遐迩。名泉伴名茶，真是美上加美，相得益彰。茶作为一种公认的健康饮料，其饮用价值是要通过水对茶的冲泡结果来实现的，因此水质的好坏直接影响茶汤的质量，可见水质在泡茶时的重要性。

(1) 古代人对泡茶用水的认识

我国古人非常讲究泡茶用水，甚至把"石泉佳茗"看作是"人生清福"。在古茶书中，有不少篇章和专著论及茶与水的关系，唐陆羽《茶经》中的"五之煮"中阐述了水的选择："其水，用山水上，江水中，井水下。"并说取山中泉水时，要选择白色石隙中慢慢流出的泉水，喷涌而出或飞流直下的水"勿食之"，若常饮用"令人有颈疾"。不畅通的死水，再清洌也不能饮之。井水要用人们常来汲取的井水，江水要取离生活区较远的水。明张源的《茶录·品泉》，唐张又新的《煎茶水记》，宋欧阳修的《大明水记》和叶清臣的《述煮茶小品》，明徐献忠的《水品》、田艺蘅的《煮泉小品》，清汤蠹仙的《泉谱》和陆廷灿的《续茶经》以及梁章矩的《归田琐记》等古书中对泡茶用水都有记述。

古人对泡茶用水的选择，大致可归纳为水质和水味两大要素：水质要求活、清、轻，即水要有源有流，澄之无垢、搅之不浊，水质要轻、浮于上；水味要甘和洌。其要点为：

一是水要甘而洌。宋蔡襄在《茶录》中说："水泉不甘，能损茶味。"赵佶在《大观茶论》中指出："水以清轻甘洁为美。"王安石还有"水甘茶串香"的诗句。

甘是指水含于口中有甜感，不苦不咸。水的冷洌对泡茶也是有讲究的，清吴我鸥《雪水煎茶》中："绝胜江心水，飞花注满瓯。纤芽排夜试，古瓮隔年留"描绘得十分清楚。

二是水要活、清而轻。这是古人对泡茶用水的基本要求。宋唐庚的《斗茶记》(1112 年)记载："水不问江井，要之贵活。"明张源在《茶录》中分析得更为具体，指出："山顶泉清而轻，山下泉清而重，石中泉清而甘，砂中泉清而洌，土中泉淡而白。流于黄石为佳，泻出青石无用。流动者愈于安静，负阴者胜于向阳。真源无味，真水无香。"宋苏东坡《汲江水煎茶》中："活水还须活火烹，自临钓石取深情。大瓢贮月归深瓮，小勺分江入夜瓶。"说明茶不用活水冲泡就不能发挥其本身固有的品质。明田艺蘅道："清，朗也，静也，澄水之貌。"饮茶用水清为首。古人对水之轻、重也有讲究，清代陆以《冷庐杂识》中说：乾隆每次出巡都带有一只精制银斗来精量各地泉水，精心称重，依次排出水质的优次，并以水比重的大小来作为水质量高低的科学依据，这与现代科学中硬水、软水的说法有相似之处，是有一定道理的。

三是贮水要得法。明熊明遇在《罗岕茶记》中指出："养水须置石子于瓮……"明许次纾在《茶疏》中进一步指出："水性忌木，松杉为甚，木桶贮水，其害滋甚，挈瓶为佳耳。"明罗廪在《茶解》中介绍得更为具体，他说："大瓮满贮，投伏龙肝一块，即灶中心干土也，乘热投之。贮水瓮预置于阴庭，覆以纱帛，使昼挹天光，夜承星露，则英华不散，灵气常存。假令压以木石，封以纸箬，暴于日中，则内闭其气，外耗其精，水神敝矣，水味败矣。"

(2) 现代人对泡茶用水的认识

随着现代科学技术的进步和人们生活水平的提高，现代人对泡茶用水就更加讲究了，用水的科学性对人的身体健康尤为重要。现代人对生活饮用水(包括泡茶用水)的认识在不断提高，并利用现代科学技术方法对水质进行分析和评价，提出了饮用水质标准(GB5749 - 2006)。

根据水化学及其他有关科学研究成果，从我国社会经济现状看，各个地区水资源的质量不尽相同，根据地面水使用目的、污染状况和保护目标，可将我国饮用水的水域分为以下五类：Ⅰ类水域：主要为源头水、国家自然保护区。Ⅱ类水域：主要为集中式生活饮用水水源地、一级保护区、珍贵鱼类保护区和鱼虾下卵场。Ⅲ类水域：主要为集中式生活用水水源地、二级保护区、一般鱼类保护区及游泳区。Ⅳ类水域：主要为一般工业区及人体非直接接触的娱乐用水区。Ⅴ类水域：主要为农业用水区及一般景观水域。符合国家颁布的生活用水标准是泡茶用水选择的最低标准，因此有条件的地方，应从Ⅰ类水域的水源中选取好的水质。

泡茶用水，首先要选用符合饮用水标准的水质，除此以外，还要求考虑水质与茶性的协调。从目前饮用水的水质状况分析，对泡茶效果影响较为重要的关键指标主要有以下五类：

① 感官指标　色度不得超过15度，并不得有其他异色，浑浊度不得超过3度，特殊情况不超过5度，不得有异臭、异味，不得含有肉眼可见物。

② 化学指标　pH值为6.5～8.5，总硬度不高于25度，碳酸钙含量不超过450毫克/升，铁不超过0.3毫克/升，锰不超过0.1毫克/升，铜不超过1.0毫克/升，锌不超过1.0毫克/升，挥发酚类不超过0.002毫克/升，氯化物不超过250毫克/升，硫酸盐不超过250毫克/升，阴离子合成洗涤剂不超过0.3毫克/升，溶解性总固体不超过1000毫克/升。

③ 毒理学指标　氟化物不超过1.0毫克/升，适宜浓度0.5～1.0毫克/升，氰化物不超过0.05毫克/升，铅不超过0.05毫克/升，砷不超过0.04毫克/升，镉不超过0.01毫克/升，铬（六价）不超过0.5毫克/升，汞不超过0.001毫克/升，银不超过0.05毫克/升，硒不超过0.01毫克/升，硝酸盐不超过20毫克/升。

④ 微生物指标　细菌总数在1毫升水中不得超过100个，大肠菌群在1升水中不超过3个。

⑤ 放射性指标　总α放射性不超过0.1贝克勒/升；总β放射性不超过1贝克勒/升。

（3）我国目前的饮用水水质

在我国目前众多水源的饮用水中，大多数符合饮用水标准，但同时也存在着以下五个方面的问题：

① 微生物超标　人们因饮用水不卫生而感染的疾病主要有腹泻、伤寒、痢疾、病毒性肝炎等。在环境污染引起危害健康的事故中，饮水引起的案例占传染病案例的80％左右，究其原因主要是由于饮用水中微生物超标，这在农村显得更为明显。

② 有机物污染　主要来自生活废弃物和工业污染。在工业发展较快的现代社会生活环境中，污染物浓度较高，导致饮用水水质污染，使饮用水变色，同时伴随微生物污染而使饮用水发臭，这也是目前由于饮用有机污染物污染的饮用水而导致肝癌死亡率高的重要原因。

③ 含盐量过高　饮用水中因钙、镁、氯化物、硫酸盐含量过高，使水味发苦、发涩，尤其是在我国的西北地区和华北地区更为突出。

④ 氟化物超标　在饮用水中氟化物应不超过1.0毫克/升，而在我国的东北、西北、华北的一些农村，由于饮用水中氟化物含量超标而引起氟斑牙和氟骨症现象较多。

⑤ 感官性状不良　主要是水色浑浊、有色、有异味。

由于水资源的环境恶化，饮用水污染的事故时有发生，目前人们对环境保护和卫生防护的意识有了加强，"花钱买好水"和"花钱买健康"的比较普遍，过去长期饮用自来水的居民开始担忧自来水污染，纯净水饮水机从涉外宾馆、商用写字楼快速地推广到许多百姓家庭，优质的生活饮用水成为一种快速普及的生活必需品。

（金寿珍　刘祖生）

2. 泡茶用水的选择

泡茶用水究竟以何种为好，自古以来，就引起人们的重视和兴趣。陆羽曾在《茶经》中明确指出："其水，用山水上，江水中，井水下。其山水，拣乳泉，石池漫流者上。"

一般情况下，泡茶都用天然水，也有用市售矿泉水、蒸馏水的。天然水按其来源可分为泉水（山水）、溪水、江水（河水）、湖水、井水、雨水、雪水等。泡茶，首先是山泉水或溪水为好，再是江（河）水、湖水和井水。自来水也是通过净化后的江水（河水）或湖水，属于天然水，但自来水中普遍有漂白粉中的氯气气味,用它来泡茶将影响茶的香气和滋味。因此,用自来水泡茶,必须通过以下两种方法进行处理:① 用水缸养水。将自来水放置于水缸(陶瓷材质制成的)内,约24小时,使漂白粉中的氯气挥发掉,再煮沸泡茶。② 直接在自来水龙头出水处安装离子交换净水器,自来水出水时通过离子交换树脂,将漂白粉中的氯气去除,然后煮沸泡茶。

在选择泡茶用水时,还必须了解水的硬度。现代科学中的软水、硬水是通过化学分析手段来鉴别的:规定每升水含有8毫克以上钙镁离子的水为硬水,反之则为软水。泡茶时,水的硬度与茶汤品质的关系非常密切,用硬水泡茶,茶汤汤色发浑,透明度差,茶味不爽;用软水泡茶,茶汤的色、香、味都比较好。另外,用矿物质比较丰富的水泡茶,也会影响到茶汤的质量,用含铁、钙、碱较多的水泡茶,茶汤表面将会形成一层"透油",此时茶汤口味变涩;用含铅较高的水泡茶,茶汤会有苦味;用含镁较高的水泡茶,茶汤会变淡。在天然水中,古人所谓的纯"天水"指的是无污染的雪水和雨水,它们均属于纯软水,用它来泡茶,茶汤的质量是比较好的。对于泉水和江水,由于水中含有碳酸氢钙和碳酸氢镁,在煮沸过程中经高温发生分解并沉淀,壶底形成"水垢"后变成了纯软水,用它来泡茶,茶汤的质量也比较好。

综前所述,在众多的泡茶用水中,天然水中泉水(山水)、溪水、江水(河水)、湖水、井水、雨水、雪水是最好的。在我国,天然水中的泉水(山水)资源比较丰富,它是由地下水流出地表而形成的,可分为侵蚀泉、接触泉、溢流泉和断层泉。由河流和沟谷的下切形成含水层的泉叫侵蚀泉,最典型的是山西平定县的娘子关泉;由潜水沿含水层与隔水层接触面涌出的泉叫接触泉,它与侵蚀泉有相似之处,只是沟谷下切的不是潜水面,而是含水层与隔水层的接触面,只有池沟谷下切到一定位置时,流动的泉水才会流出而形成泉水;由含水层中的岩性变化以及不透水层的阻挡,使潜水水位慢慢升高溢出而形成的叫溢流泉,中国的天山、祁连山等均有此类泉水;由于承压水层被断层所切,使地下水沿断层破碎带上升涌出地面而形成的叫断层泉,北京西郊的玉泉、河北邢台的百泉都属断层泉。在中国,著名的泉水有百余处

之多,而镇江中泠泉、无锡惠山泉、苏州观音泉、杭州虎跑泉和济南趵突泉最为有名,号称中国五大名泉。

(1)镇江中泠泉 又名南零水,早在唐代就已天下闻名。刘伯刍把它推举为全国宜于煎茶的七大水品之首。中泠泉原位于镇江金山之西的长江江中盘涡险处,汲取极难。"铜瓶愁汲中濡水(即中泠泉),不见茶山九十翁",这是南宋诗人陆游的描述。文天祥的《太白楼》诗中也写道:"扬子江心第一泉,南金来此铸文渊,男儿斩却楼兰首,闲品茶经拜羽仙。"如今,因江滩扩大,中泠泉已与陆地相连,仅是一个景观罢了。

(2)无锡惠山泉 号称"天下第二泉"。此泉于唐代大历十四年开凿,迄今已有1200余年历史。唐张又新《煎茶水记》中说:"水分七等……惠山泉为第二。"元代大书法家赵孟頫和清代吏部员外郎王澍分别书有"天下第二泉",刻石于泉畔,字迹苍劲有力,至今保存完整。惠山泉分上、中、下三池。上池呈八角形,水色透明,甘醇可口,水质最佳;中池为方形,水质次之;下池最大,系长方形,水质又次之。历代王公贵族和文人雅士都把惠山泉视为珍品。相传唐代宰相李德裕嗜饮惠山泉水,常令地方官吏用坛封装泉水,从镇江运到长安(今陕西西安),全程数千里。当时诗人皮日休,借杨贵妃驿递南方荔枝的故事,作了一首讽刺诗:"丞相长思煮茗时,郡侯催发只忧迟。吴关去国三千里,莫笑杨妃爱荔枝。"

(3)苏州观音泉 为苏州虎丘胜景之一。张又新在《煎茶水记》中将苏州虎丘寺石水(即观音泉)列为第三泉。该泉甘洌,水清味美。

(4)杭州虎跑泉 相传唐元和年间,有个名叫"性空"的和尚游方到虎跑,见此处环境优美,风景秀丽,便想建座寺院,但无水源,一筹莫展。夜里梦见神仙相告:"南岳衡山有童子泉,当夜遣二虎迁来。"第二天,果然跑来两只老虎,刨地作穴,泉水遂涌,水味甘醇,虎跑泉因而得名。虎跑泉名列全国第四,也有其地质学依据。虎跑泉的北面是林木茂密的群山,地下是石英砂岩,天长地久,岩石经风化作用,产生许多裂缝,地下水通过砂岩的过滤,慢慢从裂缝中涌出。这才是虎跑泉的真正来源。据分析,该泉水可溶性矿物质较少,总硬度低,每升水中只有0.02

毫克的钙、镁等盐离子,故水质极好。

（5）济南趵突泉　为当地七十二泉之首,列为全国第五泉。趵突泉位于济南旧城西南角,泉的西南侧有一建筑精美的"观澜亭"。宋代有人曾经写诗称赞:"一派遥从玉水分,暗来都洒历山尘,滋荣冬茹温常早,润泽春茶味至真。"

一般说来,在天然水中,泉水是比较清爽的,内含杂质少,透明度高,污染少,水质最好。但是,由于水源和流动的途径不同,其溶解物、含盐量与硬度等均有很大差异,因此,并不是所有泉水都是优质的。有些泉水,如硫磺矿泉水已失去饮用价值。

泡茶用水,虽以泉水为佳,但溪水、江水与河水等长年流动之水,用来沏茶也并不逊色。宋代诗人杨万里曾写诗描绘船家用江水泡茶的情景,诗云:"江湖便是老生涯,佳处何妨且泊家,自汲淞江桥下水,垂虹亭上试新茶。"明代许次纾在《茶疏》中说:"黄河之水,来自天上,浊者土色也,澄之既净,香味自发。"说明有些江河之水,尽管浑浊度高,但澄清之后,仍可饮用。通常靠近城镇之处,江（河）水易受污染,所以唐代《茶经》中就提到,"其江水,取去人远者"。也就是到远离人烟的地方去取江水。千余年前况且如此,如今环境污染较为普遍,以致许多江水需要经过净化处理后才可饮用。

井水属地下水,是否适宜泡茶,不可一概而论。有些井水,水质甘美,是泡茶好水,如北京故宫博物院文华殿东传心殿内的"大庖井",曾经是皇宫里的重要饮水来源。一般说,深层地下水有耐水层的保护,污染少,水质洁净;而浅层地下水易被地面污染,水质较差。所以深井比浅井好。其次,城市里的井水,受污染多,多咸味,不宜泡茶;而农村井水,受污染少,水质好,适宜饮用。当然,也有例外,如湖南长沙城内著名的"白沙井",那是从砂岩中涌出的清泉,水质好,而且终年长流不息,取之泡茶,香味俱佳。

雨水和雪水,古人誉为"天泉"。用雪水泡茶,一向就被重视。如唐代大诗人白居易《晚起》诗中的"融雪煎香茗",宋代著名词人辛弃疾《六幺令》词中的"细写茶经煮香雪",还有元代诗人谢宗可《雪煎茶》诗中的"夜扫寒英煮绿尘",都是描写用雪水泡茶。清代曹雪芹在《红楼梦》"贾宝玉品茶栊翠庵"一回中,更描绘得有声有色:当妙玉约宝钗、黛玉去吃"体己茶"时,黛玉问妙玉:"这也是旧年的雨水?"妙玉回答:"这是……收的梅花上的雪……隔年蠲的雨水,那有这样清淳?"雨水一般比较洁净,但因季节不同而有很大差异。秋季,天高气爽,尘埃较少,雨水清洌,泡茶滋味爽口回甘;梅雨季节,和风细雨,有利于微生物滋长,泡茶品质较次;夏季雷阵雨,常伴飞沙走石,水质不净,泡茶茶汤浑浊,不宜饮用。

自来水,达到我国卫生部制订的饮用水卫生标准的自来水,都适于泡茶。但有时自来水中用过量氯化物杀菌,需经过处理,才是比较理想的泡茶用水。有的地方的自来水水质过硬,泡茶时在茶水表面会出现一层"透油",茶杯边缘出现"水垢",会影响茶汤的品质。

（金寿珍　刘祖生）

3. 泡茶用水对茶汤品质的影响

现代科学研究证实,由于泡茶用水水质的不同,对茶汤品质的影响很大,这是由于水中各种矿物质及其不同的含量引起的。水质对茶汤品质影响较大的因子主要有:

（1）金属离子的含量

① 氧化铁　当水中低价铁达到 0.1 毫克/升时,茶汤汤色变暗,滋味变淡。高价氧化铁对茶汤的影响比低价氧化铁影响更大,当高价氧化铁含量为 0.1 毫克/升时,茶汤品质明显下降,含量越高,茶汤汤色越差。

② 铝　茶汤中含量为 0.2 毫克/升时,茶汤苦味明显。

③ 钙　茶汤中含量为 2 毫克/升时,茶汤涩味明显,增加到 4 毫克/升时,滋味变苦。

④ 镁　茶汤中含量为 2 毫克/升时,滋味变淡。

⑤ 锰　茶汤中含量为 0.1 毫克/升时,有苦味,含量越高苦味越明显。

⑥ 铬　茶汤中含量为 0.1 毫克/升时,有苦涩味,含量越高越明显。

⑦ 镍　茶汤中含量为 0.1 毫克/升时,产生酸味。

⑧ 银　茶汤中含量为 0.3 毫克/升时,有金

属味。

⑨ 锌 茶汤中含量为 0.2 毫克/升时,有异味。

（2）水的硬度

天然水中凡含有较多量的钙、镁离子的水称为硬水;不溶或只含少量钙、镁离子的水称为软水。但如果水的硬性是由含有碳酸氢钙或碳酸氢镁引起的,这种水称暂时硬水;如果水的硬性是由含有钙和镁的硫酸盐或氯化物引起的,这种水叫永久硬水。暂时硬水通过煮沸,所含碳酸氢盐就会分解,生成不溶性的碳酸盐而沉淀,这样硬水就变为软水了。平时用铝壶烧开水,壶底上的白色沉淀物,就是碳酸盐。一升水中含有氧化钙 CaO 10 毫克或碳酸钙 $Ca(HCO_3)_2$ 17.8 毫克的称为硬度 1 度。硬度 0～10 度为软水,10 度以上为硬水。通常饮用水的总硬度不超过 25 度。

泡茶时,水的硬度与茶汤品质关系非常密切。首先水的硬度影响水的 pH 值（酸碱度）,而 pH 值又影响茶汤色泽。当 pH 大于 5 时,汤色加深;pH 达到 7 时,茶黄素就倾向于自动氧化而损失。其次,水的硬度还影响茶叶有效成分的溶解度。软水中含其他溶质少,茶叶有效成分的溶解度高,故茶味浓。硬水中含有较多的钙、镁离子和矿物质,茶叶有效成分的溶解度低,故茶味淡。如水中铁离子含量过高,茶汤就会变成黑褐色,甚至浮起一层"锈油",简直无法饮用。这是茶叶中多酚类物质与铁作用的结果。如水中铅的含量达 0.2 毫克/升时,茶味变苦;镁的含量大于 2 毫克/升时,茶味变淡;钙的含量大于 2 毫克/升时,茶味变涩,若达到 4 毫克/升,则茶味变苦。由此可见,泡茶用水以选择软水或暂时硬水为宜。

在天然水中,雨水和雪水属于软水,泉水、溪水、江（河）水,多为暂时硬水,部分地下水为硬水。蒸馏水为人工加工而成的软水,但成本高,难以作为一般饮用水。

（金寿珍）

（二）泡茶技艺

1. 泡茶方法

茶叶的冲泡,必须要备具、备茶、备水,经沸水冲泡后才能饮用。但要把茶叶固有的色、香、味通过冲泡后充分发挥出来,冲泡得好,也不是件容易的事,要根据茶的不同特性,应用不同的冲泡技艺和方法才能达到。我国茶树品种多、加工方法不同,因而有不同的茶叶种类和级别。自古以来,不同茶的冲泡方法是不同的,历代对茶的冲泡方法主要有以下几种:

（1）煮茶法 直接将茶放在釜中熟煮,是我国唐代以前最普遍的饮茶法。其过程陆羽在《茶经》中已详加介绍。大体说,首先要将饼茶碾碎待用,然后开始煮水。以精选佳水置釜中,以炭火烧开,但不能全沸,加入茶末。茶与水交融,二沸时出现沫饽,沫为细小茶花,饽为大花,皆为茶之精华。此时将沫饽舀出,置熟盂之中,以备用。继续烧煮,茶与水进一步融合,波滚浪涌,称为三沸。此时将二沸时盛出之沫饽倒入,视人数多寡而严格量入。茶汤煮好,均匀地斟入各人碗中,包含雨露均施,同分甘苦之意。

（2）点茶法 始于宋代,斗茶及茶人自饮时均用。到宋代不再直接将茶熟煮,而是先将饼茶碾碎,置碗中待用。以釜烧水,微沸初漾时即冲点碗内茶末,使茶与水交融一体,为此,人们发明一种工具,称为"茶筅"。茶筅是打茶的工具,有金、银、铁制,大部分用竹制,文人美其名曰"搅茶公子"。水冲入茶碗中,需以茶筅用力击打,这时水乳交融,渐起沫饽,如堆云积雪。茶的优劣,以饽沫出现是否快,水纹露出是否慢来评定。沫饽洁白,水脚晚露而不散者为上。因茶乳融合,汤质浓稠,饮用时在盏中胶着不干,称为"咬盏"。

（3）芼茶法 即在茶中加入干果,直接以熟水点泡,饮茶食果。茶人自烹茶,自采果,别具佳趣。

（4）点花茶法 为明代朱权等所创。将梅花、桂花、茉莉花等蓓蕾数枚直接与末茶同置碗中,注入热水,使茶汤催花绽放,既观花开美景,又嗅花香、茶香。色香味同时享用,美不胜收。

（5）泡茶法 明清以来,此法为民间广泛使用,自然为人熟知。不过,中国各地泡茶之法高精亦大有区别。由于现代茶的品种五彩缤纷,红茶、绿茶、花茶,冲泡方法皆不尽相同。大体说,以发茶味,显其色,不失其香为要旨,浓淡亦随各人所好。近年来宾馆多用袋装泡茶,发味快,而又避免渣叶入口,也是一种创造。

泡茶不可墨守成规,以为只有繁器古法为美。但无论如何变,总要不失茶的要义,即健康、友信、美韵。当代生活节奏不断变化,饮茶之法也该越变越合理。古法不易大众化,但对现代工业社会过于紧张的生活,却是种很好的调节。所以,发掘古代茶艺,使再现异彩,也是极重要的工作。据说福州茶艺馆已恢复斗茶法,使沫饽、重华再现,实在是一雅举。

谈饮法,不仅讲如何烹制茶汤,还要讲如何“分茶”。唐代以釜煮茶汤,汤熟后以瓢分茶,通常一釜之茶分五碗,分时沫饽要均。宋代用点茶法,可以一碗一碗地点;也可以用大汤钵,大茶笼,一次点就,然后分茶,分茶准则同于唐代。明清以后,直接冲泡为多,壶成为首要茶具。自泡自吃的小壶较少,多为能斟四五碗的茶壶。所以,这种壶叫作“茶娘式”,而茶杯又称“茶子”。五杯至十几杯巡注几周不停不撒,民间称为“关公跑城”。技术稍差难以环注的也要巡杯,但需一点一提,几次才均匀茶汤于各碗,谓之“韩信点兵”。

(金寿珍　刘祖生)

2. 泡茶技术

茶叶种类繁多,水质也各有差异,冲泡技术不同,泡出的茶汤当然就会有不同的效果。要想泡好茶,既要根据实际需要了解各类茶叶、各种水质的特性,掌握好泡茶用水与器具,更要讲究有序而优雅的冲泡方法与动作。同时还要根据茶叶的品质特点,通过冲泡来评判其冲泡后的茶汤是否发挥出了茶叶的“茶性”。所以,泡好茶,必须根据茶类的品质特点,选择合适的泡茶器具和泡茶用水,掌握泡茶技术。

(1) 泡茶器具的选择

茶具在我国历史悠久,品种很多,造型优美,除了实用价值外,也有很高的艺术价值,驰名中外。从形状上分有茶壶、茶杯、茶碗、茶盅、茶碟、茶盏、茶盘等。从制作材料上分有陶器具、瓷器具、漆器具、玻璃器具、金属器具、竹木器具等。

① 陶器茶具　陶器茶具最著名的是江苏宜兴制作的紫砂茶具。紫砂茶具不同于一般的陶器茶具,器具的结构致密,胎质细腻,既不渗漏,又有肉眼看不出的气孔,用紫砂茶具泡茶,不会有熟汤气,茶汤能在较长时间内保持其色、香、味的特色,而且夏天泡茶,不易产生酸馊味。

② 瓷器茶具　瓷器茶具目前主要用白瓷、青瓷和黑瓷制成。白瓷茶具以江西景德镇的产品最著名,有“白如玉,薄如纸,明如镜,声如磬”之誉,用它泡茶能真实地反映茶汤色泽,且传热、保温性能适中,加之色彩缤纷,造型各异,堪称饮茶器具中之珍品。青瓷茶具以浙江龙泉的产品最好,被誉为“瓷器之花”,用它泡茶有利于显现绿茶的汤色,但用于冲泡红茶、乌龙茶和黑茶时,易使茶汤变色。黑瓷茶具产地较广,福建、浙江和四川等地均有生产,由于含铁较高,对茶汤色泽不利,所以用黑瓷茶具泡茶不多。

③ 漆器茶具　我国的漆器茶具形状多姿多彩,以北京的雕漆茶具和福州的脱胎漆茶具最为有名,色彩绚丽夺目,逗人喜爱。

④ 玻璃茶具　玻璃茶具以质地透明,光泽夺目,价廉物美,手感细腻,形状可塑性大,形态各异,备受人们的青睐。用它泡茶易辨茶汤汤色,色感好,但玻璃茶具泡茶有易烫手、易破碎的缺点。

⑤ 金属茶具　金属茶具是用金、银、铜、锡制作的茶具,古已有之。现在金属茶具主要用来贮茶,作为饮具已很少使用。

⑥ 竹木茶具　竹木茶具是用竹、木材料制成的,它价廉物美,经济实惠。历史上,我国农村用来泡茶的比较多,但目前已仅在某些少数民族地区使用。

茶具材料多种多样,造型也千姿百态,如何来评价茶具优劣,首先需要考虑它的实用价值,再考虑它的欣赏价值,只有当两者得到融洽的结合,才是完美的。

(2) 泡茶“三要素”

有了优质的茶叶,甘美的好水,精致的茶具,还必须要有好的冲泡技术,才能把茶叶固有的色、香、味充分地体现出来,给人们以享受,饮茶艺术也被人们所欣赏。明代张源在《茶录》中指出:“茶之妙,在乎始造之精，藏之得法，泡之得宜。"可见古人也早已认识到泡茶方法的重要性。泡茶时，主要根据不同的茶类、加工方法、茶的特性，掌握好茶的用量、开水的温度、冲泡的时间，简称为泡茶三要素。茶叶用量就是每杯或每壶中放适当分量的茶叶；泡茶水温就是用适当温度的开水冲泡茶叶；冲泡时间包含有两层意思，一是将茶叶泡到适当的浓度所需时间，二是指有些茶叶要冲泡数次，每次需要泡多少时间。

① 茶的用量

要泡好一杯茶或一壶茶，首先要掌握茶叶用量。每次茶叶用多少，并没有统一标准，主要根据茶叶种类、茶具大小以及消费者的饮用习惯而定。一般说，茶多水少则味浓，茶少水多则味淡。用茶量的多少，还因人而异，因地而异。饮茶者是茶人或劳动者，可适当加大茶量，泡上一杯浓香的茶汤；如是脑力劳动者或无嗜茶习惯的人，可适当少放一些茶，泡上一杯清香醇和的茶汤。家庭泡茶通常是凭经验行事，一般来说，每克茶可泡水 50 至 60 毫升，但茶类不同，用量不一。倘用乌龙茶，茶叶用量要比一般红、绿茶增加一倍以上，而水的冲泡量却要减少一半。茶叶冲泡时间的长短，对茶叶内含的有效成分的利用也有很大的关系。一般红、绿茶经冲泡三至四分钟后饮用，获得的味感最佳，时间少则缺少茶汤应有的刺激味；时间长，喝起来鲜爽味减弱，苦涩味增加；只有当茶叶中的维生素、氨基酸、咖啡碱等有效物质被沸水冲泡浸提出来后，茶汤喝起来才能有鲜爽醇和之感。细嫩茶叶比粗老茶叶冲泡时间要短些，反之则要长些；松散的茶叶、碎末茶叶比紧压的茶叶、完整的茶叶冲泡时间要短，反之则长。对于注重香气的茶叶如乌龙茶、花茶，冲泡时间不宜长；而白茶加工时未经揉捻，细胞未遭破坏，茶汁较难浸出，冲泡的时间则应相对延长。通常茶叶冲泡一次，可溶性物质能浸出 55% 左右，第二次为 30%，第三次为 10%，第四次就只有 1%～3% 了。茶叶中的营养成分，如维生素 C、氨基酸、茶多酚、咖啡碱等，第一次冲泡总量的 80% 左右被浸出，第二次总量的 95% 被浸出，第三次就所剩无几了。香气滋味也是头泡香味鲜醇，二泡浓而不鲜，三泡香尽味淡，四泡少滋味，五泡六泡则近似于白开水。所以说茶叶还是以冲泡

二三次为好，乌龙茶则可五次，白茶只能泡二次。其实，任何品种的茶叶都不宜浸泡过久或冲泡次数过多，最好是即泡即饮，否则有益成分被氧化，不但减低营养价值，还会泡出有害物质。茶也不可太浓，浓茶有损胃气（刺激胃）。

用茶量多少与消费者的饮用习惯也有密切关系。在西藏、新疆、青海和内蒙古等少数民族地区，人们以肉食为主，当地又缺少蔬菜，因此茶叶成为生活上的必需品。他们普遍喜饮浓茶，并在茶中加糖、乳或盐，故每次茶叶用量较多。华北和东北广大地区人民喜饮花茶，通常用较大的茶壶泡茶，茶叶用量较少。长江中下游地区的消费者主要饮用绿茶或龙井、毛峰等名优茶，一般用较小的瓷杯或玻璃杯，每次用量也不多。福建、广东、台湾等省，人们喜饮工夫茶，茶具虽小，但用茶量较多。

茶叶用量还同消费者的年龄结构与饮茶历史有关。茶叶含有咖啡碱、失眠者饮茶浓度应清淡，而中老年茶客，饮茶年限长，喜喝较浓的茶，故用量较多；年轻人初次饮茶的多，普遍喜爱较淡的茶，故用量宜少。

总之，泡茶用量的多少，关键是掌握茶与水的比例，茶多水少，则味浓；少茶水多，则味淡。冲泡一般红、绿茶，茶与水的比例，大致掌握在 1：50～60，即每杯放 3 克左右的干茶，加入沸水 150～200 毫升。如饮用普洱茶，每杯放 5～10 克茶。如用茶壶，则按容量大小适当掌握。用茶量最多的是乌龙茶，每次投入量几乎为茶壶容积的二分之一，甚至更多。

② 泡茶水温

古人对泡茶水温十分讲究。宋代蔡襄在《茶录》中说："候汤（指烧开水煮茶——作者注）最难，未熟则沫浮，过熟则茶沉，前世谓之蟹眼者，过熟汤也。沉瓶中煮之不可辨，故曰候汤最难。"明代许次纾在《茶疏》中说得更为具体："水一入铫，便须急煮，候有松声，即去盖，以消息其老嫩。蟹眼之后，水有微涛，是为当时。大涛鼎沸，旋至无声，是为过时，过则汤老而香散，决不堪用。"以上说明，泡茶烧水，要大火急沸，不要文火慢煮。以刚煮沸起泡为宜，用这样的水泡茶，茶汤香味皆佳。如水沸腾过久，即古人所称的"水老"。此时，溶于水中的二氧化碳挥发殆尽，泡

茶鲜爽味便大为逊色。未沸滚的水,古人称为"水嫩",也不适宜泡茶,因水温低,茶中有效成分不易泡出,使香味低淡,而且茶浮水面,饮用不便。

泡茶的水温,主要看泡饮什么茶而定。高级绿茶,特别是各种芽叶细嫩的名茶(绿茶类名茶),不能用100℃的沸水冲泡,一般以80℃左右为宜。茶叶愈嫩、愈绿,冲泡水温要愈低,这样泡出的茶汤嫩绿明亮,滋味鲜爽,茶叶维生素C也较少破坏。而在高温下,茶叶"烫熟"了,茶汤变黄,滋味变苦(茶中咖啡碱容易浸出),维生素C大量破坏。各种花茶、红茶和中、低档绿茶,则要用100℃的沸水冲泡。如水温低,则渗透性差,茶中有效成分浸出较少,茶味淡薄。泡饮乌龙茶、普洱茶和沱茶,每次用茶量较多,而且茶叶较粗老,必须用100℃的沸滚开水冲泡。有时,为了保持和提高水温,还要在冲泡前用开水烫热茶具,冲泡后在壶外用沸水冲淋。少数民族饮用砖茶,则要求水温更高,须将砖茶敲碎,放在锅中熬煮。

那么,如何来判断水的温度泥?可参照古人"三沸说"。陆羽《茶经·五之煮》说:"其沸如鱼目,微有声,为一沸;缘边如涌泉连珠,为二沸;腾波鼓浪,为三沸。"南宋罗大经《鹤林玉露》记其友李南金提出用听觉辨别水温的方法,以一首诗加以概括:"砌虫唧唧万蝉催(一沸时声如阶下虫鸣,又如远处蝉噪),忽有千车捆载来(二沸,如满载而来、吱吱哑哑的车声);听得松风并涧水(三沸,如松涛汹涌、溪涧喧腾),急呼缥色绿瓷杯(这时赶紧提瓶,注水入瓯)。"现代的煮水器因装有自动控制器,不需要依靠水的沸声来辨别候汤。

水煮得过头或不及,古人常用"老"(或称"百寿汤")或"嫩"(或称"婴儿汤")二字加以形容。这种讲究,看似繁,实则有其科学道理。没烧开或初沸的"嫩"汤,茶叶泡不开,茶中多种有效成分不能尽兴释放;开过头的水,随着沸腾时间的延长,会不断溶解水中的气体(特别是二氧化碳),此即陆羽所说的"水气全消",亦会影响茶味。特别是不少河水、井水中含有一些亚硝酸盐,煮的时间太长,随着蒸发的加剧,亚硝酸盐的含量相对增加;同时,水中的部分硝酸盐亦会因受热时间长而被还原为亚硝酸盐。亚硝

酸盐是一种有害的物质,对人体健康不利。

一般说来,泡茶水温与茶叶中有效物质在水中的溶解度呈正相关,水温愈高,溶解度愈大,茶汤就愈浓,反之,水温愈低,溶解度愈小,茶汤就愈淡,一般60℃温水中茶的内含物质的浸出量只相当于100℃沸水中浸出量的45%～65%。

这里必须说明一点,上面谈到,高级绿茶适宜用80℃的水冲泡,这通常是指将水烧开之后(水温达100℃),再冷却至所要求的温度,如果是无菌生水,则只要烧到所需的温度即可。

③ 冲泡时间和次数

茶叶冲泡的时间和次数,差异很大,与茶叶种类、泡茶水温、用茶数量和饮茶习惯等都有关系,不可一概而论。

如用茶杯泡饮一般红绿茶,每杯放干茶3克左右,用沸水约200毫升冲泡,加盖4～5分钟后,便可饮用。这种泡法的缺点是:如水温过高,容易烫熟茶叶(主要指绿茶),水温较低,则难以泡出茶味,而且因水量多,往往一时喝不完,浸泡过久,茶汤变冷,色、香、味均受影响。改良冲泡法是:将茶叶放入杯中后,先倒入少量开水,以浸没茶叶为度,加盖3分钟左右,再加开水到七八成满,便可趁热饮用。当喝到杯中尚余三分之一左右茶汤时,再加开水,这样可使前后茶汤浓度比较均匀。通常以冲泡三次为宜。

如饮用颗粒细小、揉捻充分的红碎茶与绿碎茶,用沸水冲泡3～5分钟后,其有效成分大部分浸出,便可一次快速饮用。饮用速溶茶,也是采用一次冲泡法。

品饮乌龙茶多用小型紫砂壶。在用茶量较多(约半壶)的情况下,第一泡1分钟就要倒出来,第二泡1分15秒(比第一泡增加15秒),第三泡1分40秒,第四泡2分15秒。也就是从第二泡开始要逐渐增加冲泡时间,这样前后茶汤浓度才比较均匀。

泡茶水温的高低和用茶数量的多少,也影响冲泡时间的长短。水温高,用茶多,冲泡时间宜短;水温低,用茶少,冲泡时间宜长。冲泡时间究竟多长?以茶汤浓度适合饮用者的口味为标准。

据研究,绿茶经一次冲泡后,各种有效成分的浸出率是大不相同的。氨基酸是茶叶中最易溶于水的

成分,一次冲泡的浸出率高达 80％以上;其次是咖啡碱,一次冲泡的浸出率近 70％;茶多酚一次冲泡的浸出率较低,约为 45％左右;可溶性糖的浸出率更低,通常少于 40％。红茶在加工过程中揉捻程度一般比绿茶充分,尤其是红碎茶,颗粒小,细胞破碎率高,所以一次冲泡的浸出率往往比绿茶高得多。目前,国内外日益流行袋泡茶,既饮用方便,又可增加茶中有效物质的浸出量,提高茶汤浓度。据试验,袋泡茶比散装茶一次冲泡的浸出量高 20％左右。

(金寿珍 刘祖生)

六、茶 的 饮 用 方 法

饮茶,这个既古老又现代的生活习俗及由此产生的文化精髓,源于中国、传播于世界,成为 36 亿世界各族人民物质与文化生活"日不可少"的组成部分,并将在世界"和平与发展"及中国"和谐文化"的构建中,越来越发挥着重要的精神支撑作用。由于不同历史时期、不同国家、地区和民族的饮茶习俗不同,不同茶类的冲泡与饮用要求也不同,因此,茶叶的饮用方法既是丰富多彩的,又是不断发展变化的。她随着人们对茶的认知的不断深化而不断丰富和发展,形成了既特色鲜明又丰富多样的茶叶冲泡与饮用习俗、方法和技艺。按照饮用茶时是否加入调味"佐料"来分类,饮茶方法可分为"调饮法"和"清饮法";根据饮用过程中对茶汤和茶叶香味成分获取的方法不同,可分为"煮(煎)茶法"、"点茶法"、"泡茶法"和"滤茶法(如飘逸杯泡法等)"等;依照泡茶过程中采用的茶具不同,又可将泡饮方法划分为玻璃杯泡法、盖碗泡法、盖杯(瓷杯)泡法、小壶(功夫茶)泡法、大壶泡法、飘逸杯泡法和煮水壶(或保温瓶)浸煮法;按照茶类划分还可分为绿茶、红茶、乌龙茶、白茶、黄茶和黑茶饮用方法,等等。为了既方便检索,又有利于避免文字描述重复,本节的内容将以茶类的饮用方法作为一级分类目录,按照泡茶工具不同来划分的饮用方法为主线,简要介绍茶叶饮用方法的起源与演变,重点描述各大茶类的现代冲泡与饮用方法,同时兼顾介绍一些特定地区和特定茶叶的特殊饮用方法。

(一)茶叶饮用方法的起源与发展

纵观中华民族对茶的发掘利用历史,如果把不同历史时期人类利用茶叶的特点作为划分历史的依据,可以把茶的饮用过程大致划分为"吃茶"(指原始社会先民采野生茶叶嚼吃或作菜食)、"喝茶"、"饮(品)茶"和"艺茶"四个阶段。

1. 远古而悠久的"吃茶"与"喝茶"阶段

我们的祖先在发现茶树的早期,最先是把野生茶树上嫩绿的叶子当作新鲜"蔬菜"或"食物"来嚼吃的,或是纯粹当作蔬菜,或是配以必要的佐料一起食用,这是最原始的"吃茶"阶段。

根据唐陆羽《茶经》和有关史料的记述或推论,大约到了神农尝百草发现茶叶可日解七十二毒前后,先民们在"吃茶"和劳动生活过程中,发现了茶叶具有解渴、消食、提神、解毒等保健与治病价值,于是茶在生活中的应用日益广泛,对茶的利用逐步由"嚼吃"转为"调煮",即采摘野生茶树鲜叶加上姜、葱、橘子等调味品与谷物等一起煮成羹食或粥食,或是出于保健治病的需要将茶叶熬成汁液服用,这就是通常所说的"喝茶"阶段。这一阶段的主要特征,是茶叶往往与谷物等其他食物或佐料一起调煮,因此主流的饮用方法是以"羹饮"、"粥饮"为代表的"调饮法",也即所谓的"粥茶法"。到秦汉时期,这种羹饮和粥饮的喝茶方式已经非常盛行。尽管早在春秋战国时周武王之弟、鲁国的周公和宰相晏婴已经懂得把茶汤与饭食分开饮用(将茶渣和调味剂的残渣过滤后"汤饮"),但当时社会上茶叶饮用方法的主流仍然是以"茶饭同吃"的"粥茶法"为主,作为治病保健"药汤"用的"清饮法"为辅。到三国时期,最原始的采用野生茶树鲜叶调煮茶羹或茶粥的"粥茶法"被逐步摒弃,人们开始由直接利用茶鲜叶煮制茶羹、茶粥,改为先把茶鲜叶炙制成干茶饼(茶团),再将之捣碎成茶末用于煮制茶汤、茶羹或茶粥,这一时期茶的饮用开始转向以添加调味剂的"羹饮"为主。据三国魏张辑的《广雅》有关记载:"……荆巴间采茶作饼,成以米膏出之。若饮先炙令色赤,捣末置瓷器中,以汤浇覆之,用葱、姜芼之。"这就是说,当时的饮茶方法已经从直接用茶鲜叶煮作羹(粥)饮,开始转向先将制好的饼茶炙成"色赤",再捣碎成茶末"置瓷器中"烧水煎煮,加上葱、姜作佐料,调煮成"茶羹",供人饮用。根据现有史料记载,这种以"羹饮"和"粥饮"为代表的"喝茶"方法,一直流行到魏晋初期或此之前,历时约3000年之久。

(陈 栋 白堃元)

2. 丰富多彩的"饮茶"阶段

随着人们对茶叶的效用及其色、香、味的不断认识,茶叶逐步成为了人们日常生活不可缺少的一部分,更是中上层社会生活崇尚的物质与文化消费品。到西晋时期,人们不再仅仅把茶汤当作一种饮料或药物,而是把饮茶活动当作艺术欣赏的对象或审美活动的一种载体,在对茶叶的认知和饮用上,开始了品饮与欣赏的"饮茶"阶段。这一阶段的根本特征,就是把饮茶与吃饭分开,并开始讲究煮茶与鉴茶的"技艺"。根据目前掌握的史料,关于"饮茶"阶段的起源,最少可以追溯到西晋以前。西晋诗人张载《登成都楼》中"芳茶冠六清,溢味播九区"的诗句,就描绘了对茶叶芳香和滋味的感悟。杜育的《荈赋》除了描述茶树生长环境和茶叶采摘外,还对喝茶用水、茶具、茶汤泡沫及茶的功效等进行了描述;其"维兹初成,沫沉华浮。焕如积雪,晔如春敷"诗句,生动描述了茶汤泡沫的色彩和形状;其结尾句"调神和内,倦解慵除",述及茶的功效,可视为中国茶文化精神的萌芽。魏晋南北朝时期,长江以南地区开始将饮茶与吃饭分开,这可以视为茶叶"清饮法"的开端,但在饮用形式上还没有将茶渣(末)与茶汤分开,而仍沿袭着"汤渣同吃"的"羹饮法"。这一时期茶叶饮用方法的创新主要表现为两个方面:一种是"坐席竟,下饮",即饭后饮茶;另一种是王濛的"人至辄命饮之"式的客来敬茶,与吃饭已经完全无关。到唐、宋时期,"斗茶"蔚然成风,这种茶叶与茶汤同吃的古老"羹饮法"仍然得到继承和发展。如唐宣宗十年杨华的《膳夫经手录》所载:"茶,古不闻食之,近晋、宋以降,吴人采其叶煮,是为茗粥。"

(1)走向成熟的唐代"煮茶法"。众所周知,由于唐代"贞观之治"的实施和禅道文化的兴起,促进了社会政治、经济、文化前所未有的发展。到唐代中后期,陆羽《茶经》的问世和茶政改革的推动,使我国茶叶事业实现了"茶始有字,茶始有书,茶始边销,茶始有税",并进入了"兴盛"发展时期。正如陆羽描述的那样,"茶之为饮,发乎神农氏,闻于鲁周公",而兴于唐朝。茶叶产销事业和技术进步的空前发展,推动了唐代茶叶饮用方法与文化的变革。随着唐代茶文化的发展,使过去的茶会、茶集和茶宴从一般的待客礼仪,发展演化为"以茶会友、迎来相送、商学议事"等有主题的处事联谊活动。诗人孟浩然、王昌龄、李白、皎然、卢仝、白居易、元稹、杜牧、齐己、刘禹锡、皮日休、陆龟蒙等,撰写了众多的赏茶、咏茶诗歌,把饮茶的方法和文化推向了成熟阶段。陆羽在《茶经》中共列举了29件烹饮茶叶的器具和设备,对每种茶具的作用、用材、尺寸、工艺等都作了详细的说明,亲自设计"方其耳,以正令也;广其缘以务远也;长其脐以守中也"的煮水茶具——镀,并创立了"煮茶法",又曰"煎茶法"。在茶叶饮用方面,陆羽在《茶经·六之饮》中提出"茶有九难",并指出要煮好茶必须把握好"一曰造,二曰别,三曰器,四曰火,五曰水,六曰炙,七曰末,八曰煮,九曰饮",即要掌握好茶叶采造、鉴别、备具、用火、烧水、炙茶、碾末、煮茶、饮用等9个要领。其煮茶和饮茶技艺的基本程式可以概括为"鉴茶、备具、炙茶、碾茶、罗(筛)茶、烧水、一沸加盐、二沸舀水、环击汤心、倒入茶粉、三沸点水、分茶入碗、敬奉宾客"等13个步骤。在唐代文学艺术和禅茶文化的推动下,以"煮茶法"为主流的饮茶方法成为人们追求的生活时尚。其中唐代诗人们的品茶,已经超越了追求解渴、提神、解乏、保健等生理上的满足,而着重从审美的角度来品赏茶汤的色、香、味、沫、形,强调心灵感悟,追求天人合一、物我两忘的最高境界。这一认识,从皎然的茶诗"三饮"和卢仝"七碗茶"诗中可以得到充分的印证。如卢仝在《走笔谢孟谏议寄新茶》中写道:"一碗喉吻润,两碗破孤闷。三碗搜枯肠,惟有文字五千卷。四碗发轻汗,平生不平事,尽向毛孔散。五碗肌骨清,六碗通仙灵。七碗吃不得也,惟觉两腋习习清风生。"唐代中后期以后,随着"煮茶法"的普及推广,人们对饮茶用水、用具、用火和煮法越趋讲究,从而使唐代早期以前的"吃茗粥(粥茶法)"和"瀹蔬而啜"的古老"喝(吃)茶法"彻底被抛弃,这不能不说是我国茶文化与茶饮用方法上的一大飞跃。

(2)追求泡沫与纯味的宋代"点茶法"。"点茶法"又称"斗茶"。如果说唐代的饮茶方法的主流是"煮茶法"的话,那么宋代的主流饮用方法就是"点茶法"。宋代"点茶法"不再将茶末置于茶镁中煎煮,而是将制备好的茶末直接放在茶盏中用煮好的开水调匀、冲点、击拂,使茶汤产生泡沫并鉴赏饮用。这种"点茶法"实际上是从唐代中期以前民间已经存在的"腌茶法"中改进而来的,其特征茶具是煮水注水用的小嘴"瓶"、盛茶纳水用的"盏"和击拂生沫用的茶匙(古称"茶筅")。从宋代蔡襄的《茶录》和宋徽宗的《大观茶论》等茶书的有关记载中可以看出,宋代"点茶法"的基本程式分为:炙茶、碾茶、罗(筛)茶、候汤(烧水)、熁盏(烘茶盏)、调膏、注水、击拂、奉茶等九个步骤。点茶法与煮茶法最根本的区别,首先在于前者不加任何芳香佐料,追求纯粹的茶味,就连陆羽主张的加盐习惯也被彻底地摒弃;其次是不再使用镁来直接煮茶,而是改用铫(一种有嘴有柄的煮水器皿)或小口瓶来烧水,再将沸水注入盛有茶末的盏(碗)中调匀击拂产生沫饽而后饮之;同时对茶汤泡沫的鉴赏比唐代有了更大的进步,追求茶汤泡沫(汤华或沫饽)洁白,而且越白越好,正所谓"斗浮斗色倾夷华"。蔡襄在《茶录》指出:"色,茶色贵白……以青白胜黄白。香,茶有真香……民间试茶,皆不入香,恐夺其真……味,茶味主于甘滑。"《大观茶论》则将茶汤的"滋味"放在第一位:"味,夫茶以味为上;香、甘、重、滑为味之全……香,茶有真香,非龙麝可拟……色,点茶之色,以纯白为上真。"可以说,到宋代,我国饮茶方法的主流已经由千百年来的"调饮法"变为了"清饮法"(部分少数民族除外)。

(3)讲求真味与形美的明代散茶"泡茶法"。散茶泡饮法又称"瀹泡法"。由于唐代煮茶法和宋代点茶法使用的茶叶都是由茶鲜叶经过"蒸熟、捣碎、榨汁、压模、烘干"等工序加工而成的饼茶或团茶,采用这种"蒸芽必熟,去膏必尽"的蒸青茶饼(团),尽管有利于产生比较洁白的茶汤泡沫,但是会使茶叶的色、

香、味受到损失,因此从宋代后期开始,民间用不经过蒸青、榨汁而直接烘焙或炒制成散茶的制茶方法,使茶叶香气和滋味都超过了蒸青饼(团)茶,并逐步传播开来。随着茶叶加工方式的改革,我国成品茶已经由唐代的饼茶、宋代的团茶发展为明代的条形散茶,因此人们饮茶时不再需要将茶叶碾成细末,只需把成品散茶放入茶盏或茶壶中直接用沸水冲泡即可饮用。这种散茶"直接冲泡法(又称'泡茶法'或'瀹茶法')"尽管在前朝已经出现,但是真正成为主流饮用方法并取代宋代点茶法,则在明太祖朱元璋废除团茶而改贡进芽茶之后。明代"泡茶法"分为"上投法"、"中投法"和"下投法"三种,其中"下投法"的基本程式是:鉴茶备具、茶铫烧水、投茶入瓯(壶或盏)、注水入瓯和奉茶品饮。这种瀹茶法演变发展成为盖碗泡法和玻璃杯泡法,一直沿用至今,成为当今主流的饮茶方式之一。明代茶叶饮用方法的最大特点是"汤渣分离",即将茶汤从茶瓯中过滤出来,只饮茶汤而不吃茶渣,而且以"磁壶注茶、砂铫煮水为上";其次是不再强调茶汤的泡沫,而改为追求茶叶的形美和茶汤的味真、色绿,而且对茶叶色、香、味、形的鉴赏更为讲究。明代陆树声《茶寮记》的"煎茶七类"条目中首次设有"尝茶"一则:"茶入口,先灌漱,须徐啜,俟甘津潮舌,则得真味。杂他果,则香味俱夺。"明代散茶冲泡法主张山堂夜坐,亲自动手,观水火相战之状,听壶中沸水松涛之声,品茶杯中喷香的袅袅茶烟,置身于云光缥缈的仙境之中;同时主张用小壶饮茶,以品出茶之真味。明代泡茶法不仅程式简便,而且较好地保留了茶叶的原味真香,更便于对茶叶的色和形直观欣赏,这是中国饮茶技艺发展史上的一次重大革命。

(4)日益精湛的清代"功夫茶"。随着明末清初时期乌龙茶(青茶)的出现,国际贸易和茶文化的不断发展,清代饮茶和鉴赏技术日益精湛,泡茶方法呈现出玻璃杯泡法、盖碗泡法、盖碗功夫茶泡法、小壶功夫茶泡法和大壶茶泡法等百花齐放的景象。其中最具特色的饮用技艺首推"功夫茶泡法"。明清时期,许多文人品茶追求艺术情趣,在品茗时喜欢使用小壶小杯来品啜;加上"真功细斟"才能泡出真味的乌龙茶(功夫茶)类的诞生,成为催生清代"功夫茶"

泡法的主要原因。据清初袁枚的《随园食单·茶》记载："……杯小如胡桃,壶小如香橼。每斟无一两,上口不忍遽咽。先嗅其香,再试其味。徐徐咀嚼而体贴之,果然清芬扑鼻,舌有余甘。一杯之后,再试一二杯。令人释躁平矜,怡情悦性。"这是目前掌握的史料中最早描述品饮功夫茶的记载,可以说是今天潮州功夫茶、闽南功夫茶和台湾功夫茶茶艺的原型。根据寄泉《蝶阶外史·功夫茶》中的描述,功夫茶品饮的基本程式可以概括为:备具、煮水、温壶、置茶、冲泡、淋壶、分茶(潮州功夫茶中称之为"关公巡城、韩信点兵")、奉茶等八个步骤。客人在品尝茶汤时要"合其涓滴而咀嚼之"(徐珂《清稗类钞》)。在功夫茶饮用方法中,以潮州功夫茶的礼仪和技艺最为讲究,以台湾学者所介绍的"三段十八式"最为复杂(在后面的章节中将详细介绍)。由于功夫茶泡法最能冲泡出茶叶的色、香、味,泡茶的器具和动作最能与美学艺术融合一体,因此除乌龙茶外,还用于陈年边销黑茶和其他名优茶类的冲泡,并成为现代茶艺表演和现代茶叶品饮最重要的方式之一。

(5) 收古藏金的陈年老茶"鉴赏"。陈年老茶,又叫"陈香茶",是指某些新鲜茶叶在特定的温度、湿度、氧气和微生物作用下,经过长年"陈化"而形成的具有特定"陈香陈韵"、愉快口感和保健功能的一类茶叶。陈香茶一般分为两大类:一是"自然陈化"陈香茶,需要较长的时间(一般10年以上)才能形成陈香茶独特的"陈香陈韵",比如:云南的陈年生普洱茶、广东的陈年广云贡茶、陈年老水仙(老单丛)、客家女儿茶、湖南的陈年茯砖、四川的陈年康砖茶、福建的陈年大红袍、陈年铁观音等;二是"人工陈化"陈香茶,由于这类茶经过特殊的人工"后发酵"的微生物快速陈化工艺,不需要很长时间(一般5年以上)就能形成"陈香陈韵"的风格,比如:云南的陈年熟普洱茶,广西陈年六堡茶,广东的陈年古劳茶、白云茶、黄坑茶,湖南的陈年黑砖茶、陈年千两茶等。无论是"自然陈化"的陈香茶,还是"人工陈化"的陈香茶,其品质、效用和价值都是在一定的期限内有着良好的表现,其色、香、味独特。常见的有陈香茶盖碗泡法、紫砂壶(陶壶)泡法、直接煮茶法等。

自古以来,我国新疆、内蒙、西藏等地牧民就有利用陈年老茶来调煮奶茶、酥油茶的习惯,并且认识到用陈年老茶比用新鲜茶叶调煮的奶茶或酥油茶口感好、效用高。广东客家山区人民素有制作、收藏老茶和利用老茶治病的习俗,自古以来,代代相传。每当山区客家人生下女儿后,就从山上采回茶鲜叶,把制作好的绿毛茶用柚子皮或橘红皮包裹起来,挂于厨房出烟口附近存放,待到女儿长大结婚时作为嫁妆带到婆家,而且陪嫁的陈年茶叶越多就越有身份,故这种陈年客家茶又称"女儿茶"。鸦片战争前后,广东鹤山"古劳茶"、新会"白云茶"和曲江"黄坑茶"等传统地方名茶就采用了闷黄、渥堆、松熏等传统人工陈化的加工工艺,并大量输出香港、澳门和东南亚等地;新中国成立后,为了尽快恢复广东特色陈年老茶生产,以满足港澳和东南亚地区的需求,广东省茶叶进出口公司从1959年开始,派出技术力量,在收集、整理历史技术经验的基础上,研究制定了利用广东大叶青原料"人工陈化"陈年老茶的工艺标准(密级),并大量生产出口古劳茶、黄坑茶和熟普洱茶,每年产量达到3000吨以上。到20世纪80年代,粤港澳地区发现了"陈年老茶+菊花"的应用价值,茶楼酒店兴起了长达10年饮用"菊花普洱茶"热潮。随着人们对茶叶储藏和陈年老茶效用研究的不断深入,发现茶叶不仅仅具有饮用价值,而且还具有欣赏和保健等独特的功能,把陈年老茶的文化与饮用技艺又推到了一个崭新的阶段。

关于陈年老茶的鉴赏方法,一要看外形、商号、年份等标识是否完整可靠;二要看干茶的"陈色"、松紧和洁净度,一般以陈色润泽、条索脆、洁净完整者为上;三要嗅"干香菌味",仔细辨别茶叶表面微生物的种类、分布、数量等,一般以有益真菌,比如木霉、青霉、根霉、黑曲霉、酵母菌、冠突散囊菌等有益微生物种群分布均匀、"霉点"少而无异味者为上;四要看汤色是否清澈油亮,"陈香陈韵"是否独特、醇厚、持久,叶底是否柔软明亮,等等。由于陈年老茶原料通常比较粗老,加上存放年久,需要用较高的水温进行冲泡,因此最适宜用紫砂壶泡饮或直接用陶制煮水壶煮饮,其次也可采用盖碗泡饮,泡饮的方法、程式分别与新鲜茶的紫砂壶泡法和盖碗泡饮法相同。

(陈 椽 白堃元)

3. 崇尚美学与艺术的"艺茶"阶段

随着茶文化与内涵的日益丰富和不断发展,人们发现茶叶不再仅仅是"开门七件事"的生活用品,而且其文化内涵及冲泡饮用过程还具有独特的精神、道德、审美价值和艺术欣赏价值,尤其是"茶艺"开展后,举国上下茶艺馆和茶文化推介活动风起云涌,把茶的冲泡饮用方法推到了一个更高的阶段——"艺茶"阶段。如前所述,"饮茶阶段"经历了从"饮茶"到"品茶"不断发展成熟的漫长过程。尽管在这一漫长过程中,泡茶与品茶的艺术开始萌芽和发展,但是仍然主要停留在文人墨客的诗词歌赋里面,"艺茶"仍未成为茶叶泡饮活动的主流。如果说"饮茶阶段"的基本特征是把茶叶冲泡与鉴赏的方法"技术化"的话,那么,"艺茶"阶段的基本特征就是将茶叶冲泡与欣赏的方法"艺术化",即追求茶叶冲泡饮用过程中物质要素(茶叶、茶具、用水)、环境要素(茶席、茶室、背景、音乐的设计与布置)、人的要素(茶艺师与品茶者的素质、心境、礼仪等)与审美要素(拟展示或倡导的精神、道德和审美主题)的高度和谐与统一,使泡茶的程式、动作、场景"艺术化",同时使"与茶者"在饮茶和赏茶过程中能不断领略茶的真谛、传播茶的美德。

以上把人类利用(饮用)茶叶以来的漫长历史,大致划分为吃(喝)茶、饮茶(含品茶)和艺茶三个阶段,但是,必需指出的是,这三个阶段之间,饮茶技艺的内涵并不是彼此孤立、绝对分割的,而是相互联系、不断传承,从低级到高级,不断丰富和发展的。如今,国内外茶人在继承和发扬传统饮茶技艺的同时,还对茶叶的生物活性物质的提取、分离、纯化、保存技术进行研究并在现代医药、美容等方面大力拓展应用,为茶叶的饮用开辟了新的巨大空间。

(陈　栋　白坤元)

(二)茶叶泡饮技艺的要素

影响泡好一壶茶的因素虽然很多,除通常说的茶叶用量、泡茶水温、浸泡时间等泡茶技术因素外,泡茶意境、泡茶程式也很重要。如果前面三个是泡茶技术,那么后面二项是泡好一杯茶的"艺术"因素了。

1. 泡茶意境

泡茶意境,是指"艺茶"阶段的泡茶活动中要表达出来的主题、意念、氛围和环境。泡茶意境的设计,主要包括茶具的选择、环境要求、茶席布置、背景音乐的配置等。它是茶叶冲泡和茶艺表演的辅助元素,但对于突出泡茶活动的主题,弘扬茶道精神和营造茶艺表演的氛围都十分重要。在茶艺表演中,特定茶叶、特定场合的环境布置,应当具有不同的意境,要从整体环境的格调、茶艺师的服饰、茶席茶具的布置和图文声乐的选择四个方面去考虑和设计意境要素的内涵及其相互协调性。中国茶艺一般讲究幽旷清寂,渴望回归自然。唐代诗人钱起在"竹下忘言对紫茶,全胜羽客醉流霞。尘心洗尽兴难尽,一树蝉声片影斜"的诗中描述的"竹影婆娑,蝉鸣声声"是典型的清寂的环境,在这种环境中品饮清茶感到尘心洗尽,心灵空明。在大自然的竹林中、小溪旁、荷塘边处处都是品茗佳境。然而,现代生活中,古人所追求的自然环境去何处寻找?环境的污染、交通的喧嚣,往往使我们放弃了对室外环境的追求。所以,很多时候,人们更讲究的是室内品茗环境。室内同样要求清静、雅致,其实就是古人对自然环境要求的人工再造。关于泡茶室内环境的设计与布置,其格调和主题应当视泡饮的茶类的不同而有所差异。名优绿茶类的冲泡,应当突出清雅、宁静、自然与活力等意境,比如营造一些类似"大地回春"、"翠绿欲滴"、"白雪公主"等主题;乌龙茶的泡饮则应当侧重营造欢快、活泼、奋发向上、充满朝气等意境,比如"香飘四季"、"青春焕发"、"荷塘秋色"、"一柱冲天"等主题;红茶的冲泡意境则应当体现出热烈、坚定、雄壮、不屈不挠的力量,营造一些诸如"雨打芭蕉"、"白雪红梅"、"风华正茂"和"满山红遍"等主题;而陈年黑茶的茶艺背景,则应突出成熟、沉稳、厚重、慈祥、和谐等主题,设计一些如"海纳百川"、"和风细雨"、"夕阳无限"和"一览众山小"等意境。

在茶席布置上,可以充分想象、创新。茶台上摆设除茶具之外的一些背景、道具,诸如茶食、花器等。营造高雅的意境,还常借助名家字画、金石古玩、花木盆景等作为背景装饰。在这些装饰中,楹联常能起到画龙点睛的作用,尤应精心挑选。但是种种布置,首要是要求以茶为本,即做到意境与所选茶叶的特点和茶艺主题相互衬托、相互协调,以泡茶的程式和技艺为主线,种种发挥最终都要回归到茶道的精神中去。花器不可过大过于艳丽,否则会冲淡典雅的氛围;颜色搭配上要协调,不可夸张另类。作为背景的楹联字画要选择与茶有关,或意境相近的题材。

背景音乐可以营造意境,也最能使人静心。音乐,特别是中国古典名曲有助于茶人除烦涤尘,清静忘我。茶艺过程中最宜选播以下三类音乐:

一是中国古典名曲。这些名曲幽婉深邃,韵味悠长,有一种令人荡气回肠、销魂摄魄之美。如《春江花月夜》、《彩云追月》、《塞上曲》、《平湖秋月》等。

二是精心录制的大自然之声,如山泉飞瀑、小溪流水、雨打芭蕉、风吹竹林、秋虫鸣唱等都是极美的音乐,称之为"天籁",很适于意境型茶艺上播放。

三是近代作曲家专门为品茶而谱写的音乐,如《闲情听茶》、《香飘水云间》、《桂花龙井》、《听壶》等。听这些音乐可使茶人的心徜徉于茶的无垠世界中。它适合比较休闲的饮茶形式。

(陈　栋)

2. 泡茶程式

泡茶程式,顾名思义是指茶叶泡饮的具体程序和方式。泡茶程序编排,是指怎样编排好泡好一壶茶的各个环节的动作和技艺,是茶叶泡饮活动最重要的环节,可以说是"主心骨"或主线。整个泡茶和艺茶过程,实质上是以茶艺师为核心,把茶艺师的素质要素与茶艺的物质要素和意境要素科学链接、融合、提升的过程。在茶艺程式的编排上,要注意把握好如下三个方面:

一是"顺应茶性"。就是按照这套程序操作,是否能把茶叶的内质发挥得淋漓尽致,泡出一壶好茶来。不同茶类的茶性,如品质风格、粗细程度、老嫩程度、发酵程度等千差万别,所以冲泡时所选用的器皿、水温、投茶方式、投茶量、冲泡时间等也应各不相同。其中最本质、最重要的是要把握好"泡茶技术三要素",即茶叶用量、泡茶水温、浸泡时间。如果一个泡茶程式不能把茶叶的色、香、味属性最充分地展示出来,那么茶叶泡饮表演得再花哨也称不上是好茶艺。

二是"科学卫生"。目前我国流传较广的茶艺泡饮程式,多是在传统的民俗茶艺的基础上整理出来的。有个别程序按照现代的眼光去看是不够科学卫生的。有些泡茶"温具"程序是把用过的品茗杯的茶汤倒在紫砂壶上;又如一些地方喝功夫茶,不断淋洗交换品茗杯,这种风俗虽然有它特定的文化内涵,却与现在的生活方式不大协调。对于传统民俗茶艺中不够科学、卫生的程序,在整理时应当大胆扬弃,或者找出变通的方法加以改良,使所有的细节符合"科学卫生"。

三是"符合茶道"。就是泡茶的程式与茶艺应符合茶道所倡导的人文精神和基本理念。茶艺编排程序必须遵循茶道的基本精神,以茶道的基本理论为指导。违背茶道精神的泡饮程式,充其量只能说是泡茶表演,而不是"艺茶"。说到茶道,人们往往想到日本茶道,而不知其本来源自中国。中国是茶道的发祥地。国人深受老子思想的"道可道,非常道"之影响,都把道看得无尚崇高,故此不敢随便给茶道下定义、作概括。但是可以从日本茶道的"和、静、清、寂"中体会,也可以从庄晚芳先生提出的中国茶道基本精神"廉、美、和、敬"中去感受,让茶道的精神在泡茶程式设计中形成独特的概念。

茶的冲泡方法和程序有简有繁,要根据具体情况,结合茶性而定。另各地由于饮茶嗜好、地方风习不同,冲泡方法和程序会有一些差异。但不论泡茶技艺如何变化,要冲泡任何一种茶,除了备茶、选水、烧水、配具之外,都共同遵守这样的泡茶程序:

(1) 温具

用热水冲淋茶壶,包括壶嘴、壶盖,同时烫淋茶杯。随即将茶壶、茶杯沥干。其目的是提高茶具温度使茶叶冲泡后温度相对稳定,不使温度过快下降,这对较粗老茶叶的冲泡,尤为重要。

(2) 置茶

按茶壶或茶杯的大小,用茶则置一定数量的茶叶入壶(杯),然后将茶汤倒入杯中饮用。如果用盖碗泡茶,泡好后则可直接饮用。

（3）冲泡

置茶入壶（杯）后，按照茶与水的比例，将开水冲入壶中。冲水时，除乌龙茶冲水须溢出壶口、壶嘴外，通常以冲水八分满为宜。如果使用玻璃杯或白瓷杯冲泡注重欣赏的细嫩名茶，冲水也以七八分满为度。冲水时，在民间常用"凤凰三点头"之法，即将水壶下倾上提三次，其意一是表示主人向宾客点头，欢迎致意；二是可使茶叶和茶水上下翻动，使茶汤浓度一致。

（4）奉茶

奉茶时，主人要面带笑容，最好用茶盘托着送给客人。如果从客人侧面奉茶，若左侧奉茶时，用左手端杯，右手手指并拢伸出，做请茶用茶姿势；若右侧奉茶，则用右手端杯，左手作请用茶姿势。这时，客人可右手除拇指外其余四指并拢弯曲，轻轻敲打桌面，或微微点头，以表谢意。

（5）赏茶

如果饮的是高级名茶，那么，茶叶冲泡后，不可急于饮用，应先观色察形，接着端杯闻香，再啜汤尝味。尝味时，应让茶汤从舌尖沿舌两侧流到舌根，再回到舌尖，如此反复二三次，以留下茶汤清香甘甜的回味。

（6）续水

一般当已饮去 2/3（杯）的茶汤时，就应续水入壶（杯）。若茶水全部饮尽时再续水，那么，茶汤就会淡而无味。续水通常二三次就够了。如果还想继续饮茶，应该重新置茶冲泡。

由于泡茶方法因茶的种类、级别不同而有所不同，所以其冲泡的程序也略有差异，通常可归纳为：备茶——备水——备具——冲泡——饮用。

泡茶大致可分为杯泡法、盖碗泡法和壶泡法三种：

（1）杯泡法程序　备具→备茶→备水→赏茶→置茶→浸润泡→计时→冲泡→计时→（奉茶）→品茶→续水。

（2）盖碗泡法程序　备具→备茶→备水→赏茶→置茶→浸润泡→计时→冲泡→计时→（奉茶）→品茶→续水。

（3）壶泡法程序　备具→备茶→备水→温壶→赏茶→置茶→头泡→计时→温杯→→分茶→（奉茶）→品茶→二泡→三泡。

（陈　栋）

（三）茶叶的饮用方法

绿茶、红茶、黄茶、白茶、黑茶和乌龙茶等茶类都可以用任何一种方法来冲泡和饮用，但是，由于不同茶类的外形、内质特点和文化内涵存在较大的差异，即使是同一茶类不同级别茶叶的特点也存在差别，因此，选择最合适的冲泡饮用方法，对于不同茶类的"色、香、味、形"能否"扬长避短"至关重要。比如，武夷岩茶讲究"香醇味重"，铁观音讲求"铁韵兰香"，广东单丛追求"花香蜜韵"，普洱茶崇尚"陈香陈韵"，绿茶推崇"清香形美"，红茶则以"浓强鲜甜"为上品，等等。人们之所以要强调不同茶叶的饮用方法有所不同，其实，无非是为了发挥各种茶叶的固有特色罢了。判断一个茶的饮用方法是否得当，一要考虑能否发挥这个茶叶的品质长处而同时规避其短处，也就是要把握好茶具与水的选择、投茶量、水温控制、泡茶程式、时间、次数等关于泡好一杯茶的技法；二要考虑茶汤的香味与浓度能否适合饮茶者的口味与追求；三要考虑泡茶的程式、动作、环境的设计与控制是否协调并富有艺术感；四要考虑整个泡茶饮用过程表达怎样的主题与美的意境。根据现代"饮茶"和"艺茶"的基本要求，分别介绍各大茶类的主要冲泡饮用方法。

（陈　栋）

1. 绿茶的饮用方法

绿茶是我国六大茶类中产地分布最广、总产量最大、花色品种最多、形态特征最丰富的茶类。其有别于其他茶类的品质特点是"色泽绿（外形）、汤绿和叶底绿"，其中名优绿茶和高级绿茶还特别讲究"形美"，有"嫩香"或其他独特的香味。因此在绿茶类的冲泡饮用中，为了充分欣赏其品质特点和审美价值，名优绿茶通常采用杯泡法，其中以玻璃杯泡法为最佳；而泡普通绿茶则不需要凸显其外形特征，故较多采用瓷杯简约泡法、盖碗泡法或大壶泡法。

（1）杯泡法

杯泡法是将茶叶直接置于茶杯中冲泡，茶叶与茶汤不须过滤分离就可直接饮用。这是绿茶饮用最为常见的方法。其中玻璃杯泡法，茶杯清澈透明，可清楚欣赏到绿茶遇水后舒展的身姿及其赏心悦目的汤色，所以通常多用于冲泡名优绿茶。根据投茶冲水先后顺序的不同，杯泡法可分为上投法、中投法和下投法。上投法是先向茶杯中注入七八分满的开水（95℃左右），然后再将茶叶投入杯中浸泡，观赏茶叶在杯中的变化并适时饮用。该方法比较适合于冲泡外形多毫而紧细的名优绿茶或单芽名茶，比如洞庭碧螺春、都匀毛尖、蒙顶甘露、庐山云雾、信阳毛尖、阳羡雪芽、福建莲芯、凌云白毫、高桥银峰、鸿雁大毫、苍山雪绿、狗牯脑等。中投法是先向茶杯中注入约占容积四分之一的开水，接着将茶叶投入杯中，再将开水加至七分满或八分满，观察茶叶在水中的变化，适时浸泡、赏茶并饮用。中投杯泡法比较适合于冲泡条索较为松散的茶叶，比如太平猴魁、仁化银毫、舒城兰花、黄山毛峰等。下投法则是先在茶杯中加入茶叶，然后向茶杯注入约四分之一容积的开水浸润茶叶1～2分钟，最后再将85℃～90℃的开水加至七八分满，适时饮用。这一方法适合于冲泡身骨重实、外形光滑、紧结的茶叶，比如西湖龙井、六安瓜片、金坛雀舌、吉安白片、老竹大方、南京雨花、崂山春等。

泡饮绿茶之前，先欣赏干茶的色、香、形。取一杯之量的茶叶，置于无异味的洁白的赏茶盘上，观看茶叶形态。名茶的造型，因品种不同，或条，或扁，或螺，或针等；欣赏其制作工艺，察看茶叶色泽，或碧绿，或深绿，或黄绿，或多毫等；再干嗅茶中香气，或奶油香，或绿豆香，或板栗香，或锅炒香，或不可名状的清鲜茶香……充分领略各种名茶的地域性的天然风韵。这一"干看外形"的过程，称为"赏茶"。赏茶完毕，才进入冲泡。

在玻璃杯泡法中，细细欣赏茶叶在杯内水中的舒展、沉浮过程，是名优绿茶饮用中不可缺少的环节。玻璃杯泡法一般不须加盖，注入开水后，茶叶在杯中的变化会因冲泡方法和茶叶花色品种不同而异，比如在上投法中，茶叶会有先有后地徐徐下沉，有的直线下沉，有的则徘徊缓下，有的上下沉浮后降至杯底，正如君山银针有"三起三落"之景象，妩媚动人；干茶吸足水分后，逐渐展开叶片，现出一芽一叶、二叶或单芽、单叶的生叶本色，呈现出"芽似枪剑叶如旗"等多姿多彩的形态；汤面水气夹着茶香缕缕上升，如云蒸霞蔚，此时趁热嗅闻茶汤香气，令人心旷神怡；观察茶汤颜色，或黄绿碧清，或乳白微绿，或淡绿微黄……隔杯对着阳光透视，还可见到汤中有细细的茸毫沉浮游动，闪闪发光，星斑点点。茶叶细嫩多毫，汤中散毫就多，此乃嫩茶之特色。这个赏茶过程称之为"湿看欣赏"。

待杯中茶汤凉至适口，便可品尝茶汤滋味。品尝时宜小口品啜，缓慢吞咽，让茶汤与舌头味蕾充分接触，细细领略名茶的风韵。此时舌与鼻并用，可从茶汤中品出嫩茶香气，顿觉沁人心脾。第一杯冲泡的茶汤称之为"一开茶"或"头开茶"，着重品尝茶的鲜味与茶香；饮至杯中茶汤尚余约三分之一水量时（不宜一开全部饮干），再续加开水，谓之"二开茶"。如若泡饮茶叶肥壮的名茶，二开茶汤正浓，饮后舌本回甘，余味无穷，齿颊留香，身心舒畅。饮至三开，一般绿茶续水再饮就显得淡薄无味了。

为了便于理解和操作，下面以碧螺春和西湖龙井为例，分别简要叙述名优绿茶的玻璃杯上投、中投和下投冲泡饮用方法。

① 碧螺春玻璃杯泡法（上投法）：

1）备水温杯

将开水注入玻璃杯约四分之一容积。双手拿起玻璃杯，缓缓旋转杯口，使开水尽量温洗到玻璃杯上部，然后将水倒入废水盘。此时若煮水壶中水已沸腾，则宜打开煮水壶的盖，使沸水透气并使温度能够略有下降。

2）赏茶观色

将碧螺春从茶叶罐中取出，放入茶荷中供人欣赏。赏茶的重点是赏形、闻香、观色。洞庭碧螺春具有条索纤细、卷曲成螺、色泽银绿隐翠的外形特征，当地茶农称之为"满身毛、铜丝条、蜜蜂腿"。"满身毛"是指碧螺春满身披毫；"铜丝条"指碧螺春条索细紧重实，这也是选择上投法的重要原因；"蜜蜂腿"是指碧螺春的形态像蜜蜂的腿。

3) 注水入杯

向玻璃杯注入煮好的开水,水注要轻柔饱满地落在玻璃杯壁上,避免激起泡沫。注水量以占玻璃杯容积的七至八分满为宜。

4) 投茶"赏舞"

用茶匙将茶荷中的碧螺春茶叶拨入玻璃杯中。使用茶匙用力要轻柔,动作要美观,防止使茶叶折断、破损。投放的茶量要视玻璃杯的大小来定,一般250毫升的玻璃杯,以投茶5克左右为宜。观察茶叶在杯中的舒展"舞动"和茶汤色泽的变化。

5) 奉茶敬客

待茶叶浸润适时,将玻璃杯端起,在茶巾上垫一下,使吸干水渍,双手奉给客人,为避免出现茶汤撒出烫到客人等的尴尬,奉茶时宜将玻璃杯直接放在客人面前的桌子上,而不可让客人伸手传接。

6) 品饮茶汤

碧螺春投入玻璃杯后,茶在杯中遇水,从容而飘逸地下落,不急不徐,非常赏心悦目;观其汤色,嫩绿清澈;闻其香气,芬芳持久,品其茶汤,滋味清鲜回甘,回味无穷。头开茶饮尽后,可视情况继续冲水泡饮。

② 仁化银毫玻璃杯泡法(中投法)

1) 备水温杯

选取洁净、透明的250毫升玻璃杯一个,将开水注入玻璃杯至约四分之一容积处。双手拿起玻璃杯,缓缓旋转杯口,使尽量温洗到玻璃杯上部至口部,然后将水倒入废水盘。煮水备用。

2) 赏茶观色

将仁化银毫茶从茶叶罐中取出,放入茶荷或茶样盘中供人欣赏。赏茶的步骤是观看外形、观察干色、品嗅干香。仁化银毫茶芽粗壮肥硕,茸毛银白密布,似白玉兰花瓣状,因外形松散,多采用中投法冲泡;干嗅茶有悠长的兰香毫韵。

3) 一次注水

将温度降至约95℃的沸水注入玻璃杯中,注水量以占玻璃杯的四分之一为准。注水要轻柔饱满,落在玻璃杯壁上,避免激起泡沫。

4) 投茶润泡

用茶匙将5克银毫茶拨入玻璃杯中,缓缓旋转玻璃杯,使茶叶与开水尽量融合。润泡时间控制在1～2分钟。

5) 二次注水

再次向玻璃杯中注入85℃～95℃的开水,水线要轻柔饱满,冲在玻璃杯壁上,带动茶叶在杯中滚动,注水量以加至玻璃杯容积的七至八分满为宜。观赏茶叶在杯中的"舞动"舒展和茶汤的色泽变化。

6) 奉茶敬客

将玻璃杯端起,在茶巾上吸干水渍,双手奉给客人。为避免出现洒出茶汤或烫到客人等的尴尬,奉茶时宜将玻璃杯放在客人面前的桌子上,而不要让客人手接传送。

7) 品赏内质

仁化银毫茶芽充分吸水后,棵棵芽叶挺立,像春天刚刚出土的嫩笋,簇立杯中;汤色清澈明亮,香气清幽如兰,细长持久,滋味鲜爽甘醇,细细品饮,令人清心陶醉。

③ 西湖龙井玻璃杯冲泡(下投法)

外形紧结的绿茶不容易吸水浸润和下沉舒展,需要借助注水的冲力浸泡,因此适用下投法。西湖龙井色泽黄绿,外形扁平、光滑、紧实、没有毫毛,与水相融较慢,所以多采用下投法冲泡,以让茶叶争取到更多的时间吸取水分。

下投法的简要冲泡饮用程式是:备水——干赏外形(赏茶)——温杯——投茶入杯——一次注水——浸润泡——二次注水——奉茶敬客——品赏内质。每个步骤的操作要领同"中投法"。但值得一提的是,在往玻璃杯第二次注入开水的时候,手提煮水壶要由低到高再降低,连续提落三次,此步骤又称"凤凰三点头",表示对来宾的欢迎。注水时切不可直接撞击茶芽,而应使水落到玻璃杯壁上,让茶叶随着水浪翻滚起来。这样的方法,既可以使茶性尽情发挥,又不伤到幼嫩茶芽。注水量以水加至七分满或八分满为度。

西湖龙井冲泡后芽叶饱满,初展小叶抱一嫩芽,朵朵挺立,像春天刚刚出土的嫩草,簇立杯中,上下沉浮;汤色碧绿明亮,香气馥郁如兰,滋味甘醇鲜爽,有"橄榄味",以"色绿、香郁、味醇、形美"四绝著称。细细品饮,令人心旷神怡。

无论是用上投法、中投法，还是下投法泡饮绿茶，当饮尽一开茶后，均可根据客人的需求和茶汤的浓度，继续泡饮二开茶、三开茶，直至正常的色、香、味失去为止。

(2) 盖碗冲泡法

盖碗冲泡法是以盖碗作为泡茶和滤茶工具的一种方法。传统的盖碗泡法是把盖碗当作茶杯来泡茶的，具体方法同杯泡法；而现代盖碗泡法则以盖碗充当茶壶来使用，冲泡时要将茶汤与茶叶(渣)分离，并将茶汤分到各个茶瓯或茶杯中去品饮。名优茶和中低档绿茶都可使用此种方法，所不同的是越细嫩的名优茶，加盖浸泡的时间应越少。用现代盖碗泡法饮用绿茶，要把握好以下九个步骤：

① 备具

需要准备的茶具主要是：盖碗、公道壶、煮水壶、茶道组(杯夹、茶则、茶匙等)、茶滤、滤架、茶巾各一件；品茗杯、杯垫按饮茶人数各配一个。

② 温洗盖瓯

盖瓯即盖碗。温洗盖瓯时，先打开瓯盖，将开水注入盖瓯约一半容积；盖上瓯盖，大拇指与中指贴住盖碗杯沿，食指按住瓯盖的中心凹处，以"三龙护鼎"方式将水倒出。目的是将盖碗温热，有助于茶性更好地发挥。

③ 赏茶

将拟冲泡的茶叶放入茶荷中赏看。赏茶时可主人与客人一起对茶叶的外形风格和干茶色泽、香气、产地等特性进行评价与讨论，这样可增加品茶氛围。这也是中国人饮茶有别于西方人饮茶的独特活动。

④ 投茶

将茶叶投入盖瓯中。名优绿茶比较细嫩，以选用茶刮将茶拨入盖瓯为好，既方便又美观。不同规格茶叶的投茶量可以有所不同，一般掌握在3～5克左右为准。

⑤ 润茶

用已降至95℃左右的开水高冲入瓯，直至水满，用瓯盖刮去泡沫；冲水时水注要轻柔饱满，刮沫后再盖上瓯盖，但要留一小缝，按住杯盖倾出少量茶汤(目的是拿起盖瓯时不烫手)，再以"三龙护鼎"方式将茶汤快速滤入公道壶中。第一巡茶汤可用来淋洗茶杯。第一次出汤速度要快，以尽量减少茶叶内的有效成分浸出。如果是名优绿茶，则不需润茶这一步骤，直接冲泡就可品饮。

⑥ 冲泡

将适度开水冲入盖瓯，水注要落在盖碗的沿壁上，不可直接冲撞幼嫩的茶芽。名优绿茶重在清新，为了避免产生闷味，通常马上加盖浸泡，待茶叶在瓯中浸泡适时(约1～2分钟)，再加盖斟茶出汤。

⑦ 斟茶

以"三龙护鼎"方式将茶汤滤入公道壶中。倒出茶汤时，盖碗与公道壶的距离要近，这样既可防止茶汤香味和热量散失，又可防止茶汤溅出，或产生泡沫，影响美观和意境。当茶汤斟至不能再形成水流时，要轻柔地将盖碗里剩余的茶汤尽数点入公道壶中，这一步骤在潮州工夫茶冲泡中叫做"韩信点兵"，这样既有利于出尽茶之精华，又可避免剩余茶汤长时间在瓯中滞留，而影响下一巡茶汤的品质，产生苦涩味。最后，将公道壶中的茶汤慢慢斟入品茗杯中，斟茶顺序可以从左到右，也可从右到左。由于古有"酒满敬人，茶满欺人"之说，茶汤切不可满斟入杯，一般加至品茗杯的八分满即可。

⑧ 奉茶

将品茗杯端起，在茶巾上吸干水渍，再放上杯垫，双手奉给客人，为避免撒出茶汤等的尴尬，宜将茶杯放在客人面前的桌子上，而不需要让客人手接。

⑨ 品茗

端起品茗杯，即可品饮。绿茶含未氧化的茶多酚最多，因此茶汤的氧化速度最快，汤色变化也最快，所以品饮绿茶一般先看汤色，再闻香气，最后尝茶汤。

(3) 大壶冲泡法

大壶冲泡法适用于酒楼、餐馆和会议厅等饮茶人数较多的场合，常常用于冲饮大宗绿茶。主要步骤：首先用开水温洗一遍大茶壶，提高茶壶的温度；第二，将茶叶放入壶中，因为壶的容积较大，一般投茶量掌握在15克左右，当然，投茶量的多少还要因茶壶的大小而异，以控制茶水比例在1：30到1：60为宜；第三，往大茶壶内注入开水，随即快速将茶汤倒出，第一次茶汤可用于洗壶(这里指公道壶，可以取另一个大茶壶代之)热杯;然后再次注入开水,浸泡2~3分钟后,将茶汤倒入另一个相同的大茶壶(或公道壶)中,再把茶汤分到各人的茶杯中品饮。

除以上所述的杯泡法、盖碗泡法和大壶冲泡法等现代主流泡饮法之外,在一些少数民族地区中,至今仍沿用着一些古老或特殊的绿茶泡饮方法,比如擂茶饮法等,这已在其他章节介绍,不再重复。

(陈 栋)

2. 黄茶与白茶的饮用方法

黄茶和白茶都是六大茶类中的一个类别。其加工工序比较简单,茶的滋味比较雅淡,且生产量也较之其他四个茶类要少很多。黄茶与白茶可按茶叶等级的不同采用不同的冲泡方法。通常采用玻璃杯泡法、盖碗泡法和大壶泡法。其冲泡方法、程式均与绿茶大同小异,可按照绿茶的同一泡饮法进行操作。名优贵重的黄茶、白茶,比如湖南君山银针、福建白牡丹和广东乐昌白毛茶等,外形美观、原料细嫩、品质独特,往往使用玻璃杯或盖碗法冲泡。玻璃杯泡饮法的程式是:备具、煮水、温杯、赏茶、投茶、注水、润泡、冲泡、奉茶、品饮等10个步骤;盖碗泡法的基本程式则是备具、煮水、温洗盖瓯、赏茶、投茶、润茶、醒茶、冲泡、奉茶、品饮等。白茶泡饮中的所谓"醒茶",是指将茶汤从盖碗中完全滤出以让瓯中茶叶"苏醒"的过程。醒茶要求必须将茶汤尽可能100%倒出,不留余汤;茶汤倒尽后不可以马上冲泡二开茶,而要让盖碗中的茶叶静置一分钟左右,让茶叶充分苏醒过来,以有利于茶性的焕发,防止茶叶浸泡太久影响茶汤的品质。

(陈 栋)

3. 红茶的饮用方法

红茶,是全发酵茶,干茶色泽乌润,汤色红艳明亮,滋味醇厚回甜,叶底红亮,其中红碎茶要求滋味浓强鲜爽,加奶后汤色粉红,香味芬芳。红茶,是当今世界消费量最大的茶类,可分为工夫红茶(红条茶)、红碎茶和袋泡红茶三种。不同的红茶采用不同的方法来泡饮。中国人喜欢"清饮"红茶,注重品味其色、香、味、形,因此大多饮用工夫红茶;西方人喜爱在红茶汤中加入牛奶、砂糖、柠檬等来"调饮",因此多饮用红碎茶和袋泡红茶。

(1)工夫红茶的冲泡方法

由于要充分体现红茶"红汤红叶"的品质特点,大多用瓷质洁白的茶壶或盖碗来泡饮,其容量约250~300毫升左右。工夫红茶的瓷壶泡饮法,简要介绍如下。

① 煮水温壶

用热水将茶壶温洗一遍。目的是提高茶壶温度,有助于茶性更好的发挥。

② 赏茶

将茶叶放入茶荷或茶样盘中鉴赏。上好的工夫红茶,一般外形匀齐,或紧结肥壮,或金毫满披,色泽乌润;嗅其干香,有果甜香气等。

③ 投茶

取5克茶叶置于白瓷茶壶中。颗粒形或条索细小的工夫红茶一般用茶匙将茶叶从茶叶罐取出,直接投入已经温好的茶壶内;而条形粗大的茶叶,如英德金毫、条形滇红、英红九号等,需要用茶匙将茶叶拨入壶内,这样既不折断茶条,又动作美观。

④ 润茶

用沸水高冲入壶,直至水过茶面,接着将茶汤迅速倒入公道壶,以避免茶叶内的有效成分浸出。此次茶汤不要饮用,可用于淋洗茶杯。对于泡沫或杂质较多的茶叶,第一次润茶注水应加至满壶,刮沫后再迅速出汤洗杯。

⑤ 醒茶

将茶汤倒出,不留余汤,因茶汤浸泡太久会影响茶的品质。让茶叶在茶壶中停留一分钟左右,以让茶叶苏醒,有利于茶性的焕发。

⑥ 冲泡

将沸水再次冲入茶壶,水满上盖,让茶叶浸泡约2~3分钟备斟。

⑦ 斟茶

将茶滤放在公道壶上,将瓷壶中浸泡适时的茶汤倒入公道壶。倒出茶汤时,茶壶宜放低,距离公道壶要近。一是为了减少茶汤热量散失,保持茶汤的热饮口感;二是防止茶汤溅出,或因茶汤高冲产生泡沫,影响美观和意境。当茶汤倒至不能形成水流时,将茶壶里的茶汤尽数点入公道壶,以出尽茶之精华。最后,将公道壶中的茶汤慢慢斟入品茗杯中。

⑧ 奉茶

与前述的"奉茶"步骤相同。

⑨ 品茗

端起品茗杯,细细品尝工夫红茶的汤色与香味。优质红茶要求香气鲜浓或鲜嫩回甜,其中大叶种红茶滋味鲜浓富刺激性,中小叶种红茶鲜嫩甜醇,汤色红艳,金圈金黄明亮。加奶搅拌后,汤色粉红,茶香与奶味,相互协调,别有一番情趣。

工夫红茶的盖碗泡饮法,程式与要求同上。工夫红茶、小种红茶和袋泡茶均可用壶泡法或盖碗泡法来冲泡饮用。在广东和港澳地区,人们比较崇尚红茶,又因荔枝和玫瑰具有"火红"的喜庆色彩和甜醇芳香的滋味,自古以来就有制作、饮用荔枝红茶和玫瑰红茶的习惯。具体做法是取 3～5 克红茶至盖碗中,加入去壳去核的新鲜荔枝 2～3 枚(或经干燥的玫瑰花蕾 3～5 朵),用开水泡饮。荔枝或玫瑰的香味与红茶糅和在一起,相得益彰,浓郁香甜,令人回味。现代的荔枝红茶制作与饮用,则是用经干燥的红茶按比例与新鲜荔枝肉或荔枝汁混合吸附,经反复"窨制——干燥"后而成。其泡饮程式与方法同工夫红茶的壶泡法或盖碗泡法。

(2) 红碎茶的冲泡方法

红碎茶是将红条茶揉切成碎茶或直接将茶鲜叶经切碎、发酵、烘干而制成。红碎茶在国外销量很大,多用来加奶调制成奶茶饮用。因其内含物质在茶汤中很容易析出,一般只冲泡一次。由于红碎茶外形颗粒细小,无论是清饮还是加奶调饮,都要将茶汤与茶渣分离开来,而用盖碗或紫砂壶冲泡就非常不便。针对红碎茶的这一特点,下面简要介绍两种红碎茶泡饮方法:

方法一:袋泡茶泡饮法

将红碎茶用特别材料制成的茶包裹住,将袋泡茶的口部扎紧,放入壶中或者盖碗中用开水浸泡,这样茶渣不会混入茶汤中,易于茶与汤的分离。若茶袋有线头,可将线头放在泡茶器皿的外面,当浸泡时间到时,直接提起线头将袋泡茶取出,随即便可清饮或加入调味品调饮。这种泡法操作方便简单,对泡茶器具没有很多要求。袋泡茶泡饮法与此操作相似。

方法二:茶滤冲泡法

茶滤,是用来过滤茶渣的现代泡茶用具。将茶滤放在公道壶或者其他待用(饮)茶具上,或者直接用手握住,再将红碎茶放入茶滤中,然后用沸水直接冲泡过滤。茶汤经过茶滤的过滤流入待用茶具(公道壶)中,随即便可用于调饮或直接饮用。

(陈　栋)

4. 乌龙茶的泡饮方法

乌龙茶是半发酵茶类,主产我国福建、广东、台湾等省。它既具有绿茶的醇和甘爽,红茶的鲜强浓厚,又具有花茶的芬芳幽香;独具"绿叶红镶边"的叶底特点,茶叶泡开后叶片红绿相映,十分秀美。

我国福建、广东两地人都喜欢饮乌龙茶,特别是闽南人、广东潮汕人饮乌龙茶最为考究。由于冲泡时颇费工夫,故而被称为饮"工夫茶"或"功夫茶"。地道的潮州工夫茶,所用的水需山坑石缝水,而火必以橄榄核烧取,罐则用酥罐,茶必选上等乌龙,经过复杂的程式科学冲泡,使上等乌龙茶特有的色、香、味发挥得淋漓尽致。乌龙茶的品种很多,著名的乌龙茶产品有武夷岩茶、凤凰单丛、铁观音、岭头单丛和台湾高山茶等。不同的乌龙茶香气滋味各有特色。例如:武夷岩茶冲泡后茶汤橙黄清澈,香气浓郁清长,滋味厚重回甘有果味,俗称有"岩韵";铁观音茶冲泡后,香气高雅如兰花,有"铁韵";而广东凤凰单丛、岭头单丛则天然花香蜜韵持久、浓郁,鲜爽回甘,赋有"山韵",十分耐泡,真可谓"三泡四泡是精华,十泡二十泡有余香"。

使用乌龙茶具最为考究的是广东潮汕人。从火炉、火炭、风扇,到茶洗、茶壶、茶杯、冲罐等,大大小小有近百种。其中饮乌龙茶最精致的茶具称为"四宝"。一是盛水煮水用的玉书碨(煨),又名砂铫,是特殊陶土制成的扁形的薄陶壶,一般能容水 200 毫升左右;二是生火烧水用的潮州风炉,传统风炉是陶质的,现代也有用白铁制成的,小巧玲珑;三是泡茶用的孟臣罐,以潮州红陶壶和宜兴紫砂壶为名贵,这种茶壶不仅造型独特,而且吸水、透气和保温性能特好，泡出的茶叶香味持久不散、不易变质。茶壶用的时间越久，泡出来的茶叶香气也越醇厚；四是品茗杯四个，古称"若琛瓯"，是白色小瓷杯，体积相当于半个乒乓球大小，容水不过五六毫升，多用潮州、景德镇等地产品。

茶具备好后，即可开始泡茶。泡茶的水最好取上好的山泉水，水温以二沸水（即初开者）为宜。燃料可使用硬木炭，讲究的则用橄榄核炭。

泡饮乌龙茶有一套传统的方法：泡茶前先用沸水把孟臣罐（茶壶）、茶盘、茶杯等淋洗一遍，在泡饮过程中还要不断淋洗，使茶具保持清洁和有相当的热度。然后把茶叶按粗细分开，将粗大的茶叶拨到壶流（嘴）一侧，将细碎的茶叶拨到壶把一侧，这样以免碎末堵塞壶嘴口，阻碍茶汤顺畅流出。接着即用开水冲茶，循边缘缓缓冲入，形成圈子，以免冲破"茶胆"。冲水时要使壶内茶叶打滚。当水刚漫过茶叶时，便立即将茶汤倒出，用于洗杯淋壶，这一"润茶温杯"过程俗称"茶洗"；紧接着冲进第二次水，水量约九成即可。盖上壶盖后，再用沸水淋壶浇盖，这时茶盘中的积水涨至壶的中部，这叫"内外夹攻"。如此，茶叶的精美真味才能浸泡出来。一般约2~3分钟，便适时斟茶出汤。传统的潮州工夫茶泡法，在斟茶时用拇、食、中三指操作；食指轻压壶顶盖珠，中、拇二指紧夹壶后把手。开始斟茶时，茶汤轮流注入品茗杯（若琛瓯）中，每杯先倒一半，周而复始，逐渐加至八成，使每杯茶汤浓度均匀划一，这在潮州工夫茶泡法中叫做"关公巡城"；如壶中茶水斟完，就是恰到好处；行茶时应先斟边缘，而后集中于杯子中间，当出汤至不能形成水流时，要将壶底最浓的部分茶汤均匀斟入各个小茶杯中，最后点点滴下，此谓"韩信点兵"。这种传统工夫茶泡法，茶汤极浓，往往是满壶茶叶却汤量很少，细细品啜，满口生香，韵味十足，令人久久回味。另外，传统工夫茶的冲茶、斟茶技艺也很讲究，有"高冲低行"之说，即：开水冲入罐时应自高处冲下，促使茶叶散香；而斟茶时则应低行出汤，以免失香散味。茶水一经冲入杯内，即应趁热吸饮，此谓"喝烧茶"，稍停则色味大逊。

第二次斟茶，仍先用开水烫杯。其中也颇有学问：以中指顶住杯底，大拇指按于杯沿，放进另一盛满开水的杯中，让其侧立，大拇指一弹动，整个杯即飞转成花，十分好看。这样烫杯之后，才可斟茶。

品饮乌龙茶也别具一格。首先，用手拿起品茗杯从鼻端慢慢移到嘴边，趁热闻香，再尝其味。尤其品饮武夷岩茶和凤凰单丛，皆有浓郁花香蜜韵。闻香时不必把茶杯久置鼻端，而是慢慢地由远及近，又由近及远，来回往返三四遍，顿觉阵阵茶香扑鼻而来，慢慢品饮，则茶之香气、滋味妙不可言。每当逢年过节之时，一家人吃过饭后，按长幼辈分团团围坐，欢聚一堂，细细品吸，和风细雨，不仅有利于帮助消化，更使茶叶"和、精、清、善"的精神美德得到传承与发扬，也给家庭生活增添了无穷的乐趣。

品饮乌龙茶也有三忌，一是空腹不能饮，否则就会感到饥肠辘辘，甚至会头晕眼花，翻肚欲吐，人们说这是"茶醉"。二是睡前不能饮，否则会使人难以入睡。三是冷茶不能饮，乌龙茶冷后性寒，对胃不利。这三忌对初饮乌龙茶的人尤为重要。

自从20世纪80年代国人推广公道壶之后，传统潮州工夫茶泡饮法中的"关公巡城"、"韩信点兵"和反复烫洗品茗杯的工序便随之被摒弃，这不得不说是乌龙茶泡饮程式的一大进步。公道壶的应用，成为现代乌龙茶泡饮法的重要环节。

根据上述乌龙茶泡饮方法的原理和要求，各乌龙茶主产地的茶人，结合当地茶叶的品质特点和饮茶习俗，创造了丰富多彩的乌龙茶冲泡技艺，其中以潮州工夫茶、闽式工夫茶和台湾茶艺最为典型。现将其泡茶程式与要求分别作简要介绍。

（1）潮州工夫茶泡饮法

潮州工夫茶泡饮技艺，原创于凤凰单丛茶的故乡——广东省潮州市，最适宜于凤凰单丛、岭头单丛、武夷岩茶等名优乌龙茶的冲泡，也适宜于冲泡陈年老茶，如陈年普洱、陈香茶、陈年单丛、水仙、客家绿茶和陈年茯砖、黑砖和康砖等黑茶类。用潮州工夫茶泡饮法泡饮凤凰单丛等名优乌龙茶，应着重把握好以下八个步骤：

第一，备水治器

治器是指洁器、起火、扇炉、候水、淋杯等准备工作。大约起火后十几分钟，砂铫（玉书碨）中就会发出飕飕作响之声，当它的声音突然变小时，那就是

"鱼眼水"烧成了,应立即将砂铫提起,淋洗茶壶(孟臣罐)和品茗杯(若琛瓯),其目的在于预热和洁净茶具;随即倒去茶壶和品茗杯中开水待用。再将砂铫置炉上加热。

第二,干赏乌龙

赏茶,又称"叶嘉酬宾",即鉴赏拟泡茶叶的外形、干色、干香等,茶叶审评中称此步骤为"干看外形"。北宋苏东坡的《叶嘉传》,用拟人的手法歌颂茶叶的品质与风格,因此茶叶得名"叶嘉"。凤凰单丛茶一般外形紧结匀整、褐绿乌润,嗅之有甜香带自然花香;往往茶叶产地海拔越高,外形越紧结油润,条索越匀整,自然干香也越高锐细长。

第三,纳茶入瓷

取出茶叶,把它倒在茶样盘或洁白的纸上分别粗细,把最粗的放在壶嘴一侧,再将细碎茶叶拨到壶把一侧,这样纳茶的工夫就完成了。这样做既可防止茶汤发苦,同时也可避免细末堵塞壶嘴;而分别粗细放置茶叶可以使出茶均匀,茶味发挥有序。纳茶量以纳至茶壶八九分满为准。当然也可以用盖碗代替潮州红陶壶或宜兴紫砂壶作为孟臣罐,纳茶方法相似。

第四,候汤冲茶

泡茶用水分为三沸,以二沸水("松涛水"或"连珠水")最好。苏东坡煎茶诗云:"蟹眼已过鱼眼生",这是指用达到"鱼眼"沸腾度的水冲茶最好。明黄龙德《茶说》云:"汤者,茶之司命",明屠隆《茶说》:"始如鱼目,微有声为一沸。缘边涌如连珠,为二沸。奔涛溅沫,为三沸。"所以,也有人说:"一沸太稚,谓之婴儿沸;三沸太老,谓之百寿汤;若水面浮珠,声若松涛,是为二沸,正好之候也。"

当水烧至二沸,就可以提铫冲茶了。火炉与茶壶的放置距离以七步为好。提铫后走七步,揭开茶壶盖,将滚水"环壶口、缘壶边"冲入,切忌直冲壶心(如用盖瓯,则从一角冲入,再沿盖瓯边缘缓慢环绕注水)。提铫宜高,所谓"高冲低斟"是也。冲水时,要一气呵成,不可断续,直至茶壶盛满并少量溢出为准。高冲时开水有力地冲击茶叶,使茶的香味容易浸出;"低斟"则是为了避免茶香散失。

第五,刮沫淋罐

当茶壶注满二沸水后,即用手提起壶盖,沿壶口轻轻刮去茶沫,然后盖好壶盖,再以滚水淋于壶上,冲去壶外茶沫,谓之淋罐。淋罐的作用一是使热气内外夹攻,逼使壶内茶香迅速挥发;二冲去壶外茶沫;三是让茶叶在壶中充分熟化(即"茶熟"),熟化时间以壶身表面的沸水蒸发至干为准。

第六,烫杯醒茶

第一壶茶汤用来冲洗品茗杯,俗称"烫杯",潮州土语称"烧盅热罐"。"烫杯"时茶汤要求出汤迅速快捷,且要彻底出尽,以免茶叶内含成分浸出过多。烫杯前,可先添冷水于砂铫中,复置炉上,再回身烫杯。烫杯是最富有技艺含量的动作,是冲工夫茶中的要点之一。熟练的泡茶老手可以双手同时各洗一个杯,动作迅速,声调铿锵,有如"飞轮烫杯",姿态美妙。具体是用拇指和中指捏住品茗杯的杯口和底沿,使小杯子(品茗杯)侧立,浸入另一个装满沸水的小茶杯中,用食指轻拨杯身,使杯子转动一至数周,然后"出浴"待用。烫杯时间不宜过长,一般掌握在1分钟左右。

在烫杯的同时,茶壶内的茶叶正好在其中经静置、温润已经"苏醒"过来,即可趁势向茶壶(碗)中冲入二沸水,具体操作同上述"冲茶"。

第七,斟茶入瓯

醒茶之后即斟茶,潮州人也称之"洒茶"、出茶或出汤。经数度工夫,最后冲泡工序就是出汤斟茶了。斟茶入杯前,要先将四只品茗杯紧挨着排列成"一字形"或"四方形",然后应将茶壶中的茶汤均匀地以"往返"或"轮回"式斟入品茗杯中,通常需反复斟2~3次才使品茗杯至八分满,俗称为"关公巡城"。壶中茶汤倾毕,尚有余滴,要尽数一滴一滴依次巡回滴入各个品茗杯中,这叫"韩信点兵"。斟茶也有四字诀:低,快,匀,尽。"低",就是前面说过的,"高冲低斟"的"低"。斟茶切不可高,高则香味散失,泡沫四起,对客人极不尊敬。"快"也是为了保持茶汤的浓度和热度均匀。"匀"是指斟茶时必须像车轮转动一样,杯杯轮流斟匀,不可斟满了一杯再斟另一杯,因为茶汤初者色浅味淡,后出者则色深味浓。"尽"就是不要让余汤留在壶中,以免造成下一轮茶汤滋味苦涩。

第八,品茶论道

品潮州工夫茶时,先用拇指和食指捏住品茗杯口沿,中指抵住杯底部,缓缓提起并将杯沿送至唇边,边嗅边饮,一般是三口见底。饮毕,再嗅杯底香。产自高山的凤凰单丛茶自然花蜜香气高锐持久,汤色橙黄明亮,滋味浓爽回甘,蜜韵浓郁,冲泡 20 余次,香味依然。品茶时,人们往往围坐成圆,以茶会友、以茶传情、以茶弘德、品茶说道,"和敬"有道、"精善"至亲,其乐融融。

(2)闽式工夫茶泡饮法

闽式工夫茶的泡饮原理、方法、程式与潮州工夫茶基本相同,下面将盖碗泡法简述如下。共十个程序:

① 备具

茶具主要有:茶盘、盖碗、公道壶、煮水壶、茶道组(杯夹、茶则、茶刮等)、茶滤、滤架、茶叶罐、茶巾各一;品茗杯、杯垫则按饮茶人数各准备一件。

② 温瓯

打开盖碗(即盖瓯)的碗盖(瓯盖),将开水注入盖瓯约一半容积。盖上瓯盖,将水倒出。目的是将盖碗温热,有助于茶叶香味成分更好地发挥。

③ 赏茶

取茶叶放入茶荷,品形观色,一起评价拟泡乌龙茶的外形、干色、干香等品质特征。名优福建乌龙茶一般外形紧结匀整、褐绿乌润,嗅之有甜香或果香;外形既有条形,也有珠形。

④ 投茶

用茶则或茶匙将茶叶投入盖瓯中,一般投茶量为 5 克左右,茶水比例控制在 1:20～30。

⑤ 润茶

用沸水高冲注入盖瓯,直至水满,用瓯盖刮去泡沫,将茶汤倒入公道壶。此头开茶汤一般用于淋洗茶杯,要求出汤时间要短(55 秒左右)、速度要快,以避免茶叶内的有效成分过多浸出。头次茶汤出尽后,茶叶在盖瓯内温润待醒。

⑥ 醒茶

第一次茶汤出尽后,不必马上往盖瓯中注水,而是让茶叶在盖碗中停留一分钟左右,使其温润中"苏醒"过来,以利于冲泡时茶性焕发。

⑦ 冲泡

当茶叶"苏醒"后,即将二沸水冲入盖瓯,冲水时要求手提煮水壶"低——高——低",使水线起落,沸水与茶叶产生撞击,以助于茶叶香味的发挥。接下来用瓯盖刮去泡沫,盖好,俗称"春风拂面",让茶叶在盖瓯内浸泡 1～2 分钟,待斟。

⑧ 斟茶

将茶滤置于公道壶上,随时准备出汤。冲泡时间一到,即将茶汤倒入公道壶。倒出茶汤时,盖碗宜放低,靠近公道壶,以防止茶汤香气和热量散失,同时避免茶汤溅出或茶汤冲击产生泡沫,影响美观和意境。出汤时要将盖碗里的最后几滴茶汤尽可能点入公道壶中,有如潮州工夫茶的"韩信点兵"。接着将公道壶中的茶汤慢慢斟入品茗杯中,但切不可将茶汤加得太满,以免因"茶满欺人"而失敬。

⑨ 奉茶

将品茗杯端起,在茶巾上吸干水渍,再放上杯垫,双手奉给客人。为避免茶汤外洒或烫伤客人等尴尬的出现,奉茶时宜将品茗杯放在客人面前的茶几上,而不可让客人手接。

⑩ 品茗

端起品茗杯,慢慢由远及近闻香、观色,再小口品尝,让茶汤流动到整个口腔,充分领略茶叶香味后再徐徐咽下。

(3)台式工夫茶泡饮法

台湾工夫茶艺,与闽式工夫茶和潮州工夫茶泡饮方法相比,它突出了闻香这一程序,为此专门制作了一种与品茗杯相配套的长筒形闻香杯。另外,台湾茶人创制并提倡使用公道壶,也是台式工夫茶泡饮的一大创新,其作用是使茶汤浓度均等,从而可使潮州工夫茶泡饮中的"关公巡城"和"韩信点兵"步骤得以简化。台式工夫茶的基本程式包括备具、温具、赏茶、投茶、润茶、冲泡斟茶、敬茶、品茗共九个步骤,具体操作方法与闽式工夫茶泡饮法相似。

近年来,台湾茶人又把台式工夫茶泡饮法的九个基本步骤分解为"三段十八步",大大增强了台式工夫茶泡饮方法的艺术表现力。其基本程式、术语和要求简要介绍如下:

"三段十八步"的行茶法共分为三个阶段:

第一段是前置阶段,也就是准备工作;

第二段是操作阶段,也就是行茶十八步;

第三段是完成阶段,也就是收拾工作。

前置阶段是在客人来临前,进入操作阶段之前的准备工作阶段。准备工作的多寡,须视不同情况而定,但必须能使操作工作顺利进行。操作阶段是有次序、有步骤地冲泡茶的过程,一切按部就班。完成阶段则是指操作完成后的收拾工作阶段。

① 前置阶段

准备工作做得充分,是整个茶叶泡饮过程取得圆满成功的基础。前置阶段的准备工作包括:约定时间、选择空间、整理环境、备妥道具、营造气氛等。整个品茗环境的设计都属于前置阶段的工作,具体包括环境、茶席的设计准备,茶桌、茶椅、茶具的选择和摆放,以及个人仪表装束的准备等。

② 操作阶段:包括行茶十八步

第一步　丝竹和鸣。准备好茶具,挂画、点香、演奏音乐,等待嘉宾。

第二步　恭迎嘉宾。迎宾入座、打开煮水器、置杯定位,以左手将扣在品茗杯中的闻香杯翻转,与品茗杯并列于杯托上。闻香杯放在主人左边。

第三步　临泉松风(即等待水沸)。

第四步　孟臣温暖(即温壶)。

第五步　精品鉴赏(即鉴赏茶叶外形)。

第六步　佳茗入宫(即投茶)。

第七步　润泽香茗。即润茶,或温润泡。

第八步　荷塘飘香。温润泡的茶水,倒入公道壶中。

第九步　旋律高雅(即冲水入壶)。

第十步　沐淋瓯杯。将公道壶中的温润泡茶水,平均倒入闻香杯中,客人将自己闻香杯的茶水用左手倒入品茗杯中,再以右手将品茗杯中的茶水倒入水方(废水盘)中。

第十一步　茶熟香温(即斟茶)。

第十二步　茶海慈航。分茶入闻香杯。

第十三步　热汤过桥。闻香杯中的茶斟入品茗杯。

第十四步　杯里观色。即观赏品茗杯中的汤色。

第十五步　幽谷芬芳。即闻香,细细品味茶汤的芬芳。

第十六步　听味品趣。即品茶,左手放下闻香杯,右手举起品茗杯,啜一小口茶。

第十七步　品味再三。一杯茶分三口以上慢慢细品,饮尽杯中茶。

第十八步　和敬清寂。静坐回味,品趣无穷。

③ 完成阶段

品茗或茶会后,收拾是很重要的工作。整理收拾完毕,茶艺表现才算圆满结束。

1) 清理茶具

以茶匙去除茶壶内的茶渣,清理茶具、桌面,将所有残余的渣末、汤水整理干净倒入水盂内。

2) 收拾茶具按前置阶段的定位摆好。

3) 检查桌面和周围地面,不能留下污渍痕迹。

4) 圆满结束。

"三段十八步"中第一步"点香",有的学者认为"点香"的异味会影响茶香,可以删去。

(陈　栋)

5. 花茶泡饮法

花茶虽然不属于六大茶类,它是一种再加工茶,但是很多人能够接受并钟爱于它。花茶的冲泡茶具多用盖碗,因其芬芳浓郁,这样可以边品饮茶汤边嗅其香气。花茶盖碗泡饮方法的基本程式为:备具、温洗盖瓯、赏茶、投茶、润茶、冲泡、奉茶、品茗。具体操作同乌龙茶盖碗泡法,但由于茶叶与茶汤不分离,在品饮花茶时,一般先打开瓯盖,细细品闻茶与花的香气;然后置瓯盖于盖碗微开处,端起盖碗的碗托,即可品茗了。

此外,花茶类也可用大壶泡饮法、飘逸杯泡法来泡饮,具体程式和操作同绿茶的大壶泡饮法、飘逸杯泡法。

(陈　栋)

6. 紧压茶的饮用方法

紧压茶的饮用,至今仍沿用我国古老的传统饮茶方法。据三国魏张揖《广雅》记载:"荆巴间采茶作饼,成以米膏出之。"当时饼茶的饮用方法是:"若饮先炙令色赤,捣末置瓷器中,以汤浇覆之。"另外,还要"用葱姜芼之",以调和茶味。到了唐代,据陆羽《茶经》记述,虽然当时"饮有觕茶、散茶、末茶、饼茶者"之分,但饮茶时粗茶要先击细,散茶要先干煎,末茶要先炙焙,而饼茶则需先捣碎,然后入瓶中,注入开水烹煮,方可饮用。至于调料,比三国时更多,还有用红枣、薄荷的。只是到了宋代以后,我国大部分地区,饼茶、团茶等紧压茶已为散茶所替代,从此茶叶饮用方法亦由冲泡替代烹煮。人们为追求茶的"本味","清饮"之风也逐渐代替了原先的"调饮"之习,使饮茶方法发生了一个大的转变。

一千多年来,这种古老的饮茶方法,仍受到我国边疆地区兄弟民族的喜爱,保留至今,只不过是现今的紧压茶其加工工艺、饮用方法,有所改进与创新罢了。

目前,我国生产的紧压茶大多数为砖茶。由于砖茶甚为紧实,所以,用开水冲泡难以浸出茶汁,饮用时必须先将砖茶捣碎,在铁锅或铝壶内烹煮才可。而且,在烹煮过程中,有时还要不断搅拌,以使茶汁充分浸出。另外,饮紧压茶的兄弟民族,主要集中在西藏、新疆、内蒙古一带,属高原地带,气压低,烧水不到100℃就沸腾了,如果用冲泡法泡砖茶,茶汁更不易浸出,这也是紧压茶为什么不能用冲泡法,而需用烹煮法才能饮用的原因之一。只是由于地区不同、民族不同、风习不同,才使紧压茶的调制方法有所不同罢了。

藏区饮用的砖茶多为四川南路边茶,但是在不同的地方对茶叶的品质要求是不一样的。四川的甘孜州、凉山州的木里县、阿坝州,青海省玉树州,西藏的昌都地区和阿里地区的一部分,以销金尖茶为主。西藏的其他地区,以销康砖茶为主。这种消费习惯的差异主要是因为人们的口味不同,金尖茶的滋味较为醇和,而康砖茶的滋味要浓厚一些。

砖茶的熬煮方法多种多样,一般是把茶砖弄散,放入熬茶锅内,加入100~300倍的水,在火炉上熬煮,水沸腾后半小时左右滤出茶汤饮用。牧区的牧民为了应对长期游牧在外的生活需要,往往对茶叶进行再加工,叫做熬茶卤(茶母),其方法是把大块的茶砖弄散后放入锅内,加适量的水熬煮,并加入少量的食用碱,使茶叶中结合态的茶多酚等物质溶解于

水,提高茶叶的水浸出物,经过长时间的熬煮把茶汤和茶渣一同浓缩,晒干后装进牛皮口袋备用,外出时随身携带,需要饮茶时只需加开水冲泡,滤出茶汤就可饮用,十分方便,这种方法在藏东和康区常用。20世纪50年代初,人民解放军进藏时,为了解决人多用茶量大,运输困难和野外作战的供应问题,在雅安把茶叶熬成茶汤,滤去茶渣,再浓缩成块状的茶膏带进藏区,饮用时只需将茶膏溶解于水就可,这是最早的南路边茶的速溶茶。

在饮用方法上最常见的是打"酥油茶",传说是唐代文成公主教会他们的这种饮茶方法,整个藏区都在采用。打"酥油茶"的做法是,先将煮浓的茶汤趁热过滤后倒入预先放有酥油和少量食盐的叫做"将通"(音译,也有其他的叫法,如"打茶桶"等)的桶中,桶里有一根木杆,木杆的一头固定一块圆形的木板,该木板的直径比"将通"的内径略小,握住木杆反复用力抽提,向下时不能太快和用力太猛,否则,茶汤会喷出来,向上时用力提,使茶汤和溶化的酥油快速地流向将通底部,让酥油和茶汤充分混合成乳浊液,这样就把酥油茶打好了。如果茶叶的质量好,打出的酥油茶放上几天也不会出现油水分层;质量低劣的茶叶,酥油根本打不进茶汤中去,或者是打成的酥油茶放一会儿就出现油水分层。有的人家打酥油茶时还喜欢加入一些核桃仁、花生米、芝麻、鸡蛋等,饮用起来更香、更可口。

酥油茶是藏区最有特色的高级饮品,在没有酥油时往往用其他物品代替,如菜油、牛奶、骨头汤等都可用来打茶。

打酥油茶的"将通"在不同的地方有不同的规格,大的将通长约1~1.2米,直径约20厘米,多用一段圆木挖空而成,有的用几块木头做成木桶状,由于容量大,打出的酥油茶倒入壶内或大的铝锅中,放在火炉上,随取随饮,十分方便;有的将通稍小,长约0.6~0.8米,直径12~15厘米,打一次可供两三人饮一顿,现打现饮;还有的将通十分小巧,长约0.35~0.4米,直径约6~8厘米,由一段硬杂木车制而成,每打一次只有约300毫升茶汤,仅能装一碗供一人喝,边打边饮,十分鲜美。

藏家待客都要用酥油茶,外加青稞酒、奶饼子和

牛羊肉等。客人饮用酥油茶时最少也要喝三碗，如果太少就不礼貌，藏区有"一碗成仇人"之说。客人喝得越多主人会越高兴。最后客人要在茶碗里剩下一点油花，也有的可有礼貌地把余茶泼在地上示敬意。

酥油茶除可直接饮用外，还可以和糌粑吃，糌粑是用炒熟的青稞、豌豆或荞麦粉碎而成，是藏胞日常食粮，由于它太干燥，如果没有茶汤的拌和是无法食用的。食用的方法是在盛有半碗糌粑的木碗中倒入茶汤，喝去上面的茶汤后，用舌头舔食被茶汤浸湿的糌粑，在露出的干糌粑上再倒上茶汤，直到吃完；还有一种方法是在糌粑上倒入茶汤后，用手调和并捏成鸡蛋大小的糌粑团食用。酥油茶还用来泡大米饭，这是高原一绝，真可谓"好吃不过茶泡饭"。

除了打酥油茶外，还有几种饮茶的方法，一是"吃清茶"，就是把茶汤熬煮好或冲泡好，滤去茶渣以后，在牧区就直接饮用，而农区喝清茶则要加点盐；二是在热茶汤中加入盐和放一块酥油，酥油融化后吹开浮面的酥油喝茶，把茶汤和酥油均匀地喝下，这种方法叫"吃吹吹茶"；三是"吃奶粉茶"，就是在茶汤中加盐和鲜牛奶后食用，也有茶汤中加奶粉的；四是"喝甜茶"，方法是茶汤中放入酥油或鲜牛奶后不加盐，而是加入糖后饮用，生活于中尼交界的夏尔巴人以及生活在拉萨等地的一些城里人喜欢这种饮用方法；五是"糌粑茶"，做法是将茶叶干燥后研成细末，食用时将茶末放入沸水中，加入糌粑面和酥油，捏成团或调成糊吃，这种吃法在新龙县才有；六是饮"罐罐茶"，方法是将熬煮好的茶汤滤出到一个小陶罐中，罐的容积约一公升，每人一罐，在放入酥油和盐之后每人手持一个像"竹蜻蜓"一样的搅拌器或一个分叉的树枝在罐内不停地旋转，将茶汤和酥油搅拌成酥油茶后饮用。在藏区还有很多种不同的饮茶方法，这些饮茶方法与当地的自然条件、经济状况、生产和生活方式有着密切的关系，如做"骨头汤"，即将清茶和熬得很浓的骨头汤混合后饮用；做"面茶"，将糌粑面放入锅内炒香后倒入清茶调成糊食用；做"油茶"，在锅内放入牛油或猪油，将糌粑面等面粉倒入拌和均匀后，再倒入清茶调成糊食用。

饮茶放盐是高原的一大特色，有话道："茶无盐，水一样；人无钱，鬼一样。"

藏区在将茶作药用时要放入花椒、姜片、草果、红糖等。有时和一种形似柳叶的树叶合炒至黄色，成为药茶，称为"荙芥茶"。

由于藏茶具有独特的品质风味，加之，随着藏茶对人体健康的不断揭示和宣传，内地汉族人民开始接受四川的藏茶，大有饮藏茶之风，其饮用方法主要是清饮（又称藏茶汉饮），具体方法是：

(1) 水质：选用自来水或纯净水等（山泉水最佳）。

(2) 冲泡方法：将小方块藏茶2枚（2×6 g）投入壶中，用沸水先润茶约30秒，倒掉茶水，再注入沸水，并在下面用蜡烛加热保温。冲泡5分钟左右即可饮用，其醇红的茶汤在摇曳的烛光映衬下，显得红艳鲜亮，光彩照人。

此外，还可以采用盖碗茶具或紫砂壶茶具冲泡，只是冲泡时间稍长而已。

蒙古族同胞饮茶，除城市和农业区采用泡茶以外，牧区几乎都用铁锅（铜壶）熬煮，放入少量食盐，称为咸茶，成为日常的饮法。遇有宾客来临或遇节日喜事，则多饮奶茶。奶茶的烹煮方法是，先将砖茶切开捣碎，用水煮沸数分钟，除去茶渣，放进大锅，掺入牛奶煮沸，然后放进铜壶，再加适量的食盐，即成咸甜可口的奶茶。有的还在茶汤中加入适量经过炒焙的炒米（类似于小米）。蒙古族牧民一般每天要喝三次茶。晨午两次当饭，晚上一次才算是饮茶。

维吾尔族同胞煮茶与蒙古族同胞类似，但饮法上有自己的特点，像我们平常吃青菜汤一样，连汤带汁一起下肚，以弥补水果、蔬菜摄入的不足。

新疆各兄弟民族，虽然大都喜喝紧压茶，但对紧压茶要求不一，以致饮用方法也不一样。维吾尔族兄弟主要饮用的是茯砖茶。不过，南疆地区的做法是将茯砖茶打碎，投入长颈铜茶壶内，再加入少许研细的桂皮、茴香、胡椒等佐料调味，尔后加入适量清水煮沸，调成香茶，与一日三顿饭共饮；北疆地区的做法是将茯砖茶打碎，投入铁锅加清水适量，煮沸后再加入鲜奶或奶疙瘩以及少量食盐，调制成奶子茶饮用。哈萨克族、柯尔克孜族、乌孜别克族等同胞习惯于喝米砖茶,其做法是先将米砖茶打碎,投入壶中,加入清水,在火炉上烹煮成浓茶汁,然后将浓茶汁注入茶碗,加上少许食盐和适量奶皮子,最后冲上刚烧沸的开水,使之成为咸香可口的奶茶。有时,他们也喝不加食盐和奶皮子而放方糖的甜茶。回族兄弟主要饮用茯砖茶,也有喜欢喝黑砖茶的。方法是将砖茶捣碎成小块,放入壶中,加入清水,煮沸 3～5 分钟,即可饮用。这种茶,回族兄弟称为喝清茶。但也有喜欢喝奶茶的,只要将上述已煮开的清茶,注入已煮好的牛奶中,再加些食盐就成了。

普洱茶的冲泡和其他茶类一样,也有选茶、备具、择水、投茶、冲泡等过程。冲泡普洱茶最好选用紫砂壶。因紫砂壶内部的双重气孔,使其具有良好的透气性能,泡茶不走味,能较好地保存普洱茶的香气和滋味。与紫砂壶配套的茶具可选用玻璃公道杯(玻璃制品透明,可直视杯中汤色,利于观赏)或瓷质的品茗杯。普洱茶汤色红浓明亮,盛在玻璃公道杯中,如红酒一般,晶莹剔透,极具观赏性。

要泡好一壶普洱茶还应掌握水温、投茶量、冲泡时间这三个要素。普洱茶要求用 100℃ 的沸水冲泡。为了使香味更加纯正,有必要先进行温茶。即第一次冲入的沸水,立即倒出。倒出水后可以闻叶底的香气,如果香气不够纯正,可再重复进行一次温茶,待叶底香味达到纯正后再正式冲泡。一般温茶进行 1～2 次,速度要快,以免影响茶汤的滋味。投茶量的多少可依个人的口味而定,若爱喝浓茶的可以适当多投一些。一般以 3～5 克茶叶,150 毫升的水为宜,茶与水的比例在 1:50～1:30。冲泡时间在 1 分钟左右,即可将茶汤倒入公道杯中,叶底可继续冲泡。随着冲泡次数的增加,冲泡时间可慢慢延长。每一次加进的水要在适当的时间内倒出,下一次要喝再加水冲泡,不要长时间浸泡,以免影响茶汤的色泽、香气和滋味。普洱茶比较耐泡,一般可连续泡 8～10 次,直到汤味变淡为止。一壶茶的冲泡过程中,冲泡时间应掌握先短后长,从 1 分钟逐渐增加至数分钟。这样每一次泡出的茶汤比较均匀,不会开始很浓后面很淡。

普洱茶的冲泡方法主要有:

(1)紫砂壶冲泡法

基本程序是:

① 涤具温壶。

② 鉴茶:鉴赏普洱茶。

③ 投茶:把普洱茶捣散后置入壶中。

④ 润茶:3～5 秒钟内把壶中茶叶清润一次。

⑤ 养壶:用清润茶汤淋壶。

⑥ 冲茶:根据茶叶年限、档次掌握冲泡时间。

⑦ 温壶:冲泡普洱茶要求壶保持较高的温度。

⑧ 分茶:壶中茶叶先过滤于茶海中,再分别均匀地分入小杯中。

⑨ 敬茶:小杯置于茶托分送客人或自饮。

⑩ 品茶:品饮普洱茶第一口进入口中,稍停片刻,细细感受茶的醇度;第二口,滚动舌头,体会普洱茶的润滑和甘厚;第三口,领略普洱茶的顺柔和陈韵。

(2)盖碗冲泡法

盖碗是现代茶艺最常使用的器具,清雅的风格最能反映茶的色彩美和纯洁美。基本程序是:

① 温润盖碗。

② 鉴赏佳茗。

③ 投茶。

④ 甘泉润茗。

⑤ 冲茶。

⑥ 闻香。

⑦ 品茶。

(3)提梁壶陶器冲泡法

土陶茶具是现代茶艺使用的重要器具之一,高雅的风格成为使用者品位高低的标志。冲泡普洱茶的基本程序是:

① 涤具温杯。

② 赏茶。

③ 润茶。

④ 分茶。

⑤ 观色品茗。

(王　云　姚国坤)

茶 文 化 篇

茶文化是中国传统文化的重要组成部分。随着社会的发展与进步,茶不但日益发挥出它的巨大经济效益,成了人们生活的必需品,而且逐渐积淀形成了灿烂夺目的茶文化,成为社会精神文明的一颗明珠。

一、茶文化概述

(一) 茶文化的形成和发展历史

关于茶文化的定义

在说茶文化的形成前,得先对什么是茶文化作个介绍。

"茶文化"是个新词。1999 年版《辞海》还没有这个词条。茶文化研究者出于明确学科研究对象的需要,早在 20 世纪 90 年代初期就试图给茶文化下个定义,并各自陈述自己的观点。

王玲在《中国茶文化》(中国书店出版,1992)一书中说:"研究茶文化,不是研究茶的生长、培植、制作、化学成分、药学原理、卫生保健作用等自然现象,这是自然科学家的工作。也不是简单把茶叶学加上考古和茶的发展史。我们的任务,是研究茶在被应用过程中所产生的文化和社会现象。"

刘勤晋主编的《茶文化学》(中国农业出版社,2000),给茶文化作了一个定义:"茶文化,就是人类在发展、生产、利用茶的过程中以茶为载体表达人与自然以及人与人之间各种理念、信仰、思想情感的各种文化形成的总称。"

同年的《中国茶叶大辞典》(中国轻工业出版社,2000)列有"茶文化"这个词条,释文说:"茶文化,人类在社会历史发展过程中所创造的有关茶的物质财富和精神财富的总和。它以物质为载体,反映出明确的精神内容,是物质文明与精神文明高度和谐统一的产物。属'中介文化'。茶文化的内容包括茶的历史发展、茶区人文环境、茶业科技、千姿百态的茶类和茶具、饮茶习俗和茶道、茶艺、茶书茶画茶诗词等文化艺术形式,以及茶道精神与茶德、茶对社会生活的影响等诸多方面。"

阮浩耕在《"人在草木中"丛书序》(浙江摄影出版社,2003)中说:"如果试着给茶文化下一定义,是否可以是:以茶叶为载体,以茶的品饮活动为中心内容,展示民俗风情、审美情趣、道德精神和价值观念的大众生活文化。"

陈文华在《长江流域茶文化》(湖北教育出版社,2004)中提出,茶文化有广义和狭义之分,"广义的茶文化是指整个茶叶发展历程中所有物质财富和精神财富的总和。狭义的茶文化则是专指其'精神财富'部分"。同时,他明确说"本书研究的对象就是狭义的茶文化⋯⋯具体地说,茶文化的研究对象大致包括下列几个方面:茶树的起源、演变、发展和传播;茶叶饮用方式的产生、演变、发展和传播;各地、各民族饮茶习俗的产生和发展;茶叶的品饮技艺的形成和发展;品茶之道的形成和发展及其与哲学、宗教之间的关系;饮茶器具的产生和发展;茶与文化艺术(包括茶与诗歌、小说、散文、歌舞、戏剧、绘画、民间传说以及茶联、茶令、茶谜)的关系。"

丁以寿主编的《中华茶道》(安徽教育出版社,

2007)说:"茶文化在本质上是饮茶文化,是茶作为饮料在被使用过程中形成的各种文化现象的集合体……具体来说,茶文化主要包括饮茶的历史、发展和传播,茶俗、茶艺和茶道,茶文学和艺术,茶与宗教、哲学、美学、社会学等,茶文献,茶史,茶学教育,茶具,茶馆,名茶等。"

以上论述表明,对茶文化还没有一个普遍认同的精确的定义,然而,茶文化是在茶"被应用过程中"或称在"品饮活动中"、"作为饮料在被使用过程中"所产生和形成的文化,这一点已是多数茶文化研究者的共识。

关于茶文化的形成

如果把茶文化定义为是饮茶或由饮茶衍生发展起来的文化。那么,茶的饮用起源亦就是茶文化的历史起点。茶的饮用起源于何时?郑培凯、朱自振主编的《中国历代茶书汇编》(商务印书馆《香港》有限公司,2007)中,有郑培凯《茶书与中国饮茶文化(代序)》一文,文章说到:"这不是容易回答的问题,因为资料不足,不可能得到确实的答案。古代文献记载饮茶,已是很晚的事,不能反映最初起源的情况。再如《茶经》中说的:'茶之为饮,发乎神农氏。'则叙说的是传说神话人物,完全不能确定其具体历史时期。至于考古发掘的资料,目前累积的也不够多,还不能提供超乎古文献资料的情况。顾炎武在《日知录》中,根据古文献提供的材料指出,是知自秦人取蜀后,始有茗饮之事。也就是说,至少在战国中期,今天四川一带已经有饮茶的习俗。茶饮首先出现在四川一带,若配合植物分类学与考古发掘的研究,是十分合理的情况,同时也为《茶经》一开头说的'茶者,南方之嘉木也'作了最好的注脚。"

朱自振在《中国茶酒文化史》(台北文津出版社,1995)中认为,中国茶文化系统在三国西晋和南北朝时期初步形成,具体表现在"饮茶风俗和扎根中土","我国茶文化系统的初步构建","我国哲学思想开始对茶文化的影响"等方面。之后他在《茶史初探》(中国农业出版社,1996)论述秦汉和六朝茶业时说:"上面所勾勒茶业和茶叶文化的面貌,由于古籍中对茶的记述实在太少,所以笔者主观的成分很多,只能说是一家之言。还要承认,就是我把这些不多的资料尽可能把它们联系起来,但对于这时茶叶生产、制造、贸易乃至饮用的情况,仍然是没有叙述清楚。这种情况,从南北朝以前历隋一直到初唐,都没有多大改变。黄河流域在西晋以后,就不断有饮茶的可靠记载,但是,实际上至唐初期,我国北方'仍不多饮',饮茶和茶的贸易仍不普及。"

关剑平也把"魏晋、南北朝作为中国茶文化的成立期"。他的专著《茶与中国文化》的基本时代范围限定在以文献为基础的茶的史学研究的起点——魏晋南北朝初唐时期。

综合郑培凯、朱自振、关剑平几位的论述,中国饮茶起源至少在战国中期至秦汉,茶文化系统的初步构建即茶文化的形成在魏晋南北朝至初唐。

关于茶文化的发展历史

茶文化发展历史的研究是从 20 世纪 90 年代初期起步的。此前对中国茶叶和茶业的研究已有不少专著,如陈椽《茶业通史》(中国农业出版社,1984),庄晚芳《中国茶史散论》(科学出版社,1989),还有吴觉农先生分别在 1964 年和 1978 年发表的《湖南茶叶史话》和《四川茶叶史话》两篇长文等。最早对中国古代茶文化史作系统概括的是王玲和朱自振两位。1992 年王玲《中国茶文化》一书的第一编为"中国茶文化形成发展的概况",共列四章:第一章两晋南北朝士大夫饮茶之风与茶文化的出现,第二章唐人陆羽的《茶经》与中国茶文化的形成,第三章宋辽金时期茶文化的发展,第四章元明清三代茶文化的曲折发展。1995～1996 年朱自振的《中国茶文化史》、《茶史初探》相继出版。

进入新世纪以来,茶文化史研究有所深入,有多部专著出版。关剑平的《茶与中国文化》2001 年 8 月出版,这虽是一本上限为三国下限陆羽生活时代的断代研究专著,著者特在附论中列"历来的茶史分期"一节,将中国茶文化史划分为以下几个时期:一、公元前 316 年以前和史前期,二、从战国后期到秦汉的酝酿期,三、以三国两晋南北朝为中心持续至唐代前期的成立期,四、唐代中后期至五代的兴盛期,五、以两宋为中心的极致期,六、以元代为中心到明代前期的转型期,七、明代中后期以及清代前期的复兴期,八、清代中后期开始的国际化期。

在茶文化历史分期上,王玲与关剑平有所分歧。主要是在中国茶文化的形成(成立)期和兴盛(发展)期应在何时? 此后所出有关研究专著中,往往也在这两段历史分期上出现分歧。黄志根主编的《中华茶文化》有"茶之史"一章,列如下四节:第一节茶文化的起源;第二节中国茶文化的形成:魏晋南北朝;第三节中国古典茶文化的鼎盛期:唐宋;第四节中国茶文化的转型:元明清。夏涛主编的《中华茶史》则定汉魏六朝时期:茶文化的酝酿;唐五代时期:茶文化的形成;宋元时期:茶文化的发展;明清时期:茶文化盛极而衰。

此外,茶文化史研究专著还有梁子《中国唐宋茶道》(陕西人民出版社,1994),丁文《大唐茶文化》(北京东方出版社,1997),沈冬梅《宋代茶文化》(台北学海出版社,1999)。以上都是茶文化史断代研究。陈文华《长江流域茶文化》(湖北教育出版社,2004)是地域茶文化史研究。郭孟良《中国茶史》(山西古籍出版社,2003)、范增平《台湾茶业发展史》(台北碧山岩出版社,1992)两书中都有茶文化史的论述。

(阮浩耕)

(二) 当代茶文化的兴起

当代茶文化的兴起始于20世纪80年代初。

1980年9月,庄晚芳、孔宪乐、唐力新、王加生在《饮茶漫话》(中国财经出版社,1981)一书的《后记》中说:"茶起源于我国。饮茶文化是我国整个民族文化精华的一部分,也是我国人民对人类做出的贡献的一部分。介绍祖国的饮茶文化,是极有意义的。"同年10月,王泽农、庄晚芳在为陈彬藩《茶经新篇》(香港镜报文化企业有限公司,1980)所作的《序言》中说:"国际友人和海外侨胞,特别是茶叶爱好者在品尝中国香茶的时候,对历史悠久的中国茶叶文化无限向往,渴望有一本新作,详细介绍中国茶叶的历史和现状。"王泽农和庄晚芳等是最早提出"饮茶文化"和"茶叶文化"的,是有原创性的。

接着,庄晚芳等倡议组建成立"茶人之家"。1982年9月,茶人之家在浙江杭州筹备成立并编辑出版《茶人之家》(季刊)杂志,陈观沧在杂志创刊号上撰文《"茶人之家"简介》说:"茶人之家的宗旨:普及茶叶科学技术,宣传茶叶文化,开展国内外茶叶学术交流,促进茶叶生产和贸易的发展,有利于物质文明和精神文明建设。"茶人之家是当代首家茶文化社团,《茶人之家》是当代第一本茶文化专业杂志。紧接着的是1983年在湖北天门成立的陆羽研究会,并于1984年创办《陆羽研究集刊》。

1983年春,于光远的《茶叶经济和茶叶文化》发表,他在文章中说:"我觉得不论为了提高我国茶叶在世界上的地位,或是提高茶叶在我国人民生活中的地位,都要提倡宣传茶叶文化同发展茶叶经济是不可分的,在今天更需要发挥茶叶文化的作用,来为发展茶叶经济服务。"这一年10月,根据于光远先生的提议,浙江省茶叶学会、中华医学会浙江省分会、中华全国中医学会浙江省分会联合召开"茶叶与健康、文化学术研讨会"。这次研讨会聚集了来自安徽、福建、江苏、四川、北京、上海、天津及浙江等八个省市茶叶界、医药界、文化新闻界的领导、专家和学者99人,共收到42篇学术论文。会议《纪要》说:"代表们认为这种多学科联合举行的学术研讨会,使各个学科相互之间得到渗透和交流,从各方面为振兴中华茶叶事业,提高我国茶叶文化的声誉和地位,为茶叶饮用、药用、食用、综合利用开创了新局面,这是一个有重要战略意义的学术研讨会"。1984年11月2日,于光远又发表《对茶叶经济和茶叶文化再讲一点意见》。于光远的两篇文章和在杭州举办的茶叶与健康、文化学术研讨会,吹响了当代茶文化研究的号角,并作出了示范。

20世纪80年代,一批有关茶的历史文化书籍的出版,为茶文化的宣传与研究发挥了十分重要的作用。其中最有文献价值的是陈祖椝、朱自振编写的《中国茶叶历史资料选辑》(农业出版社,1981),胡山源编《古今茶事》重新影印出版(上海书店,1985)。吴觉农《茶经述评》(农业出版社,1987)四易其稿,历时六年,被陆定一誉为"二十世纪的新茶经",这是一部陆羽《茶经》研究的力作。台湾张宏庸编纂《陆羽丛书》(台湾茶学文学出版社,1985)计有《陆羽全集》、《陆羽茶经丛刊》、《陆羽茶经译丛》、《陆羽书录》、《陆羽图录》、《陆羽研究资料汇编》六书,勤劳搜集,点摘汇录,并钩玄发微,研为心得,体现了陆羽研究的精深。四川、福建、江西、浙江四省茶叶学会或农业厅组织编写出版的《四川茶叶》、《福建茶叶》、《江西茶叶》和《浙江茶叶》,体现了茶文化兴起初始年代的厚实的群众基础。

1989年9月10~16日在北京举行的"茶与中国文化展示周",以及在这年5月台湾陆羽茶艺文化访问团在北京、合肥、杭州等地的交流活动,是80年代后期茶文化发展中两次有较大规模的活动。

90年代茶文化渐趋渐热。1990年10月25~27日由浙江省国际文化交流协会、浙江省人民政府对外友协、浙江省茶叶公司、中国农业科学院茶叶研究所、浙江农业大学和茶人之家等联合举办杭州国际茶文化研讨会。接着次年4月24~30日,浙江省人民政府和国家旅游局共同举办中国杭州国际茶文化节。在此期间,中国茶叶博物馆建成开馆。这是引领茶文化热潮并有着深远影响的三次茶事活动。

整个90年代茶文化发展中具有标志性的茶事:一是茶艺馆由南而北、由沿海城市到内陆城市逐步走热,并与地域文化相融合,呈现多元化格局,丰富了城市人的生活,极大地推动了名茶产销和整个茶业经济,并带动了茶文化相关产业。二是茶艺师职业列入了国家职业大典,茶艺师职业技能培训和考核鉴定在全国有条件的地区相继展开,并纳入规范管理,一批批新时代的"茶博士"进入茶艺馆,大大提升了茶艺馆的文化技艺品位。三是一批茶文化书籍刊物、影视片、文学作品出版发行。茶书主要有陈宗懋主编的《中国茶经》(上海文化出版社,1992),吴觉农主编的《中国地方志茶叶历史资料选辑》(农业出版社,1990),朱自振编的《中国茶叶历史资料续辑》(东南大学出版社,1991),阮浩耕、沈冬梅、于良子释注校点的《中国古代茶叶全书》(浙江摄影出版社,1999),陈彬藩主编的《中国茶文化经典》(光明日报出版社,1999)等。茶文化期刊主要有江西社科院主办的《农业考古》杂志出刊《中国茶叶文化专号》(1991年创刊),中华茶人联谊会创办的《中华茶人》杂志(1992年7月创刊),浙江省茶叶公司、浙江国际茶人之家基金会创办的《茶博览》杂志(季刊,1993年创刊)等。影视、文学方面主要有中央电视台摄制

的18集大型电视系列片《话说茶文化》,王旭烽创作的长篇小说《茶人三部曲》等。四是茶文化社团的创办和茶文化节会的举办,茶文化社团有:1990年8月中华茶人联谊会于北京成立,同年10月陆羽茶文化研究会于浙江湖州成立,浙江茶人之家基金会在杭州成立,1993年11月中国国际茶文化研究会成立等;茶文化节会活动有:中国国际茶文化研讨会自1990年以来,每两年举办一届,至2008年已连续举办10届;1990年12月18日中、日、韩茶人在台北举行首届国际无我茶会,接着于次年10月17日在福建武夷山举办第二届国际无我茶会;1991年8月25日至31日中国土产畜产进出口总公司在日本东京举办中日茶文化交流800周年纪念展览会;1994年4月17日至21日首届上海国际茶文化节举办,此后至2008年已成功举办15届。90年代是茶文化在全国范围掀起热潮的10年。

进入新世纪以来,饮茶文化与茶业经济、茶学科研的结合日益紧密,并继续广泛地走向大众的生活。茶文化正朝着创意、经营的方向发展,即通过创意设计,使茶文化成为一种可以经营的、走向市场的时尚生活方式,一种消费文化。茶文化不但是一项文化事业,又是一个文化产业。一批高层次的茶艺茶文化人才得到培养并正在成长,浙江树人大学于2003年创办了"应用茶文化"专业,浙江林学院于2006年开设了茶文化本科班。2006年以来一批茶艺技师分别在各地经考核后获得资格证书。一批有相当学术价值和专业水平的大型工具书出版,2000年有三部辞书和志书:陈宗懋主编《中国茶业大辞典》(中国轻工业出版社),徐海荣、方健主编《中国茶事大典》(华夏出版社),王镇恒、王广智主编《中国名茶志》(中国农业出版社)。2001年12月,中国茶叶股份有限公司、中华茶人联谊会编著《中华茶叶五千年》由人民出版社出版。2002年4月,朱世英、王镇恒、詹罗九主编《茶文化大辞典》由汉语大词典出版社出版。2005年4月,阮浩耕主编《浙江省茶叶志》由浙江人民出版社出版。2007年3月,郑培凯、朱自振主编《中国历代茶书汇编校注本》由商务印书馆(香港)有限公司出版。还值得注意的是,茶文化在走向市场走向大众的同时,又从思想精神领域拓展,

人们不仅在喝茶品茗中得到茶的物质享受,更着意于审美享受中得到的精神愉悦,感悟其中的茶道茗理。2005年6月河北柏林禅寺举行的天下赵州禅茶文化交流大会,是一次具有标志意义的茶事活动,此后在福建武夷山、台湾佛光山、江西庐山、余杭径山等相继举办的禅茶文化交流会,都试图探讨饮茶在形而上层面的文化现实。

当代茶文化方兴未艾。

(阮浩耕)

(三) 茶文化的内涵和功能

茶文化的内涵

由于对茶文化所作定义的不同,因而茶文化的内涵也就会有不同,大体有三种观点:

一是持广义茶文化论的,认为"文化的内部结构包括下列几个层次:物态文化、制度文化、行为文化、心态文化",因此,茶文化的内部结构同样有四个层次(陈文华《长江流域茶文化》)。

二是持狭义茶文化论的,认为"茶文化的发展告诉我们:茶文化总是在满足社会物质生活的基础上,发展而成为精神生活的需要。在这一过程中,一些与社会不相适应的东西被淘汰,但有更多的内容产生和发展。它不但使茶文化的内容得到不断充实和丰富,而且由低级走向高级,得到提高,进而形成自己的个性。茶文化的个性,亦可谓茶文化的精神内涵,主要表现以下'四个结合'方面"。这"四个结合"是:物质与精神的结合,高雅与通俗的结合,功能与审美的结合,实用与娱乐的结合(刘勤晋《茶文化学》)。

三是持中间论的,认为中国茶文化的内容,首先,是要研究中国的茶艺。所谓茶艺,不仅"指是点茶技法,而且包括整个饮茶过程的美学意境"。"茶艺与饮茶的精神内容、礼仪形式交融结合,使茶人得其道,悟其理,求得主观与客观,精神与物质,个人与群体,人类与自然、宇宙和谐统一的大道,这便是中国人所说的'茶道'了"。"茶道既行,便又深入到各阶层人民的生活之中。于是产生宫廷茶文化、文人士大夫茶文化、道家茶文化、佛家茶文化、市民茶文化、民间各种茶的礼俗、习惯"。"茶又与其他文化相

结合,派生出许多与茶相关的文化"。"综合以上各种内容,这才是中国茶文化。它包括茶艺、茶道、茶的礼仪、精神以及在各阶层人民中的表现和与茶相关的众多文化的现象"(王玲《中国茶文化》)。再有一种意见认为:"茶文化的基础是茶俗、茶艺,核心是茶道,主体是茶文学和艺术,载体是茶文献。"(丁以寿《中华茶道》)

目前比较为多数人所认同的一种意见认为:"茶文化是中华民族在茶的品饮中所凝聚的文化个性和创造精神,是一条表达民俗风情、审美情趣、道德精神和价值观念的历史文化长链。"茶文化作为一种生活文化,包括大众文化和精英文化。它由茶饮、茶俗、茶礼、茶艺、茶道五个层面架构而成。这五个层面不是截然分开的,而是互相关联相互渗透着的,它们互相关联的状况如下图:

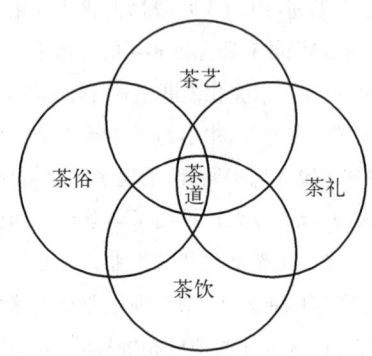

图中构成茶文化的五个层面,可分为三个文化类型:"茶饮是物质文化层,茶俗、茶礼、茶艺是物质与精神的结合层,茶道则是精神层面的。"

茶文化的功能

对茶文化的功能有多种概括表述方式。同时因为对茶文化所作定义的不同,对其功能的表述也有差别。

《中国茶叶大辞典·茶文化》:"茶文化发展至现代,其社会功能更加突出。主要表现形式为:① 以茶营生。茶是重要的经济作物,有较好的经济效益和深度开发的潜能,发展茶叶生产与茶叶贸易,是促进国民经济增长的重要一环;② 以茶会友,以茶联谊,客来敬茶,以茶示礼,提倡'和为贵',调节社会人际关系,促进和平事业的发展;③ 以茶代酒,以茶倡廉,提倡茶德和茶人精神,以茶养性,提高人类群体

的思想道德水平，促进社会的精神文明建设；④以茶为诗为画，以茶歌舞，以茶献艺，茶乡旅游，倡导高雅的艺术享受，美化人们的生活；⑤以茶为食，以茶设宴，提倡茶为国饮，丰富人们的饮食生活；⑥饮茶健身，发挥茶的保健功效，提高人们的健康水平；⑦以茶为媒，以茶祭祀，茶禅结合，发挥茶的媒介作用和精神寄托作用。"

刘勤晋《茶文化学》说："茶文化的社会功能主要表现在发扬传统美德、展现文化艺术、修身养性、陶冶情操、促进民族团结，表现社会进步和发展经济贸易等方面。"

陈文华《长江流域茶文化》认为：可以将茶文化的社会功能概括为三个方面："以茶雅志——陶冶个人情操"；"以茶敬客——协调人际关系"；"以茶行道——净化社会风气"。

以上三种表述中，第一种意见从多角度阐明茶文化的功能，表述较为全面，为多数人所认同。其实，随着我国经济社会的发展，人们物质消费的满足程度已越来越高，正逐渐转向文化的、休闲的、享受性的消费。茶文化的功能必然会更加扩展，在提高人们文化修养和艺术欣赏水平，滋养与升华人们的道德精神和生存智慧上，发挥更大的作用。同时茶文化商品、茶文化产业必然会在满足"文化内需"中作出更大贡献。

（阮浩耕）

（四）中国茶道精神

从现有文字记载中寻溯，"茶道"一词最早见之于唐诗僧皎然的那首《饮茶歌诮崔石使君》诗："越人遗我剡溪茗，采得金芽爨金鼎。素瓷雪色飘沫香，何似诸仙琼蕊浆。一饮涤昏寐，情思爽朗满天地。再饮清我神，忽如飞雨洒轻尘。三饮便得道，何须苦心破烦恼。此物清高世莫知，古人饮酒多自欺。愁看毕卓瓮间夜，笑向陶潜篱下时。崔侯啜之意不已，狂歌一曲惊人耳。孰知茶道全尔真，唯有丹丘得如此。"诗人体悟饮茶所能渐次达到的涤昏、清神、得道三个境界。可是一般人并不知晓这茶的清高本性，能得到茶道真谛的，只有传说中的神仙了。

陆羽是深得茶道真谛的。他的《茶经》不仅详细记述了茶的栽培、采摘、制造、煎煮和饮用，还从审美的视角提出，为了衬益茶汤汤色之美，茶碗的选择要遵循"益茶"的原则，又提出茶之"为饮最宜精行俭德之人"。《茶经》集唐代茶文化之大成，将茶的自然美、技术美、社会美和艺术美熔于一炉，并注入人生哲理，使"品茶小技"被人尊为"经"。

此后再次明确提出"茶道"的是唐代曾官至吏部郎中的封演，他在《封氏闻见记》卷六"饮茶"中说："楚人陆鸿渐为茶论，说茶之功效，并煎茶炙茶之法，造茶具二十四事，以都统笼贮之，远近倾慕，好事者家藏一副。有常伯熊者，又因鸿渐之论广润色之，于是茶道大行，王公朝士无不饮者。"封演所处的中晚唐时代，已是"茶道大行"，煮茶饮茶者广矣。

唐代斐汶，也是一位对饮茶之道有精辟认知和论述的。他在《茶述》中说："茶，起于东晋，盛于今朝。其性精清，其味浩洁，其用涤烦，其功致和。参百品而不混，越众饮而独高。"

诚为裴汶所言，饮茶之风以及对饮茶精神功能的倡导，其实还可推到晋与南北朝。其时的政治家、清谈家，如桓温、陆纳等以茶养廉，以对抗两晋以来的奢靡之风。杜育《荈赋》中有"调神和内，倦懈康除"二句。

两宋间的茶书和有关茶事诗文记述，虽然没有直接提出"茶道"一词，但对茶道精神内涵的感悟颇深，论述丰富。宋徽宗赵佶《大观茶论·序》说："至若茶之为物，擅瓯闽之秀气，钟山川之灵禀，祛襟涤滞，致清导和，则非庸人孺子可得而知矣，冲淡简洁，韵高致静，则非遑遽之时可得而好尚矣。"宋徽宗虽然治国无方，却是一个杰出的艺术家，他深谙饮茶之道，"致清导和"、"韵高致静"是对茶道精神的高度概括。两宋士大夫文人的诗人中更多饮茶的所感所悟，范仲淹《和章岷从事斗茶歌》云："众人之浊我可清，千日之醉我可醒。屈原试与招魂魄，刘伶却得闻雷霆。"欧阳修《双井茶》诗有句："宝云日注非不精，争新弃旧世人情。岂知君子有常德，至宝不随时变易。"苏轼《次韵曹辅寄壑源试焙新茶》诗云："明月来投玉川子，清风吹破武林春。要知冰雪心肠好，不是膏油首面新。"等等。或以茶喻人，或以茶譬德，从茶的品饮中阐述人生智慧。

明代茶叶制作的主流由团饼改散茶,改蒸青为炒青。显得"简便异常"、"天趣悉备"的散茶撮泡法开了"千古茗饮之宗"。茶的品饮文化吹来一股清新自然之风。明代茶人提出"茗理"(或"茶理")的概念。明初政治家、道学家朱升有一首《茗理》诗,诗前有序云:"茗之带草气者,茗之气质之性也。茗之带花香者,茗之天理之性也。治之者贵乎除其草气,发其花香,法在抑之扬之间而已……迭抑迭扬,草气消融,花香氤氲。茗之气质变化,天理浑然之时也。"其诗云:"一抑重教又一扬,能从草质发花香。神奇共诧天之妙,易简无令物性伤。"一扬一抑间,无伤物性,而让天理浑然,不只是治茶之"理",亦是处世为人以至修齐治平之"道"。明太祖朱元璋第十七子朱权作有《茶谱》,序言中说:"予尝举白眼而望青天,汲清泉而烹活火,自谓与天语以扩心志之大,符水火以副内炼之功,得非游心于茶灶,又将有裨于修养之道矣。其惟清哉。"又明万历四十年喻政编《茶书全集》,周之夫为其作序说:"喻政不甚嗜茶,而淡远清真,雅合茶理。"朱升的"浑然天成",朱权的"与天语"、"符水火",喻政的"淡远清真",这就是明清两代文人所倡导的茶道茗理。

到近现代,周作人在《泽泻集·吃茶》中说:"我的所谓喝茶,却是在喝清茶,在赏鉴其色与香与味,意未必在止渴,自然更不在果腹了……只可惜近来太是洋场化,失了本意,其结果成为饭馆子之流,只在乡村间还保存一点古风,唯有屋宇器具简陋万分,或者但可称为颇有喝茶之意,而未可许为已得喝茶之道也。喝茶当于瓦屋纸窗下,清泉绿茶,用素雅的陶瓷茶具,同二三人共饮,得半日之闲,可抵十年的尘梦。喝茶之后,再去继续修各人的胜业,无论为名为利,都无不可,但偶然的片刻优游乃正亦断不可少。"他这段自述和感慨,概括了近现代相当长一段时期的茶道观。

20世纪80年代进入茶文化复兴期以后,吴觉农、庄晚芳、吴振铎、赵朴初、启功、净慧等茶学家和文化名人,对茶道茗理又都作出了新的阐述。吴觉农在《茶经述评》中分析人们饮茶有几种不同目的:"一种是把茶当作药物,饮茶用以防治疾病","一种

是把茶当作生活的必需品,不可一日或缺","又一种是把茶视为高贵、高尚的饮料,饮茶是一种精神上的享受,是一种艺术,或是一种修身养性的手段","《茶经》作者陆羽可说是一个讲求精神效果的代表人物。"庄晚芳提出了"中国茶德",概括为:"廉、美、和、敬"四德。吴振铎提出"茶业艺精神":清、敬、怡、真。赵朴初1989年10月为"茶与中国文化展示周"题诗云:"七碗受至味,一壶得真趣。空持千百偈,不如吃茶去。"欲品茶悟禅,不必空持千百偈,也不要期望七碗茶的至味,茶道惮悟恰恰在一壶茶的闲适真趣中。启功为"茶与中国文化展示周"亦有题诗:"今古形殊又不差,古称茶苦近称茶。赵州法语吃茶去,三字千金百世夸。"他认为茶的品饮之道自可从"吃茶去"三字中悟得。净慧大和尚在2005年10月"天下赵州禅茶文化交流大会"上说:"作为禅与茶相结合而形成的'禅茶文化',既有儒家的正气、道家的清气、佛家的和气,更有茶文化本身的雅气。正、清、和、雅的综合,完整地体现了禅茶文化的根本精神。"

唐代皎然首先提出"茶道"二字,即明示饮茶不只是物质享受,还可得到精神开释。这种茶道观上可追溯到魏晋时代,一直延续到当今。尽管此后陆羽、裴汶、宋徽宗、范仲淹等的诗文中没有直白说出:"茶道"二字,但其蕴含是明确的。而明人朱升、喻政所谓的"茗理",与茶道是同一种表述。吴觉农、庄晚芳、赵朴初等对茶的精神功能的论述,则与传统的"茶道"、"茗理"是一脉相承的。

(阮浩耕)

(五)茶与儒、释、道三教

茶作为一种饮品,儒、释、道三家都将其融入日常生活之中,是佛家把茶广泛推向社会,是道家最早以茶自娱,而把茶演变为文化的原自儒家。三家又各自从茶的品饮中求道悟理,获得精神寄托。儒家从茶道中发现伦常、道德、礼仪、思想、文化,提出以茶励志,以助修齐治平。佛家从茶中体味苦寂,明心见性,以助茶禅。道家从饮茶中找到一种空灵虚无,避世超尘的境界。从表面看,三家追寻的境界和价值取向各不相同。儒家的入世境界,佛家的禅悟境

界,道家的自然境界。其实,各家在讲求饮茶之趣,悟茶之道上是相通的,对茶道精神三家也有一种集体认同,即:和、静、清三则。

茶与儒家

饮茶虽然是中国平民百姓的生活必需品,但把民间的饮茶演变为品茶是士大夫文人,是儒家。文人儒士阶层以自己的知识修养和趣味把喝茶品茗推向艺术极致,并注入思想精神。以官僚和儒生为主要成员的文人儒士,是中国社会结构中极为重要的一个阶层,他们以孔孟之道和儒家思想为哲学,以和谐、平静的中庸为核心,具有积极入世的精神。因而从魏晋时中国茶文化初始形成起,便注入了儒家积极入世的思想。晋与南北朝时,推动茶文化发展的主要是政治家和清谈家。扬州牧桓温、吴兴太守陆纳最早倡导以茶养廉,以对抗两晋以来的奢靡之风。

到唐代,《茶经》问世,陆羽把原本是一种日常生活,一种实用技能的饮茶,通过选择、规范、净化和提升,自觉地以审美的眼光来观照,创建了茶的艺术意境,强调饮茶者须是"精行俭德"之人,把茶看作养廉和励志、雅志的途径。陆羽是集唐及唐以前茶文化之大成。实际上是儒、道、佛三家的合流,但引领茶的品饮文化的是儒家。

卢仝《走笔谢孟谏议寄新茶》诗,是体现儒家茶道精神的典范之作。王玲在《中国茶文化》一书中作了详细的分析。她说:"凡论茶道者,皆好引此诗,但多取中间'七碗'之词,舍去前后。而这样一来,茶人讽谏的积极精神便丢了。"卢仝被后人誉为茶之"亚圣",不仅由于他以饱满的笔墨描绘出饮茶的意境,而且特别强调了儒家的治世精神,是对唐代正式形成的中国茶文化精神的总结。这首诗,实际分三部分。第一部分以军将打门,谏议送茶写起,表面看是用铺陈的方法写过程,但实际既包括礼仪精神,又包含伦序与讽谏。谏议送茶,已含"以茶交友"之意,是讲茶的对人际友谊的作用。"天子须尝阳羡茶,百草不敢先开花",又含了伦序。有的说从这里便开始讽谏,其实,以卢仝这位封建文人说,先明伦序更符合他的思想。而"仁风暗结",专赞茶性"不奢",又表达了儒家仁爱和养廉的精神。若说专以帝王、公侯与小民饮茶对比,也未免牵强。诗人首先以礼仪、伦序、友爱、仁义点出饮茶宗旨,倒更符合其思想。中间当然是全诗精华,"一碗喉吻润",还只是物质效用。"两碗破孤闷",已经开始对精神发生作用了。三碗喝下去,神思敏捷,李白斗酒诗百篇,卢仝却三碗可得五千卷文字。四碗之时,人间的不平,心中的块垒,都用茶浇开,正说明儒家茶人为天地之命的奋斗精神。待到五碗、六碗之时,便肌清神爽,而有得道通神之感。表面看,饮到最后似有离世之意,但实际上,真正关心人间疾苦的茶人是不可能飞上蓬莱仙山的。所以笔锋一转,便到第三层意思,最后是想到茶农巅崖之苦,请孟谏议转达对亿万苍生的关怀与问候。这里,才是真正的讽谏,是表达茶人"为生民之命"的精神。看来卢仝被称之为"亚圣"也是当之无愧的了。

茶与佛教

佛教是公元前6～5世纪由古代印度迦毗罗卫国(在今尼泊尔)的王子释迦牟尼创立的。最初从西域传入我国。但佛教在我国的正式流传,还是东汉初年的事情。至魏晋特别是南北朝这一时期才有了较大发展。不过,佛教特别是寺院经济有突出发展,还是在隋唐尤其是盛唐时期。

史称"茶兴于唐,盛于宋"。唐朝茶叶的兴盛,是在佛教特别是禅宗发展的基础上风盛起来的。据《封氏闻见记》称,开元中,泰山灵岩寺大兴禅教。学禅务于不寐,又不夕食,唯许饮茶,"人自怀挟,到处煮饮,从此转相仿效,遂成风俗"。"禅"是梵语"禅那"的音译,汉语"修心"或"静虑"的意思。闭目静思,极易睡着,所以坐禅唯许饮茶。由上可以清楚看出,正是因为北方禅教的"大兴",促进了北方饮茶的普及;而北方饮茶的普及,又推动了南方茶叶生产,从而也推动了我国整个茶业的较大发展。

但,这绝不是说茶就是在唐开元以后才与佛教相联系的。事实上在魏晋甚至更早以前,茶叶就已成为我国僧道修行或修炼时所常用的饮料了。如陆羽在《茶经》中,就多处引述了两晋和南朝时僧道饮用茶叶的史料。其中引录的释道悦《续名僧传》称:"释法瑶,姓杨氏,河东人,永嘉中过江,遇沈台真,清真君武康小山寺,年垂悬车,饭所饮茶。"又摘引《宋录》称:"新安王子鸾、豫章王子尚,诣昙济道人于八公山,道人设茶茗,子尚味之曰:'此甘露也,何言茶茗'?!"等等。所有这些,都表明在魏晋南北朝时,我国僧道,至少江淮以南寺庙中的僧道,已有尚茶的风气。不过,也须指出,和茶业的历史发展相联系,茶叶的广泛饮用于佛教僧徒和受佛教的积极影响,还是如上面史料反映的情况那样,主要是唐朝中期以后的事情。

我国茶与佛教的关系,是一个相互促进的关系。佛教特别是禅宗需要茶叶,而这种嗜茶的风尚,又促进了我国茶业和茶叶文化的发展。我国禅宗的坐禅,除选择环境寂静处作禅房外,还要求注意五调,即调食、调睡眠、调身、调息、调心。很明显,这里所说的五调,特别是调睡眠,都与饮茶有一定的关系。可能也正因为茶对佛教和坐禅有如此重要的作用,所以,后来有些佛教僧徒,不惜采用编造神话或移花接木的办法,竭力把茶描写成是佛祖的恩赐和僧人的功劳。

如关于茶树的来源,日本民间流传有这样一则神话,称:佛教禅宗的创始人达摩,一次在静坐冥想中突然睡着了,醒来他悔恨不已,一怒之下竟把自己的眼皮割了下来。当他把割下的眼皮掷在地上时,奇迹出现了,在眼皮落处,瞬时长出了一株婆娑大树。大家在惊奇之余,把树上的叶片摘下一些煮尝,一口落肚,精神倍增,睡意顿消,如此就产生了茶这种圣树和出现了茶这种饮料。那么,我国的茶业是什么时候开始又是怎样滥觞的呢? 本世纪30年代,在美国出版的一部《茶叶全书》中,对此有这样一段记载,称中国有一个叫迦罗的僧人,"于魏代由印度研究佛学归来,携回茶树七株,栽培于四川之泯山"。书中把我国的茶树,隐约说成是由印度引种的,实属无稽之谈。我国清人笔记《陇蜀余闻》记述:蒙山"上清峰,其巅一石,大如数间屋,有茶七株生石上,无缝罅,云是甘露大师手植";以及《亦复如是》:名山县蒙顶,"有茶七株……名曰仙茶,云系甘露大师俗姓吴所手植者,其种来自西域"等记载传来改去而形成的。迦罗是甘露、泯山是名山或蒙山的音译。其实,佛教界传颂的上述这些佛祖、僧人对茶的贡献,在一定程度上,无非是茶对佛教重要的一种说明。众所周知,茶源于中国,世界各地种茶、制茶、饮茶都直接或间接由中国传入,在传播过程中佛教起

了很大作用。

由于茶叶受到佛教各宗各派的普遍重视,以致在所有名寺大庙中间,不但设有专门招待上客的茶寮或茶室,甚至有些法器也用茶来命名。如多数寺庙的佛殿和法堂中,都设有钟、鼓,常常钟鼓长鸣。假如庙中只有一钟一鼓,一般设在南面,左钟右鼓。如果设有两鼓,则两鼓分设北面的墙角;设在东北角的,叫"法鼓",设在西北角的,就称"茶鼓"。很明显,这"茶鼓",无疑也是佛教崇尚茶叶的一种信据。

因为茶和佛教的关系是如此密切,所以,在南方许多寺庙,特别在中唐以后,出现了庙庙种茶、无僧不茶的嗜茶风尚。如刘禹锡《西山兰若试茶歌》所吟:"山僧后檐茶数丛,春来映竹抽新茸。宛然为客振衣起,自傍芳丛摘鹰嘴。斯须炒成满室香,便酌砌下金沙水。"唐朝寺院的寺前、院中、庙后、墙外,往往都种之以茶,自种、自制、自饮。正因为这样,自唐朝以后,各地寺庙和历代名僧为我们在史籍中留下了不可胜计的茶史资料。只要对《全唐诗》稍作浏览,就能即时勾勒出唐代寺庙饮茶的风尚。如诗僧齐己《闻道林诸友尝茶因有寄》诗中吟:"枪旗冉冉绿丛园,谷雨初晴叫杜鹃。摘带岳华蒸晓露,碾和松粉煮春泉。郑巢在《送琇上人》诗中的意境称:"古殿焚香处,清赢坐石棱。茶烟开瓦雪,鹤迹上潭冰。"刘得仁《慈恩寺塔下避暑》云:"僧真生我静,水淡发茶香。坐久东楼望,钟声振夕阳。"曹松《宿溪僧院》也有"少年云溪里,禅心夜更闲,煎茶留静者,靠月坐苍山"的诗句。从上录这些史料中,不难看出,唐代寺庙饮茶的时间,从初春到寒冬,终年不辍;在一天中,从早到晚,从日落一直到深夜,所谓"穷日继夜"。再以饮茶的场合说,如牟融《游报本寺》诗称:"茶烟袅袅笼禅榻,竹影萧萧扫径苔。"李嘉祐《同皇甫侍御题荐福寺——公房》诗吟:"虚室独焚香,林空静磬长";"啜茗翻真偈,燃灯继夕阳。"武元衡《资圣寺贲法师晚春茶会》有"禅庭一雨后,莲界万花中。时节流芳暮,人天此会同"之句。还有李中《赠上都先业大师》的"有时乘兴寻师去,煮茗同吟到日西";以及黄滔的"系马松间不忍归,数巡香茗一枰棋"等诗句。都反映了唐朝寺庙中,不只诵经、坐禅、做功时要饮茶,饭后、纳凉、休息、吟诗、下棋等各种场合,也离不开茶。可能

正是因为这样，唐时赵州高僧从谂禅师，有一句口头禅，就叫"吃茶去"。有关无关，开口闭口，都是说"吃茶去"。这当然是一个典型例子。赵州在北方，北方寺庙中饮茶已如此普遍，其时南方各寺庙中饮茶之盛，由此也可想见了。

这里还要指出，如吕岩《大云寺茶诗》描写的："玉蕊一枪称绝品，僧家造法极功夫"，我国寺庙不只极重茶叶，需要茶叶，而且也是生产茶叶、研究茶叶和宣传茶叶的一个中心。也以唐代的情况来说，众所周知，茶圣陆羽就是由寺庙收养长大的，其对茶的最初了解和兴趣，也即从寺庙中获得。和《茶经》差不多同时在社会上广为流传，对我国茶业发展也起到一定作用的《饮茶歌诮崔石使君》，则是陆羽的忘年交诗僧皎然所作。此外，皎然除有大量茶诗传世外，还曾专门撰写过《茶诀》一篇，对茶的功能和煮饮艺术，也颇有研究。再如唐代的贡茶院或贡焙，即每年专事督造湖州紫笋和常州阳羡贡茶的处所（无疑也是当时我国制茶或茶叶生产技术的中心），其地点就设在顾渚"上吉祥院"内。上吉祥院，南朝陈时原建于武康，贞元时为把贡焙附在一个大的寺庙，特把吉祥寺从武康迁建顾渚。

在古代，也只有寺庙最有条件研究茶叶、提高品质和宣传茶叶。因为寺庙都有一定数量的田产，寺僧特别是那些大和尚，他们有时间、有文化来讲究茶的采造、品饮艺术和写书作诗以宣传茶叶文化。所以我国旧时有"自古名寺出名茶"之说。唐朝李肇《国史补》中提到一些名茶，如福州方山露芽、剑南蒙顶石花、岳州㴩湖含膏、洪州西山白露、蕲州蕲门团黄等等，其真品就都出之寺庙或寺僧。再如北宋时苏州西山水月庵的"水月茶"、杭州于潜"天目山茶"、宣州宁国"鸦山茶"、扬州"蜀冈茶"、会稽"日注"、洪州"双井白芽"等等，或贡或献，也都是僧道创制和宣传出来的珍品。以近代安徽产的一些名茶为例，如"黄山毛峰"，主产黄山松谷庵、吊桥庵和云谷寺一带；"六安瓜片"，以产于齐云山水井庵处为佳；"霍山黄芽"，产于大阳乡长岭庵；休宁松萝茶，是明时僧人大方首创，等等。所有这些，无不表明，由于佛教自身对茶的需要，在佛教借重和吸收茶叶文化的过程中，同时也有力地促进了我国乃至世界茶业的发展。

（朱自振）

茶与道家

茶与道教和道士的神话传说，可以追溯到茶叶饮用起始的汉代。南朝齐梁时期著名道教思想家、医学家陶弘景在《杂录》中说："苦茶轻身换骨，昔丹丘子、黄山君服之。"丹丘子、黄山君是传说中汉代的"仙人"，指饮茶可以轻身而羽化。在《神异记》中，记述了丹丘子引余姚人虞洪入瀑布山采大茗的传说。类似茶与神怪的传说，还有《续搜神记》里的那个丈余高的"毛人"，宣城人秦精在武昌山采茶遇到他，他引秦精到茶丛生的地方，并赠橘子给秦精。再有《广陵嗜老传》里的卖茶老婆婆，官府把她抓到监狱里，她却乘夜间拿着茶器飞越窗口而去。这些茶与丹丘子、黄山君等仙人和神怪的传说，反映了早期道教提倡饮茶，并对茶的功效的认知。

道家天人合一的自然观和宇宙观，深深影响着中国茶道精神的形成。道家强调精神与物质的统一，将人与自然融为一体，通过饮茶去感悟天道、人道，把道家天人合一哲学思想融入了茶道精神。道家选择深山幽谷炼丹，以山水自然为助力，以生为乐，虚静守一，返璞归真。茶是清灵之物，道家的这种静修和乐生的精神，是最贴近茶的本性的，茶也是道家修行时必备之物。

道家思想与儒家思想是相互渗透和相互补充的，特别是对于茶道有更多共同的认知。儒家积极入世，从晋代桓温、陆纳"以茶养廉"，到陆羽"精行俭德"，喝茶也忘不了国事。但历代儒士又普遍遵循"达则兼济天下，穷则独善其身"，主张"一张一弛文武之道"，"大丈夫能屈能伸"，达意时积极奋斗，遇到挫折，穷厄时便拐个弯，退隐山林。道家的"避世"、"无为"，成了儒家思想的补充。其实士大夫阶层中的许多人不仅不排斥道家思想，而且有时还向往着道家那种"出世"的生存状态。宋代被誉为"四谏"之一，累官至工部尚书的余靖，他在《和伯恭自造新茶》诗中有句："郡庭无事即仙家，野圃栽成紫芽茶。"士大夫有职在位时，把趁公务之余栽茶、焙茶、试茶当作"仙家"的生活。饮茶文化是"入世"和"出世"的和谐一致，相辅相成。

其实,历史上儒、释、道三家著名的与茶结缘的人,他们都是兼容合流的。丁文在《茶乘》一书中有如下论述:"三教合流的推动者是大唐士子——一个特殊阶层。这批人一般都有儒学的根底,自儒学起步,或一生都是粹然儒者,或自儒入道,或自儒入佛,或杂糅三教。当他们为大唐茶风所濡染而成为雅士茶人后,便将自己的思想灌输到茶事中去,以自己的理念去规范茶事。这样,大唐茶文化便顺理成章地融汇了儒、道、释三教文化,并构成了中国茶道的'形而上'的主体。"王玲《中国茶文化》在记叙了唐德宗朝,陆羽著《茶经》,与皎然等在苕溪组织诗会,并有李冶的参与和影响的史实后说:"完全有理由说,是这一僧、一道、一儒家隐士共同创造了唐代茶道格局。"

道家的饮茶生活和茶理思想是中国茶文化的重要组成部分。

(朱自振　阮浩耕)

二、茶与社会生活

(一) 茶与社交

现代社会,专业分工越来越细,开放程度日渐日大,"百业并之,动辄相关"。谁若还想"鸡犬之声相闻,老死不相往来",恐怕难以立身处事了。所以人人都少不了有社交活动。林语堂在《生活的艺术》中谈到:"我以为从人类文化和快乐的观点论起来,人类历史中杰出的新发明,其能直接有力的助于我们享受空闲、友谊、社交和谈天者,莫过于吸烟、饮酒、饮茶的发明。"在我们这个饮茶文化深厚的国家,当今人们就更加重视茶文化在社交中的作用了。

以茶会友,向来是我们民族的一个优良传统。《世说新语》早有记载,晋武帝时"少时有令名"的任瞻,在武帝死后南渡到石头城(今南京清凉山),丞相王导率领先度时贤迎接他,在接风的宴会上,首先上的是茶。东晋初年,司徒长史王濛遇有士大夫来访,即煮茶相待,只是有不少从北方南迁的士族,不懂得茶中滋味,反觉茶苦涩难咽,称之"水厄",成为笑说。之后,桓温、陆纳都以茶和果品为宴,招待宾客,以示俭节之风。唐宋以降,名人雅士更是常以茶宴、茶会

来请宾朋好友,唐诗中就有许多记叙和吟咏茶宴、茶会的诗作。钱起《与赵莒茶宴》云:"竹下忘言对紫茶,全胜羽客醉流霞。"李嘉祐《秋晚招隐寺东峰茶宴送内弟阎伯均归江州》有句:"幸有香茶留稚子,不堪秋草送王孙。"鲍徽君有《东亭茶宴》诗:"坐久此中无限兴,更怜团扇起清风。"峰峦、竹林、紫茶、清风,亲朋欢聚,挚友抒怀,其雅趣是流霞看馔无可相比的。那位谢灵运的十世孙、唐代著名诗僧皎然,还一反"酒贵茶贱"论,在《与陆处士羽饮茶》中云:"九日山僧院,东篱菊也黄。俗人多泛酒,谁解助茶香。"实足是一位诗僧加茶僧的生活观念。

唐代还有互赠名茶的社交方式。白居易的妻舅杨慕巢、杨虞卿、杨汉公兄弟都曾从不同地区给白居易寄好茶。白居易有一首《晚春闲居,杨工部寄诗杨常州寄茶同到,因以长句答之》诗:"闷吟工部新来句,渴饮毗陵远到茶。兄弟东西官职冷,门前车马向谁家?"给白居易寄诗的是曾任工部尚书的杨汉公,寄茶的是任常州刺史的杨虞卿,他们一个在都城西安,一个在东部毗陵即常州,白居易闷来吟诗,渴来饮茶,感到无比欣慰。任凭谁家门前车马喧,我也懒得去知道,任我"门前冷落车马稀",我亦安之若素。足见这赠茶的精神力量有多可观。

宋代有一种茶会,是在太学中举行的,轮日聚集饮茶。这可能就是今日茶话会的肇端。

近人也多有以茶会友的。诗人柳亚子与毛泽东"饮茶粤海",一杯清茶坦诚相见,三十一年萦怀难忘,彼此情真谊隆。这早已传为佳话。上世纪30年代柳亚子在上海还办过一种文艺茶话会。据当时参加者回忆,茶话会不定期在茶馆举行,有多次是在南京路的新亚酒店,每人要一盅茶,几碟点心,自己付钱,三三两两,自由交谈,没有形式,也没有固定话题。这种聚会既简洁实惠,又便于交谈讨论,看似清淡,却给人留下深刻印象,是酒席盛宴所不能及的。鲁迅常喜欢与朋友上茶馆喝茶,日记中记过很多。他居住北京时常与刘半农、孙伏园、钱玄同等好友去青云阁,或与徐悲鸿等去中兴茶楼,啜茗畅谈,尽欢而散。周作人曾说:"清泉绿茶,用素雅的陶瓷茶具,同二三人共饮,得半日之闲,可抵十年尘梦。"

当年周恩来、陈毅常陪外国宾客访茶乡,品新

茶。周恩来五次到杭州西湖龙井茶产地梅家坞。1961 年 8 月 19 日，陈毅陪巴西朋友访梅家坞，品茶别泉，"嘉宾咸喜悦"。可称"茶叶外交"了。

茶有助于伦理建设，敦睦人际关系。每日餐后或节假日，瀹茗一壶，团坐分饮，乐叙天伦，可得全家福也。茶是友谊津梁，有朋友至，烧水洁器，品茗聊天，倘以玩壶品茗为友谊津梁，则人际再无鸿沟也。三二知己，名壶瀹名茶，说南又说北，论古且话今，杯茗漫说天下事，友情洋溢一壶中。

淡中有味茶偏好。清茶一杯所联结起来的朋友，情感更纯真。以茶会友，茶谊长久。茶，应该更多地走向社交场。

（阮浩耕）

（二）茶与礼仪

中华民族是一个礼仪之邦，文明古国，历代都有完整和系统的礼仪，如祭天、祭地、祭祖、祭圣贤；又如庙堂有庙堂之礼，学校有学校之礼，家庭有家庭之礼。人只有"动必以礼"才能"不背于道"。茶，早在周代就已成为祭祀的珍品。佛教禅院"特为茶汤，礼数殷重"（见《禅苑清规》）。通观《敕修百丈清规》，举凡上法要仪礼，应接管待之际，必有奠茶、点茶、吃茶、会茶、请茶等茶礼。茶礼在当今时代，依然是对内表示乡里、友人、家庭之间的亲和礼让，对外表明国家民族的和平、友好、亲善、谦虚的和敬美德。

"客来敬茶"是中国的传统礼节，不论江南还是塞北，礼仪大体相同。茶在冲泡品饮之中，渗透着宾主之礼和亲朋之情。当代茶圣吴觉农先生说："客人到家，不留请吃饭是可以的，不敬茶可是失礼的。"江南人家对于客人来访，无论远近、亲疏、熟悉和陌生，首先会泡上一杯茶，既表现一种礼节，又不乏君子之交淡如水的风仪。江南人瀹茶待客忌满杯，一般只斟到杯的六七分满。在品饮交谈之中殷勤为客人斟茶添水，其意为茶未尽，慢慢饮来款叙。客人当主人来斟茶添水时，要欠欠身或将食指弯曲和中指轻轻叩点桌面，表示有礼了，茶足够了。北方大户之家，有所谓"敬三道茶"。客至延入堂屋，主人出室，先尽宾主之礼，然后敬茶。第一道茶，一般是礼节性的，

此时茶的精味未发，可略品一口。第二道茶，精味已出，茶味渐浓，要细尝慢品；边啜边谈。所谓茶助谈兴，水通心曲。待到第三次续水再斟茶时，茶味淡了，话也谈得差不多了，客人可能表示告辞，主人便起身送客。当然，这只是对初遇刚交的客人而言，若是熟客密友，则促膝畅谈，一壶两壶，尽情啜饮，终日方休。明人许次纾在《茶疏》中说："宾朋杂沓，止堪交错觥筹。乍会泛交，仅须常品酬酢。惟素心同调，彼此畅适，清言雄辩，脱略形骸，始可呼童簋火，酌水点汤。"他认为，志趣相投，朋友相遇，惟有活火现烹的香茗甘泉，才能彼此畅适，或互谈契阔，或面致拳拳，或剪烛话旧，其情趣是酒馔所远远不及的。

敬茶之礼，在家庭表示相敬相爱，明礼义伦序。旧时，大户人家的儿女清晨要向父母敬茶请早安。新媳妇过门第三天要向公婆敬茶请安。儿女远行，父母常赐一杯水酒，以壮行色。而出行的儿女，则要向父母敬一杯香茶，有的还敬妻子、兄弟、姐妹，祝愿家庭平安。抗日战争时期，北方流行一首战士出征前的敬茶歌：

第一杯茶呀，敬我的妈呀，儿去参军保国家呀。妈在家中莫心焦呀，儿行千里不忘妈呀！

第二杯茶呀，敬我的妹呀，哥去参军你陪嫂睡呀。待到哥哥返家时呀，红花头绳谢妹妹呀。

第三杯茶呀，敬我的妻呀，丈夫参军你在家里呀。少擦胭脂少戴花呀，少在门前打哈哈呀！爹妈妹妹你照料啊，多做军鞋送前线啊。待到胜利回家转啊，立功奖状送我妻啊！

香茶敬给妈与妻呀，我到前线去杀敌呀。三杯香茶敬亲人哪，男儿不忘家乡水啊！待到打走日本鬼呀，香茶美酒合家会呀！

这三杯茶，集中体现了家庭茶礼的精华。表敬意，明伦理，叙亲情，又以茶励志，壮怀激越。同时，清醒面对残酷现实，又充满生活信心和必胜的信念。

（阮浩耕）

（三）茶与节庆

在浙江以及江苏、安徽、江西等茶区，有许多岁时茶俗。《中国地方志民俗资料汇编》（华东卷）（书

目文献出版社,1995)中辑录了许多按岁时饮茶、用茶的定规,这里引录部分:

正月

"元旦"先一日,洒扫庭内。鸡初鸣,罗列花彩、糕果等物于各神、家庙影堂前……影堂前则兼供茶饭,至灯后始罢。

正月初五烧五纸,茶、酒、蔬供皆五数。

正月十五为"上元节"……灯夜祀床公、床母,荐鸡子、粉团、寸金糖,兼设茶酒。俗传母嗜酒,公癖茶,谓之"男茶女酒"。(民国11年《杭州志》)

"元旦"黎明,放爆竹开门,拜天地,朝家庙……越数日,展拜远近亲友,以年糕、茶点相馈遗。(清光绪三十二年《富阳县志》)

元旦……出拜亲友,谓之"拜年",亦谓之"贺节"。家设茶果、蒸糕,以待客至,茶毕即留饮酒,俗云"拜年三钟"。(清同治十三年《安吉县志》)。

元旦,贺客至,以金豆点茶。(《樵歌》)(民国16年《象山县志》)

"元日"先夕,悬列代画像于中堂享之。既彻,设香茗、果饵,朝夕拜,至五日止。(清光绪十一年《定海厅志》)

"元旦",举家夙兴,长幼正衣冠,燃香烛,治酒馔、茶果,南向拜神,次拜先祖,飨祀三日,乃祭而彻,谓之"回飨"。(民国24年《嵊县志》)

十三以前,妇女用香烛、茶果,夜请天仙或紫姑问吉凶休咎。十三日"灯节",复设影堂,街坊市镇张挂灯火。(清光绪二十五年《余姚县志》)

"元旦"凡长幼男女鸡鸣起,易冠笄,盛服,设香烛、茶果,焚纸钱拜天地,及悬祖考像旋拜。(清嘉庆五年《兰溪县志》)

"元旦",焚香燃烛,礼神祀祖,族党往还,庆贺会饮。"元夕"张灯,有桥龙灯、彩茶灯、竹马灯、台阁灯之类。(清光绪三年《处州府志》)

"元旦",焚香燃烛,备果、肴、茶、米、豆等物"祭灶",拜天地、中霤,拜祖先,或于祠堂,或于厅间悬影像。

"立春"前一日,职官迎春东郊,乐人扮杂剧,锣鼓彩旗,聚观杂沓。小儿女带茶、米、豆等物散春牛,谓可消疹疫。

"元宵"张灯,放花爆,有桥龙灯、彩茶灯、竹马灯、台阁灯,锣鼓喧天,谓之"闹元宵"。(清乾隆三十二年《缙云县志》)

"元旦",礼神及祖,奠三牲、茶酒。瓶插柏枝,盆盛柿橘,开门放爆,以兆百事之吉。是日,举家食素。午设羹饭,夜备茶果荐于影室,凡五日夜而止。次日祝禧,亲朋相贺留席,幼者给以五彩果品。(清嘉庆六年《庆元县志》)

三月

"清明"前三日为"寒食节"。人家咸插柳檐户间,小坊曲巷,青青可爱。前一日,妇女出游,谓之"踏青"……苏堤一带诸戏毕聚,香茶、美果都成小集,必抵暮乃还。(清康熙五十七年《钱塘县志》)

"谷雨"前,妇女采芽茶。(歌声遍山谷。歌儿有"芽儿尖,官儿贪;芽儿新,官儿清。千朵万朵,千忙万忙,君知否?早些完粮。")(清光绪三十二年《分水县志》)

"清明"后,近山妇女结伴采茶,以谷雨前所采曰"雨茶",以立夏节所采曰"老婆茶"。(清光绪三年《鄞县志》)

"谷雨"采茶,妇女儿童满山谷。(民国2年《於潜县志》)

四月

"立夏"之日,各烹新茶,配以朱樱、青梅、时鲜之果,间相馈遗(南宋遗俗,谓之"绣茶"。富室竞侈,雕镂诸果,饰以金箔,盛以珍窑,杂以茉莉、蔷薇香汁,一啜费直一金,各志录传为美谈,而不知其非也。俗亦名"七家茶")。(清康熙五十七年《钱塘县志》)

"立夏",有新茶、新笋、朱樱、青梅等物,杂以桂圆枣核诸果,镂刻花卉、人物,极其工巧,各家传送,谓之"立夏茶"。

"立夏日",以诸果品杂茗碗,亲邻彼此馈送,名曰"七家茶"。(《海宁县志》)

入夏试茶,从俗无害,而豪家巨室求奇斗胜,有一啜之间所费同于宴饮且过之者,此盖沿袭南宋时绣茶之遗。(民国11年《杭州府志》)

立夏之日,以樱桃、新茶荐祖庙,杂以诸果各相馈遗,谓之"立夏茶"。乞邻麦为饭,云解疰夏之疾。(民国8年《余杭县志》)

"立夏",饮烧酒,啜新茶,啖新梅、蚕豆、樱桃、芽

谷饼,云可解注(痊)夏之疾。(清乾隆十一年《乌程县志》)

"立夏日",以百草芽糅粉饼相馈遗,饮烧酒,啜新芽,唉青梅、朱樱、蚕豆、香蛳。(清嘉庆四年《桐乡县志》)

"立夏",是日饮烧酒,家皆"祀灶"。里社屠牲祀土地之神,谓之"烧夏福"。田家采嫩蚕豆煮食,山村采茶叶甚忙。谚云:"立夏三日茶生骨"。(清同治十三年《安吉县志》)

"立夏"后三日,长兴人俱往荠中采茶,例以是日开园。(清嘉庆十年《长兴县志》)

"立夏日",啜新茗,唉新梅,食青笋、蚕豆,云可解注(痊)夏之疾。(民国2年《於潜县志》)

"立夏日",以诸果品杂置茗碗,亲邻彼此馈送,名曰"七家茶",亦古八家同井之义。(《战志》按,是日于露天支锅煮饭,杂以蚕豆、野笋等类,熟而分食之,则不惹夏)(民国11年《海宁州志稿》)

"立夏",人家炊米粉作五色丸,彼此馈送,名曰"夏茶"。(清嘉庆十六年《西安县志》。按西安县即今衢县)

"立夏",以芽谷饼祀灶及土地,饮烧酒,啜新茶,食樱桃、青蚕豆。(民国6年《双林镇志》)

五月

是月街市施茶,至七月止。三伏则有香薷饮。(民国11年《杭州府志》)

"夏至"各供茶,曰"夏至茶"。(清乾隆十六年《萧山县志》)

黄梅时储梅水。《涌幢小品》云:霉后积水烹茶,甚香洌,可久藏,一交"夏至"便迥别矣。(清同治二年《南浔镇志》)

六月

"天贶",六月六日。家各晒衣,士人晒书;衢中施茶,结后生缘。(清光绪十一年《临安县志》)

六月,道路施茶,或有施痧药、太乙丹。(清光绪八年《归安县志》)

七月

十三日,有丧之家五鼓设茶饼只(祇)迎先灵,昼则设奠,至十七日又具奠送之。亦有虽无丧而循俗举行者。

十月十二夜接祖宗,家庙设供茶点,十三、十五、十七均须祀先,有馄饨、石花二品。(《杭俗遗风》)(民国11年《杭州府志》)

八月

望日。小儿女醵钱具糖米、果茶环供月下,曰"拜月婆"。(清嘉庆十六年《西安县志》)

十月

"立冬日",各以菊花、金银花煎汤澡浴,谓之"扫疥"。曝茶菊以为茗碗之需。(民国11年《杭州府志》)

十二月

是夕("除夕"),家庭举宴,长幼咸集,燃灯[床]下,谓之"照虚耗"。(《西湖游览志余》)或于深夜,用茶酒、果饼祀床神,以祈儿女安寝。(民国11年《杭州府志》)

二十五日为玉皇大帝诸神下降之辰,人皆持斋……新婚之妇则备果盒馈各尊长及亲友(白米炒熟,磨细粉和以糖,用模印之,曰"茶饼糕",或杂以芝麻,曰"麻酥糕"。此物惟镇上独有也)。(民国6年《双林镇志》)

古代这些节庆习俗,随着岁月的流逝,绝大多数已悄然消失,只有少数如节庆日以茶果拜祖先、茶点馈遗亲友、家设茶果以待客至、夏季街市施茶等尚有传承。每个时代都有自己时代的新习俗。新中国成立以后,特别是上世纪80年代以来,新的茶事习俗正在各地慢慢出现并形成一种范式。主要有:一是各地每年定期举行的大型茶事活动,如上海国际茶文化节,自1994年以来每年春季举办,至2008年已举办15届,还有河南信阳茶文化节、广西横县花茶节等。二是茶区举办的茶叶赛事,如福建安溪的"茶状元"赛,台湾的"茶王"赛等。三是各地举办的饮茶艺文活动,如杭州每年清明时节举办的"品茶诗会",自1990年以来一直延续未缀。四是各地茶文化社团等在元旦、春节举行"迎新茶会",中秋举行"团圆茶会",重阳举行"敬老茶会"等。

(阮浩耕)

(四)茶与婚俗

茶与婚俗的关系,简单来说,就是在婚礼中应用、吸收茶叶或茶叶文化作为礼仪之一部分。其实，茶叶文化的浸渗或吸收到婚礼之中，是与我国饮茶的约定俗成和以茶待客的礼仪相联系的。因为，婚礼不仅仅是向社会公布或要求社会承认婚姻关系的一种形式，实际也是通过宴庆，为新郎、新娘举行认亲拜友的一次"招待会"。所以，结婚喜庆的一天，一般也是缔姻两家至亲好友大聚会之日，客至献茶，这样，婚礼也就自然而然地和茶叶结下不解之缘了。因此，从这个角度来说，茶与婚礼的联系，最早可上溯到我国开始盛行饮茶的时代。但是，这里要说的还不是缔婚过程中以茶待客，而是婚礼中直接用茶为仪的各种礼俗。

众所周知，一夫一妻制婚姻，是原始社会末期私有制出现以后产生的，伴随而来的是男娶女嫁时，男方要用一定的彩礼把女子交换或买过来。由于婚姻事关男女的一生幸福，所以，以大多数男女的父母来说，彩礼虽具有一定的经济价值，但更重视的还是那些消灾祐福的吉祥之物。茶在我国各族的彩礼中，有着特殊的意义。这一点，明人郎瑛在《七修类稿》中，有这样一段说明："种茶下子，不可移植，移植则不复生也，故女子受聘，谓之吃茶。又聘以茶为礼者，见其从一之义。"从字面上看，好似只讲茶在婚礼中的意义，与茶叶的列入缔婚彩礼无关。其实，只要稍加分析，还是能够理出茶在婚姻礼仪中的一个发展过程的。

《七修类稿》是明代嘉靖、隆庆年间的一部作品，从中可以看到当时彩礼中的茶叶，已非像米、酒一样，只是作为一种日常生活用品列选，而是赋予了封建婚姻中的"从一"意义，从而作为整个婚礼或彩礼的象征而存在了。这就是说，茶在我国古代的婚礼中，经历过日常生活的"一般礼品"和代表整个婚礼、彩礼的"重要礼品"这样两个阶段。作为生活用品的列选，如《封氏闻见记》所载：古人亦饮茶，"但不如今人溺之甚，穷日尽夜，殆成风俗"，大致最迟不会迟于这本书成书的唐代中期。至于作为首要的彩礼，俗称"女子受聘"，谓之"吃茶"，这极有可能是宋以后的事情。因为，据查考，在唐代以前的婚礼物品中，有反映男尊女卑的东西，但没有要求妇女"从一而终"的礼品。宋朝是我国理学或道学最兴盛的时期。

元朝统治者也推崇理学为"国是"，鼓吹"存天理，灭人欲"，所以，要求妇女嫁夫、"从一而终"的道德观，不会是宋朝以前，很可能是南宋和元朝这个阶段，由道学者们倡导出来的。我国古代种茶，如陆羽《茶经》所说："凡艺而不实，植而罕茂"，由于当时受科学技术水平的限制，一般认为茶树不宜移栽，故大多采用茶籽直播种茶。但是，也如《茶经》所说，我国古人只是认为茶树"植而罕茂"，并不认为茶树不可移植。可是，道学者们为了把"从一"思想也贯穿在婚礼之中，就把当时种茶采取直播的习惯说为"不可移植"，并在众多的婚礼用品中，把茶叶列为必不可少的首要礼物，以致使茶获得象征或代表整个婚礼的含义了。如今我国许多农村仍把订婚、结婚称为"受茶"、"吃茶"，把订婚的定金称为"茶金"，把彩礼称为"茶礼"等等，即是我国旧时婚礼的遗迹。下面，列举一些我国各族婚礼中应用茶叶的习俗。

订婚，也叫订亲、定亲、送定、小聘、送酒和过茶等等，民间称法很多，差不多一地一个说法。在旧时，订婚是确定婚姻关系的一个重要仪式，只有经过这一阶段，婚约才算成立。我国各地订婚的仪式相差很大，但有一点却是共同的，即男方都要向女家送一定的礼品，以把亲事定下来。如京津和河北一带农村，订婚也称"送小礼"；送的小礼中，除首饰、衣料和酒与食品之外，茶是不可少的，所以，旧时问姑娘是否订婚？也称是否"受茶"。送过小礼之后，过一定时间，还要送大礼（有些地方送大礼和结婚合并进行），也称"送彩礼"。大礼送的衣料、首饰、钱财比小礼多；视家境情况，多的可到二十四抬或三十二抬。但大礼中，不管家境如何，茶叶、龙凤饼、枣、花生等一些象征性礼品，也是不可缺少的。茶叶当然还带有"从一"的含义。女方收到男家的彩礼以后，随即也要送嫁妆和陪奁，经过这些程序以后，才算完聘。女方的嫁妆也随家庭经济条件而有多寡，但不管怎样，一对茶叶罐和梳妆盒是省不掉的。

茶叶在婚礼中作为"从一"的象征，过去主要流行于汉族中间。但是，我国多数民族，都有尚茶的习惯，所以，在婚礼中用茶为礼的风俗，也普遍流行于各个民族。如云南佤族订婚，要送三次"都帕"（订婚礼）：第一次送"氏族酒"六瓶，不能多也不能少，另再送些茶叶、芭蕉之类,数量不限。第二次送"邻居酒",也是六瓶,表示邻居已同意并可证明这桩婚事。第三次送"开门酒",只一瓶,是专给姑娘母亲放在枕边晚上为女儿祈祷时喝的。云南西北纳西族称订婚为"送酒",送酒时除送一罐酒外,还要送茶二筒、糖四盒或六盒,米二升。云南白族订婚有的不用茶,但多数和汉族一样,礼物中少不了茶。如大理区洱海边西山白族"送八字"的仪式中,男方送给女方的礼物中就都有茶。如住在洱源的白族男女合过"八字"可以成婚的话,男方要向女家送"布一件,猪肉三块(一块带尾),火腿一只,羊一只(宰好),茶叶二两,银圈一个,耳环一对和现金若干,并附'八字帖'一张"。女方把礼物收下,婚事也就算定了下来。居住在云龙的白族订婚的礼物为"衣料四包,茶二斤,猪肉半爿或一只腿"等。

至于迎亲或结婚仪式中用茶的情况,有作礼物的,但主要用于新郎、新娘的"交杯茶"、"和合茶",或向父母尊长敬献的"谢恩茶"、"认亲茶"等仪式。所以,有的地方也直接称结婚为"吃茶"。汉族"吃茶"和订婚的以茶为礼一样,茶在这里都带有"从一"的意思;但我国其他兄弟民族结婚时赠茶和献茶,则多数只作生活中的一种礼俗。如云南大理区的白族结婚,新娘过门以后第二天,新郎、新娘早晨起来以后,先向亲戚长辈敬茶、敬酒,接着是拜父母、祖宗,然后夫妻共吃团圆饭,至此再撤棚宣告婚礼结束。洱源白族结婚,一般头天是迎亲,第二天正客(正式招待客人),第三天闲客(新娘拜客);新婚夫妇向客人敬茶是在第三天。在接见时,男方还要分别向新娘及其父母、兄弟送礼。送给新娘的礼物,主要是成亲当天新娘穿戴用的服饰;送给新娘父母的布两件,其他主要是猪肉、羊肉和酒茶一类女方谢客用的食品;送给新娘弟弟的礼物中有酒半壶,茶叶二两,猪肉一方。很明显,洱源白族结婚时,茶叶不送新娘及其父母,只送给其弟弟,这种茶,在婚礼中就不具有汉族那样的特殊含义。这一点,还可举滇西北的普米族的婚俗为例。普米族嗜好茶叶,他们从订婚到结婚也很繁琐,订婚以后要两三年才结婚。宁浪地区的普米族结婚,还残留有古老的"抢婚"风俗。男女两家先私下商定婚期,届时仍叫姑娘外出劳动,男方派人偷偷接近姑娘,然后突然把姑娘"抢"了就走。边跑边高声大喊:"某某人家请你们去吃茶!"女方亲友闻声便迅速追上"夺回"姑娘,然后在家再正式举行出嫁仪式。非常清楚,这里所谓请大家"吃茶",和汉族婚俗中所说的"吃茶",明显不是同一回事。再如西北的裕固族,结婚第一天,只把新娘接进专设的小帐房,由女方伴新娘同宿一夜。第二天早晨吃过酥油炒面茶,举行新娘进大帐房仪式。新娘进入大帐房时,要先向设在正房的佛龛敬献哈达,向婆婆敬酥油茶;进房仪式结束后,就转入欢庆和宴饮活动。其中最具特色的是向新郎赠送羊小腿的礼俗,实际是宴饮时由歌手唱歌助兴的一种活动。仪式开始,由二位歌手,一位手举带一撮毛的羊小腿,一位端一碗茶,茶碗中间放一大块酥油和四块小酥油。茶代表大海,大块酥油代表高山,然后说唱大家喜爱的"谣答曲戈"(裕固语"羊小腿")。这里,在裕固族的婚仪中,茶又只代表大海的意思。

如前所说,我国大多数民族,都嗜好饮茶;我国各族婚礼,五光十色,在缔婚的每一个过程中,往往都离不开用茶来作礼仪。所以,上面所举的例子,只是沧海一粟,如果把我国婚礼中派生的茶叶文化现象全部搜集起来,则将是一幅极其绚丽的历史风俗长卷。

(朱自振)

(五)茶与祭祀

茶作为祭品始于何时,我们的先人似未作过专门研究。一般都认为茶叶的利用,是由药用到饮用,由饮用再派生出一系列的茶叶文化现象的。这也即是说,只有在茶叶成为日常生活用品之后,才慢慢被用诸或吸收到我国礼制包括丧礼之中。我国随葬用的明器,《释名》称"送死之器",主要是一些"助生送死,追思终副"的物品。至于祭礼,如东汉阮瑀七在哀诗中所吟:"嘉肴设不御,旨酒盈觞杯",都是死者生前享用和最喜欢吃的那些东西。在上引诗句中,可以约略看出,我国大致在东汉时,至少这时的北方,还没有用茶来作祭礼。

我国以茶为祭,是在以茶待客,大致是两晋以后才逐渐兴起的。从文献记载来看,如唐代韩翃在"谢茶表"中所说:"吴主礼贤,方闻置茗,晋臣爱客,才有分茶",我国以茶待客、以茶相赠,最初是流行于三国和两晋的江南地区。因此,茶叶作为祭品,不会早于这一时期。至于用茶为祭的正式记载,则直到梁萧子显撰写的《南齐书》中才始见及。该书《武帝本纪》载,永明十一年(493)七月诏:"我灵上慎勿以牲为祭,唯设饼、茶饮、干饭、酒脯而已,天上贵贱,咸同此制。"齐武帝萧颐,是南朝比较节俭的少数统治者之一。这里他遗嘱灵上唯设饼、茶一类为祭,是现存茶叶作祭的最早记载,但不是以茶为祭的开始。在丧事纪念中用茶作祭品,当最初创始于民间,萧颐则是把民间出现的这种礼俗,吸收到统治阶级的丧礼之中,鼓励和推广了这种制度。

把茶叶用作丧事的祭品,只是祭礼的一种。我国祭祀活动,还有祭天、祭地,祭祖、祭神,祭仙、祭佛,不可尽言。茶叶之用于这些祭祀的时间,大致也和上说的用于丧事的时间相差不多。如晋《神异记》中有这样一个故事:讲余姚有个叫虞洪的人,一天进山采茶,遇到一个道士,把虞洪引到瀑布山,说:我是丹丘子(传说中的仙人),听说你善于煮饮,常常想能分到点尝尝。山里有大茶树,可以相帮采摘,希望他日有剩茶时,请留一点给我。虞洪回家以后,"因立奠祀",每次派家人进山,也都能得到大茶叶。另《异苑》中也记有这样一则传说:剡县陈务妻,年轻时和两个儿子寡居。她好饮茶,院子里面有一座古坟,每次饮茶时,都要先在坟前浇点茶奠祭一下。两个儿子很讨厌,说古坟知道什么?白费心思,要把坟挖掉,母亲苦苦劝说才止住。一天夜里,得一梦,见一人说:"我埋在这里三百多年了,你两个儿子屡欲毁坟,蒙你保护,又赐我好茶,我虽已是地下朽骨,但不能忘记稍作酬报。"天亮,在院子中发现有十万钱,看钱似在地下埋了很久,但穿的绳子是新的。母亲把这事告诉两个儿子后,二人很惭愧,自此祭祷更勤。透过这些故事,不难看出在两晋南北朝时,茶叶也开始广泛地用于各种祭祀活动了。

不过,上面讲的例子,都是发生在南方的事,至于在黄河流域和北方一带,广泛用茶为祭品的时期,一般认为是在隋唐统一全国,特别是唐代中期北方

饮茶风行之后。这一点,从唐代的贡茶制度中也能多少看出一点。贡茶是专门进奉宫廷御用的茶叶。我国茶叶作为方物,进贡的历史甚早,但是,专门设立贡茶基地——贡焙,还是唐代中期才出现的事情。唐朝的茶叶,如郑谷《蜀中》诗句描写的:"蒙顶茶畦千点露,浣花笺纸一溪春";由于小气候的关系,蒙顶山上的茶叶,被誉为"天下第一",每年也入贡。但是,由于蒙顶茶数量少,蜀道难行,所以,唐代的贡焙,还是设在紧挨运河和国道线上的常州宜兴和湖州长兴相界的顾渚。其所以把贡焙选定在宜兴、长兴二县,与这里所出茶叶质量较好有一定关系,但主要的,还如李郢的诗句所吟:"程路四千,到时须及清明宴";要赶在清明前面贡到。"清明宴",是清明祭祀结束以后的宴请活动,所以,"须及清明宴"是假,要赶上清明的祭祀是真。由此,我们虽不能分辨北方是宫廷还是民间以茶作祭为先,但至少从上述贡茶制度中可以看出,唐代中期时,北方应用茶来作祭礼,也差不多已与南方同样重视。

茶叶作为祭品,无论是尊天敬地或拜佛祭祖,比一般以茶为礼,要更虔诚、讲究一些。王室用于祭典的,全部是进贡的上好茶叶,就是一般寺庙中用于祭佛的,也都总是想法选留最好的茶叶。如《蛮瓯志》记称:"《觉林院志》崇收茶三等:待客以惊雷荚,自奉以萱草带,供佛以紫茸香。盖上以供佛,而最下以自奉也。"我国南方很多寺庙都种茶,所收茶叶一饷香客,二以供佛,三堪自用,一般都是作如上三用,但更倾心的,还是为敬佛之用。

我国古代用茶作祭,一般有这样三种形式:在茶碗、茶盏中注以茶水;不煮泡只放以干茶;不放茶,只置茶壶、茶盅作象征。但也有例外者,如明徐献忠《吴兴掌故集》载:"我朝太祖皇帝喜顾渚茶,今定制,岁贡奉三十二斤,清明年(前)二日,县官亲诣采造,进南京奉先殿焚香而已。"在宜兴的县志中,也有类似的记载。这就是说,在明永乐迁都北京以后,宜兴、长兴除向北京进贡芽茶以外,还要在清明前二日,各贡几十斤茶叶供奉先殿祭祖焚化,祭茶采用焚烧的特殊形式。

我国许多兄弟民族,也有以茶为祭品的习惯。如云南西双版纳的布朗族,20世纪50年代以前,他

们虽然受傣族文化影响信仰小乘佛教,但自然崇拜、祖先崇拜等原始宗教的信仰和祭祀活动,仍要超过佛事活动。布朗人的自然崇拜,以崇拜神鬼精灵最为突出,他们认为日月星辰,风雨雷电,山林河路,村寨房屋,生老病死,庄稼畜禽,无不都是由神鬼主宰的。据约略统计,他们平时祭奠的鬼名有80多种。至于农业的祭祀活动,更是频繁,从烧山开地一直到收获进仓,都要举行一系列的祭祀活动。所有上述各种祭祀,一般都只用饭菜、竹笋和茶叶这三种祭品,将它们分成三份,放在芭蕉叶上;只有较大的祭祀活动才杀猪宰牛。再如云南文山壮族支系的布侬人,他们敬奉的神灵较少,主要供奉"老人厅"、"龙树"和"土地庙"。老人厅设在寨中,供奉神农的牌位。土地庙一般都建在村寨边上,龙树则在稍远一些的山坡上。布侬人的祭祀活动,如祭土地,每月初一、十五,由全寨各家轮流到庙中点灯敬茶,祈求土地神保护全寨人畜平安。祭品很简单,主要是用茶。居住在云南丽江的纳西族,无论男女老少,在死时快断气前,都要往死者嘴里放些银末、茶叶和米粒,他们认为只有这样,死者才能到"神地"。对这种风俗,一般认为上述三者分别代表钱财、喝的和吃的,即生前有吃有喝又有财,死后也能到一个好的地方。

祭祀活动中的以茶作祭品的情况,可以说是茶文化发展过程中衍生出来的一种副文化。茶是在我国祭祀发展的较迟阶段上才加入祭品的,而且它在减轻祭祀靡费和适应大众需要方面,也有过一定积极意义。但是,它毕竟只能是人类生产力和科学、文化都比较低下的一种历史社会现象。《尚书》等古籍中提到:祭言察也,察者至也,言人事至于神也。随着社会发展和人类认识和改造自然能力的提高,社会中的"人事"和人们对"神"的观念,都在不断变化。事实也是如此,随着国家建设的不断发展,如今我国的祭祀发生了根本性变化,以至上述祭祀活动已变成了历史的陈迹。存在决定意识。我们不能预言将来祭祀会不会在社会生活中消失,但是可以肯定,即使将来仍然有祭祀或保留有用茶作祭的礼仪,它过去所带的那些封建迷信成分,必然会随着人们头脑中的封建意识的消除而消除。所以,这里把已经和正在消失的茶叶祭祀内容重翻出来,为的是全面叙述茶叶文化曾走过的历史道路。

(朱自振)

(六)茶馆文化

茶馆是一个古老而又时尚的行业,源远流长,从上个千年走来,却又历久而弥新。茶馆拥有沉甸甸的文化内涵,在中国茶文化的发展过程中占有独具特色的一席之地,也是中国社会文化的一个窗口。泡茶馆是中国人的一种生活方式,茶馆里洋溢着祥和与温馨,人们在这里相聚休闲,享受生活,品味人生。

茶馆的千年历程

茶馆的出现和普及,历经千年嬗变,虽有跌宕起伏,却是多姿多彩。

中国茶馆最初出现于茶业、茶文化空前兴盛的唐代。不过西晋时,四川一老妇早已在洛阳做茶粥出卖;东晋也有一老姥在广陵提罐卖茶汤。这流动小卖,已具茶馆雏形。"唐代开元(712~741)中,泰山灵岩寺有降魔禅师,大兴禅教。学禅,务于不寐,又不夕食,皆许其饮茶,人自怀挟,到处煮饮。从此,转相仿效,遂成风俗。自邹、齐、沧、棣,渐于京邑城市,多开店铺,煎茶卖之,不问道俗,投钱取饮"(封演《封氏闻见记》)。这是中国茶馆的最早历史记载。当时的情况,大约是专业经营卖茶水的店铺尚不很多,而旅舍、饮食店兼营茶水的当属多数,或者是卖茶水兼营旅舍等。

如果说唐代卖茶水店铺还只是为路人和过往商贾歇脚解渴的,那么到了宋代,由于市井兴盛起来了,茶肆、茶坊藉饮茶而演化出了众多功能。尤其是在北宋都城汴京(今河南开封)、南宋都城临安(今浙江杭州)两地,茶肆、茶坊林立,可谓五颜六色,光怪陆离。到京师参加科举考试的考生,在去吏部投送名帖时,为时太早,省门未开,就去茶肆稍憩。有些大茶坊,成为市民娱乐的场所。张择端《清明上河图》所绘汴河两岸、城门内外鳞次栉比的店铺中,也有人们在茶肆、茶坊饮茶歇息的情景,或席间闲谈,或凭栏远眺。茶肆、茶坊还逐步扩展其经营活动,为各行各业提供场地和服务。临安的茶肆、茶坊,南宋年间盛极一时。从《梦粱录》、《武林旧事》、《都城纪胜》所记看，一是装饰考究，文化氛围浓，"插四时花，挂名人画，装点店面"，或"列花架，安顿奇松异桧等物于其上"，更具艺术性和观赏性；二是说唱玩耍，娱乐内容丰富，"多有富家子弟、诸司下直等人会聚，习学乐器，上教曲赚之类"；三是行业聚会，结合商贸活动，不同行业各有聚会活动的茶坊，茶坊还是寻觅雇佣专业人力之地；四是奇茶异汤，兼营范围扩大，依四时节气添卖七宝擂茶或雪泡梅花酒等，有的兼卖酒食，有的与旅店结合，有的兼营澡堂等。

元初，全国陷入金戈铁马之中，中原传统文化体系受到一次大冲击，茶业远不如宋代繁华，有些城市渐趋衰退，元末明初近乎销声匿迹。至明代后期，茶馆再度兴盛起来。田汝成《西湖游览志余》有记："杭州先年有酒馆而无茶坊，然富家燕会，犹有专供茶事之人，谓之茶博士……嘉靖二十六年(1547)三月，有李氏者，忽开茶坊，饮客云集，获利甚厚，远近仿之。旬日之间，开茶坊者五十余所，然特以茶为名耳，沉湎酣歌，无殊酒馆也。"由此看来，杭州茶馆一度曾似"断了香火"，鲜为人知。明后再度发展，据明《杭州府志》载："今则全市大小茶坊八百余所。"

明清间，南北各地茶馆遍布。南京这"太祖皇帝建都的所在"，盛时茶馆达千余家。吴敬梓《儒林外史》第二十四回描述："大街小巷，合共起来，大小酒楼有六七百座，茶社有一千余处，不论你走到哪一个僻巷里面，总有一个地方悬着灯笼卖茶，插着四时鲜花朵，烹着上好的雨水，茶社里坐满了吃茶的人。"在北京，八旗兵入关后，八旗子弟倚仗权势，饱食终日，无所事事。他们手提鸟笼，一脚跨进茶馆，可以长坐半日。在扬州，李斗《扬州画舫录》夸耀"吾乡茶肆甲天下，多有此为业者"。上海茶馆始于清同治(1862～1874)初，最早的是三茅阁桥沿河之丽水台，"其屋前临洋泾浜，杰阁三层，楼宇轩敞。南京路有一洞天，与之相若。其后有江海、朝宗等数家，益华丽且可就吸鸦片……福州路之青莲阁，亦数十年矣，初为华众会"(徐珂《清稗类钞》)。广州在清同治、光绪年间，较多的是平民大众的"二厘馆"，即每位茶价二厘的一盅两件式茶馆。

晚清以后的百年间，茶馆经营艰难，日趋衰落，难得坚持下来的也大多是简陋小店。上世纪90年代初，由于社会经济的发展，人民生活水平提高，可供自主支配的闲暇时间多了，加上政策的宽松，鼓励个体私有经营，茶馆又迎来新的春天。如果说传统茶馆是农业社会的产物，那么当今冠以"茶艺"的都市茶馆，则是工业与信息时代的产物，有着明显的时代特色。首先，茶艺馆讲究泡茶技艺，注重对茶、水、具的选配，把人们日常生活中的喝茶，提升为生活艺术。其二，茶艺馆讲究环境布置，从空间分隔、灯光设计到背景音乐、墙饰壁挂，力求营造一个自然、轻松、惬意的闲适氛围。其三，茶艺馆讲究尽量多的文化含量，更多地把传统和现代文化引进馆来。总的说，当代都市茶艺馆具有深厚的文化底蕴和历史积淀，顺应了现代人最企盼的悠闲，不断求新求变，提升品位，经营继续呈现出上升的势头。在北京、上海、广州、成都、杭州等旅游休闲城市，已成为新兴的支柱行业。

茶馆的地域特色

茶馆是一定时代和地域的产物。茶馆是都市和城镇的标识，是地域风情的徽记。

杭州茶馆：在水一方，如淡妆浓抹两相宜的丽质佳人。南宋时有名气的茶肆、茶坊集中在当时的"天街"，即今天的中山中路、河坊街等闹市区。清末至民国，茶馆多在西湖之滨，再就是在大运河、市河之畔和钱塘江码头边。西湖游船也是一个"小茶馆"。有人说杭州是一个"水世界漂来的城"，杭州茶馆亦得水之利，在水一方。

苏扬茶社：清幽从容，似简约可人的小家碧玉。清时有首《忆江南》词："苏州好，茶社最清幽，阳羡时壶烹绿雪，松江眉饼炙鸡油，花草满街头。"苏州人爱茶，一壶在手，细啜慢饮，可作竟日消遣。扬州旧时不仅茶馆多，而且澡堂也等于茶馆，早上是茶馆，晚上是浴室，所以有"早上皮包水，晚上水包皮"之说。扬州茶社还有精美茶食点心。弹词评话演出是苏扬茶社的共同特色。

巴蜀茶铺：悠然洒脱，似一位"摆龙门阵"的老者。川渝人喝茶意在茶，多以吃清茶为主，茶食不多，不像扬州、广州那样且饮且食。喝茶的同时，还会有地方戏曲欣赏,小型的戏班子就驻扎在茶馆,连演数日。茶馆还有掏耳朵、捏背按摩的服务。川渝茶馆的堂倌身怀掺茶绝技,一手铜壶在握,一手卡住一摞盖碗和托垫,多的一手能端十五六只。人近茶桌,左手一扬,"哗"的一声,一串茶托脱手飞出,又"咯咯咯……"在桌上几旋几转,每个茶托上已放好茶碗,动作之神速和利索,像魔术一般。川渝人喝茶间更喜欢漫不经心和优哉游哉地"摆龙门阵"。

广东茶楼:且饮且食,如一位殷实的美食家。广东城乡历来的饮食习惯是"茶中有饭,饭中有茶",一日三餐称"三茶两饭"。广东茶楼自清代"一盅两件"的"二厘馆"以来,一直沿袭了且饮且食的传统。点心精美多样,是广东茶楼一绝。有荤蒸、甜点、小蒸笼、大蒸笼、煎炸和粥品六大类别。

京师茶馆:京韵京味,像是一位好侃大山、纵论天下大事的文化人。北京清代盛行大茶馆,如老舍先生笔下的"裕泰"。清末民初,大茶馆衰落,随之而起的是中小型的清茶馆、书茶馆、棋茶馆、戏茶馆,还有野外的风景茶铺,所谓"京味",最突出的是大众化和社交化两个特点。大众化是北京各阶层的人士均有饮茶和上茶馆之好;社交化就是把喝茶品茗作为融入周边社会的方式。值得特别提出的是京师的戏茶园。早先北京的剧场叫茶园,戏曲演出都在茶园,梅兰芳等名角也曾在茶园演出过。后来有的茶园索性改名为剧场了,再后才有专业的剧场。

上海茶馆:兼收并蓄,似一位摩登小姐,老上海茶馆,依据社会各界不同层次的多重需要,各有自己的特色和茶客群体。早期开设的宛在轩(即今湖心亭)、春风得意楼等,具江浙一带茶馆的传统;青莲阁、五云日升楼等则是传统改良型,茶楼附设弹子房,还有哈哈镜、西洋镜等游艺项目;同芳居、小壶天、广东楼是粤式茶楼;文明雅集茶馆开在洗清池浴室隔壁,是扬州式的;还有登瀛阁、开东楼等日式茶馆等。如今上海茶馆也是风格各异,多种多样,无论中外,兼收并蓄。

茶馆,营造休闲空间,构筑文化心境,形成中华民族独特的文化传统。中国茶馆是一部社会史,一部风俗史,更是一部文化史,让人品读不尽。

(朱自振)

三、茶与文学艺术

(一) 咏茶诗词

我国既是"茶的祖国",又是"诗的国家",茶很早就渗透进诗词之中。从最早出现的茶诗(如左思《娇女诗》等)到现在,历时一千七百余年,为数众多的诗人、文学家创作了不少优美的茶叶诗词。

茶叶诗词,大体上可分为两类:一类是专题"咏茶"的,即诗词的主题是茶;一类是诗词的主题不是茶,但是咏及到了茶。以上两类茶叶诗词,据已有资料统计,唐代有 620 首,宋代有 5600 首,再加上金、元、明、清,以及近当代的,累计达 12600 首。

1. 两晋和南北朝茶诗

此时期还没有专题咏茶诗,在诗中咏及到茶的也不多。陆羽《茶经》所辑,有四首:

西晋孙楚(约 218~293)撰《歌》(又称《出歌》):

"茱萸出芳树颠,鲤鱼出洛水泉。白盐出河东,美豉出鲁渊。姜桂茶荈出巴蜀,椒橘木兰出高山。蓼苏出沟渠,精稗出中田。"(录自陆羽《茶经》)。

西晋左思(约 250~约 305)撰《娇女诗》:

"吾家有娇女,皎皎颇白晰。小字为纨素,口齿自清历。有姐字惠芳,面目粲如画。驰骛翔园林,果下皆生摘。贪华风雨中,倏忽数百适。心为茶荈剧,吹嘘对鼎锧。"(录自陆羽《茶经》,仅为摘句。全诗有56 句)。

西晋张载撰《登成都楼》(一作《登成都白菟楼》):"借问扬子舍,想见长卿庐。程卓累千金,骄侈拟王侯。门有连骑客,翠带腰吴钩。鼎食随时进,百和妙且殊。披林采秋橘,临江钓春鱼。黑子过龙醢,果馔逾蟹蝑。芳茶冠六清,溢味播九区。人生苟安乐,兹土聊可娱。"(录自陆羽《茶经》,仅为诗的后 16 句,全诗 32 句)。

以上三首诗中的"茶",原均为"荼",陆羽《茶经》减去一画作"茶"。

南朝宋王微(415~443)撰《杂诗》:"寂寂掩高阁,寥寥空广厦。待君竟不归,收领今就槚。"(录自陆羽《茶经》,仅为摘句,全诗有28句)。

以上四首均是诗中咏及茶事,不是以茶为主题的。

以上四首诗再加上晋代杜育的《荈赋》(详见"颂茶文赋"一节),构成了我国早期茶和诗文化结合的例证,也极其典型地描绘了晋代我国茶叶发展的史实。汉朝"古诗"中不见茶的记载,说明汉时除巴蜀以外,特别是中原,饮茶还不甚广。至西晋时,如张载所咏:"芳茶冠六清,溢味播九区",其时我国茶叶的栽种虽然仍旧还在巴蜀,但中原如左思那样的官宦人家,连儿童也会煎茶了。

(钱时霖　朱自振)

2. 唐代(含五代)茶诗

唐代,我国茶叶生产有了较大的发展,饮茶逐渐普及开来,诗人中喝茶爱茶的尤其多,茶也就成了诗人创作的题材,于是产生了大量茶诗,从《全唐诗》中统计,有茶诗620首,茶诗作者160人。以茶为主题的"咏茶之诗"也有相当数量。李白首先写了仙人掌名茶诗。杜甫也写了6首茶诗。白居易写得最多,有64首,他自称"我是别茶人"。卢仝的《走笔谢孟谏议寄新茶》诗尤为脍炙人口,为千古佳作。僧皎然是咏陆羽诗最多的一个人,他有28首茶诗,其中咏陆诗12首。齐己上人也写了24首茶诗。皮日休(写有26首茶诗)和陆龟蒙(写有20首茶诗)相唱和,各写了10首"茶中杂咏"唱和诗。其他如钱起、袁高、薛能、贯休、温庭筠、贾岛、柳宗元、韩愈、韩偓、杜牧、杜荀鹤、孟郊、张籍、张文规、陆羽、陆希声、章孝标、李郢、李嘉祐、李德裕、李冶、李咸用、李中、李洞、李绅、许浑、司空图、刘禹锡、刘长卿、刘言史、耿湋、皇甫冉、皇甫曾、郑谷、顾况、朱庆余、王维、周贺、喻凫、韦应物、韦处厚、曹邺、曹松、岑参、吕岩、武元衡、施肩吾、徐寅、戴叔伦、卢纶、金地藏、方干、王建、权德舆、黄滔、鲍君徽、花蕊夫人等也都有茶诗。

(1)唐代茶诗有多种体裁,主要是古诗(即古风)、律诗、绝句。

古诗:有五言古诗和七言古诗,其中有不少咏茶名篇。

李白《答族侄僧中孚赠玉泉仙人掌茶并序》诗

(五言古诗。序略)常闻玉泉山,山洞多乳窟。仙鼠如白鸦,倒悬清溪月。茗生此中石,玉泉流不歇。根柯洒芳津,采服润肌骨。丛老卷绿叶,枝枝相接连。曝成仙人掌,似拍洪崖肩。举世未见之,其名定谁传。宗英乃禅伯,投赠有佳篇。清镜烛无盐,顾惭西子妍。朝坐有余兴,长吟播诸天。这首诗写了名茶"仙人掌茶",是名茶入诗最早的诗篇。作者用雄奇豪放的诗句,把仙人掌茶的出处、品质、功效等,作了详细的描述,因此这首诗成为重要的茶叶历史资料和咏茶名篇。

卢仝《走笔谢孟谏议寄新茶》(七言古诗):日高丈五睡正浓,军将打门惊周公。口云谏议送书信,白绢斜封三道印。开缄宛见谏议面,手阅月团三百片。闻道新年入山里,蛰虫惊动春风起。天子须尝阳羡茶,百草不敢先开花。仁风暗结珠琲瓃(一作蓓蕾),先春抽出黄金芽。摘鲜焙芳旋封裹,至精至好且不奢。至尊之余合王公,何事便到山人家?柴门反关无俗客,纱帽笼头自煎吃。碧云引风吹不断,白花浮光凝碗面。一碗喉吻润,两碗破孤闷。三碗搜枯肠,唯有文字五千卷。四碗发轻汗,平生不平事,尽向毛孔散。五碗肌骨清,六碗通仙灵。七碗吃不得也,唯觉两腋习习清风生。蓬莱山,在何处?玉川子乘此清风欲归去。山上群仙司下土,地位清高隔风雨。安得知百万亿苍生命,堕在颠崖受辛苦!便为谏议问苍生,到头还得苏息否?卢仝以优美的诗句表达对茶的深切感受,使人诵来脍炙人口。后代诗人文士,广为引用。如苏东坡诗:"明月来投玉川子,清风吹破武林春。"梅尧臣诗:"亦欲清风生两腋,从教吹去月轮旁。"陈继儒诗:"山中日日试新泉,君合前身老玉川"等等。

僧皎然《饮茶歌诮崔石使君》(七言古诗):

越人遗我剡溪茗,采得金芽爨金鼎。素瓷雪色缥沫香,何似诸仙琼蕊浆。一饮涤昏寐,情思爽朗满天地。再饮清我神,忽如飞雨洒轻尘。三饮便得道,何须苦心破烦恼。此物清高世莫知,世人饮酒多自欺。愁看毕卓瓮间夜,笑向陶潜篱下时。崔侯啜之意不已,狂歌一曲惊人耳。孰知茶道全尔真,唯有丹丘得如此。该诗用饮茶的好处来讥嘲崔石的饮酒,作者列举了东晋两个著名的饮酒人物:毕卓、陶潜,特别是毕卓狂饮无度，导致了因酒废职、瓮间受缚的难堪局面。作者描述了饮茶三遍的感受：一饮"涤昏寐"，二饮"清我神"，三饮达到最高境界——"得道"。作者指出，茶为清高之物，具有全真的功能，而饮酒则是一种自欺的行为。作者在其诗中提到"茶道"两字，这在茶文化史上是最早见到的。

律诗：有五言律诗，如皇甫冉《送陆鸿渐栖霞寺采茶》；七言律诗，如白居易《谢李六郎中寄新蜀茶》；还有排律，即就律诗的定格加以铺排延长，每首至少十句，有多达百韵的。齐已《咏茶十二韵》（五言排律）：

百草让为灵，功先百草成。甘传天下口，贵占火前名。出处春无雁，收时谷有莺。封题从泽国，贡献入秦京。嗅觉精新极，尝知骨自轻。研通天柱响，摘绕蜀山明。赋客秋吟起，禅师昼卧惊。角开香满室，炉动绿凝铛。晚忆凉泉对，闲思异果平。松黄干旋泛，云母滑随倾。颇贵高人寄，尤宜别柜盛。曾寻修事法，妙尽陆先生。

绝句：有五言绝句和七言绝句。前者如张籍的《和韦开州盛山十二首之三茶岭》，后者如刘禹锡的《尝茶》。还有一首六绝，即张继（一作顾况）的《山家》（一作《过山农家》）：板桥人渡泉声，茅檐日午鸡鸣。莫嗔焙茶烟暗，却喜晒谷天晴。

此外，还有宫词、宝塔诗、联句、回文诗和偈等。

宫词：这种诗体是以帝王宫中的日常琐事为题材，或写宫女的抑郁愁怨，一般为七言绝句，如王建《宫词一百首之七》：延英引过碧衣郎，江砚宣毫各别床，天子下帘亲考试，宫人手里过茶汤。

宝塔诗：原称一字至七字诗，从一字句至七字句逐句成韵，或叠两句为一韵，后又增至八字句或九字句，每句或每两句字数依次递增。元稹写过一首咏茶的《一字至七字诗·茶》。因诗句中字数依次递增，形如宝塔，故称"宝塔诗"。

　　　　茶
　　　香叶，嫩芽。
　　慕诗客，爱僧家。
　碾雕白玉，罗织红纱。
铫煎黄蕊色，碗转曲尘花。
夜后邀陪明月，晨前命对朝霞。
洗尽古今人不倦，将至醉后岂堪夸。

联句：由两人或多人共作，相联成篇，多用于饮宴及朋友间酬答。这种联句的茶诗主要见于唐代，如陆羽和他的朋友耿湋欢聚时所作的《连句多暇赠陆三山人》：一生为墨客，几世作茶仙（湋）。喜是攀阑者，惭非负鼎贤（羽）。禁门闻曙漏，顾渚入晨烟（湋）。拜井孤城里，携笼万壑前（羽）。闲喧悲异趣，语默取同年（湋）。历落惊相偶，衰赢猥见怜（羽）。诗书闻讲诵，文雅接兰荃（湋）。未敢重芳席，焉能弄彩笺（羽）。黑池流研水，径石涩苔钱（湋）。何事亲香案，无端狎钓船（羽）。野中求逸礼，江上方遗编（湋）。莫发搜歌意，予心或不然（羽）。耿湋真有眼力，他当年就能预感到陆羽将以他出色的茶学成就而流芳后世。

回文诗：这种诗无论顺读、倒读，都可以读通，诗体别致。如李涛的《春昼回文》：茶饼嚼时香透齿，水沉烧处碧凝烟。纱窗避著犹慵起，困极晴乍阴雨天。

偈：梵语"偈陀"的简称，义译为"颂"，佛经中的唱词。不问三言、四言乃至多言，要必四句（但也有多句的）。五代南唐僧行因有《偈》一首：前朝韶住栖贤寺，雪夜逃居岩石间。想见煮茶延客处，直缘生死不相关。

（2）唐代茶诗按其题材又可分为12类，即名茶、咏陆（羽）、煎茶、名泉、饮茶、茶会、茶具、采茶、造茶、茶园、茶功、其他。

名茶诗：继李白"仙人掌茶"诗之后，许多名茶纷纷入诗，而数量最多的为紫笋茶，白居易的《夜闻贾常州崔湖州茶山境会想羡欢宴因寄此诗》，张文规的《湖州贡焙新茶》，卢仝诗中的"阳羡茶"（亦称"阳羡紫笋"）。其他如蒙顶茶（见白居易的《琴茶》诗）、昌明茶（见白居易的《春尽日》诗）、石廪茶（见李群玉的《龙山人惠石廪方及团茶》）、九华英（见曹邺《故人寄茶》）、沮湖茶（见齐己《谢沮湖茶》）、碧涧春（见姚合《乞新茶》）、小江园（见郑谷《峡中尝茶》）、鸟嘴茶（见薛能《谢刘相公寄天柱茶》）、天目山茶（见僧皎然《对陆迅饮天目山茶因寄元居士晟》）、剡溪茗（见僧皎然《饮茶歌诮崔石使君》）、腊面（见徐夤《尚书惠腊面茶》）、庐山茶（见李咸用《谢僧寄茶》）、枳花茶（见李郢《酬友人春暮寄枳花茶》）等。

咏陆诗：即咏赞茶圣陆羽之诗。陆羽友人和后人咏陆诗约有 40 首，即僧皎然 12 首，戴叔伦 8 首，权德舆 4 首，齐己 3 首，孟郊、皇甫冉、皇甫曾、颜真卿各有 2 首，裴迪、刘长卿、李冶、耿湋、黎阳王各有 1 首。这些诗对于研究陆羽很有价值，如孟郊的《题陆鸿渐上饶新开山舍》诗，是陆羽到过江西上饶的佐证。孟郊的《送陆畅归湖州因凭题故人皎然塔陆羽坟》诗，是陆羽坟在湖州的佐证。齐己的《过陆鸿渐旧居》诗，是陆羽写过自传的佐证。该诗诗题下作者有注曰："陆生自有传于井石，又云行坐咏佛书，故有此句。"诗云：楚客西来过旧居，读碑寻传见终初。佯狂未必轻儒业，高尚何妨诵佛书。种竹岸香连菡萏，煮茶泉影落蟾蜍。如今若更生来此，知有何人赠白驴（诗人有注：时太守赠白驴）。

煎茶诗：以煎茶（包括煮茶、煮茗、碾茶等）为诗题或为内容的诗是大量的，如刘言史的《与孟郊洛北野泉上煎茶》，杜牧的《题禅院》等。

杜牧《题禅院》：觥船一棹百分空，十岁青春不负公。今日鬓丝禅榻畔，茶烟轻扬落花风。诗中的"鬓丝茶烟"句很有名，后人广为引用，如苏东坡《安国寺寻春》诗："病眼不羞云母乱，鬓丝强理茶烟中"。陆游《渔家傲·寄仲高》："行遍天下真老矣。愁无寐。鬓丝几缕茶烟里"。明代文徵明《煎茶诗赠履约》诗："山人纱帽笼头处，禅榻风花绕鬓飞。"

名泉诗：唐人饮茶很讲究水质。张又新《煎茶水记》，其中提到陆羽评定：庐山康王谷水帘水第一，无锡县惠山寺石泉水第二。陆羽有《题康王谷泉》诗："泻从千仞石，寄逐九江船。"皮日休有《题惠山二首》，其第一首为："丞相长思煮茗时，郡侯催发只忧迟。吴关去国三千里，莫笑杨妃爱荔枝。"丞相指李德裕，他很喜爱惠山泉，他为了用惠山泉水煮茶，命令地方官吏用"水递"方式从三千里路外的江苏无锡把泉水送到京城。皮日休诗带有"讽喻"之意。浙江长兴顾渚山的"金沙泉"水与顾渚茶同为唐时贡品。白居易诗有"蜀茶寄到但惊新，渭水煎来始觉珍"之句。他认为渭水也是煎茶的好水。陆龟蒙有《谢山泉》诗，他有二首诗提到："茶待远山泉"，"茶试远泉甘"。

饮茶诗：以饮茶（包括尝茶、啜茶、吃茗粥、试茶等）为诗题或为内容的诗，数量也相当多，如刘禹锡的《西山兰若试茶歌》、杜甫的《重过何氏五首》之三等。杜甫的这首诗为：落日平台上，春风啜茗时。石阑斜点笔，桐叶坐题诗。翡翠鸣衣桁，蜻蜓立钓丝。自逢今日兴，来往亦无期。杜甫的这首诗，情景交融，清代乾隆皇帝很喜欢该诗的首二句，并把他的一座山巅屋命名为"春风啜茗台"，还写了有关这方面的诗多首，如《题春风啜茗台》、《春风啜茗台》、《戏题春风啜茗台》等。

茶会诗：茶会也称"茶宴"。如鲍君徽《东亭茶宴》、王昌龄《洛阳尉刘晏与府掾诸公茶集天宫寺岸道上人房》、刘长卿《惠福寺与陈留诸官茶会得西字》、武元衡《资圣寺贲法师晚春茶会》等。

武元衡《津梁寺采新茶与幕中诸公遍赏芳香尤异因题四韵兼呈陆郎中》：灵州（一作卉）碧岩下，荑英初散芳。涂涂犹宿露，采采不盈筐。阴窦藏烟湿，单衣染焙香。幸将调鼎味，一为奏明光。诗写采茶、焙茶、煎茶全过程。最后两句一语双关，"调鼎味"暗含自己治理国事之功绩，奏明皇上。

茶具诗：皮日休与陆龟蒙的《茶中杂咏》唱和诗写了《茶籝》、《茶灶》、《茶焙》、《茶鼎》、《茶瓯》，徐夤写了《贡余秘色茶盏》诗。秘色茶盏是产于浙江越州的一种青瓷器，作为贡品，十分珍贵。

徐夤《贡余秘色茶盏》：捩翠融青瑞色新，陶成先得贡吾君。巧剜明月染春水，轻旋薄冰盛绿云。古镜破苔当席上，嫩荷涵露别江渍。中山竹叶醅初发，多病那堪中十分。

采茶诗：皮日休、陆龟蒙《茶人》诗都是描述采茶的，而姚合的《乞新茶》诗，可以从中了解到当时人们对制造"碧涧春"名茶是如何讲究。

姚合《乞新茶》：嫩绿微黄碧涧春，采时闻道断荤辛。不将钱买将诗乞，借问山翁有几人？诗中表明采茶时要戒食荤辛。荤是荤菜，辛是辣味菜，如葱、姜、蒜、韭之类。

造茶诗：袁高的《茶山诗》、杜牧的《题茶山》、李郢的《茶山贡焙歌》，这三首诗都是洋洋大篇，从各个侧面反映了当时浙江长兴顾渚山上加工紫笋茶的盛况。"溪尽停蛮棹，旗张卓翠苔"（杜牧诗），这是状造茶时节山上的一派繁华景象。而"扪葛上敧壁，蓬头入荒榛……悲嗟遍空山，草木为不春"（袁高诗），"凌烟触露不停探，官家赤印连贴催，朝饥暮匐谁兴哀"（李郢诗），则是讲造茶人的艰苦生活。

茶园诗：从韦应物的《喜园中茶生》、韦处厚的《盛山十二诗之九茶岭》、皮日休、陆龟蒙的《茶坞》、陆希声的《阳羡杂咏十九首之十四茗坡》等，可见唐代已有了比较集中成片栽培的茶园，如皮日休诗："种莽已成园，栽葭宁记亩"（这里的莽、葭都是茶的别名）。

茶功诗：饮茶之功有破睡、益思、醒酒、代药、代酒等。白居易诗："驱愁知酒力，破睡见茶功。"曹邺诗："六腑睡神去，数朝诗思清。"薛能诗："得来抛道药，携去就僧家。"陆龟蒙诗："绮席风开照露晴，只将茶荈代云觥。"云觥：酒器，此处借指酒，即以茶代酒之意。皮日休诗："倘把沥中山，必无千日醉。"即茶可醒酒。

其他还有一些茶诗，题材在以上11类之外，所记叙的茶事同样很有价值，如皮日休《包山祠》诗，提到了"以茶祭神"之事："白云最深处，像设盈岩堂。村祭足茗栅，水奠多桃浆……""村祭足茗栅"是说村里人用茗、栅来祭祀包山之神。传说茶曾用来作为祭天地、敬祖宗、拜鬼神的祭祀品，但在诗中提到的却很少，皮日休可能是第一人。杜牧的《游池州林泉寺金碧洞》诗、杜甫的《进艇》诗，都表明古人在旅游时要随带茶叶："携茶腊月游金碧"（杜牧诗），"茗饮蔗浆携所有"（杜甫诗）。

唐代，特别是中唐以来，正如白居易诗所说的那样："或饮茶一盏，或吟诗一章"，"或饮一瓯茗，或吟两句诗"，茶和诗一样，成为人们生活中不可缺少的一部分或一大乐趣。如薛能所吟："茶兴复诗心，一瓯还一吟"，"茶兴留诗客，瓜情想故人"。刘禹锡在《酬乐天闲卧见寄》中吟道："诗情茶助爽，药力酒能宣。"司空图也称："茶爽添诗句，天清莹道心。"茶有益思的作用，能激发诗人们的诗兴和创作才华。此外，茶诗中也不乏现实主义的作品，如李郢的《茶山贡焙歌》、袁高的《茶山诗》，都力陈贡茶之弊端。袁高《茶山诗》一开头便直奔主题："禹贡通远俗，所图在安人。后王失其本，职吏不敢陈。亦有奸佞者，因兹欲求伸。动生千金费，日使万姓贫。"直言不讳贡

茶是一桩糜费扰民之举。接着以十分同情的笔触，诉说茶农之苦："一夫且当役，尽室皆同臻。扪葛上欹壁，蓬头入荒榛。终朝不盈掬，手足皆鳞皲。悲嗟遍空山，草木为不春。"随后，袁高以问句的形式提出："况减兵革困，重兹固疲民。未知供御余，谁合分此珍。"诗末他面对沧海疾呼："茫茫沧海间，丹愤何由伸！"茶诗作为茶文化的一种载体，对茶文化的传承和茶业的发展，都有其明显的作用。

（钱时霖　朱自振）

3. 宋代咏茶诗词

宋代，我国茶叶生产有了空前发展，因此咏茶诗词也开创了一个繁荣昌盛的新局面。《全宋诗》中有茶诗5315首，作者915人。《全宋词》中有茶词283首，作者129人。陆游是写茶诗最多的一位，达403首（其中茶词6首）。还有黄庭坚142首（其中茶词15首），韩淲134首（其中茶词2首），苏轼96首（其中茶词11首），方回91首，赵蕃79首，梅尧臣68首，释德洪（一名惠洪）68首（其中茶词1首），杨万里65首，曾几57首，方岳50首（其中茶词5首），周紫芝50首（其中茶词2首），苏辙47首，陈造43首，白玉蟾（本名葛长庚）42首（其中茶词7首），郭祥正41首，张镃41首（其中茶词1首），洪咨夔39首（其中茶词3首），李纲38首，张耒37首，葛胜仲36首（其中茶词2首），刘克庄36首（其中茶词6首），周必大35首，吴则礼35首，王十朋34首，释居简34首，范成大33首（其中茶词1首），项安世32首，曹勋32首（其中茶词1首），陈著31首（其中茶词3首），李彭30首，王之道28首，王禹偁27首，释慧空27首，董嗣杲27首，王庭珪26首，王洋26首，徐照26首，蔡襄25首，林逋24首。

此外，或多或少作过的茶诗的还有丁谓、卫宗武、王令、王炎、王质、王安石、文同、文天祥、仇远、毛滂、韦骧、孔平仲、孔武仲、冯山、叶茵、司马光、艾性夫、孙觌、许棐、许及之、许景衡、刘兼、刘子翚、吕陶、吕本中、汤巾、米芾、朱松、朱翌、朱熹、华岳、牟巘、张扩、张栻、张孝祥、杨公远、宋祁、宋庠、宋太宗、宋徽宗、宋高宗、李光、李易、李之仪、李弥逊、陈襄、陈师道、杜耒、苏颂、苏洵、陆佃、邹浩、邵雍、余靖、周氏、

郑刚中、郑清之、林杜娘、林景熙、岳珂、范仲淹、欧阳修、赵抃、赵湘、赵汝腾、洪适、徐玑、徐铉、徐瑞、秦观、袁说友、唐庚、高似孙、晁补之、晁说之、黄裳、章岷、曾丰、曾巩、释文珦、释正觉、释永颐、程公许、强至、韩元吉、喻良能、楼钥、熊蕃、虞铸、戴复古、魏野、翁卷等。

(1) 茶叶诗词的体裁

与唐代比较,相同的有古诗、律诗、绝句、宫词、联句、回文诗、偈。新增的有竹枝词。

古诗:五言古诗如梅尧臣的《答宣城张主簿遗鸦山茶次其韵》、苏轼的《问大冶长老乞桃花茶栽东坡》。七言古诗如黄庭坚的《奉谢刘景文送团茶》、白玉蟾的《茶歌》等。

白玉蟾《茶歌》全诗如下:柳眼偷看梅花飞,百花头上东风吹。壑源春到不知时,霹雳一声惊晓枝。枝头未敢展枪旗,吐玉缀金先献奇。雀舌含春不解语,只有晓露晨烟知。带露和烟摘归去,蒸来细捣几千杵。捏作月团三百片,火候调匀文与武。碾边飞絮卷玉尘,磨下落珠散金缕。首山黄铜铸小铛,活火新泉自烹煮。蟹眼已没鱼眼浮,尧尧松声送风雨。定州红玉琢花瓷,瑞雪满瓯浮白乳。绿云入口生香风,满口兰芷香无穷。两腋飕飕毛窍通,洗尽枯肠万事空。君不见孟谏议,送茶惊起卢仝睡。又不见白居易,馈茶唤醒禹锡醉。陆羽作茶经,曹晖作茶铭。文正范公对茶笑,纱帽笼头煎石铫。素虚见雨如丹砂,点作满盏菖蒲花。东坡深得煎水法,酒阑往往觅一呷。赵州梦里见南泉,爱结焚香瀹茗缘。吾侪烹茶有滋味,华池神水先调试。丹田一亩自栽培,金翁姹女采归来。天炉地鼎依时节,炼作黄芽烹白雪。味如甘露胜醍醐,服之顿觉沉疴苏。身轻便欲登天衢,不知天上有茶无。

白玉蟾是道教中的著名人物,宋宁宗赐号紫清明道真人。全真教尊为南五祖之一。因此《茶歌》中便出现了道家的语言,如"丹田一亩自栽培,金翁姹女采归来。天炉地鼎依时节,炼作黄芽烹白雪"等。而整首诗亦颇清新优美。

律诗:有五律、七律、排律。五律如曾几的《谢人送壑源极品云九重所赐也》、徐照的《谢徐玑惠茶》等。七律如蔡襄的《和杜相公谢寄茶》、欧阳修的《和梅公仪尝茶》等。排律有余靖的《和伯恭自造新茶》(七言排律)。徐玑《谢徐玑惠茶》诗:

> 建山惟上贡,采撷极艰辛。不拟分奇品,遥将寄野人。角开秋月满,香入井泉新。静室无来客,碑粘陆羽真。

绝句:有五绝、七绝,还有六绝。五绝如苏轼的《赠包安静先生茶二首》、朱熹的《云谷二十六咏之二十二茶坂》等。七绝如曾巩的《闰正月十一日吕殿丞寄新茶》等。苏轼有六绝一首《马子约送茶作六言谢之》:

> 珍重绣衣直指,远烦白绢斜封。惊破卢仝幽梦,北窗起看云龙。

宫词:宋徽宗赵佶写过五首有茶宫词,录其三首:

> 今岁闽中别贡茶,翔龙万寿占春芽。初开宝篚新香满,分赐师垣政府家。

> 秋千影里笑相迎,蕙圃兰畦恣撷英。薄暮归来春意倦,芝堂闲听碾茶声。

> 螺钿珠玑宝合装,琉璃瓮里建芽香。兔毫连盏烹云液,能解红颜入醉乡。

联句:有洪迈、方云翼、黄介、向流瀓、许子绍五人的《秀川馆联句》一首:

> ……劝频难固辞,意厚敢虚辱(许)。——馨瓶罍,纷纷吐茵蓂(方)。茶甘旋汲江,火活乍燃竹(向)。聊烹顾渚吴,更试蒙山蜀(洪)。清风生玉川,石鼎压师服(黄)。……

回文诗:苏轼有《记梦回文二首并叙》:

> 十二月二十五日,大雪始晴,梦人以雪水烹小团茶,使美人歌以饮。余梦中为作回文诗,觉而记其一句云乱点余花唾碧衫,意用飞燕故事也,乃续之为二绝句云。

> 酡颜玉碗捧纤纤,乱点余花唾碧衫。歌咽水云凝静院,梦惊松雪落空岩。

> 空花落尽酒倾缸,日上山融雪涨江。红焙浅瓯新火活,龙团小碾斗晴窗。

偈:《全宋诗》收入了100余位高僧的茶诗,所以可看到许许多多的有茶之偈。举两首。释师一的《偈颂七首之三》:

> 破暑黄梅雨,清神白乳茶。万缘俱不到。物外

野僧家。

释允韶《偈七首之六》：

八月秋，何处热。风入松，声瑟瑟。落霞孤鹜齐飞，秋水长天一色。不是对景对机，不是应时应节。下座巡堂去，吃茶珍重歇。

竹枝词(竹枝歌)：竹枝词始于唐代，但有茶的竹枝词则始于宋代，如范成大的《夔州竹枝歌》九首之五：

白头老媪簪红花，黑头女娘三髻丫。背上儿眠上山去，采桑已闲当采茶。

陈杰有《男竹枝歌》和《女竹枝歌》。

《男竹枝歌》：

东园一株千叶茶，阿翁手栽红锦花。今年团栾且同看，明年大哥天一涯。

《女竹枝歌》：

南园一株雨前茶，阿婆手种黄玉芽。今年团栾且同摘，明年大姐阿谁家。

茶词：从宋代开始，诗人们才把茶写入词中，写得最多的是黄庭坚，有15首。其次是苏轼、辛弃疾、张炎，也都写了10首以上。此外，刘克庄、陆游、白玉蟾、吴潜、史浩、谢逸等均写过一些茶词。

黄庭坚《看花回·茶词》：

夜永兰堂醺饮，半倚颓玉。烂熳坠钿堕履，是醉时风景，花暗烛残，欢意未阑，舞燕歌珠成断续。催茗饮，旋煮寒泉，露井瓶窦响飞瀑。

纤指缓、连环动触。渐泛起、满瓯银粟。香引春风在手，似粤岭闽溪，初采盈掬。暗想当时，探春连云寻篁竹。怎归得，鬓将老，付与杯中绿。

苏轼的《行香子·茶词》：

绮席才终。欢意犹浓。酒阑时、高兴无穷。共夸君赐，初拆臣封。看分香饼，黄金缕，密云龙。

斗赢一水，功敌千钟。觉凉生、两腋清风。暂留红袖，少却纱笼。放笙歌散，庭馆静，略从容。

(2)茶叶诗词题材

与唐代相比，相同的有名茶、茶人、煎茶、名泉、饮茶、茶会、茶具、采茶、造茶、茶园、茶功、其他，新增的有茶政、题画、茶花。

名茶诗：宋代贡茶称"龙凤团茶"，它有优异的品质，特殊而美观的外形，以及高贵的身价，吟咏它

的诗达到620余首，名篇有王禹偁的《龙凤茶》、丁谓的《北苑焙新茶开序》等。咏双井茶的有近50首，如欧阳修的《双井茶》、黄庭坚的《双井茶送子瞻》。咏顾渚茶的有30来首，如王十朋的《章季子教授惠顾渚茶报以宣城笔戏成三绝》等。咏日铸茶的有20余首，如苏辙的《宋城宰韩秉文惠日铸茶》等。咏阳羡茶、中州茶均有10首左右，如方岳的《赵龙学寄阳羡茶为汲蜀井对琼花烹之》、王洋的《题前寺中州茶》。其余咏及的名茶有蒙顶茶，如文同的《谢人寄蒙顶新茶》；修仁茶，如孙觌的《饮修仁茶》；扬州贡茶，如欧阳修的《和原父扬州六题·时会堂二首》；焦坑茶，如王庭珪《次韵刘升卿惠焦坑寺茶用东坡韵》；武夷茶，如赵若槸《武夷茶》；十二雷茶，如晁说之的《赠雷僧》；垂云茶，如苏轼《怡然以垂云新茶见饷报以大龙团仍戏作小诗》；卧龙山茶，如赵抃的《次谢许少卿寄卧龙山茶》；丁坑茶，如陆瀹的《北窗》；白云茶，如林逋的《尝茶次寄越僧灵皎》；桃花茶，如曾几《张耆年教授置酒官舍环碧散步上园煎桃花茶》；宝云茶，如王令的《谢张和仲惠宝云茶》；剡山茶，如李易《剡溪幽居》；乌石茶，如韩淲的《叶侍郎寄乌石茶昌甫诗谢之次韵同赋》；乳洞茶，如喻良能的《文举仙尉以诗寄似兼惠新安纸乳洞茶次韵奉酬》；碧霄峰茗，如梅尧臣《颖公遗碧霄峰茗》；真如茶，如胡宿《斋祠小饮资政吴侍郎以真如茶二绝句为寄》；瀑布岭仙茶，如华镇《瀑布岭》；安乐茶，如陆游《杂兴四首之三》；莲心茶，如虞铸《以莲心茶送巩使君小诗将之》；庐山茶，如潘牥《谢林簿遗庐阜茶芽》；仰山茶，如赵蕃的《饮袁州惠仰山茶》；上封茶，如张栻的《南岳庵僧寄上封新茶风味甚高薄幕分送韩廷玉李蒿老》；鸠坑茶，如范仲淹的《潇洒桐庐郡十绝之六》。

王禹偁《龙凤茶》：

样标龙凤号题新，赐得还因作近臣。烹处岂期商岭外，碾时空想建溪春。香于九畹芳兰气，圆似三秋皓月轮。爱惜不尝惟恐尽，除将供养白头亲。

丁谓《北苑焙新茶并序》：

天下产茶者将七十郡半。每岁入贡，皆以社前、火前为名，悉无其实。惟建州出茶有焙，焙有三十六，三十六中惟北苑发早而味尤佳。社前十五日即采其芽，日数千工，聚而造之，逼社即入贡。工甚大，

造甚精,皆载于所撰《建阳茶录》,仍作诗以大其事。

北苑龙茶者,甘鲜的是珍。四方惟数此,万物更无新。才吐微茫绿,初沾少许春。散寻索树遍,急采上山频。宿叶寒犹在,芳芽冷未伸。第茨溪口焙,篮笼雨中民。长疾勾萌并,开齐分两均。带烟蒸雀舌,和露叠龙鳞。作贡胜诸道,先尝只一人。缄封瞻阙下,邮传渡江滨。特旨留丹禁,殊恩赐近臣。啜为灵药助,用与上樽亲。头进英华尽,初烹气味醇。细香胜却麝,浅色过于筥。顾渚惭投木,宜都愧积薪。年年号供御,天产壮瓯闽。

茶人诗:唐代的二位著名茶人:陆羽以一部《茶经》闻名于世,卢仝以一首《走笔章》闻名于世。这二位茶人备受宋人的赞许,吟他们的诗甚多,各举一例:

杨万里《题陆子泉上祠堂》:

先生吃茶不吃肉,先生饮泉不饮酒。饥寒只忍七十年,万岁千秋名不朽。惠泉遂名陆子泉,泉与陆子名俱传。一瓣佛香炷遗像,几多衲子拜茶仙。麒麟图画冷似铁,凌烟冠剑消如雪。惠山成尘惠泉竭,陆子祠堂始应歇,山上泉中一轮月。

徐钧的《卢仝》诗:

数间破屋洛城旁,门闭春风煮茗香。月蚀一诗讥逆党,添丁奇祸竟堪伤。

煎茶诗:苏轼有《试院煎茶》和《汲江煎茶》诗。

苏轼《汲江煎茶》:

活水还须活火烹,自临钓石取深清。大瓢贮月归春瓮,小勺分江入夜瓶。雪乳已翻煎处脚,松风忽作泻时声。枯肠未易禁三碗,坐听荒城长短更。南宋诗人杨诚斋(杨万里)对这首诗作过精辟的分析。他说:"七言八句,一篇之中句句皆奇。一句之中,字字皆奇。古今作者皆难之。"如东坡《煎茶》诗云:"活水仍须活火煎,自临钓石取深清。"第二句七字而具五意:水清,一也;深清取清者,二也;石下之水,非有泥土,三也;石乃钓石,非寻常之石,四也;东坡自汲,非遣卒奴,五也。大瓢贮月归春瓮,小勺分江入夜瓶,其状水之清美极矣。分江两字,此尤难下。雪乳已翻煎处脚,松风忽作泻时声,此倒语也,尤为诗家妙法,即杜少陵"红稻啄余鹦鹉粒,碧梧栖老凤凰枝"也。"枯肠未易禁三碗,坐数山城长短更",更翻

卢仝公案,仝吃到七碗,坡不禁三碗;山城更漏无定,"长短"二字有无穷之味。

名泉诗:宋代咏名泉的诗大量涌现,其中以咏惠山泉的诗最多,近60首;次为谷帘泉,诗近20首;再次为蛤蟆碚水,诗近10首。此外,咏到的还有虎丘井、中泠泉、丹阳泉、蜀井(即大明寺水)、松江水、郴州圆泉、钓台十九泉、陆子泉(江苏无锡惠山、湖北天门、江西上饶都有陆子泉)、虎跑泉、安平泉、庐山三叠泉、夫子泉、参寥泉、六一泉、憨憨泉、玻璃泉、庶子泉、无碍泉、陆游泉、金线泉等。

苏轼有《惠山谒钱道人烹小龙团登绝顶望太湖》诗:"踏遍江南南岸山,逢山未免更流连。独携天上小团月,来试人间第二泉。石路萦回九龙脊,水光翻动五湖天。孙登无语空归去,半岭松声万壑传。"

汤巾有《以庐山三叠泉寄张宗瑞》诗:"九叠峰头一道泉,分明来处与云连。几人竞赏飞流胜,今日方知至味全。鸿渐但尝唐代水,涪翁不到绍熙年。从兹康谷宜居二,试问真岩老咏仙。"

湖北宜昌有一陆游泉。原是陆游到四川奉节任通判,入蜀时过此汲泉品茗,吟成《三游洞前岩下小潭水甚奇取以煎茶》:"苔径芒鞋滑不妨,潭边聊得据胡床。岩空倒看峰峦影,涧远中含药草香。汲取半瓶牛乳白,分流触石佩声长。囊中日铸传天下,不是名泉不合尝。"后人为了纪念这位诗人,便把它称为陆游泉,或称陆游井、陆游潭,在湖北宜昌市西陵山上三游洞下百余步的半山腰崖脚处,有"神水"、"琼浆玉液"之赞语。

饮茶诗:最脍炙人口的是范仲淹的《斗茶歌》,其全称为:《和章岷从事斗茶歌》:"年年春自东南来,建溪先暖冰微开。溪边奇茗冠天下,武夷仙人从古栽。新雷昨夜发何处,家家嬉笑穿云去。露芽错落一番荣,缀玉含珠散嘉树。终朝采掇不盈襜,唯求精粹不敢贪。研膏焙乳有雅制,方中圭兮圆中蟾。北苑将期献天子,林下雄豪先斗美。鼎磨云外首山铜,瓶携江上中泠水。黄金碾畔绿尘飞,紫玉瓯心雪(一作翠)涛起。斗余(一作茶)味兮轻醍醐,斗余(一作茶)香兮薄兰芷。其间品第胡能欺,十目视而十手指。胜若登仙不可攀,输同降将无穷耻。于嗟天产石上英,论功不愧阶前蓂。众人之浊我可清,千日之

醉我可醒。屈原试与招魂魄,刘伶却得闻雷霆。卢仝敢不歌,陆羽须作经。森然万象中,焉知无茶星。商山丈人休茹芝,首阳先生休采薇。长安酒价减千万,成都药市无光辉。不如仙山一啜好,泠然便欲乘风飞。君莫羡花间女郎只斗草,赢得珠玑满斗归。"这首《斗茶歌》,历史上有过很高的评价,如《诗林广记》引《艺苑雌黄》说:"玉川子有《谢孟谏议惠茶歌》,范希文亦有《斗茶歌》,此两篇皆佳作也,殆未可以优劣论。"

王安石《寄茶与平甫》诗,则反映了唐宋人的一种饮茶习俗:"碧月团团堕九天,封题寄与洛中仙。石楼试水宜频啜,金谷看花莫漫煎。"王安石对他弟弟平甫(即王安国)说,在"金谷园"看花的时候,不要煎饮茶,因为"对花啜茶"是"杀风景"的。

茶会诗:这类诗也很多,如苏轼的《到官病倦未尝会客毛正仲惠茶用以端午小集石塔戏作一诗为谢》、黄庭坚的《博士王杨休碾密云龙同事十三人饮之戏作》等。

王十朋有《会同僚于郡斋煮惠山泉烹建溪茶酌瞿堂春》诗:"锡泉龙焙忽飞来,春著瞿唐初泼醅。肠似玉川堪七碗,兴如太白谩三杯。月团不许无诗得,霜蕊端因有分开(自注:王抚干以晚菊一盆来,颇佳)。石铫瓦盆吾已具,竹林他日定相陪)。"

茶具诗:有苏轼的《次韵黄夷仲茶磨》、《次韵周穜惠石铫》,秦观的《茶臼》等。

梅尧臣《茶磨二首》诗,其一:楚匠斫山骨,折檀为转脐。乾坤人力内,日月蚁行迷。吐雪夸春茗,堆云忆旧溪。北归唯此急,药白不须挤(冒本作赍)。其二:盆是荷花磨是莲,谁砻麻石洞中天。欲将雀舌成云末,三尺蛮童一臂旋。

采茶诗:有周紫芝的《和人摘茶》、郑樵的《采茶行》等。

熊蕃有《御苑采茶歌十首并序》,其之二、五:"采茶东方尚未明,玉芽同护见心诚。时歌一曲青山里,便是春风陌上声。""红日新升气转和,翠篮相逐下层坡。茶官正要灵芽润,不管新来带露多(自注:采新芽不折水)。"

造茶诗:有余靖的《和伯恭自造新茶》、梅尧臣的《答建州沈屯田寄新茶》等。

蔡襄有《北苑十咏之五造茶》诗:"屑玉寸阴间,抟金新范里。规呈月正圆,势动龙初起。焙出香色全,争夸火候是。"

茶园诗:有王禹偁的《茶园十二韵》、释净端的《题吉祥寺茶山》、留元崇的《茶园》等。

吴融有《葛仙茗园》诗:"绝巘匿精庐,苍烟路孤迥。草秀仙翁园,春风坼幽茗。野僧四五人,脑绀瞳子炯。携壶汲飞瀑,呼我烹石鼎。风涛泻江滩,松籁起林岭。七碗鏖郝源,一水斗双井。我虽冠屦缚,心乐祇园静。濯足卧禅扁,幽梦堕蒙顶。"葛仙茗园在浙江临海盖竹山,葛仙即葛玄(164~244),为东汉至三国时人。这是浙江最早栽种的茶园。

茶功诗:有苏轼的《游诸佛舍一日饮酽茶七盏戏书勤师壁》:"何须魏帝一丸药,且尽卢仝七碗茶。"黄庭坚的《寄新茶与南禅师》:"筠焙熟茶香,能医病眼花。"徐玑的《赠徐照》:"身健却缘餐饭少,诗清都为饮茶多。"

茶政诗:榷茶、茶税、茶马互市等均始于唐代,但至宋代始见于茶诗中,如梅尧臣有《送李载之殿丞赴海州榷务》,王安石有《酬王詹叔奉使江南访茶法利害见寄》,苏洵有《送陆权叔提举茶税》。苏轼对四川的"榷茶法"提出了批评,如他的《送周朝议守汉州》所述:"茶为西南病,岷俗记二李。何人折其锋,矫矫六君子。君家尤出力,流落初坐此……"二李即李杞和李稷,他们在四川推行榷茶法,结果加重了人民负担,把四川人民弄苦了。

黄庭坚《叔父给事挽词十首》之八提到了"茶马互市"。其诗为:"陇上千山汉节回,扫除民蠹不为灾。蜀茶总入诸蕃市,胡马常从万里来。"

题画诗:宋人为卢仝作了多幅画,于是有了多首题画诗,亦即咏卢仝诗。

赵希迈《玉川煎茗图》题诗:"一卷残书自课儿,欹斜茅屋任风吹。阶头石鼎煎茶熟,还咏当时月蚀诗。"

周季《题玉川碾茶图》诗:"独抱遗经舌本干,笑呼赤脚碾龙团。但知两腋清风起,未识捧瓯春笋寒。"

郑思肖《卢仝煎茶图》诗:"月团片片吐苍烟,破帽笼头手自煎。七碗不妨都吃了,恣开笑口骂群仙。"

郑思肖《玉川长须赤脚图》诗:"惯立煎茶屋角头,低眸频候雪花浮。一双一婢亦作怪,不为先生破屋愁。"

方回《题画卢仝长须赤脚》诗:"玉川破屋数间洛城中,一时际遇赤尹昌黎公。赠以大篇意甚侈,不数李渤温造兼石洪。买羊沽酒分俸给,时攀绿駬下虚空,月天桃李醵春风。岂惟百世之下知卢仝,并使长须赤脚名无穷。谁其画者善游戏,不画卢仝画奴婢。想见煎茶七碗时,此曹颇亦沾余味。"

唐代韩愈的《寄卢仝》诗,是宋代和以后各朝代作"卢仝画"的主要素材。《寄卢仝》诗又是研究卢仝生平的重要资料。

茶花诗:宋代有多首咏茶花诗,如苏辙《茶花二首》、陈与义《初识茶花》、严粲《道中见茶花》、曹彦约《静坐对茶花偶作》、洪刍《茶花》、董嗣杲《茶花》、苏籀《次韵伯父茶花》、方回《次韵宾旸张孝坞观茶花》等。

岳珂有《茶花盛放满山》诗:"花容缤栗露冰肤,消得脂韦酪作奴。叶底绽葩黄映玉,枝间著子碧垂珠。洁躬淡薄隐君子,苦口森严大丈夫。便合味言归隽永,移根禁籞比青蒲。"

其他茶诗:如杨万里的《澹庵坐上观显上人分茶》是一首记述分茶的诗。分茶,又名茶戏、汤戏,或茶百戏,是在点茶时使茶汁的纹脉形成物象。沙门福全善注汤幻茶,福全自诗曰:"生成盏里水丹青,巧画工夫学不成。却笑虚名陆鸿渐,煎茶赢得好名声。"

释永颐《食新茶》诗:"自回山中来,泉石是幽弄。茶经尤挂壁,庭草积已众。拜先俄食新,香凝云乳动。心开神宇泰,境豁谢幽梦。至味延冥遐,灵爽脱尘控。静语生云雷,逸想超鸾凤。饱此岩壑真,清风愿遐送。"诗中看出,宋代尚有将陆羽《茶经》挂上壁的。

在《全宋诗》中,还有许多精彩的茶句,如:

春残叶密花枝少,睡起茶亲酒杯疏。(王禹偁)

煎点径须烦绿珠。(孔武仲)

碾成天上龙兼凤,煮出人间蟹与虾。(叶涛)

饭白云留子,茶甘露有兄。(米芾)

粗官差入党侯帐,精品平收陆羽经。(刘攽)

水味甘腴偏宜煮,茗非陆羽莫能辩。(张商英)

分付着身先引去,莫教人道贩私茶。(张商英)

山响催茶候,梅蒸熟荔天。(李师中)

饮非其人茶有语,闭门独啜心有愧。(苏轼)

密云新样尤可喜,名出元丰圣天子。(曾肇)

生凉好唤鸡苏佛,回味宜称橄榄仙。(陶彝)

(钱时霖　朱自振)

4. 金代咏茶诗词

从《全金诗》搜索金代有茶诗117首,咏者54人,又据《全金元词》统计,有金茶词39首,咏者14人。其中:王喆15首(其中茶词8首),马钰15首(其中茶词12首),元好问14首,王寂13首(其中茶词2首),蔡松年7首(其中茶词6首),李俊民7首。此外,赵秉文、姬志真、谭处端、丘处机、高士谈、于道显、吴激、王处一、刘处玄、刘志渊、刘著、周昂、李道玄、侯善渊都作有茶叶诗词。

金代咏茶诗词相对较少,这和它的国情有关。金是统治中国北部的一个王朝。统治一百二十年。由于金代时间短,茶叶产区狭小,再加上当政对购茶、吃茶的各种限制,咏茶的诗词必然也少。

金代咏茶诗词中,还有一个特点,即在咏者中有许多的道教界名人,约有14位,茶诗词62首,这些茶叶诗词中充满了道家的气息。

(1) 咏茶诗词的体裁

有古诗、律诗、绝句、宝塔诗、茶词等。

古诗:有王喆的《和传长老分茶》:

"坐间总是神仙客,天上灵芝今日得。采时惟我识根源,碾处无人知品格。尘散琼瑶分外香,汤浇雪浪于中白。清怀不论死生分,爽气每嫌天地窄。七碗道情通旧因,一传禅味开心特。荡涤方虚寂静真,从兹更没凡尘隔。"王喆:号重阳子,他创建全真教,是金代道教中的著名人物。

律诗:有元好问的《茗饮》:"宿醒未破压觥船,紫笋分封入晓煎。槐火石泉寒食后,鬓丝禅榻落花前。一瓯春露香能永,万里清风意已便。解后华胥犹可到,蓬莱未拟问君仙。"元好问:号遗山,金代文学家。史称元遗山,为金源氏一代文宗。

绝句:李俊民的《一字百题示商君祥·茶》:"人多愁水厄,若个有诗情。灵草还知我,平生事不平。"

还有吴激的《偶成二首之二》：

蟹汤兔盏斗旗枪，风雨山中枕簟凉。学道穷年何所得，只工扫地与焚香。

宝塔诗：王喆有《一字至七字诗·咏茶》：

茶，茶。

瑶萼，琼芽。

生空慧，出虚华。

清爽神气，招召云霞。

正是吾心事，休言世味夸。

一杯唯李白兴，七碗属卢仝家。

金则独能烹玉蕊，便令传透放金花。

茶词：有马钰的《长思仙·茶》："一枪茶。二旗茶。休献机心名利家。无眠为作差。无为茶。自然茶。天赐休心与道家。无眠功行加。"马钰：号丹阳子，元世祖封赠为丹阳抱一无为真人。他是王喆的弟子。

(2) 茶叶诗词题材，有名茶、茶人、煮茶、饮茶、茶功、题画、茶坊、其他。

名茶：主要是龙凤团茶。有李俊民的《新样团茶》："春风倾倒在灵芽，才到江南百草花。未试人间小团月，异香先入玉川家。"

茶人：桑苎(陆羽)、玉川(卢仝)、赵州(从谂)，在元人茶诗词中不断出现。如高士谈的《好事近》："谁打玉川门，白绢斜封团月。晴日小窗活火，响一壶春雪。　可怜桑苎一生颠，文字更清绝。直疑驾风归去，把三山登彻。"

又如王喆的《无梦令》："啜尽卢仝七碗，方把赵州呼唤。烹碎这机关，明月清风堪翫。光燦。光燦。此日同超彼岸。"

煮茶：有刘著的《伯坚惠新茶绿橘香味郁然便如一到江湖之上戏作小诗二首》之一："建溪玉饼号无双，双井为奴日铸降。忽听松风翻蟹眼，却疑春雪落寒江。"

饮茶：有党怀英的《青玉案》："红纱绿箬春风饼。趁梅驿、来云岭。紫桂岩空琼窦冷。佳人却恨，等闲分破，缥缈双鸾影。　一瓯月露心魂醒。更送清歌助清兴。痛饮休辞今夕永。与君洗尽，满襟烦暑，别作高寒境。"

题画诗：有冯璧的《东坡海南烹茶图》："讲筵分

赐密云龙，春梦分明觉亦空。地恶九钻黎洞火，天游两腋玉川风。"

还有李俊民的《陶学士烹茶图》："斗室天寒对酪奴，竹间雪鼎与风炉。书生事业真堪笑，莫谓粗人此景无。"

茶坊：即茶馆，唐宋时已有，但见之诗始于金，王喆有《题茶坊》："已吃蟠桃胜买瓜，此般风味属予家。直须换假全真性，指路蓬莱夸彩霞。"

王喆还有一首《因茶坊贾四郎换茶》："灵木德岁新芽，舌甘津别有华。得风生胜杖柱，翁欢喜唤新茶。"

其他茶诗："唐人以茶为小女美称"。元好问有《德华小女五岁能诵予诗数首以此诗为赠》诗，用此典故："牙牙娇语总堪夸，学念新诗似小茶。好个通家女兄弟，海棠红点紫兰芽。"

（钱时霖　朱自振）

5. 元代咏茶词及元曲

从《元诗选》搜索，有茶诗345首，咏者145人；又从《全金元词》搜索，有茶词83首，咏者41人。又据一资料统计，有元曲70余首，咏者30余人。咏茶诗最多为张可久，有21首(其中茶词4首，元曲17首)，其次谢应芳有20首(茶诗15首，茶词5首)，张雨有12首(茶诗8首，茶词3首，元曲1首)。耶律楚材有10首(茶诗)，李德载有10首(元曲)，萨都剌有10首(茶诗)，李孝光有10首(茶诗9首，茶词1首)，王恽有9首(茶诗6首，茶词3首)，倪瓒有9首(茶诗8首，茶词1首)，虞集有8首(茶诗)，袁桷有8首(茶诗)，周权有8首(茶诗7首，茶词1首)，刘敏中有8首(茶词)，许有壬有7首(茶诗2首，茶词5首)，成廷珪有7首(茶诗)，吕诚有7首(茶诗)，洪希文有6首(茶诗3首，茶词3首)，王石有6首(茶诗)。此外，还有刘秉忠、白朴、赵孟頫、陈栎、尹廷高、马臻、马致远、马祖常、揭傒斯、黄溍、谢宗可、韩奕、卢挚、郭麟孙、李廉亨、吴克恭、朱德润、陶宗仪、冯子振、王旭、王晔、朱凯、李德载、蔡廷秀、刘埙、汪炎昶、卓元墅、赵原、张翥、杜本、孙惠兰、乔吉、刘诜、刘仁本、陈高、明本等都有咏茶诗作。

元代咏茶诗词不多，一是和它的朝代时间短有关，元朝从成吉思汗算起为163年，从世祖忽必烈建国号算起为98年。二是元朝崇尚武功，咏诗的文化氛围不如唐宋。

(1) 咏茶诗词的体裁，有古诗、律诗、绝句、竹枝词、宫词、茶词，并新增了元曲。

古诗：如刘诜的《萧孚有以左耳陶瓶对客煎茶名快媳妇坐间为赋十六韵》："南中土埴坚，妙器出陶火。控抟雅以静，整削平不颇。浑沦像瓜团，短小类橘颗。粤椰实尽刳，蜀芋肤未剥。啄如柄揭西，耳若柳生左。油滋饰外锻，灰垈增下裹。高斋奉煎烹，汤势疾轩簸。狭束蟹眼高，薄逼车声播。俄顷润渴喉，巧妇愧其惰。乃知转旋工，政要倾酌妥。主翁嗜吟诗，佳客时满座。呼童汲深清，瀹雪浇磊砢。急需既能应，闲弃无不可。东家重函鼎，菌蠢腹徒果。美人预为斋，常恐迟及祸。何如且小用，慎勿为么么。"这也是一首茶具诗。

律诗：如耶律楚材的《西域从王君玉乞茶因其韵七首》。这七首诗都用了茶、车、芽、赊、霞五字写成。

第一首："积年不啜建溪茶，心窍黄尘塞五车。碧玉瓯中思雪浪，黄金碾畔忆雷芽。卢仝七碗诗难得，谂老三瓯梦亦赊。敢乞君侯分数饼，暂教清兴绕烟霞。"

第七首："啜罢江南一碗茶，枯肠历历走雷车。黄金小碾飞琼雪，碧玉深瓯点雪芽。笔阵陈兵诗思勇，睡魔卷甲梦魂赊。精神爽逸无余事，卧看残阳补断霞。"

绝句：如刘埙的《无题》："山谷云浓春雨多，晚来四野动干戈。袍旗不染匈奴血，留与人世战睡魔。"

竹枝词：如张雨有《湖州竹枝词》："临湖门外吴侬家，郎若闲时来吃茶。黄土筑墙茅盖屋，门前一树紫荆花。"

同代人揭曼硕(傒斯)亦有一首："盘塘江上是奴家，郎若闲时来吃茶。黄土作墙茅盖屋，庭前一树紫荆花。"

这首竹枝词谁先创作？是张雨(1283～1350)，还是揭傒斯(1274～1344)？清代郑板桥书写过类似的一首，肯定是移植的了。

宫词：刘仁本《宫词》："恩从内殿赐茶还，剩得龙团月半弯。手挹瑶瓶注沟水，香分涓滴到人间。"

茶词：有洪希文的《品令・试茶》："旋碾龙团试。要着盏无留腻。矞云献瑞，乳花斗巧，松风飘沸。为致中情，多谢故人千里。　　泉香品异。迥休把异常比。啜过家惟有，自知不带，人间火气。心许云谁，太尉党家有妓。"

元曲：即元杂剧和散曲的合称。散曲包括散套、小令两种。如李德载的〔中吕〕《阳春曲・赠茶肆》，为十首小令，录其三首：

第一首　茶烟一缕轻轻扬，搅动兰膏四座香，烹煎妙手胜维扬。非是谎，下马试来尝。

第七首　兔毫盏内新尝罢，留得余香满齿牙，一瓶雪水最清佳。风韵煞，到底属陶家。

第十首　金芽嫩采枝头露，雪乳香浮塞上酥，我家奇品世间无。君听取，声价彻皇都。

(2) 咏茶诗词题材

有名茶、茶人、煎茶、名泉、饮茶、采茶、造茶、茶园、茶功、题画、茶花、其他等。

名茶：有虞集的《次邓文原游龙井》诗。这首诗把龙井与茶联在一起，被认为是龙井茶的最早记录。诗如下："杖藜入南山，却立赏奇秀。所怀玉局翁，来往绚履旧。空余松在涧，仍作琴筑奏。徘徊龙井上，云气起晴昼。入门避沾洒，脱屐乱苔甃。阳冈扣云石，阴房绝遗构。橙公爱客至，取水挹幽窦。坐我薝卜中，余香不闻嗅。但见瓢中清，翠影落群岫。烹煎黄金芽。不取谷雨后。同来二三子，三咽不忍漱。讲堂集群彦，千磴坐吟究。浪浪杂飞雨，沉沉度清漏。令我怀幼学，胡为裹章绶。"

诗词提及的名茶还有龙凤团茶、顾渚紫笋、阳羡茶、武夷茶、云芝茶、高丽茶、雪窦茶、径山茶等。如成廷珪《送澄上人游浙东二首之一》有："春泉雪窦茶"之句。谢应芳《寄径山颜悦堂长老》有"崑山石火径山茶"之句。

茶人：陆羽、卢仝、从谂(赵州茶)仍常见于诸茶诗、词、元曲中。如许有壬的《题赵季文茶屋》："山人有屋不容花，自笑平生只爱茶。邹子墅边鸿渐宅，洛阳城里玉川家。清风梦断膏粱气，小鼎云翻粟粒芽。不用反关嫌俗客，五侯亭馆自芬华。"

煎茶：有谢宗可的《雪煎茶》："夜扫寒英煮绿尘，松风入鼎更清新。月团影落银河水，云脚香融玉树春。陆井有泉应近俗，陶家无酒未为贫。诗脾夺尽丰年瑞，分付蓬莱顶上人。"

名泉：常常为诗人所提及的是惠山泉，还有中泠泉等。尹廷高《惠山泉》："石乱香甘凝不流，何人品第到茶瓯。可能一勺长安水，瞒得文饶老舌头。"

饮茶：有刘秉忠的《尝云芝茶》："铁色皱皮带老霜，含英咀美人诗肠。舌根未得天真味，鼻观先通圣妙香。海上精华难品第，江南草木属寻常。待将肤腠漫微汗，毛骨生风六月凉。"

茶具：有谢宗可的《茶筅》诗："此君一节莹无瑕，夜听松风漱玉华。万缕引风归蟹眼，半瓯飞雪起龙芽。香凝翠云生脚，湿满苍髯浪卷花。到手纤毫皆尽力，多因不负玉川家。"

采茶：卓元墅有《采茶歌》："山之巅，水之涯，产灵草，年年采摘当春早。制成雀舌龙凤团，题封进入幽燕道。黄旗闪闪方物来，荐新趣上天颜开。海滨亦有间世才，弓旌不来不与媒。长年抱道栖蒿莱，捻髭吟尽江边梅。嗟哉人与草木异，安得知贤若知味。"

造茶：有洪希文的《阮郎归·焙茶》："养茶火候不须忙。温温深盖藏。不寒不暖要如常。酒醒闻箬香。 除冷湿，煦春阳。茶家方法良。斯言所可得而详。前头道路长。"这里的"焙茶"，实际上是贮藏中的茶叶，利用茶焙的"不寒不暖"的文火来保持茶叶的品质，不是造茶。谢应芳《阳羡茶》中的："待看茶焙春烟起，箬笼封春贡天子。"这里的"茶焙春烟起"才是造茶。

茶园：韩奕有《种茶》诗："惟南有佳茗，至性洁而香。封植异粪壤，厥产宜崇冈。特秉清口气，业为功用良。闲居得嘉种，入园自锄荒。时方在闭物，丛生待春阳。所务去恶草，庸令根本伤。花开霜后白，芽抽雨前黄。当期中林士，采之共日长。岂但啜其味，亦欲玩其芳。世间荦与腥，从兹永相忘。"

茶功：从孙淑（字惠兰）的《绿窗诗》可见："小阁烹香茗，疏帘下玉钩。灯光翻出鼎，钗影倒沉瓯。婢捧消春困，亲尝散莫愁。吟诗因坐久，月转晚妆楼。"古今女士吟茶者甚少，故孙淑的《绿窗诗》应属难得。

题画诗：有陈高的《题高士煮茶图》、袁桷的《煮茶图并序》等。揭傒斯有《题四清图（四首之三）》诗曰："三清曰玉川子，忍穷吟《月蚀》，天高叫欲死。独对烹茶婢，白头赤脚老无齿。吁嗟乎，玉川子。"

茶花：有朱德润的《题白茶花屏》："秋高银河泻，碧宇净如洗。飞仙自天来，幻作白茶蕊。清香不自媚，迥出山谷底。盈盈双玉环，婉立庭户里。风霜非故林，雨露结新意。"

其他：元代人把芍药（多年生草本植物）的芽制成为茶，称为芍药茶，还作为贡品。见黄溍《滦阳邢君隐于药制芍药芽代茗饮号曰琼芽先朝尝以进御云》，其一云："芳苗族簇偏山阿，玉蕾珠芽未足多。千载《茶经》有遗恨，吴侬元不过滦河。"其二云："春风北苑斗时新，万里函封效贡珍。羡尔托根天尺五，不劳飞骑走红尘。"第一首说这里芍药遍山都是，由于芍药的栽培不过滦河，江南不种，所以芍药茶《茶经》不载。第二首说北苑茶离京城很远，要万里迢迢来进贡，而芍药茶的生产就在京城附近，就"不劳飞骑走红尘"了。

（钱时霖 朱自振）

6. 明代咏茶诗词

据已见到的《全明诗》和一些别集的统计，明代有茶诗1000首（其中包括茶词数首），咏者160余人。以文徵明最多达150余首。高启、钟惺、谭元春、袁宏道、袁中道、陶安、唐桂芳、王冕、陈洪绶等都有数十首。此外，吴宽、徐渭、唐寅、汤显祖、陈继儒、邵宝、杨慎、徐祯卿、徐贲、吴廷翰、李攀龙、范景文、张岱、陶望龄、居节、郑潜、贝琼、徐元叹、施渐、钱子义、瞿佑、张羽、屠隆、于若瀛、桑贞白、阮旻锡、祝枝山、黄端伯、王九思、王绂、王世贞、王世懋、杜濬、杜岕、崔子忠、文嘉、黄宗羲、陆容、张以宁、王翰、潘允哲、平显、程敏政、徐爌、于谦、金嗣孙、朱升、至仁、王稚登、魏观、夏良胜等都作有茶诗。

（1）咏茶诗词的形式体裁，有古诗、律诗、绝句、竹枝词、宫词、联句、回文诗和茶词。

古诗，如吴宽的《爱茶歌》："汤翁爱茶如爱酒，不数三升并五斗。先春堂开无长物，只将茶灶连茶臼。堂中无事长煮茶，终日茶杯不离口。当筵侍立惟茶童,入门来谒惟茶友。谢茶有诗学卢仝,煎茶有赋拟黄九。《茶经》续编不借人,《茶谱》补遗将脱手。平生种茶不办租,山下茶园知几亩。世人可向茶乡游,此中亦有无何有。"

律诗:如夏良胜的《得乡茶有感》:"摘来采采满筐云,野味全凭水火匀。千片碎分千里月,一囊收拾一年春。玉川格局字字古,誉舌名头处处新。洗手拆封如见面,却惊身是异乡人。"

绝句:如陆容的《送茶僧》:"江南风致说僧家,石上清香竹里茶。法藏名僧知更好,香烟茶晕满袈裟。"

竹枝词:王稚登有《西湖竹枝词》:"山田香土赤如泥,上种梅花下种茶。茶绿采芽不采叶,梅多论子不论花。"

宫词　金嗣孙有《崇祯宫词》一首:"雉尾乘云启凤楼,特宣命妇拜长秋。赐来谷雨新茶白,景泰盘承宣德瓯。"

联句:有程敏政等《冬夜烧笋供茶教子弟联句》:"坐拥寒炉夜气清(篁墩),烹茶烧笋散闷情(敏亨)。品从雀舌分佳味(埙),价许龙孙得贵名(垲)。七碗喜催诗兴辣(垲),百壶真谢酒权轻(埙)。疏窗已上梅花月(敏亨),更取瑶琴鼓再行(篁墩)。"

回文诗:有魏观的《安乡张同知求诗为题回文四绝句·冬》:"林竹带花梅绕屋,径松悬鉴月窥帘。斟霞彩帐歌金缕,泛雪香茶捧玉纤。"

茶词:有王世贞的《解语花·题美人捧茶》:"中泠乍汲,谷雨初收,宝鼎松声细。柳腰娇倚,熏笼畔,斗把碧旗碾试。兰芽玉蕊,勾引出清风一缕。颦翠蛾斜捧金瓯,暗送春山意。"

微袅露鬟云髻,瑞龙涎尤自沾恋纤指。流莺新脆,低低道,卯酒可醒还起。双鬟小婢,越显得那人清丽。临饮时须索先尝,添向樱桃味。

(2)茶叶诗词题材,有名茶、茶人、煎茶、名泉、饮茶、茶会、茶具、采茶、造茶、茶园、茶功、茶政、题画、其他等。

名茶:以咏龙井茶的诗较多,咏其他名茶的有余姚瀑布茶、武夷茶、虎丘茶、石埭茶、径山茶、阳羡茶、岕茶、雁山茶、日铸茶、君山茶、松萝茶等。如吴宽的《谢朱懋恭同年寄龙井茶》:"谏议书来印不斜,

忽惊入手是春芽。惜无一斛虎丘水,煮尽二斤龙井茶。顾渚品高知已退,建溪名重恐难加。饮余为比公清苦,风味依然在齿牙。"

茶人:陆羽、卢仝、从谂仍常为诗人们所提及,如平显《寄径山茶》:"凌霄峰头生紫烟,不独能悟老僧禅。清兴未减陆渐渐。枯肠可搜卢玉川。胚胎元气松风里。采掇灵芽谷雨前。寄远应凭金马使,封题求试碧鸡泉。"

至仁《奉酬张仲举承旨见寄二十韵》有句:"更骑支遁马,同吃谂公茶。"

煎茶:有于谦的《寒夜煮茶歌》:"老夫不得寐,无奈更漏长。霜痕月影与雪色,为我庭户增辉光。直庐数椽少邻并,苦空寂寞如僧房。萧条厨传无长物,地炉爇火烹茶汤。初如清波露蟹眼,次若轻车走羊肠。须臾腾波鼓浪不可遏,展开雀舌浮甘香。一瓯啜罢尘虑净,顿觉唇吻皆清凉。胸中虽无文字五千卷,新诗亦足追晚唐。玉川子,贫更狂,书生本无富贵相,得意何必夸膏粱。"

名泉:仍以咏惠山泉为多,此外,还有陆羽泉、白乳泉、虎跑泉、七宝泉等。高启有《赋得惠山泉送客游越》:"云液流甘漱石牙,润通锡麓树增华。汲来晓冷和山雨,饮处春香带涧花。合契老僧烦每护,修经幽客记曾夸。送行一斛还堪赠,往试云门日注茶。"

饮茶:陶安有《啜茶》二首,其一:"谷雨芽方茁,色香俱绝佳。中泠汲江水,上品到山家。不见周公梦,何烦陆羽夸?精神太清爽,终夜剔灯花。"其二:"天地有清气,古今无此奇。幽人耿不寐,浮世足深思。舌本余香在,林头古易知。松风犹满耳,真乐有如兹。"

茶会:有范景文的《雪霁月夜同刘从之斋中尝茶》诗:"见晴先已快,得月更添清。雪后寒光彻,庭空晚意生。分烟同画看,取影见梅横。赛茗增新课,敲冰起自烹。"

茶具:煮茶用茶炉、石炉、竹炉、木茶炉,运茶用山笼,皆有诗篇。吴宽有《游惠山入听松庵观竹茶炉》:"与客来尝第二泉,山僧休怪急相煎。结庵正在松风里,裹茗还从谷雨前。玉碗酒香挥且去,石床苔厚醒犹眠。百年重试筠炉火,古杓争怜更瓦全。"听

松庵的竹茶炉很珍贵,它一直珍藏到清代,乾隆皇帝也很喜欢这只竹茶炉。

采茶:高启有《采茶词》:"雷过溪山碧云暖,幽丛半吐枪旗短。银钗女儿相应歌,筐中摘得谁最多?归来清香犹在手,高品先将呈太守。竹炉新焙未得尝,笼盛贩与湖南商。山家不解种禾黍,衣食年年在春雨。"

造茶:有朱升的《茗理并序》:"茗之带草气者,茗之气质之性也。茗之带花香者,茗之天理之性也。抑之则实,实则热,势则柔,柔则草气渐除。然恐花香因而太泄也,于是复扬之。"迭抑迭扬,草气消融,花香氤氲,茗之气质变化,天理浑然之时也,漫成一绝:"一抑重教又一扬,能从草质发花香。神奇共诧天工妙,易简无令物性伤。"该诗描述的是绿茶制造过程中的杀青方法和原理:抑就是现在所说的"闷炒",扬就是现在所说的"抖炒"。抖炒和闷炒要恰当地配合,这样才能使绿茶保持"绿翠"的色泽和香气。

茶园:徐熥有《茶园》诗:"岭半斜通路,山家历几环。谁知岩穴里,宛若武陵间。地僻村难辨,林深户不关。小楼攒竹翠,幽石乡苔斑。卜岁全看历,谋生尽采山。扶犁口麦熟,负笪焙茶闲。四姬多椎髻,村氓自古颜,门前江渺渺,屋后洞潺潺。塞瑾茅茨厚,编篱槿木弯。小庞惊客吠,乳犊趁人还,朴野元堪羡,真淳似可攀。征徭吾欲避,从此离区寰。"

茶功:高启的《茶轩》诗:"不用醒吹魂,幽人自无睡。"潘允哲的《谢人惠茶》:"冷然一啜烦襟涤,欲御天风弄紫霞。"

茶政:汤显祖有《茶马》诗:"秦晋有茶贾,楚蜀多茶旗。金城洮河间,行引正参差。绣衣来汉中,烘作相追随。以篦计分率,半为军国资。番马直三十,酬篦三十余。配军与分牧,所望蕃其驹。月余马百钱,岂不足青刍。奈何令倒死,在者不能趋。倒死亦不闻,军吏相为渔。黑茶一何美,羌马一何殊。有此不珍惜,仓卒非长驱。健儿犹饿死,安知我马徂。羌马与黄茶,胡马求金珠。羌马有权奇,胡马皆骀驽。胡强掠我羌,不与兵驱除。羌马亦不来,胡马当何如。"这首诗反映了茶马互市中存在的两个问题:一是换回的马在饲养过程中,有些人贪污饲料资金,于是马吃不饱,有的马活活饿死,活下来的马也很衰弱。二是胡人把我们的羌马抢去,而我们没有派军队去把这些马夺回来。

题画诗:张以宁有《题李文则画陆羽烹茶》:"阅罢《茶经》坐石苔,惠山新汲入瓷杯。高人惯识人闻味,笑看江心取水来。"

唐寅有《题自画卢仝煎茶图》:"千载经纶一秃翁,王公谁不仰高风。缘何坐所添丁惨,不住山中住洛中。"

其他:湖北天门的钟惺爱吃岕茶,住在产岕茶地区的徐元叹则每年都买了岕茶寄给钟惺,两人从此成为至交。钟惺去世后,徐元叹还用岕茶祭祀钟惺的亡灵,而且均有诗。钟惺《七月十五日试岕茶徐元叹寄到二首之二》:"千里封题秘,单辞品目忘。在君惟远寄,听我自亲尝。曾历中泠水,当添顾渚香。病脾秋贵暖,啜苦独无伤。"徐元叹《岕茶新到设幽溪大师退谷居士二像于池落木庵合祀之,二公留心茶事故所至必祭》:"二像随身列小轩,屡迁能不失温存。神来水国思其嗜,事称山家礼不烦。宝钵展开凭咒力,素瓷斟酌待吟魂。平生茫昧今同食,带笑相看无一言。"钟惺号退谷。

明代的多种茶书中均收集了茶诗,如吴旦的《茶经外集》、孙大绶的《茶谱外集》、陈继儒的《茶董补》、喻政的《茶集》等,而以《茶集》为最多,它收集了唐、宋、元、明四代茶诗词200首。

(钱时霖 朱自振)

7. 清代咏茶诗词

据目前所见到的资料,有清代茶诗1700首(包括近200首的茶词),咏者达380人。清高宗乾隆有茶诗230余首,徐世昌有90余首,厉鹗80余首,施闰章70余首,阮元60余首,樊增祥40余首,袁枚、汪士慎各有30余首,林昌彝、连横各有20首。陈维崧有茶词100首,是历代咏茶最多的。此外,周亮工、王夫之、郑燮、吴嘉纪、孙枝蔚、顾炎武、查慎行、孔尚任、曹寅、曹雪芹、曹廷栋、清圣祖康熙、金农、金田、金圣叹、高鹗、陶澍、陈章、何绍基、释超全、俞樾、奕䜣、黄燮清、马曰璐、陈曾寿、张问陶、舒位、祁隽藻、胡延、许瑶光、朱昆田、纪昀、龚自珍、李渔、钱林、钱谦益、正岩、骆天游、宫鸿历、陆廷灿、朱彝尊、张日熙、叶调元、冯文洵、宋滋兰、章钰、魏程搏等都作有茶诗。

(1) 咏茶诗词体裁，有古诗、律诗、绝句、竹枝词、宫词、联句、茶词。

古诗：如释超全的七古《武夷茶歌》："建州团茶始丁谓，贡小龙团君谟制。元丰敕献密云龙，品比小团更为贵。元人特设御茶园，山民终岁修贡事。明兴茶贡永革除，玉食岂为遐方累。相传老人初献茶，死为山神享庙祀。景泰年间茶久荒，喊山岁犹供祭费。输官茶购自他山，郭公青螺除其弊，嗣后岩茶亦渐生，山中藉此少为利。往年荐新苦黄冠，遍采春芽三日内。搜尽深山粟粒空，官令禁绝民蒙惠。种茶辛苦甚种田，耘锄采摘与烘焙。谷雨届期处处忙，两旬昼夜眠餐废，道人山客资为粮，春作秋成如望岁。凡茶之产准地利，溪北地厚溪南次。平洲浅渚土膏轻，幽谷高崖烟雨腻。凡茶之候视天时，最喜天晴北风吹。苦遭阴雨风南来，色香顿减淡无味。近时制法重清漳，漳芽漳片标名异。如梅斯馥兰斯馨，大抵焙时候香气。鼎中笼上炉火温，心闲手敏工夫细。岩阿宋树无多丛，雀舌吐红霜叶醉。终朝采采不盈掬，漳人好事自珍秘。积雨山楼苦昼间，一宵茶话留千载。重烹山茗沃枯肠，雨声杂沓松涛沸。"

律诗：厉鹗有七律《圣因寺大恒禅师以龙井茶易予〈宋诗纪事〉真方外高致也作长句邀恒公及诸友继声也》："新书新茗两堪耽，交易林间雅不贪。白甄封题来竹屋，缥囊珍重往花龛。香清我亦烹时看，句活师从味外参。舌本眼根供悟彻，镜杯遗事底须谈。"大恒禅师以新龙井茶换取厉鹗的新著《宋诗纪事》，这是龙井茶中的一段佳话。

绝句：章钰有七绝《刘寄云先生寄赠碧螺春以诗谢之》："年来乡思到春浓，茶串惊看手自封。愿我早归公老健，相携同上碧螺峰。"

竹枝词：丘逢甲有《台湾竹诗词》："新岁尝新已荐瓜，春风消息到几家。绿磁正汲南坛水，一树玫瑰夜点茶。"

宫词：魏程搏有《清宫词》（其第七十一首）云："绿阴浓护好楼台，小坐宫嫔带笑陪。采得上林花两宝，黄金茗碗玉为杯。"

联句：乾隆有《三清茶联句并序》："三百年前积瑞霙，大收瓴缶小瓶罂。润融沆瀣浑元气，令协照苏蕴谷精。盈尺兆穰经腊足，依旬布泽共春生。氛消南徼欣频胜（臣傅恒），冻解东风利早耕。璐彩阶前滋丰湿，银光殿角见初晴。贮筐晶晶虚还满（臣尹继善），入铫飕飕嘿乍鸣。烟袋疏篁知鹤避，风翻静籁讶涛倾。汁猜滴乳漩熔酪（臣刘统勋），泡类浮圆转沸铛。箸佐齐头燃榾柮，筒添果腹胀彭亨。泉经鸿渐言犹漏（臣陈宏谋）……"这是乾隆和他二十八位大臣的联句，乾隆前后咏八次，大臣们则每人只咏了一次。

茶词：陈维崧有《喜迁莺·咏滇茶》："胭脂绣缬。正千里江南，晓莺时节。绛质酣春，红香宠午，惟许茜裙亲折。小印枕痕零乱，浅晕酒潮明灭。春园里，较琪花玉茗，娇姿更别。　情切，想故国万里日南，渺渺音尘绝。灰冷昆明，尘生洱海，此恨拟和谁说。空对异乡烟景，蓦记旧家根节。春去也，想蛮花犵鸟，泪都成血。"

(2) 咏茶诗词题材，有名茶、茶人、煎茶、名泉、饮茶、茶会、茶具、采茶、造茶、茶园、茶政、题画、茶花、其他。

名茶：诗中咏到的名茶有龙井茶、武夷茶、绿雪茶、君山茶、安化茶、龙凤团茶、顾渚茶、蒙顶茶、须溪茶、补（普）陀茶、鹿苑茶、滇茶、砖茶、日铸茶、六安茶、岕茶、女儿茶、天阙茶、工夫茶、阳羡茶等。

施闰章有《绿雪》："敬亭雀舌枉争传，手制从过谷雨天，酌向素瓷浑不辨，乍疑花气扑山泉。""最难消息趁春暗，摘叶看僧顷刻成。眼底何人玉川子，可容庙岕独佳名。"

施闰章《林祖夏自莆阳寄龙团数片言仿蔡君谟法》："沧海论交后，离居白发生。远凭芳草寄，独用古人情。殊品来仙峤，嘉名漏凤城。旧谙方法煮，花下自移铛。"可见清时尚有龙凤团茶。

茶人：对陆羽、卢仝、从谂的评说，散见于各诗。乾隆有《陆羽泉》诗："鳞皴石壁贮淳流，缏汲罍瓶百尺修。笑彼吴中泉品遍，姓名翻落第三筹。"

乾隆还有《赵州茶》诗："庭有参天柏，阶饶匝地花。鸟栖喧皓月，鹤立对晴霞。寥寂钟鱼静，萧闲山水嘉，阇黎公案熟，让客赵州茶。"

煎茶：吴嘉纪有《烹茶》诗："山人不可逢，烹煮所遗茗。恰好别时月,光来照孤影。"

名泉:咏得多的还是惠山泉。此外,则有中泠泉、虎跑泉、玉乳泉、趵突泉、第五泉(陆羽以苏州虎丘寺石泉水为第五)等。

袁枚有咏惠山泉诗两首,其一为《第二泉》:"清绝形难比,源深取不穷。知名不知味,来往一杯同。"其二为《再题第二泉》:"不似中泠远莫求,不同庐瀑占高头。出山不远济人便,最好人间第二泉。"

饮茶,曾官为湖广、两广、云贵总督的阮元,在其任职期间,每逢生日,便邀亲朋好友,至竹林幽静处,饮茶吟诗,称为"竹林茶隐"。还自画《竹林茶隐小像图》并题诗四首。他的《正月廿日雪晴煮茶于竹林中题竹林茶隐卷》:"滇南才过立春节,已觉春光齐漏泄。忽然一夜业风来,卷落漫天玉花雪。我不见雪已八年,颇似故人成久别。今日东园雪满林,翠柏青杉枝枝欲折。况是梅花四十株,冷玉寒香同沍结。年年茶隐竟成例,快雪时晴日光热。竹林春气透浮筠,洗出檀栾绿尤洁。玉川老婢来煮茶,梅瓣雪泉试同啜。借闲一日得披图,静坐幽篁自怡悦。"

茶会:厉鹗有《同人携茗集张渔川斋中试惠山泉用涪翁韵》:"吴客远来好风俱,扁舟载泉兼载书。梅龙贪睡鞭不起,分得数斗引塘珠。斗茗须斗芳而腴,群贤列坐铛脚如。嗟予微疾不能饮,湖目但思莲子湖。"

茶具:钱林有《陈大兄鸿寿寄制瓦壶》:"茗壶制比龚春好,珍重题书远寄将。寒意渐融如愿起,晴窗小碾试头纲。"陈鸿寿字曼生,与杨彭年合作制壶。时称"曼生壶",闻名于世。

采茶:宋滋兰有《采茶曲》:"南山高,北山低,山人上山如上梯。山中谷雨新茶熟,千枝万叶如云齐。新山茶比旧山好,上山采茶争及早。春风苦恨不开晴,只恐栖枝茶色老。朝采茶,暮采茶,携篮挈榼男妇,山前山后无闲家。万绿丛中形凌乱,一叶一摘肠堪断。山头终日竹鸡声,催人摘得三斤半。采茶何如去采桑?采桑不似采茶忙?采茶只备他人饮,采桑能博自家裳。"

造茶:宋滋兰有《拣茶曲》:"茶叶香,茶梗苦,万贯缠腰来大贾,大贾买茶茶市开,谁家姐妹拣茶来。燕占莺团地无隙,分领春山香一堆。细拨轻挥不停指,双眼撩香照秋水。日午腰慵欲欠伸,兜怀弄梗仍无几。茶苦梗,妾苦心,拣得黄梗似黄金。低头用尽闺中力,弹指君听厢外音。梗多梗少谁较重。权衡暗识郎情用。归云余香尚恋衣,明朝来插钗头凤。裙布荆钗不拣茶,安贫却羡野人家。"

茶园:曹廷栋有《种茶子歌》:"百凡卉木移根种,独有种茶宜种子。苗芽安土不耐迁,天生胶固性如此。有僧浮海撷子来,量可斗计不数枚。大者如栗小如豆,浑囵清气含微荄。为我指画种茶法,更与风植殊滋培。初冬恰值风日暖,溪庄周览商新栽。槐根劚泥浅作坎,下子继以大麦糁。糠秕杂土层覆之,要令生意交相感。交相感,麦先敷。穿土力弱茶性纤,曲折藉麦为前驱。待得茶生便刈麦,功成者退复谁惜。粉枪雀舌发先春,期以三年供采摘。色香幽自海山分,应胜沙溪并郑宅。会须扫雪活火烹,好嚼梅花和灵液。"清代茶树播种采用茶籽和大麦籽混播的方法,使长出来的大麦茎秆可为幼嫩茶苗遮阴防旱。

茶政:顾炎武有议论"茶马互市"之诗:《自大同至西口》四首,其三云:"骏骨来藩种,名茶出富阳。年年天马至,岁岁酷奴忙。蹴地秋云白,临垆早酎香。和戎真利国,烽火罢边防。"顾炎武认为:"茶马互市",能起到"和戎","边疆无战事"的作用,对国家是有利的。

题画:乾隆有《赵丹林陆羽烹茶图》:"古弁先生茅屋间,课童煮茗雪云闲。前溪不教浮烟艇,衡泌栖迟绝往还。"乾隆还有《题丁云鹏〈卢仝煮茶图〉》:"绿蕉翠竹布清阴,火候文武自酙斟。高致雅宜入图画,不须重读彼狂吟。"又《题钱选画〈卢仝烹茶图〉》:"纱帽笼头却白衣,绿天消夏汗无挥。刘图牟仿事权置,孟赠卢烹韵庶几。卷易帧斯奘不可,诗传画亦岂为非。隐而狂者应无祸,何宿王涯自惹讥。"

曹寅《题丁云鹏玉川煎茶图》:"风流玉川子,磊落月蚀诗。想见煮茶处,颓然麈扇时。风泉逐俯仰,蕉竹映参差。兴致黄农上,僮奴若个知。"

茶花:陈维崧有咏茶花词《劝金船·茶花》:"绿纱窗底幽姿喷,射白花盈寸。玉娥小剪明罗晕,递顾渚佳信。檀心暗蹙,悄向胆瓶安顿。最喜妆楼小捻,偏解春困。

茶娘家与春山近,雨过香成阵。不知名处花尤俊。好傍人蝉鬓。懊恼滇茶,长把红芳树混。谁似伊行素雅,并没脂粉。"

清代咏茶的诗人中,乾隆以230多首茶诗而称冠。他的咏茶诗中,有四个特色:一是有大量的咏竹炉诗。乾隆南巡来到江苏无锡惠山的听松庵,看到那只明代传下来的精美的竹茶炉,非常喜爱,叫人复制了一只,带到北京静宜园,安置于新建的"竹炉精舍"和"竹炉山房"。乾隆常在听松庵和竹炉精舍、竹炉山房中品茶,吟成"竹炉茶诗"60余首。二是吟咏西湖龙井茶的诗多,有《观采茶作歌》等咏龙井茶诗8首。三是乾隆根据杜甫"落日平台上,春风啜茗时"筑"春风啜茗台",并作《题春风啜茗台》《戏题春风啜茗台》等7首。四是乾隆两次和明代文徵明的"茶具十咏"诗。其一为《题文徵明茶事图》,其二为《题居节品茶图用文徵明茶具十咏韵》。

江灏的《广群芳谱·茶谱》收集有茶诗(全诗)201首,茶诗摘句107首,茶词16首。

(钱时霖 朱自振)

8. 近现代咏茶诗词

清末民初,中国茶业走向衰落。军阀割据混战和八年抗战等,全国人民都处于流离失所,水深火热之中,所以民国时期茶诗很少。新中国成立后,社会安定,人民生活逐年改善,茶叶生产得到空前大发展,尤其是改革开放以来,兴起了弘扬茶文化的热潮,激起了品茶咏诗的兴趣。毛泽东、朱德、董必武、陈毅、郭沫若、郁达夫、赵朴初、启功、爱新觉罗·溥杰、苏步青、胡浩川、周作人、聂耳、唐弢、康濯、刘操南、钱仲联、钱朴、杨招棣、庄晚芳、王泽农、戴盟、徐元、鄢梦兆等都有茶诗。

(1)咏茶诗词体裁:有古诗、律诗、绝句、竹枝词、联句、回文诗、排句、茶词、民歌、歌词和新体诗(白话诗)等。

古诗:有王泽农《安溪铁观音赞》:"君不见,安溪金桂铁观音,齿颊留香味悠悠。碧叶镶绿红扑扑,质沉如铁金汤稠。潮汕烘焙玉书碨,孟臣罐酌若琛瓯。瓯瓯好茶联侨联,健神健骨暖心胸。童颜白发百岁翁,明眸皓齿丽姿容。窈窕腰身随风舞,怀珍脱

颖经典穷。外洋环流家乡水,且看闽南奇茗具奇功。"

律诗:赵朴初有《中华茶人联谊会成立之庆》:"不羡荆卿游酒人,饮中何物比茶清。相酬七碗风生腋,共吸千江月照心。梦断赵州禅杖举,诗留坡老乳花新。茶经广涉天人学,端赖君贤仔细论"。

陈毅有五律《梅家坞即兴》:"会谈及公社,相约访梅家。青山四面合,绿树几坡斜。溪水鸣琴瑟,人民乐岁华。嘉宾咸嘉悦,细看摘新茶。"

绝句:朱德有《品庐山云雾茶》(五绝):"庐山云雾茶,味浓性泼辣。若得长时饮,延年益寿法。"

竹枝词:许学东有《竹枝词——参加陆羽茶文化研究会年会四首》其之三:"白茶紫笋兼黄芽,一曲古琴一道茶。才到唇边心已醉,全消俗虑乐无涯。"其四:"自古湖州茶圣乡,摩崖石刻记辉煌。精深博大茶文化,盛世当今更发扬。"

联句:李广德等六人有《兰亭茶叙联句》:

文人七事乐无涯,书画琴棋诗酒茶(李广德)。

冬日朝阳增暖意,高朋雅集嘉年华(许学东)。

欣逢乙酉君临日,茶苑绽开友谊花(沙 金)。

中大征文多创见,兰亭茶叙笑欢哗(王克文)。

人生贵得遂人愿,茶艺悠扬香万家(周志虹)。

更上层楼研陆学,迎来新岁苗新芽(朱乃良)。

回文诗:徐元有《西湖新十景(回文)》,之一《虎跑梦泉》:"跑虎出泉佳梦真,水醇煮饮茗尝新。郊游近壑寻幽境,茅结智兮仁作邻。"之二《龙井问茶》:"时清有味问名茶,水井龙泓漾石华。姿妙轻筐携伴女,旗枪展处细寻芽。"

俳句:又名发句。日本诗体之一。一般以三句十七音组成一首短诗。首句五音,次句七音,末句五音,又称十七音诗。邱鸿炘有《俳句四章》,《青塘》:"西吴几沧桑?别业址畔碧汪汪!又逢叶儿黄。"《三癸亭》:"倚卧三癸间,恍见鲁公在徘徊!才知群彦来。"《顾渚山》:"自古此钟情,金沙泉水伴紫笋,相思忘归亭。"《菰城》:"水乡处处楼,白萍洲上看茗流,与君共悠悠。"

茶词:张学理有《虞美人·西湖国际茶人村第十一届品茶诗会》:"东风拂煦狮峰顶,茗眼惺忪醒。小姑和露采明前,满垅芳丛浮翠衬红颜。 清樽

泛绿香盈袖,赢得芳名久。隔帘百鸟聚春林,竞哷歌喉恰恰助君吟。"

民歌:有云南纳西族民歌《快把你的马儿赶来吧》:"我是茶山上的采茶人,茶山便是姑娘的家。一天压千个茶饼,一夜包百块砖茶。我的歌儿融在茶饼里,砖茶里裹上我心里的话。山那边的赶马哥啊:你为什么还没有来到? 快把你的马儿赶来吧! 快来驮运姑娘的新茶。驮运我心头的歌,细品我心底的话。"歌词以茶表意,以茶传情,散发浓郁的茶香。

还有《冷水泡茶慢慢浓》:"韭菜开花细绒绒,有心恋郎不怕穷。只要两人情意好,冷水泡茶慢慢浓。"以"冷水泡茶"的巧妙比喻,表达了青年男女相爱的情浓意切。

歌词:有叶蔚林的《挑担茶叶上北京》:"桑木扁担轻又轻,挑担茶叶上北京。船家问我是哪来的客,我是湘江边上种茶人。""桑木扁担轻又轻,头上喜鹊唱不停。我问喜鹊唱什么? 他说我是幸福人。""桑木扁担轻又轻,一路春风出洞庭。船家问我哪里去? 京城里探亲人。""桑木扁担轻又轻,一片茶叶一片心。你要问我哪一个? 毛主席的故乡人。"

有聂耳的《茶山情歌》:"茶树发芽遍山青,我想妹妹到如今,问妹一句知心话,不知答应不答应。""明月当空遍山黄,谁家大姐不想郎,有心约郎山顶会,只怕堂上二爹娘。""叫声情妹你放心,女大当嫁男当婚,只要你心合我意,不怕爹娘不答应。""只要郎有好心肠,奴便自己做主张,年年明月当空照,但愿地久与天长。"

新体诗(白话诗):"五四"以后诗人也用这种新体诗写茶。但数量极少。在 2007 年全国"春天送你一首诗"宁波市文联\宁波茶文化促进会和中国作协诗刊社共同发起茶诗征选。以"春天·茶·绿色·健康"为主题,在全国范围内征集当代茶诗,短期内应者过千,佳作甚多。主办方从这些征文诗作中精选出 207 首(咏者 90 人)汇集成《当代茶诗》。其中姚澄的《宁波三茶》之三"奉化曲毫":"如山中之幽兰,得天地之灵气。千年老树,在雪窦山,再度开花。你经久不散的醇香,醉了江南,醉了上海,醉了人间繁华。你一尘不染的青绿,远赴欧洲,远赴美洲。让金发碧眼的世界,也为之澄明。"

(2) 咏茶诗词题材,有名茶、茶人、名泉、饮茶、茶会、茶道、茶艺、茶馆、茶具、采茶、造茶、茶园、茶功、题画、茶花、其他。

名茶:1964 年春,郭沫若有七律一首咏湖南名茶高桥银峰《初饮高桥银峰》:"芙蓉国里采新茶,九嶷香风阜万家。肯让湖州夸紫笋,愿同双井斗红纱。脑如冰雪心如火,舌不饾饤眼不花。协力免教天下醉,三闾无用独醒嗟。"

茶人:冯其庸有《赠阳羡壶师顾景舟》:"弹指论交四十年,紫泥一握玉生烟。几回夜雨烹春茗,话到沧桑欲曙天。"2005 年钱时霖、竺济法合著出版了《中华茶人诗描》,对我国古今 428 位茶人进行赞颂。

名泉:2000 年 4、5 月间,江西一些单位联合举办了"天下第一泉"新世纪国际茶会。"天下第一泉"即江西庐山康王谷谷帘泉,被茶圣陆羽评为第一泉。欧阳勋咏有茶词《满庭芳·"天下第一泉"景区》:"散落纷纭,飞流直下,远望一泻如帘。陆公题品,天下第一泉。水质清洌似玉,沏茶好,沁入心田。历万世,轰鸣不息,响彻碧云天。

"观瀑亭一览,四角四柱,光耀云烟。亭中抬望眼,辽阔无边。漫步前行景点,鸿渐桥、永纪茶仙。仰止亭、双檐飞翘,破雾睹佳联。"

饮茶:邬梦兆有《望江南·茶说四首之一饮茶》:"茶之饮,上古迄当今。解渴生津宜百姓,除邪祛病益生灵。世代俱歌吟。"邬梦兆有茶诗 200 首,并编辑出版《邬梦兆茶诗集》。

茶会:庄晚芳与浙江省诗词学会会长戴盟倡导的清明品茶诗会,自 1990 年开始,一年一次,一直坚持,至今未停,累计吟成诗篇数百首。戴盟有《品茶诗会漫吟四首》之三《钗头凤·品茶有感》:"诗会友,茶当酒。举瓯同庆人长寿。榴花灼,人心跃。春光烂熳,豪情宏廓。乐! 乐! 乐! 杯温手,香盈口。神清气爽风生袖。园一角,茗同酌。艺无止境,还须求索。学! 学! 学!"

茶道:如沈达夫《茶道》:"低眉注目抑何专,掌上茶从心上参。品尝却在香醇外,此是人生一味禅。"

茶艺:有胡迎建《观江西女职学校茶艺队表现古代茶艺感赋二绝》之一《唐宫廷茶》:"峨髻金翘珠

络缨,步随宫乐舞轻盈。忽然覆手为云雨,擎水晶杯漾玉莹。"

茶馆:谢继东有《为福建省茶艺馆开幕而作》:"嗅香试味嚼迟迟,释躁平矜再瀹时。二百年来余憾事,随园品后不留诗。"

茶具:邬梦兆有《茶壶》诗:"众说砂壶好,邀朋细玩评。艺泥融一体,全球俱驰名。选料富贵土,精雕迷你型。烧炼火候正,实用最喜人。常泡味不变,久贮色仍新。年代愈古远,雅润愈芳馨。贵重赛珠玉,色泽生光明。一睹不释手,百具惟茗瓶。"

采茶:徐元有《采茶随想曲·纪念毛泽东同志刘庄采茶四十周年》:"西湖四月好风光,柳绿桃红碧草长。伟人日理万机暇,京华暂别驻刘庄。刘庄晨起天气新,啜茗闻莺不胜情。料应龙井采茶忙,春风和煦过清明。忽见园中有茶丛,日照新芽绿意浓。往事依稀昨人梦,年少采茶韶山冲。兴来且教备茶篮,重寻童趣圣湖南。阑干轻抚下楼去,蹀近茶丛心踌躇。一芽二叶号旗枪,细寻慢摘费工夫。自笑春花秋月等闲度,老夫耄矣手指不灵视模糊。右手采来左手握,侍者提篮全神注。低头久立腰微酸,举头望天云飞渡。顾谓诸君常饮茶,可知瓣瓣叶叶皆辛苦!犹记年初晤沫若,品茗唱酬人共乐。郭老云'桀犬吠尧堪笑止',我道是'蚍蜉撼树谈何易'。天地转来光阴迫,居安思危在胸臆。湖上风光不足恋,偷闲采茶且作讫。新茶来日寄京华,中南海里饷宾客。"

造青:叶锦凤《闽南乌龙茶采制歌》七首之三《做青》:"反复摊凉反复摇,心系青间闹通宵。眼看手摸鼻子嗅,唯恐香韵随风逃。"

茶园:钱时霖有诗:《颂杭州茶叶试验场》:"栽成一片绿无涯,极目青山尽是茶。嘉树时时含秀色,碧枝岁岁吐新芽。佳人摘处香芬郁,众口尝来味特嘉。制就蒸眉销海外,从兹造福万千家。"

茶功:王广彬有《饮茶有益》诗:"半杯婆绿润枯肠,强身有过六陈汤。驱愁解闷安脾腑,沁心惬意达文章。迎风腊炷生童趣,凋零黄叶焕春光。居家节俭应长备,一日无茶胜断粮。"

题画:林晓丹有《题画诗四首》之一《题太湖茗山图》:"东西洞庭碧翠浓,碧螺香茗又逢春。陆羽当年曾临此,吾怀先哲步前踪。"

茶花:谢金溪有《独爱茶花》诗:"茂叔爱莲不染泥,妻梅和靖竞相迷。渊明伴菊东篱下,哪比茶花胜玉脂。欢喜秋霜催子熟,新苞又速挂绿枝。蓓蕾怒放迎冬到,欲同冰雪比高低。不借趋炎池荷色,可怜梅寂断桥西。惧冷菊华难结实,百花零落我扬辉。四季常春青叶护,辛勤一载孕佳儿。神农教我消百毒,鸿渐经传富群黎。世间总有不平事,不入丹青画我奇。骚人只咏妖妍句,嫉我高洁未吟诗。欲劝艺宫开慧眼,清香园里觅芳菲。"

其他:抗日战争期间,上海复旦大学内迁至四川重庆,1942年,在该校任教的胡浩川先生,带领茶叶专业师生去铜梁县茶场实习制茶,回校后汇编了《实习录》一册,内有胡浩川茶酬唱:《玄天宫采茶去来辞》,共有茶诗32首。其中《酬高桂英同志》一首:"明年春看稜陵花,任子狂欢在老家。为洗诛倭余血味,雨花泉煮摄山茶。"高桂英原诗:"无愁无病恼春花,东望栖霞不见家。又是一年倭未灭,明年何处试新茶。"

据《十老诗选》:当时重庆市商店出售纸包茶叶名"胜利茶",预祝抗战胜利。

董必武《元旦口占用柳亚子怀人韵》诗也提到了"胜利茶":"共庆新年笑语哗,红岩士女赠梅花。举杯互敬屠苏酒,散席分尝胜利茶。只有精忠能报国,更无乐土可为家。陪都歌舞迎佳节,遥祝延安景物华。"

(钱时霖 朱自振)

(二)吟茶楹联

茶联,在我国,凡是有茶的场所,诸如茶馆、茶楼、茶室、茶叶店、茶座的门庭或石柱上,在茶人的起居室内,常可见到悬挂有以茶事为内容的楹联。自唐至宋,饮茶兴盛,又受文人墨客所推崇,因此,茶联的出现,至迟应在宋代。其实,唐代茶诗(律诗)中便有了许多对联,如"琴里知闻唯渌水,茶中故旧是蒙山"(白居易)。"落日平台上,春风啜茗时"(杜甫)。"山实东吴秀,茶称瑞草魁"。目前有记载的,而且数量又比较多的是在清代,尤以郑燮为最。

郑燮能诗,善画,又懂茶趣,善品茗,他在一生中曾写过许多茶联。在镇江焦山别峰庵曾写过茶联：

汲来江水烹新茗，

买尽青山当画屏。

郑燮在家乡用方言俚语写过茶联：

扫来竹叶烹茶叶，

剪碎松根煮菜根。

类似的还有一联：

白菜青盐粯子饭，

瓦壶天水菊花茶。

郑燮平生与墨有缘，但又与茶有交，为此，将茶与墨融进茶联：

墨兰数枝宣德纸，

苦茗一杯成化窑。

郑燮写过一首宣传越州（今浙江绍兴）日铸茶的茶联：

雷文古泉八九个，

日铸新茶三两瓯。

郑燮为茶馆写过茶联，在《题真州（今江苏仪征县）江上茶肆》写道：

山光扑面因潮雨，

江水回头为晚潮。

郑燮为镇江焦山海若庵题了一副茶联：

楚尾吴头，一片青山入座，

淮南江北，半潭秋水烹茶。

郑燮为江苏扬州青莲斋题茶联：

从来名士能评水，

自古高僧爱斗茶。

杭州"茶人之家"，在正门门柱上，悬有一副茶联：

一杯春露暂留客，

两腋清风几欲仙。

"茶人之家"的迎客轩门柱上，挂有一联：

得与天下同其乐，

不可一日无此君。

在"茶人之家"陈列室"茗家世珍"的门庭上，又有一副对联：

龙团雀舌香自幽谷，

鼎彝玉盏灿若烟霞。

早年绍兴的驻跸岭茶亭曾挂过一副茶联：

一掬甘泉好把清凉洗热客，

两头岭路须将危险告行人。

北京前门"北京大茶馆"的门楼两旁挂有这样一副对联：

大碗茶广交九州宾客，

老二分奉献一片丹心。

一副好的茶联，其含义隽永，回味无穷。茶联可以使茶益香，茶也可以使茶联生辉。在我国茶文化史上，还曾出现高价征茶联的雅举。

广东羊城著名的茶楼"陶陶居"，在80多年前，店主为了扩大影响，招揽生意，用"陶"字分别为上联和下联的开端，出重金征茶联一副。当时虽有许多人跃跃欲试，但终因用字出奇，难有佳作。结果有位过路的外地人，嗜教善文，终于作成茶联一副：

陶潜善饮，易牙善烹，饮烹有度，

陶侃惜分，夏禹惜寸，分寸无遗。

这里用四个人名，即陶潜、易牙、陶侃和夏禹；又用了四个典故，即陶潜善饮，易牙善烹，陶侃惜分和大禹惜寸。不但把"陶陶"两字分别嵌于每句之首，使人看起来自然流畅，而且还巧妙地把茶楼沏茶技艺和经营特色，恰如其分地表现出来。

四川成都，据说早年有家茶馆，兼营酒铺，但因经营缺少特色，生意清淡。后来，店主参照当地商家的风习，请当地才子书写了一副茶酒联：

为名忙，为利忙，忙里偷闲，且喝一杯茶去，

劳心苦，劳力苦，苦中作乐，再倒一杯酒来。

这副茶酒联，既奇特，又贴切，雅俗共赏，人们交口相传，茶人、酒客慕名前往，结果经营大有起色。

江西《农业考古·中国茶文化专号》主编陈文华出半副妙联（下联）："人品即茶品、品茶即品人"，向广大读者征求上联（"回文茶联征对"），应征者不少，兹举十例：

大味乃淡味，味淡乃味大。（河北　蔡子谔）

花香似茶香，香茶似香花。（江苏　刘焕群）

境幽觅香茶，茶香觅幽境。（云南　黄桂枢）

茶山南咏诗，诗咏南山茶。（福建　巩　志）

茶味如禅味，味禅如味茶。（陕西　舒义顺）

月明接水明，明水接明月。（北京　马　磊）

心清如泉清，清泉如清心。（福建　林　治）

国富者民富，富民者富国。（安徽　李传轼）

水味犹茗味，味茗犹味水。（江西　方振川）

茶道也人道，道人也道茶。（江西　王广彬）

云南凤庆滇红长茶联，共180字。是迄今能见到的最长茶联。凤庆是云南省的一个县，是滇红的主要产区。该茶联的上联讲述了滇红的历史并对该茶进行赞美，下联讲述了凤庆优美的自然环境。

上联：

三千里凤庆，滇红载誉，香飘四海，看层层茶园涌翠，忆琦璘拓荒，冯公奠基，群英创业，共塑丰碑，陆羽经典，霞客太华登峰，访琼岳蒲门，天边嶍峨泻水帘，待商贾云集，玉蕊金毫赠女王，共斟杯琥珀佳茗，早春神韵，蒸酶奇花，凤牌崛起。

下联：

数百年茶王，五洲驰名，香竹傲首，眺袅袅凤岫凝烟，呈祥瑞文笔，红龟献寿，犀牛长啸，沧江飞虹，梦断青龙，尖山云雾瑰丽，问先生邑人，铁拐足迹今猷在，等铁树开花，石洞巧闻双鹤语，更卓识泛月龙漱，官亭细柳，丹凤展翅，双龙腾飞。

在我国，以茶为题材的楹联，随处可见，内容广泛，意味深长。常见的集录如下：

焚香读画，煮茗敲诗。

尘虑一时净，清风两腋生。

香飘屋内外，味醇一杯中。

蒙山顶上茶，扬子江中水。

摆开八仙桌，招徕十六方。

客至心常热，人走茶不凉。

诗写梅花月，茶煎谷雨春。

洗砚鱼吞墨，烹茶鹤避烟。

香分花上露，水汲石中泉。

烟锁池塘柳，茶烹凿壁泉。

渝茗夸阳羡，论诗到建安。

茶香秋梦后，松韵晓吟时。

放晖凭水阁，把盏读茶经。

林下春自足，壶中别有天。

佳肴无肉亦可，雅谈离我难成。

只缘清香成清趣，全因浓酽有浓情。

为爱清香频入座，饮逢知己细谈心。

兰芽雀舌今之贵，凤饼龙团古所珍。

欲把西湖比西子，从来佳茗似佳人。

茗外风清移月影，壶边夜静听松涛。

宝鼎茶闲烟尚绿，幽窗棋罢指犹凉。

泉从石出情宜洌，茶自峰生味更圆。

剪取吴淞半江水，且尽卢仝七碗茶。

凝成黄山云雾质，飘出九华晨露香。

客来茶香留舌本，睡余书味在胸中。

几净双钩摹古帖，瓯香细乳试新茶。

青松磊节承甘露，紫笋干云瀹醴泉。

拣茶为款同心友，筑室因藏善本书。

兰台架列排书目，顾渚香浮瀹茗花。

扫地焚香得清福，粗茶淡饭足平安。

泉烹苦茗能留客，水绕甘棠到惠民。

座畔花香留客饮，壶中茶浪拟松涛。

楼景半连深岸水，茶烟轻扬落花风。

美酒千杯难成知己，清茶一盏也能醉人。

采向雨前，烹宜竹里，经翻陆羽，歌记卢仝。

海上扫狂鲸，金瓯无缺，楼头煮团凤，玉液流香。

入座煮龙团，去天尺五，造楼舒凤彩，拔俗千寻。

龙井云雾毛尖瓜片碧螺春，银针毛峰猴魁甘露紫笋茶。

秀萃明湖游目频来过溪处，腴含古井怡情正及采茶时。

四方来客坐片刻无分尔我，两头是路吃一盏各自东西。

何须调水置符，苏舋竹简，自有清风入座，陆羽茶经。

试第二泉，且对明亭暗窦，携小团月，分尝山茗溪茶。

客到烹茶，旅社权当东道，灯悬待月，邮亭远映胥江。

呼个朋来看处处柳眠花笑，喝杯茶去听声声燕语莺歌。

守破砚残书著意搜求医俗法，吃粗茶淡饭养家难得送穷方。

小住为佳，且吃了赵州茶去，回归可缓，试同歌陌上花来。

半榻梦刚回，活火初煎新涧水，一帘春欲暮，茶烟细扬落花风。

兀兀醉翁情,欲借斗杓共酌酒,田田诗客句,闲倾荷露试烹茶。

不问石砚羊毫,一样染成烟雨景,且把玉壶雀舌,几番吟到月浸亭。

为公忙为私忙,忙里偷闲吃碗茶去,求名苦求利苦,苦中作乐拿壶酒来。

禅榻常闲,看袅袅茶烟随落花风去,远帆无数,坐盈盈氿水从鼋画溪来。

十载许勾留,与西湖有缘,乃尝此水,千秋同俯仰,唯青山不老,如见故人。

攀桂天高,忆八百孤寒,到此莫忘修士苦,煎茶地胜,看五千文字,个中谁是谪仙人。

楼外是五百里嘉陵,非道子一枝笔画不出,胸中有几千年历史,凭卢仝七碗茶引起来。

世间重任实难挑,菱角凹中也好息肩聊坐凳,天下长途不易走,梅花岭上何妨歇脚慢斟茶。

(钱时霖　姚国坤)

(三) 茶的文赋

与茶事相关的文赋计约有 20 种:

1. 契约

有《僮约》一篇。这是最早记载茶事的契约。西汉王褒撰。文中讲到烹茶、买茶,说明在西汉宣帝时代,茶叶市场已经形成,茶叶成为人们生活必需品。文曰:"神爵三年正月十五日。资中男子王子渊,从成都安志里女子杨惠卖亡夫时户下髯奴便了。决卖万五千。奴从百役使,不得有二言。晨起洒扫,食了洗涤……烹茶尽具,铺已盖藏……武阳买茶。"

2. 传

有《陆羽传》、《吴觉农传》等。《陆羽传》见宋代欧阳修等撰的《新唐书》卷一百九十六《隐逸》。《吴觉农传》见《中国农业百科全书·茶业卷》、《中国茶经》、《中国茶叶大辞典》等。

还有为茶和茶瓯立传的。为茶立传的有宋代苏轼的《叶嘉传》,元代杨维桢的《清苦先生传》,明代徐炉的《茶居士传》。为茶瓯立传的有明代支中夫的《味苦居士传》。

《叶嘉传》:"叶嘉,闽人也。其先处上谷。曾祖茂先,养高不仕,好游名山,至武夷,悦之,遂家焉。尝曰:'吾植功种德,不为时采,然遗香后世,吾子孙必盛于中土,当饮其惠矣。'茂先葬郝源,子孙遂为郝源民。至嘉,少植节操。或劝之业武。曰:'吾当为天下英武之精,一枪一旗,岂吾事哉。'因而游,见陆先生,先生奇之,为著其行录传于时……"

《清苦先生传》:"先生名槚,字舜之,姓贾氏,别号茗仙。其先阳羡人也,世系绵远,散处之中州者不一。先生幼而颖异,于诸眷族中,最其风致。卜居隐于姑苏之虎丘,与陆羽、卢仝辈相号'勾吴三隽'……"

《味苦居士传》(茶瓯):"汤器之,字执中,饶州人。尝爱孟子'苦其心志'之言,别号'味苦居士'。谓学者曰:'士不受苦,则善心不生;善心不生则无由以入德也。是以人召之则行,命之则往……"

3. 自传

有《陆文学自传》,为陆羽自传。《甫里先生传》,为唐代陆龟蒙自传,《醉吟先生传》,为唐代白居易自传。《六一居士传》,为宋代欧阳修自传。

4. 记

陆羽有:《游惠山寺记》。辑存的有《顾渚山记》、《天竺灵隐二寺记》、《杼山记》、《武林山记》。已佚的有《吴兴记》、《武夷山记》、《虎丘山记》等。

唐代独孤及有《慧山寺新泉记》。宋代欧阳修有《浮槎山水记》、《大明水记》。元代杨维桢有《煮茶梦记》。元代赵孟頫有《御茶园记》。

5. 序、跋

历代为陆羽《茶经》序、跋者甚多,主要有唐代皮日休的《茶中杂咏序》(作为《茶经》的代序)、宋代陈师道的《茶经序》、明代鲁彭的《茶经序》、明代陈文烛的《茶经序》、明代张睿卿的《茶经跋》、明代童承叙的《陆羽传跋》、明代吴旦的《茶经跋》、明代李维桢的《茶经序》、明代徐同气的《茶经序》、明代王寅的《茶经序》、明代汪可立的《茶经后序》、明代乐三声的《茶引》、清代徐篁的《茶经跋》、清代曾元迈的《茶经序》、民国常乐的《茶经序》、民国新明的《茶经跋》等。

此外,有唐代吕温的《三月三日茶宴序》、宋代王禹偁的《谷帘泉水煮茶序》、宋代欧阳修的《陆文学传跋尾》等。

6. 信函

亦称"书"、"启"等。

晋代刘琨《与兄子南兖州刺史演书》:"前得安州干姜一斤、桂一斤、黄芩一斤,皆所须也。吾体中溃闷,常仰真茶,汝可置之。"

宋代王洋《谢郑监惠龙团茶启》:"鱼腹得书,光动五云之体;龙芽出焙,香浮十袭之缄。拜赐知荣,抚躬增感。窃以草魁称瑞,山谷呈祥。方东君尚困于寒威,肇将迎气;而北苑已偷于春色,助发喊山……味在齿牙,流风犹有存者,其为感愧,曷易敷弹。"

帖:也是信函的一种,又是书法,如苏东坡的《啜茶帖》,亦称《致道源帖》:"道源无事,只今可能枉顾啜否? 有少事须至面白,孟坚必已好安也。轼上,恕草草。"

7. 杂文

在历代笔记小品中,常常有茶事的记载,所涉及的内容很广泛,其篇幅长短不等,短的数十字,长的数百字或千字以上,如宋代吴曾的《能改斋漫录·得茶三昧》:"钱塘南屏谦师,妙于茶事。"东坡赠之诗云:"道人晓出南屏山,来试点茶三昧手。"刘贡父亦赠诗云:"泻汤旧得茶三昧,觅句还窥诗一斑。"

如宋代周去非《岭外代答·茶具》:"雷州铁工甚巧,制茶碾汤瓯汤匮之属,皆若铸就。余以比之建宁所出,不能相上下也。夫建宁名茶所出,俗亦雅尚,无不善分茶者。雷州方啜葵茶,奚以茶器为哉。"

8. 论文

这类文章相当多。如宋代舒璘的《论茶盐》、清代邵之棠辑《论整理茶市》(见《皇朝经世文统编》卷六十一)、邵之棠辑《整顿平水茶刍议》(见同书同卷)、当代吴觉农《茶树原产地考》、《中国茶业改革方准》、《改良中国茶业刍议》(见《吴觉农》选集),当代张天福《我国战后茶业建设》(见《张天福选集》)。

9. 散文

如明代张岱的《闵老子茶》、《兰雪茶》,现代鲁迅的《喝茶》、梁实秋的《喝茶》、冰心的《我家的茶事》、贾平凹的《品茶》、陈学昭的《夜雨沉思》、《龙井随想》等。

10. 小说

有明代冯梦龙著的《赵伯升茶肆遇仁宗》(见《喻世明言》第十一卷),清代曹雪芹著的《栊翠庵茶品梅花雪》(见《红楼梦》第四十一回),当代陈学昭的长篇小说《春茶》、王旭烽的《茶人三部曲》等。

11. 故事

如《梅妃与唐明皇斗茶》:"梅妃,姓江氏,莆田人。父仲逊,世为医。妃年九岁能诵'二南'。语父曰:'我虽女子,期以此为志。'父奇之,名之曰采苹。开元中高力士使闽粤,妃笄矣。见其少丽,选归侍明皇,大见宠幸……上与妃斗茶,顾诸王戏曰:此梅精也。吹白玉笛,作惊鸿舞,一座光辉。斗茶今又胜我矣! 妃应声曰:'茶木之戏,误胜陛下。设使调和四海,烹饪鼎鼐,万乘自有心法,贱妾何能较胜负也。'"

12. 茶榜

即茶的告示、布告。如元代耶律楚材的《茶榜》:"今辰斋退,特为新堂头奥公长老设茶一钟,聊表住持开堂陈谢之仪,仍请知事大众同垂光降者。窃以个中滋味,谁是知音,向上封题,罕逢藻鉴。伏惟新堂头长老名超绝品,价重诸方。黄金碾畔析微尘,输他三昧手;碧玉瓯中轰白浪,别是一家春。睡鬼潜奔,便使至人无梦;汤声微发,解教醉眼先醒。谂老三杯,莫作道理会;卢公七碗,且是仁义中。虽然栊桷新陈,不得颠顿苦;便请大家下口,且图一众开怀。幸甚。"明代倪谦亦有《茶榜》。

13. 诏、敕、谕

诏,特指皇帝颁发的命令文告。敕、谕也特指皇帝的诏书、诏令。如宋太宗(赵炅)的《茶盐榷酤不得增课诏》:"先是募民掌茶、盐榷酤,民多增常数求掌以规。岁或荒俭(疑为歉,编者注),商旅不行,至亏失常课,多籍没其家财以偿,甚乖仁恕之道。自今并宜以开宝八年额为定,不得复增。"

唐宣宗(李忱)《停税茶敕》:裴休条疏茶法,事极精评。制置之初,理须画一,并宜准今年正月敕处分。

14. 檄、示

檄是古代用以征召、晓谕或声讨的文书,而于茶则主要是晓谕。示:旧称官府所出的布告。如《再禁办茶官弊》(见清代陈弘谋《培远堂偶存稿》):"今岁应办官茶,尽将存司者拣用,其应增办者为数无几……身任地方,急宜视此为一方生计所资,加以抚绥,设法保护。岂容因公派累,假公济私,以养民之本计,作应酬之私情。该地武官,亦宜一体遵奉,卫护地方,此实茶山一带民命衣食所关,地方所系,本司仰体宪意,不得不谆切告也。"

《劝谕茶商讲求采制各法示》(见《张文襄公(之洞)全集卷一二〇》):"照得茶叶为中国商务大宗……除札饬各该州县认真稽查督劝外,合亟示谕各茶户、茶商等知悉,尔等须知茶嫩则价自高,不必贪多,货真则销自畅,不必尤人。务须早采精制,必然获利丰盈,有厚望焉。"

15. 奏议

古代臣属进呈皇帝的奏章的总称,包括表、奏、疏、议、状、上书、札(劄)子、折(摺)子、封事、弹章、对策等。

表:常见于谢皇帝赐茶等,如唐代刘禹锡《代武中丞谢赐新茶第二表》:"臣某言,中使某乙奉宣圣旨,赐臣新茶一斤。猥沐深恩,再沾殊赐,承旨庆抃,省躬惭惶,臣某中谢。优以贡自外方,名殊众品,效参药石,芳越椒兰;出自仙厨,俯颁私室。义同推食,空荷于曲成;责在素餐,实惭于虚受。"

奏:如宋代杨允恭《请以旧置榷务奏》(见《文献通考》卷十八):"商人杂市诸州茶,新陈相糅。两河、陕西诸州风土各有所宜,非参以多品,则商旅少利。

置榷务,令就茶山买茶不可行。"

疏:有宋代范仲淹《议弛茶盐之禁疏》:"茶盐商税之入,但分减商贾之利尔,于商贾未甚有害也。今国用未省,岁入不可缺,既不取之于山泽及商贾,必取之于农。与其害农,孰若取之于商贾?今为计,莫若先省国用;国用有余,当先宽赋役,然后及商贾,弛禁非所当先也。"

议:如宋代王安石的《议茶法》:"国家罢榷茶之法,而使民得自贩,于方今实为便,于古义实为宜,而有非之者,盖聚敛之臣,将尽财利于毫末之间而不知与之为取之过也。夫茶之为民用,等于米盐,不可一日以无,而今官场所出皆粗劣不可食,故民之所食大率皆私贩者。夫夺民之所甘,而使不得食,则严刑峻法有不能止者,故鞭扑流徙之罪未尝少弛,而私贩、私市者亦未尝绝于道路也……"

状:如宋代王十朋的《再论马纲状》。

上书:如宋代苏辙的《上皇帝书》。

札子:如宋代袁说友的《宽恤茶商札子》。

折子:如清代左宗棠的《甘肃茶务久废请变通办法折》。

还有片,片为奏章之附张,如清代毛鸿宾的《征收聂家市茶箱税片》:"再,湖南之聂家市,湖北之羊楼峒……所有湖南应行征收茶箱子税情形,谨附片陈明,伏乞皇上圣鉴。谨奏。"

16. 申、详、呈、禀

均为旧时公文的一种,用于下对上。

申:清代李恒有《徽茶捐厘章程申》:"为申报事。本年七月二十一日,据浮梁县倒湖盐卡委员候选通判朱焕文禀称,窃奉宪札并刊发新定茶税章程,告示当即遍贴,晓谕遵办……除批饬遵办外,理合具文申报宪台,俯赐查核。"

详:清代李桓有《赣州府城茶厘章程详》:"为详明事。窃照江省连年军务,饷需浩繁,前经详明,在于河口等处设卡抽收茶税、茶厘,以资接济。所有抽收章程,各就地方情况,分别数目多寡……是否有当,理合会文详请宪台,俯赐核示饬遵。"

呈:清代张謇有《复核政治讨论会所议整理茶叶办法呈》:"窃于十一月二十日,准政事堂交政治讨论会呈,遵议本部所议整理茶叶办法,及检查条例议案,奉大总统批令交部复核等因。奉此,查议案中所称各帮举有首士,雇有中西技师一节,沪、汉、闽三埠本有此项团体,汉口有六帮茶商公所,上海有徽、广、浙茶栈会馆,福州有广、福茶栈之公义堂……所有遵批复核政治讨论会议决之整理茶业及茶叶检查所办法缘由,是否有当,伏候钧鉴。"

禀:清代李桓有《旧案茶捐仍由藩司详办禀》:"敬禀者,案奉督宪批,本局详,遵批另议各条及现须核办事宜,一并会议章程,开折请示遵由。奉批,据详各条均悉。内茶捐一项,据江省向章,以一钱为厘金,一钱为炮船经费,其余银两均照例核契,另归捐输局解送藩库兑收办理,均为合法……合肃单禀附呈实收底式,并请俯赐核办示遵。再本局填发收,仍借用南昌府通判关防,合并声明。"

17. 赋

最早的茶赋是晋代杜育的《荈赋》:"灵山唯岳,奇产所钟。瞻彼卷阿,实曰夕阳。厥生荈草,弥谷被冈。承丰壤之滋润,受甘露之宵降。月唯初秋,农功少休;结偶同旅,是采是求。水则岷方之注,挹彼清流。器择陶拣,出自东瓯。酌之以匏,取式公刘。惟兹初成,沫沉华浮。焕如积雪,烨若春敷。"

以后有南宋文学家鲍照之妹鲍令晖(女文学家)撰的《香茗赋》(已佚)。以后又有唐代顾况的《茶赋》。宋代有吴淑的《茶赋》、梅尧臣的《南有嘉茗赋》、黄庭坚的《煎茶赋》、方岳的《茶僧赋》(茶僧指茶瓢)、俞德邻有《荽茗赋》、王十朋的《会稽风俗赋》等。清代有全望祖的《十二雷茶灶赋》等。

18. 颂

明代周履靖有《茶德颂》:"有嗜茗友生,烹瀹不论朝夕,沸汤在须臾;汲泉与燎火,无暇蹑长衢。竹炉列牖,兽炭陈庐;卢仝应让,陆羽不知。堪贱羽觞酒瓶,所贵茗碗茶壶;一瓯睡觉,二碗饭余。遇醉汉渴夫,山僧逸士,闻馨嗅味,欣然而喜。乃掀唇快饮,润喉嗽齿,诗肠濯涤,妙思猛起。友生咏句,而嘲其酒糟;我辈恶醪,啜其汤饮,犹胜啮糟。一吸怀畅,再吸思陶。心烦顷舒,神昏顿醒。喉能清爽而发高声,

秘传煎烹瀹啜真形。始悟玉川之妙法,追鲁望之幽情。燃石鼎俨如翻浪,倾磁瓯叶泛如萍。虽拟《酒德颂》,不学古调咏螟蛉。"

19. 铭

明代李贽有《茶夹铭》:"唐右补阙綦毋熨著《伐茶饮序》云:'滞消壅,一日之利暂佳;瘠气耗精,终身之害斯大。获益则归功茶力,贻害则不为茶灾。'余读而笑曰:'释滞销壅,清苦之益实多;瘠气耗精,情欲之害最大。获益则不谓茶力,自害则反谓茶殃。吁,是恕已责人之论也。'乃铭曰:'我老无朋,朝夕唯汝;世间清苦,谁能及子?逐日子饭,不辨几钟;复夕子酌,不问几许。夙兴夜寐,我愿与事始终。子不姓汤,我不姓李,总之一味,清苦到底。'"

另有书刻在茶壶上的壶铭,清代陈曼生(鸿寿)的《紫砂壶铭》有:"方山子,玉川子,君子之交淡如此。""若续杯水知名淡,应付村茶比酒香。""笠荫暍,茶去渴,是二是一,我佛无说。"清代汪森《紫砂壶铭》:"茶山之英,含土之精,饮其德者,心恬神宁。"

20. 赞

宋代宋祁有《甘露茶赞》:"生邛、眉州山中。其树大抵似赤心棘,经霜益茂,明年采之,有香味若饴云。弱树繁叶,类赤心棘,采以清明,厥味甘极。"清代余怀《茶史补·附录》有"茶赞":"涤烦荡秽,清心助德,永建汤勋。峡川之月,曾阮之雨,蒙顶之云。色胜雪白,味比露甘,香逸兰熏。附肤剟髓,含泉吐石,抱朴霏文。吁嗟猗兮,柯有妙理,善则归君。"

(钱时霖)

(四)叙茶小说

小说成为中国文学的一大样式,有一个漫长的演进过程。先秦的神话、传说、寓言、魏晋的鬼神志怪等皆其先河。至唐代,出现了演述故事的传奇。鲁迅先生说:"小说亦如诗,至唐代而一变,虽尚不离于搜奇记逸,然叙述宛转,文辞华艳,与六朝之初陈梗概者较,演进之迹甚明。"(见《中国小说史略》)宋元时期有了话本,即说话人演讲故事所用的底本。

从说话艺术发展起来的通俗小说,短篇的称小说话本,长篇的称讲史话本。明代小说出现了空前繁荣的局面,而到清代,中国古典小说由盛而衰。"五四"时期起,中国小说跨进了一个发展繁荣的新时代。

从小说演进的历史看,茶与小说的结缘是久远的。在魏晋的鬼神志怪中早就有了茶事的记述。仅陆羽《茶经·七之事》就辑录了六则:东晋干宝《搜神记》中有夏侯恺死后饮茶的故事;假托西汉东方朔作的《神异记》中有丹丘子引虞洪采大茗的故事;传说东晋陶潜所著《续搜神记》中有秦精在武昌山上采茗遇毛人的故事;南朝宋刘敬叔著《异苑》中有陈务妻用茶祭祀获报的故事;《广陵耆老传》中老妇在广陵市上提器卖茶汤的故事;还有一四川老姥在洛阳作茶粥出卖的故事。此外,南北朝宋刘义庆《世说新语》中亦有多则故事讲到茶事,如王濛、任瞻等逸事都出于此。

唐宋时期记述茶事的小说还可见之于李昉等编的《太平广记》、洪迈的《夷坚志》和佚名的《梅妃传》等。

明清以来,小说中记述描绘茶事的更多了。举其要有者:冯梦龙《喻世明言》中的赵伯升茶肆遇仁宗,兰陵笑笑生《金瓶梅》中的老王婆茶坊谈技和吴月娘扫雪烹茶,李渔《十二楼·夺锦楼》中的钱小江生二女连吃四家茶,吴敬梓《儒林外史》中的马二先生游西湖访茶店,曹雪芹《红楼梦》中的妙玉栊翠庵茶品梅花雪,李汝珍《镜花缘》中的小才女燕紫琼绿香亭品茶,刘鹗《老残游记》中的申子平与仲姑娘品茗促膝谈心,李绿园《歧路灯》中的盛希侨地藏庵品茶,曾朴《孽海花》中的侯夫人在英国手工赛会上沏泡武夷茶等。

当代在小说中写到茶的已难计其数。需要特别提出的是,出现了许多以茶事为题材的短篇和中长篇小说。有沙汀的短篇小说《在其香居茶馆里》,陈学昭的长篇小说《春茶》,廖琪中的中篇小说《茶仙》,寇丹的中篇小说《壶里乾坤》,颖明的传记文学《茶圣陆羽》,丁文的传记文学《陆羽大传》等,王旭烽的《南方有嘉木》、《不夜之侯》、《筑草为城》,合称"茶人三部曲",其中《南方有嘉木》和《不夜之侯》荣获第五届茅盾文学奖。

茶事小说作品择要介绍如下:

《赵伯升茶肆遇仁宗》　见明冯梦龙《喻世明言》第十一卷。小说写宋仁宗时,成都秀才赵旭上京应举。入场考毕,赵旭自我感觉甚佳,次日与朋友们在茶肆中举行茶会。饮茶之间,赵氏兴致盎然,取笔在粉壁上写下一首词,有句云:"足蹑云梯,手攀仙桂,姓名已在登科内。"自以为金榜题名,指日可待也。谁知赵氏虽文才尽好,但其卷中将"唯"字原是"口"旁,写作"厶"旁。仁宗向他指出,赵旭不肯认错,辩道"此字皆可通用",遂致仁宗不悦。赵氏回归客店,与众朋友言说此事,众皆大惊。遂乃邀至茶坊,啜茶解闷。赵氏又题词一首,有句云:"'唯'字曾差,功名落地,天公误我平生志。"后来出了金榜,果然无赵旭之名。赵氏羞归故里,流寓京师。一年之后,有一夜三更时分,仁宗梦见一金甲神人,坐驾太平车一辆,上载着九轮红日,直至内廷。翌日早朝,仁宗问司天台苗太监,此梦主何吉凶?苗太监奏曰:"此九日者,乃是个'旭'字,或是人名,或是州郡。"当下占课。依课示,苗太监与皇帝扮作白衣秀士,私行街市,暗地察访。两人行到状元坊,望见一座茶肆。仁宗道:"可吃杯茶去。"二人入茶肆坐下,忽见白壁之上,有词两首,语句清佳,字画精壮,后写"锦里秀才赵旭作"。仁宗失惊道:"莫非此人便是?"苗太监问茶博士壁上之词是何人所写,茶博士道:"这个作词的,他是一个不得第的秀才,羞归故里,流落在此。"仁宗这才想起赵旭只因一字差误,被黑书而不用。便叫茶博士将赵旭寻来,"我要求他文章"。茶博士走了一趟,未找到人。仁宗道:"且再坐一会,再点茶来。"一边吃茶,一边又叫茶博上去找赵秀才。这次又未找到。仁宗与苗太监还了茶钱,正欲起身。只见茶博士指道:"那个赵秀才来了。"赵旭见有人找他,慌忙走入茶坊。相见礼毕,坐于苗太监肩下,三人吃茶。闲谈中,仁宗见赵旭志向高远,文才卓异,十分赏识。不久即任命赵旭为四川制置使。小说内容虽不直接反映茶事,只是以茶肆作为场景;落第赵氏往来于茶肆,仁宗私访又落脚于茶肆,并非偶然,从一个侧面反映了宋代茶事之盛。

《吴月娘扫雪烹茶》　见《金瓶梅》第二十一回。明代兰陵笑笑生著。小说写西门庆与妻妾置酒赏雪,吴月娘见雪下在粉壁间太湖石上甚厚,下席来,教小玉拿着茶罐,亲自扫雪,烹江南凤团雀舌牙茶,与众人吃。正是"白玉壶中翻碧浪,紫金杯内喷清香"。吴月娘此举似属风雅,清人张竹坡则有旁批曰:"是市井人吃茶。"意即商贾人之附庸风雅而已。

《生二女连吃四家茶》 见清代李渔的短篇小说《夺锦楼》第一回,回目:《生二女连吃四家茶,娶双妻反合孤鸾命》。其实本篇小说仅此一回。写明正德初年,湖广武昌府江夏县有个鱼行经纪人钱小江,娶妻边氏,到四十岁上同胞生下二女,长得极标致,极聪明,媒妁者如云。夫妻俩各自为两女择婿,受了四姓人家的聘礼,即连吃"四家茶",引起一场纠纷,于是告到衙门。最后由官府以"官媒"成亲。古人结婚必以茶为聘礼,或称"茶银",取其不移置子之意也。小说描述的正是这种礼俗。

《马二先生游湖访茶店》 见清代吴敬梓《儒林外史》第十四回。原回目:《蓬公孙书坊送良友,马秀才山洞遇神仙》。小说写马二先生来杭州书店选书。一日,独自一人游览西湖。其时,沿湖周围"真乃五步一楼,十步一阁","那些卖酒的青帘高飐,卖茶的红炭满炉,士女游人,络绎不绝"。马二先生这一路上,七上茶亭或茶店,喝茶吃点心。小说描述了吴山卖茶的场景:"庙门口都摆的是茶桌子。这一条街,单是卖茶就有三十多处,十分热闹。马二先生正走着,见茶铺子里一个油头粉面的女人招呼他吃茶。马二先生别转头来就走,到间壁一个茶室泡了一碗茶,看见有卖的蓑衣饼,叫打了十二个钱的饼吃了,略觉有些意思。走上去,一个大庙,甚是巍峨,便是城隍庙。他便一直走进去,瞻仰了一番。"小说对当时杭州西湖风景游览区茶馆风貌和饮茶习俗作了较为细致的描述。一般茶馆除为游客提供茶水外,还备有各种小吃、点心。游客可在茶馆歇脚解渴充饥,也可静坐观景。这是一曲以民俗为基调的杭州茶事"民歌"。

《栊翠庵茶品梅花雪》 见清代曹芹《红楼梦》第四十一回。写妙玉在栊翠庵请贾母和宝钗、黛玉、宝玉品茶。贾母带了刘姥姥至栊翠庵来,妙玉相迎进去,忙去烹了茶来,宝玉留神看她是怎么行事。只见妙玉亲自捧了一个海棠花式雕漆填金"云龙献寿"的小茶盘,里面放一个成窑五彩小盖钟,捧与贾母。贾母道:"我不吃六安茶。"妙玉笑说:"知道。这是'老君眉'。"贾母接了又问是什么水。妙玉笑回"是旧年蠲的雨水"。贾母便吃了半盏,笑着递与刘姥姥,说:"你尝尝这个茶。"刘姥姥便一口吃尽,笑道:"好是好,就是淡些,再熬浓些更好了。"贾母众人都笑起来。然后妙玉为宝钗、黛玉扇滚了水,另泡一壶茶。宝玉便轻轻走进来,笑道:"你们吃体己茶呢。"二人都笑道:"你又赶了来撤茶吃。这里并没你吃的。"妙玉刚要去取杯,只见道婆收了上面茶盏来。妙玉忙命:"将那成窑的茶杯别收了,搁在外头去罢。"宝玉会意,知为刘姥姥吃了,他嫌脏不要了。又见妙玉另拿出两只杯来。一个旁边有一耳,杯上镌着"瓟斝"三个隶字,后有一行小真字是"王恺珍玩",又有"宋元丰五年四月眉山苏轼见于秘府"一行小字。妙玉斟了一斝,递与宝钗。那一只形似钵而小,也有三个垂珠篆字,镌着"点犀盉",妙玉斟了一盉与黛玉。仍将前番自己常日吃茶的那只绿玉斗来斟与宝玉。宝玉笑道:"常言'世法平等',他两个就用那样古玩奇珍,我就是个俗器了,"妙玉道:"这是俗器?不是我说狂话,只怕你家里未必找的出这么一个俗器来呢。"宝玉笑道:"俗语说'随乡入乡',到了你这里,自然把那金玉珠宝一概贬为俗器了。"妙玉听如此说,十分欢喜,遂又寻出一只九曲十环一百二十节蟠虬整雕竹根的一个大盏来,笑道:"就剩了这一个,你可吃的了这一海?"宝玉喜的忙道:"吃的了。"妙玉笑道:"你虽吃的了,也没这些茶你糟踏。岂不闻'一杯为品,二杯即是解渴的蠢物,三杯便是饮驴了'。你吃这一海,更成什么?"说的宝钗、黛玉、宝玉都笑了。黛玉因问:"这也是旧年的雨水?"妙玉冷笑道:"……这是五年前我在玄墓蟠香寺住着,收的梅花上的雪,统共得了那一鬼脸青的花瓮一瓮,总舍不得吃,埋在地下,今年夏天才开了……隔年蠲的雨水,那有这样清淳?"小说栊翠庵品茶这一节,以贾母品茶为引子,以妙、宝、钗、黛品茶为主体,概括了高雅茶事的全过程,奇崛委婉,层层展开,令人叹为观止。

《小才女亭内品茶》 见清代李汝珍《镜花缘》第六十一回。《镜花缘》全书的重点是描写以唐小山为首的一百位才女。这一回写众小姐在绿香亭品茶。

不独茶叶清香,水亦极其甘美,其汤色比嫩葱还绿。绿香亭"四周都是茶树,那树高矮不等,大小不一,一色碧绿,清芳袭人"。在品茶之际,才女燕紫琼引《尔雅》、《诗经》,谈《茶经》、《本草》,述说茶事渊源,又细述了亭子和园内茶树的来历,以及家父著《茶诫》两卷的缘由,"劝人少饮为贵","况近来真茶渐少,假茶日多,即使真茶,若贪饮无度,早晚不离,到了后来,未有不元气暗损"。该回近三千字,几乎都是说茶论饮,在古典小说中不多见。

《盛希侨地藏庵品茶》 见清代李绿园《歧路灯》中的一回,原回目《地藏庵公子占兄位,内省斋书生试赌盆》。小说叙大家公子盛希侨与谭绍闻、王隆吉到地藏庵拜兄弟,礼毕后,"范姑子引三人穿过佛殿,到了客室坐下。范姑子捧上茶来,盛公子不接茶杯,说道:我有带的茶叶,师傅只把壶洗净,另送一壶开水来。'一声叫:'宝剑儿!'这宝剑儿正与双庆儿及王隆吉跟的进财儿,也商量结拜的话。希侨一声叫唤,宝剑慌了。希侨骂了两句,叫厨下照料泼茶去。这范姑子方晓得起初进门,盛希侨把茶尝一尝便放下的缘故。少顷,宝剑拿茶上来,茶杯也是家人皮套带来的。众人喝茶时,也不知是普洱、君山、武夷、阳羡,只觉得异香别味,果然出奇。"小说刻画富有之家的茶饮。外出时茶叶自备,连茶杯也装在皮套内自带,别有一番讲究。

《死水微澜》 当代李劼人(1891~1962)著。《死水微澜》加上作者另两部长篇《暴风雨前》、《大波》,郭沫若称颂为"小说的近代史"。三部小说对成都茶馆有许多大段的生动描写。如对大茶馆的堂皇和小茶铺的简陋,对形形色色茶客们的种种表现,还有依附茶馆营生的戏曲曲艺艺人、小手艺人、小商贩的生活,都有入木三分的刻画。小说中对"吃讲茶"等的描述,反映了昔日茶馆多方面的社会功能;又以茶馆中专设"女宾座"等情节,折射出新潮与旧浪的冲突。

《在其香居茶馆里》 当代沙汀的短篇小说。小说以抗日战争时期国民党统治下的四川农村为背景,揭露国统区长期普遍存在的兵役弊政。作者把情节开展的具体场面放在其香居茶馆里,通过吃"讲茶",表现了当时的人情世态。小说对茶馆的描写极富鲜明的四川地方特色。

《春茶》 当代陈学昭的长篇小说。小说写杭州西湖龙井茶区从合作化到公社化的历程,反映了这一历史时期茶区和茶农的生产、生活与精神面貌。小说以狮岭为中心,描写了农业社的诞生、巩固和发展过程中遇到的种种艰难曲折,以及茶区人民与不关心群众利益、不顾实际情况的官僚主义进行的斗争。还反映了狮岭村和杨岭村在人民公社成立后发生的一系列事件,着力表现了在国家三年经济困难时期,茶区人民在党的领导下,自力更生、艰苦奋斗,坚持走社会主义道路的精神。作品通过塑造沈大达、沈端珍兄妹和赵小毛、唐开祥等先进农民的形象,通过对杨达生、杨达祥兄弟的蜕化变质和黄厚福一家所走的不同道路的描写,生动地反映出我国农村中尖锐复杂的阶级斗争,以及各种类型人物的不同的思想、感情和心理状态。同时也反映了茶农的生产和生活状况及江南茶区一个时代的风貌。

《茶仙》 当代廖琪中的中篇小说。小说通过茶与历史,茶与文化,茶与生活和人的关系,描绘了一幅粤东地区色彩斑斓的地方风俗画。特别是通过赛茶的场景,对烹茶的技艺、论茶的出处、辨茶的优劣,以及茶道中的趣闻轶事,娓娓道来,生动形象地展示了粤东茶文化的丰厚内涵及浓郁的地方特色。

《壶里乾坤》 当代寇丹的中篇小说。小说以一位知名星相家拥有的一把紫砂心经壶为线索,以浙江湖州府城隍庙为中心,以20世纪40~50年代为背景,反映官僚政客、商会代表人物和劳苦群众之间的矛盾。书中对江南茶馆、家常饮茶习俗和紫砂壶艺的描写颇为细腻。

《茶圣陆羽》 当代颖明的传记文学。作者历经十多年的资料搜集和实地采访,写成这篇传记,对陆羽的一生作了生动记述。有西湖弃婴、佛门叛逆、如愿、乐为实践万里行、悲社稷哀黎民、牯岭情、栖霞谊、杼山黄花、苕花飞雪暑水瘦、御前煮茶、南泠品水、苏杭漫游等章节。原文首次发表于《陆羽研究集刊》。

《茶与血》 当代章士严的纪实文学。记述了作者年轻时在缅甸参加抗日斗争中与一位华裔少女梅娘相爱的故事。梅娘的姨妈有一片茶山,梅娘的父亲是做橡胶、茶叶生意的大商人。在一次过江进行抗日宣传中,船被敌人击翻,梅娘落水牺牲,她身上还包着四朵茶叶。全文共五万多字,1990 年 3 月起杭州《茶人之家》连载。

"茶人三部曲"——《南方有嘉木》、《不夜之侯》、《筑草为城》 当代王旭烽的长篇小说,前两部《南方有嘉木》、《不夜之侯》获第五届茅盾文学奖。小说的故事发生在绿茶之都的杭州。《南方有嘉木》的主人公忘忧茶庄的传人杭九斋,是清末江南的一位茶商,风流儒雅,却不好理财治业,最终死在烟花女子的烟榻上。下一代茶人杭天醉,生长在封建王朝彻底崩溃与民国诞生的时代,他身上始终交错着颓唐与奋发的矛盾,最终他茫然若失,不得已向佛门逃遁。杭天醉的三子二女,经历的是一个更加广阔的时代,他们以各种身份和不同方式参与了华茶兴衰起落的全过程。其间忘忧茶庄的兴衰和百年来华茶的兴衰紧密相连,小说因此勾画出一部近现代史上的中国茶人的命运长卷。

《不夜之侯》 创作的时代背景是八年抗日战争时期。20 世纪 30 年代末,中华民族生死存亡之际,杭氏家族及与他们有关的各色人等,在战争中经历了各自的人生。杭氏家族的不少善良茶人惨死在日寇的铁蹄之下;新一代的杭家儿女投入了伟大的抗日战争——有的在战争中牺牲了,有的为了胜利后的明天坚持着中华茶业建设。杭嘉和作为茶叶世家的传人,在漫长的八年抗战中,承受了巨大的难以想象的劫难,呈现出中华茶人的不朽风骨。

《筑草为城》 以 1966 年 6 月至 1967 年清明期间的"文化大革命"为创作的时代背景,杭家的第四、第五代传人在这个特殊的历史年代登上人生舞台。杭、吴两个有着深厚历史渊源的家族后代又撞到了一起,善良与愚昧、天真与邪恶都以革命的面孔、狂热的姿态自觉不自觉地投入了运动。杭嘉和这位世纪老人,目睹了浩劫的全过程,在家族蒙受巨大的灾难的年代里,保持了一个中华茶人的优秀品格。杭汉、罗力等茶业工作者在备受煎熬的苦难中,从未停止过对事业的追求。茶支撑他们走过漫漫长夜,终于迎来了一个昌盛的科学时代。

(阮浩耕)

(五) 茶事绘画

绘画是一种通过构图、造型、施色等手段,来创造形象的一种造型艺术。绘画艺术是对自然景物、社会生活的一种描摹和表现。绘画起源甚早,早在旧石器时代人类居住的山洞中,洞壁就留有早期人类的画作。茶在我国也是一种史前即饮的饮料,但是,关于饮茶和茶的有关画卷,迟至唐朝才见提及。据称,在现存的史册中,能够查到的与茶有关的最早绘画,是唐朝的《调琴啜茗图卷》。不过,也有人提出,我国画中的茶,不应比诗词中的茶迟这么久;同是取材或反映社会生活,诗词中西晋有多篇作品提到茶或专门吟茶,在这时的画卷中,不应也不可能没有茶的反映。西晋著名画家卫协、张墨作品的题材很广,他们画作中究竟有无画到过茶?因无记载,史证难找;但是,在东晋王廙、顾恺之、戴逵、夏瞻、孙尚子和晋明帝司马绍这些人中,他们生长或长期生活在喻茶为"素业"的江南,所以,根据常理推测,我国绘画中的茶事内容,当在东晋以前就有,只是这种画和有关这种画的记载没有传存下来而已。陆廷灿的《续茶经》:"十、茶之图"中,列举了唐至明代的画家及有关茶的图画名目 20 多条,如:唐张萱《烹茶仕女图》、周昉《烹茶图》;五代陆滉《烹茶图》,宋周文矩《火龙烹茶图》、《煎茶图》,李龙眠《虎阜采茶图》,刘松年《卢仝煮茶图》、王齐翰《陆羽煎茶图》;元赵松雪《宫女啜茗图》、钱舜举《陶学士雪夜煮茶图》、史文卿《煮茶图》、袁桷《煮茶图诗序》、冯璧《东坡海南烹茶图并诗》、杜柽居《茶经图》;明文徵明《烹茶图》、沈石田《醉茗图》、陆治《烹茶图》等等。

至唐代开始史有所证的茶事绘画出现,由此而缕缕不断,历代杰作频现。其著名作品,按朝代综述如次,以便观览。

1. 唐代茶事绘画

《调琴啜茗图卷》 是唐代画家周昉的作品。周昉,生卒年不详,字仲朗,又字景玄,京兆(今陕西西安)人,是中唐时期重要的人物画家,尤其擅长画仕女人物。他出身于官宦之家,经常优游于上层社会,故对宫廷生活方式很熟悉。宋代的《宣和画谱》评论他是"多见贵而美者",善于创作描绘"浓丽丰肥"之态。此画曾著录于《石渠宝笈》,现藏于美国约尔逊艾金斯艺术博物馆。这幅画以工笔重彩形式描绘了唐代宫廷贵妇品茗听琴的悠闲华丽生活和饮茶场景。品茗女手执茶盏,作边品茗、边听琴状,茶饮在画面中甚引人注目。画中又有矮树大石,说明此景是在室外,仕女衣着色彩雅妍明丽,人物丰腴华贵,显示出唐人"以丰厚为体"的审美趣味。饮茶与听琴,两个不同的内容集于同一画面,生动地说明了茶饮在当时的文化娱乐生活中已有了相当重要的地位,与上层社会生活及高雅艺术有了相当紧密的结合,饮茶环境所具有的浓重的宫廷特色,与民间饮茶环境有着十分明显的区别。表明随着茶叶生产的发展,茶饮的文化气息越来越浓。随着茶叶的进贡,上层社会特别是宫廷中的饮茶之风日见昌炽。

《萧翼赚兰亭图》 是根据唐人何延之的《兰亭记》记载的一则故事创作的。贞观二十三年(649),唐太宗自感不久于人世,于是立下遗诏,死后一定要以王羲之的《兰亭序》墨迹为随葬品。为此他派出监察御史萧翼,从越州僧人辩才手中骗得了王羲之的真迹。《萧翼赚兰亭图》的作者相传为唐代的阎立本。阎立本(601~673),唐雍州万年(今陕西西安)人,为唐代著名的人物画家。《萧翼赚兰亭图》纵27.4厘米,横64.7厘米,绢本设色,无款印。该画后面有宋代绍兴进士沈揆、清代金农的观款,还有明代成化进士沈瀚的跋文。

画面上有两个烹茶人物,老者手持火箸,仰面注视宾主;少者俯身执茶碗,准备上炉,炉火红红,仿佛茶香正浓。其他三个人物中,两个为佛门中人,一个似为来客,好像刚刚坐定,寒暄既毕,正待茶饮。宋人董彦远在他所撰的《广川画跋》中根据图中的茶具和人物的服饰,认为应称《陆羽点茶图》。此画形象地反映了"客来敬茶"的传统习俗,画面中的茶具形制和煮茶形式可作为研究禅门茶饮的重要参照。

唐朝以茶为题材的画,不只《调琴啜茗图》等极少的几幅,应该和唐朝茶叶诗词的情况一样,在开元以后,有一个日甚一日的发展过程。因为开元年间,不只是茶和诗的蓬勃发展年代,也是我国画的兴盛时期。开元时,我国的著名画家就有李思训、李昭道父子(俗称大李和小李将军),以及卢鸿、吴道子、卢楞伽、张萱、梁令瓒、郑虔、曹霸、韩干、王洽、韦天恋、陈闳、翟琰、杨庭光、范琼、陈皓、彭坚、杨宁、王维、杨升、张璪、周昉、杜庭睦、毕宏等数十人。而这时,如《封氏闻见记》所载:寺庙饮茶,已"遂成风俗";在地方及京城,还开设店铺,"煎茶卖之"。上述这么多绘画名家,特别是他们在为寺庙作的壁画中,如其时杰出画家吴道子,曾为长安、洛阳的两地道观寺院绘制壁画三百余间,他们不可能不把当时社会生活和宗教生活中新兴的饮茶风俗,吸收到画作中去。

(于良子 朱自振)

2. 宋、辽、元时期茶事绘画

五代时,西蜀和南唐,都专门设立了画院,邀集著名画家入院创作。宋代也继承了这种制度,设有翰林图画院,在国子监也开设了画学课。

到了宋代,现存最完整的茶事美术作品,首推北宋的"妇女烹茶画像砖"。北宋时,除李成、范宽、郭熙、米芾在山水画上有较大发展外,壁画、版画也颇兴盛。如其时汴梁大相国寺的门房四廊,就都由画院待诏高文进等画了佛教人物故事,并以此盛名于时。这时,木刻版画,随印刷业的发达也流行了起来。画像砖是汉以前就流行的一种雕画结合的形式,但唐代以后渐趋稀少,北宋这件妇女烹茶画像砖,显然是受民间木刻影响企图恢复砖画的一件力作。画像砖画面为一高髻宽领长裙妇女,在一炉灶前烹茶,灶台上放有茶碗、茶壶,妇女手中还一边在擦拭着茶具。整个造型显得古朴典雅,用笔细腻。

现在,我们对于古时的茶事研究大多是基于古文献的记载,对所记述的茶具、烹饮等形象性和动态性的内容,只能凭文字来加以分析和揣度。在上个世纪的七八十年代发现的一些墓道壁画,其中绘有不少茶事的内容,十分形象地再现了当时的饮茶情景。在画面出现的许多茶具和点茶的动作和人物关系,都真切地为我们提供了最可靠的研究资料。所以壁画的内容,具有很高的史料价值。如《进茶图》是河南白沙宋墓(宋元符二年,公元1099年)壁画之一,画中共六人。画中茶盏和白瓷壶十分清晰。第

二、三人均为女性，一人似为主人，正端坐，其后两人中一人正指使另一人手托茶盏茶盘准备上茶。

1971年，河北宣化郊外下八里村相继出土了数十座辽代墓葬。墓构于辽天庆七年（1117），时当中原北宋末年，距今已有八百余年。由于宋辽互市，以茶易辽货，辽地茶风趋盛行。此墓中所绘景物正是当时风俗的写照。墓室内彩色壁画和出土器物十分丰富，其中有多幅反映不同茶事场面的壁画，包括点茶图、为点茶作准备工作的煮茶图、妇人饮茶的娱乐场面图、进茶场面图和茶作坊中的茶具、碾茶、煮点、筛选等一系列工序图等。从这些壁画中，可以较完整地看到北宋时期北方茶文化的面貌。

《煮汤图》　画面左边是一张红色长方形高桌，桌上有六只白色盏托和三个托子，两个花口盘和一个里红外黑的四层波罗子。桌前置一个灰色的三足火盆，盆中火正在燃烧，上有一个白色的长流瓜棱执壶，一个童子双手拿团扇用力扇火。桌后有男女两个人，右边之人，左手拿白色平底大盘，盘中有两个茶杯，也是白色的，右手竖起，正与左边之人低语，似乎在吩咐着什么。而左边之人双手拱于胸前，侧耳恭听。两人正在等着水的煮沸，为点茶做准备。

《点茶图》　画面正中是一张红色的高桌，上面有两副盏托，盏为白色，托为黑色。一个黑白相间的圆盒和一个白色深腹盆，盆内放一个鱼尾形器物。桌前置一个灰色的五足火盆。盆内有火炭和白色执壶。桌后左右各有一人，左边一人左手端盏托，右手捏着一要细小的棍，在搅动盏内之物；右边一人左手托着桌面，右手拿着执壶准备注水。两人点茶的神情极为专注。

《奉茶图》　画面由三女和饮茶器皿组成。画面的中间是一张赭色方桌，上面有红色盏顶式盖箱，四个红色茶托和四个白色茶瓯。还有一件白色深腹盆。桌前放有灰色的五兽足火炉，炉内有火炭，上面也是一只白色瓜棱壶。此炉与宋代耀州窑出土的刻花五足瓷火炉颇为类似。桌后站着一个妇人，双手捧盏托，托子呈黑色，碗为白色。桌子右面的妇人捧水盂置于胸前，目视桌上。桌左面一个妇人左手手执团扇，正与桌后的妇人交谈。

《茶道图》　画面由三男二女和家具、器皿等组

成。该图左右两侧各绘一张长方桌子，在左边的桌子上有铗、提梁壶、刷子（即《茶经》所说的"札"，用于刷扫茶末）、刀锯勺、火箸、醓鹾（贮盐用具）、方箱等。桌子后有一男子，怀抱着白色执壶半侧身而立，桌前一个童子，半侧身而坐，正在使用茶碾子。碾之前有一漆盘，内置一只茶罗。桌子前方是风炉，其状如石鼓，无足，下承莲花座，开一门，形制与唐制有所变异。上面置白色瓜棱壶。也有一个男童，跪于炉前，右手执团扇扇火。右面的桌子为深灰色，上置花口盘、壶等器具。桌前有盝顶式盖箱（茶箱），黑色的锁子。桌子的左后角有一妇人，双手托盘。其后面是一个男子双膝着地，双肘放在茶罗子上作休息状。

《烹茶探桃图》　在宣化下八里第七号辽墓内，该墓为双墓室，此画在前室东壁上，长170厘米，宽145厘米。画面上由八个人组成，均为契丹人，在此画中的茶具主要是茶碾，碾为铸铁样，有束腰长形碾座。其形为船形，中有圆形埚轴一个，轴中心左右各有曲形辖木两端为柄。在茶碾里面为一黑皮朱里的圆形漆盘。盘内有曲柄锯子，毛刷，绿色的划有格道的方形物，似乎是一块砖茶。茶炉的造型分为炉座和炉身，炉身下开一荷形火门，炉口上座一银执壶。在朱色桌子上，放着六只白瓷碗，两只花式口碗，一只白圆盘，四只白瓷碟。还有白瓷托子一只，执壶一把，黑漆衣朱里荷包形果盒一个和白色梅瓶一只。在后面一只黄色方桌上，则是文房四宝。此画生动地反映出北方辽代晚期有关茶饮的日常景观，也为唐宋茶文化史籍中提到的茶具和饮茶过程提供了有力的佐证。同时，对宋辽时期北方饮茶风俗如茶食的使用、茶具的使用、煮饮方法的特殊性等，也有补阙之功。此外，在画面中的人物来看，是契丹与汉人同时出现，说明了如史料所载的两个民族间的联姻融合，反映了汉族茶文化对契丹族文化的影响。

宋徽宗《文会图》　宋徽宗赵佶（1082～1135），擅诗文，精书画，他的"瘦金体"书法和工笔画，在中国美术史上更是独树一帜。同样，他对茶叶的研究也相当有水平。中国第一部由皇帝所撰的茶叶专著，就是他的《大观茶论》。宋徽宗传世的画作不少，其中有一幅《文会图》，描绘了一个共有20个人盛大的文人聚会场面，在一个优美的庭院里，池水、山石、

朱栏、杨柳、翠竹交相辉映。在巨大的桌案上,有各种丰盛的果品和杯盏,文士们围桌而坐,或举杯品饮、或互相交谈、或与侍者轻声细语、或独自凝神而思,而有的则刚刚到来。旁边的一个桌几上,侍者各司其职,有的正在炭火炉旁煮水烹茶,有的正在一碗一碗地分酌茶汤。从图中可以清晰地看到各种井然有序的茶具,其中有茶瓶、都篮、茶碗、茶托、茶炉等。名曰"文会",显然也是一次宫廷茶宴。整个画面人物神态生动,场面气氛热烈而高雅。

南宋《茶具图赞》 系白描作品,作者"审安老人",其真实姓名不详。根据落款"咸淳己巳五月夏至后五日审安老人书"可知,此"图赞"作于公元1269年。该书共有图12幅,包括碾槽、石磨、罗筛等,都是宋代时饮团饼茶所用之物。《茶具图赞》所画12种茶具,以传统的白描方法勾勒,一画一咏,简洁而传神。内容有竹炉、茶臼(带椎)、茶碾、茶磨、茶杓、茶筛、拂末、茶托、茶盏、汤瓶、茶笺、茶巾。这些茶具的名称,是按宋时官制冠以职称,赐以名号,生动、形象、准确地描述了各种茶具的材质、形制、作用等,并在"赞语"中将各种茶具的文化意义作了进一步的阐发。

刘松年《撵茶图》(藏台北故宫博物院) 真切地为我们提供了当时的碾茶情景。有劳役坐在矮几上,转动碾磨。有人站在桌边,手执茶瓶,正在往茶瓯中注沸水。茶瓯、茶笺、茶罐、盏托、火炉、茶瓷等。在画面的右边,是僧伏案作书,一人相对面坐,另一人坐在旁边,双手展卷,而眼神却在欣赏僧人作书。刘松年,生卒年不详。南宋钱塘(今杭州)人,居清波门,俗呼为"暗门刘"。宋孝宗淳熙初画院学生,绍熙年(1190~1194)画院待诏。师张敦礼,工画人物、山水,神气精妙,有过于师。与李唐、马远、夏珪并称"南宋四家"。刘松年还有《斗茶图》《茗园赌市图》,也表现了这一方面的内容。

钱选《卢仝煮茶图》 钱选,字舜举,号玉潭,又号巽峰,云川(今浙江湖州)人,生于南宋嘉熙三年(1239),卒于元大德六年(1302)。宋亡后,钱选隐居不仕,他与同乡赵孟頫等有"吴兴八俊"之称。后来,赵孟頫为元朝官,而钱选则依然隐居于乡间,以吟诗作画终其生。《卢仝煮茶图》中卢仝身着白色衣衫,坐于山冈平石上,蕉林、太湖石旁有仆人烹茶。卢仝身边伫立者当为孟谏议所遣送茶之人。主人、差人、仆人三者同现于画面,三人的目光都投向茶炉,表现了卢仝得到阳羡茶迫不及待地烹饮的惊喜心情,同时又将孟谏议赠茶、卢仝饮茶过程完整地描摹出来。画面主题突出卢仝煮茶情景,人物生动形象,惟妙惟肖,给观者留下了很大的想象余地。

赵孟頫《斗茶图》 赵孟頫,字子昂,号松雪道人、水晶宫道人等。浙江吴兴人,出生于南宋理宗宝祐二年(1254),卒于元至治二年(1322)。赵孟頫的书画成就很高,但对茶文化史产生很大影响的则是他的《斗茶图》。赵孟頫的《斗茶图》不仅是元代此类题材绘画极少数中的一件,同时也是"斗茶"题材绘画中的一件"绝响",因为明代以后,茶叶的冲泡方式的改变、贡茶由团茶转为散茶,茶叶的质量评判标准和审美标准已从根本上发生了变化,斗茶的经济基础和文化土壤已不复存在。所以,在明代以后我们再也没有见过类似的"斗茶图"了。《斗茶图》工笔设色,所画茶人四位,两人一组,左右对立。有执壶注茶,姿态优美;有手持茶杯,昂首挺胸,也有持已尽之杯,将最后一杯茶品尽,并向杯底探香。图中两组人物动静结合,交叉构图,人物神情的顾盼呼应,栩栩如生。人物与器具的线条相当细腻而洁净,表现出娴熟的艺术技巧。从赵孟頫的《斗茶图》中人物、衣饰、道具等来看,似是较多地吸取了刘松年的《茗园赌市图》的形式,但是,较之于刘氏之作,似更为传神。

赵原《陆羽烹茶图》 赵原(?~1372),字善长,号丹林。山东人,寓姑苏(今江苏苏州),他的山水画主要师法五代董源。《陆羽烹茶图》图中茂林茅舍,一轩宏敞,堂上一人,按膝而坐,旁有童子,拥炉烹茶。树石皴法,各具苍润。画前题"陆羽烹茶图"五字。画面上"窥斑"所作的一首七律为:"睡起山斋渴思长,呼童剪茗涤枯肠。软尘落碾龙团绿,活水翻铛蟹眼黄。耳底雷鸣轻着韵,鼻端风过细闻香。一瓯洗得双瞳豁,饱玩苕溪云水乡。"赵原自题七绝诗一首,诗曰:"山中茅屋是谁家,兀坐闲吟到日斜。俗客不来山鸟散,呼童汲水煮新茶。"该图归大清内府后,乾隆皇帝也有"御笔"题诗于画上之端,云:"古弁先坐茅屋闲,课僮煮茗雪云间。前溪不教浮烟艇,衡泌栖径绝住远。"此图即是陆羽隐居浙江苕溪时的一种闲适生活的写照,也反映出作者借题发挥,以抒烹茶涤肠之情。

元墓壁画《点茶图》 元代墓道壁画表现出来的"点茶遗风"也具有强烈的时代感,由元墓壁画可以一窥元代饮茶的形象风貌。赤峰市分别于1982年和1987年在元宝山区沙子山清理了两座元代的墓葬,称为沙子山1号元墓和2号元墓。两墓内均绘满壁画,也都出现了饮茶的场面。如《点茶图》1号墓的东面壁画中,有大碗,黑花执壶,黑花盖罐。旁边的人物左手捧一碗,右手握一研杵,在碗中研磨茶叶。2号墓中是在其北壁东面,其中的茶具有内放长匙的大碗,白瓷黑托茶盏,绿釉小罐,双耳瓶。桌前有一女子,身穿粉红色小袖衫,侧跪,左手持棍拨火炭,右手扶执壶。桌后站立三人,右侧是一女子右手托一茶盏;中间一男子戴幞头,穿圆领红衫,蓝色捍腰,双手持执壶,向左侧女子手中的碗内注水;左侧女子高髻红冠,穿圆领绿衣,中单红色,左手端一大碗,右手持一双红色筷子搅拌。

《道童奉茶图》 是山西大同冯道真墓壁画,高118厘米,宽152厘米。所绘画面形象真切、准确。道童点茶已毕,执碗准备向主人奉茶。此画最为宝贵的一点是,在画面上,一张桌上有一套较完备的茶具,其中有敞口窄底的茶碗及煮水器具,更有一只覆盖茶瓮,上面的斜贴封签上,清楚地写有"茶"字。这个画面,十分清晰形象地记录了当时的点茶奉茶用具。

(于良子 朱自振)

3. 明代茶事绘画

明代的文人因政治、社会诸原因,对生活大多抱着一种与世无争的态度,茶饮成了他们精神寄托的一种活动,在当时的许多著作中,不时地可以反映出对茶饮的讲究和对茶道精神的探索,对茶的精神内涵有了不少新的诠释。明代茶叶以散茶为主,冲泡法大行其道。讲究对茶的品味,在茶汤中寻觅生活的情致,是这一时期文人茶饮总的特征。明朱权《茶谱》中对品茶之情致说得最为令人神往。曰:"凡鸾

俦鹤侣,骚人羽客,皆能忘绝尘境,栖神物外。不伍于世流,不污于时俗。或会于泉石之间,或处于松竹之下,或对皓月清风,或坐明窗静牖。乃与客清谈款话,探虚玄而造道化,清心神而出尘表。"纵观明代文人的书画篆刻中,无不渗透着这种闲情逸致。

明代嘉靖前后,苏州已成"人文荟萃"之地。当时,"吴门画派"的重要人物沈周、文徵明与同在苏州的唐寅、仇英号称"吴门四家",其绘画享誉江南,成为明代画坛上的一支劲旅,并在中国美术史上具有相当的影响。"吴门四家"的画风虽然有差异,但对饮茶并以茶事为题材的书画和诗词创作却是乐此不疲,均有佳构。

沈周(1427~1509),字启南,号石田,晚号白石翁,所以人称白石先生,长洲(今江苏苏州)人。沈周是吴门画派的创始人,他的绘画在元明以来文人画中有承前启后的作用(文徵明、唐寅都曾出入其门)。他创作有《火龙烹茶》、《会茗图》、《醉茗图》等以品茶为内容的作品。

仇英(?~1552前),字实父,号十洲,江苏太仓人,后来移居苏州。他擅画人物、山水、花鸟和楼阁,以工笔重彩为主。他的茶事绘画见诸著录的主要有《烹茶洗砚图》、《试茶图》、《松间煮茗图》、《陆羽烹茶图》等。

唐寅(1470~1525),字子畏,一字伯虎,号六如居士,吴县(今江苏苏州)人。其山水画大多表现险峻雄伟的大山、楼阁溪桥及四时胜景,也有描写亭谢园林、文人逸士的悠闲生活的作品。他的以茶为题的作品有《卢仝煎茶图》、《事茗图》等,不下十多件。唐寅的"茶画"中,以《事茗图》最享盛誉。图中所画主要反映了文人的山居生活。景物开阔,意境清幽,表现了文人隐士的生活情趣。画面结构严谨,人物、山水用笔工细,树石画法学郭熙,兼容宋元人的笔墨,画风清劲秀雅,代表了唐寅独特的艺术风格。此外,诗画相称,表现了文人雅士借品茗追求一种闲适归隐的生活。据明喻政《茶集》线索,唐寅还曾绘过一幅《陆羽烹茶图》,据说是画在万历间,被喻政收进《茶集》的烹茶图,当时已附有不少题咏。由唐寅的《陆羽烹茶图》,到明末丁云鹏的《玉川烹茶图》,不难看出,在明代诸画家中,曾一度兴起过以历史上茶叶

名人为题的茶事画；丁云鹏的《玉川烹茶图》，显然是效学唐寅《陆羽烹茶图》而来的。

文徵明(1470~1559)，初名璧，以字行，后又改字徵仲，长洲(今江苏苏州)人，其祖籍在衡山，故号衡山居士。文徵明的绘画，其山水、人物、花卉等无一不精。同时，一生钻研画理，努力实践，声誉卓著，是继沈周之后"吴门派"的领袖。在"吴门四家"中，文徵明实为身兼茶与书画两家的人物，对茶饮的精通及喜爱最为突出，因而，他的作品"茶味"更浓。文徵明的茶事绘画作品很多，见诸记载的如《试茶录》、《松下品茗图》、《煮茶图》、《林榭煎茶图》、《品茶图》、《茶具十咏图》等等。文徵明茶事绘画中最著名的是《惠山茶会图》。《惠山茶会图》内容是写正德十三年(1518)二月十九日清明时节，文徵明与好友游于惠山，在二泉亭下以茶会兴的一段雅事。明代法制森严，并对文人采取高压政策，在程朱理学思想一统天下的情况下，文人噤若寒蝉，稍有触禁，即遭杀身之祸。故不少文人既无法施展才华，又不愿与世俗权贵同流合污，所以便浪迹江湖或遁入山林。或一心做自己的学问，或以琴棋书画自娱。所以，茶的品饮在此间此时人之中有着特别的出世隐逸之意味。

陈洪绶(1598~1652)，一名胥岸，字章侯，号老莲等，浙江诸暨枫桥人，出身望族，但仕途不达。他的人物画作风格特异，造型不同凡格。他的《品茶图》(也称《停琴品茗图》)是其代表作之一。此画画面清新简洁，线条勾勒笔笔精到，设色高古。画中所表现的是两位高人相对而坐，蕉叶铺地，一人坐于其上，琴人坐于怪石。以奇石为琴床茶几，瓶中白莲盛开，炉中炭火正红。琴弦收罢，乳茗新沏。

丁云鹏(1547~1628)，字南羽，号圣华居士。安徽休宁人。工画人物、佛像，兼善山水、花卉。为明代宫廷画家，学北宋李公麟的白描画法，并以白描人物名闻画史。《煮茶图》是他茶事绘画的代表作。画以卢仝煮茶为题材，画中有老妪、老翁为仆人，卢仝身着白色服饰，背有玉兰树和太湖石，庭院中还有盆兰和无名花草点缀。卢仝盘腿坐于大床上，注视着床角上的一只竹编风炉，上面是茶壶一柄，卢仝正在等候汤水沸腾以便点茶，正所谓"柴门反关无俗客，纱帽笼头自煎吃"(卢仝《七碗茶歌》)。此画笔墨遒

劲，线条流畅工致，确具吴道子、李公麟遗风，设色清新秀丽，与晚年的粗疏画风不同，应是丁云鹏的早中期之佳作。

(于良子 朱自振)

4. 清代茶事绘画

由于清代的社会历史发展跨度较大，文化呈现多元化发展。在乾嘉时期，清朝的统治比较稳定，经济和文化都有较大的发展。茶文化不仅在上层社会继续发展、演变，在普通的文人中也有着独特的存在方式。清代的茶事画因距今时间较近，传留下来的更多，这无论是清初的"四王"(王鉴、王翚、王时敏、王原祁)"六家"(四王加吴历、恽寿平)，还是后来的扬州"八怪"，在他们传世的作品中，都能找到茶叶题材和有茶事器物的画作。

高凤翰(1683~1749)，原名翰，字西园，号南村，晚号南阜山人。山东胶州三里河村人。出身书香门第，其父为举人。高氏自幼聪慧，9岁能诗，15岁后与蒲松龄成忘年之交。晚年画风由雄浑、静逸转为简洁、朴拙，气韵更为充盈。他的《天池试茶图》以天池为中心，画面右下角有小石桥一座，树木掩映之下有两人论道，左中部有三人坐而待茶，有童子奉茶至，另一人在松下候汤煮茗。全图大小山石耸立，人物顾盼向背，有动有静，线条简洁而朴实，一派幽雅的景致。图左边小篆题"天池试茶图"，下押白文印"凤"、"翰"，左下角押朱文葫芦形印："偶然"。《天池僧话图》也是他的一幅山水作品，隶书题名"天池僧话"，押朱文印"宁作我"。松树掩映处见两人谈致正浓，一童子捧茶而进。山水淡然，幽静无比，若隔世之境。高氏用渴笔表现的山石、树木、池水、人物，极尽简明之法，深得意境之美。

汪士慎(1686~1759)，是"扬州八怪"中与茶的交情最深的一位，也是中国美术史上与茶的交谊最深的一位艺术家。安徽歙县人，名慎，号巢林、甘泉山人等等。因嗜茶如癖，被朋友称之为"茶仙"。汪氏最爱作梅花图，其中有《墨梅茶熟图》、《墨梅图》等。夏衍先生捐赠的汪士慎《墨梅图》长卷，上有汪氏的自书煎茶诗一首。这首诗还与"八怪"中的另一位人物有直接的关系，这就是汪氏的挚友高翔。

高翔(1688～1753)，字凤冈，号西唐，也作西堂，又号山林外臣。甘泉(今江苏扬州)人。他的绘画多为山水与花卉，兼作人像写真。《煎茶图》是高翔专为汪巢林所绘。该图作于乾隆六年(1741)，横幅，用笔简洁，疏秀，不落窠臼。高翔在上面题诗一首："巢林先生爱梅兼爱茶，啜茶日日写梅花，要将胸中清苦味，吐作纸上冰霜桠。"汪巢林得图后，作《自书煎茶图后》一诗，以谢高翔。后来，汪巢林又将此图请其他几位挚友作跋。从这些诗作中，可想见该图的神采。其中厉鹗(樊榭)的《题汪近人煎茶图》描述得最为详尽：此图乃是西唐山人所作之横幅。窠石苔皴安矮屋。石边修竹不受厄，合和茶烟上空绿。石兄竹弟玉川居，山扆田衣野态疏。素瓷传处四三客，尽让先生七碗余。先生一目盲似杜子夏，不事王侯恣潇洒。尚留一目著花梢，铁线圈成春染惹。春风过后发茶香，放笔横眠梦蝶床。南船北马喧如沸，肯出城阴旧草堂(《樊榭山房续集》卷一)。高翔作《煎茶图》，一方面是出于与"茶仙"的友谊，同时也表现了与"茶仙"的一种共同的品性。

金农(1687～1763)，钱塘(今浙江杭州)人，字寿门，号冬心，别号很多。金农的书法，善用秃笔重墨，有蕴含金石方正朴拙的气派，风神独运，气韵生动，人称之为"漆书"。金农与汪士慎一样，对茶有深深的喜好，特别是与汪士慎的频繁交往，其言行也带上了浓浓的"茶味"。金农雅称汪士慎为"茶仙"，而自号"心出家庵粥饭僧"，其命意，与汪士慎的"莫笑老来嗜更频，他生愿作杍山民"的遐想是那么一致。乾隆七年(1742)谷雨前一日，金农在杭州与好友泛舟西湖，渔庄烹莼，最后在僧院试茗论道，尽兴而归。乾隆二十八年(1763年暮春)77岁的金农在《过信公禅院感作》诗中还吟道："林下与僧别，多年不记年。香寻吃茶处，花想做池边……"金农也将茶作为自己的绘画题材，如藏于北京故宫博物院的《玉川先生煎茶图》册页作于乾隆二十四年(1759)，其用笔古拙，富有韵味。

黄慎(1687～1766)，字恭掇，后又改恭寿，号瘦瓢，福建宁化人，自幼家贫，一生布衣，故自称东海布衣。他久寓扬州，鬻画为生。与郑燮、李鱓友善，为著名"扬州八怪"之一。他的书法以草书见长，师法二王，宗怀素、融黄庭坚笔意，如疏影横斜，苍藤盘结。他的花鸟、山水和人物画都有自己独特的个性，以草书笔法入之，笔姿放纵，气象雄伟，取境古逸，得荒率之致。黄慎亦能诗，有《蛟湖诗草》行世。他作一幅《采茶图》，上有七言一首，曰："红尘飞不到山家，自采峰头玉女茶，归去何不携诗袖，晓风吹乱碧桃花。"图中所画，仅一老翁，白髯过胸，束发裹头，衣袍宽舒，右手携一扁篮，篮中有茶鲜数枝，款步而来。全图层次清楚，用笔用墨的表现力极强。

李方膺(1695～1754)，字虬仲，号晴江，又号秋池、抑园等，江苏南通人，为清代著名画家，"扬州八怪"之一。擅松竹梅兰，尤工写梅。乾隆十六年作有《梅兰图》，画家于梅、兰之外，以寥寥数笔，勾勒出古拙的茶壶、茗碗。用笔滋润，画面丰满。并有题跋云："峒山秋片茶，烹惠泉，贮砂壶中，色香乃胜。光福梅花开时，折得一枝归，吃两壶，尤觉眼耳鼻舌俱游清虚世界，非烟人可梦见也。"短短的言辞之中，对品茶赏花所带来的审美情趣表露得十分到位和引人入胜。

李鱓(1686～1762)，字宗扬，号复堂，又有懊道人、木头老人诸别号。亦扬州八怪之一，兴化县人，康熙五十年(1711)中举人。不久入宫成为康熙的侍从。康熙五十三年以绘事任内廷供奉。后因事被免职。他即以画为业。1738年知山东滕县，其为官清廉，但时隔二年后，又被罢归。自此，李鱓便又以鬻画为生计主要来源。他的作品题材广泛，形式不拘绳墨，兼工带写，多得天趣。他的《煎茶图》、《壶梅图》都是咏茶之作。《壶梅图》其画跋内容与李方膺同，曰："峒山秋片茶，烹惠泉，贮砂壶中，色香乃胜。光福梅花开时，折得一枝，吃两壶，尤觉眼耳口舌俱游清虚世界，非烟人可梦见也。花溪有此稿，李鱓少变其意。"从跋尾中可知，是李鱓仿效他人并参有己意的作品。此画构图以拙为主，在简练的点划之中见虚实变化，其中梅花的穿插映衬，更是颇见匠心。蒲扇的朴素平实、茶壶的端庄古拙、梅花的奇崛清高，都在三者相互辉映中各显特色，如果说李方膺的《梅兰图》是追求一种滋润感的话，那么，《壶梅图》则表现的是一种苍老的意味，从而体现出画面整体的一种"清虚"的意境。

薛怀,乾隆年间人,字竹君,号季思,江苏淮安人,善花鸟画。薛怀的《山窗清供图》,以线描勾勒大小茶壶和盖碗各一,用笔略加皴擦,使之产生明暗向背的效果,其中掺有西画的手法,使其质感加强,更加突出了茶具的质朴可爱。画上自题五代诗人胡峤的诗句:"沾牙旧姓余甘氏,破睡当封不夜侯。"另有当时诗人书家朱显渚的六言诗一首,曰:"洛下务罗案上,松陵兼到经中。总待新泉活火,相从栩栩清风。"道出了茶具的功能及其审美内涵。

虚谷,是晚清的一位文人画家,在中国画史上具有突出的影响。1823年生于安徽歙县,后客居扬州。他本姓朱,名怀仁,曾是清军中的一名参将。当太平天国农民起义运动来临时,他出于对清政府的不满和对太平军的同情,毅然"披缁入山",以书画自娱,并改名虚白,字虚谷,号紫阳山民、倦鹤,将读书作画处题号为"三十七峰草堂"、"一粟庵"、"觉非庵"等。虚谷虽然出家,但"不礼佛号",不茹素食,他云游四方,携笔砚,以卖画为生。多来往于上海、苏州、扬州一带。虚谷的绘画作品,题材广泛,造型多用几何体,并善用干笔侧锋。他的花鸟画视角新颖,构图别致,笔墨之中透出浓浓的生命气息。在虚谷的小品册页中,有几幅茗壶图,就具有上述特点,也很有些古雅之味。《菊花》、《茶壶秋菊》和《案头清供》虽然有色彩冷暖之分,但内容和形式上都有其特别之处。前二者,构图至简,壶为提梁矮肩,壶嘴短促而坚结;其色泽对比、用笔对比、造型对比,都有突出之处。菊花花瓣的用笔挺劲、疾速,菊叶的大块点染,既烘托了菊壶之间的层次感,同时表现的是菊花的生机勃勃和傲霜之气;壶的用笔拙劲而凝重,枯笔偶出,则恰如其分地体现了陶器的质朴感。《案头清供》中的茶壶,照例是短嘴平足,用笔则勾勒顿挫,色微暗赭,与水果的饱满、新鲜、亮丽形成对比,而突出表现了茶壶的朴拙神韵。虚谷笔下的茶壶形象,都是壶嘴较短小、肩肚很大的那种,简练的形象之中含有朴实、大气的境界,都蕴藏着一股静气之美,都透露出一种冷峻深沉之意。画中因为有了壶的安顿,使作品的境界得到了升华。

(于良子 朱自振)

5. 近现代茶事绘画

近现代绘画艺术中,茶的形象在继承传统的基础上,赋予了更多的时代特点。在艺术家的笔下,茶更贴近于生活,但不是斤斤拘泥于具体的技术性描写,而是更注重于象征性意义。

宋人杜耒(小山)有首名诗,曰:"寒夜客来茶当酒,竹炉汤沸火初红。寻常一样窗前月,才有梅花便不同。"文人爱茶,也爱梅。画家在描绘茶的时候,多喜与梅兰等共存一幅,扬州八怪中的汪士慎、李方膺是这样,近现代的吴昌硕和齐白石也是这样。梅兰之清,茶茗之苦,"清苦"二字似乎是书画家们表现茶文化内涵中一个永恒的主题。

吴昌硕(1844~1927),浙江安吉人。初名俊卿,字苍石、仓石、昌石等,号朴巢、缶庐、老缶、缶道人、苦铁等。吴昌硕以诗、书、画、印"四绝"而载誉艺坛,名重海外。他创造性地继承了中国书画篆刻等艺术的优秀传统,充分地发挥了自己的个性。其艺术作品具有气势磅礴、魄力雄伟,于浑朴中见华滋、厚重中寓灵动的特征,达到了极高的艺术境界。吴昌硕一生最爱梅花,他有一首画梅诗,诗的最后两句为"请君读画冒烟雨,风炉正熟卢仝茶"。以茶点题,诗画合璧,可谓奇境别开。吴昌硕爱梅更写梅,也常将茶与梅为合题,互相映衬,造成特殊的意境。一次,他从野外折得寒梅一枝,插于瓶中,泡上香茶,独自吮赏,就景作图,并以行书作诗:"折梅风雪洒衣裳,茶熟凭谁火候商。莫怪频年诗懒作,冷清清地不胜忙。"并作跋曰:"雪中锄寒梅一枝,煮苦茗赏之。茗以陶壶煮不变味。予旧藏一壶,制甚古,无款识。或谓金沙寺僧所作也。即景写图,销金帐中浅斟低唱者见此必大笑。"

吴昌硕在其故乡芜园中,植着30多株梅树,每逢花期,他无论风雪雨晴,常常徘徊于梅树间,吴昌硕64岁时所作的《煮茗图》梅仅一枝,寒花几簇,疏密自然,有孤傲之气,旁有高脚炭炉一只,略有夸张之态,上坐小泥壶一柄。一把破蒲扇则为助焰之用,整幅作品线条隽秀而坚实,笔笔周到,得一"清"字,极写梅、茶之神韵。吴昌硕74岁时画的《品茗图》,与前者相比更显朴拙之意:一丛梅枝自右上向左下斜出,疏密有致,生趣盎然。花朵俯仰向背,与交叠穿插的枝干一起,造成强烈的节奏感。作为画面主角的茶壶和茶杯,则以淡墨勾勒,用线质朴而灵动,有质感、有拙趣,与梅花相映照,更觉古朴可爱。吴昌硕在画上所题:"梅梢春雪活火煎,山中人兮仙乎仙",正道出了赏梅品茗的乐趣和意境。

齐白石(1864~1957)湖南长沙人,其大写意最有特色,他的画中有不少茶的形象。如《茶具梅花图》,是齐白石92岁时献给毛泽东主席的。其画面很朴实:红梅形象简练而动态丰富,有怒放的花朵、有圆润的蓓蕾、有星星点点的萌芽,昂首向上,生机盎然;茶壶的大块皴染与茶杯的精心勾勒,形成朴拙与精美的对比。《寒夜客来茶当酒》立轴,以宋人杜小山的诗句为题,以墨梅一枝、油灯一盏和提梁壶一把,将画题点出。寓繁于简,给欣赏者留下了许多丰富的想像空间。画面中虽空无一人,但可以联想到学子的寒窗苦读、挚友间的对茗清谈以及文人的清逸雅趣等许多生活画面。《煮茶图》中堂,形式与前者相当,一只石质风炉上是一把泥瓦茶壶,一把蒲扇画得特别的大,还是破的。大扇后面是一把火钳,下面是用焦墨画的几块木炭。这个"特写"表明了主人煮茶饮茶是日常生活中不可缺少的一个部分,并生动形象地表现了主人清贫俭朴的生活情操。《茶具图》是齐白石晚年的一幅作品,用笔率真,取神遗貌,画面极为简约,一壶两杯,其形状又有变化,光线的明暗又有区别。全幅图中,题款与画中形象紧密呼应,画面简约而紧凑。

丰子恺(1898~1975),出生于浙江省桐乡石门镇,1914年考入浙江省省立第一师范,受业于李叔同和夏丏尊。1921年东渡日本,学习西画和音乐,回国后主要从事美术和音乐教育。丰子恺善以儿童的眼光看大人的世界,以天真的心境体会复杂的事情,在这种心情支配下创作的作品,自然透发着一种天趣和率真。1924年,朱自清、俞平伯合编的刊物《我们的七月》,发表了他的第一幅漫画,题目是《人散后,一钩新月天如水》。第二年,著名的《文学周报》开始连载"子恺漫画",自此,"漫画"这个叫法就得到了社会的承认。《子恺漫画》在中国漫画史上具有重要的地位。《人散后,一钩新月天如水》中,简陋的茶楼,临窗一角的小方桌上,只剩下茶壶一把,茶盅三只。茶阑人散,新月初上,清辉布满桌面。从窗口眺望,惟见天如水洗月如钩,一派寂静的景色。画茶楼茶具而不画人物,是丰子恺的高明之处。他把白天这里或是熙熙攘攘,人声鼎沸,或是茶客数人,优雅小酌的情形全都交给了读者的想象,让读者自己的观赏和想象去填补这里的"空白"。以《人散后,一钩新月天如水》为题的作品,丰子恺在晚年又画了一件,收入其画集《敝帚自珍》中。似乎仍是这个地方,月色依然,人物皆非。较之于前作,已是一派新的气象。《茶店一角》创作年代是1942年。在茶店中,七个茶客围桌而坐,其中一人谈兴正浓,其余的人目不转睛地在听他讲。粗大的柱子上贴着醒目的"莫谈国事"的标语。该作品的场景恰与老舍在《茶馆》话剧中描绘的相吻合,"莫谈国事",似乎是那个时代茶馆中的一道"风景线",也是茶馆店老板们不得不做的一篇"官样文章"。丰子恺有不少作品是描写日常生活中的趣事,在这些作品中,生活的真善美得到了直率而趣味盎然的发挥。茶壶、茶杯等是丰子恺漫画中经常出现的"道具",有时却也成了"主角"。《茶壶的Kiss》是丰子恺1931年画的一幅作品,作者以拟人化的手法,描绘了办公室里两把茶壶的主人无意之中将其放成了"接吻"的形象,使人忍俊不禁。总之,正如著名的文学家朱自清所说的,欣赏丰子恺的漫画,"就像吃橄榄似的,老觉着那味儿"。

茶画虽然没有像茶具一样派生为一种独立的文化现象,但是,它不仅增添了绘画题材,增强了有关绘画的生活气息,对于茶叶文化来说,也具有一种活跃和丰富的作用。

(于良子　朱自振)

(六)茶与书法篆刻艺术

中国传统的书法篆刻艺术与茶饮的关系源远流长,从记录茶事、反映茶事到抒发对茶的热爱之情,书法篆刻艺术都有其独特之处。中国的书法篆刻,不仅是茶文化发展的文字见证,其艺术本身也是茶文化的一个组成部分。

1. 先秦两汉时期书法印章中的茶

由于年代久远,作为实物性的、形象性的文史史料,秦汉时期的书迹、石刻、印章中有关茶叶的记载的内容可谓凤毛麟角,或有出现也多是语焉不详。尽管如此,但是其中也隐含着许多值得探索的信息。茶字在唐代之前的流行字体是与"荼"字合而共用的,先秦文字中的"荼"字,其字形已经包含着后来"茶"字字形的一些基本要素。我们从一些现存古玺印痕中可以看到如"牛荼"和"侯荼"、"事荼"等印章;在古籀文字类字典中也可以看到战国时期的印章文字中的有关"荼(茶)"的字形。再由此往前溯源,中国最早的文字甲骨文中也依稀可见到"荼"字的雏形"余"。

汉代在中国历史上可圈可点的东西很多,就艺文而言,文辞有汉赋,书法有汉隶,印章有汉印,绘画有汉石刻等等。其中,汉印是一个高峰,它在中国印章史上的地位极为重要。汉印的品类和风格向为后人称道和效法,是后人学习篆刻的"楷模"。在这些印章中,"茶"字变化也已经开始显山露水,不少的古印谱和有关汉印的资料中均可见其身影。

汉印谱中见有"张荼"圆形白文印,汉封泥印中有"荼豸"。汉代的印章表明,汉代是"荼"与"茶"交替使用的一个历史阶段,这当中自然也反映出人们对茶叶与"荼"的差异逐渐有了比较清晰的认识,同时也说明文字变化时期的一种特殊现象,而更有意义的是表明了"荼"与"茶"字的一种渊源流变关系。

在 20 世纪 50 年代,湖南长沙魏家堆第 19 号墓出土的随葬品中,就有一方西汉文、景时期的随葬印"荼陵"石印。其"荼"当作"茶"的读音,是为当时的"茶"字,故今天当释为"茶陵"。陆羽在《茶经》中曾引《荼陵图经》说:"荼陵者,所谓陵谷生荼茗焉。""茶陵"是我国含有"茶"的地名中知名度最高的一个。"荼陵"印是第一方明确与茶叶产地有关的印章。"茗"在很早的时候就是茶的一个雅称,"茗"的字形也约出现于汉代。

(于良子)

2. 唐代书法艺术中的茶

唐代是茶叶生产和茶叶文化发展史上的第一个高峰。在这一时期,产茶地区、茶叶的产量和质量,较之前代都有了很大的提高和飞跃。第一部茶叶专著陆羽的《茶经》应运而生,标志着茶叶的经济、文化地位得到了确立。唐代的文艺相当繁荣,而且其中反映茶叶各方面的作品也是非常有代表性。特别是以茶的生产、品饮为内容,在书法中有着不少著名的作品。

唐人的书法艺术中,典型的如长兴顾渚山摩崖石刻和怀素的《苦笋帖》,顾渚山摩崖石刻在浙江长兴顾渚山麓。在《嘉泰吴兴记》第六册"碑碣"中载:"袁高茶山述在墨妙亭,唐朝议大夫、使持节湖州诸军事、守湖州刺史、护军、赐紫金鱼袋于顿撰,朝议郎、前滁州长史、上柱国徐涛书,盖述刺史袁高所作茶山诗也。"现主要存有《唐兴元甲子袁高题字》、《唐贞元八年于顿题字》、《唐大中五年杜牧题字》、《唐湖州刺史裴汶题名》和《唐张文规题名》,上述刻石迄今尚存。这些刻石虽然内容简单,却反映了特定的一段历史。在唐诗中,袁高、杜牧、张文规、李郢等著名诗人在他们的作品中均记述着当时贡茶——紫笋茶生产的许多细节,可与摩崖之书相互印证。

《苦笋帖》是唐代僧人怀素所书的手札。这是最早的与茶有关的佛门手札。怀素(725～785),字藏真,湖南长沙人,他的俗家姓钱,幼年即出家做了和尚。怀素是以书法而闻名的,特别是他的草书,在中国书法史上有着突出的地位。怀素的草书后人惯以"狂"视之,但《苦笋帖》却是清逸多于"狂诡",连绵的笔墨之中颇有几分古雅淡泊的意趣。《苦笋帖》,绢本,长 25.1 厘米,宽 12 厘米,字径约 3.3 厘米,清时曾藏于内府,现藏于上海博物馆。据其中的内容,可知怀素也是个爱茶之人。陆羽曾作《僧怀素传》,其中记载着他与颜真卿等人的论书之事。陆羽与颜真卿又是好友,其多有诗歌唱和。唐代嗜茶之士"大历十才子"之一的钱起,是怀素的长辈。据唐人封演的《封氏闻见记》中载:"开元中,泰山灵岩寺降魔禅师,大兴禅教。学禅务于不寐,又不夕食,皆许其饮茶,人自怀挟,到处煮饮,从此转相仿效,遂成风俗。"可知由于学禅驱寐的需要,茶饮在佛门盛行是大有缘由的。

(于良子)

3. 宋、元书法艺术中的茶

与唐代相比,宋代的宫廷茶事有过之而无不及。

据《宋史·食货志》等所载,在淮南、江南、荆湖、福建诸路,都有很多州郡以产茶出名,其中每年输送到北宋政府茶叶专卖机构的可达数千万斤。此外,淮南的产茶地是官自置场,督课园户茶民采制,其岁入数量也十分可观。宋代宫廷饮茶形成了一套茶礼和茶仪,进而成为宋代宫廷礼制的组成部分。

宋代皇室对贡茶的制作要求极严,精益求精。不断有新品推出,同时,对茶叶的品赏活动也是新意迭出。这种精美的制茶艺术,是宋代社会文化进步和制茶技术发展的综合结果,所形成的茶叶制造风格及由此衍生的品饮审美趣味,自然也打上了这个时代的文化烙印。如从贡茶制造来说,变形饰面,雕龙塑凤,是为了取悦人的观赏和满足传统文化观念的需求;从享用者来说,也重视茶的欣赏,特别注意茶叶品质及艺术性。正由于这个原因,民间的饮茶活动也受其制约和影响,出现了斗茶、分茶等典型的艺术活动。

宋代的茶叶制作和煮饮的不断专精,也与皇室宫廷的大力倡导和文人墨客们的身体力行有密切的关联。贡茶、赐茶与茶宴是宋代茶文化的标志性活动,它与宋皇室和宋代文人有着极为密切的关系,通过这类题材的书法,我们可以对宋代茶文化特别是宋代上层社会的茶文化中的许多细节,有一个真切的认识,而宋代的书法作品则生动地证明了这一点,其中又以"苏(轼)、黄(庭坚)、米(芾)、蔡(襄)"四家的作品最为著名。

苏轼,字子瞻,号东坡居士,眉山(今四川眉山)人。生于宋仁宗景祐四年(1037)十二月,卒于宋徽宗建中靖国元年(1101)七月。在苏东坡的书法作品中,关于茶的内容很丰富。无论在中国文学史、中国书法史还是在中国茶文化史上均有着十分突出的地位。《啜茶帖》亦称《致道源帖》,是苏东坡于元丰三年(1080)写的一则便札。其书用墨丰赡而骨力洞达。此帖的内容为邀友饮茶叙事。东坡喜交游,作为宋代的士大夫,结友宴著是他的常事,他曾与蔡襄论泉品水,与温公(司马光)论茶、墨之妙,与太虚(秦观)、参寥子共游惠山品佳茗,与老谦方丈玄探茶汤三昧。苏轼的书札,证明了宋人议事,也往往是以茶饮为由的。《新岁展庆帖》藏故宫博物院。内容为托

人去建州购茶具之事。该帖"如繁星丽天,照映千古",公认是苏轼的杰作,而且其中的内容对宋代茶具的研究,有其重要的意义。《一夜帖》又名《季常帖》,藏故宫博物院。纸本,行书。其书法用笔遒劲结构精妙,为东坡书法之佳构。其内容充分表明了苏轼恪守诚信的美德,也显示了茶饮在其中所起的作用。

黄庭坚(1045～1105),字鲁直,号山谷道人,洪州分宁(今江西修水)人。治平元年(1064)举进士。黄庭坚属"苏门四学士"之一,他在诗歌艺术上成就甚巨,他与陈师道等创立的"江西诗派"在宋代的影响颇大,黄庭坚也因此与苏轼齐名,并称"苏黄"。黄庭坚的书法在中国书法史上也是独树一帜,特别是他的大草,连绵遒劲而点划分明,顿挫有致,令人产生无穷的意味。

行书《奉同分择尚书咏茶碾煎啜三首》自书诗,他的行书风格中宫严密而笔画呈放射状,气势开张,具有强烈的视觉张力。全诗如下:

其一

要及新香碾一杯,不应传宝到云来。
碎身粉骨方余味,莫厌声喧万壑雷。

其二

风炉小鼎不须催,鱼眼常随蟹眼来。
深注寒泉收第二,亦防枵腹爆干雷。

其三

乳粥玉縻泛满杯,色香味触映根来。
睡魔有耳不及掩,直指绳床过疾雷。

此外,他还用书法艺术记录了当时皇室茶宴的情景,殊为难得。

米芾(1051～1107),字元章,号襄阳漫士、海岳外史、鹿门居士等。世居太原(今属山西),迁襄阳(今属湖北),后来定居于润州(今江苏镇江)。米芾曾任书画学博士,官至礼部员外郎,人称"米南宫"。又因其嗜书画古物如命而不拘小节,故世有"米颠"之雅号。米芾的文学、书画艺术在当时已经颇负盛名,苏东坡对他的书法颇多赞语,认为他的书法"超逸入神","风樯阵马,沉着痛快,当与钟、王并行";黄山谷评其"如快剑所阵,强弩射千里,所当穿彻,书家笔势,亦穷于此",米芾在中国印学史上也有独特的

地位,他是有史可证的第一位自篆自刻的印人,其印论也为后人所重。得诗、书、画、印四全,米芾是第一人。

《苕溪诗帖》记述了他受到朋友们的热情款待,仿模晋人,"以茶代酒"的事:

> 半岁依修竹,
> 三时看好花。
> 懒倾惠泉酒,
> 点尽壑源茶。
> 主席多同好,
> 群峰伴不哗。
> 朝来还蠹简,
> 便起故巢嗟。

这件作品不仅是中国书法史上的一件名作,也是茶文化中的一件佳品。

《道林帖》是米芾一首表现烹茗迎客的诗,其书法一如既往地是振迅天真、生气勃勃:

> 楼阁明丹垩,
> 杉松振老髯。
> 僧迎方拥帚,
> 茶细旋探檐。

诗中描写的是:在郁郁葱葱的松林中,有一座寺院,僧人一见客人到来,便"拥帚"、置茗相迎接。蔡襄的《茶录》中曾有这样的论述:"茶不入焙者宜密封,裹以蒻,笼盛之,置高处,不近湿气。"米芾"茶细旋探檐"的诗句,正可谓是这一理论的形象化注释。

蔡襄(1012～1067),字君谟。福建兴化仙游(今福建莆田仙游)人。仕途中曾召拜翰林学士。宋代茶叶贡焙由原来的浙江顾诸,移至福建建安后,茶叶的制造方法及产品风格显示了时代的鲜明特征。蔡襄对这个历史时期的茶叶生产及茶文化有着突出的影响。宋真宗成平年间,丁谓任福建转运使,监制贡茶,其焙苑制度已初具规模,产品的知名度也较高。四十年后,蔡襄亦为此职,并亲自将原来的大龙凤团改制成小龙凤团,号"上品龙茶"。嗣后,又奉旨制成"密云龙"。因此,蔡襄是"宋四家"中最具专业性的一位茶家,对茶的鉴评相当精到,具有很高的专业水准。

《茶录帖》 《茶录》是一部茶叶专著,蔡襄考虑到"昔陆羽《茶经》不第建安之品,丁谓《茶图》独论采造之本,至于烹试,曾未有闻"。而且烹试之法又特别有关于斗茶和宫廷雅玩,因而"辄条数事,简而易明,勒成二篇,名曰《茶录》"(《茶录序》)。《茶录》既是蔡襄书法艺术中的一件代表作,也是他的茶文化代表作,并且是中国茶文化史上一部举足轻重的文献。《茶录》以小楷书就,是蔡襄书法中的佼佼者。蔡襄的书法艺术在当时就很有名气,从他的"后序"中可知,《茶录》写完后进奉皇帝,仁宗阅后便入内府珍藏,宋代的《宣和书谱》对蔡襄及其《茶录》有过很高的评述。后来明代的董其昌《画禅室随笔》、陈继儒《妮古录》、孙承泽《庚子销夏记》及清代的蒋士铨《忠雅堂文集》等对《茶录》的书法艺术均有许多中肯的评价。

《思咏帖》 作于1051年初夏,内容是反映有关斗茶的事。书体属草书,共十行,字字独立而笔意暗连,用笔虚灵生动,精妙雅妍。通篇虽不及"茶"、"茗"一字,但其中蕴含的风流倜傥的人物形象,及其游戏茗事的清韵,可谓呼之欲出。

《精茶帖》 也是蔡襄的一幅手札。此帖也称《暑热帖》《致公谨尺牍》,入刻《三希堂法帖》,藏于故宫博物院。帖云:"襄启,暑热不及通谒,所苦想已平复。日夕风日酷烦,无处可避。人生缠锁如此,可叹可叹。精茶数片,不一一,襄上。公谨左右……"该帖为行书,用笔时疾时徐,映带顿挫,随意而行,结构精严而神采奕奕。

《扈从帖》 纸本,行书,藏故宫博物院。此帖书写的是初春时节,蔡襄随皇帝出行归来后见友人新茶已经送到,倍感珍奇,所以挥毫写下了这通致谢信。《即惠山泉煮茶》是蔡襄的手书墨迹,存于其《自书诗卷中》,藏于故宫博物院,也是蔡襄主要传世作品之一。

《即惠山泉煮茶》共六行,其书用笔灵动,线条变化粗细合度,极为自然。蔡襄深谙茶道,亦晓水品,该诗写出了品茶品泉的真趣:

> 此泉何以珍,适与真茶遇。
> 在物两称绝,于予独得趣。
> 鲜香箸下云,甘滑杯中露。

当能变俗骨,岂物滴尘虑。

昼静清风生,飘萧入庭树。

中含古人意,来者庶冥悟。

惠山泉煮茶后来在明代在文人中风行一时,蔡襄可谓是个先行者。

赵令畤《赐茶帖》　为行书五十七字九行信札。其用笔结体,平实而不失灵性,颇有东坡风韵。其文辞精练,赐茶一事为宋朝之制度,与贡茶一道,亦属君臣上下之礼。龙团凤饼,北苑春色,所谓"啜之始觉君恩重,休作寻常一等夸"(宋梅尧臣《七宝茶》句),尽显皇恩浩荡。有宋一代,凡受茶之惠者,无不欢欣鼓舞,对所赐之茶珍爱有加,或藏之秘箧,或分享友朋,或孝敬父母,或品题自怡。宋人王元之有诗云:"样标龙凤号题新,赐得还因作近臣。烹处岂期商岭水,碾时空想建溪春。香于九畹芳兰气,圆如三秋皓月轮。爱惜不尝惟恐尽,除将供养白头亲。"(《龙凤茶》)赵令畤缘于对佳友的"梨栗"之报,以茶为礼,将皇上所赐之茶茗旋即奉献"仲仪"乃及父母,故知其交谊之深,亦更知上茶奉于高堂,实为宋人之孝道也!

(于良子)

4. 明代书法篆刻中的茶

明代的文人因政治、社会诸原因,对生活大多抱着一种与世无争的态度,茶饮成了他们精神寄托的一种活动,在当时的许多作品中,不时地可以反映出对茶饮的讲究和对其中精神方面的探索,对茶的精神内涵有了不少新的诠释。讲究对茶的品味,在茶汤中寻觅生活的情致,是这一时期文人茶饮总的特征。

明朱权《茶谱》中对品茶之情致说得最为令人神往。曰:"凡鸾俦鹤侣,骚人羽客,皆能忘绝尘境,栖神物外。不伍于世流,不污于时俗。或会于泉石之间,或处于松竹之下,或对皓月清风,或坐明窗静牖。乃与客清谈款话,探虚玄而参造化,清心神而出尘表。"纵观明代文人的书画篆刻中,无不渗透着这种闲情逸致。

吴钧篆刻朱文印《我是江南桑苎家》　印文取自陆游诗句"我是江南桑苎翁,汲泉闲品故园茶"。陆游将自己比作陆羽,也反映了他十分爱慕茶神陆羽,就如他在其他诗中也常提到的"遥遥桑苎家风在,重补茶经又一篇"(《开东园路北至山脚因治路傍隙地杂植花草》),"桑苎家风君莫笑,他年犹得作茶神"(《八十三吟》),"卧石听松风,萧然老桑苎"(《幽居即事》)等等。明人对陆游的"我是江南桑苎家"的诗句也是时常发出共鸣,并以艺术的形式表现出来。

王声振白文篆刻《拂石安茶器,移床选树阴》　此印类似于丁云鹏《煮茶图》所描绘卢仝《七碗茶歌》的意境,"柴门反关无俗客,纱帽笼头自煎吃"。王声振的篆刻,则是以文字刀笔篆刻表现出相同的意境,相当贴切。

唐寅(1470～1525),字子畏,一字伯虎,号六如居士,吴县(今江苏苏州)人。其山水画大多表现险峻雄伟的大山,楼阁溪桥及四时胜景,也有描写亭谢园林、文人逸士的悠闲生活的作品。他有画作《卢仝煎茶图》、《事茗图》等,不下十多件。唐寅的《事茗图》最享盛誉。其自题诗款书法颇具佳境:"日长何所事,茗碗自赏持。料得南窗下,清风满鬓丝。"图前有文徵明隶书"事茗"二字。画之拖尾有陆粲书《事茗辩》一篇。其书法清秀雅致。表现了文人雅士借品茗追求一种闲适归隐的生活,当然,从中多少也点出了唐寅遁迹山林的志趣。唐伯虎在去世这年写有一卷《行书手卷》,均是他的自书诗,包括《晏起》、《晚酌》、《散步》、《漫兴十首》、《夜坐》等。《夜坐》诗曰:"竹窗灯下纸窗前,伴手无聊展一编。茶罐汤鸣春蚓窍,乳炉香灸毒龙涎。细思寓世皆羁旅,坐尽寒更似老禅。筋力渐衰头渐白,江南风雪又残年。"反映了唐寅在去世前一两个月还在与茶为伴,诗中也不免流露出对人生的感叹和一种悲凉的心绪。此作品为行书,虽然是衰年之作,但用笔依然清新流畅,与其他作品相比,笔力丝毫不减,也表现了他深厚的书法功底。

文徵明(1470～1559),初名壁,以字行,后又改字徵仲,长洲(今江苏苏州)人,其祖籍在衡山,故号衡山居士。文徵明的绘画,其山水、人物、花卉等无一不精。同时,一生钻研画理,努力实践,声誉卓著,是继沈周之后"吴门派"的领袖。在"吴门四家"中,文徵明实为身兼茶与书画两家的人物,对茶饮的精通及喜爱最为突出,因而,他的作品"茶味"更浓。

文徵明爱好茶事,对有关书籍、饮法深研不息,如《龙茶录考》,就是研究宋人蔡襄《茶录》的一篇著名考证文章,对《茶录》的书法艺术、版本、写作时间、收藏诸情况作了详细的考述。煮泉论茗则是他平时生活不可或缺的内容。他对品茶之水也极讲究。他的书法作品主要有行书卷《山静日长》,1554年书。是宋人罗大经的一篇散文小品,描写了一幅引人入胜的静趣情景,啜饮苦茗,感悟人生,其文成为后人书法篆刻艺术创作的常见题材。此外,还有《游虎丘诗》卷,行书,其诗中吟到:"千年精气池中剑,一壑风烟寺里山。井冽羽泉茶可试,草荒支涧鹤空还……陆羽甘泉春试茗,王珣祠老暮维舟……"款题:"夏月暑酷无以遣,偶得佳纸,援笔聊仿山谷笔法。嘉靖甲午六月即望,徵明。"作此深得黄山谷行书的风味,但书法界对其真伪尚存争议。

文彭,字寿承,号三桥,文徵明的长子,明代著名书法篆刻家,特别是其篆刻,在当时属第一流的大家,是个开宗立派的人物。与何震一起,力主印宗秦汉,提倡学习汉印的风格,使篆刻艺术走上了一条蓬勃发展的道路。在他的书法中,也不时可见咏茶之作。文彭的草书《卢仝饮茶诗》长卷,作于隆庆元年(1567)。该长卷堪称文彭的代表作,用笔正侧兼备,点划清朗而笔力遒劲。从作品可以看出,文彭的笔墨功夫是极为老到的,草法娴熟,一气呵成,结体自然,整体章法均整,深得清健之美。读其书作,其笔走龙蛇的气韵中,无不洋溢着卢仝诗作的意境。另有《行书扇面》是一首七律诗:"仲夏新晴事事宜,定炉香尘海南奇。闲临淳化羲之帖,细读杜甫开元诗。石井飕飗对斗茶,松柽剥啄试围棋。新篁脱粉芭蕉绿,不怕星星两鬓丝。"斗茶与临帖、吟诗、弈棋并列,反映了当时文人的生活方式或对生活的一种审美理想,也反映茶饮已脱离了单纯的饮用功能,而成为文人们的一桩"雅事"了。

徐渭(1521~1593),字文长(又字文清),号天池山人、青藤道士等,山阴(今浙江绍兴)人,是明代杰出的书画家和文学家。徐渭对茶文化作出的贡献是杰出的。他不仅写了很多茶诗,还依陆羽之范,撰有《茶经》一卷(已轶)。徐渭一生坎坷,晚年狂放不羁,

孤傲淡泊。他的艺术创作也反映了这一性格特征。在他的书画作品中,有关茶的并不多,而行书《煎茶七类》则是艺文合璧,对茶文化和书法艺术研究均属一份宝贵的资料。《煎茶七类》带有较明显的米芾笔意,笔画挺劲而腴润,布局潇洒而不失严谨,与他的另外一些作品相对照,此刻多存雅致之气。行书《煎茶七类》也有刻帖,原石遭流散,20世纪60年代初部分被发现,藏于浙江上虞博物馆,成为《天香楼藏帖》的一部分。徐渭自称:"吾书第一、诗二、文三、画四。"如此的评价,可见他对自己的书法是相当自信的。后来的人也称其"八法之散圣、字林之侠客",评价也不可谓不高。

(于良子)

5. 清代书法篆刻中的茶

由于清代的社会历史发展跨度较大,文化呈现多元化发展。在乾嘉时期,清朝的统治比较稳定,经济和文化都有较大的发展。茶文化不仅在上层社会继续发展、演变,在普通的文人中也有着独特的存在方式。同时,因清朝政府屡兴文字狱,迫使一部分学者不得不在古书中寻章摘句,考据之风大行。另一些文人,则是不闻政治,专注于自己的艺术创作,在民间赢得了极高的声誉。茶文化在清代成为一种更为普及的大众文化,文人的茶饮与世俗的茶饮交融在一起,相互影响,在文人笔下茶的形象也多有一种朴素的意蕴。

清袁宏道在《龙井记》中对当时的茶品有一番见解,云:"余尝与陶石篑、黄道元、方子公汲泉烹茶于此,石篑因问龙井茶与天池孰佳? 余谓龙井亦佳,但茶少则水气不尽,茶多则涩味尽出,天池殊不尔。大约龙井头茶虽香,尚作草气,天池作豆气,虎丘作花气,惟岕茶非花非水,稍类金石气,又若无气,所以可贵。"将茶味以金石气喻之,也是独特的评论。借以观清代的书画篆刻家们的作品,他们对茶的见解和对茶饮的体会也是各有其妙,但在总体上都有一种凝重感,似也有一种金石之气盘旋在笔墨之中。典型的如书画中的"扬州八怪"、篆刻中的浙派及西泠诸子等。

"扬州八怪"是指清代康熙、雍正、乾隆三朝

（1662~1795）曾在扬州活动的一批书画家。他们无一不是在受压抑、受迫害的境遇中度过坎坷不平的一生，这种经历和遭遇决定了他们的作品能够直面冷酷的社会和人生。以茶为题材的书画词翰，在他们笔下生发出特别的隽永之味，大可发后人之遐想。

汪士慎，由于嗜茶如癖，他的朋友金农称其为"茶仙"。汪氏自称"饭可终日无，茗难一刻废"。他平常待客从不设酒，只是"荫设茶宴"、"煮茗当清尊"而已。汪巢林所品之茶甚多，大都是朋友送的佳品，诸如樯峰上人经常赠饮的天目山茶、鲍西冈赠雁山芽茶、冒甚原赠蜀茗等。之外，还有龙井、武夷、松萝、霍山、天台、杼山、小白华山等地所产的名茶。对品茶的情感投入并不亚于书画创作。汪饮茶其量也大，自谓"一盏复一盏"、"一瓯苦茗饮复饮"，而对茶的感受则很细腻："飘然轻我身"、"涤我六府尘"、"醒我北窗寐"等。在诗、节、画、印四绝以外，恐怕最精的就是数辨泉品茗了。汪的隶书以汉碑为宗，作品境界恬静，用笔沉着而墨色有枯润变化，如"茶香人座午阴静，花气侵帘春昼长"写得轻松而不失汉法的严谨。《幼孚斋中试泾县茶》条幅，可谓是其隶书中的一件精品。值得一提的是，条幅上所押白文："左盲生"一印，说明此书作于他左眼失明以后。这首七言长诗，通篇气韵生动，笔致动静相宜，方圆合度，结构精到，茂密而不失空灵，整饬而暗相呼应。该诗是汪士慎在管希宁（号幼孚）的斋室中品饮泾县茶时所作。诗曰：

> 不知泾邑山之涯，
> 春风茁此香灵芽。
> 两茎细叶雀舌卷，
> 蒸焙工夫应不浅。
> 宣州诸茶此绝伦，
> 芳馨那逊龙山春。
> 一瓯瑟瑟散轻蕊，
> 品题谁比玉川子。
> 共向幽窗吸白云，
> 令人六府皆芳芬。
> 长空霭霭西林晚，
> 疏雨湿烟客忘返。

金农，其书法蕴含金石方正朴拙的气派，人称之为"漆书"。金农与汪士慎一样，对茶有深深的喜好，自号"心出家庵粥饭僧"。金农中年信佛，在他的饮茶诗书中也多有反映。金农的茶事书法作品主要有：

《玉川子嗜茶》魏体隶书轴。作品现藏浙江博物馆，是当代文坛耆宿夏衍先生捐献的。从这幅作品中不仅可见金农的漆书风范，更可见金农对茶的见解：

玉川子嗜茶，见其所赋茶歌，刘松年画此，所谓破屋数间，一婢赤脚举扇向火。竹炉之汤未熟，长须之奴复负大瓢出汲。玉川子方倚案而坐，侧耳松风，以候七碗之入口，可谓妙于画者矣。茶未易烹也，予尝见《茶经》、《水品》，又尝受真法于高人，始知人之烹茶率皆漫浪，而真知其味者不多见也。呜呼，安得如玉川子者与之谭斯事哉！稽留山民金农。

从金农作品中可知，他不仅研读过唐代陆羽《茶经》和明代徐献忠的《水品》，而且还向烹茶专家学习过此道。因而，对看似容易的烹茶自有深刻的体会，决非附庸风雅，故作清高之词。

《双井茶》隶书轴，金农写江西修水双井茶的冲泡法：

"双井今年似火，齐大熟，味差厚。漫分上来远不能多也。砲之法，择去茶花及小黄叶，以微润布中撖去白毛，略焙之乃砲。其出砲，如面如雪乃佳耳。大率建溪汤欲极滚，双井则用才沸汤。治择如法，则不复色青味涩。钱塘金农书。"黄庭坚的《以双井茶送苏子瞻》诗，其中有一句"我家江南摘云腴，落砲霏霏雪不如"。金农将双井茶的泡法与其他茶相较后认为，冲泡双井茶应以初沸之水冲泡，才能免去涩味，不是身体力行者是很难有此心得的。此书参法《华山碑》和《天发神谶碑》，属典型的隶书，其用笔以圆为主，沉着而滋润，与以下几幅作品一起，从一个侧面可以看到金农书法风格的多样性。

《苏东坡茶诗》书卷，书录苏轼《游惠山》诗："敲火发山泉，烹茶避林樾。明窗倾紫盏，色味两奇绝，吾生眠食耳，一饱万想灭。颇笑玉川子，饥弄三百月。岂如山中人，睡起山花发。一瓯谁与同，门外无来辙。"属圆润一路的书法风格。

《述茶》隶书轴，金农在59岁时写。藏扬州博物馆。书作全文:"采英于山,著经于羽;舜烈莈芳,涤清神宇。"此书中"英"、"舜"、"莈"均指茶,其中"舜"和"莈"都是茶的别称。分别语出三国张揖《杂字》和汉扬雄《方言》。此书作的风格,介于上述《玉川子嗜茶》和《双井茶》两作品之间,运笔之际时见三国吴《天发神谶碑》之神韵。故能墨色滋润而内含方折之骨,笔势凝重而不失英迈之气。

黄慎,他的书法以草书见长,师法二王,宗怀素,融黄庭坚笔意,如疏影横斜,苍藤盘结。他的草书八条屏《山静日长》,书于乾隆二十二年(1757)六月,每幅纵112厘米,横45厘米。河北省博物馆1966年从天津购得。书法的内容写的是宋人罗大经《鹤林玉露》中的"山静日长"一节。此时正是七十一岁的黄慎离开扬州结束了一生漂泊的生活,回到了渴望已久的故乡。读古书,烹苦茗,成了他安定生活的标志性内容。所以他与罗大经的文章发生共鸣,以此为内容,以书法为媒介,抒发自己的归乡之情。此书八幅连书,用笔枯劲,点划狼藉,大气磅礴,雄浑飞动,出神入化,有极强的艺术感染力。明代的柳洲篆刻有:《茶罢轩窗梦觉余》,晚清篆刻家胡匊邻曾有白文篆刻作品一件:《山静似太古,日长如小年》,并在边款中将此全文录入。两者的篆刻作品创作与黄慎的书法作品创作都可看作是对这篇散文蕴含的审美内涵的一种共鸣。黄慎还有书法《七绝》一幅,诗云:"一从点选入官家,尽道人称萼绿花。曾记夜深煎雪水,牙痕新月剩团茶……"这幅书法作品,写得颇为静谧,并且还有一种可爱的稚气。

郑板桥(1693~1765),名燮,字克柔,板桥是他的号。在"扬州八怪"中,郑板桥的影响很大,与茶有关的诗书画及传闻逸事也多为人们所喜闻乐见。板桥之画,以水墨兰竹居多,其书法,初学黄山谷,并合以隶书,自创一格,后又不时将篆隶行楷熔为一炉,自称"六分半书",后人又以"乱石铺街"来形容他书法作品的章法特征。人评"郑板桥有三绝,曰画、曰诗、曰书。三绝中又有三真,曰真气、曰真意、曰真趣"(马宗霍《书林藻鉴》引《松轩随笔》)。郑板桥喜将"茶饮"与书画并论,他在《题靳秋田素画》中如是说:"三间茅屋,十里春风,窗里幽竹,此是何等雅趣,而安享之人不知也;懵懵懂懂,没没墨墨,绝不知乐

在何处。惟劳苦贫病之人,忽得十日五日之暇,闭柴扉,扣竹径,对芳兰,啜苦茗。时有微风细雨,润泽于疏篱仄径之间,俗客不来,良朋辄至,亦适适然自惊为此日之难得也。凡吾画兰、画竹、画石,用以慰天下之劳人,非以供天下之安享人也。"郑板桥书作中有关茶的内容甚多,有的是自己创作,有的是书录前人的诗词,著名的有《竹枝词》行书卷"溢江江口是奴家,郎若闲时来吃茶。黄土筑墙茅盖屋,门前一树紫荆花"。行书对联"墨兰数枝宣德纸,苦茗一杯成化窑"。乾隆十一年(1746)所写苏东坡诗"请郡三章字半斜,庙堂传笑眼昏花,道人问我迟留意,待赐头纲八饼茶"。融隶楷草三者于一体,并参入画法中的兰竹笔意。总体来看,作品分行布白疏密相间,错落有致,自然灵动。

丁敬(1695~1765),字敬身,号钝丁、龙泓、砚林,别号玩茶老人、玩茶翁、玩茶叟、钱唐布衣等。后人因其隐于市廛而学识渊雅,故又多以隐君称之。丁敬生平刻苦作诗,博学好古,书工大、小篆,尤精篆刻,是著名篆刻流派西泠八家的首要人物。丁敬有《论茶六绝句》行书手卷:"松柏深林缭绕冈,舜茶生处蕴真香。天泉点就醍醐嫩,安用中泠水递忙。湖上茶炉密似鳞,跛师亡后更无人。纵教诸刹高禅供,尽是撑瓯漫眼春。金鳌斗茗极锱铢,被尽吴侬软话愚。满口银针矜特赏,谁知空橤老髯须。"此诗稿作于乾隆己卯年,即此卷的三年之前。由跋中可知,此书是丁敬与友人饮茶归来乘兴秉笔,一气呵成,所以在气韵和笔墨上均有极强的艺术感染力。由诗书中所及的内容来看,可知丁敬对品茶的在行和钟爱。

蒋仁(1743~1795),西泠前四家之一,蒋仁为杭州人,家住艮山门外。家贫,终身布衣,性孤僻。"老屋数椽,不避风雨"。蒋仁的书法以行书见长,由米芾而上溯二王。蒋仁有《睡魔欢伯联》,此联书于乾隆四十年,即1775年冬天。蒋仁茶联内容出自陆游《试茶》诗。上联曰:"睡魔何止避三舍";下联是:"欢伯直当输一筹。"联中无一茶字,但却说的正是茶的提神作用。《易林》曰:"酒为欢伯,除忧来乐。"酒虽可除忧,但是,在驱睡上却是不如茶叶。陆游诗的全文是:"苍爪初惊鹰脱韝,得汤已见玉花浮。睡魔何止避三舍,欢伯直当输一筹。日铸焙香怀旧隐,谷帘

试水忆西游。银瓶铜碾俱官样，恨欠纤纤为捧瓯。"

黄易(1744～1801)，字大易，号小松，又号秋庵，别署秋影庵主。钱塘人，监生，历官山东兖州府、运河同知，著有《小蓬莱阁集》。善古文词，又工丹青，刻印远追秦汉，曾问业于丁龙泓，为"西泠四家"之一。黄易擅长碑版鉴别考证，篆刻以丁敬为师，对秦汉玺印深有研究，又兼及宋元诸家，广泛吸收汉魏六朝金石碑刻中的营养。黄易有两方朱文印均为《茶熟香温且自看》，作于乾隆庚寅年(1770)八月，跋录李行懒诗："霜落兼葭水国寒，浪花云影上渔竿。画成未拟将人去，茶熟香温且自看。"印文即出自于此诗。另一方《诗题窗外竹，茶煮石根泉》作于乾隆乙未年(1775)五月。"茶熟香温且自看"是明人李日华的诗句，它得到了后来许多书法篆刻家的青睐，常作为自己的创作素材。如清代篆刻家戴熙和高垲均作有《茶熟香温》的篆刻作品。

钱松(1818～1860)，字叔盖，号耐青。篆刻受西泠丁敬、蒋仁的影响，复上涉秦汉。因而在刀法、篆法上独辟蹊径。斋馆印《茗香阁》是他的代表作之一，线条委婉平和而不失老辣之气，浑厚沉凝，意境高古。

赵之谦(1829～1884)，浙江会稽(今绍兴)人，咸丰举人，卒于江西南城县知县任内，归葬杭州。赵之谦是晚清著名的艺术家和金石学家，诗书画印、碑刻考证无一不精。著有《补寰宇访碑录》、《六朝别字记》等。其篆刻初学浙派、邓派，继而上溯秦汉古印。约在三十五岁之后，立志变法广泛地将战国钱币、秦权诏版、汉碑额篆、汉灯、汉镜、汉砖以及《天发神谶碑》、《祀三公山碑》等文字融合入印，终于自立门户，开一派新风，对后来的篆刻艺术创作产生了巨大的影响，实现了他"为六百年摹印家立一门户"的志愿。赵之谦中年早逝流传作品相对较少。但就在这为数不多的篆刻作品中，有一方《茶梦轩》白文印及其边款却格外引人注目。该印的章法虚实对比强烈而线条匀实，用刀稳健，结字朴茂，有汉印遗风。边款全文如下："说文无茶字，汉碑宣、茶宏、茶信印皆从木，与茶正同，疑茶之为茶由此生误。"故赵之谦的印跋是第一次将"茶"字的形变历史上溯到汉代。

清代书法家中还有刘庸、郑簠、袁枚、何绍基、陈

鸿寿等都有不少的有关作品，从各方面丰富了茶文化的审美内涵。

（于良子）

6. 近现代书法篆刻中的茶

近现代茶馆增多，茶类丰富，贸易发达。茶饮艺术经过多次起伏，一方面更贴近于生活，贴近于经济，另一方面在文人生活中也继续着传统的职能。因此，以茶为题的书法篆刻艺术也有多角度的反映，特别是现代文化生活不断丰富及茶文化的复兴，以书法篆刻抒发对茶文化的热爱更为普及，大量作品如雨后春笋般出现。其著名的如吴昌硕、黄牧甫、邓散木、赵朴初、启功等。

吴昌硕(1844～1927)，是近代艺术大师，他以诗、书、画、印"四绝"载誉艺坛，名重海外。1904年，中国第一个研究金石篆刻、兼及书画的学术团体西泠印社成立，吴昌硕被推举为首任社长。在此际，他曾撰一副对联将印社和自己作了描绘："印讵无源，读书坐风雨晦明，数布衣曾开浙派；社岂敢长，识字仅鼎彝瓴甓，一耕夫来自田间。"吴昌硕在对联中，不仅表现了他谦虚的胸襟，同时也流露出他是深以布衣、耕夫为荣的。出自平民的艺术家，常常选择那些最"土"的题材入书、入画、入诗、入印，由此而抒发自己独特的审美情趣。

吴昌硕的诗，初崇尚王维、杜甫，后师法唐宋诸家，其作品清新淳朴，旷逸纵横。吴昌硕的诗，题材广泛，体裁多样，有热烈奔放，也有宛转多姿。他以古朴的小楷写过这样两首诗：

掩水门虚设，
谈山客寡俦。
屋知秋共老，
愁与发为仇。
得句喜三日，
假书盈一楼。
家风演茶量，
两腋听飕飕。

——《答卢葒生》

菱溪种蕉叟，
咄咄远纷华。

健坐一秋雨，

能书几大家。

绿窗晨散帙，

黄菊晚烹茶。

得意青蓑笠，

长歌扣钓查。

——《怀毕蕉庵文》

前诗中的唱和对象是"卢荄生"，所以他在诗中用了"家风演茶量，两腋听飕飕"之句，是用唐人卢仝的"七碗茶"，来称颂"卢荄生"爱茶清静的雅致，显得十分的妥帖。后一首诗中，采用"绿窗晨散帙，黄菊晚烹茶"的对仗句，营造出一种隐逸的气氛反映了饮茶在书画家、文学家日常生活中的作用。

吴昌硕对茶壶有着一种特别的嗜好。亦常在紫砂壶上书铭，如有一把称为"弧菱壶"的茶壶。它的作者是清末时期的宜兴著名陶人黄玉磷（约1827~1889）。此壶的壶铭即为吴昌硕的句子："诵《秋水篇》，试中冷泉，青山白云吾周旋。"壶的另一面刻款"庚子九秋，昌硕为咏台八兄铭，宝斋持赠，耕云刻"。

吴昌硕篆书横披"角茶轩"。应友人之请所书，是典型的吴氏风格，其笔法、气势源自于石鼓文。其落款很长，以行草书之，其中对"角茶"的典故、"茶"字的字形作了考记。所谓"角茶趣事"，是指宋代金石学家赵明诚（字德父、德甫）和他的妻子、婉约派词人李清照以茶作酬，切磋学问，在艰苦的生活环境下，依然相濡以沫，精研学术的故事。后来，"角茶"、"覆茶"的典故，便成为夫妇有相同志趣，相互激励，促进学术进步佳话的一种比喻。吴昌硕先生的高足、当代书法家沙孟海先生曾为艺术家谈月色、蔡哲夫夫妇作《静耦轩夫妇心赏之符》印，其边款上也用了这个典故。吴昌硕还有"茶禅"、"茶苦"、"茶村"、"茶押"等篆刻作品。

黄士陵（1849~1908），字牧甫，号黟山人、倦游窠主等。安徽黟县人，为晚清篆刻黟山派创始人。

在晚清印坛中，黟山黄士陵全面继承皖浙二派印学精髓，广收博约，并受赵之谦印学启迪，以敏锐的眼光取法借鉴大量出土的古器物文字，将印外求印推到一个前所未有的高度，无论其创作成就还是对后世影响，都成为晚清印坛的执牛耳者、一代宗师。晚清篆刻家黄士陵也为朋友刻有《茶熟香温且自看》朱文两方。故知印主也是很喜欢这一句子的，黄士陵一再为之刻同一内容的作品，更显示了他们之间的一种特殊的友谊。此外，黄牧甫还镌刻有《茶尧》等作品。

邓散木（1898~1963），中国现代书法、篆刻家。原名铁，字纯铁，别号且渠子，更号一夔，一足，斋名厕简楼，豹皮室。生于上海，他早年得李肃之先生发蒙，壮年又得赵古泥、萧蜕亲授。领悟古玺封泥、秦权汉印及明、清两朝诸大家篆刻作品的艺术精髓。在艺坛上有"北齐（白石）南邓"之誉。擅书法篆刻，真、行、草、篆、隶各体皆精。笔力精道颇具深功，中年以后，作品笔力雄浑，浑厚遒劲，晚年以篆书突出，可谓融合大、小篆、甲骨文、竹木简，形成个人风格。其代表著作《篆刻学》影响甚深。他的作品形式感强，悦目赏心，趣味盎然，给人以闲暇、怡静的感觉。篆刻《吃茶去》象牙章，其边款曰："身登酉尺曾岩住，瞰尽人间鬼一车。同是平生自了汉，偷闲且吃赵州茶。秋灯气四肃围兵，夜半天花散满城。新学甚深微妙法，一茶一偈遣平生。"此外，他还有篆书对联"楼影半连深岸水，茶烟轻扬落花风"等。

赵朴初（1907~2000），安徽省太湖县人，中国人民政治协商会议第九届全国委员会副主席、中国民主促进会中央名誉主席、中国佛教协会会长、中国佛学院院长、中国藏语系高级佛学院顾问、中国宗教和平委员会主席、中国书法家协会副主席。赵朴初自书诗："七碗受至味，一壶得真趣。空持千百偈，不如吃茶去。"1991年赵朴初还以行书斗方为中日文化交流800周年赋诗并书："阅尽几多兴废，七碗风流未坠。悠悠八百年来，同证茶禅一味。"

启功（1912~2005），字元白，生于北京，满族。幼年失怙且家境中落，自北京汇文中学中途辍学后，发愤自学。1935年任辅仁大学美术系助教；1938年后任辅仁大学国文系讲师，兼任故宫博物院专门委员，从事故宫文献馆审稿及文物鉴定工作；1949年任辅仁大学国文系副教授兼北京大学博物馆系副教授；1952年后任北京师范大学副教授、教授。中国人民政治协商会议全国委员会常务委员会委员、国家文物鉴定委员会主任委员、中央文史研究馆馆长、中国书法家协会名誉主席、北京师范大学教授、博士研究生导师。启功有书法:"今古形殊义不差,古称茶苦今称茶。赵州法语吃茶去,三字千金百世夸。"

此外楚图南、费新我、沙孟海、刘江等一大批艺术家、学者以茶为题,创作有各种形式的书法篆刻艺术杰作面世,咏茶抒情,雄秀雅妍,不一而足。

(于良子)

(七) 茶事戏曲、影视

我国是饮茶、茶业和茶叶文化的肇创国,也是世界上唯一存在有以茶事命名的剧种——"采茶戏"的国家。

所谓"采茶戏",是仅流行于中国江西、湖北、湖南、安徽、福建、广东、广西等产茶省区的一种戏曲类别。在这些省区,往往还以流行地区的不同,而冠以各地的地名来加以区别。如广东的"粤北采茶戏",湖北的"阳新采茶戏"、"黄梅采茶戏"等。而其中尤以江西流传较广,名称也多。如江西有"赣南采茶戏"、"抚州采茶戏"、"南昌采茶戏"、"武宁采茶戏"、"赣东采茶戏"、"吉安采茶戏"、"景德镇采茶戏"和"宁都采茶戏"等等。这一剧种,虽然地区性较强,名称繁多,但它们形成的时间,大致都是在清代中期至清末这一阶段。

采茶戏,是由采茶歌、采茶舞发展而来的。采茶歌、采茶舞要演化发展为戏曲,首先要形成产生与之相关的曲牌。采茶戏最早的曲牌,即是"采茶歌"。单有曲牌还不行,采茶戏必需还要有舞,有人物表演。采茶戏的人物表演,与民间的"采茶灯"极其相似。茶灯舞的舞者,一般由男女三人(二男一女或一男二女)组成。所以,最初的采茶戏,也叫"三小戏"(三小戏由二小旦一小生或一旦一生一丑演出)。另外,有些地方的采茶戏,如蕲春采茶戏,在演唱形式上,多少保持了过去民间采茶歌、采茶舞的一些传统。其特点是一唱众和,即台上一名演员演唱,其他演员和乐师在演唱到每句句末时,和唱"啊嗬"、"咿哟"之类的帮腔。演唱、帮腔加上锣鼓伴奏,使采茶戏的曲调更婉转,节奏更鲜明,风格独具,也更带有泥土的芳香。因此,可以这样说,如果没有采茶和其

他茶事劳动,也就不会有采茶的歌和舞。如果没有采茶歌、采茶舞,也就不会有广泛流行于我国南方许多省区的采茶戏。所以,采茶戏可以说是茶叶文化在戏曲领域的延伸、发展和与戏曲文化相互融汇共同孕育的一种独特次生文化现象。

采茶戏,不只脱颖于采茶歌、采茶舞,还和花灯戏、花鼓戏的风格十分相近,与之有交互影响的关系。花灯戏,是流行于云南、广西、贵州、四川、湖北、江西等省区的花灯戏类别的统称;以云南花灯戏的剧种为最多。其产生时间,较采茶戏和花鼓戏略迟,多半形成于清代晚期。花鼓戏以湖北、湖南二省的剧种为多,其形成时间,较采茶戏有的稍早或相差不多。这两种戏曲,也是起源于民歌小调和民间舞蹈。因为采茶戏、花灯戏、花鼓戏的来源、形成和发展时间、风格等等,都比较接近,所以在它们之间,自然也就存在一种相互吸收、互为营养和互相促进的交叉关系。

茶对戏曲的影响,还不仅是产生了采茶戏这种戏曲,更为重要的,也可以说是对所有戏曲都有影响,剧作家、演员、观众都喜好饮茶;茶叶文化浸润到人们生活的各个方面,以至戏剧也须臾不能离开茶。如明代我国剧本创作中有一个艺术流派,叫"玉茗堂派"(也称"临川派"),即是因大剧作家汤显祖嗜茶,将其江西"临川"的住处名之为"玉茗堂"而来的。汤显祖的剧作,注重抒写人物情感,讲究辞藻,其所作《玉茗堂四梦》刊印后,对当时和后世的戏剧创作,都起有不可估量的影响。

茶与戏曲的紧密关系,也反映在演出场地上。现在古稀之年的老人可能还记得,旧时不只弹唱、相声、评书等曲艺是在茶馆,就是各种戏剧,起初也都是在茶馆演出的。后来,戏剧的演出即使是在专门的戏院和剧场进行,但在其开始营业之初,戏院剧场大多也还是和过去的旧式茶楼一样,依旧是以卖茶为主。这一点,从清末民初我国各地营业性的戏剧演出场所,一般还都称"茶园"、"茶楼",多少可以得到某些证明。这也就是说,即使在我国戏院剧场出现初期,戏院、剧场也还是清楚显示出,其前曾经历过一个孕育于茶馆的发展阶段。因为这样,我国戏曲演员在早前茶馆演出的收入,不是由看戏的茶客

而是由茶馆支付的。再说具体些，早期的戏院或剧场，其收入是以卖茶为主；只收茶钱，不卖戏票，演戏是茶馆为娱乐茶客和吸引茶客服务的。如19世纪末北京最有名的"查家茶楼"、"广和茶楼"以及上海的"丹桂茶楼"、"天仙茶园"等等，就均是演出场所。这类茶园或茶楼，一般在一壁墙的中间，建有一台。台前平地称之为"池"，三面环以楼廊作观众席，设置茶桌、茶椅，供观众边品茗、边观戏。现在的专业剧场，基本上都是辛亥革命前后才出现的，当时还特地称之为"新式剧场"或"文明戏馆"、"现代戏园"等一类名称。这里不难看出，上面提到的戏园的"园"字和"馆"字，十分清楚，明显就是由茶园的"园"字和"馆"字移用过来的。所以，有人形象地指出："我国戏曲，其初是由茶馆的茶汁浇灌起来的一门艺术。"

再有，如果茶的生产、贸易和消费一旦发展成为我国社会生产、社会文化和社会生活的一个重要组成，其本身也就不可能不被戏剧所吸收和反映。因为，戏曲、影视所反映的，无疑是人们的社会生产、文化和生活方面的内容。所以，古今中外的许多名戏、名剧，不但都有茶事的内容或场景，有的甚至全剧即以茶事来作为背景和题材。如我国传统剧目《西园记》的开场词中，即有"买到兰陵（晋置县，故城在今江苏武进西北，隋废）美酒，烹来阳羡（秦置县，今江苏宜兴市，隋废）新茶"之句，把观众一下便引到特定的乡土民情之中。又如上世纪20年代初，我国著名剧作家田汉创作《环珶璘与蔷薇》时，有意识地插进了不少煮水、取茶、泡茶、斟茶、品饮等场面和情节，这些看似与剧情内容本身无关，但实际使全剧更贴近生活，更具真实感，也起到了用其他文字、方法描写所不能起到的翔实作用。至50年代以后，随我国戏剧事业的进一步繁荣，戏剧中的茶事内容，不仅在舞台上常常可见，而且也出现了一批以茶文化现象、茶事冲突为背景和内容的话剧与电影。最具代表性的话剧《茶馆》，是我国著名作家老舍的力作，全剧即以旧时北京裕泰茶馆为平台，通过该馆在三个不同时代的兴衰及剧中人物的遭遇，揭露了旧中国的腐败和黑暗。这部话剧在国内外久演不衰，在巴黎献演以后，还轰动了法国和整个西欧。

1905年，北京丰泰照相馆拍摄的戏曲片《定军山》，拉开了中国国产电影的序幕。早期的中国电影，与戏曲有着很紧密的联系，可以说，戏曲电影是中国电影的起点和开端。戏曲对电影的影响，是巨大和深远的。举例来说，如电影最初引进时，首先要确定放映场所安排在哪里？结果，毫无犹豫，仿效戏曲，安排的也是在茶楼或戏院。据查，"西洋影戏"在中国最早放映的地点，是上海徐园的"又一村"茶楼。随后，北京、上海和全国其他城市的许多戏院、茶楼，如"庄乐戏园"、"三庆园"、"文明茶园"及"丹桂茶园"等等，一风而起，竞相开始兼放或改之为专门放映电影的娱乐场所；一时，电影继话剧之后，成为我国20世纪初新出的另一艺术形式。不过，即便电影在上海引进、传播和发展较快，但电影走出茶馆，与戏院、剧场分家，还是比较缓慢的。所以，上海也是我国第一家电影院——上海"虹口大戏院"，一直到1908年才建成和正式营业。因此，根据上面所说，我们也不难确定，如果说戏曲是我国用茶汁浇灌起来的一门艺术，那么，在襁褓阶段的中国电影，和戏曲一样，赖以成长的也不是其他，而是茶汁。

在中国电影尚处于黑白无声片阶段时，我国采茶人就已走进银幕，并成为电影的主角。由朱瘦菊编剧，徐琥导演，王谢燕、杨耐梅等主演的《采茶女》，就是我国摄制的一部与"茶"有关的早期影片。是片讲述了一个富家子弟和采茶女之间的爱情故事，谴责了社会上"恃富凌贫，有金钱无公理"的丑恶现象，同时也热情赞扬了男女主人公在金钱面前爱心不移的高贵品质。《采茶女》在中国电影特别是早期电影发展史上，占有极其重要的地位。它与同时期的《玉梨魂》、《空谷兰》、《碎琴楼》、《桃花湖》、《红泪影》等影片的推出，对打开我国国产电影的发展局面，起到了不可低估的积极作用。

不过，我国茶叶题材的电影或茶事影片，对我国国内电影事业或社会经济、文化能够起到较大影响和作用的，主要还是在中华人民共和国建国以后的近六十年。我国迈进现代的这六十年，也是我国电影由膜拜外国到走上自主发展的成功六十年。在这六十年间，我国电影工作者通过辛勤劳动，摄制生产出了大批优秀国产影片。以茶叶题材的故事影片来说，有人统计即有三十几种。以文献中常见有人提及的话剧和电影为例，除上面说过的《茶馆》和《喜鹊岭茶歌》以外，其他有名和影响较大的茶叶故事影片，还有《第一茶庄》、《不堪回首》、《春秋茶室》、《茶色生香》、《龙凤茶楼》、《行运茶餐厅》、《大马帮》、《茶马古道》、《绿茶》、《菊花茶》以及《茶是故乡浓》等十几部。上录这些茶叶影视剧目，从不同的角度，不同的层面，反映了我国茶事戏剧、影视艺术一步步走过的艰苦历程和获得的丰硕成果。这也是我国茶事戏曲、影视从无到有，从古代到现代建设发展所存活下来的熠熠发光的文化淀积。

上面说的，是我国近六十年来茶叶戏剧、影视发展的梗概。当然，茶叶戏剧影视不只是在我国舞台，在其他各国的戏剧和影视中，也有而且是早就已有反映。例如1692年英国剧作家索逊在《妻的宽恕》一剧中，就特地插进了茶会的场面。另两部英国剧作，《双重买卖人》和《七副面具下的爱》，也都有不少饮茶及有关茶事的情节。再如荷兰1701年上演的《茶迷贵妇人》，至今在欧洲有些国家，仍作为优秀古典剧目经常出现在舞台上。还有电影《和墨索里尼喝下午茶》中，导演也匠心独具，把一次又一次的茶饮场面，变成联结全剧故事的自然纽带，并以茶具的摔坏，寓意平静生活的被毁和终结。再如好莱坞美籍华人王颖导演的电影《吃一碗茶》，是一部以19世纪末"美国排华法案"为背景的影片。是片揭露了当时美国种族歧视泛滥，不仅严重摧残了华人社区，也为我国侨民带来了无尽的精神伤痛。但到影片最后结束时，剧情一转，凭借来自中国的一杯香茶，一对反目相仇的夫妻，又重新恢复了正常的家庭生活。"茶"在这部影片中，被赋予了精神支柱和文化脐带的双重寓意。至于我国东邻日本，其茶事内容的作品在某些方面也不亚于我国。如日本影视中，有关饮茶、茶道的情节，不但和我国一样在在有之，有些片子，如他们创作的电影《吟公主》，是一部以茶道为主要线索的电影。这部影片，讲的是日本茶道宗师千利休反对权臣丰臣秀吉黩武扩张，最后以身殉道的故事。其所宣传的，是要人们热爱和平、尊长敬友和清心寡欲的所谓"和、敬、清、寂"的茶道精神。

（朱自振）

（八）茶歌茶舞

茶歌、茶舞，和茶与诗词的情况一样，是由茶叶生产、饮用这一主体文化派生出来的一种茶叶文化现象。它们的出现，也是在我国茶叶生产和饮用形成社会生产、生活的经常内容以后才见的事情。从现存的茶史资料来说，茶叶成为歌咏的内容，最早见于西晋的孙楚《出歌》，其称"姜桂茶荈出巴蜀"，这里所说的"茶荈"，就都是指茶。至于专门咏歌茶叶的茶歌，此后从何而始？已无法查考。从皮日休《茶中杂咏序》"昔晋杜育有荈赋，季疵有茶歌"的记述中，得知的最早茶歌，是陆羽茶歌。但可惜，这首茶歌也早已散佚。不过，有关唐代中期的茶歌，在《全唐诗》中还能找到如皎然《茶歌》、卢仝《走笔谢孟谏议寄新茶》、刘禹锡《西山兰若试茶歌》等几首。尤其是卢仝的茶歌，常见引用。在我国古时，如《尔雅》所说："声比于琴瑟曰歌"；《汪韩诗章句》称："有章曲曰歌"，认为诗词只要配以章曲，声之如琴瑟，则其诗也亦歌了。卢仝《走笔谢孟谏议寄新茶》在唐代是否作歌？不清楚；但至宋代，如王观国《学林》、王十朋《会稽风俗赋》等著作中，就都称"卢仝茶歌"或"卢仝谢孟谏议茶歌"了，这表明至少在宋代时，这首诗就配以章曲、器乐而唱了。宋时由茶叶诗词而传为茶歌的这种情况较多，如熊蕃在十首《御苑采茶歌》的序文中称："先朝漕司封修睦，自号退士，曾作《御苑采茶歌》十首，传在人口……蕃谨抚故事，亦赋十首献漕使。"这里所谓"传在人口"，就是歌唱在人民中间。

上面讲的，是由诗为歌，也即由文人的作品而变成民间歌词的。茶歌的另一种来源，是由谣而歌，民谣经文人的整理配曲再返回民间。如明清时杭州富阳一带流传的《贡茶鲥鱼歌》，即属这种情况。这首歌，是正德九年(1514)按察佥事韩邦奇根据《富阳谣》改编为歌的。其歌词曰："富阳山之茶，富阳江之鱼，茶香破我家，鱼肥卖我儿。采茶妇，捕鱼夫，官府拷掠无完肤，皇天本圣仁，此地一何辜？鱼兮不出别县，茶兮不出别都，富阳山何日摧？富阳江何日枯？山摧茶已死，江枯鱼亦无，山不摧江不枯，吾民何以苏？!"歌词通过一连串的问句，唱出了富阳地区采办贡茶和捕捉贡鱼,百姓遭受的侵扰和痛苦。后来,韩邦奇也因为反对贡茶触犯皇上,以"怨谤阻绝进贡"罪,被押囚京城的锦衣狱多年。

茶歌的再一个也是主要的来源,即完全是茶农和茶工自己创作的民歌或山歌。如清代流传在江西每年到武夷山采制茶叶的劳工中的歌,其歌词称:

清明过了谷雨边,背起包袱走福建。

想起福建无走头,三更半夜爬上楼。

三捆稻草搭张铺,两根杉木做枕头。

想起崇安真可怜,半碗腌菜半碗盐。

茶叶下山出江西,吃碗青茶赛过鸡。

采茶可怜真可怜,三夜没有两夜眠。

茶树底下冷饭吃,灯火旁边算工钱。

武夷山上九条龙,十个包头九个穷。

年轻穷了靠双手,老来穷了背竹筒。

类似的茶歌,除江西、福建外,其他如浙江、湖南、湖北、四川各省的方志中,也都有不少记载。这些茶歌,开始未形成统一的曲调,后来,孕育产生出了专门的"采茶调",以致使采茶调和山歌、盘歌、五更调、川江号子等并列,发展成为我国南方的一种传统民歌形式。当然,采茶调变成民歌的一种格调后,其歌唱的内容,就不一定限于茶事或与茶事有关的范围了。

采茶调是汉族的民歌,在我国西南的一些少数民族中,也演化产生了不少诸如"打茶调"、"敬茶调"、"献茶调"等曲调。例如居住在滇西北的藏胞,劳动、生活时,随处都会高唱不同的民歌。如挤奶时,唱"格奶调";结婚时,唱"结婚调";宴会时,唱"敬酒调";青年男女相会时,唱"打茶调"、"爱情调"。又如居住金沙江西岸的彝族支系白依人,旧时结婚第三天祭过门神开始正式宴请宾客时,吹唢呐的人,按照待客顺序,依次吹"迎宾调"、"敬茶调"、"敬烟调"、"上菜调"等等。说明我国有些兄弟民族,和汉族一样,不仅有茶歌,也形成了若干有关茶的固定乐曲。

当代,茶农随着经济上的日渐富足,文化上的不断提高,正如有些茶区的民谣所说:"手采茶叶口唱歌,一筐茶叶一筐歌",歌声更是不绝于茶园,回荡在山谷。与此同时,广大文艺工作者,深入生活,到茶乡采风,使茶叶民歌由山乡登上舞台,走进银幕,响彻大江南北,传遍长城内外。如周大风词曲的《采茶舞曲》,风貌一变,展现了一幅清新的江南茶园的茶事风光画卷。如其歌词云:

"溪水清清溪水长,溪水两岸好么好风光。哥哥呀你上畈下畈勤插秧,妹妹们东山西山采茶忙。插秧插到大天亮,采茶采到月儿上;插得秧来匀又快,采得茶来满山香。你追我赶不怕累,敢与老天争春光,争呀么争春光。

"溪水清清溪水长,溪水两岸采呀么采茶忙。姐姐呀你采茶好比凤点头,妹妹呀你摘青好比鱼跃网。一行一行又一行,摘下的青叶往篓里装;千篓万篓堆成山,篓篓嫩茶发清香。多快好省来采茶,好换机器好换钢,好呀么好换钢。"

上面讲的是茶歌,《采茶舞曲》其歌其曲可以单独演奏、演唱,但其创作的主要用途,还是伴舞。关于以茶事为内容的舞蹈,可能发轫甚早,但元代和明清期间,是我国舞蹈的一个中衰阶段,所以,史籍中,有关我国茶叶舞蹈的具体记载很少。现在能知的,只是流行于我国南方各省的"茶灯"或"采茶灯"。

茶灯,和马灯、霸王鞭等,是过去汉族比较常见的一种民间舞蹈形式。茶灯,是福建、广西、江西和安徽"采茶灯"的简称。它在江西,还有"茶篮灯"和"灯歌"的名字;在湖南、湖北,则称为"采茶"和"茶歌";在广西又称为"壮采茶"和"唱采舞"。这一舞蹈不仅各地名字不一,跳法也有不同。但是,一般基本上是由一男一女或一男二女(也可有三人以上)参加表演。舞者腰系绸带,男的持一钱尺(鞭)作为扁担、锄头等,女的左手提茶篮,右手拿扇,边歌边舞,主要表现姑娘们在茶园的劳动生活。

除汉族和壮族的《茶灯》民间舞蹈外,我国有些民族盛行的盘舞、打歌,往往也以敬茶和饮茶的茶事为内容,这从一定的角度来看,也可以说是一种茶叶舞蹈。如彝族打歌时,客人坐下后,主办打歌的村子或家庭,老老少少,恭恭敬敬,在大锣和唢呐的伴奏下,手端茶盘或酒盘,边舞边走,把茶、酒一一献给每位客人,然后再边舞边退。云南洱源白族打歌,也和彝族上述情况极其相像,人们手中端着茶或酒,在领歌者(歌目)的带领下,唱着白语调,弯着膝,绕着火塘转圈圈,边转边抖动和扭动上身,以歌纵舞,以舞狂歌。

近 40 多年来,我国文艺工作者在"采茶灯"的基础上,先后又创作出了"采茶扑蝶舞"、"采茶舞"等一系列茶叶舞蹈,使"采茶灯"这一原先行于山乡的民间舞,由山区跳至城市,由南方舞到北方,由中国展姿世界,从而使这一由茶文化派生的中国特有的舞蹈形式,直接迈进了世界舞蹈艺术的殿堂。

(朱自振)

(九)茶事典故

这里所说的茶事掌故,主要的有两类,一是与茶事有关的掌故,二是诗文中引用的古代茶事故事和有来历出处的词语。

1. 孙皓赐茶代酒

孙皓(242~283)是三国时吴国的第四代国君,后为晋所灭。他专横残暴、奢侈荒淫,极嗜好饮酒。每次设宴,座客至少饮酒七升,"虽不尽入口,皆浇灌取尽"。朝臣韦曜,博学多闻,深为孙皓所器重。韦曜酒量甚小,不过二升。孙皓对他特别优礼相待,"密赐茶荈以代酒",即暗中赐给他茶来替代酒。

韦曜,三国吴云阳(今江苏丹阳)人,字弘嗣。原名韦昭,为避讳改曜。韦曜少好学能文,为时所称。孙皓立,为侍中,领国史,后以持正为皓所杀。

此事见《吴志·韦曜传》,是史籍中最早关于"以茶代酒"的一则记载。

(阮浩耕)

2. 陆纳以茶果待客

晋人陆纳,曾任吴兴太守,累迁尚书令。时人赞其"恪勤贞固,始终勿渝",是一个以俭德著称的人物。晋《中兴书》载有这样一件事:卫将军谢安要去拜访陆纳。陆纳的侄子陆俶见叔父未作准备,但又不敢去问他,于是私下准备了可供十几人吃的菜肴。谢安来了,陆纳仅以茶和果品招待客人。陆俶就摆出了预先准备好的丰盛筵席,山珍海味俱全。客人走后,陆纳打陆俶四十棍,教训说:"汝既不能光益叔父,奈何秽吾素业。"

(阮浩耕)

3. 单道开饮茶苏

陆羽《茶经·七之事》引《艺术传》:"敦煌人单道开,不畏寒暑,常服小石子,所服药有松、桂、蜜之气,所饮茶苏而已。"

单道开,姓孟,晋代人。好隐栖,其后曾修行辟谷(一种所谓修道成仙之方,传说学成后可不食一切谷类)。七年后,他逐渐达到冬能自暖,夏能自凉,昼夜不卧,日行七百余里。后移住河南临漳县昭德寺,设禅室坐禅,以饮茶驱睡,所饮"茶苏",是一种用茶和紫苏调剂的饮料。后入广东罗浮山,百余岁而卒。

(阮浩耕)

4. 王濛患水厄

明人王穉登有《题唐伯虎烹茶图为喻正之太守三首》,其三云:

伏龙十里尽香风,正近吾家别墅东。

他日千旄能见访,休将水厄笑王濛。

王濛是晋代人,官至司徒长史。据《太平御览》引《世说新语》:"王濛好饮茶,人至辄命饮之,士大夫皆患之,每欲往候,必云:'今日有水厄。'"魏晋时期,茶饮渐行,其初士大夫中多还不习惯饮,故把饮茶视为"水厄"。此后,人们也戏称茶饮为"水厄"。

(阮浩耕)

5. 王肃好茗饮

《洛阳伽蓝记》卷三"城南报德寺"条载:

(王)肃初入国,不食羊肉及酪浆等物,常饭鲫鱼羹,渴饮茗汁。京师士子见肃一饮一斗,号为漏卮。经数年已后,肃与高祖殿会,食羊肉酪粥甚多。高祖怪之,谓肃曰:"卿中国之味也,羊肉何如鱼羹,茗饮何如酪浆?"肃对曰:"羊者是陆产之最,鱼者乃水族之长,所好不同,并各称珍。以味言之,是有优劣,羊比齐鲁大邦,鱼比邾莒小国,惟茗不中与酪作奴。"

王肃,字恭懿,琅琊(今山东临沂)人,曾在南朝齐任秘书丞。太和中,因父王奂为齐所杀,而自建康(今江苏南京)奔魏(北魏国都平城,今山西大同)。魏孝文帝虚襟待之,随即授职大将军长史。后王肃破齐将裴叔业立下战功,进号镇南将军。魏宣武帝时,官居宰辅,累封昌国县侯,官终扬州刺史。王肃在南朝齐时,好饮茶及食莼羹,到北魏后,仍不变嗜习,却也好食羊肉、酪浆。人或问之:"茗何如酪?"王肃答:"茗不堪与酪为奴。"于是,茶又有"酪奴"之称。魏给事中刘缟,仰慕王肃好茗饮之风,专事仿习饮茶。彭城王勰当时颇不以为然,讥讽刘缟:"卿不慕王侯八珍,好苍头水厄。"日后好"水厄"者还是越来越多。

(阮浩耕)

6. 李德裕嗜惠山泉

唐庚《斗茶记》云:"唐相李卫公,好饮惠山泉,置驿传送,不远数千里。"说的是曾于唐武宗时居相位的李德裕,嗜惠山泉成癖,奢侈过求,烹茶不饮京城水,悉用惠山泉,驿道传递,时谓之"水递"。

尉迟偓《中朝故事》还记述了李德裕别泉的一则故事:

李德裕居庙廊日,有亲知奉使京口(注:今江苏镇江)。李曰:"还日,金山下扬子江中急水,取置一壶来。"其人忘之,舟上石头城,方忆及,汲一瓶归京献之。李饮后,叹诧非常,曰:"江南水味,有异于顷岁,此颇似建业石头城下水。"其人谢过,不敢隐。

李德裕别泉真有点出神入化了。然尉迟偓是五代南唐人,《中朝故事》录唐代宣、懿、昭、哀四朝旧闻故事,其时去唐未远,所记当亦非杜撰。

(阮浩耕)

7. 陆羽鉴水

(参阅《名人与茶·陆羽》)

8. 卢仝七碗茶

(参阅《名人与茶·卢仝》)

9. 皮光业以茗为"苦口师"

皮光业,字文通,唐著名诗人皮日休之子,十岁能诗文,性嗜茶,常作诗,颇有其父之风。皮光业美容仪,善谈论,见者以为神仙中人。吴越天福二年(937)拜丞相,因其爱茶,以茗为"苦口师",朝廷上下多传其癖。

一日,皮光业的中表兄弟邀他尝新柑,并设宴款待。是日,朝廷显贵丛集,筵席殊丰。可皮光业上席后,未顾尊罍中的酒,却呼茶甚急。于是只好进上一大瓯茶。皮光业即席吟道:"未见甘心氏,先迎苦口师。"席间众人笑说:"此师固清高,而难以疗饥也。"茶之有"苦口师"之称,典出于此。

(阮浩耕)

10. 王安石验水

王安石老年患有痰火之症,虽服药,难以除根。太医院嘱饮阳羡茶,并须用长江瞿塘中峡水煎烹。因苏东坡是蜀地人,王安石曾相托于他:"倘尊眷往来之便,将瞿塘中峡水携一瓮寄与老夫,则老夫衰老之年,皆子瞻所延也。"

不久,苏东坡亲自带水来见王安石。王安石即命人将水瓮抬进书房,亲以衣袖拂拭,纸封打开。又命僮儿茶灶中煨火,用银铫汲水烹之。先取白定碗一只,投阳羡茶一撮于内。候汤如蟹眼,急取起倾入。其茶色半响方见。王安石问:"此水何处取来?"东坡答:"巫峡。"王安石道:"是中峡了。"东坡回:"正是。"王安石笑道:"又来欺老夫了!此乃下峡之水,如何假名中峡?"东坡大惊,只得据实以告。原来东坡因鉴赏秀丽的三峡风光,船至下峡时,才记起所托之事。当时水流湍急,回溯为难,只得汲一瓮下峡水充之。东坡说:"三峡相连,一般样水,老大师何以辨之?"王安石道:"读书人不可轻举妄动,须是细心察理。这瞿塘水性,出于《水经补注》。上峡水性太急,下峡太缓,惟中峡缓急相半。太医院官乃明医,知老夫中脘变症,故用中峡水引经。此水烹阳羡茶,上峡味浓,下峡味淡,中峡浓淡之间。今茶色半响方见,故知是下峡。"东坡离席谢罪。此事载《警世通言·王安石三难苏学士》,因是冯梦龙据古籍记载敷衍成篇,当然不全是史实了。

(阮浩耕)

11. 蔡襄别茶

(参阅《名人与茶·蔡襄》)

12. 苏东坡梦泉

苏东坡于熙宁四年至七年(1071～1074)在杭州

任通判,与诗僧道潜(号参寥子)友情甚笃。元丰三年(1080)东坡谪居黄州,参寥子不远千里去访,留期年。一日,东坡夜梦参寥师携诗相见,觉后只记其饮茶两句:"寒食清明都过了,石泉槐火一时新。"梦中苏东坡问:"火固新矣,泉何故新?"参寥师答:"俗以清明淘井。"

元祐四年(1089),苏东坡再度来杭州,参寥子卜居孤山智果精舍。苏东坡在寒食那天去访。舍下旧有泉出石间,是月又凿石得泉,泉更清洌。参寥子撷新茶,钻火煮泉,适符九年前所梦,苏东坡遂作《参寥泉铭》,并刻以记。铭曰:

在天雨露,在地江湖。
皆我四大,滋相所濡。
伟哉参寥,弹指八极。
退守斯泉,一谦四益。
予晚闻道,梦幻是身。
真即是梦,梦即是真。
石泉槐火,九年而信。
夫求何信,实弊汝神。

(阮浩耕)

13. 谦师得茶三昧

苏东坡在元祐四年(1089)第二次到杭州任知州,当年十二月二十七日,游西湖葛岭寿星寺。南屏山麓净慈寺的谦师闻此消息,特地自南山赶去北山,为苏东坡点茶。苏东坡有《送南屏谦师》诗,记其事。诗云:

道人晓出南屏山,来试点茶三昧手。
忽惊午盏兔毛斑,打作春瓮鹅儿酒。
天台乳花世不见,玉川风液今安有。
先生有意续《茶经》,会使老谦名不朽。

苏东坡在诗前引言中还说:"南屏谦师妙于茶事,自云:得之于心,应之于手,非可以言传学到者。"

另据宋吴曾《能改斋漫录》载,北宋史学家刘攽(1023~1089)亦有诗赠谦师,有句云:"泻汤夺得茶三昧,觅句还窥诗一斑。"可见谦师得茶三昧早已有名。之后历代诗人常将此典入诗。明韩奕有《白云泉煮茶》:"白云在天不作雨,石罅进泉如五乳。追寻

能自远师来,题咏初因白公语。山中知味有高禅,采得新芽社雨前。欲试点茶三昧手,上山亲汲云间泉。"

(阮浩耕)

14. 李清照饮茶助学

宋代著名词人李清照在《金石录后序》中,记有她与丈夫赵明诚回青州(今山东益都县)故第闲居时的一件生活趣事:

……每获一书,即同共校勘,整集签题,得书画彝鼎,亦摩玩舒卷,指摘疵病。夜尽一烛为率。故能纸札精致,字画完整,冠诸收书家。余性偶强记,每饭罢,坐归来堂,烹茶,指堆积书史,言某事在某书某卷第几页第几行,以中否角胜负,为饮茶先后。中即举杯大笑,至茶倾覆怀中,反不得饮而起。

李清照、赵明诚夫妇在饭后间隙,一边饮茶,一边考记忆,给后人留下了"饮茶助学"的佳话,亦为茶事添了风韵。

(阮浩耕)

15. 天下第一泉

位于江苏镇江金山之西塔影湖畔的中泠泉,千多年来一直被世人称颂为"天下第一泉"。此实肇始于唐人张又新的《煎茶水记》。书中记录了刘伯刍把宜茶之水列为七等,扬子江中泠水居榜首。此后,历代名士文人遂纷纷慕名而至,烹泉品茗,吟咏赞唱。宋文天祥有诗:"扬子江心第一泉,南金北来铸文渊。男儿斩却楼兰首,闲品茶经拜羽仙。"元萨都剌:"山中好景无多地,天下知名第一泉。"明代唐寅也有诗曰:"日斜未放沧浪渡,饱酌中泠洗宿心。"

"扬子江心第一泉",依诗句及记载,中泠泉位于长江之中。《中泠泉记》在记述取水方法时说:"于子午二辰,用铜瓶长绠入石窟中,寻若干尺。始得真泉。若浅深先后,少不如法,即非中泠真味。"取泉水须依时辰乘船至江心,并需有专用器具和一定的技法,得之殊非容易。然而,如今泉已不在江心了。早先金山四面环水,屹立长江之中,游人至金山得靠舟楫横渡,中泠泉亦在"乱石嶙峋,若奇鬼怪兽"的洪涛巨浪之中。后来由于长江泥沙沉积,主洪道不断北

移,到清同治初年,金山开始与南岸陆地连接。游人可以"骑驴上金山"了。金山下的中泠泉也渐由江心转到陆地。中泠泉曾一度淹没,清末镇江太守王仁堪在芦苇中重新发现,遂砌池并围以石栏,池壁有石刻"天下第一泉"。

(阮浩耕)

16. 天下泉名多"陆羽"

以"茶圣"陆羽命名的泉井,全国至少有四处:

江苏无锡的惠山泉,又称"陆子泉";湖北天门有文学泉,亦叫"陆子井";江西上饶有陆羽泉;浙江余杭有苎翁泉。

无锡惠山山麓的惠山泉,相传是陆羽品题为"天下第二泉"。惠山泉以上游水质为优,中下游较差。今惠山蓄上游泉于"圆池",用以沏茶;蓄中游泉于"方池",蓄下游泉于"下池"。早在宋朝时,当地为纪念陆羽对惠山泉的评鉴,就将惠山上游泉名为"陆子泉",刻碑志记并载入《惠山续志》。

湖北天门县城北门外官池之滨的文学泉,据传陆羽少年时期曾在此汲水煮茶。因陆羽曾被诏拜太子文学,故以"文学"名泉,又名陆子井,俗称"三眼井"。据《天门志》载:清乾隆三十三年(1768)天旱,掘荷池,得断碑,有"文学"字样,见泉水。于是甃井,建亭,立碑,以复胜迹。清安襄郧兵备使陈大文,于壬寅(1782)访天门,于井畔陆羽亭中立石碑一通,正面题"文学泉"三字,背面书"品茶真迹"四字。癸卯年(1783)间,又捐石绘刻陆羽小像,集历代有关吟咏文学泉诗。

江西上饶陆羽泉,在现上饶市第一中学院内。陆羽曾隐居上饶,和陆羽同时代的诗人孟郊(751~814)有《陆鸿渐上饶新辟茶山》诗:"惊彼武陵状,移归此岩边。开亭拟贮云,凿石先得泉。啸竹引清吹,吟花成新篇。乃知高洁情,摆落区中缘。"可见陆羽确在上饶择山种茶,凿井得泉。《上饶县志》称此井泉"色白味甘,是为乳泉。以土色赤,又名胭脂井"。

浙江余杭县双溪乡将军山麓有"苎翁泉"。据《新唐书·隐逸传》载:陆羽"上元初(760),更隐苕溪,自称桑苎翁,阖门著书。"陆羽曾隐居于此,饮用过此泉。当地旧有"双溪十景",其中有"苎泉怀古"

一景。现泉井尚在,又叫"陆家井"。

(阮浩耕)

17. 茶马交易

我国西北地区食肉饮酪的少数民族,茶与粮是同等必需,有"一日无茶则滞,三日无茶则病"之说。古时战争,主力为骑兵,马是战场上取决胜负的重要条件。于是历代统治者采取控制茶叶供应,以少量的茶交换多数战马的茶马交易,实行以茶治边的政策。

唐肃宗李亨至德元年至乾元元年(756~758),蒙古(回纥时期)驱马市茶,开了茶马交易的先河。宋代茶政严厉,于成都、秦州(今甘肃天水)各置榷茶、买马司。其后以提举茶事兼理马政,改称都大提举茶马司。嘉泰三年(1203)复分为两司。元代废止了宋代实行的茶马政策。到了明代,不仅恢复了宋朝的茶马政策,而且变本加厉,把这项政策作为统治西北地区人民的重要手段。明太祖洪武年间,上等马一匹,最多只换茶120斤,平均每匹马换不到40斤茶叶。清代茶政执行松弛,私茶多,交易中则费茶多而获马少。到雍正帝胤禛十三年,官营茶马交易制度停止。茶马交易实施将近700年。

(阮浩耕)

18. 贡茶得官

宋徽宗赵佶嗜茶,宫廷斗茶之风盛行。为满足皇室奢靡之需,贡茶品目大增,数量愈多,制作愈精。宋徽宗还重用贡茶有功官吏。据《苕溪渔隐丛话》等载:宣和二年(1120),漕臣郑可简始创银丝水芽,制成"方寸新铸"。这种团茶色白如雪,故名"龙团胜雪"。郑可简即因此而受宠幸,官升至福建路转运使。以后郑可简又命他侄子千里到各地山谷去搜集名茶,得到一种叫"朱草"的名茶,郑可简则令自己儿子待问去进京贡献。待问果然也因贡茶有功而得官。当时有人讥讽说:"父贵因茶白,儿荣为草朱。"待问得官荣归故里时,大办宴席,亲姻毕集,热闹庆贺。郑可简得意地说:"一门侥幸。"他侄子千里,因朱草被夺,愤愤不平,即对一句:"千里埋怨。"

(阮浩耕)

19. 禅林法语吃茶去

"吃茶去"一词,既是中国人以茶待客,用茶联谊的惯用语,又是佛教界的禅林法语。

古人认为茶能去杂生精,清心陶情,具有"三德":即坐禅时可以提神,通夜不眠;满腹时,可以助消化,轻神气;心烦时,可以去除杂念,平和相处。所以,饮茶最符合佛教的道德观念,因而为禅林所提倡。唐代赵州观音寺高僧从谂禅师,人称"赵州古佛",他崇茶、爱茶,不但自己嗜茶成癖,而且积极提倡饮茶,"唯茶是求"。因此,他每次说话之前,总要说上一句:"吃茶去。"据《广群芳谱·茶谱》引《指月录》道:"有僧到赵州,从谂禅师问:'新近曾到此间么?'曰:'曾到。'师曰:'吃茶去。'又问僧,僧曰:'不曾到。'师曰:'吃茶去。'后院主问曰:'为甚么曾到也云吃茶去,不曾到也云吃茶去?'师召院主,主应喏,师曰:'吃茶去。'"——认为吃茶能达到悟道。自此以后,"吃茶去"就成了禅林法语。为此,中国佛教协会主席、著名诗人赵朴初于 1989 年秋为"中国茶文化展示周"书写的一首诗中,也引用了"吃茶去"这一典故。诗曰:

七碗受至味,一壶得真趣。

空持百千偈,不如吃茶去。

我国著名书法家启功也曾有诗曰:

今古形殊义不差,古称荼苦近称茶。

赵州法语吃茶去,三字千金百世夸。

并在诗末注释:"吃茶去为赵州从谂禅师机锋语。"

(姚国坤)

(一〇) 茶的传说

1. 十八棵御茶

在美丽的杭州西子湖畔群山之中,有一座狮峰山,山上林木葱茏,片片茶园碧绿苍翠,九溪十八涧蜿蜒其间,流水潺潺,云雾缭绕,土层深厚,气候温和,得天独厚的生态环境孕育着盛誉世界的"四绝"佳茗——西湖狮峰龙井茶。狮峰山下的胡公庙前,有用栏杆围起来的"十八棵御茶",在当地茶农精心培育下,长得枝壮叶茂,年年月月吸引着众多游客。

说起这十八棵御茶,还有一段美好的传说。相传在清乾隆时代,五谷丰登,国泰民安,乾隆皇帝不爱坐守宫中,而好周游天下。一次,他来到了杭州,在饱览西湖湖光山色之后,就想去看看自己平时最爱喝的茶叶。乾隆和太监一说,这可忙坏了地方大小官员,也忙坏了胡公庙的老和尚,因为根据安排,乾隆要在庙里休憩喝茶。

第二天,乾隆带领大小随从巡游狮峰山,一路上,高耸的狮峰雄姿,清澈的龙井泉水,碧绿的连片茶园,村姑们肩背茶篓,穿梭园间忙着采茶,树上路旁到处鸟语花香,乾隆深为大自然的景色所陶醉,久久徘徊山间,在太监催请下,始来到胡公庙。老和尚恭恭敬敬地献上最好香茗,乾隆看那杯茶,汤色碧绿,芽芽直立,栩栩如生,煞是好看,啜饮之下,只觉清香阵阵,回味甘甜,齿颊留芳,便问和尚:"此茶何名? 如何栽制?"和尚奏道:"此乃西湖龙井茶中之珍品——狮峰龙井,是用狮峰山上茶园中采摘的嫩芽炒制而成。"接着就陪乾隆观看茶叶的采制情况,乾隆为龙井茶采制之劳、技巧之精所感动,曾作茶歌赞曰:"慢炒细焙有次第,辛苦功夫殊不少。"

乾隆看罢采制情况,返回庙前时,见庙前的十多棵茶树,芽梢齐发,雀舌初展,心中一乐,就挽起袖子学着村姑采起茶来。当他兴趣正浓时,忽有太监来报:"皇太后有病,请皇上急速回京。"乾隆一听急了,随手把采下的茶芽往自己袖袋里一放,速返京城去了。不几日回到皇宫,见太后坐在床边,赶忙上前请安。太后本无大病,只是山珍海味吃多了后,肝火上升,眼睛红肿,今见皇儿回朝,心里高兴,病也去了几分,遂问起皇上在外情况,谈着谈着,太后闻到似有阵阵清香迎面扑来,便问乾隆:"皇儿从杭州带来了什么好东西? 如此清香!"乾隆心想,我急匆匆赶回,倒是忘了带些礼品孝顺母后,然仔细闻闻确有一种清香散发出来,他用手一摸,想起是狮峰采下的一把茶叶,几天过去,已经干了。一边取出茶叶,一边回答道:"母后,这是我亲手采下的狮峰山龙井茶。"

"哦,这茶真香! 我这几天嘴巴无味,快泡来我尝尝!"

乾隆忙叫宫女泡了一杯来,太后接过香茶,慢慢品饮,说也奇怪,太后喝完茶汤,感到特别舒适,其实这茶，一来品质好，清香可口，去腻消食；二来见到皇儿，心情舒畅，加上茶叶是皇上亲手所采，所以如此连喝几天，居然肝火平了，眼红退了，肠胃也舒服了，太后满心欢喜地告诉皇帝："儿啊，这是仙茶哩，真像灵丹妙药，把为娘的病也治好啦！"乾隆听了哈哈大笑，忙传旨下去，封胡公庙前茶树为御茶树，派专人看管，年年岁岁采制送京，专供太后享用。因胡公庙前一共只有十八棵茶树，从此，就称为"十八棵御茶"。

（庄雪岚）

2. 茶墨之争

俗话说，"酒壮英雄胆，茶引学士文"。自古以来，茶叶就与文人雅士结有不解之缘。如古代唐宋八大家，清代的"扬州八怪"以及近代的鲁迅、郭沫若、韩素音等等，既擅长诗词书画，也善于品茗斗茶。他们讲究茶的欣赏艺术和品饮情趣，不愧为品茶行家里手。历代以茶抒怀，以茶写景，描述品饮感受、斗茶奇趣的茶诗、茶词、茶歌、茶赋、茶画、茶戏、茶书等不胜枚举，这些作品至今读来仍意深义长、脍炙人口，许多名篇佳作，都是中华民族文化宝库中的瑰宝。

因何茶墨之缘如此深切呢？这与茶本身具有很强的吸引力有关。首先，茶具有很强的观光价值，从茶山风光到采茶、制茶，处处都引人入胜，茶叶、茶具等又有很高的欣赏价值，特别是古今名茶，多与名山、胜景、古刹相联，而这些地方也正是文人墨客的驻足之地，"人间何处似仙境？春山携伎采茶时"、"山实东吴秀，茶称瑞草魁"、"如此河山归得去，诗人不做做茶人"等名句都是歌颂茶区风光的；其次，饮茶本身富有生活情趣，是人生一种特殊的艺术享受，所以文人墨客誉茶为"瑞草魁"、"草中英"、"信灵味"、"群芳最"。"闷来时石鼎烹茶，无是无非快活煞，锁住了心猿意马"、"从来佳茗似佳人"、"盛来有佳色，咽罢余芳香"、"烹七碗茶，靠半放松，都强如相府王宫"、"雪夜清甘涨井泉，自携茶灶就烹煎，一毫无复关心事，不枉人间住百年"、"一杯春露暂留客，两腋清风几欲仙"以及卢仝的《饮茶歌》，都描述了饮茶的生活艺术和真趣，而这些绝妙佳句，读来意味深长，这种自娱娱人，独乐乐众，超然自得的生活情趣，确实也大有诱人跃然欲试之感；第三，茶叶有多种保健功效，对玩"墨"者来说，茶的提神、醒脑、去疲、益思等功效吸引力更大，所谓"茶益文人思，茶引学士文"，因此许多墨客嗜茶成癖，甚至达到"无茶难以提笔"的地步。记得有位作家曾经说过："一支笔和一罐茶是我两大挚友，即便在战乱奔波之际，也从无一日离开过我"，可见茶癖之重，茶情之深！

唐宋时期文风大盛，而文人雅士又以尚茶为荣，不仅嗜好品饮，而且参与采茶、制茶，于是斗茶之风兴起，范仲淹的《斗茶歌》曰："北苑将期献天子，林下雄豪先斗美。"而这种"茗战"之乐，也确实吸引了许多文人墨客。人们聚集一堂斗茶品茗，讲究的还自备茶具、茶水，以利更好地发挥名茶的优异品质。相传有一天，司马光约了十余人，同聚一堂斗茶取乐。大家带上收藏的最好茶叶、最珍贵的茶具等赴会，先看茶样，再闻茶香，后尝茶味。按照当时社会的风尚，认为茶类中白茶品质最佳，司马光、苏东坡的茶都是白茶，评比结果名列前茅，但苏东坡带来泡茶的是隔年雪水，水质好，茶味纯，因此苏东坡的白茶占了上风。苏东坡心中高兴，不免流露出得意之状。司马光心中不服，便想出个难题压压苏东坡的气焰，于是笑问东坡："茶欲白，墨欲黑；茶欲重，墨欲轻；茶欲新，墨欲陈。君何以同爱两物？"众人听了拍手叫绝，认为这题出得好，这下可把苏东坡难住了。谁知苏东坡微笑着，在室内踱了几步，稍加思索后，从容不迫地欣然反问："奇茶妙墨俱香，公以为然否？"众皆信服。妙哉奇才！茶墨有缘，兼而爱之，茶益人思，墨兴茶风，相得益彰，一语道破，真是妙人妙言。自此，茶墨结缘，传为美谈。

（庄雪岚）

3. 奶茶和酥油茶的由来

相传在公元17世纪中叶，英王查理二世的皇后凯瑟琳，嗜好饮茶，她从葡萄牙嫁到英国后，积极提倡禁酒饮茶，传播饮茶风尚，发展茶叶贸易，英国人称她为"饮茶皇后"。在中国历史上也有位饮茶皇后，为时更早，那就是唐代的文成公主。

唐时，文成公主和亲西藏，从此边疆安定，历史上传为美谈。当时饮茶之风很盛,人们崇尚饮茶。文成公主远嫁西域,嫁妆自然丰厚,除金银首饰、珍珠玛瑙、绫罗绸缎等等之外,还有各种名茶,因为文成公主平生爱茶,养成了喝茶的习惯,而且喜欢以茶敬客。

西藏地处高原,气候寒冷干燥,人们一日三餐均以肉食为主,果菜甚少。文成公主初到西藏,生活很不习惯。每天早晨,当婢女端来牛羊奶时,她就紧锁双眉,不吃不行,吃了胃又不舒服,于是她想出了一个办法,先喝半杯奶,然后再喝半杯茶,果觉胃舒服了些。以后她干脆把茶汁掺入奶中一起喝,无意之中发觉茶奶混合,其味比单一的奶或茶更好。打这以后,不仅早晨喝奶时要加茶,就连平常喝茶时也喜欢加些奶和糖,这就是最初的奶茶。

俗话说"上有所好,下有所效"。文成公主爱好饮茶,开始人们甚感新奇,以后官宦权贵则相继仿效,公主也常以茶赐群臣、待亲朋,当他们第一次喝上茶汁时,虽觉有些苦涩,但饮后齿颊留芳,肠胃清爽,解渴提神,身心轻快。如此一传十,十传百,人们把茶叶视作仙草妙药,甚至认为文成公主之所以这样美也是饮茶的结果,于是人们争相效仿,饮茶之风不胫而走,迅速传向西藏各地。文成公主为了普及饮茶,除晓之以理,传之以法外,还建议藏王用牲畜、皮毛、鹿茸等土特产,派人去陕西、四川等地换取茶叶,自此西藏饮茶之风日盛,茶叶的消费量也日益增多。人们在饮茶实践中,逐渐发现吃了油腻肉食后喝杯浓茶,肠胃特别舒服。同时文成公主想到京城一带有用葱、姜、芝麻、炒米等佐料泡茶吃的,于是试着在煮茶时加入些酥油和松子仁,吃起来很香,如果不加糖,而加些许珍贵的盐巴,咸滋滋、香喷喷,其味更佳。文成公主逢年过节,就亲自制作这种酥油茶赏赐大臣,于是"酥油茶"就逐渐成为藏族赏赐、敬客的最隆重礼节,直至今日,客来敬酥油茶,仍是藏胞的一种独特风尚。当然现今的酥油茶讲究多了,制作时不仅要有好茶和上等的酥油、上好的佐料,而且还要有一个专打酥油茶的长筒和一套精美的茶具。但每当藏胞围坐一起,吃着香脆的糌粑饼,喝着咸滋滋的酥油茶时,常怀着崇敬的心情缅怀饮茶皇后——文成公主,有声有色地描述有关文成公主的种种传说。这些传说来自哪里?是否可靠,谁也未去考证,但人们从饮茶历史推断,文成公主对西藏饮茶风尚的兴起和发展,曾经起到积极传播、竭诚宣传和努力促进的作用,是无可怀疑的。

(庄雪岚)

4. 碧螺姑娘

江苏太湖的洞庭山上,出产一种"铜丝条,螺旋形,浑身毛,吓煞香"的名茶,叫"碧螺春"。据清王彦奎《柳南随笔》载:"洞庭山碧螺峰石壁产野茶,初未见异。康熙某年,按候而采,筐不胜载,因置怀间,茶得热气,异香忽发,采者争呼吓煞人香。吓煞人吴俗方言也,遂以为名。自后土人采茶,悉置怀间,而朱元正家所制独精,价值尤昂。己卯,车驾幸太湖,改名曰碧螺春。"

说起碧螺春茶的来历,民间有两个动人的传说。

一是说相传很早以前,西洞庭山上住着一位美丽、勤劳、善良的姑娘,名叫碧螺。姑娘喜欢唱歌,又有一副清亮圆润的嗓子,唱起歌来像甘泉直泻,逗得大伙非常欢乐。这歌声打动了隔水相望的东洞庭山上的一个小伙子,名叫阿祥。这阿祥长得魁梧壮实,武艺高强,以打鱼为生,为人正直,又乐于助人,方圆数十里,人们都夸他、爱他。碧螺常在湖边结网唱歌,阿祥老在湖中撑船打鱼,两人虽不曾有机会倾吐爱慕之情,但心里却已深深相爱,乡亲们也很喜欢这两个人,因为他们给乡亲们带来幸福和欢乐。

有一年初春,灾难突然降临太湖。湖中出现一条凶恶残暴的恶龙,狂风暴雨,兴妖作怪,还扬言要碧螺姑娘做他的"太湖夫人",搞得太湖人民日夜不得安宁。阿祥决心与恶龙决一死战,保护洞庭山人民的生命安全,也保护心爱的碧螺姑娘免遭磨难!

一个没有月亮的晚上,阿祥操起一把大渔叉,悄悄潜到西洞庭山,见恶龙行凶作恶之后正在休息,阿祥乘其不备猛窜上前,用尽全身力气,把手中渔叉直刺恶龙背脊。恶龙受了重伤,挣扎了一下,就张开血盆大口,加倍凶狠地向阿祥扑来。阿祥高举渔叉勇猛迎战,于是一场恶战展开了,从晚上杀到天明,从天明又杀到晚上,杀得天昏地暗,地动山摇,那山上、湖里留下了斑斑的血迹,直到斗了七天七夜,阿祥的鱼叉才刺进了恶龙的咽喉,这时双方都身负重伤,精疲力竭了,恶龙的爪子再也抬不起来,而阿祥的鱼叉也举不动了,跌倒在血泊中昏了过去。

乡亲们怀着深深感激和崇敬的心情,把阿祥抬了回来,碧螺姑娘一看心如刀绞,为了报答阿祥救命之恩,她要求把阿祥抬进自己家中,由她亲自照料。碧螺姑娘千方百计为他治疗,日夜陪伴在床边,细心加以照料,当阿祥痛苦的时候,还轻轻地哼着最动听的歌。可是,阿祥的伤势仍一天天恶化。阿祥知道碧螺姑娘日夜陪在他身边,感到莫大快慰,他有多少话要向姑娘倾诉啊,可是虚弱的身体使他说不出话来,他只能用无限感激的目光凝视着姑娘。

碧螺姑娘更是焦急万分,她在乡亲们的帮助下,访医求药,仍不见效。一天,姑娘找草药来到了阿祥与恶龙搏斗的地方,忽然看到一棵小茶树长得特别好,心想:这可是阿祥和恶龙搏斗的见证,应该把它培育好,让以后的人们知道阿祥是如何为了人民过上安定幸福的生活而不惜流血牺牲的!接着就给小茶树加上些肥,培了些土。以后她每天跑去看看,惊蛰刚过,树上就长出很多芽苞,春意盎然,非常可爱,在寒冷的气温下,碧螺怕芽苞冻着,就用小嘴含住芽苞,这样每天早晨都去含一遍。至清明前后,芽苞初放,伸出了第一片、第二片嫩叶。姑娘看着这些嫩绿的芽叶,自言自语地说:"这棵茶树是阿祥的鲜血滋润的,是我会唱歌的嘴含过的,何不采些回去给阿祥喝,也表达我的一番心意。"于是采摘了一把嫩梢,揣在怀里,回家后泡了杯茶端给阿祥。说也奇怪,这茶刚倒上开水,就有一股纯正而清馥的高香直沁心脾,阿祥闻了精神大振,一口气把茶汤喝光。香喷喷、热腾腾的茶汤,好像渗透到了他身上每一个毛孔,感到有说不出的舒服。他试着抬抬手,伸伸腿,惊奇地说:"好怪啊!我简直可以坐起来了!这是什么妙药,真比仙丹还灵呢。"姑娘见此情景,高兴得热泪直流,也来不及拿竹篮盛器,飞奔到茶树边,一口气又采了一把嫩芽,揣入胸前,用自己的体温使芽叶萎蔫,拿到家中再取出轻轻搓揉,然后泡给阿祥喝。如此接连数日,阿祥居然一天天好起来了。阿祥终于坐起来了,拉着姑娘的手倾诉自己爱慕和感激之情,姑娘羞答答地也诉说自己对阿祥的敬爱之心。

阿祥得救了,姑娘心上沉重的石头落了地。就在两人陶醉在爱情的幸福之中时,碧螺的身体再也支撑不住,憔悴的脸上没有一点血色,一天她倒在阿祥怀里,带着甜蜜幸福的微笑,再也睁不开双眼了。阿祥悲痛欲绝,就把姑娘埋在洞庭山的茶树旁。从此,他努力繁殖培育茶树,采制名茶。"从来佳茗似佳人",为了纪念碧螺姑娘,人们就把这种名贵茶叶取名为"碧螺春"。

二是说很早以前,东洞庭莫厘峰上有一种奇异的香气,人们误认为有妖精作祟,不敢上山。一天,有位胆大勇敢、个性倔强的姑娘去莫厘峰砍柴,刚走到半山腰,确闻到一股清香,她也感到惊奇,就朝山顶观看,看来看去没有发现什么奇异怪物,为好奇心所驱,她冒着危险,爬上悬崖,来到山峰顶上,只见在石缝里长着几棵绿油油的茶树,一阵阵香味好像就从树上发出来的。她走近茶树,采摘了一些芽叶揣在怀里,就下山来,谁知一路走,怀里的茶叶一路散发出浓郁香气,而且越走,这股香气越浓,这异香熏得她有些昏沉沉。回到家里,姑娘感到又累又渴,就从怀里取出茶叶,但觉满屋芬芳,姑娘大叫"吓煞人哉,吓煞人哉!"一边撮些芽叶泡上一杯喝起来。碗到嘴边,香沁心脾,一口下咽,满口芳香;二口下咽,喉润头清,三口下咽,疲劳消除。姑娘喜出望外,决心把宝贝茶树移回家来栽种。第二天,她带上锄头,把小茶树挖来,移植在西洞庭的石山脚下,加以精心培育。几年以后,茶树长得枝壮叶茂,茶树散发出来的香气,吸引了远近乡邻,姑娘把采下来的芽叶泡茶招待大家,但见这芽叶满身茸毛,香浓味爽,大家赞不绝口,因问这是何茶,姑娘随口答曰:"吓煞人香。"从此,吓煞人香茶,渐渐引种繁殖,遍布了整个洞庭西山和东山,采制加工技术也逐步提高,逐步形成现今具有"一嫩三鲜"(即芽叶嫩,色、香、味鲜)特点,碧绿澄清,形似螺旋,满披茸毛的碧螺春茶。

至于吓煞人香怎么改名为碧螺春?据说是皇帝下江南时,品尝此茶,见其香气芬芳,味醇回甘,碧绿清澈,爱不释手,因"吓煞人香"茶名太俗,才赐名为"碧萝春"。以后因其形如卷螺,又称"碧螺春"了。

(庄雪岚)

5. 冻顶乌龙

冻顶乌龙是台湾省出产的乌龙茶珍品,与包种茶合称姐妹茶。其制法近似青心乌龙,但味更醇厚,喉韵强劲,高香尤浓。因产于冻顶山上,故名冻顶乌龙。

冻顶山是台湾省凤凰山的一个支脉,海拔700多米,月平均气温在20℃左右,所以冻顶乌龙实不是因为严寒冰冻气候所致,那么为什么叫"冻顶"呢?据说因为这山脉迷雾多雨,山陡路险崎岖难走,上山去的人都要绷紧足趾,台湾俗语称为"冻脚尖"才能上山,所以此山称之为冻顶山。相传在一百多年前,台湾省南投县鹿谷乡中,住着一位勤奋好学的青年,名叫林凤池,他学识广博,体健志壮,而且非常热爱自己的祖国。记不得是哪一年,他听说福建省要举行科举考试,就很想去试试,可是家境贫寒,缺少路费,不能成行。

乡亲们喜欢林凤池为人正直,有学识,有志气,有抱负,得知他想去福建赴考,就相约跑来对他说:"凤池,你想去考是好事!去吧,有困难,大家帮你,你别发愁,赶快做好准备吧!"说罢大家就慷慨解囊,给林凤池凑了足够的路费。林感激万分,第三天即拜别乡亲上路了。临行时乡亲们到海边送行,七嘴八舌地再三叮嘱:"祝你一路顺风,路上多加小心啊!""不管考得怎样,可要回来呀!""别忘了故乡和乡亲,我们盼你回来呢!"林凤池感动得流下泪来,暗暗下定决心,一定要为乡亲们争光。

不久,林凤池果然金榜题名,考上了举人并在县衙内就职。一天,林凤池决定回台湾探亲,在回台湾前邀同僚一起到武夷山一游。上得山来,只见"武夷山水天下奇,千峰万壑皆美景",山上岩间长着很多茶树,又听说树上的嫩叶做成乌龙茶,香高味醇,久服有明目、提神、利尿、去腻、健胃、强身等作用,便想能带些回台湾多好啊,于是向当地茶农购得茶苗三十六棵,精心带土包好,带到了台湾南投县。乡亲们见凤池衣锦还乡,喜出望外,又见他带来福建祖家传种的乌龙茶苗,格外兴奋,他们推选几位有经验的老农,仔细地把三十六棵茶苗种植在附近最高的冻顶山上,并派专人精心管理。加之台湾气候温和,茶苗棵棵成活,不断吐着绿油油的嫩芽,可爱极了。接着,人们按照林凤池介绍的方法,采摘芽叶,加工成了乌龙茶。这茶说来也怪,山上采制,山下就闻到了清香,而且喝起来清香可口,醇和回甘,气味奇异,成为乌龙茶中风韵独特的佼佼者,这就是现今台湾省"冻顶乌龙"的由来。

(庄雪岚)

6. 蒙顶玉叶

蒙顶茶是中国名茶中的一颗灿烂明珠,"若教陆羽持公论,应是人间第一茶"、"琴里知闻唯渌水,茶中故旧是蒙山"、"蜀土茶称圣,蒙山味独珍"等名句,都是称颂蒙顶茶的,可见蒙山茶在人们心目中声誉之高。

蒙顶茶,产于号称"天府之国"的四川省。四川名山胜地颇多,素有"剑阁天下险,峨眉天下秀,青城天下幽"之称。蒙山位于邛崃山脉中段,成都平原之西,地跨名山、雅安两县,山顶有五顶,又称五峰(有上清、菱角、毗罗、井泉和甘露等峰),状如莲花。山上古木参天,寺院林立,其山势之巍峨,峰峦之挺秀,云雾之弥漫,景观之奇特,堪与峨眉、青城媲美,确有"仰则天风高畅,万象萧瑟;俯则羌水环流,众山罗绕,茶畦杉径,异石奇花,足称名胜"之感。蒙山现已发展成为四川省的重点产茶区。

据史料记载,蒙山产茶已有两千多年历史。相传在西汉末年,蒙山寺院中有位普慧禅师,在上清峰上栽种了七棵茶树。这七棵茶树"高不盈尺,不生不灭",年长日久,春生秋枯,岁岁采茶,年年发芽,虽产量极微,但采用者有病治病,无病健身,人称"仙茶"。关于七棵"仙茶",在汉碑和明清两代的石碑以及《名山县志》中均有记述。但这七棵茶树究竟从何而来,如何传播四方?众说纷纭。有的认为从云贵高原引入,有的认为从福建建溪引入,也有的认为从峨眉山采集的茶种培植而来,至于这七棵仙茶如何发展和传播的,更有不少神话般的记述和传说。据说很早以前,有位老和尚身患重病,服药无效,忽有一老翁来访,谓"春分时节采得蒙山玉叶,用山泉煎服,可治宿疾"。老和尚信其言,如法采制仙茶,服后果然病情渐愈,久服更觉神清体健,精力更旺,于是就在蒙山顶上筑起石屋,找了一位老汉专门培育和采制茶叶。

老汉早年亡妻，只有一个女儿，两人相依为命，因女儿出落得和"玉叶"那样受人喜爱，因而取名玉叶。玉叶长得秀眉大眼，聪明伶俐，年方十六，尚未许亲。一天老汉要玉叶下山购物，不料在半山腰碰到几个恶少，拦住去路，百般调戏污辱，玉叶急中生智，放开嗓子大喊救命。悲凄的喊声惊动了正在砍柴的青年王虎。王虎长得虎背熊腰，憨厚老实。听到喊救声，急忙奔去，但见恶少在光天化日之下调戏一个少女，气愤极了，顺手拾起一根木棍，大喝一声，直冲过去，那些纨绔子弟哪是王虎的对手，有的被打得抱头讨饶，有的边骂边溜，玉叶得救了。她看了看虎子说："感谢壮士救命之恩！"说罢跪在地上叩了三个响头。这可把虎子急坏了，忙扶起姑娘说："这是我应该做的，快别这样。时间不早，姑娘快赶路去吧！"玉叶再次道谢拜别了虎子，转身向山上走去，走不多远又依依不舍地回过头来看看虎子，谁知虎子也正在望着她，四目相视，情意绵绵，自此虎子忘不了姑娘，老在山间徘徊。玉叶也喜欢有事没事去山上走走，希望能再次遇到这位青年。当她探听到这位青年是住在山脚下的孝子时，思念之情更加殷切。

再说王虎家贫如洗，靠砍柴为生，家有老母，双眼红肿，视力很差，连做些针线活也不能够，全靠儿子养活她。王虎不仅对娘孝顺，对邻里温和，就是对一般小动物也很爱护，所以人们都称他为孝子。一天，王虎听说蒙山顶上的"玉叶"可治眼疾，就决心上山采集。他安排好了母亲生活，对娘说："娘，我要上山去采药，一定要把您眼病治好，您就在家静候佳音吧！"说罢带上干粮就上路了。蒙山有五峰，他翻过一个山峰又一个山峰，累了就在大树下躺一下，渴了就喝点山泉水。一天他正在泉边喝水，想想走了那么多路还找不到，"玉叶"究竟长在哪里，心甚烦恼，忽听一阵悠扬的歌声由远而近传来，觉得奇怪，就爬到树上向四面瞭望，只见一个少女正唱着歌向这边走来，看样子似乎面熟。再一看，好像是过去搭救的那位姑娘，于是情不自禁地喊了起来。"喂，您是住在山里的人吗？"姑娘听到有人问话，就朝这边跑来。姑娘越跑越近，虎子也就越看越清楚，果真是她！像触了电似的，不觉心慌意乱，脸上发烧。他迅速地从

树上跳下来，姑娘一见喜出望外，大叫："是您呀！太好了！上次您救了我，还没有请教您尊姓大名哩！"接着又问虎子家住哪里，家里还有什么人，为什么到山顶来等等。虎子如实相告，姑娘听了哈哈大笑："您算找对罗！我叫玉叶姑娘，玉叶就是我管的，我还会看病哩。您回去吧，过几天我亲自来给您老母亲看病。"虎子感激地回到了家。不几日，玉叶果然带了包珍藏的"玉叶"仙茶来到了虎子家，看了大妈的眼睛，用茶汤洗了洗，并嘱大妈天天煎服，服后茶渣捣烂敷于眼皮上。说奇也奇，不到十日，虎子妈的眼睛红肿消了，视力也增强了。大妈很感激玉叶，同时也非常喜欢玉叶。不久玉叶和虎子有情人终成眷属。

玉叶为了给更多的人治病，就在山脚下摆了个摊子，同时采集些茶籽播于周围，扩大仙茶的种植面积。从此仙茶能治眼疾，能提神健身，有返老还童功效的消息不胫而走，远近闻名，人们称它为"圣扬花"、"吉祥蕊"。以后献媚者采制奉献官府，地方官府又视作进阶宝物，进贡皇上，自唐朝以始，蒙山茶就列为"贡茶"，沿袭至清，年年岁岁采制贡茶，极为神秘。每逢初春发芽，县官即择好吉日，穿上朝服，率领僚属并各寺院和尚，敲锣打鼓，上山朝拜"仙茶"。待烧香礼拜之后，开始采摘茶芽，规定先采三百六十叶，交制茶僧负责炒制。炒制时寺僧要一边盘坐诵经，一边在釜中翻炒，然后用炭火焙干，贮入两个银盒中，快马送京，以供皇帝祭祀天地祖宗之用。凡上清峰茶树上采摘的仙茶，称"正贡"，其他山峰上采下的芽叶统称"凡种"。仙茶采后即采"凡种"嫩芽，制成二十斤，装十八锡罐，陪贡入京，称为"陪茶"，专供帝王享受。据《名山县志》载：蒙山贡茶园，全由山上寺僧掌管，分工精细，各司其职，负责到底。山上还专门筑有"石屋"，供采制贡茶之用，今蒙山上仍有"贡茶石院"的遗迹。一千多年来，蒙山名茶一直成为帝王将相的专利品，广大劳动人民有采制之义务，而无享受之权利。

自上世纪50年代以来，蒙山建立了国营茶场，垦复和发展了几千亩茶园，先后生产了甘露、石花、黄芽、米芽、万春银叶、玉叶长春等名茶，深受国内外市场欢迎，人们称赞蒙山茶是：

万紫千红花色新,春报精品味独珍。
银毫金光冠全球,叶凝琼香胜仙茗。

(庄雪岚)

7. 御茶园遗址

武夷山,是福建第一名山。山上有三十六峰,九十九奇岩。峰岩交错,怪石嶙峋,翠岗起伏,溪流纵横,而九曲溪贯穿山中,蜿蜒十五华里。就在九曲溪四曲南岸,有一片依山傍水,杂草丛生的废墟,这就是当年御茶园的遗址。

说起这片御茶园,人们不会忘记这样一段血泪斑斑的传说。

那是在元朝初年,江西茶农起义,起义失败后,人们各奔东西,流落他乡。其中有位青年,名叫赖思安,带着妻子和独生女儿小兰,来到了人烟稀少、山深林茂的武夷山,以躲避官军搜捕。赖思安当时风华正茂,膀粗腰圆,力大手巧,为人正直,乐于助人。他出身茶农,所以在武夷山麓搭起茅屋,开辟荒地,栽种茶树,同时在附近找点零活打工,慢慢地人们了解了他,喜欢了他。他也逐渐习惯了当地的生活。女儿也一天天长大,逗人喜爱,虽缺衣少吃,日子过得比较清苦,但总算有个安身之地。谁知好景不长,祸从天降。

一年,武夷山来了个贪官,姓高名兴。高兴是个贪赃枉法的家伙,媚上压下,同僚怕他,民众恨他。那年他奉调上京,顺路来游武夷。在地方官陪同下,他不仅对武夷山千岩竞秀、万溪争流的景色赞不绝口,对武夷山的佳茗——"石乳",因喝起来清香扑鼻,舌有余甘,更是喜上眉梢,认为又找到了一个向皇上献媚邀宠的好机会。于是,他向崇安知县要了三斤"石乳",用精制锡罐装好,带到京城,恭恭敬敬地献给皇帝忽必烈。忽必烈惯于肉食,喝了"石乳",异香扑鼻,齿颊留芳,口清神爽,接连冲饮几天,更觉去腻消食,胃口大增,于是传旨高兴父子升官晋爵,令崇安知县每年精制"石乳"二十斤进贡。自此,可苦了百姓。贡茶二十,到了县官那里就变成了八十,迫得茶农无路可走。赖思安想,皇帝要二十,狗官要八十,明年一百二十,这样下去如何得了!连夜采制也没有那么多石乳茶呀。于是和大伙商议,采制部

分粗茶,以次充好,搪塞了事,也让他们知道百姓不是好惹的。

到了第二年,皇帝尝了知县进贡的"石乳"茶后,大为不满,原来其茶品质远不如高兴所献,认定知县有欺君之罪。幸朝廷诸大臣均受茶贿,为其求情,才免死罪。狡猾的高兴为巴结皇上,忙呈上奏文,建议由他儿子入山监制,皇帝准奏,于是高兴儿子高久住就威风凛凛地带兵来到武夷,拆民房,毁茶园,在四曲圈起一大片茶园为御茶园,并修筑"焙局"、仁风门、拜发亭、清神堂、思考亭、培芳亭、燕嘉亭、宜寂亭、浮光亭、碧云桥、通仙井等,所有亭阁,雕龙画凤,尽情挥霍,并委派官员专事御茶。在通仙井旁还筑起高台,名曰"喊山台",每年惊蛰所有地方官员和茶农汇集台前,杀猪宰羊,鸣锣击鼓,祷告上苍,齐喊"茶发芽! 茶发芽!"趁机欺上骗下,从中渔利。

四曲一带,原本产茶不多,加之高久住贪得无厌,建园第二年就勒索贡茶三百六十斤,第三年增到九千九百斤。茶农起早摸黑,所制茶叶还不够缴贡,真是民不聊生,怨声载道。赖思安见此情景,气愤地告诫大家:"这世道没有我们穷人活路了,大家不要死在这里,早拿主意吧!"于是上山的上山,逃荒的逃荒,过了谷雨,尚无人采茶,这可急坏了高久住,忙带上兵丁来到山间。官兵所到之处,奸淫烧杀,无恶不作。赖思安带着青壮年茶农躲进深山,当官兵得知赖曾参加过抗元起义,又是鼓动茶农逃亡的带头人,就到处悬赏捉拿,而他的爱女又遭官兵蹂躏,悬梁身亡。官逼民反,赖思安忍无可忍,一拍桌子大声吼道:"反正没有活路,跟他们拼了!"说着拿起柴刀,冲下山去。那时候民众百姓,哪个没仇? 谁个无恨? 一人带头,个个争先,纷纷拿起扁担,提上斧子,连夜摸下山去。正巧当晚崇安知县在迎嘉亭宴请高久住,寻欢作乐,酒兴正浓。赖思安带领大家,乘其不备,闯进亭阁,见官就砍,遇兵即杀,好不痛快! 最后放了一把火,把御茶园彻底烧毁。

如今,御茶园的繁华和威风早已烟消云散,在人们心目中留下的只有这痛苦的回忆,以及对茶农起义的同情和缅怀。

(庄雪岚)

8. 猴公茶的故事

在福建省南靖和漳平交界的朝天岭一带，流传着这样一句话："茶数白毛猴，猴公胜白毛。"

据说这猴公茶冲泡起来，百步外就能闻到馥郁茶香，入口就感到满嘴清香，一下咽更是沁人心脾。相传在很久很久以前，朝天岭高入云端，悬崖峭壁，奇峰叠翠，云雾缭绕，曾经是猴子聚居的王国。在朝天岭山脚下住着一位勤劳善良的老阿婆，她孤身一人，以替人接生助产、做针线活为生，心地极好，乐于助人，是方圆数十里内人人赞扬的好阿婆。

有年一个寒冷的夜晚，阿婆早已入睡，忽听有人敲门，阿婆心想肯定又是谁家媳妇难产了，于是一骨碌起了床，边穿衣服边去开门。谁知打开门一看，站在门口的是一只黑毛猴子，这可把阿婆吓了一跳。但见那猴子既不入屋，也不抓人，只是用祈求的眼神直直地望着阿婆，口中还吱吱地叫个不停。阿婆看猴子并无恶意，但又不解猴语，就壮着胆说："我没有东西给你吃，走吧！"说着就要关门。猴子一看急了，忙上前拉住阿婆的衣角，比划着朝山上方向拉。阿婆暗想莫非母猴病了，且去看看吧！于是关上门就跟着黑猴走去，在月光下走过弯弯曲曲的山径，来到了朝天岭的岩洞口，尚未进洞就听到母猴痛苦的尖叫声，阿婆来不及考虑是否危险，三步并作两步地钻入洞中，只见母猴正在呻吟打滚，看样子是难产了。阿婆拍拍母猴，让她躺好，然后蹲下去为她助产。她摸摸母猴肚子，轻轻地进行揉推，当摸到小猴子头部时轻轻地一拉，小猴子平安地出世了，母猴眨眨眼睛，也安静了下来。猴公高兴极了，双腿跪下，向阿婆叩起了响头，表示感谢。当阿婆要转身回家时，猴公从洞穴中取来一包茶籽，双手捧给阿婆。阿婆非常喜爱，就用帕儿把它包好，揣入怀中。她一路走，一路想，可别丢了，于是一路行走，一路不停用手去摸，惟恐丢了。结果把那包茶籽打散了，一颗颗茶籽撒落在路上。等阿婆回到家里，怀里的茶籽不多了，她小心翼翼地将它们撒种在屋前山坡上。不久她屋前的茶树长得枝壮叶茂，去朝天岭的那条山路上也到处有绿油油的茶树。阿婆高兴极了，每年采茶季节，她就挽着茶篓，细心采摘，认真炒制，精心保藏，当乡亲们来到她家，她就泡茶招待客人。人们吃到这么好的茶叶，总要惊奇地问阿婆："这是什么茶呀？这么香，那么可口！"这时，阿婆就怀着自豪的心情笑呵呵地回答："这叫猴公茶，是朝天岭上的猴公送的！"

（庄雪岚）

9. 雪芹辨泉

北京香山，山峦叠翠，溪流曲折，山间寺院、矿泉甚多，正所谓"香山三百寺，无寺没泉水"、"香山遍地泉，大小七十眼"。在这神州宝地，哪口泉水质最好呢？据曹雪芹评定的结果，是香山品香泉水质最佳。他认为：泉水清，泉水甜，烹茶要算品香泉。以后这一消息愈传愈神，人们纷纷上香山取泉水，说是品香泉的水能治百病，可延年益寿。乾隆皇帝当年曾在品香泉修筑了一座小行宫，闲来上山小坐品茶。皇宫还备有专门运送泉水的龙车，每天取品香泉水供皇上享用。从此，品香泉的水被皇家独占，所以香山一带老百姓说："品香泉，泉水香，香了皇家香不到咱，上天赐泉莫如溪，溪水长流泽四方！"

品香泉之所以这么有名，相传与曹雪芹品茶辨泉有关。

曹雪芹曾久居香山白旗村。在他专心撰写《红楼梦》的同时，和友人鄂比交往情深，几乎天天相约在香山散步。品香泉源于香山法海寺南边的一个山洼里，泉水清清，长流不断。曹雪芹几乎天天要到这里一转，并打上一壶泉水回家沏茶。一天，细雨濛濛，鄂比劝他不必上品香泉，说水源头双清泉的水也很好。但雪芹执意不要，坚持去品香泉取水。为此，鄂比问其何故？雪芹答道："香山大小七十泉，我都品尝过了，唯独这品香泉水清洌、香甜，水质最佳，烹茶其味最醇，若常年饮用，可收养生延年之功。不信？请君一试！"

鄂比说："我看水源头的泉水也不错嘛。"

"水源头泉水固然不错，但比起品香泉来就差得多了！"雪芹答道。

鄂比半信半疑地摇摇头："恐怕不见得吧，同为泉水，你别说得这么神了。"

过了几天，鄂比一早又来邀雪芹外出散步，曹雪芹三更起床，文思绵绵，《红楼梦》写得兴味正浓，就婉言谢绝不能相随,但递上一只水壶,请鄂比帮忙带一壶品香泉水来。

鄂比心想,曹雪芹把品香泉水质说得那么神,我倒要试试是真是假。于是满口答应,然后一人外出,在水源头装上半壶水,又到品香泉加满半壶水,兴冲冲地回到曹雪芹家。雪芹已写完一章,正在休息,见鄂比提来泉水,高兴极了,忙取出好茶,二人一边聊天,一边烧水沏茶。鄂比边喝边细察雪芹神态,只见雪芹蛮有兴味地喝了两口,鄂比认为他根本辨不出真假,心中暗喜,就说:"好茶好水,悠然对饮,真乃人生一乐也!"雪芹不语,又喝了几口就把碗放在桌上,用审视的眼光笑眯眯地看着鄂比。

"怎么啦! 有什么喜事告诉我吗?"鄂比问。

"你在跟我开玩笑吧! 你是哪里打的泉水? 这壶里盛的明明是两股泉水,一股是水源头儿的,一股是品香泉的,可对?"雪芹答。

鄂比见雪芹说得如此肯定,认为他一定是偷偷跟在自己的后面,但又见他穿着睡袍拖鞋,不像上过山,莫非是猜的? 就说:"哪能呢! 你是写书太累,味觉减退了吧?"

雪芹道:"别再瞒我了,你自己也仔细品品,这茶上边半碗,水清味儿正,是品香泉的水;而下边半碗就逊色多了,是水源头儿的泉水!"

鄂比这才相信不同泉水的水质确有差别,同时也十分敬佩雪芹的辨泉能力,就称赞道:"你真是茶仙再世,陆羽复生,不光有识别杜康(酒)的本领,还是一位品茶行家里手呢! "

随着这段故事的传播,品香泉的名气就更大了。

(庄雪岚)

10. 神农尝百草

相传在公元前2700多年以前的神农时代,神农为了普济众生,尝百草,采草药,虽日遇七十二毒,但得茶而解之。这神农氏是否确有其人难以考证,但茶在神农时代已被发现,并逐步加以利用则是事实。

神农氏怎样发现茶的呢? 古时有两种传说。一是说:神农氏为了采集草药,验证不同草木的药理功能,必采而嚼之,亲口尝一尝,亲身体验一下哪些草木不能采食,哪些草木采集时要慎加小心。

有一天,神农在采集奇花野草时,尝到一种草叶,使他口干舌麻,头晕目眩,于是他放下草药袋,背靠一棵大树斜躺休息。一阵风过,似乎闻到有一种清鲜香气,但不知这清香从何而来? 抬头一看,只见树上有几片叶子冉冉落下,这叶子绿油油的,心中好奇,遂信手拾起一片放入口中慢慢咀嚼,感到味虽苦涩,但有清香回甘之味,索性嚼而食之。食后更觉气味清香,舌底生津,精神振奋,且头晕目眩减轻,口干舌麻渐消,好生奇怪。于是再拾几片叶子细看,其叶形、叶脉、叶缘均与一般树木不同,因而又采了些芽叶、花果而归。以后,神农将这种树定名为"茶",这就是茶的最早发现。此后茶树渐被发掘、采集和引种,被人们用作药物,供作祭品,当作菜食和饮料。

二是说天神所赐,神农发现。当时神农氏给人治病,不但需要亲自爬山越岭采集草药,而且还要对这些草药进行熬煎试服,以亲身体会、鉴别药剂的性能。有一天,神农氏采来了一大包草药,把它们按已知的性能分成几堆,就在大树底下架起铁锅,放入溪水,生火煮水。当水烧开时,神农打开锅盖,转身去取草药时,忽见有几片树叶飘落在锅中,当即又闻到一股清香从锅中发出,神农好奇地走近细看,只见几片叶子飘浮水面,水中汤色渐呈黄绿,并有清香随着蒸汽上升而缓缓散发。他用碗舀了点汁水喝。只觉味带苦涩,清香扑鼻,喝后回味香醇甘甜,而且嘴不渴了,人不累了,头脑也更清醒了,不觉大喜。于是从锅中捞起叶子细加观察,似乎锅边没有此树,心想:"一定是天神念我年迈心善,采药治病之苦,赐我玉叶以济众生。"自此,一边继续研究这种叶子的药效,一边涉足群山寻找此类树叶。一天,神农终于在不远的山坳里发现了几棵野生大茶树,其叶子和落入锅中的叶片一模一样,熬煮汁水黄绿,饮之其味也同,神农大喜,遂命名为"茶",并取其叶熬煎试服,发现确有解渴生津、提神醒脑、利尿解毒等作用。因此在百草之外,被认为是一种养生之妙药。据说,当年神农发现的这种"茶",就是今天被人们称作茶的树叶。

(庄雪岚)

11. 陆羽煎茶

唐宋时期茶风极盛,皇亲国戚、达官显贵、文人雅士、僧道等均以尚茶为荣,对品茶十分讲究,因而出现了一大批品饮的行家里手。

据说,唐时竟陵积公和尚,善于品茶,他不但能辨别所喝是什么茶,沏茶用的是何处水,而且还能判断谁是煮茶人。这种品茶本领,一传十,十传百,人们把积公和尚看成是"茶仙"下凡。这消息也传到了代宗皇帝耳中。代宗本人嗜好饮茶,也是个品茶行家,所以宫中录用了一些善于品茶的人供职。代宗听到这个传闻后,半信半疑,就下旨召来了积公和尚,决定当面试茶。

积公和尚到达宫中,皇帝即命宫中煎茶能手,沏一碗上等茶叶,赐予积公品尝。积公谢恩后接茶在手,轻轻喝了一口,就放下茶碗,再也没喝第二口。皇上因问何故? 积公起身摸摸长须笑答:"我所饮之茶,都是弟子陆羽亲手所煎。饮惯他煎的茶,再饮旁人煎的,就感到淡薄如水了。"皇帝听罢,问陆羽现在何处? 积公答道:"陆羽酷爱自然,遍游海内名山大川,品评天下名茶美泉,现在何处贫僧也难准测。"

于是朝中百官连忙派人四处寻访陆羽,不几天终于在浙江吴兴苕溪的杼山上找到了,立即把他召进宫去。皇帝见陆羽虽然说话结巴,其貌不扬,但出言不凡,知识渊博,已有几分欢喜,于是说明缘由,命他煎茶献师,陆羽欣然同意,就取出自己清明前采制的茶饼,用泉水烹煎后,先献给皇上。皇帝接过茶碗,轻轻揭开碗盖,一阵清香迎面扑来,精神为之一爽,再看碗中茶叶淡绿清澈,品尝之下香醇回甜,连连点头称赞好茶。接着就让陆羽再煎一碗,由宫女送给在御书房的积公和尚品尝。积公端起茶来,喝了一口,连叫好茶,接着一饮而尽。积公放下茶碗,兴冲冲地走出书房。大声喊道:"鸿渐(陆羽的字)何在?"皇帝见状惊问:"积公怎么知道陆羽来了?"积公哈哈大笑道:"我刚才饮的茶,只有渐儿才能煎得出来,喝了这茶,当然就知道是渐儿来了。"

代宗十分佩服积公和尚的品茶之功和陆羽的茶技之精,就留陆羽在宫中供职,培养宫中茶师,但陆羽不羡荣华富贵,不久又回到苕溪,专心撰写《茶经》去了。

(庄雪岚)

12. 庐山云雾

庐山位于江西省九江地区,北临长江,南傍鄱阳湖,名胜古迹遍布山中,素有"匡庐奇秀甲天下山"之誉。全国著名的庐山云雾茶就产在这里。云雾茶芽肥毫显,香鲜味浓,经久耐泡,是绿茶中的珍品。关于云雾茶,江西一带流传着这样两段可歌可泣的故事。

一是说在很久很久以前,有一位骑着白马的苗族青年,名叫阿虎,身上背着一包茶树种子,来到了庐山。但见庐山"横看成岭侧成峰,远近高低各不同"、"庐山东南五老峰,青天削出金芙蓉"、"庐山秀出南斗傍,屏风九叠云锦张",到处是一派迷人景色,而山间云雾缭绕,土层深厚,土壤肥沃,十分适宜种植茶树。于是,决心把带来的茶籽播种在苗家村寨不远的山坡上,并在苗家定居下来。从此庐山上长出了茶树,苗寨乡亲们采制茶叶,调米换盐,日子一天天好过起来。

一天,有个县官来到了苗家山寨,随从们大声吆喝:"老爷累坏了,口干得很,快舀水来!"苗家一向好客,阿虎请县官进门稍坐,忙抓了把明前云雾茶泡给大家喝。县官见阿虎放入碗中的茶叶芽大条粗,面露愠色,遂问:"你们没有好茶吗? 怎么拿这种粗茶来待客?"阿虎笑了笑,恭恭敬敬地答道:"大人,这是明前云雾茶,你品尝一下就晓得了。"说着冲泡好茶叶,加上碗盖,片刻后双手捧给县官。县官端起茶碗,揭开盖子,只见碗口冒出一股白气,先像一把伞,后像一朵白云冉冉升腾,一朵未散,二朵再起,好看极了。而且随着白云升起,茶香四溢,沁人心脾。啊! 多好的云雾茶呀! 县官轻轻喝了一口,顿觉满口芳香,清醇回甜,周身舒爽,便一口气喝了个底朝天,连茶叶渣都吞下去了。县官心里暗想:这可是仙茶,带去献给皇上定能得宠晋升。于是,就问阿虎:"这茶是谁采制的,有多少? 我全买了"。阿虎说,茶是他指导乡亲采制的,苗家离不开云雾茶,所以不能全部卖给他。县官一听大怒,正想发作,身旁有个随从拉了他一把,附耳说了几句话,县官忽然换了一副脸色,拍拍阿虎肩膀说:"这样吧! 给我一包云雾茶,我要到京城去,顺便代你去孝敬皇上,你看可好?"于是阿虎就把一大包云雾茶送给了县官。

县官到了京城,交了公差,就向皇上献上了云雾茶,并陈述云雾茶的奇妙之处。皇帝遂命宫女泡来品尝,果然是难得的仙茶,于是细问了茶的来历,县官一一详答,最后还说:"此茶若得常年饮用,定可延年益寿。"皇帝问:"如何可获得众多仙茶供我长年饮用呢?"县官献计说:"这茶是阿虎所种,是阿虎教人采制的,何不传阿虎进京,要他专营生产云雾茶呢!"皇帝大喜,立即下旨传阿虎进京。阿虎认为茶叶是种健身的饮料,到京城栽种传播,也可使京城的百姓分享到茶的好处,而且苗家也不必交"贡茶"了,就欣然采收茶种,收拾行装上路。走的那天,乡亲们依依不舍地把他送到山口,叮嘱他茶树种好后再回苗家来。当阿虎骑上白马渐渐远去后,乡亲们仍然立在山口凝望着在云雾中时隐时现的阿虎身影。从此以后,乡亲们盼呀盼呀,一年到了,未见阿虎回来,两年过去了,阿虎还是没有回来;不知有多少年过去了,阿虎仍然没有回来!以后托人去京城打听,才知阿虎虽种活了茶树,采制了茶叶,可是由于生态环境条件不同,同样方法采制出来的茶叶,沏泡起来不起云雾,而且味道也不好,皇帝大怒,认为阿虎有欺君之罪,赐他一死。阿虎气极了,就趁卫兵不备,跨上白马向庐山方向逃奔,被追兵用乱箭射死了!

乡亲们年年以极悲痛的心情缅怀阿虎,幻想着阿虎骑着白马飞回云雾山上。以后,人们终于看到每当云雾四起之时,天空中就有一匹白马在云雾中缓缓行驰,几十里外都能看得清清楚楚,人们说:那是阿虎回来视察茶山了,他舍不得乡亲们,舍不得云雾山,也舍不得云雾茶啊!

二是说远在东汉时代,佛教传入我国,当时庐山寺院众多,僧侣云集,他们攀危崖,越飞泉,竞野茶;在白云深处,劈崖填谷栽植茶树,采制茶叶。所以人们都说,庐山种茶,始于汉朝。

那时,庐山上有一个寨子,住着赵、王、刘、李、吕五姓茶农。这五姓茶农都有儿有媳,以采制茶叶和打柴为生,日子过得还算安宁。随着光阴流逝,老人们体力日衰,难以上山下地干重活了,媳妇们见了,就摔盆打碗,骂狗赶鸡,讨厌起老人来了。先是赵老头受不了气,抱了床破棉絮,沉痛地对儿子说:"孩子,如今爹老了,不能给你们增添麻烦,爹要离开这

里,希望你们往后和和气气过日子吧!"儿子虽再三劝阻,老人去意已决,临走时带一个破烂的铺盖卷和一包亲手采来的茶籽,告别另外四姓老兄弟,就上山了。

不久,王老头也被逼得过不下去了,于是打起铺盖,离家上山去找赵老头。他在深山里转呀转,不时呼喊着:"赵家兄弟!你在哪里?"脚走肿了,喉咙喊哑了,仍没听到回声,看看山间悬崖峭壁,心想莫非赵家兄弟死了,心感悲痛,左思右想,一人留在世上也没意思,不如了此一生。主意打定,正想纵身跳崖,忽见树上有只鹞鹰哇哇叫着向对面山峰飞去。王老头的眼光随鹰望去,意外地发现对面山峰下大崖洞中有轻烟飘逸。啊!肯定是赵家兄弟在洞里栖息!心中一喜,劲头也来了,于是直向那座山峰爬去。这是庐山的最高峰,王老头爬呀爬呀,肚子饿了,脚趾烂了,他坐下来休息一会,喝几口水,吃些野果嫩草,又向上爬,终于爬到洞口,这时,王老头昏了过去。待他醒过来时,已躺在崖洞内的大石床上,赵家兄弟正坐在一旁喂米汤给他吃。王老头高兴地坐起来拉住赵老头的手,两行眼泪像断线的珠子直流下来,赵老头一看心中明白,就说:"别难过了,好好休息几天就会好的,但不知还有三位老兄弟怎么样了?"王老头深深叹了口气,诉说了三人遭到同样的冷遇。赵老头听罢气愤极了,决心接三位兄弟上山,五老一起生活。

不久,那三位老兄弟也被迫跟着赵老头上山了。五位老人围坐在一张石桌旁,吃着王老头做的饭菜。饭间,刘老头说:"我们五人聚居一起好是好,但在这山高水冷、土荒石穷的地方,以后怎样维持生活呢?"刘老头说出了大家共同的心事,四双眼睛同时转向赵老头,只见赵老头红润的脸上露出神秘的微笑,提起筷子说:"别想那么多,饭菜趁热快吃吧!吃饱了我再告诉你们。"大家觉得这两年来赵老头腰板更硬,脸色更红,心情更好,他一定会想出好办法的。吃罢饭,赵老头带着四人来到一个山坡上,他指着近处一片绿油油的茶园,对大家说:"我当初出来就带了一包茶籽,我深信世上有负心的媳妇,绝不会有负心的庄稼。我一生种茶,茶仙会保佑我的。我在山上开垦播下的茶籽,已经长大成树。长出来的芽叶,

已采制成茶,品质特佳,而且能治病健身。如今有几位客商每年上山来向我换茶,我要什么他们带来什么!生活可好哩!"说罢呵呵地大笑起来。这种欢愉情绪感染了大家,大家决心住下来,齐心协力发展茶叶生产。从此庐山的云雾茶年年增加,五老的生活也越过越红火。

据说,这五位老人都年过九旬仍个个身体硬朗,人们看到五老种茶采茶时,常有云雾在山头绕来绕去,大概是仙气所钟,山灵所泽,所以上山后人变得更健壮,更年轻了。当儿媳过世时,五位老人还快活地生活在大石洞中。以后五老过世了,而这片茶园却保存了下来,人们为了纪念这五位老人,便把产茶的山峰称为"五老峰",五老住过的大山洞称为"五老洞",而将五老采制过的茶叶称为"云雾茶"。有一年皇帝出巡来到江西庐山,在品尝庐山云雾之后,问到云雾茶的来历,官员便把五老植茶的事述说了一遍,皇帝感念五老茶情之深,意志之坚,贡献之大,遂亲笔题写"五老洞"三字,并令刻在当年五老聚居的石洞口。而今,这"五老洞"三个字,虽久为风雨洗刷,仍依稀可见,五老洞的云雾茶至今名扬天下。

　　　　　　　　　　　　　　(庄雪岚)

13. 大红袍

去福建省崇安县武夷山游览的人们,无不以一睹大红袍为快,但要看到大红袍茶树也确非易事,因为大红袍生长在武夷山天心岩附近的九龙窠,地势险峻,只有不畏艰险的人们才可到达。大红袍生长在山壁高耸的石罅间一小块茶地上,只有几丛茶树,有的从岩间伸出,有的散落其间,地旁岩壁上刻有"大红袍"三个大字。峭岩之上有股山泉,淙淙而下,终年不绝。再看茶丛长相,类似菜茶,叶质稍厚,芽头微微泛红,虽然外观并不奇特,但采制而成的"大红袍"茶,却是武夷岩茶中的极品,不仅香高隽永,而且"岩韵"特强,久负盛名,驰誉中外。由于产量极微,每年春降大地,芽梢萌发之际,富贵之家争相抢购,均以先得为快。

大红袍怎么会种在石罅岩间?是谁发现和利用的?这种乌龙茶为何有"大红袍"这一美名?对此,在武夷山区广为流传着这样三则美妙动人的传说。

勤婆婆的神茶　很早很早以前,武夷山北麓的慧婉村里住着一位年过半百的老婆婆,丈夫早亡,无儿无女,孤身一人,靠砍柴种菜和帮助乡亲们缝缝补补为生,她人勤心好,乐于助人,是全村闻名的好人。人们不知她姓甚名谁,都亲热地叫她"勤婆婆"。

有一年,武夷山区遭到史无前例的大旱,山上的草木枯黄了,田里的庄稼旱死了,岩间的流泉也干竭了……人们只好越岭爬坡,剥树皮,剜草根,挖观音土等充饥,吃得肚子越来越胀,脸越来越黄。这天,勤婆婆从老远老远的山上采集野菜回来,又饥又渴又累,她放下篮子,随手取出刚从树上采下来的鲜嫩叶子,坐到灶前想熬一碗汤吃。她把嫩叶放入锅中,加上水就引火煮熬,她边烧边想:"这点点野菜来之不易,可得省着吃哩。往后这苦日子可怎么过呀!"水沸了,勤婆婆用碗舀了一碗,正想喝下,忽听门外传来阵阵痛苦的呻吟声,勤婆婆忙放下汤碗,出门一看,只见石墩上坐着一位白发老翁,正困难地喘着粗气。她过去急忙把老人扶进屋里。老人的嘴唇上干裂得一道道口子,有的口子已流出血来,勤婆婆心酸了,她不假思索地端起刚烧好的树叶汤,送到老人手里,说:"大旱年头,没什么好吃的,这碗树叶汤,趁热喝了吧!"老翁感激地接过汤碗,咕噜噜地几口就喝光了,顿时气喘好多了,精神振奋了,老人递过碗来问:"还有吗,再给一碗。"勤婆婆毫不吝啬地又给他倒了一碗,老人喝完笑呵呵地举起手中的龙头拐杖,对勤婆婆说:"好心的妇人呀,你救了我,老汉没什么可报答你,这根龙头拐杖就送给你吧!"说着把拐杖递给了勤婆婆,但见这拐杖油黄闪亮,龙头嘴里还含着颗珠子,勤婆婆心想不管珠子是真是假,看这般精细做工,也是贵重之物,喝碗树叶汤,怎能收人家礼物呢,于是推辞不受,老人又从口袋里摸出两颗种子递给勤婆婆说:"念你心好,我再送给你两颗种子,你可用拐杖在地上挖个坑,把种子撒下去,盖好土,浇些水,以后把拐杖靠在树上,它会给你带来幸福的!"说完,但觉身边刮起一阵香风,老人离地而起,飘然逸空而去。勤婆婆看呆了,她想,莫非遇到神仙了吧,于是半信半疑地按照老人的吩咐,在院中挖了个坑播下籽浇了水,不几天,果见一棵绿油油的嫩苗出土了,一看是株茶树。说也奇怪,把拐杖靠在苗边,这棵茶树像从拐杖中吸取水分和养料似的,居然疯长起来,不多时已变成枝壮叶茂的茶丛了。树上新梢簇簇,春风吹来,缕缕清香,引来了村里的百鸟,引来了溪边的蝶蜂,也引来了村里村外的男女老少。

勤婆婆高兴极了,张罗着采摘芽叶,加工乌龙,并把茶叶熬了一大锅浓浓的茶汤,分送乡亲们。说奇也真奇,那茶树新梢团团簇簇,边采边发;那茶汤喝起来清香沁脾,直觉得荡气回肠,身心轻快,心口痛的居然不痛了,肚子胀的逐渐消肿了,人们惊异地称这茶丛为"神茶",大家乐呵呵地围着茶丛和勤婆婆跳起舞来。

天下没有不透风的墙,这事不久就传到了皇帝那里。皇帝是个既贪又狠的人,在他眼里人间仙草琼花、奇珍异宝都得姓"皇",神茶当然也不能例外。于是他派出大臣兵卒,抢来了这丛神茶,植于御花园中,并召集文武百官,举行隆重的盛会。在鼓乐声中,皇上挽起衣袖,伸出苍白的尖尖手指准备亲自采茶,谁知那茶树像有意作弄人似的,一个劲地呼啦啦往上长,任凭皇上跷起脚,站在凳上,爬上梯子……茶树还是长呀长呀,始终长得比皇上高一大截,惹得皇上大怒,下令砍掉茶树,连根铲除。

再说自神茶被抢以后,勤婆婆哭得泪人儿似的,她认为自己未能看管好神仙所赐的茶丛,是有罪之人,因此天天向天神请罪,请求天神赐福于神茶,她愁白了头发,哭红了眼睛,最后病倒了。一天,她睡在床上,忽听喜鹊在窗口喳喳叫个不停,就拄着拐杖出门看个究竟。只见几个男人正扛着一棵树根走来,她定睛细看,这不是神茶吗?原来好心人把皇宫丢弃的神茶根给送回来了,这一喜非同小可,勤婆婆愁也消了,眼也明了,病也没了,她跑过去抚摸着茶树枝干笑了,亲切地说:"神茶啊神茶,我对不起你!我是个苦命人,没有这个福分得到你的恩赐,你还是走吧,留在这里他们还会来杀你。"说罢把龙头拐杖靠在树干上。

谁知龙头拐杖忽然变成了一片红云,载着那丛神茶在院子上空打了三个圈,似在感谢勤婆婆,也像恋恋不舍当地的乡亲们,然后冉冉地飞走了,这片红云掠过慧苑岩,飘过流香涧,飞进了九龙窠,落在半天腰的山岩间。第二年当人们再去看时,那茶树已抽发新梢,绿油油的逗人喜爱,那岩壁上又有一股清泉涓涓流下,犹如白发老人龙头拐杖上夜明珠渗滴的仙水。白发老人所以要让茶树扎根在九龙窠的半天腰岩上,就是因为这是片"宝地",而且当时没有上山的路,攀登这样的绝壁去采摘神茶,只有那些勇敢勤劳、意志坚强的人才能做到,只有这些人才配获得幸福和欢乐。

以后,茶树发蔸,又长成了三丛,这就是最早的三棵"大红袍"的来历。

御赐红袍　记不清是哪个朝代,有位皇后得了一种怪病,饭不想吃,水懒得喝,肠胃胀闷,精神不振。皇帝召来了御医,遍寻灵丹妙方,均无良效。一天,皇后流着眼泪,拉着太子的手说:"儿呀,你如孝顺我,就到民间去采访,也许我还有一线希望。"太子忙跪下说:"请母后放心,孩儿明天就启程,你安心休养,静候佳音吧!"

第二天拂晓,太子换上布衣,带好盘缠出发了。他走遍乡乡村村,普访民间草医郎中。一天,有位郎中问清缘由后,对太子说:"大凡神仙、隐士都居住在深山老林,参禅养真,采药炼丹,你要找仙草秘方,就要有勇气和毅力去闯深山老林。"太子听了觉得在理,为了母病决心冒险闯越高山密林。他买好干粮,带上防身短剑,直往黑沉沉的大山走去,他爬呀爬呀,不知越过了多少山峦,只觉得山峰越爬越高,峭壁越高越险,树林越走越密,这漫无边际的山林啊何处是尽头?那天,他又累又饿又渴,可方圆几十里内山峦起伏,杳无人烟,只好爬到一棵大树上去采野果解渴充饥。他一上树,树干摇晃,许多成熟的果子就落到地上,他怕不够又采了些丢到地上,然后下来背靠大树坐下来美美地吃起来,吃着吃着不知什么时候昏沉沉地就伏在地上睡着了,睡梦中他还在为母亲的病担忧。忽听有"救命呀,救命!"的呼声,他以为母亲病危了,警觉站起,发现自己处身深山中,认为一定是梦幻所致,不料呼救声仍不断传来,太子定神睁眼四望,忽见一位白发老人跌倒树下,一只斑斓猛虎正从山下往上蹿。太子急中生智,急忙拔出宝剑躲在树后,待虎走近冷不防从侧面猛刺过去,正中要害,虎鲜血直喷,慢慢地倒在地上不动了。

老汉得救了。老人感激地跪在太子面前说:"小官人,你真是好胆量,好武艺,救我一命,此恩此德永世难忘!"太子忙扶起老汉回答说:"老伯过奖了,见死不救非丈夫也,这是晚辈应该做的。"于是两人坐在树下边吃野果边聊天。老汉见太子少年英俊,举止非凡,不像猎户,为何单身入山?因而直问太子,太子叙述了母病寻求秘方的心愿,说到母病现今不知如何时,不禁泪湿衣襟,老人听了既同情又敬佩,低头认真思考片刻,猛地一拍大腿对太子说:"有秘方了!"太子急忙问:"在哪里?"

老汉捻着白如银丝的胡子,慢条斯理地说了这样一段经历:老汉有位表哥,姓王名成,家住武夷山麓,有年舅妈患病,也是茶饭不思,神亏腹胀,后经人指点,在山上采来一种树叶熬汤,第一碗喝下去就感到胃肠舒服;第二碗喝后身心轻快,精神大振;第三碗喝后就感到腹中饥饿,思念饮食了。现在武夷山区的人们,凡感肠胃不适,就上山采这种树叶熬汤,喝后病就好了,常年采饮,常年无病,真是仙药啊!太子听了喜出望外,拉住老汉,求他帮助找到此树。

老汉一为报救命之恩,二念太子一片孝心,就欣然同意陪他同往。当晚他们备上两匹好马,连夜赶路,第二天清晨到达王成家。在王成带领下他们来到一座山崖上,王成指着岩壁上的几棵小茶树说:"到了,就是这几棵树的叶子。"太子抬头一看,只见光秃秃的悬岩峭壁上长着一棵不大不小、枝壮叶茂的茶树,中间一棵大些,旁边两棵小些,似弟兄三个巍立岩间,太子欣喜若狂,在王成帮助下攀上悬岩采摘芽梢,并从怀里抽出一块红布包袱,将采下的叶子小心地放在布包中,装满一大包后才飞速下山,夜以继日催马扬鞭,流星赶月似地直奔京城。

太子一回京城,直奔皇后榻前。但见母亲比前更加消瘦,精神更加萎靡,忙拉着皇后的手说:"母后,儿带仙药来了。"皇后一听,心情宽舒多了,继而喝下一碗茶汤,但觉肚内微微作响,鼓胀难受减轻了,接着喝第二碗、第三碗……病情渐见减轻。连服几天以后,皇后能起床正常饮食,病果真全好了。这事轰动了满朝文武大臣,纷纷前来庆贺,皇帝更是龙颜大悦,连下了两道圣旨:一是赐大红龙袍一件,每年寒冬腊月,用红袍为茶树裹身,以御严寒;二是封两位老人为护树将军,世代袭职,每年采收芽叶精制后进贡。

自此,武夷山人就把这三棵茶树称之为"大红袍"了。

贡茶珍品 一天,有位秀才上京赶考,路过武夷山时病倒在路上,正遇天心庙老方丈下山化缘,就叫人把他抬回庙中。方丈见他脸色苍白,体瘦腹胀,就将九龙窠采制的茶叶,用沸水泡开,端给秀才说:"你喝上几碗,慢慢就会好的。"秀才又冷又渴,接过碗就喝,几口下肚,但觉涩中带甘,香沁心肺,消疲生津,再喝之后,腹胀减退,烦躁渐消,精神为之一爽,如此歇息几天后,基本康复,就拜别方丈说:"方丈见义相救,小生若今科得中,定重返故地,修整庙宇,再塑金身!"

不久,秀才果然金榜题名,得中头名状元,并被皇上招为东床驸马。秀才虽春风得意,但仍未忘报恩之事。一天,皇上见他闷闷不乐,便问情由,秀才从实奏禀。皇上感其报恩心切,便命他为钦差大臣前往视察。

在风和日丽的春天,状元骑着高头大马,随从前呼后拥,一路鸣锣开道,离开了京城。这可忙煞了沿途官员。状元一到天心庙前立即下马,走到老方丈面前拱手作揖道:"老方丈别来无恙!本官特来报答老方丈大恩大德!"方丈又惊又喜,双手合掌道:"救人一命胜造七级浮屠,区区小事,状元公不必介怀,阿弥陀佛!"寒暄之后,谈及当年治病之事,状元问是何仙药,方丈说这不是什么灵丹仙草,而是九龙窠的茶叶。状元听了,认为这是救命的神茶,一定要亲自去看看。

于是,老方丈陪同状元从天心岩南下,过象鼻岩到山脚,再向西行,走过一条幽深的峡谷,就登上了九龙窠。但见九座岩峰像九条龙盘绕在沟壑峭壁之间,谷里云雾弥漫,泉水淙淙,凉风习习,三棵茶树像三位老翁,容光焕发,精神抖擞,屹立在山腰上,吐着一簇簇嫩绿的芽梢,带着慈祥的微笑俯视着大家,这天生地造的自然景色令人陶醉。状元流连忘返,直至夕阳西下,才在方丈催促下返回庙内。

状元深信神茶能治病,意欲带些回京,进贡皇上。此时正值春茶开采季节,第二天老方丈就带领庙内大小和尚,披上袈裟,点起香烛,击鼓鸣钟,浩浩荡荡来到九龙窠。和尚们焚香点烛,钟钹齐鸣,合掌念经,唱起香赞,大家齐声高喊:"茶发芽! 茶发芽!"然后让几人攀登采茶。采来茶叶,由最好茶师加工,并用特制小锡罐盛装,由状元带回京城。此后,状元差人把天心庙整修一新,又塑了菩萨金身,了却了心愿。

谁知状元回到朝中,正值皇后犯病,百医无效,上下慌乱。状元一问病情,乃肚疼鼓胀,食无味,寐不安。于是向皇上陈述神茶药效后取出那罐茶叶呈上。皇帝马上命人熬煮让皇后服下,说也怪,皇后饮服以后,但觉回肠荡气,痛止胀消,精神渐爽,身体逐渐复原了。皇上大喜,赐红袍一件,命状元亲自去九龙窠披在茶树上,以示龙恩。同时,派专人看管茶树,年年岁岁采下茶叶,悉数进贡朝廷,不得私匿。

从此,武夷岩茶中的珍品——大红袍,就成为专供皇家享受的贡茶。历史不断前进,朝代累有更迭,但看守大红袍的人从未间断。抗日战争期间,日本侵略者也妄想霸占此树,幸未得逞。现在三棵大红袍还有两棵健在,枝干挺拔,叶片油绿,并在周围繁生了部分茶丛。武夷山区的人们,正在努力保存这稀世珍品。

(庄雪岚)

14. 龙井茶虎跑水

"龙井茶,虎跑水",是杭州"双绝",驰名中外,脍炙人口,凡到杭州的中外游客,无不以一尝为快。当用虎跑泉水冲泡的龙井茶放在客人面前,只见茶叶徐徐舒展,茶汤清澈,茶香四溢,品尝之后,唇齿留芳,疲劳顿消。得天独厚的龙井名茶与虎跑水,更增添了杭城的湖光山色之美。

西湖龙井茶,以"色、香、味、形"四绝而名闻遐迩。据明《嘉靖通志》记载:"杭郡诸茶,总不及龙井之乡,雨前一旗一枪,尤为珍品。"明代屠隆《茶说》载:"龙井,不过十数亩,山外有茶,似皆不及,大抵天开龙泓美泉,灵山特生佳茗,以副之耳。山中仅有一、二家,炒法甚精,近有山僧焙炒亦妙,真者天池不能及也。"可见那时龙井已以其形质优异而名见史册了。

龙井茶是怎样来的呢? 那要追溯到很远很远的时候。相传杭州龙井村原是个荒凉的小山庄,村子里住着几十户穷苦人家。村头一户是个八十来岁的老阿婆,没儿没女,无依无靠。老阿婆年老体弱,下不了地,就在房子后面照管十八棵老茶树。她为人厚道,心地善良,虽然自己过着穷日子,还要留些茶叶给上山下岭的穷人消暑解渴。有一年除夕,大雪纷飞,老阿婆正担心没米下锅,这时屋门忽被打开,进来个银发白须的老头。老头边掸雪边发问:"老阿婆,做什么呢?"老阿婆一边擦泪,一边答道:"富人过年,杀猪宰羊,肉山酒海,吃喝不尽;穷人过年,缺吃少喝,只得烧茶煮水。"老头又问:"烧茶做啥?"老阿婆说:"给过路的穷人行个方便。"老头打心里佩服老阿婆乐善好施的慈悲心肠,有心想帮帮她。他睁大眼睛东看看西瞧瞧,只见老阿婆门旁有口堆满垃圾的旧石臼,里面长满乱草,苍翠碧青好生旺盛。上面还有几根晶闪亮的蜘蛛丝从屋檐挂下来,直挂到旧石臼上,像是在偷吸仙汁。老头眼光闪烁地望着阿婆说:"你不穷,墙角有宝贝哪!"老阿婆一惊,忙问:"我家有宝贝?"老头指着墙角那个旧石臼说:"瞧,这就是!"老阿婆眨巴眨巴眼笑道:"别说笑话了,要是宝贝,就送给你罢!"老头说:"你可别后悔,我出重金买下了。"说罢,冒着大雪走了。

老头走后,老阿婆心想:他既出重金买了,可这旧石臼太脏了,于是找来勺子,把垃圾掏出来,倒到十八棵茶树根上,又找了块抹布来揩揩清爽。再说那老头第二天兴冲冲带人来搬旧石臼。一看,愣住了,忙问"那宝贝呢? 你给弄到哪儿去了?"老阿婆指着旧石臼说:"这不是嘛,我已给整理清爽了。"老头跺着脚说:"里面的垃圾才是宝贝,你给弄到哪儿去啦?"老阿婆说:"统统倒在屋后的老茶树上了。"老头一看果然如此,说道:"真可惜,宝贝全在陈年的垃圾上,你埋在茶树根上,倒好了它们了。"

辞旧迎新,转眼到了第二年的春天。老阿婆屋后的十八棵茶树,枝粗叶茂,长满了葱绿的嫩芽,芽芽直立,在阳光的照耀下,闪闪发光,用此嫩芽制成的茶叶,汤清明亮,香味持久,滋味甘鲜,别具一格。

后来,街坊邻居,用老阿婆茶树的籽,种在远近的山坡上。龙井一带漫山遍野栽种了茶树。此茶树制成的茶就叫龙井茶,名扬天下。后人有诗为证:

"徘徊龙井上，云气起晴昼……澄公爱客至，取水挹幽窦。坐我苍葡中，余香不闻嗅。但见瓢中清，翠影落群岫。烹煎黄金芽，不取谷雨后。同来二三子，三咽不忍嗽……"

烹煎龙井茶还须虎跑水。说起虎跑水，也有一段十分有趣的传说：唐代元和年间，有位高僧性空来此建寺，但苦于用水不便，准备迁走。当时有弟兄二人，哥哥叫大虎，弟弟叫二虎，遍游九州，四海为家。一天，弟兄俩来到杭州，见此地山清水秀，景色宜人，就不想再走了。大虎说："咱俩在此住下吧，你看怎样？"二虎说："能住在这儿，太好了，只恨没有个落脚的地方。"说着走到寺院前。可巧性空和尚开门出来，兄弟俩上前说明来意。性空和尚从上到下打量大虎、二虎，看他们身材魁梧，也是受苦人，就对他俩说："此处吃水难，要翻过几座山，穿越几道岭，才能找到水吃。寺院里原来有几个和尚，因吃水难都跑光了，我也正想迁走呢！"兄弟俩听后就说："吃水的事我们俩包了，只要你收下我们。"老和尚听了很高兴，当即收留下他们。

从此以后，性空和尚再也不愁没水吃了。村里的老百姓没水了，也到寺院里来舀，因此村里人都很喜欢大虎和二虎。

有一年夏天，天气炎热，久旱无雨。整个山岭一片枯萎，树枯了，草蔫了，小溪也干涸了。村里老百姓天天拜佛烧香，祈神求雨，可老天爷就是不降雨，村民急得团团转，性空和尚整天愁眉苦脸，大虎、二虎心里也非常着急。一天，兄弟俩想起过去到过的南岳衡山的"童子泉"，若能将此泉移到杭州来，该有多好啊！

兄弟俩商定，一定要把"童子泉"搬来，让村里老百姓常年有水吃。于是，大虎、二虎告别了性空和尚，上路了。

一路上，大虎、二虎经历了千辛万苦，兄弟俩不知翻了多少座山，涉过了多少条河，衣裳刮破了，靴子磨穿了，仍不停地向前走。他俩深信：山高必有客行路，水深自有渡船人，只要有恒心和毅力，就没有克服不了的困难，没有翻越不过的高山。一天，兄弟俩终于来到了南岳衡山脚下，当他俩听到"童子泉"叮咚的泉水声，就仿佛看到了性空和尚和全村老

百姓都美美地喝到泉水时的快乐情景，又喜又累，不觉昏倒在地上。突然间，狂风大作，暴雨倾盆。一会儿，风停雨过，霞光万道。大虎、二虎醒来，只见眼前站着一个头梳双髻的小童儿，右手轻轻地挥动一根柳枝，正朝着他俩笑哩，原来是管"童子泉"的小仙人。他俩连忙跃起身，恳求小仙人把"童子泉"搬到杭州。小童儿说："想要搬走'童子泉'，需是这世上最有毅力的人，你们是吗？"兄弟俩忙答："我们来到'童子泉'，经过了千山万水，历尽了艰难险阻，还不是世上最有毅力的人么？"小童儿又说："要搬走'童子泉'，还要你们变成拔得起山泉的老虎才行，你们可愿意？"兄弟俩答："只要村里老百姓能有水喝，要我们干什么都行。"说罢，小童儿便用柳枝一拂，水滴洒在大虎、二虎身上。霎时间，兄弟二人变成了两只斑斓猛虎，小童儿跃上前面那只虎背。老虎仰天长啸一声，带上"童子泉"直奔杭州而去。

却说杭州的性空和尚夜间忽作一梦，梦见大虎、二虎变成两只猛虎，把南岳衡山"童子泉"搬了来，天明就有泉水。天刚亮，经性空和尚一说，老百姓即一传十，十传百，都说大虎、二虎要来。性空和尚和老百姓都纷纷出门来抬头远望。只见霞光万道，彩云飘飘，两只猛虎闪电般从空中降落。老虎来到寺院旁的竹园前，前爪"叭叭叭"地刨起土来，不一会儿，就刨了一个坑。小童儿手拿柳枝一扬，猛虎长啸，腾空而起。一时间，风响树摇，飞沙走石，天昏地暗。顷刻间，大雨滂沱，下个不停。待到雨过天晴，一股清泉从老虎刨过的穴里"咕嘟，咕嘟！"往上涌。性空和尚和村里百姓都乐得合不上嘴，他们心里都很清楚：这是大虎、二虎含辛茹苦给他们带来的泉水。为了纪念大虎、二虎，他们给泉水起名叫"虎刨泉"，后来又改称"虎跑泉"。至今，泉池上面滴翠岩下还塑着和尚与猛虎的大型石雕，形象生动，栩栩如生。题名为"虎跑梦泉"。

龙井茶与虎跑水，以名茶名水相得益彰而远近闻名。近代诗人写了许多赞颂的诗歌，其中一首唱道：

龙井茶虎跑水，

绿茶清泉有多美，有多美。

山下泉边分春色，

湖光山色映满杯,映满杯。

五洲朋友哎,

请喝茶一杯哎。

春茶为你洗风尘,

胜似酒浆沁心肺。

我愿西湖好春光哎,长留你心内,

凯歌四海飞。

龙井茶虎跑水,

绿茶清泉有多美,有多美。

茶好水好情更好,

深情厚谊斟满杯,斟满杯。

五洲朋友哎,

请喝茶一杯哎。

手拉手,肩并肩,

互相支援向前进,一杯香茶传友谊哎,

凯歌四海飞,

凯歌四海飞。

(胡　坪)

15. 正志和尚与茶

正志和尚,原名熊开元,明代天启年间,曾做过江南黟县县令,熊开元为何不当县令去做和尚?据说与茶有关。

大家知道,皖南歙县、太平、休宁和黟县之间,有一座大山,古称黟山,山上有七十二峰,主峰 1800 米以上,占地 1200 多平方公里,这就是当今景色奇异的黄山。山上巍峨奇特的山峰,苍劲多姿的劲松,清澈不湍的山泉,波涛起伏的云海,号称黄山"四绝"。李白曾有诗赞曰:"龙身不敢水中卧,猿啸时闻岩下音;我宿黄山碧溪月,听之却罢松间琴。"黄山不但景色迷人,所产茶叶,千古盛名,更是脍炙人口。早在宋朝贡茶中,就有"早春英华"、"来泉胜金"均出歙县之说。《黄山志》记载:"莲花庵旁就石隙养茶,多清香冷韵,袭人断腭,谓之黄山云雾茶。"黄山云雾茶就是现在黄山毛峰的前称。

黄山的茶园多分布在桃花峰桃花涧两岸的云谷寺、松谷庵、吊桥庵、慈光阁、半山寺等周围。这里气候温和,雨量充沛,土壤肥厚,而且"晴时早晚遍地雾,阴雨成天满山云",自然生态环境得天独厚,茶树终年不受寒风烈日侵袭,又能日日沉浸在云蒸雾蔚之中,加之遍地山花烂漫,花香熏染,所以制成茶叶香气馥郁,滋味醇甜,经久耐泡,古今中外美名远扬。

话说熊开元当黟县县令时,素慕黄山美景,一天他青衣布服,随带书僮信步黄山春游,走呀走,不觉来到罗汉峰下,但见漫山云雾,峭壁连云,奇松怪石,悬崖摩天,溪流泉滴。两人留恋景色,不觉已夕阳西下,百鸟飞归,他俩急忙择路下山,但又不知哪条道最近,正在焦急之际,忽听远处响起悠扬的钟声。朝钟响处望去,只见树林深处有位老和尚。身穿黄色袈裟,斜挎竹篓,胸前挂串大佛珠,阔步走来。熊知县大喜,急忙迎上前去,施礼问道:"请问长老此地附近可有借宿之处?"老和尚见熊文质彬彬,书生模样,便合掌还礼:"阿弥陀佛!贫僧是云谷寺长老,寺院就在前面,客官如不嫌弃,请随我来。"主仆两人答谢后就随长老朝云谷寺走去。一路上但觉风声丝丝,清香阵阵,知县忍不住问:"长老的篓中何物如此幽香?"长老微笑着把竹篓递过来,知县一看篓中都是嫩绿的茶芽,感到惊奇,又问道:"此茶叶有那么香?"长老笑道:"客官没听说过高山出名茶吗?"

三人边说边走,很快到了云谷寺。但见红墙绿瓦,松杉相映,山泉叮咚,香烟缭绕,好一座幽静的禅院。入院以后,经悟清小和尚介绍,才知这位长老就是云谷寺的方丈慧能。长老亲自上山采茶,真是难能可贵,熊开元心里已先敬佩三分。宾主在禅房坐定,悟清放好茶杯,每杯放上一小撮茶叶,然后用沸水冲泡下去,只见水中热气绕杯沿转了一圈,转到杯中心后径直升腾,约离杯一尺多高时,在空中转了个圆圈,形似莲花,然后冉冉散开似云雾飘荡,这时室内充满幽香,轻轻啜饮一口,更觉清香爽口,沁人心肺。知县从未尝过如此好茶,惊呼道:"真是山中珍品,世上奇茗!"因问长老是什么茶。

长老慢悠悠地喝了一口茶,津津有味地谈起了茶的来历。"这茶乃黄山特产,茶树受高山灵秀之抚育,得终年云雾之滋润,品质特优,称为黄山云雾茶。相传很早很早以前,神农来黄山采药,尝百草时不幸中毒,山神感其德行高尚,遂遣茗茶仙子用圣水泡茶给神农饮服解毒,神农得救后深为感激,离山时就把白莲花宝座送给了茗茶仙子,留作纪念。从此以后,茗茶仙子更精心地管理茶叶,把宝座化作云朵,所以云雾茶冲泡后就出现白莲花奇景了。"说罢哈哈大笑。

熊知县听得出了神,于是问这问那,话题更多,长老从黄山奇珍谈到天下大事,无一不知,无所不解,知县心中更加佩服,有心在寺院多住几天,多得教益。几天后,熊知县依依不舍地拜别长老,带着书僮重返县衙。临行时,长老赠与云雾茶一包、黄山泉水一葫芦,并叮嘱道:"黄山云雾茶只有用黄山泉水冲泡,才会出现白莲景观。"

熊开元回到县衙不久,就有同窗好友太平县知县来访。熊兴奋地忆述黄山春游经过,并命书僮泡云雾茶招待客人。一边泡茶,一边介绍太平知县欣赏白莲奇景,当白莲慢慢散开而成云雾飘荡,全室幽雅清香时,太平知县看得出了神,细品茶汤,更觉心旷神怡,于是就想要一些回去,熊知县就命僮子把长老赠送的云雾茶分一半给太平知县,握着他的手说:"年兄,我俩是至交,这黄山神茶,理应共同分享。"

谁知太平知县是个贪心之人,他官迷心窍,骗得神茶,就连夜快马进京,向皇帝献媚请赏去了。不几天到达京城,他立即请门官禀奏皇上:"太平知县专程向万岁敬献仙茗!"当他进得金銮殿,伏奏黄山云雾茶的白莲奇观后,皇上大喜,即命取茶冲泡。当宫女用沸水冲入茶杯后,皇帝和群臣都静候奇景出现,不料这茶叶只在杯中上下浮动,水汽冉冉散失,并无白莲出现,皇上大怒,一拍龙案说:"小小知县,竟敢欺君,给我斩了!"太平知县吓得魂不附体,抖着跪禀道:"请万岁宽容,此茶乃同窗好友黟县知县熊开元所献,与奴才无干。要问究竟,找他来便知。"皇帝听了就传旨熊开元火速进京。

熊开元接旨后,不知是祸是福,不敢耽搁,一路马不停蹄,来到京城,直奔金銮殿拜见皇上。未及开言,皇帝已命左右将熊捆绑问罪,熊自问无过于朝廷,因问:"启奏万岁,微臣何罪之有?"皇帝抛下一包黄山茶叶,怒气冲冲地说:"此乃山野俗物,竟谎称神茶,有白莲奇景,欺君有罪,推出斩首!"熊知县此时才恍然大悟,又气又恨,气的是太平知县,贪图高官厚禄,献媚求荣,陷害自己;恨的是当今皇帝为了一观白莲奇景竟不惜杀戮臣属。他坦然奏道:"这是神

茶,但要看到白莲奇景,需取黄山天泉,一般井水是配不上这仙茶的。如陛下核准,微臣去黄山取泉水,定会出现白莲奇景,如若不实,听凭发落。"皇帝准其请,限于一月后面试。

熊知县回到黟县,脱去官服,换上布衣,直奔云谷寺中,见了慧能长老,跪拜大哭。长老大惊,问是何原因,熊便把赠茶、献茶、诬陷之事痛述一遍,请求长老相助。长老听后也愤然不平,忙扶起熊开元,叫他放心。第二天,长老带上葫芦,带着熊开元爬过后山峻岭,来到圣泉峰下,在淙淙的山泉边停下,指着泉水说:"这就是天泉了,也称圣泉,快装上一葫芦,上京销差吧!"

熊知县接过葫芦,装满泉水,对着长老再三拜谢,然后一步一回头地慢慢走下山去,直到看不到长老,才快马加鞭,赶回京城。来到皇宫,熊一手提葫芦,一手托云雾茶,从容上殿。皇帝见他在限期内赶回,怒气已减,遂命取葫芦水煮沸泡茶。群臣为这位小小的县令捏着把汗,都提心吊胆地注视着茶杯。但见杯中水汽冉冉升起,在杯口旋即上升,约离杯口一尺处,即见旋转成圈,像一朵白色莲花挺立杯上,蔚为奇观。接着白雾逐渐散向四方,像片片白云,在微风中飘落,皇帝大喜,说:"确是神茶神水!"朝中文武百官有的欢呼,有的歌颂,都说这是皇帝恩泽所致,洪福所感,那种肉麻和媚态,熊开元看在眼里,恶在心头,当下皇帝降旨,熊知县官升三品,并赐红袍玉带。

熊开元手捧袍带回到住处,想起同窗陷害,群臣阿谀之事,嫌恶之情油然升起,久久不能平静。想想黄山云雾茶何等高洁,它与圣洁的天泉水能融合一体,形成白莲奇观,而那些混浊的井水、河水就难以配合,名茶品质尚且如此清高,更何况人呢!他看破世态炎凉,从心底里敬慕慧能长老,于是丢弃官服玉带,离开驿馆,直奔黄山,在云谷寺出家做了和尚,法名正志,意即行正志高。据说现今云谷寺路边的檗庵大师塔基遗址,就是这位正志和尚的坟墓。每当人们品尝黄山毛峰时,常会带着缅怀之情谈起这则故事。

(庄雪岚)

16. 茶姑画眉

我国著名诗人苏东坡曾说过:"淮南茶,信阳第一。"信阳毛尖茶,又称"豫毛峰",它的主要产地集中在"五山两潭",即车云山、震雷山、云雾山、天山、脊云山和黑龙潭、白龙潭。那五处地方,山脉绵延,森林密布,河流交错,山泉淙淙,云环雾绕。所以诗人曾用"云去青山空,云来青山白,白云只在山,长伴山中客"的诗句来形容那里的景致。人们只晓得信阳毛尖茶历史悠久,形质兼优,靠的是那得天独厚的生态环境,却不知它之所以驰名古今,还流传着一个十分有趣的故事哩。

在信阳毛尖产地的茶山里,到处可以见到一种尖嘴大眼、浑身长满嫩黄色羽毛的小鸟,它的名字叫画眉。这种鸟会叫会唱,还非常勤劳,它爱捉茶树虫,茶农都很喜欢它。人们说,茶山上那一棵又高又大的老茶树,就是这种鸟儿衔来的优良茶籽种活的。

据说,在很久很久以前,这一带山上原本是光秃秃的一片荒地,官府和财主们强迫百姓替他们开山造地,乡亲们脸朝黄土背向天,从日出干到太阳落,个个又累又饿,患了一种叫"疲劳痧"的瘟病,又吐又泻,忽冷忽热,痛苦不堪,还病死了很多人。

山上住着一个漂亮秀丽的姑娘,瓜子脸,浅浅的笑窝,不仅美貌动人,而且心地善良,她对官府老财的残酷压榨,极其气愤,对患病的乡亲又异常同情。她到处奔走,想方设法,走访治病能人,寻找能降服病魔的良药。

一天,姑娘登上高高的彩云山,只见山岩陡峭,恢宏磅礴,仿佛走进了一个神奇的幻境。这时迎面走来一位银须白发的采药老人,背后篓里装满着奇草神药。姑娘当即上前向老人述说了乡亲们的痛苦和自己的心愿,恳请老人把他们从水深火热中搭救出来。老人听着一忽儿频频点头赞许,一忽儿又叹息连声,道:"我采摘的药草虽多,但却医治不了乡亲们那古怪的瘟病。"他紧皱白眉思忖着说:"过去常听上辈人讲起,远在洪荒时期,神农氏为了替人治病,曾经到过许多地方,尝遍了百草,找到了一种宝树,这种树的叶子片片都是宝贝,只要人们喝了用它煎的汤,便神清目爽,积劳顿消,百病皆除,延年益寿。"但这种宝树生长在什么地方呢?老人却说不上来,

因为上辈人只说是一直往西南方向走,翻过九十九座大山,跨过九十九条大江,便可见到了。

姑娘听了很高兴,她为了搭救乡亲们,拜谢过老人后,就一个劲地向西南方向奔去。她历尽了艰难险阻,渴了就喝山间泉水,饿了就采野草野果充饥,战胜了重重困难,翻过了九十九座大山,跨过了九十九条大江,来到了那个古树参天,如梦如幻的神奇所在。可就在这时,姑娘也得了可怕的瘟病,头重如山,心热如焚,神志恍惚,突然她看到泉水中漂来几片嫩绿树叶,就信手捞起塞进嘴里充饥解渴,嚼着但觉清香可口,神清目爽,疲劳顿消,浑身是劲,心想:这一定是老人所说的那个宝树上的叶子了。于是顺着山泉又向山间深处走去,果然在泉水的源头山岭上找到了一棵大树,树叶与她咀嚼的那片叶儿一模一样。姑娘爬到树上,摘下一颗金灿灿、亮油油的种子,心想乡亲们能够得救了。姑娘高兴得又跳又唱,完全忘了一路上的疲劳。

她的歌声惊动了山上正在砍柴的一位老人,他满脸瑞气,健步如飞,霎时已站在姑娘身旁,一面把姑娘细细打量,一面询问她何以如此高兴。当听了姑娘的陈述后,他连连称赞道:"你真是一个好心的姑娘。"于是,老人告诉她,这树叫大茶树,种子摘下来,必须在三九二十七天内播进土里,才能发芽成活。姑娘听后着了忙,说:"老爷爷,我来寻找这宝树,整整走了九九八十一天,二十七天内如何送得回去呢?这下乡亲们又不能救了。"说着流起泪来,老人听了大为感动,心想:此时我不救她,谁人来救?随即右手拿杨柳枝,左手蘸了几滴露水,朝着姑娘身上轻轻拂了几下,道声"变"!说也奇怪,美丽的姑娘立即变成了一只尖尖嘴巴、大大眼睛、浑身长满黄色羽毛的小画眉。老人对小画眉嘱咐说,"你赶快飞回去,等到把茶籽种上,露出嫩芽后,只要你忍住不笑不唱,再像刚才那样伤伤心心哭一场,你就会变回漂亮的姑娘。"姑娘高兴极了,衔起那粒金灿灿、亮油油的种子,展开翅膀,即刻飞翔到了五色彩云中。

小画眉向着她的家乡,飞呀,飞呀,此时她真想放声歌唱,但一想起老人的忠告,马上紧紧衔住茶籽继续向前飞。只闻得耳内风响,飞过了九十九座大山,越过了九十九条大江,眼看就要飞回彩云山,飞

回故乡了,当她看到家乡的山山水水就在自己身下时,心想这下乡亲们可得救了,她再也忍不住放声歌唱了。可刚一张嘴,那颗茶籽就掉了下去,她赶快来了个鹞子翻身,想从半空中截住那颗茶籽。然而已经晚了,那颗宝贵的茶籽落到了一座陡峭的悬崖上,滚进了深山的石罅中。小画眉急用嘴去啄,但深不可及,用爪子抓,又够不到底,她急中生智,连忙啄下一朵牵牛花,花朵儿变成了一个精巧的小篮儿。小画眉衔着小篮儿飞到山下装了土,又衔着飞回山上来,把土倒进石缝里,一趟一趟,硬是把石缝中的茶籽埋好。有土缺水也不成呀,她又衔着牵牛花,花朵儿变成一只精巧的小水桶,下到山泉旁,汲来了山泉水,浇灌石缝中的泥土,一趟一趟,终于把石缝中的泥土浇得湿润。小画眉高兴得又忘了老人的嘱咐,不仅没有哭,反倒大笑起来,这时她的全部心血和力量也都用光了,就晕倒在茶籽旁,变成了一块美女石,那神情就酷似活着时的好心姑娘。瓜子脸蛋,浅浅笑窝,在朝着人们微笑!

说来也真奇怪,这茶籽埋土浇水之后,马上发芽出土,见风就长,很快长成一棵又高又大的茶树。一天,山上下了一场大雨,大茶树上不断地滴着雨水,样子就像一个有满腹心事而又无法诉说的人在滴着泪水。泪水滴到小画眉变成的美女石上,石头上竟发出了一棵棵牵牛花的芽儿,一会儿就长出藤儿,结出花朵,而那花朵却比向日葵还大,那花蕊里的柱头变成了一个个金黄色的鸟蛋,个个破壳飞出尖嘴大眼、浑身长满嫩黄色羽毛的小画眉。这群小画眉飞上了天空,绕着大茶树飞了三圈,便落在树枝上。她们用嘴啄下了一片片茶叶,便向村里飞去。她们把衔的茶叶放进了患病的人的嘴里,病人便马上药到病除,精神焕发。从此,人们便知道这种大茶树的叶子可以治病,大家十分爱护它。随着种植茶树的人不断增多,开始出现了成片的茶园和茶山。茶农们为了不忘播种茶的变成鸟的姑娘,就给这种小画眉取名为茶姑画眉。

茶姑画眉是茶农的好助手。茶树上长了害虫,她们就帮助捉虫子,还时常衔着金灿灿、亮油油的茶籽,到没有茶树的地方去播种。每年开采春茶的时节,成群的姑娘来到茶山采茶,茶姑画眉就和姑娘们一块唱起悦耳的歌儿。人们说:茶乡的姑娘不仅人长得漂亮,而且都有着茶姑画眉那样的一副好心肠哩!

信阳县的茶农们没有辜负茶姑画眉的心愿,他们把茶树上长出来的芽叶,做成细、圆、紧、直,色泽翠绿,白毫显露的毛尖茶。这种茶味浓、香高,而今蜚声海内外。

(庄雪岚)

17. 擂茶二说

擂茶始于何时?源于何处?是怎样流传下来的?对此有着两种不同的说法,都讲得有板有眼,好在都只是传说,就讲出来让读者们自己去鉴别罢!

湖南桃源南部山区的人们一直保持着喝擂茶的习惯。据老人们说,当地人喝擂茶,与《三国演义》中的张飞有关。三国时,张飞和刘备、关羽三人在桃园义结兄弟,发誓要同心协力,救困扶危,上报国家,下安黎庶。那年,刘备用了诸葛亮之计,先后拿下荆州、南郡、襄阳等地,又令赵子龙领三千人马取了桂阳,刘备大喜,重赏了子龙。张飞不服,大叫:"偏子龙得功,偏我是无用之人,只拨三千军与我去取武陵郡,活捉太守来献。"孔明大喜曰:"前者子龙取桂阳郡时,立下军令状而去,今日翼德要取武陵,必须也立下军令状,方可领兵去。"张飞遂立军令状,欣然领三千军,朝武陵界上来。一天,张飞带兵进击武陵壶头山的"五溪蛮",路过乌头村(今桃源),时值盛暑,瘟疫流行,将士病倒了数百人,张飞自己也染上了瘟疫,只得下令在山边的石洞屯兵。健康的将士,有的帮助附近的百姓耕作,有的去寻医求药。张飞想起赵子龙计取桂阳,立下大功,何等荣耀;自己向诸葛军师立下军令状,限期已近,偏偏被病魔缠身,何时得了,心中十分焦急。

当地山上住着一位鹤发老人,素闻张飞大名,听说刘、关、张在桃园结为兄弟,专好结交天下豪杰,伸张正义。张飞善使一把丈八点钢矛,勇猛善战,于百万军中取上将之头,如探囊取物,甚为敬佩。此番,又目睹张飞带兵来到此地,军纪严明,所到之处,秋毫无犯,十分感动,有心要去医治将士之病,以济张飞之难。于是亲自下山来访问张飞,引见之后,见张果然名不虚传,身长八尺,豹头环眼,燕颔虎须,形貌异常,虽在病中,仍雄风不减,气势非凡。老人上前说明来意,张飞大喜,待为上宾,交谈之下更是十分投机,老人当即向张飞献上祖传秘方——擂茶。张飞和官兵服后,病情大好,遏止了瘟疫的流行。张飞康复后,即亲自上山向老人致谢,并向其当面求教何以擂茶能够治瘟疫。老人说,制作擂茶的主要原料中,茶叶能防病治病,生姜能理脾走表,生米能滋润肠胃,于病体都是有益的。故俗云"清晨一杯茶,饿死卖药家"。以后张飞虽带领将士走了,但当地喝擂茶的习俗却从此保持了下来。

福建将乐城关,也有喝擂茶的习俗。当地制作擂茶,配料十分讲究。有的除用芝麻,还加入花生磨制,使之味香色佳。有的掺入药物,以起到防病治病的作用。盛夏酷暑,人们加入淡竹叶、金银花,喝了使人消暑降火,深秋寒冬,加入干酥的陈皮,让人舒气驱寒。擂茶成了一种独特的保健饮料。

据老人们说,当地人喝擂茶,传说与一位姓伍的道婆有关。将乐旧称古镛州。相传,早先古镛州有一座道观,名叫"长长观"。观址原来是一大片箬竹林。劈竹建观后,竹鞭不死,春天一来,观前观后尽是细细的箬竹和毛茸茸的竹笋。竹鞭甚至穿墙过户,从观内的砖缝里面窜出来,探头探脑地往外看。这"长长观"的道长是一位姓伍的道婆,她教人撒芝麻沤烂竹鞭。几年后,竹鞭倒是沤烂了,但芝麻却又长遍了道观的四周。有一年,正当芝麻结籽的季节,古镛州大旱,连"长长观"后面的一片老茶树也都枯黄了。

灾年饥民多,路上常有倒毙的饿殍。伍道婆看在眼里,急在心中,她有心拯救灾民,又苦于观中没有多余的粮食。伍道婆看着身边几筐刚收下的芝麻,心想倘若炒了放赈,只怕杯水车薪,无济于事,如何才能省吃俭用,多救活一些灾民呢?她思忖很久,终于想到了一个办法。就是尽量将这些芝麻化开来用。先是抓一些芝麻和生米,再掺入干枯的茶梗茶叶,一起放进擂钵里,磨成细末,然后用沸水冲沏成一缸缸擂茶,让附近的灾民饮用。饥肠辘辘的灾民本来饿得头昏眼花,但一经喝下这种擂茶,不仅解决了饥饿之感,而且止渴生津,心爽神清。一连多少

天,伍道婆天天擂茶赈灾,直到下一茬农作物收获。想不到有些人连着喝了伍道婆的擂茶,竟然上瘾成癖,一天不喝,就觉得心烦神躁,因此经常磨制擂茶来喝。如今"长长观"早已倒了,但伍道婆的擂茶却一直流传了下来。

(庄雪岚)

(一一) 茶叶谚语

茶谚:是谚语的一种。即民间交口相传的易讲、易记、富含哲理的关于茶叶的俗话。主要来源于茶叶饮用和茶叶生产实践,是茶叶饮用和生产经验的概括或表述。茶谚最迟出现于唐代,陆羽《茶经》云:"法如种瓜,三岁可采。"唐末已有关于茶具的谚语出现,如苏廙《十六汤品》,谚曰:"茶瓶用瓦,如乘折脚骏登高。"在南宋诗人戴复古的《田园吟》诗中,提到了"桐树发花,茶户大家"的谚语。明清时期茶谚较多,如浙江、江西、湖北一带流传有"千茶万桑,万事兴旺";"千茶万桐,一世不穷"等。现当代茶谚内容涉及茶树种植、茶园管理、茶叶采摘、茶叶制造及茶叶饮用等诸多方面。

1. 茶树种植谚语

"法如种瓜":见于唐代陆羽《茶经·一之源》。意即种茶如种瓜。后魏贾思勰《齐民要术》对瓜的种时、种法均有详细记述。陆羽借种瓜之法喻种茶之法,为后世所传。

"千杉万松,一生不空;千茶万桐,一世不穷":流行于浙江、江西、湖北等地。意为杉、松、桐(油桐)、茶都有很高的经济价值,多种可以致富。

"一年种,二年采,三年亩产超双百,四年五年夺高产":流于浙江余杭等地。新中国建国初期,新茶园采用的是单条播的种植方式,其结果是成园慢、投产慢,种后第四年才能打头采茶,第八年才可正式采摘。后经改进,采用多条播的办法,达到了人们预期的"提早成园,提早采摘"的目的,从而产生了本谚语。

茶树种植方面的谚语还有:"千茶万桑,万事兴旺";"正月栽茶用手捺,二月栽茶用脚踏,三月栽茶

用锄夯也夯不活";"向阳好种茶,背阳好插杉";"桑栽厚土扎根牢,茶种酸土呵呵笑";"高山出名茶";"槐树不开花,种茶不还家"等。

（钱时霖　朱自振）

2. 茶园管理谚语

"七挖金,八挖银,九冬十月了人情":流行于浙江、福建等地。七、八、九、十均指农历月份。挖,即深耕兼除草;金、银比喻这次深耕的重要性。七挖八挖,即指伏耕;九冬十月,即秋耕和冬耕。了人情,表示九冬十月的深耕效果已大不如伏耕。旧茶园一般不施肥,伏耕时将杂草埋入土中很快会腐烂,增加了土壤的有机质,利于改善土壤结构和营养状况。且此时根系更新能力最强,伤口愈合、发根最快。新中国成立后茶树采用条栽密植方法,施肥量大,茶园杂草少,且根系密布行间,故不再采用伏天深耕。

"基肥足,春茶绿":基肥有两种含义:一是茶籽播种或茶苗移植时的底肥,一是茶园秋冬季的施肥。基肥一般用迟效性的有机肥料,如饼肥等。该谚语所说的基肥系指后一种含义。基肥用在秋茶采摘之后,可以使茶树在经受大量采摘后加强营养,尽快地恢复树势,提高越冬能力,增加光合作用,使根系有较多的碳水化合物贮备,以便与根系吸收的氮结合,合成茶氨酸贮藏于根系中,对来年春茶的品质有直接影响。

茶园管理方面的谚语还有:"三年不挖,茶树摘花";"老茶不改鸡骨头";"若要春茶好,春山开得早";"若要茶树好,铺草不可少";"若要茶树败,一季甘薯一季麦";"茶山不用粪,一年三交钉";"见铁三分肥";"茶地晒得白,抵过小猪吃大麦";"茶树本是神仙草,只要肥多采不了";"茶树不怕采,只要肥料足";"春山挖破皮,伏山挖见底";"修茶臂,理茶脚";"要吃茶,二八挖";"栏肥壅肥三年青";"拱拱虫一拱,梅家坞人要喝西北风";"根底肥,芽上催";"雪前冷,冻阴坡;雪后冷,冻阳坡";"锄头底下三分水";"熟地加生泥,胜似吃高丽";"若要肥,泥加泥";"一担春茶百担肥";"宁愿少施一次肥,不要多养一次草";"有收无收在于水,多收少收在于肥"等。

（钱时霖　朱自振）

3. 茶叶采摘谚语

"三岁可采":见于陆羽《茶经·一之源》。意即茶籽种下后,三年即可采茶。

"惊蛰过,茶脱壳":流行于浙江绍兴等地。当日平均气温达到10℃以上时,茶芽开始萌动。一过惊蛰(3月6日前后),气温便可升至10℃以上。壳,包在茶芽外面的鳞片,随着茶芽的萌动,鳞片自然脱落,似脱壳一般。

"头茶不采,二茶不发":流行于浙江绍兴等地。一般树木枝条顶端的生长最为活跃。植物生理学术语为顶端生长优势。顶芽旺盛的活动抑制了侧芽的生长,如若切除顶芽(即采去头茶),便可使侧芽(二茶)迅速生长,有时采去一个顶芽,可换来较多新梢的形成,获得更多的芽叶。采与发的关系处理好,便可构成茶树的丰产。类似的谚语还有"漏手不收,二茶不抽",意即头茶漏采处,二茶就发不出来。"今年不采,明年不发"。这两个谚语均流行于浙江嵊州等地。

茶叶采摘方面的谚语还有:"叶卷上,叶舒次";"笋者上,芽者次";"小满熟了樱桃茶";"立夏茶,夜夜老,小满过后茶变草";"头茶荒,二茶光";"尖对尖,四十天,混茶当中间";"会采年年采,不会一年光";"留叶采摘,常采不败";"谷雨前,嫌太早。后三天,刚刚好。再过三天茶变草";"前三日早,正三日宝,后三日草";"抢茶如抢宝,姑娘不嫁郎";"枣树发芽,上山采茶";"春茶一担,夏茶一头";"茶树三年破丫五年摘";"做天难做四月天,蚕要温和麦要寒,秧要日头麻要雨,采茶姑娘要晴天";"割不尽的麻,采不尽的茶";"插得秧来茶又老,采得茶来秧又草";"四月采茶茶叶黄,三角田中使牛忙;使得牛来茶已老,采得茶来秧又黄";"摘秋茶,犯天骂";"卖儿卖女,不摘三水";"稻时无破笋,茶时无太婆"等。

（钱时霖　朱自振）

4. 茶叶制造谚语

"茶之否臧,存于口诀":见于陆羽《茶经·三之造》。否:坏。臧:好。即茶叶制得好坏,有一套口诀。

"小锅脚,对锅腰,大锅帽":流行于浙江嵊州等地。从炒小锅、炒对锅到炒大锅，是珠茶初制成圆的特定工序。三道工序的基本要求各有侧重，炒小锅是使茶叶细小的"下脚茶"成圆；炒对锅是使"腰档茶"成圆；炒大锅则要求粗大的"面张茶"（盖帽）也成圆。

茶叶制造方面的谚语还有："大锅炒茶对锅保"；"抛闷结合，多抛少闷"；"高温杀青，先高后低"；"嫩叶老杀，老叶嫩杀"等。

（钱时霖　朱自振）

5. 茶叶贮藏谚语

"贮藏好，无价宝"：流行于浙江等地。讲茶叶贮存的重要性。不善贮茶者，其茶色、香、味、形俱变，如同陈茶一般，既降低了饮用价值，又失去了欣赏价值。善贮藏者，即使存放一年以上，依然香气不散，滋味不变，颜色不走，其经验如无价之宝。

"茶是草，箬是宝"：讲箬叶在贮茶中的作用，见于元代鲁明善撰《农桑撮要》。箬有两种，一是笋皮，二是箬竹之叶，叶可裹粽。谚语指的是后者。箬叶清香性凉，可以隔湿，兼保茶真气，用以包茶作用良好。明代许次纾《茶疏·收藏》："收藏宜用磁瓮，大容一二十斤，四围厚箬，中则贮茶。（箬叶）须极燥极新，专供此事。久乃愈佳，不必岁易。茶须筑实，仍用厚箬填紧，瓮口再加以箬，以真皮纸包之，以苎麻紧扎，压以大新砖，勿令微风得入，可以接新。"

（钱时霖　朱自振）

6. 茶叶饮用谚语

"山水上，江水中，井水下"：见于陆羽《茶经·五之煮》。意为饮茶用水以山水为上，江水为中，井水为下。当代吴觉农在其《茶经述评》中曾对"三水"有述。他认为：泉水亦可称山水。泉水悬浮杂质少，透明度高，污染少，水质稳定。但在地层的渗透过程中溶入较多的矿物质，且流经途径及其溶解物质的不同，含盐量和硬度有很大差异，故不是所有的山水都是上等水，有的甚至完全不能饮用。江水溶解的矿物质少，硬度较小。但含有较多的泥沙悬浮物和动植物腐败后生成的有机物等不溶性杂质，浑浊度较大，易污染，不是理想的泡茶用水。井水悬浮物含量低，水的透明度高，在地层的渗透过程中溶入了较多的矿物质的盐类，硬度较大，水质稳定，受季节变化的影响小，但水源易污染。应以水源清洁、经常使用的活水井水为宜。

"茶瓶用瓦，如乘折脚骏登高"：见于唐代苏廙《十六汤品》中之"第十一，减价汤：'无油（同釉）之瓦，渗水而有土气，虽御胯宸缄，且将败德销声。谚曰：茶瓶用瓦，如乘折脚骏登高，好事者幸志之。'"意即使用陶土制成而未上釉的茶瓶（瓦：指未上釉的陶器），会渗水又有土气，犹如人骑着跛足骏马上山爬高，很不适宜。这种无釉陶瓶中的茶汤，因为带有泥土气息，其饮用价值降低，故称之为"减价汤"。

茶叶饮用方面的谚语还有："水忌停，薪忌熏"；"开门七件事，柴米油盐酱醋茶"；"扬子江中水，蒙山顶上茶"；"龙井茶，虎跑水"；"宁可一日无粮，不可一日无茶"；"早茶一盅，一天威风；午茶一盅，劳动轻松；晚茶一盅，提神去痛"；"春茶苦，夏茶涩，要好喝，秋白露"；"白天皮包水，晚上水包皮"等。

（钱时霖　朱自振）

7. 茶叶贸易谚语

"新茶到在先，捧得高似天；若要迟一脚，丢在山半边"：见于《张堂恒选集》。19世纪30年代祁门浮梁的茶叶庄号每日收购祁红毛茶所出价格，莫不呈先高后低再涨之势。开秤时先高者，用以招揽茶农前来求售。后低者因茶农来者既多，不妨杀价。至收秤时再涨，乃留给一般茶农以良好之最后印象，希望其明日再来。

（钱时霖　朱自振）

8. 茶叶风俗谚语

"长老种芝麻，未见得吃茶"：见于明代郎瑛所撰《七修汇稿》。该书并对这条谚语作了解释："未见得吃茶。种芝麻必夫妇同下，其种收时倍多，否则结稀而不实也。故谚云：'长老种芝麻。'其（未）见得者，以僧无妇耳。种茶下子，不可移植，移植则不复生也。故女子受聘，谓之吃茶。又聘以茶为礼者，见其从一之义。二者皆谚，亦有义存焉耳。"

（钱时霖　朱自振）

（一二）茶叶谜语

茶叶谜语是以茶为题材的谜语。茶叶谜语有数种，如谜底为茶者，谜底为茶名或名茶者，谜底为茶事者，谜底为茶具者，以及以茶为谜面，谜底为他事者。

1. 谜面："一人能挑二方土，三口之家乐融融。夕阳下时寻一口，此人还在草木中。"谜目：猜四字广告语。谜底：佳品名茶。

2. 谜面："一只无脚鸡，立着永不啼。喝水不吃米，客来把头低。"谜目：猜物。谜底：茶壶。

3. 谜面："一杯清茶当酒饮。"谜目：猜商业名词一。谜底：代用品。

4. 谜面："一盏香茗值千金。"谜目：猜名著一。谜底：《茶花女》。

5. 谜面："一品大红袍。"谜目：猜诗题一。谜底：试茶。

6. 谜面："人一走茶就凉。"谜目：猜商品名词一。谜底：行情变化。

7. 谜面："人间草木知多少。"谜目：猜物。谜底：茶几。把"人间草木"四字合起来是个"茶"字。"几"是多少的意思。

8. 谜面："人品即茶品。"谜目：猜七言唐诗一句。谜底：唯有饮者留其名。

9. 谜面："山中无老虎。"谜目：猜茶名一。谜底：猴魁。又称"太平猴魁"，名茶。俗话说：山中无老虎，猴子称大王。猴魁产于安徽省黄山市猴坑一带，外形魁伟，故名。

10. 谜面："工夫茶尽是工夫。"谜目：猜五言唐诗一句。谜底：草木有本心。

11. 谜面："大家听潮品香茗。"谜目：猜茶名一。谜底：普洱茶。

12. 谜面："太阳出来照龙井。"谜目：猜品牌饮料一。谜底：旭日升暖茶。

13. 谜面："风满城。"山雨未来，风已先至。谜目：猜茶名一。谜底：雨前茶。唐代许浑《咸阳城东楼》诗："溪云初起日沉阁，山雨欲来风满楼。"

14. 谜面："龙井渡头细盘缠。"谜目：猜茶馆业

名词一。谜底：茶水费。

15. 谜面："生在山中，一色相同；泡在水里，有绿有红。"谜目：猜物。谜底：茶。前八字指茶树，生在山中，均着绿色。后八字指做成的茶叶，有绿茶也有红茶。

16. 谜面："生在青山叶儿蓬。死在湖中水染红。人家请客先请我，我又不在酒席中。"谜目：猜饮品。谜底：茶。第一句指茶树，第二句指红茶，第三句指泡茶。第四句指酒后饮茶。

17. 谜面："旧居开业卖香茗。"谜目：猜茶馆名一。谜底：老舍茶馆。

18. 谜面："冰山上月色朦胧。"谜目：猜台湾名茶一。谜底：冻顶乌龙。

19. 谜面："老和尚茶瘾，谜兴齐发，就遣哑巴小徒穿木屐，戴着草帽去找店老板取一物，店老板一看小和尚装束，心有灵犀一点通，速取茶叶一包叫他带去。"谜目：猜物。谜底：茶。"戴着草帽"为"草"字，小和尚为"人"字，"穿上木屐"为木字，合起来为"茶"。

20. 谜面："孙悟空称王。"谜目：猜茶名一。谜底：猴魁。

21. 谜面："冷水里无动于衷，沸水里馨香浓浓"。谜目：猜物。谜底：茶。冷水泡茶没有茶味，开水泡茶香气浓浓。

22. 谜面："武夷一枝春。"谜目：猜茶名。谜底：山茶。武夷，山名。春，指茶，名茶称春者众：江苏苏州有"碧螺春"，湖南岳阳有"洞庭春"等。

23. 谜面："国庆相邀茶代酒。"谜目：猜节能用语一。谜底，节约用水。

24. 谜面："茶，献茶，献香茶！"谜目：猜四字选矿术语。谜底：品位提高。

25. 谜面：草木有本心。谜目：猜字。谜底：茶。此五字原为唐代张九龄《感遇》诗中的一句。人在草木之中好像心（本心）在人体之中。

26. 谜面："品茗一定康安。"谜目：猜茶叶化学名词一。谜底：茶单宁。

27. 谜面："娘在徽州黄土，出世清明前后，吃过多少苦头，还要陪客进口。"谜目：猜物。谜底：茶。娘：指茶树。徽州：地名，宋宣和三年（1121）置，辖

今安徽歙县、休宁、祁门、绩溪、黟县及江西婺源等地，为中国重要的茶叶产区。黄土，酸性，适宜于茶树生长。出世清明前后，是说茶芽清明前后即可采摘。吃过多少苦头，是说茶叶采下后要经过初制和精制若干道工序，揉揉挤挤，蒸蒸炒炒。陪客进口，是说客来敬茶。

28. 谜面："烘制茶叶。"谜目：猜《红楼梦》人名一。谜底：焙茗。

29. 谜面："梅放一枝春。"谜目：猜茶类一。谜底：花茶。

30. 谜面："喝早茶。"谜目：猜成语一。谜底：一品当朝。

31. 谜面："鞍钢见闻。"谜目：猜茶名一。谜底：铁观音。

（钱时霖）

四、茶书和茶报刊

（一）茶书

我国悠久的茶业历史为人类创造了茶业科学技术，也为世界积累了最丰富的茶业历史文献。在浩如烟海的文化典籍中，不但有专门论述茶叶的书，而且在史籍、方志、笔记、杂考和字书类古书中，也都记有大量关于茶事、茶史、茶法及茶叶生产技术的内容。据唐代陆羽《茶经》所载，我国唐代以前已出现了不少茶业文献。到了唐代陆羽《茶经》问世以后，茶业专著更不断出现，明代喻政《茶书》收集唐、宋、元、明四代的茶书32种。万国鼎先生1958年编有《茶书总目提要》，共列茶书98种，其中现存书53种，已佚失的45种。阮浩耕、浓冬梅、于良子1999年点校注释的《中国古代茶叶全书》共收入茶书64种，已佚存目茶书60种，总共124种。2007年郑培凯、朱自振主编《中国历代茶书汇编校注本》收入茶书114种（包括辑佚），佚书遗目65种，总共有175种。自上世纪二三十年代以来，茶书编著出版量大大增加，尤其是上世纪80年代以来，茶文化方面的书籍更为丰富。现按成书年代先后，分古代茶书和现代茶书两部分择要介绍如下：

1. 古代茶书提要

《茶经》 唐·陆羽撰，成书于公元758年前后。内容分3卷10节。上卷3节："一之源"，论述茶的起源、名称、品质，介绍茶树的形态特征、茶叶品质与土壤环境的关系，指出宜茶的土壤、茶地方位、地形，品种与鲜叶品质的关系，以及栽培方法，饮茶对人体的生理保健功能。还提到湖北巴东和四川东南发现的大茶树。"二之具"谈有关采制茶叶的用具。详细介绍制作饼茶所需的19种工具名称、规格和使用方法。"三之造"讲茶叶种类和采制方法。指出采茶的重要性和采茶要求，提出了适时采茶的理论。叙述了制造饼茶的6道工序：蒸熟、捣碎、入模拍压成形、焙干、穿成串、封装，并将饼茶按外形的匀整和色泽分为8个等级。中卷1节："四之器"写煮茶饮茶之器皿。详细叙述了28种烹茶、饮茶用具的名称、形状、用材、规格、制作方法、用途，以及器具对茶汤品质的影响，还论述了各地茶具的好坏及使用规则。下卷6节："五之煮"写烹茶的方法和各地水质的优劣，叙述饼茶茶汤的调制，着重讲述烤茶的方法，烤炙、煮茶的燃料，泡用水和煮茶火候，煮沸程度和方法对茶汤色香味的影响。提出茶汤显现雪白而浓厚的泡沫是其精英所在。"六之饮"讲饮茶风俗，叙述饮茶风尚的起源、传播和饮茶习俗，提出饮茶的方式方法。"七之事"叙述古今有关茶的故事、产地和药效。记述了唐代以前与茶有关的历史资料、传说、掌故、诗词、杂文、药方等。"八之出"评各地所产茶之优劣。叙说古代茶叶的产地和品质，将唐代全国茶叶生产区域划分成八大茶区，每一茶区出产的茶叶按品质分上、中、下、又下四级。"九之略"谈哪些茶具茶器可省略，以及在何种情况下可以省略哪些制茶过程、工具或煮茶、饮茶的器皿。如到深山茶地采制茶叶，随采随制，可简化7种工具。"十之图"提出把《茶经》所述内容写在素绢上挂在座旁，《茶经》内容就可一目了然。

《茶经》是中国第一部系统地总结唐代及唐代以前有关茶事的综合性茶业著作，也是世界上第一部茶书。作者详细搜集历代茶叶史料，记述亲身调查和实践的经验，对唐代及唐以前的茶叶历史、产地、茶的功效、栽培、采制、煎煮、饮用的知识技术都作了阐述,是中国古代最完备的一部茶书,使茶叶生产从此有了比较完整的科学依据,对茶叶生产的发展起过一定的推动作用。

《茶经》除唐代陆羽最早撰写以外,明代徐渭(1575年前后)、张谦德(1596)和黄钦(1635年前后)等三人也均撰有《茶经》。此外,宋代周绛于1012年前后曾撰《补茶经》1卷。明代孙大绶于1588年辑《茶经水辨》和《茶经外集》两书。清代陆廷灿于1734年曾撰《续茶经》3卷、附录1卷(见后)。潘思齐撰有《续茶经》20卷。

《煎茶水记》 唐·张又新撰,公元825年前后问世,1卷。《太平广记》原称其为《水经》,后因怕与北魏郦道元所著《水经注》相混,改成《煎茶水记》。全书约900字,前列刘伯刍所评宜茶水品7等,次列陆羽所评宜茶水20等。主要叙述茶汤品质与宜茶用水的关系,着重于品水。作者认为山水、江水、河水、井水性质不同会影响茶汤的色、香、味,曾亲乘舟汲水加以比较,认为浙江桐庐江严子滩水和永嘉仙岩瀑布水均比刘伯刍所评长江南零水(一等水)好。并认为陆羽煮茶之水用山水者上等,用江水、井水者下等的说法不够考究。作者将各水重新品评为20等级。并认为用产茶地的水烹茶都好,茶汤品质不完全受水的影响,善烹、洁器也很重要。

《采茶录》 唐·温庭筠撰于公元860年前后,约失传于北宋,仅存辨、嗜、易、苦、致五类六则,记事不足400字。辨:叙述陆羽辨别南零水;嗜:讲陆龟蒙嗜茶,写品茶诗一首;易:讲述刘禹锡与白乐天易茶醒酒;苦:叙述士大夫苦于王濛请喝茶;致:刘琨与弟群书要真茶。一则:讲煎茶要用活火(有焰之火),烹茶有三沸,始、中、终之沸,声音不同,知声能知茶沸。

《十六汤品》 唐·苏廙撰,具体成书年代不详,约在公元900年前后。原文佚,引自《清异录》第四卷茗荈部。原书为《仙芽传》第九卷中的"作汤十六法",由后人专作一书另题。书中叙述煎茶汤的时间要适中,根据开水滚沸情况可分三品;由倒注茶汤的缓急来分也有三品,倒注茶汤缓慢断续浓度不匀,快注直泻浓度不够,不快不慢为好。以贮茶汤的盛器种类不同可分五品,茶汤品质与盛器有关,以金银为盛器,虽好不能广用;铜、铁、铅、锡盛器腥苦且涩;以瓷瓶作盛器为佳。以烹茶燃料分有五品,以净炭为好,有烟燃料茶味不佳。一共十六品,并均给予一个美称,如称第一品为"得一汤";第三品为"百寿汤",第七品为"富贵汤",等等。《十六汤品》与《煎茶水记》在唐、宋时颇流行。从全书文字看,似一篇游戏文字,但对烹茶方法、茶具、茶汤审评仍有一定参考价值。

《茶录》 宋·蔡襄著,公元1051年撰成。蔡襄自序:因陆羽《茶经》没有记载福建建安之茶,丁谓《茶图》独论采制之事,至于茶的烹试未曾有闻,遂写《茶录》。分上下两篇,全书不足800字。上篇论茶:谈及茶的色、香、味,茶叶的贮藏方法,炙制、碾茶、筛茶方法,汤之增减及温茶盏的方法和点茶方法等十条。论述茶汤品质和烹饮方法,认为茶色贵白,青白胜黄白;茶要真香,不能掺其他香草珍果,恐夺其真;候汤最难,未熟沫浮,过熟则茶沉。下篇论茶器:分茶焙、茶笼、砧椎(打台和槌)、茶钤(茶挟)、茶碾、茶罗、茶盏、茶匙、汤瓶等九条。论述烹茶所用之器具,为保持茶所特有的色、香、味,对焙茶和品茶用具十分讲究。

古茶书中用《茶录》名称的尚有4部,都是明代著作。张源于1595年前后撰写;程国宾于1600年前后撰写;程用宾于1604年撰写;冯时可于1609年前后撰写。其中程国宾撰写的《茶录》,内容较详,共分四集。首集十二则,模仿宋代审安老人的《茶具图赞》。正集十四则,分原种、采候、选制、封置、酌泉、积水、器具、分用、煮汤、治壶、洁盏、投交、酬啜、品真等,约1500字。末集十二则,拟茶具图说,有图十一幅。附集载陆羽《六羡歌》、卢全《茶歌》等七首。

《东溪试茶录》 宋·宋子安撰,1064年前后写成。作者因丁谓、蔡襄写的建安茶事尚有未尽,因此写成此书。全书约3000字,首为序论,次分总叙、焙名、茶病等八目。东溪是福建建安的一个地名。书中首先对该地茶园及其历史沿革作了总述,对北苑、沙溪等诸茶园的地理位置、自然环境条件和特点,以及所产茶的品质,作了详细介绍。其次介绍了七个茶种的产地、性状和区别。还论述了采、制茶的要求与品质的关系,提出采叶的时间和方法。阐述了采茶时间要根据气候情况来定。最后论述由于采制不当带来的茶疵,如鲜叶带进鳞片、鱼叶会使茶味苦涩,色泽黄黑;制茶时若蒸芽不熟会有青臭苦涩味。书中不仅记述了茶树品种的特性和分类标准,还介绍了品种的形成及其演化过程,并指出即使品种优良,若栽培条件低劣也会劣变,强调了栽培条件的重要性。

《品茶要录》 宋·黄儒撰,成书于 1075 年前后,全书约 1900 字。作者对于茶叶采制不当对品质的影响及如何鉴别审评茶的品质,提出了十说:一说采造过时,则茶汤色泽不鲜白,水脚微红,及时采制的佳品茶汤色鲜白;二说白合盗叶,茶叶中掺入了鳞片、鱼叶而使茶味涩淡;三说入杂,讲如何鉴别掺入的其他叶片;四至九说叙述适时采制的重要性及制作饼茶不当时出现的弊病和如何审评鉴别,十说辨,谈壑源、沙溪两块茶园,其地相比虽只隔一岭,相距无数里,但茶叶品质相差很大,说明自然环境对茶叶品质的影响。最后指出芽细如麦,鳞片未开,阳山砂地之茶为佳品。本书细究茶叶采制得失对品质的影响,提出对茶叶欣赏鉴别的标准,对审评茶叶仍有一定参考价值。

《大观茶论》 宋·徽宗赵佶撰,成书于 1107 年。大观是徽宗的年号,大观初年徽宗著《茶论》,后人于是名为《大观茶论》。全书约 3000 字,内容包括茶树的种植方法,采茶的时期、方法、蒸茶、榨茶、制茶方法,以及鉴别茶品方法,并根据陆羽《茶经》为立论基点,再结合宋朝的变革而详加讨论。首为绪论,谈当时太平盛世饮茶为时代所尚,龙团凤饼名冠天下,品评之胜、烹点之妙莫不盛造其极,茶叶生产有很大发展。后分二十篇,论述种茶须注意自然生态环境。列举外焙茶虽精工制作,外形与正焙北苑茶相仿,但其形虽同而无风格,味虽重而乏馨香之美,总不及正焙(北苑茶园)所产的茶,指出生态条件对茶叶品质的重要性。对茶叶提出要视气候情况及时采制,以增加产量,提高品质,并强调制茶技术对品质的影响。另外,对茶的评比鉴别、烹茶冲饮、用水用具也都有较详细的叙述。

《宣和北苑贡茶录》 宋·熊蕃撰,成书于 1121～1125 年。宣和是宋徽宗年号,表明了这本书的著作时期。熊蕃之子熊克于 1158 年增补。正文约 1700 余字,旧注约 1000 字。清·汪继壕按语有 2000 余字。北苑是福建省建安县东面凤凰山山麓一个宫廷专用茶园的园名。本书介绍了北宋帝室御用茶园的历史、制茶概略、进贡经过。宋朝于 976 年初在北苑制团茶,以与民间茶相区别,龙凤茶就始于此。龙茶供天子,余按皇亲国戚廷臣等级分赐。后又创制白茶、龙园胜雪等。书末附御苑采茶歌十首及图三十八幅。图上并附有贡茶的大小尺寸。可以考见当时各种贡茶的形制,对研究贡茶很有参考价值。

《北苑别录》 宋·赵汝砺撰于 1186 年,全书约 2800 余字。清代汪继壕增注(约 1800 年)约 2000 余字。作者为补充熊蕃的《宣和北苑贡茶录》而作此书。前为绪论:概述北苑情况,然后分列十二条,即御园、开焙、采茶、拣茶、蒸茶、榨茶、研茶、造茶、过黄(干燥过程)、纲次(每次运送贡茶的顺序名称)、开畬(茶园管理)、外焙(北苑附属的茶园)。详细叙述了四十六处御园的位置名称,然后介绍茶叶采制方法,采摘必须在太阳升起前至午前八时结束,可使茶汤鲜明。采回的芽叶要进行分拣后加工,制成的饼茶用箬叶包裹放入绫罗制的小箱内运往宫中。至七月进行茶园培土管理等工作。本书对贡茶的种类、数量、采制、包装运输,以及茶园管理等均作了详细而切要的介绍。

《茶具图赞》 宋·审安老人撰于 1269 年。此书记录了宋代十二种茶具的大小、形状、尺寸并均有图。对十二种茶具还分别冠以官职名。可供研究古代茶具形制参考。

《茶谱》 明·朱权编,成书于 1440 年前后。全书约 2000 余字,内容侧重于茶叶评品和煮茶用具方面。序言叙述了茶有醒睡消酒、利大肠、化痰等功效。茶有五名:茶、槚、蔎、茗、荈。并认为茶叶杂以诸香会失茶之真味。赞成物遂其自然之性,反对团茶碾末,提出以叶茶烹饮。全书分十六则:品茶、收茶(贮藏)、点茶、熏香茶法、茶炉、茶灶、茶磨、茶碾、茶罗、茶架、茶匙、茶筅、茶瓯、茶瓶、煎汤法、品水。详细介绍蒸青叶茶之烹点方法,独创以叶茶烹饮。

以《茶谱》命名的古茶书,尚有五代·蜀毛文锡于公元 935 年前后编写的《茶谱》,此书已失传。从各省区地方志所引的《茶谱》来看,该书系论述当时各地茶树品种、茶叶质量概况的,其内容有的很详备,可供参考。还有宋代王端礼于 1100 年编写的《茶谱》,朱祐槟于 1529 年前后编写的《茶谱》;明代钱椿年于 1539 年前后编,顾元庆于 1541 年删校的《茶谱》,以及陈荣 1592 年前后编写的《茶谱》。此外,还有宋代蔡宗颜(1150 年以前)编写的《茶谱遗事》,庄茹芝于 1223 年前编写的《续茶谱》;明代赵之履于 1535 年前后编写的《茶谱续编》,以及孙大绶 1588 年辑的《茶谱外集》等。

《茶寮记》 明·陆树声撰于 1570 年前后。全书约 500 字。前有引言性质的漫记一篇,次分人品、品泉、烹点、尝茶、茶候、茶侣、茶勋等七条,统称"煎茶七类"。全书主要叙述烹茶方法及饮茶人品和兴致。

《茶寮记》共有 6 个版本,其中"古今图书集成"本与其他各版本的上述内容不同。它所载陆树声的《茶寮记》前为总叙,与"漫记"文字相同,次分十六条,每条数语,多系抄录前人的文句,似不像《茶寮记》的原文。

《茶疏》 明·许次纾撰于 1597 年。全书约 4700 字,分三十六则。作者根据自己的经验心得写成,是一部综合性的茶叶著作。对茶叶的采摘、炒制、收藏、烹煮、用水等均有较深的论述,对几种茶提出了适当的采摘时期,并指出秋茶品质甚佳,七八月可重摘一番。论述杀青有两种方法,提出粗茶用蒸,细茶用炒,最先记载论述炒制绿茶的方法。反对茶叶混入香料,以免丧失茶的真味。在"宜节"一则中指出:"茶宜长饮,不宜多饮。常饮则心肺清凉,烦郁顿释;多饮则微伤脾肾,或泄或寒"。论述了饮茶与人体健康的关系。《茶疏》是明代茶书中较著名的一本。

《罗岕茶记》 明·熊明遇撰于 1608 年前后。罗岕茶产于今浙江长兴县境内的罗岕山,故名。罗岕山距宜兴 80~90 公里。罗岕茶亦作金茶。全文共七条约 500 字,叙述罗岕茶的品质及其采摘、贮藏方法等。认为岕茶品质与产地和采摘有关。并提出茶之色重、味重、香重者俱非上品。论述颇切实。

以岕茶为内容撰写的茶书,尚有明代周高起于 1640 年撰的《洞山岕茶系》,全书约 1500 字,对岕茶的历史、产地、品类、采制、泡饮等均有较切实的论述。明代冯可宾 1642 年前后撰写的《岕茶笺》,全书约 1000 字,分十二则,首序岕名,次论岕茶的采制、贮藏、辨真伪、烹饮、茶具、禁忌等。此外,还有清代冒襄于 1683 年前后撰成的《岕茶汇钞》,记述岕茶产地、采制、鉴别、烹饮和故事等。其中内容,大约有一半是从《茶疏》、《罗岕茶记》、《岕茶笺》中抄录的。

《茶解》 明·罗廪撰于 1609 年。本书根据作者亲身体验和实践经验写成。全书约 3000 余字,前为总论,下分十目:原(产地)、品(茶的色香味)、艺(栽培方法)、采、制、藏、烹、水(饮茶用水)、禁(采制茶叶禁忌事项)、器。对茶的种植、采种、选种、茶园管理、茶叶采制等均有论述。认为茶地南向为佳,与桂、梅、松等间植可覆霜掩秋阳,其下植芳兰,最忌菜畦。说明茶园方向和间作对茶叶品质有影响。提出贮茶器不能移作别用,采制茶时要干净,不能与有味之物接触,说明茶有吸收异味的特性。

《茶书全集》 明·喻政编于 1613 年。它是根据中国古茶书辑录而成的一部茶叶丛书。

《茶书全集》的书目如下:

仁部

《茶经》唐竟陵陆羽鸿渐撰

《茶录》宋蒲阳蔡襄君谟撰

《东溪试茶录》宋建安宋子安撰

《宣和北苑贡茶录》宋建阳熊蕃叔茂著

《北苑别录》宋赵汝砺撰

《品茶要录》宋建安黄儒道父著

义部

《茶谱》明吴郡顾元庆辑

《茶具图赞》宋审安老人撰

《茶寮记》明华亭陆树声著

《荈茗录》宋豳国陶穀清臣撰

《煎茶水记》唐江州刺史张又新撰

《水品》明云间徐献忠著

《汤品》唐苏廙元明著

《茶话》明云间陈继儒著

礼部

《茗笈》上、下　明甬东屠本畯叟著

《茗笈品藻》(王嗣、范汝梓、陈锳、屠玉衡)

《煮泉小品》明钱塘田艺蘅撰

智部

《茶录》明包山张源伯渊撰

《茶考》明钱塘陈师思贞著

《茶说》明东海屠隆著

《茶疏》明钱塘许次纾然明著

《茶解》明慈溪罗廪高君著

《蒙史》上、下　明武陵龙膺君御著

《别记》明三山徐𪩘兴公辑

《茗谭》明东海徐𪩘兴公著

信部

《茶集》明南昌喻政选辑

附《烹茶图集》

汇《虎邱茶经注补》,清·陈鉴撰于1655年。此书专为虎邱茶而写,全书约3600字,仿陆羽《茶经》分为十目。每目摘录有关的《茶经》原文,在其下加注虎丘茶事,性质类似而超出《茶经》原文范围的就作为补,接续在《茶经》相关目的原文后。

《茶史》　清·刘源长撰于1669年前后。全书约33000字,分二卷三十目。篇首载各著述家和陆羽、卢仝事迹。第一卷分茶之原始,茶之名产,茶之分产、近品,陆羽品茶之出,唐宋诸名家品茶,袁宏道丈《龙井记》,茶的采、制、藏。第二卷分品水,名泉,古今名家品水,欧阳修《大明水记》、《浮槎山水记》,叶清臣《述煮茶小品》,贮水、候汤,《十六汤品》,茶具,茶事,茶之鉴赏辨别,茶效,以及名家茶咏、杂录等,大多引前人著作内容,多而杂。

《续茶经》　清·陆廷灿撰于1734年。全书分三卷,附录一卷,约7万字。按陆羽《茶经》结构同样分为十目。另以历代茶法作为"附录"。作者从各种古书中摘录有关茶的资料,按目摘要录入。自唐至清代,茶的产地和采制烹饮方法及其用具,已和陆羽《茶经》所说大不相同,内容丰富而切实,便于聚观。

(孟庆恩　于良子)

2. 现代茶书提要

现代茶书种类很多,现分类按出版先后择要介绍如下:

(1) 综合类

《中国茶叶问题》　赵烈编著,上海大东书局1931年8月出版,15.2万字。主要内容包括茶的名称、原产地、形态、成分、效用、沿革;茶的四种分类;茶的栽培要素及方法;茶的制造;制茶机构;中国茶叶的产地、产量、茶的消费;茶的交易状况;外茶输入概况;中国茶业衰退的原因,振兴中国茶叶的方策。书末另附图表12则。

《中国茶叶复兴计划》　吴觉农、胡浩川著,商务印书馆1935年3月出版,15.1万字。该书共分四篇十六章,分别介绍了中国茶叶的重要性;中国茶叶复兴的必要性;复兴中国茶叶的途径;复兴茶叶的经费;中国茶叶在产业上的地位等。

《吴觉农选集》　中国茶叶学会编,上海科学技术出版社1987年2月出版,42.9万字。系吴觉农七十年来发表的论文与著作选编。收入的61篇文章,以茶叶论文及著作为主体,大部著作以摘录方式介绍,包括茶叶原产地、茶叶生产、茶叶统购销政策、茶叶国际贸易、茶叶检验、茶叶科研及人才培养、茶业改革与展望等方面的内容;还有关于农民问题,农业和农村经济问题,以及对于旧事的回忆和对故友的怀念。另附有吴觉农著作和论文目录。

《中国农业百科全书·茶业卷》　王泽农主编,农业出版社1988年12月出版,90万字。以茶业自然再生产和经济再生产知识为基本内容,在概述基本理论的同时,重视应用技术的介绍,具有一定的专业深度和实用性。条目分类目录为十类:茶业总论,茶树生物学,茶树栽培,茶树育种,茶树病虫害,茶业生物学,制茶,茶叶审评检验,茶业机械,茶业经济。另有彩图插页目录、条目汉字笔画索引,条目外文索引、内容索引。前有《中国农业百科全书》前言、凡例及王泽农撰写的《茶业》专论。

《中国科学技术专家传略·农学编·园艺卷1》　中国科学技术协会编,中国科学技术出版社1995年9月出版,23.8万字。该书经各省市茶叶学会推荐,并由中国茶叶学会组织专家进行评选,吴觉农、王泽农、庄晚芳、陈椽、李联标等位专家入传园艺卷。本书以传记形式,全面记述了这5位专家的业绩与品德,是爱国主义教育和精神文明建设的重要参考资料。

《中国茶学辞典》 《中国茶学辞典》编纂委员会编,张堂恒主编,上海科学技术出版社1995年10月出版,102.2万字。是一部包含茶学各分支学科的大型专业工具书。共收辞目五千余条,包括茶文化、茶树栽培、茶树育种与品种、茶树保护、茶叶加工、茶叶机械、审评及检验、茶树生理、茶叶化学、茶叶经济贸易十部分,涉及茶学领域55个分支学科。另附录茶叶大事年表、中国现代茶学主要著作、国内外茶叶专业期刊、主要名优茶简介、中华人民共和国成立以来茶叶产销统计数据和中国部分茶叶企业简介等。

《中国茶典》 罗庆芳主编,贵州人民出版社1996年10月出版,197.6万字。分八辑:茶史料,茶艺文,茶辞语,茶品饮,名茶录,茶药疗,茶科技,茶商贸。从古代浩如烟海的典籍中撷集有关茶的资料,荟萃茶诗、茶词、茶语、茶史、茶事、茶俗、茶业等各类相关资料、典故、阐释。

《中国茶叶大辞典》 陈宗懋主编,中国轻工出版社2000年12月出版,326.6万字。国家"八五"重点图书。分为中国茶的历史、茶叶文化艺术、茶叶种类、饮茶习俗、茶叶器具、茶业人物、茶学著作、茶业机构、茶树生物学、茶叶化学、茶树栽培、育种、保护、茶叶制造、茶叶检验、茶叶机械、茶的利用、茶叶经济贸易等部类,还有国外茶叶概况的介绍,书后附有11个附录,全书内容广泛而全面。"全"是该书的一大特点,科学性和文化性兼容,自然科学和社会科学交叠,既有古代文化和茶事,也有最新科学成果,是一部国内最具权威性的茶叶工具图书。

《中国名茶志》 王镇恒、王广智主编,中国农业出版社2000年12月出版,182.2万字。国家"九五"重点图书。全书共收集名茶1017品目,其中立条309品目。按产茶省分省立条。凡立条的茶,内容含自然环境、历史沿革、茶树品种、采制工艺、名茶产销及名茶文化等六个方面。本书由著名茶界泰斗陈椽教授和茶学家张天福先生写序,是一部介绍名茶的经典之作。

《中国科学技术专家传略·农学编·园艺卷3》 中国科学技术协会编,中国科学技术出版社2003年4月出版,25万字。该书经各省市茶叶学会推荐,并由中国茶叶学会组织专家进行评审,有胡浩川、冯绍裘、蒋芸生等37位茶叶专家列选入传。本书以传记形式,全面记述了这些茶界代表人物的业绩和品德,是爱国主义教育和精神文明建设的重要参考资料。

《浙江省茶叶志》 阮浩耕主编,《浙江省茶叶志》编纂委员会编,《浙江省志丛书》之一,浙江人民出版社2005年4月出版,149.3万字。记述浙江省2000多年茶历史。全书共分生产种植、加工再制、国内贸易、国际贸易、茶政管理、科学研究与教育、茶文化、名茶、人物、企业等十篇,篇前有总述、大事记,篇后附17类统计资料及5种索引。前有吕祖善作的丛书总序和陈宗懋序。

《品茶图鉴》 陈宗懋、俞永明、梁国彪、周智修编著,台湾省笛藤出版社2006年3月出版,25万字。本书共8章,内容包括饮茶的历史,认识茶树,茶的色、香、味,茶的制作,茶的产区,中国茶的种类,泡茶以及多样的饮茶习俗,并选编了中国六大茶类中有代表性的214只茶,以图文并茂的形式逐个简介其生产区域,自然环境,品质特点,可供茶叶爱好者阅读。

《浙江茶叶》 毛祖法、梁月荣主编,《浙江茶叶》编委会编。中国农业科学技术出版社2006年10月出版,50万字。本书共9章,内容包括浙江茶叶发展史、茶树栽培、茶叶加工、茶叶贸易、茶文化、茶学教育、茶叶科研、茶与健康、浙江省茶叶学会的创建、发展及对茶产业的影响等。系来自茶叶教育、科研、生产、流通、文化等各领域十多位老、中、青浙江茶人集体智慧的结晶。内容丰富,资料翔实,寓科学性、知识性、资料性于一体,可供茶叶工作者和茶叶爱好者阅读参考。

《无公害茶的栽培与加工》 俞永明主编,陈宗懋、吴洵、俞永明编写,金盾出版社2007年10月出版,16.1万字。本书分七部分:无公害茶的要领和发展意义,茶叶生产中的污染,无公害茶园的种植与管理技术,无公害茶的加工技术,无公害茶的包装及贮运,无公害茶的产品质量标准和无公害茶的认证与管理等,介绍了无公害茶园茶叶生产和茶叶加工的一般知识。书中附有彩色照片 37 幅。

（2）茶树栽培

《茶作学》 庄晚芳编著，农业出版社 1956 年 12 月出版，15.4 万字。主要内容有：茶叶在国民经济中的地位以及我国茶叶生产概况，茶树栽培历史，茶树的分布，茶树植物学特征，茶树生物学特性，中国茶区气候条件和土壤条件，茶区耕作制度及防止土壤侵蚀的方法，茶树良种选育及繁殖，茶园的建立，茶园管理，茶树修剪，鲜叶采摘，茶树病虫害及冻害的防治。

《茶树生物学》 庄晚芳著，科学出版社 1957 年 6 月出版，6.9 万字。作者根据历史条件和生物学观点论证了茶树的原产地在中国，继而依次介绍茶树的外部形态、叶片结构和化学组成特征及其变异范围，茶树生长发育的基本规律，茶树从茶籽发芽到开花结实过程中的生长现象和生理特性，对与茶叶增产密切相关的分枝习性、新梢形成和根系发育规律作了较详细的分析。介绍茶园管理上的修剪、采摘、施肥和耕作的技术措施，国内外茶树分类和茶树品种的一般情况，气候和土壤各因素对茶树生长发育的影响及相应生产措施，茶树的营养繁殖和有性繁殖。

《茶树育种学》 浙江农业大学编著，上海科学技术出版社 1964 年 8 月出版，29.1 万字。绪论综述良种在茶叶生产中的重大作用，并扼要介绍国内外茶树育种的概况和主要成就。正文共分 12 章，系统阐述了茶树育种的任务和目标，茶树个体发育及其变异性与相关性，育种的原始材料，中国茶树品种资源，茶树品种的选择，引种驯化，杂交和人工引变的原理与方法，原始材料的鉴定，良种繁育，育种程序，以及茶树育种的田间试验与统计分析。

《茶树栽培学》 浙江农业大学主编，1979 年出版，27.6 万字。该书系全国高等农业院校茶叶专业教材之一。全书除绪论外，共分 12 章，第 1、2 章阐明中国茶叶栽培简史和当前生产区域及现状；第 3 章着重于茶树的生物学特性的描述，使学生能掌握茶树的基本特征特性；第 4 章到第 10 章主要分别论述栽培管理上的各项技术关键和理论（包括繁殖、修剪、施肥、土壤、水分、耕作、保护、采摘等）；第 11 章

论述茶叶高产优质综合因子的分析，概括上述各章的关系，加强学生的分析能力；第 12 章是茶叶生产基地建设，包括了基地内茶园的开辟和改造的技术问题。

《茶树品种志》 福建省农业科学院茶叶研究所编著，福建人民出版社 1980 年 1 月出版，27.7 万字。根据福建农业科学院茶叶研究所 1954～1978 年对福建省茶区的实地调查情况，并参考各地茶树品种调查的有关资料，以福建茶树品种资源为主，共分三部分重点介绍了福建茶区已引种或需进一步引种的外省茶树良种或新选育品种和品系。书中附 177 幅各品种的黑白或彩色图片。

《茶树育种学》 湖南农学院主编，1980 年出版，35.2 万字。系全国高等农业院校茶叶专业教材之一。该书除绪论外，共分 10 章，并附有茶树育种实验指导。首先介绍了茶树育种的作用、任务和目标，国内外茶树育种的成就和经验，茶树遗传、变异和育种，以及茶树品种资源、分类和利用；其次着重阐述系统选种、引种、杂交育种以及倍数体育种和辐射育种，同时还介绍了激光育种和高光效育种等新技术；最后是茶树良种繁育和茶树育种程序。

《茶树生理及茶叶生化实验手册》 中国农业科学院茶叶研究所编，农业出版社 1983 年 12 月出版，18.8 万字。该书根据茶树生理和茶叶生化的研究和测定方法及性质的不同，以分类编排的方式汇集了茶树生理研究的基本方法 6 种、茶树生化研究的基本方法 6 种、茶叶常规分析方法 9 种，以及 7 种茶叶理化审评技术。另有附录一章，包括常用试剂的规格、各种浓度的表示方法和计算，特殊试剂的配制方法等 9 项内容。该手册是茶叶生理生化研究的常用工具书。

《茶树生理》 庄晚芳主编。农业出版社 1984 年 5 月出版，23.5 万字。全书收集了国内外有关茶树生理方面的资料，结合栽培技术，在植物生理学的基础上，重点探讨茶树光合作用和呼吸作用的特征；茶树营养吸收及运转规律；茶树生长发育特性；修剪和采摘的生理作用以及植物激素在茶树上的应用效果。

《中国茶树栽培学》 中国农业科学院茶叶研究

所主编。上海科学技术出版社 1986 年 1 月出版，70.6 万字。系统、全面地介绍了中华人民共和国成立以来中国茶树栽培的技术经验和科研成果。主要内容包括：茶树的起源，茶叶生产和科技成就，茶区分布和规划，茶树植物学特征及特性，茶树主要栽培品种及繁殖，茶园建设与改造，茶叶高产优质的一般规律，茶园土壤管理，茶树矿质营养与施肥，茶园灌溉，茶树修剪和茶叶采收，茶树主要的病虫害和气象灾害的防治。最后还对如何提高茶树栽培技术的经济效益作了分析。

《中国茶树优良品种集》 农业部农业司、中国农业科学院茶叶研究所编，上海科学技术出版社 1990 年 4 月出版，16.9 万字。收录经国家茶树良种审定委员会 1984 年和 1987 年认定的国家级茶树良种 52 个。重点介绍这些品种的产地分布、特征特性、产量水平、化学成分、适制茶类及栽培技术要求。每个品种均附有彩图。书后附各省审（认）定通过的省级优良品种名单及通过审（认）定日期。

《茶树形态结构与品质鉴定》 严学成著，农业出版社 1990 年 7 月出版，11.6 万字。内容包括两大部分：第一部分是在光学显微镜和电子显微镜下对茶树各种器官进行显微结构和超微结构的系统观察，及对茶树形态解剖学的全面阐述；第二部分是形态结构的理论知识在茶树品种及茶叶品质鉴定上的应用，以及茶叶加工工艺生物学机理和加工机具选择原理的论述。书中有 100 余张光学显微镜和电子显微镜的照片。

《庄晚芳茶学论文选集》 浙江农业大学茶学系编，上海科学技术出版社 1992 年 7 月出版，50 万字。系庄晚芳 1936～1991 年间发表的论文选编。收入文章 92 篇，分"总论"、"茶树栽培及育种"、"茶叶历史"、"茶文化"、"加工与贸易"、"其他"六部分。另附有庄晚芳茶学著作简介、庄晚芳茶学著作与论文总目录。书前有刘祖生的《庄公志愈健，黄花晚更芳》一文"代前言"。

《茶树原产地——云南》 陈兴琰主编，云南人民出版社 1994 年 7 月出版，22 万字。以云南特有的自然地理和植被分布为依据，系统论述茶树的原产地。全书分为五个部分，依次为：茶树起源、进化

和分类，云南茶树种质资源研究，云南茶组植物形态数值分类方法，云南茶组植物结构形态数值分类系统，云南茶树品种与利用。另附云南大茶树、云南茶组植物"种"和"类型"图片计 144 幅。全书以对被子植物亲缘性的大量研究资料为基础，对云南茶组植物的起源、进化和分类提出新见解，明确提出云南西南部不仅是茶树的原产地中心，也是演化变异中心的观点。

《茶树良种》 俞永明、杨亚军、虞富莲编著，金盾出版社 1996 年 2 月出版，13.1 万字。分为七部分：茶树良种与茶叶生产，茶树的遗传特性，茶树良种的选育，我国的茶树优良品种，茶树良种繁育技术，茶树种苗的标准与检验，茶树良种推广。介绍茶树良种的一般知识，分别推荐 170 个国家和国内各地的推广品种与部分地方品种及名丛。该书还对茶树良种繁育技术作了较详细的说明。书中附彩色照片 34 幅。

《中国茶树栽培学》 杨亚军主编。上海科学技术出版社 2005 年 1 月出版，94.5 万字。该书是 1986 年出版的《中国茶树栽培学》的新版本。全书内容共分 17 章，较全面而系统地论述了中国茶树起源和传播，茶树的演化；介绍了茶树形态结构和茶树生长发育规律及必需的环境条件，茶树良种与繁育原理，茶园建设，茶树树冠培养，茶叶鲜叶采收，茶园作业机械化；阐述了茶树优质高产的基础理论；提出了茶树营养、土壤、水分、修剪、病虫、品种等茶园管理中行之有效的技术措施和手段；还重点突出了茶树设施栽培、无公害茶生产以及茶树栽培技术经济等反映茶树栽培的内容，在若干领域达到了世界先进水平或处于世界领先地位。

《茶树种质资源与遗传改良》 陈亮、虞富莲、杨亚军等编著，中国农业科学技术出版社 2006 年 12 月出版，44 万字。本书共 13 章，主要概述了茶叶作为一项栽培作物当今国内外的生产概况，古今中外的资源收集和品种改良工作；种质资源部分重点阐述了茶树的起源演化、系统分类、考察收集、鉴定评价和核心种质的建立等内容；遗传改良部分在充分阐明茶树遗传多样性的基础上，除了介绍系统选种、杂交育种、诱变育种等常规遗传改良方法外，重点论

述了茶树分子标记辅助育种、茶树功能基因研究以及转基因等新的技术、方法和取得的进展。

(3) 茶叶加工

《茶叶制造学》(第一册) 高等农业院校教材。陈椽著,新农出版社 1949 年 12 月出版,22 万字。文前有自序。第一册即为第一篇"总论",共分四章:第一章"制茶史略及类别",介绍制茶的沿革,国内茶叶的命名,国外茶名及代用品,茶叶分类;第二章"茶叶之成分及其性质",介绍茶叶成分研究的经过,茶中的单宁、茶素、色素、香气,以及茶中的次要成分;第三章"茶叶成分之变化及其分析",介绍茶叶成分的变化,茶叶成分分析法,以及各种茶叶成分的分析结果;第四章"茶与人生",介绍饮茶卫生,茶叶在工业中的利用,以及茶与文化。

《茶叶制造学》(第二册) 高等农业院校教材。陈椽著,新农出版社 1949 年 12 月出版,20 万字。第二册即为第二篇"制茶通论",共分三章(五、六、七章):第五章"初制概论",介绍制茶与原料的关系,以及萎凋、杀青、揉捻、发酵和干燥技术;第六章"复制概论",介绍复制与初制的关系,复制原理,筛分与碎细,簸扇与拣剔,以及再干燥茶、劣质茶之改制,分级、拼合及匀堆技术;第七章"制茶过程中之变化",介绍制茶过程中的物理变化和化学变化,酵素概论,茶酵素之作用,茶叶发酵与酵素作用,以及酵素作用与化学变化。

《制茶工艺学》 王钟音编著,轻工业出版社 1960 年 2 月出版,23.5 万字。分"总论"和"各论"两部分。总论的主要内容有:茶叶生产的重要意义,茶叶的分类与命名,茶叶初制和精制中的生物、物理、化学变化及其掌握方法。各论的主要内容有:国内外全发酵茶、不发酵茶、微发酵茶、半发酵茶、后发酵茶和特制茶的制作工艺,并提出制茶工艺方面若干重要的研究方向和改进意见。

《茶叶审评与检验》 湖南农学院主编,1979 年出版,27.5 万字。系全国高等农业院校茶叶专业教材之一。全书在绪论之外,共设 8 章,内容包括茶叶审评基本知识,茶叶品质形成和品质特征的论述,茶叶标准样的制定方法和茶叶检验标准的内容,介绍毛茶和精茶等的审评项目、茶叶的检验方法以及茶叶理化审评方法等。

《制茶学》 安徽农学院主编,1979 年出版,53.2 万字。系全国高等农业院校茶叶专业教材之一。全书除绪论外,共分 14 章。绪论论述了发展制茶工业的意义、我国制茶技术的发展概况和制茶学的任务与内容。第 1 章为茶叶分类的依据和方法,第 2 章为茶叶产销概况,第 3 章论述了鲜叶的主要化学成分、质量及适制性;第 4、5 两章是制茶技术理论和再加工的技术理论,第 6 章至第 14 章,分别论述了绿、黄、黑、白、青、红、花茶及萃取茶的制作方法。

《茶叶生物化学》 安徽农学院主编,1980 年出版,38.7 万字。系全国高等农业院校茶叶专业教材之一。除绪论之外,全书分为 9 章,第 1 章总论茶树的物质代谢,其中概述了茶叶的主要化学成分和主要物质代谢的相互关系等;第 2 章至第 6 章,分别论述了多酚类物质、氨基酸、嘌呤碱、芳香物质、色素的代谢;第 7、8 两章,分别论述了红茶和绿茶制造的生化变化;第 9 章为茶叶主要成分的药理功能的概述。

《成品茶检验》 中华人民共和国进出口商品检验总局编,林瑞勋主编,中国财政经济出版社 1981 年 4 月出版,37.4 万字。共分 23 章,系统论述我国茶叶生产、贸易、消费、检验制度及检验基本知识;采样及样品的制备、保存方法;茶叶品质的感官审评;成品茶含水量、灰分、非茶类夹杂物、重金属含量;茶汤中微量氟、农药残留量、浸出物含量、多酚类物质、含氮物质、碳水化合物、维生素和有机酸以及 3,4-苯并芘含量的测定;放射性物质、速溶茶、成品茶包装的检验和特殊检验。书后附有茶叶检验方法、检验标准等 5 篇,检测查对附表 13 则。

《茶叶生化原理》 王泽农编著,农业出版社 1981 年 8 月出版,59.6 万字。共分八章:第一章"茶叶的组织化学";第二章"茶叶中的蛋白质、核酸和酶";第三章"维生素和植物生长调节物";第四章"茶叶中糖类、儿茶素及其类似物质";第五章"茶叶中生物氧化和有机酸代谢";第六章"茶叶中类脂化合物及其代谢";第七章"含氮化合物代谢及茶叶中含氮物质的代谢";第八章"茶叶成分的药理生化",介绍了茶叶的药理功能,以及茶叶作为饮料的重要性。

《茶叶机械基础》　浙江农业大学主编,1982年出版,38.9万字。系全国高等农业院校茶叶专业教材之一。该书以阐述基础理论为主,结合茶叶生产机械化的特点,对一些基本的机械工作原理和设计方法作了适当的叙述。全书分为三篇共12章。第一篇为机械制图部分,共5章,包括视图、表达机件的常用方法、零件图、装配图和展开图等内容;第二篇为材料部分,共3章,包括材料的力学性质、金属材料、非金属材料等内容;第三篇为常用机构及零件,共4章,包括常用机构、连接、传动、轴、轴承等内容。各篇最后均有附录,介绍有关的标准、参数等。

《制茶技术理论》　陈椽编著,上海科学技术出版社1984年6月出版,61.8万字。共分八章,分别为"茶叶的化学成分"、"制茶技术和品质的关系"、"毛茶加工技术与制茶品质"、"制茶的化学作用"、"酶与微生物的作用"、"制茶的物理作用"、"制茶的力作用"、"制茶的机械作用"。

《中国制茶工艺》　张堂恒主编,王钟音、庄任、裴览耕、俞寿康编写,中国财政经济出版社1989年10月出版,37.3万字。简述中国茶叶的历史、分类、品质特点、产销情况,以及茶叶的深加工与综合利用。系统论述了中国茶叶制作原理,红、绿茶初精制工艺,黄茶、黑茶、白茶、青茶(乌龙茶)、紧压茶的制造工艺以及花茶的窨制工艺。

《茶叶品质理化分析》　商业部茶叶畜产局、商业部杭州茶叶加工研究所编著,上海科学技术出版社1989年12月出版,54万字。分上下两篇:上篇"茶叶品质理化分析研究",介绍1927年至1987年茶叶色泽、香气和滋味理化分析研究的发展历史;下篇"茶叶品质理化分析技术",介绍茶叶分析样品的制备方法,茶叶水分、水浸出物、多酚类物质、含氮化合物、色素、芳香物质、碳水化合物、酶活性、维生素类、无机成分的分析方法,以及茶叶的理化分析方法。

《福建乌龙茶》　张天福、戈佩贞、郑廼辉、陈哲思著,福建科学技术出版社1990年1月出版,17.3万字。全书九章。详细介绍福建乌龙茶的起源,生产历史,茶树优良品种,乌龙茶名优产品及产销情况,乌龙茶茶树栽培技术,乌龙茶制作工艺,乌龙茶加工机械,及乌龙茶品质审评技术。

《茶叶加工机械》　龚琦、潘克霓、胡景川编著,上海科学技术出版社1990年6月出版,34.8万字。详细介绍了鲜叶处理和萎凋装置、杀青机械、揉捻机械、揉切机械、筛分机械、切茶机械、拣剔机械、炒车机械、匀堆装箱机、精制组合机以及输送装置的结构、工作原理和使用方法,还较详细地介绍了茶厂的规划、设备的安装与维护。

《中国名优茶选集》　农业部全国农业技术推广总站编,王达主编,农业出版社1994年5月出版,32万字。选编1949年以来,江苏、浙江、安徽、福建、江西、山东、河南、湖北、湖南、广东、广西、四川、贵州、云南、陕西等地获省级、部级、国家级名优茶证书的茶叶,以及批量生产、品质有特色的历史名优茶共218种。并介绍了该名优茶的产生、发展、品质特征、加工工艺以及与名优茶有关的名山、名水、名景、名人典故等内容。书前有高麟溢撰写的序言。

《普洱茶》　邓时海著,台湾《壶中天地》杂志社1995年12月出版。该书共分五篇:史话篇、陈香篇、品茗篇、茶谱篇和茶道篇。茶谱篇是全书重中之重,列金瓜贡茶、福元昌、同庆老茶到文革砖、73厚砖、7562砖共42品普洱茶,均有详细文字介绍并配茶样和内票、内飞的图照。

《王泽农选集》　中国茶叶学会编,浙江科学技术出版社,1997年5月出版,44.6万字。系王泽农1943~1997年间主要论著与研究成果选编。全书分四部分,第一部分:各时期论文汇编,第二部分:对研究生论文和科研成果的评议,第三部分:为各茶著所作之序、前言等汇编,第四部分:茶诗选辑。正文前有陈宗懋、程启坤的贺词,俞永明、严鸿德的代前言;后有王泽农的简历、主要论著目录索引和王泽农的鸣谢词。附彩图8页。

《茶叶精制技术》　周茂荣编著,安徽科学技术出版社1997年9月出版,21万字。从探讨茶叶精制的规律入手,系统论述茶叶精制的原理和方法,综合介绍国内外各种先进的制茶经验和科研成果,内容包括茶厂设计、技术管理、茶质审评、包装储存、花茶加工等各个方面,有较强的实用性。

《茶叶深加工技术》 严鸿德等编著,中国轻工业出版社 1998 年 2 月出版,38.8 万字。共分九章:茶叶深加工通用技术,茶叶的生化成分及功能,茶叶有效成分分离制备技术,速溶茶加工,茶叶软饮料加工,茶叶酒类加工,茶叶食品加工,茶叶医药加工,茶叶深加工,产品检测。系统介绍了茶叶深加工这门新兴技术。

《中国白茶》 袁弟顺编著,厦门大学出版社 2006 年出版,38.7 万字。全书分为十章,即白茶的历史、白茶的栽培、白茶采摘与鲜叶、白茶初制加工技术、白茶的精制与深加工、白茶品质化学、白茶品质检验与调控、白茶的保健品质、有机白茶生产技术、白茶的文学艺术。附录有:福建地方标准——白茶标准综合体。

《中国茶谱》 宛晓春主编,龚淑英、龚正礼副主编,丁以寿、方世辉、李立祥、张正竹、温晋任编委,由全国数十位茶学专业教师和产茶区茶叶技术人员撰写,中国林业出版社 2007 年版,37.5 万字。全书分上篇“茶论”和下篇“茶谱”两部分。上篇茶论包括中国茶叶概述,中国茶叶分类方法、茶类演变、茶叶审评,饮茶与健康,中国茶文化简史;下篇茶谱包括绿茶谱、黄茶谱、黑茶谱、白茶谱、青茶谱、红茶谱和再加工茶谱,着重介绍中国各地名茶。对精选出的 200 余个中国当代名茶,分别配以干茶、汤色、叶底和产地四幅图片及文字说明,介绍茶叶名称、类别、创制年代、产地、历史、传统消费区域,原料要求及加工工艺、品质特点,以及与之相关的传说及茶文化等。

《湖南十大名茶》 施兆鹏、刘仲华主编,中国农业出版社 2007 年 4 月出版,22.0 万字。全书分二编,第一编论述湖南茶文化历史地位和湖南名茶史略;第二编分十章记述湖南十大名茶的生态环境、茶史溯源、生产状况、工艺特点、品质特征、社会饮誉。

《农产品质量安全检测手册(茶叶卷)》 鲁成银主编,于良子副主编,中国标准出版社 2008 年 1 月出版,50.3 万字。系中国农业科学院农业质量标准与检测技术研究所编的“农产品质量安全检测手册”丛书之一。全书分四章,第一章总论介绍了茶叶检测实验室的一般要求、检测过程质量保证和样品的采集、制备与保存;第二章常规检测,收集了感官检测 6 项指标的检测方法,理化检测水分、灰分、水浸出物、茶多酚、儿茶素、含氮量和蛋白质、含氮化合物、碳水化合物、色素、维生素及种苗检测 35 个方法;第三章无机成分和微生物的测定,包括铅、铜、镉、汞、大肠杆菌等检测方法 34 个;第四章为农药残留检测,共收集有机磷、有机氯和拟除虫菊酯类农药等的检测方法 37 个。

《中国名茶图典》 中国茶叶博物馆编著,王建荣主编,周文棠副主编,浙江摄影出版社 2008 年 1 月出版。该书选录西湖龙井等 73 种绿茶、祁门红茶等 9 种红茶、凤凰单丛等 17 种乌龙茶、白牡丹等 3 种白茶、霍山黄芽等 6 种黄茶、普洱散茶等 5 种黑茶、玫瑰红茶等 3 种花茶、锦上添花等 7 种造型茶,以及哥德堡号沉船茶样等古代茶样图谱,包括干茶样、汤色和叶底。

(4) 茶树病虫害防治

《茶树病虫害防治》 中国农业科学院茶叶研究所编,农业出版社 1974 年 10 月出版,10 万字。以图文对照的形式介绍我国茶区 49 种主要茶树害虫的形态特征、生活习性和主要防治技术,16 种主要茶树病害的症状、病原、发病过程、发病条件和主要防治技术,27 种茶园常用农药的性能及使用方法。为便于识别,全书有 65 种茶树病、虫的彩图对照。书后附茶树主要病虫害全年防治历,常用农药可否混合使用表,农药稀释用水量查对表,常用度量衡,及昆虫标本保存液配制法。

《茶树病虫害》 安徽农学院主编,1980 年出版,48 万字。系全国高等农业院校茶叶专业教材之一。全书除绪言外,分为 6 章。第 1、2 章分别为昆虫学基础知识和植物病理学基础知识,阐述了病与虫两方面必要的理论知识;第 3 章为病虫害防治原理和方法,综合阐述了病虫害防治的共同理论和应用技术;第 4 章和第 5 章分别是茶树害虫和茶树病害,论述了国内主要茶树害虫和病害的识别、发生规律和防治方法。第 6 章为科学实验法,包括病虫害标本的采集、处理和昆虫的饲养、病原菌的分离培养与接种,以及农药药效试验等方法。

《茶树病虫害》 大学教科书,安徽农学院茶叶系编,安徽科学技术出版社 1980 年 12 月出版,22.1 万字。共分四部分:第一部分"茶树病虫害防治概述",简述茶树病虫害的农业、化学、生物、物理、机械的防治方法及植物检疫法,第二部分"茶树害虫及其防治",分述刺吸类芽叶害虫、咀食类芽叶害虫以及茶籽害虫、茶苗地下害虫的习性及防治技术;第三部分"常见茶树害虫天敌",分述致病微生物、捕食性天敌昆虫、寄生性天敌昆虫以及其他食虫动物;第四部分"茶树病害及其防治",分述侵染性及非侵染性两大类病害及其防治措施。书末附茶树害虫、益虫彩图 52 幅。

《茶树病害的诊断和防治》 陈宗懋、陈雪芬编著,上海科学技术出版社 1990 年 6 月出版,42 万字。共分八章,依次是:茶树病害的发生与生态,茶树叶病,茶树茎病,茶树根病,茶树花病,茶树非侵染性病害,杀菌剂在茶树上的应用,茶树病害的综合治理。介绍 65 种茶树病害的症状、病原形态、侵染循环、发病生态、防治技术等。书中收集并记载了近四百种病原种类,对近似种有形态检索。是迄今世界上最详尽、收集种类最多的茶病专著。

《陈宗懋论文集》 中国农业科学院茶叶研究所、中国茶叶学会编,中国农业科学技术出版社 2004 年 4 月出版,158.7 万字。系陈宗懋院士五十多年发表的论文和著作选编。收入的 152 篇文章,以茶树植保、农药残留、昆虫化学生态、茶叶科技为主体,大部著作全文介绍,包括甜菜病害、茶树植保、农药残留、昆虫化学生态、茶叶科学等方面内容。另有附录专著和著作名称、研究生培养、获奖成果、获奖论文、所获荣誉、主要兼职及年表等。论文集由中国工程院卢良恕院长作序、中国农科院茶叶研究所杨亚军所长写前言。

(5) 茶叶历史

《中国茶叶历史资料选辑》 陈祖椝、朱自振编,农业出版社 1981 年 11 月出版,45.6 万字。选录自先秦至民国期间,除方志以外的史籍中的有关茶叶资料。分为三部分:"茶书"部分收入著作 58 种,"茶事"部分收入 451 种书籍中的资料,"茶法"部分(包括茶税和茶与政策等)收入 67 种著述中的有关资料。是一部资料较为丰富的古代茶史参考书。资料

间有编者附加的属于校勘性质的、提供意见或评论性质的按语。

《陆羽茶经译注》 傅树勤、欧阳勋译注,湖北人民出版社 1983 年 2 月出版,7.3 万字。以《天门县志》增释本为底本,据《百川学海》本、《说郛》本及其他版本校勘,对唐代陆羽《茶经》进行现代汉语注释。另对《陆羽传》(载《新唐书》卷一百九十六)、《陆文学自传》(录自《全唐文》卷四百三十三)进行注释,还对《茶经》的成书年代、主要内容、历史地位进行了评说。庄晚芳作序。

《茶业通史》 陈椽编著,农业出版社 1984 年 5 月出版,42.8 万字。分 15 章 50 节,各章内容依次是:茶的起源,茶叶生产的演变,中国历代茶叶产量变化,茶业技术的发展与传播,中外茶学,制茶的发展,茶类与制茶化学,饮茶的发展,茶与医药,茶与文化,茶叶生产发展与茶业政策,茶业经济政策,国内茶叶贸易,茶叶对外贸易,中国茶业今昔。

《茶经述评》 吴觉农主编,农业出版社 1987 年 5 月出版,20.9 万字。此书以既述且译的方式研究《茶经》,兼及其他古茶书,回顾历史经验,便于古为今用。该书按《茶经》体例分为十章,依次是:茶的起源,茶的采制工具,茶的制造,煮茶的器皿,茶的烤煮,茶的饮用,茶的史料,茶的产地,茶具和茶器的省略,《茶经》的挂图。每章先录《茶经》原文,后为译文、注释,其后结合其他古代茶著,以及当代茶学研究的新发现,进行资料翔实、研究深入的述译。附录有《茶经》的版本、陆羽传记、引书目录、图片目录等资料。

《中国——茶的故乡》 彩色画册,中国土产畜产进出口总公司暨下属中国茶叶进出口公司编辑,由编辑单位与香港文化教育出版社有限公司联合出版。1989 年 10 月初版,1994 年 5 月再版。再版时由原 276 页 510 幅照片增加到 300 页 600 幅照片。共分十章,依次为:中国茶叶历史,中国茶区及茶类,茶树栽培与茶叶加工技艺,茶叶的审评与检验,中国茶叶对外贸易,茶艺与茶具,茶叶成分与饮茶健康,茶的综合利用,茶叶与文化,茶叶科学研究与人才培养。有中英文对照的说明词。后附索引。

《中国地方志茶叶历史资料选辑》 吴觉农主

编,农业出版社1990年12月出版,58.6万字。将南宋嘉泰年间(1201～1204)至民国37年(1948)编撰的地方志中,有关茶和山、水的历史资料悉予收入。其中包括陕西、甘肃、江苏、浙江、安徽、江西、福建、台湾、河南、湖北、湖南、广东、广西、四川、贵州、云南16个省、自治区的1226种省志与县志(不收府志)。是研究中国茶史和茶文化,恢复历史名茶和发展新兴名茶的重要参考文献。

《中国茶叶历史资料续辑(方志茶叶资料汇编)》 朱自振编,东南大学出版社1991年4月出版,27.4万字。收入历代方志或方志类书籍(如《梅县地理教科书》)中有关茶叶的资料。其中包括黑龙江、辽宁、内蒙古、河北、山东、河南、山西、陕西、甘肃、青海、新疆、四川、云南、贵州、湖北、湖南、江西、安徽、江苏(附上海市)、浙江、福建、台湾、广东、海南、广西26个省、市、自治区的1080种(凡例称1500种,不确)方志的资料。其中有一部分是非茶类的代用茶。以"物产"一项最为详尽,"茶税"、"茶叶贸易"类则不全,是研究茶史的重要参考资料。后附书目笔画索引。

《台湾茶业发展史》 范增平著,台湾台北市茶商业同业公会1992年11月出版,24.2万字。分总论、分论、结论三篇,共20章,内容包括:台湾茶业的过去与未来,台湾的历史背景,台湾茶树的来源,台湾茶业的起源、萌芽、开创,关于清代台茶之贸易,台湾茶业走向外销市场,成本利润分析和产销关系,台湾茶的贸易方式,茶郊的兴起与组织,茶业发展期,台北市茶商业同业公会沿革,台湾省茶业改良场概况,台湾优良茶比赛沿革与内容,台湾主要茶叶,台湾茶业发展之路,台湾茶文化发展的特色,茶文化的传播对台湾社会的影响,公会历任理事长、理监事及会员名录。整理记录了台湾茶业从无到有,从"创业维艰"到"守成不易"的历程。

《中国茶叶外销史》 陈椽著,台湾碧山崖出版公司1993年12月出版。该书是陈椽先生花费十多年心血,继《茶业通史》之后的又一力作,也是《茶业通史》的姐妹作,书中阐述了中国茶对外贸易的来龙去脉,有历史资料,有评述,有丰富的统计数字,珍贵的图片,还有详细的附录。范增平为该书的出版,花

费一年多时间帮助整编出版了中文繁体字本。

《中国古茶树》(中国古茶树遗产保护研讨会论文集) 中华茶人联谊会、中国茶叶学会编,上海文化出版社1994年9月出版,14.6万字。收入1993年4月第一次"中国古茶树遗产保护研讨会"论文30篇,内容涉及古茶树的分布状况、考察征集、形态分类、起源演化、利用价值和保护建议等,另附"保护古茶树倡议书"、"中华人民共和国林业部关于保护珍贵树种的通知"。

《世界茶业100年》 程启坤、庄雪岚主编,上海科技教育出版社1995年8月出版,58万字。共分五大部分:世界茶业的发展,主要产茶国的茶业,世界茶叶贸易的发展,世界茶叶科学技术的进步,世界茶业的展望。比较全面、系统地反映了世界茶叶生产、贸易、消费和科学技术一百多年来的发展过程、现状和趋势。书中引用了大量统计数据和其他史料,对了解和研究各国乃至中国各省茶业的过去、现在和未来均具有重要的参考价值。书中附31幅照片和130幅统计图表。

《中国古代茶叶全书》 阮浩耕、沈冬梅、于良子点校注释,浙江摄影出版社1999年1月出版,102万字。共收入历代茶书64种,其中7种是辑佚。后附已佚存目茶书60种,总计124种,全面地汇集了中国古代茶书。阮浩耕作序言,后附校注者的后记和黑白线图8页。

《中华茶叶五千年》 中国茶叶股份有限公司中华茶人联谊会编著,人民出版社2001年2月出版,69.2万字。系按编年体编写的记述中国茶叶历史大事的工具书。记事条目上起史前的神农时代,下迄20世纪末的1999年。以年为经,以事为纬,涵盖了茶的自然和社会的诸方面,展示出中国茶叶事业悠久历史的发展概貌和步履轨迹。书中还有一组"古今茶事集锦"图片和明代历年课茶和折色钞数额汇辑、清初三朝历年中茶数额汇辑及公元1868～1999年中国茶叶出口统计三个附录。

《龙井问茶——西湖龙井茶事录》 政协杭州西湖区委员会主编,主编柳宗室,副主编唐建瑛、阮浩耕、鲍志成、王家斌,杭州出版社2006年1月出版,41.2万字。该书收录近百篇作品,都是从事龙井茶

生产、经营、科研第一线人士的亲历、亲见、亲闻以及亲自研究有关西湖龙井的珍贵历史资料。以新中国建立以来半个世纪西湖龙井茶发展的历史为主,拓展到民(国)清(代)以远。

《茶经校注》 沈冬梅校注,中国农业出版社2006年12月版,12.0万字。以中国国家图书馆藏南宋百川学海本《茶经》为底本,以日本宫内厅藏百川学海本、嘉靖柯双华竟陵刻本等26种版本为校本进行版本校勘,还选择类书、总集等进行他校。在阅览、对比现存《茶经》版本的基础上,基本理清了《茶经》版本的源流。

《中国历代茶书汇编校注本》 郑培凯、朱自振主编,香港商务印书馆2007年8月出版。该书汇集自唐代陆羽《茶经》至清代王复礼《茶说》共114种茶书,以1911年为限。所录茶书包罗现存历代茶书,兼辑各种散轶著作共26种。此外,本书在不同书志中搜得65种逸书遗目作附录,并编写短文介绍。本书每篇题记主要记述作者的生平事迹、成书过程、该书的内容及其在茶文化历史上的地位。

《中华茶史》 夏涛主编,郭桂义、陶德臣副主编,丁以寿、关剑平、郭桂义、夏涛、陶德臣、章传政、葛晋纲编写。安徽教育出版社2008年版,36.3万字。本书属大学教材,全书分先秦时期、汉魏六朝时期、唐五代时期、宋元时期、明清时期、现代时期六章。全面、系统地论述了茶树起源及原产地,以及茶树栽培、茶叶加工、茶叶生产与经贸、茶文化、茶学教育、现代茶叶科技、茶在国内外的传播的历史。

(6) 茶文化

《茶学文库·陆羽丛书》 张宏庸辑校,台湾茶学文学出版社1985年2～5月出版。全书分六册。《陆羽全集》《陆羽茶经丛刊》《陆羽书录》《陆羽图录》《陆羽研究资料汇编》。

《中国古代茶诗选》 钱时霖选注,浙江古籍出版社1989年8月出版,21.5万字。选入从唐代到清代近百位诗人的茶诗207首,分为11类:名茶类48首,茶神陆羽类17首,煎茶类31首,饮茶类23首,名泉类11首,茶具类14首,采茶类14首,造茶类9首,茶园类17首,茶功类12首,其他类11首。并兼顾茶诗体裁和风格的多样性,每首诗均有作者介绍、注释和说明。

《台湾茶文化论》 范增平著,台湾碧山岩出版公司1992年6月出版。该书汇集作者长达10年间百余篇短文,反映了台湾茶文化发展过程中的梗概和走向,虽不能窥出台湾茶文化的全貌,但也为台湾茶文化留下见证。本书还有数篇谈到中国大陆和日本、韩国的茶业茶文化,从中反映出现代中国和世界茶文化发展趋向的蛛丝马迹。

《中国茶文化》 姚国坤、王存礼、程启坤编著,上海文化出版社1991年5月出版,19万字。分茶文化之源、茶与风情、茶之品饮、茶与生活、茶与文学艺术、历代茶著六部分,每部分又有若干专题和小节,涉及茶的发现、古今饮茶、茶类的演变、茶的传播、茶与宗教、茶与婚姻、茶与祭祀、饮茶与欣赏、茶效与茶疗、茶俗与茶饮、茶菜与茶食、茶艺与茶礼等一系列饶有趣味的话题。有彩色图片48页。

《日本茶道文化概论》 滕军著,东方出版社1992年11月出版,22.7万字。前有引言"茶道解",正文主要内容有:茶道的历史;茶道的内容;茶道的建筑;茶道的道具;茶道的礼法;茶道的思想——茶与禅;茶道的美学等,是一部"为中国作者写的学习茶道的入门书"。前有彩照16页,千宗室、山田敬三、仓汉行洋的序。

《中国饮茶文化》 袁和平著,厦门大学出版社1992年12月出版。作者抓住了饮茶文化,并作了历史的论证,系统地论述了茶文化与佛教禅宗的关系,与士大夫的关系,与酒文化的关系,以及饮茶文化与名山大川等,并都有相当独到的见解。

《中国药茶谱》 中国食疗精华丛书,卢祥之主编,缪正来等编著。科学技术文献出版社1995年9月出版,40.8万字。除绪论外,在各论中收集养生益寿、病后康复、外感疾患防治、脑系疾患防治、心系疾患防治、肺系疾患防治、脾胃疾患防治、肝胆疾患防治、肾系疾患防治、代谢内分泌疾患防治、出血性疾患防治、痹痛证疾患防治等十七类药茶单方。

《中国茶疗》 林乾良、陈小艺编著,中国农业出版社1998年5月出版,17.5万字。有总论和各论两篇,共13章。总论依次论述了茶寿、茶疗、茶的药用史、茶疗效、茶有效成分、茶疗用法、茶疗制剂、茶疗注意点,各论介绍了心血管病、神经系统、消化系统、呼吸系统、泌尿系统、妇产科、眼科、龋齿、癌症和糖尿病等疾病,以及清热解毒、抗老养生、美容等方面的茶疗法。

《中国茶文化经典》 华侨茶业发展研究基金会、江西省中国民俗文化研究中心编,陈彬藩主编,余悦、关博文副主编,光明日报出版社 1999 年 8 月出版,250 万字。系翻检先秦至清末的古典文献搜罗所得。按时代先后分为六卷,依次收录了先秦两汉魏晋南北朝、隋唐五代、宋、辽、金、元、明、清各历史时期中有价值的茶著和有关茶的文章、诗词等,并酌收个别生活于清末民初的作者文字。收有八篇附录,对古代茶书、茶人等加以综述与考辨。

《茶与中国文化》 关剑平著,中国文化新论丛书,人民出版社 2001 年出版,33.8 万字。本书以文化人类学的比较文化研究为基本方法,对陆羽之前的茶文化作了总结。探讨茶树这种植物、茶叶这种饮料在中国文化的大背景下的发现、发展的过程与原因;探讨在中国文化的演变中茶文化这个分支的特殊反映,力图从茶文化这个视点来认识中国文化。把陆羽之前的中国茶文化放在东亚乃至世界文化的大框架下,探讨中国茶文化的特殊性、世界茶文化的共同性及其脉络源流。

《中国茶艺》 阮浩耕、王建荣、吴胜天编著,山东科技出版社 2002 年 1 月出版。该书是《中国茶文化系列丛书》的一种。全书分五篇,第一篇唐煮宋点,代有出新;第二篇品茶艺术,艺术品茶;第三篇冲泡有序,天趣悉备;第四篇饮茶习俗,古风犹存;第五篇器为茶之父,茶具鉴赏。

《中国茶文化大辞典》 朱世英、王镇恒、詹罗九主编,汉语大辞典出版社 2002 年 4 月出版。144.7 万字。收录中国茶文化方面的词目,分为茶名、泉名、种名、产地、制作、烹饮、茶肆、茶具、制度、人物、礼俗、故事、著作、文艺、其他共 15 类,正文按类排列。前有陈椽序。

《西湖龙井茶》 姚国坤编著,上海文化出版社 2008 年 4 月出版。有图 250 余幅,10 万余字。全书用图文对照形式首先阐明了西湖龙井茶起源与发展历史。接着叙述了西湖龙井茶的产地界定和地理环境,以及西湖龙井茶的树种、采摘、栽培与加工技术。进而写了西湖龙井茶的品质特征、分级标准,以及历代名家对西湖龙井茶的评价。书中还介绍了西湖龙井茶的贮藏与保管、冲泡与品饮方法。最后,是对西湖龙井茶文化景观,包括名山、名寺、名泉、名村和名人,以及与西湖龙井茶相关的文学艺术,诸如诗词、歌舞、传说、楹联、谚语,还有饮茶习俗等,一一作了介绍。

《茶道基础篇——泡茶原理与应用》 蔡荣章著,台北武陵出版有限公司 2003 年 6 月出版。该书有观赏篇、时间篇、水温篇、水质篇、茶器篇、茶量篇、茶叶篇、茶汤篇和抹茶篇九个篇章,详说泡茶的原理原则与应用技巧。

《中国茶业经济的转型》 詹罗九著,中国农业出版社 2004 年 9 月出版,35 万字。全书共分八章,论述茶叶流通体制、茶叶市场、茶叶企业、茶叶产业化、茶叶消费与茶文化建设、茶叶生产与技术进步、县域茶叶经济、中国茶业发展回顾与展望等。最后两个附录分别是中国茶业经济转型的个案和茶业统计。

《中日茶文化交流史》 滕军著,人民出版社 2004 年 9 月出版,28.9 万字。该书以大量史实与各种生动事例叙述与考证了中日茶文化在历史上的交流、传播及互相联系、互相影响,而且进而比较和探讨了中日茶文化的异与同。全书按历史时代:隋唐以前、隋唐时期、晚唐至北宋时期、南宋、元时期和清时期而逐时展开。最后一章介绍日本煎茶道。

《闽茶说》 陈龙、陈陶然著,福建人民出版社 2006 年 1 月出版,21 万字。这是一本全面介绍闽茶及其文化的书。全书分七篇,即说史篇、说迹篇、说泉篇、说茗篇、说具篇、说俗说艺篇和说人篇。

《茶与宋代社会生活》 沈冬梅著,中国社会科学出版社 2007 年 8 月出版,26.2 万字。本书从文化史和社会史的角度,揭示茶所拥有的特殊的文化与精神内涵,对茶与宋代社会生活诸方面的关系,作了周密详尽的研究与论述,对宋代茶艺如采茶习俗、生产过程、保藏方法、点茶程序、分茶和斗茶技艺、茶具形制和系列等做了历史比较;对宋代贡茶和赐茶的政治意蕴、茶与宋代社会生活、茶与佛教、茶与中外文化交流、宋人茶观念、宋代茶书、茶与宋代诗词书画等都进行了考辨和剖析。

（阮浩耕　于良子　俞永明）

（二）当代茶叶刊物

茶叶刊物是指有固定名称，用卷、期或年、月顺序编号、成册的连续性茶叶专业出版物。我国茶叶期刊数量众多，是其他产茶国家所无法比拟的。

这些茶刊大体可分为两类：一类是公开出版，即经新闻出版行政管理部门审核批准，履行登记注册手续，领取"期刊出版许可证"，编入"国内统一连续出版物号"的期刊。属于这类茶刊的有：《茶叶科学》、《中国茶叶》等。另一类为持有"内部报刊准印证"，用于本系统、本单位指导工作，交流经验，交换信息，并在行业内部进行交换的资料性、非商品性的内部期刊。属于这类茶刊的有：《云南茶叶》、《贵州茶叶》、《江苏茶叶》、《广西茶业》、《茶艺》（广东）、《茶世界》（北京）、《陆羽茶文化研究》（浙江）、《中华茶人》（北京）、《上海茶业》等。

公开发行的茶刊，可以在国内外公开征订、销售；而内部发行的茶刊，如《上海茶业》和《茶世界》，只能在国内按指定范围征订、发行，不得在社会上公开征订、陈列和销售。

我国公开发行的茶叶刊物主要有：

1.《茶叶科学》

主办单位：中国茶叶学会。国内统一连续出版物号：CN33—1115，国际标准连续出版物号：ISSN1000—369X。开本：大16开。刊期：双月刊。地址：杭州市梅灵南路9号中国农业科学院茶叶研究所（邮政编码：310008）。《茶叶科学》属学术性刊物，于1964年8月创刊，1966年7月停刊，1984年12月正式复刊。

2.《中国茶叶》

主办单位：中国农业科学院茶叶研究所。国内统一连续出版物号：CN33—1117，国际标准连续出版物号：ISSN1000—3150。开本：大16开。刊期：

月刊。地址：杭州市梅灵南路9号中国农科院茶叶研究所（邮政编码：310008）。1979年创刊。

3.《茶叶世界》

主办单位：中国农业科学院茶叶研究所。国内统一连续出版物号：CN33—1116，国际标准连续出版物号：ISSN1001—3652。开本：16开。刊期：半月刊。地址：杭州市梅灵南路9号中国农业科学院茶叶研究所（邮政编码：310008）。《茶叶世界》于2005年由原来的《茶叶信息》改名而成。属新闻摘要类刊物，于1987年2月创刊。2010年休刊。

4.《茶叶》

主办单位：浙江省茶叶学会、中国茶叶博物馆。国内统一连续出版物号：CN33—1096。开本：16开。刊期：季刊。地址：杭州市凯旋路268号浙江大学（华家池校区）（邮政编码：310029）。1957年2月创刊，1960年6月并入《浙江农业科学》，1979年2月复刊。

5.《福建茶叶》

主办单位：福建省茶叶学会。国内统一连续出版物号：CN35—1111，开本：16开，刊期：季刊。地址：福州市湖东路168号宏利大厦10层（邮政编码：350003）。1979年创刊。

6.《茶叶通讯》

主办单位：湖南省茶叶学会。国际标准连续出版物号ISSN1009—525X，国内统一连续出版物号：CN34—1106/S。开本：16开。刊期：季刊。地址：湖南省长沙市马坡岭湖南省农业科学院茶叶研究所（邮政编码：410125）。1962年3月创刊，当时为双月刊，出版26期后于1966年7月停刊。1979年3月复刊后，改为季刊。

7.《蚕桑茶叶通讯》

主办单位：江西省蚕桑茶叶研究所。创刊于1976年6月。国际标准连续出版物号ISSN1007—1253；国内统一连续出版物号：CN36—1110。开本：16 开。刊期：季刊。地址：江西省南昌县梁家渡江西省蚕茶研究所（邮政编码：330202）。

8.《茶讯》

主办单位：台湾区制茶工业同业公会。创刊于1957年4月。台湾省期刊登记号：局版台志字第4368号，国际标准连续出版物号：ISSN0253—8881。刊期：月刊。地址：台湾省台北市南京西路165号10楼9室。

9.《茶艺月刊》

主办单位：陆羽茶艺中心。创刊于1980年12月。台湾省期刊登记号：局版台志字第2645号。刊期：月刊。地址：台湾省台北市10003衡阳路62号2楼。

10.《茶博览》

主办单位：中国国际茶文化研究会、浙江茶人之家基金会主办。创刊于1993年。国际标准连续出版物号 ISSN1004—9223,国内统一连续出版物号 CN33—1321/GO。刊期：双月刊。由原来的《茶人之家》改名而成。地址：杭州龙井路中国茶叶博物馆内,310013。

11.《茶业通报》

主办单位：安徽省茶业学会。创刊于1957年。国际标准连续出版物号 ISSN 1006—5768,国内统一连续出版物号：CN34—1079/S。刊期：季刊。地址：合肥市长江西路130号安徽农业大学625信箱。

12.《广东茶叶》

主办单位：广东茶叶学会。创刊于1979年。国际标准连续出版物号 ISSN1672—7398,国内统一刊号：CN44—1564/S。刊期：季刊。地址：广东省广州市623路沙基东路17号（邮政编码：510130）。

13.《茶叶科学技术》

主办单位：福建省农业科学院茶叶研究所。创刊于1957年。国际标准连续出版物号 ISSN1007—

4872,国内统一连续出版物号：CN35—1184/S。刊期：季刊。地址：福建省福安市社口镇茶叶研究所内（邮政编码：355015）。

14.《中国茶叶加工》

主办单位：中华全国供销合作总社杭州茶叶研究院全国茶叶加工科技情报中心站。创刊于1981年。国内统一连续出版物号：CN33—1157/TS。刊期：季刊。地址：浙江省杭州市采荷路41号（邮政编码：310020）。

15.《茶叶机械杂志》

主办单位：杭州茶叶机械科学研究所、浙江省茶叶机械工业公司和浙江省农业机械学会茶叶机械专业委员会联办。创刊于1994年。国际标准连续出版物号 ISSN1005—8680,国内统一连续出版物号：CN33—1189/S。刊期：季刊。地址：浙江省杭州市中河中路175号（邮政编码：310001）。

16.《普洱》

主办单位：北京师范大学资源学院、普洱市文学艺术界联合会。创刊于2006年8月。国内统一连续出版物号：CN53—1202/G2。刊期：双月刊。地址：昆明市三市街6号,柏联广场A座911号（邮政编码：650032）。

17.《茶叶科学技术》

主办单位：福建省农业科学院茶叶研究所。创刊于1960年。国际标准连续出版物号 ISSN1007—4872,国内统一连续出版物号 CN35—1184/S。刊期：季刊。地址：福建省福安市社口镇湖头洋1号（邮编：355015）。

（于良子　王自佩）

五、茶 与 名 人

（一）陆羽

陆羽（733～804）,字鸿渐,一名疾,字季疵,号竟陵子、桑苎翁、东冈子,唐复州竟陵(今湖北天门)人,一生嗜茶,精于茶道,以著世界第一部茶叶专著——《茶经》闻名于世,对中国茶业和世界茶业发展作出了卓越贡献,被誉为"茶仙",奉为"茶圣",祀为"茶神"。

陆羽一生富有传奇色彩。他原是个被遗弃的孤儿。唐开元二十三年(735),陆羽三岁,被竟陵龙盖寺住持智积禅师在当地西湖之滨拾得。积公以《易》自筮,为孩子取名,占得《渐》卦,卦辞曰:"鸿渐于陆,其羽可用为仪。"于是按卦词给他定姓为"陆",取名为"羽",以"鸿渐"为字。陆羽在黄卷青灯、钟声梵呗中学文识字,习诵佛经,还学会煮茶等事务。但他不愿皈依佛法,削发为僧。九岁那年,有一次智积禅师要他抄经念佛,他却问积公曰:"释氏弟子,生无兄弟,死无后嗣。儒家说不孝有三,无后为大。出家人能称有孝吗?"并公然称:"羽将授孔圣之文。"积公恼他桀骜不驯,藐视尊长,就用繁重的"贱务"磨炼他,迫他悔悟回头。要他"扫寺地,洁僧厕,践泥污墙,负瓦施屋,牧牛一百二十蹄"。陆羽并不因此气馁屈服,求知欲望反而更加强烈。他无纸学字,以竹划牛背为书,偶得张衡《南都赋》,虽并不识其字,却危坐展卷,念念有词。积公知道后,恐其浸染外典,失教日旷,又把他禁闭寺中,令芟剪卉莽,还派年长者管束。十二岁那年,他乘人不备,逃出龙盖寺,到了一个戏班子里学演戏,作了优伶。他虽其貌不扬,又有些口吃,但却幽默机智,演丑角很成功,后来还编写了三卷笑话书《谑谈》。唐天宝五年(746),竟陵太守李齐物在一次州人聚饮中,看到了陆羽出众的表演,十分欣赏他的才华和抱负,当即赠以诗书,并修书推荐他到隐居于火门山的邹夫子那里学习。天宝十一年(752)礼部郎中崔国辅贬为竟陵司马。是年,陆羽揖别邹夫子下山。崔与羽相识,两人常一起出游,品茶鉴水,谈诗论文。天宝十三年(754)陆羽为考察茶事,出游巴山峡川。行前,崔国辅以白驴帮及文槐书函相赠。一路之上,他逢山驻马采茶,遇泉下鞍品水,目不暇接,口不暇访,笔不暇录,锦囊满获。唐肃宗乾元元年(758),陆羽来到昇州(今江苏南京),寄居栖霞寺,钻研茶事。次年,旅居丹阳。唐上元元年(760),陆羽从栖霞山麓来到苕溪(今浙江湖州),隐居山间,阖门著述《茶经》。其间常身披纱巾短褐,脚着藤鞋,独行野中,深入农家,采茶觅泉,评茶品水,或诵经吟诗,杖击林木,手弄流水,迟疑徘徊,每每至日黑兴尽,方号泣而归,时人称谓今之"楚狂接舆"。唐代宗曾诏拜羽为太子文学,又徙太常寺太祝,但都未就职。陆羽一生鄙夷权贵,不重财富,酷爱自然,坚持正义。《全唐诗》载有陆羽的一首歌,正体现了他的品质:

不羡黄金罍,

不羡白玉杯,

不羡朝入省,

不羡暮登台;

千羡万羡西江水,

曾向竟陵城下来。

陆羽的《茶经》,是唐代和唐以前有关茶叶的科学知识和实践经验的系统总结;是陆羽躬身实践,笃行不倦,取得茶叶生产和制作的第一手资料,又遍稽群书,广采博收茶家采制经验的结晶。《茶经》一问世,即为历代人所钟爱,盛赞他为茶业的开创之功。宋陈师道为《茶经》作序道:"夫茶之著书,自羽始。其用于世,亦自羽始。羽诚有功于茶者也!"

陆羽除在《茶经》中全面叙述茶区分布和对茶叶品质高下的评价外,有许多名茶首先为他所发现。如浙江长城(今长兴县)的顾渚紫笋茶,经陆羽评为上品,后列为贡茶;义兴郡(今江苏宜兴)的阳羡茶,则是陆羽直接推举入贡的。《唐义兴县重修茶舍记》载:"御史大夫李栖筠实典是邦,山僧有献佳茗者,会客尝之,野人陆羽以为芳香甘辣,冠于他境,可荐于上。栖筠从之,始进万两。此其滥觞也。"

不少典籍中还记载了陆羽品茶鉴水的神奇传说。唐张又新在《煎茶水记》中记述了陆羽这样一件事:"代宗朝李季卿刺湖州,至维扬(今江苏扬州),逢陆处士鸿渐。李素熟陆名,有倾盖之懽,因之赴郡,泊扬子驿。将食,李曰:'陆君善于茶,盖天下闻名矣,况扬子南零水又殊绝,今者二妙,千载一遇,何旷之乎!'命军士谨信者,执瓶操舟,深诣南零。陆利器以俟之。俄水至,陆以杓扬其水曰:'江则江矣,非南零者,似临岸之水。'使曰:'某櫂舟深入,见者累百,敢虚给乎?'陆不言,既而倾诸盆,至半,陆遽止之,又以杓扬之曰:'自此南零者矣!'使蹶然大骇伏罪曰:'某自南零赍至岸,舟荡覆半,惧其鲜,挹岸水增之,处士之鉴,神鉴也,其敢隐焉。'李与宾从数十人皆大骇愕。李因问陆,既如是,所历经处之水,优劣精可判矣。陆曰:'楚水第一,晋水最下。'李因命笔,口授而次第之。"

《新唐书·列传》的《陆羽传》中,也记有李季卿"至江南,又有荐羽者,召之羽衣野服,絜具而入,季卿不为礼,羽愧之,更著《毁茶论》"。

陆羽逝世,后人尊其为"茶神",肇始于晚唐。唐时曾任过衢州刺史的赵璘,其外祖与陆羽交契至深,他在《因话录》里说,陆羽"性嗜茶,始创煎茶法。至今鬻茶之家,陶为其像,置于炀器之间,云宜茶足利。"唐李肇撰《国史补》也说到,陆羽"茶术尤著,巩县陶者,多为瓷偶人,号陆鸿渐,买数十茶器,得一鸿渐。市人沽茗不利,辄灌注之"。

陆羽多才多艺,《茶经》之外,其他著述亦颇丰。据《文苑英华·陆文学自传》载:"自禄山乱中原,为《四悲诗》,刘展窥江淮,作《天之未明赋》,皆见感激当时,行哭涕泗。著《君臣契》三卷,《源解》三十卷,《江西四姓谱》八卷,《南北人物志》十卷,《吴兴历官记》一卷,《占梦》上、中、下三卷。"又据《咸淳临安志》载,陆羽寓居钱唐(今浙江杭州)时作有《天竺灵隐二寺记》和《武林山记》。可惜这些著述传世甚少。在《全唐诗》中有他的诗两首、断句三、联句七。

(阮浩耕)

(二) 卢仝

卢仝(约795～835),号玉川子,济源(今属河南)人,祖籍范阳(今河北涿县),唐代诗人。卢仝一生爱茶成癖,他的一曲《茶歌》,自唐以来,历经宋、元、明、清各代,传唱千年不衰,至今诗家茶人咏到茶时,仍屡屡吟及。

卢仝《走笔谢孟谏议寄新茶》(内容参见本书《茶叶诗词》)诗中,诗人点视孟谏议白绢密封并加三道印泥的新茶,在珍惜喜爱之际,自然想到了新茶采摘与焙制的辛苦,得之不易。接着,诗人以神乎其神的笔墨,描写了饮茶的感受。茶对他来说,不只是一种

口腹之饮,茶似乎给他创造了一片广阔的精神世界,当他饮到第七碗茶时,只觉得两腋生出习习清风,飘飘然,悠悠飞上青天。《茶歌》的问世,对于传播饮茶的好处,使饮茶风气普及到民间,起了推波助澜的作用。所以后人曾认为唐朝在茶业上影响最大最深的三件事是:陆羽《茶经》,卢仝《茶歌》和赵赞"茶禁"(即对茶征税)。宋胡仔在《苕溪渔隐丛话》中说:"玉川之诗,优于希文之歌(即范仲淹《和章岷从事斗茶歌》),玉川自出胸臆,造语稳帖,得诗人句法。"诗人作这首《茶歌》的本意其实并不仅仅在夸说茶的神功奇趣。诗的最后一段忽然转入为苍生请命:岂知这至精至好的茶叶,是多少茶农冒着生命危险,攀悬在山崖峭壁之上采摘的,此种日子何时才能到头啊!卒章而显其志。在一番看似"茶通仙灵"的谐语背后,隐喻着诗人极其郑重的责问。

卢仝《茶歌》自宋以来,几乎成了人们吟唱茶的典故。诗人骚客嗜茶擅烹,每每与"卢仝"、"玉川子"相比:"我今安知非卢仝,只恐卢仝未相及。"(明·胡文焕)"一瓯瑟瑟散轻蕊,品题谁比玉川子。"(清·汪巢林)品茶赏泉兴味酣然,常常以"七碗"、"两腋清风"代称:"何须魏帝一丸药,且尽卢仝七碗茶。"(宋·苏轼)"不待清风生两腋,清风先向舌端生。"(宋·杨万里)北京中山公园的来今雨轩,民国初年曾改为茶社,有一楹联云:"三篇陆羽经,七度卢仝碗。"1983年春,北京举行品茶会,会上88岁的老书法家肖劳即席吟茶诗一首,亦引卢仝《茶歌》为典,有句云:"嫩芽和雪煮,活火沸茶香。七碗荡诗腹,一瓯醒酒肠。"

卢仝在太和九年(835)"甘露之变"中被误捕,遇害。其时,卢仝正留宿长安宰相兼领江南榷茶使王涯家中。据贾岛《哭卢仝》句:"平生四十年,惟著白布衣。"可知他死时年仅40岁左右。另据清乾隆年间萧应植等所撰《济源县志》载:在县西北二十里石村之北,有"卢仝别墅"和"烹茶馆",在县西北十二里武山头有"卢仝墓",山上还有卢仝当年汲水烹茶的"玉川泉"。卢仝自号"玉川子",乃是取其泉名。又据明周高起《峒山岕茶系》载:"岕茶之尚于高流,虽近数十年中事,而厥产伊始,则自卢仝隐居洞山,种于阴岭,遂有茗岭之目。相传古有汉王者,栖迟茗岭

之阳,课童艺茶,踵卢仝幽致。"卢仝曾在常州、扬州寓居过一段时间。

(阮浩耕)

(三) 皎然

皎然,俗姓谢,字清昼,湖州长城(今浙江长兴)人,南朝谢灵运十世孙。生卒年不详,活动于上元、贞元年间(760~840),唐代著名诗僧。他善烹茶,作有茶诗多篇,并与陆羽交往甚笃,常有诗文酬赠唱和。皎然是个诗僧,又是个茶僧。

佛教禅宗强调以坐禅方式彻悟自己的心性,禅宗寺院十分讲究饮茶。皎然推崇饮茶,把饮茶的好处说得更神,他有一首《饮茶歌送郑容》,诗云:

丹丘羽人轻玉食,采茶饮之生羽翼。

名藏仙府世莫知,骨化云宫人不识。

云山童子调金铛,楚人茶经虚得名。

霜天半夜芳草折,烂漫缃花啜又生。

常说此茶祛我疾,使人胸中荡忧栗。

日上香炉情未毕,

乱踏虎溪云,高歌送君出。

茶有仙灵,藏于仙府,人不相识,惟有云山童子才常调金铛煮饮。皎然在诗中提倡禁食饮茶,说茶不仅可以除病祛疾,荡涤胸中忧患,而且会踏云而去,羽化飞升。

他的《饮茶歌诮崔石使君》,赞誉剡溪茶(产于今浙江嵊县、新昌)清郁隽永的香气,甘露琼浆般的滋味,并生动描绘了一饮、再饮、三饮的感受,与卢仝《饮茶歌》有异曲同工之妙。诗云:

越人遗我剡溪茗,采得金芽爨金鼎。

素瓷雪色飘沫香,何似诸仙琼蕊浆。

一饮涤昏寐,情思爽朗满天地;

再饮清我神,忽如飞雨洒轻尘;

三饮便得道,何须苦心破烦恼。

此物清高世莫知,世人饮酒多自欺。

愁看毕卓瓮间夜,笑向陶潜篱下时。

崔侯啜之意不已,狂歌一曲惊人耳。

孰知茶道全尔真,唯有丹丘得如此。

皎然现存的诗作中吟咏到的名茶,还有湖州顾渚紫笋茶和临安天目山茶。《顾渚行寄裴方舟》云:"我有云泉邻渚山,山中茶事颇相关。鹁鸪鸣时芳草死,山家渐欲收茶子。伯劳飞日芳草滋,山僧又是采茶时……昨夜西峰雨色过,朝寻新茗复如何。女宫露涩青芽老,尧市人稀紫笋多。紫笋青芽谁得识,日暮采之长太息。清泠真人待子元,贮此芳香思何极。"皎然居湖州杼山妙喜寺时,常结伴游顾渚山,其实他牵挂的都是紫笋茶,诗人对山中茶讯的确了如指掌。另有一首《对陆迅饮天目山茶因寄元居士晟》,他说天目山茶以"露采北山芽"为最佳,而且"文火香偏胜,寒泉味转嘉",煎茶时"投铛涌作沫,著碗聚生花",自是一种极美好的享受。

陆羽移居浙江后与皎然相识,初时同居妙喜寺,后陆羽隐居苕溪、寓居江苏等地,仍多有往访。皎然寻访、送别陆羽和与之聚会的诗作(包括联句),仅《全唐诗》所载就近 20 首,这在唐代诗人中没有第二位。他的《赠韦卓陆羽》一首云:"只将陶与谢,终日可忘情;不欲多相识,逢人懒道名。"表明皎然不愿多交朋友,只和韦卓、陆羽相处足矣,把韦、陆比作陶渊明和谢灵运。

在陆羽和皎然同居妙喜寺时,陆羽曾在寺旁建一亭,因是癸丑岁、癸卯朔、癸亥日落成,当时正出任湖州刺史的颜真卿名以"三癸亭"。皎然作《奉和颜使君真卿与陆处士羽登妙喜寺三癸亭》诗:

秋意西山多,列岑萦左次。

缮亭历三癸,疏趾邻什寺。

时人对陆羽筑亭,颜真卿题名,皎然和诗,称赞为"三绝",一时传为美谈。

皎然现存诗作中的名篇是《寻陆鸿渐不遇》:"移家虽带郭,野径入桑麻。近种篱边菊,秋来未著花。扣门无犬吠,欲去问西家。报道山中去,归来每日斜。"全诗 40 字,清空如话,陆羽之隐士风韵和诗人的仰慕之情,跃然纸上。

(阮浩耕)

(四) 白居易

白居易(772~846),字乐天,晚年号香山居士,其先太原(今属山西)人,后迁居下邽(今陕西渭南东北),唐代杰出的现实主义诗人。他酷爱茶叶,曾自称是个"别茶人"。

唐宪宗元和十二年(817),白居易在江州(今江西九江)做司马,那年清明节刚过不久,白居易的好友、忠州(今四川忠县)刺史李宣给他寄来了新茶,正在病中的白居易品尝新茶,感受到高谊隆情,欣喜莫名。他的《谢李六郎中寄新蜀茶》诗,记述的就是这件事,诗云:

故情周匝向交亲,新茗分张及病身。

红纸一封书后信,绿芽十片火前春。

汤添勺水煎鱼眼,末下刀圭搅曲尘。

不寄他人先寄我,应缘我是别茶人。

诗人收到采于寒食禁火日前的新蜀茶,珍如故旧,尝新为快,即动手碾茶、勺水、候火、下末……诗人自誉为善于鉴茶识水的"别茶人",感谢李宣知己嗜茶,将这样的珍品"不寄他人先寄我"。

早一年,白居易由长安到江州途中,写下了有名的《琵琶行》。诗人以带有热烈情感的笔锋,概述琵琶女的身世遭遇,深刻揭发封建社会摧残妇女的罪恶,同时将自己不幸的贬谪和失意的凄苦心情也倾泻出来。这首诗却又为后人留下了一条重要的茶叶史料:

弟走从军阿姨死,暮去朝来颜色故。

门前冷落车马稀,老大嫁作商人妇。

商人重利轻别离,前月浮梁买茶去。

去来江口守空船,绕船月明江水寒。

浮梁,在今江西省景德镇市北,从诗中可知唐时这里已是一个著名的茶叶集散地了。

读白居易诗作,不难发现诗人一生的嗜好惟诗、酒、琴、茶。"琴里知闻唯渌水,茶中故旧是蒙山,穷通行止长相伴,谁道吾今无往还。"琴和茶是诗人"穷通行止长相伴"的珍爱之物。"鼻香茶熟后,腰暖曰阳中。伴老琴长在,迎春酒不空。"鼻香茶熟,操琴伴老是诗人晚年最舒心的享受。弹琴不能没有茶,吟咏更加不可少。白居易十分喜欢边品茶边吟咏。"闲吟工部新来句,渴饮毗陵远到茶"(《晚春闲居,杨工部寄诗,杨常州寄茶同到,因以长句答之》)。诗人刚收工部侍郎杨慕巢寄来的诗作,又接获常州刺史杨虞卿捎来的阳羡茶,吟诗饮茶,兴味无穷,只可惜

"不见杨慕巢,谁人知此味"!酒后醉渴,唯茶是好,"醉对数从红芍药,渴尝一碗绿昌明。"诗人醉对红花,渴尝绿茶,其乐何如。爱诗、嗜酒、癖茶、好琴,使白居易的生活情趣丰富多彩。晚年他更离不开茶,他说:"老来齿衰嫌橘醋,病来肺渴觉茶香。"

白居易饮茶,对茶、水、具的选择配置和候火定汤很是讲究。"坐酌泠泠水,看煎瑟瑟尘。无由持一碗,寄与爱茶人。""最爱一泉新引得,清泠屈曲遶阶流"。他烹茶爱用泠泠山泉水,但又不惟泉是好,常常是因地制宜,选择水品。"吟咏霜毛句,闲尝雪水茶"。雪水是难得的烹茶好水;"蜀茶寄到但惊新,渭水煎来始觉珍",用洁净的渭河水烹茶同样是珍贵的。诗人烹茶总是细心添汤勺水,静候瑟瑟水沸,直至"花浮鱼眼沸",把碾得嫩黄如尘的末茶放入茶瓯。如此色佳味醇的茶饮,多想奉献一碗给如自己一样的爱茶人,遗憾的是无法传递。

白居易曾辟园种过茶。那是在他任江州司马时,"游庐山,到东西二林间香炉峰下,见云水泉石,胜绝第一,爱不能舍,因置草堂"(《与微之书》)。茶园便在香炉峰遗爱寺旁。他作有《香炉峰下新置草堂,即事咏怀题于石上》,诗云:

香炉峰北面,遗爱寺西偏。

白石何凿凿,清流亦潺潺。

有松数十株,有竹千余竿。

松张翠伞盖,竹倚青琅玕。

其下无人居,惜哉多岁年!

有时聚猿鸟,终日空风烟。

时有沉冥子,姓白字乐天。

平生无所好,见此心依然。

如获终老地,忽地不知还。

架岩结茅宇,劚壑开茶园。

……

如此结茅而居,辟茶园,听飞泉,赏白莲,饮酒弹琴,仰天长歌,诗人感到如倦鸟飞返茂林,若涸鱼回游清池,颇为傲然自足。那时他"药圃茶园为产业,野麋林鹤是交游"。诗人这段生活,明人黄宗羲在《匡庐游记》中说:"山中无别业,衣食取办于茶……其在最高者,为云雾茶,此间名品也。白香山药圃茶园为产业,信非虚话。"

长庆二年(822),白居易到杭州任刺史。两年任内,他钟爱西湖的湖光山色,又迷恋西湖的香茗甘泉,常邀文人诗僧吟咏品饮,留下了一则与灵隐韬光禅师汲泉烹茗的佳话。诗僧韬光与白居易常有诗文酬答往来。一次,白居易以诗邀韬光禅师到城里来:"命师相伴食,斋罢一瓯茶。"然韬光不肯屈从,也以诗答曰:"山僧野性好林泉,每向岩阿倚石眠……城市不堪飞锡去,恐妨莺啭翠楼前。"白居易只得亲自上山访晤,一起品茶吟诗。杭州灵隐韬光寺的烹茗井,相传是当年白居易烹茗处。

(阮浩耕)

(五) 陆龟蒙、皮日休

陆龟蒙(？～约881),字鲁望,自号江湖散人、甫里先生,又号天随子,长洲(今江苏吴县)人。唐代文学家。早年举进士不中,曾往苏湖二郡从事,后隐居甫里。虽有田数百亩,因地势低下,雨潦则与江通,故常苦饥。于顾渚山下经营一茶园,岁取租茶,自为品第,著有《品第书》,可继陆羽《茶经》,可惜早已失传。

皮日休(约834～约883),字袭美,一字逸少,自号鹿门子,又号间气布衣、醉吟先生,襄阳(今属湖北)人。唐代文学家。咸通八年(867)登进士第,次年东游,至苏州,咸通十年为苏州刺史从事,其后又入京为太常博士,出为毗陵(今江苏常州)副使。

皮日休在苏州时与陆龟蒙相识,并与之唱和,成为一对亲密的诗友,世称"皮陆"。在两人间的唱和往来中,皮日休有《茶中杂咏》十首,陆龟蒙有《奉和袭美茶具十咏》。两人一事一咏,一唱一和,共二十首。皮日休在《茶中杂咏》前有一序,其中说道:

自周已降,及于国朝茶事,竟陵子陆季疵言之详矣。然季疵以前称茗饮者,必浑以烹之,与夫瀹蔬而啜者无异也。季疵始为经三卷,由是分其源、制其具、教其造、设其器、命其煮。饮之者除痟而去疠,虽疾医之不若也。其为利也,于人岂小哉!余始得季疵书,以为备之矣,后又获其《顾渚山记》二篇,其中多茶事。后又太原温从云、武威段碣之,各补茶事十数节,并存于方册。茶之事,由周至今,竟无纤遗矣。

昔晋杜育有《荈赋》,季疵有《茶歌》,余缺然于怀者,谓有其具而不形于诗,亦季疵之余恨也,遂为十咏,寄天随子。

这篇序概述了茶的史实和自周至唐的茶事,高度评述陆羽的《茶经》,并说明这"十咏"是以诗的形式和语言来记述茶事。

皮陆的唱和诗分别有茶坞、茶人、茶笋、茶籝、茶舍、茶灶、茶焙、茶鼎、茶瓯、煮茶十题。其中第二首《茶人》诗,皮日休云:

生于顾渚山,老在漫石坞。
语气为茶荈,衣香是烟雾。
庭从欓子遮,果任獳师房。
日晚相笑归,腰间佩轻篓。

陆龟蒙应和道:

天赋识灵草,自然钟野姿。
闲来北山下,似与东风期。
雨后探芳去,云间幽路危。
唯应报春鸟,得共斯人知。

茶是天赋的"灵草",顾渚山茶人得其灵气,连语气和衣着都韫着茶的芳馨。到了采茶时节,"日晚相笑归",这种劳动是愉快的。但是,茶山高耸云间,路径幽深高峻,采茶人的生涯充满了艰险。皮陆两人都喜茶人之所喜,对茶人的疾苦深表同情。

《茶舍》诗,描述顾渚山茶人的居住、劳动及环境,很有生活气息。皮日休诗云:"阳崖枕白屋,几口嬉嬉活。棚上汲红泉,焙前蒸紫蕨。乃翁研茗后,中妇拍茶歇。相向掩柴扉,清香满山月。"陆龟蒙和诗:"旋取山上材,架为山下屋。门因水势斜,壁任岩隈曲。朝随鸟俱散,暮与云同宿。不惮采掇劳,只忧官未足。"茶农不怕茶叶采制的辛苦,忧虑的是官府催逼的贡茶还未满足。表现出诗人对茶农的体察和同情。

《茶灶》形象地记述了制茶的情景。皮日休写道:"南山茶事动,灶起岩根旁。水煮石发气,薪然杉脂香。青琼蒸后凝,绿髓炊来光。如何重辛苦,一一输膏粱。"陆龟蒙和道:"无突抱轻岚,有烟映初旭。盈锅玉泉沸,满甑云芽熟。奇香袭春桂,嫩色凌秋菊。场者若吾徒,年年看不足。"诗中可知,唐代制茶所用茶灶是无烟囱的,满锅的水沸后,茶芽蒸熟,此时茶汁凝结,香如春桂,色如秋菊。这种场面年年看不足。

皮日休的《茶焙》诗曰:"凿彼碧岩下,恰应深二尺。泥易带云根,烧难碍石脉。初能燥金饼,渐见干琼液。九里共杉林,相望在山侧。"描述了焙茶过程和场景。陆龟蒙和诗:"左右捣凝膏,朝昏布烟缕。方圆随样拍,次第依层取。山谣纵高下,火候还文武。见说焙前人,时时炙花脯。"焙茶时节,朝昏相继,辛苦非常;茶饼形状,焙前拍成,焙茶火候,文武相济。

陆羽《茶经·三之造》说,茶的制造"蒸之,捣之,拍之,焙之,穿之,封之,茶之干矣"。皮陆《茶舍》、《茶灶》、《茶焙》诗中,生动描绘了唐代制茶的工艺过程:"焙前蒸紫蕨"、"乃翁研茗"、"中妇拍茶"、"左右捣凝膏"、"方圆随样拍",等等。为我们展现了一幅唐代制茶图卷。

皮陆唱和的《茶鼎》、《茶瓯》、《煮茶》,侧重吟咏烹煮和品饮茶的情趣。皮日休云:"香泉一合乳,煎作连珠沸",此时,茶汤似蟹目如鱼眼,发出的声响好像"松带雨",汤色翠绿有华,饮之"千日不醉"。陆龟蒙则云:"闲来松间坐,看煮松上雪",扫落松枝上的积雪来烹茶,那更妙不可言。

皮陆以诗的灵感,丰富生动的辞藻,形象的笔墨,艺术地描绘了唐代诸方面茶事,可谓是一部用诗写成的《茶经》。

（阮浩耕）

（六）欧阳修

欧阳修(1007~1072),字永叔,号醉翁,晚号六一居士,吉州永丰(今属江西)人。北宋政治家、文学家,是唐宋八大家之一。

"吾年向老世味薄,所好未衰惟饮茶。"欧阳修仕宦四十年,上下往返,窜斥流离。晚年他作诗自述,欲借咏茶感叹世路之崎岖,却也透露了他仍不失早年革新政治之志。当然,这里更直接的是述说了他一生饮茶的癖好,至老亦未有衰减。欧阳修爱茶,为我们留下了许多茶事诗文,除了多首咏茶诗作外,还为蔡襄《茶录》写了后序;在那开了宋代笔记文创作

先声的二卷《归田录》里,也有数则谈到茶事的;并有专门论说煎茶用水的《大明水记》,都殊为难得。

景祐三年(1036),范仲淹因与宰相吕夷简争执,贬饶州,欧阳修等因支持范,同时被贬为夷陵(今湖北宜昌)令。他初到夷陵时有《夷陵县至喜堂记》一文,说:"夷陵风俗朴野,少盗争,而令之日食有稻与鱼,又有橘柚茶笋四时之味,江山秀美,而邑居缮完,无不可爱。"从此已可窥见欧阳修早年于茶已情分非浅。

欧阳修对产于北宋诗人黄庭坚家乡江西修水的双井茶极为推崇,认为可与产于杭州西湖宝云山下的宝云茶和绍兴日铸岭的日铸茶相媲美。他有《双井茶》诗云:

西江水清江石老,石上生茶如凤爪。

穷腊不寒春气早,双井芽生先百草。

白毛囊以红碧纱,十斤茶养一两芽。

长安富贵五侯家,一啜犹须三日夸。

宝云日铸非不精,争新弃旧世人情。

岂知君子有常德,至宝不随时变易。

君不见建溪龙凤团,不改旧时香味色。

双井茶"芽生先百草",采摘又十分细嫩,须"十斤茶养一两芽",品质绝佳,欧阳修夸赞它"一啜犹须三日夸"。诗的后面几句,他从茶的品质联想到世态人情,批评那种"争新弃旧"的世俗之徒。他在《归田录》卷一中,也谈到双井茶,说"腊茶出于福建,草茶盛于两浙,两浙之品,日注第一。自景祐以后,洪州双井白芽渐盛,近岁制作尤精,囊以红纱,不过一二两,以常茶十数斤养之,用辟暑湿之气,其品远出日注上,遂为草茶第一。"双井茶一时曾"名震京师",与欧阳公的讴歌赞美不无关系。

欧阳修与梅尧臣是至交,常互相切磋诗文,两人又常共品新茶,以唱和酬答交流尝茶体验。《尝新茶呈圣俞》是一首建安龙凤团茶的赞美诗。诗中突出了一个"新"字:"建安三千五百里,京师三月尝新茶。"从建安到汴京(开封)相隔3500里,却在三月能尝到新茶,可见采摘之早:"年穷腊尽春欲动,蛰雷未起驱龙蛇。夜间击鼓满山谷,千人助叫声喊呀。万木寒凝睡不醒,唯有此树先萌发。"诗中还谈到了他的品茶经:"泉甘器洁天色好,坐中拣择客亦嘉。"他

认为品茶须是茶新、水甘、器洁，再加上天朗、客嘉，此"五美"俱全，方可达到"真物有真赏"的境界。

欧阳修对蔡襄创制的"小龙团"有褒有贬，不过褒要多于贬。他在为蔡襄《茶录》写的后序中说："茶为物之至精，而小团又其精者，录序所谓上品龙茶是也。盖自君谟始造而岁供焉。仁宗尤所珍惜，虽辅相之臣，未尝辄赐。惟南郊大礼致斋之夕，中书枢密院各四人共赐一饼，宫人翦为龙凤花草贴其上，两府八家分割以归，不敢碾试，相家藏以为宝，时有佳客，出而传玩尔。至嘉祐七年，亲享明堂，斋夕，始人赐一饼，余亦吞预，至今藏之。"那时小龙团茶"凡二十饼重一斤，其价值金二两，然金可有，而茶不可得"（《归田录》卷二）。所以贵重非常，以致"手持心爱不欲碾，有类弄印几成凹"。反复传玩到饼面上已被抚摸得显出了凹陷，仍不舍得烹试。难怪后来唐庚在《斗茶记》中对欧阳公此举颇不以为然地评说："吾闻茶不问团铸，要之贵新……自嘉祐七年壬寅至熙宁元年戊申，首尾七年，更阅三朝，而赐茶犹在，此岂复有茶也哉。"

欧阳修还有《和原父扬州六题——时会堂二首》，咏赞的是扬州茶。诗云：

积雪犹封蒙顶树，惊雷未发建溪春。
中州地暖萌芽早，入贡宜先百物新。
忆昔尝修守臣职，先春自探两旗开。
谁知白首来辞禁，得与金銮赐一杯。

时会堂，造贡茶的场所。由诗可知扬州亦曾采造过贡茶，而且采造时间要早于蒙顶和建溪。欧阳公当时还亲自去察看过春茶的萌发情况。关于扬州产茶，陆羽《茶经》中未有提及。五代蜀毛文锡《茶谱》中才有记载："扬州禅智寺，隋之故宫，寺枕蜀冈，其茶甘香，味如蒙顶焉。"而欧阳公此诗可能还是扬州茶入贡的最初记载。

《大明水记》是欧阳修论茶水的专文。陆羽《茶经》论及到水，后张又新有《煎茶水记》。欧阳公评说《煎茶水记》所言不足信，认为还是陆羽所论有理，他说："羽之论水，恶渟浸而喜泉流，故井取多汲者，江虽云流，然众水杂聚，故次于山水，惟此说近物理云。"

（阮浩耕）

（七）蔡襄

蔡襄（1012～1067），字君谟，兴化仙游（今属福建）人。宋代著名书法家，与苏轼、黄庭坚、米芾齐名，并称"宋四家"。蔡襄先后任大理寺评事、福建路转运使、三司使等职，并曾以龙图阁直学士、枢密院直学士、端明殿学士出任开封、泉州、杭州知府。故又称蔡密学、蔡端明；卒后谥忠惠，亦称蔡忠惠。他是一位十分喜爱茶叶的朝廷大官，也称得上是一位茶学家，尤其对福建的茶业有过重要的贡献。

蔡襄在福建任职期间，随时留意农桑，如在泉州当太守时亲笔写下《荔枝谱》，在任福建转运使时，著有《茶录》。《茶录》虽仅千言，却很有名。分两篇，上篇论茶，下篇论茶器，并篇前有序，篇末有后序。在"茶论"中，对茶的色、香、味和藏茶、炙茶、碾茶、罗茶、候汤、熁盏、点茶作了精到而简洁的论述；在"论器"中，对制茶用器和烹茶用具的选择使用，均有独到的见解。

宋代的龙凤团茶，有"始于丁谓，成于蔡襄"之说。制小龙凤团茶是蔡襄在茶叶采造上的一个创举，当时赞美之声不绝。宋人王辟之在《渑水燕谈录》中说道："建茶盛于江南，近岁制作尤精，龙凤团茶最为上品，一斤八饼。庆历中，蔡君谟为福建转运使，始造小团以充岁贡，一斤二十饼，可谓上品龙茶者也。仁宗尤所珍惜。虽宰臣未尝辄试。惟郊礼致斋之夕，两府各四人共赐一饼，宫人翦金为龙凤花贴其上，八人分蓄之，以为奇玩，不敢自试，有嘉宾出而传玩。"可见，当时小龙团茶朝廷视为珍品，达官显贵也不可多得。熊蕃有《御苑采茶歌》云："外台庆历有仙官，龙凤才闻制小团。争得似金模寸璧，春风第一荐宸餐。"这位庆历年间的"仙官"即指蔡襄。不过，欧阳修、苏轼对蔡襄这一"创举"有过一些议论。明人赵㑇在《拭林子》中说："蔡君谟著茶录，造大小龙团，欧公闻而叹曰：君谟士人，奚至作此，作俑者可罪。夫饮食，细事也，君子处世，岂不能随时表见，乃于茶铛水瓮中立名。"欧公认为像蔡襄这样学有道艺的人，何必从"茶铛水瓮"这些饮食细事中去立名。苏轼在《荔枝叹》中有句："武夷溪边粟粒芽，前丁后蔡相笼加。争新买宠各出意,今年斗品充官茶。"他认为"贡茶"与"贡荔枝"一样,都是争新买宠,给老百姓带来困扰。可是,无论欧阳修或是苏轼,对龙团凤饼又都是十分喜爱的,同样有过不少赞美之词。

蔡襄喜爱斗茶。宋人江休复《嘉祐杂志》记有蔡襄与苏舜元斗茶的一段故事:蔡斗试的茶精,水选用的是天下第二泉——惠山泉,苏所取茶劣于蔡,却是选用了竹沥水煎茶,结果苏舜元胜了蔡襄。

蔡襄还善于茶的鉴别。他在《茶录》中说:"善别茶者,正如相工之瞟人气色也,隐然察之于内。"他神鉴建安名茶石岩白,一直为茶界传为美谈。彭乘《墨客挥犀》记:"建安能仁院有茶生石缝间,寺僧采造,得茶八饼,号石岩白,以四饼遗君谟,以四饼密遣人走京师,遗内翰禹玉。岁余,君谟被召还阙,访禹玉。禹玉命子弟于茶笥中选取茶之精品者,碾待君谟。君谟捧瓯未尝,辄曰:'此茶极似能仁石岩白,公何从得之?'禹玉未信,索茶贴验之,乃服。"

作为书法家的蔡襄,每次挥毫作书必以茶为伴。欧阳修深知君谟嗜茶爱茶,在请君谟为他书《集古录目序》刻石时,以大小龙团及惠山泉水作为"润笔"。君谟得而大为喜悦,笑称是"太清而不俗"。蔡襄于治平二年(1065)以给事中为端明殿学士、礼部侍郎知杭州,五月到任,是年已 54 岁。到了盛产名茶的杭州,常邀山僧好友品茶赋诗。明人陈继儒在《致富厅书广集》中还记述了蔡襄在杭州斗茶的一件趣闻:"杭营妓周韶有诗名,好蓄奇茗,尝与蔡君谟斗胜,题品风味,君谟屈焉。"蔡襄年老因病忌茶时,仍"烹而玩之",茶不离手。老病中他万事皆忘,惟有茶不能忘,正所谓"衰病万缘皆绝虑,甘香一事未忘情"。治平四年八月蔡襄逝于仙游家中,终年 56 岁。

(阮浩耕)

(八) 苏轼

苏轼(1037~1101),字子瞻,号东坡居士,眉山(今四川眉山县)人。我国宋代杰出的文学家。在北宋文坛上,与茶叶结缘的人不可悉数,但是没有一位能像苏轼那样于品茶、烹茶、种茶均在行,对茶史、茶功颇有研究,又创作出众多咏茶诗词的。

苏轼十分嗜茶。茶,助诗思,战睡魔,是他生活中不可或缺之物。元丰元年(1078)苏轼任徐州太守。这年春旱,入夏得喜雨,苏轼去城东 20 里的石潭谢神降雨,作有《浣溪沙》五首纪行。词云:"酒困路长惟欲睡,日高人渴漫思茶,敲门试问野人家。"形象地记述了他讨茶解渴的情景。他夜晚办事要喝茶:"簿书鞭扑昼填委,煮茗烧粟宜宵征"(《次韵僧潜见赠》);创作诗文要喝茶:"皓色生瓯面,堪称雪见羞,东坡调诗腹,今夜睡应休"(《赠包静安先生茶二首》);睡前睡起也要喝茶:"沐罢巾冠快晚凉,睡余汤频带茶香"(《留别金山宝觉圆通二长老》),"春浓睡足午窗明,想见新茶如泼乳"(《越州张中舍寿乐堂》)。更有一首《水调歌头》,记咏了采茶、制茶、点茶、品茶,绘声绘色,情趣盎然。词云:

> 已过几番雨,前夜一声雷。
> 旗枪争战建溪,春色占先魁。
> 采取枝头雀舌,带露和烟捣碎,
> 结就紫云堆。
> 轻动黄金碾,飞起绿尘埃。
>
> 老龙团,真凤髓,点将来。
> 兔毫盏里,霎时滋味舌头回。
> 唤醒青州从事,战退睡魔百万,
> 梦不到阳台。
> 两腋清风起,我欲上蓬莱。

长期的地方官和贬谪生活,使苏轼足迹遍及各地,从峨眉之巅到钱塘之滨,从宋辽边境到岭南、海南,为他品尝各地的名茶提供了机会。诚如他在《和钱安道寄惠建茶》诗中所云:"我官于南今几时,尝尽溪茶与山茗。"其中:"白云峰下两旗新,腻绿长鲜谷雨春",是杭州所产的"白云茶";"千金买断顾渚春,似与越人降日注",是湖州产的"顾渚紫笋茶"和绍兴产的"日铸雪芽";"未办报君青玉案,建溪新饼截云腴",这种似云腴美的"新饼"产自南剑州(今福建南平);"浮石已干霜后水,焦坑闲试雨前茶",这谷雨前的"焦坑茶"产自粤赣边的大庾岭下;还有四川涪州(今彭水)的月兔茶,江西分宁(今修水)的双井茶,湖北兴国(今阳新)的桃花茶,等等。苏轼爱茶至深,在《次韵曹辅寄壑源试焙新茶》诗里,将茶比作"佳人"。诗云:

仙山灵草湿行云,洗遍香肌粉末匀。

明月来投玉川子,清风吹破武林春。

要知冰雪心肠好,不是膏油首面新。

戏作小诗君勿笑,从来佳茗似佳人。

苏轼对烹茶十分精到。"精品厌凡泉"。他认为好茶必须配以好水。熙宁五年在杭州任通判时,有《求焦千之惠山泉诗》:"故人怜我病,蒻笼寄新馥。欠伸北窗下,昼睡美方熟。精品厌凡泉,愿子致一斛。"苏轼以诗向当时知无锡的焦千之索惠山泉水。另一首《汲江煎茶》有句:"活水还须活火烹,自临钓石取深清。"诗人烹茶的水,还是亲自在钓石边(不是在泥土旁)从深处汲来的,并用活火(有焰方炽的炭火)煮沸的。南宋胡仔赞叹《汲江煎茶》诗说:"此诗奇甚,道尽烹茶之要。"烹茶之劳,诗人又常常亲自操作,不放心托付于僮仆:"磨成不敢付僮仆,自看雪汤生玑珠"(《鲁直以诗馈双井茶次韵为谢》)。苏轼对烹茶煮水时的水温掌握十分讲究,不能有些许差池。他在《试院煎茶》诗中说:"蟹眼已过鱼眼生,飕飕欲作松风鸣。蒙茸出磨细珠落,眩转绕瓯飞雪轻。银瓶泻汤夸第二,未识古人煎水意。君不见,昔时李生好客手自煎,贵从活火发新泉。"他的经验是煮水以初沸时泛起如蟹眼鱼目状小气泡,发出似松涛之声时为适度,最能发新泉引茶香。煮沸过度则谓"老",失去鲜馥。所以煮时须静候水的消息。宋人曾有"候汤最难"之说。

对煮水的器具和饮茶用具,苏轼也有讲究。"铜腥铁涩不宜泉","定州花瓷琢红玉"。用铜器铁壶煮水有腥气涩味,石铫烧水味最正;喝茶最好用定窑兔毛花瓷(又称"兔毫盏")。苏轼在宜兴时,还设计了一种提梁式紫砂壶。后人为纪念他,把此种壶式命名为"东坡壶"。"松风竹炉,提壶相呼",即是苏轼用此壶汲水烹茗时的生动写照。

苏轼亲自栽种过茶。贬谪黄州时,他经济拮据,生活困顿。黄州一位书生马正卿替他向官府请来一块荒地,他亲自耕种,以地上收获稍济"困匮"和"乏食"之急。在这块取名"东坡"的荒地上,他种了茶树。《问大冶长老乞桃花茶栽东坡》云:"嗟我五亩园,桑麦苦蒙翳。不令寸地闲,更乞茶子艺。"在另一首《种茶》诗中说:"松间旅生茶,已与松俱

瘦。""移栽白鹤岭,土软春雨后。弥旬得连阴,似许晚遂茂。"是说茶种在松树间,生长瘦小但不易衰老。移植于土壤肥沃的白鹤岭,连日春雨滋润,便恢复生长,枝繁叶茂。可见诗人于躬耕间深谙茶树习性。

苏轼喝茶、爱茶,还基于他深知茶的功用。熙宁六年(1073),他在杭州任通判时,一日,以病告假,独游湖上净慈、南屏、惠昭、小昭庆诸寺,是晚又到孤山去谒惠勤禅师。这天他先后品饮了七碗茶,颇觉身轻体爽,病已不治而愈,便作了一首《游诸佛舍,一日饮酽茶七盏,戏书勤师壁》:

示病维摩元不病,在家灵运已忘家。

何须魏帝一丸药,且尽卢仝七碗茶。

诗人得茶真味,夸赞饮茶的乐趣和妙用。昔魏文帝曾有诗:"与我一丸药,光耀有五色,服之四五日,身体生羽翼。"苏轼却认为卢仝的"七碗茶"更神于这"一丸药"。在诗作中他还多次提到茶能洗"瘴气":"若将西庵茶,劝我洗江瘴";"同烹贡茗雪,一洗瘴茅秋"。

苏轼《仇池笔记》中有《论茶》一则,介绍茶可除烦去腻,用茶漱口,能使牙齿坚密。他说:"除烦去腻,不可缺茶,然暗中损人不少。吾有一法,每食已,以浓茶漱口,烦腻既出,而脾胃不知。肉在齿间,消缩脱去,不烦挑刺,而齿性便若缘此坚密。率皆用中下茶,其上者亦不常有,数日一啜不为害也。此大有理。"茶与苏轼生活之密切,苏轼对茶功之运用,由此可见。

苏轼在饮茶品茗之际,常把茶农之苦辛悬于心头,"悲歌为黎元"。《荔枝叹》指斥了贵族官僚们,昔日贡荔枝,今日又贡茶、贡花,争新买宠的可耻行径:"君不见武夷溪边粟粒芽,前丁后蔡相笼加,争新买宠各出意,今年斗品充官茶。"并直言:"我愿天公怜赤子,莫生尤物为疮痏。"充分表现出他同情茶农,抨击对茶农的苛征重敛。

苏轼还借咏茶来抒发人生感慨,这其实也是他自己精神面貌的写照。《寄周安孺茶》这首长达120句的苏轼第一长篇,正是咏茶之作。诗篇先是记述了宋以前的茶文化历史:"大哉天宇内,植物知几族。灵品独标奇,迥超凡草木。名从姬旦始,渐播《桐君

录》。赋咏谁最先？厥传惟杜育。唐人未知好，论著始于陆。常、李亦清流，当年慕高躅。遂使天下士，嗜此偶于俗。岂但中土珍，兼之异邦鬻。鹿门有佳士，博览无不瞩。邂逅天随翁，篇章互废续。开园颐山下，屏迹松江曲。有兴即挥毫，灿然存简牍。"继而边咏边叹叹："乳瓯十分满，人世局局促。"名茶既能给人充分的享受："清风击两腋，去欲凌鸿鹄"，"意爽飘欲仙，头轻快如沐"，又不免悲叹名茶辱没："团凤与葵花，砥砺杂鱼目"，"未数日注卑，定知双井辱"。在《和钱安道寄惠建茶》诗里，诗人用历史人物的性格来比拟不同的茶味："雪花雨脚何足道，啜过始知真味永。纵复苦硬终可录，汲黯少戆宽饶猛。草茶无赖空有名，高者妖邪次顽犷。体轻虽复强浮沉，性滞偏工呕酸冷。其间绝品岂不佳，张禹纵贤非骨鲠。"借茶味而褒扬"戆"、"猛"之士，贬斥"妖"、"顽"之辈，嬉笑怒骂，皆成妙句。诗最后云："收藏爱惜待佳客，不敢包裹钻权倖。此诗有味君勿传，空使时人怒生瘿。"讥之以好茶钻营权门的小人。

苏轼之多才多艺，于我国茶艺的贡献亦是"一多"。

（阮浩耕）

（九）黄庭坚

黄庭坚（1045～1105），字鲁直，号山谷道人，又号涪翁，洪州分宁（今江西修水）人。北宋诗人、书法家。

人间风日不到处，天上玉堂森宝书。
想见东坡旧居士，挥毫百斛泻明珠。
我家江南摘云腴，落硙霏霏雪不如。
为君唤起黄州梦，独载扁舟向五湖。

诗人家乡出产一种叶子长得特别丰腴的名茶，叫双井茶。元祐二年（1087）诗人在京任职时，老家有人给捎来了一些，他马上想到分送给好友苏东坡品尝，并写下了这首情深意切的《双井茶送子瞻》诗，一并送赠苏东坡。诗人以送茶表示自己的一番诚意和真挚友情，又借品茶含蓄地规劝东坡，要吸取教训，不要忘掉被贬黄州的旧事啊！

黄庭坚早年嗜酒，中年因病止酒，越加爱茶，"煮

茗当酒倾"，更精于茶道。他有《奉同六舅尚书咏茶碾煎烹三首》，其一咏茶之碾，茶叶碾碎味道才好，别厌碾时声嘈杂；其二咏茶之煎，以寒泉深处水为上，煎至"鱼眼"生起为度；其三咏茶之煮，今人饮茶用沸水沏，宋人则是用水煎煮，须是煮成"乳粥琼糜"，茶的色香味才得以显示，才有破睡之功。这三首诗是：

要及新茶碾一杯，不应传宝到云来。
碎身粉骨方余味，莫厌声喧万壑雷。

风炉小鼎不须催，鱼眼长随蟹眼来。
深注寒泉收第一，亦防柝腹爆干雷。

乳粥琼糜露脚回，色香味触映根来。
睡魔有耳不及掩，直拂绳床过疾雷。

品饮一杯好茶，又不止于碾、煎、烹的工夫。黄庭坚在《题落星寺》中有句："蜂房各自开户牖，处处煮茶藤一枝。"落星寺的僧房，密集如蜂房，到处都升起了缕缕青烟，那里正燃着枯藤在煮茶。枯藤为薪，方可取得茶与泉的真味。在这里，诗人品茶所追求的，更在于一种清虚绝俗的情韵。又在一首《茶词》中云："味浓香水，醉乡路，成佳境。恰如灯下故人，万里归来对影，口不能言，心下快活自省。"黄庭坚视品茶如"故人"万里归来，在灯下对影成双，回味无穷。

黄庭坚爱茶还有一个原因，就是推崇茶的功效。"鹅溪水练落春雪，粟面一杯增目力。"（《谢刘景文送团茶》）"筠焙熟茶香，能医病眼花。"（《寄新茶与南禅师》），都说茶能增目力、治眼疾，有神功奇效。

（阮浩耕）

（一〇）赵佶

赵佶（1082～1135），即宋徽宗，神宗赵顼第十一子，元符三年（1100），即皇帝位。宋徽宗在位期间，朝政腐朽黑暗。但他工书画，通百艺，在音乐、绘画、书法、诗词等方面都有较高的修养，对茶艺也颇为精通。他以皇帝之尊，编著了一篇《茶论》。后人称之为《大观茶论》。御笔作茶书，在我国历代帝王中是仅有的一个。

《大观茶论》有序、地产、天时、采择、蒸压、制造、鉴辨、白茶、罗碾、盏、筅、瓶、杓、水、点、味、香、色、藏焙、品名和外焙二十目。从茶叶的栽培、采制到烹点、鉴品，从烹茶的水、具、火到色、香、味，以及点茶之法，藏焙之要，无所不及，都一一作了记述，有的至今尚有借鉴和研究价值。

"至若茶之为物，擅瓯闽之秀气，钟山川之灵禀，祛襟涤滞，致清导和，则非庸人孺子可得而知矣，冲淡简洁，韵高致静，则非遑遽之时可得而好尚矣。"宋徽宗认为茶是灵秀之物，饮茶令人清和宁静，享受芬芳韵味。他自己嗜茶，提倡人们普遍饮茶。他还提倡"茶必纯白"，"点茶之色，以纯白为上真，青白为次，灰白次之，黄白又次之，天时得于上，人力尽于下"。

皇帝提倡，群臣趋奉。一些王公贵族，文人雅士，不仅品茶玩赏，而且想方设法翻弄出不少新的花样。当时流行"斗茶"，宋徽宗在《大观茶论·序》中描绘说："天下之士，励志清白，竟为闲暇修索之玩，莫不碎玉锵金，啜英咀华，较箧笥之精，争鉴裁之妙。"这"斗"出来的上品便是贡茶。更有漕臣关阿简制银丝水芽。采茶剔其叶，芽以清泉渍之，取其心，细仅如针，用御泉水研造，称为"龙团胜雪"。

由此，斗茶之风日盛，制茶之工益精，贡茶名品亦随之大增。仅设于福建武夷山区的北苑御茶院，贡茶品目就多达50余种。如此众多的贡茶，供皇帝御用，其实都是实物赋税，使茶农不堪负担。当时有说："下民疾苦中，惟茶盐法最苦。"

宋代还兴一种叫"分茶"的游艺。北宋初年人陶穀在《荈茗录》中就有记述："茶至唐始盛，近世有下汤运匕，别施妙诀，使汤纹水脉成物象者。禽兽虫鱼花草之属，纤巧如画，但须臾即就散灭。此茶之变也，时人谓茶百戏。"据说，有个叫福全的佛门弟子，号称有"通神之艺"，能注汤幻茶成一句诗，若同时点四瓯，盏面可幻成一绝句。至于幻变一些花草虫鱼之类，唾手可得。因此常有施主上门求观。福全颇有点自负，自咏曰："生成盏里水丹青，巧尽工夫学不成。却笑当时陆鸿渐，煎茶赢得好名声。"宋徽宗这位"通百艺"的皇帝，也擅分茶之道。对此，蔡京在《延福宫曲宴记》里曾作了详细记述。

当时，为了便于在"斗茶"和"分茶"中观赏茶面上的白沫变化，斗试者们对茶具选择更加讲究，普遍用黑釉器。这样，以黑衬白，当然最为适宜。宋徽宗对茶具的选择也很在行，在《大观茶论》中说："盏色贵青黑，玉毫条达者为上。"他推崇的这种茶盏，外饰细长的条状纹，条纹在黑釉的陪衬下闪烁出银光，状如兔毫，故而又称作"兔毫盏"。宋徽宗为满足自己的享用，除在汴京(今河南开封)置官窑烧造外，还把钧窑(河南禹县)也定为官窑，专为宫廷烧造御用贡瓷，禁止民间收藏。

(阮浩耕)

(一一) 陆游

陆游(1125～1210)，字务观，号放翁，山阴(今浙江绍兴)人。他是南宋一位爱国大诗人，也是一位嗜茶诗人。

陆游的一部《剑南诗稿》，存诗九千三百多首，他自言："六十年间万首诗。"人们在这些诗中看到的，首先是诗人一生不忘统一，雪耻御侮，收复失地的战斗精神和报国决心："壮心未与年俱老，死去犹能作鬼雄！""王师北定中原日，家祭无忘告乃翁。"耿耿此心，至死不泯。

石帆山下白头人，八十三回见早春。
自爱安闲忘寂寞，天将强健报清贫。
枯桐已爨宁求识？敝帚当捐却自珍。
桑苎家风君勿笑，它年犹得作茶神。

这是陆游在开禧三年(1207)春作的《八十三吟》。这首七律一改其铁马横戈，壮怀激烈的气概，显得平和而宁静，充满着闲适的心情。诗人置身茶乡，只求承袭"茶神"陆羽(号桑苎)的家风，在汲泉品茗之中，度过寂寞清贫的残岁。陆游对茶一直怀有深情。他出生茶乡，当过茶官，晚年又归隐茶乡。陆游的晚年，由于政局、年龄、健康等各方面的原因，他已不可能再从事政治活动了，可对诗歌、书艺和茶一直没有离弃过。他写到茶的诗多达二百多首，为历代诗人之冠。

陆游一生曾出仕福州，调任镇江，又入蜀、赴赣，辗转各地，使他得以有机会遍尝各地名茶，并裁剪熔铸入诗。"饭囊酒瓮纷纷是,谁赏蒙山紫笋香。"誉为"人间第一"的四川蒙山茶,当然不是那些"饭囊"、"酒瓮"所能赏识的;"遥想解醒须底物,隆兴第一壑源春",要解得经宿饮酒之醒,非福建的壑源春不可;"焚香细读斜川集,候火亲烹顾渚春。"伴读苏过(苏轼之子,世称小坡)的《斜川集》,莫过于有一杯浙江长兴的顾渚茶,诗人最喜欢的还是家乡绍兴的日铸茶,有诗曰:"我是江南桑苎家,汲泉闲品故园茶。"日铸茶宋时已列为贡茶,因此陆游珍爱异常,烹煮十分讲究,所谓"囊中日铸传天下,不是名泉不合尝","汲泉煮日铸,舌本方味永"。日铸务必烹以名泉,方能香久味永。此外,还有许多乡间民俗的茶饮,陆游在诗中多有记述,有湖北的茱萸茶:"峡人住多楚人少,土铛争饷茱萸茶";有四川的土茗:"东来坐阅七寒暑,未尝举箸忘吾蜀。何时一饱与子同,更煎土茗浮甘菊";还有家乡的橄榄茶:"寒泉自换菖蒲水,活火闲煎橄榄茶",等等。

陆游谙熟茶的烹饮之道。他总是以自己动手烹茶为乐事,一再在诗中自述,"归来何事添幽致,小灶灯前自煮茶","山童亦睡熟,汲水自煎茗","名泉不负吾儿意,一掬丁坑手自煎","雪液清甘涨井泉,自携茶灶就烹煎"……

陆游还会玩当时流行的"分茶"。这是一种技巧很高的烹茶游艺,不是寻常的品茶、别茶,也不同于斗茶。宋代把茶制成团饼,称为龙团、凤饼。冲泡时"碾茶为末,注之以汤,以筅击拂",此时茶盏面上的汤纹水脉会幻变出各式图样来,若山水云雾,状花鸟虫鱼,类画图,如草书,有"水丹青"之称。陆游在诗中多次提到过"分茶"。《疏山东堂昼眠》诗曰:"饭饱眼欲闭,心闲身自安……吾儿解原梦,为我转云团。"诗后有一条自注:"是日约子分茶。"诗作于淳熙七年(1180),那年陆游在抚州(今江西临川)任江南西路常平茶盐公事。这是一个主管钱粮仓库和茶盐专卖事业的官员。陆约,是陆游的第五子,这年只十五岁。父子两人同玩分茶,颇有点闲情逸致。六年之后,淳熙十三年(1186)春,陆游奉宋孝宗赵昚所召,"骑马客京华",从家乡山阴来到京都临安(今杭州)。那时,国家处在多事之秋,陆游一心杀敌立功,可宋孝宗却把他当作一个吟风弄月的闲适诗人。他心里

感到很失望。闲居无事,徒然以写草书、玩分茶聊以自遣,作《临安春雨初霁》诗记其事,有句云:"矮纸斜行闲作草,晴窗细乳戏分茶。"这次是怀着闲散和无聊的心情独自玩分茶。

陆游爱茶嗜茶,是他生活和创作的需要。诗人特别中意茶有驱滞破睡之功:"手碾新茶破睡昏","毫盏雪涛驱滞思"。常常是煎茶熟时,正是句炼成际:"诗情森欲动,茶鼎煎正熟","香浮鼻观煎茶熟,喜动眉间炼句成"。他不仅"自置风炉北窗下,勒回睡思赋新诗",在家边煮泉品茗,边奋笔吟咏;而且外出也"茶灶笔床犹自随","幸有笔床茶灶在,孤舟更入剡溪云",真是一种官闲日永的情趣。晚年他更是以"饭软茶甘"为满足。他说:"眼明身健何妨老,饭白茶甘不觉贫。"在《试茶》诗里,明白唱出:"难从陆羽毁茶论,宁和陶潜止酒诗。"酒可止,茶不能缺。

"遥遥桑苎家风在,重补茶经又一编。"陆游的咏茶诗词,实在也可算得一部"续茶经"。

(阮浩耕)

(一二)耶律楚材

耶律楚材(1190~1244),字晋卿,号湛然居士。契丹族,辽皇族之后。蒙古成吉思汗(元太祖)、窝阔台汗(元太宗)时大臣,任事近30年,官至中书令,元代立国规模多由其奠定,在政治、经济、文化、军事诸方面给太宗出了许多好主意,促使蒙古族从游牧经营方式过渡到传统农业制度,他是促成成吉思汗、窝阔台汗等蒙古贵族接受中国传统文化的第一人。

耶律楚材美髯宏声,博览群书,旁通天文地理、律历、术数、释老、医卜之说,称其有"天然之才,或吟哦数句,或挥扫百张,皆信手拈来,故其诗如宝镜无尘,寒水绝翳,其照物也莹然"。耶律楚材虽生长在不产茶的北国辽地,却也爱好饮茶品茗。在辽和北宋并立的160多年间,双方贸易往来日益频繁,自宋输辽的货物中以茶叶为大宗。从河北张家口市宣化辽墓壁画所反映的点茶饮茶情况看,当时受唐宋茶文化影响,饮茶在北方尤其是社会上层已很流行。耶律楚材幼时就得到茶文化的熏陶,而且从他留下来的诗文中,还能约略窥见他的饮茶生活。

耶律楚材在从军西域时作有《西域从王君玉乞茶，因其韵七首》，其诗质率，中多惮悦之语，在元代咏茶诗词中不可多得，全诗照录如下：

（一）

积年不啜建溪茶，心窍黄尘塞五车。

碧玉瓯中思雪浪，黄金碾畔忆雷芽。

卢仝七碗诗难得，谂老三瓯梦亦赊。

敢乞君侯分数饼，暂教清兴绕烟霞。

（二）

厚意江洪绝品茶，先生分出蒲轮车。

雪花艳艳浮金蕊，玉屑纷纷碎白芽。

破梦一杯非易得，搜肠三碗不能赊。

琼瓯啜罢酬平昔，饱看西山插翠霞。

（三）

高人惠我岭南茶，烂赏飞花雪没车。

玉屑三瓯烹嫩蕊，青旗一叶碾新芽。

顿令衰叟诗魂爽，便觉红尘客梦赊。

两腋靖清风坐榻，幽欢远胜泛流霞。

（四）

酒仙飘逸不知茶，可笑流涎见曲车。

玉杵和云春素月，金刀带雨剪黄芽。

试将绮语求茶饮，特胜春衫把酒赊。

啜罢神清淡无梦，尘嚣身世便云霞。

（五）

长笑刘伶不识茶，胡为买锸谩随车。

萧萧暮雨云千顷，隐隐春雷玉一芽。

建郡深瓯吴地远，金山佳水楚江赊。

红炉石鼎烹团月，一碗和香吸碧霞。

（六）

枯肠搜尽数杯茶，千卷胸中到几车。

汤响松风三昧手，雪香雷震一枪芽。

满囊垂赐情何厚，万里携来路更赊。

清兴无涯腾八表，骑鲸踏破赤城霞。

（七）

啜罢江南一碗茶，枯肠历历走雷车。

黄金碾畔飞琼屑，碧玉深瓯点雪芽。

笔阵陈兵诗思勇，睡魔卷甲梦魂赊。

精神爽逸无余事，卧看残阳补断霞。

元代是茶叶制作由团饼向散茶过渡、饮茶方式由冲点向撮泡过渡的时期，耶律楚材的七首茶诗，在抒写他对茶的嗜好及饮茶感受的同时，真实反映了这一历史时期的茶事。诗中所称王君玉是宋人，号夷门隐叟，著有《国老谈苑》，耶律楚材诗是依王诗原韵的和诗。其一写在从军西域途中已五年喝不到建溪茶了，心里好像塞满了黄土沙尘，故以诗相乞，望分赐几饼。建溪是宋代官焙所在地，所谓"建溪之焙三十有二，北苑首其一"（宋子安《东溪茶录》）。建溪所产当是珍贵的龙凤团茶。

其二其三两首，分写饮绝品贡茶和岭南茶的愉悦心情。绝品贡茶是用蒲草裹轮的车子送来，极言茶之珍贵。又宋人时尚茶以色白为贵，此茶经碾后恰如雪花、玉屑。另有高人馈赠的岭南茶，似乎已不蒸压成团饼了，保持原有芽叶，但品饮对仍然要碾末，故有"青旗一叶碾新芽"之句。显出元代处于饼散并存的过渡特色。诗人饮茶后，了却往昔茶念，西山景色也变得翠烟迷人了，更让人诗魂爽，客梦赊，两腋生清风，幽欢胜流霞。

其四其五，诗人细说"幽欢胜流霞"。批评魏晋时刘伶等一帮酒仙实在不识茶滋味。他感叹当年李贺在旗亭解衣赊酒，远不如华美言词去乞求茶饮。

最后两首，写出诗人数杯茶后，睡魔卷甲，枯肠搜尽，清兴无涯，思腾八方之外，胸涌诗书千卷。

耶律楚材还有一首茶诗《从国才索闲煎茶赋》：

闻君久得煎茶赋，故我先吟投李诗。

为报君侯休吝惜，照人琼玖算多时。

诗后作者自注云："闻国才近得闲，手书《煎茶赋》，又诗索之。"读此诗使人感知，耶律楚材非但爱茶嗜茶，以诗乞茶；更爱咏茶诗赋，见有佳作不惜以诗索取。

（一三）虞集

虞集（1272～1348），字伯生，祖籍仁寿（今属四川），侨居江西临川。他是元代延祐、至顺间（1314～1333）最负盛名的文学家，描写江南春景的名句"杏花春雨江南"，就出于他的手笔。

虞集的诗文和生平活动中与茶有关联的虽不多，但他一首《次邓文原游龙井》诗，却是赞颂龙井茶

的奠基之作,在我国名茶史上值得记上一笔。全诗如下:

> 杖藜入南山,却立赏奇秀。
> 所怀玉局翁,来往绚履旧。
> 空余松在涧,仍作琴筑奏。
> 徘徊龙井上,云气起晴昼。
> 入门避沾洒,脱屐乱苔甃。
> 阳岗扣云石,阴房绝遗构。
> 澄公爱客至,取水挹幽窦。
> 坐我蒼薈中,余香不闻嗅。
> 但见瓢中清,翠影落群岫。
> 烹煎黄金芽,不取谷雨后。
> 同来二三子,三咽不忍嗽。
> 讲堂集群彦,千蹬坐吟究。
> 浪浪杂飞雨,沉沉度清漏。
> 令我怀幼学,胡为裹章绶。

龙井,是杭州西湖的一处山名;山上有一眼泉池和一座寺院,也都以"龙井"名之;这里还产茶,亦称"龙井".可是在虞集《游龙井》诗之前,在有关杭州产茶的诸多史料中未见有龙井产茶的记述。虞集这首诗,不但记述了龙井产茶,而且把龙井茶的采摘时间、品质特点,以及品饮时的情状都作了生动的描绘。诗中说的"澄公",就是南天竺演福寺高僧澄湛堂。演福寺与龙井寺同在龙井,相互毗邻。

杭州产茶,唐代陆羽《茶经》只记:"钱塘生天竺、灵隐二寺";宋代吴自牧《梦粱录》只载:宝云茶,香林茶,白云茶。虞集是第一个夸赞龙井茶的。虞集《游龙井》诗一出,明清两代俱以龙井茶为绝品,西湖其他诸山所产均不能及。明代田艺蘅在《煮泉小品》中说:"今武林诸泉,惟龙泓入品,而茶亦惟龙泓山为最……其地产茶,为南北山绝品……宝云、香林、白云诸茶,皆未若龙泓之清馥隽永也,龙泓今称龙井,因其深也。"由此也可见虞集对茶的鉴品之精到在行。龙井茶有今日隆隆声誉,虞集这率先一唱功不可没。

（阮浩耕）

（一四）高濂

高濂,字深甫(一曰深父),号瑞南,钱塘(一曰仁和,均为今浙江杭州)人,生卒年不详,主要活动在明嘉靖、万历年间。高濂是一位著名的藏书家,在杭州西湖苏堤跨虹桥下筑有山满楼,其印记曰"妙赏楼藏书"。高濂又是一位著名的文学家,工诗和戏曲,传世有《雅尚斋诗草》、《芳芷楼诗》以及传奇《玉簪记》、《节孝记》等。《四库全书总目》评其诗文:"大旨主于得乎自然以悦性情,故往往称心而出,无假手锻炼之功。"高濂更是一位养生家,他的《遵生八笺》一书,从八个方面系统全面地总结了我国古代养生经验,他提出的修德养神,恬寂清虚;顺应自然,与时消息;尚简求适,起居安乐;心有所寄,庶不外驰;养气保精,运动却病;服食养生,务尚淡薄;灵药填精,却病延年;隐居求志,去危图安等观点,在我国养生学发展中,具有深远影响。

从高濂的诗文记述,尤其是从他的《遵生八笺》中,显露出对喝茶品茗的嗜好,并积累了丰富的知识和经验,特别是在寻觅品茗雅趣,怡情悦性方面,有他独到之处。

高濂在《遵生八笺》中有"饮馔服食笺"三卷,单列"茶泉类"并居卷首。在"论茶品"中,列当时名品为虎丘山茶、天池茶、岕茶、龙井茶和六安茶,"当以天池、龙井为最"。对有人好以花拌茶,高濂认为如天池、龙井二种芽茶,除以清泉烹外,花香杂果,俱不容入。其他平等细茶可作莲花茶、橙茶。在"论泉水"中,他对家乡杭州可茶之水作了细致的品评较量,他说:"吾杭之水,山泉以虎跑为最,老龙井、真珠寺二泉亦甘。北山葛仙翁井水,食之味厚。城中之水,以吴山第一泉首称,予品不若施公井、郭婆井二水清洌可茶。若湖南近二桥中水,清晨取之烹茶,妙甚,无伺他求。"

高濂久居杭州,苏堤跨虹桥下东数步,濒湖南面筑有"山满楼",他踏遍西湖山水,寻幽赏景,在《遵生八笺》中开列了"四季幽赏"和"四时逸事"各十数则。由于他对饮茶的偏好,每季都有茶事相伴。在"春时幽赏"中有"虎跑泉试新茶":"西湖之泉,以虎跑为最;两山之茶,以龙井为佳。谷雨前采茶旋焙,时激虎跑烹享,香清味洌,凉沁诗脾。每春当高卧山中,沉酣新茗一月。"这就是一个茶人闲情。在"夏时幽赏"中有"三生石谈月":"中竺后山,鼎分三石,居然可坐,传为泽公三生足迹。山僻景幽,云深境寂,松阴树色,蔽日张空,人罕游赏。炎天月夜,煮茗烹泉,与禅僧诗友,分席相对,觅句赓歌,谈禅说偈。满空孤月,露泡清辉,四野清风,树分凉影……俗抱尘心,萧然冰释。"这正是悟得了"茶禅一味"的真谛。在"秋时幽赏"中有"满家巷赏桂花":"桂花最盛处,惟两山龙井为多……入径,珠英琼树,香满空山,快赏幽深,恍入灵鹫金粟世界。就龙井汲水煮茶,更得僧厨山蔬野蔌作供,对仙友大嚼,令人五内芬馥。"赏桂、品茶、蔬供,何人能享得此清福!在"冬时幽赏"中有"扫雪烹茶玩画":"茶以雪烹,味更清冽,所谓半天河水是也……静展古人画轴,如《风雪归人》、《江天雪棹》、《溪山雪竹》、《关心雪运》等图,即假对真,以观古人模拟笔趣……千古尘缘,孰为真假,当就图画中了悟。"还有"山头玩赏茗花"一则:"两山种茶颇蕃,仲冬花发,若月笼万树,每每入山寻茶胜处,对花默共色笑,忽生一种幽香,深可人意。且花白若剪云绡,心黄俨抱檀屑,归折数枝,插觚为供,枝梢苞蕚,颗颗俱开,足可一月清玩……幽闲佳客,孰过于君?"扫雪烹茶、赏雪观画、玩赏茗花,其趣均在怡情悦性,谓之"清玩"。

此外,高濂对以花入茶、茶食选配、茶汤利用等,都有许多实用的方法,如橙花、蔷薇花、腊梅、梅花均可入茶;啜饮茗,忌食水团粽子油炸滞腻等食,宜享用粉糕面食一二物;餐后食毕,即以茶漱齿,凡三吐之,去牙缝积食等等。

高濂认为:"无论行住坐卧,宾朋交接,不当求其奢,而当尚其简;不求荣华显达,唯取适性安逸。"这简与逸,也是他识茶、品茶、把玩茶之道,故四时幽赏不可无茶。

(一五)袁宏道

袁宏道(1568~1610),字中郎,号石公,公安(今属湖北)人。明文学家。万历进士,曾任吴县县令,官至吏部郎中。与兄宗道、弟中道,并有才名,时称"三袁",为"公安派"文学的创始者,强调抒写"性灵",把内心的东西真切地表达出来,发诸笔端,真情所在。尤其是袁宏道,当时的大思想李贽称赞为世间"英灵男子"、"识力胆力,皆迥绝于世"。

袁宏道作有不少咏赞茶和记述茶事的诗文,抒发他品茶、辨水的经历和情性。"茶好临泉试,松宜带雪看"(《雪中投宿栖隐寺,寺去大冶五十里在乱山中》);"自候烹茶火,闲开看竹窗"(《和王以明山居韵》);"汲取清泉三四盏,芽茶烹得与尝新"(《游虎跑泉》)。记的是他在老家湖北和游浙江时自汲清泉、候火烹茶、品茗赏景的快活经历。

袁宏道对佳茗美泉的品评辨识十分精到,可举两例。一是评茶。他遍尝苏、杭、徽三州的名茶,对各地名茶品质特点评述,可谓深中肯綮。他在《西湖记述》中说:

龙井泉既甘澄,石复秀润,流淙从石涧中出,泠泠可爱。入僧房,爽垲可栖。余尝与石篑、道元、子公汲泉烹茶于此。石篑因问龙井茶与天池孰佳?余谓龙井亦佳,但茶少则水气不尽,茶多则涩味尽出,天池殊不尔。大约龙井头茶虽香,尚作草气,天池作豆气,虎丘作花气,唯岕非花非木,稍类金石气,又若无气,所以可贵。岕茶叶粗大,真者每斤至两千余钱。余觅之数年仅得数两许。近日,徽人有送松萝茶者,味在龙井之上,天池之下。

这区区170字的一段文字,把龙井、天池、虎丘、松萝、岕茶之别,说得如此真切可辨,足见袁宏道品茶功夫之深,且又乐在其中。

二是辨水。袁宏道在《识张幼予惠泉诗后》道:

余友麻城丘长孺,东游吴会,载惠山泉三十坛之团风。长孺先归,命仆辈担回。仆辈恶其重也,随倾于江。至到灌河,始取山泉水盈之。长孺不知,矜重甚。次日,即邀城中诸好事尝水。诸好事如期皆来,团坐斋中,甚有喜色。出尊,取瓷瓯盛少许,递相议,然后饮之。嗅玩经时,始细嚼咽下喉中,汩汩有声,乃相视而叹曰:"美哉,水也!非长孺高兴,吾辈此生何缘得饮此水!"皆叹羡不置而去。半月后,诸仆相争,互发其私事。长孺大患,逐其仆。诸好事之饮水者,闻之愧叹而已。又余弟小修,向亦东询,载惠山、中泠泉各二尊归,以红笺书泉名记之。经月余抵家,笺字均磨灭。余诘弟曰:"孰为惠山?孰为中泠?"弟不能辨,尝之,亦复不能辨。

此则趣闻说明辨水着实不易。惠泉与灌河水,虽相去甚远，常人也难以判别，更何况惠泉与中泠了。然而，袁宏道却能分辨。他接着说："自祭吏吴来，尝水既多，已能辨之矣。"他这辨水的绝技练就于在任吴县县令时期。此后，他在《月下过小修净堂试吴客所饷松萝茶》诗中有句："碧芽拈试火前新，洗却诗肠数斗尘。江水又逢真陆羽，吴瓶重泻旧翁春。"小修即袁宏道弟弟袁中道，这次煮泉沦松萝，又忆起当年辨惠泉、中泠的事来，袁宏道自称是"真陆羽"。

（一六）张岱

张岱（1597～1679），字宗子、石公，号陶庵，山阴（今浙江绍兴）人，侨寓杭州。张岱是明末清初的一位散文家、史学家，还是一位精于茶艺鉴赏的行家。

张岱出身于累代仕宦之家，早年曾漫游苏、浙、鲁、皖等省，阅历广泛。他家经三代积累，聚集有大量明朝史料，读书颇丰，他32岁那年起就利用家藏资料编写记传体的明史。明亡后披发入山，安贫著书。其著作有《石匮书》、《琅环文集》、《陶庵梦忆》、《西湖梦寻》等。

张岱的兴趣广泛，平时非常注意社会上的各种人物、动态、人民生活、风俗习惯，以至饮食、蔬果等许多方面，这些往往为旧时代正宗文人所不屑，而他却偏有欣赏、记录的兴趣与勇气。他写过一篇《自为墓志铭》，非常坦率地承认自己少为"纨绔子弟，极爱繁华"，谑称自己为"茶淫桔虐"。

张岱品茶鉴水之精到，《陶庵梦忆》中"闵老子茶"一节记叙得极为生动：

周墨农向余道闵汶水茶不置口。戊寅九月至留都，抵岸，即访闵汶水于桃叶渡。日晡，汶水他出，迟其归，乃婆娑一老。方叙话，遽起曰："杖忘某所。"又去。余曰："今日岂可空去。"迟之又久，汶水返，更定矣。睨余曰："客尚在耶，客在奚为者?"余曰："慕汝老久矣，今日不畅饮汝老茶，决不去!"汶水喜，自起当炉。茶旋煮，急如风雨。导至一室，明窗净几，荆溪壶、成宣窑瓷瓯十余种，皆精绝。灯下视茶色，与瓷瓯无别，而香气逼人。余叫绝。余问汶水曰："此茶何产?"汶水曰："阆苑茶也。"余再啜之曰："莫绐余，是阆苑制法，而味不似。"汶水匿笑曰："客知是何

产?"余再啜之曰："何其似罗岕甚也?"汶水吐舌曰："奇! 奇!"余问："水何水?"曰："惠泉。"余又曰："莫绐余? 惠泉走千里，水劳而圭角不动，何也?"汶水曰："不复敢隐，真取惠水，必淘井;静夜候新泉至，旋汲之，山石磊磊藉瓮底，舟非风则勿行，故水不生磊，即寻常惠水，犹逊一头地，况他水耶?"又吐舌曰："奇! 奇!"言未毕，汶水去。少顷，持一壶满斟余曰："客啜此!"余曰："香朴烈，味甚浑厚，此春茶耶! 向瀹者是秋采。"汶水大笑曰："予年七十，精赏鉴者无客比。"遂定交。张岱不愧为辨茶识水的行家。

张岱精于品茶，还悉心改制家乡的日铸茶，创制出一种"兰雪"。"日铸雪芽"在宋朝已列为贡品，有"越州日铸茶，为江南第一"之誉。然而到了明代，由于安徽休宁松萝茶，制法精妙，名噪一时，盖过日铸。张岱"遂募歙人入日铸"，一如松萝制法，采用扚法、掏法、挪法、撒法、扇法、炒法、焙法、藏法。进而他又探究泉水，发现"他泉瀹之，香气不出，煮禊泉，投以小罐，则香太浓郁，杂入茉莉，再三较量，用敞口瓷箸淡放之，候其冷，以旋滚汤冲泻之，色如竹捧方解，绿粉初匀，又如山窗初曙，透纸黎光。取清妃白，倾向素瓷，真如百茎素兰同雪涛并泻也。雪芽得其色矣，未得其气。余戏呼之兰雪。"（《陶庵梦忆·兰雪茶》)如此四五年后，兰雪茶风靡茶市，绍兴之饮茶者一改往日饮松萝的习惯，反倒非兰雪不饮。后来，连松萝茶亦改名"兰雪"了。兰雪茶有此名声，功归张岱。

明时，绍兴已开出不少茶馆，其中有一家煮水烹茶尤其考究："泉实龙带，茶实兰雪，汤以旋煮，无老汤，器以时涤，无秽器，其火候汤候，亦时有天合之者。"张岱对这家茶馆特别喜爱，并亲为其取馆名"露兄"，是承米芾"茶甘露有兄"之意。还为其作《斗茶檄》："水淫茶癖，爰有古风，瑞草雪芽，素称越绝，特以烹煮非法，向来葛灶生尘，更兼赏鉴无人，致使羽经积蠹。迩者择有胜地，复举汤盟，水符递自玉泉，茗战争来兰雪，瓜子炒豆，何须瑞草桥边，橘柚查梨，出自仲山圃内，八功德水，无过甘滑香洁清凉。七家常事，不管柴米油盐酱醋，一日何可少此，子猷竹庶可齐名。七碗吃不得了，卢仝茶不算知味，一壶挥尘，用畅清谈，半榻焚香，共期白醉。"

曾声名远播,一时名重虎跑、惠泉的绍兴名泉——禊泉,一度掩没,已不为人知了,是张岱重又发现的。他在《禊泉》一文中记述其经过:

甲寅夏,过斑竹庵,取水啜之,鄰鄰有圭角。异之。走看其色,如秋月霜空,噀天为白,又如轻岚出岫,缭松迷石,淡淡欲散。余仓卒见井口有字画,用帚刷之,禊泉字出,书法大似右军。益异之。试茶,茶香发。新汲少有石腥,宿三日,气方尽。辨禊泉者无他法,取水入口,第挢舌舐腭,过颊即空,若无水可咽者,是为禊泉。好事者信之,汲日至,或取以酿酒,或开禊泉茶馆,或瓮而卖,及馈送有司。董方伯守越,饮其水,甘之,恐不给,封锁禊泉,禊泉名日益重。

茶事、茶人,在张岱的文集中记述甚多。张岱以茶会友,其茶友中有"非大风雨,非至不得已事,必日至其家,啜茗焚香,剧谈谑笑,十三年于此"的会稽鲁云谷,有每与他啜茶"辄道白门闵汶水"的周又新。他那嗜好"米颠石,子猷竹,桑苎茶,东坡肉"的季弟山民和与他茗战"并驱中原,未知鹿死谁手"的胞兄,也都是"茶痴"。

张岱又好玩赏茶具。他弟弟山民获得一瓷壶,款式高古,他把玩一年,得一壶铭:"沐日浴月也其色泽,哥窑汉玉也其呼吸,青山白云也其饮食。"还有一只宣窑茶碗,张岱有铭曰:"秋月初,翠梧下。出素瓷,传静夜。"另有一把紫砂壶,未镌制作者印,张岱确认出于龚春之手,特作壶铭:"古来名画,多不落款。此壶望而知为龚春也,使大彬骨认,敢也不敢?"

张岱还深通茶理、茶道,在喝茶品茗中悟道参禅。他在《祭祁文载文》中说:"昔人谓香在未烟,茶在无味。盖以名香佳茗,一落气味,则其气味反觉无余矣。人如知此,则可以悟道,可以参禅。"他以佳茗喻人。他所祭奠的祁文载即是一位"固一代之才子也,而无才子气"的真正才子。

张岱称得上是明末清初之际的一位茶道专家。

(阮浩耕)

(一七)李渔

李渔(1611～1680),本名仙侣,号天徒,后改名渔,字笠翁,一字笠鸿、谪凡。祖籍浙江兰溪下李村,生于雉皋(今江苏如皋)。生活在明末清初的李渔,是一位戏曲小说兼擅的杰出作家。他的文艺修养和生活情趣绰有余裕,于品茶经验颇丰,并把茶事入戏曲、进小说,有多方面的表现。

《明珠记·煎茶》是李渔的剧作。剧情中,有宫女三十名去皇陵打扫,途经长乐驿,驿官王仙客听闻他的未婚妻(因家遭横祸而分散未完婚)亦在其中,便着人扮作煎茶女子,送进去伺候,以打探消息。此时,一个就着茶炉煎茶,坐待机会;一个以要吃茶而唤煎茶人至身前,终于得以会面,探得了消息。煎茶、吃茶成为剧情发展的重要线索。

李渔小说《夺锦楼》的第一回"生二女连吃四家茶,娶双妻反合孤鸾命",是说鱼行经纪人钱小江与妻子边氏生有两个极标致的女儿,可是夫妻两口却似仇敌一般。小江要将女儿许人,不容边氏做主;边氏要招女婿,又不使小江与闻。两个人你瞒着我,我瞒着你,都央人背后做事。以致两个女儿吃了四家的"茶"。这里的"吃茶",即是指女子受了聘礼。旧时习俗,娶妻多用茶为聘礼,所以女子受聘称为"受茶"。李渔在《蜃中楼》这篇小说中,也用了"吃茶"这个典故。

在《闲情偶寄·饮馔部》"不载果食茶酒说"一节中,李渔称自己"系茗客而非酒人,性似猿猴,以果代食,天下皆知之矣","与说食果饮茶之事,则觉井井有条,滋滋多味",并说可另"专辑一编,名为《茶果志》,孤行可,尾于是集之后亦可"。李渔于品茶的经验,在《闲情偶寄》中还有很多记述。卷四《居室部》有"茶具"一节,专讲茶具的选择和茶的收藏。"茗注莫妙于砂壶,砂壶之精者,又莫过于阳羡"。他认为茶壶以宜兴(古称阳羡)的紫砂壶为最。但他对当时有人"宝之过情,使与金银比值",颇不以为然。"置物但取其适用,何必齰渺其说"。他还具体说到茶壶的壶嘴制作:"凡制茗壶,其嘴务直,购者亦然,一曲便可忧,再曲则称弃物矣。盖贮茶之物与贮酒不同,酒无渣滓,一斟即出,其嘴之曲直可以不论,茶则有体之物也,星星之叶,入水即成大片,斟泻之时,纤毫入嘴,则塞而不流。啜茗快事,斟之不出,大觉闷人。直则保无是患矣,即有时闭塞,亦可疏通,不似武夷九曲之难力导也。"至于藏茶,他认为宜用锡瓶,能使气味不泄。锡瓶之盖,宜厚不宜双(不必用双层盖)。凡不即开的,可在瓶口处用绵纸二三层,实褙封固,再覆之以盖。称之为刚柔并用,是藏茶善策。仅此两端,足可见李渔品茶之精到而讲实惠。

(阮浩耕)

(一八)郑燮

郑燮(1693～1765),字克柔,号板桥,江苏兴化人,清代著名书画家、文学家。

这位"扬州八怪"之一的郑板桥,曾经怀着治国安邦的雄心,当过十二年七品官。他为官清廉刚正,对老百姓情真性挚。他在山东潍县署中画的《墨竹图》题诗道:"衙斋卧听萧萧竹,疑是民间疾苦声。些小吾曹州县吏,一枝一叶总关情。"然目睹官场的污浊,他深深感到"老作风尘俗吏,总折腰为米,竟何曾小补民生国计"。他向往的是"黄泥小灶茶烹陆,白雨幽窗字学颜"(《赠博也上人》)那样一种恬淡自然的生活。在《题画》中说:"茅屋一间,新篁数竿,雪白纸窗,微浸绿色。此时独坐其中,一盏雨前茶,一方端砚石,一张宣州纸,几笔折枝花,朋友来至,风声竹响,愈喧愈静。"翰墨、香茗和友情,才是最令他欢乐和陶醉的。

不风不雨正清和,翠竹亭亭好节柯。

最爱晚凉佳客至,一壶新茗泡松萝。

如果说宋人杜小山诗:"寒夜客来茶当酒,竹炉汤沸火初红;寻常一样窗前月,才有梅花便不同。"是一幅"寒夜品茗赏梅图";那么郑板桥这幅画的便是"清秋品茗赏竹"了。他在另一则题画《靳秋田索画》中说:"……忽得十日五日之暇,闭柴扉,扫竹径,对芳兰,啜苦茗,时有微风细雨,润泽于疏篱仄径之间,俗客不来,良朋辄至,亦适然自惊为此日之难得也。"翠竹、苦茗、良朋,人生常能得此足矣。

郑板桥有多方面的文学艺术才能,他的诗、书、画,人称"郑三绝"。他有一卷《诗词十五首墨迹》,写到茶的有两首,其中一首《竹枝词》云:

溢江江口是奴家,郎若闲时来吃茶。

黄土筑墙茅盖屋,门前一树紫荆花。

这首竹枝词,并非郑板桥原创,因为在元末明初

的陶宗仪《辍耕录》卷四《厅遇》和明人惠康野叟《识余》卷二《吴兴绝唱》中都曾有记载。墨迹确出自郑板桥之手。他左右挥洒,天真纵逸,奇特自然的书法,活画出一个性格开朗,大胆执著,春情萌动的少女形象;在一个紫荆粲粉,月色朗朗,春情处处的夜晚,茅屋里不时飘出缕缕茶香和悄悄细语。

郑板桥的字画索求者很多,可是他有"三不卖":达官贵人不卖,够了生活不卖,老子不喜欢不卖。有些盐商富豪千方百计骗他的字画,终弄不到手,而许多农夫、花匠及茶馆却能得到他手书的楹联匾额。郑板桥传世的茶联或者在联中咏及茶事的颇多。他考举人前,在镇江焦山别峰庵读书,寓居较长,几次作联咏茶,如其一联道:

楚尾吴头,一片青山入座;

淮南江北,半潭秋水烹茶。

青山美景,名茶佳水,使他难以忘怀,又都堪入联。

他也为茶馆写过不少楹联。有一联是述说名士、高僧品茶鉴水的:

从来名士能评水,

自古高僧爱斗茶。

郑板桥曾自我表白说:"凡吾画兰、画竹、画石,用以慰天下之劳人,非以供天下之安享人也。"所以他的诗句联语常爱用方言俚语,使"小儿顺口好读"。他在家乡写过不少这样的对联,其中一副是:

白菜青盐糁子饭,

瓦壶天水菊花茶。

把粗茶淡饭的清贫生活写得生动亲切而富有情趣,这却又正是他的生活和人生观的写照。

(阮浩耕)

(一九)爱新觉罗·弘历

爱新觉罗·弘历(1711～1799),即清高宗,清世宗第四子。雍正十三年(1735)即皇帝位,年号乾隆,在位60年,是清代有所作为的一位君主。他统治期间,到处巡游,特别是六次南巡,得有机会饱尝各地名茶美泉,于品茶鉴水独有所好,写下了不少咏茶诗篇。如果说,宋徽宗是我国历代帝王中唯一写作《茶

论》者，则清高宗是写作茶诗最多的一个。

爱新觉罗·弘历六次南巡到杭州，曾四度幸临西湖茶区。乾隆十六年（1751）他第一次南巡到杭州，去天竺观看了茶叶采制，对炒茶过程，尤其是"火功"的掌握，了解得很详细，颇有些感受，写了《观采茶作歌》：

火前嫩，火后老，惟有骑火品最好。

西湖龙井旧擅名，适来试一观其道。

村男接踵下层椒，倾筐雀舌还鹰爪。

地炉文火徐徐添，乾釜柔风旋旋炒。

慢炒细焙有次第，辛苦工夫殊不少。

王肃酪奴惜不知，陆羽茶经太精讨。

我虽贡茗未求佳，防微犹恐开奇巧。

防微犹恐开奇巧，采茶竭览民艰晓。

乾隆二十二年（1757）他第二次南巡再来杭州，到了云栖，又有《观采茶作歌》一首：

前日采茶我不喜，率缘供览官经理。

今日采茶我爱观，关民生计勤自然。

云栖取近跋山路，都非吏备清跸处。

无须回避去采茶，相将男妇实劳劬。

嫩荚新芽细拨挑，趁忙谷雨临明朝。

雨前价贵雨后贱，民艰触目陈鸣镳。

由来贵诚不贵伪，嗟我老幼赴时意。

敝衣粝食曾不敷，龙团凤饼真无味。

乾隆二十七年（1762）他第三次南巡，这次到了龙井，游览了龙井风景名胜，作《初游龙井志怀三十韵》。然后品尝了用龙井泉水烹煎的龙井茶，有《坐龙井上烹茶偶成》一首：

龙井新茶龙井泉，一家风味称烹煎。

寸芽出自烂石上，时节焙成谷雨前。

何必凤团夸御茗，聊因雀舌润心莲。

呼之欲出辨才在，笑我依然文字禅。

乾隆三十年（1765）第四次南巡时，他忘却不了三年前尝过的龙井茶和龙井泉，就在离开杭州的前一天，复又幸游龙井，吟成《再游龙井》：

清跸重听龙井泉，明将归辔启华旃。

问山得路宜晴后，汲水烹茶正雨前。

入目景光真迅尔，向人花木似依然。

斯真佳矣予无梦，天姥邮希李谪仙。

此后乾隆第五、第六次南巡，虽然没有再去西湖茶区，但据嘉庆《杭州府志》所载，乾隆曾有过两首追忆龙井茶的诗，其一为《雨前茶》，其二为《烹龙井茶》。

另外还传说他在龙井狮子峰胡公庙前品饮龙井茶时，赞赏茶叶香清味醇，遂封庙前十八棵茶树为"御茶"，今遗址尚存。龙井茶一直是清代的主要贡品。

这位高宗皇帝还到湖南、福建等地访茶问泉，湖南洞庭湖中产的"君山银针"，他也格外厚爱，乾隆四十六年起，每年纳贡，名曰贡尖。《巴陵县志》载："君山贡茶自清始，每岁贡之十八斤，谷雨前，知县邀山僧采制一旗一枪，白毛茸然，俗称白毛茶。"福建入贡的是郑宅茶。清人徐昆《遁斋偶笔》说："闽中兴化府城外郑氏宅，有茶二株，香美甲天下，虽武夷岩茶不及也，所产无几，邻近有茶十八株，味亦美，合二十株。有司先时使人谨伺之，烘焙如法，籍其数以充贡。"

历代善品茶者都注意择水，高宗亦然。他特制一个银斗，精量全国名泉的轻重，据以评定优劣。北京玉泉山之水被评为第一，他亲作《玉泉山天下第一泉记》云："尝制银斗较之，京师玉泉之水斗重一两，塞上伊逊之水亦斗重一两，济南珍珠泉斗重一两二厘，扬子金山泉斗重一两三厘，则较玉泉重二厘三厘矣，至惠山、虎跑，则各重玉泉四厘；平山重六厘；清凉山、白沙、虎丘及西山之碧云寺，各重玉泉一分。"还量了雪水，较玉泉轻三厘，更是烹茶的好水了，每遇佳雪，宫里必收取。并以松子、佛手、梅花烹茶，称为"三清茶"。茶宴之日，高宗即赐此茶，集廷臣及内庭翰林联句赋三清茶诗。所用茶碗都摹上了御制诗，是特制的。茶宴毕，诸臣可以怀之以归。徐珂《清稗类钞·饮食类》还记述：高祖"銮辂时巡，每载玉泉水汉供御，然或经时稍久，舟车颠簸，色味或不免有变，可以他处泉水洗之。一洗，则色如故焉"。洗水的方法是"以大器储水，刻分雨入他水搅之。搅定，则污浊皆沉淀于下，而上面之水清澈矣。盖池水质重则下沉，玉泉体轻故上浮，挹而盛之，不差锱铢"。

高宗晚年退位后，仍嗜茶如命，在北海镜清斋内专设"焙茶坞"，悠闲品茶。他在世 88 年，为我国历代皇帝之寿魁,喝茶为他养身之一法,当与之长寿不无关系。

(阮浩耕)

(二〇) 曹雪芹

曹雪芹(1715~1763),名霑,字梦阮,雪芹是其号,又号芹圃、芹溪。祖籍辽阳,先世原是汉族,后为满洲正白旗"包衣"人。

曹雪芹是一位见多识广,才气纵横,琴棋书画件件皆能,诗词曲赋无所不精的小说家、诗人和画家,他的最大贡献是"披阅十载,增删五次"创作的文学巨著《红楼梦》。这是一部百科全书式的奇书,书中反映的社会现实和风习,涉及的典章制度和名物衣着,五彩缤纷,琳琅满目。就以茶而言,小说中言及到茶的竟有260多处,咏及茶的诗词(联句)有十来首;小说所载形形色色的饮茶方式、丰富多彩的名茶品目、珍奇精美的古玩茶具以及讲究非凡的沏茶用水,是我国历代文学作品中记述与描绘得最全的。故而有人说:"一部《红楼梦》,满纸茶叶香。"曹雪芹是茶的千古知音。

从古到今,人们喝茶的讲究程度是大有差别的。"柴米油盐酱醋茶"中日常生活的喝茶,与"琴棋书画诗酒茶"中文人雅士的品茶相比,相去何远;而曹雪芹的《红楼梦》则集明末至清后期二百来年间各类饮茶之成。其中:一类是家常吃茶。最多的当是口渴喝茶,还有暑天喝凉茶,饭后喝茶。荣国府的人们习惯在饭后饮茶之前先用漱口茶,漱了口,洗手毕,再捧上茶来,"这方是吃的茶"。第二类是客来敬茶。以茶敬客,以茶留客,是我们民族的传统美德,第二十六回说贾芸到怡红院来向宝玉请安,袭人端了茶来与他,贾芸便忙站起来笑道:"姐姐怎么替我倒起茶来。我来到叔叔这里,又不是客,让我自己倒罢。"第三类是且饮且食的待客果类。前两类都是单一用茶,这一类则伴有果品。第三回黛玉初到贾府,凤姐相见后,一面说话,一面已摆了茶果上来,熙凤亲为捧茶捧果。又第八回写宝玉至梨香院薛姨妈处,薛姨妈摆了好几样细茶果来留他们饮茶。宝玉因夸前日东府里珍大嫂子的好鹅掌,薛姨妈听了,忙也把自

己糟的取了些来与他尝。第四类是讲究的品茶。妙玉在栊翠庵请宝玉、黛玉、宝钗三人"茶品梅花雪"便是。妙玉不但精于择茶、选水,那天的茶是福建武夷山所产的老君眉茶,水是收的梅花上的雪,而且很讲究茶具的精美。第五类是药用饮茶。第六十三回,林之孝家的查夜经怡红院,听宝玉说:"今儿因吃了面怕停住食,所以多顽一会子。"林之孝家的即向袭人等交待说:"该沏些个普洱茶吃。"袭人、晴雯回说:"沏了一盅子女儿茶,已经吃过两碗了……"喝普洱茶可以帮助消化。此外,第十五回,宝玉与秦钟去水月庵,调唆智能说要茶喝,智能去倒茶来,秦钟笑说:"给我。"宝玉叫:"给我!"智能儿抿嘴笑道:"一碗茶也争,我难道手里有蜜!"此类或许可称"风月调笑茶"。还有,官来献茶、端茶送客之类的势利茶,等等。

《红楼梦》所载的名茶品目甚多,却似一份"清代贡茶录"。其中有杭州西湖的贡品龙井茶;有清代云南地方官吏向皇室进贡的普洱茶及普洱茶中的珍品女儿茶;有清代始列为贡茶,每岁贡十八斤的老君眉茶;有产于福建建安的团饼茶"凤髓";有暹罗(泰国旧称)进贡来的暹罗茶。还有宝玉最喜欢吃的枫露茶,更是名品了。在《芙蓉女儿诔》中也提到"枫露之茗",说要以百花蕊为香,冰鲛縠为帛,取来沁芳亭泉水,敬上枫露茶一杯,来祭奠晴雯姑娘。从宝玉的喜爱与珍重,足可见这茶的名贵了。可惜枫露茶今已失传,产于何时,如何制法,均不得而知。还有一种真真假假、虚虚实实的"千红一窟",这是宝玉游幻境时所见的,其清香异味,纯美非常。据警幻仙子说,这茶出在放春山遣香洞,并以仙花灵叶上所带之宿露而烹。尽管"此茶只应天上有,人间哪得半回尝",想必曹雪芹也不是完全没有根据的杜撰。

曹雪芹从童年和少年时代的富贵温柔生活,到"举家食粥酒常赊"潦倒终生,接触了社会的各个层面,他借《红楼梦》对茶的习俗作了具体而生动的记述。第二十五回,王熙凤给黛玉等送去暹罗茶,黛玉吃了说好,凤姐说:"你要爱吃,我那里还有呢。"接着凤姐又笑道:"你既吃了我们家的茶,怎么还不给我们家作媳妇?"众人听了一齐都笑起来。这"吃茶"是指女子受聘,又叫"茶定"。茶又用来祭奠。第七十

八回,宝玉读毕《芙蓉女儿诔》后,便焚香酹茗,祝祭亡灵,以茶供来寄托自己的情思。又第八十九回,天气转冷,焙茗到学房给宝玉送衣,拿来了晴雯所补的那件雀金裘,宝玉见物伤感,第二天在晴雯起先住的那间房里,点了香,摆好果品,拂开红笺,口祝笔写道:"怡红主人焚付晴雯知之:酹茗清香,庶几来飨!"宁荣二府的家庙铁槛寺,和尚每天都要奠晚茶。此外,第十七至十八回,贾妃省亲时,有"茶已三献,元妃降座"的礼仪。第十九回,有袭人由母亲接家去吃年茶的风俗。

　　曹雪芹在《红楼梦》里以茶入诗,不仅数目多,而且风格独特,有浓厚的生活气息,无穷的艺术魅力。第二十三回有"四时即事"诗四首,其中有三首咏及茶事:

　　　倦绣佳人幽梦长,
　　　金笼鹦鹉唤茶汤。
　　　　　《夏夜即事》
　　　静夜不眠因酒渴,
　　　沉烟重拨索烹茶。
　　　　　《秋夜即事》
　　　却喜侍儿知试茗,
　　　扫将新雪及时烹。
　　　　　《冬夜即事》

　　饮茶品茗在豪门贵族家庭是寻常事,连鹦鹉也会唤水滚汤熟好沏茶了,侍儿也懂得寒夜煮雪烹茶。

　　第七十六回,寂寞秋夜,黛玉、湘云相对联句,情调凄清,犹如寒虫悲鸣。后来妙玉听到截住,遂三人同至栊翠庵,现烹茶,由妙玉续完所剩十三韵,其中有句:

　　　芳情只自遣,雅趣向谁言!
　　　彻旦休云倦,烹茶更细论。

　　此联句妙玉以茶自喻,道出其洁身自恃,处世不凡的性格。其实,彻旦不眠,细论诗文,烹茶煮饮,不知倦意,怀如此芳情雅趣的,不正是曹雪芹自己么。

　　芦雪庵争联即景诗时,宝琴与湘云对成一联:

　　　烹茶冰渐沸,
　　　煮酒叶难烧。

　　许多人眼里是酒贵茶贱,而红楼女儿们一反常理。大家都爱茶,烹茶的水已烧滚了,而温酒的火却难燃着。实在是众人不爱酒,懒于去烧。

　　宝玉为"有凤来仪"即潇湘馆题的联是:

　　　宝鼎茶闲烟尚绿,
　　　幽窗棋罢指犹凉。

　　翠竹遮映,茶闲烟绿;浓荫生凉,棋罢指凉。见此景色,读这联语,潇湘妃子高傲孤洁的形象犹在目前。曹雪芹笔下的喝茶品茗,其实用价值与审美价值相互辉映,通过茶,写出了人的文化素养和品性。

　　曹雪芹在小说中还匠心独运地多处以茶来作人生的最后诀别,显示了他对茶的特殊深情。第七十七回,那位"心比天高,身为下贱"的晴雯,在"病得四五日水米不曾沾牙"的情况下,硬被从炕上拉了下来,撵出大观园,当夜就悲惨地死去。那天日里,宝玉去看她,她向宝玉索茶喝,说:"阿弥陀佛,你来的好,且把那茶倒半碗我喝。渴了这半日,叫半个人也叫不着。"……宝玉提起沙壶斟了半碗,自己尝了一尝,并无清香,且无茶味,只一味苦涩,略有茶意而已。尝毕,方递与晴雯。只见晴雯如得了甘露一般,一气都灌下去了……这便是宝玉与晴雯的诀别。第一〇九回,那位"阿房宫,三百里,住不下金陵一个史"的史太君(贾母),享年83岁而正寝。她临终前曾睁眼要茶喝,邢夫人便进了一杯参汤。贾母刚用嘴接着喝,便道:"不要这个,倒一钟茶来我喝。"众人不敢违拗,即忙送上来,一口喝了,还要,又喝一口。还说:"我喝了口水,心里好些",竟坐起来,说了一阵话……曹雪芹把爱茶的感情潜融于晴雯、贾母身上。这种艺术刻画,用心良苦,神笔独到。

　　　　　　　　　　　　　　　(阮浩耕)

(二一) 袁枚

　　袁枚(1716~1797),字子才,号简斋,晚号随园老人,钱塘(今浙江杭州)人。他乾隆四年(1739)进士,入翰林散馆,因满文考试成绩不佳,出为县令。33岁辞官,卜居南京小仓山,修筑随园,过了50多年的清狂自在的享乐生活。他活跃诗坛60余年,存诗4000余首,是清代乾嘉时期的代表诗人和主要诗论家之一。在他的诗作和诗话中,吟及或话到茶的颇多,而且他还是一位有丰富经验的烹饪学家。他所著的《随园食单》一书,是我国清代一部系统地论述烹饪技术和南北菜点的重要著作。全书分须知单、戒单、海鲜单、特牲单、水族有鳞单、水族无鳞单、杂素菜单、点心单、饭粥单和茶酒单等十四个方面。一篇"茶酒单",足以显示诗人是一个道地的爱茶人。

袁枚遍尝南北名茶,在"茶酒单"中对这些名茶分别都有评述。他最喜欢家乡的龙井茶,尤其是每次还乡上坟时,管坟人家送的那杯茶,水清茶绿;其次是常州阳羡茶,"茶深碧色,形如雀舌,又如巨米,味较龙井略浓"。对洞庭君山茶,他说:"色味与龙井相同,叶微宽而绿过之,采掇最少。"此外如六安银针、毛尖、梅片、安化茶等,他认为都要差次些。袁枚70岁那年,游览了武夷山,对武夷茶产生了特别的兴趣,他有一段记述:

余向不喜武夷茶,嫌其浓苦如饮药。然丙午秋,余游武夷,到曼亭峰天游寺诸处,僧道争以茶献,杯小如胡桃,壶小如香橼,每斟无一两,上口不忍遽咽,先嗅其香,再试其味,徐徐咀嚼而体贴之,果然清芬扑鼻,舌有余甘。一杯之后,再试一二杯,令人释躁平矜,怡情悦性。始觉龙井虽清,而味薄矣,阳羡虽佳,而韵逊矣。颇有玉与水晶,品格不同之故。故武夷享天下盛名,真乃不忝,且可以瀹至三次,而其味犹未尽。

"七碗生风,一杯忘世"。一杯好茶,能让人升华到此种境界;然而要泡好一杯茶又谈何容易。袁枚认为,除了有好茶,且又收藏得法,还要有好水,用陶罐,武火烧,候火要适当,品饮又得正当其时。对此他也有一段精彩的描叙:

欲治好茶,先藏好水,水求中泠惠泉,人家中何能置驿而办。然天泉水、雪水力能藏之,水新则味辣,陈则味甘。尝尽天下之茶,以武夷山顶所生,冲开白色者为第一。然入贡尚不能多,况民间乎!其次,莫如龙井,清明前者号莲心,太觉味淡,以多用为妙。雨前最好一旗一枪,绿如碧玉。收法须用小纸包,每包四两放石灰坛中,过十日则换古灰,上用纸盖扎住,否则气出而色味全变矣。烹时用武火,用穿心罐一滚便泡,滚久则水味变矣,停滚再泡则叶浮矣。一泡便饮,用盖掩之则味又变矣,此中消息,间不容发也。山西裴中丞尝谓人曰:余昨日过随园,才

吃一杯好茶,呜呼!

袁枚在他的《随园食单》中,还有不少茶制食品,颇有特色。有一种叫"面茶",熬粗茶汁,炒面兑入,加芝麻酱亦可,加牛乳亦可,微加一撮盐,无乳则加奶酥皮亦可。还有一种叫"茶腿",是用茶叶熏过的火腿,肉质火红,味鲜而带茶的清香。

袁枚的品茶和茶食确实是道地的。

(阮浩耕)

(二二) 鲁迅

鲁迅(1881～1936),原姓周,幼名樟寿,字豫山,后改为豫才。1898年起,改名树人。鲁迅是他1918年发表《狂人日记》时开始使用的笔名,浙江绍兴人。

"有好茶喝,会喝好茶,是一种'清福'。不过要享这'清福',首先必须有工夫,其次是练出来的特别的感觉。"鲁迅在《喝茶》(收入《准风月谈》)这篇杂文中说的这段话,明白地道出了他的喝茶观。鲁迅在文章中还说了这样一件事:一次,他买了二两好茶叶,开首泡了一壶,怕它冷得快,用棉袄包起来,却不料郑重其事地来喝的时候,味道竟与他一向喝着的粗茶差不多,颜色也很重浊。他发觉自己的冲泡方法不对。喝好茶,是要用盖碗的,于是用盖碗。果然,泡了之后,色清而味甘,微香而小苦,确是好茶叶。但是,当他正写着《吃教》的中途,拿来一喝,那好味道竟又不知不觉地滑过去,像喝着粗茶一样了。于是他知道,喝好茶须在静坐无为的时候。而且品茶这种细腻锐敏的感觉得慢慢练习。

鲁迅先生生长在茶乡绍兴,喝茶是他的终身爱好,所以在他的文章和日记中,提及茶事甚多。

20年代的北京城,茶馆遍布,与人民的生活关系密切,举凡联络感情,房屋交易,说媒息讼,都离不开茶馆。鲁迅在北京的时候,也是茶楼啜茗的座上客,这在他的日记中记述很多。他去得最多的是青云阁,喜欢在喝茶时伴吃点心,且饮且食。常结伴而去,至晚方归。1912年5月26日记云:"下午同季市、诗荃至观音街青云阁啜茗。"同年12月31日记云:"午后同季市至观音街……又共啜茗于青云阁,食虾仁面。"1917年11月18日记云:"午同二弟往

观音街买食饵,又至青云阁玉壶春饮茗,食春卷。"也曾同徐悲鸿等人在中兴茶楼啜茗畅谈,尽欢而归。1918 年 12 月 22 日有记:"星期日休息。刘半农邀饮于东安市场中兴茶楼。晚与二弟同往,同席徐悲鸿、钱秣陵、沈士远、尹默、钱玄同,十时归。"

北京当时还有一类公园茶室,绿树阴中,鸟语声声,啜饮清茗,情趣倍生。鲁迅也常去。1924 年 4 月 13 日记云:"上午至中山公园四宜轩,遇玄同,遂茗谈至晚归。"同年 5 月 11 日记云:"往晨报馆访孙伏园,坐至下午,同往公园啜茗,遇邓以蛰、李宗武诸君,谈良久,逮夜乃归。"公园茶室环境幽静,也是著译的理想场所。1926 年 7、8 月间,鲁迅与齐寿山合译《小约翰》,就是在公园茶室完成的。前后约一月余,鲁迅几乎每天下午去公园茶室译书,直至译毕。鲁迅离京前,朋友们为他饯行,也选择在公园茶室,那是北海公园琼华岛上的"漪澜堂"茶室。

30 年代的上海,每至夏天,沿街店铺备有茶桶,过路者可自行用一种长柄鸭嘴状竹筒舀茶水,渴饮解乏。鲁迅的日本好友内山完造,在上海临近四川北路山阴路开设内山书店,门口也放置一只茶桶。鲁迅会见友人、出售著作、购买书籍常去内山书店,他看到茶桶,十分赞同内山此举,多次资助茶叶,合作施茶。1935 年 5 月 9 日记云:"以茶叶一囊交内山君,为施茶之用。"鲁迅还托人从家乡绍兴购买茶叶,亲自交内山先生。鲁迅逝世后,内山曾写过一篇《便茶》的回忆文章,记述其事。

鲁迅客居广州,也是广州著名的"北国"、"陆园"、"陶陶居"等茶楼的座上客。他说:广州的茶清香可口,一杯在手,可以和朋友作半日谈。他游览杭州西湖,曾兴致十足地在虎跑泉边品尝龙井茶虎跑水。还特地到清河坊翁隆盛茶庄买龙井茶。

鲁迅作为一个伟大的文学家、思想家,一生淡泊,关心民众,他以茶联谊,施茶于民的精神,更为中华茶文化增辉。

(阮浩耕)

(二三)郭沫若

郭沫若(1892~1978),原名郭开贞,乳名文豹,号尚武,笔名除郭沫若外,还有郭鼎堂、石沱、麦克昂、杜衍等,四川省乐山县沙湾镇人。他以其渊博的学识,出群的才华和丰富的阅历,卓然成为中国现代大文学家。这位饮酒有海量的文豪,对饮茶也十分精通。他出生在蜀茶之乡,曾游历过国内许多名茶产地,并以诗词、剧作、书法等多种文艺形式来吟咏和表现中国茶艺,与茶叶结下了不解之缘。

郭沫若是一位现代诗人,他创作了大量具有时代精神的诗篇,而且创作了许多充满诗情画意的记游诗,其中不乏吟咏茶乡、名茶、名泉之作。1903年,他年 11 岁时就写下了"闲酌茶溪水,临风诵我诗"的《茶溪》一绝。这是他的第一首记游诗,也是他最早写到茶的一首诗。1940 年,诗人与赵清阁等同游重庆北温泉缙云山,此游有《缙云山纪游》诗一首赠赵清阁,诗云:

豪气千盅酒,锦心一弹花。

缙云存古寺,曾与共甘茶。

诗中的"弹花"是指赵清阁当时主编的《弹花》文艺月刊。"甘茶"指缙云山上的一种甜味山茶。

四川邛崃所产的茶叶,叶张厚,味浓醇,内质好。据史料记载,卓文君与司马相如曾在县城开设过茶馆,成为流传千古的佳话。1957 年,郭沫若作《题文君井》诗:

文君当垆时,相如涤器处,

反抗封建是前驱,佳话传千古。

会当一凭吊,酌取井中水,

用以烹茶涤尘思,清逸凉无比。

后来邛崃茶厂便以"文君"作茶名,创制了"文君绿茶"和"文君花茶"。

1959 年 2 月,诗人陪外宾到广州参观访问后来杭州,在游湖中三岛并先后登孤山、六和塔、花港观鱼和虎跑后,均有诗纪行,其中《虎跑泉》云:

虎去泉犹在,客来茶甚甘。

名传天下二,影对水成三。

饱览湖山胜,豪游意兴酣。

春风吹送我,岭外又江南。

虎跑泉曾有"天下第二泉"之誉,泉水味甘冷冽,沏茶尤佳,故有把"龙井茶虎跑水"称为西湖"双绝"的。以"龙虎饮"敬客当是上乘礼遇。后来,他又陪

外宾到福建武夷山和安徽黄山,在欣赏了两山的名茶和名胜后也有诗:

武夷黄山一片碧,采茶农妇如蝴蝶。

岂惜辛勤慰远人,冬日增温夏解渴。

湖南长沙市郊的高桥茶叶试验场,1959年创制了名茶新品目——高桥银峰。郭沫若于1964年到湖南视察工作,品饮名茶后对它极为赞赏,吟就七律《初饮高桥银峰》,并亲自书录以赠,诗云:

芙蓉国里产新茶,九嶷香风阜万家。

肯让湖州夸紫笋,愿同双井斗红纱。

脑如冰雪心如火,舌不饾饤眼不花。

协力免教天下醉,三间无用独醒嗟。

全诗对高桥银峰茶的色、香、味及其功效,作了生动形象的描绘。"诗随茶传,茶因诗贵"。高桥银峰因有郭沫若题诗而声名远播,真的"香风阜万家"了。产于安徽宣城敬亭山的名茶——"敬亭绿雪",诗人亦曾亲笔题字,传为佳话。

郭沫若又是位剧作家,他还把茶搬上了舞台。话剧《孔雀胆》描写的是元朝末年云南梁王的女儿阿盖公主与云南大理总管段功相爱的一出悲剧。阿盖的晚母、王妃忽的斤在第二幕于梁王宫苑中有一段戏,通过人物对白,把武夷茶的传统烹煮饮用法介绍给观众。对白如下:

王妃:(徐徐自靠床坐起)哦,我还忘记了关照你们,茶叶你们是拿了哪一种来的?

宫女甲:(回身)我们拿来的是福建生产的武夷茶呢。

王妃:对了,那就好了。国王顶喜欢喝这种茶,尤其是喝了一两杯酒之后,他特别喜欢喝很酽的茶,差不多涩得不能进口。这武夷茶的泡法,你们还记得?

宫女甲:记是记得的,不过最好还是请王妃再教一遍。

王妃:你把那茶具拿来。

(宫女甲起身步至凉厨前……茶壶茶杯之类甚小,杯如酒杯,壶称"苏壶",实即妇女梳头用之油壶。别有一茶洗,形如匜,容纳于一小盘。)

王妃:在放茶之前,先要把水烧得很开。用那开水先把这茶杯茶壶烫它一遍,然后再把茶叶放进

这"苏壶"里面,要放大半壶光景。再用开水冲茶,冲得很满,用盖盖上。这样便有白泡冒出,接着用开水从这"苏壶"盖上冲下去,把壶里冒出的白泡冲掉。这样,茶就得赶快斟了,怎样斟法,记得的吗?

宫女甲:记得的,把这茶杯集中起来,提起"苏壶",这样的(提壶作手势)很快地轮流着斟,就像在这些茶杯上画圈子。

宫女乙:我有点不大明白,为什么斟茶的时候要划圈子呢?一杯一杯慢慢斟不可以吗?

王妃:那样,便有先淡后浓的不同。

这段戏,简直就是工夫茶的演示,足见剧作家对茶事的精通。

诗人故乡四川乐山沙湾三峨山,地处大渡河(古称沫江)流域,美女峰海拔2000多米,冬春多雾,夏秋多云,雨水充沛,漫射光多,昼夜温差大,加之土壤肥沃,适宜茶树生长。故乡人为纪念郭老,又取乐山境内的沫江、若水源远流长之意,把茶定名为"沫若香茗"。"沫若"既是水名,又是人名,还是茶名,殊为难得。

(阮浩耕)

(二四) 吴觉农

吴觉农(1897~1989),原名荣堂,后更名"觉农",以示为振兴祖国农业而奋斗之志,曾用笔名有咏唐、池尹天、施克刚等。浙江上虞人。

"觉农先生毕生从事茶事,学识渊博,经验丰富,态度严谨,目光远大,刚直不阿。如果陆羽是'茶神',那么说吴觉农先生是当代中国的茶圣,我认为他是当之无愧的。"陆定一在《茶经述评》序言中对吴觉农所作的评价是中肯得当的。

吴觉农早年就读于浙江省中等农业技术学校(浙江农业大学前身)时,就对茶叶发生了兴趣。1916年农校毕业后,留校作了三年助教。1919年即考取了由浙江省教育厅招收的去日本研究茶叶专业的官费留学生,在日本农林水产省的茶业试验场学习。

1922年,吴觉农搜集足够的事实,撰写了《茶树原产地考》一文,雄辩地论证茶树原产于中国。

1922 年底,他从日本回国,曾在家乡上虞集资创办茶场,欲推行机械制茶,终因资金不足和缺乏经验而失败。后应当时上海商品检验局之邀,筹办茶叶出口检验,为促进茶叶产制质量做了许多工作。同时,与胡浩川合著《中国茶业复兴计划》一书。在此二三年间,他还先后在江西修水、安徽祁门、浙江嵊县三界等地建立茶叶改良场。在他的推动下,后来湘、鄂、闽、滇、川、黔、粤等省也先后成立了茶叶改良试验场所,为以后茶叶改进事业的推行,作出了贡献。

1934 年至 1935 年间,吴觉农出国到印度、锡兰、印度尼西亚、日本、英国和苏联进行有关茶叶产销的考察访问。回国后,撰写出版了《世界主要产茶国之茶业》。他在研究各国茶业后说,若能"取他国之长,补我之短","积极推进,锐意改革,则我华茶命运自必有复兴之一日"。

抗日战争爆发后,吴觉农邀请各地茶业人才集合于嵊县三界的浙江茶业改良场,开展抗日救亡运动,但不久各项活动均受到当局的制约,吴觉农和一批青年茶人只得辗转流亡到武汉。

1938 年初,当时国共合作,吴觉农到武汉后,即代表贸易委员会和苏联商务代表谈判,顺利地签订了第一个贸易协定。由于战时国内各口岸或已沦陷或已丧失对外贸易条件,贸易委员会特在香港设立富华贸易公司,组织全国茶叶运集香港,履行对苏贸易和对外推销。吴觉农任贸易委员会专员兼富华公司副总经理。1941 年珍珠港事变后,吴觉农到了重庆,参加中华农学会的活动。

抗战胜利后,吴觉农回到上海,在朋友们的邀请下,参加了他们共同组织的兴华制茶公司,经营出口茶叶,推行机械制茶,后从台湾购来一套茶叶精制机械,在杭州办起了之江制茶厂。

1949 年 5 月,吴觉农应邀去北京参加政治协商会议。他提出的关于成立茶叶专业公司的建议得到支持,积极主持筹备,亲自兼任中国茶叶公司总经理。他迅速签订对苏茶叶易货合同,组织收购和加工茶叶,扩大对外易货偿债;大力订制制茶机械,在各主要茶区相继建立各种类型机制茶厂,为茶叶事业的发展竭尽心力。1979 年以后,他仍以中国农学会副理事长和中国茶叶学会名誉理事长的身份,热情参与茶业考察和学术活动。

吴觉农也是我国当代茶叶高等教育和茶叶科研机构的倡导者与组织者。他认为振兴茶业,必须造就大量高等专业科技人才。1939 年他在香港时就和复旦大学有关人士商议此事,后征得复旦大学代校长吴南轩同意,并从贸易委员会和中茶公司争取到教育拨款,复旦大学农学院茶叶系科于 1940 年在重庆创建。这是我国第一个高等院校的茶叶专业系科。1941 年,他怀着对抗战必胜的信心,为战后茶业发展作好准备,率领一批青年茶人,从重庆来到福建武夷山麓,办起了中国第一个茶叶研究所,他亲任所长,开展茶树更新的研究和实践。

吴觉农还几十年如一日地从事茶叶史料的搜集和研究。20 世纪 40 年代他组织中国茶叶研究社集体翻译了美国《茶与咖啡贸易》杂志主编人威廉·乌克斯所著的《茶叶全书》,由他主编出版了中译本。对我国各产茶省、县有关茶业的资料,尤其致力搜集。20 世纪 60 年代至 70 年代间,相继发表了《湖南茶业史话》和《四川茶业史话》。1979 年起,历时五年,主持编写了《茶经述评》和《中国地方志茶叶历史资料选辑》。

吴觉农称得上是现代"茶业泰斗",又是一位出色的社会活动家和知名爱国民主人士。

(阮浩耕)

(二五)老舍

老舍(1899~1966),原名舒庆春,字舍予,老舍是他最常用的笔名,另有絜青、鸿来、絜予、非我等笔名,北京人。

老舍 1957 年创作的话剧《茶馆》,是他后期创作中最为成功的一部作品,也是当代中国话剧舞台上最优秀的剧目之一,在西欧一些国家演出时,被誉为"东方舞台上的奇迹"。观看《茶馆》,犹如随老舍逛王掌柜父子两代惨淡经营的北京老裕泰茶馆。剧本展现自清末至民国近 50 年间茶馆的变迁,不仅是旧社会的一个缩影,而且还重现了旧北京的茶馆习俗。热闹的茶馆除了卖茶,也卖简单的点心与菜饭。玩鸟的在这里歇歇腿，喝喝茶，并使鸟儿表演歌唱。商议事项的，说媒拉纤的，也到这里来。茶馆是当时非常重要的地方，有事无事都可以坐上半天。

贫民家庭出身又久居北京的老舍先生，创作《茶馆》是有着深厚的生活基础的。老舍出生的第二年，充当守卫皇城护军的父亲，在抗击八国联军入侵的巷战中阵亡。从此，全家依靠母亲给人缝洗衣服和充当杂役的微薄收入为生。老舍在大杂院里度过艰难的幼年和少年时代，使他从小就熟悉挣扎在社会底层的城市贫民，喜爱流传于北京市井巷里和茶馆的曲艺、戏剧。老舍出生地北京小杨家胡同附近，当时就有茶馆。他每从门前走过，总爱瞧上一眼，或驻足停留一阵。成年后也常与挚友一起上茶馆啜茗。所以，他对北京茶馆非常熟悉。1958年，他在《答复有关〈茶馆〉的几个问题》中说："茶馆是三教九流会面之处，可以容纳各色人物。一个大茶馆就是一个小社会。这出戏虽只三幕，可是写了五十来年的变迁。在这些变迁里，没法子躲开政治问题。可是，我不熟悉政治舞台上的高官大人，没法子正面描写他们的促进与促退。我也不十分懂政治。我只认识一些小人物，这些人物是经常下茶馆的。那么，我要是把他们集合到一个茶馆里，用他们生活上的变迁反映社会的变迁，不就侧面地透露出一些政治消息么？这样，我就决定了去写《茶馆》。"

老舍本人茶兴不浅。不论绿茶、红茶、花茶，都爱品尝一番。边饮茶边写作是他一生的习惯，而且"茶癖"很大，喜饮浓茶，一日三换，早中晚各来一壶。外出体验生活，茶叶是随身必带之物。在他的小说和散文中，也常有茶事提及或有关饮茶情节的描述。他的自传体小说《正红旗下》谈到，他的降生，虽是"一个增光耀祖的儿子"，可是家里穷，父亲曾为办不起满月而发愁。后来，满月那天只好以"清茶恭候"来客。那时家里喝的是一些茶叶末儿，"用小沙壶沏的茶叶末儿，老放在炉口旁边保暖，茶叶很浓，有时候也有点香味。"还有，在他那篇回忆抗战八年生活旅程的《八方风雨》中，他说：从1940年起我的生活日渐降格，"我的香烟由使馆降为小大英，降为刀牌，降为船牌，再降为四川土产的卷烟——也可美其名曰雪茄。别的日用品及饮食也都随着香烟而降格"。

在云南的一段时间，朋友相聚，他请不起吃饭，就烤几罐土茶，围着炭盆，大家一谈就谈几个钟头。到颇有点"寒夜客来茶当酒"的儒雅之风。

老舍谢世后，他夫人胡絜青仍十分关注和支持茶馆行业的发展。1983年5月，北京个体茶室"泰山庄"开业，她手书茶联："尘滤一时净，清风两腋生"相赠，还亲自上门祝贺。

（阮浩耕）

（二六）赵朴初

赵朴初（1907～2000），字开翁。安徽太湖县人。著名诗人、书法家、社会活动家、杰出的爱国宗教领袖。曾任中国佛教协会会长、全国政协副主席、中华诗词学会名誉会长。

朴老家乡太湖产茶，自唐以来，就享有盛名，他曾有诗赞曰：

深情细味故乡茶，莫道云踪不忆家。

品遍锡兰和宇治，清芬独赏我天华。

这"天华"就是太湖的历史名茶"天华谷尖"茶。天喻山之高，华为物之精，谷地茶芽，又合谷雨时令。朴老说他虽云踪在外，对故乡茶却一直深情不移，遍尝锡兰（斯里兰卡）的红茶和日本宇治的玉露茶，总觉不如家乡天华谷尖清芬独具。

朴老终究是个诗人，他把自己爱茶品茶的情怀，对茶道精神的参悟，以至他所参与的茶事活动，都借诗词歌咏来抒发。

一是以茶说禅。1998年10月，首届茶与中国文化展示周在北京举行，朴老题诗一首：

七碗受至味，一壶得真趣。

空持百千偈，不如吃茶去。

"七碗"典出卢仝《走笔谢孟谏议寄新茶》诗，"吃茶去"为赵州从谂禅师机锋语。欲品茶悟禅者，不必空持百千偈，也不要期望七碗茶的至味，禅悟恰在一壶茶的闲适真趣中。次年秋天，中华茶人联谊会成立，朴老从医院寄来贺诗：

不羡荆卿游酒人，饮中何物比茶清？

相酬七碗风生腋，共吸千江月照心。

梦断赵州禅杖举，诗留坡老乳花新。

茶经广涉无人学，端赖群贤仔细论。

"诗留坡老乳花新"句出苏轼《送南屏谦师》诗，诗中有云："天台乳花世不见，玉川风腋今安有？东坡有意续茶经，会使老谦名不朽。"朴老寄语茶界群贤，要再举禅杖，深入研究茶经。

二是促进中外交流。1986 年 10 月，中国茶叶进出口公司编辑出版《中国——茶的故乡》大型画册，这是一件大大有利于中外茶文化交流的好事，画册的主事者黄国光先生请朴老题词。朴老欣然吟诗一首并亲手书录相赠。诗云：

东瀛玉露甘清香，楞伽紫茸南方良。

茶经昔读今茶史，欲唤天涯认故乡。

朴老诗借画册而传至五洲，可喜的是如今东瀛日本、南邻斯里兰卡（古称楞伽）均已认同中国是茶的故乡。

朴老在促进中日两国茶文化交流上，有更大贡献。1973 年暮春，朴老赴日本京都清水寺访大西良庆长老，长老以所绘团扇见赠，题句云："凭君清赏似仙家。"朴老有《贺大西良庆长老白寿》诗。此年长老 99 岁，"百"尚差一，故称"白寿"。9 年后，1982 年朴老再度赴清水寺，祝贺大西良长老"茶寿"。清水寺赠朴老一木茶盘为纪念，上刻长老手书"吃茶去"三字。朴老有《汉俳五首》，其二、四两首为：

茶话又欣同，深感多情百八翁，一席坐春风。

惠我以汤盘，历历孤明一字禅，将心与汝安。

这段佳话将永载中日茶文化交流史册。

三是老来更爱茶。1989 年 6 月，朴老有一首题为《与述之兄晤聚于方行、辛南伉俪家，谈笑竟日，述兄以故乡新茶相赠，漫成一绝，以博一笑》的诗，诗云："相逢白首老娃娃，前进终输历史车。阅世但当开口笑，举杯相劝太湖茶。"是年朴老已 82 岁高龄，白发皓首，品家乡茶，谈笑竟日，乐观阅世。1998 年春朴老因病住院期间有《浣溪沙·病室偶占》一首：

斗室回旋地有余。一壶苦茗半床书。窗前万绿炫明珠。

周匝群楼连碧落，昔时高塔变侏儒（近处天主教堂有双塔）。

信知来者胜今吾。

"一壶苦茗半床书"，活现朴老在生命最后两年间的恬淡日子。1999 年 4 月，朴老作《老人何所好》两首：

老人何所好？陈醋与新茶。

陈醋助饱食，百忧驱海涯。

新茶盪心胸，文思发奇葩。

……

北友许我醋，南友许我茶。

不嫌酸与苦，洋洋乐有加。

老人何所好？偏好线装书。

轻软便携持，卧榻或行舆。

……

莫嗤老腐儒，平生惯挨骂。

待君老之至，便知非笑话。

茶与书，老人所好。这是一个诗家茶人在生命最后时刻的心迹。

启功先生评述过朴老的诗"庄者足以通禅，谐者可以风世"。朴老的茶诗正是如此，诗人在闽游途中所作《御茶园饮茶》，诙谐幽默，妙趣横生：

云窝访茶洞，洞在仙人去。

今来御茶园，树亡存茶艺。

炭炉瓦罐烹清泉，茶壶中坐杯环旋。

茶注杯杯周复始，三遍注满供群贤。

饮茶之道亦宜会，闻香玩色后赏味。

一杯二杯七八杯，百杯痛饮莫辞醉。

我知醉酒不知茶，茶醉亦如酒醉耶？

只道茶能醒心目，那能朱碧乱空花？

饱看奇峰饱看水，饱领友情无穷已。

祝我茶寿饱饮茶，半醒半醉回家里。

朴老的茶诗是当代茶文化的瑰宝，他为茶文化所作出的建树，为当代茶文化史写下了浓重的一笔。

（阮浩耕）

茶 经 济 篇

一、茶产业经济概述

(一) 茶产业与茶产业经济的内涵

1. 茶产业与茶产业经济

茶产业即茶业,是指从事与茶有关的经营活动的总和,包括与茶有关的生产、流通、服务、文化、教育等各个方面。我国著名茶叶专家陈椽教授指出:"业于茶园生产者,叫农茶;业于茶厂制茶者,叫工茶;业于茶叶流通者,叫商茶。农茶、工茶、运茶、商茶四者一体化,称之为茶业。"李道和认为茶产业(Tea industry)可以定义为围绕茶叶类产品进行生产、加工、销售、贸易、消费等产前、产中、产后三个领域各部门所形成的经济集合体。

结合当代的产业经济理论对产业的定义和专家学者对茶产业的定义,茶产业经济是指以茶叶为核心的茶叶生产、交换、分配、消费等和由此产生的各种经济活动的总和,具体包括茶叶生产经济、流通经济、国内外贸易等活动。从现代产业经济体系来看,茶产业经济是包括茶叶生产、加工、运输、营销、科研教育、行业管理组织等组成的一个完整的产业经济体系。

2. 茶产业经济研究的内容

茶产业经济学是研究茶产业经济活动的运行及其运行过程中所产生的经济规律的学科,是茶学、经济学和管理学的交叉学科。结合现代产业经济学研究对象的内容来看,茶产业经济研究的内容主要是茶产业布局、产业结构以及茶产业市场结构、市场行为与市场绩效等。

茶产业布局指茶产业内的经济组织、生产要素与生产力在地域上的空间分布和组合。在社会化大生产条件下,合理的茶产业布局不仅有利于发挥各产区的地域比较优势,而且有利于取得较好的综合效益。

茶产业结构指茶产业各部门以及产业部门内部的构成和它们之间质的关系和量的比例。茶产业结构是否合理对整个茶产业的发展有着重大的影响,合理的茶产业结构有如下意义和作用:(1) 能扬长避短,发挥各方面的优势,实现茶叶资源的优化配置和有效利用;(2) 能促进茶叶生产和加工技术的不断进步及劳动生产率的不断提高。

茶叶市场结构是指茶产业内部买方和卖方的数量及其规模分布、产品差别的程度和新企业进入该行业的难易程度的综合状态。根据经济学理论,一般可以把茶叶市场结构分为完全竞争市场、垄断竞争市场、寡头垄断市场和完全垄断市场四种类型。茶产业的市场结构是茶叶企业的外部环境,决定了企业的生产经营和竞争策略,引导和约束企业的市场行为。

茶叶市场行为是指茶叶企业在市场上为实现其目标(如利润最大化、更高的市场占有率)而采取的适应市场要求不断调整其行为的行动。

茶叶市场绩效是指在一定的市场结构下通过一定的市场行为使茶产业在价格、产量、费用、利润、技术进步、产品质量和品种等方面所达到的现实状态。市场绩效反映了在特定的市场结构和市场行为条件下市场运行的效果,也表示最终实现经济活动目标的程度。

茶叶市场结构、市场行为和市场绩效之间相互作用、相互影响(图7－1)。茶叶市场结构对市场行为、市场行为对市场绩效的影响是主要的,而市场绩效对市场行为、市场行为对市场结构的影响是相对次要的。产业组织的合理化,意味着既要使各个市场经营主体获得较好的规模经济效益,又不因为规模的扩张导致垄断而丧失竞争活力,它依赖于市场结构的合理化、市场行为的合理化和产业组织的合理化。

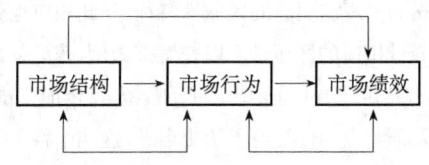

图7－1　市场结构、市场行为与市场绩效的关系

（姜爱芹　陈富桥）

（二）我国茶产业经济的历史演变

1. 古代茶产业经济(1840年以前)

我国是世界上最早发现和利用茶的国家,已有近5000年的历史。我国古代茶产业经济的发展大致经历了四个阶段:第一阶段是战国以前,茶的生产和消费流行于巴蜀地域,该地区成为我国最早的茶叶经济中心。第二阶段是秦、汉到南北朝阶段,本阶段茶的种植区域开始传播到长江中下游和南方,茶叶产地遍布宜茶的秦岭、淮河以南各省(区)。第三阶段是隋、唐、宋、元时期,是我国古代茶叶的兴盛阶段。史料记载"茶兴于唐而盛于宋",本阶段茶的消费层次扩展到庶民百姓,生产贸易中心转移到浙江、福建一带。隋朝是茶叶从局部消费、宫廷消费普及为社交饮料的转折点。唐代茶产业日益繁荣,茶的生产、流通、消费已形成相当规模。此时期开始茶才成为一种对中国社会和经济、文化有较大影响的产业。宋代茶产业经济不断发展,出现了专业茶农和官营茶园,生产规模进一步扩大。元代茶产业经济有明显的承宋启明的过渡性,名茶增多,饼散茶并行。第四阶段是明清时期,该时期是我国古代茶业继唐宋兴盛期后的继续发展时期。明清时期茶园种植面积,茶产量达到古代茶业历史上最高水平,茶叶种类除绿茶外,又出现了黑茶、红茶、青茶、白茶、黄茶等多种种类,花茶也有了很大的发展。茶类的发展开创了中国散茶的兴盛局面,这也为更广阔市场的开拓提供了前提。

2. 近现代茶产业经济(1840～1949年)

这一阶段总体上是我国茶叶经济从兴盛走向衰落的时期。19世纪初中国茶叶占世界茶叶消费量的96%,到19世纪60年代华茶占国际市场上全部茶叶的90%,处于绝对统治地位,随后就很快衰落下来,出口贸易基本由资本主义列强所垄断。

鸦片战争以前的前清时期,清政府对茶叶采、制业主和茶商实行自由经营政策,茶叶市场遍布全国,并出口到欧美、中东、俄罗斯等地。各地茶叶加工业初具规模,出现了湖北羊楼洞茶厂、福建建阳、崇安茶厂等全国著名的茶叶企业。清政府建立初期我国茶产业之所以能得到较快的发展和政府相对开放的茶产业政策不无关系。清政府取消了古代封建社会沿袭已久的"榷茶"制度,这是我国茶产业发展史上政府对茶叶政策的一次历史性变化,从而使茶产业的发展摆脱了制度环境的约束,为产业组织提供了自由发展的空间。产业内部出现了分工,产业的组织规模渐趋扩大。产业组织结构中产生了专门从事原料采集和原料精制加工的产业组织,部分商业资本开始流向茶产业的实业投资。一些商业组织开辟茶园、兴办茶厂,此后出现了一些资本主义性质的、规模化生产的雇工企业。

1840年鸦片战争后进入晚清时期,茶叶出口仍在增加,但洋行取代了中国的茶叶商行,外商直接进入产区开厂,基本控制了我国的茶叶产业。这些因素使得当时茶产业发展步入衰落境地。清光绪末年后国内连年战争,政府苛政重税,茶农辛苦利微,茶园荒芜,茶叶品质下降,竞争实力日衰。1912年民国政府成立,政府农商部在各产茶省建立茶叶改良场;1935年前后又由全国经委农业处拨款,在皖、赣、浙、闽、湘、鄂等产茶省整建改良茶场,1937年5月成立中国茶叶公司,其目的是"便于有系统有计划地改进茶叶的产、制、运、销和扩大对外直接贸易,以加强中央和各省之间、政府和茶商之间的合作,以求茶叶之复兴"。1938 年 6 月《财政部贸易委员会管理全国出口茶叶办法大纲》颁布,对茶叶实行统购统销。1944 年政府取消茶叶统购统销政策。为拓展海外市场,政府曾派员在非洲摩洛哥设立经理处,积极推销外销绿茶,但因抗战影响,对非洲贸易被迫中断。在民国时期,我国茶叶总的外销量及占世界出口总量的比例呈下降趋势,究其原因既有外在因素,即当时印度、斯里兰卡等新兴产茶国家相继崛起,大量采用先进管理与机械制茶,成本较低,在国际市场上具较强的竞争力,迫使华茶在国际贸易中趋于不利地位;内在原因是连年战争,经济萧条,茶园荒芜,茶叶生产岌岌可危,一落千丈,1949 年茶叶总产量只有 4.1 万吨,出口量仅为 0.9 万吨。

3. 当代茶产业经济(1949 年至今)

新中国成立以来,特别是改革开放以来,我国茶产业经济迅速发展,产业规模不断扩大,取得了巨大成就。本阶段茶叶出口数量和金额屡创新高,重新成为世界茶叶大国。而在国内,茶叶内销量也不断扩大,茶叶消费呈现多元化趋势。新中国的茶叶生产经历了不同的发展阶段。对此,不同专家有不同的时期划分,有的将其划分为快速扩张期(1949～1969 年)、稳定发展期(1970～1979 年)、效益提升期(1980～2002 年)和产业提升期(2003 年至今)等 4 个发展阶段。也有学者将快速扩张期与稳定发展期合并划分为以下三个发展阶段:

第一阶段:以茶园面积快速扩张为主的发展期(1949～1978 年)。这一时期较多地垦殖荒山和荒地,开辟新茶园,茶园面积快速增加,此阶段茶叶总产量的增加主要依靠茶园面积的扩大。第二阶段:稳定发展期(1979～1999 年)。这一时期茶园面积保持稳定,茶叶产量则提高较快,这一时期的主要特点是茶叶生产的发展从以依赖扩大种植面积为主转向了以增加茶园生产力为主。第三阶段:效益提升和产业化发展期(2000 年至今)。此阶段的特点是茶园面积、茶叶总产量和单产均全面发展,这一时期涉及茶产业的政策没有太大的变化,可以认为单产和总产的提高主要得益于科技的进步。

(姜爱芹)

二、茶叶生产与供给

(一)茶叶生产的特点

1. 生产的区域性

茶叶生产对自然条件要求极为苛刻,不同的茶类又因其特殊品质对茶树品种有不同的要求,因此茶叶产区分布呈现出明显的区域性特征,与此相应也就具有了茶叶供应的区域性。以普洱茶为例,普洱茶是一个具有特定地域特征、特定种质资源、特定加工技艺、特定品质特点的传统特色历史名茶,这四个特定决定了"普洱茶"不是任何地方都可以生产的,其原产地域性和传统技艺是无法替代的。我国其他名优茶的生产都有一定的区域性,例如西湖龙井、安溪铁观音等。茶叶生产的区域性特征是我国特色茶产区形成和发展的主要原因,传统的特色茶区如新昌的大佛龙井产区,安吉白茶产区,安溪的乌龙茶区,云南的普洱茶区等等,近年快速发展起来的新茶区如山东日照茶区、陕西午子茶区及湖南、云南、广西等地的新茶区等。

2. 生产的季节性

茶树是经济作物,茶叶(鲜叶)的生产必须与一定的自然、气候条件相结合,每次采摘后必须经过若干时间的生长才能再次采摘,同时由于外部环境的变化,鲜叶的产量也不稳定,因而具有明显的季节性。此外,不同季节产出的茶鲜叶品质也不相同。就鲜叶而言,春季所产茶鲜叶质量最佳,因为经过一个冬季生长,使得叶芽肥厚、内含物丰富,有利于成茶的品质;夏季所产茶鲜叶质量最差,因为夏季温度高,茶叶生长快,叶片较薄,不利于茶叶高品质成分积累;秋季所产鲜叶品质介于春、夏茶之间,秋季日照较强,雨水较少,对夹叶增多,正常芽少,叶薄质硬,制成干茶品质一般,略优于夏茶。鲜叶的季节性差异制成的茶,对品质具有明显的影响。以红茶和绿茶为例:春茶做成红茶,乌亮油润,叶底红匀;做成绿茶,色泽绿润,叶底绿匀,汤色绿亮。夏茶制作红茶,汤色尚红亮,滋味尚浓厚;但制作成绿茶则香淡味苦,色泽青绿带暗。秋茶制作红茶汤色尚可;做成绿茶则青绿不匀,汤色浅暗。

3. 生产的资产专用性

茶产业中茶园经营、初制加工和精制加工等环节都存在不同程度的生产的资产专用性。在茶园经营中主要表现在茶树培植过程中场地的专用性。茶叶经营者一旦选择种植茶叶,如要改变种植结构和生产方式就会面临一系列的沉淀成本,这种资产投入的专用性降低了经营者按照市场反映调整生产的灵活性。初制茶叶加工同样存在生产设备专用性和场地专用性问题。由于设备专用性和鲜叶生产季节较短等特点,加工设备的闲置率很高。初制加工企业的原料是茶鲜叶,而鲜叶不宜长距离运输,这决定初制厂一般依茶园而建,所以初制加工企业也会面临场地专用性带来的原料供给风险。茶叶生产设备在不同茶类之间有一定的通用性,对茶叶生产经营主体来说,实行茶类的多元化经营,有利于提高生产性设备的利用率。由于茶叶生产设备的通用性,使得茶叶生产结构调整较为容易,从而能起到平抑茶类供需结构性失衡的作用。

4. 供给的滞后性与波动性

在供给方面茶园投入和采摘期之间一般有3~5年的时间间隔,因此茶叶供给对市场的反映有一定的滞后性。另外,由于茶叶生产受自然、气候等外部影响较大,每年的总供给量也会因外部因素的影响有一定的波动性。按照经济学的蛛网理论,茶叶供给的滞后性与波动性常会使茶叶市场供需产生蛛网波动。但由于茶叶生产过程中资产的投入具有专用性,加之土地等要素在产茶区的机会成本较低,因此,一旦种植并经几年培育以后,即使茶叶价格较投入初期跌幅很大,投资者也很少改变资产用途。80年代以前的近十多年中,由于茶园面积持续发展,在1984年曾出现"卖茶难"现象,并导致部分茶园改作他用,但茶园改变用途的数量仍是十分有限的,而是以荒芜和弃管较多。

5. 茶叶产品品质周期内的不均衡性

茶叶生产不仅与气候、地理条件和种质资源有关,还与茶叶加工者的经验和加工技术有关。产品品质均一对于工业品来说很容易实现,但对于茶叶产品而言,其生产的季节性、地域性使其产品品质存在先天的差异,产品初制加工过程中加工者技术水平的差异及茶叶标准化生产推广的难度,又使得茶叶品质的均一性失去了一定程度的技术保障,同时茶叶商品在销售过程中也很难保持一年四季的均质性,其品质随存放时间的延长逐渐下降(个别品种茶类例外,如普洱茶,如存放得法,在一定时期内还可越陈越香),这些因素的存在使得茶叶在一个生产周期内的品质难以保持均一。鲜叶原料情况、气候状况、工艺得当与否等因素,都会独立地对茶叶产品的某一品质因子产生深刻的影响。因此,即使是同一质量等级的茶叶,其品质因子也会存在较大差异性,反映出品质的不均匀性特点。

(姜爱芹 陈富桥)

(二)影响茶叶供给的主要因素

1. 生产要素投入的数量与质量

生产要素是在茶叶生产过程中必须投入的各种基本要素的总称,主要包括以土地和水为代表的自然资源、以化肥和农药为代表的生产资料以及劳动力、资本等。生产要素的投入规模、要素价格变化会影响茶叶生产成本,进而影响茶叶的产出水平。一般而言,生产要素价格越高,相应的茶叶生产成本越高,生产者利润减少,从而导致茶叶供给量的减少。而生产要素投入规模的变化不仅直接影响茶叶生产成本,也会带来规模经济效应,对不同的茶叶生产者而言,茶叶产出水平的影响结果不一样。通常情况下,增加生产要素的投入量,相应地会带来茶叶供给量的增加,如当代茶产业经济发展的第一个阶段(1949~1978年)茶叶供给量由4.10万吨增加到26.8万吨在一定程度上是依靠土地要素的投入,在这一阶段较多地垦殖荒山和荒地开辟新茶园,茶园面积快速增加,从15.47万公顷增长到了104.80万公顷,年平均增长率达到6.82%。

除了要素的投入数量对茶叶供给产生影响外,要素的质量(如科技进步带来的生产技术与设备改进、管理水平提高等)也会影响茶叶的供给量。茶叶生产加工技术和管理水平的改进,会提高生产效率,降低生产成本,增加生产者的利润,从而导致茶叶供给量的增加。

2. 销售价格

价格是引导和调节茶叶市场的重要机制。一般来说,茶叶价格越高生产者愿意提供的产量就越大。但是价格的提高只能在一定范围之内促进茶叶供给量的增加,因为过高的茶叶价格会减少市场消费需求,打破市场的供求平衡,出现供过于求的市场非均衡状态,最终使茶叶价格下降。此时,生产者将不再愿意提供更多的产量,甚至减少茶叶生产。

价格对供给量的影响程度与价格供给弹性有关。通常来说,茶叶价格供给弹性越高,茶叶销售价格的提升带来的产量增幅越大。以名优茶为例,近年来因为国内市场名优茶价格和需求的上升,国内市场上名优茶的供给价格弹性一直较高,各茶区开发生产名优茶的势头较旺。

相关产品的价格对茶叶供给也将产生间接影响。相关产品主要包括茶叶的替代产品和竞争产品。相关产品的价格变化会改变商品间的相对价格,使生产者改变生产经营决策,导致该商品供给发生变化。如果茶叶替代产品和竞争产品的价格上涨,茶叶价格保持不变,即茶叶相对其替代品的相对价格下降,此时一些茶叶生产者会减少茶叶生产,而转向生产茶叶替代品,相应的茶叶供给减少。例如农民会比较种植咖啡与茶叶或其他作物的收入,如果咖啡的价格上涨了,茶叶的价格不变,一些茶叶生产者会转向生产咖啡,茶叶的供给必然减少。

3. 产业政策

茶产业政策是政府指导茶产业健康发展的所有方针、法律法规、具体措施的总和,包括各级政府出台的扶持农业、食品加工业和流通业的政策。茶产业政策主要包括产业结构政策、产业协调政策和产业技术政策。产业结构政策的内容是确定产业构成、产业的分类、产业的相互关系、产业的发展系列及其具体的结构合理化政策;产业协调政策的内容是指国家为使宏观调控与市场机制得以协调和相互补充而采取的组织形式、手段和策略;产业技术政策包括两个方面,其一是为了实现产业结构合理化而采取的技术政策,其二是为了促进技术进步而采取的技术政策。

近些年来,国家和茶叶主产地的各级地方政府都出台了一系列的茶产业相关政策。这些产业政策的出台都为茶产业的发展提供了强有力的制度保障。比如,2009年5月,农业部办公厅发布了全国茶叶重点区域发展规划(2009~2015年)。该规划要求充分发挥产品和区域优势,建立多元化投入机制,着力推动产业升级,带动和促进全国茶叶产业的可持续发展;安徽省决定从2009年起在全省组织实施茶产业"241"振兴工程,即力争用5年时间,新开辟茶园20万亩,并将无性系良种茶园在安徽省的比重提高到40%,以使安徽茶农年人均茶叶收入翻1番;浙江省人民政府2007年实施了《关于加快发展农业主导产业推进现代农业建设的若干意见》,《意见》中明确将茶叶作为浙江省十大农业主导产业,实施"浙江绿茶全球化推广工程",全力打造"浙江绿茶"品牌。优化改造茶厂和茶园,推进茶树无性良种化、茶叶采制机械化,全面推行QS认证,着力构建世界绿茶生产、加工、贸易和文化中心;湖南省为加快茶产业发展,2006年出台专门文件要求要以发展名优茶、绿茶、有机茶及出口品牌茶为重点,优化区域布局,培育和壮大龙头企业和产业基地,加快机制创新和科技创新,提升产业整体素质,提高茶叶整体品质,增强市场竞争力,促进茶叶产业持续、健康发展。

(姜爱芹)

(三)茶叶种植面积与产量

1949年我国茶园面积为15.5万公顷,而到2009年我国茶叶总种植面积已经达到了184.9万公顷,采摘面积达到138万公顷。从产量来看,1949年茶叶(干毛茶)产量仅为4.1万吨,而到2009年茶叶(干毛茶)总产量达到135.9万吨,占世界总产量的31%。从近年来的趋势看,总体上我国茶叶生产面积和产量均呈现平稳增长的态势(图7-2),由于受国内茶叶消费量不断提高的驱动,从2004年开始全国茶叶生产增长速度相对较快。

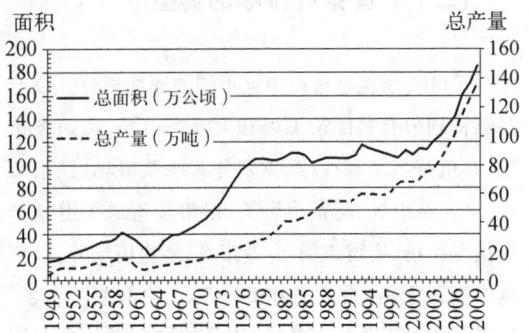

图 7-2 我国茶叶生产面积与产量变化趋势

资料来源：中国统计年鉴、产业经济研究室数据库

（姜爱芹）

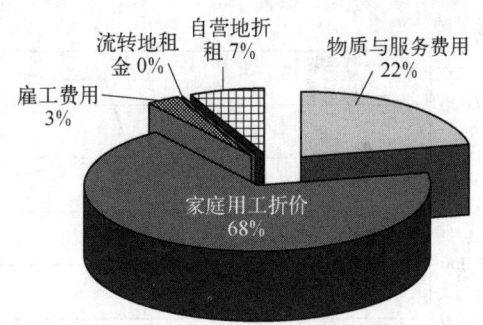

图 7-3 红毛茶生产成本构成

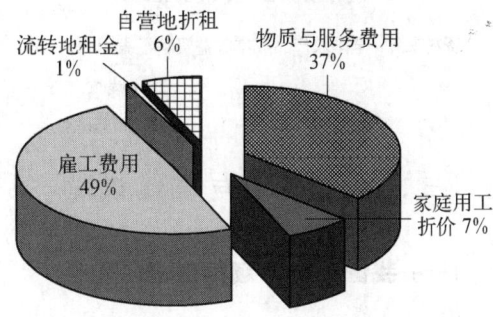

图 7-4 绿毛茶生产成本构成

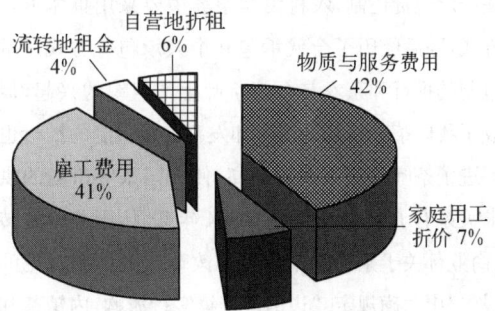

图 7-5 乌龙茶生产成本构成

（四）茶叶生产成本构成与变化

1. 生产总成本的构成

茶叶生产成本指茶叶企业为生产茶叶而发生的生产费用总和。茶叶生产总成本主要包括生产成本和土地成本，其中生产成本包括物质与服务投入和人工成本。我国茶叶生产中不同茶类的成本构成有着明显的差异。就人工成本而言，红毛茶的生产中人工成本占到71％，绿毛茶人工成本占到56％，乌龙茶生产中人工成本为48％。其中绿毛茶雇工费用最高，为49％，乌龙茶雇工费用为41％，红毛茶最少，仅为3％（表7-1，图7-3、7-4、7-5）。

表 7-1 每亩茶园的生产成本（2007 年）单位：元

成本构成	红毛茶	绿毛茶	乌龙茶
总成本	847.26	1428.04	1211.17
生产成本	787.45	1332.75	1095.14
物质与服务费用	183.66	536.38	511.46
人工成本	603.79	796.37	583.68
家庭用工折价	575.4	94.81	87.89
雇工费用	28.39	701.56	495.79
土地成本	59.81	95.29	116.03
流转地租金	2.65	10.85	40.28
自营地折租	57.16	84.44	75.75

资料来源：全国农产品成本收益资料汇编（2008）

2. 生产成本的变化趋势

近年我国茶叶的生产成本总体有不断提高的趋势（图7-6），其中2004年以来绿毛茶生产成本增速尤为显著，到2007年绿毛茶每吨的生产成本已经高达23000元。出现成本不断上升的主要原因是生产要素价格的拉动，其中最主要的是劳动工资和化肥价格的迅速提高。以劳动工资为例，近几年大量农村劳动力转移到城市和外出务工，茶叶采制劳动力异常缺乏，采摘加工成本上升，直接导致茶叶生产成本增加。

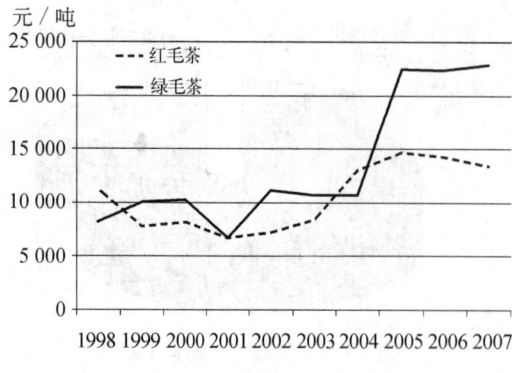

图 7-6 茶叶生产成本变化趋势

资料来源：全国农产品成本收益资料汇编 1998～2007

（陈富桥）

三、茶叶市场与流通渠道

（一）我国茶叶市场的形成

20 世纪 80 年代初我国在广大农村推行了家庭联产承包责任制,农村集体茶场主要采用集体承包方式,随后经历了合伙承包和个人承包等方式。承包制的推行和茶农与乡镇茶叶生产组织的兴起,促成了我国茶叶市场的诞生和发育。承包制的推行也促进了茶叶生产效率的提高,使我国茶叶市场的供求关系有了根本的变化。1984 年 6 月,国务院批转《商业部关于茶叶购销政策和改革流通体制意见的报告》中明确规定:"边销茶继续实行派购,内销茶和出口茶彻底放开,实行议购议销,按经济区划组织多渠道流通和开放式市场,把经营搞活,扩大茶叶销售,促进茶叶生产继续发展。"文件颁布以后,茶叶流通领域开始允许国营、集体、个体商业及茶农经营茶叶,茶叶原料收购和加工逐渐引入了市场机制,市场逐渐取代政府成为配置资源的"看不见的手"。多渠道、少环节的开放式市场逐渐形成,地区分割、条块分割逐渐打破,出现了茶叶原料生产、加工利益主体多元化的格局,国内以传统城乡集贸市场为基础、以批发市场为中心、以收购市场和零售市场为补充的"自由交易"的多渠道的茶叶市场体系初步形成。

（胡洪力）

（二）我国茶叶市场的类型

茶叶市场类型可以根据不同的属性划分。以产品结构划分有名优茶市场和大宗茶市场、边销茶市场、有机茶市场等;以茶类划分有绿茶市场、红茶市场、乌龙茶市场、花茶市场等;以市场流通渠道划分有批发市场、集贸市场、专业市场、零售市场等;以市场区域划分有:北方茶叶市场、东南沿海茶叶市场、边疆少数民族茶叶市场;以市场的国际性划分有国内和国际茶叶市场。

1. 按产品结构划分

随着社会对茶叶需求的多样化,茶叶生产者提供了丰富多样的茶叶产品。这些茶类产品的出现拓宽了茶叶产品线,形成了一个不断完善的茶产品市场。从产品结构分主要包括以下四类市场:

（1）名优茶市场

名优茶指具有一定知名度并为大家公认的优质茶叶,一般是名茶和优质茶的统称,通常具有独特的外形和优异的色香味品质特征。名优茶根据生产时期,可划分为历史名茶、恢复的历史名茶及创新名茶等三个大类。历史名茶是指历史上产生,至今仍在生产的一类名茶,如西湖龙井、黄山毛峰等;恢复性历史名茶,是指曾经一度失传,后经研究恢复的名茶,如浙江长兴的紫笋茶等;创新名茶是指 1984 年后研究开发的名茶产品,如浙江的大佛龙井、安吉白茶等。近几年来,由于人们生活水平的提高和购买力的增强,名优茶持续升温,高速发展。2007 年全国名优茶市场供给量达 43.5 万吨,比 1991 年的 2.7 万吨增加了 15 倍,名优茶市场规模约 240 亿元,比 1991 年的 7.8 亿元增加了近 30 倍;名优茶市场供给比重由 5% 上升到 38.2%,产值比重由 21% 上升到 80%。

（2）大宗茶市场

大宗茶一般指同质化程度比较高、大批量生产加工的中低档茶。目前国内茶叶市场已形成以名优茶为主、大宗茶为辅的格局。大宗茶存在供给弹性大、需求弹性小的特点,相当长时间内都处于供大于求的状态,虽然大宗茶产量大、覆盖面广,涉及的茶农人数多,但大宗茶销售价格偏低,加上名优茶的冲击导致经济效益持续低下,国内市场正在不断萎缩,目前大宗茶市场以出口市场为主。

（3）有机茶市场

有机茶是在没有受到污染的环境中生长,在种植过程中不使用人工合成的化学肥料、农药及植物生长调节剂,并经有机茶认证机构认证,许可使用有机茶标志的产品。随着生活水平的提高和消费观念的转变,有机茶在国际市场上渐成时尚,尤其在发达国家市场需求量很大,发展有机茶具有巨大的潜在的国内市场与国际市场空间。

（4）边销茶市场

边销茶又叫边茶或专供茶,主要销往边疆少数民族地区。边销茶是边疆少数民族地区少数民族同胞的生活必需品,也是事关民族团结和边疆地区社会稳定的民贸产品。随着国家政策的不断调整,国务院和原国家经贸委等相关部委调整了相关的定点生产企业,现有 7 个省市 26 家定点生产边销茶企业。在销区曾实行定点批发,并建立了销售网络,极大地方便了牧民的生活。为确保边销茶生产供应,国家还建立了边销茶的储备制度。

2. 按茶类与区域消费特征划分

我国茶叶种类众多,对茶类的划分可以有多种方法,最常用的分类方法是根据制作方法不同,将茶叶分为绿茶、红茶、乌龙茶(青茶)、白茶、黄茶和黑茶六大类。同时由于我国幅员辽阔,各地区人民生活习惯不一,饮茶的习惯和爱好也有所不同。一般说来,北方(华北、东北、西北)茶叶市场以绿茶和花茶为主,东南沿海茶叶市场以乌龙茶为主,边疆少数民族茶叶市场以黑茶为主。

3. 按茶叶流通渠道划分

（1）集贸市场

集贸市场是我国目前数量最大、分布范围最广的交易市场形式,它发挥着产地收购市场、产地和销地批发市场以及销地零售市场的部分功能。在产区茶叶主要靠集贸市场交易。集贸市场交易数量较

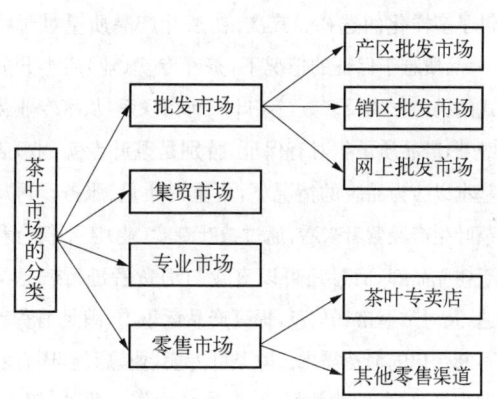

图 7-7　茶叶流通市场分类

小,一般仅限于当地居民消费,因而价格较低。因此,常有一些茶叶商贩到一些产地集贸市场收购茶叶,以进行贩卖或营销。在城镇和农村地区,集贸市场是供应茶叶的主要渠道。

（2）批发市场

为了适应我国茶叶市场变化的需要,国内已经形成比较完善的茶产业批发市场网络。由于茶叶批发市场具有产品集散、价格形成、信息中心以及调节供求等经济功能,并且具有流通费用低、效率高的特点,适应我国茶叶市场化发展的要求。随着我国茶叶批发市场不断发展,批发市场的交易条件、交易方式、辐射范围都得到了改善和提高。到 2006 年年底,我国已经建有各种茶叶批发市场大约 200 多家(100 个商铺以上的),成交额 100 亿元,成交量超过国内茶叶销售总量的 60%(吴锡端,2006)。进入2008 年,新近投入使用的茶叶批发市场,无论在投入资金、市场规划、市场规模、市场设施,都有了较大发展。依据市场的功能划分,我国茶叶批发市场可以分成产区批发市场、销区批发市场及网上交易市场。

（3）茶叶零售市场

目前我国茶叶零售市场主要包括茶叶专卖(业)店及专卖店外的其他零售渠道。茶叶专卖(业)店是我国茶叶零售市场的生力军,已经成为消费者购买中高档茶叶和生产者推销茶叶的理想场所。茶叶专卖(业)店之所以能受到生产经营者和消费者的信赖主要是因为:首先,专卖(业)店由于只经营茶叶产品,相对来说茶叶的种类等级较为丰富,给消费者提

供了多样化的选择。其次,在茶叶产品质量难于统一,品质难于保证的情况下,茶叶专卖(业)店半开放式的销售方式及多数与茶叶产地相联系,从事专业化经营,产品质量相对有保证,特别是茶叶专卖(业)店基本以店为品牌的情况下,更重视质量、服务。再从茶叶生产经营者来看,通过茶叶专卖(业)店不仅有利于树立品牌,而且还可以直接与消费者进行信息沟通,及时掌握市场信息,提高产品竞争力,满足消费者不断变化的消费需求。除茶叶专卖(业)店外,还有农贸市场、综合性购物场所、百货公司等。此外,超市、便利店等新型零售形式的迅速发展也增加了茶叶的销售渠道,方便了消费者的购买,促进了茶叶的销售。茶叶网上交易是茶叶零售的一种新兴方式,但相对缺乏一定的规范性。另外,茶馆等茶叶消费场所在茶叶零售,在拉动茶叶消费方面的作用也不容小视。据中国茶叶流通协会的调查,全国各类茶艺馆、茶楼、茶坊等公共饮茶场所达5万家以上,这些消费场所,不仅能够消费、零售部分茶叶,而且通过对茶文化的宣传、推广,对茶叶消费市场的扩大起到了推动作用。

(4)茶叶专业化市场

近年来,随着名优茶生产和市场需求的增加,以名优茶为主要交易对象的茶叶专业市场应运而生。

目前,地方名优茶主要通过茶叶专业交易市场方式进入市场。专业茶叶市场的形成进一步促进了茶叶流通,表现在:首先,专业茶叶市场的形成给茶叶生产厂家和茶叶企业集团提供了产销见面的直接机会,寻求到了厂家经营部、分销商、厂家办事处的最佳契合点。其次,专业茶叶市场的形成给消费者、消费团体提供了质优价廉、品种齐全的茶叶、茶具、茶点,使消费者拥有了前所未有的选择空间。第三,专业茶叶市场批零并举、批零一价,改变了以往卖方市场上,商家制定零售价格不合理、不按质论价或质次价高等现象。

(姜爱芹　胡洪力)

(三)我国茶叶流通渠道

1. 流通体制改革前茶叶市场流通渠道

20世纪50年代中期至80年代中期,我国茶叶生产、流通和分配是在统一的计划下进行的。1984年以前,流通渠道基本是国营商业和供销社渠道(图7-8)。1957年、1965年、1980年国营商业和供销社占流通的比重分别是98.2%、98.0%、97.7%,而外贸则长期由外贸专业公司独家经营。

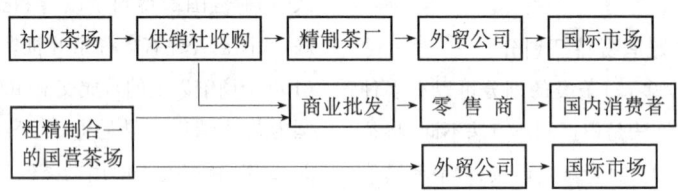

图7-8　茶叶流通体制改革前茶叶市场流通渠道

2. 流通体制改革后茶叶市场流通渠道

20世纪80年代中期,我国茶叶流通体制改革后,内销茶交易方式日趋多样化。现阶段内销茶的基本流通渠道与市场流通主体的经济活动类型基本对应,有以下几种类型:

(1)茶叶生产者—消费者。这是销售茶叶最简单、最短的渠道,是由茶叶生产者把茶叶产品直接出售给消费者,而不经过任何中间环节,没有中间商参与。

(2)茶叶生产者—批发市场—消费者。这种渠道模式是茶叶生产者把茶叶产品供给批发市场(产地或销区),由批发市场将茶叶转卖给消费者。茶叶生产者自己在批发市场设立专柜或窗口,也属于该种类型。

(3)茶叶生产者—渠道商—消费者。这种渠道模式是渠道商在茶叶产区与生产者合作,建立生产基地,然后将茶叶供应给消费者。这种渠道模式尽管长度与前一种相同,但渠道商对市场情况熟悉,更了解终端市场消费者的需求,而且一般比较熟悉茶叶知识,因此,产品开发更有针对性,是目前看来比较理想的一种渠道模式。目前活跃在大中城市的品牌茶叶专业店或专卖店，如天福、吴裕泰、张一元等都采用该种渠道模式。

（4）茶叶生产者—批发市场—零售商—消费者。这种销售渠道要经过批发市场和零售商两个环节，是茶叶生产者将茶叶卖到批发市场，批发市场通过挑选、分类、分装等茶叶商品活动，再供应给零售商。这种渠道对众多茶农、中小型生产厂家和小型零售商十分适用。茶农和中小型茶叶生产厂茶叶零星、分散，不便直接供应市场，小型零售商进货零星，不便直接从茶叶生产厂进货，都需要批发市场从中发挥作用。这样既能保证茶叶生产厂的生产顺利进行，又能保证零星茶叶商行要求种类齐全、小批量、多批次进货需求。但这种销售渠道太长，流通环节也较多，如果使用不当，就会增加流通费用。

在当前流通渠道中，各个流通主体之间是市场交易关系，同级交易主体是竞争关系。目前，地方名茶交易的主要途径还是茶叶交易市场。在我国不少地方尤其是产茶区都建有专业性的茶叶交易市场，而且呈进一步发展趋势。茶叶交易市场主要以地方名茶交易为主。交易市场的重要特点是，这种市场大多分布在茶叶生产或消费较集中的地区。茶叶交易市场的参与主体一般包括生产者、中间组织及茶庄等。但不同市场因其所处区域的特殊性，在交易主体结构上有一定的差别，产区市场中交易主体是数量较多、规模狭小的茶叶生产者和相对数量较少的茶叶收购商；而销区市场主体的结构特点是相对数量较少的茶叶批发经销商和众多、分散的茶叶零售商及茶庄等。尽管不少茶叶市场起初由当地政府或一些组织团体发起建立的，但近几年茶叶市场交易规模不断扩大，说明这种市场渠道制度安排有其内在的经济合理性。当然，外销大宗茶的原料很少采取这种茶叶市场进行交易。这主要是由外销大宗茶原料与名优茶供需主体的差异造成的。

3. 当前茶叶生产经营主体选择的渠道模式

（1）茶农选择的销售渠道

根据 2009 年国家茶叶产业技术体系产业经济研究室在浙江、云南、福建等 10 个茶叶主产省调查的资料显示，把茶叶卖给当地的龙头企业是目前茶农选择的最主要的茶叶销售方式，通过该方式的茶农户数占调查总数的 46.3%；排在第二位的销售方式是交给中间商，采用该方式的茶农占 20.3%；第三种方式是自己在当地农贸市场出售，占 11.8%；第四种方式通过专业合作社销售茶叶的占 6.4%。由此可见，茶农销售茶叶方式已经发生了根本性转变，各级龙头企业发挥了积极的作用，但传统的销售渠道（农贸市场）依然占据着较大的比例。

（2）茶叶生产加工企业选择的销售渠道

根据国家茶叶产业技术体系产业经济研究室2009 年的一项调查，目前中国茶叶企业的营销渠道选择行为有两个突出特点，一是倾向于自建渠道，有74% 的受访企业倾向于自建营销渠道和销售网络。二是多渠道并用，统计数据显示 65% 的企业采取的是多渠道的销售模式。初步分析，导致这两个特点的原因是经营观念和利益分配问题。目前茶叶零售环节被认为是利润最丰厚的环节，因此为了获得更多的销售利润，更多的企业必然选择自建销售网络或通过其他方式控制销售终端。

4. 我国茶叶流通渠道发展趋势

（1）品牌连锁店经营发展较快

近年来中国主要茶叶品牌企业加快了连锁销售扩张步伐，尤其是铁观音和普洱茶企业，都在抢占国内终端市场，使国内茶叶销售格局产生了深刻的变化。连锁经营品牌企业在一些茶叶主要消费城市的营销网点已经十分密集，例如福建安溪八马茶叶有限公司连锁店达 500 多家，北京老字号吴裕泰的连锁店已经超过 200 家，天福集团目前在中国大陆已经开设有 1012 家连锁店。

（2）销区茶叶批发市场出现衰退迹象

伴随茶叶品牌连锁店的迅速扩张，茶叶越来越向品牌和大户集中，导致在销区设点经销的茶叶店经营越来越困难，有的甚至已经关闭，而这些茶叶店多是销区茶叶批发市场的主要客户。另外，市场信息和物流的进步带来了产区茶叶批发市场的进一步繁荣，大的茶叶销售企业直接到产区采购茶叶，有的甚至在产区建立自己的生产基地，以减少茶叶原料贸易环节,降低生产经营成本。

(3) 流通主体多元化

基于价值链重构系统下的流通主体规模化、规范化、集团化,是今后流通主体的演变趋势,目前,茶叶流通参与主体正在面临以价值链重构为主题的大局面,每一个参与主体只能根据自己拥有的核心能力和关键资源,从事茶叶某一环节、某一时段的业务。任何主体必须融入某一价值链中才能生存发展。过去单个主体之间的竞争,已经变成了一个价值链与另一个价值链之间的竞争。新的茶叶流通主体将陆续出现。如茶叶交易中介机构(如茶叶经纪人等)、冷藏保鲜中介机构、运输中介机构等等。

(4) 流通体系现代化

流通体系现代化突出体现在:① 创新流通渠道。扶持和鼓励茶叶连锁经营,扶持区域性茶叶配送体系建设。② 茶叶批发市场的一体化与全球化。产地市场发挥货源组织和采购功能;销地市场发挥销售与市场信息功能;中央交易市场发挥茶产业全球交易及全球市场信息功能。在此基础上,实现三类市场的一体化。③ 交易方式、交易手段的现代化。实现现场交易与网上交易的结合,区域市场交易与远程交易的结合,现货交易与期货交易的结合,现货交易与拍卖、信用交易的结合,现货交易与综合采购的结合。④ 建立茶叶批发市场的管理体系。将茶叶市场体系纳入国家农产品市场体系,统一规划,制定有关政策,使之走上法制化发展轨道。

(5) 流通要素标准化、品牌化

基于标准化、品牌化的流通,不仅包括茶叶产品流通,而且还包括资本流通、货币流通、技术流通、土地流通、劳动力流通、产权流通等等。茶叶流通的标准化是在茶叶采摘、加工后按一定标准对茶叶进行处理,使之适合商场销售、储藏及消费。自2006年起,我国国内开始实施茶叶产品的市场准入许可制度,由各级技术监督部门组织开展审查和许可证发放(即 QS 认证)。这一举措为确保茶叶质量,尤其是产品卫生质量的稳定合格性,同时也为茶叶流通的品牌化提供了必要的保障。茶叶流通品牌化是茶叶市场竞争力不断增强的保证。

(姜爱芹)

四、茶叶消费需求

(一)茶叶消费的内涵

茶叶消费包括中间消费和直接消费。中间消费需求是指深加工企业或茶叶企业为了转售、进一步加工而产生的消费需求,茶叶深加工企业对茶叶的中间需求是从消费者对深加工茶叶产品的直接需求中派生出来的。直接消费是指消费者的生活消费需求,指为满足个人或群体对茶叶的物质生活需要与精神生活需要而使用、消耗茶叶产品的过程,即消费者由于直接品饮产生的对茶叶的消费需求。我们通常所说的茶叶消费是指狭义的消费即茶叶的直接消费需求。

(陈富桥)

(二)茶叶消费需求的特点

1. 层次性与文化性

人们的消费不仅是多种多样的,而且是不断发展变化的。这就是说消费不仅有多样性、差异性,而且有多变性、层次性和文化性。一般来说,茶叶消费分为三个层次,一是生存性消费,为满足生理需要,保证人的生命存在或延续所进行的消费,如边疆兄弟民族,由于气候和食物结构的原因,"不可一日无茶";二是享受性消费,喝茶代表一种生活休闲方式,例如老年人"泡茶馆"消遣作乐;三是发展性消费,即喝茶不再是为了生存和享受,而是为了丰富精神生活,提高自身的素质和修养。茶叶消费的这种多层次性对茶叶市场的发展,茶产业结构的升级起着重大推动作用。

茶产品消费有不同于其他商品的特殊之处,即茶及茶相关产品消费具有文化性。茶叶消费不仅仅是一种单纯的实物商品的消费,而且茶叶是人们思想文化的载体,成为人们之间表达情感的媒介,饮茶在一定程度上体现了人们的文化观念,既是"物质消费,也是文化消费"。饮茶,既能解渴和健身,又可用于陶冶情操、以茶养性、交朋结友和以茶养廉等目的。茶叶之所以成为国饮,这和茶叶文化作用不无关系。

2. 嗜好性与可替代性

对一般消费者而言，茶叶属于嗜好性饮品，所谓嗜好性，即通常说的"茶瘾"。嗜好性是茶叶消费的本质特性之一。饮茶者由于受多种因素的影响形成了对某茶类、某花色、某地域茶的偏好。但是，这种偏好不是绝对不能改变的，通常可用其他茶类替代或同花色不同质量的茶替代。嗜好性不是先天的，而是后天培育的结果，它亦会随时间和产品替代等市场环境变化而改变。例如 19 世纪 70 年代以前，世界茶叶消费以绿茶为主，而其后发生很大变化，现在国际茶叶贸易中红茶已占 80% 以上。另外，随着茶文化的不断普及，消费者对各种茶叶的认知度不断提高，对茶的消费亦会有所改变，各种茶类间的可替代性有所提高。尽管茶叶消费有可替代性，但是也不能否认，由于茶的色香味形和风格各异，对于某些消费者来说，在特定人文环境条件下形成的对某种风味茶的偏好很难替代。

3. 季节性与示范性

在我国，茶叶不仅仅是解渴的饮品，还与人际交往和养生保健等因素息息相关。因此，茶叶消费带有强烈的季节性和示范性。满足解渴需求时，一般夏天茶叶消费量较大；满足人际交往需求时，节假日消费量较多；满足养生保健需求时，夏季绿茶消费量大、秋季花茶消费量大等等。同时，与生产的季节性相对应，大多数时候茶叶生产季节的消费量会多于非生产季节。如绿茶消费以清明前的明前茶备受消费者青睐。受到消费季节性影响，我国茶叶市场每年一般会有两个购销高峰，一是 4、5、6 月，二是 10、11、12、1 月。随着茶叶贮藏保鲜技术的进步，茶叶消费的季节性特征会日趋淡化。

茶叶消费的示范性指茶叶消费者之间的消费习惯会相互影响。其原因有二：首先是因为大多数消费者对茶叶的了解程度不高。国家茶叶产业技术体系产业经济研究室在北京市场调查显示，一半左右的消费群体对茶叶仅是一般程度的了解，对产品的种植和加工过程关注不多，在受访者中了解茶叶生产加工过程的人不到 10%。因此，消费者购买茶叶的初衷除满足保健、解渴等生理需求外，消费的从众心理使他人的示范消费成为非常重要的影响因素；二是任何人的消费都不是孤立的个人行为，而是与其他人，与各个方面建立一定联系，发生一定关系的社会行为。茶叶消费除了受经济收入、供应数量、品种结构、价格等因素的影响外，还受到周围人们的消费观念、消费行为、消费习俗的影响。所以周围人群的消费具有明显的示范效应。

（姜爱芹　陈富桥）

（三）影响茶叶消费需求的因素

1. 人口因素

人口因素包括总人口数量、家庭、地区分布、年龄、性别、文化水平等。人口是决定市场规模的一个重要的因素。人口高度集中地区的茶叶需求也大。人口增长快慢及其构成的变化，对茶叶消费需求具有决定性的影响。调查表明，随着教育水平，收入和年龄的增加，茶叶的消费倾向也增加。在中国，传统茶叶消费的群体中老年人占有很大比重。年轻人则更喜欢时尚、健康的快速消费品，如茶饮料等。在北京、上海、广州、武汉、成都、沈阳、西安七大城市进行的茶饮料消费者调查中发现，茶饮料目前的消费者中以青年女性为主，这与青年女性消费者看重茶饮料的健康、时尚特性不无关系，另外喝茶饮料不发胖是女性多于男性选择茶饮料的主要原因之一。

2. 收入与购买力水平

收入是影响消费行为的最主要因素。收入水平的高低决定消费水平的高低，消费结构一般随收入的增长而变化，有什么样的收入水平就有什么样与之相适应的消费结构。消费者收入的多少还影响着消费者的支出行为模式。一般体现在中等收入水平以上的消费群体对茶叶的消费需求比较旺盛。尽管不同职业、不同社会阶层，在茶叶消费时力图符合自我的社会形象，追求不同的生活方式，对饮茶消费需求各不相同，也有生活朴素者收入高却很少购买名优茶的消费情形，但收入水平在一定程度上决定了其生活方式，决定了茶叶消费数量和价格水平。随着我国城乡居民收入的增长，茶叶需求量也逐渐增加。统计资料表明,2008 年高收入家庭的消费量比低收入家庭高 1.9 倍(图 7 - 9)。

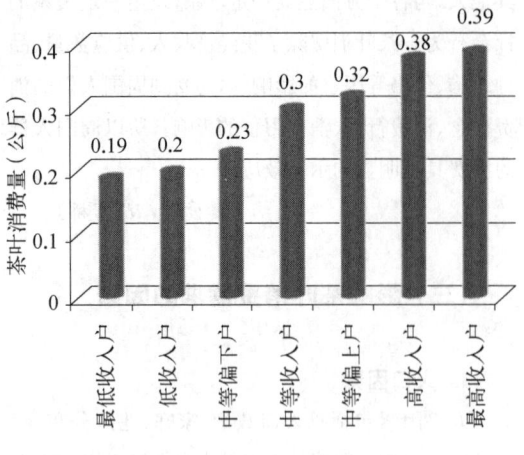

图 7 - 9 城镇居民家庭收入水平与
茶叶消费量(2008 年)

资料来源:2008 年,中国茶叶年鉴,图中数据仅限于居民直接购买量,不包含团购消费量

消费者收入主要形成消费品购买力,这是社会购买力的重要组成部分。家庭消费支出是衡量购买力的重要指标。近年来我国居民家庭消费支出持续增加,显示出了强劲的市场购买力。且随着收入的提高,我国居民的休闲保健类食品的消费支出比例也不断提高,随着饮茶有益健康研究的不断深入,我国居民对茶叶的消费必将进一步提高。

3. 茶叶价格与价格形成机制

一定的茶叶需求量总是在某种价格水平下形成的,随着销售价格的变化茶叶需求量会随之发生变化。通常情况下商品价格过高会抑制需求,价格下降会刺激需求。但是茶叶价格对其消费量的影响相对比较复杂,因为在茶叶市场上有不同的消费需求,例如有作为日常饮料的需求、作为礼品的需求、作为奢侈性商品的需求等,因此价格对需求的影响要根据具体情况具体分析。

目前我国的茶叶价格形成,依据价值链可以大致分解为鲜叶种植、初制加工、精制加工、产品批发、终端零售五个环节。以零售价格为 100 元/千克左右的茶叶为例,其价格形成的机制如图 7 - 10 所示。零售和批发的流通环节价值增值比例最高,可以达

到 60%左右,初制和精制加工环节比例约 30%,鲜叶种植环节约占 10%。价值链上的不同利益者对产品价格的预期,直接影响消费者的消费需求,如果渠道商从自身短期效益出发,过分压低茶叶的进货价格,会伤及供应商的生产积极性,长此以往,会影响到产品的品质。当然如果生产者过分强调生产成本投入,而不顾及渠道商的利润空间,市场开发将后劲不足。实际上,产品价格对消费者购买决策影响很大。大众消费市场的调查结果显示,60%的消费者将产品价格列为影响其购买决策的第二大主要因素。

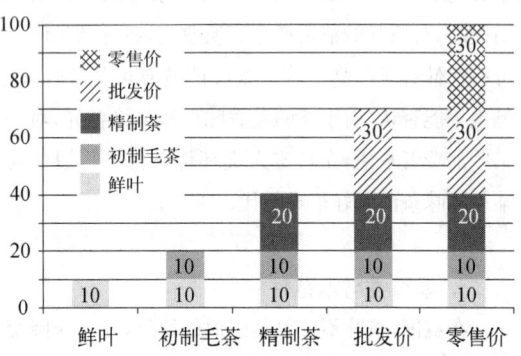

图 7 - 10 粗略估计的我国茶叶价格形成机制图(%)

4. 市场营销行为

物美价廉的茶叶必然深受消费者的青睐,但是广告宣传、经营网点的布局、茶叶包装装潢、销售和售后服务等促销措施也同时影响茶叶消费需求。以渠道策略为例,连锁加盟店的发展,扩大了茶叶这种传统商品的销售渠道,不仅为顾客选购茶叶提供了便利,同时密集的茶产业渠道网点促使市场消费升级,使品牌茶叶更受消费者青睐。合适的市场营销措施能迎合消费者心理,满足消费者的消费偏好,激发其消费欲望,挖掘潜在的消费需求,从而拉动整体消费需求的增长。如通过大力宣传饮茶对人体健康的有益影响,吸引更多关注健康养生的消费者,使他们转向或增加茶叶消费。以闽南地区茶叶消费为例,根据调查,在该地区有近四成的消费者出于保健原因购买茶叶,女顾客在选购茶叶时则会比较倾向于具有养颜美容和减肥功能的茶叶。

5. 消费偏好与文化习俗

消费者在不同历史条件下和不同的生活环境中,形成对茶的特殊偏好,由于不同地区消费习惯、消费心理和社会风尚的不同,也出现了选择茶叶花色、品种、等级结构的不同。一般而言,茶叶消费需求的差异性与消费者所处的地理环境有关。地理环境的具体因素有:地理、气候、人口密度、城市或乡村、城镇大小、地理位置、交通环境等。地理环境的背后实质上体现了当地的经济发达程度和传统的茶叶消费习惯,进而影响茶叶消费水平。在经济较为发达地区表现为茶叶消费种类多、数量大、档次高;经济落后地区形成特定的茶类消费区域,高档茶消费数量小、产品档次低。我国地域辽阔,各地经济发展水平差距较大,所以茶叶消费的地理特征差异明显。西北、西藏茶叶人均消费量较大,与当地的饮食习惯和文化习俗有关;大中城市茶叶消费量大,与当地居民收入水平和消费偏好有关,如南方人以饮绿茶为主,北方有很多人喜欢花茶,京、津、沪、杭等大城市的人们尤其喜欢品饮龙井茶、碧螺春等高档名优绿茶,湖南省许多人喜欢带有烟味的绿茶,福建、广东一带最喜欢品饮铁观音、水仙等乌龙茶。

6. 替代品、互补品价格及可获得性

替代品是指在效用上可以相互替代的产品,例如其他饮料对茶的替代、不同茶类之间的替代等。茶叶作为一种日常饮料面临着其他替代性饮料的竞争,即使茶叶的价格保持不变,替代性饮料价格上升或下降时也会使茶叶的需求量发生变化,即茶叶的需求量与其替代品的价格成同方向变化。

互补品是指两种共同使用、共同满足同一种需要的产品,例如茶叶与茶具等。当茶叶的价格下降需求量就会上升,从而对其互补品的需求量也会相应增加,即茶叶的需求量与其互补品的价格成反方向变化。

茶是我国的传统饮品,但目前我国饮料市场中,咖啡、碳酸饮料、果汁等饮料的年消费量增长速度也比较快,我国城市的年轻一代是这些饮料的主要消费群体。这些饮料对目前我国茶叶消费构成了一定的市场竞争。但是从零售终端的价格看,茶叶还是具有很强的市场竞争力的。我国市场上咖啡成品90%是从国外进口的,需交纳进口关税,而国内生产的咖啡由于种植面积少总产量很低。这些因素无形中提高了包括饮料在内的咖啡成品的市场价格。国家茶叶产业技术体系产业经济研究室在超市调查了茶、果汁、可口可乐、咖啡等软饮料的零售价格发现,茶叶价位如果采用2009年国内市场估计均价46元/千克,按常规3克冲泡一杯计算,每杯茶叶价格仅为0.14元,即使是选择价位为1000元/千克的龙井等名茶,每杯(150毫升)茶叶价格也只有3元,与果汁、可口可乐和雀巢速溶咖啡价格相当。

7. 中间需求变化

中间需求则是指生产者和商家为了转售、进一步加工或制造而进行的购买需求。茶叶深加工企业对茶叶的中间需求,是从消费者对深加工茶叶产品的直接需求中派生出来的。随着深加工技术的进步和深加工品产品的不断出现,对茶叶的中间需求预计会不断增加。

综上所述,茶叶消费受消费者的偏好、茶叶价格、市场营销、相关产品的价格、居住区域、收入等要素的影响,其中偏好是最主要的影响因素,其次是收入水平,对农村居民来说,收入对于茶叶消费的影响比城镇的要大;从茶叶需求价格弹性来看,农村居民对价格的反应程度比城镇居民要更加敏感;从茶叶产品的供求总体来看,符合一般农产品的"发散型"蛛网模型。

(姜爱芹　陈富桥　阮浩耕　詹罗九)

(四) 我国茶叶消费现状与发展趋势

1. 茶叶人均消费数量变化

我国是产茶大国,同时也是茶叶消费大国,茶叶消费总量已位居世界第一。近年来我国人均茶叶消费量总体上在不断增长,根据ITC的统计数据,2001~2003年我国三年平均的人均茶叶消费量为0.38千克,2006~2008年三年人均茶叶消费量增长到了0.61千克(见表7-2)。但必须看到目前我国的人均茶叶消费量离世界平均水平仍有一定的差

距,与其他茶叶消费水平高的国家相比还存在比较大的差距,随着人民生活水平的提高和市场开发的力度加大,预计我国茶叶消费潜力依然巨大,茶叶消费量仍有一定的增长空间。

表7-2　2001～2008年我国人均(三年平均)茶叶消费量　　　　　单位:千克

年　份	中国人均消费量
2001～2003	0.38
2002～2004	0.40
2003～2005	0.44
2004～2006	0.50
2005～2007	0.57
2006～2008	0.61

资料来源:ITC

2. 茶叶消费质量变化趋势

茶叶消费需求是分层次按次序发展的,由茶叶数量需求和茶叶质量需求所构成。随着城乡居民收入水平的提高,人们对茶叶质量安全越来越重视,茶叶消费呈现出个性化、保健化、礼品化、高档化等新趋势。首先,消费者对茶叶的安全意识显著增强,要求供给的茶叶产品无污染、无农药残留的呼声越来越强烈。为了消费安全,人们对上市茶叶的选择性普遍增强,特别是城市消费者,其选择依据由过去的以价格为主向以安全无污染为主转变,有机茶近年来的热销就是一个很好的例证。其次,近年来国内的茶叶消费从大宗茶为主转向以名优茶为主,导致中国名优茶呈跳跃式发展。目前消费市场中低档茶滞销,大宗茶积压,而价格昂贵的名优茶、名牌茶供不应求。尽管高档名优茶的价格起码要高于一般茶叶50%以上,但是包括龙井、武夷岩茶、安溪铁观音、洞庭碧螺春、黄山毛峰等在内的高档名优茶,因每年产量有限都出现供不应求的局面。此外,功能性保健茶也成为茶消费的新趋势。新兴的保健茶在保持传统茶的基础上,还根据不同的消费需求加入了诸如玫瑰、金银花、决明子等中药材,满足了相当一部分消费群体的要求,具有较高的附加值,经济效益明显提高。

3. 消费的茶类结构变化趋势

从消费茶类看,目前我国茶叶消费以绿茶为主。2006年绿茶消费量为38.5万吨,占国内茶叶总消费量的58%;乌龙茶与花茶消费量大体相当,各为8万吨左右,各占国内茶叶总消费量的12%;红茶消费量为1.5万吨,约占国内茶叶总消费量的2%;其他包括紧压茶、普洱茶、白茶、黄茶共10万吨,占国内茶叶总消费量的15%。通过对北京、上海、广州、成都等大中城市的调查发现,在茶文化热、名优茶兴起等多重因素的影响下,茶叶的传统区域性消费习惯正在走向分解,取而代之的是更为现代的、多元化的茶叶消费趋势。以北京为中心的北方地区茶市为例,花茶的消费相当长时期以来占据着北方茶叶消费份额的90%以上,而目前这个比重已经下降到不足60%,而绿茶、乌龙茶、普洱茶等在北方地区的消费增势迅猛,尤其是绿茶,近几年的增长速度一直在20%以上。

4. 茶叶消费的地区差异

我国地区辽阔,各地人民生活习惯不一,饮茶的习惯和爱好也有所不同。就茶叶消费量来看,一般情况下产区大于销区、城市大于农村、东部地区大于西部地区。饮茶作为一种习俗与该地区茶叶消费文化积淀密切相关,且地区间茶叶消费的不均衡性将长期存在。我国闽南潮汕地区、成渝地区、鲁西北胶东地区饮茶习惯极盛,已形成独具特色的茶叶消费文化。从消费茶类看,华南地区以乌龙茶为主,华东、华中地区以绿茶为主,华北地区以花茶为主,但各地区各类茶兼而有之。我国不同地区茶叶消费水平存在较明显差异。人均消费量最大的为西藏,其次是台湾;沿海的各省市中,广东省及周边地区人均消费量也名列前茅。

综上所述,近年来我国茶叶消费量不断增加,今后一段时间内国内茶叶消费仍将进一步上升。从茶类结构看,绿茶消费仍是主流,乌龙茶仍会保持增长势头,红茶消费市场开始启动,预计会进一步扩大。从加工程度看,深加工茶和保健茶消费会增加很快,快速消费茶特别是袋泡茶、速溶茶消费量预计会有大幅度增加。

(姜爱芹　陈富桥)

(五) 世界茶叶消费

1. 茶叶消费总量与人均茶叶消费水平

茶作为世界三大饮料之一,全世界有 20 多亿人钟情于饮茶,有 160 多个国家和地区有茶叶消费习惯。近年来世界茶叶消费总量不断增长,1996 年到 2005 年间世界茶叶年均消费量达到 296 万吨,比 1986~1995 年增长了 21%,2008 年全球茶叶消费量更是达到了 365.8 万吨。新的消费增长主要反映在发展中国家消费的增长上,如中国、印度、巴基斯坦和印度尼西亚等(表 7-3)。

表 7-3　主要茶叶消费国家茶叶消费总量(三年平均)

单位:万吨

国　家	2000~2002	2003~2005	2006~2008
印　度	67.3	73.53	78.5
中　国	46.89	57.33	81
土耳其	13.82	15.03	13.7
伊　朗	8.82	7.17	6.72
日　本	14.37	14.62	13.93
英　国	13.55	12.74	13.21
巴基斯坦	10.54	12.59	10.74
美　国	9.28	9.79	11.12
印　尼	6.2	6.87	5.43
埃　及	6.62	6.51	8.38
独联体	21.22	22.72	24.53

资料来源:ITC

世界主要茶叶消费国人均茶叶消费量如下表(表 7-4)所示。根据国际茶叶委员会(ITC)的统计数据,2006~2008 年三年平均的年人均消费茶叶前 5 位的国家和地区依次是科威特(2.21 千克/年/人)、爱尔兰(2.17 千克/年/人)、英国(2.11 千克/年/人)、利比亚(1.87 千克/年/人)、土耳其(1.85 千克/年/人)。此外,2006~2008 年人均茶叶消费在 1 千克以上的国家或地区有:卡塔尔、阿富汗、摩洛哥、中国台湾、伊拉克等。

表 7-4　2006~2008 年世界人均消费茶叶 1 千克以上的国家或地区

国家或地区	平均消费量(千克)	排　名
科威特	2.21	1
爱尔兰	2.17	2
英　国	2.11	3
利比亚	1.87	4
土耳其	1.85	5
卡塔尔	1.78	6
阿富汗	1.73	7
摩洛哥	1.64	8
中国台湾	1.56	9
伊拉克	1.52	10
叙利亚	1.49	11
中国香港	1.46	12
斯里兰卡	1.39	13
智　利	1.23	14
巴　林	1.22	15
埃　及	1.15	16
日　本	1.1	17

资料来源:ITC

2. 消费的茶类结构

目前世界茶叶消费仍以红茶为主,但是从全球茶叶消费总量来看,红茶与绿茶的消费比例发生了很大的变化,从 20 世纪 70 年代的 9:1 变成了现在的 3:1。如图 7-11 所示,1985 年全球茶叶贸易中

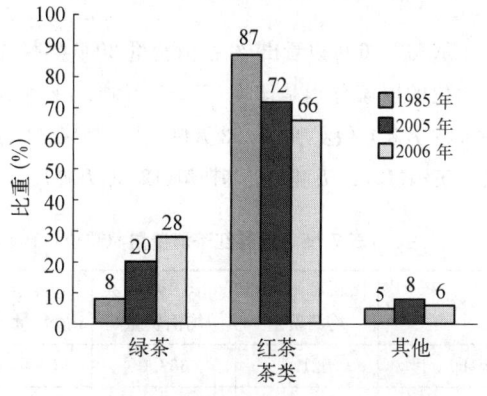

图 7-11　国际茶叶贸易中绿茶、红茶等的比重及其变化

红茶占 87%，绿茶仅占 8%；到 2006 年，红茶比例下降到 66%，而绿茶比例则上升到 28%。目前，袋泡茶、速溶茶、冰茶、药物茶等现代茶饮品已成为茶叶消费新的增长点，世界饮料专家预言"21 世纪将是茶饮料的世纪"。

从绿茶消费量来看，2006 年排在前六位的国家分别是中国（56.42 万吨）、日本（10.15 万吨）、摩洛哥（5.03 万吨）、越南（2.59 万吨）、美国（1.85 万吨）、印尼（1.23 万吨），其中印尼的绿茶消费量 1986～1995 年间和 1996～2005 年间的平均消费量下降较快（见表 7-5）。

表 7-5　世界绿茶消费量（单位：千吨）

国　　家	1986～1995 年均消费量	1996～2005 年均消费量	2006 年消费量
中　国	31.52	405.8	564.2
日　本	93.4	102.2	101.5
摩洛哥	26.6	32.7	50.3
越　南	20.9	20.2	25.9
美　国	3.9	9.0	18.5
印　尼	29.4	29.1	12.3
俄罗斯联邦	0.3	2.7	12.2
印　度	5.4	5.5	8.5
塞内加尔	2.3	4.4	5.8
法　国	2.5	5.6	5.1
发达国家	118.4	135.2	148.5
发展中国家	408.2	505.5	672.2
世界总计	526.6	640.7	820.8

资料来源：联合国粮农组织（FAO）

从表 7-6 可以看出，红茶消费量 2006 年排在前六位的国家分别是印度（75.57 万吨）、土耳其（20.09 万吨）、俄罗斯（15.73 万吨）、中国（14.11 万吨）、英国（13.43 万吨）、巴基斯坦（12.56 万吨）。

表 7-6　世界红茶消费量（单位：千吨）

国　　家	1986～1995 年均消费量	1996～2005 年均消费量	2006 年消费量
印　度	521.7	667.0	755.7
土耳其	123.7	158.1	200.9

（续表）

国　家	1986～1995 年均消费量	1996～2005 年均消费量	2006 年消费量
俄罗斯联邦	42.2	152.3	157.3
中　国	37.3	39.2	141.1
英　国	151.4	135.6	134.3
巴基斯坦	103.8	108.2	125.6
美　国	81.6	84.9	89.1
印　尼	11.0	43.0	85.5
埃　及	70.9	68.1	76.7
伊　朗	84.8	87.3	51.4
发达国家	618.8	615.9	622.8
发展中国家	1276.8	1656.9	1969.2
世　界	1894.6	2272.7	2592.1

资料来源：联合国粮农组织（FAO）

3. 茶叶消费量的地区分布

英国虽然是非产茶国家却是传统茶叶消费大国，英国全国 77% 的国民有饮茶的习惯。自 2003 年以来茶叶进口量基本稳定在 16 万吨左右，消费量较为稳定；美国 2003 年进口 9.42 万吨，2007 年进口 10.94 万吨，消费呈增长趋势。此外，埃及、巴基斯坦近年来茶叶消费增长也比较快；俄罗斯历来是茶叶消费大国，95% 的居民有饮茶习惯，2007 年进口茶叶 18.1 万吨，并随着经济的快速发展，茶叶消费有很大的市场发展空间。从世界茶叶消费总量来看，2004 年排名前 5 位的印度、中国、俄罗斯、日本、土耳其的消费总量分别为 73.5 万吨、60.37 万吨、16.91 万吨、15.6 万吨、15.8 万吨，2008 年这 5 个国家的茶叶总消费量分别为 79.8 万吨、87.2 万吨、17.5 万吨、13.4 万吨、13.4 万吨。可见印度、中国的茶叶总消费量均在不断增长，特别是中国的消费量增长更快。其他主要消费国的总消费量基本稳定（表 7-7）。

表 7-7　世界茶叶消费总量前 5 强国家

（单位：万吨）

国　别	2004	2006	2007	2008
印　度	69.8	77.1	78.6	79.8
中　国	55.8	74.5	82.8	87.2

（续表）

国　别	2004	2006	2007	2008
俄罗斯	17	16.7	17.4	17.5
日　本	15.5	14.6	14.5	13.4
土耳其	15.8	13.3	14.5	13.4

资料来源：ITC

（陈富桥）

五、我国的茶叶出口贸易

（一）我国茶叶出口贸易概述

茶叶是我国传统的大宗出口商品之一，漫长的对外贸易中，中国茶叶经历了兴起、昌盛、衰落及振兴的历程。中国茶叶外销的最早记录是在 475 年，由土耳其商人来我国蒙古边境以物易茶。唐玄宗开元二年(714)，唐王朝在广州设"市舶司"管理对外贸易，茶叶大量输出。1087 年宋朝在广州、宁波、杭州、泉州相继设立舶司，茶叶通过海、陆"丝绸之路"输往西亚、中东地区、朝鲜和日本。1604 年，荷兰商人把华茶运销欧洲。明崇祯十年(1637)，英国东印度公司商船在广州第一次运出茶叶 112 磅，此后与日俱增。从 1644 年清朝建立到 1840 年鸦片战争的 196 年间，中国茶叶对外贸易以统占世界茶叶市场为主要特征。19 世纪 90 年代以前，中国几乎垄断了世界茶叶的出口贸易。19 世纪末叶之后，由于政府腐败，加上英、荷等帝国在印、斯等殖民地种茶业迅速兴起，中国茶产业从此每况愈下。从 1840 年鸦片战争至 1949 年新中国成立的 109 年间，中国茶叶出口经历了从昌盛走向衰落的渐变过程。

新中国成立后，党和政府十分重视茶叶生产与贸易，茶叶外贸逐渐好转。1949 年 11 月成立中国茶叶公司统营全国的茶叶出口贸易，经营茶叶国际贸易的口岸由初期的 4 个发展到 18 个。1979 年以来开展多种方式的灵活贸易，打破了原国营茶叶公司垄断茶叶进出口贸易的局面，茶叶对外贸易更具有竞争性和挑战性，茶叶出口量增加加快。

（阮浩耕　詹罗九）

（二）我国茶叶出口量的变化

近年来，我国茶叶出口贸易呈现出较为稳定的增长态势，发展势头良好，出口数量和金额一直稳步增长（图 7-12），受生产成本和汇率等因素影响，我国茶叶出口单价均有所上升，整体出口效益从 2002 年来不断改善。2009 年出口量达到 30.3 万吨（表 7-8），出口金额突破 7.05 亿美元，分别比 2008 年增长 2% 和 3.3%，实现了历史性的双突破。我国茶叶出口不断增长主要是受以下因素影响：一是得益于国家出台的多项支持政策，缓解了出口企业的经营压力，特别是提高茶叶出口退税等；二是茶叶作为保健饮品，是生活需求品，不是奢侈品，国际市场有

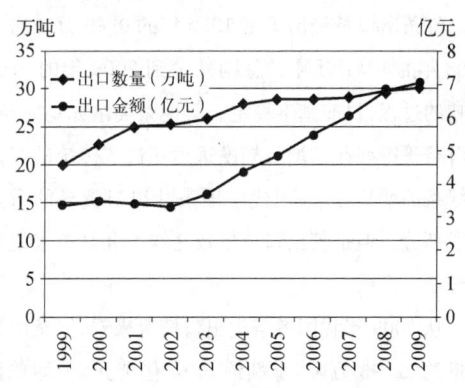

图 7-12　我国茶叶出口变化趋势

表 7-8　近年来我国茶叶出口情况

年　份	出口数量(万吨)	出口金额(亿元)
1999	19.96	3.38
2000	22.77	3.47
2001	24.97	3.42
2002	25.23	3.32
2003	25.99	3.67
2004	28.02	4.37
2005	28.66	4.84
2006	28.66	5.47
2007	28.95	6.08
2008	29.69	6.82
2009	30.3	7.05

资料来源：海关统计年鉴

着刚性需求;三是我国茶叶出口行业应对能力和水平的提高及茶产业技术的持续进步,有力保障了我茶叶出口的稳定增长。

(陈富桥)

(三) 我国茶叶出口茶类结构

我国茶叶出口主要包括绿茶、红茶、特种茶三大类。随着国际市场的发展演变,我国红茶出口日趋萎缩,传统出口茶类结构发生了重大转变,绿茶成为我国出口茶类中的主导产品,出口规模居世界首位。绿茶出口量由 1950 年的 1.32 万吨增至 2009 年的22.93 万吨,增长接近 17.4 倍。中国实际已垄断了世界绿茶出口量的 75%,在出口茶类中占绝对优势。红茶出口量经历了由 1950 年的 0.49 万吨增至1988 年的 10.1 万吨又急剧减少到 2009 年的 4.01万吨的过程,目前基本稳定。其他茶类诸如乌龙茶、普洱茶等特种茶的增长幅度远远超过了传统的红茶和绿茶的增长,成为现代中国茶叶出口贸易的重要组成部分。但是其出口总量较之绿茶和红茶来说相对较低。

从 2009 年我国各茶类出口情况来看,绿茶出口数量约 22.93 万吨,金额约 5.24 亿美元,平均单价约为 2287 美元/吨,同比分别小幅增长约 2.69%、7.70%和 4.88%;红茶出口 4 万吨,金额约 6437万美元,平均单价为 1606 美元/吨,同比数量基本持平微减,金额、均价分别增长约 3.24%和 3.73%;乌龙茶出口约 2.41 万吨,金额约 6686 万美元,平均单价约为 2771 美元/吨,数量、金额同比分别增长约8.34%和 8.09%,均价同比下降约 0.23%;花茶出口约 5914 吨,金额约 2963 万美元,平均单价为5010 美元/吨,同比分别下降约 11.98%、13.84%和2.11%;普洱茶出口继续呈大幅下降趋势,数量3486 吨,金额 1956 万美元,均价约为5611 美元/吨,同比分别下降 19.68%、46.79%和 33.75%。绿茶、乌龙茶出口均有不同程度的增长,红茶出口基本持平,花茶、普洱茶出口总体下降。

(陈富桥　阮浩耕　詹罗九)

(四) 我国茶叶出口地区结构

1. 出口目的地现状

我国茶叶受到世界各国消费者的欢迎,2009 年我茶叶出口到了 120 个国家和地区,有 8 个国家是我国茶叶出口主销市场,占我国茶叶出口总量的60%以上。其中,摩洛哥是我茶叶出口第一大市场,出口量达 5.85 万吨,同比增长 16%;乌兹别克斯坦位居第二,出口量 2.2 万吨,同比略有下降;俄罗斯上升为我茶叶出口第三大市场,出口量达 2.1 万吨,同比增长 28%;美国受金融危机的影响位居第四,贸易量 1.9 万吨,同比下降 13%;日本继续呈二位数下降态势,已跌至不到 1.9 万吨;对巴基斯坦出口1.48 万吨,同比下降 4%,对阿尔及利亚出口 1.27万吨,同比增长 5%;对贝宁出口 1 万多吨,同比增长 51%;对毛里塔尼亚出口 1 万多吨,同比持平。分大洲来看,2009 年,中国对亚洲出口茶叶数量为94337.1吨,同比下降 6.9%,金额为 18545.7 万美元,同比下降 6.6%,平均单价为 1965.9 美元/吨,同比增长 0.3%;对非洲出口茶叶数量为 144350.2吨,同比增长 9.3%,金额为 36323.4 万美元,同比增长 14.8%,平均单价为 2516.3 美元/吨,同比增长 5.0%;对欧洲出口茶叶数量为 42513.8 吨,同比增长 9.6%,金额为 10401.3 万美元,同比下降4.2%,平均单价为 2446.6 美元/吨,同比下降12.6%;对南美洲出口茶叶数量为 1020.8 吨,同比增长 21.4%,金额为 413.2 万美元,同比增长23.2%,平均单价为 4048.1 美元/吨,同比增长1.4%;对北美洲出口茶叶数量为 20186.9 吨,同比下降 13.3%,金额为 4400.5 万美元,同比下降14.6%,平均单价为 2179.9 美元/吨,同比下降1.4%;对大洋洲出口茶叶数量为 540.6 吨,同比下降 2.7%,金额为 411.3 万美元,同比增长 10.2%,平均单价为 7608.2 美元/吨,同比增长 13.3%。总体看,我国茶叶出口量 80%左右集中在亚、非地区,但这种出口市场的集中度过高,使我国茶叶出口市场风险增大。

2. 重点出口市场分析

目前,摩洛哥是我国最大的茶叶出口国,乌兹别克斯坦、俄罗斯、美国和日本位居其后。未来中国茶叶出口仍应把独联体、亚、非地区伊斯兰国家、美国、欧盟、日本等市场作为重中之重。

——独联体市场。独联体各国是世界主要茶叶消费市场,2008 年茶叶进口消费量约 24 万吨,该地区大多数人爱喝红茶,绿茶、特种茶也正逐渐被该地区消费者认识和接受。2009 年我国对独联体市场出口茶叶 4.93 万吨,其中俄罗斯 2.06 万吨;2008 年出口量为 4.8 万吨,其中俄罗斯 1.6 万吨。近几年来,我国对俄罗斯茶叶出口,特别是绿茶出口呈大幅增长,但仍只占俄茶叶市场份额 9% 左右。目前我国出口到俄罗斯的叶茶仍以低质低价、缺乏品牌的产品为主,但随着俄罗斯经济的增长、消费水平的提高,我国对俄茶叶出口有着广阔的增长空间。我国茶叶出口企业须进一步调整产品结构,注重品牌和形象的宣传。

——亚、非地区伊斯兰国家市场。亚、非伊斯兰国家是我国茶叶出口传统优势市场,该地区居民视茶如粮,一日饮茶多次,绿茶已成为当地人民生活必需品,随着各国经济增长和社会稳定,我国对该地区绿茶出口将稳中有升。在该地区中摩洛哥是中国茶叶出口第一大市场,也是中国绿茶出口传统市场。尽管遭受全球金融危机的影响,2009 年我国对摩洛哥茶叶出口仍呈稳定增长态势,其中出口量 5.84 万吨,金额 1.42 亿美元,单价 2.442 美元/千克,同比分别增长 16.24%、17.70% 和 1.26%。中国茶叶已是摩各层次消费者不可缺少的日常消费品。在一段时间内,摩洛哥作为我国茶叶主要出口市场的地位不会改变,对摩洛哥茶叶出口关系到我国整个绿茶生产和出口的稳定。此外,巴基斯坦人口 1.44 亿,也是一个崇尚饮茶的国家,年消费茶叶约 1.4 亿千克,人均消费茶叶约 1 千克。但巴基斯坦生产茶叶甚少,主要靠进口,进口量排在俄罗斯、英国之后,居世界第三。未来巴基斯坦茶叶出口市场有较大的拓展空间。

——美国市场。美国是世界主要茶叶进口国和消费国之一,年进口茶叶 9 万多吨,位居世界第四。美国市场的茶叶消费方式和茶叶类别日益多样化,绿茶、特种茶及有机茶已成为美国人心目中最理想的健康饮料。近年来美国茶叶消费量总体呈上升趋势,绿茶消费增加,特种茶市场前景很看好。2009 年我国对美国茶叶出口数量约 1.93 万吨,金额约 4019 万美元,同比分别下降 13.02%、11.19%;均价 2079 美元/吨,小幅增长 2.11%。

——欧盟市场。2009 年我国对欧盟(27 国)茶叶出口 1.83 万吨,金额 5997 万美元,同比分别下降 10.75% 和 12.39%。我国对欧盟茶叶出口主要市场为德国 5936 吨、英国 3704 吨、法国 3048 吨、荷兰 1913 吨、波兰 1511 吨和西班牙 865 吨,上述六成员国占 2009 年我国对欧盟茶叶出口总量 92%。近年来,虽然欧盟实施的茶叶检测标准和新的食品安全法规对茶叶进口农残检验越来越严格,虽在一定程度上制约和影响了我国茶叶扩大出口,但经过多年努力,一方面我国企业积极采取有效的应对措施,已逐步适应欧盟标准要求,使输出到欧洲的茶叶开始止跌回升,另一方面我国大面积无公害茶园和有机茶园的建立,国家质检部门严把茶叶出口质量关,我国对欧盟茶叶出口有着较大的发展空间和潜力,只要我国茶企措施应对得当,对欧茶叶出口将呈快速增长态势。

——日本市场。日本是我茶叶出口传统主销市场,对日茶叶出口关系到我国乌龙茶、蒸青茶生产和出口的稳定。近几年来,随着日本"食品中残留农业化学品肯定列表制度"的实施,我国对日本茶叶出口量出现下降,但仍以 52% 的市场占有率稳居日本茶叶第一大进口货源地。2009 年对日本茶叶出口约 1.89 万吨,金额约 5024 万美元,均价约为 2647 美元/吨,同比分别下降 10.30%、10.08% 和 0.25%。其中,绿茶出口 4085 吨,金额 777 万美元,均价 1902 美元/吨,同比分别下降 30.61%、38.25% 和 11.01%。在数量方面,列我国绿茶出口市场的第十四位;乌龙茶出口 1.29 万吨,金额 3423 万美元,均价 2652 美元/吨,同比分别微降 3.01%、3.22% 和 0.22%;花茶约 1187 吨,金额 569 万美元,均价约为 4798 美元/吨,同比分别增长 6.33%、13.99% 和 7.20%,列花茶出口市场的第一位;普洱茶出口 505

吨,金额163万美元,均价3226美元/吨,同比分别下降0.37%、11.36%和11.03%。由于受饺子事件、原产地标识等诸多不利因素影响,我国对日茶叶出口连续多年呈下降态势,现位列我国茶叶出口市场第五位。

（姜爱芹　阮浩耕　詹罗九）

（五）我国茶叶出口价格分析

我国是世界上最大的茶叶生产国、消费国和出口国之一,在国际茶叶贸易中占有重要地位,但我国茶叶的出口单价相对较低,获得的比较利益较少。2007年肯尼亚、斯里兰卡、中国和印度名列世界茶叶出口贸易量前四位,四国出口总量之和占世界总量的69.79%,但四国茶叶的平均单价差异较大,分别为2.00美元/千克、3.26美元/千克、2.10美元/千克和2.26美元/千克,中国茶叶的出口单价尽管略高于肯尼亚,但仅为斯里兰卡的64%。

（姜爱芹）

（六）世界茶叶交易模式与我国茶叶出口渠道

1. 世界茶叶交易模式

当前世界茶叶市场的贸易重心由消费国向生产国转移,现在斯里兰卡茶叶交易量的90%、肯尼亚的70%、印度的64%都在本国成交。从世界范围内来看,茶叶拍卖是国际茶叶市场最主要的交易方式,近30年来,国际上约有70%的茶叶贸易是通过拍卖市场成交的,因此,茶叶拍卖市场是茶叶全球流通的命脉。1839年1月10日,在英国伦敦出现世界上首次茶叶拍卖活动,世界茶叶贸易史从此揭开了交易方式的新篇章。茶叶交易采用拍卖方式之所以被产茶国政府所推崇并为茶商们所接受,除拍卖本身所具有"公正、公平、公开"的市场特征机制之外,还在于它对统一国内的茶叶市场、保护茶商的利益具有重要作用。

世界茶叶市场交易中心目前主要集中在印度、斯里兰卡和非洲的主要产茶国。世界四大产茶国除

了中国外均有自己的茶叶拍卖市场。斯里兰卡科伦坡茶叶拍卖市场于1883年7月建立,是现在世界上最大的拍卖市场,几乎垄断了该国的茶叶交易,斯里兰卡95%以上的茶叶是通过科伦坡茶叶拍卖市场成交的。世界第一大出口国肯尼亚的蒙巴萨拍卖市场垄断本国茶叶销量的90%。拍卖也是印度茶叶销售的主要方式。印度政府对茶叶拍卖有规定,即茶园生产的茶叶,70%要进入拍卖市场。国外公司的经纪人和国内零售商一般都从拍卖市场中进货。根据印度茶叶统计年报,茶叶实际拍卖量占产量的比重年均在60%左右。

随着全球化的步伐加快,海外超市、食品公司、中小茶叶公司改变原来向当地茶叶进口公司进货的方式,正在转为自营直接进口茶叶。采购方式上正在由传统的少批多量向现代的多批少量发展;由单一品种向多品种采购转变;由向一个茶厂采购向多家茶厂综合型一站式采购转变。

2. 我国茶叶出口渠道

现阶段我国茶叶外销的出口渠道主要有以下两种类型:

（1）茶叶生产者—茶叶进口商。这是出口茶叶最简单、最短的渠道,是由茶叶生产者把茶叶产品直接出口给茶叶进口商。这种出口渠道的组织方式多由茶叶精制加工厂商向茶场或茶叶初制加工厂商购买原料,并按照进口商的要求加工后,再将茶叶直接卖给国外进口商(图7-13)。

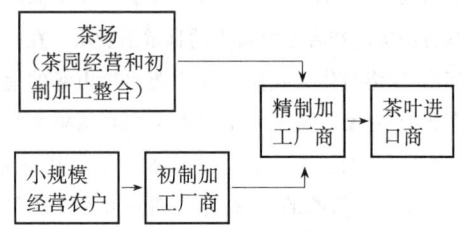

图7-13　茶叶直接出口组织方式

（2）茶叶生产者—茶叶出口企业—茶叶进口商。这种渠道模式是茶叶生产者把茶叶产品供给茶叶出口企业,由出口企业代理,转卖给茶叶进口商。这种渠道模式尽管销售渠道的长度较前一种长,但

茶叶出口企业对国际市场的进口渠道商情况更熟悉,而且能有效地控制出口交易风险。其出口组织方式较前一种增加了出口企业为精制加工厂商代理出口这一环节,见图 7 - 14。

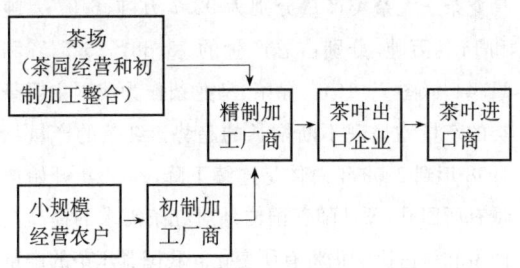

图 7 - 14　茶叶间接出口组织方式

在当前茶叶外销流通渠道中,各个流通主体之间是市场交易关系,同级交易主体间是竞争关系,且出口终端多借助国外茶叶进口商。相比其他茶叶出口大国,如斯里兰卡、印度等,我国目前的茶叶出口渠道具有市场交易费用高、出口单价低、议价能力弱、自营出口渠道窄等特点。因此,国际通用的拍卖市场交易制度,值得借鉴。以斯里兰卡为例,其茶叶出口终端渠道以茶叶拍卖市场为主,茶叶加工则采用粗、精制整合,同时通过农户和茶叶加工厂商间的"分成"契约内部化方式,解决农户"入市"问题。茶叶拍卖制度能满足交易的规范性和价格透明性的要求,对出口茶叶交易而言其价格形成机制更合理。这种出口组织方式(图 7 - 15),有助于提高出口茶叶价格和降低茶叶出口组织流通过程中的交易费用。目前由于我国茶叶生产的区域性和多样性等原因,我国尚未建立起茶叶拍卖制度,逐步建立和完善茶叶拍卖市场是今后茶叶出口渠道建设的重心。另外,还需要积极支持和发展行业龙头企业,扩大自营出口渠道。

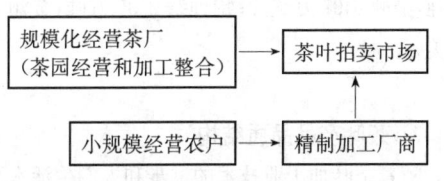

图 7 - 15　斯里兰卡茶叶出口组织方式

(姜爱芹)

六、茶产业结构、产业布局与产业升级

(一) 茶产业结构的含义与影响因素

1. 茶产业结构的含义

茶产业结构是指茶产业内各部门及各部门内部的组成要素及其互相之间特有的、比较稳定的组合方式。从横向上看,茶产业结构可以用茶类结构和茶叶产品结构等来表示。茶类结构重点分析六大茶类在我国茶叶中所占的比例情况,具体的研究内容可以包括六大茶类的种植面积、年产量、年消费量、年销售额和价格比等;产品结构根据茶产业的实际情况,主要指名优茶和大宗茶产品的比例关系;从纵向上看,茶产业结构包括由育种、栽培、鲜叶采摘等环节组成的茶树种植业部门(第一产业),由初加工、精加工、深加工等部分或全部环节构成的茶叶加工业部门(第二产业),由储运、销售、茶馆、茶艺馆等组成的茶叶服务业部门(第三产业),由茶叶机械制造业、茶叶包装业、茶叶生产物资业等构成的茶叶配套产业部门,以及它们之间的比例关系。此外,还可以从茶产业的组织结构来分析茶产业结构。

2. 茶产业结构形成的影响因素

(1) 自然地理环境因素。自然地理环境包括地形、地貌、气候、土壤、植被等自然要素。茶树喜湿忌浸,喜阳怕冻,适宜酸性红壤土。自然环境中一系列资源的组成特点和时空分布在一定程度上制约和决定了茶产业内部结构和外部联系,尤其是产业结构模式在地域上的差异性。另外,当前需求量不断增加的无公害茶、有机茶更是需要有良好的自然地理环境。

(2) 劳动力因素。在产业结构发展的过程中,劳动力因素占主导地位,没有劳动者的参与,没有劳动力素质的提高,就没有产业层次的提高。茶叶的生产不仅要求很好的自然地理环境,还要求做茶的人员要有丰富的经验和精湛的技术。同样的鲜叶原料经过不同人的加工,茶叶的品质经常是不一致的。

一个地区要改变茶产业结构,首先得改变当地制茶人员的加工技术水平和提升当地制茶人员的创新意识,必须学习新的种植方法、制作技术、新产品的加工方式等。

(3) 市场需求因素。在市场经济条件下,消费需求就是生产的导向,也就是产业结构形成和发展的前提条件。因为,需求使各产业的产品价值最后得以实现,使生产顺利进行成为可能。茶叶需求的多样化促进了茶产业结构的多样性。天然、健康、便捷的茶叶消费观念,促使有机茶、保健茶、袋泡茶、茶饮料的出现,并在茶叶产品结构中所占的比例越来越大。随着人们消费水平的上升,名优茶、品牌茶逐渐受到青睐,茶文化产业也呈现蓬勃发展的局面。

(4) 科学技术。科学技术是生产力发展的源泉和动力。对于茶产业而言,新品种的出现,品种结构的改良,凝聚着茶树育种科技工作者的智慧;加工的机械化,茶叶提取物的问世,罐(瓶)装茶饮料的推广,茶食品、茶化工产品的普及,无不是科学技术发展的结果,科学技术进步促使茶产业结构得以不断调整和发展。20世纪以来的部分茶叶重大科技创新及其对茶产业结构提升的作用巨大。例如,1931年无性系品种的育成和推广,对茶叶品种结构调整发挥了极大作用;1968年珠茶炒干机发明,珠茶生产实现了机械化;1987年,EGCG在活体外可抑制人体癌细胞繁殖的研究发现,促进了茶叶深加工产业的发展。

(陈富桥)

(二) 中国茶产业结构现状

1. 茶类结构

我国茶叶种类繁多,经过长期的发展演化形成了有中国特色的茶类结构,传统上按加工方式的不同可以分为红茶、绿茶、黄茶、乌龙茶、白茶和黑茶六个大类,此外还有花茶、紧压茶等再加工茶类。20世纪90年代以后,我国茶产业进入了茶类结构逐步调整的时期,以市场为导向,产品结构不断调整优化,有资源比较优势和市场竞争力的产品发展迅速。绿茶、红茶、乌龙茶三大茶类的比重发生变化。

1990年绿茶、红茶、乌龙茶产量占茶叶总产量比重分别为61.49%、20.31%、6.18%,2000年变化为72.92%、6.92%、9.89%;2006年进一步变为74.3%、4.70%、11.30%。2008年我国绿茶、红茶、乌龙茶三大茶类产量分别为92.7万吨、6.97万吨和14.4万吨,分别占总产量的73.68%、5.54%和11.44%(图7-16)。绿茶、乌龙茶作为我国主要茶类的产量均呈现不断增长的趋势。红茶的产量从1998年到2003年总体是连续下降,2004年开始产量有所回升,预计随着国内外对红茶需求的提高其产量和所占比例仍将有所变化。我国紧压茶的产量近13年来占茶叶总产量的比例相对较小,总产量总体上呈现平稳增长的趋势。随着对茶叶消费的多元化需求,其他茶类的总产量近年来也保持较快的增长势头。

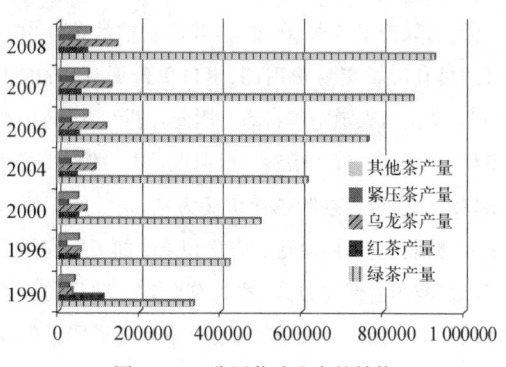

图7-16 我国茶叶生产的结构

资料来源:中国统计年鉴

在我国茶类的内销结构上,逐步呈现多样化的局面。绿茶仍然是第一大销售茶类;乌龙茶消费迅速增加,与花茶市场份额已经接近;普洱茶也在快速增长。而在我国茶类出口结构上,主要以红茶、绿茶和特种茶三类来统计,其中绿茶居多。据统计,2009年我国出口绿茶22.9万吨,金额5.25亿美元;红茶4万吨,金额6437万美元;特种茶3.35万吨,金额1.16亿美元。

2. 茶叶产品品质结构

随着茶叶加工业技术的进步和人们生活水平的提高,对茶叶产品的多样化个性化需求不断增加,对茶叶产品的品质要求已经提上日程。为了满足市场需求,我国的产业产品结构不断调整优化。这一点突出表现在近年来名优茶的迅速发展上,从20世纪80年代开始,我国名优茶得到了快速发展,名优茶花色品类增多,产量快速增长,产值迅猛上升。名优茶的快速发展已经成为提高茶叶行业经济效益的重要推动力量。王镇恒、王广智(2000年)编纂的《中国名茶志》收录的名茶达1017个,名优茶市场也异常活跃。1990年名优茶产量1.7万吨,占茶叶总产量3.2%,产值4.3亿元;2000年产量达14.4万吨,占总产量21.1%,产值55亿元;2009年名优茶产量达到52.96万吨,占总产量的39.4%,产值308.61亿元,占总产值的74.6%(表7-9)。

表7-9　名优茶产量、产值及占总产量、总产值的比例

年　份	产量(万吨)	比例(%)	产值(亿元)	比例(%)
1990	1.7	3.2	4.3	/
1995	6.9	11.9	20	/
2000	14.4	21.1	55.5	/
2001	15.5	22.1	58.2	/
2005	27.57	30.3	146.3	66.7
2006	39.16	39.1	171.88	67.9
2008	48.57	38.7	258.75	73.1
2009	52.96	39.4	308.61	74.6

资料来源:根据农业部种植业司资料整理

3. 茶产业纵向结构

茶叶作为一种经济作物具有可加工性强、产业链长、关联度大的产业特征,横跨第一、第二、第三产业,涉及茶叶生产、加工、销售等多个环节以及茶医药、茶化工、茶旅游、茶饮食、茶文化等多个领域。经过长期的发展,我国的茶产业已从基础的种植(主要属于第一产业)、加工业向深加工、功能性成分开发、茶服务业和茶文化产业、茶的综合利用等方面发展。2010年全国茶产业的第一产业规模估计在558亿元人民币左右。

第二产业(主要是精制加工及深加工、茶的综合利用等)规模估计在450亿元人民币左右,除了传统的袋泡茶、速溶茶外,冰茶、罐装茶等茶饮料市场发展很快。近些年,包括娃哈哈、康师傅、统一、三得利、农夫山泉等在内的知名品牌纷纷涉足茶饮料市场,可口可乐、雀巢等一批外资饮料巨头也先后进入茶饮行业,茶饮料市场正以每年10%以上的速度递增。另外,通过对茶有效物质的提取,包括茶色素、茶多酚等在内的茶叶提取物正广泛地影响着我们的生活:在日化领域,以茶为主题的牙膏、香皂、香波等产品深受消费者喜爱;在医药领域,由茶多酚制成的药品和保健品开始得到人们的认可;而在食品领域,茶油、茶粉、茶糕点、茶糖果、茶餐等已经成为一种消费时尚。随着科技手段的提升,茶叶将进入更为广泛的领域,茶的魅力还将得到更为充分的展示。

第三产业(主要是茶的服务业和文化产业等)的规模估计在130亿元人民币左右。茶叶景区旅游、茶文化交流以及各种以茶为主题的博览会、文化节等,都将成为未来茶产业发展的新亮点。20世纪80年代以来,随着茶产业的快速发展,中华茶文化也得到蓬勃发展,与之相关的第三产业茶馆业、茶文化教育培训、茶餐饮业、茶礼仪服务等也开始出现,但总体规模偏小。据统计,全国虽然有大大小小的茶馆五六万家,但年销售额仅有几十个亿。刚刚起步的茶文化教育培训、茶餐饮业、茶礼仪服务等,虽然发展潜力巨大,但还有待被消费者进一步认知。处于终端消费的服务业,对于宣传茶文化、促进茶产品的

消费,具有直接的推动作用,其意义非常重大。所以各级政府和企业应加强对茶产业服务业的扶持力度,提升服务业在整个茶产业链中所占的比例,促进茶产业可持续增长。

（陈富桥 姜爱芹）

(三) 茶产业布局

1. 茶产业区域布局现状

随着茶叶产业的迅速发展,我国传统的华南、西南、江南、江北四大茶区正在呈现三大变化趋势:一是茶叶生产布局重心转移。由于比较效益的影响,全国茶叶生产布局出现了从东部向西部、从经济较为发达地区向相对不发达地区转移。1980年茶叶产量位居前3位的浙江、湖南、安徽3省2007年产量比重分别由1980年的25%、20%、11%下降到14%、7%和6%;二是茶叶生产向优势区域集中。浙江、福建、云南、四川、湖北、安徽等15个主产省的茶园面积达到150.4万公顷,占全国茶园总面积的98%;产量达107万吨,占全国的99%。长江中下游名优绿茶、东南沿海名优乌龙茶、长江中上游特色绿茶和西南红茶及特色茶等四个特色优势产业带正在逐步形成;三是特色茶区快速发展。近年来,由于各地大力调整农业及农村经济结构,特色茶区快速发展,这些茶区以畅销产品为依托,发展迅速,已经成为中国茶叶发展的新亮点,如新昌龙井产区、平江

表 7-10 2009 年全国茶叶总面积与干毛茶总产量区域分布

省 区	茶园总面积(万亩)	百分比	干毛茶总产量(万吨)	百分比
云南	520	18.6%	18	13.4%
四川	292	10.4%	14.7	10.9%
福建	290	10.4%	26	19.3%
湖北	285	10.2%	14	10.4%
浙江	270	9.6%	16.6	12.3%
贵州	218.2	7.8%	4.1	3.0%
安徽	195	7.0%	7.8	5.8%
湖南	132	4.7%	10	7.4%
陕西	115	4.1%	1.8	1.3%
河南	109	3.9%	2.78	2.1%
江西	90.5	3.2%	3.96	2.9%
广西	75	2.7%	3.7	2.8%
重庆	63	2.3%	3.09	2.3%
广东	56	2.0%	4.82	3.6%
江苏	45	1.6%	1.53	1.1%
山东	24.1	0.9%	1.37	1.0%
甘肃	18.5	0.7%	0.11	0.1%
海南	1.5	0.1%	0.08	0.1%

数据来源:中华人民共和国农业部种植业司

银针产区、云南普洱茶产区、陕西午子茶区和安吉白茶产区等。

2009 年云南、四川、福建、湖北、浙江、贵州、安徽、湖南等 8 个茶叶主产省茶园面积占全国茶园总面积的 79%，产量占全国总产量的 83%。从茶园种植总面积看，云南、四川、福建、湖北、浙江是全国面积排前 5 位的茶叶产区，分别占全国总面积的 18.6%、10.4%、10.4%、10.2% 和 9.6%。从干毛茶总产量看，排名前 5 位的产茶区是福建、云南、浙江、四川、湖北，分别占全国干毛茶总产量的 19.3%、13.4%、12.3%、10.9% 和 10.4%（表 7-10）。

2. 茶类的地理分布

从具体茶类品种分布来看，红茶的主产省份是湖南、湖北及云南，其中湖南的比例最高，为 32.12%；绿茶的主产省份是浙江、福建、四川和云南，其中浙江的比例最高，占整个绿茶产量的 20.68%，福建、四川和云南的比例为 12.87%、10.68% 和 14.86%。生产乌龙茶最主要的是福建、广东两个省份，而产量最高的省份是福建，其产量占全国总产量的 82.76%，其次是广东，占 14.92%。生产紧压茶的省份主要是湖北、湖南和四川；其他茶的主要生产省份有福建、湖南、广东、四川和贵州（表 7-11）。

表 7-11 我国不同茶类的区域分布

重点产区	区 域 分 布	主要茶叶品种
长江中下游	浙江东部、西部和南部茶区；福建闽东茶区；江苏苏南茶区；安徽皖南、皖西茶区；江西赣北茶区；湖北鄂东南茶区和河南豫南茶区	名优绿茶 西湖龙井、开化龙顶、碧螺春、黄山毛峰、六安瓜片、庐山云雾以及信阳毛尖
东南沿海	闽南乌龙、闽北乌龙和粤东乌龙茶区	优质乌龙茶 大红袍、水仙、铁观音
长江上中游	川西绿茶区，川南优质早茶区，川东北特色茶区，黔中茶区，重庆茶区，陕西茶区，湖北武陵山、三峡及西北部茶区，湘东北、湘西南茶区	特色及出口绿茶 竹叶青、蒙顶甘露、君山银针、采花毛尖、湄江翠片
西 南	云南的滇西、滇南茶区以及广西的桂西南茶区	红茶及特种茶 滇红、普洱茶

资料来源：依据农业部发布的全国茶叶重点区域发展规划（2009～2015 年）整理。

3. 茶区优势布局规划

根据农业部办公厅发布的全国茶叶重点区域发展规划（2009～2015 年），从全国 20 个省（区、市）1000 余个产茶县中，按规划准入茶叶重点区域的标准，重点选择有优势、有特色、有规模、产值大的 15 个省（区、市）118 个县，按其茶类和自然条件划分为四大茶叶重点区域。通过规划的实施，四大茶叶优势区将进一步形成具有产品特色明显，技术含量高，生产、管理水平一流，国内外竞争力强的茶叶重点区域，从而达到以重点区域促进全国茶产业发展，提高我国茶产业总体水平。四大优势茶区分别是：

（1）长江中下游名优绿茶重点区域

该区域包括浙江的东部、西部和南部茶区，福建的闽东茶区，江苏的苏南茶区，安徽的皖南、皖西茶区，江西的赣北茶区，湖北的鄂东南茶区和河南豫南茶区。该区域共 48 个县（市、区），2005 年茶园面积 443.8 万亩，采摘茶园面积 386.6 万亩，无性系良种率 30.9%，产量 21.0 万吨，产值 67.8 亿元，其中名优茶产量 9.3 万吨，产值 50.2 亿元。该区沿海茶区经济较为发达，农民人均纯收入达 3360 元，而内陆茶区经济欠发达，农民人均纯收入仅 2060 元。但劳动力资源较充沛，而沿海茶区劳动力紧张，生产成本相对较高。该茶区茶树种植以灌木型为主，少数为小乔木型。历史上主产绿茶，特别以名优茶闻名国内外，如西湖龙井、开化龙顶、碧螺春、黄山毛峰、六安瓜片、庐山云雾以及信阳毛尖等。

该区域以发展高品位名优绿茶为主,进一步发展深加工,建设外向型出口绿茶拼配厂,继续发展出口和转口绿茶。

(2) 东南沿海优质乌龙茶重点区域

该区域是我国乌龙茶传统产区,包括闽南乌龙、闽北乌龙和粤东乌龙茶区,分布区域包括闽南的安溪、永春、华安、平和、诏安、南靖、大田,闽北的武夷山、建瓯、建阳和广东的潮安、饶平、大埔、揭西等,共14个县(市、区)。2005年茶园面积99.5万亩,采摘面积81.6万亩,无性系良种率为93.6%,产量8.6万吨,产值24.6亿元。其中名优茶产量3.3万吨,产值19.2亿元。该区总体经济水平较发达,农民人均纯收入达3894元,茶树种质资源丰富,茶叶花色名称常以茶树品种命名,劳动力较紧张、生产成本高,但均价亦高。该茶区茶树种植以小乔木型为主,少数为灌木型。大红袍、水仙、铁观音、凤凰单丛均为著名乌龙茶。

该区域重点发展优质高效乌龙茶,进一步改进加工工艺,提高乌龙茶香气;发展乌龙茶的深加工,建设中国最大的乌龙茶出口基地。

(3) 长江上中游特色和出口绿茶重点区域

该区域包括川西绿茶区,川南优质早茶区,川东北特色茶区,黔中茶区,重庆茶区,陕南茶区,湖北的武陵山、三峡及西北部茶区,湘东北、湘西南茶区,共38个县(市、区),2005年茶园总面积350.2万亩,采摘面积240.4万亩,无性系良种率31.6%,茶叶总产量15.6万吨,茶叶产值31.8亿元,其中名优茶产量3.8万吨,产值18.5亿元。该区域总体经济欠发达,农民人均纯收入2223元,劳动力资源较丰富,生产成本相对较低。茶树种植以灌木型为多,部分为小乔木型。历史上以生产绿茶和边茶为主,鄂西、川东北和陕南的富硒茶是该区的特色茶。该区的名优茶有竹叶青、蒙顶甘露、君山银针、采花毛尖、湄江翠片等。

该区域宜大力发展出口绿茶,建立出口绿茶基地和培育出口龙头企业,扩大自营出口。积极发展名优绿茶,提高良种比例,提高特色绿茶品质和知名度。同时,要努力进行深加工研究和开发,加速低档茶和副茶的利用。稳定边茶加工,不断提高边茶

质量。

(4) 西南红茶和特种茶重点区域

该区域主要由云南的滇西、滇南茶区以及广西的桂西南茶区组成,共有18个县(市、区)。2005年茶园总面积196.7万亩,采摘茶园面积为136万亩,产量8.6万吨,产值22亿元,其中名优茶产量5.0万吨,产值15.8亿元,无性系良种率34.5%。该区经济欠发达,农民人均纯收入1896元,茶树资源丰富,劳动力资源尚充足。茶树种植以乔木型为主,部分为小乔木型。历史上主产红茶和特种茶如滇红、普洱茶等。

(陈富桥 阮浩耕 詹罗九)

(四) 茶产业转型升级

1. 茶产业转型升级的基本内涵

转型一词在经济学领域最原始的含义是用来解释经济运行体制的根本性改变,后来逐步被借用来解释经济或产业发展的演化过程。从理论上讲,所谓某一产业转型是指产业的结构形态、运转模式和经营观念的根本性转变过程,是主动求新求变和创新的过程。一个产业的成功转型就是按照外部环境的变化,对产业的体制机制、运行模式和发展战略进行系统性的动态调整和创新,将旧的发展模式转变为符合时代要求的新模式。产业转型意味着产业增长方式的转变,是产业结构的优化和产业组织模式的重新调整。

产业升级主要是依靠技术进步改善产业结构和提高产业素质与效率。产业结构的改善,表现为产业的协调发展和结构的提升,产业素质与效率的提高,表现为生产要素的优化组合、技术水平和管理水平以及产品质量的提高。产业升级是一个系统化工程,它是微观产业体系和企业在市场竞争推动下的自觉行为,是从量变到质变的积累,是一个逐步演化和提升的过程。产业升级的实现过程,主要是在市场经济规律下通过市场竞争淘汰低效率的生产,或者把低效率的生产转化为高效率的生产,从而发展高效率的生产。

我国茶产业在长期的发展过程中,已经形成了

一个较为完整的产业体系,但由于受到劳动力供给、资源环境、市场需求等因素的影响,必须进行调整和优化,以实现茶产业资源的优化配置和合理利用,达到经济效益、社会效益和生态效益的有机统一。茶产业转型也是我国茶产业可持续发展的前提,是产业发展的内在需求。茶产业转型升级,就是从现有的茶叶经营模式向更新更科学更高效的经营组织模式的转变,是茶产业运行与组织模式的根本性变化,是一种制度性变迁。从转型升级过程看,茶产业升级就是茶产业由低技术水平向高技术水平、由低附加值状态向高附加值状态、由低加工度向高加工度演变的过程,通过产业升级延长茶叶产业链,实现茶产业从传统茶业向现代茶业的转变。通过产业升级实现茶产业效益的提高,从重视提高产量和扩大面积为主转变到以提高质量和品牌增值为主,实现茶产业经济的增长模式从高资源消耗(土地占有和劳动力密集)逐步转型为高效益低消耗。

2. 茶产业升级的基本内容与实现路径

(1) 产品升级

一是产品传统加工工艺的升级。产品只有不断创新才能保持一个产业的生命力,近年来通过工艺创新推出的新的茶类产品得到了消费者青睐,市场反应良好。因此必须依靠科技进步促进茶叶加工工艺创新升级,要顺应市场需求的变化趋势,结合现代人的健康和文化需求,突破固有六大茶类结构的束缚,优化调整茶叶产品结构,不断推出适合市场口味的茶叶新产品,或者通过加工工艺改变产品的品饮方式和包装方式。与此相配套也要在加工技术手段上不断创新,实现加工流程从传统手工加工向机械化、标准化加工转变,加快研制适应工艺升级的配套设备和机械。

二是品质监管的升级。稳定的茶叶品质是茶叶产品品牌化、规模化经营的物质基础。茶叶产品的信息不对称性在一定程度上导致了茶叶市场的失灵,不利于茶产业的健康发展。要通过现代管理手段和制度创新促进产品升级,保持茶叶产品的品质稳定性,向市场传递具有正外部性的产品信息,强化消费者的品牌认知。因此必须通过现代市场

管理和监管手段的创新倒逼产品升级,不断提高产品的质量和卫生标准,实现品质的稳定。例如完善和加强现有的 QS 认证制度、全面引入 ISO9001 质量管理体系,逐步建立和实现茶叶产品的可追溯体系,促进企业和茶农推出符合食品安全要求的产品。

三是产品加工程度升级。要充分与现代食品、医药、服装、化工等产业技术结合,开发研制茶叶深加工产品,实现茶叶的精深加工。产品加工程度的升级对中国茶产业发展具有如下作用:一是有效解决中低档茶出路;二是提升茶叶附加值,茶叶原料通过精深加工可增值 10～100 倍;三是延伸茶产业链;四是进一步拓展茶叶应用领域。

(2) 经营理念升级

一是产业经营理念升级。目前我国茶产业整体上依然被看作农业产业,要从指导思想上摆脱传统的农业经营观念,充分挖掘茶产业的多功能性,把茶叶作为一种饮料产品、文化艺术产品、生物健康产品来经营,把茶产业看作饮料加工业、文化休闲产业、保健健康产业来经营。要实现茶产业的升级必须依靠现代营销理念和科技创新理念,培养一批有现代企业经营理念的企业家,扶持一批有现代营销理念的茶叶龙头企业。

二是市场营销理念升级。茶叶生产依然以家庭作坊式的经营为主,经营理念上小农意识表现明显。从市场营销观念的演变历史看,营销观念从低级到高级包括五个阶段,即生产观念阶段、产品观念阶段、推销观念阶段、市场营销观念阶段和社会市场营销观念阶段。国家茶叶产业技术体系产业经济研究室的一项调查,发现绝大多数企业认为产品安全在企业价值增值影响中排第一位,产品质量应放在产业增值的第二位,第三位是产品的信誉度,而把品牌影响力仅放到第 5 位。这一结果表明,我国茶叶企业的市场营销理念还停留在生产产品阶段,市场营销理念的升级对茶产业的可持续发展至关重要。

(3) 制度升级

一是产业组织制度的升级。茶产业的转型升级本质上要归结为对现有产业组织制度的优化再造,

必须整合现有产业组织模式,依靠组织制度创新促进产业升级。在产业组织制度安排中必须贯彻合理产业分工的思想,通过合理的产业分工,延长茶叶产业链,优化产业结构;按照科学发展观指导搞好产业布局规划,科学确定发展重点区域,形成优势突出和特色鲜明的茶叶产业带,引导加工、流通、储运设施建设向优势产区聚集。推进茶叶的集约化、设施化生产,并且因地制宜发展茶旅游,促进茶叶加工业结构升级。

二是要建设便捷高效的产业社会化服务体系,加快构建以公共服务机构为依托、合作经济组织为基础、龙头企业为骨干、其他社会力量为补充,公益性服务和经营性服务相结合、专项服务和综合服务相协调的新型茶叶产业服务体系,支持供销合作社、农民专业合作社、专业服务公司、专业技术协会、农民经纪人、龙头企业等提供多种形式的生产经营服务。要建立现代茶叶流通体系,降低茶叶流通成本,积极推动茶叶流通企业与茶叶专业合作社建立采购基地,培育自有品牌,促进产销衔接。要扶持壮大龙头企业,培育知名品牌,实现产业化经营。

(姜爱芹 陈富桥)

七、茶叶产业组织

我国茶产业是从自给自足的小农生产方式中分化出来并随着需求增加而逐步形成与成长的。在清朝时期茶产业内部组织产生了分化,有了明确的组织分工,产业中出现了专门从事种植、加工和经营的市场组织,标志着中国茶产业进入形成与发展期。

(一) 我国茶叶产业的经济主体

1. 茶农

茶农是我国茶产业中数量最大的微观经济组织,在整个产业链中占有重要的地位。全国85%以上的茶园由个体茶农经营。在我国多数茶农为了争取高额收益,同时从事茶叶的种植、加工和销售,已经近乎一个微型的农业企业,数量巨大的茶农无疑加大了茶叶市场的竞争程度,使茶叶市场近乎一个完全竞争的市场结构,结果茶农只能变成市场价格的接受者,完全丧失了市场议价能力。国家茶叶产业技术体系产业经济研究室在不同茶叶产区的调研结果表明,多数茶农人均经营茶园面积不足5亩,家庭经营的细碎化不能产生规模效益,这是当前茶叶生产环节中效率较低的主要原因之一。

茶产业在茶区是民生产业,在茶农家庭收入中占有重要比重。在浙江、云南、福建、湖南、江西等茶叶主产省区的重点茶区调研数据显示,55%的家庭来自茶叶销售的收入达到家庭收入总额的60%。从茶农的家庭收入来源渠道看,55%的家庭收入来自茶叶种植,近45%的收入来自非茶叶收入,其中非农收入和打工收入占到了33%。随着我国经济发展和城市化进程加快,茶农家庭收入来源有多元化趋势。农户为了提高家庭收入,一般都有兼业化倾向,由于茶叶生产的季节性,茶农的兼业倾向更加明显,这在一定程度上缓解了茶区劳动力淡季过剩的局面,但是也给茶叶生产带来了不稳定性。茶叶市场繁荣时,茶农会重返茶园,市场不景气时会去兼职,结果加剧了市场供应的波动。

2. 中小茶叶企业

我国关于中小企业的划分标准目前还没有一致的意见。根据世界银行的划分,雇员人数300以下的都是中小企业,根据我国的划分标准,以制造业为例,制造业员工人数300以下是小型企业,员工人数在300到2000是中型企业。从茶叶行业实践来看,中小茶叶企业主要指从事茶叶初制精制加工和销售、经营规模和市场影响力小的企业。目前全国有茶叶初精制加工厂约7万多家,其中茶叶精制厂3000多家,且99%都是中小企业,平均每个加工厂的年加工能力约15万吨。这些厂(场)除了茶叶生产加工以外,部分还从事茶叶营运、销售等任务。由于企业规模小,加工设备、技术较落后,且生产工艺简单,多数中小茶叶企业具有茶叶产量少,产品质量不稳定等特点。

3. 茶叶流通企业

茶叶流通企业主要指专门从事茶叶流通的茶叶

企业,包括批发商、代理商和零售商,他们在中国茶叶市场中起着十分重要的作用。批发商主要从事茶叶购买、销售、简单包装和必要的运输处理,通过购销价差获取利润。代理商为委托人(一般为外地批发商)代为收购茶叶、代为寻找运输商,通过收取手续费获取利润。零售商主要包括:茶庄、茶叶连锁店、超市茶叶专柜等。茶庄是目前中国茶叶销售的主渠道,茶叶连锁是近几年茶叶发展的新型物流形式,有新茶商建立的,也有"老字号茶庄"发展和加盟的。茶叶产品品种丰富,选购时对于专业性要求比较高,且顾客的偏好较明显,这使得专业店或专卖店成为茶叶销售的理想业态。一些有战略眼光的茶叶渠道商纷纷运用连锁方式发展专业店或专卖店,抢占市场。茶叶这种传统的商品,通过连锁加盟的形式,扩大了销售渠道,在方便顾客选购产品、提升自身竞争优势的同时,密集的茶产业渠道网点促使市场消费升级,使品牌茶叶更受消费者青睐,这样更有利于产业的健康持续发展。

4. 茶农专业合作社

茶农专业合作社是在家庭承包经营基础上,茶叶的生产经营者或者生产经营服务的提供者、利用者,自愿联合、民主管理的互助性经济组织。合作社以其成员为主要服务对象,提供生产资料的购买、茶叶的销售、加工、运输、贮藏以及与茶叶生产经营有关的技术、信息等服务。合作社在西方国家已经有近200年的历史,发达国家的实践已经证明其在农业产业化过程中有着重要的作用。合作社是联系小农生产与庞大市场的纽带,也是提高茶农组织程度的一种途径。与单个茶农相比,合作社有较大的优越性:第一,有利于实现规模经济,提高茶农的议价能力,增加茶农收入;第二,能够降低交易费用。一方面合作社代表茶农对龙头企业进行监督,能够减少分散的茶农对龙头企业的监督费用。另一方面合作社能够对小茶农的机会主义违约行为进行低成本的监督和约束,即减少龙头企业面临的茶农违约风险。

我国不同茶叶产区合作社数量近年来都在不同程度的增长,例如福建安溪县现有合作社186家,目前还在不断增长,浙江省茶叶专业合作社已达548家。合作社的数量发展,与各级主管部门响应国家号召提供的宽松优越政策环境有很大关系。各级茶叶主管部门都意识到合作社是提高茶产业化程度的有效途径,都在各自管辖职权内出台了诸多扶持合作社发展的政策措施。但是,合作社发展中也存在诸多问题:一是融资困难;二是管理困难(管理人才匮乏);三是社员间的关系模糊;四是管理制度不规范;五是对政府的依赖心理强。目前运行比较好的合作社,多数政府背景比较浓厚,茶农自发组织的合作社比例偏低,且多数合作社对茶农的管理松散,事实上没有起到合作社应有的作用。

5. 茶叶龙头企业或大型茶叶企业

目前对农业龙头企业的定义,学术界仍未达成共识,但所有的定义都特别强调龙头企业对农户和农业产业化的带动作用。农业部等八部委(2001)认为,国家级农业产业化龙头企业是指以农产品加工或流通为主业,通过各种利益连接机制与农户相联系,带动农户进入市场,使农产品生产、加工、销售有机集合、相互促进,在规模和经营指标上达到规定标准并经全国农业产业化联席会议认定的企业。国家八部委联合制定了国家级农业龙头企业的认定标准,依据该标准,各级地方政府出台了本地的龙头企业标准,构建了从国家、省、市、县四级龙头企业层级结构体系。

从前四批国家级龙头企业的数量看,茶叶企业进入国家级龙头企业名单的数量在不断增长,第一批仅有安溪铁观音集团1家入围,第四批有8家入围(表7-12)。除了国家认定的龙头企业外,有一定生产经营规模和品牌知名度,在当地乃至全国有一定影响力的大型茶叶企业通常也被称为行业龙头企业。多数茶叶龙头企业都采取垂直一体化经营的策略,业务基本覆盖茶叶生产、加工销售的全过程。茶叶龙头企业是市场经济条件下发展壮大起来的强势企业,具有敏锐的市场洞察力、规模经济优势和品牌优势。一般而言,茶叶龙头企业是茶叶市场的领导者,对整个茶叶生产、加工、销售等具有明显的示范和带动作用。

表7-12 国家级茶叶龙头企业名单

企 业 名 称	认定批次
福建省安溪茶厂(安溪铁观音集团)	第一批
浙江华发出口茶厂	第二批
四川峨眉山竹叶青茶业有限公司	第二批
浙江省茶叶进出口有限公司	第三批
湖南省茶叶总公司	第三批
四川省叙府茶业有限公司	第三批
云南下关茶厂沱茶(集团)股份有限公司	第三批
武义县更香有机茶业开发有限公司	第四批
安徽茶叶进出口有限公司	第四批
星愿(中国)茶业有限公司	第四批
宜昌三峡茶城有限责任公司	第四批
四川省文君茶业有限公司	第四批
贵州湄潭兰馨茶业有限公司	第四批
贵州凤冈黔风有机茶业有限公司	第四批
云南双江勐库茶叶有限责任公司	第四批

资料来源：农业部农村经济体制与经营管理司

(陈富桥)

(二)我国茶叶产业组织的结构现状

据估计,目前我国生产茶叶的农户约 1600 万户,有 7 万多家的茶叶生产企业。根据中国茶叶流通协会 2008 年对茶叶百强企业的统计,2007 年度的全国茶叶百强企业销售额只占总销售额的 46.2%。从行业集中度指标看,CR4 和 CR8 分别仅为 9.6%和 14.8%,结合张钰坤等人研究,2005 年和 2006 年茶叶企业 CR4 分别是 12.68%和 12.14%,根据贝恩分类法,当 CR4 小于 30%或 CR8 小于 40%时,即可以判定该行业为竞争型。而从近 3 年的前 4 位厂商的集中度系数来看,无疑我国茶叶行业的行业集中度很低。在茶叶产品的差异性方面,目前主要是由茶类的不同(生产工艺的不同)所造成,而不是由消费者认知、品牌等因素产生,同类产品的同质化程度较高。总之,由于我国茶叶市场

主体多而杂,规模小,产品同质性高,价格控制能力弱,市场壁垒不高,市场交易价格基本透明、盈利水平低,据此可以把我国茶叶市场看成是完全竞争型市场结构。中国茶产业组织结构的基本情况见图 7-17,相关数据来自《中国市场年鉴 2005 年行业统计》。其中 67000 家中小加工企业包括了农户的自产自制(工商注册)、规模化经营茶场以及收购鲜叶为主的茶叶加工厂等;184 家出口企业包含了自营出口的精制加工企业以及茶叶出口经营公司等。剖析中国茶产业组织结构,其主要特征可概括为:

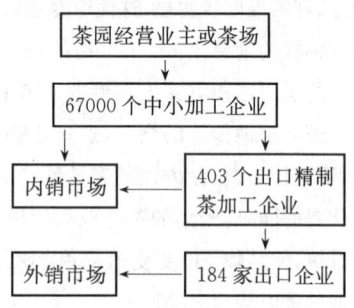

图 7-17 中国茶产业组织结构的基本数据图

1. 茶园小规模经营与名优茶的"分包式"加工

茶园的小规模经营是中国茶叶生产组织结构的主要特征之一。20 世纪 80 年代由于一些集体茶场实行家庭联产承包责任制,茶场平均面积规模趋小;90 年代,在茶园总面积没有增加的情况下,茶场平均面积进一步变小,呈超小型化趋势。目前,尽管也有一些规模化经营的茶场或公司,但总体而言,中国茶园平均经营面积呈现超小型化特点。据浙江省农业厅经济作物管理局 2009 年的统计数据,目前浙江省约有 100 万茶农,户均面积为 0.15~0.20 公顷,低于斯里兰卡的户均 0.4 公顷。

伴随茶园经营规模趋小和名优茶生产的发展,农户自产自制茶叶的数量增加,而鲜叶交易量显著减少。由于大多数名优茶采用手工采摘和手工加工,其加工设备并不需要很多的资金投入,名优茶加工环节常常处于内部化的农户中进行。自产自制的小生产方式是当前茶叶加工的一个主要特点,这在名优茶发展较快的浙江等地区尤为突出。中国、斯

里兰卡和肯尼亚的茶园经营都具有小型化特点,所不同的是,中国绝大部分茶农采用自产自制加工,但斯里兰卡和肯尼亚则采用出售鲜叶,外部加工的方式进行。

2. 出口大宗茶初制加工与茶园经营之间交易的外部化

鲜叶的不易保存性,决定了鲜叶交易会存在较高的交易成本,因此较大规模鲜叶生产者一般都拥有初制加工厂,即茶场一般由茶园和初制加工厂两部分组成。但随着茶园面积规模趋小和经营的家庭化,每个茶场都拥有大宗茶初制加工厂是不经济的。与茶园经营相比,大宗茶初制加工具有一定规模经济性。因此,随着茶园经营面积规模趋小的同时,不少大宗茶初制加工厂脱离茶场,成为独力市场主体。但同时,由于农户自产自制(即名优茶生产)茶叶比例增加,外部性鲜叶交易量在浙江等地区并不占有主导地位。

3. 加工规模呈多元化特点,但总体规模偏小

目前,我国已注册的中小茶叶企业达到 67000 个。另据 2001 年中国茶叶流通协会调查数据,如按销售额来划分,现阶段茶叶企业经营规模大多集中在 100 万～500 万元,占 29%;另外,50 万～100 万元的占 25%,50 万元以下的占 10%,1000 万～5000 万元的占 17%,500 万～1000 万元的占 13%,5000 万元以上的占 6%。

与斯里兰卡相比,我国出口大宗茶初制加工规模也具小型化特点。根据斯里兰卡茶叶协会(Sri Lanka Tea Board)提供的资料,2004 年斯里兰卡有 330 家厂商负责加工 20 多万农户所生产的鲜叶,平均加工规模超过 500 吨/家,而我国眉茶和珠茶的初制茶原料的加工规模一般小于 15 吨/家。另据 2003 年统计数据,我国 403 个精制茶加工企业中,绝大部分茶叶企业规模偏小,按照 2003 年茶叶出口量 26.1 万吨计算,则平均每家企业年产 647 吨。

4. 出口大宗茶原料初、精制加工的专业化分工

我国大宗茶的加工实施初、精制分离,初制和精

制环节由不同市场主体来承担,即实行市场化分工。比较世界主要茶叶出口国的产业组织结构,不难发现,与我国大宗茶出口加工组织方式不同的是,斯里兰卡和肯尼亚出口红茶的精制加工相对简单,初、精制实行一体化的方式。日本蒸青绿茶精制工艺流程也相对简短,许多茶厂基本上使用多性能的、工效高的综合精制加工机械,这种设备大大缩短了精制加工时间,其精制环节一般不是独立的市场主体,而是属于一些商社的一个工场。这些商社除了精制加工外,还对成品茶进行拼配、包装和深加工等。

(苏祝成　姜爱芹)

(三) 世界主要产茶国的产业组织模式

1. 茶园小规模经营模式

这种模式的特点是茶园由分散和小规模的农户经营,农户主要生产和出售鲜叶。斯里兰卡和肯尼亚农户均采用这种模式,但交易制度的具体安排方式有所不同。据斯里兰卡 TSHDA(Tea Small Holdings Development Authority)2004 年统计资料,斯里兰卡茶园总面积的 44% 由小规模的家庭农户经营,其总产量约占 60%。目前斯里兰卡有茶叶种植农户 20.6 万户,其中 17.3 万农户经营面积小于一公顷,每个小生产种植业主的平均经营规模约为 0.4 公顷。图 7-18 为斯里兰卡茶产业组织结构。

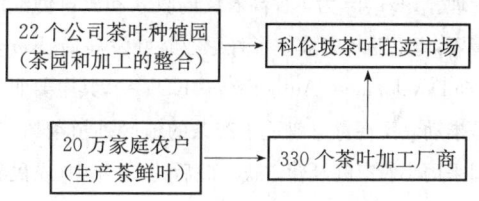

图 7-18 斯里兰卡茶产业组织结构

斯里兰卡茶产业组织结构的最大特点之一在于其特殊的纵向交易制度。由于农户经营的茶园面积规模较小,所以一般没有自己的加工设备,他们将鲜叶交给茶叶加工厂,这些加工厂大都私有。农户和茶叶加工厂之间并不是完全市场的交易关系,农户所生产的鲜叶价格依加工后成品茶的拍卖价格而定。农户采摘的鲜叶必须符合一定标准,一般要求

"一芽二叶"的比例占 75％以上。成品茶各月平均市场价格的 68％归农户所有，而其中的 32％归茶叶加工厂（以前的分配比例分别为 75％和 25％）。具体计算方法是，按 4.5 千克鲜叶加工 1 千克成品茶计，鲜叶的价格＝68％×拍卖价格/4.5。斯里兰卡通过农户和茶叶加工厂商之间特殊的联合，以间接的方式解决了农户的入市问题。这种交易制度较好解决了生产者和加工厂商的结合问题。由于价格收入的固定分成制，一方面，鲜叶生产者和茶叶加工厂商都希望加工的成品茶有很高的卖价；而另一方面，农户和加工企业会努力降低自己的生产成本，提高经营效率，以获得更大的利润。但这种交易方式有效性的前提是：农户和茶叶加工企业之间交易标准化、茶叶加工技术与成品茶交易制度的规范化等。

斯里兰卡茶产业组织结构的另一特点是出口的拍卖交易。目前，斯里兰卡约有 330 多个茶叶加工厂（包括种植园）。各茶厂生产的茶叶，先送小样给拍卖中心，由中间经营商看样定价后分送各买主，然后定期进行拍卖。有 7 个茶叶中间经营商（茶叶经纪商）从事茶叶拍卖的中间业务，收取手续费。斯里兰卡出口茶叶的 90％是通过本国的科伦坡（Colombo）茶叶拍卖市场进行交易，该拍卖中心是世界较大的茶叶拍卖市场之一。

20 世纪 60 年代前，肯尼亚茶园主要为原殖民宗主国一些公司所控制，这一部分茶园实行庄园式管理。1964 年，为了提高农民的收入和出口创汇的需要，肯尼亚政府成立了肯尼亚茶叶发展局（Kenya Tea Development Authority — KDTA），其主要职能是推动农民在肯尼亚适于产茶的地区种植茶树，茶园采用小农家庭经营方式。此后的 20 年中，农民新开辟了近 6 万公顷的茶园。至 20 世纪 80 年代末，农户经营的茶园占肯尼亚总面积的 66％，产量占 60％左右。农户经营面积不足 0.4 公顷/户。图 7 - 19 为肯尼亚的产业组织方式。

与斯里兰卡相似，肯尼亚茶园经营亦是大规模的庄园式经营和小农生产方式并存的特点，但小农户占有主导地位。农户只生产鲜叶，原料一般卖给肯尼亚茶叶发展局（KTDA）所属的茶叶加工厂，交易价格实行政府垄断定价，这和斯里兰卡市场化定价方式不同。另外，肯尼亚茶叶亦主要通过拍卖出口，Mombasa 是其主要拍卖市场。

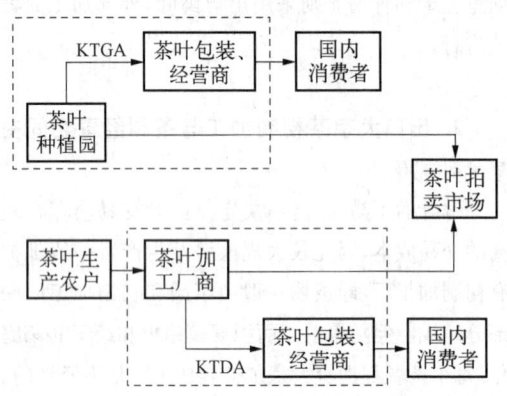

图 7 - 19　肯尼亚茶产业组织方式

2. 家庭式经营与农户合作组织相结合的模式

日本和印度尼西亚主要采用这种模式，其中以日本为典型。日本茶农的茶园经营规模比斯里兰卡和肯尼亚大，但仍具有小规模的生产特点。日本茶园主要是家庭式的农户经营。农户分两种，即专业型农户和兼业型农户。专业型农户经营的茶园面积规模比兼业型大。以静冈县为例，目前静冈县约有 48.3％农户种茶，达 43300 户，平均户种植面积 0.49 公顷，其中专业型农户一般 1.5～2.0 公顷。在静冈县，有 5000 公顷连片集中的茶园（约占全县 1/4 面积），也基本实行分户经营的方式。

合作组织在日本的茶园管理、茶叶加工和营销等环节十分普遍。目前，日本茶园管理中各种作业（垦殖、中耕、施肥、灌溉、植保、采摘等）基本实行机械化，一般农户都有一套完备的农业机械。对较小茶园规模的农户而言，单独拥有一套茶园作业机械可能是不经济的，但日本茶园连片经营特征使得社会化服务成为一项有效率的制度安排，因此，分布各地的农协组织应运而生。

在加工环节，各种合作组织方式同样十分普遍。除了一部分农户拥有自己初制加工设备外，其他农户采取合作初制加工的方式。这些形式包括农户"共有"的初制厂、"共同"初制厂、农协初制厂和会社初制厂等。农协初制厂有茶叶专业农协和非茶专业农协初制厂。"共有"和"共同"初制厂的区别是,前者是指许多农户共同投资初制厂,但鲜叶各自单独加工,后者指不但共同投资,鲜叶亦统一加工。图7-4为日本茶叶流通的主要组织形式。

3. 茶园规模化经营模式

茶园的规模化与企业化经营是印度茶产业组织结构主要特点之一。印度茶园基本实行企业化管理,茶叶种植园多属大公司或私人经营,少数茶园为农户经营。目前约有种植园 1.2 万个,经营面积一般在 8 公顷以上,大的有 400 公顷。全国平均每个种植园的经营规模为 30 公顷左右,其中北印度种植园平均拥有 136 公顷,而南印度平均只有 7 公顷。种植园一般有自己的茶叶加工厂,加工点设在种植园的中心,种植园规模较小的,往往是几个种植园联合建一个加工厂,而经营零星茶园的农户一般出售鲜叶。目前,全印度约有 1200 家茶叶加工厂。

茶叶生产属于劳动密集型产业,解决了印度边远地区许多农民的就业问题。据统计,茶产业约吸收了这些地区农业劳动力的 20%,因此茶产业发展得到政府的重视。印度出口茶叶的销售方式主要是拍卖。1861 年前,印度茶叶主要通过伦敦拍卖市场出售。1861 年 12 月 27 日印度在加尔各答 (Calcutta)建立本国第一个茶叶拍卖中心。之后,印度于本世纪相继建立了 Cochin、Coonoor、Guwahati、Siliguri Coinbatore 和 Amritsar 等茶叶拍卖市场。与斯里兰卡和肯尼亚不同,印度茶叶总产量中相当一部分用于国内消费。

4. 茶叶专业交易市场的形成与发展

茶叶交易市场是近几年发展起来的一种茶叶交易方式创新。目前在我国不少地区都建立了专业性的茶叶交易市场。交易市场的一个重要特点是,这种市场大多数分布在茶叶生产或消费较集中的地区。茶叶交易市场的参与主体一般包括生产者、中间组织及茶庄等,但不同市场因其所处区域的特殊性,在交易主体结构上有一定的差异。产区市场中交易主体结构的特点是数量较多、规模狭小的茶叶生产者和相对数量较少的茶叶收购商;而销区市场主体的结构特点是相对数量较少的茶叶批发经销商和众多、分散的茶叶零售商及茶庄等。

(苏祝成　姜爱芹)

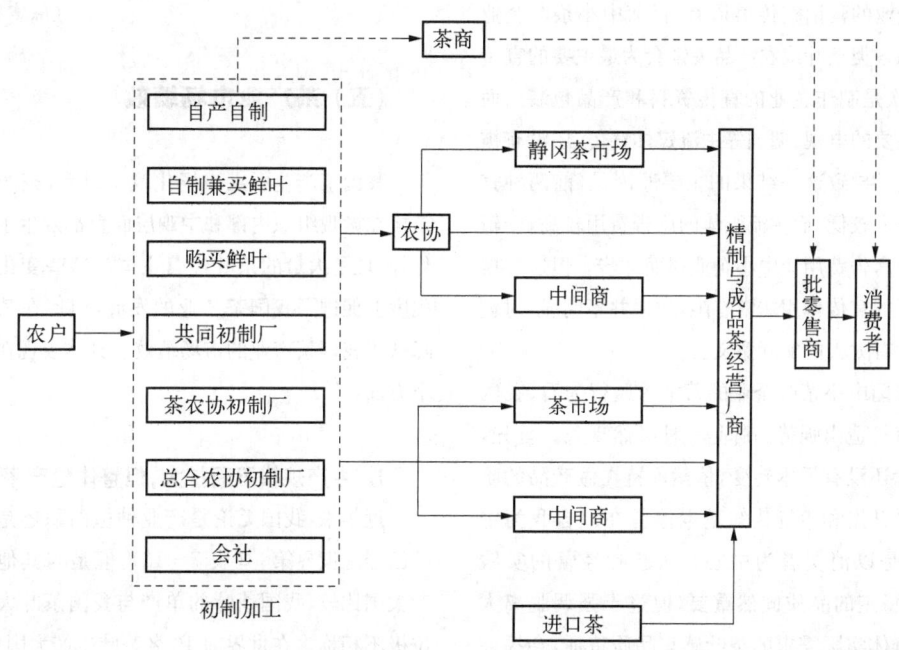

图 7-20　日本茶叶流通组织方式

（四）茶叶企业的市场行为

1. 价格行为

目前我国茶叶产业已经全部市场化，茶叶价格由企业根据市场情况制定。由于我国茶叶企业市场参与主体多，且茶叶种类繁多、不同茶类间茶叶质量差异性较大，与之相对应，售价也较为模糊。另一方面我国茶叶企业生产规模小、同类产品同质性高，企业间的竞争主要以价格竞争为主，在定价方法上也主要是参考主要竞争对手的价格。因此，我国茶叶企业目前采用的最常见的价格行为是跟随定价。

2. 非价格营销行为

我国茶产业已经完全市场化，茶叶与粮食、蔬菜等其他农产品相比，商品化程度更高，茶叶本身同质化程度高，同时产品信息不对称导致质量甄别难度大，茶叶经营主体多且竞争激烈，茶叶流通市场渠道多元化，茶叶的国际竞争也异常激烈，茶叶消费多元化趋势明显，产能过剩问题逐步显现。所有这些情况表明，我国的茶叶已经步入营销时代。

从企业的营销宣传渠道看，目前中小茶叶企业仍以参加各类茶叶或农产品展销会为最主要的宣传途径，其次是制作企业的宣传资料和产品包装。而目前最主要的电视、期刊等主流媒体宣传，还没有被广泛采用。导致这一结果的主要原因是，前两种宣传费用投入较低，而主流媒体的广告费用较高，动辄上百万的广告费用让中小企业望而却步。但通过展销会起到的宣传作用非常有限，效果并不明显，对创建品牌没有太大的实际意义。

从我国中小茶叶企业的营销沟通行为看，我国茶叶没有打造出强势品牌是一种必然现象。首先，经营理念还没有根本转变，依然保持在做产品的阶段。产品开发和市场认知基本停留在以自我为中心，而不是以消费者为中心。从茶叶经营的实践看，良好稳定的品质固然重要，但过于强调脱离大众消费群体实际需求的茶叶感官品质特征，会提高企业的经营成本，降低企业的市场占有率，压缩企业的规模。只有那些满足大众消费、提供一贯口味的标准化产品的企业，才能有庞大的市场消费群体，才能步入规模经济阶段，才能创建出知名的品牌。

3. 研发行为

技术创新是中小企业保持竞争力和生命力的重要保证，然而我国的茶叶中小企业技术研发投入普遍偏低。国家茶叶产业技术体系产业经济研究室的调研结果显示，36.5%的企业完全没有技术研发投入，25%的企业研发投入在 5 万元以下。年研发投入在 50 万元以上的企业仅有 8%，投入金额在 100 万元以上的更是凤毛麟角。从企业的研发渠道看，完全依靠本企业实力进行技术研发的仅有 7.4%，38%的企业主要依靠与科研机构合作获得技术支持，31%的企业在有技术需求时候临时购买或委托研发。据调查发现，导致我国茶叶企业研发投入较低的根本原因是研发动力不足。首先，激烈的市场竞争导致企业的利润薄弱，无力投入资金开展研发。其次，茶产业的行业进入门槛极低，创新产品的投入会马上被其他企业模仿，导致产品开发投入没有利润回报。

（陈富桥）

（五）茶产业市场绩效

我国茶产业引入市场化改革以后，茶产业组织结构在微观组织内部和中观层面上都发生了重要变化，出现了大量的茶叶经营主体。这些变化在一定程度上促进了我国茶产业的发展，但也在某些方面降低了我国茶产业的市场绩效。具体表现在以下几个方面：

1. 生产规模不断扩大，但整体生产率不高

近年来，我国无论是产业种植面积还是总产量都已经是世界第一（表 7-13），但是与其他茶叶生产大国比较，我国茶叶的单产与我国茶叶大国的地位极不相称。在世界前 10 名茶叶生产大国中，我国单产几乎是最低的，仅为 938 千克/公顷。在同国内

的其他饮料制造业比较,精制茶加工企业劳动生产率也是最低的(图 7-21),2004 年按当年价产值计算的劳动生产率为 22.62 万元每人/年,比茶饮料制造业低近 50 万元每人/年(表 7-14)。

表 7-13 2006 年主要产茶国茶叶生产情况比较

国 家	收获面积（万公顷）	单 产（吨/公顷）	总产量（万吨）
中 国	111.7	0.9	104
印 度	52.3	1.8	92.8
斯里兰卡	21.2	1.5	31.0
肯尼亚	14.7	2.1	31.0
印度尼西亚	11.1	1.3	14.7
越 南	10.2	1.5	15.1
土耳其	7.6	2.7	20.2
缅 甸	7.3	0.4	2.7
孟加拉国	5.3	1.1	5.8
日 本	4.9	1.9	9.2

资料来源：FAO 数据库

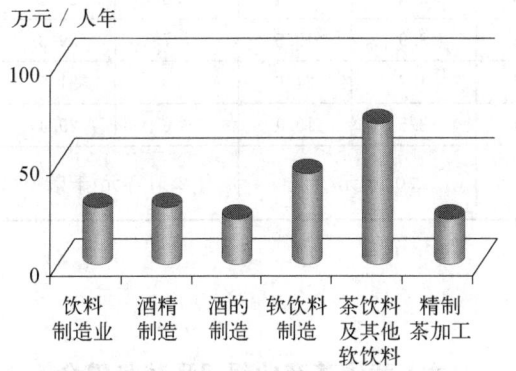

图 7-21 2004 年按产值计算的全员劳动生产率对比图

表 7-14 中国 2004 年分行业食品工业全员劳动生产率比较 单位：万元/人年

行 业	按产值计算（当年价）	按增加值计算
食品工业合计	39.59	13.7
饮料制造业	29.09	10.84

（续表）

行 业	按产值计算（当年价）	按增加值计算
酒精制造	28.55	7.52
酒的制造	23.90	10.16
软饮料制造	45.91	14.56
茶饮料及其他软饮料制造	71.60	21.47
精制茶加工	22.62	5.7

资料来源：中国食品工业年鉴 2005

2. 过度的市场竞争降低了产业整体效益

国内茶叶市场没能培育起依靠技术创新、降低成本和产品差异化策略提高竞争能力的市场机制。过度的竞争导致了行业整体经济效益的下降。从 2007 年和 2008 年主要饮料制造行业的销售情况看,2007 年我国精制茶加工业的工业销售额为 244.58 亿元,2008 年升为 328.38 亿元。与其他饮料制造业比有较大的差距(表 7-15)。从产业组织理论角度分析,解决这些问题的对策是提高市场的组织集中度,适度集中垄断的市场结构是有效竞争的前提。以地方名茶为例,地方名茶生产有极强的区域性,如果提高区域性名茶进入市场的集中度,就能避免"一哄而起,一起而散"的状况,从而能保证地方茶产业可持续发展。

3. 出口创汇能力低

我国茶叶在国际市场上一直难以摆脱"低档茶"的代名词,大部分是以原料茶形式出口,没有自己的品牌。价格比较高的传统名茶主要在国内销售,2008 年中国茶叶产量为 125.8 万吨,其中只有 29.7 万吨出口。与世界其他茶叶出口大国比,我国茶叶出口的平均单价较低,出口创汇能力不强。1998~2007 年间我国茶叶出口平均单价为 1650 美元/吨,是主要出口国中最低的(表 7-16)。

4. 名茶多,名牌少

作为茶叶的故乡,中国有名茶超过千种,是世界名茶最多的国家,但名茶不等于名牌,名茶的曲高和

表 7 - 15　中国饮料制造业工业销售情况比较　　　　　　　　　　　　　单位：亿元

行　业	2007 年		2008 年	
	工业产值	工业销售额	工业产值	工业销售额
饮料制造业	5086.15	4977.04	6276.64	6070.14
酒精制造业	383.57	357.92	454.98	430.05
酒类制造业	2619.19	2573.23	3171.32	3089.50
软饮料制造业	1823.92	1801.31	2300.06	2221.86
精制茶加工	259.47	244.58	350.27	328.38

资料来源：《中国餐饮年鉴 2008～2009》

表 7 - 16　1998～2007 年主要茶叶出口国出口效益比较

年　份	中国大陆		肯尼亚		印度		斯里兰卡	
	出口额 （亿美元）	出口量 （吨）	出口额 （亿美元）	出口量 （万吨）	出口额 （亿美元）	出口量 （万吨）	出口额 （亿美元）	出口量 （万吨）
1998	3.7	21.7	5.5	26.3	5.1	20.3	7.5	26.5
1999	3.4	19.9	4.7	24.2	4.4	18.9	6.0	26.3
2000	3.5	22.8	4.6	21.7	4.1	20.4	6.6	28.0
2001	3.4	25.0	4.5	27.0	3.4	17.9	6.5	28.8
2002	3.0	25.2	4.3	27.2	3.5	19.8	6.4	28.6
2003	3.6	26.0	4.4	26.8	3.2	17.0	6.5	29.1
2004	4.4	28.0	5.4	33.3	3.8	19.4	7.0	29.1
2005	5.9	28.7	5.6	34.8	3.9	19.5	7.7	29.9
2006	5.4	28.7	6.4	31.2	4.2	21.6	8.3	31.5
2007	6.0	28.9	6.9	34.4	3.5	15.4	9.6	29.4
十年平 均单价	1.65 美元/千克		1.83 美元/千克		2.05 美元/千克		2.51 美元/千克	

资料来源：ITC（国际茶叶委员会）统计资料

寡、没有规模、地域特征明显、不重视知识产权和不会维护自己的权益等，使得名茶不能顺势成为名牌。"品牌"缺失是中国茶产业的薄弱环节。据统计，中国茶叶进出口公司的 12 家省级公司中，只有 4 家有商标。目前国内 7 万多家茶厂中注册商标的仅有一千多家。事实上不少名茶因缺少自己的品牌而失去应有的市场份额。造成这一局面的原因仍然与我国茶产业组织化程度低有直接的关系。可见中国茶产业要"做大做强"必须改变"名茶强势，名牌弱势"的局面。

（陈富桥）

（六）我国茶产业组织现状与整合

1. 我国茶产业链基本形成但缺乏合理分工

在我国专业从事茶叶生产、加工、贸易的市场主体已经比较清晰，已经形成了一个初步独立完整的产业链（图 7 - 22）。在产业链上，主要包括茶叶鲜叶生产、茶叶加工、茶叶流通与后营销四个大的环节。从理论上说在产业链的不同环节，应该分布着不同的经营主体：提供原材料的茶农、初制茶厂、精

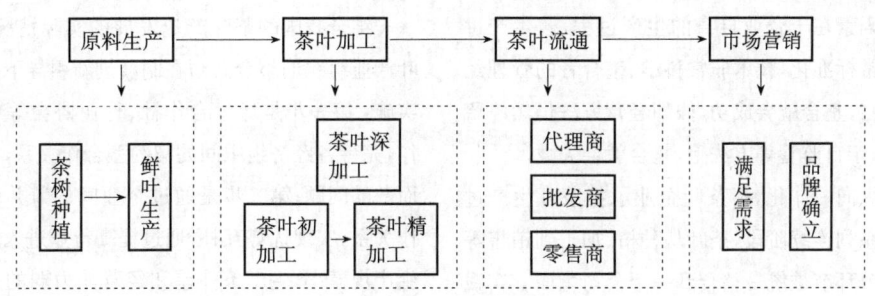

图 7-22　我国的茶产业链

制茶厂、茶相关产品生产企业、贸易商等,这些企业间应该分工合作,这样才能提高各个环节的生产效率。但在实践上,却是各个环节特别是在种植和加工环节,分布着数量巨大的茶农和中小企业,茶叶流通企业大多又是由茶农、茶商、茶庄等演变和发展而来的,多数是小而全的企业,一个茶叶企业要从事四个环节的工作,可见我国茶产业的专业化经济程度较低。

2. 茶产业组织整合的模式

所谓产业组织是指产业内不同微观经济组织之间的联系,从理论上看茶产业发展过程中各个微观经济组织间的组合模式有三种:市场模式、契约模式与一体化模式(图 7-23)。

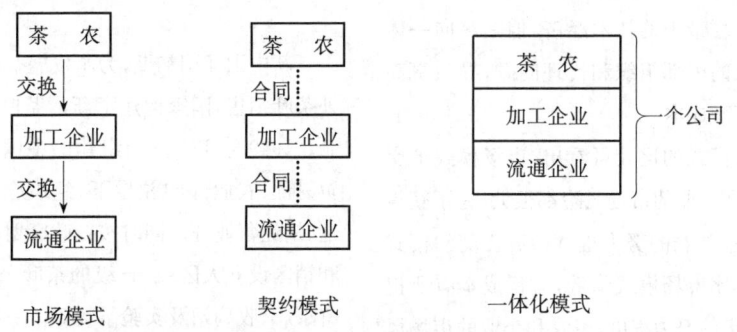

图 7-23　茶产业组织整合的三种模式

市场模式指的是一种商品交易关系。该模式下茶农、加工企业和流通企业之间彼此独立。每个微观经济组织都自由地与其他各方在外部市场进行交易,交易的价格在每次交易时候通过谈判达成。该种模式下产业化程度低下,价格机制在调节市场供求方面发挥着主要作用。该模式最主要的问题是市场信息的不对称性会导致企业的交易成本增加,使企业面临市场交易的风险。

经济学意义上的契约,指两个或多个经济主体之间为相互间设定合法义务而达成的具有法律强制力的协议。根据契约签订双方对信息的掌握程度,契约可以分为完全契约和不完全契约。完全契约指契约双方当事人都能完全预见契约期内可能发生的重要事件,愿意遵守双方签订的契约条款。不完全

契约指由于个体的有限理性、外部环境的复杂多变、不确定性的存在、信息的不对称性与不完全性导致的签约双方签订的合同条款是不完全的。在茶产业中的契约模式实质上是农业契约的一种。农业契约可分为要素契约和商品契约。要素契约指以生产要素为主要内容达成的协议,例如茶叶企业向茶农租用茶园等。商品契约指以农业生产收获的产品原料为主要内容达成的协议,订单农业是该类农业契约的典型形式。茶农、加工企业和流通企业之间通过合同连接,交易的某些环节有彼此间的合同控制,在交易前通过合同规定了茶叶的价格、市场、数量和质量。合同签订后彼此间不再具有独立性。这种形式目前在实践中衍生出各类订单农业的具体形式,也是目前我国茶产业组织中的主导模式。该模式的主

要限制性因素在于企业自身的生产过程,若生产过程已经非常标准化、技术非常科学、整合者的管理经验非常丰富,整合就会成功,假如经营方法仍然停留在封闭的、亲自监管等方法上,整合就会失败。

所谓纵向一体化,指茶叶企业承担茶叶生产过程中的一系列连续阶段,茶叶从种植、加工到销售等全部或部分环节被统一整合到一个公司里面。实践中纵向一体化分为后向一体化和前向一体化,后向一体化指企业控制茶叶的种植和初加工,为自己提供原材料;前向一体化指企业自己完成茶叶的进一步精深加工或销售过程。纵向一体化过程实质是把外部市场内部化,通过公司内部交易完成原料和产品的交易。综合来看,纵向一体化有如下优势:一是降低生产和交易成本,有效规避外部交易的风险;二是确保原料的质量和连续供应;三是可以提高资源利用效率;四是减少市场竞争;五是可以获得合并了连续的生产流程带来的技术经济,但是纵向一体化也会带来更大的内部组织和代理问题,导致更高的交易成本和管理成本。

通过对三种模式的比较可看出,市场模式下交易成本高、茶农和企业的市场风险都很大,为了获得较高的市场收益,茶农的努力程度很高。契约模式下市场寻找成本比市场模式降低,监督成本有所提高,茶农也有一定的努力程度,茶农和企业的市场风险都有所下降。一体化模式下由于实行了工厂化生产,对种植园中茶农劳动的监督成本很高,茶农的努力程度较低,但市场的寻找成本为零,茶农和企业的市场风险都降到了最低(表7-17)。

表7-17 三种产业组织模式的比较

比较项目	市场模式	契约模式	一体化模式
市场寻找成本	很高	很低	零
产品监督成本	零	较低	很高
茶农努力程度	很高	较高	较低
茶农的市场风险	很大	较小	小
企业的原料市场风险	很大	较小	小

资料来源:祝宏辉.订单农业参与主体行为分析与绩效评价.中国农业出版社,2007

结合我国的茶叶产业发展的实际情况,我国茶叶产业组织的整合必须在制度创新引导下逐步推进实施:第一步是通过合作社、行业协会等中介的运作,完善各经济组织间的契约型合作关系,先解决小而散的问题;第二步是通过企业间的兼并和股份合作关系,实现优势互补,通过提高行业进入成本引导生产规模小、生产条件差和经营能力弱的家庭作坊式和中小型企业退出自身没有优势的生产环节;第三步是长期内可以通过制度创新等手段,鼓励有条件的企业向完全的一体化方向迈进,培育大型茶叶龙头企业和跨国公司。

(陈富桥 姜爱芹)

八、茶产业管理体制

(一)茶叶经济管理体制概述

新中国建国初期,为了发展茶叶生产,恢复国内外茶叶销售,国家构建了新的茶叶产业经济管理体制。1949年12月,新组建的中国茶叶公司在中央贸易部、农业部的领导下,组织全国统一的产、制、运、销经营业务。同时按行政区划,在主要茶叶产区和销区设立大区级、省级的茶叶公司。省公司下设有茶厂、收购站及实验茶场等。一些主要茶叶产区,还设立了地区级、县级茶叶公司。从1952年起,茶叶生产、茶叶初制划归农业部门领导,茶叶公司专营茶叶收购、精制和贸易业务。1956年中央成立农产品采购部,茶叶的国内经营业务划归该部的茶叶采购管理局。

之后我国的茶叶产业管理体制几经变动,到20世纪70年代末形成了分部门归口管理的格局。农业部分管农村和系统内国有茶场的茶叶生产、初制(农垦、民政、公安、侨务等部门国有茶场,生产和初制归口管理);商业部(供销系统)茶畜局分管毛茶收购、调厂精制、调拨内销(边销)、供应出口;对外贸易部中国土产畜产进出口总公司茶叶处专营茶叶商品进出口业务。

1984年国务院[1984]75号文件批转商业部《关于调整茶叶购销政策和改革流通体制意见的报告》,

标志着茶叶商品经济时代的到来。茶产业经济(除茶叶进出口贸易外)开始了由政府主导的计划经济向市场经济的渐进式的转型。1985年以后茶叶外贸体制没有制度层面的调整,但组织结构层面已开始了渐进式的改革。1986年体制内绿茶出口公司增加了浙江、安徽、江西3家,1990年前后体制内茶叶出口公司增加到十几家,此后又增到几十家。1992年中国确立社会主义市场经济制度,推动了外贸系统的市场化进程,这一年成立了中国茶叶流通协会,它是由计划经济时期中央政府主管全国茶叶购、销、调、存的商业部茶畜局演变而来,是挂靠中华全国供销合作总社的行业性的民间组织。到1997年前后,茶叶企业逐步实现了市场化、公司化和民营化,茶产业经济管理体制由政府主导到市场主导的转型基本完成。

截止到目前在我国茶叶管理职能还是按照部门分工,没有一个统一的机构来协调茶叶的生产、经营和销售。目前各主要产茶省、县先后成立了"茶叶(产业)协会",全国性的行业协会仍处于缺位状况,管理业务仍分散由中央政府有关职能部门实施。政出多门,缺少有效的协调机制。茶产业经济活动中政府缺位现象,也屡见不鲜。这种管理体制不仅不利于茶叶的产业化经营,而且也不利于制订茶叶行业的长远规划。

从世界各主要产茶国看,他们都设立有统一的茶叶管理机构,有的国家叫茶叶协会,也有的国家叫茶叶委员会,虽然名称不同但是职能都一样,主要负责对茶叶的管理、协调和规划,并且通过组建行业协会与之相配套,构成完善的茶叶行业管理和服务组织。肯尼亚通过茶叶委员会,积极倡导科技创新,在过去30年里,茶叶增长了近30万吨,并且发展成为世界第一出口大国。斯里兰卡也通过茶叶局,对斯里兰卡茶叶生产、拍卖和销售进行统一的管理,避免了企业之间的过度竞争。并且在世界各地设立茶叶推广机构,成功地把自主生产的品牌茶叶推广到世界各地。在过去的10年中,斯里兰卡在出口数量变化不大的情况下,出口金额由1989年的3.76亿美元增加到2004年的7.43亿美元。主要得益于自主品牌销售,提高了出口茶叶的附加值。

(阮浩耕 詹罗九)

(二)茶叶生产管理体制

建国后我国茶叶生产是在计划经济体制下的生产体制,1984年茶叶放开经营后,在茶叶栽培生产环节,我国大多数茶园已经承包给农户,茶叶生产以家庭经营为主。国营茶场的经营层次也逐步下放到家庭层次,在茶叶初制和精制环节,原来的国有和集体企业(茶厂、茶场)开始倒闭,取而代之的是个体和私营企业。

1. 计划体制下的茶叶生产管理

1955年国家开始对茶叶实施统购统销制度,当时茶叶出口能为国家积累相当份额的外汇资金,政府鼓励广大茶农积极垦复荒芜茶园,利用荒山坡地开辟新茶园。1956年在农村合作化运动后,全国茶叶栽培主要由茶叶专业生产队、人民公社和农业、农垦、司法、侨务部门兴建的国营茶场组成。农业、农垦、司法、侨务部门兴建的国营茶场不仅为国家增加了茶叶产量,而且在选育推广良种、改进栽培技术、及时防治病虫害、应用机械制茶等方面,不断为广大茶农提供了新技术和新经验。至1988年,全国农业、农垦、司法、侨务系统的国营茶场有630多个,茶园面积近8万公顷,茶叶产量达52500多吨,产值5亿多元,分别占全国茶园面积、产量、产值的7.4%、9.6%、18%左右,成为我国茶叶生产的重要组成部分。

茶叶生产专业社队和国营茶场的发展极大地促进了我国茶叶的生产。1949年我国茶叶产量只有4.1万吨,1986年茶叶生产量达到了25.0万吨。另外,我国茶园面积、收购量、出口量等指标,除去1960~1962年连续下降以外,其他年份都是持续增长。以1952年为基数,1978年分别增长了4.68、3.25、3.48倍。这和建国后的茶园开发和人力、技术等要素大量投入是密不可分。

2. 承包制后的茶叶生产管理

开始于1979年的安徽凤阳小岗村的农业生产

家庭承包责任制,不仅在茶区茶叶社队得以推广,还在国营茶场蔓延,到20世纪80年代末,国营茶场绝大部分茶到户或转给私人承包,农户成了国营茶场的基本经营单位。农户家庭取代以前的茶叶社队和国营茶场,成为茶叶栽培和初加工的基本经济组织。另外,1978年开始的分权式改革强化了对地方政府的激励,地方政府大力扶持发展国有企业之外的民营企业,一大批乡镇茶叶初制厂异军突起,对地方茶叶经济发展起到了重要的作用。

在印度、肯尼亚、斯里兰卡,他们大多以大型农场为主,实行企业化的管理和经营。日本和我国台湾,茶园的所有权归农户所有,但他们建立了十分完善的社会化服务组织,组建了合作社,也比较好地解决了茶叶生产分散的问题。我国在把茶园承包给农户后,并没有建立与之相适应的社会化服务组织,农民是一家一户独立生产,没有形成联合,由于管理水平的不一致,导致茶叶生产和经营过度分散。在中国茶叶流通协会发布的"2007年中国茶业行业百强"中,行业最大企业目前经营规模仅为11.6亿元人民币,行业前四家的累计销售额仅为30亿元人民币,行业前四十家的销售额仅为105亿元人民币。相比联合利华的立顿(LIPTON)的近30亿美元销售额,差距之大毋庸赘言,市场参与主体的分散可见一斑。

(阮浩耕 詹罗九)

(三)茶叶购销政策和流通体制

新中国建立以来,在毛茶收购方面,先后制定了统购政策、奖售政策、样价政策,以扶持和指导茶叶生产经营。此外,还在生产贷款、预购定金、物资供应、技术指导、生产改进等方面,先后制定了一些行之有效的配套措施。

1. 茶叶统购

新中国建立之初,茶叶货源供不应求,为了保证国营茶叶公司充分掌握货源,有计划地改造私营茶商,1954年规定"所有批发商一律不准进入产区收购",当年国营公司收购的茶叶达到上市量的98%以上。1956年私营茶商全行业社会主义改造完成,茶叶实现了统一收购。1957年又进一步加强产区茶叶市场管理。1958年国务院规定茶叶为集中管理的"第一类"重要商品,次年调整为"第二类",由国家确定商品政策,统一平衡安排,实行差额调拨,即当时统称为"统购统销"。这一政策直到70年代末由于茶叶货源日趋丰裕才逐渐放松,茶叶流通市场化也逐渐启动。

2. 毛茶收购经营方式

毛茶收购经营主要有国营茶叶公司自营和委托供销社代购两种形式。1955年以前以代购为主,1956年实行直接收购,1957年以后由供销或商业系统自营,其后各地茶叶产区收购站隶属不一,经营方式也略有不同。70年代末,毛茶收购经营已开始向多渠道流通转变。

3. 样价政策

新中国建立初期,毛茶收购无样可循,1953年正式制定了毛茶收购实物标准样茶。此后以1953年核定的实物标准样作为基础品质水平,每年换配一次,要求样茶品质水平稳定。为了适应生产经营情况的变化,后来对标准样品质水平作过几次调整,1979年还对实物标准样进行了一次改革。各类毛茶按产地分别制定实物标准样,茶叶样价,按产销情况分别由国家(供销合作总社、国家物价总局)和地方实行二级管理,具体业务由商业部茶畜局和省茶叶公司办理。1989年茶畜局撤销后样价政策淡出,茶叶品质和价格由市场调节。

4. 茶叶供应形式

我国茶叶的销售按市场划分为外销、边销和内销三个大类。新中国成立以后的相当长时期,由于茶叶生产发展赶不上市场需求的增长,茶叶市场长期处于供不应求状况,根据国民经济发展计划,统筹兼顾,实行了有计划的分配和调拨货源。商品茶供应中实行"内销服从外销"和"保证边销"的货源分配方针,这对于我国茶叶外贸的稳步发展,保证边销市场的货源,安排好内销市场的供应,都起到了积极作用。

5. 国内茶叶销售

1954 年以前基本上是私商经营,国营公司亦掌握部分货源,以调剂茶市。私商在指定的地区通过茶贩、茶号、茶庄收购毛茶,加工后进入流通和销售。随着对私营茶商社会主义改造的全面开展,自 1954 年起私商只许经营茶叶零售业务,销区货源由国营公司统一调拨。1956 年全行业公私合营后茶叶零售业务改由百货公司和供销社代销,茶叶销售从此变为单一渠道经营。1984 年国家对茶叶购销政策和流通体制进行调整和改革,除边销茶继续实行派购外,内销茶和外销茶彻底放开,实行议购议销。从此,我国茶叶经济管理进入了社会主义的有计划的商品经济新阶段。1992 年我国确立社会主义市场经济制度,茶叶经济市场化的进程进一步加快。

(阮浩耕　詹罗九)

(四) 茶叶对外贸易管理体制

1. 茶叶出口政策

新中国建立初期,国家在茶叶购销经营上提出"内销服从外销"的方针。1951 年中国茶叶公司确定的经营方针是"扩大对苏联、东欧出口,保证边销(对边疆少数民族地区的销售),调剂内销,有剩余再对资销(对资本主义国家的出口)"。1954 年 12 月中国茶叶公司召开的全国经理会议上总结了当年茶叶经营工作,在茶叶供不应求情况下积极扩大出口,按计划保证边销,基本上保持国内市场的稳定。并提出 1955 年茶叶出口经营方针:在保证完成对苏联和东欧合同交货前提下,进一步巩固和扩大北非市场,积极占领港澳市场,加强对东南亚市场的贸易,扩大伦敦市场的阵地。

1956 年新组建的中国茶叶出口公司,提出当年的茶叶出口,要继续巩固和发展对苏联、东欧国家的贸易,稳步扩大摩洛哥、香港市场,进一步发展对中近东、北非其他地区的出口,努力打开阿富汗、南美、东南亚市场,积极增加对美国、法国等国家的贸易。

1958 年全国开展大跃进,中国茶叶出口公司在 3 月间召开的第三届全国经理会议上,对茶叶出口工作提出"三年超过历史最高水平,五年赶上印度"的要求。因"大跃进"的严重挫折,茶叶生产跌入低谷,出口货源更趋紧张,国家明确茶叶经营要"保证出口,保证边销,保证外事礼茶及特殊需要,剩余安排内销"。1962 年 12 月,中国茶叶土产进出口公司召开全国茶叶工作会议,明确规定茶叶内外销均由对外贸易部统一安排,全部货源按"顾一头,保出口"的原则统筹安排。

1963 年 3 月,对外贸易部根据中央《关于商业工作问题的决定》和"优先保证出口"的指示精神,茶叶列为国务院管理的第一类商品,其收购、销售、调拨、出口、进口、储存这 6 个计划指标由国务院集中管理,具体工作由对外贸易部办理。

到 1966 年,由于茶叶产量近三年每年递增 11%,出口货源增加,市场供应改善。当年 2 月,国务院农村办公室、财贸办公室联合召开全国茶叶会议,会议指出"在内外销关系上,必须统筹兼顾,既要增加国内销售,也要适当增加出口。茶叶货源的分配,首先要解决国内销售的需要,特别是边疆和少数民族地区的需要"。因此,1966~1970 年第 3 个五年计划时期,内销量增长较大,1970 年内销 6.07 万吨,比 1965 年 4.35 万吨增长 39%,而出口量 1970 年为 4.09 万吨,比 1965 年 3.79 万吨仅增长 8%。

1978 年 10 月,国家计划委员会发出《关于发展茶叶生产,增加出口和内销几项措施意见》,提出要"大力发展茶叶生产,积极组织收购,增加出口"。在 1976~1980 年第 5 个五年计划时期,年均茶叶出口达到 8.89 万吨,比上 5 年的 5.53 万吨增长 60%。

1981 年 4 月,国务院下达的《关于加强茶叶工作通知》中把茶叶列为二类商品,强调"必须坚持计划收购并同生产单位签订合同。有调出和供应出口任务的省、自治区,必须保证完成国家下达的计划"。

到了 1983 年,由于 1978 年中共十一届三中全会以来,茶叶增产速度加快,而内外销跟不上去,茶叶库存增大。这年 1 月,商业部、财政部联合向中共中央书记处、国务院报告,提出"今后应在努力扩大出口的同时,将重点转移到国内销售上来"。1984 年 6 月,国务院批转商业部《关于调整茶叶购销政策和改革流通体制意见的报告》。《报告》中决定:"内销茶和出口茶货源彻底放开,实行议购议销,按经济区划组织多渠道流通和开放式市场","出口茶可根据国际市场需要和国家对外贸易任务,由供需双方签订年度购销合同或长期协议"。

1987年2月,商业部召开全国茶叶工作座谈会,这次会议上确定茶叶购销经营的基本原则是:立足国内,内外兼顾,保证边销,扩大内销,积极支持出口。

1991年1月,中国土产畜产进出口总公司在全国茶叶出口系统经理会议上提出茶叶出口工作以"经济效益为中心"的新目标,要求在完成出口任务前提下,努力消化积累的亏损,并提出"出口规模要适度压缩,商品结构要适当调整"。此后,茶叶出口不再讲规模,而是强调经济效益。1996年3月,中国土产畜产进出口总公司制定的工作要求是:认清形势,转变观念,化解矛盾,强化管理,提高效益,稳定规模,不再出现新的亏损。20世纪90年代后期,茶叶出口逐步放开经营,向市场经济转型。

2. 茶叶出口管理体制

新中国建立之初,1949年10月成立国营中国茶叶公司,统一领导全国茶叶产制、运销业务。1952年8月,中央人民政府决定撤销贸易部,分别成立对外贸易部和商业部。中国茶业公司隶属对外贸易部。

1955年成立农产品采购部。10月31日中共中央发文,决定将对外贸易部经营的茶叶、畜产和采购、加工、分配业务移交农产品采购部负责办理;茶叶、畜产的出口业务,仍由对外贸易部办理。

1956年1月,茶叶内销和外贸业务分开管理。对外贸易部组建中国茶叶出口公司,专营茶叶、咖啡、可可进出口业务。农产品采购部设立茶叶采购管理局,负责管理全国茶叶采购、加工、内销和供应出口货源等业务。同年10月,农产品采购部撤销,茶叶采购、加工、内销和供应出口货源等业务移交全国供销合作总社。

1958年1月,全国供销合作总社撤销,成立第二商业部。原总社经营的茶叶业务移交第二商业部茶叶局主管。同年8月,第二商业部和第一商业部合并成立商业部,下设茶烟局,茶叶业务均归口茶烟局主管。

1961年1月,中国茶叶出口公司与中国土产出口公司合并,成立中国茶叶土产出口公司(1964年8月,改称中国茶叶土产进出口总公司)。公司下设茶叶处,经营茶叶、咖啡、可可进出口业务。

1961年8月,国务院决定将原由商业部主管的茶叶收购、加工、调运、内外销货源分配以及国内销售业务,移交对外贸易部管理,划归中国茶叶土产进出口公司统一经营。

1970年1月,对外贸易部报国务院业务组、军委办事组批准,将中国茶叶土产进出口总公司与中国畜产进出口总公司合并,成立中国土产畜产进出口总公司,设茶叶处,主管茶叶、咖啡、可可进出口业务。原中国茶叶土产进出口总公司主管的茶叶收购、加工、调运、货源分配业务交商业部畜产茶茧局管理。1976年全国供销合作总社恢复,下设畜产茶茧局。原商业部畜产茶茧局的职能划归总社。

1985年2月,对外经济贸易合作部批复同意成立中国茶叶进出口公司,为中国土产畜产进出口总公司的子公司,独立经营茶叶、咖啡、可可进出口业务,并负责全国茶叶出口系统的管理。

1997年,随着茶叶出口体制改革的深入,已有一批茶叶生产企业获得茶叶出口经营权,中国茶叶进出口公司不再承担茶叶出口的行业管理职能。同年7月,中国食品土畜产进出口商会成立,7月在北京首次召开全国茶叶出口协调工作座谈会。会上讨论了成立茶叶分会的意见。1998年4月,中国食品土畜产进出口商会茶叶分会在福建厦门成立。分会为全国性茶叶出口行业组织。至此,茶叶出口经营管理,随着计划经济向市场经济转型,管理职能完成了由政府主管向行业社团组织管理的转变。1999年外贸与直属总公司脱钩,中国土产畜产进出口总公司划归中央企业直属工委。1999年又允许国有、集体企业自营茶叶出口,并改审核制为登记制。1999年底,外贸部下发了《关于进一步改革茶叶出口经营体制的通知》,该《通知》从2001年1月1日起正式实施。《通知》取消了红茶、特种茶出口经营资格审批制度,赋予了各类符合条件的企业出口的自主权;《通知》明显放松了出口配额管理;《通知》规定茶叶出口企业必须加入中国食品土畜产进出口商会茶叶分会，服从商会的协调管理。2001 年底我国加入 WTO 后，更加快了茶叶流通体制改革的进程。

随着茶叶出口体制改革的深入，有越来越多的茶叶生产企业和外商投资企业获得出口经营权，自 1997 年起进入茶叶出口放开经营的阶段，我国逐步放宽了出口配额，经营茶叶出口的主体开始增多。1998 年 4 月中国食品土畜产进出口商会茶叶分会成立时，全国已有 29 家企业获得茶叶出口经营权。2004 年 5 月 19 日外经贸部决定取消茶叶出口经营权的审批，茶叶出口实现了真正放开经营。

3. 茶叶出口经营方式

新中国成立以来半个多世纪里，茶叶出口经营大体经历了公私联合经营—国营专业公司独家垄断经营—放开经营几个阶段。

建国初期，茶叶出口在国营公司专业经营的同时，也安排私人经营。1949 年 10 月召开的全国茶叶产销会议上，明确了"苏销(对前苏联的销售)全部由国家经营"，"非销(对非洲国家的销售)国家和私人均可经营"。

1950 年 7 月，茶叶出口主要口岸上海，成立上海国际贸易业同业公会茶叶组购销协商委员会。由私营出口商 26 家参加，后增至 32 家。委员会的任务是配合政府经济政策，沟通产销情况，有计划地推动茶叶外销。1953 年 8 月，中国茶业公司在上海召开茶叶出口会议，明确提出要"组织私商力量，扩大资销(对资本主义国家的销售)"。随着对私营茶商进行全行业的社会主义改造的深入，至 1955 年私营茶商全部退出茶叶出口业务。

自 1956 年起，茶叶出口业务由国营专业公司独家垄断经营。1955 年 12 月，中国茶业公司成立上海、福建、广东三个茶叶出口分公司、武汉、汕头、厦门三个出口办事处。茶叶内外贸业务分开管理后，对外贸易部成立专业的中国茶叶出口公司。1961 年与中国土产出口公司合并成立中国茶叶土产进出口公司。1970 年与中国畜产进出口总公司合并成立中国土产畜产进出口总公司。1985 年 2 月，中国

土产畜产进出口总公司下设专业的中国茶叶进出口公司。一直到 1996 年 12 月，国家经贸委等五部委向国务院作《关于改进茶叶出口管理，促进茶叶生产发展的报告》，提出"红茶出口不再实行统一联合经营，适当放开绿茶出品经营"。国营专业公司独家垄断经营持续了 40 年。

4. 茶叶的出口许可证管理

茶叶的出口许可证管理始于 1985 年。1985 年 3 月 18 日外经贸部在《关于出口许可证分级管理有关问题的通知》中规定，乌龙茶由省、自治区、直辖市及计划单列市经贸厅(委、局)签发出口许可证。1986 年 1 月起，乌龙茶出口全部实行许可证管理，福建、广东、江西、湖南 4 省出口的乌龙茶，由各省经贸厅(委)凭中国土产畜产进出口总公司审核盖章的成交合同审核发证。

从 1987 年 1 月 1 日起，各类茶叶全部实行出口许可证管理，由外经贸部统一签发许可证。1988 年调整为绿茶、乌龙茶由外经贸部签发许可证，红茶由省、市、自治区及计划单列市签发许可证。1991 年 4 月 5 日，调整为乌龙茶在外经贸部特派员办事处签发许可证。

1998 年 7 月 22 日外经贸部出台《茶叶出口经营管理办法》，对茶叶出口许可证签发做出新的规定："凡有茶叶出口经营权的部委直属公司，其茶叶出口许可证由外经贸部配额许可证事务局核发。各省、自治区、直辖市及计划单列市茶叶出口企业的茶叶许可证由外经贸部各特派员办事处核发，其中乌龙茶出口许可证由外经贸部驻福州、广州特派员办事处核发。"2004 年 5 月 19 日外经贸部决定取消茶叶出口经营权的审批，接着，从 2006 年 1 月 1 日起取消出口许可证管理办法，茶叶出口全部放开经营。

配额放开之后，为了避免价格秩序混乱又提高了茶叶出口企业的门槛，规定凡出口到日、欧的茶叶必须出自备案基地，政府监督茶叶基地建立管理体系，对农药购置、配置使用等环节进行监控，并对鲜叶进行农残检测。

(阮浩耕　詹罗九)

附　录

一、中国茶叶大事记

神农时代	传说茶叶作为饮料,始于公元前 2737 年前的神农时代,有"神农尝百草,日遇七十二毒,得茶而解之"之说,当为茶叶药用之始。　　　　　　　　　　　　　　　　《神农本草经》
周	公元前 1066 年,周武王伐纣时,巴蜀以茶"纳贡",是茶作贡品的最早记述。　　《华阳国志》
春　秋	婴相齐景公时(前 547～前 490),"食脱粟之饭,炙三弋五卵,茗菜而已"。表明春秋时茶已作为菜肴汤料,供人食用。
西　汉 (公元前 206～24 年)	公元前 59 年,已有"烹茶尽具"、"武阳买茶"的记载,表明当时四川一带已出现茶叶市场,是茶作为商品交易的最早记录。　　　　　　　　　　　　　　　　　　　王褒《僮约》 西汉时,甘露禅师吴理真结庐于四川蒙山,亲植茶树,是佛教僧徒种茶的最早记载。
东　汉 (公元 25～220 年)	东汉、三国时代的医学家华佗的《食论》中提出了"苦茶久食,益意思",是茶药理功能的最早记述。
晋 (公元 265～420 年)	吴国君主孙皓对韦曜"密赐茶荈"以代酒,是"以茶代酒"的最早记载。　　　　　《三国志》
南 北 朝 (公元 420～589 年)	山谦之《吴兴记》载"乌程县西北二十里温山出御荈",该书为南朝刘宋孝建元年(454)前后撰,温山位于湖州近郊。这是文献中最早提到产御茶的地方。
隋 (公元 581～618 年)	茶的饮用渐广。隋文帝开皇年间,文帝病脑,遇俗人告以煮茗草服之,果效。于是人们竞采之,茶逐渐由药用而发展为饮料。
唐 (公元 618～907 年)	唐代宗大历五年(770)开始在顾渚山(现浙江长兴县)建立贡茶院,每年清明前兴师动众督造"顾渚紫笋"饼茶,进贡皇朝。该贡茶生产延续 600 多年。 据《封氏闻见记》所载回鹘入朝时,大驱名马,市茶而归。说明茶马交易始自唐朝。 唐德宗建中元年(780),纳赵赞议,诏征天下茶税,十取其一,是为茶税之始。 世界上第一部茶叶专著陆羽的《茶经》问世(公元 8 世纪后期),全书共分三卷十章。此书对茶叶的发展影响深远,人们奉陆羽为"茶神"。 唐顺宗永贞元年(805),日僧最澄大师自中国携茶树种籽回国,植于近江台麓山,是为茶种传日之最早记载。 唐文宗太和九年(835),王涯为榷茶使,对茶实行专营专卖,即榷茶。 唐懿宗咸通十五年(874),赐法门寺宫廷茶具系列中有鎏金银的茶笼子、茶碾子、茶盒子等,现存陕西省扶风县法门寺地宫珍宝馆,为我国古代早期专用茶具,属珍贵文物。
宋 (公元 960～1279 年)	宋仁宗嘉祐四年(1059),驰茶禁,实行通商法。 宋神宗熙宁七年(1074),遣李杞入蜀,买茶于秦、凤、熙河诸州,用茶易西番各族马匹,是为塞外通商贸易之最早记录。 宋太宗太平兴国元年(976～1279),开始在建安(现福建省建瓯县)设官焙,专造北苑贡茶,从此龙凤团茶有了很大发展。 宋徽宗赵佶在大观元年(1107)著《大观茶论》一书,包括地产、天时、采摘、蒸压、制造等二十篇。他倡导茶学,为历史上惟一著茶书的皇帝。

（续表）

明 （公元 1368～1644 年）	明太祖洪武六年(1373)，设茶马司，专营茶马贸易事。 　明太祖朱元璋于洪武二十四年(1391)九月发布诏令，贡茶由团饼茶改为芽茶(散茶)，从此团茶废，叶茶兴，促进了炒青散茶的发展。 　1610 年，荷兰人自澳门贩茶，并转运入欧。 　1616 年，中国茶叶运销丹麦。 　1618 年，明神农派遣饮差入俄，并赠俄皇茶叶。
清 （公元 1644～1911 年）	据 Johan Nieuhoff 记述，茶与牛乳同饮，乃始自公元 1655 年广州官吏宴请荷使之时。 　1657 年中国茶叶在法国市场销售。 　清康熙八年(1669)，英属东印度公司开始直接从万丹运华茶入英。 　清康熙二十八年(1689)，福建厦门出口箱茶 150 担，输往英国，始开中国内地与英国茶叶直接贸易之先河。 　1690 年中国茶获得在美国波士顿出售的特许执照。 　1785 年美国"中国皇后"号海轮抵纽约，是为华茶海运至美之始。 　1833～1834 年，印度茶叶委员会派秘书戈登(George James Gordon)先后两次来华，调查中国栽茶、制茶方法，收集茶籽，招雇制茶技工，发展印度茶业。 　清道光三十年(1850)，美国第一艘快艇"东方"号驶华，运茶至英国伦敦。 　1861 年俄商在湖北汉口成立第一家砖茶加工厂。 　1886 年(清光绪十二年)茶叶出口量达到 13.4 万吨，创历史最高纪录。 　1893 年，我国茶叶技工刘竣周(广东高要人)从宁波应聘去俄国格鲁吉亚指导发展茶业，成绩卓著，1909 年俄政府授予三级勋章；苏维埃政府于 1924 年授予劳动红旗勋章和奖励证书，刘的原住房辟为"茶叶博物馆"。 　清光绪三十一年(1905)，中国首次组织茶叶考察团，由郑世璜、周复率领茶工数人，赴印度、锡兰(今斯里兰卡)考察茶叶产制，购回部分制茶机械，推广机械制茶方法和先进产制技术。试验地设于南京。 　1896 年，福州成立机器造茶公司，是为最早之中国机械制茶业。 　1907 年，中国茶业协会在伦敦成立。
民　国 （公元 1912～1949 年）	1915 年，在美国旧金山举行的巴拿马万国博览会上，中国送展的安徽省"太平猴魁"，江西省"婺绿"和浙江省"惠明茶"，均获一等证书和金质奖章。 　1923 年，安徽六安省立第三农业学校创设茶业专业。 　1931 年，上海、汉口设立中国茶叶检验机构。 　1932 年，行政院成立"农村复兴委员会"，稻、麦、棉、丝、茶五项被列为中心改良事业。对茶叶发展更为重视。 　1937 年，中国实业部联合安徽、江西、湖南、湖北、浙江、福建六产茶省政府及上海、汉口、福州诸商埠茶商，成立了中国茶业公司。该公司总办事处设在上海北京路垦业大楼，并于 6 月 1 日正式开业。 　1940 年，在复旦大学教务长孙寒冰和财政部贸易委员会茶叶处处长兼中国茶叶公司协理、总技师吴觉农的倡议和推动下，迁址重庆的复旦大学增设茶业系(科)，由吴觉农兼任系主任，并于 1940 年秋开始在各产茶省招生。这是我国高等院校中最早创建的茶叶专业系科。 　1941 年，在"东南茶业改良总场"基础上筹建了我国第一个全国性的茶叶研究所。所址在福建省崇安县，于 1945 年停办。
中华人民共和国 （公元 1949 年至今）	1949 年 12 月，中国茶叶公司在北京成立，吴觉农任经理，属贸易部、农业部双重领导，统管茶叶生产、收购及外销业务。 　1949 年，复旦大学迁回上海，于秋季开设茶叶专修科，开始招生。 　1950 年 3 月贸易部颁发了"输出茶叶检验暂行标准"和"茶叶产地检验暂行办法"。 　1950 年 10 月，在中国茶叶公司中南区公司和武汉大学农学院倡议下，合办茶业专修科。 　1951 年底，贸易部、农业部发出茶叶分工联合通知。有关茶叶生产初制加工归农业部领导，中国茶叶公司专营收购、精制与贸易业务，由外贸部领导。 　1952 年 3 月，农业部、外贸部发出当年茶叶生产、收购联合通知，要求提高单产，提高质量，普遍垦复荒芜茶园，发放贷款，预付收购定金等。 　1952 年，全国高等院校院系调整，复旦大学农学院从上海并入沈阳农学院，其中茶叶专修科调入安徽大学农学院。同时武汉大学农学院茶叶专修科调入华中农学院。浙江农学院始设茶叶专修科。

（续表）

中华人民共和国 （公元 1949 年至今）	1953 年 3 月,农业部在杭州、长沙分别召开茶叶生产座谈会,讨论提高茶叶品质和茶叶转产问题。 1954 年,农业部、外贸部及全国供销合作总社联合召开了全国茶叶专业会议,确定"大力发展茶叶生产"方针,并提出"以开展互助合作为中心,积极整理现有茶园,提高单位面积产量,迅速垦复荒芜茶园,有计划地在山区丘陵地带开辟新茶园,改进产制技术,提高茶叶质量"的指导思想。 1955 年 4 月,国务院批转全国茶叶会议报告。 茶叶业务实行内外贸分家,中国茶叶公司改为中国茶叶出口公司,专营出口业务,收购、内销、调拨、加工、出口货源供应均由农产品采购部茶叶管理局(该部于 1957 年并入全国供销合作总社)管理。 1956 年,安徽、浙江两所农学院的茶叶专修科改为茶叶(业)系,学制四年。 1956 年 11 月 20 日,国务院发出《关于新辟和移植桑园、茶园、果园和其他经济林木减免农业税的规定》。 1956 年,全国茶叶工作组成立,先后在沪、汉两地研制外销红绿茶加工标准样,并于 1957 年复评审定后分发实施,以稳定茶叶品质。 1957 年 1 月,颁布了"关于茶叶制造技术经济定额管理办法"。 1958 年 3 月 5 日至 14 日在杭州召开"全国茶叶生产会议",讨论拟订 10 年茶叶生产发展规划意见。 1958 年,浙江省"58 型"成套绿茶初制机械通过鉴定,开始批量生产,向全国推广应用。 1958 年 10 月,中国农业科学院茶叶研究所在杭州成立。 1958 年 11 月,国务院颁发商品分级管理规定,茶叶列为一类商品,属中央集中管理。 1959 年 3 月 28 日~4 月 5 日,中国农业科学院茶叶研究所在杭州召开第一次全国茶叶科学研究工作会议。 1960 年,中国茶叶土产进出口总公司成立,实行茶叶内外贸业务统管。 1960 年 2 月 11~24 日,中国农业科学院茶叶研究所在杭州召开"第二次全国茶叶科学研究工作会议"。 1962 年 2 月 21 日,中国农业科学院茶叶研究所在杭州召开"第三次全国茶叶科学研究工作会议"。 1962 年,山东省开展"南茶北引"试验。 1963 年,在云南省勐海县巴达大黑山密林中发现特大野生大茶树,据考证:树高 32.1 米,树干胸围直径约 1 米,围粗 3 米多,叶片为 14 厘米×6 厘米,树龄 1700 多年,被称为世界茶树之王。 1963 年 2 月 22 日至 3 月 2 日,农业部召开"全国蚕、茶生产会议"。 1964 年,我国首次出口大型绿茶初、精制成套茶机(由中国农业科学院茶叶研究所设计,杭州茶机厂制造),输往几内亚、马里等国家。 1964 年 8 月,中国茶叶学会经中国科协批准,在杭州举行成立大会及第一届学术年会,选举产生了第一届理事会。 1964 年 8 月,中国茶叶学会创办的学术性刊物《茶叶科学》在杭州出版,朱德委员长题写刊名。 1965 年 9 月,中国茶叶学会在福建福州召开"全国茶树品种资源研究及利用"专题学术讨论会。 1965 年,我国茶叶专家赴马里考察,并帮助种茶、制茶。 1966 年,国务院农林办和财贸办联合召开茶叶专业会议,贯彻"以粮为纲,多种经营,全面发展"方针,正确处理粮茶关系,大搞样板地,并研讨了"三五"发展规划。 1972 年 7 月,农林部、商业部在湖南桃江联合召开"全国茶叶生产收购经验交流会议",提出今后"茶叶要有一个较大发展"。 1973 年 3 月,商业部在广西桂林召开"全国边茶生产、加工座谈会",研讨修订了"紧压茶原料和成品品质规格试行办法"。 1974 年 3 月,农林部、商业部、外贸部在北京联合召开全国茶叶会议。17 个省(市)276 位代表到会。会议强调努力提高茶叶品质,加速生产机械化,提高单产,加强生产领导等。 1977 年 5~6 月,农林部、外贸部和全国供销合作总社在安徽休宁召开全国年产茶 5 万担县经验交流会。 1978 年 1 月,农林部、全国供销合作总社联合发出"关于在茶叶等作物上禁止使用高残留农药的通知",并提出对茶叶等作物要优先供应高效低毒农药,加强安全使用农药的宣传和管理,积极发展高效低毒农药。

中华人民共和国 （公元1949年至今）	1978年,商业部杭州茶叶加工研究所在杭州建立。 1978年10月,国家计划委员会发出"关于发展茶叶生产、增加出口和内销几项措施的意见"。 1979年1月,我国派出茶叶代表团参加在日内瓦召开的联合国贸易发展会议(第一次茶叶筹备会)。 1979年,农业部颁布第一批茶叶中敌敌畏等4种农药的最大残留限量标准。 1979年11月,中国茶叶学会在江西九江召开"茶树品种资源发掘利用、茶叶生产区划和生产布局学术讨论会"。 1979年12月,国务院授予下列五个单位为全国茶叶生产的先进单位:安徽省舒城县舒茶人民公社、休宁县渠口公社、湖南省长沙县茶业公社、浙江省绍兴县红山公社上旺大队和江苏省宜兴县茗岭公社省庄大队。 1980年10月,中、印、斯、肯、印尼五个茶叶主产国家代表,在瑞士日内瓦参加了关于出口茶叶配额问题讨论会,会议未达成协议。 1980年,农业部颁布"进出口植物检疫名单",茶籽、茶苗列为检疫对象。 1980年11月,中国茶叶学会在广西桂林召开"茶业现代化学术讨论会"。 1981年4~5月,中国土产畜产进出口总公司首次在日本举办"中华人民共和国茶叶展览会",先后在东京、大阪、名古屋、札幌和仙台五个城市展出。 1981年,农业部颁布第二批茶叶中锌、硫、磷等3种农药最大残留限量标准。 1981年,外贸部和商检局联合修订了《部标准——茶叶 WM48-81》和《茶叶出口取样检验暂行技术规程》。 1982年3月,全国第一次专业性"茶叶出口交易会"在浙江杭州举行。全国10个口岸公司与来自欧、美、澳、亚四大洲外商150多人开展贸易洽谈,采取看样成交方法,交易会成交总额超过预定指标60%。 1982年,国务院颁布了《中华人民共和国进出口食品卫生法(试行)》和《中华人民共和国红茶、绿茶卫生标准(国家标准 GBn144-81)》。 1984年,天坛牌特级珠茶在第二十三届世界优质食品评选会上获得金质奖章,在国际市场上被誉为"绿色的珍珠"。 1984年6月,中国茶叶学会在广州召开"全国茶叶产销和发展研讨会"。 1984年11月,农业部全国茶树品种审定委员会在福建厦门召开茶树品种审定会议,认定通过了30个国家级茶树良种。 1984年12月,中国茶叶学会主办的学术性刊物《茶叶科学》在杭州复刊。 1984年,全国茶叶出口量达13.93万吨,第一次超过了1886年13.4万吨的历史最高纪录。 1985年,全国第一个"茶人之家"在浙江杭州落成,同时创办了《茶人之家》杂志。 1985年6月,中国茶叶学会和农牧渔业部在江苏南京联合召开"首届名茶展评会",会议评出名茶11个和优质茶16个。 1986年,浙江农业大学茶叶系和中国农业科学院茶叶研究所联合建立茶学专业博士研究生点并开始招生。 1986年1月,中国农业科学院茶叶研究所主编的《中国茶树栽培学》,由上海科技出版社出版。全书71万字,分十四章,着重介绍了茶树栽培技术、种植理论及科技进展情况。 1986年5月,日本东京女子医科大学名誉教授诸冈妙子,将在日本经历了46年的陆羽《茶经》癸酉刻本,专程送回湖北省天门县。现珍藏该县陆羽纪念馆。 1986年10月,国际标准化组织第34技术委员会第8分会第13次茶叶标准化会议在浙江杭州举行,共9个茶叶产销国家的26名代表出席会议,讨论了茶叶质量指标、理化检测方法、包装规格等问题。 1987年4月,中国茶叶学会在北京举办庆祝名誉理事长吴觉农九十大寿茶话会,并汇编出版了《吴觉农选集》。 1987年10~11月,国家标准局颁布了《农药合理使用标准》(GB8321.1和GB8421.2),其中包括茶叶中农药允许残留极限标准。 1987年11月,国家标准局批准发布了十三项茶叶理化检验方法国家标准,并定于1988年7月1日正式实施。 1987年11月,中国农业科学院茶叶研究所在杭州召开了"茶—品质—人类健康"国际学术讨论会。11个国家和地区的130余位代表与会,收到论文105篇。 1987年11月,农业部全国茶树品种审定委员会在浙江杭州召开茶树品种审定会议,认定通过了22个国家级茶树良种。 1987年,国家茶叶质量检测中心在杭州成立。

中华人民共和国 (公元 1949 年至今)	1988 年 5 月,《中国农业百科全书·茶业卷》由农业出版社出版。全卷包括 734 个条目,约 90 万字,409 幅插图,由全国 100 多位茶学专家、学者编撰。 1988 年 10 月,中国农业科学院茶叶研究所举行"中国茶叶进出口公司茶叶研究所"挂牌仪式。 1988 年 10 月,湖北省天门市陆羽纪念馆举行第一期工程陆公祠和陆羽铜像落成典礼。 1989 年,浙江农业大学茶叶系经高教部批准为全国重点系科,并改名为"茶学系"。 1989 年 5 月,中国台湾省陆羽茶艺文化访问团一行 19 人到大陆主要产茶省参观访问,并进行茶艺表演。 1989 年 9 月,"首届茶与中国文化展示周"在北京举办。 1989 年 10 月 28 日,当代中国茶业的开拓先驱吴觉农(1897.4～1989.10)在北京逝世,享年 92 岁。 1989 年,全国茶叶出口量达到 20.46 万吨,本世纪以来第一次超过斯里兰卡(20.33 万吨),而居世界茶叶出口量第二位。 1990 年 8 月,中国农业科学院茶叶研究所主持完成的"茶叶天然抗氧化剂的提取与应用"研究项目,获农业部科技进步一等奖。 1990 年 8 月,中华茶人联谊会在北京正式成立。 1990 年 9 月,在我国首次举办的亚运会上,中国茶叶进出口公司向大会捐赠《中国—茶的故乡》大型画册。 1990 年 9 月,"茶人之家基金会"在杭州举行成立大会。 1990 年 10 月 24～25 日,浙江湖州市召开陆羽茶文化研究会成立大会。 1990 年 10 月,杭州首届国际茶文化研讨会召开,到会代表 187 人。 1990 年 12 月 8～10 日,全国农作物品种审定委员会茶叶专业委员会在福建漳州召开会议,讨论制订全国茶树品种审定标准、实施细则和区试工作等。 1990 年,国家级茶树种质资源圃分别在浙江杭州和云南勐海建成,并分别在 5 月和 12 月通过农业部验收,正式启用。两地共保存茶属植物 6 个种 5 个变种的种质资源 2430 份,保存的份数和种量居世界第一。 1991 年,国家标准局颁布实施《茶叶理化检验方法》。 1991 年 4 月 24 日,中国茶叶博物馆在杭州建成开馆。 1991 年 6 月,台湾茶树引种的始祖园纪念碑在福建省建瓯东峰镇桂林村设立。据台湾吴振铎考证,该村百年矮脚乌龙老茶树是台湾青心乌龙品种的始祖。 1991 年 8 月 28～31 日,中日茶文化交流 800 周年纪念展览会在日本东京举办。日本荣西禅师于公元 1191 年从中国留学回国,并带回陆羽《茶经》,被认为是中国茶文化正式传入日本的开始。 1991 年 9 月 2～5 日,中国农业科学院茶叶研究所和加拿大国际发展研究中心在杭州召开国际茶叶科技情报研讨会。联合国粮农组织和国际 10 多个国家和地区的 62 名代表与会。 1992 年 4 月 20～21 日,中国茶叶流通协会在宁波召开成立大会。 1992 年 4 月 27～5 月 3 日,我国组织的中国茶叶展览会在摩洛哥卡萨布兰卡市举行。 1992 年 5 月 20 日,唐宫廷茶文化博物馆在陕西省扶风县法门寺镇兴建。 1992 年 10 月 8 日,林业部发文将中国野生古茶树列入二级珍贵树种保护名录。 1993 年 4 月,中国普洱茶国际学术研讨会和中国古茶树保护研讨会在云南思茅地区举行。 1993 年 7 月,中国茶禅学会在北京成立,中国佛教协会会长赵朴初任首任会长。 1993 年 9 月,瑞典哥德堡号沉船茶叶、茶具珍品在上海市博物馆展示。 1993 年 10 月 29～31 日,中华茶人联谊会在北京召开海峡两岸茶业研讨会。86 名台湾代表与会。 1993 年 10 月,中央电视台开播《中华茶文化》8 集专题片。 1993 年 11 月 18 日,浙江湖州举行陆羽诞生 1260 周年纪念会。中国国际茶文化研究会召开成立大会(11 月 8 日获民政部批准),王家扬任会长。 1994 年 4 月 17 日,上海国际茶文化节在闸北公园开幕。 1994 年 5 月,邮电部设计发行宜兴紫砂陶特种邮票一套 4 枚:明·三足圆壶(面值 20 分),清·四足方壶(30 分),清·八卦束竹壶(50 分),现代提梁壶(1 元)。 1994 年 6 月 1～8 日,中国茶与瓷文化展在北京民族文化宫举行。 1994 年 11 月 2～6 日,法门寺唐代茶文化国际学术研讨会在陕西法门寺召开。 1995 年 10 月,历时 4 个月的上海少儿茶艺赛结果揭晓。 1995 年 10 月,中央电视台拍摄完成《话说茶文化》18 集电视系列片,1996 年 1 月开始播出。

（续表）

中华人民共和国 （公元 1949 年至今）	1995 年 11 月 7～10 日,中国茶叶学会、中国农业科学院茶叶研究所、中华茶人联谊会联合在上海举办"茶·品质·人体健康"国际学术研讨会。 　1995 年 12 月,浙江湖州重修陆羽墓。 　1996 年 5 月 17 日,澳门邮电司发行"中国传统茶楼"邮票一套,共 4 枚。 　1996 年 7 月 9～11 日,由联合国粮农组织和我国农业部联合主办的"世界茶业科技发展研讨会"在北京召开。 　1996 年 8 月 16 日,邮电部电信总局发行以茶文化为画面的电话磁卡一套四枚,内容分采茶、制茶、沏茶、喝茶,面值分别为 20 元、30 元、50 元、100 元。 　1996 年 10 月,王旭烽创作的"茶人三部曲"第一卷《南方有嘉木》由浙江文艺出版社出版,这是我国第一部以茶为题材的长篇小说。 　1997 年 1 月 11～12 日,香港举办'97 香港中国国际茶艺博览会。 　1997 年 1 月 12 日,台湾台北坪林茶业博物馆建成。 　1997 年 4 月 8 日,邮电部发行《茶》邮票一套四枚,在浙江杭州、江苏无锡、湖北天门、云南思茅、陕西宝鸡同时首发。分"茶圣"、"茶树"、"茶器"、"茶会",总面值 4 元。 　1997 年 8 月 31 日～9 月 1 日,中华医学会在北京举行茶色素学术交流会暨推广应用大会。 　1998 年 4 月,中国食品土畜进出口商会茶叶分会成立。 　1998 年 4 月 10 日,《紫泥清韵——陈鸣远紫砂陶艺研究展》在浙江省博物馆开幕,7 月 15 日移至上海博物馆展出。 　1998 年 11 月 19～23 日,中国法门寺唐代茶文化研讨会在陕西西安举行。 　1999 年 3 月 9～10 日,中国饮料工业协会组织的"中国茶饮料发展研讨会"在福建厦门举行。 　1999 年 7 月 23 日,广州茶文化促进会成立。 　1999 年 7 月,北京茶叶公司"京华"品牌被联合利华(中国)有限公司收购。 　1999 年 8 月 29 日,全国无公害茶叶生产现场座谈会在浙江新昌召开。 　2000 年 4 月 26～29 日,海峡两岸茶叶科学技术研讨会在福州举行。 　2000 年 5 月 8 日,浙江省茶叶产业协会成立。 　2000 年 7 月 7 日,澳门发行《茶艺》邮品,含 4 枚邮票和 1 枚小全张。面值 72 澳元。 　2000 年 8 月 16～18 日,首届全国茉莉花茶交易会在广西横县召开。 　2000 年 11 月 23 日,中国茶叶股份有限公司召开成立大会。 　2001 年 5 月 22 日,吴觉农学思想研究会在浙江上虞召开成立大会。高麟溢任首任会长。 　2001 年 5 月 29 日,江泽民总书记到江西婺源视察金山茶园。 　2001 年 6 月 29 日,浙江省九届人大常委会第 27 次会议审议通过《杭州市西湖龙井茶基地保护条例》。 　2002 年,国家劳动与社会保障部发布《茶艺师国家职业标准》。 　2002 年 1 月 8 日,台商李瑞河投资的天福茶博物院在福建漳浦盘陀镇建成开放。 　2002 年 6 月 18 日,中国科学院、中国社会科学院、四川大学、云南大学、中山大学、西南民族大学、中国藏学研究中心的有关专家学者分别从云南迪云和四川雅安出发,分两路考察茶马古道。 　2002 年 11 月 15 日,吴觉农生平与事迹展览在杭州中国茶叶博物馆开幕。 　2003 年 8 月 13～15 日,全国农作物品种审定委员会茶叶专业委员会改名为茶树品种鉴定委员会,第一届会议在杭州召开,中国农业科学院茶叶研究所所长杨亚军任主任委员。 　2003 年 10 月 1～4 日,全国茶道表演大赛在上海举行。 　2003 年 11 月 3 日,杭州西湖龙井茶种子和千岛湖鸠坑茶种各 60 克搭载第 18 颗返回式科学技术试验卫星进行太空育种试验。 　2003 年 11 月 11 日,首届中国武夷山茶文化艺术节开幕。 　2003 年 11 月 7～9 日,中法文化年活动——中国茶文化节在法国里昂市举行。 　2004 年 1 月 5 日,中国农业科学院茶叶研究所陈宗懋研究员当选中国工程院院士。 　2004 年 4 月 10 日,胡锦涛总书记到陕西南郑县红庙镇罗帐岭茶场访问。 　2004 年 4 月 19 日,中央电视台播出著名主持人水钧益对日本茶道大师里千家第 15 代家元千玄室的专访。 　2004 年 5 月 19 日,浙江省十大名茶评选结果揭晓。这十大名茶是:大佛龙井、开化龙顶、安吉白茶、西湖龙井、武阳春雨、松阳银猴、径山茶、金奖惠明茶、望海茶、绿剑茶。 　2004 年 5 月 19 日,我国开始取消对茶叶(绿茶、乌龙茶)出口经营资格的审批管理。 　2004 年 8 月 17～18 日,全国进出口茶叶检验检疫工作会和全国茶叶出口行业协调会议在杭州召开。 　2004 年 11 月 25 日,云南首届普洱茶国际研讨会在昆明举行。

中华人民共和国 (公元 1949 年至今)	2005 年 1 月 25 日,卫生部和国家标准化管理委员会公布《食品中污染物限量国家标准》(GB2762-2005)和《食品中农药最大残留限量国家标准》(GB2763-2005),对茶叶中铅含量和 9 种农药残留最大限量作出规定。10 月 1 日起实施。 2005 年 3 月,浙江省人民政府公布磐安县茶场庙为第五批浙江文物保护单位。 2005 年 4 月 28 日,中国国民党主席连战到北京老舍茶馆品茶听戏,书写"振兴茶文化,祥和两岸情"题词。 2005 年 5 月 28 日,贵州首届茶文化节在凤冈县开幕。 2005 年 5 月 30 日,全国茶叶生产座谈会在杭州举行,《全国茶叶优势区域发展规划》通过专家论证。 2005 年 7 月 27~29 日,全国茶叶机械行业标准研讨会在浙江桐庐召开。 2005 年 8 月 12 日,首届海峡两岸少儿茶文化交流活动在厦门举行。 2005 年 10 月 18 日,中国茶叶流通协会组织的首届全国茶业经济年会在浙江千岛湖举行。 2005 年 11 月 12~13 日,由中国农业科学院茶叶研究所和中国茶叶学会组织的茶叶科技创新与产业可持续发展国际研讨会在杭州举行。 2005 年 11 月 15 日,中央电视台开播国内第一部反映紫砂文化、茶文化的 40 集电视连续剧《紫玉金砂》。 2005 年 12 月 16 日,中国古茶器博物馆在上海黄浦区开馆。 2005 年 12 月 22~24 日,国家质检总局食品安全局组织的"出口茶叶检验检疫监管专家研讨会"在厦门举行。 2006 年 1 月 26 日,中国台湾首发《台湾茶艺》邮票一套五连张,每枚面值 5 元台币。 2006 年 2 月 15 日,农业部在杭州召开促进茶叶出口座谈会。 2006 年 2 月 21 日,浙江林学院茶文化学院成立,这是全国首家高校茶文化专业学院。学制 4 年。2006 年秋季面向全国招生。 2006 年 4 月 19~21 日,中国饮料工业协会在厦门召开中国茶·咖啡·植物饮料发展研讨会。 2006 年 4 月 15~20 日第九届西湖国际茶会暨中国茶叶博物馆建馆十五周年系列活动在杭州举行。 2006 年 5 月 13 日,中共中央总书记胡锦涛视察云南龙生集团营盘山茶场。 2006 年 6 月 2 日,我国第一批国家非物质文化遗产名录公布,武夷岩茶(大红袍)制作技艺入选。 2006 年 9 月 6 日~10 月 6 日,台湾茶文化博览会在台北市举行。 2006 年 9 月 13 日,青海省召开边销茶市场专项整治工作会。 2006 年 9 月 22 日,首届中国云南普洱茶国际博览会在昆明举行。 2006 年 4 月 20 日,全国政协主席贾庆林在江西景德镇德宇集团考察茶叶生产。 2006 年 10 月 28 日,上海新文化广播电视制作有限公司投资拍摄的 30 集电视连续剧《第一茶庄》开播。剧中主要角色由两岸三地的著名演员秦岚、黄少祺、寇世勋、吴竟饰演,香港著名导演袁英明执导。 2006 年 11 月 6~9 日,由中国茶叶学会举办的全国茶艺职业技能大赛总决赛在杭州举行。陈焱芳、沈黎明、袁非三人获个人冠军,被授予全国技术能手称号。 2006 年 12 月 15 日,南茶北引五十周年纪念会在山东济南举行。 2006 年 11 月 17 日,国务院副总理回良玉视察福建天福茶学院和天福茶博院。 2007 年 1 月 1 日,我国实施茶叶食品安全质量市场准入制度。 2007 年 1 月 15 日,江苏省茶叶研究所在无锡成立。 2007 年 1 月 8 日,中央电视台财经报道播出《疯狂的普洱茶》节目。 2007 年 3 月 27 日,中国国家展在莫斯科举行,胡锦涛主席和普京总理在展会上共赏中国茶艺并共品中国名茶。 2007 年 6 月 13 日,北京茶叶总公司从联合利华公司回购已出售 8 年的"京华"茶叶品牌。 2007 年 6 月 14~17 日,福建省福鼎市举行首届中国白茶节。 2007 年 7 月 3 日,全国茶叶标准化会议在北京召开。 2007 年 7 月 25 日,云南普洱茶历史研究院在西双版纳成立。 2007 年 7 月,杭州发现南宋茶务铜印"行在榷货务都茶场",现藏于杭州南宋钱币博物馆。 2007 年 8 月 2 日,全国珠茶出口协调工作会议在绍兴市举行。 2007 年 9 月 28 日,闽南茶文化与紫砂壶学术研讨会在福建漳浦举行,国家一级文物"时大彬三足鼎盖紫砂壶川及 200 多件出土紫砂古壶展出。

（续表）

中华人民共和国（公元 1949 年至今）	2007 年 10 月 13 日,国家邮政局发行普通邮资明信片——宜兴紫砂陶提梁壶,面值 80 分。图案为 1965 年南京出土的明代墓葬紫砂壶。 2007 年 11 月 17 日,首届中国海峡两岸茶博会在福建泉州举行。 2007 年 12 月 19 日,湖南省黑茶产业化工作会议在益阳市召开。 2008 年 1 月 18 日,温家宝总理向来访的英国首相戈登·布朗及夫人赠送特制国礼普洱茶。 2008 年 3 月 5 日,胡锦涛主席在北京出席中日青少年友好交流年开幕式活动,现场观看中日青少年茶道表演并品茶,勉励两国青少年要"以茶为缘,以和为贵"。 2008 年 3 月 30～4 月 2 日,国际标准化组织(ISO)茶叶标准化技术委员会第 22 届年会在杭州举行。 2008 年 5 月 14～16 日,联合国粮农组织政府间茶叶小组第 18 届会议在杭州召开。 2008 年 6 月 2 日～22 日,中国茶叶博物馆在伦敦举办《中华茶文化展》。 2008 年 6 月 18 日,北京 2008 年奥运会组委会和可口可乐公司共同授权云南企业生产的奥运普洱茶 5 万套在奥运新闻中心亮相。 2008 年 8 月 8 日,北京第 29 届奥林匹克运动会开幕式晚会亮相"茶"字画卷。 2008 年 10 月 2 日,文化部授予老舍茶馆"国家文化产业示范基地"。 2008 年 10 月 27 日,国务院副总理回良玉在福建安溪调研茶叶生产。 2008 年 11 月 18 日,国家副主席习近平在云南调研时到普洱思茅区考察当地茶叶生产。 2009 年 2 月 19～20 日,由农业部、中国茶叶学会、国家茶产业工程技术研究中心联合召开的"技术创新与茶产业可持续发展研讨会"在杭州召开。 2009 年 4 月 9 日,由澳门特区政府民政总署主办,北京大学、香港大学及澳门大学图书馆协会承办的《中国茶文化文献展》在澳门茶文化馆揭幕并展出。 2009 年 4 月 10 日,首届中华茶祖节暨祭炎帝神农茶祖大典在湖南株洲市炎陵县举行。 2009 年 4 月 20 日,首届全民饮茶日活动在杭州启动。 2009 年 5 月 5 日,国家质检总局颁布《出口植物源性食品原料种植基地检验检疫备案操作规范》,规定出口茶叶原料必须全部来自于检验检疫备案基地;出口茶叶基地实行属地管理原则。 2009 年 5 月 20 日,农业部办公厅公布《全国茶叶重点区域发展规划(2009～2015 年)》。 2009 年 5 月 21 日,海上茶路起航地纪事碑在浙江宁波三江口揭幕。 2009 年 8 月 25 日,云南龙润茶集团有限公司在香港主板正式上市。

（黄　飞　王家斌　庄雪岚　李书魁）

二、中国主要野生大茶树

名　　称	学　名	产　　地	树型	树高（米）	树幅（米）	干径（米）	主要形态特征	利用状况
大雪山大茶树	*C. taliensis*	云南省双江县勐库镇大雪山	乔木	30.8	12.9	0.57	最低分枝高 3.3 米。叶椭圆形,叶长宽 13.7 厘米×6.3 厘米,叶身平,叶面平,叶色深绿、有光泽,叶缘 1/3 无齿,叶质较厚脆。芽叶基部紫红色、无毛。花径 4.5 厘米,花瓣 9～11 瓣,子房多毛,柱头 5 裂。	采制
腊福绿芽野茶	*C. taliensis*	云南省孟连县勐马镇腊福村	乔木	27.0	10.0	0.64（基部）	最低分枝高 4.4 米。叶椭圆形,叶长宽 13.2 厘米×5.6 厘米,叶身平,叶面微隆起,叶脉 10 对,叶色深绿。芽叶绿色、无毛。嫩枝无毛。	不采制
千家寨 1 号大茶树	*C. crassicolumna*	云南省镇沅县九甲乡和平村	乔木	25.6	22.0	0.90	最低分枝高 3.6 米。叶椭圆形,叶长宽 14.0 厘米×5.8 厘米,叶身稍内折,叶面微隆起,叶质硬,叶齿稀少,叶色深绿。芽叶绿色、少毛。嫩枝无毛。花径 5.9 厘米,花瓣 12 瓣,子房有毛,柱头 4 裂。果径 3.2 厘米。种径 2.0 厘米。	不采制

名　称	学　名	产　地	树型	树高（米）	树幅（米）	干径（米）	主要形态特征	利用状况
石婆婆野茶	C. taliensis	云南省景东县花山乡芦山村	乔木	25.6	7.7	0.99（基部）	最低分枝高 1.1 米。叶椭圆形，叶长宽 13.5 厘米×6.7 厘米。叶身平，叶面平，叶脉 11 对，叶色深绿。芽叶紫红色、多毛。	不采制
秧草塘大山茶	C. taliensis	云南省景东县锦屏镇磨腊村	乔木	24.5	15.5	1.11（基部）	最低分枝高 2.0 米。叶椭圆形，叶长宽 13.7 厘米×6.0 厘米。叶身平，叶面强隆起，叶尖钝尖，叶色深绿。芽叶黄绿色、无毛。嫩枝无毛。种径 1.6 厘米。	不采制
温卜大茶树	C. taliensis	云南省景东县锦屏镇温卜村	乔木	24.0	7.3	0.96（基部）	最低分枝高 3.1 米。叶卵圆形，叶长宽 12.6 厘米×6.1 厘米，叶身平，叶面平，叶齿稀少，叶色深绿。芽叶绿色、少毛。嫩枝无毛。	采制绿茶
巴达大茶树	C. taliensis	云南省勐海县西定乡巴达村	乔木	23.6	8.8	1.00	有 5 个分枝，最低分枝高 0.8 米。叶椭圆形，叶长宽 14.7 厘米×6.4 厘米。鳞片和芽均无毛，芽叶黄绿带微紫色。花特大，花径 7.1 厘米，花瓣 12 瓣，子房多毛，柱头 5 裂。	不采制
大黑山腊茶树	C. taliensis	云南省西盟县勐卡镇马散村	乔木	23.0	5.5	0.91（基部）	叶椭圆形，叶长宽 14.2 厘米×5.8 厘米，叶身稍内折，叶面微隆起，叶脉 13 对。芽叶黄绿色、无毛。嫩枝无毛。花径 6.9 厘米，花瓣 14 瓣，子房有毛，柱头 5 裂。果径 2.9 厘米，果皮厚 3.3 毫米。种径 1.8 厘米，种子锥形。	采制绿茶
腊福大茶树	C. taliensis	云南省孟连县勐马镇腊福村	乔木	22.0	9.4	0.77（基部）	最低分枝高 4.1 米。叶椭圆形，叶长宽 13.2 厘米×5.6 厘米，叶身平，叶面平，叶脉 11 对，叶色深绿。芽叶绿色、无毛。嫩枝无毛。子房有毛，柱头 5 裂。果径 2.6 厘米，果皮厚 2.3 毫米。种径 1.7 厘米。	不采制
黄草坝大绿茶	C. sp.	云南省景谷县正兴乡黄草坝村	乔木	21.0	11.0	1.02	最低分枝高 1.0 米。叶椭圆形，叶长宽 11.6 厘米×5.1 厘米。叶身平，叶面平，叶质中。芽叶红色、无毛。嫩枝无毛。花径 6.4 厘米。	不采制
丙龙山大叶茶	C. taliensis	云南省宁洱县德安乡兰庆村	乔木	19.5	12.1	0.64	最低分枝高 3.7 米。叶椭圆形，叶长宽 12.1 厘米×5.3 厘米，叶身稍内折，叶面微隆起。芽叶绿色、无毛。嫩枝无毛。	采制绿茶
芹菜塘老野茶	C. taliensis	云南省镇沅县勐大镇文况村	乔木	19.5	10.3	0.81（基部）	有 8 个分枝，平均枝干直径 20.9 厘米。叶长椭圆形，叶长宽 12.4 厘米×4.7 厘米，叶身稍内折，叶质中等，叶齿稀少，叶色深绿。芽叶绿色、中毛。嫩枝无毛。花径 5.5 厘米，子房有毛，柱头 5 裂。果径 3.0 厘米。种径 2.0 厘米。	采制绿茶

（续表）

名 称	学 名	产 地	树型	树高（米）	树幅（米）	干径（米）	主要形态特征	利用状况
芭蕉林箐苦茶	C. gymnog-yna	云南省江城县曲水乡拉珠村	乔木	19.0	8.0	0.43	叶椭圆形，叶特大，叶长宽19.4厘米×8.5厘米，叶身背卷，叶面微隆起，叶脉12对。芽叶绿色、茸毛中等。花径3.3厘米，子房无毛，柱头3裂。	采制绿茶
凹路箐大茶树	C. taliensis	云南省景东县锦屏镇龙树村	乔木	19.0	6.2	0.75（基部）	最低分枝高1.8米。叶椭圆形，叶长宽10.6厘米×5.0厘米，叶身稍内折，叶面平，叶齿稀少，叶色深绿。芽叶黄绿色、少毛。果皮厚0.35厘米。种径1.5厘米。	采制绿茶
大尖山野茶	C. taliensis	云南省澜沧县发展河乡营盘村	乔木	19.0	4.2	0.55	最低分枝高6.8米。叶椭圆形，叶长宽10.4厘米×4.5厘米，叶身平，叶面平，叶脉10对，叶齿稀少。芽叶绿色、无毛。嫩枝无毛。花径5.0厘米，子房有毛，柱头3裂。果径2.7厘米，种径2.0厘米。	采制绿茶
大卢山山茶	C. sinensis var. assamica	云南省景东县林街乡岩头村	乔木	18.5	16.8	0.83（基部）	最低分枝高4.6米。叶椭圆形，叶长宽14.2厘米×6.2厘米，叶身平，叶面平，叶脉10对，叶齿稀少。芽叶紫绿色、无毛。嫩枝无毛。	采制绿茶
千家寨2号大茶树	C. crassicol-umna	云南省镇沅县九甲乡和平村	乔木	17.2	18.0	1.02	最低分枝高10.0米。余同千家寨1号大茶树。	不采制
金平大茶树	C. sp.	云南省金平县哈尼田乡永平村	乔木	17.2	4.2	0.77	叶椭圆形，叶长宽15.9厘米×6.6厘米。鳞片和芽叶均多毛，芽叶绿稍紫红色。花径5.4厘米，子房多毛，柱头5裂。	采制红茶、绿茶
古永大茶树	C. taliensis	云南省腾冲县古永乡黄心村	乔木	17.0	4.0	0.41	叶椭圆形，叶长宽15.4厘米×6.7厘米，叶缘下部无齿，叶质厚。鳞片和芽叶均无毛，芽叶绿稍紫红色。花径6.3厘米，子房多毛，柱头5裂。	制绿茶
赛罕野茶	C. taliensis	云南省澜沧县富邦乡赛罕村	小乔木	16.0	8.4	0.65	叶椭圆形，叶长宽14.4厘米×6.0厘米，叶身平，叶面平，叶脉14对。芽叶紫红色、无毛。嫩枝无毛。花径5.0厘米，子房有毛，柱头5裂。果径3.5厘米。种径1.8厘米。	采制绿茶
拉马冲大尖山苦茶	C. sinensis var. assamica	云南省江城县曲水乡拉马冲	乔木	16.0	7.0	0.40	最低分枝高1.6米。叶长椭圆形，叶特大，叶长宽22.7厘米×8.4厘米，叶身平，叶面微隆起，叶脉15对。芽叶绿色、有毛。嫩枝有毛。	采制绿茶

名　称	学　名	产　地	树型	树高（米）	树幅（米）	干径（米）	主要形态特征	利用状况
元阳野茶	*C. crassicolumna*	云南省元阳县大坪乡老箐寨	乔木	15.7	6.3	0.57	叶椭圆形，叶长宽 13.2 厘米×5.9 厘米。鳞片和芽叶均多毛。花径 3.2 厘米，花瓣 12 瓣，子房多毛，柱头 5 裂。果径 5.9 厘米，果壳厚 0.8～1.0 厘米。种径 1.8～2.1 厘米。	不采制
本山大茶树	*C. taliensis*	云南省凤庆县腰街	乔木	15.0	7.8	1.15	叶长椭圆形，叶特大，叶长宽 19.2 厘米×6.9 厘米，叶缘下部无齿。鳞片和芽叶均无毛，芽叶绿稍紫红色。子房多毛，柱头 5 裂。果呈柿形，种皮粗糙黑褐色。	采制绿茶
麻栗坡野茶	*C. tachangensis*	云南省麻栗坡县老君山林中	乔木	15.0	7.0	0.40	叶长椭圆形，叶长宽 16.2 厘米×6.2 厘米。花径 6.4 厘米，花瓣 10～13 瓣，子房少毛，柱头 5 裂。果呈柿形，果径 4.9 厘米，果皮厚 0.9～1.6 厘米。种子肾形。	不采制
新平野茶	*C. taliensis*	云南省新平县者竜乡者竜村	乔木	15.0	5.0	0.54	叶椭圆形，叶长宽 15.8 厘米×7.2 厘米。芽叶有毛。花径 6.0 厘米，花瓣 9～11 瓣，花瓣白带黄色，子房多毛，柱头 4～5 裂。	采制绿茶
罗东山野茶	*C. taliensis*	云南省宁洱县梅子乡永胜村	乔木	14.8	14.0	1.08	叶椭圆形，叶长宽 14.7 厘米×6.8 厘米，叶身稍内折，叶脉 10 对。芽叶绿色、无毛。嫩枝无毛。花径 5.9 厘米，花瓣 11 瓣，子房有毛，柱头 5 裂。种径 1.3 厘米。	采制绿茶
灵官庙大茶树	*C. sp.*	云南省景东县大街乡气力村	乔木	14.8	7.6	0.68（基部）	最低分枝高 1.5 米。叶椭圆形，叶长宽 12.0 厘米×4.9 厘米，叶身背卷，叶面微隆起。主脉有微毛。芽叶黄绿色、毛多。萼片有毛。花径 4.4 厘米，子房多毛，柱头 3(4,5) 裂。种径 1.7 厘米。	采制绿茶
梁子寨野茶	*C. taliensis*	云南省江城县嘉禾乡联合村	乔木	14.0	6.5	0.44（基部）	叶椭圆形，叶长宽 11.8 厘米×5.4 厘米，叶身背卷，叶面微隆起，叶齿稀少，叶色深绿。芽叶黄绿色、无毛。嫩枝无毛。	采制绿茶
柳叶青茶	*C. taliensis*	云南省昌宁县右甸镇石佛山村	乔木	13.3	6.3	0.80	叶长椭圆形，叶长宽 13.0 厘米×4.7 厘米，嫩叶主脉微红色。花径 4.8 厘米，花瓣 9～11 瓣，子房多毛，柱头 5 裂。果呈柿形，果径 3.0 厘米。	采制绿茶

（续表）

名 称	学 名	产 地	树型	树高（米）	树幅（米）	干径（米）	主要形态特征	利用状况
镇安老茶	*C. taliensis*	云南省龙陵县镇安乡小田坝	乔木	13.2	6.3	1.23	1级分枝有5个,最低分枝高2.5米。叶椭圆形,叶长宽13.9厘米×6.6厘米,叶色深绿有光泽,叶缘下部无齿,叶质厚。芽叶毛稀少。花径5.8厘米,花瓣11瓣,子房有毛,柱头5裂。果呈柿形,果径3.0厘米。	不采制
邦崴大茶树	*C. sp.*	云南省澜沧县富东乡邦崴村	小乔木	11.8	9.0	1.14（基部）	最低分枝高0.7米。叶椭圆形,叶长宽12.6厘米×5.1厘米,叶色深绿。芽叶黄绿色,茸毛多。花径5.0厘米,花瓣11瓣,子房有毛,柱头5裂。果径3.8厘米。种径1.7厘米。	采制绿茶
双柏大黑茶	*C. crassicolumna*	云南省双柏县老厂乡梁子村	乔木	11.5	9.7	0.84（基部）	叶椭圆形,叶特大,叶长宽18.3厘米×7.7厘米,叶色深绿,叶尖尾尖,叶质厚。花径5.4厘米,花瓣7~10瓣,子房多毛,柱头3~4裂。	采制绿茶
花山大茶树	*C. sp.*	云南省景东县花山乡文岔村	小乔木	11.5	8.0	1.05（基部）	最低分枝高1.2米。叶长椭圆形,叶长宽12.6厘米×4.3厘米,叶色深绿,叶身稍内折,叶面微隆起。主脉有微毛。芽叶绿白色、毛特多。萼片有毛。子房多毛,柱头3裂。种径1.7厘米。	采制绿茶
师宗大茶树	*C. tachangensis*	云南省师宗县伍洛河乡大厂村	乔木	11.2	6.1	0.52	叶长椭圆形,叶长宽12.7厘米×4.8厘米。叶色绿,有光泽,叶面平,叶质厚。芽叶绿色、无毛。花径5.4厘米,花瓣10~12瓣,子房无毛,柱头5裂。果呈柿形,果径3.6厘米。种径1.9厘米,种皮粗糙、棕褐色。	采制绿茶,香味低薄
落水洞大茶树	*C. gymnogyna*	云南省勐腊县易武乡麻黑村	乔木	10.2	4.5	0.88	叶椭圆形,叶长宽16.0厘米×6.3厘米。叶色绿,有光泽,叶身平,叶面隆起,叶质厚脆,叶脉11~14对。芽叶多毛。花径4.6厘米,花瓣5~8瓣,子房无毛,柱头3(4)裂。	采制绿茶
伟龙茶	*C. taliensis*	云南省永平县狮子乡大河沟村	乔木	10.0	10.0	1.07	最低分枝高1.2米。叶椭圆形,叶长宽12.4厘米×6.1厘米,叶身内折,叶缘下部无齿,叶质厚。芽叶无毛。花径5.2厘米,花瓣8~12瓣,子房多毛,柱头5裂。果径3.8厘米。	采制绿茶,味淡薄

（续表）

名　称	学　名	产　地	树型	树高（米）	树幅（米）	干径（米）	主要形态特征	利用状况
梁河大山茶	C. taliensis	云南梁河县大厂乡林中	乔木	10.0	6.0	0.70	最低分枝高1.2米。叶长椭圆形或披针形，叶长宽14.3厘米×4.8厘米，叶身内折，叶尖骤尖，叶缘下部无齿。芽叶无毛。花径6.5厘米，花瓣11瓣，子房多毛，柱头5裂。	采制绿茶
绿春野茶	C. sinensis var. pubilimba	云南省绿春县骑马坝乡玛玉村	乔木	10.0	5.1	0.65	叶长椭圆形，叶特大，叶长宽22.0厘米×8.2厘米，叶色绿，少光泽，叶身平，叶面隆起，叶质软，叶脉17对，主脉有微毛。芽叶黄绿色、多毛。子房多毛，柱头3~4裂。	采制绿茶，品质优良
楚雄大茶树	C. crassicolumna	云南省楚雄县清水河乡鲁大村	乔木	9.6	7.6	0.82	叶椭圆或卵圆形，叶长宽14.7厘米×7.6厘米，叶面平，叶尖钝尖，叶质较厚软，叶齿浅稀。花径5.6厘米，花瓣11瓣，子房多毛，柱头4(5)裂。种径1.9厘米。	采制绿茶，香低味涩。
镇康大茶树	C. taliensis	云南省镇康县忙丙乡	乔木	9.5	4.0	0.60	叶椭圆形，叶长宽13.0厘米×5.3厘米，叶身稍内折，叶尖骤尖，叶缘下部无齿。芽叶无毛。花径4.8厘米，花瓣9瓣，子房多毛，柱头4~5裂。果径3.8厘米。种径1.5厘米，种皮粗糙、棕红色。	采制绿茶，香、味差
冰岛野茶	C. taliensis	云南省双江县勐库镇冰岛	乔木	9.4	3.8	0.73（基部）	叶卵圆形，叶长宽14.0厘米×7.5厘米，叶身稍内折，叶面微隆起，叶色深绿，叶革质。芽叶无毛。花特大，花径7.0厘米，花瓣9~10瓣，子房多毛，柱头5(3)裂。果径4.2厘米。种径1.4厘米。	不采制
香竹箐大茶树	C. taliensis	云南省凤庆县小湾镇	小乔木	9.3	8.0	1.85（基部）	叶长椭圆形，叶大，叶长宽10.2厘米×3.8厘米，叶面平，叶基红色。芽叶无毛。花径5.5厘米，子房多毛，柱头5裂。果呈柿形，果柄长1.7~2.0厘米。种皮黑褐色、粗糙。	采制绿茶
花拉厂大茶树	C. taliensis	云南省潞西县江东乡花拉厂村	乔木	9.0	4.7	0.65	叶椭圆形，叶长宽13.1厘米×5.4厘米，叶身稍内折，叶质较厚软，叶齿浅稀。芽叶深绿带紫红色，毛多。花径3.7厘米，花瓣8~9瓣，子房多毛，柱头4(3)裂。果径3.2厘米。种径1.4厘米。	采制绿茶

（续表）

名 称	学 名	产 地	树型	树高（米）	树幅（米）	干径（米）	主要形态特征	利用状况
老林茶	*C. gymnog-yna*	云南省盐津县牛寨乡宝隆村	乔木	9.0	4.4	0.32	叶椭圆形,叶长宽 15.3 厘米×7.1 厘米。叶面微隆起,叶齿疏浅,叶脉 11 对。芽叶多毛。花径 5.3 厘米,花瓣 7～9 瓣,子房无毛,柱头 3(4)裂。	采制黑茶
丫口大茶树	*C. taliensis*	云南省景东县太忠乡大柏村	小乔木	8.9	7.0	0.91	叶椭圆形,叶长宽 13.0 厘米×5.2 厘米,叶面微隆起。芽叶绿色、毛少。花特大,花径 4.0 厘米,花瓣 11 瓣,子房有毛,柱头 3(4)裂。果径 3.3 厘米。种径 1.4 厘米。	采制绿茶
南糯山大茶树（1994 年死亡）	*C. sinensis* var. *assamica*	云南省勐海县格朗河乡南糯山	乔木	8.8	9.6	1.38	叶椭圆形,叶长宽 14.9 厘米×6.2 厘米,叶色深绿,叶面隆起,叶脉 10～12 对。芽叶多毛。花径 3.5 厘米,花瓣 7～8 瓣,子房有毛,柱头 3 裂。	采制红茶、绿茶
镇雄大茶树	*C. gymnog-yna*	云南省镇雄县杉树乡大保村	乔木	8.7	7.1	0.42（基部）	叶长椭圆形,叶特大,叶长宽 19.4 厘米×7.2 厘米,叶身平,叶面平,叶尖尾尖,叶齿浅稀。花径 4.6 厘米,花瓣 8～9 瓣,子房无毛,柱头 3 裂。果径 2.6 厘米。种径 1.7 厘米。	采制绿茶,味苦
永德大茶树	*C. taliensis*	云南省永德县明朗乡武家寨村	乔木	8.7	4.9	0.70	叶披针形,叶长宽 13.1 厘米×4.3 厘米,叶色黄绿,叶身稍内折,叶面平,叶齿浅稀。芽叶黄绿色、鳞片,芽叶均无毛。花径 5.2 厘米,花瓣 11 瓣,子房有毛,柱头 4～5 裂。果径 3.7 厘米。种径 1.6 厘米。	采制绿茶
金平苦茶	*C. sinensis* var. *assamica*	云南省金平县铜厂乡哈尼寨	乔木	8.6	3.4	0.32（基部）	叶长椭圆形,叶特大,叶长宽 23.4 厘米×8.9 厘米。叶色深绿,叶身内折,叶脉 13 对。芽叶黄绿色、毛特多。花径 4.2 厘米,子房多毛,柱头 3 裂。果径 3.8 厘米。种径 1.8 厘米。	
车古茶	*C. sinensis* var. *pubilimba*	云南省红河县车古乡车古村	乔木	8.3	6.1	0.86（基部）	叶长椭圆形,叶长宽 16.6 厘米×6.5 厘米,叶色深绿,叶身平,叶面隆起,叶背有毛。芽叶黄绿色、多毛。萼片多毛。花径 4.1 厘米,花瓣有毛,子房多毛,柱头 3 裂。果径 4.2 厘米。种径 1.8 厘米。	不采制
振太大茶树	*C. sinensis* var. *assamica*	云南省镇沅县振太乡山街村	小乔木	7.8	5.5	0.49（基部）	叶长椭圆形,叶长宽 10.0 厘米×4.0 厘米,叶身内折,叶面隆起,叶背主脉少毛,叶色深绿。芽叶黄绿色、多毛。嫩枝有毛。花径 2.6 厘米,子房多毛,柱头 3 裂。种径 1.3 厘米。	采制绿茶

（续表）

名 称	学 名	产 地	树型	树高（米）	树幅（米）	干径（米）	主要形态特征	利用状况
富源大茶树	C. tachang-ensis	云南省富源县老厂乡陆家槽子村	乔木	7.5	7.6	0.51（基部）	叶长椭圆形，叶大，叶长宽17.5厘米×6.6厘米。叶面平，有光泽，叶质中等，叶尖尾尖。芽叶黄绿色，少毛。花特大，最大花径8.6厘米，平均7.9厘米，花瓣10～11瓣，子房无毛，柱头5裂，最多达7裂。果呈柿形，果径3.4厘米。种径1.6厘米，种皮粗糙、褐色。	采制绿茶，香味低薄
凹路箐奇形大茶树	C. taliensis	云南省景东县锦屏镇龙树村	乔木	7.2	4.0	2.94（3个分枝合在一处的基部干径）	有3个分枝形成"山"字形树型。叶椭圆形，叶长宽11.1厘米×4.6厘米，叶身背卷，叶面平，叶尖骤尖，叶齿稀少，叶色深绿。芽叶黄绿色，少毛。果径3.2厘米，果皮厚0.35厘米。种径1.5厘米。	不采制
涩茶	C. crassicol-umna	云南省马关县古林箐乡卡上村	乔木	6.5	5.2	0.64（基部）	叶披针形，叶特大，叶长宽19.8厘米×6.4厘米，叶身内折，叶面平，叶脉10～13对，叶色黄绿。芽叶绿稍紫色。花径5.2厘米，花瓣12瓣，子房多毛，柱头5裂。果径3.9厘米，果壳厚0.4～0.7厘米。种径1.5厘米，种子肾形，种皮深褐色。	不采制
南华大茶树	C. crassicol-umna	云南省南华县干龙潭乡么喝苴村	小乔木	6.1	4.6	0.40	叶椭圆形，叶长宽14.2厘米×6.1厘米，叶身稍内折，叶面平，叶脉9～12对，叶质厚脆。芽叶毛少。萼片多毛。花特大，最大花径8.6厘米，平均花径7.1厘米，花瓣11～13瓣，花瓣质厚，子房多毛，柱头5裂，花柱长1.7～2.2厘米。	采制绿茶
广南野茶	C. crassicol-umna	云南省广南县者兔乡革佣九龙山	乔木	5.7	7.0	0.34	叶长椭圆形，叶特大，叶长宽18.3厘米×6.4厘米，叶身稍内折，叶面微隆起，叶齿浅稀，叶色深绿。花特大，最大花径7.0厘米，平均花径6.1厘米，花瓣10瓣，花瓣白色略黄、有毛，子房多毛，柱头5（3）裂。果径3.2厘米。	不采制
元江野茶	C. crassicol-umna	云南省元江县羊岔街磨坊河	乔木	5.2	3.4	0.56	叶椭圆形，叶长宽13.5厘米×5.9厘米，叶身内折，叶面平，叶脉9～12对，叶质厚脆，叶色深绿。芽叶毛多。花径6.1厘米，花瓣8～10瓣，子房多毛，柱头4～5裂。果径5.1厘米，种径1.8厘米。	采制绿茶

名　称	学　名	产　地	树型	树高（米）	树幅（米）	干径（米）	主要形态特征	利用状况
桐梓大茶树	C. sp.	贵州省桐梓县娄山关一带	乔木	10～15	6～8	0.2～0.4	叶椭圆形,叶长宽 14.5 厘米×6.0 厘米,叶面平,叶色黄绿。芽叶黄绿色,毛多。花径 3.7 厘米,子房多毛,柱头 3～5 裂。果顶部凸尖。种子肾形,种脊有棱。	采制黑茶
道真大茶树	C. sp.	贵州省道真县	乔木	13.0	7.7	0.36	叶椭圆形,叶特大,叶长宽 21.2 厘米×9.4 厘米,叶面平,叶质软,叶色黄绿。芽叶少毛。萼片有毛。	采制绿茶,味稍淡薄
习水大茶树	C. sp.	贵州省习水县城郊	乔木或小乔木	11～13	3～8	0.2～0.5	最低分枝高 0.7～2.3 米。叶披针形或长椭圆形,叶长 13.6～15.6 厘米,叶宽 4.0～7.0 厘米,叶面隆起,叶尖尾尖。芽叶多黄绿色,亦有粉红或微紫色,茸毛少。花径 5.5 厘米,柱头 3 裂。果近球形或圆锥形。种子肾形。	采制绿茶
赤水大茶树	C. sp.	贵州省赤水县	乔木	12.0		0.57	叶椭圆形,叶长 11.0～15.0 厘米,叶宽 5.0～7.0 厘米,叶面隆起,叶尖急尖,叶质软。芽叶黄绿或粉红色。种子肾形。	
七舍大茶树	C. tachangensis	贵州省兴义县七舍镇纸厂村	乔木	12.0	8.0	0.30	最低分枝高 0.7～2.3 米。叶椭圆形,叶长 16.4 厘米,叶宽 6.5 厘米,叶身平,叶面微隆起,叶质较厚脆。芽叶黄绿色,茸毛多。花径 6.3 厘米,花瓣 8～10 瓣,子房无毛,柱头 5 裂。果径 4.2 厘米,呈柿形,果壳厚 0.2 厘米。种径 1.7 厘米,种子肾形或球形,种皮粗糙。	采制红、绿茶,香味较差
普白大茶树	C. tachangensis	贵州省普安县普白林场	乔木	8.0	2.5	0.21	叶披针形或椭圆形,叶长 13.0～19.0 厘米,叶宽 5.0～6.0 厘米,叶身稍内折,叶面微隆起,叶质较厚脆。芽叶黄绿色,茸毛少或无。花径 4.8 厘米,花瓣 9～17 瓣,瓣质厚,子房无毛,柱头 5 裂。果径 3.9 厘米,呈橘形,果柄粗大。种径 1.5～2.0 厘米,种子肾形或球形,种子有脊,种皮粗糙。	采制绿茶,香味淡薄
半坡大茶树	C. tachangensis	贵州省晴隆县碧痕镇新桥村	乔木	5～6	2～4	0.07～0.19	叶披针形或长椭圆形,叶长 15.5～17.8 厘米,叶宽 4.3～4.9 厘米,叶身平,叶面平,叶脉 11～13 对。芽叶黄绿色,无毛或少毛。花径 6.4 厘米,花瓣 10～13 瓣,子房无毛,柱头 5～6 裂。果径 3.3 厘米,果壳厚 0.3 厘米。种径 1.4 厘米,种纹粗显。	采制红、绿茶,香味较差

（续表）

名　称	学　名	产　地	树型	树高（米）	树幅（米）	干径（米）	主要形态特征	利用状况
会朴大茶树	C. crassicolumna	广西壮族自治区百色市龙和乡会朴屯	乔木	20.0	10.0	0.70	最低分枝高 2.7 米，一级分枝 2 个。叶披针形或长椭圆形，叶长宽 17.0 厘米×5.7 厘米，叶身平，叶面微隆起，叶脉 9～11 对，叶背有稀毛，芽叶绿色、毛多。花径 4.9 厘米，花瓣 13 瓣，瓣质厚，子房多毛，柱头 5 裂。种径 1.7 厘米。	采制绿茶
巴平大茶树	C. crassicolumna	广西壮族自治区百色市龙和乡上灯草村	乔木	15.8	13.0	0.62	最低分枝高 1.9 米。叶倒长椭圆形，叶身平，叶面微隆起，叶尖尾尖，叶背有稀毛，芽叶绿色、毛多。花径 3.4 厘米，花瓣 8 瓣，子房多毛，柱头 4(5)裂，少数 3 裂。	采制绿茶
凤凰大茶树	C. sinensis var. pubilimba	广西壮族自治区上思县叫安乡凤凰山	乔木	5～10	2～5	0.08～0.18	叶长椭圆形，叶长宽 19.5 厘米×7.2 厘米，叶身平，叶面微隆起，叶齿钝稀深。芽叶绿色、有毛。花径 2.5 厘米，花瓣 6 瓣，子房多毛，柱头 3 裂。种径 1.6 厘米。	采制绿茶、六堡茶
十万大山野茶	C. sp.	广西壮族自治区防城市十万大山原始林中	乔木	10		0.29	最低分枝高 4 米。叶椭圆形，叶长宽 15.2 厘米×6.5 厘米，叶面平，叶尖尾尖。嫩枝无毛。	
爱店大茶树	C. sinensis var. pubilimba	广西壮族自治区宁明县爱店镇讨力岭	乔木	9.0	4.0	0.23	最低分枝高 2.6 米。叶椭圆形，叶长宽 16.2 厘米×6.6 厘米，叶身平，叶面平，叶背有稀毛。芽叶绿色、毛多。嫩枝多毛。萼片多毛。花径 3.1 厘米，花瓣 6 瓣，子房多毛，柱头 3 裂。果径 3.0 厘米。种径 1.6 厘米。	不采制
寿凯茶	C. sinensis var. pubilimba	广西壮族自治区扶绥县东门镇渌头村	乔木	8.0	8.0	0.26	最低分枝高 2.6 米。叶椭圆形，叶长宽 14.4 厘米×6.0 厘米，叶身稍内折，叶面微隆起，叶背有稀毛。芽叶绿色、毛多。嫩枝多毛。萼片多毛。花径 3.4 厘米，花瓣 7 瓣，子房多毛，柱头 3 裂。果径 2.7 厘米。种径 1.9 厘米。	采制绿茶、六堡茶
博白大茶树	C. sinensis var. pubilimba	广西壮族自治区博白县双凤乡大田村	乔木	6.5	3.4	0.27	最低分枝高 2.3 米。叶椭圆、卵圆或披针形，叶长宽 13.9 厘米×5.6 厘米，叶身稍内折，叶面微隆起，叶背有稀毛。芽似梨果状，芽高 2.2 厘米，芽叶黄绿色、毛多。嫩枝多毛。萼片有毛。花径 2.7 厘米，花瓣 6 瓣，子房多毛，柱头 3 裂。果径 2.1 厘米。种径 1.5 厘米。	采制绿茶、六堡茶

(续表)

名 称	学 名	产 地	树型	树高(米)	树幅(米)	干径(米)	主要形态特征	利用状况
百君茶	*C. sinensis* var. *pubilimba*	广西壮族自治区靖西县安宁乡百君屯	乔木	5.0	3.0	0.19	最低分枝高 2.0 米。叶长椭圆形,叶长宽 14.4 厘米×5.2 厘米,叶身稍内折,叶面隆起,叶尖尾尖,叶背有稀毛。芽叶绿色、毛多,子房多毛,柱头 3 裂。果径 2.7 厘米。	采制绿茶
那坡野茶	*C. tachangensis*	广西壮族自治区那坡县坡荷乡上劳山	小乔木	4.5	2.2	0.17(基部)	叶长椭圆形,叶长宽 17.8 厘米×6.5 厘米,叶身内折,叶齿锐稀,叶尖尾尖,叶质硬。芽叶绿色、茸毛中等。萼片有毛。子房无毛,柱头 4～5 裂。	不采制
黄荆大茶树	*C. gymnogyna*	四川省古蔺县黄荆山林中	乔木	5～10	3～6	0.15～0.5	叶椭圆形,叶长宽 15.5 厘米×7.0 厘米,叶面平,叶齿粗稀,叶脉 8～10 对,叶齿浅稀,叶柄紫红色,叶革质。芽叶黄绿色、少毛。花径 4.4 厘米,花瓣 8 瓣,子房无毛,柱头 3 裂。	采制黑茶
綦江大茶树	*C. sinensis* var. *assamica*	重庆市綦江县	小乔木	4.4～9.7	2.0～4.8	0.13～0.34	最低分枝高 0.6～1.9 米。叶椭圆形,叶长宽 12.0 厘米×4.9 厘米,叶面平,叶色深绿,叶柄微红色。芽叶少毛。花径 4.7 厘米,花瓣 7 瓣,子房多毛,柱头 3 裂。	采制红茶、黑茶
江津大茶树	*C. gymnogyna*	重庆江津市	小乔木	8.0	5.9	0.35	最低分枝高 1.6 米。叶椭圆形,叶宽 13.5 厘米×6.0 厘米,叶面平,叶柄紫红色。	采制红茶、黑茶
南桐大茶树	*C. gymnogyna*	重庆市南桐区	小乔木	3.9～7.5	1.3～4.1	0.15～0.5	最低分枝高 0.7～2.4 米。叶椭圆形,叶长宽 9.8 厘米×4.3 厘米,叶面平,叶脉 6～10 对,叶柄微红色。	采制红茶、黑茶
筠连大木茶	*C. sp.*	四川省筠连县	小乔木	4.3～4.6	3.6～4.0	0.07～0.10	最低分枝高 1.3～1.9 米。叶长椭圆形,叶长宽 13.3 厘米×5.0 厘米,叶面平,叶深绿色。萼片有毛。花径 4.3 厘米,子房有毛,柱头 3 裂。	采制红茶
雷波大茶树	*C. sp.*	四川省雷波县	小乔木	3.0			叶特大,叶椭圆形,叶长宽 21.0 厘米×9.0 厘米,叶面平,叶脉 7～9 对,叶柄微红色。花径 3.9 厘米,花瓣 7 瓣,子房少毛,柱头 2～3 裂。	采制绿茶
鄞县苦茶	*C. sinensis*	湖南省鄞县船形乡水垅村	小乔木	3～5	2～4	0.10～0.20	叶长椭圆形,叶长宽 12.4 厘米×4.5 厘米,叶面平,叶色黄绿或深绿,叶柄微红色。芽叶黄绿色、少毛。花径 4.4 厘米,花瓣 5 瓣,柱头 3 裂。种径 1.2 厘米。	采制红茶、绿茶

（续表）

名　称	学　名	产　地	树型	树高（米）	树幅（米）	干径（米）	主要形态特征	利用状况
莽山野茶	*C. sinensis* var. *pubilimba*	湖南省宜章县	小乔木	2.3～4.5	1.2～3.8	0.12～0.25	叶倒卵圆形，叶长宽 14.4 厘米×6.8 厘米，叶面平，叶深绿色。芽叶毛多。萼片有毛。花径 3.9 厘米，花瓣 6 瓣，柱头 3 裂。	采制红茶
南磨山大茶树	*C. sp.*	江西省寻乌县	乔木	16.5	6.0	0.36	最低分枝高度 3.2 米。叶椭圆或长椭圆形，叶长 11.1～14.2 厘米，叶宽 4.0～5.5 厘米，叶面微隆起，叶尖渐尖，叶质厚，叶色深绿。芽叶茸毛中等。花径 3.8 厘米，花瓣 7 瓣，柱头 2～3 裂。	采制绿茶，味苦
中流苦茶	*C. sp.*	江西省安远县	乔木	7.9	5.6	0.30	叶长椭圆形，叶长宽 16.4 厘米×5.5 厘米，叶面微隆起，叶尖渐尖，叶脉 8～10 对，叶色深绿。芽叶茸毛中等。花径 3.3 厘米，花瓣 6 瓣，柱头 3 裂。	采制绿茶，味苦
定南野茶	*C. gymnog-yna*	江西省定南县	小乔木	6.5	2.5		叶椭圆形，叶长 11.0～16.0 厘米，叶宽 5.0～7.0 厘米，叶身稍内折，叶面微隆起，叶齿浅稀。花径 3.5 厘米，花瓣 7 瓣，子房无毛，柱头 3 裂。果径 2.5 厘米。	采制绿茶，味苦
赤穴大茶树	*C. sp.*	江西省崇义县	乔木	6.0	7.0	0.19	最低分枝高 1.5 米。叶椭圆形，叶长宽 11.5 厘米×4.6 厘米，叶尖骤尖，叶脉 9～11 对，叶色黄绿。花径 4.2 厘米，花瓣 6 瓣，柱头 3 裂。	采制绿茶，味苦
思顺苦茶	*C. sp.*	江西省崇义县	乔木	5.0～6.0	4.4～4.1	0.29	叶特大，叶椭圆形，叶长宽 17.0 厘米×7.0 厘米，叶面隆起，叶尖骤尖，叶脉 11～13 对，叶齿浅稀，叶色深绿。芽叶多毛。	采制绿茶，味苦
笠麻嶂野茶	*C. sp.*	江西省寻乌县	乔木	5.6	1.8		叶椭圆形，叶长宽 12.1 厘米×4.8 厘米，叶面隆起，叶脉 5～8 对，芽叶毛多。花径 3.9 厘米，花瓣 7 瓣，柱头 3 裂。	采制绿茶，味苦
横坑大茶树	*C. sp.*	江西省信丰县	小乔木	2.1	1.8	0.19	叶椭圆形，叶长宽 13.6 厘米×5.5 厘米，叶身内折，叶色黄绿。芽叶少毛。花径 4.0 厘米，花瓣 7 瓣，柱头 3～4 裂。	采制绿茶，味苦
古坡苦茶	*C. sp.*	江西省信丰县	小乔木	2.1	1.2	0.07	叶椭圆形，叶长宽 14.5 厘米×6.3 厘米，叶面平，叶尖骤尖，叶脉 7～11 对，叶质软。芽叶茸毛中等。花径 3.6 厘米，花瓣 7 瓣，柱头 3 裂。	采制绿茶，味苦

名 称	学 名	产 地	树型	树高（米）	树幅（米）	干径（米）	主要形态特征	利用状况
乳源苦茶	C. sp.	广东省乳源县柳坑及仁化县丹霞山	小乔木	7.0~7.5	3.0~8.0	0.12~0.31	最低分枝高 1.4 米。叶长椭圆形,叶长宽14.7厘米×5.4厘米,叶面微隆起,叶脉9对,叶质中,叶色深绿。	采制绿茶,味苦
从化野茶	C. sinensis var. pubilimba	广东省从化县	小乔木	4.6			最低分枝高 0.6~1.0 米。叶有椭圆形、倒卵圆形、披针形等,叶面平或微隆起,叶脉7~13对,叶背多毛,叶黄绿色。芽叶绿色、毛多。	
白云野茶	C. sinensis var. pubilimba	广东省台山县	小乔木	4.5	3.1	0.2	叶椭圆形,叶长宽 12.1 厘米×5.1厘米,叶面微隆起,叶脉9~11对,叶深绿色。芽叶黄绿色、毛少。花径2.8厘米,柱头3裂。	采制红茶
龙山苦茶	C. sp.	广东省乐昌县廊田、五山	小乔木	3.2~6.4	1.7~3.5	0.23	叶椭圆形,叶长宽 13.2 厘米×5.2厘米,叶面平,叶色黄绿。芽叶绿带微紫色、有毛。	采制红茶,味苦
黄竹坪野茶	C. sinensis var. pubilimba	海南省琼中县黄竹坪	乔木	12	10	0.24	最低分枝高 5.0 米。叶椭圆形,叶长宽12.2厘米×5.0厘米,叶面平,叶齿浅稀钝。芽叶绿色、有毛。萼片有毛。花径2.5厘米,花瓣6瓣,子房毛多,柱头3裂。	
五指山野茶	C. sp.	海南省五指山南爹岭	乔木	11.4	7.7	0.24	最低分枝高 4.0 米。叶椭圆形,叶长宽14.9厘米×7.0厘米,叶面隆起,叶齿浅稀钝,叶脉9~11对。芽叶无毛。果径2.1厘米。	采制红、绿茶
长流水野茶	C. sinensis var. assamica	海南省琼中县长流水村	乔木	6.0	5.0		最低分枝高 2.0 米。叶倒卵圆形,叶长宽10.6厘米×5.8厘米,叶面平,叶身内折,叶色深绿较暗,叶质较厚软。芽叶茸毛中等。花径3.0厘米,花瓣7瓣,子房多毛,柱头3裂。果径1.7~3.2厘米。种径1.6厘米。	不采制
坝王茶	C. sinensis var. assamica	海南省昌江县坝王东二林场	乔木	4.5	2.0		叶长椭圆形,叶长宽15.0厘米×5.4厘米,叶面隆起,叶身稍内卷,叶革质。芽叶多茸毛。子房多毛,柱头3裂。果径2.6厘米。	采制红、绿茶
毛感茶	C. sp.	海南省保亭县毛感村	乔木	4.1	2.3	0.12	叶椭圆形,叶长宽 12.1 厘米×4.9厘米,叶面微隆起,叶身稍内折,叶脉8~11对。芽叶黄绿色、毛少。	采制绿茶
南峒山野茶	C. sp.	海南省琼海县南俸农场南峒山	乔木	3.8	2.7	0.21	叶椭圆形,叶长宽 12.2 厘米×5.1厘米,叶面平,叶身平,叶质中等。芽叶黄绿色、茸毛少。果径1.7~3.1厘米。	不采制

（续表）

名　称	学　名	产　地	树型	树高（米）	树幅（米）	干径（米）	主要形态特征	利用状况
通什野茶	*C. sinensis* var. *assamica*	海南省通什县五指山毛腊村	小乔木	3.5	2.5		叶椭圆形，叶长宽 11.5 厘米×4.8 厘米，叶面隆起，叶身稍内折，叶质中。芽叶绿色，无毛。花径 2.8 厘米，花瓣 6 瓣，子房多毛，柱头 3 裂。果径 2.4 厘米。	采制绿茶
眉原山野茶	*C. gymnogyna*	台湾省南投县眉原山林中	小乔木	14.8		37.0	叶长椭圆形，叶长宽 15.0 厘米×4.7 厘米，叶色绿，叶面较平，叶齿较稀，叶脉 10 对。叶质软，叶背无毛。花较大，花瓣 5～8 瓣，子房无毛，柱头 3 裂。	采制

说明：1. 学名表示：*C. tachangensis*—大厂茶；*C. crassicolumna*—厚轴茶；*C. taliensis*—大理茶；*C. gymnogyna*—秃房茶；*C. sinensis*—茶；*C. sinensis* var. *assamica*—普洱茶（阿萨姆茶）；*C. sinensis* var. *pubilimba*—白毛茶；*C. sp.*—未定。

2. 叶片长宽、叶脉对数、花径、果径、种径等均是表示平均数。

（虞富莲）

三、中国各产茶省主要名茶品目

浙江省

名茶名称	茶类	产　地
西湖龙井	绿茶	杭州市
径山茶	绿茶	余杭县
长兴紫笋茶	绿茶	长兴县
金奖惠明	绿茶	景宁畲族自治县
开化龙顶	绿茶	开化县
松阳银猴	绿茶	松阳县
望海茶	绿茶	宁海县
天台山云雾茶	绿茶	天台县
江山绿牡丹	绿茶	江山县
雪水云绿	绿茶	桐庐县
千岛玉叶	绿茶	淳安县
仙居碧绿	绿茶	仙居县
武阳春雨	绿茶	武义县
乌牛早	绿茶	永嘉县
羊岩勾青	绿茶	临海县
大佛龙井	绿茶	新昌县

（续表）

名茶名称	茶类	产　地
奉化曲毫	绿茶	奉化县
绿剑茶	绿茶	诸暨县
安吉白茶	绿茶	安吉县
越乡龙井	绿茶	嵊县
雁荡毛峰	绿茶	乐清县

福建省

名茶名称	茶类	产　地
铁观音	乌龙茶	安溪县、华安县、大田县、永春县、南安县、南靖县、沙县、永安市、新罗、上杭县、漳平县
武夷岩茶	乌龙茶	武夷山
坦洋工夫	红茶	福安县
永春佛手	乌龙茶	永春县
平和白芽奇兰	乌龙茶	平和县
漳平水仙	乌龙茶	漳平县
黄金桂	乌龙茶	安溪县
南靖丹桂	乌龙茶	南靖县
天山绿茶	绿茶	蕉城
太姥翠芽	绿茶	福鼎县

(续表)

名 茶 名 称	茶类	产 地
福州茉莉花茶	花茶	晋安、闽侯县、长乐县
白毫银针	白茶	福鼎县、建阳县、松溪县、政和县
白牡丹	白茶	政和县、福鼎县、建阳县、松溪县
正山小种	红茶	武夷山市桐木关

安徽省

名 茶 名 称	茶类	产 地
祁红	红茶	祁门县
屯绿	绿茶	黄山市
黄山毛峰	绿茶	黄山市
太平猴魁	绿茶	黄山市黄山区
涌溪火青	绿茶	泾县
六安瓜片	绿茶	六安市
霍山黄芽	绿茶	霍山县
安茶	黑茶	祁门县
黄山绿牡丹	绿茶	歙县
敬亭绿雪	绿茶	宣州市敬亭山
黄花云尖	绿茶	宁国市
岳西翠兰	绿茶	岳西县
天柱剑毫	绿茶	潜山县
天华谷尖	绿茶	太湖县
金寨翠眉	绿茶	金寨县
舒城兰花	绿茶	舒城县
华山银毫	绿茶	六安市金安区

湖北省

名 茶 名 称	茶类	产 地
恩施玉露	绿茶	恩施市
采花毛尖	绿茶	五峰县
龙峰茶	绿茶	竹溪县
鹤峰茶	绿茶	鹤峰县
金香品雪茶	绿茶	武陵山区
大悟寿眉	绿茶	大悟县

(续表)

名 茶 名 称	茶类	产 地
泸川龙剑	绿茶	孝感市孝南区
温泉毫峰	绿茶	咸宁市
圣水毛尖	绿茶	竹山县
保康真香茶	绿茶	保康县
邓村绿茶	绿茶	武陵山区
伍家台绿针	绿茶	宣恩县
裕茗碧剑	绿茶	宜昌市
英山云雾茶	绿茶	英山县
千珠碧毛尖	绿茶	五峰县
虎狮龙芽	绿茶	五峰县
恩施富硒茶	绿茶	恩施市
金水翠峰	绿茶	武汉市江夏区
梅子贡茶	绿茶	竹溪县
武当针井	绿茶	武当山
黄鹤楼茶	绿茶	武汉市

湖南省

名 茶 名 称	茶类	产 地
君山银针	黄茶	岳阳市
古丈毛尖	绿茶	古丈县
兰岭毛尖	绿茶	湘阴县
碣滩茶	绿茶	沅陵县
狗脑贡	绿茶	资兴市
茯砖茶	黑茶	益阳市
高桥银峰	绿茶	湖南省茶叶研究所
安化松针	绿茶	安化县
金井毛尖	绿茶	长沙县及湘西
东山秀峰	绿茶	石门县东山峰
石门银峰	绿茶	石门县
野针王	绿茶	桃源县
南岳云雾	绿茶	南岳区
茉莉花茶（猴王牌）	绿茶	湖南武陵山脉
武陵绿茶	绿茶	湖南武陵山脉

(续表)

广东省

名茶名称	茶类	产地
英德红茶	红茶	英德县及粤西等
凤凰单丛茶	乌龙茶	潮州市、梅州市等
岭头单丛茶	乌龙茶	潮州、梅州、揭阳等市
仁化银毫茶	绿茶	韶关市仁化县
金毫红茶	红茶	粤北、粤西茶区
乐昌白毛茶	绿茶	韶关乐昌市
清凉山茶	绿茶	梅县清凉山
古劳茶	绿茶	鹤山市

四川省

名茶名称	茶类	产地
蒙顶甘露	绿茶	名山县
蒙顶黄芽	黄茶	名山县
青城雪芽	绿茶	都江堰市
竹叶青	绿茶	峨眉山市
叙府龙芽	绿茶	宜宾市
巴山雀舌	绿茶	名山县
龙都香茗	花茶	荣县
仙芝竹尖	绿茶	峨眉山市
绿昌茗雀舌	绿茶	蒲江县
花秋御竹	绿茶	邛崃市
文君绿茶	绿茶	邛崃市
青城雪芽	绿茶	都江堰市
峨眉毛峰	绿茶	雅安市
红岩迎春	绿茶	叙永县

贵州省

名茶名称	茶类	产地
都匀毛尖	绿茶	都匀市团山一带
贵定雪芽	绿茶	贵定县云雾镇鸟王村、营上村
遵义毛峰	绿茶	湄潭县
羊艾毛峰	绿茶	羊艾茶场
绿宝石	绿茶	黔中、黔北
湄潭翠芽	绿茶	湄潭县
瀑布毛峰	绿茶	安顺市内

名茶名称	茶类	产地
梵净翠峰	绿茶	印江县境内
凤冈锌硒绿茶	绿茶	凤冈县境内
贵隆银芽	绿茶	晴隆县沙子镇
仡佬玉翠	绿茶	道真县境内
泉都碧龙茶	绿茶	石阡县
湄江翠片	绿茶	湄潭县

广西壮族自治区

名茶名称	茶类	产地
石乳牌茉莉花茶	花茶	南宁市
凝香翠茗	绿茶	昭平县
伏侨绿雪	绿茶	柳城县
桂林三青茶	蒸青绿茶	桂林市
南山白毛茶	绿茶	横县
六堡茶	黑茶	苍梧县、贺县、藤县、横县、灌阳县
凌云白毛茶	绿茶	凌云县
桂林毛尖茶	绿茶	桂林市
桂花茶	花茶	桂林市

河南省

名茶名称	茶类	产地
信阳毛尖	绿茶	信阳市浉河区、平桥区、罗山县、光山县、新县、商城县、固始县、潢川县等
赛山玉莲	绿茶	光山县
仰天雪绿	绿茶	固始县
金刚碧绿	绿茶	商城县
龙眼玉叶	绿茶	新县
水濂玉叶	绿茶	桐柏县

江苏省

名茶名称	茶类	产地
碧螺春	绿茶	吴县、宜兴市、无锡市郊区
阳羡雪芽	绿茶	宜兴市

（续表）

名 茶 名 称	茶类	产　　地
雨花茶	绿茶	南京市郊区
无锡毫茶	绿茶	无锡市
太湖翠竹	绿茶	无锡市
金坛雀舌	绿茶	金坛市
茅山青锋	绿茶	金坛市
金山翠芽	绿茶	镇江市
茅山长青	绿茶	句容市
善卷春月	绿茶	宜兴市
翠柏茶	绿茶	溧阳市
西山寿眉茶	绿茶	溧阳市、宜兴市
绿杨春	绿茶	扬州市
云雾茶	绿茶	连云港市
三山香茗	绿茶(扁形)	镇江市

重庆市

名 茶 名 称	茶类	产　　地
巴南银针	绿茶	重庆市巴南区
永川秀芽	绿茶	永川市
滴翠剑茗	绿茶	重庆市万盛区、南川市、綦江县
香山贡茶	绿茶	奉节县
巴山银芽	绿茶	重庆市巴南区
景星碧绿	绿茶	重庆市万盛区
太白银针	绿茶	重庆市万州区太安镇
天岗玉叶	绿茶	荣昌县
南川红碎茶2号	红茶	南川市
鸡鸣茶	绿茶	重庆市城口县
金佛玉翠	绿茶	重庆市金佛山风景名胜区

江西省

名 茶 名 称	茶类	产　　地
婺源绿茶	绿茶	婺源县
大鄣山云雾茶	绿茶	婺源县
婺源茗眉	绿茶	婺源县

（续表）

名 茶 名 称	茶类	产　　地
上饶白眉	绿茶	上饶县
浮瑶仙芝	绿茶	浮梁县
庐山云雾	绿茶	庐山
双井绿	绿茶	修水县
宁红金毫	红茶	修水县
狗牯脑茶	绿茶	遂川县
井冈碧玉	绿茶	井冈山
小布岩茶	绿茶	宁都县
前岭银毫	绿茶	江西省蚕桑茶叶研究所

陕西省

名 茶 名 称	茶类	产　　地
汉中仙毫	绿茶	汉中市境内
定军茗眉	绿茶	汉中市勉县、定军山南麓
宁强雀舌	绿茶	汉中市宁强县
紫阳毛尖	绿茶	紫阳县
女娲银峰	绿茶	平利县
商南泉茗	绿茶	商州市商南县

山东省

名 茶 名 称	茶类	产　　地
雪青	绿茶	日照市岚山区
浮来青	绿茶	日照市莒县
沂蒙玉芽	绿茶	莒南县洙边镇
茗家春	绿茶	日照市东港区
海青峰	绿茶	胶南市海青镇
东海龙须	绿茶	青岛市崂山区

海南省

名 茶 名 称	茶类	产　　地
金鼎翠毫	绿茶	保亭县五指山区
金眉红茶	红茶	保亭县五指山区
南海C·T·C红碎茶	红茶	定安县南海农场

云南省

名 茶 名 称	茶类	产　　地
宝洪茶	绿茶	宜良县宝洪山
南糯白毫	绿茶	勐海县南糯山
云龙绿茶	绿茶	大理州云龙县
墨江云针	绿茶	墨江县
景谷大白茶	绿茶	景谷县
佛香茶	绿茶	勐海县
版纳曲茗	绿茶	勐海县
白洋曲毫	绿茶	保山市
徐剑毫峰	绿茶	思茅市大黑山
感通茶	绿茶	大理感通寺

（续表）

名 茶 名 称	茶类	产　　地
滇红	红茶	凤庆县、勐海县等
沱茶	黑茶	滇西南及下关等地
普洱茶	黑茶	西双版纳及思茅市等地

台湾省

名 茶 名 称	茶类	产　　地
文山包种茶	乌龙茶	台北县
冻顶乌龙茶	乌龙茶	南投县鹿谷乡
东方美人茶	乌龙茶	新竹县、苗栗县

（程启坤）

四、中国茶产品相关标准

（一）国家标准

序号	标 准 编 号	标 准 名 称
1	GB/T 9172—1988	花茶级型坯
2	GB 3561—1989	食品包装用原纸卫生标准的分析方法
3	GB/T 14487—1993	茶叶感官审评术语
4	GB/T 4789.15—1994	食品卫生微生物学检验霉菌和酵母计数
5	GB/T 18526.1—2001	速溶茶辐照杀菌工艺
6	GB/T 8302—2002	茶　取样
7	GB/T 8303—2002	茶　磨碎试样的制备及其干物质含量测定
8	GB/T 8304—2002	茶　水分测定
9	GB/T 8305—2002	茶　水浸出物测定
10	GB/T 8306—2002	茶　总灰分测定
11	GB/T 8307—2002	茶　水溶性灰分和水不溶性灰分测定
12	GB/T 8308—2002	茶　酸不溶性灰分测定
13	GB/T 8309—2002	茶　水溶性灰分碱度测定
14	GB/T 8310—2002	茶　粗纤维测定
15	GB/T 8311—2002	茶　粉末和碎茶含量测定
16	GB/T 8312—2002	茶　咖啡碱测定
17	GB/T 8314—2002	茶　游离氨基酸总量测定
18	GB/T 9833.1—2002	紧压茶　花砖茶
19	GB/T 9833.2—2002	紧压茶　黑砖茶

(续表)

序号	标 准 编 号	标 准 名 称
20	GB/T 9833.3—2002	紧压茶 茯砖茶
21	GB/T 9833.4—2002	紧压茶 康砖茶
22	GB/T 9833.5—2002	紧压茶 沱茶
23	GB/T 9833.6—2002	紧压茶 紧茶
24	GB/T 9833.7—2002	紧压茶 金尖茶
25	GB/T 9833.8—2002	紧压茶 米砖茶
26	GB/T 9833.9—2002	紧压茶 青砖茶
27	GB/T 18625—2002	茶中有机磷及氨基甲酸酯农药残留量的简易检验方法 酶抑制法
28	GB/T 18795—2002	茶叶标准样品制备技术条件
29	GB/T 18797—2002	茶叶感官审评室基本条件
30	GB/T 18798.1—2002	固态速溶茶 取样
31	GB/T 18798.2—2002	固态速溶茶 总灰分测定
32	GB/T 18798.3—2002	固态速溶茶 水分测定
33	GB/T 5009.19—2003	食品中六六六、滴滴涕残留量的测定
34	GB/T 5009.20—2003	食品中有机磷农药残留量的测定
35	GB/T 5009.57—2003	茶叶卫生标准的分析方法
36	GB/T 5009.176—2003	茶叶、水果、食用植物油中三氯杀螨醇残留量的测定
37	GB 19296—2003	茶饮料卫生标准
38	GB 7718—2004	预包装食品标签通则
39	GB 2762—2005	食品中污染物限量
40	GB 2763—2005	食品中农药最大残留限量
41	GB/T 19630—2005	有机产品
42	GB 19965—2005	砖茶含氟量
43	GB 5749—2006	生活饮用水卫生标准
44	GB/T 18745—2006	地理标志产品 武夷岩茶
45	GB/T 19598—2006	地理标志产品 安溪铁观音
46	GB/T 20354—2006	地理标志产品 安吉白茶
47	GB/T 20360—2006	地理标志产品 乌牛早茶
48	GB/T 20605—2006	地理标志产品 雨花茶
49	GB/T 21003—2007	地理标志产品 庐山云雾茶
50	GB/T 8313—2008	茶叶中茶多酚和儿茶素类含量的检测方法
51	GB/T 13738.1—2008	红茶 第1部分：红碎茶
52	GB/T 13738.2—2008	红茶 第2部分：工夫红茶
53	GB/T 13738.3—2008	红茶 第2部分：小种红茶
54	GB/T 14456.1—2008	绿茶 第1部分：基本要求
55	GB/T 14456.2—2008	绿茶 第2部分：大叶种绿茶
56	GB/T 18650—2008	地理标志产品 龙井茶

(续表)

序号	标准编号	标准名称
57	GB/T 18665—2008	地理标志产品　蒙山茶
58	GB/T 18957—2008	地理标志产品　洞庭(山)碧螺春茶
59	GB/T 19460—2008	地理标志产品　黄山毛峰茶
60	GB/T 19691—2008	地理标志产品　狗牯脑茶
61	GB/T 19698—2008	地理标志产品　太平猴魁茶
62	GB/T 20014.12—2008	良好农业规范　第12部分：茶叶控制点与符合性规范
63	GB/Z 21722—2008	出口茶叶质量安全控制规范
64	GB/T 21726—2008	黄茶
65	GB/T 21727—2008	固态速溶茶　儿茶素类含量的检测方法
66	GB/T 21728—2008	砖茶含氟量的检测方法
67	GB/T 21729—2008	茶叶中硒含量的检测方法
68	GB/T 21733—2008	茶饮料
69	GB/T 22109—2008	地理标志产品　政和白茶
70	GB/T 22111—2008	地理标志产品　普洱茶
71	GB/T 22291—2008	白茶
72	GB/T 22292—2008	茉莉花茶
73	GB/T 23204—2008	茶叶中519种农药及相关化学品残留量的测定　气相色谱—质谱法
74	GB/T 23205—2008	茶叶中448种农药及相关化学品残留量的测定　液相色谱—串联质谱法

（二）行业标准

序号	标准编号	标准名称
1	NY/T 456—2001	茉莉花茶
2	NY/T 5018—2001	无公害食品　茶叶生产技术规程
3	NY/T 5019—2001	无公害食品　茶叶加工技术规程
4	NY 5020—2001	无公害食品　茶叶产地环境条件
5	NY/T 288—2002	绿色食品　茶叶
6	NY/T 482—2002	敬亭绿雪茶
7	NY/T 600—2002	富硒茶
8	NY/T 5122—2002	无公害食品　窨茶用茉莉花
9	NY 5123—2002	无公害食品　窨茶用茉莉花产地环境条件
10	NY/T 5124—2002	无公害食品　窨茶用茉莉花生产技术规程
11	NY/T 5196—2002	有机茶
12	NY/T 5197—2002	有机茶生产技术规程
13	NY/T 5198—2002	有机茶加工技术规程
14	NY 5199—2002	有机茶产地环境条件

（续表）

序号	标 准 编 号	标 准 名 称
15	NY 659—2003	茶叶中铬、镉、汞、砷及氟化物限量
16	NY 660—2003	茶叶中甲萘威、丁硫克百威、多菌灵、残杀威和抗蚜威的最大残留限量
17	NY 661—2003	茶叶中氟氯氰菊酯和氟氰戊菊酯的最大残留限量
18	NY/T 779—2004	普洱茶
19	NY/T 780—2004	红茶
20	NY/T 781—2004	六安瓜片茶
21	NY/T 782—2004	黄山毛峰茶
22	NY/T 783—2004	洞庭春茶
23	NY/T 784—2004	紫笋茶
24	NY/T 785—2004	蒸青煎茶
25	NY/T 787—2004	茶叶感官审评通用方法
26	NY/T 838—2004	茶叶中氟含量测定方法　氟离子选择电极法
27	NY/T 853—2004	茶叶产地环境技术条件
28	NY/T 863—2004	碧螺春茶
29	NY 5244—2004	无公害食品　茶叶
30	NY/T 5245—2004	无公害食品　茉莉花茶加工技术规程
31	NY/T 1206—2006	茶叶辐照杀菌工艺
32	NY/T 5337—2006	无公害食品　茶叶生产管理规范
33	NY/T 5344.5—2006	无公害食品　产品抽样规范　第5部分：茶叶
34	NY/T 1391—2007	珠兰花茶加工技术规程
35	NY/T 1500.5.10—2007	农药最大残留限量　吡虫啉　茶叶（成茶）
36	NY/T 1500.15.4—2007	农药最大残留限量　甲氰菊酯　茶叶（成茶）
37	NY/T 1500.17.6—2007	农药最大残留限量　氯氟氰菊酯　茶叶（成茶）
38	SB/T 10034—1992	茶叶加工技术术语
39	SB/T 10035—1992	茶叶销售包装通用技术条件
40	SB/T 10036—1992	紧压茶运输包装
41	SB/T 10037—1992	红茶、绿茶、花茶运输包装
42	SB/T 10094—1992	毛茶运输包装
43	SB/T 10095—1992	茶叶储藏养护通用技术条件
44	SB/T 10099—1992	茶叶皮带输送机和斗式提升机型式与主参数
45	SB/T 10100—1992	紧压茶　筛、切机型式与主参数
46	SB/T 10101—1992	茶叶平面圆筛机技术条件
47	SB/T 10102—1992	茶叶匀堆机型式与主参数
48	SB/T 10103—1992	茶叶风选机
49	SB/T 10153—1993	茶叶拣梗机技术条件
50	SB/T 10154—1993	茶叶抖筛机

（续表）

序号	标 准 编 号	标 准 名 称
51	SB/T 10155—1993	齿轮切茶机
52	SB/T 10156—1993	茶叶加工除尘系统型式与主参数
53	SB/T 10157—1993	茶叶感官审评方法
54	SB/T 10167—1993	祁门工夫红茶
55	SB/T 10168—1993	闽烘青绿茶
56	SB/T 10185—1993	茶叶加工机械产品型号编制方法
57	SB/T 10186—1993	茶叶平面圆筛机型式与参数
58	SB/T 10187—1993	茶叶拣梗机型式和主参数
59	SB/T 10188—1993	紧压茶压制机型式与参数
60	SN 0147—1992	出口茶叶六六六、滴滴涕残留量检验方法
61	SN 0339—1995	出口茶叶中黄曲霉毒素 B_1 检验方法
62	SN/T 0348.1—1995	出口茶叶中三氯杀螨醇残留量检验方法气相色谱法
63	SN/T 0348.2—1995	出口茶叶中三氯杀螨醇残留量检验方法液相色谱法
64	SN 0497—1995	出口茶叶中多种有机氯农药残留量检验方法
65	SN 0711—1997	出口茶叶中代森锌类农药总残留量检验方法
66	SN/T 0737—1997	出口乌龙茶品质感官审评评分方法
67	SN/T 0797—1999	出口保健茶检验通则
68	SN/T 0911—2000	进出口茶叶感官审评室条件
69	SN/T 0912—2000	进出口茶叶包装检验方法
70	SN/T 0913—2000	进出口茶叶粗纤维测定方法
71	SN/T 0914—2000	进出口茶叶粉末和碎茶含量测定方法
72	SN/T 0915—2000	进出口茶叶咖啡碱测定方法
73	SN/T 0916—2000	进出口茶叶磨碎试样干物质含量的测定方法
74	SN/T 0917—2000	进出品茶叶品质感官审评方法
75	SN/T 0918—2000	进出口茶叶抽样方法
76	SN/T 0919—2000	进出口茶叶水分测定方法
77	SN/T 0920—2000	进出口茶叶水浸出物测定方法
78	SN/T 0921—2000	进出口茶叶水溶性灰分和水不溶性灰分测定方法
79	SN/T 0922—2000	进出口茶叶水溶性灰分碱度测定方法
80	SN/T 0923—2000	进出口茶叶酸不溶灰分测定方法
81	SN/T 0924—2000	进出口茶叶重量鉴定方法
82	SN/T 0925—2000	进出口茶叶总灰分测定方法
83	SN/T 0926—2000	进出口茶叶中硒的检验方法　荧光光度法
84	SN/T 1117—2002	进出口茶叶中多种菊酯类农药残留量的检验方法
85	SN/T 1490—2004	进出口茶叶检疫规程
86	SN/T 1541—2005	出口茶叶中二硫代氨基甲酸酯总残留量检验方法
87	SN/T 1591—2005	进出口茶叶中9种有机杂环类农药残留量的检验方法

（续表）

序号	标 准 编 号	标 准 名 称
88	SN/T 1594—2005	进出口茶叶中噻嗪酮残留量检验方法　气相色谱法
89	SN/T 1607—2005	进出口饮料中菌落总数、大肠菌群、粪大肠菌群、大肠杆菌计数方法　疏水栅格滤膜法
90	SN/T 1747—2006	出口茶叶中多种氨基甲酸酯类农药残留量的检验方法　气相色谱法
91	SN/T 1774—2006	进出口茶叶中八氯二丙醚残留量检测方法　气相色谱法
92	SN/T 1852—2006	出口茶皂素中皂甙含量的测定
93	SN/T 1873—2007	进出口食品中硫丹残留量的检测方法　气相色谱—质谱法
94	SN/T 1950—2007	进出口茶叶中多种有机磷农药残留量的检测方法　气相色谱法

（翁　蔚　刘　新）

五、常见的民间代用茶

编号	名 称	原 料	加 工 方 法	用 途
1	绞股蓝茶	绞股蓝 Gyhostemma Pentaphyllan Makin，又名七叶胆，为葫芦科绞股蓝属植物，多年生蔓生草本，其茎叶可制茶。	每年 5～8 月，割取茎叶按绿茶制法制成绞股蓝茶，包成袋泡茶饮用。	日本学者从绞股蓝中分离出 50 多种皂甙，其中 4 种与人参皂甙结构完全相同，故有"南方人参"之称。民间用于治疗咳嗽、痰喘、慢性气管炎、传染性肝炎等疾病。
2	杜仲茶	杜仲（Eucommiaulmoides Oliv）又名丝连皮、扯丝皮、丝棉皮、玉丝皮、思仲等，落叶乔木，为国家二级珍贵保护树种。产于陕西、贵州等省，其叶可制茶。	采摘杜仲叶按红、绿茶制法，制成绿茶或红茶饮用。	在皮叶中含有绿原酸、桃叶珊瑚甙、松脂醇二葡萄糖甙、维生素 C 等。有关临床试验，具有延缓衰老、健身、减肥作用，对肝肾病、高血压、动脉硬化、腰膝酸痛、阳痿、尿频等有一定疗效。
3	松针米茶	西伯利亚红松、黑松、油松、华山松、云南松、思茅松、马尾松等，其松针叶可制茶。	松针经切断、揉捻、水浸、糖渍、炒干再加炒米，经拼配即成松针米茶，可泡饮。	松针含蒎烯，乙酸龙脑酯，胡萝卜素，维生素 B_1、B_2、C 和 K 较丰富，磷、铁、钙等无机盐也不少，具有祛风活血、明目、安神、解毒、止痒等作用。
4	罗布麻茶	罗布麻（Apocynum）又名野麻、红麻、茶叶花等，分布于新疆、青海、甘肃、河北等盐碱和沙漠地区，是夹竹桃科多年生草本纤维植物，其叶可制茶。	夏初采摘嫩叶，按绿茶加工工艺经杀青、揉捻、炒（烘）干即成。产品香气好，青涩味较轻，泡饮时，加少量糖、橘皮，可改善香味及口感。	罗布麻叶含有黄酮、槲皮素、芸香甙、儿茶素、氨基酸等成分，具有调节血压、降血脂、止头晕头痛、延缓衰老等保健功能。
5	人参茶	人参属五茄科多年生草本植物，根肥大，叶呈掌状复叶。根和叶都含有多种人参皂甙，可制茶。	人参茶分两种：① 采用人参鲜叶按绿茶制法，经杀青、揉捻、烘干，制成烘青型保健茶。② 以红参、白参或两者混合加少量乙醇制成颗粒，烘干而成。	泡茶饮用，具有益气提神、强身抗病、悦颜益寿等功效。初饮人参茶，可加入少量蜜糖调饮口感更好。

编号	名 称	原 料	加 工 方 法	用 途
6	菊花茶	菊花（Chrysanthemun morifolium Ramat）又称金蕊，为菊科菊属宿根性草本植物。药用菊花黄菊花和白菊花，而茶用菊花则为杭白菊及滁菊花。产浙江和安徽。	于10月底采洁白、饱满鲜花，经蒸汽杀青后晒干即成。	菊花成分包括龙脑、乙酸龙脑酯、菊苷、樟脑、丁二酸二甲基酰肼等，具有疏风清热、平肝明目、镇咳祛痰、消炎解毒等功效。菊花是医治感冒之良药，是老少皆宜的保健饮料。
7	桑芽茶	桑树之嫩芽。	采摘桑树之嫩芽，挑选洗净，经杀青→冷却→揉捻→干燥→包装而成。	桑芽中含有黄酮化合物、桑苷、香豆素、氨基酸、生物碱、芳香油及钾、钙、铁等成分，具有降压、抗衰老、增加耐力、降血脂、抑制肠内有害细菌系列和过氧化物产生等保健作用。
8	金银花茶	金银花（lonicera japoica）又称忍冬花（Honeysackle），主产河南、山东等地。为半常绿灌木，茎半蔓生，叶卵圆形，开喇叭形花朵。	于5～7月，当花蕾由绿变白，上部膨大、下部青色即可采收。市场上的金银花茶主要有两种。一种是鲜花与少量绿茶拼和，按花茶窨制工艺窨制而成金银花茶；另一种是用烘干或晒干的金银花与绿茶拼和而成，以前者为主。	金银花茶是一种理想防暑降温饮料。具有清热解毒、清风散热、抗病毒、保肝利胆功效。金银花露是儿童夏天防治痱子脓疮之佳品。
9	桂花茶	桂花为木樨科植物，常绿灌木，9～10月开花。以花之颜色，有金黄色之金桂、带香蕉黄之银桂，还有丹桂和四季桂之分。	桂花茶是用精制茶坯与鲜桂花按花茶的窨制工艺窨制而成。	桂花茶既不失茶之真味，又带浓郁桂花香气，适合胃功能较弱的老年人饮用。
10	薄玉茶	老茶树嫩叶和玉米须以及少量中药材。	选用30年以上老茶树嫩叶，加入用玉米须熬出的汁液，再配入少量中药材加工而成。	具有治疗糖尿病的作用，对治疗轻、中度糖尿病效果更佳。
11	刺五茄茶	刺五茄又名五茄参，属五茄科，叶片与茶叶相似，可制茶。	于5～10月降霜以前采收叶子，按绿茶加工方法，经杀青、揉捻、干燥、包装而成。	刺五茄茶含多种甙类物质，其中部分甙类与人参皂甙有相似生理活性，具有改善心脑血液循环，调节中枢神经和内分泌系统、治疗失眠、重症神经衰弱、更年期综合症等保健功能。
12	虫屎茶	虫屎茶又名龙珠茶，是广西特产。虫茶并不是真正的茶，实际是一种名为"化香夜蛾"的粪便。	采集广西当地野生苦茶叶或香树、糯米藤、黄连木、野山楂、钩藤等野生植物鲜嫩叶，蒸煮去除涩味后，晒至八成干，堆于木桶内，再均匀浇上淘米水，加盖发酵、腐熟、散发出香气，引诱化香夜蛾在此产卵。约10天后幼虫破卵而出，边蚕食叶子边排泄虫屎。然后经晒干，并按蜂蜜：茶叶：虫屎＝1：1：5的比例混合炒干即成。	具有清热、去暑、解毒、健胃、助消化等功效，对腹泻、鼻衄、牙龈出血和痔疮出血均有良好疗效，是热带和亚热带地区一种重要清凉饮料。

编号	名 称	原 料	加工方法	用 途
13	柿叶茶	柿树之鲜叶。	于7~8月间采摘柿树之鲜叶按绿茶加工方法制成绿茶,制品中有的拼入茶叶,也有的不拼茶叶,单独饮用。	柿叶中含有大量维生素C、茶单宁、胡萝卜素、胆碱、黄酮甙、蛋白质等,常饮柿叶茶,能清脑明目、消炎解热、凉血止血、降低血压、增加心脏冠状动脉血流量,并对防治消化系统癌症有一定效果。但含鞣质较多,有收敛作用,因此,便秘患者应少服。
14	青豆茶	主料烘青豆,佐料豆腐干、橘皮、桂花干、萝卜干、炒熟芝麻和紫苏籽。	在8~9月采成熟大豆荚,用盐煮熟烘至足干,然后加入切细的兰花豆腐干、盐渍橘皮、桂花干、萝卜干和炒熟芝麻、紫苏籽等,抖匀即可用开水冲泡。	作为休闲食品,在浙江杭嘉湖地区,常作款待客人用。
15	玄米茶	蒸青茶坯或烘青茶坯和带胚芽的糙米。	玄米茶是以蒸青茶坯或烘青茶坯以及胚芽米为原料,经浸泡、蒸熟、滚炒等工艺制成。	玄米比普通大米营养丰富,富含维生素B_1、维生素C,食物纤维高出6倍以上,且富含钾、钙、镁、铁、锌等微量元素。玄米茶具有调和体质,促进肠道蠕动,治疗消化不良,食欲不振,消滞开胃等功效。玄米茶既有茶叶香气,又增添炒米的芳香。
16	锅巴茶	大米、白糖。	将米饭在农家灶上用稻草火精心烧制,锅底不能起焦黑,成功的锅巴以色黄、质脆为标准,且是在锅上结得薄薄一层,这时在锅中加清水,煮沸后再煮2~3分钟停火,用竹笋滤清取沉淀后上层明净部分,加入白糖即成色纯、气香、味甜的锅巴茶。	在江苏称"铲刀汤",浙江称"锅巴汤"。在夏天饮用此茶,有生津、解渴、提神、助消化的作用。
17	老鹰茶	老鹰茶是樟科的木本植物,在《四川野生经济植物志》中直称其为老鹰茶树,属常绿乔木,叶互生,叶质甚厚,色泽深绿。	采其嫩枝嫩叶,晒干后即可。	老鹰茶含芳香油多,也含多酚类化合物,在夏天饮用更觉消暑解渴,提神助兴。
18	老姜茶	姜也称霉老姜,多年生草本植物。根茎偏平呈不规则状,表皮浅灰色,内质淡黄,气味芳香,味辣,是生活中不可缺的佐食佳品。	取老姜15克左右,加水250~300毫升及红糖20克左右,煮开即是老姜茶。	受风寒雨淋或是感冒初期,头痛、鼻塞,服用老姜茶,卧床休息1~2小时出汗,即可解表祛寒,达到防治目的。
19	红枣茶	红枣也称大枣,主产山东,干果表面皱缩暗红,果肉柔软略带黏性,棕褐色,带糖香,味甜。	取红枣20枚,洗净,放入砂锅,加水浓煎3次,每次20分钟,合并3次煎汁,纱布过滤,煎汁回锅中,加适量清水,小火煮沸即成。	红枣含糖、有机酸、蛋白质以及维生素A、维生素B、维生素C等,性平,味甜,能补脾胃,用于治疗脾虚弱,是老少皆宜的滋补健胃食疗饮料。

（续表）

编号	名 称	原 料	加工方法	用 途
20	竹叶茶	竹为禾本科植物,中空有节,茎、叶常绿,长江以南各省都有栽培。竹叶茶主要原料是山白竹叶,最好选用刚摘下的新鲜叶子。	适量鲜竹叶装入砂锅或压力锅内,加入500~600毫升水,用高火煮,即将沸腾时改用小火,慢煮10分钟左右,至水量剩三分之二时关火,滤掉竹叶即可。	竹叶含三萜类物质、、芦竹素、白芳类等,古典中药书《神农本草》和《本草纲目》等记载,竹叶具有解热、止渴、消毒、治疗肌肉抽筋等功效,竹叶茶则有消除胆固醇,防治口臭,预防糖尿病、高血压等保健功效。
21	玉米须茶	玉米又称玉蜀黍、包萝,系禾本科植物,各地都有栽培,玉米的花柱即为玉米须,也称"龙须"。	取鲜叶玉米须30克左右(晒干样约10克)放入砂锅中,加水适量煮1小时,取汁即可。	玉米须性味甘平甜和,中医认为能利水消肿、泄热、平肝利胆,抗过敏,治疗肾炎、肝炎、胆结石等,具广泛的预防保健用途。常饮玉米须茶可去体内湿热之气,还可用于预防习惯性流产、妊娠肿胀、乳汁不通等妇科病症。
22	车前草茶	车前草属车前草科,为多年生短小草本,别名"观世音草"。生长在田头地角,每年6~7月开花结子,种子称车前子。	拔取鲜草洗净,每次100克左右,蒸汁当茶饮,或鲜草剪碎晒干,当茶泡饮。	车前草味甘寒,具有清热利尿、明目祛痰、解毒抗病等功效。车前草对治疗尿路感染、水肿、高血压等均有疗效,常服无毒、无副作用。
23	丹参茶	丹参(Radix Salvia Miltiorrhiza)是最常用的活血化瘀的中药之一。为唇形科植物的干燥根及根茎。	洗净根茎中泥沙,略浸,捞起润一夜,切片,晒干,筛去灰屑,即为丹参片。取丹参片,置锅内文火炒至深黄色,见有焦班为度,取出摊凉。饮用时,取适量沸水冲泡10分钟,即可饮用。	丹参含有参醌、皂甙元、维生素E等成分,炒制后,性转温,作用缓和,具养血活血之功,丹参茶是一味性状平和的保健饮料。
24	胖大海茶	胖大海又名安南子、大海子、通大海、大海和大洞果等,为梧桐科植物的干燥式种子,主产于热带地区,分布于越南、马来西亚、泰国、柬埔寨和印度尼西亚等地,我国云南、海南、广东、福建等地也有引种。	取10克左右干果放入小砂锅,加水300毫升,煮沸10分钟,其外皮随即破裂,肉呈海绵状时,用筷子拣去外皮和内核,再加适量冰糖煮5分钟即可。	胖大海含多种成分,如半乳糖、戊糖、胖大海素及钙、镁、锌等微量元素,味甘,性寒,具有清肺开音、清肠通便,治疗干咳无痰、喉痛、声音嘶哑等病症。
25	番泻叶茶	番泻树属豆科植物,广东、云南、海南各省均有栽培,其叶似细小柳叶,有尖叶、狭叶之分。	番泻叶茶以泡服饮用为好。不宜煎煮,常用量为3~9克,若剂量过大,可产生一系列毒性反应,应引起重视。用水量为20倍番泻叶(1:20),以80℃水温冲泡1小时为宜,饮用2小时以内不宜再服用其他药物。	番泻叶的主要成分为蒽酮类衍生物,如海潘泻叶苷A、B、C、D,大黄素、大黄酚、大黄酸、葡萄糖甙及黄酮类物质等。性寒味苦,具有泻热导滞、止血促凝等功效,是"止血不留淤"的良药。治疗慢性便秘时不宜长期连续服用,年老体弱、脾胃虚寒、经期、孕妇及哺乳期妇女等也均应慎用。

（续表）

编号	名称	原　料	加工方法	用　途
26	钩藤茶	钩藤（Uncaria rhynchophylla (Miq.)Jall）属茜草科常绿藤本植物，主要分布在长江以南地区，茎长达 10 米，生于叶腋内的变态枝成钩状，长 1.2～2 厘米。	钩藤茶主要以其钩枝及钩附近的茎枝为原料(春秋季采收)，直接晒干或沸水杀青后再晒干即可。泡饮时取钩藤 20 克左右，沸水冲泡 10 分钟左右即可饮用。	钩藤含有钩藤碱、异钩藤碱、去氢毛钩藤碱等生物碱，还含有黄酮类化合物、表儿茶素、匜类化合物等功能成分。常饮可有效改善高血压引起的头痛、头晕、失眠、心悸、耳鸣等症状，是一种性味温和的保健饮料。
27	苦丁茶	苦丁茶是我国民间传统的食、药两用植物，距今已有 2000 多年历史。在我国中西部的苦丁茶属木樨科女贞属植物紫茎女贞、兴山女贞、日本毛女贞、序梗女贞、牛矢果等；而在中南、华南地区的苦丁茶属冬青科冬青属植物枸骨叶、大叶冬青、苦灯茶等。	苦丁茶加工采用嫩叶为原料，工艺可分为绿茶型及黄茶型两种，一般都采用绿茶型方法，即杀青、揉捻、干燥即可；如用黄茶型工艺，即在揉捻以后增加闷黄过程，通过闷黄可以减少苦丁茶的苦涩味，然后进行干燥即可。	苦丁茶富含氨基酸、甾体化合物、黄酮类化合物、熊果酸及多种皂甙，性凉，味甘苦，有散风热、清头目、除烦渴的功效，是天然的保健饮料，被誉为"益寿茶"、"美容茶"。
28	枸杞茶	枸杞属茄科枸杞属，原产中国，以宁夏、内蒙古一带产量最多，枸杞果及枸杞叶都是枸杞茶的原料，只是加工方法不同。	枸杞果，一般是鲜果直接干燥而成，枸杞子，可直接单独冲泡，也可与其他原料一起冲泡饮用。枸杞叶通常被加工成枸杞茶，可冲泡饮用。枸杞叶的加工，一般是采摘鲜嫩枝头经杀青、揉捻、干燥而成为绿茶型饮料。	枸杞叶别名天精草、地仙苗，富含蛋白质、胡萝卜素、粗纤维、维生素 C、尼克酸及氨基酸等成分，性凉，味苦甘，无毒，具有补虚益精、清热止咳、祛风明目、治虚劳发热等功效。枸杞茶适宜体质虚弱、常感冒、抵抗力差的人群。
29	黄金茶	黄金系腊梅科植物，学名柳叶腊梅（C. Salicifolius），系腊梅科的半常绿灌木。其嫩芽制作的茶称为"黄金茶"，也称"腊荆茶"。	采摘嫩芽叶，经杀青、整形、干燥等工序制成。泡饮时取黄金茶 2～5 克放入杯中，冲入 95℃以上开水 300～500 毫升，5 分钟后即可饮用。	黄金茶是我国浙西山民常饮茶品，具健胃消食、清神解燥、降脂、健脑、醒酒等功效。黄金茶是一种上佳的绿色保健饮品。
30	沙棘茶	沙棘属胡颓子科沙棘属，是地球上最古老植物之一，已有 2 亿多年历史，在我国主要分布在黄河中游和青藏高原地区。	沙棘果一般加工成液体饮料茶，而沙棘叶常被加工成沙棘茶冲泡饮用。采摘嫩叶(4 月至 5 月)，经摊放、杀青、揉捻、初炒、复炒干燥而成。	沙棘含有 10 种以上天然维生素，4 倍于人参的 SOD，20 多种氨基酸与微量元素，多种不饱和脂肪酸及生物碱、磷脂类等 200 多种活性物质。常饮沙棘茶可以抑止癌细胞的生成和扩散，对缺血性心脏病、冠心病、心绞痛有缓解作用。临床试验还证明，沙棘茶能治便秘，总有效率达 90%以上，由于咖啡碱含量低，适于老人、高血压患者及神经衰弱人群饮用。

（续表）

编号	名 称	原 料	加 工 方 法	用 途
31	藤茶	学名为显齿蛇葡萄（Ampelopsis grossedentata （Hand-Mazz）W. T. Wang），为葡萄科蛇葡萄属野生木质落叶藤本植物。通常生长在400～1300米的山坡谷地的灌木丛中，适应于山间阴湿环境，俗称山甜茶、白茶白毛猴、甘露茶等，分布于我国湖南、贵州、广西、福建等多个省区。	每年清明至白露期间，采收其嫩芽叶，按绿茶加工技术，经杀青、揉捻、干燥而成。也有制成黄茶型和饼茶型，其功效基本相同。	藤茶含有丰富的氨基酸、维生素、黄酮类、酚类、甙类化合物，棕榈酸、槲皮素及多种人体必需的微量元素，具有清热解毒、治疗黄疸型肝炎、感冒风热、咽喉肿痛等病症的功效，在东南亚各国享有盛誉。
32	甜茶	甜茶原料有两种，一种是蔷薇科悬钩子属的掌叶悬钩子（Rubussuavissimus S. Lee），另一种是壳斗科柞属的多穗柯（Lithocarpus polystachyus (Wall.)）。其中掌叶悬钩子为落叶灌木，而多穗柯为常绿乔木。两者均可高达2～4米左右，主要分布在长江、珠江流域，朝鲜和日本也有一定的分布。	甜茶加工原料主要是掌叶悬钩子属，其加工工序为杀青、揉捻、干燥等三个工序，制成绿茶形的甜茶。也有制成袋泡茶，速溶的甜茶后，方便应用。	甜茶的主要成分有甜茶素、多酚类、蛋白质、氨基酸、维生素及矿物质等，具有清热、润肺、祛疾、止咳等功效。
33	银杏茶	银杏（Ginkgo biloba Linnn），另名白果、鸭脚子、公孙树、佛指甲、风果、仁杏、玉果等，裸子植物，属银杏科。其嫩叶可制茶。	银杏茶加工分为初制加工和深加工两类。其中初制加工包括绿茶和乌龙茶型两种。绿茶型银杏茶加工为摘取银杏叶后，去杂清洗、摊青、杀青、揉捻、炒青、整形、干燥即成。乌龙茶型银杏茶的加工为鲜叶采摘、洗青、晾青、做青、杀青、揉捻、烘干即成。银杏茶的深加工是把银杏茶加工制成银杏茶粉、银杏袋泡茶和银杏茶饮料。	银杏功能成分包括黄酮类、萜内酯类、氨基酸等，具有改善心脑血管循环抑制PAF作用、消除自由基、抗菌消炎等保健作用，对老年性痴呆、脑中风、糖尿病、血管病变、气管炎等具有一定疗效。
34	花果茶（花草茶）	花果茶（花草茶）是一种"类似茶的饮料"，即用天然植物根、茎、叶、花朵单独或综合水果等加工而成。	制作花果茶（花草茶）的原料大多源于野生的花草或花果，但也有一些是人工栽培的，其加工方法，一般是将鲜花草直接晒干或烘干即成。其制作过程不添加人工香料和色素，以纯天然为宗旨，并注意合理搭配，药性温和的花草最好不要和性寒的花草搭配。此外还要分清自己的体质情况，如热性体质的人，宜选用性寒的花草，而虚寒体质的人，则适用性温的花草，性平的花则大多数人可选用。	各种不同的花草原料具有不同保健功能，如：紫玫瑰花：调理内分泌失调，消除腰酸背痛、调气血、消疲劳，对伤口愈合有效。薰衣草：对缓和咳嗽及失眠有效，也可逐渐改善痛症。薄荷：餐宴后饮薄荷茶，可使口气清新，帮助消化，对提神醒脑也极有帮助。向日葵：明目、强肝、清热、退火，对头痛、眼睛疲劳等有辅助疗效。

（尹军峰 俞永明）

六、世界主要产茶国茶园面积、产量、出口、进口量（1989～2008年）

表1　世界主要产茶国（地区）茶园面积（万亩）

国家（地区）	1989	1990	1991	1992	1993	1994	1995	1996	1997	1998	1999	2000	2001	2002	2003	2004	2005	2006	2007	2008
亚　洲																				
中国大陆	1598.81	1592.85	1590.75	1626.30	1756.20	1701.90	1672.95	1654.50	1614.30	1584.75	1695.00	1633.50	1711.05	1701.30	1810.95	1893.45	2027.85	2146.95	2419.95	2579.14
中国台湾	35.85	36.45	35.85	33.30	34.65	31.80	32.40	31.80	32.40	31.05	30.75	29.55	28.35	27.45	28.95	27.30	26.40	25.80	24.38	23.60
印　度	622.50	624.90	630.75	630.45	627.45	639.00	643.20	651.60	650.70	711.00	735.30	756.60	764.70	773.70	779.40	782.10	784.65	784.50	850.53	851.99
斯里兰卡	333.15	332.70	332.55	332.70		280.95			291.00		293.25	283.50	283.50	282.00	282.30	283.05	282.75	282.90	282.86	282.48
巴基斯坦/孟加拉	71.10	71.48	71.52	71.67	71.84	71.78	72.00	71.85	72.89	73.95	72.92	73.80	73.95	74.25	75.00	76.95	76.50	78.00	80.05	81.16
印度尼西亚	194.10	202.35	205.65	208.05	193.80	192.75	213.30	231.30	230.70	235.50	235.20	230.55	226.35	226.05	215.40	213.15	208.05	204.45	198.98	198.66
日　本	88.50	87.75	86.40	85.05	83.55	81.75	80.55	79.05	77.70	76.80	76.05	75.60	75.15	74.55	73.80	73.05	72.00	70.95	71.10	71.25
马来西亚	4.05	3.75	4.65	4.50	4.50	4.65	4.65	4.65	4.50	4.50	4.58	4.65	4.65	4.65	4.95	5.25	5.10	5.10	5.10	4.95
土耳其	134.25	135.90	132.90	133.95	133.95	115.46	114.90	115.05	115.20	115.13	115.05	115.05	114.98	114.90	114.90	115.50	117.00	117.00	118.50	117.00
越　南	87.45	89.85	90.00	94.50	99.00	105.00	106.50	106.50	117.30	108.90	115.65	120.00	123.00	127.50	130.50	135.00	136.50	139.50	189.00	197.23
伊　朗	48.00	48.00	48.00	48.00	48.00	49.50	51.00	51.00	51.98	51.99	51.99	51.99	51.99	51.75	51.75	40.50	34.50	30.00	28.05	27.00
非　洲																				
肯尼亚	131.25	145.50	150.90	152.70	157.35	165.30	171.69	176.10	176.03	177.98	186.30	189.30	197.40	195.45	197.10	205.05	211.95	220.65	223.79	236.58
马拉维	27.75	27.30	27.45	27.90	28.05	28.20	28.50	28.50	28.50	28.20	28.20	28.20	28.20	28.05	28.05	28.05	28.05	28.05	27.91	27.90
毛里求斯	4.65	4.35	4.35	4.65	4.73	4.55	3.11	1.65	1.15	1.03	1.01	1.01	0.99	1.02	1.02	1.01	1.01	1.01	1.06	1.05
莫桑比克	0.00	0	0	3.00	3.00	3.00	3.00	3.00	3.00	3.00	3.00	4.20	4.80	4.80	4.80	4.88	4.95	4.95	5.06	5.10

（续表）

国家（地区）	1989	1990	1991	1992	1993	1994	1995	1996	1997	1998	1999	2000	2001	2002	2003	2004	2005	2006	2007	2008
卢旺达	17.85	18.30	18.60	18.90	0.00	0.00	0.00	0.00	18.00	18.30	18.75	18.75	19.20	19.35	19.35	19.20	17.70	17.55	17.63	17.85
坦桑尼亚	28.35	28.35	29.10	29.10	29.10	29.85	30.23	30.90	31.35	31.35	32.25	31.80	32.10	31.95	33.00	33.45	34.05	34.35	34.08	34.08
乌干达	31.35	31.35	30.75	30.75	30.75	30.75	30.75	30.75	30.75	30.90	30.60	30.90	31.35	31.80	32.40	32.55	32.25	33.00	35.04	35.70
布隆迪	10.20	12.75	11.85	12.60	13.20	13.65	11.70	12.00	11.93	11.93	11.79	12.30	13.05	12.90	13.20	13.35	13.35	13.35	13.50	12.75
喀麦隆	2.25	2.25	2.25	2.25	2.25	2.32	2.27	2.32	2.34	2.34	2.33	2.32	2.25	2.25	2.33	2.40	2.48	2.25	2.30	2.36
南非	10.05	9.45	10.05	9.30	9.30	9.15	9.45	9.45	10.05	9.75	10.50	10.20	10.95	9.90	9.60	9.60	9.60	9.60	9.65	8.71
扎伊尔			9.60	13.50	13.50	13.50	13.50	13.50	13.50	13.50	9.00	9.00	9.00	9.30	9.30	9.45	9.75	9.45	9.53	9.60
津巴布韦	9.15	9.45	9.60	9.60	9.75	9.60	10.05	10.35	10.20	10.20	10.20	10.20	10.20	10.35	10.35	10.20	9.75	9.30	9.00	9.00
欧　洲																				
阿塞拜疆										7.50	7.50	7.50	7.50	7.50	7.80	7.80	7.95	8.10	8.10	8.16
格鲁吉亚							45.45	48.75	47.10	51.15	51.15	51.15	51.00	51.00	51.75	52.50	52.50	53.25	55.05	55.35
俄罗斯							2.40	2.40	2.40	2.25	2.25	2.25	2.40	2.25	2.40	2.40	2.48	2.55	2.60	2.63
拉丁美洲																				
阿根廷	61.95	61.95	62.10	62.10	62.10	60.00	60.00	58.50	64.65	62.10	58.50	56.55	54.90	54.90	55.35	55.50	55.50	55.50	55.80	57.00
巴　西	7.50	8.25	8.25	9.00	9.00	9.00	9.00	9.00	9.00	9.00	8.25	8.25	7.50	7.50	7.50	7.80	7.80	7.95	7.95	7.95
秘　鲁	6.00	4.50	0.00	0.00	3.00	3.00	3.00	3.00	3.00	3.00	3.75	3.90	4.05	4.05	4.20	4.20	4.20	4.35	4.32	4.34
厄瓜多尔	1.50	1.50	1.50	1.50	1.50	1.50	1.50	1.50	1.35	1.35	1.35	1.35	1.43	1.43	1.43	1.44	1.46	1.49	1.50	1.50
澳　洲																				
澳大利亚	0.99	1.20	1.20	1.20	1.05	0.90	1.05	1.20	1.20	1.20	1.20	1.20	1.20	1.20	1.35	1.35	1.35	1.35	1.32	1.34
巴布亚新几内亚				6.00	6.00	6.00	6.00	6.00	6.00	6.00	6.00	6.00	5.70	5.55	5.55	5.55	5.70	5.85	5.70	5.75

表 2　世界主要产茶国（地区）的茶叶生产量（万吨）

国家（地区）	1989	1990	1991	1992	1993	1994	1995	1996	1997	1998	1999	2000	2001	2002	2003	2004	2005	2006	2007	2008
亚　洲																				
中国大陆	53.49	54.01	54.16	55.98	60.00	58.85	58.84	59.34	61.34	66.50	67.59	68.33	70.17	74.54	76.81	83.52	93.49	102.81	114.00	120.00
中国台湾	2.21	2.23	2.14	2.07	2.04	2.19	2.09	2.33	2.42	2.26	2.26	2.03	1.98	2.03	2.07	2.02	1.88	1.93	1.75	1.74
印　度	68.81	72.03	75.42	73.23	76.08	75.29	75.39	78.00	81.00	87.41	82.59	84.69	85.41	83.87	87.81	89.30	92.80	95.59	94.47	98.08
斯里兰卡	20.80	23.41	24.16	17.89	23.33	24.36	24.64	25.90	27.74	28.07	28.41	30.68	29.63	31.06	30.33	30.81	31.72	31.08	30.46	31.87
巴基斯坦	3.91	4.59	4.50	4.89	5.05	5.17	4.77	5.51	5.10	5.58	4.64	5.26	5.68	5.36	5.83	5.56	6.06	5.33	5.80	5.89
印度尼西亚	14.13	14.52	13.34	14.57	13.66	13.58	14.54	14.40	15.36	16.68	16.10	16.26	16.69	16.22	16.98	16.10	15.61	14.00	13.72	13.75
日　本	9.05	8.99	8.79	9.21	9.21	8.63	8.48	8.87	9.12	8.26	8.85	8.93	9.04	8.37	9.19	10.03	10.00	9.95	9.21	9.30
马来西亚	0.57	0.56	0.70	0.64	0.59	0.61	0.64	0.65	0.62	0.63	0.62	0.56	0.54	0.51	0.39	0.38	0.28	0.27	0.25	0.24
土耳其	14.16	12.68	13.53	15.63	12.77	13.44	10.47	11.45	13.95	17.78	17.06	13.07	14.29	14.20	15.50	16.50	13.50	14.20	17.80	15.50
越　南	3.02	3.22	3.30	3.40	3.50	3.80	4.00	4.00	5.22	5.66	6.50	7.00	8.00	8.80	9.30	9.70	11.20	13.20	14.83	16.64
伊　朗	4.60	4.40	4.50	4.50	4.80	5.00	5.00	5.00	7.04	6.53	6.85	4.42	5.90	4.95	5.81	4.00	2.50	2.00	1.70	1.80
非　洲																				
肯尼亚	18.06	19.70	20.36	18.81	21.12	20.94	24.45	25.72	22.07	29.42	24.88	23.63	29.46	28.71	29.37	32.46	32.86	31.06	36.96	34.59
马拉维	3.95	3.91	4.05	2.81	3.95	3.51	3.45	3.72	4.39	4.04	3.85	4.21	3.68	3.92	4.17	5.01	3.80	4.50	4.81	4.16
毛里求斯	0.55	0.58	0.59	0.58	0.59	0.51	0.38	0.25	0.18	0.15	0.15	0.13	0.06	0.14	0.14	0.15	0.15	0.14	0.16	0.17
莫桑比克	0.18	0.20	0.20	0.15	0.20	0.20	0.15	0.16	0.16	0.16	0.18	0.25	0.30	0.30	0.32	0.31	0.32	0.33	0.62	0.64
卢旺达	1.30	1.29	1.35	1.36	0.95	0.60	0.45	0.90	1.32	1.49	1.30	1.44	1.78	1.49	1.55	1.42	1.65	1.70	1.77	1.73
坦桑尼亚	1.70	1.84	1.93	1.84	2.32	2.38	2.37	1.98	2.25	2.43	2.35	2.39	2.47	2.75	2.95	3.07	3.04	3.13	3.49	3.16
乌干达	0.46	0.67	0.90	0.90	1.23	1.35	1.27	1.74	2.11	2.64	2.47	2.93	3.33	3.38	3.65	3.57	3.77	3.67	4.49	4.28

（续表）

国家（地区）\年份	1989	1990	1991	1992	1993	1994	1995	1996	1997	1998	1999	2000	2001	2002	2003	2004	2005	2006	2007	2008
布隆迪	0.39	0.40	0.53	0.59	0.55	0.69	0.70	0.57	0.42	0.67	0.69	0.71	0.90	0.66	0.74	0.77	0.78	0.63	0.67	0.64
喀麦隆	0.24	0.29	0.34	0.34	0.39	0.36	0.39	0.36	0.42	0.47	0.45	0.40	0.42	0.42	0.43	0.45	0.46	0.40	0.42	0.43
南 非	1.27	1.22	1.21	0.97	1.08	1.17	1.09	0.91	0.82	1.08	1.06	1.06	1.07	1.17	1.09	0.57	0.22	0.28	0.37	0.29
刚果/扎伊尔	0.31	0.30	0.30	0.30	0.30	0.30	0.25	0.25	0.25	0.25	0.25	0.25	0.26	0.27	0.28	0.30	0.30	0.31	0.32	0.33
埃塞俄比亚									0.36	0.40	0.42	0.45	0.46	0.47	0.48	0.47	0.49	0.50	0.52	0.54
津巴布韦	1.79	1.71	1.56	0.78	1.41	1.34	1.57	1.68	1.71	1.78	2.04	2.25	2.24	2.25	2.20	1.87	1.49	1.57	1.35	0.83
欧 洲																				
阿塞拜疆										0.24	0.30	0.16	0.15	0.17	0.18	0.19	0.19	0.20	0.20	0.20
格鲁吉亚							0.95	0.84	0.82	1.15	1.29	0.48	0.47	0.46	0.44	0.34	0.25	0.35	0.35	0.40
俄罗斯							0.11	0.06	0.16	0.15	0.19	0.23	0.25	0.26	0.27	0.28	0.29	0.30	0.31	0.31
苏联/独联体	12.70	13.10	11.60	5.50	3.00	1.80														
拉丁美洲																				
阿根廷	4.00	4.30	4.37	4.40	4.60	4.20	3.20	4.30	5.46	6.52	7.80	6.80	6.71	6.68	6.73	6.49	8.00	8.00	8.70	7.20
巴 西	1.10	0.95	0.95	0.90	1.00	1.00	1.00	0.90	0.50	0.40	0.31	0.35	0.44	0.46	0.48	0.49	0.50	0.51	0.52	0.52
秘 鲁	0.30	0.35	0.35	0.30	0.30	0.27	0.25	0.25	0.25	0.24	0.24	0.25	0.26	0.27	0.27	0.28	0.28	0.29	0.29	0.29
厄瓜多尔	0.20	0.15	0.15	0.15	0.16	0.20	0.20	0.20	0.20	0.19	0.18	0.17	0.16	0.17	0.18	0.19	0.19	0.20	0.20	0.20
澳 洲																				
澳大利亚	0.07	0.08	0.07	0.05	0.08	0.13	0.07	0.11	0.12	0.13	0.13	0.13	0.13	0.14	0.15	0.16	0.16	0.16	0.16	0.16
巴布亚新几内亚	0.61	0.62	0.55	0.60	0.60	0.65	0.65	0.70	0.70	0.55	0.62	0.62	0.61	0.62	0.64	0.65	0.66	0.67	0.67	0.68
世界总计	243.93	252.29	255.91	243.37	254.86	252.50	251.75	260.96	276.28	302.63	294.50	293.98	306.45	308.54	320.28	331.19	342.88	353.28	375.09	380.42

表 3　世界主要产茶国(地区)的茶叶出口量(万吨)

国家(地区)	1989	1990	1991	1992	1993	1994	1995	1996	1997	1998	1999	2000	2001	2002	2003	2004	2005	2006	2007	2008
亚　洲																				
中国大陆	20.46	19.55	18.49	17.55	20.14	17.97	16.66	16.97	20.23	21.74	19.96	22.77	24.97	25.22	26.00	28.02	28.66	28.66	28.94	29.70
中国台湾	0.67	0.58	0.53	0.53	0.51	0.44	0.32	0.35	0.29	0.25	0.31	0.30	0.25	0.26	0.27	0.24	0.22	0.20	0.20	0.23
印　度	21.16	20.91	20.17	17.33	17.37	14.93	16.37	15.37	20.07	20.76	18.91	20.44	17.99	19.81	17.03	19.39	19.52	20.09	17.58	19.30
斯里兰卡	20.38	21.53	21.08	17.78	20.99	22.42	23.50	23.36	25.73	26.53	26.30	28.01	28.75	28.60	29.06	29.06	29.88	31.49	29.43	29.75
巴基斯坦	2.34	2.70	2.54	2.72	3.19	2.36	2.54	2.61	2.52	2.22	1.52	1.81	1.29	1.27	1.22	1.34	0.90	0.48	1.06	0.84
印度尼西亚	11.47	11.10	11.02	12.12	12.39	8.49	7.92	10.15	6.68	6.72	9.78	10.56	9.97	10.02	8.82	9.86	10.23	9.53	8.37	9.62
日　本	0.07	0.03	0.03	0.03	0.03	0.03	0.05	0.05	0.06	0.08	0.08	0.07	0.08	0.08	0.08	0.09	0.11	0.17	0.18	0.18
马来西亚	0.10	0.10	0.10	0.10	0.08	0.08	0.08	0.08	0.04	0.03	0.05	0.05	0.04	0.04	0.05	0.04	0.03	0.03	0.03	0.03
尼泊尔														0.21	0.28	0.31	0.36	0.40	0.70	0.86
土耳其	2.49	2.77	0.23	0.50	3.96	0.52	0.23	0.20	1.91	1.76	0.45	0.64	0.48	0.52	0.70	0.59	0.70	0.55	0.30	0.45
越　南	1.50	1.37	1.00	1.30	1.62	1.60	1.40	1.50	2.70	3.32	3.64	5.57	6.82	7.48	5.99	7.00	8.80	10.60	11.10	10.40
伊　朗	0.16	0.15	0.15	0.10	0.15	0.16	0.16	0.17	0.25	0.25	0.40	0.35	0.40	0.85	0.70	0.80	0.65	0.60	0.50	0.53
非　洲																				
肯尼亚	16.32	16.96	17.56	16.65	18.84	18.31	23.75	24.42	19.86	26.34	24.17	21.70	25.81	27.24	26.93	33.38	33.91	31.37	34.38	38.34
马拉维	3.99	4.10	3.71	3.54	3.53	3.87	3.26	3.67	4.92	4.10	4.27	3.84	3.83	3.94	4.20	4.66	4.30	4.20	4.66	4.01
毛里求斯	0.005	0.004	0.005	0.006	0.004	0.004	0.003	0.001	0.004	0.002	0.005	0.004	0.004	0.004	0.004	0.004	0.005	0.004	0.003	0.003

（续表）

国家（地区）\年份	1989	1990	1991	1992	1993	1994	1995	1996	1997	1998	1999	2000	2001	2002	2003	2004	2005	2006	2007	2008
莫桑比克	0.10	0.08	0.13	0.06	0.03	0.05	0.04	0.05	0.05	0.05	0.06	0.07	0.07	0.08	0.08	0.09	0.09	0.10	0.17	0.20
卢旺达	1.08	1.02	1.10	1.30	0.70	0.50	0.30	0.35	1.06	1.20	1.09	1.02	1.42	1.20	1.20	1.15	1.17	1.29	1.30	1.33
坦桑尼亚	1.20	1.49	1.75	1.78	1.94	1.86	2.05	1.84	1.90	2.22	2.14	2.25	2.21	2.26	2.04	2.42	2.25	2.41	2.91	2.48
乌干达	0.31	0.48	0.71	0.78	1.03	1.10	1.07	1.50	1.83	2.34	2.21	2.64	3.04	3.11	3.41	2.97	3.31	3.27	4.36	4.24
布隆迪	0.37	0.38	0.48	0.57	0.58	0.60	0.71	0.44	0.55	0.58	0.66	0.64	0.87	0.65	0.69	0.72	0.76	0.59	0.60	0.53
喀麦隆	0.39	0.39	0.26	0.25	0.58	0.32	0.42	0.39	0.38	0.47	0.43	0.43	0.42	0.43	0.44	0.45	0.46	0.40	0.43	0.41
南　非									0.10	0.28	0.50	0.60	0.66	0.86	0.72	0.58	0.23	0.13	0.06	0.25
刚果/扎伊尔	0.28	0.20	0.20	0.15	0.24	0.15	0.20	0.20	0.20	0.20	0.20	0.20	0.20	0.21	0.22	0.22	0.23	0.24	0.24	0.25
埃塞俄比亚									0.02	0.05	0.07	0.09	0.10	0.11	0.12	0.12	0.13	0.15	0.16	0.17
津巴布韦	1.28	1.15	1.13	0.61	0.81	0.97	0.92	1.16	1.31	1.11	1.57	1.69	1.72	1.76	1.71	1.49	0.85	1.14	0.76	0.57
拉丁美洲																				
阿根廷	4.33	4.60	3.60	3.65	4.35	4.32	4.11	4.13	5.64	5.90	5.20	4.98	5.66	5.71	5.82	6.64	6.64	7.07	7.49	7.72
巴　西	0.90	0.75	0.73	0.82	0.83	0.84	0.75	0.60	0.34	0.32	0.29	0.37	0.41	0.40	0.42	0.36	0.34	0.32	0.33	0.30
厄瓜多尔	0.04	0.03	0.14	0.15	0.15	0.15	0.11	0.13	0.12	0.13	0.13	0.12	0.13	0.12	0.11	0.10	0.11	0.11	0.11	0.11
格鲁吉亚							0.55	0.50	0.70	0.80	0.80	0.80	0.80	0.70	0.70	0.07	0.07	0.07	0.07	0.08
巴布亚新几内亚	0.54	0.54	0.37	0.56	0.64	0.64	0.63	0.63	0.66	0.53	0.73	0.68	0.61	0.55	0.56	0.65	0.55	0.57	0.58	0.60
世界总计	112.47	113.45	107.77	101.59	115.27	103.26	108.01	110.66	120.38	130.49	126.14	132.89	139.22	143.99	139.79	153.71	156.35	157.18	157.27	163.80

表 4　世界主要茶叶进口国（地区）的茶叶进口量（万吨）

国家（地区）	1989	1990	1991	1992	1993	1994	1995	1996	1997	1998	1999	2000	2001	2002	2003	2004	2005	2006	2007	2008
欧　洲																				
比利时与卢森堡	0.16	0.15	0.2	0.16	0.12	0.12	0.15	0.12	0.17	0.22	0.2	0.2	0.2	0.21	0.21	0.21	0.22	0.22	0.23	0.24
英　国	16.29	14.19	14.61	14.46	16.03	14.84	13.60	14.85	15.05	14.63	13.73	13.35	13.66	13.66	12.53	12.88	12.82	13.54	13.12	12.98
丹　麦	0.21	0.20	0.20	0.19	0.19	0.20	0.20	0.18	0.30	0.16	0.13	0.16	0.17	0.17	0.16	0.15	0.14	0.14	0.14	0.14
法　国	1.00	1.11	1.19	1.18	1.33	1.22	1.13	1.50	1.64	1.30	1.18	1.33	1.36	1.36	1.40	1.31	1.41	1.34	1.53	1.51
德　国	1.40	1.47	1.61	1.82	1.81	1.60	1.66	2.42	1.83	2.26	2.44	1.80	2.05	2.23	2.70	2.18	1.96	2.13	2.44	2.38
爱尔兰	1.06	1.15	1.09	1.14	1.15	1.14	1.10	1.19	1.12	0.94	1.03	1.06	1.00	1.12	1.36	1.05	0.99	0.88	0.89	0.99
意大利	0.41	0.44	0.47	0.51	0.52	0.48	0.47	0.50	0.47	0.48	0.47	0.46	0.44	0.55	0.57	0.60	0.59	0.67	0.62	0.69
荷　兰	0.96	1.01	1.05	0.93	0.89	0.82	0.80	0.79	0.79	0.78	0.77	0.77	0.74	0.69	0.70	0.77	0.75	0.80	0.77	0.84
瑞　典	0.26	0.29	0.28	0.26	0.27	0.30	0.30	0.30	0.28	0.28	0.30	0.31	0.25	0.28	0.28	0.29	0.26	0.21	0.35	0.38
瑞　士	0.15	0.16	0.19	0.18	0.19	0.18	0.20	0.13	0.13	0.16	0.22	0.15	0.18	0.23	0.22	0.27	0.22	0.26	0.17	0.17
捷　克	0.21	0.21	0.17	0.15	0.27	0.09	0.17	0.12	0.21	0.22	0.21	0.21	0.24	0.21	0.23	0.24	0.24	0.27	0.31	0.31
奥地利	0.10	0.13	0.11	0.16	0.11	0.15	0.15	0.15	0.14	0.19	0.19	0.19	0.17	0.18	0.14	0.16	0.14	0.17	0.22	0.22
匈牙利	0.15	0.17	0.05	0.08	0.14	0.24	0.18	0.16	0.18	0.16	0.13	0.16	0.21	0.19	0.22	0.20	0.19	0.29	0.24	0.29
波　兰	3.35	2.20	1.80	2.50	3.64	3.01	3.00	2.65	3.03	2.97	3.20	3.05	3.31	3.10	3.08	3.21	3.11	2.71	2.81	3.10
南斯拉夫	0.17	0.34	0.06	0.10	0.10	0.10	0.10	0.12	0.29	0.17	0.15	0.19	0.18	0.18	0.18	0.18	0.19	0.19	0.19	0.19
波罗的海国家（爱沙尼亚、拉脱维亚、立陶宛）						0.20	0.17	0.20	0.20	0.20	0.25	0.27	0.30	0.31	0.32	0.33	0.33	0.35	0.36	0.37
俄罗斯联邦						8.34	14.06	11.11	14.83	14.35	15.27	15.62	15.37	16.26	16.57	16.62	17.30	16.65	17.44	17.50

（续表）

国家（地区）	1989	1990	1991	1992	1993	1994	1995	1996	1997	1998	1999	2000	2001	2002	2003	2004	2005	2006	2007	2008
苏联/独联体	21.46	23.9	16.6	7.61	19.16	4.72	2.1	4.4	5.2	4.22	4.82	4.99	5.83	5.66	5.54	5.95	6.19	6.9	7.2	7.9
北美洲																				
加拿大	1.42	1.35	1.30	1.36	1.38	1.43	1.31	1.35	1.67	1.71	1.83	1.78	1.86	1.87	2.03	1.82	1.81	1.70	1.75	1.52
美国	8.53	7.69	8.43	9.13	8.48	9.61	8.33	8.92	8.12	9.66	9.29	8.83	9.67	9.35	9.42	9.95	10.00	10.76	10.94	11.67
拉丁美洲																				
智利	1.09	1.14	1.20	1.20	1.23	1.44	1.38	1.36	1.19	1.41	1.34	1.13	1.51	1.53	1.60	2.02	1.79	1.91	1.96	2.24
亚洲																				
迪拜	0.02	0.47	0.94	0.45	0.94	1.63	1.17	1.80	1.67	2.53	2.47	2.22	2.98	3.08	4.88	4.34	5.30	5.60	5.80	6.00
科威特	0.41	0.22	0.14	0.27	0.35	0.43	0.46	0.46	0.46	0.51	0.52	0.43	0.47	0.58	0.50	0.51	0.50	0.50	0.50	0.60
阿曼	0.17	0.11	0.17	0.18	0.22	0.28	0.21	0.23	0.27	0.33	0.37	0.25	0.48	0.30	0.32	0.35	0.33	0.35	0.36	0.36
卡塔尔	0.10	0.09	0.10	0.11	0.10	0.11	0.10	0.12	0.12	0.16	0.11	0.12	0.15	0.17	0.20	0.09	0.18	0.20	0.23	0.22
沙特阿拉伯	1.50	1.78	1.88	1.87	1.42	1.56	1.31	1.41	1.70	1.85	1.43	1.38	1.50	1.35	1.36	1.40	1.49	1.20	1.47	1.42
阿富汗	1.14	1.25	1.00	0.90	1.20	1.10	2.15	4.80	3.48	2.59	1.73	2.55	3.11	3.50	4.80	4.10	3.40	3.40	4.40	3.90
香港	0.93	1.25	0.98	1.15	0.90	0.83	0.95	0.77	0.66	0.85	0.92	0.86	0.94	0.91	0.92	0.94	0.97	1.09	0.99	0.94
伊朗	3.20	4.97	7.26	5.39	3.95	3.11	3.12	2.73	3.63	3.34	3.95	4.72	4.22	3.85	3.04	4.00	4.30	4.50	5.54	5.80
伊拉克	3.75	2.75	0.24				0.32	0.49	2.35	4.97	4.49	5.26	6.27	8.20	3.79	5.10	5.60	6.60	3.20	3.60
以色列	0.24	0.29	0.26	0.30	0.21	0.36	0.28	0.30	0.28	0.28	0.29	0.30	0.30	0.30	0.29	0.30	0.30	0.30	0.30	0.28
约旦	0.35	0.56	3.28	2.41	3.60	3.00	2.80	2.50	2.20	1.96	1.00	1.24	1.25	1.20	1.45	1.64	1.42	1.10	0.90	1.37
黎巴嫩	0.20	0.25	0.40	0.34	0.30	0.30	0.26	0.30	0.24	0.28	0.31	0.24	0.39	0.27	0.26	0.23	0.18	0.20	0.22	0.20

（续表）

国家(地区)	1989	1990	1991	1992	1993	1994	1995	1996	1997	1998	1999	2000	2001	2002	2003	2004	2005	2006	2007	2008
马来西亚	0.46	0.45	0.51	0.60	0.59	0.74	0.79	0.62	0.94	0.75	1.03	0.97	1.11	1.08	1.27	1.31	1.49	1.47	1.57	1.48
巴基斯坦	11.69	10.58	11.12	11.89	12.53	10.65	11.57	11.07	8.69	11.16	10.77	11.14	10.68	9.78	11.83	12.00	19.93	11.68	10.64	9.91
叙利亚	1.15	1.64	2.14	2.23	2.08	2.35	1.66	2.11	1.80	1.91	2.03	1.97	2.45	3.06	2.90	3.06	2.92	3.00	2.79	2.68
土耳其				0.80		0.80			0.24	0.28	0.48	0.48	0.54	0.52	0.50	0.55	0.53	0.60	0.95	0.80
也门			0.79	0.80	0.75	0.80	0.87	0.87	0.90	1.05	0.95	0.80	1.02	1.14	1.01	1.21	1.04	0.70	1.43	1.43
中国大陆	0.50	0.57	0.42	0.39	0.44	0.26	0.35	0.40	0.09	0.12	0.19	0.24	0.17	0.17	0.29	0.23	0.28	0.32	1.34	0.90
中国台湾			0.58	0.65	0.99	1.04	0.81	0.74	0.77	0.87	1.10	1.22	1.53	1.73	1.85	1.96	2.08	2.43	2.51	2.57
日本	3.08	3.32	3.65	4.14	3.73	4.10	4.53	4.84	5.21	4.53	4.93	5.78	6.01	5.15	4.71	5.62	5.15	4.81	4.73	4.31
印度				0.05	0.22	0.04	0.08	0.18	0.32	1.00	1.00	1.34	1.66	2.20	0.99	3.08	1.67	2.39	1.60	2.03
印度尼西亚									0.23	0.23	0.16	0.22	0.38	0.60	0.40	0.43	0.55	0.55	0.87	0.66
斯里兰卡			0.09	0.18	0.46	0.25	0.14	0.59	0.51	0.39	0.32	0.44	0.36	0.35	0.52	0.67	0.82	0.65	1.56	1.86
非洲																				
阿尔及利亚	0.49	0.71	0.60	0.60	0.60	0.60	0.70	0.70	0.32	0.60	0.34	0.59	0.67	0.69	0.83	0.82	0.90	0.96	0.93	0.95
博茨瓦纳	0.14	0.14	0.12	0.21	0.23	0.14	0.15	0.15	0.24	0.17	0.15	0.20	0.11	0.18	0.20	0.21	0.21	0.22	0.17	0.16
乍得	0.08	0.08	0.08	0.08	0.08	0.22	0.08	0.31	0.31	0.30	0.32	0.30	0.31	0.32	0.30	0.31	0.32	0.34	0.33	0.34
埃及	5.99	7.87	6.98	7.75	6.00	5.50	6.94	7.17	7.79	6.55	7.32	6.34	5.64	7.89	4.99	7.18	7.35	7.85	6.90	10.40
埃塞俄比亚	0.20	0.20	0.20	0.20	0.20	0.15	0.18	0.18	0.18	0.19	0.20	0.18	0.15	0.15	0.14	0.15	0.15	0.17	0.16	0.17
冈比亚	0.13	0.18	0.21	0.25	0.22	0.12	0.12	0.14	0.23	0.30	0.35	0.36	0.24	0.30	0.34	0.32	0.33	0.35	0.34	0.33
肯尼亚				0.11	0.33	0.14	0.41	0.07	0.65	0.64	0.64	0.93	0.75	0.98	1.00	1.00	1.06	0.80	0.87	0.49

（续表）

国家（地区）\年份	1989	1990	1991	1992	1993	1994	1995	1996	1997	1998	1999	2000	2001	2002	2003	2004	2005	2006	2007	2008
利比亚	1.10	1.68	2.20	2.20	1.30	0.90	1.57	1.00	1.42	1.80	1.00	1.35	1.85	1.03	1.85	0.74	1.75	1.45	0.95	0.90
马里	0.10	0.09	0.08	0.20	0.07	0.14	0.30	0.28	0.21	0.30	0.70	0.86	0.95	0.80	0.90	0.70	0.80	0.82	0.84	0.87
毛里塔尼亚	0.20	0.18	0.21	0.23	0.20	0.14	0.13	0.13	0.15	0.15	0.34	0.55	0.50	0.45	0.58	0.65	0.60	0.65	0.80	0.85
摩洛哥	2.75	2.92	2.43	2.90	2.71	3.40	3.77	2.84	3.50	4.06	3.54	4.23	3.77	4.38	4.49	4.57	5.00	5.06	5.25	4.82
尼日尔	0.19	0.12	0.11	0.12	0.12	0.12	0.10	0.10	0.16	0.15	0.22	0.24	0.22	0.26	0.49	0.60	0.50	0.49	0.67	0.69
尼日利亚	0.13	0.26	0.47	0.40	0.25	0.50	0.37	0.60	0.75	0.70	0.73	0.79	0.70	0.74	0.70	0.60	0.45	0.50	0.46	0.45
塞内加尔	0.20	0.20	0.12	0.40	0.55	0.45	0.45	0.55	0.36	0.42	0.48	0.58	0.60	0.60	0.65	0.70	0.85	0.80	0.97	0.84
索马里	0.26	0.20	0.14	0.12	0.16	0.23	0.36	0.30	0.35	0.36	0.35	0.30	0.28	0.27	0.28	0.33	0.26	0.30	0.30	0.45
南非	0.84	0.77	0.66	1.03	0.93	1.04	0.89	1.21	1.65	1.30	1.27	1.42	1.39	1.52	1.48	1.66	1.86	1.88	1.82	1.93
苏丹	0.85	0.85	0.78	0.50	1.21	1.03	1.27	1.52	2.02	1.90	1.79	1.56	1.55	1.35	1.35	1.70	2.00	1.75	2.30	2.14
多哥	0.24	0.22	0.16	0.23	0.21	0.17	0.17	0.18	0.24	0.28	0.37	0.40	0.30	0.28	0.25	0.23	0.24	0.25	0.30	0.38
突尼斯	0.89	1.23	1.05	1.41	1.11	1.29	0.73	0.97	1.20	1.15	1.02	1.04	1.22	1.07	1.04	1.05	0.93	1.10	0.95	0.90
大洋洲																				
澳大利亚	1.81	1.65	1.72	1.61	1.73	1.73	1.65	1.76	1.56	1.67	1.44	1.47	1.42	1.43	1.31	1.40	1.38	1.36	1.33	1.30
新西兰	0.49	0.55	0.51	0.47	0.43	0.46	0.40	0.45	0.38	0.43	0.37	0.40	0.37	0.37	0.38	0.40	0.40	0.41	0.42	0.42
世界总计	107.31	110.87	107.29	100.28	111.83	103.69	106.65	111.68	120.03	124.51	123.44	127.26	133.22	137.34	134.71	142.43	146.42	147.44	148.99	153.19

（王国庆）

七、世界茶叶拍卖市场

与现汇(现款)贸易、记账贸易和易货贸易等茶叶贸易方式比较,拍卖市场是茶叶贸易的又一种形式。

目前世界茶叶拍卖总量,几近总产量的一半,均为红茶,其中以 CTC 茶为最大宗,多数拍卖市场,同时兼做内外销。

拍卖市场交易面广,选择余地极大,是拍卖方式的一大优点。其二,买卖手续简便,流通快。从采制到拍卖的整个过程,一般仅二十来天,到收妥贷款,亦不过一个多月(非产地拍卖、非在途茶拍卖略长),从而加快资金周转,节省大量人力和时间,是一种专业化程度很高的高效率贸易方式。第三,信息灵通,货畅其流,活而不乱。拍卖活动的兴盛,加上现代通讯技术的高度发展,已将红茶贸易纳入了国际一体化的轨道(即便以其他方式成交,其价格也参考拍卖市场行市而定)。当某档次品质的茶叶需求旺盛、库存偏少或预计减产时,市价上浮;反之则下降。如果甲中心拍卖比在乙中心价略好,卖方便会从乙转向甲……总之,拍卖市场价作为信息载体,可真正对生产及生产结构等起到导向作用。

最后,不可胜数的买主卖主通过各自的经纪代理在产地拍卖场集中交易,有利生产国繁荣茶业经济,也便于其从拍卖市场取得产销、价格、税收等各种数据,用作决策依据等。

(一)世界主要的茶叶拍卖市场

1. 伦敦拍卖市场

1839 年 1 月 10 日,随着几乎独占了东西方茶贸易渠道的英国东印度公司的衰落,在伦敦出现了世界上首次茶叶自由拍卖活动,世界茶叶贸易史从此揭开了新的一页。西方茶叶消费面的扩大,拼配包装商及其牌号茶的崛起以及南亚产茶区的迅猛发展,刺激需求方十分关注货源的稳定以及质量的多元化选择性,十分关注减省不必要的中间"盘剥"和交易的"公平";同时,生产方也希望能将产品以最快的速度投入市场,尽早回收贷款。在此背景下,地处世界主销市场中心和再加工中心的伦敦拍卖市场,曾有长达一个多世纪的黄金时代。虽然随着加尔各答、科伦坡、蒙巴萨等产区拍卖中心的兴盛,尤其在二次大战后,其地位趋向衰落(近年年拍卖量仅 6 万吨许),但此后仍吸引了世界各地的茶叶贸易,有 14 个产茶国向其提供拍卖目录。由于货源来路广,代表性强,长期统一以英磅计价,可比度高,加上历史原因,该市场拍卖价一直被公认为国际红茶行市的"晴雨表"。

1982 年,伦敦拍卖市场创造了在途茶拍卖(或称离岸拍卖)方式,茶货无须上岸入库,在海运途中就可提前拍卖。其优点是:充分发挥国际贸易集装箱化的长处,加快卖方资金周转,简化手续;货抵港口立即可进入买主的拼配厂,甚至尚未抵港,就被新货主临时指令中途转运到世界任何港口,从而避免了多次装卸和往返运输。在途茶拍卖制尤受内陆产茶国,如马拉维、津巴布韦、卢旺达的欢迎,使它们摆脱了无法控制茶货如期抵港的困扰,给这些习惯在英伦售茶的国家带来了新的生机。离岸拍卖比重虽然不高(约占伦敦拍卖总量的 15% 左右),而且出口大国印度兴趣不大。

1998 年 6 月 29 日(星期一),伦敦茶叶拍卖市场正式停止交易,结束了这段 300 多年的历史。其原因是产地拍卖市场崛起,削弱了伦敦的主导地位,使其交易量愈来愈少,直至关闭。

2. 印度拍卖市场

(1) 加尔各答拍卖市场

正式形成于 1861 年 12 月,位于北印度加尔各答,1984 年拍卖量达 14.5 万吨,占印茶总拍卖量的 30% 以上,居全国之首。该拍卖市场当初是伦敦市场的附庸。19 世纪末,年拍卖量不超过 2.5 万吨,而且其中一大部分运抵英国后还须再次拍卖。然而,后来它却同科伦坡等产地拍卖中心一起,成了削弱英国对世界茶业控制力的重要因素。1961 年,印度举办了加尔各答拍卖市场百周年庆典活动,前总理尼赫鲁曾亲临剪彩。

(2) 科钦拍卖市场

南印度开设最早(1947 年 4 月 7 日)的拍卖市

场。20 世纪 70 年代末曾创年拍卖 8 万余吨的纪录,后因其他拍卖市场的冲击而逐年减少,近年来约 4 万吨许。

(3) 库奴尔拍卖市场

1963 年 5 月 23 日开张,以拍卖副茶为主。

(4) 哥依巴特拍卖市场

1980 年 11 月成立,地处山区,起着拾遗补缺作用。

(5) 高哈第拍卖市场

在北印度,为新兴的拍卖中心,位于传统的内河转运中心高哈第,1970 年 9 月 25 日成立。20 世纪 80 年代初年成交量已达 7 万吨以上。

(6) 西利古里拍卖市场

1976 年 10 月成立,位于北孟加拉。20 世纪 80 年代初成交量也已达 7 万吨以上。

3. 斯里兰卡科伦坡拍卖市场

创建于 1883 年 7 月 30 日。斯里兰卡和印度不同,茶叶的产销仓储向以科伦坡为中心,高度集中,加上政府鼎力支持,故科伦坡拍卖中心几乎垄断了该国全部茶叶贸易。拍卖量长年居全球之冠,如 1982 年为 18 万吨(同年加尔各答、西利古里、高哈第、伦敦的拍卖量分别为 12 万、8 万、7.5 万和 6 万吨)。

4. 肯尼亚内罗毕和蒙巴萨拍卖市场

东非作为新兴产茶区,最"老牌"的拍卖市场当数 1956 年 11 月开办的肯尼亚内罗毕拍卖市场,其后拍卖业重心移至沿海城市蒙巴萨,该市的拍卖市场于 1969 年 7 月 14 日开业。随着产量、拍卖量的增加,1970 年 9 月 9 日,东非又有标具拍卖市场之设,近年肯尼亚外销茶的 4% 以上在当地拍卖,约 16% 运往伦敦拍卖。东非茶业的崛起,使蒙巴萨等拍卖市场成了非洲经济舞台上的明星。

5. 其他拍卖市场

一是 1947 年 7 月 16 日创设的吉大港拍卖市场,它独占了孟加拉国的全部茶叶贸易量。二是印度尼西亚的雅加达拍卖市场,它只拍卖外销茶(占外

销红茶总量的半数)。此外还有 1981 年 12 月 2 日开办的新加坡拍卖中心。

(二)拍卖的方法和步骤

1. 拍卖活动均在固定的时间和场所全年举行。如伦敦在周一,雅加达在周三,加尔各答在周一、周二开盘。科伦坡拍卖市场设在斯里兰卡总商会二楼,两个拍卖房分别拍卖正茶和副茶,周一拍卖低地茶,周二拍卖高地、中地茶;加尔各答也有一大一小两个拍卖房,分别可容 300 和 100 人。拍卖房往往形如大学的阶梯教室,便于座位相对固定的买茶商或其代理人看清前面拍卖台上的主持人(通常是卖方经纪人),也便于后者很快认清谁家在出价。

2. 拍卖前,各经纪人须将自己顾主(卖主)提供的各批唛资料整理汇编成待拍茶目录。内容包括拍卖具体日期、生产厂名(往往与茶园同名)、生产日期、品名(如 BOP,BOPF……)、规格(传统工艺或是 CTC、LTP 工艺)、箱数、每箱毛净重、总净重,乃至包装规格(因茶箱规格较规范,故常用代号表示)等,十分详尽,唯独无价格——但行市走俏时,也有标明底价者。最后还须给各批唛编一个拍卖顺号(并非茶号)以代表之。同时,卖主还须向经纪人提供几千克样茶。

目录印出后,经纪人须于拍卖日二周前,分送各买主,同时须附样茶数十克。后者旋即逐个开汤审评,并内定可接受的买价幅度。

到了预定的拍卖日,各家茶商带目录在拍卖厅老座位上就坐,听台上经纪人按目录顺号,口读上拍,由台下买主出价认购,待到无人再出更高价时敲一下木槌,表示已敲定卖给最后出价者。此时若有人再加价,则不予置理。

拍卖场文明有序,经纪人操作熟练,他身边常配有一两名助手同步操作并作记录,以便事后核对。拍卖速度极快,平均每分钟要拍成一两个茶样。一位经纪人拍完,第二位在拍卖房挂名的经纪人立即上台主持拍卖……最后一位拍完后散场。

3. 经纪人回去后,立即进行核对和电脑统计,并与各买主电话核对数字无误后,向其开立拍卖发

票,是为成交凭证。买主应立即向经纪人预付小部分贷款,余款至迟须在 14 天内付讫。其后经纪人再与卖主办理有关事宜,如通知卖主将茶直运买方指定场所等。

4. 买方提货后抽样复评,如与成交样品质不符,可向经纪人交涉。必须指出,拍卖参与者必须有一定的资格。如在科伦坡,必须是茶叶协会成员,并每年向政府交纳一定费用且领有营业执照者。该拍卖中心由政府审批的经纪人仅 7 家。其他拍卖中心对经纪人数也有限制。生产者(卖主)可以自由选择经纪人代理拍卖,一般相对固定。买主一般不付经纪人手续费,但常须按成交值向拍卖中心或为中心提供服务的单位交纳服务费。

与会买家,多系销区大拼配商或外国进口商在产地的代理或分号。如雅加达拍卖房里就常有英、美、意大利、新加坡乃至北欧代理商参加。

(李元章　黄　飞)

八、中国茶书名录

(一) 古代茶书

书　　名	编　著	年代(公元)	
茶　　经	陆　羽	758 年前后	
茶　记(佚)	陆　羽	760 年前后	唐、五代
顾渚山记(佚)	陆　羽	760 年前后	
煎茶水记	张又新	825 年前后	
采茶录(佚)	温庭筠	860 年前后	
十六汤品	苏　廙	900 年前后	
茶　谱(佚)	毛文锡	935 年前后	
舜茗录	陶　穀	970 年	
北苑茶录(佚)	丁　谓	999 年前后	
补茶经(佚)	周　绛	1012 年前后	
述煮茶小品	叶清臣	1040 年前后	
北苑拾遗(佚)	刘　异	1041 年	
茶　录	蔡　襄	1051 年	宋、元
茶法易览(佚)	沈　立	1057 年前后	
东溪试茶录	宋子安	1064 年前后	
品茶要录	黄　儒	1075 年前后	
建安茶记(佚)	吕惠卿	1080 年前后	
本朝茶法	沈　括	1091 年前后	
茶　谱(佚)	王端礼	1100 年前后	

(续表)

书　　名	编　著	年代(公元)	
大观茶论	赵　佶	1107 年	
斗茶记	唐　庚	1112 年	
宣和北苑贡茶录	熊　蕃	1121～	
	熊克(1158 年增补)	1125 年	
茶山节对	蔡宗颜	1150 年以前	
茶谱遗事	蔡宗颜	1150 年以前	
茶苑总录(佚)	曾　坑	1150 年以前	宋、元
北苑煎茶法(佚)	(佚)	1150 年以前	
茶法总例(佚)	(佚)	1150 年以前	
茶杂文	(佚)	1151 年以前	
北苑别录	赵汝砺	1186 年	
茶具图赞	审安老人	1269 年	
壑源茶录(佚)	章炳文	1279 年以前	
茶苑杂录(佚)	(佚)	1279 年以前	
茶　谱	朱　权	1440 年前后	
茶马志	谭　宣	1442 年前后	
茶马志	陈　讲	1524 年	
茶　谱	朱祐槟	1529 年前后	
茶　谱	钱椿年	1530 年前后	
茶谱续编	赵之履	1535 年前后	
茶　谱	顾元庆	1541 年	
泉评茶辨(佚)	(佚)	1545 年前后	
茶事汇辑(佚)	朱曰藩　盛时泰	1550 年前后	
茶马类考	胡　彦	1550 年前后	
煮泉小品	田艺蘅	1554 年	
水　品	徐献忠	1554 年	
茶寮记	陆树声	1570 年前后	
茶　经	徐　渭	1575 年前后	
煎茶七类	徐　渭	1575 年前后	
茶经水辨	孙大绶	1588 年	
茶经外集	孙大绶	1588 年	
茶谱外集	孙大绶	1588 年前后	明
茶　说	屠　隆	1590 年前后	
茶　谱	程　荣	1592 年前后	
茶　考	陈　师	1593 年前后	
茶　录	张　源	1595 年前后	
茶　话	陈继儒	1595 年前后	
茶　经	张谦德	1596 年	
茶　集	胡文焕	1596 年前后	
茶　疏	许次纾	1597 年	
茶　录	程国宾	1600 年前后	
茶　录	程用宾	1604 年	
罗岕茶记	熊明遇	1608 年前后	
茶　解	罗　廪	1609 年	
茶　录	冯时可	1609 年前后	
茗　笈	屠本畯	1610 年	
茶品要论	(佚)	1610 年前后	
茶品集录	(佚)	1610 年以前	
茶　董	夏树芳	1610 年前后	
茶董补	陈继儒	1612 年前后	
蒙　史	龙　膺	1612 年	

（续表）

书　名	编　著		年代（公元）
蔡端明别记	徐　火勃		1613 年
茗　谭	徐　火勃		1613 年
茶　集	喻　政		1613 年
茶书全集	喻　政		1613 年
茶　约	何彬然		1619 年
茶　乘	高元濬		约 1630 年以前
茗　林	陈克勤		约 1630 年以前
茶　荚	郭三辰	明	约 1630 年以前
茶　说	黄龙德		约 1630 年以前
茶　笺	闻　龙		1630 年前后
茗　史	万邦宁		1630 年前后
茶　经	黄　钦		1635 年前后
茶镫三昧	王启茂		1640 年前后
洞山岕茶系	周高起		1640 年前后
岕茶笺	冯可宾		1642 年前后

（续表）

书　名	编　著		年代（公元）
茶酒争奇	邓志谟		1643 年前后
品茶要录补（佚）	程伯二	明	1643 年前后
历朝茶马奏议	徐彦登		1643 年以前
茶马政要	鲍承荫		1644 年前后
虎邱茶经注补	陈　鉴		1655 年
茶　史	刘源长		1669 年前后
茶史补	余　怀		1677 年前后
历代茶榷志	蔡方炳	清	1680 年前后
岕茶汇钞	冒　襄		1683 年前后
续茶经	陆廷灿		1734 年
续茶经	潘思齐		不详
枕山楼茶略	陈元辅		不详
茶　书	醉茶消客		不详
整饬皖茶文牍	程雨亭		1897 年

（于良子）

（二）现代茶书

书　名	编　著	出　版	年代（公元）
茶树栽培法	吴觉农	上海泰东书局	1923
中国茶业问题	赵　烈	上海泰东书局	1931
种茶法	程天绶	商务印书馆	1933
中国茶叶复兴计划	吴觉农　胡浩川	商务印书馆	1934
丛书集成初编·茶录（及其他五种）	主编：王云五	商务印书馆	1936
中国茶业	朱美予	上海中华书局	1937
中国茶业问题	吴觉农　范和钧	商务印书馆	1937
古今茶事	胡山源	世界书局	1941
茶	戴龙孙	上海正中书店	1946
茶叶制造学	陈　椽	新农出版社	1949
制　茶	庄晚芳	中华书局	1950
种　茶	郭颂仁	中华书局	1950
中国的茶叶	庄晚芳	上海永祥印书馆	1950
茶	陶秉珍	开明书店	1951
栽茶与制茶	陶秉珍	中华书局	1951
红茶的制造	俞寿康	新农出版社	1951
红茶初制法	刘仲云	武汉通俗出版社	1951
茶叶检验	陈　椽	新农出版社	1951

(续表)

书　名	编　著	出　版	年代 (公元)
怎样栽培茶树	浙江省人民政府农林厅特产局、浙江省科学技术普及协会	浙江人民出版社	1953
怎样做好红茶和绿茶	浙江省农林厅	浙江人民出版社	1953
茶树栽培和茶叶采制经验介绍	浙江省人民政府农林厅特产局、浙江省科学技术普及协会	浙江人民出版社	1954
四川省一九五四年茶叶栽培与初制的技术关键	四川省农林厅	四川人民出版社	1954
茶树栽培和茶叶制造	四川省农林厅、四川省灌县茶叶试验场	四川人民出版社	1955
茶树栽培和茶叶采制	贵州省湄潭茶叶试验站	贵州人民出版社	1955
怎样栽培茶树	福建省农业厅特产处	福建人民出版社	1955
怎样栽培茶树	邰大传	江苏人民出版社	1955
茶作学	庄晚芳	财政经济出版社	1956
茶	贵州省农林厅	贵州人民出版社	1956
茶话	叶世唯	上海文化出版社	1956
茶叶丰产经验	浙江省农业厅特产局	浙江人民出版社	1956
茶叶丰产经验	农业部经济作物总局	通俗读物出版社	1956
怎样使茶叶丰产	湖南省农业厅	湖南人民出版社	1956
茶树栽培技术	陈椽	安徽人民出版社	1956
茶树栽培	农业部农业宣传总局	财政经济出版社	1956
怎样繁殖茶苗	江苏省农林厅	江苏人民出版社	1956
采茶和制茶	安徽省农业厅农业局	安徽人民出版社	1956
茶树短穗扦插经验	福建省农业厅	福建人民出版社	1957
茶叶检验手册	对外贸易部商品检验总局	财政经济出版社	1957
新茶场的建立	孙松祥	上海科学技术出版社	1957
安徽省茶叶生产经验	安徽省农业厅	安徽人民出版社	1957
茶树生物学	庄晚芳	科学出版社	1957
种茶	胡坪	通俗读物出版社	1957
湖南省湘潭群锋农业社茶叶增产经验	湖南省农业厅	湖南人民出版社	1957
茶叶制造	浙江省农业厅	浙江人民出版社	1958
茶树栽培	浙江省农业厅	浙江人民出版社	1958
制茶先进经验汇编	中华全国供销合作总社茶叶局	北京轻工业出版社	1958
茶叶跃进增产典型经验	农业部经济作物生产局	农业出版社	1958
1958年茶叶高产"卫星"	农业部经济作物生产局	农业出版社	1958
茶叶生产常识问答	湖南省农业厅	湖南人民出版社	1958

（续表）

书　　名	编　　著	出　　版	年代 （公元）
茶叶增产经验	中共广西僮族自治区委员会农村工作部、广西僮族自治区农业厅	广西人民出版社	1958
安徽茶叶丰产经验	中共安徽省委编辑室	安徽人民出版社	1958
创造了茶叶丰产新纪录	中共湖北省农村工作部	湖北人民出版社	1958
又快又省的茶苗繁殖法	江苏农林厅林业特产局	江苏人民出版社	1958
茶树短穗扦插育苗法图解	江苏农林厅林业特产局	江苏人民出版社	1958
红茶初制机械	商业部茶叶局	轻工业出版社	1959
茶叶精制工艺和机械	商业部茶叶局	轻工业出版社	1959
茶树快速育苗的经验	江苏省农林厅	江苏人民出版社	1959
茶叶丰产经验	广东省农业厅	广东人民出版社	1959
茶叶高产经验	中国农业科学院茶叶研究所	上海科学技术出版社	1959
红茶初制工艺	蒋　庆	轻工业出版社	1959
茶叶生产技术手册	浙江省农业厅	浙江人民出版社	1959
茶树快速育苗法	张志澄	农业出版社	1959
插条、茶子、茶叶三丰收的经验	江苏省农林厅	江苏人民出版社	1959
茶树短穗扦插育苗	江苏省宜兴县茶叶实验场	农业出版社	1959
红茶精制工艺	林其瑞	轻工业出版社	1959
茶　叶	庄晚芳	高等教育出版社	1959
茶树快速育苗的经验	江苏省农林厅	江苏人民出版社	1959
1958年茶叶大面积丰产经验	农业部经济作物生产局	农业出版社	1959
制茶基本知识	俞寿康　齐民静	轻工业出版社	1959
婺源县领导茶业生产大跃进的经验	傅　生	江西人民出版社	1959
湖北茶叶丰产经验	湖北省农业厅特产处、湖北省商业厅茶叶处	湖北人民出版社	1959
湘潭县红旗公社茶叶丰产经验	湘潭专署农业水利局	湖南人民出版社	1959
茶叶丰产经验	湖南省经济建设展览会	湖南人民出版社	1959
繁殖茶苗的方法	陕西省农林厅、商业厅	陕西人民出版社	1959
茶树害虫	陈常铭	北京高等教育出版社	1959
茶树短穗扦插育苗法	湖北省农业厅特产处	湖北人民出版社	1959
茶树短穗扦插法	芜湖专署农业局	安徽人民出版社	1959
茶树短穗扦插育苗经验	福建农业厅经济作物处	农业出版社	1959
茶树栽培及病虫害防治法	江苏省农林厅教材编审委员会	江苏人民出版社	1959
贵州茶树病虫害防治法	夏怀恩	贵州人民出版社	1959
茶叶机械化	江苏省农林厅教材编审委员会	江苏人民出版社	1959
闽东茶树栽培技术	福建省福安专署茶业局、福建省福安专区茶业科学研究所	福建人民出版社	1960

（续表）

书　名	编　著	出　版	年代 （公元）
制茶工厂的设备与设计原理	俞寿康	轻工业出版社	1960
制茶工艺学	王钟音	轻工业出版社	1960
安徽茶叶生产技术	安徽省农业科学院	安徽人民出版社	1960
茶叶生产基本知识讲义	中国农业科学院江苏分院	农业出版社	1960
绿茶初制工艺	俞寿康	轻工业出版社	1960
茶　蚕	谢振伦	江西人民出版社	1960
安徽茶经	陈　椽	安徽人民出版社	1960
茶叶商品知识	王郁风	轻工业出版社	1960
茶叶丰产经验	贵州省农业厅经作局	贵州人民出版社	1960
茶叶生产跃进经验	农业部副食品生产局	农业出版社	1960
茶叶生物化学附检验	杭州农学院	浙江人民出版社	1961
茶树栽培学	安徽省农业厅教材编委会	上海科学技术出版社	1961
茶树栽培学	主编：浙江农业大学	浙江人民出版社	1961
茶叶检验学	安徽农学院	农业出版社	1961
茶叶生物化学	主编：安徽农学院	农业出版社	1961
茶树选种与良种繁育学	主编：安徽农学院	农业出版社	1961
茶树病虫害	主编：安徽农学院	农业出版社	1961
茶叶生产机械化	浙江农业大学	农业出版社	1961
制 茶 学	主编：安徽农学院	浙江人民出版社	1961
茶病虫害	农业植物保护局	农业出版社	1962
茶叶制造学	福建省福安农业专科学校	农业出版社	1962
茶叶商品学	安徽商业学校	安徽人民出版社	1962
茶树栽培	张景明等	农业出版社	1963
茶树栽培学	安徽省屯溪茶业学校	上海科学技术出版社	1964
茶树育种学	浙江农业大学	上海科学技术出版社	1964
中国园艺学会1962～1963年年会茶叶论文选集	中国园艺学会	农业出版社	1964
茶叶丰产经验（1964年）	农业部工业原料局	农业出版社	1965
茶叶生产技术问答	湖南省农业厅	湖南人民出版社	1965
绿茶初制机械	商业部茶叶局	轻工业出版社	1965
茶　叶	庄晚芳　张堂恒	科学普及出版社	1966
茶树病虫害防治技术问答	湖南省农业科学院茶叶试验站	湖南人民出版社	1966
种　茶	云南省农业厅经济作物处等	云南人民出版社	1966
制 茶 学	安徽农学院	上海科学技术出版社	1966

（续表）

书 名	编 著	出 版	年代（公元）
为革命种茶	湖南省农林局	湖南人民出版社	1971
改灶节柴用本地煤制茶	浙江省农林局	浙江人民出版社	1972
茶 典	陈 香	（台湾）国家出版社	1972
防治茶树病虫害挂图	浙江省农林局	浙江人民出版社	1972
云南茶叶生产技术手册	云南勐海茶叶试验站	云南人民出版社	1973
怎样栽培茶树	《怎样栽培茶树》编写组	上海人民出版社	1973
茶树栽培	农业出版社改编	农业出版社	1973
茶树良种繁育	中国农业科学院茶叶研究所	农业出版社	1973
茶树栽培与茶叶初制	福建省宁德地区茶叶研究所	福建人民出版社	1974
河南茶叶生产技术	信阳地区茶叶试验场	河南人民出版社	1974
茶树病虫防治	中国农业科学院茶叶研究所	农业出版社	1974
祁 红	祁门县《祁红》编写组	安徽人民出版社	1974
茶叶生产与初制	《茶叶生产与初制》编写组	湖北人民出版社	1974
湖南茶叶技术	湖南省农业科学院茶叶试验站	湖南人民出版社	1975
科学种茶	陈彬藩	四川人民出版社	1975
四川茶叶	《四川茶叶》编写组	四川人民出版社	1977
茶树栽培与茶叶初制(修订本)	福建省农业科学院茶叶研究所	福建人民出版社	1977
茶树病虫害防治	福建省农业科学院茶叶研究所	福建人民出版社	1979
茶叶审评与检验	主编:湖南农学院茶叶系	农业出版社	1979
茶树栽培学	主编:浙江农业大学	农业出版社	1979
中国名茶	庄晚芳　唐庆忠　唐力新　陈文怀　王家斌	浙江人民出版社	1979
制 茶 学	主编:安徽农学院	农业出版社	1979
红碎茶制造	周靖民等	湖南科学技术出版社	1979
茶叶生物化学	主编:安徽农学院	农业出版社	1980
茶树育种学	主编:湖南农学院	农业出版社	1980
茶树病虫害防治	夏怀恩　郑茂才　陈纪明	贵州人民出版社	1980
茶树扦插原理与实践	陈文怀	农业出版社	1980
茶史茶典	朱小明	（台湾）世界文物出版社	1980
茶树的特性与栽培	刘宝祥	上海科学技术出版社	1980
茶树密植免耕高产栽培技术	冯绍隆	贵州人民出版社	1980
茶树品种志	福建农业科学院茶叶研究所	福建人民出版社	1980
茶树病害及其防治	叶正凡	湖南科学技术出版社	1980
制 茶 学	主编:安徽省屯溪茶业学校	农业出版社	1980
茶树病虫害防治	主编:江西省婺源茶叶学校、安徽省屯溪茶业学校	农业出版社	1980

（续表）

书　名	编　著	出　版	年代（公元）
茶经新篇	陈彬藩	香港镜报文化企业有限公司	1980
福建名茶	福建省茶叶学会	福建科学技术出版社	1980
茶叶生产机械化	安徽农学院	农业出版社	1980
茶树病虫害	主编：安徽农学院	农业出版社	1980
茶叶生化原理	王泽农	农业出版社	1981
江西茶叶	江西省农业厅经济作物处	江西人民出版社	1981
中国茶叶历史资料选辑	陈祖槼　朱自振	农业出版社	1981
饮茶漫话	庄晚芳　孔宪乐　唐力新　王加生	中国财政经济出版社	1981
茶树栽培技术	中国农业科学院茶叶研究所	农业出版社	1981
茶经浅释	张芳赐　赵丛礼　喻盛甫	云南人民出版社	1981
茶叶收购业务知识	全国供销合作总社畜产茶茧局	中国财政经济出版社	1981
茶叶商品知识	傅明环　张锡山	中国商业出版社	1981
成品茶检验	国家出口商品检验总局	中国财政经济出版社	1981
采茶和制茶	丁可珍	农业出版社	1982
中国名茶志	俞寿康	农业出版社	1982
茶　话	陈学良	广西人民出版社	1982
茶叶与健康	盛国荣	福建科学技术出版社	1982
栽　茶	童启庆	农业出版社	1982
茶叶机械基础	主编：浙江农业大学	农业出版社	1982
茶树栽培技术	中国农业科学院茶叶研究所	农业出版社	1982
农业生产科技问答·茶叶分册	浙江省农学会	浙江科学技术出版社	1982
陆羽茶经译注	傅树勤　欧阳勋	湖北人民出版社	1983
茶用香花栽培与花茶窨制	朱先明	湖南科学技术出版社	1983
茶树栽培与茶叶制造	湖南农学院	湖南科学技术出版社	1983
茶树栽培与茶叶采制	何耀水	陕西科学技术出版社	1983
中国茶艺	刘汉介　吴锦城	（台湾）礼来出版社	1983
中国茶道	黄墩岩	（台湾）畅文出版社	1983
饮　茶　经	陆经宇	（香港）健华出版社	1983
种茶与制茶	浙江省农业厅特产局	浙江科学技术出版社	1983
茶树生理及茶叶生化实验手册	中国农业科学院茶叶研究所	农业出版社	1983
茶叶生产技术	何志德	科学普及出版社	1983
种茶和制茶	刘佩娥　邓阳发　黄接树	广东科学技术出版社	1983
茶树生理	主编：庄晚芳	农业出版社	1984
茶业通史	陈椽	农业出版社	1984
制茶技术理论	陈椽	上海科学技术出版社	1984

（续表）

书　名	编　著	出　版	年代（公元）
茶事茶话	郁　愚	（台湾）世界文物出版社	1984
怎样培植小茶园	李流森	四川科学技术出版社	1984
茶神陆羽	傅树勤	农业出版社	1984
茶经语释	蔡嘉德　吕维新	农业出版社	1984
茶树栽培技术	廖代钧　张佑栋　刘泽英	科技文献出版社重庆分社	1984
茶诗与茶词	白　牧	（台湾）常春树书坊	1984
制茶学实验实习指导	安徽省屯溪茶业学校	农业出版社	1984
制　茶	中国农业科学院茶叶研究所	浙江科学技术出版社	1984
种　茶	中国农业科学院茶叶研究所	浙江科学技术出版社	1984
浙江茶叶	浙江省茶叶学会《浙江茶叶》编写组	浙江科学技术出版社	1985
中国农作物病虫图谱第六分册茶树病虫	《中国农作物病虫图谱》编绘组	农业出版社	1985
茶叶加工	姚在藩	中国商业出版社	1985
茶叶检验	陈秉纲	中国商业出版社	1985
茶树施肥	吴　洵	农业出版社	1985
饮茶与种茶	钱远昭　薛　跃	河南科学技术出版社	1985
中国农业名产·茶叶分册	农牧渔业部农业局	农业出版社	1985
茶树生理与种植	刘　熙	（台湾）五洲出版社	1985
茶叶优质原理与技术	程启坤　姚国坤　沈培和　白坤元	上海科学技术出版社	1985
茶树栽培与茶叶初制	刘　熙	（台湾）五洲出版社	1985
茶，风靡世界的饮料	中国土畜产进出口总公司商情处	中国对外经济贸易出版社	1985
福建茉莉花茶	庄　任　李维丰　陈彬藩　高朝泉　骆少君	福建科学技术出版社	1985
中国名茶传奇	华积庆	浙江文艺出版社	1985
茶树栽培与茶叶加工	主编：陈润林	湖南教育出版社	1986
名茶制作	江光辉	安徽科学技术出版社	1986
茶叶加工技术	刘勤晋　廖　澈	四川科学技术出版社	1986
中国茶树栽培学	主编：中国农业科学院茶叶研究所	上海科学技术出版社	1986
英汉茶业词汇	王镇恒　华铁民　莫惠琴　张汉鹄　林鹤松　蒋庆智　杨维时　丁俊之	农业出版社	1986
花茶制造技术	冯金炜　谢燮清	农业出版社	1986
中国茶树病虫测报办法	农牧渔业部全国植保总站	安徽科学技术出版社	1986

（续表）

书　名	编　著	出　版	年代（公元）
茶树栽培生理	潘根生　王正周	上海科学技术出版社	1986
怎样栽培茶树	段建真　张彭年	上海科学技术出版社	1986
饮茶诗话	沈海宝	甘肃人民出版社	1986
吴觉农选集	中国茶叶学会	上海科学技术出版社	1987
中国的茶	于公介	北京人民出版社	1987
茶经述评	主编:吴觉农	农业出版社	1987
茶树病虫害防治学实验实习指导	四川省绵阳农业学校	农业出版社	1987
饮茶的科学	程启坤　姚国坤　庄雪岚　白坤元	上海科学技术出版社	1987
初制茶机原理与使用	浙江省茶叶机械工业公司	浙江科学技术出版社	1987
茶药学	陈椽	中国展望出版社	1987
茶的品饮艺术	陈文怀	（台湾）时报文化出版企业有限公司	1987
中国古代饮茶艺术	刘昭瑞	陕西人民出版社	1987
紫阳茶业志	主编:樊光春　程良斌　栾成珠　康少高	三秦出版社	1987
养生寿老茶话	林乾良　奚毓妹	农业出版社	1988
英汉茶业辞典	主编:苗笛	（台湾）五洲出版社	1988
中国农业百科全书·茶业卷	主编:王泽农 副主编:王镇恒　刘家坤 　　　　阮宇成　张堂恒	农业出版社	1988
茶叶实用知识	中国食品杂志社	国际文化出版社	1988
茶经论稿	陆羽研究会	武汉大学出版社	1988
中国茶史散论	庄晚芳	科学出版社	1988
中国名茶	主编:陈椽	中国展望出版社	1989
心经讲义—茶道精神领域之探求	林瑞萱	（台湾）陆羽茶艺股份有限公司	1989
现代茶艺	蔡荣章	（台湾）中视文化公司	1989
茶　通	主编:尹桂茂 副主编:马文鼎　张承勋	天津科技翻译出版公司	1989
中国古代茶诗选	钱时霖	浙江古籍出版社	1989
陆羽研究	欧阳勋	湖北人民出版社	1989
中国制茶工艺	主编:张堂恒	中国财政经济出版社	1989
茶叶品质理化分析	主编:钟萝	上海科学技术出版社	1989
茶树栽培与茶叶初制技术	陈俊良　宿力军	四川教育出版社	1989
中国——茶的故乡（画册）	中国土产畜产进出口总公司	香港文化教育出版社有限公司 中国土产畜产进出口总公司	1989

（续表）

书　　名	编　　著	出　　版	年代（公元）
茶叶加工与加工机械	吕增耕	科学普及出版社	1989
中国茶与健康	中国茶叶学会 中国茶叶进出口公司	中国对外经济贸易出版社	1990
茶与文化	主　编:孔宪乐 副主编:俞乃村　姚国坤 　　　　李勤学	春风文艺出版社	1990
茶树病害的诊断和防治	陈宗懋　陈雪芬	上海科学技术出版社	1990
龙井茶及其他	阮浩耕	浙江摄影出版社	1990
茶歌拾萃	罗　罗　休　休	浙江摄影出版社	1990
中国茶树优良品种集	主编:高麟溢 副主编:刘家坤　沈其铸 　　　　李联标　陈兴琰 　　　　郭元超　俞永明	上海科学技术出版社	1990
福建乌龙茶	张天福　戈佩贞　郑迺辉　陈哲思	福建科学技术出版社	1990
茶叶高产优质栽培新技术	主编:俞永明	金盾出版社	1990
茶的保健功能与药用便方	刘　强	金盾出版社	1990
中国茶诗	李传轼	台湾文华印刷事业有限公司	1990
茶叶加工机械	龚　琦　潘克霓　胡景川	上海科学技术出版社	1990
茶树形态结构与品质鉴定	严学成	农业出版社	1990
中国地方志茶叶历史资料选辑	吴觉农	农业出版社	1990
速溶茶生物化学	阎守和	北京大学出版社	1990
茶的典故	姚国坤　庄雪岚　白堃元　程启坤	农业出版社	1991
茶的历史与文化	主　编:王家扬 副主编:陈宗懋　孔宪乐	浙江摄影出版社	1991
中国茶叶历史资料续辑(方志茶叶资料汇编)	朱自振	东南大学出版社	1991
茶文化论	主编:王冰泉　余　悦	文化艺术出版社	
茶叶趣谈	舒惠国　吴英藩	文化艺术出版社	1991
中国茶文化	姚国坤　王存礼　程启坤	上海文化出版社	1991
西湖茶思录	主编:凯　亚　副主编:张子华	浙江文艺出版社	1991
茶叶商品学	陈　椽	中国科学技术大学出版社	1991
茶叶生产二百题	安徽省农业科学院祁门茶叶研究所等	农业出版社	1991
茶叶贸易学	陈　椽	中国科学技术出版社	1991
四川茶叶	杜长煜　闵未儒	四川科学技术出版社	1991
茶叶加工技术手册	于观亭	轻工业出版社	1991

（续表）

书　名	编　著	出　版	年代（公元）
茶树病虫害防治	殷坤山　陈雪芬	浙江科学技术出版社	1991
茶树病虫害防治	陈宗懋　陈雪芬　殷坤山	气象出版社	1991
说茶	吴尚本	人民交通出版社	1991
茶的祖国（中国茶叶史话）	郭孟良　苏有全	黑龙江科学技术出版社	1991
茶叶加工技术手册	于观亭	轻工业出版社	1991
中国茶文化	王　玲	中国书店出版社	1992
日本茶道文化概论	滕　军	东方文化出版社	1992
茶王赋	李必雨　杜宇学	云南人民出版社	1992
庄晚芳茶学论文选集		上海科学技术出版社	1992
中国茶酒辞典	张哲启　陈全林　顾炳权	湖南出版社	1992
茶业经济管理学	陈　椽	中国科学技术出版社	1992
茶叶经营管理	詹罗九	农业出版社	1992
西湖龙井茶	李大椿	浙江科学技术出版社	1992
茶树栽培	姚国坤　虞富莲　吴　洵	气象出版社	1992
茶王赋	李必雨　林宇学	人民出版社	1992
世界茶俗大观	吴尚平　龚青山	山东大学出版社	1992
名人茶事	竺济法	上海文化出版社	1992
中国饮茶文化	袁和平	厦门大学出版社	1992
广西茶业史	陈爱新	广西科学技术出版社	1992
煮泉小品—品茶艺术经典	吴龙辉	中国社会科学出版社	1993
云南省茶叶进出口公司志	魏谋城	云南人民出版社	1993
茶叶生产实用技术		上海科学技术出版社	1993
五十年茶叶研究录	陈观沧	浙江摄影出版社	1993
中外茶事	孔宪乐	上海文化出版社	1993
华茶大观	郑良咏	浙江文艺出版社	1993
鄂南茶文化	万献初　宗嵩山	广西人民出版社	1993
中国茶叶外销史	陈　椽	台湾碧山岩出版公司	1993
机械采茶技术	毛祖法	上海科学技术出版社	1993
湖南名茶	彭继光	湖南科学技术出版社	1993
名优茶、工艺、机械		中国农业科技出版社	1993
栽茶高产致富技术	谢庆梓	气象出版社	1993
杭州茶叶生产实用技术	胡新光　赵晋谦　顾海川	浙江科学技术出版社	1993
饮茶与健康文集	马真划	福建教育出版社	1993
福建茶叶民间传说	陈斯福　陈金水	新华出版社	1993
清茗拾趣	王冰泉　余　悦	中国轻工业出版社	1993

（续表）

书　　名	编　　著	出　　版	年代 （公元）
论茶与文化	陈　缘	农业出版社	1993
中国普洱茶文化研究	黄桂枢	云南科技出版社	1994
中国名优茶选集	主　编：王　达 副主编：黄继仁　王家斌 　　　　陈　栋　田明军	中国农业出版社	1994
茶叶市场学	陈　椽	农业出版社	1994
湖北名优茶	陆启清	湖北科学技术出版社	1994
千岛湖鸠坑茶	胡　坪	浙江科学技术出版社	1994
茶叶初（精）制技术	龙厚兴	农业出版社	1994
茶叶加工技术问答	徐正炳　罗龙新　季玉琴 权启爱	科学普及出版社	1994
茶尺蠖	胡　萃　朱俊庆等	上海科学技术出版社	1994
特色茶饮料的制作	严鸿德	安徽科学技术出版社	1994
饮茶与健康	程启坤　陈宗懋	中国农业科学技术出版社	1994
少儿茶艺	倪焕凤	上海科学技术出版社	1994
茶事琐述	何满子	成都出版社	1994
茶圣陆羽	程学开　许公炳	安徽文艺出版社	1994
中国古茶树	高麟溢　李嘉志　俞永明	上海文化出版社	1994
茶树原产地—云南	陈兴琰	云南人民出版社	1994
中国普洱茶	西双版纳傣族自治州人民政府、 西双版纳傣族自治州茶叶学 会编	云南美术出版社	1995
中华当代茶界茶人辞典	王冰泉　余　悦	光明日报出版社	1995
普洱茶	邓时海	台北壶中天地杂志社	1995
中国古代的饮茶与茶馆	刘修明	商务印书馆出版社	1995
人生的玩味—品茶	霍炳森　潘海涛　周莲芳	中央民族大学出版社	1995
南方有嘉木（小说）	王旭烽	浙江文艺出版社	1995
世界茶业 100 年	程启坤　庄雪岚	上海教育出版社	1995
中国名茶图谱（绿茶篇）	施海根	上海文化出版社	1995
中国茶文化丛书（8 种）	浩　耕　梅　重	浙江摄影出版社	1995
饮茶健身全典	姚国坤　陈佩芳	上海文化出版社	1995
茶业大全	潘根生	中国农业出版社	1995
茶韵	刘祖生　刘岳耘	河北少年儿童出版社	1995
中国茶学辞典	张堂恒	上海科技出版社	1995
茶园工	王家斌	中国农业出版社	1995
茶史初探	朱自振	中国农业出版社	1996
中国名优茶加工技术	季玉琴　罗龙新　权启爱	金盾出版社	1996

（续表）

书　名	编　著	出　版	年代（公元）
茶树良种	俞永明	金盾出版社	1996
中国茶文化	徐德明	上海古籍出版社	1996
中国袋泡茶	李大椿	杭州大学出版社	1996
中国茶典	罗庆芳	贵州人民出版社	1996
中国的茶产业与茶饮料工业	陈佳贵　丁敬平	经济管理出版社	1996
茶文化知识一百问	刘启贵	同济大学出版社	1996
中国唐宋茶道	梁　子	陕西人民出版社	1997
文人与茶	刘学君	东方出版社	1997
大唐茶文化	丁　文	东方出版社	1997
吴觉农纪念文集	陈翰笙　夏　衍	奥林匹克出版社	1997
港台茶事	陈文怀	浙江摄影出版社	1997
明代茶业研究	刘　淼	广东汕头大学出版社	1997
中国宁红茶文化	罗时万	中国文联出版社	1997
清风集	袁　鹰	华夏出版社	1997
王泽农选集	王泽农	浙江科学出版社	1997
茶叶精制技术	周茂荣	安徽科学技术出版社	1997
文人与茶	陈　瑜	华文出版社	1997
茶博览	杨　力	山西古籍出版社	1997
吴振铎茶学研究论文选集	吴振铎	台湾科学农业出版社	1997
中华茶人手册	于观亭	中国林业出版社	1998
中国古代茶具	姚国坤　胡小军	上海文化出版社	1998
当代茶艺	舒惠国	百花洲文艺出版社	1998
不夜之侯（小说）	王旭烽	浙江文艺出版社	1998
中国茶文化	陈香白	山西人民出版社	1998
庐山云雾茶	施海根	江西科学技术出版社	1998
茶人漫话	戴　盟	浙江文艺出版社	1998
中国茶史散论	庄晚芳	科学出版社	1998
中国茶疗	林乾良　陈小艺	中国农业出版社	1998
浙江名茶	毛祖法	上海科学技术出版社	1998
茶叶深加工技术	严鸿德等	中国轻工业出版社	1998
酒香茶浓说红楼	胡文彬	山西教育出版社	1998
茶叶审评指南	沈培和　张育松　陈洪德　刘　栩	中国农业出版社	1998
中国古代茶叶全书	阮浩耕　沈冬梅　于良子	浙江摄影出版社	1999
中国茶文化经典	陈彬藩　余　悦　关博文	光明出版社	1999

（续表）

书　名	编　著	出　版	年代（公元）
宋代茶文化	沈冬梅	台湾海天出版社	1999
莲花香片	林清玄	知识出版社	1999
中国云南名茶大观		五洲传播出版社	1999
中华茶文化基础知识	陈文华	中国农业出版社	1999
品茶说茶	施奠东	浙江摄影出版社	1999
筑草为城（小说）	王旭烽	浙江文艺出版社	1999
饮茶说茶	俞永明　季玉琴　陈霄雄	金盾出版社	1999
君山茶文化	赵丈田　陈奇志	湖南科学技术出版社	1999
茶缘	秦　浩	内蒙古人民出版社	1999
茗饮之道	蔡如桂	陕西科学技术出版社	1999
家庭茶艺	朱　军	上海书店出版社	1999
茶文化漫谈	于观亭	中国农业大学出版社	1999
浙江茶文化史话	陈　珲	宁波出版社	1999
中国茶叶商品经济研究	陶德臣　王金水	军事谊文出版社	1999
茶路历程—中国茶文化流变简史	余　悦	光明日报出版社	1999
茶品悠韵—中国茶的品类与名茶	胡长春	光明日报出版社	1999
茶具清雅—中国茶具艺术与鉴赏	王建平	光明日报出版社	1999
茶道玄幽—中国茶的品饮艺术	何　草	光明日报出版社	1999
茶饮康乐—中国茶疗的发展与运用	叶义森	光明日报出版社	1999
茶馆闲情—中国茶馆的流变与情趣	吴旭霞	光明日报出版社	1999
茶艺风情—中国茶与书画篆刻艺术的契合	胡　丹	光明日报出版社	1999
茶典逸况—中国茶文化的典籍文献	王　河	光明日报出版社	1999
茶哲睿智—中国茶文化与儒释道	赖功欧	光明日报出版社	1999
茶趣异彩—中国茶的外传与外国茶事	余　悦	光明日报出版社	1999
茶乘	丁　文	香港天马图书有限公司	1999
中国名茶志	王镇恒　王广智	中国农业出版社	2000
中国乌龙茶	张水存	厦门大学出版社	2000
茶叶之路	邓九刚	内蒙古人民出版社	2000
紫砂茶壶	李英豪	辽宁画报出版社	2000
普洱茶记	雷平阳	云南民族出版社	2000
中华茶文化	黄志根	浙江大学出版社	2000
中国茶文化今古大观	舒玉杰	电子工业出版社	2000
品味茶道	郑巨欣	浙江人民美术出版社	2000
中华茶文化寻踪	陈　珲　吕国利	中国城市出版社	2000

（续表）

书　　名	编　　著	出　　版	年代（公元）
茶文化学	刘勤晋	中国农业出版社	2000
新编无公害茶园农药使用手册	陈宗懋　陈雪芬	人民出版社	2000
中国茶艺	林　治	中华工商联合出版社	2000
中国茶道	林　治	中华工商联合出版社	2000
君山银针	赵丈田	湖南科学技术出版社	2000
茶坊	徐传宏	农村读物出版社	2000
科学饮茶实用知识手册	刘启贵	同济大学出版社	2000
四川名茶	谭和平　赵学谦	四川大学出版社	2000
第六届国际茶文化研讨会论文选集	中国国际茶文化研究会、广州茶文化促进会编	浙江摄影出版社	2000
生活茶艺	童启庆　寿英姿	金盾出版社	2000
茶与中国文化	王国安　要　英	汉语大词典出版社	2000
中国茶叶大辞典	陈宗懋　程启坤　杜文勇　俞永明　叶惠民　马　静	中国轻工业出版社	2000
茶艺	李英豪	天津美术出版社	2000
中国茶宴	刘秋萍	同济大学出版社	2000
湖南茶叶大观	朱先明	湖南科技出版社	2000
中国茶事大典	徐海荣	同济大学出版社	2000
茶与中国文化	关剑平	人民出版社	2001
中国茶树品种志	白堃元　虞富莲　杨亚军　方嘉和	上海科学技术出版社	2001
海派茶馆	刘启贵	上海远东出版社	2001
普洱茶谱	黄健亮　黄怡嘉	台北盈记唐人工艺出版社	2001
中国紫砂壶图鉴	余继明	浙江大学出版社	2001
功夫茶说	曹　鹏	南方日报出版社	2001
香草爱情	王旭烽	广州出版社	2001
紫阳富硒茶文集	程良斌	香港天马图书有限公司	2001
日本茶道逸事	赵方任	世界知识出版社	2001
唐宋茶业经济	孙洪升	社会科学文献出版社	2001
中国茶情	林　治	中华工商联合出版社	2001
瑞草之国—中华茶文化随笔	王旭烽	浙江大学出版社	2001
喝茶	郑启五	国际文化出版社	2001
茶之初四种	阮浩耕	浙江摄影出版社	2001
爱茶者说	浩　耕　梅　重	浙江摄影出版社	2001
茶鉴赏手册	Jane Pettigrew	上海科学技术出版社	2001
中华茶艺学	范增平	台海出版社	2001

（续表）

书　名	编　著	出　版	年代（公元）
中国历代茶具	余彦焱	浙江摄影出版社	2001
中国茶菜茶点	汪国钧	山东科学出版社	2001
中国名茶品鉴	王建荣　吴胜天	山东科学出版社	2001
中国茶艺	阮浩耕　王建荣　吴胜天	山东科学出版社	2001
茶：生物活性和治疗潜力（Tea：Bioactivity and Therapeutic Poteutial）	甄永苏　陈宗懋　程书钧　陈妙竺编	英国 Taylor & Erancis 出版社	2002
爱茶者说	王旭烽	解放军文艺出版社	2002
古茶器	孙仲威	时事出版社	2002
中国茶史	郭孟良	山西古籍出版社	2002
宋代茶法研究	黄纯艳	云南大学出版社	2002
神州问茶	林治	人民文学出版社	2002
名优绿茶开发与无公害茶生产	苏国荣　陆德彪	中国农业科技出版社	2002
中国茶馆	连振娟	中央民族大学出版社	2002
无公害茶叶生产技术及营销	赵红鹰	中国农业出版社	2002
茶文化博览	余悦	中央民族大学出版社	2002
品茶与养生	龚淑英　屠幼英	中国林业出版社	2002
清心泡壶中国茶	周君怡	中国轻工业出版社	2002
茶之趣	陈文怀	浙江摄影出版社	2002
中国茶文化大辞典	朱世英　王镇恒　詹罗九	汉语词典出版社	2002
影像中国茶道	童启庆	浙江摄影出版社	2002
世界茶文化大观—漫步天福茶博物院	阮逸明	国际华文出版社	2002
翰墨茗香	于良子	浙江摄影出版社	2003
茶经图说	裘纪平	浙江摄影出版社	2003
陆羽《茶经》解读与点校	程启坤　杨招棣　姚国坤	上海文化出版社	2003
茶馆风景	阮浩耕	浙江摄影出版社	2003
中国民间瓷茶具图鉴	余钱程	浙江摄影出版社	2003
中国普洱茶文化	黄桂枢	台北盈记唐人工艺出版社	2003
徽州茶经	胡武林	当代中国出版社	2003
茶者圣—吴觉农传	王旭烽	浙江人民出版社	2003
茶之趣	彭国梁	珠海出版社	2003
煮茶与品茗	柳萌	中国文联出版社	2003
品出五湖烟月味	马明博	百花文艺出版社	2003
一壶天地小如瓜	马明博	百花文艺出版社	2003

（续表）

书　名	编　著	出　版	年代（公元）
天心月在杯中圆	马明博	百花文艺出版社	2003
茶文化与品茶艺术	严英怀　林杰	四川科技出版社	2003
茶道	江静　吴玲	杭州出版社	2003
茶海拾贝	赵丈田	中国文联出版社	2003
茶马古道	本书编辑部	陕西师范大学出版社	2003
茶之心	（日）千玄室	文化艺术出版社	2003
茶	（澳大利亚）Nick Hall	中国海关出版社	2003
有机茶生产与管理技术问答	刘新	金盾出版社	2003
喝茶儿女到江湖	吴玫　詹皓	上海远东出版社	2003
茶史	董尚胜　王建荣	浙江大学出版社	2003
茶馆	周文棠	浙江大学出版社	2003
茶道	周文棠	浙江大学出版社	2003
茶品	汤一	浙江大学出版社	2003
茶具	胡小军	浙江大学出版社	2003
中国贡茶	巩志	浙江摄影出版社	2003
茶具珍赏	吴光荣	浙江摄影出版社	2004
宋茶图典	裘纪平	浙江摄影出版社	2004
蒙山茶说	董存荣	中国三峡出版社	2004
闽东茶文化探源		海潮摄影艺术出版社	2004
云南普洱茶	周红杰	云南科技出版社	2004
四川茶事考	王云　杨文华　李春华	四川科学技术出版社	2004
徽州古茶事	郑建新	辽宁人民出版社	2004
茶与健康	朱永兴　黄华涛	中国农业出版社	2004
中国茶文化遗迹	姚国坤　姜育发　陈佩珍	上海文化出版社	2004
中日茶文化交流史	滕军	人民出版社	2004
中国乌龙茶	巩志	浙江摄影出版社	2004
茶文化概论	姚国坤	浙江摄影出版社	2004
中国茶业经济的转型	詹罗九　郑孝和等	中国农业出版社	2004
图说晚清民国茶马古道	赵大川　马晓俐	中国农业出版社	2004
茶叶市场谋略	包小村　蔡正安	湖南科学技术出版社	2004
蒙山茶事通览	杨天炯	四川美术出版社	2004
中国茶诗	刘景文	山西古籍出版社	2004
中国茶诗	叶羽	中国轻工业出版社	2004
日本茶道论	肖井宏一　关根秀治　张建立	中国社会科学出版社	2004
湖北名茶	李传友	中国农业出版社	2004

（续表）

书 名	编 著	出 版	年代（公元）
中国茶馆鉴赏		经济日报出版社	2004
长江流域茶文化	陈文华	湖北教育出版社	2004
图说晚清民国茶马古道	沈生荣　赵大川　马晓俐	中国农业出版社	2004
普洱茶寻源	叶羽晴川	中国轻工业出版社	2004
开茶店	黄孟华　萧学仁	辽宁科学技术出版社	2004
天下普洱		云南大学出版社	2004
中国茶典	郭孟良	山西古籍出版社	2004
陈宗懋论文集	陈宗懋	中国农业科技出版社	2004
西湖龙井茶	朱家骥　阮浩耕	杭州出版社	2004
茶馆	陶文瑜	花山文艺出版社	2005
普洱茶之科学读本	刘勤晋	广东旅游出版社	2005
品茶录	阮浩耕	杭州出版社	2005
武夷岩茶	南　强	福建美术出版社	2005
普洱茶文化大观	黄桂枢	云南民族出版社	2005
老舍茶馆		中国轻工业出版社	2005
中华茶人诗描	钱时霖　竺济法	中国农业出版社	2005
茶业经营管理	姜爱芹	浙江摄影出版社	2005
茶医学研究	朱永兴　王岳飞	浙江大学出版社	2005
径山茶图考	赵大川	浙江大学出版社	2005
茶事百味	于良子	浙江摄影出版社	2005
茶艺百科	王建荣　周文劲	浙江摄影出版社	2005
铁观音（小说）	夏　炜	昆仑出版社	2005
茶魂之驿站—杭州茶馆博览	吴德隆	杭州出版社	2005
趣谈中国茶具	罗文华	百花文艺出版社	2005
中华茶韵（摄影集）	中国茶叶流通协会、安溪县人民政府、人民日报摄影部编	福建教育出版社	2005
珍稀白茶研究	王开荣	中国文史出版社	2005
特色茶楼装饰	公刘子	广西科学技术出版社	2005
中国红茶	巩　志	浙江摄影出版社	2005
漫话普洱茶	邹家驹	云南民族出版社	2005
图说中国茶艺	中国茶叶博物馆	浙江摄影出版社	2005
中国名优绿茶图鉴	农业部优质农产品开发服务中心	浙江大学出版社	2005
大佛龙井茶	陈百刚　黄志益	作家出版社	2005
浙江省茶叶志	阮浩耕	浙江人民出版社	2005
茶叶加工技术与设备	权启爱	浙江摄影出版社	2005

（续表）

书　名	编　著	出　版	年代（公元）
中国茶树栽培学	杨亚军	上海科技出版社	2005
品味清清茶香	王　晶	中国轻工业出版社	2005
轻松泡茶茶更香	（日）工藤佳治　王玮译	中国轻工业出版社	2005
茶树种质资源描述规范数据标准	陈　亮	中国农业出版社	2005
茶叶对外贸易实务	王小英　汤宇虹	浙江摄影出版社	2005
茶叶加工技术与设备	权启爱	浙江摄影出版社	2005
茶树种植	韩文炎	浙江摄影出版社	2005
茗边清话	罗列万　王建荣　陆德彪　俞燎远	浙江摄影出版社	2005
茶席设计	乔木森	上海文化出版社	2005
事茶五十年	施兆鹏	湖南科学技术出版社	2005
茶与气象	李　倬　贺龄萱	气象出版社	2005
中国绿茶	程启坤	广东旅游出版社	2005
赏鉴名优茶	程启坤	广西科学技术出版社	2005
茶的营养与保健	程启坤　江和源	浙江摄影出版社	2005
中国临沧原生茶	刘光汉	新华出版社	2005
中国茶文化艺术论	杨昆宁	云南教育出版社	2006
太湖茶谷	朱　年	苏州大学出版社	2006
名山、名水与名茶	姚国坤　张莉颖	中国轻工业出版社	2006
龙井问茶—西湖龙井茶事录	政协杭州西湖区委员会	杭州出版社	2006
茶·健康	周智修	人民卫生出版社	2006
中国普洱茶	滇濮茶人	中国水利水电出版社	2006
西湖与龙井茶	张建庭	浙江摄影出版社	2006
闽茶说	陈　龙　陈陶然	福建人民出版社	2006
竹叶青	刘勤晋	中国轻工业出版社	2006
茉莉花茶	吴锡端	中国轻工业出版社	2006
四季养生茶	苏　涛	中国轻工业出版社	2006
名茶美器	阮浩耕　王建荣　陈云飞	上海人民出版社	2006
煎茶日记	马明博　肖　瑶	农村读物出版社	2006
品茶图鉴	陈宗懋　俞永明　梁国彪　周智修	台湾省笛藤出版社	2006
杭州·龙井	池宗宪	台北"积木文化"	2006
龙井茶鉴赏	陆德彪　毛祖法等	浙江摄影出版社	2006
茶树栽培生理生态	潘根生　顾冬珍	中国农业科学院出版社	2006

（续表）

书　名	编　著	出　版	年代（公元）
宁波——海上茶路起航志	宁波茶文化促进会	中国文化出版社	2006
茶道入门三篇—制茶、识茶、泡茶	蔡荣章	中华书局	2006
凤凰单枞	黄瑞光　黄柏梓　桂埔芳　吴伟新	中国农业出版社	2006
咏茶诗词曲赋鉴赏	李莫森	上海社会科学院出版社	2006
茶界泰斗张天福画传	林光华	海潮摄影出版社	2006
茶叶品质与钾素营养	韩文炎	浙江大学出版社	2006
武夷岩茶	孙威江　陈泉宾	中国轻工业出版社	2006
中国名茶铁观音	张育松	中国农业出版社	2006
乌龙茶鉴赏	郑立盛	中国轻工业出版社	2006
浙江茶叶	毛祖法　梁月荣	中国农业科学技术出版社	2006
品茗的排场—民间收藏茶具精品	吴胜天　王建荣　郭丹英	浙江大学出版社	2006
安溪铁观音与和谐健康	陈水潮　唐皆明　宋丽珍	鹭江出版社	2006
红尘外的茶香	张　菁	当代中国出版社	2006
茶树种质资源与遗传改良	陈　亮　虞富莲　杨亚军	中国农业科学技术出版社	2006
茶经校注	沈冬梅	中国农业出版社	2006
第九届国际茶文化研讨会暨第三届崂山国际茶文化节论文集	程启坤　邓云峰	浙江古籍出版社	2006
中国白茶	袁弟顺	厦门大学出版社	2006
图说中国茶	姚国坤　王存礼	上海文化出版社	2007
中国名茶图谱	施海根	上海文化出版社	2007
轻松品饮乌龙茶	潘　薇	中国轻工业出版社	2007
一心一意来奉茶	程　然	当代中国出版社	2007
图说浙江茶文化	姚国坤	西泠印社出版社	2007
古滇茶录	杨昆宁　卢　云	云南大学出版社	2007
雅室品茗	徐传宏　刘修明	上海人民出版社	2007
龙井茶图考	赵大川	杭州出版社	2007
茶道入门—泡茶篇	蔡荣章	中华书局	2007
当代茶诗选	王桂娣	人民日报出版社	2007
灵韵天成—清心绿茶	王乙童	中国轻工业出版社	2007
茶树种植	韩文炎	浙江摄影出版社	2007
茶叶之路	（美）艾梅霞著,范蓓蕾、郭玮等译	五洲传播出版社	2007
沧江茶魂	刘　明	云南大学出版社	2007
藏茶	李朝贵　李耕东	四川出版社	2007
泡泡文人泡泡茶	赵丽娜	浙江摄影出版社	2007

（续表）

书　名	编　著	出　版	年代（公元）
茶茗	陶文瑜	浙江摄影出版社	2007
茶水里的光阴似箭—茶与女人	燕华君	浙江摄影出版社	2007
蕴芳涵香—静心乌龙茶	王乙童	中国轻工业出版社	2007
闲情雅质—赏心红茶	王乙童	中国轻工业出版社	2007
茶人茶话	陈平原　凌云岚	生活·读书·新知三联书店	2007
湖南十大名茶	施兆鹏　刘仲华	中国农业出版社	2007
茶与现代养生	范晓清	人民军医出版社	2007
品茶悟道	侯军著	深圳报业集团出版社	2007
茶与宋代社会生活	沈冬梅	中国社会科学出版社	2007
清代茶叶对外贸易	姚国坤　张莉颖　吕志鹏	澳门特别行政区民政总署	2007
茶铺	陈锦	上海锦绣文章出版社	2007
茶黄素的功效	赵剑	中国社会科学出版社	2007
无公害茶的栽培与加工	俞永明　陈宗懋　吴洵	金盾出版社	2007
中国历代茶书汇编校注本	郑培凯　朱自振	香港商务印书馆	2007
闲闲堂茶话	曹鹏	中国广播电视出版社	2007
无梦茶山行	詹罗九	中国农业出版社	2007
杭州茶馆—城市休闲方式的社会学分析	徐明宏	东南大学出版社	2007
中国茶话全书	李少林　王达林	北京燕山出版社	2007
茶	吕玫	天津人民出版社	2007
中华茶道	丁以寿　关剑平　阮逸明	安徽教育出版社	2007
普洱茶原产地西双版纳	詹英佩	云南科技出版社	2007
茶学概论	周巨根　朱永兴	中国中医药出版社	2007
中国茶谱	宛晓春　龚淑英　龚正礼	中国林业出版社	2007
旷世风雅—顾渚山传	张加强	世纪出版集团	2007
茶话会	亦然	浙江摄影出版社	2007
农产品质量安全检测手册（茶叶卷）	鲁成银　于良子	中国标准出版社	2008
中国名茶图典	王建荣　周文棠	浙江摄影出版社	2008
茶香诗味入联来	陈宏　项凯　陈永芬	上海文化出版社	2008
事茶淳俗	余悦	上海人民出版社	2008
图说中国茶文化（上、下集）	姚国坤	浙江古籍出版社	2008
西湖龙井茶	姚国坤	上海文化出版社	2008
图释韩国茶道	童启庆	上海文化出版社	2008
中华茶艺	丁以寿　蔡荣章　黄友谊	安徽教育出版社	2008

（续表）

书　名	编　著	出　版	年代（公元）
中华茶史	夏　涛　郭桂义　陶德臣	安徽教育出版社	2008
灿烂的十五年	程启坤	浙江古籍出版社	2008
科学饮茶　有利健康	姚国坤　程启坤	浙江古籍出版社	2008
玉山古茶场	王旭烽	浙江摄影出版社	2008
天台山云雾茶	王鹏任	浙江大学出版社	2008
天台茶	胡明刚	上海远东出版社	2008
诗化的品茗艺术	李新玲	农业出版社	2008
江南问茶	郑建新　汪　琼	化学工业出版社	2008
蒙顶茶	程启坤	上海文化出版社	2008
台湾乌龙茶	程启坤	上海文化出版社	2008
看茶	张　军	中国社会出版社	2008
普洱茶传	海　男	学林出版社	2008

（阮浩耕　于良子　黄　飞）

九、国外茶叶期刊一览表

刊　名	主办单位	ISSN	刊期	开本	页码	创刊年	内容简介
茶业研究报告	日本茶业技术协会	0366—6190	2	16	不定	1952	主要刊登茶树育种、栽培、病虫及其防治、茶叶加工、贮藏、化学成分分析，以及经营管理等方面的研究论文、简报、资料、综述和文摘
蔬菜、茶业试验场研究报告	日本农林水产省野菜、茶业试验场	0914—6652	1	16	不定	1987	该刊的前身是《茶业技术研究》和《茶业试验场研究报告》。主要报道茶树栽培、育种、加工等方面的学术论文
茶业技术研究	日本农林水产省茶业试验场	0366—6123	2	16	不定		1986 年 7 月停刊，修止号为 69 期
茶业试验场研究报告	日本农林水产省茶业试验场	0528—7820	1	大 16	不定		1987 年 3 月停刊，修止号为 22 期
茶	日本静冈县茶业会议所	0288—6456	12	大 32	96	1949	介绍茶树栽培和茶叶加工技术，报道茶叶产销、出口、市场等方面的情报和统计资料
Sri Lanka Journal of Tea Science（《斯里兰卡茶叶科学》）	TRI of Sri Lanka		2	18	64	1928	系学术性刊物，主要刊登茶叶各学科的研究报告和学术论文

（续表）

刊　名	主办单位	ISSN	刊期	开本	页码	创刊年	内 容 简 介
Tea Research Foundation of Central Africa, Quarterly Newsletter（《中非茶叶研究基金会季讯》）	The Tea Research Foundation of Central Africa (Malawi)	0040—0378	4	12	14		主要报道该基金会的研究成果，以及气象等有关统计资料
Tea （Kenya）（《茶》〔肯尼亚〕）	Tea Research Foundation of Kenya		2	16	60	1980	主要刊载茶叶简讯、研究报告和综述等
The Assam Reiview and Tea Naws（《阿萨姆评论与茶叶新闻》）	The Assam Review Pubishing Company (India)	0004—4997	12	18	60	1925	主要报道茶叶生产技术现状和市场动态
International Tea Committee Monthly Statistics Summary（《国际茶叶委员会统计月报》）	ITC(U. K.)	0309—0477	12	12	12	1946	报道各产茶国茶叶产量、出口量、伦敦库存量、进口量及当月价格等。散页
International Tea Committee Annual Bulletin of Statistics（《国际茶叶委员会统计年报》）	ITC(U. K.)	0305—2370	1	12	152		汇集《月度统计摘要》中的当年统计数字
Two and a Bud（《一芽二叶》）	Tocklai Experimental Station （India）Tea Research As-sociation(India)		2	12	64	1954	主要刊载茶叶各类学科的论文、研究报告、科技简讯和产销信息等
Café, Cacao，Tea'（《咖啡、可可、茶》）	IRCC(France)	0007—9510	4	12	88	1957	刊载咖啡、可可和茶叶的种植、管理和经济等方面的文章，以及会议文献和市场动态
World caffee and Tea（《世界咖啡和茶》）	Mekeand Publica-tions (U. S. A.)	0043—8340	12	12	36	1960	报道世界咖啡与茶叶行业的发展，以及咖啡和茶叶的种植、加工、出口贸易和市场等方面的动态

（陈宗懋）

一〇、中国茶叶专业学校

在世界产茶国中,只有我国有以茶叶科学为专业的高等学校和中等专业学校,不仅培养有学士学位的大学毕业生,而且于 20 世纪 60 年代起开始培养茶叶专业的硕士学位研究生,80 年代中期起开始培养茶叶专业的博士学位研究生。

(一) 设有茶叶专业的高等院校

1. 浙江大学茶学系

建于 1952 年。原为两年制专修科。1954 年华中农学院茶叶专修科调整并入浙江农学院。1956 年改为四年制茶叶专业本科。1960 年中国农科院茶叶研究所合并,1966 年系、所分开。现有四年制茶学专业本科和两年制茶叶经济贸易干部专修科,1962 年获硕士授予权点,1986 年获博士授予权点。有专业教学人员 50 余名。1989 年经国家教委通过为全国农学院重点学科。地址:浙江杭州市华家池浙江大学华家池校区。

2. 安徽农业大学茶学系

它的前身是 1935 年创建于复旦大学茶叶专修科,1952 年全国院系调整时复旦大学专修科调整到安徽大学农学院,1954 年 2 月安徽农学院独立建院。1956 年茶叶专修科建为四年制的茶业系。分茶叶和机械制茶两个四年制专业以及茶叶经济贸易两年制专修科和茶艺高职专业。有茶学博士和硕士学位授权点和园艺学(茶学)博士后流动站,建有省、部重点实验室和国家重点实验室培育基地,2007 年批准为国家重点学科。

3. 湖南农业大学茶学系

1958 年 4 月经省政府批准在湖南农学院建立茶学专业,1992 年升格为茶学系。2000 年被选入湖南省重点建设学科,2007 年被确定为"国家特色专业"和"省级重点专业",现属园林学院,学制四年。现有专业教师 30 余人。1981 年获硕士授权点,1993 年获博士授权点,1999 年建立园艺学博士后流动站。设有 8 个实验室和 1 个教学实习基地。地址:湖南省长沙市湖南农学院园艺系。

4. 华南农业大学茶学系

1972 年建立。现属园艺学院,学制四年。设茶学、茶叶加工贸易和茶艺三个专业。1991 年获硕士授权点,2003 年园艺一级学科博士点下设茶学博士点,同年成立华南农业大学茶叶研究所,现有专业教学人员近 20 名。地址:广东省广州市石牌华南农业大学农学系。

5. 西南大学茶学专业

建于 1951 年。它的前身是西南贸易专科学校茶叶专修科,1952 年全国院系调整时并入西南农学院。1985 年西南农学院更名为西南农业大学,2005 年合并成立西南大学,现隶属于食品科学学院。现为四年制茶学本科专业。1987 年获茶学硕士授权点,1999 年获茶学博士授权点。现有专业教学人员 15 名,2008 年被评为重庆市特色专业。现建有学院工程技术研究中心、茶树栽培与育种实验室、茶叶审评实验室、茶叶品质检验实验室、茶叶加工实验室、茶文化实验室,一个校内实验基地和教学实验茶厂,11 个校外教学实习基地。地址:重庆市北碚区天生路 2 号,西南大学食品科学学院。

6. 四川农业大学茶学系

1970～1974 年筹建茶学专业,1976 年成立四川农学院园艺系茶叶专业,1977 年开始招收本科生,2003 年获硕士授权点,2007 年被列入四川农业大学"十一五"重点学科。现有专业教学人员近 30 名,地址:四川省雅安市四川农业大学园艺系。

7. 福建农林大学茶学系

1975 年建立两年制茶叶专修科,1978 年改为四年制本科,现属园艺学院。现有专业教学人员 20 余名。1993 年获硕士学位授权点,2003 年获博士学位授权点,2005 年列入重点建设学科。拥有 7 个专业实验室,1 个茶叶教学试验加工厂。地址:福州市金山。

8. 云南农业大学茶叶学院

1973年建立三年制茶叶专修科，1977年改为四年制本科，现属园艺系。现有专业教学人员近30名。地址：云南省昆明市黑龙潭云南农业大学园艺系。1996年获硕士授权点，设有7个实验室和1个实验基地，设茶学和茶艺茶道两个方向。

9. 华中农业大学茶学专业

1952年由武汉大学农学院等组建成立华中农学院，并设置茶学专修科，是我国解放后最早拥有茶学专业的高等院校之一。后全国院系调整，该校茶学专业调至浙江大学。1993年又恢复成立茶学专业，招收专科生，1997年开始招收茶学本科生，2002年获硕士授权点，2004年获茶学博士授权点。学科隶属园艺植物生物学教育部重点实验室。现有茶学专职教学人员7名。拥有茶叶加工、茶叶审评、理化分析室、茶艺室等实验室。建有校内茶园30余亩和实验基地一个。地址：湖北省武汉市洪山区狮子山特1号。

10. 山东农业大学茶学专业

山东农业大学茶学专业于2002年经山东省批准成立。2003年开始在园艺专业中设茶学方向培养本科人才，2003年获茶学硕士授权点；2005年获茶学博士授权点，在学科建设上，紧密联系北方茶产业的生产实际，凝练研究方向；确定茶树生理与生态、茶树育种两个重点领域，现有专业教学人员十余人。地址：山东省泰安市岱宗大街61号山东农业大学园艺科学与工程学院。

11. 西北农林科技大学茶学专业

西北农林科技大学茶学专业建于2004年，是陕西省重点学科，同年成立西北农林科技大学茶叶研究所和茶学系，2004年获硕士授权点，2008年获博士授权点，2009年开始在园艺专业开设茶学方向本科生。现有专业教学人员12人。学校建有茶叶生物化学、茶艺茶道和茶叶审评、茶树栽培和育种3个

实验室和教学示范基地。地址：陕西杨凌，西北农林科技大学园艺学院。

12. 南京农业大学茶学专业

南京农业大学茶学专业建于2003年，2004年成立南京农业大学茶叶科学研究所，作为学科依托。2003年获硕士授权点，2004年获博士授权点，2007年设博士后站。主要研究方向有茶树生物技术与种质资源的研究与利用、茶树生理生态与优质生产、茶叶化学与加工工程、饮料植物资源的研究与利用、茶叶经济与文化等。现有教学专业人员达10人。地址：南京卫岗1号，南京农业大学茶学专业。

13. 浙江树人大学茶文化专业

浙江树人大学茶文化专业建于2003年，以茶学、茶业经营管理、茶文史和茶艺等四大课程体系，构成茶文化专业。每年向社会公开招生。共有教学专业人员十余名。地址：杭州市舟山东路19～39号。

14. 浙江农林大学茶文化专业

浙江农林大学茶文化专业前身是浙江林学院茶文化学院，2006年2月改为现名。这是全国首家高校茶文化专业学院。现有专职教师13名，其中教授3名，副教授1名，博士1名。学院设有茶文化产业管理专业。2006年秋季面向全国招收茶文化产业管理新生，学制4年。地址：浙江省临安环城北路88号浙江农林大学东湖校区。

15. 天福茶学院

天福茶学院是由天福集团总裁李瑞河先生投资创办的三年制专业高校，经福建省政府批准、教育部备案，2007年秋季落成并开始招生，2008年获国家教育部、福建省教育厅批准面向全国和海外招收学生。学校建筑面积18万平方米。学校设茶叶生产加工技术、茶文化、食品加工技术、市场开发与营销、旅游管理、多媒体设计与制作、食品营养与检测、国际经济与贸易、物流管理、艺术设计（陶瓷与茶具艺术方向）等十个专业。学校现有教职工350余人，其

中教授、副教授等高级职称教师 30 余人,专任教师 48 人。学校配备有完善的教学实验设施,有茶树育种、茶叶加工、食品工程、茶叶审评、欣赏与设计等实验室,实验厂房面积 7 万平方米,包括各种茶类加工厂、茶食品厂、茶叶精制厂、生物科技厂和茶具厂等。并在福建、四川、云南、浙江、广西等省建有生产基地。地址:福建省漳浦县盘陀镇。

(陈宗懋)

(二)设有茶叶专业的中等专业学校

除了上述 9 所高等院校设有茶叶专业外,在我国还有 12 所中等农业专科学校设有茶叶专业或有茶叶班(见下表)。

我国设有茶叶专业或茶叶班的中等专业学校

学校名称	专业名称	地　　点
杭州农校	茶叶专业	浙江省杭州市
屯溪茶校	茶叶专业	安徽省黄山市
婺源茶校	茶叶专业	江西省婺源市
宜宾农校	茶叶专业	四川省宜宾市
宁德农校	茶叶专业	福建省福安县
句容农校	茶叶专业	江苏省句容县
常德农校	经作专业(茶叶班)	湖南省常德市
恩施农校	特产专业(茶叶班)	湖北省恩施市
襄阳农校	特产专业(茶叶班)	湖北省襄阳市
安顺农校	茶叶专业	贵州省安顺县
安康农校	茶叶专业	陕西省安康县
豫南农校中专班	茶叶专业	河南省信阳市

(陈宗懋)

一一、世界茶叶研究机构

(一)中国茶叶研究机构

目前省级以上茶叶研究机构共有 15 个,除中国农业科学院茶叶研究所是全国性茶叶研究机构外,尚有中华全国供销合作总社杭州茶叶研究院是茶叶加工专业综合性研究机构。省级研究所 13 个,均分布在各主产茶省,现分别简介如下:

1. 中国农业科学院茶叶研究所

中国农业科学院茶叶研究所是我国国家级茶叶综合性科研机构,1956 年 6 月经国务院科学规划委员会批准筹建,1958 年 9 月 1 日在杭州正式挂牌。2001 年 6 月增挂"浙江省茶叶研究院"牌子。

经过 50 年的建设与发展,已初步形成学科设置较齐全、技术力量较强、条件基本完善的全国茶叶科技创新和信息中心。研究领域涵盖茶叶产前、产中、产后等环节,形成了以茶树种质资源、遗传育种、茶树营养与栽培、病虫害防治、农药残留控制、茶叶化学、茶叶加工与新产品开发、天然产物提取与应用等为主的优势学科群。

现有职工 160 余名,其中科技人员 130 余名,高级职称人员占 30％以上。拥有中国工程院院士 1 名,国家"有突出贡献的中青年专家"1 名,农业部、浙江省"有突出贡献的中青年专家"4 名,博士生导师 7 名。设立了茶学硕士、博士学位授权点和博士后流动站。

建有"国家茶产业工程技术研究中心"、"国家茶树改良中心"、"国家种质杭州茶树圃"、"国家农产品加工技术研发中心茶叶加工专业分中心"、"农业部茶及饮料植物产品加工与质量控制重点开放实验室"、"农业部茶叶质量监督检验测试中心"等多个机构。拥有液相色谱仪、高速冷冻离心机、气质联用仪、液质联用仪、等离子发射光谱仪等先进仪器设备,建成茶叶加工中试车间,饮茶产品加工技术熟化中试车间、茶叶有效成分提取中试车间和两座具有控温、控湿、控光的工厂化育苗车间。编辑出版《茶叶科学》、《中国茶叶》两种杂志。

建所以来,共取得 200 余项科研成果,获奖成果 95 项,其中由研究所主持的成果获全国科学大会奖 1 项、国家发明奖 2 项、国家科技进步奖 4 项、国家星火奖 1 项、省部级科技奖 37 项、其他科技奖 21 项。曾 3 次获得国家科委、农业部、财政部联合颁发的农业科技成果转化奖。是全国农业"百强研究所",浙江省、中国农业科学院文明单位。

2. 中华全国供销合作总社杭州茶叶研究院

中华全国供销合作总社杭州茶叶研究院于1978年经国务院国科发字[1978]356号文批准成立,是直属于中华全国供销合作总社的国家级科研院所。由于国务院机构改革和隶属关系的调整,单位名称先后为"中华全国供销合作总社杭州茶叶蚕茧加工科研所"、"商业部杭州茶叶加工研究所"、"国内贸易部杭州茶叶研究所"、"中华全国供销合作总社杭州茶叶研究所",2000年3月更改为现名。

该院集茶叶科学研究、质量监督检验、茶叶职业技能培训鉴定、技术信息服务和开发生产经营为一体的综合性研究机构,是浙江省茶产业科技创新服务平台的核心单位,也是ISO国际茶叶标准化技术委员会在中国的技术归口单位和全国茶叶标准化技术委员会秘书处所在单位。

研究院设有:国家茶叶质量监督检验中心,全国茶叶标准化技术委员会秘书处,茶叶加工科技创新中心,《中国茶叶加工》、《茶叶信息》编辑部,杭州亨达茶业技术开发公司等多个职能部门。

建院30年来,通过全院职工的努力建设,拥有了先进的科研条件和雄厚的技术实力,科技创新和开发能力逐步增强,科学技术为农业产业化服务,为"三农"服务,取得了丰硕的成果:承担了国家、省部级科研项目和接受全国大中型茶叶企业委托的工程设计及技术服务项目100余项,承担了全国大部分的茶叶标准项目的制(修)订工作;在全国率先开展茶叶职业技能培训及鉴定工作,为企业和社会培训了大量的茶叶理化检验、感官审评和茶叶加工工艺等技术人员;国家茶叶质量监督检验中心主要承担国家级茶叶产品质量监督抽查任务以及为企业与消费者的委托检验工作,为保障和促进我国茶产业的健康发展发挥了重要作用。

研究院作为中国参与ISO国际茶叶标准化技术委员会的唯一技术归口单位,近20年来一直代表中国行使国际茶叶标准项目的国际环试及表决的工作,参与ISO及欧盟等国际茶叶组织的会议和活动,并与多个国家和地区的茶叶科研、茶文化专家开展广泛的学术交流和课题协作活动。

3. 江苏省茶叶研究所

江苏省茶叶研究所于2006年在原无锡市茶叶品种研究所的基础上成立。所址设在无锡市钱荣路74号。该所前身是20世纪60年代初成立的江苏省茶叶试验站,1979年划归无锡市管辖。定名无锡茶叶研究所,1984年改名为无锡市茶叶品种研究所。2006年正式定为现名。

全所现有土地面积360亩,其中有生产茶园325亩,试验基地茶园15亩,苗圃20亩,年产无锡毫茶等各类茶叶20吨。全所现有职工31人,其中专业科技人员11人,具有高、中级职称人员8人。设有育种、栽培、植保、生化、茶叶加工、情报资料等6个研究室(部门),并有茶叶加工实验厂一座。

研究所多年来,坚持面向生产开展科研活动,先后有30多个项目通过了省、市级技术鉴定,获奖40多项次。其中,选育出国家级茶树良种两个——锡茶5号、锡茶11号,省级茶树良种一个——锡茶10号,成果填补了江苏省茶树育种的空白;培育出茶树新品系"锡茶101"、"锡茶105";新品系"苏茶120"参加全国茶树品种区域试验。"茶树优质栽培技术研究"获农业部丰收奖一等奖,"名优茶机械加工技术"获农业部丰收奖二等奖。"茶树新品种引种及名优茶适制性研究"获2007年江苏省农业丰收奖一等奖和无锡市农业科技进步一等奖。在名优茶创制研究中,研究所研制、生产的"惠泉牌无锡毫茶"和"太湖翠竹",在国内外历次名优茶评比中,多次获奖。该所的"惠泉牌"茶叶从2003年起获杭州中农质量认证中心的"有机茶"颁证;2006年起获"江苏省名牌产品"、2006年获"中国著名品牌"称号。

该所是江苏省农林厅指定的茶树良种繁育基地之一,建有茶树品种资源圃,已收集国内外茶树种质800余个,为茶树育种工作奠定了坚实的基础。从1982年起,农业部在研究所内建立"全国病虫测报网络江苏省区域站",由所负责江苏省茶树病虫害预测预报工作,每年定期发布病虫情报,对江苏省内各地的茶园植保工作起到了较好的指导作用。

2005年江苏省茶叶协会成立,研究所接受挂靠会址设在该所。与此同时,研究所从2001年起承担了由江苏省茶叶学会主办的《江苏茶叶》的编辑工作,该杂志的发行,对江苏省茶叶科普知识的宣传、茶叶生产水平的提高起到了积极作用。

4. 安徽省农业科学院茶叶研究所

安徽省农业科学院茶叶研究所,其前身是1915年北京政府农商部在安徽省祁门县南乡平里建立的"农商部安徽模范种茶场",1917年11月改名为"农商部茶业改良场",这是我国最早建立的茶叶专业研究机构。新中国成立后,1950年2月更名为祁门茶叶试验场;1962年改名为安徽省农业科学院祁门茶叶研究所,成为安徽省科学院直属的专业研究所之一;1999年,安徽省委下文定名为安徽省农业科学院茶叶研究所。

历经90多年的创业,全所现拥有试验、示范茶园40余公顷,科研、示范生产用房7254平方米;各类仪器设备230余台(套),尤其是拥有液相色谱仪、气相色谱仪、原子吸收光谱、荧光分光光度计、紫外分光光度计、核酸蛋白质检测仪、薄层扫描仪等一大批大型仪器,使该所检测分析手段和能力得到较大提高;有红、绿茶初制微型设备和名优、大宗红、绿茶初、精制中试加工设备,可有效促进成果的转化;并有图书资料、中外期刊1.7万余册,立卷科研档案852卷,茶叶科技资料8247卷。已建成3000平方米智能温室,1200平方米育种中心实验室一座,目前,全所有科技人员29人(其中高级技术人员9人,中级技术人员10人,初级技术人员10人)。所内设国家茶树育种安徽分中心、综合栽培研究室、机械制茶研究室、化验质检研究室、所办公室、财务科、示范茶场等职能部门。

建所以来,共取得各类科研成果116项,其中1978年以来,获省、地(市)级获奖成果59项。为总结交流科研成果,编印了《茶叶试验研究资料集刊》1~6集,发行万余册。自1960年起编辑《茶叶科学简报》(后为《安徽茶叶科技》)内部刊物128期,发行省内外。同时主编出版了《安徽茶叶生产技术》、《祁红》、《茶叶科技问答》、《茶叶生产二百题》等多部书籍。据统计,建所以来科技人员在省级以上公开出版刊物上发表论文多达700余篇。

为加速科技创新与成果推广,该所将继续坚持

以市场为导向,以效益为目标,抓住机遇,进一步对外开展各种形式的合作研究与开发,为安徽和全国茶业的持续发展作出更新、更大的贡献。

5. 福建省农业科学院茶叶研究所

福建省农业科学院茶叶研究所前身是福建省建设厅福安茶业改良场,始建于1935年8月,所址福建省福安市社口镇,张天福先生是第一任场主任。1949年中华人民共和国成立后,由中国茶业公司福建省分公司阳头茶厂接管。1961年1月改隶省管,直属福建省农业科学院,定名"福建省农业科学院茶叶研究所"。

全所占地面积4.67公顷,山地茶园64公顷,拥有茶叶初、精制加工厂,乌龙茶、红绿茶实验车间,茶叶农药残留实验室等设施。现有在职员工96名,其中研究员6名(国务院政府特殊津贴专家3名),副研究员5名,博士、硕士(生)21名,入选福建省"百千万人才工程"1名。内设育种与栽培研究室、植物保护研究室、制茶与机械研究室、信息化研究室、茶叶生物技术重点实验室、茶叶试验场、所办公室、保卫科等职能机构。改革开放以来,荣获国家、部省级成果奖53项。

20世纪50年代开始开展茶树品种资源与品种选育研究,建立了全国首个、福建最大的茶树品种资源圃和福建省乌龙茶种质资源圃,目前已成为我国乌龙茶品种资源收集保存与鉴定利用中心。2004年国家科技部星火计划办公室批准设立"福建省乌龙茶科技成果转化中心";2005年建立"农业部福安茶树资源重点野外科学观测试验站";2008年农业部批准设立"国家现代茶产业技术体系宁德综合试验站"。

20世纪60年代在国内率先开展茶树人工杂交育种研究,先后育成7个国家级良种、12个省级良种。金牡丹、黄玫瑰被评为"九五"国家重点科技攻关项目一级优异种质,现有14个新品种参加全国区试、22个新品种参加省区试。新品种的育成加快了茶叶生产无性系良种化的进程,福建无性系茶树品种推广普及率达95%。

70年代开始开展以生物防治为主的茶树病虫

综合防治技术的研究,自主开发了茶毛虫 NPV 杀虫剂、白僵菌 871 和韦伯虫座孢菌等生物农药,"茶毛虫 NPV 杀虫剂的研制与应用"等 7 项成果获省科技进步奖,为福建茶叶的质量安全作出了应有的贡献。

80 年代初对乌龙茶做青工艺与设备进行了系统的研究,实现了乌龙茶做青的机械化、人工智能化作业,该成果已在乌龙茶区广泛应用,对我国乌龙茶生产产生了深远的影响;90 年代根据市场需求,研制开发的绿茶、乌龙茶、白茶、红茶、茉莉花茶等 41 个茶叶新产品获省部以上名优茶奖,为引领福建名优茶的开发起到了重要的推进作用。

编著出版《中国茶树品种志》等茶叶科技书籍 37 部,发表科技论文 1300 多篇,1960 年创办的《茶叶科学技术》期刊已发行 200 多期等,为推进福建省茶产业的跨越式发展提供了强有力的技术支撑。

6. 江西省蚕桑茶叶研究所

江西省蚕桑茶叶研究所创建于 1958 年,主要从事蚕桑、茶叶科学研究、技术推广、良种繁育和蚕茶产品的开发。经过近 50 年的努力,已初步形成了蚕种、绿化苗木、茶业及果业四大产业。除有专门从事科研的研究机构外,还设有江西井冈蚕种科技有限公司、江西金乔园林有限公司、江西省茶树良种繁育场、资产经营部、江西昌南生态园有限公司 5 个生产单位,机关、学校、医院 3 个事业单位。机关包括党政办公室、财务科、科技服务科、工会及保卫科 5 个职能科室。

江西省蚕桑茶叶研究所位于南昌县黄马乡与向塘镇交界处的梁家渡,东临抚河,北靠浙赣铁路和 316、320 国道,南有沪昆高速公路相近,交通便利。

全所拥有茶园 141.34 公顷,桑园 4.30 公顷,果园 30.22 公顷,种植草莓、蔬菜等 6.66 公顷,水面 47.21 公顷。先后被评为"江西省园林化单位"、"南昌市园林化单位"、"江西省可持续农业示范基地"、"江西省青少年科普教育基地"、"南昌市青少年科普教育基地",2005 年被南昌市批准建设南昌植物园。

20 世纪 90 年代以来共获得省厅级科研成果奖励 11 项,其中省级一等奖 1 项、二等奖 1 项、三等奖 1 项、厅级奖励 8 项。获国家发明专利授权 2 项。

同时为充分发挥科技人才及科技优势,近 5 年共派出 150 多人次的蚕桑、茶叶技术干部到省内蚕区、茶区开展技术指导。为全省蚕桑茶叶产业的发展作出了贡献。

江西省蚕桑茶叶研究所确立了以融入南昌市"两江"生态农业走廊及县域经济发展,依托生态环境优势、产业优势及城郊区位优势,实现建设集科研、生态、旅游于一体的农业生态示范园的总体目标,不断提升全所发展潜力。

7. 湖北省农业科学院果树茶叶研究所

湖北省果树茶叶研究所始建于 1958 年,其前身是中南农业科学研究所园艺系。1978 年 6 月 23 日,经中共湖北省委批准,使用"湖北省农业科学院果树茶叶研究所"的名称。研究所位于长江之滨、武汉市南郊,面积 2.3 平方公里,离市区 38 公里。拥有果树试验基地 35 公顷,茶叶试验基地 25 公顷,现代化的茶叶加工库房 1200 平方米。为了增强果茶创新竞争力,院所投资建设的"果茶综合实验室",面积 1200 平方米,设有消化室、色谱室、分子生物学实验室、生理生化实验室等 15 个功能室,拥有实验仪器设备近 200 台(套),可开展果茶品质分析、植物营养分析、土壤理化性状分析、食品农药残留检测及分子标记、分子生物学研究、组织培养技术研究等工作。2006 年和 2007 年研究所分别组建了"湖北省茶叶工程技术研究中心"和"湖北省农业科技创新中心果茶分中心",为湖北果茶技术研发和成果转化提供了更高层次的技术平台。现承担国家、省(部)级科技攻关项目 26 项。研究内容包括:果茶种质资源的创新及保存利用、果茶新品种选育及安全高效配套栽培技术研究,有机茶(果)栽培、加工工艺研究,农业区域生态规划研究等。在职职工 135 人,其中科技人员 55 人(高级职称 18 人、中级职称 17 人)。研究所下设 4 个管理机构、2 个研究机构、4 个创新团队、2 个附属机构。

国家果树种质武昌砂梨圃由农业部于 1986 年和 2003 年两次投资建设,占地面积 5.4 公顷,收集保存了砂梨地方良种和主栽品种资源 700 余份;湖北省桃树良种和桃树种质资源 500 多份。湖北省茶树种质资源圃 2002 年建成,收集保存茶树种质资源 1200 份。为果茶科技创新夯实了根基。

自"六五"以来,该所共获得国家、省(部)级科技成果奖励 50 余项,国家发明奖 1 项,省发明奖 1 项,起草制定省级地方标准 13 项。培育鄂茶 1 号、5 号、6 号等多个省级特优果茶新品种。鄂茶 1 号 2002 年被审定为国家级茶树良种。2003 年获湖北省科技进步一等奖。拥有自主知识产权创制的金水翠峰、金水翠毫、金水雪剑、碧雪迎春等系列名茶,多次在国内评茶会上获奖。

8. 湖南省农业科学院茶叶研究所

该所前身是建于 1928 年的湖南省茶事试验场,是国内开办较早的省级茶叶研究机构。主要从事茶叶应用科学研究、转化与茶叶科技推广工作。所内设有育种、栽培、植保、加工、推广、检测、培训、《茶叶通讯》、天牌公司、实验茶厂、保靖黄金茶公司等多个机构。现有在职职工 143 人,其中科技人员 70 余人,具有高、中级职称 45 人,博士、硕士 19 人,享受国务院特殊津贴专家 3 人。全所有实验茶园 500 多亩,基本满足科研需求。

建有茶树种质资源圃,收集国内外资源 1200 多份;茶叶检测中心拥有气相色谱、薄层扫描、原子吸收等仪器设备;与中茶所、中科院亚热带农业生态研究所、湖南农大茶学重点实验室、湖南农科院试验大楼实现学科共建,资源共享。为茶叶科学研究创造了较好的实验条件。

建所以来,已获国家和省部级科研成果 50 多项,获国家发明专利 3 项。已育成槠叶齐、白毫早、尖波黄等国家级良种 5 个,黄金茶、碧香早、湘波绿等省级良种 15 个。近年来,黄金茶资源利用、双无性系育种、低咖啡碱茶、芷江甜茶、茶苗快繁、湖南(安化)黑茶研究以及绿肥 1 号、茶树复合肥等研制进展良好。

在茶叶技术推广方面,先后与美、日、俄、瑞士、印尼等国开展合作交流,指导并协助马里、巴基斯坦等国规划、建设茶园与茶厂。在"五个一"工程实施四年来,通过"组织一支精干茶叶专家团队,服务一十个主产县,联系一百家龙头企业,免费培训一万名茶农,年繁育一亿株茶苗",为唱响湘茶品牌,建设现代湘茶作出了贡献。科技杂志《茶叶通讯》发行国内外,影响居国内省级茶叶专业期刊之前列。

创制的"高桥银峰"茶,毛泽东、刘少奇、朱德、宋庆龄、王震等国家领导人品饮后均赞不绝口。郭沫若、何香凝等品茶后均赋诗作画,给予高度赞誉。

研制的"保靖黄金茶"成为最好的中国绿茶之一,其氨基酸含量最高可达 7.7%、茶多酚 20% 左右,具有"香、绿、爽、浓"的特点,有"一两黄金一两茶"的美誉。

9. 广东省农业科学院茶叶研究所

该所于 1959 年 1 月在原广东省英德茶叶试验站基础上建立,1966 年 1 月经中南局书记陶铸提议扩建为"中南茶叶科学研究所",1973 年 8 月经广东省人民政府批准,正式定为现名。所址设在广东省英德县境内。经过 50 年的建设和发展,研究所已成为综合科技实力雄厚的省级科研机构。

研究所占地面积 1186 亩(其中茶园 500 余亩),现有职工 80 多人,其中科技人员 35 人,具有高级职称专家 10 人,博士 5 人,国家农业部现代农业产业技术体系的岗位科学家 1 名,院学科带头人 2 名。

建所以来,围绕广东茶叶发展方向的技术需求,开展茶树"良种良法"以及新产品研制等科学研究与培训推广工作,已建成国家茶树种质资源圃华南分圃,收集活体茶树种质资源 1400 余份,是我国华南地区规模最大、特色资源种类最丰富的茶树种质资源库。建有国家农业部现代农业产业技术体系的岗位科学家和长远综合试验站,"广东省名优生态茶叶重点科研基地"、"广东省健康农业科技示范基地"、"广东省科普教育基地""广东省茶叶质量安全检验检测中心"及"广东省茶树资源创新利用重点实验室"等国家和省的茶叶重点科技创新和示范平台。多年来,已获各级科技成果 50 多项,国家专利 15 项。育成"秀红"等国家级茶树良种 4 个和"英红 9 号"等省级茶树良种 6 个;获得"可可茶 1 号"等植物品种权 2 个。"英红 9 号"等省部级新产品 5 个;出版科技专著 8 部;制定国家出口红碎茶二套样及其标准,制定广东省地方标准 4 个。创办"英德茶叶世界"茶叶生态旅游景区。

研究所现有名优茶生产中试车间 1500 平方米。以"鸿雁"为品牌开发了自有知识产权的"英红 9 号"、"金毫茶"、"银毫茶"、"乌龙红茶"、"单丛陈香茶"、"广东单丛千两茶"、"金萱蒸青绿茶"、"常春健体乌龙茶"等 8 个新产品;并与企业建立了良好的产学研合作关系和成果转化基地。

研究所以立足广东,面向华南,科技创新服务"三农"为宗旨,继续推动广东茶产业健康发展而努力。

10. 广西壮族自治区桂林茶叶科学研究所

该所成立于 1979 年 4 月,前身系 1966 年创办的桂林市茶叶示范场。位于桂林市金鸡路 17 号尧山风景区内,隶属于广西科技厅、广西农业厅。

研究所占地 32 公顷,其中有试验茶园、茶树品种资源圃(收集国内外茶树品种、品系达 500 多个)、苗圃 23 公顷。2005 年评为"广西茶叶科技成果转化中心",2008 年列入全国茶叶现代产业技术体系综合试验站技术依托单位。

全所现有职工 69 人,其中有专业技术人员 49 人(高级职称 10 人)。分设品种、加工、栽培 3 个研究室,建有设备功能齐全的大型专业良种繁育基地(广西茶树良种苗木繁育场),年繁育茶树良种苗木 6000 万株以上,是国家重要的战略贮苗基地;配有各种常规分析检测设备;有涉外旅游景点、桂林市青少年科普基地——茶叶科技园。研究所立足于全自治区开展以茶树品种研究、开发、技术推广为主,相应开展茶树栽培、病虫害防治、茶叶加工、新产品开发等方面的研究及技术服务工作。建所以来共获得科技成果 40 项(次),其中:获国家科技进步二等奖 1 项,省部级二等奖 1 项(次)、三等奖 11 项(次),地市级一等奖 2 项(次)、二等奖 9 项(次)、三等奖 5 项(次),发明专利 5 项,实用新型专利 2 项,林业部推广特等奖 4 项(次)。主编或合著著作 5 部,发表科技论文 200 多篇,制定广西茶叶地方标准 2 个,并参与广西茶叶产业发展规划等制定工作。选育出桂红 3 号、桂红 4 号、桂绿 1 号 3 个国家级良种,桂香 18 号、桂香 22 号、尧山秀绿 3 个自治区级良种,以及国家级优质资源 7 份。科研、生产茶园实行无公害技术管理,在广西率先通过无公害茶叶生产基地认证,并在昭平、金秀等地建立了茶叶示范基地。通过研究开发,创立了有自主产权的桂林毛尖、三青茶、桂花茶、茉莉花茶、菊花茶、银针茶、尧山冰鲜乌龙茶等多个名茶新品种。

在致力于"科技兴农"的工作中,该所科技人员利用专业优势,在广西茶区进行技术服务和科技扶贫,构筑了完善的茶叶科技服务体系,与各茶区及桂林市部分大专院校建立"结对共进"合作单位 21 个,成立广西茶叶科技服务星火学校 5 个,建立技术服务点 60 多个,开展形式多样的技术培训,2004 年起主编《广西茶业》,为广西茶叶的发展作出了较大的贡献。

11. 重庆市农业科学院茶叶研究所

该所于 1951 年在四川省灌县(现都江堰市)建所。1962 年迁入永川,隶属四川省农业科学院。1997 年重庆直辖,整体划转重庆市,更名为重庆市茶叶研究所。2006 年,又更名为重庆市农业科学院茶叶研究所。

研究所有科研试验茶园 54.9 公顷,也是西南大学的教学实习基地,标准化车间 4000 平方米,技术先进、工艺流畅、设备配套的中试生产线 3 条,并拥有液相、气相、原子吸收等先进设备的茶叶品质检测分析试验室 200 余平方米。

研究所现有在职专业技术人员 25 人,其中正高级 4 人、副高级 7 人、中级 5 人,国家现代茶叶产业技术体系岗位专家 1 人、试验站站长 1 人。设有茶树遗传育种、茶园生态栽培、制茶工程、茶资源综合利用 4 个研究室,并与本院相关研究所建立了跨学科联合攻关机制,长期共同开展合作研究。

建所 50 余年来(1997 年前与现在的四川省农科院茶叶研究所同属一个所),围绕茶产业中各个环节的重大科技问题和关键性技术,开展了 230 余项课题研究,获奖成果 86 项(国家、省部级奖 54 项),获国家专利授权 6 项(发明专利 4 项),编制发布地方标准 2 个,出版专著 5 部,发表科研论文 1000 余篇,育成拥有自主知识产权的茶树国家级良种 10 个、省级良种 4 个,收集入圃保存茶树种质资源材料 550 余份。

重庆云岭茶业科技有限责任公司是研究所创办的一家科技型企业,研制开发的永川秀芽,多次荣获国家、省级优质名茶奖,已成为地方主导产品。通过项目实施、科技服务、联合开发等多种形式,与周边茶叶主产区建立了广泛而良好的合作关系,共建科技示范基地 1333.33 公顷。近年来,新研制了颗粒茶、超微茶粉、花香绿茶等新产品,开发了荷叶茶、薄荷茶、苦丁茶、甜茶等非茶类饮料,拓宽了产品领域,提高附加值,取得了显著的社会经济生态效益,科技成果转化载体的规模日益壮大。

12. 四川省农业科学院茶叶研究所

四川省农业科学院茶叶研究所 1951 年 2 月建在四川省灌县(现为都江堰市),后迁入永川。1997年重庆建直辖市后,研究所从永川搬迁成都,定为现名。研究所主要从事茶树育种、栽培、植保、茶叶加工、生理生化、新产品开发及茶叶经济等方面研究,以茶叶应用和开发研究为主,同时有重点地开展茶学基础理论研究。

研究所现有职工 30 人(在岗 26 人),其中科技人员和行政管理干部 13 人,在科技人员中:有研究员 2 人,副研究员 5 人,国务院政府特殊津贴专家 2人,国家茶叶创新体系岗位科学家 1 人,具有一定的科学研究和茶叶技术推广实力。

研究所有集中成片的试验茶园 12 公顷,现代化实验茶厂一座,分析仪器设备齐全、检测手段先进。

建所 50 多年来(1997 年前与现在的重庆市茶叶研究所同属一个所),已取得科研成果 80 余项,其中获奖成果 73 项,获奖成果中,有省部级科技进步一、二等奖以上成果 14 项,省部级科技三等奖成果40 余项;在省级和国家级学术刊物上发表论著 400余篇;育成国家级茶树新品种 8 个、省级茶树新品种10 余个;在名优茶、茉莉花茶、红茶、乌龙茶加工新工艺和茶园营养诊断及配方施肥、高山茶区速成丰产栽培技术等方面研究取得了重大突破。此外,还开发出翠毫香茗、天岗玉叶、川秀、兰箭、翠芽、银锋茶等,10 余个名茶产品先后获得了省级以上优质名茶奖。

研究所在抓科研工作的同时,十分注重科技成果的应用和转化,长期为全省茶区培养技术人才,开展技术咨询、技术服务和技术示范,为茶农提供产前产中产后系列化服务,并为当地政府及有关部门提建议、当参谋,积极促进地方和四川省茶叶经济的发展。

13. 贵州省茶叶研究所

贵州省茶叶研究所位于遵义市湄潭县城,距历史文化名城遵义 74 公里、贵州省省会贵阳市 220 公里,是贵州省级从事茶叶科学技术专业研究的机构。

研究所建立于 1939 年,始称“中央农林部中央实验所湄潭实验茶场”,1949 年改称“贵州省湄潭桐茶试验站”,1983 年更名为“贵州省茶叶科学研究所”,2006 年 11 月 8 日,划归贵州省农业科学院管理,并更名为贵州省茶叶研究所。内设机构为党政办公室、茶学研究室、科技管理科、中心实验室、科技开发科、试验示范基地。全所占地 6.6 公顷,科研业务用房 3986 平方米。已建立茶化、土化、生理、植保等实验室和茶树害虫标本室,馆藏资料 1 万余册(份);茶树昆虫标本 2 万号,已整理、鉴定的茶树害虫230 种,天敌昆虫 324 科,在茶叶生产、教学和科研工作中发挥了重要作用。

全所现有在职职工 81 人,其中高级职称 8 人,中级职称 13 人,初级职称 3 人,管理人员 10 人。享受国务院、省政府特殊津贴专家 4 人。具有一定的科学研究和技术推广实力。

自 1978 年全国科学大会以来完成各类科研项目 175 项,取得获奖成果 77 项(省部级奖 37 项,地厅级 40 项)。申请专利 5 项,申请品种权保护 10项。在各类刊物上发表文章 1000 余篇,正式出版专著 6 部,内部出版专著 4 部,成果资料汇编 13 部。培训科技人才 1.5 万人次。主办内部期刊《贵州茶叶》,每年出版 4 期,现已连续办刊 36 年。选育的黔湄系列良种 419 号、502 号、601 号、701 号、809 号以及湄潭苔茶良种被审定为国家良种,在省内外推广面积达上万公顷;“茶树密植免耕快速高产”技术成果推广,面积达 14 万公顷;“茶树害虫生物防治研究"获贵州省科学大会奖;红碎茶初制"揉切分"连续化生产工艺技术研究和名优高档茶生产机械化技术研究,在国内茶学界产生了较大影响;"茶树害虫自然天敌的保护利用研究"成果被广大茶区采用;"茶树害虫病毒资源调查及利用研究"新发现的 22 个新记录,为国内外首次报道。

近年来研究所面向全省开展茶产业技术服务。覆盖湄潭等省内 35 个县(市),为贵州茶叶生产发展作出了积极的贡献。

14. 云南省农业科学院茶叶研究所

云南省农业科学院茶叶研究所,是一个省属专业研究机构。所址设在云南省西双版纳自治州的勐海县境内。该所前身是 1951 年 8 月成立的云南省农业厅佛海茶叶试验场。1963 年改名为云南省勐海茶叶试验站,直到 1979 年才正式移交云南省农业科学院,定名为云南省农业科学院茶叶研究所。研究所现有专业技术人员 73 人(高级 7 人,中级 35人;博士 3 人,硕士 7 人)。现设有种质创新、品种选育、有机茶栽培、茶叶加工、普洱茶、茶文化、综合实验等 7 个研究室和云南省第 165 职业技能鉴定所及云茶科技有限责任公司等机构。

建所以来,围绕云南大叶茶资源、育种、栽培、加工、普洱茶、茶叶生农化和茶文化等方面开展了研究和示范推广工作,为全省主产茶区提供科技支撑,是一个集科研、科普、茶文化、旅游观光等功能为一体的科研院所。占地面积 86.67 公顷,其中茶园面积33.33 公顷。建所以来,先后完成了 150 多项课题研究,共获各级科技成果奖 40 多项。建有一个"国家种质勐海茶树分圃",占地面积 2 公顷,收集、保存1000 余份珍稀茶树资源材料;选育出了云抗 10 号、佛香 1 号等 18 个国家级、省级茶树无性系良种;获国家新品种保护权 2 个(云茶 1 号、紫娟);拥有年加工能力达 1000 吨,加工厂一座,建有红茶、绿茶、普洱茶和保健茶 4 条生产线。研制开发了佛香茶、滇红金针等 10 多个国家级、省部级名优新产品和一个具有天然降血压、降血脂特殊疗效的紫娟保健茶。研究所的科技成果"密植速成高产栽培技术",被农业部列为"八五"重点推广项目,在云南省推广

10.67 万公顷;1985 年,该所在全国率先提出生态茶园概念并进行实践,已在全省推广达 1.07 公顷。近年来,开展有机茶园建设研究,目前,在全省推广有机茶园 4667 公顷,大大改善了云南省茶园生态条件和茶园结构。该所选育的云抗 10 号、云抗 14 号、长叶白毫、佛香 1 号等 18 个国家级、省级茶树无性系良种在全省茶区大面积推广,在全省种植的茶树无性系良种中,90%的良种是茶科所提供的。其中,云抗 10 号在云南茶区推广种植面积达 10 多万公顷。同时通过举办科技示范和科技培训,为广大茶区培养大批实用技术人才,有力地促进了云南茶产业的全面振兴和综合效益的大提升。

茶叶研究所在抓好科研工作、产业开发的同时,始终坚持通过科技推广和科技扶贫等多种形式促进了茶区科技进步和经济发展,为科技兴茶和民族团结进步作出了贡献。

15. 台湾茶业改良场

台湾茶业改良场创立于 1903 年。该场位于台湾省桃园县杨梅镇,纵贯公路埔心站东南方 1.2 公里,是台湾省主要茶区之中心,其前身为台湾总督府殖产局附属制茶试验场。其后迭经改制,1968年为加强茶业研究及辅导事权,促进台湾茶业发展,奉令改组为台湾省茶业改良场,隶属台湾省政府农林厅,并先后设立文山、鱼池、台东三分场及冻顶工作站。1999 年 7 月 1 日隶属于台湾农业委员会领导。

目前设有人事、会计、秘书三个行政单位,以及茶作、制茶、茶机、推广课与冻顶工作站共五个业务单位,并设有各种新颖试验设备、试验大楼、制茶工厂、专用食品及茶业图书期刊等。茶叶改良场暨所属三个分场负责台湾茶业的试验研究、产制销技术改进、推广教育等事宜,为台湾唯一的茶业辅导专业机构,业务涵盖全岛茶区。目前除定期出版《年报》、《台湾茶业研究汇报》、《茶业专讯》、《茶情双月刊》等刊物外,台湾各特色茶区重要比赛茶之评审,绝大多数由茶业改良场主持。

(俞永明　吴芳洲)

（二）世界茶叶研究机构

据统计，全世界有 9 个国家设有茶叶研究机构 34 个，现按国家分别简要介绍如下：

1. 印度
有茶叶实体研究机构 2 个：

（1）托克莱茶叶试验站（Tocklai Tea Experimental Station）

1912 年建立，由印度茶叶研究协会（Indian Tea Research Association）领导，是一个半官方、半民间的研究机构，地址在印度阿萨姆邦（Assam）。现有科技人员和管理人员共 300 余人，其中研究人员 200 余人，技术人员 50 余人。下设 10 个研究室（农艺学、土壤与气象学、植物学、真菌和植物病理学、昆虫学、茶叶审评与工艺、生物化学、工程学、统计学、农业经济学）和推广咨询部。除托克莱本部外，还有 1 个分站和 6 个咨询中心。出版有《一芽二叶》（Two and a Bud）双月刊和研究年报。2010 年在加尔各答（Calcautta）举行建所 100 周年纪念会，设有 www. tocklai. net 网站。

（2）南印度联合种植者协会茶叶研究所（UPASI Tea Research Institute）

创建于 1893 年，是南印度联合种植者协会下设的一民间研究机构，主要为南印度的茶场成员服务，也向个体茶叶种植者提供咨询和服务，另有少量国家下达的任务。地址在南印度柯因巴托邦（Coimbatore）的辛柯那（Cinchona）。下设分站 1 个和咨询服务部门 5 个。研究人员 30 人。出版有研究年报。

2. 斯里兰卡
现有研究所 1 个和 5 个分站。斯里兰卡茶叶研究所在 1925 年创建，是一个半官方半民间的研究机构。地址在塔拉瓦坎莱（Talawakele）的圣·柯姆勃（St. Coombs）。现有 280 余名工作人员，其中 120 余名科技人员。下设昆虫学、线虫与植物病理、农业化学、土壤物理、育种、生理与繁殖、生物化学、加工工艺等 8 个研究室。有茶园面积 130 公顷，归茶叶理事会领导。5 个分站中中地试验站位于卡迪（Kandy）的海塔司（Hantance），低地试验站位于拉塔那普拉（Ratnapura）的圣·约契姆（St. Joachim），南部推广中心位于加利（Galle），高地推广中心在乌伐（Uva）的巴图拉（Badulla），低地推广中心位于谭尼牙耶（Deniyaya）。研究所出版有《茶叶季刊》（Tea Quarterly）杂志，1988 年后改名为《斯里兰卡茶叶科学》杂志（Sri Lanka Journal of Tea Science），季刊。每年还出版《斯里兰卡茶叶研究所简讯》（Newsletter of TRI of Srilanta）。

3. 印度尼西亚
印度尼西亚茶叶和金鸡纳霜研究所建立于 1911 年。现有工作人员 100 名左右。全所设栽培、土壤、害虫、病理、杂草、育种、社会经济、有机化学、生理、加工、中心实验室和情报等 12 个研究室。此外还有推广部、品质控制部和数据处理室，附有 350 公顷茶树种植场和年产 100 万千克的茶叶加工厂。地址在万隆（Bandung）的加蓬（Gambung）。

4. 日本
日本国现有茶叶研究机构 10 个。日本农林水产省蔬菜和茶叶试验场为政府办的全国性茶叶研究机构。建立于 1919 年，场部设在静冈县榛原郡金谷町。1950 年改为东海近畿农业试验场茶叶部。1961 年与九州农业试验场茶叶部合并，改名为农林水产省茶叶试验场，1988 年又与农林水产省野菜试验场合并，改名为农林水产省野菜、茶叶试验场。现有职工 100 余人，茶叶研究所下设栽培部（包括茶树遗传生理、品种改良、栽培技术、物质代谢、病害、虫害、土壤肥料等 7 个研究室）和制茶部（包括鲜叶品质分析、加工、机械改良、茶叶生化等 4 个研究室）。出版有《野菜、茶叶试验场研究报告》，一年 1 期。在枕琦设有支场。

除了农林水产省茶叶试验场外，还有县级茶叶研究和其他开展茶叶科研工作的机构 24 个（见表）。

日本茶叶研究机构名称 (续表)

机 构 名 称	地 址
农林水产省蔬菜、茶业试验场	静风县榛原郡金谷町金谷 2769
琦玉县茶业试验场	琦玉县入间市上谷ケ贯 244 - 2
神川县园芸试验场津久井分场	神奈川县津久井郡桐模湖町寸沢岚 620 - 2
长野县南信浓农业试验场	长野县下伊那郡高森町下市田 2476
静风县茶业试验场	静冈县小笠郡菊川町仓沢 1706 - 11
岐阜县农业综合研究中心—地域营农部茶业科	岐阜县揖斐郡池田町般若煨 631 - 11
爱知县农业总合试验场豊桥农业技术中心	爱知县豊桥市饭村町高山 11 - 48
三重县农业技术中心—茶业中心	三重县龟山市椿世町 992 - 2
滋贺县茶业指导所	滋贺县甲贺郡水口町波涛步平 6750
京都府立茶业研究所	京都府宇治市白川中町茵
奈良县农业试验场茶业分场	奈良县奈良市矢田原町乙 470 - 1
岛根县农业试验场	岛根县出云市芦渡町 2440
山口县农业试验场	山口县山口市大内御堀 1419
香川县农业试验场满浓分场	香川县仲多度郡满浓町大学炭所西 2253 - 1
高知县茶业中心	高知县高冈郡仁淀村森 2792
德岛县立农业试验场池田分场	德岛县三好郡池田町三ン乜 3649 - 1
福冈县农业总合试验场茶业指导所	福冈县八女郡黑木町大字本分 3296 - 1
佐贺县茶业试验场	佐贺县藤津郡嬉野町大字下野字三坂原 1870 - 5
长崎县总合农业试验场东彼杵茶业支场	长崎县东彼杵郡东彼杵町中尾乡 1414
熊本县茶业试验场	熊本县熊本市健军町小峰 2614

机 构 名 称	地 址
大分县农业技术中心蚕丝茶业部	大分县大野郡三重町大字赤岭 2328 - 1
宫崎县总合农业试验场茶业支场	宫崎县儿汤郡川南町川南 17070
鹿儿岛县茶业试验场	鹿儿岛县川边郡知览永里 3964
鹿儿岛县茶业试验场大隅支场	鹿儿岛县曽于郡有明町野井仓 946
冲绳县农业试验场名护支场	冲绳县名护市名护 4605 - 3

5. 孟加拉国

有茶叶研究所 1 个,前身为巴基斯坦茶叶研究站,由巴基斯坦茶叶商会投资于 1952 年建立,1958 年起开始研究工作。1972 年孟加拉国建立,研究站改名为孟加拉茶叶研究站(Bangladesh Tea Research Station),地点在苏尔海特(Sylhet)的斯里孟格尔(Srimengal)。现有研究人员 10 余人,下设生化、栽培、育种等 4 个研究室。

6. 土耳其

现有研究所 1 个。1973 年建立,前身是种植柑橘和苹果等果树的试验场。1973 年改为茶叶研究所。土耳其茶叶研究所隶属茶叶商会(CAYKUR)领导。地址在里泽市(Rize)。现有 20 名工作人员。下设 8 个研究室(农业植物学、土壤、生化、加工、病虫防治、栽培、实验统计、资料)。

7. 肯尼亚

肯尼亚茶叶研究基金会(Tea Research Foundation of Kenya)的前身是东非茶叶研究所,1951 年建立。1959 年乌干达和坦桑尼亚两国入股,并在两国设立茶叶试验站。1980 年东非茶叶研究所解体,将原东非茶叶研究所改名为肯尼亚茶叶研究基金会。地址在基里柯(Kericho),并在提姆比利(Timbili)建立总试验站。有研究人员 30 余人。下设 5 个研究室(植物学、化学、作物环境、农艺、作物保护)、1 个咨询服务部和 1 个茶场。该所出版有《茶》(Tea)杂志。一年 2 期。每年还出版研究《年报》。

8. 马拉维

有 1 个茶叶研究机构:中非茶叶研究基金会(Tea Research Toundation of Central Afrca)。地址在马拉维的米兰萨(Mulanje),最早由马拉维政府管理,现由中非茶叶研究基金会控制。其服务范围不仅包括马拉维,同时对罗得西亚、南非等非洲国家也起着技术指导作用。在米莫萨(Mimosa)和巧罗(Cholo)设有实验站。

(陈宗懋)

一二、世界茶叶社会团体和组织

(一) 中国茶叶社会团体和组织

20 世纪 80 年代以来,随着中国茶业的振兴和茶文化活动、旅游事业的兴起,新的茶叶社团和组织不断出现。据不完全统计,目前已有茶叶学会以及茶人联谊会等多个社团和组织,现简介如下:

1. 中国茶叶学会

中国茶叶学会是中国科协领导的、民政部依法登记成立的国家一级学会,是全国广大茶叶科学技术工作者自愿结成的学术性法人社会团体,是党和政府联系茶叶科技工作者的桥梁和纽带,也是政府发展茶叶科技事业的重要社会力量。学会成立于 1964 年 8 月,现为第八届理事会,现任理事长杨亚军,秘书长江用文。学会拥有个人会员 9000 多名,团体会员 400 多个。学会下设学术、科普、组织、青年 4 个工作委员会,最近又成立茶叶提取物分会、茶叶经济研究工作委员会、有机茶专业委员会、茶叶感官审评与检验专业委员会等 4 个专业机构。学会刊物《茶叶科学》是全国茶叶科技界的学术性一级期刊。与全国 20 个省、自治区、直辖市建有茶(业)叶学(协)会,保持着紧密的联系,并经常进行各项业务活动。

学会团结和动员茶叶科技工作者,以经济建设为中心,积极开展学术交流活动。改革开放以来,先后多次召开国际国内茶叶学术研讨会,共举办大型学术活动 50 多次,参加人数达 8000 余人,收到学术论文 2000 余篇。自 2000 年以来,每两年组织一次海峡两岸茶叶学术研讨会;学会还积极开展国际国内培训活动,1990 年以来,组织茶叶实用技术和茶文化讲座 20 余期;2002 年开始举办茶艺师、评茶师、茶叶加工工培训班,培养茶艺师、评茶员、茶叶加工工 8000 余人,大大提高了茶业从业人员的职业技能;1994 年始开展"中茶杯"名优茶评比,大大促进了我国名优茶的发展;学会还在全国建立茶叶科技示范基地,开展少儿茶艺夏令营活动。为密切茶叶产区与销区关系,每年召开团体会员会议,组织产销交流,并提供技术服务。并根据我国茶叶产业化过程中存在的问题组织科技咨询活动,为业务领导部门提供决策参考,对促进茶叶科学技术的繁荣和学科发展,促进茶叶科技的普及与推广,为加速我国茶业产业化、现代化作出了应有的贡献。

2. 中国国际茶文化研究会

中国国际茶文化研究会是经农业部、文化部审核同意,民政部批准的茶文化社团组织。1990 年 10 月,在浙江省政协主席、浙江省国际文化交流协会理事长王家扬等中外茶人的倡导和努力下,经过两年多的筹备于 1993 年 11 月在杭州正式成立。

研究会第一届理事长王家扬,第二届理事长刘枫,现任理事长周国富。研究会设理事会,下设学术委员会、茶馆专业委员会、书画院和《茶博览》杂志社等组织。研究会坚持"倡导'茶为国饮'弘扬茶文化,促进茶经济,造福种茶人和饮茶人"这一宗旨,团结海内外广大茶人,发挥优势,开拓进取,进行了大量的工作,取得了较好成绩。在加强茶文化学术研究方面,每两年组织一次国际茶文化研讨会,至今已举办十届。与此同时,研究会还派出各类代表团和学者访问日本、韩国、新加坡、马来西亚、肯尼亚、印度、土耳其、美国、英国及中国香港、澳门等国家和地区,加强学术交流与合作。研究会每年都与地方联合举办一些内容丰富、形式多样的茶文化活动,如茶博会、茶文化节、茶旅游节、茶艺大赛、品茶笔会、茶话会、联谊会等,对弘扬茶文化,普及茶知识,促进产业、茶旅游及地方经济的发展起到积极作用。为适应茶馆业蓬勃兴起的需要,最近几年研究会联手浙江华韵职业技术学校,不定期举办培训班,培训茶艺人才,推动茶馆业的发展。研究会主办《茶博览》杂志,在国内外公开发行,对弘扬茶文化,普及茶知识,研讨茶行业热点问题等方面积极发挥作用。杂志图文并茂,读者面宽,可读性强,深受业内人士和广大饮茶爱好者的欢迎。

3. 中国茶叶流通协会

中国茶叶流通协会成立于1992年,是原商业部茶畜局为适应国务院机构改革需要而组建的,是全国性一级茶叶协会。会员来自茶叶及相关制品的产销企业,截至2009年底已有团体会员895家、个人会员761人。会址设在北京市复兴门外大街5号。现任理事长刘环祥,常务副会长王庆,秘书长吴锡端。

协会设有秘书处。下设:会员及财务部、网络信息部、培训部、会展部、办公室;并成立边销茶专业委员会、茶叶市场专业委员会、普洱茶专业委员会、茶馆专业委员会、青少年工作委员会、专家委员会、茶饮料专业委员会、茶具专业委员会、名茶专业委员会、茶叶深加工产品专业委员会、国际交流与合作工作委员会等一系列专业的分支机构。

协会自成立以来,坚持以"发挥行业中介职能,服务中国茶叶事业"的宗旨,在维护行业合法权益,制定行业规划,争取国家政策,人员培训,为会员单位提供及时的市场信息和市场分析,沟通企业和政府、企业与企业之间的关系,规范行业经营行为,帮助企业开拓市场,提高茶产业地位,发展茶叶经济等方面开展了卓有成效的工作。协会目前已经为会员单位培训了7000多名的专业技术人员;创办了会刊《茶世界》和茶叶专业网站;为会员单位提供了独立、客观、及时、权威的市场信息,深受广大会员单位欢迎。协会还协助政府部门进行了茶叶税收、茶叶出口管理体制、边销茶产销协调等方面

调查,及时出面化解了行业各种危机,维护茶叶行业的合法权益,赢得了企业对协会的信任。协会每年定期举办各种类型的全国性茶事活动,在全行业具有较大影响,对促进我国茶叶事业发展起到积极作用。

2005年,经国务院批准,协会代表中国茶叶行业加入国际茶叶委员会,从而跨入了国际茶叶舞台。2008年,协会获得北京奥运期间安全稳定工作先进单位。2009年,协会被民政部评为4A级全国性社团。2010年协会被民政部评为民政部"全国先进社会组织"。

4. 中华茶人联谊会

中华茶人联谊会,简称"茶联",是中国(包括台湾、香港、澳门及华侨)从事茶叶事业的人士和团体自愿参加组成的民间团体,于1990年8月在北京正式成立,经民政部批准注册。目前由商务部主管,中粮集团代管,民政部监督管理。自1990年成立至今,已换届三次。四届理事会,现任理事长王震,常务副理事长朱福堂,秘书长孙蔚。会址设在北京市朝阳区朝阳门南大街中粮福临门大厦11F01。联谊会设有秘书处、会员部、活动部、《中华茶人》编辑部等办事机构。

联谊会以团结中华茶人,增进友谊与合作,促进国际茶叶生产、贸易、消费和茶叶科技、文化艺术的发展为宗旨。任务是:(1)组织海内外茶界人士和茶业团体的茶事联谊及接待各国茶业民间团体友好访问活动;(2)论证研讨有关茶业的方针、政策,促进中国茶叶内外贸易事业的发展,办好以"茶经济的全球平台、茶文化的世界之窗"为核心理念的中国国际茶业博览会;(3)弘扬中华茶文化,开展茶文化活动;(4)宣传饮茶与健康的关系,普及饮茶知识,引导茶叶消费;(5)有关茶业的咨询服务;(6)编辑出版茶业刊物《中华茶人》,建设茶业舆论园地,繁荣茶文化事业。

中华茶人联谊会在未来的工作中,将继续以人为核心、以茶为纽带,广泛联络世界各地的中华茶人,大力推动中国茶、中国茶文化走向世界。

5. 中国食品土畜进出口商会茶叶分会

中国食品土畜进出口商会茶叶分会于1998年4月成立。茶叶分会是茶叶产区从事茶叶进出口贸易企业的行业组织。分会设立理事会、监事会和秘书处。中国茶叶股份有限公司为理事长单位；上海天坛国际贸易有限公司为监事长单位。

茶叶分会主要职能是：对会员企业茶叶进出口贸易经营活动进行协调指导，维护经营秩序和会员利益；向政治反映会员企业的意见和要求，争取政府对行业的支持，组织会员企业参加国内外促进茶叶生产和进出口贸易的活动和国际交流；针对国外反倾销、技术贸易壁垒等贸易保护主义进行交涉，维护行业利益和企业利益；为会员提供信息、咨询、培训和法律等服务。

分会成立以来，在维护国家和行业整体利益、稳定市场经营秩序、推动行业自律互律、促进我国茶叶出口和国际交流、向世界展示中国茶产业优势等方面做了大量卓有成效的工作，取得了较好成绩。分会两次牵头组织召开了2005、2007年国际茶业大会暨展览会，不仅提升了茶叶分会在国内外茶业界的知名度和影响力，也促进了中国茶经济和茶叶出口的进一步的发展，加强与联合国粮农组织茶叶小组，国际茶叶委员会，欧洲茶叶委员会，俄罗斯、美国、加拿大等国的行业组织，国外茶商的密切联系和沟通，开展了信息交换与合作。

分会于1999年9月创办了《国际茶讯》月刊，至2007年底已出100期。并编纂了由商务部主办的《中国茶叶出口指南》参考文本。该文本对中国茶叶生产、出口情况进行了全面阐述，详细介绍了世界7大茶叶生产国与20大茶叶进口国的贸易情况、政策法规，对中国企业出口茶叶具有指导作用和现实意义。

6. 华侨茶业研究基金会

华侨茶业研究基金会于1981年9月8日在北京人民大会堂福建厅成立，是我国茶界最早成立的基金会之一。基金会第一届理事长林修德（国务院侨办副主任）；第二届理事长陈彬藩（全国侨联副主席）；第三届理事长陈辉（外交部首席英文翻译）；第

四届现任理事长是六代茶业传人关博文（美籍华人、爱国侨胞、茶叶世家）。

27年来，基金会理事会虽换届四次，但其为中国茶产业发展研究服务的宗旨始终如一。它为赞助各类茶文化活动，为茶人聚会、研究茶事提供平台；资助茶业书刊出版发行；对浙江、安徽、福建、华南、湖南五所农业大学茶学系优秀学生进行奖励；连续多年对大红袍品种繁育研究项目进行资助；在北京组建茶艺表演队、传播中华茶艺、茶礼，以及资助吴觉农思想研究会传播吴觉农茶学思想等作出了重大贡献。

7. 台湾茶协会

台湾茶协会于2003年6月在台中市成立，是台湾地区非营利为目的的社会团体，以促进台湾茶业发展、交流及联系，提升台湾茶叶产销技术、学术研究及文化水平为宗旨。台湾茶协会员遍布于台北、台中、台南、台东各大茶区的生产、销售和学术界的爱茶人士。茶协以会员大会为最高权力机构。设有理事会。理事会下设学术、出版、会务发展、交流、教育和活动等六个专业委员会。学会成立以来，积极组织会员多次参加海峡两岸茶叶学术交流、茶文化交流以及茶展等活动，对推动两岸茶业发展带来深远的影响。

8. 台北市茶商业同业公会

台北市茶商业同业公会是目前全台湾历史最悠久的社团组织，其前身是光绪十五年（1889）建立的"茶郊永和兴"，迄今约一百二十年历史。历经清朝、日本及民国三个时代。随着统治者的更迭，会名也由最初的"茶郊永和兴"变成"台北茶商公会"、"同业组合台北茶商公会"、"同业组合台湾茶商公会"、"台湾茶商公会"、"台湾省茶叶商业同业公会"，直到现在的"台北市茶商业同业公会"（1949年2月后，名称未再更改）。公会纯属民间组织，是防止损害台湾茶业的信誉而形成的团体。初建时主要任务是促进同业间的团结和谐、自律；辅导茶叶出口；维护茶叶产制销从业人员福利、安全，目前会员仅限于台北市茶业法人团体才可加入。尽管历经百年沧桑，但公

会宗旨始终未变,为台湾茶业的发展作出了极大的贡献。

9. 吴觉农茶学思想研究会

吴觉农茶学思想研究会始建于 2001 年 5 月,是由全国茶学界和茶文化界人士及相关企业单位发起组织的学术性民间团体。旨在团结茶界专家学者及广大茶人和爱茶人共同探讨与弘扬吴觉农茶学思想,繁荣中国茶叶经济和文化,为社会主义物质文明和精神文明建设服务。活动范围包括:围绕吴觉农茶学思想,对当前茶叶产销情况与问题,举行专题学术研究或向有关部门反映意见,提出建议;与有关组织联合举办茶事活动,包括学术交流与讨论,以及各种形式的茶文化活动;通报会务信息及海内外研究成果等。

吴觉农先生(1897~1989)是著名的农学家、茶叶专家和社会活动家,是中国现代茶叶事业的复兴和发展的奠基人。为振兴茶叶经济,维护中国茶在国际市场上的声誉,改善茶农的生活状况,他做过许多努力。由于他对中国茶叶事业所作的贡献,被称誉为"当代茶圣"。在他为振兴茶业的实践和理论探索基础上,形成了中国特有的茶学思想,对当前茶经济、茶文化的发展具有现实指导意义,值得后人发掘、研究和弘扬。

吴觉农茶学思想研究会于 2001 年 9 月 12 日在北京成立了北京联络处,2002 年 4 月 12 日在上海成立了上海联络处,2004 年 12 月 18 日在杭州成立了杭州联络处,2005 年 4 月 27 日在江苏溧阳成立了江苏联络处。

吴觉农茶学思想研究会成立以来,已在杭州、北京、浙江上虞、云南昆明等地多次举办吴觉农茶学思想研讨会和论坛会,进一步扩大吴觉农茶学思想的影响力。并于 2002 年 11 月与中国茶叶博物馆举办了《吴觉农先生生平业绩展》,2004 年 4 月,在上海举行了纪念吴觉农先生诞辰 107 周年座谈会和《茶圣—吴觉农传》首发式。2005 年上海市筹办建立了"吴觉农纪念馆"。近年来,在北京、上海、杭州等地都先后多次举办弘扬吴觉农茶学思想的学术活动。2006 年 4 月与中国国际茶文化研究会、中国茶叶学

会、中国茶叶流通协会、中华茶人联谊会、中国茶叶博物馆等 14 家单位联合发出弘扬吴觉农茶学思想倡议书,并确定出版 500 万字的《吴觉农茶学全集》。

2007 年 5 月开展了"觉农勋章"奖的评选活动,有 54 位茶人被授予"觉农勋章",为 126 位老茶人颁发了"老茶人贡献"奖。

吴觉农茶学思想研究会通过上述活动,扩大了吴觉农茶学思想在茶行业中的影响,促进了行业的健康发展。

10. 中国茶叶博物馆

中国茶叶博物馆是 1987 年由国家旅游局、浙江省人民政府、杭州市人民政府共同投资兴建的文化旅游设施,是国家"七五"期间重点旅游建设项目之一。

中国茶叶博物馆于 1991 年 4 月正式对外开放,是我国唯一以茶和茶文化为主题的国家级专题博物馆。全馆占地 4.7 公顷,建筑总面积达 8000 平方米。博物馆由陈列大楼、国际茶文化交流馆、茶艺游览区等建筑所组成。

陈列大楼设茶史厅、茶萃厅、茶事厅、茶具厅、茶俗厅、品茗厅等 6 个展厅。以"茶史钩沉"、"名茶荟萃"、"制茶科技"、"茶具艺术"、"饮茶习俗"、"茶益健康"等为专题,形象勾勒了数千年茶叶文明的发展轨迹。2003 年,基本陈列——《中华茶文化展》荣获第五届"全国十大陈列展览精品奖",这是我国文物界博物馆陈列方面的最高奖项,被称为"著名的文化品牌"。

茶史厅主要介绍中国茶叶历史发展的全过程,揭示我国各个主要历史时期茶叶生产技术和茶文化的发生、发展过程及茶向全球传播的历史。

茶萃厅主要展示来自全国各产茶区的 100 多种茶样,分为绿茶、红茶、乌龙茶、黄茶、白茶、黑茶六大茶类及再加工茶类,一一进行展示,同时配备中英文解说。

茶事厅则通过"茶之栽、茶之制、茶之饮、茶之境、茶之藏、茶之效、茶之用、茶之艺、茶之出、茶之缘、茶之兴"十一个篇章,展示了历代茶人摸索和积累的有关茶树的种植、采制、保存、品鉴、应用等茶叶

科学以及因茶而创作的各类茶事艺文。在该厅,还利用多媒体手段记录并展现了国内外领导人、国家元首及政界、文化界等各界人士访问博物馆的珍贵照片和墨宝,作为茶博财富珍藏和共享,以茶结缘,传诸天下。

茶具厅系统展示了自新石器时代的陶器至近代茶具,除茶壶、茶杯之外,还包括茶托、储茶罐、茶碾、茶匙、茶则等等,不仅风格各异,造型精美,称谓别致,取材也很广泛,有陶瓷、金银、锡、铜、玉、漆、石、象牙等。全面反映了我国茶具的演变和发展,并对其中丰富的艺术内涵进行揭示。

茶俗厅主要展示与茶相关的风俗习惯、饮茶方法和礼仪。以复原或模拟茶俗场景作为展示手段,如藏族酥油茶饮茶场景、云南傣家竹楼的烤茶场景、潮汕工夫茶、四川茶馆及明清时极盛的徽商茶庄。

品茗厅位于陈列大楼一层西侧,以馆藏中国十大名茶及各类茶书、茶具、茶文化旅游商品为主营产品,并设置特色品茗体验区,由博物馆专业茶艺员,为广大中外观众提供品茶试茶、文化交流的平台。

国际茶文化交流馆,建于1998年,建筑面积达3000多平方米,内设有学术交流报告厅、临时展厅、茶艺培训教室等,既是一个设备先进、功能齐全的国际茶文化交流的理想场所和舞台,同时也承担临时展厅和茶艺培训等功能。临时展厅每年向社会公众免费推出特色展览1~3个,展品除本馆征集或收藏的文物外,还积极整合社会资源,向文物收藏界、茶文化界开放,将特色精品引入馆内办展。茶艺师培训教室,配置专业教学用具、茶艺器具及配套的茶艺表演桌椅,开设茶文化系列理论和实训课程,定期开办初、中、高级茶艺师和茶艺技师培训班,成为中华茶文化的体验、实训和传承基地。

茶艺游览区主要由七椀居、玉川楼、心茶亭、一品亭等建筑组成,充分利用庭院空间、水边空间和林下空间,以别具风情的饮茶习俗为表现主题,具有休闲娱乐、寓教于乐的功能,同时也为游客提供了一个幽雅清净、心旷神怡的品茶休憩的良好环境。

博物馆作为弘扬中华传统文化的窗口,积极拓展和深化茶文化教育功能,拥有一支训练有素的茶艺表演队和成熟的师资教学力量,与省内多所大、中、小学缔结共建关系,推出各类茶文化体验活动,利用自身科研、教育优势,建成学茶中心,常年向国内外观众推出中国十大名茶体验式培训及个性化茶专业课程等,以"有茶生活体验"为关注点,通过视、听、触、味、嗅全方位品尝茶叶的标准风味。

中国茶叶博物馆是一座现代化生态型博物馆,所呈现的中华茶文化极富魅力,同时也是人类文明进步的重要标志,是启人心智的终身教育的场所,是茶都杭州的文化坐标。

(俞永明　吴芳洲)

(二) 国际性茶叶组织

1. 联合国粮农组织、商品和贸易部,原材料、热带和园艺产品服务处(Raw Matrials Tropical and Horticultuyal Products Service Commodites and Trade, Division, FAO)

设在意大利首都罗马,1969年10月由联合国粮农组织建立,是一个协调世界茶叶生产、促进茶叶消费、稳定茶价的国际性茶叶协商性组织。每两年组织举办一次政府间茶叶会议,有生产国、消费国和有关国际组织参加,会议分析研究世界茶叶生产发展现状及存在问题,根据需要成立若干个工作组(Working Group)研究和协调世界茶叶生产中存在的问题,2010年举行了第19次政府间茶叶会议。

2. 国际茶叶委员会(The International Tea Committee)

1955年成立。会址设在英国伦敦。由各国政府自愿参加,经费开支由参加国政府分担。任务为收集和出版有关茶叶生产、进出口、茶园面积等世界性统计资料,定期出版《茶叶统计年鉴》(Annunl Belletin of Stratistics),因其封面系绿色,又名《绿皮书》,刊载世界各国茶园面积、茶叶产量、茶叶出口、进口、消费等有关资料。每年一期。

3. 欧洲茶叶委员会(European Tea Association)

是欧洲共同体组织(EEC)国家建立的一个半官

方、半民间的跨国组织，总部设在德国汉堡（Hamburg）。除了协调欧共体国家的茶叶进口事项外，还设有实验室，对进入欧共体国家的茶叶质量指标（如咖啡碱、水分含量、灰分、茶红素、茶黄素等）和卫生指标（农药残留、重金属含量等）进行分析检验。该组织还制订茶叶中的各种标准和各种农药的最高残留限量（MRL）。

（陈宗懋）

（三）世界主要产茶国的重要茶叶团体

1. 印度茶叶协会（Indian Tea Association）

成立于 1879 年，由印度加尔各答恭喜协会和在伦敦的茶叶协会合并而成，是印度东北印度茶叶种植主和公司的民间组织，总部设在加尔各答市。其目的是促进东北印度茶叶种植业和制茶业的发展。

2. 印度南部种植者联合协会（United Planters Association of Southern Indian）

1926 年建立，是南印度茶叶种植园主联合组成的一个群众性团体，简称 UPASI，总部设在南印度柯诺尔（Coonoor），主要任务是指导和协调当地茶树生长和加工中的技术性问题，经费由种植园分担，下设有茶叶研究所，针对茶叶生产中出现的问题开展研究工作。

3. 斯里兰卡种植者协会（Planters' Association of Ceylon）

1854 年成立。设在斯里兰卡首都科伦坡（Colombo），是茶园种植主的群众性组织。目的是协调斯里兰卡茶树种植和制茶业中出现的问题，并向政府反映制茶业的要求和问题。

4. 日本茶业中央会

成立于 1943 年，是日本成立最早的茶业最高全国性团体，地址在东京。全国各县的联合会或协议会是其团体会员。该会的任务是制订有关振兴日本茶叶生产的方针、改良茶叶生产和加工技术等。

除了日本茶业中央会外，在日本全国性的茶叶团体还有全国茶生产团体联合会（1970 年成立，地点在东京）、全国茶商工业协同组合联合会（1970 年成立，地点在东京）、全国茶商工业协同组合联合会（1972 年成立，地点在静冈）、日本茶输出组合（1953 年成立，地点在静冈）、日本茶业技术协会（1947 年成立，地点在静冈）和日本红茶协会（1971 年成立，地点在东京）。

5. 土耳其茶叶商会（CAYKUR）

1973 年建立。是政府和私人合股经营的半官方机构。国家股份占 49%，私人股份占 51%。对土耳其茶叶生产实行一元化领导，包括生产、加工、销售、出口、科研等。有 1500 余名正式职员和 2800 余名合同工，下设研究所 1 个，银行 1 个，茶厂 45 个，包装厂 3 个，维修厂 1 个。主要任务为：① 在政府农业政策指导下，提出促进茶叶生产发展的措施；② 指导科学制茶；③ 进行可行性投资，促进茶叶生产的发展；④ 保证内销茶和外销茶在质量上符合要求。目前是土耳其最大的 10 个企业之一。

除了上述几个团体和组织外，各产茶国都有其各自的茶叶商会和协会。如印度尼西亚的茶叶协会（Indonesian Tea Association），孟加拉国的茶叶协会（Bangladesh Tea Association），中非茶叶协会（Tea Association of Central Africa），肯尼亚、乌干达和坦桑尼亚茶叶商会（Tea Board of Kenya, Uganda and Tanzania），专为茶叶拍卖市场而成立的英国伦敦勃洛克协会（Tea Brokers Association of London），英国的茶叶购买商协会（Tea Buyers Association）等。

（陈宗懋）

索 引

笔画索引

二 画

丁云鹏 ·············· 847
丁敬 ················· 857
七子饼茶（圆茶）······ 323
九曲红梅 ············· 282
二青 ················· 540
人才培养 ············· 60
儿茶素 ··············· 743
十八棵御茶 ··········· 868
《十六汤品》··········· 893

三 画

三山香茗 ············· 252
三杯香 ··············· 179
上饶白眉 ············· 261
上梅洲 ··············· 364
下气 ················· 119
千两茶（花卷茶）······ 322
千岛玉叶 ············· 175
千珠碧毛尖 ··········· 207
卫生检验 ············· 663
土地区块规划 ········· 393
土耳其茶叶商会 ······· 1067
土家族的饮茶习俗 ····· 727
土壤 ················· 387
土壤污染 ············· 412
土壤改良 ············· 410
土壤环境质量标准 ····· 412
土壤类型 ············· 401
土壤湿害 ············· 410

土壤管理 ········· 400,520
土壤酸化 ············· 411
土壤酸度 ············· 411
大叶乌龙 ············· 362
大红袍 ··········· 290,879
《大观茶论》··········· 894
大佛龙井 ············· 174
大事记 ··············· 980
大宗茶市场 ··········· 942
大型茶叶企业 ········· 965
大面白 ··············· 364
大壶冲泡法 ··········· 784
大悟寿眉 ············· 204
大悟绿茶 ············· 203
大锅 ················· 540
大鄣山云雾茶 ········· 260
女娲银峰 ············· 264
《小才女亭内品茶》····· 840
小种红茶 ···· 143,283,554
小说 ················· 836
小锅 ················· 540
山东农业大学茶学专业 ··· 1051
川红工夫 ············· 281
工厂化育苗 ··········· 380
工夫红茶 ··· 143,278,546,785
工夫茶茶具 ··········· 766
巾 ················· 762
干燥 ········· 532,545,549,552,
568,575,580,584,
585,587,588,592,
594,595,609,611,624

广东乌龙茶 ········ 144,572
广东省农业科学院茶叶研
　究所 ··············· 1056
《广东茶叶》··········· 908
广西六堡茶 ··········· 146
广西壮族自治区桂林茶叶
　科学研究所 ········· 1057
《马二先生游湖访茶店》······ 840

四 画

《不夜之侯》··········· 842
不锈钢茶具 ··········· 752
专业化市场 ··········· 944
中小茶叶企业 ········· 964
《中日茶文化交流史》··· 906
中华全国供销合作总社杭州
　茶叶研究院 ········· 1053
中华茶人联谊会 ······· 1063
《中华茶史》··········· 905
《中华茶叶五千年》····· 904
中间需求变化 ········· 949
《中国历代茶书汇编校注本》
　·················· 905
《中国古代茶叶全书》··· 904
《中国古代茶诗选》····· 905
《中国古茶树》········· 904
《中国白茶》··········· 902
《中国农业百科全书·茶业卷》
　·················· 896
中国农业科学院茶叶研究所
　·················· 1052

《中国名优茶选集》…………… 901

《中国名茶志》………………… 897

《中国名茶图典》……………… 902

《中国地方志茶叶历史资料
　选辑》………………………… 903

《中国饮茶文化》……………… 905

《中国制茶工艺》……………… 901

中国国际茶文化研究会 …… 1062

《中国科学技术专家传略·
　农学篇·园艺卷1》…… 896

《中国科学技术专家传略·
　农学篇·园艺卷3》…… 897

《中国茶文化》………………… 905

《中国茶文化大辞典》………… 906

《中国茶文化经典》…………… 905

《中国茶艺》…………………… 906

《中国茶业经济的转型》……… 906

《中国茶叶》…………………… 907

《中国茶叶大辞典》…………… 897

《中国茶叶历史资料选辑》
　…………………………………… 903

《中国茶叶历史资料续辑（方
　志茶叶资料汇编）》…… 904

《中国茶叶加工》……………… 908

《中国茶叶外销史》…………… 904

《中国茶叶问题》……………… 896

中国茶叶学会 ……………… 1062

《中国茶叶复兴计划》………… 896

中国茶叶流通协会 ………… 1063

中国茶叶博物馆 …………… 1065

《中国茶疗》…………………… 905

《中国茶典》…………………… 897

《中国茶学辞典》……………… 897

《中国——茶的故乡》………… 903

《中国茶树优良品种集》…… 899

《中国茶树栽培学》…… 898,899

《中国茶谱》…………………… 902

《中国药茶谱》………………… 905

中国食品土畜进出口商会茶叶

分会 ………………………… 1064

中茶108 ……………………… 358

中揉 …………………………… 544

中等专业学校 ……………… 1052

丰子恺………………………… 850

丹桂…………………………… 363

乌牛早………………………… 179

乌龙茶…… 40,140,144,287,
　　　　　　　　565,642,786

乌龙茶紧压茶 ………………… 147

云龙绿茶……………………… 272

云抗10号……………………… 368

云抗14号……………………… 369

云南农业大学茶叶学院…… 1051

云南红碎茶…………………… 286

云南省农业科学院茶叶
　研究所 …………………… 1059

云南紧茶……………………… 323

云南普洱茶…………………… 146

云雾茶………………………… 253

互补品………………………… 949

五岭红………………………… 366

五香茶叶蛋…………………… 346

仁化银毫……………………… 217

仇英…………………………… 846

元代茶事…… 27,153,748,823,
　　　　　　　　843,851

公证鉴定……………………… 667

六安瓜片……………………… 188

六堡茶…… 148,319,587,592

六堡茶香鸭…………………… 343

六堡散茶……………………… 317

六朝茶事 ……………………… 16

内罗毕拍卖市场 …………… 1026

凤冈锌硒绿茶………………… 231

凤庆大叶茶…………………… 368

凤凰单丛茶…………………… 298

分子标记辅助育种…………… 355

切茶机………………………… 711

切断…………………………… 551

匀堆装箱机…………………… 713

化学生态防治………………… 469

化学合成法…………………… 619

化学成分……………………… 99

化学防治……………………… 470

化学氧化制备法……………… 621

升华法………………………… 616

历史名茶……………………… 149

双人修剪机…………………… 683

天下第一泉…………………… 866

天山银毫……………………… 327

天华谷尖……………………… 188

天岗玉叶……………………… 258

天柱剑毫……………………… 187

天福茶学院 ………………… 1051

太平猴魁……………………… 183

太平猴魁焖饭………………… 345

太白银针……………………… 260

太极碧螺春（羹）…………… 343

太湖翠竹……………………… 245

少睡…………………………… 116

屯溪绿茶……………………… 181

巴山银芽……………………… 258

巴南银针……………………… 254

开化龙顶……………………… 171

开沟施肥……………………… 398

开采期………………………… 447

开面采………………………… 446

引进品种……………………… 348

手工采摘……………………… 446

手动喷雾器…………………… 680

手拉百页式名茶烘干机…… 704

扎堆…………………………… 586

文山包种……………………… 302

文化习俗……………………… 949

《文会图》……………………… 844

文君花茶……………………… 327

文君绿茶……………………… 222

文徵明·················· 847,854
文澎·····················855
斗茶······················732
《斗茶图》··················845
方包茶·················· 147,591
方茶·················· 147,148
无土栽培··················513
《无公害茶的栽培与加工》
·····················897
无锡毫茶··················244
无锡惠山泉················769
日本茶业中央会 ·········1067
《日本茶道文化概论》·······905
木戽······················709
止渴生津··················118
毛茶归堆··················563
毛茶收购经营··············976
毛茶标准样················660
毛蟹······················362
水土保持··················408
水土流失··················408
水分·················· 386,669
水分生理·················· 92
水厄······················ 4
水方······················761
水培······················514
水濂玉叶··················241
火筴······················760
片形绿茶··················143
片茶处理··················558
王安石····················865
《王泽农选集》··············901
王肃······················864
王濛······················864
艺茶······················779
车式发酵设备··············698
车色机····················710
邓村绿茶··················193
邓散木····················859

长兴紫笋··················168
长沙窑····················757
长身路····················554
长板式扁形茶炒制机·······705
长炒青·················· 141,529
风力选别机················713
风炉······················760
风选······················551
《世界茶业 100 年》·········904
东山秀峰··················211
东海龙须··················269
《东溪试茶录》··············893
乐昌白毛茶·············· 217,365
仙芝竹尖··················221
仡佬玉翠··················232
代用茶··················· 1009
以虫治虫··················524
以微生物治虫··············524

五　画

兰花形绿茶················143
兰岭毛尖··················209
出厂检验··················659
出口市场··················955
出口价格··················956
出口地区结构··············954
出口许可证管理············979
出口经营方式··············979
出口政策··················977
出口茶类结构··············954
出口贸易··················953
出口检验··················667
出口渠道··················956
出口量····················953
功夫茶····················777
功效······················115
加工记录··················528
加工机械··················685
加工标准样················660

加尔各答拍卖市场 ········1025
包揉造型··················569
包装机····················714
包装装潢··················671
《北苑别录》··············894
半烘青····················142
半球形乌龙茶··············145
卢仝·················· 865,910
《卢仝煮茶图》··············845
去肥腻····················119
去痰······················120
发酵·················· 548,558,563
发酵设备··················697
古丈毛尖··················212
古代名窑··················754
古代茶书·············· 892,1027
古代茶具··················760
古劳茶····················218
东方美人茶················304
台刈······················434
台北市茶商业同业公会·····1064
台湾乌龙茶·············· 144,573
《台湾茶文化论》············905
《台湾茶业发展史》··········904
台湾茶业改良场···········1059
台湾茶协会···············1064
叶·················· 71,79
叶片······················444
叶底评语··················654
叶茶······················145
叶面肥····················426
叶部病害··················474
叶绿素····················667
四川边茶·············· 146,313
四川农业大学茶学系 ······1050
四川省农业科学院茶叶
　研究所 ···············1058
圣水毛尖··················199
外形评语··················652

奶茶 …………………… 869
宁州 2 号 ………………… 364
宁红工夫 ………………… 280
对锅 ……………………… 540
市场行为 ………………… 970
市场绩效 ………………… 970
市场营销行为 …………… 948
布朗族的饮茶习俗 ……… 726
平地茶 …………………… 745
平板式乌龙茶包揉机 …… 700
平面式切茶机 …………… 712
平面圆筛机 ……………… 710
平衡施肥 ………………… 418
幼苗期管理 ……………… 400
末茶处理 ………………… 557
本山 ……………………… 362
本身路 ……………… 534,553
札 ………………………… 762
正志和尚 ………………… 884
母本园建立 ……………… 378
民国时期茶叶 …………… 157
永川秀芽 ………………… 253
永春佛手 ………………… 296
汉中仙毫 ………………… 265
汉族的饮茶习俗 ………… 720
灭菌 ……………………… 128
玉书茶碾 ………………… 766
玉绿 ……………………… 365
瓜芦 ……………………… 4
《生二女连吃四家茶》 … 840
生长起点温度 …………… 386
生产成本 ………………… 941
生产要素 ………………… 939
生物合成法 ……………… 619
生物防治 ………………… 469
生物学特性 ……………… 74
生育周期 ………………… 74
生理特性 ………………… 83
生殖生长 ………………… 82

用茶方法 ………………… 732
申 ………………………… 837
电炒锅 …………………… 704
白毛 2 号 ………………… 366
白兰花茶 …………… 331,603
白沙绿茶 ………………… 270
白牡丹 ………… 145,307,577
白芽奇兰 ………………… 297
白芽茶 …………………… 145
白居易 …………………… 911
白洋曲毫 ………………… 276
白茶 ………… 39,140,145,306,
                  576,644,785
白族的饮茶习俗 ………… 726
白毫早 …………………… 365
白毫银针 ………………… 576
皮日休 …………………… 913
皮光业 …………………… 865
石门银峰 ………………… 213
石佛翠 …………………… 361
石乳茉莉花茶 …………… 327
石茶具 …………………… 753
示 ………………………… 837
记 ………………………… 835
边销茶市场 ……………… 943
辽代茶事绘画 …………… 843
邛窑 ……………………… 755
龙井 43 ………………… 358
龙井长叶 ………………… 358
龙井汤圆 ………………… 345
龙井肉片汤 ……………… 346
《龙井问茶——西湖龙井茶
  事录》 ………………… 904
龙井茶 …………………… 882
龙井虾仁 ………………… 342
龙团珠茉莉花茶 ………… 327
龙泉窑 …………………… 755
龙峰茶 …………………… 200
龙都香茗 ………………… 328

龙眼玉叶 ………………… 241

六　画

交床 ……………………… 761
交易模式 ………………… 956
产业组织 ………………… 972
产业政策 ………………… 940
产业链 …………………… 972
产品升级 ………………… 963
仰天雪绿 ………………… 239
仲裁检验 ………………… 660
价格行为 ………………… 970
价格形成机制 …………… 948
伏侨绿雪 ………………… 235
休眠 ……………………… 94
优势茶区 ………………… 961
传 ………………………… 835
传统名茶 ………………… 161
传统揉切法 ……………… 560
伦敦拍卖市场 …………… 1025
充气包装 ………………… 670
光合产物 ………………… 84
光合作用 ………………… 83
光合速率 ………………… 83
光线 ……………………… 669
共生吸收 ………………… 416
兴奋提神 ………………… 126
再加工茶 … 141,146,318,651
农户合作组织 …………… 968
农业防治 ………………… 467
《农产品质量安全检测手册
  (茶叶卷)》 ………… 902
农抗旱 …………………… 361
农事活动记录 …………… 528
农药降解 ………………… 490
农药残留 ………………… 487
农药最大残留限量 ……… 492
冲泡 ……………………… 781
凫早 2 号 ………………… 360

则 …………………………… 761

动物源农药 ………………… 525

华中农业大学茶学专业 …… 1051

华侨茶业研究基金会 ……… 1064

华南农业大学茶学系 ……… 1050

华南茶区 …………………… 390

印度南部种植者联合协会

　　……………………… 1067

印度茶叶协会 ……………… 1067

压砖机 ……………………… 709

吃茶 ………………………… 775

吃茶去 ……………………… 868

合理采摘 ……………… 444,504

吉大港拍卖市场 ………… 1026

吉州窑 ……………………… 757

名山白毫 …………………… 367

名丛 ………………………… 348

名优茶市场 ………………… 942

名优茶成型干燥机 ………… 704

名优茶杀青机 ……………… 703

名优茶揉捻机 ……………… 703

名茶,山东省 …………… 1003

名茶,广东省 …………… 1002

名茶,广西壮族自治区 …… 1002

名茶,云南省 …………… 1004

名茶,台湾省 …………… 1004

名茶,四川省 …………… 1002

名茶,安徽省 …………… 1001

名茶,江西省 …………… 1003

名茶,江苏省 …………… 1002

名茶,河南省 …………… 1002

名茶,陕西省 …………… 1003

名茶,贵州省 …………… 1002

名茶,重庆市 …………… 1003

名茶,浙江省 …………… 1000

名茶,海南省 …………… 1003

名茶,湖北省 …………… 1001

名茶,湖南省 …………… 1001

名茶,福建省 …………… 1000

回族的饮茶习俗 …………… 729

团块形乌龙茶 ……………… 145

团块形绿茶 ………………… 143

团茶 ………………………… 36

团揉造型 …………………… 575

《在其香居茶馆里》………… 841

地上生长 ……………… 81,444

地下生长 ……………… 81,444

地下害虫 …………………… 486

地方品种 …………………… 348

地形 ………………………… 388

地势 ………………………… 388

地面流灌 …………………… 439

多元性 ……………………… 414

多层萎凋机组 ……………… 695

多倍体育种 ………………… 354

多盘式碧螺春烘干机 ……… 706

多槽式扁形茶炒制机 ……… 704

夹 …………………………… 760

竹筴 ………………………… 761

孙皓 ………………………… 864

安化松针 …………………… 210

安吉白茶 …………………… 177

安神 ………………………… 117

安茶 ………………………… 316

安徽3号 …………………… 360

安徽7号 …………………… 360

安徽农业大学茶学系 …… 1050

安徽省农业科学院茶叶

　　研究所 ………………… 1054

尧山秀绿 …………………… 367

巩县窑 ……………………… 756

年生育周期 ………………… 76

《庄晚芳茶学论文选集》…… 899

延年益寿 …………………… 122

《成品茶检验》……………… 900

成熟采 ……………………… 446

扦插 …………………… 96,379

扦插圃建立 ………………… 378

早白尖5号 ………………… 367

早期鉴定 …………………… 355

曲条形绿茶 ………………… 143

曲螺形绿茶 ………………… 143

有机转换 …………………… 520

有机茶 ………………… 517,518

有机茶市场 ………………… 943

有机茶交易证明 …………… 528

有机酸 ……………………… 104

有害生物 …………………… 463

有效土层 …………………… 410

机动弥雾机 ………………… 681

机械化 ……………………… 393

机械采摘 …………………… 450

杀青 ……… 530,540,569,579,

　　　　　　581,585,586,

　　　　　　587,588,609

杀青机 ……………………… 686

杂文 ………………………… 836

杂交育种 …………………… 352

权分法 ……………………… 656

《死水微澜》………………… 841

汕头风炉 …………………… 766

汝窑 ………………………… 758

江山绿牡丹 ………………… 173

江北茶区 …………………… 392

江西省蚕桑茶叶研究所 …… 1055

江苏省茶叶研究所 ……… 1053

江南茶区 …………………… 391

汤色评语 …………………… 653

灰承 ………………………… 760

百分法 ……………………… 656

祁门工夫 …………………… 278

祁门种 ……………………… 360

竹木茶具 ……………… 753,772

竹叶青 ……………………… 219

竹筒茶 ……………………… 594

米芾 ………………………… 852

米砖茶 ………………… 321,595

红岩迎春·················· 224
红茶········ 39,140,143,278,
545,641,785
红茶消费量·············· 952
红茶紧压茶·············· 147
红茶菌·················· 627
红碎茶 144,284,559,786
红壤型茶园土············ 401
网框式贮青设备··········· 702
羊艾毛峰················ 226
羊岩勾青················ 180
老舍··················· 933
老青砖·················· 147
自传··················· 835
自动式名茶烘干机········· 704
自动拼配匀堆机··········· 714
色泽··················· 740
色泽评语················ 653
色素··················· 102
行车式匀堆机············· 713
行车式窨花机············· 708
行业标准 ················ 1006
西北农林科技大学茶学专业
·················· 1051
西利古里拍卖市场 ········· 1026
西南大学茶学专业 ········· 1050
西南茶区··············· 390
西湖龙井··············· 166
《西湖龙井茶》··········· 906
西路边茶··············· 314,587
论文··················· 836
设施栽培··············· 504
邢窑··················· 756
防护林·················· 395
阳光·················· 385
阳羡雪芽··············· 247
阶段性·················· 415
阶梯式拣梗机············· 712
齐白石·················· 850

七　画

两晋茶诗··············· 813
低产茶园改造············ 500
低咖啡碱茶············· 337,606
低限温度··············· 386
佛香茶·················· 274
冷水冲泡型茶············ 612
冷冻湿茶··············· 339
冷泡茶·················· 339
冻顶乌龙··············· 303,872
利水··················· 120
助消化·················· 128
君山鸡片··············· 344
君山银针··············· 309
吟茶楹联················ 832
含茶饮料················ 149
启功··················· 859
《吴月娘扫雪烹茶》······· 839
吴昌硕················· 849,858
吴觉农················· 932
吴觉农茶学思想研究会······ 1065
《吴觉农选集》··········· 896
吸汁类害螨·············· 485
呈··················· 837
园土改良··············· 502
园林化·················· 392
园相改造··············· 502
坚齿·················· 121,124
宋代茶事 ···· 27,50,151,748,
763,817,843,851
寿州窑·················· 756
寿眉·················· 145,308
床式发酵设备············ 698
序··················· 835
庐山云雾··············· 263,877
库奴尔拍卖市场 ·········· 1026
张岱··················· 924
形态特征 ··············· 69

批发市场················ 943
抖筛机·················· 710
抗过敏·················· 130
抗旱保苗··············· 400
抗突变·················· 131
抗病毒·················· 128
抗焦虑·················· 130
抗癌··················· 131
改善血液组成············ 126
李方膺················· 848
李清照················· 866
李渔··················· 925
李德裕················· 865
李鱓··················· 848
束形乌龙茶·············· 145
条索形乌龙茶············ 145
杨树林783·············· 360
汪士慎················· 847,856
沂蒙玉芽··············· 268
沈周··················· 846
沤堆··················· 588
疗饥··················· 121
疗疮··················· 121
疗效··················· 122
纳西族的饮茶习俗·········· 725
纸囊··················· 760
良种化·················· 393
花··················· 73,80
花束形绿茶·············· 143
花砖·················· 147,322,589
花秋御竹··············· 222
花茶 ···· 40,146,326,595,790
花茶窨制机·············· 708
芳香物质················ 103
芼茶法·················· 771
苏东坡·················· 865
苏州观音泉·············· 769
苏轼··················· 852,916
补苗间苗··············· 400

评茶人员 …………… 647
评茶计分方法 ………… 655
评茶术语 …………… 651
诏 …………………… 836
贡眉 …………… 145,308,577
贡茶 …………………… 41
赤红土型茶园土 ……… 402
迎霜 ………………… 359
近代茶事 …… 830,849,858
近缘植物 …………… 348
进口检验 …………… 667
针形茶整形机 ……… 707
闷黄 ………………… 579
陆羽 ………… 865,876,908
陆羽泉 ……………… 867
《陆羽茶经译注》 …… 903
《陆羽烹茶图》 ……… 845
陆纳 ………………… 864
陆龟蒙 ……………… 913
陆游 ………………… 919
《陈宗懋论文集》 …… 903
陈洪绶 ……………… 847
陈茶 ………………… 739
陈香茶 ……………… 778
饮茶 ………………… 776
饮茶习俗 …………… 716
鸡鸣茶 ……………… 256
鸡茶饭 ……………… 346

八　画

侗族的饮茶习俗 …… 728
具列 ………………… 761
制度升级 …………… 963
《制茶工艺学》 ……… 900
制茶技术 …………… 529
《制茶技术理论》 …… 901
《制茶学》 …………… 900
单人修剪机 ………… 682
单丛 ………………… 348

单芽形绿茶 ………… 143
单倍体育种 ………… 355
单盘式碧螺春烘干机 … 706
单道开 ……………… 864
呼吸作用 …………… 85
呼吸强度 …………… 86
咖啡碱 …… 101,123,616,743
国际茶叶委员会 …… 1066
国家标准 …………… 1004
坡向 ………………… 388
坦洋工夫 …………… 279
奉茶 ………………… 781
《奉茶图》 ………… 844
委托检验 …………… 660
孟臣壶 ……………… 766
季节性 ……………… 416
官窑 ………………… 759
定型修剪 …………… 432
定窑 ………………… 758
宜兴红碎茶 ………… 286
宜红早 ……………… 365
宜昌大叶茶 ………… 364
宝洪茶 ……………… 271
审评方法 …………… 647
审评用水 …………… 646
审评用具 …………… 646
审评室 ……………… 645
审评程序 …………… 647
岭头单丛 ………… 299,366
岳州窑 ……………… 757
岳西翠兰 …………… 186
底肥 ………………… 424
建窑 ………………… 757
径山茶 ……………… 167
抽气充氮包装机 …… 714
拂末 ………………… 760
拉祜族的饮茶习俗 … 724
拌花茶 ……………… 744
拌和窨花 …………… 597

拍卖方法 …………… 1026
拍卖市场 …………… 1025
拍卖步骤 …………… 1026
拣剔 ………………… 552
拣梗 …………… 586,587
拣梗机 ……………… 712
昆虫区系 …………… 463
明代茶事 … 31,50,153,748,
765,825,846,854
明目 ………………… 117
明目利尿 …………… 125
杭州虎跑泉 ………… 769
杯泡法 ……………… 782
松包机 ……………… 701
松阳银猴 …………… 170
果壳茶具 …………… 754
果味茶 ……………… 148
果实 …………………… 73,80
欧阳修 ……………… 914
欧洲茶叶委员会 …… 1066
武夷肉桂 …………… 291
武夷岩茶 …………… 287
武当道茶 …………… 198
武阳春雨 …………… 173
沱茶 …………… 147,324,593
治心痛 ……………… 121
治疹瘘 ……………… 121
治痢 ………………… 120
泡茶"三要素" ……… 772
泡茶方法 …………… 771
泡茶用水 …………… 766
泡茶技艺 …………… 771
泡茶技术 …………… 772
泡茶法 …………… 771,777
泡茶程式 …………… 780
泡茶意境 …………… 779
泡茶器具 …………… 772
炒干机 ……………… 692
炒车机械 …………… 709

炒花(摘花)茶 ················· 603
炒青 ········ 568,572,573,575
炒青机 ················· 699
炒青绿茶 ······ 35,37,141,529
版纳曲茗 ················· 275
物理机械防治 ················· 468
狗脑贡 ················· 216
玫瑰花茶 ················· 331,606
现代名茶 ················· 161
现代茶书 ················· 896,1028
瓯窑 ················· 755
直条(针)形绿茶 ················· 143
直接提取法 ················· 618
矿物源农药 ················· 525
矿质元素 ······ 89,102,123
组织培养 ················· 98
组织培养法 ················· 619
组织模式 ················· 973
细嫩炒青 ················· 141
细嫩采 ················· 445
细嫩烘青 ················· 142
经济主体 ················· 964
经营理念升级 ················· 963
罗合 ················· 760
《罗岕茶记》 ················· 895
耶律楚材 ················· 920
育成品种 ················· 348
苗族的饮茶习俗 ················· 728
若琛杯 ················· 766
英山云雾 ················· 195
英德红茶 ················· 282
茂绿 ················· 359
茅山长青 ················· 250
茅山青锋 ················· 246
茉莉大白毫 ················· 327
茉莉花茶 ················· 326,599
茉莉春风 ················· 327
茎 ················· 71
茎部病害 ················· 476

虎狮龙芽 ················· 208
虎跑水 ················· 882
详 ················· 837
质量性状遗传 ················· 106
质量跟踪记录体系 ················· 528
购买投入物凭证 ················· 528
购销政策 ················· 976
贮藏记录 ················· 528
转子揉切机 ················· 696
转子揉切法 ················· 560
转筒式匀堆机 ················· 713
郑板桥 ················· 857,926
采花毛尖 ················· 191
采茶机 ················· 684
《采茶录》 ················· 893
采穗 ················· 379
金山翠芽 ················· 248
金井毛尖 ················· 213
金水翠峰 ················· 203
金代茶诗词 ················· 822
金农 ················· 848,856
金刚碧绿 ················· 240
金尖 ················· 147,319,591
金观音 ················· 362
金佛玉翠 ················· 259
金坛雀舌 ················· 245
金牡丹 ················· 363
金奖惠明 ················· 169
金香品雪茶 ················· 192
金毫红茶 ················· 283
金银花茶 ················· 330
金银茶具 ················· 751
金属茶具 ················· 751,772
金属离子沉淀法 ················· 616
金鼎翠毫 ················· 270
金寨翠眉 ················· 190
降血压 ················· 127
降血脂 ················· 126
降血糖 ················· 127

雨花茶 ················· 243
青城雪芽 ················· 223
青砖茶 ················· 320,592
非价格营销行为 ················· 970
齿辊式切茶机 ················· 711
齿辊揉切机 ················· 697

九 画

保健功效 ················· 123
保康真香茶 ················· 202
信阳 10 号 ················· 364
信阳毛尖 ················· 238
信函 ················· 836
修剪机 ················· 682
修剪养蓬 ················· 504
修筑梯田 ················· 397
南山白毛茶 ················· 237
南山寿眉 ················· 249
南川红碎茶 ················· 285
《南方有嘉木》 ················· 842
南北朝茶诗 ················· 813
南江 1 号 ················· 367
南江 2 号 ················· 367
南京农业大学茶学专业 ······ 1051
南岳云雾 ················· 215
南路边茶 ················· 313,586
南糯白毫 ················· 271
变异 ················· 106
变种 ················· 109
叙府龙芽 ················· 220
品系 ················· 348
品质化学 ················· 637
品质规格 ················· 660
品质特点 ················· 640
品茗环境 ················· 729
《品茶图鉴》 ················· 897
《品茶要录》 ················· 894
型式检验 ················· 659
复(混)合茶饮料 ················· 336

复炒机 …………………… 709
复焙匀堆 …………………… 559
复焙提香 …………………… 573
奏议 ………………………… 837
契约 ………………………… 835
客来敬茶 …………………… 718
《宣和北苑贡茶录》 ……… 894
封闭式窨花机 ……………… 708
恢复历史名茶 ……………… 161
扁平形绿茶 ………………… 143
拼堆成色 …………………… 552
按需经济施肥 ……………… 418
政和大白茶 ………………… 361
故事 ………………………… 836
施肥技术 …………………… 521
春兰 ………………………… 364
春雨1号 …………………… 359
春雨2号 …………………… 360
春茶 ………………………… 740
《春茶》 …………………… 841
染色体 ……………………… 105
柠檬果茶煮豆腐 …………… 345
柱层析法 ……………… 615,621
《枕翠庵茶品梅花雪》 …… 840
树体改造 …………………… 501
洞庭碧螺春 ………………… 242
洪州窑 ……………………… 755
测土诊断 …………………… 418
测土配方施肥 ……………… 420
济南趵突泉 ………………… 770
泸川龙剑 …………………… 206
浓缩茶 ……………………… 148
炭树 ………………………… 760
《点茶图》 ……………… 844,846
点茶法 …………………… 771,777
玳玳花茶 ………………… 332,604
玻璃茶具 ………………… 752,772
研发行为 …………………… 970
研究机构 ………………… 1052

研究机构,土耳其 ………… 1061
研究机构,马拉维 ………… 1062
研究机构,日本 …………… 1060
研究机构,印度 …………… 1060
研究机构,印度尼西亚 …… 1060
研究机构,孟加拉国 ……… 1061
研究机构,肯尼亚 ………… 1061
研究机构,斯里兰卡 ……… 1060
砖红壤型茶园土 …………… 403
砖模 ………………………… 709
祛风解表 …………………… 121
神农尝百草 ………………… 876
秋茶 ………………………… 740
种 …………………………… 109
种子 ……………………… 73,77
种子育苗 …………………… 382
种子繁殖 …………………… 95
种苗准备 …………………… 398
种植合理化 ………………… 392
种植密度 …………………… 398
科伦坡拍卖市场 …………… 1026
科钦拍卖市场 ……………… 1025
类脂 ………………………… 104
类脂物质 …………………… 668
胡萝卜素 …………………… 668
茗 …………………………… 3
茗家春 ……………………… 269
茯砖 ……………… 147,318,590
《茶人三部曲》 …………… 842
茶马互市 …………………… 53
茶马古道 …………………… 54
茶马交易 …………………… 867
《茶与中国文化》 ………… 906
茶与书法篆刻 ……………… 850
茶与礼仪 …………………… 805
茶与节庆 …………………… 805
茶与名人 …………………… 908
《茶与血》 ………………… 841
茶与佛教 …………………… 801

《茶与宋代社会生活》 …… 906
茶与社交 …………………… 804
茶与婚俗 …………………… 807
茶与祭祀 …………………… 809
茶与道家 …………………… 803
茶与儒家 …………………… 801
茶书 …………………… 892,1027
《茶书全集》 ……………… 895
茶区分布 …………………… 390
茶区划分 …………………… 46
茶引 ………………………… 52
茶文化 ……………………… 794
茶文物 ……………………… 5
茶文赋 ……………………… 835
茶艺 ………………………… 729
《茶艺月刊》 ……………… 908
茶业科技 …………………… 60
《茶业通史》 ……………… 903
《茶业通报》 ……………… 908
《茶仙》 …………………… 841
《茶史》 …………………… 896
《茶叶》 …………………… 907
茶叶人均消费量 ……… 949,951
茶叶专业交易市场 ………… 969
茶叶专业学校 ……………… 1050
茶叶分类 …………………… 138
茶叶风俗谚语 ……………… 890
《茶叶世界》 ……………… 907
茶叶出口量 ………………… 1019
《茶叶加工机械》 ………… 901
茶叶包装 …………………… 669
茶叶包装检验 ……………… 661
茶叶外形 …………………… 640
茶叶市场 …………………… 942
《茶叶生化原理》 ………… 900
茶叶生产 …………………… 938
《茶叶生物化学》 ………… 900
茶叶龙头企业 ……………… 965
茶叶产业组织 ……………… 964

茶叶产量 …………… 940,1017
茶叶价格 …………… 948
茶叶成分 …………… 612
茶叶机械 …………… 674
《茶叶机械杂志》…… 908
《茶叶机械基础》…… 901
茶叶色泽 …………… 637
茶叶社团组织 ……… 1062
茶叶进口量 ………… 1021
茶叶饮用谚语 ……… 890
茶叶供应形式 ……… 976
茶叶供给 …………… 939
《茶叶制造学》… 900,900
茶叶制造谚语 ……… 889
茶叶审评 …………… 645
《茶叶审评与检验》… 900
茶叶泡饮技艺 ……… 779
茶叶诗词 …………… 813
茶叶贮藏 …………… 671
茶叶贮藏谚语 ……… 890
茶叶采摘 …………… 443
茶叶采摘谚语 ……… 889
茶叶变质 …………… 667
茶叶品质结构 ……… 958
《茶叶品质理化分析》… 901
《茶叶科学》………… 907
《茶叶科学技术》…… 908
茶叶统购 …………… 976
茶叶贸易 ………… 48,55
茶叶贸易谚语 ……… 890
茶叶食品 …………… 340
茶叶香气 …………… 638
茶叶流通企业 ……… 964
茶叶消费 … 946,949,951
茶叶消费质量 ……… 950
茶叶消费总量……… 951,952
《茶叶通讯》………… 907
茶叶检疫 …………… 663
茶叶检验 …………… 658

《茶叶深加工技术》… 902
茶叶理条机 ………… 707
茶叶菜肴 …………… 342
茶叶谚语 …………… 888
茶叶谜语 …………… 891
茶叶期刊 ………… 907,1048
茶叶滋味 …………… 638
茶叶销售 …………… 976
茶叶精制 ………… 533,541
《茶叶精制技术》…… 901
茶叶糖果 …………… 340
茶叶衡量检验 ……… 661
《茶圣陆羽》………… 841
茶瓜子 …………… 341
《茶讯》……………… 908
茶产业区域布局 …… 960
茶产业升级 ………… 963
茶产业布局 ………… 960
茶产业纵向结构 …… 959
茶产业组织模式 …… 967
茶产业经济 ………… 936
茶产业转型升级 …… 962
茶产业结构 ………… 957
茶产品标准 ………… 1004
茶农 ……………… 964
茶农专业合作社 …… 965
茶多酚 …… 100,122,613,
　　　　　　　　 667,743
茶多糖 …………… 617
茶汤饮料 …………… 335
茶行布置 …………… 398
茶行画线 …………… 398
《茶作学》…………… 898
茶冷食 …………… 342
茶园土壤覆盖 ……… 406
茶园小规模经营 …… 967
茶园气象灾害 ……… 456
茶园杂草 …………… 452
茶园规划 …………… 393

茶园规模化经营 …… 969
茶园垦殖机械 ……… 677
茶园施肥 …………… 417
茶园施肥技术 ……… 424
茶园面积 ………… 940,1015
茶园耕作 …………… 404
茶园耕作机械 ……… 679
茶园排水 …………… 442
茶园绿肥 …………… 427
茶园管理谚语 ……… 889
茶园灌溉 …………… 436
茶园灌溉设施 ……… 681
茶疗 ……………… 110
茶疗方 …………… 113
茶皂素 …………… 631
茶花茶 …………… 338
茶饮料 …………… 624
茶事小说 …………… 838
茶事戏曲 …………… 860
茶事典故 …………… 864
茶事绘画 …………… 842
茶事影视 …………… 860
茶具 ……………… 746
《茶具图赞》……… 845,894
茶具种类 …………… 749
茶姑画眉 …………… 886
《茶学文库·陆羽丛书》… 905
《茶录》……………… 893
茶的传说 …………… 868
茶的冲泡 …………… 766
茶的饮用方法 ……… 775
茶的欣赏 …………… 730
茶的鉴别 …………… 739
《茶经》……………… 892
《茶经述评》………… 903
《茶经校注》………… 905
茶苗移栽 …………… 399
茶话会 …………… 737
茶政 ……………… 51

茶树引种·············· 384
茶树生态类型 ·········· 14
《茶树生物学》·········· 898
《茶树生理》············ 898
《茶树生理及茶叶生化实验
手册》·············· 898
茶树传播途径 ·········· 13
茶树冻害·············· 456
茶树吸肥特性·········· 414
《茶树形态结构与品质鉴定》
·················· 899
茶树旱害·············· 460
茶树系统选种·········· 351
茶树良种·············· 356
《茶树良种》············ 899
茶树育种技术·········· 351
《茶树育种学》·········· 898
茶树修剪·············· 430
茶树品种·············· 347
茶树品种分类·········· 350
《茶树品种志》·········· 898
茶树品种命名·········· 349
茶树品种繁育·········· 375
茶树种质资源·········· 347
《茶树种质资源与遗传改良》
·················· 899
茶树种植·············· 398
茶树种植谚语·········· 888
茶树原产地 ············ 7
《茶树原产地——云南》····· 899
茶树害虫·············· 477
《茶树栽培学》·········· 898
《茶树病虫害》·········· 902
《茶树病虫害防治》········ 902
茶树病害·············· 474
《茶树病害的诊断和防治》
·················· 903
茶树起源 ············ 1,10
茶树植物分类·········· 107

茶树湿害·············· 461
茶树演化 ············ 11
茶树需水特性·········· 437
茶浓缩汁·············· 334
茶类划分·············· 138
茶类地理分布·········· 961
茶类命名·············· 139
茶类结构 ·········· 951,958
茶类概要·············· 138
茶类演变 ············ 34
茶籽················ 628
茶籽壳·············· 636
茶籽油·············· 629
茶籽直播·············· 399
茶面食·············· 346
茶香鸡·············· 345
茶宴················ 732
茶氨酸·············· 618
茶酒················ 336
茶馆················ 734
茶馆文化·············· 811
茶黄素·············· 619
《茶博览》············ 908
《茶疏》·············· 895
茶道················ 799
《茶道图》············ 844
《茶道基础篇——泡茶原理
与应用》············ 906
茶摊················ 734
茶歌················ 862
《茶解》·············· 895
茶榜················ 836
茶舞················ 862
茶蜜饯·············· 340
《茶谱》·············· 894
茶墨之争·············· 869
《茶寮记》············ 895
茶醋················ 336
茶器················ 746

茶糕点·············· 341
舛················ 4
药用成分·············· 122
药用保健茶·········· 148
药理················ 110
贵州省茶叶研究所 ········ 1058
贵定雪芽·············· 228
贵隆银芽·············· 231
贸易标准样·········· 661
赵之谦·············· 858
赵令畤·············· 854
赵朴初 ············ 859,934
《赵伯升茶肆遇仁宗》····· 839
赵佶 ············ 867,918
轻身路·············· 556
轻修剪·············· 433
追肥················ 425
适中采·············· 445
适生条件·············· 384
适应性·············· 417
重庆市农业科学院茶叶
研究所 ············ 1057
重修剪·············· 434
重修剪机·············· 683
钙 ················ 90
钧窑················ 758
闽北乌龙茶 ·········· 144,570
闽北水仙·············· 293
闽南乌龙茶 ·········· 144,568
《闽茶说》············ 906
除氧包装·············· 670
音乐茶座·············· 737
饼茶 ········ 36,148,323,593
香山贡茶·············· 256
香气················ 740
香气成分·············· 668
香气评语·············· 653
香味茶 ············ 148,610
香料················ 611

十 画

凉青 ················· 567,569
凌云白毛茶 ·········· 234,366
勐库大叶茶 ············· 368
勐海大叶茶 ············· 368
哥依巴特拍卖市场 ······· 1026
哥窑 ··················· 759
唐代宫廷用具 ··········· 762
唐代茶事 ····· 19,48,149,747,
　　　　　　　814,842,851
唐寅 ··············· 846,854
圆片式切茶机 ··········· 712
圆包茶 ················· 147
圆身路 ·············· 538,555
圆炒青 ·············· 141,540
圆茶 ··············· 147,593
圆珠形绿茶 ············· 143
《壶里乾坤》 ··········· 841
夏茶 ··················· 740
家庭式经营 ············· 968
徐剑毫峰 ··············· 276
徐渭 ··················· 855
恩施玉露 ··············· 194
恩施富硒茶 ············· 205
悦茗香 ················· 363
晒青 ············· 566,568,572
晒青绿茶 ········ 35,142,543
晒茶 ··················· 586
样价政策 ··············· 976
根 ·················· 70,77
根部病害 ··············· 476
栽培技术 ··············· 384
桂平西山茶 ············· 236
桂花茶 ·············· 330,604
桂林三青茶 ············· 236
桂林毛尖 ··············· 233
桂绿 1 号 ·············· 366
桂香 18 号 ············· 367

氧化制备法 ············· 620
氧气 ··················· 669
氨基酸 ········· 123,668,743
流化床式烘干机 ········· 698
流动式窨花机 ··········· 708
流通体制 ··············· 976
流通渠道 ··············· 944
浆茶 ··················· 339
浙农 113 ··············· 359
浙农 117 ··············· 359
浙农 139 ··············· 359
浙江大学茶学系 ········· 1050
浙江农林大学茶文化专业
　　　　　　　　　　　 1051
浙江树人大学茶文化专业
　　　　　　　　　　　 1051
《浙江省茶叶志》 ······· 897
《浙江茶叶》 ··········· 897
浮来青 ················· 267
浮瑶仙芝 ··············· 262
海青峰茶 ··············· 268
消炎 ··················· 128
消费偏好 ··············· 949
消食 ··················· 119
消臭 ··················· 129
消暑 ··················· 118
涌溪火青 ··············· 184
涤方 ··················· 761
烘干 ··················· 563
烘干机 ········· 691,698,701
烘青绿茶 ········ 35,142,542
烘焙 ······· 559,572,573,578
热水浸渍法 ············· 607
热风式杀青机 ··········· 688
热风萎凋 ··············· 567
爱新觉罗·弘历 ········· 926
珠兰花茶 ·········· 329,605
珠茶炒干机 ············· 694
瓷茶具 ············· 750,772

畚 ··················· 761
病虫区系 ··············· 463
病虫害防治 ········ 504,526
病原区系 ··············· 464
皋芦 ··················· 4
益气力 ················· 122
监督检验 ··············· 659
真空包装 ··············· 670
真茶 ··················· 741
离子沉淀法 ············· 616
紧压茶 ······· 146,318,589,790
紧茶 ··············· 147,593
茶 ··················· 1
《蚕桑茶叶通讯》 ······· 907
袁宏道 ············· 855,923
袁枚 ··················· 929
诸暨绿剑 ··············· 176
调味茶饮料 ············· 334
《调琴啜茗图卷》 ······· 842
通风除尘设备 ··········· 714
通花散热 ··············· 598
通便 ··················· 120
速包机 ················· 700
速溶茶 ········· 148,333,621
速溶茶加工机械 ········· 709
郭沫若 ················· 931
都匀毛尖 ··············· 224
都篮 ··················· 761
釜 ··················· 761
钱松 ··················· 858
钻蛀类害虫 ············· 485
钼 ··················· 92
钾 ··················· 90
铁 ··················· 91
铁观音 ············· 294,361
铁观音炖鸭 ············· 343
铁制茶具 ··············· 752
陶茶具 ············· 749,772
陶瓷茶具 ··············· 749

颂 ……………………… 838
预防心血管疾病 ………… 126
预防神经退化性疾病 …… 130
预防衰老 ………………… 123
高山茶 …………………… 745
高山草甸茶园土 ………… 403
高凤翰 …………………… 847
高压静电拣梗机 ………… 712
高哈第拍卖市场 ………… 1026
高桥银峰 ………………… 209
高速逆流色谱法 ………… 621
高等院校 ………………… 1050
高翔 ……………………… 848
高濂 ……………………… 922

十一画

假茶 ……………………… 741
假茶检验 ………………… 663
做庄茶 …………………… 586
做青 …… 567,569,571,573
停采期 …………………… 447
减肥 ……………………… 126
商南泉茗 ………………… 266
基肥 ……………………… 424
基质栽培 ………………… 515
康砖 …… 147,319,591
排水蓄水系统 …………… 394
救 ………………………… 836
教育 ……………………… 66
曹雪芹 …………………… 928
望海茶 …………………… 172
梅子贡茶 ………………… 201
梅占 ……………………… 362
检查记录 ………………… 529
检验性质 ………………… 659
深修剪 …………………… 433
深耕改土 ………………… 397
清代茶事 …… 31,50,157,749,
827,847,855

清头目 …………………… 118
清凉山茶 ………………… 218
清热 ……………………… 118
清理地面 ………………… 396
清蒸茶鲫鱼 ……………… 344
渗灌 ……………………… 441
《烹茶探桃图》 ………… 844
球茶机 …………………… 700
理化检验 ………………… 661
理化检验标准 …………… 661
理条 ……………………… 573
皎然 ……………………… 911
盖碗冲泡法 …………… 784,793
盘式发酵设备 …………… 697
盘式揉切机 ……………… 696
《盛希侨地藏庵品茶》 … 841
移动式贮青车 …………… 686
粗揉 ……………………… 544
续水 ……………………… 781
《续茶经》 ……………… 896
维生素 ………………… 104,123
维生素 C ………………… 668
维吾尔族的饮茶习俗 …… 722
综合利用 ………………… 612
综合做青机 ……………… 699
综合治理 ………………… 467
绿杨春 …………………… 251
绿宝石 …………………… 229
绿茶 …………… 140,141,165,
529,640,781
绿茶西红柿汤 …………… 343
绿茶拌豆腐 ……………… 345
绿茶消费量 ……………… 952
绿茶紧压茶 ……………… 147
萃取法 …………………… 616
萃取茶 …………………… 148
萌发 ……………………… 77
萎凋 …… 547,554,559,566,
568,571,574,577,578

萎凋机 …………………… 695
萎凋槽 …………………… 694
营养生长 ………………… 82
营养生理 ………………… 88
营养诊断施肥 …………… 423
营养钵制作 ……………… 379
营养繁殖 ………………… 96
《萧翼赚兰亭图》 ……… 843
虚谷 ……………………… 849
蛋白质 …………………… 101
袋泡茶 …………………… 332
袋泡茶包装机 …………… 714
谕 ………………………… 836
鄂茶 1 号 ……………… 365
鄂茶 5 号 ……………… 365
野生大茶树 …… 9,348,987
野针王 …………………… 214
铜 ………………………… 92
铜茶具 …………………… 751
铝 ………………………… 91
铭 ………………………… 838
银针白毫 ………………… 306
银峰茶 …………………… 257
雀舌毫茉莉花茶 ………… 327
雪水云绿 ………………… 174
雪芹辨泉 ………………… 875
雪青茶 …………………… 266
鸿雁 7 号 ……………… 366
鸿雁 12 号 …………… 366
黄士陵 …………………… 859
黄大茶 …………………… 145
黄小茶 …………………… 145
黄山毛峰 ………………… 182
黄山种 …………………… 360
黄山绿牡丹 ……………… 183
黄观音 …………………… 363
黄花云尖 ………………… 186
黄芽茶 …………………… 145
黄易 ……………………… 858

黄玫瑰 …………………… 363
黄金桂 …………………… 301
黄庭坚 ……………… 852,918
黄茶 ……… 38,140,145,309,
579,644,785
黄棕壤型茶园土 ………… 401
黄梜 …………………… 362
黄慎 ……………… 848,857
黄鹤楼茶 ………………… 196
黄壤型茶园土 …………… 402

十二画

傈僳族的饮茶习俗 ……… 726
傣族的饮茶习俗 ………… 724
善卷春月 ………………… 251
喜铵性 …………………… 414
喝茶 …………………… 775
喷雾栽培 ………………… 515
喷灌 …………………… 440
婺州窑 …………………… 755
婺源茗眉 ………………… 261
御茶园 …………………… 874
揉切 …………………… 560
揉捻 ……… 531,540,544,548,
558,559,568,569,572,
573,575,578,582,584,
585,587,588,609
揉捻机 …………………… 690
提花 …………………… 599
提高免疫性 ……………… 124
揭 ……………………… 761
散文 …………………… 836
敬亭绿雪 ………………… 185
斯里兰卡种植者协会 …… 1067
《普洱》 ………………… 908
普洱方茶 ………………… 594
普洱砖茶 ………………… 325
普洱茶 ……… 38,317,588
《普洱茶》 ……………… 901

普通烘青 ………………… 142
景谷大白茶 ……………… 274
景星碧绿茶 ……………… 257
景泰蓝茶具 ……………… 752
景德镇窑 ………………… 756
晾青 …………………… 573
替代品 …………………… 949
最适温度 ………………… 386
棕壤型茶园土 …………… 401
植物源农药 ……………… 525
氮 ……………………… 89
渥堆 ……… 582,585,587,
589,590,592
温州黄汤 ………………… 312
温具 …………………… 780
温度 ……………… 385,668
温泉毫峰 ………………… 205
游离氨基酸 ……………… 101
湄江翠片 ………………… 227
湄潭翠芽 ………………… 230
湖北老青茶 ……… 146,314,584
湖北省农业科学院果树茶叶
研究所 …………… 1055
《湖南十大名茶》 ……… 902
湖南农业大学茶学系 …… 1050
湖南省农业科学院茶叶
研究所 …………… 1056
湖南黑茶 ……… 146,315,581
湘尖 ……………… 147,591
滋味 …………………… 740
滋味评语 ………………… 654
焙干机 …………………… 701
《煮汤图》 ……………… 844
煮茶法 …………… 771,776
猴公茶 …………………… 875
猴王牌花茶 ……………… 328
皖西黄大茶 ……………… 312
短穗扦插 ………………… 378
硬度 …………………… 771

童子敬观音 ……………… 344
等高线 …………………… 396
筋梗路 …………………… 539
《筑草为城》 …………… 842
筒式炒干机 ……………… 693
筛分 ……… 550,586,589
筛分机 …………………… 710
筛分拣剔 ………………… 559
筥 ……………………… 761
紫阳毛尖 ………………… 264
紫牡丹 …………………… 363
紫砂壶冲泡法 …………… 793
联合匀堆机 ……………… 713
联合国粮农组织、商品和贸易
部,原材料、热带和园艺产品
服务处 …………… 1066
舒城兰花 ………………… 191
舒茶早 …………………… 361
蒋仁 …………………… 857
裕茗碧剑 ………………… 207
谦师 …………………… 866
赋 ……………………… 838
赏茶 …………………… 781
超临界 CO_2 萃取法 …… 606,616
超临界流体萃取法 ……… 615
超微茶粉 ………… 337,609
超微粉碎 ………………… 610
越窑 …………………… 754
跋 ……………………… 835
《道童奉茶图》 ………… 846
道路网建设 ……………… 394
遗传 …………………… 105
酥油茶 …………… 343,869
链板式窨花机 …………… 708
销售记录 ………………… 528
销售价格 ………………… 940
锅式杀青机 ……………… 686
锅式炒干机 ……………… 692
锅炒 …………………… 558

锌 ·················· 92
雁荡毛峰·············· 178
雅加达拍卖市场 ········ 1026
集贸市场············· 943
鲁迅 ··············· 930
黑砖 ········ 147,321,589
黑茶 ········ 38,140,145,
313,581,643
黑茶紧压茶 ··········· 147
鼎州窑 ·············· 759

十三画

塑料大棚栽培 ·········· 504
塑料茶具············· 754
嫁接换种 ············· 503
嫌钙性 ·············· 415
微生物发酵法 ·········· 619
微波杀青机 ··········· 689
微量元素 ········· 91,102
感通茶 ·············· 277
搪瓷茶具············· 752
摇青 ············ 567,569
摇青机 ·············· 699
摊青 ············ 568,574
数量性状遗传·········· 106
新工艺白茶 ······· 309,578
新创名茶 ············· 162
新型茶 ·········· 337,606
新茶 ··············· 739
新茶园开垦 ··········· 395
新茶园建设 ··········· 392
新香味茶 ············· 339
新梢 ············· 78,443
溶剂提取法 ··········· 620
滇红工夫 ············· 279
淳方 ··············· 761
滚切式切茶机 ·········· 711
滚筒式名茶杀青机 ······· 703
滚筒杀青机 ··········· 687

《煎茶水记》··········· 893
瑞香 ··············· 363
硼 ················· 92
碗 ················· 761
稟 ················· 838
福云 6 号············· 362
福州茉莉花茶 ·········· 327
《福建乌龙茶》·········· 901
福建水仙············· 361
福建农林大学茶学系 ····· 1050
福建省农业科学院茶叶
研究所 ············ 1054
《福建茶叶》··········· 907
福鼎大白茶 ··········· 361
福鼎大毫茶 ··········· 361
置茶 ··············· 780
群体结构 ············· 82
蒙巴萨拍卖市场 ········ 1026
蒙古族的饮茶习俗 ······· 724
蒙顶玉叶 ············· 872
蒙顶甘露 ············· 220
蒙顶黄芽 ············· 310
蒸汽杀青机 ··········· 688
蒸青 ··············· 543
蒸青绿茶 ····· 35,37,142,543
蒸茶器 ·············· 709
蒸腾作用 ············· 93
虞集 ··············· 921
解块分筛机 ··········· 691
解块筛分 ············· 532
解毒 ··········· 116,129
辐射育种 ············· 353
锡茶 5 号············· 358
锡茶 11 号············ 358
锡茶具 ·············· 751
锤击机 ·············· 697
锰 ················· 91
零售市场············· 943

十四画

榷茶 ··············· 52
槚 ················· 3
楮叶齐 ·············· 365
滴翠剑名············· 255
滴灌 ··············· 442
漆器茶具········· 752,772
漉水囊 ·············· 761
漳平水仙茶饼 ·········· 304
碣滩茶 ·············· 215
碧螺姑娘············· 870
碳水化合物 ··········· 103
磁州窑 ·············· 760
窨花茶 ·············· 744
管理体制 ···· 974,975,977,978
精制机械············· 709
精制茶审评 ··········· 650
精制茶标准样 ·········· 660
精揉 ··············· 545
翠柏茶 ·············· 249
翠峰 ··············· 359
聚铝性 ·············· 415
荃 ················· 4
蔡襄 ········· 853,865,915
赛山玉莲············· 239
遮阳栽培············· 510
酶 ················· 101
酶促氧化制备法·········· 620
酸性紫色土型茶园土········ 403
镁 ················· 90
鲜叶处理设备 ·········· 702
鲜叶贮存摊放设备 ······· 685
鲜叶脱水机 ··········· 702
鲜叶输送堆放装置 ······· 686
鲜叶管理············· 546

十五画

墨江云针············· 273

撒盘式匀堆机·············· 713
《撵茶图》·················· 845
槽式杀青机················ 687
槽式贮青设备·············· 686
横县茉莉花茶·············· 329
潮土型茶园土·············· 403
熟盂······················ 761
碾························ 760
箱式窨花机················ 708
踩茶······················ 586
遵义毛峰·················· 225
镇江中冷泉················ 769
飘筛机···················· 711
鹤峰茶···················· 201

十六画

凝香翠茗·················· 234
擂茶二说·················· 887
瓢························ 761
薛怀······················ 849
赞························ 838
醒酒·················· 119,129

霍山黄芽·················· 189
鞘翅目害虫················ 481
磋篦······················ 761
黔湄 419·················· 367
黔湄 502·················· 367
黔湄 601·················· 368
黔湄 809·················· 368

十七画

橄························ 837
磷························ 89
穗条培育·················· 378
繁育体系·················· 375
藏族的饮茶习俗············ 723
螺旋式切茶机·············· 712
霞浦春波绿················ 364

十七画以上

瀑布毛峰·················· 228
翻板式窨花机·············· 708
耀州窑···················· 759
鳞翅目害虫················ 478

赣茶 2 号·················· 364
镶锡茶具·················· 752
罐装饮料茶················ 148

C·T·C机揉切法········· 561
CTC ···················· 697
GB/T 8303 ··············· 662
GB/T 8304 ··············· 662
GB/T 8305 ··············· 663
GB/T 8306 ··············· 663
GB/T 8307 ··············· 663
GB/T 8308 ··············· 663
GB/T 8309 ··············· 663
GB/T 8310 ··············· 663
GB/T 8311 ··············· 663
GB/T 8312 ··············· 663
GB/T 8313 ··············· 663
GB/T 8314 ··············· 663
L·T·P机锤击法········· 562
LTP ····················· 697
γ-氨基丁酸茶········ 338,608

汉语拼音索引

A

ài
爱新觉罗·弘历············ 926
ān
安茶······················ 316
安化松针·················· 210
安徽 3 号·················· 360
安徽 7 号·················· 360
安徽农业大学茶学系 ······ 1050
安徽省农业科学院茶叶
  研究所 ················· 1054
安吉白茶·················· 177
安神······················ 117

氨基酸············· 123,668,743
按需经济施肥·············· 418

B

bā
巴南银针·················· 254
巴山银芽·················· 258
bá
跋························ 835
bái
白茶········· 39,140,145,306,
          576,644,785
白毫银针·················· 576
白毫早···················· 365

白居易···················· 911
白兰花茶············· 331,603
白毛 2 号·················· 366
白牡丹········· 145,307,577
白沙绿茶·················· 270
白芽茶···················· 145
白芽奇兰·················· 297
白洋曲毫·················· 276
白族的饮茶习俗············ 726
bǎi
百分法···················· 656
bǎn
版纳曲茗·················· 275

bàn

半烘青 …………………… 142

半球形乌龙茶 …………… 145

拌和窨花 ………………… 597

拌花茶 …………………… 744

bāo

包揉造型 ………………… 569

包装机 …………………… 714

包装装潢 ………………… 671

bǎo

宝洪茶 …………………… 271

保健功效 ………………… 123

保康真香茶 ……………… 202

bēi

杯泡法 …………………… 782

běi

《北苑别录》 …………… 894

bèi

焙干机 …………………… 701

běn

本山 ……………………… 362

本身路 …………… 534,553

畚 ………………………… 761

bì

碧螺姑娘 ………………… 870

biān

边销茶市场 ……………… 943

biǎn

扁平形绿茶 ……………… 143

biàn

变异 ……………………… 106

变种 ……………………… 109

bǐng

饼茶 ………… 36,148,323,593

禀 ………………………… 838

bìng

病虫害防治 ………… 504,526

病虫区系 ………………… 463

病原区系 ………………… 464

bō

玻璃茶具 …………… 752,772

bǔ

补苗间苗 ………………… 400

bù

不锈钢茶具 ……………… 752

《不夜之侯》 …………… 842

布朗族的饮茶习俗 ……… 726

C

cǎi

采茶机 …………………… 684

《采茶录》 ……………… 893

采花毛尖 ………………… 191

采穗 ……………………… 379

踩茶 ……………………… 586

cài

蔡襄 ………… 853,865,915

cán

《蚕桑茶叶通讯》 ……… 907

cáo

曹雪芹 …………………… 928

槽式杀青机 ……………… 687

槽式贮青设备 …………… 686

cè

测土配方施肥 …………… 420

测土诊断 ………………… 418

chá

茶氨酸 …………………… 618

茶榜 ……………………… 836

《茶博览》 ……………… 908

茶产品标准 …………… 1004

茶产业布局 ……………… 960

茶产业结构 ……………… 957

茶产业经济 ……………… 936

茶产业区域布局 ………… 960

茶产业升级 ……………… 963

茶产业转型升级 ………… 962

茶产业纵向结构 ………… 959

茶产业组织模式 ………… 967

茶醋 ……………………… 336

茶道 ……………………… 799

《茶道基础篇——泡茶原理与

　　应用》 ……………… 906

《茶道图》 ……………… 844

茶的冲泡 ………………… 766

茶的传说 ………………… 868

茶的鉴别 ………………… 739

茶的欣赏 ………………… 730

茶的饮用方法 …………… 775

茶多酚 ………… 100,122,613,

　　　　　　　　 667,743

茶多糖 …………………… 617

茶糕点 …………………… 341

茶歌 ……………………… 862

茶姑画眉 ………………… 886

茶瓜子 …………………… 341

茶馆 ……………………… 734

茶馆文化 ………………… 811

茶花茶 …………………… 338

茶话会 …………………… 737

茶黄素 …………………… 619

《茶解》 ………………… 895

《茶经》 ………………… 892

《茶经述评》 …………… 903

《茶经校注》 …………… 905

茶酒 ……………………… 336

茶具 ……………………… 746

《茶具图赞》 ………… 845,894

茶具种类 ………………… 749

茶类地理分布 …………… 961

茶类概要 ………………… 138

茶类划分 ………………… 138

茶类结构 …………… 951,958

茶类命名 ………………… 139

茶类演变 ………………… 34

茶冷食 …………………… 342

茶疗 ……………………… 110

茶疗方………………… 113
《茶寮记》……………… 895
《茶录》………………… 893
茶马古道 ……………… 54
茶马互市 ……………… 53
茶马交易……………… 867
茶蜜饯………………… 340
茶面食………………… 346
茶苗移栽……………… 399
茶墨之争……………… 869
茶农…………………… 964
茶农专业合作社……… 965
茶浓缩汁……………… 334
《茶谱》………………… 894
茶器…………………… 746
茶区分布……………… 390
茶区划分……………… 46
《茶人三部曲》………… 842
《茶圣陆羽》…………… 841
《茶史》………………… 896
茶事典故……………… 864
茶事绘画……………… 842
茶事戏曲……………… 860
茶事小说……………… 838
茶事影视……………… 860
茶书 ……………… 892,1027
《茶书全集》…………… 895
《茶疏》………………… 895
《茶树病虫害》………… 902
《茶树病虫害防治》…… 902
茶树病害……………… 474
《茶树病害的诊断和防治》
…………………… 903
茶树传播途径 ………… 13
茶树冻害……………… 456
茶树害虫……………… 477
茶树旱害……………… 460
《茶树良种》…………… 899
茶树良种……………… 356

茶树品种……………… 347
茶树品种繁育………… 375
茶树品种分类………… 350
茶树品种命名………… 349
《茶树品种志》………… 898
茶树起源 ……………… 1,10
《茶树生理》…………… 898
《茶树生理及茶叶生化实验
手册》……………… 898
茶树生态类型 ………… 14
《茶树生物学》………… 898
茶树湿害……………… 461
茶树吸肥特性………… 414
茶树系统选种………… 351
《茶树形态结构与品质鉴定》
…………………… 899
茶树修剪……………… 430
茶树需水特性………… 437
茶树演化……………… 11
茶树引种……………… 384
茶树育种技术………… 351
《茶树育种学》………… 898
茶树原产地 …………… 7
《茶树原产地——云南》… 899
《茶树栽培学》………… 898
茶树植物分类………… 107
茶树种植……………… 398
茶树种植谚语………… 888
茶树种质资源………… 347
《茶树种质资源与遗传改良》
…………………… 899
茶摊…………………… 734
茶汤饮料……………… 335
茶文赋………………… 835
茶文化………………… 794
茶文物 ………………… 5
茶舞…………………… 862
《茶仙》………………… 841
茶香鸡………………… 345

茶行布置……………… 398
茶行画线……………… 398
《茶学文库·陆羽丛书》… 905
《茶讯》………………… 908
茶宴…………………… 732
茶业科技 ……………… 60
《茶业通报》…………… 908
《茶业通史》…………… 903
《茶叶》………………… 907
茶叶包装……………… 669
茶叶包装检验………… 661
茶叶变质……………… 667
茶叶采摘……………… 443
茶叶采摘谚语………… 889
茶叶菜肴……………… 342
茶叶产量 ……… 940,1017
茶叶产业组织………… 964
茶叶成分……………… 612
茶叶出口量 …………… 1019
茶叶分类……………… 138
茶叶风俗谚语………… 890
茶叶供给……………… 939
茶叶供应形式………… 976
茶叶衡量检验………… 661
茶叶机械……………… 674
《茶叶机械基础》……… 901
《茶叶机械杂志》……… 908
《茶叶加工机械》……… 901
茶叶价格……………… 948
茶叶检验……………… 658
茶叶检疫……………… 663
茶叶进口量 …………… 1021
茶叶精制 ……… 533,541
《茶叶精制技术》……… 901
《茶叶科学》…………… 907
《茶叶科学技术》……… 908
茶叶理条机…………… 707
茶叶流通企业………… 964
茶叶龙头企业………… 965

茶叶贸易 …………… 48,55
茶叶贸易谚语 ………… 890
茶叶谜语 …………… 891
茶叶泡饮技艺 ………… 779
茶叶品质结构 ………… 958
《茶叶品质理化分析》…… 901
茶叶期刊 …………… 907,1048
茶叶人均消费量 …… 949,951
茶叶色泽 …………… 637
茶叶社团组织 ………… 1062
《茶叶深加工技术》…… 902
茶叶审评 …………… 645
《茶叶审评与检验》…… 900
茶叶生产 …………… 938
《茶叶生化原理》…… 900
《茶叶生物化学》…… 900
茶叶诗词 …………… 813
茶叶食品 …………… 340
《茶叶世界》 ………… 907
茶叶市场 …………… 942
茶叶糖果 …………… 340
《茶叶通讯》 ………… 907
茶叶统购 …………… 976
茶叶外形 …………… 640
茶叶香气 …………… 638
茶叶消费 …… 946,949,951
茶叶消费质量 ………… 950
茶叶消费总量 …… 951,952
茶叶销售 …………… 976
茶叶谚语 …………… 888
茶叶饮用谚语 ………… 890
《茶叶制造学》…… 900,900
茶叶制造谚语 ………… 889
茶叶贮藏 …………… 671
茶叶贮藏谚语 ………… 890
茶叶专业交易市场 …… 969
茶叶专业学校 ………… 1050
茶叶滋味 …………… 638
茶艺 ……………… 729

《茶艺月刊》 ………… 908
茶引 ……………… 52
茶饮料 …………… 624
茶与道家 …………… 803
茶与佛教 …………… 801
茶与婚俗 …………… 807
茶与祭祀 …………… 809
茶与节庆 …………… 805
茶与礼仪 …………… 805
茶与名人 …………… 908
茶与儒家 …………… 801
茶与社交 …………… 804
茶与书法篆刻 ………… 850
《茶与宋代社会生活》…… 906
《茶与血》 ………… 841
《茶与中国文化》…… 906
茶园耕作 …………… 404
茶园耕作机械 ………… 679
茶园管理谚语 ………… 889
茶园灌溉 …………… 436
茶园灌溉设施 ………… 681
茶园规划 …………… 393
茶园规模化经营 ……… 969
茶园垦殖机械 ………… 677
茶园绿肥 …………… 427
茶园面积 …… 940,1015
茶园排水 …………… 442
茶园气象灾害 ………… 456
茶园施肥 …………… 417
茶园施肥技术 ………… 424
茶园土壤覆盖 ………… 406
茶园小规模经营 ……… 967
茶园杂草 …………… 452
茶皂素 …………… 631
茶政 ……………… 51
茶籽 ……………… 628
茶籽壳 …………… 636
茶籽油 …………… 629
茶籽直播 …………… 399

《茶作学》 ………… 898
chǎn
产品升级 …………… 963
产业链 …………… 972
产业政策 …………… 940
产业组织 …………… 972
泸川龙剑 …………… 206
cháng
长板式扁形茶炒制机 …… 705
长炒青 …………… 141,529
长沙窑 …………… 757
长身路 …………… 554
长兴紫笋 …………… 168
chāo
超临界 CO_2 萃取法 …… 606,616
超临界流体萃取法 …… 615
超微茶粉 …………… 337,609
超微粉碎 …………… 610
cháo
潮土型茶园土 ………… 403
chǎo
炒车机械 …………… 709
炒干机 …………… 692
炒花(摘花)茶 ………… 603
炒青 …… 568,572,573,575
炒青机 …………… 699
炒青绿茶 …… 35,37,141,529
chē
车色机 …………… 710
车式发酵设备 ………… 698
chén
陈茶 ……………… 739
陈洪绶 …………… 847
陈香茶 …………… 778
《陈宗懋论文集》…… 903
chéng
《成品茶检验》 ……… 900
成熟采 …………… 446
呈 ……………… 837

chī

吃茶 …………………………… 775

吃茶去 ………………………… 868

chǐ

齿辊揉切机 …………………… 697

齿辊式切茶机 ………………… 711

chì

赤红土型茶园土 ……………… 402

敕 ……………………………… 836

chōng

充气包装 ……………………… 670

冲泡 …………………………… 781

chóng

重庆市农业科学院茶叶

 研究所 …………………… 1057

chōu

抽气充氮包装机 ……………… 714

chū

出厂检验 ……………………… 659

出口茶类结构 ………………… 954

出口地区结构 ………………… 954

出口价格 ……………………… 956

出口检验 ……………………… 667

出口经营方式 ………………… 979

出口量 ………………………… 953

出口贸易 ……………………… 953

出口渠道 ……………………… 956

出口市场 ……………………… 955

出口许可证管理 ……………… 979

出口政策 ……………………… 977

chú

除氧包装 ……………………… 670

chuān

川红工夫 ……………………… 281

chuán

传 ……………………………… 835

传统名茶 ……………………… 161

传统揉切法 …………………… 560

chuǎn

舛 ………………………………… 4

chuáng

床式发酵设备 ………………… 698

chuí

锤击机 ………………………… 697

chūn

《春茶》 ……………………… 841

春茶 …………………………… 740

春兰 …………………………… 364

春雨 1 号 ……………………… 359

春雨 2 号 ……………………… 360

cí

瓷茶具 …………………… 750,772

磁州窑 ………………………… 760

cū

粗揉 …………………………… 544

cuì

萃取茶 ………………………… 148

萃取法 ………………………… 616

翠柏茶 ………………………… 249

翠峰 …………………………… 359

cuó

醝篦 …………………………… 761

D

dà

大佛龙井 ……………………… 174

《大观茶论》 ………………… 894

大锅 …………………………… 540

大红袍 …………………… 290,879

大壶冲泡法 …………………… 784

大面白 ………………………… 364

大事记 ………………………… 980

大悟绿茶 ……………………… 203

大悟寿眉 ……………………… 204

大型茶叶企业 ………………… 965

大叶乌龙 ……………………… 362

大鄣山云雾茶 ………………… 260

大宗茶市场 …………………… 942

dǎi

傣族的饮茶习俗 ……………… 724

dài

代用茶 ………………………… 1009

玳玳花茶 ………………… 332,604

袋泡茶 ………………………… 332

袋泡茶包装机 ………………… 714

dān

丹桂 …………………………… 363

单倍体育种 …………………… 355

单丛 …………………………… 348

单盘式碧螺春烘干机 ………… 706

单人修剪机 …………………… 682

单芽形绿茶 …………………… 143

dàn

蛋白质 ………………………… 101

氮 ………………………………… 89

dào

道路网建设 …………………… 394

《道童奉茶图》 ……………… 846

děng

等高线 ………………………… 396

dèng

邓村绿茶 ……………………… 193

邓散木 ………………………… 859

dī

低产茶园改造 ………………… 500

低咖啡碱茶 ……………… 337,606

低限温度 ……………………… 386

滴翠剑名 ……………………… 255

滴灌 …………………………… 442

dí

涤方 …………………………… 761

dǐ

底肥 …………………………… 424

dì

地方品种 ……………………… 348

地面流灌 ……………………… 439

地上生长 ·············· 81,444

地势 ··················· 388

地下害虫 ··············· 486

地下生长 ·············· 81,444

地形 ··················· 388

diān

滇红工夫 ··············· 279

diǎn

点茶法 ·············· 771,777

《点茶图》 ·········· 844,846

diàn

电炒锅 ················· 704

dīng

丁敬 ··················· 857

丁云鹏 ················· 847

dǐng

鼎州窑 ················· 759

dìng

定型修剪 ··············· 432

定窑 ··················· 758

dōng

东方美人茶 ············· 304

东海龙须 ··············· 269

东山秀峰 ··············· 211

《东溪试茶录》 ········· 893

dòng

动物源农药 ············· 525

冻顶乌龙 ·········· 303,872

侗族的饮茶习俗 ········· 728

洞庭碧螺春 ············· 242

dū

都篮 ··················· 761

都匀毛尖 ··············· 224

dǒu

抖筛机 ················· 710

dòu

斗茶 ··················· 732

《斗茶图》 ············· 845

duǎn

短穗扦插 ··············· 378

duì

对锅 ··················· 540

duō

多倍体育种 ············· 354

多槽式扁形茶炒制机 ····· 704

多层萎凋机组 ··········· 695

多盘式碧螺春烘干机 ····· 706

多元性 ················· 414

E

è

鄂茶 1 号 ·············· 365

鄂茶 5 号 ·············· 365

ēn

恩施富硒茶 ············· 205

恩施玉露 ··············· 194

ér

儿茶素 ················· 743

èr

二青 ··················· 540

F

fā

发酵 ·········· 548,558,563

发酵设备 ··············· 697

fān

翻板式窨花机 ··········· 708

fán

繁育体系 ··············· 375

fāng

方包茶 ·········· 147,591

方茶 ·········· 147,148

芳香物质 ··············· 103

fáng

防护林 ················· 395

fēi

非价格营销行为 ········· 970

fēn

分子标记辅助育种 ········· 355

fēng

丰子恺 ················· 850

风力选别机 ············· 713

风炉 ··················· 760

风选 ··················· 551

封闭式窨花机 ··········· 708

fèng

凤冈锌硒绿茶 ··········· 231

凤凰单丛茶 ············· 298

凤庆大叶茶 ············· 368

奉茶 ··················· 781

《奉茶图》 ············· 844

fó

佛香茶 ················· 274

fú

伏侨绿雪 ··············· 235

凫早 2 号 ·············· 360

拂末 ··················· 760

茯砖 ·········· 147,318,590

浮来青 ················· 267

浮瑶仙芝 ··············· 262

福鼎大白茶 ············· 361

福鼎大毫茶 ············· 361

《福建茶叶》 ··········· 907

福建农林大学茶学系 ····· 1050

福建省农业科学院茶叶

　研究所 ··············· 1054

福建水仙 ··············· 361

《福建乌龙茶》 ········· 901

福云 6 号 ·············· 362

福州茉莉花茶 ··········· 327

辐射育种 ··············· 353

fǔ

釜 ··················· 761

fù

复(混)合茶饮料 ········· 336

复焙提香 ··············· 573

复焙匀堆⋯⋯⋯⋯⋯⋯ 559
复炒机⋯⋯⋯⋯⋯⋯⋯ 709
赋⋯⋯⋯⋯⋯⋯⋯⋯⋯ 838

G

gǎi
改善血液组成⋯⋯⋯⋯⋯ 126
gài
钙⋯⋯⋯⋯⋯⋯⋯⋯⋯ 90
盖碗冲泡法⋯⋯⋯ 784,793
gān
干燥 ⋯⋯ 532,545,549,552,
　　　568,575,580,584,585,
　　　587,588,592,594,595,
　　　　　　　609,611,624
gǎn
感通茶⋯⋯⋯⋯⋯⋯⋯ 277
gàn
赣茶 2 号⋯⋯⋯⋯⋯⋯ 364
gāo
皋芦⋯⋯⋯⋯⋯⋯⋯⋯ 4
高等院校 ⋯⋯⋯⋯⋯ 1050
高凤翰⋯⋯⋯⋯⋯⋯⋯ 847
高哈第拍卖市场 ⋯⋯⋯ 1026
高濂⋯⋯⋯⋯⋯⋯⋯⋯ 922
高桥银峰⋯⋯⋯⋯⋯⋯ 209
高山草甸茶园土⋯⋯⋯⋯ 403
高山茶⋯⋯⋯⋯⋯⋯⋯ 745
高速逆流色谱法⋯⋯⋯⋯ 621
高翔⋯⋯⋯⋯⋯⋯⋯⋯ 848
高压静电拣梗机⋯⋯⋯⋯ 712
gē
仡佬玉翠⋯⋯⋯⋯⋯⋯ 232
哥窑⋯⋯⋯⋯⋯⋯⋯⋯ 759
哥依巴特拍卖市场 ⋯⋯ 1026
gēn
根⋯⋯⋯⋯⋯⋯⋯ 70,77
根部病害⋯⋯⋯⋯⋯⋯ 476

gōng
工厂化育苗⋯⋯⋯⋯⋯ 380
工夫茶茶具⋯⋯⋯⋯⋯ 766
工夫红茶⋯⋯ 143,278,546,785
公证鉴定⋯⋯⋯⋯⋯⋯ 667
功夫茶⋯⋯⋯⋯⋯⋯⋯ 777
功效⋯⋯⋯⋯⋯⋯⋯⋯ 115
gǒng
巩县窑⋯⋯⋯⋯⋯⋯⋯ 756
gòng
共生吸收⋯⋯⋯⋯⋯⋯ 416
贡茶⋯⋯⋯⋯⋯⋯⋯⋯ 41
贡眉⋯⋯⋯⋯⋯ 145,308,577
gǒu
狗脑贡⋯⋯⋯⋯⋯⋯⋯ 216
gòu
购买投入物凭证⋯⋯⋯⋯ 528
购销政策⋯⋯⋯⋯⋯⋯ 976
gǔ
古代茶具⋯⋯⋯⋯⋯⋯ 760
古代茶书⋯⋯⋯⋯ 892,1027
古代名窑⋯⋯⋯⋯⋯⋯ 754
古劳茶⋯⋯⋯⋯⋯⋯⋯ 218
古丈毛尖⋯⋯⋯⋯⋯⋯ 212
gù
故事⋯⋯⋯⋯⋯⋯⋯⋯ 836
guā
瓜芦⋯⋯⋯⋯⋯⋯⋯⋯ 4
guān
官窑⋯⋯⋯⋯⋯⋯⋯⋯ 759
guǎn
管理体制⋯⋯ 974,975,977,978
guàn
罐装饮料茶⋯⋯⋯⋯⋯ 148
guāng
光合产物⋯⋯⋯⋯⋯⋯ 84
光合速率⋯⋯⋯⋯⋯⋯ 83
光合作用⋯⋯⋯⋯⋯⋯ 83
光线⋯⋯⋯⋯⋯⋯⋯⋯ 669

guǎng
《广东茶叶》⋯⋯⋯⋯⋯ 908
广东省农业科学院茶叶
　研究所⋯⋯⋯⋯⋯ 1056
广东乌龙茶⋯⋯⋯⋯ 144,572
广西六堡茶⋯⋯⋯⋯⋯ 146
广西壮族自治区桂林茶叶
　科学研究所⋯⋯⋯⋯ 1057
guì
贵定雪芽⋯⋯⋯⋯⋯⋯ 228
贵隆银芽⋯⋯⋯⋯⋯⋯ 231
贵州省茶叶研究所 ⋯⋯ 1058
桂花茶⋯⋯⋯⋯⋯ 330,604
桂林毛尖⋯⋯⋯⋯⋯⋯ 233
桂林三青茶⋯⋯⋯⋯⋯ 236
桂绿 1 号⋯⋯⋯⋯⋯⋯ 366
桂香 18 号⋯⋯⋯⋯⋯⋯ 367
桂平西山茶⋯⋯⋯⋯⋯ 236
gǔn
滚切式切茶机⋯⋯⋯⋯⋯ 711
滚筒杀青机⋯⋯⋯⋯⋯ 687
滚筒式名茶杀青机⋯⋯⋯ 703
guō
郭沫若⋯⋯⋯⋯⋯⋯⋯ 931
锅炒⋯⋯⋯⋯⋯⋯⋯⋯ 558
锅式炒干机⋯⋯⋯⋯⋯ 692
锅式杀青机⋯⋯⋯⋯⋯ 686
guó
国际茶叶委员会 ⋯⋯⋯ 1066
国家标准⋯⋯⋯⋯⋯⋯ 1004
guǒ
果壳茶具⋯⋯⋯⋯⋯⋯ 754
果实⋯⋯⋯⋯⋯⋯⋯ 73,80
果味茶⋯⋯⋯⋯⋯⋯⋯ 148

H

hǎi
海青峰茶⋯⋯⋯⋯⋯⋯ 268

hán

含茶饮料 ·················· 149

hàn

汉中仙毫 ·················· 265

汉族的饮茶习俗 ············ 720

háng

杭州虎跑泉 ················ 769

hē

喝茶 ······················ 775

hé

合理采摘 ············ 444,504

hè

鹤峰茶 ···················· 201

hēi

黑茶 ············· 38,140,145,
313,581,643

黑茶紧压茶 ················ 147

黑砖 ·············· 147,321,589

héng

横县茉莉花茶 ·············· 329

hōng

烘焙 ········· 559,572,573,578

烘干 ······················ 563

烘干机 ·········· 691,698,701

烘青绿茶 ············ 35,142,542

hóng

红茶 ············· 39,140,143,278,
545,641,785

红茶紧压茶 ················ 147

红茶菌 ···················· 627

红茶消费量 ················ 952

红壤型茶园土 ·············· 401

红碎茶 ····· 144,284,559,786

红岩迎春 ·················· 224

洪州窑 ···················· 755

鸿雁 7 号 ················· 366

鸿雁 12 号 ················ 366

hóu

猴公茶 ···················· 875

猴王牌花茶 ················ 328

hū

呼吸强度 ·················· 86

呼吸作用 ·················· 85

hú

胡萝卜素 ·················· 668

《壶里乾坤》 ··············· 841

湖北老青茶 ········· 146,314,584

湖北省农业科学院果树茶叶
研究所 ················· 1055

湖南黑茶 ·········· 146,315,581

湖南农业大学茶学系 ······ 1050

湖南省农业科学院茶叶
研究所 ················· 1056

《湖南十大名茶》 ··········· 902

hǔ

虎跑水 ···················· 882

虎狮龙芽 ·················· 208

hù

互补品 ···················· 949

huā

花 ····················· 73,80

花茶 ······ 40,146,326,595,790

花茶窨制机 ················ 708

花秋御竹 ·················· 222

花束形绿茶 ················ 143

花砖 ·············· 147,322,589

huá

华南茶区 ·················· 390

华南农业大学茶学系 ····· 1050

华侨茶业研究基金会 ······ 1064

华中农业大学茶学专业 ····· 1051

huà

化学成分 ·················· 99

化学防治 ·················· 470

化学合成法 ················ 619

化学生态防治 ·············· 469

化学氧化制备法 ············ 621

huáng

黄茶 ········· 38,140,145,309,
579,644,785

黄大茶 ···················· 145

黄观音 ···················· 363

黄鹤楼茶 ·················· 196

黄花云尖 ·················· 186

黄金桂 ···················· 301

黄玫瑰 ···················· 363

黄壤型茶园土 ·············· 402

黄山绿牡丹 ················ 183

黄山毛峰 ·················· 182

黄山种 ···················· 360

黄慎 ················· 848,857

黄士陵 ···················· 859

黄庭坚 ················· 852,918

黄小茶 ···················· 145

黄芽茶 ···················· 145

黄梾 ···················· 362

黄易 ···················· 858

黄棕壤型茶园土 ············ 401

huī

灰承 ···················· 760

恢复历史名茶 ·············· 161

huí

回族的饮茶习俗 ············ 729

huǒ

火筴 ···················· 760

huò

霍山黄芽 ·················· 189

J

jī

机动弥雾机 ················ 681

机械采摘 ·················· 450

机械化 ···················· 393

鸡茶饭 ···················· 346

鸡鸣茶 ···················· 256

基肥 ···················· 424

基质栽培 …………… 515

jí

吉大港拍卖市场 ……… 1026

吉州窑 ……………… 757

集贸市场 …………… 943

jǐ

济南趵突泉 ………… 770

jì

记 ………………… 835

季节性 ……………… 416

jiā

加尔各答拍卖市场 …… 1025

加工标准样 ………… 660

加工机械 …………… 685

加工记录 …………… 528

夹 ………………… 760

家庭式经营 ………… 968

jiǎ

钾 ………………… 90

檟 ………………… 3

假茶 ……………… 741

假茶检验 …………… 663

jià

价格行为 …………… 970

价格形成机制 ……… 948

嫁接换种 …………… 503

jiān

坚齿 …………… 121,124

监督检验 …………… 659

《煎茶水记》 ……… 893

jiǎn

拣梗 …………… 586,587

拣梗机 ……………… 712

拣剔 ……………… 552

减肥 ……………… 126

检查记录 …………… 529

检验性质 …………… 659

jiàn

建窑 ……………… 757

jiāng

江北茶区 …………… 392

江南茶区 …………… 391

江山绿牡丹 ………… 173

江苏省茶叶研究所 … 1053

江西省蚕桑茶叶研究所…… 1055

浆茶 ……………… 339

jiǎng

蒋仁 ……………… 857

jiàng

降血糖 ……………… 127

降血压 ……………… 127

降血脂 ……………… 126

jiāo

交床 ……………… 761

交易模式 …………… 956

jiáo

皎然 ……………… 911

jiào

教育 ……………… 66

jiē

阶段性 ……………… 415

阶梯式拣梗机 ……… 712

揭 ………………… 761

jié

碣滩茶 ……………… 215

jiě

解毒 …………… 116,129

解块分筛机 ………… 691

解块筛分 …………… 532

jīn

巾 ………………… 762

金代茶诗词 ………… 822

金鼎翠毫 …………… 270

金佛玉翠 …………… 259

金刚碧绿 …………… 240

金观音 ……………… 362

金毫红茶 …………… 283

金尖 ………… 147,319,591

金奖惠明 …………… 169

金井毛尖 …………… 213

金牡丹 ……………… 363

金农 …………… 848,856

金山翠芽 …………… 248

金水翠峰 …………… 203

金坛雀舌 …………… 245

金香品雪茶 ………… 192

金银茶具 …………… 751

金银花茶 …………… 330

金寨翠眉 …………… 190

金属茶具 ………… 751,772

金属离子沉淀法 …… 616

筋梗路 ……………… 539

jǐn

紧茶 …………… 147,593

紧压茶…… 146,318,589,790

jìn

近代茶事 …… 830,849,858

近缘植物 …………… 348

进口检验 …………… 667

jīng

经济主体 …………… 964

经营理念升级 ……… 963

茎 ………………… 71

茎部病害 …………… 476

精揉 ……………… 545

精制茶标准样………… 660

精制茶审评 ………… 650

精制机械…………… 709

jǐng

景德镇窑 …………… 756

景谷大白茶 ………… 274

景泰蓝茶具 ………… 752

景星碧绿茶 ………… 257

jìng

径山茶 ……………… 167

敬亭绿雪 …………… 185

jiǔ
九曲红梅·················· 282

jǔ
筥····················· 761

jù
具列···················· 761
聚铝性·················· 415

jūn
君山鸡片················· 344
君山银针················· 309
钧窑···················· 758

K

kā
咖啡碱········· 101,123,616,743

kāi
开采期·················· 447
开沟施肥················· 398
开化龙顶················· 171
开面采·················· 446

kāng
康砖··········· 147,319,591

kàng
抗癌···················· 131
抗病毒·················· 128
抗过敏·················· 130
抗旱保苗················· 400
抗焦虑·················· 130
抗突变·················· 131

kē
科伦坡拍卖市场············ 1026
科钦拍卖市场············· 1025

kè
客来敬茶················· 718

kù
库奴尔拍卖市场············ 1026

kuàng
矿物源农药··············· 525
矿质元素·········· 89,102,123

kūn
昆虫区系················· 463

L

lā
拉祜族的饮茶习俗··········· 724

lán
兰花形绿茶··············· 143
兰岭毛尖················· 209

lǎo
老青砖·················· 147
老舍···················· 933

lè
乐昌白毛茶············ 217,365

léi
擂茶二说················· 887

lèi
类脂···················· 104
类脂物质················· 668

lěng
冷冻湿茶················· 339
冷泡茶·················· 339
冷水冲泡型茶·············· 612

lí
离子沉淀法··············· 616

lǐ
李德裕·················· 865
李方膺·················· 848
李清照·················· 866
李鱓···················· 848
李渔···················· 925
理化检验················· 661
理化检验标准·············· 661
理条···················· 573

lì
历史名茶················· 149
利水···················· 120
傈僳族的饮茶习俗··········· 726

lián
联合国粮农组织、商品和贸易
  部，原材料、热带和园艺产品
  服务处·············· 1066
联合匀堆机··············· 713

liàn
链板式窨花机·············· 708

liáng
良种化·················· 393
凉青················ 567,569

liǎng
两晋茶诗················· 813

liàng
晾青···················· 573

liáo
辽代茶事绘画·············· 843
疗疮···················· 121
疗饥···················· 121
疗效···················· 122

lín
磷····················· 89
鳞翅目害虫··············· 478

líng
凌云白毛茶············ 234,366
零售市场················· 943

lǐng
岭头单丛············· 299,366

liú
流动式窨花机·············· 708
流化床式烘干机············· 698
流通渠道················· 944
流通体制················· 976

liù
六安瓜片················· 188
六堡茶······ 148,319,587,592
六堡茶香鸭··············· 343
六堡散茶················· 317
六朝茶事················· 16

lóng

龙都香茗·················· 328

龙峰茶·················· 200

龙井43 ·················· 358

龙井茶·················· 882

龙井长叶·················· 358

龙井肉片汤·················· 345

龙井汤圆·················· 346

《龙井问茶——西湖龙井茶
事录》·················· 904

龙井虾仁·················· 342

龙泉窑·················· 755

龙团珠茉莉花茶·················· 327

龙眼玉叶·················· 241

《枕翠庵茶品梅花雪》·········· 840

lú

卢仝·················· 865,910

《卢仝煮茶图》·················· 845

庐山云雾·················· 263,877

lǔ

鲁迅·················· 930

lù

陆龟蒙·················· 913

陆纳·················· 864

陆游·················· 919

陆羽·················· 865,876,908

《陆羽茶经译注》·················· 903

《陆羽烹茶图》·················· 845

陆羽泉·················· 867

漉水囊·················· 761

lǚ

铝·················· 91

lù

绿宝石·················· 229

绿茶 ··········· 140,141,165,
529,640,781

绿茶拌豆腐·················· 345

绿茶紧压茶·················· 147

绿茶西红柿汤·················· 343

绿茶消费量·················· 952

绿杨春·················· 251

lún

伦敦拍卖市场·················· 1025

lùn

论文·················· 836

luó

罗合·················· 760

《罗岕茶记》·················· 895

螺旋式切茶机·················· 712

M

mǎ

《马二先生游湖访茶店》······ 840

máo

毛茶标准样·················· 660

毛茶归堆·················· 563

毛茶收购经营·················· 976

毛蟹·················· 362

茅山长青·················· 250

茅山青锋·················· 246

mào

笔茶法·················· 771

茂绿·················· 359

贸易标准样·················· 661

méi

玫瑰花茶·················· 331,606

梅占·················· 362

梅子贡茶·················· 201

湄江翠片·················· 227

湄潭翠芽·················· 230

酶·················· 101

酶促氧化制备法·················· 620

měi

镁·················· 90

mēn

闷黄·················· 579

méng

萌发·················· 77

měng

勐海大叶茶·················· 368

勐库大叶茶·················· 368

蒙巴萨拍卖市场·················· 1026

蒙顶甘露·················· 220

蒙顶黄芽·················· 310

蒙顶玉叶·················· 872

蒙古族的饮茶习俗·················· 724

锰·················· 91

mèng

孟臣壶·················· 766

mǐ

米芾·················· 852

米砖茶·················· 321,595

miáo

苗族的饮茶习俗·················· 728

miè

灭菌·················· 128

mín

民国时期茶叶·················· 157

mǐn

闽北水仙·················· 293

闽北乌龙茶·················· 144,570

《闽茶说》·················· 906

闽南乌龙茶·················· 144,568

míng

名茶,安徽省·················· 1001

名茶,福建省·················· 1000

名茶,广东省·················· 1002

名茶,广西壮族自治区····· 1002

名茶,贵州省·················· 1002

名茶,海南省·················· 1003

名茶,河南省·················· 1002

名茶,湖北省·················· 1001

名茶,湖南省·················· 1001

名茶,江苏省·················· 1002

名茶,江西省·················· 1003

名茶,山东省·················· 1003

名茶,陕西省·················· 1003

名茶,四川省 …………… 1002
名茶,台湾省 …………… 1004
名茶,云南省 …………… 1004
名茶,浙江省 …………… 1000
名茶,重庆市 …………… 1003
名丛 ………………………… 348
名山白毫 ………………… 367
名优茶成型干燥机 ……… 704
名优茶揉捻机 …………… 703
名优茶杀青机 …………… 703
名优茶市场 ……………… 942
明代茶事 …… 31,50,153,748,
765,825,846,854
明目 ……………………… 117
明目利尿 ………………… 125
茗 …………………………… 3
茗家春 …………………… 269
铭 ………………………… 838

mò
末茶处理 ………………… 557
茉莉春风 ………………… 327
茉莉大白毫 ……………… 327
茉莉花茶 …………… 326,599
墨江云针 ………………… 273

mǔ
母本园建立 ……………… 378

mù
木犀 ……………………… 709
钼 ………………………… 92

N

nà
纳西族的饮茶习俗 ……… 725

nǎi
奶茶 ……………………… 869

nán
南北朝茶诗 ……………… 813
南川红碎茶 ……………… 285
《南方有嘉木》 ………… 842

南江 1 号 ………………… 367
南江 2 号 ………………… 367
南京农业大学茶学专业 … 1051
南路边茶 …………… 313,586
南糯白毫 ………………… 271
南山白毛茶 ……………… 237
南山寿眉 ………………… 249
南岳云雾 ………………… 215

nèi
内罗毕拍卖市场 ………… 1026

nián
年生育周期 ……………… 76

niǎn
《撵茶图》 ……………… 845
碾 ………………………… 760

níng
宁红工夫 ………………… 280
宁州 2 号 ………………… 364
柠檬果茶煮豆腐 ………… 345
凝香翠茗 ………………… 234

nóng
《农产品质量安全检测手册
（茶叶卷）》 ………… 902
农户合作组织 …………… 968
农抗早 …………………… 361
农事活动记录 …………… 528
农药残留 ………………… 487
农药降解 ………………… 490
农药最大残留限量 ……… 492
农业防治 ………………… 467
浓缩茶 …………………… 148

nǚ
女娲银峰 ………………… 264

O

ōu
欧阳修 …………………… 914
欧洲茶叶委员会 ………… 1066
瓯窑 ……………………… 755

沤堆 ……………………… 588

P

pāi
拍卖步骤 ………………… 1026
拍卖方法 ………………… 1026
拍卖市场 ………………… 1025

pái
排水蓄水系统 …………… 394

pán
盘式发酵设备 …………… 697
盘式揉切机 ……………… 696

pào
泡茶"三要素" …………… 772
泡茶程式 ………………… 780
泡茶法 …………… 771,777
泡茶方法 ………………… 771
泡茶技术 ………………… 772
泡茶技艺 ………………… 771
泡茶器具 ………………… 772
泡茶意境 ………………… 779
泡茶用水 ………………… 766

pēn
喷灌 ……………………… 440
喷雾栽培 ………………… 515

pēng
《烹茶探桃图》 ………… 844

péng
硼 ………………………… 92

pī
批发市场 ………………… 943

pí
皮光业 …………………… 865
皮日休 …………………… 913

piàn
片茶处理 ………………… 558
片形绿茶 ………………… 143

piāo
飘筛机 …………………… 711

piáo

瓢······················ 761

pīn

拼堆成色··············· 552

pǐn

《品茶图鉴》··········· 897

《品茶要录》··········· 894

品茗环境··············· 729

品系··················· 348

品质规格··············· 660

品质化学··············· 637

品质特点··············· 640

píng

平板式乌龙茶包揉机······· 700

平地茶················· 745

平衡施肥··············· 418

平面式切茶机··········· 712

平面圆筛机············· 710

评茶计分方法··········· 655

评茶人员··············· 647

评茶术语··············· 651

pō

坡向··················· 388

pǔ

《普洱》··············· 908

《普洱茶》············· 901

普洱茶········ 38,317,588

普洱方茶··············· 594

普洱砖茶··············· 325

普通烘青··············· 142

pù

瀑布毛峰··············· 228

Q

qī

七子饼茶(圆茶)········· 323

漆器茶具·········· 752,772

qí

祁门工夫··············· 278

祁门种················· 360

齐白石················· 850

qǐ

启功··················· 859

qì

契约··················· 835

qiān

千岛玉叶··············· 175

千两茶(花卷茶)········· 322

千珠碧毛尖············· 207

扦插················ 96,379

扦插圃建立············· 378

谦师··················· 866

qián

钱松··················· 858

黔湄 419··············· 367

黔湄 502··············· 367

黔湄 601··············· 368

黔湄 809··············· 368

qiào

鞘翅目害虫············· 481

qiē

切茶机················· 711

切断··················· 551

qīng

青城雪芽··············· 223

青砖茶············ 320,592

轻身路················· 556

轻修剪················· 433

清代茶事····· 31,50,157,749,
                   827,847,855

清理地面··············· 396

清凉山茶··············· 218

清热··················· 118

清头目················· 118

清蒸茶鲫鱼············· 344

qióng

邛窑··················· 755

qiū

秋茶··················· 740

qiú

球茶机················· 700

仇英··················· 846

qū

曲螺形绿茶············· 143

曲条形绿茶············· 143

祛风解表··············· 121

qù

去肥腻················· 119

去痰··················· 120

quán

权分法················· 656

què

雀舌毫茉莉花茶········· 327

榷茶··················· 52

qún

群体结构··············· 82

R

rǎn

染色体················· 105

rè

热风式杀青机··········· 688

热风萎凋··············· 567

热水浸渍法············· 607

rén

人才培养··············· 60

仁化银毫··············· 217

rì

《日本茶道文化概论》········ 905

日本茶业中央会······· 1067

róng

溶剂提取法············· 620

róu

揉捻······· 531,540,544,548,
            558,559,568,569,
            572,573,575,578,

582,584,585,587,
588,609

揉捻机 …………………… 690

揉切 ……………………… 560

rǔ

汝窑 ……………………… 758

ruì

瑞香 ……………………… 363

ruò

若琛杯 …………………… 766

S

sǎ

撒盘式匀堆机 …………… 713

sài

赛山玉莲 ………………… 239

sān

三杯香 …………………… 179

三山香茗 ………………… 252

sǎn

散文 ……………………… 836

sè

色素 ……………………… 102

色泽 ……………………… 740

色泽评语 ………………… 653

shā

杀青 ……… 530,540,569,579,
581,585,586,
587,588,609

杀青机 …………………… 686

shāi

筛分 ………… 550,586,589

筛分机 …………………… 710

筛分拣剔 ………………… 559

shài

晒茶 ……………………… 586

晒青 ………… 566,568,572

晒青绿茶 …… 35,142,543

shān

山东农业大学茶学专业 …… 1051

shàn

单道开 …………………… 864

汕头风炉 ………………… 766

善卷春月 ………………… 251

shāng

商南泉茗 ………………… 266

shǎng

赏茶 ……………………… 781

shàng

上梅洲 …………………… 364

上饶白眉 ………………… 261

shǎo

少睡 ……………………… 116

shè

设施栽培 ………………… 504

荨 ………………………… 4

shēn

申 ………………………… 837

深耕改土 ………………… 397

深修剪 …………………… 433

shén

神农尝百草 ……………… 876

shěn

沈周 ……………………… 846

审评程序 ………………… 647

审评方法 ………………… 647

审评室 …………………… 645

审评用具 ………………… 646

审评用水 ………………… 646

shèn

渗灌 ……………………… 441

shēng

升华法 …………………… 616

生产成本 ………………… 941

生产要素 ………………… 939

生长起点温度 …………… 386

《生二女连吃四家茶》…… 840

生理特性 ………………… 83

生物防治 ………………… 469

生物合成法 ……………… 619

生物学特性 ……………… 74

生育周期 ………………… 74

生殖生长 ………………… 82

shèng

圣水毛尖 ………………… 199

《盛希侨地藏庵品茶》…… 841

shī

施肥技术 ………………… 521

shí

十八棵御茶 ……………… 868

《十六汤品》…………… 893

石茶具 …………………… 753

石佛翠 …………………… 361

石门银峰 ………………… 213

石乳茉莉花茶 …………… 327

shì

《世界茶业 100 年》……… 904

市场绩效 ………………… 970

市场行为 ………………… 970

市场营销行为 …………… 948

示 ………………………… 837

适生条件 ………………… 384

适应性 …………………… 417

适中采 …………………… 445

shǒu

手动喷雾器 ……………… 680

手工采摘 ………………… 446

手拉百页式名茶烘干机 …… 704

shòu

寿眉 ………………… 145,308

寿州窑 …………………… 756

shū

舒茶早 …………………… 361

舒城兰花 ………………… 191

shú

熟盂 ……………………… 761

shù

束形乌龙茶 ……………… 145

树体改造 ………………… 501

数量性状遗传 …………… 106

shuāng

双人修剪机 ……………… 683

shuǐ

水厄 ……………………… 4

水方 ……………………… 761

水分 ………………… 386,669

水分生理 ………………… 92

水濂玉叶 ………………… 241

水培 ……………………… 514

水土保持 ………………… 408

水土流失 ………………… 408

sī

斯里兰卡种植者协会 …… 1067

sǐ

《死水微澜》 …………… 841

sì

四川边茶 …………… 146,313

四川农业大学茶学系 …… 1050

四川省农业科学院茶叶
　研究所 ……………… 1058

sōng

松包机 …………………… 701

松阳银猴 ………………… 170

sòng

宋代茶事 …… 27,50,151,748,
　　　　　　 763,817,843,851

颂 ………………………… 838

sū

苏东坡 …………………… 865

苏轼 ………………… 852,916

苏州观音泉 ……………… 769

酥油茶 ……………… 343,869

sù

速包机 …………………… 700

速溶茶 …………… 148,333,621

速溶茶加工机械 ………… 709

塑料茶具 ………………… 754

塑料大棚栽培 …………… 504

suān

酸性紫色土型茶园土 …… 403

suì

穗条培育 ………………… 378

sūn

孙皓 ……………………… 864

T

tái

台北市茶商业同业公会 … 1064

《台湾茶文化论》 ……… 905

台湾茶协会 ……………… 1064

《台湾茶业发展史》 …… 904

台湾茶业改良场 ………… 1059

台湾乌龙茶 ………… 144,573

台刈 ……………………… 434

tài

太白银针 ………………… 260

太湖翠竹 ………………… 245

太极碧螺春(羹) ………… 343

太平猴魁 ………………… 183

太平猴魁焖饭 …………… 345

tān

摊青 ………………… 568,574

tǎn

坦洋工夫 ………………… 279

tàn

炭树 ……………………… 760

碳水化合物 ……………… 103

tāng

汤色评语 ………………… 653

táng

唐代茶事 …… 19,48,149,747,
　　　　　　 814,842,851

唐代宫廷用具 …………… 762

唐寅 ………………… 846,854

搪瓷茶具 ………………… 752

táo

陶茶具 ……………… 749,772

陶瓷茶具 ………………… 749

tí

提高免疫性 ……………… 124

提花 ……………………… 599

tì

替代品 …………………… 949

tiān

天福茶学院 ……………… 1051

天岗玉叶 ………………… 258

天华谷尖 ………………… 188

天山银毫 ………………… 327

天下第一泉 ……………… 866

天柱剑毫 ………………… 187

tiáo

《调琴啜茗图卷》 ……… 842

条索形乌龙茶 …………… 145

调味茶饮料 ……………… 334

tiě

铁 ………………………… 91

铁观音 ……………… 294,361

铁观音炖鸭 ……………… 343

铁制茶具 ………………… 752

tíng

停采期 …………………… 447

tōng

通便 ……………………… 120

通风除尘设备 …………… 714

通花散热 ………………… 598

tóng

铜 ………………………… 92

铜茶具 …………………… 751

童子敬观音 ……………… 344

tǒng

筒式炒干机 ……………… 693

tú

茶 ………………………… 1

tǔ

土地区块规划 …………… 393

土耳其茶叶商会 ……… 1067

土家族的饮茶习俗 …… 727

土壤 ………………… 387

土壤改良 ……………… 410

土壤管理 ………… 400,520

土壤环境质量标准 …… 412

土壤类型 ……………… 401

土壤湿害 ……………… 410

土壤酸度 ……………… 411

土壤酸化 ……………… 411

土壤污染 ……………… 412

tuán

团茶 …………………… 36

团块形绿茶 …………… 143

团块形乌龙茶 ………… 145

团揉造型 ……………… 575

tún

屯溪绿茶 ……………… 181

tuó

沱茶 ………… 147,324,593

W

wài

外形评语 ……………… 652

wǎn

皖西黄大茶 …………… 312

碗 …………………… 761

wāng

汪士慎 …………… 847,856

wáng

王安石 ………………… 865

王濛 …………………… 864

王肃 …………………… 864

《王泽农选集》 ……… 901

wǎng

网框式贮青设备 ……… 702

wàng

望海茶 ………………… 172

wēi

微波杀青机 …………… 689

微量元素 ………… 91,102

微生物发酵法 ………… 619

wéi

维生素 ………… 104,123

维生素 C ……………… 668

维吾尔族的饮茶习俗 … 722

wěi

委托检验 ……………… 660

萎凋 …… 547,554,559,566,
568,571,574,577,578

萎凋槽 ………………… 694

萎凋机 ………………… 695

wèi

卫生检验 ……………… 663

wēn

温度 ……………… 385,668

温具 …………………… 780

温泉毫峰 ……………… 205

温州黄汤 ……………… 312

wén

文化习俗 ……………… 949

《文会图》 …………… 844

文君花茶 ……………… 327

文君绿茶 ……………… 222

文澎 …………………… 855

文山包种 ……………… 302

文徵明 …………… 847,854

wò

渥堆 ……… 582,585,587,
589,590,592

wū

乌龙茶 …… 40,140,144,287,
565,642,786

乌龙茶紧压茶 ………… 147

乌牛早 ………………… 179

wú

《无公害茶的栽培与加工》
………………… 897

无土栽培 ……………… 513

无锡毫茶 ……………… 244

无锡惠山泉 …………… 769

吴昌硕 …………… 849,858

吴觉农 ………………… 932

吴觉农茶学思想研究会 … 1065

《吴觉农选集》 ……… 896

《吴月娘扫雪烹茶》 … 839

wǔ

五岭红 ………………… 366

五香茶叶蛋 …………… 346

武当道茶 ……………… 198

武阳春雨 ……………… 173

武夷肉桂 ……………… 291

武夷岩茶 ……………… 287

wù

物理机械防治 ………… 468

婺源茗眉 ……………… 261

婺州窑 ………………… 755

X

xī

西北农林科技大学茶学
专业 ……………… 1051

西湖龙井 ……………… 166

《西湖龙井茶》 ……… 906

西利古里拍卖市场 …… 1026

西路边茶 ………… 314,587

西南茶区 ……………… 390

西南大学茶学专业 …… 1050

吸汁类害螨 …………… 485

锡茶 5 号 ……………… 358

锡茶 11 号 …………… 358

锡茶具 ………………… 751

xí

檄 …………………… 837

xǐ

喜铵性··············· 414

xì

细嫩采··············· 445
细嫩炒青············· 141
细嫩烘青············· 142

xiá

霞浦春波绿··········· 364

xià

下气··············· 119
夏茶··············· 740

xiān

仙芝竹尖············· 221
鲜叶处理设备········· 702
鲜叶管理············· 546
鲜叶输送堆放装置····· 686
鲜叶脱水机··········· 702
鲜叶贮存摊放设备····· 685

xián

嫌钙性············· 415

xiàn

现代茶书········· 896,1028
现代名茶············· 161

xiāng

香料··············· 611
香气··············· 740
香气成分··········· 668
香气评语··········· 653
香山贡茶··········· 256
香味茶··········· 148,610
湘尖··········· 147,591
箱式窨花机··········· 708
镶锡茶具··········· 752

xiáng

详··············· 837

xiāo

消臭··············· 129
消费偏好··········· 949
消食··············· 119

消暑··············· 118
消炎··············· 128
《萧翼赚兰亭图》····· 843
销售记录··········· 528
销售价格··········· 940

xiǎo

《小才女亭内品茶》··· 840
小锅··············· 540
小说··············· 836
小种红茶····· 143,283,554

xīn

锌··············· 92
新茶··············· 739
新茶园建设··········· 392
新茶园开垦··········· 395
新创名茶··········· 162
新工艺白茶····· 309,578
新梢··········· 78,443
新香味茶··········· 339
新型茶··········· 337,606

xìn

信函··············· 836
信阳 10 号··········· 364
信阳毛尖··········· 238

xīng

兴奋提神··········· 126

xíng

行车式窨花机········· 708
行车式匀堆机········· 713
行业标准··········· 1006
邢窑··············· 756
形态特征··········· 69
型式检验··········· 659

xǐng

醒酒··········· 119,129

xiū

休眠··············· 94
修剪机··········· 682
修剪养蓬··········· 504

修筑梯田··········· 397

xū

虚谷··············· 849

xú

徐剑毫峰··········· 276
徐渭··············· 855

xù

序··············· 835
叙府龙芽··········· 220
《续茶经》··········· 896
续水··············· 781

xuān

《宣和北苑贡茶录》··· 894

xuē

薛怀··············· 849

xuě

雪芹辨泉··········· 875
雪青茶··········· 266
雪水云绿··········· 174

xūn

窨花茶··········· 744

Y

yā

压砖机··········· 709

yǎ

雅加达拍卖市场········· 1026

yán

延年益寿··········· 122
研发行为··········· 970
研究机构,肯尼亚····· 1061
研究机构,马拉维····· 1062
研究机构,孟加拉国··· 1061
研究机构,日本········· 1060
研究机构,斯里兰卡··· 1060
研究机构,土耳其····· 1061
研究机构,印度········· 1060
研究机构,印度尼西亚····· 1060
研究机构··········· 1052

yàn

雁荡毛峰·············178

yáng

羊艾毛峰·············226
羊岩勾青·············180
阳光···············385
阳羡雪芽·············247
杨树林783···········360

yǎng

仰天雪绿·············239
氧化制备法···········620
氧气···············669

yàng

样价政策·············976

yáo

尧山秀绿·············367
摇青···········567,569
摇青机·············699

yào

药理···············110
药用保健茶···········148
药用成分·············122
耀州窑·············759

yē

耶律楚材·············920

yě

野生大茶树····9,348,987
野针王·············214

yè

叶············71,79
叶部病害·············474
叶茶···············145
叶底评语·············654
叶绿素·············667
叶面肥·············426
叶片···············444

yí

沂蒙玉芽·············268
宜昌大叶茶···········364

宜红早·············365
宜兴红碎茶···········286
移动式贮青车··········686
遗传···············105

yǐ

以虫治虫·············524
以微生物治虫··········524

yì

艺茶···············779
益气力·············122

yīn

音乐茶座·············737

yín

吟茶楹联·············832
银峰茶·············257
银针白毫·············306

yǐn

引进品种·············348
饮茶···············776
饮茶习俗·············716

yìn

印度茶叶协会··········1067
印度南部种植者联合协会
················1067

yīng

英德红茶·············282
英山云雾·············195

yíng

迎霜···············359
营养钵制作···········379
营养繁殖·············96
营养生长·············82
营养生理·············88
营养诊断施肥··········423

yìng

硬度···············771

yǒng

永川秀芽·············253
永春佛手·············296

涌溪火青·············184

yòng

用茶方法·············732

yōu

优势茶区·············961

yóu

游离氨基酸···········101

yǒu

有害生物·············463
有机茶··········517,518
有机茶交易证明·········528
有机茶市场···········943
有机酸·············104
有机转换·············520
有效土层·············410

yòu

幼苗期管理···········400

yú

虞集···············921

yǔ

雨花茶·············243

yù

玉绿···············365
玉书茶碾·············766
育成品种·············348
预防神经退化性疾病······130
预防衰老·············123
预防心血管疾病·········126
谕···············836
御茶园·············874
裕茗碧剑·············207

yuán

元代茶事······27,153,748,
················823,843,851
园林化·············392
园土改良·············502
园相改造·············502
圆包茶·············147
圆茶···········147,593

圆炒青 …………… 141,540

圆片式切茶机 …………… 712

圆身路 …………… 538,555

圆珠形绿茶 …………… 143

袁宏道 …………… 855,923

袁枚 …………… 929

yuè

岳西翠兰 …………… 186

岳州窑 …………… 757

悦茗香 …………… 363

越窑 …………… 754

yún

云抗 10 号 …………… 368

云抗 14 号 …………… 369

云龙绿茶 …………… 272

云南红碎茶 …………… 286

云南紧茶 …………… 323

云南农业大学茶叶学院 …… 1051

云南普洱茶 …………… 146

云南省农业科学院茶叶
　研究所 …………… 1059

云雾茶 …………… 253

匀堆装箱机 …………… 713

Z

zá

杂交育种 …………… 352

杂文 …………… 836

zāi

栽培技术 …………… 384

zài

再加工茶 …… 141,146,318,651

《在其香居茶馆里》 …………… 841

赞 …………… 838

zàng

藏族的饮茶习俗 …………… 723

zǎo

早白尖 5 号 …………… 367

早期鉴定 …………… 355

zé

则 …………… 761

zhā

扎堆 …………… 586

zhá

札 …………… 762

zhāng

张岱 …………… 924

漳平水仙茶饼 …………… 304

zhào

诏 …………… 836

《赵伯升茶肆遇仁宗》 …………… 839

赵佶 …………… 867,918

赵令畤 …………… 854

赵朴初 …………… 859,934

赵之谦 …………… 858

zhē

遮阳栽培 …………… 510

zhè

《浙江茶叶》 …………… 897

浙江大学茶学系 …………… 1050

浙江农林大学茶文化专业
　…………… 1051

《浙江省茶叶志》 …………… 897

浙江树人大学茶文化专业
　…………… 1051

浙农 113 …………… 359

浙农 117 …………… 359

浙农 139 …………… 359

zhēn

针形茶整形机 …………… 707

真茶 …………… 741

真空包装 …………… 670

zhèn

镇江中泠泉 …………… 769

zhēng

蒸茶器 …………… 709

蒸汽杀青机 …………… 688

蒸青 …………… 543

蒸青绿茶 …………… 35,37,142,543

蒸腾作用 …………… 93

zhèng

正志和尚 …………… 884

郑板桥 …………… 857,926

政和大白茶 …………… 361

zhí

直接提取法 …………… 618

直条(针)形绿茶 …………… 143

植物源农药 …………… 525

zhǐ

止渴生津 …………… 118

纸囊 …………… 760

zhì

《制茶工艺学》 …………… 900

制茶技术 …………… 529

《制茶技术理论》 …………… 901

《制茶学》 …………… 900

制度升级 …………… 963

治痢 …………… 120

治心痛 …………… 121

治瘰疬 …………… 121

质量跟踪记录体系 …………… 528

质量性状遗传 …………… 106

置茶 …………… 780

zhōng

中茶 108 …………… 358

中等专业学校 …………… 1052

《中国白茶》 …………… 902

《中国——茶的故乡》 …………… 903

《中国茶典》 …………… 897

《中国茶疗》 …………… 905

《中国茶谱》 …………… 902

《中国茶树优良品种集》 …………… 899

《中国茶树栽培学》 …… 898,899

《中国茶文化》 …………… 905

《中国茶文化大辞典》 …………… 906

《中国茶文化经典》 …………… 905

《中国茶学辞典》 …………… 897

《中国茶业经济的转型》······ 906
《中国茶叶》······ 907
中国茶叶博物馆 ······ 1065
《中国茶叶大辞典》······ 897
《中国茶叶复兴计划》······ 896
《中国茶叶加工》······ 908
《中国茶叶历史资料续辑
　（方志茶叶资料汇编）》······ 904
《中国茶叶历史资料选辑》
　······ 903
中国茶叶流通协会 ······ 1063
《中国茶叶外销史》······ 904
《中国茶叶问题》······ 896
中国茶叶学会 ······ 1062
《中国茶艺》······ 906
《中国地方志茶叶历史资料
　选辑》······ 903
《中国古茶树》······ 904
《中国古代茶诗选》······ 905
《中国古代茶叶全书》······ 904
中国国际茶文化研究会······ 1062
《中国科学技术专家传略·
　农学篇·园艺卷 1》······ 896
《中国科学技术专家传略·
　农学篇·园艺卷 3》······ 897
《中国历代茶书汇编校注本》
　······ 905
《中国名茶图典》······ 902
《中国名茶志》······ 897
《中国名优茶选集》······ 901
《中国农业百科全书·茶业卷》
　······ 896
中国农业科学院茶叶研究所
　······ 1052
中国食品土畜进出口商会茶
　叶分会 ······ 1064
《中国药茶谱》······ 905
《中国饮茶文化》······ 905
《中国制茶工艺》······ 901

中华茶人联谊会 ······ 1063
《中华茶史》······ 905
《中华茶叶五千年》······ 904
中华全国供销合作总社杭州
　茶叶研究院 ······ 1053
中间需求变化 ······ 949
《中日茶文化交流史》······ 906
中揉 ······ 544
中小茶叶企业 ······ 964
zhǒng
种 ······ 109
种苗准备 ······ 398
种子 ······ 73,77
种子繁殖 ······ 95
种子育苗 ······ 382
zhòng
种植合理化 ······ 392
种植密度 ······ 398
仲裁检验 ······ 660
重修剪 ······ 434
重修剪机 ······ 683
zhū
珠茶炒干机 ······ 694
珠兰花茶 ······ 329,605
诸暨绿剑 ······ 176
槠叶齐 ······ 365
zhú
竹笺 ······ 761
竹木茶具 ······ 753,772
竹筒茶 ······ 594
竹叶青 ······ 219
zhǔ
煮茶法 ······ 771,776
《煮汤图》······ 844
zhù
助消化 ······ 128
贮藏记录 ······ 528
柱层析法 ······ 615,621
《筑草为城》······ 842

zhuān
专业化市场 ······ 944
砖红壤型茶园土 ······ 403
砖模 ······ 709
zhuǎn
转筒式匀堆机 ······ 713
转子揉切法 ······ 560
转子揉切机 ······ 696
zhuāng
《庄晚芳茶学论文选集》······ 899
zhuī
追肥 ······ 425
zī
滋味 ······ 740
滋味评语 ······ 654
zǐ
紫牡丹 ······ 363
紫砂壶冲泡法 ······ 793
紫阳毛尖 ······ 264
滓方 ······ 761
zì
自传 ······ 835
自动拼配匀堆机 ······ 714
自动式名茶烘干机 ······ 704
zōng
综合利用 ······ 612
综合治理 ······ 467
综合做青机 ······ 699
棕壤型茶园土 ······ 401
zòu
奏议 ······ 837
zǔ
组织模式 ······ 973
组织培养 ······ 98
组织培养法 ······ 619
zuān
钻蛀类害虫 ······ 485
zuì
最适温度 ······ 386

zūn

遵义毛峰·························· 225

zuò

做青·········· 567,569,571,573

做庄茶······················· 586

C・T・C机揉切法 ········ 561

CTC ·························· 697

GB/T 8303 ···················· 662

GB/T 8304 ···················· 662

GB/T 8305 ···················· 663

GB/T 8306 ···················· 663

GB/T 8307 ···················· 663

GB/T 8308 ···················· 663

GB/T 8309 ···················· 663

GB/T 8310 ···················· 663

GB/T 8311 ···················· 663

GB/T 8312 ···················· 663

GB/T 8313 ···················· 663

GB/T 8314 ···················· 663

L・T・P机锤击法 ········ 562

LTP ·························· 697

γ-氨基丁酸茶 ······ 338,608

主要参考文献

1. 汉・许慎,《说文解字》

2. 晋・常璩,《华阳国志》

3. 唐・陆羽,《茶经》

4. 唐・樊绰,《蛮书》

5. 宋・吴自牧,《梦粱录》

6. 宋・赵佶,《大观茶论》

7. 元・脱脱等,《宋史》

8. 明・李时珍,《本草纲目》

9. 明・徐光启,《农政全书》

10. 清・汪灏等,《广群芳谱》

11. 清・张廷玉等,《明史》

12. 清・徐珂,《清稗类钞》

13. 清・高濂,《遵生八笺》

14. 清・康熙帝玄烨命词臣校勘搜辑,《全唐诗》

15. (英)威廉・乌克斯著,中国茶叶研究社译,《茶叶全书》,北京:中国茶叶研究社出版,1949

16. 万国鼎,《茶书总目提要・中国农业遗产研究集刊》,1958

17. 中国农业遗产研究室编著,《中国农学史》,北京:科学出版社,1962

18. 张迅齐,《茶话与茶经》,台北:长春树书坊,1978

19. 范文澜,《中国道史》,北京:人民出版社,1978

20. 方诗铭,《中国历史纪年表》,上海:上海辞书出版社,1979

21. 安徽农学院主编,《制茶学》,北京,农业出版社,1979

22. 湖南农学院主编,《茶叶审评与检验》,北京:农业出版社,1979

23. 朱小明,《茶史茶典》,台北:世界文物出版社,1980

24. (日)木宫泰彦著,胡锡年译,《日中文化交流史》,北京:商务印书馆,1980

25. 湖南农学院主编,《茶树育种学》,北京:农业出版社,1980

26. 陈祖槼、朱自振,《中国茶叶历史资料选辑》,北京:农业出版社,1981

27. 陈彬藩,《茶经新篇》,香港:香港镜报文化企业有限公司出版,1980

28. 王泽农,《茶叶生化原理》,北京:农业出版社,1981

29. 庄晚芳,《饮茶漫话》,北京:中国财经出版社,1981

30. 夏春华、朱全芬,《我国茶籽资源和当前利用情况》,中国茶叶,1980(2):10～12

31. 张宏达,《山茶属植物的系统研究》,中山大学学报(自然科学)论文,广州:中山大学学报编辑部,1981

32. 张宏达,《茶叶植物资源的订正》,中山大学学报(自然科学)1984年第1期,油印本,广州:中山大学

学报编辑部

33. 浙江农业大学主编,《茶叶机械基础》,北京：农业出版社,1982

34. 彭定求、沈三贞等编,《全唐诗》,上海：上海古籍出版社,1982

35. 国家出口商品检验局,《成品茶检验》,北京：中国财经出版社,1982

36. 陈椽,《茶业通史》,北京：农业出版社,1984

37. 湖北省茶叶公司编,《湖北茶叶贸易志》,湖北省茶叶公司印,1985

38. 张宏庸,《陆羽丛书》,台北：台湾茶学文学出版社,1985

39. 中国农科院茶叶研究所主编,《中国茶树栽培学》,上海：上海科技出版社,1986

40. 程启坤等,《饮茶的科学》,上海：上海科技出版社,1986

41. 刘义庆,《世说新语》,上海：上海古籍出版社,1986

42. 虞富莲,《论茶树原产地和起源中心》,茶叶科学,1986,6(1)：1～8

43. 张宏庸,《茶的历史》,台北：台湾茶学文学出版社,1987

44. 刘照勋,《茶经》,北京：中国工人出版社,1987

45. 吴觉农主编,《茶经述评》,北京：农业出版社,1988

46. 庄晚芳,《中国茶史散论》,北京：科学出版社,1988

47. 王泽农主编,《中国农业百科全书·茶业卷》,北京：农业出版社,1988

48. 陆羽研究会编,《茶经论稿》,武昌：武汉大学出版社,1988

49. 梁白泉主编,《国宝大观》,上海：上海文化出版社,1989

50. 张堂恒主编,《中国制茶工艺》,北京：中国财经出版社,1989

51. 钱时霖,《中国古代茶诗选》,杭州：浙江古籍出版社,1989

52. 农业部农业司、中国农科院茶叶研究所编,《中国茶树优良品种集》,上海：上海科技出版社,1990

53. 吴觉农,《中国地方志茶叶历史资料选辑》,北京：农业出版社,1990

54. 游小青、李名君,《茶树种质资源萜烯指数分析》,中国农科院茶叶研究所,茶叶科学研究论文集,上海：上海科学技术出版社,1991

55. 范增平,《台湾茶业发展史》,台北：台北市茶商业同业公会,1992

56. 鲁成银、刘维华、李名君,《茶种系间的亲缘关系及进化的酯酶同工工酶分析》,茶叶科学,1992,12(1)：15～20

57. 陈椽,《茶业经营管理学》,合肥：中国科技大学出版社,1992

58. 王玲,《中国茶文化》,北京：中国书店出版社,1992

59. 陈兴琰,《茶树原产地——云南》,昆明：云南人民出版社,1994

60. 中国茶叶学会、中华茶人联谊会编,《中国古茶树》,上海：上海文化出版社,1994

61. 梁子,《中国唐宋茶道》,西安：陕西人民出版社,1994

62. 农业部全国农业技术推广总站,《中国名优茶选集》,北京：农业出版社,1994

63. 丁世良、赵放主编,《中国地方民俗资料汇编》,北京：书目文献出版社,1995

64. 朱自振,《茶史初探》,北京：中国农业出版社,1996

65. 舒玉杰,《中国茶文化古今大观》,北京：北京出版社,1996

66. 丁文,《大唐茶文化》,北京：东方出版社,1997

67. 陈文怀,《茶的品饮艺术》,台北：时报出版社,1997

68. 沈培和、张育松、陈洪德、刘栩,《茶叶审评指南》,北京：农业出版社,1998

69. 姚国坤、胡小军,《中国古代茶具》,上海：上海文化出版社,1998

70. 张宏达,《山茶科·中国植物志》,北京：科学出版社,1998

71. 陈香白,《中国茶文化》,山西太原：山西人民出版社,1998

72. 阮浩耕、沈冬梅、于良子,《点校注释"中国古代茶叶全书"》,杭州：浙江摄影出版社,1999

73. 沈冬梅,《宋代茶文化》,台北：台北学海出版社,1999

74. 杨亚军、虞富莲,《茶树良种与繁育》,北京：科学普及出版社,1999

75. 陈彬藩,《中国茶文化经典》,北京：光明日报出版社,1999

76. 丁文,《茶乘》,香港：天马图书有限公司,1999

77. 陈香白,《潮汕工夫茶艺程式》,农业考古,2000(4)：113～115

78. 潘桂明,《中国的佛教》,北京：商务印书馆,2000

79. 闵天禄,《世界山茶属的研究》,昆明：云南科技出版社,2000

80. 徐海荣,《中国茶事大典》,北京：华夏出版社,2000

81. 林瑞萱,《陆羽茶经讲座》,台北：武陵出版社,2000

82. 罗家庆,《茶苑求真》,陆羽茶文化研究,2000(3)：48

83. 范增平,《中华茶艺学》,台北：台海出版社,2000

84. 王镇恒、王广智,《中国名茶志》,北京：农业出版社,2000

85. 陈宗懋主编,《中国茶叶大辞典》,北京：轻工业出版社,2000

86. 中国茶叶股份有限公司、中华茶人联谊会编,《中华茶叶五千年》,北京：人民出版社,2001

87. 林治,《中国茶道》,北京：中华工商联合出版社,2000

88. 卢振辉,《有机茶、无公害茶生产技术》,杭州：杭州出版社,2001

89. 刘勤晋,《茶文化学》,北京：农业出版社,2000

90. 黄志根主编,《中华茶文化》,杭州：浙江大学出版社,2000

91. 董尚胜、王建荣,《茶史》,杭州：浙江大学出版社,2003

92. 陈文华,《论当前茶艺表演中一些问题》,农业考古,2001(2)：10～25

93. 苏祝成,《茶产业组织结构与绩效研究》,杭州：浙江大学博士学会论文集,2007

94. 赵朴初,《赵朴初诗词曲手迹选》,上海：上海古籍出版社,2001

95. 王丛平,《中国茶文化》,上海：上海古籍出版社,2001

96. 关剑平,《茶与中国文化》,北京：人民出版社,2001

97. 龚淑英,《品茶与养生》,北京：中国林业出版社,2001

98. 中国茶树品种志编写委员会,《中国茶树品种志》,上海：上海科技出版社,2001

100. 朱世纪、王镇恒、詹罗九,《中国茶文化大辞典》,上海：汉语大词典出版社,2002

101. Zhen Yongsu,Chen Zongmao et al(甄永苏、陈宗懋等),Tea：Bioactivity and therapeutic potential,P267,Taylor & Francis, 2002

102. 徐荣栓,《陆羽·茶经的形成及其影响》,陆羽茶文化研究,2003(3),36～38

103. 江苏省地方志编纂委员会,《江苏省志·园艺志》,南京：江苏古籍出版社,2003

104. 阮浩耕主编,《人在草木中丛书》,杭州：浙江摄影出版社,2003

105. 郭孟良,《中国茶史》,太原：山西古籍出版社,2003

106. 陈进、裴盛基,《茶树栽培起源的探讨》,云南植物研究,2003,增刊：33～40

107. 朱乃良,《再读陆羽研究中几个有异议的问题》,农业考古,2003(2)：204～207

108. 吴建华,《长兴紫笋茶文化概览》,湖州：浙江省长兴县茶叶协会,2003

109. 查俊峰、尹寒,《茶文化与茶具》,成都：四川科学技术出版社,2003

110. 胡小军,《茶具》,杭州：浙江大学出版社,2003

111. 巩志,《中国贡茶》,杭州：浙江摄影出版社,2003

112. 杨贤强、王岳飞、陈留记,《茶多酚化学》,上海：上海科学技术出版社,2003

113. 中国农业科学院、中国茶叶学会编,《陈宗懋论文集》,北京：中国农业科技出版社,2004

114. 郭孟良,《中国茶典》,太原：山西古籍出版社,2004

115. 陈文华,《长江流域茶文化》,武汉：湖北教育出版社,2004

116. 吴光荣,《茶具珍宝》,杭州：浙江摄影出版社,2004

117. 杨亚军主编,《中国茶树栽培学》,上海：上海科技出版社,2005

118. 王小英,《茶叶对外贸易实务》,杭州：浙江摄影出版社,2005

119. 卓敏,《碧螺春茶艺创作》,广东茶业,2005(5)：93～95

120. 罗文华,《趣读中国茶具》,天津：百花文艺出版社,2005

121. 徐晓村,《中国茶文化》,北京：中国农业大学出版社,2005

122. 刘勤晋主编,《茶马古道文化国际学术研讨会论文集》,重庆：西南师范大学出版社,2006

123. 毛祖法、梁月荣主编,《浙江茶叶》,北京：中国农业科学技术出版社,2006

124. 刘一玲,《茶之品》,北京：北京出版社,2005

125. 王庆,《品牌建设——中国茶业必由之路》,2007,茶世界,(12)

126. 丁以寿主编,《中华茶道》,合肥：安徽教育出版社,2007

127. 李三原主编,《小议茶艺》,广东茶业,2007(3),103～105

128. 卓敏,《试论茶艺表演中茶艺美的要素及其表现技巧》,泛珠三角(9＋2)茶文化茶产业高峰论谈论文集》,2007(8),301～312

129. 李红兵,《四川南路边茶》,成都：中国方正出版社,2007

130. 俞永明主编,《无公害茶的栽培与加工》,北京：金盾出版社,2007

131. 祝宏辉,《订单农业参与主体行为分析与绩效评价》,北京：农业出版社,2007

132. 郑培凯、朱自振,《中国历史茶书汇辑》,香港：商务印书馆,2007

133. 夏涛主编,《中华茶史》,合肥：安徽教育出版社,2008

134. 欧阳道坤,《中国茶企如何应对产业升级挑战》,《农民日报》,2008

135. 杨江帆等,《茶业经济与管理》,合肥：安徽教育出版社,2008

136. 陈萌山,《中国茶叶生产与消费》,《中国茶叶》,2008(6)：1～3

137. 王文杰,《我国名优茶产品标准的制定方法研究——地域标识＋通用产品标准法》,《茶业通报》,2008(4)

138. 孙状云,《走马如星箭如雨——中国茶品牌的漫漫征程》,《茶博览》,2009(3),15～16

139. 杨亚军、朱永兴,《科技创新对茶业的贡献》,中国农业科学院茶叶研究所编印：《院士论坛论文集》,2009

140. 徐英祥,《台湾之茶》,台北：台湾区制茶工业同业公会出版委员会,2009

141. 李清泽、杜维春等,《我国茶叶市场和消费特点分析》,《中国茶叶》,2009(1)：22～23,(2)：16～17

142. 苏祝成,《中国茶产业组织结构研究：绩效与政策》,《中国茶产业可持续发展战略专题研讨会会议材料》,2010

编辑工作组

王存礼　上海文化出版社文化生活读物编辑室主任、副编审

姚国坤　浙江省茶叶学会常务理事，中国农业科学院茶叶研究所栽培研究室主任、副教授

庄雪岚　中国茶叶博物馆技术顾问、《茶叶科学》副主编、中国农业科学院茶叶研究所教授

责任编辑

王存礼　上海文化出版社文化生活读物编辑室主任、副编审

美术编辑（特邀）

唐　忠　中国大百科全书出版社上海分社美术摄影编辑室主任、副编审

绘　图

许允文　朱守贞

摄　影

王　义　王树文　王存礼　白堃元　高贵林　梁国彪　戴新民

本书撰稿人

（以姓氏笔画为序）

于良子　中国书法家协会浙江分会会员

王月根　农业部茶叶质量监督检验测试中心讲师

王　立　中国农业科学院茶叶研究所副教授

王自佩　中国农业科学院茶叶研究所情报资料室主任、副教授

王郁风　中国茶叶进出口公司高级工程师

王泽农　中国茶叶学会名誉理事长、安徽农学院教授

王家斌　浙江省农业厅高级农艺师

孔宪乐　《茶人之家》理事会理事长、浙江省茶叶进出口公司高级工程师

卢振辉　《茶叶文摘》编辑部编辑

白堃元　《中国茶叶》副主编、中国农业科学院茶叶研究所副教授

权启爱　浙江省农机学会茶机委员会副主任、中国农业科学院茶叶研究所副教授

朱自振　中国茶叶博物馆技术顾问、中国农业科学院农业遗产研究室教授

庄　任　福建省茶叶进出口公司高级工程师

庄雪岚　中国茶叶博物馆技术顾问、《茶叶科学》副主编、中国农业科学院茶叶研究所教授

刘　玉　《茶叶文摘》编辑部助理编辑

刘祖生　浙江省茶叶学会常务副理事长、浙江农业大学茶学系主任、教授

刘勤晋　西南农业大学食品系副主任、副教授

许允文　中国农业科学院茶叶研究所副教授

阮宇成　中国茶叶博物馆技术顾问、中国茶叶学会荣誉理事、中国农业科学院茶叶研究所教授

阮浩耕　《风景名胜》杂志社编辑

苏芳华　云南省茶叶学会秘书长、云南省茶叶进出口公司高级工程师

李元章　浙江省茶叶进出口公司高级经济师

吴　润　中国农业科学院茶叶研究所副教授

应　敏　浙江茶业集团工程师

沈培和　农业部茶叶质量监督检验测试中心副主任、副教授

陆启清　湖北省茶叶学会理事长、湖北省农牧厅高级农艺师

陈宗懋　农业部科学技术委员会委员,中国农业科学院茶叶研究所所长、教授

陈雪芬　中国农业科学院茶叶研究所副教授

陈瑞锋　中国农业科学院茶叶研究所生理生化研究室副主任、副教授

林心炯　福建省农业科学院茶叶研究所名誉所长、教授

林乾良　浙江中医学院教授

罗锦雯　中国茶叶进出口公司高级经济师

季玉琴　中国农业科学院茶叶研究所副教授

孟庆恩　中国农业科学院茶叶研究所副教授

赵鸣慧　广东省茶叶进出口公司高级工程师

胡　坪　中国茶叶博物馆技术顾问、浙江省农业厅高级农艺师

胡建程　浙江农业大学教授

胡海波　浙江省茶叶学会副理事长、中国农业科学院茶叶研究所副教授

俞永明　全国农作物品种审定委员会茶树专业委员会主任委员,中国农业科学院茶叶研究所副所长、教授

施兆鹏　湖南农学院教授

姚国坤　浙江省茶叶学会常务理事、中国农业科学院茶叶研究所茶树栽培研究室主任、副教授

夏春华　中国农业科学院茶叶研究所综合利用研究室主任、教授

顾　峥　中国农业科学院茶叶研究所副教授

钱时霖　杭州市茶叶科学研究所高级农艺师

徐正炳　中国农业科学院茶叶研究所副教授

徐福祥　广东省茶叶进出口公司高级经济师

殷鸿范　中国农业科学院茶叶研究所教授

黄继仁　农业部农业司高级农艺师

葛铁钧　中国农业科学院茶叶研究所副教授

程启坤　中国茶叶学会理事长,中国农业科学院茶叶研究所副所长、教授

虞富莲　全国农作物品种审定委员会茶树专业委员会委员,中国农业科学院茶叶研究所茶树育种研究室主任、副教授

詹罗九　安徽农学院副教授